Heinz Penzlin

Lehrbuch der Tierphysiologie

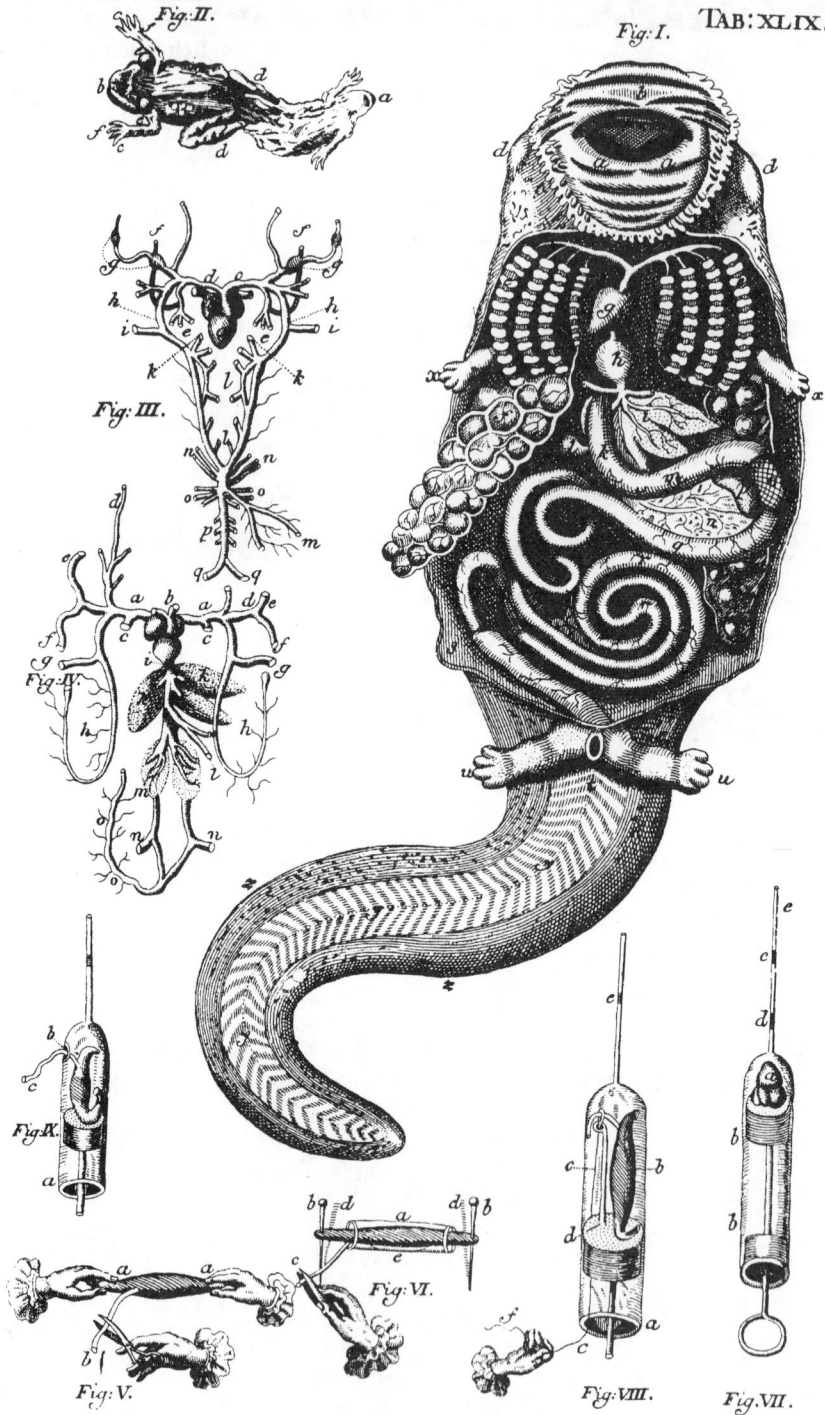

Fig: I. „Die Froschfrucht". – Fig: II. „Die Art, wie der Frosch die Haut ableget". – Fig: III. „Die Pulsadern am Frosche". – Fig: V. „Die Bewegung einer Muskel. Die niederhangende Nerve, welcher gerühret ist, wodurch der Muskel, wenn er sich zusammenziehet, die Hände gleichfalls zusammenzieht". – Fig: VI. „Die Art und Weise, wie sich der Muskel in seiner Zusammenziehung gleichsam verdicket". – Fig: VII. „Die Art, wie das Herz in seiner Zusammenziehung wenigern Raum einnimmt, als vorhin. Der Raum in dem Röhrgen, welcher anzeigt, wie tief das Tröpfgen c ein wenig herunterwärts beweget". Fig: VIII. „Die Hand, welche den Nerven anrühret, wodurch der Muskel, wenn er sich zusammenziehet, das Tröpfgen e ein wenig herunterwärts beweget".
Aus Johann SWAMMERDAM's „Bibel der Natur", Leipzig 1792.

Lehrbuch der Tierphysiologie

Von Heinz Penzlin

6., überarbeitete und erweiterte Auflage

Mit 534 Abbildungen, 3 Tafeln und 80 Tabellen

SEMPER BONIS ARTIBUS

Gustav Fischer Verlag Jena • Stuttgart

Anschrift des Verfassers:

Professor Dr. rer. nat. habil. Heinz Penzlin
Institut für Allgemeine Zoologie und Tierphysiologie
der Friedrich-Schiller-Universität Jena
Erbertstraße 1, 07743 Jena

1. Auflage 1970
2. Auflage 1977
3. Auflage 1980
4. Auflage 1989
5. Auflage 1991

Die Deutsche Bibliothek – CIP-Einheitsaufnahme
Penzlin, Heinz:
Lehrbuch der Tierphysiologie : mit 80 Tabellen / von Heinz
Penzlin. – 6., überarb. und erw. Aufl. – Jena : G. Fischer, 1996
  ISBN 3-334-60966-9

© Gustav Fischer Verlag Jena, 1996
Villengang 2, 07745 Jena
Printed in Germany
Satz: SATZREPROSERVICE GmbH, Talstraße 84, 07743 Jena
Druck: Druckhaus Köthen GmbH
ISBN 3-334-60966-9

Für

Susanne, Benjamin und Julia

Möge ihr Leben in

einer friedvolleren, gewaltärmeren und

harmonischeren Welt,

in der Vernunft, Selbstbeschränkung und

Nächstenliebe obsiegen,

in der der Mensch zum Menschsein findet,

ablaufen.

Vorwort zur 6. Auflage

Dieses Lehrbuch, das ich jetzt in seiner sechsten Auflage der Öffentlichkeit vorlege, ist vor nunmehr 25 Jahren auf Anregung der Studenten und für die Studenten geschrieben worden, Wiederum machte sich die Überarbeitung vieler Kapitel oder gar die vollständige Neufassung von Abschnitten notwendig. Die Erkenntnisse nehmen auch auf dem Gebiet der Tierphysiologie sowohl hinsichtlich der Tiefe als auch der Breite mit beeindruckendem Tempo zu. Damit stellt sich die Frage der Stoffauswahl in immer schärferem Maße.

Bei der Anordnung des Stoffes ließ ich mich von dem Gedanken leiten, daß es prinzipiell zwei eng miteinander verwobene Ströme sind, die den Organismus ständig durchdringen, ein **Stoff-** und **Energiestrom** sowie ein **Informationsstrom**. In den ersten beiden Kapiteln wird das Prinzipielle dieser beiden Ströme behandelt. Das betrifft sowohl die biophysikalischen und biochemischen Grundlagen des Stoff- und Energiewechsels (Kap. 1) als auch die Grundlagen der Kommunikation und Regelung (Kap. 2) im Dienste der Integrität der Organismen. Im dritten und vierten Kapitel wird der Stoff- und Energiestrom im einzelnen besprochen, von der Aufnahme über die Verteilung (Kap. 3) bis zur Abgabe der Stoffe. Ein wichtiger Aspekt dieses Geschehens ist, daß trotz dieser vielfältigen und ununterbrochenen Stoff- und Energieumsetzungen im Organismus sich dessen „Inneres Milieu" nicht wesentlich ändert: Homöostase (Kap. 4). In den beiden anschließenden Kapiteln wird der Informationsstrom im einzelnen betrachtet, die Informationsaufnahme aus der Umwelt (Kap. 5) und die Wirkungen der Tiere zurück in die Umwelt hinein (Informationsabgabe an den Effektoren, Kap. 6). Die physiologischen Grundlagen des Verhaltens sowie der Orientierung des Gesamtorganismus in seiner Umwelt bilden den Inhalt des letzten (7.) Kapitels. Der Mensch als höchstentwickeltes Säugetier wird – wenn es sich anbietet – in die Betrachtungen der physiologischen Abläufe mit einbezogen.

Der Umfang des Buches fordert eine Beschränkung auf das Wesentliche. Der Text ist kurz gehalten. Das Buch ist nicht als Einführung gedacht, die einen Leser mit geringen Vorkenntnissen relativ mühelos mit den Grundlagen der Tierphysiologie bekannt macht. Es werden einige Kenntnisse aus der Speziellen Zoologie, Anatomie, Zytologie, Physik, Chemie und Biochemie, wie sie beim Studenten des vierten Semesters vorhanden sein dürften, vorausgesetzt. Der Text soll nicht gelesen, sondern *durchgearbeitet* werden. Biochemische Fragen werden nur am Rande behandelt. Auf diesem Gebiet existieren hervorragende Lehrbücher, auf die hier ausdrücklich verwiesen sei.

Da Kenntnisse in der lateinischen und griechischen Sprache in zunehmendem Maße bei den Studenten nicht mehr vorausgesetzt werden können, sind die wichtigsten Fachausdrücke in Fußnoten erklärt, womit das Einprägen der Begriffe erleichtert werden soll. Die Literaturhinweise am Ende des Buches sollen dem Studenten eine Auswahl derjenigen Bücher, Zeitschriften und Sammelreferate vorstellen, die ihn in bestimmte Gebiete tiefer einführen. Dort wird der Leser dann im allgemeinen auch die Hinweise auf die Originalliteratur finden. Das Sachregister ist relativ umfangreich gehalten, um das Auffinden eines gesuchten Begriffes zu erleichtern.

Den vielen Kollegen und Studenten, die durch hilfreiche Kritik, wertvolle Hinweise und Unterstützung bei der Beschaffung der Literatur an der Verbesserung des Lehrbuches mitgearbeitet haben, sei auch von dieser Stelle aus nochmals ganz herzlich gedankt. In Anbetracht des Umfanges des darzustellenden Gebietes und des außerordentlich schnellen Erkenntnisfortschritts auf allen Teildisziplinen der Tierphysiologie ist man auf solche Unterstützung schon angewiesen. Danken möchte ich auch Herrn Konstantin Seifert, Jena, für zahlreiche gut gelungene Neuzeichnungen nach Entwürfen des Verfassers. Mein besonderer Dank gilt auch dieses Mal wieder den Mitarbeitern des Gustav Fischer Verlages Jena, insbesondere Frau Dr. SCHLÜTER, für ihr Verständnis und ihr stetes Interesse an der Weiterentwicklung des Buches sowie für die Geduld mit mir.

Möge das Buch den Studenten, Lehrenden und Interessenten auch in der 6. Auflage eine nützliche Hilfe sein. Möge es auch weiterhin dazu beitragen, den Unterricht im Fach Tierphysiologie an unseren Universitäten und Hochschulen zu beleben und zu fördern. Möge es der tierphysiologischen Forschung neue Freunde zuführen.

Jena, im Winter 1995/96   Heinz Penzlin

Inhaltsverzeichnis

0. Einleitung

„Wenn ich rechne und sehe so ein winziges Insekt, das auf mein Papier geflogen ist, dann fühle ich etwas wie: Allah ist groß, und wir sind armselige Tröpfe mit unserer ganzen wissenschaftlichen Herrlichkeit."

Albert EINSTEIN (1952)

0.1. Die Physiologie als biologische Disziplin

Jede praktische Naturforschung setzt, ob man es will oder nicht, ob man es sich eingesteht oder nicht, die positive Beantwortung mindestens zweier Fragen voraus: 1. der Frage nach der Existenz einer realen, d.h. unabhängig von meinem Denken und Sein vorhandenen Welt (**Realitätspostulat**) und 2. der Frage nach der „Begreiflichkeit der Naturwirklichkeit (**Strukturpostulat**). Beide Postulate sind Grundannahmen, die für die Wissenschaft unabdingbar, aber durch die Wissenschaft weder verifizierbar noch falsifizierbar sind.

Wissenschaft ist nach Karl JASPERS (1883–1969) *„die methodische Erkenntnis, deren Inhalt zwingend gewiß und allgemeingültig ist"*. Anliegen der Wissenschaft ist es, *gesichertes* **Wissen** (wissenschaftliche **Erkenntnisse**) zu gewinnen und dieses Wissen zu ordnen und zu systematisieren. Wissenschaft und Erkenntnis als Ergebnis des Erkennens bilden eine Einheit, wobei allerdings betont werden muß, daß nicht jede Erkenntnis bereits *wissenschaftliche* Erkenntnis ist. Wir alle machen täglich Erfahrungen, die sich als mehr oder weniger fundierte Erkenntnisse bei uns niederschlagen, aber weit davon entfernt sein können, „methodische" Erkenntnisse im obigen Sinne zu sein, d.h. Erkenntnisse, die durch bewußte oder auch unbewußte Anwendung einer allgemein akzeptablen und für jedermann nachvollziehbaren wissenschaftlichen **Methode** im Prozeß der **Forschung** gewonnen wurden. Dadurch unterscheidet sich das Wissen grundsätzlich vom „Glauben" und „Meinen". Die Methode bestimmt die Zuverlässigkeit, aber auch die Begrenztheit unseres Wissens. Die Wissenschaft baut auf **Erfahrungen** auf, jedoch unter Ausschluß jeder subjektiven Komponente der Erfahrung, jedes Werturteils oder jedes Urteils über die Berechtigung oder subjektive Bedeutung des Gegenstandes. Es geht darum, die Erfahrungen zu objektivieren, für jedermann nachvollziehbar zu machen.

Aus den einschränkenden Bedingungen für wissenschaftliche Erfahrungen resultiert, daß die Wissenschaft, soweit sie auch immer vorzudringen vermag, nicht für *alle* Fragen unsere Welt betreffend „zuständig" ist. Es bleiben große Bereiche unserer persönlichen Erfahrung von ihr unberührt und damit unbeantwortet. Wer im Sinne des **Szientismus**[1]) glaubt, daß uns die Wissenschaft eine allesumfassende Weltanschauung liefern könne, überfordert die Wissenschaft. Es bleiben Fragen, den Menschen, seine Werke und Stellung in dieser Welt betreffend, die von keiner Wissenschaft beantwortet werden. Der Mensch tritt nicht als „Person", sondern als „Ding" in den Gesichtskreis der Wissenschaft.

Die badische Schule mit Wilhelm WINDELBAND (1848–1915), Heinrich RICKERT (1863–1936) und anderen unterschied zwischen den „**rationalen**" Wissenschaften (Philosophie, Mathematik) und den **Erfahrungswissenschaften**, die im Gegensatz zu den ersteren „auf die Erkenntnis von etwas in der Erfahrung Gegebenem gerichtet" seien. Die Erfahrungswissenschaften werden weiter in **Gesetzeswissenschaften**, die das Allgemeine in Form von Naturgesetzen suchen, und **Ereigniswissenschaften**, die das Einzelne in der geschichtlich bestimmten „Gestalt" suchen, unterteilt. Die ersteren seien in ihrem wissenschaftlichen Denken generalisierend, „**nomothetisch**", die anderen individualisierend, „**idiographisch**[2])". Während in der Naturforschung das einzelne, gegebene Objekt nur als Spezialfall („Typus") eines Gattungsbegriffs diene, muß der Historiker Ereignisse der Vergangenheit in ihrer individuellen Einmaligkeit „zu ideeller Gegenwärtigkeit beleben". Geschichte ist „individualisierende Kulturwissenschaft" (RICKERT). Die Biologie als Naturwissenschaft gehört im Rahmen dieses Schemas den nomothetischen Gesetzeswissenschaften an, hat aber auch in einigen Teildisziplinen deutliche idiographische Züge. Die Biologie sucht sowohl das Allgemeine, Bleibende in Form von Naturgesetzen als auch das Einzelne, Einmalige darzustellen. Sie ist somit sowohl Gesetzes- als auch Ereigniswissenschaft.

Man kann die Biologie grob unterteilen in die „Strukturlehre" (**Morphologie**[3]) und die „Gesche-

---

[1]) scientia (lat.) = Kenntnis, Kunde, Wissen, Wissenschaft
[2]) ídios (griech.) = eigen, eigentümlich, eigenartig; grápheín (griech.) = schreiben, zeichnen
[3]) he morphé (griech.) = die Gestalt, Form

henslehre" (**Physiologie**[1]). Diese Physiogie im weitesten Sinne – in entsprechender Weise natürlich auch die Morphologie – schließt die molekulare Ebene („dynamische" Biochemie, Molekularbiologie) ebenso ein wie die Zellebene (Zellphysiologie), die Ebene der Gewebe, Organe, Organsysteme und Organismen bis hin zu den „überorganismischen" Ebenen (Populationen, Biocoenosen etc.).

Viele dieser Disziplinen haben sich heute bereits weitgehend verselbständigt, wie z. B. die Biochemie, die Genetik und Entwicklungsphysiologie, so daß man *heute* unter **Physiologie** (im engeren Sinne) nur noch die Wissenschaft von den Lebensäußerungen (Leistungen), von den sich im Organismus abspielenden Vorgängen auf der Ebene der Gewebe, Organe und Organsysteme versteht. Je nachdem, welche Organismen im Mittelpunkt des Interesses stehen, unterscheidet man zwischen Mikroben-, Pflanzen-, Tier-, Insekten-, Veterinär- oder Humanphysiologie. Anliegen der **Allgemeinen Physiologie** ist es, die allen oder doch sehr vielen Organismengruppen *gemeinsamen* Lebensäußerungen zu analysieren. Dazu gehören beispielsweise Fragen des Stoffwechsels, der Energetik, Regulation, Erregbarkeit usw. Bei der **Vergleichenden Physiologie** steht, wie der Name schon sagt, der *vergleichende* Aspekt im Vordergrund. Sie lehrt uns, auf wie vielfältige Weise ein und dieselbe Aufgabe von verschiedenen Organismengruppen gelöst worden ist, oder deckt Übereinstimmungen in den Funktionen von Organen verschiedener Vertreter auf. Sie betrachtet also sowohl die Ähnlichkeiten als auch die Unterschiede in den Funktionen und trägt damit wesentlich zu *evolutionsbiologischen* Überlegungen bei.

Die Physiologie beschränkt sich in ihren Analysen bewußt auf *physische* Vorgänge, verzichtet also auf die Erforschung *psychischer* Ereignisse, die – zumindest bei den höheren Tieren – als existent angenommen werden müssen. Ein Unterschied zwischen Einzelwissenschaft und Philosophie besteht darin, daß der Naturwissenschaftler sich bei seiner wissenschaftlichen Forschung selbst Beschränkungen auferlegt. Er konzentriert sich vornehmlich auf solche Fragen, von denen er meint, daß er sie mit den ihm zur Verfügung stehenden Mitteln auch – zumindest teilweise – beantworten kann. Peter Brian MEDAWAR (1915–1987) drückte es einmal so aus, daß Naturwissenschaft die „Kunst des Lösbaren" sei, und der HEIDEGGER-Schüler Hans Georg GADAMER (*1900) sprach in dem Zusammenhang von einer „methodischen Askese", die wir Naturwissenschaftler üben müssen. Deshalb werden auch die Antworten, die ein Naturwissenschaftler auf bestimmte Fragen geben kann, nicht immer befriedigen, befriedigen können. Das liegt in der Natur der Sache.

Das Wissen wird in der Naturwissenschaft in Form von **Beschreibungen** (Antworten auf Wie-Fragen), **Erklärungen** (Antworten auf Warum- und, zumindest in der Biologie, auf Wozu-Fragen) bzw. **Vorhersagen** (Prognosen) niedergelegt. Das bedeutet auch: Erkenntnisse müssen formulierbar und mitteilbar sein als Voraussetzung für ihre intersubjektive Überprüfbarkeit. Was sich nicht mitteilen läßt, kann auch nicht von anderen verstanden und überprüft werden. Daraus erhellt gleichzeitig die große Bedeutung der Sprache – einschließlich der mathematischen Symbolik – für die Wissenschaft. Sie tritt als „Vermittler" zwischen Wirklichkeit und Erkenntnis auf.

Für **Erklärungen** sind Gesetzesaussagen unerläßlich, die ihnen zugrundeliegen. Nach John Stuart MILL (1806–1873) besteht eine wissenschaftliche Erklärung in einer Subsumtion unter Gesetze. Es kann sich dabei um eine **deduktive** oder um eine **induktive** Subsumtion handeln. Im ersten Fall *folgert* man das Vorkommen eines Ereignisses aus bestimmten Tatsachen und Gesetzen. Im zweiten Fall wird das Vorkommen des Ereignisses mit hoher Wahrscheinlichkeit zu bestimmten Tatsachen und Gesetzen *in Beziehung gebracht*.

Breite Akzeptanz bei der Analyse des Erklärungsbegriffs hat das **deduktiv-nomologische Modell** (D-N-Modell) von Carl HEMPEL und Paul OPPENHEIM (1948) gefunden. Danach besteht die Erklärung eines bestimmten Ereignisses oder Sachverhaltes in Raum und Zeit (des *Explanandums* E) darin, daß es aus zweierlei Sätzen von „Prämissen" (*Explanans*), nämlich aus mindestens einer singulären Aussage über Rand- und Anfangsbedingungen (sog. Antezedensbedingungen A) und mindestens einer allgemeinen Gesetzesaussage G, *logisch* abgeleitet wird. Nach dem Hempel-Oppenheim-Schema:

$$\frac{G_1, G_2, \ldots, G_n \\ A_1, A_2, \ldots, A_m}{E}$$

Dabei stellt G eine Konjugation als wahr akzeptierter Gesetze $G_1 \ldots G_n$ und A eine Konjugation singulärer, empirisch gehaltvoller und ebenfalls als wahr akzeptierter Sätze $A_1 \ldots A_m$ dar. Kurz gesagt: Erklärung bedeutet die *logische* Ableitung eines Ereignisses aus gegebenen Gesetzen und Randbedingungen, des *Explanandums* aus dem *Explanans*. Man kann den Zustand, den die Anfangsbedingungen beschreiben, auch als „**Ursache**", und den Zustand, den das *Explanandum* beschreibt, als „**Wirkung**" bezeichnen, sollte sich aber darüber im klaren sein, daß es die Theorie oder das Gesetz ist, das das logische Band zwischen Ursache und Wirkung liefert, das die Voraussetzung dafür ist, daß wir überhaupt von Ursache und Wirkung sprechen können.

Als **Beispiel** einer deduktiven Subsumtion unter Gesetze (deduktiv-nomologische Erklärung) möge das klassische Bernard-Experiment dienen. Er beobachtete eine Vasodilatation im Kaninchenohr nach Durchtrennung des Halssympathicus (Abb. 0.1.):

---

[1] he physis (griech.) = die Natur

Abb. 0.1. Versuch Claude BERNARDS: Kaninchenohren nach rechtsseitiger Durchtrennung des Halssympathicus. Aus BYKOW 1960.

G_1: Adrenalin/Noradrenalin wirken vasokonstriktorisch

G_2: Adrenalin/Noradrenalin werden an den Endigungen des Sympathicus ständig freigesetzt (Sympathicustonus)

G_3: Nervendurchtrennung führt zur Unterbrechung der zentrifugalen Aktivität

A_1: Das Kaninchen lebt: intakte Gefäße, normaler Kreislauf, normale Körpertemperatur und Sauerstoffversorgung (Atmung)

A_2: Dem Kaninchen wurde der Halssympathicus durchtrennt

E: Die Gefäße im Ohr der operierten Seite sind deutlich erweitert

Es kann die Vasodilatation im Ohr des Kaninchens mit durchtrenntem Halssympathicus rein logisch aus den Prämissen *gefolgert*, abgeleitet werden, das heißt: „erklärt" werden. Im obigen Schema sind nicht alle Prämissen aufgeführt. So wird z. B. das Kausalprinzip selbstverständlich vorausgesetzt.

Der Wahrheitsgehalt der Erklärungen ist vom Wahrheitsgehalt der Prämissen abhängig. Repräsentieren diese nur Wahrscheinlichkeitsaussagen, so treffen auch die Erklärungen nur mit einer bestimmten Wahrscheinlichkeit zu. Man spricht von **induktiv-statistischen Erklärungen** und stellt sie den deduktiv-nomologischen gegenüber. Sie erlauben keinen streng logischen Schluß und können nicht mehr so problemlos mit dem Hempel-Oppenheim-Schema beschrieben werden. Die „Conclusion" wird aus den Prämissen nicht mehr logisch erschlossen, sondern

von diesen nur in mehr oder weniger hohem Grade gestützt oder bestätigt.

Es gibt auch **Erklärungen von Gesetzen**. Dann ist das *Explanandum* nicht ein konkreter Vorgang, sondern selbst eine Gesetzesaussage, und im *Explanans* fallen die Antezedensbedingungen weg. Es wird das zu erklärende Gesetz aus einer noch allgemeineren Gesetzeshypothese abgeleitet.

Wissenschaftliche **Gesetze** kann man in zwei Klassen unterteilen, in **deterministische** und **statistische**. In beiden Fällen kann es sich um Koexistenzgesetze (Zustandsgesetze) oder um Sukzessionsgesetze (Ablaufgesetze) handeln. Ein Beispiel für ein **Koexistenzgesetz** ist die allometrische Beziehung zwischen der Stoffwechselrate (Sauerstoffverbrauch V_{O_2}) und der Körpermasse m bei placentalen Säugetieren („Maus-Elefant-Kurve", Abb. 1.18., S. 67)

$$V_{O_2} = 0{,}672 \cdot m^{0{,}75}$$

Ein **Sukzessionsgesetz** stellt z.B. folgende Aussage dar: Die Belichtung des Photorezeptors im *Limulus*-Auge führt zur Abnahme (Depolarisation) des Membran-Ruhepotentials (Rezeptorpotential E_R), und zwar proportional zum Logarithmus der einwirkenden Lichtintensität $\dot{I}$ (Abb. 2.53., S. 155)

$$E_R = k \cdot \log \dot{I}/\dot{I}_0 + a$$

(k, a = Konstanten).

Im Gegensatz zu den Koexistenzgesetzen implizieren die Sukzessionsgesetze nichtgleichzeitige Ereignisse, Veränderungen (z. B. des Membran-Ruhepotentials) im zeitlichen Ablauf. Oft, wie auch im gewählten Beispiel, sind die Sukzessionsgesetze **Kausalgesetze**. Das setzt allerdings voraus, daß die durch den Kausalnexus miteinander verbundenen Ereignisse auch räumlich-energetisch zusammenhängen („Lokalitätsbedingung").

Die **kausale Erklärung** ist die *einzige* Erklärungsform in der Physik geworden. In der Biologie kommt eine weitere hinzu: die **funktionale Erklärung**. Dabei wird die Warum-Frage nicht, wie bei der kausalen oder statistischen Erklärung, durch Angaben von Antezedensbedingungen und Naturgesetzen beantwortet, sondern durch den Hinweis auf Funktionen oder Aufgaben, die die Merkmale oder Vorgänge für das betreffende System, in dem sie verankert sind, zu erfüllen haben. Es geht um Aussagen darüber, welche „Rolle" (Funktion) ein Molekül, eine Struktur, ein Vorgang, eine Eigenschaft oder eine Verhaltensweise für das „Ganze", für die Erhaltung des Systems hat, z. B., welche Rolle das Hämoglobin bei der Versorgung der Zellen eines Organismus mit Sauerstoff oder das subkutane Fettgewebe bei der Thermoregulation der Meeressäuger spielt.

Auf die Frage, warum die Pupille sich verengt, wenn man aus dem Dunkeln ins Helle tritt, gibt es prinzipiell zwei Antworten. Man kann die gesamte *Kausalkette* von der Reizung der Photorezeptoren über die Erzeugung von Nervenimpulsen, die Aktivierung des „pupillomotorischen Zentrums" und Ausschüttung von Acetylcholin an den parasympathischen Nervenendigungen bis hin zur Kontraktion des *Musculus sphincter pupillae* beschreiben und so „erklären", warum es zur dieser Reaktion kommt. Man kann aber auch von dem Ereignis der Pupillenverengung ausgehend „erklären", welche *Bedeutung* dieser Vorgang für den Organismus, welche Auswirkungen er für die Aufrechterhaltung seiner Sehtüchtigkeit hat. Beide Antworten, im ersten Falle die kausale, im zweiten die funktionale Erklärung, sind gleich wichtig, unverzichtbar und *nicht* gegeneinander austauschbar.

In der Biologie (Physiologie) sind **Fragen nach dem Zweck** nicht nur legitim, sondern von großem heuristischem Wert. Da es in der anorganischen Natur keine systemerhaltende Zweckmäßigkeit, keine „Funktionen" gibt, kann es dort auch keine sinnvollen Fragen nach dem „Wozu" geben. Während deshalb in der Physik die kausale Erklärung Schritt für Schritt – nicht ohne Widerstände! – zu der *einzigen* Erklärungsform geworden ist, können die Biologen – neben den kausalen Erklärungen – bei der Wiedergabe ihrer Beobachtungen und Erklärungen auf teleologische Formulierungen nicht verzichten. Das unbestreitbare Phänomen der **Zweckmäßigkeit** des Geschehens im Organischen löst man nicht dadurch, daß man es negiert. Teleologische Erklärungen setzen keinerlei besondere Vitalkräfte oder gar Finalursachen (*causae finales*[1]) voraus. Sie stehen auch nicht im Gegensatz zu den kausalen Erklärungen, sondern – im Gegenteil – ergänzen sie. Zweckmäßigkeit ist nichts dem Lebendigen irgendwie Zugeordnetes, sondern dem Lebendigen zutiefst Immanentes. Laufen die Vorgänge im Organismus, in jeder einzelnen Zelle, nicht zweckmäßig im Sinne der Funktion ab, so ist das System in seiner Existenz bedroht und stirbt.

Die wissenschaftlichen Erkenntnisse finden in Form **singulärer Aussagen**, sog. „Basissätze" (POPPER), und in Form allgemeinerer, umfassenderer Aussagengefüge (**Hypothesen, Theorien**) ihren sprachlichen Niederschlag. Die wissenschaftlichen Aussagen beziehen sich auf *bestehende* „Sachverhalte", die dann auch als „**Tatsachen**" bezeichnet werden. Sie bilden die Grundlage des wissenschaftlichen Fortschrittes. Es kann sich dabei um Erkenntnisse handeln, die aus **Beobachtungen** oder aus **Experimenten** gewonnen wurden. Die wissenschaftlichen Aussagen müssen prinzipiell intersubjektiv verständlich als auch intersubjektiv nachprüfbar sein.

Der **Erkenntnisprozeß**, die **Forschung**, vollzieht sich in der Wissenschaft in Stufen. Am Beginn *jeder* naturwissenschaftlichen Betätigung stehen **Fragen**, Probleme. Fragen an die Natur, die wir durch **Beobachtung** oder **Experiment** zu beantworten suchen. Es gibt keine voraussetzungsfreie Beobachtung, ebenso wie es keine voraussetzungsfreie Wahrnehmung gibt. Jede Wahrnehmung bedeutet gleichzeitig

Interpretation aufgrund ererbten „Wissens", angeborener Dispositionen und individuell gesammelter Erfahrungen. Beobachtungen – auch die sog. Zufallsbeobachtungen – setzen Erwartungen voraus, die wir in einen Fragesatz kleiden können. Wir müssen bereits eine Vorstellung davon haben, was wir beobachten könnten, worauf wir unsere Aufmerksamkeit lenken wollen. Am Anfang steht somit nicht die voraussetzungsfreie Beobachtung (Wahrnehmung), wie es der **Empirismus** behauptet, sondern bereits etwas Spekulativ-Theoretisches, etwas **Rationales**.

Die aus Beobachtung bzw. Experiment gewonnenen Erkenntnisse werden als „**Sätze**" formuliert. Aus ihnen werden **induktiv** Verallgemeinerungen in Form von **Hypothesen** erarbeitet. Aus diesen Hypothesen können **deduktiv** Schlußfolgerungen, neue Sätze abgeleitet werden, die wiederum im Experiment auf ihre Richtigkeit überprüft werden können. Deduktion und Induktion sind somit keine sich gegenseitig ausschließenden Verfahren, sondern „zwei verschiedene Wegrichtungen eines einheitlichen Methodengefüges" (M. HARTMANN). Lassen sich die Sätze im Experiment verifizieren, bedeutet das die Bestätigung (nicht den Beweis!) der Hypothese. Demgegenüber zieht eine **Falsifikation** notwendig die Verwerfung oder – zumindest – die Umformulierung der Hypothese nach sich. Aus bewährten Hypothesen können im weiteren Prozeß der Forschung **Theorien** werden. Empirisch gut fundierte Theorien sind solche, die allen bisherigen Falsifikationsversuchen standgehalten haben. Karl POPPER (1902–1994) schrieb einmal: „Die Methode der Wissenschaft ist die Methode der kühnen Vermutungen und der erfinderischen und ernsthaften Versuche, sie zu widerlegen."

0.2. Was ist Leben?

Genaugenommen gibt es keinen besonderen Gegenstand „Leben", der das Untersuchungsobjekt einer naturwissenschaftlichen Disziplin sein könnte, sondern nur das „Lebendigsein" von Wesenheiten, die wir kurz „Lebe"-Wesen nennen. Die **Biologie** ist deshalb auch nicht, wie es oft in direkter Übersetzung des Begriffes fälschlich heißt, die Wissenschaft vom „Leben", sondern die Wissenschaft von den lebendigen Naturgegenständen, den Lebewesen, auf allen Ebenen ihrer hierarchischen Struktur. Die **Physiologie** ist die Wissenschaft von den Lebensäußerungen (Leistungen), von den sich in und an den Lebewesen abspielenden Vorgängen (Kap. 0.1.).

„Leben" ist auf der Erdoberfläche nahezu allgegenwärtig. Es gehört zu unseren täglichen Erfahrungen. Wir kennen heute etwa 1,6 Mio verschiedene Arten rezenter Lebewesen,

---

[1] causa (lat.) = Grund, Ursache; finis (lat.) = Ziel, Zweck, Endzweck

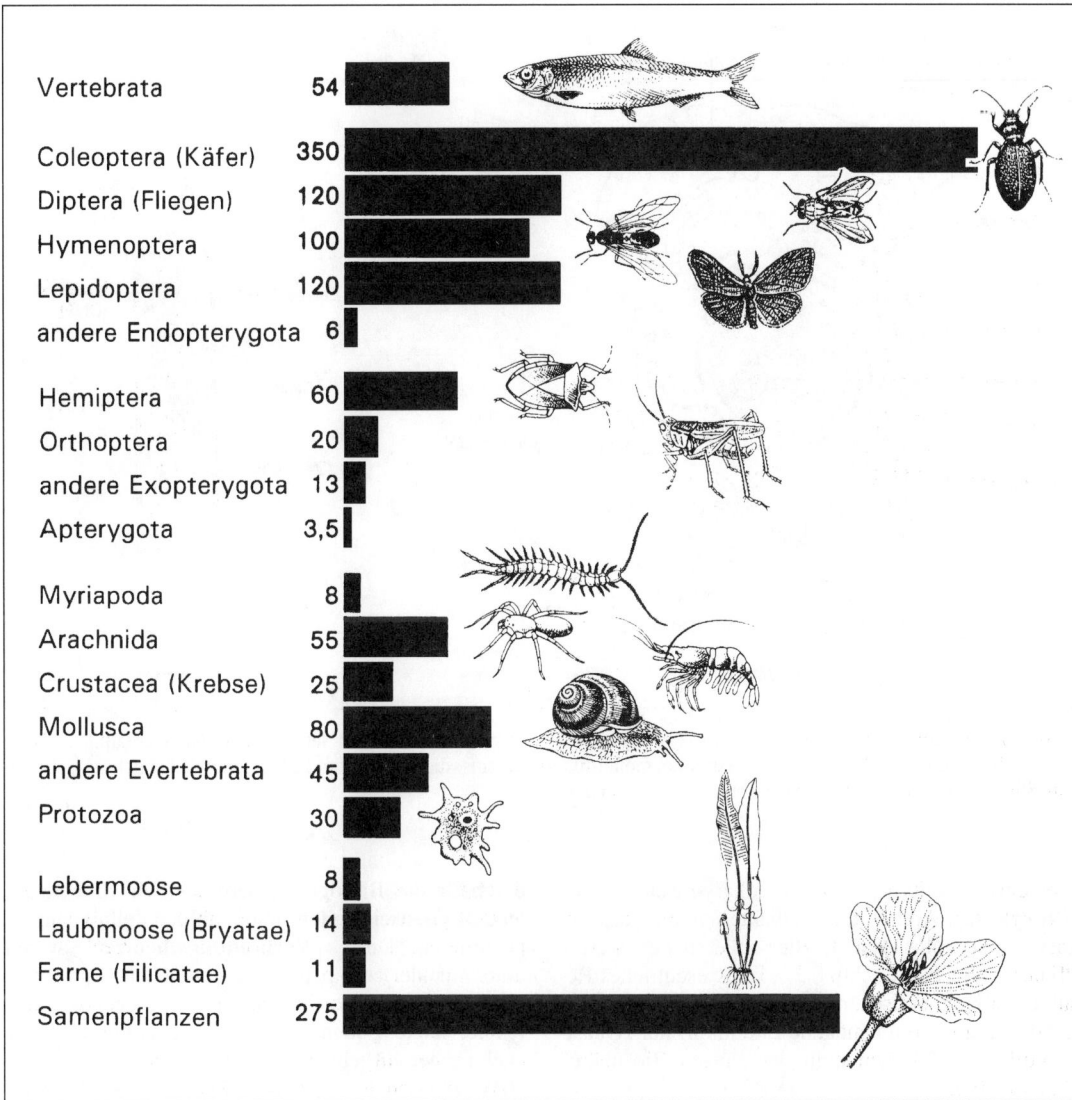

Vertebrata	54	
Coleoptera (Käfer)	350	
Diptera (Fliegen)	120	
Hymenoptera	100	
Lepidoptera	120	
andere Endopterygota	6	
Hemiptera	60	
Orthoptera	20	
andere Exopterygota	13	
Apterygota	3,5	
Myriapoda	8	
Arachnida	55	
Crustacea (Krebse)	25	
Mollusca	80	
andere Evertebrata	45	
Protozoa	30	
Lebermoose	8	
Laubmoose (Bryatae)	14	
Farne (Filicatae)	11	
Samenpflanzen	275	

Abb. 0.2. Die Anzahl der bekannten Arten (in Tausend) der wichtigsten Eukaryoten-Gruppen. Aus Cambridge-Enzyklopädie Biologie 1986, verändert.

darunter allein ca. 800 000 Insekten (Abb. 0.2.). Wieviele Formen von Archä- und Eubakterien unsere Erde außerdem noch bevölkern, läßt sich kaum abschätzen, beschrieben sind zur Zeit etwa 3000. Die „Bestandsaufnahme" dieser faszinierenden Vielfalt des Lebens auf unserer Erde kann bei weitem nicht als abgeschlossen betrachtet werden. Wir können die tatsächliche Anzahl von Arten, die gemeinsam mit uns unseren Planeten bewohnen, nur sehr grob schätzen. Manche Experten kommen zu Zahlen um 5 Mio, andere Schätzungen gehen bis 30 Mio. Wahrscheinlich liegt der tatsächliche Wert irgendwo zwischen diesen beiden Werten.

0.2.1. „Leben" – eine Systemleistung

Der Biologe dringt klassifizierend und analysierend in die schier unübersehbare Vielfalt von Lebensformen vor und macht dabei eine wichtige Entdeckung: Je tiefer er in der hierarchischen Struktur der Organismen von Ebene zu Ebene hinabsteigt, von der organismischen über die zelluläre zur molekularen Stufe, um so ähnlicher werden sich die Lebewesen. Sind es noch Millionen verschiedener Organismenarten, die zu unterscheiden sind, so sind es nur noch zwei ver-

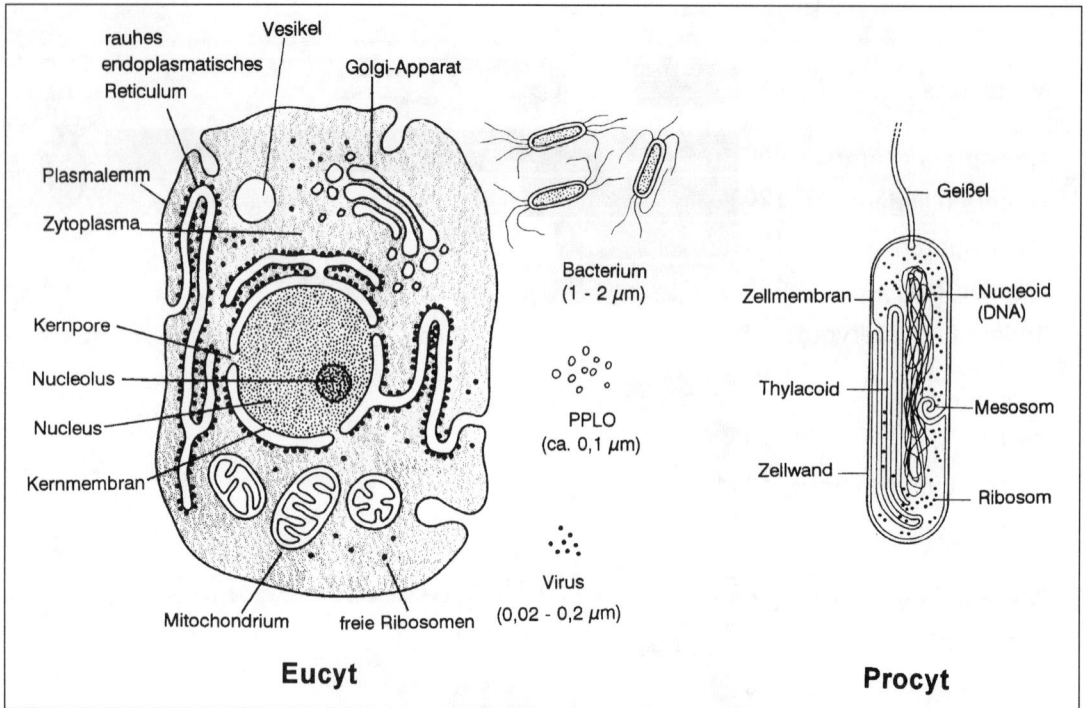

Abb. 0.3. Gegenüberstellung einer Pro- (Prozyt) und einer Eukaryoten-Zelle (Euzyt), letztere im Größenverhältnis zu Bakterien, Mycoplasma-Zellen (PPLO = pleuropneumonia-like organisms, die einfachsten Zellen, die wir kennen) und Viren. Aus SHEELER u. BIANCHI 1987 und KAPLAN 1972, verändert.

schiedene Zelltypen, die prokaryotische Zelle (**Procyt**) der Archä- und Eubakterien und die eukaryotische Zelle (**Euzyt**) aller anderen Lebewesen, Pflanzen wie Tiere (Abb. 0.3.). Ein wesentliches Resultat der biochemischen Forschung in unserem Jahrhundert war die fundamentale Erkenntnis der „Quasi-Identität der Zellchemie in der ganzen Biosphäre" (MONOD 1953).

Die **Zelle** stellt die kleinste lebens- und vermehrungsfähige Einheit der Organismen dar, einen „Elementarorganismus", wie es der Physiologe Ernst Wilhelm von BRÜCKE (1819–1892) ausdrückte. Sie besitzt alle Attribute des Lebendigen, wie einen mit dem Energiewechsel gekoppelten, aus Ana- und Katabolismus bestehenden Stoffwechsel (Metabolismus), Reizbarkeit, Motilität, Wachstum und identische Reproduktion. Unterhalb der Zellebene ist auf die Dauer kein Leben möglich. Zellen entstehen immer wieder nur aus Zellen durch Teilung, was Rudolf VIRCHOW 1855 in dem berühmten Satz *„omnis cellula e cellula"* zusammenfaßte. Und jedes neue vielzellige Lebewesen nimmt in der Regel seinen Ursprung in einer befruchteten Eizelle, kehrt also vorübergehend zum ursprünglichen Zustand der Einzelligkeit zurück.

Unter dem Eindruck der aufstrebenden Chemie mit DALTON, BERZELIUS und AVOGADRO an der Spitze war es in der zweiten Hälfte des vergangenen Jahrhun-

derts für die Biologen außerordentlich verlockend, letzte **Lebenseinheiten** unterhalb des Zellniveaus zu postulieren. Diese „**Verbindungstheorien**" waren untereinander sehr heterogen, entwickelten aber alle miteinander die Vorstellung, daß es „lebende" Moleküle, letzte Lebenseinheiten, wie kompliziert sie auch immer aufgebaut sein mögen, gäbe.

Wir wissen heute, daß es kein *einziges* Molekül gibt, das für sich „lebendig" ist, auch nicht die Eiweiße oder die Nukleinsäuren. Nicht mit dem ersten DNA-Strang, der sich selbst replizieren und mutieren konnte und dadurch der Selektion unterworfen war, begann deshalb das Leben auf unserer Erde, sondern mit dem ersten Auftreten einer Zelle, wie primitiv sie auch immer gewesen sein mag. Leben setzt Individualität, durchlässige Abgrenzung von der „Umwelt", eine nichtwäßrige Barriere gegen freie Diffusion voraus. **Leben** ist grundsätzlich die **Leistung eines Systems**; und ein System setzt sich immer aus Elementen zusammen, die in bestimmter Weise angeordnet und durch bestimmte Relationen miteinander verknüpft sind. Das „Relationsgefüge" bestimmt das System in seinen Eigenschaften.

Ebenso wie die Annahme letzter Lebenseinheiten unterhalb des zellulären Niveaus muß jede Annahme einer besonderen „Lebenskraft" (*vis vitalis*), die nur im Organischen wirksam sein und im Anorganischen fehlen soll, abgelehnt werden. Diese als **Vitalismus** gekennzeichneten Lebenstheorien müssen an zwei Kardinalfehlern scheitern: 1. Sie müssen ihren hypothetischen Faktor mit Eigenschaften ausstatten, in irgendeiner Weise in die physikalische Gesetzlichkeit richtungsgebend eingreifen zu können. Da der Faktor selbst keine physikalische Kraft darstellen soll, bedeutet das zwangsläufig eine Verletzung des ersten Hauptsatzes der Thermodynamik, des Energieerhaltungssatzes (**energetisch-physikalischer Aspekt der Kritik**). 2. Sie müssen ihrem Faktor ein Vermögen zugestehen, selbständig beurteilen und entscheiden zu können, was den Zwecken (Zielen) entspricht, was nicht. Jede Annahme eines solchen „vitalen Agens", eines nichträumlichen „Werdebestimmers", einer „ganzmachenden Ursache" (H. DRIESCH), die für die harmonische Einheit, die Zweckmäßigkeit von Strukturen und Funktionen, die „Planmäßigkeit" (J. VON UEXKÜLL) und Zielstrebigkeit im Organischen verantwortlich gemacht wird, und damit jeder Vitalismus, muß deshalb zwangsläufig in einen Psychismus und Mystizismus münden (**psychologisch-teleologischer Aspekt der Kritik**).

Die **Wurzeln des Vitalismus** liegen, wie beim Mechanismus, im klassischen Altertum (Kap. 0.3.). ARISTOTELES (384–322 v.Chr.) kann als der Begründer des Vitalismus angesehen werden. Nach dem neuzeitlichen Vitalismus (G. E. STAHL 1660–1734) ist das Wesentliche die Seele („*anima*"), sie beherrsche den Körper und bewahre ihn vor der Zersetzung. Dieser Lehre folgten im 18. und 19. Jh. vor allem P. J. BARTHEZ, X. BICHAT, daneben C. F. WOLFF, J. P. BLUMENBACH, G.R. TREVIRANUS, K.E. von BAER, J. MÜLLER u. a. In der Mitte des 19. Jhs. verlor der Vitalismus an Attraktivität, um um die Jahrhundertwende als „**Neovitalismus**" (H. DRIESCH, J. v. UEXKÜLL, J. REINKE u.a.) neu zu entstehen.

Der Vitalismus mußte in der Geschichte eine Position nach der anderen aufgeben. Die Lebenskraft der älteren Vitalisten sollte noch fähig sein, „die Kräfte, Gesetze und Verhältnisse der chemischen Natur zu verändern, zum Teil ganz aufzuheben" (HUFELAND 1795). Daß organische Stoffe nur mit Hilfe der „Lebenskraft" entstehen könnten, wurde durch WÖHLERs Harnstoffsynthese (1828) widerlegt. Daß der Zuckerabbau (Atmung, Gärung) eine spezielle Leistung nur lebender Zellen sei (PASTEUR), wurde mit Hilfe zellfreier, zuckervergärender Enzymextrakte widerlegt (BUCHNER 1897). Besonders schwer wog gegen den Vitalismus der Nachweis RUBNERS (1854–1932), daß der Energieerhaltungssatz auch im Organischen voll gültig ist (Kap. 1.2.1.). Eine weitere Bastion des Vitalismus mußte aufgegeben werden, als die Physiker mit der Entdeckung der „dissipativen Strukturen" (PRIGOGINE) zeigten, daß Strukturbildung nicht im Widerspruch zum zweiten Hauptsatz der Thermodynamik (Entropiesatz) stehen muß, hatte doch noch der Philosoph Henri BERGSON (1859–1941) das übernatürliche Wesen des Lebens als „Kampf gegen die Entropie" zu definieren versucht.

Trotzdem wäre es falsch, wie es oft geschehen ist, die **Rolle des Vitalismus** in der Geschichte nur negativ zu sehen. Es muß anerkannt und positiv vermerkt werden, daß durch die Vitalisten die Aufmerksamkeit der Forscher immer wieder auf die das Lebendige kennzeichnenden, für das Lebendigsein charakteristischen Wesenszüge gelenkt worden ist. In Gegenreaktion zu den reduktionistisch orientierten mechanistischen Lebenstheorien wurden die wesentlichen Aspekte und Eigenschaften lebendiger Entitäten klar herausgearbeitet und die Unzulänglichkeit der Erklärungsversuche im Rahmen der *zeitgenössischen* Physik und Chemie bloßgestellt. Das gilt insbesondere für die „**Maschinentheorie des Lebens**", die Ende des vergangenen Jahrhunderts eine Neuauflage erlebte, wie man sie nicht mehr für möglich gehalten hätte. Wenn auch die Antworten der Vitalisten unbefriedigend waren oder gar falsch ausfielen, so waren die Fragen, die sie immer wieder aufwarfen, voll berechtigt. Es ist sicher kein Zufall, daß ausgerechnet ein Vitalist, nämlich Hans DRIESCH (1867–1941), den Begriff des „Systems", der sich in der Biologie als so außerordentlich tragfähig erwiesen hat, in die Biologie eingeführt hat.

Die dem Vitalismus entgegenstehende Lebenstheorie wird oft als **Mechanismus** gekennzeichnet. Der Begriff des Mechanismus wurde und wird in mindestens drei verschiedenen Bedeutungen benutzt:
- Mechanismus = **Mechanizismus**. Erklärung der Lebenserscheinungen allein aus den Prinzipien der Newtonschen Mechanik. Heute nicht mehr vertretbar.
- Mechanismus = **Maschinentheorie**. Lebensvorgänge als Summe isolierter physikalischer bzw. chemischer Vorgänge, die sich an starren, vorgebildeten Strukturen abspielen. Heute nicht mehr ernsthaft vertretbar.
- Mechanismus = **Physikalismus**. Erklärung der Lebenserscheinungen, schließlich des Lebendigseins selbst, allein aus der Physik und Chemie. Meist gekoppelt mit der Position des **Reduktionismus**.

Es steht außer Zweifel, daß die physikalische (und die chemische sei hier einbezogen) Gesetzlichkeit *uneingeschränkte* Gültigkeit im Organischen besitzt und daß auch die Organismen – wie jeder Körper – sich aus Atomen und Molekülen, die in Wechselbeziehung zueinander stehen, zusammensetzen. Und trotzdem: Die *zeitgenössische* Physik erfaßt mit ihren Theorien die eigentümlichen Naturobjekte, die wir als „lebendig" bezeichnen, in ihrer selbstorganisierten, funktionalen Komplexität aufgrund eines internen Programms (s.u.) noch nicht oder noch sehr unvollständig. Sie muß sich in ihrem Gegenstandsbereich wesentlich erweitert haben, um auch die lebendigen Naturobjekte mit zu erfassen. Ob wir diese erweiterte Physik der Zukunft noch „Physik" nennen oder einen anderen Namen für diese umfassende Naturlehre finden, liegt völlig in unserem Belieben. Damit wäre aber nicht eine „Reduktion" der Biologie auf die (zeitgenössische) Physik vollzogen, sondern eine Verschmelzung beider Wissenschaftsdisziplinen durch Erweiterung ihrer Gegenstandsbereiche. Letzt-

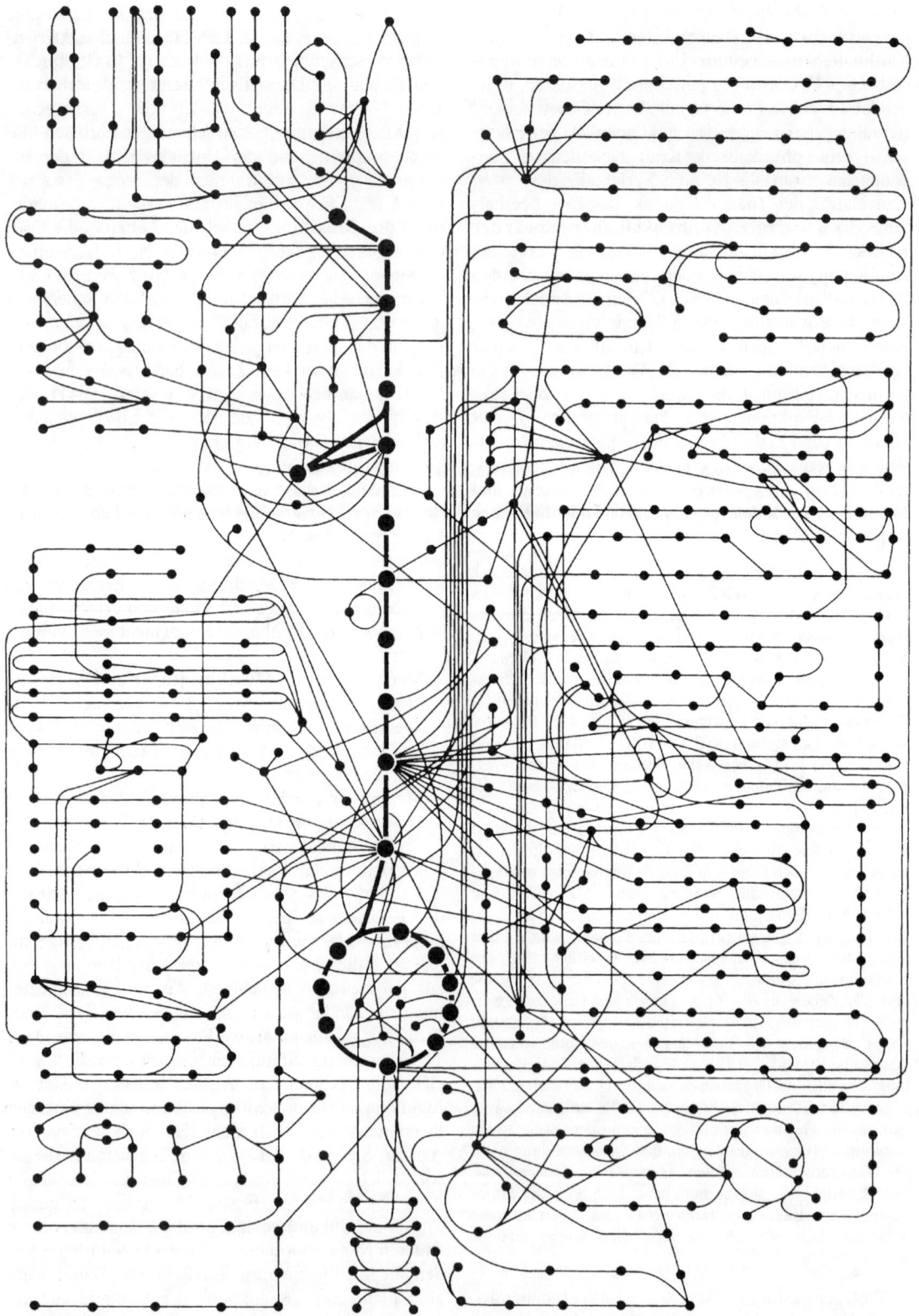

Abb. 0.4. Schema des "Netzplanes" der in einer Zelle ablaufenden chemischen Umwandlungen kleiner Moleküle. Der Glykolyse-Weg und der Citratzyklus sind durch kräftigere Punkte und Linien hervorgehoben. Aus ALBERTS et al. 1986.

lich gibt es nur eine Welt und nur eine Gesetzlichkeit in dieser Welt. Jede Unterteilung der Wissenschaft in Disziplinen ist Menschenwerk, ist künstlich, willkürlich.

Die „**Mechanisten**" vermeiden – aus gutem Grunde – die vitalistische Hypothese, können aber ebenfalls keine zufriedenstellende Antwort auf die zentralen Fragen der Biologie liefern. Es gibt zwei „Lager" der Mechanisten. Die einen kümmern sich nicht um eine Antwort und verweisen lediglich auf zukünftige Erkenntnisfortschritte, die, so deren optimistische Grundhaltung, eine „mechanische" Erklärung im Rahmen der physikalischen Gesetzlichkeit möglich machen werden. Die anderen ziehen voreilig aufgrund oberflächlicher Ähnlichkeiten zwischen Lebenserscheinungen einerseits und physikalischen Prozessen andererseits unzulässige Schlußfolgerungen, die einer genaueren Analyse nicht standhalten.

In der bisherigen Geschichte war *jede* Formulierung im Sinne des „**ontologischen Reduktionismus**" (MacKAY), daß ein Lebewesen „nichts anderes als" eine Aggregation von Atomen und Molekülen und den sich zwischen ihnen abspielenden Wechselwirkungen, „nichts anderes als" eine Maschine, „nichts anderes als" eine „Verstärkerordnung", biologische Strukturbildung „nichts anderes als" Selbstorganisation, Biologie „nichts anderes als" Physik und Chemie der Lebewesen sei, nicht nur wenig hilfreich, sondern schlicht falsch.

0.2.2. „Leben" – eine *selbst*erhaltende Organisation, *selbst*bestimmte Ordnung

Für alles Lebendige sind drei Eigenschaften charakteristisch (OPARIN, EIGEN u. a.): ein Stoffwechsel (Metabolismus), die Fähigkeit zur Selbstreproduktion und eine Mutabilität. Unter diesen drei Merkmalen nimmt der **Metabolismus** zweifellos eine besondere, zentrale Stellung ein. Versuchen wir einmal, nicht die Lebewesen, sondern den lebendigen *Zustand* dieser Wesen, wie er zu jedem Zeitpunkt herrscht und aufrechterhalten wird, zu charakterisieren, unabhängig davon, ob das Lebewesen sich fortpflanzt oder nicht, unabhängig davon, ob Mutationen in seinem Genom auftreten oder nicht, so bleibt von diesen drei Eigenschaften nur noch der Metabolismus übrig. Fortpflanzung ist für die Bestandssicherung über die Generationen hinweg und Mutationen sind für die Evolution von grundlegender Bedeutung, beide stellen aber kein konstitutives Merkmal des lebendigen *Zustandes* dar.

Im Metabolismus muß man dagegen *das* wesentliche Merkmal des lebendigen Zustandes sehen. Eine Definition dieser im Metabolismus sich äußernden „**organisierten" Dynamik** käme einer Definition des lebendigen Zustandes gleich. Der Metabolismus (Abb. 0.4.) ist nicht Stoffumsatz schlechthin. Er exi-

stiert nur in organisierter Einheit von Katabolismus und Anabolismus, von „Betriebs-" und „Baustoffwechsel". Im Lebewesen kann man im Gegensatz zu allen menschlichen Artefakten zwischen Baustoffen und Betriebsstoffen nicht scharf trennen. Lebewesen sind Systeme, die aus ihren Betriebsstoffen nicht nur Energie schöpfen, sondern auch sich selbst aufbauen.

Der Stoffwechsel hat drei allgemeine Funktionen: 1. Gewinnung chemischer Energie durch Abbau energiereicher Stoffe aus der Umgebung bzw. aus eingefangener Sonnenenergie. 2. Umwandlung der Nahrungsmoleküle in die Bausteinvorstufen der Makromoleküle. 3. Aufbau der körpereigenen Makromoleküle. Obwohl der Stoffwechsel Hunderte verschiedener enzymkatalysierter Reaktionen umfaßt, gibt es nur eine geringe Anzahl von zentralen Stoffwechselwegen, die in fast allen Lebewesen identisch sind.

Weder eine Flamme (Abb. 0.5.) noch eine Maschine hat einen Metabolismus, auch nicht solche zellfreien Systeme, in denen eine Replikation der DNA *in vitro* abläuft, falls die entsprechenden energiereichen Bausteine und Enzyme bereitgestellt werden. Alle diese Systeme verkörpern nur irreversible „Bergab-Flüsse", einen durch ständigen Nachschub von „Brennmaterial" gewährleisteten kontinuierlichen Zerfall. Ihnen fehlt die *Selbst*erneuerung durch einen mit dem Katabolismus verknüpften Anabolismus.

Erst die Einheit von Ana- und Katabolismus im Metabolismus gewährleistet die für den lebendigen Zustand so charakteristische ununterbrochene **Selbstreproduktion** (Selbsterhaltung). Die lebendigen Systeme befinden sich bei den Temperaturen ihrer Exi-

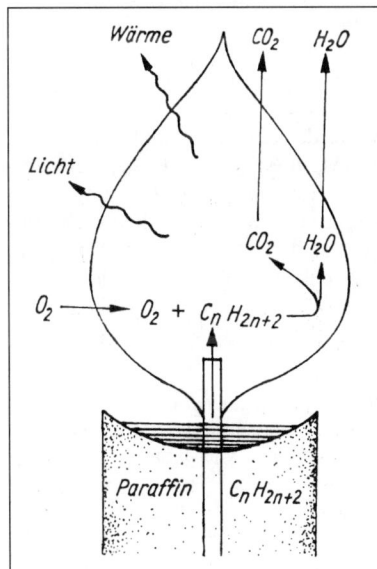

Abb. 0.5. Die Kerze als offenes System im Fließgleichgewicht mit einem Stoff-Umsatz, aber keinem Stoffwechsel (Metabolismus) in biologischem Sinne.

stenz in einem ständigen Zerfall und Wiederaufbau. Davon ist keine Substanz und keine Struktur ausgenommen, auch nicht die Erbsubstanz, die laufend „repariert" werden muß, und auch nicht die oberflächlichen „Grenzen" des Systems. Lebende Systeme stellen sich dauernd verfallend wieder her, zeigen also eine **zyklische Natur**; sie sind nicht nur **selbstherstellend**, sondern auch **selbsterhaltend**.

Da die Selbstreproduktion unter quasi-isothermen Bedingungen mit hinreichender Geschwindigkeit geschehen muß und außerdem die meisten Reaktionen sehr unwahrscheinlich sind, sind Katalysatoren (**Biokatalysatoren: Enzyme**) für die einzelnen Reaktionsschritte unumgänglich. Auch diese Stoffe (Proteine) findet der Organismus nicht in seiner Umgebung fertig vor, sondern muß sie selbst durch Synthese bereitstellen. Die Mehrzahl von ihnen, wahrscheinlich mehr als 90%, sind „Transferasen", katalysieren also die Übertragung von „Gruppen" oder Elektronen. Die Biokatalysatoren sind wesentlich effizienter und spezifischer als künstliche Katalysatoren, wie sie in der Industrie oder im Labor zum Einsatz kommen.

In allen lebendigen Systemen geschieht etwas, das Leben selber ist Geschehen, es ist Prozeß, Leistung. Damit ist gleichzeitig gesagt, daß die lebendigen Systeme **thermodynamisch „offene" Systeme** sein müssen, die in einem ständigen, aber kontrollierten Austausch von Stoffen und Energie mit ihrer Umgebung stehen. Es gibt keinen Stillstand, alles ist in ständigem Fluß. Man hat die Lebewesen als offene Systeme im „dynamischen Gleichgewicht" gekennzeichnet. Ludwig von BERTALANFFY (1901–1972) prägte in diesem Zusammenhang den Begriff des „**Fließgleichgewichtes**". Dieser „stationäre" Zustand fernab vom thermodynamischen Gleichgewicht muß aktiv aufrechterhalten werden, kostet ständig Energie, die der Umwelt entzogen werden muß. Nur so kann der allgemeinen Tendenz in der anorganischen Welt zur Zunahme der Entropie entgegengewirkt und ein Niveau niedriger Entropie (hohen Ordnungsgrades) aufrechterhalten werden. Auch lebendige Systeme stellen **dissipative Strukturen** dar, denn sie gewährleisten ihren hohen Grad an innerer Ordnung durch dissipative Vorgänge im Innern und Abgabe des Entropieüberschusses an die Umgebung. Der **Entropieexport** beruht bei Lebewesen im wesentlichen auf drei Prozessen: 1. Wärmeabgabe, 2. Stoffaustausch mit der Umgebung und 3. Stoffumwandlung im Innern.

Eine „**dissipative Selbstorganisation**" (E. JANTSCH) kann auch in komplexen anorganischen offenen Systemen im überkritischen Abstand vom Gleichgewicht durch Kooperation zwischen seinen Teilsystemen zustande kommen und zu Strukturen („dissipativen Strukturen") führen. Paradebeispiele dafür sind die Bénardzellen in Flüssigkeitsschichten, die Belousov-Zhabotinsky-Reaktion oder auch der Laser. Sie sind allerdings nur sehr bedingt als Paradigma für die biologische Strukturbildung brauchbar, da der für die Herbeiführung und Aufrechterhaltung dieser Strukturen notwendige Entropieexport durch äußere Triebkräfte und nicht durch innere, systemimmanente Bedingungen gewährleistet wird. Das heißt, die Entropiepumpe befindet sich außerhalb des strukturbildenden Systems. Man kennzeichnet sie deshalb sinnvollerweise als **passive strukturbildende Systeme** und stellt sie den aktiven gegenüber. Das „Selbst" bei solchen „selbstorganisierenden" Systemen soll lediglich ausdrücken, daß die auftretenden Strukturen das Ergebnis innerer Wechselbeziehungen und nicht von außen direkt aufgeprägt worden sind.

Bei den lebendigen Systemen ist die Entropiepumpe ein immanenter Bestandteil des Systems selbst. Der Ordnungszustand wird durch innere Mechanismen und Bedingungen herbeigeführt *und* aufrechterhalten. Lebendige Systeme sind somit **aktive strukturbildende Systeme**. Chrakteristisch für alles Lebendige ist das aus-sich-selbst-verlaufende Geschehen, die *selbst*bestimmte Ordnung. Da ist kaum etwas dem Zufall überlassen, wie bei der Bildung der Wolken am Himmel oder der Turbulenzen im Wasserstrahl. Die „Entscheidungen" sind vorgegeben, sie stellen keinen zufälligen „Symmetriebruch" dar.

Nicht die Summe der chemischen Reaktionen, sondern nur das „organisierte" Neben-, Mit- und Nacheinander der im Metabolismus zusammengefaßten chemischen Reaktionen garantiert die Weiterexistenz (Selbsterhaltung) des Lebewesens. Es repräsentiert nicht nur einen Ordnungszustand, sondern eine „**Organisation**". Die Lebewesen werden deshalb mit vollem Recht als „Organismen" bezeichnet, weil sie „organisiert" sind.

MATURANA und VARELA haben den Begriff der **Autopoiese** zur Kennzeichnung der Organisation lebendiger Systeme, sich ständig selbst zu erzeugen, geprägt. Ein autopoietisches System ist wesentlich auf sich selbst bezogen, es ist „**selbstreferentiell**" im Gegensatz zu den allopoietischen Systemen, wie z. B. die Maschinen, die auf eine, ihnen von außen gegebene Funktion ausgerichtet sind. Deshalb ist es bei den Maschinen möglich, ihre Tätigkeit von ihrer Existenz zu trennen. Sie benötigen keine freie Energie, um sich selbst zu erhalten. Den Lebewesen und allen ihren Zellen ist im Gegensatz dazu „eigentümlich, daß das ... Produkt ihrer Organisation sie selbst sind, das heißt, es gibt keine Trennung zwischen Erzeuger und Erzeugnis. Das Sein und das Tun einer autopoietischen Einheit sind untrennbar, und dies bildet ihre spezifische Art von Organisation" (MATURANA u. VARELA). Daß die Organismen trotz ständiger Selbstreproduktion immer sie selbst bleiben, verdanken sie ihrer inneren Organisation, einer inneren Planmäßigkeit und nicht einer bestimmten Konstellation von Umweltfaktoren oder gar einer bestimmten Zusammensetzung der Nahrung. Umweltfaktoren können die Existenz lebendiger Systeme zwar gefährden oder erst ermöglichen, sie aber nicht in ihrer Organisation bestimmen.

Der biologische Begriff der Organisation schließt das Konzept der **Funktionalität** ein. Ein System ist dann organisiert, wenn es bestimmte Funktionen aufgrund des besonderen Zusammenwirkens seiner Komponenten auszuüben in der Lage ist. Mit der Funktion ist ein Zweck und mit dem Zweck ein Ziel verbunden, wobei weder der Zweck noch das Ziel von außen gesetzt werden, sondern systemimmanent sind. Die zentrale Funktion der im Organismus, in jeder einzelnen Zelle ablaufenden vielfältigen stofflichen und energetischen Vorgänge ist es, wie wir bereits herausgestellt haben, zu gewährleisten, daß die ständige Selbstreproduktion des Systems, ihr ständiger Neuaufbau geschieht. Diesem „Zweck" sind alle Vorgänge untergeordnet. Lebendige Systeme besitzen deshalb eine integrierte, kohärente **Zweckmäßigkeit**. Laufen die Vorgänge im Organismus in der Summe nicht zweckmäßig im Sinne der Funktion ab, so ist das Lebewesen in seiner Existenz bedroht und stirbt ab. In der Biologie sind Fragen nach dem Zweck deshalb nicht nur legitim, sondern von größtem heuristischem Wert (s. 0.1.).

Die lebendigen Systeme können ihre spezifische „Organisation" auf die Dauer nur deshalb aufrechterhalten, weil sie in ihrem Genom einen internen Speicher abrufbarer **Informationen** besitzen. Sie unterscheiden sich auch darin grundsätzlich von allen anderen natürlichen Systemen. Alle im Metabolismus zusammengefaßten chemischen Reaktionen laufen nicht planlos, sondern in kontrollierter Weise nach einem **Programm** ab; und dieses Programm wird von einer Zentrale aus mit den notwendigen Informationen versorgt, gesteuert. „Leben ist die Verwirklichung codierter Anweisungen" (R. DULBECCO). Die im Genom verankerten Informationen sind gleichermaßen für die Konstanz wie für die determinierte Vielfalt der Lebensformen, für die Einzigartigkeit jedes Individuums verantwortlich. „Leben" bedeutet auch **Individualität**.

Die „Baupläne" aller Lebewesen sind in der Sequenz der Nukleotide ihrer DNA niedergeschrieben. Die „Chemie" ist dabei für den Menschen dieselbe wie für das Bakterium *Escherichia coli*. Das entscheidend Neue ist, daß die vier Nukleobasen in der DNA die Rolle von „Sprachsymbolen" übernommen haben, in deren Sequenz Nachrichten codiert, Informationen niedergelegt werden können. Die Chemie tritt in den Hintergrund, entscheidend wird die **Information**. Alle Lebewesen verarbeiten diese Information prinzipiell nach dem gleichen Schema

„Legislative" (DNA) ⇒ „Nachricht" (RNA) ⇒ „Exekutive" (Protein) ⇒ „Funktion" (Metabolismus),

benutzen einen universellen genetischen Code sowie eine universelle chemische Maschinerie.

Im Genom sind in Milliarden von Jahren, seit dem Ursprung des Lebens auf unserer Erde, im Prozeß der Evolution schrittweise „lebensnützliche und -wichtige" Informationen selektiv gespeichert worden. Insofern ist, wie Konrad LORENZ (1903–1989) es formulierte, **Leben** auch ein „**kognitiver Vorgang**". Es gibt im Anorganischen nichts Vergleichbares. Im Genom sind die positiven „Erfahrungen" der Geschichte verschlüsselt niedergelegt. Im Gegensatz zu dem forschenden Menschen kann das Genom nicht aus seinen Irrtümern, sondern nur aus seinen Erfolgen lernen. So trägt jedes Lebewesen auch Spuren seiner eigenen Geschichte in sich. Organismen sind **historische Wesen** und nur aus ihrer Geschichte heraus voll verständlich.

Das Genom, die DNA, ist quasi der einzige Speicher für die genetische Information und bestimmt letztendlich alles relativ unabhängig von äußeren modulierenden Einflüssen. Auch die **Formbildung** – ebenso wie alle anderen Lebensäußerungen – ist eine Systemleistung. Das Genom enthält keine Beschreibung des ausgewachsenen Organismus, sondern nur „Anweisungen" für seine Entwicklung. Jedes erreichte Entwicklungsstadium ebnet erst den Weg für die nächsten Schritte. Das Genom enthält neben den Anweisungen für die Herstellung der Proteine in der Zelle, die als Strukturproteine, Enzyme, Signalstoffe, Rezeptormoleküle, Zelladhäsionsmoleküle, Transportproteine, Ionenkanäle etc. ihre spezifischen Funktionen erfüllen, auch das Programm zur Steuerung ihrer Synthese. Es bestimmt, welches Protein zu welcher Zeit und an welchem Ort gebildet wird. Es existiert ein komplexes Geflecht von Wechselwirkungen zwischen den Genen untereinander sowie zwischen den Genen und den im Cytoplasma bereits vorliegenden Faktoren. Schließlich *machen nur Zellen wieder Zellen!*

Durch das Prinzip der „**Selbstbewegung**", durch die „**Autoergie**" (W. ROUX), durch die **Autonomie** allen Geschehens, durch die „Organisation" auf der Grundlage eines internen Programms unterscheiden sich die lebendigen Systeme grundsätzlich von allen durch Menschenhand und -geist hervorgebrachten Artefakten und erst recht von allen natürlichen anorganischen Systemen. Dieses „**Selbst**" ist es, was mechanistisch-physikalistisch orientierte Naturwissenschaftler und Philosophen in der Vergangenheit und heute nur sehr ungern zur Kenntnis nehmen oder gar verschweigen, weil uns die Erklärung trotz phantastischer Fortschritte auf den Gebieten der Molekular- und Entwicklungsbiologie immer noch schwerfällt. Die Antworten, die uns die Vitalisten in der Vergangenheit angeboten haben, blieben unbefriedigend, weil sie das Problem nicht lösten, sondern lediglich in einen hypothetischen „Faktor" verlagerten.

Erst in unseren Tagen sind uns mit der Ausarbeitung der Theorie dissipativer Strukturen, der Chaostheorie, der Informationstheorie, der Systemtheorie und der Kybernetik, aber auch durch die gewaltigen Fortschritte in der Molekularbiologie und Biochemie Einsichten vermittelt und Denkansätze geliefert, die uns eine Einordnung des Phänomens „Leben" in die allgemeine Naturgesetzlichkeit unserer Welt jenseits von Vitalismus und Mechanismus möglich erscheinen lassen, ohne daß sie bereits als gelungen bezeichnet werden kann.

0.3. Abriß der Geschichte der Physiologie und des Lebensproblems

0.3.1. Altertum und Mittelalter

Für den frühen Menschen, in seinem Erfahren und Denken auf seiner Mutter Erde fest verankert, war das Leben allgegenwärtig, war das Sein mit Lebendigsein identisch, lief die Seinsdeutung auf einen Animismus, einen „urzeitlichen Panpsychismus" (H. JONAS) hinaus. Nicht das „Leben", das Lebendigsein, trat deshalb zuerst als Rätsel in das Bewußtsein, sondern das Phänomen des Todes. Seine Anerkennung hätte auf dieser Stufe des Denkens die Verneinung der animistischen Grundposition bedeutet. Es blieb als einzige Konsequenz die Verneinung des Todes, der Glaube an ein Fortleben nach dem Tode.

Noch bei den **ionischen Naturphilosophen** des 6. Jh. v. Chr. (THALES, ca. 624–546 v. Chr.; ANAXIMENES, geb. um 528 v. Chr.; ANAXIMANDROS, ca. 638–547 v. Chr.) trat das Problem des organischen Lebens gar nicht als ein gesondertes auf. In Abkehr von dem mythischen Denken, daß alles Gewordene wie alles Werden auf das Wirken persönlicher Mächte zurückzuführen sei, nahmen sie als erste unter den Griechen eine rein natürliche Ursache aller Dinge an und versuchten, alles Weltgeschehen aus einem „Urgrund", für den seit ARISTOTELES das Wort „Archē" steht, zu erklären. Dieser Urgrund wurde von ihnen aber bereits als lebendig, von sich aus bewegt, vorausgesetzt („**Hylozoisten**"). Er enthält das sich Erhaltende und sich Verändernde noch ungetrennt beieinander.

Das Moment des Erhaltenden und das des Verändernden, des Werdenden, im „Urgrund „ der Ionier noch untrennbar beieinander, traten in der Philosophie der Eleaten und des HERAKLIT auseinander. Dieser Urgrund wurde bei den **Eleaten** (PARMENIDES, ca. 540–470 v. Chr.) zum Ungewordenen und Unveränderlichen, zu dem Ruhenden, Sichgleichbleibenden. Er wurde bei HERAKLIT von Ephesus (ca. 544–484 v. Chr.) zu dem ewig Unruhigen, Veränderlichen: Archē ist weder Wasser noch Luft, sondern das Werdende, für das das Feuer, die Flamme, das ewige Symbol wurde.

Der Pythagoreer und Arzt ALKMAION (um 500 v. Chr.) aus dem unteritalienischen Kroton führte erstmals **Vivisektionen** an Tieren durch und entdeckte unter anderem, daß die Sinnesorgane über Nervenstränge mit dem Gehirn verbunden sind. Er ist mit Recht als der „erste griechische Physiologe" bezeichnet worden. Den Tieren sprach er zwar sinnliche Wahrnehmungen, aber nur den Menschen ein Denkvermögen zu.

Ein Bemühen, das Leben zu erklären, trat erst dann als besonderes Anliegen der Wissenschaft in Erscheinung, als das Lebendigsein nicht mehr von vornherein als Eigenschaft des Urgrundes wie bei den ionischen Naturphilosophen, als Teil einer allgemeinen Wohlordnung und Harmonie wie bei den Pythagoreern oder als Teil einer Weltzweckmäßigkeit wie bei PLATON (427–347 v. Chr.) , sondern als ein *Sonderfall* erschien. ARISTOTELES (384–322 v. Chr.) kann als „Entdecker des Organischen in seiner Eigenart" (A. MESSER) bezeichnet werden. Die uns umgebenden Dinge in der Natur erschienen ihm deutlich und grundsätzlich in zwei verschiedene Bereiche geschieden zu sein: das Reich des „Unorganischen" und das des „Organischen". Die Bezeichnung der Lebewesen als organisch bedeutet bei ARISTOTELES im ursprünglichen Sinne dieses Wortes, daß die Lebewesen und ihre Teile als die „Werkzeuge" ihrer Seelen aufgefaßt werden, die der Ernährung, Erhaltung und Fortpflanzung des Ganzen dienen und überhaupt „nur der Seele wegen da seien". Diese Seele ist für ihn die letzte Ursache des Lebens überhaupt. ARISTOTELES kann deshalb als erster Vertreter einer **vitalistischen Lebenstheorie** bezeichnet werden.

Von ARISTOTELES stammen insgesamt drei große zoologische Schriften: „Die Geschichte der Tiere" (*Historia animalium*), „Über die Teile der Tiere" (*De partibus animalium*) und „Über die Fortpflanzung der Tiere" (*De generatione animalium*). In ihnen, von den „Erscheinungen" über die „Ursachen" zur „Entstehung" fortschreitend, hat er das umfangreiche, auf seine Veranlassung von seinen Schülern systematisch gesammelte Beobachtungsmaterial seiner Zeit geordnet, verglichen, systematisiert und ausgewertet. So beschrieb er bereits mehr als 400 Tierarten. Bei aller Mangelhaftigkeit und Unsicherheit des Werkes in vielen Punkten bleibt das positive Urteil BUFFONS und CUVIERS über die ARISTOTELISCHE Zoologie berechtigt: „In gleicher Vollkommenheit ist nie mehr die Absicht durchgeführt worden, die Biologie als Teil der Allgemeinwissenschaft einzugliedern, sie aber auch andererseits als Ganzes aus den Erscheinungen systematisch ... aufzuarbeiten, der Mannigfaltigkeit der Natur ebenso gerecht zu werden, wie ihrer Einheit", urteilte Rudolph BURCKHARDT zu Recht.

In der Physiologie ist ARISTOTELES dagegen nicht wesentlich über HIPPOKRATES hinausgelangt. Hier waren seine Erfahrungen erheblich mangelhafter als in der Morphologie.

HIPPOKRATES (ca. 460–377 v. Chr.) lebte zur Zeit PERIKLES' (443–429 v. Chr.) an der kleinasiatischen Küste in Kos und war ein Zeitgenosse von DEMOKRIT, SOKRATES und SOPHOKLES. Er gilt als der „Vater" der abendländischen wissenschaftlichen Medizin. Er begründete eine umfangreiche Schule. Von den 53 Schriften des „Corpus Hippocraticum" sind die meisten nicht von ihm selbst, sondern von Zeitgenossen und Schülern verfaßt worden. Seine „Physiologie" mußte, obwohl sie versuchte, von Beobachtungen auszuge-

hen und alles Geschehen auf natürliche Kräfte zurückzuführen, in wesentlichen Teilen spekulativ bleiben, da fundierte anatomische Kenntnisse fehlten. Das analytisch-expe-
rimentelle Vorgehen in der Physiologie war den Griechen
noch weitgehend fremd. Grundlage der hippokratischen
Physiologie bildete die **Lehre von den vier Körpersäften**
Blut, gelbe Galle, schwarze Galle und Schleim. Die Säfte in
richtiger Mischung (*Eukrasie*) bedeutet Gesundheit, falsche
Mischungsverhältnisse (*Dyskrasie*) Krankheit. Diesen Säf-
ten wurden weitere Entsprechungen zugeordnet: die vier
Elemente Luft, Feuer, Erde und Wasser, die vier Lebensal-
ter, die vier Jahreszeiten, die Organe Herz, Leber, Milz und
Gehirn und – im Mittelalter – die vier Temperamente San-
guiniker (Blut), Choleriker (gelbe Galle), Melancholiker
(schwarze Galle) und Phlegmatiker (Schleim).

Das Sein hat für ARISTOTELES zwei konstituierende
Elemente: den „Stoff" als Substrat und die ihn be-
stimmende Form. Werden bedeutet Übergang aus einer Möglichkeit in eine Wirklichkeit. Die Möglichkeit liegt in dem Stoff, die Wirklichkeit beruht auf der
Form. Im Organischen bedeutet die Verwirklichung
einer Form gleichzeitig die Erfüllung seines Zweckes.
Die Seele ist deshalb für ARISTOTELES nicht nur die
bewegende Ursache, sondern zugleich das gestalten-
de Prinzip, die „Form" des Leibes, dessen „**Zweckursache**". „Seele ist", so ARISTOTELES, „die (erste) Entelechie, d.h. zweckentsprechende Verwirklichung eines natürlichen Körpers, der die Fähigkeit hat zu leben. **Entelechie** ist bei ARISTOTELES zugleich Form-,
Wirk- und Zweckursache, das eigentlich dynamische
Prinzip, die wirkende Kraft des Lebendigen. Als
„ernährende" Seele bestimmt sie die Ernährung, das
Wachstum und die Entwicklung *aller* Lebewesen, als
„empfindende" Seele bestimmt sie außerdem die
Wahrnehmung, die Vorstellung, das Gedächtnis und
die Handlungen der Tiere und, schließlich, in ihrer
höchsten Form als „Vernunftseele" bestimmt sie das
Denken und Wollen allein des Menschen. Die durch-
gängige Zweckmäßigkeit der Formen und Funktionen
im Organischen werden bei ARISTOTELES zum Ausgangspunkt seiner Überlegungen, die ihn in Überwindung der „statischen Teleologie" PLATONS zum „**dynamischen Vitalismus**" führten. Diese großartige
Einheitlichkeit, auf das Ganze gerichtete Erfassung
der Wirklichkeit ging mit dem Übergang in die Neuzeit verloren.

In der **hellenistischen Zeit** verselbständigen sich
die Einzelwissenschaften. Die Philosophie verliert ihre
allesumfassende Rolle und wird selbst zur Spezialdis-
ziplin. Es bilden sich Forschungszentren heraus, z. B.
in Alexandria, Pergamon und Rhodos. Die durch ARI-
STOTELES vollzogene Verknüpfung von Anatomie,
Physiologie und Entwicklungsgeschichte der Tiere,
die vergleichende Systematisierung, fand keine nennenswerte Fortführung, geriet sogar zusehends wieder
in Vergessenheit. Einen gewaltigen Aufschwung nahm
dagegen die auf den Menschen bezogene Anatomie
und Physiologie in Alexandria unter den Ptolemäern.
Hier entstand unter HEROPHILOS und ERASISTRATOS

auch eine berühmte Ärzteschule, die ca. 400 Jahre lang
ihren nachhaltigen Einfluß ausüben sollte.

HEROPHILOS von Chalkeon (ca. 335–280 v. Chr.) hat erstmalig in großem Stil Sektionen an Menschen, ja sogar Vivisektionen an zum Tode verurteilten Verbrechern durchgeführt. ERASISTRATOS von Chios (Keos) (ca. 310–258 v.Chr.)
betrieb eine *physiologische* Anatomie. Er studierte die Herz-
klappen in ihrer Funktion und gab ihnen ihre wissenschaftlichen Namen, untersuchte an lebenden Tieren die Chylusbil-
dung, unterschied bereits aufgrund von Versuchen an lebenden Organismen zwischen motorischen und sensiblen Fasern
und prüfte experimentell sensible und motorische Lähmun-
gen nach Rückenmarksdurchtrennungen. In der Verdauung
sah er noch einen rein mechanischen Vorgang. Er hat auch
schon das Körpergewicht von Vögeln im Käfig vor und nach
Mahlzeiten und während der Hungerphasen gemessen.

Das physiologische Wissen seiner Zeit wurde am
Ausgang der Antike von Claudius GALENOS (129–201
n. Chr.), dem Leibarzt des Kaisers MARC AUREL, in
einer Reihe von Schriften zusammengefaßt. Seine
Lehren blieben bis zum Beginn der Neuzeit nahezu
unangefochten. Von PLATON und der Alten Stoa übernahm er die spekulativen Elemente der Pneumalehre,
von ARISTOTELES die teleologische Denkweise. Er
führte viele Vivisektionen und Tierexperimente durch
und schrieb auch eine anatomische Präparieranwei-
sung. Durch eigene Beobachtungen konnte er eine
Reihe alter Irrtümer ausräumen: so z. B. den Irrtum
von der Lufthaltigkeit (Blutleere) des linken Ventrikels und der Arterien. Er erkannte den morphologischen Zusammenhang von Gehirn, Rückenmark und
den peripheren Nerven, interpretierte die Funktion
des Muskelfleisches richtig und unterschied bereits
zwischen willkürlicher und unwillkürlicher Muskulatur. Er beschrieb die Thoraxbewegung als Muskel-
leistung und interpretierte die Funktion der Ernährung als Ersatz verlorengegangener lebender Substanz, die Funktion der Atmung als Heranführung
notwendiger Luft zur Erhaltung des Lebens. In der
Person GALENOS' hat die antike Medizin und Physiologie zugleich ihren Höhepunkt und Abschluß gefunden. Es sollte für mehr als tausend Jahre der letzte
größere, eigenständige Beitrag zur Physiologie bleiben. Die Schriften GALENOS' wurden im ganzen Mittelalter bis hin zu Andreas VESAL und William HAR-
VEY hoch geschätzt.

0.3.2. Neuzeit bis 1800

Die Lösung vom Mittelalter und der Start in die **Neuzeit** im 15./16. Jh., im Zeitalter der Renaissance, des
Humanismus und der Reformation, brachten in den
Künsten und der Wissenschaft ebenso wie im Hand-
werk und Handel einen ungeahnten Umschwung. In
der Wissenschaft war er verbunden mit der schrittwei-
sen Überwindung der auf die Methode „durch
Schließen zu Wissen" (HEGEL) ausgerichteten mittelal-

ARISTOTELES (384–322 v. Chr.)

William HARVEY (1578–1657)

Albrecht VON HALLER (1708–1777)

Lazzaro SPALLANZANI (1729–1799)

terlichen Scholastik zugunsten der Formierung eines neuen, auf Beobachtung und Messen setzenden Programms der wissenschaftlichen Forschung.

Im Jahre 1620 erschien das Hauptwerk Francis BACONs von Verulam (1561–1626), „*Novum Organon*", in dem er sich aphoristisch mit der aristotelischen Methodenlehre auseinandersetzte und betonte, daß in der wahren Naturwissenschaft nur durch Beobachtung und Experiment Erfahrungen gesammelt werden können. Nicht mehr die Autorität der geschichtlichen Überlieferung, sondern die lebendige Erfahrung, so lehrt er, „sei die einzige und wahrhafte Quelle des Erkennens". Die von ihm empfohlene Methode nannte er „**Induktion**". Im Gegensatz zu seinem Zeitgenossen, Galileo GALILEI (1564–1642), vermochte er jedoch nicht, die Bedeutung der Mathematik im Rahmen der neuen Wissenschaft richtig einzuschätzen.

Die in enger Verflechtung mit der Technik stattgefundene „Mechanisierung des Weltbildes", diese auch oft als „galileisch" apostrophierte Auffassung von der Wissenschaft war in der Folgezeit deshalb so außergewöhnlich erfolgreich, weil sie mit einer tiefgreifenden Einengung des Gegenstandes wissenschaftlicher Analyse verbunden war. Besonders in Italien begann man, dem Vorbild GALILEIS folgend, Leistungen von Organismen, wie Puls, Atmung, Harnausscheidung, Körpertemperatur und -gewicht messend zu erfassen. Santorio SANTORIO (1561–1636) erfand ein Pulszählgerät („Pulsilogium") und verwendete ein Thermometer zur Messung der Körpertemperatur. In langjährigen Versuchen verfolgte er in seiner „Stoffwechselwaage" die Entwicklung des Körpergewichtes im Vergleich zur aufgenommenen Nahrung und abgegebenen Harn- und Fäzesmenge. Er hatte in Nicolaus CUSANUS (Nicolaus von KUES) (1401–1464) einen bedeutenden Vorläufer.

Diese „galileische" Wende ging mit der **dualistischen** Spaltung unseres Weltbildes in die Welt der „*res extensa*" und die der „*res cogitans*" des René DESCARTES (1596–1650) einher. Die Naturwissenschaften hatten sich nur mit der ersteren zu befassen, die Welt der „*res cogitans*" wurde aus dem Gesichtskreis verbannt. Selbst die höchstentwickelten Tiere waren für DESCARTES nichts anderes als „Maschinen", Automatismen. „Hatte die alte Physik die ganze Natur vom organischen Leben aus verstanden, so wird nunmehr das Organische selbst einem geschärften Begriff des Mechanischen eingefügt" (R. EUCKEN).

In diese Zeit fällt auch die Begründung der modernen Physiologie durch William HARVEY (1578–1657). Er veröffentlichte 1628 nach über zwölfjährigem intensiven Forschen sein nur 78 Seiten umfassendes Werk „*Exercitatio anatomica de motu cordis et sanguinis in animalibus*", in dem er seine Lehre vom Blutkreislauf in mustergültiger Klarheit und Folgerichtigkeit entwickelte: „Das Blut bewegt sich bei den Lebewesen in einem Kreise ..., und es ist in immerwährender Bewegung, und dies ist die Tätigkeit ... des Herzens." HARVEYS Vorgehen wurde bei-

spielhaft für die weitere Physiologie. Er entwickelte seine Lehre ausschließlich aufgrund genauer und scharfsinniger anatomischer wie auch vivisektorischer Beobachtungen ohne die Heranziehung besonderer physikalischer oder chemischer Kenntnisse. Erst vier Jahre nach HARVEYS Tod konnte durch Marcello MALPIGHIs (1628–1694) Entdeckung der Kapillargefäße in der Lunge der Theorie HARVEYS ein weiterer wichtiger Baustein hinzugefügt werden. MALPIGHI kann als Begründer der mikroskopischen Anatomie bezeichnet werden.

Unter dem Eindruck der großen Erfolge physikalisch-mechanischer Forschungen trachteten im 17. Jh. viele Forscher danach, auch die Vorgänge im und am Organismus auf Kräfte und Bewegungen zurückzuführen. Unter diesen **Iatromechanikern** oder **Iatrophysikern** haben sich insbesondere der Neapolitaner und Schüler GALILEIS, Giovanni Alfonso BORELLI (1608-1679), Claude PERRAULT (1613–1688) in Paris und der Däne Niels STENSEN (Nicolaus STENO) (1638–1686) in Kopenhagen hervorgetan. Ihnen verdankt die Biologie eine Reihe wichtiger Erkenntnisse über die Mechanik verschiedener tierischer Bewegungsformen, wenn sie auch die Muskelkontraktion selbst mit den Mitteln der Mechanik nicht zu erklären vermochten. BORELLI untersuchte den Vogelflug, die Bewegung der Fische, die Mechanik der Atembewegungen, die Tätigkeit des Herzens und die Blutbewegung. Im Gegensatz zu DESCARTES stellte er fest, daß das Herz ein automatisch tätiger Pumpmuskel und kein Ort erhöhter Wärmebildung sei. Robert HOOKE (1635–1703) zeigte, daß man ein Tier nach Eröffnen des Thorax am Leben erhalten kann, wenn man die Lungen künstlich mit einem Blasebalg aufbläht. Er beobachtete auch bereits, daß das Blut beim Durchfließen der Lunge und nicht erst in der linken Herzkammer seine hellrote Färbung erhält. Diese und weitere Beobachtungen sind in der „*Micrographia*" (1667) zusammen mit seiner Beschreibung der „*cellulae*" im Kork und Holundermark veröffentlicht worden.

Die mit dem Beginn der Neuzeit stattgefundene **Entdeckung des Anorganischen** durch GALILEI, KEPLER, NEWTON und andere und die bewußte Abkehr von ARISTOTELES hatte auch die Folge, die durch den großen Griechen geleistete „Entdeckung des Organischen in seiner Eigenart" wieder zu verdrängen. Im Protest gegen den alles, also auch das Lebendige beanspruchenden „Mechanizismus" bei gleichzeitiger Übernahme des mechanistischen Bildes für die anorganische Welt erlebte das 17. Jh. auch ein Wiederaufblühen des **Vitalismus**. Er geht auf PARACELSUS' (1493–1541) Panvitalismus und die Traditionslinie der **Iatrochemiker**, vor allem des Holländers Jan Baptista van HELMONT (1577–1644), zurück.

HELMONT erkannte die Verdauung als einen Vorgang chemischer Zerlegung. Im ganzen Körper sollen feinste, gasartig gedachte Stoffe wirken, die er „Fermentum" nannte. Er war ein Mystiker, stand in Opposition zu den „heidnischen" Thesen eines ARISTOTELES oder GALENUS, sah in PARACELSUS seinen Meister. Seine dynamisch-chemische Theorie des Organismus faßte er in seinem Hauptwerk „Ortus medicinae" (postum 1648) zusammen. Von PARACELSUS übernahm er auch den Begriff des *Archeus*. Diese „Lebenskraft" wird als „inwendiger Werkmeister der Samen" gesehen, der die Lebensäußerungen dirigiert, den Plan des Handelns bestimmt, den Körper wie ein Feldherr die Armee beherrscht, der Werkmeister und Regent der Zeugung ist. Es gibt eine ganze Hierarchie solcher Kräfte, eine für die Lokomotion, eine für die Verdauung, eine für die Herztätigkeit usw. Im Gegensatz zu DESCARTES *erleiden* die Körper nicht die Wirkung der Kraft, sondern *bringen sie hervor*. Die Funktion von Puls und Atmung sah er nicht in der Abkühlung, sondern in der Verteilung der Wärme im Körper.

In diesem Zusammenhang ist auch Franz de la BOË (Franciscus SYLVIUS) (1614–1672) zu nennen. Er erkannte erstmalig die Bedeutung des Speichels neben dem Pancreassaft und der Galle für die Verdauung. Sein Anliegen war es, unter Vermeidung der magisch-mystischen Tendenzen eines HELMONT sowie aller theosophischen Spekulationen das Leben rein naturwissenschaftlich als chemischen Prozeß zu fassen, ohne Hinzuziehung besonderer Lebenskräfte oder -geister. Sein Schüler, Regnier de GRAAF (1641–1673), gewann 1664 aus einer künstlichen Pankreasfistel den Bauchspeichel. Johannes BOHN (1640–1718), „einer der bedeutendsten Experimental-Physiologen vor HALLER" (ROTHSCHUH), wies 1668–1677 nach, daß der Pankreassaft entgegen der herrschenden Meinung nicht sauer ist und daß die Galle nicht von der Gallenblasenwand, sondern von der Leber abgesondert wird. Den Iatrochemikern verdanken wir die wichtige Einsicht, daß das Lebendige als Chemismus aufzufassen sei, wenn auch ihre Beobachtungen sehr stark von spekulativen Überlegungen durchsetzt waren.

Einen Höhepunkt erreichte die vitalistische Strömung mit Georg Ernst STAHL (1660–1734), dem um 16 Jahre jüngeren Zeitgenossen NEWTONS. Er hat uns in seiner „Theoria medica vera" (1708) „das erste große System einer wissenschaftlichen theoretischen Biologie nach ARISTOTELES gegeben" (DRIESCH). Klar erkennt er, ein hervorragender Chemiker, die komplizierte chemische Zusammensetzung der Organismen und ihre labile Struktur als wesentliche Merkmale und ist damit vielen seiner Zeitgenossen voraus. Der Organismus, so STAHL, habe eine „mixtio specialis" und eine „aggregatio specialis", die beide von hoher Mannigfaltigkeit seien und auch leicht zerfielen. Ihre Erhaltung benötige besondere Kräfte. Es sei die „wahre bewußte Seele", die „anima rationalis", die sich den Körper durch gerichtete und geordnete Bewegungen schaffe: „Die Seele selbst baut sich den Körper, bewahrt ihn und handelt in allem in ihm und mit ihm auf ein bestimmtes Ziel hin."

STAHLS „**Animismus**" wurde von Gottfried Wilhelm LEIBNIZ (1646–1716) scharf attackiert. LEIBNIZ ging in seiner Na-

turphilosophie, wie seinerzeit vor ihm ARISTOTELES, wieder vom Leben aus. Seine „Monaden" waren „Lebenselemente", deren Wissen „Kraft" war. Dabei trennte er sich aber keineswegs völlig vom Cartesianismus. Er sträubte sich im Gegensatz zu STAHL, spezielle „organische Kräfte" anzuerkennen. An der Universität Montpellier in Frankreich erlebten STAHLS Gedanken in der zweiten Hälfte des 18. Jh. durch Théophile de BORDEU (1722–1776) und Paul Josef BARTHEZ (1734–1806) sowie seinen Schüler und Begründer der Zoohistologie Marie Francois Xavier BICHAT (1771–1802) eine nochmalige Blüte und Weiterentwicklung.

In die zweite Hälfte des 17. Jhs. fielen auch die zahlreichen Entdeckungen im Zusammenhang mit der Entwicklung der **Mikroskopie**. Es erschloß sich den „Mikroskopikern", dem Bolognesen Marcello MALPIGHI (1628–1694) sowie den Holländern Antony van LEEUWENHOEK aus Delft (1632–1723) und Jan SWAMMERDAM aus Amsterdam (1637–1680), ein beeindruckender Feinbau der Organnismen sowie eine vorher unbekannte Welt von Kleinlebewesen, von „Tierlein" („Animalcula"). Das Studium der Entwicklung der Insekten, der Frösche und der Vögel führte zur Auffassung der **Präformation**. Die Entwicklung erschien ihnen als das „Auswickeln" („Evolution") der vorher eingewickelt vorliegenden, präformierten Strukturen. Die „evolutionistische" Entwicklungslehre fand in Gottfried Wilhelm LEIBNIZ' (1646–1716) Auffassung von der Wirklichkeit, nicht nur des organischen Lebens, ihren beredten Niederschlag. Von den in seinen „Opera omnia" (1715–1722) von LEEUWENHOEK zusammengefaßten Beobachtungen sowie von den durch Hermann BOERHAAVE in der „Biblia natura" (1737–1738) der Allgemeinheit zugänglich gemachten Beobachtungen SWAMMERDAMS gingen in der Folgezeit viele Impulse zu weiterführenden Untersuchungen und zu Experimenten aus. Hier sind besonders René Antoine de REAUMUR (1683–1757) und Charles BONNET (1720–1793) zu nennen. SWAMMERDAM selber führte bereits Experimente zur Bestimmung der Volumenänderung des Muskels während seiner Kontraktion durch (s. das Frontispiz).

In der zweiten Hälfte des 18. Jh. vollzog sich in der Biologie ein „Paradigmenwechsel". Es wurde das aus dem 17. Jh. überkommene, an der Mechanik ausgerichtete „mechanomorphe" Modell des Organismus durch ein „biomorphes" abgelöst. Albrecht von HALLER (1708–1777) ist die überragende Persönlichkeit, sich weniger durch Originalität als durch enzyklopädische Breite auszeichnend. Er faßte das Wissen seiner Zeit auf dem Gebiet der Physiologie in einem achtbändigen Werk „Elementa physiologiae corporis humani" (1757–1766) zusammen und stellte sich damit ebenbürtig neben den Botaniker und Zoologen Carl von LINNÉ (1707–1778) und seinen Lehrer in Leyden, den Mediziner Hermann BOERHAAVE (1668–1738). Die Physiologie betrieb er – im Gegensatz zu den Iatromechanikern – noch vorwiegend qualitativ. Er versuchte, die anatomischen Kenntnisse mit der Physiologie zu verbinden, eine „beseelte" Anatomie (*Anatomia animata*) zu schaffen.

Zentrale Bedeutung erhielten bei ihm aufgrund zahlloser Reizversuche an lebenden Tieren unterschiedlicher Organisationshöhe die Begriffe der **„Irritabilität"**, die allen Organen mit Muskelfasern – im Gegensatz zu STAHL: unabhängig von der Seele! – zukommende Kontraktionsfähigkeit, und der **„Sensibilität"**, die den Nervenfasern zukommende Empfindlichkeit. Die „Irritabilität" von Muskeln, d.h. ihre Fähigkeit, Reize mit einer Kontraktion zu beantworten, hatte weit vor HALLER bereits Francis GLISSON (1597–1677) entdeckt. Nach HALLER besitzen die Gewebe zwar die spezifischen Eigenschaften der Irritabilität und Sensibilität, nicht aber die Fähigkeit zur Bildung und Neugestaltung (Anhänger des Präformismus!). HALLERS Lehren fanden breite Akzeptanz und verschiedene Abwandlungen, insbesondere im Rahmen der romantischen Naturphilosophie und des Vitalismus.

Johann Friedrich BLUMENBACH (1752–1840) unterschied insgesamt fünf „Lebenskräfte": Die Zusammenziehbarkeit des Zellgewebes, die Irritabilität, die Sensibilität („Nervenkraft"), die Kraft des besonderen Lebens und den Bildungstrieb (*nisus formativus*). Der tschechische Physiologe Georgius PROCHASKA (1749–1820) stellte die „Nervenkraft" der Newtonschen Gravitation zur Seite. Carl Friedrich KIELMEYER (1765–1844) nannte neben der Sensibilität und der Irritabilität noch die Reproduktionskraft, die Sekretionskraft und eine Propulsionskraft und untersuchte „die Verhältnisse" dieser Kräfte „untereinander in der Reihe der verschiedenen Organisationen".

Im 18. Jh. wurden auf verschiedenen Gebieten der Physiologie in engem Kontakt mit der Physik und Chemie bedeutende Fortschritte erzielt. Das betraf in erster Linie die Atmungs- und Verdauungsphysiologie sowie das Studium von Reflexbewegungen [Alexander STUART (1673–1742), Robert WHYTT (1714–1766) in Edinburgh, Georg PROCHASKA (1749–1820) in Wien] und die Entdeckung der tierischen Elektrizität durch Aloysius (Luigi) GALVANI (1737–1798). Seine Schrift „*De viribus electricitatis in motu musculari commentarius*" (1791) löste einen „Sturm ... in der Welt der Physiker, der Physiologen und Ärzte" aus (DU BOIS-REYMOND). Die Messung der „thierischen Elektricität" setzte allerdings physikalische Hilfsmittel voraus, die erst im Laufe des 19. Jh. entwickelt wurden.

Im Jahre 1754 wies Joseph BLACK (1728–1799) nach, daß bei der Atmung ebenso wie bei der Erhitzung von Kohle oder bei der Gärung „fixe Luft" (Kohlensäure) frei wird, die für Lebewesen tödlich ist. Joseph PRISTLEY (1733–1804) beobachtete 1771, daß durch grüne Pflanzen Luft, in der eine Kerzenflamme erloschen ist, wieder „gereinigt" werden kann. Seine Interpretation mußte fehlschlagen, da er noch der Phlogiston-Theorie Georg Ernst STAHLs an-

hing. Die wahre Natur der Atmung begann man erst mit dem Auftreten Antoine Laurent LAVOISIERS (1743–1794) zu verstehen. Im Jahre 1777 berichtet er vor der Pariser Akademie, daß die Verbrennung ebenso wie die Atmung mit einer Bindung „brennbarer Luft", als „Oxygène" bezeichnet, einhergehe. Zusammen mit seinem Freund Pierre Simon de LAPLACE (1749–1827) sieht er in der Atmung eine langsam ablaufende Verbrennung (Oxidation) des Kohlenstoffs, die in der Lunge unter Wärmebildung ablaufe. Beide bestimmten an Meerschweinchen in einem „Eiskalorimeter" den Zusammenhang zwischen der Verbrennung von Nahrung und der Erzeugung tierischer Wärme. LAVOISIER fand auch bereits (1785), daß das bei der Atmung verschwindende Sauerstoffvolumen größer ist als das im gleichen Zeitraum entstehende Kohlensäurevolumen. Er vermutete, daß ein Teil des Sauerstoffs zur Oxidation des Wasserstoffs zu Wasser verbraucht wird. Jean Henry HASSENFRATZ, ein Schüler des Mathematikers Joseph Louis LAGRANGE (1736–1813), kritisierte die Auffassung LAVOISIERS 1791 dahingehend, daß unmöglich der Ort der Oxidation auf die Lunge beschränkt sein könnte, weil in dem Falle die Lungen sich viel stärker erhitzen müßten. Er vermutete, daß die Oxidation im gesamten *Blut* vor sich gehe, ein Irrtum, der erst 1866 von Felix HOPPE-SEYLER (1825–1895) durch den Nachweis des Gewebes als Oxidationsort beseitigt werden konnte.

Im Jahre 1752 veröffentlichte Réné Antoine Ferchault RÉAUMUR (1683–1757) seine Schrift „*Sur la digestion des oiseaux*". Er gewann reinen Magensaft mit Hilfe verschlungener und von den Vögeln wieder erbrochener Schwämmchen. Lazzaro SPALLANZANI (1729–1799) machte eine Reihe wichtiger Beobachtungen, so z. B., daß die Verdauung auch außerhalb des Magens *in vitro* ablaufen kann (BOERHAAVE, HALLER u.a. maßen der Magenbewegung eine große Bedeutung bei) und bei höheren Temperaturen beschleunigt wird. Er schlußfolgerte, daß es sich bei der Verdauung um keinen Gärungs- oder Fäulnisprozeß handele. BORELLI (1743), RÉAUMUR (1756) sowie SPALLANZANI (1783) hatten auch schon die starken Kräfte, die im Muskelmagen des Huhnes erzeugt werden können, beobachtet.

0.3.3. Neunzehntes Jahrhundert

In der ersten Hälfte des 19. Jh. machte die Experimentalforschung in *Frankreich* große Fortschritte. Die Begründung einer empirisch-experimentell arbeitenden, streng mechanistischen Physiologie geht auf François MAGENDIE (1783–1855), Schüler und Nachfolger von BICHAT, zurück. Er begründete in Paris das erste physiologische Forschungslaboratorium. Seine schonungslosen Vivisektionen waren berühmt-berüchtigt. Er kann als der Begründer der experimentellen Pharmakologie gelten. Sein Lebenswerk mün-

Françoise MAGENDIE (1783–1855)

Johannes MÜLLER (1801–1858)

Claude BERNARD (1813–1878)

Carl LUDWIG (1816–1895)

dete in keine umfassende Lehre, er war vornehmlich Experimentator. Sein berühmtester Schüler und späterer Nachfolger wurde Claude BERNARD (1813–1878), der in Frankreich eine ähnliche Stellung einnahm wie Carl LUDWIG in Deutschland. Etwa zur gleichen Zeit wie MAGENDIE arbeiteten der außerordentlich geschickte Experimentalphysiologe Jean César LEGALLOIS (1770–1814), der die Bedeutung der *Medulla oblongata* für die Atmung, den Kreislauf und die tierische Wärme nachwies, und Marie Jean Pierre FLOURENS (1794–1867) in Frankreich. FLOURENS entdeckte das Atemzentrum. Ihm verdanken wir außerdem Erkenntnisse zur Funktion des Bogenganges im Ohr sowie zur Bedeutung des Kleinhirns für die Gleichgewichtslage beim Gehen.

In *Deutschland* geriet die Physiologie vorübergehend in den Bann der **romantischen Naturphilosophie** Friedrich Wilhelm Joseph SCHELLINGS (1775–1854). Das bedeutete Vernachlässigung der Einzelfallanalyse, der kritischen empirischen Forschung zugunsten spekulativer Allgemeinaussagen, deduktiver „Analogieschlüsse". Etwa um 1830/40 wurde der Einfluß durch Justus von LIEBIG (1803– 1873), den Philosophen Rudolph Hermann LOTZE (1817–1881), den Physiker und Physiologen Gustav Theodor FECHNER (1801–1867) und andere endgültig gebrochen.

Die Physiologie blieb in Deutschland noch stark von der vergleichenden und mikroskopischen Anatomie beherrscht. Anders als in Frankreich trennten sich Anatomie und Physiologie noch nicht voneinander. Es herrschte eine **„synthetische" Physiologie** vor. Man versuchte aus dem Bau der Organe ihre Tätigkeit abzuleiten. Carl Asmund RUDOLPHI (1771–1832) brachte es auf die Formel: „Die vergleichende Anatomie ist die sicherste Stütze der Physiologie, ja ohne dieselbe wäre kaum eine Physiologie denkbar." Jan Evangelista PURKYNĚ (1787–1869) bereicherte sowohl die Physiologie des Gesichtssinnes durch viele originelle Beobachtungen (z. B. „Purkyně-Phänomen"), als auch die Histologie (z. B. PURKYNĚ-Fasern im Herzen, PURKYNĚ-Zellen im Kleinhirn). Er gründete in Breslau eins der ersten Physiologischen Institute (1834). Sein begabtester Schüler war Gabriel Gustav VALENTIN (1810–1883), mit dem er 1834 die Flimmerbewegung entdeckte. VALENTIN arbeitete über das sympathische Nervensystem und schrieb ein viel beachtetes Lehrbuch der Physiologie.

Der Höhepunkt dieser Epoche war mit Johannes MÜLLER (1801–1858) erreicht. Noch in seinen Bonner Dozentenjahren beschäftigte er sich eingehend mit *subjektiv*-physiologischen Untersuchungen, die in den Schriften „Zur vergleichenden Physiologie des Gesichtssinnes der Menschen und Tiere" (1826), hier formuliert er unter anderem sein bekanntes „Gesetz der spezifischen Sinnesenergien", und „Über die phantastischen Gesichtserscheinungen" ihren beeindruckenden Niederschlag gefunden haben. Von seinen weiteren, vielfältigen physiologischen Studien

seien erwähnt: Die Bestätigung (1831) des von Charles BELL (1774–1842) seinerzeit mehr geschlossenen, von François MAGENDIE aber experimentell bewiesenen „Bellschen Gesetzes" von der motorischen Funktion der vorderen und sensorischen Funktion der hinteren Rückenmarkswurzel am Frosch sowie die Entdeckung der Lymphherzen beim Frosch. In den Jahren 1834 bis 1840, nun bereits in Berlin, gab er sein „Handbuch der Physiologie des Menschen" heraus. Danach verließ er die Physiologie.

MÜLLER teilte mit seinem Amtsvorgänger auf dem Lehrstuhl für Anatomie und Physiologie an der neu gegründeten Universität in Berlin, Carl Asmund RUDOLPHI (1771–1832), eine Abscheu vor Experimenten mit lebendigen Tieren, wie sie von MAGENDIE und seinen Schülern in großem Stil durchgeführt wurden, sah wohl auch, daß der Physiologie, so wie er sie noch betrieb, nicht mehr die Zukunft gehörte. Die Aufgabe der Physiologie interpretierte er noch in Goetheschem Sinne als das Suchen nach dem „göttlichen Leben in der Natur". Er widmete sich seitdem ausschließlich vergleichend-anatomischen Fragen. Bekannt sind seine Studien über *Amphioxus* und über die Myxinoiden (1835–1845). Eine Reihe großer Gelehrter sind aus der Schule MÜLLERs in Berlin hervorgegangen: Jakob HENLE (1809–1885), Theodor SCHWANN (1810–1882), Robert REMAK (1815–1865), Rudolf Albert VON KOELLIKER (1817–1905, Emil Du BOIS-REYMOND (1818–1898), Ernst Wilhelm Ritter VON BRÜCKE (1819– 1892), Hermann VON HELMHOLTZ (1821–1894), Rudolf VIRCHOW (1821–1902) u. a.

Im frühen 19. Jh. gewann auch die „**Tierchemie**" durch Jöns Jacob BERZELIUS (1779–1848), Friedrich WÖHLER (1800–1882) und Justus von LIEBIG (1803–1873) schnell an Bedeutung. Friedrich WÖHLER, Schüler von BERZELIUS, gelang 1828 die erste Synthese einer „organischen" Verbindung (Harnstoff) und Hermann KOLBE (1818–1884) eine komplette *in vitro*-Synthese (Essigsäure). Die „Reagenzglas-Physiologie" trat – nicht ohne Widerstand – an die Seite der üblichen Vivisektionen. Ein Markstein auf diesem Weg ist das Buch von LIEBIG „Die Tierchemie oder die organische Chemie in ihrer Anwendung auf Physiologie und Pathologie" (1842). Theodor SCHWANN entdeckte das Pepsin, Claude BERNARD das Leberglykogen. BERNARD wies auch die Zuckerbildung in der Leber (sie führte zum Begriff der „inneren Sekretion") nach (1855) und beschrieb das Auftreten von Harnzucker bei zu hohem Blutzucker. Er beschäftigte sich mit der Speichelsekretion und untersuchte die Wirkung des Pankreassaftes auf Fette und Stärke. Schließlich studierte er die Resorption von Eiweiß, Zucker und Fett sowie die Verdauung im Magen. Wichtig wurde seine Lehre von dem *„milieu intérieur"*, die von Lawrence J. HENDERSON (1878–1942) in den USA weiterentwickelt wurde und in den 1926 von Walter Bradford CANNON (1871–1945) geprägten Begriff der **Homöostase** einmündete. Um die Jahrhundertwende verselbständigte sich die „**Physiologische Chemie**", woran Felix HOPPE-SEYLER (1825–1895) in Straßburg und sein Nach-

folger, Franz HOFMEISTER (1850–1922), entscheiden-
den Anteil hatten.

Die Engländer und Amerikaner hatten zu dieser Zeit
in der Physiologie nichts Vergleichbares zur Seite zu
stellen. *England* hatte vorübergehend durch eine di-
stanzierte Haltung gegenüber den Naturwissenschaften an den Universitäten Oxford und Cambridge den
Anschluß verloren, Amerika hatte ihn noch gar nicht
erreicht. 1876 wurde im englischen Parlament ein Gesetz angenommen, das Experimente mit Hunden und
Katzen verbot, es kam zu Strafverfolgungen. Die Erneuerung der Physiologie in England ging von William SHARPEY (1802–1880) aus. Selbst Anatom, för-
derte er die Physiologie nachhaltig. Mit Michael FO-
STER (1836–1907) und John BURDON-SANDERSON
(1828–1905) entwickelten sich in der zweiten Hälfte
des 19. Jhs. leistungsfähige Zentren in Cambridge
bzw. London, aus denen hervorragende Physiologen
hervorgegangen sind, wie die Foster-Schüler Walter
Holbrook GASKELL (1847–1914), John Newport
LANGLEY (1852–1925) und Frederick Gowland HOP-
KINS (1861–1947) sowie die miteinander befreundeten
Burdon-Sanderson-Schüler William Maddock BAY-
LISS (1866–1924) und Ernest Henry STARLING (1866–
1927). Am Ende des Jahrhunderts war der Vorsprung
Frankreichs und Deutschlands wieder aufgeholt.

Wie bereits betont, verlor der Idealismus in
Deutschland in den vierziger Jahren des 19. Jh. ziem-
lich abrupt an Einfluß. Gleichzeitig wuchs das Anse-
hen der „positiven" Wissenschaften, insbesondere der
Naturwissenschaften, was den Boden sowohl für den
Materialismus als auch für den **Positivismus** aus
Frankreich (Auguste COMTE, 1798–1857) und Eng-
land (John Stuart MILL, 1806–1873; Herbert SPEN-
CER, 1820–1903) kommend bereiten half. Hatten
SCHELLING und HEGEL noch versucht, Fragen der Naturwissenschaften im Rahmen ihrer naturphilosophi-
schen Spekulationen zu entscheiden, so sind es jetzt
Vertreter der Naturwissenschaft, die weltanschauli-
che Fragen zu beantworten suchen. Ein Hauptvertre-
ter des Positivismus wurde der Physiker Ernst MACH
(1838–1916), den Materialismus verbreiteten der
Physiologe Jacob MOLESCHOTT (1822–1893), der
Zoologe Carl VOGT (1817–1895) und insbesondere
der Arzt und Philosoph Ludwig BÜCHNER (1824–
1899), dessen Buch „*Kraft und Stoff*" (1855) zur „Bibel des Materialismus" wurde und bis 1904 nicht weniger als 21 Auflagen erreichte. Dieser naturwissenschaftlich motivierte Materialismus herrschte zwischen 1840 und 1870 nahezu uneingeschränkt.

Mitte des Jhs. waren sich nahezu alle Physiologen
mit dem Philosophen Rudolph Hermann LOTZE
(1817–1881) in der Ablehnung einer Lebens-"Kraft",
also einer vitalistischen Lebenstheorie, einig. Es waren hauptsächlich zwei Ereignisse, die den Boden für
die Ablehnung des Vitalismus bereiten halfen: Er-
stens, wichtige Ergebnisse der zeitgenössischen Physik, insbesondere die Entwicklung der Thermodyna-

mik und die damit verbundene Formulierung des
Energieerhaltungssatzes durch den Heilbronner Arzt
Julius Robert MAYER (1814–1878) und den Physiologen Hermann von HELMHOLTZ (1821–1894). Zweitens, die großen Erfolge bei der physikalisch-chemischen Analyse einzelner Lebensfunktionen. Der Energieerhaltungssatz, dessen uneingeschränkte Gültigkeit auch im Organischen durch umfangreiche
Meßreihen von Max RUBNER (1854–1932) exakt
nachgewiesen worden ist, ließ die weitere Annahme
der Existenz und Wirksamkeit einer „Kraft" außerhalb der physikalischen Gesetzlichkeit nicht mehr zu.

Das letzte, breit angelegte Konzept einer vitalistischen
Lebenstheorie (sog. „**Neovitalismus**", E. du BOIS-REY-
MOND), einer „Lehre von der Autonomie, der Eigengesetz-
lichkeit des organischen Geschehens" legte Hans DRIESCH
(1867–1941) Anfang unseres Jahrhunderts vor. Er postulier-
te einen „teleologischen Naturfaktor", eine „Entelechie", die
weder Energie noch Substanz oder psychischer Natur sein
sollte. Ihre wichtigste ontologische Eigenschaft sei, so
DRIESCH, „die Fähigkeit zur temporären Suspension anorganischen Geschehens" (Suspensionstheorie).

In der zweiten Häfte des 19. Jh. machte die Physiologie in Deutschland eine weitere, sehr erfolgreiche
Periode durch, die mit den Namen Carl Friedrich Wilhelm LUDWIG (1816–1895), Emil DU BOIS-REYMOND
(1818–1898), Ernst Wilhelm Ritter VON BRÜCKE
(1819–1892) und Hermann VON HELMHOLTZ verbunden war und sich bis in unsere Zeit fortsetzt. Diese
Männer verband nicht nur die gleiche Einstellung zur
Zielsetzung physiologischer Forschung, sondern auch
eine Freundschaft. Bis auf LUDWIG waren sie aus der
Schule Johannes MÜLLERs hervorgegangen. Diese
Physiologie war in ihrem Kern physikalistisch-reduk-
tionistisch geprägt, nahm von der Darwinschen Revo-
lution praktisch keine Notiz und entfremdete sich sowohl von der praktischen Medizin, aus der sie einmal
hervorgegangen war, als auch von der Anatomie inklu-
sive Entwicklungsgeschichte und der Zoologie. Man
verstand die Physiologie als „**organische Physik**". Die
vergleichende Methode, von Johannes MÜLLER in so
vollendeter Weise praktiziert, geriet aus dem Interes-
senkreis, man beschränkte seine Untersuchungen auf
Hunde, Katzen, Kaninchen und Frösche. Carl LUDWIG
verdanken wir die Einführung des Kymographions in
die physiologische Registriertechnik, die Entdeckung
der vegetativen Innervation des Herzens, der Gefäße
und der Drüsen sowie wichtige Erkenntnisse zur Nie-
renfunktion. Sein Institut in Leipzig wurde zum „Mek-
ka" der Physiologen aus aller Welt. Ivan Mikhailowich
SECHENOV (1829–1905), Willy KÜHNE (1837–1900),
Henry Pickering BOWDITCH (1840–1911), Friedrich
MIESCHER (1844–1895), Ivan Petrovič PAVLOV
(1849–1936), Edward Albert SCHAEFER (SHARPEY-
SCHAFER) (1850–1935), William STIRLING (1851–
1932), Johannes VON KRIES (1853-1928), Max RUBNER
(1854–1932), Christian BOHR (1855–1911) und viele
andere gehörten zu seinen Schülern.

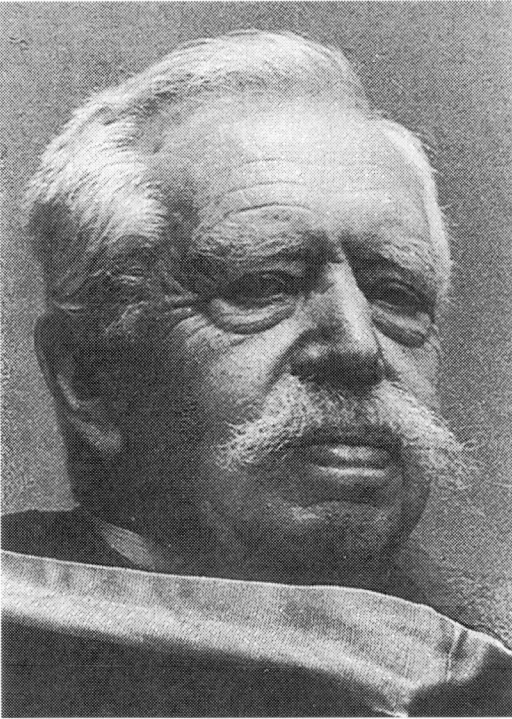

Jacob VON UEXKÜLL (1864–1944)

Albrecht BETHE (1872–1954)

August KROGH (1874–1944)

Karl VON FRISCH (1886–1982)

0.3.4. Anfänge einer Vergleichenden Physiologie

Eine andere Entwicklung als in Berlin, Wien und Leipzig nahm die Physiologie in Straßburg und Prag. In Straßburg blieb Friedrich Leopod GOLTZ (1834–1902) „Biologe zur Zeit, als man die Physiologie zur angewandten Physik und Chemie herabziehen wollte" (EWALD), und wußte, diesen Geist auch auf seine Schüler Richard EWALD (1855–1921) und Albrecht BETHE (1872–1954) zu übertragen. Im selben Sinne wirkte der gleichaltrige Ewald HERING (1834–1918), dem wir die Gegenfarbentheorie des Sehens verdanken, als Nachfolger PURKYNĚS in Prag und später, als Nachfolger LUDWIGS, in Leipzig. Er hatte sich ursprünglich für Zoologie habilitiert und behielt zeitlebens ein Interesse an vergleichend-physiologischen Fragestellungen, das er auch auf seine Schüler Wilhelm BIEDERMANN (1852–1929) und Carl VON HESS (1863–1923) übertrug. Das Physiologische Institut BIEDERMANNS in Jena an der Medizinischen Fakultät entwickelte sich zu einem Zentrum vergleichend-physiologischer Forschung in Deutschland. Dort haben Max VERWORN (1863–1921), Hermann Jacques JORDAN (1877–1943), August PÜTTER, Ernst MANGOLD und Hans WINTERSTEIN (1879–1963), alles Persönlichkeiten, die sich um die Entwicklung einer vergleichenden Physiologie bleibende Verdienste erworben haben, zeitweilig gearbeitet.

Die *Zoologie* blieb in wesentlich stärkerem und umfassenderem Maße als die Botanik der traditionellen vergleichenden Anatomie und Embryologie verhaftet, wozu die Darwinsche Lehre noch ihren Beitrag lieferte. Die Physiologie blieb bis weit in das 20. Jh. hinein ausschließlich an der Medizinischen Fakultät institutionell verankert. Eine **Vergleichende Physiologie**, die die Vielfalt der Funktionen im *gesamten* Tierreich unter Einbeziehung der Wirbellosen ins Blickfeld des Interesses rückte, entstand erst an der Wende zum 20. Jh. Einen Meilenstein auf diesem Wege markiert das von Hans WINTERSTEIN in Rostock zwischen 1910 bis 1925 herausgegebene mehrbändige *„Handbuch der vergleichenden Physiologie"*.

Zu den Pionieren auf dem Gebiet der Vergleichenden Tierphysiologie zählen Sigmund EXNER (1846–1926), Jacques LOEB (1859–1924) und Max VERWORN. Die von dem Haeckel-Schüler Anton DOHRN (1840–1909) gegründete Zoologische Station in Neapel entwickelte sich zu einer wichtigen Keimzelle vergleichend-physiologischer Forschung in Europa. 1892 kam erstmalig Jacob VON UEXKÜLL (1864–1944) dorthin. Zu ihm gesellte sich ab 1896 als regelmäßiger Gast in Neapel der um acht Jahre jüngere Albrecht BETHE (1872–1954). Beide Forscherpersönlichkeiten können, ebenso wie Hermann Jacques JORDAN und Wilhelm BIEDERMANN, zu den Begründern der Vergleichenden Tierphysiologie gerechnet werden. Von BETHE führt eine direkte Linie zu Erich VON HOLST (1908–1962), der bei Richard HESSE (1868–1944) in Berlin promoviert hatte; und von JORDAN zu Cornelis Adrianus WIERSMA (1905–1979), der später von Thomas Hunt MORGAN (1866–1945) an die von ihm neu gegründete Station in Corona del Mar in der Nähe von Los Angeles berufen wurde und dort die neurobiologischen Forschungen an Crustaceen weiter ausbaute.

Die Generation, die die Tierphysiologie in Deutschland endgültig etablierte, kam bereits aus der Zoologie, nicht mehr aus der Medizin. Karl VON FRISCH (1886–1982) hatte bei Richard HERTWIG (1850–1937) in München, Alfred KÜHN (1885–1965) bei August WEISMANN (1834–1914) in Freiburg und Wolfgang VON BUDDENBROCK (1884-1964) bei Otto BÜTSCHLI (1848–1920) in Heidelberg Zoologie studiert. Karl VON FRISCH und Alfred KÜHN begründeten 1924 die *„Zeitschrift für vergleichende Physiologie"*, nachdem bereits seit 1904 das *„Journal of experimental Zoology"* regelmäßig erschien.

Schrittweise setzte sich auch im akademischen Unterricht die Behandlung vergleichend-physiologischer Sachverhalte durch. Hermann Jacques JORDAN bot 1909 den Studenten in Utrecht erstmalig einen Kurs in Tierphysiologie an. Es folgten Walter STEMPELL im Wintersemester 1913/14 in Münster und Alfred KÜHN im Frühjahr 1914 in Freiburg/Br. Im Frühjahr 1918 wurde KÜHN Assistent bei Karl HEIDER (1856–1935) in Berlin mit dem Auftrag, eine physiologische Abteilung aufzubauen. Dieses Vorhaben wurde nach der Berufung KÜHNs nach Göttingen (1920) von v. BUDDENBROCK (bis 1922) und dann von Konrad HERTER (1891–1980) fortgeführt. In Breslau (1920) und später in München (1921) bot Otto KOEHLER (1889–1974) erstmalig einen Kurs und eine Vorlesung zur Tierphysiologie an.

Für August KROGH (1874–1949) wurde schon 1908 in Kopenhagen eine Stelle als „Zoophysiologe" neu geschaffen. Sein Schüler, der Norweger Knut SCHMIDT-NIELSEN (*1915), hat sich große Verdienste um die weitere Entwicklung der vergleichenden Physiologie erworben.

Besonders die Physiologie der Insekten zog das Interesse vieler Forscher in aller Welt an, wie z. B. Karl VON FRISCH, Stefan KOPEĆ (1888–1941), Sir Vincent WIGGLESWORTH (1899–1994), Soichi FUKUDA (1907–1984), Hansjochem AUTRUM (*1907), Kenneth David ROEDER (1908–1979), Vincent Gaston DETHIER (*1915), John Edwin TREHERNE (1929–1989) und viele andere. WIGGLESWORTHs Büchlein *„Insect Physiology"* (1934) gefolgt von seiner Monographie *„Principles of Insect Physiology"* (1939) gelten mit Recht als die Geburtsstunde der **Insektenphysiologie** als selbständige Teildisziplin der Vergleichenden Tierphysiologie. Sie ist heute zu einem beeindruckenden und wichtigen Wissensgebiet herangewachsen.

1. Dynamik und Energetik lebender Systeme

Unter einem **System** verstehen wir in den Naturwissenschaften einen abgegrenzten Bereich der objektiven Realität. Es setzt sich aus **Elementen** zusammen, die in bestimmter Weise angeordnet und durch bestimmte **Relationen** miteinander verknüpft sind. Die Art der Anordnung und Verknüpfung der Elemente, die Gesamtheit der Beziehungen zwischen den Elementen bestimmt die „Struktur" des Systems. Alles, was mit dem System in Wechselwirkung steht bzw. auf dieses System einwirkt, bezeichnet man als **Umgebung** des Systems. Systeme haben Eigenschaften und offenbaren Leistungen, die keinem ihrer Elemente zukommen, die erst das Resultat des geordneten Zusammenwirkens der einzelnen Elemente sind. Diese „**Systemeigenschaften**" sind nicht die Summe der Einzelleistungen der Elemente, sondern stellen eine neue Qualität dar.

Leben ist eine solche **Systemleistung** und nicht die Leistung eines Elements oder eines Stoffes, nicht die des Eiweißes und auch nicht die der Nukleinsäuren, mögen diese auch noch so komplex aufgebaut sein. Leben bedeutet in erster Linie Prozeß, Dynamik. „In allen lebenden Wesen geschieht etwas, das Leben selber ist Geschehen", schrieb Wilhelm ROUX[1] einmal. Die das System aufbauenden Stoffe sind selbst in diese Dynamik eingeschlossen. Die Strukturen der Lebewesen sind bei den Temperaturen ihrer Existenz höchst **labil** und können nur durch ständigen Energieaufwand aufrechterhalten werden. Die Lebewesen befinden sich in einem ständigen **Selbsterneuerungsprozeß**. Demgegenüber stellen die von Menschenhand hergestellten **Maschinen** stabile Strukturen dar, an und in denen die beabsichtigten Vorgänge nach Inbetriebnahme ablaufen können. Sie können zu jeder Zeit auch wieder außer Betrieb gesetzt werden und beliebig lange in Ruhe verharren. Sie leisten dann nichts, benötigen aber auch keine Energie zu ihrer Erhaltung. Wird die Energiezufuhr bei Lebewesen nur kurzfristig unterbunden, so zerfällt das System irreversibel, es stirbt.

1.1. Der dynamische Zustand

Alle Organismen stehen in einem ständigen Stoff- und Energieaustausch mit ihrer Umgebung. Bereits vor über hundert Jahren schrieb der große Physiologe Johannes MÜLLER[2]: „Solange ein Organismus lebt, befindet er sich in ständiger Zersetzung, und die aufgezehrte Materie wird immer wieder durch neue ersetzt." Alle Organismen nehmen aus ihrer Umwelt Stoffe auf, die sie anschließend verarbeiten, und geben andere Stoffe wieder ab. Die aufgenommenen Stoffe können als Energielieferanten fungieren, indem die in ihnen enthaltene chemische Energie freigesetzt und für die vielfältigen Arbeitsleistungen im Organismus herangezogen wird (**Betriebsstoffwechsel**), oder sie können als Bausteine für die neu aufzubauenden bzw. zu erneuernden Strukturen dienen (**Baustoffwechsel**). Betriebs- und Baustoffwechsel sind nicht als getrennt nebeneinander ablaufend zu betrachten, sie sind vielmehr in vielfältiger Weise miteinander verzahnt und voneinander abhängig. Es existiert ein gemeinsames „Sammelbecken des Stoffwechsels" (englisch: **metabolic pool**[3]), aus dem der Bau- und Betriebsstoffwechsel gleichermaßen ihre Stoffe schöpfen. Die Gesamtheit der Stoffumsetzungen im Organismus nennt man Stoffwechsel, oder man spricht vom **Metabolismus**[4].

Der Baustoffwechsel ist selbst bei solchen Arten, die nicht mehr wachsen, noch beträchtlich. Ständig verliert der Organismus durch „allgemeine Abnutzung" oder durch Absterben ganzer Zellen oder durch Abgabe von Sekreten, Inkreten usw. Stoffe, die wieder ersetzt werden müssen. Bekannt ist der als **physiologische Regeneration** bezeichnete Vorgang des ständigen Ersatzes abgestorbener Epidermiszellen durch die mitotische Aktivität tieferliegender Zellschichten bei Amphibien und Amnioten. Auch andere Gewebe der Wirbeltiere zeichnen sich zeitlebens durch eine hohe Mitoserate aus, durch die ein entsprechender Zellverlust gerade kompensiert wird

---

[1] Wilhelm ROUX, geb. 9. 6. 1850 in Jena, gründete das erste Institut für Entwicklungsgeschichte und -mechanik in Deutschland in Breslau (1888), ab 1889 Prof. für Anatomie in Innsbruck, ab 1895 in Halle, dort am 15. 9. 1924 verstorben.

[2] Johannes MÜLLER, geb. 1801 in Koblenz, Medizinstudium in Bonn, Professur in Bonn und Berlin, gest. 1858 in Berlin.
[3] pool (engl.) = Teich, Lache.
[4] he metabolé (griech.) = die Umwandlung, Verwandlung.

Tabelle 1.1. Mittlere Lebensdauer von Zellen verschiedener Organe und biologische Halbwertszeiten ($T_{1/2}$) verschiedener Körpersubstanzen bei der Ratte

Zelltyp	Lebensdauer (Tage = d)	Substanz	$T_{1/2}$
Epithel des Duodenum	0,7	Blutzucker	19 min
Drüsen- u. Becherzellen d.	1,6	Leberglykogen	20–24 h
Duodenum		Leber, ges. Fettsäuren	20–24 h
Epithel d. Ileum bzw. Jejunum	1,4	Leber, unges. Fettsäuren	40–50 h
Tracheaepithel	47,6	Muskelglykogen	3– 4 d
Granulozyten	0,04	Depotfett	16–20 d
Lymphozyten	0,3	Eiweiß-N (gesamt)	17 d
Erythrozyten	50,0	Eiweiß-N (Blutplasma, Leber)	5– 6 d
		Eiweiß-N (Haut, Muskulatur)	–21 d

(Tab. 1.1.). Die **Erythrozyten** des Menschen haben eine mittlere Lebensdauer von 3–4 Monaten. Das bedeutet, daß bei einer Gesamtzahl von mehr als $2 \cdot 10^{13}$ Erythrozyten jede Sekunde etwa $2,4 \cdot 10^6$ absterben und wieder ersetzt werden müssen. Andere Gewebe zeigen im ausgewachsenen Organismus kaum eine (Leber, Niere, Muskeln, Knochen usw.) oder gar keine Zellvermehrung mehr (Nervengewebe, Nebennierenmark). Aber auch diese Gewebe sind von der ständigen Erneuerung ihrer Bausteine nicht ausgeschlossen. Sie spielt sich jedoch nicht auf zellulärer, sondern auf molekularer Ebene ab.

Durch die Anwendung von Stoffen, die zuvor mit radioaktiven Isotopen markiert wurden, konnte man die Umsatzrate der Baustoffe im Tierkörper exakt bestimmen. Die markierten Stoffe werden wie normale Substanzen in Körperstrukturen eingebaut und mit diesen zusammen im Rahmen der allgemeinen Abnutzung wieder abgebaut und schließlich ausgeschieden. Als Maß des Umsatzes (englisch: turnover) dient die **biologische Halbwertszeit** ($T_{1/2}$). Das ist diejenige Zeitspanne, in der die Hälfte einer betrachteten Substanzmenge im Tierkörper oder in einem Organ bereits durch neue Moleküle ersetzt worden ist. Unter der Voraussetzung, daß die pro Zeiteinheit durch Moleküle ersetzte Menge markierter Teilchen der noch vorhandenen Menge N proportional ist, gilt

$$-\frac{dN}{dt} = \mu \cdot N \quad \text{oder} \quad N_t = N_0 \, e^{-\mu t}.$$

N_0 ist die Anfangsmenge und N_t die Menge zum Zeitpunkt t des eingebauten markierten Stoffes im Tier oder Organ. μ ist die biologische Ausscheidungskonstante (**Umsatzgeschwindigkeit** = turnover rate im stationären Zustand). Sie ist gleich $1/\tau$, wobei τ als mittlere biologische Verweildauer (**Umsatzzeit** = turnover time im stationären Zustand) bezeichnet wird. Die biologische Halbwertszeit errechnet sich dann wegen

$$\frac{1}{2} N_0 = N_0 \cdot e^{-\mu \, T_{1/2}}$$

zu $T_{1/2} = \dfrac{\ln 2}{\mu} = \ln 2 \cdot \tau = 0,6931 \cdot \tau.$

Es zeigte sich, daß die Umsatzraten unter Umständen erstaunlich hoch sind. So liegen die Halbwertszeiten z. B. für das Lebereiweiß des Menschen bei 8–10 Tagen, für die Ratte entsprechend ihrer höheren Stoffwechselrate noch niedriger (Tab. 1.1.). Die Umsatzraten sind von Tier zu Tier, aber auch von Gewebe zu Gewebe und von Stoff zu Stoff verschieden. Die Halbwertszeiten nehmen mit steigendem Alter ab, sie sind bei mangelhafter Ernährung länger als bei intensiver, und sie sind im allgemeinen bei großen Warmblütern länger als bei kleinen. Das genetische Material im Zellkern (DNA) wird praktisch nur im Rahmen des Kopierungsprozesses (Replikation) und eventuell bei der Reparation von Brüchen einem Umbau unterworfen.

Die Halbwertszeiten des **Protein-turnovers** liegen beim **Flußkrebs** (*Cambarus affinis*) im Vergleich zur Maus (Warmblüter etwa gleicher Größe) relativ hoch. Berücksichtigt man aber die unterschiedlichen Körpertemperaturen (sie liegen beim Flußkrebs etwa 25 °C niedriger als bei der Maus), so kommt man bei beiden Tieren zu etwa denselben turnover-Werten. Eine geringere Intensität des Betriebsstoffwechsels (der O_2-Verbrauch der Maus ist etwa 10–15fach höher als der des Flußkrebses, wenn man auf gleiche Temperaturen umrechnet) braucht also keineswegs notwendig zu bedeuten, daß auch die Baustoffwechselintensität niedrig ist. Außerordentlich langsam erfolgt der Eiweißumsatz in der Schwanzmuskulatur und in der Hämolymphe (Hämocyanin) des Flußkrebses.

Dieser nie abreißende Strom von Stoffen und Energie, dieser ununterbrochene Zerfall und Neuaufbau im Organismus wie in seinen Teilen verläuft in der Regel so, daß sich Auf- und Abbau die Waage halten, so daß sich die Zusammensetzung des Systems in der Zeit nicht wesentlich ändert. Diesen zeitunabhängigen Zustand von Systemen bezeichnet man nach BERTALANFFY[1]) gern als **Fließgleichgewicht.** Dieser Aus-

---

[1]) Ludwig VON BERTALANFFY, geb. 1901, gest. 1972, zuletzt an der State University von New York in Buffalo tätig.

druck ist aber insofern nicht ganz glücklich, als es sich im thermodynamischen Sinne um einen *Nichtgleichgewichtszustand* (**stationärer Zustand**[1])) handelt, der sich außerhalb des thermodynamischen Gleichgewichts befindet, dem „sich selbst überlassene" Systeme, die in keinem Stoffaustausch mit ihrer Umgebung stehen, zustreben und der durch ein Maximum an Entropie und ein Minimum an freier Energie charakterisiert ist. Systeme im thermodynamischen Gleichgewicht können weder Arbeit aus sich heraus leisten, noch benötigen sie Energie zur Aufrechterhaltung ihres Zustands. Arbeitsfähig ist ein System nur so lange, solange es sich nicht im Gleichgewicht befindet und auf die Gleichgewichtslage hinstrebt. Damit ein System arbeitsfähig bleibt, muß verhindert werden, daß es die Gleichgewichtslage erreicht. Das ist in lebendigen Systemen dadurch möglich, daß die im System aufgetretenen Veränderungen durch Abtransport der entstandenen und durch Zufuhr der verschwundenen Stoffe und Energie ständig wieder ausgeglichen werden (Fließgleichgewicht). Das Gleichgewicht wird dann zwar dauernd angestrebt, aber nie erreicht. So ist es zu erklären, daß die Lebewesen im Fließgleichgewicht ständig in der Lage sind, Arbeit zu leisten.

Der thermodynamische Gleichgewichtszustand geschlossener (chemischer) Systeme wird durch das **Massenwirkungsgesetz** von GULDBERG und WAAGE (1867) gekennzeichnet. Die Geschwindigkeit einer Reaktion hängt bei konstanter Temperatur von der Konzentration der reagierenden Stoffe ab. Für die Reaktion $A \to B$ heißt das

$$v_1 = k_1[A].$$

Die eckige Klammer soll die Konzentration des Stoffes A kennzeichnen. Ist die Reaktion reversibel *(A ⇔ B)*, gilt für die rückläufige Reaktion

$$v_2 = k_2[B].$$

Im Gleichgewichtszustand ist $v_1 = v_2$, d. h., es treten keine Nettoveränderungen der Konzentration mehr auf

$$v_1 = k_1[A] = k_2[B] = v_2, \quad \frac{[B]}{[A]} = \frac{k_1}{k_2} = K.$$

Der Quotient k_1/k_2 ist von der Temperatur abhängig. Er wird als **Gleichgewichtskonstante** K der Reaktion bezeichnet.

Im Gegensatz zu dem thermodynamischen Gleichgewicht geschlossener Systeme, das auf Grund einer reversiblen Reaktion zustandekommt, stellen sich im Fließgleichgewicht **stationäre Konzentrationen** ein, ohne daß alle Reaktionen reversibel zu sein brauchen (Beispiel: Glykolyse, Tab. 1.2.). Für die Reaktionskette

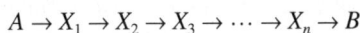

$$A \to X_1 \to X_2 \to X_3 \to \cdots \to X_n \to B$$

müssen im Falle des Fließgleichgewichts definitionsgemäß die Konzentrationen aller Stoffe (durch

eckige Klammern gekennzeichnet) konstant, d. h. ihre Ableitungen zur Zeit Null sein

$$\frac{d[X_1]}{dt} = \frac{d[X_2]}{dt} = \frac{d[X_3]}{dt} = \cdots = \frac{d[X_n]}{dt} = 0.$$

Da sich Neubildung und Verbrauch die Waage halten sollten, gilt weiter

$$\frac{d[X_2]}{dt} = 0 = k_1[X_1] - k_2[X_2],$$

d. h., $k_1[X_1] = k_2[X_2]$
(k_i = Geschwindigkeitskonstanten) und allgemein

$$k_1[X_1] = k_2[X_2] = k_3[X_3] = \cdots = k_n[X_n].$$

Das bedeutet, daß im Fließgleichgewicht die Umwandlungsgeschwindigkeiten $v_i = k_i[X_i]$ untereinander gleich sind, nicht aber die stationären Konzentrationen. Die stationäre Konzentration eines Zwischenprodukts X_i ist um so kleiner, je größer die spezifische Geschwindigkeitskonstante k_i seiner Umwandlung ist. Das bedeutet, daß durch einen Katalysator (Enzym), der die Umsatzrate ändert, die stationäre Konzentration verändert werden kann. In geschlossenen Systemen hat der Katalysator dagegen keinen Einfluß auf die Lage des thermodynamischen Gleichgewichts, d. h. auf die Gleichgewichtskonstante K. Er beeinflußt lediglich die Einstellzeit des Gleichgewichtes.

Die Geschwindigkeit der gesamten Reaktionskette wird durch den Reaktionsschritt bestimmt, der am langsamsten abläuft. Man bezeichnet diese Reaktion deshalb als **Schrittmacherreaktion**. Vor dieser Reaktion liegen die Zwischenprodukte in hoher, dahinter in geringer Konzentration vor. Änderungen der Gesamtgeschwindigkeit der Reaktionskette beruhen in der Regel auf einer Beeinflussung der die Schrittmacherreaktion steuernden Faktoren (1.5.1.).

Tabelle 1.2. Stationäre Konzentrationen einiger Zwischenprodukte der Glykolyse in Ehrlich-Ascites-Tumorzellen bei pH 7 und 22 °C. Die Umsatzzeiten bezeichnen diejenige Zeitspanne, in welcher der gesamte Bestand des betreffenden Stoffes einmal umgesetzt ist. Nach HESS 1963.

Zwischenprodukt	stationäre Konzentration Mol/g Frischgewicht	Umsatzzeit in s
Glucose-6-phosphat	2,1	8,5
Fructose-6-phosphat	0,48	1,7
Fructose-1,6-bisphosphat	2,42	8,7
Glyceral-3-phosphat	1,63	3,0
1,3-Diphosphoglycerat	0,08	1,0
Phosphoenolpyruvat	0,39	0,7

[1]) engl. steady state.

1.2. Thermodynamische Grundlagen

Die **Materie** auf unserer Erde kann immer wieder verwendet werden. Sie bedarf keiner Erneuerung, sie „nutzt sich nicht ab". Es ist deshalb auch keine Zufuhr von außen auf unsere Erde notwendig. Die Atome sind einem ständigen **Kreislauf** in der Natur unterworfen. Sie werden in eine unübersehbare Vielfalt chemischer Verbindungen eingespeist und treten früher oder später wieder aus, um erneut zur Verfügung zu stehen. Sie können dabei zeitweilig Elektronen verlieren und wiedergewinnen. Die meisten Atome, die unseren Körper aufbauen, sind bereits mehrmals Bestandteil anderer Lebewesen gewesen.

Im Gegensatz zu der Materie haben die Energiequanten keinen solchen Kreislauf. Die **Energie** unterliegt einer „Abwertung", einer **Degradation.** Sie durchläuft die physikalischen, chemischen und biologischen Prozesse nur einmal und endet schließlich in einer „unbrauchbaren" Form. Sie muß deshalb auf unserer Erde ständig im Austausch gegen „hochwertige" Energie nachgeliefert werden, um den „Betrieb" auf der Erde (nicht allein das Leben) aufrechtzuerhalten. Verantwortlicher Motor für diese Prozesse ist in allererster Linie die **kurzwellige Sonnenstrahlung.** Die Erde absorbiert ständig Energie kurzwelliger Strahlen von der Sonne mit einer hohen Strahlungstemperatur und emittiert die gleiche Energiemenge wieder als langwellige Strahlung mit einer niedrigen Strahlungstemperatur in den Weltraum zurück. Diese Energie „verliert sich" schließlich unter weiterer Degradation in der 3K-Hintergrundstrahlung, die das Weltall gleichmäßig ausfüllt.

Die Wissenschaft von den bei Energieumsetzungen waltenden Gesetzen ist die **Thermodynamik.** Sie geht von wenigen Grundpostulaten **(Hauptsätzen)** aus. In ihr werden empirisch gefundene, makroskopische Eigenschaften der Materie – wie Volumen, Druck, Temperatur, Konzentration etc. – miteinander in einen allgemeinen Zusammenhang gebracht. Die im Rahmen der Thermodynamik betrachteten Systeme (sog. **thermodynamische Systeme)** sind im allgemeinen räumlich begrenzt und sehr groß gegenüber atomaren Dimensionen, d. h., sie enthalten eine große Anzahl von Teilchen (Elementarteilchen, Atome, Moleküle).

Je nach den Wechselbeziehungen zwischen dem thermodynamischen System und seiner Umgebung spricht man von abgeschlossenen, geschlossenen oder offenen Systemen. Beim **abgeschlossenen** (isolierten) **System** findet weder ein Energie- noch ein Stoffaustausch über die Systemgrenzen hinweg mit der Umgebung statt. Beim **geschlossenen System** findet wohl ein Energie-, aber kein Stoffaustausch

und beim **offenen System** sowohl ein Energie- als auch Stoffaustausch mit der Umgebung statt.

Systemart	Stoff-austausch	Energie-austausch
abgeschlossenes (isoliertes) S.	nein	nein
adiabatisches S.	nein	ja (mit Ausnahme der Wärme)
geschlossenes S.	nein	ja
offenes S.	ja	ja

Es liegt auf der Hand (s. 1.1.), daß alle **Lebewesen** ausnahmslos wie auch jede einzelne Zelle zu den thermodynamisch offenen Systemen zählen. Diesen Sachverhalt muß man stets im Auge behalten, was in der Vergangenheit bis in die Gegenwart hinein nicht immer der Fall war, wenn man die Aussagen der Thermodynamik auf biologische Sachverhalte anwenden will.

1.2.1. Der Energieerhaltungssatz

Unter **Energie** versteht man in der Naturwissenschaft allgemein das Vermögen eines Körpers oder Systems, aus sich heraus Arbeit leisten zu können. Arbeit *(W)* muß z. B. immer dann geleistet werden, wenn ein Körper gegen einen Widerstand über eine gewisse Wegstrecke *s* bewegt wird, d. h. bei infinitesimal kleinen Beträgen:

sog. Widerstandsarbeit: $dW = F \cdot ds$.
(Arbeit = Kraft × Weg)

F ist dabei die Kraft, die dem Bewegungswiderstand dem Betrag nach mindestens gleich und ihm entgegengerichtet sein muß. Die Einheit der Arbeit ist

$$[W] = 1 \text{ Joule[1]} \quad [J] = 1 \text{ Nm} = 1 \text{ kg m}^2\text{s}^{-2}$$

(Umrechnungen s. „Maßeinheiten" im Anhang)

Der Energieerhaltungssatz oder **1. Hauptsatz der Thermodynamik** sagt aus:

„Bei allen makroskopischen chemischen und physikalischen Vorgängen wird Energie weder zerstört noch erzeugt, sondern nur von einer Form in eine andere transformiert."

In anderer Formulierung:

Bei allen in einem abgeschlossenen System verlaufenden Änderungen bleibt die Gesamtenergie des Systems konstant.

---

[1] James Prescott JOULE (gesprochen: dschuhl), geb. 1818 in Salford bei Manchester, Brauereibesitzer und Amateurphysiker, gest. 1889 in Sale.

Der Energievorrat eines Systems umfaßt **äußere Energie** auf Grund äußerer Parameter (Position in einem Feld, Geschwindigkeit relativ zu anderen Systemen etc.) und innere Energie auf Grund seiner inneren Parameter. Die Änderung der **inneren Energie** U eines geschlossenen Systems bei einer Zustandsänderung setzt sich aus der dabei mit der Umgebung ausgetauschten Wärmemenge Q und Arbeit W zusammen. Definitionsgemäß wird die Wärmemenge bzw. Arbeit, die dem System zugeführt wird, positiv, diejenige, die an die Umgebung des Systems abgeführt wird, negativ gezählt (Vorzeichenregelung). Die allgemeine Formulierung des 1. Hauptsatzes lautet somit

$$\Delta U = \Delta Q + \Delta W$$

oder bei infinitesimal kleinen Umsetzungen

$$\boxed{dU = dQ + dW}$$

dW läßt sich generell als Produkt aus einem **Intensitätsfaktor** und einem **Kapazitätsfaktor** darstellen. Zum Beispiel: $dW = F \cdot ds$ (s. o.)

Expansionsarbeit = $p \cdot dV$ (Ausdehnung um dV gegen den Druck p),

Oberflächenarbeit = $\sigma \cdot do$ (Oberflächenverkleinerung um do gegen eine Oberflächenspannung σ),

Kontraktionsarbeit = $f \cdot dl$ (Verkürzung um dl gegen die Kraft f),

elektrische Arbeit = $E \cdot dq$ (Transport der Ladungsmenge dq gegen das elektrische Potential E),

Chemische Arbeit = $\mu_i \cdot dn_i$ (transportierte Molzahl dn_i der i-ten Stoffkomponente gegen ihr **chemisches Potential** μ_i) (s. S. 78).

Die Änderung der inneren Energie eines Systems kann sich wie folgt zusammensetzen:

$$dU = dQ + dW = dQ - pdV + \sigma do$$
$$+ fdl + Edq + \sum \mu_i dn_i + \cdots$$

($-pdV$ deshalb, weil bei $+dV$, d. h. Volumenvergrößerung, das System Arbeit leistet, d. h. definitionsgemäß dW negativ ist). Auch dQ läßt sich als Produkt eines Intensitätsfaktors (Temperatur T) und eines Kapazitätsfaktors (**Entropie** S) darstellen (1.2.2.):

$$dU = TdS - pdV + \sum \mu_i dn_i + \cdots$$
(Gibbssche Gleichung)

Für seine Entdecker, J. R. MAYER[1]) und H. v. HELMHOLTZ[2]) galt es als sicher, daß der erste Hauptsatz auch für die Vorgänge im Lebewesen zutrifft. Viele Vitalisten meinten hingegen, es wäre das Besondere der Lebewesen, sich außerhalb der Gültigkeit dieses Satzes bewegen zu können. Die Gültigkeit dieses Satzes auch für die Vorgänge im Organismus wurde um die Jahrhundertwende durch exakte Messungen insbesondere von RUBNER[3]) an Hefezellen und Hunden und von ATWATER am Menschen nachgewiesen. Es ließ sich eindeutig zeigen, daß die vom Lebewesen in einem bestimmten Zeitraum produzierte Wärmemenge der Verbrennungswärme jener Stoffe gleich ist, die in demselben Zeitraum vom Organismus umgesetzt worden sind. Besitzen die Endprodukte des Stoffumsatzes auch noch einen gewissen Verbrennungswert, so muß man selbstverständlich mit der Differenz zwischen den Verbrennungswerten der Stoffwechselausgangs- und -endprodukte rechnen (Abb. 1.1.).

[1]) Julius Robert MAYER, geb. 1814 in Heilbronn, Studium der Medizin 1832–37 in Tübingen, München und Wien, Schiffsarzt in holländischen Diensten, mehrere große Reisen, Arzt in seiner Vaterstadt, dort verkannt und verbittert 1878 verstorben.
[2]) Hermann v. HELMHOLTZ, geb. 1821 in Potsdam, Prof. f. Physiologie in Königsberg, Bonn und Heidelberg, ab 1871 Prof. f. Physik in Berlin, gest. 1894.
[3]) Max RUBNER, geb. 1854, Prof. für Hygiene in Marburg und Berlin, später Prof. für Physiologie in Berlin, gest. 1932.

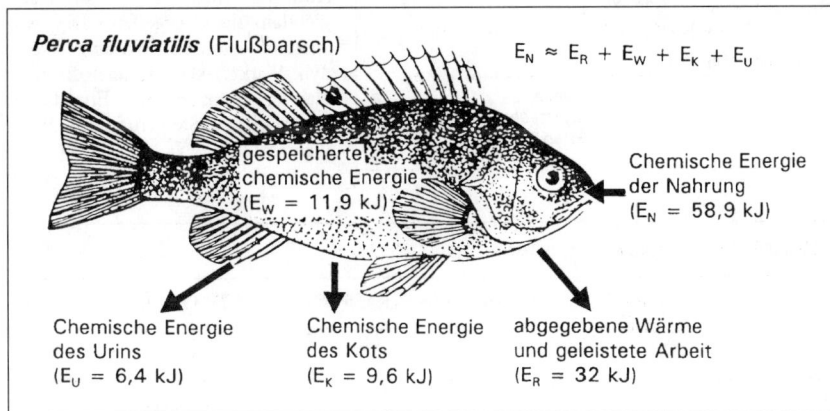

Abb. 1.1. Energiebilanz eines Flußbarsches (*Perca fluviatilis*) innerhalb von 28 Tagen. Die Bilanz geht nicht 100%ig auf, was auf Meßungenauigkeiten zurückzuführen ist. Nach BRADFIELD u. LLEWELLYN 1982, verändert.

Energie-Input   =   Energie-Output
Chemische   =   abgegebene Wärme
Energie der   + geleistete Arbeit
Nahrung   + chemische Energie des
                            Kots und der Exkrete
                        ± gespeicherte chemische
                            Energie

Die Abbildung 1.2. liefert einen Überblick über die Energiebilanz eines Säugetieres im Detail.

Eine direkte Konsequenz aus dem 1. Hauptsatz ist das **Gesetz der konstanten Wärmesummen** (HESS 1840). Es besagt: Die Wärmetönung einer chemischen Umsetzung hängt nur von der Energiedifferenz zwischen dem Anfangs- und Endzustand ab. Sie ist unabhängig von dem Weg, auf dem diese Umsetzung erfolgt ist. Dieses Gesetz berechtigt uns, die bei direkter Verbrennung der Stoffe im Kalorimeter gemes-

senen Verbrennungswärmewerte (**physikalische Brennwerte**) auch auf die Vorgänge im Organismus zu übertragen, wo bekanntlich der Abbau nicht direkt, sondern über viele Zwischenstufen erfolgt. Es bildet somit die Grundlage der sog. **Kalorienlehre** (RUB-NER), die mit solchen Werten rechnet.

Der **„physiologische Brennwert"** des Eiweißes (Tab. 1.3.) ist kleiner als der physikalische, da z. B. beim Säugetier 5,4 kJ/g noch in dem Endprodukt des Eiweißstoffwechsels (Harnstoff) enthalten sind. Das **kalorische Äquivalent** gibt den bei der Verbrennung pro Liter O_2 frei werdenden Energiewert an (zu berechnen aus dem Quotienten zwischen Brennwert und O_2-Verbrauch).

Nach dem sog. **Isodynamie-Gesetz** können sich die Nährstoffe nach Maßgabe ihrer Brennwerte gegenseitig vertreten. Man sagt, 1 g Kohlenhydrate, 1 g Eiweiß und 0,44 g Fett sind „isodynam". Daß diese Vertretbarkeit ihre Grenzen hat, werden wir später genauer besprechen. Es gibt essentielle Nahrungsbestandteile, die nicht durch andere Stoffe ersetzt werden können (3.1.1.).

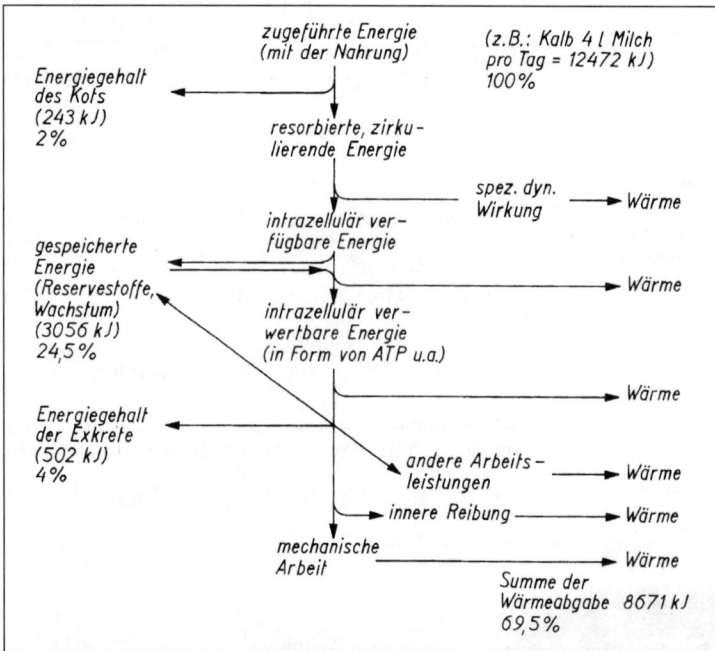

Abb. 1.2. Übersicht über die Energiebilanz eines Säugetieres. Die „spezifisch-dynamische Wirkung" (spez. dyn. Wirkg.) kennzeichnet die nach Nahrungsaufnahme (bes. Eiweiße) zu beobachtende Steigerung des Energieumsatzes.

Tabelle 1.3. Wichtige Kenndaten für die indirekte Kalorimetrie

Nährstoff	O_2-Verbrauch l/g	Physikal. Brennwert kJ/g	Physiol. Brennwert kJ/g	Kalorisches Äquivalent kJ/1 O_2	ATP-Gewinn mmol/g
Kohlenhydrat	0,82	17,2	17,2	21,1	211 (Glucose)
Fett	2,02	39,4	39,4	19,6	514 (Tristearylglycerol)
Eiweiß	0,96	23,4	18,0	18,8	199 (Myosin)

1.2.2. Der Entropiesatz

Der Energieerhaltungssatz sagt etwas über die quantitativen Beziehungen bei der Umwandlung verschiedener Energieformen ineinander aus. Er formuliert dagegen kein Kriterium, ob solche Umwandlungen unter gegebenen Bedingungen überhaupt ablaufen bzw. unter welchen Bedingungen sie möglich sind. Nach dem 1. Hauptsatz könnte jeder Vorgang in der Natur ebenso gut rückwärts wie vorwärts verlaufen. In Wirklichkeit verlaufen die Vorgänge in der Natur „von selbst" nur in einer Richtung. So fließt z. B. die Wärme stets vom Körper höherer Temperatur zum kälteren Körper, bis ein Temperaturausgleich zwischen beiden hergestellt ist. Berühren sich zwei Lösungen unterschiedlicher Konzentration, so findet durch Diffusion ein Konzentrationsausgleich statt. Niemals wird man dagegen beobachten, daß sich in einer Lösung von selbst Konzentrationsdifferenzen herausbilden. Man nennt diese Vorgänge **irreversibel**. Sie lassen sich nicht rückgängig machen, ohne daß in der Umgebung Änderungen zurückbleiben.

Man kann allgemein sagen, daß die von selbst vor sich gehenden irreversiblen Prozesse einen Übergang von einem Zustand höherer in einen solchen geringerer Ordnung (größerer Unordnung) bzw. von einem Zustand geringerer in einen Zustand größerer Wahrscheinlichkeit darstellen, denn die Wahrscheinlichkeit eines Zustandes ist um so kleiner, je größer (gesetzmäßiger) die Ordnung der Moleküle und ihrer Bewegungen in dem betrachteten System ist. In der von Ludwig BOLTZMANN (1866)[1] gegebenen Formulierung lautet der **2. Hauptsatz der Thermodynamik** somit:

Die Natur strebt aus einem unwahrscheinlicheren dem wahrscheinlicheren Zustand zu.

Als Maß der Unordnung hat sich der von CLAUSIUS (1856)[2] eingeführte Begriff der **Entropie**[3] bewährt: „Für jedes abgeschlossene Körpersystem existiert eine gewisse Größe, die bei allen irreversiblen Änderungen innerhalb des Systems zunimmt, bei allen reversiblen Änderungen konstant bleibt, die aber niemals abnimmt, ohne daß in anderen Körpern Änderungen zurückbleiben." Bezeichnen wir die Änderung dieser Größe als d_iS (Entropie, die auf Grund von Vorgängen im Innern des Systems entsteht), so heißt das

$d_iS > 0$ (für irreversible Zustandsänderungen)
$d_iS = 0$ (für den Grenzfall der reversiblen Zustandsänderung)

---

[1] Ludwig BOLTZMANN, geb. 1844, Prof. d. Theor. Physik in Wien, Begründer der kinetischen Gastheorie, 1906 Freitod.
[2] J. E. CLAUSIUS, geb. 1822, Prof. d. Physik in Zürich, Würzburg (ab 1867) und Bonn (ab 1869), gest. 1888.
[3] en-trópein (griech.) = nach innen wenden, umwenden.

d_iS ist ein **Maß der Irreversibilität** eines physikalischen Prozesses.

Zwischen der thermodynamischen Wahrscheinlichkeit W des Zustands und der Zustandsgröße Entropie (S) besteht folgender Zusammenhang

$$S = k \cdot \ln W$$

(Boltzmannsche Gleichung)

Die Konstante $k = 1{,}38 \cdot 10^{-23}$ J/K heißt Boltzmannsche Konstante. W ist entgegen der mathematischen Wahrscheinlichkeit, die nur Werte zwischen 0 und 1 annehmen kann, stets ganzzahlig und positiv.

Eine Konsequenz des Entropiesatzes ist, daß sich selbst überlassene **abgeschlossene Systeme** einem Zustand zustreben, den sie dann spontan nicht wieder verlassen. Dieser zeitlich stabile Zustand wird als **thermodynamischer Gleichgewichtszustand** bezeichnet. Er ist durch die zeitliche Konstanz aller Zustandsvariablen x_i charakterisiert.

$$\frac{dx_i}{dt} = 0 \ (i = 1, 2, 3, ...), \text{ d. h. auch } \frac{dS}{dt} = 0.$$

In ihm erreicht die **Entropie** des Systems ein **relatives Maximum**, d. h. den mit der Bedingung der vollständigen Isolierung (Abgeschlossenheit!) verträglichen höchsten Wert:

abgeschl. System	in Gleichgewichtsnähe: $S < $ Max.; $\dfrac{dS}{dt} = \dfrac{d_iS}{dt} > 0$
	im Gleichgewicht: $S = $ Max.; $\dfrac{dS}{dt} = \dfrac{d_iS}{dt} = 0$

Dem Entropiesatz scheinen auf den ersten Blick die **Organismen** nicht unterworfen zu sein. Im Gegenteil, sie schaffen ständig Ordnung aus Unordnung. Die Organismen sind geradezu dadurch gekennzeichnet, daß sie sich in einem stationären Zustand von hohem Ordnungsgrad erhalten, der nicht dem thermodynamischen Gleichgewicht mit einem Maximum an Entropie entspricht (**stationärer Nicht-Gleichgewichtszustand**). Das Leben stellt einen in hohem Grade **unwahrscheinlichen Zustand** dar. Die Lebewesen schaffen ständig physikalische und chemische Ungleichgewichte, worauf ihre Arbeitsfähigkeit beruht. Das ist nur möglich, weil sie keine abgeschlossenen, sondern offene Systeme sind. Der Entropiesatz in der oben genannten Form trifft nur für abgeschlossene Systeme zu. Umgibt man im Gedankenexperiment ein System im thermodynamischen Gleichgewicht mit isolierenden Systemgrenzen, so hat das keine Änderung seines Zustandes zur Folge. Macht man dasselbe mit einem System im stationären Nicht-Gleichgewichtszustand, so kann dieser nicht weiter aufrechterhalten werden, das System ändert seinen Zustand, bis es das thermodynamische Gleichgewicht erreicht hat. So geht es jedem Lebewesen, wenn man den Stoff- und Energieaustausch mit seiner Umgebung unterbindet. Es stirbt, was gleichbedeutend mit dem Zusammenbruch der Nicht-Gleichgewichtszustände und dem Einnehmen des thermodynamischen Gleichgewichtes ist.

Die **Entropie in einem System** kann sich 1. auf Grund irreversibler Vorgänge, die im System selbst ablaufen ($d_i S$), und 2. auf Grund des Wärme- und Stoffaustausches mit der Umgebung ($d_e S$) ändern:

$$dS = d_i S + d_e S$$

Nach dem 2. Hauptsatz (s. o.) kann $d_i S$ nur positive Werte annehmen und im Grenzfall (reversible Vorgänge) Null sein

$$d_i S \geqq 0.$$

$d_e S$ kann dagegen sowohl positive (Entropieaufnahme) als auch negative (Entropieabgabe) Werte annehmen

$$d_e S \gtreqless 0.$$

Damit kann auch die Gesamtentropieänderung dS im offenen System negativ sein (die Ordnung zunehmen), nämlich wenn $d_e S < 0$ und $|d_e S| > |d_i S|$ ist.

Im stationären Zustand des **Fließgleichgewichtes** muß S konstant bleiben, d. h. dS/dt verschwinden

$$\frac{dS}{dt} = \frac{d_i S}{dt} + \frac{d_e S}{dt} = 0.$$

Das bedeutet, da $d_i S > 0$ ist (s. o.),

$$\frac{d_i S}{dt} = -\frac{d_e S}{dt} > 0.$$

Die **Entropieproduktion** P

$$P \equiv \frac{d_i S}{dt} = \int_V \sigma \, dV$$

(σ = Entropieproduktionsdichte, Produktion pro Zeit- u. Volumeneinheit)
muß dem Abtransport von Entropie in die Umgebung (aus dem System heraus, deshalb mit negativem Vorzeichen) entsprechen.

Nach dem **Prigogine-Theorem**[1]) verringert sich in jedem sich selbst überlassenen linearen offenen System (linear sind Systeme, bei denen zwischen den „Flüssen" und sie verursachenden „Kräften" lineare Beziehungen herrschen; Beispiel Ohmsches Gesetz $U = R \cdot I$) bei zeitlich konstanten Randbedingungen (unveränderte Umgebung) die **Entropieproduktion** P so lange, bis sie im stationären Zustand des Fließgleichgewichts ein **Minimum** erreicht:

---

[1]) Ilya PRIGOGINE, geb. 1917, seit 1947 Prof. a. d. Univ. Brüssel (Nobelpreis 1977).

$$\text{lineare offene System}\begin{cases} \text{außerhalb d. stat. Zustandes:} \\ P = \dfrac{d_i S}{dt} > \text{Min.;} \quad \dfrac{dP}{dt} < 0 \\ \text{im stationären Zustand:} \\ P = \dfrac{d_i S}{dt} = \text{Min.;} \quad \dfrac{dP}{dt} = 0 \end{cases}$$

Die Linearitätsbedingung ist nur in Gleichgewichtsnähe erfüllt. Damit ist die Gültigkeit des Prigogine-Theorems gleichzeitig eingeschränkt, insbesondere auch im Hinblick auf die Anwendung auf biologische Phänomene. So gehorchen z. B. schnelle biochemische Prozesse den linearen Ansätzen zwischen den „Kräften" und den „Flüssen" (sog. Phänomenologische Gleichungen) im allgemeinen nicht. GLANSDORF und PRIGOGINE haben versucht, die Aussagen auf stationäre Zustände beliebiger Systeme (auch nichtlinearer!) auszudehnen. Sie unterteilten die Änderung in der Entropieproduktion in zwei Terme, einen, der auf die Änderung der Kräfte X, und einen, der auf die Änderung der durch die Kräfte verursachten Flüsse Y zurückgeht

$$dP = d_X P + d_Y P,$$

und wiesen nach, daß $d_X P$ auch dann gegen ein Minimum geht, wenn die Linearitätsbedingung (s. o.) nicht erfüllt ist. Sie formulierten ihr **„allgemeines Evolutionskriterium":**

$$\frac{d_X P}{dt} \leqq 0.$$

Es besagt, daß $d_X P$ im System bei zeitlich konstanten Randbedingungen (auf Grund der Änderung der Kräfte X) abnimmt und im stationären Nicht-Gleichgewichtszustand ein Minimum erreicht. Gewöhnlich ist $d_X P$ allerdings kein totales Differential. Für nichtlineare offene Systeme existiert somit keine Zustandsfunktion, die im stationären Zustand bzw. im thermodynamischen Gleichgewichtszustand ein Extremum annimmt, wie die Entropieproduktion P bei linearen offenen Systemen bzw. die Entropie S bei abgeschlossenen Systemen (s. o.). Es ist auch im nichtlinearen Bereich der stationäre Zustand im Gegensatz zum linearen Bereich keineswegs automatisch stabil.

Jedes **Lebewesen** und jede einzelne Zelle ist – wie bereits betont – ein thermodynamisch offenes System im stationären Nicht-Gleichgewichtszustand. Es setzt ständig die in den organischen Stoffen enthaltene potentielle chemische Energie frei, um sie in die notwendigen Arbeitsprozesse zu stecken und schließlich in Form von Wärme an die Umgebung abzugeben. Es erhält so seinen äußerst labilen Zustand außerhalb des thermodynamischen Gleichgewichtes und sich damit gleichzeitig arbeitsfähig. Bei den Betriebstemperaturen des Lebewesens sind seine Strukturen einem ständigen Zerfall ausgesetzt, der durch **„innere Arbeit"** wieder kompensiert werden muß. Diese Arbeitsprozesse sind typische **Negentropieprozesse,** denn sie wirken der mit dem Strukturzerfall einhergehenden Entropiezunahme entgegen, sie schaffen Ordnung mit Hilfe der chemischen Energie und der niedrigen Entropie (hoher Ordnungsgrad) der aufgenommenen hochstrukturierten organischen Stoffe. Die Organismen ernähren sich, wie SCHRÖDINGER[1]) schrieb, von negativer Entropie, indem sie die Ordnung von den Nährstoffen auf das System übertragen. Die auf Grund der irreversiblen Vorgänge im System eintretende Entropiezunahme muß durch einen entsprechenden **Entropieexport** aus dem System heraus ständig kompensiert werden, um den Entropiewert auf niedrigem Niveau zu halten. Dieser Export beruht bei Lebewesen im wesentlichen auf drei Prozessen: 1. der Wärmeabgabe, 2. dem Stoffaustausch mit der Umgebung und 3. der Stoffumwandlung im Innern. Hören diese Vorgänge einmal auf, so hat das den Verlust der Strukturiertheit, d. h. den Tod zur Folge. Die Leiche nimmt den thermodynamischen Gleichgewichtszustand mit maximaler Entropie ein. Für das System Organismus + Umgebung, aus der die Nährstoffe entnommen und in die andere Stoffe sowie Wärme abgegeben werden, gilt der 2. Hauptsatz in der klassischen Form, d. h., die Entropie nimmt zu, niemals ab.

$$\Delta S_{Organismus} + \Delta S_{Umgebung} = \Delta S_{total} > 0.$$

Die Organismen können also nur dadurch in sich Ordnung hervorbringen, indem sie in ihrer Umwelt mehr Unordnung schaffen.

Natürlich leben die Organismen nicht nur von negativer Entropie, sondern auch von positiver Energie. Im stationären Zustand ist auch der Gehalt an **innerer Energie** (1.2.1.) im System zeitunabhängig und konstant. Jeder Verlust an innerer Energie durch geleistete äußere Arbeit und durch Abgabe von Wärme muß durch entsprechende Energieaufnahme kompensiert werden.

1.2.3. Die freie Enthalpie

Genaugenommen geht die Kalorienlehre von einer falschen Voraussetzung aus, wenn sie die Wärmetönung der Reaktionen zur Grundlage ihrer Bilanzbetrachtungen macht. Der Organismus ist kein kalorisch arbeitendes System, in dem die mit den Nährstoffen zugeführte Energie zunächst in Wärme überführt und dann erst zur Arbeitsleistung herangezogen wird. Das ist schon deshalb nicht möglich, weil in den Organismen nahezu isotherme Bedingungen herrschen, d. h. größere Temperaturdifferenzen nicht auftreten. Die Lebewesen sind vielmehr **chemodynamisch arbeitende Systeme,** die die chemisch gebundene Energie direkt in Arbeit überführen. Deshalb ist nicht die Wärmetönung einer Reaktion (ΔH), sondern die mit

der chemischen Umsetzung verbundene Änderung der **freien Enthalpie**[2]) (ΔG, Gibbssches thermodynamisches Potential) das wahre Maß der Arbeitsfähigkeit. G hat die Dimension einer Energie. ΔG und ΔH hängen wie folgt miteinander zusammen

$$\Delta G = \Delta H - T\Delta S$$

T = absolute Temperatur; ΔS = Änderung der Entropie.

Verabredungsgemäß wird jede dem System zugeführte Wärme- oder Arbeitsmenge positiv und jede das System verlassende negativ gerechnet. Man nennt die Reaktionen, bei denen ΔH negativ ist, **exotherm**[3]), solche mit positiven ΔH **endotherm**[3]). Umsetzungen, bei denen G abnimmt, heißen **exergonisch**[3]). Der Gegensatz ist **endergonisch**[2]). Exergonische Reaktionen verlaufen – vorausgesetzt, es wird die nötige Aktivierungsenergie hineingesteckt – stets freiwillig. Das **Berthelotsche Prinzip**, wonach jede chemische Umsetzung im Sinne einer maximalen Wärmetönung verlaufen soll, ist nur am absoluten Nullpunkt ($T = 0$) streng gültig. Bei unseren Temperaturen gibt es freiwillig verlaufende Reaktionen, die endotherm sind. Die Abnahme der freien Enthalpie ($-\Delta G$) bei einer chemischen Umsetzung entspricht der **maximalen Arbeit** (A_{max}), die man bei reversibler Führung des Vorganges (bei konstantem Druck) erhalten kann

$$-\Delta G = A_{max}.$$

Sie ist um so größer (negatives Vorzeichen!), je stärker die Exothermie und je größer die Entropiezunahme (ΔS) während der Reaktion ist. Das geht aus der oben gegebenen Beziehung klar hervor. Die Differenz zwischen ΔG und der Wärmetönung ΔH ist bei der vollständigen Oxidation der wichtigsten Nährstoffe unter physiologischen Bedingungen nicht sehr groß. Sie bewegt sich zwischen 3 und 4% (Tab. 1.4., Beispiel: Glucoseveratmung). Bei anaeroben Abbauprozessen und bei vielen Teilreaktionen des intermediären Stoffwechsels ist es anders (Tab. 1.4.).

Tabelle 1.4. Wärmetönung (ΔH) und Änderung der freien Enthalpie (ΔG) bei biochemischen Reaktionen in $kJ \cdot mol^{-1}$

	Glykolyse	alkoholische Gärung	Glucoseveratmung
ΔH	–100,5	– 88,0	–2817,7
ΔG	–150,7	–230,3	–2872,1

[1]) Erwin SCHRÖDINGER, geb. 1887, Professuren f. theor. Physik in Stuttgart, Breslau, Zürich, Berlin, ab 1938 in Dublin, zuletzt in Wien, gest. 1961 (Nobelpreis f. Physik 1933).

[2]) ent – von entós (griech.) = innen.

[3]) ex (lat.) = aus, heraus; éndon (griech.) = innen; to érgon (griech.) = die Arbeit, das Werk; thermos (griech.) = warm, heiß.

Wie wir oben (1.2.2.) sahen, streben sich selbst überlassene abgeschlossene Systeme einem thermodynamischen Gleichgewichtszustand zu, den sie spontan nicht wieder verlassen. Als Kriterium des Gleichgewichts lernten wir kennen, daß die Entropie S ein relatives Maximum erreicht. Nun lernen wir ein weiteres **Gleichgewichtskriterium** kennen: Bei gegebener Temperatur und gegebenem Druck (T, p = const.) erreicht die **freie Enthalpie** G im thermodynamischen Gleichgewicht ein **relatives Minimum:**

$$\text{abgeschlossene Systeme} \begin{cases} \text{in Gleichgewichtsnähe:} \\ \left(\dfrac{dG}{dt}\right)_{T,\,p} < 0; \quad G < \text{Minimum} \\ \text{im Gleichgewicht:} \\ \left(\dfrac{dG}{dt}\right)_{T,\,p} = 0; \quad G = \text{Minimum} \end{cases}$$

Zwischen der Gleichgewichtskonstanten K einer Reaktion

$$A + B \Leftrightarrow C + D \qquad K = \frac{[C] \times [D]}{[A] \times [B]}$$

und der freien Enthalpie besteht folgende Beziehung

$$\Delta G = -RT \ln \frac{K}{\alpha} \qquad \alpha = \frac{c_C \cdot c_D}{c_A \cdot c_B} .$$

Mit c_A, c_B, c_C und c_D sind die Konzentrationen der beteiligten Stoffe A, B, C und D im Ausgangsreaktionsgemisch bezeichnet. Aus der Gleichung folgt: Je kleiner α gegenüber K ist, desto größer ist die zu gewinnende Arbeit ΔG. Ist $\alpha = K$, so ist $\Delta G = 0$. Für den Fall, daß alle Stoffe im Ausgangsgemisch in der Konzentration $1\ \text{mol} \cdot \text{l}^{-1}$ vorliegen ($\alpha = 1$), das bedeutet bei Beteiligung von Protonen (H^+) an der Reaktion einen pH-Wert von 0, vereinfacht sich die Beziehung

$$\Delta G° = RT \ln K.$$

Wenn bei einer Temperatur von 25 °C und einem pH-Wert von 7,0 die Reaktionsteilnehmer in 1molarer Konzentration vorliegen und jeweils 1 mol Ausgangsstoff in 1 mol Reaktionsprodukt umgewandelt wird, erhält man die Änderung der freien Enthalpie unter **Standardbedingungen**

$$\Delta G°' = RT' \ln K$$

Sie wird in Joule pro Molumsatz angegeben. Die **Gesamtarbeitsfähigkeit** einer Reaktion setzt sich somit aus $\Delta G°'$ und der **„Restreaktionsarbeit"** zusammen

$$\Delta G = \Delta G°' + RT' \ln \alpha = \Delta G°' + 8,315 \cdot 298,15 \cdot 2,303 \lg \alpha = \Delta G°' + 5,709 \cdot 10^3 \lg \alpha \text{ (in } J \cdot mol^{-1}).$$

Bei jeder Erhöhung der Konzentration eines Ausgangsstoffes auf das 10fache bzw. Verminderung der Konzentration eines Reaktionsproduktes auf 1/10 (in beiden Fällen wird α auf 1/10 reduziert) ändert sich ΔG um $-5,709\ kJ \cdot mol^{-1}$.

Auch im Organismus bei Anwesenheit von Enzymen verläuft eine Reaktion nur so lange freiwillig, solange die freie Enthalpie noch abnehmen kann. Energieverbrauchende, endergonische Reaktionen müssen deshalb mit einer zweiten Reaktion gekoppelt werden, die so stark exergonisch ist, daß für beide zusammen $\Delta G \leqq 0$ wird (**energetische Kopplung**). Als Beispiel diene die Bildung von „aktivierter Essigsäure" (1.4.1.) aus Acetat. Sie ist mit $\Delta G°'$ = +29,3 kJ/mol stark endergonisch. In Verbindung mit der ATP-Spaltung wird der gesamte Vorgang exergonisch.

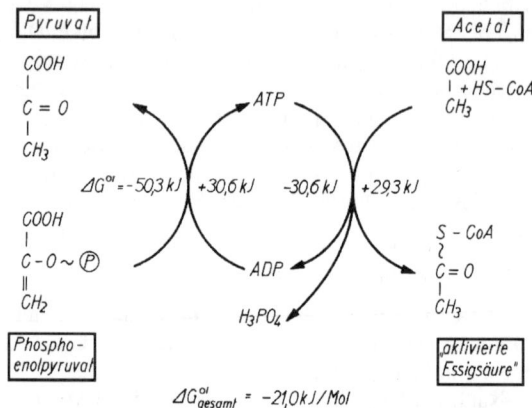

Man kann sich vorstellen, daß derartige Prozesse in der lebenden Zelle eine große Rolle spielen. Viele Reaktionen des intermediären Stoffwechsels, wie z. B. der Aufbau spezifischer Makromoleküle (Proteine, Nukleinsäuren) aus ihren Bausteinen (Aminosäuren, Mononukleotide), sind endergonisch.

1.3. Die Biokatalyse

Die Vielzahl der chemischen Reaktionen, die zu jedem Zeitpunkt im Organismus ablaufen, sind nur dadurch möglich, daß eine ebenfalls große Zahl von **Katalysatoren** steuernd in das Geschehen eingreift. Unter einem Katalysator haben wir einen Stoff zu verstehen, der, ohne selbst im Endprodukt zu erscheinen, chemische Reaktionen oder Reaktionsfolgen durch seine Gegenwart nach Richtung und Geschwindigkeit bestimmt (MITTASCH[1])). Die im Organismus wirksamen „Biokatalysatoren" bezeichnet man als

---

[1]) Alwin MITTASCH, geb. 1869 in Großdehsa b. Löbau (Lausitz), Ausbildung als Volksschullehrer, 1896/97 Studium der Pädagogik in Leipzig, durch W. OSTWALD gefördert, 1901 Promotion, Industriechemiker, 1933 vorzeitig i. d. Ruhestand, 1953 in Heidelberg gest.

Fermente[1]) oder **Enzyme**[2]). Die Wirksamkeit der Enzyme stellt eine wichtige Voraussetzung für die Herausbildung und Kontrolle von Fließgleichgewichten im Organismus dar.

Alle bisher bekannten Enzyme – es sind über 1000 – sind Eiweiße, eine Reihe von ihnen ist bereits in kristalliner Form isoliert worden. In der Skelettmuskulatur sind mehr als 40% der löslichen Proteine Enzymproteine. Viele Enzyme gehören zu den Proteiden, d. h., sie bestehen aus einem Eiweiß (Protein) und einem nichteiweißartigen Anteil, den man generell als **„prosthetische Gruppe"** bezeichnet.

Dissoziiert die prosthetische Gruppe leicht ab, so spricht man auch von einem **Coenzym** und bezeichnet den Eiweißträger als **Apoenzym**. Coenzym und Apoenzym bilden zusammen das **Holoenzym**. Die Coenzyme wären treffender als **„Co-Substrate"** zu bezeichnen. Sie setzen sich in einer ersten Reaktion in Verbindung mit einem Apoenzym stöchiometrisch (d. h. Mol pro Mol) mit dem Substrat um und gehen verändert aus dieser Reaktion hervor. In einer zweiten Reaktion in Verbindung mit einem anderen Apoenzym wird das Coenzym anschließend in den Ausgangszustand zurückverwandelt, indem es sich abermals stöchiometrisch mit einem Substrat umsetzt.

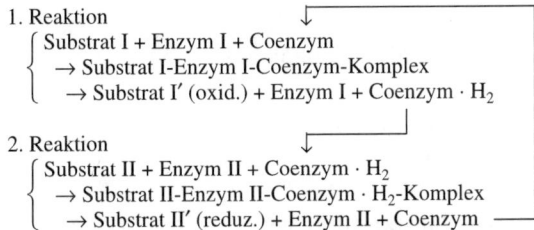

1. Reaktion
{ Substrat I + Enzym I + Coenzym
→ Substrat I-Enzym I-Coenzym-Komplex
→ Substrat I′ (oxid.) + Enzym I + Coenzym · H_2

2. Reaktion
{ Substrat II + Enzym II + Coenzym · H_2
→ Substrat II-Enzym II-Coenzym · H_2-Komplex
→ Substrat II′ (reduz.) + Enzym II + Coenzym

---

[1]) fermentare (lat.) = sieden (Der Begriff wurde ursprünglich auf den mit CO_2-Entwicklung verbundenen Prozeß der Vergärung des Zuckers zu Alkohol bezogen).
[2]) en (griech.) = in; he zyme (griech.) = der Sauerteig.

Die Coenzyme stellen somit **„Transportmetaboliten"** dar. Sie übertragen Wasserstoff (wasserstoffübertragende Coenzyme, z. B. NAD, FAD; s. Atmungskette 1.4.1.) oder funktionelle Gruppen (gruppenübertragende Coenzyme, z. B. ATP, UDP, CoA und CoF) von einem Substrat auf ein anderes. Den Coenzymen kommt im Stoffwechsel eine große Bedeutung zu. Viele Coenzyme stehen in enger Beziehung zu den Vitaminen (3.1.2.).

Im Gegensatz zu den Coenzymen bleiben die echten prosthetischen Gruppen mit ihrem Proteinträger verbunden. Auch sie treten chemisch verändert aus der ersten Reaktion hervor, erlangen ihren aktiven Ausgangszustand aber in Bindung an das gleiche Protein in einer zweiten Reaktion zurück.

Die katalytische Wirkung der Enzyme – ebenso wie die der anorganischen Katalysatoren – beruht auf ihrer Fähigkeit, die **Aktivierungsenergie** der betreffenden Reaktion herabzusetzen. Thermodynamisch mögliche Reaktionen (das sind solche, die unter Abnahme von freier Energie ablaufen) bedürfen eines „Anstoßes", um tatsächlich abzulaufen. Es muß eine gewisse Reaktionsträgheit (Barriere) durch Zuführung einer bestimmten Energiemenge, die man Aktivierungsenergie nennt, überwunden werden. Je größer die benötigte Aktivierungsenergiemenge ist, desto reaktionsträger ist das Stoffgemisch, weil nur wenige Moleküle (ihr Energiegehalt ist in Form einer Zufallskurve statistisch um einen Mittelwert verteilt, Abb. 1.3.) den notwendigen Energiegehalt besitzen, um die Barriere zu überspringen und damit in die Reaktion einzutreten. Durch Zuführung von Energie in Form von Wärme kann man diesen Anteil wesentlich erhöhen (Reaktionsbeschleunigung). Diese Möglichkeit entfällt im Organismus. Deshalb wird der andere Weg beschritten, eine Reaktionsbeschleunigung durch Abbau der Barriere herbeizuführen. Zur Spaltung von H_2O_2 in H_2O und $\frac{1}{2}$ O_2 ist z. B. normalerweise eine Aktivierungsenergie von 75,4 kJ/mol notwendig. Das Enzym Katalase setzt die notwendige

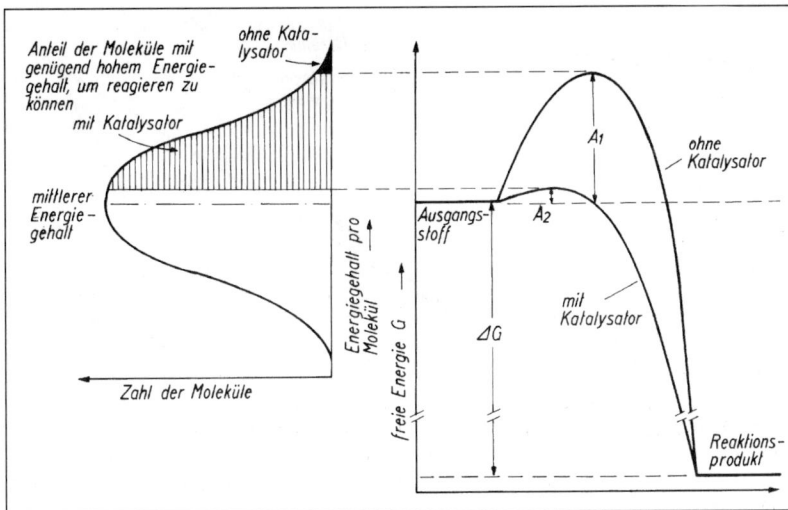

Abb. 1.3. Zur Wirkung der Katalysatoren (Enzyme). A_1 und A_2: die benötigten Aktivierungsenergien.

Aktivierungsenergie auf 23,0 kJ/mol herab. Diese Wirkung der Enzyme ist darauf zurückzuführen, daß sie vorübergehend eine instabile Verbindung mit dem Substratmolekül **(Enzym-Substrat-Komplex)** eingehen, die anschließend unter Freisetzung des Reaktionsproduktes irreversibel wieder zerfällt.

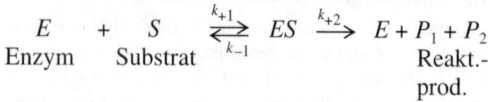

$$E + S \underset{k_{-1}}{\overset{k_{+1}}{\rightleftharpoons}} ES \overset{k_{+2}}{\longrightarrow} E + P_1 + P_2$$

Enzym   Substrat   Reakt.-prod.

Der Nachweis eines solchen Enzym-Substrat-Komplexes ist bei einigen Enzymen heute bereits erbracht. Der Zerfall des Komplexes soll wesentlich langsamer ablaufen als dessen Bildung, so daß er für die gesamte Reaktion geschwindigkeitsbestimmend wird. Das heißt, die Konzentration des Enzym-Substrat-Komplexes $[ES]$ bestimmt die Geschwindigkeit v der Gesamtreaktion

$$v = k_{+2} \times [ES].$$

Wenn bei einer festen Enzymmenge die Substratkonzentration laufend erhöht wird, so wird immer mehr Enzym in den ES-Komplex eingebaut, bis schließlich die gesamte Enzymmenge im Komplex vorliegt. Dann kann durch eine weitere Steigerung der Substratkonzentration keine weitere Steigerung der Reaktionsgeschwindigkeit herbeigeführt werden. Es ist die maximale Reaktionsgeschwindigkeit (v_{max}) erreicht.

$$v_{max} = k_{+2} \times [E_G]$$

$[E_G]$ = Gesamtkonzentration des Enzyms

Diese sog. **Sättigungskonzentration,** bei der v_{max} erreicht ist, hat bei den einzelnen Enzymen und bei den verschiedenen Substraten desselben Enzyms einen unterschiedlichen Wert. Da sich die Reaktionsgeschwindigkeit asymptotisch mit zunehmender Substratkonzentration v_{max} nähert, ist die Sättigungskonzentration schwer bestimmbar (Abb. 1.4.). Deshalb geht man von $^1/_2\, v_{max}$ aus und bestimmt die dazugehörige Substratkonzentration $[S]^1/_2\, v_{max}$. Sie ist gleich der

Dissoziationskonstanten des Enzym-Substrat-Komplexes, denn nach obiger Gleichung für v ist $^1/_2\, v_{max}$ dann erreicht, wenn $[ES] = ^1/_2\, [ES]_{max}$ ist.

Das heißt aber, daß die Hälfte des vorhandenen Enzyms im Komplex ES, die andere Hälfte frei als E vorliegt, also $[E] = [ES]$. Damit folgt aus dem Massenwirkungsgesetz

$$\frac{[E] \times [S]}{[ES]} = K_m = \frac{k_{-1}}{k_{+1}} \; ;$$

$$[S]^1/_2\, v_{max} = K_m \text{ in mol} \cdot 1^{-1}.$$

Man bezeichnet K_m als **Michaelis-Konstante.** Sie ist ein **Maß der Affinität** des betreffenden Enzyms zum Substrat. Hat sie einen hohen Wert, so ist erst bei einer relativ hohen Substratkonzentration Halbsättigung erreicht. Das Enzym wird bevorzugt dasjenige Substrat umsetzen, mit dem es die kleinste Michaelis-Konstante hat.

Bezeichnet man die Gesamtkonzentration des Enzyms als $[E_G]$, so kann man das Massenwirkungsgesetz auch folgendermaßen schreiben

$$K = \frac{[E] \cdot [S]}{[ES]} = \frac{([E_G] - [ES]) \cdot [S]}{[ES]} = \frac{[E_G] \cdot [S]}{[ES]} - [S].$$

Nach $[ES]$ aufgelöst

$$[ES] = \frac{[E_G] \cdot [S]}{K_m + [S]} \; .$$

Da $v = k_{+2} \cdot [ES]$ ist (s. o.), gilt auch

$$\boxed{v = k_{+2} \cdot \frac{[E_G] \cdot [S]}{K_m + [S]}}$$

Michaelis-Menten-Gleichung
Die Gleichung drückt die Abhängigkeit der Reaktionsgeschwindigkeit v von der Substratkonzentration $[S]$ aus (Abb. 1.4.). Unter Berücksichtigung, daß $v_{max} = const \cdot E_G$ ist, kommt man zu einer anderen Form der Michaelis-Menten-Gleichung

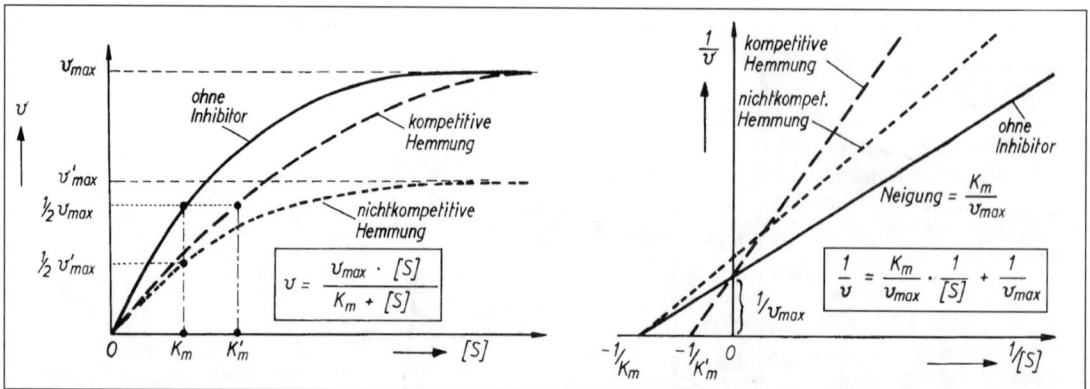

Abb. 1.4. Die normale Sättigungskurve eines Enzyms nach MICHAELIS-MENTEN (durchgezogene Linie) sowie deren Verlauf bei kompetitiver bzw. nichtkompetitiver Hemmung. Die dazugehörigen Lineweaver-Burk-Diagramme sind in der rechten Teilfigur wiedergegeben. Beachte: Im Falle der kompetitiven Hemmung Zunahme von K_m bzw. Abnahme von $1/K_m$ bei unverändertem v_{max}- bzw. $1/v_{max}$-Wert. Im Falle der nichtkompetitiven Hemmung Abnahme von v_{max} bzw. Erhöhung von $1/v_{max}$ bei unverändertem K_m- bzw. $1/K_m$-Wert.

$$v = \frac{v_{max} \cdot [S]}{K_m + [S]} .$$

Durch einfache Umformung dieser Gleichung in ihre reziproke Form

$$\frac{1}{v} = \frac{K_m + [S]}{v_{max} \cdot [S]} = \frac{K_m}{v_{max}} \cdot \frac{1}{[S]} + \frac{1}{v_{max}}$$

erhält man die **Lineweaver-Burk-Gleichung.** Sie stellt eine lineare Funktion dar, wenn man auf der Ordinate die reziproke Reaktionsgeschwindigkeit ($1/v$) und auf der Abszisse die reziproke Substratkonzentration ($1/[S]$) als Variable abträgt. Aus einem solchen **Lineweaver-Burk-Diagramm** (Abb. 1.4.) lassen sich v_{max} und K_m leicht ermitteln.

Der Katalysator sorgt für eine schnellere Einstellung des Reaktionsgleichgewichts, das durch die von der Temperatur abhängige Gleichgewichtskonstante K des Massenwirkungsgesetzes bestimmt ist. Eine Verschiebung der Gleichgewichtslage durch den Katalysator tritt in keinem Fall ein. Im Organismus wird allerdings dieser Gleichgewichtszustand in der Regel nicht erreicht, weil die entstehenden Reaktionsprodukte sehr schnell durch andere Enzyme weiter verarbeitet werden und damit wieder verschwinden. Man kennt viele solcher **„Enzymketten" (Multienzymsysteme),** die dazu führen, daß sich **stationäre Zwischenproduktkonzentrationen** einstellen, die nicht den Gleichgewichtskonzentrationen entsprechen (Fließgleichgewichte, S. 39; Tab. 1.2.).

Charakteristisch für die Enzyme sind ihre Substrat- und Wirkungsspezifität. Unter der **Substratspezifität** versteht man die Erscheinung, daß das Enzym nur ganz bestimmte Stoffe umsetzt, andere dagegen unbeeinflußt läßt. Man bezeichnet die umgesetzten Stoffe als Substrate. Man stellt sich vor, daß auf der Oberfläche des Enzymmoleküls ein besonderer Bezirk **(aktives** oder **katalytisches Zentrum)** existiert, zu dem nur bestimmte, komplementär gebaute Substratmoleküle „passen". Absolut substratspezifisch sind z. B. die Urease, die nur Harnstoff und keinen anderen Stoff spaltet, und die Carboanhydratase. Verhältnismäßig unspezifisch sind dagegen manche Hydrolasen. Die **Wirkungsspezifität** kommt darin zum Ausdruck, daß von dem Enzym jeweils nur eine bestimmte Reaktion katalysiert wird, auch dann, wenn mehrere Reaktionen des Substrats thermodynamisch möglich sind. Die früher vertretene Ansicht, daß die Substratspezifität durch das Apoenzym und die Wirkungsspezifität durch das Coenzym bestimmt wird, muß heute revidiert werden, nachdem Beispiele bekannt geworden sind, wo das Apoenzym auch die Wirkungsspezifität bedingt.

Zu einer Hemmung der Enzymaktivität kann es kommen, wenn der Hemmstoff (Inhibitor[1])) infolge chemischer Ähnlichkeit mit dem Substrat ebenfalls mit dem Enzymmolekül in Verbindung tritt. Es kommt zur Konkurrenz zwischen dem Substrat und dem Hemmstoff um das Enzym: konkurrierende oder **kompetitive Hemmung.** So hemmt z. B. Malonsäure HOOC— CH$_2$—COOH auf Grund ihrer Ähnlichkeit mit der Bernsteinsäure HOOC—CH$_2$—CH$_2$—COOH die Wirkung der Bernsteinsäure-Dehydrogenase, indem sie das „aktive Zentrum" dieses Enzyms besetzt, ohne anschließend verarbeitet zu werden. Die Komplexbildung zwischen Malonsäure und Bernsteinsäure-Dehydrogenase unterliegt ebenso wie die zwischen Bernsteinsäure und dem Enzym dem Massenwirkungsgesetz. Deshalb kann grundsätzlich die auf kompetitiver Grundlage beruhende Hemmung durch einen Überschuß an Substrat ausgeglichen werden (Abb. 1.4.). Das heißt, v_{max} ist ohne und mit Inhibitor gleich groß. Anders ist es bei der **nichtkompetitiven Hemmung.** Hier ist v_{max} bei Anwesenheit des Hemmstoffs stets kleiner als im Normalfall (Abb. 1.4.). Der Inhibitor konkurriert nicht mit dem Substrat um das Enzym, sondern blockiert die Enzymreaktion von einer Stelle des Enzymmoleküls aus, die nicht der Substratbindung dient.

Im Lineweaver-Burk-Diagramm wird bei der kompetiven Hemmung die Neigung der Geraden bei unverändertem Ordinatenabschnitt $1/v_{max}$ und bei der nichtkompetitiven Hemmung bei unverändertem Abszissenabschnitt $-1/K_m$ steiler (Abb. 1.4.).

Wie jede chemische Reaktion ist auch die Enzymaktivität von der Temperatur abhängig. Es gilt die Reaktionsgeschwindigkeit-Temperatur-Regel nach VAN'T HOFF[2]) **(RGT-Regel).** Sie besagt, daß sich bei einer Temperaturerhöhung um 10 °C die Reaktionsgeschwidigkeit verdoppelt bis vervierfacht.

$$Q_{10} = \frac{v_{T+10}}{v_T} = 2-4.$$

oder allgemeiner

$$Q_{10} = \left(\frac{v_{T_2}}{v_{T_1}}\right)^{10/(T_2-T_1)}$$

in logarithmischer Schreibweise:

$$\log Q_{10} = 10 \frac{\log v_{T_2} - \log v_{T_1}}{T_2 - T_1} .$$

Mit dieser Formel läßt sich Q_{10} auch berechnen, wenn die Meßdaten für ein von 10 °C verschiedenes Intervall vorliegen. Nach Umformung der Gleichung erhalten wir

$$\log v_{T_2} = \log v_{T_1} + \log Q_{10} \cdot \frac{T_2 - T_1}{10}$$

---

[1]) inhibere (lat.) = hemmen, hindern.

[2]) Jacobus Hendrik VAN'T HOFF, geb. 1852 in Rotterdam, Prof. f. theoretische Chemie in Amsterdam, ab 1899 bis zum Tode (1911) in Berlin (Nobelpreis 1901).

Aus ihr erhellt, daß eine lineare Beziehung zwischen y = log v_{T_2} und x $=\frac{T_2-T_1}{10}$ besteht. Die Gerade schneidet die y-Achse bei log v_{T_1} und steigt mit dem Faktor log Q_{10} an (Abb. 1.15., S. 63).

Da die Enzyme Eiweißkörper sind, sind sie thermolabil, d. h., bei einer Temperaturerhöhung über 40 oder 50 °C hinaus tritt in der Regel bereits eine irreversible Schädigung des Enzyms durch Denaturierung ein. Damit steigt die Enzymaktivität nicht mehr, sondern fällt sehr schnell bis auf Null ab (Abb. 1.5.). Man bezeichnet die Temperatur, bei der das Enzym seine maximale Aktivität hat, als das **Temperaturoptimum.** Ein ähnliches Optimum existiert auch hinsichtlich des *p*H-Wertes. Jedes Enzym besitzt ein – oft in seiner Lage auch vom Substrat abhängiges – mehr oder weniger deutliches **pH-Optimum** (Abb. 1.5.).

In der Regel ist im „physiologischen Bereich" zwischen 0 und 40 °C der Q_{10}-Wert nicht konstant, er nimmt mit zunehmender Temperatur ab. Besser wird die Temperaturabhängigkeit der Reaktionsgeschwindigkeit durch die **Gleichung von Arrhenius** (1889)[1] wiedergegeben: lineare Abhängigkeit zwischen dem Logarithmus der Geschwindigkeitskonstanten *k* der Reaktion und der reziproken absoluten Temperatur (s. auch Abb. 3.69.).

$$\ln k = \ln k_{max} - \frac{A}{RT} \ .$$

––––––––––
[1] Svante August ARRHENIUS, geb. 1859 in Wijk bei Uppsala, gest. 1927 (Nobelpreis 1903).

(*R* = allgemeine Gaskonstante, *A* = Aktivierungsenergie, k_{max} = theoretischer Maximalwert der Geschwindigkeitskonstanten *k*. Er wird erreicht, wenn *A* auf Null absinkt.)
Die Arrhenius-Gleichung macht außerdem verständlich, daß bei konstanter Temperatur bereits durch eine geringe Abnahme von *A* (etwa durch ein Enzym) die Reaktionsgeschwindigkeit gewaltig zunimmt, denn es existiert eine exponentielle Abhängigkeit

$$k = k_{max} \cdot e^{-\frac{A}{RT}} \ .$$

Eine Abnahme der Aktivierungsenergie beispielsweise von 12 auf 63 kJ ruft eine Zunahme der Reaktionsgeschwindigkeit um das 10^{11} fache hervor.

Die enzymatische Aktivität wird oft in **Enzym-Einheiten** ausgedrückt. Durch sie wird diejenige Enzymmenge definiert, die unter optimalen Bedingungen (*p*H-Wert, Temperatur, Substratüberschuß usw.) einen bestimmten Stoffumsatz – in der Regel 1 Mikromol Substrat pro Minute – leistet. Bei solchen Enzymen, die bereits in reiner Form dargestellt werden konnten und deren relative Molekülmassen bekannt sind, kann eine exaktere Enzymeinheit festgelegt werden. Als **molekulare Aktivität** oder **Wechselzahl** (englisch: turnover number) wird die Zahl von Substratmolekülen verstanden, die in einer Minute von einem Enzymmolekül umgesetzt werden kann. Sie liegt bei den meisten Enzymen bei 10^3 bzw. 10^4. Sehr hohe Wechselzahlen zeigen die bei dem CO_2-Transport im Blut so wichtige Carboanhydratase (3.3.3.3.) mit $9,6 \cdot 10^7$ und die bei der Übertragung der Erregung an cholinergen Synapsen wichtige Acetylcholinesterase (2.3.5.2.) mit $1,8 \cdot 10^7$.

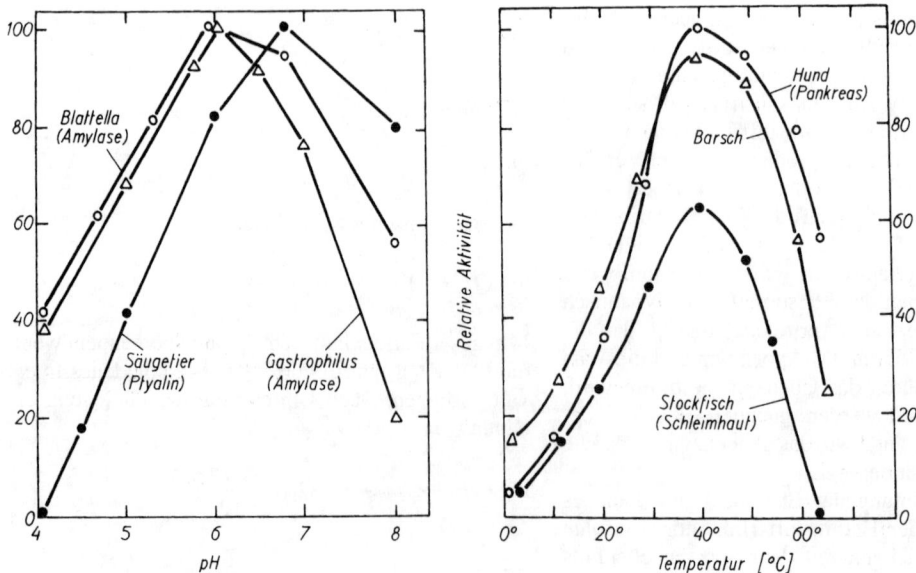

Abb. 1.5. Links: *p*H-Optima verschiedener Amylasen. Aus TALCHELL 1958. Rechts: Temperaturoptima verschiedener Trypsine. Nach KOSCHTOJANZ u. KORJULEFF 1934.

Mit dem raschen Anwachsen der Zahl der bekannten Enzyme – gegenwärtig sind mehr als 2000 bekannt – und Enzymmechanismen wurde die Forderung nach einer einheitlichen Systematisierung und Festlegung von Nomenklaturregeln immer dringlicher. Im Jahre 1961 wurden von einer internationalen Kommission entsprechende Richtlinien ausgearbeitet. Danach werden sechs Hauptklassen der Enzyme unterschieden.

1. **Oxidoreduktasen:** Sie katalysieren Redoxprozesse, wobei $NAD^\oplus$ bzw. $NADP^\oplus$, Sauerstoff oder Cytochrome als Akzeptoren auftreten können. Beispiele: Dehydrogenasen (Alkohol-Dehydrogenase, Lactat-Dehydrogenase, Acyl-CoA-Dehydrogenase), Oxidasen (Glucose-Oxidase, Aminosäure-Oxidase).
2. **Transferasen**[1]**):** Sie katalysieren Gruppenübertragungen. Beispiele: Methyltransferasen, Carboxyl- und Carbamyltransferasen (Ornithin-Carbamyl-Transferase), Acyltransferasen (Cholin-Acetyl-Transferase), Aminotransferasen (Transaminasen).
3. **Hydrolasen:** Sie katalysieren die hydrolytische Spaltung von Esterbindungen, Glycosiden und Peptidbindungen. Beispiele: Carboxylester-Hydrolasen (Esterasen, Lipase), Phosphomonoesterasen (Phosphatasen), Glycosidasen (Amylase, β-Glycosidase, Maltase), Aminopeptido-Aminosäurehydrolasen (Aminopeptidasen), α-Carboxypeptido-Aminosäurehydrolasen (Carboxypeptidasen), Peptipeptido-Hydrolasen (= Endopeptidasen: Pepsin, Trypsin).
4. **Lyasen**[2]**):** Sie katalysieren nichthydrolytische Spaltungen von C–C-, C–O- oder C–N-Bindungen. Beispiele: Carboxy-Lyasen (Pyruvat-Decarboxylase), Aldehyd-Lyasen (Aldolase).
5. **Isomerasen:** Sie katalysieren die Umwandlung einer Verbindung in eine isomere Form. Beispiele: Racemasen, cis-trans-Isomerase, intramolekulare Oxidoreduktasen (Glucose-6-Phosphat-Isomerase) und intramolekulare Transferasen.
6. **Ligasen**[3]**) (Synthetasen):** Sie katalysieren den Zusammenschluß zweier Moleküle unter Verbrauch von ATP, indem sie C–C-, C–O- oder C–N-Bindungen knüpfen. Beispiele: Aminosäure-RNA-Ligasen (Aminosäureaktivierende Enzyme), Säure-Aminosäure-Ligasen (Peptid-Synthetase), Carboxylasen (Acetyl-CoA-Carboxylase).

Jede dieser sechs Hauptklassen enthält wieder Unterklassen und diese Subunterklassen. Innerhalb der Subunterklassen erhält dann jedes Enzym eine bestimmte Nummer. Jedem Enzym ist eine EC-(Enzym Commission-) Kennziffer zugeordnet, die aus vier Zahlen besteht. Sie geben in der Reihenfolge die Hauptklasse, Unterklasse, Subunterklasse und Nummer des Enzyms in dieser Subunterklasse an (z. B. Hexokinase = ATP: D-Hexose-6-phosphotransferase EC 2.7.1.1.) und werden in Klammern gesetzt.

[1]) trans (lat.) = über; ferre (lat.) = tragen.
[2]) he lysis (griech.) = die Auflösung.
[3]) ligare (lat.) = binden.

1.4. Der Energieumsatz

Die Lebewesen sind keine Maschinen, die nur äußere Arbeit leisten und gegebenenfalls abgestellt werden können. Die Lebewesen müssen selbst bei völliger äußerer Ruhe ununterbrochen „innere Arbeit" leisten, um ihren lebendigen, ihren dynamischen Zustand aufrechtzuerhalten (1.2.2.).

Die Energiequelle, die den Organismen für ihre vielfältigen inneren und äußeren Leistungen zur Verfügung steht, ist die in den Nährstoffen enthaltene potentielle chemische Energie. Während die **heterotrophen**[4]**)** Tiere sich diese Nährstoffe durch Fressen anderer Tiere oder Pflanzen verschaffen, sind die **autotrophen**[4]**)** grünen Pflanzen in der Lage, sich ihre

---

[4]) héteros (griech.) = ein anderer; autó (griech.) = Selbst-; he trophé (griech.) = die Ernährung.

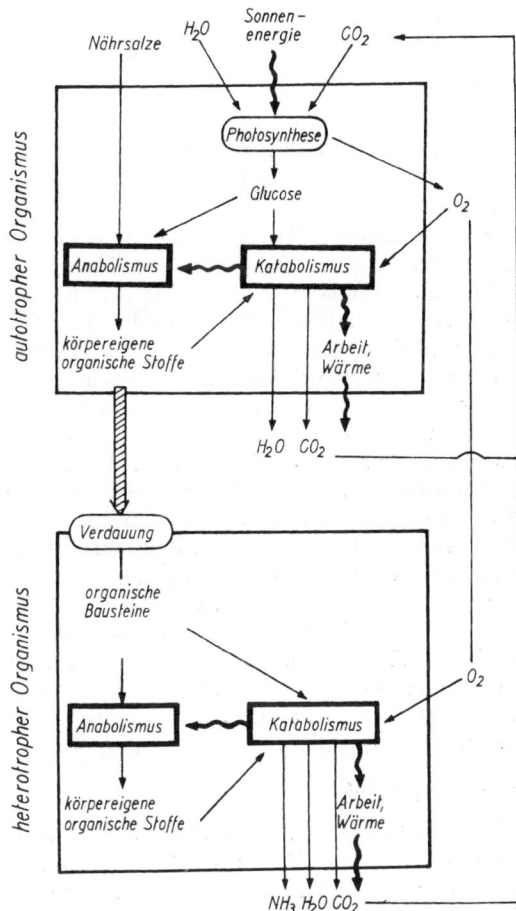

Abb. 1.6. Schematische Gegenüberstellung des Stoff- und Energieflusses in einem autotrophen und einem heterotrophen Organismus. Aus PENZLIN 1986.

Nährstoffe aus CO_2 und H_2O mit Hilfe der Sonnenenergie im Prozeß der Photosynthese selbst herzustellen. Letztlich zehrt die gesamte Welt des irdischen Lebens von der von der Sonne auf unsere Erde einfallenden und von der grünen Pflanze „konservierten" Strahlungsenergie (Abb. 1.6.).

1.4.1. Freisetzung der Energie unter aeroben Bedingungen

Die in den Nährstoffen – es handelt sich in der Hauptsache um Kohlenhydrate, Fette und Eiweiße – potentiell enthaltene chemische Energie wird im Organismus vorwiegend durch **oxidative Abbauvorgänge** freigesetzt. Dabei werden die Kohlenhydrate und Fette bis zu Kohlendioxid und Wasser abgebaut.

Glucose:

$C_6H_{12}O_6 + 6\ O_2 = 6\ CO_2 + 6\ H_2O$

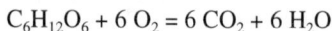

$\Delta G^{\circ\prime} = -2874\,\mathrm{kJ \cdot mol^{-1}}$

Palmitinsäure:

$CH_3(CH_2)_{14}COOH + 23\ O_2 = 16\ CO_2 + 16\ H_2O$

$\Delta G^{\circ\prime} = -9805\ \mathrm{kJ \cdot mol^{-1}}$

Die N-haltigen Eiweiße bzw. deren Bausteine, die Aminosäuren, führen außerdem zu N-haltigen Endprodukten.

Seit den bekannten Untersuchungen von LAVOISIER[1] (1789) werden die im Organismus ablaufenden oxidativen Abbauprozesse immer wieder mit der **Verbrennung** verglichen. Wenn auch die Bruttoformeln in beiden Fällen gleich sind, so verlaufen beide Vorgänge doch grundsätzlich anders. Während die Verbrennung durch eine starke Wärmeentwicklung charakterisiert ist, wobei der in den Verbindungen enthaltene Kohlenstoff zu CO_2 und der Wasserstoff zu H_2O oxidiert werden, läuft die biologische Oxidation ohne eine solche starke Wärmeentwicklung ab. Das dabei resultierende Kohlendioxid entsteht im Verlaufe des Prozesses ausschließlich durch Abspaltung aus organischen Säuren (Decarboxylierung) ohne nennenswerte Energietönung. Der wichtigste energieliefernde Prozeß ist bei der biologischen Oxidation die Reaktion des durch Dehydrierung der Substrate gewonnenen Wasserstoffs mit dem Luftsauerstoff zu Wasser (Knallgasreaktion)

$H_2 + {}^{1}/_{2}\ O_2 \rightarrow H_2O.$

Das geschieht aber nicht in einem Schritt, sondern über eine Reihe von Zwischenstufen, bei denen jeweils ein besonderer Katalysator mitwirkt (**Atmungskette**, s. u.).

---

[1] Antoine Laurent LAVOISIER, geb. 1743 in Paris, Beamtenlaufbahn, 1794 hingerichtet.

Eine **Oxidation** entspricht stets einer Elektronenabgabe, eine Reduktion einer Elektronenaufnahme. Derjenige Stoff, der die Elektronen abgibt (**Elektronendonator**)[2], wird durch denjenigen Stoff, der die Elektronen aufnimmt (**Elektronenakzeptor**)[3], oxidiert, wobei letzterer selber reduziert wird. Oxidation und Reduktion laufen also stets gekoppelt miteinander ab. Man bezeichnet ein solches System als **Redoxsystem**. Die biologische Oxidation besteht in einer **Dehydrierung**.

Die Kohlenhydrate, Fette und zum Teil auch die Proteine (bestimmte Aminosäuren) werden zunächst auf verschiedenen Wegen so weit abgebaut, daß Bruchstücke mit nur 2 C-Atomen entstehen, sog. **C_2-Fragmente**. Es sind dies Essigsäurereste (CH_2CO-), die an Coenzym A (CoA) gebunden vorliegen („**aktivierte Essigsäure**"). Der Weg des Kohlenhydratabbaus bis zur aktivierten Essigsäure ist in Abbildung 1.7. und der Weg des Fettsäureabbaus in Abbildung 1.8. dargestellt.

Das **Glucosemolekül** wird im Prozeß der **Glykolyse**[4] (nach den maßgeblichen Entdeckern als **Embden-Meyerhof-Abbauweg**[5] bezeichnet) zunächst unter Verbrauch von 2 ATP phosphoryliert und dann in zwei Triosephosphate gespalten. Diese werden anschließend dehydriert und in Pyruvat überführt (s. Lehrbücher der Biochemie). Bei Abwesenheit von Sauerstoff endet der Glucoseabbau bei einem C_3- oder C_2-Körper (**Gärung**). Es kann sich dabei um Ethylalkohol (alkoholische Gärung), Milchsäure (Milchsäure-Gärung), Ameisen-, Propion- oder Buttersäure handeln. Bei Anwesenheit von Sauerstoff wird das Pyruvat durch „oxidative Decarboxylierung" in einen C_2-Körper verwandelt, der sofort energiereich an Coenzym A (CoA) gebunden wird. Es entsteht die bereits erwähnte aktivierte Essigsäure.

Das **Fettsäuremolekül** wird im Prozeß der β-**Oxidation** Schritt für Schritt in C_2-Fragmente zerlegt. Am Anfang steht die „Aktivierung" der relativ reaktionsträgen Fettsäure durch ihre Überführung in Thioester mit Hilfe des Coenzyms A (CoA) unter ATP-Verbrauch. An der dabei entstehenden Fettsäure-CoA-Verbindung laufen alle weiteren Reaktionen ab. Heraus kommt eine um 2 C-Atome verkürzte Fettsäure-CoA-Verbindung, die erneut die Reaktionsfolge durchläuft, ohne daß wieder ATP nötig ist. Schrittweise wird so das Fettsäuremolekül in C_2-Einheiten (Acetyl-CoA) zerlegt, die entweder in den Citratzyklus zum weiteren Abbau eingeschleust oder für synthetische Reaktionen verwendet werden. Die Bildung jedes C_2-Bruchstückes ist mit dem Entstehen eines $FADH_2$ (liefert 2 ATP) und eines NADH + H (liefert 3 ATP) verbunden.

Die aktivierte Essigsäure (Acetyl-CoA) nimmt eine zentrale Stellung im Stoffwechsel der Organismen ein (Abb. 1.7.) und ist der Ausgangsstoff für den

---

[2] donáre (lat.) = geben, schenken.

[3] acceptáre (lat.) = empfangen, annehmen.

[4] glykys (griech.) = süß; he lysis (griech.) = die Lösung.

[5] Otto Fritz MEYERHOF, geb. 1884 in Hannover, Medizinstudium, Assistent bei HÖBER in Kiel, 1924 zu Otto WARBURG in Berlin-Dahlem, 1938 Emigration in die USA, dort 1951 gest. (Nobelpreis 1922).

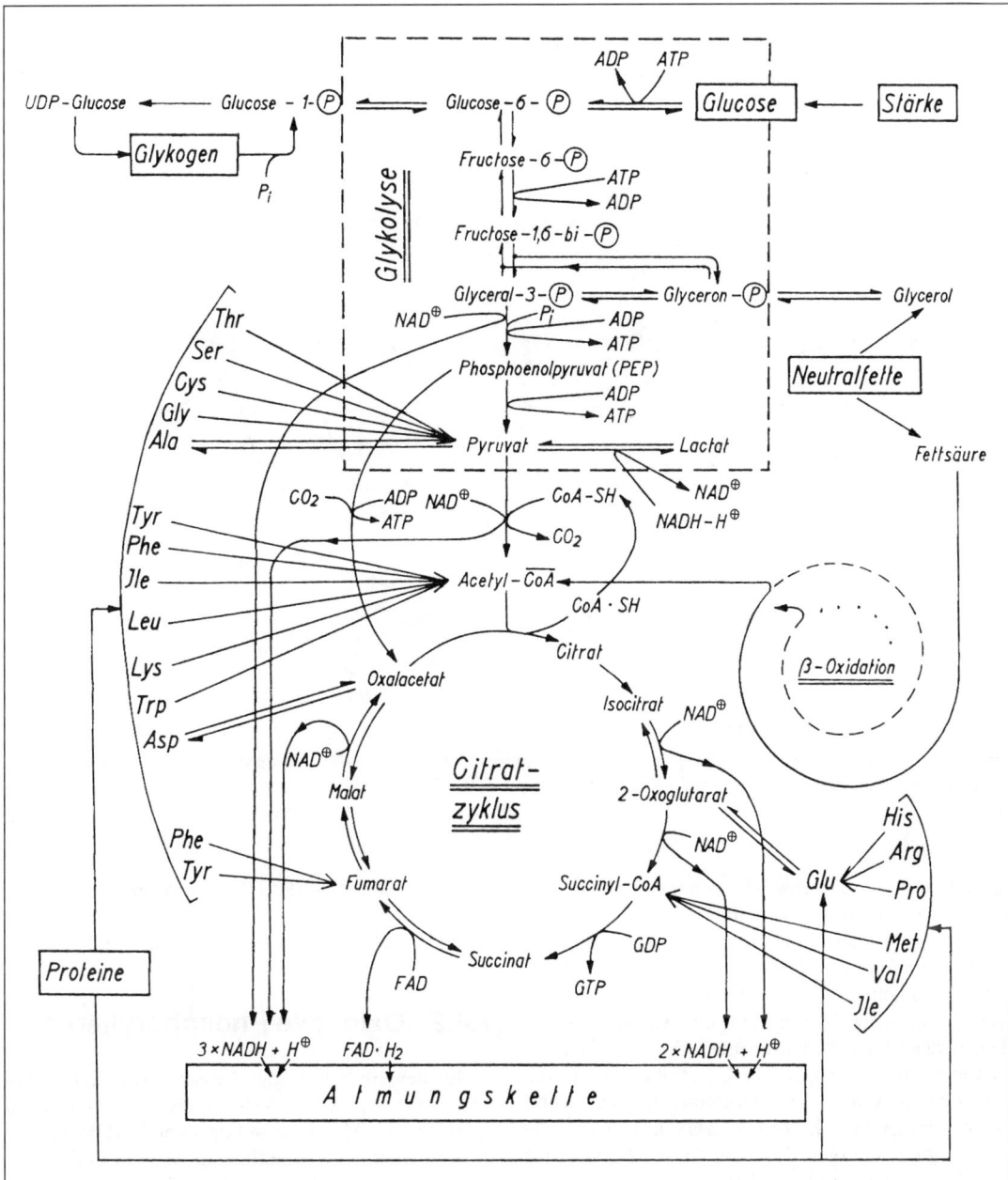

Abb. 1.7. Die wichtigsten Abbauwege der Nahrungssubstrate Stärke, Glykogen, Glucose, Neutralfette und Proteine sind in ihrem Zusammenhang schematisch dargestellt. Es sind nicht immer alle Zwischenprodukte aufgeführt, insbesondere beim Übergang von Glyceral-3-℗ zum PEP in der Glykolyse nicht. Die Aminosäuren sind durch die üblichen drei Buchstaben abgekürzt. Die bei der β-Oxidation der Fettsäure anfallenden Produkte sind bis auf das Acetyl-CoA nicht berücksichtigt (s. Abb. 1.8.). ℗ = -phosphat, P_i = anorganisches Phosphat.

gemeinsamen Endabbau der Stoffe, der im **Citratzyklus** erfolgt. In diesem Zyklus, der zu Ehren seines Entdeckers heute auch als **Krebs-Zyklus**[1]) bezeichnet wird, laufen Kohlenhydrat-, Fett- und Eiweißstoffwechsel zusammen. Er ist das große Sammel-

[1]) Sir Hans A. KREBS, geb. 25. 8. 1900, 1926–1930 bei WARBURG in Berlin-Dahlem, dann in Oxford, gest. 22. 11. 1981 (Nobelpreis 1953).

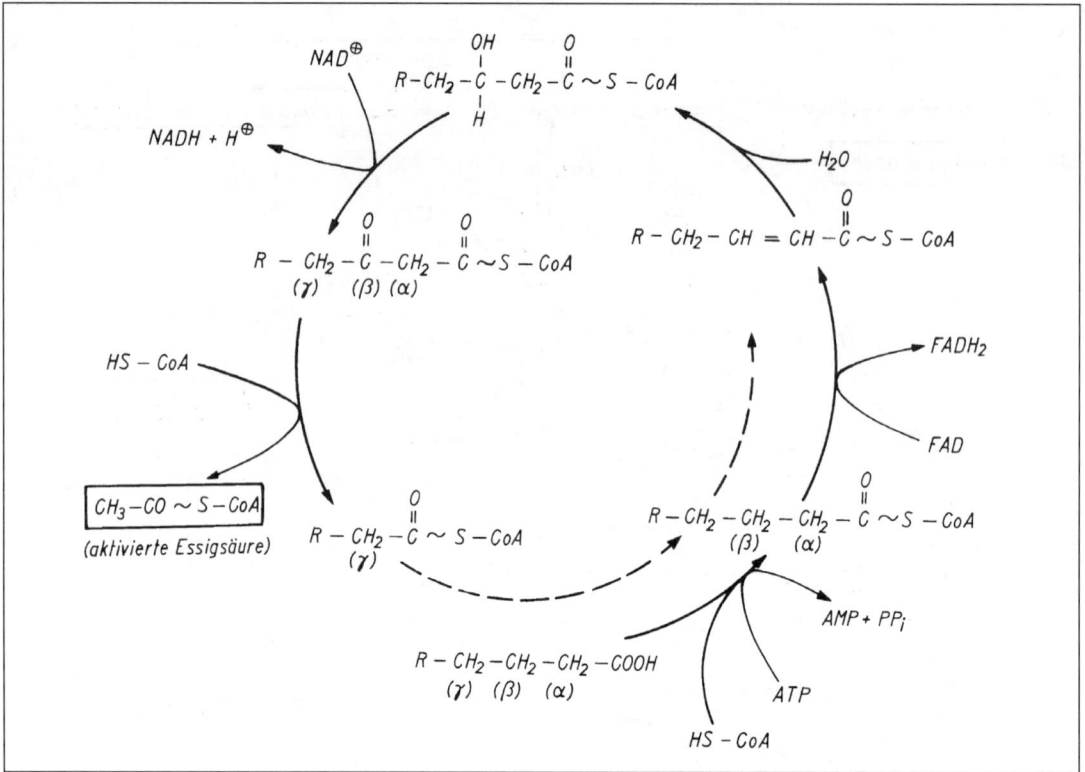

Abb. 1.8. Die β-Oxidation der Fettsäuren. Bei jedem Umlauf wird die Acetyl-CoA-Verbindung um zwei C-Atome verkürzt. Die Reaktionskette wird so oft durchlaufen, bis die Fettsäure vollständig in C_2-Fragmente zerlegt ist. Weitere Erläuterungen im Text.

becken von Stoffwechsel-Zwischenprodukten, die nicht nur der Energiegewinnung beim weiteren Abbau dienen, sondern auch zur Synthese bestimmter Stoffe (Aminosäuren, Fettsäuren, Häm etc.) verwendet werden können. Der Citratzyklus beginnt mit der Kondensation der Acetylgruppe des Acetyl-CoA und dem Oxalacetat zum Citrat unter Wasseraufnahme. Daran anschließend wird das Citrat über eine Reihe von Zwischenstufen und Decarboxylierungen und Dehydrierungen wieder zurück in Oxalacetat verwandelt. Beim einmaligen Durchlaufen des Zyklus wird das Molekül der aktivierten Essigsäure unter Wasseraufnahme in 2 CO_2 und 4 H_2 überführt

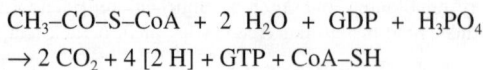

$$CH_3-CO-S-CoA + 2\ H_2O + GDP + H_3PO_4$$
$$\rightarrow 2\ CO_2 + 4\ [2\ H] + GTP + CoA-SH$$

(GDP: Guanosin-diphosphat; GTP: Guanosin-triphosphat)

In den insgesamt vier Redoxreaktionen des Zyklus werden drei Elektronenpaare auf Nicotinamid-adenin-dinukleotid ($NAD^{\oplus}$) und ein Paar auf Flavin-adenin-dinukleotid (FAD) übertragen. Außerdem wird eine energiereiche Phosphatbindung (Guanosintriphosphat, GTP) direkt im Citratzyklus gebildet.

1.4.2. Oxidative Phosphorylierung

Bei der Glykolyse, der Fettsäureoxidation (Abb. 1.8.) sowie im Citratzyklus (Abb. 1.7.) entstehen energiereiche Moleküle in Form von **NADH**, die reduzierte Form des Nicotinamid-adenin-dinukleotids ($NAD^{\oplus}$), und des **FADH₂**, die reduzierte Form des Flavin-adenin-dinukleotids (FAD). Von ihnen werden Elektronenpaare mit hohem Übertragungspotential über eine Reihe von Elektronen-Carriern (**Atmungskette**) schließlich auf molekularen Sauerstoff (letzter Elektronenakzeptor) übertragen, wobei sehr viel Energie schrittweise frei wird, die zum Aufbau von **ATP** (Adenosintriphosphat) aus ADP (Adenosindiphosphat) und P_i verwendet wird: **oxidative Phosphorylierung.** Sie ist die wichtigste ATP-Quelle in aeroben Organismen.

Die Vorgänge der oxidativen Phosphorylierung laufen in der inneren Mitochondrienmembran ab. Vom NADH werden die Elektronen über eine Kette

$$NADH + H^{\oplus} \xrightleftharpoons[+2(e^- + H^{\oplus})]{-2(e^- + H^{\oplus})} NAD^{\oplus}$$

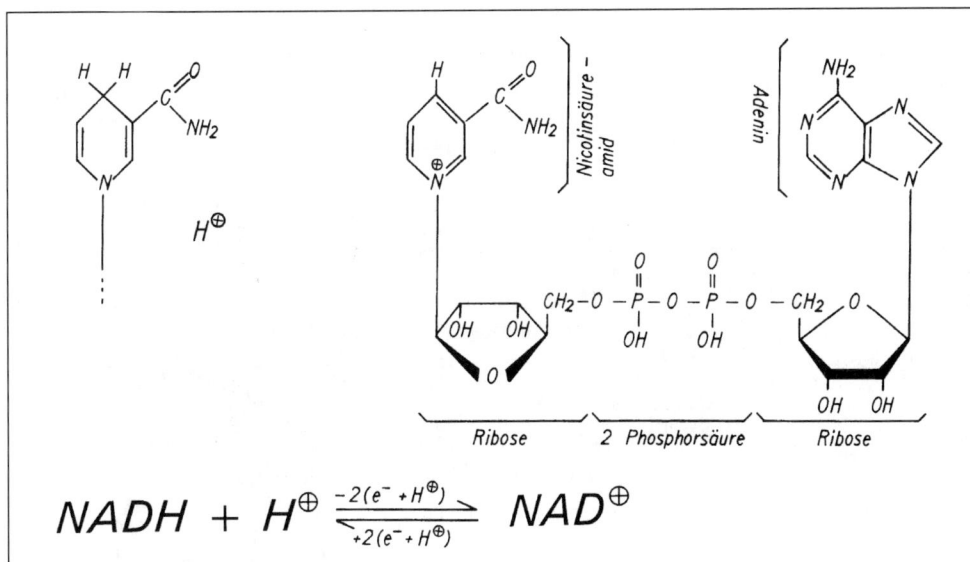

von drei großen, die Membran durchspannenden, asymmetrisch orientierten **Proteinkomplexen** schließlich auf Sauerstoff übertragen (Abb. 1.9.). Es sind:
1. **NADH-Q-Reduktase** (NADH-Dehydrogenase, NADH-Ubichinon-Oxidoreduktase)
2. **Cytochrom-Reduktase** (Ubichinon-Cytochrom-c-Oxidoreduktase)
3. **Cytochrom-Oxidase** (Cytochrom-c-Sauerstoff-Oxidoreduktase)

Die **Elektronencarrier** innerhalb der Komplexe sind Flavine, Fe-S-Komplexe, Chinone, Hämgruppen (Cytochrome) sowie Cu-Ionen. Vom NADH werden die beiden Elektronen zunächst auf die prosthetische Gruppe des **Flavinmononukleotids (FMN)** übertragen, um dann auf eine Reihe von Fe-S-Clustern und schließlich auf das hochbewegliche hydrophobe **Ubichinon**[1]) (Coenzym Q, ein Chinonderivat mit einer langen Isoprenoidkette) transferiert zu werden. Das reduzierte Ubichinon leistet den Elektronentransport vom ersten Komplex (NADH-Q-Reduktase) auf den zweiten, die Cytochrom-Reduktase. Es überträgt auch die Elektronen von $FADH_2$ (entsteht z. B. bei der Oxidation von Succinat im Citratzyklus) direkt auf die Cytochrom-Reduktase. Der zweite Komplex enthält die Cytochrome b und c_1 sowie ein Fe-S-Zentrum und transportiert die Elektronen auf das **Cytochrom c**[2]). Dieses überträgt die Elektronen auf den dritten Komplex (Cytochrom-Oxidase), der die Cytochrome a und a_3 sowie zwei Cu-Ionen enthält. Von

dort werden die Elektronen dann auf O_2 übertragen, wobei Wasser entsteht.

Die treibende Kraft für den Elektronenfluß durch die Atmungskette ist das sog. **Elektronenübertragungspotential** des NADH bzw. $FADH_2$ gegenüber dem Sauerstoff. Es wird ausgedrückt im sog. **Reduktionspotential** E_o' (Redoxpotential, Oxidations-Reduktions-Potential (Abb. 1.10.). Seine Änderung bei der Oxidation von NADH

$$NADH + H^{\oplus} + 1/2 O_2 \Leftrightarrow NAD^{\oplus} + H_2O$$

beträgt: $\Delta E_o' = + 1,14$ V. Daraus ergibt sich eine Änderung der freien Standardenergie von

$$\Delta G^{o'} = - nF \Delta E_o' = - 2 \cdot 96,5 \cdot 1,14 = - 220 \text{ kJ/mol}.$$

Sie wird zum ATP-Aufbau verwendet:

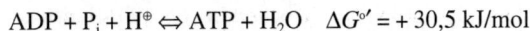

$$ADP + P_i + H^{\oplus} \Leftrightarrow ATP + H_2O \quad \Delta G^{o'} = + 30,5 \text{ kJ/mol}$$

Wenn Elektronen durch die Atmungskette fließen, werden Protonen aus der mitochondrialen Matrix, wo der Citratzyklus und die Fettsäureoxidation ablaufen, in den Intermembranraum gepumpt (Abb. 1.9.). Dadurch entsteht über die innere Mitochondrienmembran eine **protonenmotorische Kraft** Δp, die sich aus einem pH-Gradienten (ΔpH) und einem elektrischen Potential (Membranpotential E_M) zusammensetzt:

$$\Delta p = E_M - 2,3 \frac{RT}{F} \Delta pH = 0,14 - 2,3 \cdot 0,026 \, (-1,4)$$
$$= 0,224 \, V$$

Dem entspricht eine freie Energie von 21,75 kJ/mol Protonen.

Nach der heute allgemein anerkannten **chemiosmotischen Hypothese** Peter MITCHELLs aus dem Jah-

---

[1]) ubíque (lat.) = überall.
[2]) to kytos (griech.) = die Höhlung, Zelle; to chróma (griech.) = die Farbe.

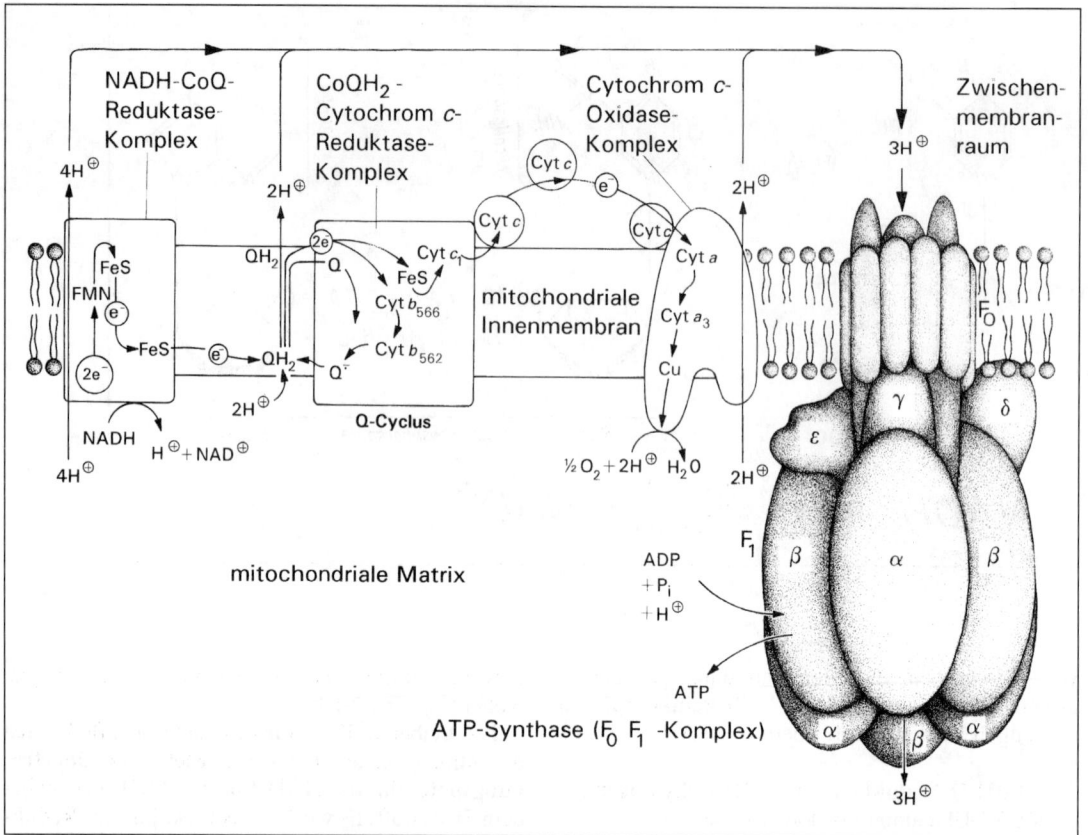

Abb. 1.9. Elektronenfluß und Protonentransport in der mitochondrialen Innenmembran und die ATP-Synthase. In Anlehnung an DARNELL, LODISH u. BALTIMORE 1994, verändert.

re 1961 ist der primäre energiekonservierende Prozeß der Aufbau dieses Protonengradienten (Cytosolseite sauer und elektropositiv gegenüber der Matrix). Die damit verbundene **protonenmotorische Kraft** (s. o.) dient als Antrieb der mitochondrialen **ATP-Synthase** ($H^\oplus$-ATPase). Dieses Enzym besteht aus einer transmembranalen protonenleitenden hydrophoben F_o-Einheit und einer ATP-synthetisierenden hydrophilen F_1-Einheit, die in die Matrix hineinragt und aus neun (fünf verschiedenen) Polypeptidketten mit der Stöchiometrie α_3, β_3, γ, δ, ε besteht. ATP wird gebildet, wenn Protonen durch den Kanal in die Matrix zurückfließen. Der Fluß von zwei Elektronen durch einen der drei protonenpumpenden Komplexe erzeugt bereits einen Gradienten, der groß genug ist, um 1 ATP zu bilden. So entstehen für jedes oxidierte NADH drei, für jedes oxidierte $FADH_2$ nur zwei ATP. Der sog. **P/O-Quotient** ist im ersten Fall 3, im zweiten 2. Wir erkennen, daß – entgegen früheren Vermutungen – für die Kopplung des Elektronentransportes an die ATP-Synthese kein energiereiches Zwischenprodukt notwendig ist, daß vielmehr der über die Membran aufgebaute $H^\oplus$-Gradient als Energieüberträger dient.

Während die äußere Mitochondrienmembran für die meisten kleinen Moleküle und Ionen durchlässig ist, ist die innere für nahezu alle Ionen und polaren Verbindungen, so auch für NADH, $NAD^\oplus$, ATP und ADP, praktisch impermeabel. ATP und ADP werden durch die **ATP-ADP-Translokase**[1] durch die Membran geschleust, wobei beide Transporte miteinander gekoppelt sind: ADP gelangt nur dann in die mitochondriale Matrix, wenn gleichzeitig ATP austritt und umgekehrt.

Unter physiologischen Bedingungen ist der Elektronentransport mit der Phosphorylierung eng verknüpft. In erster Linie wird die Geschwindigkeit der oxidativen Phosphorylierung vom ADP-Spiegel bestimmt (**Atmungskontrolle**). Das bedeutet, daß Elektronen nur dann vom Brennstoffmolekül zum Sauerstoff fließen, wenn ATP-Bedarf besteht, also ADP vorherrscht. Diese enge Kopplung kann durch sog. „**Entkoppler**" (z. B. durch 2,4-Dinitrophenol [DNP]

---

[1] trans- (lat.) = über; locare (lat.) = stellen, legen.

Atmungskette

Stufe I (NADH-CoQ-Reduktase-Komplex)

NAD → FMN → FeS Pr

Rotenon / Amytal

ADP + Phosphat → ATP

Stufe II (CoQH$_2$-Cytochrom c-Reduktase-Komplex)

Q — Cyt b$_k$ — Cyt b$_r$

Antimycin A$_1$

ADP + Phosphat → ATP

Stufe III (Cytochrom c-Oxidase-Komplex)

Cyt c$_1$ → Cyt c → Cyt a

Phosphat + ADP → ATP

Cyanid / Azid / CO

Cyt a$_3$

$2e^{\ominus}$

$2H^{\oplus}$

O$_2$/H$_2$O

NAD = Nicotinamid-adenindinucleotid
FMN = Flavinmono-nucleotid
FeS-Pr = Eisen-Schwefel-Proteine

Q = Coenzym Q
Cyt = Cytochrome

Standard - Redoxpotential (E$^{0\prime}$) in Volt: -0,4 / -0,2 / 0,0 / +0,2 / +0,4 / +0,6 / +0,8

Standardänderung der freien Enthalpie (ΔG$^{0\prime}$) in kJ: 250 / 200 / 150 / 100 / 50

Richtung des Elektronenflusses

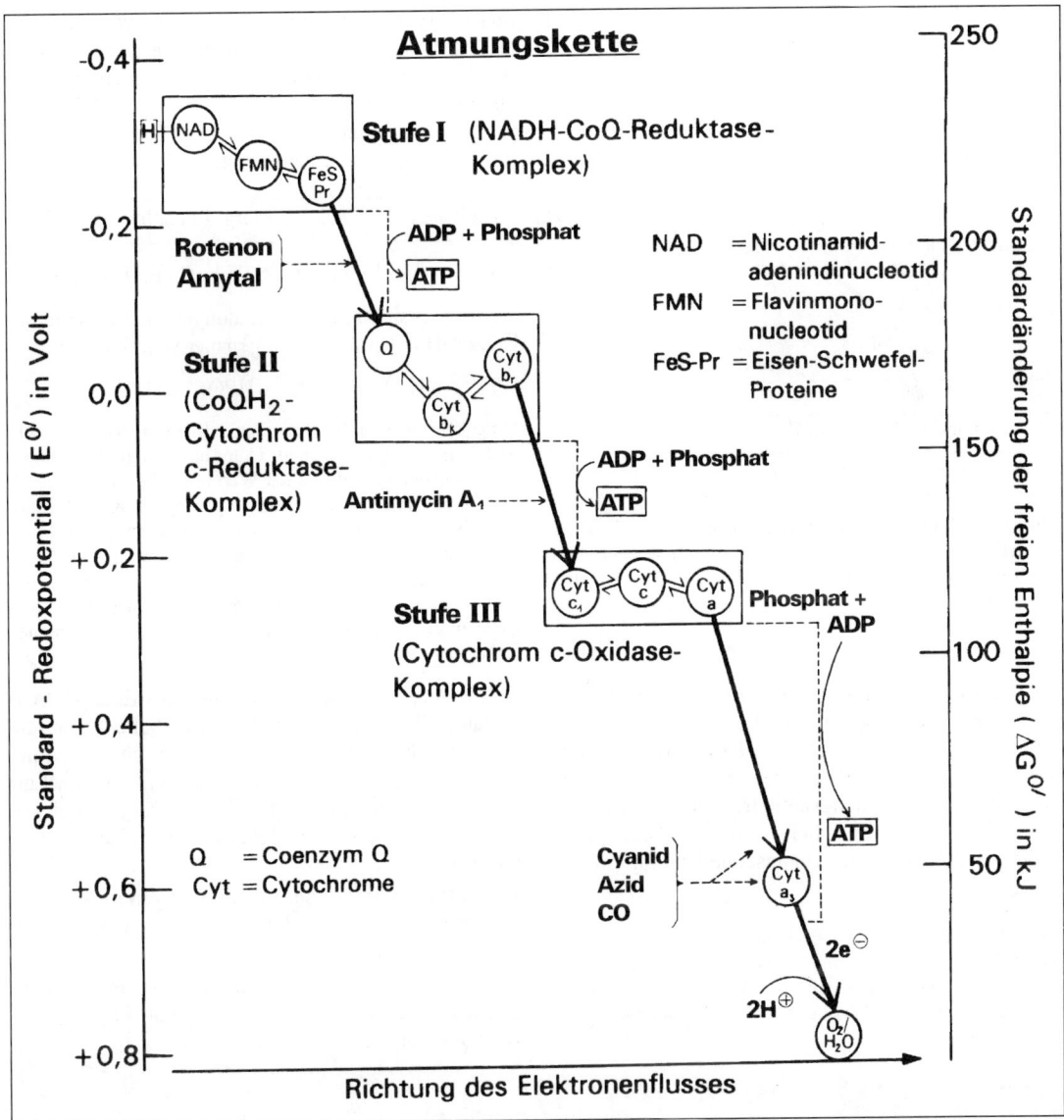

Abb. 1.10. Änderung des Standard-Redoxpotentials bzw. der freien Enthalpie innerhalb der Atmungskette. An drei Stellen ist die Änderung groß genug, um die Bildung jeweils eines ATP-Moleküls zu gewährleisten. Die Angriffsorte wichtiger Zellgifte sind angegeben (gestrichelte Pfeile).

und andere saure aromatische Verbindungen) empfindlich gestört werden. Sie erzeugen einen „Kurzschluß" der mitochondrialen Protonenbatterie, indem sie Protonen durch die innere Mitochondrienmembran schleusen. Der Elektronentransport vom NADH zum Sauerstoff verläuft normal, während die ATP-Synthese wegen des Abbaus der protonenmotorischen Kraft gestört ist. Eine solche Entkopplung spielt z. B. bei der Thermogenese im braunen Fettgewebe (4.6.4.) eine große Rolle.

1.4.3. Speicherung und Verwertung der Energie

Es ist bereits betont worden, daß die beim Abbau der Nährstoffe frei werdende Energie nur zum Teil in Form von Wärme erscheint, zum anderen Teil wird sie in „energiereichen Bindungen" gespeichert. Von einer energiereichen Bindung spricht man dann, wenn bei deren hydrolytischer Spaltung unter physiologischen Bedingungen eine Energiemenge von mehr

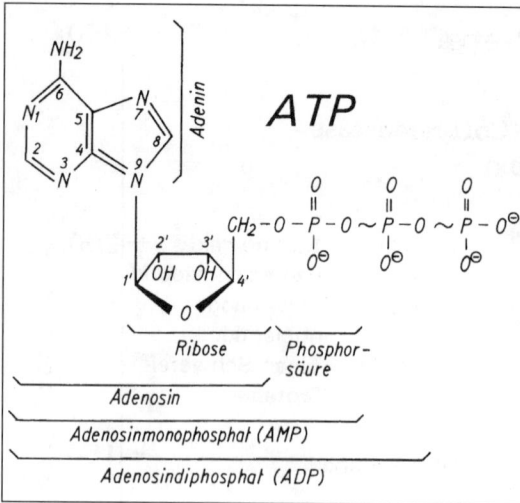

Abb. 1.11. Aufbau des Adenosintriphosphats (ATP) sowie des ADP und AMP. Die energiereichen Bindungen sind durch eine Wellenlinie anstelle des gewöhnlichen Valenzstriches gekennzeichnet.

als 25 kJ/mol frei wird. An hervorragender Stelle unter den energiereichen Verbindungen steht das von Karl LOHMANN[1]) entdeckte **Adenosintriphosphat (ATP)** (Abb. 1.11.). Es ist der wichtigste Energieträger. Die in der Atmungskette freiwerdende Energie wird in ATP gespeichert (Atmungskettenphosphorylierung, s. o.) und steht anschließend für bioche-

---

[1]) Karl LOHMANN, geb. 10. 4. 1898 in Bielefeld, Stud. d. Chemie in Berlin, ab 1937 Prof. f. Physiol. Chemie in Berlin, Initiator und langjähriger Leiter d. Med.-Biol. Forschungszentrums der Akad. d. Wiss. der DDR in Berlin-Buch, gest. 22. 4. 1978.

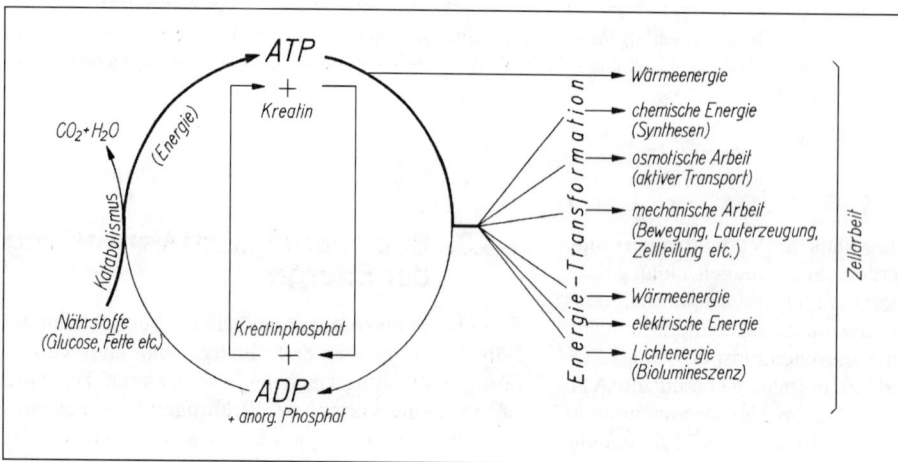

mische Synthesen, für aktive Transportvorgänge, für die Muskelkontraktion oder für andere energiebedürftige Vorgänge zur Verfügung. Das ATP enthält zwei energiereiche Phosphatbindungen. Beim Übergang ATP → ADP wird der Energiebetrag von ca. 35 kJ · mol^{-1} (unter Standardbedingungen) frei

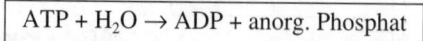

$$ATP + H_2O \rightarrow ADP + \text{anorg. Phosphat}$$

($\Delta G^{o\prime} = -35$ kJ · $mol^{-1} = -8,25$ kcal · mol^{-1}).

Bei Berücksichtigung der Ladungsverhältnisse in der Zelle ($pH = 7$) müßte man genauer schreiben

$$ATP^{4\ominus} + H_2O \rightarrow ADP^{3\ominus} + HPO_4^{2\ominus} + H^{\oplus}.$$

Umgekehrt werden bei dem rückläufigen Prozeß ca. 35 kJ · mol^{-1} vom ATP gespeichert. Unter physiologischen Bedingungen in der Zelle dürfte der Wert höher liegen, weil ATP, ADP und Phosphat in wesentlich geringeren Konzentrationen als 1 molar vorliegen. Außerdem kann durch $Mg^{2\oplus}$ (Komplexbildung) das Reaktionsgleichgewicht der Reaktion *(K)* verändert werden. Man rechnet mit Werten um -50 kJ · mol^{-1}. Es ist durchaus denkbar, daß dieser Wert von Zelle zu Zelle und auch in derselben Zelle zu verschiedenen Zeiten unterschiedlich ist.

Das ATP dient dem Organismus als Energieakkumulator. Die in den Nährstoffen enthaltene Energie muß zunächst in diese Form der chemischen Bindung überführt werden, bevor sie für die vielfältigen Leistungen ausgenutzt werden kann. Die biologische Energieumwandlung erfolgt also in zwei Hauptstufen (Abb. 1.12.).

1. Synthese der Pyrophosphatbindungen im ATP,
2. Verwertung der Pyrophosphatbindungen zur Arbeitsleistung.

Das ATP ist treffend als **„universelle Energiemünze** beim Kauf und Verkauf von Energie" bezeichnet worden.

Abb. 1.12. Übersicht über die Energieumwandlungen in der Zelle. Näheres s. Text.

Die Atmungskette liefert pro Mol gebildeten Wassers unter Standardbedingungen 218 kJ Energie.

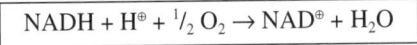

$$NADH + H^{\oplus} + \tfrac{1}{2} O_2 \rightarrow NAD^{\oplus} + H_2O$$

($\Delta G^{o\prime} = -218$ kJ $\cdot$ mol^{-1})

Gleichzeitig kommt es zur Bildung von 3 mol ATP aus ADP und anorganischem Phosphat

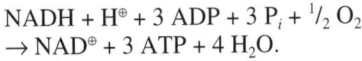

$$NADH + H^{\oplus} + 3\ ADP + 3\ P_i + \tfrac{1}{2} O_2$$
$$\rightarrow NAD^{\oplus} + 3\ ATP + 4\ H_2O.$$

Mit den 3 ATP wird die ungefähre Energiemenge von 3 · 35 = 105 kJ gebunden. Das bedeutet, daß ca. 48% [(105/218) · 100] der Energie, die bei der Oxidation von einem Mol NADH durch O_2 frei wird, in energiereichen Bindungen des ATP gespeichert werden. Der Rest geht als Wärme verloren. Man bezeichnet diesen Vorgang als **oxidative** oder **Atmungsketten-Phosphorylierung.** Das Verhältnis zwischen dem gebildeten ATP und dem verbrauchten O, der sog. **P/O-Quotient,** ist in diesem Falle 3. Dieser Wert wird nur dann erreicht, wenn das Substrat vom NAD$^{\oplus}$ dehydriert worden ist. Im Falle des Succinats, das direkt vom Flavoprotein dehydriert wird (Succinodehydrogenase), ist der P/O-Quotient nur noch 2.

Man kennt eine Reihe von Stoffen, die „entkoppelnd" auf die oxidative Phosphorylierung wirken, d. h., sie hemmen die ATP-Bildung, ohne gleichzeitig den Elektronentransport in der Atmungskette zu hemmen. Sie trennen also die Phosphorylierung vom Elektronentransport. Die bekanntesten **Entkoppler** sind Dinitrophenol, Dicumarin (ein Antagonist des Vitamin K) und das Thyroxin (das Schilddrüsenhormon). Durch die Entkopplung kommt es zu einer Zunahme des ADP und anorganischen Phosphats in der Zelle, was wiederum eine Steigerung der Atmung bedingt (s. u.).

Im **Citratzyklus** zusammen mit der Atmungskette ergibt sich pro Mol oxidiertes Acetat eine **Ausbeute** von 12 mol ATP

1. dreimal Dehydrierung durch NAD$^{\oplus}$ bzw. NADP$^{\oplus}$: 9 ATP
2. einmal Dehydrierung durch FAD: 2 ATP
3. einmal Bildung einer energiereichen Bindung: 1 ATP

Betrachten wir die Gesamtausbeute an ATP beim **aeroben Abbau** eines Mols Glucose bis zu CO_2 und H_2O, so können wir die Bruttogleichung (1.4.1.) folgendermaßen schreiben

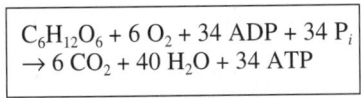

$$C_6H_{12}O_6 + 6\ O_2 + 34\ ADP + 34\ P_i$$
$$\rightarrow 6\ CO_2 + 40\ H_2O + 34\ ATP$$

Die ATP-Ausbeute von 34 mol pro mol Glucose setzt sich wie folgt zusammen:

1. zweimal 12 mol ATP aus dem Citratzyklus + Atmungskette = 24 mol
2. 4–2 = 2 mol ATP aus der Glykolyse = 2 mol
3. 4 mol NADH + H$^{\oplus}$ aus der Glykolyse, die nicht je 3, sondern nur 2 mol ATP liefern, da sie außerhalb der Mitochondrien entstehen = 8 mol

Da die Abnahme der freien Enthalpie bei diesem Vorgang unter Standardbedingungen $\Delta G^{o\prime} = -2874$ kJ $\cdot$ mol^{-1} beträgt und nur 34 · 35 kJ durch ATP gebunden werden, beträgt der **energetische Wirkungsgrad der Atmung** [34 · 35/2874) · 100 = 41%]. Dieser für Standardbedingungen errechnete Wert wird in der lebenden Zelle sicher weit übertroffen. Man vermutet einen Wert von ca. 60%.

Der **ATP-Vorrat in den Zellen** ist nicht groß. Deshalb muß ständig durch Energielieferung dafür gesorgt werden, daß die verbrauchte ATP-Menge schnell wieder aus dem ADP regeneriert wird. Die **Umsatzrate des ATP** in der Zelle ist enorm hoch. Berechnungen haben ergeben, daß z. B. beim Menschen innerhalb eines einzigen Tages jedes ATP-Molekül 2400mal aufgebaut und wieder in ADP + P$_i$ gespalten wird. Die mittlere Lebensdauer eines ATP-Moleküls beträgt dann < 1 Minute. Man drückt die interzellulären Mengenverhältnisse von ATP, ADP und AMP häufig durch die sog. **Energieladung**[1] (ATKINSON 1968) aus

$$\text{Energieladung} = \frac{[ATP] + 0,5\,[ADP]}{[ATP] + [ADP] + [AMP]}$$

Sie kann Werte zwischen 1,0 (alle Adenin-Nukleotide liegen als ATP vor) und 0 (kein ATP und ADP, nur AMP) annehmen. Ihr Normalwert liegt in der Zelle bei 0,8. Sie wird über Selbstregulationsmechanismen (2.) relativ konstant gehalten.

In den **Muskelzellen,** wo die hydrolytische ATP-Spaltung die Energie für die Kontraktion liefert, existiert eine besondere Energiereserve in Form der **Phosphagene** (6.1.1.5.). Es handelt sich dabei ebenfalls um energiereiche Phosphate, die mit dem ATP im Gleichgewicht stehen. Das typische Phosphagen der Wirbeltiere ist das **Kreatinphosphat:**

Kreatinphosphat + ADP $\Leftrightarrow$ ATP + Kreatin.

Eine Übersicht über die im Tierreich bekannten Phosphagene liefert Abbildung 1.13.

1.4.4. Anaerobiose (Anoxybiose)

Eine Reihe von Tieren tolerieren – zumindest zeitweilig – einen im Biotop auftretenden Sauerstoffmangel, ohne zu „ersticken". Das Leben bei Abwesenheit von molekularem Sauerstoff bezeichnet man als

---

[1] engl. „energy charge".

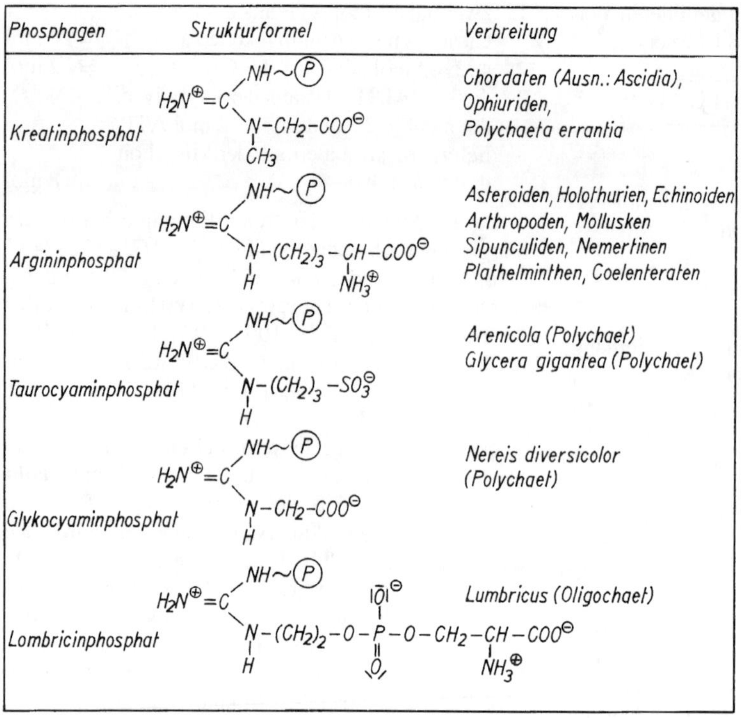

Phosphagen	Strukturformel	Verbreitung
Kreatinphosphat	$H_2N^{\oplus}=C\diagup^{NH\sim\textcircled{P}}_{\diagdown N-CH_2-COO^{\ominus}},\ CH_3$	Chordaten (Ausn.: Ascidia), Ophiuriden, Polychaeta errantia
Argininphosphat	$H_2N^{\oplus}=C\diagup^{NH\sim\textcircled{P}}_{\diagdown N-(CH_2)_3-CH-COO^{\ominus}},\ H\quad NH_3^{\oplus}$	Asteroiden, Holothurien, Echinoiden Arthropoden, Mollusken Sipunculiden, Nemertinen Plathelminthen, Coelenteraten
Taurocyaminphosphat	$H_2N^{\oplus}=C\diagup^{NH\sim\textcircled{P}}_{\diagdown N-(CH_2)_3-SO_3^{\ominus}},\ H$	Arenicola (Polychaet) Glycera gigantea (Polychaet)
Glykocyaminphosphat	$H_2N^{\oplus}=C\diagup^{NH\sim\textcircled{P}}_{\diagdown N-CH_2-COO^{\ominus}},\ H$	Nereis diversicolor (Polychaet)
Lombricinphosphat	$H_2N^{\oplus}=C\diagup^{NH\sim\textcircled{P}}_{\diagdown N-(CH_2)_2-O-P-O-CH_2-CH-COO^{\ominus}},\ H\quad\quad\quad\quad NH_3^{\oplus}$	Lumbricus (Oligochaet)

Abb. 1.13. Übersicht über die bekannten Phosphagene und ihre Verbreitung.

Anaerobiose oder **Anoxybiose**[1]). Bei der sog. **biotopbedingten Anaerobiose** kann es sich um einen permanenten oder zeitlich begrenzten Zustand handeln. Man unterscheidet zwischen zwei Typen von Anaerobiern:

1. Die **obligatorischen** (obligaten) **Anaerobier:** Sie sind unter O_2-freien Bedingungen nicht nur lebensfähig, für sie sind bereits kleine Mengen Sauerstoff tödlich (Beispiel: Darmflagellaten der Termiten).
Solche Formen sind im Tierreich sehr selten.
2. Die **fakultativen Anaerobier:** Sie sind sowohl bei Gegenwart als auch bei Abwesenheit von molekularem Sauerstoff lebensfähig.

Unter den fakultativen Anaerobiern muß man zwischen solchen Formen unterscheiden, die immer – gleichgültig, ob Sauerstoff vorhanden ist oder nicht – ihre Energie anaerob (das heißt ohne Sauerstoff) gewinnen, und solchen, die normalerweise aerob leben und bei eintretendem Sauerstoffmangel ihren Stoffwechsel auf anaerobe Energiegewinnung „umzuschalten" vermögen. Zu ersteren gehören einige **Endoparasiten** des Darmtraktes (z. B. der Spulwurm *Ascaris lumbricoides*) oder der Gallengänge (z. B. der Leberegel *Fasciola hepatica*) im Adultstadium. Sie können gar keinen aeroben Stoffwechsel mehr durchführen, da die Atmungskette nicht mehr vollständig vorliegt und auch kein Citrat mehr aus Acetyl-CoA gebildet werden kann. Die Mitochondrien stehen bei diesen Formen ausschließlich im Dienste des anaeroben Stoffwechsels. *Ascaris* überlebt *in vitro* unter anaeroben Bedingungen genauso gut wie unter aeroben. – Zu der zweiten Gruppe gehören insbesondere viele weniger aktive **Evertebraten,** die **im Wasser** leben, das bekanntlich selbst bei Sättigung im Vergleich zur Luft sehr viel weniger Sauerstoff enthält, so daß der Sauerstoff leicht zum Mangelfaktor werden kann. Das ist in tieferen Schichten von Seen und Teichen oder im Bodensediment dieser Gewässer während der heißen Jahreszeit oft der Fall. Auch die Bewohner des Sandschlickwattes müssen während der Ebbe mehrere Stunden ohne Sauerstoff auskommen. Ebenfalls im Boden, besonders wenn er morastig ist, oder auch nach einem heftigen Regen kann Sauerstoffmangel auftreten.

Unter anaeroben Bedingungen kann das ATP nicht mehr durch oxidative Phosphorylierung (1.4.3.), sondern muß – zumindest überwiegend – durch **Substratkettenphosphorylierung** gewonnen werden. Darunter faßt man die beiden ATP-Bildungsreaktionen beim Abbau der Glucose bis zum Pyruvat (Abb. 1.7.) zusammen.

Im Falle einer biotopbedingten Anaerobiose akkumulieren verschiedene Muscheln (*Mytilus edulis, Anodonta cygnea* u. a.), einige Süßwasserschnecken, Anneliden (*Arenicola marina, Tubifex tubifex* u. a.),

---
[1]) an- (griech.) = Verneinungspräfix; oxys (griech.) = scharf; ho bios (griech.) = das Leben; ho aér (griech.) = die Luft.

Sipunculiden und Echiuriden kein oder kaum Lactat, dafür aber die Aminosäure **Alanin** und **Succinat**. Außerdem bilden und scheiden sie **flüchtige Fettsäuren** unter anaeroben Bedingungen aus.

In vielen Fällen kann man während der Anoxybiose zwei Phasen unterscheiden: die frühe Phase, die bis zu 10 h dauern kann, und eine späte Phase. Während der **frühen Phase** wird Glucose über den Embden-Meyerhof-Weg bis zum Pyruvat abgebaut. Eine Transaminierung des Aspartats führt dann zur Bildung von Alanin aus Pyruvat. Neben dem Alanin ist Succinat das dominierende Endprodukt des Energiestoffwechsels, das aus dem bei der Transaminierung des Aspartats entstandenen Oxalacetat über Zwischenstufen entsteht. Diese Phase findet man nur bei marinen Vertretern, da nur sie über eine genügend hohe intrazelluläre Konzentration von freien Aminosäuren, darunter Aspartat, verfügen. In den ersten Stunden nach Einsetzen der Anaerobiose werden auch die **Phosphagenreserven** – bei *Arenicola* ist es das Taurocyaminphosphat (Abb. 1.13.) – stark beansprucht, um Energie bereitzustellen. Im Hautmuskelschlauch von *Arenicola* fällt der Phosphagengehalt innerhalb von 24 h auf 25% des Ausgangswertes ab. Später verlangsamt sich die weitere Abnahme stark.

Während der **späten Phase** der Anoxie wird der Embden-Meyerhof-Abbau bereits beim Phosphoenolpyruvat (PEP) abgebrochen. Das PEP wird nicht mehr in Pyruvat wie bei der „klassischen" Glykolyse überführt (Abb. 1.7.), sondern zum Oxalacetat unter Bildung eines ATP carboxyliert. Der Mechanismus dieser Umschaltung des Stoffwechselweges von der Pyruvatkinase (katalysiert die Bildung von Pyruvat aus PEP) auf die **Phosphoenolpyruvatcarboxykinase** (katalysiert die Bildung von Oxalacetat aus PEP) ist noch ungeklärt. Er benötigt Stunden. Das gebildete Oxalacetat wird weiter in Malat reduziert, wodurch gleichzeitig das bei der Oxidation des Glyceral-3-phosphats im Embden-Meyerhof-Weg entstandene NADH, das seinen Wasserstoff ja nicht mehr in die Atmungskette abführen kann, wieder zu $NAD^{\oplus}$ oxidiert wird.

Glyceral-3-phosphat

3-Phospho-glyceroyl-1-phosphat

$NAD^{\oplus}$ $NADH + H^{\oplus}$

(Malatdehydrogenase)

Malat

Oxal-acetat

Das alles vollzieht sich noch im Cytosol. Das Malat erst ist in der Lage, die Mitochondrienwand zu durchqueren. Es wird innerhalb der Mitochondrien in Succinat überführt (**Succinatgärung**). Das Succinat kann weiter in **flüchtige Fettsäuren** umgewandelt werden. Oft ist das **Propionat** das quantitativ wichtigste Endprodukt. Außerdem fällt regelmäßig **Acetat** an, das ebenfalls in den Mitochondrien aus Malat über Pyruvat entsteht. Diese flüchtigen Fettsäuren (Propionat, Acetat) reichern sich in den Geweben nur bis zu einer bestimmten Konzentration an und führen deshalb auch kaum zu einer Acidose. Der Überschuß wird ins umgebende Medium Wasser abgegeben, wodurch auch der Aufbau eines osmotischen Ungleichgewichts vermieden wird. Das ist bei der Lactatgärung (s. u.) anders.

Auch bei solchen Formen, die – zumindest im Adultstadium – permanent unter anaeroben Bedingungen leben, wie z. B. **endoparasitische Formen** der Trematoden *(Fasciola hepatica)* und Nematoden *(Ascaris lumbricoides, Trichinella spiralis*-Larven) sowie Cestoden *(Echinococcus granulosus)* und Acanthocephalen *(Moniliformis dubius),* findet man Vertreter, die eine Succinatgärung durchführen und flüchtige Fettsäuren bilden.

Die **Energieausbeute** bei **der Succinatgärung** in Verbindung mit der Bildung flüchtiger Fettsäuren beläuft sich bei vollständiger Überführung der Glucose in Propionat auf 6 mol ATP pro mol Glucose. Das ist im Vergleich zu dem oxidativen Abbau der Glucose bis zum Kohlendioxid und Wasser, der 34 ATP liefert (1.4.3.), weniger als $^1/_5$ der Energieausbeute. Gegenüber der Milchsäuregärung (s. u.) ist die Succinatgärung aber etwa 3fach effektiver in der Energieausbeute.

Von der biotopbedingten ist die bei vielen Tieren auftretende **funktionelle Anaerobiose** zu unterscheiden. Sie kann im Zusammenhang mit einer exzessiven motorischen Aktivität, wie z. B. bei der Flucht, auftreten. Die Muskulatur kann unter diesen Bedingungen einen mehr oder weniger großen Anteil der notwendigen Energie aus dem anaeroben Abbau der Nährstoffe (Glucose) schöpfen, das heißt eine **„Sauerstoffschuld"** eingehen, die dann in der „Erholungsphase" wieder zu tilgen ist (6.1.1.5.).

Im einfachsten Fall ist das Produkt des anaeroben Abbaus Lactat (**Lactatgärung**). Das ist bei Vertretern der Crustaceen (z. B. Schwanzmuskel des Hummers), der Insekten (z. B. Sprungmuskel von *Locusta*) und bei Wirbeltieren der Fall. Das Lactat entsteht durch die Lactatdehydrogenase aus dem Pyruvat, wobei gleichzeitig das bei der Oxidation des Glyceral-3-phosphats im Embden-Meyerhof-Abbau (Abb. 1.7.) entstandene reduzierte $NAD^{\oplus}$ wieder oxidiert wird (Abb. 1.14.). Das ist sehr wichtig, da sonst die Zelle unter anaeroben Bedingungen sehr schnell an der oxidierten Form des wichtigen Coenzyms verarmen und damit die Glykolyse zum Stillstand kommen würde, weil der Elektronenakzeptor bei der Oxidation des Glyceral-3-phosphats fehlt. Das Lactat wird nicht ausgeschieden, sondern reichert sich im Blut und in den Geweben an. Es wird anschließend in der Erholungsphase zum Teil in der Skelett- und Herzmuskulatur der Wirbeltiere oxidativ abgebaut und – zum anderen Teil – in der Leber zu Glucose und Glykogen

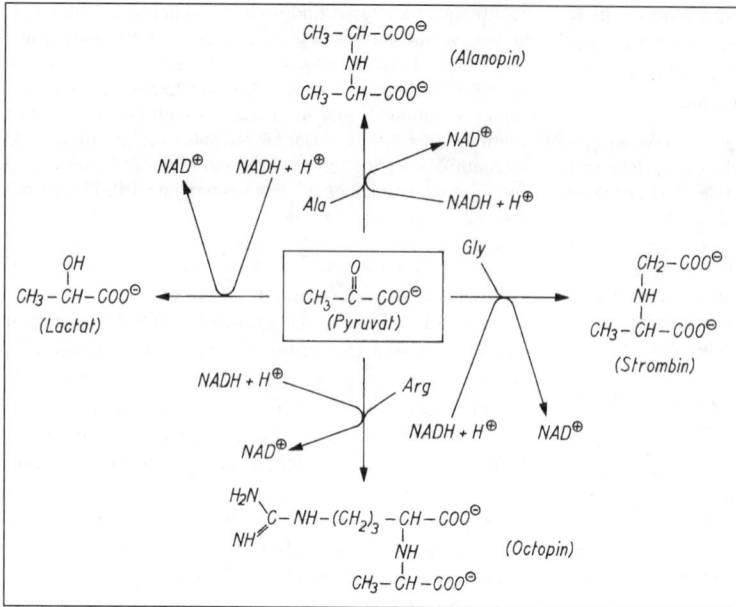

Abb. 1.14. Übersicht über die verschiedenen Formen der Pyruvat-Reduktion im Tierreich mit Hilfe der Lactat-, Álanopin-, Strombin- bzw. Octopindehydrogenase.

resynthetisiert. So wird die eingegangene Sauerstoffschuld wieder getilgt. Beim Frosch kann offenbar auch im Muskel Lactat wieder in Glucose zurückverwandelt werden. Die poikilothermen Wirbeltiere sind in wesentlich stärkerem Maße auf eine anaerobe Energielieferung während kurzfristiger hoher Leistungen angewiesen als die homoiothermen, da ihr Atmungs- und Kreislaufsystem weniger leistungsfähig ist. Es kommt zu einer erheblichen Lactatproduktion und im Zusammenhang damit zu einer schnellen Ermüdung. Bei kleineren Eidechsen (*Anolis carolinensis* u. a.) steigt während der Phase sehr hoher motorischer Aktivität der Lactatgehalt von 0,35 mg pro g Körpergewicht auf Werte von 1,4 mg bei Erschöpfung an, die bereits nach 1–1,5 min einsetzt. Mehr als die Hälfte der gesamten Lactatproduktion erfolgt bereits in den ersten 30 s. Die hohe Lactatkonzentration bleibt ziemlich lange (30–60 min) nach der Aktivitätsphase bestehen.

In anderen Fällen ist nicht das Lactat das Endprodukt des anaeroben Glucoseabbaus, sondern Kondensationsprodukte des Pyruvats mit verschiedenen α-Aminosäuren, die sog. **Opine**. Man kennt das **Strombin**, das **Alanopin** und das **Octopin** (Abb. 1.14.). Die die Strombinbildung aus Pyruvat und Glycin katalysierende **Strombindehydrogenase** sowie die bei der Alanopinbildung aus Pyruvat und Alanin wirksame **Alanopindehydrogenase** scheinen bei den Evertebraten weit verbreitet zu sein. Beide Enzyme sind bei den polychaeten Anneliden *Arenicola marina* und *Aphrodite aculeata* genauer beschrieben worden. Die **Octopindehydrogenase**, die die Bildung von Octopin aus Pyruvat und Arginin katalysiert, ist bei der Seeanemone *Metridium*, den Nemertinen *Ce-*

rebratulus und *Lineus*, bei *Sipunculus nudus* und bei verschiedenen Mollusken (*Buccinum, Pecten, Loligo* u. a.) nachgewiesen worden. Auch in all diesen Fällen können wir wieder feststellen, daß bei der Kondensation von Pyruvat mit Glycin, Alanin oder Arginin (wie bei der Lactatgärung, s. o.) dafür gesorgt wird, daß das zu NADH + H$^\oplus$ reduzierte NAD$^\oplus$ wieder oxidiert wird (Abb. 1.14.). Die Octopinsynthese steht außerdem in Beziehung zum **Argininphosphat**, dem charakteristischen Phosphagen der Mollusken, Sipunculiden, Nemertinen und Coelenteraten (Abb. 1.13.). Es liefert bei seiner Hydrolyse nicht nur das Phosphat zum ATP-Aufbau, sondern gleichzeitig auch das Substrat für die Octopinsynthese.

Auch einige **Endoparasiten,** wie z. B. *Schistosoma*-Arten, die die in den Tropen gefürchteten Bilharziosen verursachen, sowie adulte Filariiden (z. B. *Acanthocheilonema, Brugia* u. a.) bilden **Lactat** in ihrem anaeroben Stoffwechsel.

Die **Energieausbeute** bei **der Lactat-** bzw. **Opinbildung** ist relativ gering. Sie beträgt 2 mol ATP pro mol Glucose. Das ist nur $^{1}/_{3}$ der Energieausbeute bei der Succinatgärung und nur $^{1}/_{17}$ der Energieausbeute des oxidativen Abbaus von Glucose. Im Gegensatz zur Succinatgärung (s. o.) läuft die gesamte Reaktionsfolge aber ausschließlich im Cytosol ab, die Endprodukte werden nicht ausgeschieden, sondern häufen sich im Körper an.

Abschließend sei noch angemerkt, daß einige **Gewebe** der Wirbeltiere ständig ausschließlich oder vorwiegend ihre Energie anaerob gewinnen: **permanente Anaerobiose.** Dazu zählen die Erythrozyten, das Nierenmark und die „hellen" Muskelfasern. Das Endprodukt ist auch hier Lactat, das in das Blut abgegeben wird und anschließend entweder vollständig zu Wasser und Kohlendioxid abgebaut (z. B. im Herzen) oder zu Glucose resynthetisiert (z. B. in der Leber) wird. Den Erythrozyten der Säugetiere fehlt nicht nur der Kern, sondern es fehlen auch die Mitochondrien.

1.4.5. Intensität des Energieumsatzes: Stoffwechselrate

Es leuchtet ohne weiteres ein, daß die Stoffwechselintensität der Tiere, wie jede Enzymreaktion (1.3.), von der **Temperatur** im Sinne der **RGT-Regel** (S. 49) abhängt. Wenn R_2 und R_1 die Stoffwechselraten bei den Temperaturen T_2 und T_1 seien, so können wir unter Benutzung des Q_{10}-Wertes (1.3.) den Zusammenhang in Form einer Exponentialfunktion (y = b · a^x) schreiben:

$$R_2 = R_1 \cdot Q_{10}^{(T_2 - T_1)/10}.$$

Oder in logarithmischer Schreibweise:

$$\log R_2 = \log R_1 + \{(T_2 - T_1)/10\} \; \log Q_{10}.$$

Es besteht zwischen y = log R_2 und x = ($T_2 - T_1$)/10 eine lineare Beziehung. Die Gerade schneidet die y-Achse bei log R_1 und steigt mit dem Faktor log Q_{10} an. In der Abb. 1.15. ist dieser Zusammenhang am Beispiel der Stoffwechselrate (Sauerstoffverbrauch) des Kartoffelkäfers (*Leptinotarsa decemlineata*) wiedergegeben.

Es leuchtet ebenso ein, daß die Stoffwechselintensität mit der **Aktivität der Tiere steigen** muß. Tiere mit festsitzender (sessiler) oder halbsessiler Lebensweise haben einen relativ niedrigen Energieumsatz (Beispiele der Tabelle 1.6.: Seeanemone, *Chaetopterus,* Auster). Unter nahe verwandten Formen haben die lebhaften und schnellen Arten einen höheren Energieumsatz als die trägen (Beispiele: *Arenicola* – *Chaetopterus, Pecten* – Auster, Forelle – Aal). Jede Muskelaktivität, jede höhere Anforderung an die Wärmeproduktion oder an die Osmoregulation, kurzum jede Art biologischer Aktivität (auch die Vermehrung der Körpermasse) läßt die Stoffwechselintensität ansteigen. Die niedrigsten Werte werden dann erreicht, wenn jede nicht unbedingt zur Erhaltung des Lebenszustandes notwendige zusätzliche Leistung des Tieres so weit wie möglich unterbleibt. Man spricht dann vom **Ruhestoffwechsel.** Er dient der Aufrechterhaltung der Funktionstüchtigkeit des Organismus. Seine Intensivität wird als **Ruhestoffwechselrate**[1] bezeichnet und in verbrauchtem Sauerstoff (in 1 oder mm^3) pro Zeit (Stunde) und Körpermasseneinheit (g oder kg) angegeben. In der Tabelle 1.5. sind einige Stoffwechselraten zusammengestellt.

---

[1] engl. „basal metabolic rate".

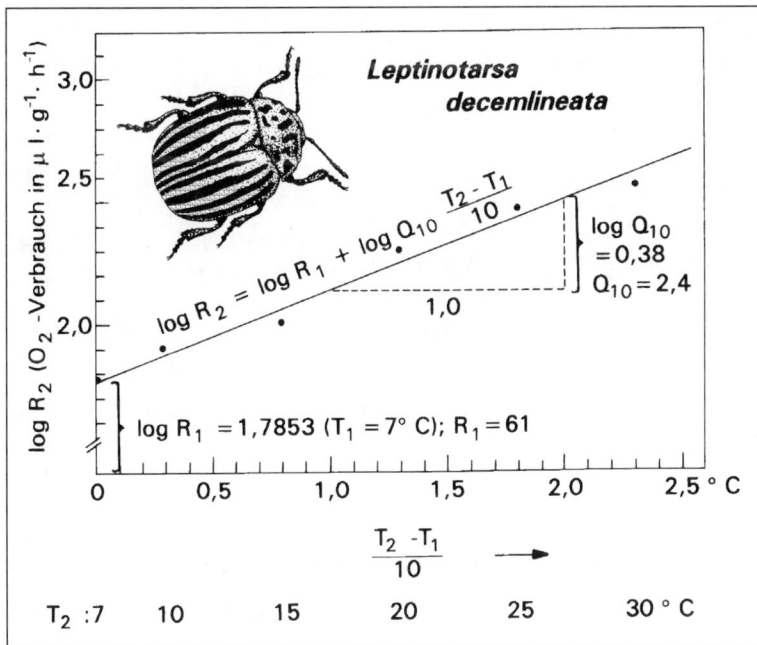

Abb. 1.15. Die Stoffwechselrate (Sauerstoffverbrauch) des Kartoffelkäfers (*Leptinotarsa decemlineata*) in Abhängigkeit von der Temperatur. Nach Daten von MARZUSCH 1952.

Tabelle 1.5. Die Stoffwechselrate bei verschiedenen Tätigkeiten im Vergleich zum Ruhestoffwechsel (= 100%) bei einem 100 kg schweren Wiederkäuer. Nach MOEN 1973.

Ruhestoffwechsel	100%
Stehen	110%
Wiederkäuen	126%
Futteraufnahme	159%
Gehen (ebene Fläche)	164%
Gehen (10% Steigung)	235%
Laufen	800%

Tabelle 1.6. O_2-Verbrauch (in mm^3) verschiedener Tiere pro g Körpermasse und pro Stunde

Art	Wert
Seeanemone	13
Chaetopterus } Anneliden	8
Arenicola	30
Auster } Bivalvia	6
Pecten	70
Sepia officinalis	156–309
Schistocerca (Ruhe)	630
Schistocerca (Flug)	15 000
Melolontha (Ruhe)	360
Melolontha (Flug)	39 700
Aal } Pisces	130
Forelle	230
Frosch	60
Ratte	880
Maus	1 700
Kolibri (Ruhe)	10 700
Kolibri (Flug)	85 000

Der für klinische Belange definierte **Grundumsatz** (Ruhenüchternwert) des Menschen entspricht der Stoffwechselintensität des ruhig liegenden aber nicht schlafenden Menschen morgens, nüchtern (letzte Nahrungsaufnahme vor 12 h) bei einer Temperatur von 20 °C (Indifferenztemperatur). Ein 70 kg schwerer Mann setzt unter diesen Bedingungen etwa 7100 kJ pro Tag um. Der Grundumsatz bei Frauen ist kleiner (6300 kJ/d) als bei Männern und nimmt in beiden Geschlechtern mit dem Alter ab. Diese vom praktischen Standpunkt aus sehr nützliche Begriffsbestimmung ist vom Biologischen her nicht exakt definierbar. Der Grundumsatz entspricht noch nicht dem physiologisch möglichen Minimalumsatz. In Tierexperimenten ist es schwierig, die Bedingung der völligen Bewegungslosigkeit des Untersuchungsobjekts während der Versuchsdauer einzuhalten.

Bei manchen Tieren kann die **Differenz zwischen Ruhe- und Leistungsumsatz** beträchtlich sein. Bei einigen Insekten (*Melolontha, Amphimallus,* verschiedene Lepidopteren) hat man während der Flug-

aktivität eine Stoffwechselsteigerung auf mehr als das 100fache des Ruhewertes beobachtet. Andere Insekten (*Chrysopa, Coccinella,* verschiedene brachycere Dipteren) steigern ihren Stoffwechsel dagegen kaum auf das 20fache. In dieser Größenordnung liegen auch die Werte beim Menschen. Der Leistungsumsatz des Kolibri ist etwa 8mal so hoch wie der Ruheumsatz (Tab. 1.6.). Vergleichende Untersuchungen ergaben, daß der Sauerstoffverbrauch linear mit der **Laufge-**

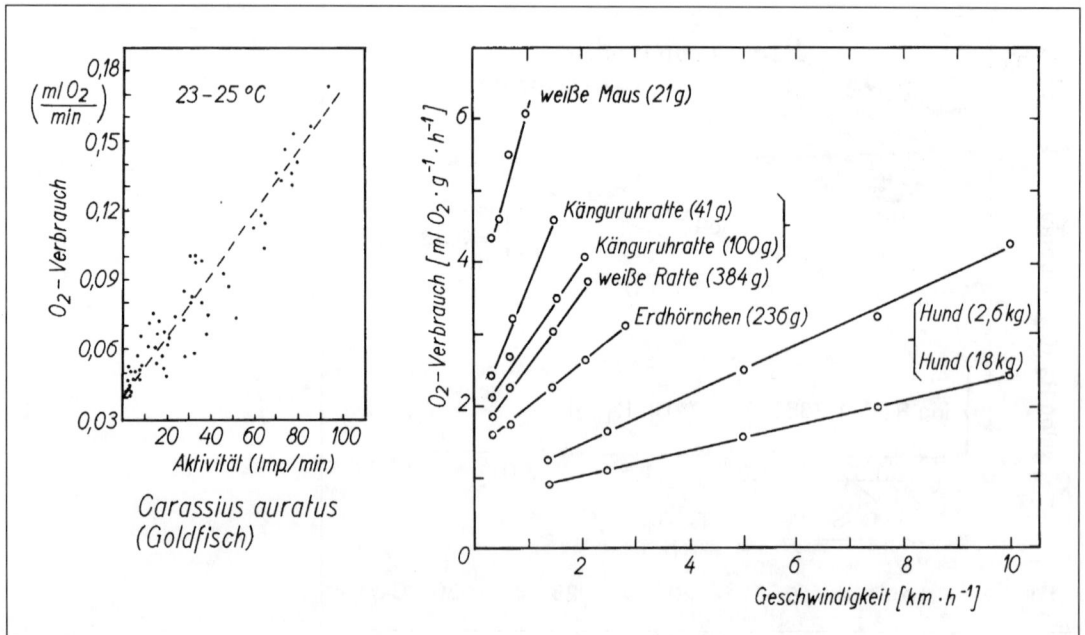

Abb. 1.16. Abhängigkeit des Sauerstoffverbrauchs von der Aktivität beim Goldfisch *Carassius* (links, nach SPOOR 1946) bzw. von der Laufgeschwindigkeit bei verschiedenen Säugetieren (rechts, nach TAYLOR et al. 1970).

schwindigkeit des Tieres ansteigt, und zwar bei kleinen Tieren steiler als bei großen (Abb. 1.16.). Weiter kann man beobachten, daß der Energiebetrag zum **Transport einer Körpermasse-Einheit** über eine Distanz-Einheit mit zunehmendem Körpergewicht abnimmt (Vergleich Hund oder Känguruh-Ratte, Abb. 1.16.). Bei gegebener Körpergröße erfordert das Zurücklegen einer bestimmten Wegstrecke in folgender Reihenfolge mehr Energie: Schwimmen < Fliegen < Laufen. Der Mensch benötigt für die Fortbewegung etwa den doppelten Energiebetrag im Vergleich zu vierfüßigen Säugetieren gleicher Größe.

Vergleicht man die Höhe des Sauerstoffverbrauchs pro Zeiteinheit $\dot{V}_{O_2}$ ($1\,O_2 \cdot h^{-1}$ = Stoffwechselintensität) großer und kleiner Tiere derselben Art oder verschieden großer Arten derselben Tiergruppe miteinander, so findet man eine deutliche Abhängigkeit von der Körpermasse *(m)*, die allgemein folgendermaßen formuliert werden kann

$$\boxed{\dot{V}_{O_2} = a \cdot m^b}$$

(*a, b* = Konstanten)

Es ist die allgemeine Gleichung des **allometrischen Wachstums**[1]), die ausdrückt, daß die relative Zunah-

---

[1]) állos (griech.) = anders, auf andere Weise; to métron (griech.) = das Maß.

me von $\dot{V}_{O_2}$ zu derjenigen der Körpermasse in einem konstanten Verhältnis steht. In logarithmischen Koordinaten aufgetragen, ergibt sich eine Gerade

$$\log \dot{V}_{O_2} = b \log m + \log a.$$

b gibt das Verhältnis der Wachstumsgeschwindigkeiten von $\dot{V}_{O_2}$ und *m* an. Sie entspricht der Steigerung der Geraden bei logarithmischer Auftragung (Regressionskonstante), *a* bestimmt die Höhe der Geraden (Niveaukonstante). Ist b > 1, so wächst $\dot{V}_{O_2}$ schneller als *m*, ist b < 1, ist es umgekehrt. Diese durch *b* ausgedrückte Abhängigkeit zwischen $\dot{V}_{O_2}$ und *m* ist nicht – wie man früher annahm – unveränderlich. Sie variiert

1. mit der in Frage stehenden Tiergruppe bzw. dem Gewebetyp
2. mit dem physiologischen Zustand der Objekte (Ernährung, Aktivität etc.)
3. mit experimentellen Bedingungen (Temperatur, Salzgehalt des Mediums bei Wassertieren, Bezugsbasis für den Stoffwechsel etc.).

Eine **lineare Abhängigkeit** (*b* = 1) zwischen $\dot{V}_{O_2}$ und *m* ist selten. Sie ist bei einigen Insektenlarven und -imagines (Orthopteren, Dipteren) sowie einigen prosobranchen Schnecken und einigen Muscheln *(Dreissena, Anodonta, Unio)* beobachtet worden. In diesen Fällen ist die **relative Stoffwechselintensität** $\dot{V}_{O_2}/m$ – bezogen z. B. auf 1 kg Körpermasse und 1 h – von der Körpermasse unabhängig. Es haben große Individuen pro Gewichtseinheit denselben O_2-Verbrauch wie ihre kleineren Artgenossen.

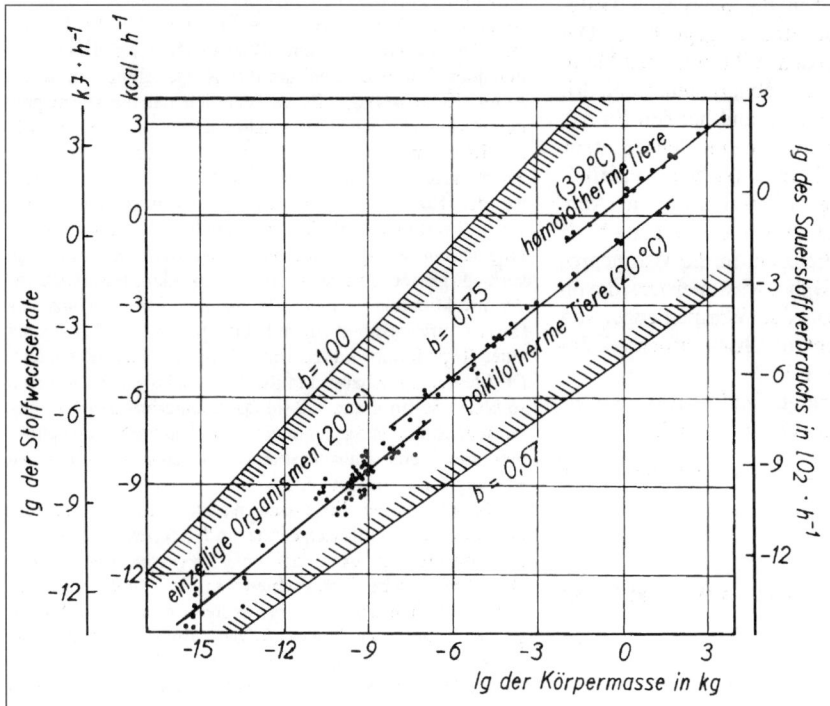

Abb. 1.17. Die Abhängigkeit der Stoffwechselrate bzw. des Sauerstoffverbrauchs von der Körpermasse verschiedenster Tierformen in doppeltlogarithmischer Darstellung (beide Koordinaten logarithmisch unterteilt). Die Steigung der eingezeichneten Geraden entspricht einem *b*-Wert von 0,75. Nach HEMMINGSEN 1960.

In der Regel ist der Exponent $b < 1$, d. h., der **spezifische Sauerstoffverbrauch** (O_2-Verbrauch pro Masseneinheit) nimmt mit steigender Körpermasse ab

$$\frac{\dot{V}_{O_2}}{m} = \frac{a}{m^{(1-b)}} \ .$$

Diese Erscheinung ist als **Gesetz der Stoffwechselreduktion** bekannt.

Sowohl unter den **Einzellern** als auch unter den **poikilothermen** oder den **homoiothermen Tieren** nimmt der Sauerstoffverbrauch (in l) pro Zeiteinheit (in h) bei doppelt-logarithmischer Auftragung summarisch linear mit der Körpermasse (in kg) zu, wobei die Neigung der Regressionsgeraden in jedem der drei Fälle übereinstimmend etwa den Wert $b = 0,75$ aufweist (Abb. 1.17.). Wir können deshalb zunächst sehr allgemein formulieren:

Innerhalb vergleichbarer systematischer Gruppen nimmt im allgemeinen der Sauerstoffverbrauch von Tieren angenähert mit der $^3/_4$-Potenz ihrer Körpermasse zu.

Das bedeutet, daß bei einer Verdoppelung der Körpermasse der Sauerstoffverbrauch sich nicht ebenfalls verdoppelt, sondern nur auf das $2^{0,75} = 1,68$fache ansteigt.

Dieser weitgehenden Übereinstimmung der Regressionskonstanten b stehen die deutlichen **Differenzen der Niveaukonstanten** a gegenüber. Der Sauerstoffverbrauch ist bei den poikilothermen Metazoen im Durchschnitt um 1,5 Zehnerpotenzen niedriger als bei den homoiothermen, und bei den Einzellern nochmals um durchschnittlich eine Zehnerpotenz kleiner als bei den Poikilothermen (siehe die Parallelverschiebungen der Regressionsgeraden in Abb. 1.17.). Oft rechnet man auch den O_2-Verbrauch als Maß für die Stoffwechselrate um in die Wärmeproduktion kcal oder $J \cdot h^{-1}$. Dabei wird meistens davon ausgegangen, daß 1 l O_2 der Wärmemenge von 4,8 kcal = 20,1 kJ entspricht (durchschnittliches kalorisches Äquivalent, s. Tab. 1.3.).

Unter den **Homoiothermen** fand man im einzelnen folgende Werte ($\dot{V}_{O_2}$ in l $O_2 \cdot h^{-1}$; m in kg)

Placentale **Säugetiere** (Eutheria) zwischen 4,8 g und 3,8 t Körpermasse

$$\dot{V}_{O_2} = 0{,}676 \cdot m^{0,75}.$$

Beuteltiere (Marsupialia) zwischen 9 g und 54 kg Körpermasse

$$\dot{V}_{O_2} = 0{,}409 \cdot m^{0,75}.$$

Vögel (excl. Sperlingsvögel) zwischen 3 g und 100 kg Körpermasse

$$\dot{V}_{O_2} = 0{,}679 \cdot m^{0,723}.$$

Sperlingsvögel (Sperling, Fink, Krähe u. a.) zwischen 6 g und 866 g Körpermasse

$$\dot{V}_{O_2} = 1{,}11 \cdot m^{0,724}.$$

Man erkennt auch hier, daß die Niveaukonstante a im Gegensatz zur Regressionskonstanten b erhebliche Unterschiede aufweist. Den höchsten Wert zeigen die Sperlingsvögel. Sie besitzen eine Stoffwechselrate, die etwa um 65% höher liegt als bei den restlichen Vögeln gleicher Körpermasse, die eine mit den Säugetieren (Eutheria) vergleichbare Höhe ihrer Stoffwechselrate aufweisen. Der relativ niedrige a-Wert bei den Marsupialiern ist weitgehend auf die im Vergleich zu den Eutheria im Durchschnitt um 3 °C niedrigeren Körpertemperaturen zurückzuführen. Extrapoliert man die Stoffwechselrate auf eine Standard-Körpertemperatur, so ist der so „korrigierte" Wert bei Monotremen, Marsupialiern und Eutheria gleich und ebenso groß wie bei den Nicht-Sperlingsvögeln, während die Sperlingsvögel (Passeriformes) auch dann noch eine um ca. 50% höhere Stoffwechselrate aufweisen.

Das Gesetz der Stoffwechselreduktion ist für die homoiothermen Tiere von sehr großer Bedeutung. Die **Maus** hat **im Vergleich zum Elefanten** eine etwa 17mal so hohe Stoffwechselintensität, bezogen auf 1 kg Körpergewicht und 24 h (Abb. 1.18.). Würde ein Ochse dieselbe relative Stoffwechselintensität wie die Maus haben, würde er die von ihm selbst produzierte Wärmemenge nur dann mit derselben Geschwindigkeit, wie sie entsteht, wieder ableiten können, wenn seine Oberflächentemperatur über dem Siedepunkt läge. Umgekehrt würde eine Maus einen 20 cm dicken isolierenden Pelz benötigen, um ihre Körpertemperatur zu erhalten (KLEIBER 1961). Es wird deutlich, daß die Wärmeproduktion bei den Säugetieren nicht direkt proportional ($b = 1$) zur Körpermasse anwachsen kann. Die ziemlich schnelle Zunahme der spezifischen Stoffwechselintensität mit abnehmendem Körpergewicht führt schließlich zu so hohen Stoffwechselwerten, daß das Tier die Beschaffung und Verarbeitung der notwendigen Nahrungsmenge nicht mehr zu leisten vermag. Dieser Grenzwert ist bei dem kleinsten Säugetier, der im Mittelmeergebiet beheimateten Etruskerspitzmaus *(Suncus etruscus)*, mit einem Körpergewicht von 1,5–2 g bei einer Kopf-Rumpf-Länge von 3,6–5,2 cm nahezu erreicht. Die kleinen Spitzmaus- und Kolibriarten haben bereits einen so hohen Stoffumsatz, daß sie fast ununterbrochen Nahrung zu sich nehmen müssen, um nicht zu verhungern. Sie benötigen täglich eine Nahrungsmenge, die etwa ihrem eigenen Körpergewicht entspricht.

Natürlich stellen die genannten allometrischen Beziehungen zwischen Stoffwechselrate und Körpermasse Durchschnittswerte dar. Man darf nicht vergessen, daß es auch **charakteristische Unterschiede** in der Stoffwechselrate selbst zwischen sehr nahe verwandten Formen gibt. So zeigen z. B unter den Insektenfressern (Insectivora) die **Igel** einen sehr niedrigen Grundumsatz ($a = 2{,}76$) im Vergleich zu den Spitzmäusen ($a = 8{,}96$). Selbst wenn man diese Werte auf dieselbe Körpertemperatur extrapoliert, bleibt ein Unterschied der Werte von 1 : > 2 bestehen. Von den beiden **Hasenarten** Amerikas, *Lepus americanus* und *L. arcticus*, setzt der erstere pro Masseneinheit etwa doppelt so viel

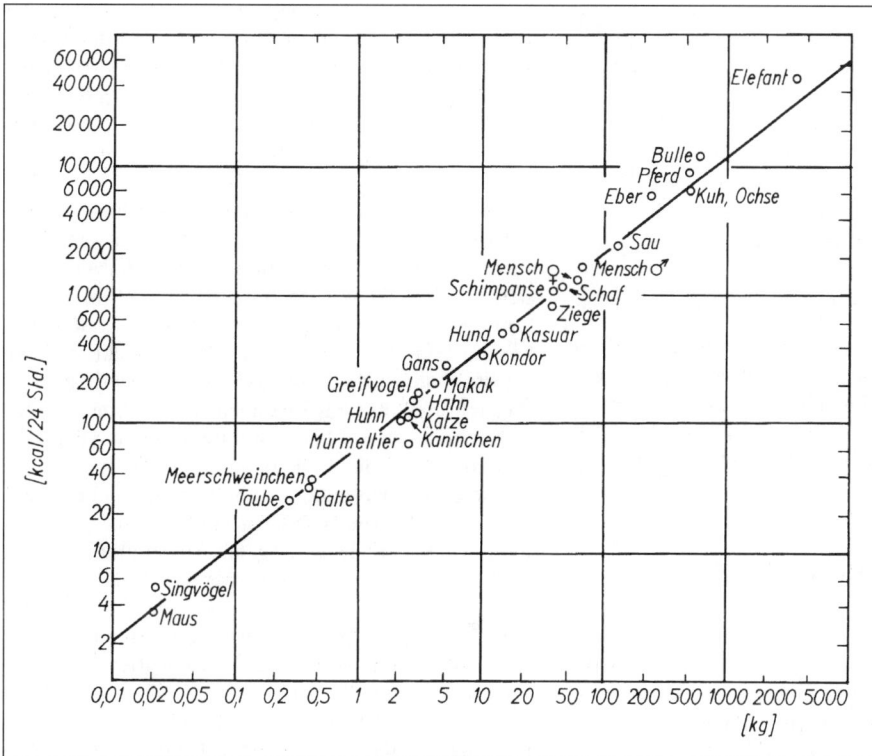

Abb. 1.18. „Maus-Elefant-Kurve": Abhängigkeit der Stoffwechselrate von der Körpermasse bei Säugetieren und Vögeln (doppeltlogarithmische Darstellung). Nach BENEDICT 1938.

Sauerstoff um wie der letztere. Klimatische Bedingungen des Lebensraums können ebenso bedeutungsvoll sein wie die Art der Ernährung. **Wüstentiere** setzen pro Zeiteinheit in der Regel weniger Sauerstoff um als ihre gleichgroßen Verwandten aus gemäßigteren Zonen.

Nur bei wenigen Tiergruppen besteht eine Proportionalität zwischen dem Sauerstoffverbrauch (Stoffwechselrate) und der $2/3$-Potenz der Körpermasse ($b = 0,67$; **Oberflächengesetz**). Das gilt insbesondere für verschiedene Kiemenatmer, wie z. B. einige Fische, Asseln (*Asellus, Armadillidium*) und Prosobranchier. Ursprünglich wurde das Oberflächengesetz von Max RUBNER für Hunde verschiedener Größe aufgestellt. Er ging bei seiner Interpretation davon aus, daß alle Hunde die gleiche Körpertemperatur aufrechtzuerhalten haben, große Hunde aber im Verhältnis zu ihrem Volumen eine kleinere Körperoberfläche aufweisen als kleinere. Das bedeutet, da der Wärmeverlust durch die Körperoberfläche bestimmt wird, daß größere Hunde eine geringere Wärmemenge pro Körpermasseneinheit zu produzieren brauchen als kleinere. Er errechnete, daß alle Hunde übereinstimmend eine Wärmemenge von 1000 kcal pro m^2 Körperoberfläche und Tag freisetzen. Diese plausible Erklärung für die Beziehung zwischen Stoffwechselrate und Körpermasse kann leider nicht verallgemeinert werden, und zwar aus zwei Gründen: 1. zeigen wechselwarme Tiere (Fische, Mollusken etc.) eine ähnliche Beziehung zwischen Stoffwechselrate und Körpermasse wie die Homoiothermen und 2. ist b in der Regel > 0,67 und nimmt Werte um 0,75 an (s. o.). Der Exponent von $b = 0,75$ ist schwer zu interpretieren.

1.5. Regulation des Stoff- und Energieumsatzes

In der Zelle (intrazellulär) laufen hunderte von chemischen Reaktionen gleichzeitig ab. Die überwiegende Mehrzahl von ihnen wird durch Enzyme (1.3.) katalysiert. Die Zelle muß über Möglichkeiten verfügen, die verschiedenen biochemischen Reaktionen und Stoffwechselwege aufeinander abzustimmen und ihren Stoffwechsel in bestimmten Grenzen den jeweiligen Bedürfnissen anzupassen. Ordnung und Ökonomie des Stoffwechsels sind eine notwendige Bedingung für die Existenz lebendiger Systeme. Störungen – wie z. B. der Diabetes mellitus (2.2.1.) – können letale Folgen haben.

Man unterscheidet Koordinations- und Integrationsprozesse. Von einer **Koordination** spricht man bei der Abstimmung der Reaktionsgeschwindigkeiten innerhalb *eines* Stoffwechselweges (z. B. Glykolyse, Fettsäuresynthese usw.) aufeinander:

$$v_1 = v_2 = \cdots = v_n.$$
(Fließgleichgewicht, s. 1.1.)

Bei der **Integration** handelt es sich um die Abstimmung von *verschiedenen* Stoffwechselwegen aufeinander, z. B. der Geschwindigkeit des Energiestoffwechsels (Bereitstellung biologischer Energie) mit der des Leistungsstoffwechsels (Verbrauch biologischer Energie).

1.5.1. Regulation der Enzymaktivität

Jedes Enzym besitzt gewisse Fähigkeiten zur **Autoregulation.** Bei einfachen Enzymen und konstanter Enzymkonzentration hängt die Enzymaktivität (Reaktionsgeschwindigkeit *v*) von der Substratkonzentration in **hyperbolischer** Form ab (Abb. 1.4.). Das bedeutet, daß mit Erhöhung des Angebotes an Substrat „automatisch" auch dessen Umsatz ansteigt. Das

ist natürlich nur unterhalb der Enzymsättigung der Fall, insbesondere im steilen Anfangsteil der Kurve. Deshalb liegen auch für die Mehrzahl der Enzyme die intrazellulären Substratkonzentrationen unterhalb des K_m-Wertes (zwischen 0,05 und 1 K_m). – Noch wesentlich empfindlicher als die „einfachen" Enzyme mit hyperbolen Aktivitätskurven reagieren die oligomeren Enzyme mit **sigmoiden Aktivitätskurven** (Abb. 1.19.) auf Änderungen der Substratkonzentration, insbesondere in ihren mittleren, sehr steil verlaufenden Abschnitten. Während bei einem Enzym mit hyperbolischer Aktivitätskurve für eine Aktivitätssteigerung von 10% auf 90% der Maximalaktivität die Substratkonzentration um den Faktor 81 erhöht werden muß, genügt bei Enzymen mit sigmoider Aktivitätskurve (für $h = 4$) bereits eine Erhöhung der Substratkonzentration um den Faktor 3 (Tab. 1.7.).

Dieses Verhalten der „sigmoiden" Enzyme beruht auf einer **positiven Kooperativität** zwischen den Untereinheiten. Mit Bindung eines Substratmoleküls ist eine Konformationsänderung der betreffenden Untereinheit verbunden, womit gleichzeitig ihre Affinität zum Substrat erhöht wird. Diese Konformationsänderung teilt sich außerdem der benachbarten Untereinheit mit, wodurch diese ebenfalls hochaffin wird. Bindet diese daraufhin auch ein Substratmolekül, so teilt sich die damit verbundene Konformationsänderung wiederum der nächsten Untereinheit mit, bis schließlich alle Untereinheiten eine hohe Affinität zum Substratmolekül besitzen **(Sequenzmodell).**

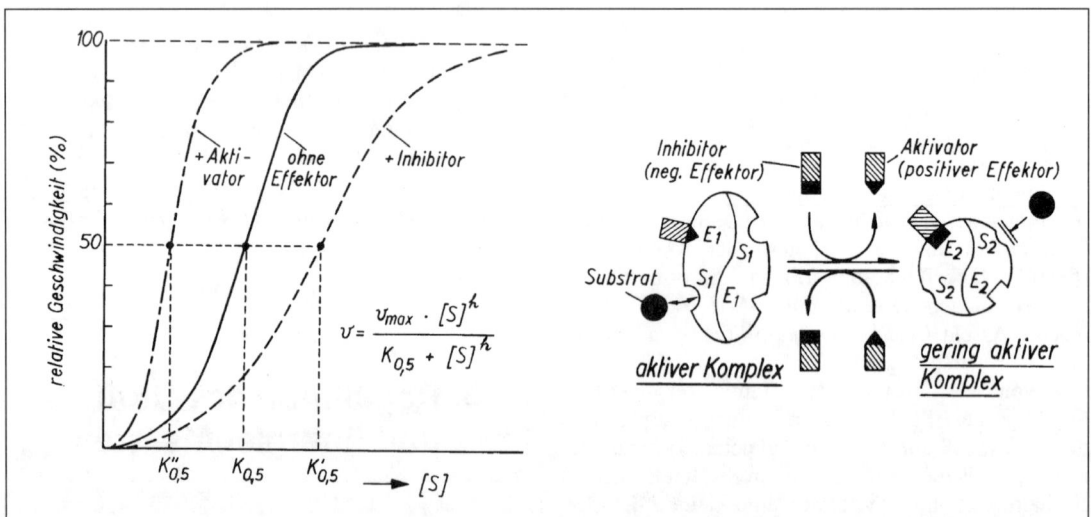

Abb. 1.19. Sigmoide Aktivitätskurven eines allosterischen Enzyms bei Gegenwart bzw. Abwesenheit allosterischer Effektoren. Der Aktivator erhöht die Enzymaktivität ($K''_{0,5} < K_{0,5}$), der Inhibitor erniedrigt sie ($K'_{0,5} > K_{0,5}$). Erklärung: Jede der Untereinheiten (Protomeren) des Enzymmoleküls (in unserem Beispiel, rechts, zwei) besitzt eine Substrat- (S) und eine Effektorbindungsstelle (E). Durch die Bindung eines Effektors ändert sich die Konformation des gesamten Enzyms und damit seine Affinität zum Substrat. Bei Bindung eines Aktivators (pos. Effektor) entsteht ein aktiverer, bei Bindung eines Inhibitors (neg. Effektor) ein weniger aktiver Komplex. Je nach Angebot des einen oder anderen Effektors ist die Gleichgewichtslage mehr nach links oder mehr nach rechts verschoben. Der Effekt überträgt sich von einer Untereinheit auf andere (Kooperativität). h = Kooperativitäts- oder Hill-Koeffizient.

Tabelle 1.7. Gegenüberstellung von nichtregulatorischen Enzymen mit hyperbolischer Aktivitätskurve (links) und regulatorischen Enzymen mit sigmoider Aktivitätskurve (rechts). $[S]_{10\%}$ bzw. $[S]_{90\%}$ sind die Substratkonzentrationen, die für 10 bzw. 90% Sättigung benötigt werden.

$v = v_{max} \cdot \dfrac{[S]}{K_m + [S]}$ Michaelis-Menten	$v = v_{max} \cdot \dfrac{[S]^h}{K_{0.5} + [S]^h}$ Hill
für $z = v/v_{max}$ gilt	
$[S] = \dfrac{z}{1-z}\, K_m$	$[S] = \sqrt[h]{\dfrac{z}{1-z}}\, K_{0.5}$
$\dfrac{[S]_{90\%}}{[S]_{10\%}} = \dfrac{0,9}{0,1} : \dfrac{0,1}{0,9} = \dfrac{0,81}{0,01} = 81$	$\dfrac{[S]_{90\%}}{[S]_{10\%}} = \sqrt[h]{81};$ für $h = 4$ ergibt sich 3

Statt der Michaelis-Menten-Gleichung gilt dann die **Hillgleichung** (Tab. 1.7.); h ist der sog. **Hill- oder Kooperativitätskoeffizient.** Er ist meist nicht ganzzahlig und gibt das Ausmaß der Abweichung von dem hyperbolischen Verlauf der Michaelis-Menten-Kurve an. Im extremsten Fall entspricht er der Zahl der Untereinheiten des Enzyms, meist ist er kleiner.

Die lebende Zelle verfügt darüber hinaus über Möglichkeiten, die **Eigenschaften der Enzyme** *(K_m, v_max)* **zu verändern.** Das Produkt einer biochemischen Reaktion (oder auch andere Metabolite) können mit dem Ausgangssubstrat mehr oder weniger starke Strukturähnlichkeiten aufweisen und werden deshalb an demselben Ort des Enzyms („isosterisch"[1])) wie das eigentliche Substrat selbst gebunden, d. h., sie treten mit dem Substrat in Konkurrenz um das katalytische Zentrum (1.3.). Da sie aber im Gegensatz zum Substrat nicht umgesetzt werden, blockieren sie die Bindungsstelle. Das bedeutet, daß bei Gegenwart eines solchen Konkurrenten höhere Substratkonzentrationen notwendig sind, um eine bestimmte Umsatzgeschwindigkeit zu erreichen, als bei Abwesenheit des Konkurrenten: K_m steigt an bei gleichbleibendem v_{max}-Wert. Man spricht von einer **isosterischen kompetitiven**[2]) **Hemmung.** Als Beispiel kann die Hexokinase-

Reaktion genannt werden. In ihr wird Glucose mit ATP zu Glucose-6-phosphat und ADP umgesetzt. Das Produkt, Glucose-6-phosphat, tritt anschließend als kompetitiver Inhibitor zum ATP auf.

Bei der **allosterischen**[3]) **Regulation** wird durch reversible Bindung eines „Effektors" an anderer Stelle als das Substrat (am sog. **allosterischen Zentrum**) die Aktivität des Enzyms positiv oder negativ beeinflußt. Im ersten Fall spricht man von einem positiven allosterischen Effektor (**Aktivator**) und im zweiten von einem negativen allosterischen Effektor (**Inhibitor**). Durch die Bindung wird die dreidimensionale Molekülstruktur des Enzyms so verändert (**allosterische Transition**[4])), daß die Affinität zum Substrat *(K_m)* entweder zu- oder abnimmt (Abb. 1.19.). Sehr selten ist mit der Bindung eine Änderung von v_{max} verbunden. Die allosterischen Effektoren brauchen im Gegensatz zu den isosterischen (s. o.) überhaupt keine Ähnlichkeit mit dem natürlichen Substrat des Enzyms zu haben, da sie nicht mit dem aktiven Zentrum in Wechselwirkung treten.

Die Geschwindigkeit der Umsetzung in einer Reaktionskette wird durch denjenigen Teilschritt bestimmt, der am langsamsten abläuft: sog. **Schrittmacher.** Die Schrittmacher sind die empfindlichsten Stellen im Stoffwechsel, an

---

[1]) isos (griech.) = gleich; steros (griech.) = der Raum, Ort.
[2]) competítor (lat.) = der Mitbewerber.

[3]) allos (griech.) = anders, steros (griech.) = der Raum, Ort.
[4]) transitio (lat.) = das Übergehen, der Übergang.

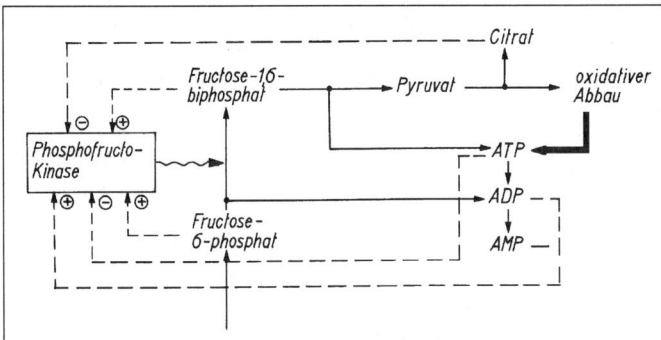

Abb. 1.20. Übersicht über die allosterische Steuerung der Phosphofructo-Kinase als „Schrittmacher" in der Glykolyse.
⟶ enzymatische Umwandlung,
---▶ allosterische Beeinflussung,
$\oplus$ = Aktivierung
$\ominus$ = Hemmung

denen oft aktivierende bzw. hemmende Einflüsse angreifen. Bei der **Glykolyse** (1.4.1.) hat die Phosphorylierung des Fructose-6-phosphats zu Fructose-1,6-bisphosphat durch die **Phosphofructo-Kinase** (Abb. 1.20.) eine solche Schrittmacherfunktion. Die Aktivität dieses Enzyms unterliegt – wenn auch bei den verschiedenen Zelltypen in unterschiedlichem Maße – starken Einflüssen durch andere Stoffe: Während ADP, AMP, Fuctose-6-phosphat und Fructose-1,6-bisphosphat allosterisch aktivierend wirken, übt das ATP von einer bestimmten Konzentration an allosterisch einen hemmenden Einfluß aus. Das bedeutet, das der Glucose-Umsatz so lange gehemmt wird, solange die ATP-Konzentration in der Zelle hoch ist. Wird durch vermehrte Arbeitsleistung ATP verbraucht oder durch Umschaltung des Stoffwechsels von der Aerobiose auf die Anaerobiose (1.4.4.) zu wenig ATP für die Arbeitsleistungen nachgeliefert, so wird „automatisch" die ATP-produzierende Glucoseabbaukette (Embden-Meyerhof-Abbauweg) angekurbelt, die **Glykolyserate** steigt rapide an. Nimmt die ATP-Konzentration wieder zu, so wird die Phosphofructo-Kinase wieder gehemmt. Dann sammeln sich Fructose-6-phosphat und Glucose-6-phosphat im Stoffwechsel an. Letzteres hemmt die Hexokinase (kompetitiver Inhibitor), wodurch die Glykolyse bereits an ihrem Start gedrosselt wird. Auch das **Citrat** ist ein wirksamer allosterischer Hemmer der Phosphofructo-Kinase. Dieses Produkt des Citratzyklus (1.4.1., Abb. 1.7.) reguliert wahrscheinlich den Substratfluß vom Glucose-6-phosphat über das Pyruvat in den Citratzyklus hinein.

Das intrazelluläre Mengenverhältnis von ATP, ADP und AMP ist ein wesentlicher regulativer Faktor im Energiehaushalt der Zelle. Während wichtige biochemische Reaktionen im Rahmen der Bereitstellung biologischer Energie in Form von ATP (**Energiestoffwechsel**) durch ATP gehemmt und durch ADP und/oder AMP gefördert werden, ist es bei vielen Reaktionen des energieverbrauchenden **Leistungsstoffwechsels** gerade umgekehrt, nämlich Stimulation durch ATP und Hemmung durch ADP und/oder AMP. Als Maßzahl hat sich die von ATKINSON eingeführte „**Energieladung**" (1.4.3.) bewährt

$$\text{Energieladung } x = \frac{[ATP] + 0{,}5\,[ADP]}{[ATP] + [ADP] + [AMP]}$$

$(0 \leqq x \leqq 1)$.

Ihr Normalwert in der Zelle liegt bei 0,8; steigt er an, so werden ATP-verbrauchende Prozesse (Leistungsstoffwechsel) stimuliert und gleichzeitig energieliefernde (Energiestoffwechsel) gehemmt. Ein Abfall der Energieladung hat die entgegengesetzten Effekte (Abb. 1.21.). Auf diese Weise werden Energie- und Leistungsstoffwechsel aufeinander abgestimmt (Integration, s. o.).

Während bei der isosterischen und allosterischen Regulation das Enzym selbst chemisch nicht verändert wird, werden einige „Schlüsselenzyme" des Stoffwechsels durch die reversible Anlagerung (kovalente Bindung) von Gruppen (Phosphorylierung, Adenylierung, Uridilierung) aktiviert bzw. inaktiviert (**Interkonversion**[1])). Sowohl die Anlagerung als auch die Abspaltung der Gruppe werden durch spezi-

---

[1]) inter (lat.) = zwischen; conversio (lat.) = die Umwandlung, Umwälzung.

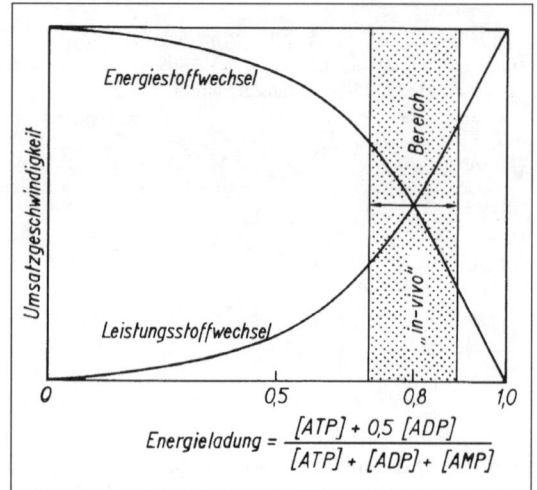

Abb. 1.21. Die Regulation und Abstimmung des Energie- und Leistungsstoffwechsels der Säugetiere aufeinander durch die Energieladung der Zelle über Veränderungen der Enzymaffinitäten. Viele enzymatische Reaktionen des Energiestoffwechsels werden durch ATP gehemmt und durch ADP und/oder AMP stimuliert; umgekehrt werden viele Reaktionen des Leistungsstoffwechsels durch ATP stimuliert und durch ADP und/oder AMP gehemmt. Enzyme des Energiestoffwechsels: Hexokinase, Phosphofructo-Kinase (Abb. 1.20.), Pyruvat-Kinase, Isocitrat-Dehydrogenase-Enzyme des Leistungsstoffwechsels; ATP-abhängige Citrat-Lyase und Phosphoribosylpyrophosphat-Synthetase. Aus JUNGERMANN u. MOHLER 1980.

fische Enzyme herbeigeführt. Diese können wiederum unter dem Einfluß allosterischer Effektoren stehen, z. B. des cAMP, das seinerseits der Kontrolle eines Hormons unterliegen kann. Als Beispiel seien die das Glykogen aufbauende **Glykogen-Synthase** und die es abbauende **Glykogen-Phosphorylase** genannt. Ein Ansteigen des Glucosespiegels im Plasma stimuliert eine **Protein-Phosphatase.** Dieses Enzym dephosphoryliert sowohl die Glykogensynthase als auch die Glykogenphosphorylase. Während die Synthase dabei aktiviert wird, wird die Phosphorylase inaktiviert (Abb. 1.22.). Das Resultat ist sehr sinnvoll: Das höhere Angebot an Glucose stimuliert den Aufbau von Glykogen und hemmt gleichzeitig dessen Abbau; so wird das unrationelle Nebeneinander von Synthese und Abbau verhindert. Durch eine **Protein-Kinase,** die ihrerseits vom cAMP stimuliert werden kann, können diese Vorgänge rückgängig gemacht und wieder auf „Abbau" umgeschaltet werden. Das Hormon des Nebennierenmarks, das **Adrenalin,** wirkt über das cAMP aktivierend auf die Protein-Kinase, die ihrerseits die Glykogen-Phosphorylase durch Phosphorylierung aktiviert, wodurch der Abbau von Glykogen zu Glucose-1-phosphat in der Zelle angekurbelt wird (Abb. 2.15., 2.2.1.).

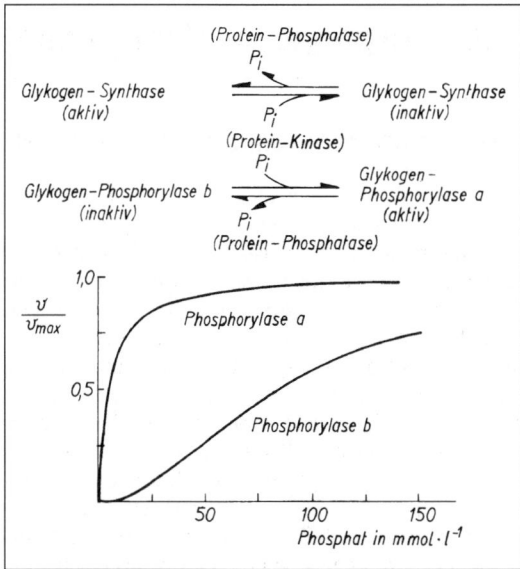

Abb. 1.22. Interkonversion: Reversible Aktivierung der Glykogen-Phosphorylase durch Phosphorylierung mit Hilfe der Protein-Kinase und gleichzeitige Inaktivierung der Glykogen-Synthase durch dasselbe Enzym. Dadurch wird der Stoffwechsel auf Glykogenabbau zu Glucose-1-phosphat geschaltet. Durch Aktivierung der Protein-Phosphatase, z. B. beim Anstieg des Glucosespiegels, können beide Prozesse wieder rückgängig gemacht werden: Umschaltung auf Glykogensynthese.

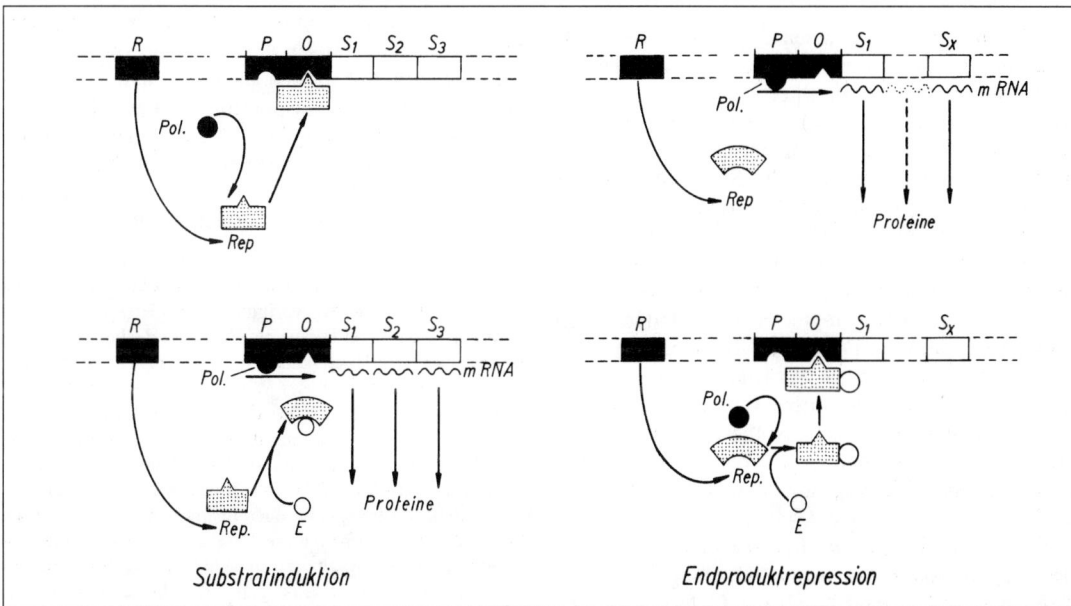

Abb. 1.23. Schema zu den sich am genetischen Material von Bakterien abspielenden Regulationsmechanismen (Jacob-Monod-Modell).

Links: **Substratinduktion:** Der vom Regulatorgen (R) produzierte Repressor (Rep) blockiert den Operator. Damit wird die RNA-Polymerase (Pol) daran gehindert, mit der Promotorregion (P) unmittelbar oder mittelbar (über ein cAMP-Rezeptor-Protein) in Kontakt zu treten und die Strukturgene abzulesen. Auftretende Effektoren (E) (Substrat eines der von dem Operon codierten Enzyme) können sich mit dem Effektor verbinden und eine allosterische Konformationsänderung desselben verursachen, so daß er nicht mehr in der Lage ist, den Operator weiter zu blockieren. Dann kann die RNA-Polymerase an der Promotorregion ansetzen und die Strukturgene S_1, S_2, S_3 ... des Operons nacheinander ablesen. Die vermehrte Enzymproduktion sorgt sodann für einen verstärkten Abbau des Effektors (Substrats). Über diesen Mechanismus wird erreicht, daß erst beim Auftreten eines bestimmten Substrats auch dessen enzymatische Verarbeitung induziert wird: adaptive Enzymsynthese.

Rechts: **Endproduktrepression:** Hier ist der Repressor (R) normalerweise inaktiv und wird erst durch Anreicherung des Effektors (E) (das durch die Zusammenarbeit der von dem betreffenden Operon codierten Enzyme produzierte Endprodukt) allosterisch aktiviert. Dann blockiert der Repressor durch Bindung an den Operator (O) das Ablesen der Strukturgene (S_1 bis S_x) durch die RNA-Polymerase (Pol) vom Promotor (P) aus. Durch diesen Mechanismus wird erreicht, daß bei Anreicherung eines Endproduktes dessen weitere enzymatische Bildung gehemmt wird und erst wieder beginnt, wenn das Produkt weitgehend verschwunden ist. Aus CZIHAK, LANGER u. ZIEGLER 1981.

Hier anzuschließen wären solche Fälle, bei denen die Enzyme zunächst in einer inaktiven Vorstufe gebildet und durch Abspaltung von einigen Aminosäuren oder eines Oligopeptids nachträglich in die aktive Form überführt werden. Eine solche **limitierte Proteolyse** findet man bei einer Reihe proteolytischer Verdauungsenzyme (Pepsin, Trypsin, Chymotrypsin u. a., 3.1.3.1.), die aus ihren inaktiven Vorstufen (**Zymogenen**) erst im Magen-Darm-Kanal freigesetzt werden. Diese Form der „kovalenten Modifikation" von Enzymen ist im Gegensatz zu der Phosphorylierung, Adenylierung oder Uridylierung (s. o.) nicht reversibel. Erinnert sei hier auch an den „Kaskadenprozeß" bei der Blutgerinnung (4.6.4.). Ebenfalls sehr viele Proteohormone (Insulin, Glucagon u. a.) und Neuropeptide (Enkephalin, Endorphin u. a.) entstehen erst aus einer inaktiven Vorstufe durch limitierte Proteolyse.

1.5.2. Regulation der Enzymsynthese

Bei den bisher besprochenen Regulationsmechanismen handelte es sich um eine Beeinflussung bereits vorhandener Enzyme in ihrer Aktivität, für deren Synthese die Zelle die dazu notwendige Energie schon aufgebracht hat. Ökonomischer ist es, allerdings auch zeitaufwendiger, die Synthese selbst zu hemmen bzw. zu fördern (enthemmen). Die Regulation der Enzymsynthese kann in einer Induktion oder in einer Repression bestehen. Eine **Enzyminduktion** beruht darauf, daß der vom Regulatorgen produzierte Repressor mit dem Effektor reagiert und dadurch selbst in eine inaktive Form überführt wird; alle nachfolgenden, dem Operator funktionell zugeordneten Strukturgene können daraufhin aktiviert werden. Bei der **Repression** der Enzymsynthese erhält der Repressor erst in Verbindung mit dem Effektor seine inaktivierende Wirkung auf den Operator (Abb. 1.23.).

Diese Vorstellungen zur Induktion und Repression der Enzymsynthese, wie sie in Abbildung 1.23. schematisch dargestellt sind, beruhen auf Untersuchungen an Prokaryoten (**Jacob-Monod-Modell**). Sie sind mit Sicherheit nicht unmittelbar auf die Verhältnisse bei Eukaryoten übertragbar, über die wir aber noch außerordentlich unvollkommen unterrichtet sind. Auffällig ist, daß das Aktivierungsmuster in vielen Fällen viel komplizierter ist: Integrierte Aktivität vieler, im Genom oft weit voneinander getrennter Gene oder Genbatterien, die durch ein einziges Signal gesteuert werden können. Umgekehrt kann offenbar eine bestimmte Genbatterie auch durch verschiedene Signale aktiviert werden: **Vermaschung der regulativen Informationen.** Man ist auf Zusatzhypothesen angewiesen und spricht von repetitiven Integratoren und Rezeptorgenen (**Britton-Davidson-Modell**). Sehr vieles ist noch Spekulation.

1.6. Vorgänge an Membranen

1.6.1. Allgemeines, die Zellmembran

Der geschilderte dynamische Zustand lebender Systeme schließt umfangreiche Transportvorgänge ein. Bestimmte Stoffe müssen in das System eingeschleust, andere aus dem System entfernt werden. Die Transportvorgänge müssen insgesamt so organisiert sein, daß trotz der ständigen Erneuerung der Bestandteile des Systems seine spezifische Zusammensetzung sich in der Zeit nicht ändert. Alle lebenden Systeme und Teilsysteme müssen folgendes Problem lösen: Sie müssen sich einerseits weitgehend von ihrer Umgebung abschirmen, um ihre Spezifität besser erhalten zu können, und sie müssen andererseits gleichzeitig einen hinreichend intensiven Stoffaustausch mit der Umgebung unterhalten, aus der sie ihre „lebensnotwendigen Stoffe" beziehen und in die hinein sie die Abfallprodukte des Stoffwechsels abgeben. Diese Aufgaben müssen in erster Linie von den Zellmembranen gelöst werden, die somit zugleich **Barrierenfunktion** und **Transportfunktion** zu erfüllen haben. Es werden ständig beträchtliche Energiemengen von der Zelle dazu verwendet, die bestehenden Ungleichgewichte in der Zelle und zwischen dem Zellinneren und dem Äußeren aufrechtzuerhalten.

Die Existenz einer besonderen **Zellmembran** (Plasmalemma), die die Zelle oberflächlich überzieht, wurde bereits von PFEFFER[1]) Ende des vorigen Jahrhunderts aus theoretischen Überlegungen heraus gefordert, blieb aber sehr lange noch umstritten. Heute kann zwar die Existenz nicht mehr angezweifelt werden, unser Wissen über die Struktur, chemische Zusammensetzung und stoffwechselphysiologische Leistung der Zellmembran ist aber noch lückenhaft. Die Dicke der Zellmembran wird mit 5 bis 15 nm angegeben. Im elektronenoptischen Bild verschiedenster Zelltypen erscheint die Zellmembran übereinstimmend aus drei etwa gleich dicken Schichten zu je 2,5 nm aufgebaut. Die mittlere Schicht ist elektronenoptisch weniger dicht als die beiden äußeren und erscheint deswegen heller. Es zeigte sich weiterhin, daß auch die Membranen verschiedener Zellorganellen in der gleichen Weise strukturiert sind. Wir müssen auch die Zellmembranen als dynamische Struktur sehen, die bei Bedarf eingeschmolzen und neu gebildet werden kann und deren Eigenschaften sich unter verschiedenen physiologischen Bedingungen gewaltig ändern können.

Die **chemische Zusammensetzung** aus Phospholipiden (Abb. 1.24.) und Proteinen ist allgemein gültig. Außerdem sind meistens Cholesterin und Kohlenhydrate anzutreffen. Die strukturelle Anordnung der Phospholipide und Proteine innerhalb der Zellmembran entzieht sich der direkten Beobachtung. Ein mit

---

[1]) s. Fußnote S. 587.

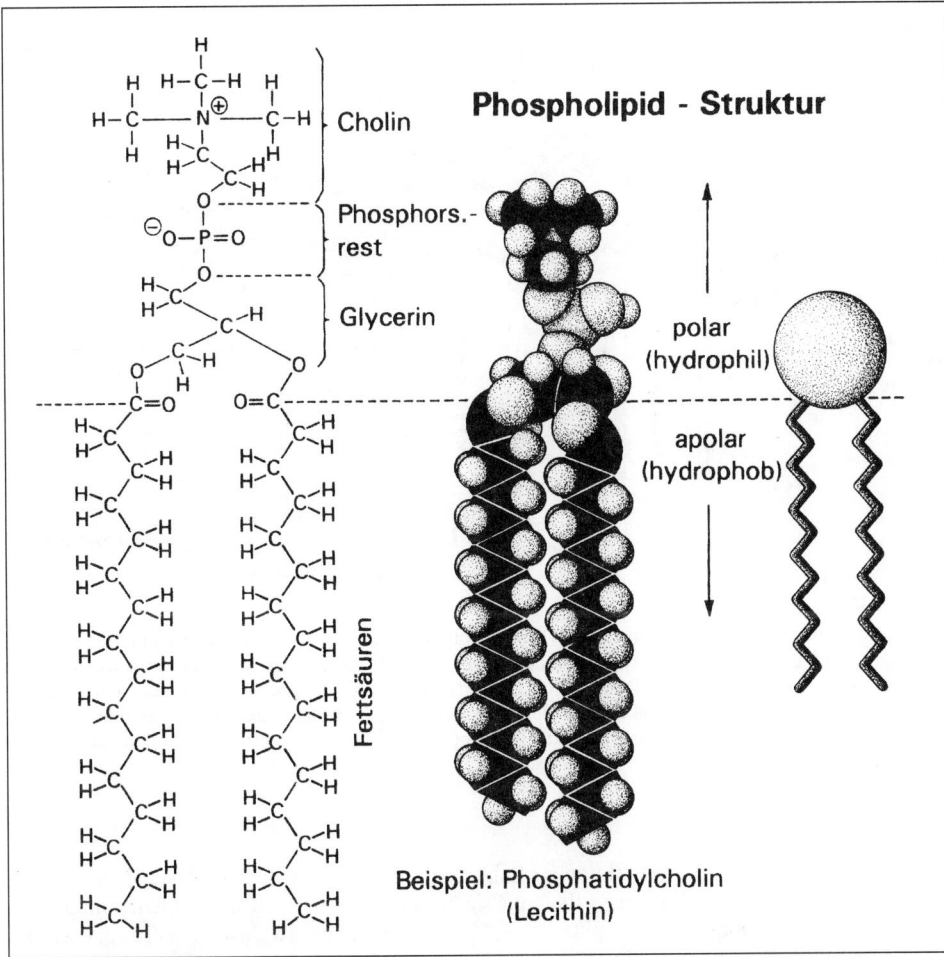

Abb. 1.24. Das wichtige Phospholipid der Zellmembran, das Phosphatidylcholin (Lecithin), in der üblichen Schreibweise (Strukturformel), als Kalotten-Modell und in der stark symbolisierten Darstellung.

unseren heutigen Kenntnissen im Einklang stehendes hypothetisches **Strukturmodell** zeigt die Abbildung 1.25. Es wird eine „zähflüssige" Doppelschicht von Phospholipidmolekülen angenommen, die so orientiert sind, daß sie mit ihren lipophilen[1]) (= hydrophoben) Kohlenwasserstoffketten gegeneinander gerichtet sind und mit ihren hydrophilen[2]) Polen nach außen weisen. Dieser **Phospholipid-Doppelschicht** sind

nur wenige Proteine als **periphere** oder **extrinse Membranproteine** aufgelagert. Die Mehrzahl der Proteine ist mosaikartig mehr oder weniger tief in die Doppelschicht eingesenkt, ein Teil durchdringt sie vollständig. Während die polaren Anteile dieser globulären Proteine mit ihren geladenen, hydrophilen Seitenketten an der Oberfläche der Doppelschicht hervortreten, liegen die apolaren Anteile mit ihren ungeladenen, hydrophoben Seitenketten verborgen im Innern der Doppelschicht und treten mit den Lipiden über hydrophobe Wechselwirkungen in Verbindung: **integrale** oder **intrinse Membranproteine.** Die integralen Proteine lassen sich nur schwer von den Membranlipiden trennen, sie weisen aber eine gewisse transversale Beweglichkeit innerhalb der Membran

---

[1]) to lipos (griech.) = das Fett, philos (griech.) = freundlich, Freund. Lipophil ist eine org. Verbindung dann, wenn sie sich leicht in Fettlösungsmitteln wie CCl_4, Ether oder Chloroform löst. Die Lipophilie der Verbindung ist durch ihren Besitz lipophiler Gruppen bedingt. In der Reihenfolge steigender Lipoidlöslichkeit sind es:
$-CH_3 < =CH_2 < -C_2H_5 < -C_3H_7 < -C_nH_{2n+1} < -C_6H_5$.
[2]) to hýdor, -atos (griech.) = das Wasser; philos (griech.) = freundlich. Hydrophil ist eine organische Verbindung dann, wenn sie sich leicht in Wasser löst. Die Hydrophilie der Verbindung ist durch ihren Besitz hydrophiler Gruppen bedingt.

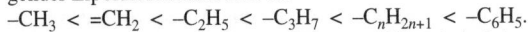

Hydrophile Gruppen in der Reihenfolge abnehmender Wasserlöslichkeit sind:
$-COOH > -OH > -CHO > C=O > -NH_2 > -SH$.

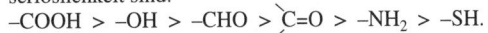

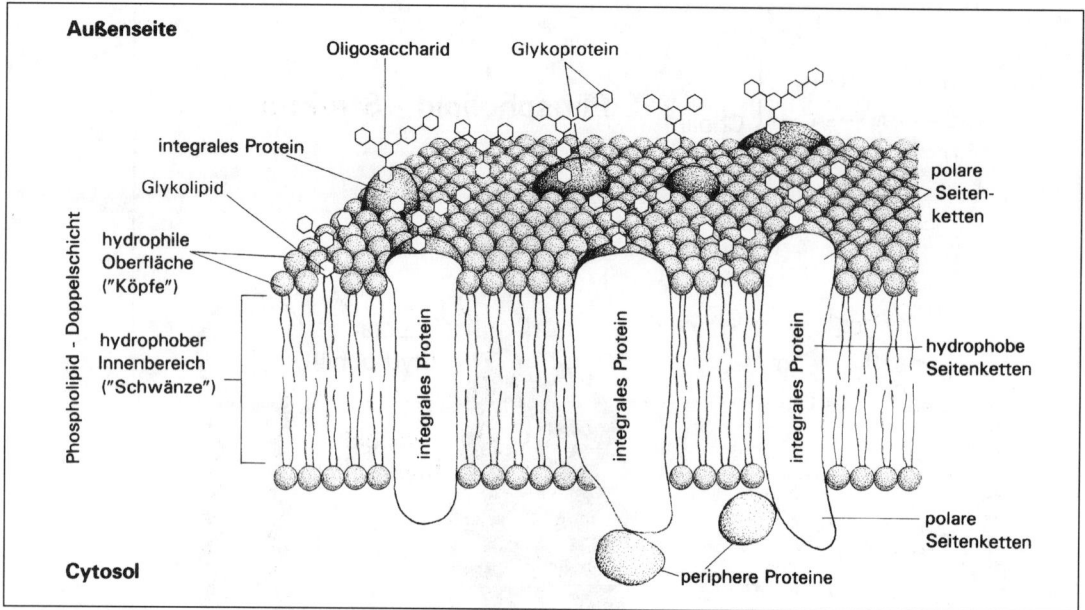

Abb. 1.25. Modell der Membranstruktur. Die Doppelschicht aus Phospholipidmolekülen ist von integralen Proteinen durchsetzt. Die Phospholipide sind mit ihren polaren (hydrophilen) „Kopfgruppen" nach außen und mit ihren hydrophoben „Schwänzen" nach innen gerichtet. Die integralen Proteine sind mit ihren apolaren (hydrophoben) Seitenketten in der Membran locker verankert, während ihre polaren Seitenketten an der Oberfläche liegen. Sie sind innerhalb der Membran tangential frei beweglich. Nur an der Außenseite der Membran sind Glykoproteine und -lipide anzutreffen. In Anlehnung an Darnell, Lodish u. Baltimore 1994.

auf. Die Proteine haben nicht nur Strukturfunktion. Sie können als membrangebundene Enzyme, als Transportproteine, als Membranporen (Permeaphoren) oder als Rezeptoren (z. B. für Hormone oder Transmitter) eine wichtige Funktion erfüllen. An der äußeren Oberfläche der Zellmembran tragen viele Lipid- und Proteinmoleküle Kohlenhydratgruppen (Glykolipide und Glykoproteide), die in das umgebende wäßrige Medium hineinragen und die sog. **Glykokalyx**[1]) bilden. Sie verleihen der Zelle eine Spezifität (siehe z. B. die Blutgruppensubstanzen, 4.6.3.).

1.6.2. Freie Permeation oder Diffusion

Die physikalische Grundlage der freien Permeation[2]) von Stoffen durch die Membran ist die **Diffusion**[3]). Stehen zwei Lösungen des gleichen Stoffes, aber unterschiedlicher Konzentration im Kontakt miteinander, so gleichen sich beide Konzentrationen mit der Zeit aus. Dieser Vorgang läuft freiwillig unter

Entropiezunahme ab, denn der Zustand der gleichmäßigen Verteilung der gelösten Teilchen im gesamten Lösungsvolumen ist wahrscheinlicher als derjenige einer unterschiedlichen Verteilung. Diese spontane Wanderung des gelösten Stoffes von Orten höherer zu solchen niedrigerer Konzentration heißt Diffusion. Ihre Ursache liegt in der Brownschen Molekularbewegung. Die Anzahl mol (dn), die in der Zeiteinheit dt infolge der Diffusion durch eine bestimmte Fläche hindurchtritt, ist der Größe A dieser Fläche, dem Konzentrationsgefälle dc/dx (dx ist diejenige Wegstrecke, auf der die Konzentration c und dc abnimmt), proportional.

$$\frac{dn}{dt} = -D \cdot A \cdot \frac{dc}{dx}$$

1. Ficksches Diffusionsgesetz (1855)

Das negative Vorzeichen muß deshalb stehen, weil der Transport in Richtung des wachsenden x und abnehmenden c $\left(\frac{dc}{dx} < 0\right)$ stattfindet. D ist der **Diffusionkoeffizient.** Er drückt die Anzahl Mol aus, die pro Sekunde durch die Fläche 1 cm² bei einem Konzentrationsgefälle von 1 hindurchgeht. Er hat die Dimension $cm^2 \cdot s^{-1}$ und ist von der Temperatur, von den gelösten Teilchen und vom Lösungsmittel abhängig.

---

[1]) glykýs (griech.) = süß; he kalyx (griech.) = der Kelch, die Fruchthülse.
[2]) permeare (lat.) = durchgehen, -wandern.
[3]) diffúndere (lat.) = sich ergießen.

Der **Diffusionsflux** $J_d = dn/dt \cdot A^{-1}$ stellt sich dann wie folgt dar

$$J_d = - D \cdot \frac{dc}{dx} \; .$$

Für kugelförmige Teilchen, die wesentlich größer als die Teilchen des Lösungsmittels sind, gilt nach EINSTEIN[1]) (1908):

$$D = \frac{R \cdot T}{N_L} \cdot \frac{1}{6\pi\eta r}$$

(η = Viskosität der Lösung, r = Radius des Teilchens, N_L = Loschmidtsche Zahl, Anzahl der Moleküle pro Mol.).

Die Diffusion ist also neben ihrer Abhängigkeit von der Konzentrationsdifferenz auch noch über den Diffusionskoeffizienten D von dem Molekulargewicht der gelösten Teilchen, der Viskosität des Lösungsmittels und der Temperatur abhängig. Als allgemeine Regel gilt, daß die Diffusion um so langsamer erfolgt, je größer die Moleküle sind. Aus der Einsteinschen Gleichung ergibt sich, da r proportional mit der 3. Wurzel des Molekulargewichts wächst, daß auch (bei gleichem Lösungsmittel)

$$D = \frac{const}{\sqrt[3]{M}}$$

gelten muß. Das ist aber, wie Messungen ergeben haben (Abb. 1.26.), nur für Molekulargewichte > 1000 der Fall. Für MG < 1000 gilt

$$D = \frac{const}{\sqrt[2]{M}} \; ,$$

d. h., die Diffusionskonstante wächst mit der Quadratwurzel des Molekulargewichtes.

Die Wegstrecke Δx, die die gelösten Teilchen durch Diffusion in Richtung des Konzentrationsgefälles unter konstanten Bedingungen im Mittel zurücklegen, ist der Quadratwurzel aus der Beobachtungszeit proportional

$$\Delta x = \sqrt{2Dt}$$

Das bedeutet, daß ein doppelt so langer Diffusionsweg bereits die 4fache Zeit beansprucht usf. Am Beispiel des relativ schnell diffundierenden Sauerstoffs mit $D = 1,98 \cdot 10^{-5}$ cm²/s bei 18 °C in wäßriger Lösung ergeben sich folgende Werte. Es werden zurückgelegt:

8 cm		in 18,7 Tagen
8 mm		in 4,5 Stunden
800 µm		in 2,7 Minuten
80 µm	(Durchm. einer gewöhnl. Zelle)	in 1,6 Sekunden
8 µm	(Durchm. eines menschl. Erythrozyten)	in 0,016 = $1,6 \cdot 10^{-2}$ s
800 nm	(Größe von *Staphylococcus*)	in 0,000 16 = $1,6 \cdot 10^{-4}$ s

[1]) Albert EINSTEIN, geb. 1879 in Ulm, Prof. in Zürich, Prag, Berlin und an der Princeton University in den USA, gest. 1955 (Nobelpreis 1921).

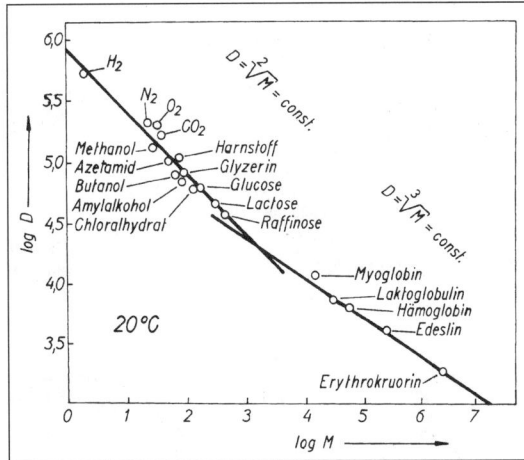

Abb. 1.26. Die Abhängigkeit des Diffusionskoeffizienten D vom Molekulargewicht M bei 20 °C. Aus STEIN 1967.

80 nm	(Größe des Influenzavirus)	in 0,000 0016 = $1,6 \cdot 10^{-6}$ s
8 nm	(Dicke der Zellmembran)	in 0,000 000 016 = $1,6 \cdot 10^{-8}$ s

Daraus ergibt sich, daß in zellulären Dimensionen der Stoffaustausch noch allein durch Diffusion mit hinreichender Geschwindigkeit erfolgen kann. Bei größeren Wegstrecken muß durch mechanische Stoffkonvektion die Diffusion unterstützt werden.

Sind beide Lösungen unterschiedlicher Konzentration durch eine **Membran** getrennt, die sowohl das Lösungsmittel als auch die gelösten Teilchen hindurchläßt, so wird die Diffusionsgeschwindigkeit in der Regel gegenüber dem membranlosen Fall erniedrigt sein, und das um so mehr, je geringer die Durchlässigkeit und je dicker die Membran ist: **behinderte Diffusion.** Man kann die Membran als Schicht eines Lösungsmittels ansehen. Die Diffusionskonstanten in den Membranen lebender Systeme sind stets beträchtlich kleiner als diejenigen im Wasser bzw. in wäßrigen Lösungen. Die Diffusion durch eine Membran bezeichnet man als **einfache Permeation.** Ist die Dicke der Membran d und deren Fläche A, so stellt sie sich wie folgt dar

$$\boxed{\frac{dn}{dt} = - D \cdot A \, \frac{c_i - c_a}{d} = - P \cdot A \, (c_i - c_a)}$$

Der **Diffusionsflux** (s. o.) durch die Membran ist dann

$$J_d = - P(c_i - c_a)$$

Mit c_a und c_i sind die Konzentrationen beiderseits der Membran (außen und innen) bezeichnet. $P = D/d$ nennt man den **Permeabilitätskoeffizienten.** Er entspricht der Anzahl mol der diffundierenden Substanz, die pro Zeiteinheit (s) durch die Oberflächeneinheit

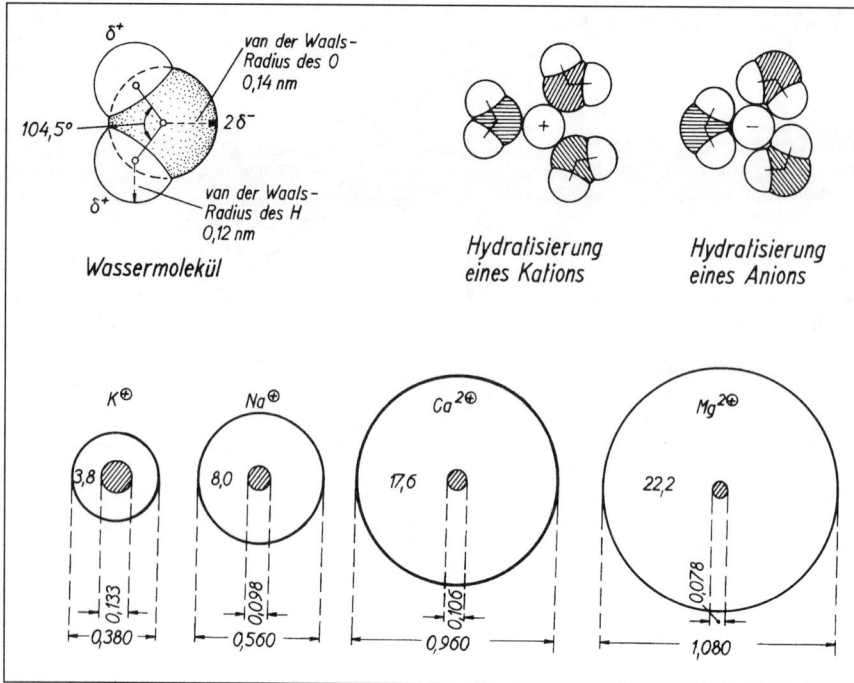

Abb. 1.27. Modell des Wassermolekül-Dipols (links) und die Hydratation einiger Ionen. Die Angaben der Durchmesser der Kationen (nicht hydratisiert und hydratisiert) in nm. Die Zahl im Hydratationsmantel gibt die durchschnittliche Zahl der Wassermoleküle pro Ion an.

(μm^2) bei einem Konzentrationsunterschied von 1 (mol) beiderseits der Zellmembran hindurchtritt. Er hat die Dimension einer Leitfähigkeit (cm · s⁻¹). Berechnungen haben ergeben, daß z. B. der Diffusionskoeffizient für den Austritt der bei der Muskeltätigkeit entstehenden Milchsäure (1.4.4.) aus der Muskelzelle etwa 100mal kleiner ist als bei freier Diffusion. Die Durchlässigkeit der Membran bezeichnet man als **Permeabilität.**

Die empirische Permeabilitätsforschung hat durch sehr viele Untersuchungen klar gezeigt, daß für die freie Permeation der Nichtelektrolyte zwei Faktoren von entscheidender Bedeutung sind: die **Molekülgröße** und die **Lipidlöslichkeit** (= Verteilungskoeffizient der Teilchen zwischen einer polaren Flüssigkeit, wie z. B. Olivenöl und Wasser). Je kleiner der Durchmesser und je besser die Lipidlöslichkeit, desto leichter permeiert das Teilchen („**Lipidfiltertheorie**"). Bei dem Elektrolyten tritt ein dritter bestimmender Faktor hinzu: die **elektrische Ladung.** Die Elektrolyte treten gewöhnlich langsamer in die Zelle ein als Nichtelektrolyte gleicher Molekülgröße. Da die Ionen außerdem infolge ihrer Ladung Wasserdipole um sich versammeln, einen Hydratationsmantel bilden (Abb. 1.27.), ist für die Einschätzung der Teilchengröße der „**effektive" Ionendurchmesser** (Ion + Hydratationsmantel) entscheidend. Die Mächtigkeit des Hydratationsmantels ist um so größer, je höher die Ladung

und je kleiner das Volumen des Ions ist. Das heißt, sie ist von der Ladungsdichte auf der Ionenoberfläche abhängig: $Na^\oplus$ hat deshalb einen größeren Hydratationsmantel als $K^\oplus$, aber einen kleineren als $Ca^{2\oplus}$.

Durch die Membran können nur wenige Stoffe in größerem Umfange rein physikalisch (nichtkatalysiert) durch Diffusion treten. Das betrifft in erster Linie das **Wasser** und kleine nichtpolare Moleküle, wie O_2, CO_2, N_2 und NH_3. So findet z. B. der Gasaustausch in den Atmungsorganen bzw. in den Geweben allein durch Diffusion statt (3.2.1.). Für Ionen ($H^\oplus$, $Na^\oplus$, $K^\oplus$, $Mg^{2\oplus}$, $Ca^{2\oplus}$ u. a.) sowie für geladene organische Moleküle (Malat, Pyruvat, Citrat u. a.) und ungeladene hydrophile Verbindungen (Glucose, Alanin u. a.) ist die freie Permeation bereits erheblich eingeschränkt. Ihre Translokation durch die Membran erfolgt in erster Linie durch spezifische Translokatoren (integrale Membranproteine): spezifischer („mediated") Transport (s. u.)

Alle Zellmembranen verhalten sich in erster Näherung wie **semipermeable Membranen**[1], d. h., sie lassen die Moleküle des Lösungsmittels (Wasser) relativ leicht hindurch, halten aber die gelösten Teilchen mehr oder weniger vollkommen zurück. Das Wasser wandert durch die semipermeable Wand stets von der Lösung niederer zu derjenigen höherer Kon-

---

[1] sémi (lat.) = halb; permeabilis (lat.) = durchgängig.

zentration. Man nennt den Vorgang **Osmose.** Sind das reine Lösungsmittel und eine Lösung bestimmter Konzentration durch eine semipermeable Membran voneinander getrennt, so kann man den osmotischen Übertritt des Wassers in die Lösung dadurch verhindern, daß man den Druck auf der Lösungsseite bis zu einem bestimmten Wert erhöht. Man bezeichnet diesen Druck, der dem Druck, mit dem Wasser in die Lösung vorzudringen trachtet, entgegengesetzt gleich ist, als **osmotischen Druck** der Lösung. Für verdünnte Lösungen ist der osmotische Druck π bei gegebener Konzentration der Temperatur T und bei gegebener Temperatur der Konzentration c proportional

$$\pi = \frac{n}{V} R \cdot T = c \cdot R \cdot T$$

(n = Anzahl der Mole des gelösten Stoffes, V = Volumen der Lösung, c = Konzentration in mol pro Liter).

Der osmotische Druck ist unabhängig von der Art der gelösten Substanz, entscheidend ist allein ihre Konzentration, genauer gesagt: die Anzahl der gelösten Teilchen pro Volumeneinheit. Da ein mol einer jeden Substanz immer die gleiche Anzahl von Teilchen umfaßt (Loschmidtsche Zahl), ist der osmotische Druck einer einmolaren Lösung ebenfalls immer gleich, nämlich 22,4 atm (bei 0 °C) = 2,27 MPa.

Das gilt allerdings nicht für Elektrolyte, bei denen durch die Dissoziation die Zahl der Teilchen in der Lösung größer ist. Wird mit α der Dissoziationsgrad bezeichnet und zerfällt das Molekül in n Ionen, dann ist das Verhältnis der tatsächlichen Teilchenzahl in der Lösung zu der Anzahl der eingegebenen Moleküle a

$$i = \frac{\alpha \cdot n \cdot a + (1-\alpha)a}{a} = (n-1)a + 1$$

i ist der **van't Hoffsche Koeffizient.** Damit muß die Gleichung für den osmotischen Druck lauten

$\pi = i \cdot c \cdot R \cdot T$.

Für eine verdünnte NaCl-Lösung ($\alpha = 100\% = 1$) ist $i = n = 2$, d. h., der osmotische Druck ist doppelt so groß wie derjenige einer Glucoselösung gleicher Konzentration. Man sagt, eine 1 M NaCl-Lösung ist 2osmolar. Die **Osmolarität** bezieht sich also auf die Konzentration aller in der Lösung enthaltenen osmotisch aktiven Teilchen in Mol. Lösungen gleicher Osmolarität werden als **isoosmotisch**[1]) bezeichnet. Hat eine Lösung eine höhere Osmolarität als eine zweite, so ist sie **hyperosmotisch**[1]) gegenüber dieser. Im umgekehrten Fall spricht man von **hypoosmotisch**[1]).

An einer sowohl für Wasser als auch für anorganische Ionen durchlässigen Membran stellt sich ein Gleichgewicht besonderer Art ein, wenn auf der einen Seite der Membran – sagen wir außen – nur diffusible Ionen vorliegen und innen neben den diffusiblen

Ionen nichtdiffusible (z. B. Protein-Anionen) vorhanden sind. Solche Verhältnisse treten z. B. bei der Primärharnbildung in den Malpighischen Körperchen der Wirbeltierniere auf (4.1.2.8.). Wenn $Na^\oplus$ und $Cl^\ominus$ die diffusiblen und $Protein^\ominus$ das indiffusible Ion ist, gilt im Gleichgewicht die sog. **Donnan-Verteilung** (Abb. 1.28.)

$$\frac{[Na^\oplus]_a}{[Na^\oplus]_i} = \frac{[Cl^\ominus]_i}{[Cl^\ominus]_a} \text{ oder}$$

$$[Na^\oplus]_a \cdot [Cl^\ominus]_a = [Na^\oplus]_i \cdot [Cl^\ominus]_i.$$

Da auch in diesem Falle die Elektronneutralität auf beiden Seiten der Membran gewährt sein muß, gilt gleichzeitig

$[Na^\oplus]_a = [Cl^\ominus]_a$ und
$[Na^\oplus]_i = [Cl^\ominus]_i + [Protein^\ominus]$,

d. h., $[Na^\oplus]_i > [Cl^\ominus]_i$;

dann muß weiterhin

$[Na^\oplus]_i > [Na^\oplus]_a = [Cl^\ominus]_a > [Cl^\ominus]_i$

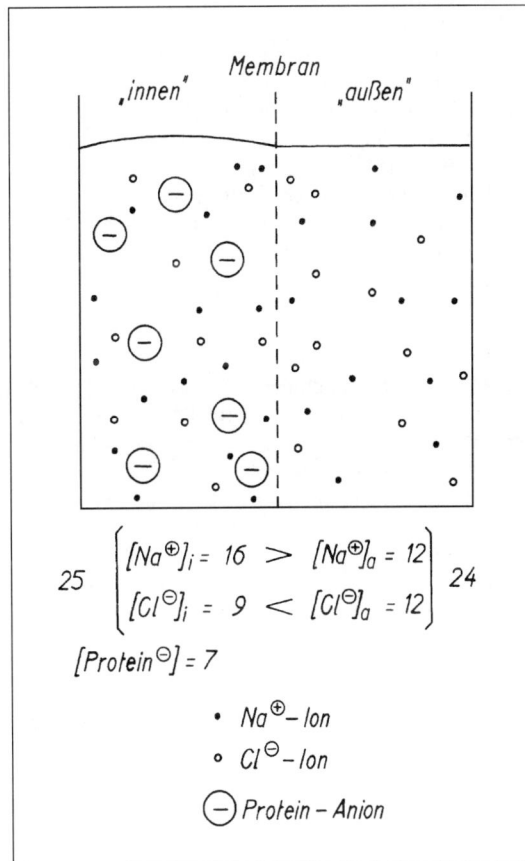

Abb. **1.28.** Schematische Darstellung einer Donnan-Verteilung.

[1]) ísos (griech.) = gleich; hypér (griech.) = über; hypo- (griech.) = unter.

sein, da sonst die Donnan-Verteilung nicht erfüllt sein kann. Das bedeutet, daß die Zahl der diffusiblen Ionen auf der Innenseite höher ist als außen. Es entsteht ein osmotisches Ungleichgewicht, das noch durch den kolloidosmotischen Druck auf der Innenseite vergrößert wird. Diese Druckdifferenz muß von der Membranwand abgefangen werden.

1.6.3. Elektrochemischer Gradient, Diffusionspotentiale

Die passive Wanderung ungeladener Teilchen setzt die Existenz eines **chemischen** (d. h. Konzentrations) **Gradienten** voraus. Die Wanderung erfolgt dann so lange von Orten höheren zu Orten niedrigeren chemischen Potentials, bis der Gradient Null ist. Bei Elektrolyten muß der **elektrische Gradient** mit in die Betrachtung einbezogen werden. Beide Gradienten, der chemische und der elektrische, lassen sich rechnerisch zu dem **elektrochemischen Gradienten** $\Delta\mu$ zusammenfassen

$$\Delta\bar{\mu}_i = R \cdot T \cdot \ln \frac{a_i^{(1)}}{a_i^{(2)}} + z_i \cdot F \cdot E$$

Mit $a_i^{(1)}$ und $a_i^{(2)}$ sind die „**Aktivitäten**" des Stoffes i diesseits und jenseits der Membran bezeichnet. Sie müssen in der Regel empirisch bestimmt werden und stehen für die Konzentrationswerte, denen sie sich mit zunehmender Verdünnung der Lösungen nähern. In konzentrierten Lösungen können dagegen – insbesondere bei Elektrolyten – infolge der Wechselwirkungskräfte zwischen den Teilchen erhebliche Differenzen zwischen den Aktivitäten a_i und den molaren Konzentrationen c_i auftreten

$$a_i = \gamma_i \cdot c_i.$$

γ_i ist der sog. Aktivitätskoeffizient und kann Werte zwischen 0 und 1 annehmen. Mit z_i ist die Valenz des betreffenden Elektrolyten (+1 für $K^{\oplus}$, –1 für $Cl^{\ominus}$, +2 für $Ca^{2\oplus}$ etc.) bezeichnet und mit E die Potentialdifferenz ($\varphi^{(1)} - \varphi^{(2)}$) an der Membran. Sie wird negativ gerechnet, wenn sie dem Übertritt des positiv geladenen Ladungsträgers entgegenwirkt (R, T, F s. Abkürzungsverzeichnis).

Der elektrochemische Gradient $\Delta\bar{\mu}_i$ ist die Differenz des **elektrochemischen Potentials** $\bar{\mu}$ der Komponente i beiderseits der Membran:

$$\Delta\bar{\mu}_i = \bar{\mu}_i^{(1)} - \bar{\mu}_i^{(2)},$$

wobei $\bar{\mu}_i$ nach GUGGENHEIM (1929) wie folgt definiert ist

$$\bar{\mu}_i = \bar{\mu}_i + z_i \cdot F \cdot \varphi$$

Der erste Summand (μ_i) ist das sog. **chemische Potential** (GIBBS) der Komponente. Es läßt sich in das Standardpotential μ_{i_0} (für Standardbedingungen: $a_i = 1$), das vom Lö-

sungsmittel abhängig ist, und den konzentrationsabhängigen Term $RT \ln a_i$ zerlegen:

$$\mu_i = \mu_{i_0} + RT \ln a_i.$$

Es hängt mit der freien Enthalpie (1.2.3.) wie folgt zusammen

$$\mu_i \equiv \left(\frac{\partial G}{\partial n_i}\right)_{T, p, n_j}$$

μ_i gibt also an, wie groß die (differentielle) Änderung der freien Enthalpie G ist, wenn sich bei konstantem Druck p, konstanter Temperatur T und konstanten Molzahlen n aller Komponenten j mit Ausnahme von i die Molzahl n_i um einen (differentiellen) Betrag ändert. Es hat die Dimension Energie pro Menge (Einheit: $J \cdot mol^{-1}$). Die Differenz der chemischen Potentiale der Komponente i diesseits und jenseits der Membran ist

$$\Delta\mu_i \equiv \mu_i^{(1)} - \mu_i^{(2)} = (\mu_{i_0}^{(1)} + RT \ln a_i^{(1)})$$
$$- (\mu_{i_0}^{(2)} + RT \ln a_i^{(2)}) = RT \ln \frac{a_i^{(1)}}{a_i^{(2)}} \cdot$$

Da auf beiden Seiten der Membran das gleiche Lösungsmittel (Wasser) vorliegt, ist $\mu_{i_0}^{(1)} = \mu_{i_0}^{(2)} = \mu_{i_0}$. Die Differenz der Potentiale entspricht dem Energiebetrag, der aufgewendet werden muß, um 1 Mol der gelösten Komponente i aus der Phase (1) mit dem chemischen Potential $\mu_i^{(1)}$ in die Phase (2) mit dem chemischen Potential $\mu_i^{(2)}$ (bei konstantem p und T) zu überführen: **chemische Arbeit** (W_{Ch}). Für beliebige Molzahlen gilt:

$$W_{Ch} = n_i(\mu_i^{(1)} - \mu_i^{(2)})$$

Die chemische Arbeit ist gleichzeitig ein Maß für den passiven Transport der Komponente i, der stets von Orten mit höherem zu Orten mit niedrigerem Potential erfolgt. Im Gleichgewicht wird $\mu_i^{(1)} = \mu_i^{(2)}$, was in unserem Falle gleichbedeutend ist mit $a_i^{(1)} = a_i^{(2)}$. Diese Gleichgewichtsbedingung gilt aber nur für ungeladene Teilchen! Bei geladenen Teilchen muß zusätzlich die elektrische Potentialdifferenz berücksichtigt werden (s. u.).

Der zweite Summand ($z_i F\varphi$) entspricht der „**elektrostatischen Energie**" von einem Mol Ionen mit der Valenz z_i an einem Ort mit dem Potential φ. Die Differenz

$$z_i F\varphi^{(1)} - z_i F\varphi^{(2)} = z_i F(\varphi^{(1)} - \varphi^{(2)}) = z_i F E$$
$$(E = \varphi^{(1)} - \varphi^{(2)} = \text{Potentialdifferenz oder Spannung})$$

ist ein Ausdruck für den Energiebetrag, der notwendig ist, um ein Mol eines Elektrolyten mit der Valenz z_i aus der Phase (1) mit dem elektrischen Potential $\varphi^{(1)}$ in die Phase (2) mit dem elektrischen Potential $\varphi^{(2)}$ zu überführen: **elektrische Arbeit** (W_{El}). Für beliebige Molzahlen gilt:

$$W_{El} = n_i \cdot z_i F E = q_i \cdot E$$

(q_i = Ladungsmenge = $n_i \cdot z_i \cdot F$).

Wie bereits betont (s. o.), entspricht der elektrochemische Gradient der Komponente i (geladene Teilchen) der Differenz der in den beiden Phasen (1) und (2) herrschenden elektrochemischen Potentiale

$$\Delta\bar{\mu}_i = \bar{\mu}_i^{(1)} - \bar{\mu}_i^{(2)} = (\bar{\mu}_i^{(1)} + z_i F\varphi^{(1)}) - (\bar{\mu}_i^{(2)} + z_i F\varphi^{(2)}).$$

Unter Berücksichtigung der obigen Ableitungen können wir schreiben ($E = \Delta\varphi = \varphi^{(1)} - \varphi^{(2)}$)

$$\Delta\bar{\mu}_i = RT \ln \frac{a_i^{(1)}}{a_i^{(2)}} = z_i F \cdot E.$$

Im **Gleichgewicht** ist der elektrochemische Gradient $\Delta\tilde{\mu}_i$ und ebenso der Nettoflux von i (J_i) durch die Membran gleich Null

$\Delta\tilde{\mu}_i = 0$; d. h. $\tilde{\mu}^{(1)} = \tilde{\mu}^{(2)}$
$J_i = 0$.

Es ergibt sich dann die **Nernst-Gleichung**[1]

$$E = \frac{R \cdot T}{z_i F} \cdot \ln \frac{a_i^{(2)}}{a_i^{(1)}}$$

Sie gibt die Höhe des „**Diffusionspotentials**" an, das auftritt, wenn zwei Elektrolytlösungen unterschiedlicher Ionenzusammensetzung durch eine Membran getrennt sind, die nur für eine Ionensorte, z. B. für $K^{\oplus}$, durchlässig ist. Das $K^{\oplus}$-Diffusionspotential liefert einen wesentlichen Beitrag zum Membran-Ruhepotential der Nerven- und Muskelzellen (2.3.1.).

In der Regel sind die Zellmembranen gleichzeitig – wenn auch in unterschiedlichem Maße – für mehrere Ionensorten permeabel. Dann kann sich kein stationäres Gleichgewichtspotential mehr ausbilden, da sich durch die gleichzeitige Wanderung von positiven und negativen oder auch durch einen Austausch von positiven bzw. negativen Ladungsträgern an der Membran die Konzentrationsdifferenzen abbauen, ohne daß gleichzeitig eine Potentialdifferenz aufgebaut wird. In der lebenden Zelle wird dieser Konzentrationsausgleich durch aktive „Ionenpumpen" (1.6.6.) unter ständigem Energieverbrauch verhindert. Der so herbeigeführte stationäre Zustand an der Zellmembran (konstantes Membran-Ruhepotential, 2.3.1.) entspricht keinem thermodynamischen Gleichgewicht. In ihm muß der Nettoflux für alle Ionen, sagen wir für $Na^{\oplus}$, $K^{\oplus}$ und $Cl^{\ominus}$, insgesamt – solange das Potential konstant bleibt – verschwinden

$J_{Na} + J_K - J_{Cl} = 0$.

Vernachlässigt man eventuelle Kopplungen zwischen den Flüssen, so gilt für jeden Fluß J_i die Nernst-Plancksche Gleichung

$$J_i = -D\left(\frac{dc_i}{dx} + z_i c_i \frac{F}{RT} \frac{d\varphi_i}{dx}\right)$$

(D = Diffusionskoeffizient).

Unter der vereinfachenden Annahme, daß der Potentialabfall zwischen den Medien an beiden Seiten der Membran 1. nur über die Membran und 2. linear erfolgt $(d\varphi/dx = E/d;$ d = Membrandicke) („constant field"), läßt sich die Gleichung integrieren. Schreibt man sie für die beteiligten Ionen einzeln auf, setzt diese Ausdrücke in die obige Gleichung für den stationären Zustand ein und löst nach dem Potential E

auf, so ergibt sich folgende wichtige Beziehung (**Goldman-Gleichung**)

$$E = \frac{RT}{F} \ln \frac{P_{Na}c_{Na}^{(2)} + P_K c_K^{(2)} + P_{Cl}c_{Cl}^{(1)}}{P_{Na}c_{Na}^{(1)} + P_K c_K^{(1)} + P_{Cl}c_{Cl}^{(2)}}$$

(P = Permeabilitätskoeffizient).

Die Gleichung beschreibt viele Beobachtungen an Membranströmen in guter Näherung. Für viele Ionenkanäle hat sich aber im Gegensatz zu dieser Gleichung herausgestellt, daß zwischen Stromamplitude und Konzentration des transportierten Ions ein Sättigungsverhalten auftritt. Die einfachste Erklärung dafür ist, daß die Transportkapazität des Kanals durch eine Bindungsstelle begrenzt ist, mit der das zu transportierende Ion beim Durchtritt in Wechselwirkung treten muß. Neuere Untersuchungen zeigen, daß es sogar mehrere solcher Bindungsstellen in $Na^{\oplus}$- und $K^{\oplus}$-Kanälen gibt. Sie sind für die Selektivität der Kanäle verantwortlich (1.6.5.).

1.6.4. Katalysierte Diffusion

Der freien Permeation von Stoffen durch die Membran steht der **spezifische Transport** mit Hilfe von **Translokatoren** gegenüber. Als Translokatoren kommen entweder mobile **Carrier**[2] (Transportproteine) oder Membranporen (**Permeaphoren,** Kanalproteine) in Frage. Man unterscheidet zwei Formen des spezifischen Transportes

– die „erleichterte" oder **katalysierte Diffusion**[3]
– den **aktiven Transport.**

Während erstere wie die freie Diffusion nur bis zum Ausgleich des elektrochemischen Gradienten führen kann, kann der aktive Transport auch gegen einen elektrochemischen Gradienten („bergauf") erfolgen. Von ihm soll im Abschnitt 1.6.6. die Rede sein. Die katalysierte Diffusion bedarf also auch keiner zusätzlichen Energie. Sie kann deshalb auch nicht durch Blockierung des energieliefernden Stoffwechsels mit Iodessigsäure oder Fluorid gehemmt werden.

Die katalysierte Diffusion als eine Form des spezifischen Transportes zeichnet sich – wie der Name es schon zum Ausdruck bringt – unter anderem durch eine mehr oder weniger stark ausgeprägte **Spezifität** aus. Das bedeutet, daß durch die Translokatoren jeweils nur bestimmte Stoffe durch die Membran geschleust werden, andere aber nicht.

Die **Kinetik** der katalysierten Diffusion weicht erheblich von der einer reinen Diffusion ab. Verfolgt man z. B. den Einstrom (**Influx**) von Glucose in die Erythrozyten bei verschiedenen Glucose-Außenkonzentrationen quantitativ (Abb. 1.29.), so stellt man fest, daß er bei niederen Konzentrationen zunächst

[1] Walter NERNST, geb. 1864 i. Briesen, Prof. i. Göttingen u. Berlin, Präsident d. Physikal. Techn. Reichsanstalt in Berlin, gest. 1941 in Berlin (Nobelpreis 1920).

[2] carrier (engl.) = Träger, Fuhrmann.
[3] engl. facilitated diffusion.

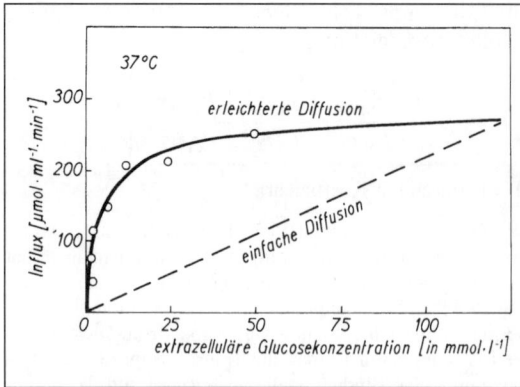

Abb. 1.29. Der Influx von Glucose in Erythrozyten in Abhängigkeit von der extrazellulären Glucose-Konzentration. Der experimentell bestimmte Influx (ausgezogene Linie) übersteigt in dem betrachteten Intervall den theoretisch (einfache Diffusion) zu erwartenden Influx (gestrichelte Linie): Erleichterte Diffusion. Aus BADER, HELDT, KARGER u. LÜBBERS 1972.

steil ansteigt und die aus dem Fickschen Diffusionsgesetz errechneten Werte bei weitem übertrifft. Dann erreicht der Influx allerdings bei weiterer Steigerung der Glucose-Außenkonzentration schließlich einen Sättigungswert (horizontal verlaufender Kurvenabschnitt). Dieser Kurvenabschnitt entspricht einer durch die Michaelis-Menten-Gleichung beschreibbaren Kinetik (1.3.): **Sättigungskinetik.**

$$J = \frac{[S_e] \cdot J_{max}}{K_m + [S_e]}$$

$[S_e]$ = extrazelluläre Substratkonzentration; J = Influx (J_{max} sein Maximalwert); K_m = Substratkonzentration bei $\frac{1}{2} J_{max}$.

Es liegt nahe, diese Transportkinetik mit Trägermolekülen (C = **Carrier**) zu erklären, die in der Membran vorliegen und sich mit dem zu transportierenden Stoff S reversibel zu einem SC-Komplex vereinigen können: **passiver Trägertransport.** Auf derjenigen Seite der Membran, auf der eine hohe Konzentration von S herrscht, liegt das Gleichgewicht der Reaktion $S + C \Leftrightarrow SC$ nach dem Massenwirkungsgesetz stärker auf der Seite des Komplexes, d. h., S wird gebunden. Auf der anderen Seite der Membran, wo eine niedrigere S-Konzentration herrscht, wird dagegen der Komplex wieder zerfallen und S wird freigegeben (Abb. 1.33.a).

Charakteristisch für solche Trägertransporte ist ihre begrenzte Transportkapazität. Mit Erhöhung der Konzentration des zu transportierenden Stoffes S auf der einen Seite der Membran steigt die pro Zeiteinheit transportierte Stoffmenge bis zu einem Maximalwert an **(Transportmaximum),** der bei weiterer Erhöhung

der S-Konzentration nicht mehr überschritten wird. Das ist der Fall, wenn alle verfügbaren Carrier in den Transport eingeschaltet sind. Der Nettoflux, kurz **Netflux,** ergibt sich aus der Differenz zwischen dem einwärts gerichteten Influx und dem auswärts gerichteten Efflux. Falls die Diffusionskoeffizienten von SC und C über die Membran identisch sind, gilt:

$$\text{Netflux} = \frac{[S_e] \cdot J_{max}}{K_m + [S_e]} - \frac{[S_i] \cdot J_{max}}{K_m + [S_i]}$$

$$= J_{max} \frac{K_m([S_e] - [S_i])}{(K_m + [S_e]) \ (K_m + [S_i])}$$

$[S_i]$ = intrazelluläre Substratkonzentration.

Er wird selbstverständlich Null, wenn $[S_e] = [S_i]$ wird. Dann existiert kein Konzentrationsgefälle, und es sind Influx und Efflux gleich groß.

Es ist die Erscheinung bekannt, daß der passive Trägertransport durch einen verwandten Stoff, der offenbar über dasselbe Trägersystem überführt wird, gehemmt werden kann, wenn beide um denselben Carrier konkurrierenden Substrate auf *derselben* Membranseite vorliegen (Erscheinung der Konkurrenz: **kompetitive Hemmung** des Transports). So wird z. B. allgemein die Aufnahme von Glycin durch neutrale Aminosäuren gehemmt. Auch das Umgekehrte, nämlich eine Steigerung des passiven Trägertransports durch ein zweites Substrat, kann auftreten, und zwar wenn beide Substrate auf *verschiedenen* Seiten der Zellmembran vorliegen. Gibt man z. B. Erythrozyten, die mit Glucose beladen sind, in ein glucosefreies Medium, so findet ein Austritt von Glucose aus den Zellen mit bestimmter Geschwindigkeit statt. Diese Geschwindigkeit kann durch einen zweiten Zucker (z. B. D-Xylose) im Außenmedium wesentlich erhöht werden. Man erklärt diese Erscheinung damit, daß der für den Glucose-Efflux verantwortliche Träger schneller in seine Ausgangskonformation zurückkehrt und erneut für den Glucose-Efflux zur Verfügung steht, wenn er mit der D-Xylose beladen ist: sog. **Gegentransport.**

Zusammenfassend zeichnet sich die katalysierte Diffusion gegenüber der freien Diffusion durch folgende wichtige Eigenschaften aus:
1. Sie ist selektiv, d. h., es gelangen mit ihr nur bestimmte Moleküle oder Ionen durch die Membran (Substratspezifität).
2. Sie ist gewöhnlich schneller als die freie Permeation.
3. Sie zeigt ein Sättigungsverhalten (Transportmaximum).
4. Sie ist kompetitiv hemmbar.

1.6.5. Ionenkanäle

Hier anzuschließen sind spezielle **Translokator-Systeme,** durch die anorganische Ionen durch die Plasmamembran (z. B. der Nerven- oder Muskelzelle) geschleust werden. Es handelt sich um Kanäle.

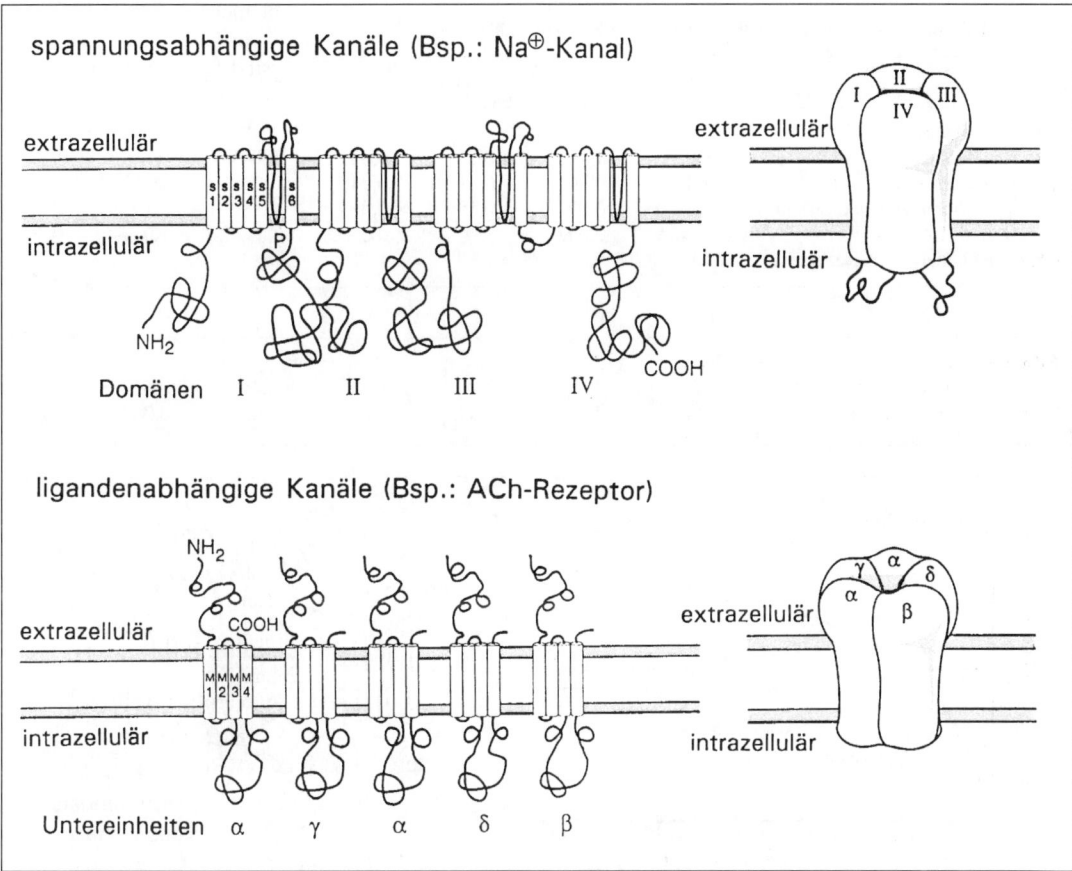

spannungsabhängige Kanäle (Bsp.: Na$^{\oplus}$-Kanal)

ligandenabhängige Kanäle (Bsp.: ACh-Rezeptor)

Abb. 1.30. Die molekulare Struktur eines spannungs- und eines ligandengesteuerten Ionenkanals in der Zellmembran. Jeder Zylinder symbolisiert eine transmembrane α-Helix. Die Domänen und Untereinheiten sind in den linken Figuren in Serie nebeneinander dargestellt, sie bilden in Wirklichkeit einen Ring und umschließen die zentrale, wäßrige Pore (den Kanal). Aus Kandel, Schwartz u. Jessel 1991.

Die **Ionenkanäle** werden von integralen Glykoproteinen (M$_r$ zwischen 25 000 und 250 000 Dalton) gebildet, die die Lipid-Doppelschicht der Membran vollständig durchsetzen und eine zentrale wäßrige Pore umschließen. Viele bestehen aus zwei oder mehr identischen oder verschiedenen Untereinheiten (Abb. 1.30.). Sie haben drei charakteristische Eigenschaften:

1. Eine außergewöhnlich **hohe Ionendurchlässigkeitsrate** (bis zu 10^7 Ionen · s^{-1} !): Im Vergleich dazu sind die Turnoverraten selbst der aktivsten Enzyme um Größenordnungen kleiner. Dieser Ionenstrom ist passiv. Seine Richtung wird nicht durch den Kanal, sondern allein vom elektrochemischen Gradienten (1.6.3.) bestimmt. Er ist verantwortlich für die schnellen Änderungen des Membranpotentials, wie sie z. B. im Zusammenhang mit der Entstehung und Weiterleitung von Erregungen im Nervensystem auftreten.

2. Eine **selektive Ionendurchlässigkeit** für eine oder mehrere Ionenarten. Einige kationenpermeable Kanäle, wie z. B. der ACh-gesteuerte Kanal (ACh-Rezeptor), sind weniger selektiv, lassen sowohl Na$^{\oplus}$ als auch K$^{\oplus}$, Ca$^{2\oplus}$ und Mg$^{2\oplus}$ durch. Andere Kanäle sind dagegen hochselektiv (z. B. Na$^{\oplus}$-, K$^{\oplus}$- oder Ca$^{2\oplus}$-Kanäle (Tab. 1.8.). Alle bekannten anionenselektiven Kanäle sind nur für eine physiologisch relevante Ionenart, nämlich für Cl$^{\ominus}$, durchlässig. Die Kanäle besitzen schmale Regionen, die als „Molekularsiebe" fungieren: **selektive Filter** (Abb. 1.31.). Dort wird der größere Teil des Hydratationsmantels (1.6.2.) von den Ionen vorübergehend abgestreift und eine schwache chemische Bindung (elektrostatische Interaktion) mit geladenen oder polaren Aminosäureresten („fixed charges") eingegangen. Die Ionen bleiben für weniger als 1 μs gebunden.

3. Eine **Steuerbarkeit**: Es sind allosterische Proteine (1.5.1.), die in zwei oder mehr relativ stabilen Konfigurationen existieren. Sie schließen oder öffnen sich aufgrund verschiedener Reize.

Die **Kinetik des Ionenflusses** gestaltet sich unterschiedlich. In einigen Kanälen nimmt der Strom

Tabelle 1.8. Relative Ionen-Permeabilitäten verschiedener Kanäle

	$Na^\oplus$	$Li^\oplus$	$NH_4^\oplus$	$K^\oplus$	$Cs^\oplus$	$Ca^{2\oplus}$	$Ba^{2\oplus}$
Kationen-Kanäle:							
$Na^\oplus$-Kanal (Riesenaxon)	**1,0**	1,1	0,27	0,083	0,016	0,1	
$Na^\oplus$-Kanal (Froschmuskel)	**1,0**	0,96	0,11	0,048		<0,1	
$K^\oplus$-Kanal (Schneckenneuron)	0,07	0,09	0,15	**1,0**	0,18		
$Ca^{2\oplus}$-Kanal (L-Typ)	0,0009	0,002		0,0003	0,0002	**1,0**	0,40
Endplattenkanal (ACh-Rezeptor)	**1,0**	0,87	1,79	1,11	1,42		

	$J^\ominus$	$NO_3^\ominus$	$Br^\ominus$	$Cl^\ominus$	$F^\ominus$	Acetat	$K^\oplus$
Anionenkanäle:							
spannungsabh. $Cl^\ominus$-Kanal (Ratte)	1,98	2,35	1,46	**1,0**	0,44	0,66	0,25
$GABA_A$-Rezeptor (Maus)	2,8	2,1	1,5	**1,0**	0,02	0,08	

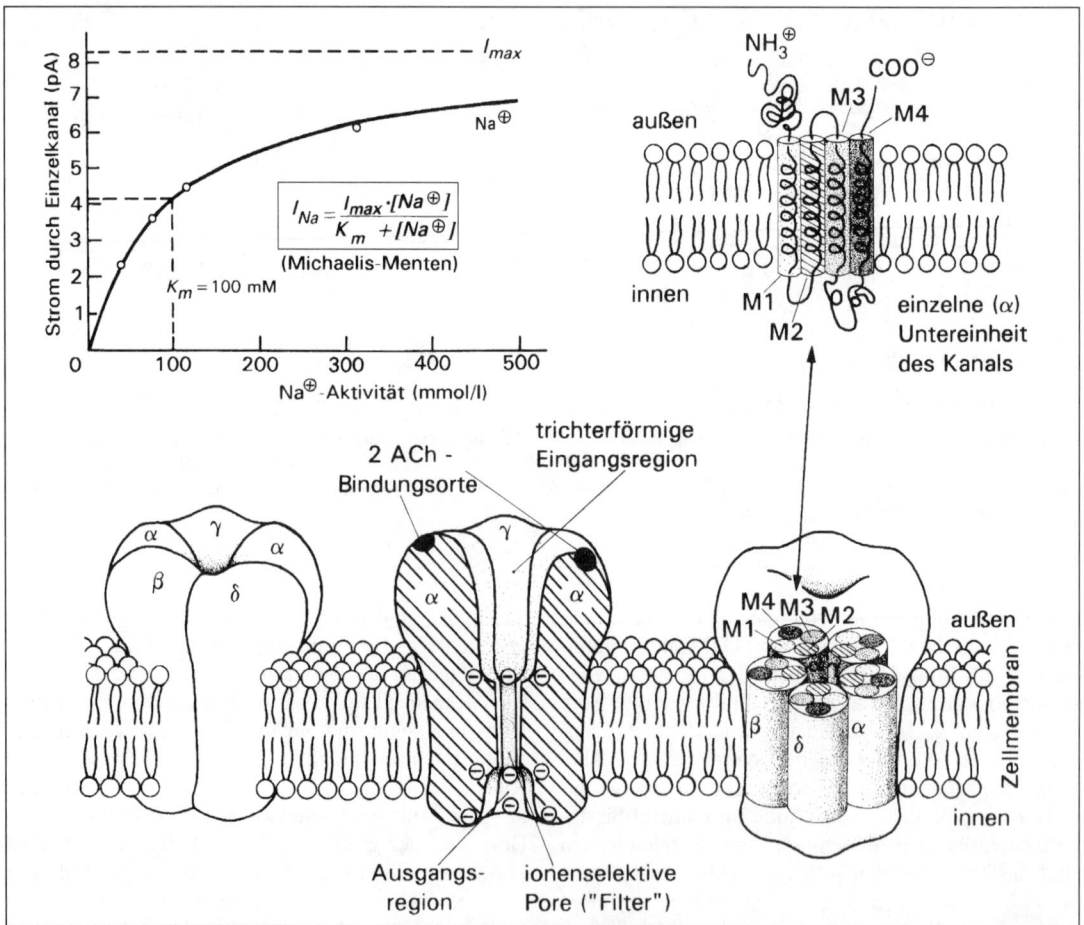

Abb. 1.31. Der Acetylcholin-aktivierbare Ionenkanal (ACh-Rezeptor). Er besteht aus fünf Untereinheiten (2α, β, γ, δ). Jede Untereinheit besitzt vier membrandurchspannende α-Helices (M1-M4). Die M2-Segmente der fünf Untereinheiten bilden zusammen die Kanalwand, an der drei Ringzonen mit negativ geladenen Aminosäuren (Glu, Gln oder Asp) vorhanden sind. Der mittlere negative Ring könnte der selektive Kationenfilter sein. Der Kanal öffnet sich, wenn je ein ACh-Molekül an die beiden (nicotinartigen) Bindungsstellen an den α-Untereinheiten bindet. $K^\oplus$ und $Na^\oplus$ treten dann entsprechend ihrem elektrochemischen Gradienten durch den Kanal. Der Auswärtsstrom durch einen Einzelkanal in Abhängigkeit von der inneren $Na^\oplus$-Konzentration (Aktivität) gehorcht einer einfachen Michaelis-Menten-Kinetik (1:1-Bindungsrelation). K_m = Michaelis-Konstante (ein Maß für die Affinität des Kanals für $Na^\oplus$: diejenige Konzentration, bei der die Bindungsorte zur Hälfte besetzt sind). In Anlehnung an KANDEL, SCHWARTZ u. JESSELL 1991.

Equation in figure:

$$I_{Na} = \frac{I_{max} \cdot [Na^\oplus]}{K_m + [Na^\oplus]}$$

(Michaelis-Menten)

$K_m = 100$ mM

durch den offenen Kanal *linear* mit der Höhe des elektrochemischen Gradienten zu, die Kanäle verhalten sich wie Ohmsche Widerstände:

$$I = V_m/R$$

(I = Stromstärke, V_m = Membranpotential, R = Widerstand).

Bei anderen Kanälen besteht ein nichtlinearer Zusammenhang. Sie lassen die Ionen in eine Richtung besser durch als in die andere, verhalten sich wie Gleichrichter. Der Ionenfluß durch den Kanal kann eine **Sättigungskinetik** aufweisen: Mit zunehmender Konzentration des Ions in der umgebenden Flüssigkeit nimmt der Strom nicht mehr linear zu, sondern nähert sich asymptotisch einem Maximalwert. Die Kurve entspricht in vielen Fällen einer 1:1-Bindungskurve der Michaelis-Menten-Kinetik (1.3., Abb. 1.31.):

$$I_{Na} = \frac{I_{max} \cdot [Na^\oplus]}{K_m + [Na^\oplus]}$$

Die Ionenkonzentration, bei der der halbmaximale Strom fließt, entspricht der Dissoziationskonstanten für die Ionenbindung im Kanal. Diese Konstante ist mit ca. 110 mM ziemlich hoch, deutet also auf eine im Vergleich zur Enzym-Substrat-Interaktion schwache Bindung hin. Sie dauert auch weniger als 1 µs (s. o.), womit die hohe Flußrate von 10^7 Ionen/s wieder im Zusammenhang steht.

Die Ionenkanäle können in mindestens **drei Zuständen** existieren: 1. geschlossen und aktivierbar (Ruhezustand), 2. offen (aktiver Zustand) und 3. geschlossen und *nicht* aktivierbar (refraktärer Zustand). Das Schließen des Kanals **(Inaktivierung)** ist offensichtlich nicht ein einfaches Rückgängigmachen der Öffnung **(Aktivierung).** Wir müssen vielmehr in beiden Vorgängen zwei unterschiedliche Mechanismen sehen, denn sie lassen sich unabhängig voneinander blockieren. Den Übergang vom geschlossenen in den offenen Zustand des Kanals bezeichnet man als **„gating"**[1]). Der Vorgang ist mit allosterischen Konformationsänderungen des Kanalproteins verbunden. Es gibt verschiedene Mechanismen, über die der „gating"-Prozeß **gesteuert** werden kann (Abb. 1.32.).

1. **ligandengesteuerte Kanäle:** Der Prozeß wird durch eine nichtkovalente Bindung eines **Liganden** hervorgerufen. Der Ligand kann ein Neurotransmitter oder Hormon („primärer" Botenstoff) an der extrazellulären Seite der Membran sein, wie z. B. ACh (an der neuromuskulären Synapse, 6.1.1.3.), Glutamat, Glycin oder GABA. Der Rezeptor ist in diesem Falle Teil des Ionenkanals selbst, der bei Bindung des Liganden eine Konformationsänderung erfährt, sich öffnet: **ionotroper Rezeptor.**

Der Ligand kann aber auch ein durch den primären Botenstoff (z. B. Noradrenalin oder Serotonin) aktivierter, intrazellulärer **„sekundärer" Botenstoff** sein (2.1.3.). Der Rezeptor für den Liganden (primärer Botenstoff) und der Kanal sind in diesem Falle voneinander getrennt und kommunizieren über GTP-bindende Proteine **(G-Proteine)** miteinander: **metabotroper Rezeptor.** Die G-Proteine aktivieren ihrerseits

---

[1]) gate (engl.) = Schleusentor, Pforte, Schranke

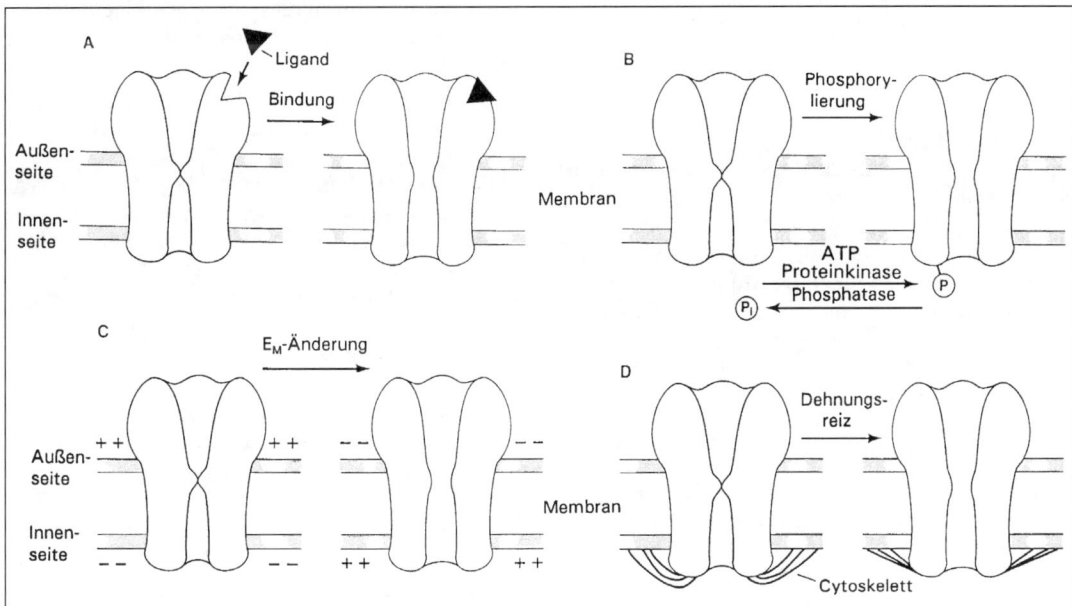

Abb. 1.32. Die verschiedenen Möglichkeiten der Steuerung der Ionenkanäle, ihre Öffnung durch Ligandenbindung (A), durch Phosphorylierung (B), durch Änderung des Membranpotentials (C) oder durch mechanische Membranverformung (D). Aus KANDEL, SCHWARTZ u. JESSEL 1991.

bestimmte Enzyme, die die Bildung des sekundären Botenstoffs (cAMP, Diacylglycerin) veranlassen. Diese – schließlich – wirken entweder direkt oder – häufiger – indirekt auf den Kanal ein. Sie aktivieren eine **Proteinkinase,** über die entweder direkt das Kanalprotein oder zunächst ein regulativ tätiges Protein phosphoryliert wird, das seinerseits auf den Kanal modulatorisch einwirkt. Die Phosphorylierung kann anschließend durch eine **Phosphatase** wieder rückgängig gemacht werden (Abb. 1.32.B.). In einigen Fällen kann das G-Protein auch direkt mit dem Ionenkanalprotein interagieren.

Während diejenigen ligandengesteuerten Kanäle, die sich direkt bei Bindung des Liganden öffnen, im Millisekunden-Bereich arbeiten, reagieren die nicht direkt gesteuerten Kanäle im Sekunden- und Minuten-Bereich. Erstere bestehen aus 4 oder 5 Untereinheiten (mit je 4–5 membrandurchspannenden α-Helices, Abb. 1.30.). Die Rezeptoren, die über G-Proteine sekundäre Botenstoffe aktivieren, weisen dagegen eine einzige Polypeptidkette mit 7 membrandurchspannenden α-helikalen Domänen auf.

2. **Spannungsgesteuerte Kanäle:** Sie öffnen und schließen sich in Abhängigkeit vom elektrischen Feld, das in der Membran herrscht. Die Öffnung ist mit einer spannungsabhängigen Verlagerung eines **„Spannungssensors"** innerhalb des elektrischen Feldes der Membran verbunden. Diese Verlagerung ist als ein winziger, auswärts gerichteter **„gating"-Strom** (2.3.2.3.) meßbar. Spannungsgesteuerte $Na^\oplus$-, $K^\oplus$- und $Ca^{2\oplus}$-Kanäle spielen in Neuronen bei der Generierung und Fortleitung von Aktionspotentialen (2.3.2.2.) eine grundlegende Rolle.

3. **Mechanisch gesteuerte Kanäle:** Mechanische Deformationen der Membran lösen den „Gating"-Prozeß aus, was besonders bei Mechanorezeptoren (Tast-, Gleichgewichts-, Hörsinn etc., 5.2.) von Bedeutung ist.

Die **Schnelligkeit,** mit der der Kanal vom geschlossenen in den offenen Zustand und zurück übergeht, ist unterschiedlich. Bei spannungsgesteuerten Kanälen liegt sie im Mikrosekunden- bis Minutenbereich (im Durchschnitt bei einigen ms). Wenn ein Kanal sich geöffnet hat, bleibt er für einige Millisekunden in diesem Zustand, um sich dann wieder zu schließen. Dann bleibt er für einige Millisekunden geschlossen, um sich anschließend wieder zu öffnen (Abb. 1.32.). Die Öffnung des Kanals ist mit einem sprunghaften Anstieg des Ionenstromes durch den Kanal nach dem Alles-oder-Nichts-Prinzip verbunden.

Im Nervensystem ist bereits eine Vielzahl unterschiedlicher Kanäle bekannt. Jeder Kanaltyp kann wiederum in einer Vielzahl eng miteinander verwandter **„Isoformen"** auftreten, die sich hinsichtlich ihrer Dynamik und Empfindlichkeit gegenüber Regulatoren unterscheiden. Bisher konnten drei **Genfamilien** klassifiziert werden. Es wird angenommen, daß jede Genfamilie auf ein ancestrales Gen zurückgeht, das sich im Verlauf der Evolution durch Gen-Duplikation und -Divergenz verändert hat. Der ersten Gen-

familie können die spannungsgesteuerten $Na^\oplus$-, $K^\oplus$- und $Ca^{2\oplus}$-Kanäle zugeordnet werden, der zweiten die liganden(transmitter-)gesteuerten ACh-, GABA- und Glycin-Kanäle und der dritten die „gap-junctions", die die Grundlage der elektrischen Synapsen (2.3.5.3.) bilden.

1.6.6. Aktiver Transport

Im Gegensatz zur katalysierten Diffusion (1.6.4.) kann der aktive Transport auch gegen einen elektrochemischen Gradienten („bergauf") erfolgen. Das bedeutet, daß er bei Abwesenheit aller Konzentrations-, Potential-, Druck- und Temperaturdifferenzen zwischen der Innen- und Außenseite der Membran ablaufen und zum Aufbau eines elektrochemischen Gradienten (1.6.3.) führen kann. Das ist selbstverständlich nur unter Aufwand von freier Enthalpie G (1.2.3.), d. h. durch **Kopplung an einen energieliefernden biochemischen Prozeß** möglich. Bei Nichtelektrolyten kann der Transport zum Aufbau von Konzentrationsdifferenzen, bei Elektrolyten zur Entstehung von Membranpotentialen (2.3.1.) führen. Auch der aktive Transport ist – wie die katalysierte Diffusion – ein **spezifischer Transport,** der mit Hilfe mobiler **Carrier** abläuft (Abb. 1.33.) und durch **Selektivität,** eine **Sättigungskinetik** (Transportmaximum) und spezifische **Hemmbarkeit** gekennzeichnet ist.

Von einem **primären aktiven Transportsystem** spricht man dann, wenn die metabolische Energie direkt in den Transportvorgang eingespeist wird. Bei den **Transport-ATPasen** ist die Hydrolyse des ATP direkt mit dem Ionentransport gegen einen elektrochemischen Gradienten gekoppelt. Man unterscheidet drei Klassen:

1. Die **F-ATPasen:** Es sind Protonen-transportierende Enzyme (z. B. in der inneren Mitochondrienmembran).
2. Die **V-ATPasen:** Es sind ebenfalls Protonentransportierende Enzyme, die z. B. den niedrigen pH-Wert in den Lysosomen oder anderen Vesikeln tierischer Zellen aufrechterhalten.
3. Die **P-ATPasen:** In diesem Falle wird das transmembrane Polypeptid während des Transportvorganges phosphoryliert und wieder dephosphoryliert (daher auch die Abkürzung „P").

Zu den P-ATPasen, auch als E_1-E_2-ATPasen bezeichnet, gehören die **$Ca^{2\oplus}$-ATPase** der Plasmamembran sowie des sarko- bzw. endoplasmatischen Retikulums (Muskelzelle, 6.1.1.6.), die **$H^\oplus$-ATPase** („Protonen-Pumpe") der Hefen und Pflanzen, die **$K^\oplus$-ATPase** der Bakterien, die **$Na^\oplus/K^\oplus$-ATPase** der tierischen Zellmembran (z. B. in der Nervenzellmembran, 2.3.1.) sowie die **$H^\oplus/K^\oplus$-ATPase** der Belegzellen (HCl-Sekretion!) in den Fundusdrüsen des Magens (3.1.3.5.). Sie werden durch **Vanadat** bereits in sehr niedrigen Konzentrationen blockiert.

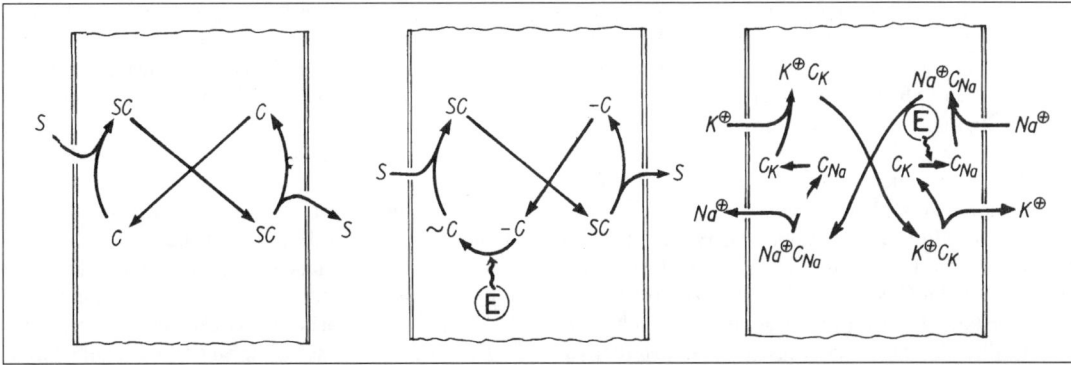

Abb. 1.33. Schema verschiedener Carrier-Transportvorgänge durch die Zellmembran. An der Außenseite der Membran (jeweils links) bildet sich (evtl. enzymatisch katalysiert) aus dem Substrat *S* und dem Carrier *C* ein *SC*-Komplex, der an der Innenseite der Membran (rechts) wieder zerfällt. Beim aktiven Transport ist eine energieliefernde Reaktion (*E*) eingeschaltet. Beim gekoppelten Na$^\oplus$-K$^\oplus$-Transport wird angenommen, daß durch eine energieliefernde Reaktion (*E*) die K$^\oplus$-Carrier (C_K) in Na$^\oplus$-Carrier (C_{Na}) umgewandelt werden. Der Carrier kann nur beladen von der einen zur anderen Membranseite zurückkehren. Dadurch wird der Na$^\oplus$-Efflux von der extrazellulären K$^\oplus$-Konzentration und der K$^\oplus$-Influx von der intrazellulären Na$^\oplus$-Konzentration abhängig.

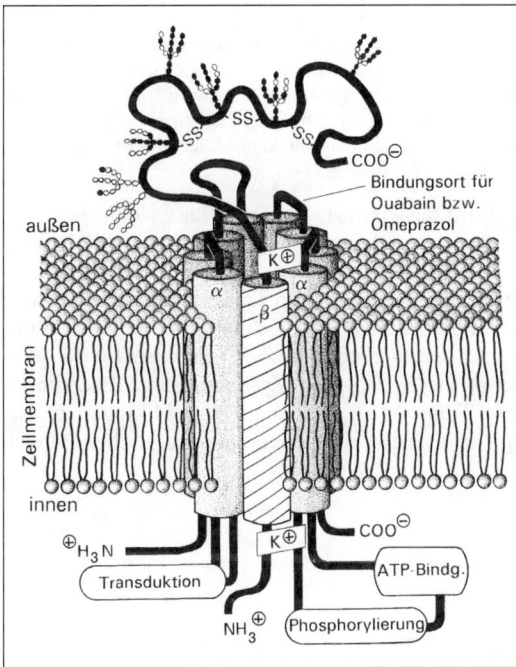

Abb. 1.34. Schema der Na$^\oplus$/K$^\oplus$- bzw. H$^\oplus$/K$^\oplus$-ATPase (ATPase vom P-Typ, Subfamilie der α,β-heterodimeren, kationenaustauschenden ATPasen). Die β-Untereinheit ist glykosyliert und besitzt drei Disulfidbrücken. Sie ist involviert in die K$^\oplus$-abhängigen Reaktionen des Enzyms. Die Bindungsstelle für den Blocker (Ouabain im Falle der Na$^\oplus$/K$^\oplus$-ATPase, Omeprazol im Falle der H$^\oplus$/K$^\oplus$-ATPase) liegt auf einer extrazellulären Domäne der α-Untereinheit. Nach CHOW u. FORTE 1995.

Die Na$^\oplus$/K$^\oplus$-ATPase und die H$^\oplus$/K$^\oplus$-ATPase gehören derselben Subfamilie an. Sie bestehen aus zwei sehr unterschiedlichen Protomeren. Die α-Untereinheit weist insgesamt 8 transmembrane Segmente auf und besitzt intrazellulär sowohl den ATP-Bindungsort wie auch den Ort, an dem die Phosphorylierung abläuft. Die β-Untereinheit hat dagegen nur ein einziges Segment (Abb. 1.34.).

Die Na$^\oplus$/K$^\oplus$-ATPase ist in tierischen Zellen für die Aufrechterhaltung der hohen K$^\oplus$- und der niedrigen Na$^\oplus$-Konzentration verantwortlich. Zellen der Säugetiere stecken 20% ihres Energieumsatzes in diese „Pumpe". In den Nervenzellen und den Zellen des proximalen Tubulus (in der Niere) ist dieser Anteil noch wesentlich höher (60 bis 75%!). Pro Mol ATP werden drei Mol Na$^\oplus$ nach außen und zwei Mol K$^\oplus$ in die Zelle hinein transportiert. Durch die herzaktiven Steroidglykoside **Digitoxigenin** und **Strophantin G** (Ouabain) kann das Transportsystem blockiert werden. Die Glykoside hemmen die Dephosphorylierungsreaktion der ATPase (stabilisieren die E_2-P-Form der Pumpe), aber nur, wenn sie extrazellulär angreifen können.

Die **sekundären aktiven Transportsysteme** haben einen primären aktiven Transport zur Voraussetzung, indem sie den durch den primären aktiven Transport erzeugten elektrochemischen Na$^\oplus$- bzw. H$^\oplus$-Gradienten ausnutzen. Als Beispiel möge die **Resorption von Zucker oder Aminosäuren** im Dünndarmepithel der Säugetiere (3.1.4.) dienen. Zu einer Akkumulation der Stoffe aus dem Darmlumen in den Epithelzellen kommt es nur, wenn gleichzeitig ein vom Darmlumen zum Zellinnern abfallender elektrochemischer Gradient des Na$^\oplus$ existiert. Der Zucker bzw. die Aminosäuren werden nur gemeinsam mit den Na$^\oplus$-Ionen transportiert. Die mit dem Bergabtransport des Na$^\oplus$ in die Zelle hinein verbundene

Lieferung an freier Enthalpie wird genutzt, um den gleichzeitig und in gleicher Richtung ablaufenden Bergauftransport des organischen Substrates energetisch zu ermöglichen: Na$^⊕$-gekoppelter Transport (sog. **Kotransport** oder **Symport**). Wahrscheinlich ist ein Carrier als Translokator beteiligt, der nur dann in der Lage ist, Zucker bzw. Aminosäuren durch die Zellmembran zu schleusen, wenn er gleichzeitig auch Na$^⊕$ als „Kosubstrat" gebunden hat. Wenn auch, wie betont, eine direkte Beteiligung energieliefernder Reaktionen des Stoffwechsels nicht vorliegt, ist indirekt selbstverständlich auch hier Energie notwendig, mit deren Hilfe der elektrochemische Gradient für Na$^⊕$ (hohes Potential außerhalb, niedriges innerhalb der Zelle) ständig auf dem notwendigen Niveau gehalten wird (primärer aktiver Transport durch die Na$^⊕$-, K$^⊕$-ATPase). In ähnlicher Weise erfolgt auch die **Glucosereabsorption** aus dem Primärharn **im proximalen Tubulus der Niere** (4.1.2.8.) bei Wirbeltieren.

1.6.7. Phagozytose, Pinozytose und Zytopempsis

Von einer **Phagozytose**[1]) spricht man dann, wenn mikroskopisch sichtbare Partikeln (> 0,1 μm im Durchmesser) in den Zelleib aufgenommen werden. Die Phagozytose spielt bei der Ernährung vieler Protozoen sowie im Darmtrakt bestimmter Evertebraten (3.1.3.9.) und bei unspezifischen Abwehrmechanismen (4.6.1.) eine große Rolle. Der **Phagozytosevorgang** verläuft recht einheitlich und ist besonders gut an den neutrophilen Granulozyten des Säugerblutes untersucht worden. Zunächst muß ein guter Kontakt zwischen der Zelloberfläche und der zu phagozytierenden Partikel hergestellt werden. Man kennt eine Reihe von Faktoren, die diesen Vorgang unterstützen. Die Partikel wird anschließend unter Energieaufwand von pseudopodienartigen Protoplasmafortsätzen umschlossen und der Zelle einverleibt. Sie befindet sich dann in einer **Vakuole.** Die enzymreichen **Lysosomen** in der Nachbarschaft der Vakuole bewegen sich

auf die Vakuole zu und verschmelzen anschließend mit der Vakuolenmembran. Dabei entlassen sie ihre Enzyme (Phosphatasen, Lipasen, Proteasen, Nukleasen etc.) in die Vakuole, und die Verdauung der Partikel setzt ein. Die Abbauprodukte werden entweder von der Zelle im Stoffwechsel selbst verwendet oder abgegeben.

Bei der **Pinozytose**[2]) handelt es sich um Aufnahme kleiner Flüssigkeitströpfchen in die Zelle. Das Wesentliche der Pinozytose besteht wahrscheinlich nicht in der Flüssigkeitsaufnahme („Trinken"), sondern in der Aufnahme der in der Flüssigkeit enthaltenen Stoffe. Es ist dabei in erster Linie an großmolekulare Substanzen zu denken, die die Zellmembran nicht passieren können (Proteine etc.).

Bei der sog. **lichtmikroskopischen Pinozytose** können die Pinozytosevakuolen einen Durchmesser von 1 bis 2 μm erreichen. Charakteristisch ist die Einverleibung des Tropfens mit Hilfe von Pseudopodien wie bei der Phagozytose und die Verkleinerung der Pinozytosevakuole bei gleichzeitiger Dichtezunahme auf ihrem Weg ins Zellinnere, was auf einen Wasserentzug von seiten der Zelle hinweist. – Zur submikroskopischen Pinozytose (**Mikropinozytose**) scheinen alle Zellen befähigt zu sein. Die Makromoleküle oder kleinen Partikeln werden dabei zunächst an der Zelloberfläche adsorbiert. Sie gelangen dann entweder durch einen „Membranfluß" in eine tiefe, kanalförmige Einsenkung der Zellmembran, an deren Ende sich die Pinozytosevakuole abschnürt, oder die Zellmembran stülpt sich direkt ein und bildet ein Bläschen, an dessen Innenwand die absorbierten Teilchen haften („Membran-Vesikulation")[3]). Durch nachfolgenden Membranabbau können die pinozytierten Teilchen direkt ins Plasma übertreten.

Wird die Pinozytosevakuole im Cytoplasma nicht verändert, sondern nur durch die Zelle hindurch transportiert und dann wieder abgegeben, so haben wir es mit einem transzellulären Transport zu tun, durch den der Bläscheninhalt – ohne durch eine Membran getreten zu sein – durch die Zelle geschleust wird. Man nennt diesen Vorgang **Zytopempsis**[4]). Zytopemptische Transporte beginnen mit einer Mikropinozytose, spielen sich also im sublichtmikroskopischen Bereich ab.

---

[1]) phágein (griech.) = fressen; to kytos (griech.) = die Zelle.

[2]) pinein (griech.) = trinken.
[3]) vesiculare (lat.) = Bläschen bilden.
[4]) he pempsis (griech.) = das Senden, Schicken.

2. Integration und Kommunikation in lebenden Systemen

2.1. Allgemeines

Im vorangegangenen Kapitel haben wir die Lebewesen als extrem dynamische, offene Systeme gekennzeichnet, die einen ständigen Austausch von Stoffen und Energie mit ihrer Umgebung unterhalten und in denen ständig ein Stoffwechsel (Metabolismus) in komplexer Einheit von abbauenden (Katabolismus) und aufbauenden Prozessen (Anabolismus) abläuft. Die kaum zu überschauende Vielfalt gleichzeitig oder in gesetzmäßiger Folge und Abhängigkeit ablaufenden Vorgänge im Lebewesen „zeigt eine bewunderswerte Regelmäßigkeit und **Ordnung,** die in der unbelebten Materie nicht ihresgleichen findet" (SCHRÖDINGER).

Man bezeichnet Systeme mit einem hohen Grad an dynamischer Ordnung als organisiert und spricht bekanntlich von den Lebewesen als **Organismen.** Unter **Organisation** versteht man das charakteristische Verknüpfungsmuster der im System ablaufenden Prozesse. Von besonderer Bedeutung sind dabei im Organismus kreisförmig geschlossene **(zyklische) Prozeßorganisationen.** Ein weiteres Kennzeichen und Prinzip der Ordnung in lebenden Systemen ist ihre **hierarchische Organisation** in Form einer **Enkapsis** (Einschachtelung). Biologische Systeme sind wieder aus Teilsystemen aufgebaut, wie – umgekehrt – sie selbst Subsysteme eines noch umfassenderen („höheren") Systems sind. So sind die Tiere einerseits Subsysteme übergeordneter („überorganismischer") Systeme wie Populationen, Biozönosen oder schließlich die Gesamtheit der Biosphäre. Andererseits bestehen sie gewöhnlich aus Untersystemen wie den Organen, die wiederum aus einzelnen Zellen (10^{13} beim Menschen!) bestehen. Die Zellen als „Elementarorganismen" bestehen ihrerseits aus Organellen und diese aus molekularen Systemen. Den Zusammenschluß der vielen, vielen Teilleistungen in den verschiedenen „Ebenen" zur Gesamtleistung des Systems von übergeordneter Bedeutung, d. h. „ganzheitsbezogen" und im Dienste der Selbsterhaltung, bezeichnet man als **Integration.**

Alle Vorgänge im Lebewesen sind so aufeinander abgestimmt und verlaufen gewöhnlich in der Weise, daß sie gemeinsam im Endeffekt die Weiterexistenz des Lebewesens bzw. der Art garantieren, d. h., sie sind dem „Zweck" der Selbst- bzw. Arterhaltung untergeordnet. Diese **Zweckmäßigkeit** dürfen wir nicht als etwas, den Lebenserscheinungen „Aufgepfropftes" betrachten, sondern müssen sie als ein entscheidendes Merkmal der Lebensprozesse selbst sehen. Haben wir die Lebewesen in ihrer Prozeßhaftigkeit voll begriffen, nämlich als Systeme, die im ständigen Kampf gegen den Zerfall sich immer wieder neu aufzubauen, sich zu erhalten und zu behaupten haben, so begreifen wir auch, daß die Mittel und Wege zur Selbsterhaltung zweckmäßig ablaufen müssen: Selbsterhaltung setzt Zweckmäßigkeit der selbsterhaltenden, systemerhaltenden Prozesse voraus. Unzweckmäßiges würde die Existenz des Lebewesens und der Art früher oder später aufs Spiel setzen. Diese Zweckmäßigkeit hat sich im Optimierungsprozeß der biologischen Evolution immer weiter vervollkommnet. Man kennzeichnet heute den zweckmäßigen, auf ein Ziel gerichteten Ablauf der Vorgänge im Organismus sowie seiner Verhaltensweisen mit einem Begriff von PITTENDRIGH[1]) als **teleonomisch**[2]), wobei die Prozesse ihre Zielgerichtheit dem Wirken eines genetisch verankerten oder auch erst im individuellen Leben durch Lernen erworbenen Programms verdanken. **Teleonomie**[2]) ist „Leistung nach Plan", sie ist zielgerichtet ohne Kenntnis des Ziels, sie ist die programmgesteuerte arterhaltende Zweckmäßigkeit der Organismen.

Eine Abstimmung der Funktionen aufeinander im Dienste des Ganzen ist innerhalb eines Systems grundsätzlich nur möglich, wenn Nachrichten zwischen den Teilsystemen ausgetauscht werden können. Man bezeichnet den Austausch von Nachrichten zwischen dynamischen Teilsystemen als **Kommunikation**[3]). Die Nachrichten, die selber weder materiell noch energetisch definierbar sind, können nur mit Hilfe materieller oder energetischer Träger, die wir **Signale** nennen, übertragen werden. Die Übertragung der Signale vom Sender zum Empfänger geschieht im sog. **Kanal.**

---

[1]) Colin Stephenson PITTENDRIGH, geb. 1918 in Whitley Bay (Engl.), Stud. a. d. Univ. Durham, 1950 Promotion (Zool.) Columbia University, 1976 – 84 Direktor d. Hopkins Marine Station.

[2]) to télos (griech.) = die Vollendung, das Ende, Ziel; ho nómos (griech.) = das Gesetz.

[3]) communicatio (lat.) = die Mitteilung, Verbindung.

Sieht man von den Fällen einer direkten elektrischen Nachrichtenübertragung von einer Nervenzelle oder Muskelzelle (Herz!) auf eine andere (elektrische Synapsen, 2.3.5.3.) einmal ab, so kann man feststellen, daß der Organismus nur eine einzige Möglichkeit der **intraindividuellen Kommunikation** zwischen seinen Zellen hat, nämlich die mit Hilfe materieller Träger in Form von **Signalstoffen.** Das ist bei der Kommunikation zwischen verschiedenen Individuen, bei der **interindividuellen Kommunikation,** ganz anders. Dort spielen neben den chemischen (Pheromone) auch akustische, optische und elektrische Signale, neben dem chemischen auch der akustische, optische oder elektrische Kanal eine große Rolle (7.4.).

2.1.1. Übersicht über die Signalstoffe

Im tierischen Organismus sind zwei **Kommunikationssysteme,** das phylogenetisch ältere **endokrine System**[1]) und das phylogenetisch jüngere Nervensystem entwickelt (Abb. 2.1.). Ersteres besteht aus spezialisierten Zellen, den endokrinen Zellen (Zellen mit „innerer Sekretion"), die bestimmte Signalstoffe, die **Hormone**[2]), bilden und ins Kreislaufsystem abgeben: **Endokrinie** (BERNARD). Diese Hormone werden mit dem Blutstrom in alle Teile des Körpers transportiert, steuern aber nur in bestimmten, jeweils auf sie „abgestimmten" Zielorganen bzw. -geweben (**Targetstrukturen**[3])) Stoffwechselvorgänge, kinetische oder morphogenetische Prozesse oder verändern das Verhalten. Erfolgt die Bildung der Hormone in besonderen „innersekretorischen Drüsen", so spricht man von **glandulären**[4]) oder **Drüsenhormonen** und

---

[1]) éndon (griech.) = innen; krinéin (griech.) = absondern.
[2]) horman (griech.) = antreiben.
[3]) target (engl.) = Schieß-, Zielscheibe.
[4]) glandula (lat.) = die Drüse.

stellt sie den aglandulären oder **Gewebshormonen** gegenüber (Tab. 2.1.).

Das **Nervensystem** besteht aus Nervenzellen (Neuronen), die über mehr oder weniger lange Fortsätze (Axone) miteinander in Kontakt stehen. Auch sie geben an den Endigungen ihrer Fortsätze (Synapsen) Signalstoffe ab, die **Transmitter** (2.3.5.2.), die aber nicht ins Kreislaufsystem entlassen werden, sondern die geringe Distanz zwischen den kontaktierenden Nervenzellen (den Synapsenspalt) durch Diffusion zurücklegen und Änderungen in der Empfängernervenzelle verursachen: **Synaptokrinie** (FUJITA 1983).

Während die Hormone stets Gruppen gleichartiger Zellen gleichzeitig ansprechen – man kann von **gruppenadressierten Signalen** sprechen – so können durch die Transmitter gezielt Einzelzellen beeinflußt werden: Man kann von **individuell-adressierten Signalen** sprechen. Letztere sind die Voraussetzung und Grundlage für die für die Tiere so charakteristischen differenzierten Bewegungen und für die Informationsverarbeitungsprozesse in netzartig miteinander verknüpften Neuronenpopulationen.

Eine besondere Form der inneren Sekretion tritt uns in der **Neurosekretion (Neurokrinie)** entgegen (Abb. 2.2.). Dabei handelt es sich um eine Hormonproduktion innerhalb von Nervenzellen. Solche „neurosekretorischen Zellen" sind bei allen Tierstämmen, von den Coelenteraten angefangen bis hinauf zu den Wirbeltieren, nachgewiesen worden. Sie liegen im ZNS entweder einzeln oder zu Gruppen vereint und besitzen wie normale Nervenzellen Nissl-Substanz, Neurofibrillen und Axone. Das Besondere ist, daß in ihnen außerdem „neurosekretorische Granula" (sog. Elementargranula von 100 bis 300 nm Durchmesser) nachweisbar sind. Das **Neurosekret** wird im Zellkörper gebildet und innerhalb der Axone transportiert. Die verdickten Enden der Axone bilden keine Synapsen mit anderen Nervenzellen. Statt dessen findet man sie oft in großer Zahl beieinander in

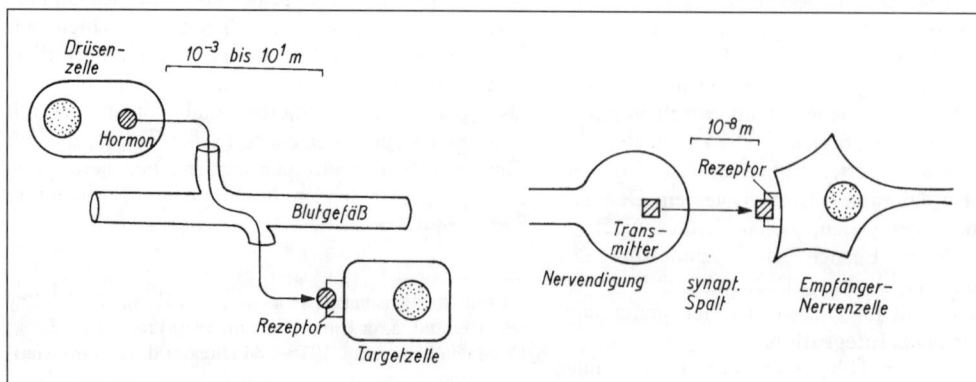

Abb. 2.1. Gegenüberstellung der hormonalen (links) und der neuronalen (rechts) Informationsübertragung. Nach NATHANSON u. GREENGARD 1977.

Tabelle 2.1. Klassifizierung der Signalstoffe, eine Übersicht mit Beispielen.

Chemische Stoffklasse	Neurotransmitter oder -modulator	Neurohormone	glanduläre Hormone	Gewebshormone	Paramone
Amine oder Aminosäuren	Acetylcholin Noradrenalin Dopamin Serotonin Glutaminsäure γ-Aminobuttersäure Glycin u. a.	–	Thyroxin Adrenalin Noradrenalin Melatonin u. a.	–	–
Peptide	Substanz P TRH Enkephalin Endorphin Somatostatin VIP u. a.	Oxytocin Vasopressin Releasing-Hormone (TRH u. a.) Somatostatin Red-pigment-concentrating hormone Neurohormon D u. a.	Insulin Glucagon Calcitonin ACTH Parathormon u. a.	Gastrin Sekretin Cholecysto-kinin (CCK) u. a.	Somatostatin Pankreatisches Polypeptid (PP) VIP GIP u. a.
Proteine	–	–	TSH FSH LH Prolactin Somatotropin	–	–
Steroide	–	–	Aldosteron Cortisol Testosteron Östradiol Progesteron Ecdysteron u. a.	–	–
Isoprenoide	–	–	Juvenilhormon	–	–

unmittelbarer Nachbarschaft eines Blutsinus oder von Gefäßen. Man spricht von **Neurohämalorganen.**

Beispiele für Neurohaemalorgane sind: Die Sinusdrüse im Augenstiel der höheren Krebse, die Corpora cardiaca der Insekten, die Urophysis verschiedener Teleosteer und die Neurohypophyse der Wirbeltiere. Die Aufgabe dieser Organe besteht in der Speicherung und Kontrolle der Abgabe des Neurosekrets. In anderen Fällen kann das Neurosekret auch direkt in das Kreislaufsystem abgegeben oder bis in die unmittelbare Nachbarschaft des Zielgewebes innerhalb der Axone transportiert werden (Abb. 2.2.).

Eine gewisse Mittelstellung zwischen der Hormon- und der Transmitterfunktion nimmt die sog. **Parakrinie**[1]) (FEYRTER[2]) 1946) ein. Man versteht darunter

die Abgabe von Signalstoffen in den Interzellularraum hinein, wobei diese Stoffe – auch „Paramone"[3]) genannt – in diesem Raum nur relativ kurze Distanzen zurücklegen, also nur kompetente Zellen der Nachbarschaft ansprechen.

Diese **Paramone** können von echten Drüsenzellen gebildet und freigesetzt werden oder auch von neuronalen Endstrukturen, keinen „echten" Synapsen, sondern sog. **Synapsoiden** (Abb. 2.3.).

Hier anzuschließen wäre noch die Erscheinung der **Autokrinie**[4]) (SRON & TODARO 1980). Dabei handelt es sich darum, daß die von einer Zelle abgegebenen Signalstoffe auf zellwandständige Rezeptoren derselben Zelle zurückwirken.

---

[1]) pará (griech.) = daneben; krinéin (griech.) = absondern.
[2]) Friedrich FEYRTER 1895–1973.

---

[3]) von P. KARLSON vorgeschlagener Begriff: Eine Kontraktion aus parakrin und Hormon in Parallele zu den Bezeichnungen Hormon, Pheromon, Gamon und Termon.
[4]) auto- (griech., Präfix) = Selbst-; krinéin (griech.) = absondern.

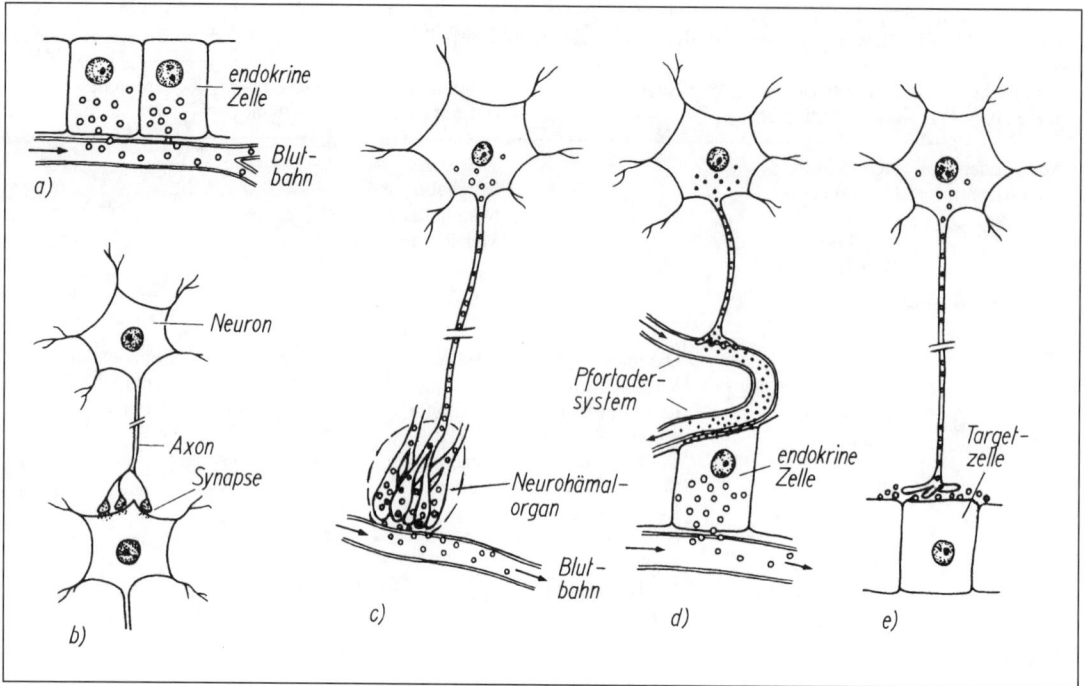

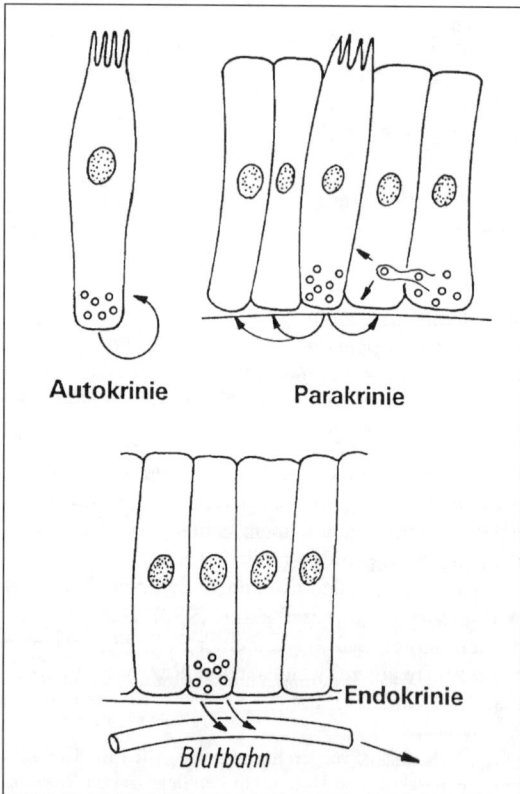

Abb. 2.2. Schematische Darstellung verschiedener Formen der inneren und Neurosekretion. – a) Die „klassische" innere Sekretion; das Hormon wird in spezialisierten Drüsenzellen gebildet und direkt der Blutbahn übergeben (z. B. Hormone der Nebenniere). – b) Die chemische Erregungsübertragung an der Synapse (Neurotransmission); der Transmitter wird an den Endigungen der Nervenfaser freigesetzt und wirkt direkt auf die Membran der nachgeschalteten Zelle. – c) Neurosekretion; das Neurohormon wird über das Axon zum Neurohämalorgan transportiert, wo es gespeichert und zur gegebenen Zeit dem Kreislauf übergeben wird (z. B. Vasopressin und Oxytocin). – d) Das Neurohormon wird über ein Pfortadersystem einer Hormondrüse zugeleitet, die daraufhin in ihrer sekretorischen Tätigkeit gehemmt bzw. angeregt wird (z. B. Releasing-Hormone, Release-inhibierende Hormone). – e) Das Neurohormon wird direkt über das Axon dem Zielorgan zugeführt. In Anlehnung an GUILLEMIN u. BURGUS 1972.

Abb. 2.3. Schema zur Veranschaulichung der autokrinen, parakrinen und endokrinen Sekretion.

Tabelle 2.1. gibt einen Überblick über die verschiedenen Klassen von Signalstoffen innerhalb der Organismen mit Beispielen und zeigt gleichzeitig deren chemische Zuordnung. Es fällt folgendes auf: 1. Peptide findet man in allen Signalstoff-Klassen. Neurohormone, Gewebshormone und Paramone sind ausschließlich Peptide. 2. Glanduläre Hormone findet man in allen angegebenen fünf Stoffgruppen, allerdings ist bis heute nur ein einziges Isoprenoidhormon – das Juvenilhormon der Arthropoden, bekannt. 3. Neurotransmitter gehören ausschließlich den Aminen, Aminosäuren oder Peptiden an. 4. Manche Stoffe findet man in verschiedenen Funktionen wieder.

Das ist schon lange bekannt vom Adrenalin/Noradrenalin, das sowohl Neurotransmitter- als auch Hormonfunktion (Nebennierenmark) erfüllt. Das Somatostatin tritt sowohl als Neurohormon (Hypothalamus) als auch als Paramon (Magen-Darmschleimhaut) und Neurotransmitter (?) (autonomes Nervensystem) auf. Gegenwärtig häufen sich die immunzytochemischen Nachweise von „klassischen" Peptidhormonen, wie Cholecystokinin-Oktapeptid, Thyreotropin, Corticotropin, Glucagon, Insulin u. a., in dieser oder zumindest ähnlicher Form im Zentralnervensystem der Vertebraten und Evertebraten. Die Funktion dieser Peptide im ZNS ist noch weitgehend unbekannt. Das TRH ist sowohl ein Neurohormon (Hypothalamus) als auch – an anderen Orten des ZNS – ein Neurotransmitter oder -modulator.

2.1.2. Membranrezeptoren als Wirkungsorte der Signalstoffe

Damit die Signalstoffe wirksam werden können, müssen sie an spezifische **Rezeptoren** gebunden werden: Corpora non agunt nisi fixata (P. EHRLICH[1]). Die Rezeptoren müssen zwei Voraussetzungen erfüllen:

1. Sie müssen ihren Liganden erkennen und zu binden vermögen: **Erkennungsfunktion**
2. Sie müssen als Folge der Ligand-Rezeptor-Wechselwirkung bestimmte Effekte auslösen: **Wirkungsfunktion**

[1]) s. Fußnote S. 387.

Es kann sein, daß die beiden Funktionen nicht von demselben Molekül, sondern von zwei verschiedenen ausgeübt werden, die Erkennungsfunktion von dem eigentlichen Rezeptor und die Wirkungsfunktion von dem **Effektor.** Beide interagieren direkt oder indirekt über einen „Transducer" in der „fluid mosaic"-Membran miteinander (Ab. 2.4.). Die „mobile" oder „floating-Rezeptor" Hypothese geht von der Vorstellung aus, daß die Rezeptoren nicht permanent mit den Effektoren verbunden sind, sondern diese wie jene in der Membran tangential unabhängig voneinander frei beweglich sind. Die Wirkung des Agonisten A setzt sich dann im einfachsten Fall aus zwei aufeinander folgenden Schritten zusammen. 1. Aus der Bindung an den Rezeptor R an der Zelloberfläche

$$A + R \Leftrightarrow \overline{AR}$$

und 2. aus der Vereinigung des Rezeptors mit dem Effektor E innerhalb der Membran

$$\overline{AR} + E \Leftrightarrow \overline{AR\text{-}E}.$$

Es kann derselbe Rezeptor in der Membran auch mit verschiedenen Effektoren in Wechselbeziehung treten. So gibt es für Insulin wahrscheinlich nur einen Rezeptortyp, der aber über verschiedene Effektoren verschiedene Membranfunktionen regulieren kann: Glucosetransport, Aminosäuretransport, Ca-ATPase, Na/K-ATPase etc. Umgekehrt existieren in der Membran von Fettzellen der Ratte mindestens sechs verschiedene Rezeptoren (für Corticotropin, Adrenalin, Glucagon, Sekretin, Thyreotropin, luteinisierendes Hormon), die alle miteinander den Effektor Adenylatzyklase regulieren. Hat man durch ein Hormon bereits die maximale Stimulierung der Zyklase erzielt, so kann man durch ein zweites Hormon keine weitere Stimulierung erreichen, was darauf hinweist, daß nicht jeder Hormonrezeptor „seine" eigene Adenylatzyklase hat, über die er wirkt.

Zwischen Ligand und Rezeptor besteht ein hoher Grad an struktureller Komplementarität, worauf die **Selektivität** (Spezifität) der Bindung des Liganden an der Bindungsstelle des Rezeptormoleküls beruht. Die

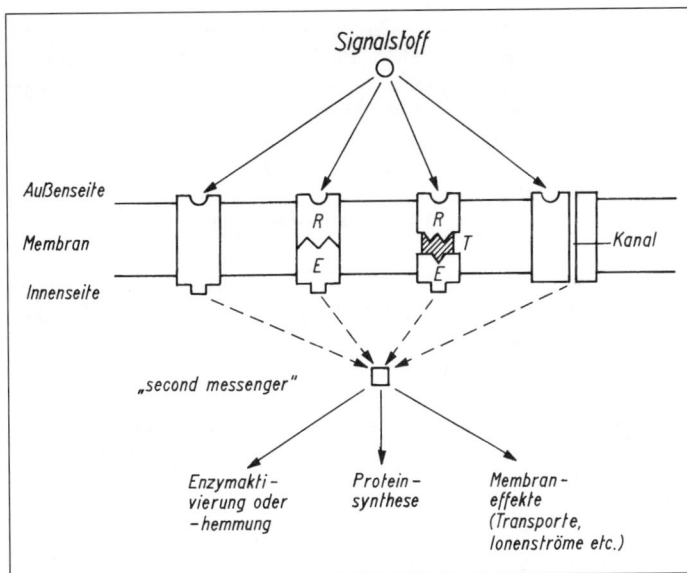

Abb. 2.4. Schema zur Veranschaulichung der Wirkung der Signalstoffe über einen membranständigen Rezeptor (*R*) und Effektor (*E*) sowie sekundären Boten. Rezeptor- und Effektorfunktion können von einem einzigen transmembranalen Molekül (links) oder von zwei Molekülen ausgeübt werden, die in der Membran direkt (Mitte, links) oder über ein drittes Molekül (Transducer *T*, schraffiert) in Wechselwirkung miteinander treten (Mitte, rechts). Rechts ist die direkte Beeinflussung der Ionenpermeabilität dargestellt (Signalstoffgesteuerter Kanal). In Anlehnung an KAHN 1976, verändert.

Bindung muß außerdem reversibel sein, damit beim Verschwinden des Liganden der Effekt auch wieder gelöscht wird. Durch die **Reversibilität der Bindung** unterscheidet sich diese Rezeptor-Liganden-Wechselbeziehung von der zwischen Enzymen und ihren Substraten (1.3.).

Die Rezeptoren liegen – wie bisher besprochen – normalerweise an der Oberfläche der Zellmembran. Das muß deshalb schon so sein, weil die meisten Signalstoffe nicht in die Zelle vorzudringen vermögen. Eine wichtige Ausnahme stellen z. B. die **Steroidhormone** dar. Sie können die Zellmembran relativ leicht durchqueren. Ihre Rezeptoren liegen intrazellulär. Der Hormon-Rezeptor-Komplex wirkt in noch nicht genau bekannter Weise direkt auf die Genexpression ein (1.5.2.).

Der nikotinartige ACh-Rezeptor (2.3.5.2.) war der erste membrangebundene Rezeptor, der rein erhalten wurde. Bei den Rezeptoren handelt es sich im allgemeinen um oligomere hydrophobe Proteine, die nur durch Detergentien in Lösung gehalten werden können, mit Molmassen zwischen 100 000 und 300 000. In vielen Fällen besitzen sie auch essentielle Kohlenhydratanteile (**Glykoproteine**), wie z. B. der Insulinrezeptor, oder Phospholipide (**Lipoproteine**), wie z. B. der Opiatrezeptor. Oft existieren für einen bestimmten endogenen Liganden mehrere Rezeptoren, die sich in ihrer Affinität, Lokalisation und Funktion voneinander unterscheiden: **multiple Formen** oder **Subtypen.**

In der sog. **Okkupationstheorie** (CLARK 1926) geht man davon aus, daß die biologische Wirkung Q, die Antwort des Zielgewebes, direkt proportional der Anzahl der besetzten Rezeptoren sei und der maximale Effekt Q_{max} dann erzielt werde, wenn alle Rezeptoren besetzt seien. Es gilt dann entsprechend der Michaelis-Menten-Gleichung (S. 49)

$$Q = \frac{Q_{max} \cdot c_L}{K_D + c_L}$$

oder

$$\frac{1}{Q} = \frac{K_D}{Q_{max}} \cdot \frac{1}{c_L} + \frac{1}{Q_{max}} \ .$$

Trägt man $1/Q$ gegen $1/c_L$ (c_L = Konzentration des Liganden) auf, so erhält man eine Gerade, aus der man Q_{max} und K_D (Gleichgewichtskonstante) leicht graphisch ermitteln kann (s. Lineweaver-Burk-Analyse, S. 49). In den meisten Fällen stellt die Dosis-Wirkungsbeziehung aber keine – wie es nach dieser Theorie zu fordern wäre – Hyperbel dar, sondern nimmt einen sigmoiden Verlauf. Es braucht die Dosis-Wirkungskurve auch durchaus nicht mit der Bindungskurve identisch zu sein. In manchen Fällen ist der maximale biologische Effekt bereits erzielt, wenn nur ein geringer Prozentsatz der Rezeptoren besetzt ist. Insulin stimuliert z. B. in isolierten Adipozyten (Fettzellen) die Glucoseoxidation bereits maximal,

wenn nur 2–3% der vorhandenen Rezeptoren von ihm besetzt worden sind. Die restlichen 97–98% der Rezeptoren werden als **Reserverezeptoren** bezeichnet. Keine solche Reserverezeptoren scheint es z. B. für Opiate zu geben. Bei der Besetzung der Hälfte aller Rezeptoren ist auch 50% der Maximalwirkung (Blockierung der Kontraktion des Meerschweinchenileums nach elektrischer Reizung) erreicht.

Ebenfalls nicht mit der Okkupationstheorie vereinbar ist die Tatsache, daß Analoga des natürlichen Liganden zwar am Rezeptor binden, aber sehr unterschiedliche Fähigkeiten aufweisen, den biologischen Effekt zu induzieren. Es gibt Analoga, die überhaupt keinen Effekt auslösen, lediglich den Rezeptor besetzt halten (echte **kompetitive Antagonisten**[1]), solche, die einen im Vergleich zum Agonisten verminderten Effekt induzieren (**Partialagonisten**) bis hin zu solchen, die effektiver sind als der natürliche Agonist selbst.

Im **Zwei-Zustandsmodell** geht man davon aus, daß die Rezeptoren für Signalstoffe in mindestens zwei verschiedenen Konformationen, einer aktiven und einer inaktiven, existieren können. Beide Konformationen können reversibel ineinander überführt werden. Das Gleichgewicht wird durch den natürlichen Liganden in Richtung auf die aktive Konformation verschoben. Dasselbe gilt für die **Agonisten,** während die **Antagonisten** das Gleichgewicht in Richtung auf die inaktive Konformation verschieben. Am Beispiel des **Dopamin-Rezeptors** ließ sich durch Bindungsstudien direkt zeigen, daß der natürliche Agonist Dopamin zu der aktiven Konformation eine 40mal höhere Affinität hat als zu der inaktiven. Umgekehrt hat der Antagonist Haloperidol sogar eine 600fach höhere Affinität zu der inaktiven Konformation als zu der aktiven. Bei den **Opiatrezeptoren** wird die Interkonvertierung der beiden Formen, eine mit hoher Affinität für die Agonisten (Morphin, Heroin, Codein, Methadon) und eine andere für die Antagonisten (Naloxon, Nalorphin), durch $Na^{\oplus}$-Ionen ausgelöst. $Na^{\oplus}$ fixiert den Rezeptor in seiner Antagonisten-bindenden Konformation.

2.1.3. Umsetzung des Signals

Durch die spezifische Wechselwirkung zwischen Rezeptor und Liganden werden weitere Prozesse ausgelöst. Man kann im wesentlichen zwei Fälle unterscheiden:

1. Die Rezeptoren sind mit integralen Membranproteinen (1.6.1.), die **Ionenkanäle** (1.6.5.) bilden können, gekoppelt. Binden sie den Agonisten, so wird

---

[1] competitor (lat.) = der Mitbewerber; ho antagonistés (griech.) = der Widersacher.

eine Konformationsänderung des Proteins ausgelöst, bei der ein vorher geschlossener Kanal geöffnet wird, durch den bestimmte Ionen ihrem elektrochemischen Gradienten folgend passieren können. Eine Reihe von Transmittern wirken auf diese Weise: **ligandengesteuerte Kanäle** (1.6.5.).

2. Die Rezeptoren induzieren nach Bindung des Liganden entweder direkt oder über Effektoren (Abb. 2.4.) die Synthese einer Signalsubstanz, des sog. **zweiten Boten** (second messenger). Dieser zweite Bote (der erste ist das Hormon oder der Transmitter selbst) reichert sich intrazellulär an und reguliert verschiedene Funktionen der Zelle.

Alle bisher bekannten „**second messenger-Systeme**" führen letztlich zu einer **Proteinphosphorylierung** durch eine **Proteinkinase**, die die endständige Phosphatgruppe vom Adenosintriphosphat (ATP) auf die Hydroxylgruppe (meistens ein Serin- oder Threonin-Rest) eines Substratproteins überträgt (Abb. 2.5.). Dadurch werden Konformationsänderungen ausgelöst, die wiederum zu Änderungen der physiologischen Aktivität des Proteins führen. Einige wichtige phosphorylierbare und damit **steuerbare Membran-**

proteine seien angeführt (nach NESTLER u. GREENGARD 1984):
1. regulatorische Proteine (G-Proteine)
2. Proteine des Cytoskeletts (Mikrotubuli-assoziierte Proteine, Mikrofilamente)
3. Proteine von synaptischen Vesikeln (Synapsin I)
4. Neurotransmitter-synthetisierende Enzyme (Tyrosin-Hydroxylase)
5. Neurotransmitter-Rezeptoren (ACh-, β-adrenerger Rezeptor)
6. Ionenkanäle ($Na^{\oplus}$-, $Ca^{2\oplus}$-Kanäle)

Man kennt heute drei solcher „**second messenger-Systeme**" (Abb. 2.6.; 2.8.):

a) Zyklische Nukleotide (cAMP, cGMP). Der Signalstoff (z. B. Noradrenalin [β-Rezeptoren], Dopamin, Serotonin, TSH, Glucagon oder Vasopressin) induziert nach seiner Bindung an den Rezeptor eine Erhöhung der **Adenylatzyklase**-Aktivität an der cytosolischen Seite der Plasmamembran durch Vermittlung eines **GTP-bindenden Proteins (G-Protein)**. Die erhöhte Adenylatzyklase-Aktivität führt zum Anstieg des intrazellulären cAMP-Spiegels,

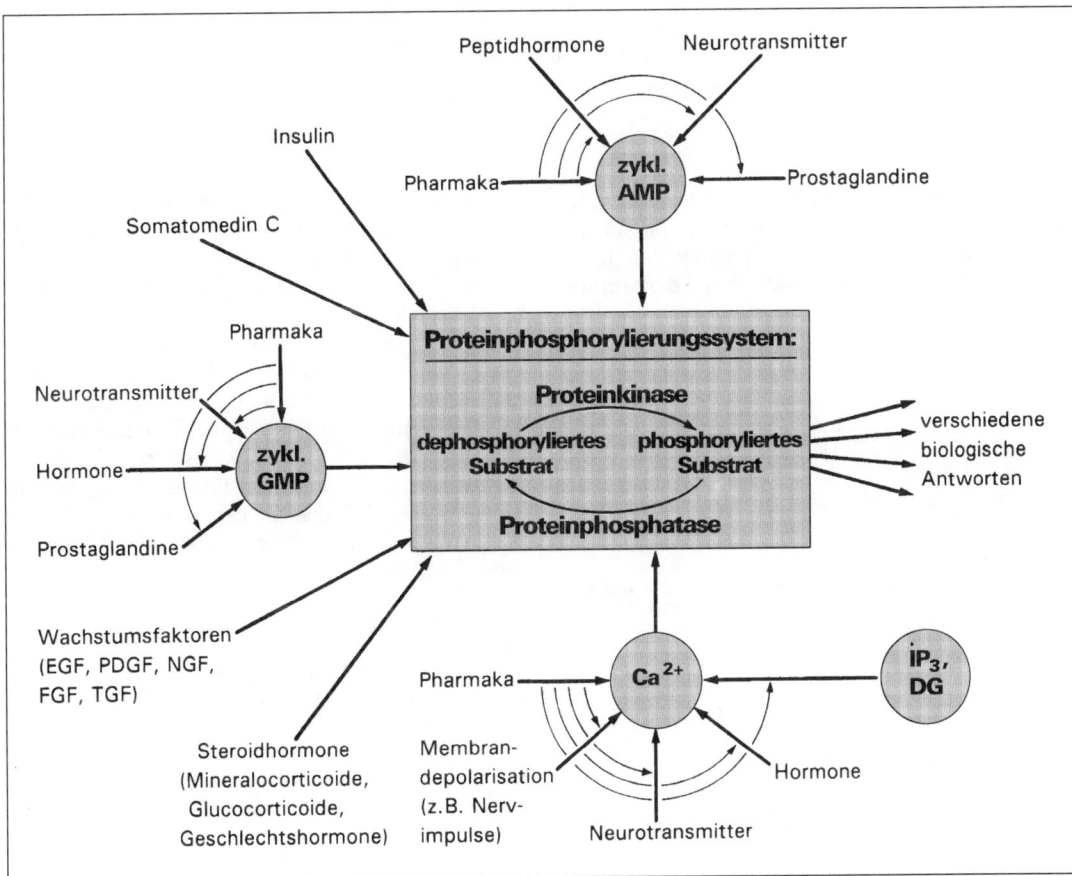

Abb. 2.5. Die extrazellulären Signalstoffe lösen die verschiedensten Antworten innerhalb der Targetzelle über die Regulierung der Phosphorylierung/Dephosphorylierung bestimmter Proteine aus. EGF, PDGF, NGF, FGF, TGF = Wachstumsfaktoren (epidermal, platelet-derived, nerve, fibroblast bzw. transforming growth factor). Nach NESTLER u. GREENGARD 1984.

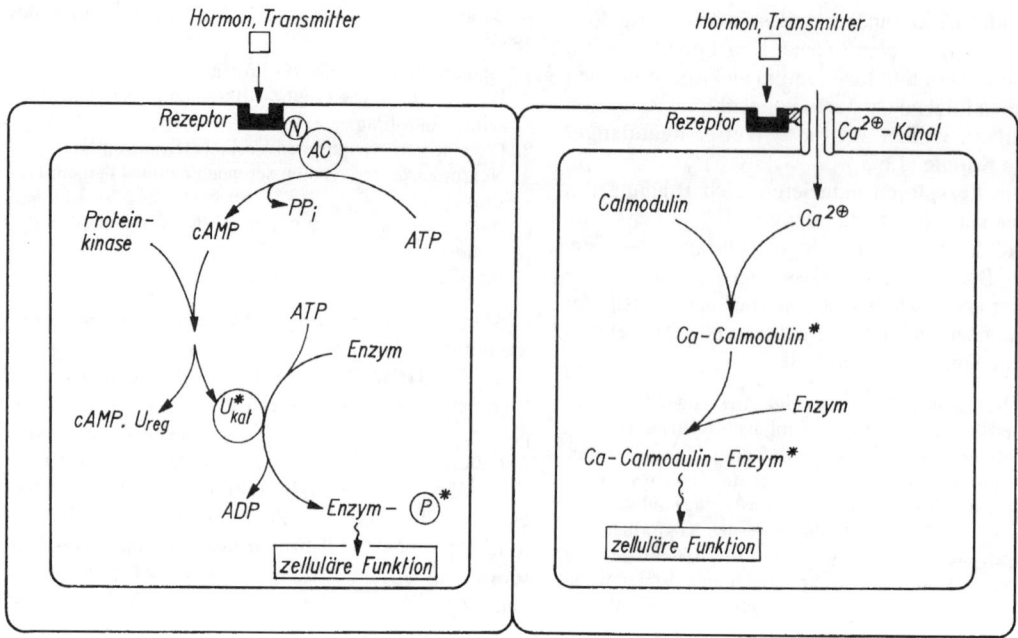

Abb. 2.6. Übersicht über die Rollen von cAMP (links) und $Ca^{2\oplus}$ (rechts) als „second messenger" in der Zelle. N = Guanin-Nukleotid bindendes Protein; AC = Adenylatzyklase; U_{reg}, U_{kat} = regulatorische bzw. katalytische Untereinheit der cAMP-abhängigen Protein-Kinase. Mit einem * sind jeweils die durch die Bindung und damit verbundene Konformationsänderung in ihrer Aktivität modulierten Verbindungen gekennzeichnet.

denn sie katalysiert bei Anwesenheit von $Mg^{2\oplus}$ die Zyklisierung des α-ständigen Phosphats im Adenosintriphosphat (ATP) unter Abspaltung von Pyrophosphat (PP) zum cAMP (**zyklisches Adenosinmonophosphat**):

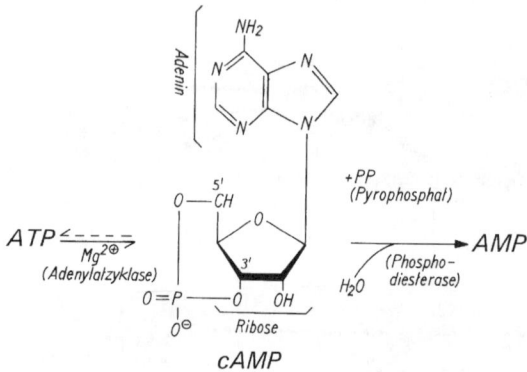

Das cAMP wird von der cAMP-abhängigen **Proteinkinase** gebunden, von der daraufhin eine „katalytische Untereinheit" freigesetzt wird. Diese kann das endständige Phosphat vom ATP auf bestimmte Substratproteine (in der Regel Enzyme) der Zelle übertragen, die dadurch inhibiert oder aktiviert werden, was wiederum zu vielfältigen Veränderungen des Zellstoffwechsels führen kann (Abb. 2.6.).

Wichtig ist, daß mit der Auslösung solcher **Reaktionskaskaden,** die vom primären Botenstoff (externes Signal) schließlich zu den zellulären Effekten führen, Möglichkeiten **steuernder Eingriffe** und der **Verstärkung** des Effektes gegeben werden. Ein einziges Rezeptorprotein aktiviert *viele* G-Proteine, jedes Adenylatzyklase-Molekül synthetisiert *viele* cAMP-Moleküle usf. So wird eine hohe Effektivität bei gleichzeitiger Abstimmung der Prozesse erreicht. Da außerdem eine bestimmte Kinase verschiedene regulatorische Enzyme zu modellieren vermag, hat die Bindung des Liganden an den Rezeptor oft einen **pleiotropen**[1]) **Effekt,** d. h. eine Vielzahl von Wirkungen in der Zelle.

Viele **Hormone** (Tab. 2.2.), aber auch einige **Transmitter** wirken über das cAMP-System. Unter den Transmittern sind es die Catecholamine (Noradrenalin, Dopamin), das Serotonin, Octopamin, Enkephalin u. a., die mit der Adenylatzyklase gekoppelt sind.

Als Beispiel eines Rezeptors, der über den „second messenger" cAMP als Enzym-Regulator wirksam wird, kann der β-**adrenerge Rezeptor** dienen. Typische Agonisten sind hier das Adrenalin, Noradrenalin und Isoprenalin, typische Antagonisten das Propanolol und Dichlorisoprenalin. Der Rezeptor ist ein Lipoprotein mit einer Molekülmasse von 140 000 bis 160 000 bei Frosch-Erythrozyten. Puten-

---

[1]) pleion (griech.) = zahlreicher; tropein (griech.) = wenden.

Tabelle 2.2. Einige Hormone, die über das cAMP-System wirken. Nach KARLSON 1979.

Hormon	Erfolgsorgan	Biochemischer Effekt	Physiologische Wirkung
Adrenalin (β-Rezeptoren)	Leber, Muskel	Stimulierung der Glykogen-Phosphorylase (Interkonversion)	Blutzucker-Erhöhung
	Fettgewebe	Stimulierung der Lipase (Interkonversion)	Lipolyse
Glucagon	Leber	Stimulierung der Glykogenolyse (Interkonversion)	Blutzucker-Erhöhung
	Fettgewebe	Stimulierung der Lipase (Interkonversion)	Lipolyse
Lipotropin	Fettgewebe	Stimulierung der Lipase (Interkonversion)	Lipolyse
Corticotropin	Fettgewebe	Stimulierung der Lipase (Interkonversion)	Lipolyse
	Nebennierenrinde	Aktivierung der Cholesterinesterase und der Desmolase (Interkonversion?)	Steigerung der Cortisolproduktion
thyreotropes Hormon	Schilddrüse	Stimulierung der Thyreoglobulin-Hydrolyse	Steigerung der Thyroxinausschüttung
luteinis. Hormon (LH)	Ovar, Testis	Stimulierung der Cholesterin-Desmolase	Steigerung der Sexualhormonproduktion
Parathormon	Knochen	Stimulierung abbauender Enzyme in den Osteoblasten	Erhöhung des $Ca^{2\oplus}$-Spiegels im Blut
Calcitonin	Knochen	Stimulierung der Osteoblasten	Senkung des $Ca^{2\oplus}$-Spiegels im Blut
Sekretin	exokrines Pankreas	Stimulierung des $HCO_3^\ominus$ Transports	Vermehrung der Pankreas-Sekretion

Erythrozyten weisen etwa 1000 β-Rezeptoren pro Zelle auf, das bedeutet etwa 7 Rezeptoren pro μm^2. Die Rezeptoren sind an eine Adenylatzyklase gekoppelt, ohne daß letztere ein integraler Bestandteil des Rezeptors selbst ist. Die Aktivierung der Zyklase durch den Rezeptor nach Bindung des Agonisten (Konformationsänderung) erfolgt nicht direkt, sondern mit Hilfe eines Regulatorproteins, eines Guanin-Nukleotid bindenden Proteins (s. o.).

b) Calcium: Entweder durch direkte Einwirkung des Signalstoffes über den Rezeptor auf das Kanalprotein (transmittergesteuerte Kanäle, 1.6.5.) oder indirekt über die durch den Transmitter verursachte Depolarisation der Membran (spannungsgeschaltete Kanäle) werden Kanäle geöffnet, durch die $Ca^{2\oplus}$ seinem elektrochemischen Gradienten folgend in die Zelle eindringt und die intrazelluläre Konzentration (Ruhewert bei etwa 10^{-7} mol · l^{-1}) drastisch erhöht. Im Cytoplasma wird das Calcium vom Protein **Calmodulin** gebunden, das dadurch eine Konformationsänderung erfährt, welche mit einer Erhöhung der Affinität zu spezifischen calmodulinabhängigen Enzymen verbunden ist. Diese Enzyme werden bei Bindung an den Calcium/Calmodulin-Komplex in ihrer Aktivität moduliert, was wiederum zu vielfältigen Stoffwechseländerungen in der Zelle führen kann.

Ein Beispiel liefert die **glatte Gefäßmuskulatur.** Nach Erregung strömt $Ca^{2\oplus}$ in die Zelle ein. Das calmodulinab-hängige Enzym ist in diesem Falle die „Myosin-Light-Chain-Kinase", die die „leichte" Myosinkette (Myosin light chain) phosphoryliert und damit die Kontraktion einleitet.

c) Diacylglycerin (DG) und **Inositoltriphosphat** (IP_3) (Abb. 2.7.). Durch Bindung des Signalstoffes (Serotonin, ACh, Vasopressin oder TRH) an den Membranrezeptor erfolgt auch hier die Aktivierung eines **GTP-bindenden Proteins** (G-Proteins), das eine **Phospholipase C** (Phosphodiesterase) stimuliert. Diese spaltet das in der Plasmamembran vorhandene Phospholipid **Phosphatidylinositol-(4,5)-biphosphat** (PIP_2) unter Abspaltung der Lipidketten in Inositoltriphosphat und Diacylglycerin (Abb. 2.8.). Beide Substanzen fungieren als sekundäre Botenstoffe.

Das **Inositoltriphosphat** (IP_3) diffundiert ins Plasma und bewirkt dort über spezifische Rezeptoren in den Membranen des endoplasmatischen Retikulums die Freisetzung von **Calciumionen** ins Plasma. Das Calcium fungiert als tertiärer Botenstoff und aktiviert die $Ca^{2\oplus}$/Calmodulin-abhängige **Proteinkinase** ($Ca^{2\oplus}$/CaM-Kinase), über die durch Phosphorylierung von Zielproteinen verschiedene Zellprozesse in Gang gesetzt werden können. Das IP_3 verliert seine Wirkung wieder durch Dephosphorylierung.

Das **Diacylglycerin** (DG) verbleibt im Gegensatz zum IP_3 in der Membran, wo es die **Proteinkinase C**

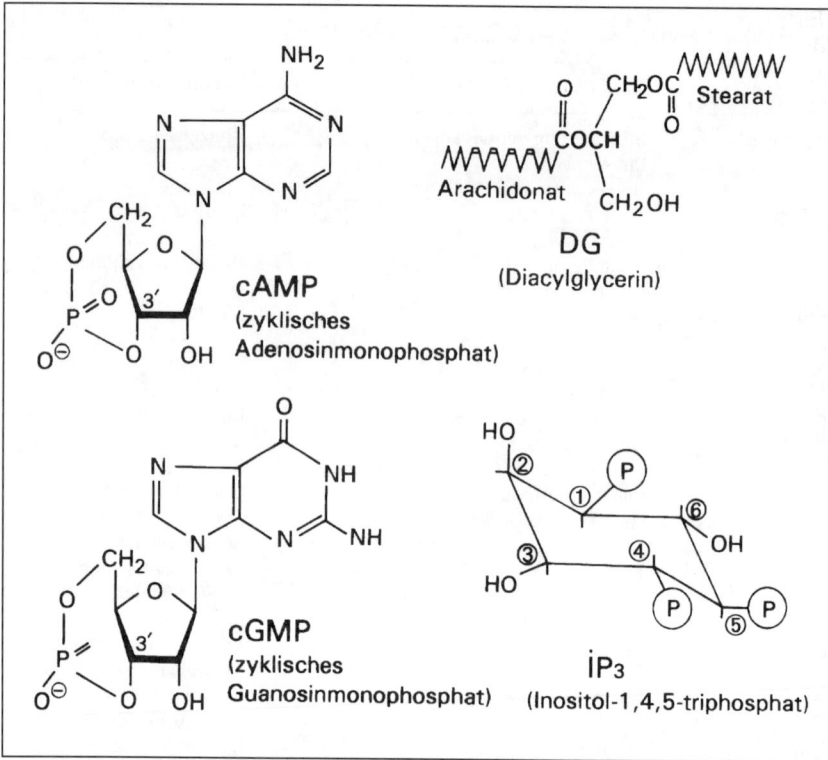

Abb. 2.7. Die vier sekundären Botenstoffe, ein fünfter ist das Calcium-Ion.

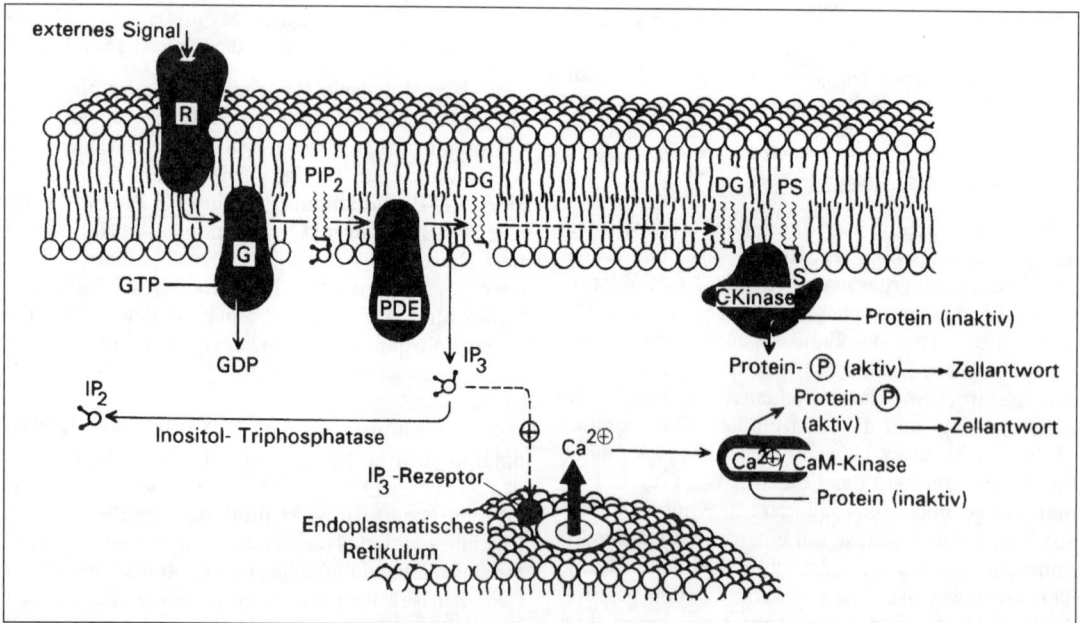

Abb. 2.8. Das IP_3-Messengersystem. Nähere Erläuterungen im Text. C-Kinase = Proteinkinase C; $Ca^{2\oplus}$/CaM-Kinase = Ca/Calmodulin-abhängige Proteinkinase; DG = Diacylglycerol; IP_3 = Inositoltriphosphat; IP_2 = Inositolbiphosphat; PDE = Phosphodiesterase, PIP_2 = Phosphatidylinositol-4,5-biphosphat; PS = Phosphatidylserin; R = Rezeptor; S = Serin. In Anlehnung an BERRIDGE 1985 aus SHEPHERD 1993.

(PKC) aktiviert. Dieses Enzym phosphoryliert bei Gegenwart von Phosphatidylserin (PS) und Serin (S) als Co-Faktoren bestimmte Proteine, die wiederum verschiedene Zellprozesse auslösen.

2.2. Hormonale Kommunikation

Die ersten Beobachtungen und Vermutungen einer „inneren Sekretion" lassen sich bis in das 18. Jh. zurückverfolgen. Der französische Arzt Théophile DE BORDEU (gest. 1776) aus der Schule von Montpellier sprach die Ansicht aus, daß „jedes Organ als Bereitungsstätte einer spezifischen Substanz dient, die in das Blut gelangt, und daß diese Stoffe für den Organismus nützlich und für seine Integrität notwendig seien." Johannes MÜLLER[1] vermutete 1830, daß die „Drüsen ohne Ausführungsgänge (Blutgefäßdrüsen) einen plastischen Einfluß auf die in ihnen kreisenden und durch sie zirkulierenden und in den allgemeinen Kreislauf zurückkehrenden Säfte ausüben."

Zwanzig Jahre später (1849) kam A. A. BERTHOLD in Göttingen auf die Idee, die seit langem beim Hahn praktizierte Entfernung der Geschlechtsdrüsen („kapaunisieren") zwar durchzuführen, aber anschließend die Hoden sofort wieder an anderer Körperstelle in das Tier zurückzupflanzen. Das überraschende Ergebnis war, daß die bekannten, auffälligen Veränderungen im Verhalten und im äußeren Aussehen nach erfolgter Sterilisation nicht mehr auftraten. BERTHOLD schloß daraus völlig richtig, daß von den Hoden ein „Drüsenstoff" ins Blut abgesondert werde.

Der Begriff der „sécrétion interne" war bereits 1855 von Claude BERNARD[2] im Zusammenhang mit seiner Entdeckung, daß die Leber Glucose ins Blut abgibt, eingeführt worden. Der Begriff des Hormons wurde erst 1902 von den englischen Physiologen Maddock BAYLISS[3] und Ernest Henry STARLING[4] im Rahmen ihrer Entdeckung der Sekretinbildung in der Dünndarmschleimhaut geprägt und hat sich schnell zur Kennzeichnung der neuen Wirkstoffgruppe durchgesetzt.

Das erste Hormon, das in reiner Form isoliert wurde, war das Adrenalin im Jahre 1901/02 unabhängig voneinander durch Jokishi TAKAMINE und Thomas Bell ALDRICH. Zuvor (1895) hatten OLIVER und E. A. SCHAEFER[5] die blutdruck-

steigernde Wirkung von Nebennierenmark-Extrakten im Tierversuch nachgewiesen. 1905 gelang dem Chemiker STOLTZ die Synthese des Adrenalins. Dieses erste synthetische Hormonpräparat erhielt den Namen „Suprarenin".

Als **Hormone**[6] bezeichnen wir heute solche organischen Verbindungen, die in besonderen Zellen gebildet, direkt oder indirekt in sehr geringen Konzentrationen an die Körperflüssigkeit (Blut, Lymphe, Liquor cerebrospinalis, Hämolymphe oder Leibeshöhlenflüssigkeit) abgegeben werden und entfernt von ihrem Entstehungsort an den Ziel- („target"-) Strukturen auf spezifische Rezeptoren treffen und dadurch die Funktion dieser Zellen bzw. Organe in charakteristischer Weise steuern. Die Wissenschaft von der inneren Sekretion bezeichnet man als **Endokrinologie.**[7]

Hormone gehören verschiedenen **Stoffklassen** an. Es können 1. niedermolekulare **Aminosäure-Derivate** (Adrenalin, Thyroxin u. a.), 2. **Peptide** bzw. **Proteine** (Hypophysenhormone, Insulin, Glucagon u. a.) oder 3. **Steroide** (Geschlechtshormone, Nebennierenrindenhormone, Ecdysteroide u. a.) sein. Eine Sonderstellung nimmt das Juvenilhormon der Insekten (2.2.3.) ein. Es ist ein **Sesquiterpen**-Derivat. In neuerer Zeit sind noch die **Eicosanoide** (sie entstehen aus Arachidonat, einer mehrfach ungesättigten C_{20}-Fettsäure) hinzugekommen: **Prostaglandine.**

Hormonale Regulationsvorgänge sind inzwischen bei fast allen Tiergruppen nachgewiesen. Bei den niederen Tieren (Coelenteraten, Plathelminthen, Nemathelminthen, Nemertinen, Anneliden, Echinodermen und Tunicaten) fehlen noch endokrine Drüsen. Alle Hormone sind hier **Neurosekrete,** d. h. , sie werden von Nervenzellen gebildet und ausgeschieden. Wir müssen in der peptidergen Neurosekretion die ursprünglichste Form hormonaler Regulation sehen. Bei den Mollusken, Arthropoden und Chordaten treten zusätzlich endokrine Drüsen auf, die aber zunächst noch unter der Kontrolle von Neurosekreten bleiben (sog. **endokrine Drüsen 1. Ordnung).** Nur bei den Arthropoden und in stärkerem Maße bei den Vertebraten findet man auch von Neurosekreten unabhängige Hormondrüsen (**endokrine Drüsen 2. Ordnung).** Man kann feststellen, daß im Verlauf der phylogenetischen Höherentwicklung offenbar eine fortschreitende Konzentration der neurosekretorischen Elemente im Nervensystem auf bestimmte Zentren stattgefunden hat, verbunden mit einer Zunahme der Bedeutung und Vielfalt glandulärer Hormone. Der Endpunkt dieser Entwicklung ist in den

[1] siehe Fußnote S. 37.
[2] Claude BERNARD, geb. 1813 in St. Julien bei Villefranche, Prof. f. Physiologie in Paris, gest. 1878 in Paris.
[3] William Maddock BAYLISS, geb. 1860 in Wetnesbury/ Staffordshire, Stud. der Medizin am University College in London, geprägt v. d. Physiologen John BURDON-SANDERSON u. d. Zoologen Ray LANKESTER. Ab. 1890 wiss. Zusammenarbeit mit STARLING, ab 1902 Prof. f. Allg. Physiologie in London, Autor einer vielbeachteten „Allgemeinen Physiologie" (1. Aufl. 1914), gest. 1924 in London.
[4] Ernest Henry STARLING, geb. 1866 in Bombay, Stud. d. Med. in Engl., 1885 b. F. W. KÜHNE in Heidelberg, 1892 b. M. HEIDENHAIN in Breslau, ab 1899 Prof. f. Physiol. in London, ab 1922 Research-Prof. d. Royal Soc., gest. 1927.

[5] E. A. SCHAEFER (später Sir Edward SHARPEY-SCHAEFER), geb. 1850, Schüler bei John Scott BURDON-SANDERSON, ab 1899 Prof. f. Physiol. in Edingburgh, Mitbegr. d. engl. Physiol. Gesellschaft, gest. 1935.
[6] hormán (griech.) = antreiben.
[7] éndon (griech.) = innen; krínein (griech.) = absondern; ho logos (griech.) = die Lehre.

höheren Wirbeltieren erreicht, wo sich die neurosekretorischen Zentren auf den Hypothalamus des Zwischenhirns beschränken. Bei den niederen Wirbeltieren (Cyclostomen, Fische) ist noch ein zweites Zentrum im kaudalen Ende des Rückenmarks erhalten, die **Urophysis spinalis caudalis,** die Neuropeptide aus neurosekretorischen Zellen des hinteren Rückenmarks speichert (Abb. 2.28.).

Für die hormonale Regulation ist es nicht nur wichtig, daß ein Hormon gebildet und ausgeschüttet wird. Es ist ebenso wichtig, daß es wieder verschwindet. Das kann dadurch geschehen, daß das Hormon abgebaut (bei den Wirbeltieren vorwiegend in der Leber) und dann ausgeschieden oder daß es durch Vereinigung mit anderen Stoffen unwirksam gemacht wird. Die Umsatzrate der einzelnen Hormone ist recht unterschiedlich. Beim Hormon der Schilddrüse (Thyroxin) beträgt z. B. die **Halbwertszeit** – das ist die Zeit, in der die Hälfte der im Blut zirkulierenden Hormonmenge verschwunden ist – einige Tage, beim Hormon der Nebennierenrinde (Cortisol) Stunden. Die Halbwertszeit des Insulins beträgt beim Menschen 40 min. Im „Ruhezustand" wird gewöhnlich gerade so viel Hormon pro Zeiteinheit ausgeschüttet, wie in derselben Zeitspanne vernichtet worden ist, so daß sich eine angenähert konstante Hormonkonzentration einstellt **(stationärer Zustand).** Neben dieser kontinuierlichen kennt man auch diskontinuierliche Formen der Hormonausschüttung. Das Hormon wird in mehr oder weniger regelmäßigen Schüben freigesetzt: **pulsatile** oder **episodische Hormonsekretion.** Dabei kann die Zeitspanne zwischen den einzelnen Schüben sehr unterschiedlich sein. Es resultiert ein sich sägezahnartig ändernder Hormonspiegel im Blut. Bei ovarektomierten Schafen z. B. wird im Mai das luteinisierende Hormon (LH) in Intervallen von 50 bis 100 min pulsatil freigesetzt.

Störungen des **hormonalen Gleichgewichts** können sowohl durch zu hohe als auch durch zu geringe Hormonproduktion verursacht werden. Eine Verminderung der Abbaurate kann denselben Effekt wie eine Überproduktion des Hormons haben. Eine Reihe von Hormonen, wie z. B. die Mineralocorticoide, das Insulin (Ausnahme: Wiederkäuer) und das Parathormon sind unbedingt **lebensnotwendig.** Fehlen sie, kommt es zu schwerwiegenden Störungen des Stoffwechsels, die den Tod zur Folge haben. Entfernung anderer Hormondrüsen führt zwar auch zu starken, aber nicht immer gleich lebensbedrohenden Störungen.

Die Höhe des Hormonspiegels im Blut wird durch leistungsfähige **Regulationsmechanismen** überwacht und kann den jeweiligen Bedürfnissen angepaßt werden. Im einfachsten Falle hemmt oder fördert die Substratkonzentration selbst die Hormonbildung. Eine Hemmung liegt beim Parathormon vor, dessen Produktion und Ausschüttung mit ansteigender $Ca^{2\oplus}$-Konzentration im Serum ab- und mit fallender zunimmt **(umgekehrt proportionale Regelung).** Der

umgekehrte Fall existiert beim Insulin: Je höher die Glucose-Konzentration im Serum, desto höher die Insulinausschüttung **(direkte proportionale Regelung).** Viele Produktionsstätten von Hormonen stehen selbst wieder unter hormonaler Kontrolle. Diejenigen Hormone, die die Tätigkeit „peripherer" Hormondrüsen steuern, nennt man **glandotrop** oder **adenotrop**[1]) und stellt sie den **effektorischen Hormonen** gegenüber. Der Hypophysenvorderlappen der Wirbeltiere produziert fünf verschiedene glandotrope Hormone (2.2.3.). Die Abgabe dieser Hormone wird durch Neurosekrete aus dem Zwischenhirn (sog. Releasing-Hormone, 2.2.4.) stimuliert, die über ein besonderes Pfortadersystem in den Vorderlappen gelangen. Es existiert eine **Hierarchie der Hormondrüsen,** die in diesem Falle drei Stufen umfaßt: 1. Hypothalamus im Zwischenhirn (Releasing-Hormone), 2. Hypophysenvorderlappen (adenotropes Hormon) und 3. periphere Hormondrüse. Das ins Blut entlassene Hormon der peripheren Drüse wirkt hemmend zurück auf den Hypothalamus bzw. den Hypophysenvorderlappen **(Regelkreis).** So führt z. B. ein Anstieg der Schilddrüsenhormonmenge im Blut (Thyroxinspiegel) zu einer Hemmung der Ausschüttung des die Schilddrüse stimulierenden „thyreotropen Hormons" des Hypophysenvorderlappens. Umgekehrt hat ein Absinken des Thyroxinspiegels eine Steigerung der Thyreotropin-Ausschüttung zur Folge (Abb. 2.9.). Eine entsprechende Abhängigkeit besteht zwischen dem Hormon der Nebennierenrinde (Cortisol) und dem auf die Nebennierenrinde einwirkenden adrenocorticotropen Hormon der Hypophyse (Abb. 2.18.).

---

[1]) glandula (lat.) = die Drüse; ho adén (griech.) = die Drüse; ho trópos (griech.) = die Richtung.

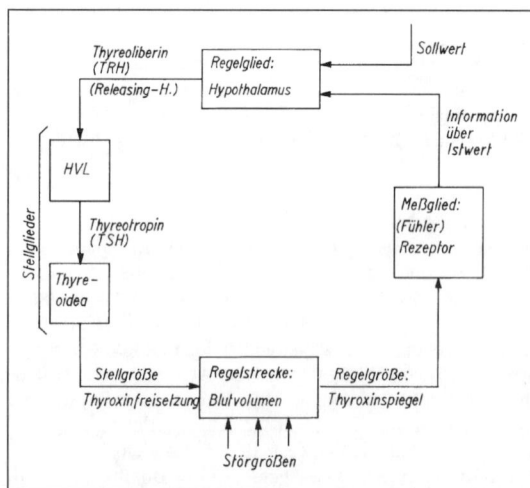

Abb. 2.9. Schema des Regelkreises zur Aufrechterhaltung eines konstanten Hormonspiegels (Thyroxin).

Die Wirksamkeit eines Hormons hängt nicht nur von seiner Konzentration, sondern auch von der **Reaktionsbereitschaft des Gewebes** ab. Sie kann – genetisch bedingt – von Art zu Art oder Rasse zu Rasse verschieden sein, sie kann vom physiologischen Zustand des Tieres (Ernährung usw.) abhängen, und sie kann erst langsam während der Ontogenese erworben werden.

Als **Beispiel** diene die Reaktionsbereitschaft des Gewebes gegenüber **Thyroxin,** dem Hormon der Schilddrüse. Es ist bekannt, daß durch Entfernen der Schilddrüse die Metamorphose der Amphibienlarven verhindert werden kann. Verabfolgt man solchen Tieren Thyroxin, so kann die Metamorphose künstlich herbeigeführt werden. Die verschiedenen **Amphibien** zeigen eine sehr unterschiedliche Reaktionsbereitschaft dem Thyroxin gegenüber, die immer auf frühen Entwicklungsstadien noch vollkommen fehlt und erst später erworben wird. Beim Axolotl bleibt die Reaktionsbereitschaft zeitlebens niedrig, so daß er normalerweise auch keine Metamorphose durchmacht. Durch relativ hohe Thyroxingaben gelingt es, die Metamorphose auszulösen. Anderen Arten, wie z. B. den Olmen, *Proteus anguineus* (Grottenolm) und *Necturus maculosus* (Furchenmolch), fehlt die Fähigkeit, auf Thyroxin zu reagieren, vollständig. So verwandeln diese Tiere sich niemals, obwohl sie eine aktive Schilddrüse besitzen, die nach Transplantation in eine Froschlarve *(Rana clamitans)* metamorphosebeschleunigend wirkt.

2.2.1. Die glandulären Nicht-Steroidhormone der Wirbeltiere

Eine Übersicht über die Drüsen mit innerer Sekretion bei den Wirbeltieren gibt Abbildung 2.10.

Die **Zirbeldrüse** (Epiphysis cerebri), eine kleine, mediane, zapfenförmige Ausstülpung des Zwischenhirndaches, liegt zwischen den beiden Hirnhemisphären. Bei einigen Cyclostomen, Selachiern und Säugetieren sowie bei allen Krokodilen fehlt sie. Die Zirbeldrüse der Petromyzonten (Neunaugen), Fische, Anuren und Lacertalia (Eidechsen) zeigt netzhautartige (Retina) Strukturen (**Pinealorgan**)[1]). Elektrophysiologisch ließen sich bei ihnen von den von der Epiphyse zum Hirn ziehenden Nervenfasern Aktionspotentiale ableiten, deren Frequenz in der Regel bei Lichtreizung abnimmt, unabhängig von der Wellenlänge. Lediglich bestimmte Fasern der besonders differenzierten Epiphyse des Frosches *Rana catasbeiana* geben chromatische, d. h. von der Wellenlänge abhängige Antworten. Bei Bestrahlung mit kurzwelligem Licht nimmt die Impulsfrequenz ab und bei Bestrahlung mit langwelligem zu. Entfernung des pinealen Auges hat beim Neunauge sowie bei

[1]) pinea (lat.) = Zapfen der Zirbelkiefer.

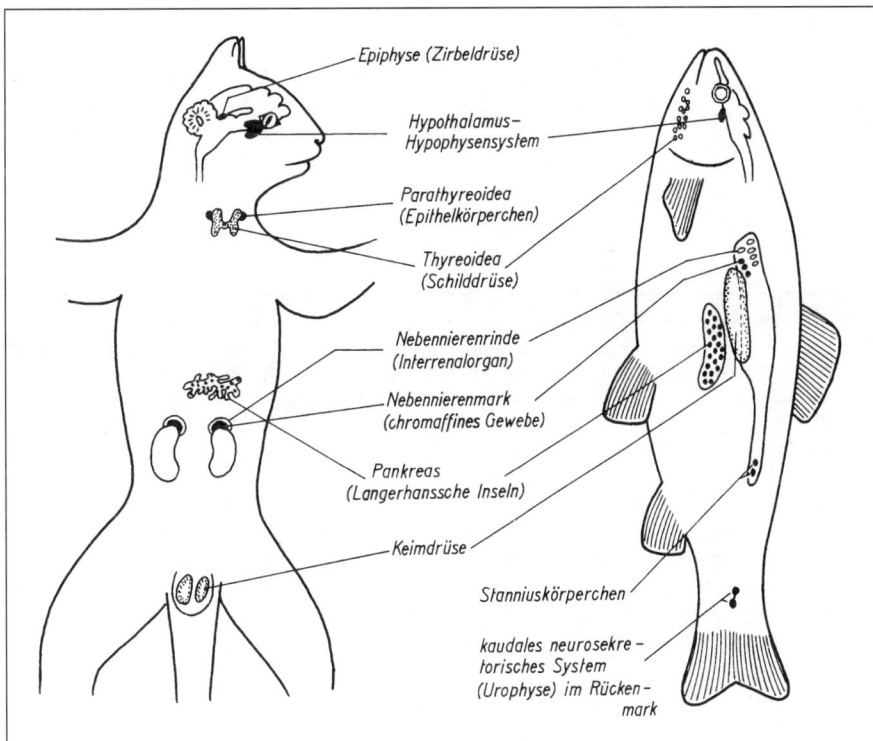

Abb. 2.10. Übersicht über die Lage der Hormondrüsen bei der Katze (männliches Tier) und bei einem Knochenfisch.

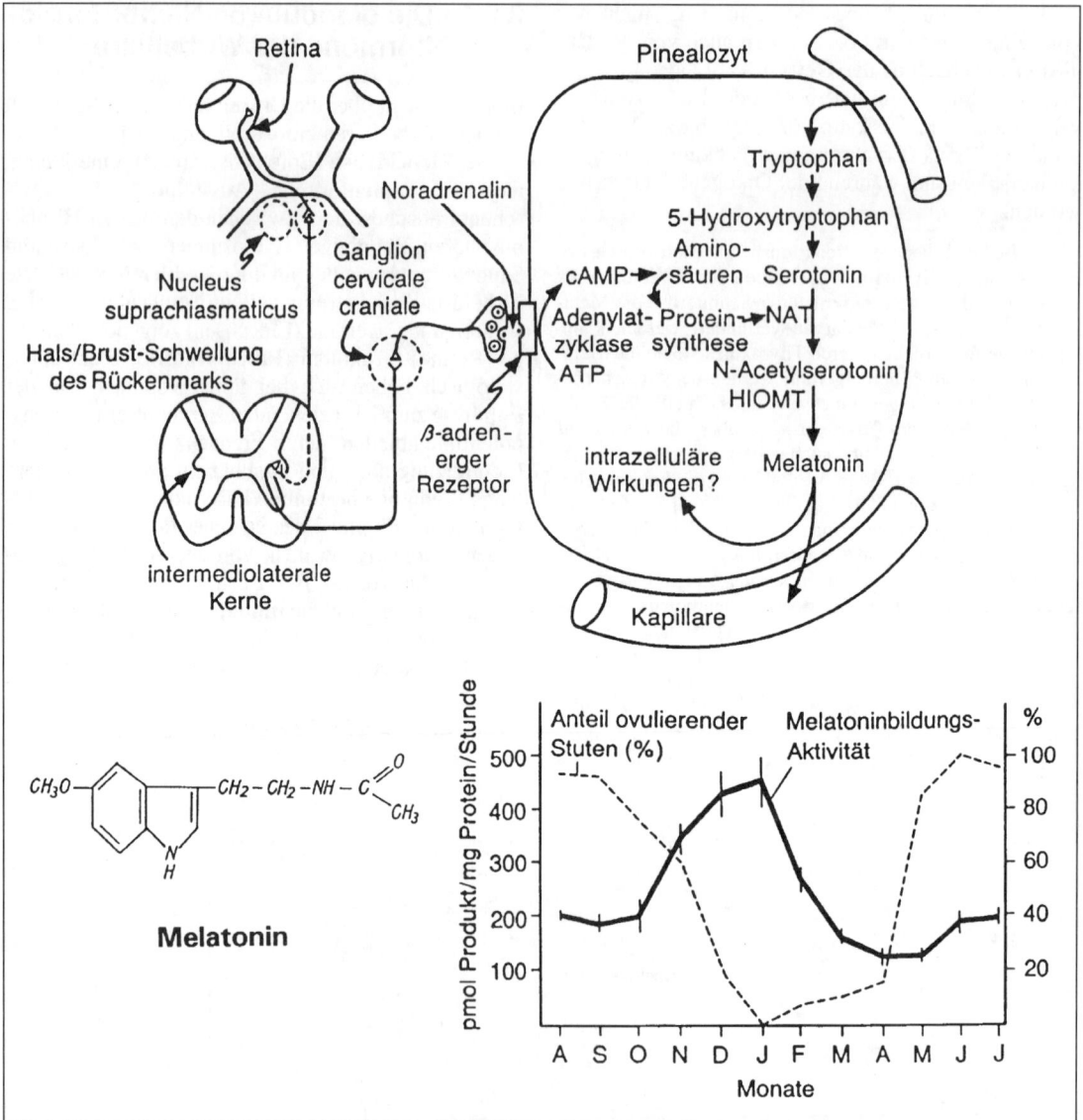

Abb. 2.11. Die Epiphyse der Säugetiere wird über das sympathische System adrenerg (β-Rezeptoren) innerviert. Noradrenalin steigert die NAT(Serotonin-N-Acetyltransferase)-Aktivität und damit die Melatoninsynthese. Licht wirkt über das Auge hemmend auf die Noradrenalin-Freisetzung. – Unten: Die reproduktive Aktivität (Anzahl der Ovulationen) von Pony-stuten steht in Beziehung zur annualen Rhythmik des Melatonin-bildenden Enzyms HIOMT in der Epiphyse. Aus DÖCKE 1994.

Knochenfischen und Amphibien zur Folge, daß die Tiere sich nicht mehr – wie gewöhnlich – aufhellen, wenn sie ins Dunkle überführt werden. Es konnte in der Zirbeldrüse ein Gegenspieler des Melanotropins des HZL (s. u.), das melaninkonzentrierende **Melatonin**[1]) (5-Methoxy-N-Acetyltryptamin), nachgewiesen werden. Es ist beim Frosch 10^5mal wirksamer als das ebenfalls melaninkonzentrierend wirkende Nor-

adrenalin des Nebennierenmarks. Bereits in einer Konzentration von 10^{-13}/g ml hellt es die Haut verschiedener Fische und Amphibien völlig auf.

Die Zirbeldrüse der **Säugetiere** verliert bald nach der Geburt des Tieres ihre neuronalen Verbindungen mit dem Gehirn, statt dessen wird sie stark von adrenergen sympathischen Fasern (Nervi conarii = postganglionäre Fasern, deren Zellkörper im superioren Cervicalganglion = Ganglion cervicale craniale liegen) innerviert (Abb. 2.11.). Vermehrte Ausschüttung des Transmitters Noradrenalin an den Nervenen-

[1]) mélas, -anos (griech.) = schwarz; ho tónos (griech.) = die Spannung.

digungen steigert über das Adenylzyklasesystem (Bildung von cAMP) die Aktivität der **N-Acetyltransferase** in den Zellen der Zirbeldrüse. Dieses Enzym nimmt eine zentrale Stellung bei der Synthese des Melatonins aus Tryptophan über Serotonin (5-Hydroxytryptamin) ein.

Das Melatonin übt bei den Säugetieren einen hemmenden Einfluß auf die Gonaden aus **(antigonadotrope Wirkung).** Während des Proöstrus hemmt das Melatonin bei den Ratten die Ovulation (Eisprung), indem es die Ausschüttung des LH aus dem HVL (2.2.3.) verhindert. Licht wirkt über das Auge hemmend auf die Freisetzung von Noradrenalin an den sympathischen Faserenden und damit auf die Melatoninbildung in der Zirbeldrüse. So erklärt sich, daß bei kontinuierlicher Beleuchtung gehaltene Ratten einen fortwährenden Östrus zeigen. Umgekehrt tritt bei geblendeten Tieren (Hamster, Frettchen) eine deutliche Abnahme des Hodengewichts ein. Bei Ratten und Hamstern ist auch eine **antithyreotrope Wirkung** des Pinealorgans nachgewiesen, die der antigonadotropen Wirkung sehr ähnlich ist. Kurztag, Dunkelhaltung oder Blendung des Hamsters führen zur Abnahme des Thyroxin- und TRH-Spiegels (s. u.) im Plasma. Entfernung des Pinealorgans verhindert diese Effekte. Das Melatonin wirkt über einen noch nicht genau bekannten neuroendokrinen Mechanismus auf die Synthese und Freisetzung von TRH (2.2.4.).

Bei Ratten konnte bereits vom 6. Tag nach der Geburt an ein **24-Stunden-Rhythmus** des Gehaltes an **Serotonin** bzw. der Aktivität der **N-Acetyltransferase** in den Drüsen nachgewiesen werden. Zur Mittagszeit (ca. 13 Uhr) war der Gehalt an Serotonin am größten (geringe Melatonin-Synthese) und während der Nacht (ca. 23 Uhr) am geringsten infolge intensiver Melatonin-Synthese aus Serotonin. Dieser Rhythmus erwies sich als endogen bedingt. Er bleibt bei dauernder Dunkelheit (nicht bei Dauerlicht!) oder bei geblendeten Tieren bestehen. Er wird von einer „inneren Uhr" im Gehirn (Hypothalamus) gesteuert (circadianer Rhythmus, 7.3.), von den Umweltverhältnissen immer wieder neu auf den Tag-Nacht-Rhythmus synchronisiert und über die erwähnten sympathischen Fasern auf die Zirbeldrüse übertragen: vermehrte Noradrenalinfreisetzung in den Nachtstunden, verminderte Freisetzung während des Tages.

Bei den **Vögeln** ist ebenfalls ein hemmender Einfluß des Melatonins auf die Gonaden zu beobachten. Injektionen von Melatonin führen zu Gewichtsabnahmen in den Ovarien, Hoden und Ovidukten. Im Gegensatz zu den Säugetieren sind weder die Augen noch die sympathische Innervation für die Steuerung der Melatoninbildung durch die Umwelt erforderlich: direkte Beeinflussung der Zirbeldrüse durch langwelliges Licht (kurzwelliges nicht!). Beim Sperling erwies sich die Zirbeldrüse als ein wichtiger Faktor bei der Zeitmessung (7.3.3.).

Die **Thyreoidea**[1]) (Schilddrüse) besteht aus zahlreichen Epithelbläschen (Follikel), in denen ein „Kolloid" gespeichert wird. Sie entsteht als unpaarer

Epithelsproß aus dem Kiemendarmboden, von dem sie sich völlig abtrennt. Später wird sie oft zweilappig oder gar paarig. Sie nimmt aktiv $J^{\ominus}$ aus dem Blut auf (Ionenpumpe), oxidiert es zu J_2, das dann in das proteingebundene Tyrosin eingeführt wird. Es entsteht das **Thyreoglobulin,** das im Kolloid gespeichert wird und aus dem bei Bedarf durch proteolytische Abspaltung die Schilddrüsenhormone freigesetzt werden können. Es handelt sich dabei um das **Thyroxin,** ein Tetrajodthyronin, und um das 5fach wirksamere **Trijodthyronin.** Der Transport der Hormone im Blut erfolgt unter lockerer Bindung an ein zu den α-Globulinen gehörendes Glykoproteid. Der Thyroxinbedarf des Tieres ändert sich sehr stark mit den jeweiligen physiologischen Bedingungen (Temperatur, körperliche Belastung usw.). Im Sommer, im Alter und während des Winterschlafes ist die Aktivität der Thyreoidea vermindert. Die Thyroxinsynthese und -abgabe steht unter der Kontrolle des TSH.

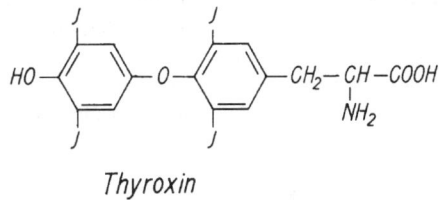

Thyroxin

Die Thyroxinsynthese kann durch sog. **Thyreostatica** behindert werden. Diese Stoffe hemmen entweder die Jodaufnahme durch kompetitive Verdrängung (Rhodanid, Perchlorat, Nitrat u. a.) oder die Oxidation des Jodids (Thiouracil, S-Verbindungen aus Rüben und Kohl).

Das Thyroxin und in noch stärkerem Maße des Trijodthyronin steigern die O_2-Aufnahme der Zellen, ohne daß gleichzeitig die oxidative Phosphorylierung ansteigt, d. h., sie wirken entkoppelnd (1.4.3.). Der Ruhestoffwechsel der Säuger, Vögel und Reptilien – anscheinend aber nicht der der Fische – wird durch die Schilddrüsenhormone auffallend gesteigert. Die Schilddrüse ist für das normale Wachstum und für die normale Entwicklung unentbehrlich. Thyreoidektomie im Jugendalter führt bei Säugern und Vögeln zur auffallenden Hemmung des Wachstums (Zwergbildung). Verfüttertes Schilddrüsengewebe verursacht bei Amphibien eine vorzeitige Metamorphose, Exstirpation der Thyreoidea oder des HVL verhindert die Metamorphose. Auch bei der Umwandlung der Aale und bestimmter Plattfische ist die Schilddrüse von Bedeutung. Dagegen scheint sie ohne Einfluß auf die Metamorphose der Cyclostomenlarve *Ammocoetes* in das fertige Tier zu sein.

In den sog. **C-Zellen,** die bei allen Wirbeltieren mit Ausnahme der Säugetiere besondere Körper, die **Ultimobranchialkörper,** bilden, entsteht das **Calcitonin.** Die Körper gehen ebenso wie die Thyreoidea, der Thymus und die Parathyreoidea aus dem Kiemen-

---

[1]) thyreoides (griech.) = schildartig.

darm (bei Fischen aus den letzten Kiementaschen) hervor. Bei den Säugetieren findet man die C-Zellen innerhalb der Thyreoidea. Das Calcitonin ist ein Peptid (32 Aminosäuren, $M_r = 3700$) und besitzt eine zum Parathormon (s. u.) antagonistische Wirkung auf den $Ca^{2\oplus}$-Spiegel des Blutes, der unter seiner Wirkung durch Blockierung des Knochenabbaus herabgesetzt wird. Normalerweise ist seine Konzentration im Blut sehr gering, steigt aber schnell an, wenn der $Ca^{2\oplus}$-Spiegel zunimmt. Die vollständige Polypeptidkette ist für die biologische Aktivität notwendig, ebenso die 1,7-Disulfidbrücke. Beim Buckellachs (*Oncorhynchus gorbuscha*) wird der Efflux von Calcium und Phosphat in das umgebende Milieu (Meerwasser) an den Kiemen gegen einen erheblichen Konzentrationsgradienten ($Ca^{2\oplus}$-Konz. i. Plasma 2, im Meer 8–10 mmol · l^{-1}) durch Calcitonin erhöht und dadurch der $Ca^{2\oplus}$-Spiegel im Blut auf niedrigem Niveau gehalten.

Die **Parathyreoidea** (Nebenschilddrüse, Epithelkörperchen) geht aus den ventralen Abschnitten der zweiten bis vierten embryonalen Kiementasche (Amphibien, Reptilien, Vögel) bzw. aus den dorsalen Abschnitten der dritten bis vierten Kiementasche (Säu-

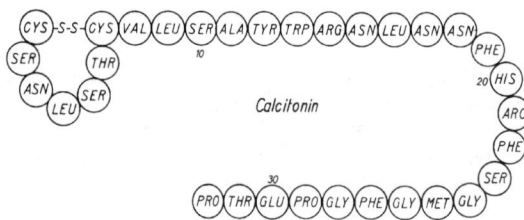

Calcitonin

ger) hervor. Das von ihr gebildete **Parathormon** oder **Parathyrin** ist ein Polypeptid (84 Aminosäuren, $M_r = 9500$). Es wird zunächst als **Prä-Proparathormon** (Präkursor aus 113 AS) synthetisiert, aus dem durch Abspaltung von 23 AS das **Proparathormon** wird. Dieses wandelt sich im Golgi-Apparat durch proteolytische Abspaltung weiterer 6 AS zum definitiven Hormon um. Für die volle Aktivität des Hormons sind nur die N-terminalen 34 AS notwendig. Neuerdings ist immunzytochemisch PTH-Aktivität auch in Perikaryen und Fasern des *Nucleus praeopticus* sowie der Neurohypophyse von Fischen, die keine Parathyreoidea besitzen, nachgewiesen worden.

Das hypercalcämische **Parathormon** (PTH) reguliert den $Ca^{2\oplus}$- und Phosphatstoffwechsel. Unter seinem Einfluß kommt es zu einem Absinken des Phosphat- und gleichzeitig zu einem Anstieg des $Ca^{2\oplus}$-Spiegels im Blut. Die bei mangelhafter Hormonproduktion eintretende Abnahme der $Ca^{2\oplus}$-Konzentration setzt die Reizschwelle neuraler und muskulärer Membranen herab. Das hat zunächst eine Übererregbarkeit

und schließlich das Auftreten von tetanischen Krämpfen, die zum Tode führen können, zur Folge. Die Angriffspunkte des Parathormons sind die Knochen und die Niere. Im **Knochen** mobilisiert es die Freisetzung von $Ca^{2\oplus}$ und Phosphat in den Extrazellularraum. In der **Niere** steigert es die Reabsorption von $Ca^{2\oplus}$ und $Mg^{2\oplus}$ und hemmt gleichzeitig die von Phosphat (Erhöhung der Phosphat-Clearance, 4.1.2.9.) und Bicarbonat. Außerdem steigert es in der Niere über die Aktivierung der 1α-Hydroxylase die Bildung von 1α,25-Dihydroxycholecalciferol, das wiederum die Ca- und Phosphatresorption im Darm fördert (3.1.2.3., Abb. 3.1.). Eine Abnahme des $Ca^{2\oplus}$-Spiegels im Blut verursacht eine verstärkte, eine Zunahme eine verminderte Parathormon-Ausschüttung. In Zeiten erhöhten Ca-Bedarfs (Schwangerschaft, Lactation bei Säugetieren, Eiproduktion bei Vögeln) sind die Epithelkörperchen hochaktiv.

Die **Stanniusschen**[1]) **Körperchen** entstehen bei den **Teleosteern** aus der posterioren Region der Niere (Opisthonephros) und liegen später als flache, weiße, ovoide Strukturen auf der peritonealen Oberfläche der Niere. Obgleich sie wie endokrine Drüsen aussehen, konnte noch kein Hormon aus ihnen isoliert werden, so daß deren Funktion noch ungeklärt ist. Entfernung der Körperchen läßt beim Aal (*Anguilla*) die $Ca^{2\oplus}$- und $K^{\oplus}$-Konzentration im Blutplasma ansteigen, während die $Na^{\oplus}$- und $PO_4^{3\ominus}$-Konzentration gleichzeitig abfallen. Ähnliche Befunde liegen vom Goldfisch vor. In der Niere erscheint nach der Exstirpation die $Ca^{2\oplus}$- und $Mg^{2\oplus}$-Ausscheidung bei unveränderter Inulin-Clearance (S. 333), Urin-Produktion, $K^{\oplus}$- und $Na^{\oplus}$-Ausscheidung erniedrigt. Durch Implantation von Körperchen bzw. durch langsame intravenöse Injektion von Drüsenextrakten kann die $Ca^{2\oplus}$-Exkretion wieder angehoben werden.

Die **Langerhansschen**[2]) **Inseln** des **Pankreas** (Abb. 2.12.) sind Konglomerate von A-, B- und D-Zellen, die in Gruppen von einigen Tausend zusammenliegen und **Glucagon** (A-Zellen), **Insulin** (B-Zellen) und **Somatostatin** (SIH, 2.2.4.) (D-Zellen) bilden. Das Mengenverhältnis der Zellen zueinander ist unterschiedlich. Bei Säugetieren übersteigt die Zahl der B-Zellen die der A-Zellen (Mensch: 25% A-, 60% B- und 15% D-Zellen). Das Pankreas des Hühnchens und der Amphibien enthält mehr A-Zellen als das der Säugetiere. Ein vierter Faktor, das **pankreatische Polypeptid** (PP), wird in endokrinen Zellen gebildet, die man sowohl innerhalb als auch außerhalb der Inseln im Pankreas findet.

Das **Insulin** ist ein wichtiges **Stoffwechselhormon.** Es greift sowohl in den Kohlenhydrat- als auch in den Fett- und Eiweißstoffwechsel ein. Die Insulin-

---

[1]) Friedrich Hermann STANNIUS, geb. 1808 in Hamburg, Studium in Breslau und Berlin (bei Joh. MÜLLER), Prof. in Rostock, gest. 1883.
[2]) Paul LANGERHANS, geb. 1847 i. Berlin, Medizinstud. i. Jena u. Berlin, a. o. Prof. in Freiburg/Br., gest. 1888 in Funchal (Madeira).

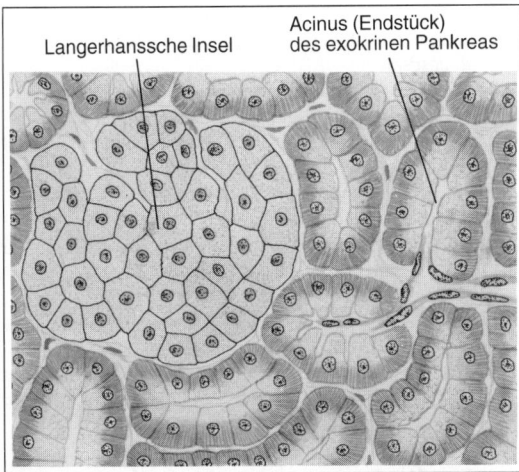

Abb. 2.12. Histologie des Pankreas (Bauchspeicheldrüse). Aus SMOLLICH u. MICHEL 1992.

ausschüttung wird durch einen erhöhten Glucosespiegel im Blut (z. B. nach einer kohlenhydratreichen Mahlzeit) stimuliert.

Alle bisher bekannten **Insuline** (einschließlich des Insulins von *Myxine*) bestehen aus zwei durch Disulfidbrücken miteinander verbundenen Peptidketten, aus der A-Kette (21 oder 22 AS) und der B-Kette (29–31 AS). Es wird zunächst ein **Prä-Proinsulin** (114 AS) synthetisiert, aus dem durch Abspaltung eines terminalen Peptids das **Proinsulin** (Abb. 2.13.) entsteht. Aus dieser Kette wird das C-Peptid (verbindendes Peptid) herausgeschnitten, wodurch das aktive Insulin freigesetzt wird. Während die C-Peptide des Schweins und des Rindes nur in 22 von insgesamt 33 Positionen übereinstimmen, sind es bei den Insulinen 49 von 51 Positionen. Vögel bilden auch außerhalb des Pankreas Insulin.

Insulin bindet mit hoher Affinität an Plasmamembranrezeptoren der Zielzellen. Das muß so sein, weil der Insulinspiegel im Blut relativ niedrig (0,1 nM) liegt. Der **Rezeptor** ist ein integrales Membranglykoprotein, das aus zwei α- und zwei β-Ketten besteht, die durch drei Disulfidbrücken miteinander verknüpft sind. Bei Bindung des Insulins an den extrazellulären Teil des Rezeptors (α-Ketten) erhält der zytosolische Teil des Rezeptors (β-Ketten) **Tyrosin-Kinase-Aktivität.** Es kommt zur Phosphorylierung von Tyrosin-Resten, die sich auf der gleichen Kette befinden wie das katalytische Zentrum. Durch die Autophosphorylierung steigt die Fähigkeit, Tyrosin-Reste in Zielproteinen zu phosphorylieren.

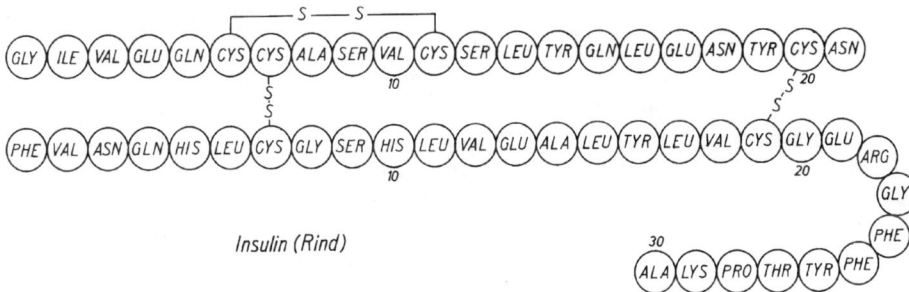

Insulin (Rind)

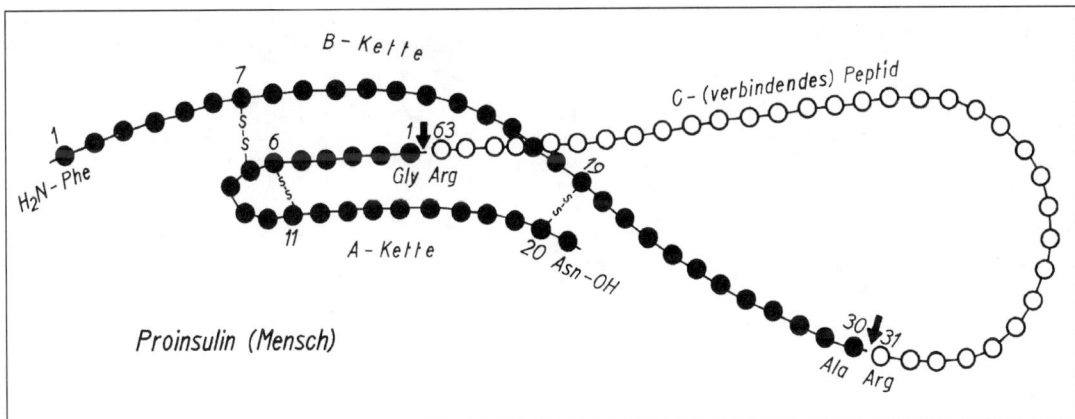

Proinsulin (Mensch)

Abb. 2.13. Das menschliche Proinsulin-Molekül.

Unter der Einwirkung des Insulins kommt es zu einer drastischen Absenkung des Blutzuckerspiegels (**hypoglykämischer**[1]) **Effekt**). Das hat mehrere, synergistisch wirkende Ursachen: 1. Es kommt unter der Einwirkung von Insulin zu einer verstärkten Glucoseaufnahme in die Körperzellen. 2. Durch das Insulin wird die Glucokinase in der Leber aktiviert. Es kommt zur Phosphorylierung der Glucose in den Leberzellen. Dadurch verliert die Glucose ihre freie Diffusibilität durch die Leberzellmembran. 3. Das Insulin aktiviert die Phosphofructokinase und die Glykogen-Synthase, wodurch die phosphorylierte Glucose zu Glykogen polymerisiert und in der Leber gespeichert wird. 4. Das Insulin hemmt die Phosphorylasen, die die Glykogenolyse fördern würden.

Fällt zu viel phosphorylierte Glucose in der Leber an, so daß sie nicht mehr in Glykogen umgewandelt werden kann, wird sie – ebenfalls unter dem steuernden Einfluß von Insulin – in die **Fettsäurebildung** eingeschleust. Die Fettsäuren können im Gegensatz zur phosphorylierten Glucose die Leberzelle verlassen und gelangen, gekoppelt an Lipoproteine, über das Blut zu den Fettzellen, wo sie in Form von Triacylglycerinen (Neutralfetten) gespeichert werden. Die dazu notwendige **Bereitstellung von Glycerin** in den Fettzellen wird ebenfalls vom Insulin gefördert.

Schließlich fördert das Insulin auch den **Proteinaufbau** in mannigfaltiger Weise. So ermöglicht es den aktiven Transport vieler Aminosäuren (nicht aller!) in die Zellen, die daraufhin eine erhöhte ribosomale Proteinsynthese zeigen. Insulin steigert auch die Transkriptionsrate der DNA im Kern (Zunahme von RNA!) und hemmt den Proteinabbau. Das Insulin ist – neben dem Wachstumshormon – einer der wichtigsten Wachstums- und Entwicklungsfaktoren.

Bei zu geringem Insulinspiegel (Zuckerkrankheit, **Diabetes mellitus**[2])) zerfallen die Fette in den Fettzellen wieder in ihre Bestandteile Fettsäuren und Glycerin (Lipolyse), die ins Blut übertreten. Wichtig ist in diesem Zusammenhang eine **hormonsensible Lipase,** die durch Insulin gehemmt wird. Ein großer Teil der Fettsäuren wird von der Leber aufgenommen und dort (auch ohne Insulin!) wieder zu Triacylglycerinen aufgebaut („Fettleber" trotz allgemeiner Abmagerung bei Diabetes-Kranken). Steigt das Angebot an Fettsäuren zu sehr an, kann die Leberzelle das beim Umsetzen der Fettsäuren anfallende Acetyl-CoA (1.4.1., Abb. 1.8.) nicht mehr verarbeiten. Es entsteht **Acetoacetat,** das ins Blut übertritt. Die peripheren Zellen können – bei Insulinmangel – ebenfalls keine Rückverwandlung des Acetoacetat in Acetyl-CoA vornehmen. Es entsteht stattdessen D-3-Hydroxybutyrat und Aceton (zusammen mit dem Acetoacetat als „**Ketonkörper**" bezeichnet). Hohe Ketonkörperkonzentrationen überfordern die Nieren in ihrer Funktion, das Säure-Basen-Gleichgewicht (4.3.) aufrechtzuerhalten. Eine **Acidose** ist die Folge.

Pankreatektomie führt bei carnivoren und omnivoren Säugetieren zu schwerwiegenden Stoffwechselstörungen. Der Glucosespiegel im Blut steigt auf Werte über 250 mg/100 ml an, die Tiere magern schnell ab, in wenigen Wochen tritt der Tod ein. Etwas anders verhalten sich die Wiederkäuer. Das hängt damit zusammen, daß sie einen großen Teil der Energie aus den flüchtigen Fettsäuren der Vormägen gewinnen (3.1.3.6.) und dieser Prozeß insulin*un*abhängig ist. Durch **Alloxan**-Gaben kann man selektiv die B-Zellen schädigen.

Glucagon ist ein aus 29 AS bestehendes Peptidhormon, das beim Schwein, Rind und Mensch identisch ist. Es hat im Hinblick auf das Glykogen einen dem Insulin entgegengesetzten Effekt, indem es in der Leber (nicht dagegen im Gegensatz zum Adrenalin (s. u.) in der Muskulatur!) nicht den Aufbau, sondern den Abbau des Glykogens (**Glykogenolyse**) durch Aktivierung der Glykogen-Phosphorylase (Abb. 1.22.) über die Adenylatzyklase (2.1.3.) stark fördert, und zwar wesentlich stärker als das Adrenalin. Zwei weitere Angriffspunkte des Glucagons sind: 1. Verstärkte Freisetzung von Fettsäuren (**Lipolyse**) aus den Fettzellen in das Blutplasma ebenfalls über eine Adenylatzyklase-Aktivierung. 2. Förderung der **Gluconeogenese** aus Lactat in den Leberzellen durch Aktivierung der Pyruvatcarboxylase. Bei den **Cyclostomen** konnten bisher weder glucagonbildende Zellen noch Glucagonwirkungen beobachtet werden.

Die **Nebenniere** der Säugetiere besteht aus zwei ontogenetisch, histologisch und funktionell völlig verschiedenen Anteilen, dem Nebennierenmark und der Nebennierenrinde. Bei den niederen Wirbeltieren sind beide Anteile noch voneinander getrennt: das Adrenal- und das Interrenalsystem (Abb. 2.14.).

Das **Nebennierenmark** (NNM oder Adrenalsystem[3])) entstammt dem sympathischen Nervensystem. Seine Zellen (**chromaffine Zellen**[4]) = Phäochromozyten) sind den postganglionären Neuronen eines sympathischen Ganglions homolog und werden demgemäß cholinerg durch präganglionäre Neuronen innerviert. Die Steuerung erfolgt ausschließlich neuronal. Das NNM produziert zwei Catecholamine, das **Adrenalin**[3, 5]) und das **Noradrenalin**[6]).

Adrenalin   Noradrenalin

---

[1]) hypo- (griech.) = unter; glyký̄s (griech.) = süß; to haȋma (griech.) = das Blut.
[2]) diabaȋneȋn (griech.) = hindurchtreten; mellitus (lat.) = (honig-)süß.

[3]) ad (lat.) = an, bei; ren, renis (lat.) = die Niere.
[4]) Jakob HENLE (1809–1885) entdeckte 1865, daß sich das Nebennierenmark mit Chromsäure braun färbt.
[5]) In der angelsächsischen Literatur findet man statt Adrenalin die Bezeichnung **Epinephrin,** da der Name Adrenalin in den USA als eingetragenes Warenzeichen geschützt ist.
[6]) Der Präfix nor- sagt aus, daß die Verbindung ein C-Atom weniger als Adrenalin besitzt.

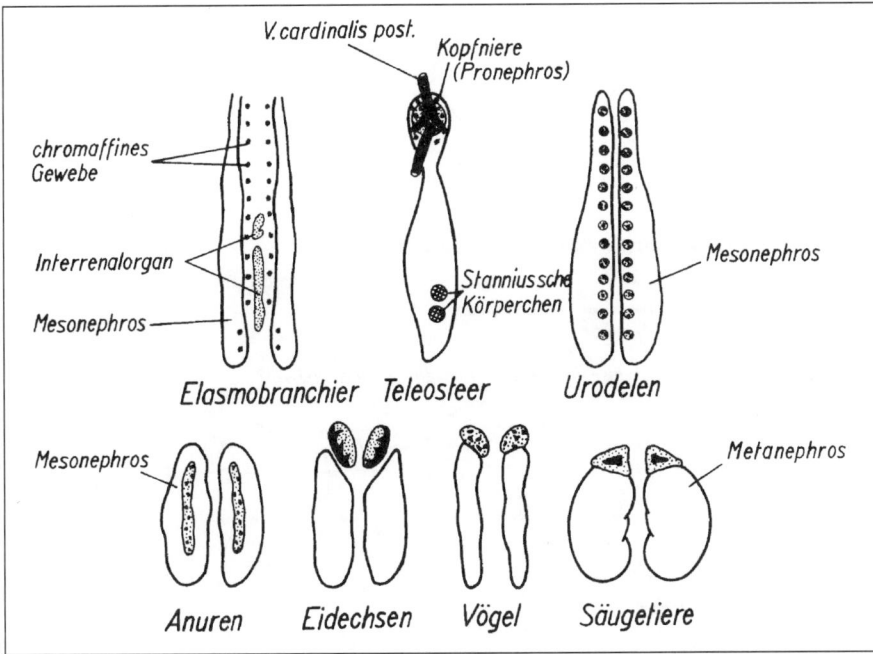

Abb. 2.14. Anordnung des interrenalen Gewebes (Nebennierenrinde) (punktiert) sowie des adrenalen Gewebes (chromaffine Zellen, Nebennierenmark) (schwarz) bei den Wirbeltieren. Aus ROMER u. PARSONS 1991.

Das Mengenverhältnis beider Hormone ist von Art zu Art sehr verschieden und kann selbst bei derselben Art (z. B. Katze) schwanken. Bei den meisten Säugetieren dominiert das Adrenalin gegenüber dem Noradrenalin. Bei Huf- und Raubtieren und vor allem bei Nicht-Säugetieren kann dagegen das Noradrenalin überwiegen. Die Nebennieren der Wale enthalten sogar mehr als 80% Noradrenalin.

Die Wirkungen beider Hormone auf Herz, Gefäße, glatte Muskulatur und Kohlenhydratstoffwechsel unterscheiden sich weniger in qualitativer als in quantitativer Hinsicht. Adrenalin erhöht bei physiologischen Konzentrationen z. B. Kraft und Frequenz der Herzkontraktionen. Seine vasokonstriktorische (gefäßverengende) Wirkung ist dagegen gering. Beim Noradrenalin ist umgekehrt die Wirkung auf die Gefäße wesentlich intensiver (blutdrucksteigernd) als die auf das Herz. Diese unterschiedlichen Wirkungen von Noradrenalin und Adrenalin sind darauf zurückzuführen, daß es mehrere Rezeptortypen gibt.

Das **Adrenalin** bindet an den β-**Rezeptoren,** die an der Oberfläche der quergestreiften Muskelfasern und der Leberparenchymzellen in größeren Mengen vorkommen. Dort löst es über die Adenylatzyklase und Bildung von cAMP als sekundären Boten (2.1.3.), der als allosterischer Aktivator (1.5.1.) einer Proteinkinase fungiert, eine Kette von Enzym-Interkonversionen (1.5.1.) aus (Abb. 2.15.), die schließlich zur Aktivierung der Glykogen-Phosphorylase (über-

führt Glykogen in Glucose-1-$\circledP$) und gleichzeitig zur Inaktivierung der Glykogen-Synthase führt (Abb. 1.22.): Umschaltung des Stoffwechsels von der Glykogensynthese auf den Glykogenabbau **(Glykogenolyse).** Das Resultat ist ein Glucose-Anstieg im Blut. Weitere Wirkungen des Adrenalins über die β-Rezeptoren sind: Neben der bereits erwähnten **Steigerung der Schlagfrequenz und der Kontraktionskraft des Herzens** die **Erweiterung der Bronchien** und der Herzkranzgefäße sowie die Erhöhung der **Lipolyse** im Fettgewebe. Adrenalin steigert weiterhin den **oxidativen Stoffwechsel** in den Zellen, es erhöht damit den O_2-Verbrauch, den Grundumsatz und die Körpertemperatur.

An den α-**Rezeptoren** können sowohl Adrenalin als auch Noradrenalin binden. Sie sind hauptsächlich an der glatten Gefäßmuskulatur zu finden. Die Bindung am Rezeptor löst **Vasokonstriktion** und **Steigerung des Blutdrucks** aus. Die **Schweißdrüsen** der Wiederkäuer enthalten ebenfalls α-Rezeptoren, die der Pferde dagegen β-Rezeptoren: Schweißbildung bei erhöhtem Catecholaminspiegel.

Zusammenfassend kann man sagen, daß die Hormone des NNM eine **ergotrope**[1]) **Wirkung** haben, d. h. den Organismus in einen Zustand erhöhter Arbeits-

---

[1]) to ergón (griech.) = das Werk, die Arbeit; -trop (Nachsilbe) = zugewandt, auf etwas gerichtet sein; von ho trópos (griech.) = die Wendung, Richtung.

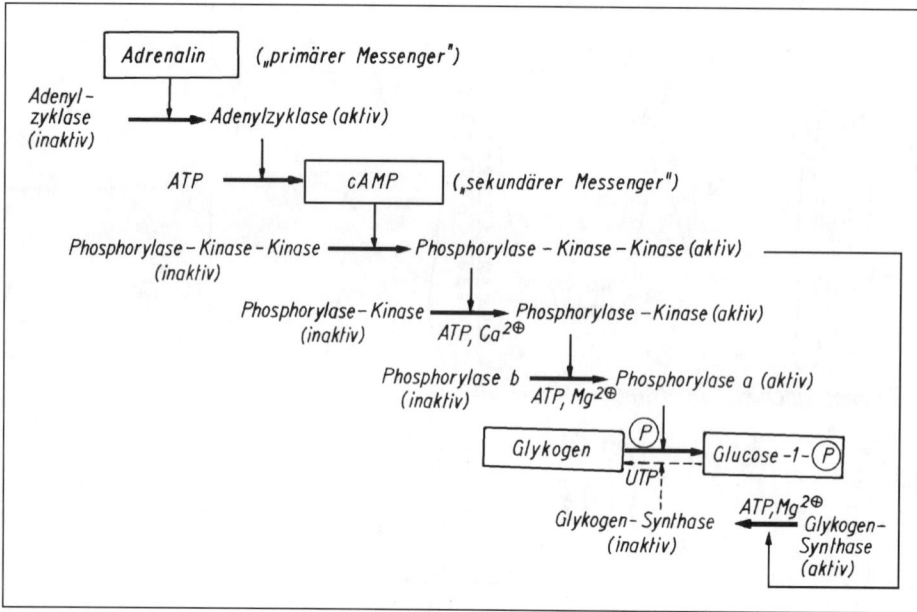

Abb. 2.15. Zur glykogenolytischen Wirkung des Adrenalins. Die aktivierte Phosphorylase-Kinase-Kinase, durch die die Glykogenolyse in Gang gesetzt wird, hemmt gleichzeitig durch Inaktivierung der Glykogen-Synthase den gegenläufigen Prozeß, nämlich die Glykogensynthese.

bereitschaft und gesteigerter Fähigkeit zum Angriff oder zur Flucht versetzt. Dazu gehört auch, daß Adrenalin die Darmtätigkeit hemmt und das aufsteigende retikuläre, aktivierende System (ARAS, 7.3.5.) stimuliert, d. h. die Hirnrindenaktivität und damit die Aufmerksamkeit fördert. Da das Adrenalin ziemlich schnell wieder abgebaut wird, ist seine Wirkung nur kurzfristig. Das Noradrenalin arbeitet ökonomischer und wird in der Ruhesekretion bevorzugt ausgeschüttet. Die Aktivität des NNM wird vorwiegend neural über präganglionäre sympathische Fasern (N. splanchnicus) cholinerg gesteuert. Über diese Bahnen erreichen dauernd Impulse das NNM (Sympathicustonus), durch die eine geringe kontinuierliche Sekretionstätigkeit aufrechterhalten wird. Unter besonderen Umständen kann die Ausschüttung kurzfristig wesentlich gesteigert werden.

2.2.2. Die glandulären Steroidhormone der Wirbeltiere

Viele Hormone gehören den **Steroiden** an. Letztere bilden eine Klasse biologisch hochwirksamer Verbindungen, die im Pflanzen- und Tierreich sehr weit verbreitet sind. Ihr gehören neben vielen Hormonen auch die Sterine, die Vitamine der D-Gruppe (S. 201), die Gallensäuren (3.1.3.7.) und die herzwirksamen Digitalisglykoside, wie das Digitoxigenin und das Strophantin, an.

Chemisch leiten sich die Steroide vom **Steran** (Cyclopentanoperhydrophenanthren) ab, einem System aus drei Sechsringen und einem Fünfring. Diese Ringe stellen gesättigte oder „alizyklische" Kohlenwasserstoffe dar, also keine aromatischen Verbindungen der Benzolreihe.

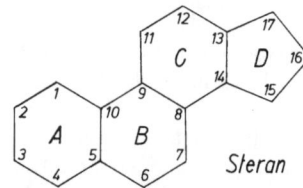

Die Struktur des Ringsystems wurde 1932 durch Adolf WINDAUS[2]) aufgeklärt.

Die Steroidhormone werden im Organismus aus **Cholesterin** gebildet. Sie lassen sich nach der Zahl ihrer C-Atome einteilen (Abb. 2.16.). Das Arthropodenhormon Ecdysteron hat alle 27 C-Atome des Cholesterins, das Gelbkörperhormon Progesteron und die Nebennierenrindenhormone der Wirbeltiere (Cortisol, Corticosteron, Aldosteron) 21, die männlichen Sexualhormone (Androgene, z. B. Testosteron) 19 und die Follikelhormone (Östrogene, z. B. Östradiol) nur 18 C-Atome. Bei den Östrogenen ist der Ring A außerdem im Gegensatz zu allen anderen Steroidhormonen aroma-

---

[2]) Adolf WINDAUS, geb. 1876 in Berlin, Studium d. Chemie, Diss. Freiburg/Br., gest. 1959 i. Göttingen (Nobelpreis 1928).

tisch. Die Ecdysteroide sind in ihrer Verbreitung auf die Protostomia beschränkt. Sie sind außer bei den Arthropoden auch bei verschiedenen Mollusken (Gastropoden, Bivalvia), Anneliden, Nemathelminthen und Plathelminthen gefunden worden. Sieht man von dem aus dem Vitamin D_3 (Calciferol) abgeleiteten und schwer einzuordnenden Calcitriol ab, so haben alle Steroidhormone der Wirbeltiere die Seitenkette des Cholesterins verkürzt.

Die Steroidhormone werden im Blut in Bindung an Proteine transportiert und über einen **Carrier-Mechanismus** in die Zelle eingeschleust, um sich dort mit einem spezifischen **Rezeptorprotein** zu einem mit Konformationsänderung verbundenen wirksamen Komplex zu vereinigen. Das geschieht wahrscheinlich nicht im Cytosol, sondern erst im Zellkern. Dort ist auch der Wirkungsort der Steroide. Der Steroidhormon-Rezeptorkomplex besitzt eine hohe Spezifität für bestimmte DNA-Abschnitte, die er an ihrer

Sequenz „erkennt". Es wird so auf noch ungeklärte Weise die Transkription an diesen bestimmten Genen stimuliert (Induktion einer **Genexpression**), was schließlich zur Synthese spezifischer Proteine führt (Tab. 2.3.). Die spezifischen Rezeptormoleküle sind in ihrer Verbreitung auf die Zielgewebe beschränkt. Ihre Zahl kann mit dem Alter, dem physiologischen Entwicklungszustand oder auch der Gegenwart anderer Hormone variieren. So ist z. B. bekannt, daß Östrogen am Hühnchenovidukt die Empfindlichkeit gegenüber Progesteron durch Steigerung der Anzahl der Progesteron-Rezeptormoleküle stimuliert. Umgekehrt setzt Progesteron bei Säugetieren die Zahl der Östrogen-Rezeptormoleküle herab.

Die **Nebennierenrinde** (NNR oder Interrenalsystem[1])) entsteht aus dem Coelomepithel, aus dem

---

[1]) inter (lat.) = zwischen; rénēs (lat.) = Nieren.

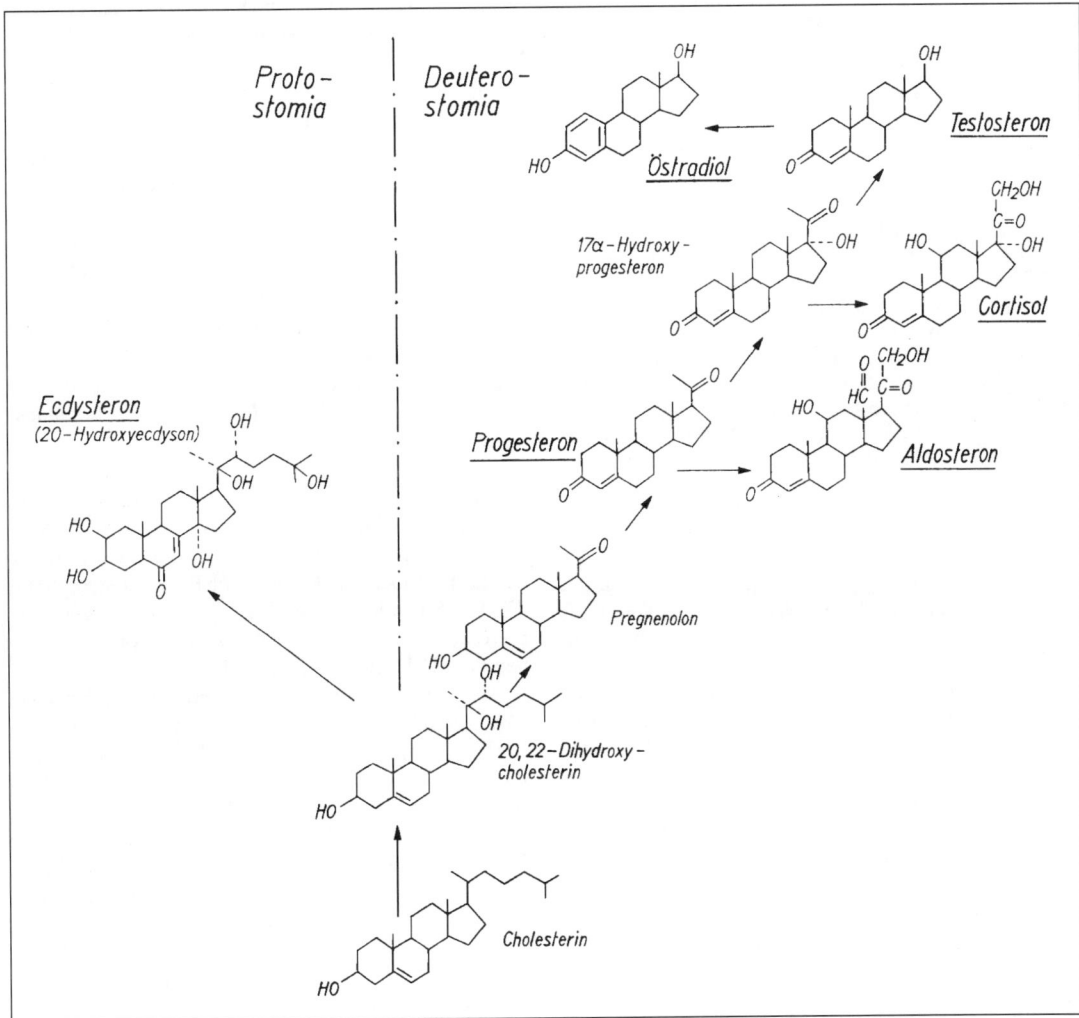

Abb. 2.16. Die Biosynthese der Steroidhormone als phylogenetischer Stammbaum dargestellt. Die Namen der hormonal wirksamen Steroide sind unterstrichen. Nach KARLSON 1985.

Tabelle 2.3. Übersicht über die von den Steroidhormonen induzierten Proteine. Aus P. KARLSON 1979.

Hormon	Erfolgs-organ	induziertes Protein
Androsteron	Prostata, Muskel	allgemein anabole Wirkung
Östradiol	Uterus Ovidukt (Hühnchen) Leber (Frosch)	allgemeine Steigerung Ovalbumin Vitellogenin
Progesteron	Uterus Ovidukt (Hühnchen)	Uteroglobin Avidin
Cortisol	Leber	Tryptophan-Oxygenase Pyruvat-Carboxylase Phosphoenolpyruvat-Carboxykinase
Aldosteron	Niere	$Na^{\oplus}$-Transportprotein
Ecdyson	Epidermis (Insekten)	Dopa-Decarboxylase (Abb. 2.34.)

auch die Gonadenanlage hervorgeht, und produziert wie diese Steroidhormone. Etwa 30 verschiedene Steroide konnten aus der NNR isoliert werden, von denen aber wahrscheinlich viele Zwischenprodukte der Hormonsynthese bzw. des -abbaus darstellen und nur wenige tatsächlich ins Blut abgegeben werden. Die wichtigsten physiologisch wirksamen Hormone der NNR, die Corticosteroide oder kurz Corticoide[1]), sind das **Cortisol,** das **Corticosteron** und das **Aldosteron** (Abb. 2.17.). Während das Corticosteron unter den Wirbeltieren weit verbreitet ist, fehlt das Cortisol den Reptilien und vielen Amphibien, denen offenbar die Fähigkeit zur 17-Hydroxylierung verlorengegangen ist. Aldosteron ist bei den tetrapoden Wirbeltieren und – wie neuerdings gezeigt werden konnte – auch bei einigen Knochenfischen vorhanden, fehlt aber den Cyclostomen und Knorpelfischen (Abb. 2.17.).

Die Corticoide wirken einerseits auf den Elektrolythaushalt und andererseits auf den Kohlenhydrat- und Eiweißstoffwechsel ein. Bei den sog. **Mineralocorticoiden** (z. B. Aldosteron bei physiologischen Konzentrationen) steht erstere Wirkung im Vordergrund, und der Einfluß auf den Kohlenhydrat- und Eiweißstoffwechsel ist von untergeordneter Bedeutung. Bei den sog. **Glucocorticoiden** (z. B. Cortisol und Corticosteron) ist es gerade umgekehrt. Die mineralocorticoide Wirkung besteht in einer Förderung der Reabsorption von $Na^{\oplus}$ in den Nierentubuli und der Ausscheidung von $K^{\oplus}$ und Phosphat mit dem

Urin. An die Stelle des Aldosterons tritt bei vielen Nicht-Säugetieren das Cortisol als wichtigstes Mineralocorticoid. Es regt insbesondere die extrarenale Ausscheidung von $Na^{\oplus}$ an den Kiemen der Fische (4.2.1.2.), in den Rektaldrüsen der Knorpelfische bzw. in den Salzdrüsen der Vögel (4.2.1.2.) an. – Unter dem Einfluß der Glucocorticoide erfolgt bei Säugern ein erhöhter Eiweißabbau (katabole Wirkung), verbunden mit einer Stimulierung der Glucose-Synthese (Gluconeogenese). Gleichzeitig wird die Ablagerung des Glykogens in der Leber gefördert und der Kohlenhydratabbau in den Geweben gehemmt. Insgesamt resultiert eine Steigerung des Glucosespiegels im Blut.

Das Cortisol induziert die Bildung der für die Synthese des Phosphoenolpyruvats (PEP) aus Pyruvat – ein wichtiger Schritt bei der Gluconeogenese – notwendigen Enzyme PEP-carboxykinase und Pyruvatcarboxylase. Gleichzeitig steigt infolge seiner lipolytischen Wirkung der Acetyl-CoA-Spiegel an, was zu einer Aktivierung der erwähnten Pyruvatcarboxylase und zur Drosselung des Glucoseabbaus an bestimmten Stellen führt.

Die Corticoide können nicht gespeichert werden, dafür ist die Syntheseleistung der NNR außerordentlich groß. Eine Exstirpation der NNR führt innerhalb von wenigen Tagen zum Tod. Die Produktion der Glucocorticoide wird durch das ACTH kontrolliert, die des Aldosterons über das Angiotensin II (S. 334). Eine nervöse Regulation entfällt, da die NNR im Gegensatz zum Mark nicht innerviert ist. „Streß"-Situationen (S. 112) führen über den Hypothalamus zum starken Anstieg des Cortisol-Gehaltes im Blut. Auch die Hormone des Nebennierenmarks (s. u.) können über den Hypothalamus die Corticoidausschüttung stimulieren (Abb. 2.18.).

Die **Gonaden** sind nicht nur Bildungsstätten der Geschlechtszellen (Gameten), sondern auch Produktionsorte von Hormonen, den sog. Sexualhormonen. Beide Aufgaben stehen in enger Beziehung zueinander. Die Sexualhormone sind wie die Rindenhormone Steroide. Im Gegensatz zu den gonadotropen Hormonen des HVL sind sie geschlechtsspezifisch.

Als das eigentliche **männliche Sexualhormon** (Androgen[2])) wird das **Testosteron**[3]) angesehen. Es wird in den interstitiellen Zellen des Hodens (Leydigsche Zwischenzellen[4])) gebildet und ist für die Entwicklung der primären und sekundären Geschlechtsmerkmale (Hahnenkamm, Hirschgeweih etc.) sowie für die Spermatogenese unentbehrlich. Wirkungen des Testosterons beim erwachsenen Tier bestehen in der Ausbildung eines Hochzeitskleides (Stichling,

---

[1]) cortex, -ticis (lat.) = Rinde.

[2]) ho anḗr, andrós (griech.) = der Mann, Ehemann.
[3]) téstis (lat.) = Zeuge, Hoden.
[4]) Franz LEYDIG, geb. 1821 in Rothenburg ob d. Tauber, Prof. f. Zoologie u. vgl. Anatomie in Tübingen und Bonn, gest. 1908 in Rothenburg.

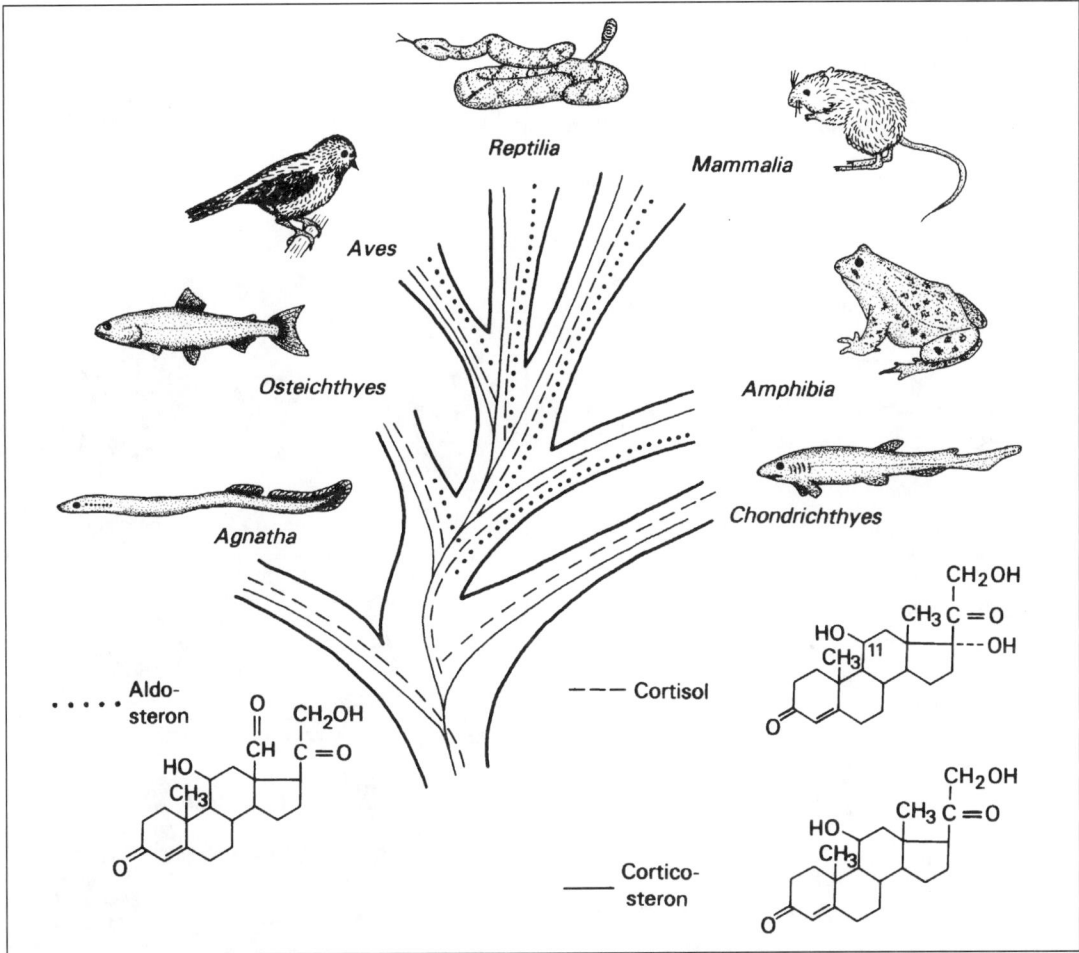

Abb. 2.17. Die wichtigsten Hormone der Nebennierenrinde (Interrenalsystem) und ihre Verbreitung. In Anlehnung an HANKE 1973.

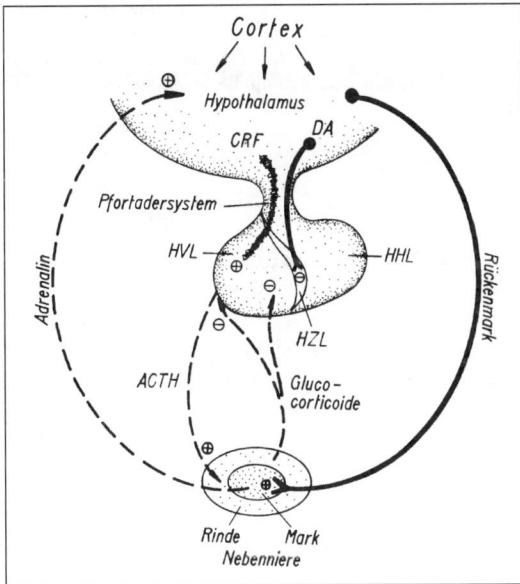

Abb. 2.18. Schematische Darstellung der Steuerung der Nebennierenfunktion. Durchgezogene Linien: neuronale Beeinflussung; gestrichelte Linien: hormonale Wirkungen. Durch CRF wird über das Pfortadersystem die Ausschüttung von ACTH ausgelöst. ACTH steigert die Glucocorticoidproduktion in der NNR. Die Glucocorticoide hemmen rückwirkend die ACTH-Produktion und -Sekretion. Im Gegensatz dazu wird die Proopiomelanocortin (POMC)-Produktion im HZL direkt durch eine dopaminerge (DA) Innervation im Hypothalamus gehemmt. Das NNM steht unter neuronaler (cholinerger) Kontrolle. In Anlehnung an ROBERTS et al. 1982.

Kamm beim Molch usw.) und der Auslösung des Brunstverhaltens. Außerdem fördert es das Wachstum der Muskulatur. Das ist darauf zurückzuführen, daß das Testosteron die Eiweißsynthese zu steigern vermag (anabole Wirkung). Neben den Zwischenzellen produziert auch die NNR Androgene. Die Tätigkeit beider Drüsen wird vom HVL gesteuert (s. u.).

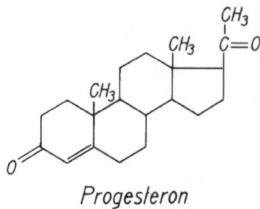

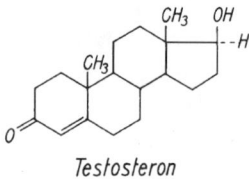

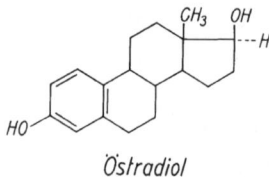

Progesteron

Testosteron

Östradiol

Abb. 2.19. Auswirkungen von Kastrationen bei Wirbeltieren. Oben: Kastrierte Froschmännchen bilden gar keine oder nur unbedeutende Daumenschwielen aus. Nach MEISENHEIMER. - Mitte: Die reversible Rückbildung des Kamms und der Kehllappen beim Kapaun. - Unten: Kastrierte Erpel behalten ihr charakteristisches Gefieder, das Gefieder kastrierter Weibchen wird männlich umgeprägt. Nach ZAWADOWSKY.

Die Verhältnisse bei den **Vögeln** bedürfen einer besonderen Erwähnung. Der männliche Vogel (Pfauhahn, Fasan, Erpel) verliert sein Prachtgefieder nach Kastration in der Regel nicht (Abb. 2.19.), während das weibliche Tier ein Gefieder männlicher Prägung annimmt. Es erfolgt also die männliche Ausprägung des Gefieders unabhängig von den Geschlechtshormonen, während die weibliche Ausprägung der Einwirkung weiblicher Geschlechtshormone bedarf. So ist es auch beim Haushuhn: Der kastrierte Hahn (**Kapaun**) behält sein typisches Gefieder, das kastrierte Huhn (**Poularde**) erhält eine männliche Tracht. Demgegenüber werden Kämme und Kehllappen beim kastrierten Hahn blaß und reduziert (Abb. 2.19.), das Krähen hört auf, und der Begattungstrieb schwindet. Diese Veränderungen sind reversibel. Wenn man dem Kapaun einen Hoden implantiert oder ihn mit männlichen Geschlechtshormonen versorgt, wachsen Kamm und Kehllappen wieder.

Froschmännchen bilden während der Paarungszeit drüsige Organe an der vorderen Extremität aus (**Daumenschwielen**), die ihnen bei der oft tagelang während der Umklammerung des Weibchens dienlich sind. Bei kastrierten Tieren findet man gar keine oder nur schwach entwickelte Schwielen. Behandlung mit Hodenextrakt bzw. Hodenimplantation führen wieder zur normalen Ausprägung des Organs (Ab. 2.19.).

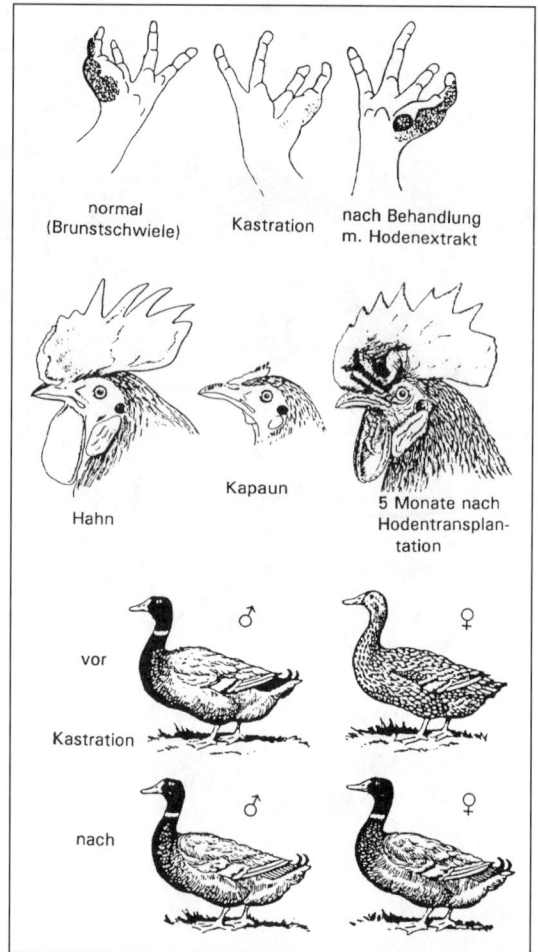

In **weiblichen Keimdrüsen** werden zwei physiologisch verschiedene Sexualhormongruppen gebildet, die Östrogene und die Gestagene. Sie bewirken (zusammen mit anderen Faktoren) die normale Entwicklung der primären und sekundären weiblichen Geschlechtsmerkmale.

Die **Östrogene**[1] (Follikelhormone) – es sind über 20 bekannt – sind durch ihren aromatischen A-Ring charakterisiert. Deshalb fehlt ihnen die angulare CH_3-

[1] ho oístros (griech.) = die Brunst, Brunft; genáo (griech.) = ich erzeuge.

Gruppe am C-10, und am C-3 befindet sich eine phenolische ⁻OH-Gruppe. Sie werden in der Theca interna des heranwachsenden Follikels, nach der Ovulation im Gelbkörper und während der Gravidität in zunehmendem Maße in der Placenta gebildet. Als das eigentliche Östrogen wird das **Östradiol** angesehen. Es ist für die normale Entwicklung der primären und sekundären weiblichen Geschlechtsmerkmale verantwortlich.

Beim Fisch *Oryzias latipes* ist es gelungen, durch Östrogengaben mit der Nahrung vom Tage des Schlüpfens an bis zu einem Alter von 8 Monaten genotypische Männchen zu fortpflanzungsfähigen Weibchen umzustimmen. Dasselbe konnte bei Krallenfroschlarven *(Xenopus)*, die in östradiolhaltigem Wasser gehalten wurden, beobachtet werden. Die Nachkommen dieses „Scheinweibchens" waren in diesem Falle alle männlich (weibliche Heterogametie!).

In adulten Tieren bedingt das Follikelhormon Veränderungen, die mit dem Ablauf des Geschlechtszyklus, d. h. mit dem Eintritt und der Dauer der Brunst (Östrus), zusammenhängen. Das betrifft die Anregung des Wachstums der Uterusschleimhaut (Proliferationsphase), Verhornung des Vaginaepithels bei Nagern und Raubtieren und Steigerung der Spontanaktivität der Uterusmuskulatur. Höhere Östrogen-Titer hemmen die FSH-Ausschüttung und damit die Follikeldifferenzierung. Extragenitale Effekte der Östrogene erstrecken sich auf die Förderung des Wachstums und der Differenzierung der Milchdrüse. Bei Vögeln tritt unter dem Einfluß von Östrogenen eine deutliche Erhöhung des $Ca^{2\oplus}$-Spiegels im Blut ein.

Ebenso wie die Steroidhormone Cortisol (s. o.) und Ecdyson beeinflussen auch die Östrogene primär **Genaktivitäten.** Es konnte bei noch nicht geschlechtsreifen Ratten, denen die Eierstöcke exstirpiert worden waren, bereits 30 min nach Gaben von Östrogenen eine Zunahme der RNA in den Uteruszellen beobachtet werden. Nach 3–4 Stunden war die Proteinsynthese auf 300% des Ausgangswertes angestiegen. Bei eierproduzierenden Hennen wird die Leber durch erhöhte Östrogenbildung zur Produktion des **Phosphovitins,** eines Eigelbproteins, angeregt. Im Hahn, der dieses Protein normalerweise nicht bildet, kann die Phosphovitinsynthese ebenfalls durch Östrogene induziert werden.

Die **Gestagene**[1]) (Gelbkörperhormon, „Schwangerschaftshormon") werden in dem aus dem Follikel nach der Ovulation hervorgegangenen Gelbkörper (Corpus luteum) und in der Placenta aus Cholesterin gebildet. Das wichtigste ist das **Progesteron.** Es setzt im wesentlichen das fort, was durch Östradiol begonnen wurde. Es bewirkt die Umstellung der Uterusschleimhaut aus der Proliferations- in die Sekretionsphase und macht sie somit für die Einnistung des Eies (Nidation) geeignet. Es ergänzt Östradiol bei der Förderung der Milchdrüsenentwicklung. Im Gegensatz zum Östradiol hemmt es aber die Erregbarkeit der Uterusschleimhaut (Aufheben der wehenerregenden Oxytocin-Wirkung).

2.2.3. Die Adenohypophyse der Wirbeltiere

Die an der Basis des Zwischenhirns (Diencephalon) gelegene Hypophyse setzt sich aus zwei ontogenetisch und physiologisch verschiedenen Teilen zusammen, aus der **Adenohypophyse**[2]) und der **Neurohypophyse**[2]). Erstere entwickelt sich aus einer medianen Vertiefung im Dach des ektodermalen Vorderdarms, aus der sog. Rathkeschen[3]) Tasche, und tritt später in engen Kontakt mit der sich aus dem Boden des Zwischenhirns entwickelnden Neurohypophyse **(Hypophysenhinterlappen HHL).**

Die Adenohypophyse gliedert sich später gewöhnlich in einen massigen Lobus anterior **(Hypophysenvorderlappen HVL),** eine schmale Pars intermedia **(Hypophysenzwischenlappen HZL)** und die Pars tuberalis **(Trichterlappen).** Während die HHL über den Tractus praeopticohypophyseus mit dem Boden des Diencephalon (Hypothalamus) in direkter Verbindung bleibt, fehlt zwischen dem HVL und dem Hypothalamus eine Nervenverbindung (die Innervation des HVL erfolgt ausschließlich vom Ggl. cervicale craniale). Dafür steht der HVL jedoch unter der neurohormonalen Kontrolle des Hypothalamus (parvizelluläres System, hypophysäres Pfortadersystem, 2.2.4.) (Abb. 2.20., 2.22.).

In der **Adenohypophyse** werden insgesamt sieben verschiedene Proteohormone gebildet, fünf davon sind **adenotrop,** d. h., sie regulieren die Tätigkeit „peripherer" Hormondrüsen.

1. Das **thyreoideastimulierende Hormon (TSH,** thyreotropes Hormon oder Thyreotropin) ist wahrscheinlich ein Glykoproteid. Es ist für die normale Funktion der Schilddrüse (Thyreoidea) unbedingt erforderlich. Es aktiviert sowohl die Jodidaufnahme der Schilddrüse als auch die Synthese und Freisetzung der Schilddrüsenhormone. Ein erhöhter Thyroxinspiegel im Blut hemmt rückwirkend die TSH-Ausschüttung (Rückmeldekreis) über eine Hemmung des hypothalamischen Releasing-Hormons TRH (Thyreotropin-Releasing-Hormon, s. u. Abb. 2.9.).

2. Das **adrenocorticotrope Hormon (ACTH)** oder **Corticotropin** ist ein artspezifisches Polypeptid mit 39 Aminosäuren. Es wird – ebenso wie das TSH – in den basophilen Zellen des HVL gebildet und stimuliert die Nebennierenrinde zur gesteigerten Ausschüttung von Corticoiden (Cortisol u. a.). Unter seinem Einfluß kommt es zur vermehrten Synthese der Hormone, indem es die Bildung des Pregnenolons aus

---

[1]) gestáre (lat.) = tragen, Schwangerschaft; genáo (griech.) = ich erzeuge.

[2]) ho adén (griech.) = die Drüse; to neūron (griech.) = der Nerv; hypó- (griech.) = darunter; phyesthai (griech.) = wachsen.

[3]) Martin Heinrich RATHKE, geb. 1793 i. Danzig, wurde v. BAERS Nachf. i. Königsberg, wo er 1860 starb.

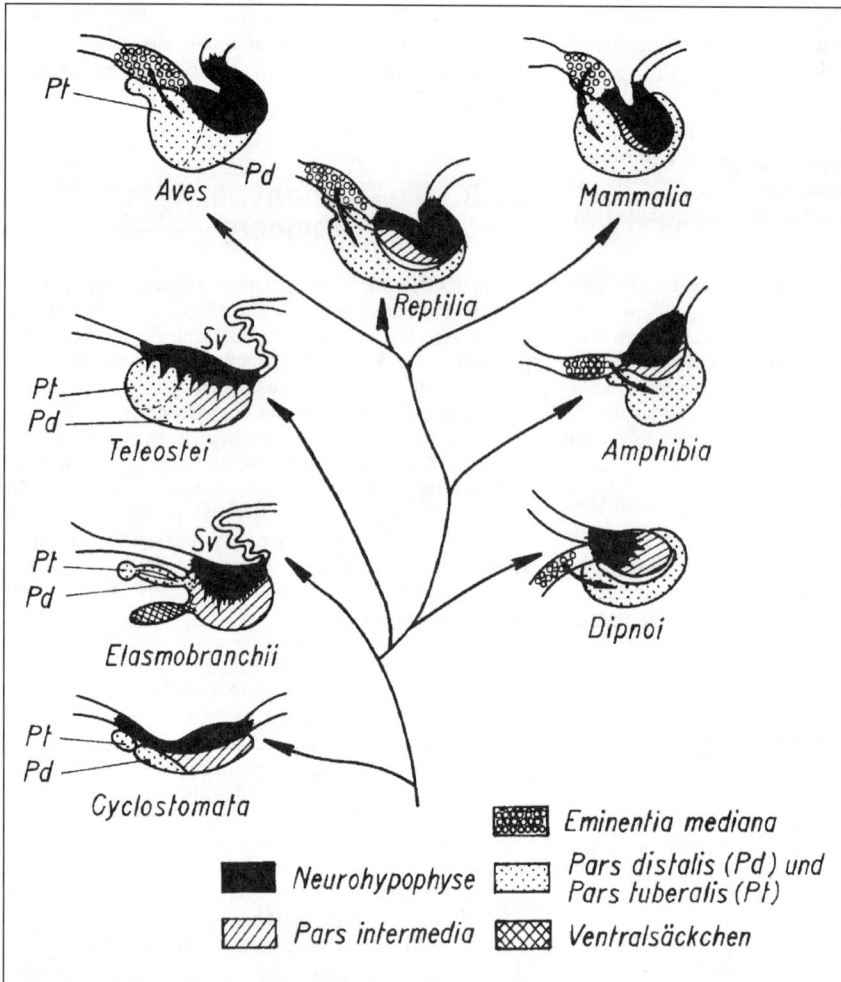

Abb. 2.20. Die Vertebratenhypophyse in ihren evolutiven Veränderungen. Bei den Cyclostomata ist noch keine scharf abgegrenzte Neurohypophyse vorhanden. Ein hypophysäres Pfortadersystem (Pfeil von der Em. mediana zur Pars distalis) finden wir bei den Dipnoern und den Tetrapoden. Im Gegensatz zu den Teleostei und Elasmobranchii fehlt bei den Dipnoi der Saccus vasculosus (Sv.). Eine eigenständige Pars intermedia fehlt bei den Vögeln, aber auch bei einigen Säugetieren (Insectivora, Edentata, Carnivora). Aus TURNER 1955, verändert.

dem Cholesterin fördert und die Enzyme aktiviert, die aus dieser Vorstufe die spezifischen Nebennierenrindenhormone werden lassen. Ein erhöhter Cortisolspiegel im Blut hemmt rückwirkend die ACTH-Ausschüttung (Abb. 2.18.). Auch hier ist ein Releasing-Hormon eingeschaltet, das Corticotropin-Releasing-Hormon (CRH, s. u.). Zu einer vermehrten ACTH-Ausschüttung kommt es bei starken physischen oder auch psychischen Belastungen, wie z. B. unter dem Einfluß von Hitze- und Kältereizen, Verletzungen, Infektionen, Übermüdungen usw. Von SELYE[1]) wurde

für diese unspezifischen außergewöhnlichen Belastungen der Sammelbegriff „Stress"[2]) eingeführt. Bei Wirbeltieren, die in Gruppen leben, hat man beobachtet, daß die „Rangniederen", vergleichbar mit der Adaptation an einen äußeren **Stressor,** aktivierte Nebennieren haben. Auch Übervölkerung kann als Stressor wirken. Das führt nach einiger Zeit zur Abnahme der Abwehrkräfte, wodurch sich die Population „automatisch" wieder auf eine normale Größe einreguliert.

Es wurde ein weiteres Hormon aus der Adenohypophyse isoliert, das wegen seiner lipotropen Wirkung als **Lipotropin** bezeichnet wird. Es bewirkt einen Anstieg von ungesät-

---

[1]) Hans Hugo Bruno SELYE, geb. 1907 in Wien, Med.-Studium i. Prag, Paris u. Rom, Emigration i. d. USA, ab 1945 Direktor d. „Institute of Experim. Medicine a. Surgey" in Montreal, gest. 1982.

---

[2]) stress (engl.) = Anstrengung, Belastung.

tigten Fettsäuren und Ketokörpern im Blut durch die Mobilisierung peripherer Fettdepots, außerdem vermehrt es die Fettablagerung in der Leber. Es handelt sich um ein Polypeptid aus 91 Aminosäuren (β-Lipotropin, β-LPH). β-LPH und ACTH entstehen aus einem gemeinsamen Vorläufer (Präkursor, Abb. 2.21.) durch enzymatische Spaltung. Es ist das **Proopiomelanocortin (POMC).**

Das Carboxylende des β-LPH (61–91) ist ein **endogenes Opioid,** das β-**Endorphin** (das α-Endorphin entspricht dem β-LPH 61–76). Die ersten fünf Aminosäuren des Endorphins (β-LPH 61–65) entsprechen einem anderen endogenen Opioid, dem Methionin-Enkephalin (**Met-Enkephalin:** Tyr-Gly-Gly-Phe-Met). (Beim Leu-Enkephalin, einem weiteren Pentapeptid mit opiat-ähnlichen Eigenschaften, ist das Methionin lediglich durch Leucin ersetzt.) Alle endogenen Opioide sind natürlich vorkommende Substanzen im Gehirn und anderen Geweben der Säugetiere. Sie wirken wie die opiaten Alkaloide Morphin oder Heroin schmerzstillend und spezifische motorische Effekte auslösend. Während β-Endorphin und das ACTH entsprechende Verteilungen im ZNS haben (besonders reichlich in der Hypophyse, im Hypothalamus und im Mesencephalon) und in den gleichen Zellen vorkommen können, zeigen die Enkephaline eine andere Verteilung. Deshalb können die Endorphine nicht als Vorläufer der Enkephaline angesehen werden, die aus einem anderen Vorläufer hervorgehen (Abb. 2.21.).

3. Das **follikelstimulierende Hormon (FSH)** ist ein Glykoproteid, das in den basophilen Zellen des HVL gebildet wird. Seine Produktion und Ausschüttung wird durch ein hypothalamisches Releasing-

Hormon GRH (Gonadotropin-Releasing-Hormon, s. u.) gesteuert. Es regt im Ovar Follikelwachstum und -reifung und im Hoden die Spermiogenese an. Ein Einfluß auf die Produktion und Abgabe von Geschlechtshormonen in den Gonaden ist nicht bekannt. Östrogene im Blut hemmen die Abgabe von FSH und verhindern damit das Heranreifen eines zweiten Follikels.

4. Das **zwischenzellstimulierende Hormon** (interstitial cell stimulating hormone, **ICSH = luteinisierendes Hormon LH,** Lutropin) ist ein Glykoproteid (M_r = 30 000 beim Schwein, 28 500 beim Menschen), das in den chromophoben Zellen des HVL gebildet wird. Gemeinsam mit dem FSH regelt es die Follikelreifung und löst schließlich die Ovulation (Follikelsprung) aus. Es werden die Östradiol- und Progesteronproduktion im Follikel stimuliert. Im männlichen Geschlecht werden die Leydigschen Zwischenzellen des Hodens zur Testosteron-Produktion angeregt.

5. Das **Prolactin**[1]) (PRL, luteotropes Hormon LTH, Lactationshormon, Lactotropin) ist ein Proteohormon mit 198 (Wiederkäuer) bzw. 199 (Schwein, Schaf) Aminosäuren und drei Disulfidbrücken. Die im Zentrum des Moleküls gelegene Brücke ist für die lactogene Wirkung (s. u.) essentiell. PRL wird in den

---

[1]) lac, lactis (lat.) = die Milch.

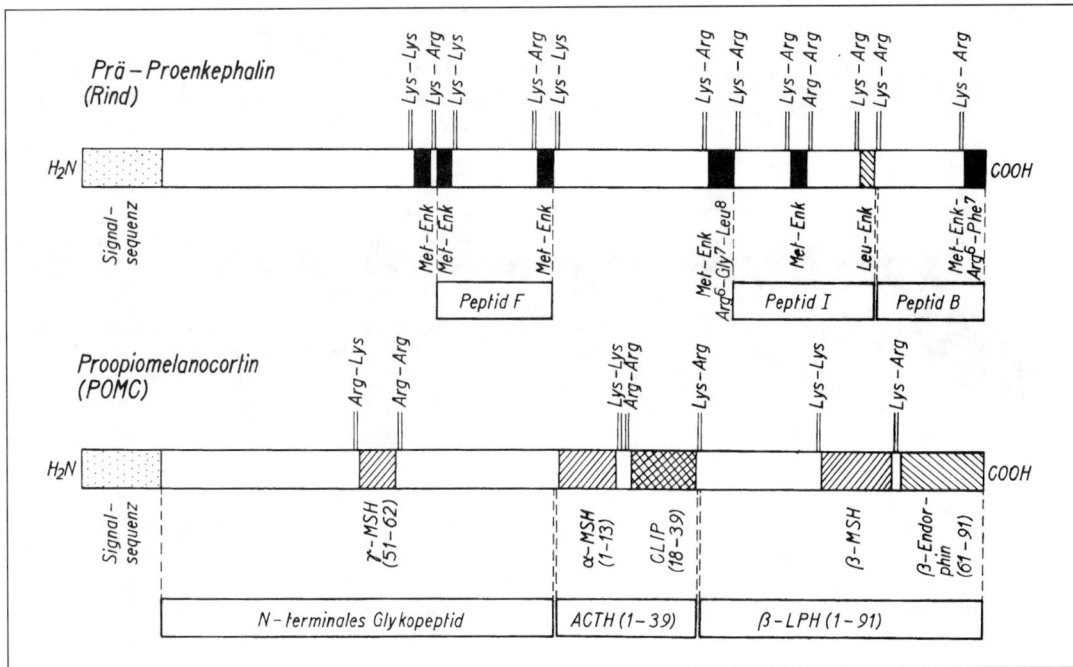

Abb. 2.21. Schematische Darstellung der Struktur des Rinder-Präproenkephalins sowie des Proopiomelanocortins (POMC). Peptidasen setzen aus diesen Sequenzen die wirksamen Peptide durch Spaltung an solchen Stellen frei, wo Paare basischer Aminosäuren (Lys-Arg, Lys-Lys, Arg-Arg) vorliegen.

eosinophilen (lactotropen) Zellen des HVL gebildet und zeigt große Ähnlichkeiten mit dem Somatotropin (STH). Es kommt bei allen Wirbeltierklassen mit Ausnahme der Cyclostomen vor. Seine Ausschüttung wird über **Dopamin,** das vom Hypothalamus gebildet und abgegeben wird, ständig gebremst. Erst im Zusammenhang mit einer Desinhibition kommt es zu einem Anstieg der Prolactin-Abgabe. Man kennt eine Reihe prolactin-stimulierender Peptide aus dem Hypothalamus, die über das Pfortadersystem (2.2.4.) die hypophysäre Prolactin-Sekretion stimulieren. Dazu gehören das Thyreotropin-Releasing-Hormon (TRH), das vasoaktive intestinale Polypeptid (VIP) und das Angiotensin II. Außerdem führt ein erhöhter **Östrogenspiegel** zur **Hyperprolactinämie.**

Seine **physiologischen Wirkungen** stehen hauptsächlich im Dienste der Aufzucht der Jungen (Brutpflege). Bei den Säugetieren ist die **Milchdrüse** ein wichtiges Zielorgan. Es setzt die Lactation in Gang (Galaktogenese[1])) und erhält sie aufrecht (Galaktopoese): **lactogene Wirkung.** Bei den Tauben beiderlei Geschlechts wird die „Milch"-Produktion im Kropf (3.1.3.4.) ausgelöst. Bei bestimmten Fischen der Gattung *Symphysodon* wird die Schleimproduktion der Haut, die der Ernährung der Jungen dient („Diskusmilch"), angeregt. Bei vielen Tieren werden durch das Prolactin außerdem **Brut-** und **Mutterinstinkte** wachgerufen (Abb. 2.22., 7.1.2.). – Bei Ratte, Maus und Hamster stimuliert Prolactin auch die Progesteron-Synthese im Gelbkörper (Corpus luteum): **luteotrope[2]) Wirkung.** Bei den Haustieren hat es dagegen keine bzw. eine sehr schwache

---

[1]) to gála, gálaktos (griech.) = die Milch.
[2]) lúteus, -a, -um (lat.) = gelb; ho tropos (griech.) = die Richtung.

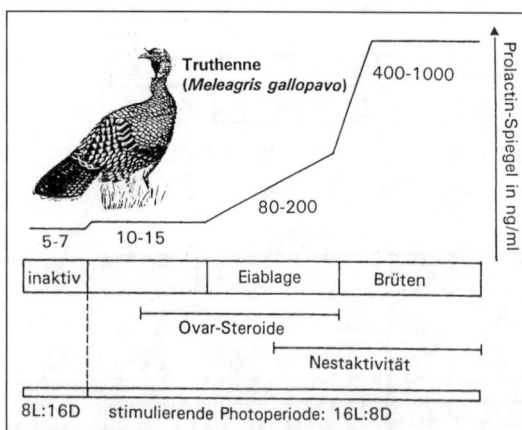

Abb. 2.22. Die Änderung des Prolactin-Spiegels bei der Truthenne nach Stimulierung der Fortpflanzungsaktivität durch einen Langtag (16 h hell, 8 h dunkel). Nach HALAWANI et al. 1990, verändert.

Wirkung auf den Gelbkörper. Auch beim Menschen wird die Progesteron-Produktion allein vom LH kontrolliert. – Bei den **Fischen** schließlich hat das Prolactin eine wichtige Funktion im Rahmen der **Osmoregulation** (4.2.) übernommen. Es wird bei euryhalinen Arten im Süßwasser vermehrt gebildet und ausgeschüttet. Es setzt die Durchlässigkeit für Wasser und Ionen sowohl an den Kiemen als auch in der Niere und Harnblase herab und ermöglicht so z. B. hypophysektomierten Zahnkarpfen *(Fundulus)* erst das Überleben im Süßwasser.

Die letztgenannten drei Hormone (FSH, ICSH bzw. LH und PRL) werden auch als **Gonadotropine** zusammengefaßt, da sie die strukturelle und funktionelle Entwicklung sowie die Tätigkeit der Gonaden regulieren. Ihre Wirksamkeit erstreckt sich sowohl auf die Keimzellenproduktion als auch auf die Hormonproduktion und -abgabe in den Gonaden.

6. Das **somatotrope Hormon** (STH, Somatotropin, Wachstumshormon) ist das größte, streng artspezifische Proteohormon mit unterschiedlicher Zahl von Aminosäuren in einer Kette (M_r = 21 500 beim Menschen, bis 48 000 beim Schaf), das in den eosinophilen Zellen des HVL gebildet wird. Es ist für das normale Wachstum unentbehrlich. Es stimuliert die RNA-Bildung und damit die Proteinsynthese und hemmt gleichzeitig den Aminosäureabbau. Damit hängt wahrscheinlich zusammen, daß es auch für die Lactation notwendig ist. Das Depotfett wird unter seinem Einfluß mobilisiert und die Fettverbrennung bei erhöhtem Fettsäurespiegel im Blut gesteuert (Absinken des RQ!, 3.2.6.). Es fördert sowohl das Knorpel- als auch das Knochenwachstum. Bei adulten Carnivoren führen über längere Zeit verabreichte Hormonmengen zum Diabetes mellitus (Zuckerkrankheit). Der Abbau des STH in der Leber erfolgt relativ schnell (Halbwertszeit des Plasma-STH beim Menschen 20–30 min).

7. Die **melanophorenstimulierenden[3]) Hormone** (**MSH,** Melanotropine, Intermedine) sind vorwiegend Hormone des HZL. Sie stellen eine Teilsequenz des ACTH (-MSH) bzw. des LPH (-MSH) dar, aus dem sie durch enzymatische Spaltung freigesetzt werden (Abb. 2.21.). Bei den Amphibien und Fischen bewirkt das MSH eine Ausbreitung der Pigmente in den Melanophoren (Verdunklung der Haut). Seine Rolle bei den höheren Wirbeltieren ist noch ziemlich unklar. Bei den Säugern ruft es ebenfalls eine Verdunklung der Haut hervor, wahrscheinlich fördert es die Melaninsynthese durch Aktivierung der Tyrosinase. Seine Produktion und Ausschüttung wird wie die des ACTH geregelt. Glucocorticoide hemmen die MSH-Ausschüttung. Daraus wird die stärkere Pigmentierung der Haut bei Atrophie der Nebennierenrinde

---

[3]) Melanophoren = Zellen, die dunkle Pigmente (Melanine) enthalten (6.3.1.).

(Addisonsche Krankheit) zurückgeführt. Bei Ratten und beim Menschen fördern MSH-Gaben die Aufmerksamkeit, insbesondere gegenüber optischen Reizen. Ein Bruchstück des MSH-Moleküls fördert das Lernen.

2.2.4. Das Hypothalamus-Hypophysensystem der Wirbeltiere

Der **Hypothalamus**[1]) bildet den Boden des Zwischenhirns (Diencephalon). Er ist sowohl die übergeordnete neurale Instanz des Hormonsystems als auch selbst Bildungsstätte von Neurohormonen. Im sog. **magnozellulären System**[2]) des Hypothalamus (Nucleus praeopticus bei den Anamnioten bzw. N. supraopticus und N. paraventricularis bei den Amnioten) werden Neurohormone gebildet, die über den **Tractus hypothalamohypophyseus** zur Neurohypophyse transportiert und dort in den **Herring-Körpern** gespeichert werden, die Kontakt mit Blutgefäßen haben (Neurohämalorgan, S. 89). – Im sog. **parvizellulären System**[3]) des Hypothalamus werden die **Releasing-Hormone**[4]) (RH) und **Release-inhibierenden Hormone** (RIH) gebildet. Die Axone dieser neurosekretorischen Zellen enden an einem Pfortadersystem (**thalamisch-hypophysäres Pfortadersystem**, Abb. 2.23.) im Bereich der **Eminentia mediana** (mittlere Erhebung), das die Neurohormone direkt zur Adenohypophyse transportiert. Dieses Pfortadersystem fehlt noch bei den Cyclostomen und Fischen mit Ausnahme der Dipnoer (Abb. 2.20.). Die Releasing-Hormone stimulieren, die Release-inhibierenden Hormone hemmen die Freisetzung von Hormonen in der Adenohypophyse. Alle neurosekretorischen Zellen des Hypothalamus stehen unter **catecholaminerger Kontrolle** übergeordneter neuronaler Zentren. Im Hypothalamus berühren sich hormonale und neurale Regulationsmechanismen besonders eng und werden miteinander koordiniert. Hypothalamus und Hypophyse stehen in einem so innigen funktionellen Zusammenhang, daß man vom **Hypothalamus-Hypophysensystem** spricht.

Heute kennt man 6 Releasing- **(Liberine)** und 3 Release-inhibierende Hormone **(Statine)**. Es sind alles kurzkettige Peptide (Abb. 2.24.).

1. Thyreotropin-Releasing-Hormon (TRH) (= Thyreoliberin)
2. Gonadotropin-Releasing-Hormon (GRH) (= Gonadoliberin, LH-RH, FSH-RH oder Gn-RH)

[1]) hypo- (griech.) = unter (in Zusammensetzungen); ho thálamos (griech.) = das Gemach, die Kammer.
[2]) magnus (lat.) = groß, stark.
[3]) parvus (lat.) = klein, gering.
[4]) to release (engl.) = freilassen.

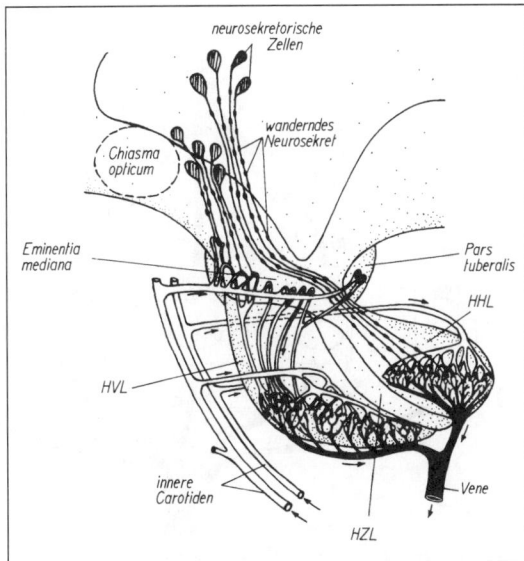

Abb. 2.23. Sagittalschnitt durch die Hypophyse und den Hypothalamus eines Kaninchens *(Oryctolagus)* mit eingezeichnetem hypothalamisch-hypophysärem Pfortadergefäßsystem. Die neurosekretorischen Zellen mit ihren neurosekretbefördernden Axonen sind stark vergrößert wiedergegeben. Nach JENKIN 1962, neu gezeichnet.

3. Corticotropin-Releasing-Hormon (CRH) (= Corticoliberin)
4. Prolactin-Releasing-Hormon (PRH) (= Prolactoliberin)
5. Somatotropin-Releasing-Hormon (SRH) (= Somatoliberin)
6. Melanotropin-Releasing-Hormon (MRH) (= Melanoliberin)
7. Prolactin-Release inhibierendes Hormon (PIH) (= Prolactostatin)
8. Somatotropin-Release inhibierendes Hormon (SIH) (= Somatostatin)
9. Melanotropin-Release inhibierendes Hormon (MIH) (= Melanostatin)

Die ursprüngliche „Einheitskonzeption", daß die Bildung und Freisetzung *jedes* Adenohypophysenhormons durch ein entsprechendes Hypothalamushormon beeinflußt wird, mußte aufgegeben werden. Es kontrolliert z. B. das TRH sowohl die TSH- als auch die PRL-Abgabe, das GRH sowohl die LH- als auch die FSH-Abgabe, und SIH hemmt sowohl die STH- als auch die TSH-Ausschüttung. Während für die „glandotropen" Hormone der Adenohypophyse nur ein aktivierendes hypothalamisches Hormon existiert [der inhibierende Einfluß wird über den „Rückmeldekreis" (s. o.) vom Hormon des Zielorgans ausgeübt], wird die Ausschüttung anderer Hormone der Adenohypophyse (STH, PRL, MSH) durch das Zusammenspiel eines aktivierenden und eines hemmenden hypothalamischen Hormons gesteuert. Die Exi-

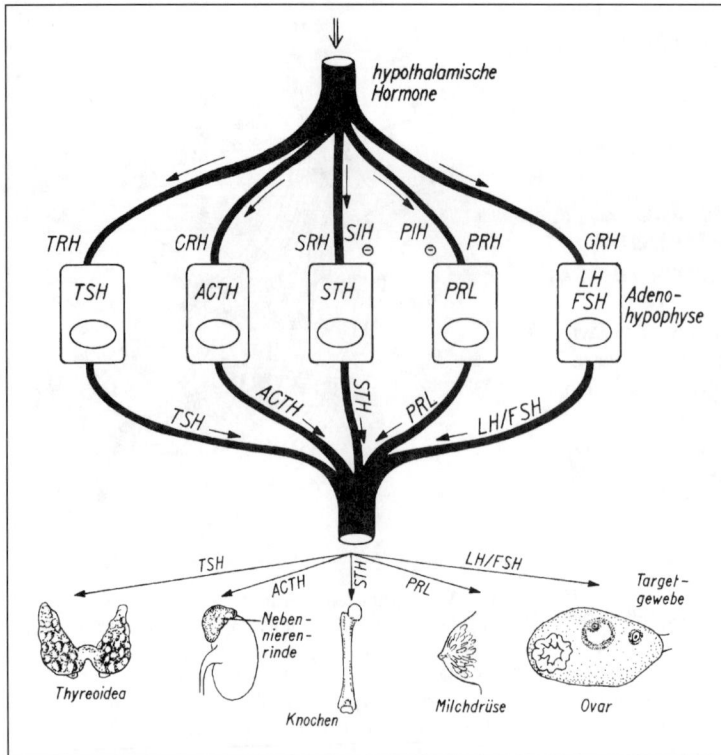

Abb. 2.24. Übersicht über die Releasing- und Release-inhibierenden Hormone des Hypothalamus und ihre Zielstrukturen in der Adenohypophyse. In Anlehnung an DUFY-BARBE 1985.

stenz eines speziellen Prolactin-Releasinghormons ist für Vögel nachgewiesen. Dort hat das TRH eine prolactinausschüttende Wirkung (s. o.). Das Prolactostatin (PIH) könnte mit Dopamin identisch sein. Die Releasing- und Release-inhibierenden Hormone werden von Rezeptoren an der Wand der Targetzellen (s. o.) gebunden. Sie wirken über das Adenylatzyklase-System (cAMP als „second messenger").

Das **Thyreoliberin** (TRH) ist im Hypothalamus aller Wirbeltierklassen sowie im gesamten Gehirn von Neunaugen und bei *Amphioxus,* selbst im circumoesophagealen Ganglion von Schnecken nachgewiesen. Systematische Untersuchungen an der Ratte zeigten, daß es in allen Hirnbezirken mit Ausnahme des Cerebellums vorkommt, am höchsten ist die Konzentration im Hypothalamus (30% der Gesamtmenge). Die Halbwertszeit des TRH im Blut der Ratte ist mit 2–4 min relativ niedrig. Durch den Pyroglutamylrest an dem einen und das Prolinamid an dem anderen (C-terminalen) Ende der Kette ist das Molekül relativ resistent gegen einen proteolytischen Abbau. Vom TRH ist bekannt, daß es direkt auf die HVL-Zellen wirkt und sowohl die Ausschüttung als auch die Synthese von TSH bei den Säugetieren und Vögeln (nicht bei Kaulquappen und Lungenfischen) stimuliert. Thyroxin und Trijodthyronin blockieren rückwirkend den stimulierenden Effekt von TRH auf die TSH-Freisetzung. Man nimmt neben der Hormonfunktion eine zentrale Neurotransmitterfunktion des TRH an.

Die Säugetiere besitzen ein **Somatostatin** (SIH), das antisekretorische Effekte an verschiedenen Organen zeigt. Es hemmt die Ausschüttung des STH und TSH in der Adenohypophyse, unterdrückt die Sekretion des Glucagons und Insulins durch direkte Einwirkung auf das Pankreas, senkt den Gastrinspiegel (S. 218) im Blut und drückt auch die Sekretion von Magensäure und Pepsin durch direkte Einwirkung auf die Magenzellen herab. Es hemmt – schließlich – auch die Sekretion von Pankreassaft und Bicarbonat sowie von Sekretin (S. 222) und Cholezystokinin durch die Mucosa des Duodenum. Da das Somatostatin neben dem Hypothalamus auch im Pankreas, Duodenum und Magen nachgewiesen werden konnte, spielt es wahrscheinlich dort eine Rolle als inhibierendes Agens (Gewebshormon).

Gonadoliberine (GRH) sind in allen Wirbeltierklassen nachgewiesen (Abb. 2.25.). Sie sind untereinander sehr ähnlich und stimulieren sowohl die Freisetzung als auch die Synthese der Gonadotropine LH und FSH. Ihre Halbwertszeit beträgt nur etwa 4 min. Gonadoliberin ist auch außerhalb des Hypothalamus gefunden worden: Bei der Regenbogenforelle *Salmo gairdneri* im Vorderhirn und bei Säugetieren in der Epiphyse sowie in extrahypothalamischen Zentren des Gehirns.

In der **Neurohypophyse** sind gewöhnlich zwei Neurohormone nachweisbar, die dort aber nicht entstehen, sondern aus dem Hypothalamus stammen (s. o.). Es handelt sich um **Nonapeptide,** wobei die ersten sechs Aminosäurereste durch eine Disulfidbrücke zu einem Ring geschlossen sind. Über die Aminosäuresequenz der bekannten HHL-Hormone sowie über deren Verbreitung informiert Abbildung

	1	2	3	4	5	6	7	8	9	10	LH-Freisetzungsaktivität (%) Hühnchen	Schaf
Säugetier	pGlu	His	Trp	Ser	Tyr	Gly	Leu	Arg	Pro	Gly—NH₂	100	100
Hühnchen I	pGlu	His	Trp	Ser	Tyr	Gly	Leu	Gln	Pro	Gly—NH₂	107	1,6
Lachs	pGlu	His	Trp	Ser	Tyr	Gly	Trp	Leu	Pro	Gly—NH₂	250	4,7
Hühnchen II	pGlu	His	Trp	Ser	His	Gly	Trp	Tyr	Pro	Gly—NH₂	560	8,4
Neunauge	pGlu	His	Tyr	Ser	Leu	Glu	Trp	Lys	Pro	Gly—NH₂	0,0	0,0

Abb. 2.25. Die Primärstruktur verschiedener GRHs. Innerhalb der Blöcke: Die in 500 Millionen Jahren biologischer Evolution „konservierten" Regionen, die für die Rezeptorbindung und physiologische Aktivität essentiell sind. Demgegenüber ist die Position 8 extrem variabel. Während das Säuger-GRH auch nur bei Säugetieren seine volle Aktivität entfaltet, sind im Vogel (Hühnchen) alle Vertebraten GRHs (mit Ausnahme der des Neunauges) voll aktiv. Die starke Wirksamkeit des Lachs-GRH beim Hühnchen ist wahrscheinlich auf das Tryptophan in Position 7 zurückzuführen. Nach DAVIDSON 1990.

2.26. Unterschiede treten in den Positionen 3, 4 und 8 auf. In der Regel besitzen die Wirbeltiere zwei verschiedene HHL-Hormone, ein basisches vasopressinartiges und ein neutrales oxytocinartiges. Ausnahmen bilden die Cyclostomen, die nur ein Hormon haben, das Arg-Vasotocin (AVT), der Dornhai *(Squalus acanthias)*, der zwei oxytocinartige Hormone, das Valitocin und das Aspartocin, neben einem vasopressinartigen besitzt, und die Macropodidae (Kängu-ruhs), bei denen neben dem Oxytocin zwei vasopres-

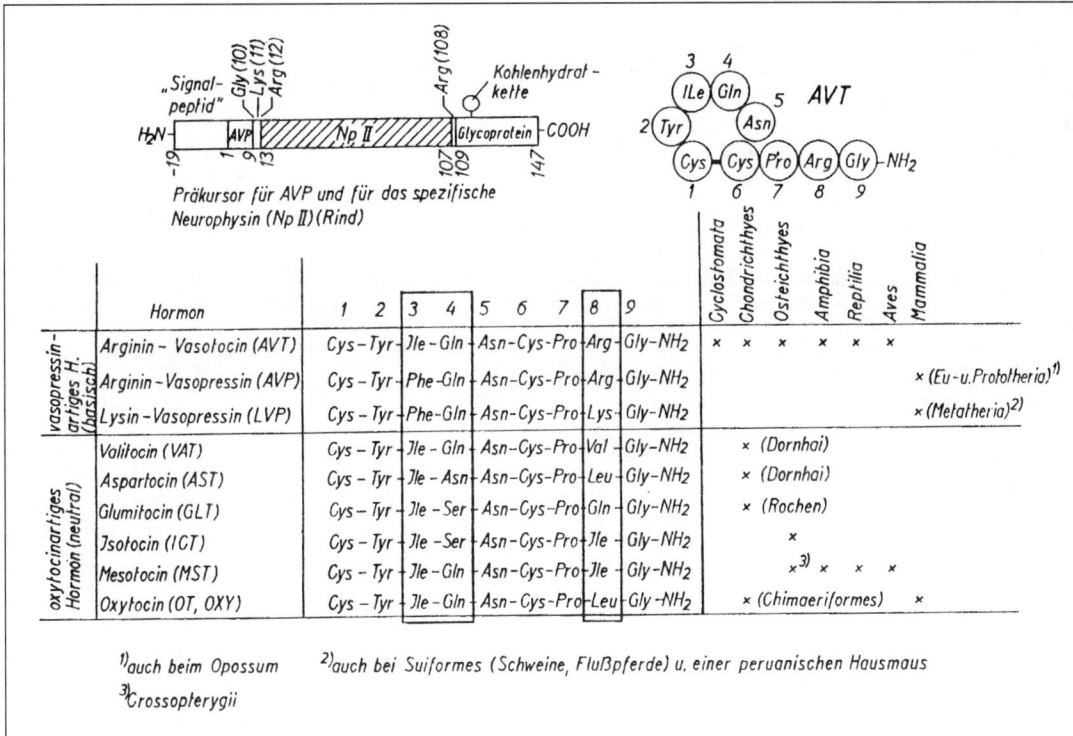

Präkursor-Diagramm: „Signalpeptid" · Gly (10) · Lys (11) · Arg (12) · Arg (108) · Kohlenhydrat-kette · H₂N— · AVP · Np II · Glycoprotein —COOH · -19 · 1 · 9 · 13 · 107 · 109 · 147

Präkursor für AVP und für das spezifische Neurophysin (Np II) (Rind)

AVT: 2 Tyr · 3 ILe · 4 Gln · 5 Asn · Cys—Cys—Pro—Arg—Gly—NH₂ · 1 6 7 8 9

	Hormon	1	2	3	4	5	6	7	8	9	Cyclostomata	Chondrichthyes	Osteichthyes	Amphibia	Reptilia	Aves	Mammalia
vasopressinartiges H. (basisch)	Arginin – Vasotocin (AVT)	Cys	Tyr	Jle	Gln	Asn	Cys	Pro	Arg	Gly–NH₂	×	×	×	×	×	×	
	Arginin–Vasopressin (AVP)	Cys	Tyr	Phe	Gln	Asn	Cys	Pro	Arg	Gly–NH₂							× (Eu-u.Prototheria)[1]
	Lysin–Vasopressin (LVP)	Cys	Tyr	Phe	Gln	Asn	Cys	Pro	Lys	Gly–NH₂							× (Metatheria)[2]
oxytocinartiges Hormon (neutral)	Valitocin (VAT)	Cys	Tyr	Jle	Gln	Asn	Cys	Pro	Val	Gly–NH₂		× (Dornhai)					
	Aspartocin (AST)	Cys	Tyr	Jle	Asn	Asn	Cys	Pro	Leu	Gly–NH₂		× (Dornhai)					
	Glumitocin (GLT)	Cys	Tyr	Jle	Ser	Asn	Cys	Pro	Gln	Gly–NH₂		× (Rochen)					
	Jsotocin (ICT)	Cys	Tyr	Jle	Ser	Asn	Cys	Pro	Jle	Gly–NH₂			×				
	Mesotocin (MST)	Cys	Tyr	Jle	Gln	Asn	Cys	Pro	Jle	Gly–NH₂			×[3]	×	×	×	
	Oxytocin (OT, OXY)	Cys	Tyr	Jle	Gln	Asn	Cys	Pro	Leu	Gly–NH₂		× (Chimaeriformes)					×

[1] auch beim Opossum [2] auch bei Suiformes (Schweine, Flußpferde) u. einer peruanischen Hausmaus
[3] Crossopterygii

Abb. 2.26. Zusammenstellung der Aminosäuresequenz sowie der Verbreitung der bekannten HHL-Hormone.

sinartige Hormone (Lys-Vasopressin und ein „Phenypressin", Phe_2, Phe_3, Arg_8) nachgewiesen worden sind. Als das ursprünglichste Hormon unter ihnen kann das Arg-Vasotocin gelten, das bei allen Wirbeltieren mit Ausnahme der Säugetiere anzutreffen ist.

Die Neuropeptide werden im Hypothalamus zunächst als Teilsequenz eines wesentlich größeren **Präkursors** gebildet, aus dem sie später enzymatisch (limitierte Proteolyse) freigesetzt werden. Der Präkursor des AVP (Abb. 2.26.) und seines Trägermoleküls, des **Neurophysins II** (Np II), aus dem Rinderhypothalamus besteht aus 166 AS. Auf ein „Signalpeptid" mit 19 AS am N-terminalen Ende folgt direkt AVP, das mit dem Np II über Gly-Lys-Arg verbunden ist. Das C-terminale Ende des Moleküls enthält ein Glykopolypeptid von 39 AS, das vom Np II lediglich durch einen Argininrest getrennt ist. Es ist unbekannt, ob die Neurophysine neben ihrer Transportfunktion noch eine andere biologische Rolle spielen.

Die Hauptwirkung des auf die Säugetiere beschränkten **Vasopressins**[1]) (= Adiuretin[2])) besteht in einer Steigerung der Wasserreabsorption im distalen Nierentubulus (Diurese-Hemmung). Ein Ansteigen der Osmolarität im Blutplasma oder eine Volumenabnahme des Blutes, d. h. Wasserverlust, löst über Rezeptoren und Nervenbahnen im Hypothalamus eine gesteigerte Produktion und im HHL eine gesteigerte Abgabe des Vasopressins aus, wodurch einer weiteren Konzentrierung des Blutes entgegengewirkt wird. Außerdem besitzt das Vasopressin eine gefäßverengende (vasokonstriktorische) und damit blutdrucksteigernde Wirkung.

Die Bedeutung der HHL-Hormone bei den Cyclostomen und den Teleosteern ist noch unklar. Bei Aalen kann durch Injektion von HHL-Hormonen eine Diurese erzeugt werden. Bei Fröschen steigt nach Gaben von HHL-Hormonen die Permeabilität der Harnblase (am stärksten mit Arginin-Vasopressin) sowie die $Na^{\oplus}$-und Wasseraufnahme durch die Haut (Brunn-Effekt) an. Bei Reptilien und Vögeln haben die HHL-Hormone – ebenso wie bei den Säugetieren (s. o.) – eine antidiuretische Wirkung. Sie greifen an den Zellen der Nierentubuli an. Im Gegensatz zu den Säugetieren wirkt jedoch das Arginin-Vasotocin bei den Vögeln stärker antidiuretisch als das Vasopressin.

Das **Oxytocin**[3]) verursacht bei den Säugetieren eine Kontraktion der glatten **Uterusmuskulatur,** insbesondere während der Gravidität (wehenauslösend), durch Herabsetzen des Membranruhepotentials der Zellen. Östrogene sensibilisieren den Uterus gegen Oxytocin, Progesteron desensibilisiert ihn. Während des Geburtsvorganges, wahrscheinlich in erster Linie ausgelöst durch die mechanische Dehnung der Vagina, steigt die Oxytocin-Konzentration im Blutplasma

stark an. An der Geburtsinduktion selbst scheint das Oxytocin primär nicht beteiligt zu sein. Auf den Uterus der Amphibien, Reptilien und Vögel übt das AVT eine stärkere Wirkung aus als das Oxytocin. Es unterstützt so die Eiablage. Bei ovoviviparen Teleosteern löst das AVT Kontraktionen der Ovarienwand aus, die mit der Dauer der Trächtigkeit immer sensibler gegenüber dem Hormon wird. Bei den Vögeln hat das Oxytocin eine blutdrucksteigernde Wirkung.

Während der Lactationsperiode der Säugetiere wirkt das Oxytocin kontrahierend auf die **Myoepithelien** in den Ausführungsgängen der Milchdrüse. Dabei werden die Drüsenalveolen ausgedrückt, die Milchgänge selbst aber erweitert, so daß der Milchfluß erleichtert wird (Herablassen bzw. „Einschießen" der Milch). Eine mechanische Stimulierung der Zitzenhaut löst bei der Kuh reflektorisch eine erhöhte Neurosekretion von Oxytocin im Hypothalamus aus: neuroendokriner **Milch-Ejektionsreflex** (Abb. 2.27.). Die Milchproduktion selbst wird vom Oxytocin, wenn überhaupt, nur geringfügig beeinflußt.

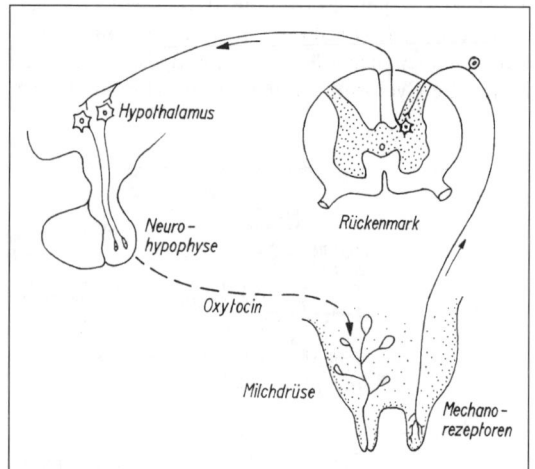

Abb. 2.27. Milch-Ejektionsreflex bei der Kuh.

Hier anzuschließen ist das auf die **Fische** beschränkte kaudale neurosekretorische System, die **Urophysis spinalis caudalis** (Abb. 2.28.). Es handelt sich dabei um ein gut ausgebildetes Neurohämalorgan. Die zugehörigen neurosekretorischen Zellen (**Dahlgren-Zellen**) liegen mit ihren Perikaryen im Schwanzbereich des Rückenmarks. Sie produzieren die **Urotensine I, II und III** sowie Arginin-Vasotocin (AVT). Das Urotensin I erhöht den Blutdruck in der ventralen und dorsalen Aorta des Aales und steigert die renale Exkretion von $Ca^{2\oplus}$ und $Mg^{2\oplus}$. Die blutdrucksteigernde Wirkung des Urotensins II ist noch etwa 10mal größer als die des Urotensin I. Außerdem stimuliert es die glatte Muskulatur der Harnblase, des Genitaltraktes, des Darms sowie der

---

[1]) vas (lat.) = Gefäß; pressáre (lat.) = drücken, pressen.
[2]) a = verneinende Vorsilbe, diá (griech.) = hindurch, to ouron (griech.) = der Harn.
[3]) oxys (griech.) = sofort, schnell; ho tókos (griech.) = die Geburt, das Gebären.

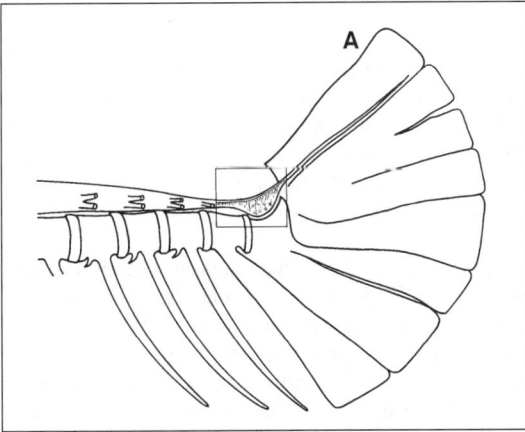

Abb. 2.28. A. Übersicht über das caudale neurosekretorische System (Urophysis spinalis caudalis) der Schleie *(Tinca vulgaris)*. B. Die Perikaryen („Dahlgren"-Zellen) des Neurohämalorgans befinden sich im Rückenmark. Nach SANO 1958, aus GERSCH u. RICHTER 1981.

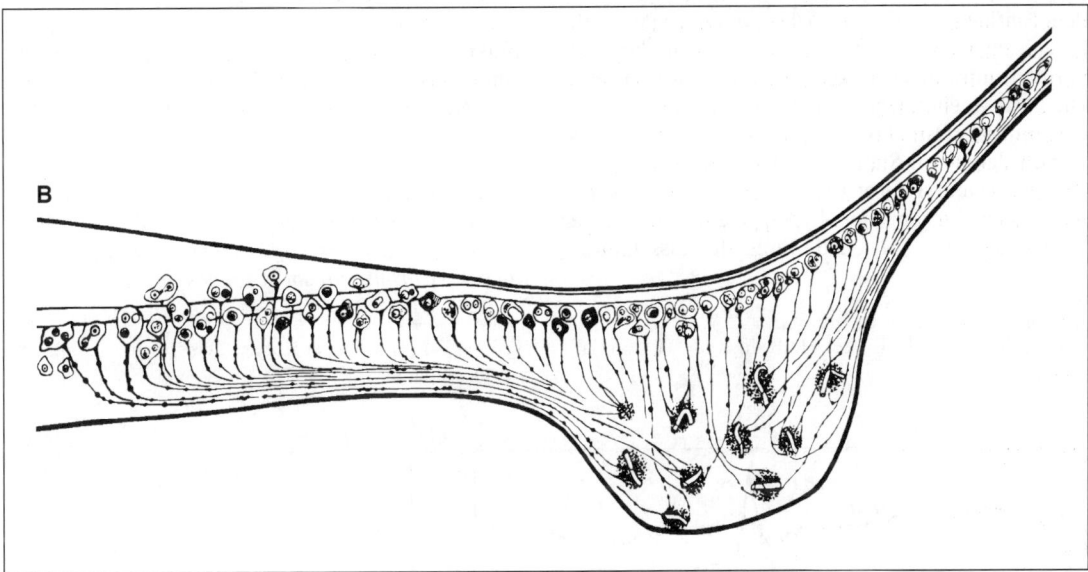

kaudalen Lymphherzen bei Fischen. Das Urotensin III – schließlich – scheint die Na$^{\oplus}$-Aufnahme an den Kiemen zu fördern. Alle Urotensine sind Peptide. Für eine Integration in die **Laichperiode** spricht die Erschöpfung des kaudalen Neurosekrets während der Laichzeit, wie sie bei *Ompok binaculatus* (Siluridae) und *Catostomus commersoni* (Catastomidae) beobachtet worden ist. Auch beim Hecht sind jahreszeitliche Schwankungen der Größe der Urophyse registriert worden.

2.2.5. Der Östruszyklus der Säugetiere

Bei vielen Tieren wechseln Phasen geschlechtlicher Aktivität – verbunden mit Paarungsbereitschaft – mit solchen geschlechtlicher Inaktivität miteinander ab, es bilden sich **Fortpflanzungszyklen** heraus. Diese können für alle Mitglieder einer Population ziemlich synchron verlaufen und gewährleisten, daß die Fortpflanzung zu einer günstigen Jahreszeit erfolgt. Im allgemeinen werden diese Zyklen endogen gesteuert und durch äußere Reize („Zeitgeber", wie z. B. die Photoperiode) ausgelöst (Kap. 7.3.). Dauer und Zahl der Zyklen pro Jahr variieren erheblich von Art zu Art. Oft sind es Jahreszyklen (Kühe, Stuten). Die Katze „rollt" zweimal im Jahr, einmal im Frühjahr und einmal im Herbst. In die Steuerung der Zyklen ist eine große Zahl von Hormonen in komplexer Weise integriert, die verschiedene Gewebe und Organe und auch das Verhalten der Tiere zyklisch verändern.

Bei den Weibchen läuft während der reproduktiven oder Fortpflanzungsperiode ein **Ovarialzyklus** oder auch mehrere ab. Ein solcher Zyklus schließt – endokrin gesteuert – generative und endokrine Vorgänge ein mit dem Ziel, ein oder mehrere reife Eier bereitzustellen, die Paarungsbereitschaft zu induzieren und die Uterusschleimhaut *(Endometrium)* für die Aufnahme der Keime vorzubereiten. In diesem Zyklus umfaßt die Brunst (**Östrus**[1])) nur wenige Stunden bis Tage, während der eine Begattung zugelassen wird. In den Zwischenphasen (**Diöstrus**) wird der Partner abgelehnt. Je nachdem, wie viele Östren pro Fortpflanzungsperiode ablaufen, unterscheidet man zwischen **monöstrischen** (z. B. Reh) und **polyöstrischen** (z. B. Fledermaus) Arten.

Bei den weiblichen **Säugetieren** wird der Zyklus vom Hypothalamus über das Gonadotropin-Releasing-Hormon (GRH, S. 115) eingeleitet. Die Adenohypophyse (HVL) beginnt daraufhin, vermehrt follikelstimulierendes Hormon (FSH) und auch luteinisierendes Hormon (LH) auszuschütten. Das FSH fördert die Reifung von Primärfollikeln im Ovar. Gleichzeitig sorgt es dafür, daß in den *Granulosa*-Zellen des Ovars ein Enzym synthetisiert wird, das das unter dem Einfluß des LH in der *Theca interna*[2]) des Follikels synthetisierte Androgen in Östrogen (Follikelhormon) umwandelt (**„Aromatisierungsreaktion"**). Die dadurch eintretende Erhöhung des Östrogenspiegels im Blut (Östradiol) wirkt positiv sowohl auf den Hypothalamus im Sinne einer Steigerung der GRH-Produktion und -Freisetzung an der *Eminentia mediana* als auch auf die Adenohypophyse im Sinne einer Steigerung der LH- und Prolactin-Ausschüttung

zurück, während die FSH-Ausschüttung in der Adenohypophyse gleichzeitig durch Östrogen gehemmt wird (Verhinderung der Reifung weiterer Follikel!). Das Östrogen regt außerdem die Uterusschleimhaut zum Wachstum (Proliferationsphase) an. Die **Follikelreifung** erfolgt bei den landwirtschaftlichen Nutztieren innerhalb von Tagen, bei den Primaten benötigt sie etwa die Hälfte des 28tägigen Zyklus.

Durch einen plötzlichen, starken Anstieg des LH-Spiegels im Blut – beim Menschen zur Mitte des 28 ± 3 Tage umfassenden Zyklus (Abb. 2.29.) – kommt es (bei niedriger Progesteronkonzentration) zur Freisetzung des Eies aus einem oder mehreren reifen Follikeln (**Ovulation**, „Eisprung"). Das Ei tritt anschließend in den bewimperten Eileiter ein. Der LH-Gipfel hält nur kurze Zeit an (beim Rind und Schaf 10 bis 12 Stunden (Abb. 2.30.), und bewirkt eine Hemmung der follikulären Östrogensynthese, indem sowohl die Androgensynthese in der *Theca interna* als auch die Aromatisierungsreaktion gehemmt werden. Ein schneller Abfall des Östrogenspiegels im Blut ist die Folge.

Der im Ovar verbliebene Rest des Follikels wird bei den Säugetieren (nicht bei den Vögeln!) unter dem Einfluß des LH vorübergehend in einen **Gelbkörper** *(Corpus luteum*[3]*))* umgewandelt. Er ist ein

---

[1]) ho oistros (griech.) = die Brunst.
[2]) théca, -ae (lat.) = die Kapsel, Hülle; intérnus, -a, -um (lat.) = innen.

[3]) córpus, -óris (lat.) = der Körper, Leib; lúteus, -a, -um (lat.) = gelb, goldgelb.

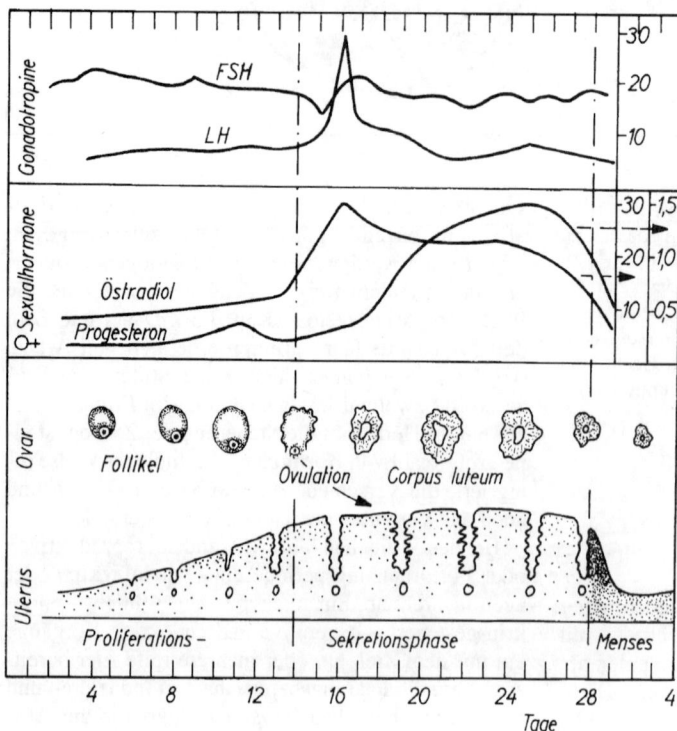

Abb. 2.29. Menstruationszyklus der Frau. Kombiniert nach verschiedenen Autoren. LH- und FSH-Plasmakonzentrationen in mE/100 ml. Östradiol-Konzentration in ng/100 ml, Progesteron-Konzentration in µg/100 ml.

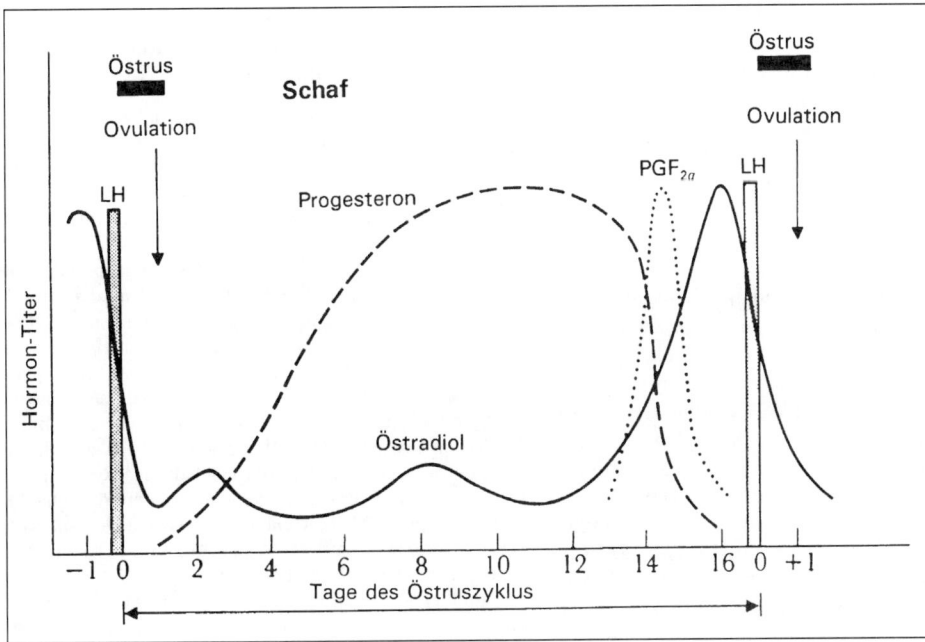

Abb. 2.30. Die Änderungen der Hormonspiegel während des Östrus des Schafs. Aus GOLDSWORTHY, ROBINSON, MORDUE 1981.

temporäres endokrines Organ und hat die Aufgabe, den Organismus auf die Gravidität vorzubereiten und diese später für eine bestimmte Zeit aufrechtzuerhalten. Er produziert weiter Östrogen, aber besonders das „Gelbkörperhormon" (Gestagen) **Progesteron.** Dadurch wird die hypophysäre Gonadotropin-Sekretion (FSH und LH) rückwirkend gehemmt. Ein niedriger Titer dieser Hormone ist für diese Phase charakteristisch. Beim Wiederkäuer bildet der Gelbkörper nur Gestagene, die zwar die LH-Sekretion stark reduzieren, nicht aber die FSH-Sekretion. Das hat zur Folge, daß bei diesen Tieren während der gesamten Gelbkörperphase Follikel heranreifen. Das Progesteron steuert außerdem die Umwandlung der Uterusschleimhaut, des **Endometriums**[1]), aus der Proliferations- in die Sekretionsphase und bereitet sie so für die Einnistung (**Nidation**[2])) des Eies vor.

Die **Ovulation** tritt bei den meisten Säugetieren einschließlich des Menschen spontan unter dem Einfluß des LH ein. Bei der Ratte und beim Rind wird die hohe LH-Ausschüttung durch Östrogene induziert, die sowohl die Freisetzung von GRH aus dem Hypothalamus als auch die Sensibilität der LH-produzierenden Zellen in der Adenohypophyse gegenüber GRH erhöhen.

Bei manchen Säugetieren (Hauskatze, Frettchen, Kaninchen, Waschbär, Nerz, Camelidae u. a.) wird dagegen diese Ovulation auslösende hormonale Situation durch den Reiz

des Geschlechtsaktes über eine neurale Anregung der hypothalamischen Zentren, aus denen das GRH freigesetzt wird, herbeigeführt. Auch hier ist der eigentliche Ovulationsauslöser das LH: Beispiel eines neuroendokrinen Reflexbogens (**Reflexovulation**).

Man unterscheidet zwischen **biphasischen** und **monophasischen Ovarialzyklen.** Letztere bedürfen eines Anstoßes durch den Kopulationsreiz: provozierte Ovulation (Reflexovulation, s. o.), unvollständiger Zyklus. Bei den Labornagern haben wir zwar eine spontane Ovulation, doch kommt es nur nach Reizung zur vollständigen Ausbildung der Gelbkörperfunktion: vollständiger monophasischer Zyklus. Beim biphasischen Zyklus – schließlich – laufen alle Teilprozesse spontan ab. Es können eine follikuläre und eine luteale Phase voneinander getrennt werden.

Hat *keine* Befruchtung und damit auch keine Nidation stattgefunden, degeneriert der Gelbkörper wieder und stellt seine Hormonproduktion ein. Ein steiler Abfall des Progesteronspiegels (beim Rind um den 16., beim Schwein um den 15., beim Schaf um den 14., bei der Stute um den 13./14. Zyklustag) ist die Folge. Die Regression des Gelbkörpers (**Luteolyse**) wird durch das in der Uterusschleimhaut gebildete **Prostaglandin PGF$_{2\alpha}$**[3]) stimuliert. Es erreicht auf dem Blutwege den Gelbkörper und reduziert unter anderem seine Durchblutung. Bei den Primaten scheint ein intraovariell gebildetes Prostaglandin

[1]) éndon (griech.) = innen; he métra = die Gebärmutter.
[2]) nidus, -i (lat.) = das Nest.

[3]) glandula (lat.) = die Drüse. Der erste Nachweis eines Vertreters dieser weit verbreiteten Wirkstoffklasse erfolgte in den Prostata und der Samenflüssigkeit.

integriert zu sein. Durch die Luteolyse steigt die während der Gelbkörperphase relativ niedrig gehaltene FSH- und LH-Sekretion in der Adenohypophyse wieder an. Gleichzeitig kommt es beim Menschen und einigen anderen Primaten zur teilweisen Abstoßung der Uterusschleimhaut (**Menses**[1])), weil durch die Luteolyse der Progesteronspiegel stark abfällt, der für das Fortbestehen der Uterusschleimhaut in der Sekretionsphase essentiell ist. Anschließend kann ein neuer Zyklus beginnen.

Hat eine Befruchtung und Nidation stattgefunden, wächst der Gelbkörper weiter zum *Corpus luteum graviditatis* aus und produziert zunehmende Mengen von Gelbkörperhormon (Progesteron) und – wesentlich weniger – Östrogen. Beide Hormone verhindern weitere Eisprünge während der Trächtigkeit und fördern gleichzeitig die Entwicklung der Milchdrüsen. Für die Erhaltung und Entwicklung des Gelbkörpers sorgt ein in der Placenta gebildetes **Choriogonadotropin (CG),** ein LH-ähnliches Hormon, das die gonadotrope Funktion der Adenohypophyse während der Trächtigkeit übernimmt und die Progesteronsekretion im Gelbkörper weiter stimuliert. Die Hypophyse selbst scheidet dann kaum noch FSH und LH aus. Während bei vielen Säugetieren einschließlich des Menschen im fortgeschrittenen Trächtigkeitsstadium der Gelbkörper degeneriert und seine endokrine Funktion (Produktion von Progesteron und Östrogen)

vollständig von der Placenta übernommen wird, bleibt bei der Ratte der Gelbkörper während der gesamten Trächtigkeit funktionstüchtig.

Das Gelbkörperhormon **Progesteron** ist bei allen Säugetieren für die Aufrechterhaltung der Schwangerschaft notwendig. Sowohl der Bildungsort als auch die Regulation der Synthese sind jedoch von Art zu Art oder auch bei derselben Spezies zu verschiedenen Zeitpunkten der Trächtigkeit recht unterschiedlich.

Bei **Ratte** und **Maus** ist es z. B. das Prolactin und nicht das LH, das bis zum 12. Tag der Trächtigkeit aus der Adenohypophyse und danach aus der Placenta kommt und die Progesteronsynthese im Gelbkörper steuert. Beim **Hamster** ist es dagegen das Prolactin gemeinsam mit dem FSH. Beim **Kaninchen** ist es das LH über Östrogene, die unter Einwirkung von LH in den Ovarien synthetisiert werden. Beim **Menschen** sowie bei den **Affen** spielt das LH wahrscheinlich nur zu Beginn der Schwangerschaft eine Rolle, später übernimmt das Choriogonadotropin aus der Placenta die Aufgabe, die Gelbkörperfunktion aufrechtzuerhalten. Von der 6. Schwangerschaftswoche an beginnt bei ihnen die Placenta selbst mit der Progesteronsynthese.

Durch exogene Zufuhr von Östrogenen oder Gestagenen zu Beginn des Zyklus kann die FSH-Ausschüttung in der Adenohypophyse in dem Maße gehemmt werden, daß Follikelreifung und Ovulation unterbleiben. Auf dieser **Ovulationshemmung** beruht die hormonale Konzeptionsverhütung („Anti-Baby-Pille"). Statt der natürlichen Hormone werden Derivate verwendet, die in der Leber nicht so schnell abgebaut und auch oral verabreicht werden können.

Interessante Anpassungen zeigt der Reproduktionszyklus bei den **Känguruhs** Australiens. Das

---

[1]) mensis (lat.) = der Monat.

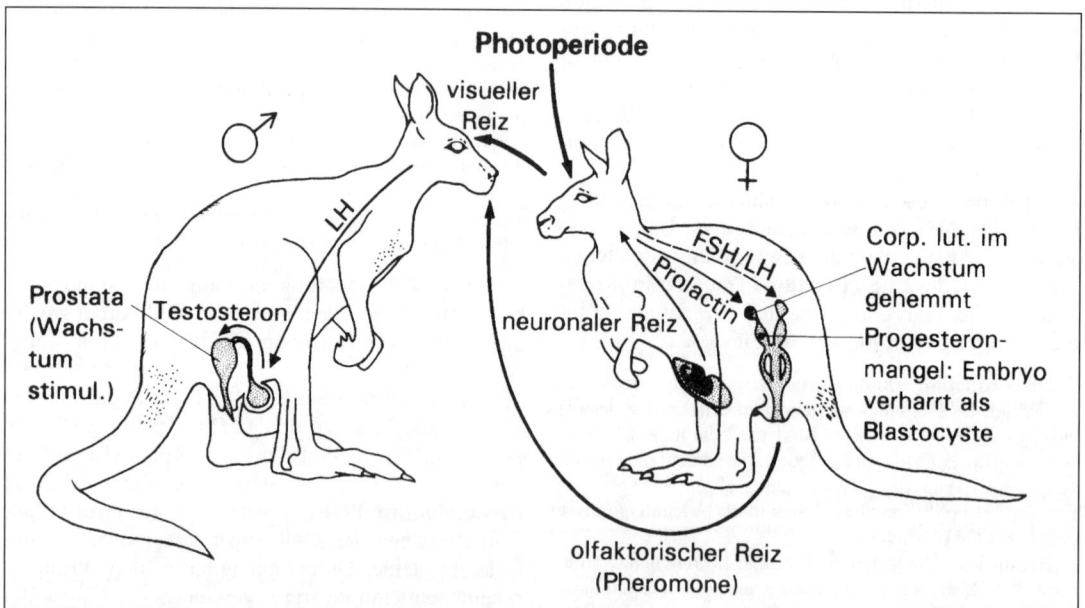

Abb. 2.31. Das kleine Känguruh unterdrückt die Entwicklung des Embryos bei der Mutter und stimuliert gleichzeitig die Milchsekretion. Das Männchen wird im Gegensatz zum Weibchen nicht durch die Photoperiode, sondern über optische und olfaktorische Reize (weibliche Pheromone) stimuliert. Nach Tyndale-Biscoe 1982, verändert.

noch sehr unterentwickelte Junge wird in der heißesten und trockensten Jahreszeit geboren und gelangt sofort in den Beutel an die Zitze der Mutter. Wenn sein zunächst geringes Nahrungsbedürfnis stark zunimmt, ist inzwischen die Regenperiode mit reichlichem Futterangebot eingetreten. Bereits einen Tag nach der Geburt tritt das Muttertier in einen Östrus ein (,,**Post-partum" Östrus**[1])). Das befruchtete Ei entwickelt sich aber zunächst nur bis zur 80zelligen Blastocyste und tritt dann für 11 Monate in eine Ruhepause ein. Während dieser Zeit sorgen die mechanischen Saugreize des Jungen an der Zitze der Mutter auf neuronalem Wege für eine erhöhte **Prolactin**-Ausschüttung, die das Heranwachsen des Gelbkörpers und die Entwicklung der Blastocyste hemmt. Erst wenn das Junge den Beutel verläßt und damit die mechanischen Reize ausbleiben, wird die Blastocyste reaktiviert. Dasselbe geschieht, wenn das Junge während der ersten Hälfte des Jahres vorzeitig verlorengeht. Im Gegensatz zum weiblichen Tier, dessen Sexualzyklus über die Photoperiode gesteuert wird, wird das männliche Tier durch Pheromone und Verhaltensweisen des Weibchens stimuliert (Abb. 2.31.).

2.2.6. Anhang: Schwer zu klassifizierende Signalstoffe

Als ,,**Gewebshormone**" hat man eine Reihe von Signalstoffen kennzeichnen wollen, die in ähnlicher Weise wie Hormone wirken, die aber nicht in speziellen endokrinen Drüsen, sondern ,,irgendwo im Gewebe" gebildet werden. Inzwischen hat sich gezeigt, daß weder die Abgrenzung zu den glandulären Hormonen noch zu den Paramonen (S. 89) oder Transmittern sehr scharf gezogen werden kann.

Hier wären z. B. die Hormone des Verdauungstraktes, die sog. **Enterohormone**[2]) (gastrointestinale Hormone) zu nennen, die für die Steuerung der Verdauungsfunktion von großer Bedeutung sind (3.1.3.7.).

1. Das **Gastrin** wird von den G-Zellen des Magenantrums und proximalen Duodenums gebildet. Es ist ein Peptid, das die Protonensekretion (Säurebildung) in den Belegzellen des Magens stimuliert. Die Gastrinproduktion wird durch sauren Magensaft, Sekretin (s. u.) sowie durch das gastrische Inhibitor-Polypeptid (GIP) gehemmt.

2. Das **Pankreozymin** (Cholecystokinin) wird in den E-Zellen der Duodenalschleimhaut gebildet. Es ist ein Peptid (33 AS), das die Enzymausschüttung aus dem Pankreas (Bauchspeicheldrüse) steigert und die Gallenblase kontrahiert bei gleichzeitiger Erschlaffung

des Sphinkter oddi (Cholecystokininwirkung[3]): Abfluß der Blasengalle). Seine Ausschüttung ins Blut wird durch den Übertritt von Fetten, Proteinen und/oder Gallensäuren in das Duodenum ausgelöst.

3. Das **Sekretin** wird von den S-Zellen der Duodenalschleimhaut gebildet. Es ist ein Peptid (27 AS), das das Pankreas zur Ausschüttung eines wäßrigen, bicarbonatreichen Saftes anregt. Es zeigt große chemische Ähnlichkeit mit dem Glucagon (von 27 Positionen 14 identisch!). Seine Ausschüttung wird durch den sauren Speisebrei stimuliert.

4. Das **gastrische Inhibitor-Peptid** (GIP) wird im Duodenum und Jejunum gebildet. Das Peptid (28 AS) ist dem Sekretin ähnlich. Es stimuliert die Insulin- und hemmt die HCL-Sekretion.

5. Das **vasoaktive intestinale Peptid** (VIP) (28 AS) liegt in den peptidergen Nervenfasern des Auerbach- und Meißner-Plexus der Darmschleimhaut (auch im ZNS, in der Lunge, dem Pankreas, Urogenitaltrakt, der Haut und den Speicheldrüsen) vor. Es führt zur Dilatation der intestinalen Gefäße, zur Relaxation der Darmmuskulatur und zur Stimulation der intestinalen Sekretion.

6. Das **Somatostatin** wird außer im Hypothalamus (2.2.4.) auch in der Magen-Darmschleimhaut gebildet und hemmt die Freisetzung von Sekretin und Gastrin.

7. Das **Motilin** kommt in der Schleimhaut des Magens, Dünn- und Dickdarms vor. Das Peptid (22 AS) steigert die gastrointestinale Motorik.

8. Das **pankreatische Polypeptid** (PP) aus 36 AS wird im Pankreas gebildet und bei Mahlzeiten freigesetzt. Es hemmt die Kontraktionen der Gallenblase und die Sekretion von Bauchspeichel aus dem Pankreas.

Eine andere Reihe von Gewebshormonen beeinflußt die Weite der Gefäße (Arterien und Arteriolen) in bestimmten Geweben sowie die Permeabilität der Kapillarwand: **gefäßwirksame Gewebshormone.**

1. Das **Histamin** entsteht durch Dekarboxylierung aus Histidin. Es wird in den Mastzellen und den basophilen Leukozyten an Heparin gebunden besonders reichlich gespeichert. Es fördert bei seiner Freisetzung die Durchblutung der betreffenden Gewebe und erhöht die Permeabilität der Kapillaren. Dafür verantwortlich sind die sog. H_1-Rezeptoren für Histamin. Die H_2-Rezeptoren findet man am Herzen und in der Magenschleimhaut. Ihre Bindung an Histamin führt zur Tachykardie bzw. zur Erhöhung der Proteinsekretion (Mediator für das Gastrin?). Bei Allergien (Heuschnupfen) kommt es zur Freisetzung von Histamin aus den Granula der Blutbasophilen, wodurch es zu den bekannten allergischen Symptomen kommt, wie Gefäßerweiterung, Hautrötung, Quaddelbildung und evtl. auch zu Bronchiospasmen. Histamin ist auch in der Hypophyse und in der Eminentia mediana des

---

[1]) post (lat.) = nach, hinter, später; partus, -us (lat.) = das Gebären, die Geburt.
[2]) to énteron (griech.) = der Darm.

[3]) he cholé (griech.) = die Galle; he kystis (griech.) = die Blase; kinéin (griech.) = bewegen.

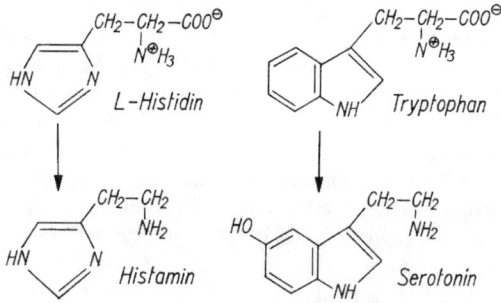

Hypothalamus nachgewiesen worden (Transmitter-funktion?).

2. Das **Serotonin** (5-Hydroxytryptamin, Enteramin) entsteht aus Tryptophan und ist weit verbreitet. Es hat im Zentralnervensystem an bestimmten Orten Transmitterfunktion (Hypothalamus, Raphe-Kerne) (2.3.5.2.), kommt aber auch z. B. in der Darm-schleimhaut vor, wo es die Peristaltik anregt und in den Blutplättchen (Thrombozyten), aus denen es bei der Blutgerinnung freigesetzt wird (4.6.4.) und eine Vasokonstriktion auslöst.

Schließlich sollen die **Prostaglandine**[1]) in diesem Zusammenhang besprochen werden. Sie sind von den Coelenterata (Beispiel: die Hornkralle *Plexaura homomalla*) bis zum Menschen weit verbreitet, biolo-gisch hochaktiv und bei allen bisher untersuchten Säugetieren in den verschiedensten Geweben (Sa-menflüssigkeit, Hirn, Niere, Iris usw.) gefunden wor-den. Sie spielen die Rolle chemischer **Mediatoren,** da sie sich durch Diffusion im Gewebe ausbreiten und sich damit ihre Signalfunktion auf die nächste Umge-bung ihres Freisetzungsortes beschränkt (parakrine Substanz). Unter normalen physiologischen Bedin-gungen sind sie im Gewebe bzw. im Blut kaum nach-weisbar, ihre Konzentration steigt jedoch bei den ver-schiedensten Reizen neuraler oder chemischer Art (Histamin, Serotonin, Gastrin) kurzfristig stark an, um rasch innerhalb von Sekunden oder wenigen Mi-nuten wieder abzufallen (schnelle Inaktivierung). Sie werden auch nicht gespeichert, sondern als Antwort auf den Reiz neu gebildet und sofort sezerniert. Es handelt sich um ungesättigte Hydroxysäuren mit 20 C-Atomen (Prostansäure), die einen 5-Ring durch Ausbildung einer Bindung zwischen C_8 und C_{12} ent-halten. Man unterscheidet je nach der Anordnung der Doppelbindungen und des O-Atoms am 5-Ring die PGA-, PGB-, PGE- und PGF-Gruppe.

Das **Wirkungsspektrum der Prostaglandine** ist sehr breit und uneinheitlich. Auffällig ist die Wirkung auf die glatte Muskulatur. Während die Prostaglandi-ne der E-Gruppe z. B. den Blutdruck und Arteriento-nus senken, verursachen diejenigen der F-Gruppe ($PGF_{2\alpha}$) eine Steigerung des Blutdrucks und des Venentonus. Es sind auch Wirkungen auf den Uterus, den Fettstoffwechsel, die Magen-, Nieren- und Ner-ventätigkeit beobachtet worden. Auf Grund verschie-dener Untersuchungen nimmt man heute an, daß die PGE-Verbindungen durch Hemmung des Adenylat-zyklase-Systems, durch das das bei der Hormonwir-kung als „sekundärer messenger" auftretende zykli-sche AMP (Adenosin-3′, 5′-monophosphat) entsteht (2.1.3.), den Effekten verschiedener Hormone entge-genwirken. So ist z. B. bekannt, daß die Prostaglandi-ne der E-Gruppe die fettmobilisierende Wirkung der lipolytischen Hormone, wie z. B. ACTH, TSH, Tri-jodthyronin, Glucagon und Adrenalin, hemmen.

2.2.7. Die Hormone der Crustaceen (Krebse)

Das endokrine System der höheren Krebse setzt sich wie das der Wirbeltiere und Insekten aus neurosekre-torischen Zellgruppen im ZNS mit dazugehörigen Neurohämalorganen und echten Hormondrüsen zu-sammen (Abb. 2.32.).

Eine Gruppe neurosekretorischer Zellen in der Me-dulla terminalis des Augenstiels, das „**Medulla ter-minalis-X-Organ",** bildet ein **häutungshemmendes Hormon** (englisch: moult inhibiting hormone, MIH). Dieses Hormon wird in der im Augenstiel am Ein-gang eines großen Blutsinus gelegenen **Sinusdrüse** gespeichert und während der Zwischenhäutungspe-rioden ausgeschüttet. Es ist ein Peptidhormon und verhindert die Abgabe des in dem Y-Organ produ-zierten Häutungshormons. Bilaterale Augenstielent-fernung führt beim Hummer *(Homarus americanus)* zu einem unmittelbaren Eintritt in die Prähäutungs-phase, verbunden mit dem für dieses Stadium charak-

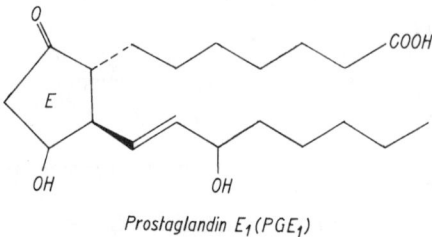

Prostaglandin E_1 (PGE_1)

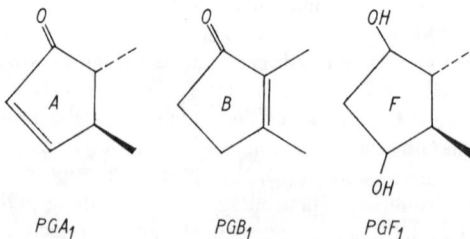

PGA₁   PGB₁   PGF₁

---

[1]) Der Name bezieht sich darauf, daß diese Substanzen zu-erst aus der Samenflüssigkeit und den Prostatadrüsen (Glan-dulae prostaticae) isoliert worden sind.

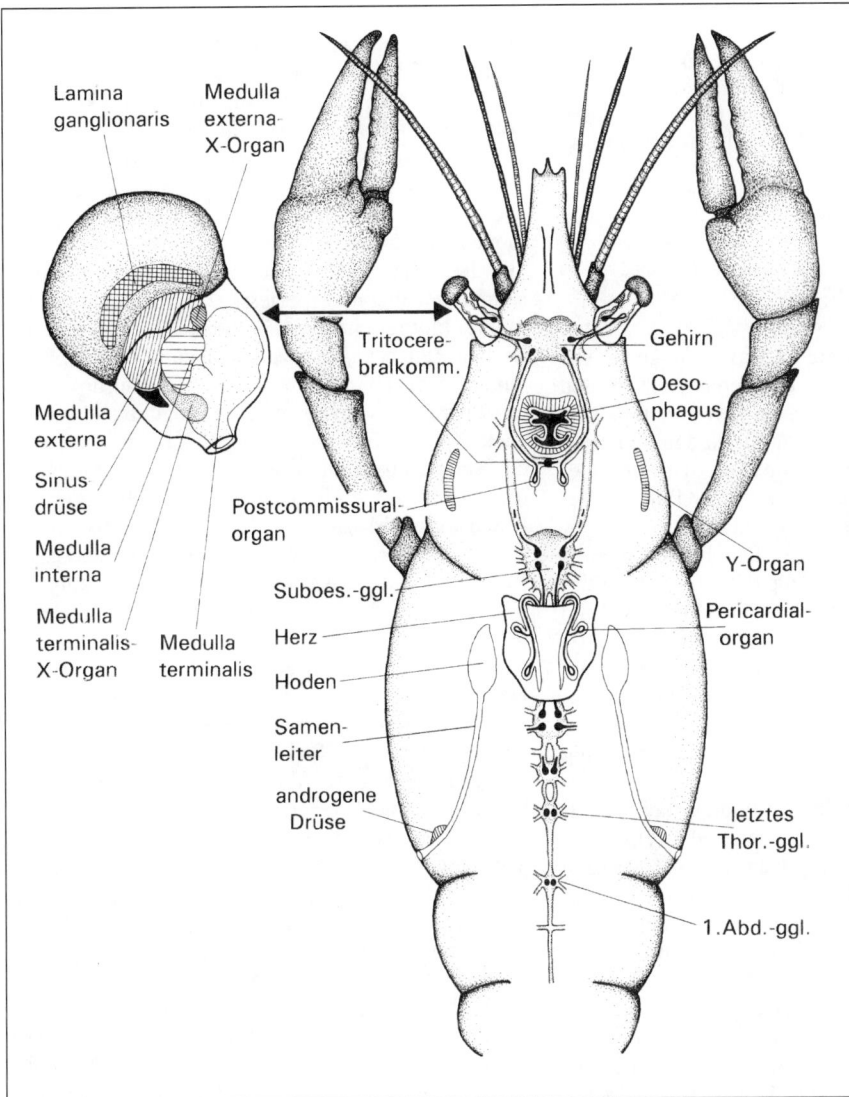

Lamina ganglionaris
Medulla externa-X-Organ
Tritocerebralkomm.
Gehirn
Oesophagus
Medulla externa
Sinus drüse
Medulla interna
Postcommissuralorgan
Suboes.-ggl.
Medulla terminalis-X-Organ
Medulla terminalis
Herz
Hoden
Samenleiter
androgene Drüse
Y-Organ
Pericardialorgan
letztes Thor.-ggl.
1.Abd.-ggl.

Abb. 2.32. Das endokrine System eines männlichen dekapoden Krebses. Abd.-ggl., Suboes.-ggl., Thor.-ggl. = Abdominal-, Suboesophageal- bzw. Thorakalganglion; Tritocerebralkomm. = Tritocerebralkommissur. Nach GORBMAN u. BERN 1962, verändert. Der linke Augenstiel von *Palaemon serratus* nach BELLON-HUMBERT et al. 1981.

teristischen Anstieg des Häutungshormon-Titers in der Hämolymphe.

Das **Y-Organ** (Häutungsdrüse, Carapaxdrüse) ist eine paarige Drüse entweder im 1. Maxillen- oder im Antennensegment. Es ist ektodermaler Herkunft. Exstirpation des Organs hat zur Folge, daß die Tiere sich nicht mehr häuten. Wird die Exstirpation zu einem Zeitpunkt durchgeführt, zu dem die Gonaden noch wenig entwickelt sind, kommt es außerdem zur Verödung der Gonaden. Zur Häutung kommt es im Normalfall dann, wenn die MIH-Ausschüttung eingestellt wird, und daraufhin das Y-Organ mit der Abgabe seines **Häutungshormons (20-Hydroxyecdyson,** **Ecdysteron),** eines Steroidhormons, beginnt. Im Gegensatz zu den Insekten (s. u.) gibt es keinen Hinweis darauf, daß das Ecdysteron in der Hämolymphe an spezifische Proteine gebunden vorliegt. Es tritt durch Diffusion und über carriervermittelten Transport in die Hypodermiszellen ein, wo es im Cytosol als auch im Kern von spezifischen **Rezeptormolekülen** (70 bis 80 000 Dalton) gebunden wird.

Unsere Vorstellungen über die Existenz und die Wirkungsweise des MIH beruhen im wesentlichen auf der Feststellung, daß durch die Entfernung der Augenstiele eine Verkürzung der Zwischenhäutungsphase, also eine vorzeitige Häutung ausgelöst werden kann. Umgekehrt kann durch eine Reimplantation von Augenstielen bzw. Sinusdrüsen oder Injektion von Sinusdrüsenextrakten dieser Effekt wieder kompensiert werden. Überraschenderweise zeigt aber ein Y-Organ *in vitro,* d. h. der Einwirkung des MIH entzogen, keine Steigerung der Ecdysteronproduktion. Man vermutet deshalb, daß es neben dem MIH noch ein **häutungsbeschleunigendes Hormon** (englisch: moult accelerating hormone, MAH) gibt. Es soll ebenfalls im Medulla terminalis-X-Organ gebildet, aber nicht in der Sinusdrüse, sondern im **Sinnesporen-X-Organ** des Augenstieles gespeichert werden. Wirksam soll es in der ersten Phase des Häutungszyklus (Proecdysis) sein und das Y-Organ zur beschleunigten Abgabe des Häutungshormons anregen. Vieles ist noch unklar.

Die **androgenen Drüsen** der Malakostraken liegen in den meisten Fällen am Vas deferens, nur bei den Isopoden stellen sie einen feinen Gewebsstrang dar, der sich am Hoden entlangzieht. Sie sind mesodermalen Ursprungs und werden zunächst in beiden Geschlechtern angelegt. Während sie im weiblichen Geschlecht später degenerieren, werden sie im männlichen – genetisch bedingt – aktiv. Durch das von ihnen ausgeschüttete Hormon wird die Entwicklung der undifferenzierten Gonadenanlage zum Hoden und die Ausbildung der männlichen sekundären Geschlechtsmerkmale (Gonopoden etc.) induziert. Im Gegensatz zum Ovar hat der Hoden selbst keine endokrine Funktion. Im weiblichen Tier erfolgt nach der Degeneration der androgenen Drüsen die Selbstdifferenzierung des **Ovars,** das später mit der Abgabe von **Sexualhormonen** beginnt, die die Ausbildung der weiblichen sekundären Geschlechtsmerkmale (Oostegite etc.) bewirken. Transplantiert man androgene Drüsen in ein Weibchen, so wandeln sich die Ovarien in funktionstüchtige Hoden um, und anstelle der weiblichen kommt es zur Ausbildung männlicher Geschlechtsmerkmale.

Auch durch Neurohormone wird die sog. **sekundäre Vitellogenese** bei Krebsen gesteuert, die während der Fortpflanzungssaison stattfindet und zum Ablaichen führt. Die Herkunft des Eidotters ist bei den Malakostraken z. T. intraooplasmatisch, z. T. extraooplasmatisch. Wie bei den Insekten synthetisiert der Fettkörper (Corpus adiposum) einen Präkursor (**Vitellogenin**) des wichtigsten Eidotterproteins (**Vitellin**). Während der primären Vitellogenese entsteht das Vitellin endogen im Ei selbst. Während der sekundären Vitellogenese nehmen die Oozyten das im Fettkörper synthetisierte Vitellogenin durch Endozytose auf. Bei den Decapoda hemmt das seit längerem bekannte **gonad-inhibiting Hormon** (GIH), das aus der Sinusdrüse freigesetzt wird, die sekundäre Vitellogenese und die Synthese des Vitellogenins. Bei den Isopoda wird ein **Vitellogenese-inhibierendes Hormon** von neurosekretorischen Zellen im medianen Teil des Protocerebrums gebildet. Bei den Amphipoda wird von neurosekretorischen Zellen derselben Region ein Hormon gebildet, das die Follikulogenese induziert und die sekundäre Vitellogenese auslöst. Die sekundären Follikel erhalten selbst eine endokrine Funktion. Sie setzen das **„vitellogenin-stimulating-ovarian Hormon** (VSOH) frei. Das Häutungshormon ist ebenfalls integriert. Es ist bei den Amphipoda und Isopoda sowohl für die Vitellogenin-Synthese als auch für die Vitellogenin-Aufnahme notwendig.

Aus dem X-Organ-Sinusdrüsenkomplex insbesondere verschiedener Decapoda *(Cardiosoma, Orconectes, Carcinus)* sind auch Peptide mit hyperglykämischer Aktivität bekannt: **hyperglykämisches Hormon** (englisch: crustacean hyperglycemic hormone, CHH). Es handelt sich um relativ große Moleküle (M_r = 6000–7000), deren Aminosäuresequenz aber noch unbekannt ist. Im Gegensatz zu den Hormonen des physiologischen Farbwechsels (s. u.) zeigen die CHHs Unterschiede in ihrer Aminosäurezusammensetzung und speziesspezifische Unterschiede in ihrer biologischen Wirksamkeit. Die neurosekretorischen Zellen liegen in dem Medulla terminalis-X-Organ. Das Hormon wird in den Sinusdrüsen in großen Mengen gespeichert und reguliert den Blutzuckerspiegel. Es ist verantwortlich für die Erhöhung des Spiegels bei Bedarf. Es gibt Hinweise dafür, daß das CHH über zyklische Nukleotide als sekundäre Botenstoffe wirksam wird.

Experimentelle Hinweise für die neuroendokrine Regulation der **Osmoregulation** bei dekapoden Krebsen sind zahlreich. Sowohl das Augenstielsystem als auch das Gehirn, die thorakalen Ganglien und das Perikardialorgan scheinen beteiligt zu sein. Drei Faktoren konnten bisher aus dem Gewebe des ZNS extrahiert werden: Ein Faktor aus Süßwasserformen steigert den Salzinflux ($Na^\oplus$, $Cl^\ominus$), und zwei Faktoren aus Krabben der Gezeitenzone *(Thalamita)* beeinflussen den Wasserflux (ein acetonlöslicher steigert den Influx, ein wasserlöslicher vermindert ihn und steigert den Efflux ohne gleichzeitigen deutlichen Effekt auf den $Na^\oplus$-Flux). Keiner dieser Faktoren ist allerdings bisher in der Hämolymphe oder im Effektorgewebe nachgewiesen worden.

Die Steuerung des **physiologischen Farbwechsels** erfolgt bei den Crustaceen ausschließlich durch Neurohormone. Besondere Bedeutung kommt dabei den Neurohämalorganen **Sinusdrüse** und **Postkommissuralorgan** zu. Letzteres liegt der direkt hinter dem Pharynx verlaufenden Tritocerebralkommissur auf und speichert Neurosekret, das aus dem Tritocerebrum stammt.

Das **„red pigment concentrating hormone"** (RPCH) war das erste Invertebraten-Peptidhormon, das in seiner Aminosäuresequenz aufgeklärt wurde. Es ist aus den Garnelen *Pandalus borealis* und *Palaemon (Leander) adspersus* isoliert worden und hat folgende Zusammensetzung (Oktapeptid)

(Pyro)Glu–Leu–Asn–Phe–Ser–Pro–Gly–Trp · NH$_2$

Es konzentriert das rote Pigment in den Erythrophoren (6.3.2.2.) der Garnelen und wird aus dem X-Organ-Sinusdrüsenkomplex freigesetzt. Das zweite Farbwechselhormon, das **„light adapting hormone"** (distal retinal pigment hormone, DRPH) der Garnele *Pandalus borealis* ist in seiner Aminosäuresequenz ebenfalls bekannt.

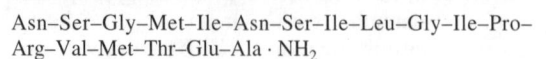

Asn–Ser–Gly–Met–Ile–Asn–Ser–Ile–Leu–Gly–Ile–Pro–Arg–Val–Met–Thr–Glu–Ala · NH$_2$

Es paßt das Auge an höhere Lichtintensitäten an, indem es das schwarze Pigment innerhalb der distalen Pigmentzellen tiefer ins Auge hinein verlagert (bessere Abschirmung der Retinula). Es wird in der Sinusdrüse gespeichert und dort auch freigesetzt. Es besitzt auch eine ausbreitende (dispergierende) Wirkung auf das Melanin in den Melanophoren („melanophore dispersing hormone, MDH).

Vom **Perikardialorgan** kann unter physiologischen Bedingungen ein **herzbeschleunigendes Peptid** abgegeben werden.

2.2.8. Die Hormone der Insekten

Die postembryonale Entwicklung der Insekten ist durch zwei Vorgänge charakterisiert, durch das **larvale Wachstum** und durch die Überführung der larvalen in die imaginale Organisation (**Metamorphose**[1])). Beide Prozesse sind an **Häutungen** gebunden. Bei den **Holometabolen**[2]) laufen beide Prozesse weitgehend getrennt voneinander ab: Das Wachstum ist auf die Larvalhäutungen beschränkt, die Metamorphose läuft im Puppenstadium ab (Puppen- und Imaginalhäutung sind Metamorphosehäutungen). Bei den **Hemimetabolen**[2]) fallen beide Prozesse weitgehend zusammen. Die Larve nähert sich mit jeder weiteren Häutung der Organisation der Imago (Adultstadium), die mit der letzten (sog. Imaginal-) Häutung erreicht ist. Beide Extreme – Holo- und Hemimetabole – sind durch viele Zwischenformen miteinander verbunden.

Larvales Wachstum, Häutungen und Metamorphose werden in ihrer zeitlichen Ordnung hormonal gesteuert. Beteiligt sind alle drei Hauptgruppen der Insektenhormone:

– die Juvenilhormone (JH)
– die Ecdysteroide
– die prothorakotropen Hormone (PTTH).

Das **prothorakotrope Hormon** (PTTH) setzt durch Aktivierung der Prothoraxdrüse, die selbst das Häutungshormon Ecdyson bildet und ausschüttet, den Häutungsprozeß in Gang. PTTH war das erste Insektenhormon, das entdeckt wurde. Der Pole Stefan Kopeč[3]) schnürte 1917 das letzte Raupenstadium des Schwammspinners *Lymantria dispar* quer in zwei Hälften. Wurde die Ligatur vor einer kritischen Periode des letzten Larvenstadiums gesetzt, so verpuppte sich nur die vordere, aber nicht die hintere Hälfte. Fünf Jahre später (1922) konnte derselbe Forscher

dann zeigen, daß die Exstirpation des Gehirns vor der kritischen Periode eine Verpuppung verhindert. Seine Schlußfolgerung, daß vom Gehirn des Insekts ein hormonaler Faktor freigesetzt werde, der die Verpuppung steuert, blieb für viele Jahre unbeachtet. Es war der erste Hinweis auf eine endokrine Funktion des Nervensystems (Neurosekretion) und auf ein Neurohormon im Tierreich überhaupt. Dennoch ist das PTTH trotz intensiver experimenteller und analytischer Arbeit bis heute in seiner Struktur und Funktion noch sehr unvollkommen bekannt. Es handelt sich um ein **Peptidhormon** mit einem Molekulargewicht zwischen 4000 und 30 000. Wahrscheinlich gibt es mehrere verschiedene PTTHs.

Bei den **Lepidopteren** wird das PTTH (*Manduca* u. a.) über Axone aus dem Gehirn bis in die peripheren Schichten der **Corpora allata** (s. u.) transportiert, dort gespeichert und bei Bedarf freigesetzt. Die Corpora allata erfüllen in diesem Falle neben ihrer endokrinen Funktion (Bildung eigener Hormone: Juvenilhormone, s. u.) auch die Funktion eines **Neurohämalorgans**. Bei anderen Insekten erfolgt die Freisetzung wahrscheinlich an anderen Orten.

Die **Steuerung der PTTH-Ausschüttung** unterliegt bei den verschiedenen Insekten unterschiedlichen Mechanismen. Als externe Auslöser kommen in Frage: 1. Propriorezeptive oder mechanische Reize, 2. das tages- oder jahresperiodische Photoregime und 3. die Temperatur. Gut bekannt ist von der Wanze *Rhodnius*, daß die Larve sich erst häutet, wenn durch eine Blutmahlzeit abdominale Dehnungsrezeptoren erregt werden, die dann neuronal die PTTH-Ausschüttung auslösen. In anderen Fällen ist beobachtet worden, daß mechanische Reizung der Körperoberfläche durch Gegenstände der Umgebung oder bei zu hoher Besiedlungsdichte die PTTH-Ausschüttung hemmt. Bei vielen Schmetterlingen ist die PTTH-Ausschüttung an eine bestimmte Zeit im Tag-Nacht-Rhythmus geknüpft. Bei *Manduca* und *Antheraea* steht die PTTH-Freisetzung unter Kontrolle eines lichtempfindlichen circadianen Schrittmachers (7.3.3.).

Die bei vielen Insekten – oft während der Überwinterung – zu beobachtende zeitweilige Unterbrechung der postembryonalen Entwicklung (**Diapause**[4]) hat in der Regel ihre Ursache ebenfalls in einer vorübergehenden Einstellung der Hormonproduktion im Gehirn. Implantation aktiver Gehirne führt zur Unterbrechung der Diapause. Für die Induktion wie auch für die Beendigung der Diapause ist die Photoperiode (7.3.4.) der wichtigste externe Auslöser. Daneben spielt die Umgebungstemperatur eine Rolle. Bei *Manduca* bleibt die Kurztag-Photoperiode als Auslöser der Diapause unwirksam, wenn nicht die Umgebungstemperatur während der Larvalentwicklung zwischen 26 und 30 °C liegt.

Die im Prothorax gelegene **Prothoraxdrüse** (Abb. 2.33.) (Blattoidea, Hemiptera und alle holometabolen Insekten) und die ihr homologe **Ventraldrüse** im

---

[1]) meta (griech.) = den Übergang von einem Zustand in einen anderen bezeichnend; he morphé (griech.) = die Gestalt.
[2]) hólos (griech.) = ganz; he metabolé (griech.) = die Veränderung, Umwandlung; hemi- (griech.) = zur Hälfte, halb.
[3]) Stefan Kopeč, geb. 1888, Studium in Krakau, Promotion 1912, 1929–1932 Direktor des Instituts für Agrikulturforschung in Pulawy nahe Warschau, ab 1932 Prof. f. Biologie an der Medizinischen Fakultät der Universität Warschau, 1941 von den Deutschen erschossen.

[4]) he diapausis (griech.) = das Dazwischenausruhen.

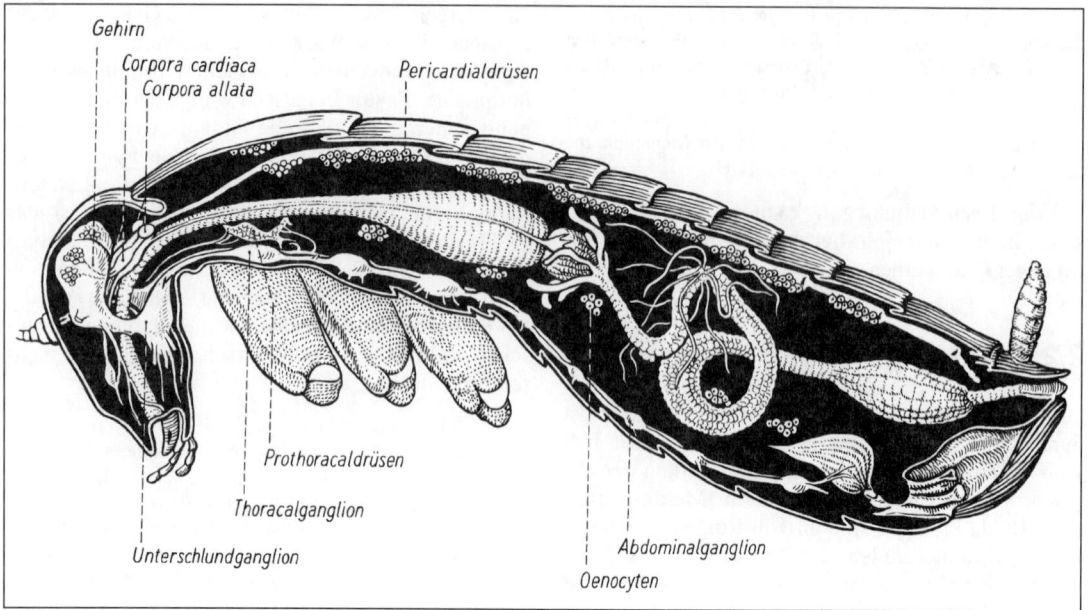

Abb. 2.33. Die Hormonbildungsorte beim Insekt. Einige von ihnen sind noch fraglich. Aus Gersch 1957.

ventrocaudalen Bereich der Kopfkapsel (Ephemerida, Plecoptera, Odonata, Orthoptera) gehen aus paarigen epidermalen Einstülpungen im zweiten Maxillarsegment hervor und bilden das Häutungshormon **Ecdyson**[1]). Es ist ein Steroidhormon, das kaum gespeichert werden kann. Es wird nach der Ausschüttung im peripheren Gewebe (Epidermis, Malpighi-Gefäße, Fettkörper) zum **20-Hydroxyecdyson (Ecdysteron),** der eigentlich wirksamen Form des Hormons, hydro-

[1]) ecdysis (engl.) = die Häutung.

xyliert. Im Gegensatz zu den Wirbeltieren, deren steroidbildende Hormondrüsen (Nebennierenrinde, Testis, Ovar, Placenta) alle mesodermalen Ursprungs sind, gehen die Häutungsdrüsen der Crustaceen und Insekten aus dem Ektoderm hervor.

Die sog. „echten" Wanzen (Pentatomorpha) besitzen nicht wie die anderen Insekten ein C-27-, sondern ein C-28-Steroid als Häutungshormon, das **Makisteron A.** Sie haben offenbar die Fähigkeit verloren, aus den mit der Nahrung aufgenommenen C-28-Phytosteroiden durch Dealkylierung das Cholesterin zu gewinnen, das bei den restlichen Insekten

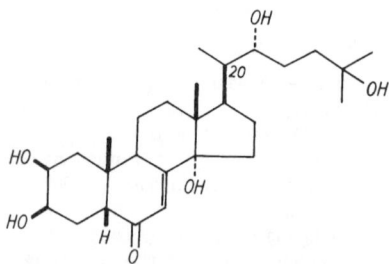

Ecdyson
(α-Ecdyson)

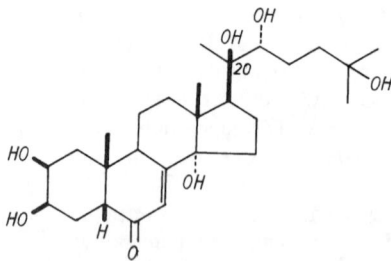

20-Hydroxyecdyson
(β-Ecdyson, Ecdysteron)

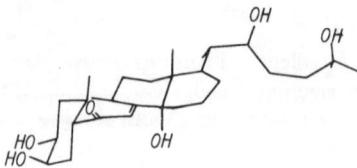

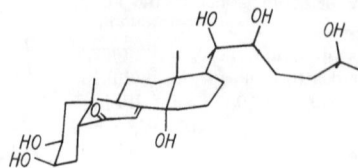

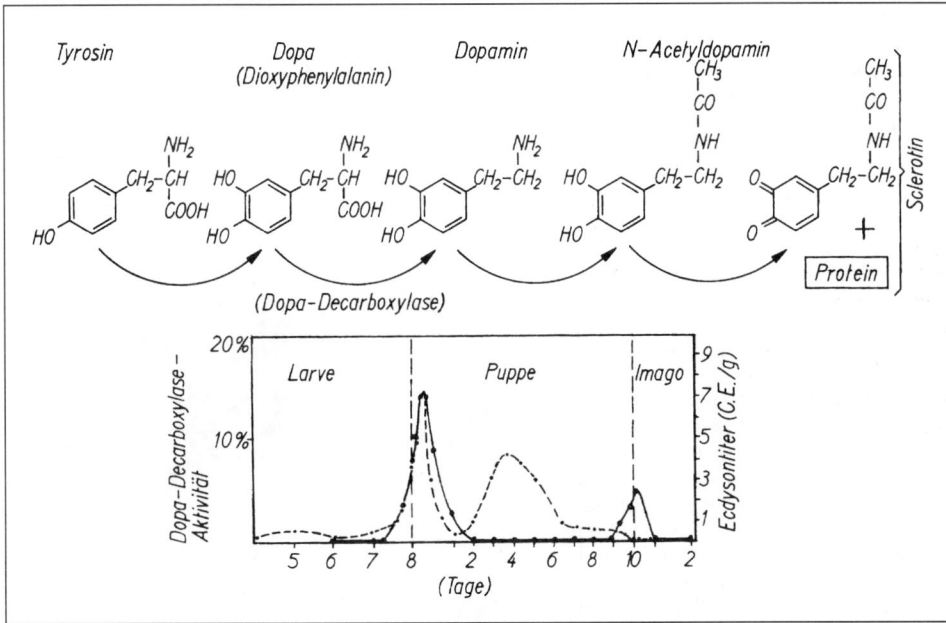

Abb. 2.34. Das Ecdyson induziert in den Epidermiszellen der Fliegenmade *(Calliphora erythrocephala)* die Bildung der für die Sklerotisierung der Larvencuticula zum harten braunen Puparium wichtigen Dopa-Decarboxylase. Die graphische Darstellung gibt den Ecdysontiter (in *Calliphora*-Einheiten pro g) und die Dopa-Decarboxylase-Aktivität (in % Transformation von Dopa in Dopamin) während der Entwicklung der Fliege von der Larve bis zur Imago wieder. Ecdysontiter: gestrichelte Kurve; Decarboxylase-Aktivität: durchgezogene Kurve. Nach SEKERIS 1964; SHAAYA u. SEKERIS 1965.

als Ausgangsstoff für die Ecdysteroidbiosynthese dient. Selbst bei solchen Vertretern der Pentatomorpha, die später zur räuberischen Lebensweise übergegangen sind, die also mit der Nahrung genügend Cholesterin aufnehmen, bleibt dieser Mangel bestehen.

Das Ecdysteron ist für die Vorbereitung und Auslösung des Häutungsvorganges von hervorragender Bedeutung. Es bewirkt in den Epidermiszellen eine Zunahme der Mitochondrien und des endoplasmatischen Retikulums sowie eine Steigerung der RNA- und Proteinsynthese. Bei Fliegenmaden bewirkt das Ecdyson die Pupariumbildung. Es greift dabei in den Tyrosinstoffwechsel ein, aus dem die für die „Sklerotisierung" der Larvencuticula zum harten, braunen Puparium notwendigen Chinone stammen (Abb. 2.34.).

Im letzten Larvenstadium holometaboler Insekten (Lepidoptera, Diptera) werden im Fettkörper große Mengen hexamerer „Speicher-Proteine" mit einer Molmasse von $5 \cdot 10^5$ Dalton, die reich an aromatischen Aminosäuren (Arylgruppen) sind und deshalb auch als **„Arylphorine"** bezeichnet werden, produziert und in die Hämolymphe entlassen. Schließlich können sie bei der Schmeißfliege *Calliphora* 80% der Hämolymphproteine ausmachen. Es wird angenommen, daß sie als **Quelle** für aromatische Aminosäuren und Energie im Rahmen der Proteinsynthese während der Metamorphose, aber auch als **Ecdysteroid-Carrier** in der Hämolymphe dienen und eine Rolle bei der Sklerotisierung der Cuticula (s. o.) spielen. Vor der Verpuppung wird – unter dem Einfluß von Ecdysteron – die Synthese eingestellt

und die vorhandenen Speicher-Proteine aus der Hämolymphe in den Fettkörper überführt.

Unmittelbar nach dem Eintritt in die Imaginalphase degenerieren die Prothorax- bzw. Ventraldrüsen in der Regel, Häutungen finden nicht mehr statt. Trotzdem fehlt das **Ecdyson** keinesfalls bei den **Imagines.** Insbesondere zeichnen sich die Weibchen vieler Insekten (z. B. *Bombyx mori, Macrotermes, Gryllus bimaculatus*) durch einen relativ hohen Ecdysonspiegel während ihres ganzen Imaginallebens aus. Als Produktionsort fungieren die **Ovarien** sowie in männlichen Tieren die **Hoden** (Testes). *In-vitro*-Untersuchungen mit *Locusta*-Ovarien ergaben, daß die Synthese in den Follikelzellen der Ovarien erfolgt. Während der Oogenese treten Ecdysteroide auch von dort in die Oozyten über, wo sie als Konjugate gespeichert und während der Embryogenese wieder freigesetzt werden können (Bedeutung für die Cuticulabildung, solange die Prothorakaldrüse noch nicht entwickelt und funktionstüchtig ist). Bei den Dipteren-Weibchen (nur dort?) wird die **Vitellogeninsynthese**[1] (2.2.7.) des Ovars sowie die **Sexualpheromonproduktion** (7.5.1.) durch Ecdysteroide gesteuert. Als weitere Ecdysonsyntheseorte werden die **Oenozyten** und **Pericardialzellen**[2] diskutiert. Da bei

---

[1]) vitellus (lat.) = der Eidotter.

[2]) peri (griech.) = um-, herum; he kardia (griech.) = das Herz.

Imagines trotz Anwesenheit hoher Ecdysonspiegel ebenso wie nach Gaben von Ecdysteron zusätzliche Häutungen unterbleiben, ist davon auszugehen, daß die Zielgewebe ihre Reaktionsbereitschaft (Kompetenz) gegenüber Ecdyson mit der Imaginalhäutung verloren haben.

Ecdysteroide, d. h. Steroide mit Häutungshormonaktivität bei Insekten, sind in fast allen Stämmen der Protostomia nachgewiesen worden (Abb. 2.16.). Über deren Funktion besteht noch keine Klarheit. Sie kommen auch bei Pflanzen vor (**Phytoecdysteroide**), oft in wesentlich höheren Konzentrationen als bei Tieren. Sie stellen dort vielleicht einen gewissen Schutz gegen das Gefressenwerden dar. Aus dem Indischen Flieder oder Neembaum *(Azadirachta indica)* aus der Familie der Miliaceae konnte ein „**Antiecdyson**", das **Azadirachtin** (ein Tetranortriterpenoid, $C_{35}H_{44}O_{16}$), mit insektizider Wirkung isoliert werden. Der Angriffspunkt dieses Stoffes im Insekt ist noch nicht exakt bekannt. Azadirachtin besitzt eine geringe Warmblütertoxizität. Bei den Insekten verursacht es Metamorphosestörungen sowie eine Abnahme der Fertilität und Vitalität. Zwischen den Insekten gibt es erhebliche Unterschiede hinsichtlich der Empfindlichkeit gegenüber Azadirachtin. Der Maikäfer *(Melolontha)* ist fast unempfindlich, die Wüstenheuschrecke *(Schistocerca)* ist 10^3fach empfindlicher als die Wanderheuschrecke *(Locusta)*.

Der jeweilige Charakter der Häutung hängt von dem **Juvenilhormon**[1] ab. Die Juvenilhormone stellen chemisch gesehen azyklische Sesquiterpenoidepoxide dar. Sie scheinen im Gegensatz zu den Steroid- und Peptidhormonen in ihrer Verbreitung auf die Insekten beschränkt zu sein. Es sind vier Formen des Juvenilhormons gefunden worden, die in der Reihenfolge ihrer Entdeckung als JH I, JH II, JH III und JH 0 bezeichnet wurden. Als 5. Form wird oft das 4-Methyl-JH I angeführt.

JH III scheint die weiteste Verbreitung zu haben, während die anderen drei Formen – neben JH III – bisher nur bei Lepidopteren gefunden worden sind. Im biologischen Test haben alle Formen der Juvenilhormone die gleichen Effekte, wenn auch mit unterschiedlicher Stärke. JH I ist im allgemeinen am aktivsten. In der Hämolymphe liegen die Juvenilhormone gegen unspezifische Esterasen geschützt an Proteine gebunden vor (Transportform). Die Juvenilhormone werden in den **Corpora allata**[2] gebildet. Diese in der ursprünglichen Anlage stets paarigen Hormondrüsen gehen aus ektodermalen Einstülpungen zwischen Mandibel und erster Maxille hervor und liegen später hinter den Corpora cardiaca, mit denen sie nervös verbunden sind und gemeinsam den **Retrocerebralkomplex**[3] bilden. Ausschaltung der C. allata auf frühem Larvenstadium hat bei den verschiedenen Insektenordnungen übereinstimmend eine vorzeitige

[1] juvenilis (lat.) = jugendlich, jung.
[2] córpus, -oris (lat.) = der Rumpf, Körper; allatus (lat.) = hinzugefügt (Sing.: Corpus allatum).
[3] retro- (lat.) = rückwärts; cérebrum (lat.) = das Gehirn.

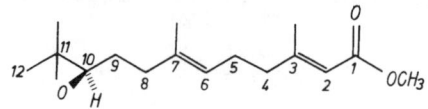

JH III ($C_{16}JH$)

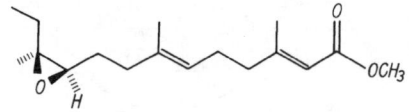

JH II ($C_{17}JH$)

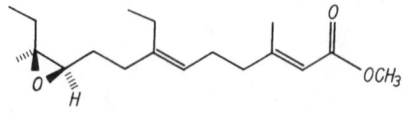

JH I ($C_{18}JH$)

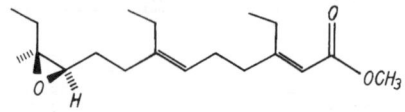

JH 0 (Manduca – Embryo)

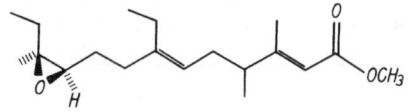

4 – methyl – JH I (ein iso – JH0)
(Manduca – Embryo)

Metamorphose zur Folge. Umgekehrt kann die Implantation zusätzlicher aktiver C. allata zu überzähligen Larvenhäutungen führen. Das Juvenilhormon fördert das larvale Wachstum und hemmt die Metamorphose. Zur Metamorphose kommt es normalerweise dann, wenn die Abgabe des Juvenilhormons aufhört und nur noch das Ecdyson wirksam ist. Bei den larvalen Häutungen sind die Epidermiszellen dagegen der gleichzeitigen Einwirkung beider Hormone (Ecdyson + Juvenilhormon) ausgesetzt (Abb. 2.35.). Es sind aus dem Gehirn von Insekten sehr wirksame Neuropeptide isoliert worden, die die JH-Synthese in den C. allata spezifisch stimulieren (**Allatotropine**) bzw. hemmen (**Allatostatine**).

Das Juvenilhormon und das Ecdyson lösen nicht nur bestimmte physiologische Vorgänge, sondern darüber hinaus auch charakteristische **Verhaltensweisen** aus (7.1.2.).

Im Gegensatz zur Prothoraxdrüse degenerieren die C. allata nach der Häutung zur Imago nicht. Sie haben auch nach der Metamorphose noch eine große Bedeutung. Es sind Wirkungen auf den Protein- und Fettstoffwechsel nachgewiesen. Im Zusammenhang damit sind die C. allata bei vielen adulten Insekten für die Dotterbildung (vornehmlich im Fettkörper) und

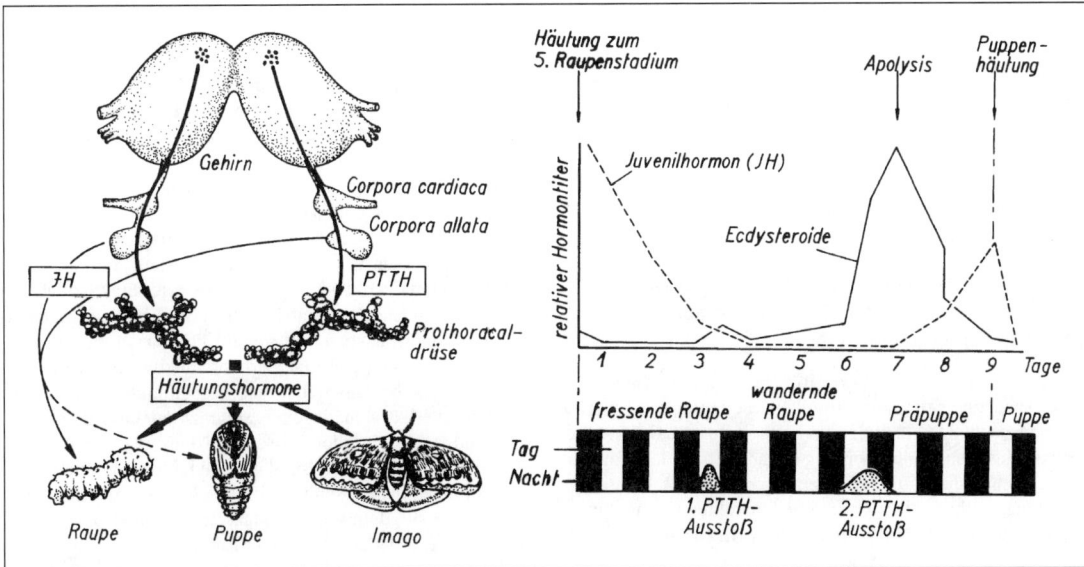

Abb. 2.35. Hormonale Kontrolle der Insektenhäutung am Beispiel des „tobacco hornworm" *(Manduca sexta)*: Die relativen Hormontiter (rechts) während des letzten (fünften) Raupenstadiums zeigen deutlich die Abhängigkeit der Freisetzung des Häutungshormons (Ecdysteroide) von dem prothorakotropen Hormon (PTTH). Der Juvenilhormon(JH)-Ausstoß zur Zeit der Puppenhäutung ist wesentlich geringer als bei den Larvalhäutungen. Nach WILLIAMS, SEDLAK u. GILBERT 1979; TRUMAN u. RIDDIFORD 1974; RAABE 1982, verändert.

-speicherung in den heranwachsenden Eizellen notwendig. Wahrscheinlich ist das **gonadotrope Hormon** mit dem Juvenilhormon identisch. Bei Lepidopteren reifen die Eier auch unabhängig von den C. allata heran. Bei den Termiten kann mit dem gonadotropen Faktor der C. allata experimentell die Bildung von „Soldaten" ausgelöst werden. Die Bildung und Ausschüttung des gonadotropen Hormons steht unter nervöser und hormonaler Kontrolle.

Derivate der natürlichen Juvenilhormone, sog. **Juvenoide,** haben in der **Schadinsektenbekämpfung** Anwendung gefunden. Sie zeichnen sich durch eine geringe Warmblütertoxizität und – im Gegensatz zu den natürlichen Stoffen – auch durch eine relativ große Stabilität aus. Sie sind außerdem häufig nicht nur insekten-, sondern ordnungs- oder familienspezifisch. Als besonders empfindlich erwiesen sich Heteropteren. So hat sich z. B. der Wirkstoff Methopren (Altosid IGR®) bei der Fliegen- und Mückenbekämpfung und Kinopren (Enstar®) bei der Homopterenbekämpfung in Gewächshäusern bereits bewährt.

Aus der Pflanze *Ageratum houstonianum* (Fam. Compositae) konnten zwei Wirkstoffe isoliert werden, die selektiv auf die Corpora allata zytotoxisch wirken (chemische Allatektomie). Sie lösen eine vorzeitige Metamorphose und Sterilität aus, unterdrücken die Pheromonbildung und stören die Embryogenese, Diapause sowie die Kastenbildung. Die **„Antijuvenilhormone",** es sind inzwischen synthetische hinzugekommen, erhielten den Namen **Precocene**[1]). Sie wirken sowohl bei Kontakt als auch über die Gasphase.

Neben dem bereits erwähnten PTTH sind eine Reihe weiterer **Peptidfaktoren** mit biologischer Wirksamkeit **aus dem Nervensystem** der Insekten isoliert und identifiziert worden: das herzaktive Corazonin (S. 277), diuretisch wirksame Peptide (S. 327) u. a.

– Das **adipokinetische Hormon** (AKH) kommt im „glandulären" Teil („intrinsic cells") der Corpora cardiaca von Locusten vor, ist ein Dekapeptid

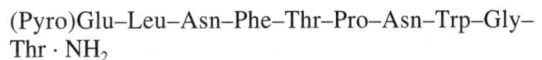

(Pyro)Glu–Leu–Asn–Phe–Thr–Pro–Asn–Trp–Gly–Thr · NH$_2$

und reguliert die **Lipidbereitstellung** während langer Flüge (6.1.1.5.). Es hat zwei Hauptzielorgane: Im **Fettkörper** löst es – wahrscheinlich über cAMP – den Abbau von Triacyl- zu Diacylglycerinen aus, die anschließend über die Hämolymphe der Flugmuskulatur zugeführt werden (6.1.1.5.). Dort unterdrückt das AKH die Kohlenhydrat- und stimuliert die Diacylglycerinoxidation. Es hemmt auch die Proteinsynthese im Fettkörper. Es wird in Beantwortung des Flugreizes ausgeschüttet.

Das AKH gehört einer Peptidfamilie an, die eine wichtige Rolle bei der Regulation des intermediären Stoffwechsels spielt. AKH löst Hyperglykämie in anderen Insekten wie *Locusta* aus. Es ist mit dem hyperglykämischen Faktor von *Carausius* und anderen Insekten verwandt. Große Ähnlichkeit hat das AKH auch mit dem RPCH der Crustaceen (2.2.7.) und dem Neurohormon D.

[1]) von precocious (engl.) = frühreif, frühzeitig.

– Das **Neurohormon D** (NHD) wurde aus den Corpora cardiaca der Schabe *Periplaneta americana* isoliert und ist ein Octapeptid

(Pyro)Glu–Val–Asn–Phe–Ser–Pro–Asn–Trp · NH_2.

Es erhöht dosisabhängig die Schlagfrequenz des Herzens

– Das **Proctolin** ist ein Pentapeptid

Arg–Tyr–Leu–Pro–Thr

und wirkt auf verschiedene Muskeln (Enddarm, Ovidukt u. a.) kontrahierend. Eine Neurotransmitterrolle (Modulator?) wird diskutiert.

An weiteren, noch nicht identifizierten Peptidfaktoren seien erwähnt: das **Bursicon** (stimuliert die cuticulare Sklerotisierung nach der Häutung) und das **Eclosion-Hormon**[1]). Letzteres löst den Schlüpfvorgang des adulten Seidenspinners aus der Puppe durch direkte Beeinflussung des Bauchmarks aus, indem es dort genetisch fixierte, charakteristische motorische Programme in Gang setzt (**Schlupfhormon**).

2.3. Neuronale Kommunikation

Die neuronale Kommunikation erfolgt über **Nerven,** die alle Teile des Organismus in sinnvoller Weise miteinander verknüpfen. Der periphere Nerv ist in der Regel aus vielen mehr oder weniger dünnen Nervenfasern zusammengesetzt. Erst verhältnismäßig spät hat sich die Erkenntnis durchgesetzt, daß die Nervenfaser keine Sonderbildung, sondern ein Teil der Nervenzelle, des **Neurons**[2]) (WALDEYER[3]) 1891),

---

[1]) eclosion (engl.) = das Schlüpfen aus dem Ei oder der Imago aus der Puppe.
[2]) to neúron (griech.) = der Nerv, die Faser.
[3]) Heinrich Wilhelm Gottfried v. WALDEYER, geb. 1836 in Hehlen b. Braunschweig, Prof. f. Anatomie i. Breslau, Straßburg u. Berlin, gest. 1921 in Berlin.

ist (Neuronentheorie, FOREL[4]) 1887 und HIS 1886, 1889).

Die Nervenzellen oder **Neuronen** (Ganglienzellen) der Tiere bestehen aus dem Zellkörper (**Perikaryon**)[5] mit dem Zellkern und einer wechselnden Anzahl von ihm ausgehender kurzer und langer Fortsätze. Die kurzen Fortsätze, die oft in großer Zahl auftreten und baumartig verzweigt sind, bezeichnet man als **Dendriten**[6]) und stellt sie dem in manchen Fällen weit über einen Meter langen **Neuriten (Axon)** gegenüber. Der Neurit kann in seinem Verlauf Seitenzweige (**Kollateralen**)[7] abgeben. Er ist ebenso wie seine Kollateralen an seinem Ende baumartig verzweigt. Ein Neuron nennt man multipolar[8]), wenn von seinem Perikaryon neben dem Neuriten mehrere Dendriten getrennt voneinander ausgehen. Dieser Typ ist besonders bei den Wirbeltieren recht häufig, bei den Evertebraten dagegen seltener anzutreffen. Unter den dendritenlosen (adendritischen) Neuronen sind diejenigen mit zwei Fortsätzen (bipolar)[8]) am häufigsten. Insbesondere bei den Wirbellosen findet man oft einen pseudounipolaren[8]) Typ, bei dem vom Perikaryon nur ein einziger Ausläufer ausgeht, der sich in einiger Entfernung vom Zelleib in einen Ast mit den Dendriten und ein Axon, von dem außerdem Kollateralen ausgehen können, aufspaltet. Die **Formenmannigfaltigkeit** der Nervenzellen im Tierreich ist sehr groß (Abb. 2.36.).

Ursprünglich sind die Axone „**marklos**", d. h., sie tragen keine Markscheide (Myelinscheide). Solche Verhältnisse findet man bei den Wirbeltieren allerdings nur noch selten (z. B. postganglionäre Fasern des vegetativen oder autonomen Nervensystems). Die marklosen Fasern verlaufen in der Regel zu mehreren in einer Satellitenzelle (**Schwannsche Zelle**[9])) eingebettet (Abb. 2.37.). Sie sind in ihrer ganzen

---

[4]) August FOREL, geb. 1848 im Gut „La Graciense" b. Morges (Schweiz), gest. 1931 in Yvorne, Psychiater, vorwiegend Privatgelehrter.
[5]) peri (griech.) = um herum, to káryon (griech.) = der Kern, die Nuß.
[6]) to déndron (griech.) = der Baum.
[7]) con (lat.) = mit; lateralis (lat.) = seitlich.
[8]) múltus (lat.) = viel; bi- (lat.) = zwei; únus (lat.) = einer; pseudos (griech.) = fälschlich.
[9]) Theodor SCHWANN, Anatom und Physiologe, geb. 1810 in Neuß, gest. 1882 in Köln, Prof. i. Löwen (Lowain) u. Lüttich (Liège).

Abb. 2.36. Verschiedene Neuronentypen: 1. multipolare motorische Zelle (Motoneuron) aus dem Rückenmark des Menschen; 2. unipolares Neuron (Hautsinneszelle) eines Meeresringelwurms *(Nereis)*; 3. Mitralzelle aus dem Bulbus olfactorius (2. Riechbahnneuron) des Menschen; 4. bipolare Ganglienzelle (II. Neuron) aus der Retina des Menschen; 5. unipolare Ganglienzelle aus dem Bauchmark des Pferdeegels *(Haemopis)*; 6. anaxones Neuron aus der Netzhaut eines Knochenfisches *(Esox)*; 7. Pyramidenzelle aus der Großhirnrinde des Menschen; 8. Purkyně-Zelle aus der Kleinhirnrinde des Menschen; 9. Spinalganglienzellen eines Knochenfisches *(Gadus)* mit allen Übergängen vom bipolaren (a) zum pseudounipolaren (b) Typ; 10. pseudounipolares Motoneuron aus dem Zentralnervensystem eines Insekts. Nach verschiedenen Autoren zusammengestellt.

Abb. 2.37. Verschiedene Formen der glialen Einhüllung (S = Hüll- oder Schwannsche Zelle mit N = Nucleus) der Nervenfasern (Ax = Axon). a) Großes Axon, von einer einzigen Schwannzelle umgeben (peripheres Nervensystem der Insekten); b) Großes Axon, von mehreren Schwannzellen umgeben (Tintenfisch); c) Viele dünne marklose Axone liegen einzeln in Einsenkungen der Schwannzelle (peripheres Nervensystem der Säugetiere); d) Sehr dünne marklose Axone liegen in Gruppen vereinigt in Einsenkungen der Schwannzelle (Riechnerv der Wirbeltiere); e) Die Schwannzelle legt sich locker spiralig um das Axon (peripheres Nervensystem der Insekten); f) Die Schwannzelle legt sich in dichten Spiralen um das Axon und bildet so das Myelin (peripheres und zentrales Nervensystem der Wirbeltiere); g) Schema eines Ranvierschen Schnürringes (Wirbeltier). Nach BUNGE 1968.

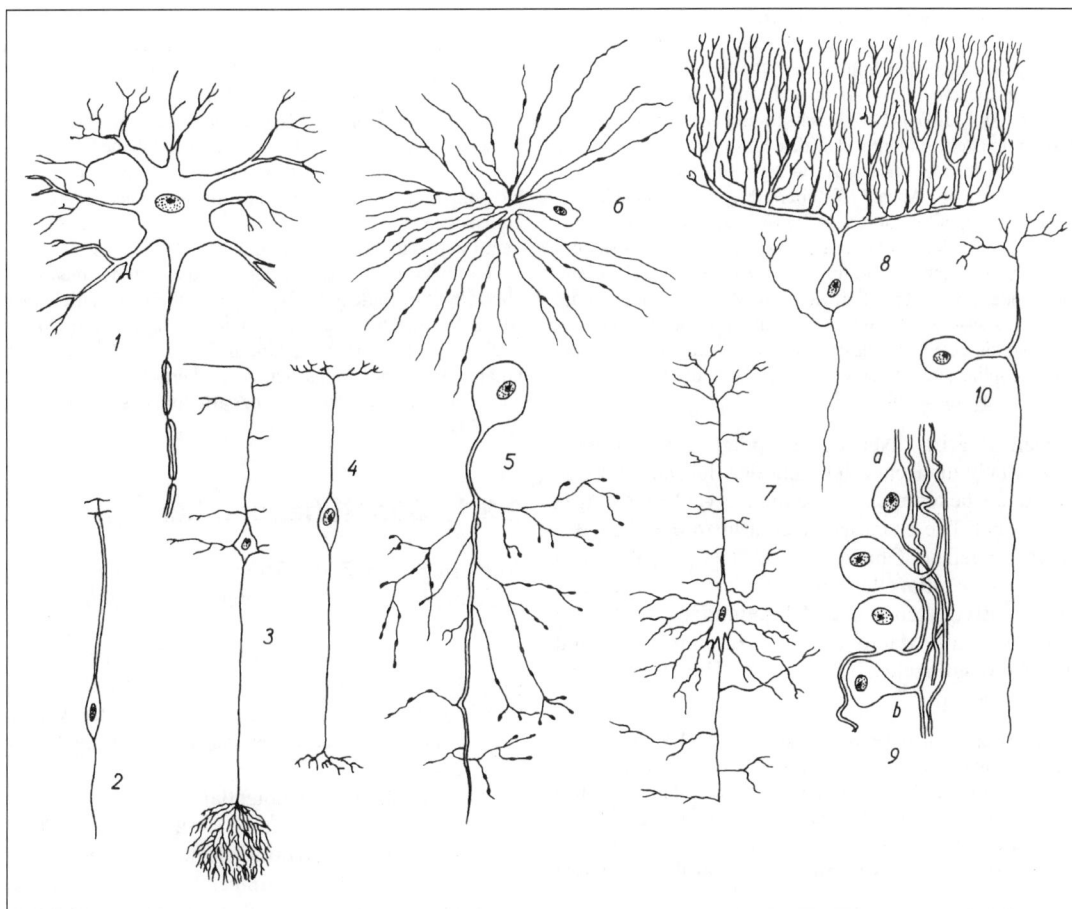

Abb. 2.36.

Abb. 2.37.

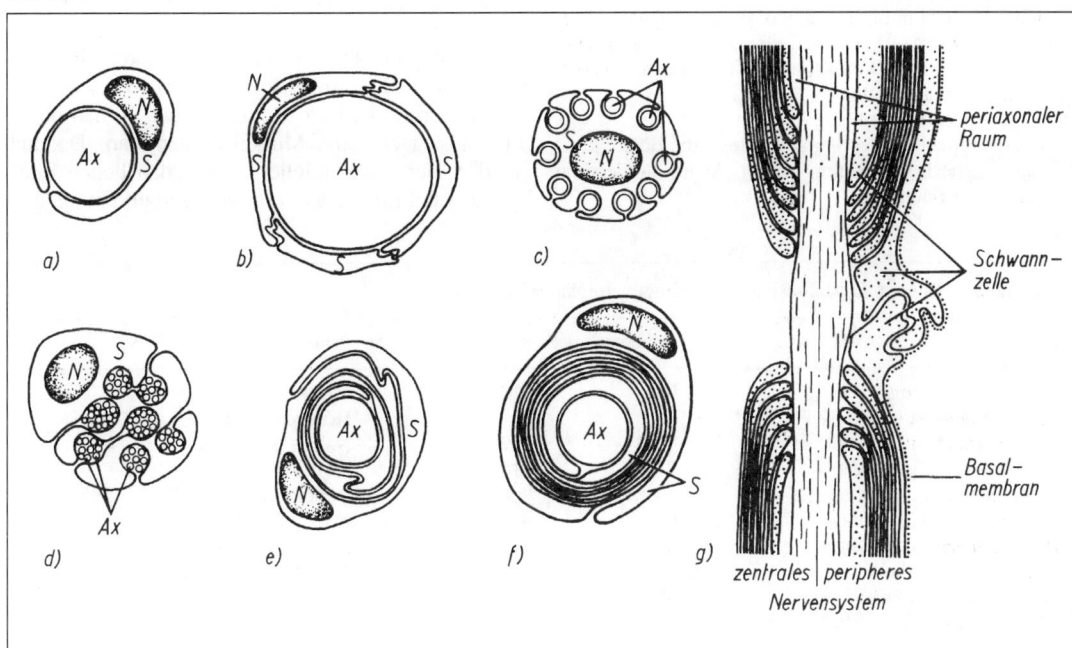

Länge erregbar. Senken sich die Fasern tief in die Schwannsche Zelle ein, so wird die Membran der Schwannschen Zelle mitgenommen und bildet eine Duplikatur („Mesaxon"), die sich zwischen dem Axon und der Zelloberfläche ausspannt (Abb. 2.37.). Die **Markscheide** der **markhaltigen Fasern** entsteht dadurch, daß das Mesaxon auswächst und sich dabei spiralig um das Axon legt. So besteht die Markscheide aus einer Anzahl (bis über 100) eng umeinander gewickelter Doppelmembranen. Sie ist in Abständen von 1 bis 3 mm in der Längsrichtung des Axons durch die **Ranvierschen Schnürringe**[1] (Ranviersche Knoten) unterbrochen. Dort endet jeweils eine Schwannsche Zelle und beginnt die nächste. Zwischen ihnen bleibt ein myelinfreier Spalt bestehen, wo die erregbare Plasmamembran freiliegt. Die Markscheide selbst stellt einen wirksamen Isolator dar (s. saltatorische Erregungsleitung, 2.3.3.).

Den Begriff **„Neuroglia"** prägte 1846 Rudolf Virchow[2] zur Kennzeichnung der Substanz im Gehirn und Rückenmark, in die die Nervenzellen eingebettet sind. Die ersten genaueren histologischen Beschreibungen der Glia lieferte Deiters[3]. Heute unterteilt man die **Gliazellen**[4] in protoplasmatische und fibröse **Astrozyten**[5] und **Oligodendrozyten**[6], die man auch als Makrogliazellen zusammenfaßt und den **Mikrogliazellen** (P. del Rio-Hortega, 1920) gegenüberstellt.

Die **Gliazellen** galten bis vor kurzem als elektrisch passive Elemente des Nervensystems, die neben ihrer Stütz-, Füll- und trophischen Funktion bei der Regulation der $K^{\oplus}$-Homöostase sowie bei der Führung der Neuronen während ihrer Migration in sich entwickelnden Gehirnen eine Bedeutung haben sollten. Heute weiß man, daß die Astrozyten

---

[1] Lous Antoine Ranvier, 1835–1922, bedeutender franz. Histologe, Prof. in Paris.
[2] Rudolf Ludwig Virchow, geb. 1821 in Schivelbein, Studium der Medizin in Berlin, 1849 o. Prof. f. patholog. Anatomie in Würzburg, ab 1856 in Berlin, gest. 1902 in Berlin.
[3] Otto Friedrich Karl Deiters, geb. 1834 in Bonn, Anatom, gest. 1863 ebenfalls in Bonn.
[4] he glia (griech.) = der Leim.
[5] to ástron (griech.) = der Stern; to kytos = die Höhlung.
[6] olígos (griech.) = wenig, gering, klein; to déndron (griech.) = der Baum.

auch verschiedene Neurotransmitter und -modulatoren synthetisieren, aufnehmen und freisetzen. An unterschiedlichen Gliazelltypen sind inzwischen die verschiedensten Ionenkanäle und Transmitterrezeptoren nachgewiesen, ohne daß man über ihre Funktion Sicheres aussagen kann. Entgegen früherer Meinungen wird heute vermutet, daß die Gliazellen, obwohl sie selber keine Aktionspotentiale zu generieren vermögen, direkt in die neuronale Informationsverarbeitung einbezogen sind und zur Plastizität im Nervensystem beitragen. Interessant ist, daß der „Gliaindex", die Zahl der Gliazellen im Verhältnis zu der der Neuronen, in der menschlichen Großhirnrinde mit 1,24 bis 1,98 außergewöhnlich hoch ist im Vergleich zu fast allen anderen Säugetieren (Maus: 0,29 bis 0,42). Eine Ausnahme liefern die Delphine, deren Gliaindex den des Menschen noch übertrifft, was übrigens auch hinsichtlich der Faltungsstruktur des Cortex gilt (2.3.7.).

2.3.1. Das Ruhepotential

Alle erregbaren Zellen stimmen darin überein, daß ein elektrisches Potential zwischen der dem Zellinnern zugekehrten Seite der Zellmembran und der Zelloberfläche existiert. Dieses **Membran-Ruhepotential** hat darüber hinaus stets die gleiche Richtung, die Innenseite ist negativ gegenüber der Außenseite und hat auch etwa dieselbe Höhe von 70–90 mV (Tab. 2.4.).

Das Membran-Ruhepotential in der genannten Höhe ist die Grundlage für die Erregbarkeit der Zelle. Es beruht 1. auf der **asymmetrischen Verteilung der Ionen** zwischen dem Zellinneren und der extrazellulären Flüssigkeit und 2. auf spezifischen **Permeabilitätseigenschaften** der Zellmembran.

Die **„ruhende" Zellmembran** besitzt eine geringe elektrische Leitfähigkeit, d. h., ihr Widerstand ist relativ hoch. Das bedeutet, daß die elektrischen Ladungsträger (Ionen) nur schwer durch die Zellmembran hindurchtreten können. Eine Wasserschicht von 10 nm Dicke ist z. B. für $K^{\oplus}$ etwa 10^6mal besser durchlässig als eine Muskelzellmembran. Dadurch wird es der Zelle möglich, ohne allzu hohen Energieaufwand für die Konzentrationsarbeit eine gegen-

---

Tabelle 2.4. Ruhe- und Aktionspotentiale einiger erregbarer Zellen in mV

Objekt	Ruhepot.	Aktionspot.	Autor
Loligo (Riesenaxon)	73	112	Moore & Cole 1955
Carcinus maenas (marklose Faser)	82	134	Hodgkin 1951
Periplaneta (50-μm-Axon)	77	99	Narahaski & Yamasaki 1960
Rana (markhaltige Faser)	71	116	Huxley & Stämpfli 1951
Katze (motor. Vorderhornzelle)	70	90–100	Brock, Coombs & Eccles 1952
Locusta migrat. (Beinmuskel)	60	>60	del Castillo & Hoyle 1953
Rana temporaria (Skelettmuskel)	85	112	Nicholls 1956
Hund (Herzventrikel)	82	102	Trautwein & Zink 1952
Kalb, Schaf (Purkyně-Fasern)	98	132	Weidmann 1955
Electrophorus (elektrisches Organ)	84	151	Keynes & Martinsferreira 1953

Tabelle 2.5. Ionenkonzentrationen (mmol/l) an erregbaren Strukturen. Nach HODGKIN, KEYNES, ECCLES, STÄMPFLI aus MURALT 1958.

Objekt	Innenkonzentration			Außenkonzentration		
	$Na^\oplus$	$K^\oplus$	$Cl^\ominus$	$Na^\oplus$	$K^\oplus$	$Cl^\ominus$
Loligo (500-μm-Axon)	50	400	108	440	20	560
Sepia (200-μm-Axon)	43	360	–	450	17	540
Carcinus (Beinnerv)	52	410	26	510	12	540
Frosch (Nerv)	37	110	–	110	2,6	77
Frosch (Muskel)	15	125	1,2	110	2,6	77
Ratte (Herzmuskel)	13	140	–	150	4,0	120

Tabelle 2.6. Die Permeabilitätswerte verschiedener Muskel- bzw. Nervenzellmembranen im Ruhezustand (cm · s^{-1} · 10^{-7})

	P_K	P_{Na}	P_{Cl}	P_{Na}/P_K	P_{Cl}/P	Autoren
Tintenfisch-	18	0,7	7,9	0,04	0,45	HODGKIN &
Riesenaxon	(100	: 4	: 44)			KATZ 1949
Hummeraxon	4,0	0,05	0,93	0,01	0,19	BRINLEY 1965
Froschmuskel	10–20	0,1–0,2	40	0,01–0,02	2–4	HODGKIN & HOROWICZ 1959
Aplysia-Riesenneuron	0,48	0,06	1,1	0,13	2,2	EATON et al. 1975

über der extrazellulären Flüssigkeit andersartige ionale Zusammensetzung des Zellinnern aufrechtzuerhalten. Stets ist die $K^\oplus$-Konzentration im Zellinnern wesentlich höher als außen, entgegengesetzt verhält sich die $Na^\oplus$-Konzentration. Das häufigste Anion außerhalb der Zelle ist das $Cl^\ominus$, in der Zelle überwiegen $SO_4^{2\ominus}$- und Protein-Anionen (Tab. 2.5.). Dabei ist die Gesamtmenge der Ionen innen und außen etwa gleich groß (osmotisches Gleichgewicht!), wobei sich die Ladungen der Kat- und Anionen auf beiden Seiten der Membran jeweils nahezu zur Elektroneutralität ausgleichen. Die ruhende Zellmembran ist nicht für alle Ionen gleich gut durchlässig (permeabel) (Tab. 2.6.). Die Membran des Tintenfisch-Riesenaxons, zentraler Wirbeltierneuronen sowie des Hummeraxons sind für $K^\oplus$ am besten, für $Cl^\ominus$ weniger gut und für $Na^\oplus$ schlecht durchlässig. Beim Froschmuskel und Riesenneuron der Meeresschnecke *Aplysia* dominiert dagegen die Permeabilität für $Cl^\ominus$.

In erster Näherung entspricht das Ruhepotential des Tintenfisch-Riesenaxons dem **$K^\oplus$-Gleichgewichtspotentials E_K**, weil die Zellmembran in Ruhe (unerregt) am besten für $K^\oplus$ durchlässig ist. Nehmen wir einmal an, daß die anderen Ionen überhaupt nicht durchgelassen werden, so ergibt sich folgendes Bild: Die $K^\oplus$-Ionen sind infolge des bestehenden Konzentrationsgefälles bestrebt, durch die $K^\oplus$-permeable Zellmembran hindurch die Zelle zu verlassen. Da die Anionenpartner nicht mitgenommen werden können und auch der Austausch gegen ein anderes Kation unmöglich ist, entsteht durch den Übertritt von $K^\oplus$ an

der Zellmembran ein elektrisches Potential. Die Außenseite wird positiv gegenüber der Innenseite. Dieser elektrische Gradient wirkt dem chemischen Gradienten (Konzentrationsgefälle), d. h. dem diffusen Ausgleichstreben der $K^\oplus$-Ionen entgegen. Gleichgewicht herrscht dann, wenn sich beide Gradienten die Waage halten, mit anderen Worten: wenn der elektrochemische Gradient (1.6.3.) Null ist. Dann ist die Anzahl der in beide Richtungen durch die Membran tretenden Ionen gleich groß. Dieses thermodynamische Gleichgewicht stellt sich „von selbst" ein und braucht zu seiner Aufrechterhaltung keine Energie, vorausgesetzt, die Membraneigenschaften ändern sich nicht. Die Höhe des Gleichgewichtspotentials läßt sich nach der **Nernstschen Gleichung**[1] (1889) (S. 79) berechnen

$$E_K = \frac{RT}{F} \cdot \ln \frac{[K^\oplus]_a}{[K^\oplus]_i} = k \cdot \lg \frac{[K^\oplus]_a}{[K^\oplus]_i}$$

($k \approx 58$ mV bei 20 °C)

[1] $R = 8,315$ J · grad^{-1} · mol^{-1} = 0,278 · 10^{-6} · 8,315 kWh · grad^{-1} · mol^{-1} = 0,278 · 10^{-6} · 8,315 · 60 · 60 · 10^3 Ws · grad^{-1} · mol^{-1} = 8321,65 · 10^{-3} Ws · grad^{-1} · mol^{-1};
$T = 293,15$ K;
$F = 96\,490$ As · gÄquiv.$^{-1}$;
ln p = ln 10 · lg p = 2,3 lg p;
$k = 8321,65 · 10^{-3} · 293,15 · 2,3/96\,490 = 58,15 · 10^{-3}$ V.

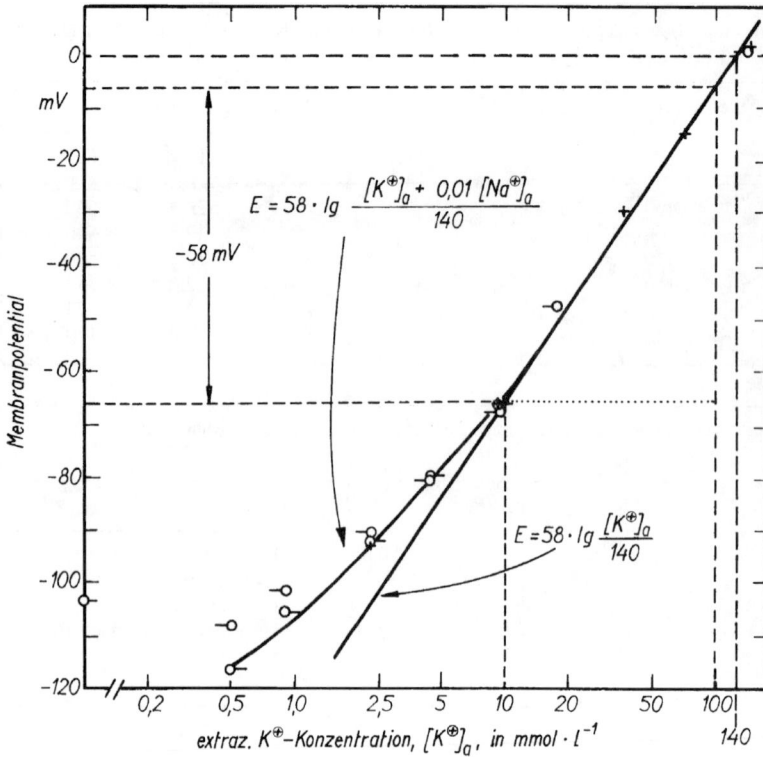

Abb. 2.38. Das Ruhepotential einer Froschmuskelzelle in Abhängigkeit von der extrazellulären $K^{\oplus}$-Konzentration. Die Meßpunkte weichen bei $[K^{\oplus}]_a$-Werten von <10 mmol $\cdot$ l^{-1} erheblich von der theoretischen Kurve nach NERNST ($K^{\oplus}$-Innenkonzentration gleich 140 mmol $\cdot$ l^{-1} gesetzt) ab. Eine gute Annäherung erhält man bereits, wenn man die $Na^{\oplus}$-Permeabilität ($P_{Na} = 0,01\ P_K$) berücksichtigt (linke Gleichung, intrazelluläre $Na^{\oplus}$-Konzentration weiterhin vernachlässigt). Nach HODGKIN u. HOROWICZ 1959.

$([K^{\oplus}]_a$, $[K^{\oplus}]_i$ = die $K^{\oplus}$-Konzentration außerhalb bzw. innerhalb der Zelle. Strenggenommen müßten statt der Konzentrationen die „Aktivitäten" eingesetzt werden (S. 78). *R, T, F* s. Abkürzungsverzeichnis.)

In Übereinstimmung mit der Nernstschen Gleichung bewirkt eine Erhöhung der $K^{\oplus}$-Konzentration in dem die erregbare Struktur umgebenden Medium bei konstanten Innenkonzentrationen einen Abfall des Potentials (Abb. 2.38.). Erreicht die Außenkonzentration Werte, wie sie auch innerhalb der Zelle herrschen (Quotient = 1), dann ist die Membran depolarisiert, das Potential Null (lg 1 = 0). Wie die Abbildung 2.38. weiter zeigt, besteht bei $[K^{\oplus}]_a$-Werten > 10

mmol $\cdot$ l^{-1} an der Froschmuskelzellmembran eine sehr gute Übereinstimmung der gemessenen Potentialwerte mit den aus der Nernstschen Gleichung theoretisch errechneten. Fallen die $[K^{\oplus}]_a$-Werte aber unter 10 mmol $\cdot$ l^{-1} ab, so wird eine zunehmende Abweichung von der theoretischen Kurve deutlich.

Eine vollständige Übereinstimmung der mit Hilfe der Nernstschen Gleichung errechneten Gleichgewichtspotentiale für $K^{\oplus}$ mit den Meßwerten des Ruhepotentials (Tab. 2.7.) kann man schon deshalb nicht erwarten, weil die Annahme, daß die Membran

Tabelle 2.7. Ionenverhältnisse zwischen Axoplasma (Nervenzellen) und Blut beim Tintenfisch *Loligo*. Zahlenwerte in mmol $\cdot$ l^{-1} (vgl. Tab. 2.5.).

	Axoplasma	Blut	Verhältnis	errechnetes Gleichgewichtspotential
$K^{\oplus}$	400	20	20 : 1	$E_K = 75$ mV (Innenseite negativ)
$Na^{\oplus}$	50	440	1 : 8,8	$E_{Na} = 55$ mV (Innenseite positiv)
$Cl^{\ominus}$	108	560	1 : 5,2	$E_{Cl} = 41,5$ mV (Innenseite negativ)

tatsächliches Membran-Ruhepotential: 62 mV (Innenseite negativ)

nur für $K^\oplus$ durchlässig ist, nicht exakt zutrifft. Auch die anderen Ionenarten, wie $Cl^\ominus$ und $Na^\oplus$, beteiligen sich entsprechend ihrer relativen Permeabilitätskonstanten (s. o.) am Aufbau des Ruhepotentials. Das Ruhepotential stellt somit in Wirklichkeit ein **Mischpotential** dar, das sich als Kompromiß aus den unterschiedlichen Gleichgewichtspotentialen der einzelnen beteiligten Ionen ergibt. Je größer die Permeabilität für eine Ionenart im Verhältnis zu den übrigen ist, desto stärker werden die Höhe und das Vorzeichen des Mischpotentials von dieser Ionenart bestimmt, mit anderen Worten: desto näher wird das Mischpotential am Gleichgewichtspotential dieser Ionenart liegen.

Gehen wir davon aus, daß die Membran außer für $K^\oplus$ auch für $Na^\oplus$ im gewissen Grade durchlässig ist, so heißt das, daß wir neben einem von $K^\oplus$-Ionen getragenen **Kaliumstrom** (I_K) durch die Membran einen zweiten haben, den **Natriumstrom** (I_{Na}). Es läßt sich zeigen, daß beide Ströme unabhängig voneinander sind und durch verschiedene „**Kanäle**" in der Membran verlaufen. Sie lassen sich selektiv blockieren. Das wasserlösliche Gift **Tetrodotoxin** (TTX) des japanischen Kugelfisches *Sphaeroides rubipes* blockiert den Natriumkanal und läßt den Kaliumkanal unbeeinflußt. Umgekehrt blockiert **Tetraethylammonium** (TEA) selektiv den Kaliumkanal. Während das TTX nur an der Außenseite der Axoplasmamembran wirkt, muß TEA an die axoplasmatische Seite der Membran gebracht werden.

Der **Gesamtstrom** I setzt sich additiv aus den Teilströmen zusammen

$$I = I_{Na} + I_K.$$

Bezeichnen wir mit g_{Na} und g_K die Leitfähigkeit (reziproker Wert des spezifischen Widerstandes) der Membran für $Na^\oplus$ bzw. $K^\oplus$ (gemessen in $m\Omega^{-1}$ pro $cm^2 = mS$ pro cm^2), so gilt nach dem Ohmschen Gesetz

$$I_{Na} = g_{Na}(E_M - E_{Na})$$
$$I_K = g_K(E_M - E_K)$$

(E_M = Membranpotential, E_{Na} und E_K = Gleichgewichtspotentiale für $Na^\oplus$ bzw. $K^\oplus$).

Die Leitfähigkeit steht zwar in enger Beziehung zur Permeabilität P der Membran (s. o.) für das betreffende Ion, ist aber nicht mit ihr identisch. Für sehr kleine Ströme gilt im Falle des $K^\oplus$ folgende Beziehung (HODGKIN u. KATZ 1949)

$$g_K = \frac{F^3}{(RT)^2} \cdot \frac{E_M \cdot P_K[K^\oplus]_a}{\dfrac{E_M F}{e^{-RT} - 1}} \cdot$$

Im Ruhezustand (Ruhepotential) muß der Membranstrom I gleich Null sein, d. h.,

$$I_K = -I_{Na}$$
$$g_K(E_M - E_K) = -g_{Na}(E_K - E_{Na}).$$

Nach E_M aufgelöst

$$E_M = \frac{g_K}{g_K + g_{Na}} E_K + \frac{g_{Na}}{g_K + g_{Na}} E_{Na}.$$

Man entnimmt dieser Beziehung sofort, daß das Membranprotential im „Ruhezustand" weder mit dem Gleichgewichtspotential für $K^\oplus$ (E_K), noch mit demjenigen für $Na^\oplus$ (E_{Na}) zusammenfällt, sondern irgendwo dazwischen liegt. Es liegt um so näher bei E_K, je größer g_K gegenüber g_{Na} ist, im Grenzfall $g_{Na} = 0$ wird $E_M = E_K$.

Das Mischpotential der ruhenden Membran, das Membran-Ruhepotential, repräsentiert keinen thermodynamischen Gleichgewichtszustand. Dauernd treten z. B. $Na^\oplus$-Ionen im Austausch gegen $K^\oplus$ in die Zelle ein. Die Konzentrationsgradienten für $K^\oplus$ und $Na^\oplus$ müßten allmählich verschwinden, wenn nicht „**Ionenpumpen**" aktiv, d. h. mit Hilfe von Energie, ständig dafür sorgen würden, daß das eingedrungene $Na^\oplus$ im Austausch gegen das ausgetretene $K^\oplus$ gegen den Konzentrationsgradienten („bergauf") zurückbefördert wird ($Na^\oplus/K^\oplus$-ATPase, 1.6.6.). Das Ruhepotential stellt somit einen **stationären Zustand** („Fließgleichgewicht") (1.1.) dar. Folgender formale Ansatz liefert eine recht gute Übereinstimmung mit den Meßwerten für das Membranruhepotential E_M (**Goldmann-Gleichung**)

$$E_M = \frac{RT}{F} \cdot \ln \frac{P_K[K^\oplus]_a + P_{Na}[Na^\oplus]_a + P_{Cl}[Cl^\ominus]_i}{P_K[K^\oplus]_i + P_{Na}[Na^\oplus]_i + P_{Cl}[Cl^\ominus]_a}$$

(GOLDMAN 1943; HODGKIN u. KATZ 1949)

Die Goldman-Gleichung ist gewissermaßen eine verallgemeinerte Nernst-Gleichung, in der die Beiträge der einzelnen Ionensorten am Gesamtpotential nach den Permeabilitätskoeffizienten P gewichtet sind. Im Grenzfall $P_K \gg P_{Na}$ und $P_K \gg P_{Cl}$ geht sie in die Nernst-Gleichung über. In der Goldman-Gleichung wird angenommen, daß die Ionen entsprechend ihrem elektrochemischen Gradienten und der Permeabilität der Membran für das betreffende Ion unabhängig voneinander durch die Membran, in der ein konstantes Feld herrschen soll („Konstantfeldgleichung"), hindurchtreten. Sie hat sich in vielen Fällen bewährt (s. jedoch 1.6.3.).

Man kann die **Membran** anschaulich durch ein **elektrisches Ersatzschaltbild** (Abb. 2.39.) wiedergeben. Die Widerstände R_K, R_{Na} und R_{Cl} drücken die entsprechenden reziproken Werte der Ionenpermeabilitäten (Leitfähigkeiten, gemessen in 1/Ohm = S) der Membran für $K^\oplus$, $Na^\oplus$ bzw. $Cl^\ominus$ aus. Der Gesamtwiderstand der Membran (1 bis mehrere 1000 Ω/cm^2) entspricht dem Produkt aus den Einzelwiderständen R_K, R_{Na} und R_{Cl}. Die Spannungen an den Batterien sind mit den jeweiligen Gleichgewichtspotentialen (E_K, E_{Na}, E_{Cl}) identisch. Der Kondensator stellt die Kapazität der Membran (1 bis mehrere $\mu F/cm^2$) dar. Sie ist eine Konstante und unabhängig von den Ionenverhältnissen.

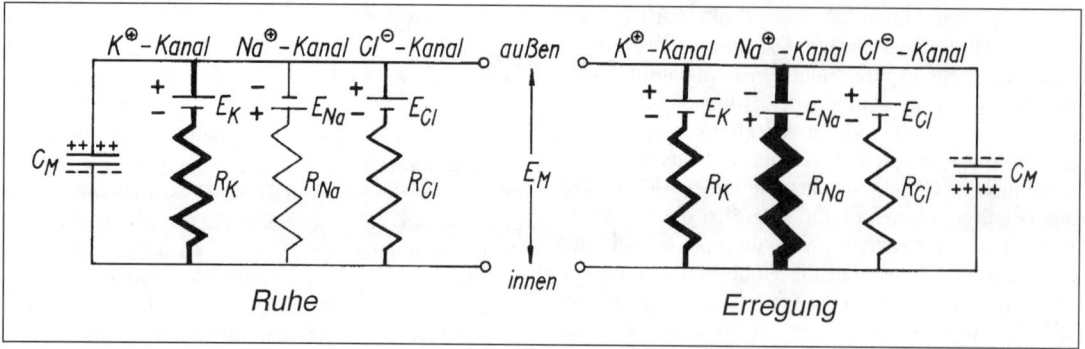

Abb. 2.39. Äquivalenzschaltbild einer „ruhenden" Nervenzellmembran. c_M = Membrankapazität; E_M =Membranpotential; R_K, R_{Na}, R_{Cl} = Widerstände, reziproke Werte der Membranpermeabilitäten für $K^\oplus$, $Na^\oplus$ bzw. $Cl^\ominus$; E_K, E_{Na}, E_{Cl} = Batterien, Gleichgewichtspotentiale für $K^\oplus$, $Na^\oplus$ bzw. $Cl^\ominus$. In diesem Schema werden lediglich die Ionen-„Leckströme", nicht aber die Natriumpumpe und deren etwaiger Beitrag zum Membranpotential berücksichtigt.

Gehen wir von $E_K = -75$ mV und $E_{Na} = +50$ mV aus und nehmen für $Na^\oplus$ eine 25mal schlechtere Permeabilität als für $K^\oplus$ an ($Cl^\ominus$ lassen wir einmal außer Betracht), so würde sich ein zwischen -75 und $+50$ mV liegendes Mischpotential einstellen, das als Ruhepotential gemessen werden kann:

$$E_M = \frac{g_K}{g_K + g_{Na}} E_K + \frac{g_{Na}}{g_K + g_{Na}} E_{Na}$$

$$= \frac{24}{24 + 1} (-75) + \frac{1}{24 + 1} (+50) = -70 \text{ mV}.$$

Man erkennt: Jede Änderung der Permeabilitätsverhältnisse (Widerstände) bei konstanten Konzentrationsverhältnissen (Batterien) führt zur Änderung des Membranpotentials. Gleicht sich z. B. die $Na^\oplus$-Permeabilität der des $K^\oplus$ an ($g_{Na} = g_K = 12,5$), so wird das Mischpotential

$$E_M = \frac{12,5}{25} (-75) + \frac{12,5}{25} (+50) = -12,5 \text{ mV}.$$

Steigt die $Na^\oplus$-Permeabilität über den Wert der $K^\oplus$-Permeabilität hinaus an, so nähert sich das Membranpotential immer weiter dem $Na^\oplus$-Gleichgewichtspotential. Durch Variation der Permeabilitätsverhältnisse an der Membran läßt sich jedes beliebige Membranpotential innerhalb der durch die Gleichgewichtspotentiale der beteiligten Ionen gesetzten Grenzen einstellen. Das ist der Weg, der in der Natur beim Erregungsprozeß (s. u.) auch tatsächlich beschritten wird.

2.3.2. Das Aktionspotential

2.3.2.1. Allgemeiner Verlauf

Sticht man eine feine Meß- und eine Reizelektrode nebeneinander ins Axon und schickt Rechteckimpulse unterschiedlicher Polarität und Höhe durch die Membran, so kann man folgendes beobachten (Abb. 2.40.): Fließt der Strom während des Reizimpulses durch die Membran ins Axoplasma, wird das Mem-

branpotential erhöht (Hyperpolarisation). Dieses sog. **elektrotonische Potential** klingt nach Beendigung des Impulses schnell wieder ab und bleibt praktisch auf den Ort seiner Entstehung beschränkt **(lokale Antwort).** Verdoppelung der Stromstärke des Reizimpulses hat auch eine Verdoppelung des elektrotonischen Potentials zur Folge. Kehrt man die Polarität des Reizimpulses um, so resultiert eine Senkung des Membranpotentials (Depolarisation). Wiederum besteht eine Abhängigkeit der Depolarisationshöhe von der Reizstromstärke. Erreicht oder überschreitet die Depolarisation eine bestimmte Höhe (kritische Membrandepolarisation), d. h., erreicht sie das **kritische Membranpotential** (Schwellenpotential, Membranschwelle[1])), so kehrt das Potential nach Beendigung des Reizimpulses nicht sofort wieder zum Ruhewert zurück, sondern wächst im Gegenteil weiter zum sog. **Aktionspotential** (Spitzenpotential[2])) aus. Die Membranladung (Polarisation) wird am kritischen Membranpotential instabil. Sie baut sich selbständig ab. Das Membranpotential bricht innerhalb weniger als einer Millisekunde völlig zusammen und kehrt sich kurzfristig sogar um (Innenseite wird rund 30–50 mV positiv gegenüber der Außenseite), um dann erst wieder zum Ruhewert zurückzukehren. Die Amplitude des Aktionspotentials ist wegen der vorübergehenden Umpolarisation der Membran in der Regel größer als das Ruhepotential (Tab. 2.4.).

Der **Begriff des Potentials** wird in der Elektrophysiologie in doppeltem Sinne gebraucht (Abb. 2.40.b). Er dient entweder zur Bezeichnung eines tatsächlichen Potentials (wie im Falle des Membranpotentials) oder zur Bezeichnung einer zeitlichen Abfolge gemessener Potentialwerte (wie im Fall des Aktionspotentials und der noch zu behandelnden Generator- und postsynaptischen Potentiale).

---

[1]) engl. firing level.

[2]) engl. spike.

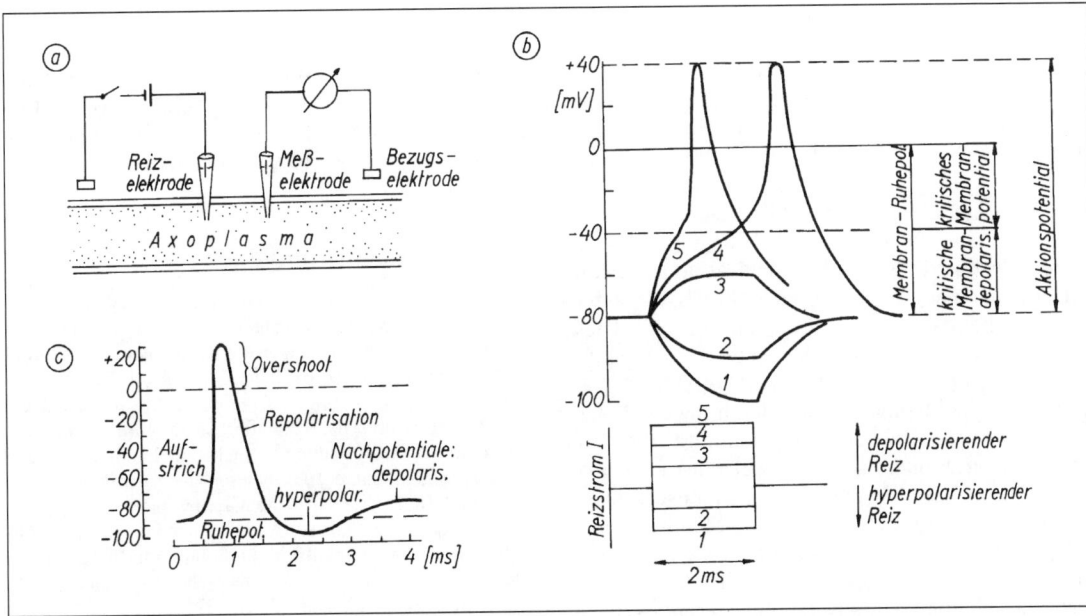

Abb. 2.40. Reiz- und Meßelektrode sind dicht beieinander ins Axon eingestochen (Teilfigur a). Rechteck-Stromimpulse gleicher Dauer (2 ms), aber unterschiedlicher Höhe und Polarität (1 bis 2: abnehmend hyperpolarisierender, 3 bis 5: zunehmend depolarisierender Einfluß) werden durch die Membran geschickt. Dadurch wird das Membranpotential vorübergehend verschoben (Kurvenschar Teilfigur b). Erreicht die Depolarisation das kritische Membranpotential (Fall 4 und 5), so wird ein Aktionspotential (Teilfigur c) ausgelöst. Aus KATZ 1974.

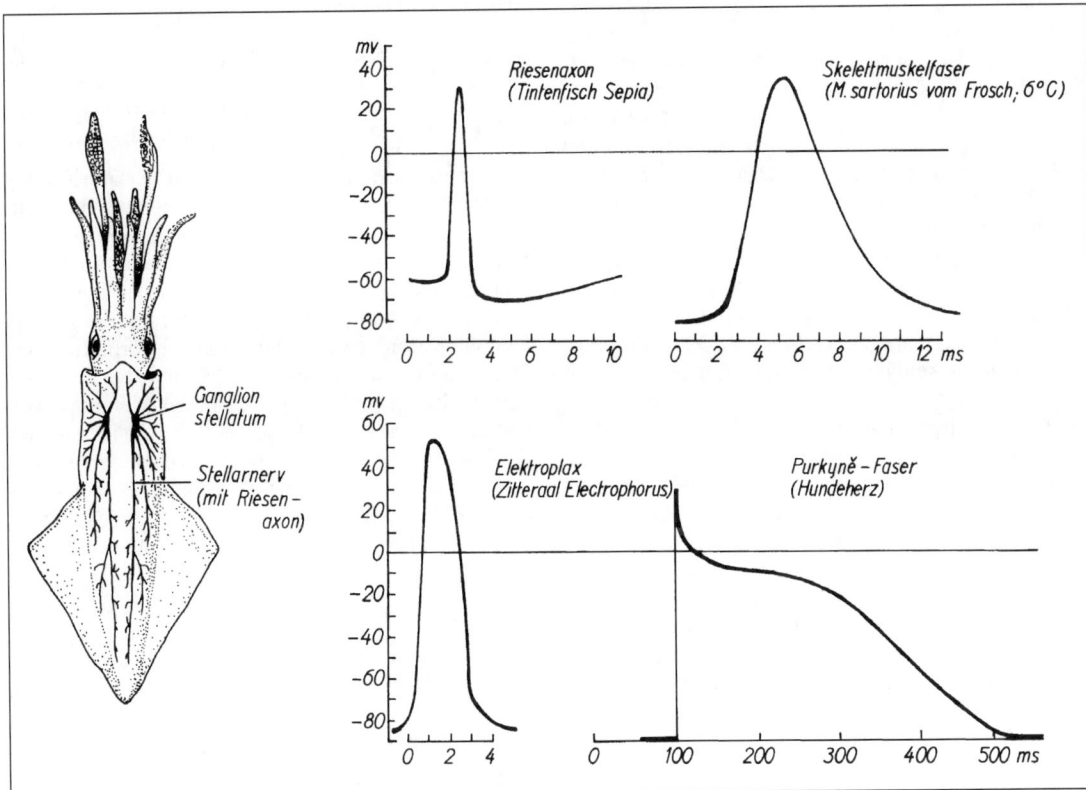

Abb. 2.41. Beispiele intrazellulär abgeleiteter Aktionspotentiale.

Verlauf und Geschwindigkeit der Potential-änderung während des Aktionspotentials sind in den einzelnen Strukturen unterschiedlich (Abb. 2.41.). Während bei den Nervenfasern das Ruhepotential bereits nach einer Millisekunde wieder erreicht ist, dauert es bei der Skelettmuskelfaser mehrere Millisekunden und bei der Herzmuskelfaser sogar mehrere Hundert Millisekunden. Am Aktionspotential kann man folgende Phasen unterscheiden: Es beginnt mit einer außerordentlich schnellen **Depolarisation** (sog. **Aufstrich**) mit einer Steilheit bis zu 3000 V/s, die sich in einer **Umpolarisation** der Membran fortsetzt. Diese über die Nullinie hinausschießende Potentialänderung bezeichnet man auch als „**Overshoot**"[1]). Es folgt dann die **Repolarisation,** durch die das Potential wieder zum Ruhewert zurückgeführt wird. Bei manchen Strukturen (z. B. Muskelzelle) kann man beobachten, daß sich die Repolarisationsgeschwindigkeit, kurz bevor der Ruhewert des Membranpotentials wieder erreicht wird, mehr oder weniger plötzlich verlangsamt. Dieser Abschnitt der langsameren Potentialänderung wird als **depolarisierendes** (negatives) **Nachpotential** bezeichnet. Bei anderen Zellen (z. B. Neuronen des Rückenmarks) schwingt das Potential bei der Repolarisation vorübergehend über den Ruhewert hinaus: **hyperpolarisierendes** (positives) **Nachpotential** (Abb. 2.40.).

Form und Höhe des Aktionspotentials einer bestimmten Zelle sind von der Stärke des Reizes fast unabhängig. Das Aktionspotential wird entweder gar nicht ausgelöst (bei zu schwachen, sog. **unterschwelligen Reizen**), oder es baut sich selbsttätig (autoregenerativ) in voller Höhe auf, nämlich immer dann, wenn die Membran durch einen **überschwelligen Reiz** mindestens bis zum kritischen Membranpotential (s. o.) depolarisiert worden ist: **Alles-oder-Nichts-Antwort** (im Gegensatz zur lokalen Antwort des elektrotonischen Potentials, s. o.). Anschließend wird das Aktionspotential über die Nerven- bzw. Muskelfaser fortgeleitet (**fortgeleitete Antwort),** ohne dabei an Höhe zu verlieren (2.3.3.). Die Aktionspotentiale sind die genormten Signale, mit deren Hilfe die Informationen in codierter Form schnell über größere Entfernungen in den Nerven- und Muskelfasern weitergegeben werden (2.3.8.).

Versucht man unmittelbar nach einem Aktionspotential durch Depolarisation ein zweites Aktionspotential an demselben Membranort auszulösen, so schlägt das fehl. Das betreffende Membranelement ist nicht gleich wieder erregbar. Diese Zeitspanne absoluter Unerregbarkeit nach Ablauf eines Erregungsvorganges wird als **absolute Refraktärphase**[2]) bezeichnet und hält bei Nervenzellen von Warmblütern etwa eine Millisekunde nach Ablauf des Aktionspotentials an. Anschließend kehrt die Erregbarkeit nicht sprunghaft, sondern langsam zurück. Diese Periode verminderter, aber nicht mehr absolut fehlender Erregbarkeit bis zum Wiedererlangen des normalen Reizschwellenwertes nennt man **relative Refraktärphase.** Sie ist gewöhnlich kürzer als die absolute. Die Refraktärität ist eine Folge der Inaktivierung des $Na^\oplus$-Systems (s. u.).

2.3.2.2. Ionale Grundlagen

Die wesentlichen Einsichten in die verwickelten Abläufe an der erregbaren Membran während eines Aktionspotentials verdanken wir Untersuchungen am **Riesenaxon der Tintenfische** (Cephalopoden). Im Jahre 1936 berichtete der britische Zoologe J. Z. YOUNG, daß die vorher für Blutgefäße gehaltenen Strukturen bei Tintenfischen in Wirklichkeit Riesenaxone mit einem Durchmesser bis zu 1 mm seien. Drei Jahre später, im Jahre 1939, wiesen die Amerikaner K. S. COLE und H. J. CURTIS in ihren Experimenten an Tintenfischaxonen nach, daß das Aktionspotential mit einer **Zunahme der Membranleitfähigkeit** ohne signifikante Änderung der Membrankapazität einhergehe. Im gleichen Jahr entdeckten die Engländer A. L. HODGKIN[3]) und A. F. HUXLEY, daß das Membranpotential während des Durchlaufs eines Aktionspotentials nicht einfach zusammenbricht, sondern sich **die Polarität** der Membran vorübergehend **umkehrt.** Diese Untersuchungen wurden durch den 2. Weltkrieg unterbrochen. Nach dem Krieg (1949) zeigten A. L. HODGKIN und B. KATZ, daß die Amplitude des Aktionspotentials ganz wesentlich von der $Na^\oplus$-Konzentration im Außenmedium bestimmt wird. Fehlt das $Na^\oplus$, so kann kein Aktionspotential mehr gebildet werden. Die Forscher entwickelten ihre „**Natriumhypothese",** die die Grundlage unseres heutigen Verständnisses bildet. Weitere wesentliche Fortschritte wurden mit der durch HODGKIN und HUXLEY 1952 eingeführten „**Voltage-clamp"-Methode** (s. u.) erzielt.

Im einzelnen spielt sich während der Ausbildung eines Aktionspotentials am Riesenaxon des Tintenfisches wie auch in vielen anderen Fällen folgendes ab: Entscheidend ist die Potential- und Zeitabhängigkeit von g_{Na} und g_K. Wir hatten betont, daß für die Auslösung des Aktionspotentials ein Reiz in Form einer Depolarisation bestimmter Höhe erforderlich ist. Durch die Depolarisation und damit verbundene Änderung des elektrischen Feldes in der Membran werden einige vorher geschlossene $Na^\oplus$-Kanäle geöffnet (**$Na^\oplus$-Aktivierung).** Durch die frisch geöffneten Kanäle, was gleichbedeutend ist mit einer Steigerung der Leitfähigkeit der Membran für $Na^\oplus$ (g_{Na} nimmt zu), strömt $Na^\oplus$, seinem elektrochemischen Gradienten folgend, in das Axoplasma ein:

$$I_{Na} = g_{Na} (E_M - E_{Na}).$$

Das hat eine weitere Depolarisation der Membran zur Folge. Dadurch werden weitere $Na^\oplus$-Kanäle geöffnet, die nochmals den $Na^\oplus$-Einstrom verstärken usf. Durch diesen positiven Rückkopplungsmechanismus

---

[1]) overshoot (engl.) = hinausschießen über.
[2]) refractárius (lat.) = widerstrebend.

[3]) A. L. HODGKIN, geb. 1914, Stud. i. Cambridge, Research Prof. d. Royal Society in Cambridge (Nobelpreis 1963).

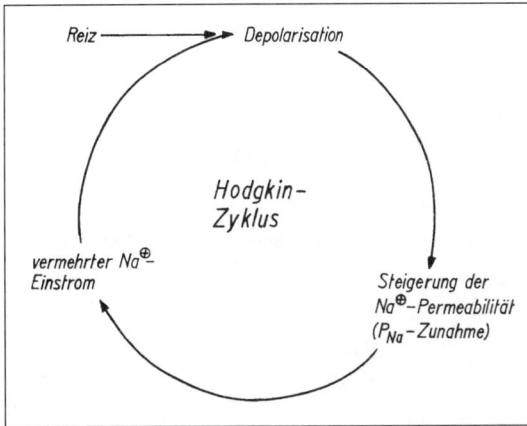

Abb. 2.42. Schema des positiven Rückkopplungsmechanismus an der konduktiven Membran bei der Bildung des Aktionspotentials.

(Abb. 2.42., sog. **Hodgkin-Zyklus**) schaukelt sich der Prozeß sehr schnell auf, so daß es zu der beobachteten explosionsartigen Änderung des Membranpotentials in Richtung auf das **Na$^\oplus$-Gleichgewichtspotential** E_{Na}

$$E_{Na} = \frac{R \cdot T}{F} \ln \frac{[Na^\oplus]_a}{[Na^\oplus]_i}$$

kommt: **Depolarisationsphase** des Aktionspotentials (Abb. 2.43.).

Je weiter sich das Membranpotential E_M dem E_{Na}-Wert nähert, desto geringer wird wegen $E_M - E_{Na} \to 0$ bereits wieder I_{Na}. Beim Riesenaxon des Tintenfisches steigt die relative Na$^\oplus$-Permeabilität P_{Na} gegenüber seinem Ruhewert auf das 500fache an bei zunächst nahezu unverändertem P_K- und P_{Cl}-Wert. Das bedeutet, daß die Permeabilität für Na$^\oplus$ etwa 20mal so groß wird wie die für K$^\oplus$:

	P_K	P_{Cl}	P_{Na}
in Ruhe	1	: 0,44	: 0,04
bei Erregung	1	: 0,44	: 20

Der Na$^\oplus$-Kanal kann nur zwei Leitfähigkeitswerte einnehmen, die mit seinem offenen bzw. geschlossenen Zustand verbunden sind. Der kontinuierliche Zeitverlauf des makroskopischen Na$^\oplus$-Einwärtsstromes beruht nicht auf einer synchronen Änderung der Leitfähigkeit aller Na$^\oplus$-Kanäle, sondern auf einer zeitlichen Modulation der Anzahl der offenen Kanäle.

Das Na$^\oplus$-Gleichgewichtspotential wird nicht ganz erreicht, weil sich mit einer gewissen zeitlichen Verzögerung gegenüber den Na$^\oplus$-Kanälen auch die K$^\oplus$-Kanäle öffnen (**K$^\oplus$-Aktivierung**), wodurch es infolge des herrschenden elektrochemischen Gradienten zum **Ausstrom von K$^\oplus$** aus der Zelle kommt. Durch diesen Vorgang wird das Membranpotential wieder auf negative Werte zurückgeführt (**Repolarisationsphase** des Aktionspotentials). Bei einigen Muskelfasern in Krebsen *(Homarus, Orconectes)* erfolgt die K$^\oplus$-Aktivierung so schnell nach der Na$^\oplus$-Aktivierung, daß nur ein lokales Potential, aber kein Aktionspotential entstehen kann. Verhindert oder verzögert man die K$^\oplus$-Aktivierung durch Gaben von TEA, entstehen auch hier Aktionspotentiale. Gleichzeitig mit der K$^\oplus$-Aktivierung kommt es bereits wieder zum Schließen der Na$^\oplus$-Kanäle (**Na$^\oplus$-Inaktivierung**). Die Na$^\oplus$-Inaktivierung ebenso wie die hohe K$^\oplus$-Leitfähigkeit bleiben für einige Millisekunden nach dem Aktionspotential bestehen (Refraktärperiode, s. o.). Erst allmählich wird die Na$^\oplus$-Inaktivierung wieder aufgehoben, und die Na$^\oplus$-Kanäle kehren zu einem bestimmten Prozentsatz in den aktivierbaren, aber nach wie vor geschlossenen Zustand zurück: Rückkehr der normalen Erregbarkeit. Gleichzeitig schließen sich allmählich die K$^\oplus$-Kanäle wieder. Im Gegensatz zum Na$^\oplus$ gibt es keine K$^\oplus$-Inaktivierung.

Unsere Kenntnisse über die verwickelten Abläufe während eines Aktionspotentials verdanken wir zum großen Teil der **„Voltage-clamp“**[1])**-Methode** (Spannungsklemme, Abb. 2.44.). Beim Erregungsvorgang führt eine Depolarisation zu Änderungen der Membranleitfähigkeiten für bestimmte Ionen und diese wiederum zu Potentialänderungen, wodurch erneut Leitfähigkeitsänderungen herbeigeführt werden usf. (Abb. 2.42.). Durch die erwähnte Methode ist es möglich, den einen Parameter, die Spannung, konstant zu halten und das zeitliche Verhalten des anderen Parameters, die Leitfähigkeit bzw. den Membranstrom, in seiner Abhängigkeit vom jeweiligen Potential zu verfolgen. In Abbildung 2.44. ist der Strom durch die Riesenaxonmembran (I_{total}) nach einem Depolarisationssprung von –60 mV (Ruhepotential) auf 0 mV (Haltepotential) wiedergegeben. Er besteht im wesentlichen aus zwei Komponenten, dem **Na$^\oplus$-Strom** (I_{Na}) und dem **K$^\oplus$-Strom** (I_K). Die I_K-Komponente erhält man in Na$^\oplus$-freiem Meerwasser oder nach Blockierung der Na$^\oplus$-Kanäle durch **Tetrodotoxin** (TTX). Sie stellt einen auswärts gerichteten Strom dar, steigt recht langsam an und verharrt schließlich auf gleichbleibendem Niveau, das in seiner Höhe von der Klemmspannung abhängt. Durch Subtraktion des I_K vom I_{total} oder durch Blockierung der K$^\oplus$-Kanäle mit **Tetraethylammonium** (TEA) erhält man die I_{Na}-Komponente. Sie stellt einen einwärts gerichteten Strom dar, erreicht schnell ein Maximum und fällt dann – trotz Weiterbestehens der Depolarisation – langsam wieder auf Null ab (**Na$^\oplus$-Inaktivierung**). Das Maximum des Einwärtsstromes nimmt mit Erhöhung der Klemmspannung (Haltepotential) ab, um bei ca. 120 mV (Sprung von –60 mV auf +60 mV)

---

[1]) voltage (engl.) = elektr. Spannung; clamp (engl.) = Klammer, Klemmschraube.

außen

polarisierte Membran

innen

$$E = \frac{RT}{F} \ln \frac{P_K[K^\oplus]_a + P_{Na}[Na^\oplus]_a + P_{Cl}[Cl^\ominus]_i}{P_K[K^\oplus]_i + P_{Na}[Na^\oplus]_i + P_{Cl}[Cl^\ominus]_a}$$

1. Ruhezustand (dyn. Gleichgewicht):
Na$^\oplus$- u. K$^\oplus$-Kanal geschlossen (aktivierbar)

Depolarisation

$$E \rightarrow E_{Na} = \frac{RT}{F} \ln \frac{[Na^\oplus]_a}{[Na^\oplus]_i}$$

2. Anstiegsphase des AP:
Na$^\oplus$-Kanal aktiviert: $g_{Na}\uparrow$

Repolarisation

$$E \rightarrow E_K = \frac{RT}{F} \ln \frac{[K^\oplus]_a}{[K^\oplus]_i}$$

3. abfallende Phase des AP:
K$^\oplus$-Kanal aktiviert: $g_K\uparrow$; $g_{Na}\downarrow$

polarisierte Membran

Na$^\oplus$-Kanal   K$^\oplus$-Kanal

ATP   ADP + P$_i$

4. Erholung:
Rücktransport von Na u. K durch Na$^\oplus$/K$^\oplus$-ATPase

E$_{Na}$

E

g_{Na}

h $\rightarrow$

g_K

115 mV

[mS/cm^2]

30

20

10

0,6

0,4

0,2

12 mV

E$_K$

0   1   2   3 [ms] 4

Zellmembran

Transduktion   ATP-Bindg.

Phosphorylierung

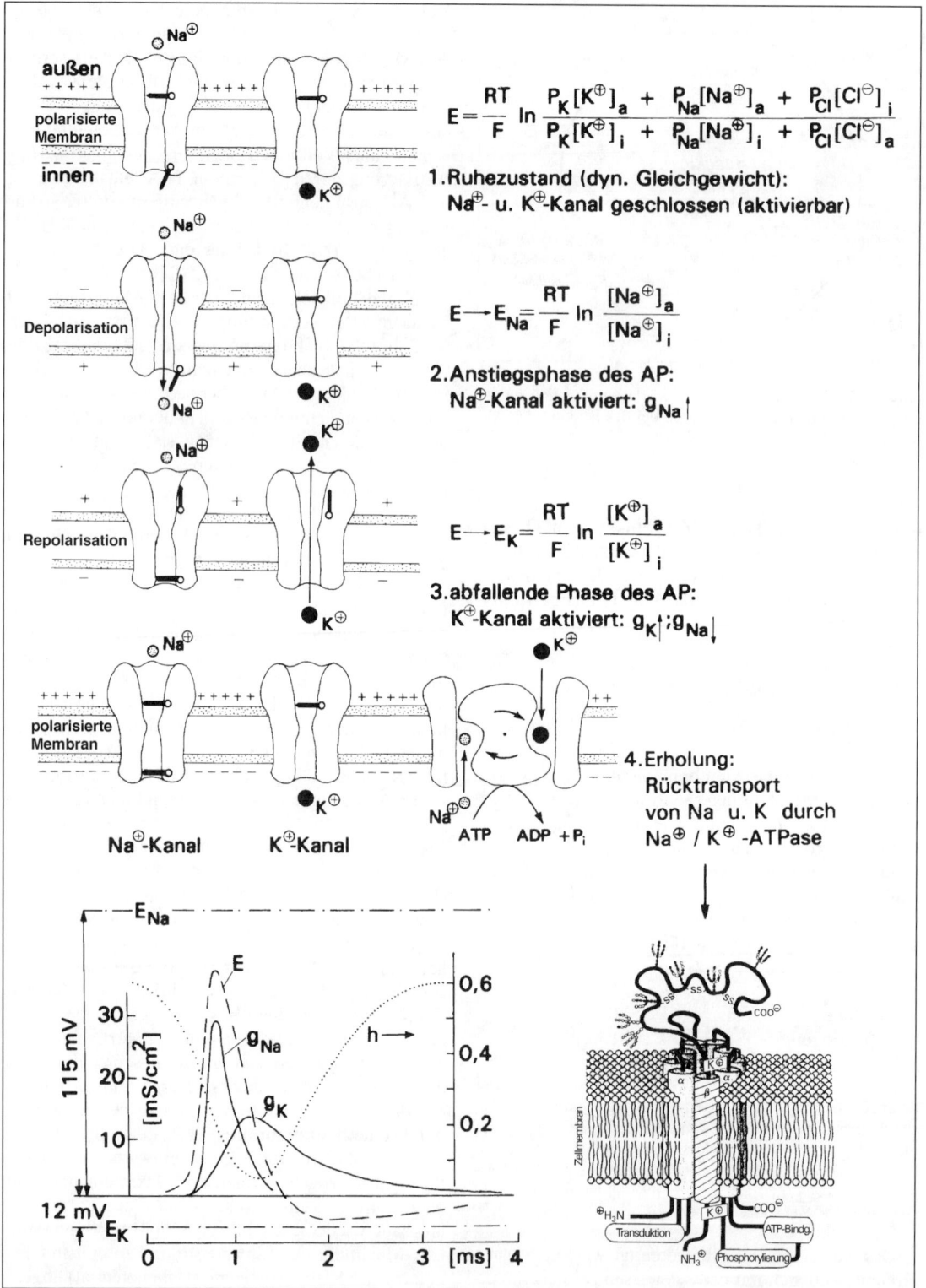

Abb. 2.43. Die Ionenverschiebungen während des Ablaufs eines Aktionspotentials. Nähere Erläuterungen im Text. – Links unten: Die Änderungen der Ionenleitfähigkeiten für Na$^\oplus$ (g_{Na}) und K$^\oplus$ (g_K). E: Das daraus errechnete Aktionspotential; h: Die Änderung des Prozentsatzes aktivierbarer Na$^\oplus$-Kanäle. - Rechts unten: Die Na$^\oplus$/K$^\oplus$-ATPase (Schema).

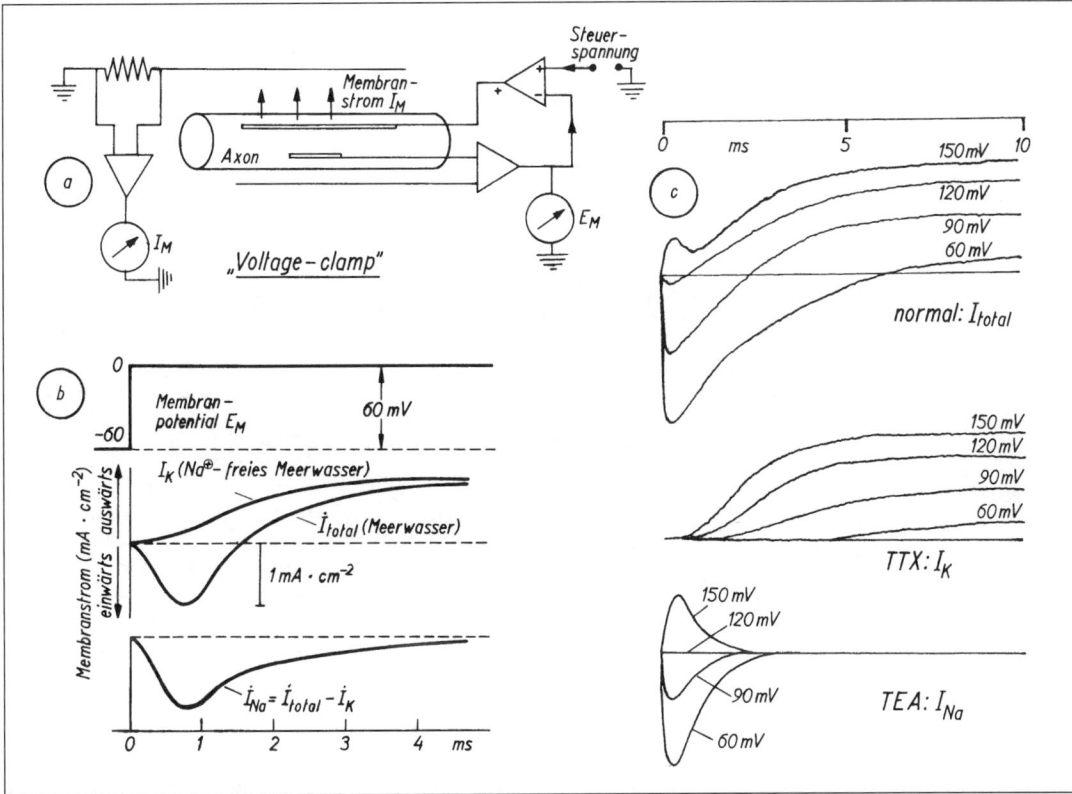

Abb. 2.44. a) Schaltbild der „Voltage-clamp"-Meßmethode am Tintenfisch-Riesenaxon: Zwei Elektroden werden in die Zelle eingeführt. Über die eine Elektrode (Meßelektrode) wird das Membranpotential E_M ständig gemessen und mit der vom Experimentator festgelegten „Steuerspannung" verglichen. Über die zweite Elektrode (Stromelektrode) wird jeweils soviel Strom über die Membran geschickt, daß das E_M mit der Steuerspannung übereinstimmt und dort verharrt. Fließt bei dieser „Klemmspannung" ein Ionenstrom durch die Membran, so wird dieser durch einen gleichgroßen, aber entgegengesetzten Strom über die Stromelektrode ständig gerade kompensiert. Dieser „Klemmstrom" wird registriert. Er liefert sozusagen ein Spiegelbild des bei der jeweiligen Klemmspannung durch die Membran fließenden Stromes (I_{Na}). Nach KANDEL 1976. – b) Die im „Voltage-clamp"-Experiment bei einem Depolarisationssprung von 60 mV gemessenen Ströme in normalem Meerwasser (I_{total}), im $Na^\oplus$-freien Meerwasser (I_K, $Na^\oplus$ durch Cholin ersetzt). Die Differenz beider Ströme ergibt den von $Na^\oplus$-Ionen getragenen Strombeitrag (I_{Na}). Nach HODGKIN u. HUXLEY 1952. – c) Die Darstellung der $Na^\oplus$- und $K^\oplus$-Ströme durch Blockierung jeweils des anderen Kanals, des $Na^\oplus$-Kanals durch TTX, des $K^\oplus$-Kanals durch TEA. Nach HILLE 1977. Unter TTX verschwindet der durch die $Na^\oplus$-Ionen getragene frühe Einwärtsstrom, wie er unter normalen Bedingungen und unter TEA zu beobachten ist. Dasselbe ist bei hohen positiven Reizspannungssprüngen von mehr als 120 mV der Fall. Das „Umkehrpotential" für I_{Na} liegt bei einem Depolarisationssprung von ca. 120 mV (E_{Na} zwischen +50 und +60 mV). Unter TEA verschwindet der durch $K^\oplus$ getragene langsame Auswärtsstrom.

ganz zu verschwinden (E_{Na} liegt zwischen +50 und +60 mV). Bei noch höheren Klemmspannungen kehrt sich der $Na^\oplus$-Strom um (Auswärtsstrom), da unter diesen Bedingungen der nach außen gerichtete elektrische Gradient größer wird als der nach innen gerichtete chemische.

Die während eines Aktionspotentials am Riesenaxon von *Sepia* pro cm² Membranoberfläche ins Zellinnere übergetretene $Na^\oplus$-Menge bzw. aus der Zelle getretene $K^\oplus$-Menge ist so gering (ca. $4 \cdot 10^{-12}$ Mol), daß sich die Konzentrationsverhältnisse praktisch nicht ändern. Die $Na^\oplus$-Konzentration in der Zelle

steigt pro Aktionspotential um etwa 1/100 000. Selbstverständlich liegen diese Werte bei weniger voluminösen Fasern wesentlich höher. Bei C-Fasern des Säugetiers berechnete man z. B., daß sich die interne $Na^\oplus$- und $K^\oplus$-Konzentration pro Impuls um etwa 1% ändert. Dem entspricht eine Änderung des Membranpotentials um ca. 0,3 mV. Aktive Transportmechanismen (1.6.6.) sorgen für die Rückführung dieser Ionenmengen nach dem Ablauf des Aktionspotentials. Diese **„Pumpen",** das sei nochmals betont, spielen zwar bei der Aufrechterhaltung der Konzentrationsgradienten an der Zellmembran und damit für die Erregbarkeit eine große Rolle, sind aber nicht direkt an der Produktion der Aktionspotentiale beteiligt. Sie existieren unabhängig von den $Na^\oplus$- und $K^\oplus$-Kanälen und unterliegen ganz anderen Gesetzmäßigkeiten wie diese. So sind sie z. B. durch TTX oder TEA nicht, aber durch **Ouabain** (Strophantin) blockierbar. Ihre Anzahl pro μm^2 ist wesentlich höher als die Zahl der Kanäle (Tab. 2.8.).

Tabelle 2.8. Die Anzahl aktiver Membranorte pro μm^2. Nach G. M. SHEPHERD 1983 u. a.

Zelle	$Na^\oplus$-Kanäle	$Na^\oplus$-Pumpen	Rezeptor-moleküle
Tintenfisch: Riesenaxon	300–600		
Hummer: Gangbeinnerv	90		
Hornhecht: Riechnerv	35	300	
Kaninchen: Vagus	110	750	
Kaninchen: Ranvierknoten	12 000		
Muskelendplatte			1200 (ACh)
Fettzellen			1 (Insulin)

Wie besprochen, können die $Na^\oplus$-Kanäle in drei verschiedenen Zuständen verharren: 1. aktivierbar und geschlossen, 2. aktiviert und offen und 3. inaktiviert und geschlossen (nicht aktivierbar). Aktivierung und **Inaktivierung** liegen wahrscheinlich verschiedene Mechanismen zugrunde. Man kann selektiv die Inaktivierung mit Giften hemmen. Wahrscheinlich ist ein Protein beteiligt. Es gelang nämlich durch Perfusion des Riesenaxons mit einem proteolytischen Enzym (Pronase), die Inaktivierung zu verhindern. Die Inaktivierung ist stark potentialabhängig. Unter normalen Bedingungen (Ruhepotential) ist das $Na^\oplus$-System zu etwa 60% aktivierbar, d. h., es können bestenfalls nur 60% des maximal möglichen $Na^\oplus$-Influxes durch Depolarisation erreicht werden. 40% der Kanäle liegen im inaktivierten Zustand vor. Mit Abbau des Membranpotentials erhöht sich dieser Prozentsatz, so daß von einem Potential an, das 20 bis 30 mV positiver ist als das Ruhepotential, überhaupt keine Aktivierung mehr möglich ist (Abb. 2.45.). Von Potentialen aus, die mindestens 30 mV negativer als das Ruhepotential sind, ist dagegen der Maximalwert des $Na^\oplus$-Einstromes (I_{Na}) erreichbar, alle Kanäle sind aktivierbar. Eine Depolarisation der Membran führt also gleichzeitig zur Aktivierung aktivierbarer Kanäle und zu einer Verschiebung des Gleichgewichtes zwischen aktivierbaren und nicht aktivierbaren (inaktivierten) Kanälen zugunsten der letzteren. Der zweite

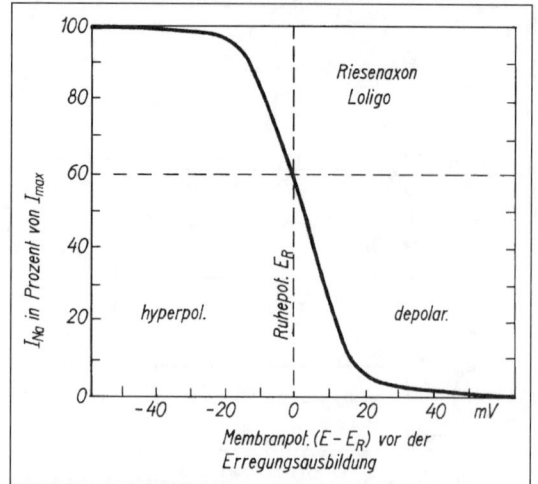

Abb. 2.45. Abhängigkeit der Inaktivierung des $Na^\oplus$-Systems vom Membranpotential. Abszisse: Abweichung des Membranpotentials E vom Ruhepotential E_R. Von E aus wurde die Membran jeweils auf –16 mV depolarisiert und der resultierende $Na^\oplus$-Strom (I_{Na}) gemessen. Nach HODGKIN u. HUXLEY 1952.

Vorgang ($Na^\oplus$-Inaktivierung) erfolgt wesentlich langsamer als der erste.

Es gibt viele Beispiele aus dem Tierreich, bei denen **andere Ionenmechanismen** an der Bildung der Aktionspotentiale beteiligt sind. In bestimmten Muskelfasern der Crustaceen (*Balanus, Astacus, Procambarus* u. a.) sowie gewisser Insekten, in den glatten Muskelzellen der Wirbeltiere, in verschiedenen Mollusken-Neuronen (*Helix* u. a.) sowie beim Ciliaten *Paramecium* wird die Rolle des $Na^\oplus$ zum Teil oder vollständig vom **Calcium** übernommen. Die $Ca^{2\oplus}$-Kanäle der Metazoen können durch $Co^{2\oplus}$, $Mn^{2\oplus}$, $Ni^{2\oplus}$ oder $La^{3\oplus}$ blockiert werden, während $Sr^{2\oplus}$ und $Ba^{2\oplus}$ gut passieren. Bei Skelettmuskelfasern des „Mehlwurms" (Larve des Mehlkäfers *Tenebrio*) übernimmt das **Magnesium** die Rolle des $Na^\oplus$. Schließlich sei noch erwähnt, daß bei den Algen *Nitella* und *Chara* die Bildung des Aktionspotentials gar nicht mit einem Influx von Kationen ($Na^\oplus$ oder $Ca^{2\oplus}$) verbunden ist, sondern mit einem Efflux eines Anions: $Cl^\ominus$**-Ausstrom.** In ähnlicher Weise sind die Aktionspotentiale in den Elektroplatten des Rochen *Raja erinea* (6.2.) von einem Anstieg der $Cl^\ominus$-Permeabilität begleitet.

Das Aktionspotential der **Herzmuskelzellen der Wirbeltiere** nimmt im Vergleich zu dem der Neuronen und Skelettmuskelfasern einen besonderen Verlauf (Abb. 2.41.). Auf eine schnelle Depolarisation folgt als Besonderheit ein lang andauerndes **„Plateau"** mit nur langsam abfallendem Potential. Erst danach setzt die schnelle Repolarisation zum Ruhewert ein. So ist die Dauer des Aktionspotentials ungewöhnlich lang, bis zu 1 s bei Amphibien. Die Bedeutung des Plateaus ist darin zu sehen, daß dadurch ein hinreichend langer Reiz für die systolische Kontraktion des Herzens gewährleistet ist. Für die schnelle Depolarisation ist, wie in anderen Fällen auch (s. o.), ein kräftiger $Na^{\oplus}$-Einstrom verantwortlich. Die verzögerte Repolarisation, das Plateau, wird durch einen langsamen $Ca^{2\oplus}$-Einstrom verursacht, der den $K^{\oplus}$-Ausstrom zum Teil kompensiert. Die schnelle Repolarisation kommt erst dann zustande, wenn der $Ca^{2\oplus}$-Influx abflaut und gleichzeitig die $K^{\oplus}$-Leitfähigkeit und damit der $K^{\oplus}$-Efflux zunimmt (Abb. 3.44.).

2.3.2.3. Der $Na^{\oplus}$-Kanal und der „Gating"-Strom

Die initiale schnelle Depolarisationsphase des Aktionspotentials in Nerven-, Skelettmuskel- und Herzmuskelzellen, der „Aufstrich", ist – wie wir gesehen haben – auf einen schnellen spannungsabhängigen Anstieg der Membranpermeabilität für $Na^{\oplus}$-Ionen zurückzuführen. Diese spezifische Veränderung der Membranpermeabilität beruht, wie man weiter zeigen konnte, auf der Öffnung selektiver transmembraner **$Na^{\oplus}$-Kanäle.** Die Ionendurchlässigkeit durch den $Na^{\oplus}$-Kanal wird – wie die voltage-clamp-Untersuchungen zeigten – durch zwei verschiedene spannungsabhängige Prozesse geregelt: durch die **Aktivierung** und durch die Inaktivierung. Erstere bestimmt die Schnelligkeit und Spannungsabhängigkeit des Anstiegs der $Na^{\oplus}$-Permeabilität nach einer sprunghaften Depolarisation. Die **Inaktivierung** bestimmt die Schnelligkeit und Spannungsabhängigkeit der anschließenden Rückkehr der $Na^{\oplus}$-Permeabilität trotz Bestehenbleibens der Depolarisation zum Normalwert (Abb. 2.44.).

Der Kanal kann durch verschiedene **Neurotoxine** und **Lokalanästhetika** in seinen Eigenschaften verändert werden (Abb. 2.46.)

1. Die heterozyklischen, kationischen, wasserlöslichen Guanidiniumtoxine **Tetrodotoxin** (TTX aus dem japanischen Kugelfisch) und **Saxitoxin** (STX aus bestimmten Dinoflagellaten) blockieren den Kanal an seiner äußeren Mündung bereits in Konzentrationen von wenigen n mol l^{-1}. An der Membraninnenseite sind sie unwirksam. Da der Effekt von TTX bzw. STX durch eine Erhöhung der Konzentration permeabler Ionen ($Na^{\oplus}$, $Li^{\oplus}$) teilweise wieder aufgehoben werden kann, nimmt man an, daß diese Kationen um eine gemeinsame, negativ geladene Bindungsstelle am äußeren Kanaleingang konkurrieren, an die auch die Toxine binden.

2. Verschiedene **lipidlösliche Alkaloide** (Veratridin, Aconitin, Batrachotoxin BTX) verursachen eine persistierende Aktivierung des Kanals durch völlige Aufhebung der $Na^{\oplus}$-Inaktivierung. Der Bindungsort für diese Toxine liegt offenbar in der Kanalregion, die in die spannungsabhängige Aktivierung und Inaktivierung einbezogen ist.

3. **Polypeptidtoxine** aus dem Gift nordafrikanischer Skorpione bzw. aus Seeanemonennematozyten verzögern oder blockieren spannungsabhängig die Schließung des Kanals ($Na^{\oplus}$-Inaktivierung), während die $Na^{\oplus}$-Aktivierung und auch die Kanalleitfähigkeit unbeeinflußt bleiben. Ihre Bindungsaffinität wird durch Depolarisation der Membran reduziert. Der Bindungsort liegt wahrscheinlich in dem Bereich des Kanals, der eine Konformationsänderung im Zusammenhang mit der spannungsabhängigen Kanalaktivierung erfährt.

4. Die als **Lokalanästhetika** wirksamen Amine (Procain, Tetracain, Lidocain u. a.) unterbinden die Weiterleitung des Aktionspotentials im peripheren Nervensystem ebenfalls durch Blockierung der $Na^{\oplus}$-Kanäle, wobei sie aber nicht wie das TTX bzw. STX an der äußeren Öffnung des Kanals gebunden werden, sondern an einem Rezeptor im Kanalinnern.

5. Schließlich sei noch erwähnt, daß durch **Pronase,** wenn sie intrazellulär appliziert wird, die $Na^{\oplus}$-Inaktivierung völlig verhindert werden kann (s. o.).

Der $Na^{\oplus}$-Kanal besteht aus einer *einzigen* Polypeptidkette mit **vier** homologen Transmembran-**Domänen** (I–IV) mit je rund 300 Aminosäureresten. Jede Domäne besteht aus sechs transmembranen α-Helices („Segmente" 1–6). Es wird angenommen, daß die vier P-Regionen (P in Abb. 2.47.) zwischen den Segmenten 5 und 6 die Kanalwand bilden. Die Segmente 4 sollen wegen ihres hohen Anteils an positiv geladenen Arginin- und Lysinresten als „Feldsensor" (s. u.) fungieren und an der Öffnung und Schließung des Kanals beteiligt sein. Bei der Depolarisation der Membran bewegen sie sich unter Drehung etwas nach außen (Abb. 2.47.). Die spannungsgesteuerten $Ca^{2\oplus}$-Kanäle sind ganz ähnlich aufgebaut, der spannungsgesteuerte $K^{\oplus}$-Kanal besteht aus vier *getrennten* Untereinheiten (1.6.5.).

Das Kanalprotein umschließt im offenen Zustand einen **wassergefüllten Kanal** von ca. 0,31 bis 0,51 nm Durchmesser. Dieser Durchmesser ist so eng, daß die $Na^{\oplus}$-Ionen (Durchmesser voll hydratisiert 0,56 nm, Abb. 1.27.) nur teilweise hydratisiert hindurchschlüpfen können, wobei sie wahrscheinlich unter Bildung von Wasserstoffbrücken mit Sauerstoffatomen der Kanalwand in Beziehung treten (Abb. 2.46.).

Im Kanalinnern befindet sich ein Verschlußmechanismus, ein „Tor", das in zwei Zuständen verharren kann, im geschlossenen und im offenen. Der Übergang von dem einen in den anderen Zustand geht mit intramembranalen Ladungsverschiebungen einher, die durch Änderung der Feldstärke in der Membran ausgelöst werden können. Diese verschiebbaren Ladungen sind in dem sog. **Feldsensor** in einiger Entfernung vom eigentlichen Tor lokalisiert. Da das Öffnen dieses Tores der $Na^{\oplus}$-Aktivierung entspricht, bezeichnet man es als **Aktivierungstor** (m-gate).

Der mit der Verlagerung geladener Teilchen oder von Dipolen in der Membran während der $Na^{\oplus}$-Aktivierung einhergehende winzige Strom, der bereits 1952 von HODGKIN und HUXLEY theoretisch vorausgesagt worden war, wurde 1973 erstmalig am Tintenfisch-Riesenaxon und wenig später auch an markhaltigen Nervenfasern registriert. Dieser **„Gating"-Strom**[1]) ist ca. 1 nA stark und auswärts gerichtet. Er

---
[1]) gate (engl.) = Tor, Pforte.

außen   innen

außen   innen

Spannungs-sensor

ScTx

selektiver "Filter"   Kanal   "Tor"

Ca^{2+}

TTX

LA

Kanal-protein

BTX

Zucker-reste

Ca^{2+}

Pronase, Papain

Anker-protein

0 1 2 3
nm

OH

HO
H   H   O

Tetrodotoxin (TTX)

Saxitoxin (STX)

HO
OH

H_2N N   OH
N
H   HO   H   H   OH

H_2N N NH_2
NH
N
H   O NH_2

H H CH_2
H OH

Toxin(T) + Rezeptor(R) $\dfrac{k_1}{k_2}$ TR

$$1 - y = \frac{K_d}{[T] + K_d} = \frac{1}{1 + [T] / K_d}$$

100

$K_d = 1.2 \times 10^{-9}$ mol/l

Na$^+$-Bindungs-ort

50

Frosch (Ranv. Schnürr.)

Na$^+$ - Strom (%)

0

10^{-10} 10^{-9} 10^{-8} 10^{-7}

Saxitoxin (mol/l)

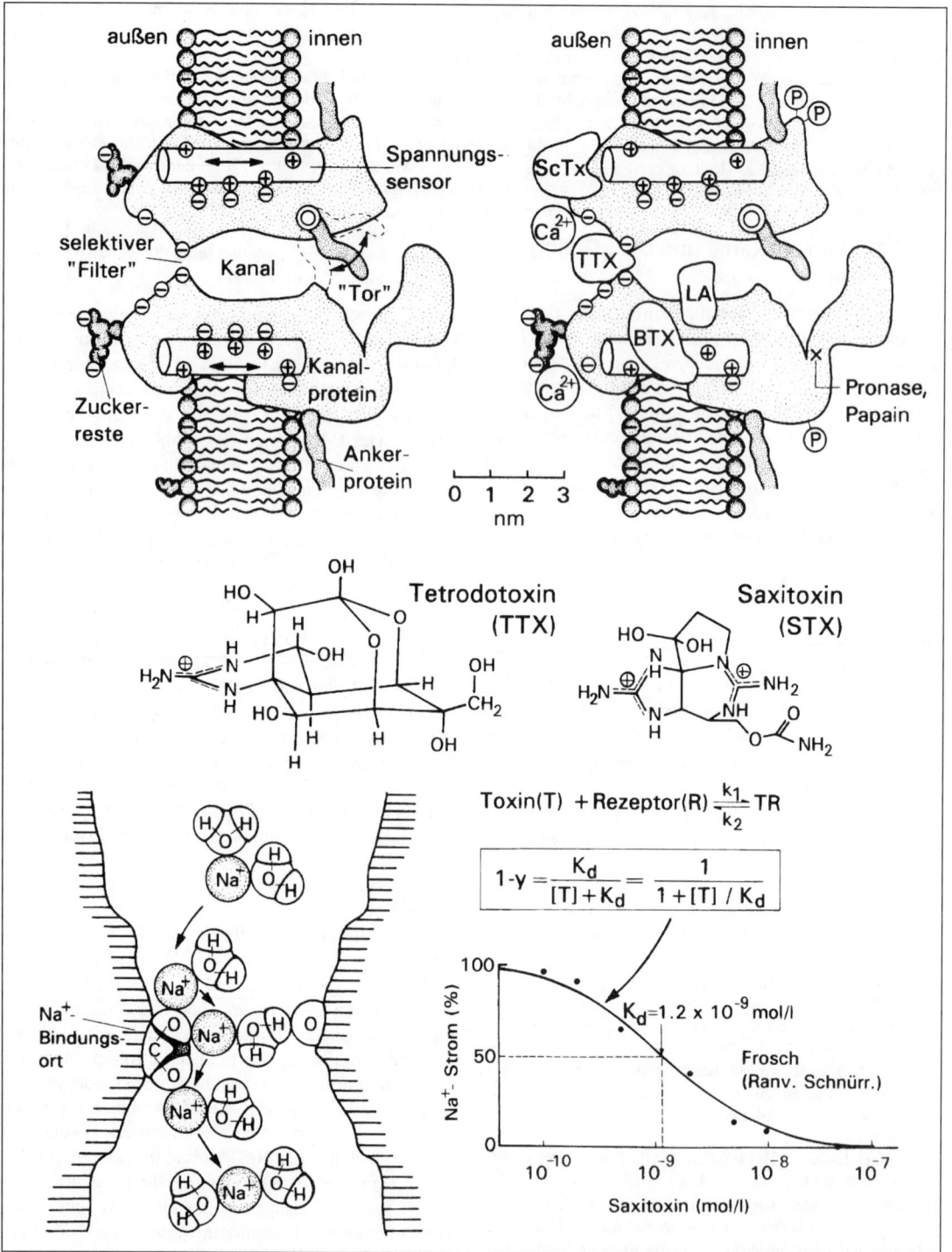

Abb. 2.46. Hypothetisches Diagramm des spannungsgesteuerten Na$^{\oplus}$-Kanals (links) mit Angabe der Bindungsorte für verschiedene Toxine (rechts), die den Kanal beeinflussen. TTX = Tetrodotoxin oder Saxitoxin; ScTx = Scorpiontoxin oder Anemonentoxin; BTX = Batrachotoxin, Aconitin, Veratridin oder Grayanotoxin; LA = Lokalanästhetica; Ca$^{2\oplus}$ = divalente Ionen, die sich mit negativen Oberflächenladungen assoziieren. Nach HILLE 1992. – Rechts unten: Die Abhängigkeit des Na$^{\oplus}$-Stromes durch Kanäle im Ranvierschen Schnürring des Frosches (voltage-clamp-Messungen) von der Konzentration des Blockers Saxitoxin. Die durchgezogene Linie ist eine theoretisch errechnete Kurve unter der Annahme, daß bei reversibler Bindung eines STX-Moleküls mit einer Dissoziationskonstanten von K$_d$ = 1,2 mmol/l der Strom durch den Kanal blockiert wird (1-y = der Anteil der noch "unbesetzten" Bindungsorte).

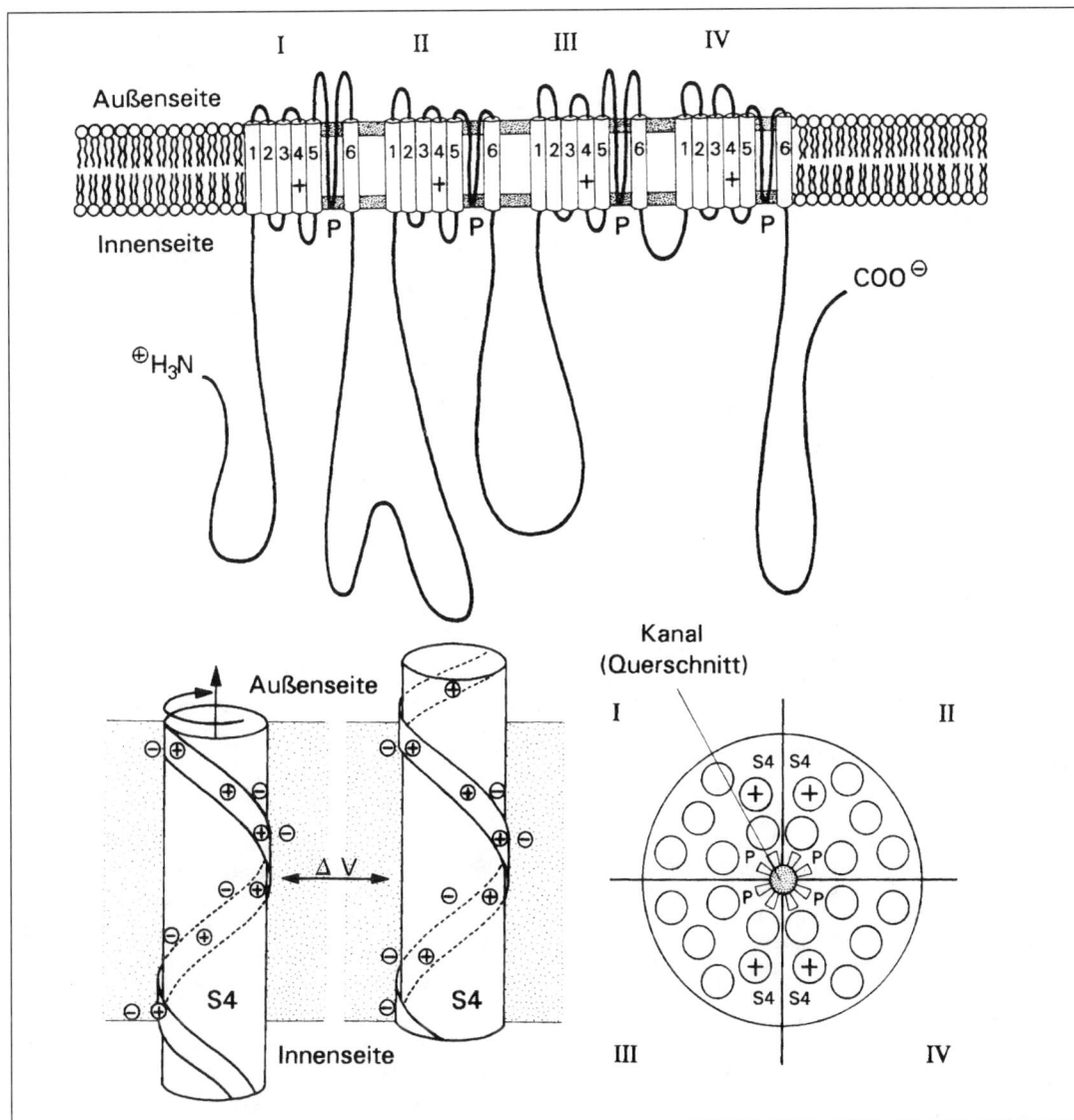

Abb. 2.47. Transmembranstruktur des spannungsgesteuerten $Na^{\oplus}$-Kanals: Er besteht aus einer einzigen Polypeptidkette mit vier homologen Transmembrandomänen (I-IV) mit je rund 300 Aminosäuren (hier in Serie gezeichnet). Jede Domäne besteht aus sechs transmembranen α-Helices (1–6) („Segmente"). Es wird angenommen, daß die vier P-Regionen (P) (Paare von β-Strängen) zwischen den Segmenten 5 und 6 die Kanalwand bilden. Die Segmente 4 sollen wegen ihrer hohen Anteile an positiv geladenen Arginin- und Lysinresten als „Spannungssensor" fungieren und an der Öffnung und Schließung des Kanals beteiligt sein. Bei der Depolarisation der Membran bewegen sie sich unter Drehung etwas nach außen (Teilfigur links unten). Der spannungsgesteuerte $Ca^{2\oplus}$-Kanal ist ganz ähnlich aufgebaut, der spannungsgesteuerte $K^{\oplus}$-Kanal besteht aus vier getrennten Untereinheiten. Nach CATTERALL 1988, STEVENS 1991.

stellt eine langsame und nichtlineare (asymmetrische) Komponente des „kapazitiven" Stroms dar, denn der Kanal wird nur durch positive, nicht aber durch negative Pulse geöffnet. Er erreicht sein Maximum bereits kurz nach der Depolarisation innerhalb von 80 µs, wenn die $Na^{\oplus}$-Aktivierung erst gerade beginnt (Abb. 2.48.).

Wenn ein Tintenfisch-Riesenaxon unter Voltage-clamp-Bedingungen durch einen Spannungssprung depolarisiert wird, besteht der dann fließende Strom durch die Membran prinzipiell aus zwei Komponenten, aus dem kapazitiven Strom I_C und dem Ionenstrom I_i

$$I = I_C + I_i = C_M \frac{dE_M}{dt} + I_i.$$

(C_M: Membrankapazität pro Flächeneinheit)

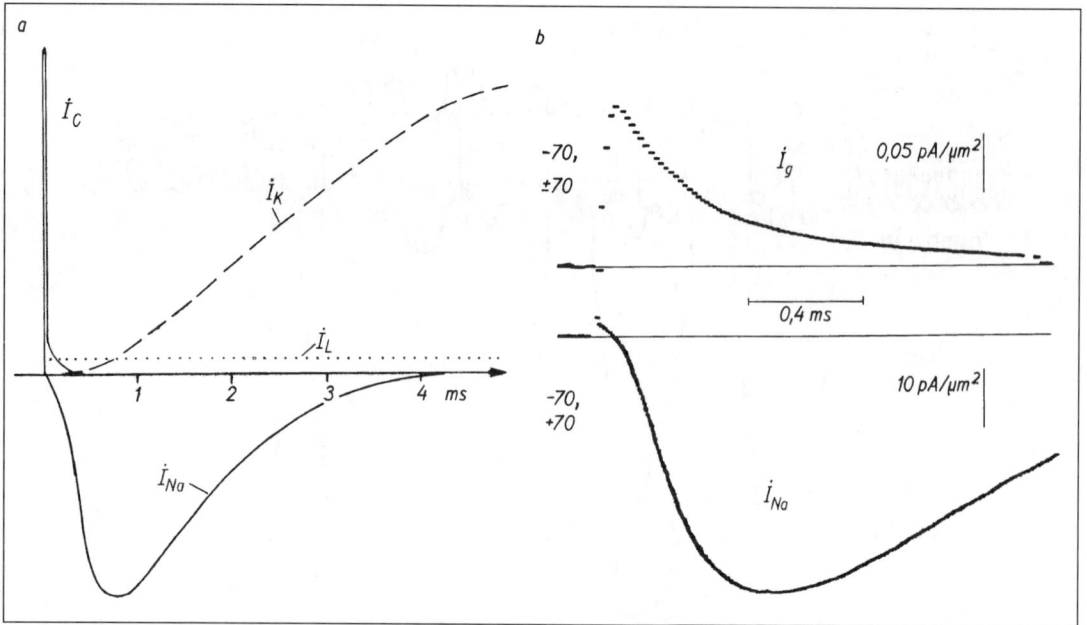

Abb. 2.48. a) Die vier Stromkomponenten an der Tintenfisch-Riesenaxonmembran nach einem Depolarisationssprung (Voltage-clamp) von ca. 60 mV. IC = kapazitiver Strom, I_{Na} = Na$^\oplus$-Strom, I_K = K$^\oplus$-Strom, I_L = „Leckstrom". Nach ARMSTRONG 1975. – b) Der Gating-Strom (I_g) und Na$^\oplus$-Strom (I_{Na}) von einem Tintenfisch-Riesenaxon wurde in Tris-Meerwasser (Na$^\oplus$- und K$^\oplus$-frei) bei 35 °C und bei Perfusion des Axons mit 550 mM CsF (anstelle des Axoplasmas) registriert. Der Na$^\oplus$-Strom wurde in konventioneller Badflüssigkeit gemessen. Nach ARMSTRONG 1975.

Der **kapazitive Strom** setzt sich aus zwei Anteilen zusammen (Abb. 2.48.), einem früheren, größeren und pulsartigen und einem späteren, wesentlich kleineren und relativ langsam abklingenden. Mit dem ersten Anteil ist die Auf- bzw. Entladung der Membrankapazität verbunden, mit dem zweiten die langsame Verlagerung geladener Moleküle oder Dipole innerhalb der Membran, darunter auch solcher, die für die Aktivierung der Ionenkanäle verantwortlich sind (Gating-Strom).

Der **Ionenstrom** I_i wird, worauf der Name hinweist, ausschließlich von Ionen getragen, die die Kanäle durch die Membran passieren. Darunter sind zwei stärkere Ströme, der **Na$^\oplus$-** und der **K$^\oplus$-Strom,** und ein schwacher, der sog. **Leckstrom** (I_L). Er ist im Gegensatz zu den Na$^\oplus$- und K$^\oplus$-Strömen zeitinvariant und wird von anderen Ionen getragen. So können wir obige Beziehung vervollständigen zu

$$I = I_C + I_{Na} + I_K + I_L$$

$$= C_M \frac{dE_M}{dt} + g_{Na}(E_M - E_{Na}) + g_K(E_M - E_K) + I_L.$$

Um den Gating-Strom zu messen, mußten zuvor alle Ionenströme unterdrückt (durch Kanalblocker wie TTX und TEA oder Ersatz der permeablen Ionen auf der Membraninnen- und -außenseite durch relativ impermeable Ionen) und – zweitens – der symmetrische Anteil des kapazitiven Stroms sowie der ebenfalls symmetrische Leckstrom durch eine „Kompensationsmethode" (elektronische „averaging"-Technik) eliminiert werden. Letzteres bedeutet, daß die Antwort auf einen hyperpolarisierenden Voltage-clamp-Impuls jeweils von der Antwort auf einen gleich großen, aber depolarisierenden Impuls subtrahiert wird.

In der Öffnung des Kanals an der Membran-Außenseite existiert eine **negative Fixladung,** an die sich die kanalpermeablen Kationen während der Passage vorübergehend heften, an die aber auch die kanalblockierenden Neurotoxine TTX und STX mit hoher Affinität binden. Hier vermutet man auch den **Selektivitätsfilter,** der durch sterische und elektrostatische Wechselwirkungen dafür sorgt, daß bestimmte Kationen passieren können, andere aber mehr oder weniger stark daran gehindert werden und Anionen gar nicht penetrieren können (Tab. 2.9.).

Tabelle 2.9. Die mit der Umkehrpotential-Methode ermittelten relativen Permeabilitäten der Na$^\oplus$- und K$^\oplus$-Kanäle des Ranvierschen Schnürrings für verschiedene monovalente Kationen. Nach HILLE 1975.

Na$^\oplus$-Kanal		K$^\oplus$-Kanal	
Natrium	1,0	Thallium	2,3
Hydroxyl-ammonium	0,94	**Kalium**	1,0
		Rubidium	0,91
Lithium	0,93	Ammonium	0,13
Thallium	0,33	Hydroxyl-ammonium	<0,025
Ammonium	0,16		
Kalium	0,086	Caesium	<0,077
Caesium	<0,013	Lithium	<0,018
Rubidium	<0,012	Natrium	0,010
Cholin	<0,007		

Der **Na$^\oplus$-Strom** durch die Na$^\oplus$-Kanäle im Ranvierschen Schnürring des Frosches unter voltage-clamp-Bedingungen zeigt eine charakteristische Abhängigkeit von der Konzentration des Kanalblockers **Saxitoxin** (STX). Die experimentell bestimmten Meßpunkte liegen auf einer Kurve (Abb. 2.46.), die man erhält, wenn man von der Annahme ausgeht, daß bei reversibler Bindung eines einzigen STX-Moleküls der Strom durch den Kanal blockiert wird:

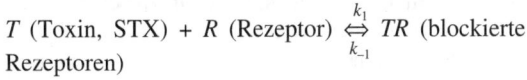

$$T \text{ (Toxin, STX)} + R \text{ (Rezeptor)} \underset{k_{-1}}{\overset{k_1}{\rightleftarrows}} TR \text{ (blockierte Rezeptoren)}$$

Nach dem Massenwirkungsgesetz gilt:

$$\frac{k_{-1}}{k_1} = K_d = \frac{[T] \cdot [R]}{[TR]}$$

Die eckigen Klammern kennzeichnen die Gleichgewichts*konzentrationen*. Im Gleichgewicht entspricht der jeweilige Anteil „besetzter" Rezeptoren *(y)* an der Gesamtheit der vorhandenen Rezeptoren einer Sättigungskinetik von $[T]$ (sog. Langmuirsche Adsorptionsisotherme):

$$y = \frac{besetzte \ Rez.}{alle \ Rez.} = \frac{[TR]}{[TR] + [R]} = \frac{1}{1 + \dfrac{[R]}{[TR]}} = \frac{1}{1 + \dfrac{K_d}{[T]}}$$

Tabelle 2.10. Übersicht über einige wichtige spannungsabhängige Ionenkanäle. In Anlehnung an SHEPHERD 1983.

Symbol	Name	Funktion	Gewebe	Blocker
A. Einwärtsströme:				
I_{Na}	schneller Na$^\oplus$-Einwärtsstrom	schnelle Depolarisation (1 ms)	Tintenfisch Riesenaxon	Tetrodotoxin (TTX)
		fortgeleiteter Nervenimpuls (AP) Initialer peak verlängerter Impulse	Viele Perikaryen und Axone Quergestreifte Muskelzellen der Wirbeltiere	Saxitoxin (STX)
I_{Ca}	Ca$^{2\oplus}$-Einwärtsstrom	mäßig schnelle Depolarisation (bis 10 ms) verlängerte Impulse („Plateau")	Embryonalzellen Viele Perikaryen und Dendriten (z. B. Purkyně-Zellen des Cerebellum)	Co$^{2\oplus}$ Ni$^{2\oplus}$ Nifedipin (am Herzen)
I_B	langsamer Einwärtsstrom (Na$^\oplus$ und/oder Ca$^{2\oplus}$)	langsame Depolarisation (bis s) depolarisierendes Nachpotential	„bursting"-Neuronen (Mollusken und Vertebraten)	
I_{TI}	„transienter" Einwärtsstrom (Ca$^{2\oplus}$-abhängiger, nicht-spezifischer Kationenstrom	tonische Depolarisation, „Leckströme" in einigen Zellen	Herz Neuroblastome	
B. Auswärtsströme (K$^\oplus$-Ströme):				
I_K	verzögerter K$^\oplus$-Auswärtsstrom	Repolarisation nach Na$^\oplus$-Peak Modulation der Spike-Form	Tintenfisch-Riesenaxon Viele Perikaryen und Axone	TEA 4-AMP
$I_C =$ $I_{K(Ca)}$	Ca$^{2\oplus}$-abhängiger K$^\oplus$-Auswärtsstrom	Rolle bei intrazellulären Ca$^{2\oplus}$-Signalen	ubiquitär (Ausn. Tintenfischaxon)	Ba$^{2\oplus}$ TEA
I_A	schneller, „transienter" Auswärtsstrom (früher K$^\oplus$-Auswärtsstrom)	Steuert niederfrequente Impulsgenerierung In manchen Zellen sensitiv gegen Ca$^{2\oplus}$ (Rolle beim Lernen?)	Molluskenneuronen	4-AMP TEA
I_M	M-Strom (so genannt wegen seiner Empfindlichkeit gegen muscarinartige Agonisten)	Stabilisierende Funktion auf das steady state-Potential, hemmt neuronale Aktivität (durch muscarinartige Agonisten gehemmt) → Zelldepolarisation und Daueraktivität der Zelle)	sympathische und zentrale Ganglionzellen bei Wirbeltieren	

Sie entspricht der Michaelis-Menten-Kinetik (1.3.). Eine halbmaximale Besetzung der verfügbaren Rezeptoren (Reduktion des maximalen $Na^\oplus$-Stroms um 50%) ist erreicht, wenn $[R]$ und $[TR]$ gleich groß sind. Dann entspricht $[TR]$, die Konzentration des noch ungebundenen Toxins, der Dissoziationskonstanten K_d. Der Anteil der noch unbesetzten (unblockierten) Rezeptoren kann wie folgt errechnet werden (Abb. 2.46.):

$$1 - y = 1 - \frac{1}{1 + K_d/[T]} = \frac{K_d/[T]}{1 + K_d/[T]} = \frac{1}{1 + [T]/K_d}$$

Mit dieser Funktion stimmen die am $Na^\oplus$-Kanal des Ranvierschen Schnürrings gemessenen Ströme in Abhängigkeit von der SXT-Konzentration gut überein (Abb. 2.46.)

Lithium kann, da es in ähnlicher Weise wie $Na^\oplus$ durch die Kanäle zu treten vermag, $Na^\oplus$ im Außenmedium bei der Erzeugung von Aktionspotentialen weitgehend vertreten. Das in die Zelle eingedrungene $Li^\oplus$ reichert sich aber dort an, da es von der $Na^\oplus$-Pumpe nicht wieder entfernt wird. Es verdrängt äquivalente Mengen intrazellulären Kaliums. Eine Abnahme des $K^\oplus$-Konzentrationsgradienten und damit des Ruhepotentials ist die Folge. Diese dauerhafte Depolarisation inaktiviert das $Na^\oplus$-System (s. o.) bis hin zur Unerregbarkeit des Axons. Die therapeutische Wirkung kleiner Dosen von $Li^\oplus$ bei manisch-depressiven Patienten mag darauf beruhen, daß die Erregbarkeit der Neuronen etwas modifiziert wird.

Da die Inaktivierung des $Na^\oplus$-Kanals durch das proteolytische Enzym Pronase nur von der Innenseite der Zellmembran her verhindert werden kann (s. o.), nimmt man an, daß das für die Inaktivierung verantwortliche Tor, das „**Inaktivierungstor**" (h-gate), am inneren Ende des Kanals gelegen ist. Es ist nicht identisch mit dem Aktivierungstor (m-gate).

Die **Anzahl der $Na^\oplus$-Kanäle** pro Flächeneinheit (μm^2) beträgt etwa 50 bis 100 (Tab. 2.8.), beim Tintenfisch-Axon mehr als 300. Falls alle Kanäle gleichzeitig offen sind, beträgt unter Annahme eines durchschnittlichen Kanaldurchmessers von 0,5 nm die gesamte von ihnen eingenommene Fläche weniger als 10^{-5} der Gesamtfläche. Der mittlere **Abstand** der Kanäle beträgt dabei etwa 140 nm. Aus der maximalen Membranleitfähigkeit für $Na^\oplus$ (zu Beginn des Aktionspotentials) hat man abgeschätzt, daß jeder Kanal einen **Leitwert** von ca. 3 pS ($= 3 \cdot 10^{-12}S = 3 \cdot 10^{-12}\,\Omega^{-1}$) hat. Dem entspricht bei einer Spannung von 100 mV eine **Transportrate** des Kanals von $2 \cdot 10^6\ Na^\oplus$-Ionen/s. Sie ist damit wesentlich höher, als man es von Carrier-Transporten (1.6.4.) her kennt, und nur möglich, wenn niedrige Energiebarrieren existieren.

Neben dem spannungsabhängigen $Na^\oplus$-Kanal, der hier etwas genauer besprochen wurde, sind eine Reihe weiterer spannungsabhängiger Ionenkanäle bekannt. Die wichtigsten Kanäle sind in der Tabelle 2.10. zusammengestellt.

2.3.3. Die Erregungsleitung

Die Nervenfasern sind auf die Funktion der Erregungsleitung spezialisiert. Grundsätzlich kann die Erregung in beiden Richtungen entlang der Nervenfaser fortgeleitet werden (**doppelsinniges Leitungsvermögen**). Das Axon besitzt einen elektrisch gut leitenden Kern (Axoplasma), der von einer schlecht leitenden Hülle (Membran) umgeben ist. Die damit zum Ausdruck kommende Ähnlichkeit mit einem Kabel ist bereits dann nicht mehr gegeben, wenn wir die Signalfortleitung im Kabel und im Axon miteinander vergleichen. Ein gegebenes Spannungssignal V_0 an einem Punkt des Axons würde bei seiner passiven Ausbreitung wie in einem Kabel exponentiell mit der zurückgelegten Strecke an Höhe abnehmen

$$V = V_0\, e^{-\frac{x}{l}}\,.$$

l ist die **Längs-** oder **Raumkonstante** der Membran (in cm). Sie entspricht der Strecke, auf der V auf den e-ten Teil (37%) seines Ausgangswertes V_0 abgefallen ist. Sie kann wie folgt berechnet werden

$$l = \sqrt{\frac{r_m}{r_i + r_a}} = \sqrt{\frac{R_m}{2\pi a} \cdot \frac{\pi a^2}{R_i}} = \sqrt{\frac{a \cdot R_m}{2 \cdot R_i}}$$

(r_a vernachlässigt)

a = Faser- (Axoplasma-) Radius; r_m = Querwiderstand der Membran, r_i = Längswiderstand des Axoplasmas und r_a = Längswiderstand des Außenmediums (alle drei Größen werden auf die Einheitslänge (cm) des Axons bezogen). Daraus lassen sich die auf die Flächen- bzw. Volumeneinheit bezogenen Größen leicht berechnen:

R_m = spez. Widerstand eines cm^2 der Membran = $r_m \cdot 2\pi a$
R_i = spez. Widerstand eines cm^3 des Axoplasmas = $r_i \cdot \pi a^2$.

Der Wert l beträgt bei Transatlantikkabeln viele hundert Kilometer. Beim myelinfreien Crustaceen-Axon (a = 15 μm; R_m = 5 000 $\Omega\ cm^2$; R_i = 50 Ω cm) würde dagegen bei passiver Ausbreitung das Spannungssignal bereits nach 2,7 mm und beim Tintenfisch-Axon (a = 0,25 mm; R_m = 700 $\Omega\ cm^2$; R_i = 30 Ω cm) nach ca. 4 mm auf den e-ten Teil abgefallen sein. Damit die Impulsamplitude bei der Weiterleitung über das Axon konstant bleiben kann, ist eine Energiequelle notwendig. Die Signalfortleitung in der Nervenfaser kann nicht wie in einem Kabel rein passiv erfolgen. Die Vorgänge der Erregungsleitung spielen sich an der sehr dünnen Membran der Nervenfaser ab. Nach der **Strömchentheorie** der Erregungsleitung hat man sich das folgendermaßen vorzustellen: Die Umpolung des Membranpotentials an der erregten Stelle führt zu Ausgleichsströmen mit den noch unerregten Nachbarbezirken (Abb. 2.49.). Dadurch werden diese Bezirke so weit depolarisiert, daß das kritische Schwellenpotential der Membran erreicht und ein Aktionspotential ausgelöst wird, während in der ursprünglich erregten Zone das Ruhepotential bereits wieder aufgebaut wird. Durch Wie-

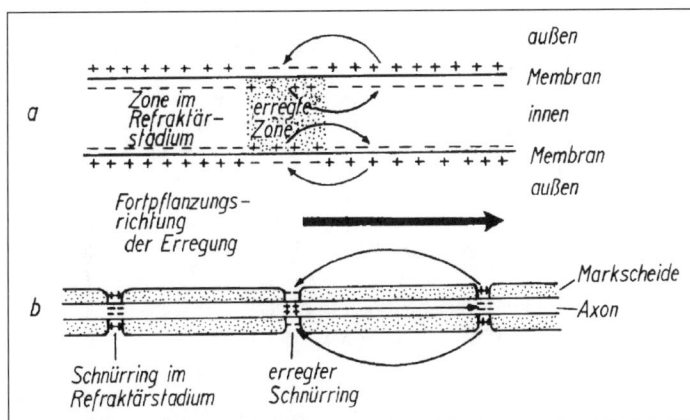

Abb. 2.49. Die kontinuierliche (a) und saltatorische (b) Fortleitung der Erregung an markarmen bzw. markhaltigen Fasern.

derholung dieses Vorganges pflanzt sich die Erregung kontinuierlich über die Nervenfaser nach beiden Richtungen vom Reizort ausgehend fort. Da das Aktionspotential an jedem Ort der Membran als Reaktion auf die Depolarisation neu gebildet wird, wird es mit unverminderter Größe (**ohne Dekrement**[1])) fortgeleitet. Ein Umkehren der Erregungswelle auf der Nervenfaser ist deshalb nicht möglich, weil jedem Aktionspotential eine Zone folgt, in der sich die Membran noch in der Refraktärperiode befindet. Normalerweise kann die Erregung auch nicht von einer Faser auf eine andere desselben Nervenstammes überspringen: **Prinzip der isolierten Leistung** (E. H. WEBER 1830)[2]).

Die hier vorgetragene Art der Erregungsleitung existiert in der Form nur bei den „markarmen" Fasern. Bei den markhaltigen Fasern, die durch eine das Axon umgebende mehr oder weniger dicke Markscheide (S. 134) ausgezeichnet sind, finden wir eine interessante Abwandlung dieses Leitungstyps. Die Markscheide stellt einen wirksamen Isolator dar. Deshalb kann an den von der Markscheide bedeckten Membranbereichen kein Erregungsprozeß ablaufen. Die Aktionspotentiale können vielmehr nur an den in bestimmten Abständen auftretenden Ranvierschen Schnürringen, wo die Markscheide unterbrochen ist, entstehen. Der Ausgleichstrom muß von dem erregten Schnürring ausgehend innerhalb des Axons bis zum nächsten Schnürring verlaufen, denn dort erst kann er die Axonmembran durchqueren und über das Außenmedium zurückkehren. Die Erregung wird also nicht kontinuierlich fortgeleitet, sie springt vielmehr von Schnürring zu Schnürring weiter (**saltatorische**[3]) **Erregungsleitung,** Abb. 2.49.). Die Vorteile dieser Form der Erregungsleitung liegen auf der Hand: 1.

Erreichung höherer Leitungsgeschwindigkeiten, 2. Einsparung von Stoffwechselenergie, da nur noch an den eng begrenzten Membranflächen der Schnürringe die notwendigen Ionengradienten aufrechterhalten werden müssen, und 3. Erzielung einer höheren Sicherheit bei der Erregungsleitung, da die Stromdichte an den Schnürringen höhere Werte erreicht.

Die **Geschwindigkeit der Erregungsleitung** nimmt bei **markhaltigen Nerven** linear mit dem Durchmesser d der Faser zu

$$v = k_1 \cdot d$$

(k_1 = Konstante).

Bei den wesentlich langsamer leitenden **markarmen Fasern** besteht angenähert eine Proportionalität mit der Quadratwurzel aus dem Durchmesser

$$v = k_2 \cdot \sqrt{d}$$

(k_2 = Konstante).

Wäre der Ischiasnerv des Menschen bei gleicher Leistung von marklosen Nervenfasern aufgebaut, so müßte er bereits einen Durchmesser von 20–40 cm haben. Erst durch die Ausbildung markhaltiger Fasern und die damit verbundene Ökonomisierung und Beschleunigung der Erregungsleitung sind die sehr komplexen, schnellen und gut aufeinander abgestimmten Reaktionen und Aktivitäten, wie wir sie von höher organisierten Tieren kennen, möglich geworden (Abb. 2.50.).

Diese Abhängigkeiten kann man sich leicht folgendermaßen klarmachen. Die Erregungsleitungsgeschwindigkeit hängt in erster Linie von der **Stromausbreitung** ab, d. h. von dem Zeitbedarf für die Aufladung der Kapazität der benachbarten Membranregion bzw. des benachbarten Ranvierschen Schnürrings bis zum kritischen Membranpotential durch den sich elektrotonisch ausbreitenden Aktionsstrom. Das bedeutet: je größer der Längswiderstand des Axoplasmas (r_I) bzw. die Membrankapazität (c_m) ist, um so länger dauert die Umladung bis zum kritischen Wert des Membranpotentials.

Mit der Vergrößerung des **Faserquerschnittes** bei sonst konstanten Bedingungen (unveränderte Werte für R_m, R_i und

---

[1]) decrementum (lat.) = Abnahme, von decréscere = abnehmen.
[2]) Ernst Heinrich WEBER, geb. 1795, Studium in Wittenberg u. Leipzig, bereits 1821 o. Prof. f. Anatomie u. Physiol. in Leipzig, gest. 1878.
[3]) saltáre (lat.) = springen, tanzen.

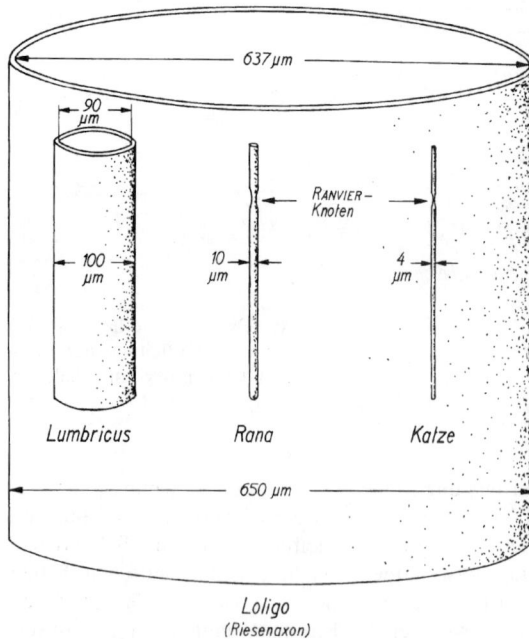

Abb. 2.50. Maßstabgerechte Wiedergabe von vier Nervenfasern aus dem Tierreich mit gleicher Leitungsgeschwindigkeit der Erregung (25 m · s^{-1} bei 20 °C bzw. im Fall der Katze bei 37 °C). Man erkennt die gewaltige Materialeinsparung, die bei gleichbleibender Leistung möglich wird 1. durch die Ausbildung einer Myelinscheide *(Loligo – Lumbricus)*, 2. beim Übergang von der kontinuierlichen zur saltatorischen Erregungsleitung *(Lumbricus – Rana)* und 3. beim Übergang von der Poikilothermie zur Homoiothermie *(Rana – Katze).* Nach MURALT 1958.

Membrankapazität ($c_m = 2 \pi a \cdot C_m$) zu, was eine Verlangsamung der Fortleitung der Erregung zur Folge hat. Dieser Effekt ist aber wesentlich schwächer als der durch die Abnahme von r_i verursachte, so daß insgesamt die bereits erwähnte Zunahme der Erregungsleitungsgeschwindigkeit mit der Quadratwurzel des Faserdurchmessers resultiert.

Die vielfach übereinandergepackten Membranen der Schwannschen Zellen in der **Markscheide** (Abb. 2.37.) führen zu einem starken Anstieg des Widerstandes

$$R_{\text{gesamt}} = \sum_n R_n$$

und zu einer drastischen Abnahme der Kapazität

$$\frac{1}{C_{\text{gesamt}}} = \sum_n \frac{1}{C_n}$$

um mehrere Größenordnungen (Beispiel myelinisierte Froschfaser: 160 000 Ω cm^2; 0,0025 µF/cm^2. Einfache Zellmembran: 600–7 000 Ω cm^2; 1 µF/cm^2). Wegen des hohen Membranwiderstandes fließt in den Internodien praktisch kein Strom durch die Membran. Die elektrotonische Stromausbreitung erfolgt nahezu verlustfrei von einem zum nächsten Schnürring.

Neben dem Durchmesser des Axons und dem Erregungsleitungstyp (saltatorisch oder kontinuierlich) sind weiterhin die **Temperatur** und der **Grad der Myelinisierung** (Verhältnis des Axondurchmesser zum äußeren Durchmesser der Faser) für die Leitungsgeschwindigkeit von Bedeutung (Abb. 2.50.). Bei Kaltblütern sind die Geschwindigkeiten stets niedriger als bei den Warmblütern. Die höchsten Werte hat man in den langen Rückenmarksbahnen der Säuger gemessen (120 m/s), wo die Internodienlänge mehrere Millimeter betragen kann.

Nach dem Faserdurchmesser und der damit zusammenhängenden Leitungsgeschwindigkeit sowie nach weiteren Merkmalen hat man die Nervenfasern der Wirbeltiere in Klassen eingeteilt.

Man unterscheidet **A-** (mit den Unterklassen α, β, γ, δ), **B-** und **C-Fasern.** Die A-Fasern sind diejenigen mit dem größten und die C-Fasern diejenigen mit dem kleinsten Durchmesser. Die A- und B-Fasern sind markhaltig, die C-Fasern marklos.

R_a sowie für die spezifische Membrankapazität C_m) nimmt r_i (s. o.) wesentlich stärker ab als gleichzeitig r_m, da ersterer mit dem Quadrat des Radius (a^2), letzterer aber nur mit dem einfachen Radius (a) verbunden ist (s. o.). Dadurch ergibt sich ein weiteres Ausgreifen der elektrotonischen Ströme, d. h. eine Beschleunigung der Erregungsleitung. Mit der Vergrößerung des Faserquerschnittes nimmt zwar auch die

Tabelle 2.11. Geschwindigkeiten der Erregungsleitung bei verschiedenen Nerven.

Objekt	Geschw. in m/s	Durchm. in µm	Autor
Aurelia (Nervennetz)	0,5	6–12	HORRIDGE 1953, 1954
Procambarus (mediane Riesenf.)	15–20	100–250	WIERSMA 1947
Procambarus (laterale Riesenf.)	10–15	85–200	WIERSMA 1947
Periplaneta (Riesenaxon)	7	50	BOISTEL 1960
Periplaneta (Cercalnerv)	1,5–2,0	5–10	ROEDER 1948
Protopterus (Mauthnerfaser)	18,5	45	WILSON 1959
Rana (A-Fasern, markhaltig)	30	15	TASAKI 1959
Katze (A-Fasern, markhaltig)	78–102	13–17	HUNT 1954
Katze (C-Fasern, marklos)	0,6–2	0,5–1,0	GASSER 1950, 1955, 1956

2.3.4. Das Rezeptorpotential, Reiz-Erregungsbeziehungen

Der Registrierung natürlicher Reize, wie Schall, Druck, Licht, Anwesenheit bestimmter Stoffe u. a., und der Weitergabe von verschlüsselten Informationen darüber an das Nervensystem dienen die **Rezeptoren**[1]). GRANIT nannte sie einmal die „persönlichen Meßinstrumente" der Tiere. Die Rezeptorzellen zeichnen sich gewöhnlich durch eine hohe **Spezifität** aus, d. h., sie reagieren jeweils nur auf eine bestimmte Reizart, den sog. **adäquaten Reiz**, optimal und mit höchster Empfindlichkeit, während die „inadäquaten" Reize unbeantwortet bleiben oder erst bei wesentlich höheren, oft unphysiologisch hohen Intensitäten wirksam werden. Diese auch als spezifische Disposition bezeichnete Selektivität der Rezeptoren beruht z. T. auf morphologisch-physiologischen Besonderheiten der Zelle selbst (z. B. Vorhandensein von lichtabsorbierenden Sehpigmenten in den Lichtsinneszellen) und z. T. darauf, welche Position die Zelle hat (Lichtsinneszellen liegen z. B. im Augenhintergrund in der Retina hinter lichtleitenden Medien weitgehend geschützt vor mechanischen oder thermischen Reizen).

Jeder Reiz muß dem Rezeptor einen Mindestbetrag an Energie zu- bzw. abführen (**Reizschwelle**), wenn er wirksam werden, d. h. eine fortgeleitete Erregung in Form von Aktionspotentialen auslösen soll. Als Folge der Reizeinwirkung tritt zunächst eine **Änderung der Membranleitfähigkeit** auf, die auf das Öffnen oder Schließen bestimmter Membrankanäle zurückzuführen ist. Dadurch entsteht ein Rezeptorstrom, der gewöhnlich am Reizeinwirkungsort eine zunächst lokal auf die rezeptive Membran begrenzte Abnahme des Membran-Ruhepotentials (**Depolarisation**) erzeugt. Eine Ausnahme bilden z. B. die Sehzellen der Wirbeltiere. Dort tritt eine Hyperpolarisation bei Reiz-(Licht-)Einwirkung auf, da $Na^{\oplus}$-Kanäle nicht geöffnet, sondern geschlossen und damit der „Dunkelstrom" gedrosselt wird (5.4.4.). Die Amplitude der Potentialänderung, das sog. **Rezeptorpotential**, nimmt in gesetzmäßiger Weise mit der Reizintensität zu. Es bleibt gewöhnlich so lange bestehen, wie der Reiz einwirkt. Ist der Reiz beendet, so klingt das Potential allmählich wieder ab. Es ist noch bis zu einer Millisekunde nach der Reizeinwirkung nachweisbar. Die als Rezeptorpotential auftretende meßbare elektrische Energie ist gewöhnlich sehr viel größer als die einwirkende Reizenergie: **Verstärkerfunktion** des Rezeptors.

Bestimmte Sehzellen, wie z. B. die von *Locusta migratoria*, reagieren bereits auf die Absorption eines einzigen Lichtquants mit einem sog. **Miniatur-Rezeptorpotential** von einigen mV. Ein Photon sichtbaren Lichtes besitzt eine Strahlenenergie von etwa $5 \cdot 10^{-19}$ J, das hervorgerufene Rezeptorpotential aber bereits eine elektrische Energie von ca. $5 \cdot 10^{-14}$ J. Es ist also eine Verstärkung um den Faktor 10^5 zu verzeichnen. Der Reiz ist also nicht die Quelle der Energie für das Rezeptorpotential, er steuert lediglich die Ionenströme, die durch die von der Zelle aktiv aufgebauten und aufrecht erhaltenen Konzentrationsdifferenzen angetrieben werden.

Das Rezeptorpotential ist eine **„lokale Antwort"**. Es wird nicht aktiv fortgeleitet, sondern breitet sich elektrotonisch von seinem Entstehungsort über die Zellmembran aus. Unter einer **elektronischen Ausbreitung** versteht man eine passive Umladung der Membrankapazität durch Stromfluß entlang dem Innenwiderstand des Cytoplasmas und dem Querwiderstand der Membran ohne aktive Erregung, d. h. ohne nennenswerte Permeabilitätsänderungen für die verschiedenen Ionen. Sie ist stets mit einer Abnahme des Potentials (**Dekrement**)[2]) verbunden.

Ist das Rezeptorpotential stark genug, so greifen die von ihm ausgehenden Depolarisationserscheinungen schließlich auch auf den Anfangsteil des zugehörigen Axons (Axonhügel) über. Überschreitet die Depolarisation dort an einer eng umschriebenen Stelle noch das **kritische Membranpotential** (Schwellenpotential oder Membranschwelle, S. 138), das etwa zwischen −40 und −60 mV liegt, so entsteht ein Aktionspotential, das jetzt aktiv über das Axon fortgeleitet wird. Das Rezeptorpotential wirkt in diesem Falle als elektrischer Reiz (**Generatorpotential**[3])) auf das Axon. Man bezeichnet diejenigen Membranelemente, die zur Bildung und Fortleitung von Aktionspotentialen (Impulsen) befähigt sind, als **„konduktil"**[4]). Die Entstehungsorte des Rezeptorpotentials (**sensorische Zone**) und der Impulse (**spikegenerierende Zone**) sind räumlich voneinander getrennt. Bei den sehr gut untersuchten Pacinischen Körperchen tritt (5.2.2.) das Rezeptorpotential an den nichtmyelinisierten (markfreien) Endigungen des Axons innerhalb des Sinneskolbens auf, das Aktionspotential dagegen am ersten Ranvierschen Schnürring. Ist nach Abschluß der Refraktorperiode die Erregbarkeit des konduktilen Membranelements wiederhergestellt und besteht das Rezeptorpotential noch, so wird erneut ein Aktionspotential ausgelöst. Durch Wiederholung dieses Vorganges werden Dauerreize in Serien von Aktionspotentialen (**Impulsserien**) übersetzt: **Codierungsprozeß**. Die Impulse folgen um so schneller aufeinander, d. h., die Impulsfrequenz ist um so größer, je höher das Rezeptorpotential bzw. – da letzteres von der Reizintensität abhängt – je stärker der einwirkende Reiz ist (Abb. 2.51.). Man spricht von einem **überschwelligen Reiz**,

---

[1]) recéptor (lat.) = der Aufnehmer, Empfänger.

[2]) decreméntum (lat.) = die Abnahme, Verringerung.
[3]) generátor (lat.) = Erzeuger.
[4]) conducére (lat.) = zusammenführen, vereinigen, verbinden.

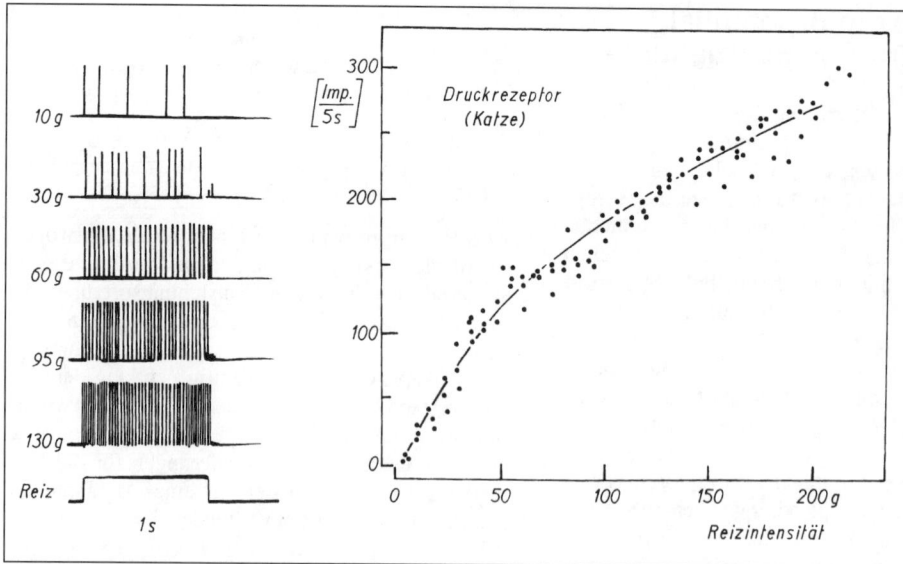

Abb. 2.51. Druckrezeptor des Katzenfußes. Links: Entladungen der afferenten Faser bei verschieden starken Reizen von 1 s Dauer. Rechts: Impulse pro 5 s in Abhängigkeit von der Reizintensität. Jeder Punkt entspricht einer Messung. Man beachte die Streuung der Meßpunkte. Nach ZIMMERMANN 1972.

wenn er eine fortgeleitete Erregung in Form von Aktionspotentialen herbeiführt.

Zusammenfassend kann festgestellt werden, daß man zwei aufeinanderfolgende Phasen der Erregungsbildung unterscheiden kann:

1. Bildung eines von der einwirkenden Reizintensität graduiert abhängigen, lokalen Potentials, (Rezeptorpotential): **Transduktion**[1]).

2. Bildung und Fortleitung von Impulsen (Aktionspotentialen) genormter Höhe und Dauer in bestimmter Frequenz (Frequenzcodierung): **Transformation**[2]).

Eine Reihe von Rezeptoren zeigen eine **Spontanaktivität**, d. h., sie geben auch Aktionspotentiale (Spikes) ab, ohne daß ein äußerer Reiz auf sie einwirkt. Das ist für die Mechanorezeptoren in der Statozyste dekapoder Krebse, in den Seitenlinien der Fische und in den Ampullen der Bogengänge des Wirbeltierlabyrinths, für Chemorezeptoren im Carotissinus der Wirbeltiere und für andere Rezeptoren charakteristisch.

Die Zeitintervalle zwischen den aufeinanderfolgenden Impulsen sind nicht exakt gleich lang, sie sind vielmehr statistisch verteilt. Die graphische Darstellung solcher Verteilung der Intervall-Längen nennt man **Intervallhistogramm** (Abb. 2.52.). In vielen Fällen entspricht die Interspike-Intervallverteilung mathematisch annähernd einer Poisson-Verteilung, in anderen Fällen einer Verteilung nach PEARSON. Unter Reizeinwirkung ändert sich die durchschnittliche Ent-

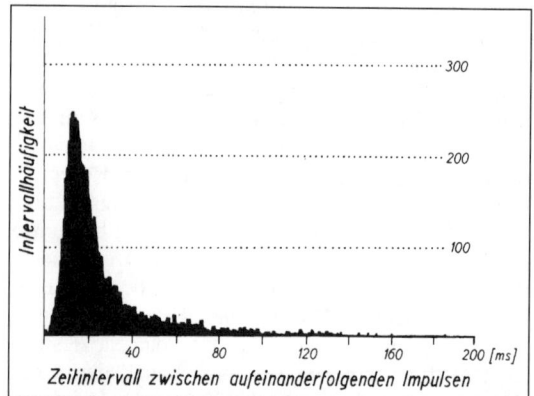

Abb. 2.52. Intervallhistogramm einer Nervenzelle aus der Hörbahn der Katze: Poisson-Verteilung der Intervallhäufigkeiten. Insgesamt wurden 5536 Spikes ausgewertet. Nach KEIDEL 1970.

ladungshäufigkeit, ohne daß sich der Typ der Intervallverteilung gleichzeitig zu ändern braucht. Allerdings hat man mehrfach beobachtet, daß mit zunehmender mittlerer Entladungsrate die Streuung der Interspike-Intervalle abnimmt.

Bei allen bisher untersuchten Beispielen besteht im physiologischen Bereich eine lineare Abhängigkeit der Impulsfrequenz von der Höhe des Rezeptorpotentials (Abb. 2.53.). Die Beziehung zwischen Reizintensität und Höhe des Rezeptorpotentials ist dagegen oft nicht linear. Dann ist auch die **Über-alles-Bezie-**

---

[1]) transducĕre (lat.) = hinüberführen, hinbringen.
[2]) trans (lat.) = über, über ... hin; formatio (lat.) = die Bildung.

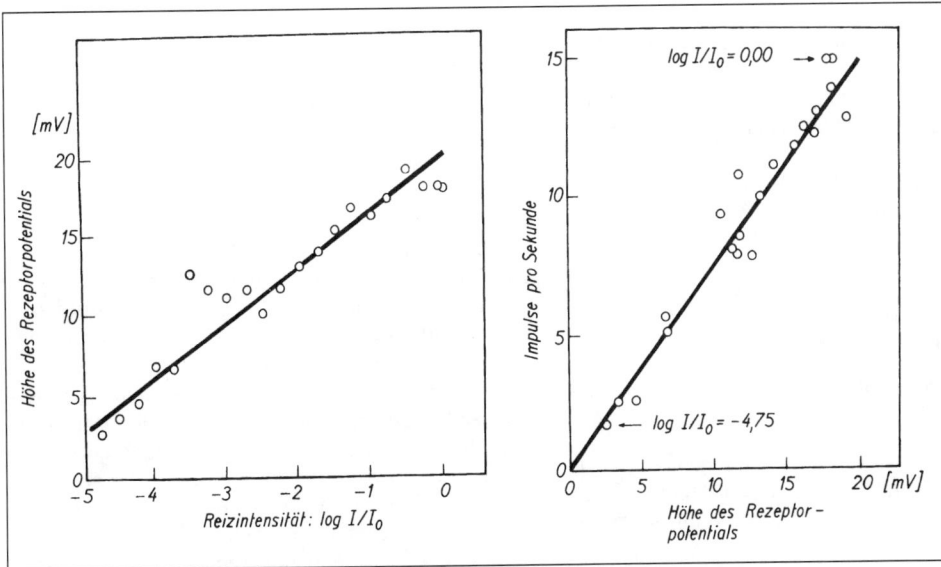

Abb. 2.53. *Limulus*-Auge: Die Höhe des Rezeptorpotentials ist proportional dem Logarithmus der Reizintensität (linke Kurve). Die Anzahl der Impulse pro Sekunde in den Fasern des Sehnerven ist dagegen direkt proportional zur Höhe des Rezeptorpotentials (rechte Kurve). Demzufolge hängt die Impulsfrequenz von der Reizintensität (Über-alles-Beziehung) ebenfalls logarithmisch ab. Nach MAC NICHOL 1956.

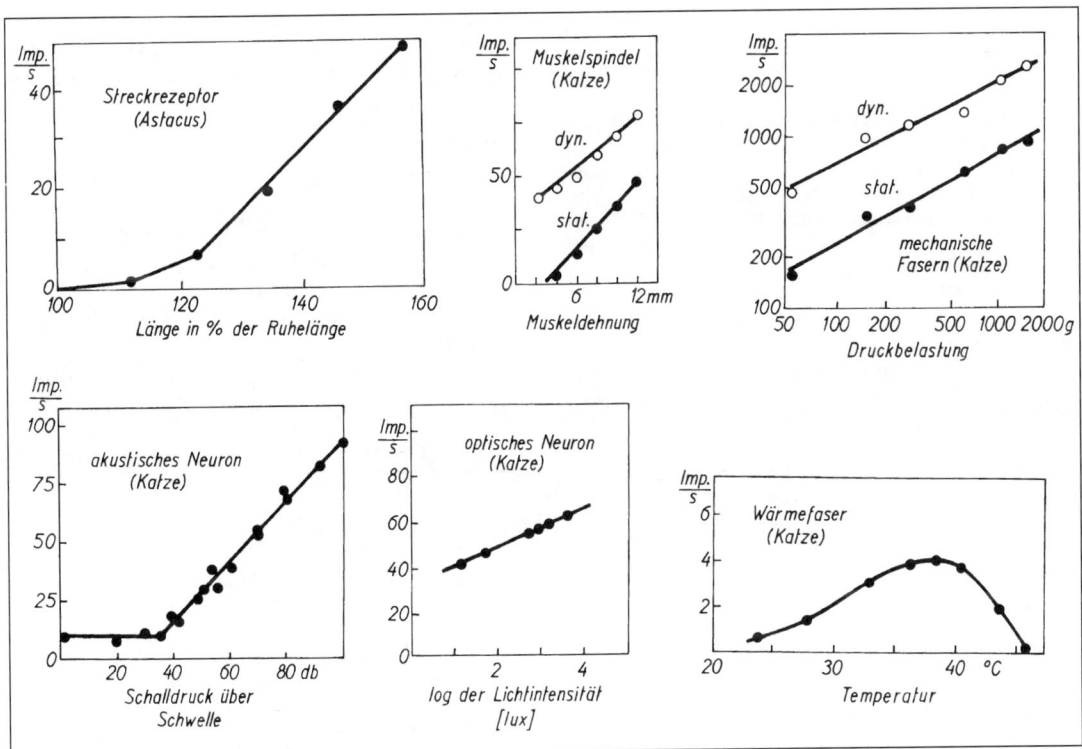

Abb. 2.54. Kennlinien verschiedener Rezeptorneuronen: Der Streckrezeptor und die Muskelspindel zeigen lineare Kennlinien, die mechanischen Fasern eine Kennlinie einer Potenzfunktion (doppeltlogarithmische Auftragung), das akustische und das optische Neuron zeigen logarithmische Kennlinien (einfachlogarithmische Auftragung) und die Wärmefaser eine Extremwertkennlinie. dyn: dynamische Kennlinie (Impulsfrequenz kurz nach Reizeinwirkung, während des Overshoots); stat: statische Kennlinie (Impulsfrequenz im eingeschwungenen Zustand). Nach verschiedenen Autoren zusammengestellt.

hung zwischen Reizintensität S und Impulsfrequenz f (**Kennlinie des Rezeptors**) nicht linear (Abb. 2.54.). Viele Exterozeptoren (Photorezeptoren der Wirbeltiere, Cephalopoden und Arthropoden, Rezeptoren in den Grubenorganen der Klapperschlangen, akustische Neuronen der Katze, Geruchsrezeptoren u. a.) zeigen **logarithmische Kennlinien**, d. h. die Erregungsgröße (Impulsfrequenz f) nimmt linear mit dem Logarithmus der Reizintensität S zu

$$f = k_1 \cdot \log(S - S_0) + f_0$$

[Impulse · s^{-1}] für alle $S > S_0$

(k_1 = Konstante; S_0 = Schwellenreiz; f_0 = Spontanfrequenz, kann Null sein).

Bei anderen Rezeptoren besteht zwischen der einwirkenden Reizintensität und der sich einstellenden Erregungsgröße ein Zusammenhang in Form einer **Potenzfunktion**

$$f = k_2 \cdot (S - S_0) \, n + f_0$$

[Impulse · s^{-1}] für alle $S > S_0$

Im einfachsten Fall ist $n = 1$ [**lineare Kennlinie** bei vielen Interorezeptoren: z. B. Muskelspindeln der Säugetiere (6.1.1.7.), abdominale Streckrezeptoren der Dekapoden, Barorezeptoren im Carotissinus (3.3.2.1. u.a.)].

Rezeptoren mit logarithmischer Kennlinie haben den Vorteil, daß sie in weit größerem Intensitätsbereich ihre Funktion erfüllen können als solche mit linearer Kennlinie. Dafür haben letztere den Vorteil, daß in ihrem Arbeitsbereich die **Unterschiedsempfindlichkeit** gleichbleibt, während sie bei Rezeptoren mit logarithmischer Kennlinie mit steigender Reizintensität abnimmt (konstant bleibt die *relative* Unterschiedsempfindlichkeit).

Es gibt auch Rezeptoren, die bei einer bestimmten Reizintensität eine maximale Erregung erreichen und sowohl bei höheren als auch bei niederen Reizintensitäten weniger stark erregt werden (**Extremwert-Kennlinie**). Das ist z. B. für die Thermorezeptoren charakteristisch. Auch die Extremwert-Kennlinie bedingt ebenso wie die lineare einen schmalen Arbeitsbereich der Sinneszelle.

Träger der Information über die einwirkende Reizintensität ist nicht der einzelne Impuls, sondern die pro Zeiteinheit gebildete und über die Nervenfaser fortgeleitete Anzahl der Impulse, d. h. die Impulsfrequenz. Die Frequenz ist der Informationsparameter. Die Form der Verschlüsselung der Information (Codierung) bezeichnet man deshalb als **Impulsfrequenzmodulation** oder auch als Pulsintervallmodulation. Die Zeitabstände zwischen den Impulsen werden in der Regel mit wachsender Reizintensität kleiner. Selbstverständlich gibt es wegen der Refraktärphasen (2.3.2.1.) eine maximale Impulsfrequenz, die nicht mehr überschritten werden kann. Im allgemeinen überschreiten die Frequenzen 500 Impulse pro Sekunde nur selten. Wirkt kein Reiz auf die Sinneszelle ein, so ist die Impulsfrequenz entweder Null, oder sie hat einen bestimmten, konstanten Ruhewert (Spontanaktivität). Zwischen den Extremen ist die Frequenz völlig kontinuierlich variierbar (analoge Signale).

Eine sprunghafte Zunahme der Reizintensität (**Sprungreiz**) beantworten die meisten Rezeptoren mit einer vorübergehenden **Erregungsspitze** (überschießende Erregung, engl. **overshoot**) und anschließendem Abfall auf ein neues Niveau in Form einer Potenzfunktion

$$f = f_i \cdot t^k$$

(f_i = initiale Erregungsspitze, t = Zeit, k = Konstante).

Bei doppeltlogarithmischer Darstellung ergibt sich eine abfallende Gerade (Abb. 2.55.).

Die Höhe der initialen Erregungsspitze ist von der Geschwindigkeit abhängig, mit der sich die Reizstärke ändert, d. h. mit der sie vom ursprünglichen auf den neuen Wert überwechselt (Abb. 2.55.). Sie wider-

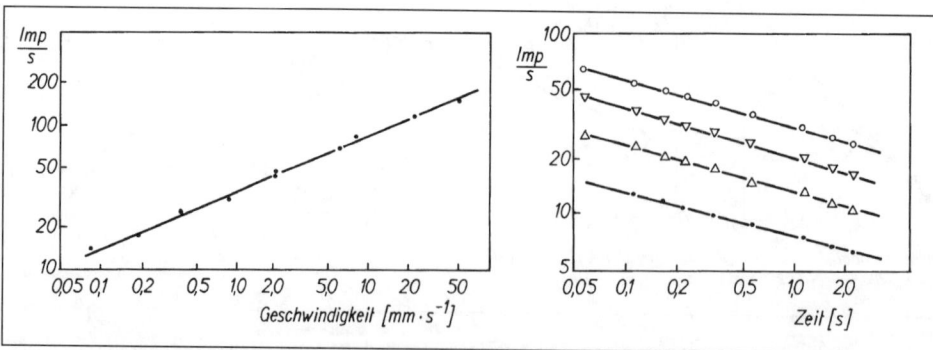

Abb. 2.55. Langsam adaptierender Streckrezeptor im zweiten Abdominalsegment des Flußkrebses. Links: Die initiale Erregungsspitze in Abhängigkeit von der Geschwindigkeit der Streckung (mm · s^{-1}) bis zu jeweils derselben Endlänge von 0,5 mm. Rechts: Abnahme der Impulsfrequenz im Anschluß an die initiale Erregungsspitze nach sprunghafter Streckung bis zu verschiedenen Endlängen. Nach BROWN u. STEIN 1966.

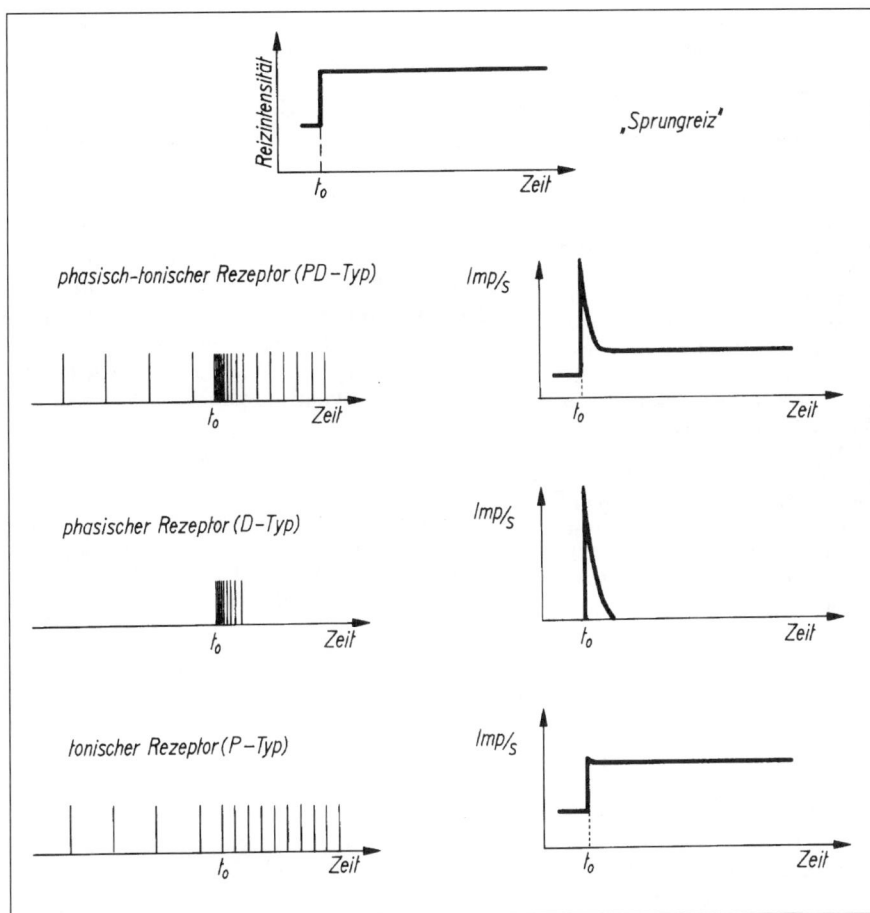

Abb. 2.56. Verlauf der Erregungsgröße (Impulsfrequenz) nach Sprungreizen bei verschiedenen Rezeptortypen.

spiegelt also den zeitlichen Differentialquotienten der Reizintensität (**Differentialquotienten-Empfindlichkeit**). Die Höhe des Niveaus, bis zu dem die Erregungsgröße anschließend wieder abfällt, ist dagegen nur von der herrschenden Reizintensität selbst – linear oder logarithmisch (s. o.) – abhängig (**Absolut-** oder **Proportional-Empfindlichkeit**). Man bezeichnet diese Rezeptoren wegen ihrer kombinierten Proportional- und Differentialquotienten-Empfindlichkeit als **PD-** oder **phasisch-tonische Rezeptoren** (Abb. 2.56.). Ein solches Verhalten zeigen z. B. die Thermorezeptoren der Wirbeltiere. Bei sprunghafter Abnahme der Reizintensität (Abwärtssprung) wird der Differentialquotientenanteil der Empfindlichkeit negativ. Das führt oft dazu, daß die Impulsfrequenz vorübergehend bis auf Null absinkt (überschießende Hemmung oder „silent period"[1])). Im Gegensatz zu

diesen PD-Rezeptoren besitzen die **P-** oder **tonischen Rezeptoren**, nur eine Absolut-Empfindlichkeit. Sie beantworten einen Sprungreiz lediglich mit einer Änderung ihrer stationären Erregungsgröße, ohne eine Erregungsspitze zu durchlaufen (Abb. 2.56.). Hierher gehören z. B. die Stellungsrezeptoren bei Krebsen. Schließlich gibt es – drittens – verschiedene Rezeptoren, die nur eine Differentialquotienten-Empfindlichkeit besitzen. Sie reagieren bei sprunghafter Zunahme der Reizintensität lediglich mit einer kurzen Impulssalve, um anschließend wieder zu „schweigen". In dieser Salve folgen die Impulse um so dichter aufeinander, je größer die Anstiegsgeschwindigkeit der Reizintensität ist (**D-** oder **phasische Rezeptoren**). Steigt die Reizintensität zu langsam an, so bleiben die phasischen Rezeptoren stumm. Als Beispiel seien die Pacinischen Körperchen (S. 398) sowie Rezeptoren des Johnstonschen Organs von *Calliphora* (S. 408) genannt.

---

[1]) silent (engl.) = schweigend, stumm.

Wir haben gesehen, daß die Erregungsgröße nach einem Sprungreiz bei der Mehrzahl der Rezeptoren zunächst sehr stark ansteigt, dann aber wieder abklingt. Diesen Rückgang der Erregungsgröße trotz konstanter Reizeinwirkung, der bei den phasischen Rezeptoren bis zum Wert Null und bei den phasisch-tonischen bis zur Einstellung einer gleichbleibenden (stationären) Impulsfrequenz voranschreitet, nennt man im allgemeinen **Adaptation**[1]. Die Ursachen der Adaptation können sehr verschiedener Art sein. Es kann bereits auf Grund der physikalischen Eigenschaften des reizleitenden Apparats oder einer neuralen Beeinflussung desselben (Beispiel: Pupillenverengung) zu einem Abklingen des auf die sensiblen Endstrukturen einwirkenden Nutzreizes bei gleichbleibendem Eingangsreiz kommen. Es können aber auch Vorgänge an der sensiblen Endstruktur selbst für den Erregungsabfall verantwortlich sein. Schließlich gibt es Fälle, bei denen über efferente Fasern vom Zentralnervensystem die Aktivität der Rezeptoren reguliert wird (**zentrifugale Erregungskontrolle**). Oft sind mehrere Ursachen gleichzeitig für den Erregungsabfall verantwortlich. So findet man z. B. beim Wirbeltierauge neben dem Pupillenmechanismus und einer zentrifugalen Erregungskontrolle auch eine unter der Reizeinwirkung stattfindende Abnahme der Empfindlichkeit der Lichtsinneszellen selbst.

---

[1] adaptáre (lat.) = geeignet machen.

2.3.5. Die Erregungsübertragung (Synapsenfunktion)

Die einzelnen Nervenzellen (Neuronen) stehen im Nervensystem in mannigfacher und komplexer Weise miteinander in Kontakt. Die Kontaktstellen nennt man seit SHERRINGTON[2] (1897) **Synapsen**[3] (Abb. 2.57.). In der Regel erfolgt die Übertragung der Erregung an den Synapsen nur einseitig, die Synapsen sind **polarisiert**. Dann kann man von einer **prä-** und einer **postsynaptischen Zelle** bzw. von einer **prä-** und **postsynaptischen Membran** sprechen, die sich in der Synapse gegenüberstehen und einen mehr oder weniger breiten **Synapsenspalt** zwischen sich frei lassen.

---

[2] Charles Scott SHERRINGTON, geb. 1859 in London, Studium am Caiuscollege in Cambridge, 1890 Nachfolger HORSLEYS am Brown-Institut in London, 1895–1913 Ordinarius in Liverpool, ab 1914 an der Universität Oxford, 1920–1925 Präsident der Royal Society, gest. 1952 (1932 zusammen mit ADRIAN den Nobelpreis).
[3] syn- (griech.) = zusammen; he (h)ápsis (griech.) = die Verknüpfung.

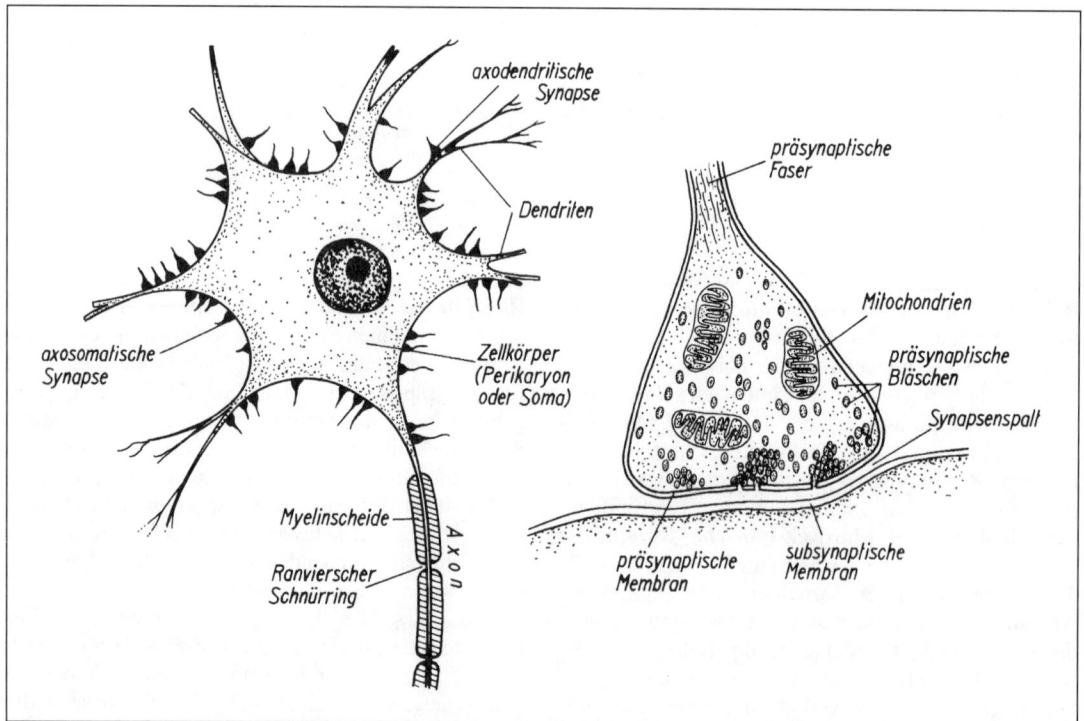

Abb. 2.57. Schematische Darstellung eines Motoneurons mit zahlreichen synaptischen Endknöpfchen sowie eines einzelnen Endknöpfchens.

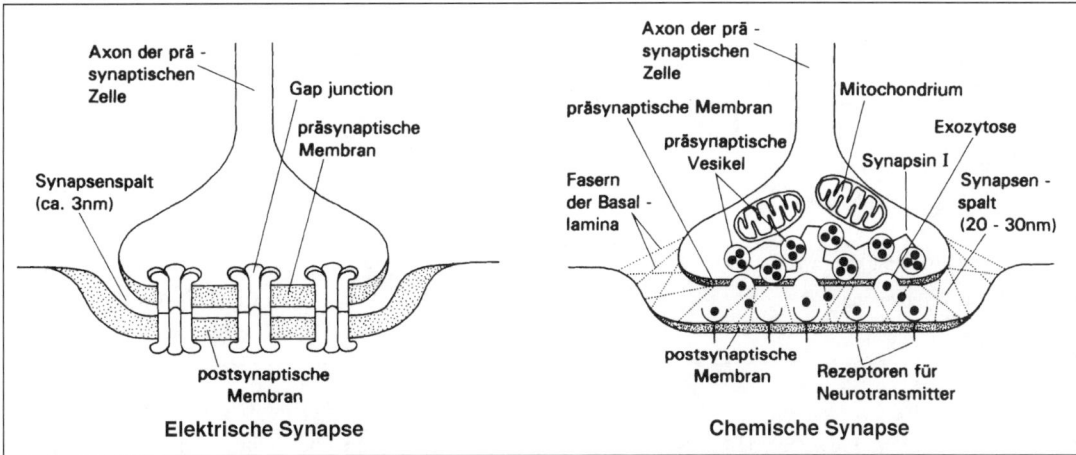

Abb. 2.58. Gegenüberstellung einer elektrischen und einer chemischen Synapse (stark schematisiert). Die prä- und postsynaptischen Membranen sind in ihrer Dicke stark überhöht dargestellt. Synapsin I verknüpft die synaptischen Vesikel miteinander.

Haben die beiden beteiligten Zellen lediglich eine einzige, dann aber in der Regel recht große Berührungsfläche, so spricht man von einer **monosynaptischen Verknüpfung**. Häufiger sind die **polysynaptischen Verknüpfungen** über mehrere solcher Kontaktstellen. Je nachdem, ob sich die Synapsen am Dendriten, Soma oder Axon befinden, spricht man von **axodendritischen, axosomatischen** oder **axoaxonalen Synapsen**. Die Synapse zwischen dem Motoneuron und der Muskelzelle wird als **neuromuskuläre Synapse** bezeichnet.

Man hat zwischen elektrischen und chemischen Synapsen zu unterscheiden (Abb. 2.58.). Bei den **elektrischen Synapsen** wird der ankommende Nervenimpuls direkt – ohne Einschaltung eines Boten-

stoffes (Transmitters) – auf die kontaktierte Zelle übertragen: **elektrische Kopplung der Zellen**. Bei elektrischen Synapsen treten kaum Verzögerungen in der Weitergabe der Erregung auf: <0,1 ms. Der Synapsenspalt ist mit ca. 3 nm ungewöhnlich schmal. Grundlage für die elektrische Kopplung ist neben einer genügend großen Kontaktfläche, daß beide beteiligten Zellen durch interzelluläre Brücken miteinander elektrisch leitend (niedriger Widerstand!) in Verbindung getreten sind. Das geschieht durch **„gap junctions"**[1], zellverbindende Strukturen, die auch in

[1] gap (engl.) = Spalte, Kluft; junction (engl.) = Verbindung.

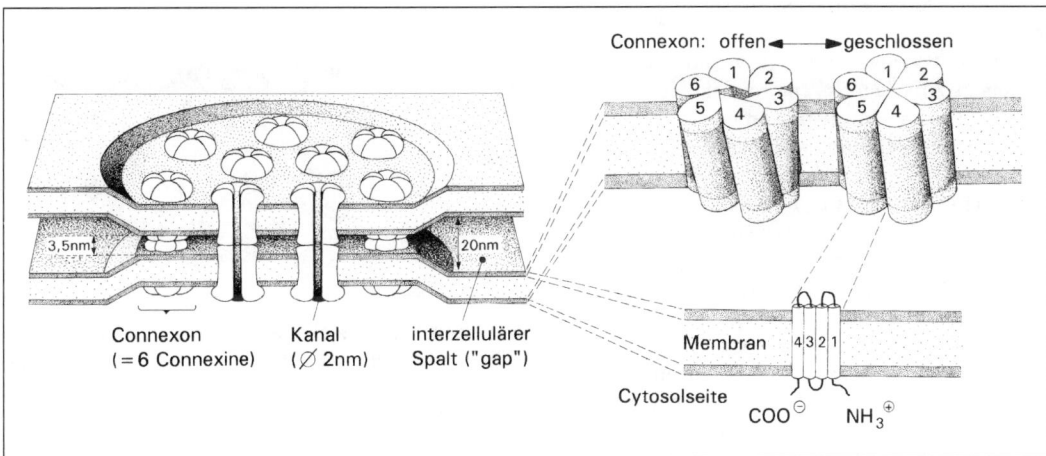

Abb. 2.59. Gap Junctions: Die Connexone bestehen aus sechs identischen Polypeptidketten (Connexinen). Sie liegen sich in den Membranen der beiden beteiligten Zellen genau gegenüber, so daß ein durchgehender Kanal entsteht. Beim Übergang vom offenen in den geschlossenen Zustand führen die Connexine eine radiale und tangentiale Bewegung durch (rechts). Ein einzelnes Connexin weist vier Transmembran-α-Helices auf. Nach UNWIN u. ZAMPIGHI 1980, MAKOWSKI et al. 1984.

Tabelle 2.12. Elektrische und chemische Synapsen, ein Vergleich.

Merkmal	elektrische Synapse	chemische Synapse
Synapsenspalt	ca. 3 nm	20–30 nm
cytoplasmatischer Kontakt	ja	nein
ultrastrukturelle Komponenten	gap junctions	präsyn. Bläschen postsyn. Rezeptoren
Erregungsübertragung durch	Ionenstrom	chem. Transmitter
synaptische Verzögerung	minimal <0,1 ms	beträchtlich (bis 10 ms)
Erregungsweitergabe	bi- oder unidirektional	unidirektional

vielen nichtneuralen Geweben (Epithelien, mesen-chymale Gewebe, Herzmuskel) zu finden sind.

Das funktionelle Element der „gap junctions" sind die **Connexone** (Abb. 2.59.), die aus sechs rosettenartig ange-ordneten und einen Kanal von ca. 2 nm umschließenden **Connexinen** bestehen. Die Connexone der beiden beteilig-ten Zellmembranen liegen genau übereinander, so daß ein beide Membranen durchsetzender Kanal entsteht. Jedes Connexin weist vier transmembrane α-Helices auf. Der Kanal kann sich durch Konformationsänderung reversibel öffnen und wieder schließen. Durch ihn können Ionen und kleinere Moleküle (Zucker, Aminosäuren, Nukleotide) von <1 kD zwischen den Zellen ausgetauscht werden.

Im Gegensatz zu den elektrischen Synapsen sind die Zellpartner in der **chemischen Synapse** (Abb. 2.59.) nicht elektrisch miteinander verkoppelt. Die Erregungsübertragung geht mit Hilfe von Überträger-substanzen (**Transmittern**[1])) vor sich. Dieser Stoff liegt in den für diese Synapsen typischen Vesikeln (**präsynaptische Bläschen** von ca. 50 nm Durchmes-ser), die nur in der prä-, aber nicht in der postsynapti-schen Zelle anzutreffen sind, vor. Aus ihnen wird er bei Erregung durch **Exozytose** in den Synapsenspalt hinein entlassen, um anschließend an der gegenüber-liegenden postsynaptischen (subsynaptischen) Mem-bran von spezifischen Rezeptormolekülen gebunden zu werden. Der **Synapsenspalt** ist mit 20–30 nm rela-tiv breit, wesentlich breiter als bei den chemischen Synapsen (s. o.). Die synaptische Überleitungszeit (**synaptische Verzögerung**) ist nicht unbeträchtlich: 2–10 ms im vegetativen Nervensystem der Wirbel-tiere, 0,3–0,8 ms in zentralen Synapsen und in den motorischen Endplatten (Tab. 2.12.).

Das noch bis vor kurzem gültige Bild von einer chemischen Synapse mit *einem* spezifischen Trans-mitter und dem dazugehörigen postsynaptischen Re-zeptor muß heute in mehrfacher Hinsicht erweitert werden (Abb. 2.60.): 1. Es hat sich gezeigt, daß für viele Transmitter nicht nur ein, sondern zwei und noch mehr **verschiedene Rezeptortypen** existieren.

2. Die Rezeptoren sind in ihrer Verbreitung nicht auf die postsynaptischen Membranen beschränkt, son-dern können auch präsynaptisch auftreten (Feedback-Steuerung!): sog. **Autorezeptoren**. 3. Häufen sich die Beobachtungen, daß präsynaptisch nicht nur *ein* Transmitter vorliegt und zur Ausschüttung kommt, sondern mehrere verschiedene Mediatoren nebenein-ander entweder in verschiedenen oder auch in ein und

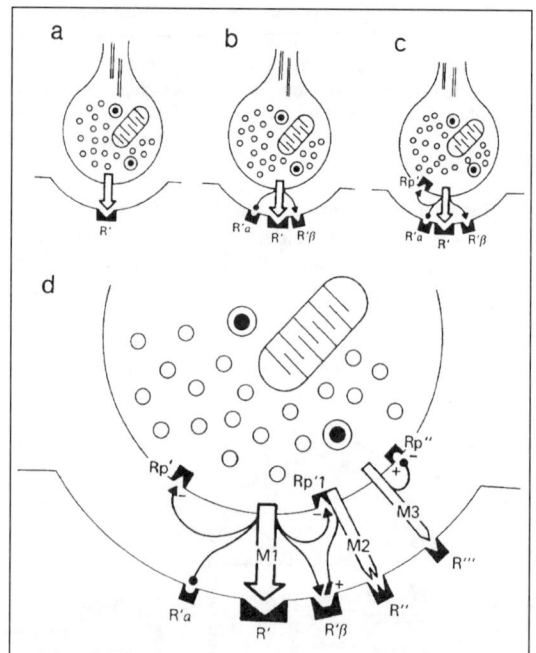

Abb. 2.60. Schema zur Illustration der Entwicklung unseres Konzepts von der synaptischen Transmission. (a) Ein Trans-mitter, ein postsynaptischer Rezeptor; (b) ein Transmitter, mehrere postsynaptische Rezeptortypen; (c) Integration von Autorezeptoren und (d) Coexistenz mehrerer Mediatoren (klassische Transmitter allein in kleineren Vesikeln, klassi-scher Transmitter zusammen mit Neuropeptiden in größeren „dense-core" Vesikeln), gemeinsame Freisetzung und viel-fältige Interaktion der Mediatoren auf der prä- wie auf der postsynaptischen Seite. Nach LUNDBERG u. HÖKFELT 1983.

---

[1]) trans- (lat.) = über-, hin-; mittĕre (lat.) = senden, schicken

Tabelle 2.13. Beispiele von Koexistenz zweier (in einem Fall dreier) Mediatoren, eines „klassischen" Transmitters und eines Neuropeptids oder zweier klassischer Transmitter in Synapsen des Zentralnervensystems von Wirbeltieren.

1. Mediator	2. Mediator	Struktur	Tierart
Dopamin	Cholezystokinin	ventrales Mesencephalon	Ratte, Katze,
Maus, Affe			
Noradrenalin	Vasopressin	Locus coeruleus	Ratte
Adrenalin	Neuropeptid Y	Medulla oblongata	Ratte
Serotonin	Substanz P + TRH	Medulla oblongata	Ratte
Acetylcholin	vasoaktives intestinales Peptid (VIP)	Cortex	Ratte
Glycin	Neurotensin	Retina	Schildkröte
GABA	Enkephalin	Retina	Hühnchen
GABA	Serotonin	Nucleus raphe dorsalis	Ratte
GABA	Dopamin	Bulbus olfactorius	Ratte
GABA	Glycin	Cerebellum	Ratte

demselben präsynaptischen Bläschen existieren (**Co-Existenz**) (Tabelle 2.13.) und freigesetzt werden (**Co-Transmission**). Häufig koexistiert z. B. ein „klassischer" Transmitter (ACh, biogenes Amin) mit einem **Neuropeptid.** Über die Form der Kooperation dieser verschiedenen „Mediatoren", Neurotransmitter wie **„Neuromodulatoren"**, beim Transmissionsprozeß wissen wir noch sehr wenig.

Wir müssen die chemische Synapse als ein **komplexes System** auffassen, in dem eine Vielzahl von Prozessen aufeinander abgestimmt abläuft, die in vielfältiger Weise modifiziert oder moduliert werden können (**Synapsenmodulation**). Die Synapsen können zeitweilig oder auch dauerhaft ihre Eigenschaften ändern, sie zeigen **Plastizität**, was z. B. im Zusammenhang mit dem Lernvorgang wichtig ist. Sie sind es auch, an denen die Psychopharmaka und andere Drogen ihre Wirkung entfalten.

2.3.5.1. Die chemische Erregungsübertragung

Beim Eintreffen von Aktionspotentialen an einer Synapse mit chemischer Erregungsübertragung und der damit verbundenen präsynaptischen Membrandepolarisation kommt es zu einem **Ca$^{2\oplus}$-Influx** durch spannungssensitive Ca$^{2\oplus}$-Kanäle vom sog. N-Typ (Abb. 2.61.). Die dadurch herbeigeführte Erhöhung der intrazellulären Ca$^{2\oplus}$-Konzentration ist Voraussetzung für die Fusion von synaptischen Bläschen, in denen der Transmitter (s. u.) gespeichert vorliegt, mit der präsynaptischen Membran. Durch die **Exozytose** wird der **Transmitter** in den Synapsenspalt hinein ausgeschüttet und diffundiert anschließend zur gegenüberliegenden „subsynaptischen" Membran. Dort wird er von spezifischen membranständigen **Rezeptormolekülen** gebunden, wodurch die Leitfähigkeit der Membran für bestimmte Ionen durch Öffnen von Kanälen erhöht wird.

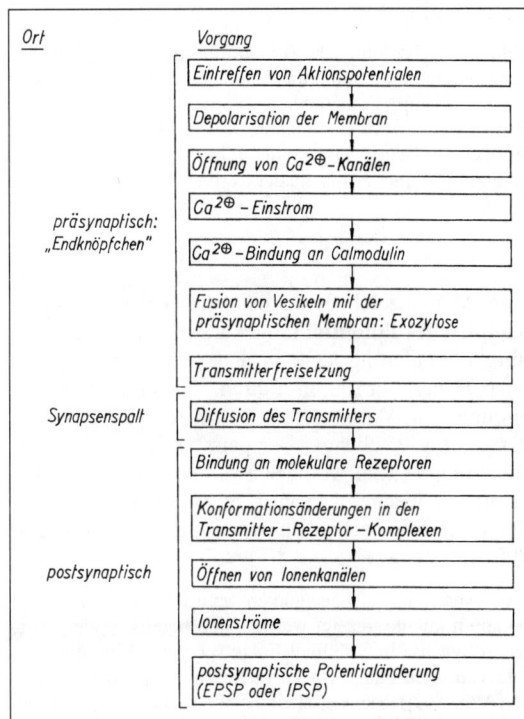

Abb. 2.61. Übersicht über die sich bei der chemischen Transmission an der Synapse abspielende Folge von Ereignissen.

Diese Leitfähigkeitsänderung kann zu einer Depolarisation des Ruhepotentials an der subsynaptischen Membran führen, die bei genügender Höhe in der spikegenerierenden Zone des betreffenden Neurons Aktionspotentiale auszulösen vermag. Diese Depolarisation ist wie das Rezeptorpotential (2.3.4.) eine lokale Antwort, die sich nur elektrotonisch ausbreiten

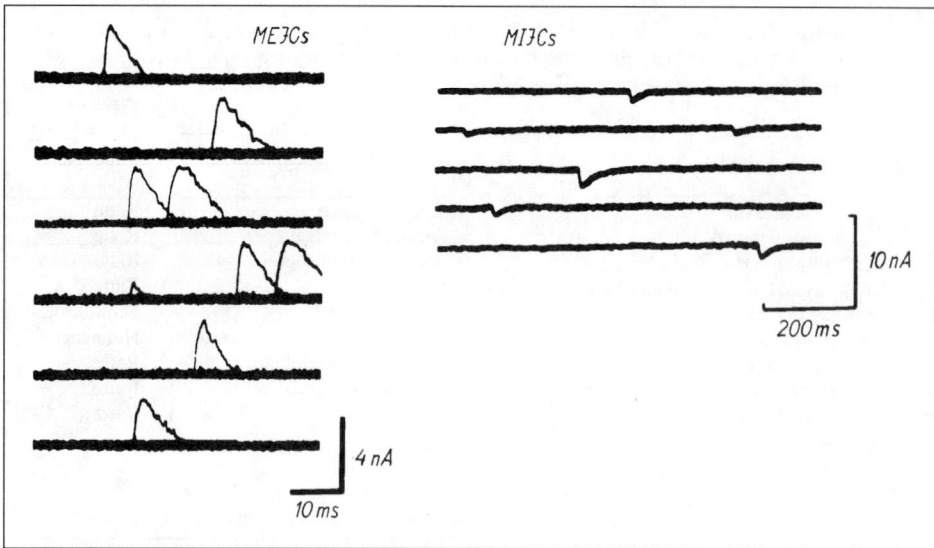

Abb. 2.62. Exzitatorische (links) („miniature excitatory junctional currents", MEJCs) und inhibitorische Miniaturströme (rechts) („miniature inhibitory junctional currents", MEJCs) in einer Muskelfaser von *Locusta*. Links unter normalen Bedingungen; „clamp"-Potential bei –10 mV. Rechts nach mehrstündigem Aufenthalt der Faser in 10^{-3} M Glutamat, um die exzitatorischen Synapsen vollständig zu desensibilisieren; „clamp"-Potential 0 mV, was etwa dem Gleichgewichtspotential für den exzitatorischen Transmitter (Glutamat) entspricht. Man erkennt, daß die Amplitude inhibitorischer Quanteneffekte wesentlich kleiner ist als die der exzitatorischen. Aus CULL-CANDY 1983.

kann. Man bezeichnet sie als **exzitatorisches**[1]) **postsynaptisches Potential** (abgekürzt: EPSP). Die Leitfähigkeitsänderung kann in anderen Fällen auch zu einer Hyperpolarisation führen. Dadurch wird die Bildung von Aktionspotentialen in der betreffenden Nervenzelle erschwert oder ganz verhindert, da das Membranpotential vom Schwellenwert der Spikeerzeugung weggeführt wird. Man spricht dann von einem **inhibitorischen**[2]) **postsynaptischen Potential** (IPSP).

An verschiedenen geeigneten zentralen wie peripheren Synapsen konnte gezeigt werden, daß bereits an der unerregten Synapse in zufälliger Folge spontan **„Miniatur-Depolarisationen"** an der postsynaptischen Membran auftreten (Abb. 2.62.). Sie weisen eine einheitliche, geringe Größe auf, bzw. ihre Amplitude stellt ein ganzzahliges Vielfaches dieses kleinsten Wertes (in der Regel <1 mV) dar. Es konnte weiter gezeigt werden, daß auch die EPSP-Amplitude sich nur schrittweise, in kleinsten Stufen, die den Miniatur-Depolarisationen entsprechen, ändert. Diese Erscheinung des Aufbaus der Depolarisation aus einem ganzzahligen Vielfachen eines kleinsten Wertes ist sicher darauf zurückzuführen, daß auch die Transmitterfreisetzung nur in kleinen Portionen, in **Quanten**, vor sich geht. Die Quanten enthalten etwa 10^3 bis 10^4 Transmittermoleküle, werden aber stets nach dem Alles- oder-Nichts-Prinzip freigesetzt. Etwa 10^3 Transmittermoleküle müssen simultan mit den subsynapti-

schen Rezeptormolekülen reagieren, um die Miniatur-Depolarisation hervorzubringen. Die Anzahl der bei Freisetzung eines Transmitterpakets geöffneten Kanäle (Tab. 2.15.) ist sehr unterschiedlich. Sie hängt insbesondere auch von der Rezeptoraffinität und -dichte ab.

Ob es an einer bestimmten Zelle zur Ausbildung eines EPSP oder eines IPSP kommt, hängt von der einwirkenden Überträgersubstanz und von den Eigenschaften der subsynaptischen Membran ab. Ein Neuron setzt an allen seinen präsynaptischen Endigungen jeweils den gleichen Transmitter frei (**Dalesches**[3]) **Prinzip**). Allerdings kann derselbe Transmitter in einem Fall exzitatorisch und in einem anderen Fall inhibitorisch wirken (Abb. 2.63.). So ist z. B. Acetylcholin (s. u.) bei den Wirbeltieren in den motorischen Endplatten (6.1.1.3.) ein exzitatorischer und in den Synapsen zwischen dem Vagus und den Herzmuskelfasern ein inhibitorischer (3.3.1.4.) Überträgerstoff. Oder: Im ZNS des Opisthobranchiers *Aplysia* sind sowohl Zellen bekannt, die auf Acetylcholin mit einer Hyperpolarisation (sog. **H-Zellen**) reagieren, als auch solche, die mit einer Depolarisation reagieren (sog. **D-Zellen**). Das ACh bewirkt in beiden Fällen eine Erhöhung der $Cl^{\ominus}$-Permeabilität. Die ent-

---

[1]) excitare (lat.) = anfeuern, erregen.
[2]) inhibēre (lat.) = hemmen, hindern.

[3]) Sir Henry Hallett DALE, geb. 1875 in London, Direktor des Nationalinstituts für medizinische Forschung in Hampstead, gest. 1968 in Edinburgh (Nobelpreis 1936, zusammen mit O. LOEWI).

Skelettmuskelzelle — $K^{\oplus}$, $Na^{\oplus}$ — ACh — Motoneuron

$[Cl^{\ominus}]_i$ hoch $E_{Cl} \sim -35\,mV$ $E_M \sim -50\,mV$

$Cl^{\ominus}$ — ACh

Visceralganglion D-Zelle / H-Zelle

$Na^{\oplus}$ — Glutamat — motorische Faser

Muskelzelle

Herzmuskelzelle — $K^{\oplus}$ — ACh — Vagus

$Cl^{\ominus}$ — ACh

$[Cl^{\ominus}]_i$ niedrig $E_{Cl} \sim -65\,mV$ $E_M \sim -50\,mV$

$Cl^{\ominus}$ — GABA — inhibitorische Faser

Wirbeltiere   Schnecke (Aplysia)   Krebse

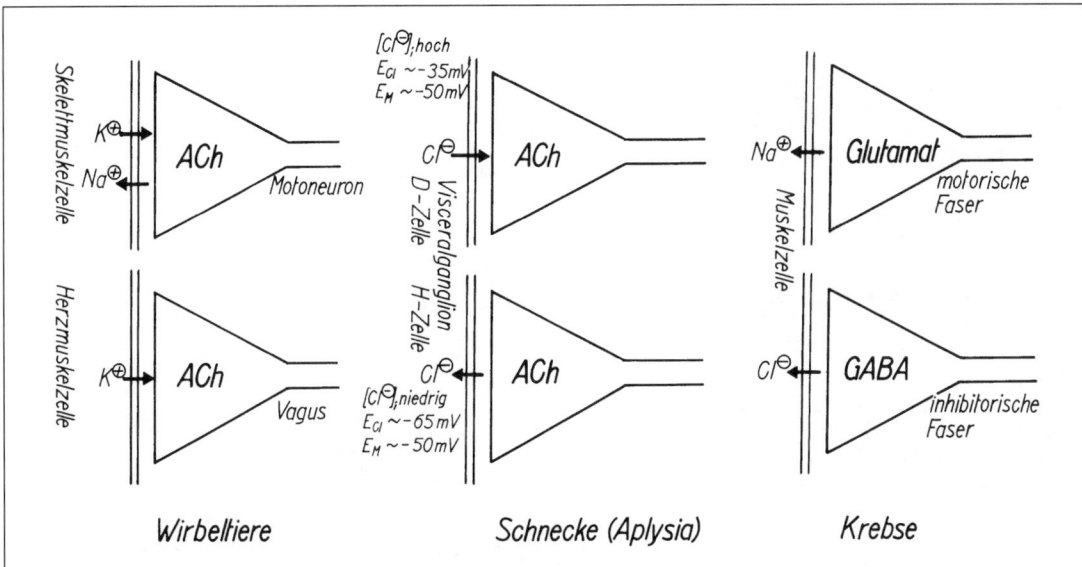

Abb. 2.63. Beispiele exzitatorischer (oben) und inhibitorischer Synapsen (unten) aus dem Tierreich mit eingetragenem Transmitter und den von ihm verursachten Ionenströmen an der subsynaptischen Membran.

gegengesetzten Effekte sind auf unterschiedliche $Cl^{\ominus}$-Konzentrationen in den D- und H-Zellen zurückzuführen (Abb. 2.63.). Das Noradrenalin wirkt am Wirbeltierherzen exzitatorisch und an Synapsen im Gehirn desselben Tieres inhibitorisch.

Das **EPSP** (die Depolarisation) kommt durch einen **Netto-Einwärtsstrom positiver Ladungen** zustande. Grundlage dafür sind **ligandengesteuerte Kanäle**. Im Falle des Acetylcholins handelt es sich um einen Kationenkanal, der nahezu gleichermaßen durchlässig ist für $Na^{\oplus}$ und $K^{\oplus}$. In anderen Fällen (an anderen exzitatorischen Synapsen) kann das Durchlässigkeitsverhältnis und damit natürlich auch das Umkehrpotential (Gleichgewichtspotential des EPSP) anders sein. Das **Gleichgewichtspotential des EPSP** liegt in der Regel zwischen –30 und +30 mV, beim ACh-gesteuerten Kanal nahe 0 mV. Die wesent-

lichen Unterschiede zwischen dem Aktionspotential (spannungsgesteuerte $Na^{\oplus}$-Kanäle, 2.3.2.2.; 2.3.2.3.) und dem exzitatorischen postsynaptischen Potential (liganden[transmitter]gesteuerte Kanäle) sind nochmals in der Tabelle 2.14. übersichtlich zusammengestellt.

Das **IPSP** ist auf eine Steigerung der Permeabilität für $K^{\oplus}$ (z. B. ACh-Wirkung am Herzen, Abb. 2.63.) und (oder) $Cl^{\ominus}$ (z. B. Glycin an spinalen Motoneuronen, GABA an Zellen des Nucleus Deiters: **anionisch bedingtes IPSP** oder Chlorid-IPSP) zurückzuführen. Durch diese selektive Permeabilitätssteigerung kommt ein **Netto-Auswärtsstrom positiver Ladungen** zustande. Das Membranpotential nähert sich dem $K^{\oplus}$- bzw. $Cl^{\ominus}$-Gleichgewichtspotential. Da diese gewöhnlich etwas höher liegen als das postsynaptische Membran-Ruhepotential, erfolgt eine Steigerung des

Tabelle 2.14. Gegenüberstellung der wichtigsten Eigenschaften des Aktionspotentials (spannungsgesteuerte Kanäle) und des exzitatorischen postsynaptischen Potentials (liganden[transmitter]gesteuerte Kanäle), letzteres am Beispiel einer cholinergen Synapse (muskuläre Endplatte).

Eigenschaft	Aktionspotential	EPSP
Auslöser	Depolarisation	Bindung des ACh
Anstieg der Membranleitfähigkeit	für $Na^{\oplus}$	für $Na^{\oplus}$ und $K^{\oplus}$
Gleichgewichtspotential	E_{Na} ca. +50 mV	nahe 0 mV
Amplitude	normiert: alles-oder-nichts	nicht normiert
Ausbreitung	ohne Dekrement	mit Dekrement
Refraktärzeit	vorhanden	nicht vorhanden
Pharmakologie	durch TTX blockierbar	durch Curare blockierbar
	durch Curare unbeeinflußt	durch TTX unbeeinflußt

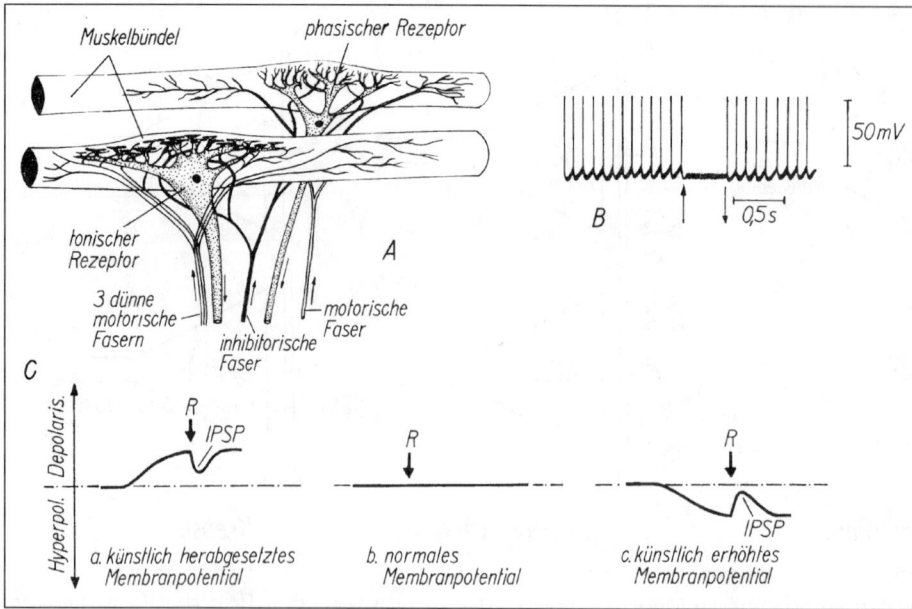

Abb. 2.64. A. Schema der Streckrezeptoren bei *Astacus fluviatilis*. Nach BURKHARDT 1958. B. Impulsfrequenz eines Streckrezeptors. In der Zeit zwischen den beiden Pfeilen sind infolge Reizung des Hemmungsneurons die Impulse unterdrückt. Nach KUFFLER u. EYZAGUIRRE 1955. C. Das mit Hilfe einer intrazellulären Mikroelektrode am Streckrezeptor von *Astacus* gemessene IPSP. Vor der Reizung des inhibitorischen Axons wurde das Membranpotential der Rezeptorzelle im Fall (a) künstlich herabgesetzt und im Fall (c) künstlich erhöht; im Fall (b) blieb es unverändert. Bei (a) besteht das IPSP in einer Hyperpolarisation; bei (b) tritt keine Reaktion ein, da das Membranruhepotential mit dem Gleichgewichtspotential der Hemmung übereinstimmt; bei (c) besteht das IPSP in einer Depolarisation. Der Zeitpunkt der Setzung des inhibitorischen Reizes *R* ist durch den Pfeil angedeutet. Nach Angaben von HAGIWARA u. Mitarb. 1960.

Potentials (Hyperpolarisation). Wenn allerdings das Ruhepotential durch experimentelle Eingriffe oder auch unter normalen Bedingungen höher liegt als das „**Gleichgewichtspotential des IPSP**", so kommt es unter dem inhibitorischen Einfluß nicht mehr zu einer Hyper-, sondern zu einer gewissen Depolarisation. Fällt es mit dem Gleichgewichtspotential zusammen, so bleibt eine Erregung der inhibitorischen Synapsen gänzlich unbeantwortet (Abb. 2.64.C). Im Unterschied zum EPSP bleibt die $Na^\oplus$-Permeabilität unter der inhibitorischen Synapse unverändert.

Sowohl bei EPSP als auch bei IPSP haben wir es mit Kanälen zu tun, die nicht, wie die spannungsgesteuerten $Na^\oplus$- und $K^\oplus$-Kanäle der konduktilen Membran, die dem Aktionspotential zugrunde liegen (2.3.2.2.), durch Spannungsänderungen, sondern durch Bindung eines Transmitters aktiviert werden: **transmittergesteuerte Kanäle** (1.6.5., Abb. 1.32.). Die Interaktion des Transmitters *T* mit dem Rezeptor *R* besteht aus zwei Teilschritten: 1. aus der Bindung des Transmitters und 2. aus der dadurch induzierten Konformationsänderung des Kanalproteins, wodurch der Kanal sich öffnet (Aktivierung):

Der erste Schritt erfolgt wesentlich schneller als der zweite. Es ist gelungen, die polierten Spitzen von Glasmikropipetten so dicht auf die unverletzte Zelloberfläche zu setzen, daß kleine Bezirke von wenigen μm^2 elektrisch abgeschirmt und der Strom durch diese Areale unter „voltage-clamp"-Bedingungen gemessen werden konnte (**patch-clamp-Technik**[1]), NEHRER u. SAKMAN 1978). Da diese winzigen Flächen jeweils nur wenige Kanäle aufweisen, kann so der **Strom durch einzelne Kanäle** sowie deren **Öffnungsdauer** („life-time") registriert und die **Leitfähigkeitswerte** berechnet werden (Tab. 2.15., Abb. 2.65.).

Die postsynaptischen Potentiale sind, wie gesagt, lokale Antworten, d. h., sie bleiben auf ihren Entstehungsort beschränkt und können ihre Wirkung nur auf elektrotonischem Wege der Umgebung mitteilen. Die subsynaptische Membran ist gegenüber dem Überträgerstoff selektiv empfindlich, dagegen wahrscheinlich nicht oder kaum elektrisch erregbar. Die präsynaptische Faser führt allein den Transmitter und gibt ihn in den Synapsenspalt hinein. Dadurch erhält

$$T + R \underset{k_{-1}}{\overset{k_1}{\rightleftarrows}} \overline{TR}_{geschlossen} \underset{\beta}{\overset{\alpha}{\rightleftarrows}} \overline{TR}_{offen}$$

[1] patch (engl.) = Fleck, kl. Stück Land; clamp (engl.) = Klammer, Klemmschraube.

Tabelle 2.15. Charakterisierung von transmittergesteuerten Kanälen (Ggl. = Ganglion; exzit. = exzitatorisch; inhib. = inhibitorisch). Zusammengestellt nach CULL-CANDY 1984.

Synapse	Transmitter	Anzahl aktiv. Kanäle pro Transm.-paket	Wirkg.	Leit-fähigk. in pS	Öffnungs-zeit in ms
Mensch: Endplatte	ACh	1 500	exzit.	22	1,5
Ratte: parasymp. Ggl.	ACh	<100	exzit.	31	7 & 35
Locusta: neuromuskulär	Glutamat	250	exzit.	120–150	2,5
Locusta: neuromuskulär	GABA	600–1 000	inhib.	22	4,0
Flußkrebs: neuromuskul.	GABA	750	inhib.	9	5,0
Neunauge: Hirnstamm	Glycin	1 500	inhib.	73	34

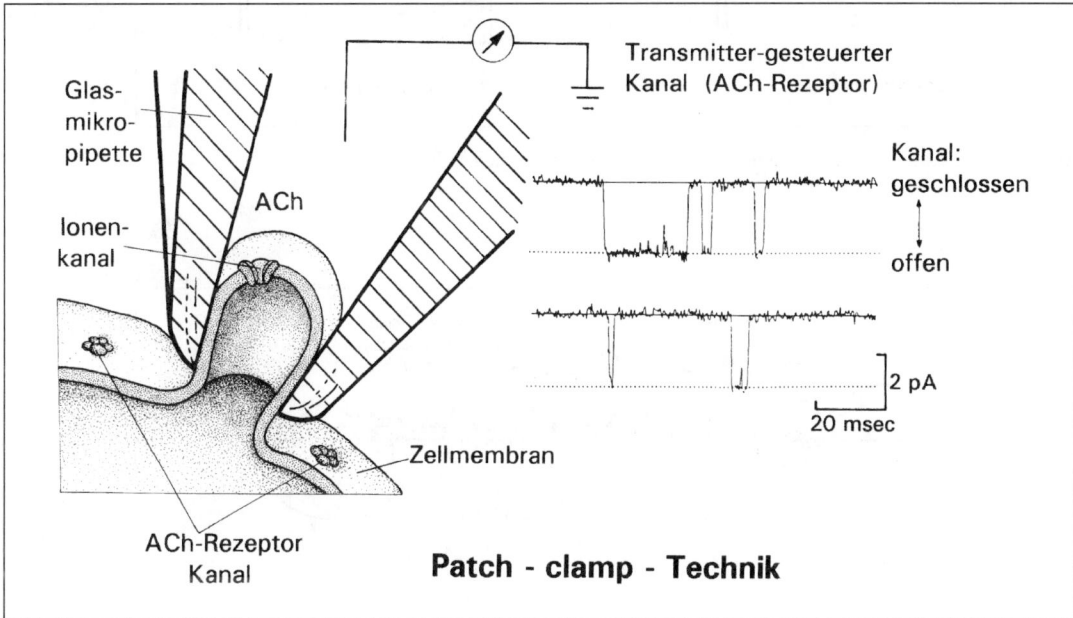

Abb. 2.65. Patch-clamp-Technik (Erwin NEHER u. Bert SAKMANN, 1976): Durch einen gewissen Unterdruck in der Glas-Mikropipette schließt der feuerpolierte Rand auf der vorher enzymatisch von Bindegewebsresten befreiten Zelloberfläche mit so hohem elektrischen Widerstand dicht ab, daß die Messung der Ströme durch die in dem eingeschlossenen Membranareal vorhandenen Kanäle (im günstigsten Fall ein einziger!) unter voltage-clamp-Bedingungen möglich wird. Originalregistrierung von SAKMAN: Die transienten Einwärtsströme von ca. 2,7 pA durch den ACh-gesteuerten Ionenkanal sind als rechteckförmige Abwärtsausschläge erkenn- und meßbar.

die Synapse ihre **Ventilfunktion**: Die Erregung kann nur einsinnig von der prä- auf die postsynaptische Faser übertragen werden, nicht umgekehrt.

Bei den meisten Synapsen mit chemischer Erregungsübertragung reicht ein einziger präsynaptischer Impuls nicht aus, in der postsynaptischen Zelle ebenfalls ein Aktionspotential auszulösen, da seine Wirkung viel zu schwach ist. Es müssen mehrere Impulse entweder gleichzeitig an verschiedenen Endknöpfen (**örtliche Summation**) oder kurzfristig nacheinander an demselben Endknopf (**zeitliche Summation**, Abb.

2.66.) dasselbe Neuron erreichen. Ihre Einzelwirkungen summieren sich dann zum **Gesamt-EPSP**. Wirken gleichzeitig inhibitorische Einflüsse auf die Nervenzelle, so gehen auch sie – allerdings mit negativem Vorzeichen – in die Summe ein (Abb. 2.67.). Dabei handelt es sich keinesfalls um einfache algebraische Summationen der postsynaptischen Potentiale. Die Interaktion der simultan oder sukzessiv an derselben Zelle ausgelösten EPSPs und IPSPs gestaltet sich wesentlich komplizierter. Man spricht allgemein von der **Integrationsfunktion** des Neurons.

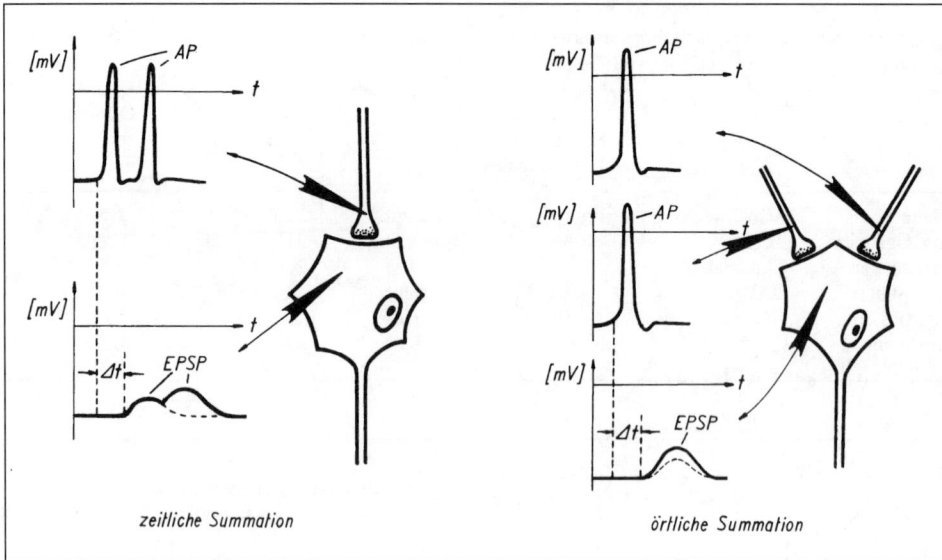

Abb. 2.66. Schema zur Veranschaulichung der zeitlichen und örtlichen Summation.

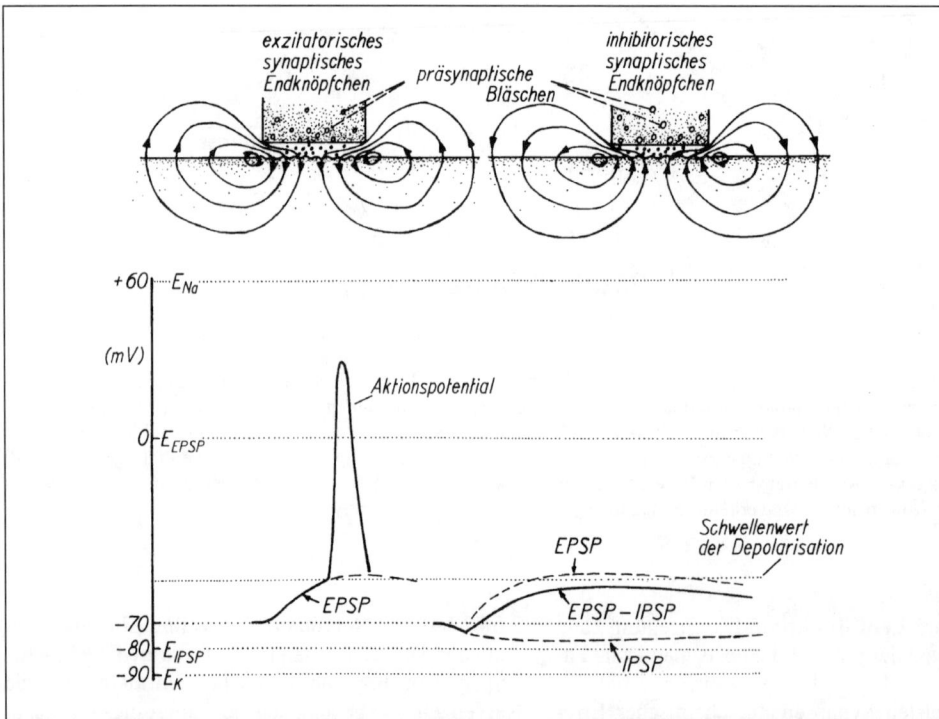

Abb. 2.67. Schema eines exzitatorischen und eines inhibitorischen synaptischen Endknöpfchens mit eingezeichnetem Verlauf der Stromschleifen während ihrer Tätigkeit. Die Punkte im Synapsenspalt sollen die abgegebene Überträgersubstanz (chemische Erregungsübertragung) und die gewellte Linie den elektrisch unerregbaren Abschnitt der postsynaptischen Membran darstellen. Links ist die Erzeugung eines Aktionspotentials durch ein EPSP dargestellt. Bei gleichzeitiger Wirkung eines EPSP und eines IPSP entsteht kein Aktionspotential, da der Schwellenwert der Depolarisation nicht erreicht wird: Hemmung (rechts). Mit E_K, E_{Na}, E_{EPSP} und E_{IPSP} sind die Gleichgewichtspotentiale für K, Na, für das EPSP bzw. für das IPSP bezeichnet. Das Membran-Ruhepotential liegt bei –70 mV und das E_{EPSP} bei 0 mV. Nach ECCLES 1967.

Erreicht das Gesamt-EPSP eine bestimmte Höhe, so kann es an den benachbarten konduktilen Membranelementen (S. 153) der postsynaptischen Zelle ein Aktionspotential bzw. eine Folge von Aktionspotentialen auslösen, die anschließend über das Axon fortgeleitet werden. Die spikegenerierende Zone liegt beim spinalen Motoneuron der Katze am Axonhügel, wo das Axon am Zellkörper entspringt. Ähnlich ist es bei den Nervenzellen im ZNS der Mollusken und Arthropoden.

In den motorischen Endplatten der quergestreiften Skelettmuskulatur („schnelle" Muskeln, 6.1.3.3.) der Wirbeltiere (cholinerg s.o.) reicht dagegen bereits ein einziger präsynaptischer Impuls aus, in der postsynaptischen Muskelzelle ein Aktionspotential auszulösen. Eine solche **1:1-Übertragung** findet man – außer bei den Synapsen mit elektrischer Erregungsübertragung (s. u.) – auch in den Synapsen der autonomen Ganglien sowie zwischen den sensorischen Fasern und Motoneuronen im Rückenmark der Wirbeltiere. Sie liegt auch der Schallerzeugung bei manchen Singzikaden zugrunde. Über ein Motoneuron werden dem „Trommelmuskel" etwa 100 Impulse pro Sekunde zugeführt. Dementsprechend kommt es zu 100 Kontraktionen des Muskels pro Sekunde. Bei jeder Kontraktion wird ein im 1. Hinterleibssegment gelegener Schalldeckel eingedellt, um anschließend wieder in seine Ruhelage zurückzuschnellen.

Die geschilderten Vorgänge der Freisetzung, Diffusion und Einwirkung des Transmitters benötigen Zeit. Die Zeitspanne zwischen dem Eintreffen der präsynaptischen Impulse bis zum Auftreten der postsynaptischen Erregung wird als **synaptische Verzögerung** bezeichnet.

Damit die Synapse funktionstüchtig bleibt, muß nach der Freisetzung und dem Wirksamwerden des Transmitters auch für dessen **schnelle Beseitigung** gesorgt werden. Dafür stehen drei Mechanismen zur Verfügung: Ein **enzymatischer Abbau** des freigesetzten Transmitters, wie er z. B. an der cholinergen Synapse durch das hochaktive Enzym Acetylcholin-

esterase (s. u.) vollzogen wird. 2. Die **Wiederaufnahme** des ausgeschütteten Transmitters („Reuptake") in das präsynaptische Endknöpfchen, wie es z. B. für die GABAerge Synapse zutrifft (Abb. 2.69.). 3. Die laterale **„Abdiffusion"** aus dem Bereich der Synapse und Abtransport mit dem Blut.

2.3.5.2. Die Transmitter und ihr Stoffwechsel

Eine Übersicht über Substanzen, die mit Sicherheit bzw. mit großer Wahrscheinlichkeit Transmitterfunktion besitzen, gibt Tabelle 2.16.

Das **Acetylcholin (ACh)** ist bei der neuromuskulären Erregungsübertragung in den motorischen Endplatten (6.1.1.3.) der quergestreiften Skelettmuskulatur der Wirbeltiere der Transmitter. Bei den Wirbeltieren sind außerdem fast alle Fasern des Parasympathicus (prä- sowie postganglionär) und die präganglionären Fasern des Sympathicus **cholinerg**[1]) (so bezeichnet man die Fasern, die an ihren Endigungen ACh abgeben). Das bedeutet, daß wahrscheinlich in allen Synapsen innerhalb der Ganglien des vegetativen Nervensystems der Wirbeltiere ACh als Transmitter auftritt (Abb. 2.68.). ACh ist auch der Transmitter in den neuromuskulären Synapsen der Längsmuskulatur beim Blutegel *(Hirudo medicinalis)* und des Retraktormuskels der Seewalze *Stichopus regalis* sowie in den Synapsen zwischen den inhibitorischen Fasern und dem Herzen bei der Muschel *Venus mercenaria.*

Die bei Erregung in den Synapsenspalt abgegebene ACh-Menge wirkt ausschließlich auf den subsynaptischen Bereich der postsynaptischen Membran, wo sie eine Änderung der Ionenpermeabilität verursacht. Dabei verbinden sich die ACh-Moleküle vorübergehend mit spezifischen Rezeptormolekülen in der

---

[1]) to érgon (griech.) = die Arbeit, das Werk.

Tabelle 2.16. Zusammenstellung einiger bekannter und vermuteter Transmitter.

Biogene Amine	**Peptide**
Catecholamine	Substanz P
Adrenalin, Noradrenalin (NA)	Enkephalin
Dopamin (DA)	Somatostatin
Octopamin (OA)	Neuropeptid Y
Indolamine	vasoaktives intestinales
Serotonin (5-Hydroxytryptamin, 5-HT)	Peptid (VIP)
Histamin (Hist)	Thyreoliberin (TRH)
Ester	Proctolin
Acetylcholin (ACh)	u. v. a.
Aminosäuren	**andere Stoffe**
Glutamat (exzitatorisch)	Stickoxid (NO)
Aspartat (exzitatorisch)	Kohlenmonoxid (CO)
γ-Aminobuttersäure (GABA) (inhibitor.)	Zink
Glycin (inhibitorisch)	Arachidonsäure

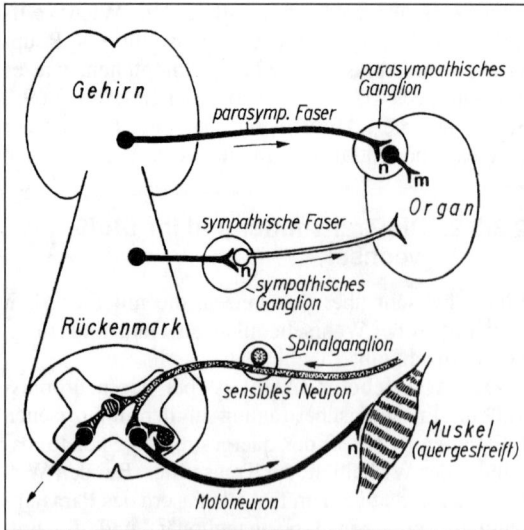

Abb. 2.68. Die chemische Erregungsübertragung im Nervensystem der Wirbeltiere. Cholinerge Neuronen schwarz, adrenerge weiß, inhibitorische (mit noch unbekanntem Überträgerstoff) schraffiert und sensorische (mit ebenfalls noch unbekanntem Überträgerstoff) punktiert. Renshaw-Zelle mit Glycin als Transmitter kariert; n = nicotinartige ACh-Rezeptoren, m = muscarinartige ACh-Rezeptoren. Nach FLOREY 1970, verändert.

Membran, wovon es z. B. in der motorischen Endplatte des Wirbeltieres etwa $8 \cdot 10^6$ gibt. Das ACh wird anschließend sehr schnell wieder durch Hydrolyse unter der Einwirkung der **Acetylcholinesterase**

in Cholin und Acetat gespalten. Die Wechselzahl der AChesterase ist mit $1,8 \cdot 10^7$ außergewöhnlich hoch (S. 50). Die Synthese des ACh erfolgt im gesamten Neuron. Sie benötigt ATP und erfolgt in 2 Schritten. Der erste Schritt besteht in der Bildung der aktivierten Essigsäure (Acetyl-CoA) und der zweite in der Übertragung der Acetylgruppe vom CoA auf das Cholin unter Mithilfe der **Cholinacetylase** (Abb. 2.69.).

Durch Stoffe, die die Aktivität der AChesterase hemmen (z. B. **Physostigmin** [Eserin]), kann die Erregungsübertragung an den Endplatten blockiert werden. Es kommt zur Anhäufung des ACh und damit zur dauerhaften Depolarisation der Endplattenmembran. Das südamerikanische Pfeilgift **Curare**, bzw. das in ihm enthaltene Curarin, blockiert ebenfalls die neuromuskuläre Erregungsübertragung. Es wirkt aber nicht auf die AChesterase, sondern auf die postsynaptischen ACh-Rezeptoren. Es kommt zu einer kompetitiven Verdrängung der ACh-Moleküle von den „Rezeptororten" der Endplattenmembran durch die ähnlich strukturierten Curare-Moleküle. Bereits die ACh-Freisetzung wird durch das **Botulin** blockiert, eines der wirksamsten Gifte überhaupt aus dem Bakterium *Clostridium botulinum*.

Die **ACh-Rezeptoren** in der postsynaptischen Membran besitzen zwei „aktive Zentren" (Abb. 2.70.), ein sog. anionisches Zentrum, das spezifisch mit dem positiv geladenen Stickstoff der quartären Stickstoffbase Cholin reagiert, und ein sog. esteratisches Zentrum. Das letztere kann entweder so angeordnet sein, daß es mit dem relativ positiven (elektronenarmen) Sauerstoff der Esterbrücke zwischen Essigsäurerest und Cholin reagiert. In diesem Fall kann der Rezeptor auch mit Muscarin, in dessen Molekül der quartäre Stickstoff und der „positive" Sauerstoff in gleichem Abstand wie beim ACh vorliegen, reagieren (**muscarinartiger ACh-Rezeptor**). Oder das esteratische Zentrum ist so angeordnet, daß es mit dem relativ negativen (elektronenreichen) Carbonylsauerstoff des Essigsäurerestes reagiert. In

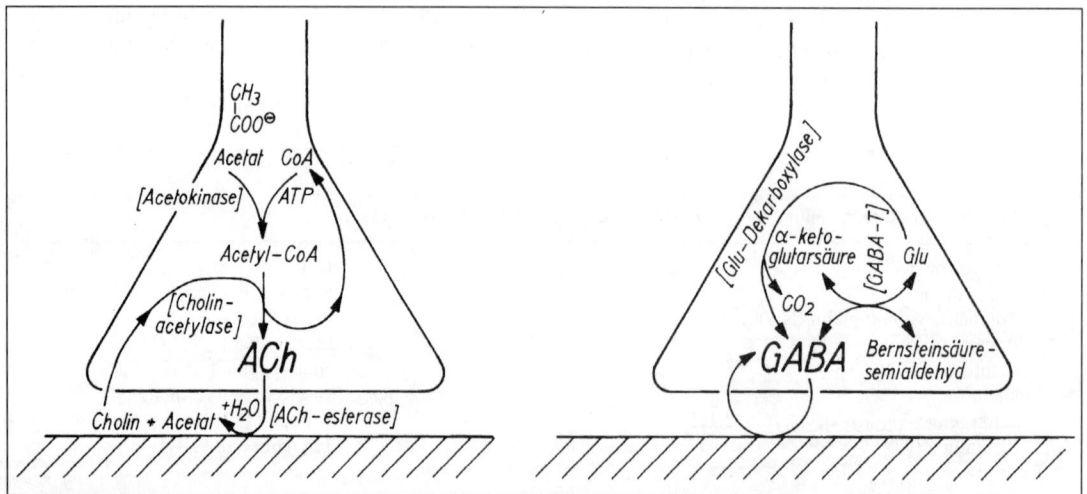

Abb. 2.69. Synthese und Abbau des ACh an der cholinergen Synapse (links) bzw. der GABA an der Synapse eines inhibitorischen Neurons des Krebses (rechts). Sowohl bei der Entstehung der GABA durch Dekarboxylierung der Glutaminsäure als auch beim Abbau der GABA durch Transaminierung (Übertragung der Aminogruppe auf α-Ketoglutarsäure) ist das Pyridoxalphosphat (Vitamin B_6) als Coenzym notwendig. In eckigen Klammern: die Enzyme; GABA-T = γ-Aminobuttersäure-(α-Ketoglutarsäure)-Transminase.

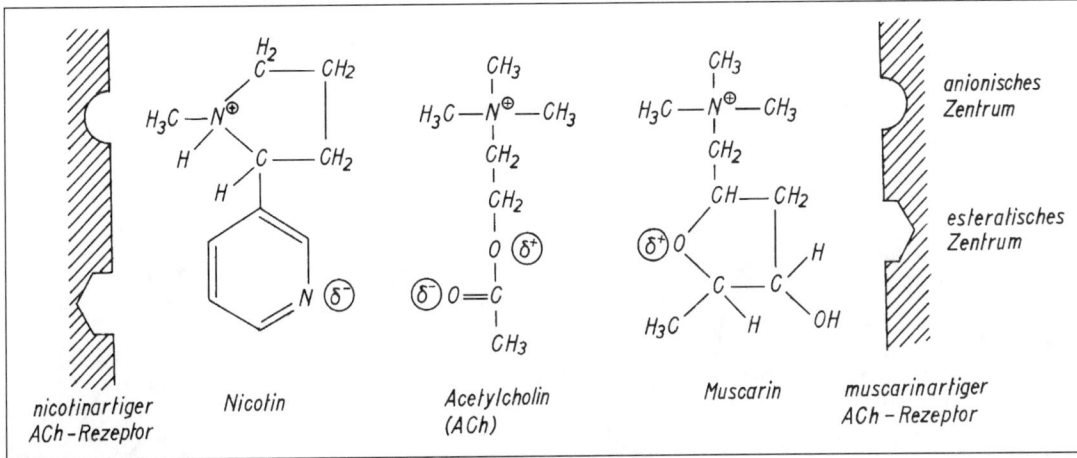

Abb. 2.70. Schema der beiden Rezeptortypen für Acetylcholin.

dem Fall reagiert der Rezeptor auch mit dem Nicotin (**nicotinartiger ACh-Rezeptor**). Muscarin wirkt auf die Membranrezeptoren der postganglionären parasympathischen Systeme (Abb. 2.68.). Diese „muscarinartigen ACh-Wirkungen" können durch **Atropin**, einem Alkaloid aus der Tollkirsche *Atropa belladonna* (Nachtschattengewächs), und andere Stoffe aufgehoben werden. Das Nicotin wirkt dagegen in den parasympathischen und sympathischen Ganglien und an den Muskelendplatten. Die nicotinartigen ACh-Wirkungen können in den Ganglien durch **Tetraethylammonium** (TEA) und an den motorischen Endplatten durch **Curare** (s. o.) blockiert werden.

Die Mehrzahl der postganglionären Fasern des sympathischen Anteils des vegetativen Nervensystems der Säugetiere – vornehmlich diejenigen Fasern, die das Herz, die Gefäße und den Darmkanal versorgen – sind dagegen nicht cholinerg. Sie werden als **adrenerg** bezeichnet, da **Noradrenalin** der Überträgerstoff ist. Unter den Wirbellosen ist eine adrenerge Erregungsübertragung nicht mit Sicherheit bekannt. Das in den Nervenendigungen vorhandene Noradrenalin ist vorwiegend innerhalb kleiner elektronenoptisch dichter Granula von 50–100 nm Durchmesser (**„dense core granules"**) gespeichert

(ca. 4–6 · 10^{-15} g pro Endigung). Seine Synthese erfolgt hauptsächlich aus der Aminosäure Tyrosin über das Dopa (3,4-Dihydroxyphenylalanin) und Dopamin.

Bei der Erregung erfolgt eine Ausschüttung des Noradrenalins und eine vorübergehende Bindung an adrenergische Rezeptoren innerhalb der postsynaptischen Membran. Nach pharmakologischen Kriterien unterscheidet man α- und β-adrenerge Rezeptoren. Äquimolare Dosen von Noradrenalin (NA), Adrenalin (A) und Isoproterenol (I) (ein künstliches Catecholamin) sind am α-adrenergen Rezeptor (**α-Rezeptor**) in folgender Reihenfolge abnehmend wirksam:

$$NA \geq A \gg I.$$

Am β-adrenergen Rezeptor (**β-Rezeptor**) gilt demgegenüber:

$$I > A \geq NA.$$

Ein spezifischer Blocker der α-Rezeptoren ist das **Phenoxybenzamin** (sog. α-**Blocker**) und der β-Rezeptoren das **Propranolol** und das **Dichlorisoproterenol** (sog. β-**Blocker**). Viele Organe und Gewebe der Säugetiere, die über Catecholamine gesteuert

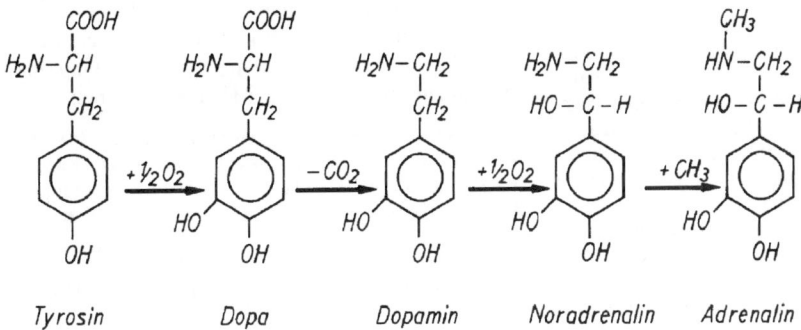

Tyrosin   Dopa   Dopamin   Noradrenalin   Adrenalin

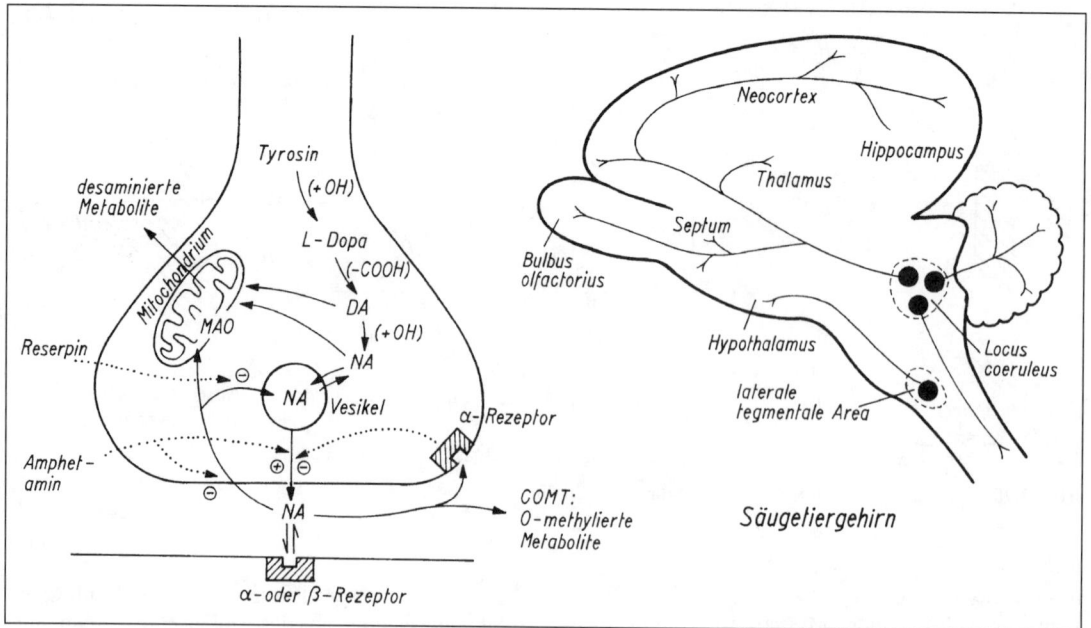

Abb. 2.71. Übersicht über die Vorgänge an einer noradrenergen Synapse (nähere Erläuterungen im Text) sowie über die Verteilung noradrenerger Systeme im Säugetiergehirn. Rechte Teilfigur in Anlehnung an ANGEVINE u. COTMAN 1981, aus SHEPHERD 1983.

werden, besitzen sowohl α- als auch β-Rezeptoren. Da beide Rezeptortypen oft antagonistische Effekte auslösen, hängt die Antwort des Systems unter physiologischen Bedingungen von dem jeweiligen Konzentrationsverhältnis der beiden Transmitter, NA und A, an der Targetstruktur und von der Verteilung beider Rezeptortypen ab. So führt z. B. die Aktivierung der α-Rezeptoren in der glatten Gefäßmuskulatur zur Kontraktion, die der β-Rezeptoren zur Dilatation.

Nach der Ausschüttung kehrt ein Teil des Noradrenalins in die Nervenzelle zurück, der Rest wird am Rezeptorort durch die **Catechol-O-methyltransferase (COMT)** abgebaut (inaktiviert). In den Nervenendigungen innerhalb der Mitochondrien befindet sich ein anderes Enzym, die **Monoaminoxidase (MAO)**, die das *außerhalb* der Granula befindliche Noradrenalin oxidativ desaminiert. Es übt einen regulierenden Einfluß auf die Noradrenalin-Konzentration in der Zelle aus (Abb. 2.71.).

Noradrenalin wird eine Bedeutung bei der **Steuerung psychischer Vorgänge** im Menschen und anderen Säugetieren zugeschrieben, denn viele auf die Psyche wirkende Pharmaka **(psychotrope Substanzen)** greifen an den adrenergen Synapsen an. Die antriebssteigernde Wirkung von **Antidepressiva (Imipramin** u. a.) beruht z. B. auf der Hemmung des Rücktransportes des ausgeschütteten Noradrenalins in die Nervenzelle (s. o.) und des damit zusammenhängenden höheren Noradrenalin-Angebots an der Rezeptorseite. Auch durch **MAO-Inhibitoren** (MAO-I) kann man das Noradrenalin-Angebot am Rezeptor steigern. Sie werden des-

halb seit langem als antriebssteigerndes Mittel bei Depressionen verabreicht. Das **Reserpin** verursacht umgekehrt durch Freisetzung des Noradrenalins aus den Granula, das damit der Einwirkung der MAO ausgesetzt wird (s. o.), einen Noradrenalin-Mangel am Rezeptor. Bei Säugetieren wird deshalb durch Reserpin eine beruhigende Wirkung erzielt.

Neben Noradrenalin kommen andere **Catecholamine**[1] als Transmitter in Frage: Das Dopamin und das Adrenalin. Das **Dopamin** (DA) ist im Säugetiergehirn weit verbreitet (Abb. 2.72.). Dopaminerg sind z. B. Neuronen, die von der Substantia nigra, einer flächenhaften Masse melaninhaltiger Neuronen im Tegmentum (Haube) des Mittelhirns (Mesencephalon), zum Striatum im Telencephalon ziehen. Diese Neuronen degenerieren bei der sog. **Parkinson-Krankheit**. Der damit verbundene Verlust an DA im Striatum wird als Ursache für die charakteristischen Symptome (Parkinson-Syndrom), wie Akinese (Ausfall oder Störung der langsamen Bewegungen: mimische Starre, zögernder, kleinschrittiger Gang u.a.) und Ruhetremor (Zittern der Hand) angesehen.

Bei Wirbeltieren sind inzwischen fünf **DA-Rezeptor-Subtypen** kodiert worden. Zu der Gruppe der D_1-Rezeptoren zählt man den D_1- und den D_5-Rezeptor. Sie stimulieren die Adenylatzyklase. Zu der Gruppe der D_2-Rezeptoren

---

[1] von catechol (engl.) = Brenzcatechin (o-Dihydroxybenzol).

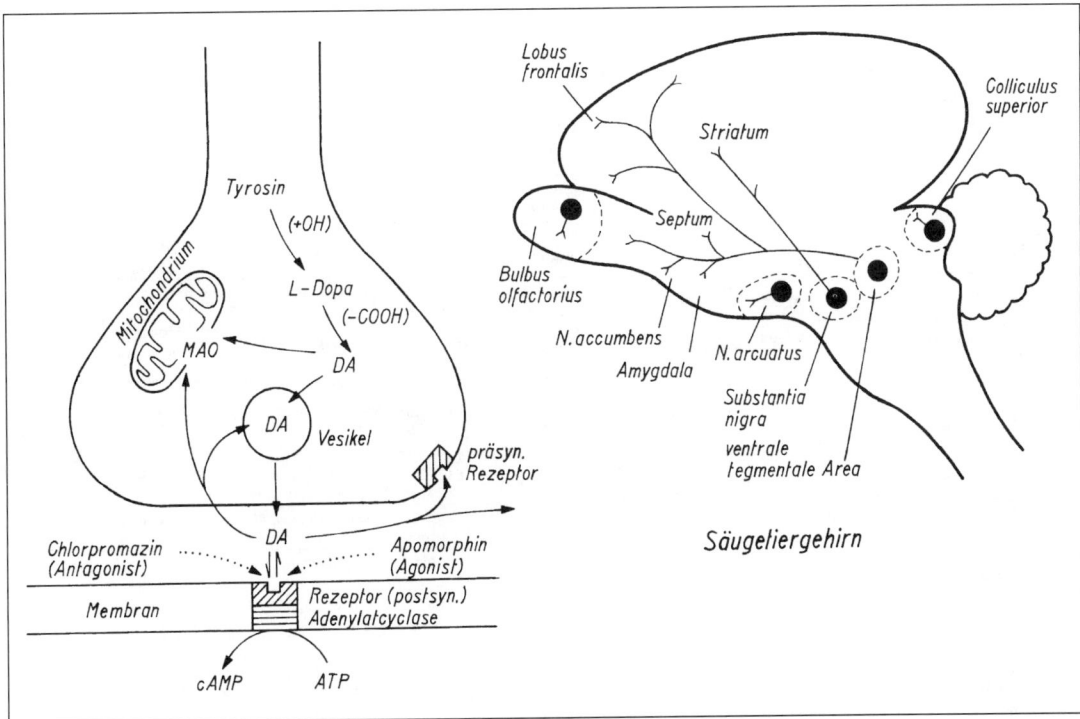

Abb. 2.72. Übersicht über die Vorgänge an einer dopaminergen Synapse (nähere Erläuterungen im Text) sowie über die Verteilung dopaminerger Systeme im Säugetiergehirn (N = Nucleus). Rechte Teilfigur in Anlehnung an ANGEVINE u. COTMAN 1981, aus SHEPHERD 1983.

zählen die D_2-, D_3- und D_4-Rezeptoren. Sie inhibieren die Adenylatzyklase. Auch eine G-Protein-vermittelte Wechselwirkung mit Ionenkanälen ist beschrieben worden.

Weitere bekannte Transmitter im Nervensystem sind das **5-Hydroxytryptamin** (5-HT, Serotonin oder Enteramin), das mit den Catecholaminen zu den **Monoaminen** zusammengefaßt wird, und das **Glutamat**, das als exzitatorischer Transmitter an der Körpermuskulatur der Crustaceen, Insekten und Schnecken fungiert. Bei den Säugetieren sind z. B. die **Körnerzellen** der Kleinhirnrinde (Abb. 6.19.), von denen es mehr gibt als Nervenzellen im gesamten restlichen Nervensystem, glutamaterg. Sie verbinden die „Körnerschicht" mit der „Molekularschicht" in der Kleinhirnrinde. Glutamat ist der im ZNS der Säugetiere am weitesten verbreitete exzitatorische Neurotransmitter.

Die **Glutamat-Rezeptoren** werden in „metabotrope" (mGluR) und „ionotrope" unterteilt (S. 83). Bei ersteren unterscheidet man bezüglich ihrer Kopplung an ein G-Protein (2.1.3.) nochmals verschiedene Subtypen. Sie bestehen aus einem Polypeptid mit sieben transmembranalen Regionen (α-Helices). – Zu den **ionotropen Glutamatrezeptoren** zählen die **NMDA-** (N-methyl-D-aspartat), die **AMPA-** (L-α-amino-3-hydroxy-5-methyl-4-isoxazol-proprionat) und die **Kainatrezeptoren.**

Die γ-Aminobuttersäure (GABA) und das Glycin sind die wichtigsten **inhibitorischen Transmitter**. Sie bewirken durch Erhöhung der $Cl^\ominus$-Leitfähigkeit an der Membran eine Hyperpolarisation und damit eine Hemmung nachgeschalteter Neuronen. Das **Glycin** (Abb. 2.73.) kommt im Hirnstamm und Rückenmark der Säugetiere vor und soll der Transmitter der Renshaw-Zellen (Abb. 2.68.) sein. Durch das Pflanzenalkaloid **Strychnin** kann die Glycinwirkung durch Bindung an den Glycinrezeptor blockiert werden.

Die Transmitterrolle der γ-**Aminobuttersäure** (GABA) wurde am Flußkrebs entdeckt, wo sie für die Wirkung der inhibitorischen Axone an der Skelettmuskulatur (6.1.1.3.) sowie am Streckrezeptor (Abb. 2.65.) verantwortlich ist. Auch bei den Insekten ist GABA der inhibitorische Transmitter an neuromuskulären Synapsen. Bei den Säugetieren ist das Vorkommen von GABA fast ausschließlich auf das Gehirn beschränkt, wo GABA vornehmlich ebenfalls inhibitorische Wirkungen ausübt. GABA kommt in manchen Hirnregionen in ungewöhnlich hoher Konzentration vor. Das **Tetanustoxin** (ein Polypeptid) aus dem Bakterium *Clostridium tetani* blockiert die Freisetzung sowohl von Glycin als auch von GABA.

Transmitter	Strukturformel	Effekt	Beispiel	Antagonist
Acetylcholin	$H_3C-\overset{O}{C}-O-CH_2-CH_2-\overset{CH_3}{\underset{CH_3}{N^{\oplus}}}-CH_3$	exzitator.	neuromuskuläre Synapse Wirbeltier	α-Tubocurarin
"		exzitator.	autonomische Ganglien Wirbeltier	Hexamethonium
"		exzit. oder inhibitor.	parasymp. Fasern, glatte Muskulatur Wirbeltiere	Atropin
Noradrenalin	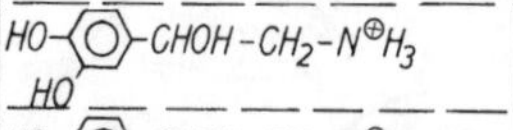 $HO-\langle\rangle-CHOH-CH_2-N^{\oplus}H_3$ (HO)	exzit. oder inhibitor.	sympath. Fasern, glatte Muskulatur Wirbeltiere	Phenoxybenzamin (α) Propranolol (β)
Adrenalin	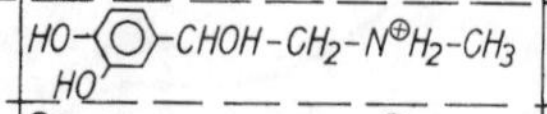 $HO-\langle\rangle-CHOH-CH_2-N^{\oplus}H_2-CH_3$ (HO)	excit. oder inhibitor.	sympath. Fasern, glatte Muskulatur Amphibien	"
γ-Aminobuttersäure (GABA)	$^{\ominus}O-\overset{O}{C}-CH_2-CH_2-CH_2-N^{\oplus}H_3$	inhibitor.	inhibitor. neuromusk. Synapse Crustaceen	Picrotoxin
5-Hydroxytryptamin (5-HT = Serotonin)	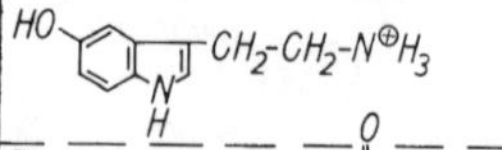 $HO-\langle\text{Indol}\rangle-CH_2-CH_2-N^{\oplus}H_3$	exzitator.	exzitatorische Herznerven Mollusken	LSD
Glutamat	$^{\ominus}O-\overset{O}{C}-CH_2-CH_2-\overset{N^{\oplus}H_3}{CH}-\overset{O}{C}-O^{\ominus}$	exzitator.	exzitator. neuromusk. Synapse Insekten, Crustac., Schnecke	?
Glycin	$^{\ominus}O-\overset{O}{C}-CH_2-N^{\oplus}H_3$	inhibitor.	Renshaw-Zellen i. Rückenmark Säugetiere	Strychnin
Dopamin	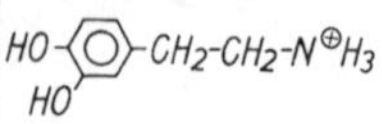 $HO-\langle\rangle-CH_2-CH_2-N^{\oplus}H_3$ (HO)	inhibitor.	nigrostriatale Neuronen Säugetiere / sensible Fasern (Aktinien, Turbellarien, Mollusken)	?
Acetylcholin Dopamin 5-HT GABA Glutamat	s.o.	exzitator. oder inhibitor.	Mollusken-Neuronen	verschiedene

(Linke Randbeschriftung: *nachgewiesen* – oberer Bereich; *wahrscheinlich* – unterer Bereich)

Abb. 2.73. Zusammenstellung der wichtigsten Transmitter, ihrer Wirkungen, Vorkommen und Antagonisten. Nach IVERSEN 1970, ergänzt.

Die **GABA-Rezeptoren** unterteilt man – wie die Glutamat-Rezeptoren auch (s. o.) – in „ionotrope" GABA$_A$- und in „metabotrope" **GABA$_B$-Rezeptoren**. Letztere sind G-Protein-gekoppelt und führen an neocorticalen Neuronen postsynaptisch zu einer Erhöhung der K$^{\oplus}$-Leitfähigkeit. Ein wirksamer Antagonist ist das **Baclofen**. – Die **GABA$_A$-Rezeptoren** ähneln den AMPA/Kainat-Rezeptoren des Glutamat (s. o.). Sie besitzen eine pentamere Struktur mit je vier transmembranen Regionen. Sie werden durch **Bicucullin** und **Picrotoxin** blockiert (Antagonisten), durch **Muscimol** aktiviert (wirksamer Agonist).

Das gasförmige **Stickoxid**, eines der kleinsten Moleküle in der Natur, hat im Säugetier vielfältige biologische Funktionen. In geringen Konzentrationen wirkt es als interzellulärer Botenstoff, in hohen Konzentrationen hat es zelltoxische Eigenschaften. Im Gehirn wird eine Funktion als „retrograder" Botenstoff (von der post- auf die präsynaptische Zelle wirkend) im Rahmen einer Regulierung der Transmitterfreisetzung diskutiert. Im peripheren Nervensystem wird es ebenfalls synthetisiert (NO-Synthase) und freigesetzt. Es dringt in die Zielzelle ein und bewirkt dort über die Aktivierung der Guanylylzyklase eine Akkumulation von cGMP und löst so z. B. Relaxationen glatter Muskelzellen (Magen, Darm, Blutgefäße, Schwellkörper des Penis) aus.

2.3.5.3. Die elektrische Erregungsübertragung

Eine **elektrische Erregungsübertragung** findet man wegen der hohen Übertragungsgeschwindigkeit (s. o.) (die synaptische Verzögerung bleibt unter 0,1 ms) besonders in solchen Systemen, die auf eine schnelle Weitergabe der Erregung optimiert sind, wie z. B. im Rahmen der Auslösung des **Fluchtverhaltens: Riesenfasersysteme** bei *Lumbricus*, Crustaceen, Insekten und Cephalopoden. Dieser Vorteil der unverzögerten Weitergabe der Erregung ist mit dem Nachteil verbunden, daß die Synapse ihre Funktion als Ort komplexer Interaktionen zwischen Transmittern und Modulatoren, als Ort der Informationsverarbeitung, kurz: als Ort der Plastizität, einbüßt. Die Zellen, die über eine elektrische Synapse miteinander verkoppelt sind, verschmelzen zu einem **funktionellen Syncytium** miteinander, verlieren weitgehend ihre funktionelle Selbständigkeit.

Die recht gut untersuchten **polarisierten Synapsen** zwischen der lateralen Riesenfaser und den motorischen Neuronen im Flußkrebs (Abb. 2.74.) arbeiten wie **Gleichrichter**, indem sie einem positiven Strom von der prä- zur postsynaptischen Faser einen gerin-

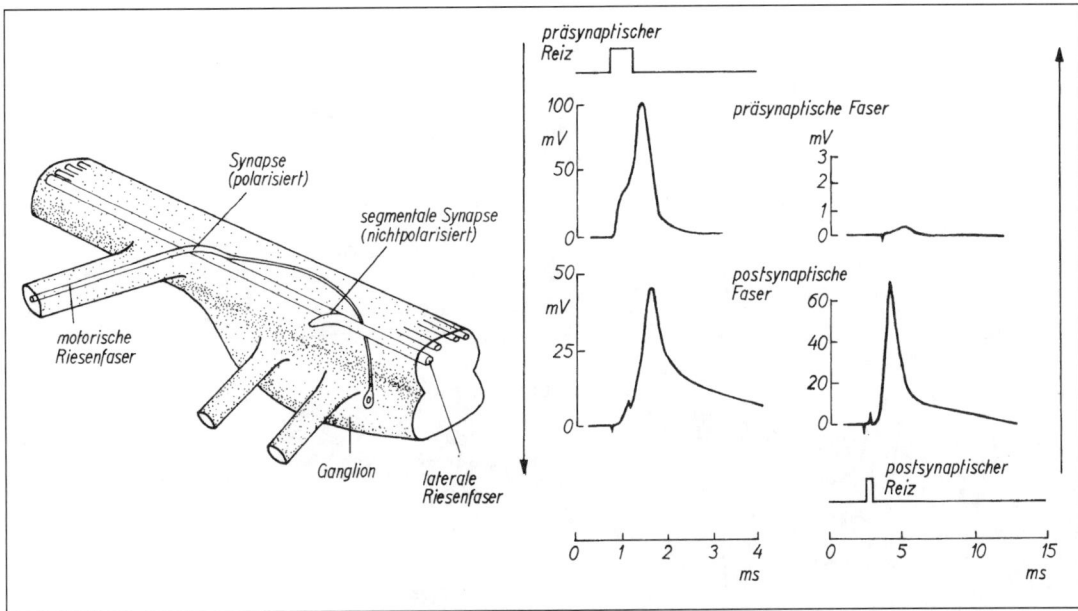

Abb. 2.74. Die Riesenfasern mit ihren segmentalen (nichtpolarisierten) Synapsen und den Synapsen mit den Motoneuronen (polarisiert) im abdominalen Ganglion des Flußkrebses *Cambarus*. Bei Reizung der präsynaptischen Fasern wird der Impuls von der lateralen Riesenfaser auf die motorische Riesenfaser übertragen. Bei Reizung der postsynaptischen Faser erfolgt in umgekehrter Richtung keine Impulsweitergabe (Gleichrichterwirkung). Nach FURSHPAN u. POTTER 1959.

gen, einem Strom in entgegengesetzter Richtung dagegen einen großen Widerstand entgegensetzen. Es breitet sich also eine Depolarisation der präsynaptischen Faser über die Synapse auf die postsynaptische Faser aus, nicht aber eine Hyperpolarisation. Diese würde sich in entgegengesetzter Richtung ausbreiten.

Zu den Synapsen mit einer elektrischen Erregungsübertragung zählen außerdem die monosynaptischen Verknüpfungen zwischen sich überkreuzenden Axonen im diffusen Nervensystem der **Coelenteraten** sowie zwischen den im Bauchmark des **Regenwurms** und des **Flußkrebses** *Cambarus* verlaufenden Riesenfasern (nur die lateralen beim Flußkrebs, Abb. 2.74.). Sie sind im Gegensatz zu dem oben erwähnten Beispiel **nichtpolarisiert**, d. h., die Erregung kann in beiden Richtungen weitergegeben werden.

Über elektrische Synapsen mit ihren minimalen synaptischen Verzögerungen ist es möglich, Erregungen in einem Zellverband sehr schnell auszubreiten und so eine weitgehende **Synchronisation** der vielen Einzelaktivitäten herbeizuführen. So findet man z. B. im **Myokard der Wirbeltiere** zwischen den Herzmuskelzellen, in der glatten **Muskulatur des Darms** (Peristaltik!) und zwischen den Neuronen, die die **Elektroplatten** der elektrischen Fische (6.2.) innervieren (Synchronisation der Einzelentladungen), elektrische Synapsen.

Besonderes Interesse haben die **Mauthner-Zellen** gefunden. Die von Ludwig MAUTHNER (1859)[1] im

Rückenmark vom Hecht *(Esox lucius)* entdeckten zwei **Riesenaxone** sind bei den meisten **Fischen, Urodelen** und **Kaulquappen** zu finden. Sie fehlen bei adulten Elasmobranchiern, Anguilliformes (Aalartige) und vielen marinen Bodenfischen. Bei den Anuren gehen sie mit der Metamorphose verloren. Die dazugehörigen Zellkörper sind auffallend groß (bis 100 µm im Durchmesser) und liegen symmetrisch zueinander in der Medulla oblongata im Boden des vierten Ventrikels auf der Höhe des achten Hirnnerven (Nervus statoacusticus). Sie sind eine der ersten Zellen, die bei der Entwicklung des Nervensystems auftreten (bereits am Ende der Gastrulation).

Von den Zellen gehen neben kleineren zwei große Dendriten aus, ein **Ventral-** und ein **Lateraldendrit** (Abb. 2.75.). Letzterer zieht nahezu ohne Verzweigung zum Deitersschen Kern (Nucleus vestibularis lateralis). Der Ventraldendrit endet im motorischen Haubenkern (Nucleus motorius tegmenti) des Mittelhirns. Auf der Oberfläche der Zelle befinden sich etwa 200 000 synaptische Endknöpfchen (Kaulquappe). Der unmyelinisierte Anfangsteil des Axons sowie der Axonhügel sind von einer „**Axonkappe**" um-

[1] Ludwig MAUTHNER, geb. 1840 in Prag, aufgewachsen u. Studium d. Medizin in Wien, 18jährig am Institut v. Ernst Wilhelm VON BRÜCKE Entdeckung der später nach ihm benannten Riesenfasern, 1861 Promotion, 1869 Prof. f. Augenheilkunde in Innsbruck, 1877 Rückkehr nach Wien, 1894 Dir. d. I. Augenklinik d. Wiener Univ., einen Tag nach der Ernennung unerwartet verstorben.

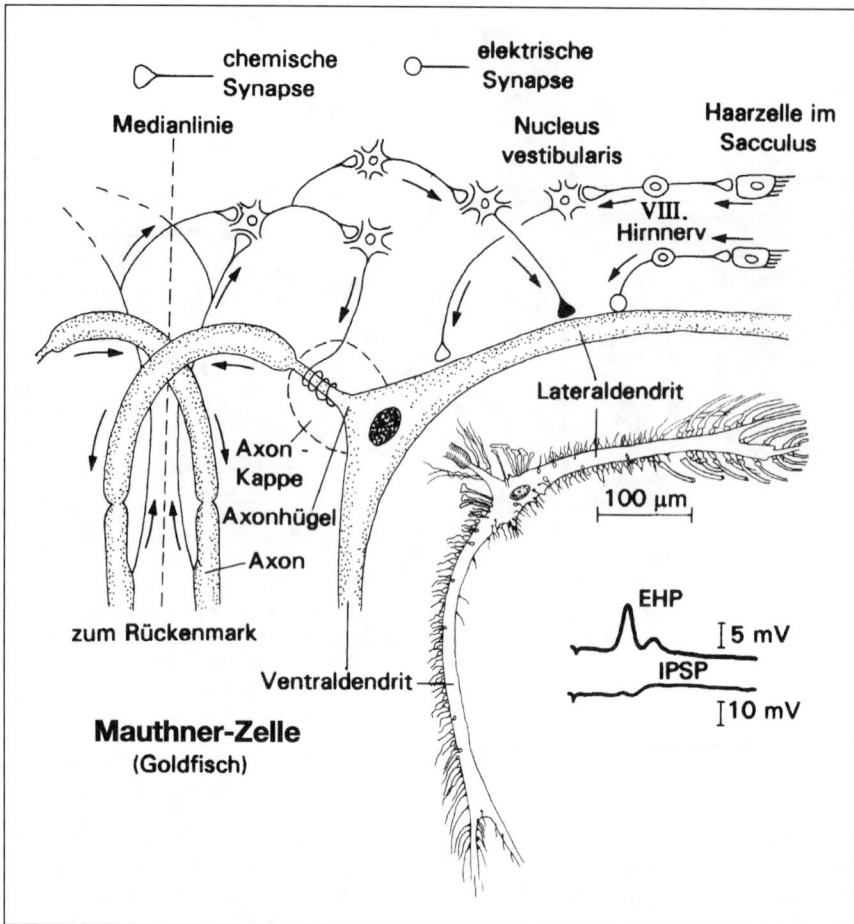

Abb. 2.75. Die Mauthner-Zelle eines Goldfisches und ihre synaptischen Eingänge. Das registrierte EHP in der Axonkappe und das IPSP am Axonhügel, hervorgerufen durch Impulse der kontralateralen Mauthner-Zelle. Nach FURNKAWA 1966, verändert.

schlossen. Sie besteht aus einem spezialisierten Neuropil, das von einer dicken Lage Gliazellen umschlossen wird. Die **Axone** führen medial zur Mittellinie der Medulla, überkreuzen sich dort und ziehen dann im Rückenmark ventral vom Zentralkanal kaudalwärts. Über Kollateralen stehen sie mit den ipsilateralen motorischen Vordersäulenzellen in Verbindung, die die Rumpf- und Schwanzmuskulatur versorgen.

Eingänge erhalten die Mauthner-Zellen hauptsächlich über Fasern des Nervus statoacusticus (VIII) aus dem auditorischen und dem vestibulo-lateralis-Apparat: **elektrische Synapsen**. Einzelne Fasern treten nicht direkt, sondern über den Nucleus vestibularis (Umschaltung auf ein neues Neuron) an die Mauthner-Zellen heran: chemische Synapsen. Die Existenz sowohl einer mono- wie auch einer disynaptischen Bahn erinnert an die Verhältnisse bei den Crustaceen. Daneben existieren polysynaptische, inhibitorische Rückkopplungsschleifen über Kollateralen (vergleichbar mit den Renshaw-Zellen im Rücken-

mark). Die einen bilden inhibitorische chemische Synapsen am Lateraldendriten. Die anderen Fasern winden sich innerhalb der Axonkappe um Axonhügel und Initialsegment. Sie wirken wie eine Quelle und erzeugen bei Eintreffen von Aktionspotentialen eine externe Positivität, das sog. **„extrinsic hyperpolarizing potential"** (EHP), durch das ein inhibitorischer Effekt auf die Generierung von Aktionspotentialen am Axonhügel der Mauthner-Zelle ausgeübt wird. Das EHP kann bei intrazellulären Ableitungen nicht registriert werden.

Der über die Mauthner-Zellen vermittelte **Reflex** (Abb. 2.76.) wird vom Vestibularapparat oder vom Seitenliniensystem über den Nervus statoacusticus ausgelöst und weist eine sehr kurze Reflexzeit auf. Die Riesenaxone besitzen einen Durchmesser von 50 bis 80 μm und damit eine Erregungsleitungsgeschwindigkeit von 60–100 m/s! Ranviersche Schnürringe fehlen. Die Aktionspotentiale werden alle 2–2,5

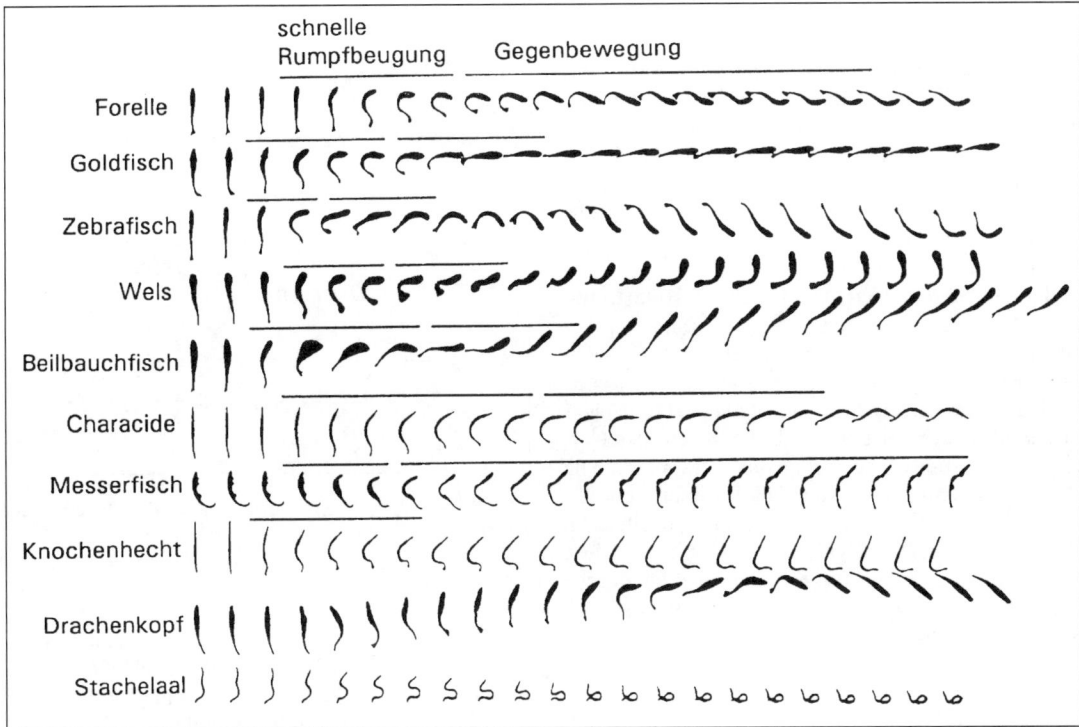

Abb. 2.76. Die Schreckreaktionen verschiedener Knochenfische. Die Silhouetten der Fische sind nach Bildern im Abstand von 5 ms gezeichnet. Das erste Bild: 5 ms *vor* der Reizsetzung (leichtes Klopfen mit einem Hämmerchen an der Aquariumwand). Nach EATON et al. 1977.

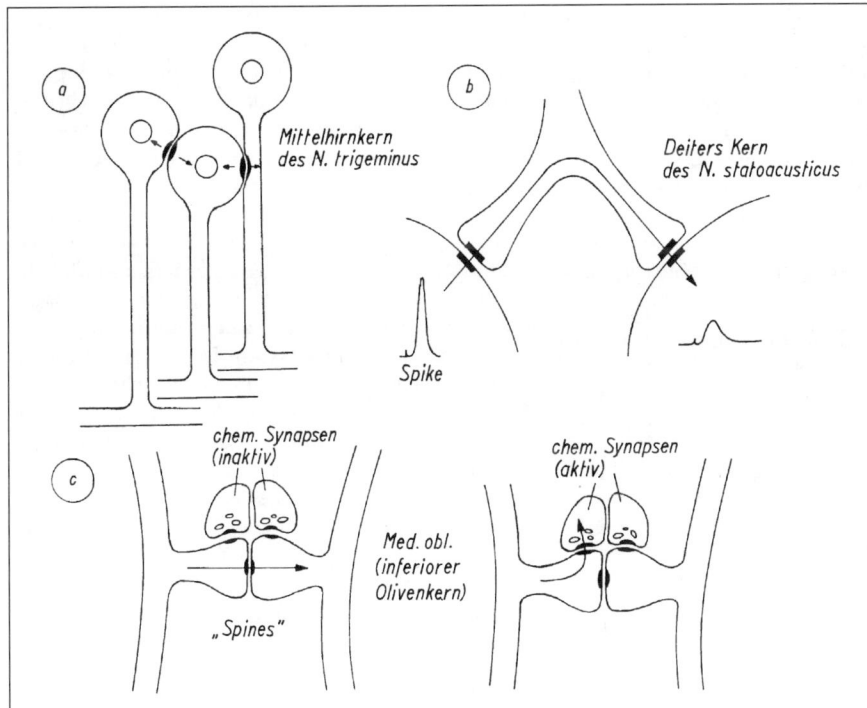

Abb. 2.77. Beispiele elektrischer Synapsen im Säugetiergehirn. Weitere Erläuterungen im Text. Aus SHEPHERD 1993.

mm an besonderen, aktiven Orten, die sich durch eine sehr hohe Dichte an spannungsgesteuerten $Na^{\oplus}$-Kanälen auszeichnen, neu generiert. Die Reflexantwort besteht in einer kraftvollen Kontraktion der Rumpf- und Schwanzmuskulatur auf der kontralateralen Seite, wodurch sich das Tier „sprunghaft" seitlich fortbewegt. Synchrone Erregung beider Mauthner-Zellen führt zu keiner Reaktion. Die biologische Bedeutung des Reflexes besteht in der Flucht vor einem Räuber.

Bei den **Säugetieren** findet man im **Hirnstamm** viele elektrische Synapsen (Abb. 2.77.). Im Kerngebiet des Nervus trigeminus im Mittelhirn sind sowohl zwischen Perikaryen untereinander als auch zwischen Perikaryen und den Initialsegmenten der Axone elektrische Synapsen bekannt. Im Deiters-Kern des Nervus statoacusticus sind Zellen über Axonterminale elektrisch miteinander verbunden. Im inferioren Olivenkern schließlich sind zwischen dendritischen „Spines" elektrische Synapsen ausgebildet. Diese Spines erhalten gleichzeitig Kontakte über chemische Synapsen. Man nimmt an, daß bei Aktivität dieser Synapsen der Strom von der elektrischen Synapse fortgeleitet wird und dadurch die beiden Spines elektrisch entkoppelt werden (Abb. 2.77.).

2.3.6. Neuronale Schaltprinzipien

Die neurale Informationsleitung in den Nervensystemen erfolgt nicht in unabhängigen linearen Neuronenketten. Die Neuronen sind vielmehr auf allen Ebenen in vielfältiger Weise miteinander verknüpft. Einige wichtige Schaltungen und die damit verbundenen Funktionsprinzipien sollen nun behandelt werden.

Laufen die Endaufzweigungen verschiedener Nervenzellen an einem Neuron zusammen, spricht man von **Konvergenz**[1]), ziehen die Endaufzweigungen eines einzigen Axons zu mehreren Nervenzellen, von **Divergenz**[1]) (Abb. 2.78.). Meistens treten beide Prinzipien miteinander gekoppelt auf: **Konvergenz-Divergenz-Schaltung.**

In vielen Sinnesorganen existiert z. B. eine auffällige Konvergenz. Die Zahl der Rezeptorzellen übertrifft im Wirbeltierauge und im Ohr (Cortisches Organ) bei weitem die Anzahl der fortführenden Nervenfasern. Im menschlichen Auge sind ungefähr 3–6 Millionen Zapfen und 125 Millionen Stäbchen vorhanden, die Zahl der Fasern im N. opticus beträgt dagegen nur etwa 1 Million. Das bedeutet, daß im Durchschnitt die Erregungen von jeweils über hundert Sehzellen an einer einzigen Opticusfaser zusammenlaufen. Das Einzugsgebiet einer einzelnen afferenten Faser bezeichnet man als **rezeptives Feld** (S. 487). Dieser peripheren Konvergenz steht gewöhnlich eine **zentrale Divergenz** gegenüber.

---

[1]) con- (lat.) = zusammen; dis (lat.) = auseinander; vérgere (lat.) = sich neigen.

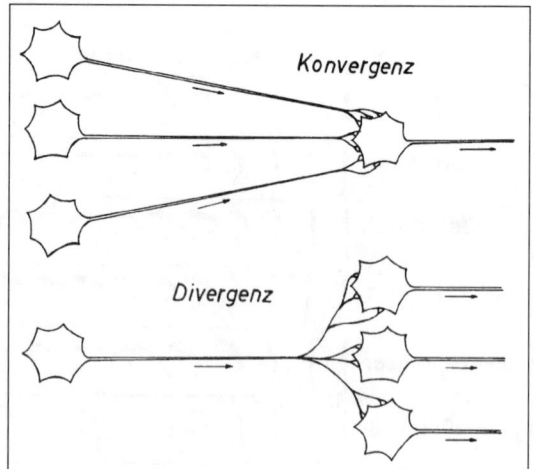

Abb. 2.78. Schematische Darstellung der Konvergenz- und Divergenzschaltung.

Die vielen synaptischen Endknöpfchen, die sich an einer Nervenzelle befinden – es kann sich bei größeren Neuronen des ZNS um 10000 handeln! –, sind nur zum Teil exzitatorisch, der andere Teil ist inhibitorisch. Der Erregungszustand des betreffenden Neurons hängt dann in jedem Augenblick von dem Verhältnis zwischen den eintreffenden depolarisierenden und hyperpolarisierenden Einflüssen ab. Es kommt nicht vor, daß eine präsynaptische Zelle sowohl exzitatorische als auch inhibitorische Synapsen mit derselben postsynaptischen Zelle besitzt (Dalesches Prinzip, 2.3.5.1.). Es existieren vielmehr bestimmte Neuronen, die nur hemmende Einflüsse ausüben, und andere, die nur erregende übermitteln. Erstere nennt man Hemmungs- oder **inhibitorische Neuronen,** letztere **exzitatorische Neuronen.**

Treten die inhibitorischen Synapsen eines Hemmungsneurons an die synaptischen Endknöpfchen exzitatorischer Zellen heran, wo unter ihrem Einfluß die Abgabe des Transmitters gehemmt wird, so spricht man von einer **präsynaptischen Hemmung** (Abb. 2.77.). Ihr steht die **postsynaptische Hemmung** gegenüber. Dabei treten die inhibitorischen Synapsen an den Zellkörper des zu hemmenden Neurons bzw. der Muskelfaser heran. Ihre Wirkung besteht in einer Verminderung der durch exzitatorische Einflüsse hervorgerufenen postsynaptischen Depolarisation (EPSP) durch Herabsetzung des Erregungszustandes der postsynaptischen Membran. Im Gegensatz dazu kommt es bei der präsynaptischen Hemmung zu einer Herabsetzung des EPSP ohne gleichzeitige Änderung der postsynaptischen Membraneigenschaften. Sie beruht darauf, daß die Membranpermeabilität am synaptischen Endknöpfchen für $Cl^{\ominus}$ (und $K^{\oplus}$) erhöht und dadurch die Amplitude des dort eintreffenden Aktionspotentials erniedrigt wird. Das hat weiter zur

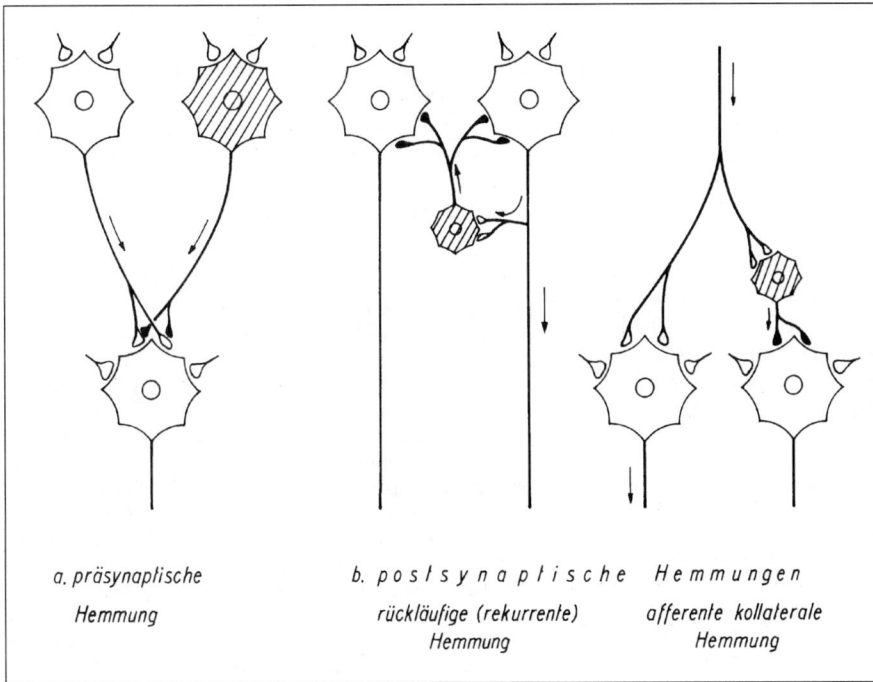

Abb. 2.79. Schematische Darstellung der wichtigsten Hemmungswege. Inhibitorische Nervenzellen schraffiert.

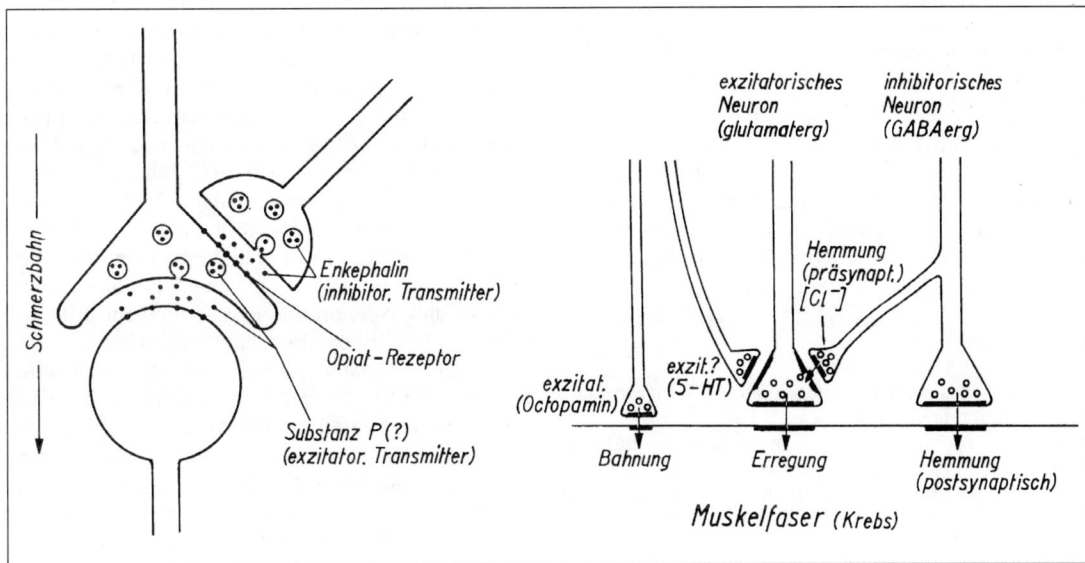

Abb. 2.80. Rechts: Die multineuronale Innervation der Muskelfaser bei Krebsen (Crustaceen) durch ein glutamaterges exzitatorisches und ein GABAerges inhibitorisches Neuron. Das inhibitorische Neuron hemmt gleichzeitig präsynaptisch das exzitatorische Neuron und postsynaptisch die Muskelfaser. Der Transmitter ist in beiden Fällen (Dale-Prinzip!) GABA, die einen Anstieg der $Cl^\ominus$-Permeabilität verursacht. Die „Bahnung" durch Octopamin und ein vermutlich exzitatorischer präsynaptischer Effekt über ein serotoninerges Neuron auf die exzitatorische Innervation der Muskelfaser sind ebenfalls eingetragen. Nach ATWOOD 1977. – Links: Präsynaptische Hemmung der Schmerzbahn (Transmitter wahrscheinlich das Neuropeptid Substanz P) durch ein enkephalines Neuron im Rückenmark der Säugetiere. Das Peptid Enkephalin als „endogenes"Opiat bindet an den Opiatrezeptor, an den auch Morphin bindet, worauf die analgetische Wirkung der Opiate zurückzuführen ist. Nach JESSEL u. IVERSEN 1977.

Folge, daß weniger Transmitter ausgeschüttet wird und das PSP schwächer ausfällt. Wahrscheinlich ist in die präsynaptische Hemmung auch eine Drosselung des $Ca^{2\oplus}$-Influxes in das Endknöpfchen (2.3.5.1., Abb. 2.61.) integriert. Abbildung 2.80. zeigt Beispiele der prä- und postsynaptischen Inhibition.

Bei der sog. **rückläufigen (rekurrenten[1])) Hemmung** wird über eine Kollaterale ein Hemmungsneuron erregt, das rückläufig die Ausgangszelle oder andere gleichartige Zellen hemmt (Abb. 2.79.). Ein solcher Fall liegt im Rückenmark der Säugetiere in Form der Renshaw-Zellen vor (6.7.1.7.). Dem Prinzip der **afferenten[2]) kollateralen Hemmung** (Abb. 2.79.) liegt die sog. reziproke antagonistische Hemmung bei der Steuerung der Muskeltätigkeit zugrunde (6.1.1.7., Abb. 2.82.).

Während die Erregbarkeit ("Exzitabilität", v. HALLER[3]), Kap. 6.3.) als physiologische Grundfunktion im Nervensystem seit über 200 Jahren allgemein anerkannt ist, ist die **Bedeutung von Hemmungsvorgängen** für die geordnete Tätigkeit des Nervensystems erst in unseren Tagen richtig erkannt worden. Auf Hemmungsvorgängen beruhen die wichtigsten zentralnervösen Regulationen. So haben z. B. alle aus der Kleinhirnrinde austretenden Bahnen ausschließlich hemmende Synapsen. Durch Modulationen dieser Hemmungen regulieren sie sensomotorische Funktionen. Man hat gute Gründe, wenn heute oft die Hemmung gegenüber der Erregung als wichtiger für eine geordnete Tätigkeit des Nervensystems angesehen wird: „Hemmungsvorgänge an den Synapsen müssen die Regel, Erregungsübertragungen die Ausnahme darstellen" (TÖNNIES 1949). Ohne Hemmung würde sich jede Erregung im Nervensystem lawinenartig ausbreiten und unkontrollierbar werden, wie es z. B. bei der Epilepsie der Fall ist. Hemmung und Erregung stehen im gesunden Nervensystem in einem Gleichgewicht.

Neben diesen Erscheinungen zentraler Hemmung gibt es postsynaptische Hemmungen in der Peripherie über **efferente[4]) Hemmungsneuronen**. Sie spielen bei der Regulation der Muskeltätigkeit (s. o.) und Rezeptoraktivität eine große Rolle. Es wurde bereits auf die zentrifugale Erregungskontrolle im Rahmen der Adaptationserscheinungen hingewiesen (S. 158). Besonders eingehend sind die **Streckrezeptoren** im Abdomen dekapoder Krebse untersucht. Sie beantworten eine Dehnung der von ihnen umsponnenen Muskelbündel mit der Aussendung von Impulsen (Aktionspotentialen) zum Bauchmark. Reizt man gleichzeitig die zu ihnen ziehenden dünnen efferenten Hemmungsneuronen, so kann die Impulsaussendung vollständig unterbunden werden (Abb. 2.64.).

Wechselseitige Inhibitionsprozesse zwischen neuronalen Einheiten spielen im Bereich der Sinne eine große Rolle. Sie dienen der Kontrastverschärfung innerhalb von Erregungsmustern (Abb. 2.81.). Am eingehendsten ist eine solche „**laterale Inhibition**" im Lateralauge von *Limulus polyphemus* untersucht worden. Reizt man ein Ommatidium des Auges mit Licht bestimmter Intensität, so erfolgt die Entsendung einer bestimmten Impulsfrequenz. Erregt man daraufhin zusätzlich ein benachbartes Ommatidium, so führt das zur Abnahme der Impulsfrequenz, d. h. zur Hemmung des Ommatidiums. Diese Hemmung ist um so stärker, je geringer der Abstand zwischen beiden Ommatidien ist und je stärker das Nachbarommatidium gereizt wird. Ähnliche Gesetzmäßigkeiten sind in der Retina des Wirbeltierauges beobachtet worden. Während jedoch im *Limulus*-Auge dendritische Fortsätze der Nervenfasern der Rezeptorzellen die lateralen Verbindungen herstellen, sind es im Wirbeltierauge besondere Schaltneuronen (Horizontalzellen, amakrine Zellen). Wahrscheinlich wird im Ohr der Säugetiere über ähnliche Vorgänge eine Verschärfung des Gehörs erzielt.

Eine wichtige Art der Verknüpfung von Neuronen ist diejenige zu einem „Reflexbogen". Unter einem **Reflex** (UNZER 1771) versteht man die bei allen Individuen einer Art in gleicher, stereotyper Weise eintretende, nervös ausgelöste Reaktion eines Tieres auf einen spezifischen Reiz hin. An jedem Reflex sind ein Rezeptor und ein Effektor beteiligt. Beide sind durch eine erregungsleitende (nervöse) Bahn verbunden. Am Rezeptor erfolgt die Aufnahme des auslösenden Reizes, am Effektor die Reaktion. Im einfachsten Fall (Beispiel: Tentakel der Aktinie) besteht der Reflexbogen nur aus zwei Zellen, aus einer, die gleichzeitig Sinnes- und Nervenzelle ist, und einem Effektor (Muskelzelle). Ebenfalls ohne eingeschaltete zwischenneurale Synapse verlaufen die sog. **Axonreflexe** (Abb. 2.82.), die bei der Steuerung vegetativer Funktionen im Wirbeltier eine große Rolle spielen. Es handelt sich dabei um Reflexe, bei denen die Erregungen vom Rezeptor zum Effektor, ohne den Umweg über das ZNS zu machen, über die Verzweigungen (Kollaterale) eines einzigen Axons verlaufen. Häufiger sind die Fälle, bei denen mehrere Neuronen den Reflexbogen aufbauen. Wir können dann ein vom

---

[1]) recurrĕre (lat.) = zurücklaufen.
[2]) ádferens, -entis (lat.) = hinzubringend v. afferre = heranbringen, überbringen, melden.
[3]) Albrecht VON HALLER, geb. 1708 in Bern, Studium in Tübingen und Leiden (b. BOERHAAVE), 1727 Dr. med., ab 1729 Arzt in Bern, 1736–1753 Prof. f. Botanik, Anat. u. Physiol. in Göttingen, 1753 Rückkehr nach Bern, staatl. Ämter, gest. 1778 in Bern.
[4]) éfferens, -entis (Lat.) = bewirkend, efferre = heraustragen.

Abb. 2.82. Rechts: Schema eines monosynaptischen Eigenreflexes. Beispiel: Kniesehnenreflex beim Menschen. Gleichzeitig mit der Erregung des Streckers (Agonist) wird der Beuger (Antagonist) über ein inhibitorisches Interneuron (schwarz) gehemmt (afferente kollaterale Hemmung). – Links: Schema eines Axonreflexes. Beispiel: Lokale Gefäßerweiterung durch Reizung oberflächlicher Schmerzfasern beim Menschen.

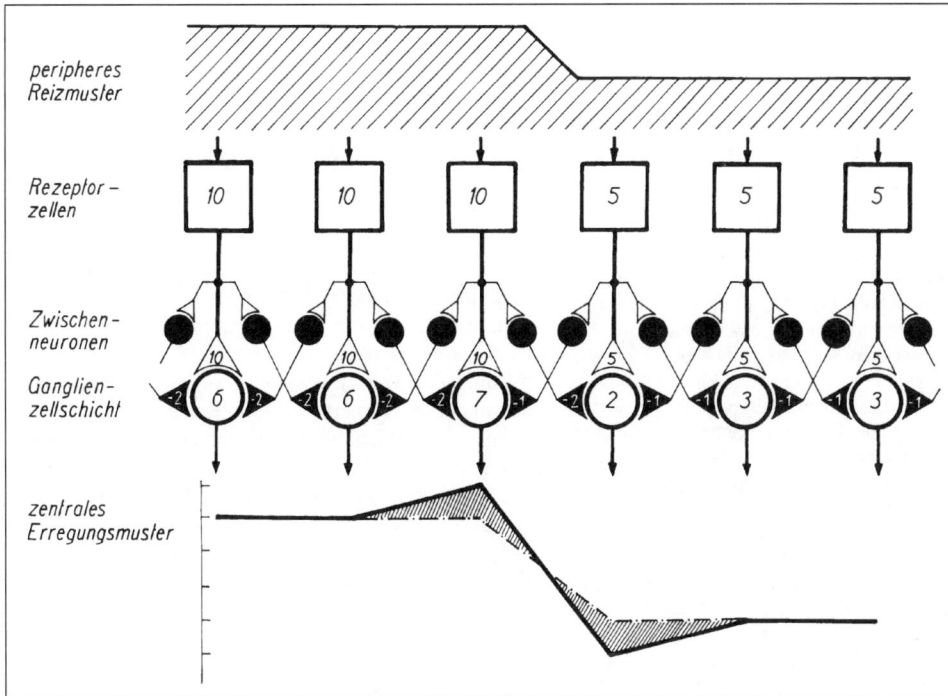

Abb. 2.81. Schema zur lateralen (Vorwärts-) Inhibition. Schwarz: hemmende Interneuronen. zur Veranschaulichung der durch die laterale Inhibition verursachten Kontrastüberhöhung sind Zahlenwerte eingesetzt. Die drei linken Rezeptoren werden doppelt so stark erregt (10) wie die drei rechten (5). Vereinfachend wurde eine Linearität zwischen Reizintensität und Erregungsgröße angenommen. Die Erregungsgrößen werden an die Ganglienzellen der nächsthöheren Schicht weitergegeben. Gleichzeitig wirken die Rezeptoren über die hemmenden Interneuronen auf die Nachbarn ein, und zwar um so stärker, je größer ihre eigene Erregung ist. In unserem Beispiel haben wir die Hemmwirkung mit 20% der Erregungsgröße festgesetzt. Durch Addition der 3 Erregungsgrößen an die Ganglienzellen (die hemmenden Eingänge mit negativen Vorzeichen!) ergibt sich in der Ganglienzellschicht das dargestellte Erregungsmuster, d. h., die Kontrastgrenze des Reizmusters wird überhöht wiedergegeben.

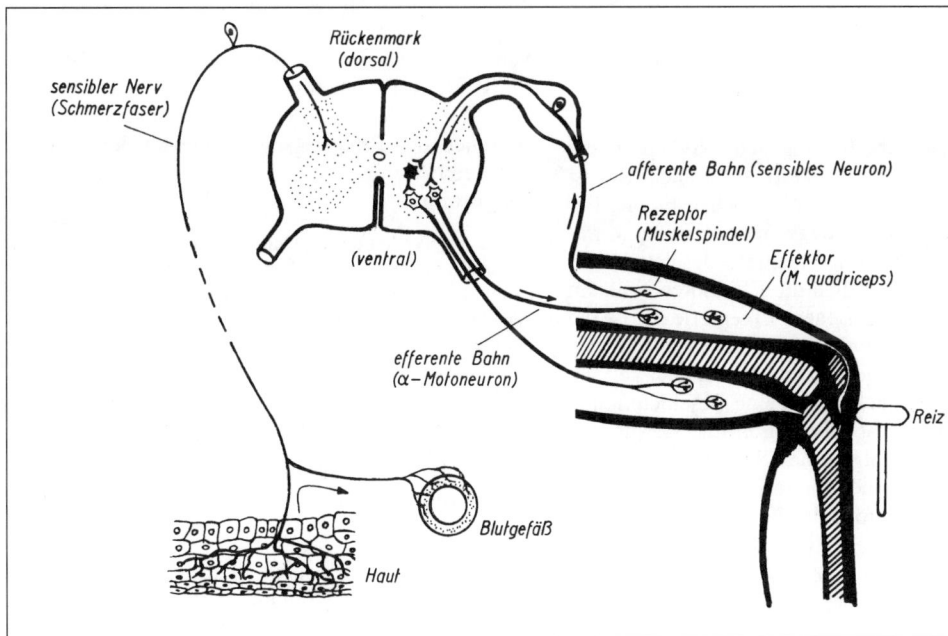

Rezeptor kommendes **afferentes** (sensibles) Neuron und ein zum Effektor ziehendes **efferentes Neuron** unterscheiden. Beide sind in der Regel über mehrere Schaltzellen (Zwischenneuronen) miteinander verknüpft: **polysynaptische Reflexe**. Das Fehlen solcher Schaltzellen, d. h. die direkte Übertragung der Erregung vom afferenten zum efferenten Neuron (**monosynaptischer Reflex**), ist selten.

Als Beispiel eines monosynaptischen Reflexes möge der allen bekannte Kniesehnenreflex (Patellarsehnenreflex) dienen. Bei ruckartiger Dehnung des Quadriceps durch Schlag auf die Patellarsehne wird reflexiv eine Kontraktion des Quadriceps und damit eine Streckung im Kniegelenk ausgelöst. Rezeptoren sind in diesem Falle die Muskelspindeln (6.1.1.7.), Effektor der Quadriceps. Dieser Reflex gehört zu den **Eigenreflexen**, weil der Rezeptor und der Effektor demselben Organ angehören (Abb. 2.82.). Nicht alle Eigenreflexe sind monosynaptisch. Bei den **Fremdreflexen** liegen Rezeptor und Effektor in verschiedenen Organen, oft topographisch weit voneinander entfernt. Sie sind immer polysynaptisch. Dazu gehören z. B. die verschiedenen Putz-, Schutz- und Fluchtreflexe. Bekannt ist der sog. Wischreflex beim Frosch. Legt man ein mit Säure getränktes Filtrierpapierstückchen auf die Haut der Flanke eines hirnlosen, sog. spinalen Frosches („Rückenmarksfrosch"), so wird dieses mit einer gezielten Wischbewegung der hinteren Extremität der gleichen Körperseite fortgeschlagen. Zur Gruppe der Schutzreflexe gehören der Totstellreflex bei vielen Insekten, der Lidschluß- und Pupillenreflex sowie der Husten- und Niesreflex. Die Reflexe können auf ein einziges Rückenmarkssegment bzw. Ganglion des Strickleiternervensystems beschränkt sein (**unisegmentale Reflexe**), oder sie können mehrere Körpersegmente einbeziehen (**plurisegmentale Reflexe**). Unisegmental verläuft der reflexive Abwurf des gereizten oder verletzten Beines bei vielen Dekapoden und Spinnen (Selbstverstümmelung, Autotomiereflex[1])). Dasselbe gilt für das Vorstrecken des Bienenstachels, das über das letzte Abdominalganglion erfolgt.

Die Zeitspanne zwischen dem Einwirken des Reizes und Beginn der Reaktion nennt man **Reflexzeit**. Sie setzt sich aus dem Zeitbedarf der Reiztransformation im Rezeptor, aus der Zeit für die Erregungsbildung, -leitung und -übertragung an den Synapsen und aus der Latenzzeit des Effektors zusammen. Sie ist am kürzesten bei den monosynaptischen Eigenreflexen und am längsten bei gewissen vegetativen Reflexen, bei denen relativ träge reagierende glatte Muskelfasern oder Drüsenzellen die Effektoren sind. Im Gegensatz zu den (phasischen) Eigenreflexen ist die Reflexzeit bei den Fremdreflexen nicht konstant. Sie nimmt mit zunehmender Reizstärke exponentiell ab. Die Verkürzung ist nicht durch eine Beschleunigung der Erregungsleitung, sondern durch eine Verkürzung der Synapsenzeit infolge eines Summationseffektes (2.3.5.1.) der zahlreichen eintreffenden Impulse bedingt. Gleichzeitig nimmt in der Regel mit zunehmender Reizstärke die Reaktionsintensität des Reflexes zu, verbunden mit einer **Ausbreitung**. So führt z. B. bei der Küchenschabe eine starke Reizung der Antenne dazu, daß die Putzbewegung nicht mehr – wie gewöhnlich – mit dem einen, sondern mit beiden Vorderbeinen ausgeführt wird. Die Erscheinung der Ausbreitung der Reflexbahn fehlt den Eigenreflexen, die stets mit gleicher Geschwindigkeit und in gleicher Weise ablaufen. Demgegenüber kann man bei Fremdreflexen – insbesondere bei sog. Bewegungsreflexen – beobachten, daß die Reaktion des Tieres in Abhängigkeit von den herrschenden Bedingungen verschieden ausfallen kann. Hindert man z. B. bei einem Rückenmarksfrosch die Extremität an der Durchführung des Wischreflexes (s. o.), so wird das Bein der anderen Körperseite zum Reizort geführt. Man nennt diese Erscheinung **Plastizität** der Reflexhandlung.

Die Erscheinung der Plastizität neben anderen Beobachtungen lehrt uns, daß wir das ZNS nicht als „Bündel von starren Reflexbögen" betrachten dürfen. Diese klassische **Reflextheorie**, die darin gipfelte, Instinkthandlungen als Reflexketten anzusehen, ist heute in der Form nicht mehr haltbar. Im ZNS kann offenbar je nach den vorliegenden Bedingungen der jeweils mögliche Weg zur erfolgreichen Beantwortung eines Reizes ausgewählt werden. Von großer Wichtigkeit ist auch, daß die Tiere über Möglichkeiten verfügen, den Ablauf eines Reflexes zu fördern („bahnen") bzw. zu hemmen. Diese Vorgänge spielen sich an den Synapsen ab. Normalerweise steht die Reflexerregbarkeit unter der dauernden Kontrolle hemmender und bahnender Einflüsse von seiten höherer Abschnitte des ZNS: Die **Bahnung** besteht in einer Begünstigung der Erregungsübertragung an der Synapse. Sie kann darin bestehen, daß exzitatorische Fremdneuronen an die betreffende Nervenzelle des Reflexbogens herantreten und sich an der positiven Summation der Einzeldepolarisationen zum Gesamt-EPSP (2.3.5.1.) beteiligen (Abb. 2.83.) Umgekehrt kann durch das Herantreten inhibitorischer Fremdneuronen der Erregungsdurchgang an der Synapse erschwert werden. Wir sprechen dann von einer **Hemmung**.

Bei den **Arthropoden** sind sowohl hemmende als auch bahnende Einflüsse des Gehirns auf die **Reflexaktivität** bekannt, doch scheinen die hemmenden Einflüsse zu überwiegen. Dekapitierte Libellen können mehr laufen, weil ein normalerweise vom Gehirn her gehemmter Klammerreflex die Tiere fest an ihre Unterlage bindet. Bei *Carcinus*, dem man die Schlundkommissuren durchschnitten hat, ist der Freßreflex derart enthemmt, daß alle Gegenstände zum Mund geführt werden und bei reichlicher Fütterung bis zum Platzen des Magens gefressen wird. Oft gehen von Sinnesorganen stimulatorische Impulse aus, durch die die Reflexerregbarkeit des Tieres erhöht wird.

Der Reflexbegriff spielt in der Physiologie eine große Rolle. Wir müssen uns aber darüber im klaren sein, daß durch ihn die Zusammenhänge unvollkom-

---

[1]) autó (griech.) = Selbst-; tomein (griech.) = trennen.

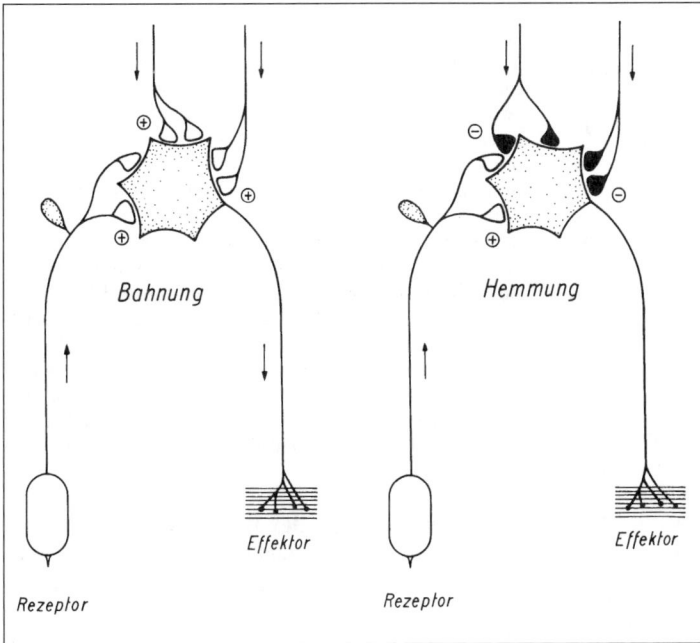

Abb. 2.83. Bahnung und Hemmung eines Reflexes durch den Einfluß zweier Fremdneuronen. Erklärung im Text.

men wiedergegeben werden. So bleibt insbesondere unberücksichtigt, daß in den meisten Fällen die Reaktion des Tieres auf den auslösenden Reiz zurückwirkt, ihn verändert oder gar beseitigt. Es wird z. B. der Pupillenreflex durch eine erhöhte Lichtintensität ausgelöst. Die Reaktion an der Iris (Pupillendurchmesser) vermindert anschließend rückwirkend die Stärke des in den Augapfel fallenden Lichtes. Die Putzreflexe haben das Ziel, den auslösenden Reiz zu löschen (s. auch Wischreflex). Im gleichen Sinne ist der Patellarsehnenreflex zu interpretieren: Er wird durch Dehnung des Muskels ausgelöst, und die Reaktion (Kontraktion) macht die Dehnung rückgängig. So haben wir es in Wirklichkeit nicht mit einem Reflex-„bogen", sondern mit einem in sich zurücklaufenden **Funktionskreis**, in den die Umwelt einbezogen ist, zu tun. Die Reflexe bilden in der Tat die Grundlage vieler Regelkreise (s. dort).

2.3.7. Integrative Funktionen des Nervensystems

Die Gesamtheit der Neuronen eines Tieres steht miteinander über die Synapsen in funktioneller Verbindung und bildet so das **Nervensystem**. Die Zahl der im Nervensystem vereinigten Zellen ist im Tierreich sehr unterschiedlich (Tabelle 2.17.). In seiner einfachsten Form tritt uns das Nervensystem bei den Cnidariern (Nesseltieren) entgegen. Die zerstreut liegenden multipolaren Nervenzellen bilden miteinander ein Netz: **diffuses Nervensystem**. In dem Netz breiten sich die Erregungen mit hohem Dekrement aus. Lokale Netzverdichtungen treten z. B. am Schirmrand der Medusen sowie in der Nähe von Sinnesorganen auf. **Nervennetze** bilden auch noch große Teile des Nervensystems der Plathelminthes. Sie erhalten sich in bestimmten Geweben bzw. Organen bis

Tabelle 2.17. Anzahl der Neuronen im Nervensystem verschiedener Tiere.

Aplysia (Schnecke)	Zentralnervensystem	$15-10 \cdot 10^3$
Octopus vulgaris	Gehirn	ca. $1,7 \cdot 10^8$
Astacus (Flußkrebs)	Zentralnervensystem	ca. $0,5 \cdot 10^6$
Periplaneta (Schabe)	6. Abdominalganglion	$4,5 \cdot 10^3$
Biene (Arbeiterin), Fliege	Gehirn	10^5-10^6
Fliege	Corpora pedunculata	$4,2 \cdot 10^4$ ($1,6 \cdot 10^7/mm^3$!)
Mensch	Zentralnervensystem	$10^{11}-10^{12}$
	Hirnrinde (Neocortex)	10^{10} ($4 \cdot 10^4/mm^3$)
	Rückenmarksegment	$3,75 \cdot 10^5$ (mehrere 10^3 Motoneuronen)

hinauf zum Menschen. Dort werden sie **Nervenplexi** genannt: z. B. Plexus myentericus (AUERBACH) zwischen der Längs- und Ringmuskelschicht und Plexus submucosa (MEISSNER) zwischen der Ringmuskelschicht und der Submucosa der Darmwand der Säugetiere. Bei allen höheren Tieren findet man Konzentrierungen von Perikaryen. Handelt es sich um strangartige Verbände von Nervenzellen, so spricht man von **Marksträngen** (z. B. bei Plathelminthen). Bei den stärker zentralisierten Nervensystemen sind die Perikaryen in den sog. **Ganglien** konzentriert, während die zugehörigen Neuriten (Axone) als Bündel in den **Nerven** verlaufen, die die Ganglien untereinander sowie mit den Sinnesorganen und Erfolgsorganen in der Peripherie verbinden. Neben diesen Perikaryen findet man in den Ganglien noch eine mehr oder weniger große Zahl kurzer „Zwischenneuronen" (**Interneuronen**), über die exzitatorische bzw. inhibitorische Einflüsse übertragen werden können (Abb. 2.84.), sowie Gliazellen (S. 134).

Das Nervengewebe, speziell das Gehirn der verschiedenen Tiere, benötigt zur Aufrechterhaltung seiner Leistungsfähigkeit (wie alle anderen Organe auch) **Energie**. Während bei der Ratte, Katze und dem Hund nur etwa 4–6% des Energieumsatzes auf das Gehirn entfallen, sind es beim Rhe-susaffen *(Macacus mulattus)* bereits 9% und beim Menschen 20%. Die notwendige Energie wird bei den meisten Tieren aus der Blut-Glucose und – zusätzlich – aus den sog. Ketonkörpern (Acetacetat, Hydroxybutyrat) als Substrat durch Oxidation freigesetzt. Dagegen können die Fettsäuren in der Regel vom Gehirn im Gegensatz zu anderen Organen (6.1.1.5.) nicht verwertet werden. Die höchsten **Umsatzraten** überhaupt wurden in **Insektengehirnen** gemessen (Tab. 2.18.). Diese zeigen hinsichtlich ihrer Substrate im Energieumsatz gegenüber allen anderen Gehirnen eine auffallende Variabilität. Im Gegensatz zu den Wirbeltiergehirnen besitzen sie eine nur geringe Kapazität zur Milchsäurebildung, was sich in einer niedrigen Aktivität ihrer Lactat-Dehydrogenase ausdrückt (Tab. 2.18.). Während die Honigbiene *(Apis mellifica)* kein und die Schmeißfliege *(Calliphora erythrocephala)* ein nur geringes Vermögen zur Oxidation von Fettsäuren besitzen (RQ 1,0), ist der Fettsäureumsatz im Gehirn des Seidenspinners *(Bombyx mori)* erheblich (RQ 0,7–0,8).

Das **Nervensystem der Wirbeltiere** läßt sich vom funktionellen Gesichtspunkt aus in das somatische und das vegetative Nervensystem unterteilen. Das **somatische Nervensystem** besorgt die afferente und efferente Kommunikation mit der Umwelt. Es regelt die Beziehungen des Tieres zu seiner spezifischen Umwelt. Es ist in seinem sensorischen Teil für die

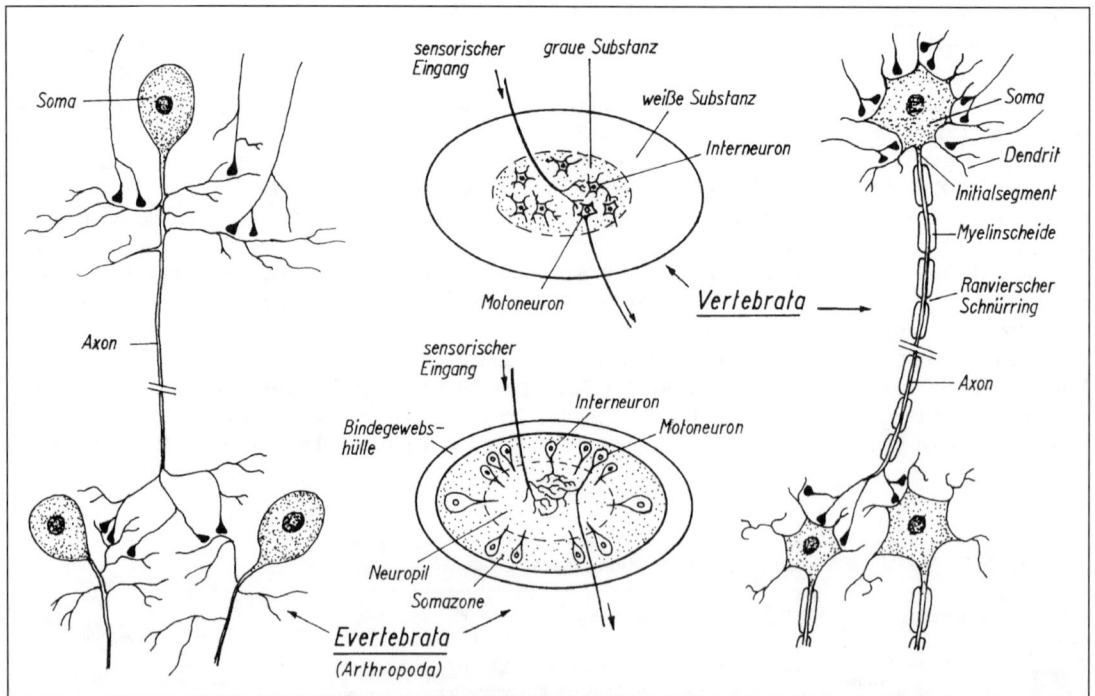

Abb. 2.84. Gegenüberstellung des prinzipiellen Aufbaus eines Evertebraten- (links) und eines Vertebratenneurons (rechts) sowie eines Evertebraten- und Vertebratenganglions. Bei den Evertebraten liegen die Perikaryen der uni- oder pseudounipolaren Neuronen peripher in der „Somazone" und nehmen selber nicht an der Erregungsübertragung und -verarbeitung teil. Sie umgeben das zentrale Neuropil, in dem die sensorischen, motorischen und Interneurone miteinander in synaptischem Kontakt stehen. Bei den Vertebraten sind Somazone und Neuropil in der zentralen „grauen" Substanz vereinigt, die von einer Zone markhaltiger Fasern („weiße" Substanz) umgeben wird.

Tabelle 2.18. Vergleich des Stoffwechsels verschiedener Gehirngewebe. Aus WEGENER 1982. LDH = Lactat-Dehydrogenase (EC 1.1.1.27.).

	Apis mellifica	*Calliphora erythrocephala*	*Bombyx mori*	*Mus musculus*
LDH-Aktivität (25 °C) (μmol/g Frischgew./min)	$0{,}6 \pm 0{,}1$	$1{,}3 \ \ \pm 0{,}4$	$9{,}0 \ \ \pm 2{,}0$	$97{,}1 \pm 18{,}9$
O_2-Verbrauch (25 °C) (mg/g Frischgew./h)	$6{,}2 \pm 1{,}5$	$7{,}1 \ \ \pm 1{,}2$	$5{,}9 \ \ \pm 0{,}9$	$1{,}5 \ \ \pm 0{,}2$
RQ	$1{,}0 \pm 0{,}05$	$0{,}96 \ \pm 0{,}04$	$0{,}74 \ \pm 0{,}04$	–
$^{14}CO_2$, entstanden aus ^{14}C-Fettsäuren (dpm/mg Frischgew./h)	$63 \ \ \pm 34$	$1\,082 \pm 179$	$5\,017 \pm 290$	

Aufnahme von Informationen aus der Umwelt, deren Weiterleitung, Verarbeitung und Speicherung verantwortlich. Es setzt diese Informationen in seinem motorischen Teil in bestimmte Reaktionen und Verhaltensweisen um, die zurück auf die Umwelt gerichtet sind („**Außen-** oder **Umweltnervensystem**"). Der sensorische Teil des Systems, die afferenten Lei-

tungsbahnen werden im Abschnitt 5.6. und das motorische Teilsystem in den Abschnitten 6.1.1.7. und 6.1.1.8. behandelt. Die Vorgänge im somatischen Nervensystem unterliegen zum Teil dem Bewußtsein und der willkürlichen Kontrolle.

Demgegenüber reguliert das **vegetative Nervensystem** die Tätigkeit der inneren Organe, wie

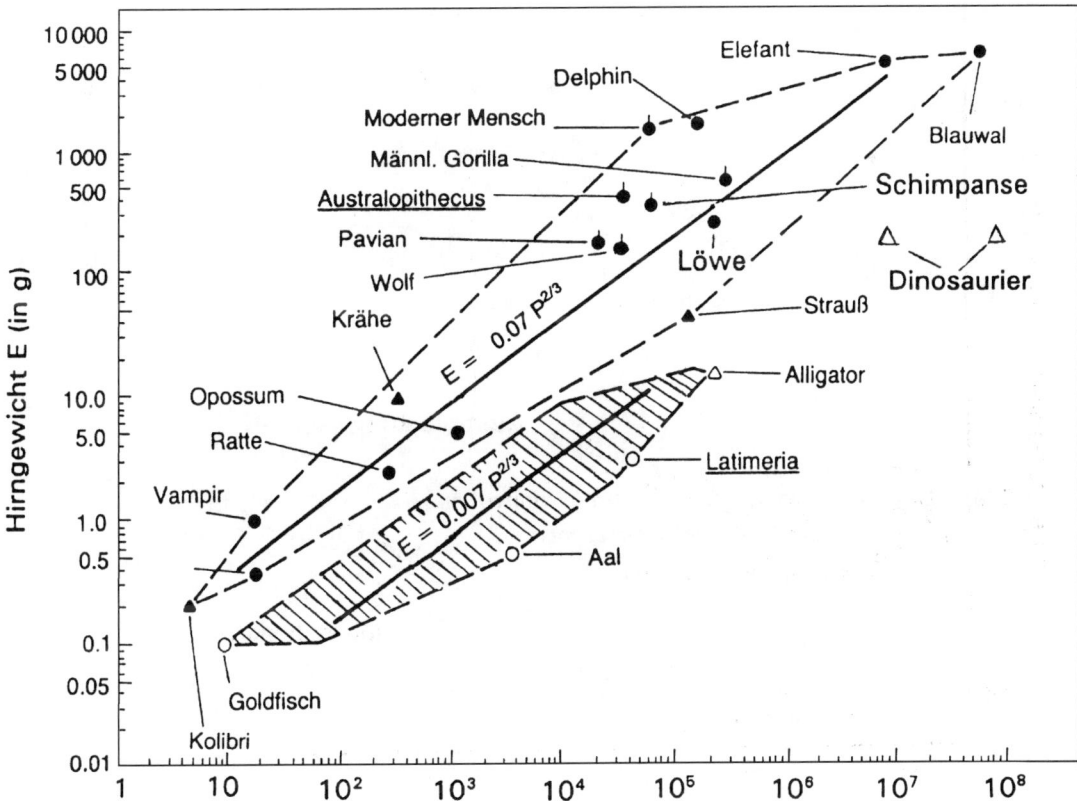

Abb. 2.85. Das Hirngewicht der Wirbeltiere in Abhängigkeit vom Körpergewicht in doppelt-logarithmischer Darstellung. Getrennte Polygone für niedere Wirbeltiere (Fische, Amphibien, Reptilien: schraffiert) und höhere Wirbeltiere (Vögel, Säugetiere). Die eingetragenen Werte für Dinosaurier liegen in der Verlängerung der für die niederen Wirbeltiere geltenden Geraden. Nach JERISON 1973, verändert.

Atmung, Verdauung, Kreislauf, Exkretion, Fortpflanzung usw. Es stimmt die Tätigkeiten aufeinander ab und steuert sie so, daß sie dem „Ganzen" und seinem Fortbestehen dienen (**„Innenweltnervensystem"**). Beide Systeme stehen sowohl funktionell als auch morphologisch eng miteinander in Wechselbeziehung. Eine scharfe Trennung beider ist nicht möglich. In der Evolution hat sich das somatische (cerebrospinale) System fortschreitend wesentlich stärker weiterentwickelt und differenziert als das vegetative.

Die **Hirngröße** (das Hirngewicht) der **Wirbeltiere** ist eine Funktion des Körpergewichtes. Es besteht folgender allometrischer (1.4.5.) Zusammenhang (Abb. 2.85.):

$$E = k \cdot P^{0,66}.$$

Das bedeutet: Zwischen dem Logarithmus des Körpergewichtes P und dem Logarithmus des Hirn-

gewichtes E besteht eine lineare Beziehung (doppeltlogarithmische Auftragung):

$$\log E = \log k + 0,66 \log P$$

Die Steigung der Geraden wird durch den Exponenten 0,66 ausgedrückt. Er besagt, daß das Hirngewicht proportional zur Körper*oberfläche* zunimmt (Oberflächengesetz). Der Mensch besitzt, wie bekannt, keineswegs das größte Gehirn unter den Säugetieren. Es erreicht mit durchschnittlich 1400 g nicht einmal 30% des Gewichtes des Elefantengehirns (5000 g), ganz zu schweigen von dem Pottwalgehirn mit 8500 g. Auch wenn man das Hirngewicht auf die Körpermasse bezieht (**relative Hirnmasse**), nimmt der Mensch keine Spitzenposition ein. Hier schneiden generell kleinere Tiere besser ab als größere. Beim Menschen macht der Anteil des Gehirns am Körpergewicht rund 2% aus, beim Elefanten sind es nur 0,2% und bei den

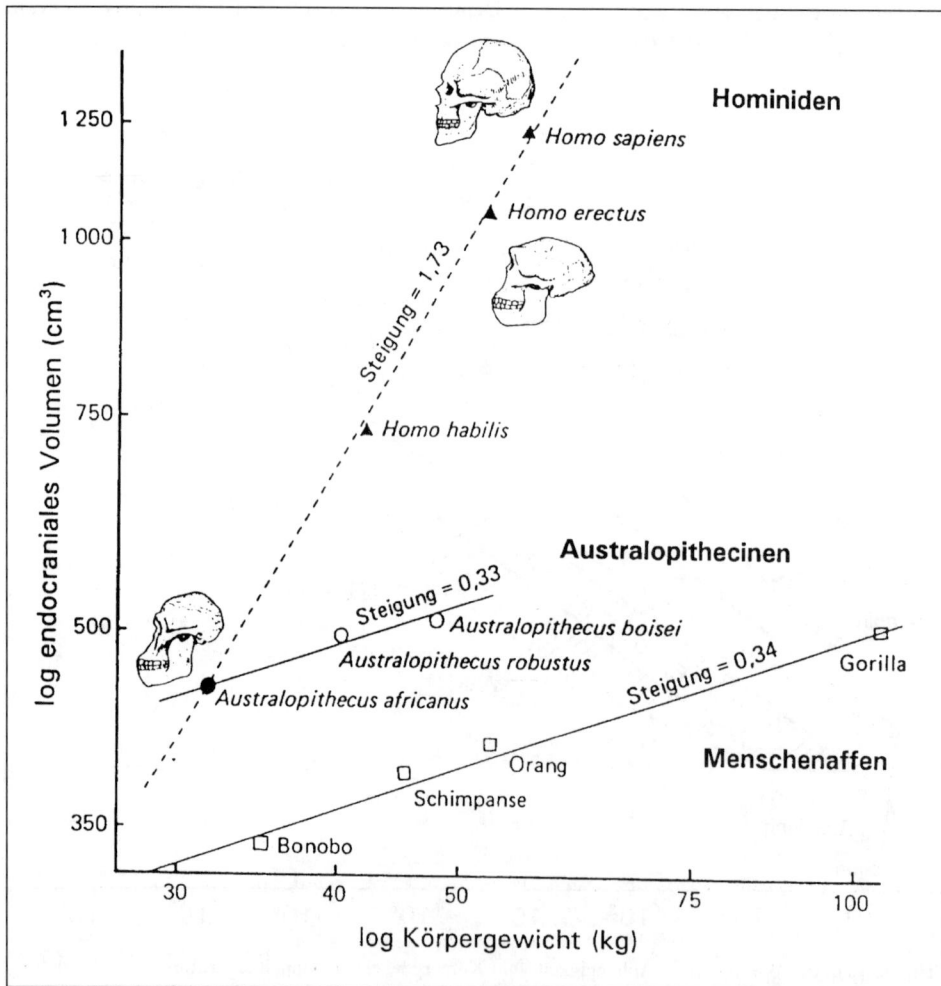

Abb. 2.86. Das endocraniale Volumen in Abhängigkeit vom Körpergewicht in doppelt-logarithmischer Auftragung bei Menschenaffen, Australopithecinen und Hominiden. Nach PILBEAM u. GOULD 1974, aus BONNER 1983, verändert.

großen Walen gar nur 0,04%. Demgegenüber erreicht bei den Kleinsäugern (z. B. Spitzmäusen) die relative Hirnmasse 4%. Auch von den Kapuzineräffchen werden wir Menschen in dieser Hinsicht noch übertroffen.

Die Konstante k beträgt bei den niederen, poikilothermen Wirbeltieren (Fische, Amphibien, Reptilien) 0,007 und bei den höheren, homoiothermen Wirbeltieren (Vögel, Säugetiere) 0,07. Das bedeutet, daß höhere Wirbeltiere ein 10fach höheres Hirngewicht aufweisen als gleichgroße niedere Wirbeltiere (Abb. 2.85.). Bezieht man nur rezente *Säugetiere* in die Berechnungen ein, so kommt man zu einem noch etwas höheren k-Wert von 0,12.

Neuere Messungen lieferten für Säugetiere *insgesamt* einen etwas höheren Wert des Exponenten, nämlich 0,69 oder gar 0,75. Während man bei den Großsäugern, wie Walen, extrem kleine Werte von nur 0,46 findet, erreichen die Primaten unter den Säugetieren mit 0,92 fast den Wert 1, d. h. Körper- und Hirngewicht nehmen nahezu proportional zueinander zu. Beschränkt man die quantitativen Aussagen auf *nahe verwandte* Arten unterschiedlicher Größe, so erhält man gewöhnlich deutlich niedrigere Werte des Exponenten, nämlich zwischen 0,2 und 0,4. Die **Menschenaffen** für sich betrachtet haben einen Exponenten von 0,34, der dem der Australopithecinen (0,33) entspricht, wenn auch die Gerade der **Australopithecinen** über der der Menschenaffen verläuft (Abb. 2.86.). Das bedeutet, daß die Australopithecinen bereits ein (auf gleiches Körpergewicht bezogen) höheres Hirngewicht hatten als die Menschenaffen. Innerhalb der zum Menschen führenden Entwicklungslinie steigt der Exponent auf 1,73 an: Das Gehirn nimmt überproportional zum Körper an Gewicht zu (Abb. 2.86.).

Bei der Berechnung des sog. **Encephalisationsquotienten**[1]) (EQ) wird das tatsächliche Hirngewicht E zu demjenigen in Beziehung gesetzt, das unter Zugrundelegung der obigen allometrischen Beziehung E $= 0,12 \cdot P^{0,66}$ zu erwarten gewesen wäre:

$$EQ = E/0,12 \cdot P^{0,66}.$$

Die ersten Säugetiere vor 75 Mio Jahren hatten einen EQ von rund 0,3, wie ihn heute noch die niederen Insektivoren zeigen. Die fossilen Halbaffen wiesen vor 30 Mio Jahren bereits einen EQ auf, wie ihn auch die rezenten Formen zeigen, nämlich 1,1. Die Paviane und Pongiden besitzen im Durchschnitt einen EQ von 1,9 (*Pan:* 2,3). Die Australopithecinen erreichten bereits einen EQ von 3,3 bzw. 3,8. Die Entwicklung ging dann weiter über den *Homo habilis* (EQ 4,2), den *Homo erectus* (EC 6,5) bis zum *Homo sapiens* (EQ 8,5). Die sprunghafte Zunahme des Hirngewichtes auf das Dreifache auf dem Wege vom *Australopithecus* zum Jetztmenschen hat sich im wesentlichen in der unglaublich kurzen Zeit von etwa einer Million Jahren – das sind ungefähr 35 000 Generationen – abgespielt. Seit etwa 300 000 Jahren hat das

menschliche Gehirn nicht mehr an Größe zugenommen.

Delphine erreichen immerhin auch einen EQ von 6,0. Sie besitzen somit zwar ein etwas kleineres Gehirn im Vergleich zu ihrer Körpergröße als der Mensch, doch weist ihre Großhirnrinde (Cortex) eine deutlich stärkere Furchung (Abb. 2.87.), einen im Vergleich zum restlichen Gehirn größeren Cortex, auf. Ein Großteil der Hirnrinde dient bei ihnen der Verarbeitung der akustischen Informationen (Echo-Orientierung, 5.2.4.3.).

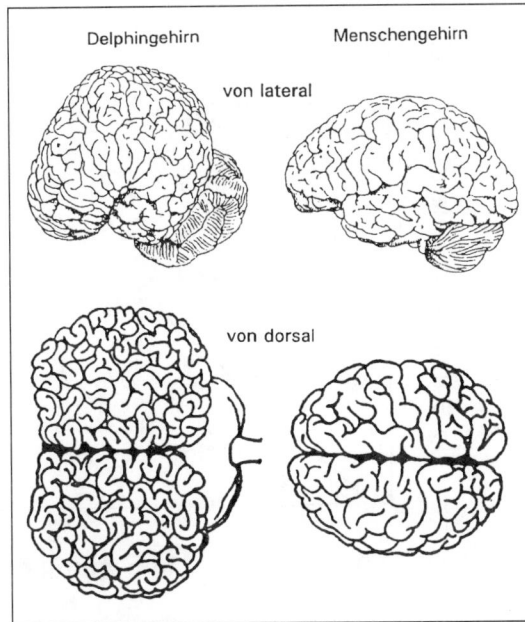

Abb. 2.87. Das Gehirn des Delphins und des Menschen im Vergleich. Aus GEWALT 1993 u. PETZOLD 1981.

Die **Oberfläche der Großhirnrinde** (S) nimmt bei den **Säugetieren** nahezu proportional mit dem Hirngewicht E zu:

$$S = 3,74 \cdot E^{0,91}.$$

Das bedeutet, daß die Hirnoberfläche mit zunehmender Größe des Gehirns Falten bilden muß. Das menschliche Gehirn nimmt in diesem Zusammenhang wiederum keine Spitzenposition ein, im Gegenteil: Es ist sogar etwas weniger gefaltet, als es bei der Größe zu erwarten gewesen wäre (Abb. 2.88.).

2.3.7.1. Das periphere vegetative Nervensystem der Wirbeltiere

Das vegetative Nervensystem umfaßt die sensiblen Neuronen der inneren Organe und die effektorischen Nerven, die zu der glatten Muskulatur, zum Herzen und zu den Drüsen ziehen. Es wird auch als **autonomes Nervensystem** bezeichnet, weil es in der Regel

---

[1]) en- (griech.) = innen; he kephalé (griech.) = der Kopf: das Gehirn.

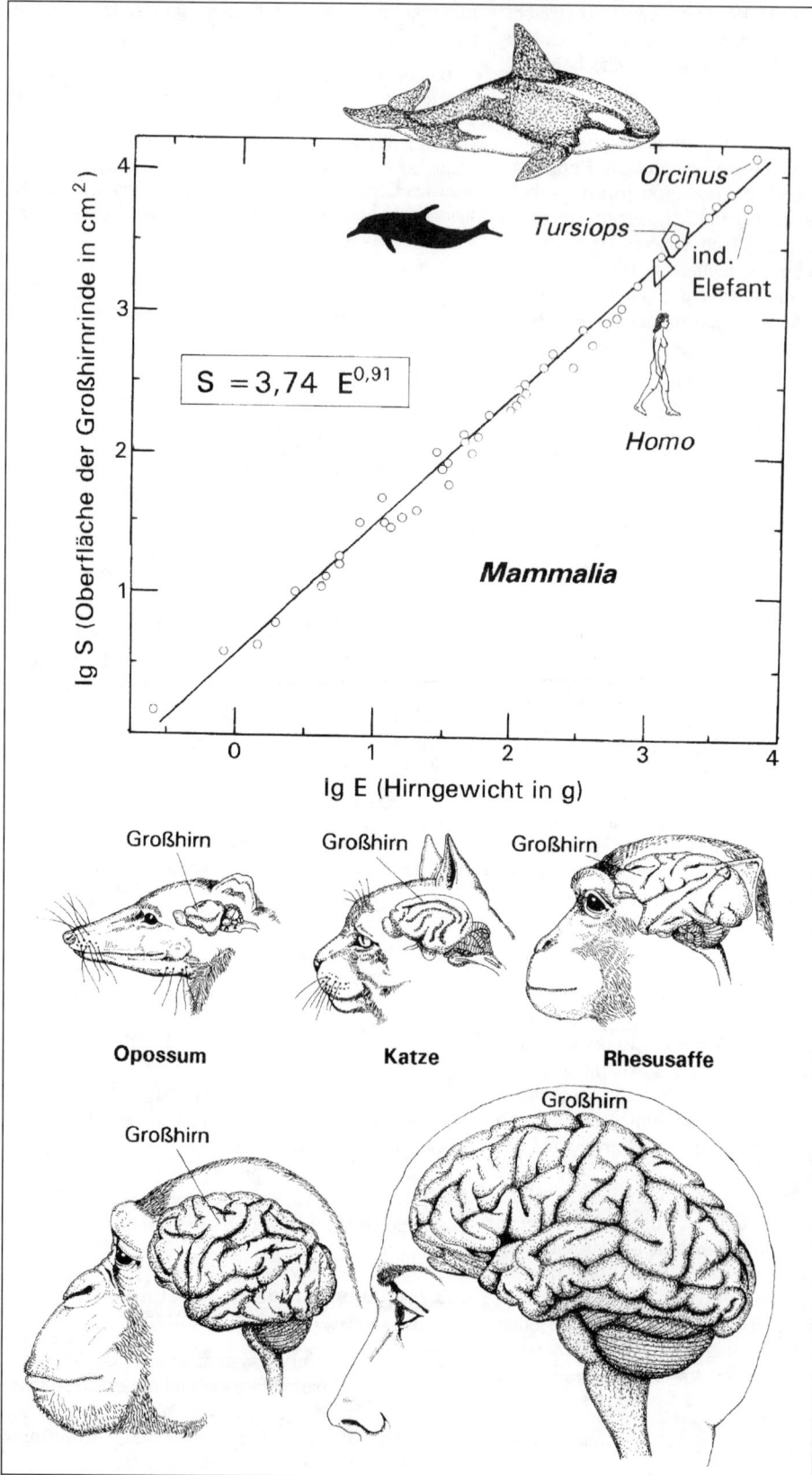

$$S = 3{,}74 \ E^{0{,}91}$$

lg S (Oberfläche der Großhirnrinde in cm^2)

lg E (Hirngewicht in g)

Orcinus

Tursiops

ind. Elefant

Homo

Mammalia

Großhirn — Opossum

Großhirn — Katze

Großhirn — Rhesusaffe

Großhirn

Großhirn

ohne Einschaltung des Bewußtseins unwillkürlich arbeitet und eigenen Funktionsgesetzen unterliegt. Seine Autonomie kommt auch darin zum Ausdruck, daß es im Schlaf und in tiefer Narkose seine Tätigkeit beibehält.

Das vegetative Nervensystem läßt sich bei den höheren Wirbeltieren funktionell und topographisch in zwei Untersysteme unterteilen, in das „eigentliche" oder orthosympathische System (meistens kurz als **sympathisches System** bezeichnet) und in das neben- oder **parasympathische System**. Die meisten inneren Organe werden von beiden Systemen innerviert. Aktivität des sympathischen Systems erhöht generell die momentane Leistungsfähigkeit, die Aktionsbereitschaft, indem es den Blutdruck steigert, den Kreislauf ankurbelt, die Bronchien erweitert, den Blutzuckerspiegel anhebt und gleichzeitig die Verdauungstätigkeit drosselt (Tab. 2.19.). Man spricht summarisch von einer **ergotropen Wirkung**. Akti-

vität im parasympathischen System hat in vielen Fällen entgegengesetzte Wirkungen, es begünstigt die „vegetative" Stoffwechsellage und dient der Erholung. Man kennzeichnet die Wirkungen summarisch als **„trophotrop"**[1]).

Von den vom Rückenmark zu den Erfolgsorganen ohne Unterbrechung ziehenden motorischen Fasern des somatischen Systems (somatomotorische Fasern) unterscheiden sich die efferenten Fasern des vegetativen Systems (visceromotorische Fasern) dadurch, daß sie aus zwei hintereinandergeschalteten Neuronen bestehen, also immer eine Synapse enthalten. Diese Synapsen befinden sich in **Ganglien**. Das **präganglionäre Neuron** hat seinen Zellkörper wie das somatomotorische Neuron auch im Rückenmark. Es sendet seine markhaltige Faser über die dorsale bzw.

---

[1]) he trophé (griech.) = die Ernährung, Nahrung, das Futter; ho trópos (griech.) = die Richtung.

Tabelle 2.19. Wirkungen des vegetativen Nervensystems auf verschiedene Organfunktionen

Organ	Wirkung d. Sympathicus	Wirkung d. Parasympathicus
Auge: Pupille	Erweiterung	Verkleinerung
Ciliarmuskel	keine	Kontraktion
Speicheldrüsen	wenig zähflüssiger Speichel	viel dünnflüssiger Speichel
Schweißdrüsen („Angstschweiß")	wenig klebriger Schweiß	viel dünnflüssiger Schweiß
Myocard	Steigerung d. Frequenz u. Kontraktionskraft	Erniedrigung d. Frequenz u. d. Kraft der Vorkammerkontraktionen
Überleitungszeit verkürzt	Überleitungszeit verlängert	
Coronararterien	Erweiterung	Verengung
Bronchien	Erweiterung	Verengung
Lungengefäße	ziemliche Verengung	keine
Ösophagus	erschlafft	kontrahiert
Darmmuskulatur	Peristaltik u. Tonus erniedrigt	Peristaltik u. Tonus erhöht
Magen-Darm-Drüsen	Hemmung	Anregung
Leber	Glucose-Freisetzung	keine
Gallenblase u. -gänge	Hemmung	Gallenentleerung gefördert
Blutgerinnung	Steigerung	keine
Blutzuckerspiegel	Erhöhung	keine
Nebennierenrinde	Aktivierung	keine
Skelettmuskel	erhöhte Glykogenolyse erhöhte Kraft	keine
Harnblase	Harnverhaltung (M. detrusor erschlafft, M. sphincter int. kontrahiert)	Harnentleerung (M. detrusor kontrahiert, M. sphincter int. erschlafft)
Penis	Gefäßverengung, Ejakulation	Gefäßerweiterung, Erektion
Grundumsatz	Erhöhung	keine
geistige Aktivität	Erhöhung	keine

Abb. 2.88. Die Beziehung zwischen der Oberfläche der Großhirnrinde und dem Hirngewicht bei 49 Säugetierarten. Besonders gekennzeichnet sind die Felder für den großen Tümmler (*Tursiops truncatus)* und den Menschen (*Homo sapiens*) sowie die Werte für den Schwertwal (*Orcinus*) und den indischen Elefanten. Diagramm nach JERISON 1987, verändert. Die Kopfskizzen nach THOMPSON 1994.

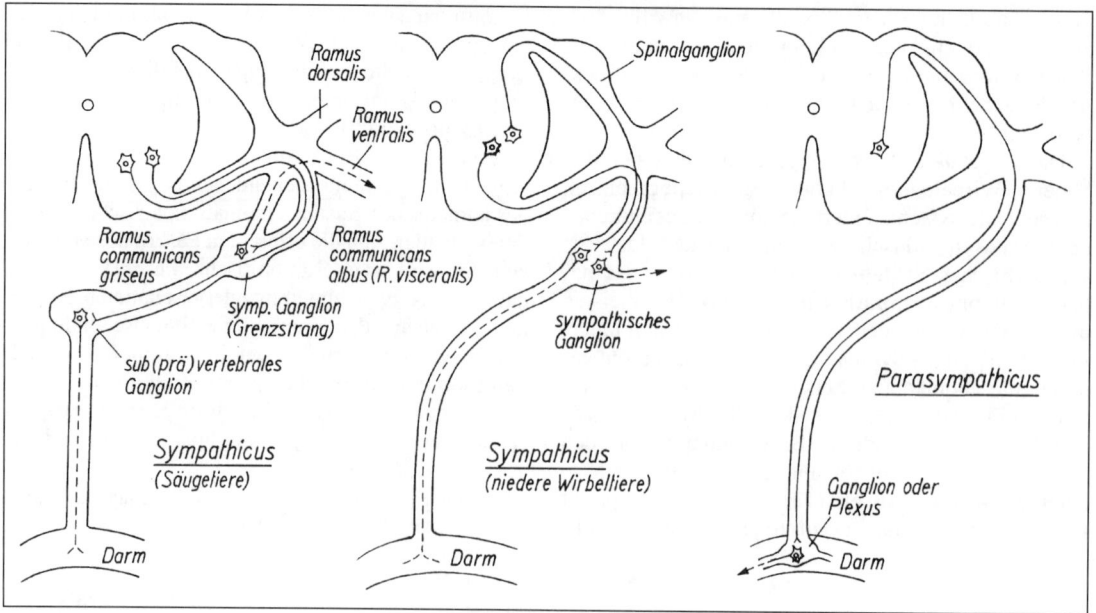

Abb. 2.89. Schematische Darstellung der Faserverläufe vom Rückenmark ausgehend im efferenten vegetativen (autonomen) Nervensystem der Wirbeltiere. Nähere Erläuterungen im Text. Aus ROMER u. PARSONS 1983.

ventrale Wurzel in den Spinalnerven, der aber nach kurzer gemeinsamer Wegstrecke wieder verlassen wird, um weiter über den **Ramus visceralis** (Ramus communicans albus[1])) zum vegetativen Ganglion zu verlaufen (Abb. 2.89.). Dort erfolgt die Umschaltung auf das **postganglionäre Neuron**, dessen gewöhnlich markscheidenloses Axon an den Zielorganen endet. Die postganglionären Neuronen entstehen ontogenetisch aus der Neuralleiste.

Bei den Säugetieren entspringen die sympathischen Fasern im Brust- und Lendenmark (Abb. 2.90.). Die parasympathischen Fasern verlaufen dagegen in den Hirnnerven III (N. oculomotorius), VII (N. facialis), IX (N. glossopharyngeus) und zum allergrößten Teil im Nervus vagus (X). Lediglich die parasympathische Innervation des Dickdarms, der Harnblase sowie der Geschlechtsorgane erfolgt vom Sakralbereich des Rückenmarks (N. pelvicus, Plexus hypogastricus) aus.

Die **Ganglien** des sympathischen Systems liegen rechts und links neben der Wirbelsäule und bilden dort bei den Teleosteern und allen Tetrapoden (noch nicht bei den Selachiern!) die **paravertebrale Ganglienkette**, den sog. **Grenzstrang**, oder sie liegen zumindest in der Nähe der Wirbelsäule, in den unpaaren **prävertebralen Ganglien**, wie z. B. dem Ganglion coeliacum bei den Säugetieren, von dem

z. B. der Magen-Darm-Kanal und die Niere sympathisch innerviert werden. Die Kopforgane (Irismuskulatur, Tränen- und Speicheldrüsen) werden vom Ganglion cervicale craniale aus sympathisch inneviert (Abb. 2.90.). Demgegenüber findet man die parasympathischen Ganglien meistens in den Wänden der Zielorgane oder in ihrer unmittelbaren Nähe. Die Hauptstrecke zwischen Rückenmark und Zielorgan wird in diesen Fällen in den präganglionären Fasern, im sympathischen System dagegen in den postganglionären Fasern zurückgelegt.

In beiden Systemen sind die **präganglionären Fasern cholinerg**. Das bedeutet, daß in beiden Systemen die Erregungsübertragung vom prä- auf das postganglionäre Neuron in dem Ganglion über das Acetylcholin als Transmitter verläuft. Der entsprechende Rezeptor für das ACh ist „nicotinartig" (S. 169). Die **postganglionären Fasern** sind im parasympathischen System ebenfalls **cholinerg** (mit vorwiegend muscarinartigen Rezeptoren) und im sympathischen System **adrenerg** (mit α- und β-Rezeptoren) (Abb. 2.68.). Eine Ausnahme bilden z. B. die Schweißdrüsen des Menschen (nicht die des Rindes oder Schafes), deren sympathische Innervation cholinerg ist. Das Nebennierenmark (2.2.1.) bildet dagegen nur scheinbar eine Ausnahme. Es stellt ein spezialisiertes sympathisches Ganglion dar. Deshalb ist es nicht überraschend, daß es cholinerg innerviert wird, da es sich um präganglionäre Fasern handelt.

Die **Transmitterfreisetzung** an den Endstrukturen der postganglionären Fasern erfolgt nicht so sehr lo-

---

[1]) ramus (lat.) = der Ast, Zweig; viscera (pl.) (lat.) = die Eingeweide; communicare (lat.) = etwas gemeinsam machen, vereinigen; albus (lat.) = weiß.

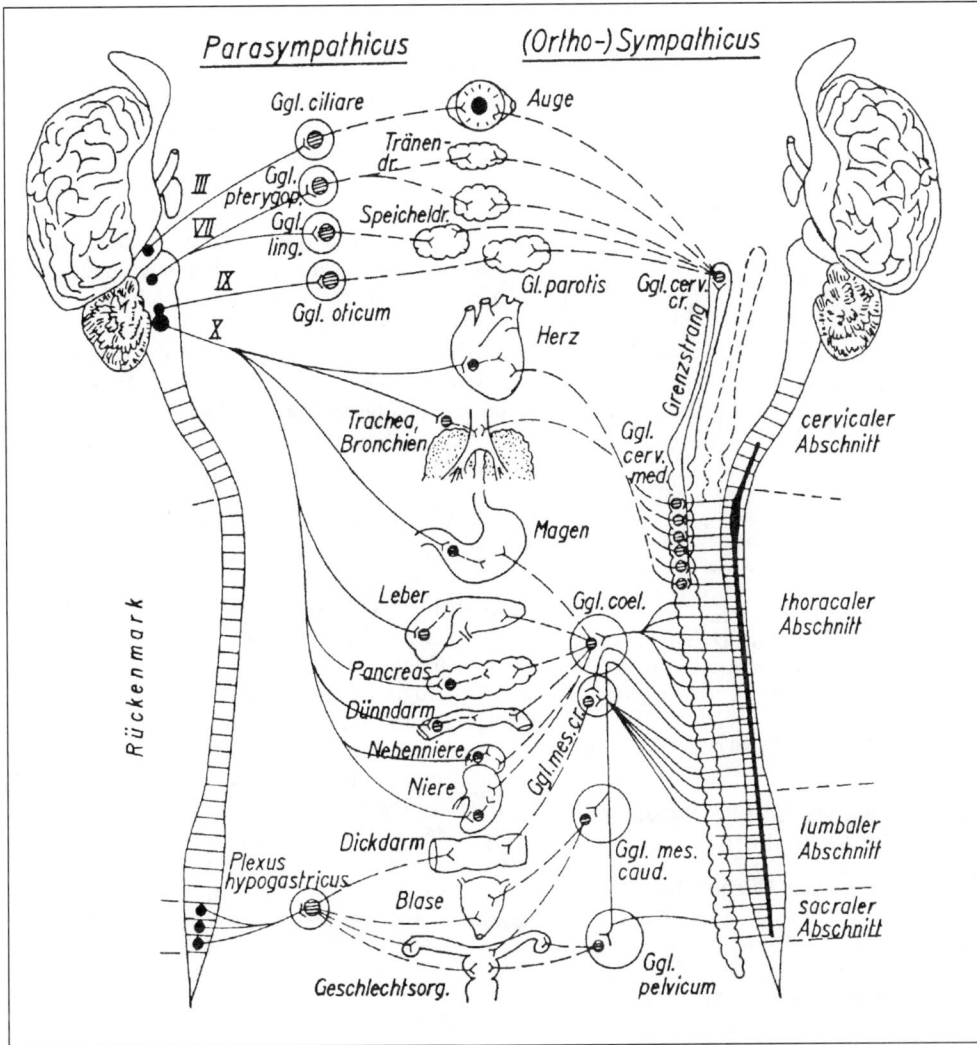

Abb. 2.90. Schema des vegetativen (autonomen) Nervensystems eines Säugetieres. III = Nervus oculomotorius; VII = N. facialis; IX = N. glossopharyngeus; X = N. vagus; präganglionäre Fasern durchgezogen, postganglionäre gestrichelt gezeichnet; Ggl. pterygop. = Ganglion pterygopalatinum; Ggl. ling. = Ganglion linguinale; Ggl. cerv. med. bzw. cr. = Ganglion cervicale mediale bzw. craniale; Ggl. mes. cr. bzw. caud. = Ganglion mesentericum craniale bzw. caudale; Ggl. coel. = Ganglion coeliacum. Nach Haltenorth 1969, verändert.

kal begrenzt an synaptischen Endknöpfchen, sondern in vielen, perlschnurartig aufgereihten Anschwellungen („Varikositäten") entlang des Axons, das in diesen Bereichen nicht von Schwannschen Zellen umhüllt wird. Dementsprechend sind auch die Rezeptoren in ihrer Verbreitung nicht auf den engen postsynaptischen Bereich beschränkt, sondern liegen viel großflächiger verstreut auf der Oberfläche der Zielgewebe: längerer Diffusionsweg für den Transmitter durch das Interstitium. Pharmaka, die die Wirkung des natürlichen Transmitters imitieren, bezeichnet man als Mimetica und unterscheidet **Sympathico-** und **Parasympathicomimetica**[1]). Pharmaka, die die Erregungsübertragung an den vegetativen Synapsen hemmen, bezeichnet man als **Sympathico-** bzw. **Parasympathicolytica**[1]) (Tab. 2.20., 2.3.5.2.).

Bei den niederen Wirbeltieren verlaufen die postganglionären Fasern in selbständigen Nerven oder entlang der Blutgefäße. Bei den Säugetieren verlaufen sie im sympathischen System zum Teil innerhalb der **Rami communicantes grisei**[2]) von den Grenzstrangganglien zurück in die Spinalnerven (Abb. 2.89.) und dann weiter innerhalb ihrer

[1]) he mímesis (griech.) = die Nachahmung
[2]) ramus (lat.) = der Ast, Zweig; communicare (lat.) = etwas gemeinsam machen, vereinigen; griseus (lat.) = grau.

Tabelle 2.20. Zusammenstellung einiger Mimetica und Lytica. Aus KEIDEL 1970.

System	Mimetica	Lytica
Sympathicus	Noradrenalin	Ergotamin
	Adrenalin	Yohimbin
	Ephedrin	Phenolamin
	Isoproterenol	
Parasympathi-cus	Acetylcholin	Atropin
	Muscarin, Pilocarpin	Scopolamin
	Carbachol	
	AChE-Hemmer	
	(Physostigmin,	
	Neostigmin u. a.)	

Äste zu den Zielorganen, insbesondere zu den Haarbalgmuskeln und Schweißdrüsen in der Peripherie.

Die **visceralen Afferenzen** kommen von den Schmerz-, Temperatur- und Druckrezeptoren der inneren Organe und werden über die viscerosensorischen Fasern geleitet, die zum Teil ohne Unterbrechung den Grenzstrang passieren und wie die somatosensorischen Fasern über die dorsale Wurzel ins Rückenmark eintreten. Ihre Perikaryen haben sie ebenfalls in den Spinalganglien. Viele viscerale Afferenzen aus dem Brust- und Bauchraum verlaufen auch im Vagus.

2.3.7.2. Das zentrale vegetative Nervensystem der Wirbeltiere

Das **Zentralnervensystem der Wirbeltiere** entsteht in der Embryogenese als dorsale Einsenkung der Medullarplatte, die sich zum Medullarrohr schließt. Am vorderen Ende entsteht das Gehirn (Encephalon[1])), dahinter das Rückenmark (Medulla spinalis[2])). An der Hirnanlage lassen sich sehr frühzeitig zwei Abschnitte unterscheiden, das vordere **Prosencephalon** (Vorderhirn) und das caudale **Rhombencephalon**[3]) (Rautenhirn). Die basalen und seitlichen Abschnitte des Rhombencephalon faßt man auch als **Tegmentum**[4]) (Haube) zusammen. Dem Prosencephalon sind das Riechorgan und die Augen, dem Rhombencephalon das Gleichgewichts- und Hörorgan sowie das Lateralissystem (Seitenlinien) und das Geschmacksorgan zugeordnet.

Am Prosencephalon lassen sich ebenfalls sehr frühzeitig das vordere **Telencephalon**[5]) (Endhirn) und das caudale **Diencephalon** (Zwischenhirn) unterscheiden. Die Wände des Diencephalon werden als

Thalamus[6]) bezeichnet. Man unterscheidet ventral den Hypothalamus, lateral den Thalamus (i. e. S.) und dorsal den Epithalamus. Aus dem Zwischenhirnboden geht die Neurohypophyse, aus dem -dach die Paraphyse (vorne) sowie das Parietalorgan und die Epiphyse (caudal) hervor. Das Telencephalon ist zunächst im wesentlichen Riechhirn. Seine paarigen Teile (dorsale Wand) wachsen dann aber mit der Höherentwicklung der Wirbeltiere zu den paarigen **Endhirnhemisphären (Großhirn)** aus.

Am vorderen Abschnitt des Rhombencephalons, dem **Mesencephalon** (Mittelhirn), entsteht dorsal (Mittelhirndach) das **Tectum opticum**[7]) (Lobi optici) als Anschwellung. Es stellt ein höheres optisches Zentrum dar. Im caudalen Bereich des Rhombencephalon, dem Hinterhirn, entsteht dorsal das **Cerebellum**[8]) (Kleinhirn). Gegenüber vom Cerebellum entwickelt sich bei den Säugetieren ventral die **Pons**[9]) (Brücke). Pons und Cerebellum werden auch als **Metencephalon**[10]) (Hinterhirn) zusammengefaßt. Ihm folgt caudal als hinterster Abschnitt des Rhombencephalon das **Myelencephalon**[11]) oder die **Medulla oblongata**[12]) (Nachhirn oder „verlängertes Mark"). Medulla oblongata, Pons und Mesencephalon werden im physiologischen Sinne gerne als **Hirnstamm** zusammengefaßt. Rostral schließt sich das Diencephalon, caudal das Rückenmark an. In ihm befinden sich wichtige motorische Zentren: 1. der Nucleus ruber, 2. die Kernregionen des N. vestibularis (besonders der Deiterssche Kern) und 3. Anteile der Formatio reticularis.

Die einzelnen Gehirnabschnitte (Abb. 2.91.) seien nochmals übersichtlich zusammengestellt (nach ROMER):

Prosencephalon (Vorderhirn)

Telencephalon	Riechhirn, Basalkerne (Corpus striatum), Pallium (Cortex cerebri)
Diencephalon	Epithalamus, Thalamus, Hypothalamus, Paraphyse, Parietalorgan, Epiphyse, Neurohypophyse

Rhombencephalon (Rautenhirn)

Mesencephalon	Tegmentum, Tectum (Lobi optici), Pedunculi (Crura) cerebri (Hirnschenkel, b. Säugern)
Metencephalon	Tegmentum, Cerebellum, Pons (b. Säugern)
Myelencephalon	hinteres Tegmentum = Medulla oblongata

---

[1]) kephale (griech.) = der Kopf; en- (griech.) = in.
[2]) medulla (lat.) = das Mark, das Innerste; spinalis = zum Rückgrat gehörig.
[3]) rhombos (lat.) = die Raute.
[4]) tegmentum (lat.) = Decke, Dach.
[5]) to télos (griech.) = das Ende, Ziel.

[6]) thalamos (griech.) = Brautgemach.
[7]) tectum (lat.) = das Dach.
[8]) von cerebrum (lat.) = das Gehirn.
[9]) pons, -tis (lat.) = die Brücke.
[10]) met-, meta- (griech.) = nach, hinter.
[11]) ho myelós (griech.) = das Mark.
[12]) medulla (lat.) = das Mark; oblongáre (lat.) = verlängern.

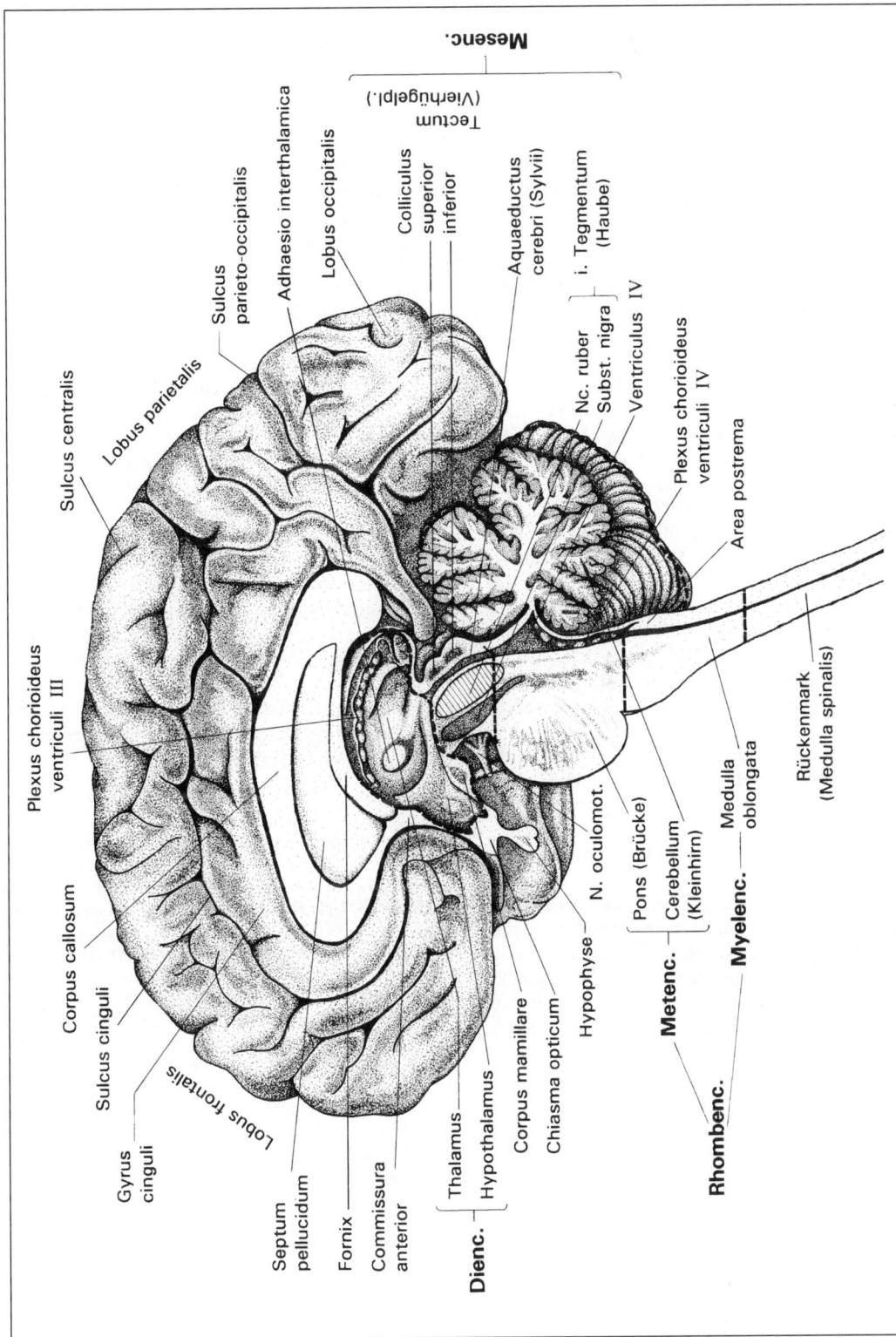

Abb. 2.91. Das menschliche Gehirn im Sagittalschnitt mit seinen wichtigsten Strukturen.

In diesem Abschnitt sollen nur wichtige Zentren im Rahmen der Steuerung vegetativer Funktionen im Überblick dargestellt werden. Die sensorischen und motorischen Zentren und Bahnen werden in den entsprechenden Kapiteln (5.8., 6.1.1.8.) abgehandelt.

Bereits im **Rückenmark** befinden sich eine Reihe von **Reflexzentren** zur Steuerung vegetativer Funktionen. Es seien die Zentren zur Darmentleerung (Centrum anopinale), zur Blasenentleerung (C. vesicospinale) und für Genitalreflexe (C. genitospinale) erwähnt. Die Centra ano- und vesicospinale arbeiten beim Säugling noch autonom. Sie treten erst später unter die willkürliche Kontrolle übergeordneter Zentren.

Auch im **Hirnstamm** finden wir relativ autonome vegetative Zentren. Hier müssen die **Atmungs-** (3.2.4.3.) und **Kreislaufzentren** (3.3.1.4.) im Rhombencephalon (Medulla oblongata und Brücke) genannt werden.

Als das wichtigste **Integrationsorgan** zur Konstanthaltung des inneren Milieus (Homöostase, Kap. 4.) kann man den **Hypothalamus** bezeichnen. Er stellt die ventrale Wand des Zwischenhirns (Diencephalon) dar. Er enthält eine Reihe lebenswichtiger Kerngebiete und ist das höchste Zentrum des vegetativen Nervensystems. Gleichzeitig ist er das Steuerzentrum für viele endokrine Prozesse (2.2.4.). E. G. WALSH (1964) meinte einmal zusammenfassend: „Es ist tatsächlich schwierig auch nur eine Körperfunktion anzunehmen, die nicht, direkt oder indirekt, vom Hypothalamus abhängt."

Man findet im Hypothalamus **Rezeptoren**, die als „**Fühler" von Regelkreisen** (4.6.1.) eine große Rolle spielen. Für verschiedene Hormone existieren membranständige Rezeptormoleküle, über die die aktuelle Konzentration des betreffenden Hormons im Blut auf seine Steuerzentrale im Sinne einer negativen Rückkopplung zurückwirken kann (Rückmeldekreis, 2.2.). Es gibt weiter Thermorezeptoren, die die Körperkerntemperatur, und Osmorezeptoren, die die Osmolarität im Blut überwachen. Lokale Erwärmung der temperatursensiblen Bezirke im Hypothalamus löst beim Tier **Schwitzen** und **Hecheln**, lokale Unterkühlung **Zittern** aus. Elektrisch oder durch lokale Applikation einer hypertonischen Salzlösung gereizte sensible Strukturen in lateralen Gebieten des Hypothalamus lösen vermehrte Ausschüttung des antidiuretischen Hormons **Vasopressin** (2.2.4.) und **Trinken** aus. Die „Motivation" zum Trinken ist so groß, daß selbst bittere oder Salzlösungen akzeptiert werden, die normalerweise heftig abgelehnt werden. Zerstörung dieser Zentren führt bei Ratten umgekehrt zur Verweigerung jeder Flüssigkeitsaufnahme. Wir können feststellen, daß im Hypothalamus durch Messung der Temperatur, der Osmolarität und der Konzentration bestimmter Hormone physiologische Ungleichgewichte erkannt werden und zu somatomotorischen, vegetativen und endokrinen Reaktionen führen, die

sowohl Verhaltensänderungen als auch Änderungen physiologischer Parameter umfassen.

Es gibt im Hypothalamus eine Vielzahl solcher Neuronenpopulationen, von denen aus bei ihrer Aktivierung somatomotorische, vegetative und endokrine Reaktionen ausgelöst werden, die in vorteilhafter Weise so aufeinander abgestimmt sind, daß ein „sinnvolles" Gesamtverhalten des Tieres resultiert. So führt eine elektrische Reizung bestimmter Zellgruppen im lateralen Hypothalamus über implantierte Elektroden bei einer Katze zur Aktivierung des **Freßverhaltens**. Das vorher ruhig daliegende Tier hebt den Kopf, steht auf und sucht mit hoher Aufmerksamkeit die Umgebung nach Freßbarem ab (Appetenzverhalten, 7.1.2.). Ist es erfolgreich, so beginnt es sofort zu fressen und hört erst wieder auf, wenn die Reizung unterbrochen wird. Parallel zu diesem typischen Verhalen werden physiologische Parameter verändert: Der Blutdruck, die Darmmotorik (durch Erhöhung des Vagustonus) und die Durchblutung des Darms (durch Erniedrigung des Sympathicustonus) nehmen zu, die Durchblutung der Skelettmuskulatur (durch Erhöhung des Sympathicustonus) dagegen ab (Umverteilung der Blutflüsse!). Es handelt sich also um eine gut abgestimmte Koordination von somatomotorischen und vegetativen Reaktionen. Man bezeichnet das betreffende Zentrum im lateralen Hypothalamus als **Freß-**, Nahrungs- oder **Hungerzentrum**. Seine Zerstörung führt zur permanenten Nahrungsverweigerung (**Aphagie[1]**), die bis zum Verhungern führen kann. Dieses Freßzentrum steht anatomisch und funktionell in enger Beziehung zu dem oben erwähnten Trinkzentrum. Adrenerge Mechanismen scheinen in dieser Region das Freßverhalten, cholinerge das Trinkverhalten zu fördern.

Im ventromedialen Hypothalamus gibt es eine Zellgruppe, deren Zerstörung umgekehrt zur Freßsucht (**Hyperphagie[2]**)) führt. Man nennt es das **Sättigungszentrum**, weil eine elektrische Reizung in dieser Region eine Hemmung des Freßverhaltens zur Folge hat. Von einer anderen Region des Hypothalamus kann man durch elektrische Reizung ein **Abwehrverhalten** auslösen. Die vorher ruhig daliegende Katze steht auf, macht einen „Buckel", beginnt zu zischen und knurren und streckt die Krallen vor. Verbunden ist dieses Verhalten mit einer Atmungssteigerung, Sträuben der Haare (Sympathicus-Aktivität) und einer verstärkten Speichelbildung (Parasympathicus-Aktivität). Die Bewegung und Durchblutung des Darms nimmt gleichzeitig ab, die Durchblutung der Skelettmuskulatur zu. Ebenfalls vom Hypothalamus wird die **Sexualbereitschaft** entscheidend kontrolliert. Läsionen im Hypothalamus können das Brunstverhalten bei Säugetieren stoppen, in anderen Fällen aber auch die Brunst beschleunigen oder eine Dauerbrunst hervorrufen.

Keineswegs darf man sich diese Zentren im Hypothalamus zu streng lokalisiert und starr vorstellen.

[1]) a- (griech., Präfix) = Verneinung, Nichtvorhandensein; phageín (griech.) = fressen.
[2]) hyper- (griech.) = über; phageín (griech.) = fressen.

Das Nervensystem zeigt auch hier eine hohe **Plastizität**. Man hat oft beobachtet, daß die durch Läsionen zuerst ausgelösten Effekte später wieder ausgeglichen werden konnten. Offenbar konnte die Funktion von anderen Zellgruppen übernommen werden. Wahrscheinlich gibt es im Hypothalamus für jede dieser Steuerfunktionen Areale mit erregender und hemmender Wirkung, wobei die Gleichgewichtslage zwischen den Aktivitäten beider Areale entscheidend ist.

Diese als Abwehr-, Freß-, Trink- oder Sexualverhalten zu charakterisierenden Reaktionen der Tiere können auch noch bei **großhirnlosen Tieren** ausgelöst werden, verlaufen dann aber recht stereotyp und klingen sofort mit Beendigung des Reizes wieder ab. Man geht heute davon aus, daß der Hypothalamus zwar für das Ingangsetzen der genannten Verhaltensweisen mit ihren charakteristischen physiologischen Begleiterscheinungen verantwortlich ist, daß in die Kontrolle aber weitere Teile des Nervensystems integriert sind. Hier ist vor allem das limbische System zu nennen.

Der ursprünglich von BROCA[1] (1878) eingeführte („la grande lobe limbique") und von MACLEAN (1949) wieder aufgegriffene Begriff des **limbischen Systems** umfaßt Strukturen, die beidseitig ringförmig um den „Hilus" des Hirnstamms angeordnet sind[2]). Das limbische System setzt sich aus Teilen des Großhirns und des Hirnstamms zusammen. Mit der Höherentwicklung der Säugetiere wird es zunehmend, ohne selbst wesentlich an Größe zuzunehmen, vom Neocortex überwuchert (Abb. 2.92.). Es handelt sich um ein **höheres Integrationssystem**, das in erster Linie funktionell charakterisiert ist. Morphologisch ist es ein sehr komplexes System. Man kann einen äußeren und einen inneren Ring unterscheiden (Abb. 2.93.). Der innere Ring ist phylogenetisch älter (Archipallium). Er besitzt einen dreischichtigen Cortex (Allocortex) und umfaßt den corticomedialen Anteil des Mandelkerns (**Nucleus amygdalae**[3])) und die **Hippocampusformation**[4]) (Gyrus parahippocampalis, Ammonshorn). Der äußere Ring besitzt einen fünfschichtigen Cortex (Mesocortex) und liegt zwischen Neo- (durch den Sulcus cinguli von ihm getrennt) und Archipallium (Abb. 2.94.). Er umfaßt den **Gyrus cinguli** (Gürtelfurche), die **Nuclei septi** (Scheidewandkerne) und den basolateralen Anteil des Mandelkerns. Die afferenten und efferenten Verbindungen zu anderen Strukturen des Gehirns sowie untereinander zwischen den Teilen des limbischen Systems sind sehr vielfältig. Besonders auffällig ist die reziproke Verbindung über mächtige Faserstränge mit dem Hypothalamus und dem oberen Hirnstamm.

Das limbische System kann als **Kontrollinstanz des Hypothalamus** betrachtet werden. Mit dem Neocortex (Abb. 2.94.) steht es insbesondere über das Stirnhirn in Verbindung. Hunde, bei denen man Teile des Frontallappens zerstört hat, zeigen „Heißhunger", sie verschlingen selbst ungenießbares Material und setzen stark Fett an. MACLEAN bezeichnete das limbische System als **„viscerales Gehirn"**. Man sieht in ihm das Substrat für das artspezifische Verhalten. Es steht mit den Erscheinungen von **Emotionen, Motivationen** und **Trieben** in Verbindung. Elektrische Reizung von Strukturen des limbischen Systems lösen zwar die verschiedensten vegetativen Reaktionen im endokrinen, Herz-Kreislauf-, Atmungs-, Exkretions- oder Verdauungssystem aus, das System selbst liegt aber wohl nicht in der „Endstrecke" der vegetativen Regulationen, die lediglich von ihm **modulatorisch beeinflußt** und mit Verhaltensreaktionen **koordiniert** werden, denn Ausschaltungsexperimente im limbischen System, wie z. B. beidseitige **Amygdalektomie**, führen nicht zu wesentlichen Störungen

---

[1]) Pierre Paul BROCA (1824–1880), Prof. f. klinische Chirurgie, begründete 1857 die „Societé d'Anthropologie de Paris".

[2]) daher auch der Name: limbus (lat.) = der Saum, Besatz, Ring.

---

[3]) nucleus (lat.) = der Kern; he amygdále (griech.) = die Mandel.

[4]) híppos (griech.) = das Pferd; he kampé (griech.) = die Krümmung.

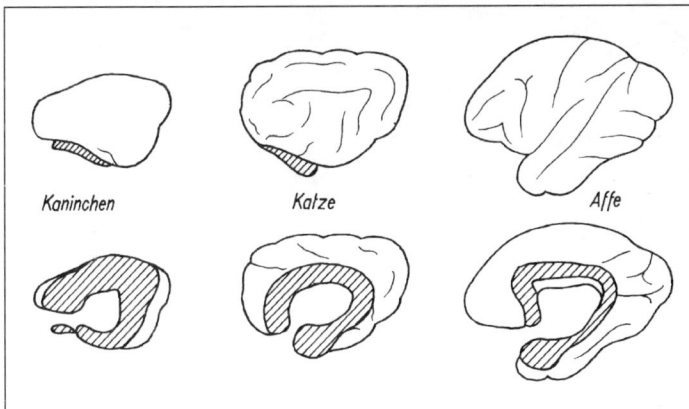

Abb. 2.92. Laterale (oben) und mediale (unten) Ansichten der Gehirne einiger Säugetiere; gestrichelt: das limbische System, hell: der Neocortex. Nach MACLEAN 1970.

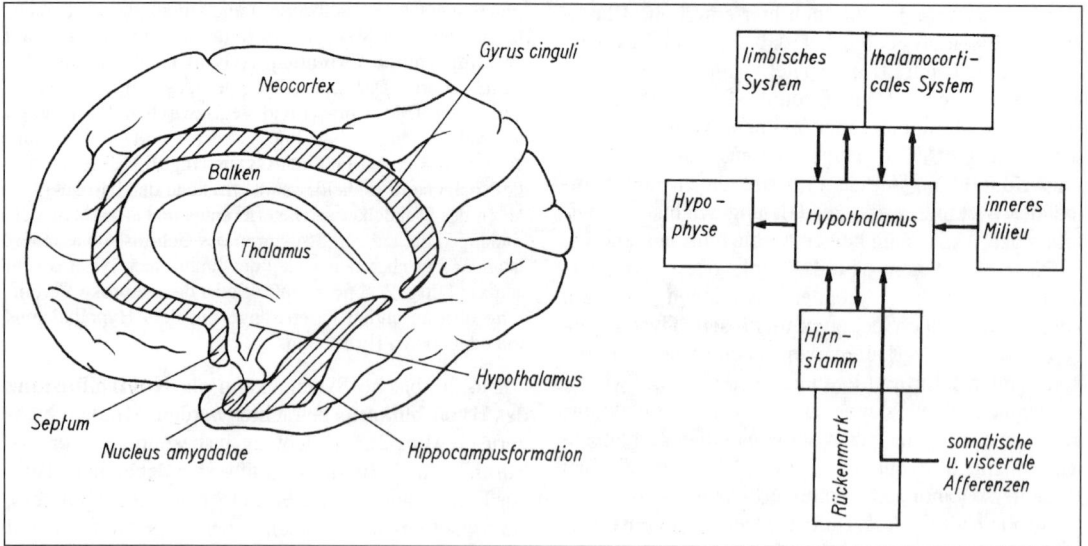

Abb. 2.93. Das limbische System (schraffiert) beim Menschen (nach MacLean 1970) und die wesentlichen afferenten und efferenten neuronalen und hormonalen Verbindungen des Hypothalamus. Aus Schmidt 1983.

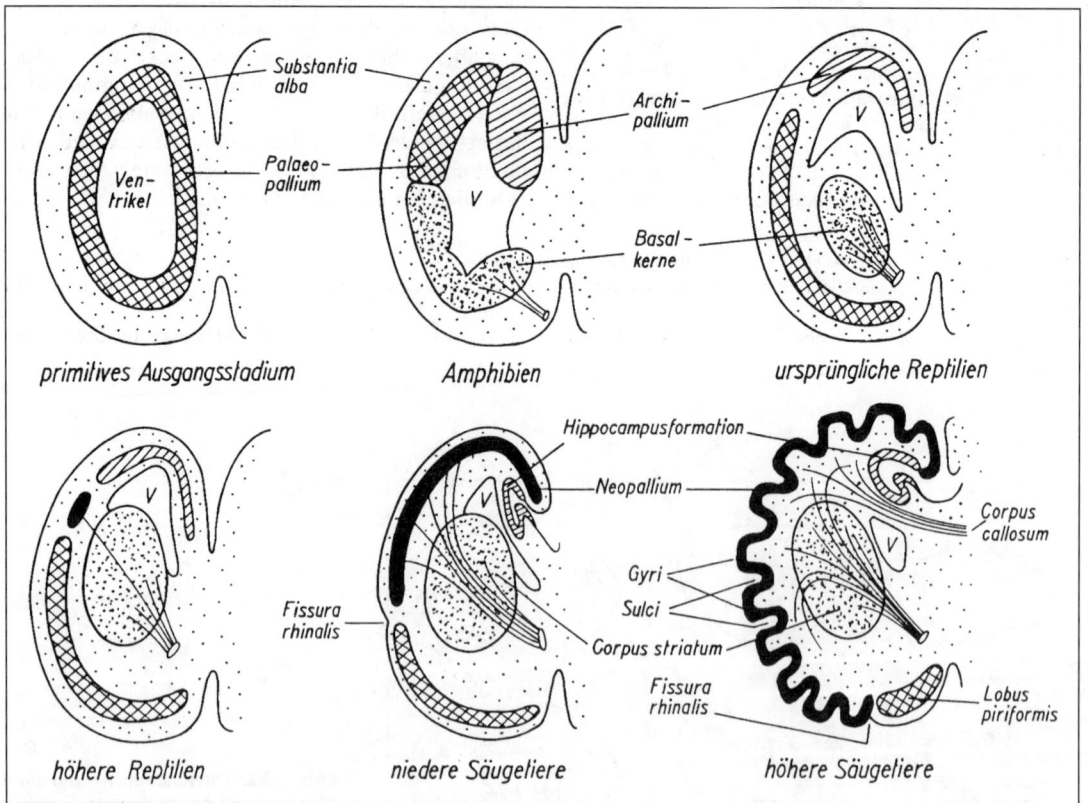

Abb. 2.94. Die phylogenetische Entwicklung des Telencephalon bei den Wirbeltieren: Querschnitte durch eine Hemisphäre; V = Ventrikel. Aus Romer u. Parsons 1983.

elementarer vegetativer Regulationen. Mehrfach ist allerdings nach einer solchen Operation bei den Versuchstieren (Katze und andere Säugetiere) eine betonte Friedfertigkeit beobachtet worden. Umgekehrt kann durch elektrische Reizung der Amygdalae eine starke innerartliche **Aggressivität** hervorgerufen werden. Auch beim Menschen führt eine beidseitige Zerstörung der Mandelkerne zum Abbau einer krankhaft gesteigerten, unkontrollierten Aggressivität.

2.3.8. Informationstheoretische Aspekte der Neuronentätigkeit

Die Informationsübertragung im Nervensystem erfolgt – wie beschrieben – mit Hilfe von elektrischen Impulsen (Aktionspotentiale oder Spikes). Diese Impulse stellen genormte Signale dar, da sie weder in ihrer Amplitude noch in ihrer Länge vom Reiz abhängen. Variabel ist lediglich das zeitliche Muster der Impulsfolge.

Will man quantitative Aussagen über den Informationsfluß im Nervensystem machen, muß bekannt sein, welcher **Code** der Nachrichtenübermittlung zugrunde liegt. In erster Linie kommen folgende drei Codierungsformen in Betracht (Abb. 2.95.).

1. **Binär-digitaler Code:** Die Zeitachse wird in gleichlange Intervalle unterteilt. Der Informationsparameter ist binär, d. h., er kann nur zwei Werte annehmen; er ist 1, wenn mindestens ein Impuls in dem betreffenden Intervall auftritt, und er ist 0, wenn kein Impuls im Intervall auftritt. Die entstehenden Codewörter bestehen deshalb nur aus einer Folge der Zeichen 1 und 0.

2. **Impulsintervall-Code:** Gemessen wird jeweils der Zeitabstand zwischen aufeinanderfolgenden Impulsen. Der informationstragende Parameter, das Impulsintervall, kann kontinuierlich zwischen einem minimalen (s. Refraktärphase!) und maximalen Wert variieren: analoges Signal.

3. **Impulsfrequenz-Code:** Die Zeitachse wird ebenfalls in gleichlange, aber längere Intervalle als beim Binärcode unterteilt. Gemessen wird die Anzahl der Impulse pro Intervall. Die Impulsfrequenz ist der informationstragende Parameter.

Nach unseren heutigen Kenntnissen ist der Binärcode im Nervensystem der Tiere und des Menschen nicht verwirklicht. Ob die anderen erwähnten Codes beide im Nervensystem vorkommen oder nur einer von ihnen, kann noch nicht mit Sicherheit entschieden werden. Viele Neurophysiologen sind der Meinung, daß die Codierungsform in den verschiedenen neuronalen Systemen nicht einheitlich ist.

Der **Informationsgehalt** I eines beliebigen Zeichens x_i von n möglichen (x_1, x_2, ... x_n) ist nach SHANNON[1] (1948)

[1] Claude Elwood SHANNON, geb. 1916 in Gaylord/Michigan, Stud. a. d. Univ. von Michigan u. am Massachusetts Institute of Technology (MIT), Promotion in Mathematik, Arbeit in den „Bell Telephon Laboratories", ab 1956 Prof. f. „electronic communication" am MIT.

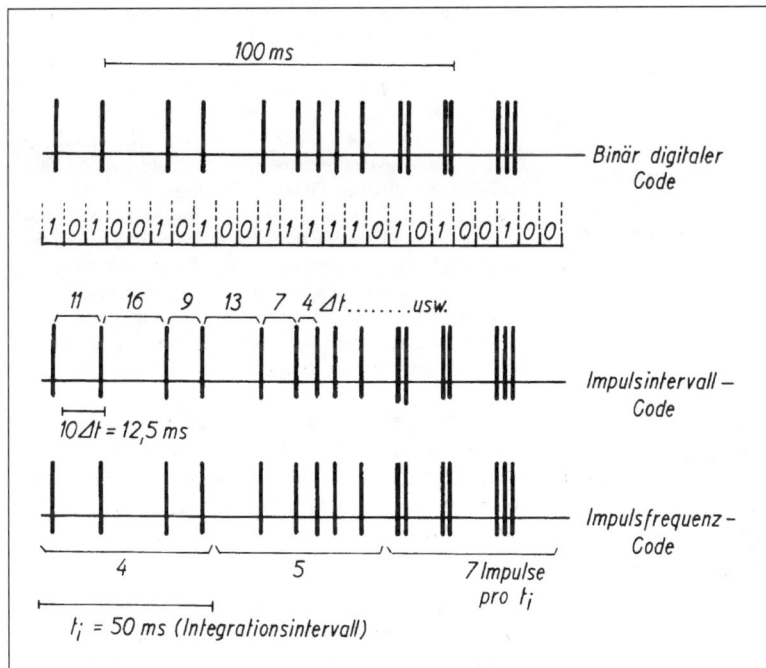

Abb. 2.95. Schema zur Veranschaulichung verschiedener zur Interpretation des gleichen Impulsmusters möglicher Codierungsformen. Nach GRÜSSER 1972.

gleich dem Duallogarithmus[1]) des Kehrwertes der Wahrscheinlichkeit $p(x)$ für das Auftreten dieses Zeichens

$$I_i = \mathrm{ld} \ \frac{1}{p\,(x_i)} \quad \text{in bit.}$$

Er entspricht der Unsicherheit, die durch die ungestörte Übertragung des Zeichens x_i beim Empfänger beseitigt wird, und wird in **bit**[2]) (Maßeinheit der Information) angegeben. Der Informationsgehalt von 1 bit wird übertragen, wenn 2 Zeichen möglich sind (Eichenvorrat des Senders) und beide mit gleicher Wahrscheinlichkeit auftreten können

$$p(x_1) = p(x_2) = {}^1\!/_2 \quad I = \mathrm{ld} \, \frac{1}{{}^1\!/_2} = \mathrm{ld} \, 2 = 1 \ [\text{bit}].$$

Den **mittleren Informationsgehalt** H pro Zeichen (auch als Entropie bezeichnet) errechnet man dann

$$\left[\sum_{i=1}^{n} p(x_i) = 1 \right] \text{ zu}$$

$$H = \sum_{i=1}^{n} p(x_i) \, \mathrm{ld} \, \frac{1}{p\,(x_i)} \quad \left[\frac{\text{bit}}{\text{Zeichen}} \right]$$

Sind alle Zeichen gleich wahrscheinlich

$$p(x_i) = p(x_2) = \ldots = p\,(x_n) = {}^1\!/_n,$$

so erreicht H ein Maximum

$$H_{\max} = n \left(\frac{1}{n} \cdot \mathrm{ld} \, \frac{1}{{}^1\!/_n} \right) = \mathrm{ld} \, n \quad \left[\frac{\text{bit}}{\text{Zeichen}} \right]$$

Den maximal pro Sekunde über einen Kanal übertragbaren Informationsgehalt bezeichnet man als **Informationskapazität** IK

$$IK = \frac{H_{\max}}{t_z} = \frac{\mathrm{ld} \, n}{t_z} \ [\text{bit} \cdot \text{s}^{-1}]$$

t = Sendezeit eines Zeichens s in Sekunden.

Um die **Informationskapazität einer Nervenfaser** zu berechnen, gehen wir von dem Impulsfrequenzcode aus und betrachten zunächst den Fall, daß jede Reizintensität eine bestimmte, feste Impulsfrequenz hervorruft. Wenn $f_{\max}$ die maximal mögliche Frequenz ist, dann können im Zeitintervall t die Frequenzen 0, 1, 2, 3, ..., $f_{\max} \cdot t$ auftreten. Es gibt also insgesamt $n = f_{\max} \cdot t + 1$ Möglichkeiten. Sind alle Möglichkeiten gleich wahrscheinlich und voneinander unterscheidbar, so ist der Informationsgehalt einer bestimmten Frequenz

$$H = \mathrm{ld} \, n = \mathrm{ld} \, (f_{\max} \cdot t + 1).$$

In Wirklichkeit ruft jedoch eine bestimmte Reizintensität nie eine feste Impulsfrequenz hervor. Die Frequenzen zeichnen sich vielmehr durch eine mehr oder weniger starke Streuung um einen Mittelwert aus. Es leuchtet ein, daß die Anzahl der unterscheidbaren Intensitätsstufen in der Entladungsfrequenz um

---

[1]) Logarithmus zur Basis 2.
[2]) engl. **binary digit**.

so kleiner wird, je größer die Streuung ist. Unter Berücksichtigung dieses Sachverhaltes errechnete man für Druckrezeptoren des Katzenfußes (Abb. 2.51.) eine Informationskapazität von 6 bit/s. Bei Muskelspindeln hat man höhere (bis 15 bit/s) und bei Hautrezeptoren mit marklosen Nervenfasern niedrigere Werte (<1 bit/s) errechnet. Im Vergleich zu technischen Meßwandlern, wie z. B. Mikrofon und Photoelement mit etwa 60 000 bit/s, sind diese Werte sehr klein. Der große Vorteil der biologischen Wandler liegt in ihrer geringen Größe.

Durch die außerordentlich geringen Ausmaße der einzelnen Schaltelemente (Neurone) im Nervensystem kann die Zahl der Elemente pro Volumeneinheit sehr hoch sein. Man rechnet mit Tausenden pro mm^3: Die Gesamtzahl der Nervenzellen im menschlichen **Gehirn** wird auf 10^{10} bis 10^{11} geschätzt (Tab. 2.17.). Die Zahl der Kontaktstellen zwischen den Zellen ist nochmals um den Faktor 20–100 größer. Im **Computer** erreicht die Zahl der Schaltelemente dagegen zur Zeit höchstens durchschnittlich 1 pro mm^3. Dafür arbeiten seine Elemente aber sehr viel schneller. Während im Gehirn die Schaltzeiten im Millisekundenbereich (10^{-3} s) liegen, rechnet man im Computer mit Schaltzeiten im Nano- bis in den Picosekundenbereich (10^{-9}–10^{-12} s). Daraus ergeben sich für die optimale Schaltung zur Lösung spezifischer Aufgaben im Computer auf der einen und im Gehirn auf der anderen Seite verschiedene Prinzipien. Um die nötige Arbeitsgeschwindigkeit zu erreichen, werden bei der Lösung komplexer Aufgaben im Gehirn stets viele Neuronen gleichzeitig (parallel) eingesetzt: **Parallelschaltung der Elemente**. Im Computer kann dagegen ein und dasselbe Element mehrmals hintereinander eingesetzt werden, um den Mangel der geringen Anzahl von Elementen auszugleichen (**Serienschaltung der Elemente**), ohne daß darunter die Zeit zur Lösung der Aufgabe wesentlich leidet.

Die von den Rezeptoren kommenden Informationen werden stets in vielen bis zu 1000 parallelen und miteinander in Verbindung stehenden Kanälen dem Gehirn zugeführt. Durch diesen „Überschuß" an Signalen für ein und dieselbe Information (**Redundanz**) erhält das Gehirn trotz einer relativen Unzuverlässigkeit seiner einzelnen Elemente insgesamt eine außergewöhnlich hohe **Zuverlässigkeit**. Der Ausfall selbst beträchtlicher Hirnareale hat in vielen Fällen noch keine bleibende Funktionsstörung zur Folge. Solche Systeme wie das Gehirn, bei denen die Redundanz durch logische Parallelarbeit von gleichen oder ähnlichen Teilen verwirklicht wird, bezeichnet man als **Parallelsysteme**. Das Gegenstück ist ein Seriensystem. Es zeichnet sich dadurch aus, daß bereits der Ausfall eines einzigen Elements das ganze System funktionsuntüchtig machen kann. Diesem Typ gehören heute noch die meisten technischen Systeme an.

Den **totalen Informationsfluß** hat man **beim Menschen** abgeschätzt. Der maximale über alle sensorischen Eingänge **einwärts gerichtete Informationsfluß** beläuft sich größenordnungsmäßig auf 10^8 bis 10^9 bit/s. Dabei spielt die optische Komponente die weitaus dominierende Rolle (Abb. 2.96.).

Die Abschätzung des Informationseinstroms über den **optischen Kanal** wurde wie folgt vorgenommen: Pro Sekunde kann man etwa 16 Bilder mit $2 \cdot 10^5$ Bildpunkten in je

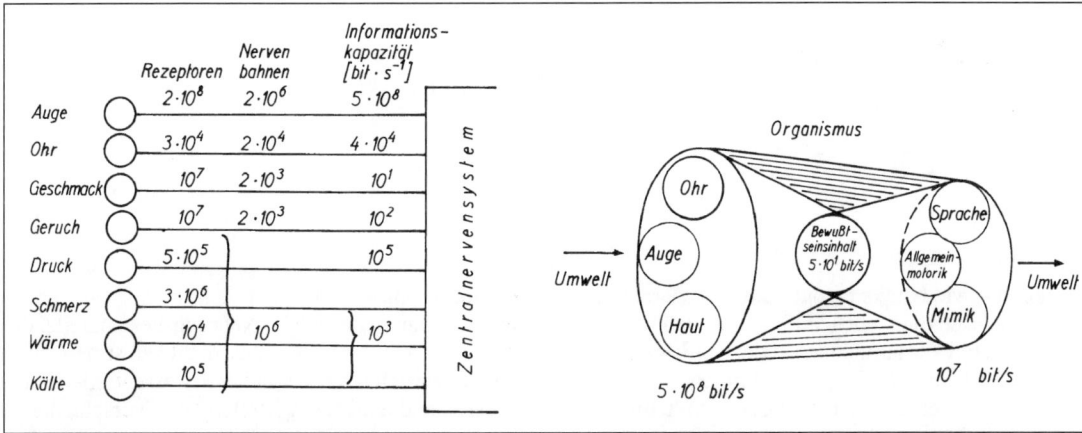

Abb. 2.96. Links: Informationsfluß zwischen Umwelt und Zentralnervensystem über die verschiedenen Sinneskanäle beim Menschen. Nach MARKO 1965. Rechts: Schema des Gesamtinformationsflusses beim Menschen. Die optimalisierende Informationsselektion bei der bewußten Informationsverarbeitung beträgt nach Schätzungen $1:10^7$. Die Informationsabgabe erreicht durch Zufluß gespeicherter Programme wieder wesentlich höhere Werte. Nach KEIDEL 1963, verändert.

250 Intensitätsstufen und 100 Farbtönen voneinander unterscheiden

$16 \cdot 2 \cdot 10^6 \, \text{ld} \, (250 \cdot 100) \approx 32 \cdot 10^6 \cdot 15 \approx 5 \cdot 10^8 \, \text{bit/s}.$

Dabei wurde vorausgesetzt, daß alle Grau- und Farbabstufungen mit der gleichen Wahrscheinlichkeit auftraten.

Auf dem Wege von der Peripherie zu den sensorischen Zentren erfolgt eine gewaltige **Informationsreduktion** der $5 \cdot 10^8$ bit/s auf etwa $5 \cdot 10^1$ bit/s. Sie ist gleichzeitig eine optimalisierende **Informationsselektion**. Das ist dringend notwendig, denn es sollen ja nicht alle Einzelheiten über die Außenwelt bis ins Bewußtsein vorstoßen, sondern nur die „wesentlichen", von der Redundanz befreiten Informationen. Man nimmt an, daß von den $5 \cdot 10^1$ bit/s, die ins Bewußtsein übertreten, nur etwa 1 bit/s im Gedächtnis dauerhaft gespeichert werden kann. – Die Aktionen des Menschen, d. h. die Steuerung der Tätigkeit von Drüsen, Muskeln usw., erfordert umgekehrt einen **auswärts gerichteten Informationsfluß**. Er beläuft sich nach vorläufigen Schätzungen auf etwa 10^7 bit/s (Abb. 2.96.). Diese hohe Informationskapazität kommt durch den Zufluß gespeicherter Programme zustande.

3. Stoffaufnahme und -verteilung

Es gehört – wie bereits betont – zu den charakteristischen Eigenschaften lebender Systeme, daß sie Stoffe aus ihrer Umwelt aufnehmen. Die Aufnahme fester und flüssiger Stoffe erfolgt vornehmlich in Form der „Nahrung" durch den Mund. Dieser **Nahrungsaufnahme** schließen sich komplizierte Verarbeitungsvorgänge im Magen-Darm-Kanal an (**Verdauung**). Ziel der Verdauung ist es, die Stoffe so zu verändern, daß sie im Prozeß der **Resorption** aus dem physiologisch noch zur Außenwelt zählenden Darmlumen ins Körperinnere aufgenommen werden können. Die unverdaulichen Reste werden durch den After (bei afterlosen Tieren wie Coelenteraten und Turbellarien) wieder durch die Mundöffnung abgegeben (**Defäkation**). Die Vorgänge der Nahrungsaufnahme, Verdauung, Resorption und Defäkation bezeichnet man zusammenfassend als **Ernährung**.

Die Aufnahme gasförmiger Stoffe (Sauerstoff) erfolgt unabhängig von der Nahrungsaufnahme entweder an der gesamten Körperoberfläche oder an dafür besonders spezialisierten Stellen. An denselben Orten erfolgt gleichzeitig die Abgabe gasförmiger Stoffe. Den Gasaustausch bezeichnet man als (äußere) **Atmung**.

3.1. Ernährung

Müßten die Tiere alle lebensnotwendigen Stoffe bereits in fertigem Zustand mit der Nahrung aufnehmen, wäre kein Leben möglich. Es ist deshalb wichtig, daß die Lebewesen ihre lebensnotwendigen Substanzen zum großen Teil selbst herstellen können. Alle Tiere sind im Gegensatz zu den meisten Pflanzen **heterotroph**[1]), d. h., sie sind auf den Bezug organischer Körperbestandteile anderer Lebewesen angewiesen (S. 51, Abb. 1.6.). Umfangreiche Ernährungsversuche haben gezeigt, daß bestimmte Stoffe aus der natürlichen Nahrung fortgelassen werden können, ohne daß beim Versuchstier krankhafte Erscheinungen auftreten. Andere Stoffe müssen dagegen dem Tier regelmäßig mit der Nahrung zugeführt werden, wenn es

sich normal entwickeln, fortpflanzen und gesund bleiben soll. Man nennt solche Nahrungsbestandteile, die der Organismus benötigt, aber nicht selbst herstellen kann, **essentiell**. Der Vergleich der essentiellen Nahrungsbestandteile bei Vertretern der verschiedenen Tiergruppen zeigt viele Übereinstimmungen, aber auch eine Reihe von Besonderheiten bei bestimmten Vertretern.

Die mit der Nahrung aufgenommenen Stoffe kann man grob in zwei Gruppen einteilen, wobei jedoch keine scharfe Trennungslinie zwischen beiden existiert. Die Stoffe der ersten Gruppe dienen der Energienachlieferung, man kann sie als **Energieträger** bezeichnen. Zu ihnen gehören insbesondere die Kohlenhydrate und Fette. Zur zweiten Gruppe zählen Stoffe mit nur geringen oder gar keinen Energiewerten. Bei ihnen ist die stoffliche Spezifität entscheidend („**Funktionsträger**"). Dazu gehören Vitamine, Lipoide, Mineralstoffe (incl. Spurenelemente) und das Wasser. Die Eiweiße gehören beiden Gruppen an.

In der Wahl ihrer Nahrung sind manche Tiere sehr anspruchsvoll. Es gibt ausgesprochene **Spezialisten**. Sie verlangen z. B. eine ganz bestimmte Futterpflanze (die Seidenraupe ist z. B. auf Maulbeerblätter spezialisiert) oder auf Grund ihrer besonderen Enzymausstattung Produkte – wie z. B. Holz, Chitin, Keratin oder Wachs –, die anderen Tieren nicht als Nahrung dienen, da ihnen die entsprechenden Enzyme zur Verarbeitung fehlen. Bei den sog. Allesfressern (**Omnivora**[2])) besteht keine solche Spezialisation. Wenn sie auch nicht alles fressen, wie es der Name sagt, so setzt sich die Nahrung doch sowohl aus Pflanzen als auch aus erbeuteten Tiere je nach Angebot zusammen. Dazu gehören unter anderen die Schaben, Wespen, viele Vögel, das Schwein und auch der Mensch. Die **Carnivora**[3]) haben sich auf das Fressen anderer Tiere spezialisiert. Ganze Tiergruppen wie z. B. die Turbellarien (mit Ausnahme der kleinsten Formen), Skorpione, Spinnen und Cephalopoden gehören diesem Ernährungstyp an. Die Pflanzenfresser bezeichnet man als **Herbivora**[4]). Dazu gehören viele Insekten, die Nagetiere, Huftiere und andere. Von bereits in Zersetzung begriffenen Pflanzen- und Tierleichen

---

[1]) héteros (griech.) = anders; he trophe (griech.) = die Nahrung, Ernährung.

[2]) ómnis (lat.) = alles; vorare (lat.) = verschlingen.
[3]) cáro, cárnis (lat.) = Fleisch.
[4]) hérba (lat.) = grünes Kraut.

ernähren sich die **Saprophaga**[1]). Dazu gehören die zahlreichen Schlammfresser am Boden der Gewässer (viele Nematoden, *Tubifex, Gammarus* u. a. im Süßwasser, *Arenicola, Sipunculus, Priapulus*, viele Holothurien u. a. im Meer) sowie viele Humusbewohner (Regenwurm, Collembolen usw.). Unabhängig von der Zusammensetzung der Nahrung spricht man von **makrophagen Tieren**, wenn relativ große Brocken oder sogar ganze Tiere unzerkleinert verschlungen werden. Im Gegensatz dazu nehmen die **mikrophagen Tiere** mikroskopisch kleine Organismen oder nährstoffreiche Flüssigkeiten (Blut, Pflanzensäfte usw.) zu sich.

3.1.1. Essentielle Nahrungsbestandteile (excl. Vitamine)

Die **Kohlenhydrate** sind für viele Tiere die wichtigsten Energieträger. Obwohl sie aus Proteinen (glucoplastische Aminosäuren) durch Umbildung im Tierkörper gebildet werden können (Gluconeogenese), muß offenbar die Nahrung eine von Art zu Art verschiede Menge an Kohlenhydraten enthalten. Die Mehlmotte *Ephestia* und der Brotkäfer *Silodrepa* wachsen nicht, wenn man ihnen keine Kohlenhydrate bietet. Larven der omnivoren Küchenschabe *Blatta orientalis* wachsen am schnellsten, wenn die Proteide 25% und die Kohlenhydrate 71% der Nahrung ausmachen. Für verschiedene Protozoen *(Trypanosoma, Plasmodium)* ist ebenfalls ein hohes Zuckerbedürfnis nachgewiesen. *Trypanosoma brucei* vermag die Zucker Glucose, Mannose, Maltose, Fructose und Galactose im Verhältnis 100 : 86 : 50 : 21 : 9 auszunutzen. Der Ciliat *Tetrahymena* kommt zwar ohne Kohlenhydratzufuhr aus, bietet man ihm aber Kohlenhydrate, so hat das eine Verminderung seines Aminosäureverbrauchs zur Folge. Fleischfresser benötigen in der Regel weniger Kohlenhydrate als Pflanzenfresser.

Unter den Nährstoffen nehmen die **Eiweiße** insofern eine Sonderstellung ein, als sie neben den auch in den Kohlenhydraten und Fetten vorhandenen Elementen H, O und C noch zusätzlich N enthalten. Die Eiweiße bzw. die sie aufbauenden Aminosäuren sind die Hauptlieferanten des Stickstoffs und des Schwefels (durch die im Eiweiß enthaltenen S-haltigen Aminosäuren Cystein, Cystin und Methionin). Es existiert für die Tiere ein gewisses (tägliches) **Eiweißminimum**, das mit der Nahrung zugeführt werden muß, um den N-Verlust wieder auszugleichen. Hinzu kommt, daß viele Tiere (z. B. Säuger) keine Möglichkeit haben, größere Proteinmengen zu speichern.

Wahrscheinlich können verschiedene Tiere in geringem Grade auch **Ammonium** verwerten. Nachgewiesen ist es bei einigen Säugern und bei der Schmeißfliege *Calliphora*. Einige farblose Flagellaten *(Astasia, Chilomonas)* gedeihen nur, wenn ihnen Ammoniumsalze geboten werden. Besondere Verhältnisse liegen bei den **Wiederkäuern** vor. Sie beherbergen in ihrem Pansen Bakterien, die aus Amiden (z. B. Harnstoff) und Ammoniumsalzen körpereigenes Eiweiß synthetisieren. Dieses wird anschließend im Labmagen und Dünndarm entweder direkt oder über den Umweg über die bakterienfressenden Pansenciliaten vom Wiederkäuer verdaut und verwertet. Etwa $^1/_4$ des täglichen Stickstoffbedarfs kann das Rind so über den Amidstickstoff decken (3.1.3.6.).

Nicht alle im Organismus vorkommenden **Aminosäuren** müssen in der Nahrung enthalten sein, einige können fehlen, da das Tier sie aus anderen Stoffen synthetisieren kann. Übereinstimmend erwiesen sich bei verschiedenen Wirbeltieren (Lachs, Ratte, Schwein, Mensch) und Insekten *(Musca, Drosophila, Aedes*-Larven, *Tribolium confusum* u. a.) sowie bei dem Nematoden *Caenorhabditis* und dem Ciliaten *Tetrahymena* folgende 10 Aminosäuren als **essentiell**:

Valin	Lysin	Phenylalanin	
Leucin	Histidin	Tryptophan	
Isoleucin	Arginin	Threonin	Methionin

Für Geflügel während der Wachstumsperiode ist außerdem das Glycin essentiell. Für erwachsene Ratten und Schweine ist das Arginin, für den erwachsenen Menschen außerdem noch das Histidin entbehrlich. Offenbar reicht die Argininsynthese über den Ornithinzyklus (4.1.1.3.) nicht aus, den gesteigerten Bedarf während der Wachstumsphase zu decken. Bei der Honigbiene kann von den genannten 10 AS das Methionin, bei der Schmeißfliege *Calliphora* das Tryptophan fehlen. Der in Insekten parasitierende Flagellat *Strigomonas* benötigt nur eine einzige AS, nämlich das Methionin.

Durch den Gehalt an essentiellen AS sowie durch das Mengenverhältnis derselben zueinander wird die **biologische Wertigkeit eines Eiweißes** bestimmt. Tierische Eiweiße sind in der Regel hochwertiger als pflanzliche. Das Milcheiweiß (Casein) gehört zu den höchstwertigen Eiweißen.

Für die ernährungsphysiologisch besonders gut untersuchte Ratte erwiesen sich auch höher **ungesättigte Fettsäuren** (Linolsäure $C_{17}H_{31}COOH$, Linolensäure $C_{17}H_{29}COOH$ und Arachidonsäure $C_{19}H_{31}COOH$) als essentiell. Ihr Fehlen in der Nahrung führt zu Mangelsymptomen: Veränderungen der Haut, Störungen der Fortpflanzung beim weiblichen Tier, in schweren Fällen Nierenschädigungen. Das gilt auch für junge Mäuse, Hunde, Schweine, Kälber und Hühnchen. Unter den Evertebraten zeichnen sich insbesondere einige Lepidopteren *(Ephestia, Corcyra)* durch ihren Bedarf an Linolsäure aus. Fehlt sie im Futter, so sind das Larvenwachstum und die Entwicklung der Flügel gestört. Eine wichtige Funktion der essentiellen Fettsäuren (z. B. Arachidonsäure) besteht darin, daß sie die Ausgangsstoffe für die Biosynthese der Prostaglandine (2.2.6.) sind.

Der auffälligste Unterschied zwischen den Wirbeltieren einerseits und den Insekten andererseits hin-

---

[1]) saprós (griech.) = faulig; phagein (griech.) = fressen.

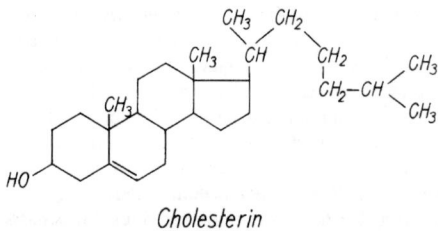

Cholesterin

sichtlich der essentiellen Nahrungsbestandteile besteht darin, daß nur die Wirbeltiere zur Synthese der **Sterine** befähigt sind, während die Insekten auf die Zufuhr mit der Nahrung angewiesen sind. Das wichtigste tierische Sterin ist das **Cholesterin**. Es ist eine unentbehrliche Strukturkomponente aller tierischen Zellmembranen und Ausgangsmaterial anderer Steroide (Sexualhormone, NNR-Hormone [Abb. 2.16.], Vitamin D usw.). Alle Insekten kommen allein mit Cholesterin in der Nahrung aus. Artliche Unterschiede bestehen darin, welche anderen Sterine das Cholesterin ersetzen können. Die meisten pflanzenfressenden Insekten sind in der Lage, die pflanzlichen Sterine (hauptsächlich Sitosterol) in Cholesterin umzuwandeln. Einigen Arten mit rein tierischer Ernährung (Speckkäfer *Dermestes*, Pelzkäfer *Attagenus*) fehlt diese Fähigkeit. Der kleine Tabakkäfer *Lasioderma* hat sich vom Sterinangebot in der Nahrung unabhängig gemacht. Seine intrazellulären Symbionten (Hefepilze) liefern ihm neben einigen wichtigen Vitaminen auch die notwendigen Sterine. Ebenso wie die Insekten muß auch die Weinbergschnecke *Helix* Sterine mit der Nahrung aufnehmen, dasselbe gilt für eine Reihe Protozoen (*Paramecium aurelia*, Trichomonaden, *Labyrinthula vitellum*). Andere Protozoen synthetisieren die Sterine selbst (*Tetrahymena, Labyrinthula minuta*).

Die für den Aufbau der Nukleinsäuren wichtigen **Purine** und **Pyrimidine** stellen sich die meisten Tiere einschließlich der Insekten und Wirbeltiere selber her. Eine Ausnahme bilden viele Protozoen, die diese Stoffe mit der Nahrung aufnehmen müssen (*Tetrahymena, Crithidia* u. a.).

Die Zufuhr der lebensnotwendigen **Salze** erfolgt gewöhnlich in ausreichendem Maße mit der Nahrung bzw. dem Trinkwasser. Für die Säuger erwiesen sich neben den Ionen $Na^\oplus$, $K^\oplus$, $Ca^{2\oplus}$, $Mg^{2\oplus}$, $PO_4^{3\ominus}$ und $Cl^\ominus$ folgende **Spurenelemente** als essentiell: Fe (Hämoglobinbestandteil), Cu, Zn (Bestandteil vieler Enzyme), Mn (Cofaktor bei vielen Enzymen), Co (Bestandteil des Vitamins B_{12}) und Mo und J (Bestandteil des Thyroxins). Für eine Reihe von Insekten ist insbesondere eine hinreichende Zufuhr von K und P lebensnotwendig.

Das Wachstum der Larve des Reismehlkäfers *Tribolium* wird verzögert, wenn der P-Gehalt des Mehls unter 0,1% liegt. Die Taufliege *Drosophila* kann mit einer Nahrung gezüchtet werden, die nur die Salze K_2HPO_4 und $MgSO_4$ ent-

hält ($NaCl$ und $CaCl_2$ traten nur als Verunreinigungsspuren auf). Bei solcher Ernährung sinkt die Na-Menge im Tier auf weniger als 5%, die Ca-Menge auf 1% des Normalwertes ab, ohne daß die Erregbarkeit und Motilität des Insekts gestört sind. Beim Mehlkäfer *Tenebrio* erwies sich unter den untersuchten Spurenelementen insbesondere das Zn als lebensnotwendig. Es ist Bestandteil einer Reihe von Enzymen (z. B. Carboanhydratase).

3.1.2. Die Vitamine

3.1.2.1. Allgemeines

Zu den essentiellen Nahrungsbestandteilen müssen auch die **Vitamine** gerechnet werden. Es handelt sich dabei um eine Gruppe hochwirksamer, niedrigmolekularer organischer Verbindungen, die vom Tier selbst nicht erzeugt werden können. Da sie jedoch für die normale Funktion erforderlich sind, müssen sie mit der Nahrung zugeführt werden. Unterbleibt die Zufuhr oder ist sie aus bestimmten Gründen unzureichend, so treten Mangelsymptome auf, die für das betreffende Vitamin charakteristisch sind und durch künstliche Zufuhr des Vitamins wieder zurückgedrängt werden können (Hypo- bzw. **Avitaminosen**). Der Name Vitamin geht auf FUNK[1]) (1912) zurück, der annahm, daß es sich bei den Stoffen chemisch um Amine handele. Heute wissen wir, daß die Vitamine ganz verschiedenen Stoffklassen angehören. Man bezeichnete sie ursprünglich mit den großen Buchstaben des Alphabets (Vitamin A, B, C usw.). Später stellte sich heraus, daß der als Vitamin B bezeichnete wasserlösliche Faktor in Wirklichkeit ein Gemisch verschiedener Vitamine ist, sie wurden mit den Indizes 1 bis 12 gekennzeichnet. Heute wird im allgemeinen die chemische Bezeichnung des Vitamins bevorzugt. Man kann die Vitamine in **fettlösliche** und **wasserlösliche** unterteilen.

Charakteristisch für die Vitamine ist ihre **katalytische Funktion**. Das bedeutet, daß die Vitamine bereits in sehr geringer Konzentration hochwirksam sind. Dementsprechend sind die Vitaminmengen, die dem Tier zugeführt werden müssen, stets sehr klein (Ausnahme: Ascorbinsäure). Man zählt deshalb die Vitamine ebenso wie die Hormone und Enzyme zu den **Wirkstoffen**. Zwischen den Vitaminen und Enzymen bestehen enge Beziehungen, denn mehrere Vitamine sind gleichzeitig Bestandteil wichtiger **Coenzyme**. Das gilt insbesondere für die Vitamine des B-Komplexes.

Hinsichtlich des **Bedarfs an Vitaminen** unterscheiden sich die Tiere beträchtlich. Genauer untersucht sind jedoch bisher nur Vertreter der Wirbeltiere,

---

[1]) Casimir FUNK, geb. 1884 in Warschau (damals russisch), 1904 Promotion in org. Chemie in Bern, Ass. b. E. ABDERHALDEN in Berlin, 1915 Emigration in die USA, gest. 1967 in New York.

Insekten und Protozoen. Während z. B. das Vitamin C (Ascorbinsäure) für die Primaten und einige weitere Säugetiere essentiell ist, kann die Mehrzahl der Wirbeltiere es synthetisieren. Im Gegensatz zu den Wirbeltieren scheinen die Insekten die fettlöslichen Vitamine (A, D, E, K) entbehren zu können. Eine Ausnahme machen – soweit bekannt – nur die Heuschrecken *Schistocerca gregaria* und *Locusta migratoria*, bei denen das β-Carotin (Provitamin A) einen fördernden Einfluß auf das Wachstum und die Pigmentierung haben soll. Carnitin scheint nur für einige Käfer aus der Familie der Tenebrionidae ein Vitamin zu sein.

Bei einer Reihe von Tieren wird der tatsächliche Bedarf an bestimmten Vitaminen dadurch verschleiert, daß **symbiontisch** im Darm oder in anderen Organen **lebende Mikroorganismen** dem Tier Vitamine liefern. Eine Zufuhr mit der Nahrung ist dann nicht mehr oder nur in sehr geringem Umfang notwendig. Besonderes Interesse verdienen in diesem Zusammenhang die **Pansen-Bakterien** im Wiederkäuermagen. Sie produzieren ausreichende Mengen an B-Vitaminen und an Vitamin K. Die gleiche Funktion üben die Bakterien im Dick- und Blinddarm der Säugetiere aus. Interessant ist das Verhalten der Nagetiere, die von Zeit zu Zeit den Inhalt ihres Blinddarms entleeren (kleinere und weichere Kügelchen als normal) und anschließend sofort wieder fressen (**Coprophagie**[1]), S. 225). In dem Blinddarmkot sind für das Tier lebensnotwendige Vitamine enthalten. Auch bei Insekten kennt man Symbiosen mit Bakterien oder Hefen, die der Vitaminversorgung dienen. So liefern die intrazellulär in großen Darmblindsäcken beherbergten Hefezellen beim Brotkäfer *Silodrepa panicea* folgende Vitamine: Riboflavin, Nicotinsäure, Pyridoxin, Pantothensäure, Folsäure und Biotin, nicht aber Thiamin.

Ebenso wie ein Mangel an einem bestimmten Vitamin zu charakteristischen und schwerwiegenden Symptomen führt, kann auch eine reichliche Zufuhr (z. B. von Vitamin A oder D) krankhafte Veränderungen hervorrufen (**Hypervitaminosen**).

3.1.2.2. Die fettlöslichen Vitamine

Vitamin A (Axerophthol, Retinol). – Es ist ein Polyenalkohol mit einem β-Iononring. Das aus der Leber von Meeresfischen isolierte Vitamin A_1 hat folgenden Aufbau: (s. Formelbild).

Das Vitamin A ist rein tierischen Ursprungs und wird aus den im Pflanzenbereich (in allen grünen Pflanzen, Karotten, Paprika, Hagebutten usw.) sehr weit verbreiteten **Carotinen** unter der Einwirkung des Enzyms **Carotinase** gebildet. Man bezeichnet die Carotine deshalb als **Provitamin**. Räuberischen For-

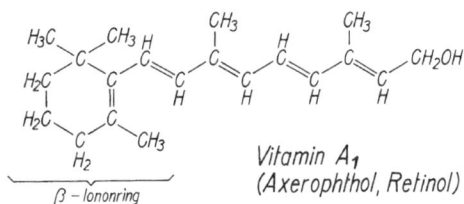

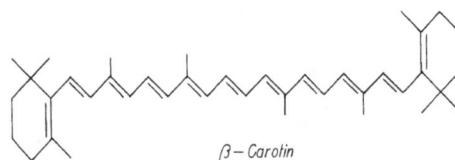

men (Katze, Schwarzgrundel *Gobius niger*) scheint die Carotinase oft zu fehlen. Sie gewinnen das Vitamin direkt in fertigem Zustand aus ihrer Beute, ohne es selbst aus dem Provitamin herstellen zu müssen. Als Provitamin kommt in erster Linie das β-Carotin, ein ständiger Begleitstoff des Chlorophylls, in Frage. Durch Spaltung des Moleküls in der Mitte können theoretisch zwei Moleküle Vitamin A entstehen.

Das Vitamin wird oft in großen Mengen **gespeichert**, vornehmlich in der Leber der Wirbeltiere. Obwohl noch kein Evertebrat bekannt geworden ist, der Vitamin A benötigt, besitzen es viele in erheblichen Mengen. So findet man es z. B. in den Augen vieler pelagischer Crustaceen tieferer Ozeanschichten (z. B. Euphausiaceen) sowie in der Netzhaut und der Mitteldarmdrüse der Tintenfische.

Bei **Mangel an Vitamin A** erleiden besonders die Epithelzellen – sowohl Haut wie Schleimhäute – krankhafte Veränderungen (**„Epithelschutzvitamin"**). Charakteristisch ist die Verhornung der Cornea im Auge (Xerophthalmie[2])), die bis zur Erblindung führen kann. Ein Frühsymptom des Vitamin-A-Mangels beim Menschen ist das Auftreten der nichterblichen Nachtblindheit (Hemeralopie). Das hängt damit zusammen, daß der für die Funktionstüchtigkeit der Sehzellen wichtige lichtempfindliche Farbstoff, der Sehpurpur (Rhodopsin, 5.4.5.), eine Verbindung eines Aldehyds des Vitamin A_1 (Retinal$_1$) mit einem Eiweißträger (Opsin) ist. Bei Mangel an Vitamin A ist die Regeneration des bei der Belichtung in Retinal$_1$ und Opsin zerfallenden Sehpurpurs gestört.

Vitamin D (Calciferol). – Hierzu gehört eine Reihe von Stoffen, die aus Sterinen (Provitamine) durch Bestrahlung mit UV-Licht entstehen und bei den Wirbeltieren eine antirachitische Wirkung haben. Das natürliche Vitamin scheint das **Cholecalciferol** (Vitamin D_3) zu sein, das aus dem 7-Dehydrocholesterin bei UV-Bestrahlung hervorgeht; dabei wird der B-Ring des Steranskeletts gesprengt. Anschließend wird das Vitamin D_3 in der Leber in 25-Hydroxy-

---

[1]) he kópros (griech.) = der Mist, Kot; phagein (griech.) = fressen.

[2]) xerós (griech.) = trocken; ho ophthalmós (griech.) = das Auge.

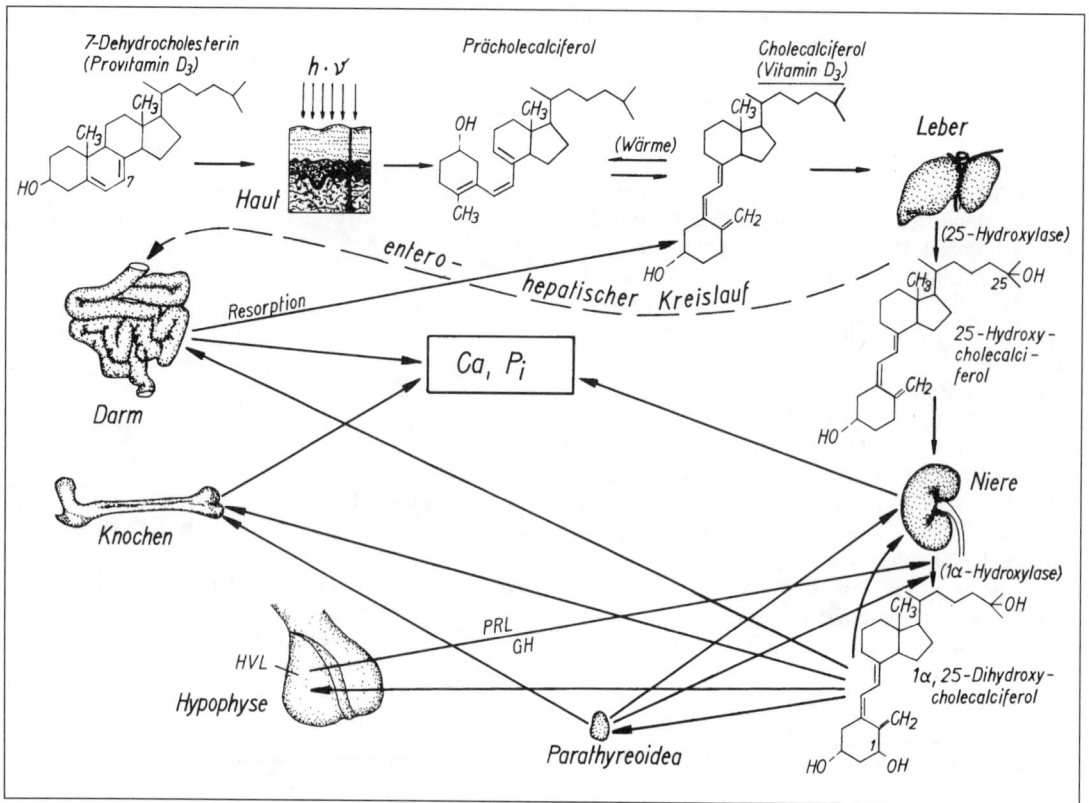

Abb. 3.1. Die Zusammenhänge des Vitamin D_3 (Cholecalciferol) mit dem endokrinen System. Das Vitamin D_3 entsteht in der Haut aus dem Provitamin bei Sonneneinstrahlung, und es wird vom Darm resorbiert. Der vom Darm resorbierte Teil schließt endogene Vitamin-D-Produkte ein, die von der Leber in die Galle abgegeben worden sind (enterohepatischer Kreislauf). Das Vitamin D_3 wird zuerst in der Leber zum 25-Hydroxy-Cholecalciferol und dann in der Niere zum $1\alpha,25$-Dihydroxy-Cholecalciferol oxidiert. Die Zielorgane des Produktes sind die Niere, der Darm, die Knochen, die Adenohypophyse (HVL) und die Parathyreoidea. Die Hormone des HVL (Prolactin PRL und Wachstumshormon GH) und der Parathyreoidea (Parathormon) greifen steuernd in den Stoffwechsel des Vitamin D in der Niere ein. Das Parathormon hat unabhängig auch einen direkten Einfluß auf die Knochen und die Niere im Rahmen der $Ca^{2\ominus}$- und Phosphat-Homöostase (2.2.1.).

cholecalciferol und in den Nieren zu **$1\alpha,25$-Dihydroxycholecalciferol** umgewandelt (Abb. 3.1.). Letzteres ist erst die eigentlich wirksame Form, die hormonartige Regulationsfunktionen ausübt. Sie fördert die Mineralisierung in der neugebildeten Knochensubstanz und stimuliert gleichzeitig die Calcium-Mobilisierung aus bereits verkalkten Knochen. Vergleichbar mit der Wirkung von Steroidhormonen (2.2.2.) tritt sie (gebunden an ein cytosolisches Protein) in die Kerne der Darmzellen ein, wo sie die Transkription einer mRNA einleitet, die die Synthese eines spezifischen $Ca^{2\oplus}$-Transportproteins herbeiführt. Weitere Targetorgane scheinen der Hypophysenvorderlappen (HVL) und die Parathyreoidea zu sein. Das Parathormon, Wachstumshormon (GH) und Prolactin (PRL) unterstützen den Vitamin-D-Stoffwechsel in der Niere, und das Parathormon übt außerdem einen unabhängigen Einfluß auf die Kno-

chen und die Niere im Rahmen der Regulation der $Ca^{2\oplus}$- und **Phosphathomöostase** (2.2.1.) aus.

Das 7-Dehydrocholesterin kann vom Wirbeltier aus dem körpereigenen Cholesterin durch Oxidation im Stoffwechsel entstehen. Es wird in größeren Mengen in der Haut abgelagert, wo es unter der Sonnenbestrahlung zu Vitamin D_3 wird. Im Gegensatz zum Vitamin A kann das Tier in diesem Falle das Provitamin synthetisieren, nicht aber in das aktive Vitamin umwandeln. Die Speichermöglichkeiten für Vitamin D_3 sind nicht so groß wie beim Vitamin A. Besonders reichlich kommt es in den Leberölen des Dorsches, Thunfisches und einiger anderer Teleosteer vor.

Bei **Mangel an Vitamin D** tritt bei wachsenden Hunden, Schweinen, Ratten und Hühnern das als **Rachitis** („englische Krankheit" beim Menschen) bekannte Krankheitsbild auf. Infolge einer nur unvollkommenen Verknöcherung kommt es zur Deformierung belasteter Knochen. Bei erwachsenen Tieren tritt eine Entkalkung der Knochen ein (Osteomalacie). Bei keinem Evertebraten ist ein Bedarf an

Vitamin D beobachtet worden, wohl aber an Cholesterin (S. 200).

Vitamin E (Tocopherol). – Es ist heute eine Reihe chemisch nahe verwandter Stoffe mit Vitamin-E-Wirkung bekannt. Das wichtigste dieser Tocophero-le[1]) ist das α-Tocopherol, das, wie das Chlorophyll und das Vitamin K, einen Phytylrest besitzt.

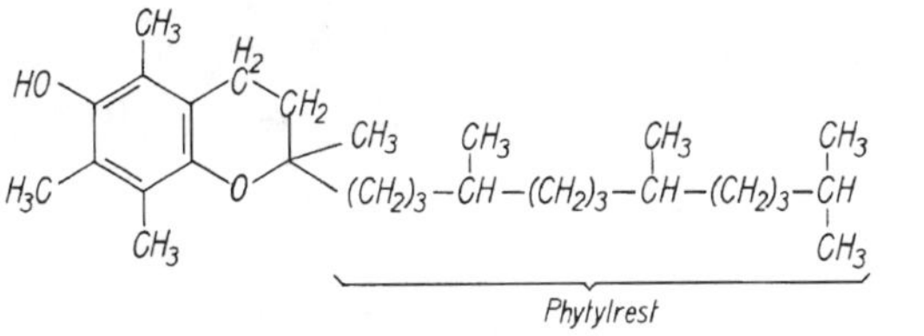

α – Tocopherol

Die Tocopherole kommen in den Chloroplasten aller höheren Pflanzen vor. Die Resorption der Tocopherole im Darm ist schlecht, die Gegenwart von Gallensäuren ist dabei erforderlich. Im Tier wird das Vitamin E hauptsächlich im Körperfett abgelagert. Eine Hypovitaminose äußert sich bei der Ratte in einer Störung der Geschlechtsfunktionen. Beim Männchen treten irreversible Schädigungen der Keimepithelien und Atrophie der Hodenkanälchen auf (**Antisterilitätsvitamin**). Im Weibchen beschränken sich die Auswirkungen auf die Leibesfrucht, die vorzeitig abstirbt und vom Muttertier resorbiert wird. Das Kaninchen und das Meerschweinchen reagieren noch empfindlicher als die Ratte. Mangelerscheinungen sind auch beim Hühnchen, bei der Kaulquappe und bei Guppies beobachtet worden. Sie betrafen auch die Leber und Blutgefäße (Hämorrhagien). Über die biochemische Wirkungsweise der Tocopherole besteht noch keine Klarheit.

Vitamin K (Phyllochinon). – Hierzu zählt eine Gruppe von Stoffen, die auf Grund ihres fördernden Einflusses auf die Synthese des für den Blutgerinnungsvorgang wichtigen Prothrombins (4.6.4.) eine antihämorrhagische Wirkung haben. Sie enthalten alle Methylnaphtochinon als Grundkörper mit einer mehr oder weniger langen Seitenkette. Natürlich kommen zwei Stoffe vor, am häufigsten das Vitamin K$_1$ oder α-Phyllochinon.

Vitamin K$_1$ kommt besonders in grünen Pflanzen vor (Spinat, Kohl usw.), Vitamin K$_1$ in Bakterien. Die Säugetiere sind von einer Aufnahme des Vitamins mit der Nahrung weitgehend unabhängig, da unter normalen Bedingun-

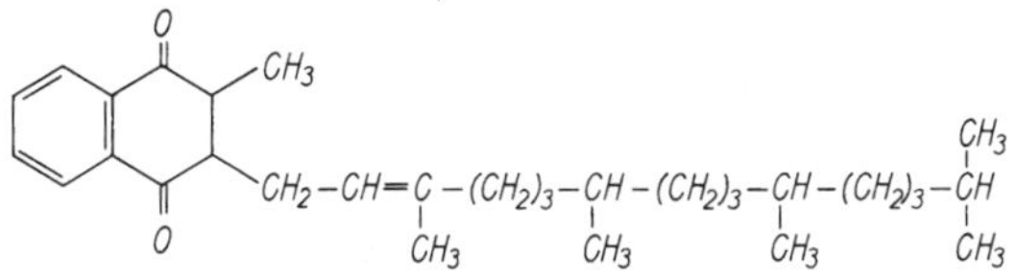

Vitamin K$_1$(α – Phyllochinon)

---

[1]) ho tókos (griech.) = der Sprößling, die Frucht; pherein (griech.) = tragen.

gen ihre Darmflora (Kolibakterien) ausreichende Mengen synthetisiert. Die Vögel sind gegenüber Vitamin-K-Mangel wesentlich empfindlicher als die Säugetiere. Für die Resorption dieses fettlöslichen Vitamins ist wiederum die Galle von großer Bedeutung (Auftreten von Vitamin-K-Mangelerkrankungen bei Gallen- oder Leberleiden!). Bei Vitamin-K-Mangel tritt bei Säugetieren und Vögeln eine Neigung zu Blutungen und Störungen der Blutgerinnung auf (**antihämorrhagisches Vitamin**), der Gehalt an Prothrombin im Blut ist erniedrigt.

3.1.2.3. Die wasserlöslichen Vitamine

Zu den wasserlöslichen Vitaminen zählen in erster Linie diejenigen des „B-Komplexes": Thiamin (B$_1$), Riboflavin, Niacin, Folsäure und Pantothensäure (zusammen als B$_2$ bezeichnet), Pyridoxin (B$_6$) und Cobalamin (B$_{12}$). Sie spielen alle miteinander eine wichtige Rolle im intermediären Stoffwechsel der Tiere und auch der Pflanzen, fast alle sind sie Bestandteile wichtiger **Coenzyme**. Im Gegensatz zu den fettlöslichen Vitaminen haben sie in der Regel auch für die Insekten und für viele Protozoen Vitamincharakter. Die Mikroorganismen (Bakterien und Pilze) verhalten sich unterschiedlich. Viele von ihnen können die B-Vitamine selbst synthetisieren. Das haben sich verschiedene Tiere zunutze gemacht, indem sie eine Symbiose mit den Mikroorganismen eingegangen sind (Abb. 3.2.).

Thiamin (Vitamin B$_1$, Aneurin). – Es weist einen Pyrimidin- und einen Thiazolring auf und bildet mit ATP Thiaminpyrophosphat, das Coenzym der Decarboxylasen und Aldehyd-Transferasen. In dieser Form spielt es eine große Rolle bei der oxidativen Decarboxylierung des Pyruvats („Einfädelung" des Pyruvats in den Citratzyklus) und des α-Ketoglutarats im Citratzyklus. Es ist in pflanzlichen und tierischen

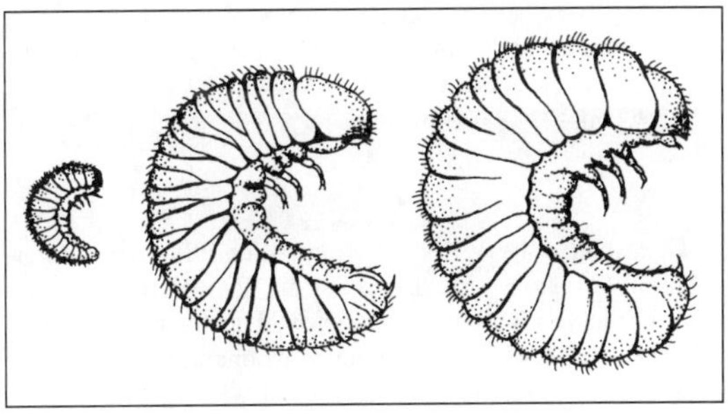

Abb. 3.2. Zehn Wochen alte Larven des Brotkäfers *(Sitodrepa panicea)*: Normalerweise beherbergt die Larve in ihren Mitteldarmblindsäcken Hefen. Durch Sterilisierung der Eischalen können die schlüpfenden Larven symbiontenfrei gemacht werden. Dann vermögen die Larven in ebenfalls sterilisierter Nahrung (Erbswurst) nicht mehr zu wachsen (links). Bereits der Zusatz von Trockenhefe (Symbiontenersatz) gewährleistet ein fast normales Wachstum und normale Entwicklung (Mitte) im Vergleich zur Kontrolle mit Symbionten (rechts). Die Symbionten liefern Vitamine der B-Gruppe. Nach Koch aus Bruckner 1953.

Geweben weit verbreitet (besonders in Weizenkeimen und -kleie sowie in der Hefe), aber in der Regel in relativ geringen Mengen. Sowohl in den Vormägen der Wiederkäuer (3.1.3.6.) als auch im Dickdarm erfolgt durch die Mikroflora normalerweise eine erhebliche Produktion an Vitamin B_1. Dieses enteral gebildete Vitamin wird von den Wiederkäuern und vom Pferd gut genutzt, während beim Menschen, Hund, Schwein und Huhn nur geringe Mengen resorbiert werden, die zur Deckung des eigenen Bedarfs nicht ausreichen.

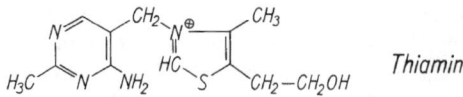

Thiamin

Bei B_1-Mangel steigt der Pyruvat- und Lactatspiegel im Blut an. Neben allgemeineren Mangelsymptomen (Störung der Magen-Darm- und Herztätigkeit, Appetitlosigkeit) treten bei den Säugetieren und Vögeln vor allem krankhafte Veränderungen im Nervengewebe auf (**Polyneuritis**), die zu charakteristischen Krämpfen führen (z. B. Zurückbiegen des Kopfes, Abb. 3.3.; Spasmen der Gliedmaßen). Die neuritische Erkrankung des Menschen ist als **Beriberi** (Schafsgangkrankheit) bekannt.

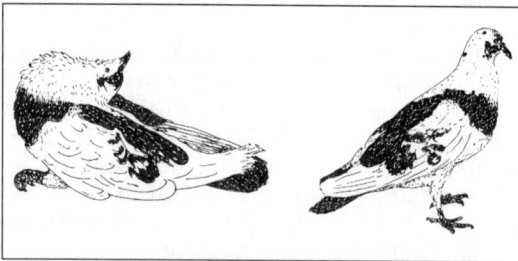

Abb. 3.3. Typische Krampfstellung bei einer Taube unter Vitamin B_1- (Aneurin-) Mangel (links). Dasselbe Tier eine halbe Stunde nach Injektion von einigen µg Aneurin (rechts): Die schweren Gleichgewichtsstörungen und Krämpfe sind verschwunden.

Ebenso wie die Wirbeltiere sind auch alle bisher untersuchten wirbellosen Metazoen auf die Zufuhr des vollständigen Thiaminmoleküls angewiesen. Die Larve des Bockkäfers *Leptura rubra* vermag nur in Kooperation mit seinem Symbionten (*Candida*-Hefe) das lebenswichtige Vitamin B_1 zu bilden. Er selbst steuert den Pyrimidin-, die Hefe den Thiazol-Rest dazu bei (Abb. 3.4.). Die Nahrung des Tieres, das Holz, selbst ist sehr vitaminarm. Durch diese Symbiose wird erst die Existenz in diesem Lebensraum möglich. Die Hefe ist außerdem auf die Lieferung von Vitamin H (Biotin, s. u.) durch ihren Wirt, die Käferlarve, angewiesen. Auch viele Protozoen (*Trypanosoma, Leishmania,* viele grüne Flagellaten) sind auf die Vitamin-B_1-Zufuhr angewiesen, während andere es selbst herstellen. Aber auch in letzterem Falle kann man durch Zusatz von Thiamin zum Kulturmedium die Wachstumsrate der Einzeller noch steigern.

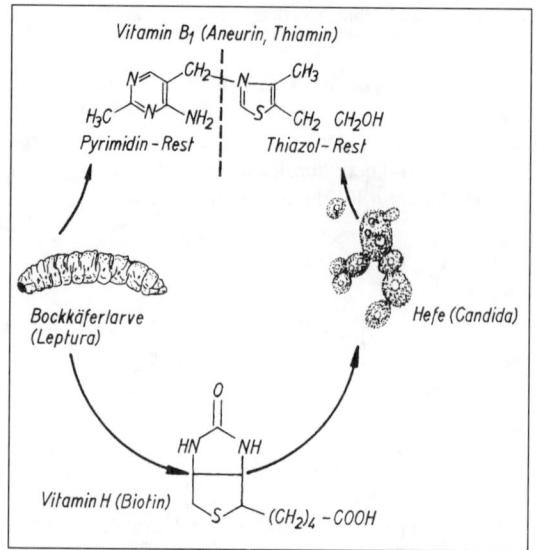

Abb. 3.4. In Ausstülpungen ihres Mitteldarms beherbergt die Bockkäferlarve *(Leptura rubra)* Hefe. Diese liefert den Thiazol-, die Käferlarve den Pyrimidinrest für die Vitamin-B_1-Synthese. Außerdem liefert die Käferlarve das Biotin, das die Hefe zur normalen Entwicklung benötigt, selbst aber nicht zu bilden vermag. Verändert nach KRAUSS u. MIERSCH 1983.

Riboflavin (Lactoflavin). – Es ist ein Derivat des Isoalloxazins, das eine C_5-Polyhydroxykette (Ribit) trägt. Es kommt besonders reichlich in der Milch und im Käse sowie in der Hefe vor und ist Bestandteil des Flavinmononukleotids (FMN) und des Flavinadenin-dinukleotids (FAD). Das sind Coenzyme zahlreicher Flavinenzyme, die z. B. in der Atmungskette bei der Oxidation der reduzierten Pyridinnukleotide wichtig sind (Kap. 1.4.2.). Der Isoalloxazinring wirkt dabei als reversibles Redoxsystem.

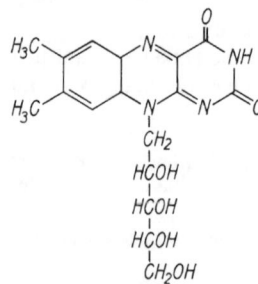

Riboflavin

Ein Mangel an Riboflavin führt bei jungen Haustieren zum Wachstumsstillstand. Oft – so auch beim Truthahn und beim Menschen – treten Veränderungen an den Schleimhäuten, der Cornea und der Haut (Dermatitis) auf. Für Riboflavin scheint ebenso wie für Thiamin bei der Mehrzahl der Tiere die Notwendigkeit einer Zufuhr mit der Nahrung zu bestehen.

Nicotinsäureamid (Niacinamid). – Es ist eine relativ einfache Verbindung, nämlich das Pyridin-3-carbonsäureamid. Es kann in gewisser Menge und relativ langsam von den meisten Säugetieren (Ratte, Maus, Mensch u. a.) und vom Geflügel aus Tryptophan synthetisiert werden. Zu einem Mangel kommt es nur dann, wenn in der Nahrung sowohl das Vitamin als auch das Tryptophan (essentielle Aminosäure) in zu geringer Menge enthalten ist. Das Nicotinsäureamid ist Bestandteil der Pyridinnukleotide (1.4.1.).

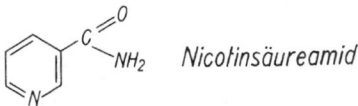

Nicotinsäureamid

Mangel an Nicotinsäureamid führt zu einer als **Pellagra**[1]) beim Menschen bekannten Dermatitis, verbunden mit einer Diarrhoe und Delirium (Pellagra preventive factor oder PP-Faktor). Beim Hund treten charakteristische Entzündungen an der Mundschleimhaut und an der Zunge auf (englisch: disease black tongue). Die Taufliege *Drosophila* benötigt ebenfalls sowohl Tryptophan als auch Nicotinsäureamid in der Nahrung.

Folsäure (Pteroylglutaminsäure). – Sie enthält neben dem Pteridinring noch die p-Aminobenzoesäure und die Glutaminsäure im Molekül. Auch sie ist Bestandteil eines wichtigen Coenzyms, des Coenzym F (Tetrahydrofolsäure), das bei den Umsetzungen der im Stoffwechsel anfallenden C_1-Bruchstücke von großer Bedeutung ist. Die N^{10}-Formyl-tetrahydrofolsäure stellt das „aktive C_1-Fragment" („aktive Ameisensäure") dar. Es spielt eine Rolle bei der Synthese verschiedener N-haltiger Verbindungen wie Purine, Pyrimidine, DNA, Cholin u. a.

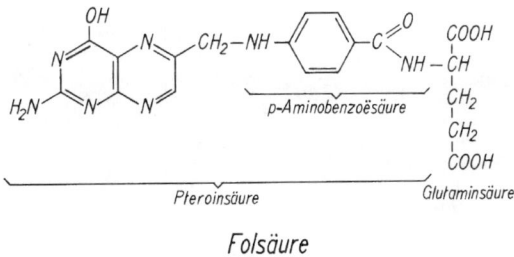

Folsäure

Bei Folsäuremangel kommt es bei den Säugetieren zu einer Anämie, bei der die Erythrozyten vergrößert sind. Bei Küken tritt neben der Anämie noch Wachstumshemmung ein. Folsäure wird wahrscheinlich von allen Tieren in kleinen Mengen benötigt.

Pantothensäure. – Sie besteht aus zwei säureamidartig miteinander verbundenen Säuren, der α,γ-Dioxy-β,β-dimethylbuttersäure und dem β-Alanin.

---

[1]) italienisch: „rauhe Haut".

Sie ist Bestandteil des Coenzyms A. Die wichtigste Coenzym-A-Verbindung ist das Acetyl-CoA („aktivierte Essigsäure", 1.4.1.). So wie das Formyl-CoF das aktive C_1-Fragment darstellt (s. o.), so ist das Acetyl-CoA das aktive C_2-Fragment des Stoffwechsels.

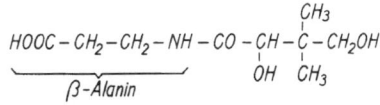

Pantothensäure

Bei Säugetieren wirkt sich ein Mangel an Pantothensäure in vielfältiger Weise aus: Wachstumsstörungen, Schädigungen der Leber und der Nebennierenrinde (Ratte), Ergrauen der Haare bzw. Haarausfall (weiße Mäuse). Bei Küken beobachtete man neben einer Wachstumshemmung eine Dermatitis und Nervenschädigungen. Auch für Insekten und Protozoen ist im allgemeinen die Pantothensäure essentiell.

Pyridoxin (Vitamin B_6, Adermin). – Es ist ein Pyridinderivat. Im Tier kann es leicht in Pyridoxal oder Pyridoxamin überführt werden, die – mit Phosphorsäure verestert – Coenzyme darstellen, die insbesondere im Aminosäurestoffwechsel von großer Bedeutung sind.

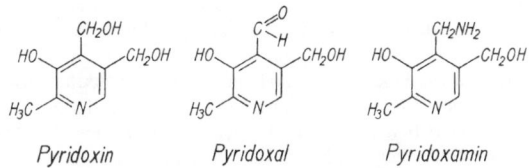

Pyridoxin   *Pyridoxal*   *Pyridoxamin*

B_6-Mangel führt bei Ratten zu Haarausfall, Schuppen und Ekzembildung an den Extremitäten, dem Mund und der Nase. Bei Küken leidet das Gefieder, und die Augenlider verkleben. Insekten – soweit sie nicht von ihren Symbionten versorgt werden – benötigen ebenfalls Pyridoxin in der Nahrung. Bei vielen Protozoen (*Chilomonas, Tetrahymena, Colpoda*) ist Pyridoxin für das optimale Wachstum erforderlich.

Cobalamin (Vitamin B_{12}). – Es ist die komplizierteste Verbindung unter allen Vitaminen. Es hat Ähnlichkeit mit dem Porphyrinring des roten Blutfarbstoffes Hämoglobin (3.3.3.1.), es fehlt aber eine der die Pyrrolringe miteinander verknüpfenden Methinbrücken, zwei weitere sind durch Methylgruppen substituiert. Das Zentralatom ist Kobalt. Das Cobalamin ist für den Stoffwechsel höherer Tiere unbedingt notwendig. Eine der Vitamin B_{12}-abhängigen Enzymreaktionen ist die Synthese der Aminosäure Methionin, die als Proteinbaustein und als „Starter" bei der Proteinbiosynthese eine Rolle spielt. Außerdem laufen über das Methionin Methylgruppen-Übertragungen ab.

Das Cobalamin kann nur von Mikroorganismen gebildet werden, es fehlt in den grünen Pflanzen. Reichlich kommt es dagegen im Fischmehl, in der Leber und Milch vor. Zu sei-

Cyanocobalamin
(Vit. B₁₂)

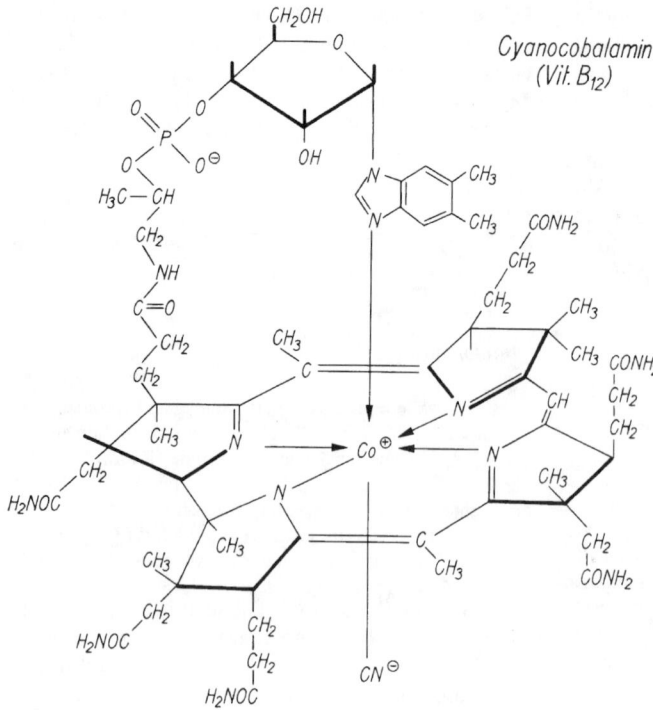

ner Resorption durch die Darmschleimhaut ist ein in der Schleimhaut des Magens gebildetes Mucoproteid erforderlich. Wird dieser sog. innere Faktor (englisch: **intrinsic factor** im Gegensatz zum extrinsic factor = Vitamin) in unzureichendem Maße gebildet, so kommt es zur B_{12}-Avitaminose. Sie äußert sich in einer stark verminderten Erythrozytenzahl (**perniziöse Anämie**). Die Schabe bildet ohne Cobalamin keine lebensfähigen Eier. Cobalamin wird auch von vielen Flagellaten (*Euglena* u. a.) benötigt.

Biotin (Vitamin H). – Es ist eine Säure, die sich aus einem S-haltigen heterozyklischen Ringsystem und der n-Valeriansäure zusammensetzt. Im Tierkörper ist das Biotin Bestandteil (prosthetische Gruppe) von Enzymen. Es ist in dieser Form insbesondere bei CO_2-Übertragungen beteiligt. Die CO_2-Bindung durch das Biotin erfolgt unter Mithilfe von ATP (endergonisch!) an den Stickstoff des Ringes. Diese Verbindung stellt die „aktive Form des CO_2" dar, von der das CO_2 auf andere Substrate übertragen werden kann.

Biotinmangel führt bei Säugetieren und beim Geflügel zum Wachstumsstillstand und zu charakteristischen Haut-

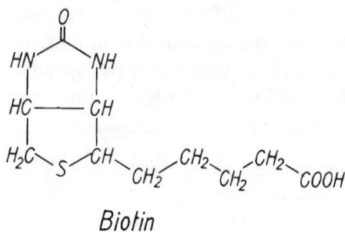

Biotin

veränderungen. Bei den Insekten besteht wahrscheinlich allgemein ein Biotinbedarf. Dagegen zeigen nur wenige Flagellaten eine Abhängigkeit vom Biotinangebot.

Ascorbinsäure (Vitamin C). – Es ist ein Kohlenhydrat-Derivat, das leicht reversibel dehydriert und wieder oxydiert werden kann. Es kommt in allen Geweben vor, besonders im frischen Blattgemüse und in Früchten (*Citrus*-Arten!).

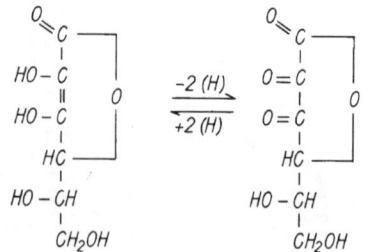

L–Ascorbinsäure   *L–Dehydro-Ascorbinsäure*

Ascorbinsäure ist nur für einen Teil der Säugetiere und Vögel (Primaten, Meerschweinchen, Murmeltier, Flughund *Pteropus*, Kurzfußdrossel *Pyconotus*) ein Vitamin. Die anderen Vertreter können den Stoff aus Glucose synthetisieren. Der tägliche Bedarf an Vitamin C ist im Vergleich zu allen anderen Vitaminen außergewöhnlich hoch. Bei Mangel treten Schädigungen der Kapillarwände (Blutungen im Unterhautzellgewebe und am Zahnfleisch) und Lockerung sowie Ausfall der Zähne ein (**Skorbut**). Die Insekten bilden die Ascorbinsäure im Stoffwechsel selbst, dasselbe gilt für die Ciliaten und freilebenden Flagellaten *(Leptomonas, Strigomonas)*, während die Blutparasiten, unter ihnen *Leishmania tropica* und *Trypanosoma cruzi*, Ascorbinsäure benötigen.

Meso-Inosit. – Es ist ein 6wertiger zyklischer Alkohol, der sowohl im Pflanzen- wie im Tierreich weit verbreitet ist. Bei seinem Fehlen in der Nahrung treten bei Nagetieren und Affen Wachstumshemmungen und Haarausfall auf. Auch Leberschäden infolge einer zu starken Anhäufung von Cholesterin sind beobachtet worden.

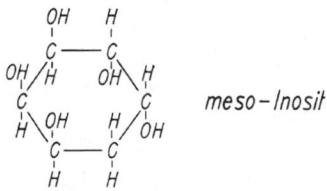

meso – Inosit

Cholin. – Es ist das vollständig methylierte Colamin und als Baustein vieler Phosphatide in tierischen und pflanzlichen Geweben weit verbreitet. Bei ausreichender Zufuhr von Folsäure, Vitamin B_{12} und Methionin kann genügend Cholin synthetisiert werden. Mangel an Cholin führt beim Säugetier zur Leberverfettung und beim Vogel (Huhn) zu Wachstumsstörungen am Knochen.

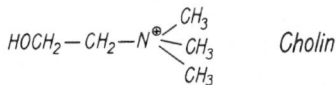

Cholin

Carnitin. – Es ist eine regelmäßige in der Muskulatur anzutreffende Verbindung, die von fast allen Tieren im Stoffwechsel gebildet werden kann. Eine interessante Ausnahme machen einige Käfer aus der Familie der Tenebrionidae *(Tenebrio molitor, Tribolium confusum, Palorus* u. a.), für die das Carnitin ein Vitamin ist. Der ebenfalls zu den Tenebrionidae zählende Vierhornkäfer *Gnathocerus* ist dagegen wieder unabhängig von einer Carnitin-Zufuhr mit der Nahrung.

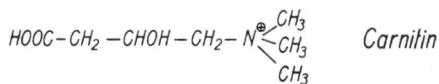

Carnitin

α-Liponsäure (Thioctansäure). – Sie ist die 6,8-Dithion-octylsäure und ist ebenso wie das Thiamin (als Thiaminpyrophosphat), die Pantothensäure (im CoA) und das Nicotinsäureamid (im $NAD^{\oplus}$) bei der

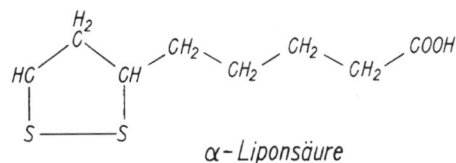

α – Liponsäure

sehr kompliziert verlaufenden oxidativen Decarboxylierung als Cofaktor beteiligt. Von den meisten Tieren kann sie synthetisiert werden, für den Ciliaten *Tetrahymena* ist sie dagegen ein echtes Vitamin.

Hämatin. – Es ist das Protoporphyrin, wie es auch im Hämoglobin und in den Cytochromen vorliegt. Zentral befindet sich ein dreiwertiges Eisen.

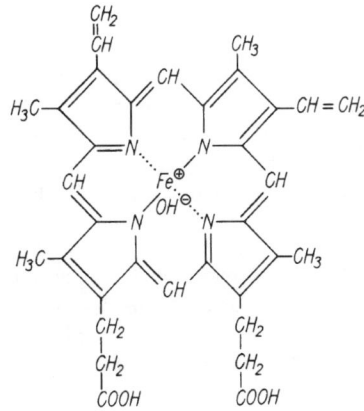

Hämatin

Eine Reihe von Blutparasiten der Säugetiere oder Vögel *(Leishmania-* und *Trypanosoma-*Arten unter den Einzellern) haben die Fähigkeit zur Synthese des Hämatins verloren. Dasselbe gilt für die im Darm von Stechmücken schmarotzende Trypanosomatide *Crithidia (Strigomonas) fasciculata*, während nahe verwandte Arten aus Fliegen bzw. Hemipteren keine Zufuhr von Hämatin mit der Nahrung benötigen. Ebenfalls für die blutsaugende Wanze *Triatom* ist Hämatin ein Vitamin.

3.1.3. Die Verdauung

Nur ein geringer Teil der in der Nahrung enthaltenen Stoffe kann in unverarbeiteter Form die Darmwand passieren. Dazu gehören vornehmlich die Vitamine, Salze und das Wasser. Die Mehrzahl der Stoffe – insbesondere die großen Eiweiß- und Kohlenhydratmoleküle – muß vor der Resorption von den Tieren in niedermolekulare Verbindungen gespalten werden. Diese unter ziemlich hohem Energieaufwand vom Tier durchzuführende Verarbeitung der Nahrung nennen wir **Verdauung**. Sie umfaßt mechanische und chemische (enzymatische) Vorgänge. Das Ziel der Verdauung ist, aus den Nahrungsstoffen resorbierbare Verbindungen herzustellen. Gleichzeitig ist mit der Verdauung die Aufhebung der Art- bzw. Gewebsspezifität der aufgenommenen Eiweißkörper verbunden. Jeder Organismus muß sich seine spezifischen Eiweißkörper selbst aus den Grundbausteinen (Aminosäuren) aufbauen, artfremde Eiweiße wirken im Tierkörper wie Giftstoffe und müssen unschädlich gemacht werden (4.6.).

Die Verdauungsvorgänge spielen sich bei solchen Tieren, die einen Darmkanal besitzen, entweder ausschließlich oder doch zum Teil im Darmlumen ab. Das Darmlumen zählt physiologisch noch zur Außenwelt des Tieres. Dort hinein werden die Verdauungsenzyme abgegeben. Da die Verdauung sich in diesem Fall außerhalb der Zellen im Darmlumen abspielt, spricht man von einer **extrazellulären Verdauung**. Eine ausschließlich extrazelluläre Verdauung findet man bei den Nematoden, Nuculiden (unter den Bivalvia), Anneliden (Ausnahme z. B. *Arenicola*), Onychophoren, Crustaceen, Insekten, Cephalopoden *(Loligo, Alloteuthis)*, Tunicaten und Vertebraten. Bei vielen Tieren kann man beobachten, daß zunächst eine extrazelluläre Vorverdauung der Nahrung erfolgt und sich dann eine intrazelluläre Verarbeitung anschließt. Das ist der Fall bei den Coelenteraten, Trematoden *(Polystoma, Fasciola)* und Nemertinen, bei manchen Anneliden *(Arenicola)*, bei Gastropoden, Bivalviern (Ausnahme: Nuculidae, s. o.), Cheliceraten, Bryozoen, Echinodermen und Acraniern *(Amphioxus)*. Eine rein **intrazelluläre Verdauung** ist charakteristisch für viele Protozoen und die Poriferen. Bei letzteren ist schon deshalb keine extrazelluläre Verdauung möglich, weil jedes abgesonderte Enzym sofort mit dem Wasserstrom, der ständig das Tier durchzieht, fortgetragen werden würde. Auch einige Turbellarien wie die Acoela *(Convoluta* u. a.) und der Tricladide *Polycelis* scheinen eine rein intrazelluläre Verdauung zu haben. Dasselbe gilt für die Tardigraden, die vornehmlich Pflanzenzellen aussaugen.

Wo ein Blutgefäßsystem noch fehlt, übernimmt oft das stark verzweigte und ausgedehnte Darmsystem neben der Verdauungs- und Resorptionsfunktion auch die Funktion der Verteilung der Nährstoffe im Tierkörper. Beispiele dafür liefert die Abbildung 3.5.

3.1.3.1. Die Verdauungsenzyme

Die Verdauungsenzyme gehören ohne Ausnahme den **Hydrolasen** an, die – wie der Name bereits zum Ausdruck bringt –, eine hydrolytische Spaltung der Substrate katalysieren

$$S_1 - S_2 + H_2O \rightarrow S_1 \cdot OH + S_2 \cdot H.$$

Als **Carbohydrasen** bezeichnet man die kohlenhydratspaltenden Enzyme. Das wichtigste Kohlenhydrat der Nahrung ist der pflanzliche Reservestoff **Stärke** (Amylum). Das stärkespaltende Enzym wird als α-**Amylase** bezeichnet. Es ist nur bei Gegenwart von $Cl^{\ominus}$-Ionen voll aktiv. Im Gegensatz zu der vornehmlich im Pflanzenreich verbreiteten β-Amylase, die das Stärkemolekül (ein aus Glucose-Einheiten aufgebautes Polysaccharid) vom Ende her angreift und jeweils die beiden letzten Glucose-Einheiten der Ketten als Maltose abspaltet, spaltet die α-Amylase wahllos Bindungen in der Mitte des Makromoleküls. Es entstehen so zunächst Bruchstücke von 6 bis 7 Glucose-Einheiten (Oligosaccharide), die dann anschließend weiter bis zur Maltose abgebaut werden. Die α-Amylase ist im Tierreich außerordentlich weit verbreitet. Man findet sie bereits bei den Protozoen *(Pelomyxa, Entamoeba, Stylonychia* u. a.) sowie bei Vertretern aller Tiergruppen bis hinauf zu den Wirbeltieren. Allgemein kann man feststellen, daß sich omnivore und herbivore Tiere im Vergleich zu carnivoren durch eine höhere Aktivität ihrer Amylasen auszeichnen. Es ist z. B. im Pankreas des omnivoren Karpfens eine 1000fach höhere amyloklastische Aktivität vorhanden als im Pankreas des carnivoren Dornhais oder Hechtes.

Eine Amylase ist im Darm aller bisher untersuchten phytophagen und tierparasitischen Nematoden nachgewiesen. Sie ist im Kristallstiel (3.1.3.8.) der Bivalvia vorhanden.

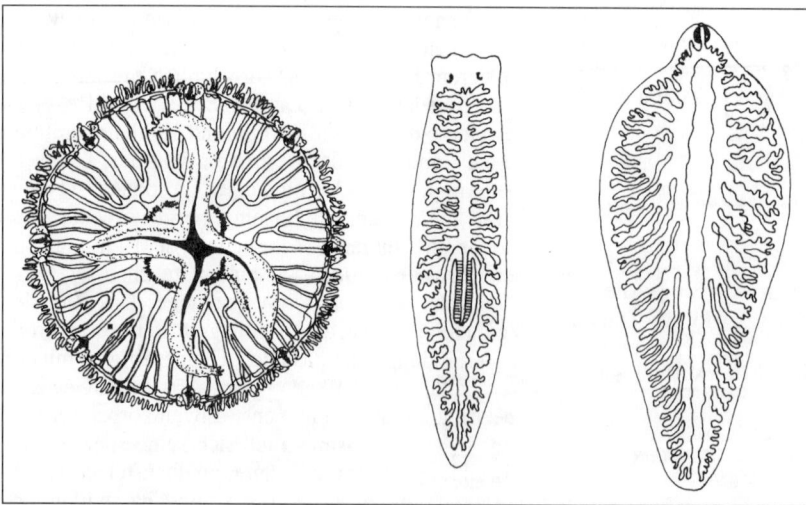

Abb. 3.5. Drei Beispiele stark verzweigter und ausgedehnter Darmsysteme ohne Afteröffnung: Ohrenqualle *(Aurelia aurita)*, Strudelwurm *(Dendrocoelum lacteum)* und Leberegel *(Fasciola hepatica)*.

Helix besitzt eine Amylase im Speicheldrüsensekret. Bei vielen Insekten wird eine Amylase von der Speicheldrüse (*Periplaneta, Calliphora*, Aphiden u. a.) und (oder) von den Drüsenzellen des Mitteldarms gebildet. Bei allen Vertebraten findet man sie im Pankreassaft, bei einigen Säugetieren und Vögeln sowie in geringer Menge beim Frosch außerdem im Speichel.

Soll das Endprodukt der Amylasewirkung, die Maltose, weiter abgebaut werden, ist ein besonderes Enzym, die **Maltase**, notwendig. Sie spaltet die Maltose in zweimal Glucose. Da es sich hierbei um die Lösung einer glykosidischen Bindung handelt, gehört die Maltase zur Gruppe der **Glykosidasen**. Die spezielle Bezeichnung der Glykosidasen bezieht sich auf die Art der gespaltenen glykosidischen Bindung (α oder β) und die Natur des glykosidisch gebundenen Zuckers. Die Maltase ist als α-**Glucosidase** zu bezeichnen. Sie vermag nicht nur die α-glykosidische Bindung in der Maltose, sondern auch in der Saccharose (Rohrzucker) zu spalten. Auch sie ist im Tierreich sehr weit verbreitet, oft kommt sie mit der Amylase gemeinsam vor. Vielfältig ist die Ausstattung der Tiere mit weiteren Glykosidasen, insbesondere bei den Herbivoren und Omnivoren. So besitzt z. B. *Helix* allein mehr als 20 verschiedene Carbohydrasen.

Eine β-**Glucosidase** (spaltet das Disaccharid Cellobiose = 4-β-Glucosido-glucose) kommt unter anderen bei *Helix*, bei der Kellerassel und dem Flußkrebs sowie bei einigen Insekten (*Lepisma, Periplaneta, Tenebrio, Bombyx* u. a.) vor. Unter den Säugetieren ist sie seltener anzutreffen (Meerschweinchen, Maus). Eine β-**Fructofuranosidase** (**Saccharase** oder **Invertase**, spaltet die Saccharose = α-Glucopyranosido-β-fructofuranosid) ist im Speichel der Schaben *Blattella* und *Blaberus* (nicht bei *Periplaneta*) und im Mitteldarm von *Calliphora* vorhanden. In den nur bei den Bienen-Arbeiterinnen ausgebildeten Pharynxdrüsen treten Amylase und Invertase erst dann auf, wenn die Tiere anfangen, Futter einzubringen. Invertase ist z. B. auch im Darm vom Seeigel, von *Peropatopsis* (Onychophore) und von *Ciona* (Ascidie) sowie im Magensaft vom Flußkrebs (*Astacus*) gefunden worden. Bei den nur noch Blütennektar saugenden Schmetterlingen ist sie das einzige nachweisbare Enzym, während die Raupen eine Vielzahl von Enzymen aufweisen. α-**Galaktosidase** scheint bei den Säugetieren zu fehlen. Unter den Insekten ist sie z. B. bei den Larven und Adulten der Schmeißfliege *Calliphora* und bei der Schabe *Blaberus* vorhanden. Mit Hilfe einer α-**Galaktosidase** (**Lactase**, spaltet die Lactose = 4-β-Galaktosido-glucose) kann die Lactose (Milchzucker) von den Säugetieren verwertet werden, nicht aber von der Schildkröte, vom Karpfen, einigen Insekten und vielen Krebsen, denen dieses Enzym fehlt.

In vielen Tieren, die sich von pflanzlicher Kost ernähren, kann die Cellulose verarbeitet werden. Das ist aber nur in seltenen Fällen die Leistung des Tieres selbst, häufiger wird die Cellulosezersetzung von Symbionten durchgeführt. Eine eigene **Cellulase** scheinen die in der Erde lebende Amoebe *Hartmanella*, die Schiffsbohrmuschel *Teredo*, die holzbohrende

Assel *Limnoria*, das Silberfischchen *Ctenolepisma*, einige Cerambyciden (z. B. der große Eichenbock *Cerambyx cerdo*) und einige Anobiiden (z. B. der bunte Klopfkäfer *Xestobium rufovillosum*) zu produzieren. Dagegen wird die Cellulase bei *Helix* und anderen Landschnecken von symbiontischen Darmbakterien geliefert. Auch die Larven der Blatthornkäfer (Maikäfer, Hirschkäfer usw.) sowie der Schnaken (Tipuliden) beherbergen in großen sackartigen Erweiterungen des Darmes Bakterien, die die Cellulose zersetzen. Bei bestimmten holzfressenden Termiten haben Flagellaten die Celluloseverdauung übernommen. Diese Protozoen leben in taschenartigen Ausstülpungen des Enddarms. Werden sie getötet, so sterben die Termiten trotz reichlichen Celluloseangebots innerhalb weniger Tage. Bei den Wiederkäuern findet im Pansen ein umfangreicher Abbau der Cellulose durch streng anaerobe Bakterien (*Bacieroides succinogenes, Ruminobacter parvum* u. a.) statt. Bei den Nicht-Wiederkäuern unter den Säugetieren sind der mächtig entwickelte Dickdarm (Pferd, Schwein) oder der Blinddarm (Nagetiere, auch bei Vögeln) der Ort bakterieller Cellulosezersetzung. Doch ist die Effektivität gegenüber den Wiederkäuern geringer, da die Celluloseverarbeitung erst nach der Verdauung der Nahrung einsetzt. Anders ist es beim Känguruh, wo – ähnlich wie bei den Wiederkäuern – die bakterielle Celluloseverarbeitung bereits in dem stark erweiterten Magen erfolgt.

Einige Tiere können auch das Chitin, ein aus N-acetyl-glucosamin aufgebautes Polysaccharid, mit Hilfe einer **Chitinase** verdauen. Ein solches Enzym ist in bodenlebenden Amoeben (*Hartmanella*) und in Regenwürmern gemeinsam mit einer Cellulase (s. o.) nachgewiesen. *Helix* besitzt eine Chitinase bakteriellen Ursprungs. Schließlich ist Chitinase in der Exuvialflüssigkeit verschiedener Insektenlarven und sich häutender Krebse gefunden worden. Offenbar spielt sie beim Häutungsvorgang eine Rolle.

Die eiweißspaltenden Enzyme nennt man **Proteasen**. Sie katalysieren die hydrolytische Spaltung der Peptidbindung, durch die die einzelnen Aminosäuren in der Polypeptidkette des Eiweißmoleküls miteinander verknüpft sind. Man unterscheidet Endo- und Exopeptidasen.

Die **Exopeptidasen** spalten Peptidbindungen vom Ende der Kette her: **Aminopeptidasen** setzen jeweils die N-terminale, **Carboxypeptidasen** die C-terminale Aminosäure frei. Die **Dipeptidyl-Aminopeptidasen** spalten nicht eine, sondern jeweils zwei Aminosäuren (Dipeptide) vom N-terminalen Ende her ab. Die **Dipeptidasen** – schließlich – trennen die beiden Aminosäuren der Dipeptide voneinander.

Die **Endopeptidasen** oder **Proteinasen** spalten Peptidbindungen (nicht wahllos!) im Innern der Kette. Die werden nach der Struktur ihres aktiven Zentrums unterteilt in:
1. **Serinproteinasen** (Trypsin, Chymotrypsin, Elastase, Enteropeptidase, Kallikrein, Thrombin u. a.)
2. **Cysteinproteinasen** (Papain, Kathepsine u. a.)
3. **Aspartatproteinasen** (Pepsin, Chymosin, Renin u. a.)
4. **Metallproteinasen** (Kollagenasen u. a.)

Das **Pepsin** ist eine Endopeptidase mit einem pH-Optimum im stark sauren Bereich (pH 1,5–2,5). Es spaltet bevorzugt Peptidbindungen, deren Aminogruppe einem Tyrosin- oder Phenylalanin-Rest angehört. Es scheint in seiner Verbreitung auf die Wirbeltiere beschränkt zu sein. Nur dort werden im Magen entsprechend niedrige pH-Werte erreicht, wie sie für die Wirksamkeit des Enzyms erforderlich sind. Das Pepsin wird in Form einer inaktiven Vorstufe **(Pepsinogen)** abgegeben. Die im Magen vorherrschende saure Reaktion und die bereits vorliegenden aktiven Pepsinspuren bedingen die Aktivierung des Pepsinogens zum Pepsin. Dabei wird ein Hemmkörper vom Pepsinogen abgespalten. Die für die saure Reaktion verantwortlichen HCl-produzierenden und die pepsinogenliefernden Zellen können in verschiedenen Bereichen des Magens lokalisiert sein. So wird z. B. das Pepsinogen beim Frosch im Oesophagus und vorderen Abschnitt des Magens gebildet. Die Säureproduktion ist dagegen auf den hinteren Abschnitt des Magens beschränkt. Es werden pH-Werte erreicht, wie sie auch vom Säugetier bekannt sind. Bei den Vögeln ist der Drüsenmagen sowohl Bildungsort der Salzsäure als auch des Pepsinogens. Bei den Säugetieren ist die HCl-Produktion (in den sog. Belegzellen) und Pepsinogenproduktion (in den sog. Hauptzellen) auf die Drüsen der Fundusregion des Magens beschränkt. Bei den Wiederkäuern werden erst im Labmagen die Eiweiße verdaut. Ähnlich ist es bei den 2höhligen Mägen (Hamster, Feldmaus), wo nur im zweiten Abschnitt (Drüsenmagen) HCl und Pepsinogen sezerniert werden. Das Pepsinogen der poikilothermen Fische ist gegenüber dem der Homoiothermen durch eine niedrigere Aktivierungsenergie (höhere Aktivierungsrate) an die niederen Funktionstemperaturen angepaßt. Ihr Pepsin weist auch eine höhere proteolytische Aktivität auf als das der Säugetiere bei gleichen Temperaturen.

Das **Trypsin** ist eine Endopeptidase mit einem pH-Optimum im alkalischen Bereich. Es spaltet ausschließlich Peptidbindungen, deren Carbonylgruppe einem Arginin- oder Lysin-Rest angehört (Abb. 3.6.). Es ist nicht nur auf die Wirbeltiere beschränkt, wo es stets als charakteristisches Enzym im Pankreassaft zu finden ist. Es ist bei vielen Evertebraten nachgewiesen. Insbesondere sind es die Carnivoren, die sich durch hohe proteolytische Aktivitäten auszeichnen. So besitzt z. B. die an Fleischkost angepaßte Fliegenlarve *Lucilia* eine sehr aktive Protease im Darm. Die Trypsinaktivität im Pankreassaft des carnivoren Dornhais oder Hechtes ist etwa 8mal stärker als die des omnivoren Karpfens.

Chymotrypsin ist ein Enzym, das in seiner Struktur dem Trypsin sehr ähnlich ist, sich aber von ihm insbesondere durch seine milchgerinnende Wirkung unterscheidet. Es spaltet bevorzugt Peptidbindungen, deren Carbonylgruppe einem Tyrosin- oder Phenylalanin-Rest angehört. Es kann durch Enterokinase nicht aktiviert werden. Die Säuger-Enterokinase wirkt auch bei einer Reihe von Evertebraten-Trypsinen (Beispiele: *Sepia, Limulus*) aktivierend, bei anderen wiederum nicht.

Neben den tryptischen Enzymen sind verschiedene **Peptidasen** (Amino-, Carboxy- und Dipeptidasen) im gesamten Tierreich weit verbreitet. Das früher als Erepsin bezeichnete Enzym der Wirbeltiere erwies sich als ein Gemisch verschiedener Peptidasen. Man sollte deshalb heute den Namen nicht mehr benutzen.

Die Proteinasen entstehen zunächst als inaktive Vorstufen (sog. **Zymogene**), die dann erst nachträglich im Lumen des Verdauungstraktes aktiviert werden. Dadurch wird einer Autoproteolyse weitgehend entgegengewirkt. Da jede Proteinase nur bestimmte Peptidbindungen zu spalten vermag (Abb. 3.6.), ist ihre *gleichzeitige* Aktivierung im Duodenum von großer Wichtigkeit. Als gemeinsamer **Aktivator** der Zymogene des Pankreas (Trypsinogen, Chymotrypsinogen, Proelastase, Procarboxypeptidase) fungiert das **Trypsin**. Dieses wird in einem initialen Schritt durch ein Enzym der Duodenalschleimhaut, die **Enteropeptidase** (früher: Enterokinase), aus Trypsinogen gebildet. Die so entstandene winzige Menge an Trypsin aktiviert anschließend weiteres Trypsinogen (autokatalytischer Effekt) sowie die anderen

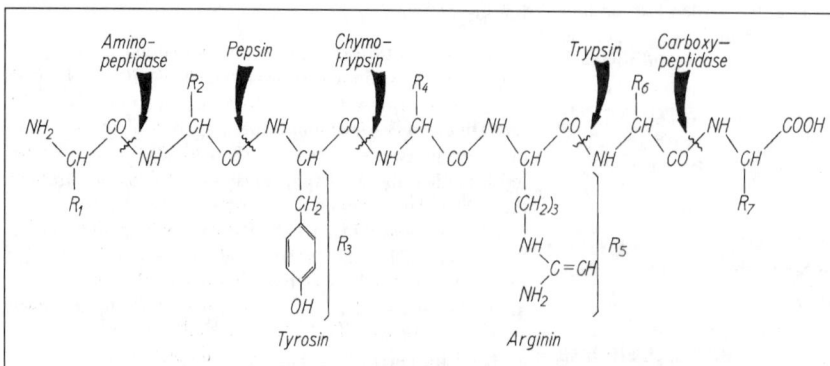

Abb. 3.6. Polypeptidkette mit eingezeichneten Angriffspunkten verschiedener Proteasen.

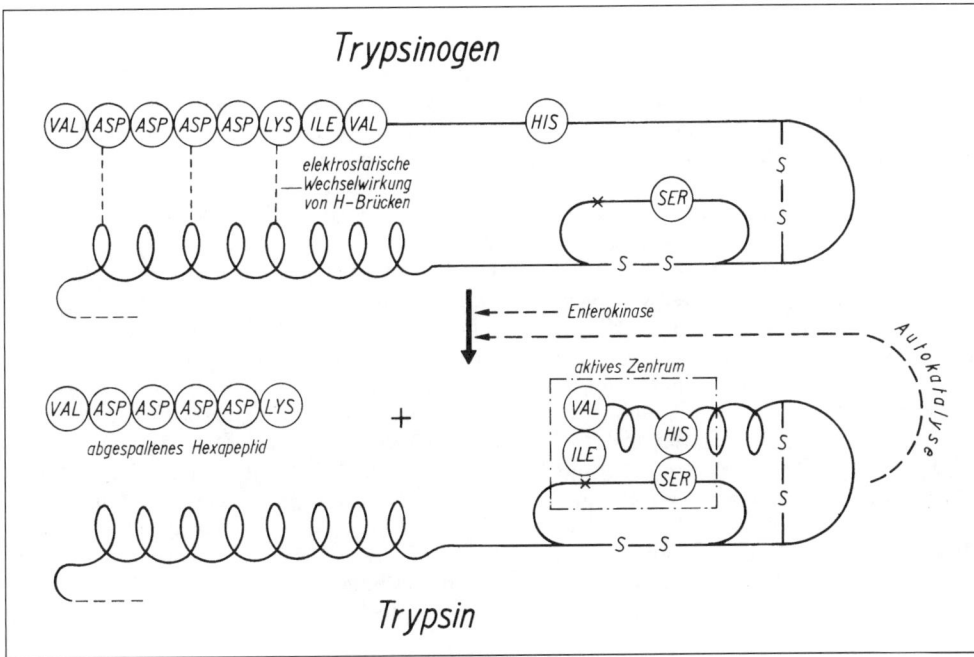

Abb. 3.7. Schematische Darstellung der Vorgänge bei der Aktivierung des Trypsinogens zum Trypsin. Die Abspaltung des Hexapeptids Val-(Asp)$_4$-Lys führt zu einer Veränderung der Tertiärstruktur des Moleküls, wodurch das aktive Zentrum des Trypsins entsteht. Mit × ist die spezifische Bindungsstelle markiert. Nach NEURATH 1964.

Zymogene. Die Enteropeptidase hydrolysiert die einzige Lysin-Isoleucin-Peptidbindung im Trypsinogenmolekül (Abb. 3.7.). Dadurch wird ein Hemmkörper (Hexapeptid: Val-[Asp]$_4$-Lys) abgespalten (limitierte Proteolyse). Der Restkörper erleidet anschließend eine intramolekulare Umlagerung und erhält so seine proteolytische Aktivität. Die Aktivierung des Chymotrypsinogens zum Chymotrypsin unter Einwirkung des Trypsins geht mit der Abspaltung eines Dipeptids einher.

Nur wenige Tiere – einige Insekten wie die Kleidermotte *Tineola biselliella*, die Larve des Blütenkäfers *Anthrenus* sowie anderer Dermestiden und die Mallophagen (Haar- oder Federlinge) – vermögen **Keratin** zu verdauen. Das die Haare und Federn aufbauende Keratin ist ein außerordentlich widerstandsfähiges Skleroprotein, das gewöhnlich weder durch Pepsin noch durch Trypsin angegriffen wird. Auch die Proteinase aus dem Darm von *Tineola*-Larven erwies sich *in vitro* als wirkungslos. In dem sehr wenig mit Tracheen versorgten Mitteldarm dieser Tiere wird durch Abgabe eines starken Reduktionsmittels ein sehr niedriges Redoxpotential von rund –200 mV aufrechterhalten. Dadurch werden die zahlreichen S-S-Bindungen des Keratins geöffnet und das Protein der lytischen Wirkungen der trypsinähnlichen Proteinase zugänglich. Letztere zeichnet sich im Gegensatz zu den übrigen tryptischen Enzymen durch eine Unempfindlichkeit gegenüber SH-Gruppen aus.

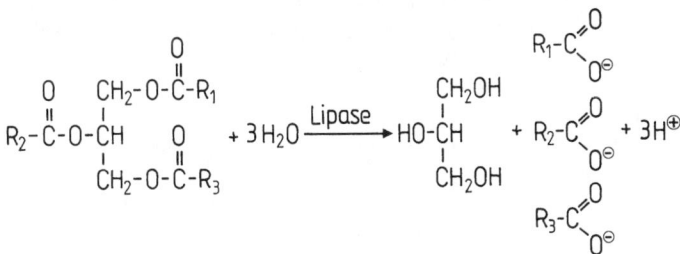

Triacylglycerin (Neutralfett) ⟶ Glycerin   Fettsäuren

Die fettspaltenden Enzyme nennt man **Lipasen**[1]). Die Pankreaslipase spaltet von den Triacylglycerinen zunächst die beiden „endständigen" Fettsäuren in Position 1 und 3 ab. Nach Acylwanderung kann schließlich auch noch die dritte Fettsäure abgespalten werden. Für die Wirksamkeit der Lipasen ist es notwendig, daß das Fett fein emulgiert in Form kleiner Tröpfchen vorliegt. Das wird mit Hilfe bestimmter **Emulgatoren** erreicht. Die wichtigsten Emulgatoren der Wirbeltiere sind die bereits vorhandenen freien Fettsäuren und die Monoacylglycerine sowie – in geringerem Maße (?) – die in der Leber produzierten **Gallensäuren**, die darüber hinaus auch die Lipasen aktivieren. Die (Triacylglycerin-)Lipase wird nur an Öl-Wasser-Grenzflächen wirksam und ist außerdem von einem Protein-Cofaktor (**Co-Lipase**) und von $Ca^{2\oplus}$ abhängig. Die Co-Lipase bindet an die aus Fetten, freien Fettsäuren, Monoacylglycerinen, Gallensäuren und anderen Lipiden bestehenden „gemischten **Micellen** (3.1.3.7.). Das sind Assoziate von Substanzen mit sowohl hydrophoben als auch hydrophilen Molekülanteilen. Letztere liegen oberflächlich, während erstere ins Zentrum der Micellen weisen.

Gallensäuren (vornehmlich die Taurodesoxycholsäure) sind auch im Verdauungssaft des Flußkrebses (*Astacus*) und der Wollhandkrabbe (*Eriocheir*) nachgewiesen.

Lipasen sind im Tierreich weit verbreitet. *Helix* weist eine Lipase im Kropf auf, eine andere in der Mitteldarmdrüse. Die meisten Insekten besitzen eine Lipase im Mitteldarm, einige (*Notonecta, Naucoris, Nepa*) im Speichel. Bei den höheren Krebsen ist sie im Mitteldarmdrüsensekret enthalten und später im Magen zu finden. Bei den Wirbeltieren ist das Pankreas Hauptproduktionsort der Lipasen, nur bei manchen Teleosteern scheinen sie ganz zu fehlen.

Eine Sonderstellung nimmt die Raupe der Wachsmotte *Galleria mellonella* ein. Ihre Nahrung sind die aus Wachs bestehenden Brutwaben der Honigbiene. Die **Verdauung des Wachses** bei diesem Kleinschmetterling wird z. T. von symbiontischen Darmbakterien, zum anderen Teil von körpereigenen Enzymen – es sind eine Lipase, Lecithinase und Cholesterinesterase gefunden worden – durchgeführt.

3.1.3.2. Extraintestinale Verdauung

Zu den Ausnahmeerscheinungen gehört es, daß bereits außerhalb des Darms eine Verdauung der Beutetiere einsetzt. Dazu werden Verdauungssäfte in die Beute hinein abgegeben und anschließend der bereits verflüssigte Nahrungsbrei zur weiteren Verarbeitung aufgesaugt. Das bekannteste Beispiel einer solchen **extraintestinalen**[2]) **Verdauung** liefern die Spinnen.

---

[1]) to lipós (griech.) = das Fett.
[2]) exter, éxtera (lat.) = äußerlich; intestinum (lat.) = der Darm.

Auch bei einigen Insekten (Larven des Gelbrandkäfers *Dytiscus* und des „Glühwürmchens" *Lampyris*, Carabiden, Cicindeliden u. a.), bei den Seesternen und den Wurzelmundquallen (Rhizostomeen) kommt extraintestinale Verdauung vor. Auch einige Cephalopoden (*Octopus, Eledone,* nicht aber *Sepia*) haben eine teilweise äußere Verdauung, durch die Weichteile der Beute (Krabben) von den Skeletteilen befreit werden.

Die **Spinnen** pumpen einen aus der Mitteldarmdrüse stammenden Verdauungssaft, der besonders aktive Proteasen enthält, durch die mit den Cheliceren-klauen geschlagenen Wunden in das Opfer (Insekt). Nur bereits verflüssigter Nahrungsbrei und kleinste Partikel können die wie ein Filter wirkende starke Behaarung der Oberlippe und der Laden der Pedipalpen-hüften passieren und durch die enge Mundöffnung aufgesaugt werden. Oft wird dabei die Beute gleichzeitig zwischen den Cheliceren geknetet und gewendet.

In den mächtigen zangenförmigen Mandibeln der **Gelbrandkäferlarven** (*Dytiscus*) verläuft ein Kanal, der kurz vor der Spitze nach außen mündet und am anderen Ende (bei geöffneten Zangen) mit der Mundhöhle in Verbindung steht. Die Mundöffnung selbst ist funktionslos geworden. Beim Einschlagen der Mandibeln in die Beute wird dieser das aus dem Mitteldarm stammende Enzymgemisch injiziert. Später wird der nahezu flüssige Verdauungsbrei ebenfalls durch den Mandibelkanal aufgesaugt. Eine 12 mm lange Köcherfliegenlarve kann so innerhalb von 10 min vollständig ausgehöhlt werden.

Einige **Asteriiden** (Seesterne) stülpen ihren Magen aus und führen ihn zwischen die beiden Schalenhälften einer Muschel oder in das Gehäuse einer Schnecke ein. Die Beute wird anschließend außerhalb des Körpers verdaut. Dabei wird die Magenwand eng an die Beute gepreßt. Dieser enge Kontakt zwischen Magenwand und zu verdauendem Gewebe scheint für die Verdauungsfunktion notwendig zu sein. Er wird auch bei solchen Vertretern, die ihren Magen nicht ausstülpen (*Astropecten* u. a.), dadurch hergestellt, daß Falten der Magenwand sich eng um die aufgenommene Nahrung legen und sogar in sie vordringen. Der Magen selbst bildet allerdings keine Enzyme, diese stammen sämtlich aus den radialen Magendivertikeln (Mitteldarmdrüse). Es sind verschiedene Proteasen (Trypsin, Peptidasen, Dipeptidasen, Kathepsin) und eine Amylase nachgewiesen.

3.1.3.3. Die Speicheldrüsen

Viele Tiere besitzen Speicheldrüsen. Dazu gehören die Mollusken mit Ausnahme der Muscheln, die Onychophoren, Tardigraden, Insekten, Arachnomorphen und Wirbeltiere mit Ausnahme der Fische. Das Sekret der Drüsen (Speichel) wird in die Mundhöhle entlassen. Es enthält in vielen Fällen keine Enzyme und dient lediglich der Durchfeuchtung und dem Schlüpfrigmachen der Nahrung. Zu diesem Zweck sind in dem Speichel Schleimstoffe enthalten. Es handelt sich dabei um das sog. **Mucin**, ein Gemisch aus Mucoproteiden und Mucopolysacchariden. Bezeichnenderweise fehlen die Speicheldrüsen – oder sind zumindest stark zurückgebildet – bei vielen wasserbewohnenden Wirbeltieren, deren Nahrung ohnehin schlüpfrig und feucht ist. Das gilt für die Fische, Seeschildkröten, einige Vögel (Fischreiher u. a.), für die Robben und Wale. In anderen Fällen können die Speicheldrüsen Spezialfunktionen innehaben (s. u.).

Enzyme fehlen im Speichel der meisten Wirbeltiere. Eine α-Amylase („**Ptyalin**")[1]) kommt bei einigen Säugetieren (Ratte, Maus, Meerschweinchen, Kaninchen, Lama, Hirsch, Schwein u. a.) und Vögeln (Truthahn, Gans, Haushuhn u. a.) vor. Besonders aktiv ist sie beim Menschen und Elefanten. Sie fehlt beim Pferd, Schaf, Rind, bei der Ziege und der Katze. Eine Lipase fehlt im Speichel der Säugetiere grundsätzlich, eine Protease gehört zu den großen Seltenheiten (*Petromyzon*, Giftschlangen). Vielfältiger ist die Zusammensetzung bei den Wirbellosen. Im Speichel der Onychophore *Peripatopsis* ist sowohl eine Amylase als auch eine Protease vorhanden. Dasselbe gilt für die Baumwanze *Eurygaster*. Im Speichel der Insekten kann man eine Amylase (*Calliphora*, Aphiden, besonders aktiv bei den Schaben, Ruderwanze *Corixa* u. a.), eine Invertase (Lepidopteren, die Wanzen *Corixa, Pentatoma, Pyrrhocoris*), eine Protease (*Gerris, Notonecta, Nepa* u. a.) oder eine Lipase (*Notonecta, Nepa* u. a.) nachweisen. Es lassen sich deutliche Beziehungen zur Nahrung er

---

[1]) ptyéĩn (griech.) = spucken.

kennen. Der Speichel der blutsaugenden Wanzen *Rhodnius* und *Cimex* sowie der Tsetsefliege *Glossina* scheint enzymfrei zu sein.

In einigen Fällen besitzt der Speichel charakteristische **Spezialfunktionen**. So kann der Speichel in den Dienst des Beutefanges treten, indem er die Zunge klebrig macht (Frösche, Chamäleon, Spechte, Schnabeltier, Ameisenbär u. a.). Bei den Seglern (Apodidae) sind die Speicheldrüsen während der Brutzeit stark vergrößert. Sie liefern klebriges Material, das zum Zusammenkleben der Niststoffe oder allein als Baumaterial für das Nest (die „eßbaren Vogelnester" der Gattung *Collocalia*) dient. Im Speichel vieler blutsaugender Insekten (der Wanzen *Rhodnius* und *Cimex*, der Tsetsefliege *Glossina* u. a., nicht bei den Mücken *Culex* und *Aedes*) befindet sich ein Stoff (**Antikoagulin**), der die Blutgerinnung hemmt. **Giftstoffe** werden in dem hinteren (größeren) Speicheldrüsenpaar der Cephalopoden gebildet. Sie lähmen das Beutetier (insbesondere Crustaceen) augenblicklich. Auch in den Speicheldrüsen der Kegelschnecke *Conus* wird ein Gift produziert, das mit Hilfe eines kanülenartig ausgezogenen Radularzahnes dem Opfer injiziert wird. Bemerkenswert ist der **Säuregehalt** des Speichels mancher Schnecken (*Tonna, Dolium galea* u. a.), der dazu dient, das Kalkskelett der Beute (Echinodermen, in anderen Fällen Muscheln) anzugreifen. Der Speichel der Wiederkäuer schließlich zeichnet sich durch einen hohen N-Gehalt aus, der zum überwiegenden Teil (77% beim Rind) durch die im Speichel enthaltene **Harnstoffmenge** bedingt ist. Dieser Harnstoff kann im Pansen in bakterielles Eiweiß überführt werden (3.1.3.6.).

Die Säugetiere besitzen drei Paar Speicheldrüsen: die Unterkieferspeicheldrüse (Glandula submaxillaris), die Unterzungenspeicheldrüse (Gl. sublingualis) und die Ohrspeicheldrüse (Gl. parotis). Bei den meisten Insektivoren, Nagetieren, Carnivoren und Ruminantia kommt noch eine Gl. retrolingualis hinzu. Die **Innervation** der Drüsen erfolgt sowohl über Fasern

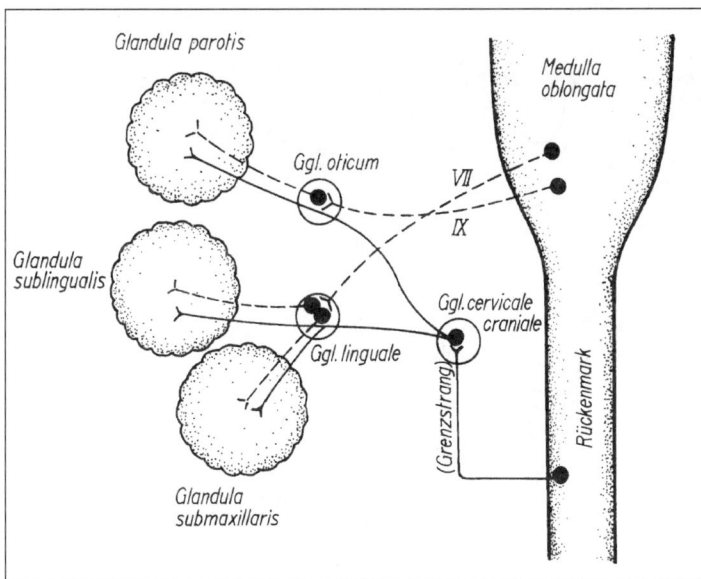

Abb. 3.8. Innervation der Speicheldrüsen (Hund).
- - - parasympathische Fasern,
—— sympathische Fasern,
VII = N. intermediofacialis,
IX = N. glossopharyngicus.

des sympathischen als auch über Fasern des parasympathischen (N. facialis, N. glossopharyngeus) Systems (Abb. 3.8.). Beide Fasertypen üben eine antagonistische Wirkung aus. Zwischen den Mahlzeiten ist die Speichelsekretion durch die großen Drüsen minimal (Ausnahme: Wiederkäuer), bei Nahrungsaufnahme steigt sie sehr schnell an. Durch die mit der Nahrungsaufnahme verbundene chemische, mechanische und thermische Reizung von Rezeptoren in der Mundhöhle wird das Speichelzentrum in der Medulla oblongata erregt und reflektorisch eine Speichelsekretion ausgelöst (**unbedingte Reflexe**). Der mechanischen Reizung kommt dabei bei den Haussäugetieren die wichtigste Rolle zu, die thermische Reizung scheint generell von geringer Bedeutung zu sein. Die Menge und Zusammensetzung des Speichels ist der jeweils aufgenommenen Nahrung weitgehend angepaßt. Besonders trockene Nahrung löst die Abgabe eines mucinreichen, zähen „**Gleitspeichels**" und ätzende, stark reizende Stoffe die großer Mengen eines wäßrigen „**Spülspeichels**" aus. Die pro Tag ausgeschüttete Speichelmenge kann außerordentlich groß sein. Sie kann beim Rind bei Grasfütterung 178 l erreichen. Durch künstliche Reizung der parasympathischen Fasern in der sog. Chorda tympani konnte man beim Hund eine bessere Durchblutung der Gl. submaxillaris (vasodilatatorische Wirkung) und die Abgabe eines dünnflüssigen Speichels („Chordaspeichel") hervorrufen. Umgekehrt ruft die Reizung des Sympathicus eine Herabsetzung der Durchblutung (vasoconstrictorische Wirkung) und die Abgabe geringer Mengen eines zähen, mucinreichen Speichels hervor. – Die über **bedingte Reflexe** (2.3.6.) ausgelöste, sog. **psychische Sekretion** (Pavlov) spielt beim Schwein, Hund und besonders beim Menschen ebenfalls eine Rolle, scheint dagegen beim Pferd und Rind zu fehlen. Sie geht von Sinnesreizen aus, die mit der Nahrungsdarbietung verknüpft sind oder im Experiment verknüpft wurden, wie z. B. das Sehen oder Reichen der Nahrung oder das Hören eines regelmäßig mit der Futtergabe gekoppelten Geräusches (Tones).

3.1.3.4. Der Oesophagus

Der Oesophagus ist in der Regel nur Durchgangsstation, in der die Nahrung nicht lange verweilt. Der Transport der Nahrung erfolgt durch die **Peristaltik**[1]). Sie besteht darin, daß sich oberhalb des verschluckten Bissens eine Einschnürung des Oesophagus durch Kontraktion seiner Ringmuskulatur ausbildet und unterhalb des Bissens gleichzeitig die Muskulatur erschlafft. Sowohl die Einschnürung als auch die regionale Erschlaffung schreiten anschließend zum Magen hin fort, den Bissen vorantreibend. Der Oesophagus ist wahrscheinlich niemals Produktionsstätte von Enzymen.

---

[1]) peristáltikos (griech.) = zusammendrückend.

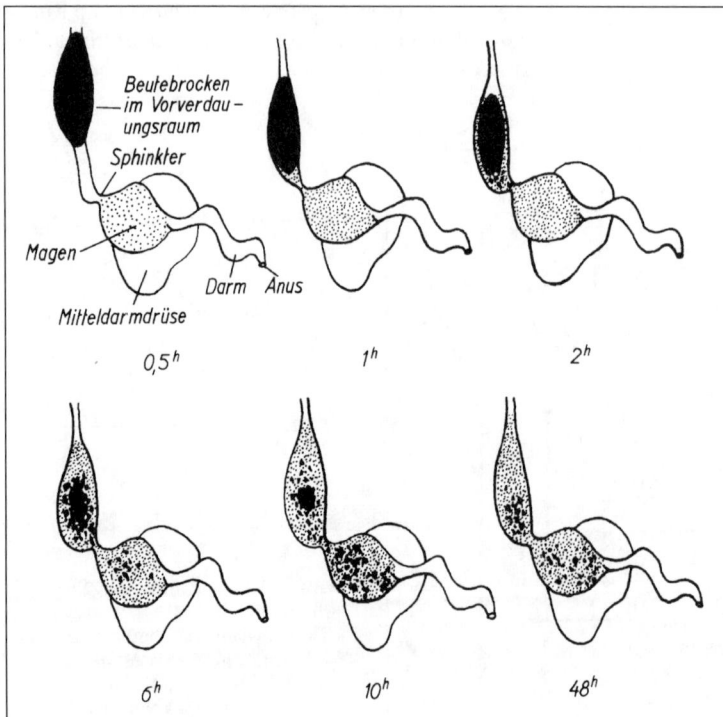

Abb. 3.9. Vorverdauung im Oesophagus der Schnecke *Pleurobranchaea* (Schlinger). Punktiert ist der Verdauungssaft, schwarz die Nahrung dargestellt. Die Zeitangaben beziehen sich auf die Nahrungsaufnahme. Aus Hirsch o. J.

Bei einer Reihe von Tieren ist der Oesophagus stark erweitert. Typisch ist das für viele Schlinger, bei denen er die unzerkleinerte Beute aufnimmt, die dort einer **Vorverdauung** unterzogen wird. Die dazu notwendigen Verdauungssäfte werden aus rückwärts gelegenen Darmabschnitten (Mitteldarmdrüse bzw. Magen) nach vorne gepumpt. Als Beispiel seien die Schnecken *Pterotrachea* und *Pleurobranchaea* (Abb. 3.9.), die Fische *Acanthias* (Dornhai), *Esox* (Hecht) und *Gadus* (Dorsch) sowie die fischfressenden Vögel Pelikan und Kormoran genannt. Auch bei Nicht-Schlingern findet man oft einen Kropf. Er ist bei vielen Insekten (Orthopteren, Carabiden u. a.) ebenso wie bei *Helix* ein wichtiger Verdauungsraum, in dem sowohl die Enzyme des mit der Nahrung verschluckten Speichels als auch die des durch Antiperistaltik nach vorn transportierten Mitteldarmsaftes wirksam sind. Die Antiperistaltik kann bei der Larve der Kriebelmücke *Chaoborus (Corethra) crystallinus* sowohl chemisch-hormonal als auch nervös-reflektorisch ausgelöst werden. Bei anderen Insekten stellt der Kropf lediglich einen **Speicher** für die Nahrung dar, aus dem nach und nach Portionen in den Mitteldarm zur Verdauung entlassen werden. So ist es bei den Schmetterlingsraupen, bei der Tsetsefliege *Glossina* u. a.

Die paarigen, bruchsackartigen **Kröpfe** mancher Körnerfresser unter den **Vögeln** (z. B. Taube, Huhn) dienen als Futterbehälter, in denen eine Einweichung und Vorbereitung der Nahrung für die Magenverdauung stattfindet. Im Kropf wie im gesamten Oesophagus findet man Schleimdrüsen. Die mehrfach behauptete Amylase-Produktion im Kropf des Huhns und der Haustaube ist immer noch umstritten. Der Kropf wird bei der Nahrungsaufnahme erst dann gefüllt, wenn der Magen bereits voll ist. Seine Entleerung wird über den Vagus gesteuert und erfolgt dann, wenn der Magen leer ist. – Eine Besonderheit der Tauben beiderlei Geschlechts ist die Produktion der sog. **Taubenmilch** im Kropf. Sie setzt nach dem Schlüpfen der Jungen ein und wird vom Prolactin stimuliert. Das weißliche, käsige Sekret besteht aus abgestoßenen, fettdegenerierten Kropfepithelien. Es enthält neben Fett (25–30%) auch relativ viel Eiweiß (10–15%) und Lecithin (5%); Zucker fehlen dagegen. – Eine andere Besonderheit mancher Vogelkröpfe (z. B. Eulenpapagei, Schopfhuhn) ist das Vorkommen horniger **Reibplatten** zur mechanischen Bearbeitung der Nahrung.

Es sei schließlich noch erwähnt, daß auch bei manchen **Teleosteern** (die Lippenfische *Pseudoscarus* und *Labrus*, der fliegende Fisch *Exocoetus* u. a.) in Ermangelung der Kieferzähne im branchialen Vorderdarm **Mahlvorrichtungen** in Form von Reibplatten, Sägezangen etc. bestehen. Interessant ist in diesem Zusammenhang auch die bei **eifressenden Schlangen** *(Dasypeltis, Elachus)* zu findende Vorrichtung, die Schale der verschlungenen Eier mit Hilfe von Wirbelfortsätzen, die durch die Oesophaguswand gewachsen sind, förmlich entzweizusägen.

3.1.3.5. Der einhöhlige Wirbeltiermagen

Das **Vorkommen eines Magens** ist für die Wirbeltiere charakteristisch. Er fehlt lediglich einer Reihe von Fischen, nämlich den Holocephali unter den Chondrichthyes, den Cyprinodontiden, Gobiiden, Labriden und Cypriniden unter den Teleosteern und den Dipnoern. Der Magen der Wirbeltiere zeichnet sich gegenüber ähnlichen Bildungen bei den Evertebraten dadurch aus, daß er selbst Bildungsstätte der Enzyme ist, die in ihm wirksam sind. Wir können drei **Hauptfunktionen** des Magens herausstellen: 1. Speicherung der Nahrung vor dem Eintritt in das Intestinum, 2. physikalische Bearbeitung der Nahrung und – schließlich – 3. Beginn der chemischen Aufarbeitung der Nahrung (hauptsächlich Proteolyse).

Vergleicht man die Mägen der Säugetiere miteinander, so fällt ihre Vielgestaltigkeit auf. Am häufigsten sind **einhöhlige Mägen**, daneben gibt es zwei- (Hamster, Feldmaus) oder auch mehrhöhlige (Wiederkäuer [3.1.3.6.], Flußpferde, Faultiere u. a.). Es lassen sich verschiedene Regionen unterscheiden (Abb. 3.10.): An den mit mehrschichtigem Plattenepithel ausgekleideten Oesophagus schließt sich die **Cardiaregion** an. Sie enthält, wie alle anderen Regionen auch, Schleimdrüsen. Es folgt die **Fundusregion** mit tubulären Drüsen, die Hauptzellen (Pepsinsekretion) und Belegzellen (HCl-Sekretion) erkennen lassen. Die **Pylorusregion** ähnelt der Cardiaregion und weist zahlreiche verzweigte, schlauchförmige Schleimdrüsen auf.

Eine Eigentümlichkeit des Wirbeltiermagens ist die in ihm herrschende hohe $H^{\oplus}$-Konzentration infolge einer **HCl-Produktion**. Damit im Einklang steht das Vorkommen einer Proteinase, die bei derartig niedrigen pH-Werten von rund 2,0 noch optimal wirksam ist. Es ist das **Pepsin**, das in seiner Verbreitung auf die Wirbeltiere beschränkt ist. Im Magen erfolgt die Umwandlung der aufgenommenen Nahrung zu einem homogenen, halbflüssigen Brei, den man **Chymus** nennt. Die in ihm ablaufenden enzymatischen Vorgänge tragen vorbereitenden Charakter. Die Hauptverdauung findet anschließend im Dünndarm statt.

Die **HCl-Produktion** (Abb. 3.11.) findet in den Belegzellen der Fundusdrüsen (Säuger) statt. Es handelt sich dabei um einen aktiven Transport von $H^{\oplus}$-Ionen gegen ein erhebliches Konzentrationsgefälle von $1:10^6$ (entsprechend dem intrazellulären pH von 7,0–7,2 und dem Säurewert von 1,0) im Austausch gegen $K^{\oplus}$ ($H^{\oplus}/K^{\oplus}$-**ATPase**, Protonenpumpe) (1.6.6.). Es erfordert beträchtliche Energiemengen, die aus dem oxidativen Abbau der Glucose über das ATP bereitgestellt werden (**O_2-Abhängigkeit der HCl-Produktion**). Für die Bildung von 1 mol $H^{\oplus}$-Ionen müssen etwa 55 kJ aufgewendet werden. Die Protonenpumpe liegt im Ruhezustand der Belegzellen in Tubulovesikeln im Cytoplasma vor und ist aufgrund mangelnder $K^{\oplus}$-Ionen nicht aktivierbar. Nach Histaminreizung oder cholinerger Stimulierung (s. u.) assoziieren die Vesikel mit der apikalen Membran der Belegzellen. Dabei wird die Pumpe durch das luminal vorhandene $K^{\oplus}$ aktiviert: Protonen werden im Austausch gegen $K^{\oplus}$ (Antiport) abgegeben. Der Prozeß ist elektroneutral. Die $H^{\oplus}/K^{\oplus}$-

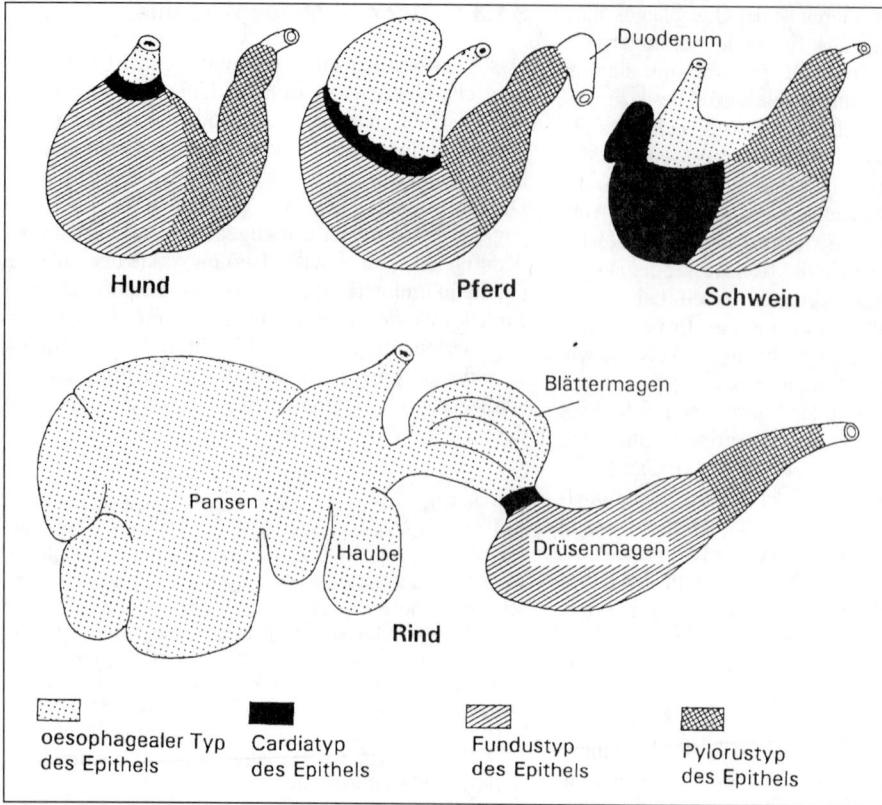

Abb. 3.10. Die unterschiedliche Verteilung der verschiedenen Epitheltypen beim Hund (Fleischfresser), Pferd, Schwein und Rind (Wiederkäuer). Aus SMOLLICH u. MICHEL 1992.

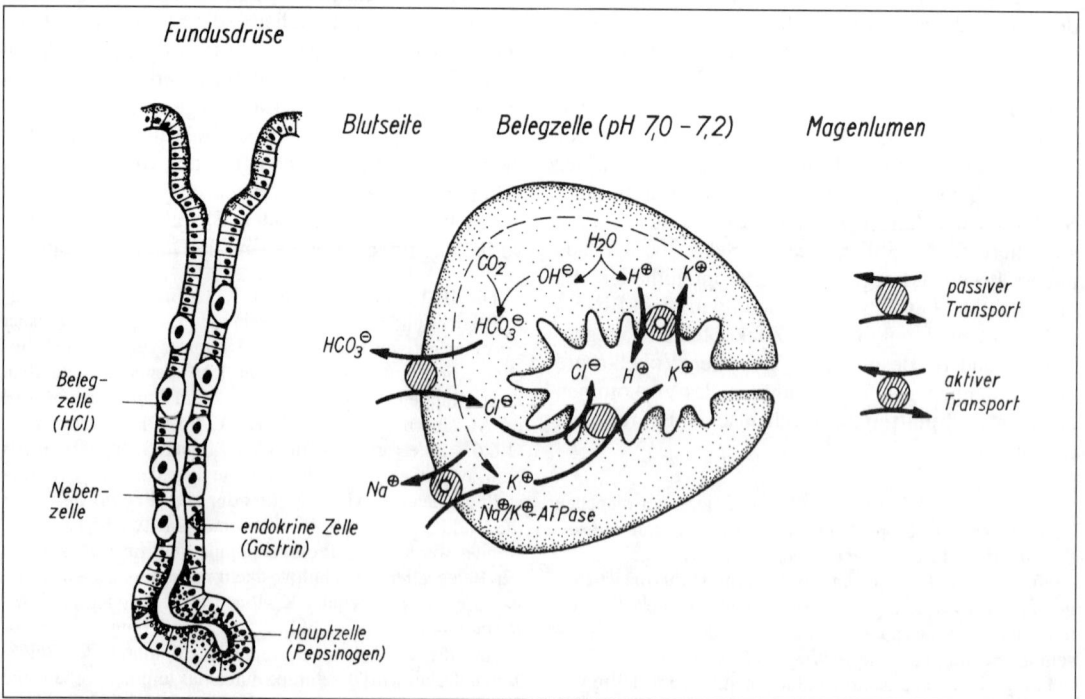

Abb. 3.11. Links: Schema einer Fundusdrüse. – Rechts: HCl-Produktion in den Belegzellen eines Säugetieres.

ATPase durchläuft dabei einen Kreislauf (10^6 mal pro s!) von Phosphorylierung (durch ATP) und Dephosphorylierung, der mit Konformations- und (damit im Zusammenhang) Affinitätsveränderungen verbunden ist (P-ATPase-Typ, 1.6.6.).

Das $H^{\oplus}$-Ion entstammt dem Wasser, das bis zu einem gewissen Grade spontan in $H^{\oplus}$ und $OH^{\ominus}$ dissoziiert. Die $OH^{\ominus}$-Ionen werden von der Kohlensäure abgepuffert, wobei das Enzym Kohlensäureanhydratase (Carboanhydratase) beteiligt ist. Das dabei entstehende $HCO_3^{\ominus}$ verläßt im Austausch gegen $Cl^{\ominus}$-Ionen die Zelle (**Alkaliflut nach HCl-Produktion**). Für ein $H^{\oplus}$ im Magensaft erscheint ein $HCO_3^{\ominus}$ im Blutplasma. Das $K^{\oplus}$ gelangt zusammen mit dem $Cl^{\ominus}$ über einen passiven Austauschmechanismus zurück in die Kanälchen (Canaliculi), die die Belegzellen netzartig durchziehen und sich zu einem größeren Kanal vereinigen, der in den Tubulus mündet (**Rezirkulation des $K^{\oplus}$**). Außerdem sorgt eine **$Na^{\oplus}$/$K^{\oplus}$-ATPase** für die Aufrechterhaltung einer genügend hohen intrazellulären $K^{\oplus}$-Konzentration.

Die **Bedeutung der Salzsäure** besteht nicht allein in der Aktivierung des Pepsinogens (3.1.3.1.) und der Erzeugung eines für die Pepsinaktivität optimalen pH-Wertes. Wichtig ist auch ihre bakterientötende Wirkung, wodurch die Entwicklung von Gärungs- und Fäulnisprozessen weitgehend verhindert wird, und ihre denaturierende Wirkung auf Eiweiße. Knochen werden durch sie entkalkt und bindegewebige Hüllen (Kollagen) aufgelöst.

Im Magensaft der Wirbeltiere tritt neben der bereits erwähnten Salzsäure und dem Pepsin regelmäßig **Schleim** auf. Er schützt die Magenschleimhaut zuverlässig vor Schädigungen aller Art; hervorzuheben ist besonders seine HCl-Resistenz. Wieweit der Schleim auch bei der Verhütung der Selbstverdauung durch die eigenen Enzyme beteiligt ist, ist noch strittig. Durch die Schleimhaut bis zur Mucosaoberfläche vorgedrungene Säure wird dort durch $HCO_3^{\ominus}$ neutralisiert, das von den Mucosazellen selbst aktiv sezerniert wird, ohne den pH-Wert des Mageninhalts wesentlich zu beeinflussen.

Im Labmagen junger Wiederkäuer findet man als einziges Enzym das **Labenzym** (Chymosin, Rennin). Es kommt auch bei einigen anderen jungen Säugetieren vor und zeichnet sich durch starke milchgerinnende Wirkung aus. Dabei wird das Milchcasein, ein Protein, durch Abspaltung eines Glykopeptids in das unlösliche Paracasein überführt, das sich zu größeren Flocken vereint und ausfällt. Dabei ist $Ca^{2\oplus}$ notwendig.

Bei Menschen, Raubtieren und Nagetieren ist auch eine **Magenlipase** gefunden worden. Sie dürfte aber in allen Fällen nur von geringer Bedeutung sein.

Die **Steuerung der Magensaftsekretion** erfolgt neural und hormonal. Ausgehend von der klassischen Untersuchung PAVLOVS[1]) und seiner Schule an Hunden wissen wir heute über die Zusammenhänge beim Säugetier relativ gut Bescheid. Die parasympathische **Innervation** erfolgt durch den Vagus, die sympathische über den Splanchnicus nach Umschaltung im Ganglion coeliacum. Reizung des Vagus ruft im allgemeinen eine Zunahme und Reizung des Splanchnicus eine Abnahme der sekretorischen und motorischen Aktivität hervor. Bei den Elasmobranchiern und beim Frosch steht die Sekretionstätigkeit des Magens dagegen nicht unter parasympathischer Kontrolle. Bei den Elasmobranchiern hemmt und beim Frosch fördert der Sympathicus die Magensaftsekretion. Ist der Magen leer, so findet beim Säugetier in der Regel – abgesehen von einer minimalen Schleimproduktion – keine Magensaftabsonderung statt. Aber selbst dann – wie beim Schwein und beim Pferd –, wenn eine gewisse „Hungersekretion" aufrechterhalten wird, kommt es bei Nahrungsaufnahme zu einem starken Anstieg der Sekretionstätigkeit im Magen. Man kann drei Phasen der Magensaftsekretion unterscheiden:

1. **Die cephalische Phase:** Ähnlich wie es bereits am Beispiel der Speicheldrüsentätigkeit behandelt wurde, kommt es zu einer reflektorisch ausgelösten Magensaftsekretion, wenn die aufgenommene Nahrung die Chemorezeptoren sowie die sensiblen Endplatten in der Mundschleimhaut reizt (**unbedingte Reflexe**). Beim Hund und beim Schwein ist außerdem eine über bedingte Reflexe ausgelöste Magensaftsekretion bei Anblick und Geruch des Futters beobachtet worden (sog. **psychische Magensaftsekretion**, Appetitsaft). Sie ist nur bei intakter Hirnrinde möglich. Die efferente Bahn ist sowohl bei den bedingten als auch bei den unbedingten Reflexen der Vagus. Das bedeutet, daß nach Vagusdurchtrennung (Vagotomie) bzw. nach Atropingaben die Sekretion ausbleibt. Das ACh aktiviert über einen $Ca^{2\oplus}$-Einstrom die HCl-produzierenden Belegzellen, aber auch die histaminfreisetzenden H- und die gastrinfreisetzenden G-Zellen im Magenantrum (s. u.).

Die cephalische Phase verläuft bei den **Vögeln** offenbar wie beim Säugetier über den Vagus. Selbst eine psychische Magensaftsekretion bei Anblick des Futters oder bei Ertönen eines Klingelzeichens, das zuvor 80- bis 100mal mit dem Futterreiz kombiniert worden war, ist bei der Ente beobachtet worden.

2. **Die gastrische Phase:** Sie beginnt, wenn die Nahrung in den Magen gelangt und die Pyloruswand chemisch und mechanisch (Dehnung) reizt. Sie ist vom Vagus unabhängig. Der Dehnungsreiz wirkt über einen **Axonreflex**. Sowohl er als auch die chemischen Reize regen die Produktion und Sekretion

---

[1]) Ivan Petrovič PAVLOV, geb. 1849 in Riasan, 200 km von Moskau, Studium der Naturw. u. Medizin in St. Petersburg, von 1896 bis 1924 o. Prof. f. Physiol. in St. Petersburg, gest. 1936 (Nobelpreis 1904).

eines Gewebshormons (**Gastrin**) in den G-Zellen der Schleimhaut des Magenantrums[1]) an. Als besonders wirksam erwiesen sich Produkte der Eiweißverdauung (Aminosäuren), Fleischextrakte, Röststoffe, Alkohol und Coffein. Das Gastrin ist ein Peptid unterschiedlicher Größe (13, 17 oder 34 AS). Es regt über die Blutbahn sog. enterochromaffin-ähnliche („enterochromeaffin-like", ECL) Zellen zur Histaminausschüttung (2.2.5.) an. Dieses **Histamin** seinerseits stimuliert parakrin über einen H2-Rezeptor die HCl-produzierenden Belegzellen, die vom Gastrin auch direkt angeregt werden können. Sowohl die ECL-Zellen als auch die Belegzellen können außerdem über cholinerge Fasern des Vagus (muscarinartige Rezeptoren [2.3.5.2.]) aktiviert werden. Eine erhöhte Säuresekretion in den Magen hat ihrerseits zur Folge, daß die D-Zellen **Somatostatin** ins Blut abgeben, das im Sinne einer negativen Rückkopplung die gastrinfreisetzenden G-Zellen wieder hemmt: **Autoregulation** (Abb. 3.12.).

Auch das Sekretin (s. u.) und das „**gastrische Inhibitorpeptid**" (GIP) (s. u.) hemmen die Gastrinproduktion. Säuger-Gastrin wirkt auch im **Vogel** stimulierend, ebenso wie Extrakte aus dem Drüsenmagen. Beim **Frosch** wird die Magensaftsekretion bei Füllung des Magens zwar reflexiv gesteigert, es fehlen jedoch Hinweise für eine hormonale Steuerung.

3. **Die intestinale Phase:** Gelangt der Chymus in das Duodenum, so sind es wiederum insbesondere Produkte der Eiweißverdauung, die im proximalen Teil des Duodenums die Abgabe eines gastrinähnlichen Hormons (**intestinales Gastrin**) hervorrufen. Dadurch kommt es zu einem abermaligen Anstieg der Sekretionstätigkeit im Magen. Gleichzeitig lösen jedoch andere Stoffe des Chymus (HCl, Fett und Fettsäuren sowie Kohlenhydrate) im Duodenum und Jejunum die Bildung eines Peptids („**gastrisches Inhibitorpeptid**", GIP) aus, das rückwirkend sowohl die sekretorische als auch die motorische Tätigkeit des Magens hemmt. Das GIP ist dem Sekretin (s. u.) homolog.

Die **Motorik des Magens** besteht in erster Linie aus peristaltischen Wellen, die etwa in der Mitte des Corpus sehr flach beginnen und in Richtung zum Duodenum fortschreiten, wobei sie an Tiefe zunehmen. Für die Magenentleerung ist diese peristaltische Tätigkeit von entscheidender Bedeutung. Die Entleerung erfolgt schubweise. Ein Schub verläßt den Magen immer dann, wenn der durch die peristaltische Welle im Magen erzeugte Druck größer wird als der im Zwölffingerdarm herrschende. Ist Chymus aus dem Magen ausgetreten, so führt das zu einem Druckanstieg im Duodenum, wodurch der Übertritt weiterer Chymusportionen erschwert wird.

---

[1]) Antrum = der vor dem Magenausgang gelegene Teil des Magens (Pars pylorica ventriculi).

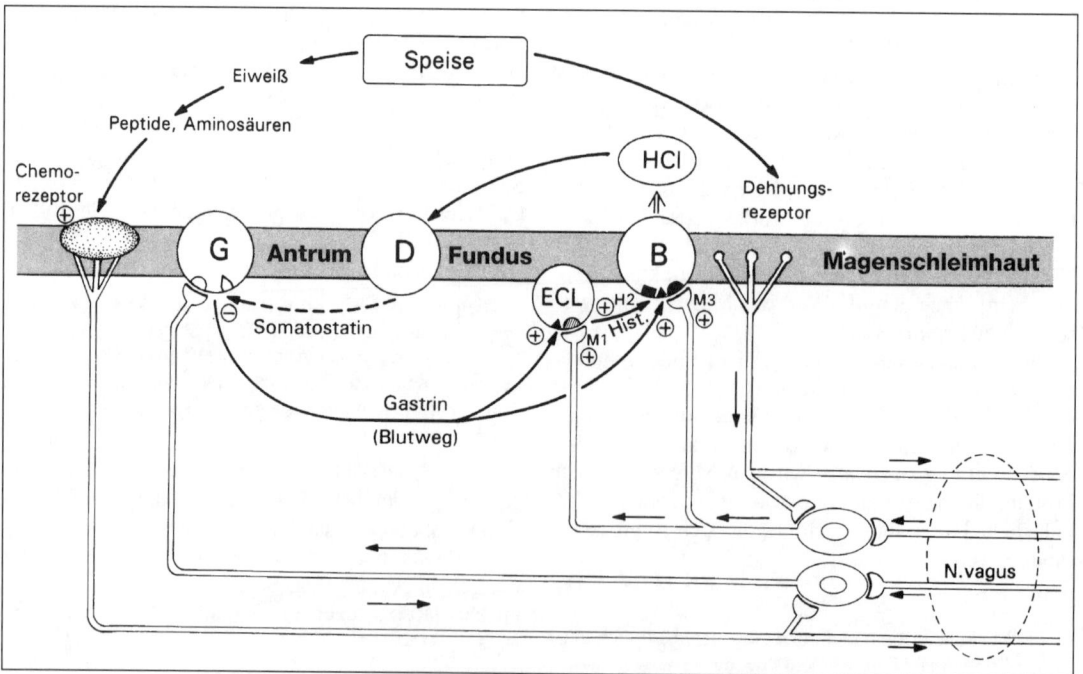

Abb. 3.12. Die Zusammenhänge bei der Steuerung der Magensäure-Sekretion. G = gastrinproduzierende G-Zelle; D = somatostatinproduzierende D-Zelle; B = HCl-produzierende Belegzelle; ECL = histamin(Hist.)produzierende enterochromaffin-"like" Zelle; M1, M3 = muscarinartige ACh-Rezeptoren; H2 = Histaminrezeptor.

3.1.3.6. Spezialisierte Mägen

Bei den **Kaumägen** tritt die physikalische Bearbeitung der Nahrung in den Vordergrund. Kaumägen sind sowohl bei Vertretern der Evertebraten (verschiedene Schnecken und Insekten, Flußkrebse) als auch der körnerfressenden Vögel zu finden. Bei **Säugetieren** ist ein Kaumagen relativ selten. Man findet ihn hauptsächlich bei Ameisenfressern wie dem Schuppentier *(Manis)*, dem zahnlosen Ameisenbär *(Tamandua)* und dem Gürteltier *(Dasypus)* sowie bei cephalopodenfressenden Zahnwalen wie dem Tümmler *(Phocaena)*. Die einzigen pflanzenfressenden Säugetiere mit Kaumägen sind die Sirenen *(Manatus)*.

Bei dem in Afrika und Asien beheimateten **Schuppentier** ersetzt der Kaumagen die fehlenden Zähne, um die gefressenen Ameisen- und Termitenleiber zu zermahlen. Die Magenwand zeigt eine kräftige Ring- und Längsmuskelschicht, ein weitgehend verhorntes, mehrschichtiges Plattenepithel und mit Hornzähnen besetzte Reibplatten. Die sonst zerstreut liegenden Enzymdrüsen sind auf einen engen Raum zusammengerückt: große Magendrüse. Die Schleimdrüsen der Cardiaregion (s. u.) fehlen, die der Pylorusregion sind an den Rand gedrängt (Abb. 3.13.).

Der **Vogelmagen** (Abb. 3.14.) besteht gewöhnlich aus zwei Abschnitten, aus dem anterioren Drüsenmagen und dem posterioren Muskelmagen. Der **Drüsenmagen** ist oft nur Produktionsstätte des Magensaftes, aber nicht selbst Verdauungsraum, da die Nahrung ihn zu schnell passiert (viele gras- bzw. körnerfressende Arten: Hühner, Gans, Taube, Papagei, Sperlingsvögel). Beim Kormoran, Sturmvogel, Reiher,

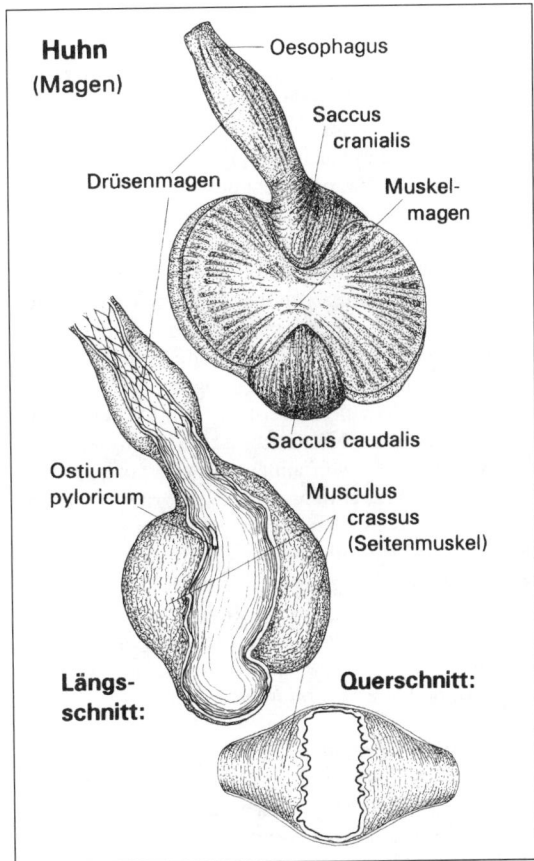

Abb. 3.14. Magen des Huhns in Aufsicht, im Längs- und im Querschnitt (Muskelmagen).

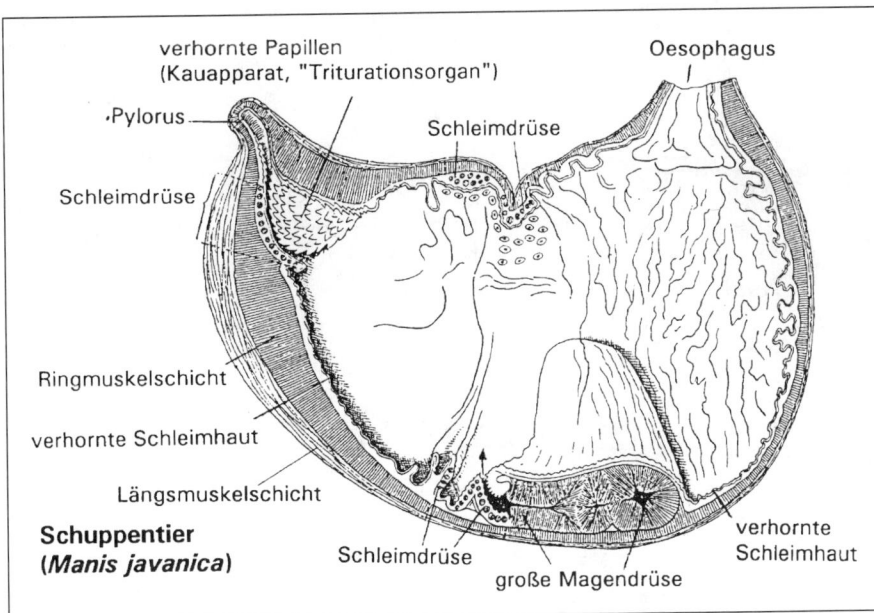

Abb. 3.13. Der Kaumagen des Schuppentieres *(Manis javanica)*. Nach M. WEBER.

Habicht, bei den Möwen und anderen ist es anders. Salzsäure und Pepsin sind regelmäßig im Magensaft der Vögel zu finden. Ob jedoch die bei mehreren Arten im Magen nachgewiesene Lipase ein Produkt der Magenwand selbst oder durch Antiperistaltik aus dem Darm dorthin gelangt ist, ist noch nicht entschieden. Der **Muskelmagen** steht bekanntlich im Dienste der Nahrungszerkleinerung. Die Stärke seiner Ausbildung nimmt in der Reihenfolge Körnerfresser > Insektenfresser > Fleisch- oder Früchtefresser ab. Seine Innenseite ist gegenüber mechanischen Verletzungen durch das erhärtete Sekret des ihn auskleidenden Drüsenepithels vortrefflich geschützt, so daß selbst verschluckte Glassplitter abgeschliffen werden, ohne eine Verletzung zu verursachen. Im Inneren des Muskelmagens der Körnerfresser befinden sich regelmäßig **Steine**, die von außen aufgenommen werden müssen. Mit ihrer Hilfe werden die Körner viel besser zerkleinert, als es ohne sie möglich wäre. Damit ist eine bessere Ausnutzung der Nahrung verbunden. Künstlich steinfrei gemachte Hühner benötigen zur Erhaltung ihres Körpergewichtes etwa 30% mehr Futter als Normaltiere. Die mechanischen Leistungen des Muskelmagens sind enorm. Glasperlen werden in ihm innerhalb kurzer Zeit pulverisiert.

Etwas genauer soll noch auf den **Wiederkäuermagen** eingegangen werden. Zu den Wiederkäuern (Ruminantia) gehören Rinder, Schafe, Ziegen, Hirsche, Rehe, Rentiere, Antilopen, Kamele, Lamas und Giraffen. Ihr Magen besteht aus vier Abschnitten [bei den Camelidae (Kamele und Lamas) sowie Tragulidae (Zwergböckchen) nur aus drei], aus dem Vormagensystem mit dem **Pansen** (Rumen[1])), **Netzmagen** (Haube, Reticulum[2])) und **Blättermagen** (Psalter, Omasus) sowie aus dem **Labmagen** (Abomasus) (Abb. 3.15.). Das Vormagensystem geht aus dem unteren Abschnitt des Oesophagus hervor, nur der Labmagen zeigt die für den Säugermagen typischen drei Epitheltypen (Cardia, Fundus, Pylorus; s. o.).

Die Nahrung gelangt – schlecht gekaut – zunächst stets in den **Pansen** oder die **Haube**. Dort herrscht ein anaerobes, leicht saures, gepuffertes Milieu (pH 5,8–7,3) und eine Temperatur von 37–40 °C. Für die Stabilisierung des pH-Wertes sorgen in erster Linie die als alkalische Pufferlieferanten dienenden Kopfspeicheldrüsen. Es findet eine intensive Durchmischung mit der bereits vorhandenen Nahrung und eine umfangreiche chemische Verarbeitung statt. Letztere ist jedoch nicht die Leistung eigener Enzyme, denn die Vormagenschleimhaut bildet selber keine Enzyme. Sie ist vielmehr auf die Wirkung zahlloser **Bakterien** (10^{10}/l) und **Ciliaten** (Ophryoscolecidae, 10^6/l) zurückzuführen, die hier ausgezeichnete Lebensbedingungen vorfinden. Während die Bakterien lebensnotwendig sind, können die Ciliaten (es sind hauptsächlich cellulose- und stärkeabbauende Formen) auch fehlen, ohne daß der Wirt Schaden nimmt. Hefe und Pilze spielen nur eine untergeordnete Rolle.

[1]) pantex (lat.) = der Wanst; ruminare (lat.) = wiederkäuen.
[2]) retículum (lat.) = das kleine Netz.

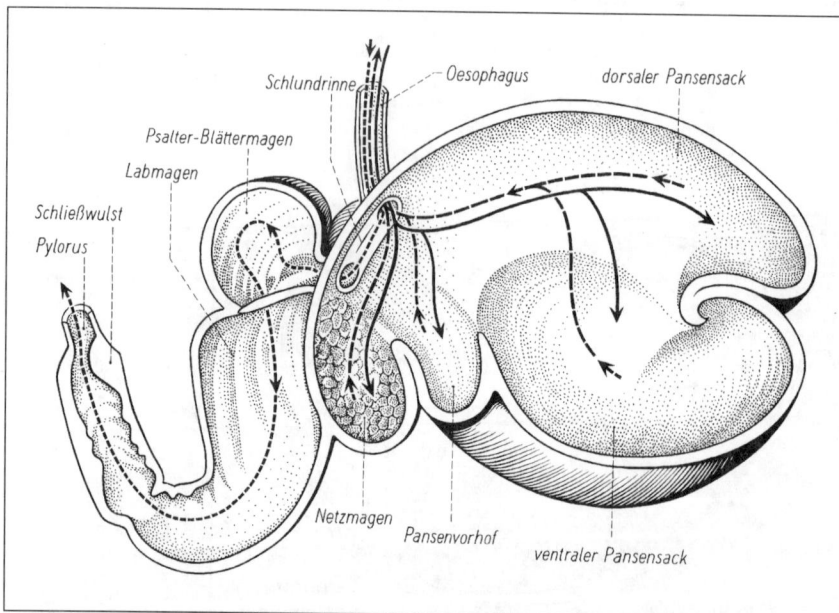

Abb. 3.15. Schema eines Wiederkäuermagens (Schaf). Die ausgezogenen Linien geben den Weg der Nahrung in den Pansen, die langgestrichelten den Rücktransport in die Mundhöhle und die gestrichelten den Transport in den Blätter- und Labmagen bei geschlossener Schlundrinne an. Nach PERNKOPF aus KÄMPFE, KITTEL u. KLAPPERSTÜCK 1980.

Der Pansen stellt mit seinem Fassungsvermögen von 70 l eine große „Gärkammer" dar. Die wichtigsten **Pansenbakterien** leben streng anaerob. Ein Teil von ihnen kann die Cellobiose bis zur freien D-Glucose abbauen, die weiter vergoren wird, wobei sich große Mengen **niederer Fettsäuren** anreichern, die aber bereits im Pansen-Hauben-Raum zu einem großen Teil resorbiert werden. Dadurch wie auch durch die Abpufferung durch den Speichel (s. o.) wird eine Acidose (Übersäuerung) im Pansen verhindert, die zur Vernichtung der Pansenflora und -fauna führen würde.

Die Fettsäuren können vom Wirt zur Energiegewinnung oxidativ abgebaut oder auch zu Fetten (Acetat, Butyrat) bzw. Kohlenhydraten (Lactat, Propionat) aufgebaut werden. Der Wiederkäuer kann 40% seines Energiebedarfs durch die Fettsäuren decken. Die unbedingt notwendige Glucose verschaffen sich die Rinder durch **Gluconeogenese** aus dem Lactat bzw. Propionat in der Leber. Sie läuft bei Rindern im Vergleich zu Nichtwiederkäuern wesentlich schneller und in wesentlich größerem Umfange ab.

Neben den Fettsäuren entsteht viel CO_2 und – vom Wirt nicht weiter verwertbar – **Methan** (Rind: 900 l/d), letzteres insbesondere durch methanbildende Bakterien. Die Gase werden relativ kontinuierlich durch „Aufstoßen" abgegeben (Rind: 2 l/min).

Die Bakterien vermögen außerdem **Ammoniak** beim Aufbau ihrer Zellsubstanz (Eiweiß) zu verwerten, den sie aus dem Harnstoff des Wirtes beziehen. Über den Speichel oder auch direkt durch die Pansenwand gelangt **Harnstoff** vom Wirt in den Pansen, wo er von fakultativ anaeroben Bakterien schnell zu NH_3 und CO_2 abgebaut wird.

Gelangen die Mikroorganismen schließlich in den Verdauungstrakt, dienen sie dem Wirt als zusätzliche Kohlenhydrat- und Eiweißquelle, aber auch als Vitaminlieferant (besonders Vitamine des B-Komplexes und Vitamin K).

Die Steuerung der **Vormagenmotorik** erfolgt reflektorisch über ein motorisches Zentrum im Gehirn. Efferente Bahn ist der Vagus. Seine Durchtrennung hat sofortigen Stillstand des Magens zur Folge, auch das Wiederkauen unterbleibt. Atropingaben haben den gleichen Effekt. Die sympathische Innervation des Magens durch den Splanchnicus ist von untergeordneter Bedeutung. Es wird ihr ein gewisser hemmender Einfluß zugeschrieben.

Etwa eine halbe bis eine Stunde nach der Nahrungsaufnahme oder auch schon früher beginnt beim Rind das **Wiederkauen**. Die Rejektion des Pansen-Hauben-Inhalts wird dadurch vorbereitet, daß Speichel zum Schlüpfrigmachen der Speiseröhre verschluckt wird. Anschließend kommt es zu einer tiefen Einatmung bei geschlossener Glottis, wodurch der Unterdruck im Brustraum erhöht und die Speiseröhre entfaltet wird. Infolge des damit verbundenen Druck-

gefälles zwischen Pansen und Oesophagus wird bei reflektorischem Öffnen des Magenmundes Nahrungsbrei aus dem Pansen bzw. der Haube gesaugt (**Ansaugphase**). Anschließend schließt sich der Magenmund wieder, und eine Kontraktionswelle beginnt von der Mitte des Oesophagus aus sich nach beiden Richtungen auszubreiten. Dadurch wird der pansenseitige Inhalt des Oesophagus zurück in den Magen und der kopfseitige vorwärts in die Mundhöhle gepreßt (**Auspreßphase**). Sofort wird die überschüssige Flüssigkeit aus dem Bissen gedrückt und wieder verschluckt und gelangt stets wieder zurück in den Pansen-Hauben-Raum. Das für diese reflektorischen Abläufe verantwortliche **Wiederkauzentrum** liegt in der Formatio reticularis der Medulla oblongata (Nachhirn) in der Nähe des bei anderen Tieren bekannten Brechzentrums.

Über die Überführung des Haubeninhalts in den Blättermagen bestehen noch keine einheitlichen Ansichten. Fest steht, daß auch das getrunkene Wasser zunächst in den Pansen-Hauben-Raum gelangt. Bei genügendem Füllungsgrad des Pansens sowie hinreichendem Wassergehalt und hinreichend flüssiger Konsistenz seines Inhalts kann das getrunkene Wasser jedoch ziemlich schnell weiter über den Blätter- in den Labmagen gelangen. Nur bei den Jungtieren, die sich noch vornehmlich von Milch ernähren, schließt sich die Schlundrinne zwischen Einmündung der Speiseröhre in den Pansen und der Pforte zum Blättermagen beim Trinken reflektorisch (**Schlundrinnenreflex**), so daß die Milch direkt ohne Umwege zum Labmagen weitergeleitet wird. Mit dem Übergang zur Grasnahrung erfolgt eine starke Vergrößerung der Vormägen. Dabei wächst die Rinne nicht in dem Maße mit, so daß sie ihre Funktion beim erwachsenen Rind nicht mehr erfüllen kann.

Im **Blättermagen** wird aus dem Nahrungsbrei überschüssiges Wasser abgepreßt. Es findet eine umfangreiche Resorption von Wasser und wasserlöslichen Bestandteilen statt. Ob auch eine mechanische Zerreibung des Futterbreies erfolgt, ist noch umstritten.

Im **Labmagen** schließlich beginnt die eigentliche Verdauung, denn erst hier werden Pepsinogen und Salzsäure sezerniert. Das zu verdauende Eiweiß besteht zu einem großen Teil aus den Protozoen und Bakterien der Vormägen. Während die Protozoen bereits im Labmagen verdaut werden, werden die Bakterien erst im Darm angegriffen.

3.1.3.7. Der Darm und seine Anhangsdrüsen bei Wirbeltieren

Die im Magen der Wirbeltiere begonnene Verdauung wird im Darm fortgesetzt und zu Ende geführt. Charakteristisch für die Wirbeltiere sind die beiden großen Drüsen, Bauchspeicheldrüse und Leber, die ihr Sekret in den Zwölffingerdarm (Duodenum) dicht hinter dem Magen abgeben.

Das **Pankreas** (Bauchspeicheldrüse) hat neben seiner inkretorischen Funktion (Insulin) wichtige Aufgaben bei der Verdauung zu erfüllen. Diese bestehen 1. in der Neutralisation des sauren Chymus und 2. in der Lieferung wichtiger Verdauungsenzyme. Der Pankreassaft (Bauchspeichel) ist bei allen Wirbeltieren neutral bis schwach alkalisch (*Raja* 6,6–7,2; Hund 7,0–8,6; Rind 7,6–8,4). Unter den anorganischen Bestandteilen fällt besonders der hohe Gehalt an $NaHCO_3$ zur Neutralisation der Magensäure auf. An Enzymen ist stets eine **Amylase** vorhanden. Das Pankreas ist der Hauptbildungsort dieses wichtigen Enzyms im Wirbeltier. Weiterhin ist regelmäßig eine **Lipase** („Streapsin") anzutreffen. Sie ist die einzige kräftige Lipase der Wirbeltiere. Eine **Proteinase** vom Trypsin-Typ ist ebenfalls regelmäßig vorhanden. Ob die Bildung des Trypsinogens allerdings bei den Fischen wie bei den Säugetieren auf das Pankreas beschränkt ist, ist noch nicht ganz sicher. Die Bedeutung der Enterokinase für die Aktivierung des Trypsinogens (3.1.3.1.) ist bei verschiedenen Fischen wie auch bei anderen Wirbeltiervertretern klar nachgewiesen. Bei den Säugetieren enthält der Pankreassaft außerdem noch Chymotrypsin (3.1.3.1.) sowie das früher unter dem Namen Erepsin zusammengefaßte Enzymgemisch, das vornehmlich Carboxypeptidasen neben Aminopeptidasen und wahrscheinlich noch Spuren von Dipeptidasen enthält. Bei verschiedenen Fischen ist außerdem eine **Maltase** im Pankreas nachgewiesen.

Die **Steuerung der Pankreassaft-Absonderung** scheint bei allen Wirbeltieren ähnlich zu verlaufen. Am besten untersucht sind wiederum die Säugetiere. Bei ihnen erfolgt kontinuierlich die Absonderung geringer Mengen eines enzymarmen Bauchspeichels. Die Tätigkeit des Pankreas wird bereits reflektorisch über den Vagus gesteigert, wenn die aufgenommene Nahrung die Chemorezeptoren der Mundschleimhaut reizt (erste Phase). Die 2. Phase der Sekretion beginnt mit der Füllung des Magens, d. h. bei Dehnung der Magenwand. Auch diese Phase ist vom Vagus abhängig. Zu einer weiteren Steigerung (3. Phase) der Bauchspeichelsekretion kommt es, wenn der Chymus aus dem Magen in das Duodenum übertritt. Unter dem Einfluß der Magensäure wird ein Hormon (**Sekretin**) von den Zellen der Duodenumschleimhaut gebildet, das über den Blutweg die Ausschüttung großer Mengen eines enzymarmen, aber bicarbonatreichen Bauchspeichels auslöst. Der Sekretionsmechanismus stellt eine typische Wirkkette mit negativer Rückkopplung dar (Abb. 3.15.). Es wird durch die Reaktion (Bicarbonatausschüttung) der Faktor, der die Reaktion ursprünglich auslöste, beseitigt (Neutralisation der HCl).

Das **Sekretin** ist ein basisches Polypeptid aus 27 AS. Es ist auch im Dünndarm der Elasmobranchier, Teleosteer, Frösche, Schildkröten und Vögel vorhanden. Man kann annehmen, daß der Sekretinmechanismus bei allen Wirbeltieren eine wichtige Rolle bei der Regulation der Pankreastätigkeit spielt. Beim Hund (nicht bei der Katze und wohl auch nicht beim Menschen) übt das Sekretin eine stärkere Wirkung auf den Magen als auf das Pankreas aus. Es hemmt die durch Gastrin (s. o.) ausgelöste Magensäuresekretion, steigert die Pepsinsekretion und setzt sowohl die Frequenz als auch die Amplitude der Antrumkontraktionen herab.

Die **Leber** (Hepar) liefert die **Galle**. Sie enthält 1. Stoffe, die im Dienste der Verdauung und Resorption der Fette stehen (**Gallensäure**) und 2. Produkte des Stoffwechsels, die ausgeschieden werden sollen (**Gallenfarbstoffe**, 4.1.3.). Die Galle ist also gleichzeitig Sekret und Exkret. In diesem Zusammenhang soll nur die sekretorische Funktion der Leber behandelt werden, auf die exkretorische wird später eingegangen. Enzyme fehlen in der Regel (Ausnahme:

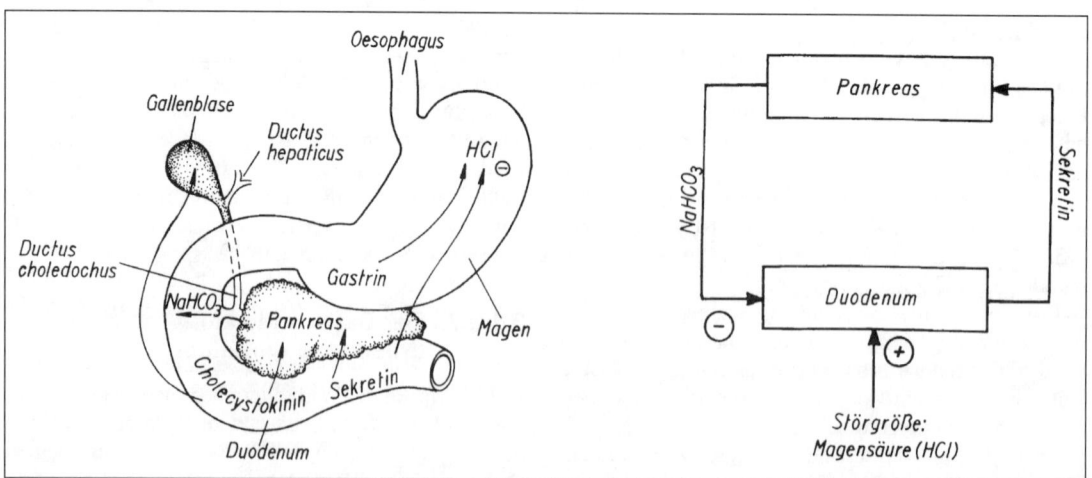

Abb. 3.16. Links: Die Wirkung der verschiedenen gastrointestinalen Hormone. Verändert nach ECKERT 1986. – Rechts: Der Sekretinmechanismus als Wirkkette mit negativer Rückkopplung.

z. B. der Karpfen, in dessen Gallensekret eine Esterase nachgewiesen wurde). Die Galle kann in einer **Gallenblase** gespeichert werden. Während bei den Kaltblütern (Fische, Amphibien, Reptilien) regelmäßig eine Gallenblase anzutreffen ist, fehlt sie bei einer Reihe von Warmblütern (Wanderfalke, Seidenschwanz, Zweizehiger Strauß, viele Tauben und Papageien, Ratte, Pferd, Hirsch, Reh, Kamel u. a.). In der Gallenblase findet oft nicht nur eine Speicherung der Galle statt. Infolge einer aktiven Resorption von $Na^{\oplus}$ und $Cl^{\ominus}$, der Wasser und andere Ionen passiv folgen, und einer Beimengung von Schleim kommt es dort in vielen Fällen (Tab. 3.1.) zu einer Eindickung der Galle („Blasengalle").

Tabelle 3.1. Gallenmenge und Eindickungsgrad bei einigen Vögeln und Säugetieren. Aus KOLB 1980.

Tierart Körpergew. u. Tag	ml Galle/kg	Eindickung i. d. Blase
a. Intensive Gallenbildung, keine Gallenblase		
Taube	40,1	
Pferd	20,8	
Ratte	47,1	
b. Intensive Gallenbildung, Blase konzentrierungs-, aber wenig speicherfähig		
Meerschweinchen	228,0	1–2fach
Kaninchen	118,0	5fach
c. Geringe Gallenbildung, Blase nicht konzentrierungs- und wenig speicherfähig		
Schwein	25,9	keine
Schaf	12,1	keine
Ziege	11,8	keine
Rind	15,4	keine
d. Geringe Gallenbildung, Blase sehr konzentrierungs- und speicherfähig		
Ente	10,2	3–4fach
Huhn	14,2	3–6fach
Maus	34,9	4–5fach
Hund	12,0	5–10fach
Mensch	8–11	5–10fach

Chemisch gehören die **Gallensäuren** wie die Geschlechtshormone, die Corticoide und das Vitamin D zu den Steroiden. Sie werden in der Leber selbst gebildet. Die wichtigsten sind die **Cholsäure**[1]) (3,7,12-Trioxycholansäure) und **Desoxycholsäure** (3,12-Dioxycholansäure). Daneben kommt die Lithocholsäure (3-Monocholansäure), beim Schwein besonders die Hyodesoxycholsäure (3,6-Dioxycholansäure) und bei Hühnern und Gänsen die Chenodesoxycholsäure (3,7-Dioxycholansäure) vor. Sie liegen jedoch in der Galle nicht als freie Säuren vor, sondern in säureamidartiger Verknüpfung mit Glykokoll oder Taurin (Glyko- bzw. Taurocholsäure). Während bei den herbi- und om-

nivoren Säugetieren die **Glykocholsäure** überwiegt, findet man in der Galle der Carnivoren nur Taurocholsäure.

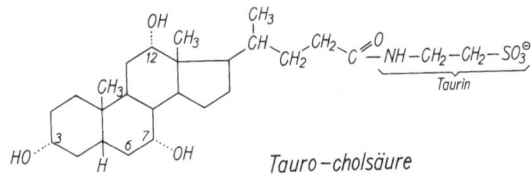

Tauro-cholsäure

Die **Gallensäuren** wirken als **Emulgatoren**, d. h., sie fördern die Auflösung des Fettes in Form feinster Tröpfchen (1–2 µm im Durchmesser). So eine feine Verteilung kleiner Flüssigkeitstropfen (disperse Phase) in einer anderen Flüssigkeit (Dispersionsmittel) bezeichnet man allgemein als **Emulsion**[2]). Durch die Emulgierung des Fettes wird die Oberfläche der Fetttröpfchen und damit die Angriffsfläche für die Lipasen gewaltig erhöht. Emulgatoren zeichnen sich allgemein durch ihre Grenzflächenaktivität aus. Sie ordnen sich an der Oberfläche der Tröpfchen an und setzen die Grenzflächenspannung zwischen der dispersen Phase und dem Dispersionsmittel herab.

Die unter dem Einfluß der Pankreaslipase (s. o.) entstandenen Monoacylglycerine bilden gemeinsam mit den Gallensäuren und langkettigen Fettsäuren geladene, hochstabile Molekülaggregate **(Micellen)** von 4–5 nm Durchmesser, die außerdem geringe Mengen an Phosphatiden, Cholesterin, Di- bzw. Triacylglycerinen enthalten können. Die Gallensäuremoleküle schließen dabei infolge ihrer Polarität (sie besitzen an entgegengesetzten Enden polare bzw. apolare Gruppen) eine Vielzahl von Glyceridmolekülen ein. Ihre polaren Gruppen liegen oberflächlich und bilden eine negativ geladene Schale, die in wäßriger Lösung von Kationen umgeben wird, während die apolaren Hydrocarbonketten ins Innere der Micellen hineinragen. Durch diese Micellenbildung wird ein inniger Kontakt der lipophilen Fettspaltprodukte mit den Mucosazellen der Darmwand erst möglich. Das ist eine wichtige Voraussetzung für eine normale Lipidresorption.

Die **Gallenproduktion** erfolgt mehr oder weniger kontinuierlich. Sie kann durch Vagusreizung gesteigert, durch Sympathicusreizung gehemmt werden. Nach Nahrungsaufnahme setzt gewöhnlich infolge direkter Einwirkung der im Darm resorbierten Gallen- und Fettsäuren auf die Leberzellen eine vermehrte Gallensekretion ein. Die **Entleerung** der Gallenblase durch Kontraktion ihrer glatten Muskulatur steht unter Kontrolle des in der Duodenumschleimhaut gebildeten Hormons **Cholecystokinin**[3]). Es wird auch als Pankreozymin bezeichnet wegen seines Nebeneffektes auf die Bauchspeicheldrüse, die zur Ausschüttung eines enzymreichen Speichels angeregt

---

[1]) he cholé (griech.) = die Galle.

[2]) emulgere (lat.) = ausschöpfen, abmelken.

[3]) he cholé (griech.) = die Galle; he kystis (griech.) = die Blase; kinein (griech.) = bewegen.

wird. Die Ausschüttung dieses Hormons wird durch bestimmte, im Chymus enthaltene Stoffe im Duodenum ausgelöst; als besonders wirksam erwiesen sich Eidotter und Magnesiumsulfat. Das Pferd, das keine Gallenblase besitzt, weist im Duodenum auch nur Spuren von Cholecystokinin auf. Der Vagus fördert, der Sympathicus hemmt die Entleerung der Gallenblase (Tab. 2.19.).

Der **Dünndarm** der Teleosteer unter den Knochenfischen sowie aller Tetrapoden stellt ein schlankes, oft stark verlängertes Rohr dar. Während bei allen anderen Knochenfischen und besonders bei den Knorpelfischen der Darm nahezu in seiner ganzen Länge an seiner Innenseite eine Spiralfalte aufweist (**Spiraldarm**), erscheint bei den restlichen Wirbeltieren die Innenfläche des Darms durch zahlreiche **Zotten** stark vergrößert. Die **Länge** des Darmrohres bei den Teleosteern und Tetrapoden ist sehr unterschiedlich. Sie ist im allgemeinen bei Herbivoren größer als bei Carnivoren. Mit zunehmender Körpermasse muß wegen der sich verschlechternden Oberflächen-Volumen-Relation die Darmlänge disproportional stärker anwachsen. Deshalb findet man die kürzesten Därme bei kleinen Fleischfressern, die längsten bei großen Pflanzenfressern. Bei den Säugetieren unterscheidet man zwischen dem Zwölffingerdarm (**Duodenum**[1])), der eine charakteristische Schlinge unter dem Magen bildet, dem Leerdarm (**Jejunum**[2])) und dem Krummdarm (**Ileum**[3])), ohne daß die Abschnitte immer sehr deutlich voneinander unterschieden sind. Viele Teleosteer besitzen in den **Appendices pyloricae**[4]) (bis zu 1000 Stück bei den Thun- und Schwertfischen!) am Magenausgang besondere Strukturen, in die Chymus vordringen und resorbiert (besonders Fette und Wachse?) werden kann. Das Epithel der Anhänge enthält viele Becherzellen, aber wohl keine enzymproduzierenden Zellen.

Die duodenalen **Brunnerschen Drüsen** produzieren ein klares, mucin- und bicarbonatreiches, alkalisches Sekret. Die **Becherzellen** der Darmzotten sowie die **Lieberkühnschen Krypten**[5]) im Jejunum und Ileum produzieren ebenfalls **Mucin** zum Schutz der zarten Darmschleimhaut vor Proteasen und dem sauren Chymus sowie als Gleitmittel. Die **Hauptzellen** der Lieberkühnschen Krypten sezernieren eine enzymfreie plasmaisotone NaCl-Lösung. Die im Darmsaft anzutreffenden Enzyme werden – zumindest bei den Säugetieren – nicht sezerniert, sondern gelangen durch Abschilferung von Mucosazellen (Enterozyten) ins Darmlumen. Sie sind ursprünglich im Bürstensaum der Darmzellen lokalisiert. Es kann sich um **Lactase, Trehalase,** verschiedene **Maltasen, Aminopeptidasen** und um eine **Monoacylglyceridlipase** handeln.

Fische, die von Kleintieren (Plankton, Mückenlarven etc.) leben, nutzen die Enzyme ihrer Nahrungstiere aus. So besitzt z. B. der Karpfen keine körpereigene Lipase. Die zur Fettspaltung notwendige Enzymmenge stammt aus aufgenommenen Chironomiden-Larven (Mücken).

Die **Sekretionstätigkeit des Dünndarms** wird in außerordentlich komplexer Weise sowohl neuronal wie auch hormonal gesteuert. Zahlreiche Chemo- und Mechanorezeptoren in der Submucosa (**Plexus submucosus**[6])) reagieren auf die verschiedensten Reize, darunter Berührung, pH, Aminosäurekonzentration etc., und schicken ihre Impulse über cholinerge Interneuronen des **Plexus myentericus**[7]) (Auerbachsche Plexus) zu den Drüsenzellen, aber auch zur glatten Muskulatur, zu kleinen Blutgefäßen sowie endokrinen und parakrinen Zellen der Darmwand. Aktivitäten über den **N. vagus** (cholinerg) wirken sekretionssteigernd. Ebenfalls durch die gastrointestinalen Hormone **Gastrin, Sekretin** und **Cholecystokinin** (CCK) sowie durch das **vasoaktive intestinale Peptid** (VIP) und das **Neurotensin** (Transmitter?) kann die Sekretionsaktivität angekurbelt werden. Die postganglionären **sympathischen Fasern** (adrenerg) sowie efferente Neuronen des Plexus myentericus (**Somatostatin** und **Opioide** als Transmitter) hemmen dagegen die exzitatorischen Neuronen im Plexus submucosus.

Die Muskulatur des Dünndarms besteht aus einer inneren Ring- und äußeren Längsmuskelschicht. Die Durchmischung des Darminhalts erfolgt durch rhythmische **Segmentationsbewegungen** (Abb. 3.17.) und durch Pendelbewegungen. Bei den ersteren handelt es sich um die gleichzeitige Kontraktion der Ringmuskulatur an mehreren Stellen des Darmrohres, wodurch eine Segmentierung des Darminhalts erzielt wird. Wenn sich die Kontraktionen wieder lösen, treten neue in den vorher nicht betroffenen Darmstrecken auf. Die **Pendelbewegung** kommt durch rhythmisch wechselnde Kontraktion der Längsmuskulatur zustande. Beide Bewegungsarten unterliegen dem steuernden Einfluß eines zwischen Ring- und Längsmuskulatur gelegenen Gangliengeflechtes (**Plexus myentericus**), das durch chemische Reize bzw. Dehnung der Darmwand beeinflußt werden kann. Der Weitertransport des Darminhalts erfolgt durch **Peristaltik**. Sie besteht in wellenförmig über den Darm fortschreitenden

---

[1]) duodeni, -ae, -a (lat.) = je zwölf

[2]) ieiúnus (lat.) = leer, nüchtern

[3]) eíleín (griech.) = drängen, zusammendrehen

[4]) appéndix (lat.) = Anhängsel; pyloricus = zum Pylorus gehörig, he pylé (griech.) = die Pforte

[5]) Johann Nathanael LIEBERKÜHN (1711–1756), ein geschickter Mikroskopiker, war Schüler von Hermann BOERHAAVE (1668–1738). Er klärte den Aufbau der Darmschleimhaut auf und wies nach, daß an den Zotten die Gefäße nicht über Ostien frei mit dem Darmlumen kommunizieren. 1745 Beschreibung der nach ihm benannten Krypten des Dünndarms.

[6]) von plectere (lat.) = flechten, das Geflecht; sub (lat.) = unter ; mucosus, -a, -um (lat.) = reich an Schleim, schleimig (Schleimhaut)

[7]) myentéricus, -a, -um (lat.) = zur (Darm)muskulatur gehörig

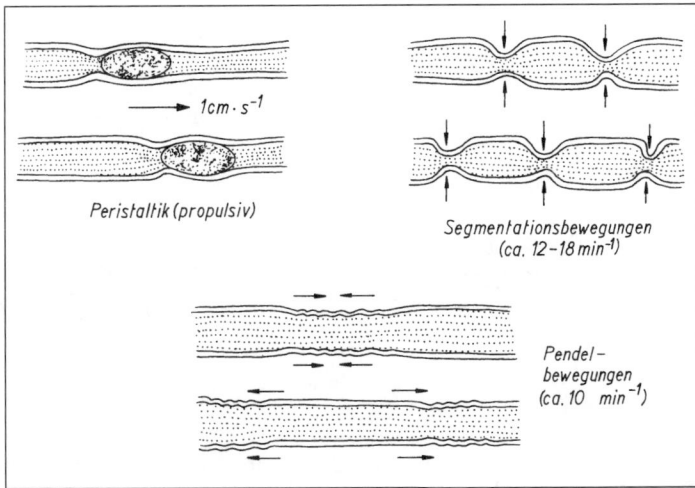

Abb. 3.17. Schema zur Veranschaulichung der verschiedenen Bewegungsformen des Dünndarms.

Kontraktionen der Ringmuskulatur. Im Dünndarm ist die Fortpflanzungsrichtung der Kontraktionswellen analwärts festgelegt, deshalb kommt eine Antiperistaltik nicht vor. Als auslösender Reiz für die Peristaltik kommt insbesondere die Dehnung der Darmwand in Betracht. Auf alle drei Bewegungsarten übt der Vagus einen fördernden, der Sympathicus einen hemmenden Einfluß aus.

Der **Blinddarm** dient bei den Einhufern (Pferd) als **Gärkammer**. Die Produkte der Cellulosegärung, die niedermolekularen Fettsäuren (Essig-, Propion-, Buttersäure u. a.), werden von ihnen wie von den Wiederkäuern auch (s. o.) genutzt, nicht aber das mikrobielle Eiweiß, das nicht mehr verdaut wird und mit dem Kot verlorengeht.

Demgegenüber haben die **Nagetiere** (Rodentia) und **Hasenartigen** (Lagomorpha) eine besondere Anpassung an die pflanzliche Ernährung entwickelt. Diese Tiere produzieren zwei Formen von Kot.

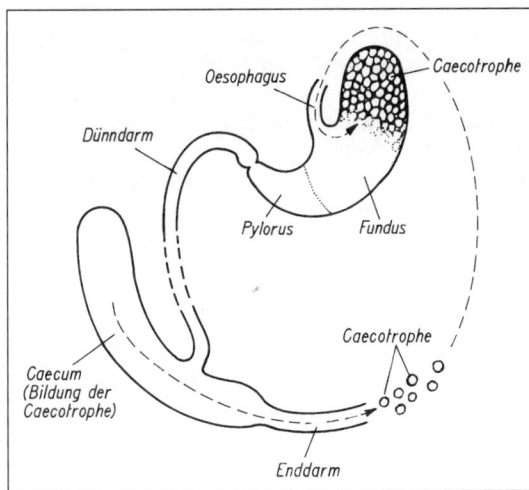

Abb. 3.18. Bildung und Wanderung der Caecotrophe beim Hasen *(Lepus)*. In Anlehnung an W. HARDER 1950.

Tagsüber geben sie den normalen, dunklen Kot in Form kleiner trockener Ballen ab, während sie während der Ruheperioden feuchte, in Schleim eingehüllte, weiche und hellere Kugeln (sog. **Caecotrophe**[1])) abscheiden, die sie sofort wieder vom Anus aufnehmen und unzerkaut verschlucken (**Coprophagie**[2])) . Das Material dieser Kugeln stammt aus dem Blinddarm, wo es bereits einer bakteriellen Vergärung unterworfen wurde. Es ist wesentlich eiweiß- und bakterienreicher als der normale Kot. Die wiederaufgenommenen Caecotrophe werden zunächst im vorderen Fundusteil des Magens gespeichert (Abb. 3.18.), wo sie, von einer Membran umhüllt, für mehrere Stunden weiter bakteriell vergoren werden. Dabei entsteht u. a. Milchsäure. Der Fundus der Tiere fungiert also in ähnlicher Weise wie der Rumen der Wiederkäuer als Gärkammer. Erst später werden die Caecotrophe nach und nach mit dem restlichen Mageninhalt zusammen verdaut. Diese zweimalige Passage von 80–100% der Nahrung durch den Darmkanal und die damit verbundene bessere Ausnutzung der von den Bakterien aufgeschlossenen Nahrung ist für die Ernährung der Tiere von entscheidender Bedeutung. Auch die hinreichende Versorgung der Tiere mit Vitaminen, besonders der B-Gruppe, die von den Bakterien gebildet werden, wird durch die Coprophagie gewährleistet. Wenn die Coprophagie verhindert wird, benötigen Ratten zusätzliche Vitamin-K- und Biotin-Quellen. Mangelsymptome anderer Vitamine treten früher auf, und ihre Wachstumsrate ist trotz reichlicher Ernährung um 15–25% herabgesetzt. Die Größe des Blinddarms ist bei den Nagetieren sehr unterschiedlich. Eine Korrelation zur Ernährungsweise ist sehr deutlich (Abb. 3.19.).

---

[1]) caecum = Blinddarm v. caecus (lat.) = blind; he trophé (griech.) = die Nahrung, Ernährung.
[2]) he kopros (griech.) = der Mist, das Exkrement; phagein (griech.) = fressen.

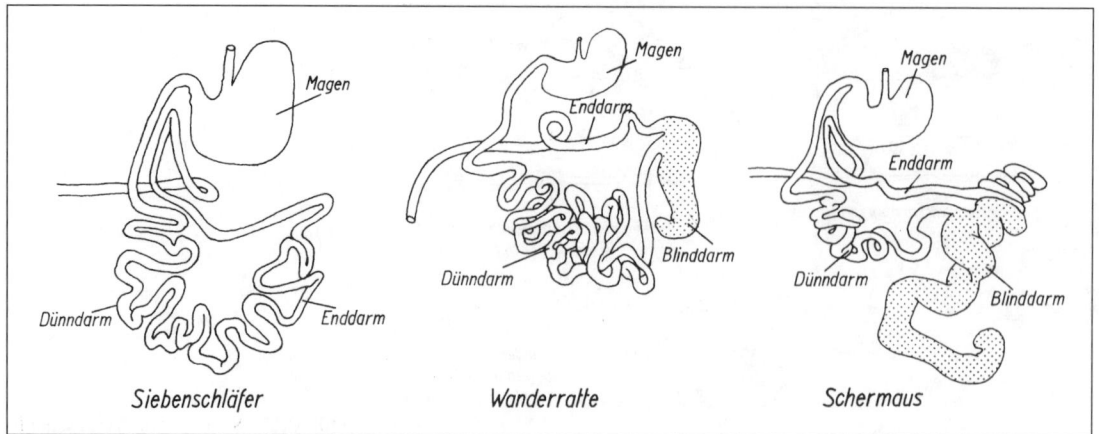

Abb. 3.19. Die Größe des Blinddarms (punktiert) bei drei Nagetieren (Rodentia) mit unterschiedlicher Ernährungsweise. Während der Siebenschläfer *(Glis glis)* als Früchtefresser keinen Blinddarm besitzt, ist er bei der Schermaus *(Arvicola terrestris)* als Wurzelfresser massig entwickelt. Eine Zwischenstellung nimmt die Wanderratte *(Rattus norvegicus)* als Allesfresser ein. Aus HARDER 1950.

3.1.3.8. Hauptverdauung bei den Wirbellosen

Bei den Wirbeltieren existiert eine Reihe verschiedener Verdauungsdrüsen, die jeweils ihre speziellen Enzyme produzieren und an verschiedenen Orten des Verdauungskanals wirksam sind. So wird die Nahrung nacheinander der Einwirkung des Speichels, des Magensaftes, des Bauchspeichels und der Galle und zuletzt des Darmsaftes ausgesetzt. Anders ist es bei den Evertebraten, wo oft alle oder nahezu alle notwendigen Enzyme von einer einzigen Drüse geliefert werden und gemeinsam in demselben Darmabschnitt wirksam sind. Damit hängt zusammen, daß die *p*H-Optima der verschiedenen Verdauungsenzyme bei den Evertebraten bei weitem nicht so verschieden sind wie bei den Wirbeltieren. Charakteristisch ist weiterhin für viele Evertebraten (Ausnahmen s. S. 208), daß die Verdauung in mehr oder weniger großem Umfang intrazellulär vor sich geht.

Bei den Mollusken, Krebsen, Arachniden und Asteroiden (Seesternen) ist die **Mitteldarmdrüse** die wichtigste Enzymproduktionsstätte. Die älteren Bezeichnungen dieser Drüse als „Leber" bzw. „Hepatopankreas" sollten möglichst vermieden werden, da sie irreführend sind, denn die Drüse ist weder homolog noch deckt sich ihre Funktion mit der Leber bzw. dem Pankreas der Wirbeltiere. Die Funktion der Mitteldarmdrüse ist vielseitiger. Sie dient nicht nur der Produktion von Verdauungsenzymen, sondern ist gleichzeitig **Hauptresorptionsort** (Polyacophora, die meisten Gastropoden, einige Cephalopoden wie z. B. *Octopus* und *Sepia*, Crustaceen) bzw. Ort umfangreicher **Phagozytosetätigkeit** (Bivalvia mit Ausnahme der Nuculiden, einige Gastropoden, Arachniden, Asteroiden). Lediglich bei den Nuculiden unter den

Bivalviern und bei einigen Cephalopoden (*Loligo* u. a.) hat die Drüse nur sezernierende und keine resorbierende bzw. phagozytierende Funktion. Darüber hinaus ist die Mitteldarmdrüse wichtiges **Speicherorgan** für Reservestoffe. In ihr laufen vielfältige Synthese- und Abbauvorgänge ab, über die wir allerdings erst in wenigen Fällen genauer unterrichtet sind. Die Mitteldarmdrüse ist also neben ihrer Bedeutung bei der Verdauung und Resorption bzw. Phagozytose ein **zentrales Organ im Stoffwechsel** der Tiere. Diese Funktion hat sie mit der Leber der Wirbeltiere gemein.

Die Enzyme der Mitteldarmdrüse werden in den meisten Fällen einer als **Magen** zu bezeichnenden sackartigen Erweiterung des Darmkanals zugeleitet. In diesem Raum, in dem selbst keine Enzyme gebildet werden, läuft nahezu der gesamte extrazelluläre Verdauungsvorgang der Tiere ab. Oft sorgen komplizierte **Sortiermechanismen** im Magen dafür, daß nur die bereits fein genug zerteilten Bestandteile der Nahrung aus dem Magen in die zarten Schläuche der Mitteldarmdrüse übertreten, um dort phagozytiert oder resorbiert zu werden, die groben Partikel aber ohne Umwege zum Mittel- und Enddarm geleitet werden. Bei den Dekapoden, die keine Speicheldrüsen besitzen und bei denen auch der auffallend kurze Mitteldarm nicht an der Verdauung teilnimmt, wird die gesamte Verdauungsarbeit im Magen mit Hilfe des Mitteldarmdrüsensekrets geleistet; denn eine Phagozytose mit anschließender intrazellulärer Verdauung fehlt hier ebenfalls. Die Resorption findet in der Mitteldarmdrüse statt.

Der Magen der **Dekapoden** besteht aus einem vorderen Kaumagen und einem sich anschließenden Filtermagen. Der **Kaumagen** besitzt im typischen Fall einen dorsalen medianen und zwei laterale kräftige Chitinzähne, die durch ein

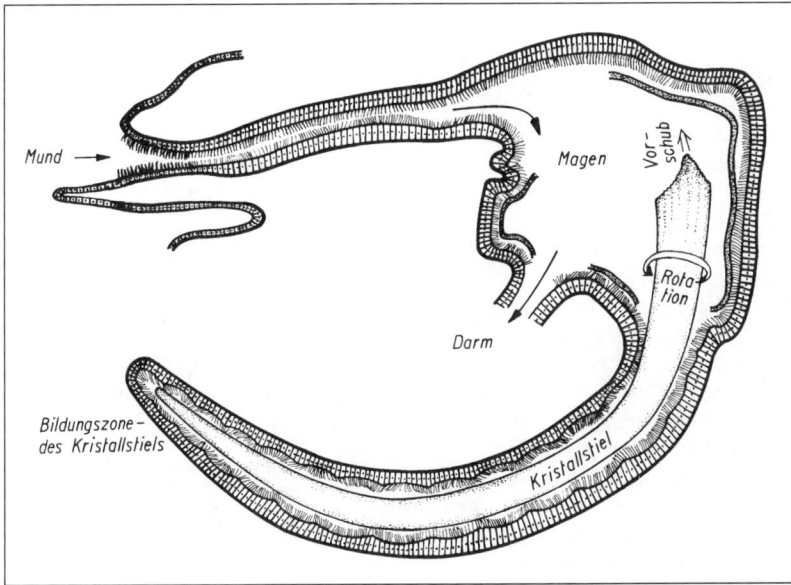

Abb. 3.20. Schnitt durch den Magen mit Kristallstielsack bei der Muschel *Donax trunculus*. Nach BARROIS 1890.

kompliziertes Muskelsystem bewegt werden können. Die indische Krabbe *Pasatelphusa* vermag mit Hilfe dieser „Magenmühle" harte Molluskenschalen zu pulverisieren. Bei den Dekapoden, bei denen die Magenmühle reduziert ist oder ganz fehlt (Macrura natantia), erfolgt bereits bei der Nahrungsaufnahme mit Hilfe scharfer Zähne auf den Mandibeln eine mechanische Zerkleinerung der Beute. Auf den Kaumagen folgt bei den höheren Krebsen stets ein mehr oder weniger kompliziert aufgebauter **Filtermagen**, der dafür sorgt, daß nur die fein zerkleinerte, vorverdaute Nahrung zur Resorption in die dünnen Schläuche der Mitteldarmdrüse gelangt. Die größeren Partikel werden dagegen durch einen Trichter direkt dem Mitteldarm zugeleitet. Der **Verdauungssaft** ist fast ausschließlich ein Produkt der Mitteldarmdrüse. Er enthält eine Proteinase, die dem Wirbeltier-Trypsin nahesteht, eine Carboxypeptidase, Aminopeptidase sowie Dipeptidase. An Carbohydrasen sind eine α-Amylase (vielleicht auch eine β-Amylase), eine Maltase und eine Saccharase vorhanden. Die nachgewiesene Lipase zeigt bei manchen Arten *(Astacus)* eine stärkere Wirkung auf Ester niederer Fettsäuren, bei anderen *(Homarus, Palinurus)* auf solche höherer Fettsäuren (Fette).

Der Magen der **Muscheln** zeichnet sich durch eine Besonderheit, den **Kristallstiel** (Abb. 3.20.) aus. Es handelt sich hierbei um einen Gallertstiel, der aus einem Mucoproteid besteht. Er wird in dem sich analwärts vom Magensack anschließenden Teil des Mitteldarms, dem sog. Magenstiel, oder in einem gesonderten Kristallstielsack gebildet. Mit seinem freien Ende ragt er in den Magen hinein. Durch die Cilienauskleidung im Magenstiel bzw. Kristallstielsack wird er in rotierende Bewegung versetzt. Bei *Ostrea* und *Modiolus* sind es bei Zimmertemperatur etwa 10 Umdrehungen pro Minute. Gleichzeitig wird er immer weiter in den Magen vorgeschoben. Während er sich an seiner Spitze, die gegen eine chitinhaltige

Cuticulastruktur der Magenwand **(Magenschild)** stößt, allmählich auflöst, wächst er an seinem anderen Ende ständig nach. Bei *Villorita cyprionides* beträgt die Zuwachsrate ungefähr 0,1 mm pro Minute. Durch die Rotation des Stieles wird der Mageninhalt gut durchmischt und die vom Oesophagus her in den Magen eintretenden Schleimbänder, die die eingestrudelten Nahrungspartikel enthalten, um den Stiel gewickelt. Im Stiel ist hauptsächlich eine α-**Amylase** vorhanden, die bei allen untersuchten Arten übereinstimmend ihr pH-Optimum bei 5,8–6,0 hat. Diese eigentümliche Art der Enzymproduktion und -freigabe mit Hilfe des Kristallstielmechanismus ist offenbar eine Anpassung an die nahezu ununterbrochene Zufuhr geringer, aus Kleinstlebewesen des Wassers und feinen Detritusteilchen bestehender Nahrungsmengen bei den Muscheln (Strudler!). Das geht schon daraus hervor, daß auch einige Schnecken mit ähnlicher mikrophager Ernährungsweise einen Kristallstiel besitzen. Bei den meisten Muscheln ist dieser Kristallstielmechanismus mit einem komplizierten **Sortiermechanismus** verbunden, der dafür sorgt, daß die relativ fein verteilten Partikel in die Gänge der Mitteldarmdrüse zur Phagozytose gelangen, während die groben Bestandteile zum Enddarm weitergeleitet werden.

Der pH-Wert im Magen der Muscheln liegt im Einklang mit dem pH-Optimum der Kristallstiel-Amylase (s. o.) zwischen 5,5 und 6,0 und zeigt auffallend geringe Schwankungen. Die **Kontrolle der H⊕-Konzentration** wird wahrscheinlich ebenfalls vom Stiel geleistet, der durch seinen Gehalt an freier Oxalsäure stets einen niedrigeren pH-Wert (4,4–5,2) besitzt als der Mageninhalt. Es konnte gezeigt werden, daß der Stiel um so schneller aufgelöst wird, je höher der pH-Wert im Magen ist. Das bedeutet, daß einer Alkalisierung des Magensaftes durch die damit verbundene gesteigerte Freisetzung von Oxalsäure „automatisch" entgegengewirkt wird.

Die niederen Wirbellosen ebenso wie die Anneliden und Insekten und andere besitzen keine Mitteldarmdrüse. Bei ihnen ist der Mitteldarm selbst Hauptproduzent der Verdauungsenzyme und oft gleichzeitig auch Hauptresorptionsort. Eine besondere Bildung findet man in Form der **peritrophischen**[1]) **Membran** (BALBIANI 1890) im Darm nicht nur vieler Arthropoden, sondern bei Vertretern fast aller Tierstämme (Ausnahmen: Plathelminthes, Nemertini, Nemathelminthes, Kamptozoen). Bei den **Insekten** bestehen diese Membranen, die den Nahrungsbrei im Mitteldarm allseitig umschließen, meistens aus einem dünnen Film aus Proteinen und Kohlenhydraten (Matrix) mit eingelagertem Mikrofibrillen-Netzwerk aus Chitin. Sie sind entweder eine Bildung des gesamten Mitteldarmepithels (Odonaten, Phasmiden, Acrididen u. a.) oder nur einer Zellgruppe am Anfang des Mitteldarms in der Nachbarschaft der Valvula cardiaca (Dipterenlarven, Dermapteren). Sie erweisen sich im Experiment als Ultrafilter, das größere Moleküle nicht, wohl aber die Verdauungsenzyme oder die Produkte der Verdauung frei passieren läßt. Mit ihrer vermutlichen Schutzfunktion stimmt überein, daß sie bei vielen nur flüssige Nahrung zu sich nehmenden blutsaugenden Insekten (Läuse, Tabaniden u. a.), adulten Schmetterlingen und Hemipteren fehlen. Sie fehlen allerdings auch unverständlicherweise bei einigen Formen, die grobe Nahrung zu sich nehmen (Maulwurfsgrille *Gryllotalpa*, Blütenkäfer *Anthremus* u. a.) und sind demgegenüber bei einigen Blut- und Saftsaugern (Cicadella, *Corixa, Anopheles, Aëdes, Phlebotomus, Glossina* u. a.) vorhanden. Es werden andere mögliche Funktionen diskutiert.

3.1.3.9. Intrazelluläre Verdauung

Zur intrazellulären Verdauung werden die Stoffe durch Phagozytose oder Pinozytose (1.6.7.) in den Zelleib überführt. Sie befinden sich dann in kleinen Flüssigkeitströpfchen, den **Ingestionsvakuolen** oder Phagosomen. In diesen erfolgt anschließend die Verdauung. Die dazu notwendigen Enzyme werden durch kleine, mit Neutralrot färbbare Granula (primäre **Lysosomen**), die wahrscheinlich im Ergastoplasma gebildet werden, zu den Vakuolen transportiert, die dadurch zu **Verdauungsvakuolen** werden. Nachdem die brauchbaren Stoffe aus der Vakuole resorbiert worden sind, können die unverdaulichen Reste zur Zelloberfläche transportiert (**Egestionsvakuole**) und dort ausgestoßen werden. Es gibt auch Fälle, wo die unverdaulichen Reste in Form von „Restkörpern" in der Zelle verbleiben.

---

[1]) peri (griech.) = rings herum; he trophé (griech.) = die Nahrung, Ernährung.

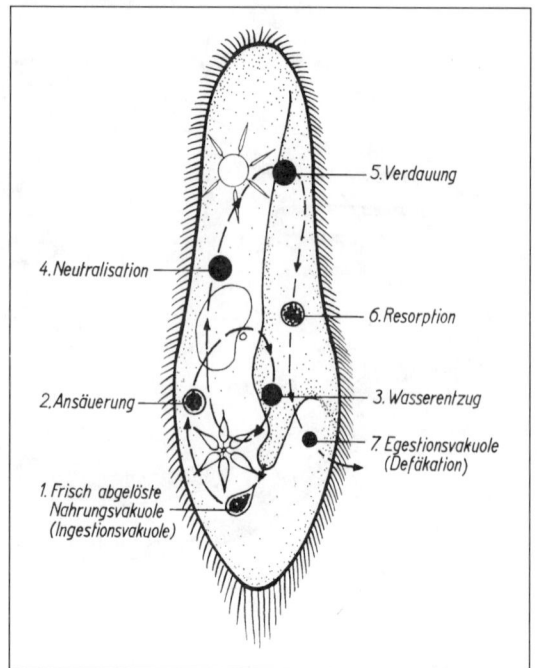

Abb. 3.21. Der Weg der Nahrungsvakuole im Pantoffeltierchen (*Paramecium*, Ciliat).

Gut läßt sich der Vorgang der intrazellulären Verdauung bei den durchsichtigen **Protozoen** verfolgen. Beim Pantoffeltierchen *Paramecium* lösen sich von Zeit zu Zeit am Zytopharynx, der sich am Grunde des Peristomtrichters befindet, Ingestionsvakuolen ab. Diese enthalten das herbeigestrudelte Material. Nach ihrer Ablösung wandern sie durch den Zellkörper. Dabei treten charakteristische Veränderungen in ihnen auf (Abb. 3.21.). In der **ersten Phase** ist eine Abnahme ihrer Größe infolge Wasserentzuges festzustellen. Die Nahrungspartikel treten dabei zu einem zentralen „Klumpen" zusammen. Gleichzeitig erfolgt eine **starke Ansäuerung** des Vakuoleninhaltes bis zu einem pH-Wert von etwa 4 (es sind auch schon Werte bis zu 1,4 gemessen worden). Diese saure Phase ist nicht nur bei *Paramecium*, sondern auch bei *Stylonychia, Vorticella* und anderen Ciliaten zu beobachten. Ob es sich dabei um eine Säurereaktion von seiten der Zelle handelt oder ob die Säuerung durch Stoffwechselvorgänge in der Vakuole bedingt ist, ist noch umstritten. In der **zweiten Phase** – sie beginnt bei *Paramecium multimicronucleatum* etwa 15 min nach der Bildung der Vakuole – nimmt die Vakuole wieder an Größe zu, gleichzeitig steigt der pH-Wert auf Werte um 7,8 an. Die Nahrungsklumpen lösen sich wieder auf. Deutliche Anzeichen der beginnenden **Verdauung** sind jetzt zu erkennen. Es ist sicher, daß *Paramecium* sowohl Proteine als auch Fette und in geringem Umfang auch Kohlenhydrate verdauen kann. Nach erfolgter Verdauung und Resorption der brauchbaren Stoffe beginnt die **dritte Phase.** Die Vakuole wandert an die Zelloberfläche zum Zellafter (Zytopyge) und stößt die unverdaulichen Reste ab. Die Suctorie *Tokophrya infusionum* besitzt keinen Defäkationsmechanismus. Deshalb verbleiben die unverdaulichen Reste in den Vakuolen, die zu sog. Restkörpern werden.

Über die Verdauungsenzyme bei Einzellern ist erst wenig bekannt. Unter den **Proteasen** ist das Kathepsin wohl das wichtigste. Es ist bei *Trypanosoma evansi* (pH-Opt. 4,8) und *Amoeba proteus* (pH-Opt. 3,7) genauer untersucht. Bei einigen Vertretern scheint eine tryptische Proteinase vorzukommen. Eine Dipeptidase ist bei *Amoeba proteus* (pH-Opt. 7,6) und *Trypanosoma* (pH-Opt. 7,8) nachgewiesen, bei *Trypanosoma* außerdem noch eine Aminopeptidase (pH-Opt. 8,4) sowie eine Carboxypeptidase (pH-Opt. 4,5). **Lipasen** und Carbohydrasen scheinen dagegen bei *Trypanosoma evansi* zu fehlen. Bei anderen Protozoen ist eine Fettverdauung nachgewiesen (Amöben, *Epistylis* u. a.). In *Entamoeba histolytica*, Erreger der Amöbenruhr, kommt eine Esterase vor. Außerdem sind bei diesem Rhizopoden eine **Amylase** und **Maltase**, aber keine Saccharase und Lactase gefunden worden. Hervorzuheben ist die Fähigkeit der parasitischen Trichomonadinen, eine große Zahl verschiedener Zuckerarten verwerten zu können. Proteolytische Enzyme sollen ihnen dagegen fehlen. Einige erdbewohnende Amöben (z. B. *Hartmanella*) besitzen eine **Cellulase**, ebenfalls der im Pansen der Wiederkäuer vorkommende oligotriche Ciliat *Diplodinium* oder die im Termitenenddarm lebenden Flagellaten. In den beiden letzten Fällen ist aber noch nicht sicher, ob die Cellulase von den Protozoen selbst gebildet oder von symbiontischen Bakterien geliefert wird. *Hartmanella* besitzt außerdem eine **Chitinase.**

Bei den ausschließlich intrazellulär verdauenden **Poriferen** (Schwämme) werden die Nahrungspartikel mit dem Wasserstrom herbeigestrudelt. Größere Teilchen bleiben bereits in den zuführenden Kanälchen stecken und werden dort von Wanderzellen (**Amoebozyten**) phagozytiert. Die kleineren Partikel gelangen in die Geißelkammern, wo sie an der Außenwand des „Kragens" der Kragengeißelzellen (**Choanozyten**), der sich im elektronenoptischen Bild als äußerst feinmaschige Reuse entpuppt, haftenbleiben. Anschließend gleiten sie am Kragen herab und werden von kleinen Pseudopodien ins Zellinnere aufgenommen. Bei den Kalkschwämmen, die relativ große Choanozyten besitzen, erfolgt bereits in diesen Zellen die Verdauung. Dasselbe scheint bei *Halichondria* der Fall zu sein. Man fand in den Choanozyten dieses Schwamms eine 8mal so hohe Amylase- und Proteaseaktivität und gar eine 15mal so hohe Lipaseaktivität wie in den Amoebozyten. Bei anderen Formen werden die phagozytierten Stücke der Verdauung an die Amoebozyten weitergegeben, die gleichzeitig den Transport der Nährstoffe zum Verbrauchsort übernehmen. Die Nahrungsvakuolen zeigen wie bei *Paramecium* zuerst eine saure und dann eine alkalische Reaktion. Unverdauliche Reste werden von den Amoebozyten zurück in die Kanäle abgegeben.

Ebenfalls eine rein intrazelluläre Verdauung findet man bei einigen Turbellarien (Acoela, *Polycelis*) und bei den Tardigraden (Bärentierchen).

Umfangreiche intrazelluläre Verdauungsvorgänge spielen sich in der **Mitteldarmdrüse** der Muscheln (Ausnahme: Nuculidae), Arachniden, Asteroiden und einiger Schnecken ab. Bei nahezu allen Muscheln ebenso wie bei einigen mikrophagen Schnecken ist die Verdauung sogar fast ausschließlich intrazellulär. Ihre Vorderdarmdrüsen (Speicheldrüsen) sind reduziert oder fehlen ganz, und die bei der Auflösung des Kristallstiels (Abb. 3.20.) frei werdenden kleinen Mengen einer Amylase (und Lipase?) stellen die einzigen im Magen frei vorkommenden Enzyme dar. Entsprechendes gilt für die Schnecke *Patella,* die den Algen- und Diatomeenbesatz von Felsen und Steinchen abweidet. Sie besitzt allerdings keinen Kristallstiel. Die Amylase wird hier in lateralen Divertikeln des Vorderdarms gebildet. Ganz anders ist es bei den carnivoren Schnecken. Eine gut entwickelte Vorderdarmdrüse produziert vornehmlich eine Protease, die Mitteldarmdrüse außerdem Carbohydrasen und Lipasen.

3.1.4. Die Resorption

Die Aufnahmen der niedermolekularen Produkte der Verdauung sowie anderer Stoffe aus dem Darmlumen durch Zellen des Verdauungstraktes zum Zwecke der Weitergabe an den Organismus nennen wir **Resorption**[1]. Eine wichtige Aufgabe der Verdauung ist es, aus den Nahrungsstoffen resorbierbare Moleküle herzustellen.

Die **Kohlenhydrate** werden vorwiegend in Form der Monosaccharide resorbiert. Die Resorptionsgeschwindigkeit der einzelnen Zucker ist unterschiedlich. Bei der Ratte nimmt sie in folgender Reihenfolge ab: Galaktose > Glucose > Fructose > Mannose > Xylose > Arabinose. Auch beim Frosch werden Galaktose und Glucose wesentlich schneller als Fructose oder L-Arabinose resorbiert. Die Glucoseresorption im Dünndarm der Wirbeltiere stellt einen aktiven, energiebedürftigen Transport dar (Abb. 3.22.). Sie ist unabhängig von dem Konzentrationsgradienten zwischen Darmlumen und Blut und kann durch O_2-Entzug bzw. Giftgaben (Phlorrhizin, Monojodacetat) gehemmt werden. Es handelt sich um einen $Na^\oplus$-gekoppelten Transport (**Kotransport** oder Symport; 1.6.6.). Der Zucker kann nur gemeinsam mit den $Na^\oplus$-Ionen transportiert werden.

Auch beim Bandwurm ist die Aufnahme der Zucker durch die Körperoberfläche ein aktiver Vorgang. Anders ist es bei einigen Insekten. Bei der Schabe *Periplaneta* und der Heuschrecke *Schistocerca* ist die Glucosekonzentration in der Hämolymphe

---

[1] resorbere (lat.) = aufsaugen.

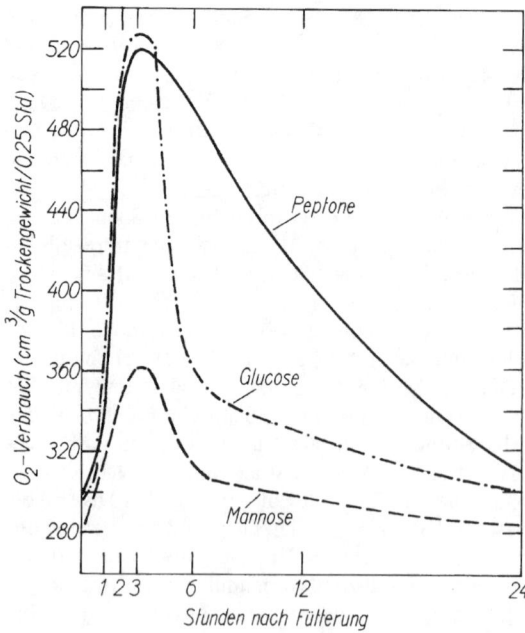

Abb. 3.22. Der Sauerstoffverbrauch von Darmstücken während der aktiven Resorption von Pepton, Glucose und Mannose beim Frosch. Nach WEEL 1938.

immer sehr gering (0,024%). Die resorbierte Glucose wird im Fettkörper schnell in Trehalose überführt. Dadurch wird ein für die Resorption notwendiges Konzentrationsgefälle der Glucose zwischen Darm und Hämolymphe aufrechterhalten. Die Überführung von Mannose (bei höherer Konzentration) und besonders von Fructose in Trehalose erfolgt wesentlich langsamer als bei der Glucose. Deshalb werden diese Zucker auch wesentlich langsamer resorbiert, denn sie reichern sich im Blut an und verkleinern so das Konzentrationsgefälle. Bei anderen Insekten (Larven der Schmeißfliege *Phormia regina* u. a.) ist dagegen der Glucose-Spiegel in der Hämolymphe sehr hoch. Hier müssen wir wohl aktive Transportmechanismen wie bei den Säugetieren annehmen.

Die **Eiweiße** müssen zur Resorption in der Regel bis zu den Aminosäuren abgebaut werden. Das Resorptionsvermögen für Peptide oder native Eiweiße wird im allgemeinen als gering angenommen. Für Säugetiere mag das zutreffen, für einige Arthropoden aber sicher nicht. Eine Reihe blutsaugender Formen (die Wanze *Rhodnius,* der Holzbock *Ixodes,* die Laus *Pediculus*) resorbieren einen Teil der aufgenommenen Hämoglobinmenge in unveränderter Form. Die verschiedenen Aminosäuren werden mit unterschiedlicher Geschwindigkeit vom Darmepithel aufgenommen. Bei Säugetieren findet man folgende Reihenfolge abnehmender Resorptionsgeschwindigkeit: Glycin > Alanin > Cystin > Glutaminsäure > Valin > Methionin > Leucin > Tryptophan > Isoleucin. Dabei

werden generell die natürlichen L-Isomeren schneller resorbiert als die D-Isomeren. Auch hier sind – wie bei der Glucose – aktive Transportvorgänge beteiligt (Na$^{\oplus}$-gekoppelter Transport: **Kotransport** oder Symport; 1.6.6.).

Die **Neutralfette** werden nicht nur in Form ihrer Spaltprodukte Glycerin und Fettsäuren, sondern auch im ungespaltenen Zustand als kleine Tröpfchen mit einem Durchmesser von <0,5 μm vom Darmepithel aufgenommen (Pinozytose). Die Bildung einer solchen feinen Emulsion wird durch oberflächenaktive Stoffe (Gallensäuren) in Gemeinschaft mit den Fettsäuren und Monoglyceriden (**Emulgatoren**) herbeigeführt. Experimente mit markierten Monoglyceriden haben ergeben, daß bei Säugetieren etwa 25% der Monoglyceride ungespalten resorbiert werden. Das geschieht vornehmlich in Form der **Micellen** (3.1.3.7.) von 4–5 nm Durchmesser. Diese sind so klein, daß sie zwischen die Mikrovilli der Darmepithelzellen treten können. Bei ihrem Kontakt mit den Zellwänden treten die Monoacylglycerine und Fettsäuren auf Grund ihrer Lipidlöslichkeit direkt in die Zelle über, während die Gallensäuren zurückbleiben und erst später resorbiert werden, um anschließend über die Pfortader zur Leber zurücktransportiert und erneut in die Galle überführt zu werden (**enterohepatischer Kreislauf**[1]), Abb. 3.23.). Während freies Glycerin und kurzkettige Fettsäuren (Buttersäure usw.) in das Blutgefäßsystem (Pfortadersystem)

---

[1]) to énteron (griech.) = der Darm; to (h)épar, (h)épatos (griech.) = die Leber.

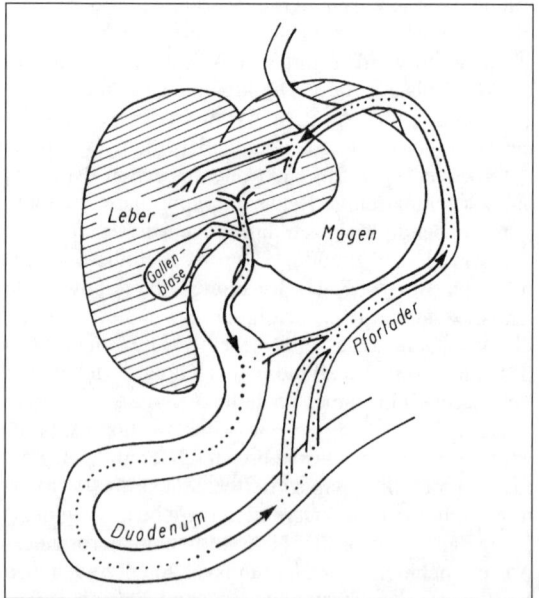

Abb. 3.23. Schema des enterohepatischen Kreislaufs. Nach FORSTER 1972.

überführt werden, werden die langkettigen Fettsäuren mit 16 und mehr C-Atomen und die Monoacylglycerine in der Dünndarmschleimhaut zu Neutralfetten (Triacylglycerinen) resynthetisiert. Die Triacylglycerine werden im Golgi-Apparat zusammen mit Cholesterin, Phospholipiden und den in den Darmzellen synthetisierten **Apoproteinen** zu **Chylomikronen** zusammengefügt. Diese werden später durch Exozytose in die intestinalen Lymphgefäße entlassen und gelangen über den Ductus thoracicus schließlich in den Kreislauf, wo sie einer komplizierten Wandlung unterliegen. In den Blutkapillaren des Fettgewebes und anderer Gewebe werden die Triacylglycerine der Chylomikronen durch eine **Lipoproteinlipase (LPL)** wieder in Fettsäuren und Glycerin zerlegt. Die Fettsäuren diffundieren in die **Adipozyten** (Fettzellen) und werden hier zur Speicherung wieder in Triacylglycerine umgewandelt. Das Glycerin wird dagegen in der Leber durch eine Glycerin-Kinase zu α-Glycerophosphat phosphoryliert.

Die wasserlöslichen **Vitamine** niederen Molekulargewichts (Nicotinsäureamid, Ascorbinsäure, Inosit usw.) werden relativ leicht resorbiert, etwas schlechter bereits die Folsäure und noch schlechter das Thiamin. Das Vitamin B_{12} mit seinem Molekulargewicht von rund 1500 bedarf des „intrinsic factor" (S. 206) zur Resorption. Für die Aufnahme der fettlöslichen Vitamine gelten dieselben Bedingungen wie für die der Fette, d. h., die Gallensäuren sind von großer Bedeutung.

Auch die Resorption anorganischer **Salze** sowie des **Wassers** erfolgt nicht immer allein nach den Gesetzen der Osmose und Diffusion, oft sind aktive Transportmechanismen eingeschaltet. Die täglich zu resorbierende Menge an Wasser und Elektrolyten im Darm ist nur zum geringen Teil durch die Nahrungszufuhr bestimmt. Der weitaus größere Teil stammt aus den abgegebenen Verdauungssäften. Der Darm spielt eine wichtige Rolle bei der Aufrechterhaltung des Wasser- und Ionenhaushalts der Tiere. Tiere, die in trockenen Biotopen oder von trockener Nahrung leben, können nahezu alles Wasser entziehen und scheiden einen trockenen Kot aus.

Genauere Untersuchungen über den **Ort der Resorption** sind an **Insekten** durchgeführt worden. Die Hauptmenge der Zucker wird bei den Mückenlarven (Aëdes) in der hinteren Hälfte des Mitteldarms, bei den Schaben und bei der Wanderheuschrecke Schistocerca gregaria in den Darmblindsäcken (Caeca) sowie im anterioren Teil des Mitteldarms resorbiert. Auch bei der Honigbiene sowie bei adulten Schmetterlingen (Deilephila) und Raupen (Prodenia) ist der Mitteldarm Hauptresorptionsort für den Zucker. Demgegenüber erwies sich der Vorderdarm in allen Fällen als impermeabel für Zucker. In ihm findet auch keine nennenswerte Fettresorption statt. Das gilt nach neueren Untersuchungen wohl auch für die Schaben, für die früher auf Grund histologischer Untersuchungen mehrfach eine umfangreiche Resorption von Fetten im Kropf behauptet wurde. Selten ist der gesamte Mitteldarm im gleichen Maße an der Fettresorption

beteiligt, meistens nehmen die Zellen in bestimmten Abschnitten besonders reichlich Fette auf. Soweit man weiß, findet auch die Resorption der Aminosäuren bei den Insekten vornehmlich im Mitteldarm statt. Anders ist es bei bestimmten Ionen ($Na^{\oplus}$, $K^{\oplus}$, $Cl^{\ominus}$ u. a.) und dem Wasser, die in großem Umfang im Enddarm resorbiert werden (Rektaldrüsen, 4.3.3.2.).

Bei den Wirbellosen mit einer **Mitteldarmdrüse** kann diese das wichtigste Resorptionsorgan sein. So ist es z. B. bei den **Krebsen.** Beim Flußkrebs (Astacus) und seinen Verwandten ist der Mitteldarm extrem kurz, und die gesamte Resorption findet in der Mitteldarmdrüse statt. Der mit Chitin ausgekleidete Vorder- und Enddarm spielt bei der Nährstoffresorption keine Rolle. – Bei den Tintenfischen (**Cephalopoden**) Octopus und Sepia sind die Mitteldarmdrüse, und zwar der sog. Leberteil, und das Coecum, ein dehnbarer, langgestreckter und oft spiralig aufgewundener Blindsack zwischen Magen und Darm, der die Ausführungsgänge der paarigen mächtigen Mitteldarmdrüse aufnimmt, die Resorptionsorte. Bei Loligo findet nur im Coecum eine Resorption statt, allerdings ist im Darm auch noch eine Aufnahme von Fett beobachtet worden.

Eine gewisse Sonderstellung scheinen die **Holothurien** (Seegurken) einzunehmen. Es ist in vergangener Zeit immer wieder behauptet worden, daß die Darmwand der Seegurken impermeabel für alle Substanzen mit Ausnahme des Wassers sei. Das bedeutet, daß die gesamte Resorption und Verteilung der Nährstoffe von den zahlreichen Amoebozyten des Hämalsystems geleistet werden muß. In neuerer Zeit sind jedoch Ergebnisse veröffentlicht worden, die zumindest einen Übertritt der Glucose in gelöster Form durch die Darmwand zu beweisen scheinen.

Bei den **Wirbeltieren** ist der Dünndarm Hauptresorptionsort. Die Mundhöhle und die Speiseröhre mit ihrem mehrschichtigen Epithel lassen nur verhältnismäßig wenige Stoffe (Nicotin, Steroide u. a.) hindurch. Im Magen können einwertige Ionen ($Na^{\oplus}$, $K^{\oplus}$, $Cl^{\ominus}$, $J^{\ominus}$) sowie Alkohol übertreten. Im Pansen-Hauben-Abschnitt des Wiederkäuermagens kann $Na^{\oplus}$ aktiv resorbiert werden. Hervorzuheben ist außerdem der Übertritt der im Pansen reichlich entstehenden flüchtigen Fettsäuren entsprechend ihrem Konzentrationsgefälle ins Blut. Dasselbe gilt für Ammoniak. Umgekehrt tritt Harnstoff, der immer im Blut in höherer Konzentration vorliegt, in den Pansen über. Im Dickdarm der Säugetiere findet eine umfangreiche Wasser- und Salzresorption statt, auch Monosaccharide und Aminosäuren können hier noch ins Blut übertreten. Fette und Fettsäuren können dagegen nur im Dünndarm resorbiert werden. Ihre Aufnahme erfolgt schon im obersten Teil des Dünndarms. Beim Übertritt in das Ileum ist der Speisebrei bereits praktisch fettfrei.

Im Darm der magenlosen (s. o.) **Cypriniden** (Goldfisch, Karpfen, Barbe u. a.) sind drei morphologisch und funktionell deutlich unterschiedliche Zonen erkennbar: Die erste, fettresorbierende ist die relativ längste (>50% der Länge). Es folgt eine proteinabsorbierende Zone und schließlich eine relativ kurze, wahrscheinlich wasser- und ionenresorbierende Zone (Rektum). Die Zellen der proteinabsorbierenden Zone zeigen Pinozytose-Aktivitäten. Sie sind offenbar zur Aufnahme von Protein-Makromolekülen befähigt, da eine Pepsin-Sekretion wegen der Abwesenheit des Magens fehlt und das pankreatische Trypsin offenbar zur vollständigen Hydrolyse der Proteine nicht ausreicht.

Die resorbierenden Zellen zeigen oft eine besondere Oberflächendifferenzierung in Form eines „**Bürstensaums".** Dieser besteht aus dicht gelagerten, sehr kleinen, stäbchenförmigen Zotten (Mikrovilli), die stets zahlreiche Enzyme, wie z. B. eine alkalische Phosphatase, enthalten. Durch die Differenzierung wird die Oberfläche der Zelle und damit die Resorptionsfläche sehr vergrößert. Die Zahl der Mikrovilli pro mm^2 Darmfläche wird beim Menschen auf $2 \cdot 10^8$ geschätzt. Damit ergibt sich eine Resorptionsfläche des gesamten Dünndarms von ca. 2200 m^2. Eine auch heute noch nicht in jedem Falle entschiedene Frage ist, ob die beiden Leistungen des Darms bzw. der Mitteldarmdrüse, die Sekretion von Verdauungsenzymen und die Resorption von Stoffen, von ein und demselben Zelltyp vollbracht werden. Das letztere scheint bei den Krebsen der Fall zu sein, wo man in den Divertikeln der Mitteldarmdrüse mit Fetttröpfchen und Glykogen beladene Reserve- bzw. **Resorptionszellen** (sog. Restzellen oder R-Zellen) und **Sekretionszellen** (sog. Blasenzellen oder B-Zellen) deutlich voneinander unterscheiden kann. Auch bei den Cephalopoden *Octopus* und *Sepia* findet man nebeneinander Sekretions- und Resorptionszellen in der Mitteldarmdrüse. Bei *Sepia* tragen die Resorptionszellen einen typischen Bürstensaum. Anders ist es bei den Insekten, wo beide Leistungen von derselben Zelle zeitlich nacheinander vollbracht werden. Bei den Wirbeltieren soll die gleiche Zelle sogar gleichzeitig beide Tätigkeiten ausüben können.

3.2. Atmung

Der aerobe Abbau von Stoffen im Organismus zum Zweck der Energiegewinnung macht nicht nur einen ständigen Nachschub von Energieträgern, sondern auch eine ständige Bereitstellung ausreichender Sauerstoffmengen im Gewebe erforderlich. Die Energieträger verschafft sich das Tier durch die Nahrungsaufnahme, Verdauung und Resorption (Ernährung). Die Gesamtheit der an der Sauerstoffaufnahme sowie an der damit gekoppelten Kohlendioxidabgabe beteiligten Vorgänge nennt man **Atmung.** Sie umfaßt 1. den Gasaustausch zwischen dem umgebenden Medium (Luft, Wasser) und der Körperflüssigkeit (**äußere Atmung),** 2. den Gasaustausch zwischen der Körperflüssigkeit und den einzelnen Zellen (**innere Atmung**) und 3. die in der Zelle selbst sich abspielenden Vorgänge der biologischen Oxidation (**Zellatmung).** In diesem Abschnitt soll lediglich die äußere Atmung behandelt werden. Die Zellatmung wurde bereits kurz besprochen (1.4.2.).

3.2.1. Die physikalischen Grundlagen der Atmung

Der Gasaustausch sowohl zwischen dem umgebenden Medium (Luft, Wasser) und der Körperflüssigkeit des Tieres als auch zwischen der Körperflüssigkeit und den Zellen ist niemals ein aktiver Transportvorgang, sondern immer ein reiner Diffusionsprozeß.

Die Diffusion eines Gases erfolgt stets von Orten höheren zu solchen niederen Druckes, d. h., das Druckgefälle ist die treibende Kraft der Diffusion. Bezeichnet man $(p_i - p_a)$ die Druckdifferenz, die zwischen den durch die Membran der Dicke d und der Fläche A voneinander getrennten Räumen herrscht, so ist die pro Zeiteinheit (s) durch die Membran tretende Gasmenge M (in mol)

$$\frac{M}{\Delta t} = \dot{M} = -K \cdot A \; \frac{p_i - p_a}{d}$$

Dieser Ausdruck entspricht der Gleichung der behinderten Diffusion, die wir bereits auf S. 75 kennengelernt haben, mit dem Unterschied, daß statt der Konzentrationsdifferenz $c_i - c_a$ die Druckdifferenz erscheint. Deshalb steht auch statt des Diffusionskoeffizienten D die **Kroghsche**[1]) **Diffusionskonstante K.**

Zwischen D und K besteht folgende Beziehung

$K = \alpha \cdot D$.

α ist der **Löslichkeitskoeffizient** oder Bunsensche Absorptionskoeffizient. Gase lösen sich nicht unbegrenzt in einer Flüssigkeit. Die in der Volumeneinheit der Flüssigkeit bei bestimmter Temperatur maximal lösbare Menge c eines Gases steigt proportional mit dem Druck p an, unter dem das Gas in der Gasphase vorliegt

$c = \alpha \cdot p$ (Henrysches Gesetz 1803).

α ist von der Temperatur, von der Natur des Gases und von dem Lösungsmittel abhängig. Er nimmt mit steigender Temperatur und mit zunehmendem Salzgehalt des Wassers ab (Tab. 3.2.). Die Abnahme beträgt pro °C etwa 1,6%. Umgekehrt nimmt D um etwa 3% pro °C zu, so daß insgesamt K ebenfalls mit der Erhöhung der Temperatur wächst, und zwar um ca. 1,4% pro °C.

---

[1]) August KROGH, geb. 1874 in Grenaa (Jütland), Prof. f. Zoophysiologie in Kopenhagen von 1916 bis 1945, gest. 1949 (Nobelpreis 1920).

Tabelle 3.2. Löslichkeitskoeffizienten für O_2 und CO_2 (α_{O_2} und α_{CO_2}) in $nmol \cdot cm^{-3} \cdot kPa^{-1}$ in destilliertem Wasser, im Meerwasser und in der Luft bei verschiedenen Temperaturen. Aus DEJOURS 1975.

Temp. °C	destilliertes H_2O		Meerwasser (19‰)		Luft
	α_{O_2}	α_{CO_2}	α_{O_2}	α_{CO_2}	$\alpha_{O_2} = \alpha_{CO_2}$
0	21,5	759,5	17,1	637,6	440,6
10	16,7	529,3	13,7	450,0	425,0
20	13,7	389,2	11,6	335,6	410,5
30	11,5	294,8	9,9	258,6	397,0
40	10,1	235,0	8,3	220,5	384,3

Tabelle 3.3. Diffusionskoeffizienten D (in $cm^2 \cdot s^{-1}$), Löslichkeitskoeffizienten (in $nmol \cdot cm^{-3} \cdot kPa^{-1}$) und Kroghsche Diffusionskonstanten $K = D$ (in $nmol \cdot s^{-1} \cdot kPa^{-1}$) in verschiedenen Medien. DEJOURS 1975.

	D_{O_2}	α_{O_2}	K_{O_2}	D_{CO_2}	α_{CO_2}	K_{CO_2}
Luft (0 °C)	0,178	440,6	$7,8 \cdot 10^1$	0,139	440,6	$6,1 \cdot 10^1$
dest. Wasser (20 °C)	$2,5 \cdot 10^{-5}$	13,7	$3,4 \cdot 10^{-4}$	$1,8 \cdot 10^{-5}$	389,2	$7,0 \cdot 10^{-3}$
Froschmuskel (20 °C)			$1,05 \cdot 10^{-4}$			
Froschmuskel (22 °C)				$1,13 \cdot 10^{-5}$	345,0	$3,9 \cdot 10^{-3}$
Chitin			$9,75 \cdot 10^{-6}$			

Die Löslichkeit eines Gases ist unabhängig davon, ob bereits ein anderes Gas in der Flüssigkeit gelöst ist. Das heißt, jedes Gas aus einem Gasgemisch – wie es z. B. die Luft darstellt – löst sich unabhängig von den anderen Gasen entsprechend seinem Partialdruck (**Henry-Dalton-Gesetz von der Unabhängigkeit der Partialdrucke,** 1807). Der Partialdruck eines Gases verhält sich zum Gesamtdruck wie der prozentuale Anteil des betreffenden Gases zum Gesamtgemisch. Der Partialdruck des Sauerstoffs in der Luft (p_{O_2}) ist somit 21% von 760 mm Hg, d. h. ca. 160 mm Hg. Auf Grund des Unabhängigkeitsgesetzes können wir obige Diffusionsgleichung auch bei Gasgemischen anwenden, wenn wir für p_i und p_a die Partialdrucke des betreffenden Gases einsetzen.

K ist von der Temperatur, von dem jeweiligen Gas und von dem Medium, in dem die Diffusion abläuft, abhängig. Aus der Tabelle 3.3. ist zu entnehmen, daß K_{O_2} in der Luft und im Wasser um den Faktor $2,3 \cdot 10^5$ verschieden sind. Im Chitin ist K_{O_2} um eine Zehnerpotenz kleiner als in der Muskulatur unter gleichen Bedingungen. Die Diffusionskonstante für CO_2 (K_{CO_2}) ist im Wasser 28mal größer als der Wert für Sauerstoff, in der Luft sind beide etwa gleich. Das Kohlendioxid ist nämlich im Wasser wesentlich besser löslich als der Sauerstoff (Tab. 3.2.). Das bedeutet, daß für den Transport einer bestimmten Menge CO_2 im Wasser ein 28fach kleineres Partialdruckgefälle ausreicht als für den Transport einer gleichen Menge O_2 in der gleichen Zeit.

Aus der Diffusionsgleichung (s. o.) kann man für die Atmung folgende Grundgesetzmäßigkeiten ableiten:

1. Die Sauerstoffaufnahme steigt – unter sonst konstanten Bedingungen – mit der Größe A der **Atemfläche** an. Bei relativ kleinen Tieren reicht die Körperoberfläche aus, den Sauerstoffbedarf zu decken. Mit wachsender Körpergröße nimmt jedoch die O_2-verbrauchende Körpermasse schneller zu als die Körperoberfläche, d. h., das Verhältnis Oberfläche : Masse nimmt ab (Abb. 3.24.). Größere Tiere bzw. solche mit intensiverem Stoffwechsel können deshalb ihren O_2-Bedarf nicht mehr allein durch die Körperoberfläche decken. Sie sind gezwungen, besondere **Atmungsorgane** mit mehr oder weniger stark ausgedehnter Atemfläche auszubilden: Kiemen, Lungen etc.

2. Wesentlich für den Gasaustausch ist außerdem die **Druckdifferenz** ($p_i - p_a$) beiderseits der trennenden Membran. Um diese Differenz auf maximaler Höhe zu halten, muß dafür gesorgt werden, daß sowohl die auf der einen Seite der Membran durch den Diffusionsvorgang eintretende Druckabnahme als auch die auf der anderen Seite der Membran eintretende Druckzunahme weitgehend vermindert werden. Diesem Zweck dient die **Strömung der Körperflüssigkeit** auf der Innenseite und die ständige Erneuerung des Atemmediums Wasser oder Luft durch „**Ventilation**" auf der Außenseite des respiratorischen Epithels. Wie später näher begründet wird, sind insbesondere die im Wasser lebenden Tiere gezwungen, eine intensive Ventilation des Atemwassers zu unterhalten.

3. Schließlich ist die Diffusion der Atemgase auch von der Dicke d der „Membran", d. h. vom **Diffu-**

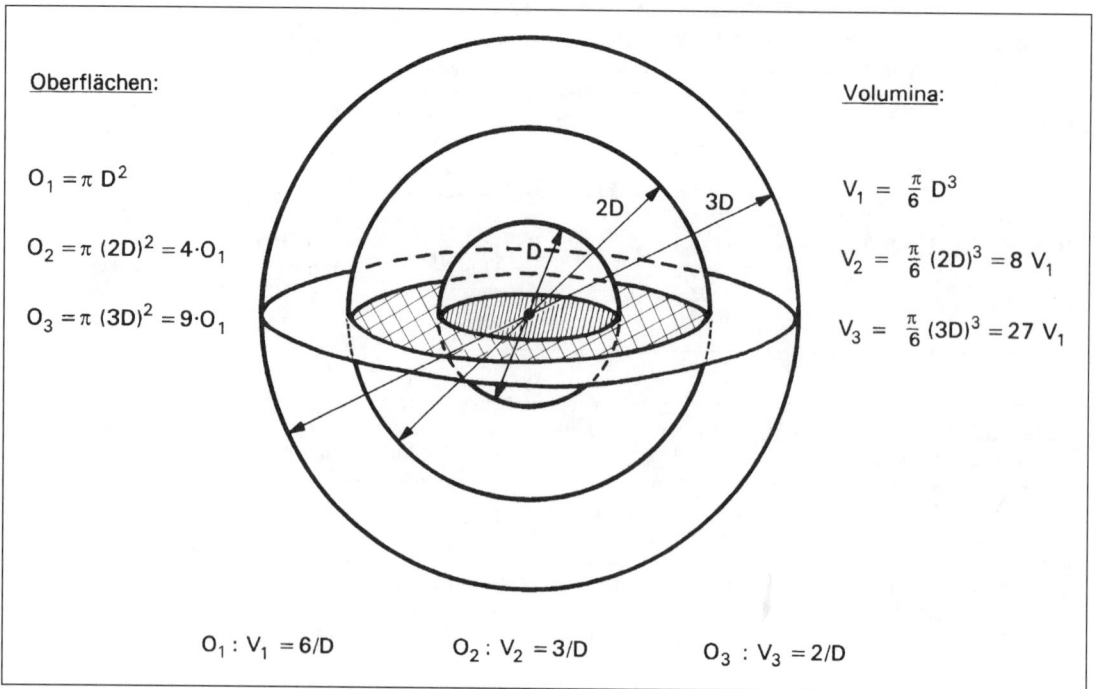

Oberflächen:

$$O_1 = \pi \, D^2$$

$$O_2 = \pi \, (2D)^2 = 4 \cdot O_1$$

$$O_3 = \pi \, (3D)^2 = 9 \cdot O_1$$

Volumina:

$$V_1 = \frac{\pi}{6} \, D^3$$

$$V_2 = \frac{\pi}{6} \, (2D)^3 = 8 \, V_1$$

$$V_3 = \frac{\pi}{6} \, (3D)^3 = 27 \, V_1$$

$$O_1 : V_1 = 6/D \qquad O_2 : V_2 = 3/D \qquad O_3 : V_3 = 2/D$$

Abb. 3.24. Die Zusammenhänge zwischen Oberfläche und Volumen bei gleichen Körpern (Kugel) unterschiedlicher Ausdehnung.

sionsweg, abhängig; d wird dadurch klein gemacht, daß einerseits die zirkulierende Körperflüssigkeit und andererseits die Atemmedien Luft oder Wasser möglichst dicht an das respiratorische Epithel, das selbst möglichst dünn sein muß, herangeführt werden. Der Diffusionsweg reduziert sich so – beispielsweise beim Fisch – auf folgende Schichten: Kiemenepithel, Kapillarwandung, Blutplasma, Erythrozytenwandung und Erythrozytenplasma. Die Diffusionsgeschwindigkeit wird durch diejenige Teilschicht bestimmt, durch die das Gas am langsamsten diffundiert.

Den größten Teil des Weges legen die Atemgase nicht durch Diffusion, sondern durch **Konvektion,** d. h. zusammen mit dem zirkulierenden Medium, in dem sie gelöst sind, zurück. Nur sehr kleine Tiere kommen ohne eine Zirkulation ihrer Körperflüssigkeit aus. Die O_2-Versorgung ihrer Gewebe erfolgt allein durch Diffusion. Berechnungen haben ergeben, daß bereits in einer Entfernung von einem Millimeter von der Körperfläche eine hinreichende O_2-Versorgung der Gewebe nicht mehr gewährleistet ist. Dabei wurde ein äußerer O_2-Partialdruck von 160 mm Hg angenommen. Betrachtet man die Verhältnisse bei der Versorgung der Gewebe mit Sauerstoff von der Blutbahn aus, so sind die Bedingungen wegen des dort herrschenden wesentlich niedrigeren O_2-Partialdruckes noch ungünstiger.

Zusammenfassend ergibt sich folgendes Bild: Die mit der Evolution der Tiere verbundene Zunahme der Körpergröße und der allgemeinen Aktivität erfordert Mechanismen, durch die der steigende O_2-Bedarf befriedigt und die anfallende CO_2-Menge eliminiert werden kann. Die bloße Diffusion reicht nicht mehr aus, da der Diffusionsweg zu groß wird. Zunächst kommt es zur Herausbildung eines **Kreislaufsystems,** durch das der lange Diffusionsweg zwischen der Körperoberfläche und dem O_2-verbrauchenden Gewebe des Körperinneren verkürzt wird. Der nächste Schritt ist dann die Spezialisierung bestimmter Gebiete der Körperoberfläche für den Gasaustausch, d. h. die Herausbildung von **Atmungsorganen.** Bei den wasserbewohnenden Formen sind es in der Regel Ausstülpungen der Körperoberfläche, die wir **Kiemen** nennen. Sie sind meistens reichlich mit Blutgefäßen versorgt, besonders dünnhäutig und weisen eine große Oberfläche auf. Sie können frei an der Körperoberfläche des Tieres liegen oder in eine schützende Höhle versenkt sein. An der Luft würden diese feinhäutigen Ausstülpungen sehr rasch austrocknen und damit funktionsuntüchtig werden. Deshalb finden wir bei den Landbewohnern auch keine Kiemen, sondern **Lungen** oder **Tracheen.** In beiden Fällen handelt es sich um Einstülpungen der Körperoberfläche ins Innere des Tieres. Lungen sind mehr

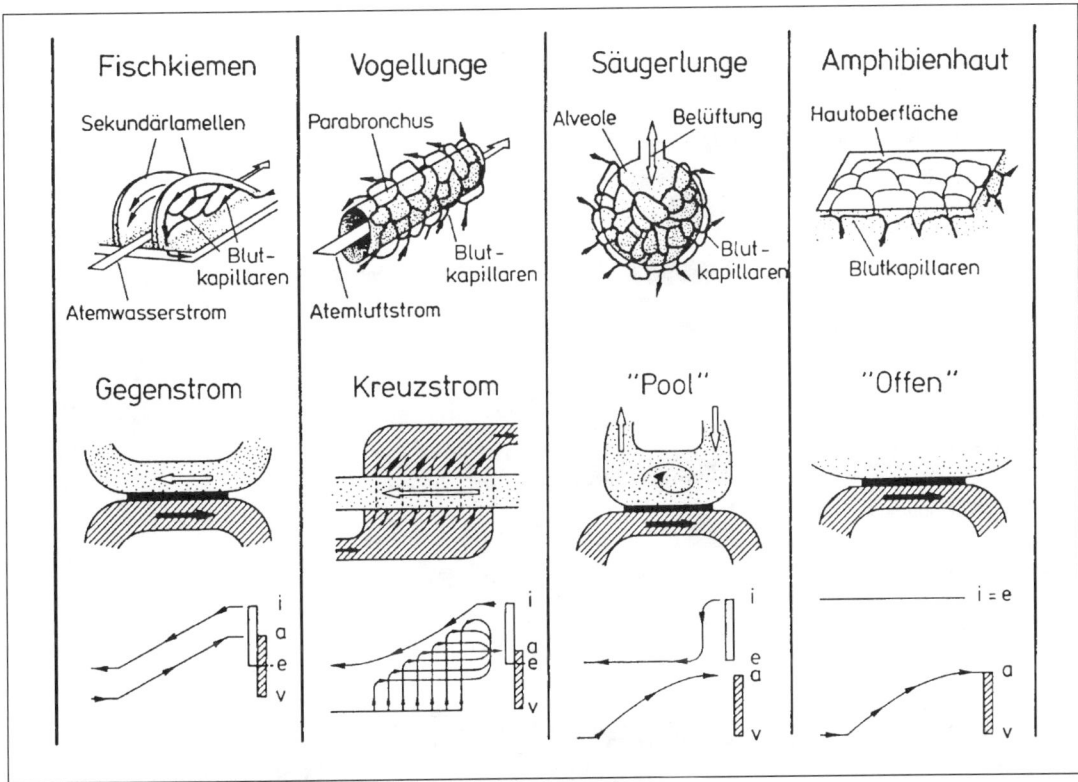

Abb. 3.25. Die vier Grundmodelle der Gasaustauschorgane bei Wirbeltieren im Vergleich. i und e = inspiratorischer und exspiratorischer O_2-Partialdruck im Medium (Wasser, Luft); a und v = arterieller und (gemischt-)venöser O_2-Partialdruck im Blut. Aus SCHEID et al. 1989.

oder weniger sackförmige, Tracheen röhrenförmige Einstülpungen. Für die Lungen gilt dasselbe wie für die Kiemen: Sie werden intensiv durchblutet, sind besonders zarthäutig und zeigen Differenzierungen zur Oberflächenvergrößerung. Lungen und Kiemen sind streng lokalisierte Atmungsorgane, von denen die Gase mit Hilfe der Körperflüssigkeit zum Verbraucherort bzw. in umgekehrter Richtung transportiert werden müssen. Anders ist es bei den Tracheen. Durch die sich immer feiner aufzweigenden Röhren wird der Sauerstoff direkt – ohne Zwischenschaltung der Hämolymphe als Transportsystem – zum Verbraucherort geführt.

PIIPER und SCHEID unterscheiden bei den Wirbeltieren vier **Grundmodelle der Gasaustauschorgane** (Abb. 3.25.)

1. das offene System der Haut (z. B. Amphibien) (3.2.2.)
2. das „Pool"-System der Säugetiere (Alveolen) (3.2.4.2.)
3. das Kreuzstromsystem der Vogellunge (Parabronchien) (3.2.4.2.)
4. das Gegenstromsystem an den Kiemen der Fische (3.2.3.2.).

Die Partialdruckverläufe auf der Medium- (Luft, Wasser) und auf der Blutseite im Bereich der Gasaustauschbarriere sind in Abb. 3.25. wiedergegeben. In der Effizienz der Arterialisierung gibt es große Unterschiede. Sie nimmt in folgender Reihenfolge ab:

Gegenstrom- > Kreuzstrom- > Pool- > offenes System.

Nur beim Gegenstromsystem kann – unter optimalen Bedingungen – der arterielle O_2-Partialdruck (a) Werte erreichen, wie sie im Medium herrschen, das in das System eintritt (i). Sowohl beim Gegen- wie auch beim Kreuzstromsystem kann aber der arterielle O_2-Partialdruck höhere Werte erreichen, als sie im Medium herrschen, das das System verläßt (e), was prinzipiell im Poolsystem nicht möglich ist. Das heißt: Die Partialdruckbereiche im Atemmedium und im Blut „überlappen" sich beim Gegen- und Kreuzstromsystem (Abb. 3.25.). Im Pool-System kann a dagegen – wenn überhaupt – den Wert von e erreichen, aber nicht überschreiten. Die hohe Effizienz des Gegenstromsystems der Fische ist wahrscheinlich nicht nur sinnvoll, sondern notwendig, weil das Wasser ein wesentlich ungünstigeres Atemmedium darstellt als die Luft.

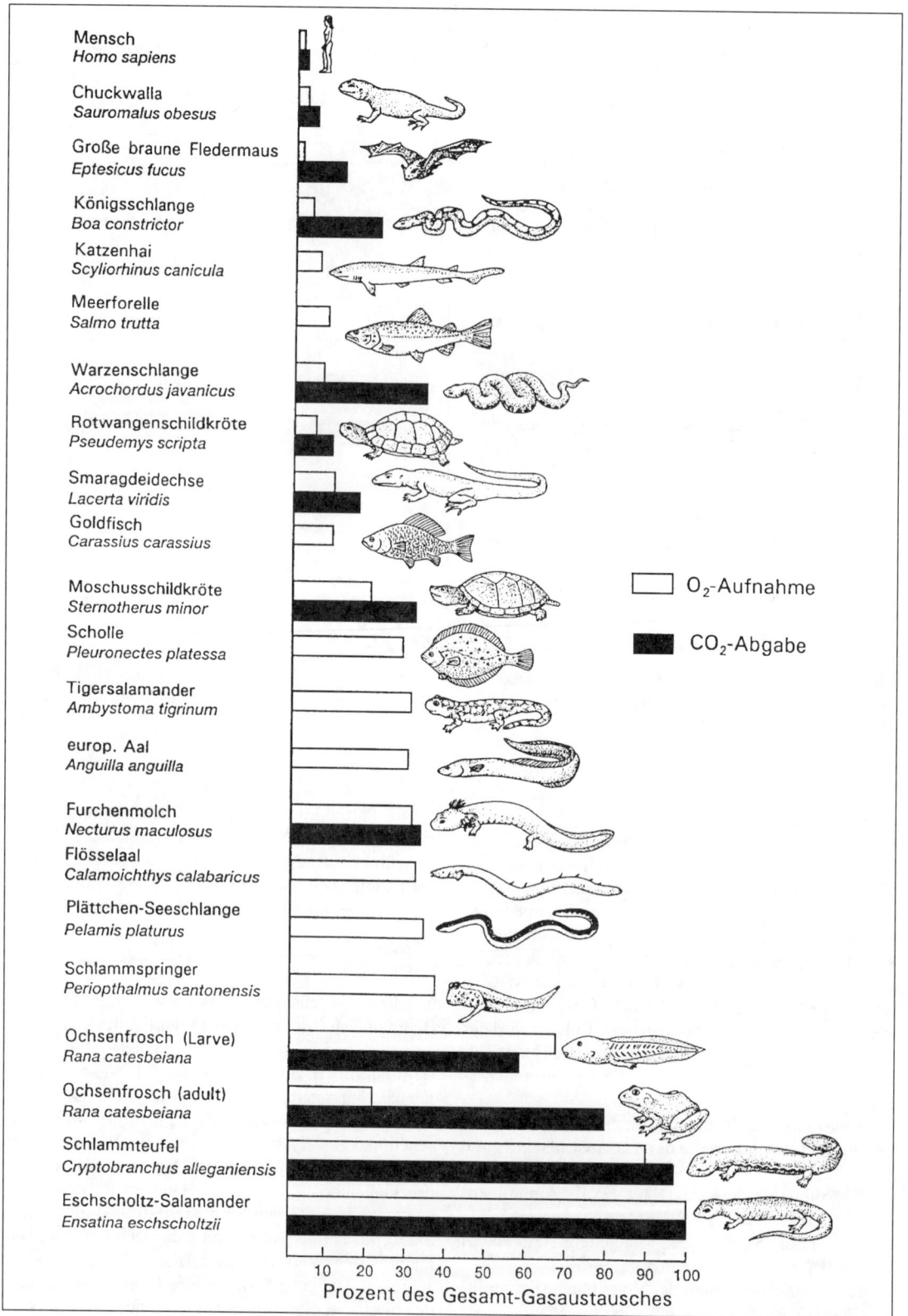

Abb. 3.26. Der Anteil der Hautatmung, getrennt für CO_2-Abgabe und O_2-Aufnahme durch die Haut, an der Gesamtatmung bei verschiedenen Wirbeltieren. Aus KARDONG 1995.

3.2.2. Die Hautatmung

Wie bereits erwähnt, kommen nur noch kleine Tiere allein mit der O_2-Menge aus, die durch ihre Körperoberfläche diffundiert. Das sind die Protozoen, Plathelminthen, Entoprocten, Nemertinen, Aschelminthen, Echiuriden, Sipunculiden, viele Anneliden (insbesondere Oligochaeten und Hirudineen), viele Entomostraken, viele Acarinen, die Bryozoen sowie viele Larven mariner Tiere. Dazu gehören aber auch die **Coelenteraten,** unter denen manche Scyphomedusen eine beträchtliche Körpergröße erreichen können. Daß sie trotzdem keine speziellen Atmungsorgane benötigen, hat mehrere Gründe. Durch die zahlreichen Mundarme und Tentakeln besitzen sie einerseits eine relativ große Körperoberfläche, andererseits ist ihre Stoffwechselintensität relativ niedrig, sie bestehen zu 95–98% aus Wasser.

Eine besondere Erwähnung müssen die **Poriferen** finden. Auch sie besitzen trotz oft beträchtlicher Körpermaße keine Atmungsorgane. Das Besondere in diesem primitiven Tierstamm besteht darin, daß der Körper von einem komplizierten Kanalsystem durchsetzt wird, durch das ständig ein Wasserstrom fließt, der neben den Nahrungsteilchen auch den Sauerstoff herbeiführt. Durch dieses Kanalsystem wird die Atmungsfläche der Tiere sehr groß und gleichzeitig der Diffusionsweg zu den atmenden Zellen klein.

Auch bei solchen Tieren mit spezialisierten Atmungsorganen kann die Hautatmung noch einen mehr oder weniger großen Anteil an dem Gesamtgaswechsel haben (sog. **akzessorische Hautatmung,** Abb. 3.26.).

Bei den pulmonaten **Schnecken** des Süßwassers überwiegt noch die Hautatmung. Bei den **Asseln** *Ligia* und *Oniscus* können 50% der normalen Atmung durch die Haut erfolgen, bei *Porcellio* sind es noch 34% und bei *Armadillidium* 26%. Bestimmte **Mückenlarven** können sich in gut durchlüftetem Wasser auch dann noch entwickeln, wenn ihr Tracheensystem durch Einfüllen eines ungiftigen Öles ausgeschaltet wird. Der **Wasserskorpion** *Nepa* kann seinen O_2-Bedarf bei winterlichen Temperaturen (unter 8–10 °C) allein mit Hilfe seiner besonders an der Rückseite des Abdomens ablaufenden Hautatmung unter Wasser bestreiten.

Beim Aal werden 60% des O_2-Bedarfs im Wasser durch die Haut gedeckt. Die Hautatmung reicht bei ihm für das Leben auf dem Lande aus, solange die Temperatur unterhalb 15 °C bleibt. Auch bei allen **Amphibien** ist die Hautatmung noch generell von großer Bedeutung. Manche Urodelen (*Salamandrina*, Plethodontiden) haben ihre Lungen völlig zurückgebildet und atmen nur durch die Haut und die Mundhöhlenschleimhaut. Bei den Fröschen kann allerdings die O_2-Aufnahme durch die Lunge diejenige durch die Haut übertreffen (S. 248). Die CO_2-Abgabe erfolgt in jedem Falle vornehmlich über die Haut.

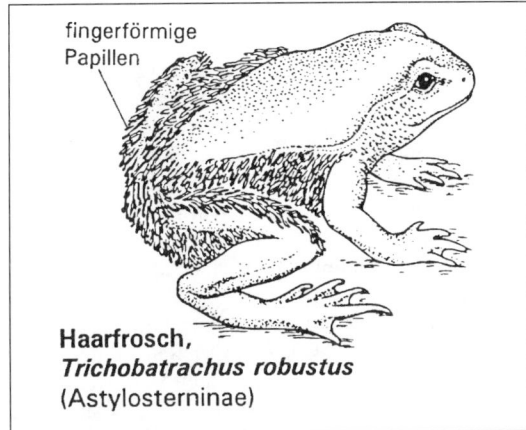

Abb. 3.27. Die Männchen des Haarfrosches mit fingerförmigen, gut durchbluteten Hautwucherungen zur zusätzlichen Atmung während der Paarung. Aus KARDONG 1995.

Während der Winterruhe zeigen unsere Frösche nur eine Hautatmung. Die Männchen des Haarfrosches (Abb. 3.27.) bilden zur Zeit der Paarung an Flanken und Schenkeln fingerförmige Hautwucherungen aus, die gut mit Blutgefäßen versorgt werden und dem zusätzlichen Gasaustausch dienen. Die **Seeschlange** *Pelamis praturus* kann etwa $^1/_3$ des benötigten O_2 über die Haut aus dem Wasser aufnehmen und einen großen Teil des anfallenden CO_2 an das Wasser abgeben.

Vor allem bei den **landbewohnenden Tieren** mit einem weitgehend undurchlässigen Chitinpanzer oder mit verhorntem mehrschichtigem Epithel tritt naturgemäß die Hautatmung stark zurück. Die Larve der Schmeißfliege *Phormia regina* bezieht normalerweise weniger als 2,5% des benötigten Sauerstoffs durch die Haut. Beim Menschen liegen die Werte für die Hautatmung bei 1,5% für die O_2-Aufnahme und 2,7% für die CO_2-Ausscheidung. Bei den stark behaarten Säugetieren dürften diese Werte noch niedriger liegen, ebenso bei den Vögeln. Bei den Fledermäusen ist im Zusammenhang mit ihren großflächigen und gut durchbluteten Flughäuten die Hautatmung relativ intensiv: etwa 11,5% des gesamten CO_2-Austausches erfolgen über die Haut, beim O_2 ist es weniger.

Darmatmung: Entgegen früheren Behauptungen scheint die bei vielen Krebsen zu beobachtende rhythmische Aufnahme von Wasser in den Darm nicht der Atmung, sondern dem Hervorbringen aktiver Peristaltikbewegungen durch Dehnung der Darmwand zu dienen. Auch bei den Echinodermen ist das Darmepithel nicht als Respirationsfläche anzusehen. Verschließt man den Darmkanal bei *Asterias, Strongylocentrotus purpuratus* (Seeigel) oder *Holothuria tubulosa* (Seegurke), so ändert sich der O_2-Verbrauch der Tiere damit nicht. Anders ist es wahrscheinlich bei einigen Oligochaeten des Süßwassers (*Nais, Tubi-*

fex, Stylaria u. a.), die zum Zweck der Atmung durch Cilienschlag einen Wasserstrom durch die Afteröffnung in den Enddarm hinein erzeugen. *Tubifex* lebt im Schlamm. Während das Vorderende des Wurms im Schlamm steckt, ragt sein Hinterende frei ins Wasser. Letzteres führt wellenförmige Bewegungen aus, wodurch ein Sog erzeugt wird, der die O_2-reicheren höheren Wasserschichten dem Wurm zuführt. Mit abnehmendem O_2-Gehalt des Wassers nimmt die Länge des aus dem Schlamm hervorragenden Teiles des Wurms zu.

Darmatmung kommt auch bei den Echiuriden *Urechis* und einigen Fischen vor. Der Schlammpeitzger *(Cobitis fossilis)* nimmt Luft durch den Mund auf, läßt sie durch den Darm passieren und gibt sie durch den After wieder ab. Dabei wird der Luft im mittleren und hinteren Abschnitt des Mitteldarms Sauerstoff entzogen und Kohlendioxid beigemischt. Diese Darmregion ist der Atmungsfunktion in besonderer Weise angepaßt. Sie besitzt eine gute Blutversorgung, ihr Epithel ist zart, und Darmzotten sind nicht ausgebildet. Ähnlich verhalten sich verwandte Formen (Bartgrundel, Steinpeitzger) sowie einige südamerikanische Welse (*Callichthys, Doras, Loricaria* u. a.).

3.2.3. Die Kiemenatmung

Die Bedingungen für den Gasaustausch im Wasser sind – was das Druckgefälle betrifft – nicht schlechter als in der Luft , denn die p_{O_2}- bzw. p_{CO_2}-Werte sind in beiden Medien gleich groß, wenn zwischen ihnen Gleichgewicht herrscht. Allerdings ist der O_2-Gehalt im Wasser infolge der geringen Löslichkeit wesentlich kleiner als in der Luft. Während in der Luft 21% des Volumens Sauerstoff sind, sind es im luftgesättigten Wasser weniger als 1%. Das bedeutet, daß die Wassertiere einem viel größeren Wasservolumen den Sauerstoff entziehen müssen, um die gleiche O_2-Menge zu gewinnen, die ein luftatmendes Tier bereits aus einem relativ kleineren Luftvolumen bezieht. Deshalb sind die Wassertiere in wesentlich stärkerem Maße gezwungen, durch **Ventilation** für eine ständige Erneuerung des Atemwassers zu sorgen. Hinzu kommt, daß die Diffusion der Gase im Wasser wesentlich langsamer erfolgt als in der Luft. Bei narkotisierten Schleien *(Tinca tinca)* macht die für die normale Kiemenventilation notwendige Arbeitsleistung etwa 30% des gesamten Ruheumsatzes aus. Bei 3fach erhöhter Ventilation steigt dieser Prozentsatz sogar auf 50%. Beim Menschen beträgt der für die Ruheatmung notwendige Anteil am Gesamt-O_2-Umsatz nur 0,3 bis 3,2%. Das Verhältnis zwischen dem ventilierten Volumen und dem in gleicher Zeit vom Herzen ausgeworfenen Blutvolumen beträgt bei Wassertieren rund 16 : 1 (*Octopus* 16, *Squalus acanthias* 18, Makrele 15), während es bei Luftatmern (Mensch) etwa 1 : 1 ist. Die starke Ventilation hat weiterhin die

Tabelle 3.4. Der arterielle CO_2-Druck bei einigen Tieren

	CO_2-Druck	Autor
Wassertiere		
Makrele	2	DITTMER & GREBE 1958
Karpfen	4	
Squalus	3,1	ROBIN 1966
Octopus	2,2	LEFANT 1965
Landtiere		
Gans	43	
Hund	36	DITTMER & GREBE 1958
Pferd	42	
Mensch	40	

Konsequenz, daß bei den Wassertieren der **arterielle CO_2-Druck** wesentlich kleiner ist als bei den Landtieren (Tab. 3.4.).

3.2.3.1. Evertebraten

Von einer echten Kieme kann man im physiologischen Sinne erst dann sprechen, wenn durch die Oberfläche pro Flächeneinheit ein regerer O_2-Austausch stattfindet als durch die restliche Körperoberfläche. In diesem Sinne sind die fünf Paare mundständiger „Kiemen" bei den regulären Seeigeln keine echten Kiemen. Obwohl sicher ein gewisser Gasaustausch an ihnen stattfindet, ist dieser doch für das gesamte Tier von so untergeordneter Bedeutung, daß die vollständige Entfernung aller „Kiemen" den O_2-Verbrauch des Tieres nicht nachweisbar herabsetzt. Bei den **Echinodermen** sind die Ausstülpungen des Wassergefäßsystems in Form der Füßchen (Podia), Tentakeln und Petaloide Hauptrespirationsorte (Wasserlungen der Holothurien s. 3.2.4.1.). Durch die Füßchen erfolgen bei *Asterias rubens* ebenso wie bei *Strongylocentrotus purpuratus* etwa 40% der gesamten O_2-Aufnahme. Der Sauerstoff wird in den Füßchen durch Muskelkontraktionen und Cilienschlag zur zugehörigen Ampulle transportiert, wo er durch die Ampullenwandung in die Coelomflüssigkeit zum weiteren Transport diffundiert.

Viele **Polychaeten** besitzen echte Kiemen in Form gut durchbluteter, zarter faden-, kamm- oder baumförmiger Hautausstülpungen an den Körperseiten dorsal von den Parapodien. Sie können an allen Körpersegmenten ausgebildet sein oder sich auf die mittlere Körperregion (z. B. *Arenicola*) bzw. die ersten zwei oder drei Metameren beschränken. Letzteres ist speziell bei den in Röhren lebenden Terebelliden der Fall. Die stark entwickelten **Tentakelkronen** am Kopflappen der Terebellomorphen sowie der ebenfalls in Röhren lebenden Serpulimorphen besitzen neben ihrer Bedeutung beim Nahrungserwerb eine Atmungsfunktion. Entfernt man sie, so sinkt bei *Sabella spallanzani* die Sauerstoffaufnahme des Tieres etwa um 60%. Der größte Teil des durch die Krone aufgenommenen Sauerstoffs wird allerdings von ihr selbst auch verbraucht. Das pro Zeiteinheit durch die Tentakelkrone gepumpte Wasservolumen ist sehr groß (wichtig für den Nahrungserwerb!) und deshalb umgekehrt die prozentuale O_2-Ausnutzung im Atemwasser relativ klein (10% bei *Schizobranchia*). Dieselbe Gesetzmäßigkeit kann man übrigens auch bei Filtrierern anderer Tierklassen beobachten (z. B. Muscheln, s. Tab. 3.5.). Die in schleimigen Röhren lebende Serpulide *Myxicola infundibulum* atmet mit Hilfe ihrer Tentakelkrone, da sie im Gegensatz zu anderen Formen keinen Irrigationsstrom erzeugt.

Vielfältig sind bei den Polychaeten die Mechanismen zur Erzeugung eines **Irrigationsstromes** zur Erneuerung des Wassers in der Wohnröhre. In der Regel wird der Irrigationsstrom von Zeit zu Zeit unterbrochen, um nach einer Ruheperiode von neuem einzusetzen. Bei dem an unseren Küsten häufigen „Köderwurm" *Arenicola marina* dauert eine Aktivitätsperiode etwa 10 min. Während dieser Zeit werden ca. 90 ml Wasser durch den im Sand am Boden der Gewässer angelegten L-förmigen Wohngang gepumpt. Der Irrigationsstrom wird durch Verdickungswellen des Körpers erzeugt, die vom Hinterende des Tieres in Richtung zum Kopf fortschreiten. Die prozentuale Sauerstoffausnutzung im Atemwasser beträgt dabei 50–60%. Die Rhythmik des Irrigationsstromes wird hier ebenso wie bei anderen Formen (Ausnahme: *Nereis virens*) nicht durch äußere Faktoren wie O_2- bzw. CO_2-Gehalt des Atemwassers bestimmt, sondern offenbar durch ein inneres, vermutlich im Bauchmark gelegenes **Schrittmacherzentrum** kontrolliert.

Die Kiemen der höheren Krebse (**Malacostraca**) sind im typischen Falle Epipoditen und entspringen am Basalglied (Coxopodit) der Thorakalbeine (Podobranchien). Zusätzlich können pro Brustsegment ein oder zwei Kiemen an der Gelenkmembran an der Basis der Extremitäten (Arthrobranchien) und eine weitere darüber an der Rumpfwand (Pleurobranchie) entspringen. Die maximal mögliche Kiemenzahl von 32 (8 Thoraxsegmente, pro Segment 4 Kiemen) wird jedoch von keinem Krebs erreicht. Die Oberfläche der Kiemen wird von einer sehr dünnen Chitinlage überzogen und ist oft durch Bildung von Blättchen bzw. Seitenzweigen stark vergrößert. – Die Kiemen liegen beim **Flußkrebs** (*Astacus*), der etwas genauer besprochen werden soll, wie bei allen dekapoden Krebsen geschützt in der vom Carapax gebildeten Atemkammer (Abb. 3.28.). In den rostralen Abschnitten der Atemkammer ragt ein blattförmiger Anhang der zweiten Maxille hinein. Durch wippende Bewegungen dieses sog. **Scaphognathiten** wird ein Wasserstrom durch die Kammer erzeugt. Das Wasser tritt zwischen den Beinen und von hinten her in den Atemraum ein, zieht dann, durch die Epipoditenlamellen geleitet, an den Kiemen vorbei dorsalwärts und von dort nach vorn zur Austrittsöffnung. Bei ei-

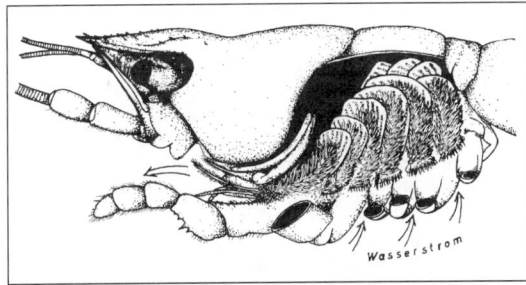

Abb. 3.28. Flußkrebs *(Astacus astacus)* in Seitenansicht. In der geöffneten Atemhöhle sind die Kiemen sichtbar. Nach KAESTNER 1993.

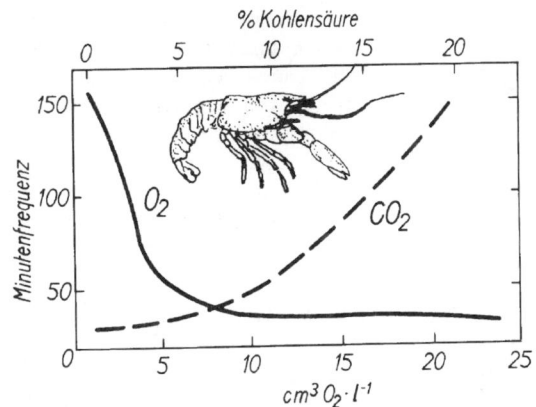

Abb. 3.29. Beziehung zwischen der O_2- bzw. CO_2-Konzentration des Atemwassers und der Frequenz der Atembewegungen bei *Astacus fluviatilis*. Nach PETERS 1983.

ner Temperatur von 13–18 °C werden so 0,2–0,8 l pro Stunde bewegt. Die Sauerstoffausnutzung im Atemwasser ist dabei 49–71%. Die Schlagfrequenz des Scaphognathiten steigt mit Erniedrigung des O_2-Gehalts des Wassers (Abb. 3.29.) bzw. Erhöhung der Temperatur an. Das Atemzentrum liegt im Suboesophagealganglion. Durch lokale Erwärmung dieses Zentrums kann die Ventilation bis zu 80% gesteigert werden.

Eine Reihe von Krabben (**Brachyura**) – wie z. B. die Winkerkrabbe *Uca* und die bei uns seit 1912 vorkommende Chinesische Wollhandkrabbe *Eriocheir sinensis* – können für längere Zeitperioden das Wasser verlassen. Während dieser Zeit des **Landlebens** wird das in der Atemkammer vorhandene Wasser mit frischem Sauerstoff aus der Luft versorgt. Dazu richtet das Tier seinen Körper steil auf und pumpt in gewohnter Weise durch die Scaphognathitbewegung das Wasser durch die Ausströmöffnung in der Nähe der Mundgliedmaßen aus der Atemhöhle. Das ausgetriebene Wasser rieselt anschließend auf der Bauchseite durch Borsten, Rinnen und Gruben geleitet in breiter Front und dünner Schicht kaudalwärts, um dann wieder in die Atemhöhle einzutreten. Auf diesem Wege lädt es sich neu mit Sauerstoff aus der Luft auf, der anschließend den Kiemen zugeführt wird. Bei *Eriocheir* ist eine Verdoppelung des O_2-Partialdruckes im Atemwasser während eines Kreislaufs gemessen worden. Gleichzeitig steigt der pH-Wert infolge einer CO_2-Abgabe um 0,2–0,3 Einheiten an. Bei der Wollhandkrabbe besteht im Bereich zwischen 0,6 und 6,6 ml O_2 pro Liter Wasser eine umgekehrte Proportionalität zwischen Ventilationsgeschwindigkeit und dem O_2-Partialdruck im umgebenden Wasser. Sinkt der O_2-Gehalt unter 1,4 ml/l, so kann die Krabbe den Rumpf aus dem Wasser hervorstrecken und zur oben beschriebenen Luftatmung übergehen. Andere Brachyuren sowie Anomuren sind dem Landleben in noch besserer Weise angepaßt, indem mindestens der dorsale Abschnitt der Atemhöhle zur Lunge geworden ist (3.2.4.1.).

Die Mehrzahl der **Mollusken** lebt im Wasser. Sie besitzt in der Regel gut entwickelte Kiemen (Ctenidien), die geschützt innerhalb der Mantelhöhle liegen. Kiemen und Mantelhöhle sind bei den Schnecken und Muscheln bewimpert. Durch den Cilienschlag wird ein Wasserstrom erzeugt. Bei den meisten Muscheln (Ausnahme: Protobranchia) sind die Kiemen sehr

vergrößert, denn sie dienen nicht nur der Atmung, sondern auch der Herbeistrudelung der im Wasser schwebenden Nahrungspartikel. Der erzeugte Wasserstrom ist deshalb bei ihnen besonders groß. *Mytilus californianus* (mittlere Größe 75–166 g) bewegt pro Stunde 2,2–2,9 l Wasser an den Kiemen vorbei. Die O_2-Ausnutzung ist dabei im Vergleich zu den Schnecken und Tintenfischen (Cephalopoden), die ihre Nahrung auf andere Weise gewinnen, klein (Tab. 3.5.).

Bei den **Cephalopoden** wird der Atemstrom nicht durch Cilienschlag, sondern durch Muskelkontraktionen erzeugt. Die hintere Mantelhöhlenwand ist stark muskulös (Ausnahme: *Nautilus*, s. u.). Das Atemwasser tritt am Mantelrand in die Atemhöhle, in der sich ein Paar federförmiger Kiemen befindet, bei deren Erweiterung ein. Anschließende Kontraktion der Mantelmuskulatur führt zum automatischen Verschluß der Mantelfalte, das Wasser tritt mit großer Geschwindigkeit durch den „Trichter" nach außen

Tabelle 3.5. Die O_2-Ausnutzung im Atemwasser bei verschiedenen Mollusken

Tierart		O_2-Ausnutzung in %	Autor
Mya arenaria	} Bivalvia	3–10	VAN DAM 1935
Cardium tuberculatus		6–10	HAZELHOF 1939
Pecten irradians		2,5– 6,8	VAN DAM 1954
Doris tuberculata	} Gastropoden	64–69	HAZELHOF 1939
Haliotis tuberculatus		48–70	HAZELHOF 1939
Octopus vulgaris	Cephalopoden	70	WINTERSTEIN 1909

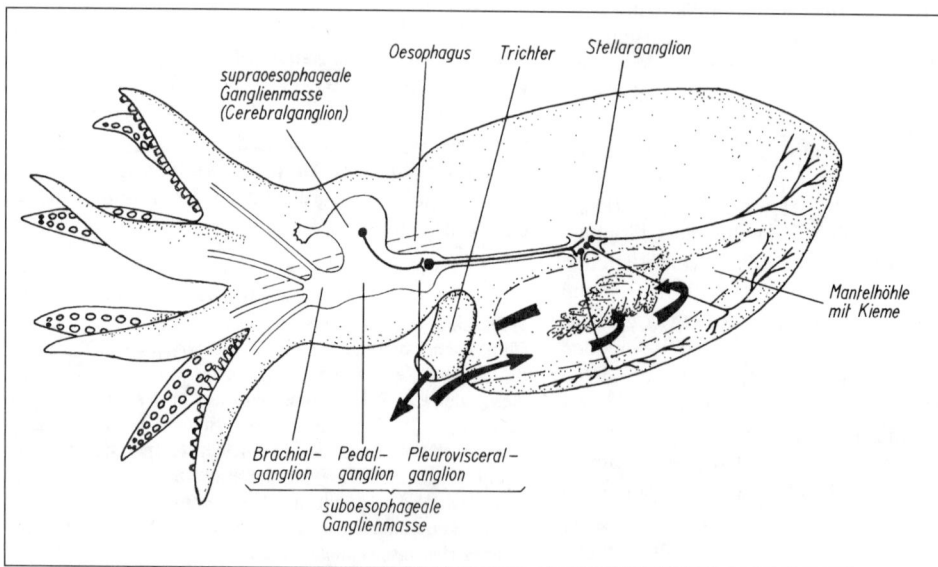

Abb. 3.30. Schematische Darstellung eines Cephalopoden mit eingezeichnetem Verlauf des Atemwasserstroms sowie der Innervation des Mantels.

(Abb. 3.30.). Der dabei dem Tier verliehene Rückstoß wird für die Lokomotion ausgenutzt. Bei dem tetrabranchiaten *Nautilus* führt der Trichter, durch den das Atemwasser ein- und auch wieder austritt, pulsierende Bewegungen aus. Die Zahl der „Atemzüge" pro Minute ist bei kleinen Tieren am größten und nimmt mit zunehmendem Körpergewicht ab. Bei *Octopus* beträgt sie bei 2,5–3 g schweren Tieren 51 und nimmt bis auf 12 bei 8000 g schweren Tieren ab. Sie wird gewaltig gesteigert, wenn das Tier gereizt wird. Die Atembewegungen stehen unter der neuralen Kontrolle des posterioren Teils der suboesophagealen Ganglienmasse (Pleuroviscerallappen), auf den höhere Zentren der supraoesophagealen Ganglienmasse regulierend einwirken können. Überschuß an Kohlendioxid steigert bei *Octopus* die Frequenz und – in geringerem Maße – die Amplitude der Atembewegungen.

3.2.3.2. Fische

Die Kiemen der Knochenfische befinden sich auf den Kiemenbögen, die die vom Darm nach außen führenden Kiemenspalten begrenzen. Es sind zarte, stark durchblutete, lanzettförmige Blättchen, die auf jedem der vier Kiemenbögen in einer Doppelreihe angeordnet sind (Abb. 3.31.) und neben ihrer respiratorischen Funktion auch exkretorische Aufgaben haben können (4.1.3.). Die Kiemenspalten werden vom Kopf her von einem Kiemendeckel (Operculum) und einer Kiemenhaut (Branchiostegalmembran) abgedeckt. Dadurch entsteht unter dem Operculum ein großer Raum (Kiemenraum), der vor der Brustflosse unter dem Rand der Branchiostegalmembran nach außen mündet. Das Atemwasser tritt durch die Mundöffnung ein, wird an den Kiemen vorbei durch die Kiemenspalten getrieben und tritt am hinteren oder unteren Rand des Kiemendeckels wieder nach außen.

Der Wasserstrom wird durch das Zusammenspiel zweier **Pumpmechanismen** – der Mund- und der Kiemenraumpumpe – erzeugt (Abb. 3.32.). Zunächst wird bei geöffnetem Maul der Mundraum erweitert. Dadurch strömt Wasser von außen in die Mundhöhle ein. Ein Zutritt von Wasser aus dem Kiemenraum wird dadurch verhindert, daß bei Druckabfall im Kiemenraum der freie Rand der Branchiostegalmembran automatisch an den Körper gepreßt wird und dicht abschließt. Mit einer geringen Verzögerung gegenüber der Mundhöhle kommt es auch zur Erweiterung des Kiemenraumes durch Auswärtsbewegung des Kie-

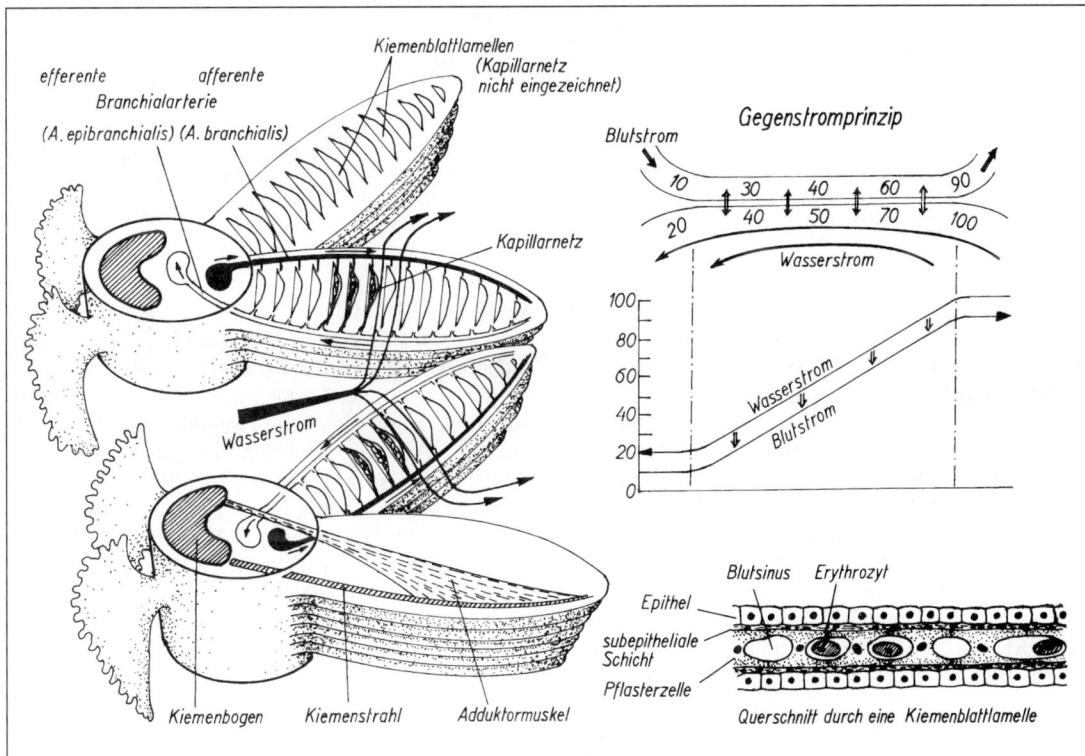

Abb. 3.31. Schematischer Querschnitt durch zwei Kiemenbögen eines Knochenfisches mit den Kiemenblattreihen. Eingezeichnet sind der Blut- und der Atemwasserstrom (Gegenstromprinzip!). Schema zur Veranschaulichung des Gegenstromprinzips. Querschnitt durch eine einzelne Kiemenblattlamelle.

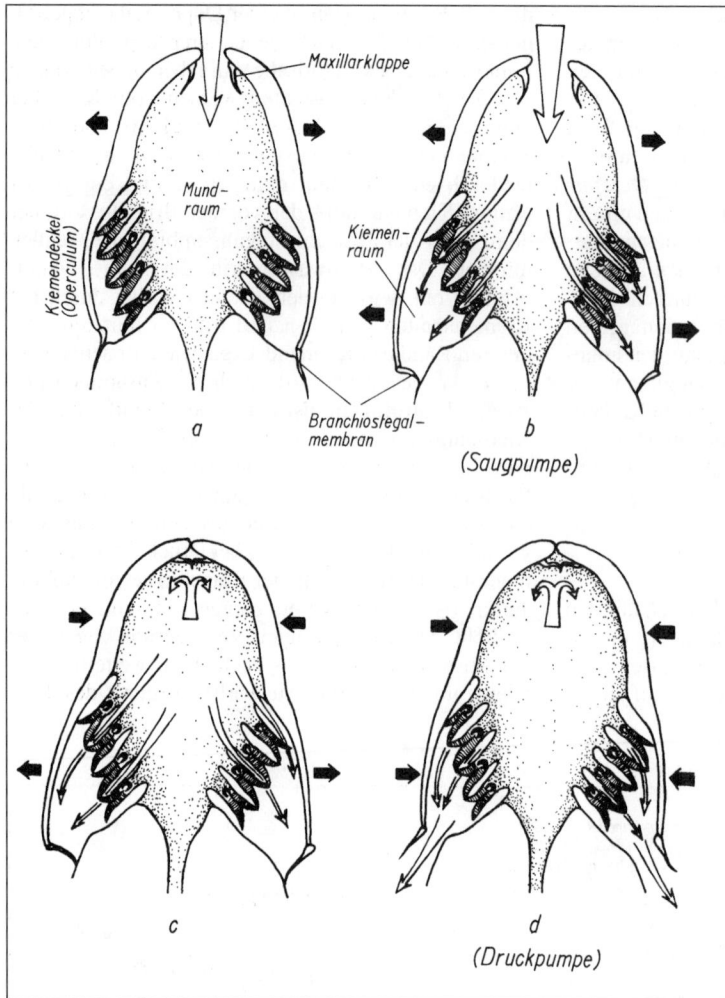

Abb. 3.32. Die Ventilation beim Knochenfisch. b) und d) stellen die Hauptphasen, a) und c) Übergangsphasen dar, die beide je nur $1/_{10}$ des gesamten Zyklus ausmachen. Die schwarzen Pfeile kennzeichnen die Bewegungen, die weißen den Wasserstrom. Die Maxillarklappen sind um 90° gedreht wiedergegeben, sie liegen nicht rechts und links vom Mund, sondern säumen den Ober- und Unterkiefer.

mendeckels. Der dadurch erzeugte Unterdruck im Kiemenraum ist größer als derjenige in der Mundhöhle, deshalb strömt das Wasser aus der Mundhöhle an den Kiemen vorbei in den Kiemenraum (**Saugpumpe**). Später setzt eine Einengung der Mundhöhle ein. Der verursachte Druckanstieg führt automatisch zum Verschluß der Mundöffnung durch die Maxillar- und Mandibularklappen und zur Fortsetzung des Wasserstromes in Richtung zum Kiemenraum. Abermals mit einer geringen Verzögerung gegenüber der Mundhöhlenpumpe wird auch der Kiemenraum verkleinert. Der Druckanstieg im Kiemenraum hebt die freien Ränder der Branchiostegalmembran vom Körper ab. Wasser tritt nach außen (**Druckpumpe**). Ein Rückfluß des Wassers in die Mundhöhle tritt wegen des dort herrschenden höheren Druckes nicht ein. Erst wenn anschließend die Erweiterung der Mundhöhle wiederum beginnt, kann für kurze Zeit ein Rückfluß eintreten, der sehr schnell durch den automatischen Verschluß der Branchiostegalmembran (s. o.) ge-

stoppt wird. Bei einigen Fischen (*Microstomus, Pleuronectes*) tritt überhaupt kein Rückfluß ein. Bei den bodenbewohnenden Fischarten (Pleuronectiden, Lophiiden u. a.) ist der Kiemenraum besonders stark erweiterungsfähig, die Atembewegungen sind langsam und tief. Bei den schnellen Schwimmern (Lachs, Forelle u. a.) ist er dagegen in der Regel klein. Der Atemwasserstrom wird bei offenem Mund allein durch die Fortbewegung im Wasser erzeugt. Die Makrele (*Scomber scombrus*) hat die Fähigkeit zur aktiven Ventilation nahezu verloren. In kleinen Gefäßen eingesperrt, kann sie ihr Hämoglobin nur noch bis zu 11% mit Sauerstoff sättigen. Bei den Elasmobranchiern besteht ein ähnlicher Ventilationsmechanismus wie bei den Knochenfischen. Die Funktion des bei ihnen fehlenden Kiemendeckels mit der Branchiostegalmembran wird von den verlängerten Kiemensepten übernommen.

Jedes Kiemenblättchen zeigt auf seiner Oberfläche viele parallel verlaufende Lamellen, an denen der eigentliche

Sauerstoffaustausch vor sich geht. In diesen Lamellen ist die Richtung des Blutstroms der des äußeren Wasserstroms entgegengesetzt (Abb. 3.31.). Durch dieses **Gegenstromprinzip** wird ein besonders guter Gasaustausch zwischen dem Wasser und dem Blut ermöglicht. Die Zahl der Lamellen pro Millimeter des Kiemenblättchens ist bei aktiven Fischarten wesentlich größer als bei trägen Formen.

Zunahme des **CO₂-Gehaltes des Wassers** oder **O₂-Mangel** rufen bei allen daraufhin untersuchten Knochenfischen im Gegensatz zum Hai *Mustelus californicus* und anderen Elasmobranchiern eine Steigerung des pro Zeiteinheit ventilierten Wasservolumens hervor. Dabei steigt sowohl die Atemtiefe (Atemvolumen) als auch die -frequenz an. Gleichzeitig fällt die Sauerstoffausnutzung (**Utilisationsgrad** U in %) im Atemwasser ab (Tab. 3.6.).

$$U = \frac{p_{I,O_2} - p_{E,O_2}}{p_{I,O_2}} \cdot 100$$

p_{O_2} = O₂-Partialdruck im Inspirations- (*I*) bzw. Exspirationswasser (*E*)

Der Utilisationsgrad ist bei Fischen infolge des Fehlens eines Totraums sowie der gegensinnigen Strömung des Wassers und des Blutes an bzw. in den Kiemenlamellen (Gegenstromprinzip, s. o.) normalerweise relativ hoch (Tab. 3.6.; Schleie *Tinca tinca*: 60%; zum Vergleich Mensch: 20%, s. auch Tab. 3.5.). Ein hoher Prozentsatz des aufgenommenen Sauerstoffs muß allerdings wieder in die beträchtliche Atemarbeit gesteckt werden (S. 238).

Bei den **Elasmobranchiern** ist der Herzschlag mit der Atembewegung koordiniert. Entweder sind beide Frequenzen gleich (1 : 1-Verhältnis), oder die Atemfrequenz ist ein ganzzahliges Vielfaches der Herzfrequenz (Verhältnis 2 : 1,3 : 1 oder 4 : 1). In der Regel erfolgt der Pulsschlag (Systole) zu dem Zeitpunkt, wenn das Maul gerade geöffnet worden ist.

3.2.4. Die Lungenatmung

Lungen sind die typischen Atmungsorgane landbewohnender, d. h. luftatmender Tiere. Es handelt sich dabei im Gegensatz zu den Kiemen nicht um feinhäutige Ausstülpungen der Körperoberfläche, sondern um ins Innere des Tierkörpers verlagerte Vergrößerungen der Atemfläche. Das respiratorische Epithel muß, um funktionstüchtig zu bleiben, stets feucht sein. Der Gefahr des Austrocknens wird dadurch entgegengewirkt, daß die Lungenhöhlen nur durch eine mehr oder weniger schmale Öffnung mit der Außenwelt in Verbindung stehen. Da die Diffusion der Atemgase in der Luft sehr viel schneller erfolgt als im Wasser, spielen die Atembewegungen (Ventilation) keine so große Rolle wie bei den kiemenatmenden Tieren. In einigen Fällen reicht die Diffusion aus, um ein hinreichend starkes Gefälle der Partialdrucke für Sauerstoff und Kohlendioxid an dem respiratorischen Epithel aufrechtzuerhalten (**Diffusionslungen**). In anderen Fällen wird durch Ventilation für eine Kürzung des Diffusionsweges gesorgt (**Ventilationslungen**). Diese Ventilation besteht nicht, wie bei den kiemenatmenden Formen, in einer Zirkulation des Atemmediums an den Atemflächen vorbei, sondern in einer rhythmischen Erneuerung der Luft in der Lunge. Während der **Exspiration** wird Luft aus der Lunge ausgestoßen, während der **Inspiration** Luft aufgenommen. In der Regel wird bei einem Atemzug nicht das gesamte Luftvolumen der Lunge erneuert, sondern nur ein Teil. Man bezeichnet das in der Lunge bei maximaler Exspiration noch verbleibende Luftvolumen als **Residualvolumen** (Abb. 3.46.). Sein O₂- bzw. CO₂-Gehalt wird allein durch Diffusion geregelt.

3.2.4.1. Evertebraten

Das bekannteste Beispiel einer Lunge bei den Evertebraten ist das der Lungenschnecken (**Pulmonaten**). Das Dach ihrer Mantelhöhle ist zu einem Lungenepithel geworden. Es weist viele leistenartige Vorsprünge (Trabekeln) auf, in denen blutführende Lakunen verlaufen. Die Kiemen fehlen. Die Atemhöhle ist durch ein verschließbares Atemloch (Pneumostom) mit der Außenwelt in Verbindung. Im Boden der Lungenhöhle verlaufen zahlreiche Muskelfasern. Durch Kontraktion dieser Fasern wird der normalerweise konvex in die Atemhöhle hineinragende Boden

Tabelle 3.6. Daten zur Atmung bei 400 g schweren Aalen *(Anguilla)* bzw. Regenbogenforellen *(Salmo)*. Temperatur: 17 °C beim Aal, 15 °C bei der Forelle.

Art	O₂-Gehalt i. Atemwasser [ml O₂/l H₂O]	ventiliertes Wasservolumen [ml/kg/min]	Atemvolumen [ml/kg]	Atemfrequenz [min⁻¹]	O₂-Ausnutzung i. Atemwasser [%]	O₂-Aufnahme [ml/kg/min]
Aal	6,6	89	5,6	16	82	0,48
	2,1	792	23,8	32	53	0,83
Forelle	6,8	556	6,9	80	35	1,27
	1,8	3350	31,3	107	18	1,05

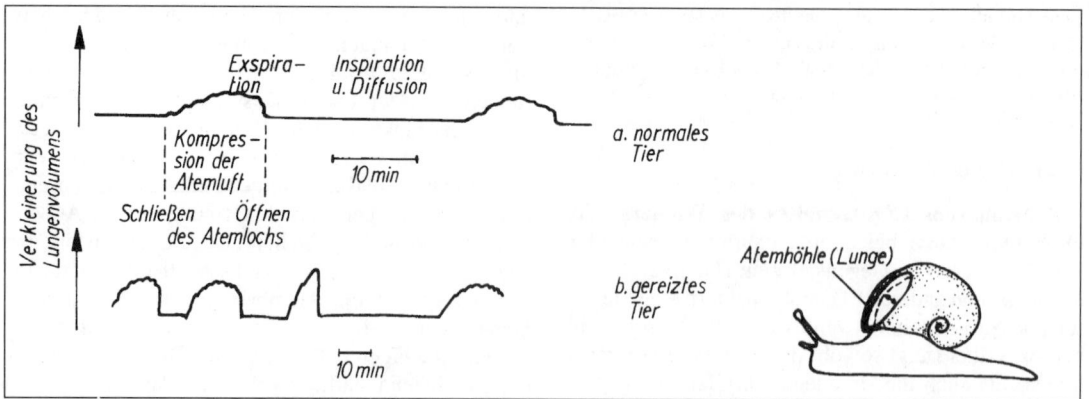

Abb. 3.33. Die Atembewegungen bei der Weinbergschnecke *Helix pomatia*. Nach MAAS 1939, umgezeichnet.

gespannt und dabei seine Wölbung vermindert. Das Pneumostom ist dabei geöffnet, Luft strömt in die Atemhöhle (Inspiration). Anschließend wird das Pneumostom geschlossen, und der Boden der Atemhöhle wölbt sich infolge Nachlassens der Muskelspannung wieder vor. Ein Anstieg des Druckes in der Atemhöhle ist die Folge (Abb. 3.33.), wodurch der Gasaustausch mit dem Blut wesentlich unterstützt wird. Danach wird das Atemloch geöffnet, Luft strömt aus (Exspiration), und der Zyklus kann von neuem beginnen. Bei *Lymnaea* können Überdrucke von 50–100 kPa in der Lungenhöhle erzeugt werden.

Bei denjenigen Pulmonaten, die zur aquatilen Lebensweise zurückgekehrt sind (*Lymnaea, Planorbis* u. a.), kommt der Hautatmung (s. o.) eine bedeutende Rolle zu. Die Atemhöhle kann daneben ihre Lungenfunktion behalten und wird dann von Zeit zu Zeit an der Wasseroberfläche mit frischer Luft gefüllt. Sie kann aber auch mit Wasser gefüllt werden, das rhythmisch erneuert wird. Sie hat dann die Funktion einer Kieme.

Ähnlich wie bei den Pulmonaten ist auch bei einigen **landlebenden Krebsen** (Brachyuren und Anomuren) die Kiemenhöhle zum Teil zur Lunge geworden. Bei dem in Ostindien beheimateten Palmendieb *Birgus latro* sind die Kiemen stark zurückgebildet. Statt derer ist der dorsale Abschnitt der Atemhöhle sehr erweitert und seine Wand durch zahlreiche traubig verzweigte Vorsprünge vergrößert (Abb. 3.34.), die von Blutlakunen durchzogen sind. Er ist mit Luft angefüllt. Die Ventilation besorgt – wie bei der Kiemenatmung – die Bewegung des Scaphognathiten. Die Anpassung an die Luftatmung ist hier bereits

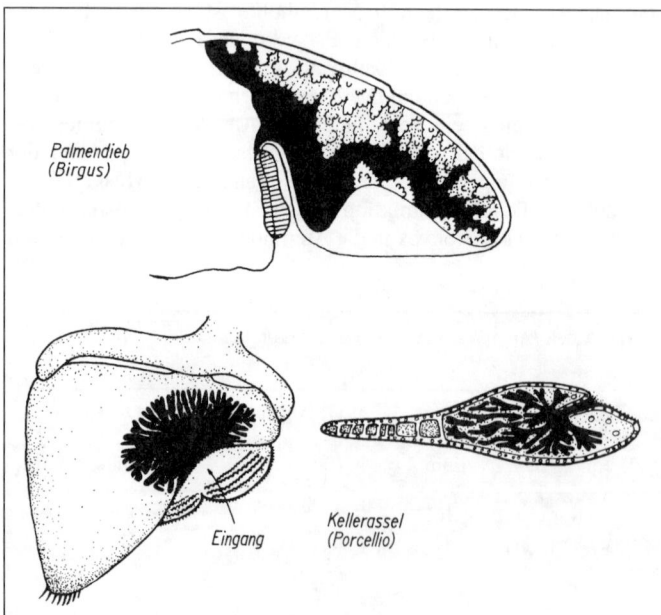

Abb. 3.34. Querschnitt durch die Atemhöhle vom Palmendieb *Birgus latro* und Schema des Atmungsorganes („weißer Körper") bei der Kellerassel *Porcellio* im Exopoditen des Pleopods. Aus HERTER u. URICH 1966.

derart, daß *Birgus* innerhalb von ca. 5 h im Wasser ertrinkt. – Bei den Landasseln (Porcellioniden und Armadillidiiden) sind in den Exopoditen der 5 oder nur der ersten beiden Pleopodenpaare reich verzweigte, blind endende Epidermiseinstülpungen vorhanden (Abb. 3.34.). Diese sog. **weißen Körper** sind von einer besonders dünnen Cuticula ausgekleidet und dienen dem Gasaustausch in der Luft. Verstopft man bei der Kellerassel *Porcellio* alle vier Atmungsorgane mit einem Öl, so fällt der O_2-Verbrauch des Tieres auf 39% des Normalwertes ab, und es tritt bald der Tod ein. Die CO_2-Abgabe ist dabei unverändert. Im Wasser erstickt *Porcellio* bei 20 °C innerhalb von 7 h.

Die **Fächerlungen** der Skorpione, Pedipalpen und Spinnen liegen im Opisthosoma. Das schlitzförmige Stigma führt zunächst in einen Atemvorhof, von dessen Vorderwand die zahlreichen parallelen Atemtaschen ausgehen (Abb. 3.35.). Letztere sind von einer

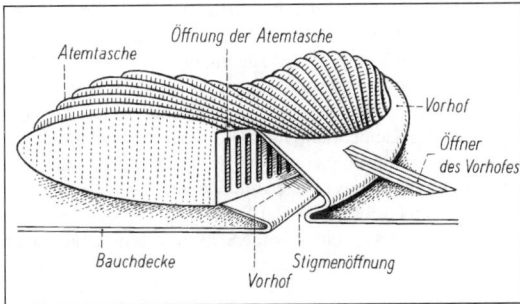

Abb. 3.35. Schema der Fächerlunge einer Spinne. Nach KAESTNER aus ABC der Biologie 1967.

zarten Chitincuticula ausgekleidet und durch zahlreiche Chitinsäulchen abgestützt, wodurch ein Kollabieren ihrer Wände verhindert wird. Sie ragen in einen Raum hinein, der vom medianen Bauchsinus her mit Blut versorgt wird, das anschließend in den lateralen, zum Perikard aufsteigenden Sinus abfließt. An der Hinterwand des Atemvorhofes setzen Muskeln an. Durch ihre Kontraktion können der Atemvorhof sowie die Stigma erweitert werden. Direkte Messungen an der Tarantel *Eurypelma californicum* zeigten aber, daß die Amplitude der Ventilation sehr gering ist, so daß man annehmen muß, daß der O_2-Transport in die Fächerlungen hauptsächlich durch Diffusion erfolgt **(Diffusionslungen)**. Neben diesen Fächerlungen kommen bei den Spinnen auch Röhrentracheen vor.

Eine Sonderstellung nehmen die eigenartigen **„Wasserlungen"** der Seegurken (Holothurien) ein. Es handelt sich um baumartig verzweigte, paarige Ausstülpungen der Kloake (Abb. 3.36.). Sie können rhythmisch mit Wasser gefüllt und wieder entleert werden. Das geschieht im einzelnen in folgenden Teilschritten: Zunächst wird der Kloakenraum bei geöffnetem Analsphinkter durch Kontraktion der radial ansetzenden Muskeln erweitert und mit Wasser gefüllt. Anschließend wird die Afteröffnung geschlossen und das Wasser durch Kontraktion der Kloakenmuskulatur in die erschlafften Wasserlungen getrieben. Dabei ist der Zugang zum Darm verschlossen und die Muskulatur der Körperwand nicht angespannt. Durch Kontraktion der Körperwandmuskulatur sowie der Wasserlungen wird das Wasser später wieder durch die offene Afteröffnung ausgestoßen. Diese Ventilation des Wassers dient der Atmung. Etwa 50% der gesamten Sauerstoffaufnahme erfolgt

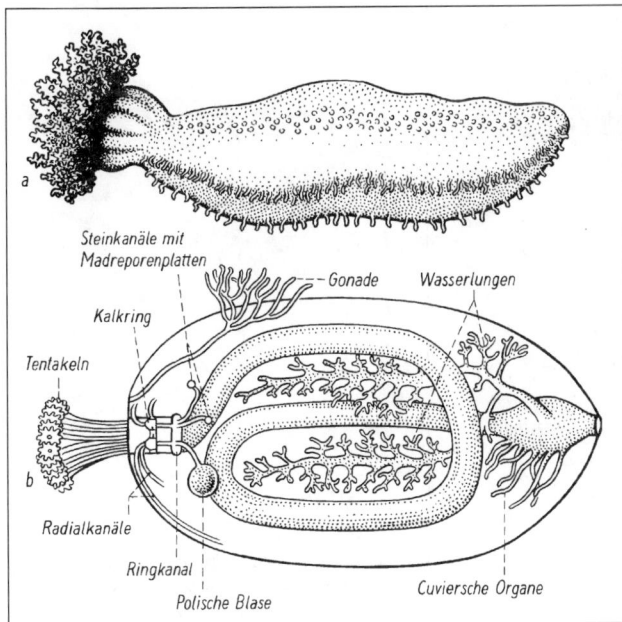

Abb. 3.36. Die Wasserlungen bei einer Seegurke (Holothuria). Aus ABC der Biologie 1967.

bei *Holothuria tubulosa* über diesen Mechanismus, der Rest tritt durch die Haut und durch die Füßchen (3.2.3.1.) in den Tierkörper ein.

3.2.4.2. Vertebraten

Wie die Kieme, so ist auch die Lunge der Wirbeltiere ein Derivat des Kiemendarms. Sie entsteht aus einer medioventralen Aussackung am hinteren Teil des Schlundes (Pharynx), die frühzeitig zweilappig wird. Sie ist das typische Atmungsorgan der Tetrapoden, kommt jedoch auch schon bei einigen Fischen vor. Das ist bei den Lungenfischen (Dipnoer) und den Crossopterygiern, aus denen die Landwirbeltiere hervorgegangen sind, sowie beim Flösselhecht *(Polypterus)* der Fall. Heute leben noch drei Gattungen von **Lungenfischen:** in Australien *Neoceratodus,* im Amazonasgebiet Lepidosiren und in Afrika *Protopterus. Neoceratodus* ist der primitivste unter ihnen und lebt gewöhnlich in gut durchlüfteten Flüssen. Es ist ein fakultativer Luftatmer. Die Lunge fungiert lediglich als akzessorisches Atmungsorgan, wenn das Wasser weniger gut durchlüftet ist. Im allgemeinen reicht die Kiemenatmung aus. Lepidosiren findet man dagegen normalerweise in morastigem Wasser, das oft O_2-arm ist und periodisch austrocknet. Sie sind obligate Luftatmer und überdauern die Trockenperioden innerhalb einer Schleimkapsel im Schlamm bei reiner Luftatmung. Ähnlich ist es bei *Protopterus*. Adulte Tiere *(Protopterus aethiopicus)* nehmen etwa 90% des benötigten O_2 aus der Luft mit Hilfe der Lungen auf, selbst dann, wenn sie sich in gut durchlüftetem Wasser befinden. Die CO_2-Abgabe erfolgt dagegen zum überwiegenden Teil (60%) über die Kiemen. – Beim im Kongo und oberen Nil lebenden **Flösselhecht** *(Polypterus)* fungiert die 2lappige Schwimmblase (= Lunge) ebenfalls als akzessorisches Atmungsorgan. Sie ist gut durchblutet und zeigt ein respiratorisches Epithel. Der Flösselhecht nimmt Luft an der Oberfläche des Wassers auf, wenn das Wasser O_2-arm ist oder bei stärkerer Aktivität. Unmittelbar nach der Einatmung erreicht der O_2-Druck in der Lunge 100 mm Hg, fällt aber relativ schnell auf Werte von 15 mm Hg ab.

Eine Reihe **Teleosteer** zeigt besondere Differenzierungen, die einen zeitweiligen **Landaufenthalt** bzw. ein Leben in sauerstoffarmen Gewässern ermöglichen. Die Bedeutung des Darmes für die Atmung bei einigen Fischarten wurde bereits erwähnt (3.2.2.). Bei anderen Fischen sind Teile des Kiemenraums zur Luftatmung geeignet. So ist z. B. bei dem an den Ufern des Indopazifischen Ozeans beheimateten Schlammspringer *(Periophthalmus)* die innere Wand des Operculums und des Kiemenraums durch Falten vergrößert und gut durchblutet. Der Fisch bewegt sich außerhalb des Wassers mit Hilfe der Brustflossen fort und jagt nach Beute. *Clarias* bildet **Atemsäcke,** die zwischen dem zweiten und dritten Kiemenbogen in den Kiemenraum münden. In sie ragen stark durchblutete, baumförmig verzweigte Anhänge hinein, die von Knorpelfortsätzen des zweiten und vierten Kiemenbogens gestützt werden (Abb. 3.37.). Bei *Saccobranchus* ist die dorsale Kiemenhöhlenschleimhaut beiderseits zu einem langen Sack

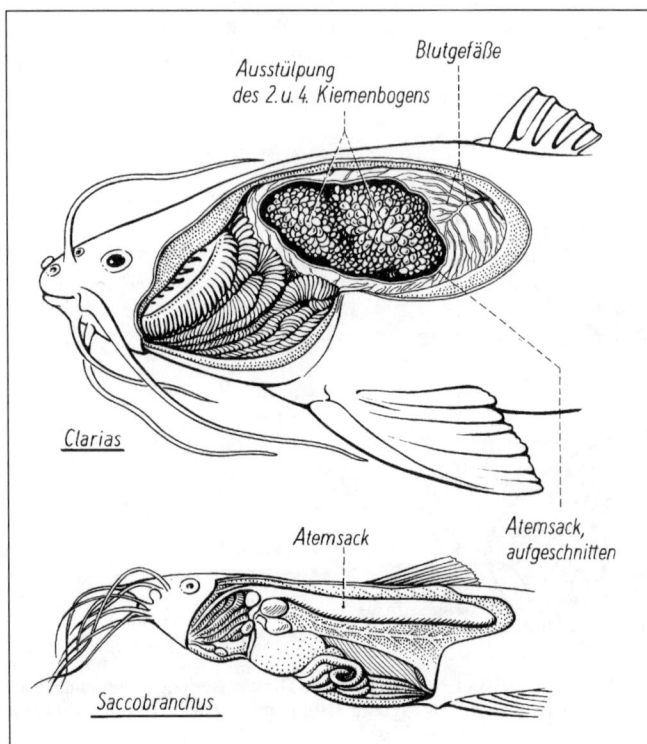

Abb. 3.37. Zwei Beispiele für die Umwandlung von Teilen des Kiemenraumes zu Luftatmungsorganen. Aus HIRSCH o. J.

ausgewachsen, der die Schwanzregion erreicht (Abb. 3.37.). Die Anabantiden entwickeln eine Atemkammer – wegen der komplizierten Oberflächenstruktur **„Labyrinth"** genannt – vom ersten Kiemenbogen aus. Der ostindische Kletterfisch *Anabas scandens* soll sich 7–8 Tage lang ununterbrochen auf dem Lande aufhalten können. Er bewegt sich dann mit Hilfe des ersten Strahles der Brustflosse sowie mit den Stacheln des Kiemendeckels sehr geschickt fort.

Bei einer Reihe von Fischen, bei denen die Schwimmblase noch über den Ductus pneumaticus mit dem Darm in Verbindung steht (Physostomen), ist die **Schwimmblase** mit in den Dienst der Atmung getreten (Knochenhecht *Lepidosteus,* Kahlhecht *Amiacalvia, Arapaima gigas,* der größte rezente Süßwasserfisch in Überschwemmungsgebieten des Amazonas, der ungarische Hundsfisch *Umbra* sowie einige Mormyriden). *Lepidosteus* kann allein mit Hilfe der Schwimmblasenatmung in O_2-freiem Wasser leben. Wird dagegen das Schlucken von Luft künstlich verhindert, so stirbt das Tier in dem Wasser innerhalb von vier Stunden. Auch *Arapaima* hat sich vom O_2 des Wassers völlig unabhängig gemacht. Er atmet atmosphärischen Sauerstoff über seine spongiös ausgebildete Schwimmblasenwand.

Die Lungen der **Amphibien** sind noch verhältnismäßig einfach. Sie zeigen nur eine geringe Kammerung und einen großen zentralen Hohlraum. Die Rippen sind bei den rezenten Amphibien weitgehend zurückgebildet und bei den Anuren (Ausnahme: Discoglossiden) mit den Querfortsätzen der Wirbel verwachsen, sie erreichen niemals das Sternum. Deshalb kann die Atemluft auch nicht – wie bei den Reptilien, Vögeln und Säugetieren – durch Erweiterung des Thorax in die Lunge gesogen, sondern muß in sie hineingepreßt werden. Das geschieht durch Heben des Mundhöhlenbodens bei geschlossenen Nasenlöchern. Im einzelnen spielen sich bei unseren einheimischen Fröschen folgende Vorgänge ab (Abb. 3.38.): Zunächst wird bei offenen Nasenlöchern aber geschlossenem Lungengang (Glottis) durch Oszillation des Mundhöhlenbodens die Luft in der Mundhöhle rhythmisch erneuert. Diese **Kehloszillation** wird von Zeit zu Zeit unterbrochen, und die Nasenöffnungen werden geschlossen. Durch Kontraktion der Bauchmuskulatur, unterstützt durch die Eigenelastizität der Lungenwand, erfolgt anschließend bei geöffneter Glottis die Exspiration. Die ausgestoßene Luft vermischt sich mit der Frischluft in der Mundhöhle. Durch Heben des Mundhöhlenbodens wird die Mischluft wieder in die Lunge gepreßt. Dieser Vorgang der **Lungenentleerung und -füllung** kann sich mehrere Male wiederholen, dann setzt wieder bei geschlossener Glottis, aber offenen Nasenlöchern die Kehloszillation ein. Bemerkenswert an diesem Mechanismus ist also, daß niemals Frisch-, sondern immer nur Mischluft in die Lunge gelangt.

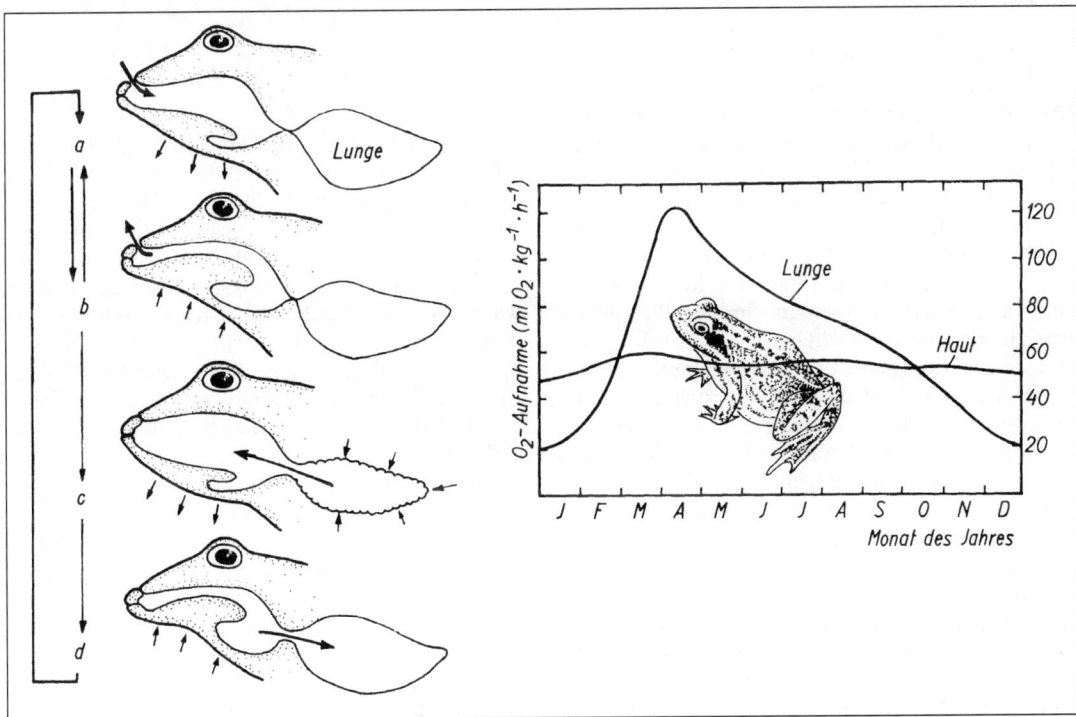

Abb. 3.38. Links: Die Atmung beim Frosch *(Rana).* a, b) Kehloszillation bei geöffneten Nasenlöchern und geschlossener Glottis; c, d) Lungenventilation bei geschlossenen Nasenlöchern und geöffneter Glottis. Rechts: O_2-Aufnahme durch Haut bzw. Lunge beim Frosch im Jahreszyklus. Nach DOLK u. POSTMA 1927.

Die Bedeutung der **Mundschleimhaut** für die Sauerstoffaufnahme bei den Amphibien ist heute noch umstritten, wahrscheinlich ist sie aber gering. Die Kehloszillation, die bei *Triturus* eine Frequenz von 60–200 pro min erreichen kann, steht wohl mehr im Dienste der Geruchswahrnehmung. Lediglich bei einigen Vertretern der lungenlosen Plethodontiden (Familie der Urodelen) kann man auf Grund der intensiveren Durchblutung der Mundschleimhaut auf eine stärkere Beteiligung derselben an der Atmung schließen. Von großer Bedeutung bei allen Amphibien ist die **Hautatmung** (3.2.2.). Bei den Molchen *(Triturus)* geht der größte Teil des Gasaustausches durch die Haut vor sich, bei den Anuren ist daneben die **Lunge** für die O_2-Aufnahme von großer Bedeutung (Abb. 3.38.). Die CO_2-Abgabe erfolgt in jedem Falle vornehmlich durch die Haut. *Rana esculenta* ebenso wie einige andere Frösche können nicht unbegrenzt in gut durchlüftetem Wasser leben, wenn man die Lungenatmung verhindert. Bei einer Temperatur von 19–20 °C tritt nach 10–15 Tagen der Tod ein. Bei *Rana temporaria* und bei dem Krallenfrosch *Xenopus* wird etwa dreimal soviel Sauerstoff durch die Lunge wie durch die Haut aufgenommen. Bei *Rana esculenta* ist der Anteil beider Atmungsflächen an der gesamten O_2-Aufnahme etwa gleich groß.

Die Lunge der **Säugetiere** zeigt gegenüber der der Amphibien insofern eine Höherentwicklung, als ihre innere Oberfläche erheblich vergrößert ist. Es ist kein einheitlicher zentraler Luftraum mehr vorhanden. Der in jeden Lungenflügel führende Hauptbronchus spaltet sich in immer feinere Kanäle auf bis hin zu den Alveolengängen, an denen die Lungenbläschen (**Alveolen**)[1]) wie die Beeren einer Weintraube sitzen. Jeder Lungenflügel befindet sich in einer dicht abgeschlossenen Höhle (**Pleurahöhle**), die kaudal durch das Zwerchfell (Diaphragma) begrenzt und allseitig von den Pleurablättern ausgekleidet ist. In der Pleurahöhle befindet sich eine inkompressible Flüssigkeit. Nur beim Elefanten und Tapir sind die Lungen mit der Thoraxwand verwachsen. In der Pleurahöhle herrscht normalerweise ein gewisser Unterdruck von einigen Torr gegenüber dem Lungeninneren, der dadurch verursacht wird, daß die selbst noch in Exspirationsstellung gedehnte Lunge die Tendenz hat, sich zusammenzuziehen (Retraktionskraft). Die Retraktion kann aber nicht erfolgen, da die Pleurahöhle – wie bereits erwähnt – hermetisch abgeriegelt ist. Wird die Pleurahöhle geöffnet (Pneumothorax), so verschwindet der Unterdruck, und die Lunge zieht sich bis zur Ruhelage zusammen. Im Normalfall halten sich der interpleurale Unterdruck und die Retraktionskraft die Waage. Jeder aktiven Erweiterung des Thoraxraumes muß die Lunge passiv folgen, ohne daß sie mit der inneren Brustwand verwachsen ist. Dadurch wird ein Druckabfall im Lungeninneren her-

vorgerufen, der durch Einstrom von Frischluft wieder rückgängig gemacht wird (Inspiration). Bei der Verkleinerung des Thoraxraumes führt umgekehrt ein Druckanstieg in der Lunge zur Exspiration. Der Druck in der Pleurahöhle (**Interpleuraldruck** p_{pl}) bleibt immer unter dem Lungeninnendruck (Intrapulmonaldruck p_{pulm}), da die Retraktionskraft K der Lungenwand in keiner Phase verschwindet. Bezeichnet man die Lungenoberfläche mit F, so gilt:

$$p_{pl} = p_{pulm} - \frac{K}{F}$$

Aus dieser Beziehung kann man ersehen, daß die Differenz zwischen p_{pl} und p_{pulm} zunimmt, wenn die Lunge bei der Inspiration gedehnt wird und damit K ansteigt (Tab. 3.7.).

Tabelle 3.7. Der interpleurale Unterdruck bei verschiedenen Säugetieren unter statischen Verhältnissen. Aus SCHEUNERT/TRAUTMANN 1965.

Tierart	Der interpleurale Unterdruck [mm Hg] am Ende der	
	Inspiration	Exspiration
Pferd	30	10
Mensch	25	5
Hund	10	4
Kaninchen	4,5	2,5

Die **Erweiterung des Thorax** wird durch die Tätigkeit bestimmter Muskeln (Inspirationsmuskeln) geleistet. Der wichtigste Inspirationsmuskel ist das **Zwerchfell.** Es ist im entspannten Zustand der Exspiration kuppelförmig in die Brusthöhle hinein vorgewölbt und liegt mit seinen Randpartien der Thoraxwand von innen an. Bei seiner Kontraktion flacht es sich ab, wobei es sich gleichzeitig am Rande von der Thoraxwand abhebt (Abb. 3.39.). Dadurch wird die Brusthöhle kaudalwärts vergrößert. Eine Reihe anderer Muskeln sorgt durch Bewegung der **Rippen** kranialwärts für eine Vergrößerung des Brustkorbdurchmessers. Wichtig sind in diesem Zusammenhang die Mm. intercostales externi (Abb. 3.39.).

Im Gegensatz zur Inspiration verläuft die **Exspiration** in erster Linie rein passiv bei Erschlaffung der Inspirationsmuskulatur durch Kräfte, die vorher durch die Inspirationsbewegung entstanden sind. Das Zwerchfell nimmt seine stark vorgewölbte Ruhestellung infolge des herrschenden Überdruckes in der Bauchhöhle und des elastischen Zuges der Lunge wieder ein. Die Rippen kehren automatisch in ihre Ruhelage zurück, aus der sie gegen den elastischen Widerstand ihrer Gelenkbänder und Knorpelverbin-

---

[1]) alveolus (lat.) = kleine Aushöhlung, Mulde.

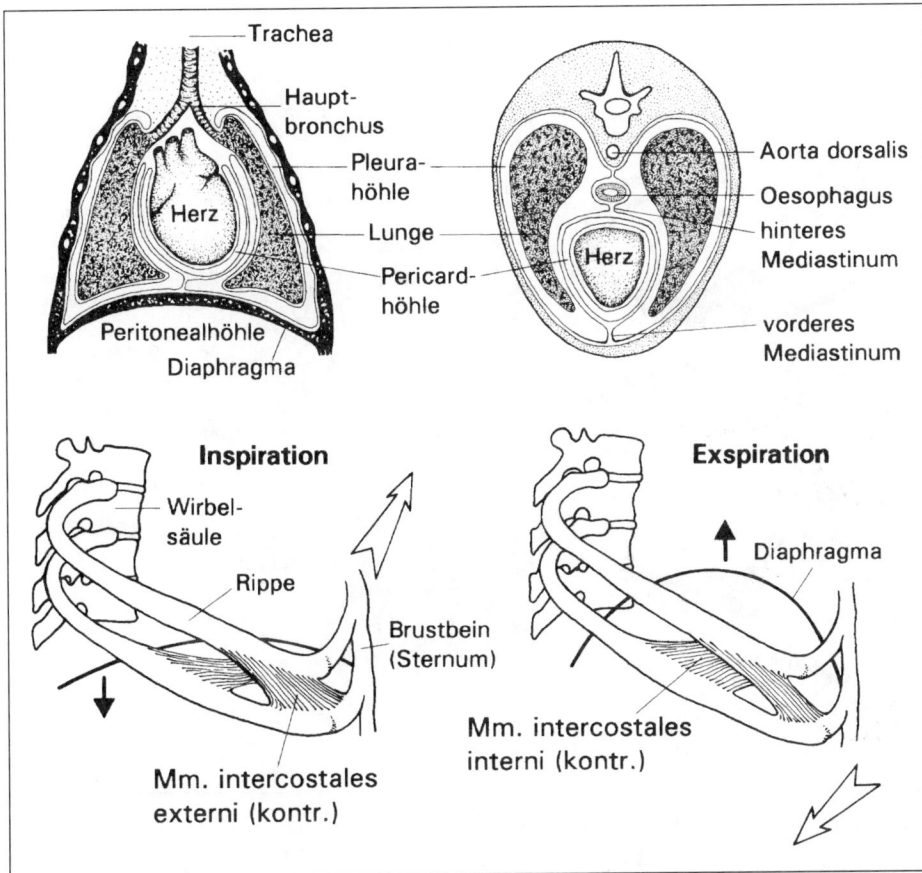

Abb. 3.39. Oben: Längs- und Querschnitt durch den Thorax eines Säugetieres. Aus ROMER u. PARSONS 1983. - Unten: Die Bewegungen der Rippen und des Zwerchfells (Diaphragma) bei der Atmung der Säugetiere. Nach ECKERT 1986.

dungen entfernt worden waren. Allerdings kann die Exspirationsbewegung auch durch aktive Muskeltätigkeit unterstützt werden (Mm. intercostales interni u. a.). Bei solchen Säugetieren (Elefant, Tapir), bei denen die Pleurablätter miteinander verwachsen sind, beschränken sich die Atembewegungen fast vollständig auf die Zwerchfelltätigkeit. Bei den Fledermäusen ist während des schnellen Fluges eine aktive Ventilation nicht nötig. Die Luft wird passiv in die Lungen gepreßt. Unterstützt wird die Ventilation durch die Bewegung der Flügel.

Die **Vögel** besitzen die leistungsfähigsten Atmungsorgane im Tierreich. Ihre paarigen Lungen stehen in Verbindung mit fünf ebenfalls paarigen, sich weit in den Körper erstreckenden Luftsäcken, in denen zwar keine nennenswerte O_2-Aufnahme stattfindet, die aber dennoch von großer Bedeutung für die Atmung sind. Durch die Lungen zieht ein kompliziertes System von Luftkanälchen, die nicht blind in Alveolen enden, sondern letzten Endes in die Luftsäcke münden. Die Oberfläche der Lunge ist von

einer dünnen Pleura überzogen und im Gegensatz zu der Sängerlunge durch Bindegewebsstränge mit der Thoraxwand verbunden.

In jeden Lungenflügel tritt ein Bronchus ein, der als Bronchus 1. Ordnung (primärer Bronchus oder **Hauptbronchus**) durch die ganze Lunge zieht und in den abdominalen Luftsack mündet. Von seinem oft etwas erweiterten Anfangsteil (Vestibulum) gehen innerhalb der Lunge gewöhnlich vier (maximal sechs) dicke „craniomediale" **Bronchi 2. Ordnung** aus (Abb. 3.40.). Diese ziehen unter der Lungenoberfläche entlang, verzweigen sich und münden schließlich ebenfalls in Luftsäcke ein. Vom kaudalen Teil des Vestibulums und vom anschließenden Teil des Hauptbronchus (nun auch Mesobronchus genannt) entspringen dorsal nochmals sechs bis zehn sekundäre Bronchi („**caudodorsale" Bronchi 2. Ordnung**). Eine weitere Gruppe sekundärer Bronchi (die „**caudoventralen" Bronchi 2. Ordnung**) entspringen gegenüber den caudodorsalen an der ventralen Seite des Hauptbronchus. Von allen sekundären Bronchi gehen zahlreiche **tertiäre Bronchi** (Parabronchi) aus, die in vielfältiger Weise durch Anastomosen miteinander in Verbindung stehen. Beim Huhn verlaufen im kranialen und

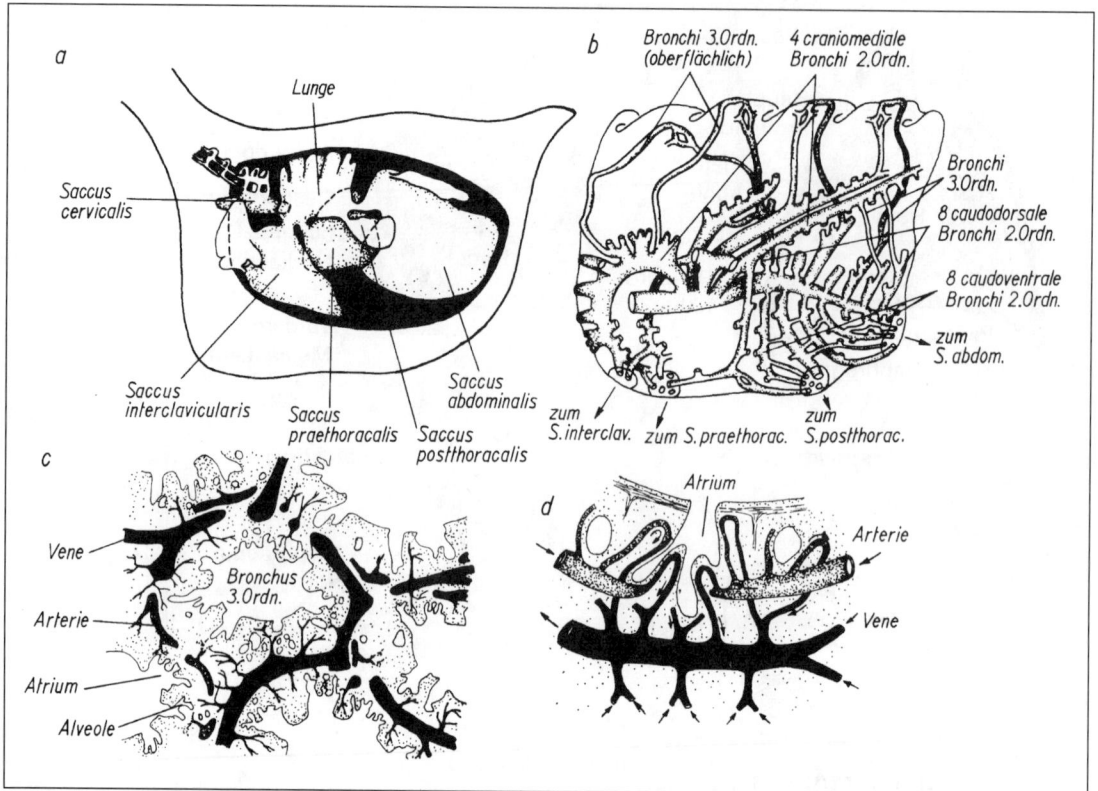

Abb. 3.40. Zur Anatomie der Vogellunge. a, b) Haushuhn. Nach KING 1966; c, d) Nach HIRSCH O. J.

dorsalen Teil der Lunge sehr viele (150–200) Bronchi 3. Ordnung mehr oder weniger parallel zueinander („Lungenpfeifen"). Sie verbinden die craniomedialen und caudodorsalen Bronchi 2. Ordnung miteinander. Die Wände der tertiären Bronchi zeigen zahllose kleine Öffnungen, die in Höhlen (Atria) führen, von denen viele sich rasch verzweigende **Luftkapillaren** ausgehen. Letztere haben einen Durchmesser von 3–15 µm und enden entweder blind (bei schlechten Fliegern wie Huhn usw.) oder anastomosieren mit Luftkapillaren benachbarter Parabronchien (bei guten Fliegern wie Taube usw.). Sie stehen in engem Kontakt mit den Blutkapillaren, und in ihnen geht der größte Teil des Gasaustausches vor sich.

Der **Weg der Atemluft** in der Vogellunge: Während der **Inspiration** (Abb. 3.41.) strömt nach neueren Untersuchungen an Gans und Stockente in die posterioren Luftsäcke (S. postthoracalis, S. abdominalis) in erster Linie O_2-reiche Luft direkt aus dem Hauptbronchus und vermischt sich dort mit der Totraumluft. Der Luftstrom in die anterioren Luftsäcke (S. cervicalis, S. interclavicularis, S. praethoracalis) erfolgt dagegen über die caudodorsalen Bronchi 2. Ordn. und die tertiären Bronchi, in denen der Gasaustausch stattfindet (s. u.). Bei der **Exspiration** strömt die Luft aus den anterioren Säcken hauptsächlich über die craniomedialen Bronchi direkt zum Haupt-

bronchus zurück. Die Luft aus den posterioren Säcken nimmt dagegen jetzt den Weg über die Parabronchien und dann über die craniomedialen Bronchi ebenfalls zum Hauptbronchus. Die Exspirationsluft hat deshalb eine Zusammensetzung, die der in den anterioren Säcken entspricht. Die Durchströmung der Parabronchien (Gasaustausch!) erfolgt während der Inspiration und Exspiration in gleicher Richtung. Eine doppelte Ausnutzung der Atemluft bei der Inspiration *und* bei der Exspiration findet nicht statt. Die Atemluft wird jeweils nur einmal – entweder bei der In- oder bei der Exspiration – durch die Parabronchien geführt. Es ist noch unbekannt, durch welche Mechanismen die Luftströmung in der Lunge gelenkt wird. Eine Verlagerung der Gasvolumina zwischen den Luftsäcken in irgendeiner Phase des Ventilationszyklus ist unwahrscheinlich, da sich der Druck in den anterioren und posterioren Luftsäcken stets synchron ändert. Er steigt während der Inspiration an und fällt während der Exspiration wieder ab.

Werden die Vögel höheren Temperaturen ausgesetzt, so versuchen sie, durch schnellere, aber weniger tiefe Atemzüge (engl. **panting**) und die damit verbundene erhöhte Wärmeabgabe einer Überhitzung ihres Körpers entgegenzuwirken (4.5.1.). Die Luftzirkulation in der Lunge ist dabei

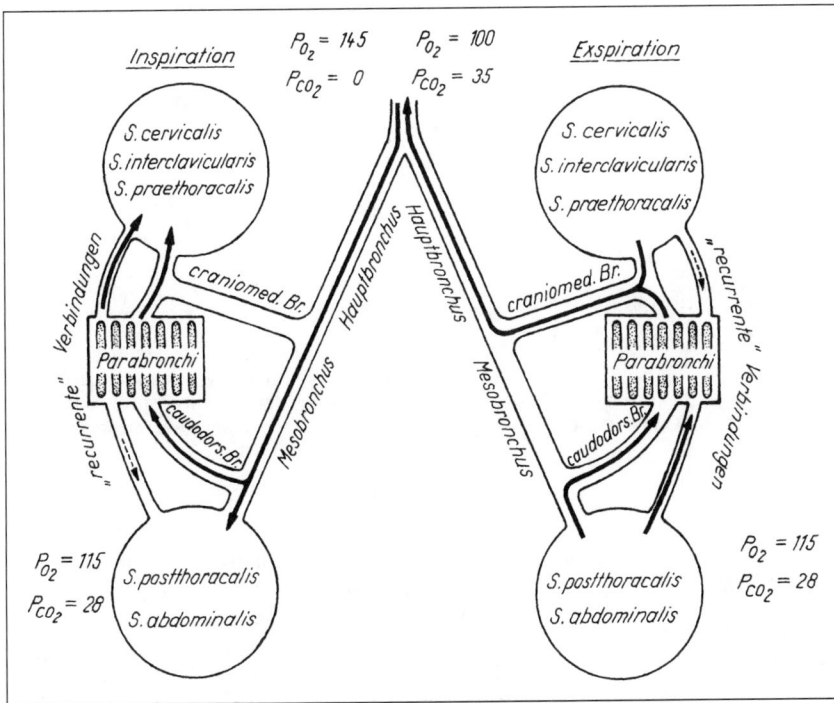

Abb. 3.41. Schema der Vogellunge mit eingetragenem Weg der Atemluft während der Inspiration (links) und der Exspiration (rechts) nach Untersuchungen an Gans und Stockente. Die Zahlenangaben für die Druckverhältnisse gelten für die Gans.

etwa dieselbe, wie sie oben für den Ruhezustand beschrieben wurde. Es wird also kein nennenswerter Anteil der Respirationsluft um die Orte des Gasaustausches herumgeführt. Die Folge ist ein übermäßiger Verlust an CO_2 und eine damit verbundene respiratorische **Alkalose.** Beim Strauß scheint es allerdings anders zu sein.

Aus den **Parabronchien** gelangen die Atemgase durch Diffusion in die **Luftkapillaren,** dem Ort des eigentlichen **Gasaustausches** zwischen der Luft und dem Blut. Durch pulsierende Bewegungen der Parabronchien kann die Diffusionsstrecke zwischen Parabronchus und Luftkapillaren verkürzt werden. Berechnungen haben ergeben, daß bereits eine Differenz von 0,03 mm Hg zwischen dem O_2-Partialdruck in den Parabronchien und demjenigen in den Luftkapillaren ausreichend ist, den normalen O_2-Verbrauch einer jungen Krähe (330 g schwer) mit 400 ml O_2/h zu gewährleisten. Für den etwa 25fach gesteigerten O_2-Bedarf während des Fluges ist eine Druckdifferenz von 0,75 mm Hg ausreichend.

In der Vogellunge ist ein sog. **Kreuzstrom-Prinzip** zwischen dem Strom der Atemluft in den Parabronchien und dem des Blutes in den quer dazu verlaufenden, serial angeordneten Blutkapillaren (seriales multikapillares System, Abb. 3.42.) verwirklicht. So kann – ebenso wie beim Gegenstromprinzip (s. o.) – erreicht werden, daß der arterielle Sauerstoff-Partialdruck höhere Werte aufweist als die Luft,

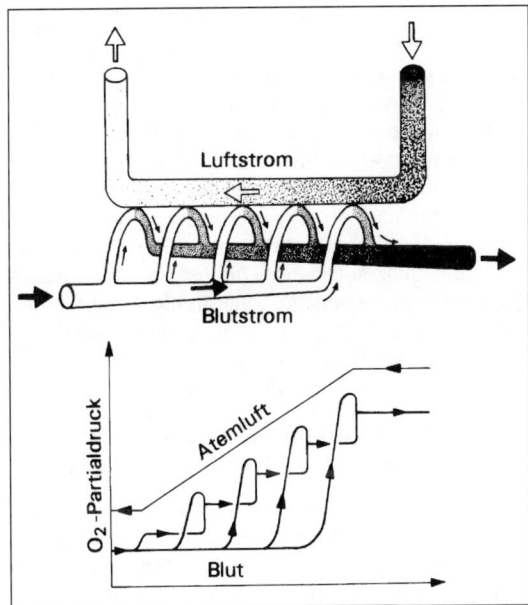

Abb. 3.42. Das „Kreuzstrom-Prinzip" beim Gasaustausch in der Vogellunge. Die serial angeordneten Blutkapillaren verlaufen quer zu dem Luftstrom, "kreuzen" ihn. Es entsteht dadurch ein ähnlicher Effekt wie beim Gegenstromprinzip, nur daß sich das Blut auf seinem Wege nicht kontinuierlich, sondern in Stufen mit Sauerstoff belädt.

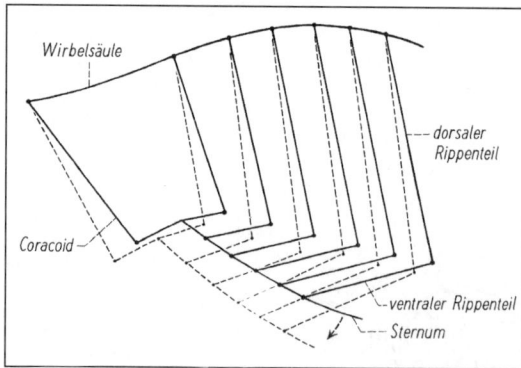

Abb. 3.43. Schema der Atembewegungen beim ruhenden Vogel. Nach BÁBÁK aus KÄMPFE, KITTEL u. KLAPPERSTÜCK 1980.

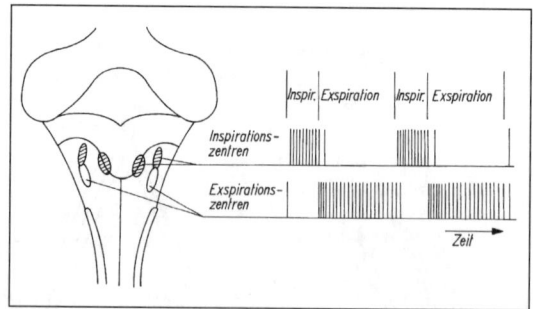

Abb. 3.44. Lage der Atmungszentren in der Medulla oblongata von Säugetieren (von dorsal gesehen) sowie die von den Zentren ausgehenden rhythmischen Spike-Aktivitäten, die die Inspirations- bzw. Exspirationsbewegungen auslösen. Aus THEWS u. VAMPEL 1981.

die die Parabronchien verläßt, was prinzipiell beim „Pool-System" (Säuger-Alveolen) nicht möglich ist.

Die **Inspirationsbewegung** besteht beim Vogel in einem Nachvornziehen der beiden, gelenkig miteinander verbundenen Rippenabschnitte. Dadurch vergrößert sich der Winkel zwischen diesen Abschnitten, und der Abstand des Sternums von der Wirbelsäule nimmt zu (Abb. 3.43.). Die Vergrößerung des thorako-abdominalen Raumes ist am kaudalen Ende des Sternums am größten. Deshalb sind die thorakalen und besonders die beiden großen abdominalen Luftsäcke für die Ventilation von größter Bedeutung, während die Cervical- und Interclavicularsäcke keine Bedeutung haben. Beim Huhn treten 80% des eingeatmeten Luftvolumens in die abdominalen Säcke ein. Im Gegensatz zu den Säugetieren muß auch die **Exspiration** stets aktiv durchgeführt werden. Es werden die dorsalen Rippenabschnitte nach hinten und damit das Sternum nach oben gezogen. Gegen Ende der Exspirationsphase wird dann noch das Sternum in Richtung zum Becken bewegt. Die durch die elastischen Zugkräfte der Ligamente angestrebte Ruhelage des Thorax liegt zwischen seiner Inspirations- und Exspirationsstellung.

3.2.4.3. Steuerung und Regulation der Lungenatmung (Vögel und Säugetiere)

Bei den Säugetieren und wahrscheinlich auch bei den Vögeln bestehen in der Medulla oblongata (Nachhirn) nebeneinander getrennte Zellgruppen, die alternierend aktiv sind und so im Wechsel die Inspirations- und Exspirationsbewegungen auslösen (**Atmungszentren**, Abb. 3.44.). Zu Beginn der Inspiration geht die Erregung zunächst von wenigen inspiratorischen Neuronen aus, breitet sich dann aber schnell auch auf die benachbarten inspiratorischen Neuronen aus. Gleichzeitig werden die exspiratorischen Neuro-

nen gehemmt. Die Aktivität der inspiratorischen Neuronen nimmt anschließend – wahrscheinlich über zentrale Rückkopplungen gesteuert – wieder rasch ab. Beteiligt sind auch Dehnungsrezeptoren im Lungenparenchym, die mit zunehmender Inspiration aktiviert werden und rückwirkend über Fasern des Nervus vagus die inspiratorischen Neuronengruppen hemmen (**Hering-Breuer-Reflex**[1]) 1868, Abb. 3.45.). In dem Maße, wie die Erregung der inspiratorischen Neuronen abnimmt, unterbleibt auch die Hemmung der exspiratorischen Neuronen, die ihrerseits jetzt aktiv werden und die inspiratorischen Neuronen hemmen. Auch ihre Aktivitätsphase klingt schnell wieder ab, worauf wiederum die inspiratorischen Neuronen aktiv werden und ein neuer Zyklus beginnt.

Die **Regulation der Atmung** besteht bei den Wirbeltieren in einer Regulation der Ventilation. Die Anzahl der Atemzüge pro Minute (**Atemfrequenz**) ist generell bei kleineren Säugetieren höher als bei größeren. Dasselbe gilt für die Vögel. Dort liegen die Werte allerdings wegen des größeren Atemvolumens niedriger als bei gleich großen Säugetieren (Tab. 3.8.). Das bei einem normalen Atemzug ausgewechselte Luftvolumen bezeichnet man als Atemvolumen (Abb. 3.46.). Durch Multiplikation des Atemvolumens mit der Atemfrequenz erhält man das **Atemminutenvolumen** (AMV). Das Atemminutenvolumen kann dem jeweiligen O_2-Bedürfnis des Tieres angepaßt werden. Es steigt bei körperlicher Leistung dadurch stark an, daß sowohl die Atemfrequenz als auch das Atemvolumen vergrößert werden. In erster Linie wird die Ventilation bei Vögeln und Säugetieren durch den **CO_2-Partialdruck** im Blut beein-

---

[1] Ewald HERING, geb. 1834 in Altgersdorf (Lausitz), Stud. d. Medizin i. Leipzig, 1862 Habilitation, 1865 Ruf an die militärärztliche Akad. i. Wien (Nachfolger LUDWIGS), 1870 in Nachfolge PURKYNĚS nach Prag, 1895 in Nachf. LUDWIGS nach Leipzig, dort 1918 gest.

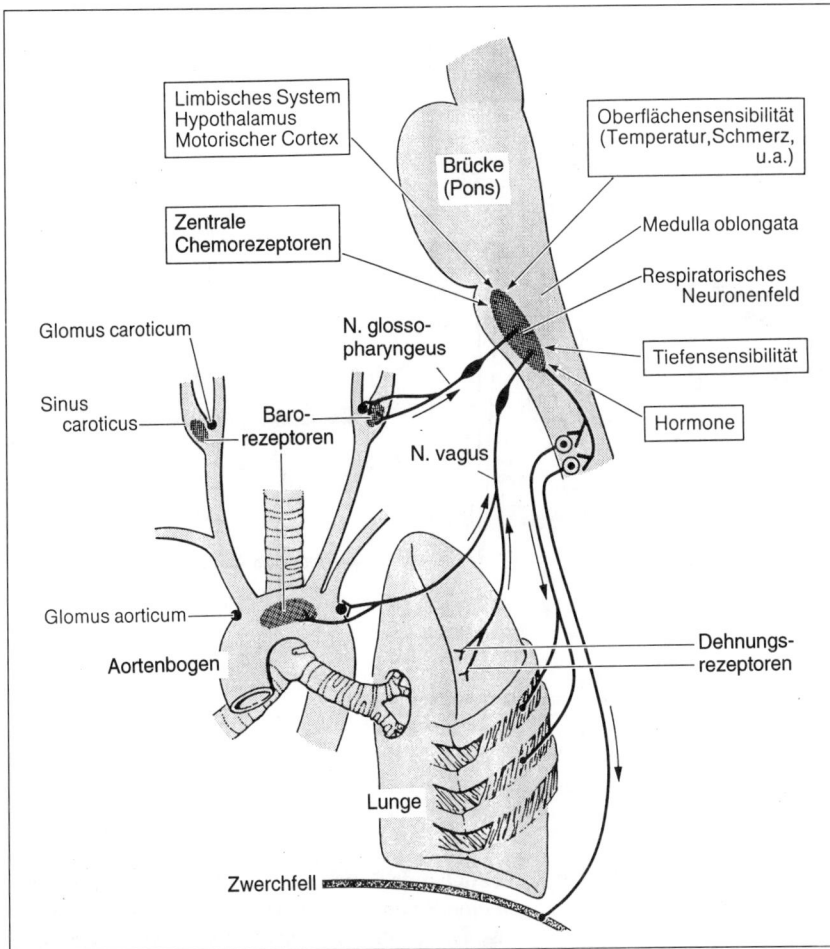

Abb. 3.45. Die Zusammenhänge bei der Atmungsregulation bei einem Säugetier. Nähere Erläuterungen im Text. Aus STORCH u. WELSCH 1994.

flußt. Bereits eine Erhöhung des p_{CO_2} von 40 auf 45 mm Hg bewirkt beim Menschen eine Verdopplung des AMV. Das Kohlendioxid übt dabei einen direkten Reiz auf die in der Medulla oblongata gelegenen Atemzentren aus.

Weniger wirksam als der CO_2-Druck ist der **pH-Wert** des Blutes. Normalerweise ist die Änderung des CO_2-Druckes gleichzeitig mit einer Änderung des pH-Wertes im Blut verbunden. Im Experiment kann man den pH-Wert allein verändern und erhält bei pH-Abnahme eine Atmungssteige-

Tabelle 3.8. Atemfrequenz und Durchschnittsatemvolumen bei einigen erwachsenen Säugetieren und Vögeln (Ruhewerte). Nach verschiedenen Autoren.

Tierart (Säuger)	Körpergewicht [kg]	Atemfrequenz	Atemvolumen [ml]	Tierart (Vögel)	Körpergewicht [kg]	Atemfrequenz	Atemvolumen [ml]
Pferd ♀	500	6,4	4870,0	Pelikan		4	
Ziege ♀	44	17	610,0	Haushuhn		12–21	45
Katze	2,45	26	12,4	Taube		25–30	5
Goldhamster	0,092	74	0,8	Erlenzeisig	0,011	114	
Hausmaus	0,020	163	0,15	Kolibri (Chlorestes)	0,003	250	

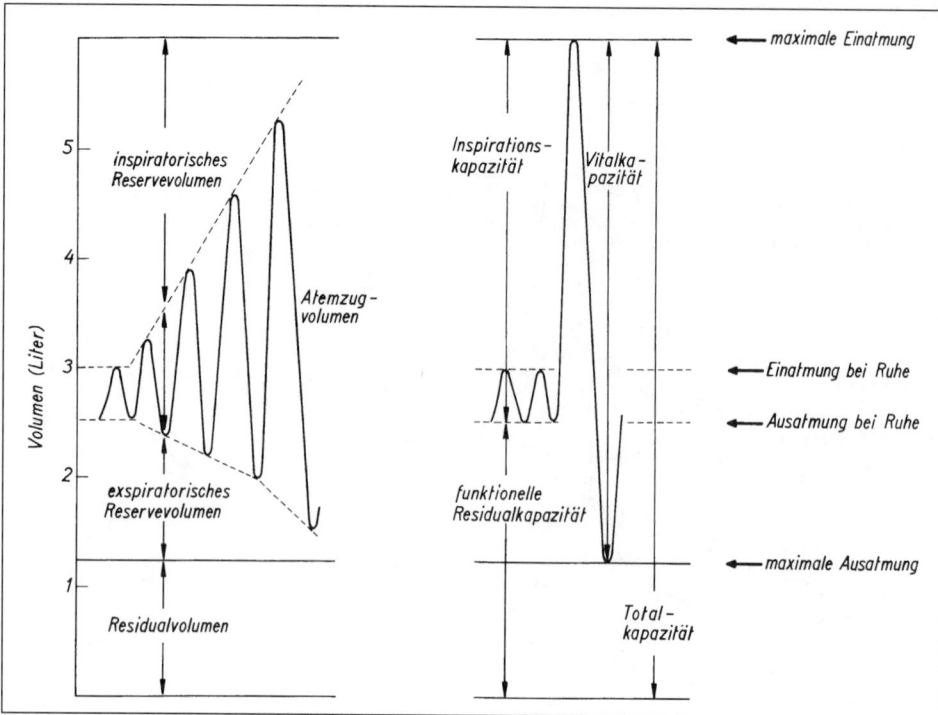

Abb. 3.46. Die verschiedenen Lungenvolumina und -kapazitäten beim Säugetier. Aus Eckert 1986.

rung. Ebenfalls weniger wirksam als der CO_2-Druck ist der **O_2-Druck** im Blut. Die Rezeptoren (Chemorezeptoren), die den O_2-Druck im Blut kontrollieren, befinden sich in der Wand des Aortenbogens (Glomus aorticum) sowie des Carotissinus (Glomus caroticum) (Abb. 3.45.). Sie beantworten eine Abnahme des p_{O_2} mit einer verstärkten Aussendung von Impulsen, die über den N. vagus (vom Gl. aorticum) bzw. N. glossopharyngeus (vom Gl. caroticum) das Atemzentrum aktivieren. Auf Änderung des p_{CO_2} bzw. des pH-Wertes sprechen die Chemorezeptoren weniger stark an. Die intensivste Atmungssteigerung kann man bei körperlicher Arbeit (**Muskeltätigkeit**) beobachten. Sie ist nicht allein durch die summative Wirkung der Änderung des p_{O_2}, p_{CO_2} und pH-Wertes im Blut erklärbar. Es müssen weitere Faktoren wirksam sein.

Tauchende Säugetiere und Vögel (Tab. 3.9.) zeigen eine Reihe interessanter physiologischer Anpassungen ihres Atmungs- und Kreislaufsystems (S. 283) an das zeitweilige Leben unter Wasser. Das Atemvolumen, bezogen auf das Körpergewicht, ist bei tauchenden Säugetieren 2- bis 8mal größer als beim Menschen. Während des Tauchens steht die Atmung in Exspirationsstellung still (Apnoe). Der Gesamt-O_2-Verbrauch ist beim tauchenden Tier herabgesetzt. Damit kann die Tatsache erklärt werden, daß eine Ente unter Wasser erst nach 20 min, über Wasser mit zugeschnürter Luftröhre aber bereits nach 7 min erstickt. Die früher oft geäußerte Ansicht, daß die tauchenden

Tabelle 3.9. Tauchzeiten einiger lungenatmender Wirbeltiere

Tierart	Tauchzeit in min	Autor
Alligator mississippiensis	120	Andersen 1961
Dumme Lumme (*Uria troile*)	12	Bohr 1897
Hausente	15	Andersen 1959
Schnabeltier (*Ornithorhynchus*)	12	
Amerikanischer Biber (*Castor canadensis*)	15	Irving 1939
Weddell-Robbe (*Leptonychotes weddelli*)	73	Kooyman et al. 1980
Schnabelwal (*Hyperoodon rostratus*)	120	Scholander 1940
Grönlandwal (*Balaena mysticetus*)	80	

Tiere gegenüber einer Zunahme des p_{CO_2} im Blut unempfindlich seien, hat sich jedoch in neueren Untersuchungen nicht bestätigen lassen. Robben können pro kg Körpermasse 30–40 ml O_2 speichern, Menschen dagegen nur 10–15 ml.

3.2.5. Die Tracheenatmung

3.2.5.1. Terrestrische Insekten

Die bei den Onychophoren, Tausendfüßern (Myriapoda), Insekten und Spinnentieren vorkommenden Tracheen nehmen insofern unter den Atmungsorganen eine Sonderstellung ein, als sie nicht nur den Gasaustausch, sondern gleichzeitig den Transport der Atemgase zum und vom Verbraucherort übernehmen. Aus diesem Grunde fehlen respiratorische Farbstoffe im Blut freilebender terrestrischer Insekten, denn das Blut hat für den Gastransport kaum noch eine Bedeutung.

Die Tracheen (Abb. 3.47.) beginnen an der Körperoberfläche der Tiere mit einer verschließbaren Öffnung (**Stigma**). Unter wiederholter Aufzweigung und zunehmender Verkleinerung ihres Durchmessers ziehen sie zu allen Organen des Tieres, wo sie in Form feinster Verzweigungen (**Tracheolen**) mit einem Durchmesser von < 1 μm blind enden. Die Tracheolen, die gewöhnlich innerhalb einer sternförmigen Tracheenendzelle verlaufen, sind die wichtigsten Orte des Gasaustausches mit den atmenden Geweben. Entsprechend ihrer ektodermalen Herkunft sind die Tracheenstämme innen von einer cuticularen Intima ausgeklei-

det, die eine spiralige Verdickung aufweist. Dadurch wird ein Kollabieren der Tracheen verhindert.

In erster Linie erfolgt der Transport der Atemgase im Tracheensystem durch **Diffusion.** Mit Hilfe der Kroghschen Gleichung (3.2.1.) kann man bei Kenntnis des mittleren Tracheendurchmessers, der mittleren Tracheenlänge, des O_2-Verbrauchs des Insekts sowie des Diffusionskoeffizienten für O_2 in der Luft die für die Atmung notwendige Differenz der O_2-Partialdrucke ($p_i - p_a$) zwischen dem atmenden Gewebe und der Atmosphäre abschätzen. Es zeigt sich, daß bei großen Raupen *(Cossus)* bereits ein Druckabfall um nur etwa 2% einer Atmosphäre ausreichend ist, die Gewebe mit der notwendigen Sauerstoffmenge zu versorgen. Trotzdem findet man bei den meisten Insekten, insbesondere bei gesteigertem Sauerstoffbedarf, auch **Atembewegungen,** die der Erneuerung der Luft in den größeren Tracheenstämmen dienen. Dadurch kann der Diffusionsweg der Gase zu den Geweben wesentlich verkürzt werden. Der Gastransport in den feineren Tracheenverzweigungen erfolgt in jedem Falle allein durch Diffusion. Die Atembewegungen bestehen im allgemeinen in einer dorsoventralen Abflachung (Saltatoria, Coleopteren u. a.) oder teleskopartigen Verkürzung (Dipteren, Hymenopteren u. a.) des Abdomens. Der dadurch verursachte Blutdruckanstieg im Körper drückt die Tracheenstämme zusammen (Exspiration). Die Inspiration erfolgt anschließend meistens passiv infolge der Elastizität der Körperwand. Bei *Aeshna*-Larven und einigen Heuschrecken sind besondere Inspirationsmuskeln vorhanden.

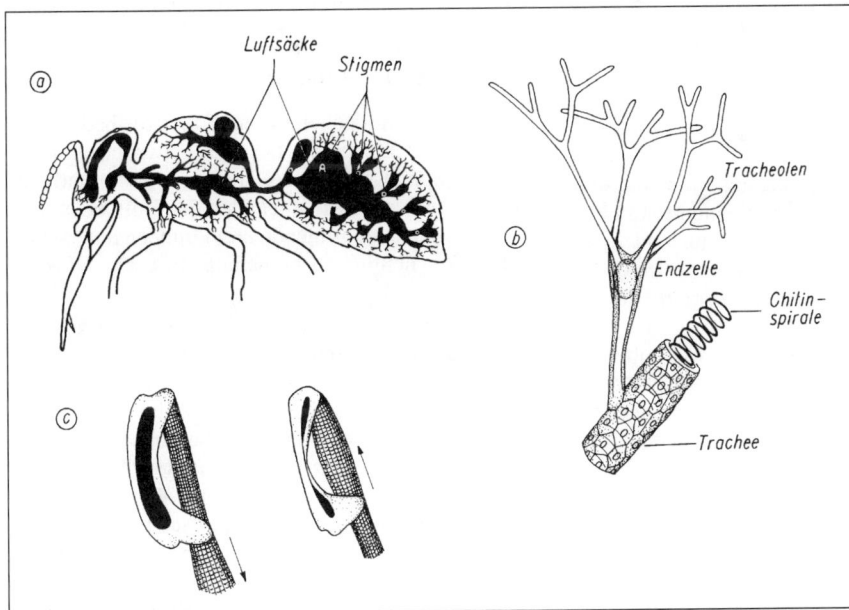

Abb. 3.47. a) Schema des Tracheensystems eines Insekts (Biene). b) feiner Tracheenzweig mit Tracheenendzelle und Tracheolen. c) Verschlußmechanismus des Stigmas bei der Biene. a) Nach GRIFFIN 1966; b) und c) nach WEBER 1933.

Adulte *Schistocerca*-Tiere erneuern mit einem Atemzug in Ruhe weniger als 5% des Luftvolumens ihres Tracheensystems, bei intensiver Atmung während des Fluges können bis zu 20% ventiliert werden. Beim Maikäfer *(Melolontha)* sind ca. 33%, bei *Dytiscus*- und *Eristalis*-Larven sogar bis zu 66% des Luftvolumens ventilierbar.

Bei einer Reihe von Insekten (die Heuschrecken *Schistocerca* und *Chortophaga,* die Schaben *Noctobora* und *Byrsotria* u. a.) wird durch das Schließen der einzelnen Stigmen zu verschiedenen Zeitpunkten des Atemzyklus ein **gerichteter Luftstrom** durch die Tracheenlängsstämme erzeugt. Bei *Schistocerca* sind z. B. in Ruhe während der Inspiration die Stigmen des Thorax (1–3) sowie das erste abdominale Stigma (4) geöffnet und diejenigen der restlichen Abdomens geschlossen. Während der ersten Phase der Exspirationsbewegung bleiben alle Stigmen verschlossen (Druckphase), später werden nur die abdominalen (5–10) geöffnet. Durch diese Vorgänge wird ein vom Thorax zum Abdomen gerichteter Luftstrom erzeugt.

Während des Fluges steigt der Sauerstoffverbrauch der Insekten gewaltig an: auf das 24fache bei *Schistocerca,* 50fache bei der Biene und 100- bis 150fache bei Schmetterlingen. Die abdominale Ventilation reicht dann nicht mehr aus, den O_2-Bedarf des Tieres zu decken. Sie steigt beispielsweise bei *Schistocerca* infolge erhöhter Frequenz und Amplitude nur auf das 4- bis 5fache an (s. o.). Es konnte in neuerer Zeit die alte Vermutung bewiesen werden, daß die zwischen der Flugmuskulatur zur Versorgung derselben verlaufenden Tracheenstämme direkt durch die Tätigkeit der Flugmuskulatur selbst bei jedem Flügelschlag ventiliert werden. Alle Stigmen des Thorax (Libellen) oder nur die des Meso- und Metathorax *(Schistocerca)* bleiben deshalb während des Fluges weit geöffnet. Das bei einem Flügelschlag ausgetauschte Luftvolumen beträgt bei *Schistocerca* 25 mm³. Das erste thorakale Stigma behält seinen normalen Rhythmus auch während des Fliegens bei, so daß wir bei *Schistocerca* während des Fluges zwei weitgehend voneinander unabhängige Luftströme unterscheiden können: 1. den durch das erste Thoraxstigma eintretenden und durch die abdominalen Stigmen (5–10) wieder austretenden, einsinnig gerichteten Luftstrom, 2. den durch das zweite und dritte Thoraxstigma ein- und auch wieder austretenden Luftstrom, der in erster Linie der Versorgung der aktiven Flugmuskulatur dient.

Die **Steuerung der Atmung** kann sowohl über ein Schließen oder Öffnen der Stigmen (Diffusionsregulation, Abb. 3.47.) als auch über eine Veränderung der Ventilation geschehen. Die vorliegenden Versuchsergebnisse an verschiedenen Insekten lassen vorerst nur wenige einheitliche Gesetzmäßigkeiten erkennen. Man muß bei Verallgemeinerungen sehr vorsichtig sein.

Bei dem **Floh** *Xenopsylla* nimmt die Länge der Zeitperiode, während der die Stigmen geschlossen bleiben, mit abnehmendem O_2-Gehalt der Atemluft ab. Sinkt die O_2-Menge unter 1%, schließen sich die Stigmen überhaupt nicht

mehr. Die Länge der Öffnungsphase wird in erster Linie durch die Schnelligkeit bestimmt, mit der die sich inzwischen angesammelte CO_2-Menge aus den Tracheen verschwindet. Sie ist also um so länger, je länger die Stigmen geschlossen waren oder je höher die CO_2-Konzentration in der Außenluft ist. – Am Stigma 2 der **Heuschrecke** *Locusta* konnte gezeigt werden, daß das Kohlendioxid direkt auf die Muskeln des Stigmas wirkt. Bei hohem CO_2-Druck bleibt das Stigma dauernd offen (infolge Erschlaffung des Muskels). Wirksam ist hier nur das CO_2, nicht eine Änderung des *p*H-Wertes. Unter Bedingungen des O_2-Mangels sind die Stigmen von Fliegen und Schmetterlingspuppen gegenüber dem CO_2 besonders empfindlich. – Nach Experimenten an **Libellen** scheint es so zu sein, daß die Frequenz der über das Motoneuron vom Ganglion zum Stigmenmuskel geschickten Impulse bestimmend ist für die Empfindlichkeit des Schließmuskels gegenüber dem CO_2. Wird die Impulsfrequenz erniedrigt (durch Hypoxie, Kälte usw.), so steigt die Empfindlichkeit, wird sie gesteigert (durch Wärme, Austrocknung usw.), so fällt sie ab. – Puppen von *Manduca sexta* („tobacco hornworm", Sphingide) in Diapause haben alle Stigmen geschlossen, nur das linke thorakale Stigma wird alle 1,5–2,0 min kurzfristig geöffnet.

Der **Ventilationsrhythmus** wird wahrscheinlich bei allen Insekten durch in der Bauchganglienkette lokalisierte Nervenzentren **(Schrittmacher)** bestimmt. Bei den Schaben und Libellen liegt das Zentrum im Abdomen, bei *Locusta* im metathorakalen Ganglion. Erhöhung des CO_2- bzw. Erniedrigung des O_2-Druckes wirken wahrscheinlich direkt auf die Nervenzentren, die daraufhin durch Steigerung der Atembewegung dafür sorgen, daß der auslösende Reiz wieder verschwindet (negative Rückkopplung). Wie bei den Wirbeltieren sind auch bei den meisten Insekten Änderungen des CO_2-Druckes wesentlich wirksamer als Änderungen des O_2-Druckes.

3.2.5.2. Aquatische Insekten

Wasserinsekten decken ihren Sauerstoffbedarf auf verschiedene Weise. Sie besitzen entweder ein offenes oder ein geschlossenes Tracheensystem und entziehen den Sauerstoff entweder der Luft oder dem Wasser. Man kann folgende drei Gruppen unterscheiden: holo-, hemi- und branchiopneustische Wasserinsekten.

1. Die **holopneustischen**[1]) **Wasserinsekten** besitzen ein **offenes Tracheensystem** mit normaler Stigmenzahl. Es sind fast ausschließlich Imagines. Die Schwimmkäfer *(Dytiscus* u. a.) und die Wasserwanzen *(Notonecta* u. a.) nehmen, ebenso wie die Wasserspinne *(Argyroneta),* einen Luftvorrat mit in das Wasser, aus dem sie während der Tauchzeit ihren Sauerstoff beziehen. *Dytiscus* z. B. setzt unter Wasser seine Ventilationsbewegungen fort. Seine Stigmen liegen auf der Dorsalseite des Abdomens und stehen mit dem sich unter den Deckflügeln (Elytren, Sub-

---

[1]) hólos (griech.) = ganz; to pneuma (griech.) = die Luft.

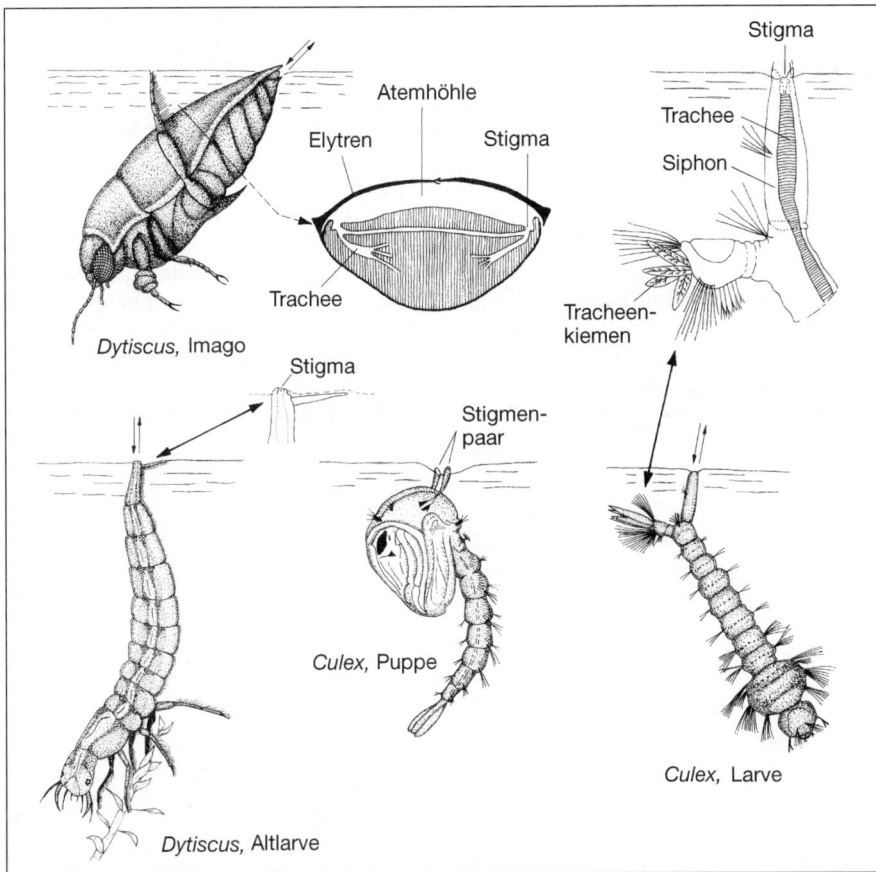

Abb. 3.48. Formen der Tracheenatmung bei verschiedenen Wasserinsekten. Nähere Erläuterungen im Text.

elytralraum) befindenden Luftvolumen in Verbindung (Abb. 3.48.). Die mit dem Sauerstoffentzug verbundene Abnahme des O_2-Partialdrucks in der Luftblase führt dazu, daß Sauerstoff dem Druckgefälle folgend in gewissem Umfange aus dem Wasser in die Gasblase übertritt (**physikalische Kieme,** genauer: **kompressible Gaskieme**). Es kann so bis zu achtmal so viel Sauerstoff über die physikalische Kieme bereitgestellt werden, wie ursprünglich in dem Luftvolumen vorhanden war. Die so aufgenommene Sauerstoffmenge ist für das tauchende Insekt von großer Bedeutung. Der Rückenschwimmer *Notonecta* stirbt in N_2-gesättigtem Wasser bereits nach 5 min, während er in gut durchlüftetem Wasser bis zu 6 h zu leben vermag. Dieser Unterschied ist auf die Leistung der physikalischen Kieme zurückzuführen, denn ohne sie ist die Sauerstoffaufnahme aus dem Wasser praktisch Null. Bei der Ruderwanze *Corixa* reicht die über die kompressible Gaskieme aufgenommene Sauerstoffmenge aus, solange das Tier nicht aktiv schwimmt. Dasselbe gilt für *Dytiscus* während der Winterruhe. Bei niederen Temperaturen ist die Luftblase langlebiger als bei hohen.

Von Zeit zu Zeit müssen die Tiere zur Erneuerung ihres Luftvolumens die Oberfläche des Wassers aufsuchen, und zwar aus folgendem Grunde: Zunächst entspechen der Gesamtgasdruck und die Zusammensetzung des Gasgemisches in der Luftblase den atmosphärischen Verhältnissen. Taucht das Tier tiefer hinab, so steigt der Gesamtdruck in der Blase an, so daß Sauerstoff und Stickstoff ins Wasser diffundieren. Die Blase wird kleiner, ohne daß sich gleichzeitig der Gesamtdruck in ihr ändert. Wird der Blase nun vom Tier Sauerstoff entzogen, so nimmt der N_2-Partialdruck etwa um den Betrag zu, um den der O_2-Partialdruck abnimmt, so daß die Abgabe von Stickstoff ans Wasser noch gesteigert, der Verlust von Sauerstoff dagegen vermindert oder sogar aufgehoben wird.

Einige Käfer (*Haemonia, Elmis*) und Wasserwanzen (besonders *Aphelocheirus*) haben sich völlig unabhängig von der Wasseroberfläche gemacht. Ihre Körperoberfläche zeigt einen besonders dichten Besatz mit feinsten, schief gestellten bzw. am Ende umgebogenen Härchen (4×10^6 Haare von 2–4 µm Länge pro mm² bei *Aphelocheirus*), zwischen denen sich ein dünner Luftmantel (**Plastron**) befindet. Dieser Luftmantel ist praktisch inkompressibel (**inkompressible Gaskieme**), da die wasserabstoßenden (hydrophoben) Härchen das Eindringen von Wasser selbst bei höheren Drucken nicht zulassen. Ein Druck von 3,5–5 bar wäre nötig, um die Oberflächenspannung des Wassers zu überwinden und den Luftfilm durch Wasser zu ersetzen. Der Luftfilm braucht deshalb niemals erneuert zu werden und ist mit einer großen Oberfläche als **physikalische Kieme** besonders leistungsfähig. Der O_2-Partialdruck in dem Luftmantel ist konstant etwas niedriger als im umgebenden Wasser. Entzogener Sauerstoff wird deshalb sofort durch Diffusion aus dem Wasser nachgeliefert. Das Tracheensystem steht durch offene Stigmen mit dem

Luftmantel in Verbindung. Diese Formen können aber nur in gut durchlüfteten Fließgewässern mit hohem Sauerstoffgehalt leben.

2. Die **hemipneustischen**[1] **Wasserinsekten** besitzen ebenfalls ein offenes Tracheensystem, die Zahl der Stigmen ist aber drastisch reduziert. Sie können am vorderen (Propneustier, z. B. Stechmückenpuppe, Abb. 3.48.) oder am hinteren Körperende (Metapneustier, z. B. Stechmückenlarve, Abb. 3.48) erhalten sein und liegen dann meistens an der Spitze röhrenförmiger Körperanhänge. Bei der Stechmückenpuppe ist die Umgebung der Vorderstigmen zu prothorakalen **Atemhörnern** umgestaltet. Bei den Larven findet

---

[1] hemi- (griech.) = zur Hälfte, halb.

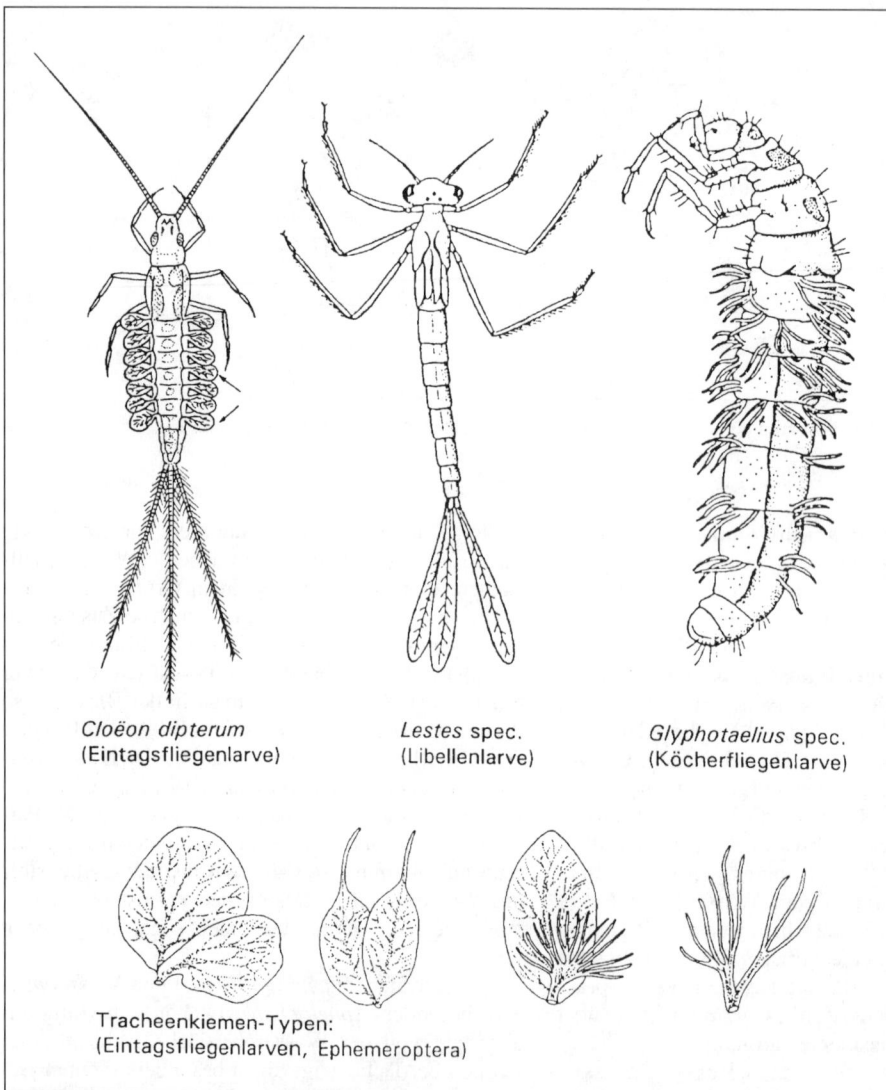

Cloëon dipterum (Eintagsfliegenlarve)   *Lestes* spec. (Libellenlarve)   *Glyphotaelius* spec. (Köcherfliegenlarve)

Tracheenkiemen-Typen: (Eintagsfliegenlarven, Ephemeroptera)

Abb. 3.49. Insektenlarven mit Tracheenkiemen (z.T. aus EIDMANN 1970) und verschiedene Tracheenkiemen-Typen bei den Eintagsfliegenlarven. Aus WICHARD, ARENS, EISENBEIS 1995.

man das letzte abdominale Stigma auf einer zum **Atemrohr** umfunktionierten Struktur (Abb. 3.48.). Mit diesen Strukturen durchstoßen sie die Wasseroberfläche und stellen so den Kontakt mit der atmosphärischen Luft her. Sie sind deshalb relativ unabhängig vom Sauerstoffgehalt des Wassers.

Die Larven und Puppen der Stechmücke *Mansonia richardii* haben es „gelernt", mit ihrem Atemrohr bzw. ihren Atemhörnern in die interzellulären Lufträume von Wasserpflanzen vorzustoßen, um sich so den notwendigen Sauerstoff zu besorgen. Auch die Larven und Puppen des Schilfkäfers *Donacia* zapfen die Luftgewebe von Wasserpflanzen an.

3. Die **branchiopneustischen**[1]) Wasserinsekten besitzen ein völlig **geschlossenes Tracheensystem,** das den Sauerstoff aus dem **Wasser** bezieht. Die Sauerstoffaufnahme findet entweder durch die gesamte Körperoberfläche **(Hauttracheenatmung)** oder durch spezialisierte **Tracheenkiemen** (Pseudobranchien) statt. Tracheenkiemen sind blatt- oder fadenförmige thorakale, abdominale, kaudale oder rektale (anisoptere Odonaten, s. u.) Ausstülpungen, die reichlich mit Tracheen versorgt sind (Abb. 3.49.). Meistens sind sie auf das Abdomen beschränkt und dort in Längsreihen segmental angeordnet.

Das respiratorische Epithel der Tracheenkiemen zeigt bei Trichopteren, Plecopteren, Odonata und Käfern einen ähnlichen Aufbau. Die Tracheolen sind von einer dünnen Cytoplasmaschicht der Tracheoblasten umgeben und verlaufen im Epithel in extrazellulären Einsenkungen der basalen Plasmamembran dicht unter der Cuticula, so daß sich die Diffusionsbarriere nahezu auf die relativ dünne Cuticula (0,5–1,0 μm dick) beschränkt. In den fadenförmigen Tracheenkiemen der Köcherfliegenlarven (Trichoptera) des Tribus Limnephilini *(Limnephilus, Glyphotaelius)* sind die längsverlaufenden Tracheolen parallel zueinander in etwa gleichen Abständen angeordnet. Die fadenförmigen Tracheenkiemen sind gegenüber den blattförmigen leistungsfähiger, weil bei ihnen – bedingt durch den charakteristischen Verlauf der Tracheolen – von jeder beliebigen Stelle der Kiemenoberfläche aus Sauerstoff auf kurzem Wege in die Tracheen aufgenommen werden kann, während es bei den blattförmigen Kiemen wegen des divergierenden Verlaufs der Tracheolen Oberflächenareale gibt, von denen aus der Weg zur nächsten Tracheole relativ lang ist. Diese Areale sind bevorzugte Orte der Ionenabsorption (Osmoregulation: Chloridzellen, 4.2.2.).

Bei den **zygopteren Libellenlarven** liegen die drei Tracheenkiemen am Körperende (sog. **Kaudallamellen** oder „Schwanzkiemen"). Über sie erfolgt bei *Lestes* 20–30% der gesamten Sauerstoffaufnahme. Dieser Anteil steigt jedoch mit der Erhöhung der Temperatur des umgebenden Wassers und der damit verbundenen Abnahme des gelösten Sauerstoffs bis auf 70% an. Dieser Wert entspricht dem Anteil der Oberfläche der Kiemen an der Gesamtkörperoberfläche. Bei niederen Temperaturen dominiert somit die Sauerstoffaufnahme über die Körperoberfläche. Der Nutzen der Tracheenkiemen (Vergrößerung der respiratorischen Oberfläche) wird also erst so recht deutlich, wenn das Angebot an Sauerstoff geringer wird (Toleranz gegenüber Sauerstoffmangel).

Die Tracheenkiemen der **anisopteren Libellenlarven** sind in Längsreihen angeordnete faltenartige Ausstülpungen des Enddarms: **Darmtracheenkiemen.** Sie werden über den After mit Frischwasser versorgt. Das anal in die rektale Kiemenkammer gepumpte Wasser dient nicht nur der Atmung, sondern auch der Osmoregulation (Ionenabsorption durch die Chloridzellen, 4.2.2.) und der Fortbewegung (Düsenantrieb).

Eine Besonderheit stellen die **Tubuli** oder **Abdominalschläuche** der **Chironomiden-Larven** dar, die in zwei Paaren am 8. Adominalsegment vorkommen. Ihre Größe hängt vom Sauerstoffgehalt, aber nicht von der Osmolarität des Mediums ab. Es sind „Blutkiemen", die den Sauerstoff passiv aufnehmen, aber nicht an das Tracheensystem, sondern an die Hämolymphe weitergeben. Das dort vorhandene Hämoglobin (3.3.3.1.) bindet den Sauerstoff.

3.2.6. Der respiratorische Quotient

Der **respiratorische Quotient (RQ)** ist das Verhältnis der in einer bestimmten Zeitspanne abgegebenen CO_2-Menge zu der in der gleichen Zeiteinheit aufgenommenen Sauerstoffmenge.

$$RQ = \frac{\dot{V}_{CO_2}}{\dot{V}_{CO_2}} \left(\frac{CO_2\text{-Abgabe}}{O_2\text{-Aufnahme}} \right)$$

Dieser RQ-Wert ist bei reiner (und vollständiger) Kohlenhydratverbrennung gleich 1, denn es werden dabei genauso viele Mol CO_2 produziert wie O_2 verbraucht

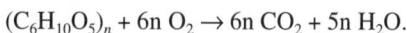

$(C_6H_{10}O_5)_n + 6n\ O_2 \rightarrow 6n\ CO_2 + 5n\ H_2O.$

Bei der Fettverbrennung ist relativ mehr O_2 nötig. Als Beispiel diene wiederum das Triolein

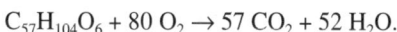

$C_{57}H_{104}O_6 + 80\ O_2 \rightarrow 57\ CO_2 + 52\ H_2O.$

Der RQ-Wert beträgt in diesem Fall $\frac{57}{80} = 0,7$. Für Eiweiße gilt allgemein ein RQ von 0,81. Bei vorwiegend pflanzlicher Kost wird sich der RQ-Wert 1, bei vorwiegend animalischer Kost 0,8 nähern. Bei gemischter Kost werden Zwischenwerte gemessen (Tab. 3.10.). Unter besonderen Bedingungen können RQ-Werte über 1,0 bzw. unter 0,7 auftreten.

[1]) to bránchion (griech.) = die Kieme.

Tabelle 3.10. RQ-Werte in Abhängigkeit von der Ernährung. Aus KOLLER 1934.

Art	Ernährung	RQ
Fliege	nach Zuckerfütterung	1,00
Fliege	nach Fleischfütterung	0,80
Rind	Pflanzenfresser	0,96
Schwein	Allesfresser	0,86
Katze	Fleisch- und Fettfresser	0,74

Der RQ-Wert kann über 1,0 steigen, wenn

a) der Nenner des Bruchs (aufgenommenes O_2-Volumen) unter die Norm abfällt. Das tritt ein, wenn das sauerstoffärmere Fett im intermediären Stoffwechsel aus den sauerstoffreichen Kohlenhydraten gebildet wird. Der dabei frei werdende Sauerstoff steht dem Stoffwechsel zur Verfügung, braucht also nicht aus der Atemluft bezogen zu werden. Beispiele: Bienenkönigin, Säuger in Vorbereitung auf den **Winterschlaf,** in der **Fettmast** von Gänsen (RQ bis 1,38) und Schwein (RQ bis 1,58).

b) der Zähler des Bruchs (abgegebenes CO_2-Volumen) über die Norm steigt. Diese Situation tritt bei Tieren ein, die vorwiegend anoxybiontisch (1.4.4.) leben. Beispiele: *Suberites* (Schwamm, RQ: 2,9), *Cucumaria* (Holothurie, RQ: 3,6–3,8). – Auch bei **Sauerstoffmangel** (Abb. 3.50.) oder plötzlicher intensiver **Muskelarbeit** bei sonst aerob lebenden Tieren kann der RQ-Wert vorübergehend über 1,0 steigen, weil der tätige Muskel teilweise anaerob arbeiten kann und vorübergehend eine „Sauerstoffschuld" eingeht (6.1.1.5.). Die dabei auftretenden Lactatmengen führen zu einer **metabolischen Acidose** im Blut, die teilweise durch eine Hyperventilation (vermehrte CO_2-Abatmung aus den großen Speichern in Gewe-

ben und Blut bei gleichbleibender O_2-Aufnahme) kompensiert wird.

Der RQ-Wert kann unter 0,7 abfallen, wenn

a) der Nenner des Bruchs (aufgenommenes O_2-Volumen) über die Norm steigt infolge einer Umwandlung der Fette und Eiweiße in die relativ sauerstoffreicheren Kohlenhydrate. Beispiel: Säuger während des **Winterschlafs** oder im **Hungerzustand.**

b) der Zähler des Bruchs (abgegebenes CO_2-Volumen) unter die Norm abfällt. Man kennt Beispiele dafür, daß ein Teil des CO_2 nicht in der Atemluft erscheint, sondern in den kalkhaltigen Chitinpanzer eingebaut (Crustaceen) oder in den Geweben zurückgehalten wird (Säuger während des Winterschlafs). Das letztere trifft auch für viele Insekten – insbesondere während des Puppenstadiums – zu, wo das CO_2 nicht kontinuierlich, sondern nur zu bestimmten, rhythmisch wiederkehrenden Zeiten abgegeben wird. Der Rhythmus ist bei den verschiedenen Arten unterschiedlich. Es sind Arten bekannt, die 25mal in der Stunde jeweils eine Minute lang CO_2 entlassen, und andere, die in 24 Stunden nur einmal eine halbe Stunde lang CO_2 entlassen (Abb. 3.51.).

Die angeführten Beispiele mögen gezeigt haben, daß man bei der Beurteilung der gemessenen RQ-Werte vorsichtig sein muß. Trotzdem gestattet die Kenntnis des RQ-Wertes in vielen Fällen eine Aussage darüber, in welchem Maße die verschiedenen Nährstoffe an dem Gesamtumsatz beteiligt waren. Käme neben dem Kohlenhydrat nur noch das Fett als Verbrennungssubstrat in Betracht, so würde man direkt aus dem RQ-Wert das Mischungsverhältnis der umgesetzten Nährstoffe errechnen können. In Wirklichkeit beteiligt sich aber in mehr oder weniger starkem Umfang noch das Eiweiß am Gesamtumsatz. Den Umfang des Eiweißumsatzes kann man an Hand der N-Ausscheidung im Harn gesondert bestimmen. Er

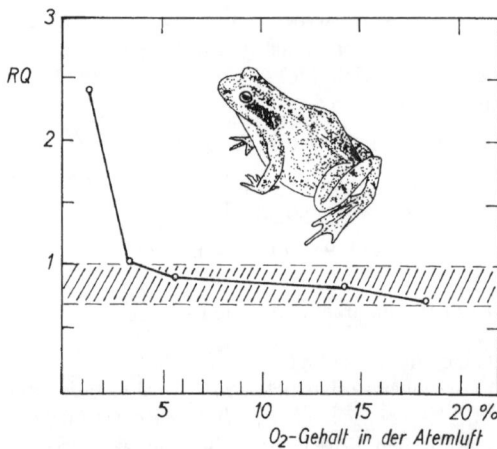

Abb. 3.50. Abhängigkeit des RQ-Wertes vom O_2-Angebot beim Frosch *(Rana).* Nach Angaben in KOLLER 1934.

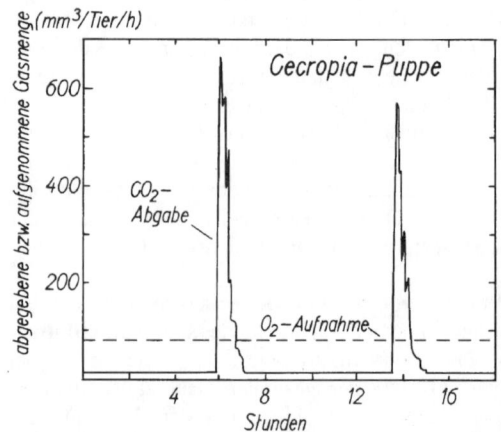

Abb. 3.51. O_2-Verbrauch und CO_2-Abgabe bei *Cecropia*-Puppen. Nach SCHNEIDERMAN u. WILLIAMS 1955.

Tabelle 3.11. Zusammenhang zwischen den kalorischen Äquivalenten, den prozentualen Anteilen der Kohlenhydrate (KH) und Fette am Gesamt- und dem Nichteiweiß-RQ. Nach ZUNTZ & SCHUMBERG 1928.

Nichteiweiß-RQ	kJ/l O_2	kJ von KH	kJ von Fett
0,7	19,6	0,0%	100,0%
0,8	20,1	33,4%	66,6%
0,9	20,6	67,5%	32,5%
1,0	21,1	100,0%	0,0%

beträgt beim Menschen (ausgewogene mitteleuropäische Kost) ziemlich konstant 15% des Ruheumsatzes. Demgegenüber ist der Kohlenhydrat- und Fettumsatz sehr unterschiedlich. Aus dem RQ nach Abzug der auf den Eiweißumsatz entfallenden CO_2- und O_2-Volumina (sog. **Nichteiweiß-RQ**) kann man das Verhältnis von Fett- und Kohlenhydratabbau berechnen (Tab. 3.11.). Unter Benutzung der Werte für das **kalorische Äquivalent** (Tab. 1.3.) kann man dann die Gesamtwärmeproduktion des Tieres aus dem O_2-Verbrauch berechnen (**indirekte Kalorimetrie**).

3.3. Verteilung der Stoffe im Körper

Die Aufnahme von Stoffen aus dem umgebenden Medium war Gegenstand der beiden vorangegangenen Abschnitte. Wie wir gesehen haben, sind für diese Aufgaben in der Regel besondere Körperteile spezialisiert: für die Aufnahme von Flüssigkeiten und gelösten Stoffen bestimmte Darmabschnitte, für die Aufnahme von Sauerstoff die Atmungsorgane. Da die aufgenommenen Stoffe aber nicht nur am Ort ihres Eintritts benötigt werden, muß für eine möglichst schnelle Verteilung der Stoffe im Tierkörper gesorgt werden. Die Diffusion reicht in den allermeisten Fällen sogar für den noch relativ schnell diffundierenden Sauerstoff nicht aus. In noch viel stärkerem Maße gilt das für die größeren Moleküle (1.6.2.). Der von den gelösten Teilchen durch Diffusion in Richtung des Konzentrationsgefälles unter konstanten Bedingungen im Mittel zurückgelegte Weg wächst mit der Quadratwurzel aus der Zeit. Das bedeutet: eine 10fache Strecke benötigt bereits die 100fache Zeit. Hinzu kommt, daß im Gewebe die Diffusionskoeffizienten der wichtigsten Stoffwechselprodukte nochmals etwa 100mal kleiner sind als bei freier Diffusion im Wasser. Die Diffusionsverzögerung der Gase im Gewebe ist dagegen relativ klein (1.6.2.).

Bei den größeren Vertretern einiger niederer Tiergruppen (Turbellarien, Trematoden) wird der Transport für die Nährstoffe im Gewebe dadurch sehr verkürzt, daß der Darm stark verzweigt ist und praktisch in alle Teile des Körpers zieht. In gleicher Weise wirken sich das Kanalsystem im Schwammkörper und das „Gastrovaskularsystem" der Coelenteraten aus. Die Verteilung der Nährstoffe wird außerdem oft (Poriferen, Echinodermaten u. a.) durch **Wanderzellen** unterstützt. Bei den meisten Tieren mit geräumiger Leibeshöhle sowie bei den Nemertinen bildet sich ein besonderes System von Röhren (Gefäßen) aus, deren Wandungen mehr oder weniger kontraktil sind (**Blutgefäßsystem**). Die in dem Gefäßsystem enthaltene Flüssigkeit (Blut, Hämolymphe) wird in zirkulierende Bewegung versetzt. Mit ihr werden nicht nur der Sauerstoff und die Nährstoffe zum Verbraucherort, sondern auch das Kohlendioxid und andere Stoffwechselprodukte zum Ort der Ausscheidung transportiert. Im ursprünglichen Fall laufen peristaltische Wellen über Gefäße hinweg und treiben das Blut voran. Später sind es nur noch bestimmte Abschnitte des Blutgefäßsystems, die als Motor des Kreislaufs dienen. Wir nennen sie Herzen. Sie führen rhythmische Kontraktionen aus. Es wechseln eine Kontraktionsphase (**Systole**) und eine Erschlaffungs- oder Füllungsphase (**Diastole**) in regelmäßiger Folge miteinander ab. Die Zirkulation des Blutes kann ausschließlich in Gefäßen erfolgen (**geschlossenes Kreislaufsystem**), oder das Blut kann auf seinem Wege die Gefäße verlassen und über mehr oder weniger weite Strecken durch Lückensysteme zwischen dem Gewebe fließen, um dann in das Gefäßsystem zurückzukehren (**offenes Kreislaufsystem**). Fehlt ein Blutgefäßsystem, so kann die Flüssigkeit in der primären (Nematoden) bzw. sekundären Leibeshöhle (einige Polychaeten, Hirudineen, viele Copepoden, Cirripedien, Chaetognathen u. a.) durch Kontraktion der Körperwandmuskulatur, durch Bewegung des Darmes oder der Gliedmaßen (z. B. *Cyclops*) oder durch Flimmerung (z. B. der pelagische Polychaet *Tomopteris*) in Bewegung gesetzt werden (**Coelomkreislauf**).

Bei den mit einem geschlossenen Blutkreislauf versehenen Wirbeltieren mit Ausnahme der Cyclostomen und Selachier sorgt ein besonderes **Lymphgefäßsystem** für die Rückführung von Flüssigkeit aus dem Interzellularraum in die Venen. Bei den Fischen, Amphibien und Reptilien sind besondere kontraktile Erweiterungen der Lymphbahnen (Lymphherzen) vorhanden. Sie besitzen eine quergestreifte Muskulatur und klappentragende Öffnungen.

3.3.1. Das Herz

3.3.1.1. Bau und Arbeitsweise der Wirbellosenherzen

Bei den mit einem geschlossenen Blutgefäßsystem ausgestatteten Nemertinen und Anneliden ist ein typisches Herz noch nicht ausgebildet. Es sind mehr oder weniger umfangreiche Strecken des Gefäßsystems kontraktil.

Bei den **Anneliden** ist in der Regel der dorsale Hauptstamm kontraktil, in ihm strömt das Blut von hinten nach vorn. Bei den Oligochaeten sind oft die vorderen Ringgefäße beiderseits muskulös angeschwollen und führen rhythmische Kontraktionen aus. Bei *Lumbricus* sind fünf Paare solcher **„Lateralherzen"** ausgebildet, bei *Tubifex* ein Paar. Sie treiben das Blut in den ventralen Hauptstamm, in dem es von vorn nach hinten fließt. Bei *Nereis* sind Pulsationen in den lateralen Gefäßen beobachtet worden, die zu den gut durchbluteten Parapodien ziehen oder von ihnen zurückkehren. Das gilt insbesondere auch für die zahlreichen blind endenden Kapillaren in den Parapodien, die sich nach jeder Füllung durch Wandkontraktion wieder entleeren. Dasselbe hat man in der Tentakelkrone der Serpulimorphen beobachtet. In jeden Faden zieht jeweils ein einziges blind endendes Gefäß, das sich von Zeit zu Zeit energisch kontrahiert und dabei seinen Inhalt ausstößt, um dann von neuem gefüllt zu werden. Auf die Bedeutung der Tentakelkrone für die O_2-Aufnahme wurde bereits eingegangen (3.2.3.1.).

Das Herz der **Arthropoden** leitet sich vom kontraktilen Dorsalgefäß der Anneliden ab. Es ist dementsprechend oft noch schlauchförmig. Bei den Insekten setzt sich der Herzschlauch nach vorne in die relativ kurze und unverzweigte Kopfarterie fort. Weitere Gefäße fehlen. Bei den Arthropoden mit lokalisierten Atmungsorganen ist das Gefäßsystem stärker entwickelt (Abb. 3.52.) (Beispiel Hummer). Bei einigen Formen ist das Herz zu einem sackartigen Gebilde verkürzt (z. B. Euphausiaceen und Dekapoden). Es liegt in einem als Perikardialsinus[1]) bezeichneten, bluterfüllten Raum. Der Perikardialsinus ist ein vom übrigen Mixocoel, das durch Verschmelzung der sekundären mit der primären Leibeshöhle entstanden ist (s. Lehrbücher d. Spez. Zoologie), durch das Perikardialseptum abgetrennter Raum. In ihm ist das Herz durch elastische Bänder sowohl mit der dorsalen Körperwand als auch mit dem Perikardialseptum verbunden.

Bei der Diastole wird Blut aus dem Perikardialsinus durch metamer angeordnete, schlitzförmige Öffnungen **(Ostien)** in der seitlichen Herzwand in

---

[1]) peri (griech.) = rings, herum; he kardia (griech.) = das Herz.

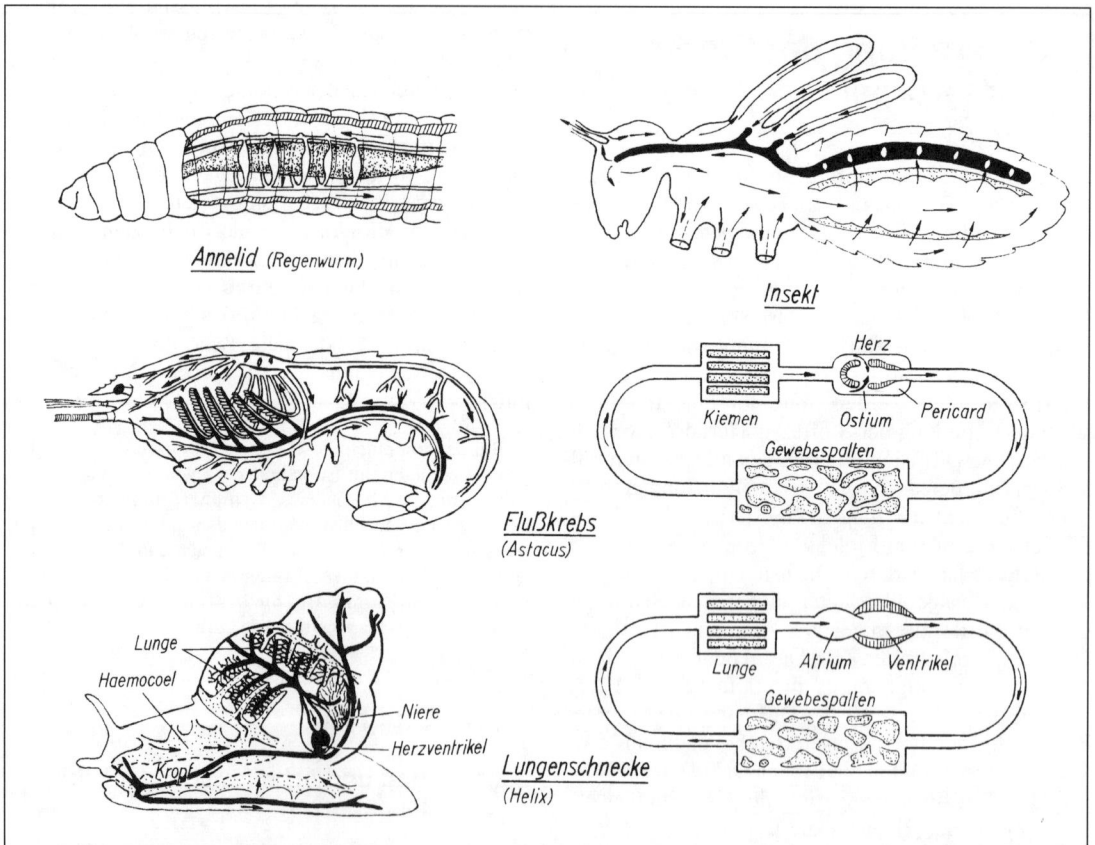

Abb. 3.52. Schematische Darstellung der Blutkreisläufe bei einigen Evertebraten.

den Herzschlauch aufgesaugt. Es sind also keine Herzvorkammern vorhanden. Die Erweiterung des Herzvolumens wird durch den elastischen Zug der Aufhängebänder bei Erschlaffung der Herzmuskulatur hervorgerufen. Die im Perikardialseptum quer verlaufenden Fasern der **Musculi alares** scheinen dabei – zumindest bei den Insekten – von untergeordneter Bedeutung zu sein. Sie sind bei *Periplaneta* und *Dytiscus* im Gegensatz zu *Cossus*-Larven und Dekapoden nicht elektrisch reizbar. Bei *Hydrophilus* kontrahieren sie sich zwar rhythmisch, aber mit einer geringeren Frequenz als das Herz. Das Verhältnis beider Frequenzen beträgt etwa 1 : 10 bis 20.

Wie beim Molluskenherz (s. u.) ist eine gewisse Dehnung des Herzens für die normale Tätigkeit notwendig. Sowohl die Frequenz als auch die Amplitude der Kontraktionen des Herzens höherer Krebse wird gesteigert, wenn man den **Füllungsdruck** erhöht. Steigt während der Systole der Druck im Herzen an, werden die nach innen geschlagenen Ränder der Ostien aneinandergepreßt und damit die Öffnungen automatisch verschlossen. Das Blut kann durch die Arterien entweichen. Es verläßt früher oder später bei allen Arthropoden die Gefäße und tritt in das Lückensystem der Leibeshöhle (Mixocoel) über (offener Kreislauf, 3.3.2.2.). Es sammelt sich schließlich in ventralen Lakunen wieder an, um von dort – eventuell über die Kiemen (Krebse) – zurück durch Öffnungen im Perikardialseptum in den Perikardialsinus zu fließen.

Bei einer Reihe von Insekten (Tag- und Nachtfalter, *Calliphora,* Goliath- und Nashornkäfer) ist ein periodischer **Wechsel der Schlagrichtung** des Herzens beobachtet worden. Bei ihnen ist der Herzschlauch auch nicht, wie früher allgemein angenommen, an seinem hinteren Ende geschlossen, sondern weist dort zwei Öffnungen *(Calliphora)* bzw. eine unpaare Öffnung (Käfer) auf. Bei den Lepidopteren dienen einlippige Ostien sowohl als Ein- als auch als Ausströmöffnung. Dadurch wird erreicht, daß die Hämolymphe in Ruhe (und z. T. auch bei Aktivität) zwischen dem Vorder- und Hinterkörper hin- und herpendelt. Das führt auch zu einer von außen nicht sichtbaren Tracheenventilation (Unterstützung der Diffusionsatmung, 3.2.5.).

Das **Herz des Flußkrebses** *Procambarus clarkii* schlägt im Durchschnitt mit einer Frequenz von 126 Schlägen/min. Das Schlagvolumen beträgt 0,059 ml/Schlag. Damit ergibt sich ein Auswurf von 7,4 ml Hämolymphe pro Minute. Das meiste Blut verläßt über die Sternalarterie das Herz (67,5%). Die vordere Aorta erhält 20,1%, die hintere nur 12,3%. Die initiale isovolumetrische Kontraktion des Herzens während der Systole erzeugt einen abrupten Anstieg des intrakardialen Druckes von etwas über Null auf 9,5 mm Hg (Abb. 3.53.). Übersteigt dieser Druck den arteriellen Druck, öffnen sich die cardioarterialen Klappen, und Hämolymphe fließt aus. Die Systole umfaßt etwa 65% des gesamten Herzzyklus. Während der anschließenden Diastole füllt sich das Herz wieder. Der Druck im Perikard erreicht ebenfalls während der isovolumetrischen Kontraktion des Herzens sein Maximum (2,8 mm Hg). Er fällt während

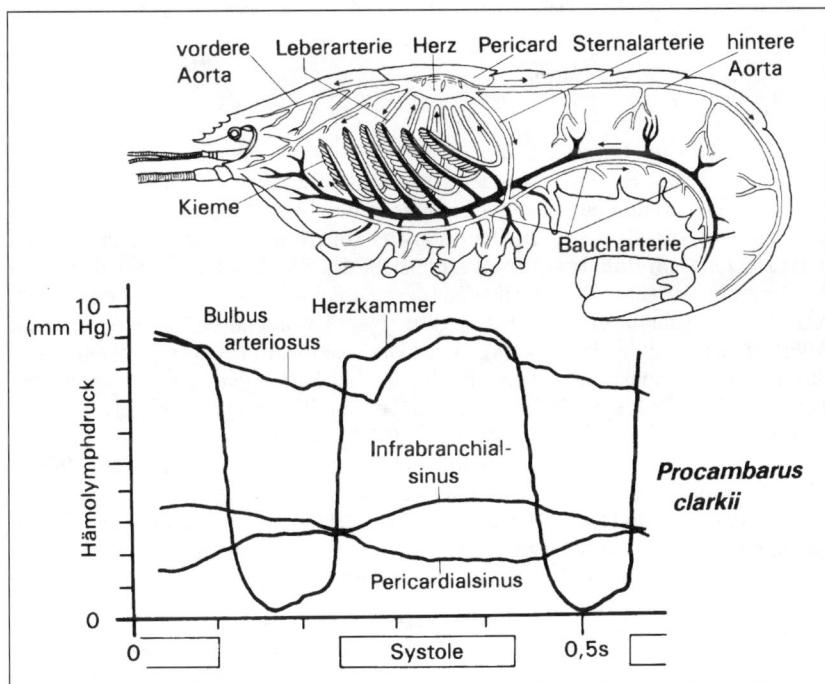

Abb. 3.53. Die Änderung des Hämolymphdruckes an verschiedenen Punkten des Kreislaufsystems des Flußkrebses *Procambarus clarkii*. Nach REIBER 1994.

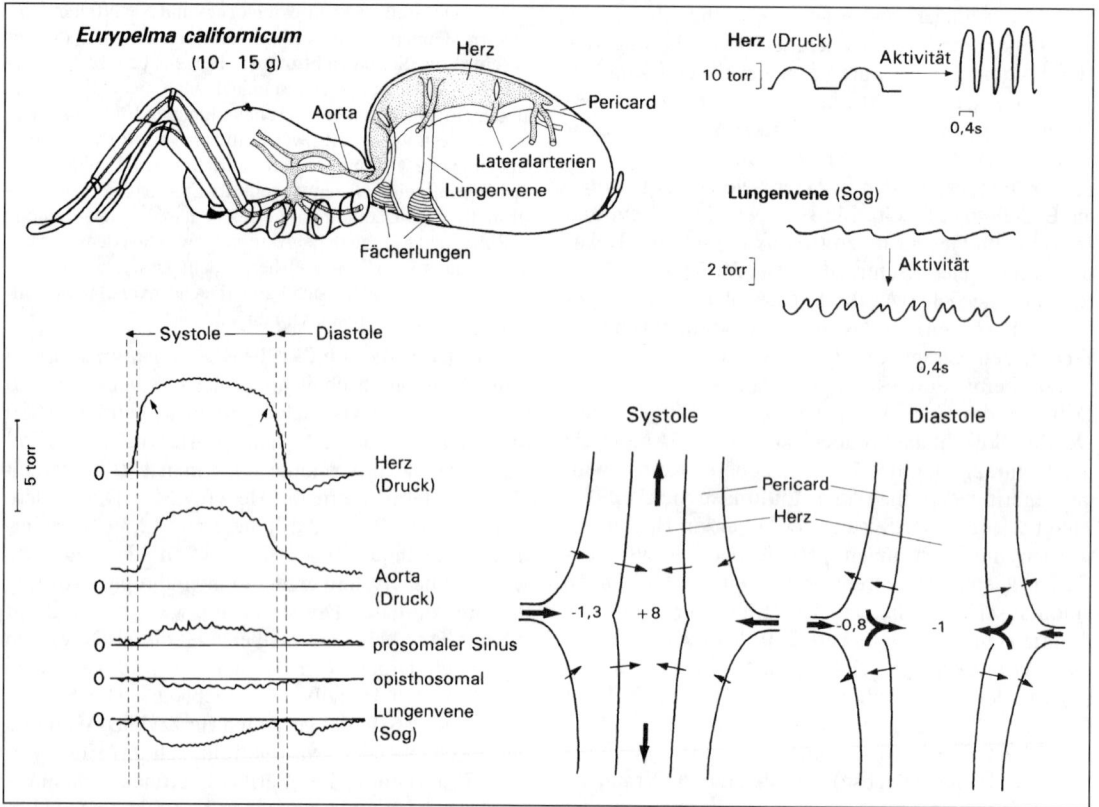

Abb. 3.54. Zur Kreislaufphysiologie der Tarantelspinne *Eurypelma californicum*. Herz und Pericard arbeiten zusammen als Druck-Saug-Pumpe. Der Druck im Pericard und in den Lungenvenen ist praktisch identisch. Rechts unten: die Druckverhältnisse im Herzen und Pericard (in Torr). Flüsse der Hämolymphe mit dicken, Bewegungen der Wände mit dünnen Pfeilen markiert. Nach PAUL u. BIHLMAYER 1995.

des Ausstoßes der Hämolymphe und der isovolumetrischen Relaxation des Herzens auf 1,8 mm Hg ab. Die Relaxation des Myokards führt zur Öffnung der Ostien, Hämolymphe strömt dem Druckgradienten folgend aus dem Perikard in das Herz ein. Im Bulbus arteriosus zeigt der Druck ein Minimum während der Diastole (6 mm Hg) und steigt auf 8,3 während der Systole an (Abb. 3.53.). Während der Systole des Herzens ist auch ein verstärkter Hämolymphstrom durch die Kiemen zu beobachten, weil der Druckgradient zwischen dem Infrabranchial- und dem Perikardialsinus ansteigt.

Bei der nordamerikanischen **Spinne** *Eurypelma californicum* (10–15 g schwer) arbeiten Herz und Perikard im Sinne einer **Druck-Saug-Pumpe** zusammen (Abb. 3.54.). Während der systolischen Kontraktion des Herzens (Druckanstieg im Herzen) folgt die Wand des Perikards den Herzwandbewegungen nur teilweise, so daß ein größerer Abstand zwischen ihnen und damit ein Unterdruck im Perikard und den angrenzenden Lungenvenen entsteht. Während der Diastole des Herzens wird dieser Unterduck im Peri-

kard zwar kleiner, verschwindet aber infolge der elastischen Rückstellkräfte nicht. Der durch die elastischen Ligamente hervorgerufene, im Vergleich zum Perikard stärkere Unterdruck im Herzlumen während der Diastole zieht das Blut durch die schlitzförmigen Ostien aus dem Perikard in das Herz. So erklärt sich, daß das Blut sowohl während der Systole als auch während der Diastole mehr oder weniger kontinuierlich durch die Fächerlungen und Lungenvenen herzwärts fließt. Der Blutausstoß des Herzens kann sowohl durch Erhöhung des Schlagvolumens als auch durch Erhöhung der Schlagfrequenz ansteigen. In beiden Fällen steigt der Druck im Herzen an. Die Herzaktivität wird vom Herzganglion kontrolliert (neurogene Automatie!), das wiederum von zentralen Ganglien beeinflußt werden kann.

Bei den Insekten findet man oft zusätzlich zum Herzen sog. **akzessorische pulsierende Organe.** Sie liegen z. B. an der Basis der Antennen und sorgen für eine hinreichende Blutzirkulation in diesen langgestreckten Körperteilen (Abb. 3.55.). Thorakale pulsierende Organe mit oder ohne Verbindung zur Aorta findet man oft an der Basis der Flügel.

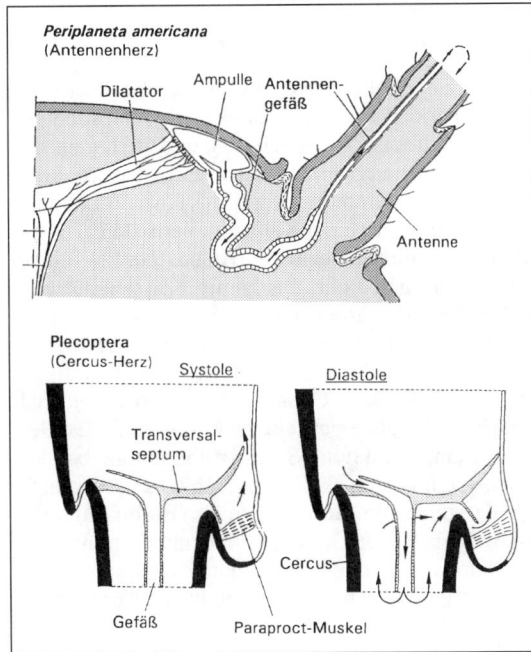

Abb. 3.55. Akzessorische (periphere) Herzen bei Insekten. Nach PASS et al. 1987 und 1988.

Durch ihre Tätigkeit wird Blut aus den Flügeln in die Aorta gepumpt, damit neues Blut nachströmen kann. Schließlich sind pulsierende Organe in den Beinen und an der Basis der Cerci (Abb. 3.55.) verschiedener Insekten beobachtet worden.

Das Herz der **Mollusken** ist ein kurzer Sack und liegt in einem aus dem Coelom hervorgegangenen Beutel (Perikard). Ihm wird das Blut direkt durch die Venen zugeführt, die von den Kiemen kommen und sich gewöhnlich vor dem Eintritt ins Herz zu Herzvorhöfen erweitern. Die Anzahl der Vorhöfe entspricht derjenigen der Kiemen, übersteigt aber die Zahl 4 nicht. Die Vorhöfe führen in der Regel in eine einzige Herzkammer (Ventrikel). An ihrer Eintrittstelle ist jeweils eine Klappe ausgebildet, die ein Rückfließen von Blut verhindert. Vom Ventrikel führt stets eine kräftige Aorta kopfwärts. Der Kreislauf ist wie bei den Arthropoden offen. Bei den Cephalopoden ist er allerdings nahezu geschlossen. Das isolierte Herz der Mollusken schlägt entweder gar nicht oder mit stark verminderter Amplitude und Frequenz. Es kann zu normaler Tätigkeit angeregt werden, wenn es durch leichten Zug oder – noch besser – durch Füllung gedehnt wird. Je größer der **Füllungsdruck** im Herzen ist, desto kräftiger sind die Systolen und desto höher ist die Schlagfrequenz (Abb. 3.56.). Die Füllung des Herzens und die damit verbundene Dehnung der Wand sind auch im intakten Organismus für den normalen Schlagrhythmus notwendig. Rezeptor und Effektor des Reflexes sind in diesem

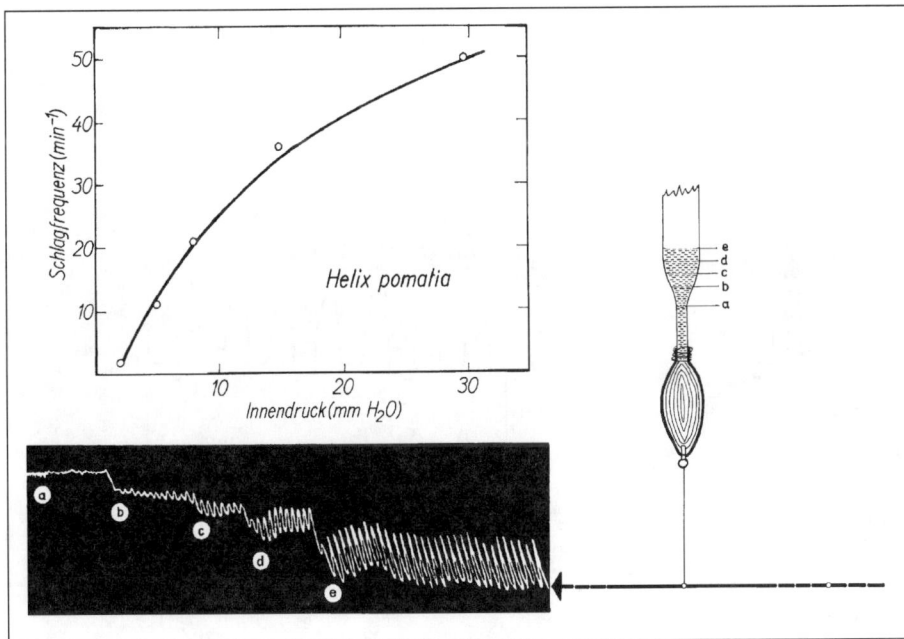

Abb. 3.56. Die Abhängigkeit der Schlagfrequenz (oben) bzw. der Schlagamplitude (unten) vom hydrostatischen Druck im Herzinnern bei der Weinbergschnecke *Helix pomatia*. Die Höhe der Wassersäule in der rechten Teilfigur entspricht bei a 1,7, bei b 2,3, bei c 2,7, bei d 3,1 und bei e 3,5×10^{-5} N · cm^{-2}. Nach Ergebnissen von BIEDERMANN und aus RICHTER 1973.

Falle dieselben Zellen, nämlich die myokardialen Schrittmacher (S. 271). Sinkt der Druck im *Octopus*-Herzen unter 20 mm H_2O, so hört es auf zu schlagen. *Helix* besitzt wie die meisten Gastropoden (Abb. 3.52.) nur eine Herzkammer und einen Vorhof. Der Ventrikel ist an seinem arteriellen Ende und das Atrium an seinem venösen Ende mit der Wand des Perikards verwachsen, so daß die Systole des Ventrikels automatisch eine Dehnung des Atriums und die Systole des Atriums eine Dehnung des Ventrikels bedingt.

Die Zirkulation des Blutes bei den **Cephalopoden** wird nicht allein durch die Tätigkeit des Herzens hervorgerufen. Unterstützt wird das Herz durch die an der Basis der Kiemen gelegenen **Kiemenherzen** (Abb. 3.52.). Außerdem führen bei *Octopus dofleini* die Gefäße der Kiemen und die der Kiemenanhänge pulsierende Kontraktionen aus. Bei einer anderen Art *(Eledone cirrhosa)* beobachtete man in der Vena cava und bei *Sepia officinalis, Octopus vulgaris, O. macropus* und *Eledone moschata* in den Gefäßen des Armes und der Interbrachialmembran peristaltische Pulsationen. Die Schlagfrequenz des Herzventrikels und der Kiemenherzen ist bei *Octopus dofleini* in der Regel gleich (Abb. 3.57.). Wie bereits ältere Untersuchungen an *Octopus vulgaris* gezeigt haben, wird durch jeden Herzschlag reflexiv die nachfolgende Kontraktion der Kiemenherzen ausgelöst. Durchtrennt man die Nervenverbindung zwischen dem am Ventrikel liegenden ersten Herzganglion und dem am Kiemenherzen liegenden zweiten Herzganglion an jeder Seite, so hören die Kiemenherzen auf zu schlagen. Die in der großen Vene (Vena cava cephalica) zu beobachtenden Druckwellen entsprechen jedoch nicht diesem Rhythmus, sondern dem Rhythmus der Atembewegungen (Abb. 3.57.), die also offenbar ebenfalls den Kreislauf unterstützen.

3.3.1.2. Bau und Arbeitsweise der Wirbeltierherzen

Das Herz der Wirbeltiere ist stets mehrkammerig. Es besteht bei den Fischen 1. aus einem dünnwandigen und muskelfreien **Sinus venosus,** in dem das aus den Cardinalvenen und der (oder den) Lebervene(n) kommende Blut gesammelt wird, 2. aus einer Vorkammer (**Atrium**[1])), 3. aus einer Kammer (**Ventrikel**[2])) und 4. aus dem **Conus arteriosus** (Bulbus cordis), einem engen, kräftigen Rohr, das häufig Klappen aufweist und sich in die Aorta ventralis fortsetzt. Die zunächst in der Embryogenese in einer Reihe hintereinander angelegten vier Abschnitte bilden später eine S-förmige Schleife. Der Conus arteriosus der Selachier verschwindet als eigenständiger Abschnitt des Herzens. Seine Funktion (S. 278) übernimmt bei den Teleosteern der muskulös angeschwollene Anfangsteil der unpaaren Aorta ventralis (**Bulbus arteriosus**[3])) (Abb. 3.58.). Das Herz erhält nur O_2-armes Blut aus dem Körper und transportiert dieses unmittelbar zu den Kiemen, von wo es erneut in den Körper fließt (Abb. 3.59.).

Mit dem Übergang zum Landleben (Lungenatmung) tritt folgendes Problem auf: Dem Herzen fließt nicht mehr allein verbrauchtes, O_2-armes Blut aus dem Körper zu, sondern auch O_2-beladenes aus der Lunge. Es müssen Einrichtungen geschaffen wer-

---

[1]) atrium (lat.) = Eingangshalle.
[2]) ventriculus (lat.) = kleiner Bauch, Herzkammer.
[3]) bulbus (lat.) = die Zwiebel.

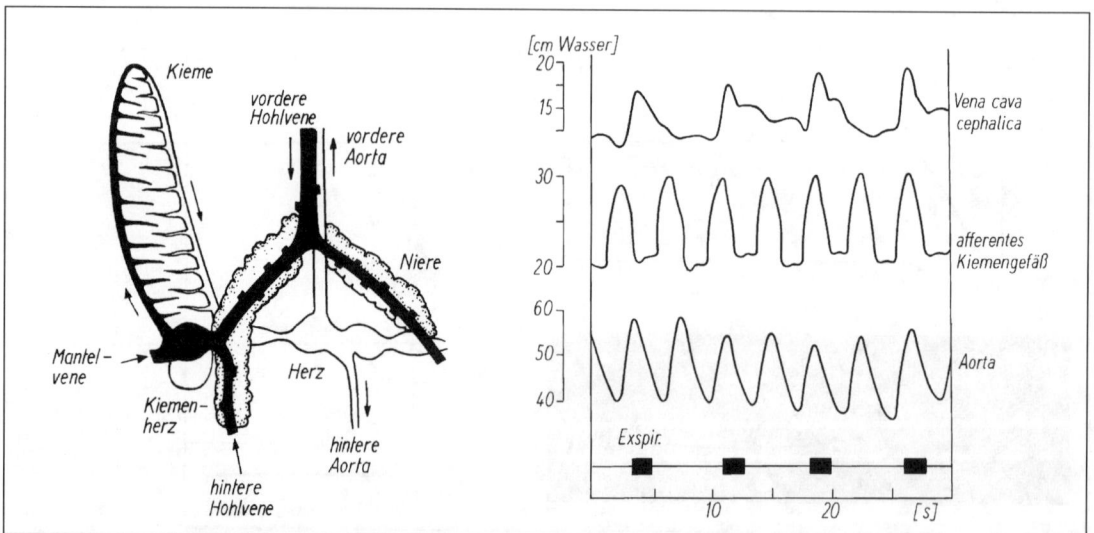

Abb. 3.57. Links: Schematische Darstellung des zentralen und rechten Teils des Gefäßsystems von *Sepia officinalis*. Nach SCHIPP u. SCHÄFER 1969. Rechts: Kurven der Druckschwankungen in Gefäßen von *Octopus dofleini*. Dicke schwarze Linien: Exspiration. Zeitmarkierung: 5 s. Nach JOHANSEN u. MARTIN aus URICH 1964.

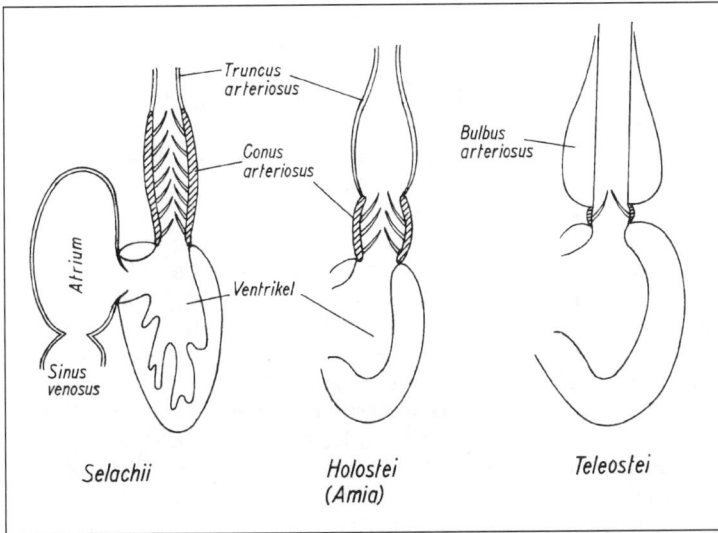

Abb. 3.58. Schematische Längs-
schnitte durch Fischherzen. In Anlehnung an BOAS 1922.

den, durch die eine Vermischung beider Blutsorten verhindert und eine Weiterleitung des O_2-armen Blutes zur Lunge, des O_2-reichen zu den atmenden Geweben gewährleistet wird. Bereits bei den **Lungenfischen** beginnt sich eine Trennung der beiden Blutströme herauszubilden, indem die Lungenvenen nicht mehr gemeinsam mit den anderen Venen in den Sinus venosus eintreten, sondern getrennt von ihnen in die linke Hälfte des Atriums münden.

Bei den **Amphibien** sind bereits zwei getrennte Vorkammern vorhanden. Die rechte Vorkammer erhält das venöse Blut aus dem Sinus venosus, der später mit der Vorkammer verschmilzt, die linke erhält das O_2-reiche Blut aus der Lunge. Die Kammer zeigt noch

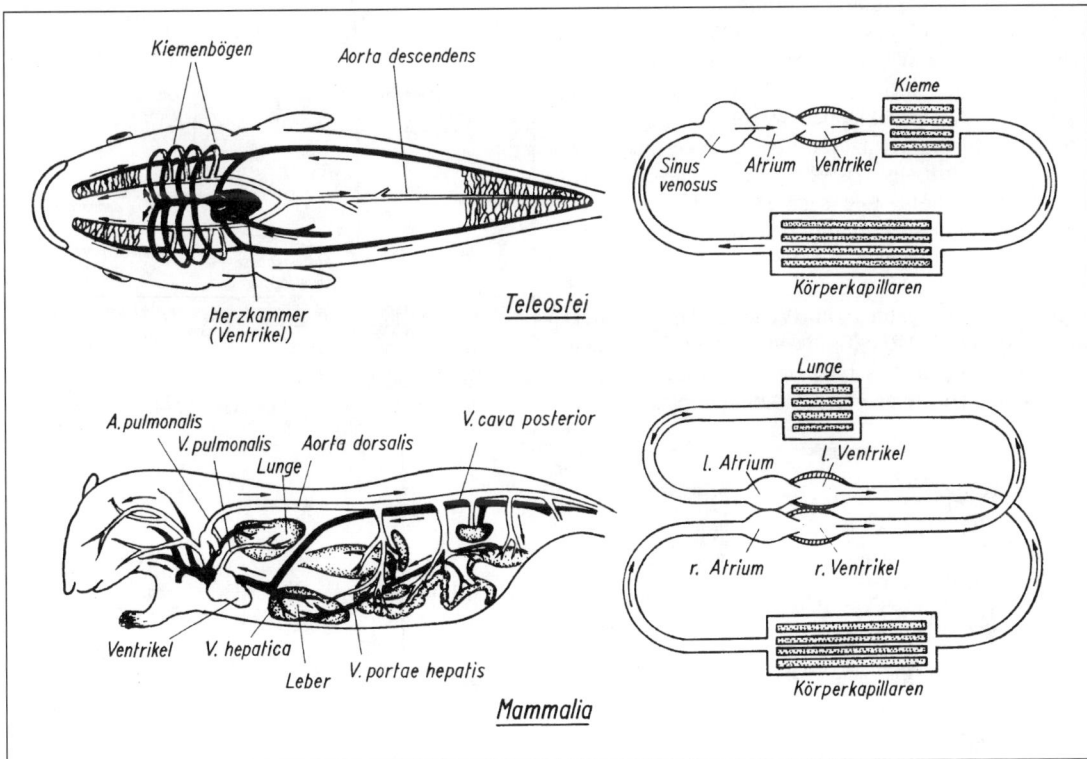

Abb. 3.59. Schematische Darstellung der Blutkreisläufe beim Knochenfisch (Teleostei) und beim Säugetier (Mammalia).

keine morphologische, wohl aber eine weitgehend funktionelle Trennung in zwei Hälften. Das O_2-reiche Blut aus der linken Hälfte wird durch Falten im Anfangsteil der Aorta vornehmlich in den Körper weitergeleitet, das O_2-arme Blut aus der rechten Hälfte vornehmlich zur Lunge und zur Haut (Hautatmung!).

Eine vollständige Trennung beider Blutströme ist erst im Herzen der **Vögel** und **Säugetiere** durch die Herausbildung einer Scheidewand im Ventrikel erreicht (näheres siehe Lehrbücher der vergleichenden Anatomie). Das Blut fließt von den Lungen zur linken Vorkammer, dann über die linke Kammer in den Körper und von dort zurück zur rechten Vorkammer und über die rechte Kammer wieder zur Lunge. Es ist also nicht ganz exakt, wenn man von zwei Kreisläufen, vom Lungen- und vom Körperkreislauf des Blutes spricht. Es handelt sich nur um einen einzigen, in sich zurückführenden Kreislauf, der allerdings zweimal durch das Herz führt, einmal durch die rechte und einmal durch die linke Herzhälfte (Abb. 3.59.).

Die **Arbeitsweise des Wirbeltierherzens** soll am Beispiel des Säugetiers genauer besprochen werden. Die Füllung der Vorhöfe geschieht während der Kammersystole. Durch die Kontraktion der Kammermuskulatur wird die Atrioventrikulargrenze (Ventilebene) mit den in ihr enthaltenen Segelklappen, die wegen des herrschenden höheren Druckes im Ventrikel geschlossen sind, herzspitzenwärts gezogen (Abb. 3.60.). Dadurch und durch die gleichzeitige Erschlaffung der Vorhofmuskulatur (Vorhofdiastole) wird das Volumen der Vorhöfe vergrößert, und Blut strömt aus den Venen ein. Während der sich anschließenden Kammerdiastole hebt sich die Ventilebene wieder. Dabei sind die Segelklappen wegen des gegenüber dem Vorhofdruck geringeren Ventildruckes geöffnet, und das Blut tritt aus den Vorhöfen in die Kammern über. Die Vorhofsystole setzt (bei ruhigem Herzschlag) erst sehr spät ein und befördert nur noch unbedeutende Blutmengen in die Kammer. Da die Vorhofsystole an den Einmündungen der großen Venen beginnt und in Richtung zum Ventrikel fortschreitet, wird ein größerer Rückfluß von Blut in die Venen verhindert. Beginnt anschließend wiederum die Kammersystole, so steigt zunächst der Ventrikeldruck

noch nicht an. Das Herz nimmt infolge der Verkürzung seiner Muskelfasern bei nahezu gleichbleibender Spannung (isotonische Kontraktion, 6.1.1.4.) eine angenähert kugelförmige Gestalt an. Ist so die kleinstmögliche Oberfläche der Kammer bei gegebenem Volumen erreicht, führt die weitere Kontraktion der Kammermuskulatur zu einem Druckanstieg im Ventrikel (isovolumetrische Kontraktion), der zum Schluß der Atrioventrikularklappen **(Segelklappen)** führt. Die Taschenklappen **(Semilunarklappen)** zwischen Ventrikel und Aorta bzw. A. pulmonalis sind noch geschlossen, Blut tritt noch nicht aus **(Anspannungsphase).** Steigt der Ventrikeldruck über den in der Aorta an, so öffnen sich die Taschenklappen, und die **Austreibungsphase** beginnt. Sie dauert so lange an, solange durch Kontraktion der Kammermuskulatur dieser Überdruck aufrechterhalten wird. Mit Beginn der Entspannung der Ventrikelmuskulatur fällt der Druck in der Kammer ab, und die Taschenklappen schließen sich. Mit dieser **Entspannungsphase** wird die Diastole eingeleitet. Sinkt der Ventrikeldruck schließlich unter den Vorhofdruck, so öffnen sich wiederum die Atrioventrikularklappen, und die **Füllungsphase** beginnt. Zusammenfassend können wir also folgende Phasen des Kammerzyklus unterscheiden (Abb. 3.61.):

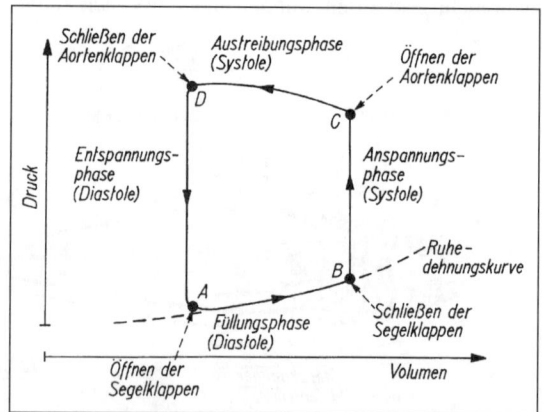

Abb. 3.61. Das Druck-Volumen-Diagramm des Ventrikels während eines Herzzyklus. Aus FUNG 1984.

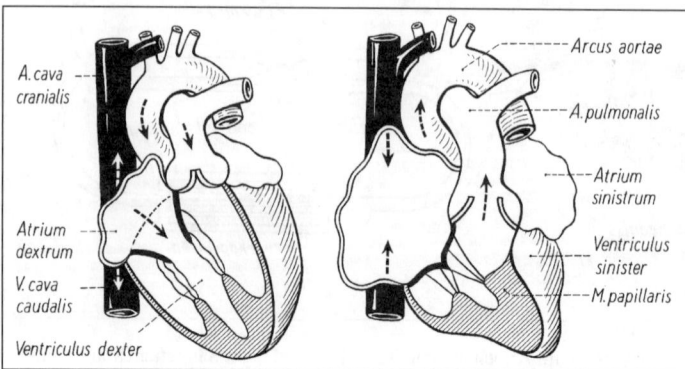

Abb. 3.60. Arbeitsweise des Säugetierherzens. Links: Diastole des rechten Ventrikels und Systole des rechten Atriums. Rechts: Systole des rechten Ventrikels und Diastole des rechten Atriums. Aus LANDOIS u. ROSEMANN 1960.

Systole	1. An-spannungs-phase:	isovolumetrische Kontraktion Segel- u. Taschenklappen geschlossen
	2. Austrei-bungsphase:	auxotonische Kontraktion Segelklappen geschlossen, Taschenklappen offen
Diastole	3. Ent-spannungs-phase	isovolumetrische Erschlaffung Segel- und Taschenklappen geschlossen
	4. Füllungs-phase	auxotonische Erschlaffung Segelklappen offen, Taschenklappen geschlossen

3.3.1.3. Automatie der Herzen

Typisch für die Herzen ist ihre rhythmische Kontraktion. Viele Herzen kann man aus dem Tierkörper herauspräparieren und in eine entsprechende Nährlösung bringen, ohne daß sie aufhören zu schlagen. Die Rhythmik der Herztätigkeit muß also – anders als bei den Atmungsbewegungen – im Herzen selbst entstehen und wird nicht von einem im Zentralnervensystem gelegenen Zentrum aus bestimmt. Man bezeichnet diese Eigenschaft des Herzens als **Automatie.** Genauere Untersuchungen haben gezeigt, daß die Erregungsbildung gewöhnlich an einem bestimmten Ort des Herzens (primäres **Erregungs-** oder **Automatiezentrum**) erfolgt und sich von dort aus über das ganze Herz ausbreitet. Da dieser Ort den Kontraktionsrhythmus bestimmt, nennt man ihn auch **Schrittmacher** (engl.: pacemaker) des Herzens.

Die Erregungsbildungszentren können entweder aus Ganglienzellen (neurogen) oder aus modifizierten Muskelzellen (myogen) hervorgegangen sein. Bei neurogen aktiven Herzen scheint keine Erregungsleitung zwischen den Muskelzellen zu bestehen. Die Aktivierung des gesamten Myokards wird vielmehr durch eine polyneurale und multiterminale (Abb. 6.5.) Innervation gewährleistet. Bei der myogenen Automatie breitet sich die Erregung dagegen von Zelle zu Zelle im Myokard aus.

Eine **myogene Automatie**[1]) findet man im Herzen der Anneliden, Insekten, Mollusken, Tunikaten und Wirbeltiere. Bei den Elasmobranchiern, den Aalen *(Anguilla, Conger)* sowie den Amphibien liegt das primäre Erregungsbildungszentrum (Abb. 3.62.) im Sinus venosus **(Sinusknoten)**, bei den meisten Fischen ist es auf eine schmale Region zwischen dem Sinus und dem Vorhof beschränkt **(sinuatrialer Knoten),** und bei den Vögeln und Säugetieren, bei denen der Sinus mit dem rechten Vorhof verschmolzen ist, liegt es im rechten Vorhof an der Einmündungsstelle der großen Venen (Keith-Flackscher Knoten, Abb. 3.63.). Lokale Erwärmung des Erregungsbildungszentrums führt zur Beschleunigung des Herzschlages. Abschnüren des Sinus vom übrigen Herzen (Stannius-Ligatur[2])) hat beim Frosch Stillstand des Herzens zur Folge, während der Sinus in normaler Frequenz weiterschlägt. Durch mechanische Reizung des abgeschnürten Ventrikels kann man diesen wieder zur rhythmischen Kontraktionstätigkeit anregen. Die Frequenz ist aber deutlich niedriger als die des Sinus. Es muß also auch der Ventrikel ein Automatiezentrum besitzen. Es befindet sich bei Fischen und Amphibien an der Atrioventrikulargrenze in der Nähe der Segelklappen **(Atrioventrikularknoten,** av-Knoten), bei den Vögeln und Säugetieren an der Grenze zwischen dem rechten Vorhof und der Kammer oberhalb des Kammerseptums (Aschoff-Tawara-Knoten). Dieses sekundäre Zentrum arbeitet langsamer als das primäre, das normalerweise den Rhythmus bestimmt (s. u.). Es kommt erst dann zur Geltung, wenn das primäre Automatiezentrum ausgefallen ist. Als **tertiäres Automatiezentrum** mit noch langsamerer Arbeitsrhythmik kann bei den Elasmobranchiern der Conus arteriosus, bei den Vögeln und

---

[1]) ho mys, myos (griech.) = die Maus, der Muskel; gen von gignomai (griech.) = lasse entstehen; autó (griech.) = Selbst-, eigen.
[2]) s. Fußnote S. 102.

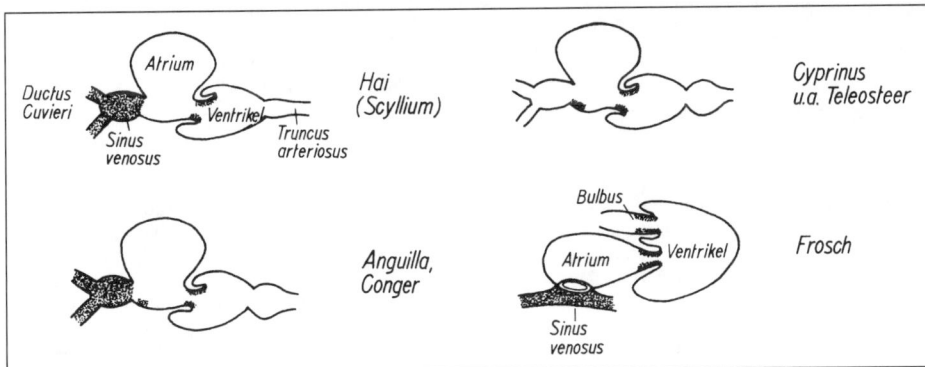

Abb. 3.62. Die Automatiezentren (schraffiert) im Herzen verschiedener niederer Wirbeltiere. Nach v. SKRAMLIK 1935.

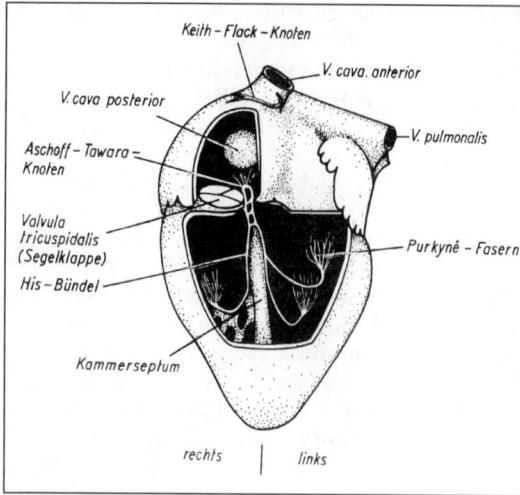

Abb. 3.63. Schema der Erregungsbildungszentren im Säugetierherzen. Kammer und Vorhof von der ventralen Seite her geöffnet. In Anlehnung an BENNINGHOFF 1944.

Säugetieren das Hissche Bündel (s. u.) in Funktion treten (Abb. 3.63.).

Die Automatiezentren bestehen aus sarkoplasmareichen Muskelzellen, die relativ wenige Muskelfibrillen mit undeutlicher Querstreifung aufweisen. Wie alle Muskelzellen, so besitzen auch diese ein **Membranpotential.** Es ist jedoch infolge der größeren Na$^\oplus$-Permeabilität ihrer Membran kleiner als das der normalen Muskelzellen des Herzens (60–70 mV beim Hund, 55 mV beim Frosch). Das Besondere dieser Zellen besteht darin, daß sie ohne Anstoß von außen selber einen langsamen Abbau ihres Potentials herbeiführen. Erreicht diese **langsame diastolische Depolarisation** (Vordepolarisation) das kritische Membranpotential, so wird der Erregungsvorgang ausgeklinkt, und es entsteht ein steil ansteigendes Spitzenpotential (Aktionspotential) als fortgeleitete Erregung. Anschließend erfolgt eine Repolarisation zum „Normalwert" des Membranpotentials, der aber sofort nach Erreichen wieder durch die einsetzende Vordepolarisation verlassen wird, und der Prozeß be-

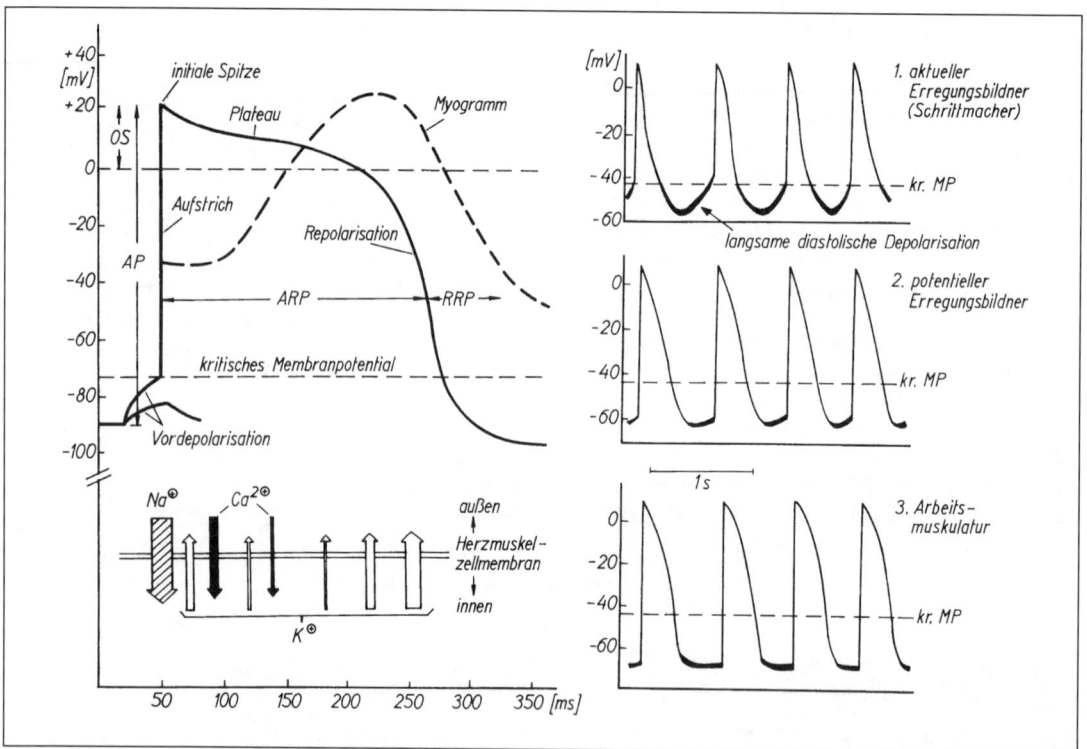

Abb. 3.64. Links. Herzmuskelfaser des Säugetiers: Lokale Depolarisation (Vordepolarisation), Aktionspotential (AP) mit Overshoot (OS) und „Plateau" sowie Mechanogramm. kr. MP = kritisches Membranpotential (Schwellenpotential); ARP, RRP = absolute bzw. relative Refraktärperiode. – Rechts: Erregungsabläufe im aktuellen und potentiellen Erregungsbildner sowie in der Arbeitsmuskulatur des Säugetierherzens. Nur in den ersten beiden Fällen (Erregungsleitungssystem) erfolgt während der Diastole eine Spontandepolarisation, deren Geschwindigkeit im Sinusknoten (führendes Zentrum = Schrittmacher) am größten ist und im Leitungssystem mit der Entfernung der Sinusknoten abnimmt. Sie löst bei Erreichen des kritischen Membranpotentials ein Aktionspotential (fortgeleitete Erregung) aus: Erregungsbildung. Die vom Schrittmacher ausgehenden Erregungen unterbrechen anschließend die Spontandepolarisation nachgeordneter (langsamerer!, s. o.) Strukturen und erregen schließlich die Arbeitsmuskulatur des Herzens (Beginn der Systole). Aus KEIDEL 1970.

ginnt von neuem. Das Ergebnis ist eine spontane Bildung von Spitzenpotentialen in bestimmter Frequenz. Da der elektrische Widerstand der Zellmembran während der Vordepolarisation zunimmt, ist anzunehmen, daß sie durch **Abnahme der K⊕-Permeabilität** und nicht durch Zunahme der Na⊕-Permeabilität zustande kommt. Dasjenige Zentrum, dessen Zellen mit der höchsten Frequenz arbeiten, bestimmt den Herzrhythmus. Die von ihm ausgehenden Erregungen erreichen nämlich jedesmal die langsamer arbeitenden Zentren, bevor die dort im Entstehen begriffene Erregung das kritische Membranpotential erreicht hat (Abb. 3.64., rechts).

Das Aktionspotential der Herzmuskelfasern zeichnet sich durch ein längerdauerndes **Plaetau** in der Repolarisationsphase aus (Abb. 3.64.). Die Ursache dafür liegt darin, daß für eine gewisse Zeit die Membranleitfähigkeit für Ca²⊕ erhöht und gleichzeitig die für K⊕ erniedrigt wird, so daß sich im Endeffekt der **langsame Ca²⊕-Einstrom** und der K⊕-Ausstrom die Waage halten. Die Repolarisation wird erst dann vollendet, wenn die Ca²⊕-Leitfähigkeit wieder ab- und die K⊕-Leitfähigkeit zunimmt.

Die vom primären Erregungsbildungszentrum ausgehende Erregung breitet sich zunächst über den Sinus venosus aus bzw. – wo dieser nicht vorhanden ist – greift auf die unmittelbar benachbarte Vorhofmuskulatur über. Mit einer gewissen Verzögerung wird die Erregung weitergegeben und breitet sich mit einer Geschwindigkeit von rund 0,8 m/s (Säugetier) radiär über die Vorhöfe aus (Abb. 3.65.), ohne besondere Bahnen zu bevorzugen. Auf diesem Wege erreicht die Erregungswelle auch den av-Knoten bzw. Aschoff-Tawara-Knoten. Nur über ihn kann sie weiter auf den Ventrikel übertragen werden. Diese Übertragung ist abermals mit einer gewissen Verzögerung verbunden. Das ist sehr wichtig, denn dadurch wird erreicht, daß die Kontraktion der Ventrikel erst dann

einsetzt, wenn die Atriumsystole bereits abgeschlossen ist. Die weitere Erregungsausbreitung im Ventrikel erfolgt entweder wiederum diffus oder aber – bei den homoiothermen Wirbeltieren – über besondere Leitungsbahnen aus „spezifischen" Muskelfasern **(Hissches[1]) Bündel)** mit den beiden im Kammerseptum herzspitzenwärts ziehenden Kammerschenkeln sowie den sich anschließenden Purkyně[2])-Fasern (Abb. 3.63.). In diesem Erregungsleitungssystem, das ebenso wie das Erregungsbildungssystem myogen ist, erfolgt die Ausbreitung der Erregung relativ schnell (ca. 1,5–3,5 m/s beim Säugetier), so daß sich die gesamte Kammermuskulatur mit nur geringen Zeitunterschieden kontrahiert.

Die Erregungsbildung im Herzen der **Mollusken** erfolgt ebenfalls ausnahmslos myogen. Bei den Gastropoden liegt der Schrittmacher im Ventrikel an der Austrittsstelle der Aorta (*Conchlitoma zebra* u. a.) oder an der Seite zum Vorhof (*Haliotis, Dolabella*). Untersuchungen an der Auster ergaben, daß dort der Schrittmacher im Gegensatz zu den Gastropoden im Atrium gelegen ist. Auch **Insekten** besitzen myogene Herzen, Larven (*Anax, Chaoborus* u. a.) ebenso wie Adulte (z. B. *Belostoma, Periplaneta* und der Seidenspinner *Hyalophora cecropia*).

Eine **neurogene Automatie** findet man bei den Krebsen (Crustaceen) und Spinnentieren (Chelicerata). – Bei den **dekapoden Krebsen** wird z. B. die Herzrhythmik von Ganglienzellen bestimmt, die an der Oberfläche des Herzens liegen. Beim Hummer *Homarus*, bei *Palinurus* und bei vielen anderen be-

---

[1]) Wilhelm His, geb. 1831 in Basel, Professor in Basel und Leipzig, gest. 1904 in Leipzig.
[2]) Johann Evangelista Purkyně, geb. 1787 in Lobkowitz (Böhmen), Prof. f. Physiologie in Breslau und Prag, gest. 1869. Selbst Dichter, übersetzte er viele Gedichte von Goethe und Schiller ins Tschechische.

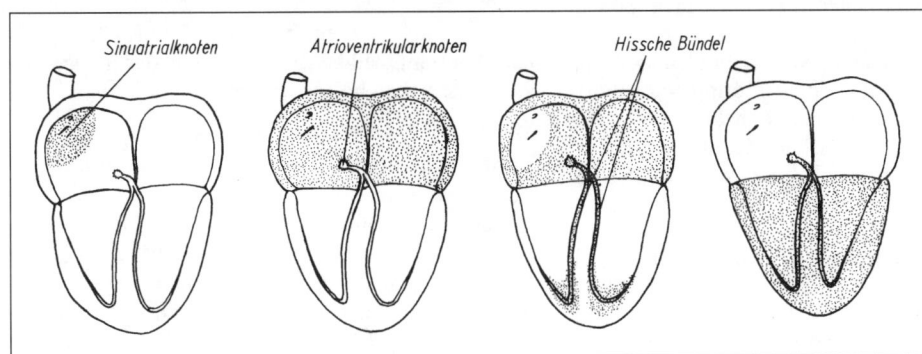

Abb. 3.65. Die Ausbreitung der Erregung im Säugetierherzen. Erregte Regionen punktiert. Die Erregung geht vom Keith-Flack-Knoten aus und breitet sich anschließend über die Vorkammern aus. Der Aschoff-Tawara-Knoten wird mit einer gewissen Verzögerung aktiviert. Die von ihm ausgehenden Erregungen gelangen über die Hisschen Bündel zuerst zur Herzspitze, von wo aus sie sich über die gesamte Kammer ausbreiten. Nach Rushmer 1961.

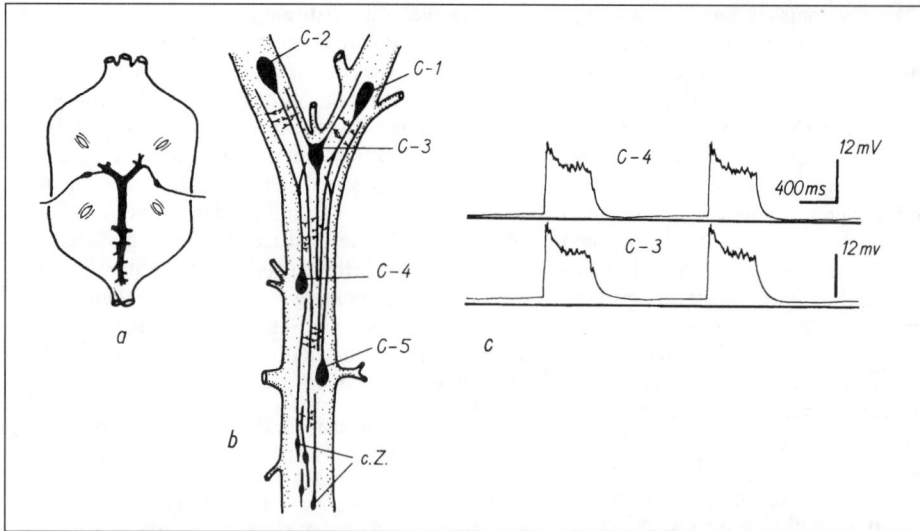

Abb. 3.66. a) Das Herz vom Hummer *(Homarus)* mit vier Ostien, anterioren und posterioren Arterien und mit dem Herzganglion (schwarz). b) Das Herzganglion (Schrittmacher) mit den 5 großen rostralen Zellen C-1 bis C-5 und den kleinen kaudalen Zellen c. Z. c) Die elektrische Aktivität der Zellen C-3 und C-4. Simultane Ableitung vom intakten Herzganglion. Aus CONNOR 1969.

steht das Herzganglion aus fünf großen (anterioren) und vier kleinen (posterioren) Neuronen (Abb. 3.66.), bei *Astacus* aus acht großen und acht kleinen Zellen. Entfernung des Ganglions ruft Herzstillstand hervor. Vom Herzganglion kann man etwa 10 ms vor jeder Systole eine kurze Serie von Impulsen ableiten. Diese Impulsserien lösen die Herzschläge aus. Die Zahl und Frequenz der Impulse innerhalb einer Serie bestimmen die Amplitude des Herzschlages. Die vier kleineren Zellen werden als die eigentlichen Schrittmacher angesehen. Sie beginnen früher zu „feuern" und können die größeren, anterioren Zellen (Folgeneuronen) durch die von ihnen ausgehenden Spikes erregen. Die Folgeneuronen können allerdings selbst auch spontan tätig sein, wenn man sie von den posterioren Zellen trennt. – Für die Entstehung der Rhythmik und für die Erregungsausbreitung am schlauchförmigen *Limulus*-Herzen (**Xiphosura** = „Pfeilschwanzkrebse") ist ein dorsaler Nervenstrang (**mediales Ganglion**) verantwortlich. Seine Entfernung führt zum Herzstillstand, seine lokale Erwärmung zur Frequenzsteigerung.

Zu den Herzen mit neurogener Automatie zählen auch die an den Seiten des hinteren Endes des Os coccygis gelegenen **Lymphherzen** der Amphibien (Frösche, Kröten). Durchtrennt man alle Nervenverbindungen zwischen Rückenmark und Lymphherz oder zerstört man das Rückenmark vollständig, so tritt in der Regel Stillstand des Herzens ein. Lokale Erwärmung bzw. Kühlung des Rückenmarks hat Beschleunigung bzw. Verlangsamung des Herzschlages zur Folge.

3.3.1.4. Leistung der Herzen und ihre Steuerung

Der Ausstoß eines Blutvolumens mit einem bestimmten Druck bei der Systole der Herzkammer entspricht physikalisch einem bestimmten Arbeitsbetrag, der sich durch Multiplikation von Druck und Volumen errechnen läßt (**Druck-Volumenarbeit**)

$$Pa \cdot m^3 = N \cdot m^{-2} \cdot m^3 = N \cdot m \ (Kraft \times Weg).$$

So kann die Arbeit, die die Herzkammer bei jedem Schlag leistet, durch Multiplikation des Schlagvolumens V_s mit dem Druck p berechnet werden

$$Schlagarbeit = p \cdot V_s.$$

Da der Druck während der Austreibungsphase nicht ganz konstant bleibt (Abb. 3.61.), gibt das Integral die geleistete Arbeit besser wieder:

$$Schlagarbeit = \int p \, dV.$$

Für die meisten praktischen Zwecke genügt aber das gewöhnliche Produkt.

Das Schlagvolumen des linken und rechten Ventrikels ist bei Säugetieren normalerweise dasselbe, nicht aber der in beiden Ventrikeln erzeugte Druck und damit auch nicht die Schlagarbeit. Die Druck-Volumenarbeit im rechten Ventrikel ist nur $^1/_5$ so groß wie im linken, weil der Druck in der Lungenarterie nur etwa $^1/_5$ des Druckes in der Aorta erreicht.

Zusätzlich zur Druck-Volumenarbeit leistet der Ventrikel noch **Beschleunigungsarbeit.** Ist m die träge Masse des bewegten Blutvolumens und v die Auswurfgeschwindigkeit, mit der die Blutmasse durch die Aorten- bzw. Lungenarterienklappe fließt, so beträgt die Beschleunigungsarbeit (erzeugte kinetische Energie)

$$\frac{1}{2}\, m\, v^2.$$

Sie ist unter Ruhebedingungen ziemlich klein und für beide Ventrikel im Gegensatz zur Druck-Volumenarbeit (s. o.) gleich. Beim Menschen macht sie 1% der Gesamtarbeit im linken und 7% derjenigen im rechten Ventrikel aus. Bei körperlicher Belastung bzw. bei Elastizitätsverlust der Aorten im Alter nimmt sie zu.

Entsprechend der erforderlichen höheren Arbeitsleistung des mit dem „Körperkreislauf" verbundenen linken Ventrikels im Vergleich zum rechten („Lungenkreislauf") ist die Wand des linken Ventrikels bei Säugetieren stets deutlich dicker als die des rechten. Der Querschnitt des linken Ventrikels ist kreisrund, während der des rechten halbmondförmig aussieht. Der Längsschnitt des linken Ventrikels erscheint langgestreckt und erreicht bei der Giraffe, die Drucke bis zu 300 mm Hg (ca. 40 kPa) erzeugen muß, eine fast schlauchartige Gestalt (Abb. 3.67.).

Die **Leistung des Herzens** (Arbeit pro Zeiteinheit) ergibt sich durch Multiplikation der Druck-Volumenarbeit mit der Herzfrequenz f (Anzahl der Schläge pro Minute)

Minutenarbeit $= p \cdot V_s \cdot f = p \cdot$ HMV.

Das **Herzminutenvolumen** (HMV) beträgt beim Menschen normalerweise 5–6 l pro Minute.

Die **Herzfrequenz** ist in der Regel bei größeren Tieren niedriger als bei kleinen und bei homoiothermen höher als bei gleich großen poikilothermen Tieren (Tab. 3.12.). Es besteht ebenso wie bei der Atemfrequenz eine deutliche Beziehung zur allgemeinen Stoffwechselintensität. Deshalb findet man bei trägen Formen auch eine geringere Herzfrequenz als bei gleich großen aktiveren Verwandten (Vergleich: *Anodonta – Helix*, Schildkröte – Eidechse usw.). Bei Vögeln, Krebsen, Lungenschnecken u. a. (Abb. 3.68.) ergibt sich ein linearer Zusammenhang zwischen dem Logarithmus der Herzfrequenz f und dem Logarithmus des **Körpergewichts** G im Sinne einer negativen Allometrie (1.4.5.).

$$\boxed{f = a \cdot G^b} \qquad (b < 0)$$

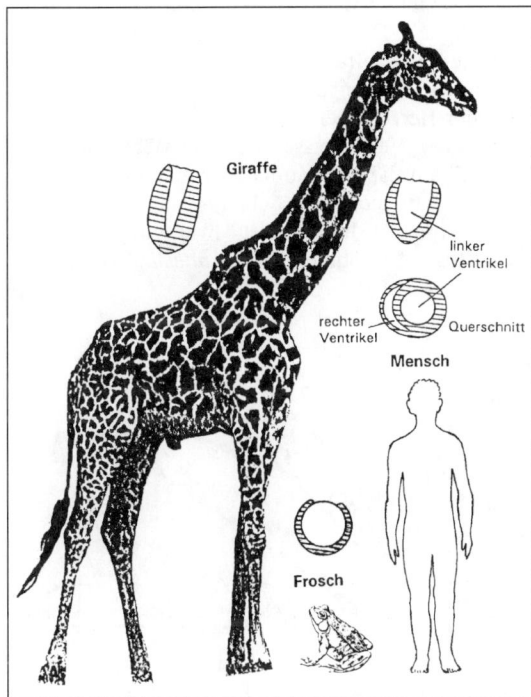

Abb. 3.67. Vergleich der Dicke und Form des Myokards bei drei Wirbeltieren. Der Ventrikel des Frosches (*Rana*) erzeugt nur geringe Drucke, ist dünnwandig und nahezu sphärisch. Der linke Ventrikel des Menschen ist dickwandiger und langgestreckt. Noch deutlicher ist das bei der Giraffe (*Giraffa camelopardalis*). Der nahezu schlauchförmige Ventrikel erzeugt Drucke, die 300 mm Hg (ca. 40 kPa) überschreiten können.

Tabelle 3.12. Die Schlagfrequenz des Herzens einiger Tiere (Ruhewerte). Temperaturwerte in °C.

Tierart	Frequenz
homoiotherme Tiere	
Wal	15– 16
Elefant	25– 30
Kuh	55– 80
Katze	110– 140
Ratte	350– 450
Maus	550– 650
Zwergfledermaus	bis 972
Truthahn	93
Bussard	301
Krähe	342
Taube	192– 244
Kanarienvogel	800–1000
poikilotherme Tiere	
Krokodil (23,5 °C)	70
Schildkröte (29 °C)	11– 37
Kreuzotter	40
Frosch (22 °C)	35– 40
Aal (13–16 °C)	46– 68
Daphnia (20 °C)	250– 450
Asellus	180– 200
Homarus americ. (18 °C)	50– 136
Anodonta (18 °C)	4– 6
Helix (15–20 °C)	50
Octopus (18 °C)	33– 40
Arenicola marina	13– 22

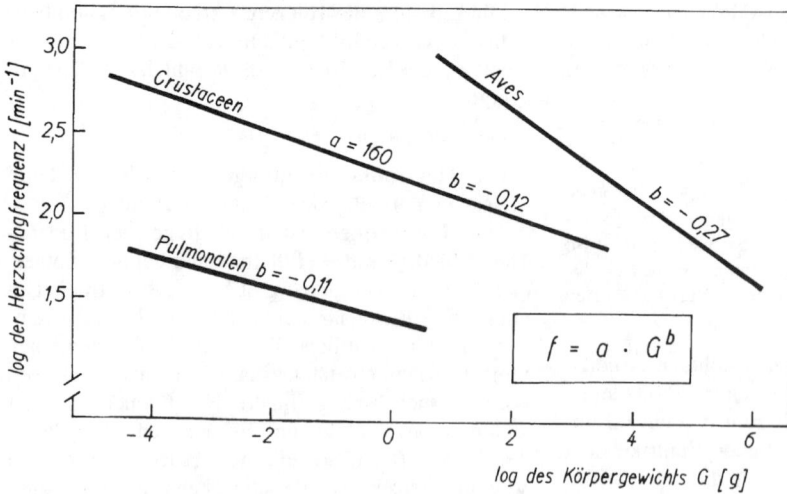

Abb. 3.68. Abhängigkeit der Herzfrequenz vom Körpergewicht bei Lungenschnecken (Pulmonaten), Krebsen (Cladoceren, Isopoden, Amphipoden, Dekapoden, Stomatopoden) und Vögeln (Aves). Nach SCHWARTZKOPFF 1957.

Die Herzfrequenz ist abhängig von zahlreichen äußeren und inneren Faktoren. So hat z. B. die Körpertemperatur einen starken Einfluß. Die Herzfrequenz nimmt im physiologischen Bereich mit steigender **Temperatur** zu (Abb. 3.69. u. 3.70.). Die Temperatur wirkt wahrscheinlich direkt auf die Schrittmacherzellen. Auf die Beziehung zwischen der Herzfrequenz und dem **Druck im Inneren des Herzens** bei einigen Evertebraten (Arthropoden, Mollusken) wurde bereits hingewiesen (3.3.1.1.).

Unabhängig davon, ob die Automatie des Herzens myogen oder neurogen ist, kann bei den meisten Tieren über efferente zum Herzen ziehende Nerven-

fasern und durch Hormone das HMV verändert und dem jeweiligen O_2-Bedürfnis bzw. der CO_2-Produktion angepaßt werden: **extrakardiale Regulation** der Herztätigkeit. Das HMV kann bei körperlicher Leistung auf ein Vielfaches gesteigert werden. Das kann sowohl durch Steigerung des Schlagvolumens als auch der Herzfrequenz geschehen (Abb. 3.70.). Die primitivsten Verhältnisse unter den **Wirbeltieren** im Hinblick auf die extrakardiale Regulation treffen wir bei den Myxinoidea („Schleimfische") unter den Cyclostomen an. Ihr Herz ist – wie übrigens das der Tunicaten (Ausnahme: *Ciona intestinalis*) auch –

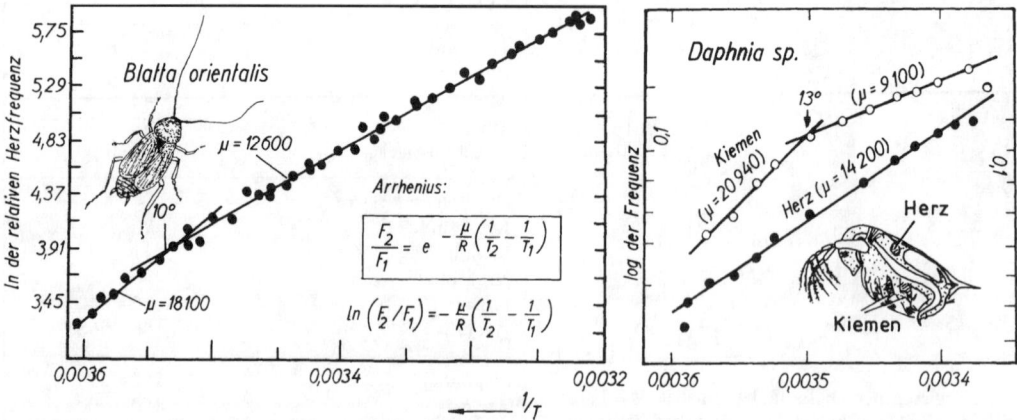

Abb. 3.69. Links: Abhängigkeit der Herzfrequenz von der Temperatur bei der Schabe *Blatta orientalis*. Der Zusammenhang läßt sich durch die Arrhenius-Gleichung (Kap. 1.3.) darstellen: linearer Zusammenhang zwischen dem Logarithmus der relativen Schlagfrequenz und der reziproken absoluten Temperatur. Im Bereich 10–38 °C beträgt der µ-Faktor, der sich aus der Steigung der Geraden ergibt, 12 600, unterhalb 10 °C 18 100 (F_1, F_2 = Frequenzen bei den absoluten Temperaturen T_1 bzw. T_2). Nach FRIES 1927, unverändert. – Rechts: entsprechende Darstellung der Temperaturabhängigkeit der Herzfrequenz und der Atembewegungen beim Wasserfloh *(Daphnia)*.Nach BARNES 1937, aus HOAR 1966.

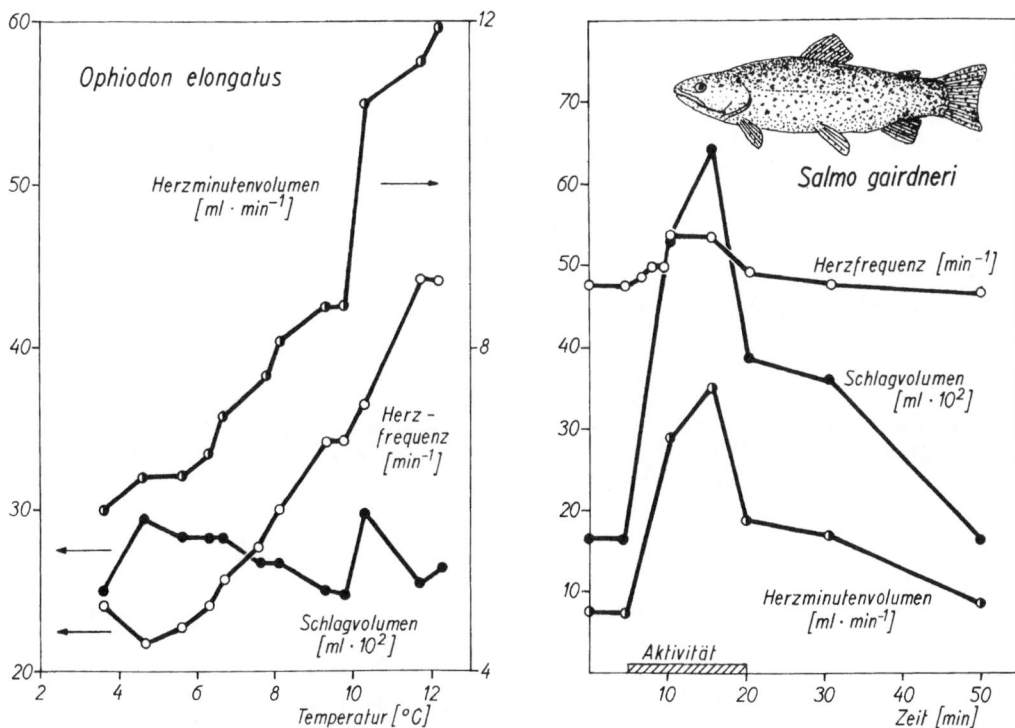

Abb. 3.70. Abhängigkeit der Frequenz, des Minutenvolumens sowie des Schlagvolumens des Fischherzens von der Temperatur (links, HMV nimmt in erster Linie durch Zunahme der Frequenz zu) und der Aktivität (rechts, HMV nimmt in erster Linie durch Zunahme des Schlagvolumens zu) bei *Ophiodon elongatus* (zur Unterordnung der Grundeln) bzw. bei der Regenbogenforelle *Salmo gairdneri*. Nach RANDALL 1968.

überhaupt nicht innerviert. Es ist auch relativ unempfindlich gegenüber Gaben cholinerger oder adrenerger Agonisten. Bei allen anderen Wirbeltieren findet man zumindest eine **parasympathische (cholinerge) Innervation** über Äste des Nervus vagus. Bei den lampetroiden Cyclostomen führt eine Reizung des Vagus bzw. die Applikation nicotinartiger Cholinrezeptor-Agonisten zu einer Beschleunigung der Herztätigkeit. Blockade dieser Rezeptoren mit Tubocurarin oder Hexamethonium kann diesen exzitatorischen Effekt verhindern. Im Gegensatz zu den Lampetroiden ist bei allen anderen Wirbeltieren bis hinauf zum Menschen die parasympathische Innervation **inhibitorisch** und über **muscarinartige Rezeptoren** (hemmbar durch Atropin, 2.3.5.2.) realisiert.

Die **parasympathische Innervation** betrifft in erster Linie den oder die Vorhöfe mit Sinus- und av-Knoten, während die Kammermuskulatur gar nicht (z. B. viele Fische) oder nur spärlich (z. B. Mensch) parasympathisch innerviert ist im Gegensatz zum Vogelventrikel. Sowohl bei den Teleosteern (echte Knochenfische) als auch bei den Dipnoern (Lungenfische) ist der Ventrikel insensitiv gegenüber Acetylcholin. Beim Menschen wird im rechten Vorhof vornehmlich der Sinusknoten und im linken der

av-Knoten von den parasympathischen Fasern erreicht. Reizung des rechten Vagusastes führt deshalb zur Senkung der Herzfrequenz (**negativer chronotroper Effekt,** s. Tab. 3.13.), Reizung des linken zur Verlängerung der atrioventrikulären Überleitung (**negativer dromotroper Effekt**). Beide Effekte sind auf eine **Erhöhung der $K^{\oplus}$-Leitfähigkeit** an der erregbaren Membran durch ACh zurückzuführen. Dadurch wird einer Depolarisation entgegengewirkt: Es nimmt die Steilheit der langsamen diastolischen Depolarisation (s. o.) ab, so daß das kritische Membranpotential (Schwellenpotential) später erreicht wird.

Eine spinale autonome, **sympathische (adrenerge) Innervation** scheint bei den Cyclostomen, Elasmobranchiern und Dipnoern unter den Wirbeltieren zu fehlen. Trotzdem üben auch hier wie bei den restlichen Wirbeltieren Adrenalin und Noradrenalin in vielen Fällen einen positiven ino- und chronotropen Effekt über β-Adrenorezeptoren auf das Herz aus. Bei den Cyclostomen und Dipnoern findet man große Mengen Catecholamin-speichernder Zellen (**endogene chromaffine Zellen**) im Herzen. Es wird vermutet, daß bei diesen Tiergruppen bei Abwesenheit einer adrenergen Innervation eine **lokale adrenerge Kontrolle** der Herztätigkeit von diesen Zellen ausgeübt

Tabelle 3.13. Zusammenstellung der an Warmblüterherzen zu beobachtenden Effekte bei Erregung des Sympathicus bzw. Parasympathicus

	Erregung d. Sympathicus (Adrenalin)	Err. d. Parasympathicus (Acetylcholin)
Erregungsbildung im Automatiezentrum (Schlagfrequenz)	beschleunigt (pos. chronotroper[1]) Effekt)	verzögert neg. chronotr. Effekt
atrioventrikuläre Erregungs- überleitung (Überleitungszeit)	beschleunigt (pos. dromotroper[1]) Effekt)	verzögert neg. dromotr. Effekt
Kontraktionskraft des Myokards (Blutdruck)	Steigerung pos. inotroper[1]) Effekt	Abnahme neg. inotr. Effekt
Erregbarkeit der Herzmuskulatur	Steigerung pos. bathmotroper[1]) Effekt	Abnahme neg. bathmotr. Effekt

[1]) ho chrónos (griech.) = die Zeit; ho drómos (griech.) = der Lauf; ho bathmós (griech.) = die Schwelle; he is, inos (griech.) = die Faser, Sehne; ho trópos (griech.) = die Richtung.

wird. Bei vielen Teleosteern ist – entgegen früheren Auffassungen – neben der parasympathischen jetzt auch eine sympathische, adrenerge Innervation des Herzens einwandfrei nachgewiesen worden (Ausnahme: Pleuronectidae). Dasselbe gilt für die Holostei (Knochenganoiden), nicht aber für Chondrostei (Knorpelganoiden). Die dichteste Innervation zeigt die sino-atriale Region, sie nimmt zum Atrium stark ab, der Ventrikel ist sehr spärlich innerviert. Bei den Tetrapoden ist die doppelte Innervation des Herzens durch sympathische und parasympathische Fasern allgemein verbreitet. Der Sympathicus bzw. seine Transmitter üben über β_1-Rezeptoren einen **exzitatorischen** Einfluß auf das Herz aus. Man unterscheidet einen positiven **chronotropen Effekt** (Tab. 3.13.) (durch Verminderung der $K^{\oplus}$-Leitfähigkeit), einen positiven **inotropen Effekt** (durch Verstärkung des langsamen $Ca^{2\oplus}$-Einstroms und damit Intensivierung der elektromechanischen Kopplung) und einen positiven **dromotropen Effekt** auf den av-Knoten (ebenfalls durch Verstärkung des langsamen $Ca^{2\oplus}$-Einstroms). Das Vorkommen „bathmotroper" Effekte (Beeinflussung der Erregbarkeit, d. h. Veränderung der Schwelle) ist nach wie vor umstritten. Durch β_1-Rezeptorenblocker (Dichlorisoproterenol, Nethalid u. a.) kann man die Sympathicuswirkung am Herzen blockieren.

Das Herz der meisten Wirbeltiere steht unter dem vorherrschenden Einfluß des Parasympathicus (**Vagustonus).** Deshalb führt Durchschneiden des Vagus oft zu erheblicher Frequenzsteigerung am Herzen, das nun unter den alleinigen Einfluß des Sympathicus gerät (Hase von 64 auf 264 Schläge/min).

Das Herz der **Mollusken** wird vom **Visceralganglion** aus innerviert. Elektrische Reizung des Ganglions oder der Visceralnerven führt in den meisten Fällen zu Veränderungen der Herztätigkeit. Während bei den prosobranchen und opisthobranchen Gastropoden (*Haliotis, Aplysia* u. a.) in der Regel eine Beschleunigung der Herztätigkeit eintritt, beobachtete man bei vielen Muscheln (*Anodonta cygnea, Mya arenaria, Pecten irradians* u. a.) eine Verlangsamung. Es scheint aber, daß bei den Mollusken eine sowohl beschleunigende als auch hemmende Innervation des Herzens vom Visceralganglion aus die Regel ist, daß jedoch bei Reizung des gesamten Ganglions in manchen Fällen der eine, in anderen der andere Einfluß dominiert. So konnte z. B. bei der Muschel *Venus mercenaria,* die normalerweise auf Reizung des Visceralganglions mit einer Verlangsamung ihres Herzschlages reagiert, durch Blockierung der inhibitorischen Nervenendigungen mit Benzochinon einem Antagonisten des ACh, eine Beschleunigung der Herztätigkeit bei Reizung des Visceralganglions beobachtet werden. Bei *Dolabella auricula* (Opisthobranchier) entspringen die Acceleratorfasern an der anterior-dorsalen, die inhibitorischen Fasern an der posterioren Seite des Visceralganglions. Die meisten Molluskenherzen werden durch **ACh** in sehr geringen Konzentrationen (10^{-10}–10^{-6} g/ml) gehemmt. Man nimmt an, daß das ACh auch die normale Überträgersubstanz an den Endigungen der inhibitorischen Herzfasern ist. Allerdings haben niedrige ACh-Konzentrationen am Herzen der Mytiliden (Miesmuscheln) sowie der südamerikanischen Lungenschnecke *Sirophocheilus* einen entgegengesetzten Effekt. Bei anderen Muscheln wirken oft höhere ACh-Konzentrationen exzitatorisch. Das Atropin hat – im Gegensatz zum Wirbeltierherzen – im allgemeinen keine antagonistische Wirkung zum ACh. Als Überträgersubstanz an den Endigungen der Beschleunigungsnerven scheint bei vielen Mollusken das 5-Hydroxytryptamin (S. 171) in Frage zu kommen.

Auch an das Herz der **Crustaceen** treten Nervenfasern heran, über die regulative Einflüsse ausgeübt werden können. Bei den **Dekapoden** handelt es sich um ein Paar inhibitorischer (hemmender) Fasern, die vom Suboesophagealganglion ihren Ausgang nehmen, und zwei Paar acceleratorischer (beschleunigender) Nerven, die in der Höhe des dritten Maxillipeden und ersten Gangbeines entspringen. Alle wirken direkt auf das Herzganglion (Abb. 3.66.) ein. Die Dendriten der Zellkörper beider Fasersorten stehen in den Bauchmarkganglien über Synapsen mit anderen Neuronen in Verbindung, die zum Gehirn und auch ins Abdomen ziehen. Deshalb kann man auch durch Reizung des Gehirns eine Änderung der Herztätigkeit herbeiführen. Diese besteht in der Mehrzahl der Fälle in einer Verlangsamung des Herzrhythmus, da bei gleichzeitiger Reizung inhibitorischer und acceleratorischer Fasern der inhibitorische Effekt überwiegt. Die Hemmung bezieht sich gewöhnlich sowohl auf die Amplitude als auch auf die Frequenz der Herzschläge. Eine Beschleunigung der Herztätigkeit ähnlich der bei Erregung des Accelerators kann durch ACh-Gaben herbeigeführt werden. Mit Atropin kann der ACh-Effekt, nicht aber die Wirkung des Accelerators auf das Herz, blockiert werden. Mit Physostigmin (S. 168) wird bei *Astacus* (nicht bei *Cancer*) der Einfluß der acceleratorischen Fasern erhöht. Durch GABA-Gaben wird die Herzfrequenz deutlich erniedrigt. Vielleicht ist GABA der inhibitorische Transmitter.

Das Herz der **Insekten** wird doppelt innerviert, einmal vom stomatogastrischen Nervensystem und zum anderen von den Ganglien der Bauchmarkkette aus. Beide Fasern zusammen bilden zwei rechts und links am Herzen entlang verlaufende Nervenstränge. Ganglienzellen fehlen gewöhnlich am Herzen (Ausnahme: z. B. *Carausius*). Elektrische Reizung des Gehirns führte bei Heuschrecken und Hirschkäferlarven zum Stillstand des Herzens. In allen anderen Fällen fand man bei indirekter oder direkter Reizung der Herznerven übereinstimmend eine Beschleunigung der Herztätigkeit. ACh beschleunigt die Schlagfolge, Nicotin steigert die Schlagamplitude.

Aus den Corpora cardiaca (2.2.8.) der Amerikanischen Schabe *Periplaneta americana* ist ein außerordentlich wirksames, herzaktivierendes Neuropeptid isoliert worden, das den Namen **Corazonin** erhielt. Es steigert die Schlagfrequenz des Herzens bereits bei Konzentrationen von 10^{-10} mol/l (Abb. 3.71.). Seine Verbreitung ist nicht auf die Schaben beschränkt. Als ebenso empfindlich gegenüber diesem Faktor erwies sich das Antennenherz der Schabe.

3.3.2. Der Kreislauf

3.3.2.1. Der geschlossene Kreislauf

Ein geschlossener Kreislauf liegt bei den Nemertinen, Anneliden (Ausnahme: z. B. die Kieferegel = Gnathobdellodea und Schlundegel = Pharyngobdellodea), Photoniden, Holothurien und Acraniern unter den Evertebraten sowie bei allen Vertebraten vor. Bei den Cephalopoden ist er nahezu geschlossen. Die vom Herzen fortführenden Gefäße werden als **Arterien,** die zum Herzen führenden als **Venen** bezeichnet. Der enge Kontakt mit den Gewebszellen wird in der Regel durch feine Haargefäße (**Kapillaren**) hergestellt, die aus den Arterien durch immer feinere Aufspaltung hervorgehen und sich später wieder zu größeren, in die Venen einmündenden Gefäßen zusammenschließen. Zwischen den Arterien und den Kapillaren liegen die relativ dickwandigen **Arteriolen.** Sie sind reflektorisch stark beeinflußbar und üben eine Ventilfunktion (s. u.) aus.

In vielen Organen der Säugetiere (z. B. in der Haut, Lunge, Niere, in verschiedenen Hormondrüsen usw.) kann durch Kurzschlußverbindungen (**arteriovenöse Anastomosen**) das Blut auch direkt aus den kleinen Arterien (Arteriolen) in die kleinen Venen (Venolen) überführt werden, ohne über das Kapillarnetz zu gehen. Diese Anastomosen können je nach Bedarf gesperrt oder geöffnet werden. Im Ruhezustand sind viele von ihnen geöffnet, so daß ein großer Teil des zirkulierenden Blutvolumens nicht den Weg durch das Kapillarnetz nimmt, was eine große Entlastung des Herzens mit sich bringt.

Die Wand der Gefäße ist mehr oder weniger elastisch. Die Venen der Wirbeltiere sind wesentlich dehnbarer als die Arterien. Wird durch die Herzarbeit

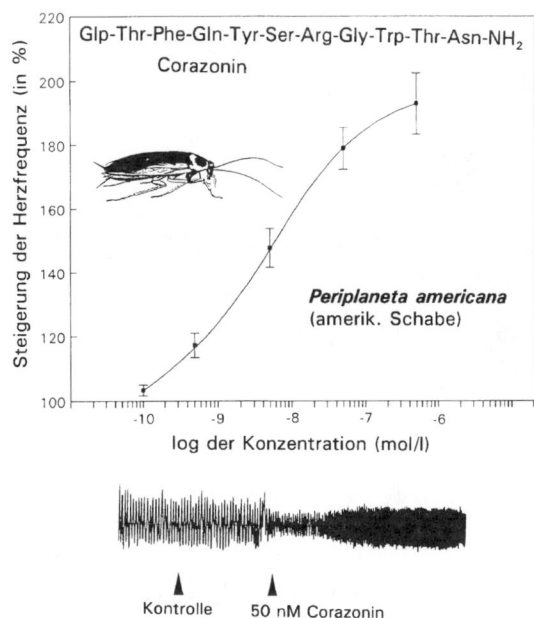

Abb. 3.71. Die Steigerung der Herzaktivität bei der Amerikanischen Schabe durch das Neuropeptid Corazonin. Unten: Originalregistrierung der Herzaktivität. Nach PREDEL et al. 1994.

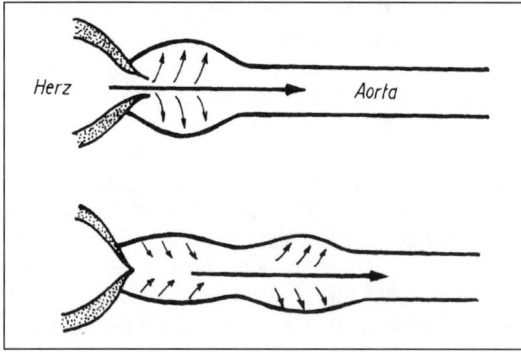

Abb. 3.72. Windkesselfunktion der Aortenwurzel.

Blut mit Druck in die Arterien gepumpt, so dehnen sich diese passiv. Das bedeutet, daß das während der Systole vom Herzen in die Arterien ausgeworfene Blutvolumen größer ist als das zur gleichen Zeit aus den Arterien abgeflossene (**systolisches Durchflußvolumen**). Ein Teil des Blutes, das sog. **systolische Speichervolumen,** verbleibt zunächst in den

herznahen Arterien und wird erst später während der sich anschließenden Diastole weitertransportiert. Es wird also ein Teil der Herzarbeit vorübergehend in der gedehnten Wand der herznahen Gefäße als potentielle Energie gespeichert, die während der Diastole bei Rückgang der Gefäßdehnung wirksam wird und das Blut weitertreibt. Man bezeichnet diese Funktion der herznahen Gefäße wegen ihrer Ähnlichkeit mit dem Windkessel an einer Kolbenpumpe als **Windkesselfunktion** (Abb. 3.72.). Bei den Fischen wird sie hauptsächlich von dem Conus arteriosus (Bulbus cordis, Abb. 3.58.) bzw. Bulbus arteriosus geleistet. Durch die Windkesselfunktion wird erreicht, daß die Blutzirkulation während der Diastole nicht zum Erliegen kommt, was bei einem starren Röhrensystem der Fall wäre. Die Windkesselfunktion, die gleichzeitig eine starke Entlastung des Herzens mit sich bringt, ist insbesondere auf die Aorta und die sich anschließenden größeren Gefäße beschränkt, die in ihrer Wand besondere Schichten elastischen Bindegewebes aufweisen. Die Dehnung pflanzt sich in Form einer Schlauchwelle (**Pulswelle**) von der Aortenwurzel aus über die Arterien fort. Ihre Amplitude nimmt dabei ab, um in den feinen Verzweigungen der Arteriolen

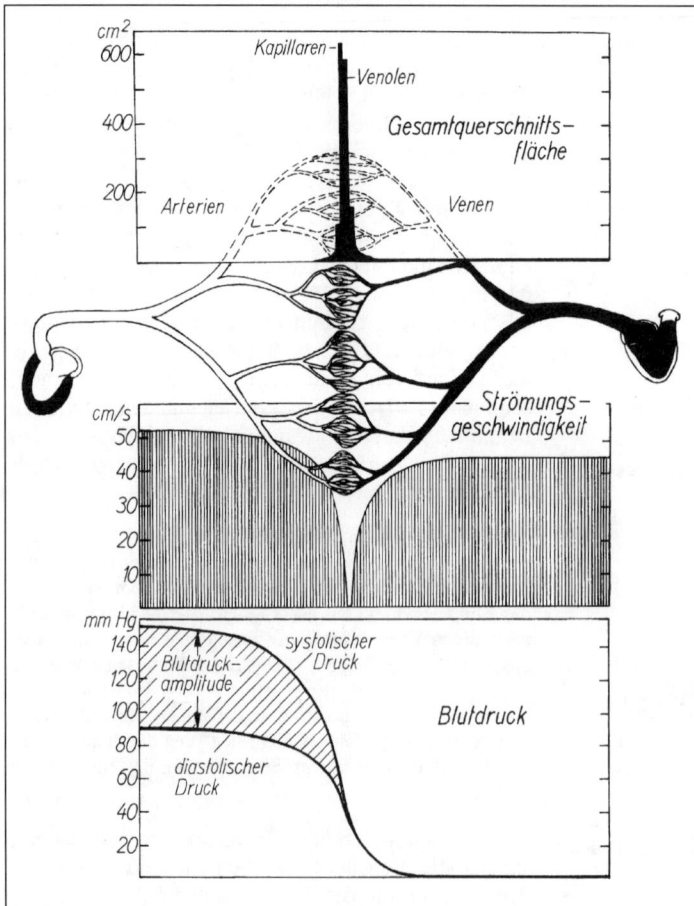

Abb. 3.73. Die Strömungsgeschwindigkeit des Blutes in Abhängigkeit von der Gesamtquerschnittsfläche bei einem 13 kg schweren Hund und der Abfall des Blutdrucks im Kreislaufsystem. Teilweise nach Rushmer 1961.

Tabelle 3.14. Durchschnittliche systolische und diastolische Blutdruckwerte in mm Hg bei einigen Wirbeltieren

Tierart	systol./diastol. Druck	Ort	Autor
Giraffe	300/230	A. carotis	aus SCHEUNERT & TRAUTMANN 1965
Pferd	114/90	A. carotis	aus SCHEUNERT & TRAUTMANN 1965
Katze	125/75	A. carotis	aus SCHEUNERT & TRAUTMANN 1965
Maus	147/106	A. carotis	aus KOLB 1962
Hahn	191/154	A. carotis	aus RINGER et al. 1957
Henne	162/133	A. carotis	aus RINGER et al. 1957
Star	180/130	A. carotis	aus WOODBURG & HAMILTON 1937
Sperling	180/140	A. carotis	aus WOODBURG & HAMILTON 1937
Rana (Frosch)	27	Aorta	BOYD & MACKAY 1957
Anguilla (Aal)	35–40	ventr. Aorta	MOTT 1951
Squalus (Dornhai)	32/16	ventr. Aorta	BURGER & BRADLEY 1951

und Kapillaren ganz zu verschwinden. Die Geschwindigkeit der Pulswelle hängt in erster Linie von der Wandelastizität ab. Sie ist um so größer, je starrer die Wand des Rohres ist. Sie ist stets größer als die Fließgeschwindigkeit des Blutes in den Arterien, d. h., die Pulswelle wandert über die strömende Blutsäule der Arterien hinweg.

Die **Strömungsgeschwindigkeit** des Blutes (cm · s⁻¹) ist in den einzelnen Kreislaufabschnitten unterschiedlich groß. In einem starren Rohr muß die Stromstärke (das ist das pro Zeiteinheit durch einen beliebigen Querschnitt des Rohres fließende Volumen cm³ · s⁻¹) wegen der Inkompressibilität der Flüssigkeit an allen Stellen gleich groß sein. Das bedeutet, daß an engen Stellen die Strömungsgeschwindigkeit größer sein muß als an weiten. Gabelt sich das Rohr in viele kleine Äste auf, so ist der Gesamtquerschnitt der Gabeläste entscheidend. Der Gesamtquerschnitt eines Kapillargebietes ist im Vergleich zum Querschnitt der zuführenden Arterien und ihrer Aufzweigungen stets sehr groß. Deshalb ist die Strömungsgeschwindigkeit des Blutes in den Kapillaren wesentlich langsamer als in den Arterien oder Venen (Abb. 3.73.), und es bleibt mehr Zeit für die Vorgänge des Stoffaustausches mit den Geweben. Die Zeit, die ein Erythrozyt oder ein anderes Teilchen zur einmaligen Durchwanderung des gesamten Kreislaufs benötigt, bezeichnet man als **Kreislaufzeit.** Sie liegt bei kleinen Säugetieren niedriger (3–8 s, z. B. 6 s beim Kaninchen) als bei größeren (20 s und mehr, z. B. 31,5 s beim Pferd).

Der in den Arterien herrschende **Blutdruck** schwankt periodisch zwischen einem Maximalwert zur Zeit der Herzsystole (systolischer Blutdruck) und einem Minimalwert zur Zeit der Diastole (diastolischer Blutdruck). Daß er während der Diastole nicht auf 0 absinkt, ist – wie bereits erwähnt – eine Folge der Windkesselfunktion der herznahen Arterien. Unter dem mittleren Blutdruck ist derjenige Wert zu verstehen, der im Durchschnitt während eines Herz-

zyklus herrscht. Er ist gewöhnlich kleiner als das arithmetische Mittel aus dem systolischen und diastolischen Blutdruckwert, da die diastolische Phase des Blutdrucks länger dauert als die systolische.

Der arterielle Blutdruck ruhender Tiere nimmt bei Vögeln und Säugetieren mit steigendem Alter zu und ist bei männlichen Tieren höher als bei weiblichen. Er liegt bei den Vögeln im allgemeinen etwas höher als bei den Säugetieren, zeigt dagegen kaum eine Beziehung zur Körpergröße (Tab. 3.14.). Bei der Giraffe sind außergewöhnlich hohe Blutdruckwerte gemessen worden (das Blut muß bei aufrechtem Gang eine Höhendifferenz von 3 m zwischen dem Herzen und dem Gehirn überwinden!). Bei winterschlafenden Säugetieren fällt der Blutdruck stark ab. Die wechselwarmen Wirbeltiere zeigen relativ niedrige Blutdruckwerte, bei den Knochenfischen liegen sie etwas höher als bei den Knorpelfischen.

Während in den Arterien der Abfall des mittleren Druckes pro Wegstrecke noch relativ langsam erfolgt, fällt er in den engen Gefäßen steil ab. In den Venen herrschen bereits sehr geringe Drucke, die Abnahme pro Wegstrecke ist wieder relativ gering (Abb. 3.73.). Man kann den Kreislauf der **Säugetiere** und **Vögel** nach funktionellen Gesichtspunkten in das **arterielle System** und das Niederdrucksystem (Abb. 3.74.) unterteilen. Zu dem ersteren gehört die linke Herzkammer während der Systole, die Aorta, Arterien und Arteriolen. Die Arteriolen am Ausgang des arteriellen Systems sorgen dafür, daß der arterielle Mitteldruck hoch (ca. 100 mm Hg beim Menschen) bleibt, und steuern den Abstrom in die verschiedenen Organsysteme (Ventilfunktion). In ihnen fällt der Blutdruck bereits auf Werte von 30 mm Hg (beim Menschen) ab.

Zum **Niederdrucksystem** gehören alle Körpervenen, der rechte Vorhof, die rechte Herzkammer, der Lungenkreislauf, die linke Vorkammer und die linke Herzkammer während der Diastole. In ihm herrscht ein sehr niedriger Blutdruck. Es enthält ca. 85% des Gesamtblutvolumens. Während somit das arterielle

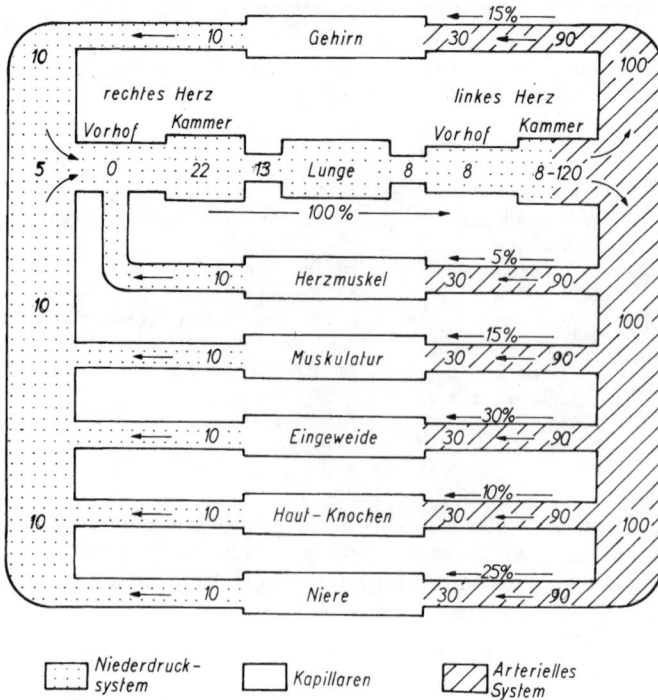

Abb. 3.74. Schema des Kreislaufs des Menschen. Es zeigt die funktionelle Einteilung in das arterielle System (Druckspeicherfunktion) und das Niederdrucksystem (Volumenspeicherfunktion). Die Zahlen innerhalb der Gefäßregionen geben die Mitteldrucke im mm Hg, diejenigen außerhalb die Durchflußmengen in den verschiedenen Organbereichen in Prozent des Herzminutenvolumens an. Aus DRISCHEL 1972.

System eine **Druckspeicherfunktion** hat, besitzt das Niederdrucksystem eine **Volumenspeicherfunktion.** Zwischen beiden liegt der Kapillarraum, in dem sich der Stoffaustausch zwischen dem Blut und den Zellen abspielt. Funktionell zählt er bereits zum Niederdrucksystem. – Bei den **Fischen** erfolgt der erste Druckabfall (etwa um ein Drittel) in den Kiemen, ein zweiter in den Kapillarnetzen der Gewebe. Der starke Druckabfall in den engen Gefäßen wird dadurch hervorgerufen, daß der Strömungswiderstand in ihnen sehr groß ist.

Für die laminare Strömung einer homogenen Flüssigkeit in engen, starren Röhren gilt das **Hagen-Poiseuillesche**[1]) **Gesetz** (1841)

$$W = \frac{8 \cdot l \cdot \eta}{\pi \cdot r^4}$$

Darin kommt zum Ausdruck, daß der Widerstand W eines Rohres proportional mit der Länge l [cm] des Rohres und der Viskosität der Flüssigkeit und umgekehrt proportional mit der vierten Potenz des Radius r der lichten Weite des Rohres zunimmt. Es besteht also eine besonders starke Abhängigkeit vom Durchmesser des Rohres. Eine Herabsetzung der lichten Weite auf die Hälfte hat ein Anwachsen des Strömungswiderstandes auf das 16fache zur Folge. Zwischen der Stromstärke I und der Druckdifferenz Δp zwischen Anfang und Ende des Rohres besteht – entsprechend dem

Ohmschen Gesetz in der Elektrizitätslehre – eine lineare Beziehung

$$I = \frac{\Delta p}{W} = \frac{\pi \cdot r^4}{8 \cdot l \cdot \eta} \cdot \Delta p.$$

Eine wichtige Voraussetzung für die Gültigkeit des Hagen-Poiseuilleschen Gesetzes, nämlich die Starrheit der Wände, trifft allerdings für die **Blutgefäße** nicht zu. Deshalb findet man dort statt der linearen Druck-Stromstärke-Beziehung meist eine Abhängigkeit in Form einer **Potenzfunktion** $\left(I = \frac{1}{W} \cdot p^n\right)$. In den elastischen Gefäßen des Lungenkreislaufs der Säugetiere nimmt z. B. I mit steigendem p infolge der passiven Dehnung der Gefäße stärker zu, als es nach dem Poiseuilleschen Gesetz zu erwarten gewesen wäre ($n > 1$). In vielen anderen Gefäßen (z. B. im Nierenkreislauf der Säugetiere) führt umgekehrt ein Druckanstieg zu einer aktiven Kontraktion der Gefäßwand (**Bayliss**[2])**-Effekt**) und damit zu einer geringeren Zunahme der Stromstärke ($n < 1$) (Abb. 3.75.). Dieser Effekt kann so stark sein, daß die Durchblutung in bestimmtem Druckgebiet nahezu unabhängig vom arteriellen Blutdruck wird, wie es in der Niere (S. 333) und dem Gehirn der Fall sein kann.

Die **Regulation des Kreislaufs** spielt eine hervorragende Rolle im Leben der Tiere. Die Ansprüche an die Blutversorgung der einzelnen Organe wechseln stark mit dem Grad der Aktivität. Der O_2-Bedarf aktiver Organe kann um ein Vielfaches ansteigen. Die

---

[1]) J. L. M. POISEUILLE (1799–1869), französischer Arzt und Physiologe.

[2]) siehe Fußnote S. 97.

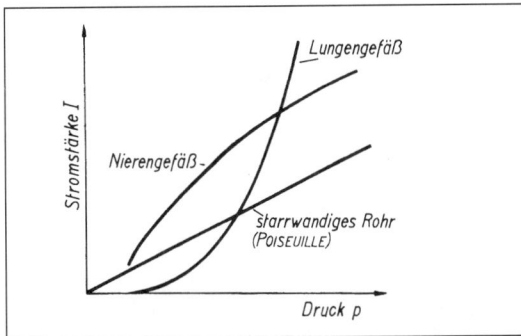

Abb. 3.75. Beziehungen zwischen dem Druck und der Stromstärke in einem starren Rohr, in einem Gefäß des Lungenkreislaufs und in einem Gefäß des Nierenkreislaufs. Aus LANDOIS u. ROSEMANN 1960.

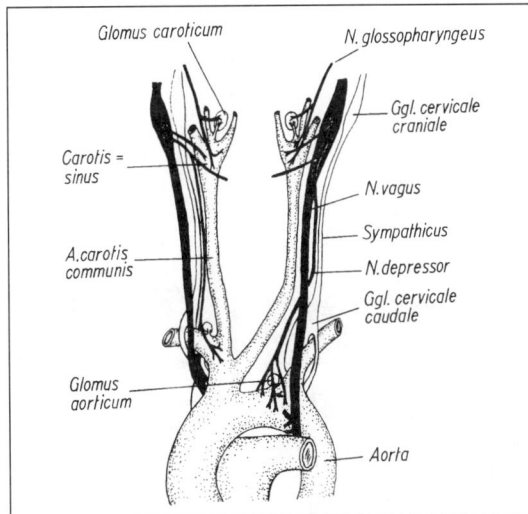

Abb. 3.76. Schema der Blutdruckzügler beim Hund. In Anlehnung an DE CASTRO 1951.

regulierenden Maßnahmen des Tieres zur Anpassung seines Kreislaufs an die jeweiligen Bedingungen greifen am Herzen und an den Gefäßen an. Die ihnen zugrunde liegenden Mechanismen sind sehr vielfältig, es können nur die wichtigsten besprochen werden.

Die Gefäße der Säugetiere stehen unter dem ständigen Einfluß gefäßverengender Fasern des sympathischen Systems (Vasokonstriktoren), die ihren Ausgang in der **„pressorischen Zone"** (Vasokonstriktorenzentrum) des in der Formatio reticularis der Medulla oblongata gelegenen **Vasomotorenzentrums**[1] nehmen. Die Gefäße befinden sich deshalb dauernd in einem gewissen Kontraktionszustand **(Gefäßtonus)**. Durchtrennung der sympathischen Fasern hat Gefäßerweiterung in dem von diesen Fasern versorgten Gebiet zur Folge (Abb. 0.1.). Überträgersubstanz an den Endigungen der Vasokonstriktoren ist das Adrenalin bzw. Noradrenalin. In arbeitenden Organen – beispielsweise im tätigen Muskel – kommt es primär durch das vermehrte Auftreten von Metaboliten (ADP, Milchsäure, CO_2 u. a.) zu einer lokalen Erweiterung der Kapillaren und damit zu einer besseren Durchblutung. Die gleichzeitig zu beobachtende Gefäßerweiterung der vorgeschalteten kleinen Arterien wird wahrscheinlich von Chemorezeptoren über einen Axonreflex ausgelöst.

Die lokale Gefäßerweiterung (Vasodilatation) im „Aktionsgebiet" könnte zu einem Absinken des Blutdrucks im Tierkörper führen. Änderungen des Blutdrucks werden jedoch sofort von Rezeptoren in den Wänden des Aortenbogens und des an der Gabelungsstelle der Carotiden gelegenen Carotissinus registriert. Diese **Pressorezeptoren** reagieren auf Dehnungsreize. Sie stellen die „Fühler" (Meßglieder) des **Regelkreises** dar, über den der Blutdruck als Regelgröße konstant gehalten werden soll. Sie befin-

den sich bereits bei normalem Blutdruck in gewisser Erregung und schicken Impulse über Äste des Vagus (N. depressor) bzw. des Glossopharyngeus (Abb. 3.76.) zur **depressorischen Zone des Vasomotorenzentrums** (Vasodilatatorenzentrum). Steigt mit dem Blutdruck die Dehnung, so nimmt auch die Impulsfrequenz zu. Die damit verbundene stärkere Erregung der Depressorzone wirkt über zwei „Stellglieder" – Herz- und Gefäßwandmuskulatur – auf den Blutdruck ein. Sie führt 1. über Fasern des Vagus direkt zur Hemmung der Herztätigkeit (Steigerung des Vagustonus, S. 276) und 2. über die Hemmung der benachbarten **pressorischen Zone des Vasomotorenzentrums** indirekt zur Abnahme des Gefäßtonus. Beide Effekte wirken sich blutdrucksenkend, d. h. depressorisch aus. Umgekehrt würde ein Nachlassen der Gefäßdehnung in der Aorta und im Carotissinus infolge Abnahme des Blutdrucks zu einer Vasokonstriktion und Beschleunigung der Herztätigkeit, d. h. zur Steigerung des Blutdrucks führen. Durch diesen in sich geschlossenen **Regelkreis** (Abb. 3.77.) wird jeder Abweichung des Blutdrucks von seinem Normalwert automatisch entgegengewirkt und ein nahezu konstanter Wert aufrechterhalten (Halteregelung). Da eine Durchtrennung der von den Rezeptorfeldern im Aortenbogen und Carotissinus zum Zentrum ziehenden Nervenfasern zu einem maximalen Blutdruckanstieg führt, bezeichnet man die Fasern auch als **Blutdruckzügler,** denn der Blutdruck wird über sie ständig mehr oder weniger stark gedrosselt.

Die infolge der lokalen Vasodilatation im Aktionsgebiet drohende allgemeine Blutdrucksenkung wird also über den geschilderten Mechanismus sofort mit einer Steigerung der Herztätigkeit (HMV) und mit ei-

[1] vās (lat.) = Gefäß; mótor (lat.) = Beweger.

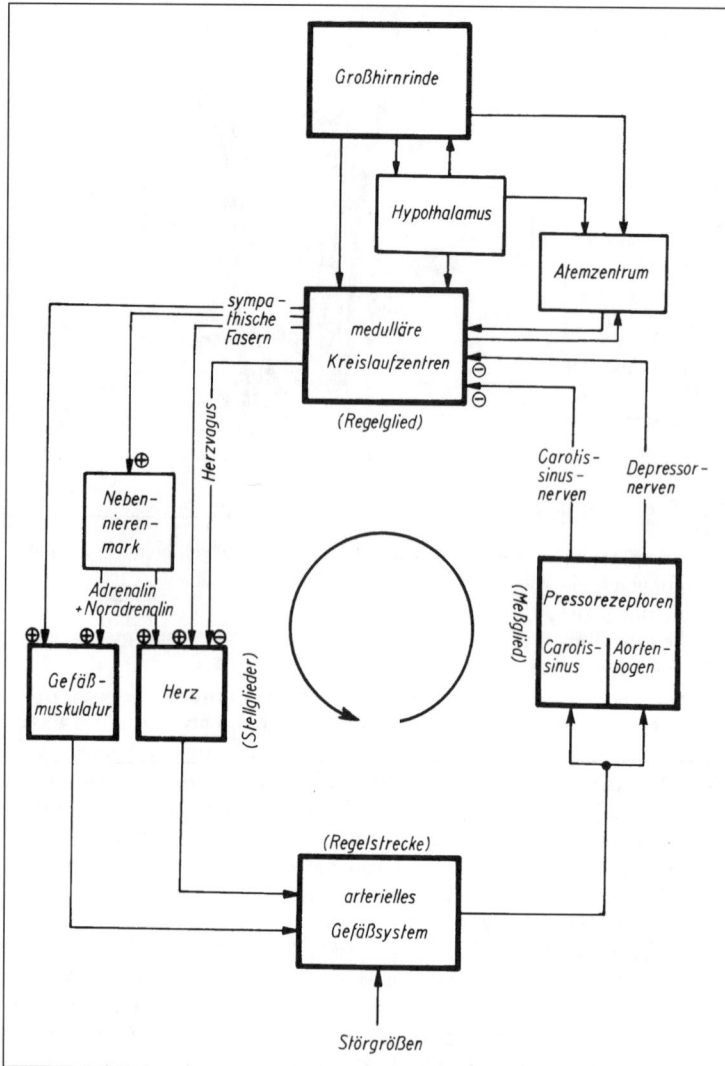

Abb. 3.77. Schema des Regelkreises zur Blutdruckregelung beim Säugetier. Die Pfeile deuten die Richtung des Signalflusses (neural oder hormonal) bzw. der mechanischen Wirkung an. + bedeutet Zunahme, – Abnahme der neuralen Aktivität (Impulsfrequenz), der Hormonkonzentration bzw. der mechanischen Wirkung. Es sind die Vorgänge wiedergegeben, wie sie sich beim Absinken des arteriellen Blutdrucks als Störgröße abspielen. Sie führen über den Kreis zur Steigerung der Herztätigkeit und zur Vasokonstriktion.

ner zunehmenden Aussendung vasokonstringierender Impulse von seiten der pressorischen Zone über sympathische Fasern beantwortet. Diese Impulse bleiben jedoch im Aktionsgebiet wirkungslos, da der vasodilatatorische Effekt der Metabolite (s. o.) stärker ist. Sie drosseln lediglich den Blutstrom in den nichtaktiven Organen, in den sog. Kompensationsgebieten, zugunsten der Aktionsgebiete **(kollaterale Vasokonstriktion).** Die Durchblutung dauernd tätiger, lebensnotwendiger Organe wie Herz, Gehirn und Niere bleibt unverändert. Sensibel reagiert dagegen die glatte Muskulatur in den als Blutspeicher fungierenden Organen (Leber, Lunge, Milz bei Pferd und Hund, nicht bei Wiederkäuern, Kaninchen u. a., Haut usw.), was zu einer mehr oder weniger starken Entleerung der **Blutdepots** führt. Schließlich wird unter dem Einfluß der sympathischen Fasern des N. splanchnicus auch eine verstärkte Ausschüttung der NNM-Hormone Adrenalin und Noradrenalin ausgelöst, wodurch die vasokonstriktorische Wirkung der sympathischen Fasern weiter verstärkt wird. Alle diese Maßnahmen gemeinsam führen dazu, daß der Blutdruck bei der Muskelarbeit nicht absinkt. Er nimmt im Gegenteil sogar noch etwas zu.

Ohne daß es erst zur Änderung des Blutdruckes kommen muß, können bereits die mit einer gesteigerten Aktivität eines Organs einhergehenden chemischen Veränderungen im Blut – Abnahme des O_2-Druckes, Zunahme des CO_2-Druckes oder der $H^{\oplus}$-Konzentration – zu ähnlichen Erscheinungen führen, wie wir es oben besprochen haben. **Chemorezeptoren** im Glomus aorticum des Aortenbogens und Glomus caroticum des Carotissinus (Abb. 3.76.) registrieren diese Änderungen im Blut und senden die Informationen über den N. vagus bzw. N. glossopharyngeus ebenfalls zum Vasomotorenzentrum, wodurch eine Erhöhung des Sympathicustonus ausgelöst wird. Auch eine direkte Reizung des vasokonstriktorischen Zentrums durch die Anreicherung von CO_2 im Blut ist möglich.

Besonderheiten der Kreislaufregulation sind **bei Tauchern** unter den lungenatmenden Wirbeltieren beobachtet worden. Sie sind als sehr zweckmäßige Anpassungen an den längeren Aufenthalt unter der Wasseroberfläche anzusehen. Die Tauchzeiten mancher lungenatmender Wirbeltiere sind erstaunlich lang (Tab. 3.9.). Mit Ausnahme der Wale ist bei allen tauchenden Säugetieren, Vögeln und Reptilien eine starke Abnahme der Herzfrequenz (**Bradykardie**[1])) mit dem Untertauchen in das Wasser verbunden. Die Abnahme kann bis auf $^1/_{16}$ bis $^1/_{20}$ der Normalfrequenz erfolgen. Damit nimmt das Herzminutenvolumen bei nahezu unverändertem Schlagvolumen ab. Die Bradykardie geht mit umfangreichen **Vasokonstriktionen** einher, die zu einer stark herabgesetzten Durchblutung der Haut, Muskulatur, Nieren usw. führt, während Gehirn und Herz davon nicht betroffen werden. Die renale Filtration (4.1.2.8.) kann zum Stillstand kommen. Der Blutdruck ist während des Tauchens nur geringfügig herabgesetzt. Der geringen Durchblutung der Muskulatur ist es zuzuschreiben, daß unter Wasser der Gehalt an Milchsäure in der Muskulatur stark ansteigt, im Blut aber nur wenig zunimmt (bei der Ente mehr als beim Alligator oder bei der Robbe). Erst beim Auftauchen steigt vorübergehend der Milchsäurespiegel im Blut an (Abb. 3.78.). Gleichzeitig ist eine vorübergehende Steigerung der Herzfrequenz über den Normalwert hinaus (**Tachykardie**[2])) zu beobachten. Eine Weddell-Robbe (*Laptomychotes weddelli*) benötigt nach einer 45minütigen Tauchperiode 70 min, um die normale Milchsäurekonzentration und den normalen pH-Wert im Blut wieder herzustellen. Bei Tauchzeiten von nur 15 min verkürzt sich die Erholungszeit auf 4 min. Die meisten Taucher (Reptilien, Vögel, Säugetiere) bevorzugen aus diesem Grunde viele kurze Tauchperioden mit kurzen Erholungsphasen.

Der **Stoffaustausch zwischen Blut und Gewebe** spielt sich im Kapillargebiet ab. Er verläuft durch die Kapillarwand, den Interzellularraum (Interstitium) und die Zellwände. Die Wand der Kapillaren ist dünn. Sie

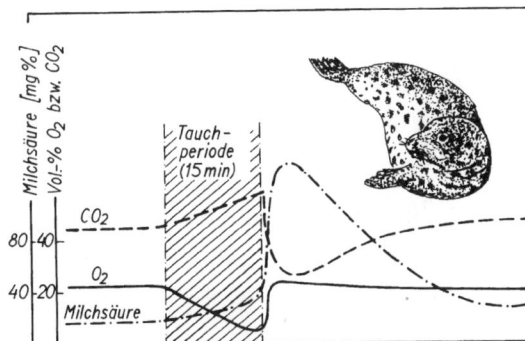

Abb. 3.78. Die Veränderung des O_2-, CO_2- und Milchsäurespiegels im Blut unter experimentellen Bedingungen während und nach einer Tauchperiode von 15 min bei der Kegelrobbe *Halichoerus grypus*. Nach SCHOLANDER 1940.

verhält sich wie ein Ultrafilter, der zwar niedermolekulare Stoffe hindurchläßt, kolloidal gelösten Teilchen (z. B. Eiweißstoffen) den Durchtritt aber mehr oder weniger verwehrt. Die Grenze, bis zu welcher Molekülgröße die Stoffe hindurchtreten können, ist in den verschiedenen Organen nicht einheitlich. In der Leber und im Darm liegt diese **Blut-Gewebe-Schranke** ziemlich hoch, am niedrigsten liegt sie im Gehirn, **Blut-Hirn-Schranke.** Durch die meisten Kapillarwände können die Plasmaalbumine (M_r ca. 69 000) gerade noch – aber bereits stark behindert – hindurchtreten, während die Plasmaglobuline (M_r = 90 000 bis 190 000) zurückgehalten werden. Der Unterschied in der Zusammensetzung zwischen der Blutflüssigkeit und der Interzellularflüssigkeit bezieht sich also hauptsächlich auf den Eiweißgehalt. Die niedermolekularen Stoffe sind in gleicher Konzentration vorhanden, kleine Unterschiede in der Konzentration der permeablen Elektrolyte entsprechen einer Donnan-Verteilung (1.6.2.). Eine gewisse Strömung der Flüssigkeit im Interstitium und damit eine Verkürzung des Diffusionsweges von und zu den Geweben kommt dadurch zustande, daß in den meisten Kapillargebieten Flüssigkeit aus den arteriellen Kapillaren in das Interstitium gepreßt wird, während in den venennahen Abschnitten rückläufig Flüssigkeiten in die Kapillaren gezogen wird (Abb. 3.79.). Die für die Richtung und Größe dieses Flüssigkeitsstromes verantwortliche Kraft ist der sog. effektive Filtrationsdruck (s. u.). Im Normalfall tritt mehr Flüssigkeit aus dem Blut in das Interstitium über als umgekehrt. Der Überschuß wird über die Lymphgefäße dem Blut wieder zugeführt.

Der **effektive Filtrationsdruck** ergibt sich aus der Differenz des hydrostatischen Druckgefälles zwischen Kapillarblut und Interzellularflüssigkeit ($p_K - p_{iF}$) und des kolloidosmotischen Druckgefälles zwischen beiden Räumen ($\pi_K - \pi_{iF}$)

$$p_{eff} = (p_K - p_{iF}) - (\pi_K - \pi_{iF})$$

---

[1]) bradýs (griech.) = langsam, träge; he kardia (griech.) = das Herz.
[2]) tachýs (griech.) = schnell; he kardia (griech.) = das Herz.

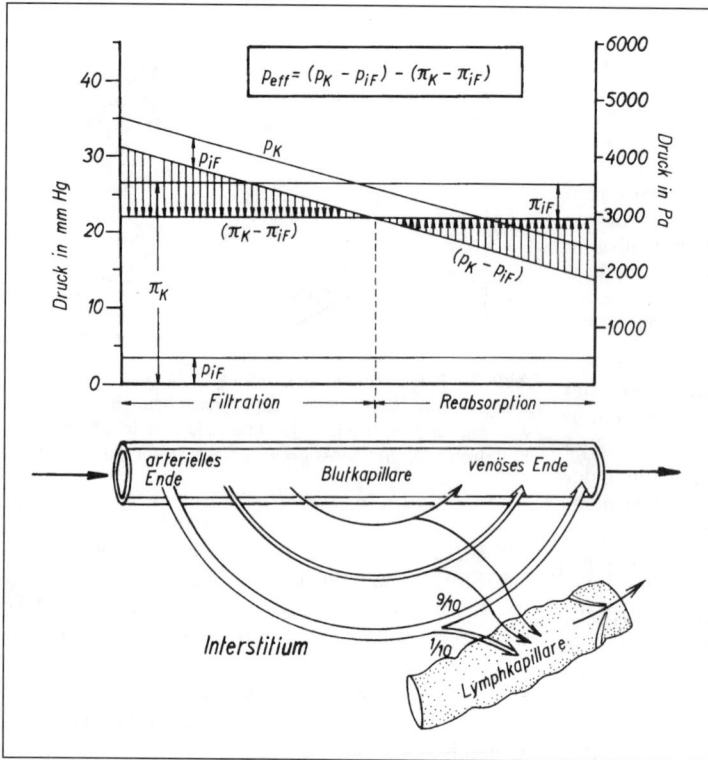

$$p_{eff} = (p_K - p_{iF}) - (\pi_K - \pi_{iF})$$

Abb. 3.79. Das Starling-Konzept (1896): Flüssigkeitsbewegung im Kapillargebiet am Beispiel des Menschen (nähere Erläuterungen im Text). Die kolloidosmotischen Drucke (π) sind über die gesamte Kapillarlänge als konstant angenommen worden.

Während das kolloidosmotische Druckgefälle im arteriennahen und venennahen Abschnitt des Kapillargebiets nahezu gleich ist, ändert sich das hydrostatische Druckgefälle sehr (s. o.). Es ist im arteriellen Schenkel noch größer als das kolloidosmotische Druckgefälle (p_{eff} positiv, Flüssigkeit wird durch die Kapillarwand ultrafiltriert) und sinkt im venösen Schenkel unter den Wert des kolloidosmotischen Druckgefälles ab (p_{eff} negativ, Flüssigkeit wird zurück in die Blutbahn gesaugt). Das filtrierte Volumen pro Minute ($\dot{V}$) errechnet sich zu

$$\dot{V} = K \cdot p_{eff}$$

(K = Filtrationskoeffizient. Er gibt das isotone Flüssigkeitsvolumen in ml an, das pro min bei 37 °C und einem Druckgefälle von 1 mm Hg in 100 g Gewebe durch die Kapillarwand tritt).

3.3.2.2. Der offene Kreislauf

Offene Kreisläufe findet man bei den Mollusken, Arthropoden und Tunikaten. Die Reduktion des Blutgefäßsystems kann so weit fortgeschritten sein, daß nur noch das Herz geblieben ist (*Daphnia* u. a.). Da in all diesen Fällen die Blutflüssigkeit mit der Leibeshöhlenflüssigkeit identisch ist, spricht man nicht vom Blut, sondern besser von **Hämolymphe.**

Der allgemeine **Blutdruck** bei Tieren mit offenem Kreislauf ist relativ niedrig und wesentlich variabler als im geschlossenen Kreislauf. Er steigt bei motorischer Aktivität an und kann sich bei Einnehmen einer anderen Körperhaltung oder durch die Verlagerung bzw. Aufblähung innerer Organe ändern.

Bei den **Insekten** haben die respiratorischen Bewegungen des Abdomens (3.2.5.) einen Einfluß auf den allgemeinen Blutdruck im Körper. Die Füllung des Herzens (durch die Ostien) ist an die Entwicklung eines negativen Druckes im Herzen durch passive Expansion mittels der elastischen Aufhängebänder geknüpft. Die bei der Heuschrecke *Locusta migratoria migratorioides* gemessenen Blutdruckwerte sind in der Tabelle 3.15. zusammengestellt. Eine allgemeine Steigerung des Druckes infolge Aufblähung des Darms mit Luft bzw. – bei Wasserinsekten – mit Wasser spielt oft eine große Rolle beim Häutungsvorgang und bei der Expansion der Flügel oder anderer Körperteile nach dem Schlüpfen der Imago.

Tabelle 3.15. Blutdruck bei der Heuschrecke *Locusta migratoria migratorioides* R. et F. Nach BAYER 1968.

	diastolischer Druck	systolischer Druck
Halsregion (Aorta)	32 mm H$_2$O	86 mm H$_2$O
Anfang des Abdomens (Herz)	0 mm H$_2$O	94 mm H$_2$O
Ende des Abdomens (Herz)	–85 mm H$_2$O	0 mm H$_2$O

Im ventralen Blutsinus des **Krebses** herrscht gewöhnlich ein Blutdruck von 2–6 mm Hg. Die für die Rückführung der Hämolymphe aus dem ventralen Blutsinus über die Kiemen zum Perikard (Abb. 3.52.) notwendige Druckdifferenz wird dadurch erzeugt, daß im Perikard und in den Branchioperikardialvenen zum Teil infolge der Herzkontraktion während der Systole ein gegenüber dem ventralen Sinus um 2–3 mm Hg niedrigerer Blutdruck (0–3 mm Hg) entsteht.

Bei den **Mollusken** ist der in der Systole entwickelte Ventrikeldruck um so geringer, je träger die Tiere sind. Er nimmt also in der Reihenfolge Cephalopoden > Gastropoden > Bivalvia ab. Die Bivalvia (Muscheln), die vornehmlich eine sessile Lebensweise führen, entwickeln die niedrigsten systolischen Ventrikeldruckwerte. Nur eine von 12 untersuchten Arten erreichte einen durchschnittlichen systolischen Ventrikeldruck, der 20 mm H_2O übertraf. Bei Cephalopoden sind Werte bis 600 mm H_2O *(Octopus)*, bei der Schnecke *Patella* von 50 mm H_2O registriert.

Bei Formen mit vom Herzen ausgehenden Gefäßen (Dekapoden, Xiphosuren, Skorpione usw.) kann eine **Windkesselfunktion der Arterien** (3.3.2.1.) existieren. Beim Hummer *(Homarus)* liegt z. B. der systolische Wert im Herzen wie in der Aorta abdominalis bei 9–20 mm Hg, der diastolische in der Aorta bei 6–15 mm Hg, während im Herzen der Druck auf 1–2 mm Hg absinkt.

Das **Hämolymphvolumen** der Tiere mit offenem Kreislauf ist, bezogen auf das Körpergewicht, größer als das Blutvolumen der Tiere mit geschlossenem Kreislauf (Tab. 3.16.). Es ist ja auch genau genommen nicht mit dem Blutvolumen, sondern mit dem gesamten extrazellulären Flüssigkeitsvolumen vergleichbar. Ein 500 g schwerer Hummer hat ein Hämolymphsystem von etwa 85 cm^3, ein gleich schwerer Knochenfisch besitzt ein Blutvolumen von nur ca. 15 cm^3 und ein Säugetier von 26 cm^3. Das Hämolymphvolumen der Insekten macht etwa 15–40% des Körpergewichts aus; es ist starken Schwankungen unterworfen.

Tabelle 3.16. Der prozentuale Anteil des Blutes am Körperfrischgewicht.

Tiere mit offenem Kreislauf	
Aplysia californianus (Schnecke)	79,3
Margaritana margaritifera (Flußperlmuschel)	49,0
Carcinus maenas (Strandkrabbe)	37,0
Periplaneta americana (Schabe)	19,5
Tiere mit geschlossenem Kreislauf	
Glossoscolex giganteus (Annelida)	6,1
Octopus hongkongensis (Tintenfisch)	5,8
Rana esculenta (Wasserfrosch)	5,6

Die **Strömungsgeschwindigkeit** der Hämolymphe ist relativ niedrig. Die Zirkulationszeit beträgt bei *Daphnia, Carcinus* und *Palaemon* 10–20 s, bei größeren Dekapoden 40–50 s und bei der Schabe *Periplaneta americana* sogar 3–6 min. In der Seidenraupe fließt die Hämolymphe bei einer Herzfrequenz von 67 Kontraktionen pro min mit einer Geschwindigkeit von ca. 6,5 cm/s, bei einer Frequenz von 20 sinkt die Geschwindigkeit auf 1,8 cm/s ab. Die langsame Zirkulation der Hämolymphe ist wahrscheinlich mit ein Grund dafür, daß die Körpergröße der Tiere mit offenem Kreislauf eine im Vergleich zu den Wirbeltieren relativ niedrige Grenze nicht überschreitet.

Insekten sind die einzigen Evertebraten, bei denen eine gut entwickelte **Blut-Hirn-Schranke** ausgebildet ist. Sie beschränkt die interzelluläre Diffusion wasserlöslicher Substanzen zwischen der Hämolymphe und dem Flüssigkeitsraum, der die unmittelbare Umwelt der Nervenzellen bildet. Insekten können die ionale Zusammensetzung der Flüssigkeit um die Nervenzellen herum regulieren, wahrscheinlich durch aktiven Transport von seiten des Perineuriums und der darunterliegenden Schicht von Gliaelementen. Speziell werden $Na^{\oplus}$-Ionen von der Hämolymphe in diesen Flüssigkeitsraum hineintransportiert, um die Fähigkeit zur Bildung von Aktionspotentialen zu erhalten. Dieser Einwärtstransport erfolgt weitgehend aktiv durch die Membranen des Perineuriums und der Gliazellen. Er wird durch **Dinitrophenol** gehemmt.

3.3.3. Der Transport der Atemgase

Mit Ausnahme der Tausendfüßer und Insekten, die sich durch ihre Tracheen ein vom Kreislauf unabhängiges Transportsystem für die Atemgase geschaffen haben, erfolgt der Transport der Atemgase gemeinsam mit dem anderer Stoffe (Nährstoffe, Stoffwechselprodukte, Hormone usw.) in der zirkulierenden Körperflüssigkeit. Die physikalische **Löslichkeit der Gase** in der Körperflüssigkeit ist relativ gering. Sie hängt vom Partialdruck p des betreffenden Gases (in atm) und einem von der Natur des Gases sowie der Temperatur der Flüssigkeit abhängenden Löslichkeitskoeffizienten ab. Ist c die unter den bestimmten Bedingungen in der Volumeneinheit maximal lösbare Menge des Gases, so gilt

$$c = \alpha \cdot p$$ (Henrysches Gesetz 1803).

Durch Einsetzen der für die Lösung des O_2 im menschlichen Blut gültigen Werte ($\alpha = 0,023$; Tab. 3.1.),

$$p_{O_2} = 95 \text{ mm Hg} = \frac{95}{760} \text{ atm in den Arterien) erhält}$$

man die in einem cm^3 gelöste O_2-Menge:

$$c = 0,023 \cdot \frac{95}{760} = 0,0029.$$

Das sind umgerechnet 0,29 Vol.-% (cm^3 O_2/100 cm^3 Blut).

Die Aufnahmefähigkeit der Körperflüssigkeiten vieler Tiere für O_2 wird durch Farbstoffe erhöht, die reversibel den Sauerstoff zu binden vermögen. Man kennt im Tierreich heute vier solcher **respiratorischen Farbstoffe.** Das sind das Hämoglobin, das Chlorocruorin, das Hämerythrin und das Hämocyanin. Durch das Hämoglobin wird die im arteriellen Blut des Menschen vorhandene O_2-Menge z. B. von 0,29 (s. o.) auf 20,3 Vol.-% erhöht, d. h., 20 Vol.-% (das sind 98,5% der gesamten O_2-Menge) werden in diesem Falle mit Hilfe des Hämoglobins gebunden und transportiert. Trotzdem ist die Lösbarkeit der Gase im Blutplasma von großer Bedeutung, da die Gase immer erst ins Plasma müssen, um zum Hämoglobin in den roten Blutzellen zu gelangen. Lediglich Tiere mit sehr geringem O_2-Bedarf können ganz auf respiratorische Pigmente in ihrer Körperflüssigkeit verzichten.

Eine interessante Besonderheit zeigen die antarktischen „Eis- oder **Weißblutfische**" (Chaenichthyidae), die als einzige unter den Vertebrata weder Erythrozyten noch Hämoglobin besitzen. Eventuell gebildete Erythrozyten zerfallen sehr schnell wieder. Durch Vergrößerung der Gefäßdurchmesser, des Blutvolumens und des Herzens sowie infolge der mit dem Fehlen der Erythrozyten verbundenen geringeren Viskosität des Blutes pumpen die Eisfische etwa 3–4mal so viel Blut pro Zeiteinheit durch ihren Kreislauf wie vergleichbare Fische. Bereits in Ruhe werden von ihnen 63% der O_2-Kapazität des Blutes in Anspruch genommen (bei Fischen mit „rotem" Blut: 25%).

3.3.3.1. Das Hämoglobin

Das Hämoglobin[1]) (Hb) ist ein roter Farbstoff. Es gehört zu den Chromoproteiden, denn es besteht aus

einem Protein (Globin) und einer prosthetischen Gruppe (Häm.). Während das Häm bei allen Hämoglobinen und Myoglobinen identisch ist, gibt es im Proteinanteil, der etwa 98% des Gewichts ausmacht, erhebliche Unterschiede.

Das **Häm** weist ein zentrales, 2wertiges Fe-Atom auf, das von einem Protoporphyrin-Ring (1,3,5,8-tetramethyl-2,4-divinyl-6,7-dipropionsäureporphyrin) umgeben ist. Die beiden Valenzen des Eisens sind durch die N-Atome zweier Pyrrolringe innerhalb des Protoporphyrins gebunden; mit den N-Atomen der restlichen Pyrrolringe ist das $Fe^{2\oplus}$ durch Nebenvalenzen verbunden. Die fünfte Koordinatenstelle des Fe ist durch einen Histidinrest besetzt, und an die sechste kann reversibel molekularer Sauerstoff (O_2) treten. Das O_2-beladene „**Oxyhämoglobin**" (HbO_2) besitzt somit wie das „reduzierte" (besser desoxygenierte) ein 2wertiges Zentralatom; ein Valenzwechsel findet nicht statt. Es handelt sich also um keine Oxidation, sondern um eine Oxygenierung (Abb. 3.80).

Das in der Muskulatur vieler Tiere – Vertebraten und Evertebraten – vorhandene **Myoglobin** (Abb. 3.81.), das der Muskulatur die rote Farbe verleiht, besteht aus nur einer einzigen Peptidkette (153 AS beim Säugetier) mit einer Hämkomponente. – **Die Hämoglobine** der Wirbeltiere (Ausnahme: Cyclostomen) bestehen dagegen aus vier Untereinheiten (Protomeren). Jede Untereinheit setzt sich aus einer Polypeptidkette und einer Hämgruppe zusammen. Jeweils zweimal zwei Peptidketten dieses Quartetts sind miteinander identisch. Sie werden mit den griechischen Buchstaben α (141 AS beim Menschen; 142 AS beim Karpfen) und β (146 AS beim Menschen, 143 AS beim Schaf) bezeichnet, so daß man den tetrameren Aufbau mit $\alpha_2\beta_2$ kennzeichnen kann. Die Hämoglobine verschiedener Wirbeltierarten unterscheiden sich in der Kettenlänge ihrer Peptide und der Sequenz der Aminosäuren. Wie viele Enzyme, so existiert auch das Hämoglobin oft in multiplen Formen mit unterschiedlichen Eigenschaften in einem Tier. Bei Schafen und Ziegen kommen zwei genetisch bedingte Hb-Arten (Hb-A und Hb-B) gleichzeitig vor, die sich in ihren β-Ketten unterscheiden (bei anämischen Tieren tritt ein drittes Hb, das Hb-C, hinzu),

---

[1]) to haima (griech.) = das Blut; globus (lat.) = Kugel.

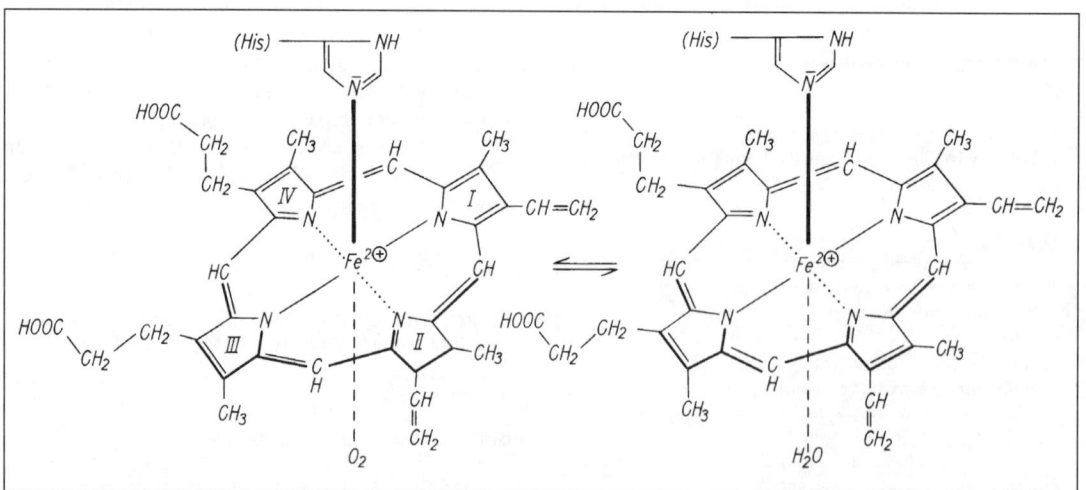

Abb. 3.80. Das Häm des Hämoglobin-Moleküls. Das O_2-Molekül wird an der sechsten Koordinatenstelle locker gebunden. Seine Stelle wird beim desoxygenierten Hämoglobin wahrscheinlich von einem H_2O-Molekül eingenommen.

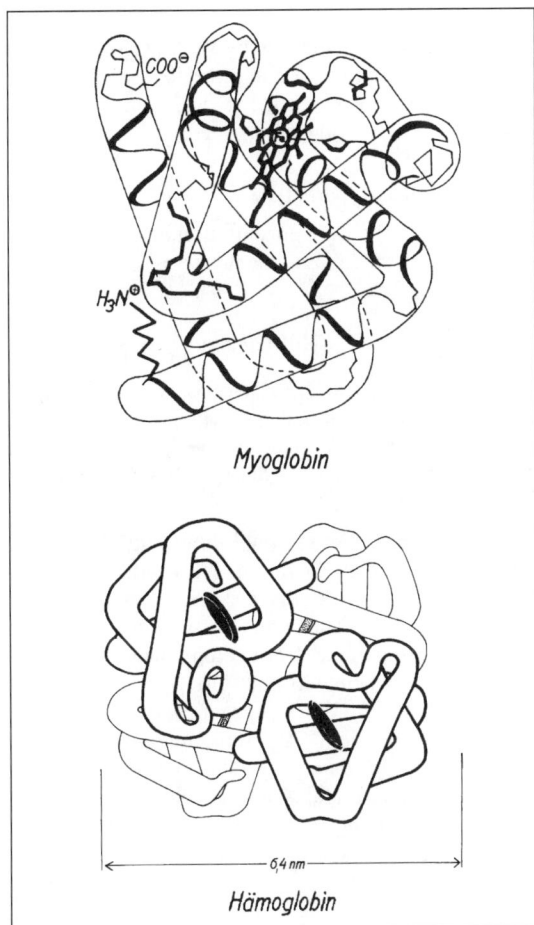

Abb. 3.81. Räumliches Modell des Myoglobin-Moleküls (links) sowie der vier Ketten des (tetrameren) Hämoglobin-Moleküls (rechts).

beim Karpfen und bei *Lampetra* (Neunauge) sind es drei, bei der Regenbogenforelle *(Salmo gairdneri)* vier (darunter ein stark *pH*-sensitives mit Root-Effekt und ein *pH*-unsensitives, 6.6.) und bei *Chironomus*-Arten (Zuckmücken) sogar 10 bis 12 Hb-Arten (3 als Monomere und die übrigen als Dimere). Im Foetus der Säugetiere existiert ebenfalls ein anderes Hämoglobin (**foetales Hämoglobin**) als in den adulten Tieren.

Vorkommen: Hämoglobin ist der im Tierreich am weitesten verbreitete respiratorische Farbstoff. In allen Tierstämmen von den Plathelminthen bis hinauf zu den Chordaten gibt es einige Vertreter, die diesen Blutfarbstoff besitzen. Einige Beispiele seien erwähnt: *Derostoma* (rhabdocoeler Turbellar), *Ascaris* (Nematode), *Planorbis* (Posthornschnecke), *Solen* (heterodonte Muschel), *Arenicola* (Fischerwurm), *Nereis, Lumbricus, Tubifex, Hirudo, Phoronis* (Tentaculata), *Artemia* (Salinenkrebs), *Daphnia, Chironomus*-Larven und *Cucumaria* (Seegurke) un-

ter den Evertebraten. Hämoglobin kommt außerdem bei allen Vertebraten mit Ausnahme einiger antarktischer Fische (Familie der Chaenichthyidae) und der *Leptocephalus*-Aallarve vor, fehlt auch bei *Amphioxus.* Diese weite Verbreitung des Farbstoffs im Tierreich ist nicht so überraschend, wenn man bedenkt, daß die Hämgruppe des Hb dem in jeder Zelle mit aerobem Stoffwechsel vorhandenen Cytochrom b, einem Enzym der Atmungskette (1.4.2.), sehr ähnlich ist.

Das Hämoglobin liegt bei den Vertebraten ausschließlich in den roten Blutkörperchen (**Erythrozyten**[1])) unterschiedlicher Größe (2 μm bei gewissen Zwerghirschen [Tragulidae], 40×63 μm bei *Amphiura* [Schwanzlurch]) vor. Auch die Phoroniden *(Phoronis)* sowie die Muscheln *Solen, Arca* u. a. besitzen Hb-haltige Blutzellen. Unter den Polychaeten besitzen Vertreter der Glyceriden und Capitelliden, die anstelle des völlig zurückgebildeten Blutgefäßsystems ihre Coelomflüssigkeit zirkulieren lassen (Coelomkreislauf, S. 261), Hb-haltige **Coelomozyten.** Sonst ist es bei den Evertebraten die Regel, daß das Hb im Plasma gelöst vorliegt. In diesen Fällen ist das Molekulargewicht des Hb meist recht hoch: ca. $3 \cdot 10^6$ bei *Lumbricus* und *Arenicola* und $1,5 \cdot 10^6$ bei *Planorbis* (im Gegensatz dazu $36 \cdot 10^3$ bei *Notomastus* [Capitellide], $33,6 \cdot 10^3$ bei *Acra* [Meeresmuschel]). Das extrazelluläre Hb der Anneliden (auch als **Erythrocruorin** bezeichnet) enthält 60 bis 192 O_2-bindende Hämkomponenten pro Molekül und ist wesentlich komplexer als das tetramere Wirbeltier-Hb.

Der Einschluß der Blutfarbstoffe innerhalb besonderer Zellen ist für Tiere mit intensiverem Stoffwechsel – wie etwa für die Wirbeltiere – unumgänglich, weil erst dadurch die nötige O_2-Kapazität des Blutes erreicht werden kann. Denkt man sich die gewaltige Hb-Menge des Wirbeltierblutes (M_r = 68 000) frei gelöst im Plasma, so würde durch sie ein kolloidosmotischer Druck ausgeübt werden, der einen normalen Wasseraustausch zwischen Blut und Interstitium unmöglich macht. Würde andererseits das Molekulargewicht des Blutfarbstoffs so weit erhöht, daß bei gleichbleibender O_2-Kapazität ein erträglicher osmotischer Wert entstünde, so würde damit die Viskosität des Blutes derart ansteigen, daß der Kreislauf gefährdet wäre.

Die Erythrozyten entstehen bei den Säugetieren im roten Knochenmark aus kernhaltigen Vorstufen (**Erythroblasten**[2])) und haben eine Lebensdauer von nur 100–120 Tagen. Dann werden sie im reticuloendothelialen System (RES: Leber, Milz, Knochenmark) phagozytiert. Die Nachbildung (**Erythropoese**[3])) – beim Menschen 160×10^6 Zellen pro Minute! – kann bei Blutverlusten, Hypoxie und

---

[1]) erythros (griech.) = rot; to kytos (griech.) = das Gefäß, die Zelle.

[2]) ho blastos (griech.) = der Keim, Bildner.

[3]) poiein (griech.) = tun.

Kältestreß stark gesteigert werden. Integriert ist ein Hormon, das **Erythropoetin**, ein Glykoproteid, das in den Nieren gebildet wird und sowohl die Proliferationsrate der Stammzellen als auch die Hb-Synthese in den Erythroblasten stimuliert.

Beim Regenwurm (Annelida) wird das Hb in den Chloragozellen, die am Peritoneum des Darms und den Blutgefäßen zu finden sind, gebildet.

Der Grad der Sättigung des Hämoglobins mit Sauerstoff hängt vom O_2-Partialdruck (p_{O_2}) ab. Trägt man auf der Abszisse p_{O_2} und auf der Ordinate die prozentuale Sättigung des Hb mit O_2 auf, so erhält man die **O_2-Dissoziationskurve.** Ihr gewöhnlich S-förmiger Verlauf (Abb. 3.82.) erklärt sich aus folgender Tatsache: Man weiß, daß im Hb-Molekül der Säugetiere eine Umordnung der vier Untereinheiten (s. o.) erfolgt (allosterische Transition, 1.5.1.), wenn sich zwei oder drei der insgesamt vier Hämgruppen mit je einem Sauerstoffmolekül beladen haben. Die Oxygenierung ist mit einer Lösung von „Salzbrücken" (nichtkovalente elektrostatische Wechselwirkungen) in und zwischen den α- und β-Ketten der Untereinheiten verbunden, wodurch die Moleküle vom „gespannten" in den „relaxierten" Zustand übergehen. Dieser Übergang verleiht dem Hb-Molekül 1. eine erhöhte O_2-Affinität und 2. eine Steigerung seiner sauren Eigenschaften. Letztere Erscheinung ist beim CO_2-Transport von großer Bedeutung (s. u.). Das Hämoglobin der Zuckmückenlarve *Chironomus thummi* und das Myoglobin, die beide nur aus einer einzigen Untereinheit bestehen, zeigen anstelle des S-förmigen den zu erwartenden hyperbolischen Verlauf der O_2-Dissoziationskurve (Abb. 3.82.). Nach dem Massenwirkungsgesetz gilt (Mb = Myoglobin)

$$K = \frac{[Mb \cdot O_2]}{[Mb] \cdot [O_2]} .$$

[K = Sättigungsgleichgewichtskonstante]

Bezeichnet man den Bruchteil der mit O_2 gesättigten Mb-Moleküle mit y und setzt statt der O_2-Konzentration den O_2-Partialdruck ein, so ergibt sich

$$K = \frac{y}{(1-y)\,P_{O_2}} \quad \text{oder} \quad y = \frac{K \cdot P_{O_2}}{1 + K \cdot P_{O_2}}$$

(Gleichung der Hyperbel).

Beim Hb geht die O_2-Konzentration bzw. der O_2-Partialdruck mit einem Exponenten $n > 1$ in die Gleichung ein

$$y = \frac{K \cdot P_{O_2}^n}{1 + K \cdot P_{O_2}^n} \quad \text{(Hill-Gleichung)}$$

Der **Hill-Koeffizient** n beträgt bei dem tetrameren Hb der Säugetiere 3. Beim extrazellulären Hb im Blut der Anneliden liegen ebenfalls oft Werte $n > 2$ vor (*Arenicola marina* 5,4), während bei dem intrazellulären Hb im Coelom die n-Werte stets kleiner sind (*Glycera gigantea* 1,4 bis 1,8).

Die **Affinität der Hämoglobine zum O_2** ist bei den verschiedenen Tierarten sehr unterschiedlich. Das drückt sich in der Lage der Dissoziationskurve aus. Ist sie weit nach rechts verschoben, so ist die Affinität gering, eine Verlagerung nach links entspricht einer hohen Affinität. Oft wird die Affinität kurz durch den p_{50}-**Wert** angegeben, d. h. durch den Partialdruck, bei dem 50%-Sättigung des Hb eintritt (Abb. 3.82.). Bei den Säugetieren besteht zwischen dem p_{50}-Wert und dem Körpergewicht G angenähert folgende Beziehung im Sinne einer negativen Allometrie (1.4.5.)

$$p_{50} = 50{,}34 \cdot G^{-0,054}.$$

Das bedeutet, daß die kleineren und aktiveren Vertreter einen höheren p_{50}-Wert besitzen als die größeren und trägeren Formen. Die poikilothermen Wirbeltiere – insbesondere die Fische – besitzen in der Regel kleinere p_{50}-Werte als die Vögel und Säugetiere (Tab. 3.17.). Fische, die in O_2-reichen Gewässern leben,

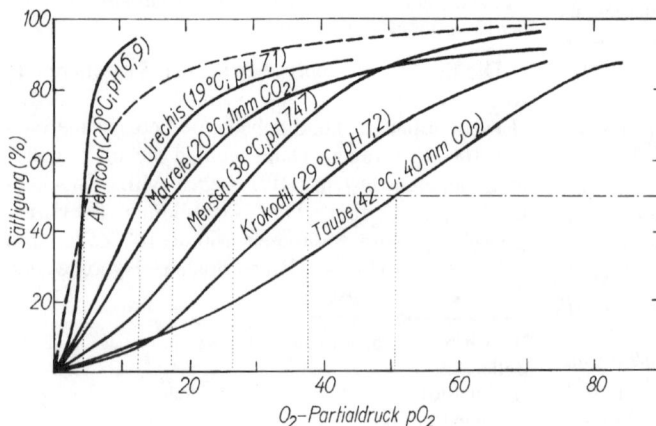

Abb. 3.82. O_2-Dissoziationskurven des Hämoglobins verschiedener Tiere mit eingezeichneten p_{50}-Werten; gestrichelt: O_2-Dissoziationskurve des Myoglobins (Hyperbel) beim Menschen.

Tabelle 3.17. Die Halbsättigungswerte (p_{50}-Werte) des Hämoglobins bei verschiedenen Tieren

Tierart	p_{50} mm Hg	Versuchsbedingungen		Autor
weiße Laborratte	56	40 mm CO_2	37 °C	SCHMIDT-NIELSEN 1958
Mensch	27	40 mm CO_2	38 °C	BARTELS 1959
Taube	35	40 mm CO_2	37,5 °C	DRASTICH 1928
Ente	50	pH 7,1	37,5 °C	ROSTORFER & RIGDON 1947
Alligator	28	42 mm CO_2	29 °C	DILL & EDWARDS 1935
Rana escul. (adult)	13,2	pH 7,22	20 °C	RIGGS 1951
Rana escul. (Larve)	4,6	pH 7,22	20 °C	RIGGS 1951
Regenbogenforelle	18	1–2 mm CO_2	15 °C	IRVING u. Mitarb. 1941
Karpfen	5	1–2 mm CO_2	15 °C	BLACK 1940
Cucumaria miniata (Seegurke)	12,5	pH 7,4	10 °C	MANWELL 1959
Chironomus plumosus	0,6	pH 7,7	17 °C	WÄLSHE 1947–1951
Daphnia (Wasserfloh)	3,1	pH 7,7	17 °C	FOX 1948–1953
Lumbricus (Regenwurm)	4,8	pH 8,2	10 °C	MANWELL 1959
Tubifex (Oligochaet)	0,6	0 mm CO_2	17 °C	FOX 1945
Planorbis (Posthornschnecke)	3	1–4 mm CO_2	20 °C	ZAALJER & WOLFEKAMP 1958
Ascaris (Spulwurm)	0,05	pH 7,00	11,5 °C	DAVENPORT 1949

haben einen höheren p_{50}-Wert (Forelle: 18) als solche in O_2-armen Gewässern (Karpfen: 5). Unter den Evertebraten herrschen ebenfalls niedrige Werte vor. Extrem niedrig sind sie z. B. bei *Tubifex* und *Chironomus* (0,6) sowie bei *Ascaris* (0,05).

Das **Myoglobin** in der Muskulatur hat stets einen niedrigeren p_{50}-Wert (3,26 beim Pferd) als das Blutpigment, von dem es den Sauerstoff übernimmt. Ebenso hat bei den meisten Säugetieren das **foetale Hämoglobin** einen niedrigeren p_{50}-Wert als das Hämoglobin des Muttertieres (Kaninchen-Foetus 28, Muttertier 31,6). Ein ähnliches **Transfersystem**[1] für den Sauerstoff mit Pigmenten zunehmender Affinität existiert beim Polychaeten *Travisia*: Hb des Blutes (p_{50} = 0,53–1,10 mm Hg) → Hb in den Coelomozyten (p_{50} = 0,36 mm Hg) → Myoglobin der Körpermuskulatur (p_{50} = 0,08 mm Hg).

Fast alle bisher getesteten Hämoglobine (Ausnahme: *Ascaris*, *Gastrophilus*) haben eine höhere **Affinität zum Kohlenmonoxid** (CO) als zum Sauerstoff (O_2). Darauf beruht die starke Giftwirkung des Gases, denn ein mit CO beladenes Hb-Molekül fällt für den O_2-Transport aus. Die relative Affinität des Hb zum CO im Vergleich zum O_2 wird durch die Beziehung ausgedrückt

$$\frac{Hb \cdot CO}{Hb \cdot O_2} = k \cdot \frac{p_{CO}}{p_{O_2}} \quad \text{(Haldane[2])-Gleichung, 1897).}$$

Die Werte der Konstanten k für eine Reihe von Tieren sind in der Tabelle 3.18. zusammengestellt.

[1] transfer (engl.) = Übertragung.
[2] John Scott HALDANE, geb. 1860 in Edinburgh, Stud. in Edinburgh, Jena, Berlin; Prof. f. Physiologie in Oxford u. Birmingham, gest. 1936, bedeutender Vertreter des Holismus.

Die O_2-Affinität des Hb kann durch äußere Faktoren modifiziert werden. Wichtig ist der **Einfluß des Kohlendioxids.** Bei vielen Tieren wird die O_2-Dissoziationskurve nach rechts verschoben (Abnahme der Affinität), wenn der p_{CO_2} ansteigt bzw. der pH-Wert sinkt (Abb. 3.83.). Dieser sog. **Bohr-Effekt**[3] (1904) ist im allgemeinen bei den Wirbeltieren stärker ausgeprägt als bei den Wirbellosen, wo er oft ganz fehlt (z. B. bei den Polychaeten *Glycera* und *Arenicola*, beim Insekt *Gastrophilus* und bei der Seegurke *Cucumaria*). Die Stärke des Bohr-Effektes wird durch den **Bohr-Faktor** ausgedrückt (Abb. 3.84.)

$$\Phi = \frac{\Delta \lg p_{50}}{\Delta pH}$$

Für den positiven Bohr-Effekt (Anstieg der Affinität mit Zunahme des pH) ist $\Phi < 0$. Durch den Bohr-Effekt wird die O_2-Abgabe im Kapillargebiet, wo ein relativ hoher p_{CO_2} herrscht, erleichtert. Umgekehrt wird im Atmungsorgan, wo CO_2 aus dem Blut verschwindet, die O_2-Aufnahme unterstützt.

Eine Besonderheit vieler Fische, besonders Teleosteer, gegenüber den terrestrischen Wirbeltieren besteht darin, daß mit steigendem p_{CO_2} nicht nur die Affinität des Hb zum Sauerstoff abnimmt, sondern gleichzeitig auch in zunehmendem Maße die vollständige Sättigung des Blutes verhindert wird (**Root-Effekt** 1931, Abb. 3.85.). Der Root-Effekt wird als Spezialfall des Bohr-Effektes angesehen, bei dem das Hb bei niedrigem pH im desoxygenierten Zustand fixiert wird (Stabilisierung des „gespannten" T-Zustandes) und die „Kooperativität" (1.5.1.) herabgesetzt ist. Diese pH-Abhängigkeit ist wichtig bei der O_2-Sekretion in die Schwimmblase (6.5.) bzw. ins Auge mancher Fische.

[3] Chr. BOHR, dän. Physiologe (1855–1911), Vater des bekannten Physikers Niels BOHR.

Tabelle 3.18. Der Wert der Konstanten k aus der Haldane-Gleichung bei verschiedenen Tieren

Tierart		k-Wert	Autor
Planorbis (Posthornschnecke)		40	
Tubifex (Oligochaet)		40	
Arenicola (Polychaet)	Evertebraten-Hämoglobin	150	PROSSER & BROWN 1961
Gastrophilus (Dasselfliege)		0,67	
Chironomus (Zuckmücke)		400	
Carassius auratus (Goldfisch)		63	ANTHONY 1961
Anguilla vulgaris (Aal)	Fisch-Hämoglobin	99–114	NICLOUX 1923
Leuciscus rutilus (Plötze)		210	ANTHONY 1961
Kaninchen		40	PROSSER & BROWN 1961
Mensch	Säugetier-Hämoglobin	200–250	LUOMANMÄKE 1966
Pferd		280	PROSSER & BROWN 1961
Branchiommà (Polychaet)-Chlorocruorin		570	PROSSER & BROWN 1961
Säugetier-Myoglobin		28–51	ANTHONY 1961
Cytochromoxidase		0,1	PROSSER & BROWN 1961

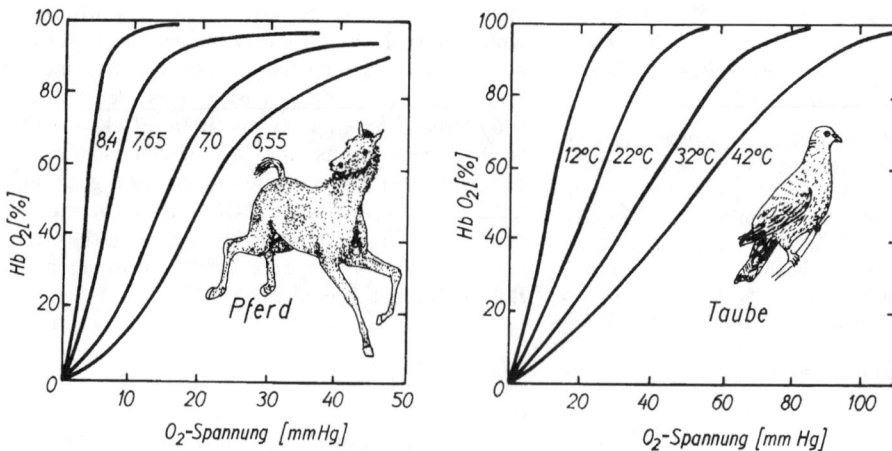

Abb. 3.83. Abhängigkeit der O_2-Sättigung des Hämoglobins vom Sauerstoffpartialdruck p_{O_2} bei verschiedenen pH-Werten (links, nach Ergebnissen von FERRY u. GREEN 1929) und bei verschiedenen Temperaturen (rechts, nach WASTL u. LEINER 1931).

Neben dem Kohlendioxid hat auch die **Temperatur** einen Einfluß auf die O_2-Affinität des Hb (Abb. 3.85.). Mit Temperaturerhöhung nimmt die Affinität allgemein ab, d. h. der p_{50}-Wert zu. Für das homoiotherme Wirbeltier bedeutet das, daß durch die in den inneren Organen vorherrschende höhere Körpertemperatur die O_2-Abgabe, durch die niederen Temperaturen in den Lungenkapillaren dagegen die O_2-Bindung unterstützt wird. Die Verschiedenheiten der Hämoglobine bei den einzelnen Tieren hinsichtlich der O_2-Affinität, der Stärke des Bohr-Effektes sowie des Temperatureinflusses und hinsichtlich der Lage des IEP werden durch den Proteinanteil des Hb-Moleküls bedingt.

Die unterschiedlichen Eigenschaften der Hämoglobine bei den verschiedenen Vertretern sind Ausdruck einer Anpassung an die jeweiligen Lebensbedingungen. Das Blut eines Kaltblüters würde unter den Bedingungen des Warmblüters eine so niedrige O_2-Affinität haben, daß es in der Lunge kaum Sauerstoff aufnehmen würde. Umgekehrt würde das Blut eines Warmblüters im Kaltblüter den O_2 so festhalten, daß die O_2-Versorgung der Gewebe nicht gewährleistet wäre. Bei den **Thunfischen** herrscht zwischen den Kiemen, die mit dem Meerwasser im thermischen Gleichgewicht stehen,

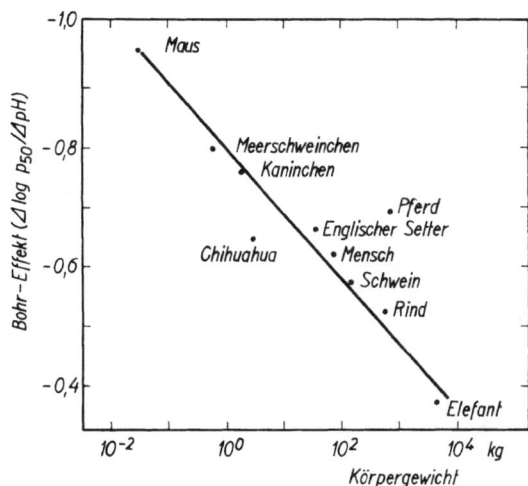

Abb. 3.84. Die Stärke des Bohr-Effektes bei verschiedenen Säugetieren. Sie nimmt mit der Größe (Gewicht) des Tieres ab. Aus SCHMIDT-NIELSEN 1975.

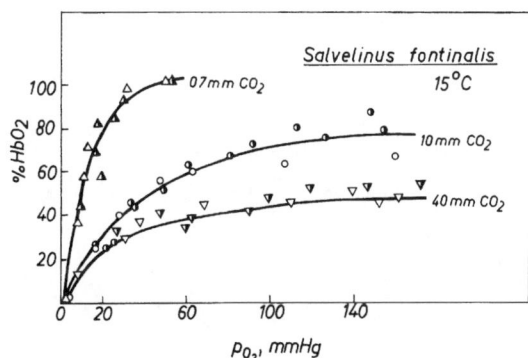

Abb. 3.85. Abhängigkeit der O_2-Sättigung vom CO_2-Partialdruck beim amerikanischen Bachsaibling *(Salmo salvelinus fontinalis)*, Bohr- und Root-Effekt.
○ ▽ △ = Wintertiere,
◐ ▼ ▲ = Sommertiere.
Aus BROWN 1957.

und der Muskulatur ein Temperaturunterschied von ca. 10 °C (Gegenstrom-Wärmeaustauschsystem, 4.5.1.). Entsprechend dieser besonderen Situation hat die Temperatur bei diesen Tieren nur einen geringen Einfluß auf den p_{50}-Wert des Hämoglobins.

Hinsichtlich der **Funktion des Hämoglobins** bei den einzelnen Tieren lassen sich vier verschiedene Fälle unterscheiden:

1. Das Hämoglobin dient sowohl bei niedrigem wie auch bei hohem p_{O_2} dem O_2-Transport.
2. Das Hämoglobin dient nur bei niedrigem p_{O_2} dem O_2-Transport, bei höherem Druck reicht die im

Plasma physikalisch gelöste Menge O_2 für die Versorgung der Gewebe aus.
3. Das Hämoglobin dient als Speicher, aus dem die Gewebe versorgt werden, wenn die Atmung unterbrochen ist.
4. Es ist noch keine Funktion des Hämoglobins bekannt (Beispiel: Nematoden).

Der erste Fall, **Transportfunktion bei hohem und niedrigem p_{O_2}**, ist charakteristisch für die Wirbeltiere. Als Beispiel seien die für das menschliche Blut geltenden Werte angeführt. Das Hb des Menschen als Luftatmer hat eine relativ niedrige O_2-Affinität (p_{50} bei 40 mm CO_2 und 30 °C = 27 mm Hg). Bei dem an der Alveolarmembran herrschenden p_{O_2} von rund 100 mm Hg (Abb. 3.86.) ist eine etwa 98%ige Sättigung des Blutes mit O_2 gewährleistet. Die O_2-Dissoziationskurve verläuft in diesem Druckbereich bereits abszissenparallel, so daß eine Verminderung des p_{O_2} in der Luft zunächst eine Sättigung des Blutes noch nicht gefährden kann. Bei dem in den Gewebskapillaren herrschenden Druck von 40 mm Hg und darunter zeigt die O_2-Dissoziationskurve dagegen einen steilen Verlauf. Das bedeutet, daß bereits eine geringe Abnahme des O_2-Druckes in den Geweben zu einer starken O_2-Abgabe durch das Hämoglobin führt. Die arteriovenöse Druckdifferenz von ca. 92–40 = 52 mm Hg (Abb. 3.86.) entspricht einer arteriovenösen O_2-Differenz von ca. 20–12 = 8 Vol.-%. Es wird also unter normalen Bedingungen die O_2-Kapazität des Blutes noch nicht einmal zur Hälfte ausgenutzt. Die berechnete arteriovenöse O_2-Differenz stellt allerdings einen Durchschnittswert dar. Sie ist beispielsweise in der Niere wegen der hohen Stromstärke des Blutes sehr viel niedriger, dagegen im Herzen sehr groß. – Unter den Evertebraten ist bisher nur von den Oligochaeten *Lumbricus* und *Tubifex* bekannt, daß die Funktion ihres Hb ebenfalls dem ersten unter den vier erwähnten Fällen entspricht.

Die Affinität des *Lumbricus*-Hb zum O_2 ist hoch (p_{50} = 4,8). Eine 95%ige Sättigung ist bei 10 °C bereits bei einem p_{O_2} von rund 18 mm möglich. Das bedeutet allerdings nicht, daß ein äußerer p_{O_2} von 18 mm Hg zur Sättigung des Blutes *in vivo* ausreicht; dazu ist vielmehr ein Druck von mindestens 76 mm Hg notwendig. Es existiert über die für die Atmung wenig spezialisierte Körperwand des Regenwurmes ein O_2-Gradient von 76 – 18 ≈ 60 mm Hg. Es muß also nicht notwendigerweise die Transportfunktion des Hb unter den Bedingungen eines hohen p_{O_2} im äußeren Medium mit einer geringen O_2-Affinität gekoppelt sein, wie es bei den landlebenden Wirbeltieren der Fall ist. Schaltet man die Beteiligung des Hämoglobins beim O_2-Transport durch Vergiftung mit Kohlenmonoxid (CO) aus, so ist der O_2-Verbrauch des Regenwurms bei äußeren O_2-Partialdrucken zwischen 160 und 40 mm Hg um einen bestimmten Betrag kleiner als im normalen Zustand (Abb. 3.87.). Unterhalb von 40 mm Hg reicht offenbar der physikalisch gelöste O_2 zur Versorgung der Gewebe aus, denn die Stoffwechselintensität ist dann in der Regel sehr niedrig.

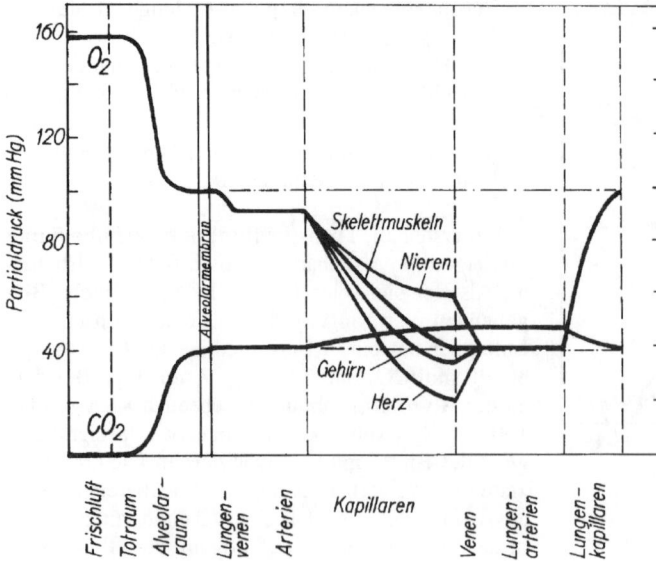

Abb. 3.86. Die Partialdrucke von O_2 und CO_2 in der Atemluft sowie im Kreislauf des Menschen.

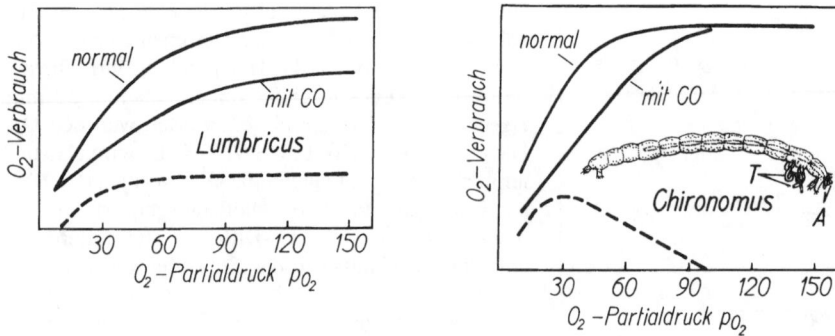

Abb. 3.87. Vergleich des O_2-Verbrauchs bei Normaltieren und CO-vergifteten Tieren. Die gestrichelte Linie gibt jeweils die Differenz zwischen beiden O_2-Verbrauchswerten wieder. Links: *Lumbricus*. Nach JOHNSON 1942. Rechts: *Chironomus*. T = Tubuli am vorletzten Segment, deren Funktion (Atmung?) noch nicht endgültig geklärt ist; A = Analpapillen, sie spielen eine Rolle bei der Osmo- und Ionenregulation. Nach EWER 1942 aus JONES 1963.

Der zweite Fall, **Transportfunktion bei niedrigen p_{O_2}-Werten,** scheint beim Hämoglobin der *Chironomus*-Larve, der Posthornschnecke *Planorbis* und beim Köderwurm *Arenicola* zu bestehen. Die Hämoglobine zeichnen sich durch eine hohe O_2-Affinität (Tab. 3.17.) aus.

Chironomus-Larven haben unter der Einwirkung von Kohlenmonoxid zwischen 150 und 80 mm Hg einen nahezu vom O_2-Druck unabhängigen O_2-Verbrauch, der nicht niedriger liegt als bei den Normaltieren. Erst unterhalb des Druckes von 80 mm bis zu 12 mm Hg zeigen die CO-behandelten Tiere einen gegenüber den Kontrolltieren erniedrigten O_2-Verbrauch, der in beiden Fällen in diesem Bereich p_{O_2}-abhängig ist. (Abb. 3.87.). Bei einem O_2-Druck von 30 mm Hg ist der vom Hämoglobin transportierte Anteil (32%

der insgesamt transportierten O_2-Menge) am größten. Die Bedeutungslosigkeit des Hb bei hohem O_2-Angebot beruht wahrscheinlich darauf, daß unter diesen Bedingungen der p_{O_2} in den Geweben zu hoch ist, um noch eine Dissoziation des O_2 vom Hb herbeizuführen.

Der dritte Fall, eine **Speicherfunktion** des Hb, ist bei einigen Tieren gegeben, die kein Zirkulationssystem, aber ein großes Coelomflüssigkeitsvolumen mit Hb-haltigen Zellen besitzen. Hierzu zählt der Echiuride *Urechis caupo,* ein in der Gezeitenzone des Meeres lebendes Tier. Es baut U-förmige Röhren in den Sand, in die durch peristaltische Wellen des Körpers frisches Wasser gepumpt wird. Die O_2-Aufnahme erfolgt durch die dünne Wand des Enddarms (Darmatmung!). Von Zeit zu Zeit wird die Irrigation für eine Stunde oder länger unterbrochen. Während dieser Zeit wird die Versorgung der Gewebe aus dem in der Coelomflüssigkeit (20 ml, das entspricht etwa einem Drittel des Körpergewichts!), gespeicherten O_2-Vorrat besorgt. Eine mit der Transportfunktion (s. o.) gekoppelte Speicherfunktion hat das Blut bei dem in Röhren lebenden *Arenicola* und bei der *Chironomus*-Larve.

Die Funktion des Hb in einigen tierparasitischen **Nematoden** ist bislang noch unbekannt. Der O_2-Verbrauch bei *Nematodirus* u. a. zeigt unter CO-Einwirkung keine Veränderung. *Ascaris* besitzt ein Myoglobin in der Körperwand und ein Hämoglobin in der Flüssigkeit des Pseudocoels. Letzteres gibt selbst unter anaeroben Bedingungen seinen Sauerstoff nicht ab ($p_{50} = 0,05$). Ähnlich ist es bei *Strongylus*.

3.3.3.2. Andere respiratorische Farbstoffe

Der O_2-Transport bei den Evertebraten wird in vielen Fällen von respiratorischen Farbstoffen getragen, die nicht mit dem Hämoglobin identisch sind. Eine Übersicht liefert die Tabelle 3.19.

Das **Chlorocruorin** ist ein dem Hämoglobin sehr ähnlicher, grüner Farbstoff. Es besitzt ebenfalls ein zentrales Fe-Atom in einem Porphyrinring, der sich von dem des Häms dadurch unterscheidet, daß an einem Pyrrolring der Vinylrest durch einen Formylrest ersetzt ist. Wie beim Hb wird jeweils ein Sauerstoffmolekül von einem Fe-Atom gebunden. Die Affinität des Chlorocruorins zum CO ist noch größer als beim Hb. Bei *Branchiomma* (Sabellide) ist sie z. B. 570mal so stark wie zum O_2 (Tab. 3.18.). Das Chlorocruorin liegt immer gelöst im Plasma der Körperflüssigkeit vor, niemals innerhalb von Blutzellen. Seine relative Molekülmasse ist deshalb auch recht hoch (ca. $3 \cdot 10^6$ bei *Serpula vermicularis*). Es kommt bei einigen Polychaetenfamilien vor: Chrysopetalidae, Eunicidae, Flabelligeridae, Sabellidae und Serpulidae. In manchen Fällen *(Serpula)* kommt es mit dem Hb vergesellschaftet im Blut vor, was bei der nahen chemischen Verwandtschaft beider Stoffe nicht so sehr verwundert.

Das Chlorocruorin von *Spirographis* zeigt wie das Hb eine S-förmige O_2-Dissoziationskurve, einen positiven Bohr-Effekt sowie eine Temperaturabhängigkeit der O_2-Affinität. Der p_{50}-Wert ist mit 27 mm Hg (pH 7,7; 20 °C) recht hoch. Das Chlorocruorin dürfte eine Transportfunktion bei hohem und niedrigem p_{O_2}-Wert haben. Unter CO-Einfluß ist bei allen p_{O_2}-Werten der O_2-Verbrauch des Wurmes herabgesetzt.

Das **Hämerythrin** ist ein im oxidierten Zustand violettes und im reduzierten farbloses Protein. Es enthält Eisen, das direkt an das Eiweiß gebunden ist; eine prosthetische Gruppe (Porphyrinring) fehlt. Jeweils zwei Eisenatome sind an der Bindung eines O_2-Moleküls beteiligt. Sie liegen dicht benachbart und werden durch direkte Koordination zu den Seitenketten der Aminosäurereste His, His und Tyr am aktiven Ort gehalten. Der gebundene Sauerstoff bildet eine Brücke zwischen den Fe-Atomen. Die Bindung ist mit einem Valenzwechsel des Eisens verbunden:

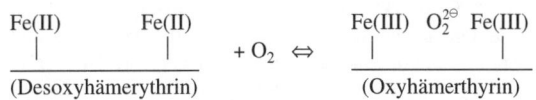

$$
\begin{array}{ccccccc}
Fe(II) & Fe(II) & & & Fe(III) & O_2^{2\ominus} & Fe(III) \\
| & | & + O_2 & \Leftrightarrow & | & & | \\
\hline
(\text{Desoxyhämerythrin}) & & & & (\text{Oxyhämerthyrin}) &
\end{array}
$$

Der Farbstoff liegt innerhalb von Zellen vor und ist bei einigen Sipunculiden (*Sipunculus, Golfingia* u. a.) und Priapuliden sowie bei dem Polychaeten *Magelona* und dem Brachiopoden *Lingula* gefunden worden. Er findet sich in erster Linie im Coelom. Ein anderes Hämerythrin kann im Blutgefäßsystem und ein weiteres, das **Myohämerythrin,** in Muskelzellen desselben Tieres vorkommen. Während das Myohämerythrin wie das Myoglobin (s. o.) monomer ist, besteht der aus den Zellen isolierte Farbstoff in der Regel aus acht identischen Untereinheiten (octamer) und hat eine relative Molekülmasse von rund 100 000 (Ausnahme: *Phascolosoma agassizii* mit trimerem Hämerythrin, $M_r = 40\ 600$). Im Gegensatz zu den Hämerythrinen bei den Sipunculiden zeigt das Hämerythrin der Brachiopoden einen Bohr-Effekt. Hämerythrin kann nicht mit Kohlenmonoxid vergiftet werden.

Die **Hämocyanine** sind nach den Hämoglobinen die am weitesten verbreiteten O_2-transportierenden

Tabelle 3.19. Allgemeine Charakteristik und Verbreitung der respiratorischen Farbstoffe im Tierreich. Nach Glardina et al. 1985.

Farbstoff	Tiergruppe	Vorkommen	prosth. Gruppe	M_r	Bindg.-orte
tetrameres Hämoglobin	Wirbeltiere	intrazellulär	Häm	~ 65 000	4
„Giant"-Hämoglobin	Anneliden Mollusken Arthropoden	extrazellulär	Häm	> 10^6	≧ 70
Hämocyanin	Arthropoden Mollusken	extrazellulär	2 Cu (I)	≧ 450 000 ≧ $5 \cdot 10^6$	≧ 6 ≧ 100
Hämerythrin	Sipunculiden Priapuliden Brachiopoden	intrazellulär	2 Fe (II)	~ 110 000	8

Blutproteine. Sie kommen bei Vertretern der Chilopoden, Crustaceen (Cirripedia, Malacostraca), Merostomata und Arachniden (Scorpiones, Uropygi, Amblypygi, Araneae) unter den **Arthropoden** sowie bei Vertretern der Amphineura, Gastropoda und Cephalopoda unter den **Mollusken** vor. Sie sind im oxidierten Zustand blau, im reduzierten farblos. Sie sind kupferhaltige globuläre Proteine, wobei jedes Cu-Atom jeweils direkt über drei Histidinreste (Imidazol-Stickstoffe) an das Eiweiß (ohne prosthetische Gruppe) gebunden ist. Die stets sehr großen Moleküle liegen immer im Plasma gelöst vor in einer Konzentration zwischen 10 und mehr als 100 mg/ml.

Die **Hämocyanine der Mollusken** sind große zylindrische Moleküle mit 10 bis 20 Untereinheiten und einer Masse von bis zu $9 \cdot 10^6$ Dalton. Jede Untereinheit hat acht „Domänen" mit je 50 000 Dalton und einem Paar von Cu-Atomen. Der Cu-Gehalt der Mollusken-Hämocyanine liegt bei 0,25%. Die **Hämocyanine der Arthropoden** variieren in der Größe zwischen $5 \cdot 10^5$ und $3,5 \cdot 10^6$ Dalton und sind hexamer oder oligohexamer aufgebaut aus 6, 12, 24 oder 48 Untereinheiten mit einer M_r von ca. 75 000. Ihr Cu-Gehalt liegt bei 0,17%. Im Gegensatz zu den Unterschieden in der Struktur der Hämocyanine zeigen die bisher bekannten Aminosäuresequenzen einen hohen Grad an Übereinstimmung: $70 \pm 10\%$ für Mollusken, $75 \pm 10\%$ für Arthropoden und $60 \pm 10\%$ zwischen beiden Tierstämmen. Es wird vermutet, daß alle Hämocyanine einer einzigen Familie phylogenetisch verwandter Proteine angehören. Viele Mollusken haben neben dem Hämocyanin im Blut auch ein **Myoglobin** in der Radulamuskulatur. Die Frage, warum diese Tiere trotzdem am Hämocyanin als respiratorischen Protein festgehalten haben, obwohl sie auch die Fähigkeit zur Bildung hämhaltiger Farbstoffe besitzen, muß offen bleiben.

Jedes Paar dicht benachbarter Cu-Atome vermag ein O_2-Molekül zwischen sich zu binden. Das Cu im reduzierten Hämocyanin ist einwertig, im oxidierten sind ca. 50% der Cu-Atome 2wertig. Die Abhängigkeit der O_2-Sättigung des Hämocyanins verschiedener Arthropoden vom O_2-Partialdruck ist in der Abbildung 3.88. graphisch dargestellt. Die O_2-Bindung ist reversibel und gewöhnlich kooperativ (**sigmoide O_2-Dissoziationskurven,** 1.5.1.), wobei das Ausmaß der Kooperativität vom pH-Wert, von der Temperatur und von der Gegenwart von Ionen (Ca^{2+}, Mg^{2+}, Cl^-) abhängt. Mit höheren Temperaturen nimmt die Affinität des Hämocyanins (wie die des Hb auch, s. o.) ab.

Die meisten Hämocyanine zeigen einen positiven **Bohr-Effekt:** Die Bindungsaffinität nimmt mit steigendem pH-Wert zu, der Bohr-Faktor Φ (s. o.) ist kleiner als Null (Tab. 3.20.). Nur einige Hämocyanine (*Limulus,* verschiedene Prosobranchier) zeigen einen negativen Bohr-Effekt ($\Phi > 0$) und noch andere gar keinen. Oft verhalten sich nahe verwandte Formen unterschiedlich. Es sind Bohr-Faktoren zwischen $-2,0$ und $+2,1$ bekannt (Tab. 3.20.) Ein **Root-**

Tabelle 3.20. Ausmaß und Richtung des Bohr-Effektes (Bohr-Faktor Φ) bei einigen Hämocyaninen

Tierart	Φ-Wert
A. Arthropoden	
Glytonotus antarcticus (Isopode)	$-1,4$
Oratosquilla woodmasoni (Stomatopode)	$-2,0$
Homarus americanus (Hummer)	$-0,7$
Panulirus interruptus (Languste)	$-0,4$
Cancer pagurus (Taschenkrebs)	$-0,6$
Limulus polyphemus (Schwertschwanz)	$+0,3$
Leiurus quinquestriatus (Skorpion)	$-0,6$
Cupiennius salei (Spinne)	$-0,9$
B. Mollusken	
Diodora aspera (Prosobranchie)	kein Effekt
Fusitriton oregonense (Prosobranchie)	$+2,1$
Lymnaea stagnalis (Lungenschnecke)	$-0,5$
Loligo pealei (Cephalopode)	$-1,0$
Octopus dofleini (Cephalopode)	$-0,8$

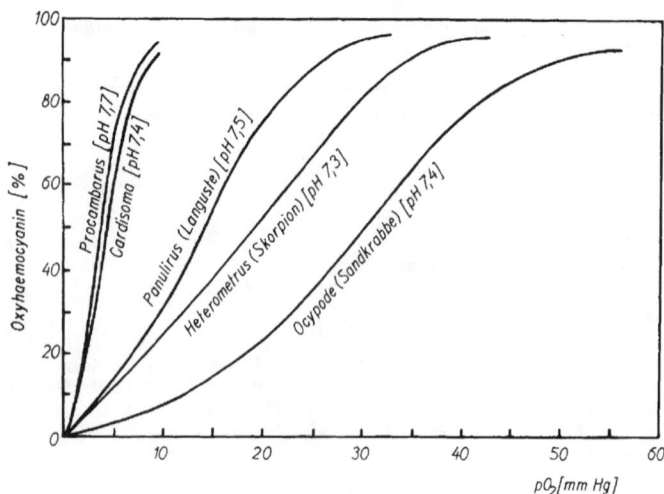

Abb. 3.88. O_2-Dissoziationskurven verschiedener Hämocyanine (Arthropoden) unter physiologischen pH- (7,3–7,7) und Temperaturbedingungen (25 °C). Nach verschiedenen Autoren aus FLORKIN u. SCHEER 1971.

Effekt, d. h. Abnahme der O_2-Bindungskapazität des Hämocyanins mit fallendem *p*H-Wert (s. o.), ist bei *Limulus* und Cephalopoden *(Loligo pealei, Sepia officinalis, Octopus dofleini)* beschrieben worden. Der marine Prosobranchier *Buccinum undatum* zeigt einen umgekehrten Root-Effekt: Die O_2-Bindungskapazität nimmt mit fallendem *p*H zu. Die Affinität der Hämocyanine zu **Kohlenmonoxid** ist wesentlich geringer als zum Sauerstoff. Sie ist bei den Mollusken höher (Dissoziationsgeschwindigkeitskonstante $20–70\ s^{-1}$) als bei den Arthropoden ($200–9000\ s^{-1}$). CO wird nicht-kooperativ gebunden, und zwar pro zwei Cu-Atome ein Molekül CO.

Unter den **Cephalopoden,** deren Hämocyanin stets dem O_2-Transport dient, gibt es hinsichtlich der O_2-Affinität folgende Gesetzmäßigkeit: Die **Affinität** nimmt, beginnend mit dem relativ wenig aktiven *Octopus vulgaris* über *Sepia* bis zu den immerwährend aktiven pelagischen Formen *Loligo vulgaris* und *L. pealei* ab; gleichzeitig nimmt der **Bohr-Effekt** zu. Das bedeutet, daß die Tiere in zunehmendem Maße weniger tolerant gegenüber geringen O_2-Drucken und hohen CO_2-Drucken im äußeren Medium werden. Gleichzeitig werden die Tiere immer besser tauglich, durch Ausnutzung des hohen O_2-Druckes eine hohe Aktivität zu entfalten. Das die Kiemen verlassende Blut ist tiefblau gefärbt und praktisch mit O_2 gesättigt. Diese mitgeführte O_2-Menge wird während der Zirkulation zu etwa 90% an die Gewebe abgegeben (arteriovenöse O_2-Differenz beträgt 4,3–0,4 = 3,9 Vol.-%), wobei der p_{CO_2} von 120 auf 48 mm Hg sinkt (arteriovenöse Druckdifferenz ca. 70 mm Hg). Gleichzeitig steigt der p_{O_2} infolge der Pufferkapazität des Blutes (s. u.) nur von 2 auf 6 mm Hg an. Der Bohr-Effekt ist aber – wie gesagt – so stark, daß bereits infolge dieser kleinen Änderung des p_{CO_2} ca. 33% der Gesamtsauerstoffabgabe bedingt werden. Das in die Kiemen eintretende Blut ist wieder farblos. Bildungsort des Hämocyanins sind die paarigen **Branchialdrüsen.**

Relativ hohe O_2-Affinitäten besitzen die Hämocyanine der **Dekapoden.** Der p_{50}-Wert beträgt bei der Languste *Panulirus* z. B. 6,5 mm Hg (*p*H 7,5; 15 °C). Darin ist allerdings keine Anpassung an ein Leben im Wasser mit niedrigem p_{O_2}-Wert zu sehen, wie wir es etwa bei einigen Hb-besitzenden Tieren kennengelernt haben. Die Vorgänge der O_2-Beladung und -Abgabe spielen sich bei den Dekapoden vielmehr im Gegensatz zu den meisten Tieren in der unteren Hälfte der O_2-Dissoziationskurve ab. Das Hämocyanin der Hämolymphe wird in den Kiemen selbst in gut durchlüfteten Wassern nur zu etwa 50–68% gesättigt (49% bei *Homarus americanus,* 54% bei *Panulirus interruptus,* 68% bei *Loxorhynchus grandis*). Das entspricht einem p_{O_2} von 5–8 mm Hg im postbranchialen Blut. Das praebranchiale Blut zeigt einheitlich einen p_{O_2} von 3 mm Hg. Die mitgeführte O_2-Menge wird zu etwa 58% an die Gewebe abgegeben, woraus die Be-

deutung des Pigments für die O_2-Versorgung erhellt. Die Hämocyanine aller untersuchten Dekapoden zeigen einen **normalen Bohr-Effekt,** d. h. im physiologischen Bereich vermindert eine höhere Azidität die Affinität des Farbstoffs zum Sauerstoff.

3.3.3.3. Der CO_2-Transport

Es wurde bereits darauf hingewiesen, daß die physikalisch gelöste Gasmenge in der Blutflüssigkeit immer sehr klein ist. Das gilt für das CO_2 ebenso wie für den O_2. Wie beim O_2, so wird auch die Aufnahmefähigkeit des Blutes für CO_2 durch reversible Bindung des Gases stark erhöht. Von besonderer Bedeutung ist der Transport des CO_2 in Form von Alkalihydrogencarbonat.

In den Venen des Menschen herrscht ein p_{CO_2} von rund 46 mm Hg (Abb. 3.86.). Das bedeutet, daß bei einem α von 0,49 die in einem cm^3 Blut gelöste CO_2-Menge

$$c = 0,49 \cdot \frac{46}{760} \sim 0,03 \qquad \text{(das sind 3 Vol.-\%)}$$

ist. Die Löslichkeit des CO_2 im Plasma ist also im Vergleich zum Sauerstoff (s. o.) wesentlich größer. Sie steigt proportional mit dem p_{CO_2} in den Geweben an (Abb. 3.90.). Tatsächlich beträgt der Gehalt an CO_2 im venösen Blut des Menschen aber über 50 Vol.-%.

Bevor auf die Evertebraten eingegangen wird, sollen zunächst die Vorgänge beim CO_2-Transport am Beispiel der **Vertebraten** (Abb. 3.89.) besprochen werden, da sie wesentlich genauer bekannt sind als bei den Evertebraten.

Das infolge des Partialdruck-Gradienten aus dem Gewebe in das Blut diffundierende Kohlendioxid verbleibt – wie bereits erwähnt – nur zu einem geringen Anteil physikalisch gelöst im Blutplasma. Die in wäßriger Lösung stattfindende Reaktion

$$CO_2 + H_2O \Leftrightarrow H_2CO_3$$

verläuft dort so langsam, daß die Kohlensäuremenge im Plasma sehr klein bleibt. Die bei der Dissoziation der Kohlensäure anfallenden $H^{\oplus}$-Ionen werden von den Puffersystemen des Blutes abgefangen, es entsteht $NaHCO_3$. Der weitaus größere Anteil des CO_2 – beim Menschen 95% – diffundiert weiter in die Erythrozyten, die durch zwei Besonderheiten für den CO_2-Transport von größter Bedeutung sind:

1. ist in ihnen ein Enzym vorhanden, das die Kohlensäurebildung aus CO_2 und H_2O stark beschleunigt **(Carboanhydrase)** und

2. ist das in ihnen enthaltene Hb ein sehr effektives Puffersystem.

Das in die Erythrozyten eintretende CO_2 wird sehr schnell durch die Carboanhydrase zur Kohlensäure hydratisiert, die anschließend in $H^{\oplus}$ und $HCO_3^{\ominus}$ dissoziiert. Da die Endprodukte dieser Reaktion sogleich fortgeschafft werden, kann in kurzer Zeit sehr viel

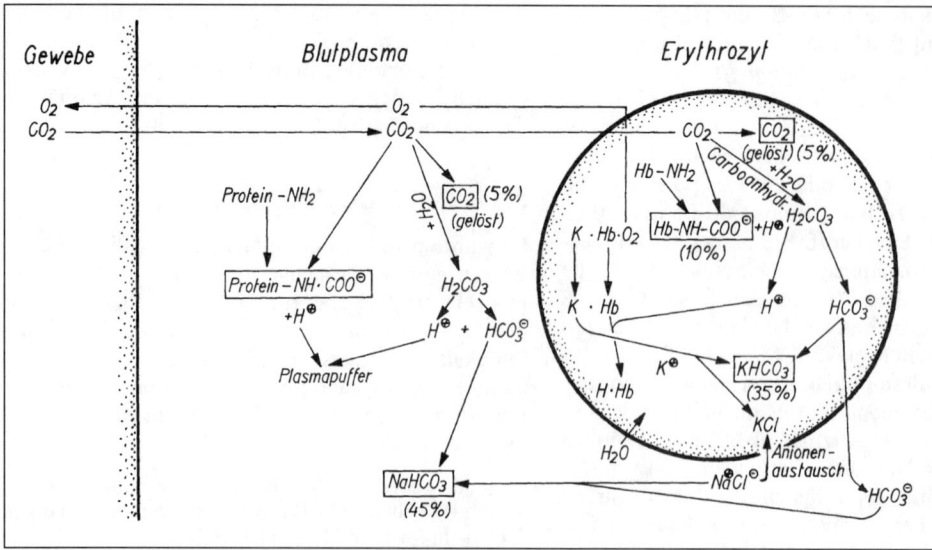

Abb. 3.89. Darstellung der Vorgänge bei der CO_2-Aufnahme im Blut des Wirbeltieres. Die Prozentzahlen geben an, welche Anteile des aufgenommenen (und in der Lunge wieder abgegebenen) Kohlendioxids auf die verschiedenen Transportformen beim Menschen entfallen.

CO_2 umgesetzt werden. Die Kohlensäure ist zwar eine schwache Säure, sie ist aber noch etwas stärker als das bei den pH-Werten des Blutes (~7,4) ebenfalls als Säure vorliegende Hämoglobin. Wichtig ist, daß durch die O_2-Abgabe die sauren Eigenschaften des Hämoglobins noch abnehmen. Der IEP des Hb verschiebt sich beim Übergang $HbO_2 \rightarrow Hb + O_2$ beim Pferd von 6,70 auf 6.81. Oxyhämoglobin ist also eine stärkere Säure als das reduzierte Hämoglobin, das somit ein geringeres Alkalibindungsvermögen, aber ein größeres Wasserstoffbindungsvermögen als das HbO_2 besitzt. Es wird deshalb die $H^\oplus$-Ionen der Kohlensäure wegfangen und gleichzeitig $K^\oplus$ zur Bindung der $HCO_3^\ominus$-Ionen freigeben (Abb. 3.89.). Desoxygenierung des Hb in den Geweben erhöht also gleichzeitig die CO_2-Bindungsfähigkeit des Blutes, d. h. begünstigt die CO_2-Aufnahme. Pro Mol abgegebenen Sauerstoffs werden vom Hb 0,7 Alkaliäquivalente freigegeben

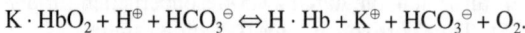

$$K \cdot HbO_2 + H^\oplus + HCO_3^\ominus \Leftrightarrow H \cdot Hb + K^\oplus + HCO_3^\ominus + O_2.$$

Die Anreicherung des in $K^\oplus$ und $HCO_3^\ominus$ dissoziierten Kaliumhydrogencarbonats im Erythrozyten führt zu einem osmotischen Ungleichgewicht, das einen Wassereinstrom hervorruft. Gleichzeitig diffundieren – dem Konzentrationsgradienten folgend – $HCO_3^\ominus$-Ionen ins Plasma. Da die Erythrozytenmembran nur für Anionen permeabel ist, können die $HCO_3^\ominus$-Ionen die Erythrozyten nicht gemeinsam mit ihren Kationen verlassen, sondern nur im Austausch gegen $Cl^\ominus$-Ionen aus dem Plasma, deren Konzentration im Erythrozyten durch den Wassereinstrom erniedrigt worden

ist (**Anionenaustausch,** engl.: chloride shift, Hamburger-Phänomen). So kommt es, daß im Endeffekt mehr CO_2 in Form des Hydrogencarbonats im Blutplasma transportiert wird als im Erythrozyten, allerdings nur durch den Umweg über die roten Blutzellen. Die Partner der $HCO_3^\ominus$-Ionen sind im Plasma die $Na^\oplus$-, im Erythrozyten die $K^\oplus$-Ionen. Beim Menschen werden von der aus den Geweben aufgenommenen CO_2-Menge 45% in Form von $NaHCO_3$ im Plasma und 35% als $KHCO_3$ im Erythrozyten transportiert, 10% werden physikalisch gelöst.

Neben dem physikalisch gelösten und dem als Hydrogencarbonat gebundenen CO_2 wird ein Teil des Kohlendioxids (10% beim Menschen) noch – ohne über die Hydratisierung zu gehen – direkt in Form einer **Carbaminosäure** an die NH_2-Gruppen der Proteine (im Blutplasma) und besonders des Hämoglobins (im Erythrozyten) gebunden

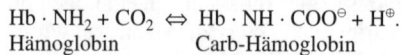

$$Hb \cdot NH_2 + CO_2 \Leftrightarrow Hb \cdot NH \cdot COO^\ominus + H^\oplus.$$
Hämoglobin   Carb-Hämoglobin

In der Lunge verlaufen die erwähnten Prozesse in umgekehrter Richtung, beginnend mit der Diffusion gelösten Kohlendioxids aus dem Blut in die Lungenalveolen sowie der Oxygenierung des Hämoglobins, dessen saure Eigenschaften damit wieder zunehmen. O_2- und CO_2-Transport sind auf das engste miteinander verknüpft. Der **Haldane-Effekt,** d. h. der unterschiedliche Verlauf der CO_2-Bindungskurve im oxygenierten und desoxygenierten Blut (Abb. 3.90.), wird – wie oben ausgeführt – dadurch hervorgerufen, das 1. desoxygeniertes Hb als schwächere Säure ein besseres CO_2-Bindungsvermögen des Blutes bedingt

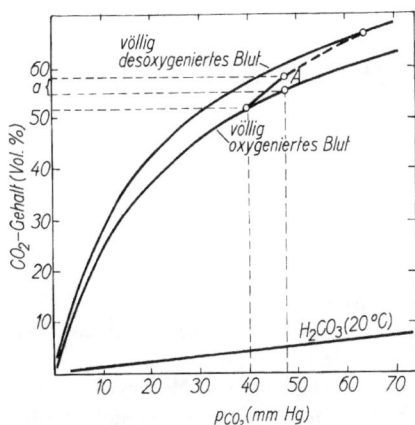

Abb. 3.90. CO_2-Dissoziationskurve des menschlichen Blutes. Der Druckbereich, in dem sich der p_{CO_2} auf seinem Wege von den Arterien zu den Venen ändert, ist durch die Strichelung hervorgehoben. Da das desoxygenierte Blut ein stärkeres CO_2-Bindungsvermögen besitzt als das oxygenierte (Haldane-Effekt), wird die im Kreislauf ausgetauschte CO_2-Menge um den Betrag a vergrößert, d. h. etwa verdoppelt. Da das Blut in den Geweben nicht vollständig desoxygeniert wird, liegt der Punkt A zwischen den beiden Kurven. Aus JONES 1963.

als oxygeniertes Hb und 2. das desoxygenierte Hb mehr CO_2 in Form der Carbaminosäure bindet als oxygeniertes. Durch den Haldane-Effekt wird die CO_2-Aufnahme aus den Geweben und die CO_2-Abgabe in der Lunge wesentlich begünstigt. In der Lunge des Menschen werden allein durch die dort stattfindende Oxygenierung des Hb bei unverändertem p_{CO_2} bereits etwa 40% der bei Ruhe abgegebenen CO_2-Menge ausgetrieben (Abb. 3.90.). Umgekehrt sorgt der Bohr-Effekt (s. o.) dafür, daß allein durch die

CO_2-Aufnahme ins Blut aus dem Gewebe bereits ein Teil des gebundenen O_2 bei unverändertem p_{O_2} ausgetrieben wird. Die im venösen Blut transportierte gesamte CO_2-Menge ist bei den lungenatmenden Wirbeltieren höher als bei den Fischen (Mensch ca. 55 Vol.-%, Karpfen ca. 30 Vol.-%, *Raja* 10 Vol.-%). Die im Atmungsorgan abgegebene bzw. in den Geweben aufgenommene CO_2-Menge – ausgedrückt in % der transportierten Gesamtmenge – ist dagegen bei den Fischen größer.

Bei den **Evertebraten** ist die im Blut transportierte CO_2-Menge generell kleiner als bei den terrestrischen Wirbeltieren, oft auch noch kleiner als bei den Fischen. Sie ist bei den Süßwasserformen größer als bei den marinen. Die Hauptmenge des CO_2 dürfte auch bei den Wirbellosen als Hydrogencarbonat transportiert werden. Die respiratorischen Pigmente repräsentieren oft praktisch die Gesamtmenge der Blutproteine und damit auch die gesamte Pufferkapazität des Blutes. So ist es z. B. bei dem hämocyaninhaltigen Blut von *Limulus*. O_2- und CO_2-Aufnahmefähigkeit des Blutes gehen oft nicht konform. Das Blut des Cephalopoden *Loligo* hat zwar eine wesentlich höhere O_2-Kapazität, aber nur eine halb so große CO_2-Kapazität als das Blut der Schnecke *Busycon*. In beiden Fällen ist Hämocyanin der Blutfarbstoff. Das Blut von *Busycon* erreicht eine fast so große Aufnahmefähigkeit für CO_2 wie das Säugetierblut, seine O_2-Kapazität ist jedoch nur ca. $^1/_{10}$ so groß wie beim Säugetier. Desoxygeniertes Hämocyanin ist eine schwächere Säure als das oxygenierte, es vermag also mehr CO_2 zu binden (*Octopus, Loligo, Maja*). Bei *Busycon* ist es gerade umgekehrt. Dort ist auch der Bohr-Effekt negativ. Eine Carboanhydrase ist bei den Wirbellosen selten im Blut anzutreffen (Beispiele: *Lumbricus, Nereis*), dagegen oft in großer Menge in den Kiemen (Muscheln, Cephalopoden, Polychaeten, *Limulus*).

4. Das „innere Milieu" und seine Regulation (Homöostase)

Lediglich die Zellen der Protozoen sowie einiger primitiver Metazoen stehen in direktem Kontakt mit dem sie umgebenden Medium, aus dem sie ihre Nahrungsstoffe, Salze und den Sauerstoff beziehen und in das sie ihre Stoffwechselendprodukte wieder abgeben. Es ist das Verdienst des großen französischen Physiologen des 19. Jahrhunderts, Claude BERNARD[1]), darauf hingewiesen zu haben, daß die „Umwelt" der Zellen der höheren Tiere nicht mehr das Meer, Süßwasser bzw. die Luft ist, sondern ein körpereigenes **extrazelluläres Flüssigkeitsvolumen.** Diese extrazelluläre Flüssigkeit befindet sich bei den meisten Tieren in zirkulierender Bewegung und umspült alle Zellen. Sie versorgt die Zellen mit den nötigen Nährstoffen und mit Sauerstoff und nimmt andererseits die Stoffwechselendprodukte der Zellen auf. Zahlreiche und mit aufsteigender Tierreihe immer komplexere Regulationssysteme sorgen dafür, daß sich ihre chemische Zusammensetzung und physikalischen Eigenschaften trotz des intensiven Stoffaustausches mit den aktiven Körperzellen in der Regel nur wenig ändern. Diese Stabilität des **„milieu interieur"** (Homöostase[2])) gewährt den Tieren ein von den jeweiligen Umweltfaktoren unabhängigeres Leben.

4.1. Biologische Regelung

Es hat sich die Erkenntnis, daß die Funktionen der Steuer- und Regelmechanismen im Bereich des Lebendigen mit denjenigen im Bereich der Technik vergleichbar sind, als außerordentlich fruchtbar für die physiologische Forschung erwiesen. Die Dynamik dieser Mechanismen unter Abstraktion ihrer physiologischen bzw. physikalischen Besonderheiten ist einer einheitlichen Betrachtung und einer Analyse mit einheitlicher Methodik zugänglich. Die sich mit diesen Fragen beschäftigende Wissenschaft heißt **Kybernetik**[3]). Sie wurde von dem amerikanischen Mathematiker Norbert WIENER[4]) im Jahre 1948 als die „Lehre von der Regelung und Nachrichtenrübertragung im Lebewesen und in der Maschine" begründet.

Den Begriff des **Steuerns** gebrauchen wir in der Physiologie im gleichen Sinne wie in der Technik, nämlich zur Bezeichnung der „Einwirkung einer Nachricht auf einen Energiefluß" (KÜPFMÜLLER). Der Steuervorgang benötigt in der Regel selbst Energie. Es ist aber charakteristisch für ihn, daß diese Energie nicht in den gesteuerten Energiefluß eingeht, sondern nur dazu dient, bestimmte Bedingungen zu ändern, von denen der gesteuerte Vorgang abhängig ist. Zur Wirkung kommt also nur der Nachrichteninhalt der Steuergröße. Die Steuerenergie kann ganz anderer Natur sein als die Energie des gesteuerten Vorgangs. So steuert z. B. der auf die Sinneszelle einwirkende Reizenergie-Strom die Frequenz der von der Sinneszelle über die afferente Nervenbahn zentralwärts geschickten Folge elektrischer Impulse (Aktionspotentiale).

Reine Steuervorgänge sind im Organismus relativ selten. Oft wird die durch den Steuervorgang am Energiefluß erzielte Wirkung kontrolliert. Wirkt die Nachricht darüber auf den Steuervorgang und damit auch auf den Energiefluß zurück, so spricht man von einer **Rückkopplung** (englisch: feedback). Eine **negative Rückkopplung** liegt dann vor, wenn eine Änderung der kontrollierten Größe Vorgänge auslöst, durch die eben diese Änderung vermindert oder rückgängig gemacht wird. Durch solche negativen Rückkopplungsmechanismen können bestimmte Betriebsgrößen selbsttätig konstant gehalten, d. h., es kann ändernden Außeneinflüssen entgegengewirkt werden. Wir sprechen dann von einer **Regelung** (Abb. 4.1.).

---

[1]) Claude BERNARD, geb. 1813 in St. Julien bei Villefranche, Apothekenlehre und Medizinstudium, Prof. f. Physiologie in Paris, gest. 1878 in Paris.
[2]) hom ṓios (griech.) = ähnlich, gleichartig; he stásis (griech.) = der Stillstand.

[3]) ho kybernetes (griech.) = der Steuermann, Kybernetike bei PLATON (427–347 v. Chr.) die Lehre vom Steuern.
[4]) Norbert WIENER, geb. 1894 in Columbia (Missouri); Ph.D. an der Harvard Univ. 1912; Mitarb., zuletzt Prof. am Massachusetts Inst. of Technology (M.I.T.), Gastprof. in Cambridge, a. d. Tsing Hua Univ. in Peking u. am College of France in Paris, gest. 1964 in Stockholm.

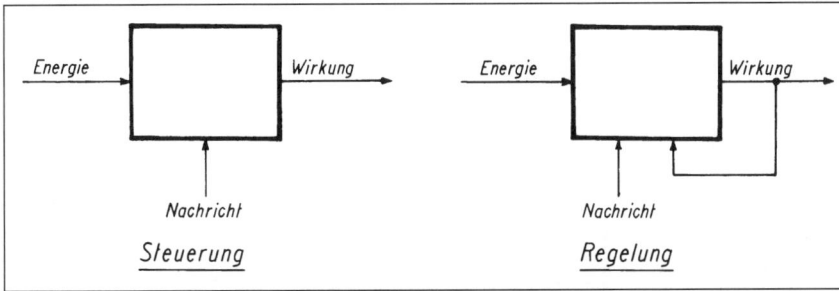

Abb. 4.1. Gegenüberstellung des Prinzips einer Steuerung und einer Regelung. Nach KÜPFMÜLLER.

4.1.1. Aufbau des Regelkreises

Dem Regelmechanismus liegt im Gegensatz zur einfachen Steuerung ein geschlossener Wirkungskreis, der **Regelkreis,** zugrunde. Er setzt sich aus einzelnen Baugliedern, den Regelkreisgliedern, zusammen, die auf der einen Seite Signaleingänge und auf der anderen Seite Signalausgänge besitzen. Die Nachrichten können nur vom Eingang zum Ausgang weitergegeben werden, nicht umgekehrt. Man sagt: die Regelkreisglieder sind gerichtet. Im Regelkreis wird somit die Nachricht ebenfalls nur in einer Richtung (Wirkungsrichtung) von Glied zu Glied weitergegeben.

Die Regelkreisglieder werden meistens in zwei Gruppen, Regelstrecke und Regler, zusammengefaßt. Die **Regelstrecke** ist derjenige Bereich, in dem die zu regelnde Größe vorliegt. Der **Regler** umfaßt diejenigen Glieder, die die Regelung durchführen. Dazu gehört zunächst eine „Instanz", die die **Regelgröße** x mißt und laufend überwacht. Das ist das **Meßglied** (Fühler). Was nicht gemessen werden kann, kann

auch nicht geregelt werden. Der Meßwert muß weitergemeldet und mit dem jeweiligen Sollwert, der von der **Führungsgröße** w vorgegeben wird, verglichen werden. Das geschieht in dem **Regelglied.** Tritt eine Regelabweichung auf ($x - w \neq 0$), so muß vom Regelwerk ein bestimmter „Stellbefehl" zur Veränderung der **Stellgröße** y am **Stellglied** ausgehen. Durch diese Änderung der Stellgröße wird auf die Regelgröße derart eingewirkt, daß sie wieder zum Sollwert zurückgeführt wird (negative Rückkopplung). Im Blockschaltbild werden die Regelkreisglieder durch Kästchen (black boxes) und die Eingangs- und Ausgangsgrößen durch Pfeile dargestellt (Abb. 4.2.). Die Regelstrecke besitzt die Regelgröße x als Ausgang und die Stellgröße y als Eingang. Der Regler hat zwei Eingänge, die Regelgröße x und die Führungsgröße $w,$ und einen Ausgang, die Stellgröße $y.$

Als **Beispiel** eines Regelkreises sei der **Pupillenmechanismus** des Menschen und anderer Säugetiere näher beschrieben (Abb. 4.3.). Er baut auf dem „Pupillenreflex" auf und dient dazu, die Lichtintensität im Auge (retinale Be-

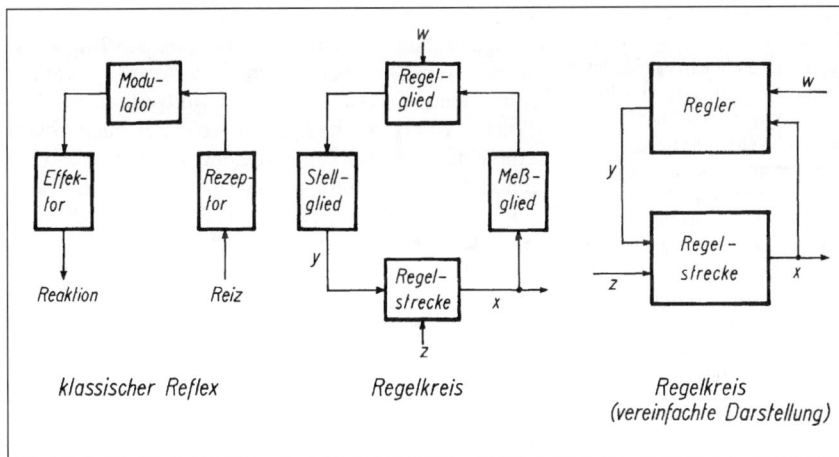

Abb. 4.2. Vergleich des Schaltbildes eines Reflexbogens mit dem eines Regelkreises. x = Regelgröße, y = Stellgröße, z = Störgröße, w = Führungsgröße.

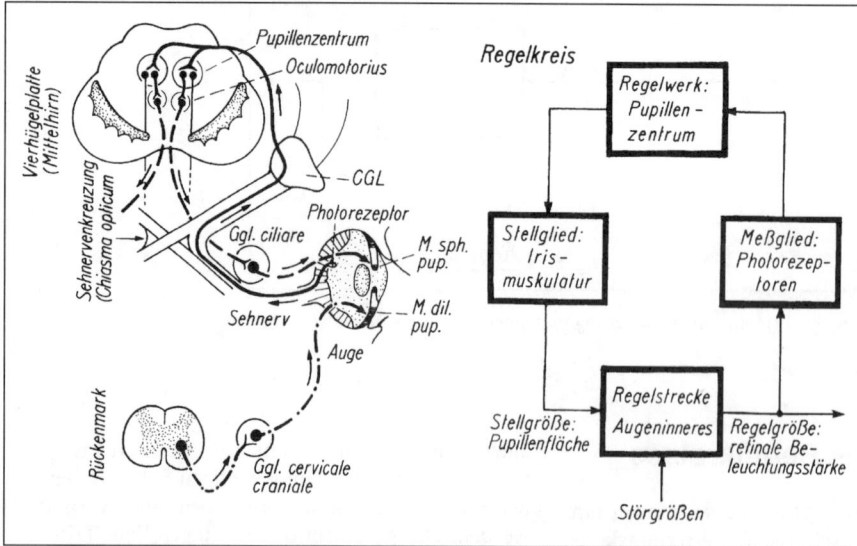

Abb. 4.3. Der Pupillenregelkreis. Links: Die anatomischen Verhältnisse. Der M. sphincter pupillae (M. sph. pup.) wird parasympathisch (gestrichelt) innerviert und verkleinert die Pupille, der M. dilatator pupillae (M. dil. pup.) wird vom Halssympathicus (Strich-Punkt-Linie) innerviert und vergrößert die Pupille. Überwiegt der parasympathische Einfluß, tritt Verkleinerung, überwiegt der sympathische, tritt Erweiterung der Pupille ein (CGL = Corpus geniculatum laterale). – Rechts: Schema des Regelkreises: Der Regelkreis stellt eine geschlossene Wirkungskette dar. Die ihn aufbauenden Operationsglieder werden als rückwirkungsfreie Blöcke dargestellt. Der Wirkungssinn dieser Blöcke wird durch gerichtete Eingangs- und Ausgangssignale (Pfeile) wiedergegeben. In der Regelstrecke, d. h. im Augeninnern, wird mit Hilfe der Meßglieder (Photorezeptoren) die Regelgröße (retinale Beleuchtungsstärke) ständig überwacht und die entsprechenden Informationen darüber dem Regelwerk (Pupillenzentrum) mitgeteilt. Dort wird die Information über den jeweiligen „Istwert" der Regelgröße mit dem „Sollwert" verglichen. Stimmen beide nicht überein, d. h. existiert eine „Regelabweichung", so wird ein „Stellbefehl" zum Stellglied weitergegeben, das daraufhin eine Verstellung vornimmt, die so gerichtet ist, daß die Regelgröße wieder in Richtung auf ihren Sollwert zurückgeführt wird: Halteregelung.

leuchtungsstärke = Regelgröße) unabhängig von der in der Umwelt herrschenden Intensität möglichst konstant zu halten. Das Meßglied des Regelkreises sind die Sehzellen in der Retina, die den jeweiligen Istwert der Regelgröße messen und die Information darüber den pupillomotorischen Zentren im Kerngebiet des N. oculomotorius sowie den sympathischen Zentren im Gehirn (Regelglied) zuleiten. Von dort aus werden entsprechende Befehle an das Stellglied (Irismuskulatur) weitergeleitet. Die Reaktion der Irismuskulatur führt entweder zur Verkleinerung (bei Erhöhung der Reizlichtintensität) oder zur Vergrößerung (bei Abnahme der Reizlichtintensität) der Pupillenfläche (Stellgröße). Das bedeutet, daß die Stellgröße im Sinne einer negativen Rückkopplung auf die Regelgröße in der Regelstrecke (Augenbulbus) zurückwirkt: Erhöhung der Lichtintensität im Auge löst eine Pupillenverkleinerung und damit die Rückführung der Lichtintensität auf erträgliche Werte aus, bei Abnahme der Lichtintensität wird umgekehrt durch Vergrößerung der Pupille ein stärkerer Lichteinfall ins Auge herbeigeführt. Im ersteren Falle überwiegt der parasympathische Einfluß auf den M. sphincter[1] pupillae, im zweiten der sympathische Einfluß auf den M. dilatator[2] pupillae.

---

[1] sphingéin (griech.) = schnüren, einschnüren.
[2] dilatare (lat.) = erweitern.

4.1.2. Zeitverhalten einzelner Regelkreisglieder

Entscheidend für den Regelvorgang sind die Übertragungseigenschaften der den Regelkreis aufbauenden Glieder. Jedes Glied besitzt einen Eingang und einen Ausgang. Am Eingang ist mindestens ein Eingangssignal (**input**) wirksam, und am Ausgang verläßt mindestens ein Ausgangssignal (**output**) das Glied. Solche **Übertragungsglieder** zeichnen sich durch eine eindeutige Wirkungsrichtung aus, d. h., das Eingangssignal bestimmt das Ausgangssignal, letzteres wirkt aber nicht auf das Eingangssignal zurück: Die Signalübertragung erfolgt **rückwirkungsfrei**. Sowohl die Ausgangsgröße x_a als auch die Eingangsgröße x_e sind Funktionen der Zeit: $x_a(t)$ und $x_e(t)$. Wir beschränken unsere folgenden Betrachtungen auf **lineare Übertragungsglieder.** Für sie gilt das Überlagerungsgesetz (Superpositionsgesetz): Treffen mehrere Eingangssignale am Glied ein, so addieren sich ihre Wirkungen am Ausgang, ohne sich gegenseitig zu beeinflussen. Das heißt: eine Verdopplung oder Verdreifachung des Eingangssignals hat auch eine Verdopplung bzw. Verdreifachung des Ausgangssignals zur Folge. Man kennt das Übertragungsverhalten eines Gliedes dann, wenn man die Zuordnung zwischen den Zeitfunktionen der Eingangs- und Ausgangsgröße kennt und mathematisch beschreiben kann.

Allgemein läßt sich die Beziehung zwischen der Eingangs- und Ausgangsgröße eines linearen Gliedes durch eine **lineare Differentialgleichung** darstellen

$$\cdots + a_3 \frac{d^3 x_a}{dt^3} + a_2 \frac{d^2 x_a}{dt^2} + a_1 \frac{dx_a}{dt} + a_0 x_a =$$

$$b_0 x_e + b_1 \frac{dx_e}{dt} + b_2 \frac{d^2 x_e}{dt^2} + a_3 \frac{d^3 x_e}{dt^3} + \cdots$$

Bei der Lösung solcher linearen Differentialgleichungen mit konstanten Koeffizienten hat sich die **Laplace-Transformation**[1]) als sehr nützlich erwiesen. Sie wird durch die Formel

$$F(p) = \int_0^\infty f(t)\, e^{-pt}\, dt$$

beschrieben. Durch sie wird jeder reellen Funktion $f(t)$ der Veränderlichen t ($0 \leqq t \leqq \infty$) die Funktion $F(p)$ zugeordnet. $F(p)$ heißt die Laplace-Transformierte der Funktion $f(t)$

$$F(p) = L\{f(t)\}\, (p),$$

wobei p eine komplexe Veränderliche ist.

Das prinzipielle Vorgehen ist folgendes (Abb. 4.4.): Man bildet das im Originalbereich (sog. Oberbereich) vorgegebene mathematische Problem mit Hilfe dieser Integraltransformation in dem Bildbereich (sog. Unterbereich) ab, löst das Problem dort und transformiert das Ergebnis dann wieder zurück in den Oberbereich. Dazu stehen umfangreiche Tabellenwerke zur Verfügung. Die Lösung der Aufgabe ist im Unterbereich nach der Transformation oft wesentlich einfacher als im Oberbereich. So gehen z. B. lineare Differentialgleichungen mit konstanten Koeffizienten bei der Transformation in lineare Gleichungen über, denn eine Differentiation im Originalbereich entspricht einer Multiplikation mit p im Unterbereich. Die obige Gleichung vereinfacht sich also (unter Nullstellung des sog. Restgliedes) zu

$$\ldots a_3 p^3 L\{x_a\} + a_2 p^2 L\{x_a\} + a_1 p L\{x_a\} + a_0 L\{x_a\}$$
$$= b_0 L\{x_e\} + b_1 p L\{x_e\} + b_2 p^2 L\{x_e\} + b_3 p^3 L\{x_e\} \ldots$$

---

[1]) Pierre Simon LAPLACE, geb. 1749 i. Beaumonten-Auge, Prof. a. d. Militärschule i. Paris, gest. 1827 i. Paris.

oder

$$\frac{L\{x_a\}}{L\{x_e\}} = \frac{b_0 + b_1 p + b_2 p^2 + b_3 p^3 + \cdots}{a_0 + a_1 p + a_2 p^2 + a_3 p^3 + \cdots} \equiv F(p)$$

Diesen Quotienten aus den Laplace-Transformierten der Ausgangsgröße x_a und der Eingangsgröße x_e bei verschiedenen Anfangsbedingungen bezeichnet man als **Übertragungsfunktion** (engl. transfer function) $F(p)$. Sie nimmt in der Kybernetik eine zentrale Stellung ein. Die Koeffizienten a_i und b_i setzen sich aus den Zeitkonstanten und den Übertragungsfaktoren des Gliedes zusammen.

Zur Analyse der Übertragungseigenschaften von Gliedern werden bestimmte Testsignale an den Eingang des zu untersuchenden Systems gelegt. Sehr gebräuchlich ist die Eingabe einer **Sprungfunktion.** Man erhöht x_e zum Zeitpunkt $t = 0$ sprunghaft um einen bestimmten Betrag und registriert daraufhin den zeitlichen Verlauf der Ausgangsgröße x_a (Sprungantwort). Die auf die Sprunghöhe 1 (Einheitssprung) bezogene Antwortfunktion bezeichnet man auch als **Übergangsfunktion** $h(t)$ (nicht zu verwechseln mit der Übertragungsfunktion $F(p)$, s. o.). Die Dimension von h ist nicht mehr mit x_a identisch, sondern ergibt sich aus der Division der Dimension von x_a durch x_e. Vernachlässigt man die bei allen Gliedern auftretenden zeitlichen Verzögerungen (s. u.) der Übertragung, so kann man drei idealisierte Grundverhaltensformen linearer Übertragungsglieder unterscheiden (Abb. 4.5.).

1. **Proportionales Verhalten** (P-Verhalten): Die Ausgangsgröße ist der Eingangsgröße proportional, d. h., sie folgt der sprunghaft veränderten Eingangsgröße, indem sie ebenfalls auf einen neuen, festen Wert springt.

$$x_a(t) = K \cdot x_e(t).$$

K ist der proportionale Übertragungsfaktor und gleich b_0/a_0. Alle anderen Koeffizienten der obigen allgemeinen linearen Differentialgleichung sind Null. Das Glied wird als Proportionalglied ohne Verzögerung (**P_0-Glied**) bezeichnet. Seine Übertragungsfunktion ist $F(p) = K$.

2. **Integrales Verhalten** (I-Verhalten): Die Ausgangsgröße ist dem zeitlichen Integral der Eingangsgröße proportional. Sie steigt vom Zeitpunkt $t = 0$ monoton an

$$x_a(t) = K_I \int_0^t x_e(t)\, dt.$$

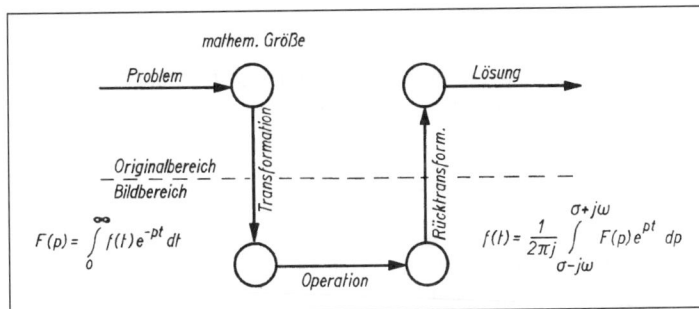

Abb. 4.4. Das Prinzip der Laplace-Transformation.

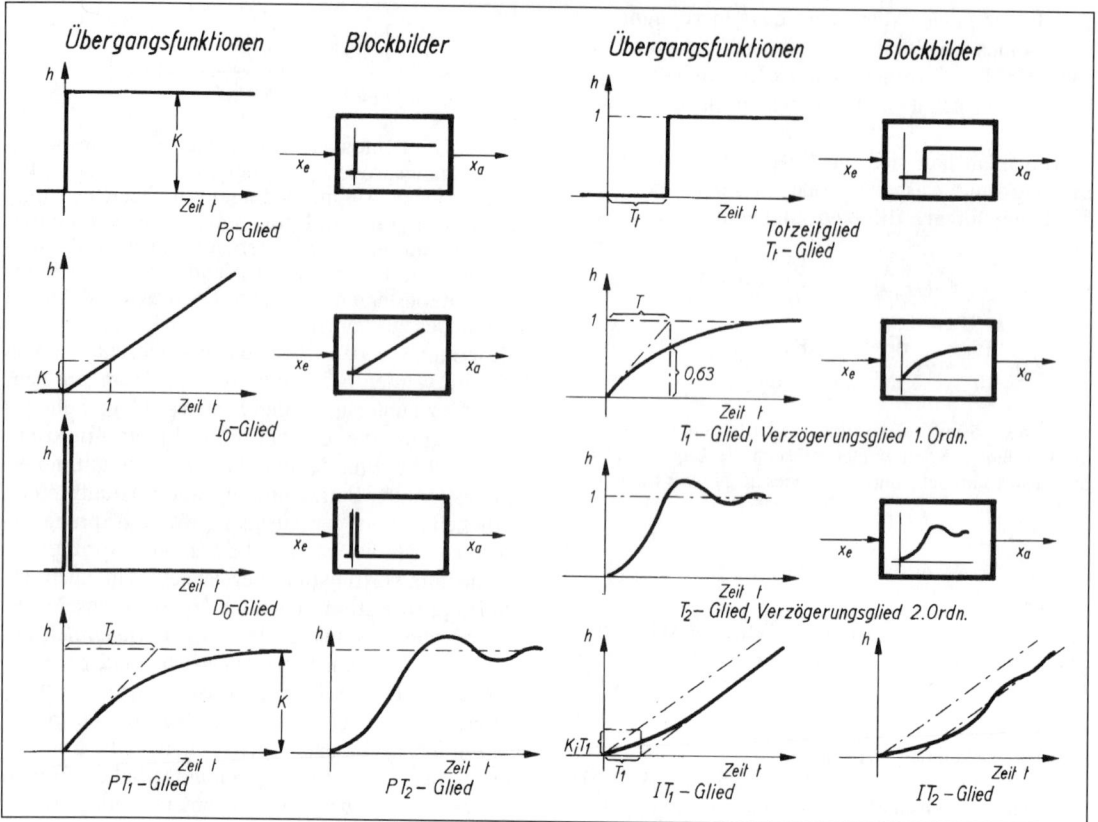

Abb. 4.5. Die wichtigsten Grundtypen von Übertragungsgliedern mit ihren Übergangsfunktionen $h(t)$.

K_I ist der integrale Übertragungsfaktor und gleich b_0/a_1. Alle anderen Koeffizienten der obigen allgemeinen Differentialgleichung sind Null. Ein Glied mit solchem Verhalten heißt Integrationsglied ohne Verzögerung (**I$_0$-Glied**). Seine Übertragungsfunktion ist $F(p) = K_I/p$.

3. **Differenzierendes Verhalten** (D-Verhalten): Die Ausgangsgröße ist der Änderungsgeschwindigkeit, d. h. dem zeitlichen Differentialquotienten der Eingangsgröße, proportional. Sie zeigt zum Zeitpunkt der sprunghaften Änderung von x_e einen Impuls von unendlich großer Höhe und kurzer Dauer

$$x_a(t) = K_D \; \frac{dx_e(t)}{dt}.$$

K_D ist der differentielle Übertragungsfaktor und gleich b_1/a_0. Alle anderen Koeffizienten der obigen allgemeinen Differentialgleichung sind Null. Ein solches Glied wird als differenzierendes Glied ohne Verzögerung (**D$_0$-Glied**) bezeichnet. Seine Übertragungsfunktion ist $F(p) = K_D \cdot p$.

Diese idealisierten P$_0$-, I$_0$- und D$_0$-Glieder existieren in der Natur nicht. Die reellen Glieder besitzen infolge der endlichen Geschwindigkeit der Signalweitergabe und -verarbeitung eine mehr oder weniger ausgeprägte **Totzeit** (T_t). Damit ist die Zeitspanne zwischen Änderung der Eingangsgröße und Beginn der Reaktion am Ausgang des Gliedes gemeint. Die Übergangsfunktion eines Gliedes mit Totzeit erscheint gegenüber derjenigen eines Gliedes ohne Totzeit in der Zeitachse um den Betrag T_t verschoben (Abb. 4.5.). In der Regel treten neben der Totzeit auch noch **Verzögerungen** auf, d. h., nach Eingabe einer Sprungfunktion stellt sich der neue stationäre Wert der Ausgangsgröße nicht ebenfalls sprunghaft ein, sondern wird asymptotisch bzw. über abklingende Schwingungen erreicht (Abb. 4.5.). Die Übertragungsfunktion eines Totzeitgliedes (T_t-Gliedes) ist

$$F(p) = K \cdot e^{-T_t \cdot p}$$

und die eines Proportionalgliedes mit Verzögerung erster Ordnung (P$_1$-Glied)

$$F(p) = \frac{K}{Tp + 1}.$$

Die Sprungreiz-Antworten einiger akustischer Neuronen des Stars sind in der Abbildung 4.6. zusammengestellt.

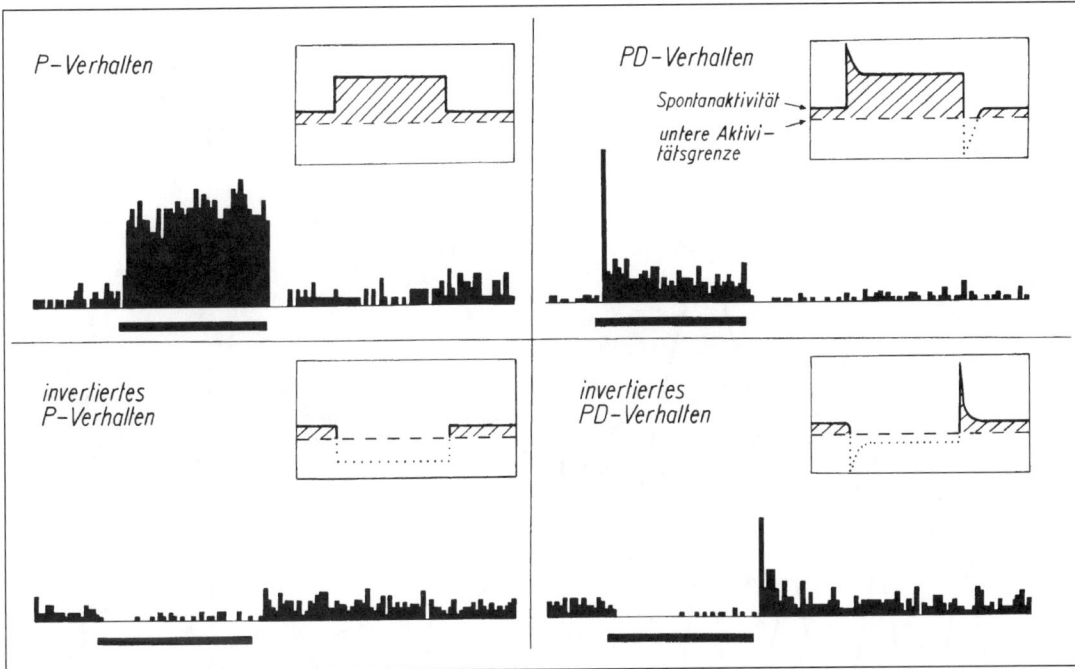

Abb. 4.6. Zeitfunktionen der Entladungsrate (Antwortmuster) akustischer Neuronen aus dem Neostriatum im Vorderhirn des Stares (*Sturnus vulgaris* L.) nach Eingabe eines Rechteckreizes (binaurales Rauschen von 400–500 ms Dauer und 80 dB SPL Amplitude). Die Reizzeit ist durch eine liegende schwarze Säule gekennzeichnet. Abszisse: Zeit, eingeteilt in 128 Intervalle zu je 12,8 ms Dauer. Ordinate: Erregungsgröße (Anzahl der Nervenimpulse pro Zeitintervall), sog. Peri-Stimulus-Time- (PST-) Histogramme. Die kleinen Einsatzfiguren zeigen die „direkten" oder „invertierten" Übertragungsfunktionen idealer P- und PD-Übertragungsglieder. In den PST-Histogrammen erscheinen nur die Teile dieser Übertragungsfunktionen, die oberhalb der unteren Aktivitätsgrenze (gestrichelt) liegen. Nach LEPPELSACK 1974.

Ein anderes wichtiges Verfahren zur Untersuchung der Übertragungseigenschaften von Gliedern ist die **Frequenzganganalyse** (Abb. 4.7.). Wird die Eingangsgröße x_e in sinusförmige Schwingungen konstanter Amplitude versetzt, dann stellt sich im eingeschwungenen Zustand am Ausgang des Gliedes ebenfalls eine Sinusschwingung gleicher Frequenz, aber anderer Amplitude und Phasenlage ein. Es erweisen sich die Phasenlage und das Amplitudenverhältnis zwischen Ausgang und Eingang als von der Frequenz abhängig. Es werden für verschiedene Frequenzen zwischen $0 \leq \omega \leq \infty$ jeweils Amplitude und Phasenlage der Ausgangsschwingung registriert. Die Ergebnisse dieser Meßreihe lassen sich übersichtlich in Form einer **Ortskurve des Frequenzganges** darstellen. Für jede Frequenz wird ein Zeiger gezeichnet, der vom Mittelpunkt des Koordinatenkreuzes ausgeht und dessen Länge dem Amplitudenverhältnis zwischen Ausgang und Eingang entspricht. Der Winkel, den dieser Pfeil mit der positiven reellen Achse des Koordinatenkreuzes im Uhrzeigersinn einschließt, entspricht dem Phasenverschiebungswinkel gegenüber dem Eingang. Verbindet man die Pfeilspitzen miteinander, so erhält man die Ortskurve, die Pfeile selbst brauchen dann gar nicht mehr gezeichnet zu werden. Es gibt mathematische Verfahren zur Berechnung des Frequenzganges aus der Übergangsfunktion oder umgekehrt der Übergangsfunktion aus dem Frequenzgang (Ortskurve) Abb. 4.3./4.7.).

4.1.3. Zeitverhalten von Regelkreisen

Sind zwei Übertragungsglieder mit den Übertragungsfunktionen $F_1(p)$ und $F_2(p)$ in Reihe hintereinander geschaltet, so daß die Ausgangsgröße des ersten Gliedes gleichzeitig die Eingangsgröße des zweiten ist (Abb. 4.8.), dann ist die Übertragungsfunktion beider Glieder zusammen gleich dem Produkt von F_1 und F_2.

Reihenschaltung:

$$F(p) = F_1(p) \cdot F_2(p)$$

Bei Parallelschaltung zweier Glieder tritt die gleiche Eingangsgröße an beiden Gliedern auf, und die Ausgangsgrößen werden addiert. Die Übertragungsfunktion des Gesamtsystems ist dann

Parallelschaltung:

$$F(p) = F_1(p) + F_2(p)$$

Sind zwei Glieder mit den Übertragungsfunktionen $F_1(p)$ und $F_2(p)$ so geschaltet, daß sich die Eingangs-

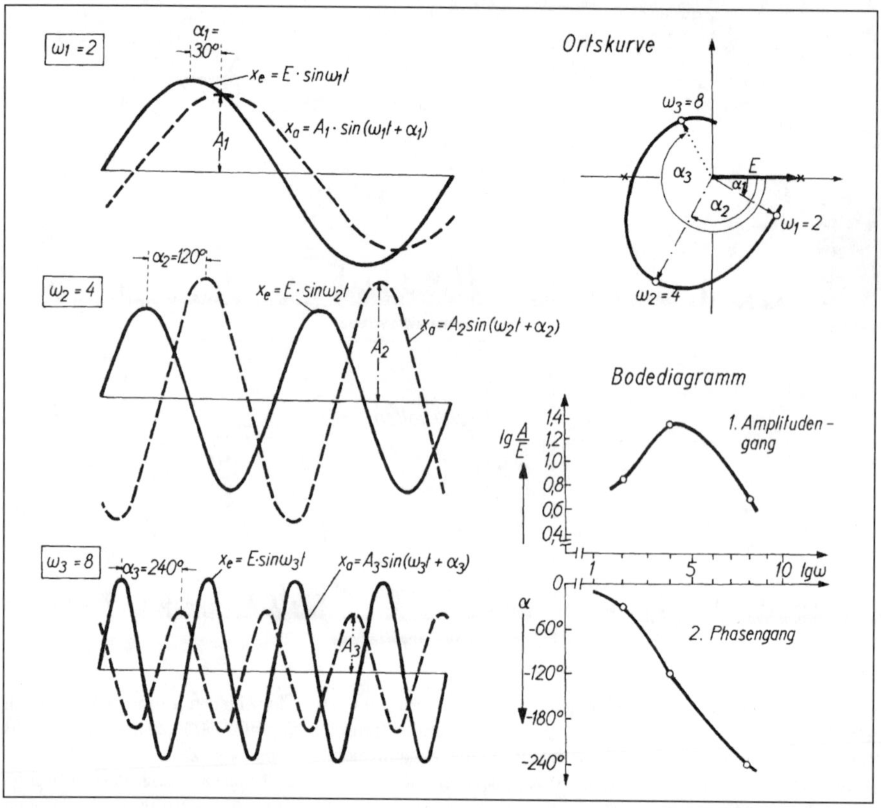

Abb. 4.7. Frequenzanalyse eines Systems: Es werden Sinusschwingungen gleicher Amplitude E, aber verschiedener Frequenz ω in das System hineingegeben. Heraus kommt eine Sinusschwingung gleicher Frequenz und einer von ω abhängigen Amplitude A und Phasenlage α. Die Darstellung der Ergebnisse einer solchen Frequenzanalyse erfolgt in Form der Ortskurve oder des Bodediagramms.

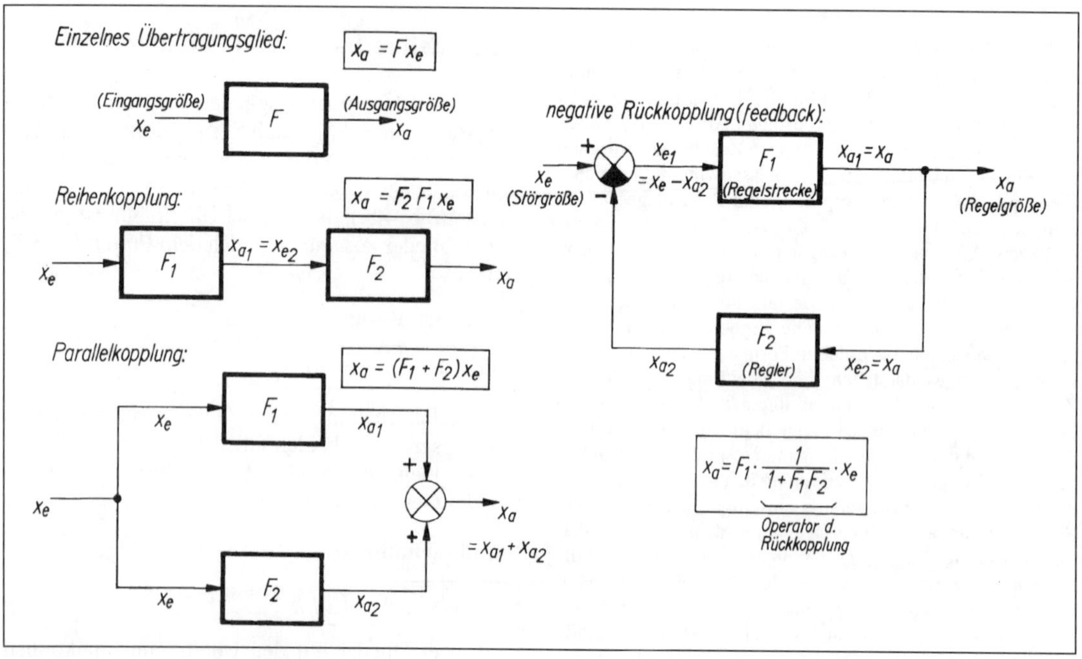

Abb. 4.8. Die wichtigsten Koppelungen von Übertragungsgliedern.

größe des einen Gliedes („Vorwärtsglied") aus der Subtraktion der Ausgangsgröße des anderen Gliedes („Rückwärtsglied") von der Eingangsgröße des Gesamtsystems ergibt und die Ausgangsgröße der gesamten Schaltung mit der Ausgangsgröße des Vorwärtsgliedes übereinstimmt, die gleichzeitig die Eingangsgröße des Rückwärtsgliedes ist, so haben wir eine Rückführschaltung oder einen einfachen Regelkreis mit negativer Rückkopplung vor uns (Abb. 4.8.). Es gilt dann

$$x_a = F_1 x_{e1} = F_1(x_e - x_{a2})$$
$$= F_1 x_e - F_1 x_{a2}$$
$$= F_1 x_e - F_1 \cdot F_2 x_{e2}$$
$$= F_1 x_e - F_1 F_2 x_a$$
$$x_a = \frac{F_1}{1 + F_1 F_2} \cdot x_e.$$

Somit ist die Übertragungsfunktion der gesamten Schaltung

Rückführschaltung (Regelkreis):

$$F(p) = F_1(p) \frac{1}{1 + F_1(p) \cdot F_2(p)}$$

F_1 ist die Übertragungsfunktion des Vorwärtsgliedes (Regelstrecke) und F_2 die des Rückwärtsgliedes (Regler).

Zur Analyse des Verhaltens von Regelkreisen ist es vorteilhaft, den geschlossenen Wirkungskreis an einer Stelle zu unterbrechen („aufzuschneiden", Abb. 4.9.). Der **aufgeschnittene Regelkreis** kann wie ein Übertragungsglied mit einem Eingang und einem Ausgang betrachtet werden. Seine Übertragungsfunktion F_0 ist dann

$$F_0(p) = F_{\text{Regler}}(p) \cdot F_{\text{Strecke}}(p).$$

Man unterscheidet **P-Strecken** (Strecken mit Ausgleich) und **I-Strecken** (Strecken ohne Ausgleich). Bei den ersten mündet die durch sprunghafte Änderung der Stellgröße (Input) verursachte Änderung der Regelgröße (Output) in einen neuen Beharrungszustand ein, der zum Eingangswert in proportionaler (deshalb die Bezeichnung P-Strecken!) Beziehung steht. Bei den **I-Strecken** kehrt die Regelgröße dagegen nicht zu einem Beharrungswert zurück.

Ebenso unterscheidet man nach ihrem Verhalten zwischen Proportional- und Integralreglern (P- und I-Regler). Beim **I-Regler** bestimmt die Regelabweichung als Eingangsgröße die Änderungs*geschwindig-*

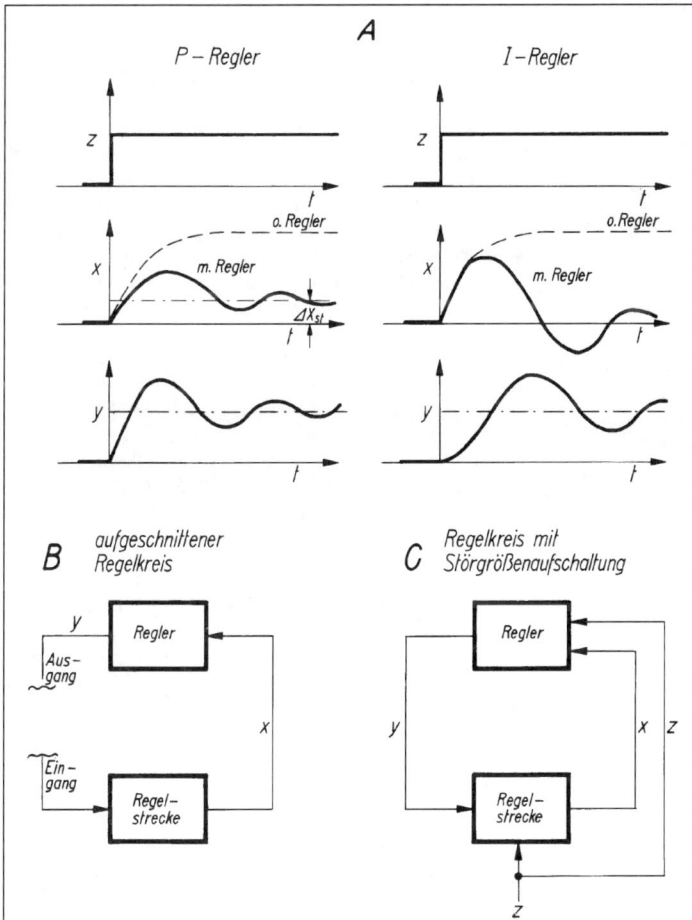

Abb. 4.9. A. Das zeitliche Verhalten der Regelgröße x und der Stellgröße y nach sprunghafter Änderung der Störgröße z (Sprungreiz) beim P- und beim I-Regler. Während beim I-Regler die Störung vollständig ausgeregelt wird, bleibt beim P-Regler nach Erreichen des stationären Zustandes eine Restabweichung (Δx_{st}) bestehen. B. „Aufgeschnittener" Regelkreis. C. Blockbild einer Störgrößenaufschaltung.

keit der Stellgröße. Das bedeutet, daß die Stellgröße sich so lange ändert, solange eine Regelabweichung besteht. Sie kommt erst dann zur Ruhe, wenn die Abweichung infolge des Regelprozesses im geschlossenen Regelkreis Null geworden ist und der Sollwert wieder erreicht ist. Im aufgeschnittenen Kreis kann sich kein neuer Beharrungszustand der Ausgangsgröße einstellen, solange die Störung anhält. – Anders ist es beim **P-Regler.** Hier bestimmt die Regelabweichung nicht die Änderungsgeschwindigkeit, sondern den Wert der Stellgröße selbst (Proportionalität zwischen beiden!). Sie kann deshalb im Regelprozeß auch nicht vollständig kompensiert werden, denn das würde bedeuten, daß derselbe Regelgrößenwert (vor und nach der Regelung) zwei verschiedene Stellgrößenwerte hervorruft. Es muß sich vielmehr bei einer konstanten Störung – im Gegensatz zum I-Regler – eine bleibende, stationäre Abweichung (Δx_{st}, Abb. 4.9.) der Regelgröße vom Sollwert einstellen **(Proportionalabweichung),** die als „Restreiz" den neuen Stellgrößenwert bedingt. Ein solches Verhalten findet man z. B. beim Pupillenmechanismus des Menschen. Es besteht zwischen der retinalen Beleuchtungsstärke (Regelgröße) und dem Pupillendurchmesser (Stellgröße) Proportionalität. Durch Verkleinerung der Pupille werden nur etwa 50% der aufgetretenen Störung (erhöhte retinale Beleuchtungsstärke) abgeschirmt, eine Restabweichung von 50% bleibt bestehen. Als **Regelfaktor** *R* wird das Verhältnis der bestehenbleibenden Regelabweichung nach erfolgter Regelung und nach Ausschaltung des Reglers bezeichnet:

$$R = \frac{\Delta x_{st} \text{ (mit Regler)}}{\Delta x'_{st} \text{ (ohne Regler)}}.$$

Er beträgt beim Pupillenmechanismus

$$\frac{50}{100} = 0,5.$$

Je kleiner der Regelfaktor ist, desto vollständiger ist die Regelung, d. h. desto kleiner bleiben die unter dem Einfluß der Störgröße auftretenden Regelabweichungen. Ist K_S der proportionale Übertragungsfaktor der Regelstrecke und K_R derjenige des Reglers, so ist der proportionale Übertragungsfaktor des geschlossenen Regelkreises

$$K = K_S \frac{1}{1 + K_R K_S}.$$

Eine sprunghafte Störung vom Betrag *E* am Eingang der Regelstrecke würde eine stationäre Proportionalabweichung der Regelgröße vom Wert

$$\Delta x_{st} = K_S \frac{1}{1 + K_R K_S} \cdot E$$

hervorrufen. Ohne den Regler betrüge die Regelabweichung

$$\Delta x'_{st} = K_S \cdot E.$$

Daraus ergibt sich der Regelfaktor zu

$$R = \frac{\Delta x_{st}}{\Delta x'_{st}} = \frac{1}{1 + K_R K_S} = \frac{1}{1 + V}.$$

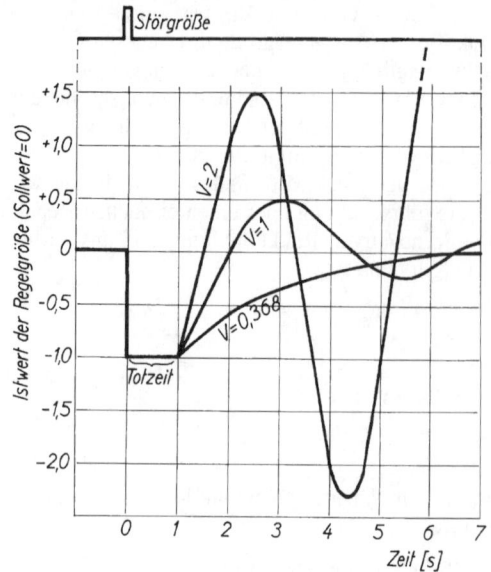

Abb. 4.10. Zur Stabilität von Regelkreisen. Das Zeitverhalten eines Integralreglers mit der Totzeit $T_t = 1$ s nach kurzfristiger Störung zum Zeitpunkt $t = 0$, die den Istwert der Regelgröße um 1 vermindert (Sollwert = 0). Infolge der Totzeit beginnt der Abbau der Regelabweichung erst mit einer Sekunde Verzögerung. Eine Verstärkung $V = 1$ bedeutet, daß die Rückführung der Regelgröße zu ihrem Sollwert innerhalb einer Zeitspanne, die der Totzeit entspricht, erfolgt. Bei $V = 2$ geschieht das bereits in der halben Totzeit (0,5 s). Zu diesem Zeitpunkt ($t = 2$ bzw. 1,5) kommt das System jedoch noch nicht zur Ruhe, da (wegen der Totzeit von 1 s) noch immer die Regelabweichung von vor einer Sekunde wirksam ist. Es steigt deshalb die Kurve über die Nullinie hinweg an. Erst zum Zeitpunkt $t = 3$ bzw. 2,5 wird die zu Null gewordene Regelabweichung wirksam: die Kurven verlaufen horizontal und kehren anschließend um. Man erkennt, daß bei $V = 2$ der Regelkreis instabil ist, eine Rückführung der Regelgröße zum Sollwert unterbleibt. Bei $V = 1$ kehrt die Regelgröße über gedämpfte Schwingungen zum Sollwert zurück. Bei $V = 0,368$ ist der „aperiodische" Grenzfall erreicht, bei dem die Rückführung der Regelgröße zum Sollwert in kürzester Zeit abgeschlossen wird. Bei weiterer Verminderung der Verstärkung wird die Rückführungszeit wieder länger. Verändert nach HASSENSTEIN 1965.

$V = K_R \cdot K_S$ nennt man den **Verstärkungsfaktor.** Theoretisch könnte man durch Vergrößerung von K_R den Betrag von x_{st} beliebig klein machen. In Wirklichkeit ist diese Möglichkeit begrenzt. Wird nämlich K_R über einen kritischen Wert hinaus vergrößert, so wird der Regelkreis *instabil,* d. h., das System kommt nach einem Anstoß nicht mehr zur Ruhe (Abb. 4.10.). Es gibt trotzdem noch eine Möglichkeit, auch bei einer P-Regelung an einer P-Strecke die bleibende Regelabweichung Δx_{st} zu beseitigen, und zwar durch Hinzufügung eines **I-Anteils** zum Regler: sog. **PI-Regler.**

Regler mit **D-Einfluß** (mit Vorhalt) verstellen – schließlich – die Stellgröße (Output) zusätzlich auch noch propor-

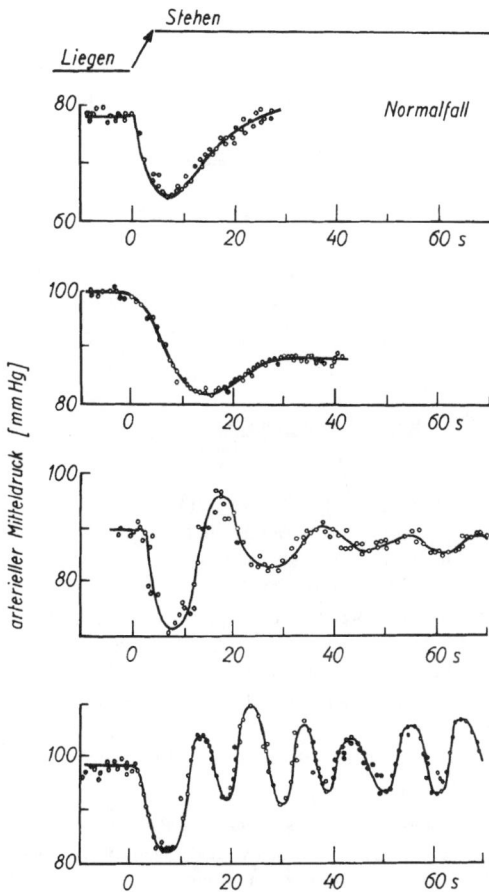

Abb. 4.11. Verschiedene Formen des Wiedereinschwingens des Aortenmitteldruckes auf den Sollwert nach dem Übergang aus der liegenden in die senkrechte Körperlage (Sprungreiz) beim Menschen. Im Normalfall ist die Rückführung auf den Sollwert durch einen aperiodischen Einschwingvorgang nach etwa 20 s abgeschlossen. In pathologischen Fällen kann es zur beträchtlichen Verschlechterung der Regelgüte kommen: unvollständige und verlangsamte Rückführung im Fall 2, periodisch gedämpfte Schwingungen im Fall 3 oder periodisch ungedämpfte Schwingungen (Überschreiten der Stabilitätsgrenze des Reglers!) im Fall 4. Aus DRISCHEL 1972.

tional zur Änderungsgeschwindigkeit der Regelabweichung (Input): **PD-** bzw. **PID-Regler.** Durch den D-Anteil eines Reglers kann die zur Regelung notwendige Zeit wesentlich verkürzt werden, denn er bringt bereits eine Regelwirkung, wenn eine Regelabweichung erst im Entstehen (Differentialquotientenempfindlichkeit!), d. h. für den P-Anteil noch gar nicht faßbar ist. Die Wirkung des D-Anteils kommt also derjenigen des P-Anteils zuvor. Das zeitliche Verhalten des Aortenmitteldruckes als Regelgröße beim Menschen nach einer Störung (Übergang aus der liegenden in eine senkrechte Körperlage), im Normalfall und in pathologischen Fällen zeigt Abbildung 4.11.

Der einfache oder einläufige Regelkreis, der nur eine einzige Schleife, die aus Regelstrecke und Regler besteht, aufweist, gehört im Bereich des Lebendigen zu den selteneren Erscheinungen. Biologische Regelsysteme zeichnen sich oft durch einen hohen Grad der Kompliziertheit aus. Von **vermaschten Regelkreisen** spricht man dann, wenn innerhalb des Regelkreises weitere Schleifen existieren. So kann z. B. durch ein zusätzliches Meßglied die Störgröße gemessen werden. Der Regler kann dann bereits Verstellungen am Stellglied einleiten, bevor es durch die Störgröße zu einer wesentlichen Änderung der Regelgröße gekommen ist. Eine solche **Störgrößenaufschaltung** (Abb. 4.9.) ist z. B. bei der Thermoregulation der gleichwarmen Wirbeltiere von Bedeutung (4.5.). Eine **Mehrfachregelung** liegt dann vor, wenn in derselben Regelanlage mehrere verschiedene Regelgrößen geregelt werden, die nicht unabhängig voneinander durch die zugehörigen Stellglieder beeinflußbar sind. Ein bekanntes Beispiel dafür ist die chemische Regulation der Atmung durch den CO_2-Partialdruck, den O_2-Partialdruck und die $H^\oplus$-Konzentration im arteriellen Blut der Säugetiere. Dieser Regelkreis hat die Aufgabe, diese drei Regelgrößen weitgehend konstant zu halten, steht also im Dienst der Homöostase.

Bislang haben wir angenommen, daß sich der Wert der Führungsgröße in der Zeit nicht ändert. Durch die Führungsgröße wird der Sollwert vergeben, mit dem der jeweilige Istwert der Regelgröße laufend verglichen wird. In diesem Falle kann sich die Funktion des Regelkreises darauf beschränken, die durch Störgröße hervorgerufenen Regelabweichungen mehr oder weniger vollständig zu kompensieren. Man spricht von einer Festwert- oder **Halteregelung.** Es gibt im Bereich des Lebendigen auch viele Beispiele dafür, daß sich der Sollwert unter bestimmten Bedingungen ändert. Eine solche **Sollwertverstellung** liegt z. B. im Falle des Fiebers vor. Der Organismus reguliert dann seine Körpertemperatur nicht mehr auf den Normalwert, sondern auf einen höheren, den Fieberwert, ein. Auch die Photomenotaxis oder Lichtkompaßbewegung (7.4.) leitet sich von der gewöhnlichen Phototaxis durch Sollwertverstellung ab. Die Führungsgröße kann sich auch nach einem bestimmten Programm, etwa im Tag-Nacht-Rhythmus, ändern **(Programmregler).** Darauf sind wahrscheinlich die Schwankungen der Körpertemperatur im 24-Stunden-Rhythmus bei Warmblütern und andere **biologische Rhythmen** (7.3.) zurückzuführen. Eine gezielte Änderung der Führungsgröße führt automatisch dazu, daß über den Regelkreis die Regelgröße nachgeführt wird. Die Aufgabe des Regelsystems ist dann nicht mehr die eines Halte-, sondern die eines **Folgereglers.** Ein gutes Beispiel eines solchen Folgereglers ist die Funktion der Muskelspindeln in der Muskulatur der Warmblüter (6.1.1.7.).

4.2. Exkretion

Bei den ständig im Organismus ablaufenden Stoff-
wechselprozessen fallen Substanzen an, die nicht
weiter nutzbringend verwendet werden können. Manche dieser Produkte sind nicht nur nutzlos, sondern
auch giftig. Die Organismen müssen, um eine Über-
schwemmung des Körpers mit diesen Stoffen zu verhindern, für deren ständige Eliminierung sorgen. Man
bezeichnet diesen Prozeß als **Exkretion**[1]), die auszu-
scheidenden Stoffe als **Exkretstoffe.**

Es sind nicht nur Stoffwechselendprodukte, die auf
diese Weise den Organismus verlassen. Auch viele
körperfremde Substanzen (das sind solche Stoffe,
die weder normale Bausteine noch normale Stoffwechselprodukte des betreffenden Tieres darstellen),
die mit der Nahrung durch den Darm in den Tierkörper eingetreten sind, werden mit Hilfe der Exkretion
wieder entfernt. – Schließlich können infolge begrenzter Leistungsfähigkeit der Exkretionsmechanis-
men oder infolge eines zu hohen Angebots mit der
Nahrung in den Exkreten auch mehr oder weniger regelmäßig solche Stoffe auftreten, die noch verwertbar
wären (z. B. Aminosäuren).

Bei fast allen Tieren (Ausnahmen: Mesozoen,
Poriferen, Coelenteraten, acoele Turbellarien,
Echinodermen und Tunikaten) sind besondere **Exkretionsorgane** ausgebildet, durch die insbesondere
– neben anderen wichtigen Aufgaben bei der Ionen-
und Osmoregulation sowie bei der Regulation des
Säure-Basen-Gleichgewichtes – die Ausscheidung
N-haltiger Endprodukte aus dem Eiweiß- und Purinstoffwechsel erfolgt. Oft ist das Exkretionsorgan
nicht der einzige Ausscheidungsort. Man spricht dann
von einer **extrarenalen**[2]) **Exkretion.** Bei den Knochenfischen (Teleosteer) kann mehr Ammoniak extrarenal durch das Kiemenepithel als über die Nieren
ausgeschieden werden. In einigen Fällen werden die
Exkretstoffe nicht nach außen abgegeben, sondern in
bestimmten Zellen in unschädlicher Form abgelagert
(Exkretspeicherung).

4.2.1. Die wichtigsten Exkretstoffe und deren Bildung

Die Zahl und Mannigfaltigkeit der Stoffe, die in den
Exkreten der verschiedenen Tiere auftreten können,
ist sehr groß. Es können hier nur die wichtigsten erwähnt werden.

Die im Stoffwechsel anfallenden Schlackenstoffe
können unter Umständen ohne weitere Veränderung

direkt abgeschieden werden: **primäre Exkretstoffe.**
Dazu gehören z. B. das Ammoniak und das Kohlendioxid sowie die aus dem Purinstoffwechsel stammende Harnsäure. Insbesondere bei den Wirbeltieren,
aber auch bei den Insekten, vielen Gastropoden und
Tunikaten werden dagegen bestimmte im Stoffwechsel anfallende Stoffe zum Zweck der Exkretion fer-
mentativ unter Energieaufwand verarbeitet: **sekundäre Exkretstoffe.** Hierunter fallen z. B. die auf syn-
thetischem Weg entstandene Harnsäure, der Harnstoff und die Hippursäure. Diese **Exkretionssynthe-
sen** erfolgen meist nicht in der Niere (Ausnahme:
z. B. Synthese der Hippursäure in der Säugerniere).

4.2.1.1. Kohlendioxid und organische Säuren

Im strengen Sinne des Wortes muß man das bei vollständiger Verbrennung der Kohlenhydrate, Fette und
N-freien Restkörper der Aminosäuren entstehende
Kohlendioxid auch zu den Exkretstoffen zählen. Es
nimmt aber insofern eine Sonderstellung ein, als es
vornehmlich in gasförmigem Zustand ausgeschieden
wird. Da diese Ausscheidung in der Regel durch dieselben Organe erfolgt, durch die auch der Sauerstoff
aufgenommen wird, soll in diesem Zusammenhang
nur auf den Abschnitt über die Atmung verwiesen
werden.

Eine geringe CO_2-Menge verläßt den Körper nicht in gasförmigem Zustand. Sie findet z. B. Eingang in die Harnstoffsynthese (s. u.) oder kann in Form von $CaCO_3$ mit dem
Urin ausgeschieden werden.

Die bei unvollkommener Verbrennung der N-frei-
en Substrate – insbesondere bei Parasiten (Nematoden u. a.) – reichlich anfallenden niederen Fettsäuren
(Valeriansäure, Capronsäure, Milchsäure u. a.) werden gemeinsam mit den N-haltigen Exkretstoffen
ausgeschieden.

4.2.1.2. Ammoniak

Das aus dem Eiweißstoffwechsel reichlich anfallende
Ammoniak wird von vielen Tieren vornehmlich di-
rekt als Ammonium in Verbindung mit verschiedenen
Anionen ausgeschieden: **ammoniotelische Tiere**
(Abb. 4.12.). Dazu gehören die Protozoen, Poriferen,
Coelenteraten, nichtparasitischen Scoleciden, die
meisten Mollusken (Ausnahme: einige Gastropoden),
Anneliden, Crustaceen, einige im Süßwasser lebende
Insektenlarven (z. B. *Aeschna* und *Eristalis*), Echino-
dermen, Teleosteer, Urodelen und Anurenlarven. Die
Krokodile können nach neueren Untersuchungen
nicht mehr vorbehaltlos zu den ammoniotelischen
Tieren gerechnet werden.

Es ist auffällig, daß nahezu alle ammoniotelischen
Tiere im Wasser leben. Diese Gesetzmäßigkeit zeigt
sich besonders deutlich bei solchen Tiergruppen, die

---

[1]) ex (lat.) = aus; cernere (lat.) = scheiden, sondern.
[2]) extra (lat.) = außerhalb; rēn, rēnis (lat.) = Niere.

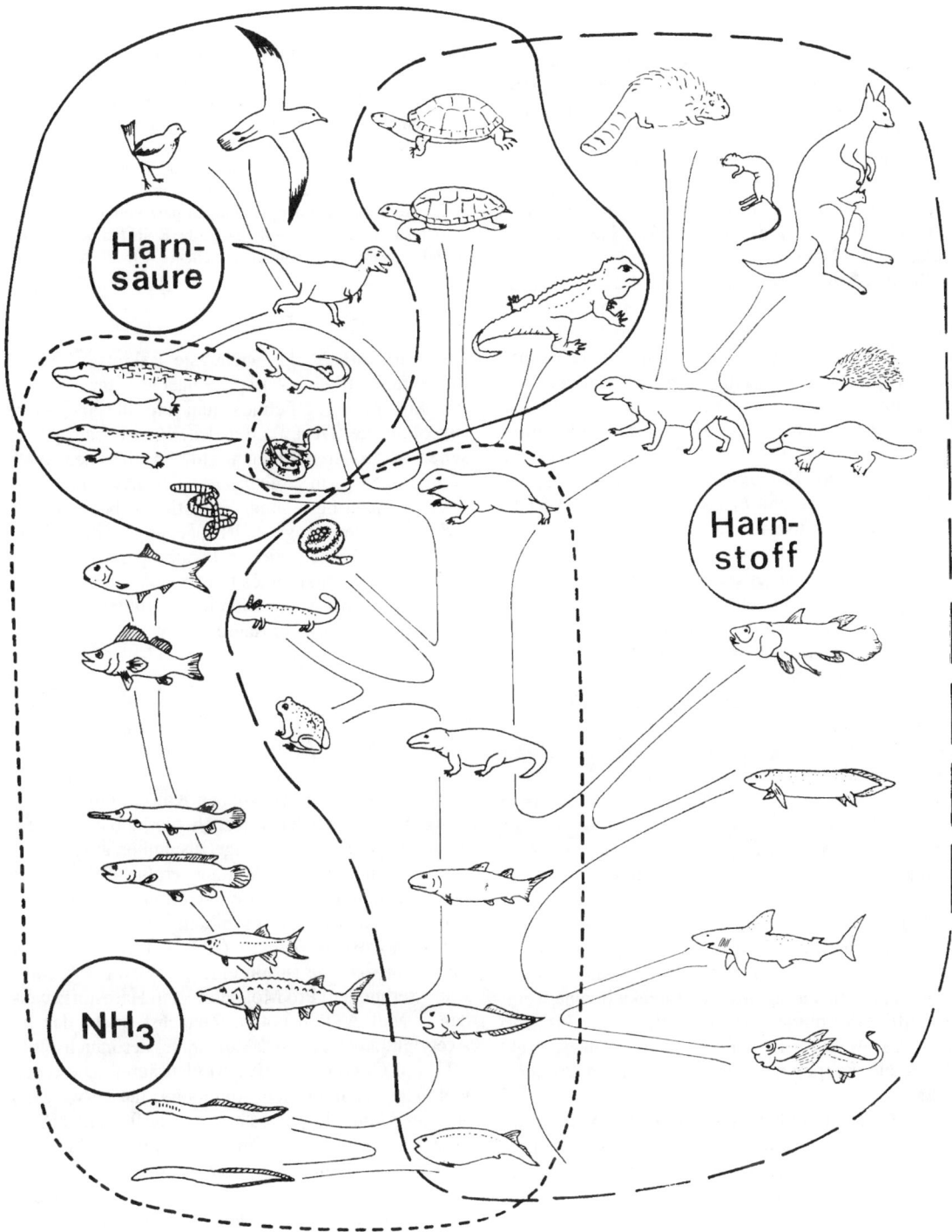

Abb. 4.12. Phylogenie und N-Exkretion bei den Wirbeltieren. Nach SCHMIDT-NIELSEN 1972.

sowohl terrestrische als auch im Wasser lebende Formen umfassen. So sind z. B. bei den Gastropoden nur die marinen Vertreter der Prosobranchier und Opisthobranchier *(Aplysia)* und die aus dem Meer ins Süßwasser zugewanderten Formen *(Hydrobia jenkinsi)* ammoniotelisch, nicht aber die terrestrischen Vertreter unter den Prosobranchiern und Pulmonaten. Die Asseln (Isopoden) und Gammariden (Amphipoden) sind in folgender Reihenfolge in abnehmendem Maße ammoniotelisch: marine Vertreter > Süßwasservertreter > Landformen.

Bei den **Anuren** scheiden die im Wasser lebenden Kaulquappen *(Bufo, Rana* usw.) vornehmlich Ammoniak, die terrestrischen Kröten und Frösche dagegen Harnstoff aus. Die Abnahme der Ammoniakausscheidung beginnt zu der Zeit, wenn der Kaulquappenschwanz eingeschmolzen wird. Bei *Rana catesbiana* konnte beobachtet werden, daß mit dem Beginn der Metamorphose alle Enzyme des Ornithinzyklus (s. u.) stark zunehmen. *Xenopus* (Krallenfrosch), der auch nach der Metamorphose das Wasser nicht verläßt, bleibt ammoniotelisch.

Der afrikanische **Lungenfisch** *Protopterus* ist ammoniotelisch, solange er bei genügender Wassermenge wie andere Fische lebt und aktiv ist. Er scheidet dann etwa 3mal soviel Ammoniak wie Harnstoff aus. Sobald die Wasserbehälter im Sommer (Trockenperiode) austrocknen und die Tiere sich zum Sommerschlaf bei Lungenatmung in eine Höhle im Schlamm zurückziehen, bilden sie mehr Harnstoff. Die gespeicherte Harnstoffmenge erreicht 0,5–2% des Körpergewichts! Sie stammt größtenteils aus dem Ornithinzyklus. Kehren die Tiere mit der nächsten Regenzeit wieder ins Wasser zurück, so werden zunächst große Harnstoffmengen entleert, und anschließend gehen sie wieder zur ammoniotelischen Exkretion über.

Es ist offensichtlich so, daß nur bei den im Wasser lebenden Tieren eine hinreichend schnelle Eliminierung des giftigen Ammoniaks erfolgen kann, so daß sich eine Überführung des Ammoniaks in eine weniger giftige Verbindung erübrigt. Ein hoher Prozentsatz des Ammoniaks diffundiert bei ihnen direkt durch die Körperoberfläche (z. B. Kiemen) nach außen.

Die **Empfindlichkeit gegenüber dem Ammoniak** ist bei den einzelnen Tieren sehr unterschiedlich. Während bei den Wirbeltieren durchweg niedrige Ammoniakkonzentrationen im Blut vorherrschen (0,001–0,003 mg% bei den Säugetieren, nicht mehr als 0,1 mg% bei den Reptilien, Amphibien und Fischen), sind bei den Wirbellosen oft beträchtliche Mengen vorhanden: Beim Hummer und Flußkrebs bis 1,9 mg%, beim Regenwurm *Pheretima* 4 mg%, bei *Sepia* 2,8–4,8 mg% und bei Schnecken zwischen 0,7 und 2 mg%. Wenn die Ammoniakkonzentration im Blut des Kaninchens auf 5 mg ansteigt, so tritt der Tod ein.

Nur ein geringer Anteil des ausgeschiedenen Ammoniaks stammt nicht aus dem α-Aminostickstoff der Proteine. Ammoniak kann z. B. aus den Aminopurinen und -pyrimidinen freigesetzt werden. Bei manchen Wirbellosen führt auch der Abbau der Purinbasen über Harnsäure und Harnstoff schließlich zum Ammoniak. Das im Säugetierharn enthaltene Ammoniak ist nicht – wie man früher annahm – aus dem Harnstoff entstanden. Es wird vielmehr in der Niere selbst aus Glutamin und anderen Aminosäuren freigesetzt. Die $NH_4^{\oplus}$-Ausscheidung hängt bei ihnen stark vom pH-Wert des Tubulusharns ab. Sie spielt eine große Rolle bei der Regulation des Säure-Basen-Gleichgewichts (4.4.).

4.2.1.3. Harnstoff

Der Harnstoff ist der wichtigste Exkretstoff vieler Wirbeltiere (Abb. 4.12.): Selachier, terrestrische Amphibien, einige Schildkröten und alle Säugetiere **(ureotelische Tiere[1]))**. Bei den Wirbellosen tritt er selten in größeren Mengen auf. So überwiegt auch beim Regenwurm *(Lumbricus terrestris)* unter normalen Ernährungs- und Feuchtigkeitsbedingungen die Ammoniummenge im Urin gegenüber dem Harnstoffanteil. Hungerperioden können jedoch zu einer Umkehr des Verhältnisses führen.

Der Harnstoff ist das Diamid der Kohlensäure oder das Amid der Carbaminsäure:

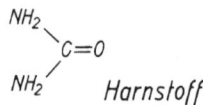

$$NH_2 \atop NH_2 \Big\rangle C{=}O \qquad \textit{Harnstoff}$$

Er ist selbst in relativ hohen Konzentrationen ungiftig. Er ist ferner leicht löslich, weshalb er stets mit einer gewissen Wassermenge zusammen ausgeschieden werden muß. Der weitaus größte Teil des im Urin der ureotelischen Tiere vorkommenden Harnstoffs ist vom Tier selbst synthetisiert worden.

Die **Harnstoffsynthese** (Abb. 4.13.) geht in der Leber vor sich, sie ist mit einem großen Energieaufwand verbunden. Pro Mol gebildeten Harnstoffs werden 3 Mol ATP benötigt. Zunächst bildet das N-Acetylglutamat als Kofaktor unter Verbrauch eines ATP mit CO_2 eine „aktive Kohlensäure". Diese erst verbindet sich mit freiem Ammoniak, das vorwiegend aus der Glutaminsäure stammen dürfte, unter Verbrauch eines weiteren ATP zu Carbamylphosphat. Letzteres wird auf die δ-Aminogruppe des Ornithins unter Abspaltung organischen Phosphats übertragen. So entsteht das Citrullin. Dieses tritt zunächst mit Asparaginsäure unter Verbrauch eines weiteren ATP und dem Einfluß eines „kondensierenden Enzyms" zu Argininobernsteinsäure zusammen, die aber anschließend sofort wieder in Arginin und Fumarsäure zerlegt wird. Aus dem Arginin wird durch das Enzym

[1]) ureum (lat.) = Harnstoff; to télos (griech.) = das Ende, Ziel.

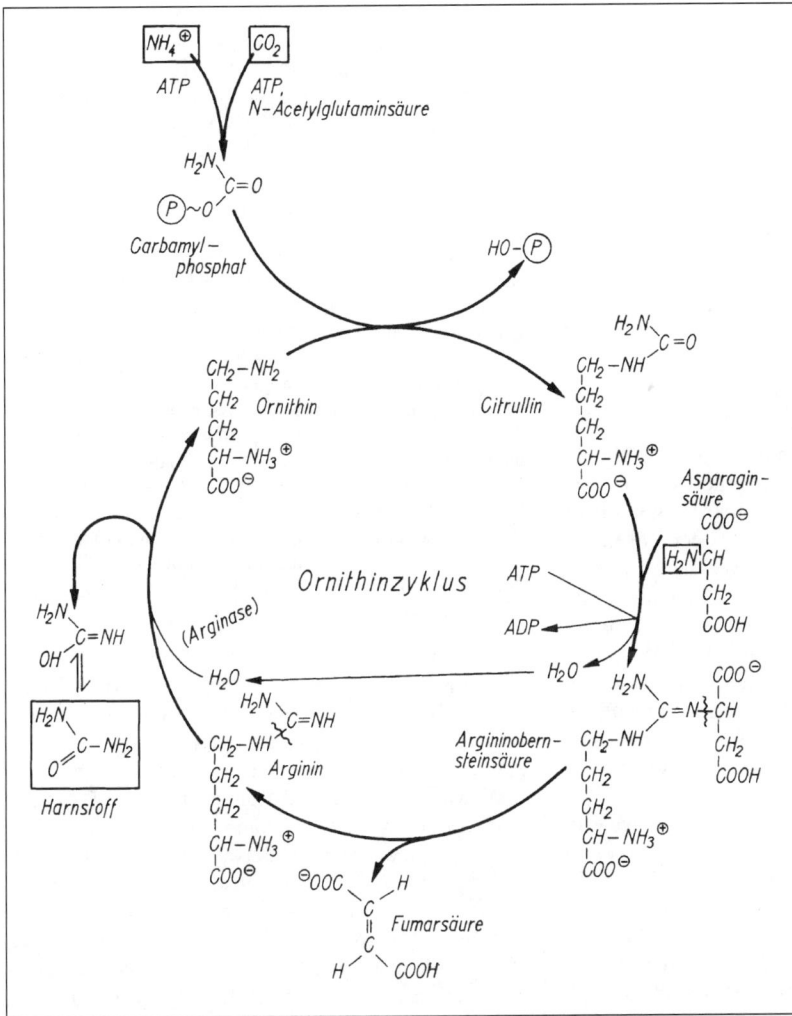

Abb. 4.13. Der Syntheseweg des Harnstoffs (Ornithinzyklus).

Arginase der Harnstoff freigesetzt, wobei gleichzeitig wieder Ornithin entsteht, das erneut in den Kreislauf eintreten kann **(Ornithinzyklus).** Im Endeffekt ist der Harnstoff somit über den Ornithinzyklus aus 1 CO_2 und 2 NH_3 unter Verbrauch von 3 ATP entstanden. Das Ammoniak stammt dabei je zur Hälfte aus der Glutaminsäure und der Asparaginsäure.

4.2.1.4. Harnsäure und Derivate

Bei den **uricotelischen Tieren** dominiert die Harnsäure unter den N-haltigen Exkretstoffen. Zu ihnen gehören verschiedene Gastropoden, vornehmlich die terrestrischen Vertreter (der Prosobranchier *Cyclosioma elegans* und die Pulmonaten *Helix pomatia, Helicella itala* u. a.), außerdem einige Süßwasserbewohner *(Planorbis, Paludina, Lymnaea, Bithynia).* Weiterhin sind die Insekten, Schlangen, Eidechsen und Vögel uricotelisch.

Die **Schildkröten** verhalten sich unterschiedlich. Einige Arten unter den Landschildkröten *(Testudo)* scheiden mehr Harnsäure, andere mehr Harnstoff aus. Man kann sie als ureo-uricotelisch bezeichnen. Ähnliches gilt für die **Krokodile,** nur mit dem Unterschied, daß bei ihnen statt der Harnsäure das Ammoniak dominieren kann. Sie sind ammonio-uricotelisch. Wenn man bei *Crocodilus niloticus* nicht nur den flüssigen Harn, sondern auch die fast nur aus Harnsäure bestehenden festen Harnablagerungen mit berücksichtigt, so ergibt sich folgende Aufteilung des gesamten Exkretstickstoffs: 25,4% Ammoniak, 68,5% Harnsäure, 4,5% Harnstoff. Die N-Ausscheidung hängt sowohl von der **Wasserbalance** des Tieres als auch von der **Nahrung** ab: Bei *Chelodina* (Schildkröte) und beim Alligator nimmt mit steigender Dehydration der Tiere die Harnstoffausscheidung ab und die Harnsäureausscheidung zu. Hydrierte Alligatoren scheiden bei regelmäßiger Fütterung mit Casein, Gelatine oder Kaninchenfleisch gleich viel an Harnsäure und Ammonium aus, während bei Hunger unter sonst gleichen Bedingungen das Ammonium überwiegt.

Die Harnsäure ist das 2,6,8-Trioxypurin:

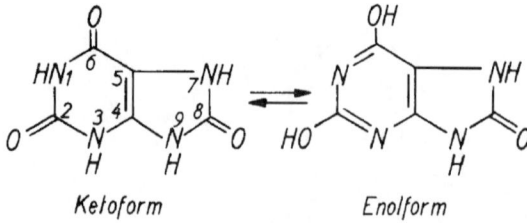

Ketoform   Enolform

Sie ist im Gegensatz zum Ammoniak nicht giftig und im Gegensatz zum Harnstoff schwer löslich. Sie kann deshalb in Form eines wasserarmen kristallinen Breies abgegeben werden. Das ist von großer Bedeutung für solche Tiere, die mit ihrem Wasservorrat sehr haushalten müssen. Deshalb ist es verständlich, daß die als extreme Wassersparer bekannten Tierformen uricotelisch sind. Die Harnsäure und ihre Urate fallen bei der Eindickung des Harns aus und bestimmen dann den osmotischen Wert des Urins nicht mehr mit. Dadurch ist es möglich, einen zum Blut hypoosmotischen Harn trotz eines hohen Harnsäuregehalts auszuscheiden.

Die Harnsäure kann im Stoffwechsel auf zweierlei Weise entstehen. Bei allen Tieren entsteht sie über die Desaminierung und Oxydation beim Abbau der Purinbasen (Guanin, Adenin), die entweder aus der Nahrung (**exogene Harnsäure**) oder aus körpereigenen Stoffen des Zellkörpers und Zytoplasmas (Nukleinsäuren) stammen (**endogene Harnsäure**). Die Menge der ausgeschiedenen endogenen Harnsäure bleibt bei unveränderter Lebensweise ziemlich konstant, sie ist ein Maß des Abnutzungsumsatzes der körpereigenen Nukleoproteide. Die zweite Entstehungsweise, die Synthese der Harnsäure, spielt nur bei den uricotelischen Tieren eine Rolle. – Der Pyrimidin-N wird gewöhnlich in Form von Ammoniak oder Harnstoff ausgeschieden.

Die **Harnsäuresynthese** erfolgt bei den Vögeln und Reptilien in der Leber und Niere, bei den Insekten im „Fettkörper" (Corpus adiposum). Sie läuft an der Ribose-5-Phosphorsäure ab und führt schließlich zu einem vollständigen Nukleotid, das Hypoxanthin als Base aufweist: **Inosinsäure.** Aus dieser Substanz wird anschließend die Harnsäure freigesetzt. Die Inosinsäure ist auch der Ausgangsstoff bei der Synthese der beiden in den Nukleinsäuren vorkommenden Purinnukleotide Adenosin-5-Phosphat und Guanosin-5-Phosphat. Mit Hilfe markierter Verbindungen (C^{14}, N^{15}) war es möglich, die Herkunft der C- und N-Atome des an dem Ribose-5-Phosphat aufgebauten Puringerüsts (Hypoxanthin) zu klären. Die N-Atome stammen aus den Aminosäuren Glutaminsäure, Asparaginsäure und Glycin, die C-Atome aus „aktivierter Ameisensäure", Glycin und $HCO_3^{\ominus}$ (Abb. 4.14.).

Der **Abbau der Purine** führt zunächst zur **Harnsäure,** die aber nicht immer das Endprodukt bleibt. Bei verschiedenen Tieren schließt sich ein weiterer Abbau der Harnsäure (**Uricolyse**) an, der bei einigen im Wasser lebenden Wirbellosen über Allantoin, Allantoinsäure und Harnstoff bis zum Ammoniak fortgeführt werden kann. Die einzelnen Tiergruppen zeigen große Unterschiede hinsichtlich der Vollständigkeit ihrer uricolytischen Enzymkette. Oft ist das Endprodukt des Purinabbaus mit dem des Eiweißstoffwechsels identisch. So ist es z. B. bei den terrestrischen Amphibien und den Elasmobranchiern in beiden Fällen der Harnstoff, bei *Mytilus* und bei

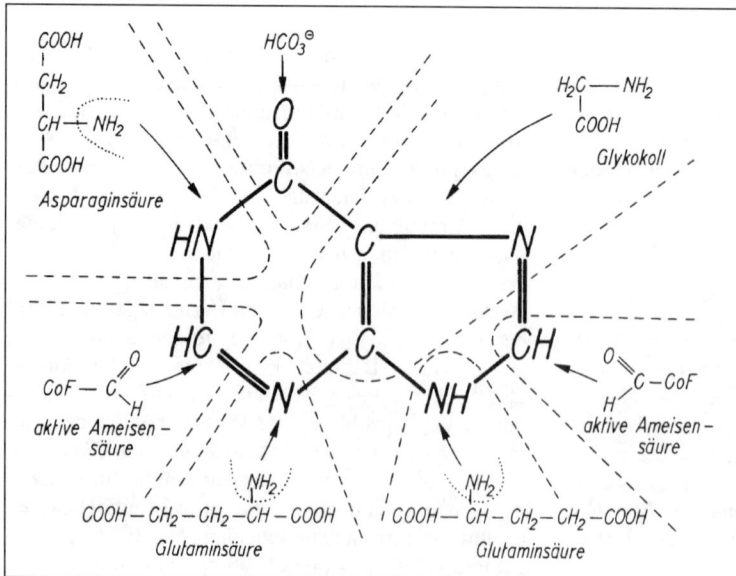

Abb. 4.14. Die Herkunft der einzelnen Atome bei der Biosynthese des Purinskeletts (Harnsäuresynthese).

den Dekapoden sowie anderen Wirbellosen des Wassers das Ammoniak, bei vielen Insekten und Vögeln die Harnsäure. Bei den Säugetieren trifft diese Regel jedoch nicht zu: Endstufe des Purinabbaus sind die Harnsäure und das Allantoin, Endstufe des Eiweißstoffwechsels ist der Harnstoff (Abb. 4.15.).

An dieser Stelle muß noch eine Besonderheit der Spinnen (**Arachniden**) erwähnt werden. In ihren Exkreten findet man stets **Guanin** (2-Amino-6-Oxypurin), das mehr oder weniger vollständig an die Stelle der Harnsäure tritt. Da das Guanin noch schwerer löslich ist als die Harnsäure und auch noch ein Stickstoffatom mehr im Molekül aufweist, ist es gut geeignet, die Harnsäure zu vertreten. Wie das Guanin aus dem Proteinstoffwechsel gebildet wird, ist noch nicht bekannt. In kristalliner Form wird Guanin oft – und nicht nur bei den Arachniden – in besonderen Zellen (z. B. Iridozyten der Fische) abgelagert.

4.2.1.5. Andere wichtige Exkretstoffe

Das im Harn der Wirbeltiere stets in geringen Konzentrationen vorhandene **Kreatinin** entsteht aus der Kreatinphosphorsäure, die bei der Muskeltätigkeit eine wichtige Rolle spielt (6.1.1.6.). Kreatinin ist das innere Anhydrid des Kreatins. Es fehlt auch im Urin vieler Wirbelloser nicht.

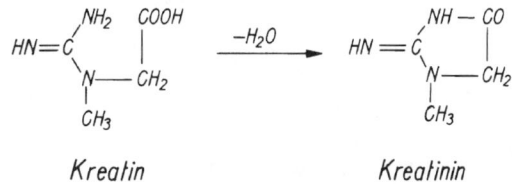

Kreatin   *Kreatinin*

Insbesondere die marinen Fische scheiden mit dem Harn große Mengen **Trimethylaminoxid** aus. Es ist

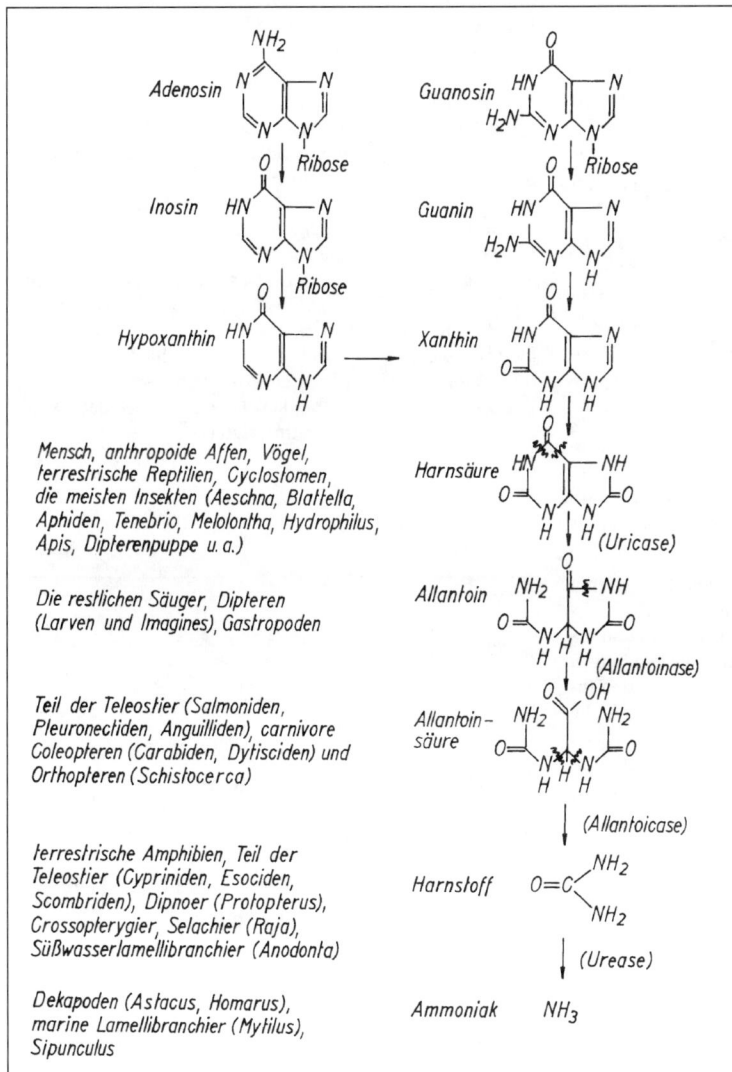

Abb. 4.15. Der Abbau der Purine bis zur Harnsäure und die sich anschließende Uricolyse, die bei einer Reihe von Tiergruppen bis zum Ammoniak führt, bei anderen mehr oder weniger vorzeitig endet.

$$H_3C - \overset{\overset{\displaystyle CH_3}{|}}{\underset{\underset{\displaystyle CH_3}{|}}{N^{\oplus}}} - \underline{\bar{O}}|^{\ominus} \qquad Trimethylaminoxid$$

Benzoesäure   Glycin

$$\text{Benzoesäure} \underbrace{\quad} - C \overset{\displaystyle}{\underset{\displaystyle O}{\|}} - NH - CH_2 - COOH \qquad Hippursäure$$

löslich, reagiert nahezu neutral und ungiftig. Aus ihm kann durch bakterielle Einwirkung das freie Trimethylamin entstehen (charakteristischer Geruch toter Meeresfische), das auch im Säugetierharn in Spuren nachgewiesen werden konnte. Trimethylaminoxid kommt in der Muskulatur der marinen Fische, eigenartigerweise aber nicht in der der Süßwasserfische vor. Vielleicht spielt dieser Stoff in ähnlicher Weise wie der Harnstoff bei den marinen Selachiern eine Rolle bei der Osmoregulation. Fütterungsversuche mit jungen Lachsen ergaben, daß bei ihnen das ausgeschiedene Trimethylaminoxid rein exogenen Ursprungs ist, d. h. aus der Nahrung stammt. Viele Tiere des Zooplanktons enthalten beträchtliche Mengen dieses Stoffes. Andererseits muß man zumindest bei solchen Meeresfischen, die wie z. B. *Lophius* bis zu 33% des Stickstoffs in Form von Trimethylaminoxid ausscheiden, auch eine gewisse Fähigkeit zur Eigensynthese dieser Substanz vermuten.

Zum Abschluß sollen noch einige Beispiele aus der Gruppe sog. **konjugierter Produkte** erwähnt werden. Viele körperfremde Substanzen werden im Organismus mit körpereigenen Stoffen gepaart (konjugiert) und in dieser Form ausgeschieden. Oft entsteht durch diese Paarung ein zur Ausscheidung besser geeignetes, weniger giftiges Produkt („Entgiftungsvorgang"), was aber nicht immer der Fall zu sein braucht. Die häufigsten konjugierten Produkte sind:

1. **Schwefelsäureester:** z. B. die Indoxylschwefelsäure (Harnindican) und die Schwefelsäureester mit Phenolen. So werden z. B. auch die Östrogene, die phenolischen Charakter haben, zum großen Teil an Schwefelsäure gebunden ausgeschieden.

2. **Glucuronide oder Glucoside:** Bei den Säugetieren spielt die Kopplung an Glucuronsäure eine große Rolle. Es handelt sich dabei entweder um glykosidische Bindungen von Alkoholen und Phenolen oder um esterartige Bindungen von verschiedenen aromatischen Carbonsäuren. Bei den Insekten tritt an die Stelle der Glucuronsäure die Glucose, die der Entgiftung aromatischer Moleküle dient, die mit der Pflanzennahrung in das Tier gelangen. Die Glucosid-Bindung erfolgt im Fettkörper unter Verbrauch von Uridintriphosphat (UTP):

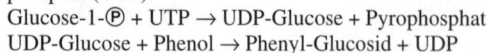

Glucose-1-$\circledP$ + UTP → UDP-Glucose + Pyrophosphat
UDP-Glucose + Phenol → Phenyl-Glucosid + UDP

3. **Amide von Aminosäuren:** Vornehmlich im Harn pflanzenfressender Säugetiere (Rind, Pferd) findet man oft in großen Mengen die **Hippursäure**[1]).

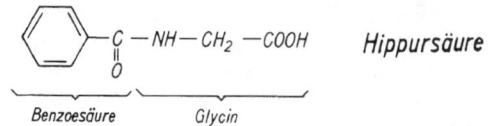

Ihre Synthese aus Benzoesäure und Glycin erfolgt unter ATP-Verbrauch und Beteiligung von CoA hauptsächlich in der Niere selbst (beim Hund, Schwein, Schaf ausschließlich!), sie dient der Entgiftung der Benzoesäure. Die ausgeschiedene Menge ist abhängig von der vornehmlich mit der pflanzlichen Nahrung zugeführten Menge an Benzolderivaten, die im Organismus zu Benzoesäure umgewandelt werden können. Der damit verbundene, bei reiner Pflanzenkost nicht unerhebliche Verlust an Glycin ist nicht so schwerwiegend, da diese Aminosäure von den Säugetieren in praktisch unbegrenzter Menge entweder durch Neusynthese oder durch Freisetzung aus den Proteinen für die Kopplungsreaktion zur Verfügung gestellt werden kann. Reine Carnivoren unter den Säugetieren scheiden nur geringe Mengen Hippursäure aus. Bei den fast ausschließlich (Ausnahme: Septibranchier) pflanzenfressenden Muscheln tritt ebenfalls im Urin Hippursäure auf. Auch die Larve der Mücke *Aedes aegypti* ist zur Hippursäure-Synthese befähigt.

Die **Vögel** können im Gegensatz zu den Säugetieren das Glycin nicht oder zumindest nicht in ausreichender Menge synthetisieren, sie sind auf die Zufuhr mit der Nahrung angewiesen (3.1.1.). Ihr Glycinverbrauch ist außerdem gegenüber anderen Tieren noch besonders hoch, weil sie als uricotelische Tiere zur Synthese jedes Harnsäuremoleküls ein Molekül Glycin benötigen (4.2.1.4.).

Das bedeutet, daß für die Ausscheidung von 3 N-Atomen ein Molekül Glycin notwendig ist. Deshalb wird bei den Vögeln die Benzoesäure nicht mit Glycin, sondern mit einer anderen Aminosäure, dem Ornithin, das anscheinend von ihnen synthetisiert werden kann, gekoppelt ausgeschieden. Das Ornithin kann mit seinen beiden Aminogruppen gleich zwei Benzoesäure-Moleküle binden. Es entsteht so das Dibenzoylornithin, die sog. **Ornithursäure**[2]).

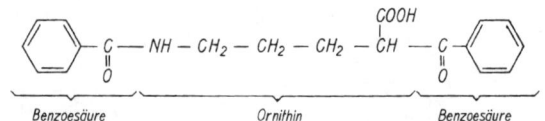

Benzoesäure   Ornithin   Benzoesäure

Ornithursäure

4.2.2. Die renale Exkretion

4.2.2.1. Allgemeines

An der Harnbereitung in den Nieren der Tiere sind gewöhnlich drei Vorgänge beteiligt

1. Ultrafiltration des Blutes bzw. der Hämolymphe
2. Reabsorption von Stoffen
3. Sekretion von Stoffen

---

[1]) ho híppos (griech.) = das Pferd.

[2]) he órnis, órnithos (griech.) = der Vogel, das Huhn.

Durch die **Ultrafiltration** entsteht ein „**Primärharn**", der hinsichtlich der kleinmolekularen Stoffe eine dem Blut entsprechende Zusammensetzung aufweist. Es hängt von der Beschaffenheit (Porenweite) des Filters ab, bis zu welcher Größe die Moleküle hindurchtreten können. Kommt der Moleküldurchmesser dem „effektiven" Porendurchmesser nahe, so ist der Durchtritt bereits mehr oder weniger stark behindert (**eingeschränkte Filtration**). Für kleinmolekulare Stoffe gilt die uneingeschränkte Filtration. Kleine Unterschiede in der Konzentration der Elektrolyte zwischen Primärharn und Blut sind das Ergebnis einer sich einstellenden Donnan-Verteilung (1.6.2.). Sie stellt sich bekanntlich immer dann ein, wenn Elektrolytlösungen durch eine Membran getrennt sind, die für einen Teil der Ionen nicht passierbar ist. In diesem Fall sind es die Blutproteine, die bei dem im Blut herrschenden pH-Wert als Anionen vorliegen und nicht durch den Filter treten können. Deshalb sind die Konzentrationen der diffusiblen Kationen in der Regel etwas niedriger, die der Anionen etwas höher im Primärharn als im Blutplasma.

Voraussetzung für eine Filtration ist das Vorhandensein eines Druckgefälles zwischen den beiden Seiten des Filters. Auf der Blutseite wird durch die Herztätigkeit ein hydrostatischer Druck (p'_{hydr}) erzeugt. Ihm wirkt 1. der hydrostatische Druck (p''_{hydr}) auf der anderen Seite des Filters und 2. der kolloidosmotische Druck der Bluteiweiße (p'_{koll}) entgegen. Der **effektive Filtrationsdruck** P setzt sich somit aus den drei Größen wie folgt zusammen

$$P = p'_{hydr} - p''_{hydr} - p'_{koll}$$

P ist positiv, d. h., eine Primärharnbildung findet statt, wenn $p'_{hydr} > p''_{hydr} + p'_{koll}$ ist.

Der durch Filtration entstandene Primärharn ändert während seiner Passage durch die Nierenkanäle seine Zusammensetzung und oft auch seine Konzentration. Bestimmte Stoffe werden ihm entzogen und wieder dem Blut zugeführt (**Reabsorption**), andere treten zusätzlich aus dem Blut in den Harn über (**Sekretion**). Das **Inulin**, ein Fructose-Polysaccharid mit einer rel. Molekülmasse von 5500, scheint ein Stoff zu sein, der nur durch Filtration in den Harn gelangt, d. h. weder zusätzlich sezerniert noch nachträglich reabsorbiert wird. Sowohl bei der Reabsorption als auch bei der Sekretion müssen die Stoffe durch die Zellen des Nierenkanals treten, jedoch in entgegengesetzter Richtung. Der Transport kann ohne besonderen Energieverbrauch passiv erfolgen, er kann aber auch mit Hilfe spezifischer, energieverbrauchender Transportsysteme aktiv erfolgen. Ein aktiver Transport (1.6.6.) kann im Gegensatz zum passiven gegen einen elektrochemischen Gradienten ablaufen.

Die **aktiven Transportsysteme** besitzen eine begrenzte Leistungsfähigkeit. Die Menge eines Stoffes (z. B. Glucose, Aminosäuren oder Sulfationen bei der Reabsorption; p-Aminohippursäure, Perabrodil oder Phenolrot bei der Sekretion), die maximal pro Zeiteinheit von dem zuständigen Transportsystem bewältigt werden kann, wird als **Transportmaximum** (Tm) des betreffenden Stoffes bezeichnet. Bei normalen Plasmakonzentrationen reicht bei den Wirbeltieren und Dekapoden die Kapazität des vorhandenen Transportsystems aus, die gesamte zunächst uneinge-

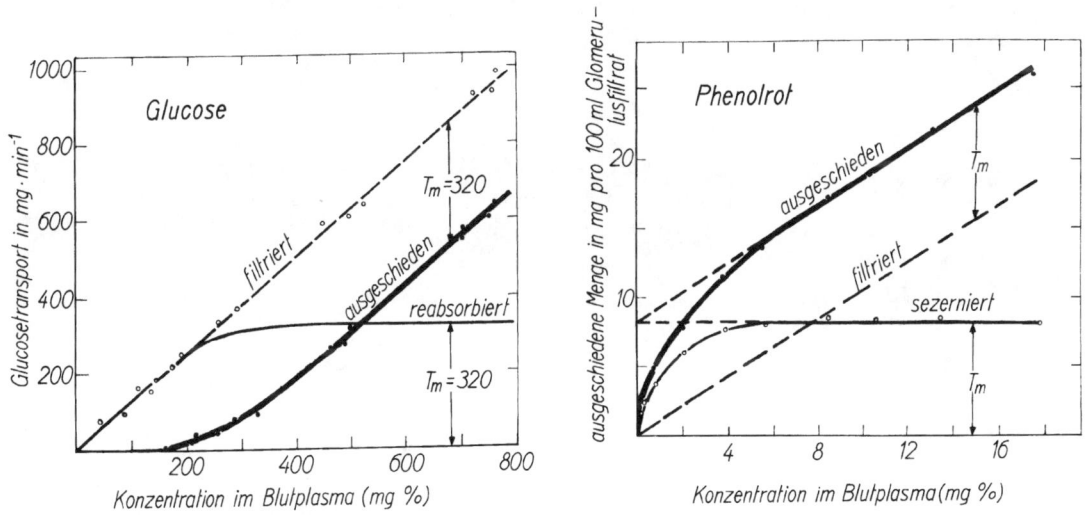

Abb. 4.16. Demonstration des Transportmaximums (T$_m$) in den Zellen der Nierentubuli bei der Reabsorption (Bsp. Glucose) und bei der Sekretion (Bsp. Phenolrot). Im ersten Fall ist die Gesamtausscheidung gleich der Differenz zwischen der filtrierten und reabsorbierten Menge, im zweiten Fall gleich der Summe aus der filtrierten und der sezernierten Menge. Die in den Glomeruli pro Zeiteinheit filtrierte Menge nimmt in beiden Fällen proportional mit der Konzentration des Stoffes im Plasma zu. Links: nach REIN u. SCHNEIDER 1960, rechts: nach SHANNOW 1935.

schränkt filtrierte Glucosemenge zu reabsorbieren. Steigt die Glucosekonzentration im Plasma über einen bestimmten Wert hinaus an, so ist das nicht mehr der Fall. Glucose tritt dann im Harn auf. Solche Stoffe, die erst von einer bestimmten Plasmakonzentration an mit dem Harn ausgeschieden werden, bezeichnet man als **Schwellenstoffe.** Das Transportmaximum für Glucose (Tm_G) liegt für den Menschen bei 320 mg/min (Abb. 4.16.), für eine 2 kg schwere Henne bei 20–25 mg/min. Durch Gifte kann man bestimmte Transportsysteme hemmen, so z. B. mit **Phlorrhizin,** einem giftigen Glucosid, die Reabsorption der Glucose (Phlorrhizin-Diabetes).

4.2.2.2. Protozoen

Obgleich die Befunde nicht ganz einheitlich sind, kann man doch wohl sagen, daß die Protozoen im allgemeinen zu den ammoniotelischen Tieren zählen. Ein Ansteigen der Ammoniumkonzentration im Kulturmedium ist bei den verschiedenen Protozoenvertretern immer wieder beobachtet worden. Es ist aber auch schon lange bekannt, daß insbesondere die Ciliaten (*Paramecium, Spirostomum* u. a.) auch Harnstoff ausscheiden. Man hat Hinweise dafür, daß die Harnstoffsynthese bei *Tetrahymena* in gleicher Weise wie bei den Säugetieren über den Ornithinzyklus er-

folgt. In Kulturen von *Amoeba verrucosa* wurde Harnsäure nachgewiesen. Parasitische Formen, wie z. B. *Trypanosoma,* die vorwiegend Kohlenhydrate verbrennen, geben neben Ammonium auch verschiedene organische Stoffe ab.

Zu einem Teil verlassen die Exkretstoffe den Zellkörper über die gesamte Zelloberfläche und zu einem anderen Teil durch die **pulsierende Vakuole** (Abb. 4.17.), deren vornehmliche Aufgabe es ist, überschüssiges Wasser zu sammeln und auszustoßen (Osmoregulation, 4.3.2.1.). Viele Protozoen – insbesondere Endoparasiten, aber auch eine Reihe mariner Vertreter – besitzen keine pulsierende Vakuole.

4.2.2.3. Protonephridien

Das Exkretionsorgan der Plathelminthen, Nemertinen und Aschelminthen ist das **Protonephridium**[1]). Es findet sich auch in den Larven von Mollusken, vielen Anneliden, Echiuren und Tentaculaten. Es stellt einen Kanal ektodermalen Ursprungs dar, der im Parenchym blind endet, wobei sein Lumen in den röhrenförmig ausgezogenen Hohlraum der sog. Terminalzelle (**Cyrtozyte,** Reusengeißelzelle) übergeht (Abb. 4.18.). Die Terminalzelle entsendet eine **Wimper-**

---

[1]) prótos (griech.) = erster; ho nephrós (griech.) = die Niere.

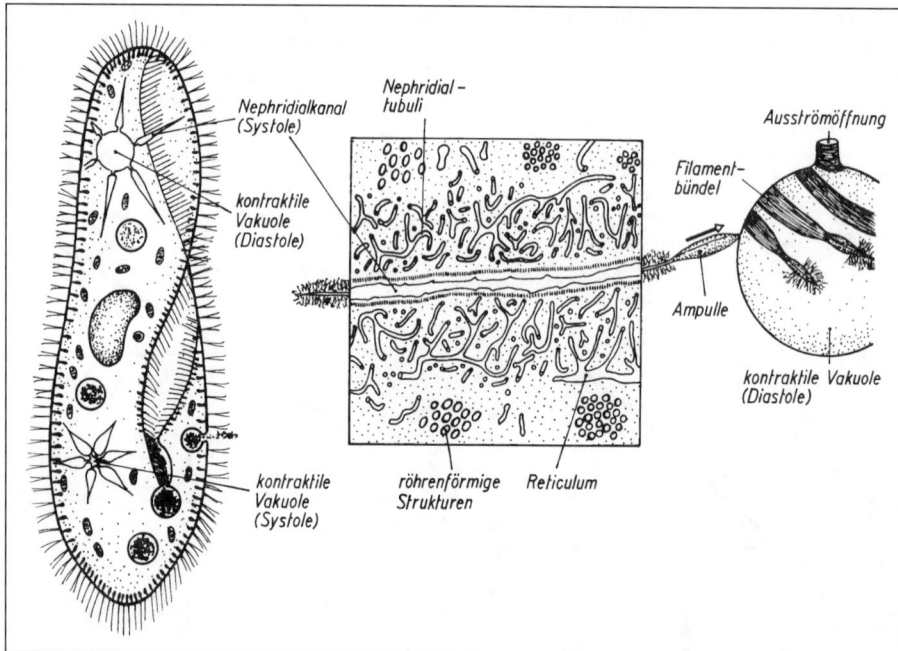

Abb. 4.17. Schema eines Pantoffeltierchens (*Paramecium,* Ciliat) sowie eines Nephridialapparates. Im Quadrat ist eine elektronenoptische Aufnahme eines Nephridialkanals in der Phase der Systole mit umgebendem Nephridialplasma wiedergegeben. Während der Systole des Nephridialkanals wird die sonst offene Verbindung zu den Nephridialtubuli vorübergehend unterbrochen, dabei wird die von der Nephridialtubuli abgeschiedene Flüssigkeit zunächst in die Ampulle und dann in die „kontraktile" Vakuole entleert. Bei der anschließenden Systole der Vakuole wird deren Inhalt über einen kurzen Ausführungskanal nach außen befördert, gleichzeitig füllen sich die Nephridialkanäle erneut mit Flüssigkeit aus den Nephridialtubuli. Nach Schneider 1960.

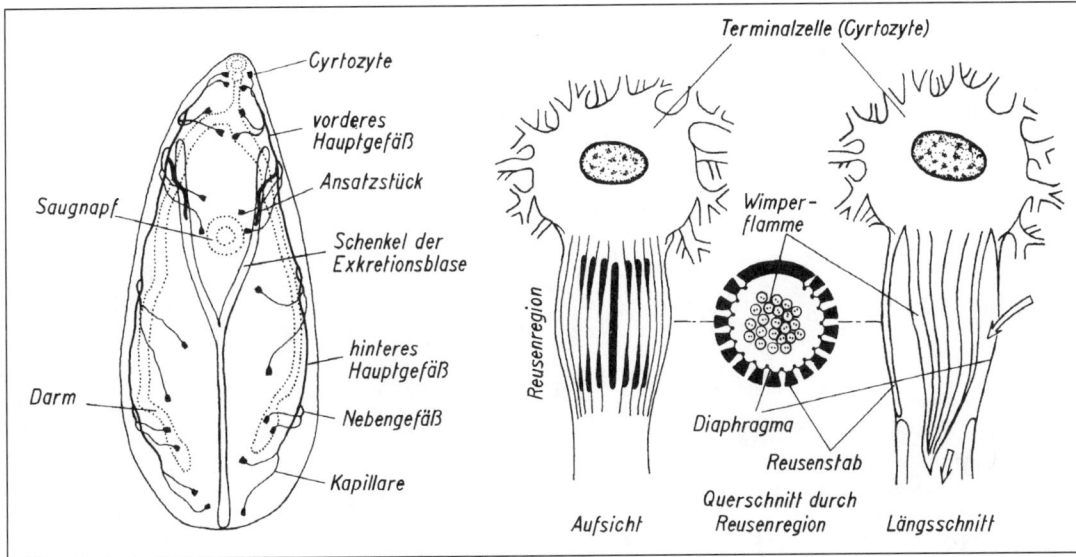

Abb. 4.18. Das Exkretionssystem (24 Cyrtozyten) des digenetischen Saugwurms (Trematode) *Prosthogonimus ovatus* (nach ODENING 1984) sowie eine einzelne Terminalzelle eines Protonephridiums (Cyrtozyte) in Aufsicht, Quer- und Längsschnitt. Verändert nach CZIHAK, LANGER u. ZIEGLER 1981.

flamme lumenwärts. Das andere Ende des Kanals mündet entweder direkt oder mit vielen anderen Kanälen gemeinsam über einen Sammelkanal nach außen. Monociliäre Terminalzellen sind die Ausnahme.

Durch die Kanalwand, nicht aber durch die Terminalzelle, kann eine **Sekretion** in das Kanallumen hinein erfolgen. Ein Eintritt weiterer Substanzen erfolgt mittels **Ultrafiltration** durch die perinephridiale extrazelluläre Matrix in den von der Terminalzelle umschlossenen Raum. Die in diesem Raum vorhandene Wimperflamme erzeugt durch ihren Schlag den dafür notwendigen Unterdruck. Der kurze „Halsabschnitt" entpuppt sich im elektronenoptischen Bild als ein kompliziert aufgebauter Reusenapparat (Abb. 4.18.).

Eine **Reabsorption** von Wasser, $Na^{\oplus}$ und $K^{\oplus}$ aus dem Protonephridium zurück in den Körper ist bei dem Rädertierchen *Asplanchna* nachgewiesen. Versuche mit ^{14}C-Inulin haben ergeben, daß bei diesem Tier 30% des filtrierten Flüssigkeitsvolumens wieder reabsorbiert werden. Die $Na^{\oplus}$- und $K^{\oplus}$-Konzentration ist im Urin stets kleiner als in der Körperflüssigkeit (hypoosmotischer Harn). Glucose, Lactat und Aminosäuren werden ebenfalls reabsorbiert.

Wichtige Aufgaben haben die Protonephridien bei der Regulation des **Wasserhaushaltes** zu erfüllen. Deshalb sind sie bei den Süßwasserformen auch stets besser entwickelt als bei den marinen, die zum Teil (Acoela) überhaupt keine Protonephridien besitzen. Bei *Geonemeries dendyi* konnte man beobachten, daß die Aktivität der Wimperflammen zunimmt, wenn Wasser in das Tier eindringt. Im destillierten Wasser

steigt der Urinfluß bei *Asplanchna* auf das 1,3fache von $47 \cdot 10^{-12}$ auf $60 \cdot 10^{-12}$ $1 \cdot min^{-1}$ an. Gleichzeitig nimmt die $Na^{\oplus}$-Ausscheidung ab.

4.2.2.4. Metanephridien

Die Exkretionsorgane der Anneliden sind die **Metanephridien**[1] oder kurz: Nephridien. Es sind Kanäle, die in der Regel im Coelom mit einem offenen Wimpertrichter beginnen, ein Dissepiment durchdringen und im nächsten Segment nach außen münden. Die langen, mehrfach gefalteten Kanäle lassen histologisch verschiedene Abschnitte erkennen, die unterschiedliche Funktionen beim Exkretionsprozeß erfüllen. Eine gute Blutversorgung ist stets vorhanden. Cilien im Innern der Nephridialkanäle sorgen für einen Flüssigkeitsstrom, der nach außen gerichtet ist.

Die **Ultrafiltration** von Stoffen findet durch die Gefäßwände in das Coelom hinein statt. Die Gefäße werden von einer **extrazellulären Matrix** umgeben, die durch **Podozyten** stabilisiert wird. In der Regel liegen die Gefäße bei den Anneliden in der Nähe des metanephridialen Trichters.

Die im Nephridialkanal sich ansammelnde Flüssigkeit ändert während der Passage ihre Zusammensetzung. Der definitive Harn entspricht in seiner Zusammensetzung weder der Coelomflüssigkeit noch dem Blut (Tab. 4.1.). **Glucose** wird bei dem „indischen Regenwurm" *Pheretima* vollständig, **Aminosäuren**

[1] metá (griech.) = nach, hinter; ho nephrós (griech.) = die Niere.

Tabelle 4.1. Zusammensetzung der Körperflüssigkeiten und des Harns bei *Pheretima posthuma* (Oligochaet). Nach BAHL 1947.

Bestandteile in mg/100 cm	Blut	Coelomflüssigkeit	Harn
Glucose	100	0	0
Eiweiß	6340	480	30
Aminosäuren	6	0	0,04
Fette	200	0	0
Ammoniak	4	2,7	2,7
Harnstoff	2,6	2,5	3,2
Kreatinin	3,5	2,7	0,5
$Na^{\oplus}$	95	18,5	23,5
$K^{\oplus}$	73,8	23,1	9,2
$Ca^{2\oplus}$	17	22,5	12
$Cl^{\ominus}$	50	80	3,7
Wasser in %	89,76	98,87	99,12
Gefrierpunktserniedrigung in °C	0,40–0,50	0,29–0,31	0,05–0,07

und **Kreatinin** werden zum größten Teil **reabsorbiert.** Auch eine umfangreiche Reabsorption von Eiweißen muß angenommen werden, wenn man bedenkt, daß die im definitiven Harn vorgefundene geringe Proteinmenge zum größten Teil auf eine Verunreinigung durch ein Schleimsekret der Körperwand zurückzuführen ist. Verschiedene Elektrolyte, wie z. B. $K^{\oplus}$ und $Cl^{\ominus}$, werden ebenfalls im Harn in wesentlich geringerer Menge als im Blut oder der Coelomflüssigkeit vorhanden angetroffen. Insgesamt scheidet *Pheretima* einen stark **hypoosmotischen Harn** aus.

Eine Abnahme des osmotischen Druckes tritt bei *Lumbricus* im mittleren Abschnitt des Nephridialkanals und noch deutlicher in der anschließenden Ampulle und in dem weiten Abschnitt auf. Sie ist auf eine **Reabsorption von Salzen** zurückzuführen, die somit wahrscheinlich auf der ganzen Länge des weiten und des mittleren Abschnittes erfolgt (Abb. 4.19.). Es konnte gezeigt werden, daß im proximalen Teil des weiten Kanals, der wahrscheinlich für Wasser impermeabel ist, das $Na^{\oplus}$ aktiv reabsorbiert wird, während das $Cl^{\ominus}$ passiv zu folgen scheint. Die muskulöse **Blase** dient lediglich zur Aufnahme des definitiven Harns.

Harnstoff wird beim Regenwurm *(Lumbricus)* in erster Linie über die Nephridien ausgeschieden, **Ammoniak** soll dagegen über den Darm abgegeben werden.

Die **Hirudineen** sind insofern von besonderem Interesse, weil bei ihnen (mit Ausnahme einiger Glossiphoniidae) zwischen dem Ciliarapparat des Nephridiums und dem Nephridialkanal keine offene Verbindung besteht. Ins Blut injiziertes **Inulin** wird nicht durch die Nephridien ausgeschieden, was gegen eine Primärharnbildung durch Ultrafiltration spricht. Dagegen spielen Sekretionsvorgänge eine hervorragende Rolle: **Sekretionsnieren.**

Der **Primärharn** wird beim Medizinischen Blutegel *(Hirudo medicinalis)* durch Sekretion einer $Na^{\oplus}$-, $K^{\oplus}$- und $Cl^{\ominus}$-reichen Flüssigkeit durch die Zellen der vier Nephridialloben (Canaliculus-Zellen) in das System von „Canaliculi", ein die Loben durchziehendes Kanalnetzwerk, gebildet. Im apikalen Lobus münden die Canaliculi in den Zentralkanal, der auf seiner ganzen Länge von Canaliculus-Zellen und Blutkapillaren umgeben ist und schließlich nach mehreren Schleifen in die Harnblase einmündet. Die Canaliculus-Zellen transportieren aktiv $Cl^{\ominus}$ und $K^{\oplus}$, während $Na^{\oplus}$ passiv folgt. Ein **$Na^{\oplus}$-$K^{\oplus}$-$Cl^{\ominus}$-Kotransport** (hemmbar durch Furosemid) ist wahrscheinlich in der basolateralen (blutseitigen) Membran dieser Zellen lokalisiert. Die primäre Energiequelle für diesen Kotransport ist wahrscheinlich ein durch eine $Na^{\oplus}$/$K^{\oplus}$-ATPase geschaffener $Na^{\oplus}$-Gradient (1.6.6.). Die $Cl^{\ominus}$-Konzentration im Primärharn des Medizinischen Blutegels ist mit 134 mmol · l^{-1} höher als im Blut. Die Osmolarität des Primärharns ist nur wenig (aber deutlich) höher als die des Blutes.

Während der Passage durch den zentralen Kanal findet anschließend eine **Reabsorption** statt, durch die die Konzentration des definitiven Harns bestimmt wird. Der Blutegel erhält eine zum Süßwasser hyperosmotische Blutkonzentration aufrecht (ca. 189 mOsm · kg^{-1} H_2O). Der ständige osmotische Wassereinstrom wird durch den Harnfluß wieder kompensiert: pro 24 h eine dem eigenen Körpergewicht entsprechende Harnmenge. Obwohl der Harn stets hypoosmotisch (ca. 31 mOsm · kg^{-1} H_2O) ist, tritt damit ein Verlust an Salzen ein, der durch **aktive Salzaufnahme über das Integument** kompensiert wird.

Nach einer **Blutmahlzeit** (Osmolarität des menschlichen Blutes: 290 mOsm · kg^{-1} H_2O!) steigen das Volumen und die Osmolarität des abgegebenen Harns vorübergehend stark an, in erster Linie durch erhöhte Sekretion (Stimulierung des $Na^{\oplus}$-$K^{\oplus}$-$Cl^{\ominus}$-Kotransportes). Trotzdem bleibt die Osmola-

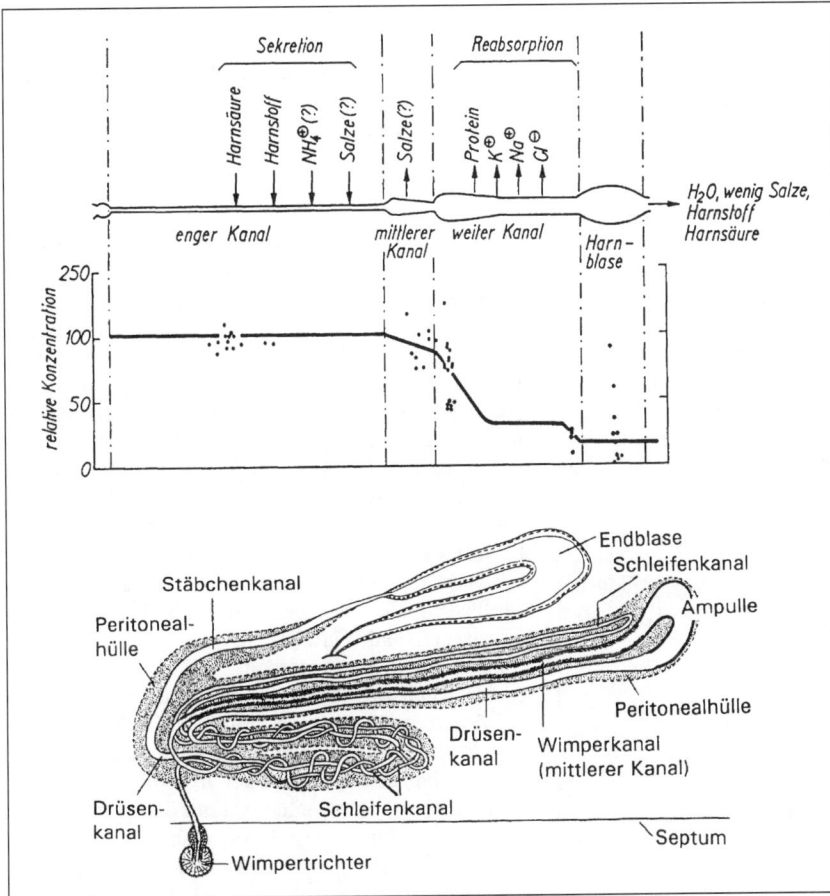

Abb. 4.19. Die relativen Konzentrationen (Medium = 100) in den verschiedenen Abschnitten des Metanephridiums von *Lumbricus*. Nach RAMSAY 1949. – Darunter: Morphologie eines Metanephridiums nach MAZIARSKI aus HESSE/DOFLEIN.

rität des Harns stets hypoosmotisch zum Blut. Wenn die Menge des produzierten Harns bereits wieder zum Normalwert zurückgekehrt ist, bleibt die Osmolarität noch für viele Stunden erhöht. Die Mechanismen zur Kontrolle des Harnvolumens sind andere als die zur Kontrolle der Harn-Osmolarität.

4.2.2.5. Molluskenniere

Die paarigen oder unpaaren Nieren der Mollusken beginnen mit einem Wimpertrichter im Perikard, das als ein Rest des Coeloms aufzufassen ist. Vom Wimpertrichter führt ein kurzer **Renoperikardialgang** zum **Nierensack,** der durch zahlreiche einspringende Falten und Septen, in denen Blutlakunen verlaufen, eine starke Oberflächenvergrößerung erfahren hat. Der Nierensack öffnet sich über einen sehr verschieden langen und sehr verschieden stark differenzierten Ureter nach außen.

Die Harnbereitung beginnt bei vielen Gastropoden (*Haliotis, Viviparus, Lymnaea* u. a.) und Muscheln (*Anodonta, Crassostrea*) mit einer **Ultrafiltration**

der Hämolymphe durch die Herzwand in den Perikardialraum. Der dazu nötige Filtrationsdruck wird durch die Herztätigkeit erzeugt. Die Perikardialflüssigkeit fließt anschließend über den Ductus renopericardialis in die „Niere". Bei den landlebenden Lungenschnecken (*Helix, Archachatina* und die besonders große afrikanische Art *Achatina fulica*) entsteht der Primärharn dagegen erst im Nierensack. Die Filtration der Hämolymphe erfolgt durch das gut durchblutete Nierensackepithel. – Bei den Cephalopoden *Octopus* und *Sepia* findet die Ultrafiltration in den Kiemenherzanhängen (**„Perikardialdrüsen"**) aus der Hämolymphe in das Perikardialcoelom statt. Diese Anhänge kontrahieren sich rhythmisch, alternierend zum Kiemenherzen. Messungen des hydrostatischen und kolloidosmotischen Druckes zu beiden Seiten des Filters ergaben, daß während der Kiemenherzsystole (*Octopus dofleini:* Blutdruck 25–50 cm H_2O; kolloidosm. Druck 4,3–5,0 cm H_2O) und großen Teilen der Diastole eine genügend hohe Druckdifferenz für die Ultrafiltration existiert. Sie ist unabhängig vom Manteldruck und der Aufenthaltshöhe des Tieres im Wasser, da diese Faktoren alle Teile des Tieres gleichermaßen beeinflussen. Podozyten zusammen mit einer Lamina basalis bilden einen Ultrafilter. Aus dem Perikardialcoelom gelangt der Primärharn, dessen Zusammensetzung dort noch weitgehend der der Hämolymphe entspricht (Tab. 4.2.), über den Ductus renopericardialis in den Nierensack (Abb. 4.20.). Das Hämocyanin (3.3.3.2.) sowie die Blutproteine (Albumin) können den Filter nicht passieren.

Diesem Primärharn werden auf seinem weiteren Weg verschiedene Substanzen durch aktive **Reabsorption** wieder entzogen und andere durch **Sekretion** zusätzlich beigemischt. Die Reabsorption von **Salzen** ist bei den Süßwasser- und terrestrischen

Formen beträchtlich. Ist das Nierenepithel für Wasser gut permeabel, ziehen die reabsorbierten Ionen das Wasser osmotisch nach, und es kommt ein geringes Volumen konzentrierten Harns zur Ausscheidung (terrestrische Schnecken). Ist das Nierenepithel dagegen relativ impermeabel für Wasser, wird ein stark verdünnter, zur Hämolymphe hypoosmotischer Harn produziert (Muscheln und Schnecken des Süßwassers). Die $Cl^{\ominus}$-Konzentration im Urin der Teichmuschel *Anodonta cygnea* ist nur noch etwa $1/2$ so hoch wie in der Hämolymphe. Bei den Cephalopoden werden verschiedene Kationen wie $K^{\oplus}$, $Ca^{2\oplus}$ und $Mg^{2\oplus}$, bevorzugt reabsorbiert, während $SO_4^{2\ominus}$ im Harn stets in höheren Konzentrationen zu finden ist als in der Hämolymphe. Das so durch Reabsorptionsvorgänge im Harn entstandene Kationendefizit wird bei *Sepia* durch $NH_4^{\oplus}$, das in größeren Mengen produziert werden kann, ausgeglichen. Der Harn bleibt dadurch trotz seiner veränderten Zusammensetzung isoosmotisch mit der Hämolymphe. – Die Reabsorption von **Glucose** aus dem Primärharn ist bei verschiedenen Mollusken nachgewiesen. Sie kann – wie bei den Crustaceen und Vertebraten – durch das Glykosid Phlorrhizin blockiert werden.

Als **Reabsorptions-** und **Sekretionsorte** werden bei *Anodonta* die Nierenkammer, bei den Gastropoden *Helix* und *Archachatina* der Ureter angegeben. Bei der Japanischen Auster *(Crassostrea gigas)* erfolgt durch die Herzwand nicht nur die Ultrafiltration (s. o.), sondern es treten dort wahrscheinlich auch

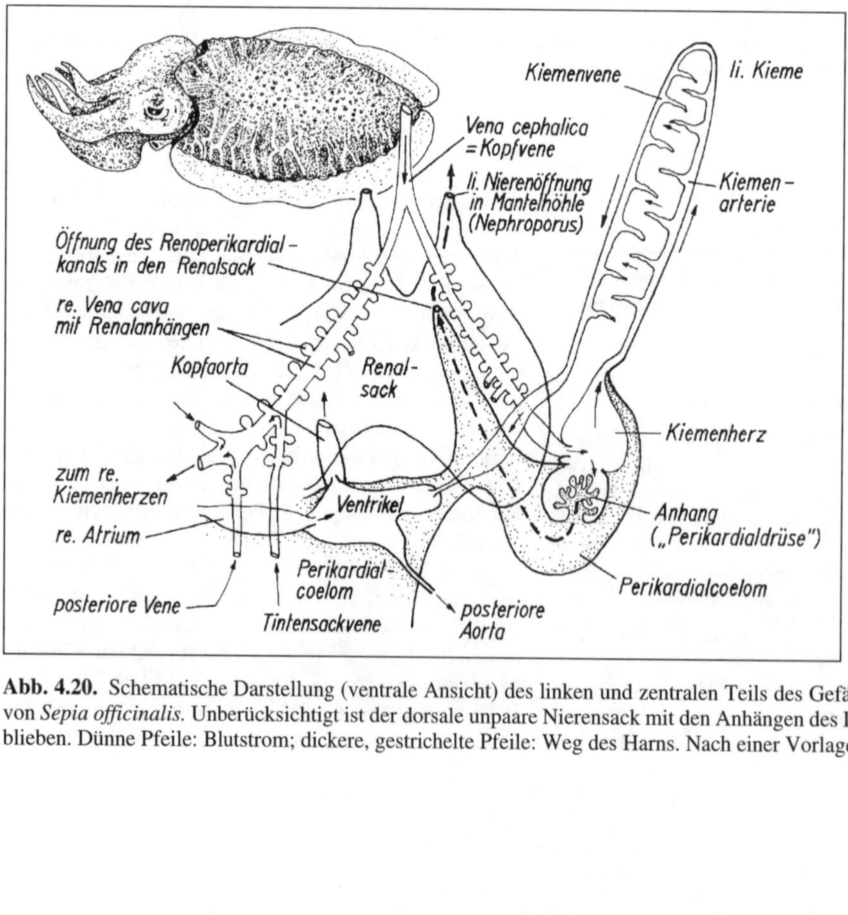

Tabelle 4.2. Die anorganischen Bestandteile des Blutes und der Perikardialflüssigkeit im Vergleich zum Meerwasser und zum definitiven Harn bei *Octopus dofleini* (POTTS u. TODD 1965) in mmol · l^{-1}

	$Na^{\oplus}$	$K^{\oplus}$	$Ca^{2\oplus}$	$Cl^{\ominus}$	$SO_4^{2\ominus}$
Hämolymphe	371	10,1	8,2	447	18,2
Perikardialfl.	399	9,1	8,3	476	19,0
Harn	385	14,6	4,6	442	35,4
Meerwasser	407	9,1	8,9	475	24,5

Abb. 4.20. Schematische Darstellung (ventrale Ansicht) des linken und zentralen Teils des Gefäßsystems sowie der Niere von *Sepia officinalis*. Unberücksichtigt ist der dorsale unpaare Nierensack mit den Anhängen des Ductus hepatopancreas geblieben. Dünne Pfeile: Blutstrom; dickere, gestrichelte Pfeile: Weg des Harns. Nach einer Vorlage von SCHIPP.

schon Reabsorptionsvorgänge (Retention von $K^{\oplus}$ und $Ca^{2\oplus}$) auf. Jedenfalls sind die Hämolymphe und die Perikardialflüssigkeit in ihrer ionalen Zusammensetzung nicht identisch. Beteiligt ist eine Na/K-ATPase (1.6.6.). Bei den Cephalopoden finden auch schon in den Regionen der Ultrafiltration (Kiemenherzanhänge, s. o.) Sekretions- und Reabsorptionsvorgänge statt, am wichtigsten sind in diesem Zusammenhang bei ihnen aber die mehr oder weniger paarigen **Nierensäcke** (Renalsäcke), die wie das Coelom mesodermalen Ursprungs sind. Sie werden von den beiden Venen (Venae cavae) passiert (Abb. 4.20.), die in ihnen viele sackförmige Ausstülpungen (Venen- oder Renalanhänge) bilden. In diesen Anhängen finden umfangreiche Sekretions- und wohl auch Reabsorptionsprozesse statt. Bei *Octopus* ist auch der Renoperikardialgang (hier sowie von der Wand des Perikards wird z. B. die Glucose reabsorbiert) an der Harnbildung beteiligt. Wahrscheinlich trägt auch die innere Wand des Nierensackes, die ein gefaltetes Epithel aufweist, zur Harnbildung bei. Bei den Sepioidea finden schließlich auch in den Anhängen des Ductus hepatopancreas im dorsalen unpaaren Renalsack Sekretions- und Reabsorptionsvorgänge statt. Ihnen verdanken die Tiere vielleicht die Fähigkeit, ihre Ammoniumkonzentration im definitiven Harn doppelt so hoch (100 mmol · l^{-1}) als z. B. bei *Octopus* (50 mmol · l^{-1}) zu machen. Auf die Bedeutung der Kiemen bei der Osmoregulation und Harnbildung soll nur hingewiesen werden.

Bei den **Landlungenschnecken** *Helix*, *Archachatina* usw. kommt es nur bei reichlichem Wasserangebot zur Ausscheidung eines flüssigen Harns. Bei Wassermangel wird der Harn im Ureter vollständig reabsorbiert. Die Ausscheidung des Stickstoffs erfolgt dann nur noch über die Bildung von **Harnkonkrementen** im Epithel des Nierensacks. Diese Harnkonkremente, die hauptsächlich aus Harnsäure bestehen, werden periodisch nach Art einer merokrinen Sekretion in den Nierensack abgestoßen und mit dem flüssigen Primärharn in den Ureter geschwemmt, wo sie sich infolge der vollständigen Reabsorption des Harns zu einer Säule aufstauen, die dann nach außen abgegeben wird. Während der Winterruhe unterbleibt das Abstoßen der Harnkonkremente, die in immer größerer Zahl in der Niere auftreten. Auch bei den Muscheln findet man häufig Konkremente im Nierenepithel (Ausnahme: Auster). Sie sind besonders groß, bestehen aus Calciumphosphat, Magnesiumphosphat und Calciumcarbonat und werden ebenfalls von Zeit zu Zeit in das Nierenlumen abgestoßen.

4.2.2.6. Arthropodenniere

Die Nieren der Arthropoden leiten sich wahrscheinlich von den Metanephridien der Anneliden ab. Sie treten – von den Xiphosuren abgesehen – nur noch in höchstens zwei Körpersegmenten auf und münden an der Basis der zu dem betreffenden Segment gehörenden Extremität nach außen. Ihre Bezeichnungen richten sich nach ihrer Lage: **Maxillardrüsen** (auch Schalendrüsen genannt) bei den adulten Entomostraken und einigen Malakostraken (z. B. Isopoden), **An-**

tennendrüsen bei den Euphausiaceen, Mysidaceen, Dekapoden und Amphipoden (bei den Ostracoden und bei *Nebalia* persistieren sowohl Maxillar- und Antennendrüsen), die **Labialdrüsen** bei den Collembolen und Japygiden und die **Coxaldrüsen** bei den Cheliceraten (fehlen bei vielen Milben). Sie beginnen alle mit einem Endsäckchen (Sacculus), das aus dem Coelom hervorgegangen ist. Es schließt sich ein mehr oder weniger langer, gewundener Exkretionskanal an, der – oft unter Vorschaltung einer Harnblase – nach außen mündet. Bei den Dekapoden hat sowohl der Sacculus als auch der Nephridialkanal, der in seinem ersten Abschnitt zum „Labyrinth" (Abb. 4.21.) geworden ist, durch Septenbildung eine starke Oberflächenvergrößerung erfahren.

Bei den dekapoden Krebsen (**Antennendrüse**) wird der Primärharn durch **Ultrafiltration** im Endsack (Sacculus) gebildet. Das einschichtige Sacculusepithel ist stark gefaltet. Es wird von einer Schicht von Bindegewebszellen begleitet. Der Raum zwischen diesen beiden Zellschichten wird direkt vom Herzen über die Antennenarterie mit Hämolymphe versorgt, wodurch der für die Filtration unbedingt notwendige Druck erzeugt wird. Die Zellen des Sacculusepithels, die zwischen sich breite Interzellularspalten freilassen, ähneln den **Podozyten** der Wirbeltierniere. Sie bilden stelzenförmige Ausläufer, deren seitliche Fortsätze (Pedicellen) sich stark verzahnen und zwischen sich feine Schlitze freilassen, die von Diaphragmen überbrückt sind. Ausläufer, Pedicellen und Diaphragmen liegen einer Basallamina auf, die zusammen mit den Diaphragmen eine **Filtermembran** darstellt und den Hämolymphraum begrenzt (Abb. 4.21.). Die Antennen- und Maxillendrüsen der Crustaceen zeigen somit ähnliche Filterstrukturen wie die Protonephridien der Plathelminthes (Cyrtozyten) und die Nieren der Wirbeltiere (Bowmansche Kapseln).

Das körperfremde **Inulin**, das bei den Wirbeltieren allein durch glomeruläre Filtration ausgeschieden wird, wurde auch Dekapoden injiziert. Die Resultate waren unterschiedlich. Während beim Hummer *(Homarus)* ganz im Sinne einer reinen Filtration im Harn stets die gleiche Inulinkonzentration wie im Blut auftrat, fand man im Urin des Süßwasserkrebses *Procambarus clarkii* eine 2- bis 5mal so hohe Konzentration als im Blut. Über eine aktive Sekretion von Inulin ist nichts bekannt. Wahrscheinlich ist die hohe Konzentration bei *Procambarus* auf eine umfangreiche Wasserreabsorption aus dem Harn zurückzuführen.

Gleichzeitig mit der Reabsorption von Wasser muß eine umfangreiche **Reabsorption von Salzen** erfolgen, denn *Procambarus* scheidet einen stark hypoosmotischen Harn aus. Damit wäre auch gleichzeitig die überraschend geringe Harnproduktion bei den Süßwasserkrebsen im Vergleich zu anderen Süßwasserformen (Anneliden, Mollusken, Teleosteer) erklärt. Diese Reabsorption erfolgt im distalen Teil des Nierenkanals (Abb. 4.21.). Wegen der beträchtlichen Reabsorption, die diese Süßwasserkrebse auszuführen haben, ist der Exkretionskanal bei ihnen auch besonders lang und histologisch differenziert (Abb. 4.22.).

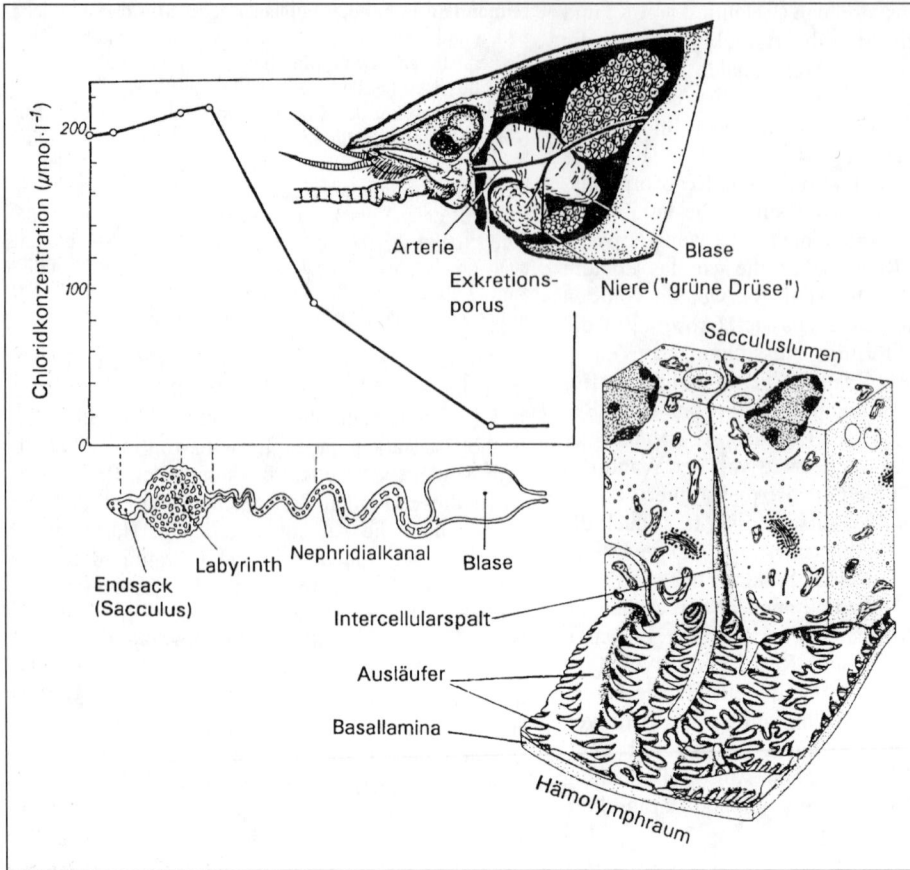

Abb. 4.21. Die Konzentration des Harns in den verschiedenen Abschnitten der Niere beim Flußkrebs (*Astacus fluviatilis*). Nach Peters 1936. – Rechts unten: Die Sacculus-Epithelzellen (Podozyten) mit ihren Ausläufern und seitlichen Fortsätzen („Pedicellen") lassen zwischen sich Interzellularspalten frei. Sie sind durch eine Basallamina von dem Hämolymphraum getrennt. Nach Kümmel 1964.

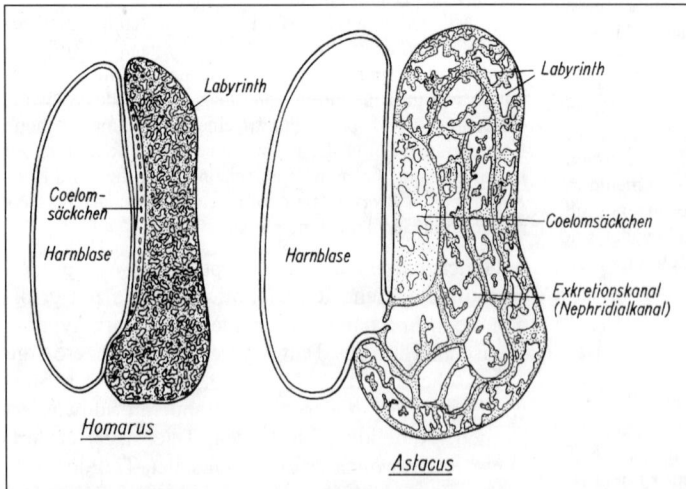

Abb. 4.22. Querschnitt durch die Antennendrüse eines marinen Krebses (Hummer, *Homarus*) und eines limnischen Vertreters (Flußkrebs, *Astacus*). Der Nephridialkanal (in ihm erfolgt die Reabsorption von Salzen) ist beim Flußkrebs stark differenziert, beim Hummer fehlt er fast völlig. Dafür ist beim Hummer das Labyrinth wesentlich stärker differenziert.

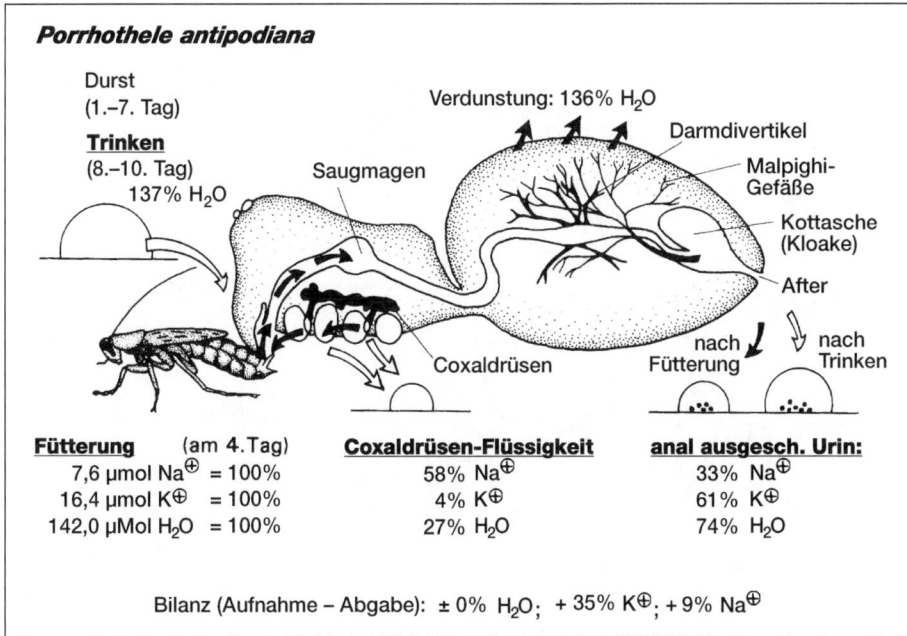

Porrhothele antipodiana

Durst
(1.–7. Tag)

Trinken
(8.–10. Tag)
137% H_2O

Verdunstung: 136% H_2O

Saugmagen

Darmdivertikel

Malpighi-Gefäße

Kottasche (Kloake)

After

nach Fütterung   nach Trinken

Coxaldrüsen

Fütterung (am 4.Tag)	**Coxaldrüsen-Flüssigkeit**	**anal ausgesch. Urin:**
7,6 µmol $Na^\oplus$ = 100%	58% $Na^\oplus$	33% $Na^\oplus$
16,4 µmol $K^\oplus$ = 100%	4% $K^\oplus$	61% $K^\oplus$
142,0 µMol H_2O = 100%	27% H_2O	74% H_2O

Bilanz (Aufnahme – Abgabe): ± 0% H_2O; + 35% $K^\oplus$; + 9% $Na^\oplus$

Abb. 4.23. Wasser- und Ionenbalance bei der dehydrierten (Durst vom 1. bis 7. Tag) Spinne *Porrhothele antipodiana* (Mygalomorpha, Dipluridae) nach Fütterung mit drei Schabenlarven (0,85 g) am vierten Tag und Tränkung vom 8. bis 10. Tag. $Na^\oplus$ wird hauptsächlich über die Coxaldrüsen, $K^\oplus$ über den analen Urin eliminiert. Der relativ hohe Wasserverlust durch Verdunstung zeigt an, daß die Spinne trinken muß, um ihre Wasserbalance zu halten. Die Diurese dient primär der Ionen- und weniger der Volumen-Regulation. Es verbleibt ein Überschuß an Ionen, der nur durch Trinken und, damit im Zusammenhang, länger anhaltende Diurese eliminiert werden kann. Nach Butt u. Taylor 1995.

Die **Glucose** wird normalerweise vollständig aus dem Primärharn reabsorbiert. Lediglich, wenn die Glucosekonzentration künstlich über 100 mg% (Hummer) oder 200 mg% (Flußkrebs) gesteigert wird, tritt infolge Überschreitung der Kapazität der Reabsorptionsmechanismen im Urin Glucose auf (auch hier zeigt sich eine stärkere Reabsorptionstätigkeit beim Süßwasserkrebs!). Durch **Phlorrhizin** kann der Reabsorptionsmechanismus blockiert werden, es tritt bereits bei normalem Glucosespiegel im Blut eine Glucosurie auf.

Sicher ist, daß an der Bildung des Harns auch **Sekretionsprozesse** beteiligt sind. p-Aminohippursäure und Phenolrot – Substanzen, die in der Wirbeltierniere in hohem Grade sezerniert werden – werden auch von der Hummer-Niere konzentriert.

Spinnen besitzen zwei exkretorisch tätige Systeme: 1. Das **anale System:** Es ähnelt dem der Insekten und besteht aus den Malpighi-Gefäßen, den Mitteldarmdivertikeln und der „Kottasche" (Kloake). Die paarigen, röhrenförmigen **Malpighi-Gefäße** entspringen am hinteren Abschnitt des Mitteldarms und verzweigen sich in der Regel stark (Ausnahme: Acari). 2. Das **coxale System:** Die segmental angeordneten **Coxaldrüsen** – zwei Paar bei den ursprünglicheren Gliederspinnen (Mesothelae) und Vogel-

spinnen (Mygalomorphae) und nur noch ein Paar bei den eigentlichen Webspinnen (Araneomorphae) – münden an den Coxae der Laufbeine nach außen. Sie leiten sich von Coelomodukten ab und sind mit den Nieren der Krebse (s. o.) vergleichbar. Wie diese bestehen sie aus einem Sacculus (Rest des Coeloms), Labyrinth und Ausführgang mit Verschlußmechanismus. Auch hier beginnt der Harnabsonderungsprozeß mit einer Filtration. Das Coxaldrüsen-Sekret wird in der Regel über eine mediane Subcapitularrinne zum Mundvorraum geführt. Die Hauptaufgabe der Coxaldrüse dürfte auf dem Sektor der Wasser- und Ionenregulation, weniger der Exkretion liegen.

Bei *Porrhothele antipodiana* (Mygalomorphae) münden die **Coxaldrüsen** an den Basen des ersten und des dritten Beines. Bei nichtdurstenden Exemplaren, die mit Tieren normalen Salzgehaltes gefüttert werden, beschränkt sich die Aktivität der Coxaldrüsen auf die Phase der Nahrungsaufnahme. Die $Na^\oplus$-reiche Flüssigkeit wird in die Beute geleitet und zum größten Teil mit ihr zusammen wieder aufgenommen (Erleichterung der Nahrungsaufnahme?). Bei erhöhter $Na^\oplus$-Belastung (Injektion oder Zufuhr mit der Nahrung) steigt sowohl der $Na^\oplus$-Gehalt als auch das Volumen der von den Coxaldrüsen abgegebenen Flüssigkeit. Im Gegensatz zur coxalen erfolgt die **anale Flüssigkeitsabgabe** *nach* der Mahlzeit. Sie ist hauptsächlich für die Eliminierung des $K^\oplus$-Überschusses verantwortlich. Aber auch das anale System kann durch eine längeranhaltende Diurese

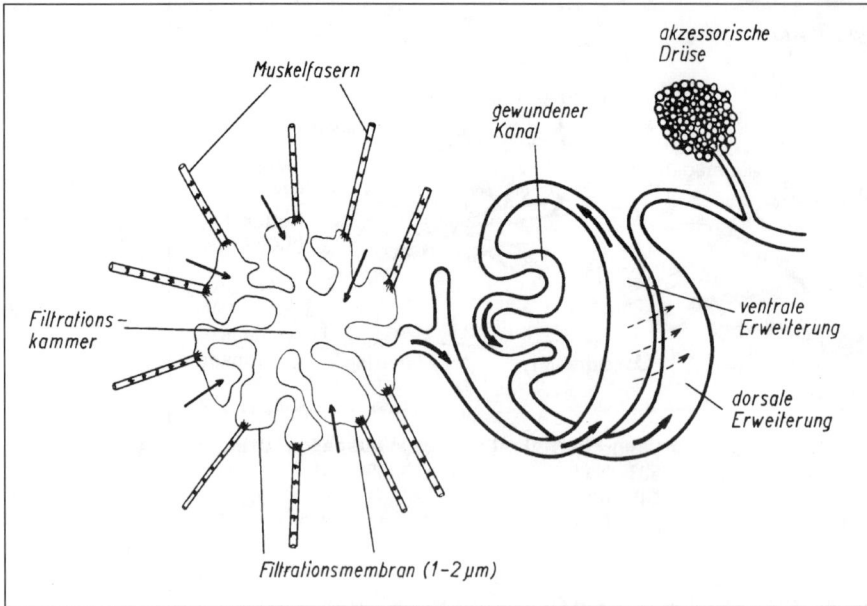

Abb. 4.24. Schema der Coxaldrüse der Milbe *Ornithodorus moubata*. Nach LEES 1946 aus FLORKIN u. SCHEER, vol. V.

und durch ansteigende Konzentrationen größere Mengen an Na⊕ zur Ausscheidung bringen. Stickstoffhaltige Exkretstoffe werden ausschließlich über das anale System eliminiert.

Hungernde und durstende Exemplare von *Porrhothele* verlieren pro Tag 2,5% ihres Körpergewichtes. Gleichzeitig steigt die Osmolarität, Na⊕- und K⊕-Konzentration der Hämolymphe deutlich an. Die Flüssigkeitsabgabe sowohl über das coxale wie auch über das anale System wird eingeschränkt, bis sie nach vier Tagen Durst vollständig eingestellt wird. Fütterung solcher Tiere führt zu einer gesteigerten K⊕-Abgabe über das anale System bei unveränderter Na⊕-Abgabe. Im Gegensatz dazu steigt in der Coxalflüssigkeit die Na⊕-Konzentration während der Nahrungsaufnahme an, während die K⊕-Konzentration konstant bleibt. Eine vollständige Eliminierung der mit der Beute aufgenommenen Ionen ist nur nach Trinken im Zusammenhang mit der dann erfolgenden Diurese möglich (Abb. 4.23.). *Porrhothele* ist im Gegensatz zu vielen Insekten nicht in der Lage, hochkonzentrierte Flüssigkeiten auszuscheiden. Sowohl die coxale Flüssigkeit wie auch der anal ausgeschiedene Harn sind annähernd isoosmotisch zur Hämolymphe.

Die **Coxaldrüse** der Zecke *Ornithodorus moubata* zeigt Abbildung 4.24. Man nimmt an, daß im Endsäckchen der Drüse ein Unterdruck durch Kontraktion der radial ansetzenden Coxaldrüsenmuskeln erzeugt werden kann. Dabei findet eine Filtration durch die nur 1–2 μm dicke Wand statt. Hämoglobin tritt noch durch das Filter, während größere Moleküle wie Casein und Albumin bereits zurückgehalten werden. Bei Erschlaffung der Muskeln wird das Filtrat in den Exkretionskanal gedrückt. Cl⊖-Ionen und andere Substanzen werden auf dem Wege durch den Exkretionskanal reabsorbiert. Ein Teil der Flüssigkeit kann auch direkt aus den ventralen in die dorsale Erweiterung des Kanals übertreten, ohne über den gewundenen Kanalabschnitt zu gehen.

4.2.2.7. Malpighi-Gefäße

Exkretionsorgane besonderer Art findet man bei den landlebenden Arthropoden (Tracheaten, Cheliceraten) in Form der Malpighischen Gefäße[1]. Es handelt sich um in der Regel unverzweigte, sich weit ins Mixocoel erstreckende, dünne, schlauchartige Darmausstülpungen, die an der Grenze zwischen Mittel- und Enddarm in den Verdauungskanal münden. An ihrem distalen Ende sind sie blind geschlossen. Ihre Zahl schwankt bei den verschiedenen Vertretern zwischen 2 und mehreren Hundert. Die sog. **Oligonephria** besitzen 3–8 lange Gefäße (die meisten Dipteren 2 Paar), die oft 2, 3 oder 4 morphologisch unterscheidbare Abschnitte aufweisen. Die **Polynephria** besitzen dagegen mehr als 8 Gefäße (Orthopteren und Hymenopteren bis zu 150), die kürzer sind und sich oft unterscheiden (Polymorphismus). Das Gefäßepithel ist einschichtig, die Zellen zeigen eine starke Polarität (Transportepithel). – Bei der Mehrzahl der Schmetterlingslarven (Reismotte *Corcyra* u. a.), bei verschiedenen Käfern und beim Ameisenlöwen sind die terminalen Enden der Gefäße mit der Rektumwand verbunden („**cryptonephridiale**"[2]) **Anordnung** der Malpighischen Gefäße). Die Gefäße mancher Insekten weisen eine Muskelschicht auf und können pendelnde Bewegungen ausführen. Diese Bewegungen scheinen unabhängig vom Nervensystem zu erfolgen, können aber durch Extrakte aus den Corpora cardiaca (2.2.8.) beschleunigt werden.

Die Collembolen, Japygiden (Dipluren) und die Blattläuse (Aphiden) besitzen keine Malpighischen Gefäße. Col-

---

[1]) Marcello MALPIGHI, geb. 1628 in Cavalcuore bei Bologna, Prof. in Pisa, Messina, Bologna, gest. 1694 als Leibarzt des Papstes in Rom.
[2]) kryptō (griech.) = verberge; ho nephrós (griech.) = die Niere.

lembolen und Japygiden haben statt dessen **Labialdrüsen** (s. o.).

Die sich in den Malphigischen Gefäßen ansammelnde Flüssigkeit ist bei den daraufhin untersuchten Arten (und das sind bisher wenige) annähernd isoosmotisch zur Hämolymphe. Sie stellt kein Ultrafiltrat dar, sondern wird in erster Linie durch Sekretion von Ionen gebildet, der durch elektrochemische und osmotische Kopplung andere Ionen und Wasser folgen. Die ionale Zusammensetzung des Primärharns weicht zum Teil beträchtlich von der der Hämolymphe ab. Insbesondere fällt ihr hoher $K^{\oplus}$-Gehalt auf. Er übertrifft im Urin, der in den Enddarm eintritt, die Konzentration in der Hämolymphe um das 4–20fache. Die $Na^{\oplus}$-Konzentration liegt dagegen meistens unter der der Hämolymphe.

Für die Bildung des Urins ist primär die aktive **Sekretion von $K^{\oplus}$** („prime mover") essentiell. Eine Ausnahme bilden lediglich einige blutsaugende Insekten, wie *Rhodnius* und *Glossina,* bei denen $Na^{\oplus}$ die Rolle des $K^{\oplus}$ übernimmt. Bei der sehr gründlich untersuchten Stabheuschrecke *Carausius* besteht eine Proportionalität zwischen der $K^{\oplus}$-Konzentration in der Hämolymphe und der Harnproduktionsrate. Sowohl der $K^{\oplus}$-Transport aus der Hämolymphe in die Epithelzellen hinein als auch aus ihnen heraus in das Gefäßlumen sind aktive Schritte. Eine Ouabain-sensitive **Na/K-ATPase** ist beteiligt. Sie liegt am basalen Zellpol und bringt $K^{\oplus}$ im Austausch gegen $Na^{\oplus}$ in die Zelle. Am apikalen Zellpol ist eine **$K^{\oplus}$-Pumpe** lokalisiert, die $K^{\oplus}$ aus der Zelle schafft und zum Aufbau eines elektrischen Potentials beiträgt (elektrogene Metallionenpumpe).

Viele **niedermolekulare Substanzen,** darunter die metabolisch noch wichtigen Aminosäuren, Mono-, Di- und Polysaccharide, aber auch der Harnstoff, treten alle passiv durch das Epithel in die Malpighi-Gefäße ein. Das Verhältnis der Konzentrationen im Urin zu der in der Badflüssigkeit (U/P-Verhältnis) ist in allen Fällen < 1. Es ist außerdem umgekehrt proportional zum Molekulargewicht der Verbindung. Für einige pflanzliche Toxine (Nikotin, Morphin, Atropin Ouabain etc.) wie auch für Alkylamide (PAH) und Sulfonate existieren aktive Transportmechanismen.

Der wichtigste Exkretstoff der meisten terrestrischen Insekten, die **Harnsäure,** kann gegen ein erhebliches Konzentrationsgefälle sezerniert werden. Sie liegt wegen der hohen $K^{\oplus}$-Konzentration und der zunächst noch angenähert neutralen Reaktion des Harns wahrscheinlich vorwiegend in Form ihrer K-Salze vor.

Bereits auf dem Wege zum Darm im proximalen Gefäßabschnitt (*Rhodnius,* Reismotte *Corcyra* u. a.) oder erst im Darm selbst und besonders im Rektum (*Schistocerca, Carausius* u. a.) finden umfangreiche **Reabsorptionsvorgänge** statt, die zu einer Ansäuerung des Harns und zur Ausfällung der Harnsäure führen. Neben noch brauchbaren organischen Stoffen, wie Zucker, Aminosäure u. a., werden Ionen ($K^{\oplus}$, $Na^{\oplus}$ u. a.) und insbesondere Wasser zurück ins Blut überführt (Abb. 4.25.). Die Rektalflüssigkeit wird stark hyperosmotisch zur Hämolymphe (4.2.3.1.). Das reabsorbierte Wasser sowie das $K^{\oplus}$ können erneut zur Harnbildung den Malpighischen Gefäßen zugeführt werden.

Die **blutsaugende Wanze** *Rhodnius prolixus* zeigt einige Besonderheiten, die mit ihrer Ernährungsweise zusammenhängen (Abb. 4.26.). Bei einer Blutmahlzeit kann ihr Körpergewicht auf das 10fache ansteigen. Innerhalb von 2–3 Stunden kann die Gewichtszunahme bereits wieder zu 50% abgebaut sein. Extrem schnell – hormonell gesteuert – erfolgt ein Flüssigkeitstransport aus dem Mitteldarm in die

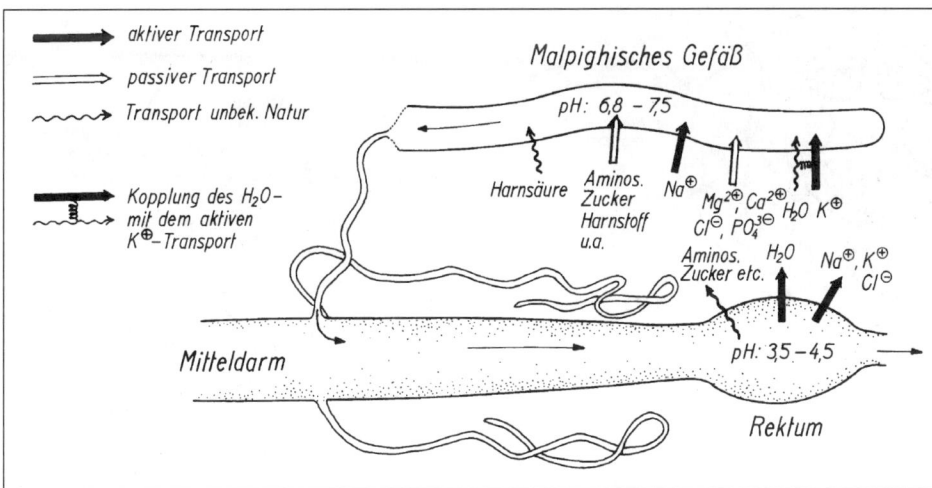

Abb. 4.25. Schematische Darstellung der Vorgänge in den Malpighischen Gefäßen von *Carausius morosus* (Stabheuschrecke).

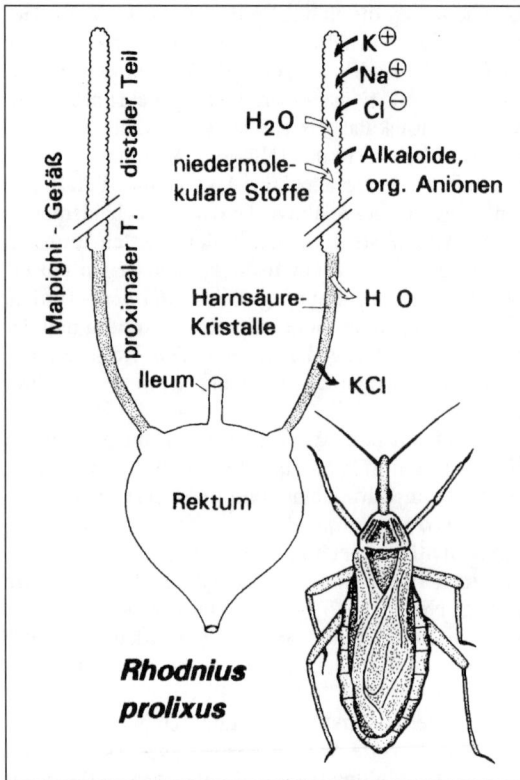

Abb.4.26. Die Vorgänge im exkretorischen System von *Rhodnius prolixus* (Kußwanze). Nach Bradley 1985.

Hämolymphe, die dadurch stark mit $Na^\oplus$ und $Cl^\ominus$ angereichert wird. Die Malpighischen Gefäße sind in einen proximalen und einen distalen Abschnitt unterteilt. Der distale Abschnitt bildet den Primärharn auf übliche Weise: Durch aktive Ionensekretion wird ein osmotischer Gradient aufgebaut, dem das Wasser und andere Stoffe folgen. Es entsteht ein isoosmotischer Primärharn. Unter Ruhebedingungen ist die Transportrate gering, es dominiert – wie üblich – das $K^\oplus$ beim Aufbau des Gradienten. Nach einer Mahlzeit unter Einwirkung diuretischer Hormone oder des Serotonins (5-HT) steigt die Transportrate stark an, an die Stelle des $K^\oplus$ tritt vermehrt $Na^\oplus$. Die sezernierte Flüssigkeit ist weiterhin isoosmotisch zur Hämolymphe, reich an $Na^\oplus$, $K^\oplus$, $Cl^\ominus$ und Harnsäure, arm an organischen Nährstoffen. Im proximalen Teil der Gefäße (nicht erst im Rektum!) werden – nach Einnahme einer Mahlzeit – $K^\oplus$ und $Cl^\ominus$ in großen Mengen reabsorbiert, die Harnsäure fällt kristallin aus und trägt nicht mehr zur Osmolarität bei.

Der „Sinn" der **cryptonephridialen Anordnung der Malpighischen Gefäße** (s. o.) bei einer Reihe von Insekten besteht darin, diese Wasser- und Salzzirkulation noch effektiver zu gestalten. Die Malpighischen Gefäße bilden somit zusammen mit dem Rektum eine physiologische Einheit. Genauere Untersuchungen sind am cryptonephridialen System des „Mehlwurms" (Larve des Mehlkäfers *Tenebrio*) durchgeführt worden (Abb. 4.27.). Der aus dem Ileum ins Rektum übertretende wäßrige Brei hat etwa dieselbe Osmolarität wie die Hämolymphe ($\Delta \approx 3$ °C). Der anschließende Übertritt von Wasser aus dem Rektum in den Perirektalraum wird von den dort herr-

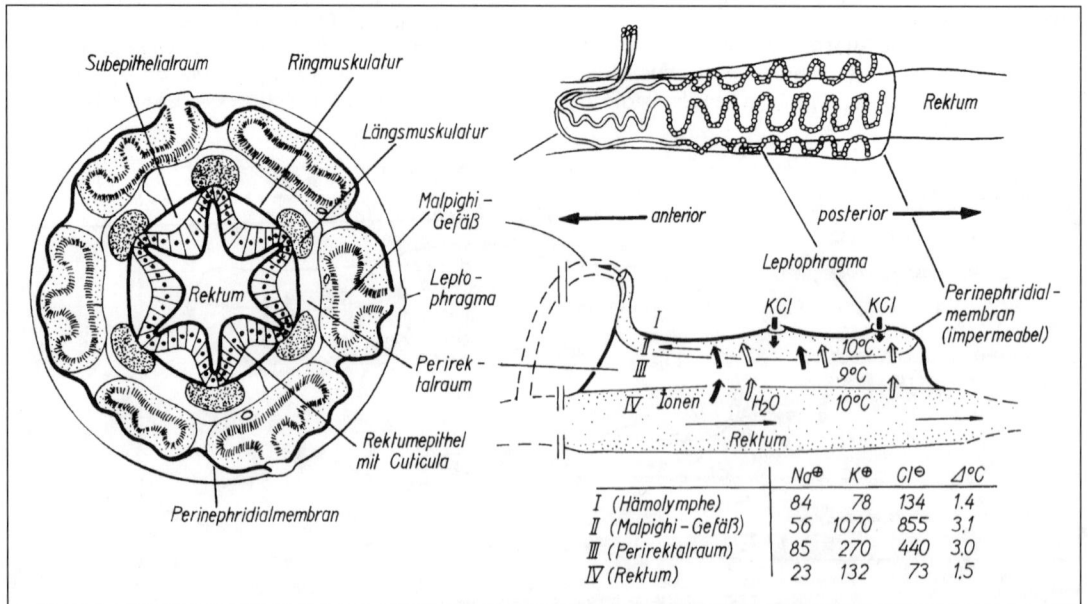

	$Na^\oplus$	$K^\oplus$	$Cl^\ominus$	Δ°C
I (Hämolymphe)	84	78	134	1,4
II (Malpighi – Gefäß)	56	1070	855	3,1
III (Perirektalraum)	85	270	440	3,0
IV (Rektum)	23	132	73	1,5

Abb. 4.27. Das cryptonephridiale System beim Mehlkäfer *(Tenebrio molitor)* im Querschnitt (links). In Aufsicht (rechts oben) und im schematischen Längsschnitt (rechts unten) mit Angaben der Gefrierpunktserniedrigungen; Konzentrationsangaben in mmol · l^{-1}. Erläuterungen im Text. In Anlehnung an Grimstone et al. 1968 und Maddrell 1971 zusammengestellt.

schenden höheren osmotischen Werten (diese werden unter anderem von Nichtelektrolyten hervorgerufen und steigen in anterior-posteriorer Richtung auf etwa den dreifachen Wert an) und von der Aufnahme von Ionen aus dem Rektum bestimmt. Die Flüssigkeit in dem eng dem Rektum anliegenden distalen Teil des Malpighi-Gefäßes ist stets etwas hyperosmotisch zum Inhalt des Perirektalraums. Ihre Konzentration nimmt ebenfalls in anterior-posteriorer Richtung zu. Durch die „Leptophragmata" (kleine Öffnungen in der impermeablen perinephridialen Membran, unter denen besonders strukturierte Zellen liegen) werden aktiv in erster Linie $K^\oplus$-Ionen aus der Hämolymphe in die Malpighi-Gefäße transportiert, gefolgt von $Cl^\ominus$-Ionen, wobei gleichzeitig auf noch unbekannte Weise ein osmotisch gekoppelter Wassereinstrom verhindert wird. Dadurch wird der sehr hohe osmotische Wert im posterioren Teil des Systems erzeugt, der notwendig ist für die weitgehende Wasserresorption aus dem Kot. In dem freien proximalen Teil der Malpighi-Gefäße findet wahrscheinlich ein osmotischer Ausgleich mit der Hämolymphe statt. Die zur Hämolymphe isoosmotische Flüssigkeit tritt anschließend ins Rektum über, wo sich wiederum die Reabsorptionsvorgänge abspielen.

Leptophragmata fehlen dem cryptonephridialen System der **Lepidopteren,** die deshalb auch nicht in der Lage sind, die Wassermenge in ihrem Kot in auch nur annähernd so starkem Maße zu reduzieren wie *Tenebrio* es vermag. Ihnen steht gewöhnlich auch mit der frischen Pflanzenkost genügend Wasser zur Verfügung. Das cryptonephridiale System von *Pieris* und *Manduca* spielt eine große Rolle bei der Regulation des Salzhaushaltes.

Von mehreren Insekten sind **diuretisch wirkende Peptide** bekannt. Es lassen sich zwei Gruppen unterscheiden:

1. Die **Myokinine** (so genannt wegen ihrer myotropen Aktivität) sind relativ kleine Peptide (weniger als 10 Aminosäurereste) mit einem charakteristischen C-terminalen Pentapeptid Phe-X_1-X_2-Trp-Gly-NH_2 (X_1 = Asn, His, Ser oder Tyr; X_2 = Ser oder Pro). Vertreter dieser Peptidfamilie sind aus der Schabe *Leucophaea maderae* (**Leucokinine**), der Hausgrille *Acheta domesticus* (**Achetakinine**), der Wanderheuschrecke *Locusta migratoria* (**Locustakinine**) und der Mücke *Culex salinarius* (**Culekinine**) bekannt.
2. Die **CRH** (Corticotropin-Releasing-Hormon, 2.2.4.) – **verwandten diuretischen Peptide** (DP) sind wesentlich größere Moleküle (30–46 Aminosäurereste). Man kennt Vertreter dieser Peptidfamilie aus der Schabe *Periplaneta americana* (Periplaneta-DP) sowie aus *Acheta domesticus* (Acheta-DB), *Locusta migratoria* (Locusta-DP) und *Manduca sexta* (Manduca-DP I und II).

Bei *Acheta* löst das diuretische Peptid (DP) über das cAMP eine maximale Sekretion in den Malpighi-Gefäßen aus, während das Achetakinin über einen cAMP-unabhängigen Mechanismus deutlich weniger wirksam ist.

4.2.2.8. Wirbeltierniere: Harnbildung

Die funktionelle Einheit der meist paarigen Wirbeltierniere ist das **Nephron** (Abb. 4.28.), das im typischen Fall aus dem sog. **Malpighischen Körperchen** und dem von diesem ausgehenden **Tubulus** (Nierenkanälchen) besteht. Das Malpighische Körperchen entspricht dem blinden, aufgetriebenen Ende des Tubulus, das in Form einer doppelwandigen Halbkugel (**Bowmansche Kapsel**)[1]) einen dichten Knäuel von Blutkapillaren (**Glomerulus**) umschließt. Der Tubulus ist bei den verschiedenen Vertretern unterschiedlich lang. Es lassen sich an ihm verschiedene Abschnitte unterscheiden, die als proximaler Tubulus (**Tubulus contortus I**) und distaler Tubulus (**Tubulus contortus II**) bezeichnet werden.

Bei den Säugetieren und – wenn auch nicht so extrem – bei den Vögeln ist zwischen den beiden Tubuli contorti ein langer, dünner, haarnadelartig gekrümmter Abschnitt, die **Henlesche**[2]) **Schleife,** eingefügt. Während die Glomeruli und die Tubuli contorti in der Nierenrinde liegen, dringen die Henleschen Schleifen mehr oder weniger tief in das Nierenmark vor. Durch die Ausbildung der Schleife ist es den Säugetieren und Vögeln möglich, einen hyperosmotischen Harn auszuscheiden. Bei den extremen Wassersparern unter ihnen sind deshalb die Schleifen auch besonders lang. Die Nomenklatur der einzelnen Abschnitte der Harnkanälchen beim Säugetier (hier in der Übersicht) ist nicht ganz einheitlich:

[1]) William BOWMAN, geb. 1816, Prof. für Physiologie in London, gest. 1892.
[2]) Jacob Friedrich Gustav HENLE, geb. 1809 in Fürth, Prof. f. Anatomie in Zürich, Heidelberg und Göttingen, wo 1885 auch gestorben.

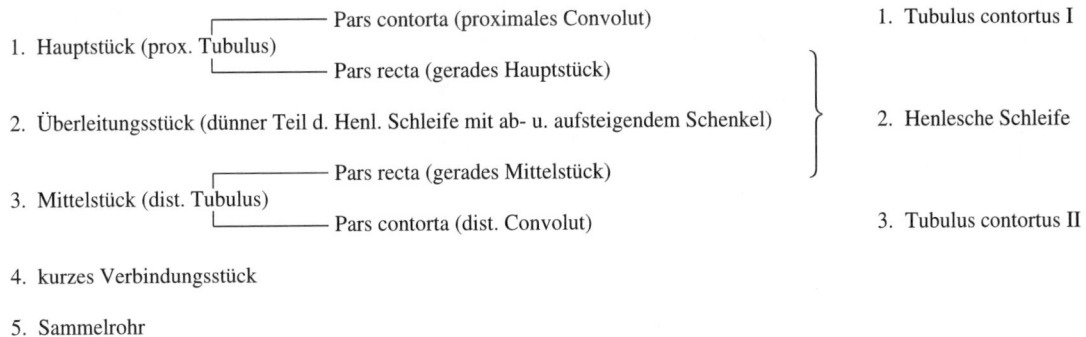

1. Hauptstück (prox. Tubulus) — Pars contorta (proximales Convolut) / Pars recta (gerades Hauptstück) → 1. Tubulus contortus I
2. Überleitungsstück (dünner Teil d. Henl. Schleife mit ab- u. aufsteigendem Schenkel) → 2. Henlesche Schleife
3. Mittelstück (dist. Tubulus) — Pars recta (gerades Mittelstück) / Pars contorta (dist. Convolut) → 3. Tubulus contortus II
4. kurzes Verbindungsstück
5. Sammelrohr

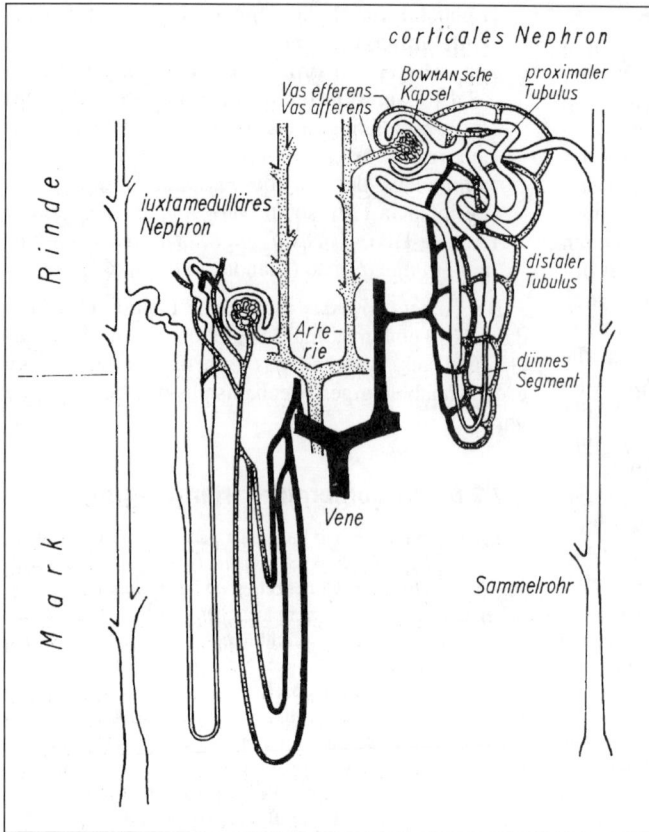

Abb. 4.28. Zum anatomischen Aufbau der Säugerniere. Nach SMITH 1951.

Die **Zahl der Nephrone** ist sehr unterschiedlich. Am größten ist sie bei Tieren mit hoher Stoffwechselaktivität wie z. B. bei den homoiothermen Vögeln (Huhn: 200 000) und Säugetieren (Maus: 20 000, Mensch: 2 000 000, Rind: 8 000 000) im Vergleich z. B. zu den poikilothermen Amphibien (Wasserfrosch: 2000, *Triton:* 400).

Die **Blutversorgung** der Glomeruli erfolgt bei allen Wirbeltieren von der Aorta aus. Bei den Cyclostomen und erwachsenen Säugetieren gilt das auch für die Tubuli. Bei allen anderen Wirbeltieren liegt ein zusätzliches **renales Pfortadersystem** vor, durch das die Tubuli mit dem aus dem hinteren Körperabschnitt und der Schwanzregion kommenden venösen Blut umspült werden. Es wird in der Wirbeltierreihe, beginnend schon bei den Amphibien, schrittweise reduziert, bis es bei den Säugetieren schließlich ganz fehlt.

Mit Hilfe sehr feiner Quarzkanülen (5–10 μm dick), die in die Bowmansche Kapsel bzw. in den glomerulusnahen Tubulus bei Amphibien, Reptilien und Säugetieren eingeführt wurden, konnten kleine Flüssigkeitsmengen zur chemischen Analyse entnommen werden. Die Ergebnisse der Analysen erbrachten eine volle Bestätigung der schon von C. LUDWIG[1] im Jahre 1844 geäußerten Vermutung, daß aus den Glome-

---

[1] Carl F. W. LUDWIG, geb. 1816, Prof. in Zürich, Wien, Leipzig; gest. 1895.

ruluskapillaren ein **Primärharn** in die Bowmansche Kapsel übertritt, der alle im Blut kleinmolekular gelösten Stoffe in gleicher Konzentration enthält, wie sie im Blutplasma vorliegen. Dieser Primärharn ist somit nahezu eiweißfrei, enthält aber z. B. Glucose noch in derselben Konzentration, wie sie im Plasma herrscht. Er ist das Produkt einer **Ultrafiltration** durch den aus dem flachen Kapillarendothel, dem visceralen Epithel der Bowmanschen Kapsel und der zwischen beiden Zellagen sich befindenden Basalmembran bestehenden Filter (Abb. 4.29.). Infolge der sich einstellenden Donnan-Verteilung sind die Konzentrationen der Kationen $Na^{\oplus}$ und $K^{\oplus}$ etwas (um 6%) niedriger, die der Anionen $Cl^{\ominus}$ und $HCO_3^{\ominus}$ etwas (um 2%) höher im Primärharn als im Blutplasma. Der **effektive Filtrationsdruck** (S. 315)

$$p_{eff} = p'_{hydr} - p''_{hydr} - p'_{koll}$$

(p_{hydr} = hydrostatischer u. p_{koll} = kolloidosmotischer Druck; ′ = blutseitig u. ″ = kapselseitig)

beträgt beim Menschen etwa 2,6 kPa. Er ist bei den Amphibien wesentlich niedriger (Tab. 4.3.).

Elektronenoptische Untersuchungen dieses Filters ließen erkennen, daß die Basalmembran (s. o.) das entscheidende Sieb ist. Nur sie bildet eine durchge-

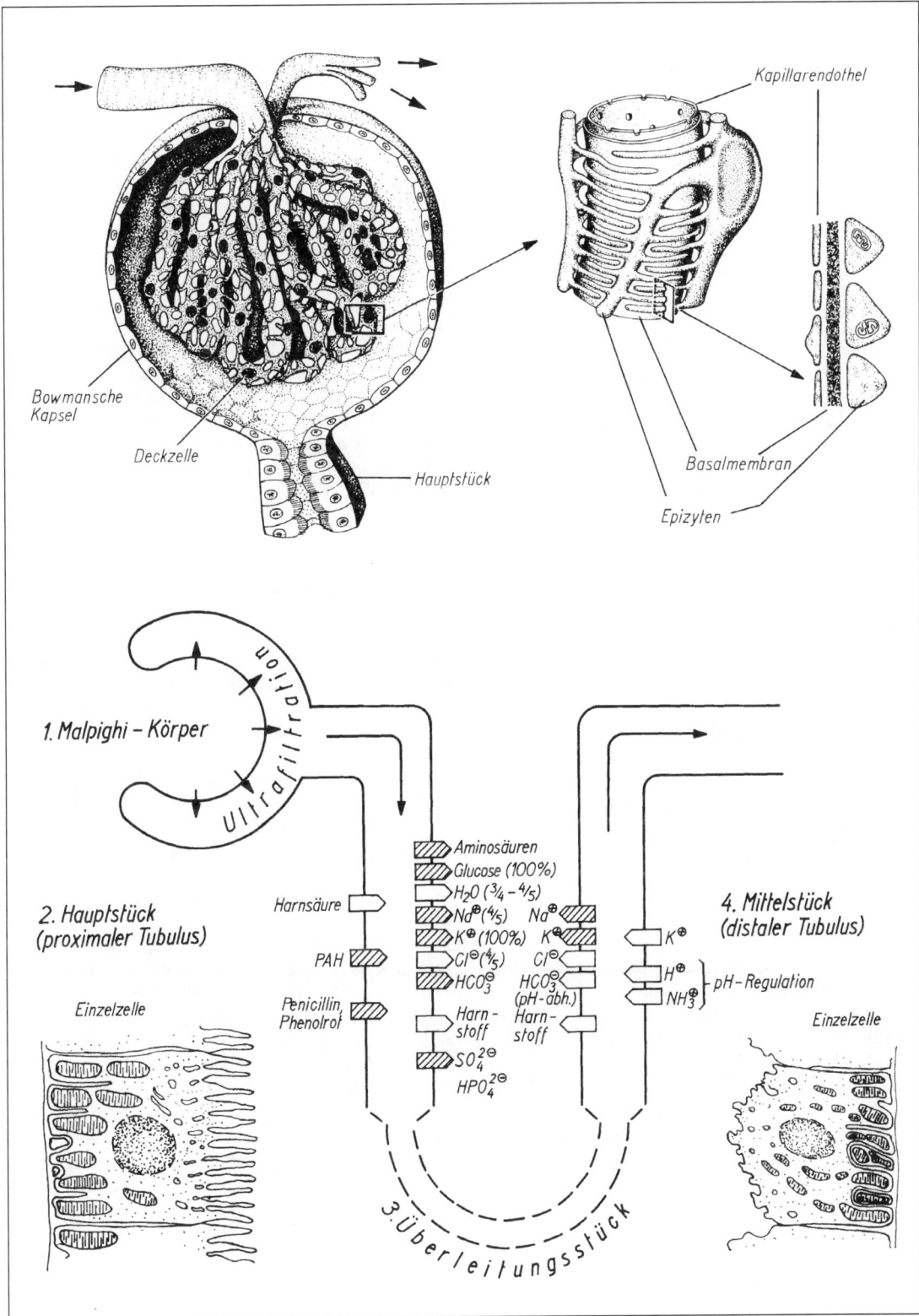

Abb. 4.29. Säugerniere: Aufbau eines Malpighischen Körperchens (links oben), Feinstruktur der Filtermembran (rechts oben, stark schematisiert) und Darstellung der Vorgänge im Nephron (unten). Kombiniert nach verschiedenen Autoren.

Tabelle 4.3. Effektiver Filtrationsdruck beim Salamander und beim Menschen in kPa.

	Salamander	Mensch
hydrostatischer Druck i. d. Glomerulus-kapillaren	2,4	10,0
hydrostatischer Druck i. d. Bowmanschen Kapsel	0,2	2,0
kolloidosmotischer Druck	1,4	4,0
resultierender effektiv. Filtrationsdruck	0,8	4,0

Tabelle 4.4. Die Filtration einiger Stoffe in der Niere, M_r = relative Molekülmasse; die Molekülradien in nm wurden aus den Diffusionskoeffizienten ermittelt. Aus PITTS 1972.

Stoff	M_r	Molekül-radius	Filtrat-konzentration / Plasma-konzentration
Wasser	18	0,10	1,0
Harnstoff	60	0,16	1,0
Glucose	180	0,36	1,0
Rohrzucker	342	0,44	1,00
Inulin	5 500	1,48	0,98
Myoglobulin	16 000	1,95	0,75
Eieralbumin	43 500	2,85	0,22
Hämoglobin	64 500	3,25	0,03
Serum-Albumin	69 000	3,55	< 0,01

hende Scheidewand zwischen Blutplasma und Ultrafiltrat. Die Durchmesser der in ihr enthaltenen Poren sind angenähert normal verteilt. Der mittlere **Porendurchmesser** beträgt bei der Ratte 5,8 ± 2 nm und der maximale 8,4 bis 9 nm. Dem entspricht ein Grenzmolekulargewicht für die Penetration von 80 000 bis 90 000. Das bedeutet, daß gelöstes Hämoglobin (M_r = 64 500) den Nierenfilter noch passieren könnte. Es besteht allerdings schon eine **„eingeschränkte Filtration",** da die Moleküle nur die größeren Poren passieren können. Für kleine Moleküle bis etwa zur Größe des Inulinmoleküls gilt eine **uneingeschränkte Filtration,** d. h., die Konzentrationen sind auf beiden Seiten des Filters gleich. (Tab. 4.4.).

Bereits **im proximalen Tubulus** erfolgt (Abb. 4.29.) eine umfangreiche Reabsorption von Elektrolyten ($K^\oplus$, $Na^\oplus$, $Cl^\ominus$ u. a.) und von Nichtelektrolyten (Aminosäuren, Glucose u. a.). Glucose wird gewöhn-

lich schon hier vollständig reabsorbiert. Die Gesamtkonzentration des Harns ändert sich dabei nicht wesentlich, da das Tubulusepithel sehr leicht Wasser hindurchläßt, das deshalb von den reabsorbierten, osmotisch wirksamen Teilchen passiv nachgezogen wird **(isoosmotische Reabsorption).** Auf diese Weise nimmt beim Säugetier bereits hier das Harnvolumen um etwa 85% ab. – Verschiedene körperfremde Substanzen, wie z. B. das Röntgenkontrastmittel Perabrodil und die p-Aminohippursäure, werden im proximalen Tubulus zusätzlich sezerniert.

Im distalen Tubulus spielen sich Vorgänge ab, die im Dienste der Regulation des Säure-Basen-Gleichgewichts stehen (4.4.). Der pH-Wert des Amphibienharns nimmt hier ab. Die Wasserpermeabilität ist gewöhnlich geringer als im proximalen Tubulus. Die Reabsorption von Salzen – bei den Säugetieren im dicken aufsteigenden Teil des distalen Tubulus – führt deshalb dazu, daß der Harn mehr oder weniger stark hypoosmotisch zum Blut wird **(anisoosmotische Reabsorption).** Durch das HHL-Hormon Adiuretin kann die Wasserpermeabilität des distalen Tubulus – bei den Säugetieren mit Ausnahme des dicken aufsteigenden Teils – gesteigert und damit die Harnkonzentration bei gleichzeitiger Abnahme des Harnvolumens wieder angehoben werden.

Die nur bei Säugetieren und in geringerem Maße auch bei den Vögeln ausgebildeten **Henleschen Schleifen** dienen dem Aufbau und der Aufrechterhaltung eines **osmotischen Gradienten** im Interstitium des Nierenparenchyms. Die Osmolarität ist an der Spitze der Pyramiden (Papilla renalis) des Nierenmarks am höchsten und nimmt in Richtung zur Rinde hin ab. Das betrifft sowohl die NaCl- als auch die Harnstoffkonzentration (Abb. 4.30.). Der Harn, der in die Sammelrohre der Niere eintritt und in diesen durch das Mark papillenwärts fließt, wird auf diesem Wege **konzentriert.** Bei Anwesenheit des antidiuretischen Hypophysenhinterlappenhormons **Vasopressin** (Adiuretin) (2.2.1.4.) ist die Wand der Sammelrohre nämlich gut permeabel für Wasser, so daß dem Harn auf seinem Wege durch das Nierenmark osmotisch Wasser entzogen werden kann. Der an der Papille in das Nierenbecken entlassene definitive Harn weist deshalb schließlich dieselbe Konzentration auf wie sie im Interstitium der Papille herrscht.

Auf welchem Wege wird der Konzentrationsgradient im Interstitium des Nierenmarks aufgebaut und aufrechterhalten? Beide dünnen Schenkel der Henleschen Schleifen unterscheiden sich hinsichtlich ihrer **Permeabilitätseigenschaften.** Während der absteigende Schenkel stärker permeabel für Wasser als für Salze ist, ist es beim aufsteigenden Schenkel gerade umgekehrt. Die dicken aufsteigenden Schenkel der Henleschen Schleifen sind sowohl für Salze als auch für Wasser relativ impermeabel (s. o.), können aber NaCl aktiv aus dem Lumen reabsorbieren (Abb. 4.31.). Die Sammelrohre schließlich sind bei Anwe-

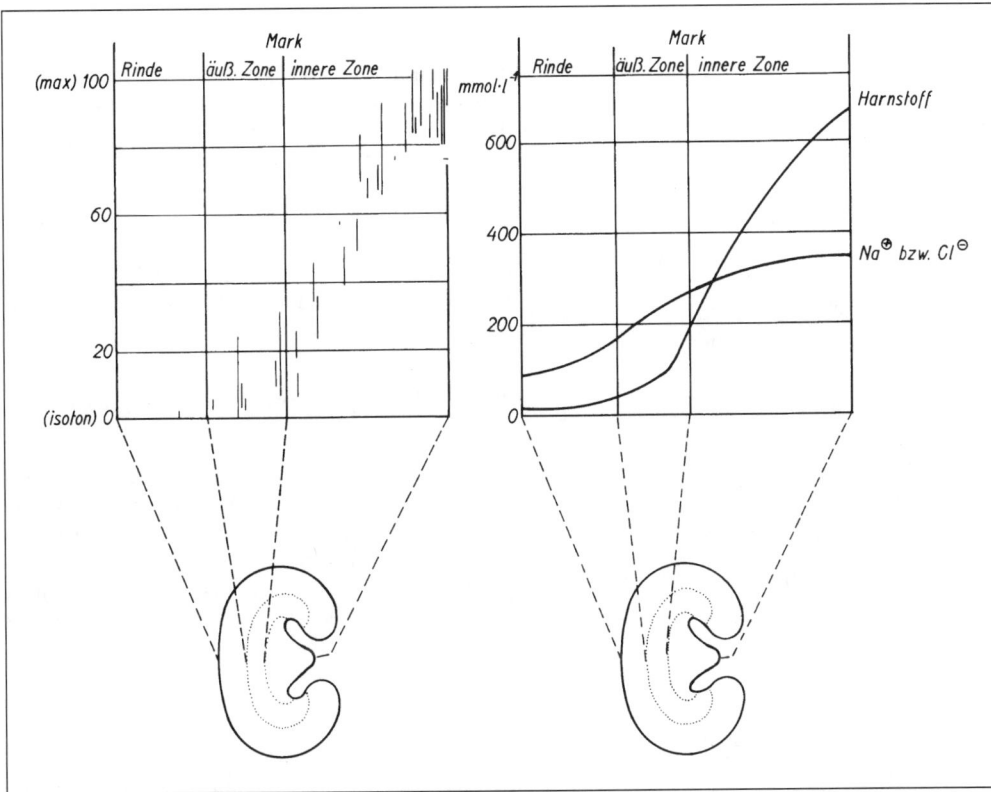

Abb. 4.30. Osmotischer Gradient (links) und Gradient der Harnstoff-, Na$^{\oplus}$- und Cl$^{\ominus}$-Konzentration im Nierenmark. Nach ULLRICH et al. 1961.

senheit von Vasopressin gut wasserpermeabel, aber wenig durchlässig für Salze. In den inneren Markregionen lassen sie auch Harnstoff permeieren (Tab. 4.5.).

Im einzelnen spielen sich folgende Vorgänge im Nierenmark ab, die in ihrer Summe den Konzentrationsgradienten aufbauen und aufrechterhalten, der

notwendig für die definitive Konzentrierung des Harns während der Sammelrohrpassage ist. Ausgangspunkt ist eine **aktive NaCl-Reabsorption** (Abb. 4.31.) aus den dicken aufsteigenden Schenkeln der Henleschen Schleifen (Pars recta des distalen Tubulus). Dadurch entsteht eine lokale Hypertonie in der inneren Rinden- und äußeren Markschicht. Die

Tabelle 4.5. Transport- und Permeabilitätseigenschaften der einzelnen Abschnitte des Nephrons beim Kaninchen. Nach BEEUWKES 1982.

	aktiver Salztransp.	Permeabilität für		
		H$_2$O	NaCl	Harnstoff
dünner abst. Schenkel	0	++++	0	+
dünner aufst. Schenkel	0	0	+++	+
dicker aufst. Schenkel	++++	0	0	0
Sammelrohr (Rinde und äußeres Mark)	+	+++[1])	0	0
Sammelrohr (inneres Mark)	+	+++[1])	0	+++

[1]) wenn Vasopressin anwesend ist.

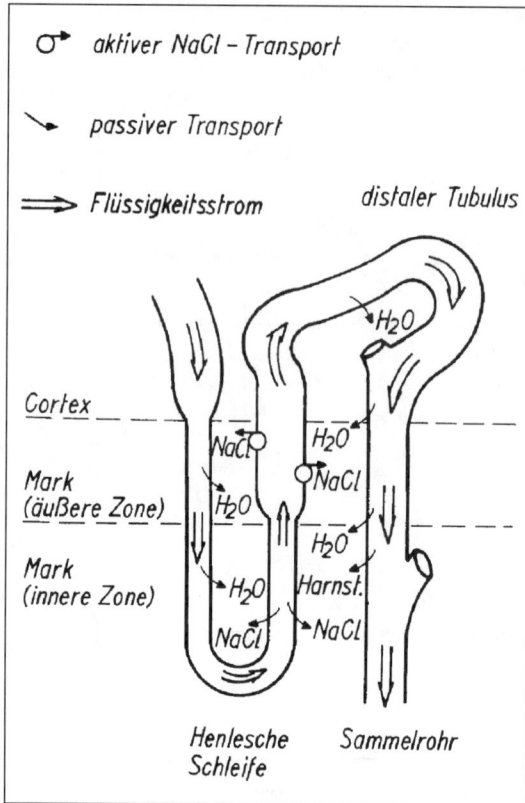

Abb. 4.31. Schema der Vorgänge im Nierenmark der Säugetiere. Nähere Erläuterungen im Text.

Sammelkanäle in diesen Regionen sind zwar für Wasser, aber nicht für Harnstoff permeabel. Es wird deshalb der Sammelrohrflüssigkeit osmotisch Wasser entzogen, die Harnstoffkonzentration nimmt gleichzeitig zu. Im inneren Mark, wo die Sammelrohre für Harnstoff permeabel sind, tritt anschließend Harnstoff, seinem Konzentrationsgradienten folgend, aus dem Rohrlumen in das Mark über. Dadurch wird eine osmotische Kraft erzeugt, durch die den salzimpermeablen dünnen absteigenden (zuführenden) Schenkeln der Henleschen Schleifen Wasser entzogen wird. Da in diesen Abschnitten der Nephrone die Flüssigkeit noch wenig Harnstoff im Vergleich zu Salzen enthält, entsteht auf dem Wege zum Scheitel der Henleschen Schleifen eine Flüssigkeit mit einer hohen Salzkonzentration, die dieselbe Osmolarität aufweist wie das umgebende Interstitium, in dem sich aber Salze *und* Harnstoff befinden. Das bedeutet, daß die Salzkonzentration der Schleifenflüssigkeit die des umgebenden Interstitiums übersteigt. Tritt die Flüssigkeit anschließend aus dem absteigenden in den salzpermeablen, aber wasserimpermeablen aufsteigenden Schenkel der Schleife über, so tritt jetzt Salz seinem Konzentrationsgradienten folgend aus dem

Rohrlumen ins Interstitium über. Da in diesem Abschnitt des Nephrons die Durchlässigkeit für Harnstoff wesentlich geringer ist als für Salze, bleibt der Übertritt von Harnstoff in den aufsteigenden Schenkel gering, und es kommt insgesamt zur Verdünnung der Flüssigkeit, die dann in den dicken aufsteigenden Schenkel der Henleschen Schleife eintritt (s. o.). Die Aufrechterhaltung der aufgebauten Konzentrationsgradienten im Nierenmark (stationärer Zustand) wird durch den geregelten Abtransport von Wasser, Salz und Harnstoff aus dem Nierenmark mit dem Blutstrom gewährleistet.

4.2.2.9. Wirbeltierniere: Leistung und deren Kontrolle

Bei der vergleichenden Beurteilung des Ausscheidungsgrades sowie des Ausscheidungsmodus der verschiedenen Plasmabestandteile hat sich der **Clearance-Begriff**[1]) bewährt. Unter der Clearance eines Stoffes versteht man dasjenige Plasmavolumen (nicht Blutvolumen!), welches in der Zeiteinheit (min) durch die Nierentätigkeit von eben diesem Stoff befreit wird.

Ist c_U die Konzentration des Stoffes X im Urin (in mg% oder mg/cm^3) und V_U das pro Minute ausgeschiedene Urinvolumen, so ist $c_U \cdot V_U$ die pro Minute ausgeschiedene Menge des Stoffes X. Diese Menge muß der in der gleichen Zeit (min) aus dem Blutplasma verschwundenen des Stoffes X entsprechen:

$$c_U \,[\text{mg/ml}] \cdot V_U \,[\text{ml/min}] = c_P \,[\text{mg/ml}] \cdot Cl_X \,[\text{ml/min}]$$

(mit Harn pro min ausgeschiedene Menge)   (aus dem Plasma pro min verschwundene Menge)

Dabei ist c_P die Konzentration des Stoffes X im Blutplasma und Cl_X der Clearance-Wert des Stoffes X (= dasjenige Plasmavolumen, in dem die ausgeschiedene Menge zuvor gelöst war). Nach Cl_X aufgelöst, erhalten wir:

$$Cl_X = \frac{c_U \cdot V_U}{c_P} \,[\text{ml} \cdot \text{min}^{-1}]$$

Will man den Clearance-Wert eines Stoffes bei verschiedenen Tieren vergleichen, so ist es vorteilhaft, ihn auf das Körpergewicht [ml · min^{-1} · kg^{-1}], das Nierengewicht [ml · min^{-1} · g^{-1}] oder die Körperoberfläche [ml · min^{-1} · m^{-2}] zu beziehen.

Das die Clearance darstellende „gereinigte" Plasmavolumen hat meistens keine reale Existenz, da bei einer einmaligen Passage des Stoffes durch die Niere in der Regel keine restlose Ausscheidung erfolgt. Es ist lediglich eine nützliche Rechengröße.

Man kennt nur wenige Stoffe, die während der Nierenpassage nahezu restlos aus dem Plasma eliminiert werden (hauptsächlich durch tubuläre Sekretion). Ein solcher Stoff ist z. B. das Perabrodil

---

[1]) clearance (engl.) = Aufklärung, Reinigung, Räumung.

(= Diodrast, 3,5-Dijod-4-pyridon-N-essigsäure) und die p-Aminohippursäure (PAH), die bei einer einzigen Nierenpassage zu 92% eliminiert wird, wenn die Plasmakonzentration 5 mg% nicht überschreitet. Der Clearance-Wert dieser Substanzen bekommt somit einen realen Inhalt, er ist quasi identisch mit der **Nierenplasmadurchströmung** (**RPF** von engl.: renal plasma flow). Kennt man den Hämatokritwert[1] des Blutes, so kann man daraus die **Nierendurchblutung** (**RBF** von engl.: renal blood flow) errechnen.

Wird andererseits ein Stoff ausschließlich durch Filtration ausgeschieden, so muß sein Clearance-Wert unabhängig von seiner Plasmakonzentration sein und der pro Minute gebildeten **glomerulären Filtratmenge** (**GFR** von engl.: glomerular filtration rate) entsprechen. Ein Stoff, der sich so verhält, ist das Inulin. Es gilt also für Inulin:

$$Cl_{\text{Inulin}} = GFR = \frac{c_U \cdot V_U}{c_P}.$$

Beim Menschen liegt der **GFR-Wert** bei 125–130 cm^3/min, d. h. 175 l/Tag. Da nur 1–1,5 l Harn zur Ausscheidung gelangen, werden also 98 bis 99% des Primärharns reabsorbiert. Vergleichende Untersuchungen an verschiedenen Haussäugetieren zeigten, daß die auf die Körperoberfläche bezogenen Inulin-Clearance-Werte ziemlich einheitlich zwischen 50 und 70 ml $\cdot$ min^{-1} $\cdot$ m^{-2} liegen. Nur bei Vögeln werden noch ähnlich hohe GFR-Werte erreicht (Huhn: 75 ml $\cdot$ h^{-1} $\cdot$ kg Körpergewicht^{-1}). Auch hier werden 98–99% des Primärharnvolumens wieder reabsorbiert. Dabei fallen die Harnsäure und ihre Urate aus, so daß bei normalem Wasserangebot trotz des hohen Harnsäure-

[1] Prozentualer Volumenanteil der Erythrozyten am Gesamtblutvolumen. to (h)aima, -atos (griech.) = das Blut.

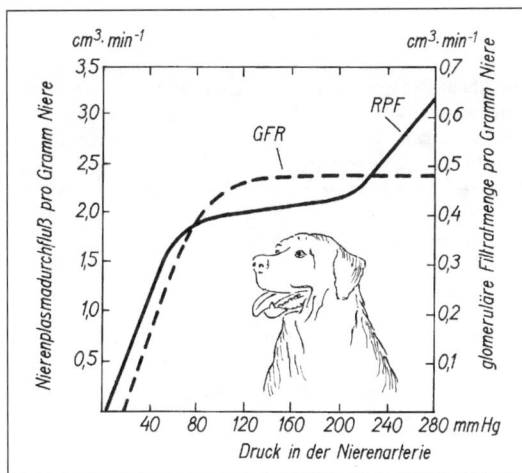

Abb. 4.32. Graphische Darstellung der Abhängigkeit des GFR- und RPF-Wertes vom arteriellen Blutdruck beim Hund. Aus LANDOIS u. ROSEMANN.

gehalts ein blut-hypoosmotischer Harn zur Ausscheidung kommt. Bei den restlichen Wirbeltieren sind die Filtrationsrate (Alligator: 1,5–3,4 ml h^{-1} $\cdot$ kg^{-1}; Frosch: 2,8–40 ml h^{-1} $\cdot$ kg^{-1}) und der Umfang der Reabsorption wesentlich kleiner.

Aus dem, was auf S. 328 über den effektiven Filtrationsdruck gesagt wurde, geht hervor, daß der GFR-Wert vom arteriellen Blutdruck abhängen muß. Das trifft auch in gewisser Weise zu (Abb. 4.32.). Die Abscheidung eines Ultrafiltrats in den Malpighischen Körperchen des Hundes setzt erst bei einem arteriellen Blutdruck von ca. 30 mm Hg ein. Zur Harnabsonderung kommt es dabei jedoch noch nicht, da diese geringen Filtratmengen offenbar wieder vollständig reabsorbiert werden. Das Volumen des Glomerulusfiltrats zeigt zunächst eine proportionale Abhängigkeit vom arteriellen Blutdruck

$$GFR = k\,(p'_{hydr} - p''_{hydr} - p'_{koll}),$$

(k = Proportionalitätskoeffizient: das pro min, m^2 und kPa gefilterte Flüssigkeitsvolumen)

um dann jedoch bei weiterer Steigerung des Druckes über 90 mm Hg hinaus konstant zu bleiben. Dasselbe gilt auch für die Nierenrindendurchblutung, die sich ebenfalls im mittleren arteriellen Druckbereich zwischen 90 und 180 mm Hg nicht ändert (Abb. 4.32.). Die Niere (auch die denervierte!) hat die Fähigkeit, Änderungen des arteriellen Blutdrucks zwischen 90 und 180 mm Hg so zu begegnen – wahrscheinlich durch Änderung der Gefäßspannung in den Vasa afferentia –, daß ihre Durchblutung angenähert konstant bleibt (**Autoregulation**). Die Harnabsonderung beginnt bei einem Wert von ca. 50 mm Hg. Das Volumen steigt mit dem arteriellen Blutdruck, unabhängig von der Autoregulation der Nierendurchblutung und der glomerularen Filtratmenge, ziemlich gleichmäßig an (**Druckdiurese**), da sich die Durchblutung des Nierenmarks nicht in gleichem Maße wie in der Rinde autoreguliert, sondern zunimmt und deshalb sich die Bedingungen für die Reabsorption des Wassers aus den Sammelrohren verschlechtern.

Ein sehr wichtiger Regulationsmechanismus verläuft über das **Renin-Angiotensin-Aldosteron-System** (RAA-System, Abb. 4.33.). Bei stärkerem Abfall des arteriellen Blutdruckes in der Niere erfolgt eine Freisetzung der Protease **Renin**[2] aus den Epitheloidzellen des juxtaglomerulären Apparates[3] in das Blut des Vas afferens (z. T. auch in die Lymphbahn). Die druckempfindlichen Strukturen liegen wahrscheinlich im Vas afferens selbst bzw. im juxtaglomerulären Apparat. Das Renin bildet aus dem **Angiotensinogen** in der α_2-Globulinfraktion des Blutplas-

[2] rēn, rēnis (lat.) = die Niere.
[3] Der Tubulus contortus II berührt in der Nähe des Glomerulus die afferente Arteriole und bildet zusammen mit ihr den „juxtaglomerulären Apparat" (JGA, von juxta (lat.) = neben, dicht bei).

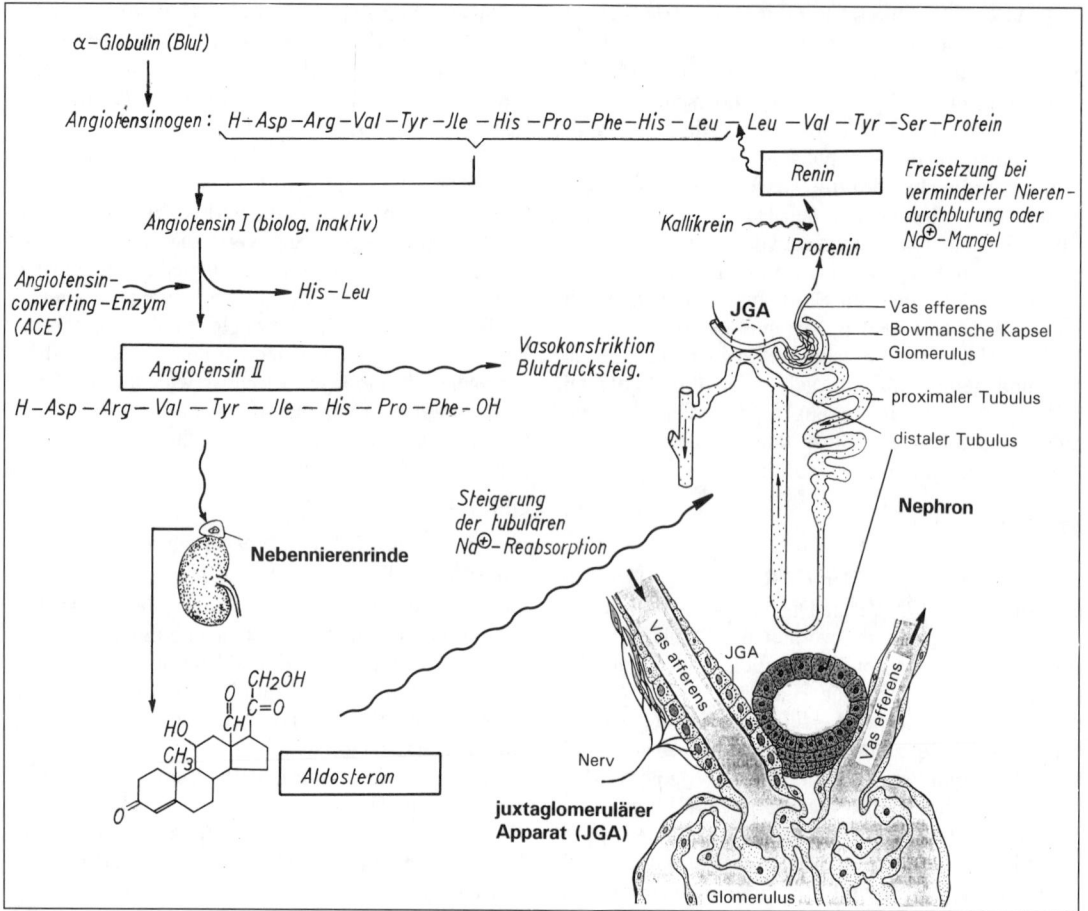

Abb. 4.33. Übersicht über das Renin-Angiotensin-Aldosteron-System (RAA-System). Nähere Erläuterungen im Text.

mas das Decapeptid **Angiotensin I**[1]). Ein konvertierendes Enzym (englisch: Angiotensin converting[2]) enzyme = ACE) im Blut sowie in der Lunge, Niere und anderen Organen verwandelt das Angiotensin I in das Octapeptid **Angiotensin II** durch Abspaltung eines Dipeptids am C-terminalen Ende (Dipeptidyl-Carboxypeptidase), das zu den stärksten vasokonstriktorisch wirkenden Substanzen zählt. Es bewirkt einen langanhaltenden Anstieg des arteriellen Blutdrucks. Außerdem löst es eine starke Freisetzung von **Aldosteron** (2.2.2.) aus der Nebenniere aus. Die blutdruckerhöhende Wirkung des ACE wird noch dadurch verstärkt, daß dieses Enzym gleichzeitig auch das Nonapeptid **Bradykinin,** einen hochwirksamen gefäßerweiternden (blutdrucksenkenden) Stoff im Blut (aus dem Kininogen der α-Globulinfraktion durch die proteolytische Wirkung des pankreatischen oder plasmatischen Kallikreins entstanden), abbaut.

Die Gifte einer Reihe südamerikanischer und japanischer **Schlangen** *(Bothrops jararaca, Agkistrodon halys blomhoffi)* weisen wirksame Penta- bis Tridecapeptide auf, die als kompetitive Inhibitoren des ACE wirken. Sie blockieren so den Abbau des Bradykinins und fungieren als „**Bradykinin-Potentiator-Peptid**" (BPP). Der physiologische „Sinn" ist darin zu sehen, daß die Verteilung des Schlangengiftes innerhalb des Beuteobjektes so nachhaltig gefördert wird. Eine Reihe von Derivaten dieser Peptide sind zur Bekämpfung des Bluthochdrucks beim Menschen als „Antihypertensiva" (Captopril, Enalapril) bereits in die Praxis eingeführt worden, haben allerdings auch noch erhebliche Nebenwirkungen.

Der Vergleich anderer Clearance-Werte mit dem des Inulins läßt unter Umständen Rückschlüsse auf den Exkretionsmodus zu. Für frei diffusible Substanzen gilt als Regel: ist ihr Clearance-Wert kleiner als der des Inulins, muß eine tubuläre Reabsorption, ist er größer, eine tubuläre Sekretion stattgefunden haben (Abb. 4.34.). Den Quotienten Cl_X/Cl_{Inulin} bezeichnet man als die **funktionelle Ausscheidung** des Stoffes X. Es gilt:

---

[1]) to ángion (griech.) = das Gefäß; tensus (lat.) = gespannt.
[2]) to convert (engl.) = umwandeln.

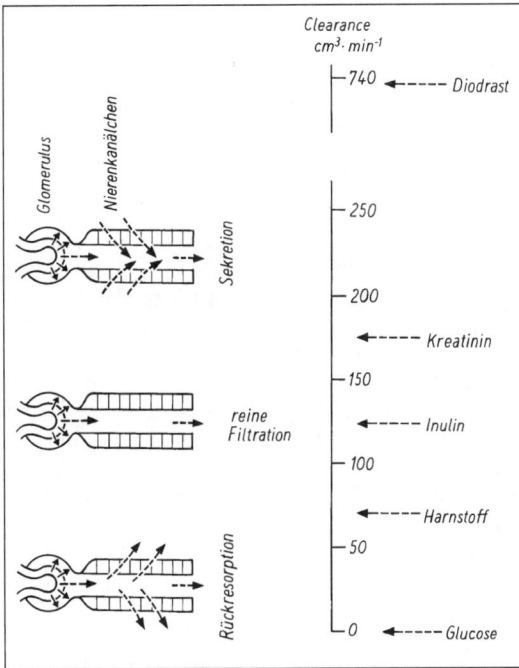

Abb. 4.34. Schema zur Veranschaulichung des Zusammenhanges zwischen dem Exkretionsmodus und dem Clearance-Wert. Aus LEUTHARDT 1961.

---

bei Reabsorption: $Cl_X/Cl_{Inulin} < 1$ (Bsp. $Na^\oplus$, $Cl^\ominus$, Glucose, Aminosäuren)

bei Sekretion: $Cl_X/Cl_{Inulin} > 1$ (Bsp. PAH)

Der **Harnstoff-Clearance-Wert** liegt bei den meisten Säugetieren unter dem des Inulins, denn der Harnstoff diffundiert wegen seiner leichten Löslichkeit in erheblichem Maße passiv in die Blutbahnen zurück. Seine Konzentration im Harn ist aber trotzdem höher als im Blut. Offenbar kann seine freie Rückdiffusion behindert werden. Eine zusätzliche Sekretion von Harnstoff aus dem renalen Pfortadersystem in den Tubulus erfolgt bei den Amphibien. Beim Ochsenfrosch ist die Clearance des Harnstoffs 7–10mal höher als die des Inulins.

Eine bemerkenswerte Besonderheit finden wir in den Nieren einiger **Meeresteleosteer** (alle Syngnathiden, *Opsanus tau* sowie der Seeteufel *Lophius piscatorius*). Die gewundenen Nierenkanäle zeigen bei ihnen an den blinden Enden keine Malpighischen Körperchen (**aglomeruläre Niere**).

Diese Reduktion bringt es selbstverständlich mit sich, daß die glomeruläre Filtration entfällt. Deshalb – und das ist wohl der eigentliche Sinn dieser Reduktion – bleibt die ausgeschiedene Harnmenge bei diesen marinen Vertretern im Vergleich zu den Süßwasserfischen sehr klein (*Opsanus tau* 2,5 ml · kg^{-1} · d^{-1}, Süßwasserkatzenwels 300 ml · kg^{-1} · d^{-1}). Die

Exkretion erfolgt im wesentlichen durch tubuläre Sekretion. In den die aglomerulären Nephrone allein versorgenden Nierenpfortadern herrscht ein Blutdruck, der zur Filtration nicht ausreicht. Es können $Mg^{2\oplus}$, $Ca^{2\oplus}$ und $SO_4^{2\ominus}$ in hundertfach so hoher Konzentration wie im Blut ausgeschieden werden, während $Cl^\ominus$ nur in Spuren im Urin vorkommt (*Lophius*). Auch p-Aminohippursäure, Perabrodil und Phenolrot können sezerniert werden. Glucose fehlt dagegen stets im Harn, selbst bei hohen Plasmakonzentrationen oder nach Phlorrhizingaben. Ebenfalls Inulin wird nicht ausgeschieden. Der Harnstoff gelangt bei *Lophius* offenbar nicht durch aktive Sekretion, sondern durch Diffusion in die Tubuli.

4.2.3. Extrarenale Exkretion

Obwohl besondere Exkretionsorgane vorhanden sind, spielt bei vielen Tieren die extrarenale Ausscheidung von Stoffen eine große Rolle. Als Orte der extrarenalen Ausscheidung können insbesondere die Kiemen sowie das Darmepithel fungieren.

Bei verschiedenen **Insekten** (*Forficula auricularia, Periplaneta americana, Chrysopa perla*) ist es nicht gelungen, Harnsäure in den Malpighischen Gefäßen nachzuweisen, obwohl die aus dem Darm entlassenen Exkrete keineswegs frei von Harnsäure sind. Bei *Periplaneta* wird die Harnsäure durch den vorderen Teil des Enddarmes abgegeben. Eine exkretorische Funktion des Darmes ist auch bei anderen Insekten nachgewiesen. Die blutsaugende Wanze *Rhodnius prolixus* scheidet das beim Abbau des Hämoglobins entstehende Biliverdin über das Mitteldarmepithel in das Darmlumen aus. Das aus dem Hämoglobin stammende Eisen wird dagegen in den Mitteldarmzellen zeitlebens gespeichert. – Bei den **Wirbeltieren** übernimmt die Leber die Exkretion des Biliverdins sowie von dessen Reproduktionsprodukt, des Bilirubins.

Die Gallenfarbstoffe **Biliverdin** und **Bilirubin** entstehen beim Abbau des Hämoglobins im retikulo-endothelialen System, hauptsächlich – bei den Vögeln ausschließlich – in der Leber. Die vier Pyrrolringe des Hämoglobins bilden eine offene Kette, das zentrale Fe-Atom fehlt. Biliverdin enthält 2 H weniger als das Bilirubin (Oxydationsprodukt des Bilirubins).

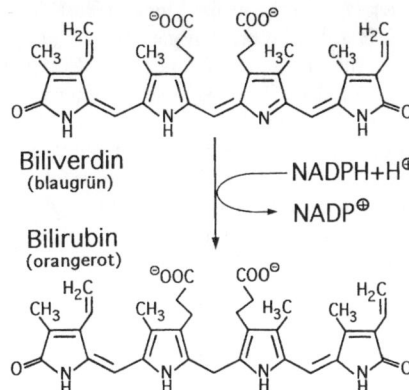

Bei den **Crustaceen** und den **Fischen** verläßt ein hoher Prozentsatz des im Stoffwechsel anfallenden Ammoniaks den Körper nicht über die Nieren, sondern über das **Kiemenepithel.** Verschließt man bei der Wollhandkrabbe *Eriocheir* beide Exkretionspori und den Darm, so werden trotzdem noch beträchtliche Mengen Ammoniak und Harnstoff ausgeschieden. Die Fische (Teleosteer) können bis zu 90% des im Stoffwechsel anfallenden Stickstoffs durch das Kiemenepithel entlassen. Es handelt sich dabei vornehmlich um Ammoniak neben Spuren von Harnstoff. Die schwerer diffusiblen Substanzen, wie Harnsäure und Kreatinin verlassen den Körper in erster Linie durch die Nieren. Bei den Selachiern ist die extrarenale Harnstoffausscheidung gering. Ihr Kiemenepithel ist weniger permeabel. Deshalb ist es ihnen möglich, ihr Blut mit Hilfe eines hohen Harnstoffgehalts isoosmotisch mit dem Meerwasser zu machen (4.3.1.2.). Auf die Bedeutung der Kiemen für die Ionen- und Osmoregulation wird später eingegangen.

Geringe Mengen Harnstoff, Ammoniak, Harnsäure usw. sind auch regelmäßig im **Schweiß** der Säugetiere enthalten. Die Schweißsekretion steht jedoch niemals im Dienste der Exkretion. Ihre Bedeutung liegt auf dem Gebiet der Wärmeregulation (4.5.). Dieser Aufgabe ist der Schweiß besonders dadurch angepaßt, daß er das verdünnteste Sekret aller Drüsen ist. Er enthält weniger als 1% an festen Bestandteilen, vornehmlich NaCl. Höhere Konzentrationen würde die Verdampfung erschweren.

4.2.4. Exkretspeicherung

Nicht immer werden die Exkretstoffe durch die Nieren oder andere Organe ausgeschieden. Es gibt viele Beispiele dafür, daß die Exkretionsstoffe innerhalb bestimmter Zellen abgelagert werden. Diese Exkretspeicherung kann temporären Charakter tragen, d. h., die gestapelten Exkrete werden von Zeit zu Zeit schließlich doch abgestoßen, sie kann aber auch eine Ablagerung für die Dauer des Lebens sein.

Ein bekanntes Beispiel für eine **temporäre Exkretspeicherung** ist die Weinbergschnecke. In den Nierensackzellen von *Helix* oder auch von *Arion* werden während der Winterruhe große Mengen Harnsäure in Form von Harnkonkrementen gestapelt. Flüssiger Harn wird zu dieser Zeit nicht abgegeben. Erst im Frühjahr nach dem Erwachen aus der Winterruhe werden die gespeicherten Exkrete abgestoßen. – Auch bei einigen Insektenlarven, wo entweder die Malpighischen Gefäße noch nicht funktionstüchtig sind (z. B. Honigbiene) oder noch ganz fehlen (z. B. *Nasonia*), erfolgt eine vorübergehende Ablagerung von Harnsäure, und zwar in den Zellen des Fettkörpers. Nach Verpuppung der Larve oder kurz nach dem Schlüpfen der Imago werden die gespeicherten Exkrete nachträglich über die Malpighischen Gefäße ausgeschieden.

Die Collembolen speichern große Mengen Harnsäure für die Zeit ihres Lebens in den **Uratzellen,** welche im Fettkörper verstreut vorkommen. Solche Uratzellen findet man auch bei den Schaben *(Periplaneta),* die offenbar mit Hilfe ihrer Malpighischen Gefäße keine Harnsäure ausscheiden können (s. o.). Bei den Arachniden ist eine Exkretablagerung in sog. **Nephrozyten,** im Darmepithel, in der Epidermis sowie in der Kloakenwand beobachtet worden. Fische lagern Guanin in kristalliner Form in sog. **Iridozyten** der Haut und bei verschiedenen Formen auch in der Retina (retinales Tapetum) bzw. in der Chorioidea des Auges (Argentea der Iris, chorioidales Tapetum cellulare) ab. Regelrechte **Speichernieren** bilden sich bei den Ascidien dadurch aus, daß sich Blutzellen mit Purin-Einschlüssen in großer Zahl an bestimmten Stellen des Körpers (z. B. am Darm) zusammenfinden. Harnbildende Organe fehlen dieser Tiergruppe.

4.3. Ionen- und Osmoregulation, Wasserhaushalt

Man hat Grund zu der Annahme, daß das Leben einmal im Meer entstanden ist. Es ist deshalb nicht überraschend, daß die **ionale Zusammensetzung der extrazellulären Flüssigkeiten** bei vielen marinen Evertebraten noch der des Meerwassers ähnelt, wenn sie auch in keinem Fall ihr vollkommen entspricht (Tab. 4.6.). Relativ groß ist die Ähnlichkeit bei den Echinodermen, die nur über geringe ionenregulatorische Fähigkeiten verfügen. Bei anderen Tieren können die Unterschiede beträchtlich sein. Insbesondere bei höher organisierten und aktiven Tierformen kann man **charakteristische Abweichungen** von der Ionenzusammensetzung des umgebenden Mediums feststellen. So fällt bei den marinen **Krebsen** der hohe Gehalt an $Ca^{2\oplus}$ und die relativ geringe Menge an $Mg^{2\oplus}$ und $SO_4^{2\ominus}$ auf. Zwischen der $Mg^{2\oplus}$-Konzentration im Blut und der allgemeinen Aktivität des Tieres gibt es bei den dekapoden Krebsen eine Beziehung: die Konzentration ist um so geringer, je aktiver die Tiere im allgemeinen sind.

Die ionale Zusammensetzung der Hämolymphe bei den meisten **Insekten** zeigt deutliche Beziehungen zu ihrer Nahrung. Bei den herbivoren Insekten entsprechen die relativ niedrigen $Na^{\oplus}$- und relativ hohen $K^{\oplus}$-Werte etwa denjenigen Werten in der Futterpflanze, während $Mg^{2\oplus}$ in höherer und $Ca^{2\oplus}$ in niedrigerer Konzentration in der Hämolymphe vorliegen. In den carnivoren und omnivoren Insekten entspricht die ionale Zusammensetzung der Hämolymphe mehr der der Wirbeltiere: hohe $Na^{\oplus}$- und niedrige $K^{\oplus}$-Konzen-

Tabelle 4.6. Die ionale Zusammensetzung des Blutes verschiedener Tiere. Konzentrationen der Ionen in mM/kg; Δ °C = Gefrierpunktserniedrigung des Blutes in °C.

	$Na^{\oplus}$	$K^{\oplus}$	$Ca^{2\oplus}$	$Mg^{2\oplus}$	$Cl^{\ominus}$	$SO_4^{2\ominus}$	$HCO_3^{\ominus}$	Δ °C
Seewasser	475,4	10,1	10,3	54,2	554,4	28,6	2,4	1,9
1. Meerestiere:								
Holothuria (Seewalze)	489	10,7	11,0	58,5	573	28,4		
Aplysia (Meeresschnecke)	492	9,7	13,3	49	543	28,2		2,32
Eledone (Tintenfisch)	425	12,2	11,6	57,2	480	43,1		
Carcinus (Taschenkrebs)	468	12,1	17,5	23,6	524			1,9
2. Süßwasserformen:								
Anodonta (Teichmuschel)	15,6	0,5	6,0	0,2	11,7		12,0	0,08
Cambarus (Flußkrebs)	146	3,9	8,1	4,3	139			0,8
Lampetra (Neunauge)	119,6	3,2	1,96	2,1	59,9	2,7		
Rana esculenta (Wasser-frosch)	109	2,6	2,1	1,3	78		26,6	0,4
3. terrestrische Formen:								
Lumbricus (Regenwurm)	105	8,9			43			0,45
Periplaneta (Schabe)	161	7,9	4,0	5,6	144			
Bombyx mori (Seiden-spinner)	14	40,0	12,3	50,5	21			
Hund	150	4,4	5,3	1,8	106	2,0		

trationen (vgl. in Tab. 4.6. die Werte für *Periplaneta* mit denen des Hundes). Herbivore unter den Insekten (z. B. *Bombyx*) weisen $K^{\oplus}$-Konzentrationen auf, bei denen in anderen Tieren bereits die Erregbarkeit im Nervensystem blockiert ist (2.3.1.). Die Nerven dieser Insekten sind deshalb durch eine $K^{\oplus}$-impermeable Hülle geschützt, so daß die Erregbarkeit nicht beeinträchtigt wird. – Die **Wirbeltiere** halten ihre ionale Zusammensetzung des Blutes mit Hilfe leistungsfähiger Regulationsmechanismen relativ konstant. Das dominierende Kation im Blut ist das $Na^{\oplus}$, das dominierende Anion das $Cl^{\ominus}$.

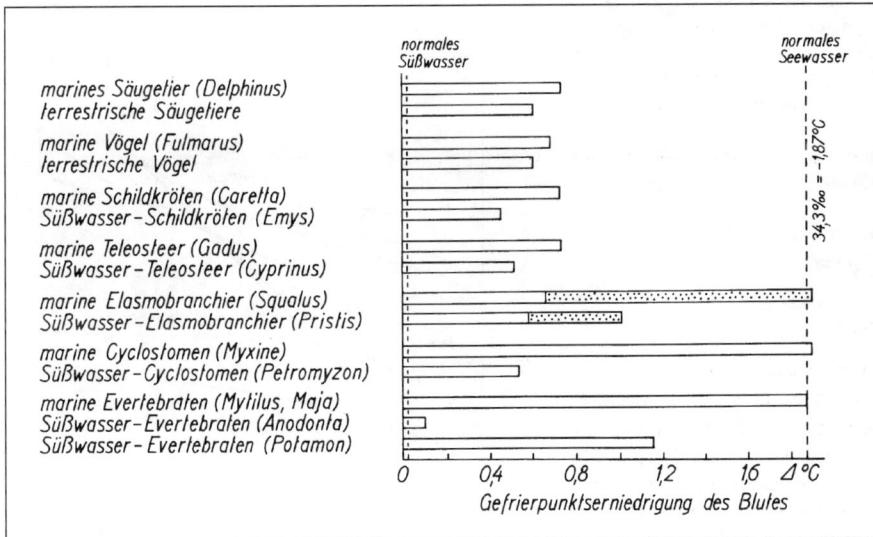

Abb. 4.35. Der osmotische Druck (Gefrierpunktserniedrigung in °C) des Blutes bei einigen marinen, terrestrischen und limnischen Vertretern verschiedener Tiergruppen. Durch Punktierung ist der bei den Elasmobranchiern auf den hohen Harnstoffgehalt im Blut zurückzuführende Anteil an der Gesamtgefrierpunktserniedrigung gekennzeichnet. In Anlehnung an NICOL 1968.

Die **ionale Zusammensetzung der intrazellulären Flüssigkeit** weicht stets erheblich von der extrazellulären ab. Während extrazellulär gewöhnlich (Ausnahme: einige Insekten, s. o.) unter den Kationen das $Na^{\oplus}$ und unter den Anionen das $Cl^{\ominus}$ dominiert, überwiegen in der Zelle das $K^{\oplus}$ und die Protein-Anionen. Die intrazelluläre $K^{\oplus}$-Konzentration in den meisten Zellen der Evertebraten wie der Vertebraten beträgt 100–150 mOsm. Eine Ausnahme bilden Axone bestimmter Evertebraten.

Der **osmotische Wert der extrazellulären Flüssigkeit** weist im Tierreich große Unterschiede auf. Er wird gewöhnlich in °C angegeben, da man bei seiner Bestimmung von der Höhe der Gefrierpunktserniedrigung ausgeht (Δ-Werte). Die niedrigsten Werte sind bei Süßwassermuscheln (Δ °C = –0,08) gemessen worden, die höchsten bei marinen Evertebraten, die gewöhnlich eine zum Außenmedium isoosmotische Körperflüssigkeit besitzen. In vielen Fällen entspricht jedoch die osmotische Konzentration der Körperflüssigkeit nicht der des Außenmediums. Es muß diese Konzentrationsdifferenz durch besondere Mechanismen aktiv aufrechterhalten werden. Man bezeichnet diese Fähigkeit als **Osmoregulation.** Einen Überblick über die osmotischen Konzentrationen der Körperflüssigkeiten bei verschiedenen Tieren im Vergleich zu ihrem Außenmedium gibt Abb. 4.35.

Für die Osmolarität der Körperflüssigkeit ist in erster Linie die in ihr gelöste Salzmenge verantwortlich. Eine interessante Ausnahme bildet die Hämolymphe der **Insekten,** die sich durch eine relativ niedrige $Cl^{\ominus}$-Konzentration auszeichnet. Während im Säugerblut 66% der Anionen $Cl^{\ominus}$ sind, sind es bei der Seidenraupe nur 12–18% und bei der Larve von *Gastrophilus* gar nur 7%. Der osmotische Wert der Hämolymphe wird bei den Insekten wesentlich durch den Gehalt an organischen Verbindungen (insbesondere **Aminosäuren**) bestimmt. Das ist bei den phylogenetisch jüngeren Formen (Neuropteren, Lepidopteren, Dipteren) noch mehr der Fall als bei den älteren (Ephemeropteren, Odonaten). Die freien Aminosäuren repräsentieren in der Hämolymphe verschiedener Lepidopteren 40% der osmolaren Konzentration, bei den Odonaten nur 10%.

Das Blut der **Elasmobranchier** zeichnet sich durch einen hohen Gehalt an **Harnstoff** aus.

4.3.1. Marine Tiere

4.3.1.1. Evertebraten

Die marinen Evertebraten besitzen – wie bereits erwähnt – in den meisten Fällen eine zum Außenmedium isoosmotische Körperflüssigkeit. Bringt man sie in etwas verdünnteres oder konzentrierteres Meerwasser, so tritt rasch ein Konzentrationsausgleich über die sowohl ionen- wie auch wasserdurchlässige Körperoberfläche ein (Abb. 4.36.). Man bezeichnet solche Tiere als **poikilosmotisch**[1]). Das Fehlen einer Osmoregulation ist auch der Grund dafür, daß die meisten Evertebraten des Meeres nur geringe Verdünnungen des Meerwassers überleben und im Brack- oder sogar Süßwasser in der Regel nicht mehr existenzfähig sind. Bei den Krabben *Maja* und *Hyas* liegt die Existenzgrenze bei einer 75–80%igen Seewasserlösung. Bei einer Reihe von Muscheln *(Mytilus edulis, Mya arenaria, Cardium edule)* – obwohl ebenfalls poikilosmotisch – liegt sie bei wesentlich niedrigeren Werten. Sie dringen in der Ostsee bis tief in den Finnischen Meerbusen (Salzgehalt ca. 5‰) vor. Offenbar besteht eine größere Toleranz ihrer Körperzellen gegenüber der Salzkonzentration. Allerdings ist die allgemeine Aktivität des Tieres (O_2-Verbrauch, Herzfrequenz, Cilienschlag) ebenso wie ihre Körpergröße in verdünntem Seewasser herabgesetzt. Ähnlich ist es beim Seestern *(Asterias rubens),* dessen Existenzgrenze in der Ostsee bei 8‰ liegt.

Anders verhalten sich z. B. der Ringelwurm *Nereis diversicolor* und die Strandkrabbe *(Carcinus maenas).* Sie sind im Seewasser isoosmotisch zum Medium, in verdünntem Seewasser werden sie mehr oder weniger stark hyperosmotisch (Abb. 4.36.). Die Strandkrabbe hat ihre Verbreitungsgrenze in der Ostsee auf der Höhe der Inseln Hiddensee und Bornholm. Es sind insbesondere folgende drei Faktoren, die bei ihrer Osmoregulation in verdünntem Seewasser wirksam sind:

1. ist die Permeabilität der Kiemen wie auch der gesamten Körperoberfläche sowohl für Wasser als auch für Salze in beiden Richtungen niedrig;
2. wird das osmotisch in das Tier eingedrungene Wasser durch eine vermehrte Wasserabgabe durch die Exkretionsorgane und wahrscheinlich auch durch den Mund zum Teil wieder hinausgeschafft;

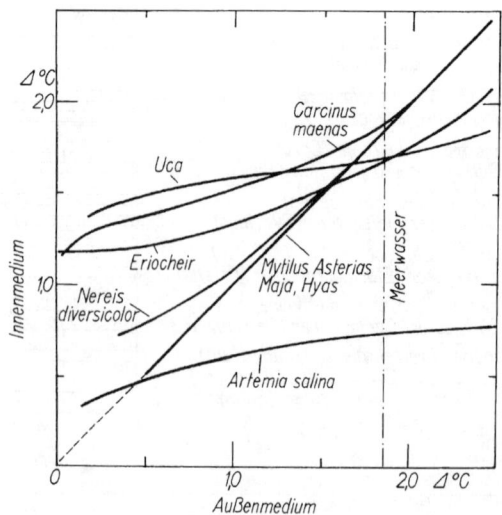

Abb. 4.36. Abhängigkeit der Gefrierpunktserniedrigung im Blut von der im Außenmedium bei einigen marinen Evertebraten, besonders Crustaceen.

---

[1]) poikilos (griech.) = verschieden, verschiedenartig.

3. absorbiert die Krabbe gegen den Konzentrationsgradienten mit Hilfe der Kiemen aktiv Salze aus dem umgebenden Medium: Ausgleich des mit der vermehrten Harnproduktion verbundenen gesteigerten Salzverlustes.

Sowohl im Salz- wie im Süßwasserbereich lebensfähig und osmoregulatorisch tätig ist unter anderem die Wollhandkrabbe *(Eriocheir sinensis)*. Sie besitzt im Meer eine schwach hypoosmotische Leibesflüssigkeit. Mit abnehmendem Salzgehalt im Außenmedium nimmt die Innenkonzentration nur wenig ab, d. h., sie wird hyperosmotisch zum Außenmedium (Abb. 4.36.). Die Permeabilität der Körperoberfläche ist extrem niedrig. Eine aktive Absorption von NaCl aus verdünntem Seewasser mit Hilfe der Kiemen ist nachgewiesen. Die Nieren scheinen bei *Eriocheir* für die Osmoregulation von untergeordneter Bedeutung zu sein. Auch die in der Gezeitenzone gerne außerhalb des Wassers auf Felsen sich aufhaltende Krabbe *Pachygrapsus* oder die ebenfalls amphibisch lebende Winkerkrabbe *Uca* gehören zu denjenigen Krebsen, die sowohl im verdünnten wie auch im stärker konzentrierten Meerwasser eine annähernd konstante Blutkonzentration aufrechterhalten (horizontaler Verlauf der Blut-Mediumkurve: **homoiosmotische**[1]) **Tiere**, Abb. 4.36.). Im normalen Seewasser ist ihr Blut schwach hypoosmotisch.

Manche Tiere können in Wasseransammlungen mit extrem hohem Salzgehalt leben. So sind die Larve der Fliege *Ephydra cincerea* und das **Salinenkrebschen** *Artemia salina* die einzigen Metazoen im Großen Salzsee Utah (USA) mit einer NaCl-Konzentration von 22%. Die Konzentration der Hämolymphe von *Artemia* ist nur wenig von der des Außenmediums abhängig. Sie ist bei Außenkonzentrationen von mehr als 0,9% NaCl hypoosmotisch, darunter hyperosmotisch zum Medium (Abb. 4.36.). Die Cuticula ist nur wenig durchlässig. *Artemia* schluckt Meerwasser, aus dem im Darm NaCl zusammen mit Wasser resorbiert werden. Das überschüssige Salz wird anschließend von den ersten 10 Kiemen aktiv ins hyperosmotische Medium zurückgegeben, während das Wasser zum Ersatz des osmotisch entzogenen im Körper verbleibt. Außerdem kann *Artemia* einen stark bluthyperosmotischen Harn produzieren. Im hypoosmotischen Medium können dieselben Kiemen aktiv NaCl absorbieren.

Bei den meisten marinen Krebsen steht die Niere im Dienste der **Ionenregulation.** Sie hält $K^{\oplus}$ und $Ca^{2\oplus}$ zurück und scheidet $Mg^{2\oplus}$ und $SO_4^{2\ominus}$ verstärkt aus. Bringt man die Krabben *Pachygrapsus* oder *Uca* in hyperosmotisches Seewasser (1,7fach), so steigt die $Mg^{2\oplus}$- und $SO_4^{2\ominus}$-Konzentration im Urin auf mehr als das Doppelte an. Gleichzeitig nimmt die $K^{\oplus}$-, $Ca^{2\oplus}$- und $Cl^{\ominus}$-Konzentration nur wenig zu und die $Na^{\oplus}$-

Konzentration sogar ab. Für die Exkretion dieser Ionen sind vornehmlich die Kiemen verantwortlich. Bei *Uca* scheint außerdem eine weitere Möglichkeit der Salzausscheidung darin zu bestehen, daß der salzhaltige Magensaft erbrochen wird.

Verschiedene **Mückenlarven** überleben in stark hyperosmotischem Salzwasser. Ihre Cuticula ist weniger durchlässig für Wasser als die der verwandten Süßwasserformen. Sie trinken das salzhaltige Wasser. Trotzdem nimmt die Osmolarität ihrer Hämolymphe nur unwesentlich zu. Larven von *Aedes taeniorhynchus,* die in 200%igem Meerwasser gehalten wurden, zeigten eine um nur 15% höhere Osmolarität als gleiche Formen, die sich in 10%igem Meerwasser aufgehalten hatten.

Wie bei anderen Insekten auch, sezernieren sie einen KCl-reichen Primärharn in die **Malpighi-Gefäße** (Abb. 4.37.), wodurch ein osmotischer Gradient aufgebaut wird, der einen Flüssigkeitsstrom in die Gefäße hinein hervorbringt. Auch $Mg^{2\oplus}$ und $SO_4^{2\ominus}$ können aktiv ins Lumen transportiert werden. Die $SO_4^{2\ominus}$-Transportrate kann durch hohe Konzentrationen im Außenmedium wesentlich gesteigert werden (Induktion!). Die Flüssigkeit, die die Malpighi-Gefäße verläßt, ist isoosmotisch zur Hämolymphe, reich an KCl, organischen Nährstoffen, Stoffwechselendprodukten und – wenn im Medium vorkommend – $Mg^{2\oplus}$ sowie $SO_4^{2\ominus}$.

Erst im **Rektum** werden die Nährstoffe wieder entzogen, die ionale Zusammensetzung geändert und ein

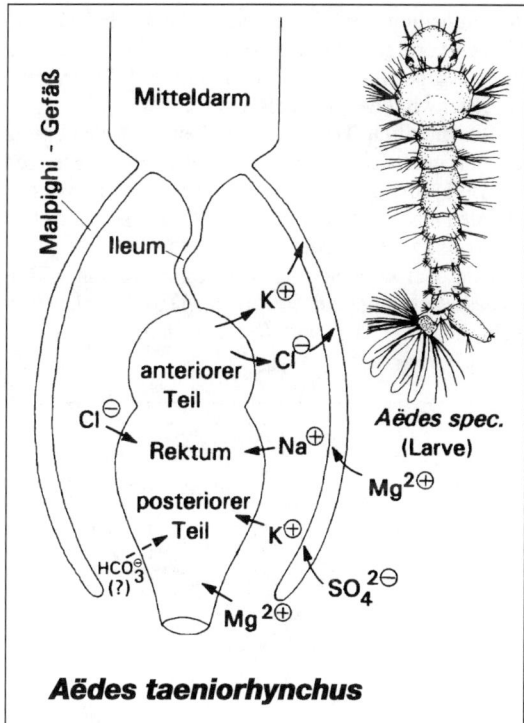

Abb. 4.37. Die Vorgänge im exkretorischen System der Larve von *Aedes taeniorhynchus*. Nach BRADLEY 1985.

---

[1]) homo͞is (griech.) = gleich, gleichartig.

hyperosmotischer Harn erzeugt. Im Gegensatz zu den Süßwasserformen (z. B. *Aëdes aegypti*), die unfähig sind, einen hyperosmotischen Harn zu bilden, besitzen die Salzwasserformen ein zweigeteiltes Rektum, wobei nur der anteriore Teil funktionell dem der Süßwasserform entspricht. In ihm findet eine Resorption von Ionen und Nährstoffen statt. Demgegenüber zeigt der posteriore Teil ein besonders leistungsfähiges Transportepithel. Er läßt die interzellulären Kanäle, wie sie für die Rektaldrüsenzellen terrestrischer Insekten charakteristisch sind, vermissen. In ihm wird eine zur Hämolymphe hyperosmotische Flüssigkeit sezerniert. Die $K^{\oplus}$-Konzentration ist 18fach erhöht gegenüber der des Meerwassers. Dieser Teil des Rektums fungiert als **Salzdrüse,** vergleichbar den Strukturen bei Selachiern oder Meeresvögeln. $Na^{\oplus}$, $K^{\oplus}$, $Mg^{2\oplus}$ und $Cl^{\ominus}$ werden alle aktiv transportiert, anscheinend aber nicht – im Gegensatz zu den Malpighi-Gefäßen – das $SO_4^{2\ominus}$-Ion. Die Salzdrüse ist wahrscheinlich nur aktiv, wenn die Larven im hyperosmotischen Medium gehalten werden.

4.3.1.2. Vertebraten

Die Salzkonzentration im Blutplasma aller Wirbeltiere mit Ausnahme der ausschließlich marinen „Schleimaale" (Myxinoidea) beträgt unabhängig vom Lebensraum etwa nur $1/4$ bis $1/2$ der des Meerwassers (Abb. 4.35.). Für die im Meer lebenden Formen bedeutet das, daß sie sehr stark hypoosmotisch zum Außenmedium sind. Sie müssen deshalb über Mechanismen verfügen, um der Gefahr der Konzentrierung ihrer Körperflüssigkeit durch aktive Salzsekretion entgegenwirken zu können.

Die **marinen Teleosteer** trinken – im Gegensatz zu den Süßwasserfischen – relativ große Mengen Wasser, pro Tag etwa 4 bis 8% ihres Körpergewichts. Werden sie daran gehindert, so sterben sie bald. Der Aal trinkt z. B. im Meerwasser 325 µl je 100 g und Stunde. Bei doppelt so hoher Konzentration erhöht sich diese Menge auf 800 µl. Im Darm werden vornehmlich $Na^{\oplus}$, $K^{\oplus}$ und $Cl^{\ominus}$ aus dem getrunkenen Meerwasser aktiv absorbiert und Wasser osmotisch nachgezogen, während die $Mg^{2\oplus}$- und $SO_4^{2\ominus}$-Ionen des Meerwassers in größeren Mengen mit dem Kot wieder abgegeben werden. Die absorbierten $Na^{\oplus}$-, $K^{\oplus}$- und $Cl^{\ominus}$-Ionen werden ausschließlich extrarenal (durch die **„Chlorid-Zellen"** der Kiemen) wieder ausgeschieden, während das Wasser im Körper zurückgehalten wird (Abb. 4.38.), um den Verlust an den Kiemen und mit dem Urin wieder auszugleichen. Die Niere hat bei den marinen Teleosteern keine osmoregulatorische Funktion, denn sie kann keinen Urin produzieren, der hyperosmotisch zum Blut ist. Die pro Tag ausgeschiedene Urinmenge ist stets so klein und enthält nur N und 2wertige Ionen. Die geringe Leistung der Niere drückt sich auch in ihrem im Vergleich zu den Süßwasserformen wesentlich weniger stark differenzierten Bau aus. Im typischen Fall fehlt der distale Tubulus, die Glomeruli sind weniger stark entwickelt und fehlen in manchen Fällen ganz (aglomeruläre Niere, 4.2.2.9.).

Für marine **Teleosteer in der arktischen Region** bei winterlichen Wassertemperaturen von –1,8 °C ist die Gefahr groß, daß ihre Körperflüssigkeit unter den Gefrierpunkt abkühlt. Um dieser Gefahr zu entgehen, erhöhen viele Vertreter dieser Regionen während der Winterzeit die Konzentration ihres Blutes mit Hilfe von Peptiden. Auf diese Weise steigt die Gefrierpunktserniedrigung des Blutes bei der „Winterflunder" *(Pseudopleuronectes americanus)* von –0,8 °C im Sommer auf etwa das Doppelte (–1,7 °C) während der Wintermonate an. Das Blut ist dann fast isoosmotisch zum Meerwasser.

Besondere Verhältnisse trifft man bei den marinen **Elasmobranchiern** (Haie und Rochen) an. Sie haben sich mit hoher Wahrscheinlichkeit ursprünglich im Süßwasser entwickelt, leben aber zum größten Teil bereits seit Millionen von Jahren im Meer mit einem NaCl-Gehalt von 500 mäquiv · 1^{-1}. Demgegenüber erreicht die $Na^{\oplus}$-Konzentration im extrazellulären Flüssigkeitsraum dieser Tiere nur 260–290 mäquiv · 1^{-1}. Zur Aufhebung des osmotischen Ungleichgewichts synthetisieren die Tiere hauptsächlich in ihrer Leber viel **Harnstoff,** der in hoher Konzentration im Blut

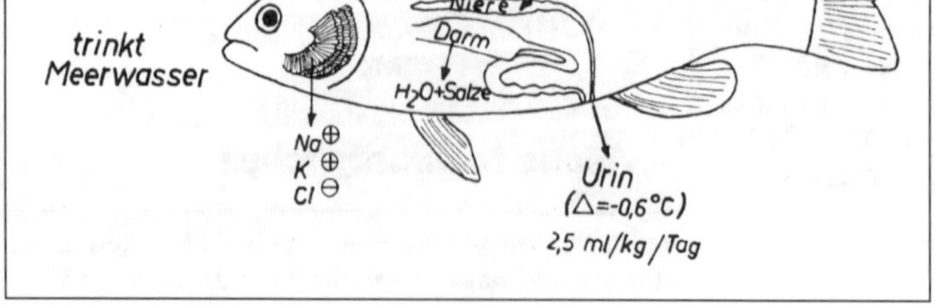

Abb. 4.38. Die osmoregulatorischen Mechanismen bei einem Meeresfisch.

zirkuliert und auch in alle Zellen eindringt. Haut und Kiemen sind relativ impermeabel gegenüber Harnstoff. Das Hb der marinen Elasmobranchier ist im Gegensatz zu anderen Tieren im höchsten Grade unempfindlich gegenüber Harnstoff. Seine funktionellen Eigenschaften bleiben bis zu einer Harnstoffkonzentration von rund 5 mol · l^{-1} (!) nahezu unbeeinflußt. Durch die etwa dem Meerwasser entsprechende osmotische Konzentration des Blutes ist zwar die Wasserbalance der Tiere geschützt, nicht aber die Salzbalance. Ständig dringt Na$^{\oplus}$ seinem Konzentrationsgradienten folgend durch die Kiemen in das Tier ein, außerdem erfolgt eine Resorption von Na$^{\oplus}$ im Darm mit der aufgenommenen Nahrung. Dieses überschüssige Na$^{\oplus}$ kann nicht durch die Niere wieder ausgeschieden werden, da der Urin stets blut-hypoosmotisch ist. Die Kiemen scheinen auch nicht an der Beseitigung des Salzüberschusses beteiligt zu sein. Diese Funktion wird vielmehr von den **Rektaldrüsen** ausgeführt, die ihr Sekret in den Enddarm entlassen. Die von ihnen ausgeschiedene Flüssigkeit ist zwar blut-isoosmotisch, enthält aber fast nur NaCl neben Spuren von Harnstoff (Tab. 4.7.).

Im einzelnen spielen sich bei der **NaCl-Sekretion** in der Rektaldrüse wahrscheinlich folgende Vorgänge ab. Unter ATP-Verbrauch wird über die Na/K-ATPase ein elektrochemischer Gradient aufgebaut, der einen Na$^{\oplus}$-Influx in die Zelle stark begünstigt (Abb. 4.39.). Zusammen mit dem Na$^{\oplus}$ fließt in Form eines **Kotransportes** (1.6.6.) Cl$^{\ominus}$ in die Zelle ein, außerdem ist K$^{\oplus}$ in den Transport integriert. Im Rahmen dieses Kotransportes, der durch **Furosemid** hemmbar und identisch mit demjenigen in der luminalen Membran der Zellen des dicken aufsteigenden Schenkels der Henleschen Schleife in der Säugetierniere ist, ist die Beförderung von je-

Tabelle 4.7. Na$^{\oplus}$- und K$^{\oplus}$-Konzentration im Sekret der Salzdrüsen verschiedener mariner Wirbeltiere (Elasmobranchier, Reptilien, Vögel) in mäquiv. · l^{-1}.

	Na$^{\oplus}$	K$^{\oplus}$
Meerwasser	450	12
Dornhai *(Squalus acanthias)*	450	10
Unechte Karettschildkröte *(Caretta caretta)*	732–878	18–31
nordafrik. Wüsteneidechse *(Uromastyx aegypticus)*	639	1398
Silbermöwe *(Larus argentatus)*	718	24
Wellenläufer *(Oceanodroma leucorhoa)*	900–1100	–

weils einem Na$^{\oplus}$- und K$^{\oplus}$-Ion mit 2 Cl$^{\ominus}$-Ionen in die Zelle hinein gekoppelt. Mit dem K$^{\oplus}$-Influx ist keine wesentliche Mehrleistung an thermodynamischer Arbeit verbunden, da sich dieses Ion an der Membran nahezu im Gleichgewicht befindet (elektrochemischer Gradient nahe Null). Die eingedrungenen K$^{\oplus}$-Ionen können wieder hinausdiffundieren (kompetitiv hemmbar durch Ba$^{2\oplus}$). Die Cl$^{\ominus}$-Ionen verlassen die Zelle hauptsächlich auf der Lumenseite wieder, wo sie sich mit den Na$^{\oplus}$-Ionen treffen, die passiv durch die interzellulären „junctions" in das Lumen diffundieren. Die Sekretionstätigkeit der Drüse wird wahrscheinlich über **VIP-** (vasoaktives intestinales Peptid) freisetzende Nervenendigungen aktiviert und durch **Somatostatin** gehemmt. Das cAMP sowie das Adenin, das die Adenylatzyklase aktiviert, wirken fördernd auf die Cl$^{\ominus}$-Sekretion durch 1. Steigerung der Cl$^{\ominus}$-Permeabilität der Zellmembran an der Lumenseite, 2. Steigerung des Kotransportes und 3. Aktivierung der Na/K-ATPase.

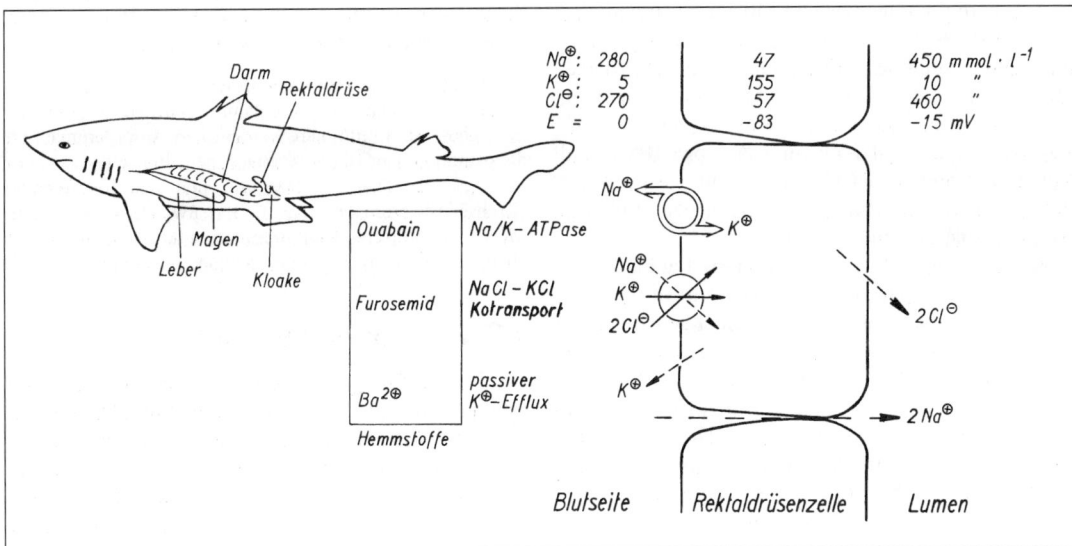

Abb. 4.39. Die hyperosmotische, NaCl-reiche Sekretion in den Rektaldrüsen vom Dornhai *(Squalus acanthias)*. Durchgezogene Linien: aktiver Transport; gestrichelte Linien: bergab-, passiver Transport; Wellenlinien: hemmende Einflüsse; E = elektrisches Potential. Nähere Erläuterungen im Text. Nach EPSTEIN et al. 1983.

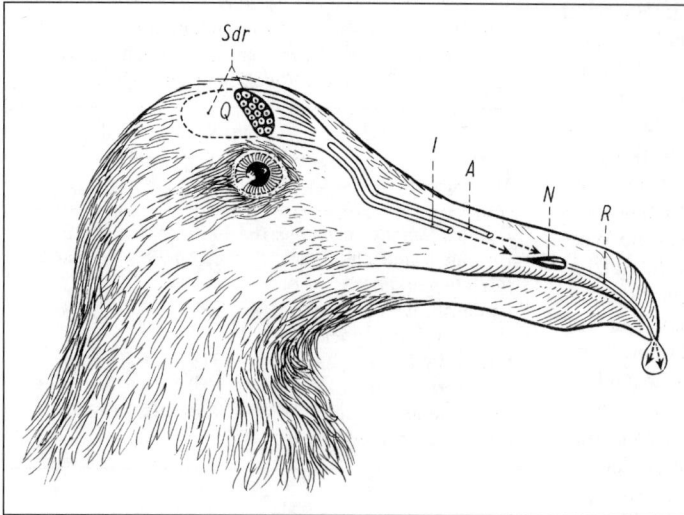

Abb. 4.40. Kopf einer Silbermöwe mit eingezeichneter rechter Salzdrüse (Sdr.). Die Salzdrüse ist zur Hälfte entfernt, um ihren Querschnitt (Q) mit den 15 angeschnittenen Schläuchen zu zeigen. A = äußerer Ausführgang; I = innerer Ausführgang; N = Nasenlöcher; R = Rinne, in der das Sekret zur Schnabelspitze fließt. Nach Schwarz 1961.

Die im Meer und in Ästuarien lebenden **Reptilien** schützen sich vor einem osmotischen Wasserentzug dadurch, daß sie ihre Haut extrem impermeabel machen. Der mit der Nahrung oder gegebenenfalls mit dem Trinkwasser in das Tier gelangte Salzüberschuß wird bei den Schildkröten (Cheloniidae = Seeschildkröten und Emydidae) durch ein hochkonzentriertes Tränensekret aus der **Orbitaldrüse** entfernt. Bei den Seeschlangen (Hydrophiinae) und Warzenschlangen (Aerochordinae) dient die posteriore **Sublingualdrüse,** bei der Schlange *Cereberus rhynchops* die **Prämaxillardrüse** und bei den Krokodilen (*Crocodylus porosus* u. a.) eine Drüse in der Zunge, die mit vielen Poren an der Zungenoberfläche mündet, demselben Zweck. Lediglich die marinen Eidechsen (Iguanidae, Varanidae) besitzen eine den Vögeln homologe, aber unabhängig von ihnen entstandene **nasale Salzdrüse.** Die Leistung dieser Drüsen ist sehr unterschiedlich. Das eine Extrem findet man bei der Seeschlange *Aipysurus eydouxii* mit 200 µmol $Na^{\oplus}$ pro 100 g und Stunde, das andere bei *Cereberus* mit 15 µmol pro 100 g und Stunde. Einige Schlangen der Ästuarien haben überhaupt keine Salzdrüsen.

Meeresvögel (Möwen, Kormoran, Pelikan, Pinguine u. a.) hat man beim Trinken von Meerwasser beobachtet. Diese Tiere besitzen am Kopf oberhalb der Augen ein Paar Drüsen (sog. **Salzdrüsen,** Abb. 4.40.), mit deren Hilfe das überschüssige Salz wieder ausgeschieden werden kann, das nicht nur mit dem getrunkenen Meerwasser, sondern auch mit der salzreichen Kost – Sturmvögel und Pinguine verzehren unter anderem marine Evertebraten – in den Körper gelangt. Das klare Sekret der Salzdrüsen wird in die Nasenhöhle entlassen, tritt aus den Nasenlöchern aus und tropft schließlich von der Schnabelspitze ab. Es enthält sehr viel NaCl, bei der Silbermöwe bei starker Salzbelastung im Experiment bis zu 10%. Die Sekret-

bildung wird immer dann reflektorisch ausgelöst, wenn die Osmolarität des Blutes einen kritischen Wert überschreitet. Dabei ist es gleichgültig, ob die NaCl-Menge im Blut angestiegen ist oder ob durch Injektion einer Zuckerlösung der osmotische Wert künstlich gesteigert wurde. Im letzteren Fall erfolgt wie im ersteren die Ausscheidung eines salzreichen Sekrets und nicht etwa einer Zuckerlösung. Die Leistungsfähigkeit der Salzdrüsen ist bei den verschiedenen Vögeln unterschiedlich groß. So verträgt z. B. die Silbermöwe im Gegensatz zur Lach- oder Sturmmöwe noch eine Tränkung mit 10%iger Kochsalzlösung. Die Salzdrüse der Hausente ändert ihre Struktur und steigert ihre Leistungsfähigkeit, wenn hypertones Salzwasser verabreicht wird. Bei den reinen Landvögeln verkümmert die Drüse frühzeitig.

Die Haut der **Meeressäugetiere** ist ebenfalls sehr impermeabel, überschüssiges Salz kann durch den bluthyperosmotischen Harn eliminiert werden. Die Anforderungen an die osmoregulatorischen Mechanismen sind selbstverständlich bei den Tieren größer, die sich von Evertebraten (Krebse usw.) ernähren (z. B. Bartenwale), die eine zum Meer isoosmotische Blutkonzentration besitzen, als bei solchen, die Fische fressen (z. B. Seehunde, Delphine usw.).

4.3.2. Limnische Tiere

Die Körperflüssigkeiten sind bei allen Süßwassertieren hyperosmotisch zum Außenmedium. Die niedrigsten Blutkonzentrationen findet man bei Teichmuscheln (*Anodonta*: Δ = –0,08 °C, *Dreissena*: Δ = –0,09 °C), relativ hohe bei den Flußkrebsen (*Astacus, Cambarus*: Δ = –0,80 °C). Die Süßwasserfische haben Δ-Werte um –0,50 und –0,55 °C. Für alle im Süßwasser lebenden Tiere besteht die Gefahr, daß die Konzentration ihrer Leibesflüssigkeiten einerseits durch Diffusion von Salzen ins Medium und andererseits durch Aufnahme osmotisch angezogenen Wassers vermindert wird.

4.3.2.1. Protozoen

Während die marinen und parasitisch lebenden Protozoen kaum osmoregulatorisch tätig zu sein brauchen, denn sie sind isoosmotisch zu ihrer Umwelt, ist es bei den Süßwasserformen anders. Letztere halten eine zum umgebenden Medium hyperosmotische Konzentration ihres Zellinhalts aufrecht. Deshalb tritt Wasser osmotisch in die Zelle ein. Die Durchlässigkeit der Zelloberfläche für Wasser ist bei den Rhizopoden etwas geringer als bei den Ciliaten. Außerdem wird stets eine nicht unbeträchtliche Wassermenge zusammen mit der Nahrung bei der Bildung der Nahrungsvakuole aufgenommen. Für das Wiederhinausschaffen des überschüssigen Wasservolumens aus der Zelle sind die **pulsierenden Vakuolen** verantwortlich. Deshalb findet man diese Zellorganellen bei allen Süßwasserprotozoen, dagegen bei den marinen Vertretern oft nicht und bei den Endoparasiten selten. Der aus Pulsationsfrequenz und Volumen der Vakuolen geschätzte Wasserauswurf ist bei den Süßwasserformen stets wesentlich höher als bei den marinen Protozoen bzw. bei den Endoparasiten in natürlicher Umgebung, bei denen die Vakuolen lediglich den mit der Nahrung aufgenommenen bzw. im intermediären Stoffwechsel entstandenen Wasserüberschuß zu eliminieren haben. Bei *Amoeba mira,* einem marinen Wurzelfüßer (Rhizopode), treten überhaupt nur während der Freßperioden pulsierende Vakuolen auf. Überführt man Süßwasser-Protozoen in verdünntes Seewasser, so nimmt die Aktivität der pulsierenden

Vakuole erheblich zu. Bei *Amoeba verrucosa* verschwindet die pulsierende Vakuole ganz, wenn man sie in 50%iges Meerwasser bringt. Umgekehrt kann die Pulsationsrate bei marinen Protozoen gesteigert werden, wenn man das Meerwasser verdünnt, gleichzeitig schwillt der Zellkörper etwas an (Abb. 4.41.). Durch Cyanid – ein Atmungsgift – kann die Vakuolenaktivität gestoppt werden. Das Körpervolumen nimmt dann im verdünnten Seewasser stark zu.

4.3.2.2. Evertebraten

Die Süßwasser-**Coelenteraten** besitzen weder osmoregulatorisch tätige Zellorganellen wie die Protozoen mit ihren pulsierenden Vakuolen noch spezifische Organe, die im Dienste der Osmoregulation stehen, wie bereits die Plathelminthes mit ihren Protonephridien (4.2.2.3.). Bei ihnen hat der Gastralraum neben seiner verdauenden auch eine osmoregulatorische Funktion. Gelöste Teilchen, insbesondere $Na^{\oplus}$, werden aktiv aus dem umgebenden Medium durch das Ektoderm akkumuliert. Ein Teil des $Na^{\oplus}$ wird zusammen mit viel Wasser über das Entoderm in den Gastralraum ausgeschieden. Diese zu den Körpergeweben hypoosmotische Flüssigkeit wird durch rhythmische Kontraktionen des Körpers (ca. 14mal pro Stunde bei *Hydra*) durch den Mund ausgestoßen. So erhalten sich die Tiere hyperosmotisch zu ihrem Medium Süßwasser.

Die **Mollusken,** deren Oberfläche besser permeabel ist als die der Krebse (s. u.), weisen wesentlich niedrigere Blutkonzentrationen auf. Obwohl der Harn der Teichmuschel *Anodonta* blut-hypoosmotisch ist ($\varDelta °C = -0,08$), dürfte mit der Urinabgabe ein ziemlich großer Salzverlust verbunden sein, denn die pro Tag produzierte Harnmenge ist groß (24% des Körpergewichts einschließlich der Schale pro Tag). *Anodonta* und andere Süßwassermuscheln (*Unio, Dreissena*) sowie -schnecken (*Lymnaea, Paludina*) können aus stark verdünnten Lösungen aktiv $Cl^{\ominus}$ und $Na^{\oplus}$ zur Aufrechterhaltung ihrer Blutkonzentration absorbieren.

Die **Crustaceen** des Süßwassers reduzieren das osmotische Eindringen von Wasser sowie den Verlust von Salzen durch Diffusion dadurch auf ein Minimum, daß sie ihre **Körperoberfläche extrem undurchlässig** machen. Das ist bei der Wollhandkrabbe *Eriocheir* in noch stärkerem Maße der Fall als beim Flußkrebs. Beide haben sie außerdem die Fähigkeit, Ionen ($Na^{\oplus}$, $Cl^{\ominus}$, $Br^{\ominus}$) mit Hilfe der Kiemen aktiv aus dem Süßwasser gegen ein erhebliches Konzentrationsgefälle in den Körper aufzunehmen. Die **aktive Aufnahme von $Na^{\oplus}$** ist ebenso wie die passive Diffusion nach außen von den $Na^{\oplus}$-Konzentrationen im Innern $[Na^{\oplus}]_i$ und im Außenmedium $[Na^{\oplus}]_a$ abhängig. Bei einer Konzentration von $[Na^{\oplus}]_a = 0,3$ mmol/l sind

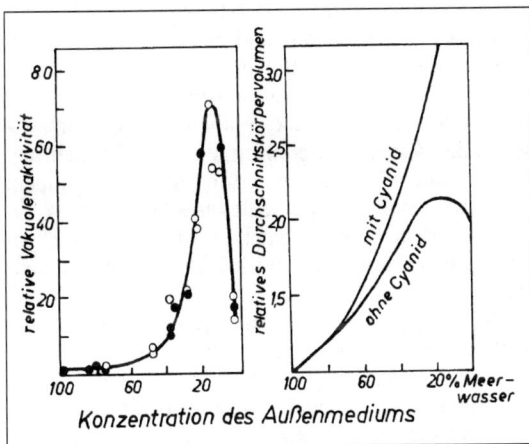

Abb. 4.41. Abhängigkeit der Aktivität der pulsierenden Vakuole von der Konzentration des Außenmediums bei dem marinen Peritrichen *Zoothamnium marinum* (Punkte) und *Cothurnia curvula* (Kreise). Rechts: Abhängigkeit des Körpervolumens von der Konzentration im Außenmedium bei An- und Abwesenheit von Cyaniden bei *Cothurnia curvula*. Nach KITCHING 1936, 1938.

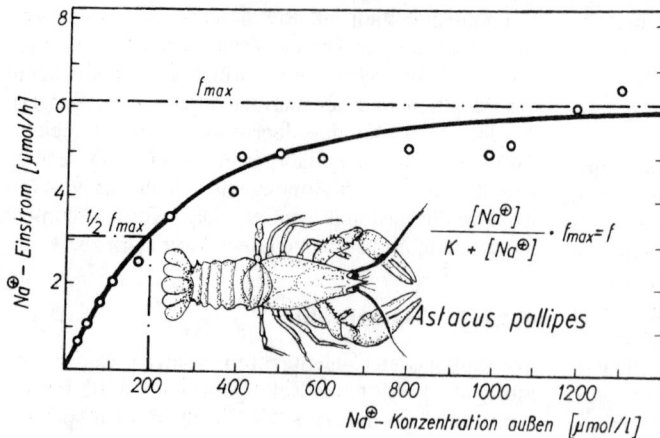

Abb. 4.42. Die Abhängigkeit des $Na^\oplus$-Einstroms von der $Na^\oplus$-Konzentration im Außenmedium beim Flußkrebs *Astacus pallipes*. Nach SHAW 1959.

bei *Astacus pallipes* der $Na^\oplus$-Einstrom und -Ausstrom von gleicher Größenordnung (Fließgleichgewicht!). Bereits geringe Abnahmen der $[Na^\oplus]_i$ führen zur beträchtlichen $Na^\oplus$-Aufnahme. Die Abhängigkeit des $Na^\oplus$-Einstroms von der $Na^\oplus$-Konzentration im Außenmedium ist in Abbildung 4.42. dargestellt. Der Kurvenverlauf erinnert an die Michaelis-Menten-Kinetik für enzymatische Reaktionen und läßt sich durch folgende, der Michaelis-Menten-Gleichung (1.3.) entsprechende Beziehung mathematisch beschreiben

$$f = f_{max} \frac{[Na^\oplus]_a}{K + [Na^\oplus]_a}$$

f = $Na^\oplus$-Einstrom; f_{max} = Maximalwert von f, K = entspricht dem $[Na^\oplus]_a$-Wert, bei dem $^1/_2 f_{max}$ erreicht wird, s. Abb. 4.29.

Die $Cl^\ominus$-Aufnahme erfolgt nach Untersuchungen an verschiedenen Arten nicht – wie etwa bei der Froschhaut – passiv infolge des durch den $Na^\oplus$-Transport aufgebauten elektrischen Gradienten, sondern unabhängig vom $Na^\oplus$. Allerdings ist über den Mechanismus noch so gut wie nichts bekannt.

Die Flußkrebse *(Astacus, Procambarus)* können außerdem im Gegensatz zur Wollhandkrabbe einen sehr **salzarmen, bluthypoosmotischen Urin** ausscheiden. Die Produktion eines hypoosmotischen Harns beruht darauf, daß im Nephridialkanal große Mengen von Salzen aus dem Primärharn, der zunächst isoosmotisch zum Blut ist, reabsorbiert werden (4.2.2.6.). Die von den Flußkrebsen pro Tag produzierte Harnmenge ist im Vergleich zu anderen Süßwasserformen (Anneliden, Mollusken, Teleosteer) gering. Sie beträgt bei *Astacus leptodactylus* etwa 4,6% des Frischgewichtes des Tieres. Etwa 90% des mit dem Urin ausgeschiedenen Wassers sind über die Kiemen aufgenommen worden, 10% müssen über die restliche Körperoberfläche eingedrungen sein. Diese verschiedenen Mechanismen gestatten es den Flußkrebsen, eine im Vergleich zu anderen Süßwasserbe-

wohnern sehr hohe Blutkonzentration (Tab. 4.6.) aufrechtzuerhalten.

Auch die limnisch lebenden **Insekten** sind in vielfältiger Weise an die besonderen Bedingungen des Süßwassers angepaßt. Um ihre starke Hyperosmolarität gegenüber dem umgebenden Medium aufrechterhalten zu können, müssen sie über eine ausgeprägte Fähigkeit verfügen, dem Wasser Ionen gegen einen hohen Konzentrationsgradienten entziehen zu können. Das geschieht mit Hilfe der sog. **Chlorid-Zellen,** die an den verschiedensten Körperstrukturen auftreten können.

Bei den **Eintagsfliegenlarven** (Ephemeropteren) befinden sich die Chloridzellen hauptsächlich an den Tracheenkiemen (3.2.5.2., Abb. 3.49.), aber auch lateral an den Tergiten und Sterniten des Abdomens und auf den Extremitäten. Sie treten einzeln als „caviforme" **Chloridzellen** und als Zellkomplexe mit **coniformer Zentralzelle** und wenigen peripheren Hüllzellen auf. Bei der kalifornischen Art *Callibaetis coloradensis* ließ sich eine deutliche Korrelation zwischen der Anzahl der coniformen Chloridzellen und den osmoregulatorischen Erfordernissen erkennen. Dasselbe konnte beim **Rückenschwimmer** *(Notonecta glauca)* beobachtet werden, weniger im ersten, aber deutlich im zweiten und dritten Larvenstadium (Abb. 4.43.).

Die **anisopteren Libellenlarven** pumpen Wasser anal in ihre **Kiemenkammer.** Damit sind drei Funktionen verbunden: 1. Fortbewegung (Düsenantrieb), 2. Atmung und 3. Osmoregulation. Bei *Aeshna cyanea* sind sechs longitudinale Doppelreihen von Kiemenblättchen in der Kiemenkammer vorhanden (insgesamt bis zu 240 Blättchen!). Jedes Kiemenblättchen zeigt im basalen Bereich zwei sich gegenüberstehende Epithelien von Chloridzellen (sog. Chloridepithelien) unterschiedlicher Ausdehnung und im distalen Bereich ein respiratorisches Epithel mit zahlreichen, unmittelbar unter der Cuticula in tie-

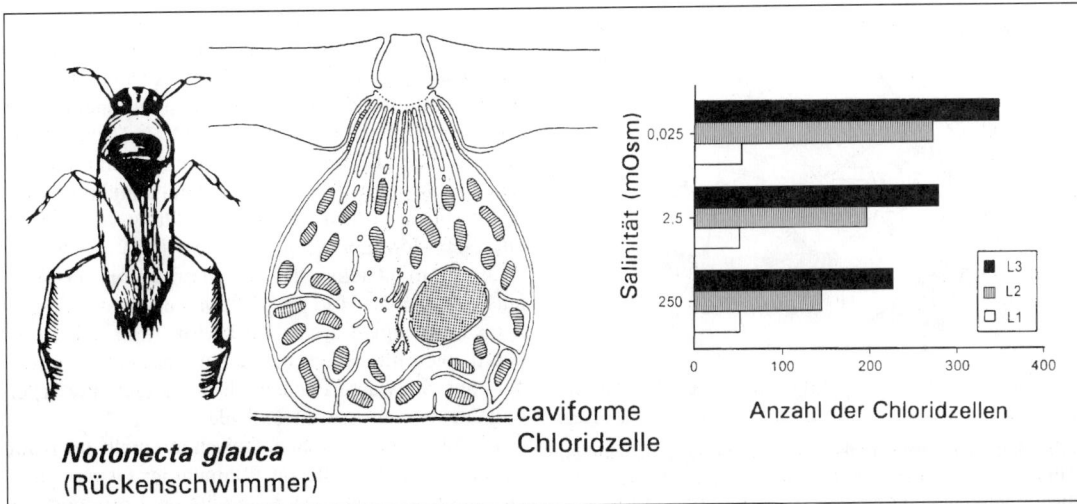

Abb. 4.43. Die Anzahl der Chloridzellen im 1. bis 3. Larvenstadium (L1, L2, L3) in Abhängigkeit von der Salinität beim Rückenschwimmer (*Notonecta glauca*) (Heteroptera, Wanzen). Nach KOMNICK u. WICHARD 1975, aus WICHARD et al. 1995.

fen Einsenkungen verlaufenden Tracheolen (Abb. 4.44.). Die Chloridzellen zeigen alle charakteristischen Merkmale eines Transportepithels. Bei den **zygopteren Libellen** dient die Rektalventilation ausschließlich der Osmoregulation. Im Dienste der Atmung stehen die drei Kaudallamellen (3.2.5.2.).

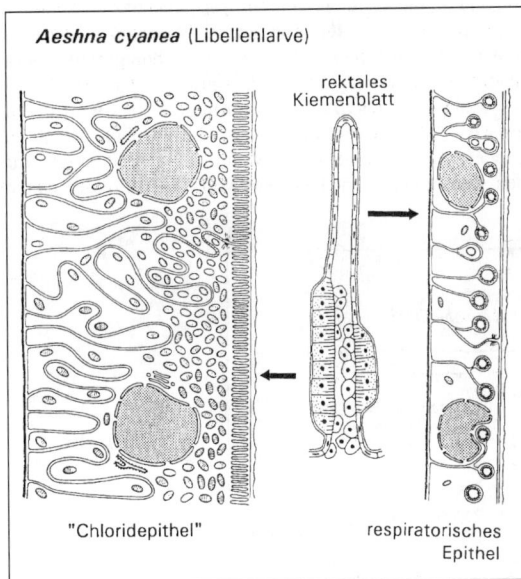

Abb. 4.44. Ein einzelnes Kiemenblättchen aus dem Rektum einer anisopteren Libellenlarve (*Aeshna cyanea*) mit den Chloridepithelien im basalen und dem respiratorischen Epithel (mit zahlreichen eingesenkten Tracheolen) im distalen Bereich. Nach SCHMITZ u. KOMNICK 1976.

Die im Süßwasser lebenden **Mückenlarven** *(Culex, Aedes, Chironomus)* besitzen in den **Analpapillen** ein osmoregulatorisch tätiges Organ. Es handelt sich dabei um vier blattförmige Ausstülpungen der Körperwand, die den After umstellen und deren Lumina mit dem Mixocoel in Verbindung stehen. Sie sind für Wasser wesentlich durchlässiger als die restlichen Körperpartien. Da das Innenmedium hyperosmotisch zum Außenmedium ist, dringt durch sie ständig Wasser ein. Wichtiger ist jedoch, daß die Analpapillen die Fähigkeit zur **aktiven Absorption** von $Na^\oplus$ und $Cl^\ominus$ aus stark verdünnten Lösungen besitzen. Während das osmotisch eingedrungene Wasser laufend über die Malpighischen Gefäße mit dem Urin wieder zur Ausscheidung gelangt, werden die Ionen im Körper zurückgehalten, indem sie im Rektum zum großen Teil wieder aus dem Harn reabsorbiert werden. Mit ihrer Funktion im Einklang steht die Tatsache, daß die Analpapillen mit abnehmendem Salzgehalt im äußeren Medium hypertrophieren, mit zunehmendem dagegen an Größe abnehmen (Abb. 4.45.). Die Absorption kann von *Chironomus*-Larven nur unter aeroben Bedingungen durchgeführt werden, sie wird bei *Aedes*-Larven durch Anticholinesterase gehemmt. Bei *Aëdes aegypti* wird 90% des Ionenhaushaltes über die Analpapillen geregelt.

Die Larve des **Käfers** *Helodes* besitzt ebenfalls zur Salzabsorption befähigte Analpapillen. Der größte Teil der $Cl^\ominus$-Ionen wird jedoch bei ihr im Darm absorbiert. Der Larve der **Wasserfliege** *Sialis* fehlt dagegen die Fähigkeit zur aktiven Salzabsorption. Sie muß deshalb jeden unnötigen Salzverlust vermeiden. Ihre gesamte Cuticula besitzt eine sehr geringe Durchlässigkeit. Der Urin ist zwar wesentlich weniger hypoosmotisch zur Hämolymphe als der der Mückenlarven, er enthält jedoch kein $Cl^\ominus$ und nur wenig $Na^\oplus$ und $K^\oplus$, dagegen viel $NH_4^\oplus$ und $HCO_3^\ominus$.

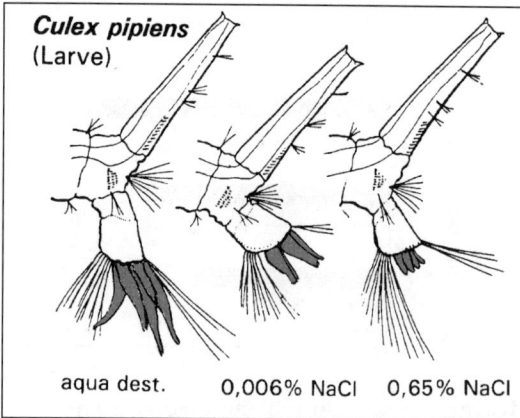

Abb. 4.45. Die Abhängigkeit der Größe der Analpapillen (dunkel) vom Salzgehalt des umgebenden Mediums bei einer limnischen Mückenlarve. Nach WIGGLESWORTH.

4.3.2.3. Vertebraten

Die **Süßwasserfische** haben eine Blutkonzentration von $\Delta\,°C = -0,50$ bis $0,55$. Ihre Körperwand ist ziemlich undurchlässig. Durch die zarteren Kiemenblättchen und durch die Mundschleimhaut dringt jedoch ständig Wasser osmotisch in den Körper ein. Die Fische scheiden einen durch Reabsorption einwertiger Ionen aus dem Glomerularfiltrat in den Nierenkanälchen und in der Harnblase zum Blut hypoosmotisch gemachten Harn aus, der aber zum Süßwasser immer noch hyperosmotisch ist. Das bedeutet, daß mit der Urinabgabe ein Salzverlust verbunden ist, der kompensiert werden muß. Das geschieht zu einem Teil (beim Barsch ausschließlich?) mit Hilfe der Nahrung und zu einem anderen Teil durch aktive Absorption von $Na^\oplus$ und $Cl^\ominus$ an den **Kiemen** (sog. **Chlorid-Zellen**) (Abb. 4.46.). Es konnte nachgewiesen werden,

daß die Absorption der $Na^\oplus$- und $Cl^\ominus$-Ionen unabhängig voneinander erfolgt. Wahrscheinlich wird $Na^\oplus$ im Austausch gegen $NH_4^\oplus$ und $Cl^\ominus$ im Austausch gegen $HCO_3^\ominus$ in die Kiemenepithelzellen aufgenommen. Für die Bereitstellung genügender NH_3-Mengen sorgen die in den Kiemenzellen vorhandenen desaminierenden Enzyme wie Glutaminase und Glutaminsäure-Dehydrogenase. Das für die Umbildung von NH_3 in ein $NH_4^\oplus$-Ion notwendige Proton ($H^\oplus$) sowie das $HCO_3^\ominus$-Ion entstehen bei der Dissoziation der Kohlensäure, die aus H_2O und CO_2 in Gegenwart des Enzyms Carboanhydrase gebildet wird (Abb. 4.46.). Der Darm spielt im Gegensatz zu den marinen Vertretern bei den Süßwasserfischen als osmoregulatorisches Organ eine untergeordnete Rolle.

Bei den einheimischen **Fröschen** spielt die **Haut** eine bedeutende Rolle im Rahmen der Osmoregulation. Frösche können stark verdünnten Lösungen (bis zu 10^{-5} mol · l^{-1}) noch NaCl aktiv über ihre Haut entziehen. Dabei wird das $Na^\oplus$ aktiv transportiert und das $Cl^\ominus$ durch das dadurch aufgebaute Potential (die Innen-, Corium- oder serosale Seite der Haut positiv gegenüber der Außen- oder mucosalen Seite) passiv nachgezogen.

KOEFOED-JOHNSEN und USSING haben ein **Modell** für diesen **transepithelialen $Na^\oplus$-Transport** durch die Froschhaut entworfen (Abb. 4.47.). Danach ist die mucosale Membran der basalen Zellen des Stratum germinativum selektiv $Na^\oplus$-permeabel, während die gegenüberliegende „serosale" Membran derselben Zellen für $Na^\oplus$ sehr schlecht, dafür aber für $K^\oplus$ gut durchlässig ist. $Na^\oplus$ diffundiert deshalb aus dem umgebenden Medium, seinem Konzentrationsgradienten folgend, in die Zelle ein, und im Ausgleich dazu verläßt $K^\oplus$ durch die serosale Membran, ebenfalls seinem Konzentrationsgradienten folgend, die Zelle in Richtung zum Innenmedium. Die damit verbundene Anreicherung von $Na^\oplus$ in der Zelle und gleichzeitige Verarmung an $K^\oplus$ wird durch eine $Na^\oplus$-$K^\oplus$-Austauschpumpe in der serosalen Membran wieder rückgängig gemacht, wodurch die Bedingungen für den transepithelialen Transport von $Na^\oplus$ aufrechterhalten

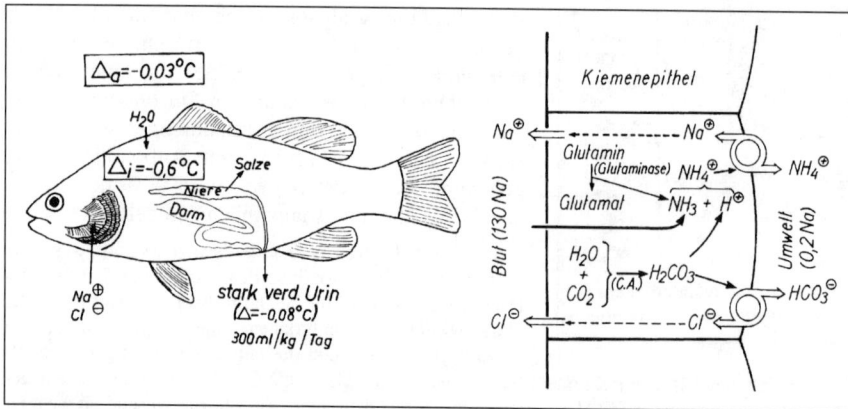

Abb. 4.46. Die osmoregulatorischen Mechanismen beim Süßwasserfisch. – Hypothetisches Schema der Ionenaustauschvorgänge in der Kiemenzelle (Bsp.: Goldfisch, *Carassius auratus*). C.A. = Carboanhydrase; Kreise = aktive Transportmechanismen. Nach MAETZ 1972.

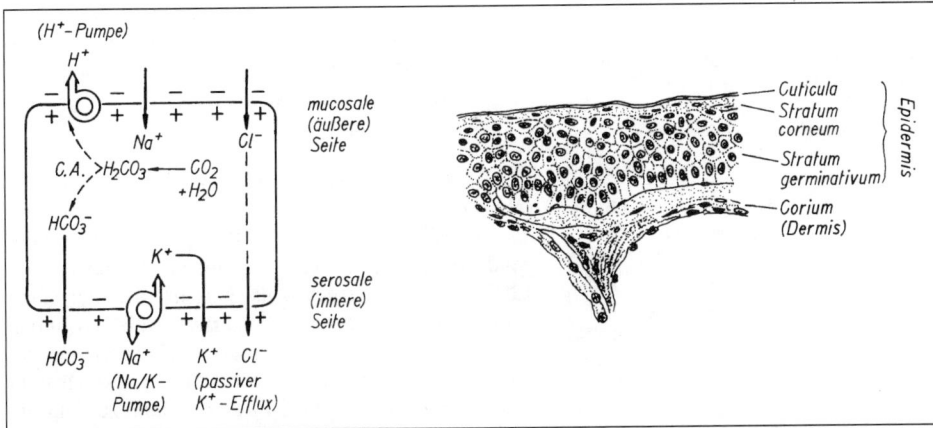

Abb. 4.47. Schema der Vorgänge beim transepithelialen $Na^{\oplus}$-Transport durch die Froschhaut in den Zellen des Stratum germinativum. Während die mucosale Seite $Na^{\oplus}$-permeabel ist, ist die serosale $K^{\oplus}$-permeabel. C.A. = Carboanhydrase. Rechts: Schnitt durch die Bauchhautepidermis von *Rana esculenta*. Nach EHRENFELD u. GARCIA-ROMEU 1977; GAUPP 1904.

werden. Der Netflux von $Na^{\oplus}$ durch die Haut beruht auf der Asymmetrie der Membranen auf der mucosalen und serosalen Seite, die treibende Kraft ist die aktive $Na^{\oplus}$-$K^{\oplus}$-Austauschpumpe (1.6.6.).

Die **Toleranzgrenze** (50% tot nach 7 Tagen) **im hyperosmotischen Medium** (verdünntes Meerwasser) liegt beim **Krallenfrosch** *(Xenopus laevis)* außergewöhnlich hoch, zwischen 20 und 22%! Bei der osmotischen Belastung erhöht sich der osmotische Wert des Blutplasmas hauptsächlich durch Steigerung der Harnstoffkonzentration, außerdem nimmt die Wasserdurchlässigkeit der Haut um 40% und die Tagesurinmenge bei gleichzeitiger Erhöhung der Konzentration ab. Der Harn bleibt aber stets hypoosmotisch zum Plasma (Anuren besitzen keine Henlesche Schleife, 4.2.2.8.).

Die **Süßwasserreptilien** besitzen eine effektiv undurchlässige Körperoberfläche. Da sie außerdem einen zum Blut stark hypoosmotischen Harn ausscheiden, ist die Osmoregulation für sie nicht besonders problematisch.

4.3.3. Terrestrische Tiere

Die osmoregulatorischen Fähigkeiten terrestrischer Tiere sind sehr unterschiedlich. Insekten können – im Gegensatz z. B. zu der Assel *Oniscus* – den osmotischen Wert ihrer Hämolymphe relativ konstant halten, wenn ihr Körpergewicht infolge Wasserverlust stark abnimmt (Abb. 4.48.). Das ist nur möglich, wenn osmotisch aktive Substanzen aus der Hämolymphe entfernt werden. Über das Schicksal der Moleküle weiß man allerdings noch nicht viel Sicheres.

Der tägliche **Wasserumsatz** (turnover) ist von Art zu Art sehr verschieden, selbst bei solchen, die glei-

che Biotope bewohnen. Unter den Tieren der feuchten tropischen Regionen finden wir die Formen mit der höchsten Umsatzrate. Sie kontrollieren weder ihren Wasserverlust durch Verdunstung, noch besitzen sie besonders effektive Mechanismen zur Konzentrierung des Harns. Der Silbergibbon *(Hylobates lar)* setzt z. B. täglich 28,4% seines Körperwassers um. Beim erwachsenen Menschen liegt unter unseren klimatischen Bedingungen und bei normaler Ernährungsweise der tägliche Wasserumsatz bei 2,4 l, dem entsprechen etwa 5,6% des Körperwassers (Tab. 4.8.). Die extremsten Wassersparer findet man unter den Wüstenbewohnern. Die Merriam-Känguruhratte *(Dipodomys merriami)* z. B. bewohnt Wüsten und

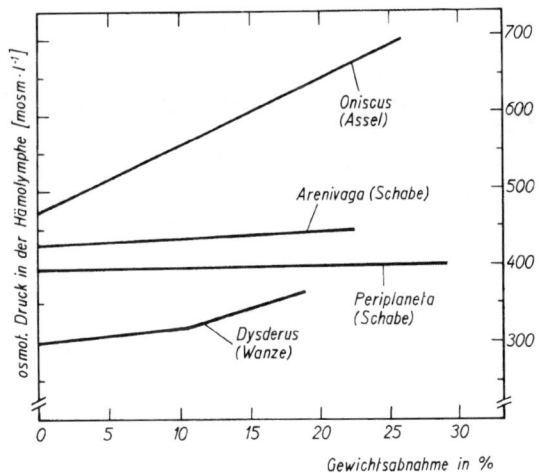

Abb. 4.48. Die Wirkung der Abnahme des Frischgewichtes auf den osmotischen Druck in der Hämolymphe bei verschiedenen Arthropoden. Nach mehreren Autoren aus FLORKIN u. SCHEER 1970.

Tabelle 4.8. Tägliche Wasserbilanz beim erwachsenen Menschen unter unseren klimatischen Bedingungen und bei normaler Ernährungsweise. Aus SCHMIDT/THEWS 1977.

Wasseraufnahme in ml		Wasserabgabe in ml	
Trinken	1200	Urin	1400
mit der festen Nahrung	900	Lungen und Haut	900
Oxidationswasser	300	Faeces	100
Summe	2400		2400

Halbwüsten im Südwesten der USA und in Mexiko und trinkt überhaupt nicht (Abb. 4.49.).

4.3.3.1. Wasserverluste durch Verdunstung (Transpiration)

Halten sich die Tiere auf dem Lande auf, so kann kein Wasserverlust bzw. -gewinn mehr durch osmotische Kräfte zwischen dem Innen- und Außenmedium herbeigeführt werden. Statt dessen besteht bei allen Landtieren die Gefahr, größere Wassermengen durch **Verdunstung** an der Körperoberfläche und an den respiratorischen Flächen zu verlieren.

Die Verdunstung an einer freien Oberfläche hängt von dem Wasserdampfgehalt der Luft ab, genauer gesagt vom **Sättigungsdefizit.** Die Fähigkeit der Luft, Wasser aufzunehmen, steigt mit der Temperatur an. Die „relative Luftfeuchtigkeit" *(rLF)* drückt das Verhältnis des tatsächlichen Wasserdampfgehaltes der Luft (absolute Luftfeuchtigkeit f in g Wasserdampf pro cm^3 Luft) zu dem bei derselben Temperatur im Sättigungszustand maximal möglichen Wasserdampfgehalt (f_0) in Prozent aus:

$$rLF = \frac{f}{f_0} \cdot 100.$$

Das Sättigungsdefizit (s) ist dann

$$s = f_0 - f.$$

Die Verdunstungsrate r, das ist die pro Zeiteinheit von einer bestimmten Fläche abgegebene Wassermenge, ist dem Sättigungsdefizit proportional

$$r = k_1(f_0 - f) + k_2 \quad \textbf{(Daltonsches Gesetz)}$$

(k_1, k_2 = Konstanten).

Die **Toleranz gegenüber Wasserverlusten** ist sehr unterschiedlich. Bei der Mehrzahl der Säugetiere hat ein Wasserverlust von 10% bereits schwerwiegende Folgen. Der Mensch stirbt bei Verlusten von 12% seines Körpergewichts. Das ist in erster Linie darauf zurückzuführen, daß bei ihm das Blutvolumen (Wassermenge im Blutplasma) noch schneller abnimmt als das gesamte Körperwasser. So entsteht eine hohe Viskosität des Blutes, das dann zu langsam fließt, um die im Körper entstehende Wärme schnell genug zur Haut zu transportieren. Damit steigt die Körpertemperatur bald auf tödliche Werte. Wenn dagegen ein Kamel bereits 25% seines Körperwassers verloren hat, ist der Wassergehalt im Blutplasma durch besondere Regulationsmechanismen erst um weniger als 10% gefallen. Darauf beruht zum großen Teil die Toleranz der Kamele gegenüber Wasserverlusten. Die australische Eidechse *Trachysaurus rugosus* toleriert einen Anstieg der $Na^\oplus$-Konzentration im Blutplasma von 160 auf 240 mäquiv./l. Einige australische Frösche *(Cyclorana)* können 50% ihres Körpergewichtes durch Verdunstung verlieren, ohne zu sterben. Der Laubfrosch stirbt schon bei halb so großen Verlusten. Landarthropoden trockener Biotope tolerieren im Durchschnitt Verluste von 30% des ursprünglich vorhandenen Wassers (z. B. die Wüstenschabe *Arenivaga*). Die Bücherlaus *Liposcelis* toleriert bis zu 67%!

Das **Kamel** paßt sich bei Durst den Bedingungen des Wassermangels dadurch an, daß seine Körpertemperatur im Tagesverlauf wesentlich stärker mit der Umgebungstemperatur schwankt (Abb. 4.50.). Am Morgen können 34 °C und während der heißesten Stunden am späten Nachmittag 41 °C gemessen werden, während unter normalen Bedingungen die Körpertemperatur nur zwischen 36 und 38 °C schwankt. Diese erhöhte Körpertemperatur während des Tages hat

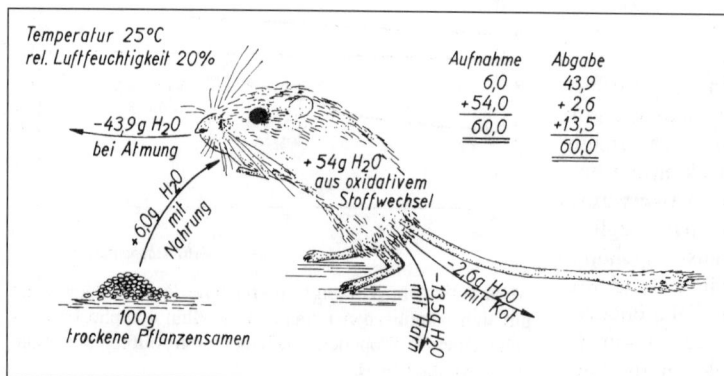

Abb. 4.49. Wasserbilanz der Merriam-Känguruhratte *(Dipodomys merriami),* berechnet für den Zeitraum, in dem 100 g trockener Pflanzensamen vom Tier aufgenommen und metabolisiert werden. Das sind gewöhnlich ca. 4 Wochen bei 35 g schweren Tieren. Die zur amerikanischen Familie der Taschenmäuse gehörende Art trinkt überhaupt nicht. Nach Angaben von SCHMIDT-NIELSEN 1964.

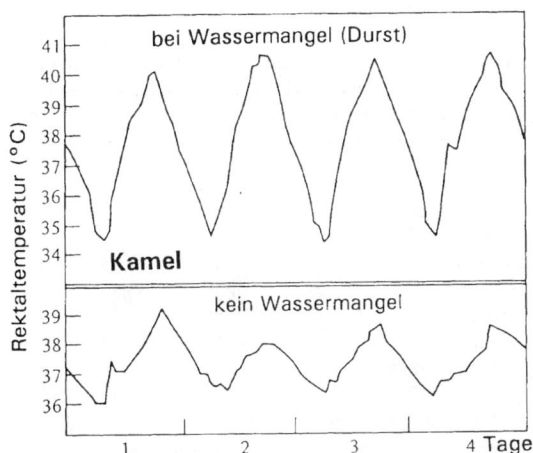

Abb. 4.50. Die Schwankungen der Rektaltemperatur des Kamels im Tageszyklus unter Bedingungen des Wassermangels und des reichlichen Wasserangebots. Nach Schmidt-Nielsen 1963.

zwei wassersparende Effekte für das Tier: 1. Die gespeicherte Wärmemenge reduziert die durch Verdunstung abzuführende Wärmemenge. Bei einem 500 kg schweren Kamel entspricht einer Erhöhung der Körpertemperatur um 7 °C eine gespeicherte Wärmemenge von 2900 kcal, was eine Einsparung von 5 l Wasser bedeutet. Während der kühlen Nacht kann die Wärme durch Leitung und Strahlung ohne Zuhilfenahme von Wasser (Verdunstung) wieder abgeführt werden. – 2. Es wird der Temperaturgradient zur Umgebung und damit die Wärmeaufnahme reduziert. Es muß deshalb nochmals weniger Wärme durch Verdunstung abgeführt werden. Nichtdurstende Tiere verlieren in den zehn wärmsten Stunden des Tages im Durchschnitt 9,1 l Wasser durch Verdunstung (5300 kcal), durstende Tiere weniger als $1/3$ dieser Menge, nämlich 2,8 l (1600 kcal). Eine weitere Anpassung des Kamels ist sein dichter Pelz, der eine wirksame Barriere gegen die Wärmeaufnahme aus seiner Umgebung darstellt.

Nach dem Daltonschen Gesetz kann die Verdunstungsrate dadurch erniedrigt werden, daß man das Sättigungsdefizit klein hält, d. h., daß man sich nur an Standorten mit hoher Luftfeuchtigkeit aufhält. Zu dieser Maßnahme sind eine Reihe feuchthäutiger Tiere (Regenwurm, *Peripatus*, Frosch u. a.) gezwungen. Ein Frosch würde bei einer Temperatur von 22 °C in trockener Luft pro Tag 75% seines Körpergewichtes verlieren.

Andere Tiere haben sich durch eine besondere **Körperbedeckung** vor zu großer Verdunstung geschützt: Arthropoden besitzen eine mit einer ca. 0,1–0,3 µm dicken Wachsschicht überzogene Chitincuticula, Reptilien einen Hornpanzer, Säugetiere ein Haarkleid und die Vögel ein Federkleid. So kommt es, daß sich der Wasserverlust bei den Reptilien *Python* und *Testudo* unter den gleichen Bedingungen, wie sie oben für den Frosch angenommen wurden,

nur auf 0,1–0,3% des Körpergewichts pro Tag beläuft. Eine deutliche Beziehung zwischen der Durchlässigkeit des Integuments und der Feuchtigkeit des Aufenthaltsortes kann man z. B. bei den Landasseln beobachten (Tab. 4.9.). Unter gleichen Bedingungen nimmt die Transpirationsrate in der Reihenfolge *Ligia* > Mauerassel *(Oniscus)* > Kellerassel *(Porcellio)* > Kugelassel *(Armadillidium)* ab. Während sich *Ligia* stets in Ufernähe unter Steinen und Tang aufhält, findet man *Oniscus* unter feuchtem Laub und Steinen in Wäldern, in Gewächshäusern und im Keller. *Porcellio* lebt bereits im Freien und in Gebäuden, und *Armadillidium* bevorzugt sonnige und trockene Orte, vor allem in Kalkgebieten. Generell kann man sagen, daß die Cuticula der Crustaceen und Myriapoda relativ permeabel für Wasser ist, während bei den Insekten und Arachniden die Epicuticula[1]) eine 0,1–0,4 µm dicke Wachsschicht aufweist, die die Cuticula sehr undurchlässig macht. Man hat Gründe zu der Annahme, daß der wirksamste Teil der Wachsschicht eine monomolekulare Lage parallel orientierter langgestreckter Lipidmoleküle ist, die mit ihren polaren Gruppen Kontakt mit der wasserhaltigen Cuticula haben.

Der Wasserverlust mit der **Atemluft** kann ebenfalls beträchtlich sein. Auch er ist vom Sättigungsdefizit der eingeatmeten Luft abhängig und nimmt

---

[1]) Die Cuticula der Insekten zeigt im typischen Fall 3 Schichten, von außen nach innen: Epi-, Exo- und Endocuticula. Die Epicuticula ist die dünnste und enthält im Gegensatz zu den anderen Schichten kein Chitin.

Tabelle 4.9. Transpirationsraten [µg cm^{-2} · h^{-1} · mm Hg^{-1}] bei einigen Landarthropoden und Reptilien. Es ist eine deutliche Beziehung zur Feuchtigkeit des Wohnraums der betreffenden Art zu erkennen. Temperaturen zwischen 20 und 30 °C.

Arthropoden	Transp.-rate
Assel *(Ligia oceanica)*	220
Mauerassel *(Oniscus asellus)*	165
Kellerassel *(Porcellio scaber)*	110
Rollassel *(Armadillidium vulgare)*	78
Küchenschabe *(Blatta orientalis)*	48
„Mehlwurm" *(Tenebrio molitor)* (Larve)	5
Tsetsefliege *(Glossina morsitans)* (Puppe)	0,3

Reptilien	Transp.-rate
Kaiman *(Caiman)*	65
Ringelnatter *(Natrix)*	41
Schmuckschildkröte *(Pseudemys)*	24
Dosenschildkröte *(Terrapene)*	11
Grüner Leguan *(Iguana)*	10
Gopher-Schlange *(Pituophis)*	9
Wüstenschildkröte *(Gopherus)*	3

mit Steigerung der Ventilation zu. Durch das **Hecheln** des Hundes, das der Wärmeregulation dient (4.6.3.4.), kann das pro Minute ventilierte Luftvolumen von 5 l auf 50–72 l gesteigert werden, damit ist ein Wasserverlust von ca. 200 g/h verbunden. Bei den **Insekten** erfolgt der Wasserverlust hauptsächlich über das Tracheensystem (*Locusta:* 70% des gesamten Wasserverlustes). Bis zu einem gewissen Grade kann das Insekt diesen Prozeß regulieren, indem es in trockener Luft die Tracheenöffnungen (Stigmen) mehr als gewöhnlich geschlossen hält. Zwingt man dagegen die Insekten durch Steigerung des Kohlensäuregehalts der Atemluft, ihre Stigmen offenzuhalten (3.2.5.), so steigt die Wasserabgabe auf das 2- bis 7fache an.

4.3.3.2. Wasserverluste mit Kot und Harn

Weitere Wasserverluste sind mit der **Kot- und Harnabgabe** verbunden. Die meisten Sauropsiden gehören zu den extremen Wassersparern. Der Harn der Schlangen, Eidechsen und Vögel ist breiartig mit einem hohen Gehalt an Harnsäurekristallen. Die Eindickung des ursprünglich flüssigen Harns findet bei den Vögeln zum Teil bereits in der Niere, zum anderen Teil erst im Enddarm und besonders in der Kloake statt. Der Wasserresorptionsort bei den Reptilien ist noch nicht sicher bekannt, wahrscheinlich ist es ebenfalls die Kloake. Die gebildete Harnmenge ist gering: 0,2–5,7 ml/kg/h bei der wüstenbewohnenden Stutzechse *Trachysaurus*, 1–2,9 ml/kg/h bei der Henne. Die Amphibien, Schildkröten und Säugetiere scheiden dagegen einen flüssigen Harn aus. Die Harnmenge beträgt beim Frosch bis zu 20 ml/kg/h.

Die **Säugetiere** und **Vögel** zeichnen sich dadurch aus, daß sie einen zum Blut **hyperosmotischen Harn** zu bilden vermögen. Die Fähigkeit verdanken sie ihren **Henleschen Schleifen** in der Niere (4.2.2.8.), die deshalb bei den extremen Wassersparern besonders lang sind. Sie passen ihre Harnkonzentration den jeweiligen Bedingungen an. Dabei sind Harnflußrate und Osmolarität etwa umgekehrt proportional. Beim Haushuhn kann die Harnosmolarität Werte zwischen 538 und 115 mOsm annehmen. Dem entspricht ein osmotisches Harn-zu-Plasma-Verhältnis von 1,58 bis 0,37 und eine durchschnittliche Harnflußrate von 1,1 bis 17,9 ml/kg/h. Bei xerophilen[1]) Vögeln kann ein osmotisches Harn-zu-Plasma-Verhältnis von 2–3, ja sogar 4–5 (beim „salt marsh sparrow") erreicht werden. Bestimmte Säugetiere erreichen wesentlich höhere Harnkonzentrationen (Tab. 4.10.). Der Strauß (*Struthio camelus*) reduziert sein Harnvolumen sofort drastisch, wenn er keine Gelegenheit zum Trinken hat, und scheidet dann einen hochosmolaren Harn aus (Abb. 4.51.).

---

[1]) Trockenheit liebende Arten; xeros (griech.) = trocken; philos (griech.) = freundlich.

Tabelle 4.10. Maximale Osmolarität des Urins (mosmol/kg H_2O), Urin-zu-Plasma-Verhältnis der Osmolarität (U/P) und relative Dicke des Nierenmarks (RMT-Wert) für verschiedene Säugetiere. Aus DANTZLER 1988.

Art	mosmol · kg^{-1} H_2O	U/P	RMT
Biber *(Castor)*	520	2,0	–
Mensch	1430	4,2	3,0
Kamel *(Camelus)*	2800	8,0	–
weiße Laborratte	2900	8,9	5,8
Katze	3250	9,9	4,8
Känguruh-Ratte *(Dipodomys)*	5500	14,0	8,5
Sandratte *(Psammomys)*	6340	17,0	10,7
Springmaus *(Notomys)*	9370	24,6	12,2

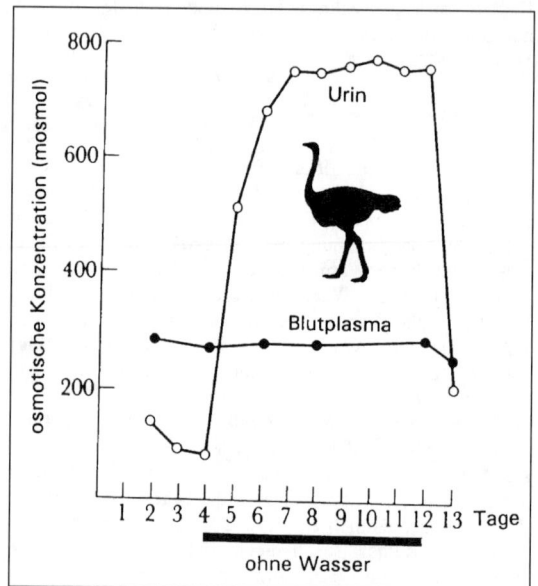

Abb. 4.51. Die rapide Änderung der osmotischen Konzentration im Urin bei Dehydration im Vergleich zur relativen Konstanz der Konzentration im Blutplasma beim Strauß (*Struthio camelus*). Nach LOUW et al. 1969.

Es ist bekannt, daß bei den **Anuren** die **Harnblase** bei der Wasservolumenregulation eine wichtige Rolle spielt. Wenn die Frösche das Wasser verlassen, führt eine verstärkte Abgabe von Neurohypophysenhormonen (HHL) zu einer verstärkten Wasserabsorption aus der Harnblase, um den Wasserverlust an der Haut zu kompensieren.

Viele terrestrische **Insekten** scheiden einen relativ trockenen, harnsäurehaltigen Kot aus. Die Wasserreabsorption findet hauptsächlich im Rektum der Tiere mit Hilfe der **Rektaldrüsen** statt. Die Wasserbewegung kann gegen einen erheblichen osmotischen Gradienten erfolgen. Die Cuticula des Rektums ist so-

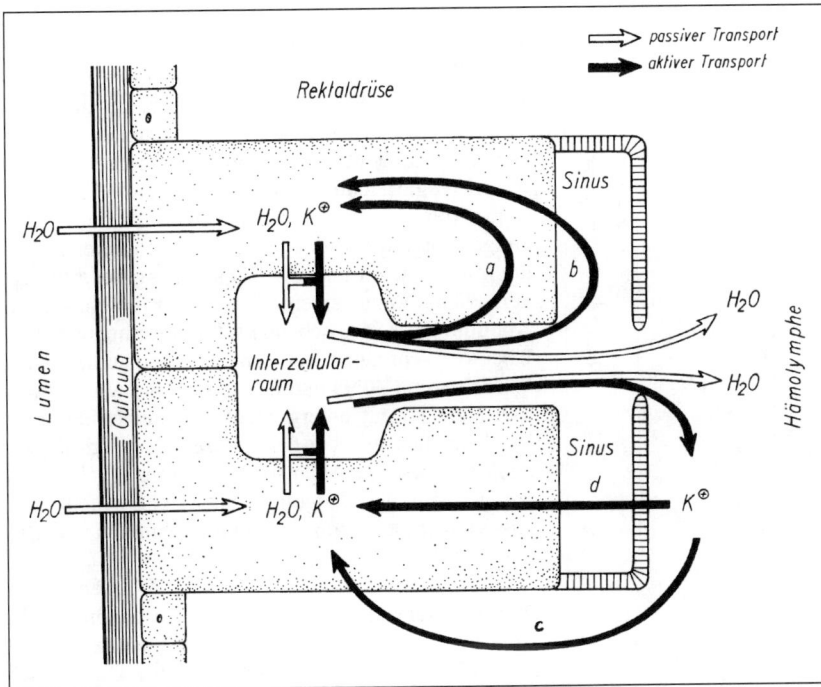

Abb. 4.52. Schema zur Veranschaulichung der Vorgänge in der Rektaldrüse der Insekten. Erläuterungen im Text. Nach BERRIDGE aus FLORKIN u. SCHEER 1970.

wohl für Ionen als auch für Wasser gut durchlässig. Das Epithel der Rektaldrüsen zeichnet sich durch große Räume zwischen den Zellen aus, die nicht direkt, sondern gewöhnlich über einen Sinus mit der Hämolymphe in Verbindung stehen (Abb. 4.52.). Gelöste Stoffe (in erster Linie $K^\oplus$-Ionen) werden in die interzellulären Räume gepumpt. Dadurch entsteht ein osmotischer Gradient, durch den Wasser zunächst aus den Zellen und dann aus dem Rektumlumen nachgezogen wird. Der sich in den Räumen dadurch ausbildende hydrostatische Druck preßt die Flüssigkeit zunächst in den Sinus und dann in die Hämolymphe. Das $K^\oplus$ kann auf diesem Wege bereits im Sinus oder erst in der Hämolymphe wieder selektiv in die Zellen zurückgepumpt werden, um erneut für den Wassertransport zur Verfügung zu stehen. So kann der Transport des Wassers gegen einen Konzentrationsgradienten ohne nennenswerten Nettotransport gelöster Teilchen erklärt werden (Abb. 4.52.). Der Umfang der Wasserreabsorption und damit die Konzentration der Rektumflüssigkeit kann dem Wasserbedürfnis der Tiere angepaßt werden. Eine Zunahme der Konzentration in der Hämolymphe um 30% hat bei *Schistocerca* eine Verdopplung der Konzentration der Rektalflüssigkeit zur Folge.

Die Wanze *Rhodnius* sowie andere blutsaugende Insekten beginnen einige Stunden nach der Blutmahlzeit mit der Ausscheidung großer Mengen eines harnsäurearmen Harns (**Diureseharn**). Die damit verbundene umfangreiche Salz- und Wasserausscheidung dient der Entfernung des bei der Eindickung des aufgenommenen Blutes auftretenden Salz- und Wasserüberschusses.

Dasselbe finden wir bei den **Vampiren**. Auch sie nehmen mit der Blutmahlzeit in kurzer Zeit sehr viel Flüssigkeit und Proteine auf. Die überschüssige Wassermenge muß schnell wieder ausgeschieden werden. Sie stellt eine unnötige Fluglast (Ballast) dar. Es überrascht deshalb nicht, daß diese Tiere in der ersten Stunde nach der Mahlzeit eine große Menge relativ verdünnten Harns abgeben: bis 0,24 g/h/g Körpergewicht. Das ist die höchste bei Säugetieren gemessene **Diureserate** (Abb. 4.53.). Die Flüssigkeit wird von dem dichten Kapillarnetz unter der Schleimhaut des Magenblindsackes aufgenommen und direkt der Niere zugeführt. Während die Harnflußrate zwei Stunden nach der Mahlzeit wieder auf den Normalwert zurückgekehrt ist, steigt die Osmolarität des Harns bis zu einem Wert von 3416 mosmol/l (das ist das Zehnfache des Ruhewertes!) an (Abb. 4.53.), was auf den hohen Gehalt an **Harnstoff** infolge des erhöhten Proteinabbaus zurückzuführen ist.

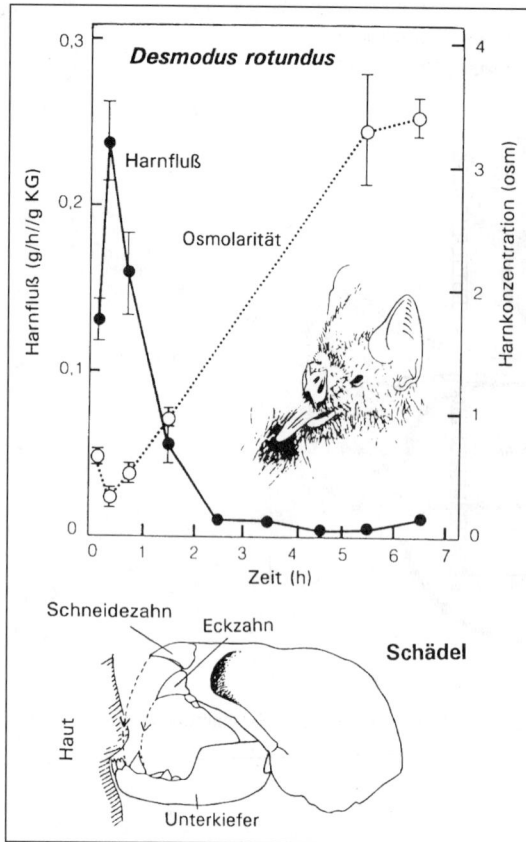

Abb. 4.53. Die Änderung des Harnflusses und der Osmolarität im Harn von Vampiren nach einer Blutmahlzeit. – Unten: Der Schädel des blutleckenden Vampirs. Die klingenförmig verbreiterten, scharfen Schneide- und Eckzähne des Oberkiefers schneiden gegen das Widerlager der unteren Zähne ein Hautstück des Opfers heraus. Das Blut wird mit der spitzen, verhornten Zunge aufgeleckt. Aus NEUWEILER 1993.

4.3.3.3. Wasseraufnahme

Die meisten Landtiere müssen von Zeit zu Zeit **trinken,** um ihren Wasserhaushalt aufrechtzuerhalten. Das gilt auch für das Kamel. Die Wasseraufnahme wird beim Menschen und wahrscheinlich auch bei anderen Tieren durch ein **„Durstgefühl"** reguliert. Die Auslösung des Durstgefühls erfolgt bei den **Säugetieren** 1. bei Abnahme der Zellvolumina durch Wasserentzug und 2. bei Abnahme des extrazellulären Flüssigkeitsvolumens. Beide Faktoren addieren sich in ihrer durstauslösenden Wirkung. Die bei Abnahme der Zellvolumina aufretende Erhöhung der intrazellulären Salzkonzentration wird von **Osmorezeptoren** des Zwischenhirns registriert, die sich vor allem in Arealen vor dem Hypothalamus befinden. Die Abnahme des extrazellulären Flüssigkeitsvolumens wird

von **Dehnungsrezeptoren** registriert, die vor allem in den Wänden der herznahen großen Venen zu finden sind. Sie schicken ihre Informationen über Vagusafferenzen zum Hypothalamus. Neben diesen neuronalen Mechanismen sind auch hormonale bei der Durstauslösung beteiligt. Hier ist insbesondere das **Renin-Angiotensin-Aldosteron-System** (RAA-System, Abb. 4.33.) zu nennen. Einen Überblick über einige Vorgänge, die sich bei extrazellulärer Dehydration abspielen und zur Rückführung des Flüssigkeitsvolumens zu seinem Normalwert führen, sind in Abbildung 4.54. schematisch zusammengestellt. Über die Vorgänge bei den anderen landlebenden Wirbeltieren (**Vögel** und **Reptilien**) sind wir bei weitem nicht so gut unterrichtet. Es scheinen ähnliche Mechanismen wie bei den Säugetieren vorzuliegen, doch ist noch nicht klar, ob das gesamte Wirkungsgefüge dem der Säugetiere entspricht. Auch viele **Insekten** trinken Wasser, wenn es ihnen zur Verfügung steht.

Einige terrestrische Tiere können **Wasser durch ihre Körperwand aufnehmen.** Dazu gehören z. B. Frösche *(Rana)* und Kröten *(Bufo)* ebenso wie der Regenwurm *(Lumbricus)* und andere. Der Frosch trinkt nicht. Hat er bei längerem Aufenthalt auf trockenem Boden Körperflüssigkeit verloren und kehrt zum Teich zurück, so ergänzt er den Verlust praktisch ausschließlich durch die Körperhaut. Auch Ionen ($Na^{\oplus}$, $Cl^{\ominus}$ und andere) können dem umgebenden Wasser noch bis hinab zu einer Konzentration von 10^{-5} molar entzogen werden. Rätselhaft ist noch die Beobachtung, daß manche Insekten *(Tenebrio* u. a.) sowie Zecken *(Ixodes)* Wasser aus der Luft aufnehmen, die nicht wasserdampfgesättigt ist. Der Floh *Xenopsylla brasiliensis* soll der Luft noch bei einer relativen Feuchtigkeit von 50% Wasser entziehen können (Tab. 4.11.).

Manche Tiere haben ihre tägliche Wasserabgabe so stark eingeschränkt, daß sie den Verlust allein mit dem bei der Verbrennung der Nährstoffe anfallenden Wasser (**Oxidationswasser**) decken können. Beim oxidativen Abbau von

100 g Kohlenhydraten entstehen	60 g Wasser
100 g Fett	109 g Wasser
100 g Eiweiß	44 g Wasser

Das Fett ist also der effektivste Wasserlieferant. Das Milchfett ist für neugeborene Wale (neben dem Wasseranteil der Milch) die einzige Wasserquelle beim Aufbau ihrer Körpersubstanz. Die Larve des Mehlkäfers *Tenebrio* (der „Mehlwurm") kann im Exsikkator bei Fütterung mit wasserfreier Kleie (bei 105 °C getrocknet) existieren, ohne daß der Wassergehalt des Körpers abnimmt. Unter den Säugetieren sind es die Mendesantilope *(Addax nasomaculatus)* und die wüstenbewohnende Känguruhratte *Dipodomys,* die ohne Zufuhr von Wasser mit der Nahrung auskommen (Abb. 4.49.).

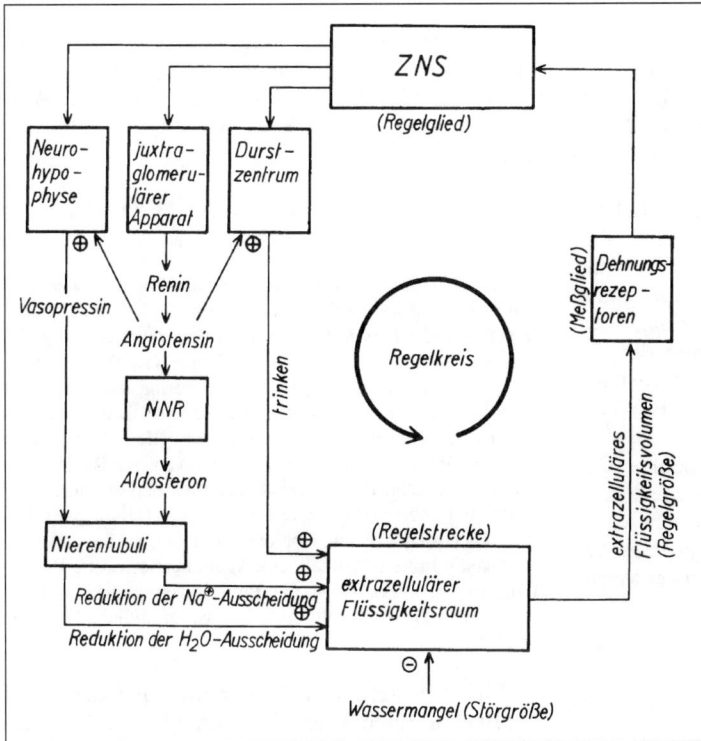

Abb. 4.54. Einige Vorgänge im Säugetier, die bei Abnahme des extrazellulären Flüssigkeitsvolumens in Gang gesetzt werden und zur Rückführung des Volumens zum Normalwert führen. In Anlehnung an FITZISIMONS 1972.

Tabelle 4.11. Relative Luftfeuchtigkeiten, bis zu denen noch Wasser absorbiert werden kann, bei Milben und Insekten: „critical equilibrium humidity (C.E.H.)".

Tierart	rel. Luftf.	osm. Druck [osmol]	Autor
Ixodes ricinus (Holzbock)	92,0	4,8	LEES 1946
Tenebrio molitor (Mehlkäfer)	88,0	7,8	MELAMBY 1932
Chortophaga viridifasciata (Feldheuschrecke)	82,0	12,2	LUDWIG 1937
Acarus siro (Krätzenmilbe)	71,0	22,6	KNÜLLE & WHARTON 1964
Xenopsylla brasiliensis (Floh)	50,0	55,5	EDNEY 1947

4.3.4. Anhydrobiose

Viele Kleintiere im Boden können mehrere Jahre im ausgetrockneten Zustand überleben. Sobald sie wieder Kontakt mit Wasser bekommen, kehren sie relativ schnell zum aktiven Stoffwechsel zurück. In dieser Phase der Anhydrobiose weisen die Tiere einen extrem niedrigen Wassergehalt auf. Der Nematode *Aphelenchus avenae* lebt z. B. normalerweise in den wasserreichen Räumen zwischen den Bodenpartikeln. Bei Trockenheit kann er bis auf einen Wassergehalt von 2% eintrocknen, ohne zu sterben. Dabei nimmt er eine charakteristische Spiralform an. Gleichzeitig steigt der **Trehalosegehalt** stark an. Dieser Zucker hat offenbar eine wichtige Funktion bei der Stabilisierung von Zellstrukturen (Verhinderung von Membranverschmelzungen etc.). Es gibt Hinweise darauf, daß sich die Zuckermoleküle zwischen die Kopfgruppen der Phospholipide drängen und sie so räumlich voneinander getrennt halten, was sonst im hydratisierten Zustand die Wassermoleküle besorgen.

4.4. Regulation des *p*H-Wertes

Die Hämolymphe der meisten Insekten ist schwach sauer. Der *p*H-Wert liegt zwischen 6,0 und 7,0. Bei den Dipteren scheinen jedoch etwas höhere Werte die

Regel zu sein. Die Hämolymphe der Schabe *Periplaneta* hat mit 7,5–8,00 einen außergewöhnlich hohen Wert. Bei den Krebsen *(Homarus, Cancer)* ist eine schwach alkalische Reaktion der Hämolymphe (pH-Wert 7,45 bis 7,8) beobachtet worden. Das gilt auch für das Blut der Säugetiere, das einen pH-Wert von annähernd 7,4 aufweist. Die Insekten scheinen gegenüber Änderungen des pH-Wertes wesentlich weniger empfindlich zu sein als die Säugetiere. Viele von ihnen zeigen während der Metamorphose eine starke Zunahme der H^+-Ionenkonzentration. Sie ist wahrscheinlich auf eine Anhäufung der Kohlensäure infolge einer zeitweiligen Unterbrechung des Tracheensystems während der Autolyse zurückzuführen. Bei der Wachsmotte *Galleria* nimmt der pH-Wert in der Puppe um 0,5 Einheiten ab.

Obwohl ständig saure Stoffwechselprodukte (CO_2, Milchsäure usw.) in das Blut entlassen werden, ändert sich der pH-Wert des Blutes bei den Säugetieren unter physiologischen Bedingungen nur unwesentlich. Diese **Isohydrie des Blutes** wird durch zwei Mechanismen aufrechterhalten:

1. durch die Puffersysteme im Blut (physikalisch-chemische Regulation)
2. durch die Regulation der Ausscheidung über Lunge und Niere (biologische Regulation).

Unter einem **Puffer** versteht man ein Stoffgemisch, das die Eigenschaft hat, den pH-Wert einer Lösung von H^+- bzw. OH^--Ionen weitgehend konstant zu halten. Er besteht im einfachsten Fall aus einer schwachen Säure bzw. Base und ihrem Salz. Das wichtigste Puffersystem des Wirbeltierblutes ist das **Kohlensäure-Hydrogencarbonat-System.** Wenn K die Dissoziationskonstante ist, gilt nach dem Massenwirkungsgesetz

$$\frac{[H^+] \cdot [HCO_3^-]}{[H_2CO_3]} = K.$$

Nach $[H^+]$ aufgelöst und logarithmiert

$$\log [H^+] = \log K + \log \frac{[H_2CO_3]}{[HCO_3^-]}$$

und mit -1 multipliziert, erhält man die **Puffergleichung**

$$pH = pK + \log \frac{[HCO_3^-]}{[H_2CO_3]}$$

(Henderson-Hasselbalchsche Gleichung)

($pH = -\log [H^+]$; $pK = -\log K = 6,1$).

Der pH-Wert wird also durch das Konzentrationsverhältnis zwischen dem Anion und der undissoziierten Säure bestimmt. Bei einem Puffergemisch von Kohlensäure mit einem ihrer Salze ($NaHCO_3$) entspricht wegen der starken Dissoziation des Salzes und der sehr geringen der Kohlensäure die Hydrogencarbonatkonzentration $[HCO_3^-]$ praktisch der Salzkonzentration $[NaHCO_3]$. Die Wirksamkeit des Puffers ist bei demjenigen pH-Wert am größten, der gleich dem pK-Wert ist, und nimmt nach beiden Seiten hin schnell ab. Bei dem im Blut herrschenden pH-Wert von 7,4 gilt:

$$7,4 = 6,1 + \log x; \log x = 1,3; x = 20$$

das heißt, die Konzentration der HCO_3^--Ionen ist 20mal so groß wie die der Kohlensäure.

Neben dem Kohlensäure-Hydrogencarbonat-System sind im Wirbeltierblut das **Phosphatsystem** $HPO_4^{2-}/H_2PO_4^-$ (pK = 6,8) und die **Eiweißkörper** als Puffer von Bedeutung. Eigenartigerweise ist in der Insekten-Hämolymphe die Pufferkapazität beim normalen pH-Wert am geringsten und nimmt von dort aus sowohl zur sauren als auch zur alkalischen Seite hin zu (U-förmiger Kurvenverlauf). Bei *Gastrophilus* werden 38% der totalen Pufferwirkung vom Bicarbonatsystem geleistet. Bei vielen Wirbellosen beruht nahezu die gesamte Pufferwirkung des Blutes auf dem Gehalt an Proteinen. So besitzt z. B. die Coelomflüssigkeit des Seeigels, die nur wenig Proteine enthält, keine nennenswerte Pufferwirkung. Umgekehrt ist die Pufferwirkung des *Limulus*- oder *Helix*-Blutes infolge des Hämocyanin-Gehaltes recht groß.

Eine Erhöhung der H^+-Konzentration durch das **Auftreten einer Säure im Blut** wird nach obiger Gleichung (Massenwirkungsgesetz) wegen der Konstanz von K dazu führen, daß $[HCO_3^-]$ ab- (HCO_3^--Defizit) und $[H_2CO_3]$ zunimmt, indem sich H^+ und HCO_3^- zu H_2CO_3 vereinigen. Das bedeutet, daß der Zähler in der Henderson-Hasselbalchschen Gleichung ab- und der Nenner zunimmt. Insgesamt wird der pH-Wert im Blut deshalb etwas abnehmen. Diese Abnahme ist aber wesentlich geringer als bei Abwesenheit des Puffers. Die Anionen nichtflüchtiger Säuren („fixe" Anionen) verdrängen das Hydrogencarbonat von seinen Kationen (vornehmlich Na^+). Die sich dabei bildende Kohlensäure wird anschließend in der Lunge durch **stärkere Ventilation** in Form von CO_2 eliminiert. So wird annähernd das normale Mengenverhältnis $[HCO_3^-] : [H_2CO_3]$ und damit nach der Henderson-Hasselbalchschen Beziehung der alte pH-Wert wieder hergestellt. Die gute Pufferwirkung des Kohlensäure-Hydrogencarbonat-Systems im Säugerblut ist also weniger durch die Pufferkapazität selbst bedingt, die bei dem pH-Wert im Blut mit 7,4 (*pK* dagegen 6,1 s. o.) nicht mehr sehr groß ist. Sie ist vielmehr darauf zurückzuführen, daß die Kohlensäure infolge ihrer Flüchtigkeit aus dem Puffersystem verschwinden oder auch – je nach Bedarf – aus dem überall vorhandenen CO_2 und H_2O nachgeliefert werden kann.

Durch die Puffersysteme wird zunächst der Säureeinfluß auf den pH-Wert des Blutes weitgehend abgefangen. Die Pufferkapazität wäre aber bald erschöpft, wenn nicht anschließend für eine **Beseitigung der fixen Anionen** und für den Ausgleich des entstandenen HCO_3^--Defizits gesorgt werden würde. Beides

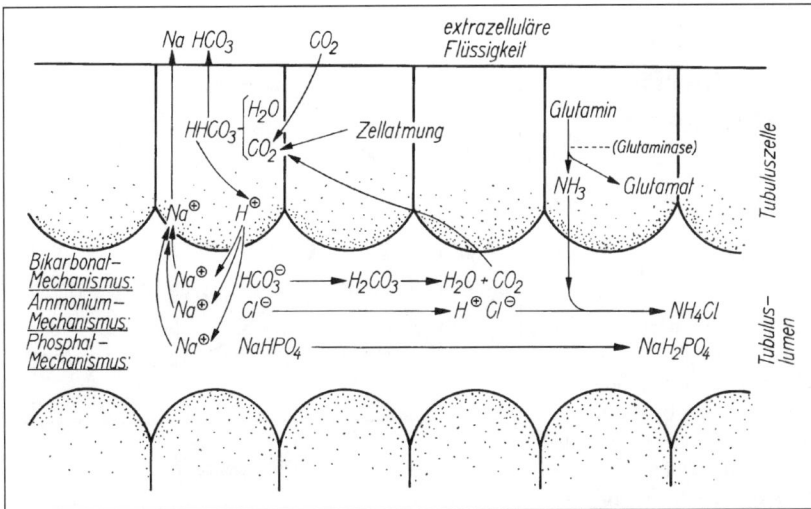

Abb. 4.55. Schematische Darstellung des $Na^\oplus$-$H^\oplus$-Austauschmechanismus sowie des Ammoniummechanismus im Nierentubulus der Säugerniere.

geschieht bei den Säugetieren in der Niere. Die fixen Anionen kommen nicht zusammen mit ihren Kationen zur Ausscheidung, um die im Blut vorhandene Alkalireserve zu erhalten. Das Alkali ($Na^\oplus$) wird im Austausch mit $H^\oplus$ aus dem Primärharn im distalen Tubulus aktiv reabsorbiert (**$Na^\oplus$-$H^\oplus$-Austauschmechanismus**, Abb. 4.55.). Die dazu notwendigen $H^\oplus$-Ionen können in praktisch unbegrenzter Menge durch Hydration von CO_2 und H_2O zu $H_2CO_3 \Leftrightarrow H^\oplus + HCO_3^\ominus$ geliefert werden. Die in den Tubuluszellen reichlich vorhandene Carboanhydrase sorgt für den notwendigen raschen Ablauf dieser Reaktion. Während das $H^\oplus$ in das Tubuluslumen entlassen wird, tritt das $HCO_3^\ominus$ zusammen mit dem $Na^\oplus$ zurück ins Blut. An Stelle des $H^\oplus$ kann auch das in den Tubuluszellen in relativ hoher Konzentration vorliegende $K^\oplus$ gegen $Na^\oplus$ ausgetauscht werden (**$Na^\oplus$-$K^\oplus$-Austausch**). Die Sekretion der $H^\oplus$-Ionen gegen einen Konzentrationsgradienten kann nur so lange erfolgen, solange dieser Gradient einen bestimmten Maximalwert nicht überschreitet. Sinkt der pH-Wert im Harn ab, so tritt in zunehmendem Maße ein **Ammoniummechanismus** (Abb. 4.55.) in Kraft, wodurch die Bildung freier Säuren im Harn vermieden wird. NH_3 wird in den Tubulus- und Sammelrohrzellen vornehmlich unter der Einwirkung des Enzyms Glutaminase aus Glutamin gebildet. Es diffundiert sehr leicht in den Tubulus, um dort durch Aufnahme von $H^\oplus$, das aus dem $Na^\oplus$-$H^\oplus$-Kationenaustausch stammen kann, zu $NH_4^\oplus$ zu werden.

Tritt im Stoffwechsel ein **Überschuß an Basen** auf, so steigt die $HCO_3^\ominus$-Konzentration unter gleichzeitiger Abnahme der H_2CO_3-Menge. Durch verminderte Lungenventilation kann die H_2CO_3-Konzentration wieder gesteigert werden. Die Nieren beseitigen anschließend die Basen direkt in Form von Hydrogencarbonat-Salzen.

Der Niere kommt somit eine sehr wichtige Rolle bei der Regulation des Säure-Basen-Gleichgewichts zu. Der **pH-Wert des Harns** ist deshalb in starkem Maße von den im Stoffwechsel anfallenden Säuren und Basen abhängig. Während bei der Verbrennung tierischer Kost ein Überschuß an sauren Stoffwechselprodukten (insbesondere Sulfate und Phosphate aus den S- bzw. P-haltigen Eiweißkörpern) entsteht, führt eine pflanzliche Ernährung zu einem Überschuß an basischen Stoffwechselprodukten (insbesondere Alkali und Erdalkali aus den zahlreichen Salzen organischer Säuren). Aus diesen Gründen reagiert der Harn carnivorer Säugetiere stets schwach sauer, der herbivorer dagegen alkalisch. Bei den Omnivoren schwankt der pH-Wert des Harns je nach der Zusammensetzung der Nahrung. Bei fastenden Pflanzenfressern nimmt der pH-Wert des Urins ab.

Hemmt man die **Carboanhydrase** in den Tubuluszellen mit Diamox oder Sulfanilamid, so können nicht mehr genügend $H^\oplus$ für den $Na^\oplus$-$H^\oplus$-Austauschmechanismus zur Verfügung gestellt werden. Die Folge ist eine Zunahme der $NaHCO_3$-Konzentration im Harn und damit ein pH-Anstieg. Das gilt für alle Säugetiere ebenso wie für den Frosch. Dagegen bleibt der Harn des Seeskorpions (*Myoxocephalus*) und des Dornhais (*Squalus*) auch bei Hemmung der Carboanhydrase sauer. Beim Alligator, dessen Harn normalerweise infolge seiner relativ hohen NH_4HCO_3-Konzentration alkalisch ist, nimmt der pH-Wert sogar ab, weil das Hydrogencarbonat in zunehmendem Maße durch $Cl^\ominus$ ersetzt wird. Diese Beobachtungen zeigen deutlich, daß die Mechanismen zur Regulierung des Säure-Basen-Gleichgewichts bei den Wirbeltieren nicht ganz einheitlich sind. Genauere vergleichende Untersuchungen fehlen.

4.5. Regelung des Kohlenhydratstoffwechsels und des Blutzuckerspiegels

4.5.1. Wirbeltiere

Der wichtigste Ausgangsstoff für die Energiegewinnung in den Zellen der Wirbeltiere ist das Monosaccharid Glucose (Traubenzucker). Die Versorgung der Zellen mit Glucose geschieht über das Blut, dessen Glucose-Konzentration (**Blutzuckerspiegel**) eine auffallende Konstanz (80–120 mg/100 ml Blut beim Menschen) trotz der in der Regel stoßweisen Zufuhr von Glucose mit der Nahrung und des mit der motorischen Aktivität beträchtlich schwankenden Glucoseverbrauchs zeigt. Besonders empfindlich gegenüber einer unzureichenden Versorgung mit Glucose sind die Nervenzellen. Sie verfügen praktisch über keine Reserven an oxidierbaren Kohlenhydraten und gewinnen ihre Energie ausschließlich aus Glucose. So können bereits bei geringfügigem und kurzfristigem Abfall des Blutzuckerspiegels unter seine Norm (**Hypoglykämie**[1])) Störungen der Nervenfunktionen auftreten, was schwere Folgen für den Gesamtorganismus hat. Länger anhaltende Hypoglykämie schädigt die Nervenzellen irreversibel. Auch ein zu hoher Blutzuckerspiegel (**Hyperglykämie**[2])) ist auf die Dauer für den Organismus nicht tragbar, da infolge des Überschreitens der „Nierenschwelle" unter solchen Bedingungen ein ständiger Verlust des wertvollen Energieträgers Glucose mit dem Harn auftritt. Bei plötzlicher Zufuhr größerer Mengen von Glucose mit der Nahrung steigt der Blutzuckerspiegel zwar vorübergehend an (Abb. 4.56.), aber bei weitem nicht in dem zu erwartenden Umfang. Das liegt daran, daß das zuckerreiche Blut vom Darm aus nicht direkt in den Körperkreislauf gelangt, sondern zunächst über die Pfortader zur Leber. Dort wird ein beträchtlicher Teil des Zuckers dem Blut bereits entzogen und in Form des Polysaccharids Glykogen in den Leberzellen gespeichert.

Die Herstellung und Konstanthaltung des Blutzuckerspiegels erfordert eine Reihe wohl aufeinander abgestimmter Steuermechanismen, die auf der Grundlage eines komplizierten Regelkreises (Abb. 4.57.) arbeiten. Die **Regelgröße** ist der Blutzuckerspiegel selbst. Die **Regelstrecke** wird durch das Gesamtvolumen der Körperflüssigkeiten repräsentiert, dazu gehören das Blut, die Lymphe und die interzellulare

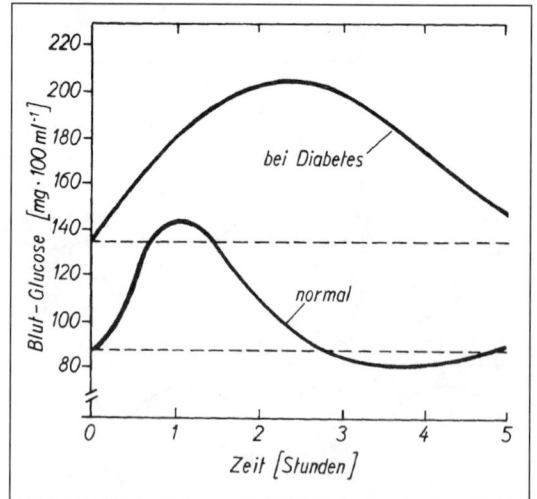

Abb. 4.56. Die Konzentration der Glucose im Blut nach schneller Zufuhr von 50 g Glucose mit der Nahrung beim gesunden Menschen und bei einem Diabetiker. Im ersteren Fall ist bereits nach $2^1/_2$ h der Ausgangs-(Nüchtern-)Wert wieder erreicht, wird aber zunächst durch überschießende Regelung unterschritten und schließlich über eine gedämpfte Schwingung wieder eingestellt. Beim Diabetiker ist noch nach 5 h eine deutliche Abweichung von dem (höheren) Nüchternwert zu verzeichnen. Aus LULLIES u. TRINCKER 1968.

Flüssigkeit. Voraussetzung für jede Regelung sind **Meßglieder** (Fühler), die die Regelgröße überwachen und ihren jeweiligen Istwert weitermelden. So gilt es auch als sicher, daß es glucosensible, d. h. auf Glucose im Blut reagierende Rezeptoren gibt. Man kennt sie allerdings noch nicht exakt. Sie sind wahrscheinlich in der Leber, im Inselapparat des Pankreas und im „Zuckerzentrum" des Gehirns zu finden.

Das **Zuckerzentrum** stellt die „Befehlszentrale" der Zuckerregulation dar, das sog. **Regelglied,** in dem die **afferenten Nachrichten** über den jeweiligen Istwert der Regelgröße zusammenlaufen und auf noch unbekannte Weise mit dem vorgegebenen Sollwert verglichen werden und von dem Befehle an die entsprechenden Stellglieder ausgehen. Es liegt im Zwischenhirn im Bereich des Nucleus paraventricularis und steht in engem funktionellen Zusammenhang mit der Hypophyse (Hypothalamus-Hypophysen-System, 2.2.4.). Die Steuerung der Stellglieder durch das Zuckerzentrum erfolgt letztlich ausschließlich hormonal. Folgende Hormone sind dabei eingeschaltet: 1. das Insulin der Bauchspeicheldrüse, 2. das Glucagon der Bauchspeicheldrüse, 3. das Adrenalin des Nebennierenmarks, 4. die Glucocorticoide der Nebennierenrinde, 5. das Somatotropin des Hypophysenvorderlappens und 6. das Thyroxin der Schilddrüse. Während das Nebennierenmark und der Inselapparat der Bauchspeicheldrüse nervös vom Zwischen-

---

[1]) hypo (griech.) = unter; glykýs (griech.) = süß; to (h)aima (griech.) = das Blut.
[2]) hyper (griech.) = über, glykýs (griech.) = süß; to (h)aima (griech.) = das Blut.

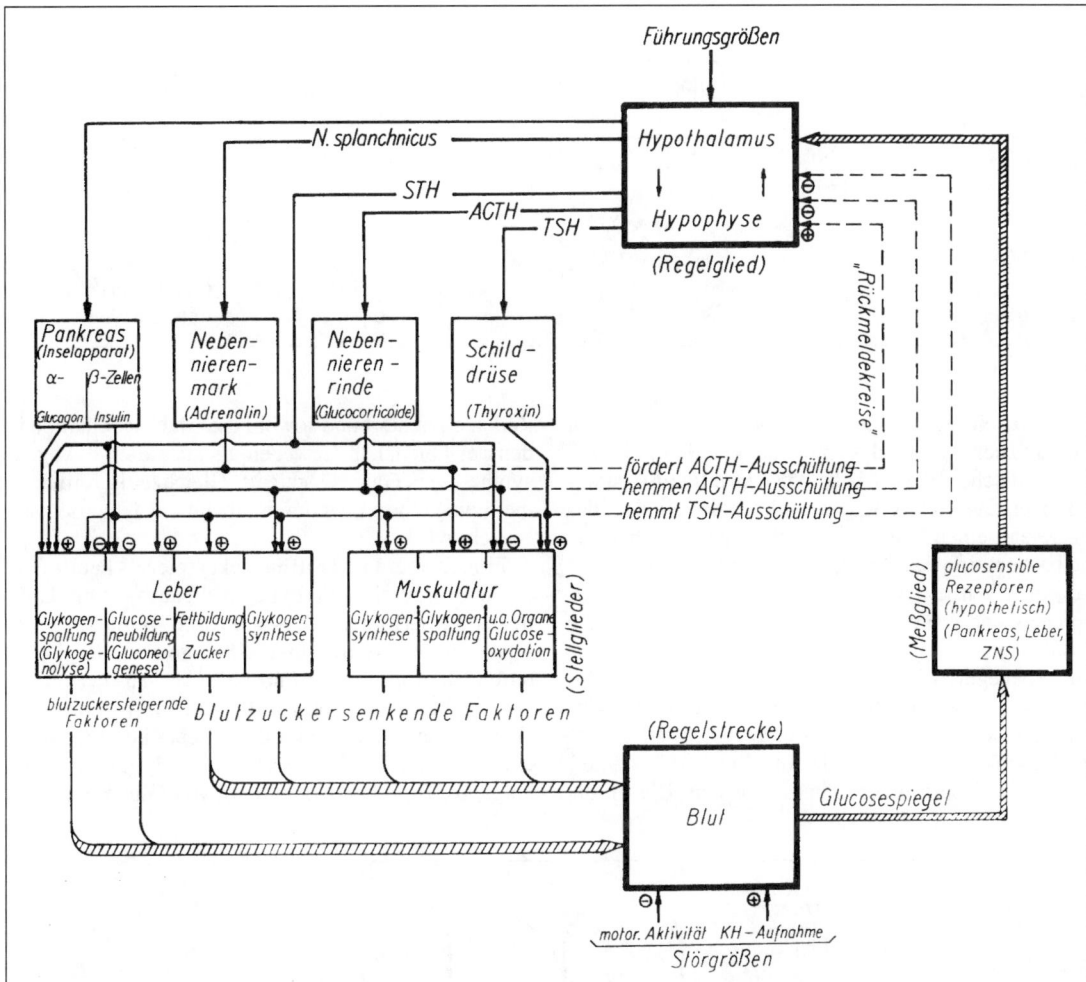

Abb. 4.57. Vereinfachtes Schema des Regelkreises zur Einstellung eines konstanten Blutzuckerspiegels. Erläuterungen im Text.

hirn aus gesteuert werden, werden die Nebennierenrinde und die Schilddrüse über die Hypophysenvorderlappenhormone ACTH und TSH angeregt. Ein erhöhter Thyroxin- oder Cortocoidspiegel im Blut hemmt rückwirkend die Ausschüttung des entsprechenden „tropen" Hormons (Rückmeldekreis, 2.2.3.).

Als **Stellglieder** fungieren bei der Blutzuckerspiegelregulierung:

1. die Leber. Sie ist Hauptdepot und Nachschubbasis für den Blutzucker, der in ihr in Form des Polysaccharids Glykogen gespeichert und nach Bedarf aus dem Glykogen wieder freigesetzt und ins Blut entlassen werden kann.
2. die Muskulatur als Hautverbraucher der Glucose. Dazu gehören in gewissem Sinne auch alle anderen Körperzellen.

Blutzuckersenkend wirken sich aus:

a) der Glukogenaufbau (Glykogenie) in der Leber und im Muskel,
b) der Glucoseabbau in den Zellen, vor allem in der Muskulatur,
c) die Fettbildung aus Glucose in der Leber.

Blutzuckersteigernd wirken sich aus:

a) die Glucose-Resorption im Darm,
b) der Glykogenabbau bis zum Traubenzucker (Glykogenolyse) in der Leber,
c) die Zuckerneubildung (Gluconeogenese) aus Eiweißen (glucoplastische Aminosäuren) in der Leber.

Tabelle 4.12. Blutzuckerwerte bei Wirbeltieren, normal und nach Pankreatektomie bzw. Insulininjektion in mg%.

Tierart	normal	nach Pankreat-ektomie	nach Insulin-injektion	Autor
Scomber scombrus (Makrele)	63,5		9,4–31,2	GRAY u. HALL 1930
Opsanus tau (träger Grundfisch)	15,4		1,5–22,9	GRAY u. HALL 1930
Bufo arenarum (Kröte)	0,68	1,99		HOUSSAY u. BLASOTTI 1931
Huhn	150–180	200–370	65	LASER 1931; CORKILL 1938
Kaninchen	136		50	CORKILL 1938

Die bereits erwähnten sechs Hormone beeinflussen die blutzuckersenkenden bzw. -steigernden Faktoren in spezifischer Weise (Abb. 4.58). Das **Insulin** ist unter ihnen das wichtigste und zugleich das einzige, das insgesamt einen blutzuckersenkenden Effekt hat. Eine Exstirpation des Pankreas (Pankreatektomie) führt bei allen Wirbeltieren zum Anstieg des Blutzuckerspiegels und später zum Tod. Umgekehrt führt eine Insulininjektion immer zur Erniedrigung des Blutzuckerspiegels (Tab. 4.12.). Zu hohe Dosen führen zum Tode. Die Säugetiere sind wesentlich empfindlicher als die Vögel oder Kaltblüter. Die starke blutzuckersenkende Wirkung des Insulins beruht darauf, daß es den Übertritt der Glucose aus dem Blut in die Zellen erleichtert und sowohl die Glucoseoxidation in den verschiedenen Geweben als auch die Glykogensynthese aus Glucose steigert. Gleichzeitig fördert es die Fettsynthese, wodurch nochmals Glucose verbraucht wird.

Eine Steigerung des Blutzuckerspiegels kann – wie erwähnt – durch den Glykogenabbau bis zum Traubenzucker erfolgen. Diesen Prozeß stimulieren die Hormone **Adrenalin** und **Glucagon** in der Leber durch Überführung der Phosphorylase aus der inaktiven in die aktive Form (Abb. 2.15.). Während die Wirkung des Glucagons auf die Leber beschränkt ist, erstreckt sich die des Adrenalins auch auf das Muskelglykogen. – Die Neubildung von Glucose aus Ei-

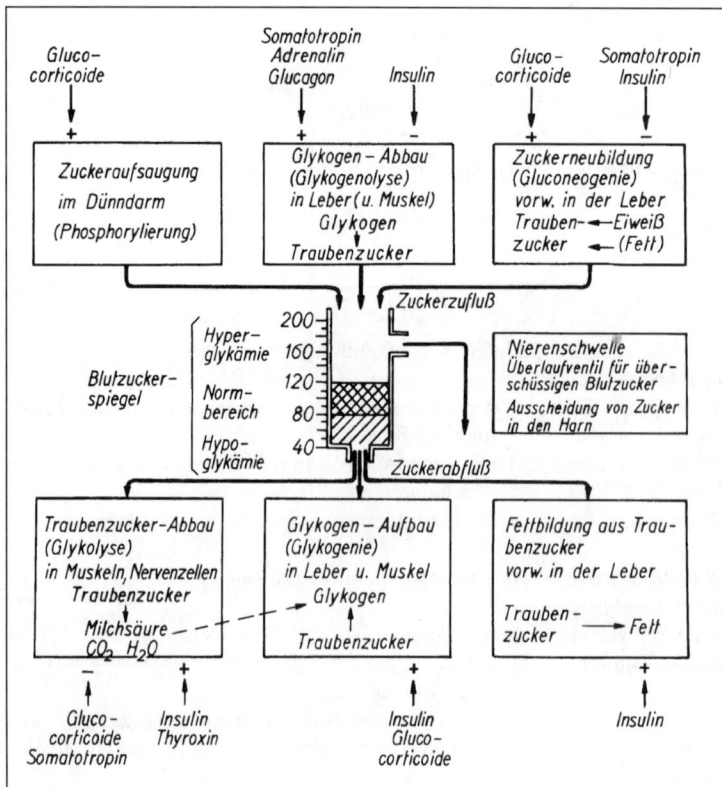

Abb. 4.58. Stellgrößen der Blutzuckerregelung beim Menschen. Nach DRISCHEL 1956, verändert.

weißen (Gluconeogenese) wird bei Hypoglykämie durch die **Glucocorticoide** stimuliert. Die Glucocorticoide hemmen auch die Oxidation der Glucose, sie wirken somit antagonistisch zum Insulin. – Das **Somatotropin** hat vielfältige Wirkungen. Es hemmt die Gluconeogenese ebenso wie das Insulin. Es hilft aber andererseits, den Glucosespiegel dadurch zu erhöhen, daß es gleichzeitig die Glucoseoxidation hemmt und den Glykogenabbau in der Leber steigert.

Dem **Thyroxin** schließlich kommt sicher nur eine untergeordnete Rolle bei der Zuckerregelung zu, da seine allgemein stoffwechselsteigernde Wirkung nur sehr langsam zunimmt und auch wieder abklingt (innerhalb von Tagen!).

Die Hormone, die im Endeffekt den Blutzuckerspiegel heben, summarisch einfach als **Antagonisten** des Insulins zu bezeichnen, ist sicher nicht ganz treffend. Ihre Wirkungen sind wenigstens zum Teil **synergistisch** zu denen des Insulins, indem durch sie die Glucose freigesetzt wird, deren anschließende Oxidation in den Zellen vom Insulin angeregt wird.

4.5.2. Arthropoden

Die Glucose dominiert unter den Zuckern auch in der Hämolymphe der **Krebse:** Sie macht beim Hummer *(Homarus americanus)* mit 7,9 mg/100 ml etwa 50–60% der reduzierenden Zucker aus. Neben Glucose sind Fructose (Spuren), Galaktose (Spuren), Maltose (Spuren), Trehalose (2,5 mg/100 ml), Maltotriose (Spuren) und ein noch nicht identifizierter Zucker (2 mg/100 ml) gefunden worden. Das Spektrum der in der Hämolymphe anzutreffenden Zucker sowie die Zuckerkonzentration selbst variieren stark innerhalb eines Häutungszyklus und in Abhängigkeit von anderen Faktoren. Glucose ist der einzige Zucker, der immer anzutreffen ist.

In die Hämolymphe des **Flußkrebses** *Astacus* injizierte Glucose verschwindet schneller wieder, als es dem Stoffwechsel nach zu erwarten wäre. Regulatorische Mechanismen sind wahrscheinlich. Als Speicherort der Glucose in Form von Glykogen kommt neben der Mitteldarmdrüse und der Muskulatur auch die Epidermis in Betracht. Bei *Panulirus japonicus* übertrifft die in der Epidermis gespeicherte Glykogenmenge sogar diejenige in der Mitteldarmdrüse und Muskulatur. Es konnte ein **hyperglykämischer (diabetogener) Faktor** aus dem Augenstiel (Sinusdrüse) isoliert werden, der den Blutzuckerspiegel hebt, indem er den Glykogenabbau (Glykogenolyse) in der Epidermis und in der Muskulatur fördert und gleichzeitig die Glykogensynthese hemmt.

Die reduzierende Eigenschaft der Hämolymphe der **Insekten** wird mit nur wenigen Ausnahmen nicht durch „fermentable" Zucker wie Glucose, sondern hauptsächlich durch Nicht-Zucker verursacht, wie z. B. Ascorbinsäure, α-Ketonsäure, Harnsäure, verschiedene Aminosäuren (Tyrosin u. a.) und andere Substanzen. Die Hämolymphe enthält in der Regel keine Saccharose. Der **Blutzucker** der Insekten ist das nichtreduzierende Disaccharid **Trehalose** (α-Glucosido-1-α-glucosid), deren Konzentration zwischen 202 mg/100 ml bei Puppen von *Bombyx mori* und 4700–5200 mg/100 ml bei Larven des Marienprachtkäfers *Chalcophora mariana* liegt. Glucose und Fructose kommen gewöhnlich nur in Spuren vor. Eine Ausnahme bildet die Honigbiene mit 600 bis 3200 mg Glucose und 200–1600 mg Fructose pro 100 ml Hämolymphe.

Die Konzentration und chemische Natur der Zucker in der Hämolymphe der Insekten können sich mit der Ernährung oder der Temperatur stark ändern. Bei der Hausgrille *Gryllus domesticus* sowie bei der Schabe *Periplaneta americana* sind circadiane Schwankungen des Blutzuckerspiegels beobachtet worden.

Die Trehalose wird von den Körperzellen aufgenommen und mit Hilfe einer intrazellulären **Trehalase** in zwei Moleküle Glucose gespalten. Den Epidermiszellen scheint jedoch eine Trehalase zu fehlen. Ihr Bedarf an Glucose steigt während der Häutungsperiode (erhöhter Energie- und Baustoffwechsel: Chitinsynthese!) stark an. Es ist interessant, daß zu dieser Zeit die Trehalase-Aktivität in der Hämolymphe, die in der Zeit zwischen den Häutungen gehemmt wird, ansteigt. Dadurch nimmt die Trehalose-Konzentration in der Hämolymphe ab. Die aus der Trehalose durch hydrolytische Spaltung entstandene Glucose tritt schnell in die Epidermiszellen über. Sowohl die Trehalase-Aktivität in der Hämolymphe als auch die Freisetzung von Trehalose aus dem Glykogen des Fettkörpers und die Trehalose-Neusynthese im Fettkörper werden durch einen **hyperglykämischen Faktor** der Corpora cardiaca (2.2.8.) gesteuert. Die Synthese im Fettkörper wird rückwirkend durch den Trehalosespiegel gehemmt (Endprodukthemmung, 1.5.).

4.6. Thermoregulation

Die meisten Tiere sind **poikilotherm**[1]), d. h., ihre Körpertemperatur ist in starkem Maße von der Umgebungstemperatur abhängig und unterliegt deshalb wie diese mehr oder weniger großen Schwankungen („wechselwarm"). Sind die Schwankungen der Umgebungstemperatur gering, wie z. B. in der Tiefsee, so kann auch bei den Poikilothermen eine relativ konstante Körpertemperatur vorherrschen. In manchen

---

[1]) von Carl BERGMANN (1814–1865) eingeführte Begriffe.
poîkilos (griech.) = verschieden, verschiedenartig; homoîos (griech.) = gleich, gleichartig; thermós (griech.) = warm.

Fällen, wie z. B. bei einer sich sonnenden Eidechse, kann die Körpertemperatur der Poikilothermen auch einmal beträchtlich über der der Umgebung liegen. Im Gegensatz zu den Poikilothermen vermögen die **Homoiothermen**[1] – dazu zählen die Vögel und die Säugetiere – über komplizierte Regelmechanismen eine weitgehend konstante Betriebstemperatur („gleichwarm") in ihrem Körper unabhängig von der jeweiligen Umgebungstemperatur aufrechzuerhalten. Man hat diese Tiere auch als **„endotherm"** bezeichnet, da sie ihre Körpertemperatur durch Wärmeerzeugung im Körper selbst aufrechterhalten, und den **„ektothermen"** Tieren, die ihre Wärme aus der Umgebung beziehen (z. B. die sich sonnende Eidechse) gegenübergestellt. Dazu muß allerdings gesagt werden, daß poikilotherme Tiere oft auch in erheblichem Maße ihren Körper „aufheizen". So kann man in bestimmten Muskeln des Thunfisches eine um 10–15 °C höhere Temperatur als im umgebenden Wasser finden (s. u.). Auch von Insekten ist bekannt, daß sie durch Muskelaktivität ihren Körper auf „Betriebswärme" bringen.

4.6.1. Temperaturtoleranz und -adaptation

Die Lebensprozesse (physiologische wie biochemische) sind in starkem Maße temperaturabhängig (s. RGT-Regel). Der **Temperaturbereich,** innerhalb dessen aktives Leben möglich ist, ist im Vergleich zu den kosmischen Temperaturen von 4000–7000 K auf der Sonnenoberfläche bzw. sogar 17 bis 21 Millionen K im Sonneninnern und einer 3-K-Hintergrundstrahlung, die das Weltall gleichmäßig erfüllt, winzig klein und umfaßt nur etwa 50 K. Fische und zahlreiche Evertebraten der arktischen Gewässer leben ständig bei –1,8 °C. Sehr wenige Tiere können noch bei Temperaturen um 40 °C existieren. Die nach unseren heu-

tigen Kenntnissen thermophilste Art unter den Evertebraten ist der „Pompejiwurm" *(Alvinella pompejana).* Er kommt in 2000–3000 m Tiefe im Ozean in der Nähe heißer Quellen vor und toleriert Temperaturen bis 40 °C. Er lebt dort in Symbiose mit chemosynthetisch aktiven Bakterien.

Eine Reihe von Tieren vermag in inaktiven Ruhestadien oder auch als Ei wesentlich niedrigere (flüssige Luft mit ca. –190 °C bzw. flüssiges He mit ca. –269 °C) oder auch höhere Temperaturen (kochendes Wasser von 100 °C) für kurze Zeit zu überleben. Rotatorien und Tardigraden ziehen sich dazu vorher zu einer tonnenähnlichen, Nematoden zu einer dichten Spirale zusammen, wobei sie gleichzeitig nahezu alles Körperwasser verlieren (**„Anhydrobiose"**, 4.3.4.). Ihr oxidativer Stoffwechsel – und nicht nur er – wird dabei auf ein Minimum ($< 0,5 \cdot 10^{-6}$ µl O_2 pro h bei Tardigraden) reduziert. In diesem Zustand der **„Kryptobiose"**[2], des „latenten Lebens", sind die Tiere nicht nur gegen niedere Temperaturen, sondern auch gegen Röntgenstrahlen und niedere Drucke außerordentlich widerstandsfähig.

Kein Tier vermag seinen gesamten Lebenszyklus bei Temperaturen wesentlich über 40 °C zu verbringen. Bei vielen Tieren tritt der **Hitzetod** bereits bei wesentlich niedrigeren Temperaturen ein, nachdem schon vorher die Stoffwechselintensität und allgemeine Aktivität stark abgenommen haben (Abb. 4.59.). Der Fisch mit der höchsten **Hitzetoleranz** ist ein kleiner Zahnkarpfen *(Cyprinodon diabolus)* mit weniger als 200 g Körpergewicht aus warmen Quellen (33,9 °C) Kaliforniens und Nevadas. Er stirbt erst bei 43 °C. Demgegenüber ist bei Fischen der Antarktis die obere Temperaturgrenze für das Überleben oft bereits bei wesentlich niedrigeren Werten erreicht: Bei *Trematomus* liegt die Grenze z. B. bei 6 °C. Er lebt ständig bei –1,9 °C. Die Temperatur des Wassers zeigt dort eine jährliche Schwankung von nur etwa 0,1 °C. Homoiotherme Tiere sterben gewöhnlich, wenn ihre Körpertempertur auf Werte ansteigt, die ca. 6 °C über dem Normalwert liegen (43 °C beim Menschen).

---

[1] s. Fußnote S. 359.

[2] kryptein (griech.) = verbergen; ho bios (griech.) = das Leben.

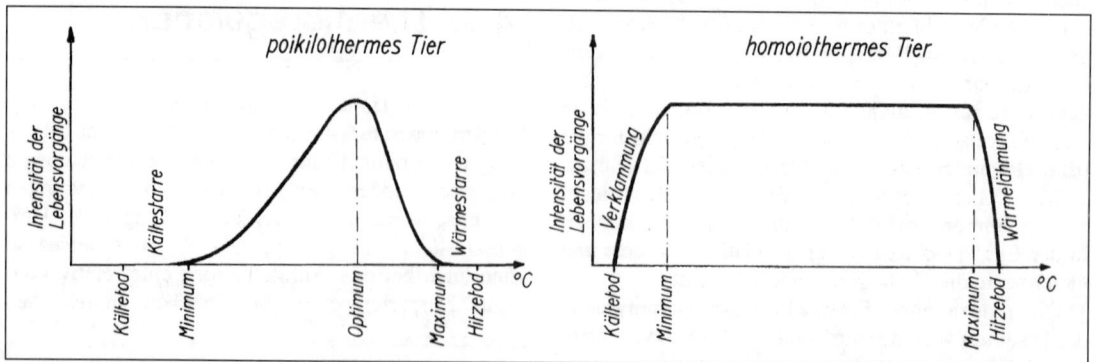

Abb. 4.59. Abhängigkeit der Intensität der Lebensvorgänge von der Körpertemperatur bei poikilothermen im Vergleich zu homoiothermen Tieren.

Ebenso wie gegenüber hohen Temperaturen ist auch die **Resistenz gegenüber niederen Temperaturen** bei verschiedenen Tieren sehr unterschiedlich ausgeprägt. Jeder Aquarianer weiß, daß die Haltung vieler Fische aus tropischen Gewässern eine Dauerbeheizung des Aquariums unbedingt erfordert. Die meisten poikilothermen Tiere fallen bei Temperaturen um den Nullpunkt (Tiere aus wärmeren Klimaten bereits wesentlich früher) in eine **Kältestarre,** aus der sie wieder erwachen können, wenn nicht infolge weiteren Temperaturrückganges der **Kältetod** (irreversibel) eingetreten ist (Abb. 4.59.). Die Resistenz mancher Tiere gegenüber erheblichen Minusgraden in ihrer natürlichen Umgebung kann darauf beruhen, daß entweder eine Eisbildung in der Körperflüssigkeit verhindert, oder aber, daß sie toleriert wird.

Zu den Tieren, die ein **Gefrieren verhindern,** gehören viele Teleosteer der Polarregion. Ihre Körperflüssigkeit ist mit 0,3–0,4 Osm hypoosmotisch zum Meerwasser (1 Osm). Trotzdem tritt in ihr keine Eisbildung ein, weil diese durch „**Antigefrierverbindungen**" verhindert wird. Diese Verbindungen setzen den Gefrierpunkt um 1–2 Grade herab, ohne gleichzeitig den Schmelzpunkt zu verändern: **biologischer Gefrierschutz.** Bei *Trematomus* handelt es sich dabei um ein **Glykoproteid** mit einer relativen Molekülmasse zwischen 2600 und 32 000, das die weitere Anlagerung von Wassermolekülen und damit das Wachstum von Eiskristallen weitgehend verhindert. Es ist in seiner Antigefrierwirkung um mehrere Hundertfache effektiver als Glucose, NaCl oder andere gelöste Substanzen. In seiner Polypeptidkette ist die Sequenz····-Ala-Ala-Thr-Ala-Ala-Thr-···· vorherrschend, wobei das Threonin jeweils ein Disaccharid trägt. Bei der Winterflunder *(Pseudopleuronectes americanus)* fehlt die Kohlenhydratkomponente. Insgesamt kennt man heute inzwischen elf verschiedene Fischfamilien, in denen – wahrscheinlich unabhängig voneinander – Antigefrierverbindungen unterschiedlicher chemischer Zusammensetzung entwickelt worden sind. Eine andere Substanz, die von verschiedenen Tieren eingesetzt wird, um den Gefrierpunkt der Körperflüssigkeit und – was noch wichtiger ist – den Unterkühlungspunkt wesentlich herabzusetzen, ist das **Glycerin.** Bei dem auf dem Lande überwinternden Laubfrosch *(Hyla versicolor)* findet man eine Glycerinkonzentration von 3% im Blut. Insbesondere sind hier aber einige Insekten zu nennen. Bei der Brackwespe *(Bracon cephi)* erreicht die Glycerinkonzentration im Winter 30%. Dadurch wird der Gefrierpunkt der Hämolymphe auf –17,5 °C, der Unterkühlungspunkt, bei dem die Eisbildung gerade einsetzt, sogar auf –47 °C erniedrigt. Ein Extrem stellt die Weidengallfliege *(Rhabdophaga strobiloides)* Alaskas dar, die 50% Glycerin in der Hämolymphe besitzt und den Winter mit bis zu –60 °C überlebt, ohne daß die Körperflüssigkeit gefriert.

Eine **Toleranz gegenüber** dem **Einfrieren** findet man z. B. bei verschiedenen **Evertebraten der Gezeitenzone.** Wenn diese Tiere im Winter bei Ebbe mit der Luft, die eine wesentlich niedrigere Temperatur aufweisen kann als das Wasser, in Berührung kommen, gefriert ihre Körperflüssigkeit sehr schnell. Bei –30 °C sind mehr als 90% des Körperwassers gefroren. Das bedeutet, daß das restliche Flüssigkeitsvolumen gleichzeitig eine sehr hohe Osmolarität erhält, die von den Zellen toleriert werden muß. Die Zellen selbst erscheinen unter diesen Umständen stark geschrumpft und anscheinend frei von Eiskristallen. Bei vielen **Insekten,** die ein zeitweiliges Einfrieren überleben, findet man übereinstimmend eine hohe Konzentration von **Glycerin** und anderen höherwertigen Alkoholen wie **Sorbit** in der Hämolymphe. Dadurch wird 1. der Unterkühlungspunkt erniedrigt (s. o.) und werden 2. die Zellen vor der Zerstörung durch Eiskristalle geschützt. Schon lange gibt man aus demselben Grunde vor dem Einfrieren von Spermatozoen- und Blutkonserven Glycerin in bestimmter Konzentration

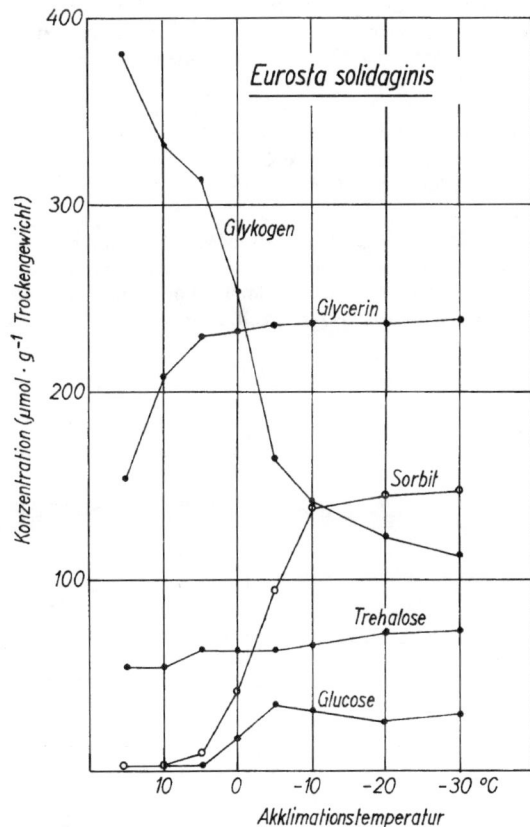

Abb. 4.60. Akklimatisation an tiefere Temperaturen ist bei der Gallfliege *(Eurosta solidaginis)* mit einem Anstieg der Sorbit- und Glycerinkonzentration in der Hämolymphe verbunden, während gleichzeitig die Glykogenmenge (ausgedrückt in Glucoseeinheiten nach der enzymatischen Hydrolase) abnimmt. Nach STOREY et al. 1991.

zum Medium. Bei vielen Insekten steigt der Glycerin- und Sorbitspiegel in der Hämolymphe mit fallenden Außentemperaturen deutlich an (Abb. 4.60.).

Die Resistenz gegenüber extremen Temperaturen ist bei vielen poikilothermen Tieren (wie die Beispiele der Gallfliege *Eurosta* (Abb. 4.60.) und der Brackwespe *Bracon* schon gezeigt haben) keine unveränderliche Größe, sondern hängt von inneren (Alter, Geschlecht, Entwicklungsstadium etc.) und äußeren Faktoren (Temperatur, Licht, Feuchte, O_2-Angebot, Salinität etc.) ab. So überlebt z. B. der Käfer *Pterostichus brevicornis* aus Alaska im Sommer ein Einfrieren bei –6,6 °C in keinem Fall. Wintertiere tolerieren dagegen Temperaturen unter –35 °C und selbst ein völliges Einfrieren. Man spricht von einer **„sinnvollen" Resistenzadaptation**[1]), wenn die Hitzeresistenz mit steigenden bzw. die Kälteresistenz mit fallenden Umgebungstemperaturen zunimmt. Im umgekehrten Fall spricht man von **„paradoxer" Resistenzadaptation.**

Bei Ciliaten, Krabben, beim Hummer, bei Fischen und anderen Tieren fand man sowohl gegenüber hohen als auch gegenüber niedrigen Temperaturen eine sinnvolle Resistenzadaptation. In den Fällen ist ein Überleben bei extremen Temperaturen am besten garantiert. Die Stabheuschrecke *Carausius morosus* zeigt dagegen z. B. weder eine Hitze- noch eine Kälte-Resistenzadaptation. Bei der tropischen Winkerkrabbe *Uca* ist nur eine Hitze-, aber keine Kälte-Resistenzadaptation zu beobachten. Eine paradoxe Resistenzadaptation gegen Hitze ist z. B. vom Reismehlkäfer

[1]) adaptáre (lat.) = geeignet machen. Manche Autoren unterscheiden zwischen Adaptation (Anpassung an einen Faktor, z. B. Temperatur) und **Akklimatisation** (Anpassung an einen Komplex von Faktoren, z. B. Klima).

(Tribolium confusum) bekannt. Die Kapazität zur Resistenzadaptation kann sich im Verlauf der Individualentwicklung (Alter, Größe) ändern oder auch z. B. von der Photoperiode oder der Salinität abhängen.

Neben dieser Resistenzadaptation, die das Überleben der Poikilothermen in extremen Umwelttemperaturen ermöglicht, ist auch die **Leistungsadaptation,** die sich im mittleren Temperaturbereich abspielt, für die Poikilothermen von großer Bedeutung.

Wird die Temperatur sprunghaft auf einen neuen Wert erhöht, zeigen die meisten wechselwarmen Tiere (z. B. *Artemia,* Goldfisch, Karpfen u. a.) für Sekunden oder Minuten zunächst eine sehr heftige Reaktion (z. B. Steigerung des O_2-Verbrauchs), die sich erst danach auf einen niedrigeren, aber gegenüber dem Ausgangswert immer noch höheren Wert stabilisiert (Abb. 4.61.). Im umgekehrten Fall einer sprunghaften Senkung der Temperatur kann der Wert zu Beginn der Reaktion vorübergehend unter den späteren stabilisierten Wert abfallen. Der stabilisierte Wert kann für Stunden aufrechterhalten bleiben. Werden in dieser Periode die Ausgangsbedingungen wiederhergestellt, kehrt die Funktionsgröße ebenfalls zum Ausgangswert zurück. Bleiben dagegen die veränderten Bedingungen (höhere Temperatur) für viele Tage bestehen, so kann die Funktionsgröße sich trotzdem dem Ausgangswert wieder nähern, ohne ihn allerdings in vielen Fällen zu erreichen: **unvollständige** (partielle) **Kompensation** (Akklimatisationstyp 3 nach PRECHT). Bei einer **vollständigen** (idealen) **Kompensation** erreicht die Funktionsgröße wieder denselben Wert wie vor dem Temperatursprung (Typ 2). Seltener sind solche Fälle, bei denen der Akklimatisationswert (bei höherer Temperatur) unterhalb des

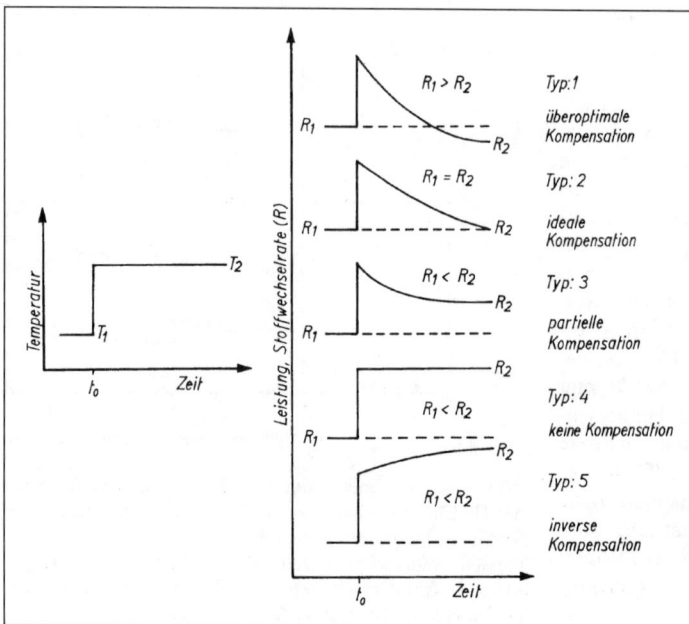

Abb. 4.61. Adaptationstypen nach PRECHT nach sprunghafter Erhöhung der Temperatur von T_1 auf T_2 zum Zeitpunkt t_0.

Ausgangswertes (supraoptimale oder **Überkompensation,** Typ 1) oder noch oberhalb des ersten stabilisierten Wertes liegt (inverse oder **Unterkompensation,** Typ 5). Keine Temperaturakklimatisation (Typ 4) fand man bei verschiedenen Insekten Brasiliens, bei dem marinen Nematoden *Enoplus* u. a.

Die Evertebraten der Gezeitenzone sind einem starken und oft schnellen tageszeitlichen Temperaturwechsel unterworfen. Viele von ihnen, darunter die Gemeine Strandschnecke *Littorina littorea,* sind in der Lage, eine in weiten Bereichen von der Temperatur unabhängige O_2-Verbrauchsrate aufrechtzuerhalten *(Littorina* allerdings nur im Mai bei einer Lufttemperatur von ca. 15 °C). Dasselbe gilt bei physiologischen Substratkonzentrationen (Pyruvat) sogar noch für die isolierten Mitochondrien. Es gibt Beispiele dafür, daß ein bestimmtes Tier nur im Hinblick auf bestimmte Funktionsgrößen eine Kompensation zeigt, im Hinblick auf andere nicht, daß es nur in einer bestimmten Jahreszeit oder nur in einer bestimmten Entwicklungsphase (z. B. in der Dormanz der Insekten) fähig zur Akklimatisation ist.

Über die **zellphysiologischen Grundlagen** dieser Leistungsadaptation sind wir noch sehr ungenügend unterrichtet. Eine Abnahme der Stoffwechselintensität durch fallende Umgebungstemperaturen kann durch eine Erhöhung der Enzymkonzentration in den Zellen oder durch eine Steigerung der Enzymaktivität oder auch durch eine Steigerung der Affinität der **Enzyme** zu ihrem Substrat wenigstens teilweise kompensiert werden. Das Umgekehrte kann bei steigenden Umgebungstemperaturen eintreten. Auch eine Erhöhung der **Permeabilität** zwischen den Zellen bzw. Zellkompartimenten bei Abnahme der Umgebungstemperatur, bzw. Erniedrigung bei höheren Temperaturen sind beobachtet worden.

4.6.2. Thermoregulatorische Mechanismen bei Poikilothermen

Durch die Fähigkeit zur Adaptation erreichen die Poikilothermen eine gewisse, wenn auch sehr begrenzte Unabhängigkeit von der Temperatur ihrer Umwelt. Daneben gibt es aber auch schon bei den „Ektothermen" interessante Mechanismen, die Höhe ihrer Körpertemperatur nicht völlig passiv von dem jeweils herrschenden Temperaturregime in der Umgebung bestimmen zu lassen.

Hier sind insbesondere **Verhaltensweisen** zu nennen. Viele Tiere, wenn sie die Wahlmöglichkeit haben, suchen aktiv solche Umweltbedingungen auf, die ihnen eine Körpertemperatur verleihen, die optimal für ihre Aktivität ist, und meiden solche Umweltbedingungen, die ungünstige oder gar tödliche Körpertemperaturen bedingen könnten. So kann man z. B. beobachten, daß sich in einem Temperaturgefälle innerhalb einer „Temperaturorgel" (5.3.2.) viele

Tiere in einem für die betreffende Art bzw. für das Entwicklungsstadium charakteristischen Temperaturbereich, im sog. **thermischen Präferendum** (Vorzugstemperatur), ansammeln und dort bevorzugt verweilen. Es sei auch daran erinnert, daß in freier Natur viele Tiere aktiv die wärmenden Sonnenstrahlen oder auch – je nach Bedingungen – den Schatten aufsuchen. Eine Erhöhung der Körpertemperatur um 20 °C innerhalb einer Stunde ist bei einer sich sonnenden Buchstaben-Schmuckschildkröte *(Pseudemys scripta elegans)* nicht ungewöhnlich. Dabei können die erreichten Körpertemperaturen zeitweilig erheblich über der Außentemperatur liegen.

Ausschlaggebend für die Beendigung des Sonnenbades sind bei den **Schildkröten** wahrscheinlich Signale, die von **Thermorezeptoren** ausgehen, die die Temperatur im Kopf-Hirnbereich kontrollieren. Unter Laborbedingungen konnte an der australischen Glattrücken-Schlangenhalsschildkröte *(Chelodina longicollis)* beobachtet werden, daß bei einer Erwärmung mittels einer 275-W-Infrarotlampe sich die Kopftemperatur zunächst sehr steil, dann aber immer langsamer erhöhte, während die ventrale und dorsale Körpertemperatur sowie die Temperatur in der Kloake über die Kopftemperatur anstieg. Ein solches Temperaturgefälle zwischen Kopf und Körper bildet sich nicht aus, wenn die Tiere unter Wasser erwärmt werden.

Die **Flügel** vieler **Tagfalter** (Papilionoidea) spielen bei der Thermoregulation eine große Rolle. Die Zirkulation der Hämolymphe ist allerdings, entgegen früheren Vermutungen, nicht in den Wärmetransfer integriert. Sie ist in den Flügeln viel zu langsam. Bei Sonneneinstrahlung führt die horizontale Stellung der Flügel, wie sie bei den Papilionidae (Ritterfalter), Danaidae und Nymphalidae zu beobachten ist, zum Stillstand der warmen Luftschicht zwischen den Flügeln und dem flachen Untergrund. Das fördert die Erwärmung des Körpers und verhindert gleichzeitig die Abkühlung durch Konvektion. Die Flügel entfalten ihre Wirksamkeit also in erster Linie dadurch, daß sie die Wärmeverluste durch Konvektion minimieren. Im Freien schließen die Schmetterlinge ihre Flügel bei hohen Thoraxtemperaturen, um den Thorax zu beschatten, und öffnen sie bei niederen Temperaturen wieder (Abb. 4.62.).

Neben diesen Verhaltensweisen im Dienste der Thermoregulation verfügen einige poikilotherme Tiere auch schon über gewisse Möglichkeiten der **physiologischen Kontrolle der Körpertemperatur.** Mit ansteigender Körpertemperatur kann man z. B. bei **Schildkröten** eine schnellere Atmung, Schaumbildung um den Mund und Ansammlungen von Feuchtigkeit auf dem Kopf und um die Augen *(Chrysemys)* bzw. starkes Speicheln *(Testudo sulcata, Gopherus agassizii, Terrapene* spec.) beobachten. Die wichtigste Methode, den Wärmeüberschuß abzuführen, ist die durch **Verdunstung** von Wasser. Die Landschildkröte *Testudo ornata* vermag ihre Körpertemperatur für 3 Stunden 10,5 °C unterhalb der Um-

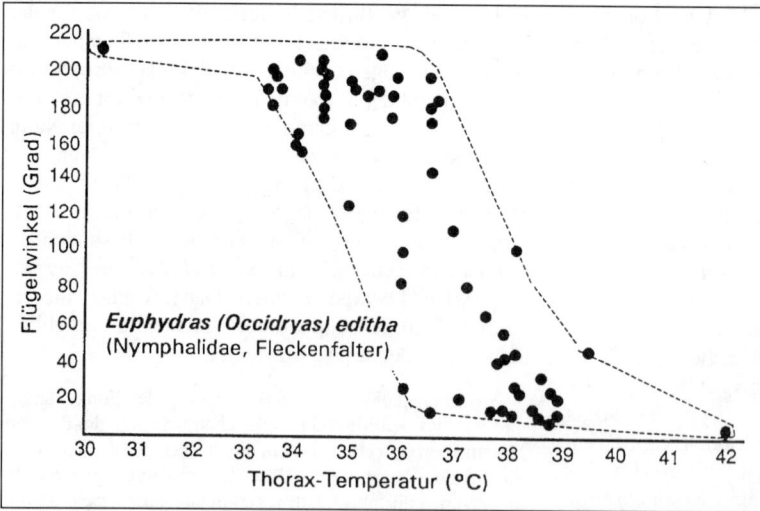

Abb. 4.62. Die Abhängigkeit der Flügelstellung (Winkel zwischen den beiden Flügeln) von der Thoraxtemperatur bei einem Tagfalter. Bei niedrigen Thoraxtemperaturen öffnet, bei hohen schließt er die Flügel. Nach HEINRICH 1986.

gebungstemperatur von 51 °C aufrechtzuerhalten. Dabei ist die Verdunstung aus den Atmungswegen und des Speichels, der aus der Mundhöhle austritt, von größter Bedeutung. Gleichzeitig werden die Schleimhäute stärker durchblutet, der Hals gestreckt und die Herzfrequenz gesteigert.

Auch verschiedene **Insekten** verfügen über Mechanismen, den Überschuß an Wärme, wie er durch die Flugaktivität bei hohen Umgebungstemperaturen entsteht, abzuführen. Bienen können z. B. noch bei Temperaturen nahe 46 °C (z. B. in den Wüsten des SW der USA), bei denen selbst die Wüstenzikade *(Diceroprocta apache)* ihre motorische Kontrolle infolge Überhitzung bereits innerhalb von 1–3 Flugsekunden verliert, fliegen. Während des Fluges bei Lufttemperaturen > 30 °C hält die Biene die Temperatur im Kopf und im Thorax dadurch niedrig (Abb. 4.63.), daß sie Tropfen aus ihrem Kropf („Honigblase") auswürgt und wieder einsaugt, die sich über die Vorderseite des Thorax zwischen den ersten beiden Beinpaaren ausbreiten und durch ihre teilweise Verdunstung Wärme abführen.

In anderen Fällen geht es nicht darum, den Wärmeüberschuß abzuführen, sondern umgekehrt, die Körpertemperatur durch Muskelaktivität aktiv auf „Betriebswärme" zu bringen und zu halten. Auch hier liefern die **Insekten** interessante Beispiele hervorragender Leistungen. Es ist bekannt, daß eine Reihe von Insekten die Temperatur, insbesondere in ihrem Thorax, durch die Aktivität **(Zittern)** der **Flugmuskulatur** anheben und auf einem Niveau oberhalb der Umgebungstemperatur halten können.

Die Sphinx-Motte *(Manduca sexta)* ist in der Lage, im Bereich zwischen 15 und 35 °C Umgebungstemperatur die Temperatur im Thorax auf 41 °C konstant

zu halten. Ebenfalls von Hummeln *(Bombus)* ist beschrieben worden, daß sie die Temperatur in ihrem thermisch gut isolierten Thorax bei 32–33 °C halten

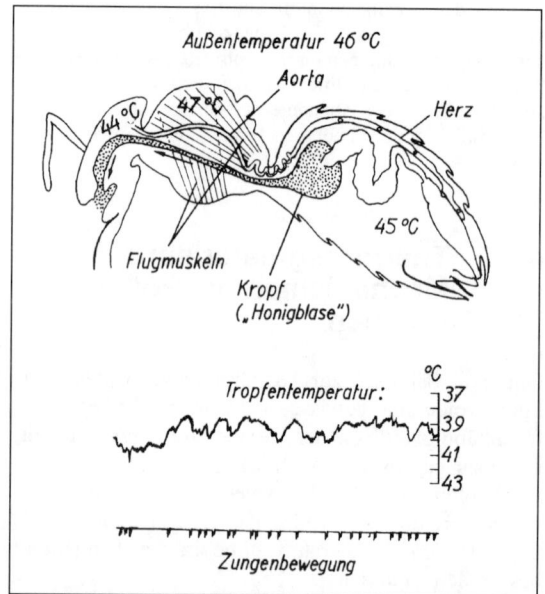

Abb. 4.63. Thermoregulation bei der Honigbiene. Oben: die Temperaturen im Kopf, Thorax und Abdomen bei längerem Flug bei 46 °C Lufttemperatur. Mitte: die kontinuierliche Registrierung der Temperatur in den ausgewürgten Tropfen bei einer Biene, deren Kopf auf 47–48 °C erwärmt wurde. Außentemperatur 24 °C, relative Luftfeuchtigkeit (rLF) 30%. Unten: die Zungenbewegungen wurden gleichzeitig visuell beobachtet und manuell registriert. Nach HEINRICH 1979.

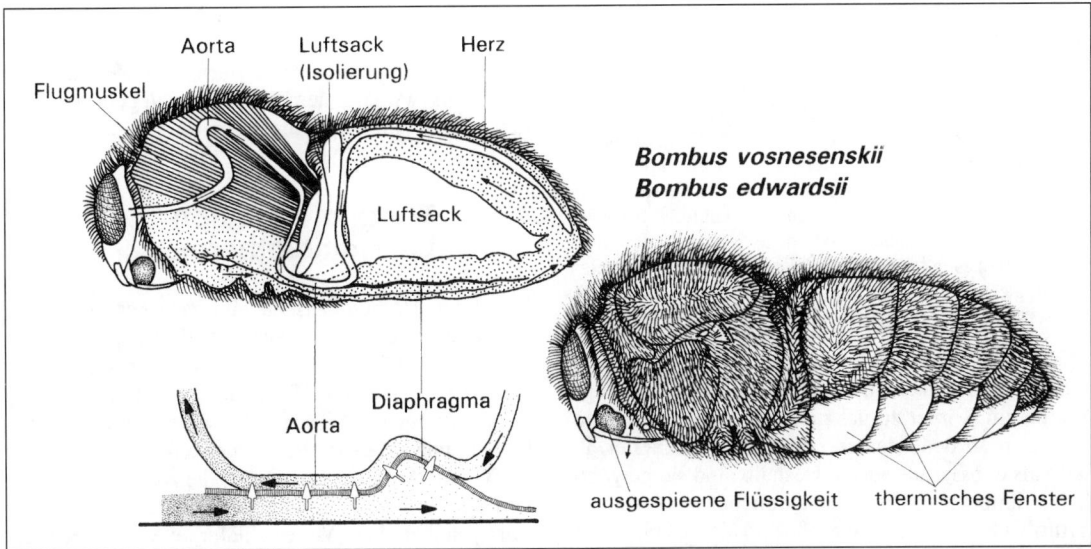

Abb. 4.64. Thermoregulation bei Hummeln: Gegenstrom-Wärmeaustausch zwischen Aorta und ventralem Hämolymphraum im Bereich des Petiolus zwischen Thorax und Abdomen. Nach HEINRICH 1976.

können, unabhängig von der Außentemperatur zwischen 9 und 24 °C. Honigbienen *(Apis mellifica)* können auf Grund dieser „Heizung" noch bei Lufttemperaturen von 10 °C fliegen, während bereits bei 18 °C keine Aktionspotentiale mehr gebildet werden können.

Die Aorta in dem dünnen Petiolus zwischen Thorax und Abdomen dient bei Bienen und Hummeln als eine wirksame **Wärmeaustausch-Gegenstromvorrichtung,** um die Wärme im Thorax zurückzuhalten und ihr Abfließen in das Abdomen zu verhindern (Abb. 4.64.). Bei dem Eulenfalter *Eupsilia* sorgen, neben einem dichten, wärmeisolierenden Haarbesatz am Thorax, sogar zwei solcher Wärme-Gegenstromaustauscher (einer in der mächtigen Thoraxmuskulatur und ein anderer im Petiolus zwischen Thorax und Abdomen) dafür, daß die während der Flugaktivität entwickelte Wärme nicht abgeführt wird, sondern im Thorax verbleibt. Dazu sind andere Falter, denen diese Einrichtungen fehlen (z. B. der Spanner *Operophthera*), nicht in der Lage (Abb. 4.65.).

Abb. 4.65. Die Beziehung zwischen Umgebungstemperatur und der Temperatur im Thorax zweier Schmetterlinge im Vergleich. Nur bei *Eupsilia* sorgen ein dichter wärmeisolierender Haarbesatz am Thorax sowie zwei Wärme-Gegenstromaustauscher dafür, daß die bei Flugaktivität (länger als 2 min) entstehende Wärme im Thorax verbleibt. - Die obere Figur zeigt den Thorax mit eingezeichneter Aorta. Die Bluttemperatur in der Aorta ist durch die Punktierung wiedergegeben: je lichter punktiert, desto höher die Temperatur. Nach HEINRICH 1993 u. WITHERS 1992.

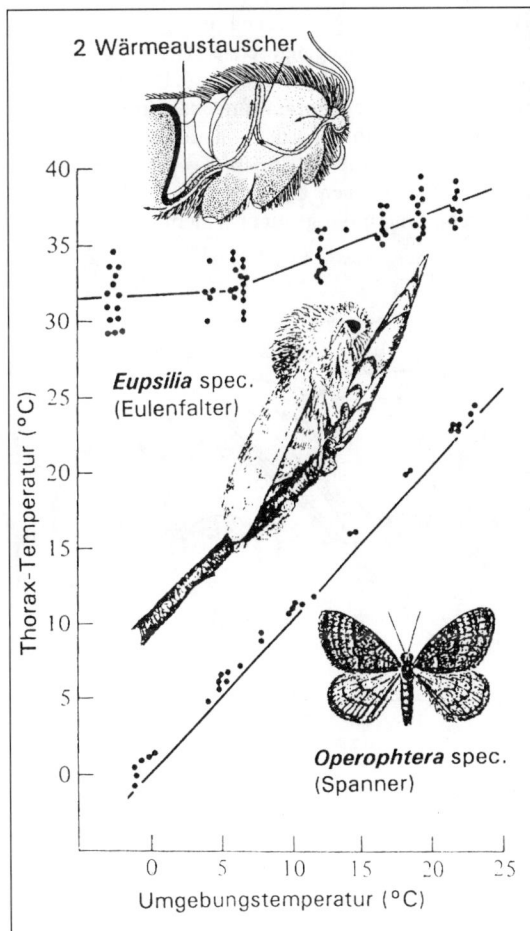

Die **Bienen** schaffen es in der Gemeinschaft, die **Temperatur im Brutnest** zwischen 34,5 und 35,5 °C konstant zu halten. Bei zu niedrigen Temperaturen kauern die Bienen über dem Brutnest dicht beieinander und erzeugen durch Muskelzittern Wärme. Der Beitrag des Einzeltieres ist klein und beträgt bestenfalls $^1/_{10}$ °C, erst durch die gemeinsame Aktion Tausender Bienen entsteht der „Wärmeteppich" über den Brutzellen. Wird es im Stock zu warm, versuchen die Bienen zuerst, durch Fächeln eine Abkühlung herbeizuführen. Genügt das nicht, schaffen sie Wasser in den Stock und verteilen es in feinsten Tröpfchen in den offenen Zellen. Durch gleichzeitiges Fächeln wird die Verdunstung des Wassers noch gefördert.

Kiemenatmende Formen, wie die Fische, haben große Schwierigkeiten, die im Stoffwechsel erzeugte Wärme im Körper zurückzuhalten, weil der Wärmeausgleich an den Kiemen etwa 10mal schneller abläuft als der Gasaustausch. Deshalb sind sie gewöhnlich poikilotherm. Um so erstaunlicher ist es, daß die **Thunfische** sowie einige große und aktive Haie (z. B. *Isurus oxyrhynchus*) in der Lage sind, ihre Körpertemperatur ständig über der Umgebungstemperatur zu halten. Ermöglicht wird das durch ein **Gegenstrom-Austauschersystem,** wie es ähnlich auch z. B. in den Extremitäten der Möwen vorliegt (Abb. 4.72.). Das aus dem Körper kommende warme (O_2-arme) Blut fließt über lange Strecken in engem Kontakt parallel (aber in entgegengesetzter Richtung) zu dem von den Kiemen in den Körper zurückfließenden (O_2-reichen) Blut. Der dabei stattfindende direkte Wärmeübertritt aus dem O_2-armen in das O_2-reiche Blut sorgt dafür, daß die Wärme im Körper verbleibt und nicht in den Kiemen ans umgebende Medium verlorengeht. Durch die gegenüber dem Wasser um ca.

10 °C höhere Temperatur in der Muskulatur wird die Leistungsfähigkeit um etwa den Faktor 3 erhöht. Auch die Temperatur des Gehirns, der Retina sowie des Darms wird auf dem hohen Niveau gehalten, verbunden mit einer Leistungssteigerung.

4.6.3. Thermoregulation bei Homoiothermen

Unter den Homoiothermen gibt es neben Vertretern mit guter auch solche mit mangelhafter Thermoregulation (Abb. 4.66.). Während die Körpertemperatur der Vögel und höheren Säugetiere in Ruhe in der Regel nur um 1–2 °C schwankt, treten bei den Monotremen und Marsupialiern Schwankungen bis über 10 °C auf. Am exaktesten wird die Körpertemperatur von den Carnivoren, Equiden und dem Menschen konstant gehalten. Die Winterschläfer unter den Säugetieren regulieren schlechter als die Nicht-Winterschläfer. Die Fledermäuse können nur noch bedingt zu den homoiothermen Tieren gerechnet werden. Viele Vögel und Säugetiere, die sog. **Nesthocker,** die nackt und hilflos zur Welt kommen, sind zunächst nach der Geburt bzw. dem Schlüpfen noch poikilotherm (Maus, Ratte, Taube, Zaunkönig u. a., Abb. 4.66.) oder sehr unvollkommen homoiotherm (Hund, Mensch) und erwerben ihre Homoiothermie erst im Verlauf der ersten 10–15 Lebenstage. Hühner, Meerschweinchen, Kälber und Lämmer besitzen dagegen sofort eine gut ausgeprägte Fähigkeit zur Thermoregulation. Es sind die sog. **Nestflüchter,** die mit einem gut entwickelten Feder- bzw. Haarkleid zur Welt kommen.

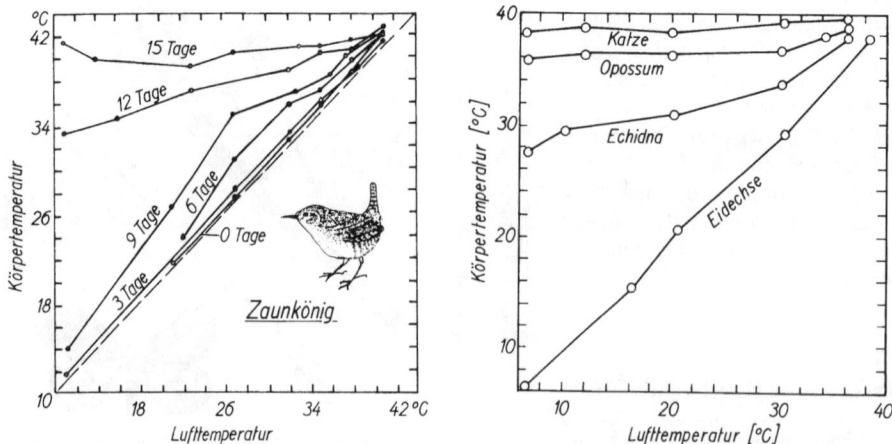

Abb. 4.66. Links: Körpertemperatur des Zaunkönigs *(Troglodytes troglodytes)* in Abhängigkeit von der Lufttemperatur in den ersten 15 Lebenstagen. Es ist der allmähliche Übergang von der Poikilothermie am Tage des Schlüpfens bis zur Homoiothermie zu erkennen. Nach KENDEIGH 1939. – Rechts: Körpertemperatur in Abhängigkeit von der Außentemperatur (nach 2stündigem Aufenthalt) bei einer Eidechse (poikilotherm) sowie einem monotremen *(Echidna* = Ameisenigel, Kloakentier), einem marsupialen *(Opossum,* Beuteltier) und einem plazentaren Säugetier (Katze). Nach MARTIN aus RICHARDS 1973.

„Sollwerterhöhungen" durch
2. körperliche Anstrengungen
(„Arbeitsfieber")
1. psychische Anspannungen
(„Lampenfieber")
3. fiebererzeugende Stoffe
(Pyrogene)

Formatio reticularis

Motoneurone

Erwärmungszentr. (hint. Kerngebiete)

Vasokonstriktoren

endokrine Organe (Thyroxin) (Insulin)

Vasodilatatoren

Kühlzentrum (vord. Kerngebiete)

Hypothalamus (Regelglied)

afferente Nerven

afferente Nerven

Skelett- muskulatur

Leber u. andere innere Organe

Blutgefäße der Haut

Schweiß- drüsen

(Stellglieder)

(Meßglieder)

Thermo- rezeptoren Hypothalamus ?

Wärme- rezeptoren (Haut)

Kälte- rezeptoren (Haut)

Steuerung der 1. durch mecha- nische Aktivität (Tonus, Zittern)

Wärmebildung 2. durch Stoffwechsel- erhöhung

Steuerung des konvektiven Widerstandes der Körper- schale

Steuerung der Wärmeabsorption der Körper- oberfläche

Bluttemperatur

Hauttemperatur

Hauttemperatur

„Störgrößen- aufschaltung"

(Regelstrecke) Körperschale Körperkern

⊕ ⊕ ⊖

körperliche Arbeit

Außentemperatur Erhöhung Erniedrigung

Störgrößen

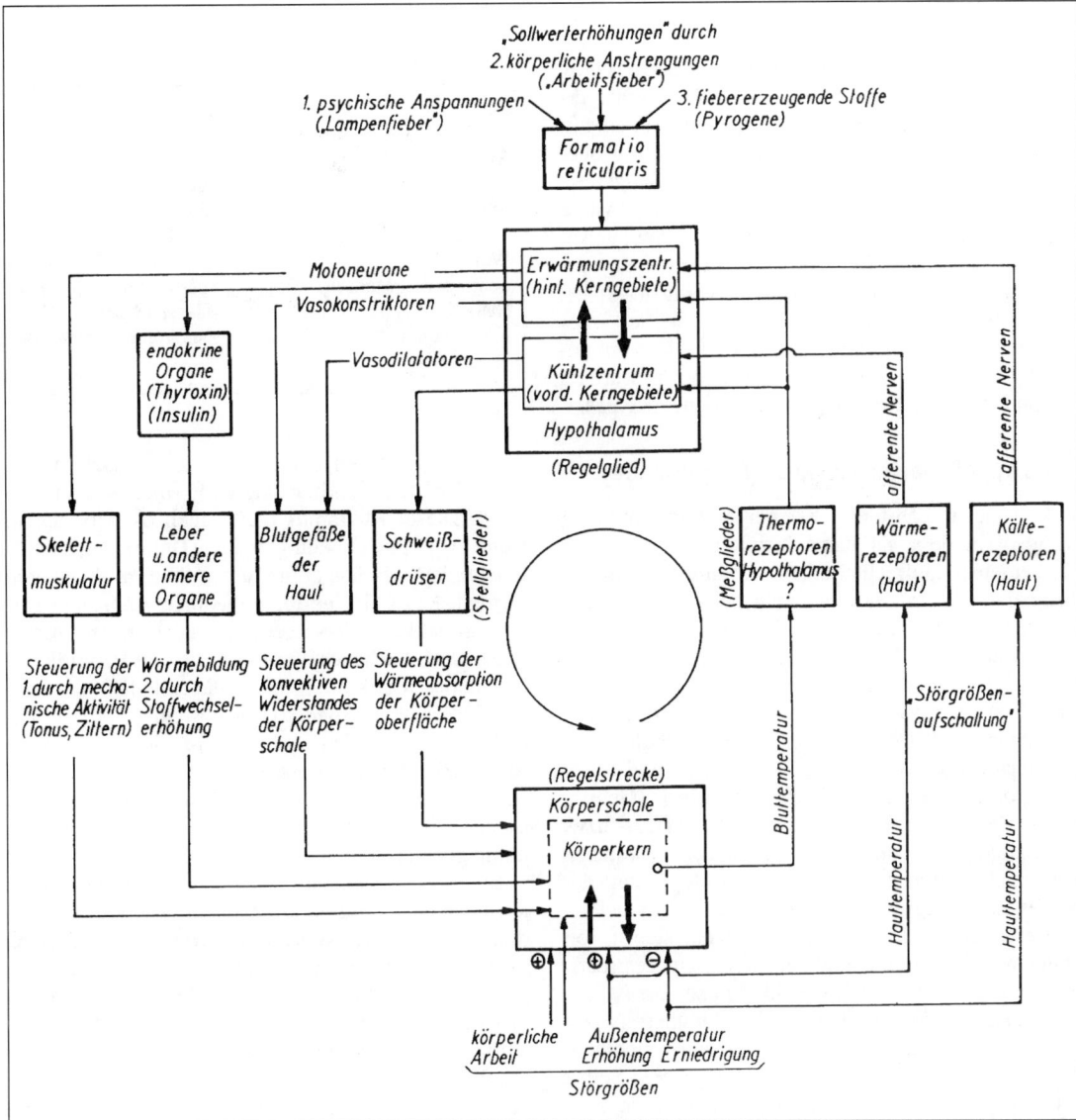

Abb. 4.67. Schema (vereinfacht) des Regelkreises zur Aufrechterhaltung der Körpertemperatur (Thermoregulation) beim Menschen. Nähere Erläuterungen im Text. Bei gleichwarmen Tieren ohne Schweißdrüsen tritt die Atemmuskulatur als neues Stellglied auf: Hecheln (thermische Polypnoe) bei zu hohem Istwert der Körpertemperatur.

Die Thermoregulation ist – technisch gesehen – eine Halteregelung (Abb. 4.67.). Es soll die **Regelgröße** (Körpertemperatur im Kerngebiet) auf einem bestimmten Sollwert gehalten werden. Dazu ist es notwendig, daß entsprechende **Meßglieder** (Fühler) vorhanden sind, die die Regelgröße laufend kontrollieren und etwaige Abweichungen vom Sollwert registrieren und weitermelden. Diese Meldungen müssen anschließend an „höherer Stelle" ausgewertet und daraufhin Gegenmaßnahmen eingeleitet werden, durch die die Temperatur wieder zum Sollwert zurückgeführt wird. Die Gegenmaßnahmen erfolgen über das sog. **Stellglied.** Die in Frage kommenden Stellglieder können entweder in der Peripherie des Tieres liegen und die **Wärmeabgabe** regulieren oder zentral die **Wärmeproduktion** steuern. Diese „inneren" Regelmechanismen zur Aufrechterhaltung der Körpertemperatur werden oft durch zweckmäßige Verhaltensweisen des ganzen Tieres ergänzt. Es sei z. B. an das Aufsuchen von Suhlen und schattigen Orten in der Hitze und an das Zusammenkauern und Aufsuchen windgeschützter Orte bei Kälte erinnert.

Kleinere Tiere sind gegenüber den größeren im Hinblick auf ihre Homoiothermie stark im Nachteil. Sie können sich wegen ihrer zur Körpermasse relativ großen Oberfläche weder gegen zu große Wärmeverluste in kalter Umgebung noch gegen Überhitzung in warmer so gut schützen wie ihre verwandten größeren Formen. Deshalb beantworten kleine Säugetiere in viel stärkerem Maße als größere ungünstige Außentemperaturen mit Fluchtverhalten. Sie suchen ihr Nest oder ihre Höhle auf. Wenn ein Säugetier nicht nur klein, sondern auch noch völlig nackt ist, wie der **Nacktmull** *(Heterocephalus glaber),* so ist es nicht verwunderlich, daß er absolut poikilotherm geworden ist. Er verbringt sein ganzes Leben in warmen Erdgängen der heißen, trockenen Regionen Kenias.

Tabelle 4.13. Rektaltemperaturen einiger Säugetiere und Vögel.

Säugetier	°C	Vogel	°C
Koala (Beutelbär)	35,2– 36,4	Strauß	37,4
		Königspinguin	37,7
Spitzmaus	35,7	Kiwi *(Apteryx)*	39,0
Elefant	36,2	Möwe	40,8
Wal	36,5	Haushuhn	41,0
Schimpanse, Mensch	37,0	Sperber	41,2
Ratte	38,1	Haussperling	41,5
Katze, Hund	38,6	Zaunkönig	41,8
Kaninchen	39,4		

4.6.3.1. Körpertemperatur (Regelgröße)

Eine nahezu konstante **Körpertemperatur** wird lediglich in dem als **Kern** bezeichneten zentralen Körpergebiet aufrechterhalten, während sich die Temperatur in der „**Schale**" mehr oder weniger stark mit den inneren und äußeren Temperaturverhältnissen ändert. Zum Kern gehören das Zentralnervensystem, die Eingeweide (Niere, Leber, Herz, Darm usw.) sowie ein variabler Anteil der Skelettmuskulatur. In ihm sind also diejenigen Organe enthalten, die im ruhenden Körper die höchste Aktivität und damit die größte Wärmeproduktion innehaben (Gehirn, Niere, Herz usw.). Zur Schale gehört das Haar- bzw. Federkleid, die Haut einschließlich der subkutanen Fettschichten und ebenfalls ein variabler Anteil der Skelettmuskulatur. Die Grenze zwischen den beiden Gebieten läßt sich nicht scharf ziehen, sie ist von äußeren Temperaturbedingungen abhängig. Je niedriger die Raum- und damit die Hauttemperatur ist, desto dicker der Schalenmantel, der der thermischen Isolierung des Kerns dient. Man kann somit nicht von einer Körpertemperatur schlechthin sprechen. Selbst im Kerngebiet herrschen gewisse Differenzen zwischen den einzelnen Organen. Die höchsten Temperaturen weist in der Regel die Leber auf. Die im Rektum bzw. in der Kloake gemessene Temperatur kann als Maß der Innentemperatur angesehen werden (Tab. 4.13.). Sie liegt bei den Vögeln im Durchschnitt um einige Grade höher als bei den Säugetieren. Innerhalb der Klasse der Aves sind es die Flugvögel, die sich gegenüber den Lauf- und Wasservögeln im allgemeinen durch höhere Temperaturwerte auszeichnen. Relativ niedrige Körpertemperaturen (zwischen 34 und 36,6 °C) besitzen die Beuteltiere (Marsupialier). Eine Beziehung zur Körpergröße – wie etwa bei der Stoffwechselintensität – ist nicht deutlich zu erkennen.

Der normale Verlauf der Temperaturkurve zeigt sowohl bei den Säugetieren als auch bei den Vögeln **tagesperiodische Schwankungen.** Bei den am Tage aktiven Arten liegt das Temperaturmaximum zwischen 12 und 15 Uhr (Vögel) bzw. zwischen 18 und 21 Uhr (Säugetiere). Das Minimum liegt nach Mitternacht. Bei den nächtlich aktiven Formen ist es umgekehrt. Dieser Rhythmus bleibt auch dann bestehen, wenn alle Außenbedingungen (Temperatur, Luftfeuchtigkeit, Beleuchtung usw.) konstant gehalten werden. Er ist also **endogen** bedingt. Allerdings tritt eine allmähliche Verschiebung gegenüber dem natürlichen Tag-Nacht-Rhythmus ein, da die Periodik der endogenen Rhythmik in den meisten Fällen nicht genau 24 h beträgt, sondern etwas weniger oder etwas mehr. Im normalen Leben wird diese endogene Rhythmik durch tagesperiodisch wirkende Reize (Licht, Temperatur usw.), durch die sog. Zeitgeber, immer wieder mit der Erddrehung in Übereinstimmung gebracht.

Eine Reihe hechelnder Tiere, wie z. B. die Gazellen und andere **Ungulaten,** kann ihr besonders temperaturempfindliches **Gehirn** selektiv auf um 2–3 °C niedrigere Temperaturen halten, wie sie sonst im Körperkern herrschen, wenn etwa infolge starker, langandauernder Muskelaktivität während der Flucht die Körpertemperatur generell ansteigt. Das ist dadurch möglich, daß die das Gehirn versorgenden äußeren Carotiden (die inneren fehlen bei den Ungulaten) an der Gehirnbasis in Hunderte dünner, parallel angeordneter Arterien aufspalten („**rete mirabile**")[1]) (Abb. 4.68.), um sich anschließend vor Eintritt ins Gehirn wieder zu vereinigen. Dieses „Wundernetz" liegt in der Nachbarschaft eines großen Blutsinus, der mit in der Nasenhöhlenwand abgekühltem Blut versorgt wird. So wird das arterielle Blut auf seinem Wege zum Gehirn in diesem „Wundernetz" abgekühlt, wobei das venöse Blut im Sinus selbst erwärmt wird. Eine ähnlich selektive Kühlung des Blutes ist bei Schafen beobachtet worden. Bei der kleinen ostafrikanischen Thomson-Gazelle *(Gazella thomsoni)* mit einem Körpergewicht von 15–20 kg steigt die Bluttemperatur innerhalb von 5 min von 39 auf 44 °C an, wenn sie mit einer Geschwindigkeit von 40 km · h^{-1} läuft. In der gleichen Zeit erreicht die Temperatur im

---

[1]) rete (lat.) = das Netz; mirabilis (lat.) = wunderbar.

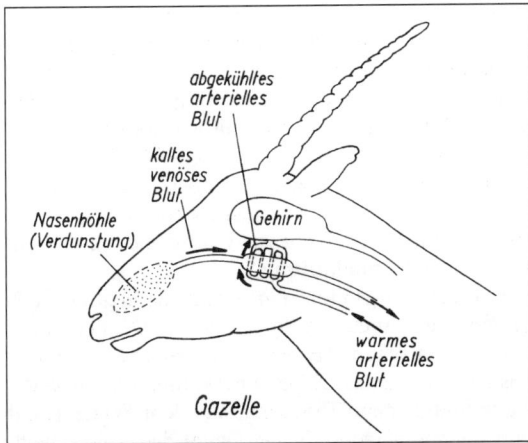

Abb. 4.68. Schema zur Veranschaulichung des Abkühlmechanismus für das das Gehirn der Gazelle versorgende arterielle Blut. Nach Taylor 1972.

Gehirn dank des geschilderten Mechanismus nicht einmal 41 °C. Auch die Wüstenechse *Sauromalus obesus* kann übrigens die Temperatur im Gehirn niedriger halten als im restlichen Körper. Dort verläuft die Carotide dicht unter der Oberfläche des Pharynx, wo eine Abkühlung des Blutes durch Verdunstung (Hecheln) herbeigeführt wird.

4.6.3.2. Meßglieder der Thermoregulation

Eine wichtige Meßstelle liegt, wie viele Versuche an Säugetieren übereinstimmend gezeigt haben, im Gebiet des vorderen **Hypothalamus** im Zwischenhirn. Lokale Erwärmung dieses Gebiets führt zur Steigerung der Hautdurchblutung, zum Hecheln und bei Tieren, die schwitzen können, zur Schweißsekretion. Sie führt also zu allen Maßnahmen, die einer Überhöhung der Körpertemperatur entgegenwirken. Das Gebiet bezeichnet man deshalb als **Kühlzentrum,** es umfaßt die Region des Nucleus supraopticus und paraventricularis. Andererseits konnte durch lokale Kühlung des vorderen Hypothalamus-Abschnitts und der Area praeoptica bei Ratten heftiges Zittern hervorgerufen werden. Die Rektaltemperatur stieg dabei um 3 °C an. Bei Ziegen tritt unter gleichen Bedingungen ebenfalls eine Steigerung der Körpertemperatur ein, die jedoch nicht durch Zittern, sondern durch allgemeine Steigerung des Stoffwechsels infolge erhöhter Aktivität der Schilddrüse und des Nebennierenmarks herbeigeführt wird. Auch für die Vögel ist im Hypothalamus und in der Area praeoptica ein Zentrum der Thermoregulation nachgewiesen.

Eine zweite Meßstelle ist die gesamte **Körperoberfläche.** Dort befinden sich unterhalb der Oberhaut feine Nervenorgane (Thermorezeptoren), die

entweder auf kältere Temperaturen (**Kaltrezeptoren**) oder auf wärmere (**Warmrezeptoren**) ansprechen (5.3.1.). Während die Erregung der Kaltrezeptoren reflektorisch Maßnahmen zur Steigerung der Wärmeproduktion und Einschränkung der Wärmeabgabe auslöst, ist es bei der Erregung der Warmrezeptoren umgekehrt.

Wie weit neben den hypothalamischen und peripheren thermosensiblen Strukturen noch andere Thermorezeptoren als Meßglieder für die Thermoregulation von Bedeutung sind, ist noch umstritten. Sicher ist die Existenz zusätzlicher Meßglieder im Rückenmark der Säugetiere und Vögel, also außerhalb des hypothalamischen Regelzentrums. Beim Pinguin fehlen offenbar im Hypothalamus Meßglieder, die bei Abfall der Körpertemperatur unter den Normalwert in thermoregulatorischem Sinne aktiv werden.

Regeltechnisch stellt die Funktion der Thermorezeptoren in der Haut eine **Störgrößenaufschaltung** dar, denn diese Meßglieder kontrollieren nicht direkt die Regelgröße (Kerntemperatur), sondern die Störgrößen. Durch sie ist es möglich, bereits Gegenmaßnahmen auszulösen, bevor die aufgetretene Störgröße (Änderung der Außentemperatur) eine Änderung der Kerntemperatur, d. h. eine Regelabweichung, hervorrufen konnte. Die thermoregulatorischen Zentren erhalten somit Informationen sowohl über die Temperaturen an der Körperoberfläche als auch über die im Körperkern. Entsprechen sich beide Informationen, so können sie zusammen eine höhere Gesamtregelung der Zentren hervorrufen als einzeln, widersprechen sie sich, so können sie sich gegenseitig auslöschen. So kann z. B. die durch erhöhte Kerntemperatur hervorgerufene Polypnoe durch Kühlung der Haut wieder vermindert werden. Für die Steigerung der Wärmeverluste (bessere Durchblutung der Haut, Schweißsekretion, Polypnoe) scheinen die zentralen Informationen, für die Steigerung der Wärmeproduktion und -isolation (Muskelaktivität, Einschränkung der Hautdurchblutung usw.) dagegen die peripheren von größerer Bedeutung zu sein.

4.6.3.3. Regulierung der Wärmeproduktion (chemische Regulation)

Jeder Energieumsatz im Organismus ist unvermeidlich mit der Produktion einer gewissen Wärmemenge verbunden. Da bereits zur bloßen Erhaltung des lebenden Zustandes ständig ein bestimmter Energieumsatz notwendig ist, ist die Wärmeproduktion im Organismus auch niemals Null. Untersuchungen an zahlreichen Säugetieren und Vögeln haben übereinstimmend ergeben, daß in einem für die betreffende Tierart charakteristischen Temperaturbereich die Wärmeproduktion ein deutliches Minimum hat (Abb. 4.69.). Diese sog. **Zone der thermischen Neutralität** kann sehr verschieden breit sein. Besonders ausgedehnt ist sie bei den arktischen Vertretern. So reicht sie z. B. beim Eisfuchs von +30 °C bis −40 °C, beim Eisbär

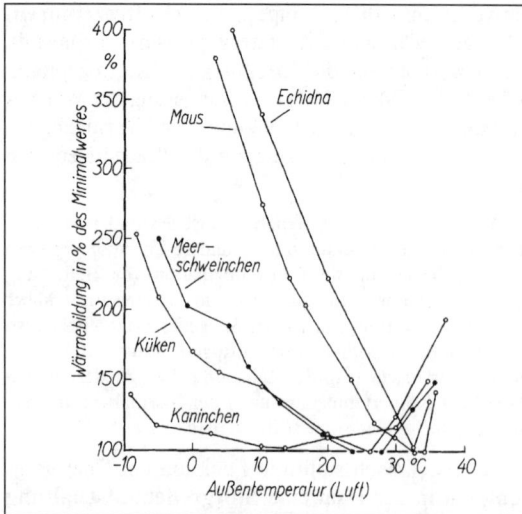

Abb. 4.69. Die Wärmeproduktion in Abhängigkeit von der Lufttemperatur bei einigen homoiothermen Tieren.

dehnt sie sich sogar bis unter –50 °C aus. Bei den kleinen Singvögeln (Sperling, Fink) umfaßt der Bereich dagegen nur 1 °C (37–38 °C), bei der Ratte und Maus 2 °C. Sinkt die Außentemperatur unter die untere Grenze der thermoneutralen Zone ab, so steigt die Wärmebildung um so steiler an je kleiner das Tier und je schlechter die Wärmeisolation durch die Körperschale ist. Das bedeutet also, daß der Eisbär erst bei Außentemperaturen unterhalb von –50 °C seinen Stoffwechsel erhöht, während der tropische Waschbär bereits unterhalb von +25 °C damit beginnt. Auch bei Erhöhung der Außentemperatur über die obere Grenze der thermoneutralen Zone hinaus steigt die Wärmeproduktion an.

Während die Steigerung der Wärmeproduktion beim Absinken der Außentemperatur eine sinnvolle Maßnahme des Tieres ist, der Gefahr der Abkühlung des Körperkerns entgegenzuwirken, ist die erhöhte Wärmebildung bei steigender Temperatur eine unerwünschte Erscheinung. Sicher ist, daß die aktive Steigerung der Wärmeproduktion unterhalb der thermoneutralen Zone hauptsächlich in der Skelettmuskulatur erfolgt. Dabei ist es nicht notwendig, daß äußerlich sichtbare Bewegungen ablaufen. Es genügt bereits die **Steigerung des Muskeltonus** (6.1.1.6.), die an Hand der Zunahme der Muskel-Aktionspotentiale nachgewiesen werden kann, um den Stoffwechsel und damit die Wärmeproduktion des betreffenden Muskels anwachsen zu lassen. Erst bei stärkerem Temperaturabfall in der Außenwelt werden reflektorisch Muskelbewegungen **(Zittern)** ausgelöst. Hauptquelle der Wärmebildung durch Zittern ist bei der Taube der gewaltige Brustmuskel (M. pectoralis). Bei vielen Säugetieren und Vögeln – insbesondere bei

kleineren Formen – tritt unter Kältebedingungen zusätzlich ein gesteigerter Bewegungsdrang auf. Eine Thermogenese ohne gleichzeitige Aktivierung der Muskeltätigkeit wird von den Hormonen der **Schilddrüse** (Thyroxin, Trijodthyronin) gesteuert. Sie aktivieren die $Na^\oplus/K^\oplus$-ATPase in den Membranen der wärmeerzeugenden Gewebe (Leber, Skelettmuskel, Niere), wodurch es zur vermehrten Spaltung von ATP in ADP und P_i und damit zur Wärmebildung kommt: **zitterfreie Wärmebildung.**

Bei den Säugetieren findet man das **braune Fettgewebe,** dessen einzige Funktion die Wärmeproduktion zu sein scheint. Es spielt 1. während des frühen postnatalen Lebens, 2. bei der Akklimatisation an die Kälte und 3. beim Erwachen aus dem Winterschlaf (4.6.4.) eine wichtige Rolle. Damit die in ihm metabolisch erzeugte Wärme mit hoher Effektivität an den Organen wirksam werden kann, die für das Überleben von vorrangiger Bedeutung sind (Herz, Gehirn), umgibt es das betreffende Organ (z. B. Herz) oder liegt im Blutstrom vor dem Organ. Die Zellen besitzen sehr viele runde Mitochondrien, die während der Kälteakklimatisation mit Fetttröpfchen umgeben werden. Die oxidative Phosphorylierung ist in ihnen weitgehend „entkoppelt" (1.4.3.), d. h., die beim Abbau der Fettsäuren freigesetzte Energie wird nicht ins ATP überführt, sondern vornehmlich als Wärme frei.

4.6.3.4. Regulierung der Wärmeabgabe (physikalische Regulation)

Die Wärmeleitfähigkeit in den tierischen Geweben ist nicht groß. Trotzdem kommt es im Körperkern niemals zu größeren Temperaturdifferenzen, weil das zirkulierende Blut für einen ständigen Temperaturausgleich sorgt. Man bezeichnet einen Wärmetransport, der zusammen mit dem die Wärme tragenden Körper (Wasser, Luft, Blut usw.) erfolgt, als **Konvektion.** Demgegenüber ist die Wärmeleitung oder **Konduktion** ein Vorgang, bei dem nur die Wärmeenergie von einem wärmeren Körper auf einen kälteren übergeht, die Körper selbst aber ihre Lage nicht verändern. Ebenfalls vorwiegend konvektiv mit dem Blutstrom gelangt Wärme aus dem Kerngebiet in die Körperschale. Das Tier verfügt über verschiedene Möglichkeiten, die Wärmeabgabe an die Körperoberfläche den jeweiligen Bedürfnissen anzupassen, es kann sie einschränken oder auch verstärken. Grundsätzlich kann die Wärmeabgabe auf dreierlei Weise erfolgen:

1. durch Leitung und Konvektion,
2. durch Strahlung und
3. durch Verdunstung.

Die Wärmeabgabe durch **Leitung (Konduktion)** ist proportional der Temperaturdifferenz zwischen beiden Körpern. Der Wärmeverlust durch Leitung (Q_L) wird pro s um so größer sein, je wärmer die Haut und je kälter die Umgebung und je größer die Kontaktfläche A zwischen beiden Körpern ist

$$Q_L = A \cdot \lambda(T_H - T_U)$$

λ = Wärmeleitzahl [cal · cm^{-1} · s^{-1} · grad^{-1}]
T_H; T_U = Haut- bzw. Umgebungstemperatur.

Die abgegebene Wärme wird schnell die der Haut unmittelbar anliegende Luftschicht erwärmen, da die Luft eine relativ niedrige spezifische Wärme (0,24 bei 18 °C) und außerdem ein schlechtes Wärmeleitvermögen hat. Damit würde die Wärmeabgabe der Haut klein bleiben, wenn nicht durch Luftbewegungen die angewärmte Luft ständig fortgetragen und durch frische ersetzt werden würde (**konvektiver Wärmetransport**). Das **Haar-** bzw. **Federkleid** dient dazu, eine ruhende Luftschicht über der Haut zu erzeugen (Abb. 4.70.). Es ist ein sehr wirksamer Wärmeschutz. Die Pelzdicke ist bei tropischen Säugetieren wesentlich kleiner als bei arktischen (Eisfuchs: 4,9 cm, Marder 2,5 cm, Eichhörnchen 1,4 cm). Durch Sträuben der Haare bzw. Aufplustern des Gefieders kann die Dicke der Isolationsschicht in Grenzen vom Tier variiert werden. Die Säugetiere unserer Breiten passen sich der kalten Jahreszeit dadurch an, daß sie den kurz- und dünnhaarigen Sommerpelz gegen einen Winterpelz austauschen. Demselben Zweck dient die Mauser unserer Vögel.

Anders liegen die **Bedingungen im Wasser.** Ein durchfeuchtetes Haar- bzw. Federkleid hat keine wärmeisolierende Wirkung mehr. Hinzu kommt, daß das Wasser ein im Vergleich zur Luft 25fach größeres Wärmeleitvermögen hat. Viele Schwimmvögel (Enten, Möwen u. a.) fetten ihre Deckfedern mit dem Sekret ihrer Bürzeldrüse (Glandula uropygialis) ständig so intensiv ein, daß auch unter Wasser der wärmeisolierende Luftmantel im Gefieder bestehen bleibt. Die Säugetiere und der Pinguin verlegen dagegen die Isolationsschicht in die Haut. Sie besitzen eine dicke **subkutane Fettschicht,** die bei den Robben zusammen mit der Haut 50% des Körpergewichts ausmachen kann. Die Wärmeisolation ist so gut, daß z. B. die Bartrobbe (*Erignathus barbatus*) oder das Walroß (*Odobenus rosmarus*) stundenlang auf treibenden Packeisschollen liegen können, ohne das Eis unter ihnen zum Schmelzen zu bringen.

Die Wärmeübertragung von einem Körper zum anderen durch **Strahlung** erfolgt im Gegensatz zur Wärmeleitung und Konvektion auch dann, wenn keine materielle Verbindung zwischen den Körpern vorliegt, d. h., wenn sich zwischen ihnen ein evakuierter Raum befindet. Die Wärmestrahlung besteht – wie das Licht – aus elektromagnetischen Wellen. Die von einer Fläche A pro s ausgestrahlte Wärmemenge ist proportional der vierten Potenz der Temperatur des Körpers. Sie ist unabhängig von der Temperatur der Umgebung

$$Q_{St} = A \cdot \sigma \cdot \varepsilon \cdot T^4$$

Stefan Boltzmannsches Gesetz

$\sigma = 5{,}769 \cdot 10^{-12}$ J · cm^{-2} · s^{-1} · grad^{-4}, Strahlungskonstante.

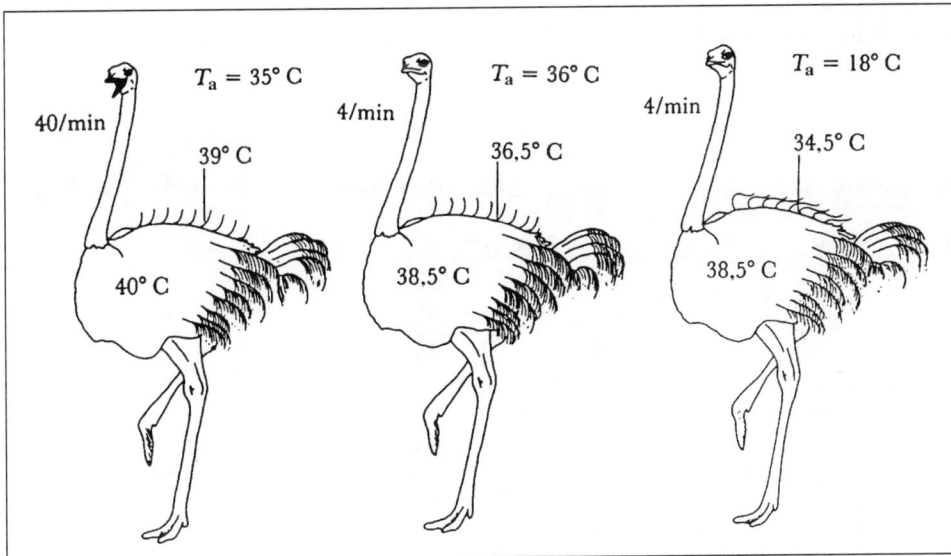

Abb. 4.70. Thermoregulation beim Strauß (*Struthio camelus*). Bei Windstille und hohen Außentemperaturen (T_a = 35 °C) werden die Federn hochgestellt und der Vogel hechelt (40/min). Bei Wind genügt die Aufstellung der Federn zur Wärmeabführung (Bild Mitte: Atemfrequenz 4/min). Bei niedrigen Außentemperaturen (T_a = 18 °C) wird das Gefieder zur Isolation geglättet. Nach Louw et al. 1969.

ε ist die Emmissionszahl, sie ist 1 bei den unter sonst gleichen Bedingungen am stärksten strahlenden schwarzen Körpern. Bei der tief im Infrarot ($\alpha = 3$–60 μm) liegenden Wärmestrahlung der Tiere ist sie – unabhängig von der Färbung – für die bloße Haut, für Federn und Haare fast 1 ($> 0,9$). A entspricht nicht der gesamten Körperoberfläche des Tieres, sondern ist kleiner, denn die sich berührenden Hautoberflächen können nicht strahlen. So hat das Tier in gewissen Grenzen durch Zusammenkauern die Möglichkeit, A zu verändern. Durch das Haar- bzw. Federkleid wird bereits der größte Teil der Wärmestrahlung der Haut wieder absorbiert. Die Wärmeabstrahlung von der Fell- bzw. Gefiederoberfläche ist in der Regel wegen ihrer niedrigen Temperatur gering. – Die Tiere geben nicht nur Wärme durch Strahlung ab, ebenso wichtig ist, daß sie auch Wärmestrahlen von anderen Körpern (z. B. Sonne) absorbieren. Die durch Strahlung empfangene Wärmemenge kann die abgestrahlte übertreffen.

Die **Verdunstung** von Wasser auf der Haut ist ein wirksames Mittel zum Wärmeentzug, weil die Verdampfungswärme des Wassers hoch ist. Für die Verdampfung eines Gramms sind 2,4 kJ notwendig. Der Wärmeverlust durch Verdunstung Q_v ist proportional der zur Verfügung stehenden Fläche A und der Differenz des Wasserdampfdruckes an der Hautoberfläche (p_0) und in der Luft (p_l).

$$Q_v = A \cdot \beta \, (p_0 - p_l) \qquad [\text{J} \cdot \text{cm}^{-2} \cdot \text{s}^{-1} \cdot \text{Torr}^{-1}]$$

β = Verdunstungszahl

Auch in wasserdampfgesättigte Luft hinein kann also noch Wasser verdunstet werden, wenn die Hauttemperatur – etwa durch intensivere Durchblutung (s. u.) – höher ist als die der Umgebung.

Zahl und Funktion der **Schweißdrüsen** sind bei den verschiedenen Arten sehr unterschiedlich. Während bei den Equiden (Pferd, Esel) eine ebenso leistungsfähige Schweißproduktion wie beim Menschen vorliegt, ist sie beim Rind, Schaf und bei der Ziege schon nicht mehr so wirksam. Die Schweißsekretion beim Hund wird nur bei lokaler Erwärmung der Haut über 38,5 °C ausgelöst, nicht aber bei Erhöhung der Kerntemperatur.

Den Monotremen, vielen Nagetieren (Maus, Ratte), dem Kaninchen und anderen Säugetieren sowie den Vögeln fehlen Schweißdrüsen. Bei diesen Tieren und bei denjenigen mit schwacher Schweißsekretion (Hund, Schaf, Schwein usw.) spielt die **Wasserdampfabgabe mit der Atemluft** eine große Rolle. Sie zeigen im Gegensatz zum Menschen und zu den Equiden in heißer Umgebung eine starke Steigerung ihrer Atemfrequenz bei gleichzeitiger Verminderung der Atemtiefe (Polypnoe). Dieses **Hecheln** bei geöffnetem Maul und lang heraushängender Zunge ist besonders beim Hund bekannt, der seine Atemfrequenz bis auf 400 steigern kann (Abb. 4.71.). Dabei kann das ventilierte Luftvolumen von 2 bis auf 75 l/min ansteigen. Während der Hund und auch die Katze und das Kaninchen bereits bei Erhöhung der Umgebungstemperatur mit dem Hecheln beginnen, steigern die Vögel, Marsupialier, das Schaf u. a. ihre Atemfrequenz erst, wenn die Kerntemperatur zunimmt. Schwitzen und Hecheln zeigen in gewissem Grade eine Komplementarität, d. h., Tiere mit geringerer Fähigkeit zum Schwitzen hecheln im allgemeinen um so intensiver und umgekehrt. Im Sinne abnehmender Bedeutung des Schwitzens bzw. zunehmender Bedeutung des Hechelns gilt folgende Reihenfolge:

Mensch > Pferd, Kamel > Rind > Schaf, Ziege > Schwein > Hund, Katze > Vogel

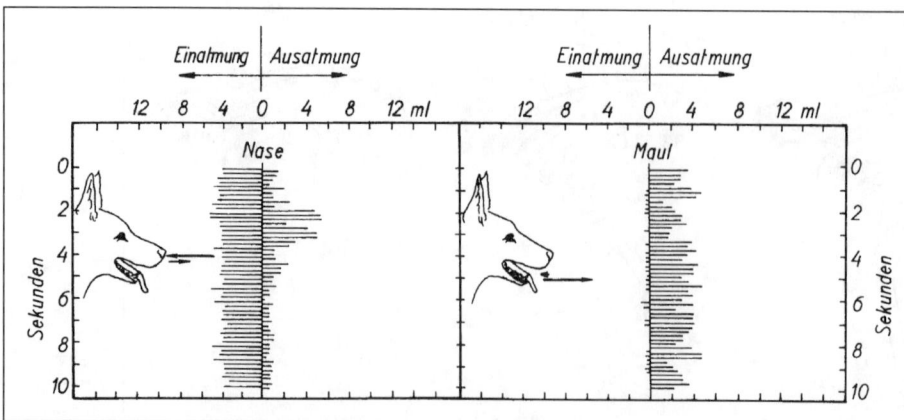

Abb. 4.71. Der Luftstrom durch die Nase (links) bzw. das Maul (rechts) bei einem hechelnden Hund. Die Einatmung erfolgt zum überwiegenden Teil durch die Nase, die Ausatmung durch das Maul. Die im Mittel bei In- und Exspiration durch Nase bzw. Maul bewegten Luftvolumina sind durch die kleinen Pfeile vor dem Hundekopf symbolisiert. Aus Schmidt-Nielsen 1975.

Die mit der Atemluft infolge ihrer Erwärmung und durch Verdunstung von Wasser an der Lungen-, Nasen- bzw. Mund- und Zungenoberfläche abgeführte Wärmemenge ist beträchtlich. Allerdings muß man berücksichtigen, daß durch die erhöhte Atemarbeit beim Hecheln auch die Wärmeproduktion ansteigt, wodurch der thermoregulatorische Wirkungsgrad des Hechelns vermindert wird.

Sowohl die Wärmeabgabe durch Leitung als auch durch Strahlung oder Verdunstung ist – wie gezeigt wurde – von der Hauttemperatur abhängig. Das Tier hätte also in der aktiven Veränderung der Hauttemperatur durch Drosselung bzw. Steigerung der **Durchblutung** eine weitere Möglichkeit, seine Wärmeverluste steuernd zu beeinflussen. Eine stärkere Durchblutung würde jedoch nur an den nackten oder schwach behaarten Hautstellen, wo eine wärmeisolierende Schicht fehlt, zu einer nennenswerten Steigerung der Wärmeabgabe führen. Beim Menschen spielt sie deshalb eine relativ große, bei den restlichen Säugetieren dagegen eine untergeordnete (Ohren der Hasen und Kaninchen, Flughaut der Fledermäuse,

Zunge des Hundes) und bei den Vögeln gar keine Rolle bei der Thermoregulation.

Die **Körperanhänge,** die in der Regel gut durchblutet werden, bringen mit ihrer relativ großen Oberfläche das Tier bei niedrigen Außentemperaturen in die Gefahr eines zu großen **Wärmeverlustes.** Dieser Gefahr wird in vielen Fällen durch die Ausbildung eines „**Gegenstrom-Wärmeaustauschers"** begegnet. In ihm verlaufen die Arterien, die in die Körperanhänge hineinziehen, und die Venen, die aus ihnen zurückkehren, parallel und in engem Kontakt miteinander. Dadurch wird erreicht, daß das arterielle Blut auf dem Weg zur Peripherie stark abgekühlt wird, wobei es die Wärme an das in den Körperkern aus den Körperanhängen zurückfließende venöse Blut abgibt. So wird z. B. beim Delphin (Abb. 4.72.) die in die Flossen eintretende Arterie von zahlreichen kleineren Venen umstellt. Ein Gegenstrom-Wärmeaustauscher ist auch in den Extremitäten verschiedener Vögel und Säugetiere, die sich auf dem Eis oder im Schnee aufhalten, ausgebildet. Mit ihm wird ein ziemlich steiler

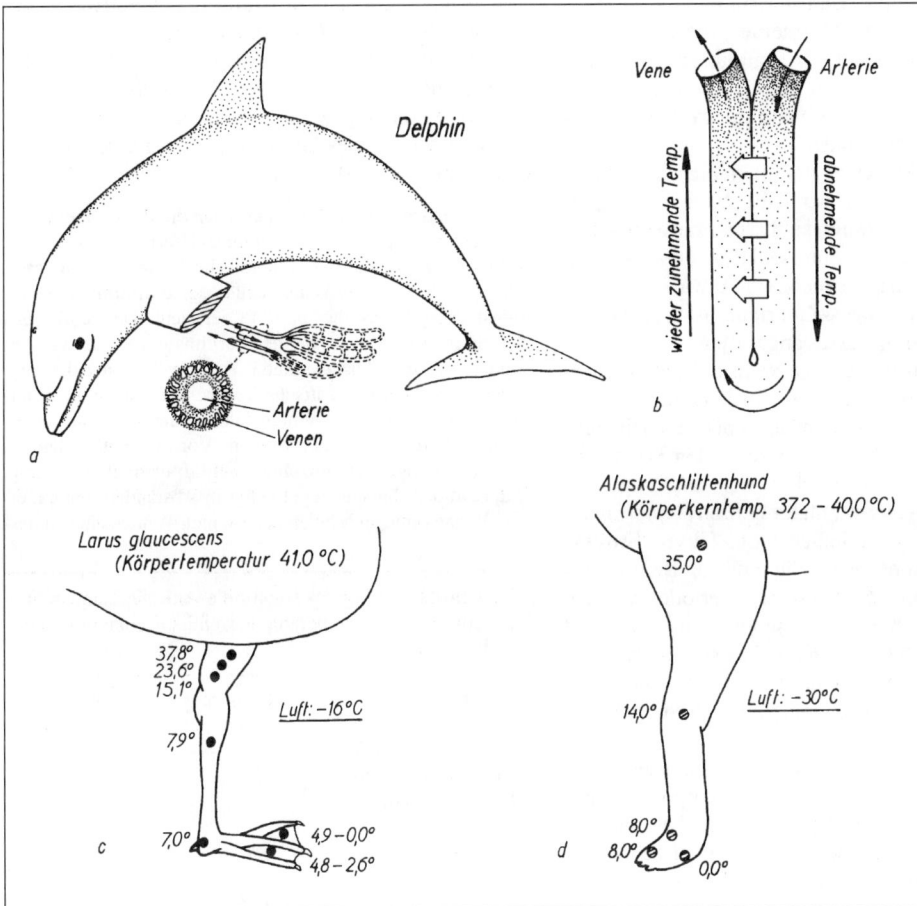

Abb. 4.72. Der Gegenstrom-Wärmeaustauscher in der Delphin-Flosse (a) und als Schema zur Veranschaulichung seines Wirkungsprinzips (b). Das Temperaturgefälle auf Grund eines solchen Gegenstrom-Wärmeaustauschers im Möwen- (c) und Hundebein (d) bei sehr niedrigen Außentemperaturen. Nach SCHMIDT-NIELSEN 1983; IRVING u. KROG 1955.

Temperaturabfall in den Extremitäten erzeugt. Die niedrigen Temperaturen an den Extremitäten-Spitzen verhindern dort einen allzu großen Wärmeverlust. Bei höheren Außentemperaturen kann durch Änderung der Durchblutung in der Extremität die Wärmeabgabe auch wieder beträchtlich ansteigen. So liegt z. B. der Anteil der Extremität an der Gesamtwärmeabgabe bei der Mantelmöwe *(Larus marinus)* bei Außentemperaturen von < 10 °C bei < 3%. Bei Außentemperaturen von 30 °C steigt dieser Wert auf 40% an.

4.6.4. Der Winterschlaf und verwandte Phänomene

Einige Säugetiere können die nahrungsarme Zeit des Winters dadurch überbrücken, daß sie in einen als Winterschlaf **(Hibernation)** bezeichneten Zustand der Lethargie verfallen. Zu den Winterschläfern gehören u. a. die Fledermäuse (Chiropteren) der gemäßigten und kalten Zonen, der Igel und eine Reihe von Nagetieren (Hamster, Goldhamster, Siebenschläfer, Haselmaus, Murmeltier, Ziesel u. a.). Es sind alles Vertreter niederer Warmblütergruppen, deren Wachtemperatur bereits relativ niedrig ist (gewöhnlich niedriger als 36 °C) und stark mit den äußeren Bedingungen schwankt.

Während des Winterschlafs sinkt die Körpertemperatur ab und paßt sich der Umgebungstemperatur an. Alle **Lebensfunktionen** sind **stark herabgesetzt.** So schlägt das Herz des winterschlafenden Ziesel und Igel nur noch mit der Frequenz von etwa 2–3 Schlägen pro Minute. Ihr Tages-Kalorienumsatz ist auf etwa $^1/_{50}$ des Sommerumsatzes abgefallen.

Auch die Atemfrequenz ist während des Winterschlafs stark herabgesetzt. Es werden lange Atempausen eingelegt (bei Fledermäusen bis zu einer Stunde!). Jede Pause wird mit einer schnellen Folge von Atemzügen abgeschlossen. Für tief und ungestört winterschlafende Gartenschläfer *(Eliomys quercinus)* ist ein solches Atemverhalten (sog. **Chyne-Stokes-Atmung)** charakteristisch. Während zu Beginn des Winterschlafs (Oktober) apnoische Perioden von ca. 10 min auftreten, nehmen diese im November und Dezember auf 30 bis 40 min zu. Das spontane Erwachen der Tiere (s. u.) macht sich zuerst (eine halbe Stunde bevor die Körpertemperatur zu steigen beginnt) durch eine kontinuierliche Atmung bemerkbar.

Bei den nordamerikanischen Fledermäusen geht die Zahl der roten und weißen Blutkörperchen um 30–50% zurück, gleichzeitig nimmt das Blutplasmavolumen ab. Während bei der nordamerikanischen Art *Myotis sodalis* die Milz als Blutdepot zu fungieren scheint, sind es bei der norwegischen Art *Myotis daubentoni* die großen Körpervenen. Während des Winterschlafs zehren die Tiere von ihrem vorher besonders unter die Haut und zwischen die Eingewei-

den gespeicherten Körperfett (RQ-Wert ≈ 0,7). So besteht z. B. der Körper der Fledermaus im Herbst zu 30% aus Fett. Der Gartenschläfer nimmt während des Winterschlafs im Durchschnitt pro Tag um 0,2% seines Ausgangsgewichts ab.

Der Winterschlaf tritt ein, wenn die Außentemperatur abnimmt und den sog. **kritischen Punkt** erreicht. Während der Winterschläfer – wie alle homoiothermen Tiere – zunächst bemüht ist, trotz fallender Temperaturen seine Körpertemperatur aufrechtzuerhalten, unterbleibt die Wärmeregulation bei Erreichen des kritischen Punktes. Die Folge ist, daß die Körpertemperatur absinkt. Das Charakteristische beim Winterschläfer ist, daß im Gegensatz zu den poikilothermen Tieren die Körpertemperatur nicht beliebig weit abfällt. Wird die sog. **Minimaltemperatur** erreicht, so setzen thermoregulatorische Maßnahmen ein, durch die die Körpertemperatur entweder auf dem Niveau der Minimaltemperatur gehalten wird oder wieder zunimmt, so daß das Tier aus seiner Lethargie erwacht. Es handelt sich beim Winterschlaf also nicht um eine Ausschaltung der Thermoregulation, sondern um eine **Verstellung des Sollwerts,** der jetzt im Bereich der Minimaltemperatur liegt. Der Winterschlaf ist eine besondere Zustandsform, die unter ständiger Kontrolle des ZNS steht. Am Ziesel *(Citellus)* konnte gezeigt werden, daß die elektrische Spontanaktivität des Großhirns während des Winterschlafs zwar um 90% erniedrigt ist, aber nie erlischt.

Sowohl der kritische Punkt als auch die Minimaltemperatur liegen bei den einzelnen Winterschläfern verschieden tief (Tab. 4.14.). Das Ziesel fällt bereits bei Temperaturen unterhalb von 20 °C in den Winterschlaf, seine Minimaltemperatur ist dagegen erst bei ca. 0 °C erreicht. Der Schlaf des Ziesels ebenso wie z. B. der der Haselmaus kann deshalb besonders tief sein. Das Gegenteil ist beim Hamster der Fall. Er hat eine niedrige kritische Temperatur und hohe Minimaltemperaturen. Sein Winterschlaf ist niemals sehr tief. Er kann deshalb aufgeweckt werden. Von der **Schlaftiefe** ist auch die Länge der einzelnen **Schlafperioden** abhängig. Während der Hamster regelmäßig in Abständen von ca. einer Woche ohne äußere Ursache seinen Winterschlaf unter-

Tabelle 4.14. Einige Werte für die kritische Temperatur und die Minimaltemperatur bei einigen einheimischen Winterschläfern in °C.

Tierart	kritische Temperatur	Minimal-temperatur
Ziesel *(Citellus citellus)*	20	ca. 0
Siebenschläfer *(Glis glis)*	18	
Haselmaus *(Muscardinus avellanarius)*	15–16	ca. 0
Igel *(Erinaceus europaeus)*	14,5	ca. 1
Hamster *(Cricetus cricetus)*	9–10	ca. 4

Tabelle 4.15. Einige Daten zum Winterschlaf und verwandten Erscheinungen. WS = Winterschlaf, SS = Sommerschlaf, TSL = Tagesschlaflethargie, NSL = Nachtschlaflethargie.

Tierart	Verbreitung	Lethar-giеform	mittl. Gewicht (g)	(°C) tiefste Körper-temper.	Herz-/Atemfrequenz in min⁻¹		
					Wach-zustand (Mittel)	Lethargie (Minimum)	Erwachen (Maximum)
Gartenschläfer (*Eliomys quercinus*)	Europa, Kleinasien, Nordafrika	WS, SS	90	2,0	350/90	2 (bei 4,5 °C)/ 18 (bei 6 °C)	450/170
Borstige Ta-schenmaus (*Perognathus hispidus*)	Texas	TSL	45	8,1	250/50	25 (bei 12 °C)/ 12 (bei 12 °C)	570/200
Mausohr-Fleder-maus (*Myotis myotis*)	weltweit	TSL, WS	25	3,0	400/70	18 (bei 5,5 °C)/ 30 (bei 5 °C)	850/360
Violettkehliger Kolibri (*Archilochus alexandri*)	Mittel-amerika, Neumexiko	NSL	3	13,0	480/240	96 (bei 22 °C)/ selten (bei 22 °C)	1260/600

bricht, um Nahrung aufzunehmen und Kot und Harn abzugeben, sind beim Ziesel und bei der Haselmaus Schlafperioden von mehreren Wochen normal. Bei Fledermäusen sind ununterbrochene Schlafperioden von 30, im Extremfall von 80 Tagen beobachtet worden. Die Körpertemperatur der Fledermäuse kann bereits während des normalen **Tages-schlafs** auf Werte der Umgebung absinken. Solange die Lufttemperatur nicht unter 10 °C liegt, erwachen die Fledermäuse allabendlich durch aktive Wärmeproduktion wieder aus ihrer Lethargie. Im anderen Fall kann der Tagesschlaf in den Winterschlaf übergehen. Zwischen beiden besteht offenbar kein prinzipieller Unterschied (Tab. 4.15.).

Im Gegensatz zum Fett, das während des Winter-schlafs die wichtigste Energiequelle ist, wird das in der Muskulatur und Leber gespeicherte Glykogen erst während des Erwachens angegriffen. Der **Blut-zuckerspiegel** ist bei winterschlafenden Tieren sehr niedrig. Damit in Übereinstimmung steht die Erscheinung, daß die Langerhansschen Inseln des Pankreas während des Winterschlafs hypertrophieren, die Adrenalinausschüttung dagegen stark eingeschränkt ist. Zu einer intensiven Adrenalinabgabe durch das Nebennierenmark kommt es beim Erwachen. Die Folge ist eine starke Glykogenspaltung in der Leber und damit ein Anstieg des Blutzuckerspiegels (Hyper-glykämie) (Abb. 4.73.).

Der Vorgang des **Erwachens** beginnt mit einer Beschleunigung der Atmung, gleichzeitig wird die Atemfrequenz wieder regelmäßig. Die Muskulatur zeigt zunächst unkoordinierte, krampfartige Kontraktionen, die später in ein Zittern und schließlich in koordinierte Bewegungen übergehen. Die Herzfrequenz wird stark erhöht, die Erwärmung des Tieres erfolgt

erstaunlich schnell. Beim Hamster ist nach drei Stunden die normale Körpertemperatur von 37–38 °C wieder erreicht. Dabei ist bemerkenswert, daß die Temperatur in der vorderen Körperhälfte einschließlich des Kopfes schneller ansteigt als in der hinteren (Abb. 4.74.), in der die Gefäße für längere Zeit kontrahiert bleiben. Insbesondere erwies sich das in der Nacken- und Halsregion sowie zwischen den Schulterblättern gelegene **„braune Fettgewebe"** („Winter-schlafdrüse", Conrad GESNER 1551[1])), das sehr protoplasmareich ist und viele kleine Fetttröpfchen sowie Mitochondrien enthält, als ein Ort intensiver chemischer Thermogenese (zitterfreie Wärmebildung) während des Erwachens. Beim Abendsegler (*Nyctalus noctula*) entwickelte sich 20 min nach dem Wecksignal eine Temperaturdifferenz von 14 °C zwischen der Nackenregion unmittelbar über dem Fettgewebe und dem Rektum.

Ein **braunes Fettgewebe** findet man nur bei Säugetieren und wenigen Vögeln (Chickadee-Meise, Kragenhuhn). Unter den Säugetieren sind es 1. Winterschläfer, 2. an Kälte akklimatisierte Tiere und 3. Neugeborene (incl. Mensch) (Abb. 4.75.).

Im Gegensatz zum weißen Fettgewebe treten an die braunen Fettzellen (noradrenerge) Nervenfasern heran (Abb. 4.76.). Das **Noradrenalin** stimuliert über β-Rezeptoren und das Adenylatzyklase-System eine

---

[1]) Conrad GESNER, geb. 1516 in Zürich, Stud. in Straßburg, Bourges und Paris, Prof. f. Griechisch an der Akad. Lausanne, 1544 Dr. med., Prof. f. Naturgesch. in Zürich, 1565 an der Pest verstorben.

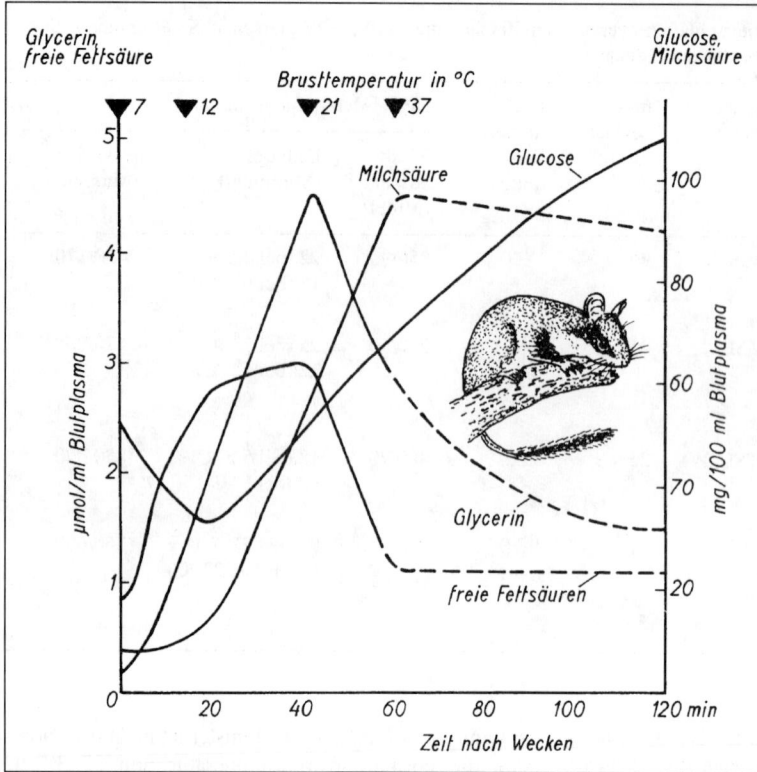

Abb. 4.73. Die Veränderung der Blutspiegel verschiedener Substanzen während des Erwachens des Gartenschläfers *(Eliomys quercinus)*, das bei etwa 6 °C Umgebungstemperatur einsetzt und ca. 1 Stunde währt. Während dieser Zeit führt eine intensive Fettspaltung zum Ansteigen der freien Fettsäuren sowie des Glycerins im Blut und ein Abbau von Glykogen zum Anstieg des Glucosespiegels. Ein hoher Prozentsatz der Energie wird aus der Gärung gewonnen: Anstieg der Milchsäure im Blut. RATHS 1975.

Proteinkinase, die Lipasen durch Phosphorylierung (Interkonversion, 1.5.1.) aktiviert. Pro Fettzelle kommen 150 000 β-adrenerge Rezeptoren vor. Im Gegensatz zu den weißen Fettzellen, die die bei der Lipolyse entstehenden Fettsäuren in den Kreislauf entlassen, oxidieren die braunen Fettzellen die Fettsäuren selbst. Ihre vielen Mitochondrien enthalten lange, dichtgepackte Cristae, die reich an Cytocromen sind (hohe Atmungsintensität, 1.4.2.). Die Fettsäuren werden mit Hilfe des **Carnitins** in die Mitochondrien geschleust.

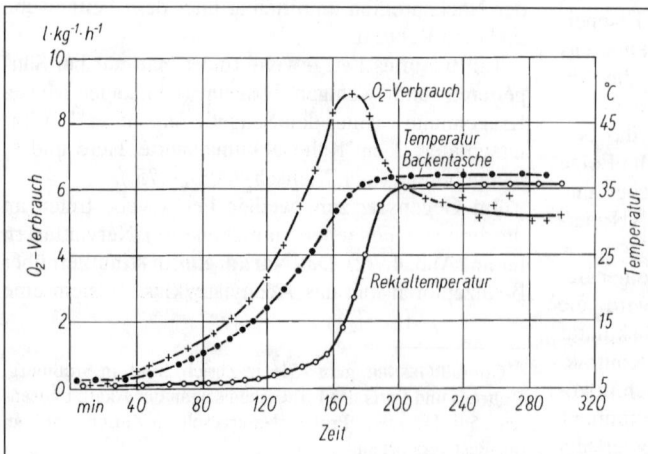

Abb. 4.74. O$_2$-Verbrauch und Temperaturverlauf während des Erwachens aus dem Winterschlaf beim Goldhamster. Nach LYMAN 1948.

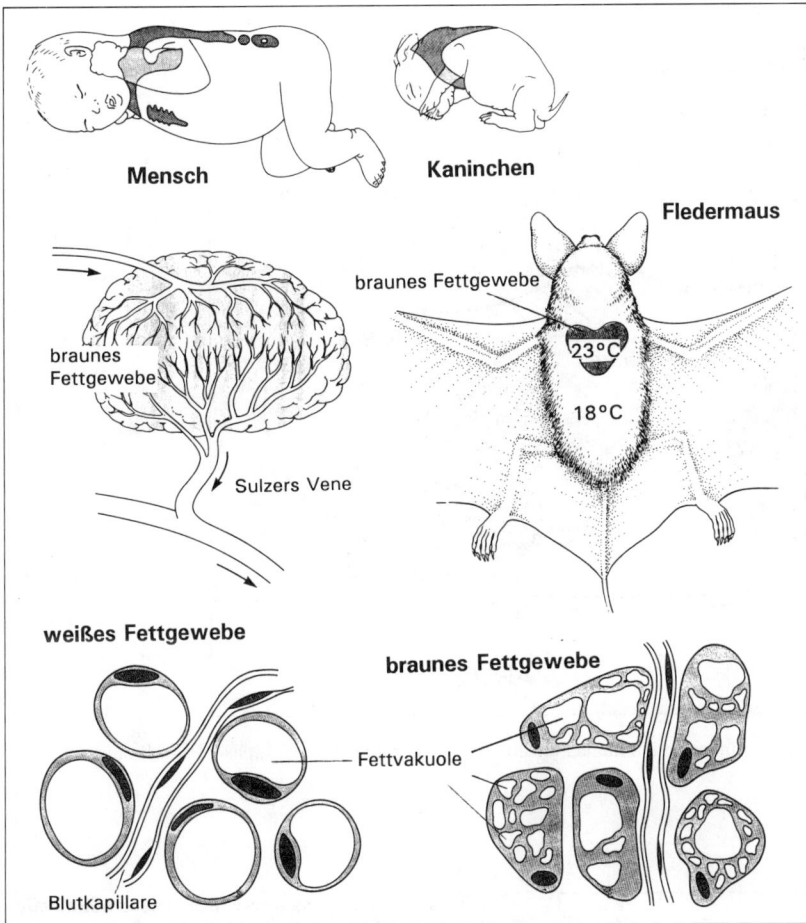

Abb. 4.75. Das braune Fettgewebe beim neugeborenen Menschen, beim Kaninchen (nach DAWKINS u. HULL 1965) und bei der Fledermaus, deren Drüse mit der Gefäßversorgung dargestellt ist. Aus ECKERT 1986. Die Temperaturangaben beziehen sich auf Tiere beim Erwachen aus dem Winterschlaf. – Unten: Das weiße (uniloculäre Fettzellen) und das braune Fettgewebe (pluriloculäre Fettzellen) im Vergleich. Aus PFLUMM 1985.

Der Fettsäureabbau ist aber weitgehend von der oxidativen Phosphorylierung (1.5.1.) entkoppelt, d. h., es entsteht statt ATP vornehmlich Wärme. Das ist auf das **Thermogenin** zurückzuführen. Dieses entkoppelnde Protein liegt in der inneren Mitochondrienmembran (nur dort!) in hohen Konzentrationen (10–15% des Gesamtproteins) vor. Es wirkt als $H^{\oplus}$-Kanal und baut so den elektrochemischen Protonengradienten (protonenmotorische Kraft, 1.5.1.) ab. Die nach außen gepumpten $H^{\oplus}$-Ionen fließen direkt in die Mitochondrienmatrix zurück, ohne über die F_0F_1-ATPase zu gehen. Das bedeutet eine **Entkopplung** des Elektronentransports von der ATP-Synthese. Die freie Energie wird als Wärme frei: „**Wärmedrüse**". Im Gegensatz zu den Fettsäuren kann das ebenfalls bei der Lipolyse anfallende Glycerin in den Fettzellen nicht weiter verarbeitet werden. Es wird zu diesem Zweck zur Leber und zur Muskulatur transportiert.

Der Winterschlaf unterscheidet sich außerdem wesentlich von der passiven Kältelethargie der poikilothermen Tiere dadurch, daß er von den Tieren vorbereitet wird, was sich in einer Steigerung ihrer **Winterschlafbereitschaft** äußert. Im Sommer gelingt es nur schwer oder gar nicht, durch Abkühlung den Winterschlaf auszulösen. Für das Zustandekommen des Winterschlafs sind neben den exogenen Faktoren (Temperatur usw.) auch endogene Bedingungen notwendig. Wichtig scheint besonders die Umstellung des gesamten Hormonsystems und die damit verbundenen Änderungen zu sein. Lange vor dem Winterschlaf werden Winterlager von den Tieren hergerichtet und Nahrungsvorräte angelegt. Diejenigen Winterschläfer, die im Körper größere Fett- und Glykogenmengen speichern, betreiben das Sammeln von Vorräten weniger intensiv.

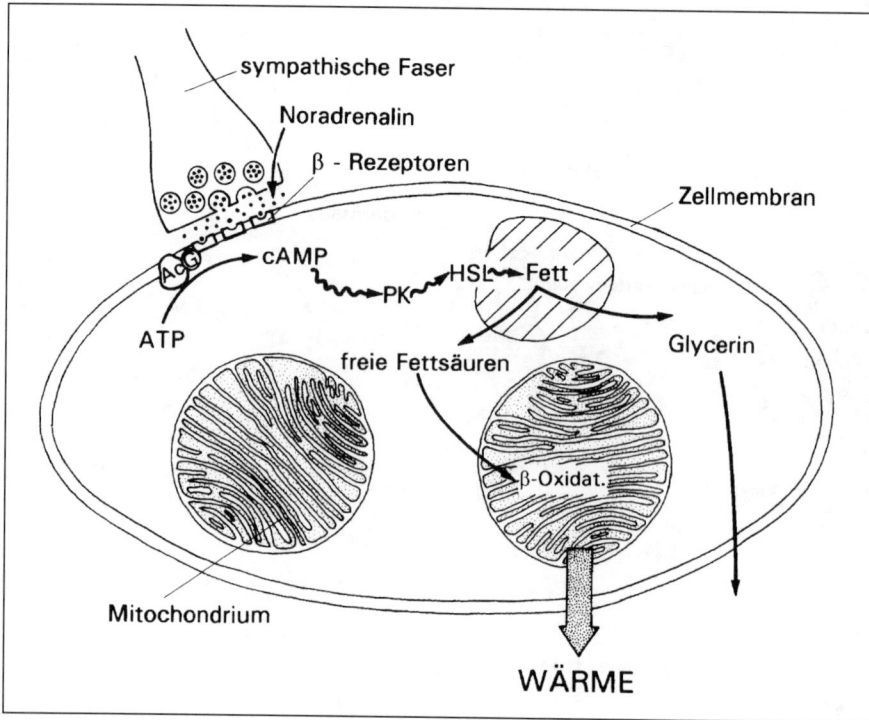

Abb. 4.76. Eine einzelne, noradrenerg innervierte braune Fettzelle. HSL = hormonsensitive Lipase; PK = Proteinkinase.

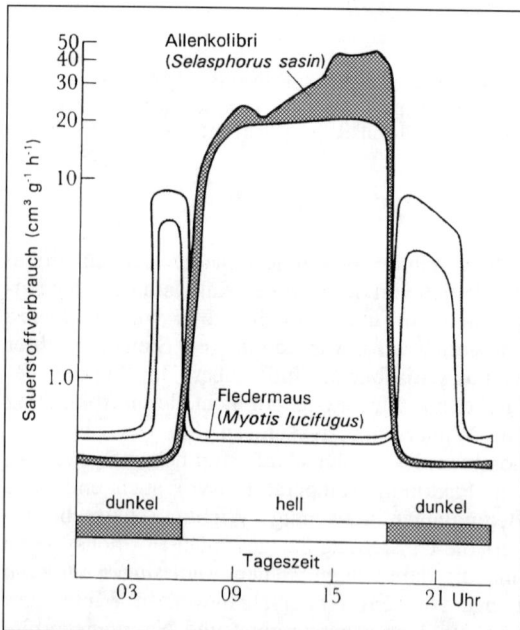

Abb. 4.77. Die unterschiedlichen Stoffwechselaktivitäten während eines Tages im Zusammenhang mit dem Torpor bzw. der Aktivität bei zwei kleinen homoiothermen Tieren (Kolibri und Fledermaus). Nach RICHARDS 1973.

Noch relativ wenig wissen wir über **winterschlafartige Erscheinungen bei Vögeln.** Kolibris (Tab. 4.15.) verfallen bei Nahrungsmangel und Kälte nachts in einen Starrezustand (**Torpidität, Torpor**) mit herabgesetzter Körpertemperatur und Stoffwechselintensität (Abb. 4.77.), aus dem sie bei Erwärmung wieder erwachen. Bei der nordamerikanischen Nachtschwalbe *(Phalaenotilus nuttallii)* sind Lethargieperioden von etwa 80 Tagen beobachtet worden. Dabei waren die Herz- und Atemfrequenz stark herabgesetzt, und die Körpertemperatur entsprach fast der Lufttemperatur von 17,5 °C. Junge Mauersegler können längere Hungerperioden nur dadurch überleben, daß sie während der Schlafperiode vorübergehend poikilotherm werden, womit eine Verminderung ihres Stoffwechsels verbunden ist.

4.7. Abwehr von Körperfremdem

Es ist bereits erwähnt worden (4.2.), daß viele in den Organismus gelangte körperfremde niedermolekulare Substanzen vom Wirbeltier entweder unverändert oder mit körpereigenen Stoffen konjugiert (4.2.1.5.) wieder ausgeschieden werden. Man bezeichnet die Verstoffwechselung der niedermolekularen, körperfremden Substanzen als **Biotransformation**[1]). Diese verläuft gewöhnlich in zwei Phasen. Zunächst erfolgt (vornehmlich in der Leber) eine Umbildung des Stoffes durch Oxidation, Reduktion oder Hydrolyse. In der sich anschließenden 2. Phase findet eine Konjugation des Metaboliten an Glucuronsäure, Sulfat oder Glycin statt. Dadurch entsteht ein wasserlösliches Produkt, das über die Niere bzw. über die Leber (Galle) ausgeschieden wird.

Höhermolekulare körperfremde Stoffe mit einem Molekulargewicht von mehr als 3000 oder auch körperfremde Zellen (Bakterien, Protozoen, Pilze) bzw. Viren kann der Organismus auf andere Weise unschädlich machen. Die dazu notwendige Fähigkeit, körperfremde Stoffe oder Zellen von körpereigenen zu unterscheiden, ist bei allen Metazoen in unterschiedlicher Perfektion entwickelt. Dadurch erst kann die Individualität und Integrität eines Organismus auf die Dauer gewährleistet werden. Die körperfremden Partikel können durch Resorption, Inhalation oder auf andere Weise in den Organismus gelangt sein.

Bereits **Schwämme** unterscheiden zwischen fremd und nichtfremd. Man kann sie durch ein feinmaschiges Gewebe pressen. Die auf diese Weise isolierten Zellen können anschließend spontan wieder zusammentreten und einen neuen Schwammkörper bilden. Dieser **Rekonstitutionsprozeß** findet nur zwischen Zellen desselben Schwammkörpers statt. Vermischt man Zellen unterschiedlicher Herkunft, so tritt ein Sonderungsprozeß auf. Diese zwischenartliche Unverträglichkeit bei Aggregationen von Schwammzellen hängt von den Bindungsaffinitäten aller Glykoproteine an der Zelloberfläche ab und ist weniger das Resultat eines immunologischen Überwachungssystems. Dagegen scheint eine Fähigkeit zur Erkennung von körperfremdem Gewebe mit nachfolgender Unverträglichkeitsreaktion bereits für **Coelenteraten** vorhanden zu sein. So werden z. B. von Rindenkorallen (Gorgonaria) sowohl **Transplantate** von anderen Individuen derselben Art als auch solche von anderen Arten im Gegensatz zu autoplastischen Transplantaten (Verpflanzungen an einen anderen Ort desselben Individuums) abgestoßen. Die Abstoßung des fremden Gewebes beginnt bereits nach 4–5 Tagen, selbst bei niedrigen Temperaturen von 10–15 °C. Die Reaktion zeigt eine erhebliche Spezifität, eine lag-Periode (s. u.) vor der Manifestation der Unverträglichkeit, aber offenbar keine „Gedächtnis"-Komponente.

Man unterscheidet zwischen **unspezifisch wirkenden Abwehrmechanismen** und den **spezifischen immunologischen Faktoren.** Während die ersteren im gesamten Tierreich zu finden sind, sind die letzteren auf die Wirbeltiere beschränkt. Sowohl die unspezifischen als auch die spezifischen Mechanismen können auf zellulärer oder auf humoraler Grundlage ablaufen.

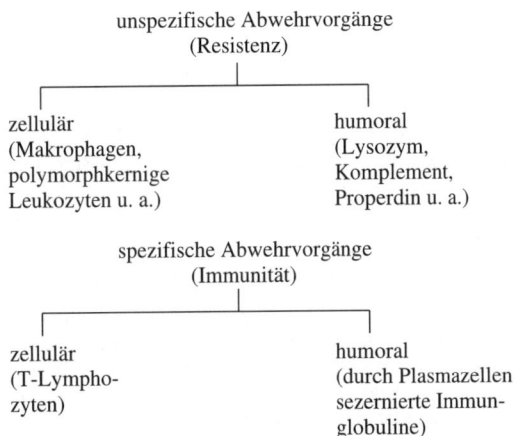

unspezifische Abwehrvorgänge (Resistenz)
- zellulär (Makrophagen, polymorphkernige Leukozyten u. a.)
- humoral (Lysozym, Komplement, Properdin u. a.)

spezifische Abwehrvorgänge (Immunität)
- zellulär (T-Lymphozyten)
- humoral (durch Plasmazellen sezernierte Immunglobuline)

4.7.1. Unspezifische Abwehrvorgänge (Resistenz)

Sie sind im Gegensatz zu den spezifischen Immunmechanismen (s. u.) in ihrer Wirkung nicht auf einen bestimmten Krankheitserreger oder Fremdstoff gerichtet und individuell erworben, sondern genetisch fixiert. Man faßt darunter alle morphologischen und physiologischen Eigenschaften der Organismen zusammen, die bewirken, daß dem Fremdkörper das Eindringen erschwert (durch Proteasen in Drüsensekreten, Magensäure, saures Milieu der Scheide usw.), seine Vermehrung im Organismus gehemmt oder er gar vernichtet wird.

4.7.1.1. Zelluläre Mechanismen

Unter den unspezifischen Mechanismen spielt die **Phagozytose** (1.6.7.) eine hervorragende Rolle. Es handelt sich dabei um eine aktive Aufnahme von Partikeln in die Zelle mit in der Regel anschließender Verdauung. So werden nicht nur gealterte Zellen (Erythrozyten, Leukozyten u. a.) und körpereigenes Material verarbeitet und die chemischen Grundbausteine dem Organismus wieder zur Verfügung gestellt, sondern auch Fremdstoffe und Mikroorganismen, die in den Körper eingedrungen sind, wieder beseitigt.

Bei den **Wirbeltieren** unterscheidet man zwischen Makro- und Mikrophagen. Zu den **Makrophagen**[2]) zählen die frei beweglichen Histiozyten (Gewebsmakrophagen) des Bindegewebes und Monozyten des Blutes, die Sinuswandzellen der Milz, Lymphknoten und des Knochenmarks, die Kupferschen Sternzellen der Leber, die Retikulumzellen des Knochenmarks und der lymphatischen Organe sowie die Alveolar- und Peritonealmakrophagen. Sie werden als **retikulohistiozytäres** (THOMAS) oder **retikuloendotheliales** (ASCHOFF) **System** (RHS oder RES) zusammengefaßt. Zu den **Mikrophagen**[2]) zählen die Granulozyten des Blutes.

---

[1]) ho bios (griech.) = das Leben; transformare (lat.) = umgestalten, verwandeln.

[2]) makros (griech.) = groß; mikros (griech.) = klein; phagein (griech.) = fressen.

Die phagozytierenden Zellen der **Wirbellosen,** die **Plasmatozyten,** sind im allgemeinen recht zahlreich. Sie haben einen Durchmesser von 10–15 µm, sind plasmareich und enthalten das für Lysosomen so typische Repertoire an Enzymen, wie saure Phosphatase, Peroxidase und Esterasen. Ihre Leistungen sind beachtlich. Aus der Hämolymphe der Wachsmottenlarve *(Galleria mellonella)* konnten durch Phagozytose innerhalb von drei Stunden $2,5 \cdot 10^8$ zuvor injizierte Viruspartikel herausgefangen werden.

Die Frage, wie die Zellen zwischen pathogenen und körpereigenen Zellen unterscheiden, ist noch nicht geklärt. Daß sie diese Unterscheidung treffen können, zeigt eine *Drosophila*-Mutante deutlich, bei der offenbar diese Fähigkeit verlorengegangen ist: Die Plasmatozyten vermehren sich unentwegt, infiltrieren die verschiedensten Organe und phagozytieren die Zellen. Der Tod tritt spätestens im letzten Larvenstadium ein. Man vermutet, daß es Rezeptoren auf der Oberfläche der Plasmatozyten gibt, die bei Bindung mit einem Pathogen die Zelle zur Abwehrreaktion anregen.

Gegen Parasiten (Eier, Larven, Würmer, Sporen, Hyphen etc.) ebenso wie gegen große Fremdkörper wehren sich viele Wirbellose durch deren **Einkapselung** mit Hilfe von Blutzellen. Die Einkapselung hat in der Regel den Tod des Parasiten infolge O_2- und Nährstoffmangels zur Folge. Die Einkapselung wird bei den Insekten oft von einer **Melaninablagerung** begleitet. Dabei werden durch die **Phenoloxidase,** ein Cu-haltiges Enzym, Mono- und Diphenole (Tyrosin, DOPA, N-acetyl-Dopamin) zu Chinonen oxidiert, die dann anschließend zu Melanin polymerisieren. Die Aktivierung der als inaktives Proenzym in den Hämozyten und in der Hämolymphe vorliegenden Phenoloxidase erfolgt durch eine Serin-Protease, die ihrerseits unter der Kontrolle von Serin-Protease-Inhibitoren („**Serpine**") steht.

4.7.1.2. Humorale Mechanismen

Ebenfalls sowohl bei Wirbellosen als auch bei Wirbeltieren weit verbreitet sind neben der zellulären unspezifischen Abwehr durch Phagozytose unspezifisch wirksame **humorale Faktoren.** Beim **Lysozym** handelt es sich um ein bakterizid wirkendes Enzym (Glucuronidase), das z. B. in der Körperflüssigkeit, in der Tränenflüssigkeit, im Speichel sowie in den Granula polymorphkerniger Leukozyten und der Makrophagen der Säugetiere zu finden ist. Es baut das Murein der Bakterienzellwand ab und steht im Dienst der Infektionsabwehr. Als weitere unspezifische humorale Faktoren seien erwähnt: Das Komplementsystem, das Properdin[1]), das Konglutinin, das C-reaktive Protein und die Interferone.

Die **Interferone** sind Proteine mit einem Kohlenhydratanteil, die von virusinfizierten Zellen synthetisiert und abgegeben werden. Andere Zellen nehmen das Interferon auf und erhalten dadurch einen Schutz vor einer Virusinfektion, da es die Synthese viraler Proteine in der Zelle unterdrückt, wahrscheinlich durch Verhinderung der Translation eingedrungener und freigesetzter viraler RNA. Im Gegensatz zu den Virusantikörpern wirken die Interferone nicht spezifisch auf bestimmte Virusarten, ihr Wirkungsspektrum ist vielmehr in der Regel sehr viel breiter. Sie zeigen gewöhnlich auch eine Artspezifität, d. h., Zellen erhalten nur Schutz durch Interferone, die von Zellen der gleichen Art stammen.

In der **Hämolymphe** verschiedener Wirbellosen ist eine wenig spezifische **antibakterielle Wirkung** zu beobachten. Sie kann durch Einspritzen abgetöteter Mikroorganismen oder auch steriler Kochsalzlösung oder einer Tuschesuspension in die Leibeshöhle innerhalb von 5–6 h beträchtlich (auf das 100fache!) erhöht werden, erreicht nach 24 h ihren Höhepunkt und klingt nach wenigen Tagen wieder ab. In der Hämolymphe von Insekten sind induzierbare und antibakteriell wirksame Proteine nachgewiesen, wie z. B. die bakteriziden **Cecropine** und bakteriostatischen **Attacine** bei *Hyalophora,* das **Apidaecin** bei der Honigbiene, die **Defensine** bei *Phormia* und das bakteriolytische **Lysozym** bei verschiedenen Insekten. Ihre Synthese wird durch bakterielle Zellwand- und Membranbestandteile, aber auch durch Injektion von Latexkugeln, nicht aber durch eine virale Infektion induziert und erfolgt im Fettkörper (Corpus adiposum), in Ovarien, Nerven und Hämozyten erstaunlich schnell.

Daneben sind in den Körperflüssigkeiten von Evertebraten in vielen Fällen **Agglutinine**[2]) und **Präzipitine**[3]) nachgewiesen worden, die zwar strukturell nicht mit den Immunglobulinen der Wirbeltiere (s. u.) übereinstimmen, aber einige ihrer Eigenschaften zeigen. Natürliche Heteroagglutinine wurden zuerst beim Hummer *(Homarus americanus)* und bei *Limulus polyphemus* entdeckt, sind aber viel weiter verbreitet.

In der Coelomflüssigkeit des Regenwurms *(Lumbricus terrestris)* kommt z. B. ein **Hämagglutinin**[4]) gegen Kaninchen- oder Ratten-Erythrozyten vor. Es ist ein trypsinresistentes und relativ thermostabiles Protein. Eine Injektion von Ratten-Erythrozyten führt innerhalb von 24 h zu einer 4–7fach höheren Konzentration dieses Faktors. Diese Reaktion ist kurz, sie klingt bereits nach weiteren 24 h wieder ab und ist durch eine wiederholte Injektion nicht steigerbar (Abb. 4.78.), d. h., es ist keine „memory"-Komponente feststellbar.

---

[1]) pro (lat.) = für; perděre (lat.) = vernichten.

[2]) agglutinare (lat.) = anleimen, verkleben.
[3]) praecipitare (lat.) = hinabstürzen, senken, ausfällen
[4]) to haima (griech.) = das Blut; agglutinare (lat.) = anleimen, verkleben.

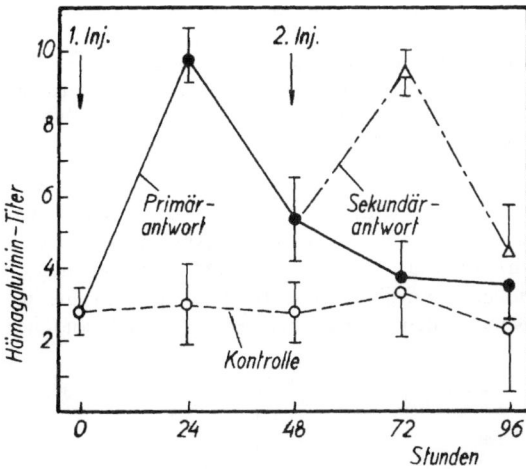

Abb. 4.78. Der Hämagglutinin-Titer in der Coelomflüssigkeit von *Lumbricus terrestris* nach Injektion von Kaninchen-Erythrozyten bzw. von Ringerlösung (Kontrolle). Die Reaktion erfolgt innerhalb von 24 h nach Injektion und klingt schnell wieder ab. Eine nochmalige Injektion löst keine heftigere Reaktion als im ersten Fall aus. Nach STEIN et al. 1982, verändert.

4.7.2. Spezifische Abwehrvorgänge (Immunität)

Diese Prozesse sind auf die Wirbeltiere beschränkt und jeweils spezifisch auf diejenige Mikrobenform, Zelle oder Fremdsubstanz gerichtet, durch die sie in Gang gesetzt worden sind. Man bezeichnet diejenige Substanz, die bei ihrem Auftreten im Wirbeltierkörper eine immunologische Reaktion auslöst, als **Antigen**[1] (L. DEUTSCH 1899). Bei immunologisch unvorbehandelten Tieren reagiert das Antigen mit spezifischen **Rezeptoren** auf der Zelloberfläche der **Lymphozyten**. Dabei ist nicht das gesamte Antigenmolekül, sondern es sind nur bestimmte Bezirke desselben, die **antigenen Determinanten** (Epitop) beteiligt. Bei Polypeptid-Antigenen umfaßt die spezifische Determinante 6–10 Aminosäurereste, die nicht notwendigerweise linear angeordnet zu sein brauchen. Bei Polysacchariden besteht sie ebenfalls aus wenigen Zuckerresten (z. B. Blutgruppenantigen). Ein Antigenmolekül kann viele Determinanten sehr unterschiedlicher Struktur aufweisen. So sind z. B. am Tetanus- und Diphtherie-Toxin mindestens 20, an Viren etwa 1000 und an Bakterien mehr als 5000 solcher Determinanten vorhanden. Die Anzahl der Determinanten am Antigen bezeichnet man als Va-

lenz. Ein Molekül von der Größe einer antigenen Determinante für sich allein, das sog. **Hapten**[2] oder Halbantigen, wird zwar noch spezifisch gebunden, kann aber keine immunologische Reaktion mehr auslösen. Dazu muß es an einen makromolekularen Träger (Carrier) zu einem „immunogenen Vollantigen" gekoppelt werden. Antigene können neben Proteinen auch Polysaccharide, Nukleinsäuren, Lipide, Glykoproteide, Lipoproteide, Lipopolysaccharide, Viren, Bakterientoxine, Substanzen aus der Kapsel, der Zellwand oder der zytoplasmatischen Membran von Bakterien oder andere Körper sein.

Die **Rezeptoren** auf der Zelloberfläche der Lymphozyten ($5 \cdot 10^4$ bis $2 \cdot 10^5$ pro B-Lymphozyt) stellen globuläre Proteine vom Typ der Immunglobuline (s. u.) dar. Sie sind normalerweise diffus verteilt (ca. $300/\mu m^2$) und ragen mehr oder weniger weit über die Zelloberfläche heraus. Sie werden von der Zelle selbst unabhängig von einem Antigenkontakt synthetisiert. Alle Rezeptoren einer Zelle stimmen immer in ihrer Spezifität überein, brauchen aber nicht derselben Immunoglobulinklasse anzugehören. Man schätzt, daß im Säugetier etwa 10^7 verschiedene Zellklone[3] von Lymphozyten existieren, die sich hinsichtlich der Spezifität ihrer antigenbindenden Rezeptoren unterscheiden.

Zur Erklärung dieser genetischen Vielfalt unter den Lymphozyten stehen sich zur Zeit zwei Theorien gegenüber. Nach der **Keimbahntheorie** sind die Strukturgene für alle Rezeptor-Immunglobuline in der Phylogenese nach und nach entstanden und im Genom jeder Zelle – also auch jedes Lymphozyts – gespeichert. Sie werden von Generation zu Generation weitergegeben. Daneben wird die **somatische Mutationstheorie** vertreten, nach der erst im Verlaufe der Ontogenese durch zahlreiche somatische Mutationen bei der raschen Vermehrung der Lymphozyten die genetische Vielfalt der Zellen und damit ihre Spezifität entsteht. Die in letzter Zeit erfolgte Aufklärung der Struktur der Immunoglobuline weist nach, daß einerseits ein großes Keimbahngenpotential existiert, andererseits aber somatische Prozesse (Kombination der Teilgene sowie Mutationen) die Vielfalt der Spezifitäten der Antikörper bzw. der Lymphozytenrezeptoren garantieren.

Der Organismus ist in der Lage, auf eine unüberschaubare Vielzahl von antigenen Determinanten, darunter auch synthetischer (nicht natürlicher) Haptene, die an einen Träger gekoppelt wurden, spezifisch zu reagieren. Ein bestimmtes Antigen wird aus der Vielzahl der existierenden Zellklone von Lymphozyten nur mit denjenigen Zellen reagieren, die den dazu passenden Rezeptor besitzen (**klonale Selektion**). Nur diese Zellen werden daraufhin zur Teilung angeregt (**klonale Proliferation**) und bilden einen Klon untereinander einheitlicher Zellen.

---

[1] Abkürzung für Anti-somato-gen = Antikörperbildner; anti (griech.) = gegen; gen von gignomai (griech.) = lasse entstehen.

[2] (h)aptein (griech.) = anheften.

[3] Gruppe genetisch identischer Zellen, die durch ungeschlechtliche Vermehrung aus einer einzigen Zelle hervorgegangen sind.

George KÖHLER und Cesar MILSTEIN[1]) gelang es 1975, Immunzellen, die Antikörper gegen ein bestimmtes Antigen (z. B. Schaferythrozyten) produzieren, mit bestimmten Krebszellen (Myelomzellen) zu verschmelzen (fusionieren). Die so erzeugten **Hybridzellen** vereinigten in sich die Fähigkeit der Immunzellen zur Antikörpersynthese und -sekretion und die der Krebszellen zur unbegrenzten Vermehrung. Durch Selektion solcher Hybridzellen und anschließender Auslese jener Klone, welche den gewünschten Antikörper in großer Zahl produzieren, war eine Methode entwickelt worden, Hybridklone zu entwickeln, die völlig iden-

tische, d. h. **monoklonale, Antikörper** gegen ein interessierendes Antigen in großen Mengen produzieren. Diese Technik zur Produktion und Nutzung monoklonaler Antikörper eröffnet für die medizinische Diagnostik und Therapie, für die Landwirtschaft sowie für die chemisch-pharmazeutische Industrie große Perspektiven.

Die Lymphozyten (10^{12} Zellen beim Menschen!) gehen aus multipotenten Stammzellen des Dottersacks bzw. der fetalen Leber hervor, die in das Knochenmark des Feten eingewandert sind. Der Mensch bildet jede Minute etwa 10^6 Lymphozyten aus den Stammzellen des Knochenmarks. Ein Teil von ihnen

---

[1]) Nobelpreis 1984.

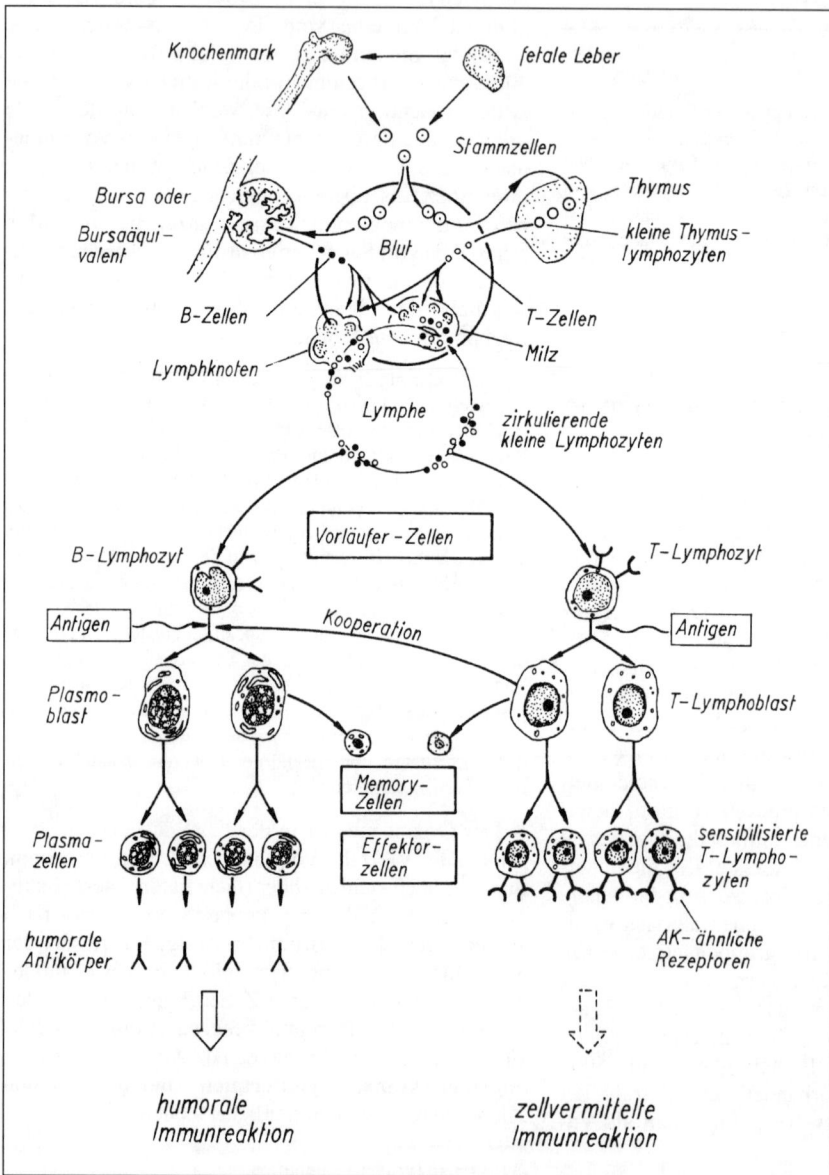

Abb. 4.79. Entstehung der T- und B-Lymphozyten (Vorläuferzellen) und ihre Umwandlung zu Effektorzellen in der Immunreaktion. AK = Antikörper. In Anlehnung an JUNGERMANN u. MÖHLER 1980, verändert.

gelangt in den **Thymus** (primäres lymphatisches Organ), vermehrt sich dort und reift zu unipotenten antigenreaktiven Zellen (thymusabhängige oder **T-Lymphozyten**) heran (Abb. 4.79.). Sie besiedeln die peripheren sekundären lymphatischen Organe (parakortikale Zone der Lymphknoten, perarterioläre Region der Milz, untere follikuläre Zonen des gastrointestinalen lymphoiden Gewebes) und stellen als rezirkulierende Zellen die Hauptmenge der im Blut vorhandenen Lymphozyten. Ein anderer Teil der Stammzellen nimmt nicht den Weg über den Thymus. Sie werden zu Knochenmark (bone marrow) abhängigen oder **B-Lymphozyten**. Die Bezeichnung geht darauf zurück, daß diese Zellen beim Huhn in der Bursa Fabricii (Abb. 4.80.), einem lymphoiden Organ in der Nähe der Kloake der Vögel, geprägt werden. Bursa-Äquivalente konnten bei den Säugetieren noch nicht mit Sicherheit nachgewiesen werden.

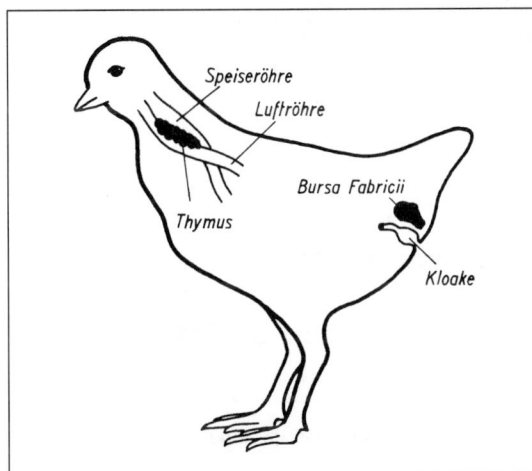

Abb. 4.80. Lage des Thymus sowie der Bursa Fabricii beim Vogel. Nach GUNTHER 1966.

Immunkompetente („virgine") B- und T-Lymphozyten werden nach Antigenkontakt in den sekundären lymphatischen Organen zur Proliferation angeregt und differenzieren sich in unterschiedlicher Weise zu den **Effektorzellen**. Aus den stimulierten **B-Lymphozyten** werden über die Plasmoblasten die **Plasmazellen** (Abb. 4.79.), die durch ein stark entwickeltes, rauhes endoplasmatisches Retikulum sowie durch einen ausgeprägten Golgi-Apparat ausgezeichnet sind und sich nicht mehr teilen. Sie synthetisieren und sezernieren solche Antikörper in großen Mengen (2000 pro s) in das Blut und andere Körperflüssigkeiten, die als Rezeptoren auf den B-Lymphozyten vorgelegen haben und an denen die Antigene spezifisch gebunden worden waren: **humorale Immunantwort**. Ein anderer Teil differenziert sich zu „Gedächtniszellen" (s. u.).

Die stimulierten **T-Lymphozyten** sezernieren im Gegensatz zu den Plasmazellen keine Antikörper, sondern sind für die **zellvermittelte Immunantwort**[1] verantwortlich. Sie spielt z. B. bei der Abstoßung von Fremdplantaten sowie neoplastisch veränderter körpereigener Zellen, bei der Aufrechterhaltung der Resistenz gegenüber intrazellulär überlebenden Mikroorganismen und bei der Abwehr von Virusinfektionen eine große Rolle. Man unterscheidet zwei Typen von T-Lymphozyten: die **T-Helferzellen** (Helfer-T-Lymphozyten), die mit den B-Lymphozyten bei der humoralen Immunantwort kooperieren, und die **T-Killerzellen**[2], die sich an die fremden Zellen mit ihren T-Zellrezeptoren (TCR) anlagern und sie durch partiellen Abbau der Zellmembran anschließend töten. Nach ihren Oberflächenmarkern (Hilfsrezeptoren) werden die T-Helferzellen auch als **CD4-**[3] und die T-Killerzellen als **CD8-Zellen** bezeichnet (Abb. 4.81.). Beide Zelltypen nehmen nur von solchen Peptiden Notiz, die ihnen mit dem „richtigen" **MHC-Molekül**[4]) dargeboten werden, für die Helferzellen sind es MHC-Moleküle der Klasse II (MHC II), für die Killerzellen MHC der Klasse I (MHC I). CD4 bindet an MHC II, CD8 an MHC I. Das Human-Immunschwäche-Virus (HIV), der Erreger von AIDS[5]), dockt an diesen CD4-Rezeptor an und entfaltet so seine zerstörerische Wirkung auf das Immunsystem. Erhalten die T-Helferzellen das richtige Signal, so beginnen einige, die T1-Helferzellen (TH1), mit der Produktion großer Mengen von **Lymphokinen**[6]), die andere T-Zellen zur Teilung anregen und die Entzündungsreaktionen (Erhöhung der vaskulären Permeabilität, chemotaktische Anlockung und Proliferation von Makrophagen) fördern. Andere T-Helferzellen, die T2-Helferzellen (TH2), spezialisieren sich auf die Unterstützung von B-Zellen (s. u.). Die aktivierten Killerzellen (CD8-Zellen) produzieren wesentlich geringere Mengen an Lymphokinen.

Thymektomie bei neugeborenen Ratten führt zu hochgradiger Immuninsuffizienz, insbesondere gegen Virusinfektionen (Wasting-Syndrom). Die Tiere gehen unter Normalbedingungen an Virusinfektionen ein. Dasselbe gilt für eine Mäusemutante „nude", die die Fähigkeit zur Thymusdifferenzierung verloren hat. Sie stößt Hauttransplantate von der Katze, vom Menschen oder vom Huhn nicht ab (Fehlen der T-Lymphozyten). **Bursektomie** führt beim Huhn zum völligen Ausfall der humoralen Immunreaktion (Fehlen der B-Lymphozyten).

Die **Induktion der humoralen Immunantwort** (Abb. 4.81.) schließt die Kooperation verschiedener

[1]) engl.: **c**ell-**m**ediated **i**mmunity, CMI.
[2]) to kill (engl.) = töten.
[3]) engl.: **c**luster of **d**ifferentiation.
[4]) von (engl.) = „**m**ajor **h**istocampatibility **c**omplex".
[5]) von (engl.) = „**a**cquired **i**mmune **d**eficiency **s**yndrome".
[6]) -kin von kinesis (griech.) = Bewegung. „Cytokine", die speziell von Lymphozyten abgegeben werden.

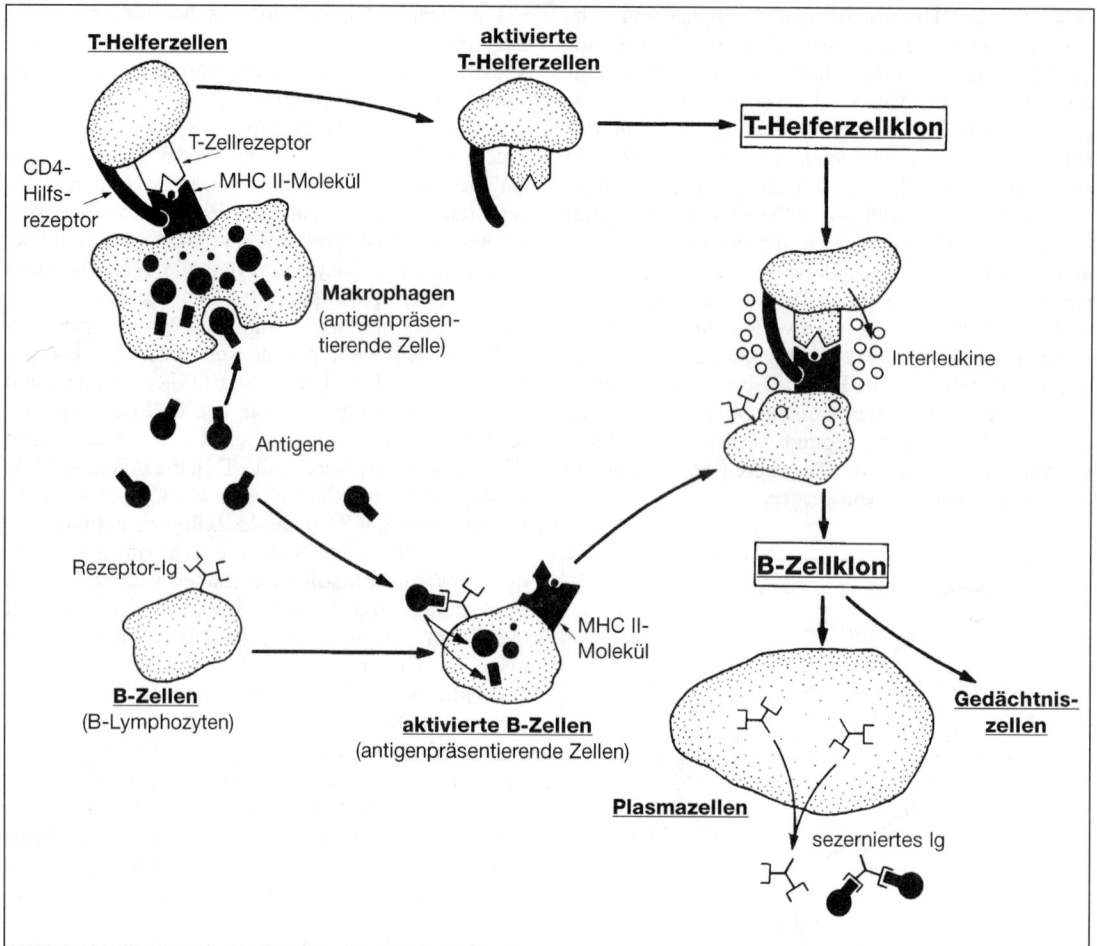

Abb. 4.81. Schema der B-Zellaktivierung und -differenzierung. Aus ECKERT u. HERTEL 1993, verändert.

Zelltypen ein. Die **Makrophagen** nehmen in relativ unspezifischer Weise Antigene in ihren Plasmakörper auf **(Internalisation)**, zerlegen sie in kleinere Bruchstücke **(Prozessierung)** und präsentieren diese Bruchstücke als „Fremd"-Moleküle auf ihrer Oberfläche **(Präsentation)**, aber nicht allein, sondern im Komplex zusammen mit „Selbst"-Molekülen (Glykoproteine: Haupthistokompatibilitätskomplex der Klasse II = **MHC II-Moleküle**). Der so aktivierte Makrophage **(antigen presenting cell)** sezerniert **Interleukin-1** (IL-1) und stimuliert auf diese Weise T-Helferzellen.

Die **T-Helferzellen** werden aktiviert, wenn sie den Komplex aus „Selbst"- (MHC-II) und ein „Fremd"-Molekül (Antigenbruchstück) auf der Makrophagenoberfläche mit Hilfe ihres antigenspezifischen T-Zellrezeptors (TCR) und eines Hilfsrezeptors (CD4-Molekül) erkennen und gleichzeitig IL-1 binden. Die Aktivierung erfolgt jedoch nur, wenn weitere Adhäsionsmoleküle, auf die nicht weiter eingegangen werden kann, an der Zellkooperation beteiligt sind (Co-Stimulation). Sie schließt eine **autokrine Regulation** ein: Die T-Helferzellen exprimieren **Interleukin-2-Rezeptoren,** die durch eigenes sezerniertes **Interleukin-2** (IL-2) stimuliert werden. Es wird dadurch eine Proliferation, d. h. die **klonale Expansion** der antigenspezifischen Helferzellen, ausgelöst, die sich weiter zu **Effektor-** und **Gedächtniszellen** differenzieren.

Die **B-Lymphozyten** („resting B cells") erkennen im Gegensatz zu den T-Helferzellen Antigene direkt mittels ihrer spezifischen **Immunglobulinrezeptoren** (IgM, IgD). Im Zuge der Aktivierung wird der Antigen-Immunglobulinrezeptor-Komplex von der Oberfläche in die Zelle in Vesikel aufgenommen („internalisiert"). Dort wird das Antigen in kleinere Bruchstücke zerlegt („prozessiert") und diese zusammen mit MHC II-Molekülen wieder an die Zelloberfläche gebracht („präsentiert"). Dadurch wird der B-Lymphozyt zu einer spezifischen, antigenpräsen-

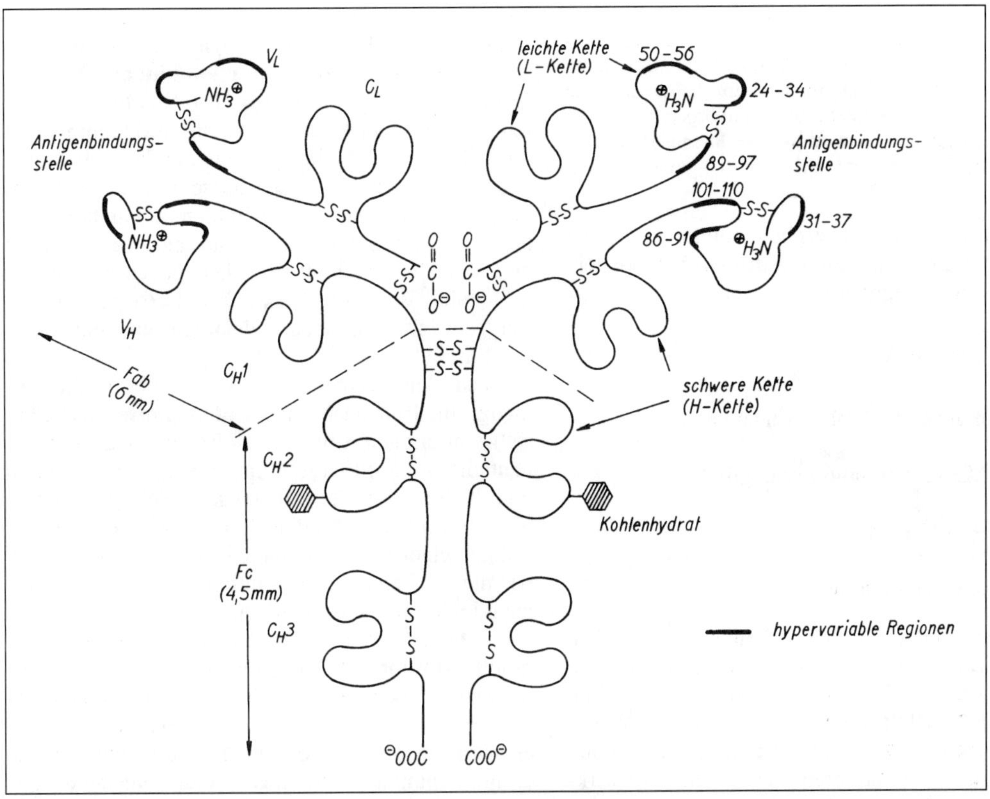

Abb. 4.82. Modell eines menschlichen Antikörpers der Klasse IgG. Bei enzymatischer Spaltung des Moleküls mit Papain entstehen 2 Fab- und 1 Fc-Fragment. Die Fab-Abschnitte mit den antigen-bindenden Orten (bivalenter Antikörper) sind frei schwenkbar. Fab = fragment antigen binding; Fc = fragment crystallizable.

tierenden Zelle, die durch Zellen des entsprechenden T-Helferzellenklons erkannt wird. **Lymphokine** (Cytokine) der T-Helferzellen bewirken nach Co-Stimulation (ähnlich wie bei der Makrophagen-Helferzellen-Interaktion, s. o.) die klonale Proliferation und Differenzierung der B-Zellen in **Gedächtnis-** und **Plasmazellen.** Weitere T-Zell-Lymphokine sind verantwortlich für die Sekretion der unterschiedlichen Ig-Klassen durch Plasmazellen.

Als **Antikörper** bezeichnet man Immunglobuline (Ig) mit einer Antigenbindungsaktivität. Nach elektrophoretischer Auftrennung der Blutplasmaproteine ist die Antikörperaktivität vorrangig in der sog. γ-Globulin-Fraktion mit geringer anodischer Wanderungsgeschwindigkeit zu finden. Es sind Glykoproteide, die auf einen Grundtypus rückführbar sind (Abb. 4.82.).

Das Molekül (Beispiel: Immunglobulin G, IgG, es macht beim Menschen etwa 80% der im Serum vorliegenden Ig aus) ist symmetrisch aufgebaut und besteht aus je 2 identischen „leichten" L-Ketten (von „light") und den doppelt so langen „schweren" Polypeptidketten (H-Ketten, von „heavy"), die durch Disulfidbrücken miteinander verkoppelt

sind. Der zwischen den beiden H-Ketten bestehende Winkel ist flexibel. – Die **L-Ketten** bestehen aus 213–221 Aminosäureresten und können in zwei „Domänen" gespalten werden. Während die C-terminale Domäne bei verschiedenen Individuen die gleiche Aminosäuresequenz aufweist (konstanter Teil, C_L-Teil), zeigt die N-terminale Domäne beträchtliche Differenzen in der Sequenz (variabler Teil, V_L-Teil), auch bei den Antikörpern *eines* Individuums. – Die **H-Ketten** des IgG bestehen aus 4 globulären Domänen mit je etwa 110 Aminosäureresten. Während die N-terminale Domäne (V_H) wiederum sehr variabel ist, stellen die drei sich anschließenden Regionen (C_H1, C_H2, C_H3) den konstanten Teil der Ketten. Die konstanten Abschnitte C_L und C_H1 bis C_H3 sind untereinander homolog, sie haben eine ähnliche Aminosäuresequenz. Die C-terminalen Enden der beiden H-Ketten bilden die **Makrophagenbindungsstelle.** – Die beiden N-terminalen Domänen der leichten und schweren Kette **(variabler Teil),** die sich stets in ihrer Aminosäuresequenz unterscheiden, können nochmals in 4 Unterregionen variieren (sog. framework regions[1])), und die dazwischen liegenden 3 hypervariablen Regionen („hot spots"[2])) unterteilt werden. Letztere bilden im gefalteten Protein eine „Bin-

---

[1]) framework (engl.) = Bau, System, Einrahmung.

[2]) hot (engl.) = heiß, hitzig, heftig; spot (engl.) = Stelle.

dungstasche", in der eine Determinante des Antigenmoleküls spezifisch gebunden werden kann (**Antigenbindungsstelle**). Auf der komplementär-räumlichen Gestaltung zwischen der antigenen Determinante am Antigenmolekül und der Antigenbindungsstelle am Antikörper beruht die Spezifität der Bindung. Jeder Antikörper hat nur Bindungsstellen – in der Regel 2, beim IgM 5 bis 10 – gleicher Spezifität.

Die primäre Bindung zwischen Antigen (AG) und Antikörper (AK) führt zum **Antigen-Antikörperkomplex** (Immunaggregat)

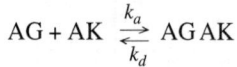

$$AG + AK \underset{k_d}{\overset{k_a}{\rightleftharpoons}} AG\,AK$$

k_a, k_d = Assoziations- bzw. Dissoziationskonstante.

Nach dem Massenwirkungsgesetz gilt

$$\frac{[AG\,AK]}{[AG] \cdot [AK]} = \frac{k_a}{k_d} = K$$

(K = Gleichgewichtskonstante).

Die K-Werte liegen zwischen 10^4 und 10^{11} mol^{-1}. Die **Bindungsstärke** erreicht bis zu 59 kJ · mol^{-1} (14 kcal · mol^{-1}). An der Bindung beteiligt können alle „schwachen" (nichtkovalenten) molekularen Wechselwirkungen sein, wie sie z. B. auch bei der Bindung zwischen Enzymen und ihren Substraten (1.3.) wirksam werden und erst in ihrer Summe die genannte Bindungsstärke erzeugen. Dabei handelt es sich um 1. van der Waalsche Kräfte, 2. Kräfte zwischen polaren nichtionischen Gruppen (z. B. Wasserstoffbrücken), 3. hydrophobe Wechselwirkungen und 4. elektrostatische Wechselwirkungen (Coulomb-Kräfte). Je genauer die Ladungsverteilung und die räumliche Struktur der antigenen Determinante einerseits und der Bindungsstelle des Antikörpers andererseits zueinander komplementär sind, desto stärker ist die Affinität zwischen beiden.

Die **sezernierte Form** der Immunglobuline unterscheidet sich von der Membranform im C-terminalen Ende der letzten C-Domäne. Die Membranform hat ein längeres und stärker hydrophobes C-terminales Ende, womit sie in der Membran der Lymphozyten

verankert wird. Im Hinblick auf die konstanten Abschnitte der H-Ketten unterscheidet man beim Menschen 5 **Klassen von Immunglobulinen:** IgG, IgM, IgA, IgD und IgE (Tabelle 4.16.). Das IgG ist bivalent, das IgM meist dekavalent. Das IgM kommt – mit Ausnahme der Schleimaale (Myxinoidea) – bei allen Wirbeltieren vor. Von den Froschlurchen (Anuren) beginnend, tritt ein zweiter Immunglobulintyp (IgY) auf, der niedermolekular ist und auch bei Reptilien und Vögeln vorkommt. Bei den Eidechsen, Schildkröten und Vögeln haben wir bereits 3 Immunglobulintypen: IgM, ein niedermolekulares und ein extrem niedermolekulares.

Nach Antigenapplikation steigt die Antikörpermenge im Blut nach einer **Latenzphase** („lag-Phase") von einigen Stunden bis Tagen zunächst exponentiell an („log-Phase"). Sie erreicht ein Maximum und bleibt entweder für längere Zeit auf hohem Niveau („Plateau") oder fällt mehr oder weniger schnell wieder ab. Gewöhnlich werden IgM-Antikörper nur zu Beginn der Reaktion und später vorwiegend IgG-Antikörper gebildet.

Bei einem zweiten Antigenkontakt fällt die Reaktion (**Sekundärantwort**) gewöhnlich wesentlich heftiger aus als beim ersten (Abb. 4.83.). Die Latenzzeit ist verkürzt, die Antikörperproduktion ist intensiver, es wird ein höherer Maximaltiter erreicht, und die Grundimmunität währt länger. Auch zeigen die Antikörper durchschnittlich eine höhere Bindungsstärke zum Antigen. Man spricht von einem **immunologischen Gedächtnis,** das bereits bei den Rundmäulern (Cyclostomen) vorhanden ist. Diese Erscheinung ist darauf zurückzuführen, daß im Verlauf der Primärreaktion sowohl bei der zellvermittelten als auch bei der humoralen Immunreaktion neben den antikörperproduzierenden Zellen sog. **Gedächtniszellen** (Memory-Zellen) gebildet werden, die sehr langlebig sind. Somit stößt das Antigen bei der zweiten Applikation auf eine größere Population antigenreaktiver Zellen, aus denen antikörperproduzierende werden können. Darauf ist zurückzuführen, daß z. B. der Mensch an bestimmten Infektionskrankheiten (Masern, Pocken) normalerweise nur einmal erkrankt (**erworbene Immunität**).

Tabelle 4.16. Die Immunglobulinklassen des Menschen. Die Einteilung erfolgt nach dem Aufbau der „schweren" Ketten. Aus PSCHYREMBEL 1977.

	IgG	IgM	IgA	IgD	IgE
rel. Molekülmasse M_r	150 000	900 000	150 000 u. 400 000	175 000	190 000
leichte Kette	χ, λ	χ, λ	χ, λ	χ, λ	χ, λ
schwere Kette	γ	μ	α	δ	ε
Vorkommen	Serum, Milch	Serum	Serum, Sekrete	Serum	Serum, Sekrete
Konz. i. Normalserum in mg · ml^{-1}	6,0–16,0	0,5–2,0	1,5–5,0	0,003–0,4	0,0003
diaplacentare Übertragung	+	–	–	–	–

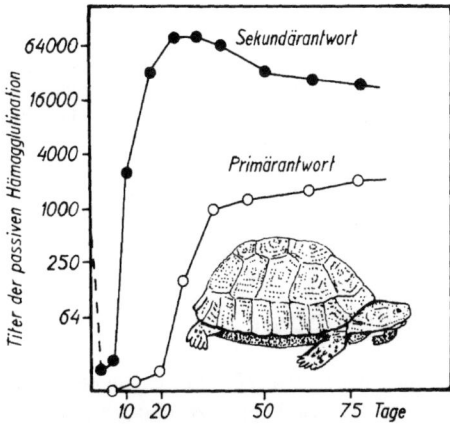

Abb. 4.83. Immunologisches Gedächtnis bei der Schildkröte *Testudo hermanni*. Primärantwort nach Immunisierung mit Human-Gammaglobulin. Sekundärantwort: 125 Tage nach der Primärimmunisierung induziert. Nach AMBROSIUS u. RUDOLPH 1978.

Die Erscheinung des immunologischen Gedächtnisses hat in der praktischen Medizin große Bedeutung im Rahmen der **Schutzimpfung** erlangt. Bei der **aktiven Immunisierung** werden abgetötete Erreger (Keuchhusten, Typhus, Cholera u. a.) bzw. nur Produkte oder Bestandteile dieser Erreger (Tetanus, Diphtherie) appliziert. Die Erreger bzw. ihre Produkte werden vorher inaktiviert, wodurch sie ihre Pathogenität verlieren, allerdings auch ihre Immunogenität beträchtlich leidet. Letzteres wird durch Zusatz von „Adjuvantien" zum Impfstoff zum Teil wieder ausgeglichen. Im Gegensatz zu diesen Totimpfstoffen enthalten die Lebendimpfstoffe vermehrungsfähige Mikroorganismen oder Viren, die durch zahlreiche Passagen an Zellen bestimmter Tierarten adaptiert wurden und dadurch ihre Virulenz für den Empfänger verloren haben (Kinderlähmung). Werden bei diesen aktiven Schutzimpfungen die Antigene übertragen und die natürlichen Gegenkräfte im Empfänger mobilisiert, so werden bei der **passiven Immunisierung** bereits die fertigen humoralen Antikörper übertragen. Die Seren mit

den angereicherten spezifischen Antikörpern kann man aus Tieren (Pferd, Schaf) gewinnen, die durch wiederholte Antigengaben zur intensiven Antikörperproduktion angeregt wurden. Eine passive Immunisierung ist immer dann zu empfehlen, wenn bereits eine Infektion des Patienten stattgefunden hat bzw. die unmittelbare Infektionsgefahr sehr groß ist.

Man kann beobachten, daß gewisse (bei weitem nicht alle) körperfremde Substanzen oder auch Transplantate nicht zur Immunreaktion führen, sondern „toleriert" werden, wenn man sie nur früh genug vor der Reifung des Immunsystems während der Embryonalzeit oder unmittelbar nach der Geburt in den Organismus überführt (**immunologische Toleranz**). Gegen körpereigene Antigene bildet der Organismus gewöhnlich auch keine Antikörper („horror autotoxicus", P. EHRLICH[1])). Die **Autoimmuntoleranz** ist nicht angeboren. Das Immunsystem „lernt" vielmehr im Embryonalleben, Lymphozyten, die Antikörper gegen körpereigene Antigene bilden, zu eliminieren. Gegen Transplantate zwischen eineiigen Zwillingen besteht ebenfalls Toleranz. Dies gilt auch für zweieiige Zwillinge, falls embryonal eine Verknüpfung der Blutkreisläufe vorlag, was beim Rind häufig vorkommt.

Die spezifische Vereinigung von Antigen und Antikörper zu Antigen-Antikörper-Komplexen (s. o.) kann im Falle löslicher, molekularer Antigene zur **Präzipitation**[2]) (Ausflockung) und im Falle partikulärer Antigene (Bakterien, Blutzellen usw.) zu **Agglutination**[3]) (Zusammenballungen) führen. Nach der **Gittertheorie** (Netzwerktheorie) entsteht dabei durch eine Serie spezifischer Reaktionen zwischen

---

[1]) Paul EHRLICH, geb. 1854 in Strehlen, Stud. d. Medizin in Breslau, Straßburg, Freiburg u. Leipzig, 1878 Dr. med., ab 1899 Dir. d. Inst. f. Experimentelle Therapie in Frankfurt a. M., Begründer der Chemotherapie, 1915 in Bad Homburg gest. (Nobelpreis 1908).
[2]) praecipitatus (lat.) = herabgestürzt, gefällt.
[3]) agglutinare (lat.) = zusammenleimen.

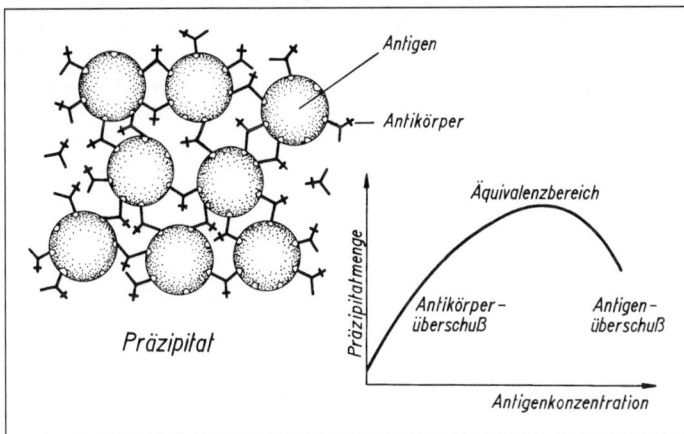

Abb. 4.84. Schematische Darstellung eines Präzipitats. Die Präzipitationskurve (Heidelberger-Kurve): Bei einer mittleren Antigenkonzentration ist die ausgefällte Präzipitatmenge (bei einer konstanten Menge an Antiserum) am größten.

den multivalenten Antigenen und den mindestens bivalenten Antikörpern ein Netzwerk aus Antigen- und Antikörper-Molekülen, das an Größe zunimmt und schließlich zum unlöslichen Aggregat heranwächst (Abb. 4.84.). Die Präzipitation *in vivo* verläuft bei einem bestimmten quantitativen Verhältnis zwischen Antigen und Antikörper am intensivsten (Bereich der Äquivalenzzone). Sowohl bei Antikörperüberschuß (Antigenunterschuß) als auch bei Antigenüberschuß (Antikörperunterschuß) ist die resultierende Präzipitatmenge geringer (**Heidelberger-Kurve**), Abb. 4.84.). Die präzipitierenden Antikörper werden auch als **Präzipitine,** die entsprechenden Antigene als **Präzipitinogene** bezeichnet. Entsprechend spricht man von **Agglutininen** und **Agglutinogenen. Zytolysine**[1] sind schließlich Antikörper, die bei Anwesenheit von „Komplement" kernhaltige Zellen zur Auflösung bringen.

Die fremde Zelle bzw. das fremde Makromolekül wird durch die Anlagerung von Antikörpern als körperfremd markiert. Die **Eliminierung** des Antigen-Antikörper-Komplexes erfolgt anschließend durch die Phagozytose durch Monozyten und Makrophagen. Von einer **unspezifischen Phagozytose** spricht man dann, wenn die Anlagerung des Komplexes an unspezifische Rezeptoren der Makrophagen erfolgt. Bei einer **spezifisch beschleunigten Phagozytose** bindet der Komplex an Oberflächenrezeptoren des Makrophagen, die für die Makrophagenbindungsstelle des IgG spezifisch sind.

Im Gegensatz zu der haemochorialen **Placenta** der Primaten, die für die Antikörper der Klasse IgG (das Fab-Fragment nur in Verbindung mit dem Fc-Stück!) durchlässig ist, sind die Placenten vom Pferd, Schwein, Rind und Schaf, aber auch vom Kaninchen und Meerschweinchen (haemoendotheliale Placenta) für alle Antikörper undurchlässig. Die Hunde-Placenta zeigt eine geringe Durchlässigkeit. Deshalb kommt bei den Nicht-Primaten unter den Säugetieren der postnatalen Aufnahme **kolostraler Antikörper** eine große Bedeutung zu, während bei den Primaten die diaplacentale Passage den einzigen Weg zur Übernahme mütterlicher Antikörper (besonders am Ende der Trächtigkeit) darstellt. Huftiere und Wiederkäuer werden praktisch ohne Immunglobuline geboren. Ihre Versorgung mit mütterlichen Antikörpern erfolgt ausschließlich durch die **Kolostral-**

milch[2]). Auch Hund, Ratte und Maus erhalten mütterliche Antikörper trotz gewisser intrauteriner Übertragung fast ausschließlich auf diesem Wege. Die Darmpassage der Antikörper ist infolge der noch unvollständig entwickelten Verdauungsfunktion und der im Kolostrum enthaltenen **Enzyminhibitoren** gewährleistet. Die Aufnahme erfolgt durch **Pinozytose**. Sie geht bei Haustieren innerhalb der ersten 24–36 Stunden, bei Ratten und Mäusen erst nach drei Wochen verloren. Bei Primaten spielt die Absorption kolostraler Immunglobuline nur eine sehr geringe Rolle.

4.7.3. Blutgruppen

Die Unverträglichkeit von Blut verschiedener Menschen ist ebenfalls auf Antigen-Antikörper-Reaktionen zurückzuführen. Die Oberflächen der Erythrozyten zeichnen sich durch eine Anzahl spezifischer Glykoproteide aus, die Antigeneigenschaften besitzen: **Agglutinogene** (agglutinable Substanzen). Jedes Blut besitzt einen bestimmten Satz an Agglutinogenen. Die spezifischen Antikörper gegen die Agglutinogene werden als **Agglutinine** bezeichnet und liegen in der γ-Globulin-Fraktion des Blutplasmas gelöst vor. Normalerweise enthält das Blut nur solche Agglutinine, die nicht gegen die eigenen Agglutinogene gerichtet sind. Es sind heute 14 Blutgruppensysteme und etwa 400 Merkmale der Erythrozytenmembran des Menschen bekannt, von denen allerdings die Mehrzahl so schwache Antigeneigenschaften besitzt, daß sie bei Blutübertragungen nicht berücksichtigt zu werden braucht. Von besonderer Bedeutung ist das AB0- und das Rh-System (Tab. 4.17.).

Im **AB0-System** unterscheidet man 4 verschiedene Antigeneigenschaften der Erythrozyten: A, B, AB und 0. Erythrozyten der Blutgruppe A besitzen das Agglutinogen A, der Blutgruppe B das Agglutinogen B, der Blutgruppe AB sowohl A als auch B und der Blutgruppe 0 weder A noch B (aber das Merkmal H, s. u.). Alle 4 Blutgruppen beruhen auf einer multiplen Allelie eines Gens, das auf dem Chromosom 9 liegt. Im Laufe des ersten Lebensjahres bildet der Mensch Antikörper (**Isohämoagglutinine**) gegen die Agglutinogene, die seine eigenen Erythrozyten nicht besitzen, da den Agglutinogenen sehr ähnliche Stoffe z. B.

---

[1] he lysis (griech.) = die Lösung.

[2]) colostrum (lat.) = die erste Milch nach der Niederkunft bzw. dem Gebären oder Werfen („Biestmilch").

Tabelle 4.17. Übersicht über die Blutgruppen des AB0-Systems.

Gruppe	Häufigkeit (Mitteleuropa)	Agglutinogen	Agglutinin	wird agglutiniert durch Serum der Gruppe
0	45%	0	α u. β	–
A	35%	A	β	0, B
B	15%	B	α	0, A
AB	5%	AB	–	0, A, B

auf vielen Bakterien und Pflanzenzellen vorkommen, mit denen jeder in Kontakt kommt. Im Serum der Blutgruppe A liegt dann das Agglutinin-Anti B (β), im Serum der Blutgruppe B Anti-A (α), im Serum der Blutgruppe 0 sowohl α als auch β und im Serum der Blutgruppe AB keines der beiden Agglutinine vor. Zur Agglutination der Blutkörperchen kommt es immer dann, wenn das Agglutinin des Serums mit dem entsprechenden Agglutinogen der Erythrozyten zusammentrifft, also A mit α bzw. B mit β. Dabei erfolgt eine Vernetzung der Erythrozyten miteinander, indem der Antikörper (Agglutinin) mit seinen beiden Bindungsstellen jeweils zwei Erythrozyten aneinanderkoppelt (Abb. 4.84.). Das Merkmal H findet man in unterschiedlichem Maße bei allen Erythrozyten, am wenigsten bei AB, am stärksten bei 0. Ein Anti-H-Serum kann nur durch heterologe Sensibilisierung gewonnen werden. Die Blutgruppe A läßt sich in A_1 und A_2 unterteilen, die sich vornehmlich in der Stärke der Agglutination bei Kontakt mit dem Anti-A-Serum unterscheiden. Die Verteilung der Blutgruppen ist bei den Menschenrassen verschieden (Tab. 4.18.).

Tabelle 4.18. Verteilung der Blutgruppen beim Menschen. Aus PROKOP und GÖHLER 1976.

	0	A	B	AB
Indianer (Brasilien, Peru)	100%	–	–	–
Indianer (Maya)	97,7%	1,3%	0,5%	0,5%
Eskimos (Grönland)	54,2%	38,5%	4,8%	2,0%
Holländer	45,3%	42,7%	8,9%	3,1%
Deutsche (Berlin)	37,9%	41,8%	14,1%	6,1%
Koreaner	27,7%	31,5%	30,7%	10,0%
Ainu (Hokkaido)	17,0%	31,8%	32,4%	18,4%

Das **Rh-System:** Aus Kaninchen oder Meerschweinchen nach Immunisierung mit Rhesusaffen-Erythrozyten gewonnenes Antiserum bringt bei 85% der Europäer die Erythrozyten zur Agglutination (**Rh-positiv**). Nur 15% der Europäer sind **Rh-negativ.** Überträgt man Rh-positives Blut auf Rh-negative Empfänger, so bilden diese ebenfalls spezifische Antikörper gegen Rh-positive Erythrozyten. Die Rh-Eigenschaft der Erythrozyten wird nicht durch ein, sondern durch eine Reihe von Agglutinogenen (C, D, E, c, e) bestimmt, unter denen das Agglutinogen D dasjenige mit der größten Antigenwirkung ist. Vereinfachend kennzeichnet man das Blut bei Vorhandensein von D-Erythrozyten als Rh-positiv (Rh) und beim Fehlen des Agglutinogens als Rh-negativ (rh). Die Gene für C, D und E liegen eng benachbart auf Chromosom 1. Agglutinine gegen das Rh-System treten im Gegensatz zum AB0-System erst dann im Serum auf, wenn ein Kontakt mit den Rh-Agglutinogenen erfolgt ist. Bei Bluttransfusionen muß man den Rh-Faktor beachten. Zu Komplikationen (Agglutination der Erythrozyten mit anschließender Hämolyse) kommt es allerdings erst bei wiederholter Blutübertragung von einem Rh-positiven Spender auf einen Rh-negativen Empfänger, da die Sensibilisierung relativ langsam erfolgt. Schwierigkeiten können auch dann auftreten, wenn eine Rh-negative Mutter ein Rh-positives Kind erwartet (Abb. 4.85.). Blut des Feten tritt um den Geburtstermin in den mütterlichen Kreislauf über und löst dort die Bildung von Agglutininen aus. Bei einer zweiten Schwangerschaft mit abermals Rh-positivem Feten kann der Agglutinintiter in der Mutter bereits so hoch sein, daß es zu starken Störungen der Blutbildung im Feten kommt (**Erythroblastose**), da die Isoagglutinine im Gegensatz zum AB0-System der Klasse IgG angehören und deshalb diaplacentar übertragen werden können.

Auch bei anderen Säugetieren – nicht nur beim Menschen – sowie beim Haushuhn und bei einigen niederen Wirbeltieren sind Blutgruppen bekannt. Sie sind allerdings im allgemeinen mit denen des Menschen nicht identisch. Eine Ausnahme bildet z. B. der erwähnte Rh-Faktor des Menschen und des Rhesusaffen. Das Pferd besitzt mindestens 8, das Schaf 7 und das Huhn 10 verschiedene Blutgruppensysteme, die wiederum mehr oder weniger zahlreiche Blutgruppenfaktoren umfassen können. Beim **Rind** sind bisher

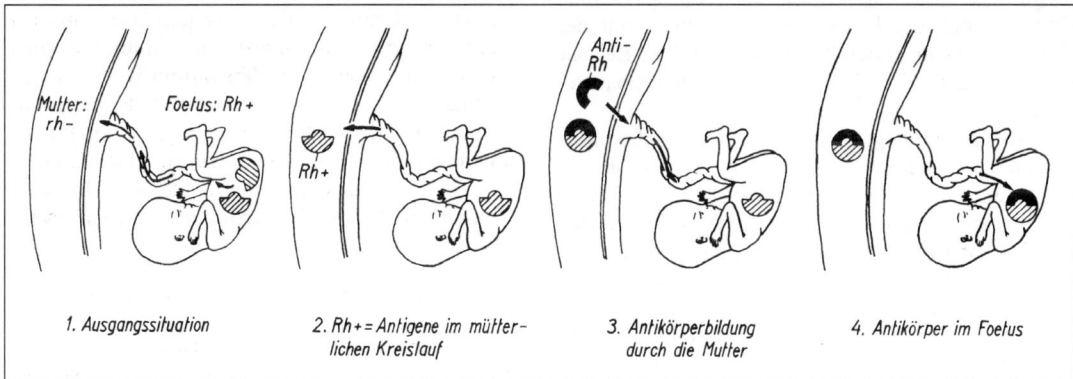

Abb. 4.85. Schema zum Geschehen bei einer rh-negativen Mutter und einem Rh-positiven Foetus. In Anlehnung an REMANE, STORCH u. WELSCH 1972.

mehr als 100 verschiedene Blutgruppenfaktoren bekannt. Diese verteilen sich auf 11 Blutgruppensysteme, von denen das B-System das umfangreichste mit allein 50 Faktoren ist. Beim Pferd kommen im Blutplasma Isohämagglutinine gegen Antigene von Erythrozyten anderer Pferde natürlicherweise nur in geringer Konzentration vor.

4.7.4. Blutungsstillung (Hämostase) und Wundverschluß

Neben der für die Aufrechterhaltung der Integrität des Organismus so wichtigen Vernichtung eingedrungener Fremdsubstanzen, fremder Zellen oder Viren durch die Biotransformation bzw. durch die unspezifischen (Resistenz) und spezifischen Abwehrvorgänge (Immunität) besitzt der Organismus die Fähigkeit, mechanisch herbeigeführte Verletzungen, durch die wichtige Körperbestandteile (Blut usw.) austreten oder auch Mikroorganismen in den Körper eindringen können, mehr oder weniger schnell zu schließen. Prinzipiell können dabei drei Prozesse beteiligt sein: 1. Eine kontraktile Reaktion des verletzten Gewebes, durch die die Wunde und/oder die Blutgefäße verschlossen werden. 2. Ein Verschluß der Wunde durch einen Pfropf aggregierter, spezieller Zellen. 3. Ein Verschluß durch Gerinnung der austretenden Körperflüssigkeit selbst.

Bei vielen weichhäutigen **Evertebraten** des Meeres (Anneliden, Seesternen, Holothurien u. a.) ohne festes Exoskelett und mit relativ niedrigem Blutdruck scheint die Kontraktion der Körperwand der wichtigste Wundverschlußmechanismus zu sein. Bei den Plathelminthes wird der Prozeß durch Schleimsekretion unterstützt. Bei den Echiuriden und Sipunculiden hat man auch schon Aggregationen von Amoebozyten des Coeloms beobachtet, ebenso beim Seeigel, bei dem die Kontraktion der Körperwand unwesentlich ist. Bei den Sipunculiden und Brachiopoden findet man bereits klare Zeichen einer Koagulation der Körperflüssigkeit. Bei den Mollusken spielen ebenfalls Kontraktionen der Körperwand zusammen mit der Aggregation von Blutzellen die Hauptrolle. Bei der Auster ist auch eine Plasmakoagulation beobachtet worden.

Arthropoden zeigen in der Haemolymphe einen besonderen Amoebozyten-Typ (sog. Explosionszellen bei den Crustaceen, Koagulozyten bei den Insekten), der bei Kontakt mit einer fremden Oberfläche schnelle und irreversible Veränderungen durchmacht. Bei den Crustaceen und Insekten entlassen diese Zellen eine hochwirksame **Koagulase**[1]), die auf ein in der Haemolymphe vorliegendes **Koagulogen**[1]) einwirkt und auf diese Weise ein „Koagulum" bildet. Bei *Limulus* liegt das Koagulogen nicht frei in der

Haemolymphe vor, sondern wird ebenfalls von den Amoebozyten freigesetzt. Das hochmolekulare Koagulogen höherer Krebse (*Homarus* u. a.) unterliegt nach der Koagulation – ähnlich wie das Fibrin bei den Säugetieren – einem transamidaseabhängigen Vernetzungsprozeß. Bei einigen Arthropoden (*Limulus, Cancer,* einigen Spinnen) scheiden die Amoebozyten bei Kontakt klebrige, fadenartige Plasmafortsätze aus, mit denen andere Zellen verstrickt werden, so daß ein größerer Blutpfropfen entsteht.

Bei den **Wirbeltieren** spielt ebenfalls eine Vasokonstriktion im Wundgebiet eine Rolle. Das Blut dieser Tiere enthält kernhaltige Spindelzellen oder **Thrombozyten**[2]) (Nicht-Säugetiere) bzw. kernlose Blutplättchen (Säugetiere), die aus den sog. Megakaryozyten[3]) des roten Knochenmarks durch Abschnüren hervorgehen. Diese Thrombozyten bleiben an den Bindegewebsfasern der Wundränder haften und entlassen dann Serotonin und Catecholamine, die eine vasokonstriktorische Wirkung ausüben, sowie ATP und ADP, durch die weitere Thrombozyten chemotaktisch angelockt werden. Es wird außerdem ein Phospholipid (der Plättchenfaktor 3, s. u.) freigesetzt. Es entsteht so ein Thrombozytenpfropf, durch den kleinste Verletzungen der Gefäße verschlossen werden können. Bei größeren Verletzungen folgt die Bildung des Faserstoffes **Fibrin** aus dem im Plasma gelöst vorliegenden Eiweiß Fibrinogen durch den Gerinnungsmechanismus. Dieser außerordentlich komplexe Vorgang ist beim Menschen am besten untersucht und soll deshalb an diesem Beispiel zunächst erläutert werden.

Der **Gerinnungsvorgang** läßt sich in eine Vorphase und drei weitere Phasen untergliedern. Die Vorphase umfaßt eine Vielzahl von Prozessen, an deren Ende ein Stoffkomplex steht, der aus dem aktivierten Faktor X[4]), dem Faktor V′, $Ca^{2\oplus}$-Ionen (Faktor IV) sowie Phospholipiden besteht. Er hat eine proteolytische Aktivität und ist in der Lage, Prothrombin in Thrombin zu überführen (Phase I). Die Phospholipide können dabei aus zwei verschiedenen Quellen stammen: entweder aus dem verletzten Gewebe bzw. der Gefäßwand (extravaskuläres System) oder aus den aggregierenden Thrombozyten (intravaskuläres System) (Abb. 4.86.). Das **Thrombin** ist eine Serinproteinase (3.1.3.1.). Es interagiert mit dem hochmolekularen, löslichen Fibrinogen und präzipitiert es zu **Fibrin**monomeren, die anschließend unter Einwirkung des fibrinstabilisierenden Faktors (XIII), einer ebenfalls durch Thrombin aktivierten Transamidase,

---

[1]) coagulare (lat.) = gerinnnen lassen.

[2]) ho thrombos (griech.) = der Klumpen; to kytos (griech.) = die Zelle.
[3]) megas (griech.) = groß; to karyon (griech.) = der Kern.
[4]) Die Faktoren werden mit römischen Ziffern bezeichnet, die bereits vor Kenntnis der tatsächlichen Reihenfolge ihres Wirksamwerdens im Gerinnungsprozeß festgelegt wurden; ihre aktiven Formen erhalten ein „a" hinter der Ziffer.

zu einem Polymer vernetzt wird (Phase II). Die Phase III betrifft nicht mehr den eigentlichen Gerinnungsprozeß selbst, sondern den Vorgang der **Retraktion** des zunächst lockeren Fibrinnetzwerkes zu einem festen Thrombus mit Hilfe eines von den zerfallenden Thrombozyten freigesetzten **Retractozyms** (Thrombosthenin).

Der Auslöser für das **intravaskuläre** (endogene oder „intrinsic") **System** ist der Kontakt des Blutes mit einer negativ geladenen Oberfläche (Kollagen oder Basalmembran der Blutgefäße *in vivo* bzw. Glas oder Kaolin *in vivo*). Dabei erleidet der kontaktlabile Hageman-Faktor (XII) eine Konformationsänderung, wodurch er dem proteolytischen (aktivierenden) Einfluß des Plasma-Kallikreins ausgesetzt wird und selbst seine emzymatische Aktivität erhält, um auf die nächste Stufe des Systems einwirken zu können. Damit beginnt der kaskadenförmige Aktivierungsprozeß, der über die Stufen XI und IX verläuft. Der Faktor IXa aktiviert den Faktor X, wobei zusätzlich $Ca^{2\oplus}$, Faktor VIII und Phospholipide aus den Thrombozyten (Plättchenfaktor 3) als Kofaktoren mitwirken. Durch die positive Rückkopplung über das Präkallikrein nimmt der ganze Prozeß lawinenartig an Stärke zu. Außerdem wird die Aktivierung des Faktors XII noch durch das im Plasma vorliegende Kininogen unterstützt (Abb. 4.86., Tab. 4.19.).

Der Auslöser für das **extravaskuläre** (exogene oder „extrinsic") **System** ist die Gewebsverletzung. Dabei wird der normalerweise intrazellulär vorliegende Faktor III (Gewebsthromboplastin), ein Lipoproteinkomplex, frei. Dieser überführt bei Gegenwart von $Ca^{2\oplus}$ den Faktor VII in eine aktive Form (VIIa), worauf dieser mit $Ca^{2\oplus}$ und Phospholipiden als Kofaktoren die Aktivierung des Faktors X herbeiführt. Hier laufen der intra- und extravaskuläre Weg zusammen (Abb. 4.86.).

Zwischen den verschiedenen Wirbeltiergruppen bestehen einige erhebliche Unterschiede hinsichtlich des thrombinbildenden Systems. Bei den Nicht-Säugetieren hat man keine Hinweise auf eine Abhängigkeit vom Faktor VII im extravaskulär aktivierten Weg erhalten. Trotzdem ist die Geschwindigkeit der Plasmakoagulation nach Zugabe von homologem Thromboplastin bei Nichtsäugetieren ähnlich wie bei Säugetieren. Vielleicht ist bei den Nichtsäugetieren der extravaskulär aktivierte Weg unabhängig vom Faktor VII. Während man bei den Teleosteern, Amphibien und bei den meisten Säugetieren einschließlich des Menschen ein sehr leistungsfähiges kontaktaktiviertes intravaskuläres System der Koagulation gefunden hat, fielen die Nachweise bei Elasmobranchiern, Reptilien, Vögeln und Cetacea (Wale) negativ aus. Den Walen und Vögeln fehlen auch das Plasma-Präkallikrein und der Hageman-Faktor (XII). Das Kininogen fehlt offenbar im Plasma der Amphibien, Reptilien und Vögel, während es bei den verschiedensten Säugetieren vorhanden ist. Der letzte, gemeinsame Weg der Blutgerinnung, von der Aktivierung des Faktors X (z. B. durch das Gift der Schlange *Vipera russelli*) ausgehend, konnte bei allen Wirbeltieren mit Ausnahme der Marsupialier nachgewiesen werden.

Kleine Mengen von Fibrin entstehen ständig auch im unverletzten Kreislaufsystem. Sie werden im Pro-

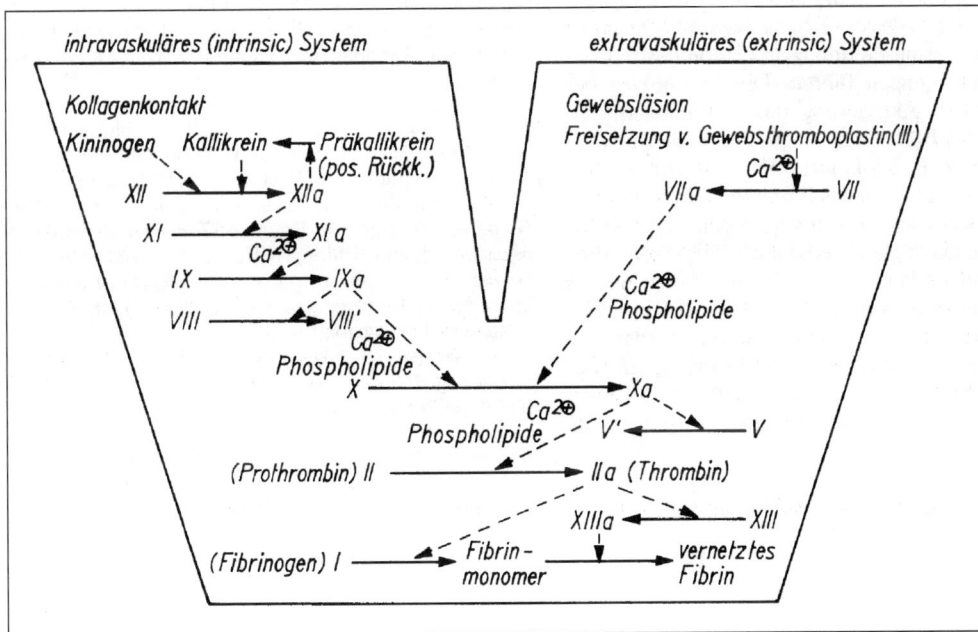

Abb. 4.86. Schema der Vorgänge bei der Blutgerinnung im Menschen. Gestrichelte Pfeile: Aktivierung durch Proteolyse; durchgezogene Pfeile: Transformation des Proenzyms in das aktive proteolytische Enzym bzw. Umwandlung von Fibrinogen in Fibrin. Durch das a hinter der römischen Ziffer (Faktor) wird die aktive Protease gekennzeichnet.

Tabelle 4.19. Die Gerinnungsfaktoren. Das (K) hinter dem Bildungsort bedeutet: Synthese Vitamin K-abhängig. Aus KARLSON 1980, ergänzt.

Faktor		M_r	Biolog. HWZ in h	Konzentration mg/100 ml	Bildungsort
I	Fibrinogen	341 000	110–112	200–450	Leber
II	Prothrombin	72 000	41– 72	6– 10	Leber (K)
III	Gewebsthromboplastin				Gewebszellen
IV	$Ca^{2\oplus}$		40	10– 12	
V	Proaccelerin, Akzelerator-globulin	300 000	12– 15		Leber?
VI	entfällt: aktivierter Faktor V				
VII	Prokonvertin	56 000	2– 5	ca. 0,1	Leber (K)
VIII	Antihämophiles Globulin A (AHG)	ca. 2×10^6	10– 18	ca. 05–1	Milz/RES
IX	Antihämophiles Globulin B (Christmas-Faktor)	72 000	18– 30	0,5–0,7	Leber (K)
X	Stuart-Prower-Faktor (= Plasmathromboplastin)	72 000	20– 42	10	Leber (K)
XI	Plasma-Thromboplastin-Antecedent (PTA)	180 000	10– 20	0,6	RES?
XII	Hageman-Faktor (Kontaktfaktor)	80 000	50– 70	1,5–4,7	RES?
XIII	Fibrinstabilisierender Faktor (FSF)	300 000	100–120	1–4,7	Leber
	Präkallikrein (Fletcher-Faktor)	90 000		4– 5	?
	Kininogen	180 000		6	?
	Antithrombin III	65 000		17– 30	Leber
	α_2-Makroglobulin	720 000		150–350	Leber
	α_1-Antitrypsin	54 000		200–400	Leber

zeß der **Fibrinolyse**[1]) wieder beseitigt. Im gesunden Körper halten Fibrinbildung und Fibrinolyse sich die Waage. Störungen dieses Gleichgewichtes können zu intravasalen Gerinnselbildungen (Thrombose) bzw. zu Blutungsneigungen führen. Die Fibrinolyse beginnt mit einer Aktivierung des Plasminogens zu **Plasmin** durch **Blut-** (z. B. Kallikrein) oder **Gewebsaktivatoren** (z. B. Urokinase). Plasmin ist eine Protease, die in erster Linie das Fibrin in lösliche Peptide spaltet, die anschließend von Peptidasen weiter abgebaut werden. Da es gleichzeitig auch Fibrinogen, Prothrombin und die Faktoren V, VIII und XII zu spalten vermag, sorgt es auch für eine verminderte Blutgerinnungsfähigkeit. Die Gewebsaktivatoren werden nur bei Verletzung der Gefäßwände wirksam. Sie sind besonders reichlich in der Uterusmuskulatur zu finden und wahrscheinlich dafür verantwortlich, daß das

Menstrualblut relativ flüssig bleibt. Die Blutaktivatoren benötigen zu ihrer Wirksamkeit sog. Proaktivatoren (z. B. Lysokinase, die bei traumatischen oder entzündlichen Schäden aus Blutzellen freigesetzt werden).

Eine Reihe von Organismen, z. B. die blutsaugenden Egel und Insekten, produzieren **Antikoagulantien,** um das Gerinnen des Blutes ihres Beutetieres zu verhindern. Das im Speichel von Blutegeln enthaltene Antithrombin wird als **Hirudin,** dasjenige von Bremsen *(Tabanus)* als **Tabanin** bezeichnet. Einige **Schlangengifte** besitzen eine Antithrombokinaseaktivität, andere enthalten im Gegensatz dazu Enzyme, die die Blutgerinnung fördern, wodurch der Tod des Beutetieres herbeigeführt wird.

Bei der nur im männlichen Geschlecht auftretenden, rezessiv geschlechtsgebunden vererbten Bluterkrankheit **(Hämophilie)** handelt es sich in der Regel um einen Mangel an Faktor VIII (antihämophiles Globulin A), selten um den Mangel an Faktor IX. Noch seltener ist die in beiden Geschlechtern auftretende, ebenfalls rezessiv vererbte Hämophilie auf Grund eines Mangels an Faktor XI.

---

[1]) fibra (lat.) = Faser; he lysis (griech.) = die Auflösung.

5. Informationsaufnahme und -verarbeitung

5.1. Allgemeines

Wir begannen unsere Betrachtungen über die Physiologie der Tiere mit der wichtigen Feststellung, daß alle Tiere offene Systeme darstellen. Der für offene Systeme charakteristische ununterbrochene Stoff- und Energieaustausch mit der Umgebung war Gegenstand des zweiten und dritten Kapitels dieses Buches. Durch die Austauschvorgänge sind alle Lebewesen aufs engste mit ihrer Umgebung verknüpft und von ihr abhängig. Es ist deshalb für jedes Lebewesen und in besonderem Maße für das frei bewegliche Tier von lebenswichtiger Bedeutung, daß es etwas über seine Umgebung „erfährt", in der es seine Nahrung und einen Geschlechtspartner findet, in der aber auch vielerlei Gefahren in Form ungünstiger Lebensbedingungen (Licht, Temperatur, Feuchtigkeit usw.) oder in Form von Feinden existieren. Der Aufnahme von Informationen dienen bekanntlich spezielle Strukturen des Nervensystems, die **Rezeptoren**, mit deren Physiologie wir uns bereits in den Grundzügen beschäftigt haben (2.3.4.). Von der Ausstattung mit verschiedenen Rezeptoren hängt es ab, über welche Vorgänge in der Umgebung das Tier etwas erfährt. Nur einige der Vorgänge, die ständig in verwirrender Vielfalt in der Umgebung des Tieres ablaufen, werden reizwirksam. Für viele fehlt ein passender „Empfänger". So können wir Menschen z. B. ultraviolettes Licht nicht sehen, die Ultraschalltöne der Fledermäuse nicht hören und elektrische oder magnetische Felder nicht „fühlen".

Man kann zwischen einer **objektiven** und einer **subjektiven Sinnesphysiologie** unterscheiden. Die erstere studiert die physikalisch-chemischen Vorgänge der Sinneserregung in Abhängigkeit von Reizen sowie der Weiterleitung und Verarbeitung der Erregung in verschiedenen Teilen des Nervensystems. Sie registriert Rezeptorpotentiale, Nervenimpulse, „evozierte" Potentiale, Elektroencephalogramme etc., während die subjektive Sinnesphysiologie **Empfindungen** und **Wahrnehmungen**, also keine physischen, sondern psychische Vorgänge zum Gegenstand hat.

Wahrnehmung heißt **Deutung der Empfindungen** aufgrund ererbter Dispositionen und erworbener Erfahrungen. Sie ist kein passiv entstandenes Abbild der Umwelt, das uns die Sinne vermitteln, sondern ein aktives Produkt, eine Leistung unseres Gehirns. Das führt uns die Betrachtung sog. **Kippfiguren** sehr deutlich vor Augen. Die in Abbildung 5.1. wiedergegebene „Rubin-Vase" kann man entweder als Vase oder als zwei Gesichter im Profil sehen. Fixiert man das Bildzentrum, so alternieren beide Wahrnehmungen – bei gleichem sensorischen Input – miteinander. Wie der Kontext auf die Wahrnehmung wirkt, zeigt die dargestellte **optische Täuschung**. Wir können uns durch Abmessen davon überzeugen, daß alle drei abgebildeten Personen gleich groß

Abb. 5.1. Die „Rubin-Vase" (links), eine zweideutige Figur: Vase oder Profil zweier Gesichter. Die bekannte „Ponzo-Täuschung" (rechts).

sind, können uns aber dem Diktat unseres Gehirns nicht entziehen, die Figuren bleiben für unsere Wahrnehmung unterschiedlich groß.

Da man Empfindungen und Wahrnehmungen nur selbst „erleben" bzw. erschließen, nicht aber messend registrieren, kann, können sie auch nicht Gegenstand einer naturwissenschaftlichen Disziplin, wie der Tierphysiologie, sein. Wir können zwar aufgrund von Analogieschlüssen davon ausgehen, daß auch Tiere Empfindungen, Wahrnehmungen und Gefühle, wie Freude, Schmerz, Unbehagen, Lust etc., haben, können es aber nicht nachweisen. Der Analogieschluß vom Menschen auf das Tier ist um so „schlüssiger", je ähnlicher die Tierform uns in ihrem Verhalten, in ihren Lebensäußerungen, je näher sie mit uns verwandt ist. Es liegt im Belieben des Einzelnen, wo er die Grenze im Reich des Lebendigen ziehen möchte.

Die **animalische Sinnes- und Nervenphysiologie** kann mit dem ihr zur Verfügung stehenden Instrumentarium (Beobachtung, Experiment) nur die mit den psychischen Phänomenen – wenn es sie gibt – in irgendeiner Weise verbundenen physischen Prozesse untersuchen und das Verhalten der Tiere studieren. Sie kann Leistungen, wie das Lernvermögen, Gedächtnis, Denkvermögen, Vermögen zur Einsicht und zum Werkzeuggebrauch, feststellen, nicht aber die mit diesen Leistungen verknüpften psychischen Vorgänge.

Wir Menschen bauen uns aufgrund der von unseren Sinnesorganen empfangenen, in Nervenimpulsserien „übersetzten" und an die Sinneszentren im Gehirn weitergeleiteten Signale sowie aufgrund genetisch fixierter „Programme" und individuell erworbener Erfahrungen eine dreidimensionale **Wahrnehmungswelt** auf, in der wir operieren, mit Erfolg agieren. In der realen Welt um uns gibt es weder Licht oder Farbe noch Wärme, Kälte, Geschmack, Geruch oder Töne. Die Wahrnehmungswelt ist ein Produkt, eine Leistung unseres Gehirns und nicht ein passives „Abbild" der realen Welt. Sie kann aber auch nicht völlig bezugslos zu dieser realen Welt sein, denn wir kommen mit ihr ja gut zurecht. Die von uns aufgebaute Wahrnehmungswelt mußte sich in der Phylogenese, in der Auseinandersetzung mit der realen Welt, immer wieder bewähren. Wies sie nicht einen hinreichenden „Passungsgrad" auf, so war der Organismus nicht handlungsfähig und dem Untergang geweiht. So hat sich in der langen Geschichte der Phylogenie auch die Leistung unseres Gehirns an die Gegebenheiten der real existierenden Welt angepaßt, aber nur so weit, wie es für das Überleben notwendig, und nicht so weit, wie es möglich war.

So, wie die Leistung des Auges die Berücksichtigung der Gesetze der linearen Optik, die des Ohres die Berücksichtigung der Gesetze der Akustik und die des Delphinkörpers die der Hydrodynamik zur Voraussetzung hat, so spiegelt auch die Leistung des Gehirns bestimmte Aspekte der realen Welt wider. So gibt es tatsächlich a priorische[1]) Anschauungsformen und Kategorien im Sinne KANTS, die uns angeboren sind und in gewisser Weise auf die Welt passen und ein Erkennen erst ermöglichen. Was KANT allerdings nicht wissen konnte: Sie passen, weil sie sich in Anpassung an diese Welt und ihre Gesetze im langen Prozeß der Evolution herausgebildet haben und nun in unserem Genom verankert

---

[1]) lat. „vom Früheren her".

sind. Dabei bleibt völlig offen, ob die reale Welt tatsächlich dreidimensional ist oder nicht, wichtig ist allein, daß wir bisher mit einem solchen dreidimensionalen „Weltbild" überleben konnten. Andere Lebewesen kommen vielleicht mit einem zweidimensionalen Bild von der Welt aus. Wir haben keine Ahnung, wie die Wahrnehmungswelt einer Fledermaus aussehen könnte, die ihr „Weltbild" in erster Linie aufgrund akustischer und nicht – wie wir – aufgrund optischer Informationen aufbaut.

Man unterscheidet **Exterozeptoren**, sie sprechen auf Reize in der Umwelt des Tieres an und stehen im Dienste der Orientierung im Raum, und **Interozeptoren**, sie dienen der Information über Zustände und Vorgänge im Innern des Körpers.

Alle Rezeptoren zeigen eine **funktionelle Polarität**. Der eine Pol dient der Aufnahme der Information (**rezeptive** oder **Inputregion**) und der entgegengesetzte der Übertragung der Information auf andere Zellen des Nervensystems (**präsynaptische** oder **Outputregion**). Beide Regionen können sich auch morphologisch von der übrigen Zelle abheben. Zwischen ihnen können sich eine Perikaryonregion, die den Zellkern beherbergt, und ein mehr oder weniger langes Axon befinden. In der rezeptiven Region erfolgt die Umformung des von außen auf sie einwirkenden Reizes in einen Erregungsvorgang. Unter **Erregung** verstehen wir die Summe der sich in dem Rezeptor bei Reizeinwirkung abspielenden Vorgänge. Dazu gehören Änderungen der Membranpermeabilität, Entstehung von elektrischen Potentialen, Änderungen des O_2-Verbrauchs usw. Es handelt sich dabei um keine einfache Transformation der Reizenergie in die Erregung. Dem **Reiz** kommt lediglich eine auslösende bzw. steuernde Rolle zu. Seine Energie kann deshalb wesentlich kleiner sein als diejenige des von ihm ausgelösten oder gesteuerten Erregungsvorganges. Die für die Erregung notwendige Energiemenge entstammt dem Zellstoffwechsel und nicht dem Reiz. Die Rezeptoren werden aktiv in ihrem Zustand der Erregbarkeit gehalten.

Die **Morphologie der Rezeptorzellen** ist sehr verschieden (Abb. 5.2.). Die rezeptive Region ist in vielen Fällen Teil eines distalen Zellfortsatzes (Photorezeptoren der Cephalopoden und Vertebraten, Geruchsrezeptoren der Vertebraten und Insekten, Mechanorezeptoren der Arthropoden u. a.) oder bildet viele dendritenartige Fortsätze (z. B. Mechanorezeptoren der Arthropoden). In anderen Fällen hebt sie sich nicht morphologisch vom Perikaryon ab (Photorezeptoren vieler Evertebraten, Statorezeptoren der Cephalopoden u. a.). In noch anderen Fällen ist die rezeptive Region auf den verzweigten marklosen Ausläufern einer markhaltigen Nervenfaser lokalisiert: sog. **freie Nervenendigungen** (viele Rezeptoren in der Haut der Wirbeltiere). Schließlich ist bei den Hörzellen im Cortischen Organ der Wirbeltiere (5.2.4.2.) ebenso wie bei den Geschmacksrezeptoren der Wirbeltiere sowohl die rezeptive als auch die präsynaptische Region Teil des Perikaryons, ein Axon fehlt: sog. **sekundäre Sinneszellen** (auf Wirbeltiere beschränkt). Demgegenüber sind die **primären Sinneszellen** durch ein vom Perikaryon entspringendes Axon ausgezeichnet. Bei den

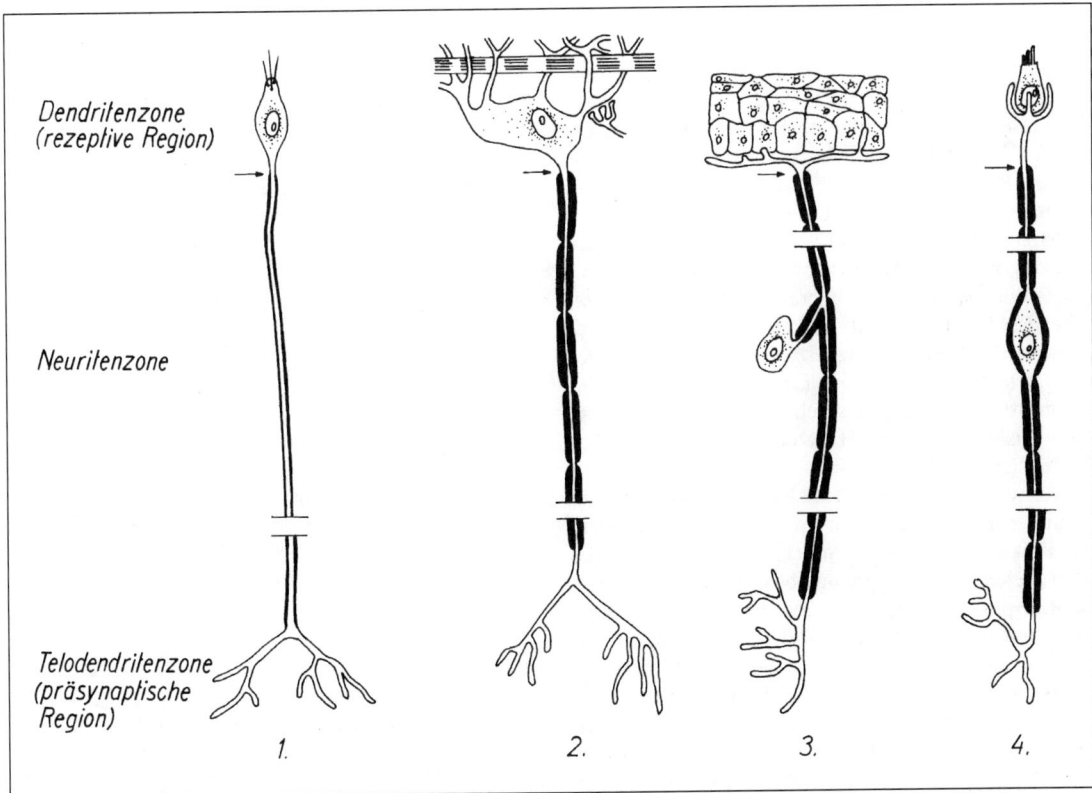

Abb. 5.2. Schematische Darstellung verschiedener sensorischer Neurone: 1. Riechzelle (Wirbeltier): primäre, bipolare, markarme Sinneszelle. 2. Dehnungsrezeptor (Krebs): primäre, multipolare, markhaltige Sinneszelle. 3. Hautsinneszelle (Wirbeltier): Sinnesnervenzelle (pseudounipolar, markhaltig) mit sog. freien Nervenendigungen. 4. Hörzelle (Wirbeltier): sekundäre Sinneszelle mit nachgeschalteter bipolarer, markhaltiger Nervenzelle. Pfeil: Ursprungsort der Aktionspotentiale. Nach BODIAN 1962, verändert.

verschiedenen Rezeptorzellen hat man in der rezeptiven Region Strukturen gefunden, die in ihrem Aufbau einer Cilie bzw. einem Flagellum ähneln.

Jeder Reiz muß dem Rezeptor einen Mindestbetrag an Energie zu- bzw. abführen, wenn er wirksam werden, d. h. eine fortgeleitete Erregung auslösen soll. Zu dieser quantitativen Bedingung kommt noch eine qualitative: Die Rezeptoren sind zwar gewöhnlich für die verschiedensten Reize empfänglich, sie besitzen aber nur für eine Reizart, für den sog. **adäquaten**[1]) **Reiz**, eine hochgradig gesteigerte Empfindlichkeit. Der adäquate Reiz für die Retinazellen ist das Licht, für die Thermorezeptoren die Absoluttemperatur usw. **Inadäquate Reize** wirken entweder überhaupt nicht oder erst bei sehr hohen Intensitäten erregungsauslösend. Ihre geringe bzw. fehlende Wirksamkeit kann ihre Ursache im „reizleitenden Apparat", über den die Reizenergie zu den nicht frei zugänglichen Rezeptoren geführt wird (s. u.), oder in Besonderhei-

ten der sensiblen Endstruktur selbst haben. So beruht z. B. die Erscheinung, daß die meisten Wirbeltiere nur bis hinab zu einer Wellenlänge von ca. 400 nm sehen, darauf, daß das kurzwellige Licht (Ultraviolett) auf seinem Wege durch die Linse und den Glaskörper bereits absorbiert wird und die Retinazellen gar nicht mehr erreicht, obwohl sie durch dieses Licht noch erregbar wären. Andererseits ist die obere Grenze des sichtbaren Spektrums bei etwa 800 nm durch Eigentümlichkeiten des Rezeptors selbst bedingt, denn das Licht wird von den Sehfarbstoffen nicht mehr absorbiert. Da die natürlichen Reize gewöhnlich in mäßiger Stärke auftreten, bleibt jeder einzelne von ihnen an allen sensiblen Strukturen mit Ausnahme derjenigen, für die er adäquat ist, weit unterhalb der Schwelle. Es kommt dadurch zu einer geordneten Verteilung der verschiedenen Reizwirkungen auf räumlich getrennte Empfangsstrukturen des Tieres, d. h. – grob gesagt –, das Tier sieht mit seinen Augen, riecht mit seinem Geruchsorgan, tastet mit seinen Tastorganen usw.

[1]) adaequatus (lat.) = angeglichen.

In manchen Fällen wird den Rezeptoren die Reizenergie über einen besonderen **reizleitenden Apparat** zugeführt. Bekannt ist der schalleitende Apparat im Ohr der Säugetiere und der dioptrische Apparat des Linsenauges. Der reizleitende Apparat dient nicht nur der Weitergabe des Reizes, er führt oft gleichzeitig eine Reiztransformation durch. Das bedeutet, daß diejenige Größe, die am Eingang des reizleitenden Apparates wirksam ist und den Energiefluß über den Apparat bestimmt **(Eingangsreiz)**, nicht mit derjenigen Größe identisch zu sein braucht, die aus dem reizleitenden Apparat austritt und auf die sensiblen Endstrukturen einwirkt **(Nutzreiz)**. Zur Erläuterung des Gesagten ein Beispiel: Der Eingangsreiz beim Säugerohr ist der Wechsel des Schalldrucks, der Nutzreiz die Auslenkung der Haarzellen des Cortischen Organs (5.2.4.2.).

Auskunft über die **absolute Empfindlichkeit** einer sensiblen Endstruktur kann man durch Bestimmung der **Reizschwelle** bei adäquater Reizung erhalten. Es wird diejenige Energiemenge bestimmt, die im Mindestfall pro Zeiteinheit bei beliebig langer Reizung der Empfangsstruktur zugeführt werden muß, um eine Erregung auszulösen. Diese **Schwellenintensität** hat die Dimension einer Leistung und wird in Watt $(J \cdot s^{-1})$ angegeben. Aus ihr kann man die **Schwellenenergie** berechnen, wenn man die Mindestdauer (Nutzzeit) kennt, die ein Reiz mit Schwellenintensität einwirken muß, um eine Erregung auszulösen. In der Tabelle 5.1. sind einige Schwellenwerte enthalten.

Berücksichtigt man, daß ein großer Teil der Schwellenenergie (ca. 90%) bereits beim Passieren der Augenmedien verlorengeht und gar nicht die **Lichtsinneszellen** erreicht, so kommt man zu dem Ergebnis, daß die Absorption eines einzigen Lichtquants $(4 \cdot 10^{-19}$ J bei $\gamma = 507$ nm)[1] ausreicht, ein Stäbchen zu erregen. Die Empfindlichkeit des einzelnen Stäbchens erreicht somit „die absolute Grenze, die durch den atomistischen Charakter der Lichtphänomene gesetzt ist" (BOHR). Beim Menschen

[1] Zur Veranschaulichung dieses Betrages: Eine Lampe, die pro s $5,6 \cdot 10^{-17}$ J ausstrahlt, muß $8,5 \cdot 10^9$ Jahre (Alter der Erde ca. $4,5 \cdot 10^9$ Jahre!) in Betrieb sein, um soviel Energie abgegeben zu haben, die ausreicht, eine 15-W-Birne 1 s lang zum Aufleuchten zu bringen.

(völlig dunkeladaptiert, Reizlicht von 500 nm Wellenlänge auf eine Fläche 15° nasal von der Fovea gerichtet) ergibt sich eine Wahrnehmungsschwelle von 59–73 Quanten, die auf die Cornea fallen müssen. Davon erreichen etwa 15 unter günstigsten Bedingungen die etwa 100 Stäbchen der gereizten Fläche.

Ähnlich ist es beim **Geruchssinn** mancher Tiere. Oft reicht ein einziges Duftmolekül aus, eine Riechsinneszelle zu erregen (Beispiele: Aal, Seidenspinnermännchen).

Die Empfindlichkeit des **Säugetierohres** liegt an der Grenze des physikalisch Möglichen. Eine weitere Steigerung würde bereits durch die die thermischen Bewegungen der Moleküle hervorgerufenen Druckschwankungen am Trommelfell hörbar machen, was zu einem ständigen Rauschpegel im Ohr, also zu keiner Verbesserung des Hörvermögens mehr führen würde. Berechnungen ergaben, daß der Störpegel durch thermisches Rauschen um so größer ist, je größer der Frequenzbereich optimalen Hörens ist. Der Schalldruck $\bar{P}$ des thermischen Störgeräusches ist

$$\bar{P} = \sqrt{K \cdot T(f_2^3 - f_1^3)}; \quad K \quad \frac{8\pi\rho k}{3v}$$

wobei K eine Konstante ist, in die die Dichte der Luft ρ, die Schallgeschwindigkeit v und die Boltzmannsche Konstante k eingehen. T ist die absolute Temperatur, f_2 die obere und f_1 die untere Frequenzgrenze des betrachteten Störgeräusches. Für den optimalen Hörbereich des Menschen ($f_1 = 1000$ Hz, $f_2 = 6000$ Hz) ergibt sich ein thermischer Störschalldruck von $5,5 \cdot 10^{-6}$ Pa $= 5,5 \cdot 10^{-5}$ µbar. Die Schwelle für das menschliche Ohr liegt in diesem Bereich bei $2 \cdot 10^{-5}$ Pa, liegt also – wie gesagt – an der Grenze des physikalisch Möglichen.

Der materielle Prozeß der Erregung in der Großhirnrinde kann uns als **Empfindung** bewußt werden und in das Gedächtnis eingehen. Es kann nicht Aufgabe der Tierphysiologie sein, über Empfindungen bei Tieren zu spekulieren. Je weiter wir uns im Tierreich vom Menschen entfernen, desto problematischer wird es, die uns nur aus eigenem Erleben bekannten Empfindungen auch beim Tier vorauszusetzen. Es wird uns verborgen bleiben, welche Empfindung z. B. das Insekt beim Sehen des ultravioletten Lichtes hat.

Die Empfindlichkeit vieler Rezeptoren ist bis an die Grenze des physikalisch Möglichen bzw. physiologisch noch Verträglichen gesteigert. Von diesen

Tabelle 5.1. Schwellenintensitäten und -energien bei einigen Sinnesorganen unter optimalen Bedingungen.

Sinnesorgan	Schwellenintensität in $J \cdot s^{-1}$	Nutzzeit in s	Schwellenenergie in Joule (J)
menschliches Auge (dunkeladaptiert, blaugrünes Licht: 507 nm)	$5,6 \cdot 10^{-17}$	~0,5	~$0,3 \cdot 10^{-17}$
menschliches Ohr (1 200 Hz)	$8-40 \cdot 10^{-18}$	~0,5	$4-20 \cdot 10^{-18}$
Tympanalorgan (Ultraschall)	$5,0 \cdot 10^{-17}$		
Subgenualorgan (1 400 Hz)	$6,0 \cdot 10^{-17}$		

Reizschwellen einzelner Rezeptorzellen (**periphere Schwelle**) muß man die Schwellenwerte für die Reaktion des ganzen Tieres bzw. – beim Menschen – für die bewußte Empfindung (**zentrale Schwelle**) unterscheiden. Letztere liegen in der Regel wesentlich höher. So reicht zwar die Absorption eines einzigen Lichtquants aus, das Stäbchen in der menschlichen Netzhaut zu erregen, zur Lichtempfindung kommt es aber erst dann, wenn innerhalb der Nutzzeit eine bestimmte Zahl von Stäbchen, die alle demselben rezeptorischen Feld angehören müssen, erregt werden. Die auf die Rezeption des Sexualduftstoffes Bombykol spezialisierten Riechzellen des Seidenspinnermännchens reagieren zwar bereits bei Kontakt mit einem einzigen Reizmolekül, zur Reaktion des ganzen Tieres kommt es aber erst, wenn eine bestimmte Zahl der Riechzellen gleichzeitig erregt werden. Dadurch schützen sich die Tiere vor Fehlinformationen infolge spontaner Entladungen einzelner ihrer Sinneszellen. Es scheint nicht möglich zu sein, höchstempfindliche Rezeptorsysteme gleichzeitig hinreichend rauscharm zu machen, damit von einer einzigen Zelle aus Reaktionen des Tieres gesteuert werden können.

Oft sind die Rezeptorzellen mit besonderen akzessorischen Strukturen zu komplizierten **Sinnesorganen** vereinigt. Die akzessorischen Strukturen können folgende Aufgaben haben:

1. Sie können der Abschirmung dienen und die Reize nur aus einer bestimmten Region bis zu den Rezeptoren hindurchlassen (z. B. Pigmente im Auge).
2. Sie können in die adaptiven Vorgänge eingeschaltet sein, d. h. in die Anpassung an die jeweilige Reizintensität (z. B. Pupille).
3. Sie können der Weiterleitung des Reizes dienen (reizleitender Apparat), wie z. B. der schalleitende Apparat im Ohr oder der dioptrische Apparat des Auges.

Die **Sinne** pflegt man nach der Natur ihrer adäquaten Reize zu unterteilen. So unterscheidet man die mechanischen Sinne, den Temperatursinn, den optischen Sinn, den elektrischen Sinn und die chemischen Sinne voneinander. Zur Gruppe der mechanischen Sinne gehören der Tast- und Vibrationssinn, der statische und der akustische Sinn. Im Bereich des chemischen Sinnes kann man oft zwischen einem Geruchs- und Geschmackssinn differenzieren. Es brauchen nicht alle Sinne bei einem Tier vorhanden zu sein. Der adäquate Reiz kann je nach seiner Qualität verschiedene Empfindungen hervorrufen. So können wir das Licht nach Farbton und -sättigung, die Töne nach Höhe und Klangfarbe unterscheiden. Diese innerhalb desselben Sinnes möglichen verschiedenen Empfindungen nennt man **Qualitäten**. Sie sind miteinander wesensverwandt und bilden in ihrer Gesamtheit einen Qualitätskreis innerhalb einer **Modalität**. Während also Blau und Grün derselben Modalität angehören, sind Blau und der Kammerton a zwei verschiedenen

Modalitäten zuzuordnen. Gesichts- und Gehörsempfindungen sind nicht miteinander vergleichbar. Innerhalb des Temperatursinns müssen wir zwei Modalitäten – kalt und warm – unterscheiden. Es gibt, strenggenommen, einen Kälte- und einen Wärmesinn. Innerhalb der chemischen Sinne stößt die Differenzierung in Modalitäten und Qualitäten noch auf Schwierigkeiten. Die Erfahrung lehrt, daß ein einzelner Sinn jeweils nur Empfindungen einer einzigen Modalität auslösen kann. Unabhängig davon, ob die Netzhaut durch Licht (adäquater Reiz) gereizt wird, oder ob wir das Auge oder auch den Opticusnerv künstlich elektrisch oder mechanisch reizen, kommt es immer nur zur Licht- oder Farbempfindung. Ebenso führt eine mechanische Reizung (Berührung, Durchschneiden) der Chorda tympani nicht zur Tast-, sondern zur Geschmacksempfindung. Diese Gesetzmäßigkeit ist als **Gesetz der spezifischen Sinnesenergie** (Johannes Müller 1826) in die Physiologie eingegangen.

5.2. Mechanische Sinne

5.2.1. Tastsinn

Der adäquate Reiz für den Tastsinn ist die mit Scherungs- und Biegungskräften verbundene mechanische Verformung der Rezeptoren in der Haut. Zur Auslösung von Erregungen genügt z. B. beim Frosch unter Umständen bereits eine Auslenkung der Haut um nur 2 μm. Die Schwellenwerte der einzelnen Rezeptoren sind sehr verschieden. Bei den meisten Tieren dürfte die gesamte Körperoberfläche, wenn sie nicht durch eine dicke Schale (Schnecken, Muscheln) oder einen festen Panzer (Krebse) bedeckt ist, tastempfindlich sein. Oft ist die Tastempfindlichkeit bestimmter Körperteile besonders groß. Das gilt z. B. für die „Fühler" verschiedener Tiere, für die Schnauzenspitze wühlender Säugetiere (Maulwurf, Schwein), für die Schnabelspitze vieler Vögel (Schnepfe, Ente) und für die Fingerbeere des Menschen. Wie das Abtasten der menschlichen Haut mit einer Borste zeigt, ist die Haut nicht gleichmäßig, sondern nur an den sog. **Tastpunkten** empfindlich. Diese Tastpunkte liegen in den Regionen mit hoher Tastempfindlichkeit besonders dicht (Fingerbeere des Menschen: $200 \cdot cm^{-2}$).

Die **Rezeptoren** des Tast- bzw. Vibrationssinnes (5.2.2.) sind sehr mannigfaltig. Bei den **Wirbeltieren** handelt es sich durchweg um die Endausläufer sensibler (pseudounipolarer) und adendritischer Ganglienzellen, deren Zellkörper in den Spinalganglien der dorsalen Wurzeln am Rückenmark bzw. – für die Rezeptoren der Kopfhaut – in den Wurzelganglien der sensiblen Hirnnerven liegen. Es sind entweder marklose C-Fasern (2.3.3.) mit einem Axondurchmesser von 0,3–1,3 μm oder markhaltige A-Fasern mit einem Durchmesser bis zu 15 mm. Entweder enden die Ausläufer

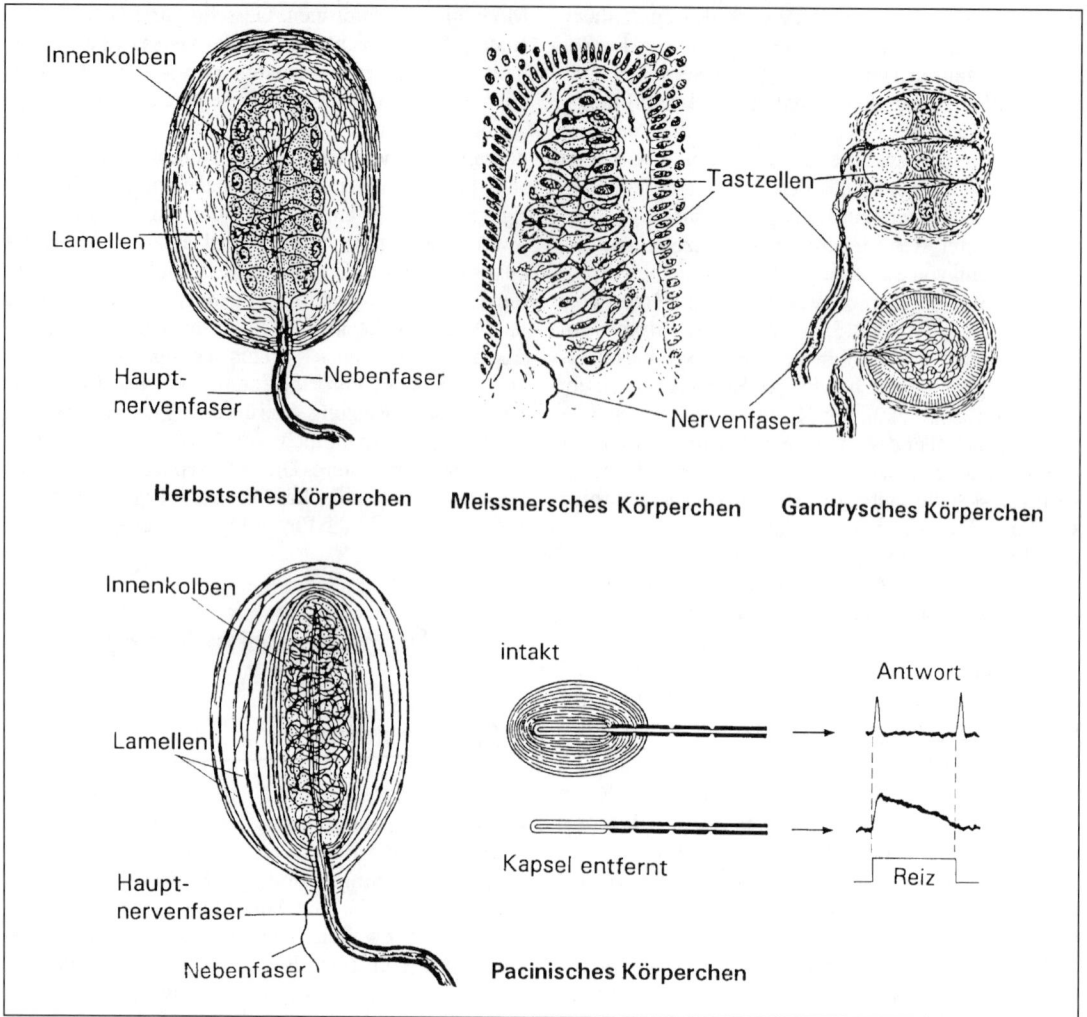

Abb. 5.3. Einige Mechanorezeptoren der Vögel und Säugetiere (nach versch. Autoren zusammengestellt). Die intakten Pacinischen Körperchen reagieren auf mechanische Deformierung extrem phasisch, was auf die mechanischen Eigenschaften der Kapsel zurückzuführen ist (rechts unten, nach LOEWENSTEIN 1960).

in Form feiner, markloser Aufzweigungen frei zwischen den Zellen der Epidermis, Cutis oder Subcutis, oder sie umspinnen die Federwurzeln bzw. Haarwurzelscheiden, oder sie bilden – drittens – sog. Endkörperchen (Abb. 5.3.). Die **Endkörperchen** gibt es fast nur bei höheren Wirbeltieren. Sie sind im Gegensatz zu den freien Nervenendigungen nicht in der Epidermis, sondern nur in tieferen Schichten der Haut zu finden. Sie zeichnen sich dadurch aus, daß die marklose Nervenendigung von Hüllzellen umgeben und zusammen mit diesen in eine Bindegewebskapsel eingeschlossen ist. Am bekanntesten sind die weit verbreiteten, knapp 1 mm großen **Pacinischen**[1]**) Körperchen** bei Vögeln und Säugetieren (Fingerspitze des Menschen, in den Pfotenballen, den Mesenterien, der Analregion, der Clitoris und im Pankreas

der Katze, in Blutgefäßwänden und anderswo), die wesentlich kleineren **Herbstschen Körperchen** der Vögel (in und auf Häuten, die die Knochen der Hinterextremität miteinander verbinden und überziehen, in der Schnabelhaut und in der Nähe der Federbälge), die **Gandryschen Körperchen** der Vögel (in der Schnabelhaut der Wasservögel vergesellschaftet mit den Herbstschen Körperchen) und die **Meissnerschen Körperchen** der Primaten (Fingerbeere, Lippe).

Elektrophysiologische Untersuchungen haben gezeigt, daß die Tastrezeptoren dem phasischen, schnell adaptierenden oder dem phasisch-tonischen, langsam adaptierenden Typ (2.3.4.) angehören können. Die mechanosensiblen, dickeren A-Fasern zeigen bei Reizung ihrer Endigungen ein **phasisches Verhalten**, sie reagieren nur bei Einsetzen und bei

---

[1]) Filippe PACINI (1812–1883).

Beendigung des Reizes mit einer kurzen Impulssalve. Die marklosen C-Fasern zeigen dagegen ein **phasisch-tonisches Verhalten**, sie reagieren mit überschießender Erregung und nachfolgender Adaptation auf eine feste Impulsfrequenz, die nur sehr langsam abklingt.

Bei vielen A-Fasern wie auch C-Fasern konnte man beobachten, daß deren Endigungen sowohl auf thermische als auch auf mechanische Reize ansprechen, daß sie also nicht spezifisch sind. So gibt es in der Haut der Katze Einzelfasern, die sich wie typische „Kältefasern" verhalten (stationäre Dauerentladung, phasisch-tonische Frequenzänderung bei Temperatursprüngen und maximale Dauerentladungsfrequenz bei einer bestimmten Temperatur, 5.3.1.) und auch bei mäßigem Druck auf die Haut mit einer Steigerung ihrer Impulsfrequenz reagieren.

Die langen, steifen **Schnurr-** oder **Nasenhaare** (Vibrissae[1])) verschiedener Säugetiere (Katze, Ratte etc.) sind hochspezialisierte Tastsinnesorgane. Abbiegen der Haare von weniger als einem halben Grad wird noch registriert. Aus Experimenten geht hervor, daß sowohl die Amplitude als auch die Richtung, Geschwindigkeit, Dauer, Frequenz der Auslenkung der Haare ausgewertet werden. Die Vibrissae können – im Gegensatz zu den gewöhnlichen Haaren – willkürlich über quergestreifte Muskeln bewegt werden. Sie sind bei Ratten, Katzen und Seehunden von großer Bedeutung in der letzten Phase beim Fangen beweglicher Beuteobjekte. Ratten werden beim Laufen durch ein Labyrinth stärker beeinträchtigt, wenn ihnen die Vibrissae fehlen, als nach Ausschalten des Gesichts-, Gehör- oder Geruchssinnes. Sie können rauhe Oberflächen mit einer Empfindlichkeit diskriminieren, wie wir es mit den Fingerspitzen vermögen. Dabei bewegen sie die Vibrissae mit einer Frequenz von 8 Hz über die Oberfläche hin und her (Abb. 5.4.). Einige Ratten konnten im Experiment noch eine glatte Oberfläche von einer solchen mit 30 µm tiefen Rillen im Abstand von 90 µm sicher unterscheiden.

Auch die **Tasthaare** der **Arthropoden** reagieren entweder phasisch oder phasisch-tonisch. Im allgemeinen gehören die schlanken, vereinzelt stehenden Tasthaare dem phasischen und die dickeren, oft in Form von Borstenfeldern auftretenden, dem phasisch-tonischen Typ an. Für die Tastborsten am Ovipositor der Schmeißfliege *Phormia regina* ist eine **Richtcharakteristik** festgestellt, d. h., die Haare reagieren auf Abbiegung in bestimmter Richtung am empfindlichsten. Die Höhe der Impulsfrequenz ist außerdem von der Geschwindigkeit abhängig, mit der die Abbiegung erfolgt.

Bei Insekten, Symphylen und Spinnentieren kommen **Trichobothrien[2])** (Becherhaare) vor. Sie sind sehr lang (100–200 µm) und dünn und können sehr

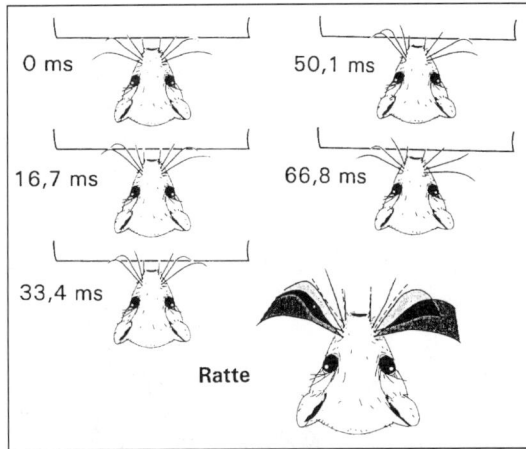

Abb. 5.4. Die Schnurrhaare (Vibrissae) der Ratte werden bei der Erkundung der Umwelt ständig bewegt: fünf im Abstand von 16,7 ms aufgenommene Bilder. Die Amplitude der Bewegungen ist im Bild rechts unten wiedergegeben. Nach CARVELL u. SIMMONS 1990.

leicht ausgelenkt werden. Bei den **Webspinnen** sind sie auf den Laufbeinen an den Tarsen und Metatarsen (in einer dorsalen Reihe) sowie an den Tibien (in mehreren Reihen) und auf den Pedipalpen zu finden. Ihr langer Haarschaft entspringt am Boden einer becherförmigen Vertiefung auf einer zylinderförmigen cuticularen Erhöhung, die von einer Membran bedeckt ist (Abb. 5.5.). Unterhalb dieser Membran befindet sich ein flüssigkeitsgefüllter Raum (Rezeptorlymphraum). Vier dendritische Fortsätze (mit Cilienstruktur) ziehen dorsal, ventral, vorne und hinten bis an den „Helm" heran, der wiederum mit dem Haar in Verbindung steht. Drei der dendritischen Fortsätze zeigen eine deutliche Richtcharakteristik: Sie reagieren jeweils auf eine bestimmte Auslenkungsrichtung. Als adäquater Reiz kommen Luftströmungen und niederfrequente Luftschwingungen, wie sie z. B. von einem fliegenden Insekt ausgehen können, in Frage.

Die **Skorpione** besitzen in den **kammförmigen Organen** – aktiv bewegliche, ventrale, kammförmige Anhänge des neunten Körpersegments – besondere Mechanorezeptoren. Die sich auf den „Zinken" dieser kammförmigen Organe befindenden Sensillen verhalten sich extrem phasisch. Bei mechanischer Reizung kommt es zur Aussendung von einem einzigen, maximal von fünf Impulsen. Periodische Reizung bis zu 150 Hz wird reizsynchron beantwortet, bei höheren Frequenzen nimmt die Zahl der nicht beantworteten Reize zu.

Ins Exoskelett der **Arthropoden** sind Sinnesorgane eingelassen, mit denen kleinste belastungsbedingte Verformungen der Cuticula registriert werden können. Es sind die **campaniformen Sensillen** (Sinneskuppeln) der Insekten (Abb. 5.6.) und die **Spaltsinnesorgane** der Spinnentiere (Abb. 5.6.).

---

[1]) vibráre (lat.) = zittern, schwingen, schwenken.
[2]) he thrix, trichos (griech.) = das Haar; to bothrion (griech.) = kleine Grube.

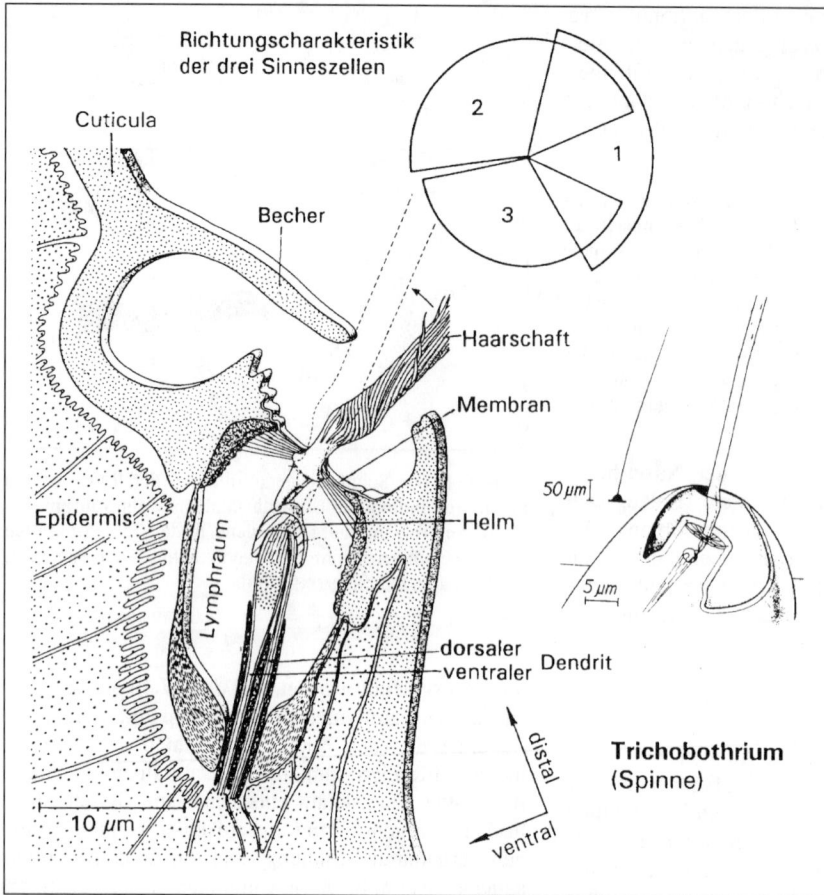

Abb. 5.5. Trichobothrium der Winkelspinne *Tegenaria derhami*. Bei Auslenkung des Haares distalwärts (gestrichelt) wird der „Helm" entgegengesetzt bewegt, was zur Auslösung einer Erregung in den dendritischen Endigungen führt. Die Auslenkung wird von drei Sinneszellen registriert, die sich hinsichtlich ihrer Sensibilität gegenüber unterschiedlichen Auslenkungsrichtungen unterscheiden (Richtungscharakteristik). Nach CHRISTIAN 1973, verändert.

Bei den über die gesamte Körperoberfläche der Spinnen und anderer Arachniden verbreiteten **Spaltsinnesorganen** von 5–160 mm Länge und 1–4 µm Breite handelt es sich in den meisten Fällen um **propriozeptive[1]) Mechanorezeptoren**. Sie liegen zum überwiegenden Teil (86% der insgesamt ca. 3000 Organe bei der Laufspinne *Cupiennius*) auf den Extremitäten. Jede Sinnesspalte ist durch eine dünne, nach innen gewölbte Membran (Epicuticula?) oberflächlich verschlossen. In den etwas erweiterten Mittelteil der Sinnesspalte dringt ein Terminalfortsatz einer bipolaren Sinneszelle bis zur Verschlußmembran vor (Abb. 5.6.). Die Sinnesspalten besitzen Ähnlichkeit mit den campaniformen Sensillen der Insekten. Sie treten entweder einzeln oder in Gruppen auf. Verlaufen sie in Gruppen (bis zu 29 bei der Lycoside *Cupiennius salei*) eng parallel zueinander wie die Saiten einer Leier, so spricht man von dem **leier-** oder **lyraförmigen Organ**. Diese Organe sind in ihrer Verbreitung auf die Extremitäten beschränkt, vornehmlich in Gelenknähe. Die in ihnen zusammengefaßten einzelnen Spaltsinnesorgane sind nicht identisch, sondern unterscheiden sich hinsichtlich ihrer Länge, ihrer Empfindlichkeitsschwellen sowie ihrer Reizantworten. Das leierförmige Organ H58 ist in die kinästhetische Orientierung der Spinne involviert. Das metatarsale leierförmige Organ der Spinnen stellt ein sensibles **Vibrationssinnesorgan** (5.2.2.) dar, mit dem feinste Erschütterungen des Netzes registriert werden können. Bei den Netzspinnen *Zygiella* (Arachneidae) und *Archaearancea* (Theridiidae) wurde bei Frequenzen von 2–5 kHz eine Reizschwelle von 10–25 Å festgestellt.

---

[1]) próprius, -a, -um (lat.) = eigen, eigentümlich, persönlich, individuell; recéptio, -onis (lat.) = die Aufnahme.

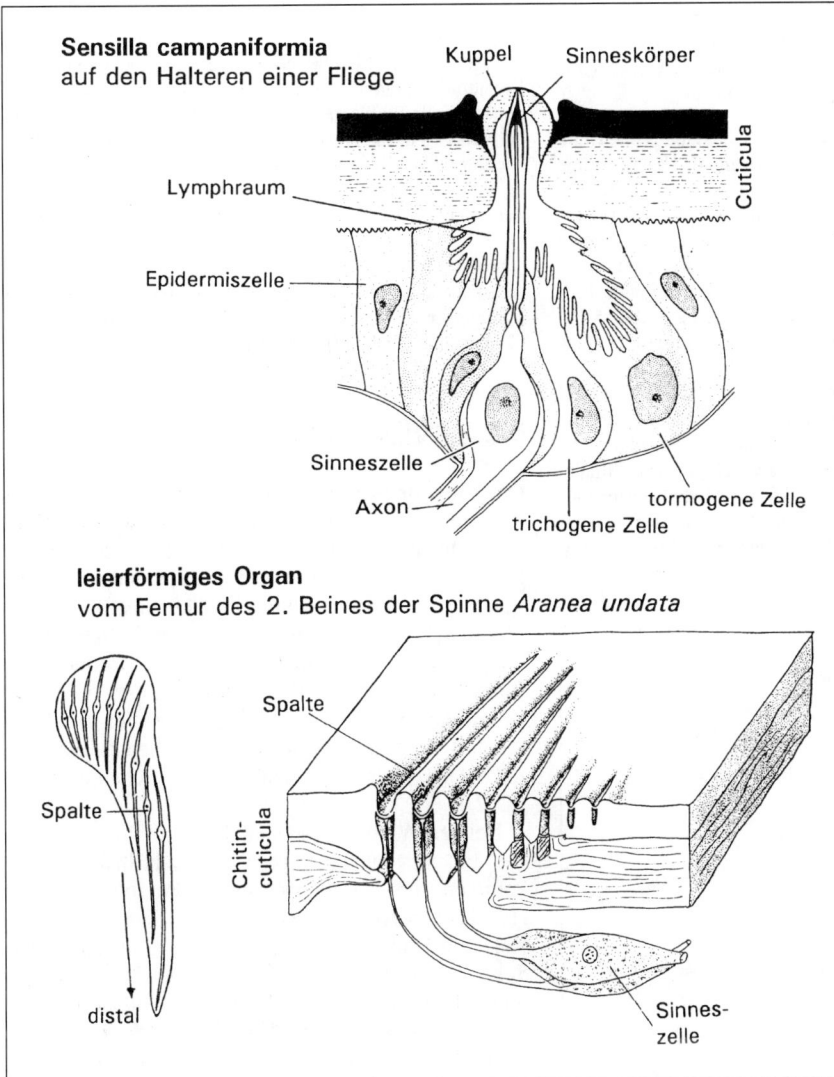

Abb. 5.6. Sinnesorgane der Arthropoden, die empfindlich auf Verformung der Cuticula reagieren: die Sensilla campaniformia (Sinneskuppeln) von den Halteren einer Fliege (nach SNODGRASS 1935, McIVER 1985) und das leierförmige Organ vom Spinnenbein. Nach GERHARDT u. KAESTNER 1938.

Die **Leistung des Tastsinns** beschränkt sich bei uns Menschen nicht allein darauf, daß wir eine Meldung über die erfolgte Berührung erhalten, sondern uns gehen gleichzeitig detaillierte Informationen über Eigenschaften des ertasteten Gegenstandes (Oberflächenbeschaffenheit, Festigkeit usw.) zu. Ähnliche Leistungen kennt man auch bei Tieren. Es konnte z. B. gezeigt werden, daß der Tintenfisch *Octopus* es lernen kann, mit seinen Fangarmen glatte und geriffelte Plexiglaszylinder voneinander zu unterscheiden. Die Schweinelaus *Haematopinus suis* kommt nur auf rauhen Flächen zur Ruhe, während sie auf glatten Glasflächen ständig in Bewegung bleibt. Von der frei schwimmenden Cyprislarve der Entenmuschel *Lepas* ist bekannt, daß sie sich bevorzugt an rauhen und nicht an glatten Flächen festsetzt. Der Bienenwolf *Philanthus triangulum* besitzt an der Stachelscheide ein leistungsfähiges Tastorgan. Mit seiner Hilfe findet diese Grabwespe die winzige, weichhäutige Stelle dicht hinter dem 1. Beinpaar der Biene, durch die sie ihren Stachel in das Tier vortreibt.

Eine andere auffällige Leistung des Tastsinns ist die genaue **Lokalisierbarkeit der berührten Körperstelle**. Diese Fähigkeit ist schon bei Hydromedusen entwickelt, die ihr Manubrium zielsicher zu der taktil gereizten Stelle auf der Unterseite des Schirms führen. Die Kammuschel *Pecten* ergreift mit ihrem fingerförmigen Fuß Fremdkörper, die man auf die Kiemen gelegt hat, um sie zu entfernen. Diese Beispiele ließen sich beliebig vermehren.

Der Tastsinn spielt im Leben aller Tiere eine große Rolle bei der **Auslösung reflexiver Handlungen**. Hierzu einige Beispiele: Bereits Protozoen reagieren oft in charakteristischer Weise auf taktile Reize. Die an der Unterlage festsitzenden Glockentierchen *(Vorticella)* beantworten leichte Berührungen oder Erschütterungen mit der Kontraktion ihres Stieles zu einer engen Spirale unter gleichzeitigem Einziehen ihres empfindlichen Wimperapparates (Abb. 5.7.). Andere festsitzende Formen (Polypen, Ascidien u. a.) entziehen sich ebenfalls durch Körperkontraktion der taktilen Reizwirkung. Röhrenwürmer, Bryozoen, Schnecken und Muscheln ziehen sich in ihr schützendes Gehäuse zurück. Viele Insekten reagieren auf stärkere mechanische Berührung mit dem sog. **Totstellreflex**. Hypotriche Ciliaten *(Stylonychia* u. a.) gehen bei der Berührung eines festen Gegenstandes von der schwimmenden zur schreitenden Fortbewegung über. Fliegende Insekten (Fliegen u. a.) stellen ihren

Flug ein, wenn ihre Tarsen Kontakt erhalten. Umgekehrt beginnen sie mit Flügelbewegungen, wenn sie den Kontakt wieder verlieren (**Tarsalreflex**). Auf den Rücken gefallene Seesterne beginnen sofort mit Umkehrbewegungen, wobei zunächst alle fünf Arme dorsalwärts gebogen werden (**Dorsalreflex**). Für die Auslösung dieses Reflexes ist – wie Versuche zeigen – in erster Linie das Fehlen von Kontaktreizen an den Füßchen verantwortlich. Der **Klammerreflex** bei männlichen Kröten und Fröschen wird durch die mechanische Reizung der Bauchhaut ausgelöst. Eine Reihe von Tieren (Ohrwurm *Forficula,* Schaben, Zwergwels *Amiurus* u. a.) hat das Bestreben, an solchen Stellen zur Ruhe zu kommen, wo sie möglichst viele Kontaktpunkte mit festen Gegenständen haben (**positive Thigmotaxis**).

5.2.2. Vibrationssinn

Der **Vibrationssinn** (Erschütterungssinn) ist eine besondere Form des Tastsinnes. Sein **adäquater Reiz** ist mechanische Schwingungsenergie, die bei direkter Berührung eines rhythmisch schwingenden Gegenstandes oder über rhythmische Medienströmung im „Nahfeld" schwingender Körper oder über Oberflächenwellen an Mediengrenzflächen (Boden-Luft, Wasser-Luft) auf den Rezeptor übertragen wird. Der Vibrationsreiz hat somit im Gegensatz zum arhythmischen Berührungsreiz einen periodischen Zeitverlauf. Zur Abgrenzung gegenüber der Schallrezeption s. 5.2.4.

Bei den **Wirbeltieren** sind die „Vibrationsrezeptoren" mit Mechanorezeptoren identisch. Insbesondere kommen die bereits erwähnten **Pacinischen** und Herbstschen **Körperchen** in Frage. Erstere aus dem Katzenmesenterium reagieren auf mechanische Schwingungen zwischen 50 und 500 Hz, ihre maximale Empfindlichkeit besitzen sie gegenüber Schwingungen von ca. 400 Hz. Die **Herbstschen Körperchen** sprechen auf einen breiteren Schwingungsbereich an (Abb. 5.8.). Tauben und Gimpel *(Pyrrhula)* kann man darauf dressieren, auf Vibrationen der Sitzstange, die wahrscheinlich durch die zahlreichen Herbstschen Körperchen in dem „Strang" zwischen Tibia und Fibula registriert werden, zu reagieren.

Viele **Insekten** (Orthopteren, Schaben u. a.) besitzen in den Tibien besondere Sinnesorgane zur Wahrnehmung von Vibrationen, die **Subgenualorgane** (Abb. 5.9.). Die Empfindlichkeit dieser Organe ist bei der Schabe *Periplaneta* und der Laubheuschrecke *Tettigonia* unvorstellbar groß. Bei der optimalen Frequenz von 1,4 Hz genügt eine Schwingungsamplitude von nur 4 pm ($4 \cdot 10^{-9}$ mm) zur Erregung. Das ist $^1/_{25}$ des Durchmessers der ersten Elektronenbahn des H-Atoms (= $1,1 \cdot 10^{-7}$ mm). Dabei wird dem Subgenualorgan die unvorstellbar kleine Reizleistung von $6 \cdot 10^{10}$ erg $\cdot$ s^{-1} ($6 \cdot 10^{-17}$ W) zugeführt. Diese Leistung über 6 Milliarden Jahre summiert ergibt erst die Energiemenge, die eine 100-W-Birne jede Sekunde verbraucht. Im Vergleich dazu sei die Minimal-

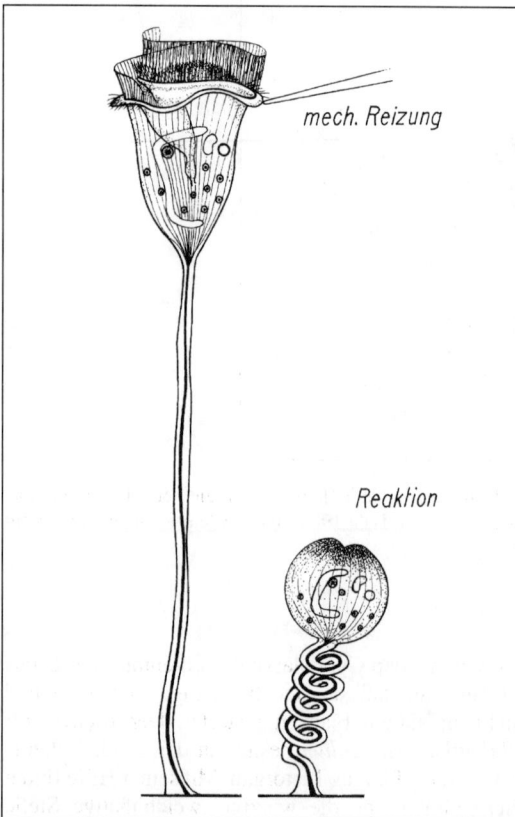

mech. Reizung

Reaktion

Abb. 5.7. Das Glockentierchen *(Vorticella)* zieht sich bei Erschütterung oder leichter mechanischer Reizung in Bruchteilen einer Sekunde zusammen; dabei wird der Wimperapparat eingezogen und der Stiel spiralig aufgerollt. Im Stiel verlaufen viele parallel gerichtete kontraktile Fibrillen (Myoneme), die in einer plasmatischen Grundsubstanz eingebettet sind.

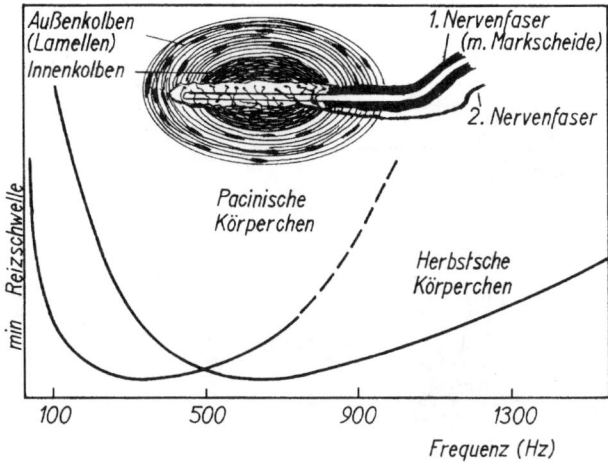

Abb. 5.8. Empfindlichkeit der Pacinischen bzw. Herbstschen Körperchen auf Vibrationsreize verschiedener Frequenz. Aus QUILLMAN u. ARMSTRONG 1963.

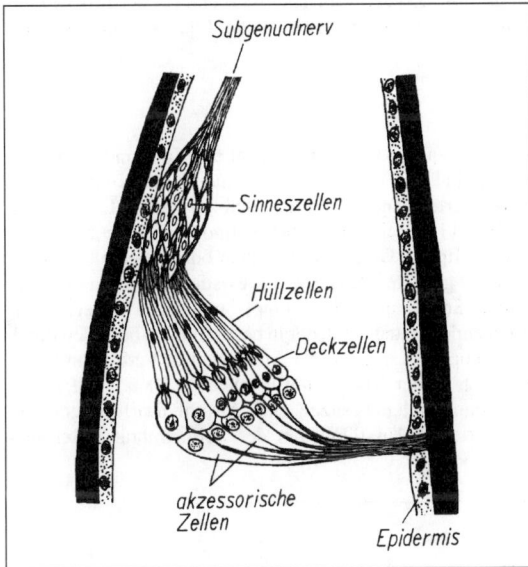

Abb. 5.9. Das Subgenualorgan in der Tibia der Ameise *Formica*. Nach SCHÖN 1911.

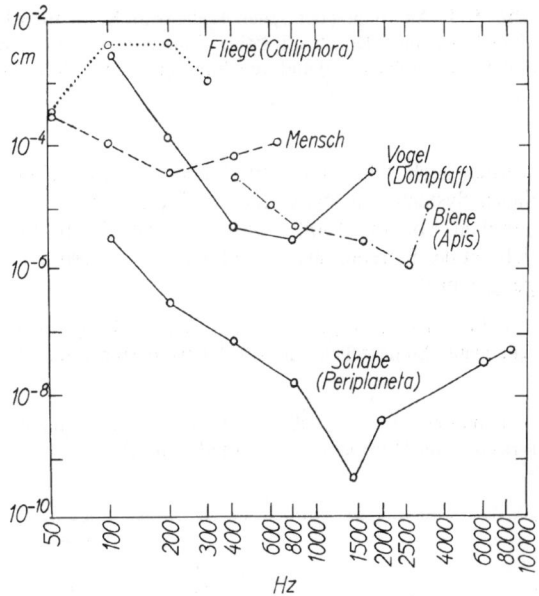

Abb. 5.10. Vergleich der Vibrationsschwellen in Abhängigkeit von der Frequenz bei einigen Tieren. Nach SCHNEIDER 1950.

schwelle (Amplitude) für Vibrationsreize an der menschlichen Fingerspitze angeführt. Sie beträgt bei der optimalen Frequenz von 200 Hz 10^{-4} mm. Hier wie bei den Insekten sind die Schwellenwerte stark frequenzabhängig (Abb. 5.10.).

Bei den Spinnen stehen **Sinnesspalten** (s. o.) am Distalende des Metatarsus der Laufbeine im Dienste der Wahrnehmung von Erschütterungen. Mit ihrer Hilfe registriert die Spinne jede Erschütterung ihres Netzes, die etwa durch den raschen Flügelschlag eines gefangenen Insekts oder durch den werbenden Geschlechtspartner hervorgerufen sein kann.

5.2.3. Seitenliniensystem

Eine besondere Erwähnung müssen in diesem Zusammenhang die **Seitenlinienorgane der Fische und der im Wasser lebenden Amphibien** (*Amblystoma, Xenopus* u. a.) finden. Sie wurden früher als Drüsenorgan zur Schleimproduktion angesehen. Im Jahre 1868 wurden sie von LEYDIG[1]) als „Organe eines sechsten Sinnes" beschrieben, die „vorzugsweise für den Aufenthalt im Wasser berechnet sein mögen". Es

---

[1]) siehe Fußnote S. 108.

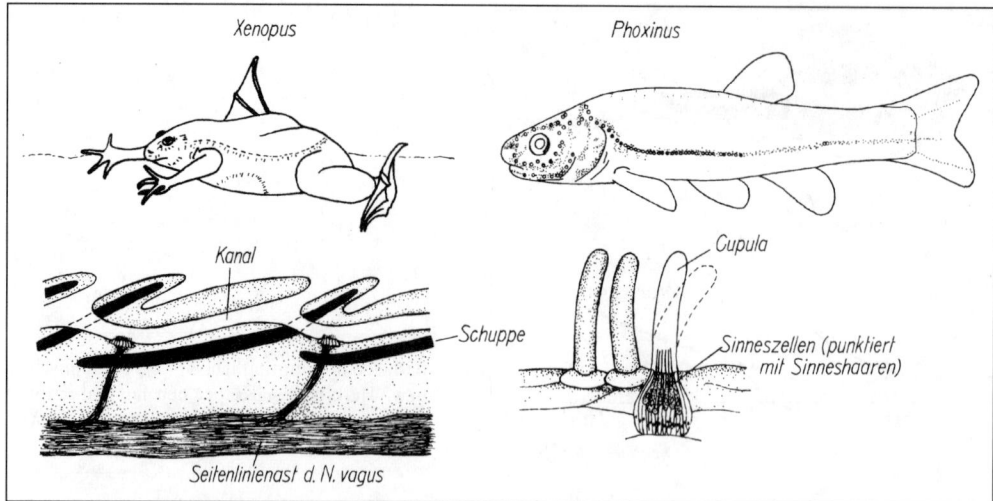

Abb. 5.11. Anordnung der Seitenorgane beim Krallenfrosch *Xenopus laevis* (nach KRAMER 1933) und bei der Elritze *Phoxinus laevis* (nach DIJKGRAAF 1934). Punkte = freie Sinneshügel, Kreise = Poren der Seitenkanäle. Längsschnitt durch den Seitenkanal (links unten) und freie Sinneshügel der Elritze (rechts unten).

wurden auch schon die auffallenden Ähnlichkeiten dieser Systeme mit Strukturen im Hörsystem hervorgehoben. Aber erst 1908 wies B. HOFER die Empfindlichkeit der Seitenorgane für schwache Wasserbewegungen nach.

Beim Seitenlinienorgan handelt es sich um Gruppen von sekundären Sinneszellen, die sog. **Neuromasten**[1]), die im allgemeinen in Reihen angeordnet am Kopf und Körper zu finden sind. Bei den Amphibien sind sie am Kopf unregelmäßig verteilt und bilden lediglich am Rumpf Längsreihen (Abb. 5.11.). Bei den Fischen befinden sich die Neuromasten häufig am Grunde von Rinnen oder innerhalb von mit Schleim gefüllten Kanälen. Es existiert dann ein sich auf beiden Seiten über die Rumpf- und Schwanzregion erstreckender Seitenkanal, der in bestimmten Abständen durch einen kurzen Kanal mit der Außenwelt in Verbindung steht und sich in der Kopfregion in mehrere Kanäle aufspaltet. Die Sinneszellen besitzen eine Anzahl haarförmiger, unstrukturierter Ausstülpungen der Zellmembran (**Stereoci-**

[1]) to neúron (griech.) = die Faser, der Nerv; to máster (griech.) = die Brustwarze, Brust, runder Hügel.

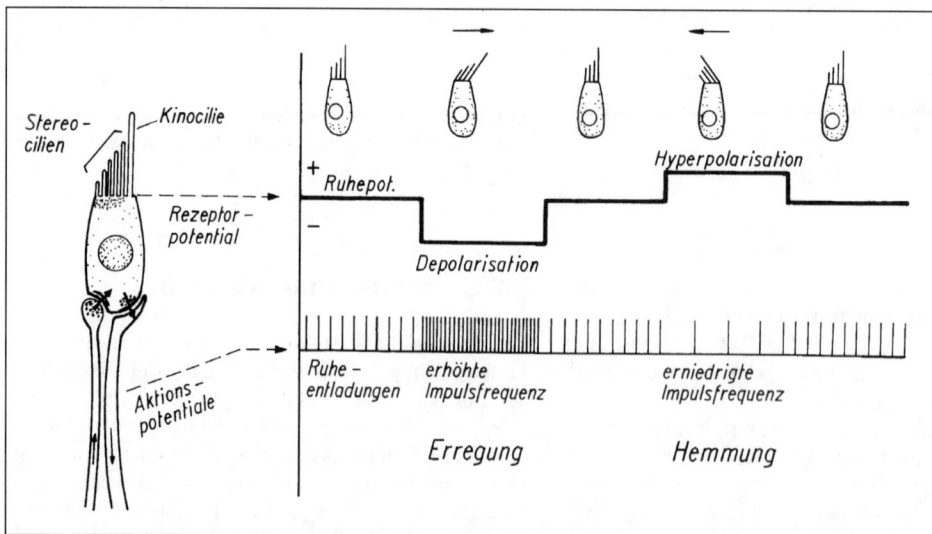

Abb. 5.12. Die Richtungsempfindlichkeit der Haarzellen aus dem Seitenlinienorgan von *Lota vulgaris* (Quappe, Knochenfisch). Nach FLOCK 1965.

lien) und je ein echtes, unbewegliches Cilium (**Kinocilium**), die alle miteinander in eine leicht abbiegbare Gallertkappe (**Cupula**) hineinragen.

Über die von den Seitenlinien kommenden Nervenfasern laufen ununterbrochen Impulse zentralwärts (**Dauerentladungen**). Die Entladungsfrequenz ändert sich in charakteristischer Weise, wenn durch eine Wassereinströmung die Cupulae aus ihrer Normallage gebracht werden. Die Kinocilien der Rezeptoren sind stets asymmetrisch an der einen Seite der Stereociliengruppe inseriert. Daraus resultiert eine **Richtungsempfindlichkeit** der Sinneszellen. Abbiegen der Kinocilie in Richtung auf das Stereocilienfeld verursacht eine Hyperpolarisation und damit eine Abnahme der Aktivität, Ablenkung in entgegengesetzter Richtung eine Depolarisation und Steigerung der Aktivität (Abb. 5.12.). Die in einer Gruppe vereinigten Sinneszellen haben nicht die gleiche Richtungsempfindlichkeit. So gibt es z. B. neben solchen, bei denen das Kinocilium kopfwärts vom Stereocilienfeld, auch solche, wo es schwanzwärts liegt. Die Erregungen beider Rezeptortypen werden getrennt über Nervenfasern fortgeleitet: Prinzip der gegensinnig arbeitenden Rezeptoren. Eine hin- und herpendelnde Wasserbewegung führt in beiden Rezeptortypen zur gegensinnig abwechselnden Steigerung und Hemmung der nervösen Entladungen.

Der **Krallenfrosch** vermag mit Hilfe seines Seitenliniensystems ein Zentrum im Wasser bzw. an der Wasseroberfläche, von dem Erschütterungen ausgehen, bis auf eine Entfernung von 15 cm genau zu lokalisieren und zielsichere Schnappbewegungen dorthin auszuführen (Abb. 5.13.). Viele Fische konnten darauf dressiert werden, auf lokale Wasserströmung zu reagieren oder kleine bewegte Gegenstände im Wasser zu lokalisieren. Die Entfernung zum Zentrum, von dem die Wellen ausgehen, wird wahrscheinlich aus dem Krümmungsradius der das Tier treffenden Wellen bestimmt. Mit Hilfe des Seitenliniensystems können sich die Fische und die im Wasser lebenden Amphibien über lokale Bewegungen des Wassers informieren, sie können so das Herannahen eines Feindes oder den Aufenthaltsort eines sich bewegenden Beutetieres feststellen. Sie können auch

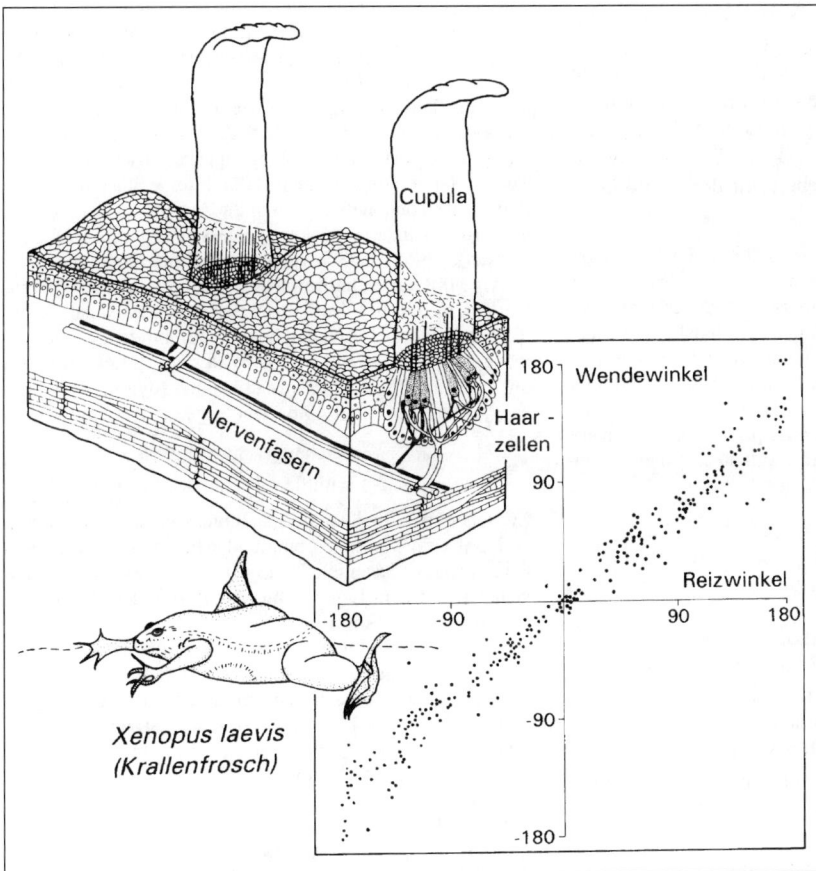

Abb. 5.13. Zwei Neuromasten aus dem Seitenliniensystem des Krallenfrosches. Graphik: Der Wendewinkel des Frosches in Abhängigkeit von dem Reizwinkel. Der Reiz bestand in Oberflächenwellen, die durch Eintauchen eines Stabes im Abstand von 92 cm erzeugt wurden. Nach GÖRNER 1987.

über den Stauungsdruck, der beim Anschwimmen eines Gegenstandes (z. B. Aquariumwand) auftritt, feste Hindernisse auf Distanz „ertasten" (**Ferntastsinn**). Damit erklärt sich die Tatsache, daß selbst geblendete Fische mindestens 1–2 cm vor der Aquariumwand umkehren.

Besondere Bedeutung gewinnt der Ferntastsinn bei **adult augenlosen Fischarten**, wie z. B. beim mexikanischen Höhlenfisch *Astyanax (Anoptichthys) hubbsi.* In fremder Umgebung schwimmt dieser Fisch zur Erkundung des Raumes ruhelos umher. Beim Vorbeigleiten an Gegenständen neigt er sich zur Seite, um dem Objekt die Körperflanke zuzuwenden. Es wird angenommen, daß der Fisch dabei die durch den Gegenstand verursachte Störung des von ihm selbst beim Gleiten durchs Wasser erzeugten Strömungsfeldes mit Hilfe seines Seitenliniensystems registriert. Der Fisch verdrängt am Vorderpol das Wasser, dessen Strömungsgeschwindigkeit parallel zur Körperoberfläche vom vorderen Körperpol (= 0) nach hinten zunimmt und im Bereich des größten Körperquerschnitts ein Maximum erreicht. Dahinter nimmt die Strömungsgeschwindigkeit wieder ab, fällt örtlich sogar unter den Wert der Eigenbewegung des Fisches ab, d. h., es entsteht dort ein „Sog". Aktive Körperbewegungen beeinträchtigen das eigene Strömungsfeld. Man kann deshalb beobachten, daß nur solche Fische, die ohne aktive Schwimmbewegungen senkrecht auf die Aquarienwand zu gleiten, ihr auch rechtzeitig ausweichen, während Tiere, die aktive Schwimmbewegungen ausführen, unweigerlich mit der Wand kollidieren.

Die **Rolle** des Seitenlinienorgans **für den Hörvorgang** (insbesondere im niederfrequenten Bereich) ist heute immer noch nicht ganz klar. Beim Zwergwels *(Amiurus nebulosus)* verschlechtert sich das Hörvermögen nochmals, wenn man nach Ausschaltung der Schwimmblase auch die Seitenlinien ausschaltet. Es ist nachgewiesen, daß das Seitenlinienorgan im Nahfeld auf vom Unterwasserlautsprecher erzeugte Bewegungen der Wasserteilchen anspricht. Die Resonanzfrequenz der Cupulae liegt beim Kaulbarsch *(Acerina cernua)* bei 100 Hz.

5.2.4. Gehörsinn

Beim *Hören* haben wir es mit der sensorischen Verarbeitung von Schallwellen zu tun, die von schwingenden Körpern ausgehen, durch die Luft oder das Wasser übertragen werden und entsprechende Strukturen am Tier in Mitschwingung (Resonanz) versetzen. Der **adäquate Reiz** für den Gehörsinn ist somit ein rhythmisch wechselnder Druck oder eine rhythmisch wechselnde Strömung in einem elastischen Medium im „Fernfeld" (Gegensatz zum Vibrationssinn s. o.) der Schwingungsquelle. In der Regel ist das Vorhandensein eines Gehörs mit dem Vermögen zur Schallerzeugung gekoppelt, und das Gehör umfaßt den Fre-

quenzbereich, in dem auch die Laute hervorgebracht werden. Eine Ausnahme bilden z. B. gewisse Nachtschmetterlinge. Sie sind selber stumm, besitzen aber ein auf den Empfang der Orientierungslaute der Fledermäuse, ihrer stärksten Feinde, angepaßtes Gehör. Auch viele Fische (Zwergwels, Elritze, Kabeljau u. a.) sind stumm und haben ein ausgezeichnetes Hörvermögen.

Die Grenzen des **Hörbereichs** werden im wesentlichen nicht durch den sensorischen Apparat, sondern durch die mechanischen Schwingungseigenschaften der äußeren Strukturen des betreffenden Sinnesorgans bestimmt. Sie sind also Auswirkungen eines peripheren **Analysators**, der filternd den sensorischen Prozessen vorgeschaltet ist.

Die **Schallwellen** stellen den adäquaten Reiz für das Gehör dar. Sie können sich nur in materie-erfüllten Räumen ausbreiten. Es handelt sich dabei um elastische Longitudinalwellen, denn die Schwingung der Materieteilchen erfolgt in der Fortpflanzungsrichtung des Schalls. Die hin und her schwingenden Masseteilchen erreichen ihre Maximalgeschwindigkeit (Amplitude der Schallwelle) jeweils dann, wenn sie ihre „Ruhelage" durchschreiten. Mit dieser Bewegung der Masseteilchen ist eine in regelmäßigem Wechsel eintretende Verdichtung und Verdünnung des Mediums, in dem sich der Schall ausbreitet, verbunden. Die dabei auftretenden Druckschwankungen überlagern sich mit dem normalen Luftdruck. Eine reine Sinusschwingung bezeichnet man als **Ton**. **Klänge** sind Gemische von Tönen, und **Geräusche** sind nichtperiodische Schwingungen, die sich nicht in einzelne Sinusschwingungen auflösen lassen. Ein Ton wird durch seine Höhe und durch seine Stärke charakterisiert. Die Tonhöhe wird durch die Anzahl der Schwingungen pro Sekunde (Frequenz, gemessen in Hertz Hz)[1], die Tonstärke durch die Schwingungsamplitude bestimmt.

Als **Maß der Schallintensität** dient die in einer Zeiteinheit durch eine zur Fortpflanzungsrichtung des Schalls senkrecht orientierte Flächeneinheit hindurchtretende Energiemenge I [erg $\cdot$ s^{-1} $\cdot$ cm^{-2} = 10^{-7} Watt $\cdot$ cm^{-2}]. Oft wird auch die Druckamplitude Δp als Maß benutzt [dyn $\cdot$ cm^{-2} = erg $\cdot$ cm^{-3}]. Zwischen I und Δp besteht folgende Beziehung

$$I = \frac{1}{2} \cdot \frac{(\Delta p)^2}{\rho \cdot v} \qquad \begin{array}{l} v = \text{Schallgeschwindigkeit} \\ \rho = \text{mittlere Dichte des Mediums} \end{array}$$

Zwischen den meßbaren Schallintensitäten (Reizstärken) und den vom Menschen empfundenen Lautstärken besteht kein linearer Zusammenhang. Die Lautstärke nimmt angenähert mit dem Logarithmus der Reizstärke zu (**Weber-Fechnersches Gesetz**).

In der Physiologie ist eine **Schallstärkeskala** zur Charakterisierung der Schallintensität üblich, die von dieser Gesetzmäßigkeit ausgeht. Die Einheiten sind das **Bel**[2] (n) und Dezibel (dB = 1/10 B). Zwei Schallstärken (*SSt*) unterscheiden sich um 1 B, wenn sich ihre Intensitäten wie 1:10 verhalten. Als Nullpunkt der Skala ist die Intensität

---

[1] Heinrich HERTZ, Physiker 1857–1894.

[2] Nach dem Physiker Alexander Graham BELL, geb. 1847 in Edinburgh, Stud. i. Edinburgh u. London, 1870 nach Canada, 1871 in die USA, 1873 Prof. f. „vocal physiology" in Boston, 1877 Begründung der Bell Telephone Company, 1883 Begründung d. Zeitschrift „Science", gest. 1922.

$I_0 = 10^{-16}$ W $\cdot$ cm^{-2} festgelegt. Das entspricht der normalen Hörschwelle des Menschen für Töne von 1000 Hz. Allgemein gilt also:

$$SSt = \log_{10} \frac{I}{I_0} \text{ [B]} = 10 \cdot \log_{10} \frac{I}{I_0} \text{ [dB]} = 20 \log_{10} \frac{\Delta p}{\Delta p_0}$$

Wegen der quadratischen Beziehung zwischen Schallintensität und -druck (s. o.) ist eine Zunahme um 2 B mit einer Steigerung der Schallintensität auf das 100fache bzw. des Schalldrucks auf das 10fache verbunden.

Ein echter Gehörsinn existiert bei allen Wirbeltieren, bei Spinnen und bei verschiedenen Insektenordnungen. Die Frage nach dem Gehörsinn bei Krebsen ist noch nicht befriedigend beantwortet. Während bei allen Wirbeltieren ein Gehörorgan entwickelt ist, das einheitlich auf Teile des Labyrinths zurückgeht, treten uns bei den Insekten verschiedenartige Gehörorgane entgegen.

Grundsätzlich können die Hilfsapparate, die den Schall empfangen und den sensiblen Strukturen zuführen, als **Druckempfänger** oder als **Schnelle-** (Bewegungs-)**Empfänger** arbeiten. Im ersteren Fall bildet der wechselnde Druck am Empfänger, im letzteren die Teilchenbewegung des Mediums den adäquaten Reiz. Da in einer stehenden Schallwelle das Druckmaximum mit dem Schnellenminimum und umgekehrt das Druckminimum mit dem Schnellenmaximum zusammenfällt, muß der Druckempfänger in einem stehenden Schallfeld dort am stärksten reagieren, wo der Schnelleempfänger sein Reaktionsminimum hat. Während sich alle Wirbeltierohren als Druckempfänger erweisen, sind die Hörhaare der

Insekten ebenso wie die Antennen der Mückenmännchen Schnelleempfänger (Abb. 5.14.).

5.2.4.1. Insekten

Mehrere Insektenordnungen haben unabhängig voneinander Gehörorgane entwickelt. Man kann mindestens drei Typen unterscheiden: die Hörhaare, das Johnstonsche Organ und die Tympanalorgane. Viele Insekten besitzen kein Hörvermögen.

Die **Hörhaare** gleichen den mechanischen Haar-Rezeptoren, die vornehmlich im Dienste des Tast- und Vibrationssinns (s. o.) stehen oder propriozeptive Aufgaben haben. Oft ist ihre eindeutige Zuordnung nicht möglich. Sie sind in der Regel besonders lang, leicht beweglich und an exponierten Körperstellen angeordnet. Raupen *(Pieris, Vanessa)* reagieren gewöhnlich auf Töne zwischen 32 und 1024 Hz mit Unterbrechung ihrer Bewegungen und Zusammenzucken des Körpers. Diese Reaktionen unterbleiben, wenn man die langen Sinneshaare an der Körperoberfläche entfernt oder durch Vaseline festlegt. Der Rückenschwimmer *(Notomecta)* besitzt an dem Femur, der Tibia und dem Tarsus des metathorakalen Schwimmbeines in mehreren Reihen angeordnete Borsten. Mit Hilfe dieser Haarsensillen findet das Insekt seine Beute – etwa ein auf der Wasseroberfläche zappelndes Insekt – auf Grund der von ihr ausgehenden mechanischen Wellen. Im Experiment reagiert der Rückenschwimmer auf Schwingungen zwischen 25 und 5760 Hz, die ein ins Wasser eintauchender Glasstab ausführt.

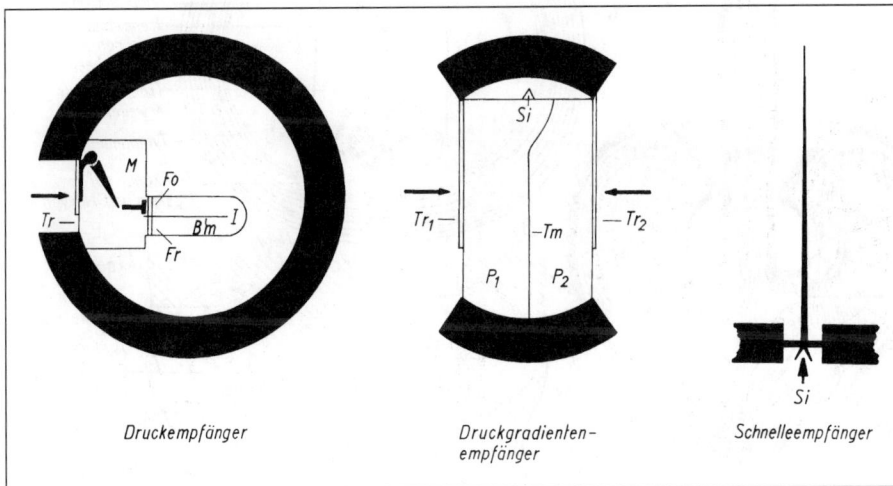

Abb. 5.14. Schematische Darstellung eines Druck- (Säugerohr), Druckgradienten-(Tympanalorgan einer Heuschrecke) und eines Schnelleempfängers (Insekten-Hörhaar). Tr = Trommelfell (an den einfach gezeichneten Abschnitten weich und beweglich); M = Mittelohr mit Gehörknöchelchen; I = Innenohr; Fo = Foramen ovale (ovales Fenster); Fr = Foramen rotundum (rundes Fenster); Bm = Basilarmembran; P_1 und P_2 = Tracheenhohlräume; Tm = Tracheenmembran; Si = Sinneszellen. Nach AUTRUM 1942.

Wegen ihrer leichten Beweglichkeit machen die Hörhaare die beim Eintreffen von Schallwellen auftretenden Bewegungen der Masseteilchen des Mediums mit, es sind **Schallschnelle-Empfänger**. Die Schallintensität, die zur Erregung der Hörhaare notwendig ist, liegt mit 70–85 db relativ hoch. Elektrophysiologische Untersuchungen am Cercalnerv des Heimchens *Acheta* und der Schabe *Periplaneta* haben gezeigt, daß die von den Haarsensillen der analen Cerci bei Reizung mit reinen Tönen ausgehenden Entladungen reizsynchron auftreten. Das gilt bis zu einer Tonfrequenz von 800 Hz, darüber besteht die Antwort in reizasynchronen Entladungen. Bei der Heuschrecke *Omocestus* beginnen die reizasynchronen Entladungen bereits bei Frequenzen über 300 Hz.

In einigen Fällen – bei den männlichen Stechmücken (Culiciden) und Zuckmücken (Chironomiden) und beim Taumelkäfer *Gyrinus* – fungiert die gesamte **Antennengeißel** als Schallschnelle-Empfänger. Bei den Culiciden-Männchen ist die besonders große Antennengeißel mit langen Haaren besetzt. Sie wird durch die Schallwellen leicht mitgerissen, und zwar im Tonbereich des weiblichen Fluggeräusches (380 Hz bei *Anopheles subpictus*) am stärksten. Auf dieser Resonanzeigenschaft der Antennengeißel beruht die Fähigkeit der männlichen Mücken, ihre Geschlechtspartner zu finden. Die Männchen werden durch den Flugton des Weibchens angelockt. Auf die eigenen Fluggeräusche bzw. die anderen Männchen spricht die Antenne dagegen kaum oder gar nicht mehr an, da die Frequenz wesentlich höher liegt (540 Hz bei *Anopheles subpictus*). Der Hörbereich von *Aëdes aegypti*-Männchen liegt zwischen den Frequenzen 100 und 500 Hz. Durch die Bewegung der Antennengeißel wird das im 2. Antennenglied (Pedicellus) gelegene **Johnstonsche Organ** erregt. Dieses Organ enthält bei den Culiciden 30 000 Re-

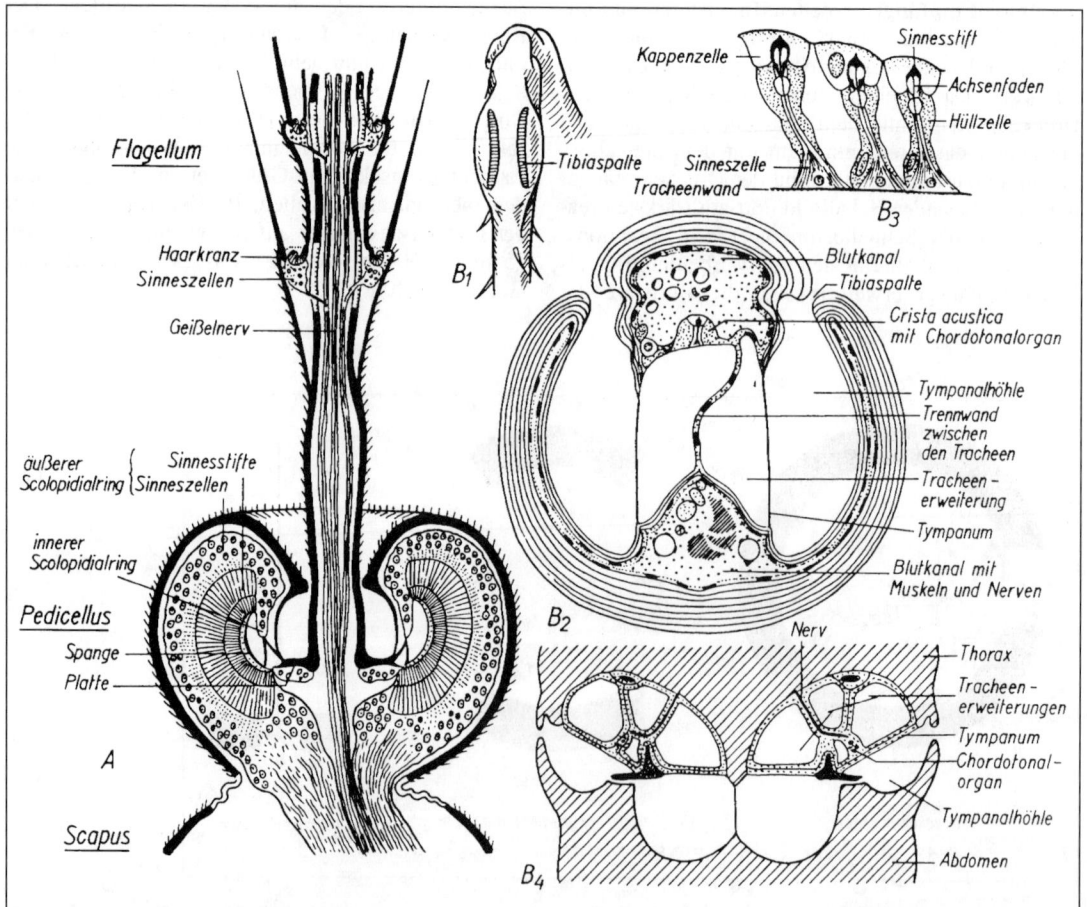

Abb. 5.15. Hörorgane der Insekten: A. Schema der Antenne einer männlichen Stechmücke (Culicide) mit Johnstonschem Organ. – B. Tympanalorgane in der Tibia des Vorderbeins der Laubheuschrecken *Tettigonia* (1) und *Decticus* (2, Querschnitt durch die Tibia) bzw. im metathorakalen Segment des Eulenfalters *Agrotis* (4, Frontalschnitt). 3 zeigt drei einzelne Skolopidien aus der Crista acustica des tibialen Tympanalorgans. Aus FRITSCHE, GEILER, SEDLAG 1968.

zeptorzellen (stiftführende Sensillen, sog. Skolopidien), die dreidimensional angeordnet sind und direkt oder indirekt mit der Grundplatte des Antennenschaftes verbunden sind (Abb. 5.15.). Trifft der Schall parallel zum Antennenschaft ein, so führt die Grundplatte stempelartige Bewegungen aus, trifft er schräg dazu ein, so resultierten komplizierte Kippbewegungen der Grundplatte. Je nach dem Einfallswinkel des Schalls entsteht somit im Johnstonschen Organ ein anderes, raumzeitlich gegliedertes Erregungsmuster, aus dem die Richtung der eintreffenden Schallwellen exakt bestimmt werden kann. Ohne Antenne bzw. mit blockierten Pedicellus-Geißel-Gelenken können die männlichen Mücken ihre Geschlechtspartner nicht mehr lokalisieren und im Fluge aufsuchen, um zu kopulieren. In der Empfindlichkeit steht das Johnstonsche Organ unter den Hörorganen der Insekten an der Spitze. Es erreicht die Schwellenempfindlichkeit des menschlichen Ohres.

Das Johnstonsche Organ ist bei allen pterygoten Insekten anzutreffen. Seine Funktion ist es, die relative Bewegung der Antennengeißel gegenüber der Antennenbasis zu registrieren. Bei den sehr flugtüchtigen Hymenopteren und Dipteren dient es der **Messung der Fluggeschwindigkeit**. Mit zunehmender Fluggeschwindigkeit nimmt der „Flugwind"

ebenfalls zu, was zu einer stärkeren Auslenkung der Antenne führt. Diese stärkere Auslenkung wirkt über die Erregung des Johnstonschen Organs auf den Flügelschlag zurück, dessen Amplitude vermindert wird. Durch diesen Wirkungskreis kann eine mittlere Fluggeschwindigkeit des Tieres eingestellt werden.

Tympanalorgane sind unabhängig voneinander (polyphyletisch) in verschiedenen Insektengruppen entstanden. Sie haben stets Hörfunktion. Man findet sie im Meso- oder Metathorax (Noctuiden, Lymantriiden und andere Schmetterlingsfamilien), im ersten (Feldheuschrecken [Acriden], Geometriden und andere Schmetterlinge) oder zweiten Abdominalsegment (*Cicada*) oder in den Tibien der Vorderbeine (Singschrecken [Tettigoniiden] und Grillen). Sie sind durch das Vorhandensein eines Trommelfells (Tympanum) ausgezeichnet, das dadurch entsteht, daß sich an eine dünne, gespannte Hautstelle von innen her eine Tracheenerweiterung anlegt. Die Schwingungen des Trommelfells werden – wie auch beim Johnstonschen Organ (s. o.) – von stiftführenden Sensillen (Skolopidien) registriert. Ihre Zahl schwankt zwischen 1–3 Schmetterlingen und Heteropteren, rund 100 bei Tettigoniiden bis zu 1500 bei Zikaden. Bei den tibialen Tympanalorganen der Tettigoniiden und

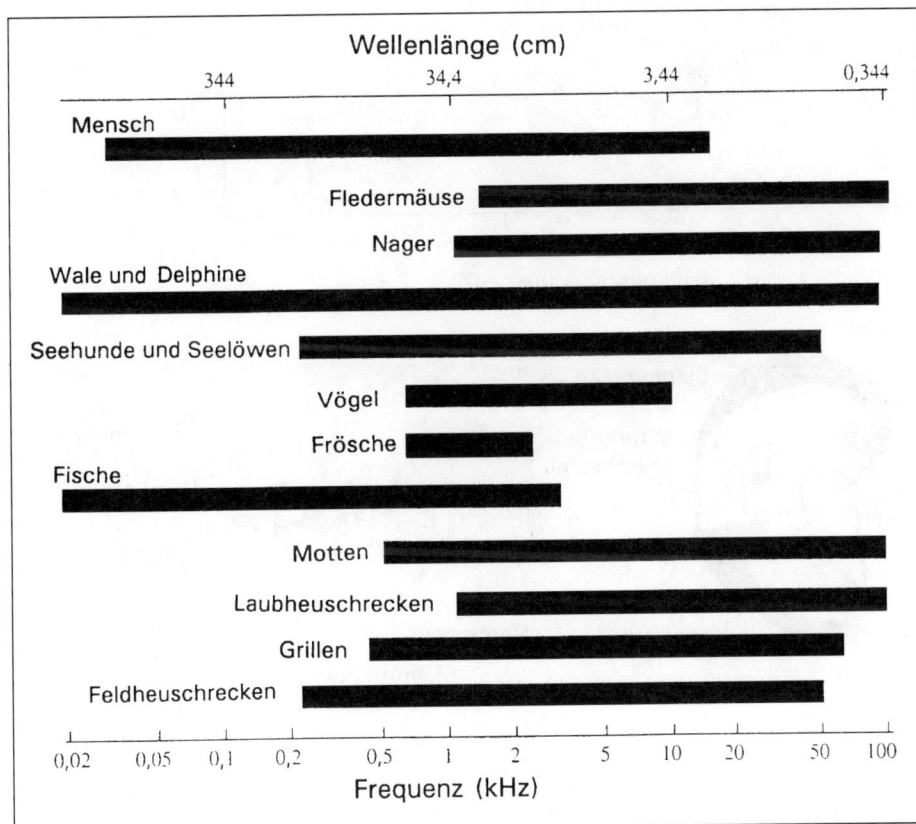

Abb. 5.16. Die Hörbereiche bei verschiedenen Tieren. Nach Lewis u. Gower 1980.

Grylliden gehören zu einem Organ jeweils zwei Trommelfelle, zwischen denen eine dünne Tracheenmembran („Steg") liegt, die mit einer Skolopidienreihe (Crista acustica) in Verbindung steht (Abb. 5.15.). Eine Verlagerung des Stegs und damit eine Erregung der Skolopidien tritt nur dann ein, wenn zwischen den auf die beiden Trommelfelle einwirkenden Drucken eine Differenz besteht (**Druckgradientenempfänger**).

Die Tympanalorgane sprechen durchweg nur auf hohe bis sehr hohe Töne an. Die **obere Hörgrenze** liegt bei den Grillen ebenso wie bei den Tettigoniiden (Singschrecken) bei >60 Hz, d. h. bereits tief im Ultraschallgebiet (Abb. 5.16.). Das Extrem findet

man bei verschiedenen Nachtfaltern, die Töne bis zu 240 kHz *(Prodenia eridania)* hören. Sie reagieren auf Töne zwischen 10 und 175 kHz, die in der Natur durch ihre Hauptfeinde, die Fledermäuse, ausgestoßen werden (5.2.4.3.), durch Flucht, Hakenschlagen oder Totstellreflex.

Die **Empfindlichkeit** der Tympanalorgane bleibt unter der des Wirbeltierohres, sie nimmt in der Reihenfolge Tettigoniiden > Acridiiden > Gyrilliden ab. Die größte Empfindlichkeit liegt in dem Frequenzbereich vor, in dem auch die arteigenen Laute bzw. – bei den Nachtschmetterlingen – die der Fledermäuse liegen. Der Informationsgehalt der Insektengesänge liegt gewöhnlich nicht in ihrer Tonhöhe, sondern in

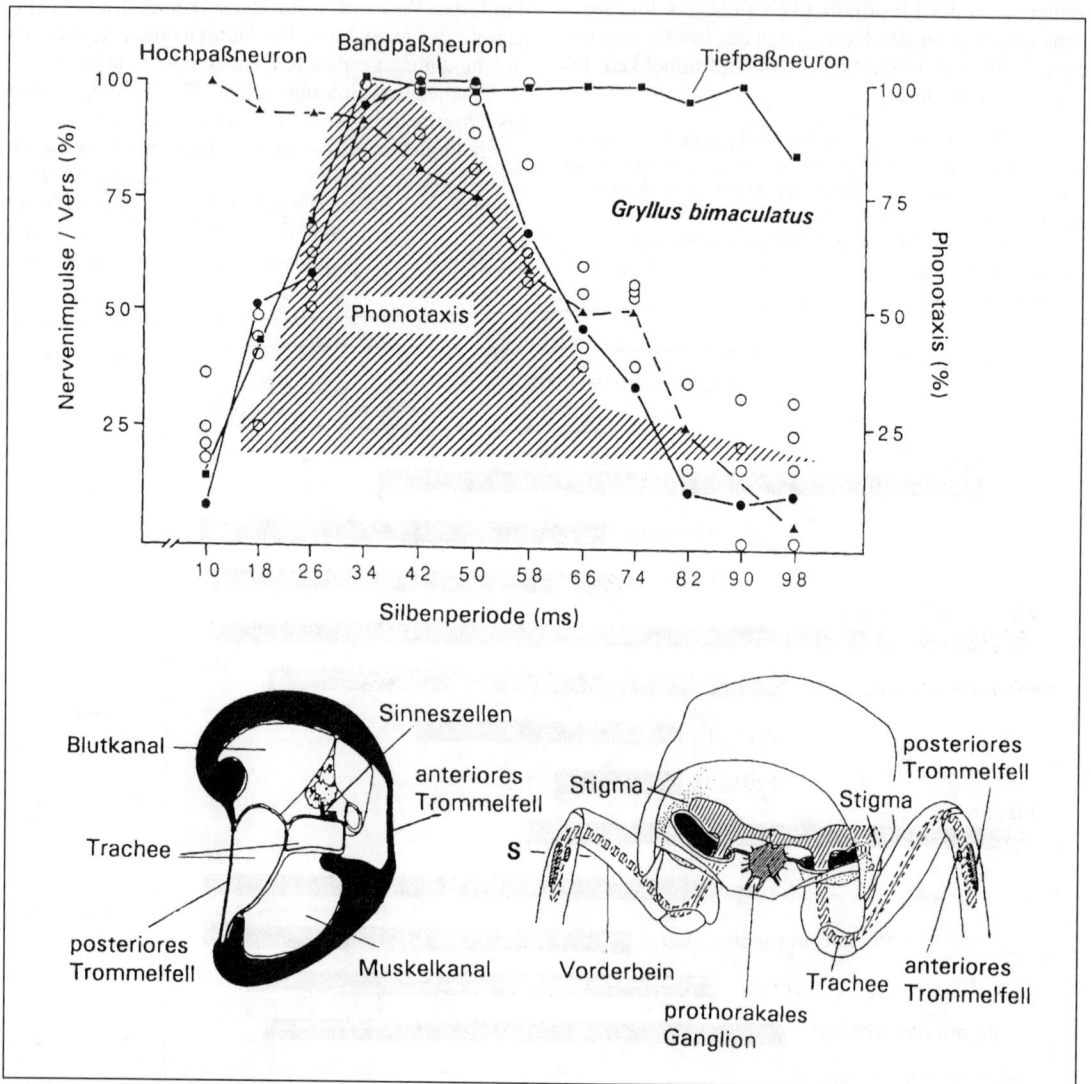

Abb. 5.17. Die Auslösung einer Phonotaxis (gestrichelte Fläche) ist bei Grillen an bestimmte Silbenperioden gekoppelt. Im Vergleich dazu: die relative Höhe der Antworten verschiedener auditorischer Neuronen im Gehirn auf Verse unterschiedlicher Silbenperiode (sog. Band-, Hoch- und Tiefpaßneuronen). Unten: Die akustischen Sinnesorgane an den prothorakalen Extremitäten der Grillen; links: im Querschnitt durch das Bein in der Höhe von „S". Aus HUBER 1991, verändert.

ihrem Rhythmus und in der Änderung der Lautstärke aufeinanderfolgender Schallimpulse (Amplituden-Modulation). Es hat sich gezeigt, daß steile Amplitudenänderungen besonders reizwirksam sind. Bei dem nur zwei Skolopidien enthaltenden Tympanalorgan der Eule (Noctuide) *Adris tympanus* erwies sich die eine Sinneszelle als langsam, die andere als schnell adaptierend. Während erstere der Wahrnehmung der Intensität und Dauer des einwirkenden Reizes dient, registriert letztere die zeitliche Änderung der Reizparameter.

Im Gehirn von **Grillen** fand man Neuronen, die nur auf Verse mit der für die Art typischen Silbenrate reagieren, und zwar mit einigen Impulsen („Bandpaß-Zellen"). Außerdem gibt es Zellen, die nur auf schnelle Silbenraten (Hochpaßfilter), und solche, die nur auf langsame Silbenraten (Tiefpaßfilter) reagieren. Es wird vermutet, daß die Hoch- und Tiefpaßzellen an der Bandpaßzelle konvergieren und diese nach dem „UND-Prinzip" aktivieren (Abb. 5.17.). Die Silbenrate ist, wie aus Verhaltensexperimenten hervorgeht, der wichtigste Zeitparameter, an dem die Grillen ihren arteigenen Lockgesang erkennen, ablesbar an der **phonotaktischen Reaktion**. Alle anderen Parameter kann man in weiten Grenzen variieren, ohne daß die Phonotaxis darunter leidet.

Die Fähigkeit zur **Frequenzanalyse** ist oft schwach entwickelt. Bei der Heuschrecke *Locusta migratoria* sind einzelne akustische Neuronen im Gehirn gefunden worden, die selektiv entweder auf den Tonbereich der Stridulationsgesänge oder auf die Ultraschallaute, die die Tiere mit den Kiefern erzeugen, ansprechen. Die Wanderheuschrecke *Schistocerca gregaria* weist in ihrem Trommelfell vier getrennte Regionen mit unterschiedlicher Resonanzfrequenz und je einer damit verbundenen Gruppe von Sinneszellen auf, deren Empfindlichkeitsmaximum jeweils mit der Resonanzfrequenz des entsprechenden Trommelfellfeldes übereinstimmt. Bei **Grillen** und **Laubheuschrecken** sind die Hörzellen in einer Reihe angeordnet (Abb. 5.18.). Diese Reihenanordnung ist Ausdruck einer **Tonotopie**: proximalere Zellen reagieren auf tiefere, distalere auf höhere Frequenzen maximal. So ist eine gewisse Frequenzanalyse möglich, die die Grillen benötigen, um den Lockgesang (4–5 kHz) vom Werbegesang (14–16 kHz) zu unterscheiden.

Große Bedeutung haben die Tympanalorgane – ebenso wie die Johnstonschen Organe der Mückenmännchen (s. o.) – bei der Determination der **Richtung des eintreffenden Schalls**. Es ist bekannt, daß z. B. die Weibchen der Singschrecken und Grillen sich rein akustisch beim Aufsuchen ihres Geschlechtspartners orientieren, der durch seinen Gesang seine Kopulationsbereitschaft kundtut. Normalerweise scheinen beide Tympanalorgane bei der Schallokalisation zusammenzuarbeiten, wobei der Erregungsunterschied zwischen beiden Organen ausgewertet wird. Allerdings können im Experiment Heuschrecken mit nur einem (tibialen) Tympanal-

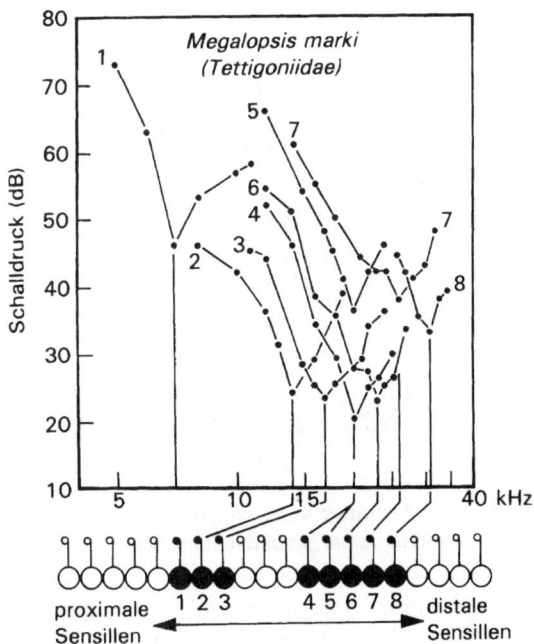

Abb. 5.18. Die tonotope Organisation des Sinnesfeldes im Ohr von Grillen und Laubheuschrecken, hier am Beispiel von *Megalopsis marki* (Tettigoniidae). Die Rezeptoren am proximalen Ende des Organs reagieren mit größter Empfindlichkeit auf niedrigere, diejenigen am distalen Ende auf höhere Schallfrequenzen: Frequenz-Schwellen-Charakteristiken von acht Sensillen. Nach OLDFIELD 1985.

organ auch noch die Schallrichtung wahrnehmen. Durch Messung der elektrophysiologischen Aktivität des Tympanalnerven von Laubheuschrecken konnte die aufgrund der Funktion des tibialen Tympanalorgans als Druckgradientenempfänger (s. o.) zu erwartende Tatsache bestätigt werden, daß bei symmetrischem Schalleinfall auf die Tibiavorderseite ein deutliches Erregungsminimum auftritt (Abb. 5.19.).

5.2.4.2. Wirbeltiere

Die Gehörorgane der Wirbeltiere gehen einheitlich auf Teile des Labyrinths zurück. Es sind durchweg **Schalldruck-Empfänger**. Am meisten ist über die Physiologie des Säugetierohres bekannt.

Während bei den Knochenfischen die Macula sacculi und M. lagenae (Abb. 5.45.) dem Hören dienen, entwickelte sich bei den Landwirbeltieren eine zusätzliche Sinnesendstelle in der Nähe der M. lagenae, die **Papilla basilaris**. Sie übernimmt die Hörfunktion. Die unter ihr liegende, sehr dünne **Membrana basilaris** wird bei Schalleinwirkung über den schalleitenden Apparat (s. u.) und einen mit Perilymphe angefüllten Gang in Schwingungen versetzt.

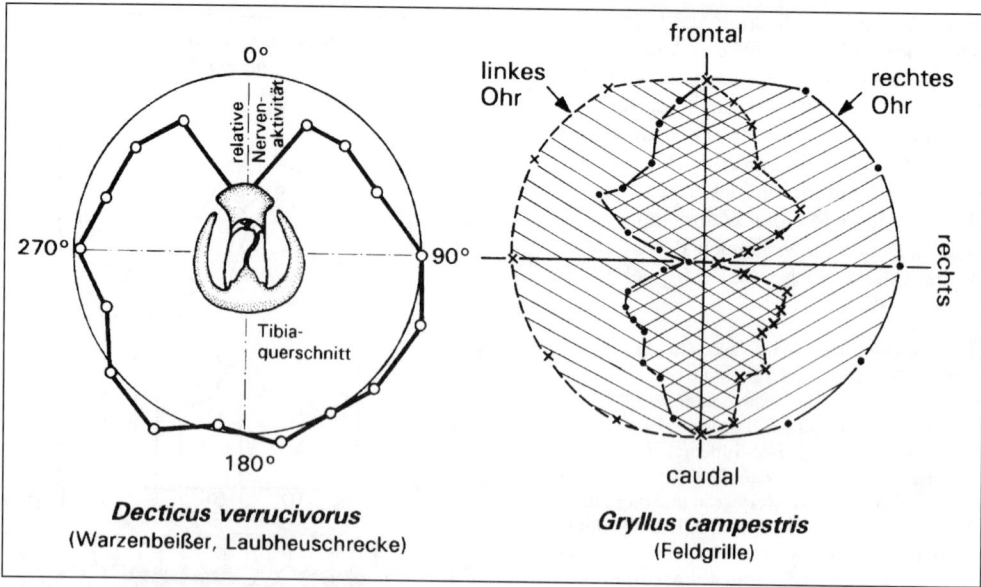

Abb. 5.19. Richtungsdiagramm des tibialen Tympanalorgans einer Laubheuschrecke (links) und des Gehörorgans einer Feldgrille (rechts). Gleichstarke Schallreize führen in Abhängigkeit von ihrer Einfallsrichtung zu unterschiedlichen neuronalen Aktivitäten.

Bei den Säugetieren mit Ausnahme der Monotremen ist die Lagena zu einem schraubig aufgeworfenen Gang (**Ductus cochlearis**) ausgewachsen. Dabei ist die Papilla basilaris ebenfalls stark in die Länge gezogen worden, sie bildet das bandförmige **Corti-**sche Organ. Der Ductus cochlearis ist in seiner gesamten Länge an zwei gegenüberliegenden Stellen mit der Knochenkapsel verbunden. Gleichzeitig mit der Lagena ist der perilymphatische Raum ausgewachsen, der durch den Ductus cochlearis in zwei an

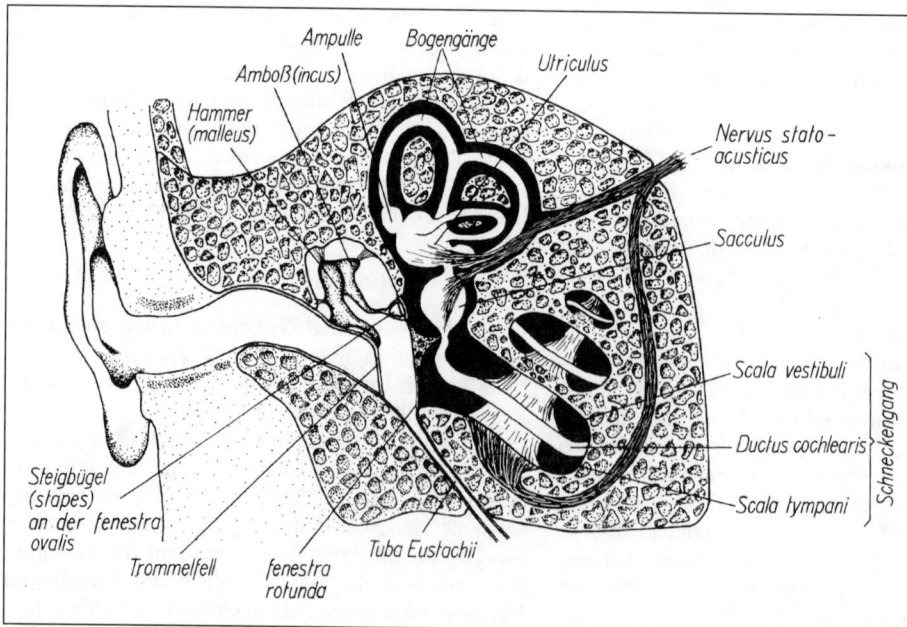

Abb. 5.20. Schema des menschlichen Ohres. Perilymphräume schwarz.

ihren Enden durch das Helikotrema[1]) miteinander in Verbindung stehende Kanäle getrennt wird. Der von der Fenestra ovalis kommende Kanal heißt Scala vestibuli[2]), der zu der Fenestra rotunda ziehende Scala tympani[3]) (Abb. 5.20.). Die beiden Scalae bilden zusammen mit dem Ductus cochlearis die Schnecke (**Cochlea**). Einen Schnitt durch eine Windung der Schnecke mit dem Cortischen Organ zeigt Abb. 5.26.: Die Hörzellen (innere und äußere **Haarzellen**) werden von einer zellfreien, gallertartigen Deckmembran (**Membrane tectoria**) überdeckt, mit der die Stereocilien der Haarzellen verbunden sind. Bei den Vögeln ist der Ductus cochlearis kürzer als bei den Säugern und nicht spiralig aufgewunden, dafür ist die Basilarmembran aber breiter. Sie trägt etwa die gleiche Zahl von Sinneszellen wie die lange Basilarmembran der Säugetiere. Am Ende des Ductus liegt noch die Macula lagenae, die etwa ein Drittel der Schneckenlänge einnimmt, am Hörvorgang aber wohl nicht beteiligt ist. Eine geräumige Scala vestibuli fehlt beim Vogel, eine Scala tympani ist vorhanden. An den Amphibien und Reptilien mit Ausnahme der Krokodile ist noch keine Cochlea ausgebildet.

Eine andere Besonderheit des Hörorgans landlebender Wirbeltiere gegenüber den Fischen besteht in der Ausbildung eines Mittelohres mit **schalleitendem Apparat**. Das sich aus der Kiemendarmwand ausstülpende erste Kiementaschenpaar bricht nicht mehr nach außen durch. Die ihr entgegenwachsende Epidermiseinsenkung (Kiemenfurche) wird zum äußeren Gehörgang.

An der Stelle, wo sich Kiementasche und Kiemenfurche berühren, entsteht das **Trommelfell**. Die Kiementasche selbst erweitert sich zum Mittelohrraum (Paukenhöhle), der durch die Tuba Eustachii[4]) mit dem Vorderdarm (Rachenhöhle) in Verbindung bleibt. In die Paukenhöhle des Mittelohres tritt das Hyomandibulare der Fische, das zum Gehörknöchelchen (**Columella**[5]), **Stapes**) wird, indem es das Trommelfell mit der Fenestra ovalis verbindet. Bei den Säugetieren treten zwei weitere Knochen in die Paukenhöhle über, das Articulare als **Malleus** (Hammer) und das Quadratum als **Incus** (Amboß).

Auch in einigen Gruppen der **Knochenfische** sind unabhängig voneinander Hilfseinrichtungen des Ohres zur Schallsammlung und -leitung entwickelt worden. Am bekanntesten ist das Beispiel der **Ostariophysen**[6]) (Cypriniden, Siluriden, Gymnotiden u. a.). Bei ihnen steht die schallsammelnde Schwimmblase über die Weberschen Knöchelchen und einen perilymphatischen Kanal (Sinus

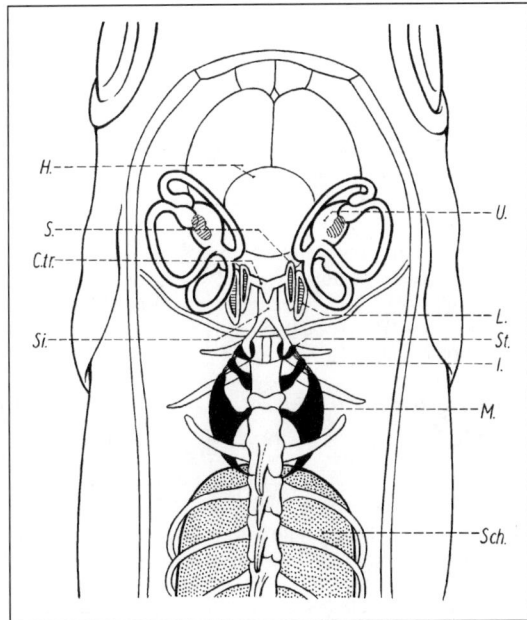

Abb. 5.21. Ostariophysen: Durch die Weberschen Knöchelchen Malleus M, Incus I und Stapes St ist eine Verbindung zwischen der Schwimmblase (Sch) und dem Labyrinth über den perilymphatischen Sinus impar (Si) hergestellt. Ctr. = Canalis transversus, H = Hirn, L = Lagena, S = Sacculus, U = Utriculus. Nach v. Frisch 1938.

impar) mit dem Labyrinth in Verbindung (Abb. 5.21.). Der vordere Abschnitt der Schwimmblase, an dem sich die Mallei der Weberschen Knöchelchen befinden, ist dehnungsfähiger als der hintere. Bei manchen Ostariophysen (Siluriden) steht die Schwimmblase nur noch im Dienste des Hörens und ist deshalb bis auf den vorderen Teil („Camera weberiana") reduziert. – Bei den **Mormyriden** dient eine von der Schwimmblase sich abschnürende Gasblase dem Hörsinn. Sie liegt dem Sacculus eng an und ist von diesem nur durch eine dünne, schwingungsfähige Membran getrennt. – Bei den **Anabantiden** (Labyrinthfische) ist die Atemhöhle (3.2.4.2.), die durch eine Membran („Fenster") mit dem Sacculus Kontakt hat, in den Dienst der Hörfunktion getreten.

Das **Hörvermögen** ist bereits bei den **Fischen** trotz des Fehlens einer Papilla basilaris und einer Cochlea gut entwickelt. Das versetzt uns heute nicht mehr in Erstaunen, nachdem bekannt wurde, daß die Fische keineswegs stumm sind, wie man früher glaubte. Es werden vornehmlich tiefe Töne von ihnen wahrgenommen. Die obere Hörgrenze (Tab. 5.2.) ist bei den Fischen ohne schalleitende Hilfseinrichtungen bereits bei etwa 1 000–2 000 Hz erreicht. Sie liegt bei den Mormyriden und Anabantiden deutlich höher. Eine Ausschaltung der Atemhöhle hat bei den Anabantiden ein Absinken der Hörgrenze und eine Verschlechterung der Hörschärfe zur Folge. Das beste

---

[1]) helix, helikos (griech.) = gewunden; to tréma (griech.) = die Durchbohrung, das Loch.
[2]) scala (lat.) = Treppe; vestibulum (lat.) = Vorhof, Vorhalle.
[3]) tympanum (lat.) = Handpauke, Tamburin.
[4]) Bartolommeo Eustachius (1520–1574); túba, -ae (lat.) = die Trompete, Tube.
[5]) columella (lat.) = Säulchen.
[6]) ostarios (griech.) = knöchern; he phýsa (griech.) = die (Schwimm-)Blase.

Tabelle 5.2. Hörgrenzen verschiedener Wirbeltiere (Angaben in Hz).

Tierart		unter	obere	Untersuchungsmethode
		Hörgrenze		
Hai *(Carcharinus leucas)*		100	1 500	Dressurmethode
Aal *(Anguilla vulgaris)*	⎫	36	488–650	Dressurmethode
Guppy *(Lebistes reticulatus)*	⎬ Nicht-	44	1 200–2 068	Dressurmethode
Nilhecht *(Gnathonemus,*	Ostariophysen		2 800–3 100	Dressurmethode
Mormyride)		2	2 637–4 699	Dressurmethode
Trichogaster, Macropodus (Anabantiden)	⎭			
Goldfisch *(Carassius auratus)*	⎫	100	3 000	Dressurmethode
Elritze *(Phoxinus laevis)*	⎬ Ostariophysen	25	5 000–7 000	Dressurmethode
Zwergwels *(Amiurus)*	⎭		13 000	
Axolotl *(Amblystoma)*			200	
Ochsenfrosch *(Rana calesbyana)*			4 000	elektrische Aktivität des Ohres
Frosch *(Rana pipiens, R. clamitans)*		30	15 000	Reaktion (Hemmung der Atembewegung)
Wasserschildkröte *(Clemmys)*			4 000	Cochlea-Potentiale
Brillen-Kaiman *(Caiman sclerops)*		20	6 000	Cochlea-Potentiale
Uhu *(Bubo bubo)*		60	>8 000	Dressurmethode
Felsentaube *(Columba livia)*		50	11 500	Dressurmethode
Waldkauz *(Strix aluco)*		>100	21 000	Cochlea-Potentiale
Buchfunk *(Fringilla coelebs)*		>200	29 000	Cochlea-Potentiale
Mensch		16	20 000	
Hund		35 000		
Katze		50 000		
Glattnasenfledermäuse		>90 000		Cochlea-Potentiale
Großer Tümmler *(Tursiops)*		150 000		Dressurmethode

Hörvermögen unter den Fischen findet man bei den Vertretern der Ostariophysen. Die obere Hörgrenze liegt bei ihnen über 3 000 Hz bis zu 13 000 Hz beim Zwergwels *(Amiurus)*. Zerstörung der Schwimmblase führt zu einem Abfall der oberen Hörgrenze auf 1 500 Hz. Elritzen ohne Pars inferior werden lediglich für Töne in mittleren und höheren Lagen taub. Die Grenze liegt bei etwa 100–150 Hz. Das Hörvermögen für Töne <100 Hz ist um so weniger beeinträchtigt, je tiefer der Ton ist. – Über das Hörvermögen der **Amphibien** und **Reptilien** ist relativ wenig bekannt, doch scheint soviel sicher, daß es nicht sehr gut entwickelt ist. Die Schlangen scheinen nahezu taub zu sein. Ihr Mittelohr ist rückgebildet, und die Columella hat Kontakt mit dem Quadratum-Knochen. Wahrscheinlich ist dadurch die Wahrnehmung von Erschütterungen des Bodens (Vibrationssinn) mit Hilfe des Ohres erleichtert. Lediglich die Krokodile unter den Reptilien besitzen leistungsfähigere Gehörorgane. – Die untere Hörgrenze liegt bei vielen **Vögeln** ziemlich einheitlich bei 50 Hz und die obere zwischen 12 000

und 30 000 Hz. – Bei den **Säugetieren** variiert letztere wesentlich stärker. Während der Hörbereich des jugendlichen Menschen mit 16 000–20 000 Hz angegeben wird, liegt die obere Hörgrenze bei vielen Säugetieren wesentlich höher, d. h. im Ultraschallgebiet. Das gilt z. B. für Katzen, Hunde und viele Kleinnagetiere mit Ausnahme des Goldhamsters, des Hamsters und der Hausratte. Besonders fallen in dieser Hinsicht die Kleinfledermäuse und Wale (Cetacea) auf, die noch Töne von 90 kHz und mehr wahrnehmen. Sie stoßen selbst sehr kurzwellige Ultraschalltöne aus, mit deren Hilfe sie sich orientieren (5.2.4.3.).

Die **Empfindlichkeit des Gehörs** ist nicht im gesamten Hörbereich gleich groß. Es existiert stets ein mehr oder weniger scharf ausgeprägtes Maximum (**Hörschwellenkurve**, Abb. 5.22.). Der Zwergwels *Amiurus* erreicht eine Schwellenempfindlichkeit seines Gehörs, die derjenigen des Menschen und der Singvögel (z. B. Dompfaff) gleichkommt. *Amiurus* gehört zu den **Ostariophysen** (s. o.). Verletzung der Schwimmblase oder Unterbrechung der Reihe der

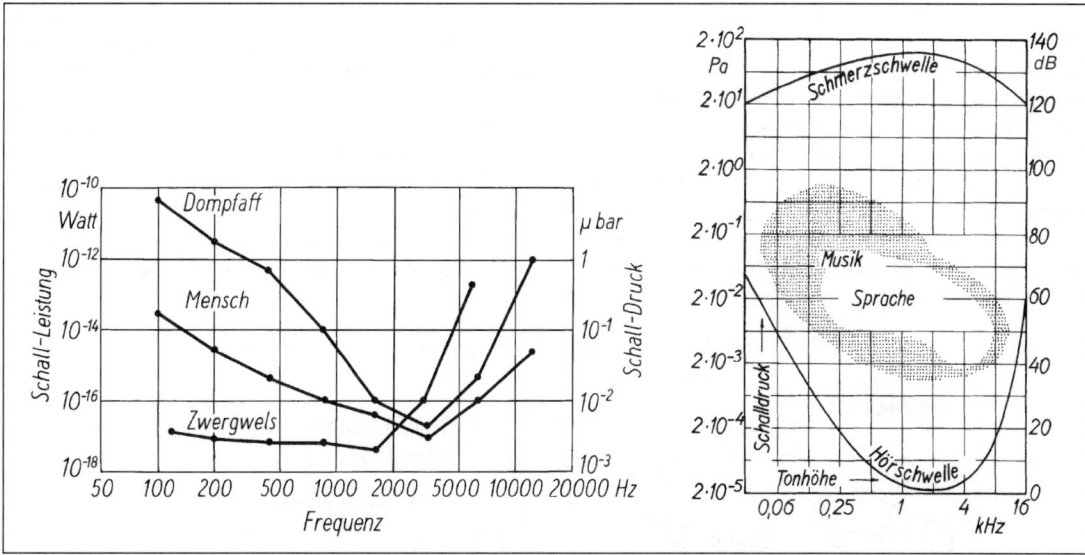

Abb. 5.22. Hörschwellenkurven: Säugetier (Mensch), Vogel (Dompfaff) und Fisch (Zwergwels). Die Schalldruckangaben (μbar) gelten nur für den Zwergwels. Nach AUTRUM u. POGGENDORF 1951. – Rechts:Hörflächendiagramm des Menschen. Die punktierte Fläche umfaßt die in der Musik, die eingeschlossene punktfreie Fläche die in der sprachlichen Kommunikation verwendeten Töne, die Hörschwellenkurve entspricht derjenigen im linken Diagramm. Aus BURKHARDT, SCHLEIDT u. ALTNER 1966.

Weberschen Knöchelchen setzt die Empfindlichkeit stark herab. Das Gehör der **Nichtostariophysen** ist stets weniger empfindlich als das der Ostariophysen. Das Perzeptionsoptimum ist bei den Fischen im allgemeinen recht breit (Abb. 5.22.).

Unter den **Vögeln** hören die Eulen, unter den Säugetieren die Katze schärfer als der Mensch, letztere um fast eine Zehnerpotenz. Dagegen sind die Enten und das Meerschweinchen weniger empfindlich als der Mensch. Bei den Vögeln ist der Verlust des Mittelohrs (Columella) mit einer Verminderung der Gehörempfindlichkeit bis auf $^1/_{100}$ verbunden. Bemerkenswert ist die hohe Empfindlichkeit des Taubenohres *(Columba livia)* für tiefe Frequenzen von 200 Hz bis herunter zu 0,5 Hz. Bei ca. 10 Hz ist das Taubenohr um 50 dB empfindlicher als das menschliche Ohr. Bei **Säugetieren** (Katze, Mensch) ist nur das Hören tieferer Töne vom schallübertragenden Apparat abhängig, höhere Frequenzen (beim Mensch ab 2 000 Hz) werden im wesentlichen über die Schädelknochen dem Innenohr zugeleitet (Knochenleitung).

Die **Bedeutung des schallübertragenden Apparats** bei den Landwirbeltieren liegt darin, den hohen Schallwellenwiderstand der Perilymphe an der der Luft anzupassen. Würde die Schallwelle direkt von der Luft auf die Perilymphe übertragen werden, so würde infolge der großen Wellenwiderstandsdifferenz etwa 97% der Schallenergie an der Grenzfläche reflektiert werden. Dieser Verlust wird weitgehend durch die leichtere Beweglichkeit des Trommelfells vermieden. Der vom Trommelfell aufgenommene

Schalldruck wird bei der Weiterleitung zur Columella- bzw. Stapesfußplatte infolge der Flächenuntersetzung Trommelfell:Fußplatte sehr verstärkt (Tab. 5.3.). Hinzu kommt bei den Säugetieren und bei den Eulen noch eine Hebelwirkung, die ebenfalls im Sinne einer Verstärkung des Druckes bei der Schallübertragung wirksam ist.

Tabelle 5.3. Das Flächenverhältnis Trommelfell:ovales Fenster bei einigen Vögeln und Säugetieren.

Vogelart	Wert	Säugetierart	Wert
Haubentaucher	18:1	Maus	24:1
Kohlmeise	25:1	Mensch	27:1
Wahldohreule	40:1	Ratte	34:1

Das **Tonunterscheidungsvermögen**, d. h. die Fähigkeit, zwei Töne unterschiedlicher Frequenz voneinander zu unterscheiden, ist – wie die Empfindlichkeit – keine feste Größe, sondern in den verschiedenen Frequenzbereichen unterschiedlich stark ausgeprägt. Unter optimalen Bedingungen (im Bereich zwischen 500 und 2 000 Hz, bei einer Lautstärke von ca. 50 dB, einer Darbietungsdauer von 1 s und einem Zeitintervall von 1 s zwischen beiden Tönen) können **Menschen** noch Frequenzunterschiede von 0,3% (z. B. 1 000 und 1 003 Hz) erkennen. Sowohl bei tieferen als auch bei höheren Tönen steigt dieser Wert an, bei tieferen Tönen rascher als bei höheren. Die **Elritze** *(Phoxinus)* erreicht vergleichsweise im optimalen Bereich (400–800 Hz) nur Werte von 3%. Obwohl die obere Hörgrenze erst bei ca. 7 000 Hz liegt, hört – Dressurversuchen zufolge – das Tonunterscheidungsvermögen offenbar bereits oberhalb von 1 260 Hz auf. Die Ausschaltung der **Weberschen Knöchelchen** verschlechtert das Tonunterscheidungsvermögen nicht merklich. Bei *Gobius* und *Corvina* (Nichtostariophysen) sind Unterschiedsschwellen von 9–15% der Frequenz beobachtet worden. Ihr Unterscheidungsvermögen endet spätestens bei 600 Hz. Unter den **Vögeln** sind es die stimmbegabten Singvögel und Papageien, die in ihrem Stimmbereich ein ebenso gutes Tonunterscheidungsvermögen wie der Mensch entwickeln.

Zur Erklärung der **Mechanismen der Frequenzanalyse** sind bereits viele Hörtheorien entwickelt worden. Am bekanntesten ist die Helmholtzsche Resonanztheorie, die jedoch auch als überholt angese-

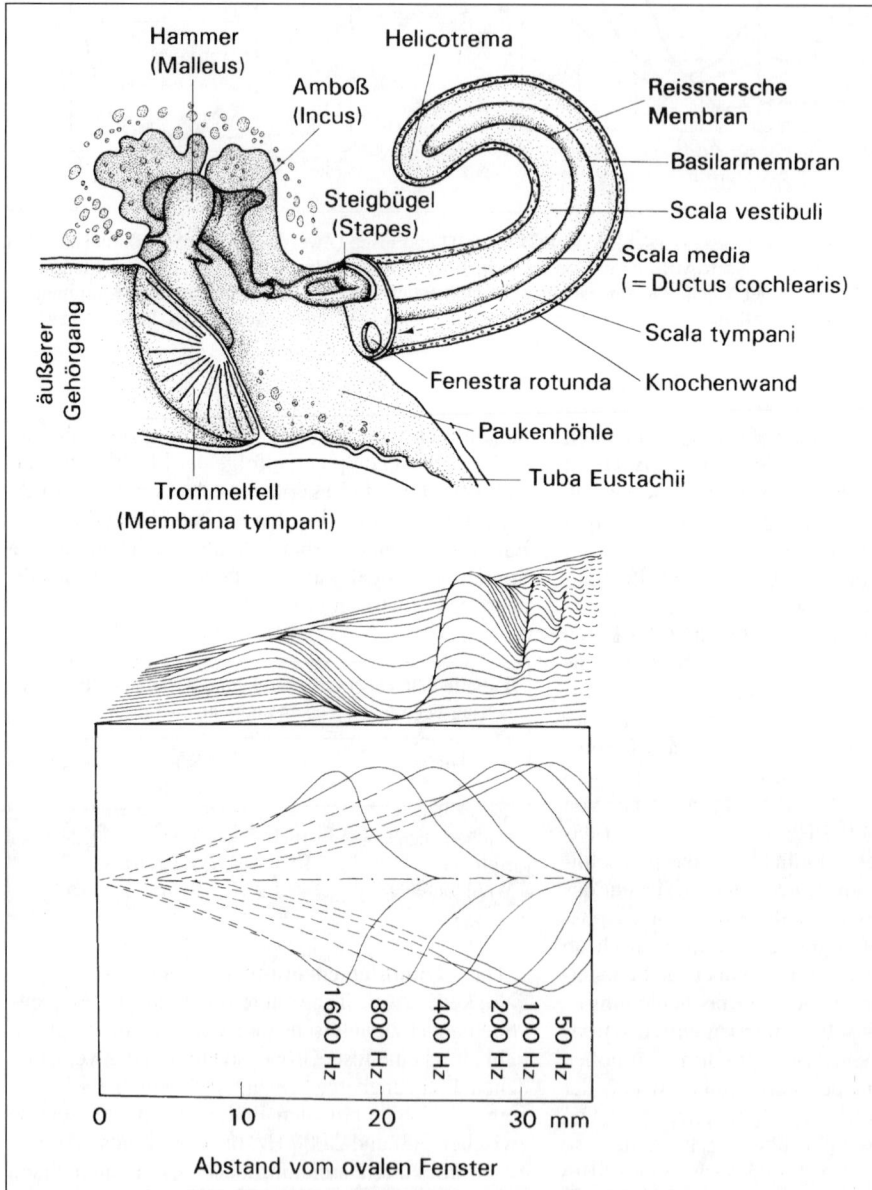

Abb. 5.23. Die Paukenhöhle und die Schnecke (stark schematisiert) eines Säugetierohres. Unten: Eine Wanderwelle auf der Schneckentrennwand (nach TONNDORF); darunter: die „Umhüllenden" von Wanderwellen unterschiedlicher Reiztonfrequenz (Schwingungsmaxima umso näher am ovalen Fenster, je höher die Reiztonfrequenz!). Nach v. BÉKÉSY 1947.

hen werden muß. Die Basilarmembran ist nicht – wie es die Helmholtzsche Theorie fordern muß – gespannt, denn quer zur Spannungsrichtung in die Membran geschnittene Schlitze klaffen nicht auseinander. Auch aus theoretischen Überlegungen heraus kann gezeigt werden, daß die Resonanztheorie nicht zutreffen kann. An ihre Stelle ist die **hydrodynamische Theorie** von G. v. BÉKÉSY[1]) getreten.

Direkte Beobachtungen der Bewegungsvorgänge im Inneren Ohr von Leichen haben gezeigt, daß Ausbuchtungswellen über die Basilarmembran hinweg helikotremawärts wandern **(Wanderwellen)**, wenn man den Steigbügel in sinusförmige Schwingungen versetzt. Die Amplitude der Ausbuchtung nimmt auf ihrem Wege zunächst zu, durchschreitet ein Maximum und nimmt dann wieder ab, um schließlich ganz zu verschwinden. Die Lage des Amplitudenmaximums auf der Basilarmembran ist von der Frequenz des Reiztons abhängig. Es liegt um so näher am ovalen Fenster (Steigbügel), je höher der Ton ist (Abb. 5.23.).

Bei jeder Bewegung der Steigbügelplatte wird das Volumen der Scala vestibuli verändert. Wegen der Inkompressibilität des gesamten Schneckeninhalts (Peri- und Endolymphe) muß die Bewegung der Steigbügelplatte durch eine gegensinnige Bewegung des runden Fensters ausgeglichen werden. Dieser Volumenausgleich zwischen der Scala vestibuli und der Scala tympani könnte dadurch erfolgen, daß Peri-

lymphe über das Helikotrema aus der einen Scala in die andere übertritt. Das ist aber nur bei sehr tiefen Tönen tatsächlich der Fall. In der Regel erfolgt der Volumenausgleich durch Ausbauchung der elastischen Basilarmembran bei Stillstand der Perilymphe im Bereich des Helikotremas. Die Stärke der Ausbauchung ist abhängig von der Amplitude der durch die Scalen laufenden Druckwelle. Da diese Druckwelle auf ihrem Wege infolge der auftretenden Reibung zunehmend gedämpft wird, müßte die Ausbauchung ebenfalls zur Schneckenspitze hin kontinuierlich abnehmen. Das ist aber – wie bereits gesagt – nicht der Fall. Die Amplitude nimmt vielmehr zunächst zu, um dann erst abzunehmen. Die Ursache dafür ist darin zu sehen, daß die Basilarmembran helikotremawärts an Breite zunimmt (Abb. 5.24.) und damit auch nachgiebiger wird (Abb. 5.25.). Solange dieser Effekt wirksamer ist als der durch die Dämpfung der Welle hervorgerufene, steigt die Amplitude der Ausbauchung an.

Die Frequenzabhängigkeit des Ausbauchungsmaximums ist damit zu erklären, daß die Stärke der Dämpfung der Druckwellen von der Frequenz der Schwingung abhängt, und zwar werden höhere Frequenzen (kürzere Wellenlängen) stärker gedämpft als tiefere. Hinzu kommt, daß infolge der Breitenzunahme der Basilarmembran in Richtung zur Schneckenspitze auch deren elastische Rückstellkraft abnimmt und damit die laufenden Wellen helikotremawärts an Geschwindigkeit verlieren, d. h. ihre Wellenlänge abnimmt.

Der **adäquate Reiz** für die Erregung der sich auf der Basilarmembran befindlichen Sinneszellen (= Haarzellen, vgl. Abb. 5.26.) ist die Abbiegung (Scherung) ihrer Härchen. Durch die Ablenkung des Stereocilienbündels werden Kanäle geöffnet, über die

---

[1]) Georg VON BÉKÉSY, geb. 1899 in Budapest, Studium in Bern und Budapest, 1923 Promotion (Physik) in Budapest, ab 1939 Prof. in Budapest, 1946 Emigration nach Schweden (Karolinska Inst.), 1947 in die USA (Harvard Univ.), ab 1963 Dir. d. Inst. f. Sensory Sciences in Honolulu, dort 1972 gest. (Nobelpreis 1961).

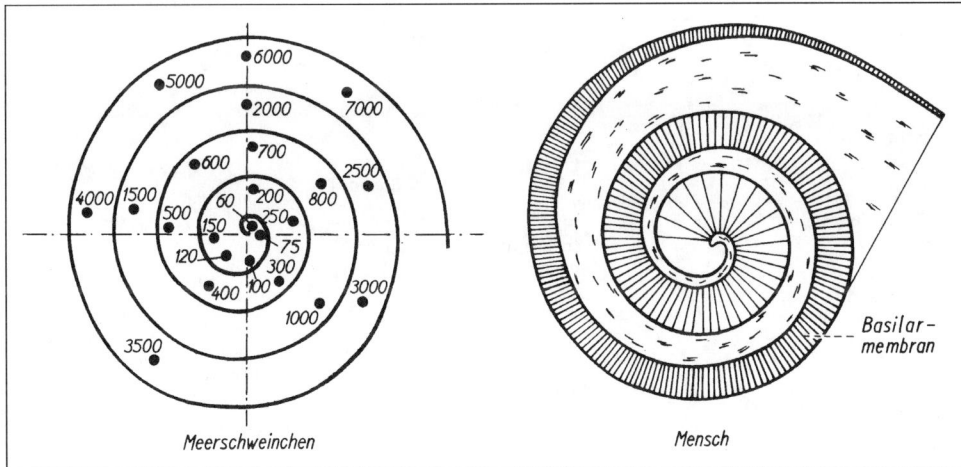

Abb. 5.24. Die als Spirale dargestellte Schnecke des Meerschweinchens (links) hat knapp fünf, die des Menschen (rechts) knapp drei Windungen. Links sind die Orte mit niedrigster Schwelle (Microphonics-Registrierungen) für verschiedene Schallreizfrequenzen eingetragen; rechts ist die von der Schneckenbasis zur -spitze (im Zentrum) kontinuierlich zunehmende Breite der Basilarmembran mit den in ihr quer verlaufenden Fasern dargestellt. Nach CULLER 1935 und aus SCHÜTZ 1958.

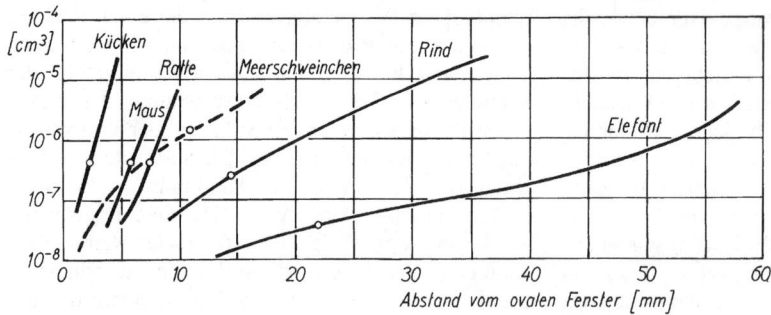

Abb. 5.25. Die Elastizität auf der Basilarmembran verschiedener Tiere nimmt mit dem Abstand vom ovalen Fenster zu. Elastizitätsmaß ist die Volumenverdrängung (cm^3), die bei einem 1 mm langen Membranabschnitt durch einen hydrostatischen Druck von 1 cm Wassersäule hervorgerufen wird. Nach v. BÉKÉSKY 1960.

hauptsächlich K$^\oplus$ in die Zelle einströmt, denn die Endolymphe in der Umgebung der Cilien zeigt eine relativ hohe K$^\oplus$-Konzentration. Durch die daraufhin eintretende Depolarisation der Zelle werden spannungsabhängige Ca$^{2\oplus}$-Kanäle geöffnet. Der Ca$^{2\oplus}$-Einstrom fördert die weitere Depolarisation und erhöht gleichzeitig die intrazelluläre Ca$^{2\oplus}$-Konzentration. Daraufhin öffnen sich Ca$^{2\oplus}$-abhängige K$^\oplus$-Kanäle an der Zellbasis. Da dort der extrazelluläre Raum relativ wenig K$^\oplus$ enthält, strömt K$^\oplus$ durch diese Kanäle sowie durch weitere spannungsabhängige K$^\oplus$-Kanäle nicht in die Zelle ein, sondern nach außen, was zur Repolarisation der Haarzelle führt. Dadurch schließen sich die spannungsabhängigen Ca$^{2\oplus}$-Kanäle wieder. Die intrazelluläre Ca$^{2\oplus}$-Konzentration wird anschließend durch Aufnahme in die Mitochondrien sowie durch eine Ca$^{2\oplus}$-Pumpe wieder auf den Ausgangswert zurückgeführt (Abb. 5.27.).

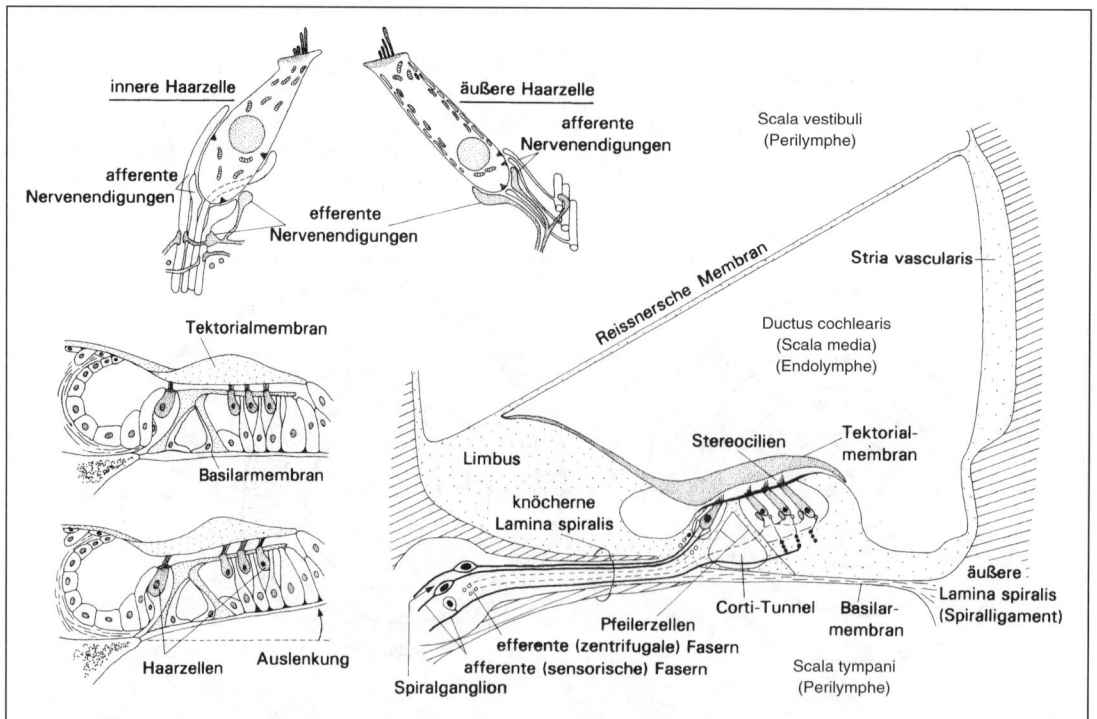

Abb. 5.26. Aufbau des Schneckenganges (Ductus cochlearis) mit dem Cortischen Organ beim Meerschweinchen sowie der äußeren und inneren Haarzellen mit ihren afferenten und efferenten Neuronenkontakten. Links: Die Auslenkung der Basilarmembran bei Schalleinwirkung, die sich den Haarzellen (Auslenkung der Stereocilien) mitteilt. Aus BRODAL 1981 bzw. RUCH u. PATTON 1979.

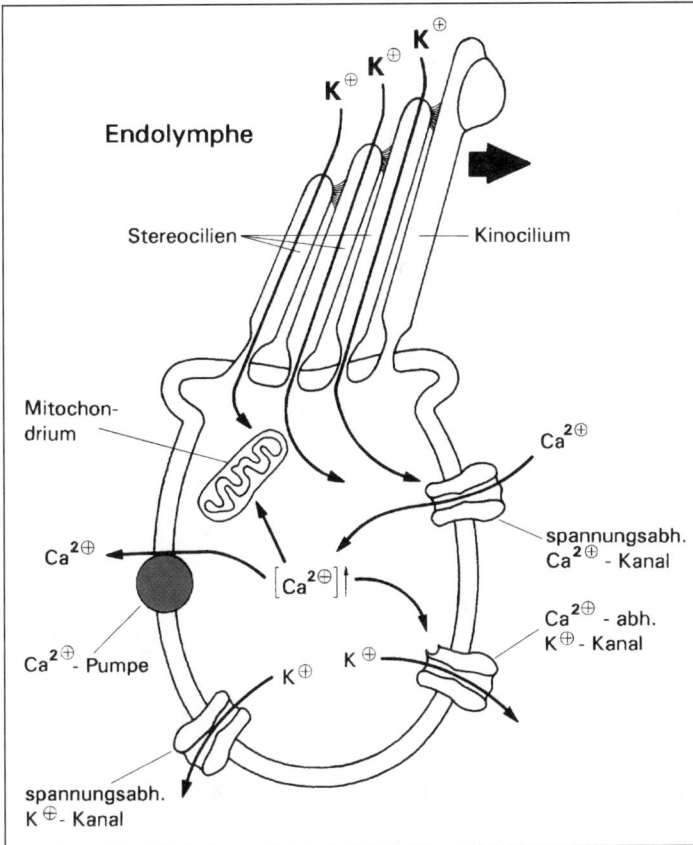

Abb. 5.27. Die Vorgänge in der Haarzelle bei der Erregung durch Auslenkung des Cilienbündels. Nähere Erläuterungen im Text. In Anlehnung an KANDEL, SCHWARTZ, JESSEL 1991.

Man kann feststellen (s. o.), daß die Lage des Schwingungsmaximums auf der Basilarmembran des Säugetierohres von der Tonfrequenz abhängig ist. Es kommt also bereits auf Grund rein physikalischer Vorgänge zu einer räumlichen Verteilung der Reize auf der Basilarmembran entsprechend ihrer Frequenz. Die auftretenden Schwingungsmaxima sind jedoch viel zu flach, als daß man mit ihnen allein bereits das hohe Tonunterscheidungsvermögen der Säugetiere erklären könnte. Diese **periphere Klanganalyse** muß durch eine zentral-nervöse ergänzt werden. Letztere ist offenbar sogar die phylogenetisch ältere, die bei den Fischen allein realisiert ist, denn ihnen fehlt eine Basilarmembran. Selbst bei den Vögeln mit ihrer relativ kurzen Basilarmembran scheint die **zentral-nervöse Klanganalyse** noch im wesentlichen das den Säugetieren nicht nachstehende Tonunterscheidungsvermögen zu leisten.

Bei den Fischen (Rochen, Dorsch), Vögeln und Säugetieren hat man Einzelfasern des Hörnerven gefunden, die synchron zur einwirkenden Tonfrequenz Aktionspotentiale abgeben. Dabei besteht stets eine feste Beziehung zwischen der Entladung und der Phase des Reizes. Allerdings kann diese **reizsynchrone Entladung** nur bis zu einer bestimmten Frequenz er-

folgen. Wird diese überschritten, so wird die Schwingungsdauer des Reiztones kleiner als die Refraktärzeit der Nervenfasern, die dann nur noch jede 2., 3. oder 4. Schwingung mit einem Aktionspotential beantwortet. In der Medulla der Katze sind akustische Neuronen gefunden worden, die bis zu einer Frequenz von 900 Hz reizsynchron arbeiten. Im allgemeinen liegt die maximale Entladungsfrequenz akustischer Neuronen bereits bei 100–300 Impulsen/s. Leitet man nicht von einer Einzelfaser, sondern von mehreren Fasern gleichzeitig oder vom gesamten Hörnerven die Aktionspotentiale ab (**Summenpotential**), so kann man bis zu 3 000 Hz (Eule) bzw. bis zu 5 000 Hz (Katze) reizsynchrone Antworten registrieren. Das ist dadurch möglich, daß viele Nervenfasern zusammenarbeiten und alternierend „feuern". Es kommt reizsynchron zum Abfeuern von Salven, woran jeweils mehrere Fasern aus der zusammenarbeitenden Fasergruppe beteiligt sind (**Salvenprinzip**, Abb. 5.28.). Es ist anzunehmen, daß das Salvenprinzip bei der Übermittlung der Information über die Tonhöhe an das Gehirn von Bedeutung ist. Allerdings besteht noch keine Klarheit darüber, wie die in den Salvenentladungen steckenden Informationen zentral wieder dechiffriert werden.

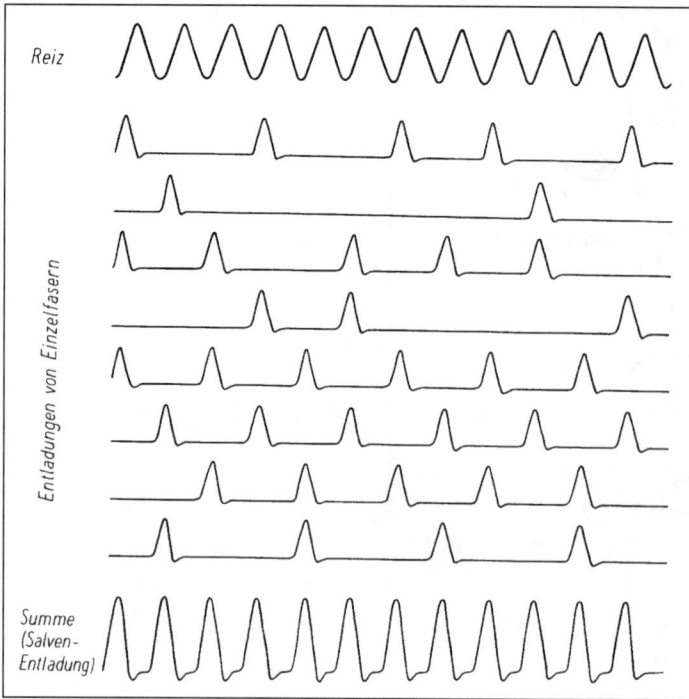

Abb. 5.28. Schema zur Erläuterung des Salvenprinzips. Nach WEVER 1949 aus SCHWARTZKOPFF 1961.

Wie bereits betont, versagt das Salvenprinzip bei Tönen oberhalb von 3 000 bzw. 5 000 Hz. Es ist wahrscheinlich, daß für die Übertragung der höheren Töne das **Ortsprinzip** in den Vordergrund tritt. Darunter ist zu verstehen, daß in der räumlichen Verteilung der erregten Elemente innerhalb einer gegebenen Gesamtheit die zu übermittelnde Information liegt. In unserem Fall bedeutet das, daß durch eine bestimmte Tonhöhe (Frequenz) jeweils auch nur bestimmte Hörzellen der Schnecke maximal erregt werden. Tatsächlich fand man in der Medulla der Katze (sekundäre und tertiäre) Neuronen, die jeweils nur innerhalb eines für sie charakteristischen Frequenzbereiches (Ansprechbereich) antworten (Abb. 5.29.).

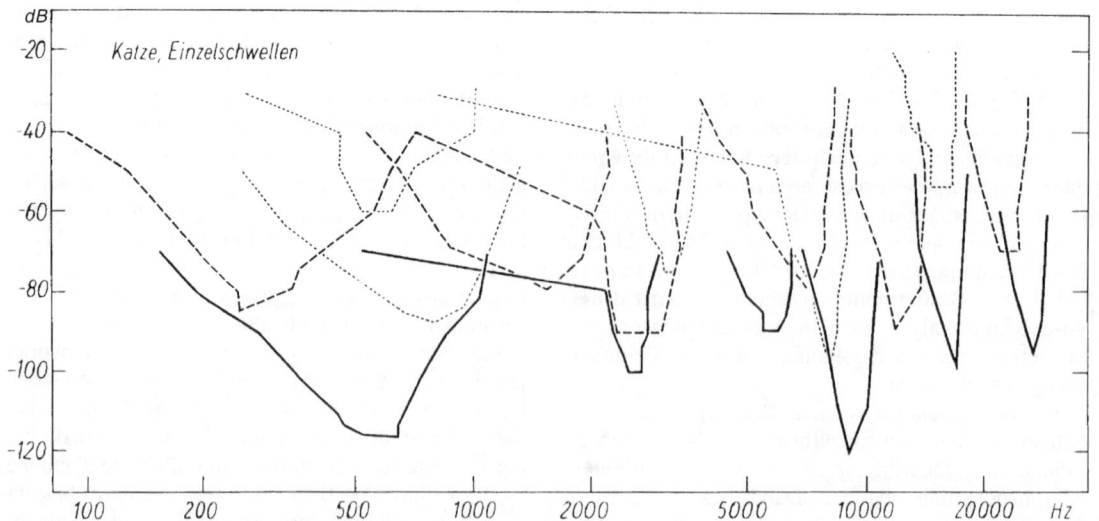

Abb. 5.29. „Ansprechbereiche" von Einzelzellen aus dem Gebiet der oberen Olive der Katze. Nach GALAMBOS, SCHWARTZKOPFF u. RUPERT 1959 aus SCHWARTZKOPFF 1960.

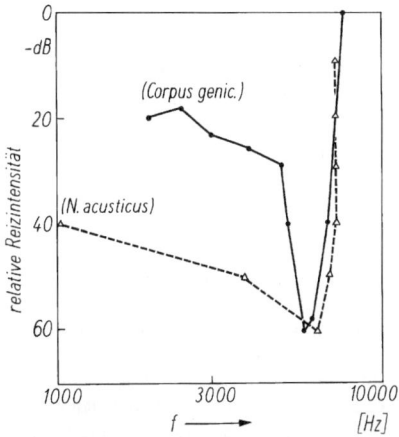

Abb. 5.30. Vergleich des Ansprechbereichs einer Faser aus dem Hörnerv mit dem einer akustischen Zelle aus dem Corpus geniculatum mediale. Aus SCHWARTZKOPFF 1961.

Man kann weiter feststellen, daß der Ansprechbereich einer Faser in der **Hörbahn** (Abb. 5.31.) aufsteigend von Station zu Station immer schmaler und damit die Trennschärfe immer größer wird (Abb. 5.30.). Gleichzeitig nimmt die Zahl der Nervenzellen, die nach dem Salvenprinzip arbeiten, von Station zu Station ab. In der letzten Station vor der Großhirnrinde, im Corpus geniculatum mediale, findet man keine Salvenentladungen mehr. Es findet offenbar auf dem Wege hierher eine Übersetzung des Zeitcodes in einen Ortscode statt. Die **obersten Hörzentren** sind der Colliculus inferior bei Fischen, die Basalganglien des Vorderhirns bei den Sauropsiden bzw. die verschiedenen Hörrindenbezirke bei den Säugetieren (Abb. 5.31.). Sie enthalten um

das Vielfache mehr akustisch aktivierbare Neuronen als die „unteren" Stationen. In der Regel ist eine feldhafte zwei- oder gar dreidimensionale Organisation in ihnen erkennbar. So findet man z. B. in bestimmten Hörrindenbezirken eine von hinten nach vorn oder auch von oberflächlich nach zentral ansteigende Frequenzempfindlichkeit. Mit Änderung der Schallrichtung, der Reizdauer oder -intensität ändert sich auch die Ausdehnung der aktivierten Felder.

Eine weitere Leistung des Wirbeltier- wie auch des Insektenohres (s. o.) besteht darin, die Richtung des eintreffenden Schalles zu bestimmen. Diese **akustische Lokalisation** wird mit beiden Ohren (binaural) durchgeführt. Wenn die Schallwellen nicht genau von vorn, sondern von der Seite her eintreffen, ist der Weg zu dem schallabgekehrten Ohr stets länger als derjenige zum schallzugekehrten. Die Wegdifferenz Δs beträgt (Abb. 5.32.):

$$\Delta s = d \cdot \sin \alpha$$

Beide Ohren besitzen außerdem unterschiedliche **Richtcharakteristiken**, d. h., gleiche Schallwellen werden in Abhängigkeit von der Richtung, aus der sie eintreffen, verschieden laut wahrgenommen. Diese Richtcharakteristik ist auch von der Tonhöhe abhängig, sie ist um so schmaler, je höher die Tonfrequenz ist. Deshalb hören die beiden Ohren gleiche Geräusche mit unterschiedlicher Klangfarbe, denn bei unsymmetrischem Schalleinfall werden in einem Ohr die hohen Frequenzen weniger stark herausgefiltert als im anderen. Es können somit folgende Kriterien vom Tier zur Berechnung der Schallrichtung herangezogen werden:

1. die **Differenz des Schalldrucks** an beiden Ohren, denn auf dem Wege durch den Schädel zum schall-

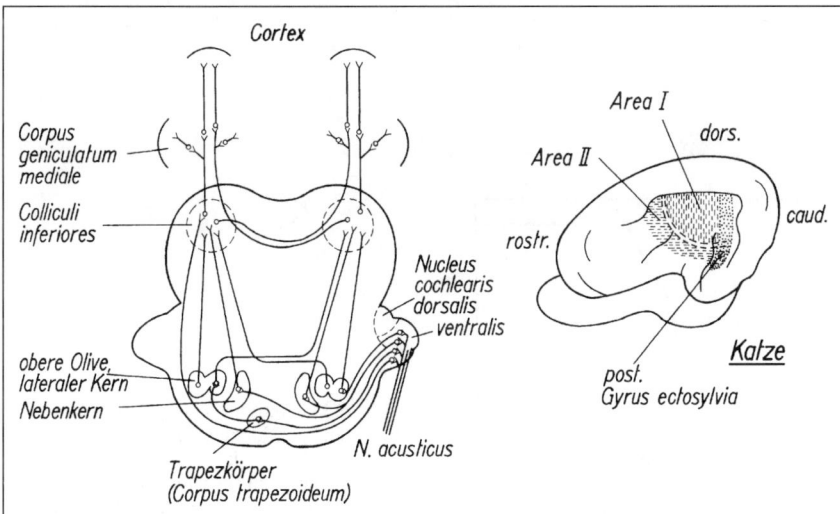

Abb. 5.31. Säugetiere: Die afferenten Leitungswege des akustische Systems (links) und die akustischen Areale im Cortex der Katze (rechts). Die Area I erhält im wesentlichen Projektionen aus dem Thalamus, die höheren Frequenzen sind dort anterior, die tieferen posterior lokalisiert. In der Area II sind die Frequenzen umgekehrt verteilt. Nach HARRISON u. HOWE 1974.

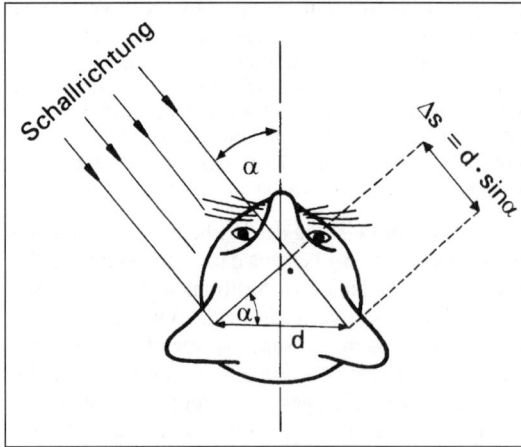

Abb. 5.32. Der Schall hat bei seitlichem Einfall einen unterschiedlich langen Weg zu den beiden Ohren zurückzulegen. d = Ohrenabstand, Δs = Wegunterschied.

abgekehrten Ohr erfährt der Schall eine Dämpfung, die sich aber wohl erst bei Frequenzen von mehr als 500 Hz genügend stark auswirken dürfte.

2. die **Unterschiede in der Klangfarbe**, die dadurch zustande kommen, daß beim Durchtritt durch den Schädel höhere Töne stärker gedämpft werden als tiefere.

3. die **zeitliche Differenz** des Eintreffens der Schallwellen an beiden Ohren bzw. der Phasenunterschied zwischen den an beiden Ohren einwirkenden Schwingungen.

Die zeitliche Differenz Δt hängt vom Ohrenabstand d in folgender Weise ab:

$$\Delta t = \frac{d \cdot \sin d\, \alpha}{v} \quad (v = \text{Schallgeschwindigkeit})$$

Sie wird bei den kleinen Tieren (z. B. Singvögeln) zu gering, als daß sie bei der Schallokalisation größere Bedeutung haben könnte. Der Mensch und die Katze können unter günstigen Bedingungen noch Zeitdifferenzen bis zu 10^{-5} s auswerten, dem entspricht bei einem Ohrenabstand von 21 cm (Mensch) und $v = 330$ m/s ein Schwellenwinkel von ca. 1°.

Im akustischen Zentrum der Medulla einer Katze, in dem die Informationen von beiden Ohren zusammenlaufen, konnte ein Neuron entdeckt werden, das in charakteristischer Weise auf minimale Zeitdifferenzen reagiert (Abb. 5.33.). Es gibt einen Impuls zu höheren Zentren weiter, wenn das Ohr der gleichen Körperseite (ipsilateral) mit einem Klickgeräusch gereizt wird. Es reagiert nicht auf Dauerreize. Obwohl es Fasern von beiden Gehörorganen erhält, bleibt die Reizung des anderen Ohres (kontralateral) unbeantwortet. Wenn jedoch das kontralaterale Ohr innerhalb von 0,5 bis 1 ms nach Reizung des ipsilateralen einen Klicklaut empfängt, so wird die Reaktion des betreffenden Neurons unterdrückt, die Zelle schweigt. Durch das Zusammenspiel vieler solcher Elemente in demselben Kerngebiet kann die enorm niedrige binaurale Zeitdifferenzschwelle des Menschen und der Katze (s. o.) zustande kommen.

Es scheint so, daß bei tiefen Tönen (1000–1500 Hz) die Auswertung der zeitlichen Differenz und bei höheren die der Intensitätsdifferenz bei der Schallortung im Vordergrund steht. Unter Fischen ist die Fähigkeit zur akustischen Lokalisation mit dem Ohr kaum oder gar nicht entwickelt. Das ist bei solchen Arten erklärlich, bei denen die unpaare Schwimmblase als schallsammelnde Einrichtung fungiert, von der der Schall beiden Ohren gleichzeitig zugeleitet wird. So können sich keine Erregungsdifferenzen zwischen beiden Ohren herausbilden. Während die Singvögel ein mäßiges Schallortungsvermögen zeigen (auf 20–25° genau), ist es bei den Eulen sehr gut entwickelt.

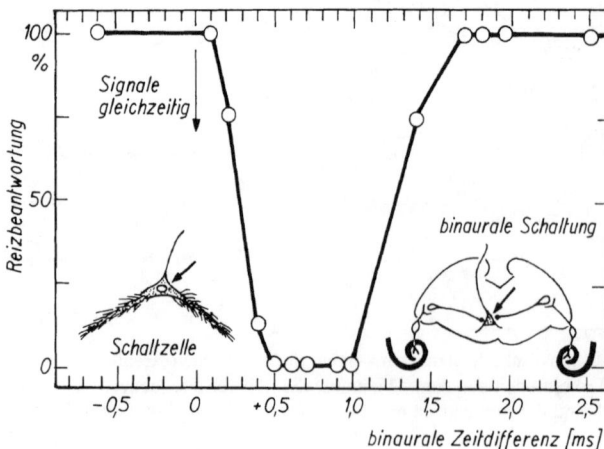

Abb. 5.33. Aktivität eines akustischen Elements aus der Medulla (Nucl. oliv. sup. access.) der Katze, das nur auf kurze Signale („Klicklaute") am ipsilateralen (rechten) Ohr reagiert und Zeitdifferenzen verrechnet. Die Erregung des Elements wird vollständig gehemmt, wenn das kontralaterale (linke) Ohr 0,5 bis 1 ms später ebenfalls durch einen Klicklaut gereizt wird. Nach GALAMBOS, SCHWARTZKOPFF u. RUPERT 1959.

5.2.4.3. Echo-Orientierung

Die Lautäußerungen der Tiere dienen gewöhnlich der akustischen Kommunikation. Eine interessante Sonderleistung liegt bei einigen Wirbeltieren vor, die das Echo ihrer eigenen Lautsignale zur räumlichen Orientierung benutzen (**aktives Orientierungssystem**). Eine solche Echo-Orientierung kommt bei einigen Vögeln, bei Walen und bei Fledermäusen vor.

Der zu den Nachtschwalben gehörende **Fettschwalm** *(Steatornis caripensis)* Südamerikas nistet gesellig in dunklen, oft kilometerlangen Höhlen. Wenn er durch die dunklen Teile der Höhle fliegt, sendet er Klicksignale von ca. 1 ms Dauer in Abständen von durchschnittlich 2,5 ms aus, die der Echoorientierung dienen. Verstopft man dem Tier die Ohren, so kann es sich in einem dunklen Zimmer nicht mehr orientieren und fliegt gegen Hindernisse. Die Frequenz der Signale liegt im Hörbereich des Menschen bei 7 300 Hz. Bei den nächtlichen Nahrungsflügen – der Vogel ernährt sich von Früchten – erfolgt die Orientierung optisch und nicht akustisch. Ähnlich wie bei *Steatornis* ist es auch bei den in Südostasien beheimateten **Salanganen-Arten** *(Collocalia)*. Auch sie nisten in dunklen Höhlennischen und stoßen beim Anfliegen der Nistplätze zur Orientierung 5–10 Laute pro Sekunde aus. Die Frequenz der Töne liegt bei 4 000 bis 5 000 Hz.

Während sich die meisten Megachiropteren (**Großfledermäuse**) im Gegensatz zu den Microchiropteren (Kleinfledermäusen) optisch bzw. olfaktorisch orientieren, macht der Nil-Flughund *(Rousettes)* eine Ausnahme. Er kann sich im Dunkeln durch mit der Zunge erzeugte, für uns hörbare Schnalzlaute orientieren.

Zur höchsten Perfektion in der Echoorientierung haben es die **Kleinfledermäuse** gebracht. Sie stoßen Laute im Ultraschallbereich aus. Da von einem Körper erst dann ein gutes Echo zurückgeworfen wird, wenn er 2- bis 3mal so breit ist wie die Wellenlänge des eintreffenden Schalles, ist die Benutzung von Ultraschalltönen von Vorteil. Dadurch wird das Auflösungsvermögen der Echoorientierung stark erhöht. Gleichzeitig wird allerdings, da die Dämpfung des Schalls in der Luft mit steigender Frequenz stark zunimmt, die Reichweite der Ortungslaute eingeschränkt. Sie dürfte 20 m kaum übersteigen. Bei den von den Fledermäusen benutzten Frequenzen (f) von 30–120 kHz betragen die Wellenlängen (= v/f) 11–3 mm.

Bereits im Dezember 1793 berichtete Lazzaro SPALLANZANI[1]) über seine Entdeckung, daß Fledermäuse sich auch dann noch in einem geschlossenen, dunklen Raum zu orientieren und Hindernisse geschickt zu umfliegen vermögen, wenn sie zuvor geblendet worden waren. Er machte weiterhin die Beobachtung, daß ein Verstopfen der Ohren die

Orientierung stark beeinträchtigte. Diese Erkenntnisse gerieten allerdings wieder in Vergessenheit. Sie lagen zu der Zeit jenseits jeder Vorstellungskraft und man ging lieber mit CUVIER davon aus, daß die Fledermäuse einen „sechsten Sinn" in Form eines besonderen „Ferntastsinnes" besäßen. Fast 150 Jahre später (1938) machte der Biologiestudent Donald GRIFFIN im Labor des Physikers G. W. PIERCE an der Harvard Universität eine überraschende Entdeckung. Dort existierte das erste Ultraschallmikrophon der Welt. Die vorher stumm erschienenen Fledermäuse entpuppten sich mit diesem Gerät als wahre „Schreihälse". Erst jetzt begann man sich wieder für die Orientierung der Fledermäuse zu interessieren.

Die Echopeilung dient den Kleinfledermäusen bei der Orientierung im Raum und bei der Insektenjagd und arbeitet außerordentlich präzise. Mit ihrer Hilfe finden diese ursprünglichen Säugetiere kleine Ritzen oder Vorsprünge in der Wand, an denen sie sich festklammern können. Sie können Samtflächen von gleichgroßen Glasflächen unterscheiden und lokalisieren mit einer Pinzette dargebotene Mehlwürmer auch im geblendeten Zustand sicher. In die Luft geworfene unbewegliche Mehlwürmer werden von Plastikscheiben ähnlicher Form und Größe unterschieden. Durch einen dunklen Raum, in dem 0,8 mm dicke Drähte senkrecht und waagerecht in Abständen von nur einem Drittel der Flügelspannweite ausgespannt sind, fliegen falsche Vampire *(Megaderma lyra)* mit großer Geschwindigkeit und ohne einen Draht zu berühren. Entfernungsdifferenzen zweier form- und größengleicher Gegenstände werden von ihnen auf 12 mm genau bestimmt. Dem entspricht eine Laufzeitdifferenz des Echos von nur 70 μs!

Erstaunlich ist die Fähigkeit der Fledermäuse, ihr eigenes Echo aus einem Gewirr fremder Echos und störender Untergrundgeräusche herauszuhören, so daß es selbst dann nicht zu Zusammenstößen kommt, wenn die Tiere in großen Schwärmen allabendlich ihre Schlupfwinkel verlassen. Auch heute hat man noch keine befriedigende Erklärung für diesen **„Cocktailparty-Effekt"**, seine eigene Unterhaltung aus einem allgemeinen Geräuschpegel herauszuhören. Die Tiere umflogen in einem Raum in dem ein Gewirr von Tönen („weißer Lärm") in dem Frequenzbereich erzeugt wurde, der auch von den Fledermäusen zur Echoorientierung benutzt wird, selbst dann noch sicher die ausgespannten Drähte, wenn das Störgeräusch 30 000mal so laut war wie das Echo.

Die Echoorientierung erfolgt bei den verschiedenen Kleinfledermaus-Familien nicht nach dem gleichen Prinzip. Man kann zwei extreme Typen unterscheiden, die durch zahlreiche Zwischentypen miteinander verbunden sind. Einheitlich ist, daß die Ultraschallaute im Kehlkopf erzeugt werden. Der erste Typ ist für die Glattnasen (Vespertilioniden) charakteristisch: **Vespertilionidentyp**. Sie stoßen kurze Knack-Laute von 1–4 ms Dauer in der Regel durch den Mund über einen relativ großen Winkelraum aus. Bei ruhigem Flug sind es etwa 10–20 Laute · s^{-1}, bei der Untersuchung von Hindernissen kann die Zahl

[1]) Lazzaro SPALLANZANI, geb. 1729 in Scandiano (Italien), Besuch d. Jesuitenseminars in Reggio Emilia (1744), Stud. d. Rechte (1749), Promotion 1753, ab 1760 Abbé in Reggio, außerdem Prof. f. Naturgesch., ab 1769 bis zum Tode (1799) Prof. in Padua.

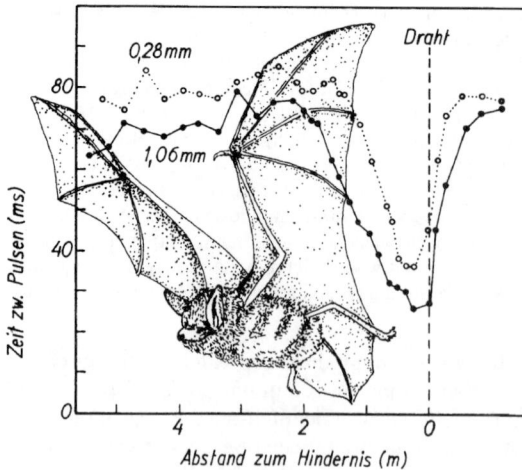

Abb. 5.34. Die Zeitabstände zwischen den Ruflauten in Abhängigkeit von der Entfernung zum Drahthindernis (von 0,28 bzw. 1,06 mm Dicke) bei einer Fledermaus (großes Mausohr, *Myotis myotis*). Nach GRIFFIN 1962, verändert.

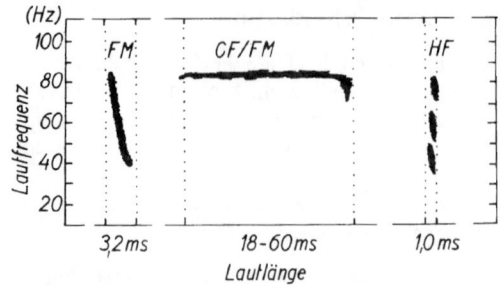

Abb. 5.35. Ortungslaute der Fledermäuse. FM = frequenzmodulierter Typ *(Myotis myotis);* CF/RM = konstantfrequent-frequenzmodulierter Typ *(Rhinolophus florum equinum);* HF = harmonische Frequenzen enthaltender Typ *(Megaderma lyra).* Nach NEUWEILER 1976.

auf über $100 \cdot s^{-1}$ ansteigen (Abb. 5.34.) bei gleichzeitiger Abnahme der Signallängen auf 0,5 ms. Der Laut beginnt mit Frequenzen zwischen 30 und 120 kHz und fällt dann gleitend um fast eine Oktave ab (frequenzmodulierter Ortungslaut, Abb. 4.35.). Seine Intensität erreicht 10 cm vor dem Kopf 60–170 dyn · cm^{-2}. Die Glattnasen besitzen zwei unbewegliche Ohrmuscheln. Bereits die sorgfältige Verstopfung eines Ohres hat den Verlust der Orientierungsfähigkeit zur Folge.

Wie die Glattnasen stößt auch die zu den Blattnasen (Phyllostomatiden) zählende *Pteronotus davyi* alle 75–100 ms kurze Suchlaute von 4–5 ms aus. Wird ein Insekt *(Drosophila)* entdeckt und verfolgt, werden Schreie in immer kürzeren Zeitabständen ausgestoßen bei gleichzeitiger Abnahme der Schreilänge. Unmittelbar vor dem Fangen der Beute beträgt die Schreilänge nur noch ca. 1 und die Intervalle 4,5 ms.

Der zweite Typ ist bei den Hufeisennasen (Rhinolophiden) zu finden und wird deshalb als **Rhinolophidentyp** bezeichnet. Sie stoßen längeranhaltende Laute (40–100 ms) mit gleichbleibender Frequenz von 80–100 kHz durch die Nasenlöcher aus. Am Schluß des Lautes fällt die Frequenz etwas ab (konstantfrequent-frequentmodulierter Ortungslaut, Abb. 5.35.). Die hufeisenförmige doppelte Hautfalte, die bewegt werden kann und die beiden Nasenlöcher umgibt, wirkt wie ein Schalltrichter, der die Ultraschalllaute zu einem engen „Strahl" bündelt (Megaphonwirkung). Der Abstand beider Nasenlöcher voneinander beträgt eine halbe Wellenlänge des Peillautes. Dadurch überlagern sich die Wellenzüge vor dem Kopf additiv, während sie sich nach den Seiten hin zunehmend abschwächen (Abb. 5.36.).

Der Kopf wird beim Fliegen schnell hin- und herbewegt und so der Raum wie mit einem Taschenlampenstrahl untersucht. Die Zahl der Impulse ist weniger variabel als bei den Glattnasen und beträgt etwa 5–6/s. Sie ist mit den Atembewegungen des Tieres und diese wiederum mit dem Flügelschlag koordiniert. Die Ohren der Hufeisennasen werden beim Fliegen ständig und unabhängig voneinander bewegt. Für die Orientierungsleistung von großer Bedeutung ist eine rasche pendelnde Bewegung der Ohren nach vorne und wieder zurück. Diese Schwingung erfolgt bei *Rhinolophus ferrumequinum* und wahrscheinlich auch bei anderen Hufeisennasen synchron mit der Ultraschallemission. Lähmung der Ohrmuskeln durch Denervation hat eine starke Abnahme der Orientierungsleistungen zur Folge. Allerdings lernen die Tiere später, die fehlenden Bewegungen der Ohren durch schnelle Nickbewegungen des ganzen Kopfes zu ersetzen und damit ihr Orientierungsvermögen teilweise zurückzugewinnen. Ein Ohr allein genügt den Hufeisennasen im Gegensatz zu den Glattnasen zur Echoorientierung.

Über **die der Echoorientierung zugrunde liegenden Arbeitsprinzipien** gibt es auch heute noch viele offene Fragen. Naheliegend ist, daß die Fledermäuse wie bei einer Echolotung die Zeitspanne zwischen Ausstoßen und Wiedereintreffen des Schalls messen und für die Bestimmung der Entfernung des Hindernisses benutzen. Das setzt jedoch ein ungewöhnlich hohes Vermögen voraus, Zeitdifferenzen mit einem Ohr (nicht durch binauralen Vergleich wie bei der Schallokalisation, s. o.) zu bestimmen. Die dafür verantwortlichen **Neuronen** müssen streng phasisch reagieren, und ihre Latenzzeit müßte relativ unabhängig von der Reizintensität sein. Sie dürften außerdem keine Spontanaktivität zeigen. Solche Neuronen sind neuerdings bei *Myotis*-Arten im Colliculus inferior[1])

---

[1]) wichtige Umschaltstelle für die Fasern der Hörbahn im Mittelhirn (Abb. 5.31.).

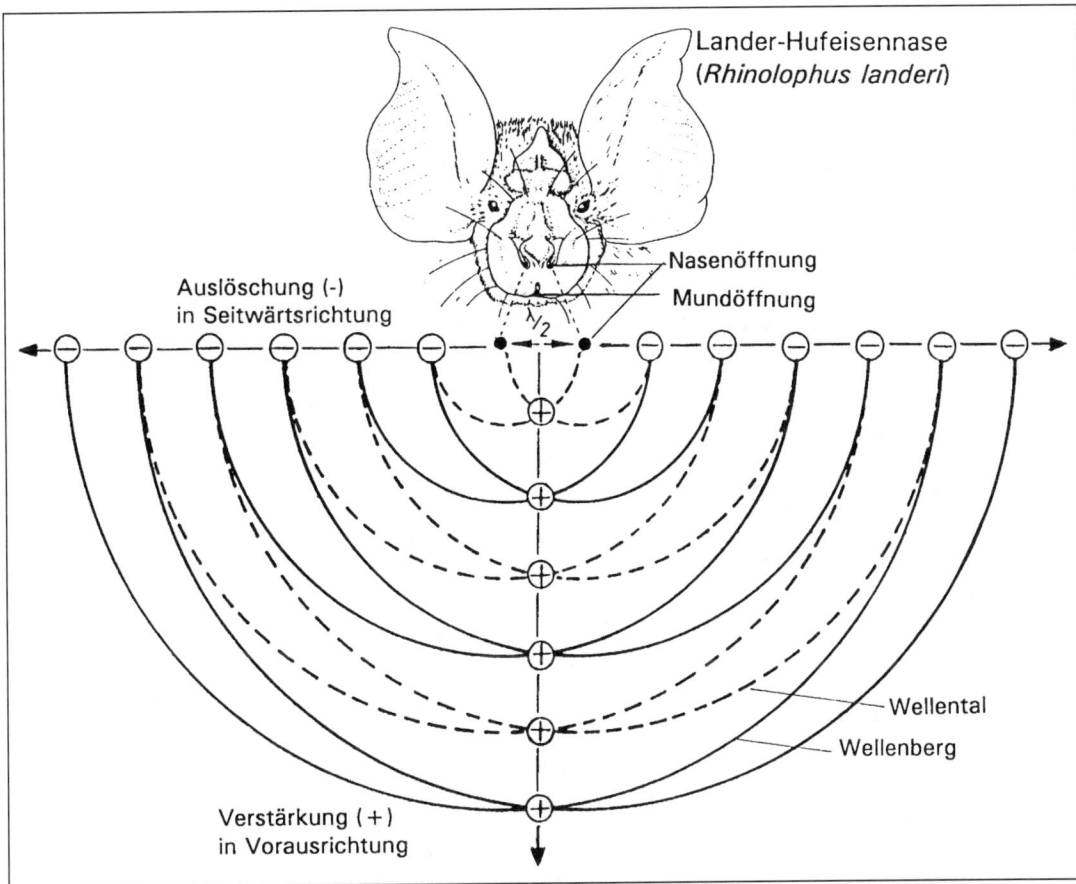

Abb. 5.36. Die von den beiden Nasenlöchern N_1 und N_2, die eine halbe Wellenlänge λ voneinander entfernt sind, ausgehenden Ultraschall-Wellenzüge verstärken sich vor dem Kopf additiv und löschen sich an den Flanken gegenseitig aus. Die durchgezogenen Linien sollen die Wellenberge und die gestrichelten die Wellentäler darstellen.

gefunden worden. Sie antworten auf einen Schallreiz nur mit einer einzigen Entladung, unabhängig von der Stärke des Reizes, und sind in der Lage, bereits 0,5 ms nach dem ersten Reiz auf einen zweiten zu reagieren. Damit sind die Tiere fähig, nach der Wahrnehmung des von ihnen selbst ausgesandten Suchlautes bereits auf das Echo eines nur 3 cm entfernten Gegenstandes erneut zu reagieren. Der enorme Intensitätsunterschied von 3–5 Zehnerpotenzen zwischen dem Ortungslaut und seinem Echo wird dadurch stark vermindert, daß während der Abgabe des Ortungssignals durch Kontraktion der **Mittelohrmuskeln** der Zugang zum Innenohr weitgehend versperrt wird. Es ist an einer Art außerdem gezeigt worden, daß während der Abgabe des Ortungslautes durch einen neuronalen Mechanismus die Hörneuronen kurzfristig gehemmt, d. h. unempfindlicher gemacht werden.

Summenableitungen aus dem Colliculus inferior der **Hufeisennasen** *(Rhinolophus ferrumequinum)* ergaben, daß ihr Hörsystem sehr empfindlich auf Töne von ca. 83,3 kHz reagiert. Sowohl bei geringfügig tieferen als auch höheren Frequenzen fällt die Empfindlichkeit steil ab, d. h., in diesem Bereich reagiert das Gehör sehr empfindlich auf geringste Frequenzänderungen. Der Ortungslaut der Tiere besteht aus einem bis zu 60 ms langen Reinton von ca. 83 kHz mit kurzem frequenzabwärtsmoduliertem Teil am Ende. Das Hörsystem kann als **Schmalbandfilter** betrachtet werden, das auf den Reinton des Ortungslautes abgestimmt ist. Kleine Frequenzverschiebungen des Echos gegenüber dem ausgesandten Ortungssignal, wie sie durch sich bewegende Objekte in Abhängigkeit von ihrer Geschwindigkeit hervorgerufen werden (Dopplereffekt![1])), können somit mit hoher Präzision wahrgenommen werden: empfindlicher **Bewegungsdetektor**.

Der Mechanismus könnte allerdings nur so lange exakt funktionieren, solange die Hufeisennasen sich nicht selbst bewegen. Sobald sie losfliegen, erzeugen

---

[1]) Christian DOPPLER, geb. 1803, Prof. d. Mathematik in Prag und Wien, gest. 1853.

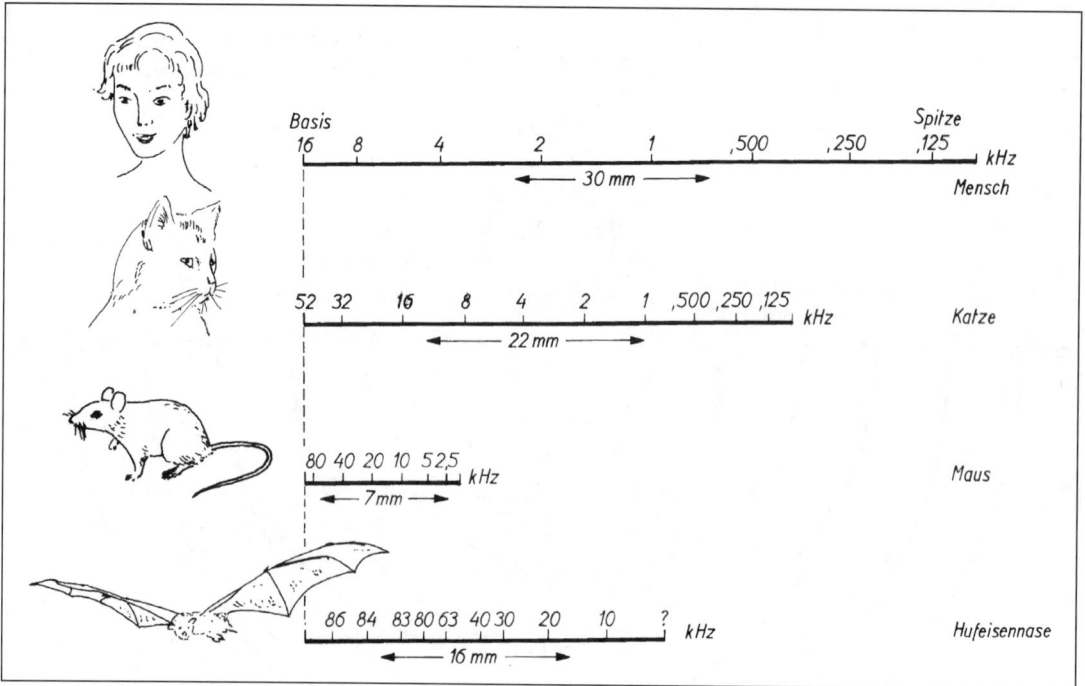

Abb. 5.37. Vergleich der Basilarmembran verschiedener Säugetiere. Bei den Hufeisennasen ist die Basilarmembran wesentlich länger als bei Säugetieren mit ähnlichem Körpergewicht und Hörbereich. Die Frequenzverteilung auf der Basilarmembran weicht bei ihnen erheblich von der normalen logarithmischen Skalierung durch die starke Ausdehnung des Feldes für die Frequenzen des Echos (80–86 kHz) ab: „Frequenz-Fovea". Nach NEUWEILER 1984.

sie selbst eine Dopplerverschiebung. Es konnte gezeigt werden, daß die Tiere zur Kompensation dieses Effektes, sobald sie losfliegen, die Frequenz ihres Ortungslautes proportional zu ihrer Fluggeschwindigkeit senken, so daß über einen Regelkreis die von unbeweglichen Objekten zurückkehrende, durch die Eigenbewegung dopplerverschobene Echofrequenz bei ca. 83 kHz festgehalten wird. Das auf die Frequenz von ca. 83 kHz abgestimmte Schmalbandfilter im

Hörsystem der Hufeisennasen hat seine Grundlage in der mechanischen Eigenschaft der Basilarmembran des inneren Ohres. Genau an der Stelle, an der auf der Basilarmembran die Filterfrequenzen abgebildet werden, wird die Membran unter anderem sehr dick und schmal. Die Frequenzen 83 bis 86 kHz werden auf der gleichen Länge abgebildet wie in der Nachbarschaft eine ganze Oktave (40–80 kHz: **„Frequenz-Fovea"**) (Abb. 5.37.).

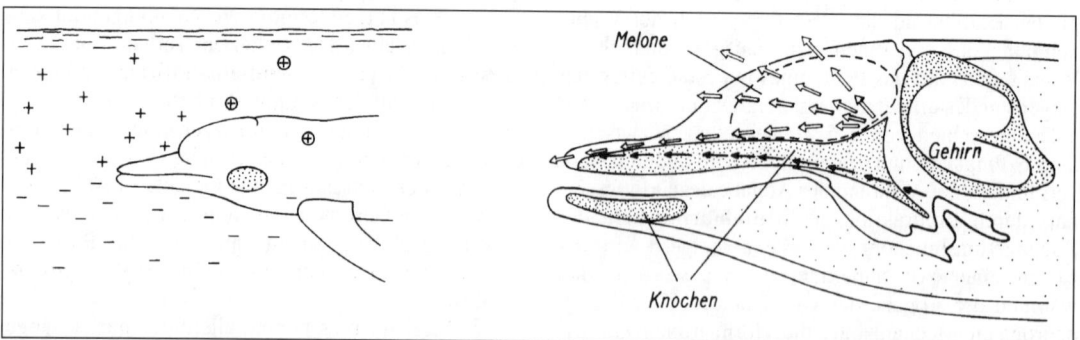

Abb. 5.38. Echoortung beim Tümmler *(Tursiops truncatus).* Tiere, denen beide Augen durch Klappen verdeckt wurden, orten trotzdem zielsicher die durch Kreuze gekennzeichneten Nahrungsbrocken, eventuell auch durch Zurückschwimmen (Kreuze in Kreisen). Dagegen bleiben die durch Striche gekennzeichneten Nahrungsbrocken unbemerkt. Die Schallausstrahlung erfolgt wahrscheinlich gebündelt über die „Melone" (EVANS) bzw. nach Leitung durch den Oberkieferknochen (PURVES). Nach NORRIS et al. 1961 und EVANS 1973.

Die **Delphine** und **Tümmler** besitzen ebenfalls eine Echoorientierung (Abb. 5.38.). Sie stoßen in Ruhe etwa alle 15–20 s eine erkundende Lautserie aus. Bei Annäherung an einen Gegenstand wird die Zahl der Laute bis auf mehrere Hundert pro Sekunde erhöht, bis das Hindernis umschwommen bzw. die Beute geschnappt worden ist. Ins Wasser gehängte Metallstäbe – in einem Abstand von 2,5 m in 6 Reihen angeordnet – werden „im Slalom" sicher umschwommen. Die Frequenz der von den Delphinen ausgestoßenen Suchlaute liegt etwas höher als bei den Fledermäusen, sie erreicht 200 kHz. Das ist aus folgenden Gründen verständlich: Es können um so mehr Einzelheiten mit Hilfe der Echoortung erfaßt werden, je kurzwelliger der ausgesandte Schall ist. Andererseits empfiehlt sich eine zu starke Steigerung der Frequenz deshalb nicht, weil gleichzeitig die Dämpfung des Schalls zunimmt und damit eine Verminderung der Reichweite der Orientierungslaute eintritt. Für die im Wasser lebenden Delphine wirkt sich die größere Schallgeschwindigkeit im Wasser (1 500 m · s⁻¹ gegenüber 330 m · s⁻¹ in der Luft) nachteilig aus. Bei einer Frequenz von 100 kHz ist die Wellenlänge nicht mehr 3,4 mm wie in der Luft, sondern 25 mm. Will also der Delphin dasselbe Auflösungsvermögen erreichen wie die Fledermäuse, so muß er wesentlich höhere Töne ausschicken. Er erreicht mit 200 kHz eine Wellenlänge von 7,5 mm. Das Auflösungsvermögen bleibt also hinter dem der Fledermäuse zurück. Die Reichweite muß dagegen größer sein, da die Dämpfung des Schalls bekanntlich in Flüssigkeiten wie auch in festen Körpern bei weitem nicht so stark ist wie in der Luft.

5.2.5. Statischer Sinn

Die stets zum Erdmittelpunkt gerichtete und an allen Körpern angreifende Schwerkraft ist wegen ihrer Konstanz besonders gut geeignet, den Tieren als „Richtlinie" bei der Orientierung im Raum zu dienen. Es überrascht deshalb nicht, daß sehr viele Tiere – von den Medusen der Coelenteraten angefangen bis hinauf zu den Wirbeltieren – Sinnesorgane zur Feststellung der Richtung der Schwerkrafteinwirkung besitzen. Es handelt sich dabei in den meisten Fällen um sog. **Statocysten**[1]), runde bis ovale, mit Flüssigkeit angefüllte Blasen, in denen sich ein einzelner schwerer Körper (**Statolith**)[2]) oder viele kleinere **Statoconien** befinden.

Der Statolith kann (Abb. 5.39.) frei beweglich sein (z. B. bei Schnecken und Muscheln). Er ist dann bestrebt, den jeweils tiefsten Punkt der Statocyste einzunehmen und drückt je nach Lage des Tieres auf an-

dere Orte der Statocystenwand, in der sich die Sinneszellen befinden. In anderen Fällen (Beispiele: Ctenophoren, Mysidaceen, viele Dekapoden, Wirbeltiere) ist der Statolith nicht frei beweglich, sondern mit den Härchen der Sinneszellen fest verbunden. Bei Änderung der Lage des Tieres ändert sich sowohl die senkrecht auf das Sinnespolster gerichtete Druck- bzw. Zugkomponente als auch die parallel zum Sinnespolster gerichtete Scherungskomponente der auf den Statolithen einwirkenden Schwerkraft (Abb. 5.46.). Wie Versuche an Fischen und Krebsen eindeutig gezeigt haben, ist die erregungsauslösende Kraft, der adäquate Reiz, die Scherungskomponente der Schwerkraft.

Schließlich kann der Statolith auch fest eingeschlossen sein in einem kolbenförmigen, kompakten Organ (**Rhopalium**[3])). Eine Statocyste fehlt. Sinneszellen mit starren Sinneshaaren an der Oberfläche und in der Nachbarschaft des Rhopaliums registrieren jede Lageveränderung dieses Organs im Schwerefeld. Solche Sinnesorgane findet man bei Scypho- und Cubomedusen (Abb. 5.39.).

Bei den bilateralen Tieren herrschen paarige, symmetrisch angeordnete Statocysten vor. Eine Sonderstellung unter den Metazoen nehmen die Insekten hinsichtlich ihrer Schweresinnesorgane ein. Sie besitzen keine statocystenähnlichen Organe oder Statolithen. Trotzdem zeigen viele von ihnen die Fähigkeit, sich nach der Schwerkraft zu orientieren.

5.2.5.1. Wirbellose (excl. Insekten)

Am besten sind wir über die Vorgänge in den Statocysten der dekapoden Krebse und der Wirbeltiere informiert. Dagegen sind unsere Kenntnisse über die Gleichgewichtsorgane anderer Tiere noch mangelhaft.

Die ersten echten Gleichgewichtsorgane treten bei den Medusen auf. Am Schirmrand der **Scyphomedusen** befinden sich 8 Sinneskolben (Randkörper oder Rhopalien), die klöppelartige Ausstülpungen des Körpers darstellen und jeweils von einer ektodermalen Deckplatte überragt werden (Abb. 5.39.). In den Entodermzellen an der Spitze des Kolbens befinden sich spezifisch schwere Kristalle. Die sich an der Basis des Randkörpers befindenden Sinneszellen registrieren die jeweilige Lage des Sinneskolbens relativ zum Schirmrand und leiten ihre Informationen dem in ihrer unmittelbaren Nähe gelegenen basepithelialen Ganglienpolster zu. Diese Nervenzentren zeigen eine autonome rhythmische Aktivität, durch die der Rhythmus der Schirmkontraktionen diktiert wird. Die Stärke und auch die Frequenz dieses Rhythmus wird durch die von den Sinneskolben eintreffenden Erregungen modifiziert. So kehrt die normalerweise senkrecht durch das Wasser schwimmende Mittelmeerqualle *Cotylo-*

---

[1]) státos (griech.) = stehend, gestellt; he kýstis (griech.) = die Blase.
[2]) ho lithos (griech.) = der Stein.

[3]) to rhópalon (griech.) = die Keule.

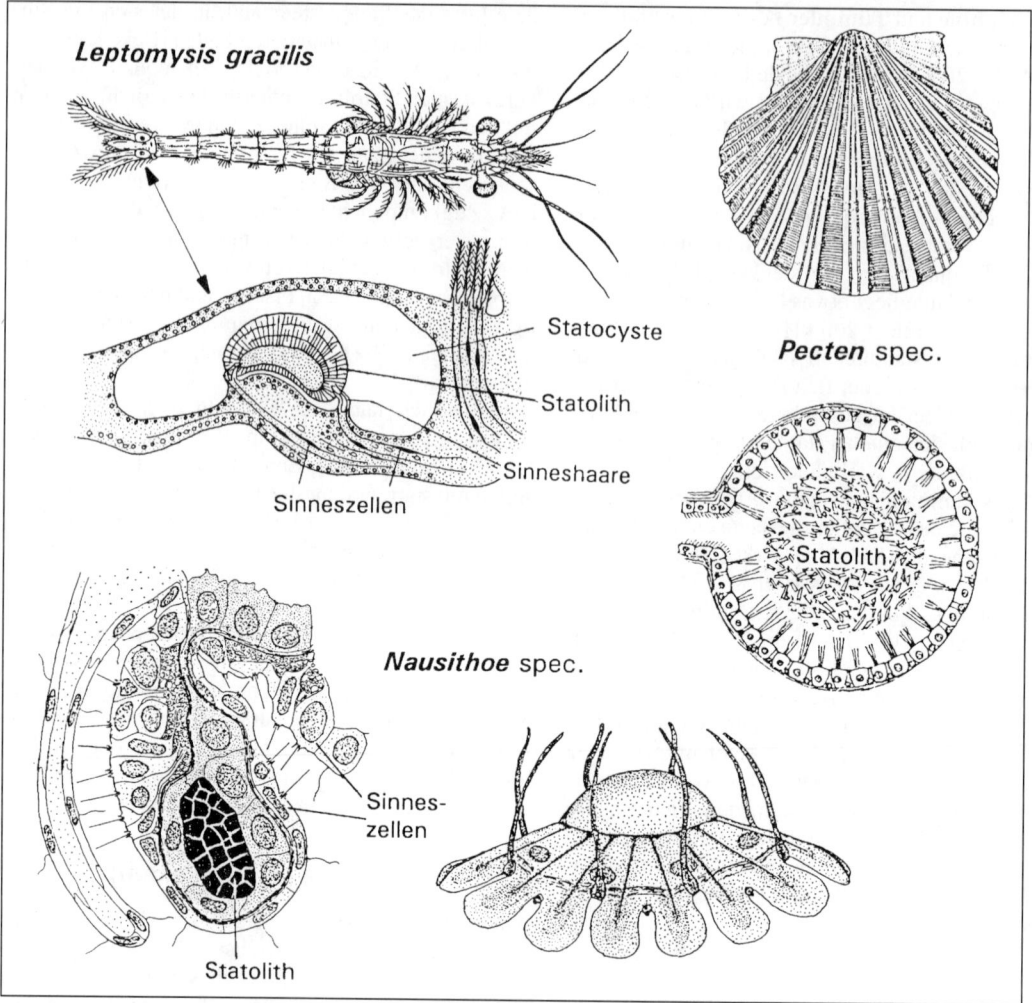

Abb. 5.39. Die verschiedenen Statolithen-Systeme: Rechts: frei beweglicher Statolith in einer Statocyste (Bsp. die Kammmuschel *Pecten*), links oben: an Sinneshaaren aufgehängter Statolith in einer Statocyste (Bsp. der Krebs *Leptomysis*), unten: fest in Gewebe eingeschlossener Statolith (Rhopalium) (Bsp. die Scyphomeduse *Nausithoe*). Nach verschiedenen Autoren zusammengestellt.

rhiza dadurch aus der Schräg- in die Normallage zurück, daß die tieferliegenden Schirmpartien sich stärker kontrahieren als die höherliegenden. Entfernt man einige Randkolben, so verliert die Meduse die Fähigkeit, sich im Schwerefeld zu orientieren.

Die paarig angelegten Statocysten der **Mollusken** gehen aus ektodermalen Einstülpungen hervor und befinden sich in der Regel in der Nähe des Pedalganglions, werden aber vom Cerebralganglion aus innerviert (Ausnahme: die Lungenschnecke *Australorbis*). Die Statolithen bzw. Statoconien sind entweder mehr oder weniger frei beweglich (Muscheln und Schnecken) oder liegen dem Sinnesepithel fest auf (Octopoden). Die primären Sinneszellen (Haarzellen) tragen neben kleineren Mikrovilli mehrere bis viele Cilien, die als reizaufnehmende Strukturen anzusehen

sind. Das Sinnesepithel (Macula) enthält bei *Octopus* 3 000–4 000 solcher Haarzellen. Vom Statonerven der Pulmonaten läßt sich bereits in Normallage eine bestimmte Impulsfrequenz ableiten. Mit zunehmender Schräglage bei Drehung des Tieres um seine Längs- oder Querachse nimmt die Frequenz zu. Sie erreicht in Rückenlage (180°) ein Maximum, um bei weiterer Drehung bei 260 °C wieder abzufallen. Bei Drehung von Octopoden (Tintenfische) treten charakteristische kompensatorische Augenbewegungen (s. u.) auf, die von der Funktionstüchtigkeit der Statoorgane abhängig sind. Im Gegensatz zum Verhalten der höheren Krebse und der Wirbeltiere (s. u.) scheinen diese Bewegungen aber nicht von der Stärke der Scherungskraft, sondern nur von der Richtung der tangentialen Verschiebung (Scherung) der Statolithen

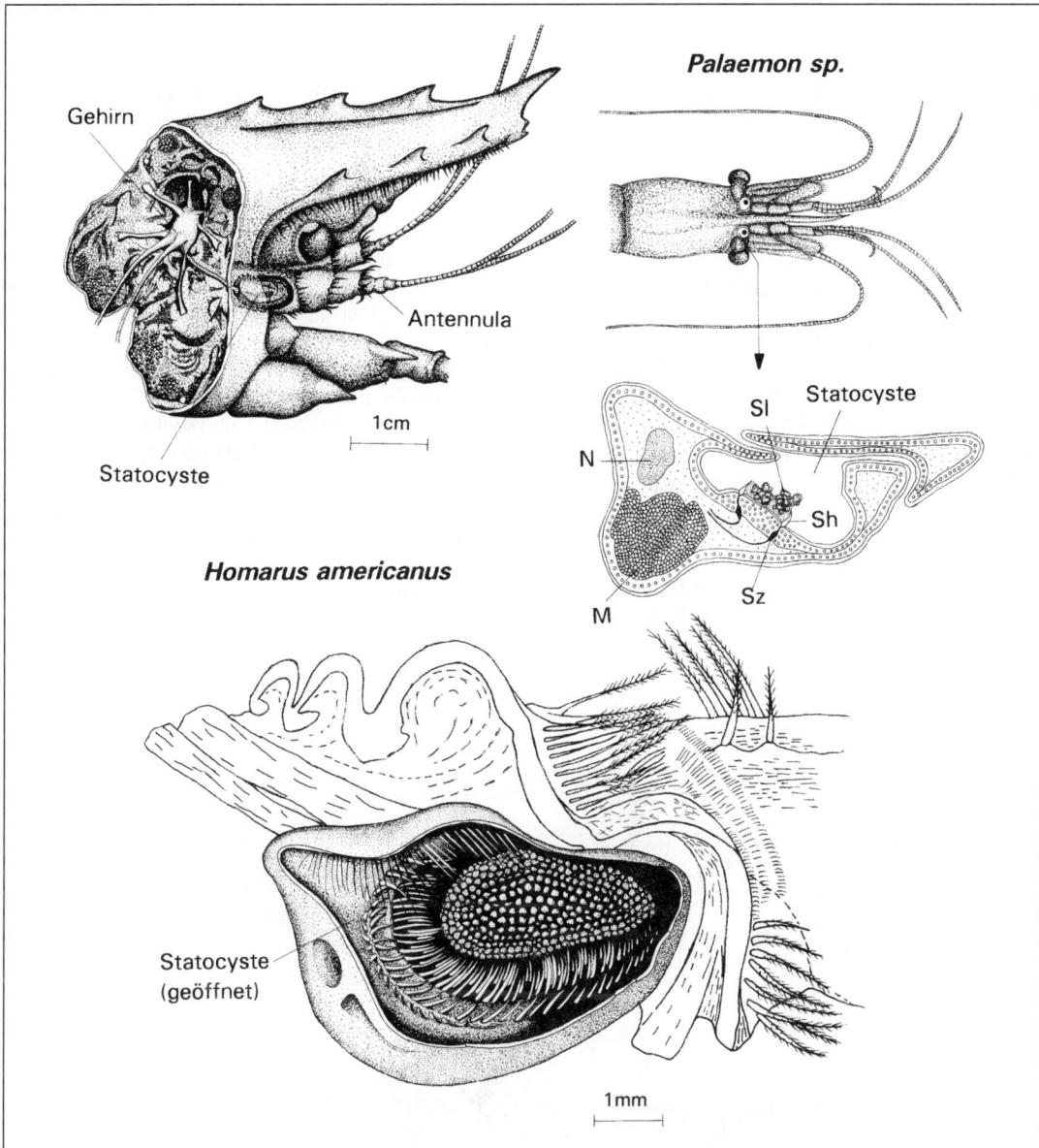

Abb. 5.40. Die statischen Organe bei höheren Krebsen (Decapoda) im basalen Glied der Antennula (1. Antenne) am Beispiel der Garnele *Palaemon* und des amerikanischen Hummers, *Homarus americanus*. Die Reihe langer Borsten im hinteren medianen Bereich der Statocyste von *Homarus* tritt nicht mit dem Statolithen in Kontakt, sie wird von Flüssigkeitsbewegungen innerhalb der Statocyste leicht abgelenkt: Registrierung von Drehbeschleunigungen. Sz: Sinnezellen, Sh: Sinneshaare, Sl: Statolith, N: Nerv, M: Muskel. Nach verschiedenen Autoren zusammengestellt.

auf dem Sinnesepithel abzuhängen. Jedenfalls werden die Reaktionen durch Erhöhung der Schwerkraft im Zentrifugenversuch nicht beeinflußt.

Bei den **dekapoden Krebsen** gehen die Statocysten aus epidermalen Einstülpungen hervor und liegen im Basalglied der 1. Antenne (Abb. 5.40.). Sie sind von einer Chitincuticula, die mit zahlreichen Sinneshaaren besetzt ist, ausgekleidet und bleiben oft durch eine Öffnung mit der Außenwelt in Verbindung (bei den meisten Macruren). Der in ihnen enthaltene Statolith wird nicht vom Tier selbst produziert, sondern aus aufgenommenen kleinen Fremdkörpern (Kieselsplitter usw.) zusammengesetzt. Die Sinneshaare dringen bis in die durch ein Sekret miteinander verbackenen Statolithenmasse hinein vor. Bei jeder Häutung werden die Statolithen zusammen mit dem Panzer abgeworfen. Gibt man dem Krebs danach keine Gelegenheit, neue Steinchen aufzunehmen, so verhält er sich wie ein Tier, bei dem man beiderseits die statischen Organe operativ entfernt hat (sog. entstatete Tiere). Bietet man nur Eisen- bzw. Nickelstaub an, so wird der Statolith aus diesem Material aufgebaut. Nähert man solchem Tier einen Magneten von der Seite, so neigt der Krebs sich sofort zur anderen Seite, da der Statolith künstlich verlagert wird.

Der **erregungsauslösende Reiz** ist – wie bereits betont – nicht der vom Statolithen auf das Sinnespolster ausgeübte Druck bzw. Zug, sondern das mit der Verlagerung der Statolithen parallel zum Sinnespolster einhergehende Abbiegen der Sinneshaare **(Scherung)** (Abb. 5.42.). Bei horizontaler Lage des Sinnespolsters ist die vom Statolithen induzierte Drehtendenz des Tieres Null, bei vertikaler Lage zeigt sie ein Maximum. Da die Sinnespolster beider Statocysten bei normaler Körperlage des Krebses (Rücken nach oben) jeweils um 30° geneigt sind (Abb. 5.39.), werden von beiden Statocysten Drehtendenzen induziert, die – da sie entgegengesetzt gleich sind – sich gegenseitig aufheben. Entfernt man

einseitig den Statolithen unter Schonung des Sinnesepithels, so nimmt das Tier anschließend eine um etwa 30° zur Operationsseite geneigte Körperhaltung ein (Abb. 5.41.). Überraschenderweise verschwindet dieser Effekt aber innerhalb einiger Tage bis Wochen wieder. Die Tiere verfügen über Möglichkeiten der zentralnervösen **Kompensation** der künstlich hervorgerufenen Erregungsungleichgewichte. Diese Fähigkeit ist für die Krebse deshalb von großer Bedeutung, weil die nach jeder Häutung wieder neu zu bildenden Statolithen in beiden Statocysten oft nicht genau das gleiche Gewicht aufweisen. Die Statocysten der Krebse dienen der Registrierung der Lageänderung nicht nur bei Drehung um die Körperlängsachse, sondern auch um die Querachse.

Elektrophysiologische Untersuchungen ergaben, daß auch im Ruhezustand Impulse in bestimmter Frequenz von den Statocysten ausgehen und zentralwärts geleitet werden. Die spontanen Entladungen **(Ruheentladung)** sind unabhängig von der Existenz des Statolithen. Sie treten also auch dann noch in normaler Frequenz auf, wenn man den Statolithen mit einer feinen Pipette vorsichtig vom Sinnesepithel absaugt, so daß das Sinnesepithel selbst unbeschädigt bleibt. Die von der linken Statocyste ausgehenden Impulse

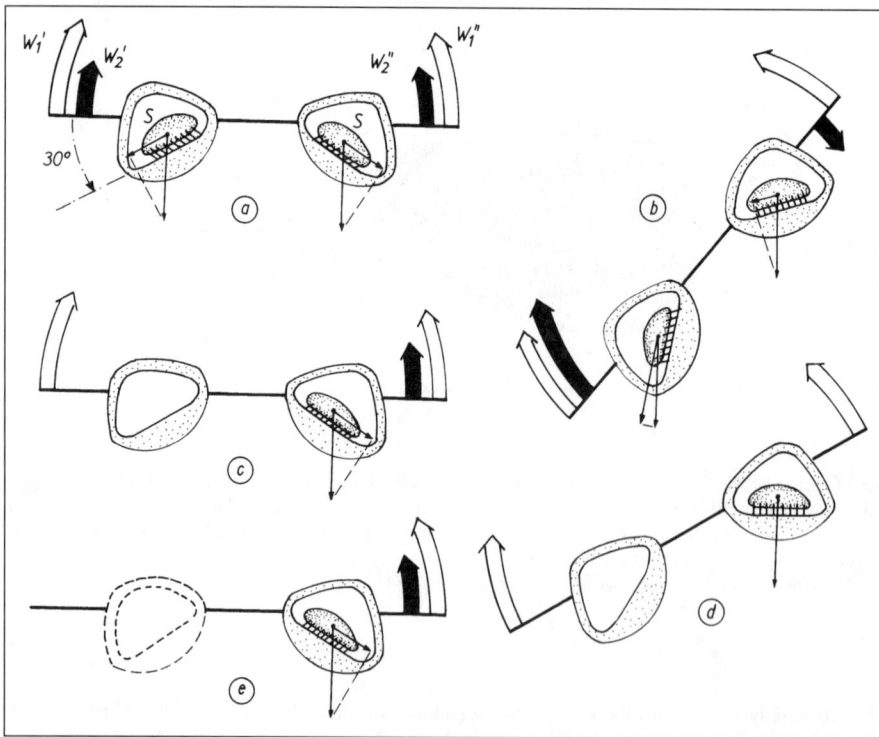

Abb. 5.41. Schematische Darstellung der durch (1.) die spontanen Ruheentladungen (Dauererregung) der Haarsinneszellen und (2.) den von Statolithen ausgehenden Scherungsreiz S hervorgerufenen Wendetendenzen W_1 und W_2 unter normalen Bedingungen (a, b), bei Entfernung eines Statolithen (c, d) und bei Zerstörung einer Statozyste (e). Erregungsgleichgewicht herrscht im Fall a (Normallage) und im Fall d (Schräglage bei Tieren mit nur einem Statolithen). Im Fall e resultierte eine Dauerwendetendenz zur Defektseite. Nach Versuchen von SCHÖNE am Flußkrebs *Astacus fluviatilis* und anderen Dekapoden.

würden für sich allein eine Drehtendenz zur rechten Seite, die von der rechten zur linken Seite hervorrufen. Die Wirkungen beider Daueraktivitäten heben sich beim normalen Tier gegenseitig auf. Bei einseitiger Zerstörung des Sinnesepithels wird dieses Gleichgewicht gestört (Abb. 5.41.). Die Folge ist, daß das betreffende Tier unabhängig von seiner Lage eine starke Drehtendenz um die Längsachse zur Defektseite hin zeigt. Garnelen rotieren deshalb unter diesen Bedingungen beim Schwimmen ständig um ihre Längsachse. Die Frequenz der von der Statocyste ausgehenden Impulse (**Dauererregung**) ändert sich – wie Versuche am Hummer zeigten –, wenn durch die Verlagerung des Statolithen eine Scherung auf das Sinnesepithel ausgeübt wird. Sie wird erhöht bei Scherung von der Mittellinie des Körpers fort nach außen und erniedrigt bei Scheren in entgegengesetzter Richtung. Dieses Ergebnis der elektrophysiologischen deckt sich mit demjenigen der verhaltensphysiologischen Untersuchungen. Die von der einen Statocyste ausgehende Dauererregung ruft für sich alleine die gleiche Wendetendenz hervor wie eine Ablenkung der Sinneshaare von innen nach außen.

Von der Statocyste gehen zwei verschiedene Arten von Reflexen aus: die bereits erwähnten **kompensatorischen Stellreflexe**, durch die das Tier stets wieder in seine Normallage zurückgeführt wird, und die **tonischen Reflexe**. Es handelt sich bei den Letzteren um tonische Kontraktionen bestimmter Muskeln in Abhängigkeit von der Statocystenlage. Am bekanntesten sind die kompensatorischen Bewegungen des Augenstiels bei den Dekapoden. Bei langsamer Drehung des Körpers in eine Schräglage werden die Augenstiele in entgegengesetzte Richtung bewegt, so daß sie nahezu ihre Stellung im Raum und damit ihr Blickfeld beibehalten. Bei Octopoden (Tintenfische) treten sog. kompensatorische Rollbewegungen der Augen bei aktiver oder passiver Drehung der Tiere um ihre Querachse auf. Sie bestehen in einer Drehung der Augen um die Längsachse und sind von den sog. Augenauslenkungen zu unterscheiden. Letztere treten bei Drehung der Tiere um ihre Längsachse auf und bestehen in Wendungen der Augenachse selbst. Während sich die tonischen Reflexe auf bestimmte Muskeln beziehen, geht aus Beobachtungen an verschiedenen Vertretern hervor, daß von der Statocyste auch ein Einfluß auf die **allgemeine Muskelspannung** ausgeht. Zerstörung der Statocysten führt zu einer allgemeinen Muskelschwäche, die sich z. B. bei dem Krebs *Penaeus* im Nachlassen der Schlagkraft des Schwanzes, bei der Strandkrabbe *Carcinus* in einer verminderten Beißkraft der Scheren und beim Tintenfisch *Eledone* in einer Abnahme des Widerstands der Körpermuskulatur gegenüber Dehnungskräften äußert. Die Ursache dafür ist in dem Ausfall der von den Statocysten ausgehenden Dauererregung (s. o.) zu sehen.

5.2.5.2. Insekten

Bei den Insekten sind keine Statolithenorgane bekannt. Trotzdem verfügen viele Vertreter über eine ausgezeichnete Fähigkeit, die Schwerkraftrichtung festzustellen und sich nach ihr zu richten.

Der im Sand des Wattenmeeres grabende Käfer *Bledius bicornis* baut z. B. seine schnurgeraden, luftgefüllten Wohnröhrchen stets genau senkrecht, auch dann, wenn es absolut dunkel ist. Hindert man den Käfer durch eine schräge Glasplatte daran, seine Gänge in gewohnter Weise senkrecht in den Sand zu graben, so baut er seine Wohnröhrchen in der steilsten Richtung, die entlang der schiefen Ebene möglich ist. Er findet diese Richtung noch, wenn die Glasplatte nur um 20° geneigt ist. Noch extremer sind die Leistungen der Honigbiene und Ameise. Letztere findet noch auf einer nur um 3,5° geneigten Ebene sicher die Richtung nach „oben". Viele Insekten benutzen die Schwerkraft nicht nur dazu, den kürzesten Weg nach oben bzw. unten zu finden (**Geotaxis**), was besonders für Wassertiere und im Boden grabende Formen von großer Bedeutung ist, sie verstehen es vielmehr, die Schwerkraft auch als Kompaß zu benutzen, indem sie während der Fortbewegung einen bestimmten Winkel zur Schwerkraftrichtung beibehalten (**Geomenotaxis**) (s. „Schwänzeltanz" der Bienen auf der vertikalen Wabenfläche im dunklen Stock, 7.4.2.).

Die Suche nach entsprechenden Schweresinnesorganen bei **Insekten** hat ergeben, daß es zwei voneinander grundsätzlich verschiedene Typen gibt. Es sind dies die „Auftriebs"-Statoorgane der Nepiden (Wasserwanzenfamilie) und die auf der Basis von Propriozeptoren arbeitenden Statoorgane der Landinsekten.

Auftriebsstatoorgane findet man bei Vertretern der Wasserwanzenfamilie Nepidae *(Nepa, Ranatra)*. Am Abdomen der Larven verläuft ventral beiderseits je eine Rinne, die durch Deckborsten verschlossen ist und in der sich Atemluft befindet. An vier Stellen (3.–6. Segment) ist die äußere Reihe der langen Deckborsten unterbrochen. Hier sind stattdessen Sinneshaare ausgebildet, die dem Luftraum aufliegen und mit seiner Veränderung ebenfalls ihre Stellung ändern (Abb. 5.42.). Bei horizontaler Lage des Tieres zeigt die Stellung der Sinneshaare an den vier Orten keine Unterschiede. Tritt dagegen ein Senken des Kopfendes ein, so wird an den vorderen Segmenten die Luftfüllung ab- und in den hinteren zunehmen, die Sinneshaare in den vorderen Segmenten werden damit angezogen, die der hinteren Segmente stärker abgehoben. Beim Heben des Kopfes ist es umgekehrt. Das Tier kann sich so über die Lage seines Körpers im Raum relativ zur Schwerkraft durch den Vergleich der von den Sinneszellen kommenden Meldung orientieren. – Bei den Imagines sind die Rinnen am Abdomen verschwunden. Die Atemluft befindet sich unter den Flügeldecken. Die Sinnesborsten am 4.–6. Abdominalsegment sind jedoch erhalten und bilden in unmittelbarer Nachbarschaft der Stigmen Polster. Sie registrieren die Wölbung des aus den Stigmen hervorquellenden Luftvolumens. Je nach der Lage des Tieres tritt eine Verlagerung der Luft im Tracheensystem ein, wodurch die Vorwölbung des Luftraums an den Stigmen entweder zu oder abnimmt.

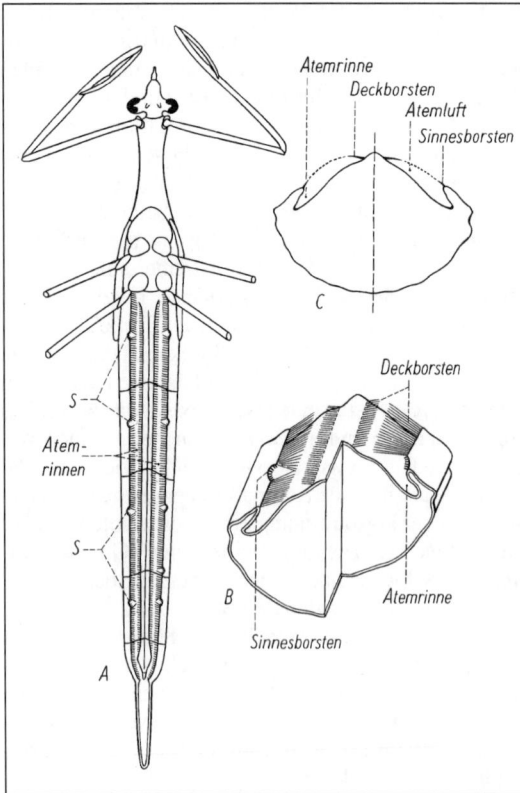

Abb. 5.42. Die Schweresinnesorgane (S) bei der Stabwanzenlarve *Ranatra.* Nach MARKL 1963. A. Ventralansicht des Tieres, B, C. Querschnitte durchs Abdomen.

Die Honigbiene, die Ameisen und weitere Hymenopteren können die Richtung der Schwerkraftwirkung dadurch bestimmen, daß sie mit Hilfe von polsterartig angeordneten Haarsensillen **(Propriorezeptoren)**[1] an Gelenken die unter der Einwirkung der Schwerkraft stattfindenden Verlagerungen von Körperteilen zueinander registrieren. Bei der Biene liegen solche Sinnespolster zwischen dem 1. und 2. Fühlergelenk, zwischen dem Kopf und 1. Fühlergelenk, am Hals zwischen Kopf und Thorax (mehrere), zwischen Thorax und Abdomen (zwei) und zwischen dem Thorax und den Beinen. Am wichtigsten sind diejenigen zwischen Kopf und Thorax und zwischen Thorax und Abdomen (Abb. 5.43.). Eine Durchtrennung der von den Borstenfeldern am Hals zum Thorakalganglion ziehenden Nerven hat zur Folge, daß die Bienen sich im Schwerefeld nicht mehr orientieren können. Auch bei den Ameisen erwies sich das Halsgelenk als für die Schwereorientierung am bedeutungsvollsten. Bei den Stechmücken soll die Registrierung der schwerebedingten Verlagerung der Fühler **(Johnstonsches Organ)** der Schwererezeption dienen. Dazu ist gleichzeitiges Vorhandensein und gleiche Länge beider Fühler notwendig.

Die **Haarsensillen** in den Borstenfeldern sind asymmetrisch gebaut. Sie besitzen eine Richtung, in der sie bevorzugt abbiegen. Dabei tritt Erregung der mit der Sinnesborste verbundenen Sinneszelle ein, es kommt zur Aussendung

[1] pröprius (lat.) = dauernd, beständig; recéptio (lat.) = die Aufnahme.

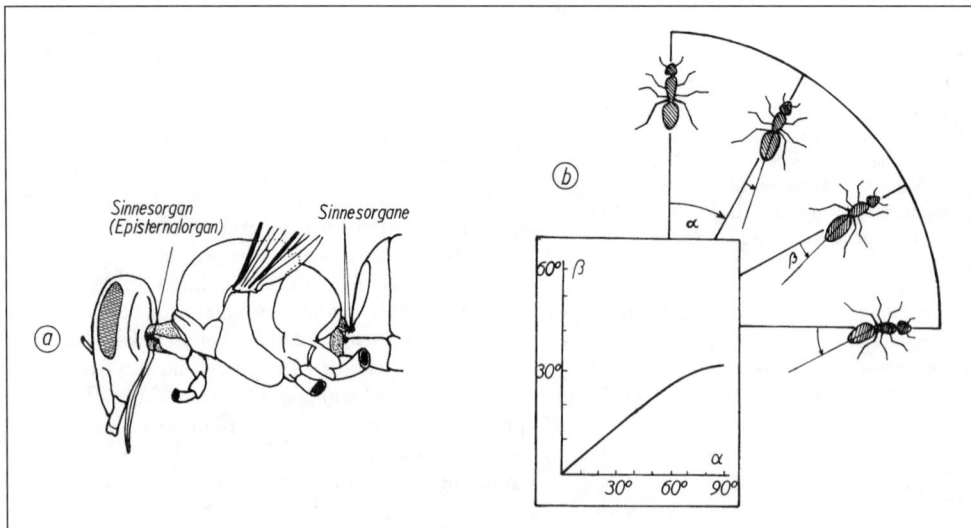

Abb. 5.43. a) Die kontaktdynamischen Organe bei der Biene *(Apis mellifica)* zwischen Kopf und Thorax sowie zwischen Thorax und Abdomen. Nach LINDAUER-NEDEL 1959. b) Die Auslenkung des Abdomens in Abhängigkeit von der Schräglage des Körpers im Raum. Sie dient der Ameise bei ihrer Orientierung im Schwerefeld. Aus DRÖSCHER 1966.

einer hohen Entladungsfrequenz, die anschließend auf ein konstantes Niveau abfällt (phasisch-tonisches Verhalten). Eine spontane Dauerentladung wie bei den Statorezeptoren der Wirbeltiere und Krebse gibt es nicht.

Die **Gleichgewichtserhaltung bei fliegenden Insekten** erfolgt – soweit man weiß – ohne die Mitarbeit statischer Sinnesorgane. Bei vielen schwerfälligen Fliegern (viele Käfer und Tagschmetterlinge) ist durch die Schwerpunktlage des Körpers tief zwischen den beiden Ansatzstellen der Flügel eine stabile Fluglage geschaffen, in die das Tier bei Abweichungen stets wieder „von alleine" zurückkehrt. Solche Insekten können auch im Dunkeln ihren Flug fortsetzen. Andere Formen – es sind in der Regel geschicktere Flieger – orientieren sich beim Flug optisch (s. Lichtrückenverhalten, 7.4.1.).

Nur die Libellen, unter den Hymenopteren die Honigbiene und die Fliegen bilden eine Ausnahme: Es sind außerordentlich geschickte Flieger ohne stabile Fluglage, die auch im Dunkeln zu fliegen vermögen. Diese Insekten verfügen über Möglichkeiten, die Drehung ihres Körpers aus der normalen Fluglage festzustellen. Ähnlich wie in den Bogengängen der Wirbeltiere und den Statocysten der Krebse werden Trägheitskräfte, die sich der Drehung widersetzen, zur

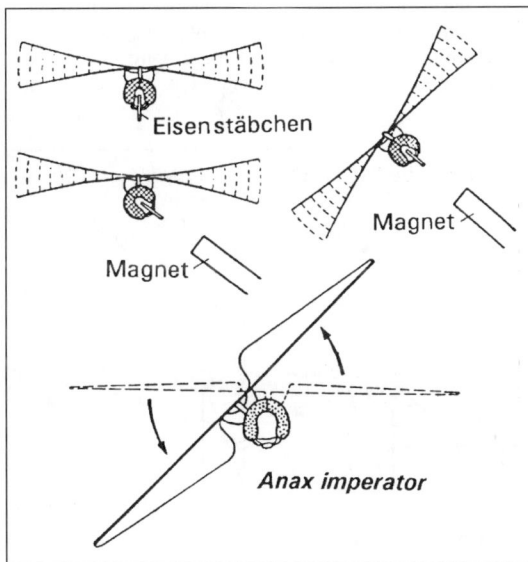

Abb. 5.44. Einer Libelle, *Anax imperator* (Aeshnidae), wurde ein Eisenstückchen am Kopf befestigt. Wird der Kopf durch Annäherung eines Magneten aus der Ruhelage gedreht, bringt anschließend die Libelle durch aktive Flügelbewegung ihren Körper in eine Schräglage, bis die normale Position des Körpers relativ zum Kopf wieder hergestellt ist. Wird der Libellenkörper durch einen Stoß (Pfeilrichtung, untere Figur) aus der Normallage gebracht, macht der massige Kopf infolge seiner Trägheit diese Drehung zunächst nicht mit. Die Flügel zeigen daraufhin gegenüber der Normalstellung (gestrichelte Linien) eine Linksverwindung (durchgezogene Linie). Nach MITTELSTAEDT 1950.

Erkennung der Situation ausgenutzt. Bei den großen Libellen (*Anax* u. a.) ist es der relativ massige Kopf, der infolge seiner Trägheit die Wendungen des Körpers nicht mitmacht (Abb. 5.44.). Die Drehung des Rumpfes relativ zum ruhenden Kopf wird mit Hilfe von Sinneshaarpolstern am Hals (**dynamisches Organ**) registriert und führt zu kompensatorischen Flügelbewegungen, bis die normale Fluglage wieder eingenommen ist. Ähnlich soll es bei der Honigbiene *Apis* sein, wo neben den Sinnespolstern am Hals auch solche zwischen Thorax und Abdomen existieren (s. o.).

Bei den Fliegen sind es die zu den keulenförmigen Schwingkölbchen (**Halteren**) umgebildeten Flügel des 3. Thoraxsegments, die bei der Erhaltung der normalen Fluglage mitwirken. Entfernt man die Halteren, so verlieren viele Fliegen (z. B. *Calliphora*, nicht aber die Tabaniden) ihre Fähigkeit, das Gleichgewicht beim Flug zu halten. Die beiden Halteren werden synchron mit gleicher Frequenz wie die Vorderflügel, aber entgegengesetzter Phase, auf und ab bewegt. Durch die Schnelle der Bewegungen (200–600 Schläge/s im Durchschnitt) entstehen Trägheitskräfte, die bestrebt sind, die Schwingungsebene der Halteren im Raum festzuhalten. Verläßt die Fliege ihre normale Fluglage, so treten an der Halterenbasis Scherungskräfte in der Cuticula auf, die durch die dort in mehreren Reihen angeordneten **campaniformen Sensillen** (Abb. 5.6.) festgestellt werden. Daß die Halteren darüber hinaus auch noch als „Stimulatoren" Bedeutung haben, sei nur am Rande bemerkt. Durch die von ihnen ausgehenden Erregungen wird offenbar der Tonus zahlreicher Muskeln auf gewissem Niveau gehalten.

5.2.5.3. Wirbeltiere

Das Wirbeltier-Labyrinth liefert nicht nur die für die Lageorientierung notwendigen Informationen über die Richtung der einwirkenden Schwerkraft, sondern reagiert darüber hinaus auf Linear- und Winkelbeschleunigungen des Kopfes (5.2.5.).

Das Wirbeltier-Labyrinth entsteht beiderseits am Kopf aus einer grubenförmigen Einsenkung, die sich zu einem Bläschen schließt und – mit Ausnahme der Haie – die Verbindung mit der Außenwelt verliert. Frühzeitig schnürt sich das Bläschen in der Horizontalen ein. Der dorsale Abschnitt wird zum **Utriculus**[1]), der ventrale zum **Sacculus**[2]). In beiden Hohlräumen ist jeweils ein ovales Sinnespolster (Macula utriculi und Macula sacculi)[3]) vorhanden. Die Sinneshaare der das Sinnespolster aufbauenden Zellen ragen in eine der Macula aufliegende Gallertmasse hinein, die **Otolithen**[4]) enthält. Bei den Knochenfischen sind die Otolithen

---

[1]) utrículus (lat.) = kleiner Schlauch.
[2]) sácculus (lat.) = kleiner Sack.
[3]) macula (lat.) = Fleck.
[4]) ho ous, otós (griech.) = das Ohr; to lithos (griech.) = der Stein.

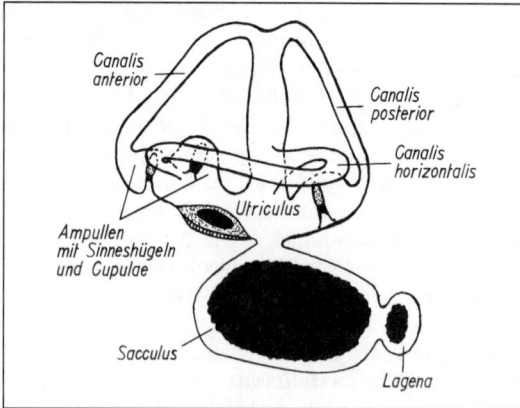

Abb. 5.45. Das Ohrlabyrinth eines Fisches. Nach DIJK-GRAAF 1952.

große, konzentrisch geschichtete (Jahresringe!), solide Steinchen aus $CaCO_3$ (Abb. 5.45.). Während der Otolith des Utriculus (**Lapillus**) auf seinem Sinnespolster liegt, sind die Otolithen des Sacculus (**Sagitta**) und der Lagena (**Asteriscus**) ihrem Sinnesepithel seitlich angelagert. Bei den restlichen Wirbeltieren bestehen die Otolithen aus einzelnen $CaCO_3$-Kristallen.

Während der Sacculus sich in vielen Fällen (Hai, Hecht, Elritze, Frosch, Kaninchen) für die Lageorientierung als entbehrlich erwies, löst in allen bisher untersuchten Fällen eine Reizung des Utriculus Lagereaktionen aus. Der Maculaapparat des **Utriculus** hat somit sicher für die Lageorientierung der Wirbeltiere die größte Bedeutung. Über die Rolle des Sacculus hat man noch keine sicheren Kenntnisse, eine Bedeutung für den Vibrationssinn wird diskutiert. Eine interessante Sonderstellung nehmen die Plattfische ein. Bei ihnen scheint – entsprechend ihrer Lebensgewohnheit, auf der Seite zu liegen – der Sacculus als Lageanzeiger an die Stelle des Utriculus getreten zu sein.

Von den **Macula des Labyrinths** gehen – ebenso wie von den Bogengangsculupae, den Rezeptoren der Seitenlinien (s. o.) und den Statocysten der Krebse – spontan dauernd Erregungen aus, die vom Statolithenreiz unabhängig sind. Diese **Daueraktivitäten** beider Seiten bewirken gleich große aber entgegengesetzte Drehtendenzen, so daß sie sich im intakten Tier gegenseitig aufheben. Zerstört man einseitig das Labyrinth oder – bei Fischen – auch nur den Utriculus, so zeigen die betreffenden Tiere eine starke Tendenz, sich um ihre Längsachse zur Defektseite hin zu drehen, weil jetzt die durch die Daueraktivität der intakten Seite induzierte Drehtendenz nicht mehr kompensiert wird. Entfernt man dagegen auf der einen Seite lediglich den Statolithen unter gleichzeitiger Schonung des Sinnesepithels, so verhalten sich die Tiere fast normal. Ein solches Experiment ist bisher am Hai

(Mustelus californicus) durch vorsichtiges Ausspülen und am Meerschweinchen durch Abschleudern des Statolithen gelungen.

Die vom Sinnesepithel ausgehende Dauererregung wird durch die Verlagerung des Statolithen verstärkt bzw. vermindert. Die wirksame Reizursache (adäquater Reiz) ist dabei die **Scherungskomponente** s und nicht die Druckkomponente d der am Statolithen angreifenden mechanischen Kraft. Das geht unter anderem aus folgendem Versuch hervor (Abb. 5.45.): Man steigert die auf den Statolithen einwirkende Schwerkraft F, indem man das Tier zusammen mit seinem Behälter in einer konstant umlaufenden Zentrifuge beobachtet, und hält wegen des Lichtrückenverhaltens (7.4.1.) gleichzeitig die Intensität und den Einfallswinkel β des Lichtes relativ zum Fisch konstant. Dann stellt sich der Fisch immer so ein, daß die Scherungskraft des Steins auf dem Sinnespolster konstant bleibt: $s = F \cdot \text{sind } \alpha = \text{const.}$ (**Sinusregel**). Es konnte auch elektrophysiologisch bestätigt werden, daß die Impulsrate in den vom Utriculus kommenden Fasern in mehr oder weniger grober Näherung dem Sinus von α (Abb. 5.46.) proportional ist.

Die **vom Statolithenapparat ausgehenden Reflexe** erstrecken sich auf die Augen-, Kopf-, Hals- und Körpermuskulatur. Dreht man ein frei in der Luft gehaltenes Tier so, daß es ungewohnte Körperlagen (kopfabwärts, Rückenlage usw.) einnimmt, so kann man beobachten, daß der Kopf dabei praktisch im Raume stehen bleibt. Er wird so den passiven Lageveränderungen entgegenbewegt, daß der Scheitel

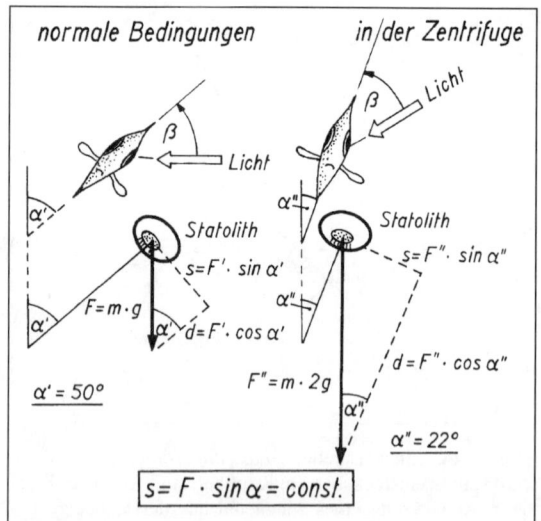

Abb. 5.46. Einstellung des Fisches *(Pterophyllum)* unter normalen Bedingungen *(F = m · g)* und in der Zentrifuge *(F = m · 2g)* bei seitlichem Lichteinfall. Winkel β zwischen Lichtrichtung und Fischachse sowie die Lichtintensität blieben konstant. Der Fisch stellt sich stets so ein, daß die Scherungskomponente s der mechanischen Kraft F konstant bleibt. d = Druckkomponente der Kraft, F, m = Statolithenmasse, g = Erdbeschleunigung. Nach v. HOLST 1961.

Abb. 5.47. Stellung des Kopfes bei ungewöhnlicher Körperlage einer frei im Raum gehaltenen Ente. Nach HUXLEY aus SCHLIEPER 1965.

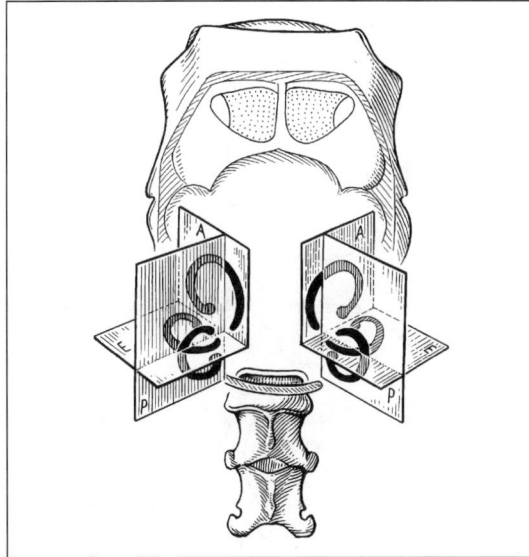

Abb. 5.48. Lage der Bogengänge im Schädel der Taube (von hinten gesehen). A = Canalis anterior, E = C. externus, P = C. posterior. Nach EWALD aus SCHLIEPER 1965.

stets nach oben weist (**Kopf-Stellreflex**, Abb. 5.47.). Ähnliches gilt für die Bewegungen der Augen bei passiver Drehung des Kopfes. Auch sie werden reflektorisch der passiven Lageänderung entgegenbewegt, so daß das Blickfeld weitgehend erhalten bleibt (statische **Augenreflexe**). Durch die vom Statolithenapparat ausgehenden Stellreflexe werden weitere Reflexe ausgelöst. Insbesondere gehen von der reflektorisch angespannten Halsmuskulatur Reflexe aus, die, nachdem der Kopf in die Normallage gebracht wurde, dafür sorgen, daß der gesamte Körper in die Normalstellung zurückgeführt wird (**tonische Halsreflexe**). – Bei Drehung von Fischen (Barsch, Karpfen, Elritze) oder Kaninchen um ihre Querachse kann man charakteristische Drehungen der Augen um ihre Längsachse (sog. Rollungen) beobachten. Die Augenauslenkungen zeigten bei allen Tieren übereinstimmend ein Maximum bei vertikaler Körperlage (Kopf nach oben bzw. nach unten). Das ist die Stellung, bei der die Scherung des Utriculus-Statolithen ebenfalls ein Maximum hat. Die vom rechten und linken Labyrinth ausgehenden Erregungen addieren sich zur Gesamtwirkung. Bei einseitiger Labyrinthexstirpation tritt nämlich die Augenauslenkung nur noch mit halber Stärke auf.

5.2.6. Rotationssinn

Vom Utriculus der Wirbeltiere gehen drei (Ausnahme: Cyclostomen) **Bogengänge** (Canales semicirculares)[1] aus. Sie stehen an ihren beiden Enden mit dem Utriculus in offener Verbindung. An dem einen Ende jedes Bogenganges erkennt man äußerlich eine als **Ampulle** bezeichnete sackartige Auftreibung. In der Ampulle befindet sich ein leistenförmiger Vorsprung (Crista ampullaris)[2], der Sinneszellen mit sehr langen Sinneshaaren trägt, die in eine gallertartige Kappe (**Cupula**)[3] eingebettet sind. Die drei Bogengänge verlaufen in drei senkrecht zueinander stehenden Ebenen, zwei verlaufen bei normaler Körperhaltung vertikal und einer horizontal. Der vordere rechte und der hintere linke Kanal ebenso wie der vordere linke und hintere rechte liegen jeweils in zueinander parallelen Ebenen (Abb. 5.48.). Das gesamte Labyrinth ist mit Endolymphe angefüllt und von Perilymphe umgeben.

[1] canalis (lat.) = Wasserrinne, Kanal; sémi (lat.) = Halb; circulus (lat.) = Kreis.
[2] crista (lat.) = Kamm (vom Hahn).
[3] cúpula (lat.) = Becher, Gewölbe.

Der adäquate Reiz für das **Bogengangsystem** ist die Winkelbeschleunigung bei Drehung des Kopfes allein oder zusammen mit dem ganzen Körper. Bei solchen Bewegungen wird das fest im Schädel verankerte Labyrinth stets mitgeführt. Die Endolymphe, die sich in dem in der Drehebene liegenden Bogengang befindet, bleibt jedoch infolge ihrer Trägheit zunächst stehen. Infolge dieser als **Remanenz** bezeichneten Erscheinung entsteht in dem Bogengang ein Strom, der dem Drehsinn entgegengerichtet ist und eine entsprechende Auslenkung der Cupula, die nach neueren Befunden mit der Kanalwand verwachsen ist, in den Ampullen hervorruft (Abb. 5.49.). Wird die Drehung mit gleichbleibender Winkelgeschwindigkeit über längere Zeiträume fortgesetzt, so wird durch die Reibung an der Kanalwand die Endolymphe in zunehmendem Maße mitgerissen, bis sie mit gleicher Geschwindigkeit wie der Bogengang rotiert. Dann kehrt die Cupula in ihre Ruhelage zurück. Bei Stockung der Drehung tritt wiederum eine Auslenkung der Cupula ein, nun aber im Sinne der abgeschlossenen Drehbewegung, denn die Endolymphe strömt für eine gewisse Zeit wegen des Beharrungsvermögens weiter und kommt erst allmählich zur Ruhe (Abb. 5.49.): Erscheinung der **Perseveranz**. Jede Beschleunigung bzw. Verzögerung der Winkelgeschwindigkeit verursacht also eine Auslenkung der Cupula, die als Reiz wirkt.

Bereits in der Ruhelage gehen von dem Sinnesepithel der Ampullen Impulse aus (**Daueraktivität**). Bei einsetzender Drehbewegung nimmt die Impuls-

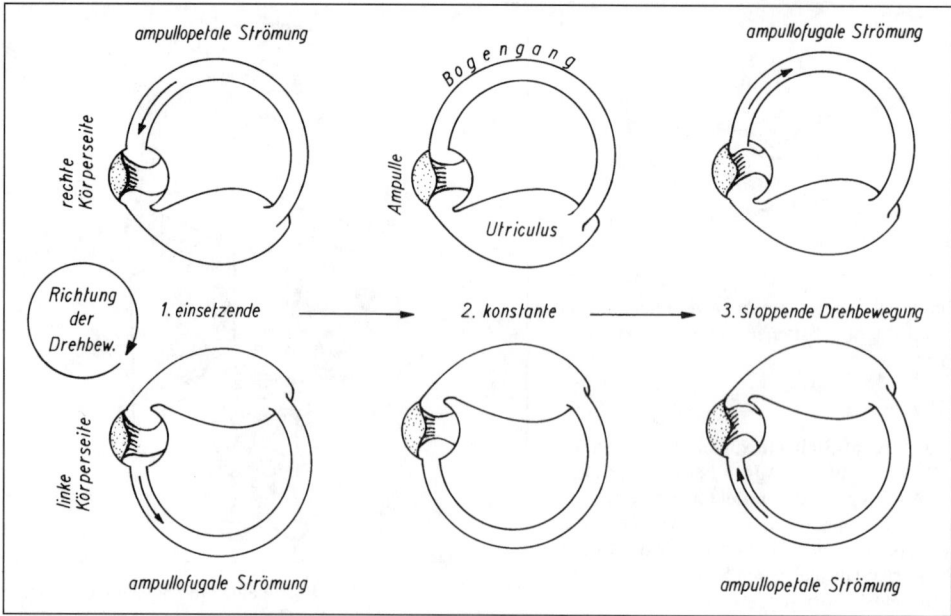

Abb. 5.49. Skizze zur Veranschaulichung der Strömungsrichtung der Endolymphe in den horizontalen Bogengängen bei Rechtsdrehung um die Vertikalachse.

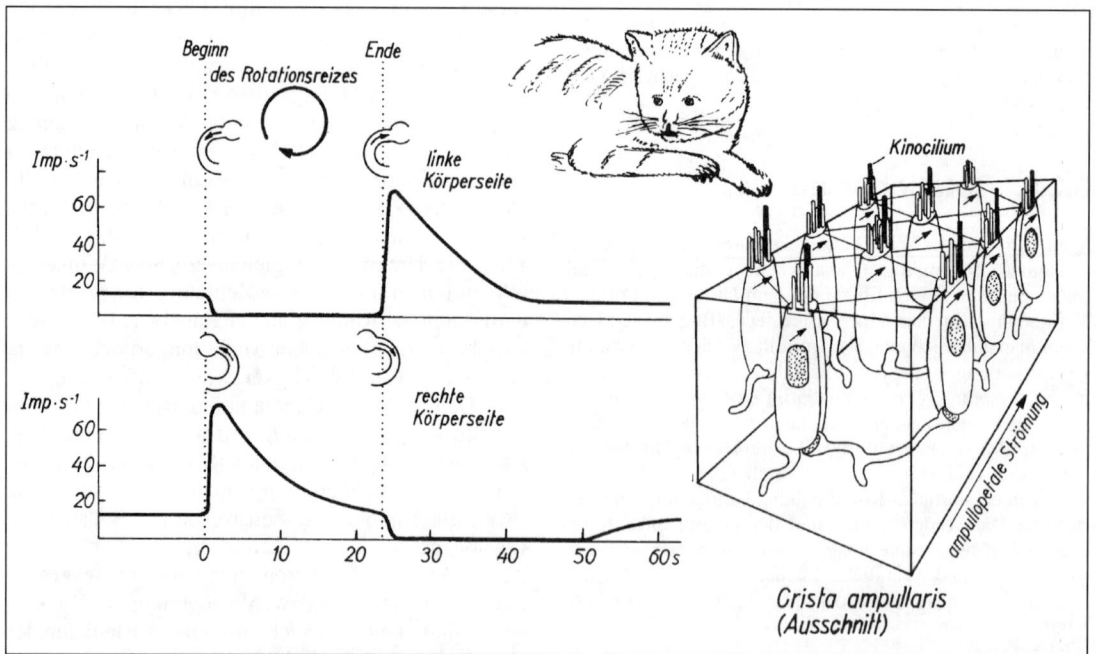

Abb. 5.50. Die Änderung der Impulsfrequenz in den vom horizontalen Bogengang kommenden Neuronen bei Rotationsbewegungen. Nur die ampullopetale Endolympheströmung führt zur Erregung, d. h. zur Steigerung der Impulsfrequenz. Nach RANKE 1961, verändert.

frequenz entweder zu oder ab. Am horizontalen Bogengang des Nagelrochen *(Raja clavata)* sowie der Katze (in 83% der Fälle) konnte gezeigt werden, daß eine aus dem Kanal in die Ampulle (ampullopetal) gerichtete Endolympheströmung zu einer Steigerung, eine entgegengesetzte Strömung (ampullofugal) zu einer Abnahme der Erregung führt (Abb. 5.50.). Die vertikalen Bogengänge scheinen sich nach Untersuchungen an *Raja* anders zu verhalten. Sie zeigen bei ampullofugaler Strömung eine Steigerung der Entladungsfrequenz.

Die **bei Bogengangreizung auftretenden Reflexe** erstrecken sich auf die Augen- und Körpermuskulatur und auf das vegetative Nervensystem. Bei passiver Drehung des Körpers sind **kompensatorische Gegenbewegungen** des Kopfes (Abb. 5.51.) bzw. des ganzen Tieres zu beobachten. Sie können ein solches Maß annehmen, daß das Tier das Gleichgewicht verliert und umfällt. Die Fallrichtung ist dann stets der passiven Drehrichtung entgegengesetzt. Bei der Unterbrechung der Drehung treten gleichartige Reaktionen auf, jetzt aber in Richtung der vorangegangenen Drehung (Nachdrehung).

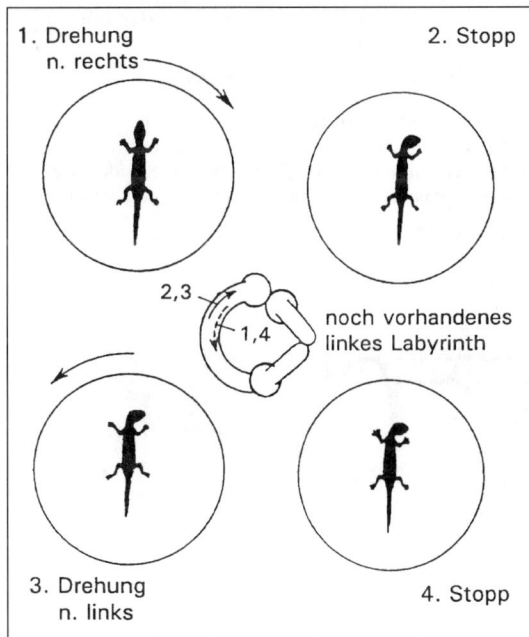

Abb. 5.51. Das Verhalten einer Eidechse auf der Drehscheibe nach Exstirpation des rechten Labyrinths: Bei (1.) keine Reaktion, bei (2.) Nachdrehung des Kopfes, bei (3.) kompensatorische Gegenbewegung, bei (4.) keine Nachdrehung. ⟶ wirksame Strömung im horizontalen Bogengang (ampullopetal), - - ► unwirksame Strömung (ampullofugal). Nach TRENDELENBURG u. KÜHN 1908.

Charakteristisch sind außerdem die als **Nystagmus** bezeichneten Augenbewegungen bei Bogengangreizung. Zu Beginn der passiven Drehung des Körpers werden die Augen mit gleicher Winkelgeschwindigkeit, aber entgegengesetztem Drehsinn bewegt (langsame Phase), so daß sie praktisch im Raume stehenbleiben. Dann wird diese Gegenbewegung plötzlich unterbrochen, und die Augen schnellen sehr rasch zur Ausgangslage zurück (schnelle Phase). Diese Vorgänge wiederholen sich in regelmäßiger Folge, es wechseln die langsame und die schnelle Phase des Nystagmus miteinander ab. Der Augennystagmus tritt auch dann auf, wenn die Augen geschlossen sind. Er verschwindet allmählich, wenn die Rotation sehr lange anhält. Er tritt dann erst wieder beim Abstoppen der Drehung in Erscheinung, nun aber mit entgegengesetztem Vorzeichen als zu Beginn der Drehung.

Eine Reihe von **Krebsen** *(Palaemon, Astacus, Carcinus, Maja)* reagiert auf passive Rotation um die Ventrikelachse in charakteristischer Weise. Sie besitzen wie die Wirbeltiere einen **Rotationssinn**. Die Reaktion besteht in einer Augenstielbewegung: Wird das Tier z. B. rechtsherum gedreht, so werden beide Augenstiele nach links bewegt. Entweder verharren die Stiele in dieser Stellung, oder sie schnellen von Zeit zu Zeit ruckartig zur Ausgangsstellung zurück, um wieder erneut nach links gegen die Rotationsrichtung bewegt zu werden usw. (**Nystagmus**). Bei anhaltender Rotation mit konstanter Winkelgeschwindigkeit kehren die Augenstiele schließlich – anders als bei den tonischen Augenstellreflexen (s. o.) – in ihre normale Position zurück. Erst beim Abstoppen der Rotation treten vorübergehend erneut Augenstielbewegungen auf, die denen zu Beginn der Rotation gleichen, jedoch in die entgegengesetzte Richtung ausgeführt werden (**Nachreaktion**). Es können drei und mehr Nach-Nystagmussprünge beobachtet werden, bevor die Augenstiele ihre Normalstellung wieder einnehmen. In einer Reihe auf einer in die Statocyste vorragenden Erhebung angeordnete dünne und lange **Fadenhaare** sind für den Rotationssinn verantwortlich.

Der **adäquate Reiz** ist die durch Strömung des Statocysteninhalts verursachte Abknickung der Haare an ihrer Anheftungsstelle. Bei einsetzender Rotation um die Vertikalachse wird der Cysteninhalt infolge seiner Trägheit die Bewegung der Cystenwand nicht sofort mitmachen, d. h., es entsteht in der Cyste eine Strömung, die der Rotationsbewegung entgegengesetzt ist. Bei anhaltender Rotation mit gleichbleibender Winkelgeschwindigkeit gleicht sich dieser Geschwindigkeitsunterschied zwischen Cysteninhalt und Cystenwand allmählich infolge der auftretenden Reibungen aus. Wird die Rotation gestoppt, tritt wegen des Beharrungsvermögens des Cysteninhalts erneut eine Strömung in der Statocyste auf, deren Richtung jetzt aber mit der zuvor stattgefundenen Rotation übereinstimmt. Bei *Palinurus, Pagurus* (Einsiedlerkrebs) und *Uca* (Winkerkrabbe) konnte kein Rotationssinn nachgewiesen werden.

5.3. Temperatursinn

Informationen über die Temperatur in der Umgebung und ihre Änderungen sind für die Existenz aller Tiere von großer Bedeutung. Das Temperaturintervall, innerhalb dessen tierisches Leben möglich ist, ist relativ klein (4.6.1.).

5.3.1. Thermorezeptoren

Wahrscheinlich besitzen alle Tiere Thermorezeptoren, doch sind sie in vielen Fällen noch nicht mit Sicherheit bekannt. In der menschlichen Haut gibt es bestimmte Punkte, die bei Berührung mit einem kleinflächigen, kalten Gegenstand die Empfindung kalt (**Kältepunkte**), und andere, die bei Berührung mit einem warmen Gegenstand die Empfindung warm (**Wärmepunkte**) hervorrufen. Die Verteilung dieser Temperaturpunkte zeigt in den verschiedenen Körperregionen eine unterschiedliche Dichte. So kommen z. B. am Mund des Menschen ca. 16–19 Kältepunkte pro cm^2 vor, während es auf der Handfläche nur 1–5 sind. Die Wärmepunkte sind durchweg seltener. In vielen Körperregionen fehlen sie ganz. Über die Verteilung solcher Temperaturpunkte bei den homoiothermen Tieren weiß man wenig. Die Haut der Vögel weist wahrscheinlich nur wenige solcher Temperaturpunkte auf. Die **Kaltrezeptoren** liegen oberflächlich dicht unter der Epidermis, die **Warmrezeptoren** tiefer im Corium. Die Zuordnung bestimmter histologischer Strukturen zu den Thermorezeptoren ist noch unsicher. Als Kaltrezeptoren wurden freie, unmyelinisierte Nervenendigungen dünner, myelinisierter Fasern an der Nase der Katze identifiziert.

Die **Kaltrezeptoren** entsenden ständig Impulse, deren Frequenz von der jeweiligen Reiztemperatur abhängt. Diese stationäre Impulsfrequenz hat bei einer bestimmten Temperatur zwischen 15 und 34 °C ein Maximum. Sowohl bei höheren als auch tieferen Temperaturen ist die Frequenz kleiner, um schließlich bei den Grenztemperaturen (+10 bzw. +41 °C) zu Null zu werden (**Extremwert-Kennlinie**, Abb. 2.54.; 5.52.). Die Maxima liegen bei den einzelnen Kältefasern bei verschiedenen Temperaturen. Es ist interessant, daß bei winterschlafenden Hamstern kältesensible Fasern im N. trigeminus mit extrem niedrigem Maximum (bei +4 °C) und niedriger unterer Grenztemperatur (–5 °C) gefunden wurden. Solche Rezeptoren sind notwendig, um die Thermoregulation auch unter den Bedingungen des Winterschlafs weiterführen zu können.

Beim Übergang von einem Temperaturniveau zu einem anderen (tieferen) steigt die Impulsfrequenz zunächst erheblich an (**überschießende Erregung**), um dann langsamer wieder auf den für die neue Temperatur charakteristischen Wert abzufallen (Abb. 5.52.). Diese überschießende Erregung ist um so stärker, je rascher der Temperaturwechsel erfolgt (**Differentialquotienten-Empfindlichkeit**, 2.3.4.). Umgekehrt fällt die Frequenz bei sprungartiger Temperaturerhöhung zunächst sehr stark ab oder hört sogar ganz auf (überschießende Hemmung), um sich dann erst auf das neue Niveau einzustellen.

Die **Warmrezeptoren** verhalten sich prinzipiell ähnlich, jedoch mit umgekehrtem Vorzeichen: Sie zeigen bei sprunghafter Temperaturerhöhung eine überschießende Erregung und bei sprunghaftem Temperaturabfall eine überschießende Hemmung.

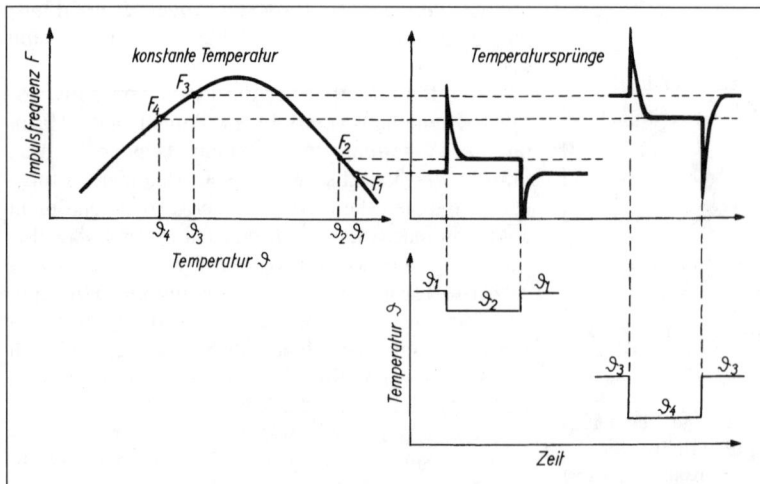

Abb. 5.52. Die Beziehungen zwischen der Temperatur und der Impulsfrequenz einer einzelnen Kältefaser. Links: Impulsfrequenzen bei konstanten Temperaturen. Rechts: Impulsfrequenzen bei Temperatursprüngen im Bereich oberhalb und unterhalb des stationären Maximums. Nach HENSEL 1966.

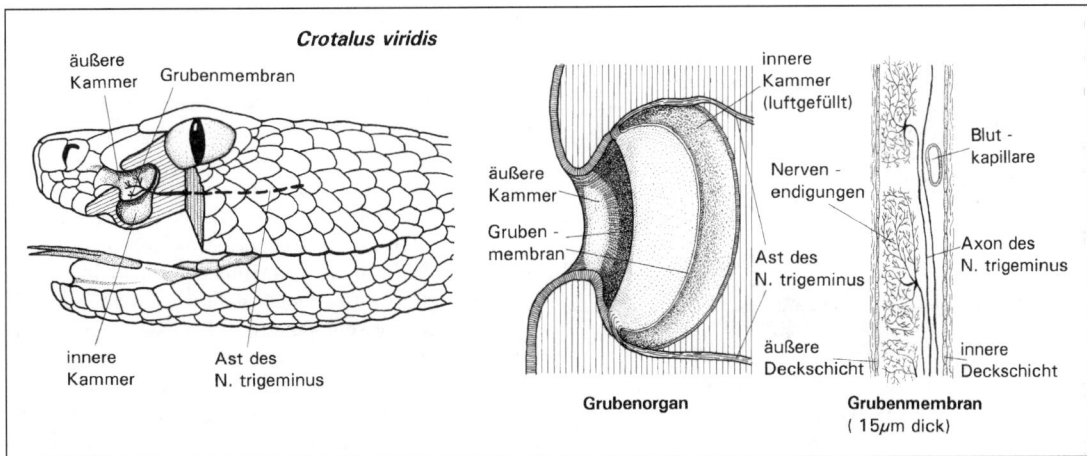

Abb. 5.53. Das Grubenorgan der Klapperschlange *Crotalus viridis*. Nach NEWMAN u. HARTLINE 1982, BULLOCK u. DIECKE 1956.

Bei den **Fischen, Amphibien** und **Reptilien** scheinen ebenfalls Kalt- und Warmrezeptoren nebeneinander in Form freier Nervenendigungen in der Haut vorzukommen. Beim Goldfisch *(Carassius auratus)* und beim Molch *(Necturus maculosus)* erwies sich die gesamte Körperoberfläche als wärmeempfindlich. Die Region um die Nasenöffnung sowie die Kiemen der Molche sind besonders empfindlich. Dressurversuche mit 19 verschiedenen marinen Knochenfischen haben gezeigt, daß noch Temperatursteigerungen um nur 0,03–0,07 °C erkannt werden. Das Dressurergebnis ist von der absoluten Temperatur unabhängig. Elritzen, die es gelernt hatten, bei einer Abkühlung des Wassers von +15 auf +13 °C nach dem Futter zu schnappen, reagierten auch bei einer Abkühlung von +20 auf +18 °C, ließen aber eine Erwärmung von 13 auf 15 °C oder von 18 auf 20 °C unbeachtet.

Organe besonderer Art findet man bei einigen **Schlangen.** Es sind die beiderseits zwischen Auge und Nasenöffnung gelegenen **Grubenorgane** der Klapperschlangen (Crotaliden) und die an den Lippen auftretenden **Lippenorgane** der Riesenschlangen (Pythonen, Boiden). Das etwa 3 mm breite Grubenorgan wird durch eine 15 µm dicke, stark durchblutete Membran in zwei Stockwerke unterteilt (Abb. 5.53.). Diese Membran wird von feinsten Ausläufern des N. trigeminus reichlich versorgt. Die vielen Nervenendigungen erscheinen aufgetrieben und enthalten zahlreiche Mitochondrien („Mitochondriensäcke"). Bei den Lippengruben fehlt die Membran. Statt dessen ist der Grubengrund stark durchblutet und reich innerviert. Man weiß heute, daß es sich hierbei um Organe handelt, für die der adäquate Reiz die von einem Gegenstand ausgehende Wärmestrahlung ist. Die Rezeptoren sind freie Nervenendigungen des Trigeminus. Sie sprechen auf Wellenlängen zwischen 1 und 3

µm bis hin zum langen Infrarot an. Dabei arbeiten sie nicht etwa wie Photorezeptoren, sondern wie echte Thermorezeptoren, denn entscheidend ist die durch die Wärmestrahlung in der Membran hervorgerufene Temperaturänderung. Bereits eine Temperaturerhöhung von nur 0,003 °C reicht bei der Klapperschlange *(Crotalus)* zur Erregung aus. Dem entspricht eine Energiezufuhr von $1,3 \cdot 10^{-3}$ J $\cdot$ cm^{-2} $\cdot$ s^{-1}. Bei der Malaien-Mokassinschlange *(Agkistrodon rhodostoma)* hat man sogar Schwellenwerte von $1,1 \cdot 10^{-5}$ J $\cdot$ cm^{-2} $\cdot$ s^{-1} gemessen.

Durch die Anordnung der Rezeptoren am Grunde einer grubenartigen Einsenkung ist – wie bei einem Grubenauge – eine **thermische Richtungsperzeption** möglich. Die Schlangen sind mit Hilfe dieser Organe in der Lage, warmblütige Beutetiere bei Dunkelheit genau zu lokalisieren und zielsicher auf sie zu stoßen. Eine Maus, die 10 °C wärmer ist als die Umgebungstemperatur, wird von der Grubenotter noch aus 60–70 cm, Ratten aus 120 cm Entfernung entdeckt und geschlagen.

Einen **absoluten Temperatursinn** hat die zu den **Großfußhühnern** (Megapodiidae) gehörende *Leipoa ocellata* aus Südaustralien (Abb. 5.54.). Das Männchen baut im Winter (Mai bis August) große Hügel von bis zu 3 m Durchmesser aus Sand und Pflanzenteilen, in die hinein das etwa $3^1/_2$ Pfund schwere Weibchen zwischen Mitte September und Ende Februar ca. 35 Stück insgesamt 250 g schwere Eier legt. Die zum Ausbrüten notwendige Wärme wird z. T. durch die in Gärung geratenen Pflanzenteile und zum anderen Teil durch die Sonneneinstrahlung geliefert. Das Männchen kontrolliert in bestimmten Zeitabständen die Temperatur im Hügel, indem es den Schnabel tief einführt und mit Sand gefüllt wie-

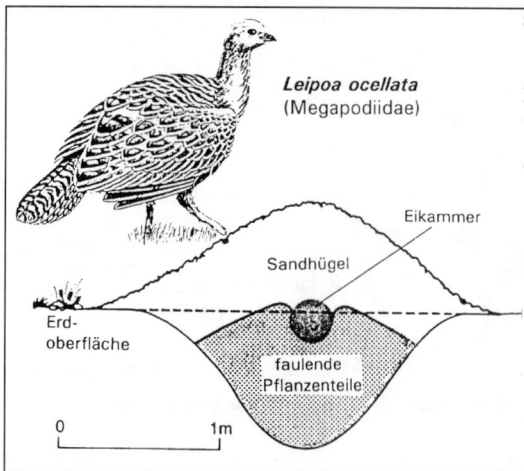

Abb. 5.54. Das „Nest" des südaustralischen Großfußhuhnes *Leipoa ocellata*.

5.3.2. Thermotaktische Orientierung

Durch die Thermoperzeption werden die Tiere in die Lage versetzt, sich thermotaktisch zu orientieren. Eine solche thermotaktische Orientierung ist z. B. für die Insekten, die Warmblüterblut saugen, bei der Wirtsfindung von außerordentlicher Bedeutung. Die Wanzen *Cimex, Triatoma* und *Rhodnius* steuern mit Hilfe der sich an den Antennen befindenden Thermorezeptoren warme Gegenstände exakt an. Falls die Gegenstände bewegt werden, folgen sie ihnen mit erhobenem Vorderkörper und vorgestrecktem Stechrüssel. Da diese Orientierungsleistung in normaler Form bestehen bleibt, wenn eine Antenne amputiert worden ist, handelt es sich wohl um eine **Thermotelotaxis** (7.4.1.). Bei den sich ähnlich verhaltenden Kleiderläusen *(Pediculus vestimenti)* scheint dagegen eine **Thermotropotaxis** (7.4.1.) vorzuliegen. Stechmücken können ebenso wie Läuse und Wanzen aus einer Entfernung von 1 cm noch Unterschiede von 0,05 °C perzipieren.

Sowohl bei den gleichwarmen als auch bei den wechselwarmen Tieren kann man beobachten, daß jede Art bzw. Rasse sich bei bestimmten Temperaturen bevorzugt aufhält. Bringt man z. B. weiße Hausmäuse in einen langen Käfig, in dessen Metallboden durch Erwärmung auf der einen und Abkühlung auf der anderen Seite ein Temperaturgefälle aufrechterhalten wird (sog. **Temperaturorgel**), so stellt man fest, daß die Tiere bevorzugt bei einer Bodentemperatur von etwas über 35 °C zur Ruhe kommen. Man nennt diesen Bereich die **Vorzugstemperatur** oder das **thermische Präferendum**.

Bei den Warmblütern ist das Präferendum gleichzeitig diejenige Temperatur, bei der die Körpertemperatur mit dem geringsten Energieaufwand auf der gewünschten Höhe gehalten werden kann. Das zeigt sich z. B. äußerlich darin, daß die Atemfrequenz ein deutliches Minimum zeigt. Auch bei den Kaltblütern besteht eine Beziehung zwischen Vorzugstemperatur und Stoffwechsel. Bei der Vorzugstemperatur erhält das Tier durch Leitung und Strahlung aus seiner Umwelt gerade so viel Wärme, wie es zur Erreichung bzw. Aufrechterhaltung der seinem physiologischen Zustand entsprechenden optimalen Temperatur braucht.

Im allgemeinen haben die Tiere aus warmen Biotopen höhere Vorzugstemperaturen als solche aus kühlen. Die tiefsten bisher gemessenen Werte fand man bei Insekten, die ihre imaginale Aktivitätsphase im Winter haben. So haben die in 2000 m Höhe auf Schnee in Tirol gefangenen Winterhafte *(Boreus westwoodi)* und Schneefliegen *(Niphadobata lutescens)* Vorzugstemperaturen von wenig über 4 °C. Permanente Ektoparasiten haben in der Regel Vorzugstemperaturen, die der Hauttemperatur ihres Wirtes entsprechen (Beispiel: Kleiderlaus 32,5 °C). Bei

der herauszieht. Die Temperatur im Brutraum wird konstant auf 33 ± 0,5 °C gehalten, obwohl die Lufttemperatur zwischen –8 °C in der Nacht und 44 °C am Tage schwanken kann. Abweichungen von dieser Temperatur werden in „sinnvoller" Weise korrigiert.

Während des Frühlings (August bis November) wird der Hügel geöffnet, um die überschüssige Zersetzungswärme entweichen zu lassen. Im Sommer wird am Tage Sand aufgeschüttet, um die Eier vor zu großer Sonnenbestrahlung zu schützen, und der Hügel nur morgens kurz geöffnet. Im Herbst ist die Zersetzung der Pflanzenteile fast beendet, das Männchen öffnet den Hügel am Tage, damit die Eier von der Sonne bebrütet werden können. Abends deckt es die Eier mit dem erwärmten Sand wieder zu. Im April sind alle Eier ausgebrütet.

Bei den **Arthropoden** scheinen die Thermorezeptoren bevorzugt an den Körperanhängen (Antennen, Mundwerkzeugen, Cerci, Legeröhren, Tarsen) vorzukommen, sie sind jedoch noch nicht mit Sicherheit bekannt. So reagieren z. B. die Landasseln *(Oniscus murarius, Porcellio scaber)* nur dann bereits bei einer Entfernung von 1–2 cm auf einen genäherten warmen Glasstab, wenn sie ihre Antennen besitzen. Honigbienen ließen sich auf Temperaturdifferenzen von 2 °C dressieren. Ihre Thermorezeptoren befinden sich an den 5 distalen Antennengliedern. Arbeiterinnen der Ameise *Formica rufa* können noch Differenzen von weniger als 0,25 °C unterscheiden. Als besonders temperaturempfindlich erwiesen sich die in Höhlen lebenden augenlosen Larven des Käfers *Speophyes lucidulus*. Seine Wärme- und Kälterezeptoren liegen jeweils zu dritt auf schwarzen Chitinhaaren. Sie reagieren bereits auf Temperaturänderungen von –0,007 und +0,007 °C · s^{-1} mit Änderungen der Impulsfrequenz um 0,3–12 Impulsen · s^{-1}.

den temporären Parasiten, die nur zur Nahrungsaufnahme den Wirt aufsuchen, gilt das nur für die hungrigen Tiere, gesättigt bevorzugen sie niedrige Temperaturen (Beispiel: Bettwanze hungrig 32,8 °C, satt 27,7 °C).

Tabelle 5.4. Wellenlängenbereich des sichtbaren Lichts bei verschiedenen Tieren und dem Menschen.

Daphnia (Wasserfloh)		200–600 nm
Apis (Biene)	(250!)	300–650 nm
Violettohr-Kolibri		380–730 nm
(Colibri serrirostris)		
Mensch		390–760 nm

5.4. Optischer Sinn

Der **adäquate** Reiz für die Lichtsinnesorgane sind elektromagnetische Wellen bestimmter Länge. Das sichtbare Licht stellt nur einen winzigen Ausschnitt aus dem Gesamtspektrum elektromagnetischer Wellen dar, das von den sehr kurzen γ- und Röntgenwellen bis zu den Radiowellen reicht (Abb. 5.55.). Beim Menschen ist es der Bereich zwischen 390 und 760 nm Wellenlänge, bei Tieren kann er sich etwas weiter ins kurzwellige Ultraviolett (UV) bzw. – seltener – ins langwelligere Ultrarot (UR) hinein ausdehnen. Bei den Arthropoden ist der sichtbare Anteil des Spektrums oft gegenüber dem Menschen zur kurzwelligen Seite hin verschoben, d. h. sie nehmen noch Ultraviolett bis zu einer bestimmten Wellenlänge wahr, reagieren aber nicht mehr auf tiefes Rot (Tab. 5.4.). Auch Frösche und Kröten sollen noch im ultravioletten Spektralbereich sehen können, jedenfalls schnappen sie bei reinem UV-Licht noch zielsicher ihre Beute. Der sichtbare Bereich der Schildkröte soll im Vergleich zum Menschen tiefer ins Ultrarote hineinreichen.

Die **Lichtsinneszellen** sind primäre Sinneszellen. Ihr apikaler Pol zeigt besondere Differenzierungen. Vornehmlich bei den Protostomiern findet man dort Mikrovilli in großer Zahl zur Oberflächenvergrößerung. Man spricht vom **Rhabdomer-Typ**. Bei den Deuterostomiern, aber auch bei den Colenteraten, findet man apikal eine ciliäre Struktur, deren Plasmamembran stark gefaltet erscheint. Man spricht vom **Cilien-Typ** (Abb. 5.56.). In der Membran liegt das lichtabsorbierende Sehpigment – membrangebunden – vor.

Das Sehen spielt bei sehr vielen Tieren eine hervorragende Rolle. Das sichtbare Licht gehorcht den Gesetzen der „geometrischen Optik". Es breitet sich in einem einheitlich geschaffenen Medium geradlinig aus, und es wird an der Grenzfläche zwischen zwei Medien in gesetzmäßiger Weise reflektiert bzw. gebrochen. Diese Eigenschaften des Lichtes ermögli-

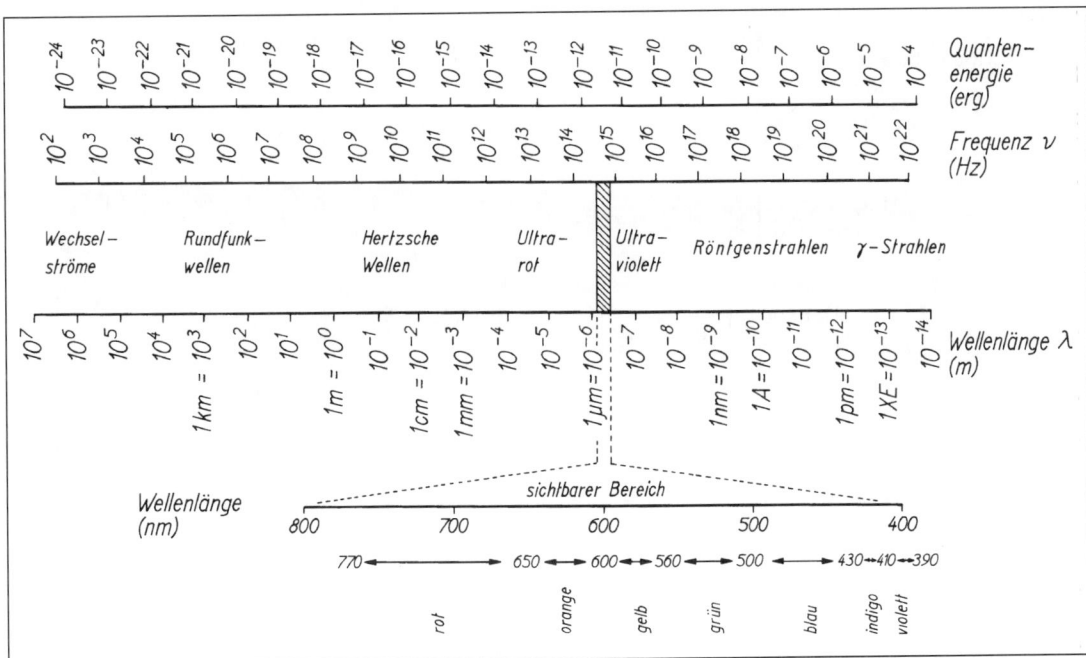

Abb. 5.55. Das elektromagnetische Spektrum. Der für den Menschen sichtbare Teil ist durch Schraffierung hervorgehoben.

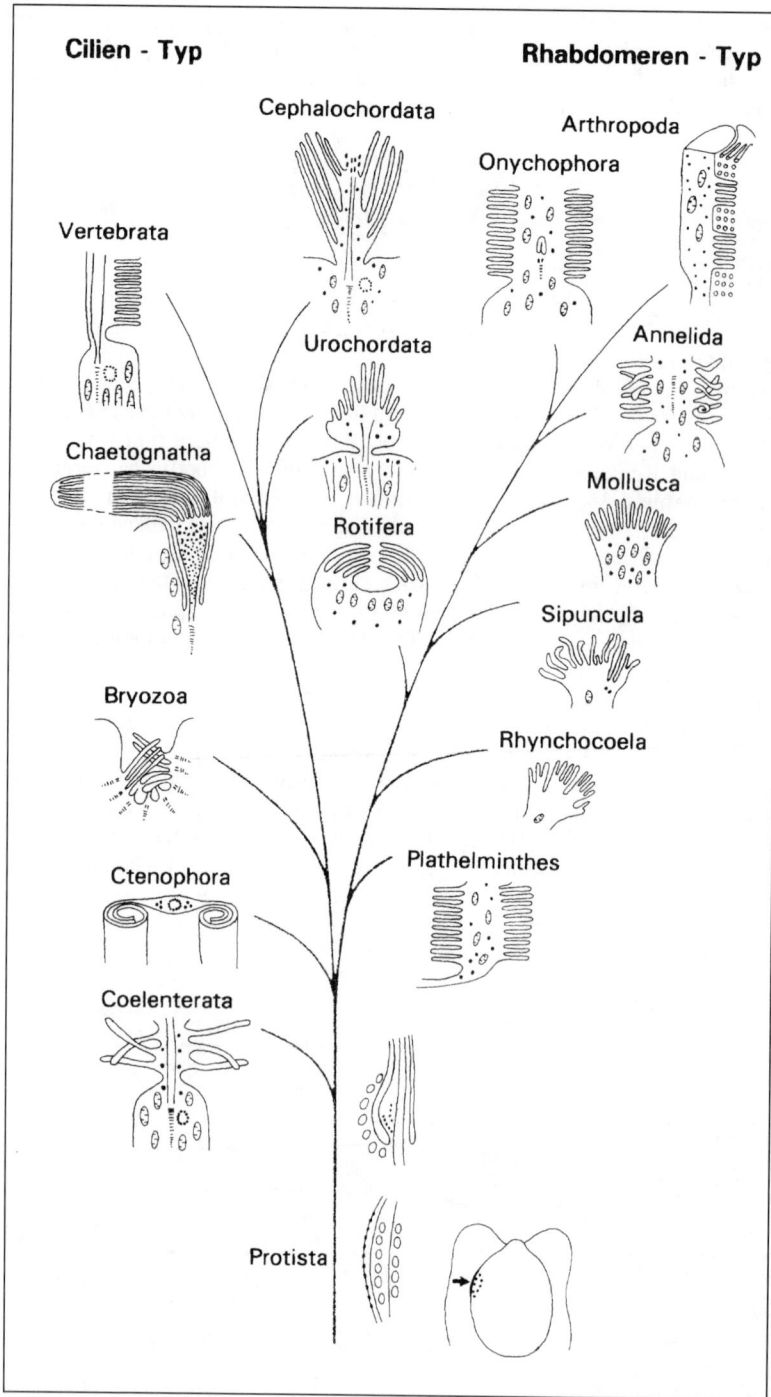

Abb. 5.56. Die Verbreitung der Photorezeptoren vom Cilien- bzw. Rhabdomeren-Typ im Tierreich. Nach EAKIN 1982.

chen eine Abbildung der optischen Reizquellen auf ein flächenhaft ausgebreitetes Sinnesepithel. Zu diesem Zweck sind im gesamten Tierreich Augen mit mehr oder weniger komplizierten Hilfsapparaten entwickelt. Im primitivsten Fall ist nur eine generelle Wahrnehmung der Helligkeit möglich (**Hell-Dunkel-Sehen**) ohne gleichzeitige Feststellung der Richtung des eintreffenden Lichtes. Die nächste Stufe ist dann das **Richtungssehen**. In beiden Fällen spielt die Wahrnehmung des direkten Sonnen- bzw. Himmelslichtes die größte Rolle.

Mit der Ausbildung eines abbildenden Apparates im Auge gewinnen die von den Gegenständen der Umwelt reflektierten Lichtstrahlen an Bedeutung. Es entwickelt sich das **Formensehen**. Die selektive Absorption bzw. Reflexion des Lichtes in bestimmter Wellenlänge ermöglicht eine Unterscheidung der Gegenstände nicht nur nach ihrer Form und Helligkeit, sondern auch nach ihrer Farbe. Diese Möglichkeit wird beim **Farbensehen** ausgeschöpft. Schließlich sind eine Reihe von Tieren auch in der Lage, die Polarisationsebene des „Himmelslichtes" zu registrieren und sich danach zu orientieren: **Polarisationssehen**.

5.4.1. Primitivere Formen des Sehens

Bei einer Reihe von Tieren besteht eine Empfindlichkeit der gesamten Körperoberfläche oder besonders exponierter Körperteile gegenüber Licht (**dermatoptischer Sinn**)[1].

Belichtet man die Spitze eines Scheinfüßchens (Pseudopodium) einer **Amöbe**, so wird das betreffende Pseudopodium nicht weiter vorgestreckt. Statt dessen bilden sich außerhalb der belichteten Zone neue Scheinfüßchen, wodurch die Amöbe vom Licht fortgeführt wird. Wird das ganze Tier belichtet, wird die Bewegung aller Pseudopodien für eine Zeit unterbrochen. Trotz anhaltender Belichtung kehrt die Beweglichkeit jedoch in Abhängigkeit von der Lichtintensität nach 6–30 min zurück. Spezifische lichtempfindliche Organellen fehlen. Es wird angenommen, daß unter der Lichteinwirkung das Plasma vom Sol- in den Gel-Zustand überführt wird.

Bei **Aktinien**, die Zoochlorellen (Algen) enthalten, hat man beobachtet, daß sie ihre Fangarme bei starker Belichtung parallel und bei schwacher Belichtung senkrecht zum Lichteinfall einstellen.

Lichtempfindlich sind auch der Mantelrand und der Sipho vieler augenloser **Muscheln**. Der Sipho der im Sand vergrabenen Klaffmuschel (*Mya arenari*) wird sofort eingezogen, wenn die Lichtintensität plötzlich verstärkt wird (**Belichtungsreflex**). Auch auf plötzliche Beschattung des Siphos reagiert das Tier mit der Kontraktion (**Schattenreflex**). In der Haut des Siphos sind einzellige Photorezeptoren nachgewiesen. Es konnte gezeigt werden, daß für den Schattenreflex andere Rezeptoren verantwortlich sind als für den Belichtungsreflex. Die von den Photorezeptoren kommenden Nerven zeigen bei Dunkelheit spontane Entladungen in konstanter Folge. Belichtung mit blauem Licht unterdrückt die spontanen Entladungen. Die Beendigung des Lichtreizes wird mit einer raschen Impulsserie beantwortet, anschließend kehrt der Nerv zu seiner Ruheaktivität zurück. Umgekehrt führt eine Belichtung mit rotem Licht zu einer Erhöhung der Impulsfrequenz.

Mit den bei *Mya* gefundenen Photorezeptoren vergleichbare Elemente sind auch aus der Epidermis des **Regenwurms** (*Lumbricus*) bekannt (Abb. 5.57.). Sie enthalten einen „Binnenkörper" oder **Phaosom** (HESSE[2] 1896), der einen Hohlraum darstellt, dessen Lumen von unregelmäßig angeordneten Mikrovilli sowie von einzelnen Cilien weitgehend ausgefüllt ist und durch Einstülpung der Zelloberfläche entstanden ist. Man findet die Strukturen besonders zahlreich am Prostomium, am seltensten in den mittleren Körpersegmenten. In Übereinstimmung mit der Häufigkeit dieser Zellen ist auch die Lichtempfindlichkeit in den verschiedenen Körperabschnitten unterschiedlich, am größten ist sie im Prostomium. Der Regenwurm verhält sich bei sehr geringen Lichtintensitäten positiv, bei stärkeren negativ phototaktisch.

Die Haut vieler **Stachelhäuter** (Echinodermata) ist ebenfalls photosensibel, so z. B. die der Seegurke *Holothuria*. Beim Seeigel sind photosensible Nerven in der Haut nachgewiesen. Seesterne besitzen in der Regel besondere Augen. Sie (*Echinaster* und *Asterina*, nicht aber *Asterias* und *Solaster*) reagieren aber auch dann noch auf Licht, wenn man die Augen operativ entfernt.

Es sei in diesem Zusammenhang noch erwähnt, daß sich in einigen Fällen Nervenelemente als durch Licht direkt reizbar erwiesen. Das gilt z. B. für das 6. Abdominalganglion des Flußkrebses und des Hummers, für das Genitalganglion von *Aplysia* und für Nervenelemente im Gehirn von Neunaugen (Lampetren), Elritzen und Enten.

Bei einigen Protozoen (**Flagellaten**) tritt eine örtliche Abgrenzung besonders lichtempfindlicher Plasmabezirke auf. Ein solches **Augenfleckchen** (Stigma) besteht bei *Euglena* (Abb. 7.24.) aus einer Ansammlung orange-roten Pigments in der Nähe einer charakteristischen Anschwellung an der Geißelbasis. Während das Pigment der Abschirmung des von der „dorsalen" Seite herantretenden Lichts dient, sieht man in der Anschwellung den eigentlichen Photorezeptor. Bei den Phytomonadina (*Volvox* u. a.) tritt vor

---

[1] to dérma, -matos (griech.) = die Haut; he opsis (griech.) = das Sehen.

[2] Richard HESSE, geb. 1868 in Nordhausen (Thür.), Stud. d. Zool. in Berlin u. Tübingen, 1926–1944 Prof. für Zoologie in Berlin, gest. 1944.

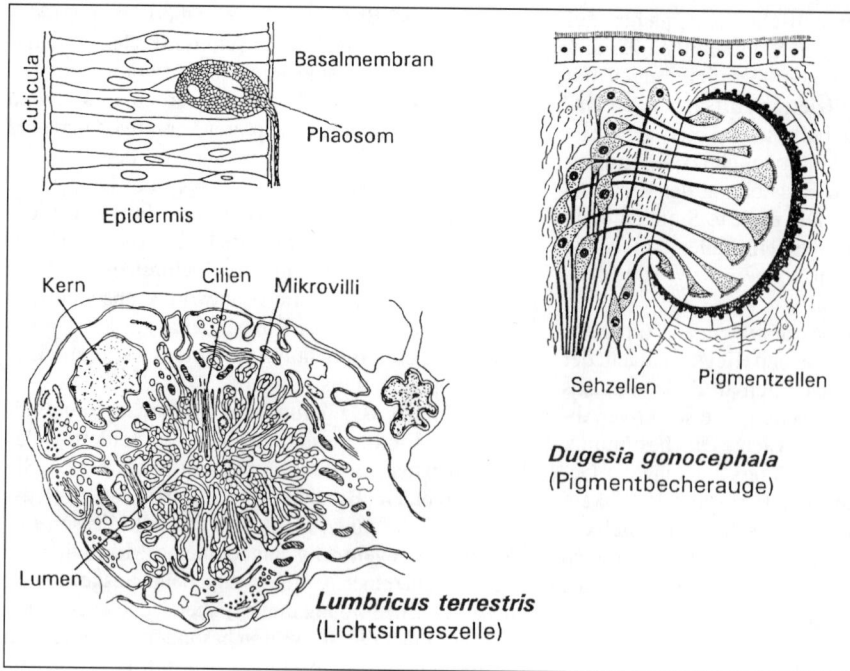

Abb. 5.57. Die Lichtsinneszelle mit Phaosom aus der Epidermis des Regenwurms (*Lumbricus terrestris*). Das Phaosom entpuppt sich als ein mit Mikrovilli und Cilien nahezu ausgefülltes Lumen, das durch Einstülpung von der Zelloberfläche her entstanden ist. Aus PETERS u. WALLDORF 1986. – Pigmentbecherauge der Planarie *Dugesia gonocephala*. Die Sinneszellen sind mit einem Mikrovilli-Saum bedeckt. Nach HESSE.

die Öffnung des Pigmentbechers eine plasmatische Sammellinse, durch die das Licht dem zwischen Pigmentbecher und Linse gelegenen photosensiblen Plasmabezirk zugeführt wird.

Die epidermalen, schwach vorgewölbten Augenflecken und die – wesentlich häufigeren – linsenlosen Grubenaugen (Abb. 5.58.) ermöglichen bereits ein einfaches **Richtungssehen**. Die zwischen den Sehzellen gelegenen Pigmentzellen sorgen dafür, daß jeweils nur das annähernd axial einfallende Licht die Sehzelle erreicht. Bewiesen ist eine (negative) Phototelotaxis (7.4.1.) bei verschiedenen Planarien (*Planaria maculata, Pl. gonocephala, Dendrocoelum lacteum*). Diese Strudelwürmer besitzen zwei symmetrisch angeordnete **Pigmentbecherocellen** (Abb. 5.57.) am vorderen Körperende. Durch den Pigmentbecher wird erreicht, daß das Licht nur von der Seite her an die Sehzellen herantreten kann. Es konnte gezeigt werden, daß darüber hinaus die Lichtsinneszellen selbst polarisiert sind und nur von solchen Strahlen erregt werden, die sie in ihrer Längsachse durchsetzen. Entfernt man nämlich die hintere Augenhälfte zusammen mit dem Augenbecher und bestrahlt das Tier von hinten, so tritt keine Änderung des Kriechkurses ein, es wird vielmehr – wie im unverletzten Fall – die alte Bewegungsrichtung fortgesetzt.

Ebenfalls nicht zum Bildsehen geeignet sind die vorwiegend bei geflügelten **Insekten**-Imagines zu findenden **Ocellen**. Sie kommen meist in der Dreizahl zwischen den Facettenaugen und der Stirn oder am Scheitel vor und sind mit einer Linse ausgestattet. Die Bildebene liegt jedoch gewöhnlich weit hinter der Retina. Außerdem spricht die starke Konvergenz der Rezeptoraxone auf relativ wenige Fasern des zum Gehirn ziehenden Ocellarnerven dagegen, daß die Insekten mit den Ocellen Bilder sehen. Die Ocellarnerven sind im Dunkeln spontan rhythmisch tätig. Bei Belichtung entsteht durch die Erregung der Rezeptorzellen ein IPSP an den Ausläufern des Ocellarnerven, wodurch die spontanen Entladungen gehemmt werden. Wenn man annimmt, daß die afferenten Impulse des Ocellarnerven eine hemmende Wirkung auf die Reflextätigkeit des ganzen Insekts ausüben, so könnte man damit die stimulierende Wirkung der Ocellen erklären. Man hat nämlich bei verschiedenen Insekten (*Apis, Drosophila* u. a.) beobachtet, daß die Tiere wesentlich träger auf Änderungen der Lichtintensität reagieren, wenn ihre Ocellen abgedunkelt worden sind. Die Biene beginnt dann morgens später mit ihrer Sammeltätigkeit und hört abends früher wieder auf. Die Belichtung der Ocellen führt zwar zur Steigerung der Reflexreaktionen, die durch Reizung der Kom-

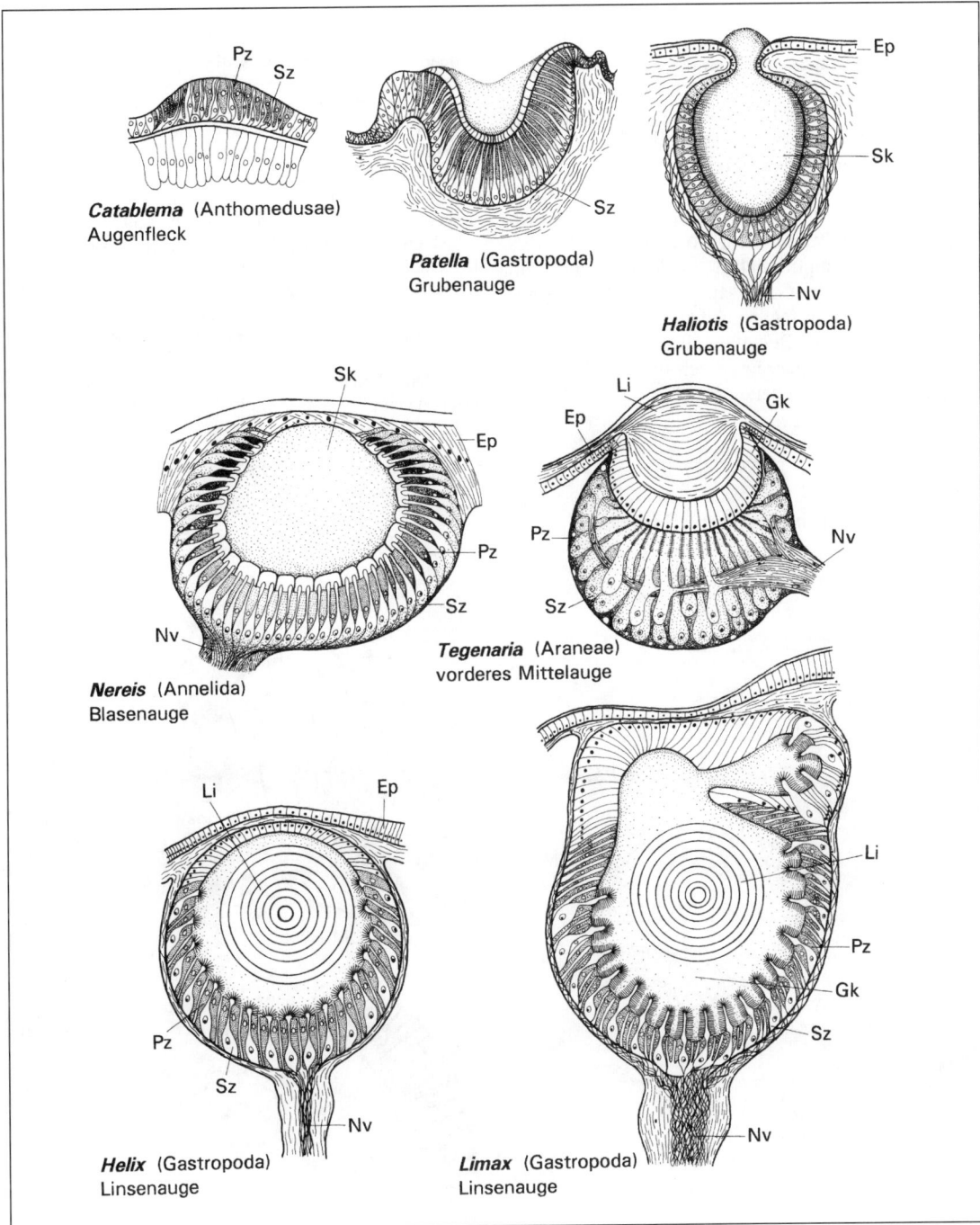

Abb. 5.58. Augentypen bei Evertebraten. Ep = Epidermis, Gk = Glaskörper, Li = Linse, Nv = Sehnerv, Pz = Pigmentzelle, Sk = Sekret, Sz = Sinneszelle. Nach verschiedenen Autoren zusammengestellt.

plexaugen ausgelöst werden, sie löst aber selber keine Reflexhandlung aus. So wurde vielfach bestätigt, daß sich Tiere mit intakten Ocellen aber abgedunkelten Komplexaugen nicht mehr phototaktisch verhalten.

Die meisten **Spinnen** besitzen acht Augen: die vorderen Mittel- (VMA) und Seitenaugen (VSA) sowie die hinteren Mittel- (HMA) und Seitenaugen (HSA). Sie sind in der Regel (Ausnahmen: die Springspinnen

[Salticidae] und die Kescherspinnen [Deionopidae]) recht klein und besitzen eine geringe Anzahl von Sehzellen. Alle Augen entsprechen dem „Ocellen-Typ", zeigen eine cuticuläre Linse, einen zelligen Glaskörper sowie eine Retina mit Lichtsinneszellen und dazwischen eingelagerten Pigmentzellen. Die VMA werden als **Hauptaugen** bezeichnet und allen anderen gegenübergestellt. Sie sind evers, d. h. ihre lichtempfindlichen Strukturen, die Rhabdomere, sind dem Licht zugekehrt, während alle „Nebenaugen" invers sind. Ihre lichtempfindlichen Strukturen sind dem Licht abgewandt. Im Gegensatz zu den meisten Spinnen wird bei den Springspinnen (Salticidae) das Verhalten (Orientierung, Beutefang, Balz, Flucht) in starkem Maße optisch geprägt. Auch die Wolfsspinnen orientieren sich weitgehend optisch.

Die vier vorderen Augen der **Springspinnen** sind auffällig groß, liegen in einer Reihe nebeneinander und sind teleskopartig ausgebildet. Die seitlich gelegenen HMA sind ebenfalls recht groß, während die HSA stark reduziert sind (Abb. 5.59.). Die **Hauptaugen** sind bei den Springspinnen besonders groß. Sie haben vorgewölbte Linsen, einen langen Glaskörper und eine vierschichtige Retina, die durch drei antagonistisch arbeitende Muskelpaare hin und her verschoben werden kann: Vergrößerung des relativ schmalen Gesichtsfeldes von 10° auf 58° (Abb. 5.59.). Die Retinaschichten zeigen unterschiedliche Spektralempfindlichkeiten. Die Maxima liegen bei 360, 480–500, 520–540 respektive 580 nm. Die vierte Schicht dient wahrscheinlich der Registrierung der Polarisationsebene des Himmelslichtes. Die **Nebenaugen** besitzen eine nur einschichtige Retina mit einheitlichem Sehzelltyp (max. Empfindlichkeit bei 535–540 nm). Die Zahl der Sinneszellen ist größer als in den Hauptaugen (3000–6000 in den VSA, 8 000–16 000 in den

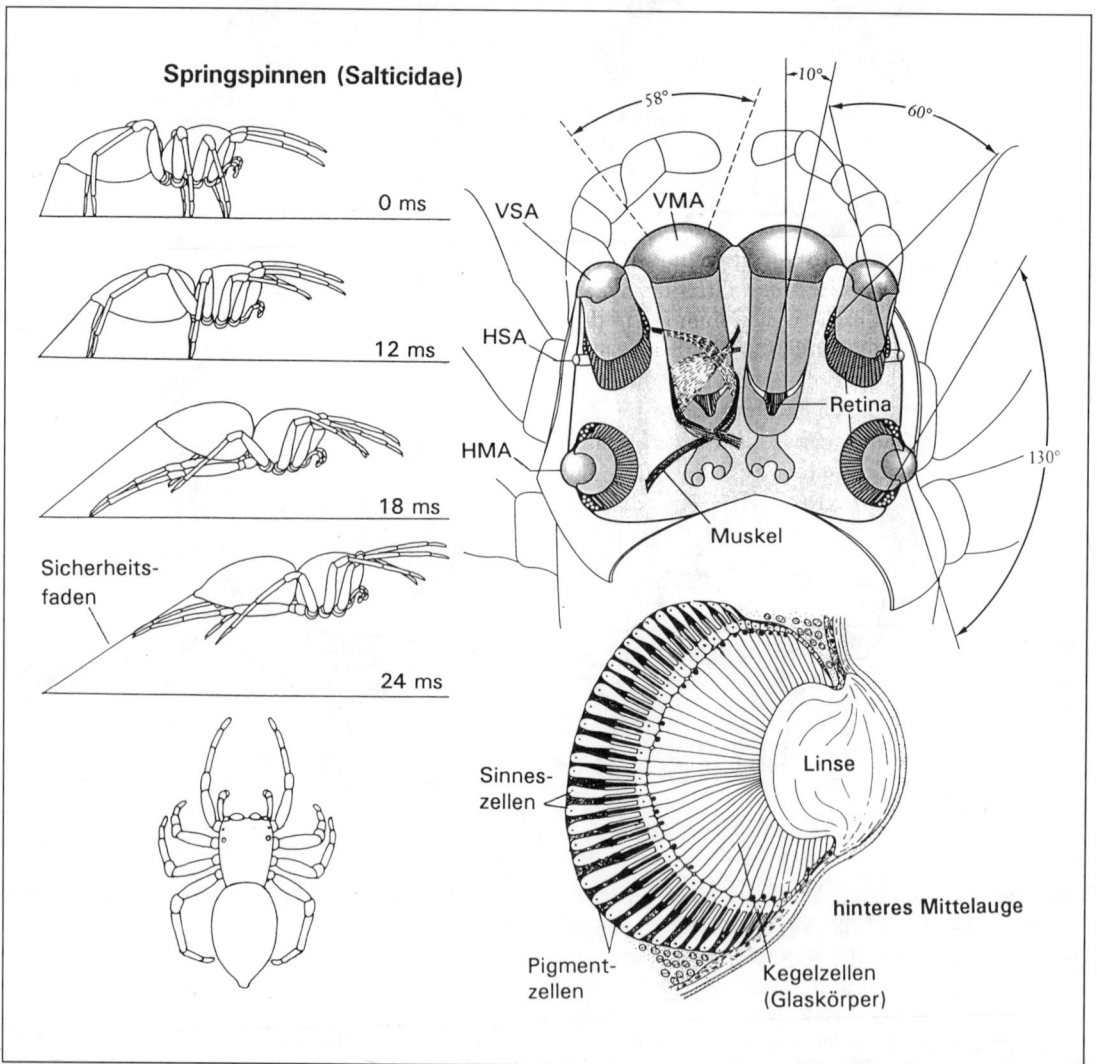

Abb. 5.59. Der Sprung und die Augen der Springspinnen (Salticidae). HMA und VMA: hintere und vordere Mittelaugen, HSA und VSA: hintere und vordere Seitenaugen. Nach FOELIX 1982, EAKIN u. BRANDENBURGER 1971.

HMA). Die **Gesichtsfelder** der beiden VSA überschneiden sich vor dem Tier in einem Sehraum von 40° (binokulares Sehen!, Entfernungsabschätzung). Insgesamt schließt das Gesichtsfeld aller acht Augen zusammen einen Winkel von 300° ein (fast Rundumsicht).

Ein sich bewegendes Beuteobjekt wird von der Springspinne aus 30–40 cm Entfernung zuerst von den kurzbrennweitigen Nebenaugen (VSA und HMA) mit ihren relativ großen Gesichtsfeldern bemerkt und geortet. Erreicht das bewegte Objekt eine Entfernung von 20 cm, reagiert die Spinne mit der Ausrichtung ihres Vorderkörpers und Fixierung des Objektes mit den Hauptaugen. Muskeln bewegen den Retinabereich des Auges, bis das Bild des Objektes auf die **Fovea** mit zehnfach höherer Dichte der Sehzellenpackung als in der Peripherie (Stelle des schärften Sehens!) fällt. Der Winkelabstand zwischen den Zellen in der Fovea ist gering (12′ bei *Evarcha* und *Phidippus*; nur 2,4′ bei *Portia*), so daß mit einem hohen optischen Auflösungsvermögen dieser Augen (**Formensehen**) gerechnet werden muß, das im Falle von *Portia* das der Libelle *Aeshna* (Komplexauge) weit übertreffen dürfte. Das Bild des Gegenstandes wird bei ruhiger Körperhaltung durch Verschiebung der Retina Zeile für Zeile mit der Fovea „abgetastet" (Rasterbewegung, **„Scanning-Prinzip"**), gleichzeitig wird das Auge um seine optische Achse hin und her gedreht. Ist der Gegenstand als Beuteobjekt identifiziert worden, wird er weiter verfolgt („Anschleichen"). Aus geringer Entfernung (ca. 1,5 cm) erfolgt dann der zielsichere **Sprung**. Nur 0,018 s benötigt eine Springspinne, um sich vom Boden zu lösen. Die Sprungweite kann bis zu 25 Körperlängen betragen.

Das Vermögen zum **Formensehen** bei Springspinnen wird durch folgende Beobachtungen noch unterstrichen: Männchen der Springspinnen (Wolfsspinnen dagegen nicht!) gehen vor ihrem eigenen Spiegelbild wie vor einem arteigenen Männchen in Drohstellung und springen bewegte Beuteattrappen (räumliche besser als zweidimensionale) an. Männliche *Avarcha*-Exemplare beantworten bewegte Silhouetten der Vorderansicht des Weibchens in 96% der Fälle mit einem Werbetanz. – Ein Vermögen zum **Farbensehen** gilt bei diesen Spinnen ebenfalls als sicher. Blaue und orange Farbstreifen konnten von *Avarcha* von 26 verschiedenen Grauabstufungen unterschieden werden. Für ein solches Vermögen sprechen auch die elektrophysiologisch nachgewiesenen unterschiedlichen Empfindlichkeitsmaxima in der Retina der Hauptaugen (s. o.). Rotlicht scheint auch von den Spinnen nicht wahrgenommen zu werden.

5.4.2. Dioptrik des Wirbeltier-Linsenauges

Linsenaugen treten im Tierreich sehr frühzeitig auf. Man findet sie bereits bei einigen Medusen (*Carybdea*). Sie sind ferner bei Anneliden, Mollusken und anderen Tiergruppen vorhanden. Über die Physiologie dieser Augen ist jedoch nur sehr wenig bekannt,

so daß wir uns hier nahezu ausschließlich auf die Vorgänge im Wirbeltierauge beschränken müssen.

Unter dem **dioptrischen**[1]) **Apparat** faßt man das bildentwerfende System im Auge zusammen, durch das Objekte aus der Umwelt in Form eines umgekehrten, verkleinerten, reellen und mehr oder weniger scharfen Bildes auf die Netzhaut abgebildet werden. Der dioptrische Apparat setzt sich aus den Medien Hornhaut (Cornea), Kammerwasser, Linse und Glaskörper zusammen, die optisch verschieden dicht und durch gewölbte Grenzflächen voneinander getrennt sind. Der Strahlengang in einem solchen zusammengesetzten optischen System hängt von den Brechungsindizes der verschiedenen Medien, von dem Krümmungsradius der lichtbrechenden Grenzflächen und vom Abstand der Grenzflächen voneinander ab.

Jedes optische System weist zwangsläufig Abbildungsmängel auf, die der technische Optiker möglichst zu vermeiden sucht. Der dioptrische Apparat des Wirbeltierauges – und dasselbe gilt für andere Augen – muß vom optischen Standpunkt als mangelhaft bezeichnet werden. Es treten die als **Linsenfehler** bekannten Erscheinungen der **chromatischen** und **sphärischen Aberration** sowie des **Astigmatismus** zum Teil in beträchtlichem Maße in Erscheinung. So liegt z. B. bei Ferneinstellung im menschlichen Auge infolge der chromatischen Aberration der Brennpunkt des stärker gebrochenen kurzwelligen (violetten) Lichtes um ca. 0,6 mm näher zur Linse als der des langwelligen (roten) Lichtes. Daß wir trotz dieser Mängel ein scharfes Bild sehen, ist eine Leistung der neuralen Verarbeitung der Erregungen. Die höhere Vollkommenheit des Augen gegenüber optischen Apparaten liegt in der Vielseitigkeit der Leistungen begründet. Bei **Fischen** und **Spinnen** wird die **chromatische Aberration** der Linse durch eine unterschiedlich tiefe Lage der verschiedenen Rezeptortypen (s. u.) in der Retina wenigstens zum Teil kompensiert. Es wird angenommen, daß die **gelbe Färbung der Linse** vieler Tiere (auch des Menschen) die chromatische Aberration vermindert, die Tiere aber gleichzeitig für das nahe UV blind macht, da die UV-Wellen absorbiert werden. Bei den UV-sensitiven Tieren mit klarer Linse ist die chromatische Aberration ein großes Problem. Hier scheinen die stark gefärbten **Öltropfen** (Abb. 5.60.) in den Zapfen der tagaktiven **Vögel** und auch **Reptilien** eine wichtige Rolle zu spielen. Sie begrenzen selektiv die chromatische Aberration, während die klaren Tropfen selektiv das Sehen im UV-Licht gestatten.

Eine punktförmige Lichtquelle wird, bedingt durch die **Beugung** des Lichtes an der Öffnung der abbildenden Optik, nicht wieder als Punkt, sondern als **„Beugungsscheibchen"** abgebildet. Dieses Scheibchen zeigt ein zentrales intensives Helligkeitsmaximum, das von konzentrischen dunkleren („Minima") und helleren Ringen abnehmender Intensität umgeben ist (Abb. 5.61.). Die Minima erscheinen für diejenigen Werte von α, die den Gleichungen

$$\sin \alpha_1 = 1{,}22 \cdot \lambda/a; \ \sin \alpha_2 = 2{,}23 \cdot \lambda/a \text{ etc.}$$

genügen.

---

[1]) he diōpsis (griech.) = die Durchsicht.

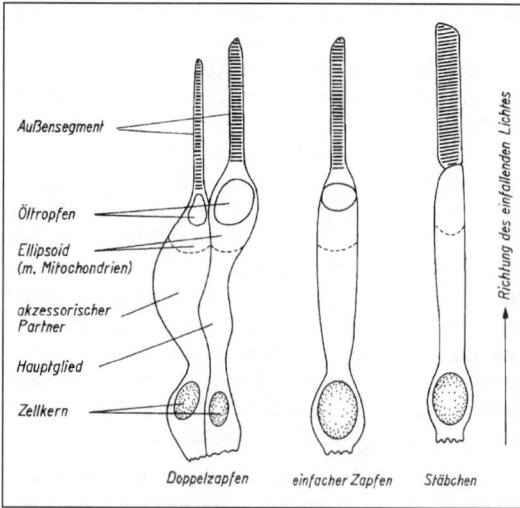

Abb. 5.60. Zapfentypen (mit Öltropfen) und Stäbchen (ohne Öltropfen) aus der Vogelretina. Nach BOWMAKER 1980.

Bei kleinen Winkeln kann man $\sin \alpha = \alpha$ setzen, und man erhält:

$\alpha_1 \approx 1{,}22 \; \lambda/a$ (in rad).

Das heißt, daß die **Winkelgröße** dieses Scheibchens (bis zum ersten Minimum) außer von der Wellenlänge λ nur vom Durchmesser a der Linse (besser: der „Eintrittspupille") abhängt, nicht aber von der Brennweite f. Anders ist es mit der **absoluten Größe** des Beugungsscheibchens. Der Radius r_1 des ersten dunklen Beugungsringes beträgt:

$r_1 = \alpha_1 \cdot f = 1{,}22 \; \lambda \cdot f/a$.

Er ist also, außer wiederum von der Wellenlänge, vom Quotienten f/a abhängig.

Der Pupillendurchmesser des **menschlichen Auges** im dunkeladaptierten Zustand beträgt 7–8 mm. Unter diesen Bedingungen ist allerdings die Qualität des Bildes aufgrund der Linsenfehler (s. u.) ziemlich schlecht. Durch die Abblendung der Randstrahlen (Verengung der Pupille) kann die Bildqualität verbessert werden. Das Optimum ist bei einem Pupillendurchmesser von 2,4 mm erreicht. Eine wei-

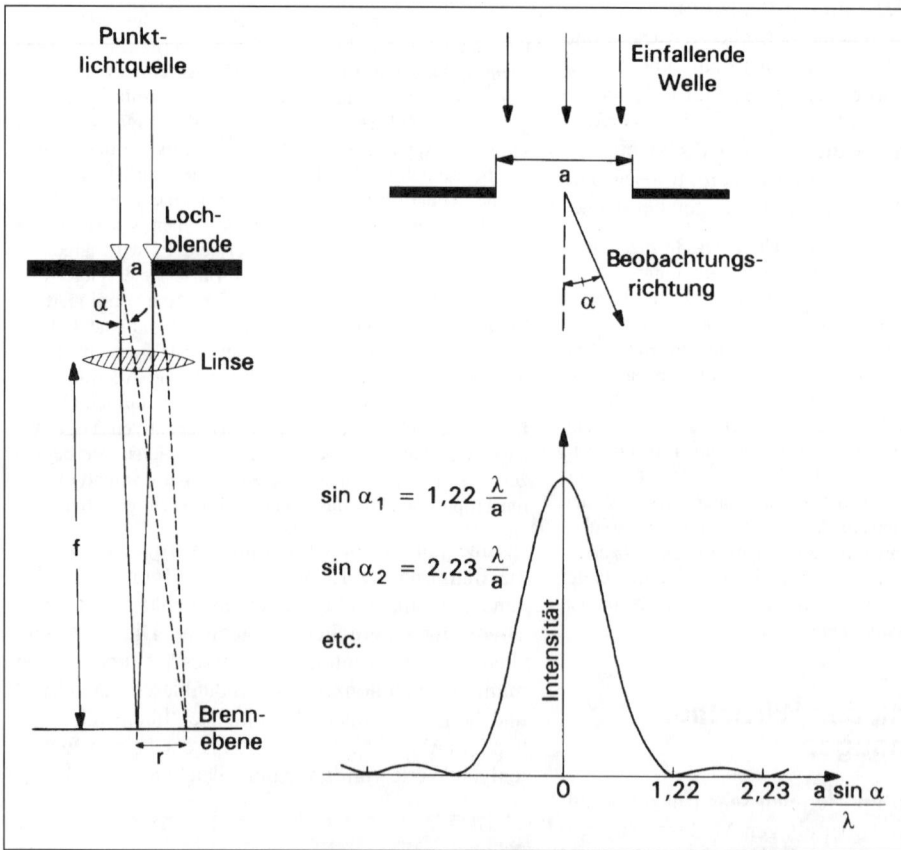

Abb. 5.61. Die Beugung an einem Kreisloch mit dem Durchmesser a. Die Bestrahlungsstärke innerhalb eines „Beugungsscheibchens".

tere Verkleinerung der Pupille über diesen Wert hinaus verschlechtert die Abbildqualität wieder wegen der nun stärker ins Gewicht fallenden Beugungseffekte. Setzt man eine Wellenlänge von 555 nm (gelbes Licht, für das das helladaptierte Auge am empfindlichsten ist), die sich allerdings im optischen Medium mit einem Brechungsindex von 1,33 um den Faktor 1/1,33 = 0,75 verkleinert, eine Brennweite von 1,7 cm und einen Pupillendurchmesser von 2,4 mm in die obige Gleichung ein, so erhält man für den ersten Radius des Beugungsscheibchens:

$$r_1 = 1{,}22 \cdot 555 \cdot 10^{-9} \cdot 0{,}75 \cdot 1{,}7 \cdot 10^{-2}/2{,}4 \cdot 10^{-3} = 360 \cdot 10^{-8}$$
$$= 3{,}6 \cdot 10^{-6} \text{ m}$$

Das ist etwa das Doppelte des Abstandes der Zapfen in der Fovea mit 1 bis $2 \cdot 10^{-6}$ m.

Die **Linse** ist bei *Petromyzon* und den Knochenfischen (Teleosteer) **kugelförmig** und liegt dicht unterhalb der nur wenig vorgewölbten Cornea. Auch die Augen der Amphibien, Robben und Wale zeichnen sich durch eine nahezu kugelförmige Linse aus. Die Notwendigkeit, die Brechkraft der Linse beim **Leben im Wasser** zu erhöhen, ergibt sich aus der Tatsache, daß Cornea, Kammerwasser und Glaskörper annähernd denselben Brechungsindex wie das Wasser (1,333) besitzen und somit der Linse die Aufgabe der Fokussierung allein zufällt. Die Brennweite f der Kugellinsen ist auffallend kurz. Sie entspricht bei verschiedenen Fischen übereinstimmend etwa dem 2,55fachen (**Matthiessen-Faktor**[1])) des Linsenradius.

$$f = 2{,}55 \cdot r$$

---

[1]) Heinrich Friedrich Ludwig MATTHIESSEN, geb. 1830 in Fissau bei Eutin, 1874–1905 Ordinarius f. Physik an der Univ. Rostock, gest. 1906 in Rostock

Gleichzeitig ist die **sphärische Aberration** (Abb. 5.62.) minimal. Beide Eigenschaften der Kugellinse sind darauf zurückzuführen, daß die Linse nicht homogen ist, ihre Brechungszahl n nimmt vielmehr vom Zentrum ($n_2 = 1{,}51$ bis 1,53) zur Peripherie hin ab. Wichtig ist auch, daß mit der kürzeren Brennweite der Linse deren Lichtstärke zunimmt, eine Anpassung an die geringeren Lichtintensitäten im Wasser, die wir in ähnlicher Weise auch bei Nachttieren (Gecko, Steinkauz, Opossum, Maus u. a.) finden.

Bei den **landlebenden Tetrapoden** ist die **Linse flach**. Ihre Form kann bei den Amnioten (Ausnahme: Schlangen) aktiv verändert werden (s. u.). Die Cornea ist hier stark vorgewölbt und nimmt an der Lichtbrechung teil. Beim Menschen entfällt etwa $1/4$ (16 dpt)[2]) der Brechkraft des Gesamtauges (58 dpt) auf die Linse. Das Auge bildet im Ruhezustand *ferne* Gegenstände auf der Retina scharf ab. Unter Wasser wird mit diesem Auge wegen der dann geringeren Differenz zwischen dem Brechungsindex des umgebenden Mediums Wasser und dem der brechenden Medien im Auge (Linse) eine scharfe Abbildung unmöglich. Der Brennpunkt liegt weit hinter der Retina (**Hyperopie**) (Abb. 5.63.). Bei **aquatischen Formen** ist es umgekehrt. Wenn diese das Wasser verlassen, wird die Differenz der Brechungsindizes zwischen Luft und Linsenmaterial sehr viel größer. Der Brennpunkt rückt weit vor die Retina (**Myopie**).

---

[2]) Dioptrie (dpt) ist die Einheit der Brechkraft, die durch den reziproken Wert der Brennweite in m ausgedrückt wird. Eine Brechkraft von 1 dpt hat somit ein optisches System, das in der Luft eine Brennweite von 1 m aufweist. Einer Brennweite von $1/5$ m entsprechen 5 dpt.

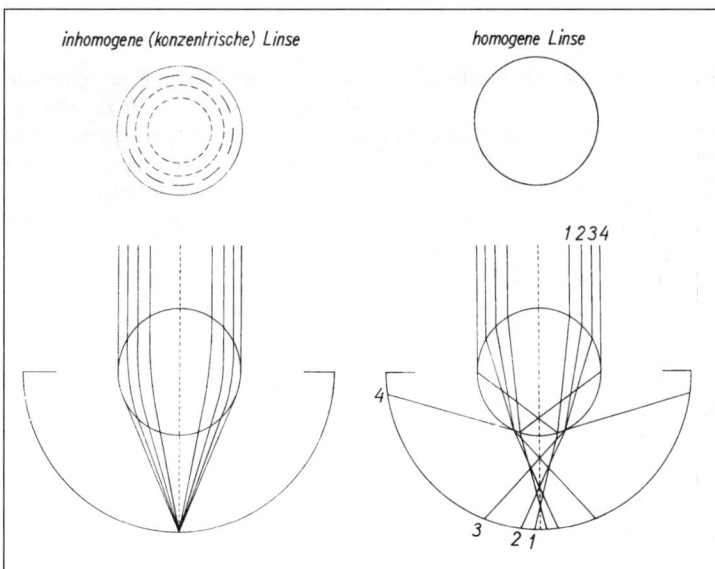

Abb. 5.62. Die sphärische Aberration bei einer homogenen Linse mit einem Matthiessen-Faktor von ca. 2,5 (rechts) ist enorm hoch. Der Brechungsindex müßte in diesem Falle 1,67 betragen. Dieser Wert wird vom harten Flintglas erreicht. Durch optisch inhomogene Linsen (links), wie sie bei Fischen und Cephalopoden vorkommen, mit einem von der Peripherie zum Zentrum zunehmenden Brechungsindex, wird die sphärische Aberration praktisch beseitigt. Der Brechungsindex im Linsenzentrum braucht nicht größer als 1,52 zu sein. Nach PUMPHREY 1961.

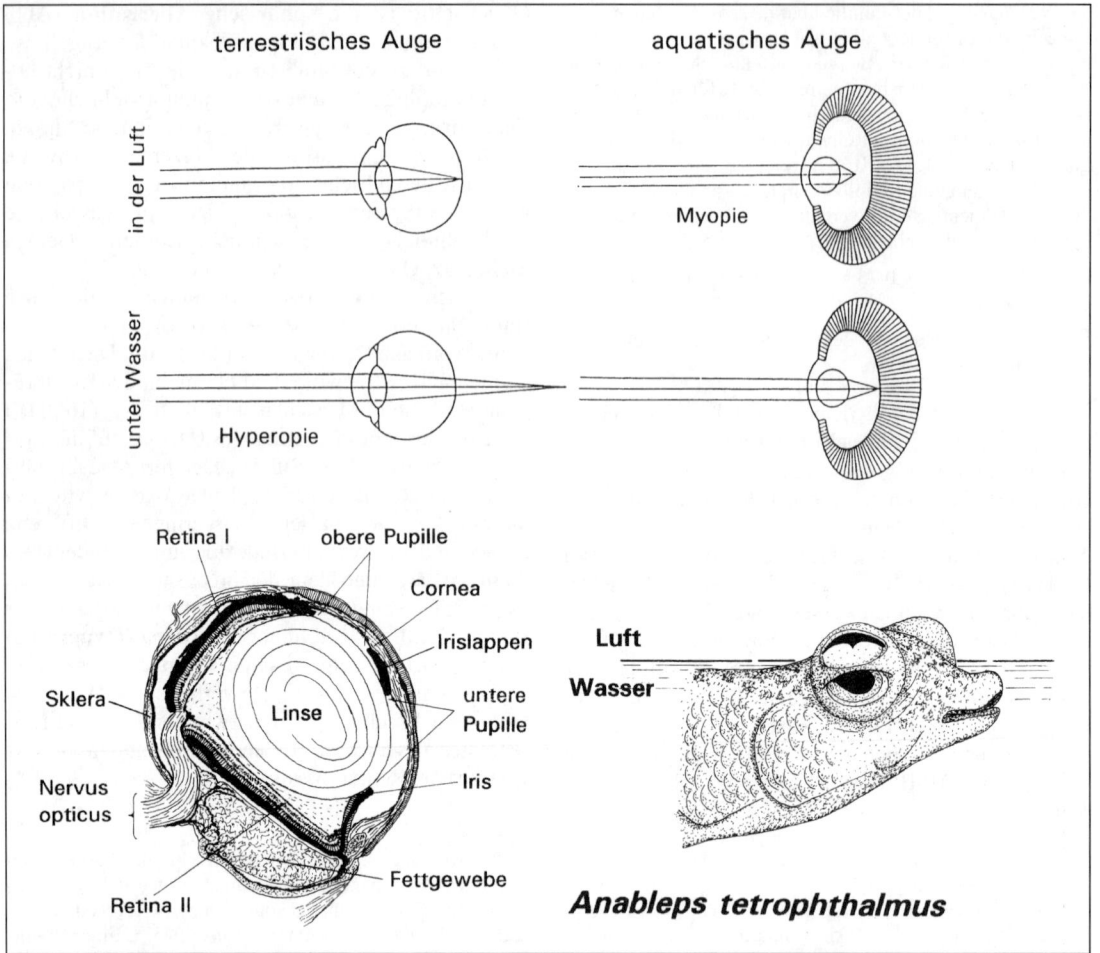

Abb. 5.63. Der Strahlengang im Auge terrestrischer bzw. aquatischer Tiere über und unter Wasser. – Das zweigeteilte Auge von *Anableps tetrophthalmus*.

Der an den Küsten Südmexikos, Mittelamerikas und des nördlichen Südamerika beheimatete Fisch *Anableps tetrophthalmus* kann sowohl über wie auch unter Wasser sehen (Abb. 5.63.). Die Pupille seiner großen hervorstehenden Augen ist durch einen dunklen Querstreifen, der aus zwei miteinander verwachsenen, pigmentierten Irislappen entstanden ist, in eine obere Etage zum Sehen über Wasser und eine untere zum Sehen unter Wasser unterteilt. Dementsprechend sind auch zwei Retinen ausgebildet, während die stark asymmetrische Linse beiden Augenhälften dient. Das obere Teilauge ist nach oben, das untere schräg abwärts gerichtet. Der Oberflächenfisch schwimmt so, daß sich der Wasserspiegel auf der Höhe der Trennlinien beider Augen befindet. Objekte oberhalb des Wassers werden auf der Retina der unteren, Objekte unter Wasser auf der Retina der oberen Augenhälfte abgebildet.

Das Auge der **Amnioten** ist – wie bereits betont – in Ruhe auf die Abbildung ferner Gegenstände eingestellt. Nähert man einen Gegenstand aus dem Unend-

lichem dem Auge, so treffen die von ihm ausgehenden Strahlen nicht mehr parallel, sondern in zunehmendem Maße divergierend ins Auge. Die Folge ist – wie man sich leicht an Hand der Skizze eines einfachen optischen Systems (Abb. 5.64.) klarmachen kann –, daß die Abbildungsebene im Auge weiter von der Linse abrückt. Da die Retina selbst eine gewisse Dicke hat und die Brennweite des Auges klein ist, ist die scharfe Abbildung z. B. beim Menschen erst bei einem Abstand des Gegenstandes von weniger als 5 m nicht mehr möglich. Bei Annäherung des Gegenstandes über diesen Grenzwert hinweg wird die Brechkraft der Linse aktiv erhöht, um eine scharfe Abbildung zu gewährleisten. Man nennt diesen Vorgang **Akkomodation**[1].

---

[1] accommodáre (lat.) = anpassen.

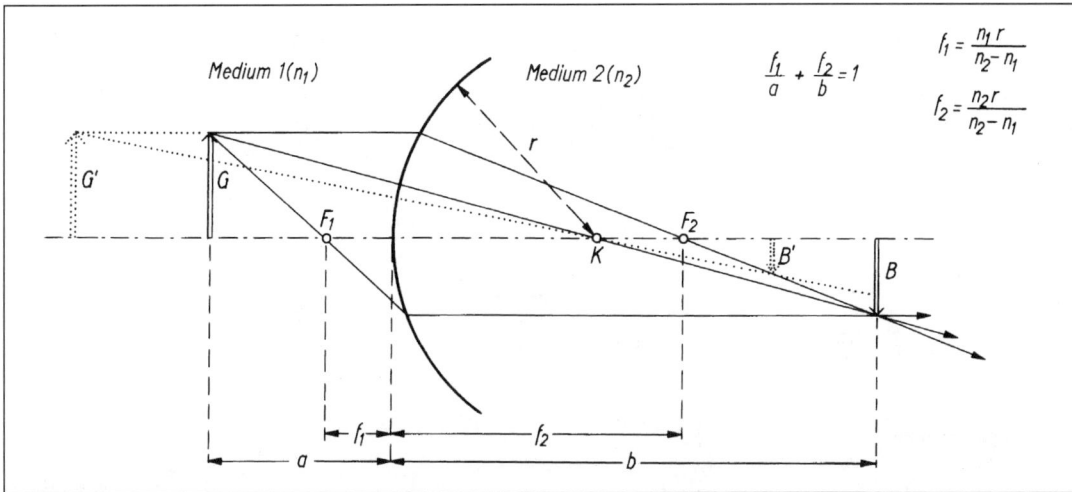

Medium 1 (n_1)   Medium 2 (n_2) $\dfrac{f_1}{a} + \dfrac{f_2}{b} = 1$

$f_1 = \dfrac{n_1\,r}{n_2 - n_1}$

$f_2 = \dfrac{n_2\,r}{n_2 - n_1}$

Abb. 5.64. Ein einfaches optisches System: Zwei Medien mit verschiedenem Brechungsindex (n_1 und n_2) sind durch eine sphärisch gekrümmte Trennungsfläche, deren Krümmungsmittelpunkt (Knotenpunkt K) und deren Krümmungsradius r ist, voneinander getrennt, G = Gegenstand; B = Bild; F_1 und F_2 = vorderer bzw. hinterer Brennpunkt; f_1 und f_2 = vordere bzw. hintere Brennweite. Je weiter der Gegenstand entfernt ist $(G \rightarrow G')$, desto näher liegt die Abbildungsebene am Brennpunkt $(B \rightarrow B')$.

Die **Fähigkeit zur Akkomodation** ist begrenzt. Wird der Gegenstand über den sog. **Nahpunkt** hinaus dem Auge genähert, so kann eine unscharfe Abbildung nicht mehr verhindert werden. Unter der **Akkomodationsbreite** A versteht man den Betrag, um den die Brechkraft der Linse in dpt maximal erhöht werden kann:

$A = D_n - D_f$ (in dpt)

(D_n = Kehrwert des Nahpunktes in m; D_f = Kehrwert des Fernpunktes in m)

Sie beträgt beim Kind 14 dpt. Das bedeutet: scharfe Abbildung zwischen 7 cm und ∞. Mit zunehmendem Alter nimmt die Elastizität des Linsenkerns ab. Die Akkomodationsbreite beträgt bei über 50jährigen nur noch 1–2 dpt (**Alterssichtigkeit**, Presbyopie[1])). Der Nahpunkt liegt dann bei 0,5 m, ein Lesen in Armlängenabstand ist nicht mehr mühelos möglich. Beim Pferd, Hund und der Katze beträgt die Akkomodationsbreite normal nur 2–4, beim Huhn und der Taube 8–12 dpt. Kaninchen akkomodieren überhaupt nicht.

Die Akkomodation erfolgt bei den Säugetieren nicht in der gleichen Weise wie bei den Sauropsiden (Abb. 5.65.). Die Linse der **Säugetiere** ist durch die radiären Zonulafasern mit dem Ciliarkörper verbunden. Im akkomodationslosen Zustand wird über die nicht kontraktilen Zonulafasern ein Zug ausgeübt, der die Linse abflacht. Durch Kontraktion der glatten Ciliarmuskeln wird der Ciliarkörper dem Linsenrand

genähert. Dadurch läßt der Zug der Zonulafasern nach, und die Linse nimmt auf Grund ihrer Elastizität eine stärker gewölbte Form an, womit ihre Brechkraft zunimmt.

Bei den **Sauropsiden** (Ausnahme: Schlangen) berührt der Ciliarkörper den zum Ringwulst verdickten Linsenrand. Die Kontraktion der hier quergestreiften Ciliarmuskeln übt einen direkten Druck auf den Ringwulst aus, wodurch die Krümmung der Linse zunimmt. Bei den nächtlich aktiven Vögeln sind die Akkomodationsmuskeln weitgehend reduziert. Beim Kormoran und wahrscheinlich auch bei anderen tauchenden Vögeln wird eine zusätzliche Steigerung der Linsenbrechkraft dadurch erreicht, daß der vor dem Linsenäquator gelegene Teil durch Kontraktion des Irismuskels (Sphincter iridis) vorgewölbt werden kann.

Bei den **Anamniern** (Cyclostomen, Fische, Amphibien) kann die Brechkraft der Linse, die sowieso bereits in den meisten Fällen nahezu kugelförmig ist und damit die maximale Brechkraft besitzt, nicht verändert werden. Die Akkomodation erfolgt hier durch Veränderung des Abstandes zwischen der Linse und der Retina. Bei den Amphibien und Elasmobranchiern sind die Augen in Ruhe – wie bei den Amnioten – auf die Ferne eingestellt. Die Linse wird bei Naheinstellung aktiv durch einen **Musculus protractor lentis**[2]) nach vorne gezogen. Bei den Neunaugen und Knochenfischen ist es umgekehrt, sie akkomodieren auf die Ferne (negative Akkomodation). Bei

---

[1]) ho presbýtēs (griech.) = der Greis.

[2]) protrahére (lat.) = vorziehen; lēns, lentis (lat.) = Linse.

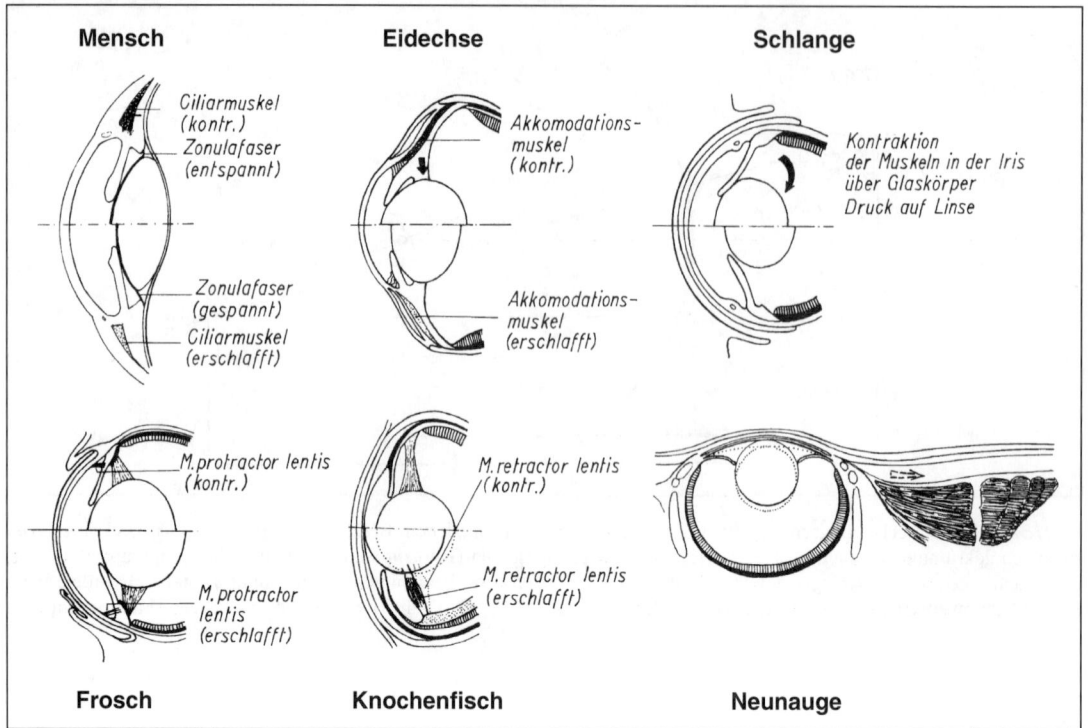

Abb. 5.65. Formen der Akkomodation bei den Wirbeltieren. Die oberen Augenhälften zeigen jeweils den Akkommodationszustand, die unteren den akkommodationslosen Zustand. Nach verschiedenen Autoren zusammengestellt.

den Neunaugen wird durch die Kontraktion des außerhalb des Augenbulbus gelegenen Musculus cornealis, der an der Peripherie der Cornea angreift, die Wölbung der Cornea vermindert und dadurch die Linse zurückgeschoben. Die Knochenfische besitzen einen **Musculus retractor lentis**[1]). Die durch seine Kontraktion herbeigeführte Verlagerung der Linse kann (Abb. 5.65.) senkrecht zur Pupillenebene ins Auge hinein oder – häufiger – mehr oder weniger parallel zur Pupillenebene von nasal nach temporal erfolgen (temporale Area centralis!).

Besondere Verhältnisse liegen bei den **Schlangen** vor. Der Ciliarkörper enthält keine Muskulatur. Statt dessen tritt in der Iriswurzel Muskulatur mesenchymaler Herkunft auf. Durch ihre Kontraktion wird ein Druck auf den Glaskörper ausgeübt, der die Linse nach vorn treibt. Ebenfalls durch Steigerung des Innendrucks im Auge mit Hilfe von Muskeln erfolgt die Akkomodation auf die Nähe bei den **Cephalopoden** (Tintenfische) und **Heteropoden** (pelagisch lebende Schnecken).

Die bei allen Wirbeltieren ausgebildete Iris bildet die Begrenzung des Sehlochs, der **Pupille**. Bei den Selachiern und Tetrapoden kann die Größe der Pupille verändert werden. Das geschieht mit Hilfe zweier, antagonistisch wirkender Muskeln: des ringförmig in der Iris verlaufenden **M. sphinc-**

ter pupillae, der die Pupille verkleinert, und des radiär ziehenden **M. dilatator pupillae**, der die Pupille erweitert (Abb. 4.3.). Die Verkleinerung der Pupille hat gleichzeitig dreierlei Wirkungen: Abblendung der Randstrahlen, Steigerung der Tiefenschärfe und Abnahme des in den Augenbulbus eintretenden Lichtes. Eine Verkleinerung der Pupille tritt beim Säugetier und Vogel gewöhnlich gleichzeitig mit der Nahakkomodation und der damit verbundenen Konvergenzbewegung der Augen ein. Dieser assoziierten Bewegung (**Synkinese**)[2]) liegt kein Reflex zugrunde, sie ist vielmehr darauf zurückzuführen, daß Ciliarmuskel und M. sphincter pupillae parasympathisch vom gleichen Nerven (N. oculomotorius) innerviert werden. Auffälliger als diese Synkinese ist die bei Steigerung der Lichtintensität auftretende Pupillenverkleinerung. Während bei niederen Wirbeltieren (Selachier, einige Knochenfische, wie z. B. der Aal) die Irismuskulatur selbst lichtempfindlich ist, ist bei Vögeln und Säugetieren diese direkte Erregbarkeit der Iris verlorengegangen, und die Pupillenreaktion wird reflexiv von den Photorezeptoren der Retina ausgelöst (**Pupillenreflex**). Da in letzterem Fall die durch Erhöhung der Lichtintensität ausgelöste Reaktion an der Pupille in Form einer negativen Rückkopplung zurück auf den auslösenden Reiz wirkt, haben wir es mit einem typischen Regelkreis zu tun. Durch diesen **Regelkreis** (4.0.3.) soll die Beleuchtungsstärke auf der Retina möglichst konstant gehalten werden (**Halteregler**). Steigerung der Intensität des Reizlichtes führt zur Verengung der Pupille, Abnahme zur Erweiterung.

---

[1]) retragĕre (lat.) = zurückziehen.

[2]) syn (griech.) = zusammen; he kinēsis (griech.) = die Bewegung.

5.4.3. Dioptrik des Facettenauges (Komplexauges)

Die Facetten- oder Komplexaugen der Insekten, Krebse und Xiphosuren setzen sich aus einer Vielzahl (bis 28 000 bei Odonaten) von Einzelaugen (Ommatidien) zusammen. Jedes **Ommatidium** (Abb. 5.66.) besteht aus einem proximalen rezeptorischen Teil (Retinula). Zum dioptrischen Apparat gehört die in der Regel flache **Cornea-Linse** mit dem ihr von innen anliegenden **Kristallkegel**, der eine hohe Brechkraft besitzt. Die **Retinula** wird von ursprünglich acht verlängerten Sehzellen gebildet, die sich um einen axialen Stab (Rhabdom) gruppieren. Jede Sinneszelle setzt sich in ein Axon fort, welches die das Auge von innen her abschließende Basalmembran durchbricht. Jedes Ommatidium ist von Pigmentzellen umgeben, durch die eine mehr oder weniger vollständige optische Isolierung der Ommatidien herbeigeführt wird. Das **Rhabdom** ist kein einheitlicher Stab. Es setzt sich vielmehr aus einzelnen Rhabdomeren zusammen, deren Zahl der Anzahl der Sehzellen im Ommatidium entspricht. Die Rhabdomeren stellen einen Saum dicht gepackter, kleinster Zotten (Mikrovilli) von ca. 50 nm Durchmesser dar, die von den der Achse des Ommatidiums zugekehrten Rändern der Sehzellen ausgehen. Bei einigen Insekten (Hemipteren, Dipteren) treten die Rhabdomeren nicht zu einem Rhabdom zusammen: **unfusioniertes Rhabdom**.

Im Hinblick auf den Grad der optischen Isolierung der Ommatidien und der Lage des Rhabdoms kann man zwei Ommatidientypen unterscheiden. Der erste Typ, das **Appositionsauge**, ist für tagaktive Insekten charakteristisch (Odonaten, Hymenopteren, Tagschmetterlinge und viele Käfer). Bei ihm erstrecken sich die Sehzellen mit dem Rhabdom von der Basalmembran bis zum Kristallkegel, und die Ommatidien sind in ihrer ganzen Länge durch Pigmente in den Sehzellen und in besonderen Pigmentzellen optisch voneinander isoliert. So können nur diejenigen Lichtstrahlen die photosensiblen Teile der Sehzellen erreichen, die durch den dioptrischen Apparat desselben Einzelauges getreten sind (Abb. 5.66.). Bei vielen Appositionsaugen konnte man unter jedem Kristallkegel ein kleines, umgekehrtes (bei Schmetterlingen) aufrechtes Teilbild beobachten. Diese Teilbilder dürften physiologisch aber keine Bedeutung haben. Jede Retinula gibt nur einen Helligkeitspunkt wieder. Das vom Komplexauge erfaßte Gesamtbild setzt sich mosaikartig aus diesen Helligkeitspunkten zusammen (**musivisches Sehen**), es steht aufrecht. Entgegen früheren Anschauungen ist der physiologische Sehwinkel eines Ommatidiums größer als der morphologische Öffnungswinkel. Allerdings ist das schräg einfallende Licht wesentlich weniger wirksam als das in Richtung der Ommatidienachse einfallende. Das bedeutet, daß die Sehfelder benachbarter Ommatidien sich zwar überlappen, daß im wesentlichen aber doch die Erregung allein von der Helligkeit des in Verlängerung der Ommatidienachse liegenden Blickpunktes bestimmt wird. Die Rhabdomeren haben einen höheren Brechungsindex (1,35) als die benachbarten Reti-

nulazellen (1,34). Das führt dazu, daß die am distalen Ende in das Rhabdom eingetretenen Lichtstrahlen nicht wieder austreten, da sie jedesmal an der Wand totalreflektiert werden. Das Licht wird so über die gesamte Länge der gestreckten Sehzellen hinweg durch das Rhabdom geleitet (Abb. 5.66.), in dem sich auch die Sehfarbstoffe befinden. Die Cornea und der Kristallkegel haben die Aufgabe, das Licht zu einem schmalen Bündel zu konzentrieren und dem Rhabdom zuzuführen.

Der zweite Augentyp, das **Superpositionsauge**, ist bei nachtaktiven Insekten (verschiedenen Käfern und Schmetterlingen) zu finden. Er zeichnet sich dadurch aus, daß eine beträchtliche Distanz zwischen dem Kristallkegel und der Retinula besteht. Die mittleren Abschnitte der Ommatidien sind – insbesondere im dunkeladaptierten Zustand – nicht durch Pigmente abgeschirmt. Der dioptrische Apparat wirkt, wie Sigmund EXNER[1] bereits 1891 hervorhob, als **Linsenzylinder** mit einem von der Achse zur Peripherie hin abnehmenden Brechungsindex. Dadurch entsteht der im Kristallkegel gekrümmte Strahlenverlauf (Abb. 5.66.). Das parallel durch viele benachbarte Facetten einfallende Licht wird auf ein und dasselbe Rhabdom gesammelt. Es ist für die Anzahl der ein Rhabdom treffenden Quanten nicht mehr die Fläche der Einzelfacette verantwortlich, sondern eine wesentlich größere Anzahl von Facetten (bei der Mehlmotte 100). Die Lichtstärke des Superpositionsauges ist *für ferne Punktobjekte* gegenüber dem Appositionsauge wesentlich gesteigert. Das Superpositionsauge der Mehlmotte ist gegenüber dem Appositionsauge der Biene 100fach lichtstärker, gegenüber dem menschlichen Auge aber immer noch 1000fach schlechter. Die Vergrößerung des Aperturwinkels zusammen mit dem relativ großen Rhabdomdurchmesser bringt es aber mit sich, daß *ausgedehnte* Objekte (keine fernen Punktobjekte, s. o.) wesentlich (30fach) lichtstärker abgebildet werden als selbst vom menschlichen Auge (5.4.5.).

Bei stärkerer Belichtung wird durch **Pigmentverlagerung** in den primären und sekundären Pigmentzellen eine Abschirmung der Ommatidien herbeigeführt, so daß jede Retinula nur noch Licht erhält, das durch den zugehörigen Kristallkegel getreten ist. Aus dem Superpositionsbild ist ein Appositionsbild geworden.

In den Ommatidien des **Fliegenauges** (*Musca, Calliphora* u. a.) liegen jeweils acht Rhabdomere vor, von denen jedoch zwei (der Sinneszellen 7 und 8) „tandemartig" hintereinander liegen und einen einzigen, zentral gelegenen Sehstab bilden. Dieser zentrale Sehstab wird von den restlichen 8 (der Sinneszellen

---

[1] Sigmund Ritter EXNER VON ERWARTEN, geb. 1846 in Wien, Studium der Medizin bei E. v. BRÜCKE in Wien, 1861 ein Jahr bei HELMHOLTZ in Heidelberg, 1870 Promotion, 1871 Habilitation, ab 1891 o. Prof. f. Physiologie in Wien, dort 1926 gest.

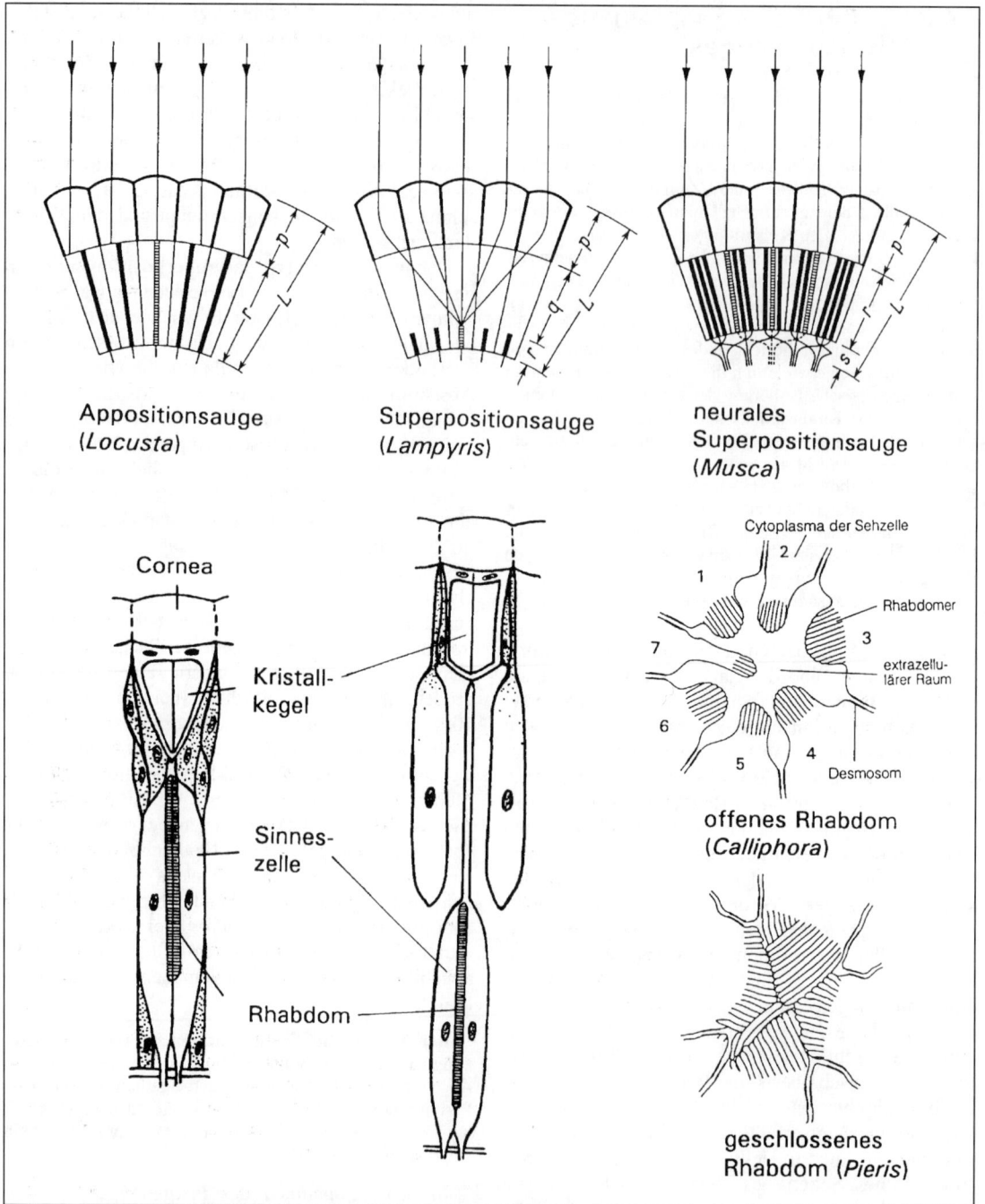

Abb. 5.66. Gegenüberstellung des Strahlenganges in den drei Komplexaugentypen. Nach KIRSCHFELD 1967. – Längsschnitt durch das Ommatidium eines Appositions- bzw. eines Superpositionsauges und Querschnitt durch das Rhabdom der Schmeißfliege *Calliphora* (unfusioniert, offen) bzw. des Kohlweißlings *Pieris* (geschlossen).

1–6) umstellt (Abb. 5.66.), ohne daß sie miteinander zum Rhabdom verschmolzen sind **(unfusioniertes Rhabdom)**. Die optischen Achsen dieser Rhabdomere divergieren. Das bedeutet, daß das Ommatidium der Dipteren *keine* funktionelle Einheit darstellt. Jeweils sieben Rhabdomeren aus sieben benachbarten Ommatidien sind zueinander parallel orientiert, d. h., sie sind auf denselben Punkt der Umwelt gerichtet.

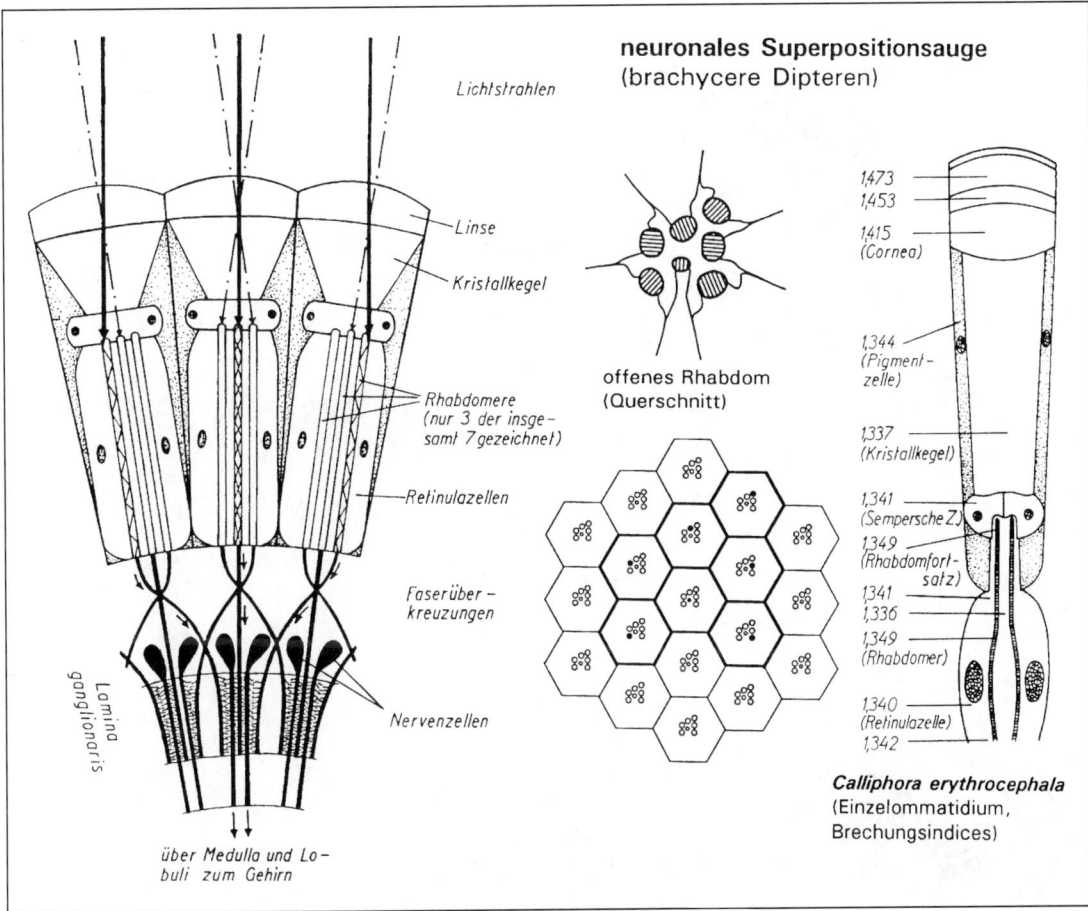

Abb. 5.67. Fliegenauge: Links: Schema der neuronalen Verknüpfungen zwischen Retina und Lamina ganglionaris (neurales Superpositionsauge). In Anlehnung an KIRSCHFELD 1971. – Rechts: Schematische Darstellung eines Ommatidiums mit Angabe der Brechungsindices (für λ = 546 nm). Nach SEITZ 1968. – Mitte: Aufsicht auf 19 Ommatidien mit eingezeichnetem, charakteristischem Rhabdomerenmuster. Die schwarz markierten Rhabdomeren in sieben benachbarten Ommatidien weisen in dieselbe Richtung und konvergieren innerhalb der Lamina an derselben Struktur („cartridge").

Die Axone von 6 dieser Sinneszellen konvergieren auf eine „Cartridge" der Lamina ganglionaris, von wo sie auf 2 Neuronen 2. Ordnung umgeschaltet werden (Abb. 5.67.). Nur die Axone der Sinneszellen 7 und 8 verlaufen ohne Umschaltung direkt zur Medulla externa und werden dort erst auf Neurone 2. Ordnung umgeschaltet. Man kann also im Komplexauge von *Musca* zwei verschiedene Teilsysteme unterscheiden:

Das eine wird von den Sinneszellen 1 bis 6 gebildet. Es stellt ein **neurales Superpositionsauge** dar und ist wahrscheinlich für das Sehen bei niederen Lichtintensitäten bestimmt. Das andere umfaßt die Sinneszellen 7 und 8 und ist auf das Sehen bei hohen Lichtintensitäten spezialisiert. Beide Systeme unterscheiden sich hinsichtlich ihres räumlichen Auflösungsvermögens und ihrer Absolut- sowie Spektralempfindlichkeit

(5.4.7.2.). In den Zellen 1 bis 6 (nur dort!) kann der Lichtfluß in den Rhabdomeren durch Verlagerung der Pigmentgranula gesteuert werden. Während sich die Kristallkegel in den Ommatidien der Schmeißfliege *Calliphora erythrocephala* als optisch homogen mit einem Brechungsindex von 1,337 bis 546 nm erwiesen haben, stellen die Cornea-Linsen sphärische Linsen dar, in denen der Brechungsindex in Richtung der Ommatidienachse von distal ($n = 1{,}473$) nach proximal ($n = 1{,}415$) abnimmt (Abb. 5.67.).

Die Augen der Macrura unter den höheren Krebsen, z. B. das **Flußkrebsauge**, zählt ebenfalls zu den Superpositionsaugen, weil von einem Gegenstandspunkt ausgehende Strahlen durch verschiedene Facetten eintreten und auf ein Rhabdom konvergieren. Die Bildentstehung kommt aber nicht durch eine Brechungsindexvariation im Kristallkegel zustande wie bei den In-

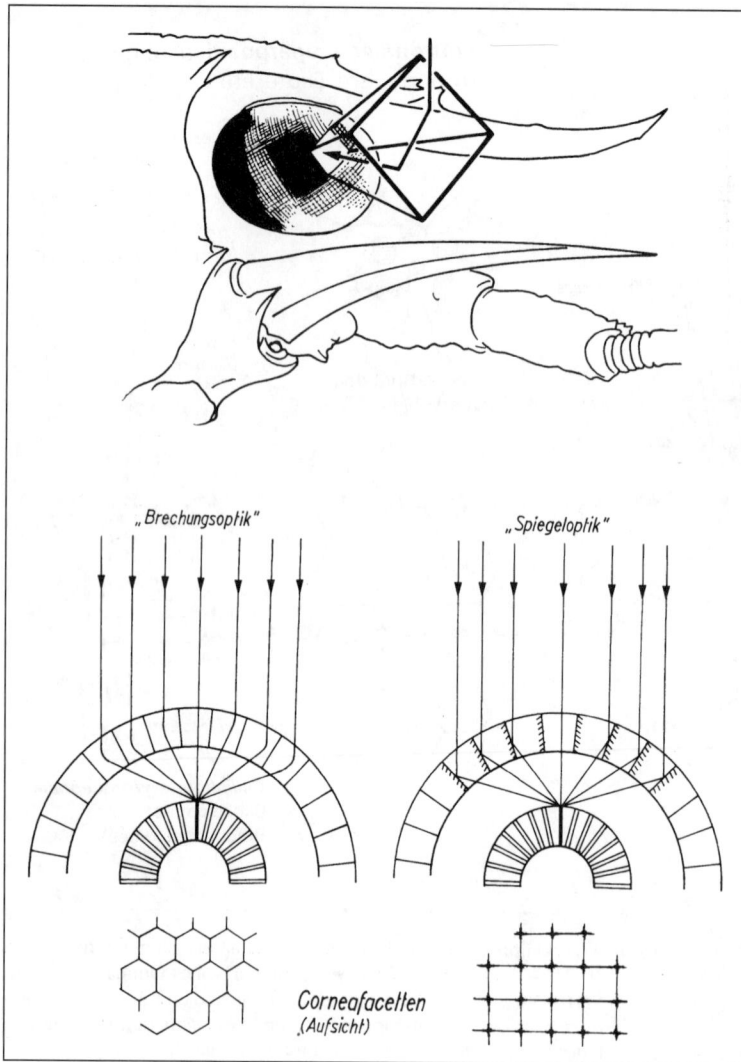

Abb. 5.68. Die „Spiegeloptik" im Flußkrebsauge. Nähere Erläuterungen im Text. Obere Teilfigur nach VOGT aus KIRSCHFELD 1981; untere Teilfiguren aus LAND 1981.

sekten, sondern durch Reflexion an radial angeordneten Planspiegeln (**„Spiegeloptik"**). Die Ommatidien sind im Querschnitt streng quadratisch und nicht – wie bei den Insekten – hexagonal. Die Corneafacetten stellen homogene, planparallele Platten mit einem Brechungsindex von 1,48 dar, beeinflussen den Strahlengang also nicht wesentlich. Die Kristallkegel haben die Form vierseitiger, regulärer Pyramidenstümpfe. Auch sie zeigen einen uniformen, recht hohen Brechungsindex von 1,425. Die Wände der Pyramidenstümpfe, und das ist das wesentliche, dienen als Spiegel. Die von irgendeinem Punkt der Umwelt ausgehenden und in verschiedene Ommatidien eintretenden Strahlen werden an jeweils zwei, im rechten Winkel zueinander stehenden Seitenflächen der Pyramiden so reflektiert, daß sie sich alle wieder in einem Punkt auf der Netzhaut vereinigen (Abb. 5.68.).

5.4.4. Auflösungsvermögen (Sehschärfe)

Das optische Auflösungsvermögen eines Auges, die Sehschärfe, hängt von zwei Faktoren ab: 1. von der Feinheit des Mosaiks der Lichtsinneszellen, die das Bild aufnehmen, und 2. von der Qualität des mit Hilfe des dioptrischen Apparates auf dem Mosaik entworfenen Bildes. Die Sehschärfe ist um so größer, je kleiner der Abstand d zweier Punkte oder Linien sein darf, wenn sie noch getrennt wahrgenommen werden sollen (**Minimum separabile**)[1]). Da d auch von der Entfernung der Punkte vom Auge abhängt, gibt man als Maß der Sehschärfe den Winkel in Winkelminu-

---

[1]) separabilis (lat.) = trennbar.

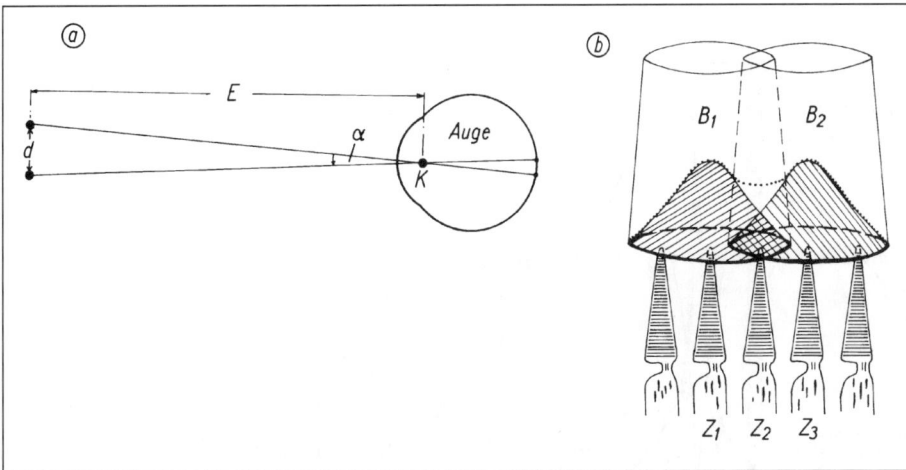

Abb. 5.69. a) Der Sehschärfenwinkel α; K = Knotenpunkt des Auges.

$$\alpha = \frac{d \cdot 180°}{\pi \cdot E} \cdot 60 \text{ (Winkelmin.)}. \quad \text{Sehschärfe } S = \frac{1}{\alpha}.$$

b) Schema zur Veranschaulichung der Abbildung zweier Lichtpunkte in Form der Beugungsscheibchen B_1 und B_2 auf der Retina. Die Verteilung der Lichtintensität innerhalb jedes Beugungsscheibchens ist durch die glockenförmige Kurve angedeutet (schraffiert). Die beiden Lichtpunkte können noch getrennt wahrgenommen werden, wenn die durch die Überlagerung beider Beugungsscheibchen zustandekommende Verteilung Z_2 weniger stark belichtet wird als seine Nachbarn Z_1 und Z_3.

ten an **(Sehschärfenwinkel)**, den die von den Punkten durch den Knotenpunkt des Auges verlaufenden Richtstrahlen einschließen (Abb. 5.69.a.). Die Sehschärfe wird als reziproker Wert des Sehschärfewinkels, gemessen in Winkelminuten, definiert.

Beim **menschlichen Auge** beträgt der Sehschärfenwinkel bei fovealer Betrachtung 40–60″ (Winkelsekunden). Das entspricht einem Abstand der Punkte auf der Retina von etwa 4–5 µm, was etwa das Doppelte des Durchmessers eines Zapfens (ca. 1–2 µm) in dieser Region ist. Man kann sagen – wenn man sich vergegenwärtigt, daß das Auge jeden Punkt nicht wieder als scharfen Punkt, sondern als mehr oder weniger ausgedehntes Beugungsscheibchen auf der Retina abbildet –, daß immer dann zwei Punkte noch getrennt wahrgenommen werden, wenn durch sie zwei verschiedene Zapfen belichtet werden, zwischen denen mindestens ein Zapfen liegt, der weniger stark belichtet wird (Abb. 5.69.b.). Es scheint so, daß bereits Differenzen von 1–4% ausreichen, um mit Hilfe der lateralen Inhibition (Kontrasterhöhung) eine getrennte Wahrnehmung der Punkte zu erreichen. Von der Fovea aus in Richtung zur Peripherie nimmt die Sehschärfe steil ab (Abb. 5.70.), weil der Grad der Konvergenz zunimmt, die Zapfen dicker werden und ihre Zahl pro Flächeneinheit abnimmt.

Eine Möglichkeit zur **Steigerung des Auflösungsvermögens** von Linsenaugen besteht in der **Verkleinerung der Rezeptordurchmesser** (dichtere Packung). Soll gleichzeitig die Empfindlichkeit des Auges nicht absinken, muß die Verkleinerung der Rezeptordurchmesser mit der Verlängerung der Rezep-

toren einhergehen (Abb. 5.71.). Diesem Vorgehen sind sehr bald natürliche Grenzen gesetzt. Dann bleibt nur noch die zweite Möglichkeit zur Steigerung des Auflösungsvermögens, nämlich die durch **Vergrößerung der Brennweite**. Wenn auch hier die Empfindlichkeit des Auges erhalten bleiben soll, muß dieser Prozeß mit einer Erhöhung des Durchmessers der Apertur des optischen Systems verbunden werden (Beibehaltung der Proportionen des Auges). So führt eine Verdoppelung der Brennweite des Auges (bei gleichgroßen Sinneszellen) zu einer Verdoppelung der Sehschärfe.

Zwischen der **Dichte der Rezeptorpackung** in der Retina (Durchmesser der Lichtsinneszellen) und der Qualität des durch den dioptrischen Apparat (Linse) auf der Retina entworfenen Bildes besteht eine Beziehung. Es brächte keinen Vorteil, nur die optische Auflösung der Linse zu verbessern und die optische Auflösung der Retina beim Alten zu belassen und umgekehrt. Der Verkleinerung der Sehzellen, des Sehzellenabstandes, sind physikalische Grenzen gesetzt. Die hochentwickelten Lichtsinneszellen (genauer: die Außenglieder der Wirbeltier-Photorezeptoren und die Rhabdomere der Ommatidien im Komplexauge) fungieren als dielektrische **Wellenleiter**. Um diese Funktion ausüben zu können, dürfen sie einen Mindestdurchmesser nicht unterschreiten. Werden sie zu klein, wird das „Übersprechen" zwischen benachbarten Rezeptoren so stark, daß die weitgehende Unab-

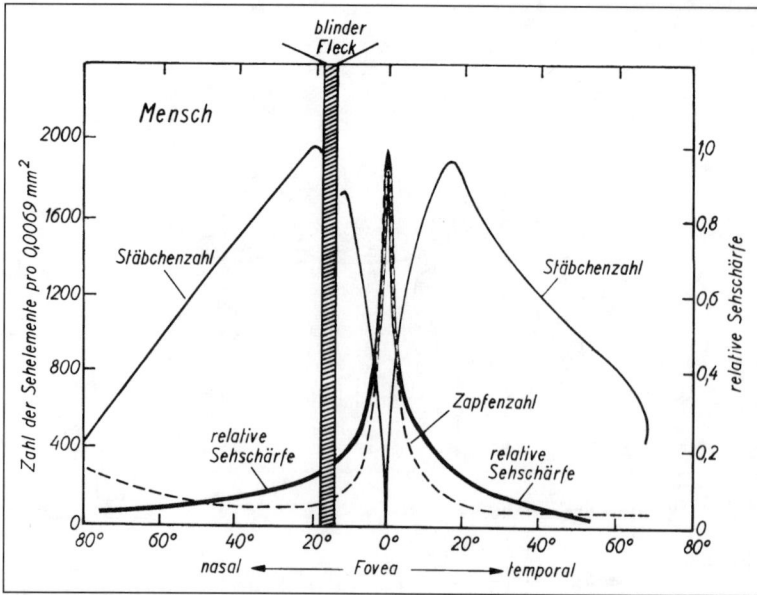

Abb. 5.70. Die Verteilung der Stäbchen- und Zapfendichte entlang eines horizontalen Medianschnittes durch das menschliche Auge im Vergleich zur Sehschärfe bei hohen Lichtintensitäten. GRAHAM 1966.

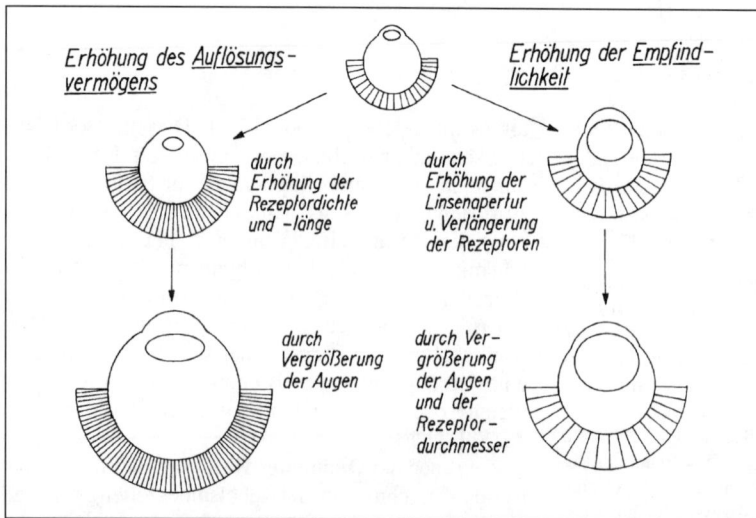

Abb. 5.71. Die Möglichkeiten, die Empfindlichkeit des Auges zu erhöhen, ohne daß gleichzeitig das Auflösungsvermögen abnimmt (rechts), bestehen in der Vergrößerung der Apertur des optischen Systems im Zusammenhang mit einer Verlängerung der Rezeptoren sowie in einer Vergrößerung des Auges in Verbindung mit einer Zunahme der Rezeptordurchmesser. – Das Auflösungsvermögen kann durch Verkleinerung der Rezeptordurchmesser bei gleichzeitiger Zunahme der Rezeptorlänge (um die Empfindlichkeit zu halten) und durch Vergrößerung der Augen erreicht werden. Eine Verdopplung der Brennweite des Auges ermöglicht bei gleichgroßen Sehzellen eine Verdopplung der Sehschärfe. Nach LAND 1981.

hängigkeit der Übertragungskanäle, eine Voraussetzung für die Informationsübertragung in der Retina, verlorengeht. Entscheidend ist dafür ein dimensionsloser „**Wellenleiter-Parameter**" V:

$$V = \frac{\pi\, d}{\lambda} \sqrt{(n_1^2 - n_2^2)}$$

(λ = Wellenlänge im Vakuum; d = Durchmesser des Wellenleiters; n_1, n_2 = Brechungsindizes innerhalb und außerhalb des Leiters).

Eine noch höhere Packungsdichte der Rezeptoren (kleineres d) wäre nur tolerierbar, da π, λ und n_2 nicht veränderbar sind, wenn n_1 noch vergrößert werden

Tabelle 5.5. Die experimentell ermittelten Sehschärfenwinkel (Minimum separabile) einiger Wirbeltiere.

Tierart		Autor
Mensch	25″	SPENCE 1934
Schimpanse	28″	SPENCE 1934
Rhesusaffe	34″	WEISKRANTZ & COWEY 1963
Katze	5′	BLAKE et al. 1974
Esel	8′ 36″	BACKHAUS 1956
indischer Elefant	10′ 20″	ALTEVOGT 1955
Ratte	20′	HERMANN 1958
Ratte (Albino)	40′	HERMANN 1958
Goldhamster	64′	RAHMANN 1961
Fledermaus *(Myotis)*	3–6°	SUTHERS 1966
Wanderfalke *(Falco peregrinus)*	25″	SCHMIDT 1935
Buchfink *(Fringilla coelebs)*	1′ 20″	DONNER 1951
Haustaube *(Columba livia)*	2′ 42″	HAMILTON u. Mitarb. 1933
Schwarzdrossel *(Turdus merula)*	1′ 20″	DONNER 1951
Rotkehlchen *(Erithacus rubecula)*	2′ 38″	DONNER 1951
Goldammer *(Emberiza citrinella)*	3′ 07″	DONNER 1951
Haushuhn *(Gallus domesticus)*	4′ 14″	JOHNSON 1914
Sumpfschildkröte *(Emys orbicularis)*	2′ 51″	DUDZIAK 1955
Alligator	11′	WARKENSTEIN 1937
Eidechse *(Lacerta agilis)*	11′ 28″	EHRENHARDT 1937
Frosch *(Rana temporaria)*	6′ 53″	BIRUKOW 1938
Goldfisch *(Carassius auratus)*	4′ 25″	PENZLIN & STUBBE 1977
Elritze *(Phoxinus laevis)*	10′50″	BRUNNER 1934

könnte. Das ist offenbar nicht möglich. Die Außenglieder der Lichtsinneszellen und die Rhabdomeren bestehen aus dicht gepackten Membranen und weisen bereits den höchsten, in lebenden Systemen bekannten Brechungsindex von ungefähr 1,5 auf. Da die Rezeptorzelldichte in der Retina vieler Tiere bereits bis an die Toleranzgrenze gesteigert worden ist, würde eine einseitige Verbesserung der optischen Eigenschaften der Linse (Abbau der Linsenfehler, 5.4.2.) keine weitere Verbesserung des räumlichen Auflösungsvermögens des Auges bringen, d. h., es bestand auch kein Selektionsdruck dafür. Wir finden im Auge der Bienen, Fliegen und Menschen übereinstimmend Rezeptorendurchmesser von 1–2 µm, die offenbar nicht mehr unterschritten werden können: **„Wellenleiterlimit".**

Die Bestimmung der **Sehschärfe bei Tieren** ist schwierig, da man nichts direkt über die subjektiven Empfindungen erfahren kann. Man muß den Umweg über das Experiment (Dressur auf Formen oder Raster, Studium der optomotorischen Reaktionen oder des natürlichen Beutefangverhaltens) nehmen.

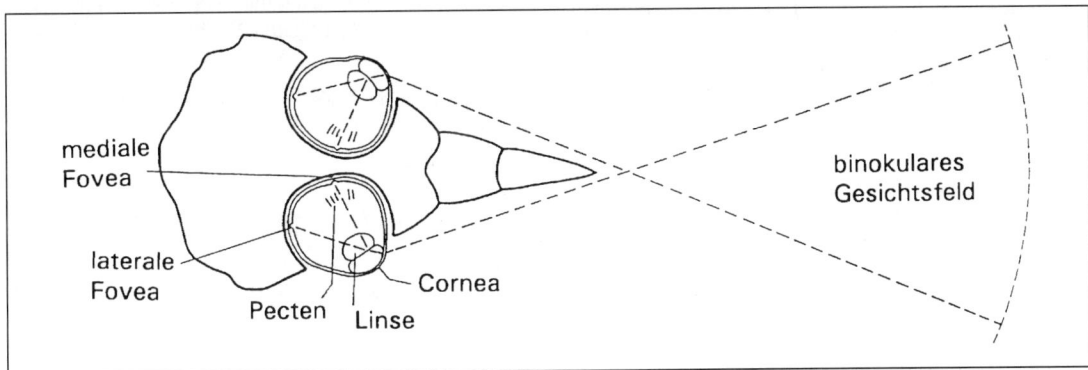

Abb. 5.72. Die Augen der Tag-Greifvögel besitzen zwei Foveae, eine für das seitwärts gerichtete monokulare und eine für das vorwärts gerichtete binokulare Sehen. Nach BROWN.

Einige Versuchsergebnisse, die **Wirbeltiere** betreffend, sind in der Tabelle 5.5. zusammengestellt. Das besonders hohe Auflösungsvermögen der Augen von **Tag-Greifvögeln** (es ist beim Bussard, *Buteo*, etwa viermal besser als beim Menschen) beruht auf 1. dem hohen Leistungsvermögen des dioptrischen Apparates, 2. der besonders hohen Sehzellendichte (*Buteo*: foveal 10^6/mm²; zum Vergleich Mensch: $1{,}6 \cdot 10^5$/mm²) und 3. dem Vorhandensein zweier Foveae, eine fürs monokulare, seitwärts gerichtete und eine fürs binokulare, vorwärts gerichtete Sehen (Abb. 5.72.). Ein Bussard kann noch aus 100 m Höhe eine grüne Heuschrecke entdecken, der Mensch höchstens bis 30 m Entfernung. Vom Wanderfalken wird berichtet, daß er eine Krähe noch aus einer Entfernung von 1660 m erkennen soll.

Neben den Greifvögeln erreichen nur noch die Primaten Sehschärfenwinkel unter 1′. Extrem schlecht ist die Sehschärfe bei den Kleinfledermäusen, die sich – wie bereits ausgeführt wurde – vornehmlich akustisch orientieren. Auch die Nagetiere sehen offenbar schlecht. Unter den Vögeln zeigen die Singvögel ein besseres Auflösungsvermögen ihrer Augen als die Hühnervögel. Die Sumpfschildkröte erreicht einen Sehschärfenwert, der demjenigen der Haustaube oder des Rotkehlchens nahekommt. An Eidechsen konnte gezeigt werden, daß der Sehschärfenwinkel in peripheren Netzhautbezirken kleiner ist als in der **Macula centralis**, der Stelle des schärfsten Sehen.

Das Auflösungsvermögen (Sehschärfe) des **Komplexauges**, d. h. das **Minimum separabile**, hängt von der Anzahl der Ommatidien ab, die in einem bestimmten Winkelraum vorhanden sind. Das Auflösungsvermögen ist um so größer, je kleiner der Winkel ist, der von einem Ommatidium eingeschlossen wird (**Ommatidienwinkel**, Abb. 5.73.). Mit Verminderung des Ommatidienwinkels nimmt jedoch gleichzeitig die Helligkeit des Bildes ab, denn die in das Ommatidium fallende Lichtmenge ist vom Durchmesser der Facette (Cornealinse) abhängig. Durch Vergrößerung der Augen (Verlängerung der Ommatidien) kann bei gleichbleibendem Ommatidienwinkel der Durchmesser der Facette und damit die Helligkeit des Bildes gesteigert werden. Deshalb können größere Arten mit größeren Augen schmalere Ommatidien als ihre kleinen Verwandten besitzen, ohne daß gleichzeitig die Helligkeit des Bildes geringer zu sein braucht. Als Beispiel sei der Walker (*Polyphylla*

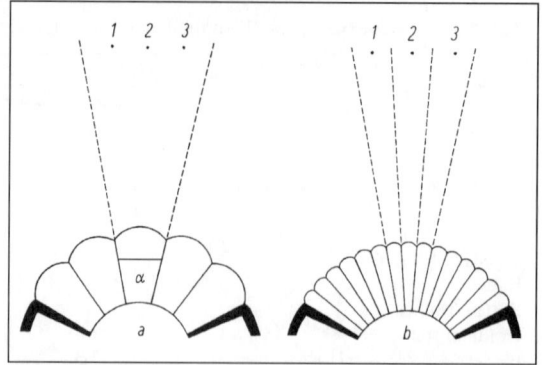

Abb. 5.73. Steigerung des Auflösungsvermögens des Facettenauges mit der Verkleinerung des Ommatidienwinkels. SCHLIEPER 1965.

fullo) mit dem Junikäfer (*Phyllopertha horticola*) verglichen. Der erstere hat pro Winkeleinheit etwa dreimal soviel Facetten wie der kleinere Junikäfer, entsprechend höher wird das Auflösungsvermögen seiner Augen sein. Bei vielen Arthropoden nimmt der Ommatidienwinkel zur Peripherie des Auges hin zu. In gleichem Maße nimmt das Auflösungsvermögen ab. Die experimentelle Prüfung des Minimum separabile mit Hilfe der optomotorischen Reaktion (s. u.) ergab bei der Biene in Übereinstimmung mit dem kleinsten Ommatidienwinkel im Zentrum des Auges (Tab. 5.6.) einen Sehschärfenwinkel von 1°. Bei anderen Arten werden z. T. wesentlich höhere Werte gefunden. Es besteht keine solche Übereinstimmung zwischen Sehschärfe und Ommatidienwinkel (vgl. die Werte für *Drosophila*). Das hängt damit zusammen, daß das Auflösungsvermögen nicht nur vom Ommatidienwinkel, sondern auch von dem Überlappungsgrad der Gesichtsfelder benachbarter Ommatidien und von der nervösen Verschaltung der Sehelemente (laterale Inhibition usw.) abhängt. Selbst das Bienenauge, das das beste Auflösungsvermögen unter den bisher untersuchten Arten hat, bleibt noch weit hinter den Leistungen der meisten Wirbeltieraugen zurück (Abb. 5.74.).

Nimmt man nicht die Auflösung eines Streifenmusters (Minimum separabile), sondern das Erkennen einzelner

Tabelle 5.6. Ommatidienwinkel und Durchmesser der Facetten bei einigen Insekten. Aus BUDDENBROCK 1952.

Tierart	Ommatidienwinkel	Tierart	Facettendurchmesser
Apis mellifica	1°	*Libellula depressa*	40 µm
Drosophila	4,2°	*Periplaneta orientalis*	32 µm
Chlorophanus viridis	6,8°	*Mantis religiosa*	27 µm
Oniscus murarius	13,7°	*Melolontha vulgaris*	20 µm
Porcelli scaber	20°	*Culex pipiens*	16 µm

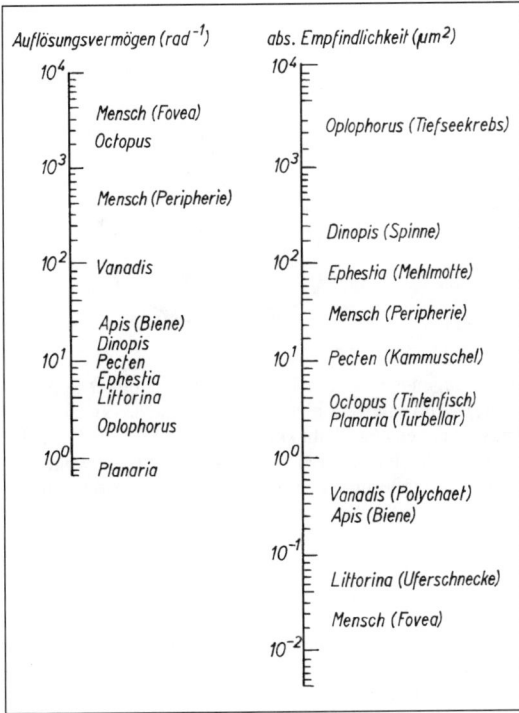

Abb. 5.74. Gegenüberstellung des Auflösungsvermögens (Linienpaare pro rad) und der absoluten Empfindlichkeit (Betrag an Lichtenergie, der pro s von einem einzigen Rezeptor absorbiert wird, wenn ein ausgedehntes Objekt von der Einheitsleuchtdichte 1 cd · m^{-2} abgebildet wird) einiger Tiere mit Komplex- bzw. Linsenaugen. LANG 1981.

dünner Linien (**Minimum visible**) im optomotorischen Test als Kriterium der Sehschärfe, so erhält man wesentlich niedrigere Werte (Tab. 5.7.), die kleiner sind als die Ommatidienwinkel. Setzt man beide Werte – den Ommatidienwinkel und denjenigen Sehwinkel, unter dem eine gerade noch wahrgenommene Linie vom Insekt gesehen wird – in Beziehung zueinander, so kann man die minimale Verdunklung abschätzen, auf die das Tier gerade noch reagiert. Es ergibt sich bei den Bienen unter optimalen Bedingungen ein Verdunklungswert von 29% ($\Delta I/I = 0{,}29$). Die **Unterschiedsempfindlichkeit** der Komplexaugen ist nach diesen und anderen Untersuchungen ebenso wie das Auflösungsvermögen kleiner als die des Wirbeltierauges. Sie nimmt mit steigender Lichtintensität bis zu einem Maximalwert zu (Abb. 5.75.A.).

Die **Winkelauflösung** von Komplexaugen ist in der Regel wesentlich kleiner als diejenige von Linsenaugen. Das liegt am unterschiedlichen Durchmes-

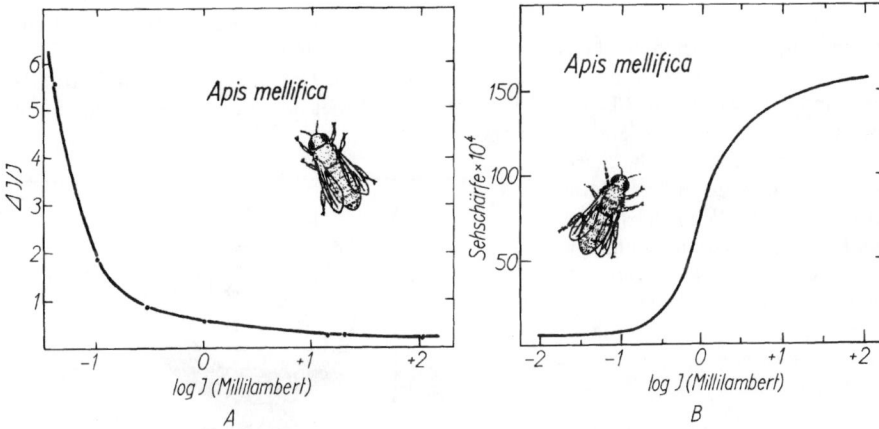

Abb. 5.75. Abhängigkeit der Unterschiedsempfindlichkeit (A) und des Auflösungsvermögens (B) von der Lichtintensität bei der Biene. A. nach Versuchsergebnissen von WOLF 1933, B. nach HECHT u. WOLF 1929.

Tabelle 5.7. Experimentell bestimmte Sehschärfenwinkel (Minimum separabile) sowie der Winkel für das Minimum visible bei einigen Arthropoden.

Tierart	Min. sep.	Min. vis.	Autor
Apis mellifica	1° 0′	17′ 24″	HECHT & WOLF 1929
Drosophila	9° 17′		HECHT & WOLF 1929
Goniopsis	3° 30′	2′ 30″	BARBER & WATERMAN 1961
Pagurus (Einsiedlerkrebs)	4° 12′	12′ 36″	BRÖCKER 1935
Palaemon (Garnele)	4° 35′		DE BRUIN & CHRISP 1957
Praunus (Mysidae)	6° 13′		DE BRUIN & CHRISP 1957
Lysmata seticaudata (Garnele)	13° 1′		HASSENSTEIN 1954

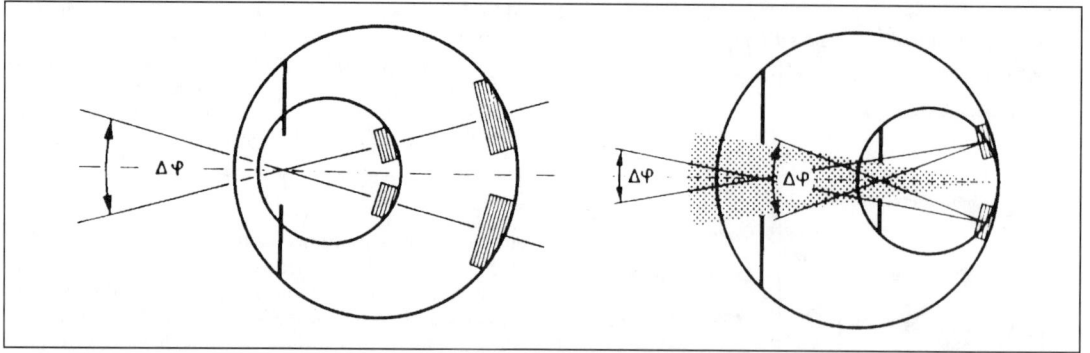

Abb. 5.76. Vergleich großer und kleiner, in ihrer Winkelauflösung beugungslimitierter Linsenaugen. Bleibt der Pupillen-durchmesser konstant und wird der Rezeptorabstand proportional zur Brennweite verkleinert (links), so hat das kleinere Auge gegenüber dem größeren keine Verluste im optischen Auflösungsvermögen ($\Delta\varphi$ bleibt konstant), auch nicht in der Licht-stärke. – Bleibt dagegen der Rezeptorabstand konstant und wird der Pupillendurchmesser proportional zur Brennweite ver-kleinert (rechts), so hat das kleinere Auge gegenüber dem größeren eine proportional zu ihrer Brennweite verschlechterte Winkelauflösung ($\Delta\varphi$ wird größer). Aus KIRSCHFELD 1984.

ser der Linsen (Pupillen). Um eine Auflösung von 1′ zu erreichen, müßte jedes Ommatidium bereits einen Durchmesser von 1,7 mm besitzen. In proportional („isometrisch") vergrößerten **Linsenaugen** nimmt die Winkelauflösung ebenfalls proportional zu (Abb. 5.76.). Bleibt die Dichte der Rezeptorpackung (Durchmesser der Rezeptoren) dabei gleich, weil das Wellenleiterlimit (s. o.) bereits erreicht ist, so nimmt auch das Auflösungsvermögen des Auges (da die Größe des Beugungsscheibchens sich nicht ändert) proportional mit der Augengröße zu (Abb. 5.76., rechts). Das ist beim **Komplexauge** anders. Seine Vergrößerung bei Beibehaltung des Winkelabstandes der Ommatidien ergibt keine proportionale Zunahme der Winkelauflösung, sondern eine nach der Quadrat-wurzelfunktion: Verdoppelung der Winkelauflösung ist erst bei einer Vervierfachung der Komplexaugen-größe erreicht. Ist R der Radius des Auges, so gilt:

$$R = 2\,a^2/\lambda.$$

Setzen wir für a 1,7 mm (s. o.) und für die Wellen-länge 555 nm ein, so erhalten wir einen R-Wert von 10 m. Berücksichtigt man, daß im menschlichen Auge die Sehschärfe nur in der Fovea so hoch ist und zur Peripherie stark abfällt, kommt man zu dem Re-sultat, daß ein Komplexauge mit der Winkelauf-lösung des menschlichen Auges einen Durchmesser von einem Meter haben müßte (Abb. 5.77.).

Die Sehschärfe zeigt eine **Abhängigkeit von der Lichtintensität**. Trägt man auf der Abszisse den Lo-garithmus der Lichtintensität und auf der Ordinate die Sehschärfe auf, so steigt die Kurve nach Versuchen an Schimpansen, Elefanten, Huftieren, Eidechsen, am Frosch und an Knochenfischen (Abb. 5.78.) überein-stimmend zunächst langsam an (Bereich des Stäb-chensehens), nimmt dann einen steilen Verlauf

(Übergang zum Zapfensehen), um dann zur Horizon-talen abzubiegen. Die Schildkröten erreichen ihre ma-ximale Sehschärfe bei 100–400 Lux, der Elefant bei 200–300, der Mensch bei 300, die Elritze bei 35 und der Frosch bei 6–36 Lux. Der S-förmige Kurvenver-lauf ist bei solchen Tieren nicht zu finden, die eine reine Stäbchenretina (Flughund) bzw. reine Zapfenre-tina (Spitzhörnchen, *Tupaia glis*) besitzen. Er tritt da-gegen auch z. B. bei der Biene (Komplexauge) auf (Abb. 5.75.B.).

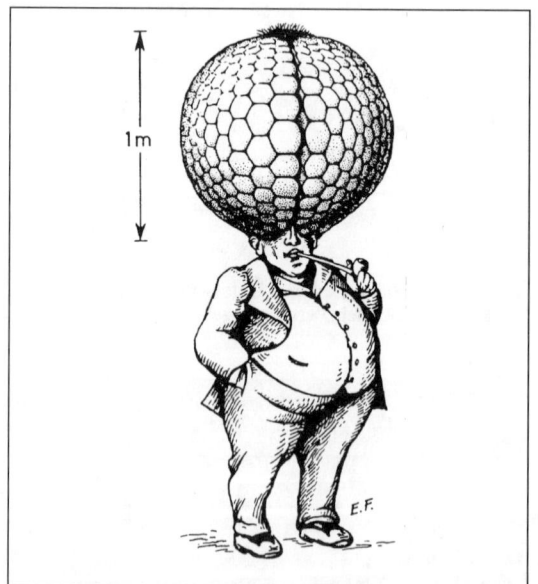

Abb. 5.77. Würde der Mensch ein Komplexauge besitzen, so müßte es einen Durchmesser von einem Meter haben, um dieselbe Winkelauflösung zu erreichen wie sein Linsenauge. Nach KIRSCHFELD 1984.

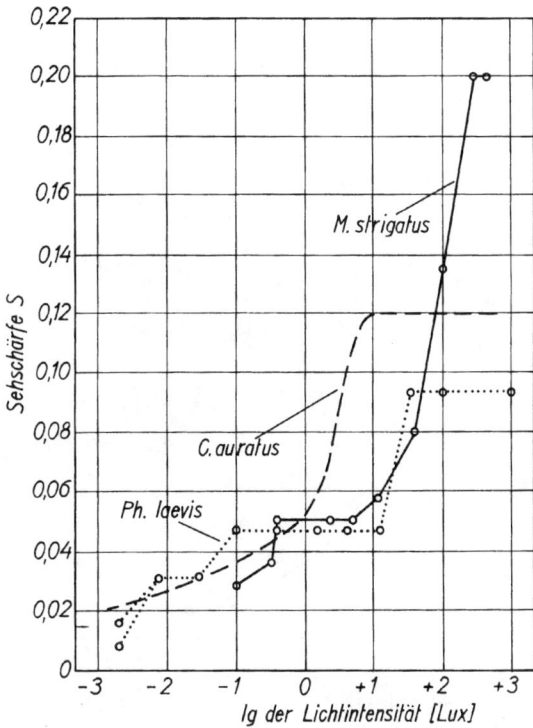

Abb. 5.78. Abhängigkeit der Sehschärfe von der Lichtintensität bei drei Knochenfischen: Goldfisch *(Carassius auratus)*, Elritze *(Phoxinus laevis)* und *Microcanthus strigatus*. Aus PENZLIN et al. 1977.

5.4.5. Empfindlichkeit des Auges, Adaptation

Die **Lichtsinneszellen** der Wirbeltier-Retina sind die schlankeren **Stäbchen** und die plumperen **Zapfen**. Sie bestehen aus einem Außen- und einem Innenglied. Beide Glieder stehen über ein Verbindungsstück miteinander in Verbindung. Dieses Verbindungsstück weist die Struktur einer Kinocilie (9×2 + 0-Struktur: die beiden zentralen Mikrotubuli fehlen) auf. Die **Außenglieder** der Zapfen sind deutlich kürzer als die der Stäbchen. In den Außengliedern sind die zahlreichen scheibchenförmigen Membranvesikel (beim Meerschweinchen mit einer Außengliedlänge von 15–17 µm etwa 700) stapelförmig angeordnet: **Scheibchen** oder „discs". Sie sind aus Einstülpungen der Zellmembran hervorgegangen und haben sich bei den Stäbchen vollständig von der Zelloberfläche gelöst, während bei den Zapfen noch die einseitige Verbindung mit der „Außenwelt" bestehengeblieben ist. Die Zapfenaußenglieder können verdoppelt sein (Barsch). Bei tagaktiven Vögeln und einigen Eidechsen enthalten sie Ölkugeln (Abb. 5.63.).

Die Außenglieder sind die **lichtabsorbierenden Teile des Rezeptors**. In die Membran der Scheibchen sind die **Rhodopsinmoleküle** integriert (Abb. 5.79.). Neue Scheibchen werden ständig am proximalen Ende des Außengliedes nachgebildet (bei Anuren 30 Scheiben pro Tag!). Sie verlagern sich distalwärts und werden schließlich am distalen Ende des Außengliedes abgebaut und von Pigmentzellen phagozytiert. Die für diesen Scheibenfluß notwendigen Proteine werden im Innenglied synthetisiert und durch das Verbindungsstück ins Außenglied geschleust. Die Zapfen zeigen deutlich weniger Membranstapel als die Stäbchen, sind auch weniger empfindlich (s. u.).

An ihren basalen Enden kontaktieren die Lichtsinneszellen mit den Dendriten der bipolaren und Horizontalzellen (Abb. 5.79.). Es handelt sich um für die Sehzellen typische **„Ribbon**[1]**"-Synapsen**: ein elektronenoptisch dichtes Band („synaptic ribbon") ragt in den knopfartig aufgetriebenen Endabschnitt hinein und wird von synaptischen Vesikeln umsäumt.

Die **Anzahl der Stäbchen** übertrifft im allgemeinen die der Zapfen (Mensch: 120 Millionen Stäbchen gegenüber 6 Millionen Zapfen). Im Bereich der *Fovea centralis* (Stelle des schärfsten Sehens) haben wir praktisch nur Zapfen. Zur Peripherie hin nimmt ihre Zahl steil ab. Es überwiegen dort die Stäbchen bei weitem (Abb. 5.70.).

Die Retina der **dämmerungs- und nachtaktiven Tiere** sowie von **Tiefseefischen** weist auffallend weniger Zapfen auf als die der tagaktiven Tiere. Eine reine **Stäbchenretina** finden wir bei vielen Tiefseefischen, Gymnophionen und Fledermäusen sowie beim Gecko, Maulwurf und Ohrenmaki, eine fast reine bei Eulen, beim Rotbarsch, Frettchen und Opossum sowie bei der Maus, Ratte und Katze. Die Stäbchen selbst sind dann schmal und ihre Außenglieder oft außergewöhnlich lang. Die Zahl der Sehzellen pro mm² erreicht bei dem zu den Macruriden zählenden Tiefseefisch *Lionurus pumicileps* 20 Millionen! Im Gegensatz dazu ist die Zahl der Folgeneuronen (bipolare Zellen, Ganglienzellen) ungewöhnlich niedrig: hohe **Konvergenz**! Beim Frettchen *(Mustela putorius* f. *furo)* entfallen auf einen Retinabezirk von 100 mm² etwa 5–7 Ganglienzellen. Dem stehen 120 Stäbchen und durchschnittlich acht Zapfen gegenüber. Damit ist mit Sicherheit ein erheblicher Verlust an Sehschärfe verbunden, der nur zum Teil durch Vergrößerung der Augen wieder ausgeglichen werden kann. Bei vielen Nachttieren ist zwischen Retina und Pigmentschicht außerdem ein **Tapetum lucidum**[2] ausgebildet, das das eingefallene Licht reflektiert, so daß es zweimal die Retina passiert und dadurch wirksamer wird.

Umgekehrt lassen typische **tagaktive Tiere**, wie die Ringelnatter *(Natrix natrix)*, viele Schildkröten und Vögel (z. B. Mauersegler *Apus)* Stäbchen in der Retina vermissen (**Zapfenretina**).

---

[1] ribbon (engl.) = (Ordens-, Schmuck-)Band.
[2] tapétum (lat.) = Teppich, Wandbehang; lúcidus, -a, -um (lat.) = hell, leuchtend.

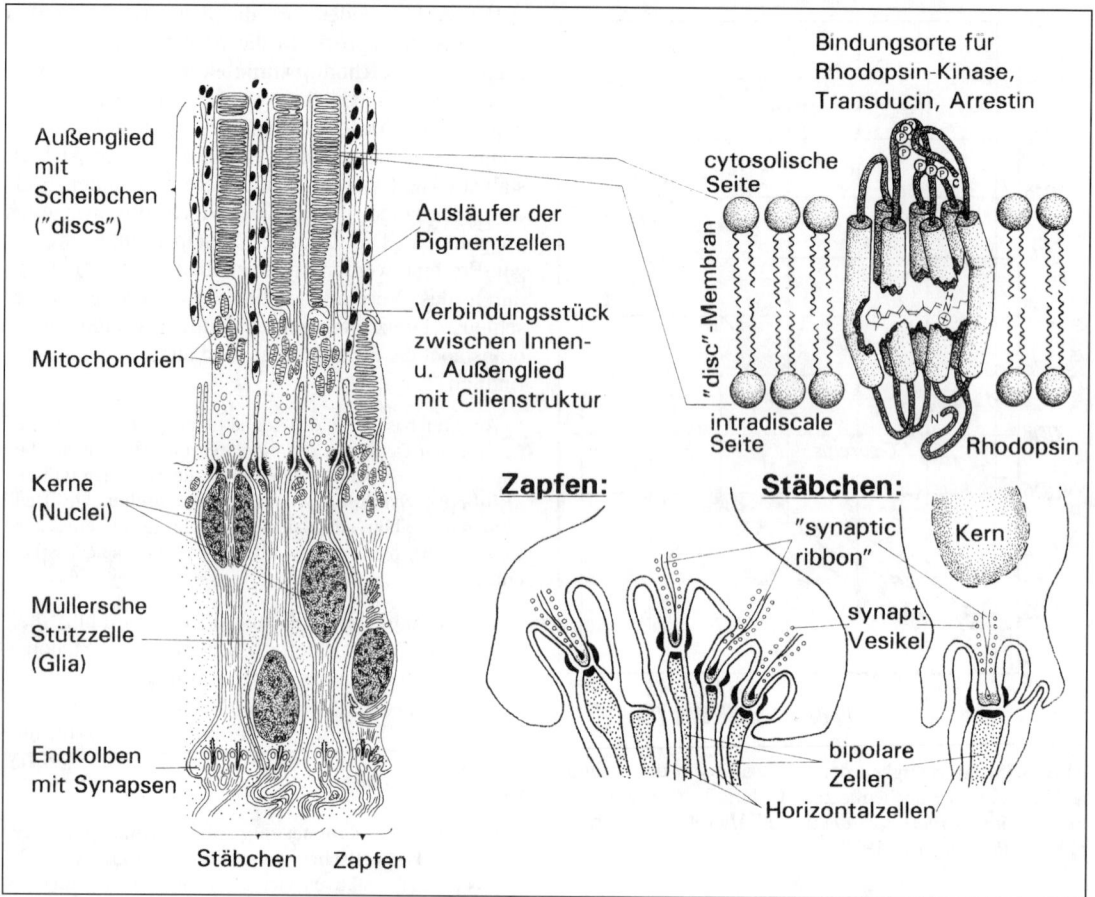

Abb. 5.79. Die Sehzellen der Wirbeltierretina, deren synaptische Komplexe und die Membran der Scheibchen („discs") des Außensegments mit einem integrierten Rhodopsin-Molekül. Nach verschiedenen Autoren zsammengestellt.

Entscheidend für die Umsetzung des Lichtreizes in eine Erregung ist die vom Sehpigment in den Lichtsinneszellen absorbierte Menge an Photonen. Sie steht in Beziehung 1. zur retinalen Beleuchtungsstärke sowie 2. zur Größe und Gestalt des Rezeptors.

Gehen wir von einer leuchtenden Fläche der Ausdehnung F_e (Abb. 5.80.) mit der Leuchtdichte[1] L (in cd · m^{-2} oder lm · m^{-2} · sr^{-1}) aus, so strahlt diese Fläche L lm · m^{-2} in jedem Steradianten[2] (sd) aus. Nimmt die Pupille eine Fläche von $F_a = \pi\, a^2/4$ (a = Durchmesser der Pupille) ein, und befindet sie sich im Abstand D von der leuchtenden Fläche, so wird sie vom Raum-

winkel $\omega = F_a/D^2 = \pi\, a^2/4D^2$ eingeschlossen. Der Lichtstrom Φ_a durch die Pupille ist dann:

$$\Phi_a = L \cdot F_e \cdot \pi\, a^2/4D^2 \text{ (in lm)}.$$

Das in die Pupille einfallende Licht wird auf der Retina auf einer Fläche mit der Ausdehnung F_r abgebildet. Die **retinale Beleuchtungsstärke**[3] E_r errechnet sich dann zu:

$$E_r = \Phi_a/F_r \text{ (in lx bzw. lm · m}^{-2}).$$

Da $F_e : D^2 = F_r : f^2$ (f = Brennweite des Auges) ist, können wir auch schreiben (wenn wir gleichzeitig für Φ_a den obigen Ausdruck einsetzen):

$$E_r = L\,\pi\, a^2/4\,f^2.$$

Dieser Beziehung kann man entnehmen, daß die Helligkeit des retinalen Bildes nicht von der absoluten

---

[1] Die Einheit der Leuchtdichte (Candela · m^{-2}) besitzt eine 1 m^2 große Lichtquelle mit der Lichtstärke 1 Candela (cd); 1 cd · m^{-2} = 1 lumen (lm) · m^{-2} · Steradiant (sr)$^{-1}$.

[2] Ein Steradiant (sr) (Einheitsraumwinkel) schneidet aus der Einheitskugel (Radius 1, Oberfläche 4π) die Flächeneinheit aus, aus einer Kugel mit dem Radius r somit die Fläche r^2.

[3] Die Einheit der Beleuchtungsstärke ist das Lux (lx): 1 lx ist die Beleuchtungsstärke einer Fläche, auf die senkrecht pro m^2 gleichmäßig ein Lichtstrom von 1 Lumen (lm) fällt.

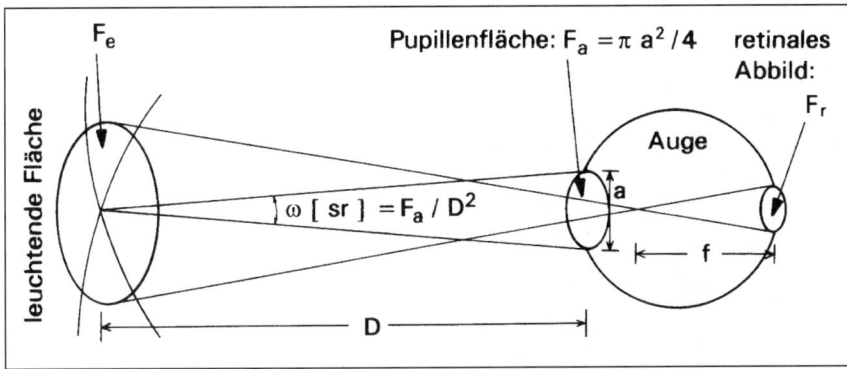

Abb. 5.80. Diagramm der zur Abschätzung der retinalen Beleuchtungsstärke im Linsenauge benutzten Größen. Nähere Erläuterungen im Text. Nach LAND 1981.

Größe des Auges (Linse) abhängig ist, sondern vom Verhältnis a/f. Es ist weiterhin wichtig, daß die retinale Beleuchtungsstärke nicht vom Abstand der leuchtenden Fläche abhängt. Oberflächen gleicher Lichtstärke erscheinen auch gleich hell, unabhängig von ihrer Entfernung.

Die hochentwickelten Photorezeptoren sind dielektrische **Lichtleiter** (s. o.), d. h., daß das Licht, das durch den dioptrischen Apparat auf die distalen Enden der Photorezeptoren (Außenglieder, Rhabdome, Rhabdomere) geworfen wird, dort eintritt und infolge der Totalreflexion durch die ganze Länge der Struktur (hoher Brechungsindex!) geleitet wird. Dabei wird es zu einem hohen Prozentsatz vom Sehpigment absorbiert. Der **Lichtstrom**[1]) Φ_0 (in lm bzw. cd · sr), der in einen Photorezeptor mit rundem Querschnitt (Durchmesser d) eintritt, ist das Produkt aus E_r und der Querschnittsfläche des Rezeptors ($\pi d^2/4$)

$$\Phi_0 = E_r \cdot \pi \, d^2/4.$$

Ein idealer Rezeptor würde alles Licht, das eintritt, absorbieren. Das ist allerdings aus physikalischen Gründen nicht möglich. Die **Photonenabsorption** im Rezeptor hängt von drei Parametern ab, von der Konzentration c des Sehpigments, von dem molaren Extinktionskoeffizienten ε des Pigments und von der Länge l der absorbierenden Struktur im Rezeptor. Die **Konzentration des Pigments** kann 1. durch möglichst dicke Packungen und 2. durch Vermehrung der Membranscheiben bzw. Mikrovilli erhöht werden. Eine dichtere Packung wäre möglich, wenn die Moleküle (M_r ca. 40 000) kleiner wären. Es sieht aber so aus, daß der Transduktionsprozeß ein entsprechend großes und komplexes Molekül fordert. In diesem Falle wäre in den empfindlichsten Photorezeptoren wahrscheinlich schon die maximal mögliche Konzentration des Sehpigments realisiert. Auch der – aus theoretischen Gründen – maximal mögliche **Extinktionskoeffizient** scheint beim Rhodopsin bereits weit-

gehend verwirklicht zu sein. Damit bleibt nur noch die Möglichkeit, die Empfindlichkeit durch Ausdehnung seiner **Länge** zu erhöhen. Das ist in vielen Fällen geschehen. Man findet bei einigen Libellen Rhabdomeren von einer Länge bis zu 1000 mm.

Der im Rezeptor auf der Wegstrecke l absorbierte Lichtstrom Φ_{abs} (Lambertsches Gesetz) ist:

$$\Phi_{abs} = \Phi_0 \, (1 - e^{-c\varepsilon l})$$

Gehen wir von einer konstanten Konzentration c des Sehpigments und einem festen Extinktionskoeffizienten ε aus, lassen sich beide Größen zu einer einzigen Konstanten k zusammenfassen:

$$\Phi_{abs} = \Phi_0 \, (1 - e^{-kl})$$

Der Absorptionskoeffizient k ist die Fraktion absorbierten Lichtes auf einer Strecke von 1 µm.

Für die Rhabdomeren im Fliegenauge gilt ein k-Wert von 0,005 µm^{-1}, das heißt eine 95%ige Absorption des eingetretenen Lichtes würde eine Rhabdomerenlänge von ca. 600 µm erfordern. Sie beträgt aber nur ca. 200 µm! Für den Hummer *(Homarus)* ist k mit 0,0067 berechnet, d. h., er absorbiert in seinem 240 µm langen Rhabdom nur 80% des einfallenden Lichtes (Abb. 5.81.). Wirbeltierrezeptoren weisen 5fach höhere k-Werte auf. Für den Frosch beträgt er 0,035. Das ist auf die dichtere Packung der „discs" in den Außengliedern der Rezeptoren gegenüber der relativ lockeren Packung der Membranen in den Rhabdomeren zurückzuführen. Eine 95%ige Absorption ist bei den Wirbeltieren bereits bei einer Länge von nur 86 µm erreicht (Abb. 5.81.).

Der **pro Rezeptor absorbierte Lichtstrom** ist also

$$\Phi_{abs} = E_r \cdot \pi \, d^2 \, (1 - e^{-kl})/4$$

Setzen wir in diese Gleichung die obige Beziehung für E_r ein, so erhalten wir:

$$\Phi_{abs} = L \, (\pi/4)^2 \, (a/f)^2 \, d^2 \, (1 - e^{-kl}).$$

---

[1]) Die Einheit des Lichtstroms ist das Lumen (lm bzw. cd · sr): 1 lm sendet eine punktförmige Lichtquelle der Lichtstärke 1 Candela (cd) in den Raumwinkel 1 sr aus.

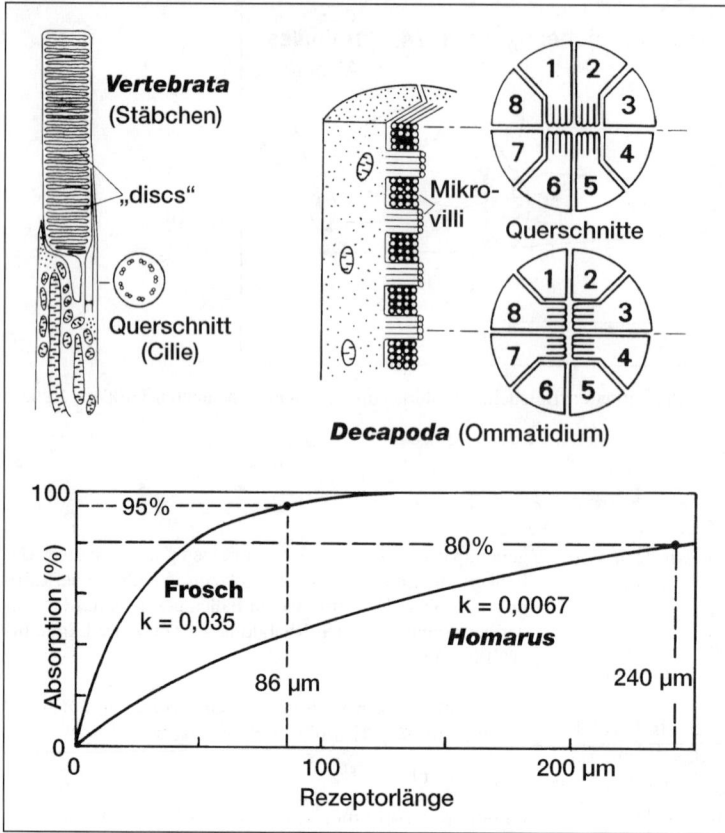

Abb. 5.81. Die Photonen-Absorption in Abhängigkeit von der Rezeptorlänge bei einem Wirbeltier (Frosch) und bei einem dekapoden Krebs (*Homarus*, Hummer). In Anlehnung an Land 1981.

Wenn wir L in Photonen $\cdot$ s^{-1} $\cdot$ m^{-2} $\cdot$ sr^{-1} messen[1]), so erhalten wir für Φ_{abs} Werte in Photonen $\cdot$ s^{-1}. Diese Gleichung drückt aus, daß das Auge um so mehr Photonen absorbiert, je größer seine relative Apertur (a/f) und der Durchmesser d seiner Photorezeptoren sind, die außerdem lang genug sein müssen, um einen hinreichend hohen Anteil des eintreffenden Lichtes auch zu absorbieren.

---

[1]) 1 cd $\cdot$ m^{-2} = 4,08 $\cdot$ 10^{15} Photonen $\cdot$ s^{-1} $\cdot$ m^{-2} $\cdot$ sr^{-1} für Licht der Wellenlänge 555 nm.

Als ein Maß der **Empfindlichkeit** *(S)* des Auges kann die Anzahl der Photonen dienen, die pro Rezeptor pro Einheit der Lichtstärke (in cd) im abgebildeten Gesichtsfeld absorbiert werden. Es ist das Verhältnis zwischen der Anzahl der pro Sekunde von einem Rezeptor absorbierten Photonen (Φ_{abs}) und der Anzahl der pro Steradiant von einem m^2 einer ausgedehnten Lichtquelle abgestrahlten Photonen *(L)*:

$$S = \Phi_{abs}/L = (\pi/4)^2 \, (a/f)^2 \, d^2 \, (1 - e^{-kl}).$$

Entscheidend ist – neben der Länge l der Rezeptoren (Außenglieder der Sehzellen, Rhabdome, Rhabdome-

Tabelle 5.8. Einige Daten zu den Augen verschiedener Tiere und die daraus errechnete Empfindlichkeit *S*. Symbole und Erläuterungen: s. Text. Nach Land 1981.

Tierart	Auge	f (µm)	a (µm)	d (µm)	l (µm)	k (µm^{-1})	S (µm^2)
Homo (Fovea)	Linsen-	16,7 $\cdot$ 10^3	1 $\cdot$ 10^3	2,0	30	0,035	0,023
Apis	Apposit.-	60	25	1–2	200	0,0067	
Planaria	Pigmentb.	25	30	10	6	0,0067	3,2
Octopus	Linsen-	10^4	8 $\cdot$ 10^3	3,8	200	0,0067	4,23
Ephestia	Superpos.-	170	340	8	110	0,0067	82,8
Dinopis	Linsen-	171	1325	20	55	0,0067	225,3
Oplophorus	Spiegelopt.	226	600	32	200	0,0067	3303

Deinopis spec.(Deinopidae, Kescherspinnen)

HMA

VMA

VSA

Weibchen

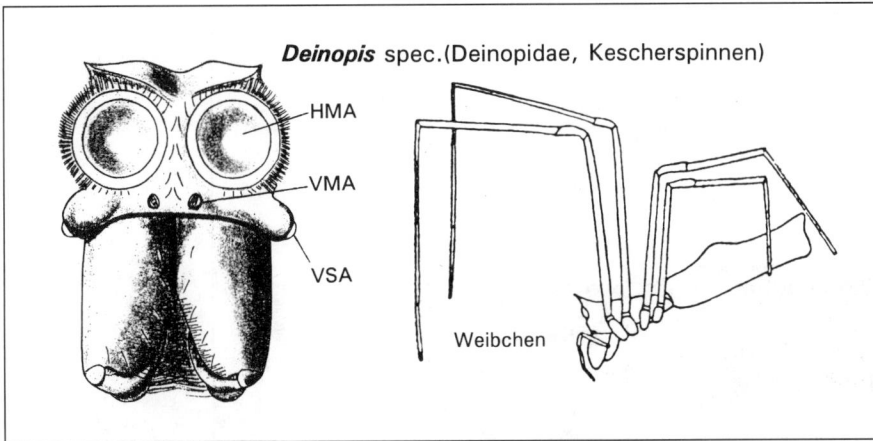

Abb. 5.82. Vorder- und Seitenansicht von *Deinopis*. Die vorderen Mittelaugen (VMA) sind nach vorn-außen und unten gerichtet, die größeren vorderen Seitenaugen (VSA) nach unten-außen, die riesigen hinteren Mittelaugen (HMA) direkt nach vorn und die hinteren Seitenaugen (nicht sichtbar) nach oben-hinten und außen. Nach GERHARDT u. KAESTNER 1938.

ren) – das Verhältnis von Linsen-(Pupillen-)Durchmesser a zur Brennweite f. Dabei schneiden die Ommatidien im Komplexauge gegenüber den Linsenaugen trotz ihrer verhältnismäßig kleinen Linsen nicht schlechter ab (Tab. 5.8.). Man kann dieser Tabelle und der Abbildung 5.74. entnehmen, daß die Sensibilität in starkem Maße mit dem Lebensraum und der Lebensweise der Tiere korreliert ist.

Der Tiefseekrebs *Ophlophorus* (mit Spiegeloptik) sowie nachtaktive Formen, wie die Kescherspinne *Deinopis rufus* (Cuticularlinsenauge) und die Mehlmotte *Ephestia* (Superpositionsauge), weisen eine um den Faktor 10^2–10^4 höhere Empfindlichkeit ihrer Photorezeptoren auf als z. B. die tagaktive Biene *(Apis)* mit Appositionsaugen und der Mensch (helladaptiert, im Bereich der Fovea) (Tab. 5.8.). Das ist sowohl auf die hohen *(a/f)*-Werte als auch auf die hohen d-Werte bei diesen Tieren zurückzuführen. Die großen hinteren Mittelaugen der Kescherspinne *Deinopis subrufa* stellen z. B. mit einem Durchmesser von 1,4 mm wahrscheinlich die größten einfachen Augen (Ocellen) der Arthropoden dar (Abb. 5.82.). Bei einer fast kugelförmigen Linse mit einem Radius von 0,66 mm liegt die Brennweite bei 0,771 mm. Die Linse liegt der Retina direkt auf. Die Lichtsinneszellen selbst sind auffallend groß (Durchmesser 20 µm).

Die Empfindlichkeit des Auges kann durch Vergrößerung des Pupillen-(Linsen-)Durchmessers a und/oder des Rezeptordurchmessers d sowie durch Verkleinerung der Hauptbrennweite f des Auges erreicht werden, wenn wir davon ausgehen, daß die Rezeptorlänge l bereits ihren maximalen Wert erreicht hat. Soll eine solche Steigerung der Empfindlichkeit ohne einen Verlust an Sehschärfe erfolgen, muß das Verhältnis von f zu d erhalten bleiben. Das bedeutet, daß diese beiden Parameter nicht unabhängig voneinander verändert werden können. Der Wert von a ist in

seinen Grenzen auch mit f verbunden. Er kann aus physikalischen Gründen nicht wesentlich größer als $0,5\,f$ werden. Das bedeutet, daß eine Steigerung der Empfindlichkeit praktisch nur bei *gleichzeitiger* Änderung aller drei Parameter *(a, d* und *f)* möglich ist. Eine Steigerung der Empfindlichkeit auf das 10fache würde eine Ausdehnung der linearen Maße des Auges um den Faktor $\sqrt{10} = 3,16$ erfordern.

Die Stäbchen in der Wirbeltierretina enthalten mehr Sehfarbstoff (Rhodopsin) als die Zapfen. Sie sind aus diesem Grunde auch empfindlicher als diese und gestatten deshalb das Sehen auch noch bei geringen Lichtintensitäten. Sie sind für das „Dämmerungssehen" verantwortlich. Mit ihnen können allerdings keine Farben unterschieden werden („nachts sind alle Katzen grau"): **Skotopisches**[1] oder **Dämmerungssehsystem**. Die Zapfen dienen dagegen dem „Tagessehen". Mit ihnen ist ein Farbunterscheidungsvermögen gegeben (5.4.7.): **Photopisches**[2] oder **Tagessehsystem**.

Mit dem Vorhandensein zweier Sehsysteme in der Retina, eines für das Sehen bei geringen, das andere für das Sehen bei hohen Lichtintensitäten **(Duplizitätstheorie des Sehens)**, hängt die bei niederen Wirbeltieren (Fischen, Amphibien, Reptilien und einigen Vögeln) zu beobachtende Erscheinung zusammen, daß sich die Zapfen bei Belichtung verkürzen und verdicken und dabei die sich streckenden Stäbchen in Richtung zum Pigmentepithel abdrängen **(Retinomotorik**, Abb. 5.83.). Gleichzeitig erfolgt eine Pigmentverlagerung in die fingerförmigen Ausläufer

---

[1]) to skótos (griech) = die Finsternis; he opsis (griech.) = das Sehen.

[2]) to phōs, photós (griech.) = das Licht.

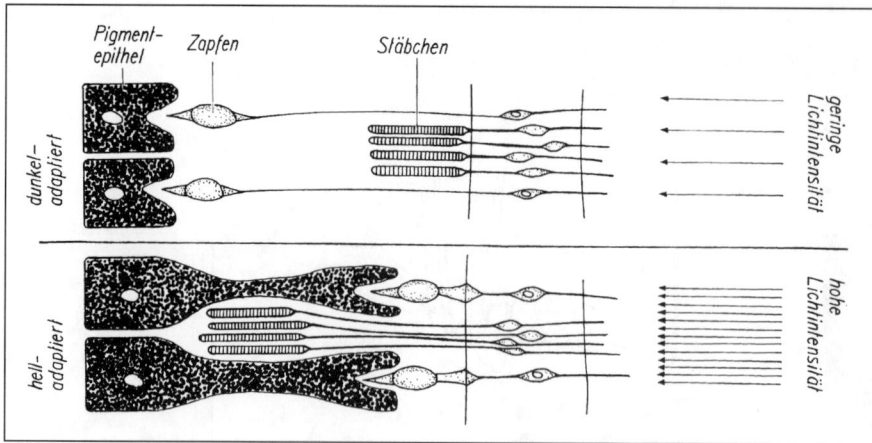

Abb. 5.83. Die Retinomotorik in der Retina eines Knochenfisches. Nach WUNDER 1936.

der Pigmentepithelzellen, die die abgedrängten Stäbchen-Außenglieder einbetten. Bei Dunkeladaptation erfolgt das Umgekehrte. Die Stäbchen bringen sich durch Kontraktion in die Abbildungsebene des Auges, und die Zapfen strecken sich. Beim Frosch und Goldfisch ließen sich die retinomotorischen Erscheinungen auch am isolierten Auge beobachten. Allerdings waren Ausmaß und Geschwindigkeit der Bewegung vermindert. Larvenstadien vieler Knochenfische (z. B. Hering, Scholle, Pazifiklachs) besitzen noch keine Retinomotorik. Diese tritt erst auf, wenn die Stäbchen sich entwickeln, und das geschieht gewöhnlich mit der Metamorphose, falls diese klar hervortritt. Bei den Säugetieren und vielen Vögeln ist die Retinomotorik nur schwach ausgeprägt.

Die Empfindlichkeit des menschlichen Auges für Lichter verschiedener Wellenlänge beim Dämmerungssehen entspricht der   Absorptionskurve des Rhodopsins mit einem Maximum im blau-grünen und einem Minimum im roten Bereich. Bei Tageslicht erscheint dagegen die maximale Empfindlichkeit aus dem blau-grünen in den gelben Bereich des Spektrums verschoben (**Purkyněsches Phänomen**). Deshalb erscheinen uns von roten und blauen Papierbögen, die wir bei Tageslicht als gleich hell empfanden, bei Dämmerung die blauen stets wesentlich heller als die roten. Das Purkyněsche Phänomen der Änderung der Helligkeitswerte der verschiedenen Farben beim Übergang zum Dämmerungssehen konnte auch im Tierversuch an Hand der Pupillenreaktion nachgewiesen werden. In Übereinstimmung mit der Duplizitätstheorie tritt das Purkyněsche Phänomen bei den Schildkröten mit reiner Zapfenretina nicht auf.

Die Lichtsinneszellen haben die Fähigkeit, ihre Empfindlichkeit der einwirkenden Lichtintensität anzupassen. Treten wir aus dem Hellen ins Dunkle, so dauert es 30–60 min, bis die volle Empfindlichkeit unseres Auges erreicht ist (**Dunkeladaptation**). Die **Dunkeladaptationskurve** (Abszisse: Zeit, Ordinate: Schwellenreizstärke) zeigt bei Wirbeltieren mit gemischter Retina (Stäbchen und Zapfen) übereinstimmend einen Knick. Der vor dem Knick liegende Abschnitt der Kurve wird als Zapfen, der dahinter liegende als Stäbchenkomponente interpretiert. Auch in der Fovea centralis, die nur Zapfen enthält, nimmt die Empfindlichkeit meßbar zu, erreicht aber bei weitem nicht die Werte, die von peripheren Netzhautbereichen (Stäbchen) erreicht werden. Das bedeutet, daß bei maximaler Dunkeladaptation nur noch mit den Stäbchen gesehen wird. Kleine, lichtschwache Objekte (z. B. schwach leuchtende Sterne) verschwinden deshalb beim direkten Fixieren (**foveales Verschwinden**) und erscheinen wieder, wenn man etwas an ihnen vorbeisieht. Allerdings ist die Sehschärfe bei Dunkeladaptation wegen der bei den Stäbchen vorliegenden starken Konvergenzschaltung geringer (Abb. 5.78.). Die bei maximaler Dunkeladaptation erreichte Empfindlichkeit ist beim Hund und Pferd kleiner, bei der Katze und anderen Nachttieren größer als beim Menschen. Die **Helladaptation** erfolgt wesentlich schneller als die Dunkeladaptation.

Einige **Insekten** (Stubenfliege und Verwandte) haben noch eine weitere Möglichkeit genutzt, die Empfindlichkeit ihrer Photorezeptoren zu erhöhen. Sie besitzen **sensibilisierende Pigmente** in den Rhabdomeren, die photostabil sind und stark im UV-Bereich absorbieren. Sie übertragen die Energie auf das Rhodopsin. Es handelt sich dabei um wesentlich kleinere Moleküle (<2% der relativen Molekülmasse des Rhodopsins), mit deren Hilfe 1. der „sichtbare" Spektralbereich ausgedehnt und 2. die absolute Empfindlichkeit des Rezeptors erhöht werden kann.

Die **Adaptationsmechanismen** des **Appositionsauges** sind vielfältig (Abb. 5.84.). Der Krebs *Artemia* (Euphyllopoda) ändert z. B. die Brechweite seines Ommatidiums in Abhängigkeit von der Lichtintensität. Das erfordert allerdings eine flexible Linse, die im Kristallkegel vorhanden ist. Krabben der Familie

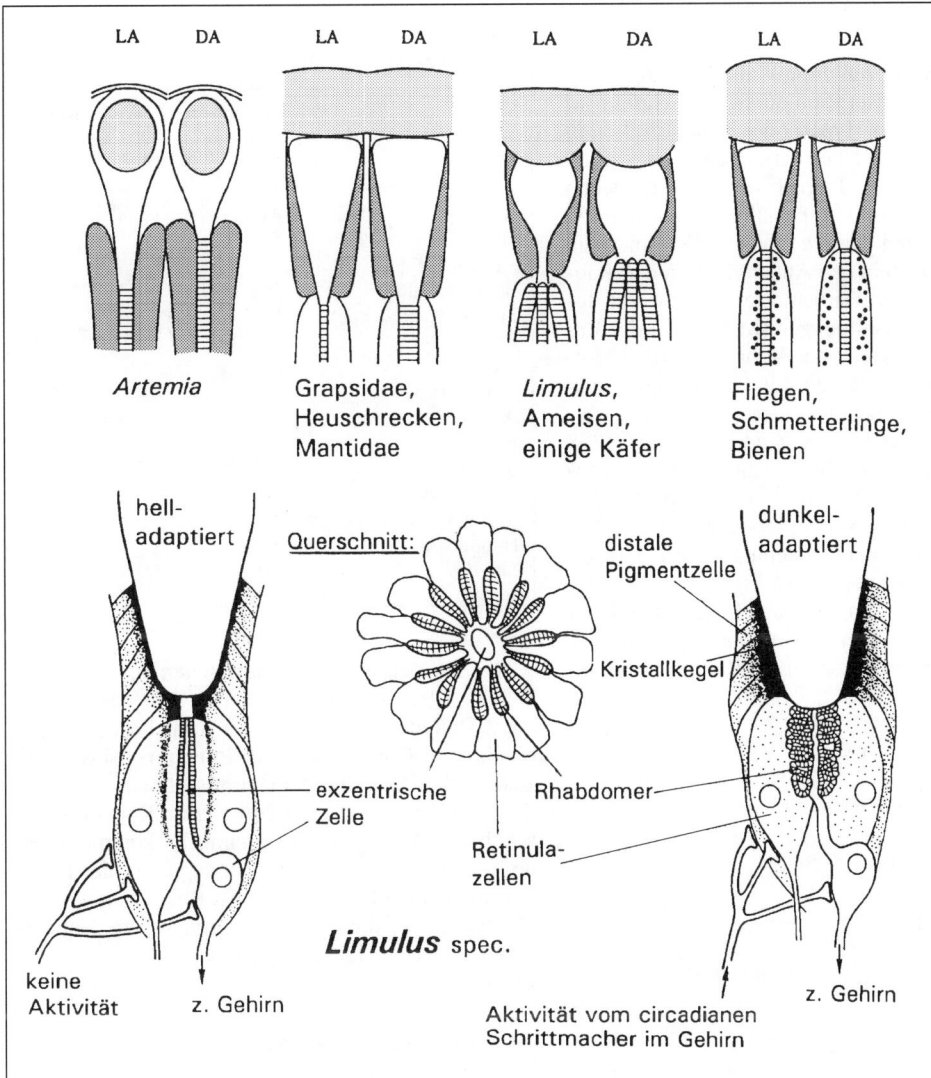

Abb. 5.84. Verschiedene Mechanismen der Hell- (LA) bzw. Dunkeladaptation (DA). Nähere Erläuterungen im Text. Nach NILSSON 1989, BARLOW et al. 1989.

Grapsidae sowie Heuschrecken und Mantiden machen ihr Rhabdom während der Nacht dicker. Bei den Krabben nimmt der Durchmesser auf das Dreifache zu, was zu einer 9fach höheren Empfindlichkeit führt. Ein anderer Mechanismus betrifft die Änderung des Durchmessers einer durch Pigmente begrenzten Lochblende („Iris") in der Brennebene des Auges vor den distalen Enden der Rhabdome. Er ist bei *Limulus,* verschiedenen Ameisen und einigen Käfern beobachtet worden. Bei *Limulus* existiert ein „Push-Pull-Mechanismus" (Abb. 5.84.). Efferente neuronale Aktivität von einem circadianen Schrittmacherzentrum im Gehirn (Octopamin als Transmitter?) versetzt die Retina in den hochempfindlichen, dunkeladaptierten Zu-

stand. Nach Abbruch der efferenten Nervenaktivität führen ein „light-adapting hormone" und Licht das Auge in den helladaptierten Zustand zurück. Bei den Insekten sind es die primären Pigmentzellen und die weichen Kristallkegelzellen, die diese Veränderungen der Irisöffnung gewährleisten. Bei Helligkeit kontrahieren die Pigmentzellen, das Rhabdom wird nach unten gepreßt, und die Kristallkegelzellen bilden ein schmales Band, das das Licht zu dem Rhabdom führt. Schließlich – bei Fliegen, Schmetterlingen und Bienen – wandert das Pigment bei Helligkeit in Richtung auf das Rhabdom, sammelt sich dort an und schwächt so den Lichtstrom ab. Bei Dunkelheit verteilt sich das Pigment wieder in der Peripherie.

5.4.6. Transduktionsprozeß

Der Transduktionsprozeß umfaßt alle Vorgänge zwischen der Photonenabsorption durch das Sehpigment und dem Auftreten der Hyper- oder Depolarisation in den Sehzellen, d. h. die Überführung des Reizes in eine Erregung. Die für die Lichtabsorption verantwortlichen **Sehpigmente** sind in spezialisierten Strukturen der Photorezeptoren untergebracht. Es sind die Scheibchen („discs") in den Außengliedern der Stäbchen und Zapfen der Wirbeltierretina bzw. die tubulären Membranausstülpungen (Mikrovilli) der Retinulazellen (Rhabdomere) der Arthropoden und Mollusken. Nur derjenige Anteil der Lichtenergie kann reizwirksam werden, der absorbiert worden ist.

Das bekannteste Sehpigment ist der bereits 1878 von W. F. KÜHNE[1]) extrahierte „Sehpurpur" (**Rhodopsin**). Er kommt in den „disc"-Membranen (Abb. 5.79.) der Stäbchen der Wirbeltierretina sowie in den Augen vieler Evertebraten (Cephalopoden, Crustaceen, viele Insekten) vor. Er ist ein Chromoproteid und besteht aus dem Chromophor **11-cis-Retinal** und einem Glykoprotein, dem **Opsin.** Das 11-cis-Retinal ist ein Stereoisomer des all-trans-Retinal (Vitamin A_1-Aldehyd).

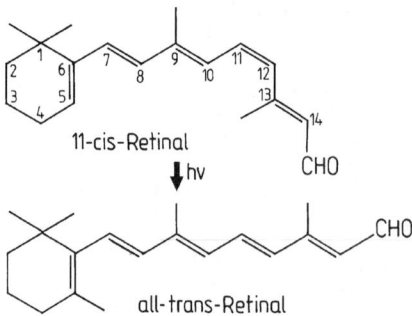

11-cis-Retinal

↓hv

all-trans-Retinal

Die verschiedenen Rhodopsine im Tierreich zeigen unterschiedliche **Absorptionsmaxima** (Tab. 5.9.), was auf Unterschiede im Eiweißträger (Opsin) zurückzuführen ist. Während bei **marinen Fischen,** die sich ständig in der Nähe der Wasseroberfläche oder der Küste aufhalten, ein Rhodopsin mit einem Absorptionsmaximum zwischen 505 und 510 nm herrscht, ist das Maximum bei Fischen aus tieferen Meeresschichten (200 m und tiefer) zum kurzwelligen Bereich hin verschoben, es liegt zwischen 480 und 490 nm. Wir müssen darin eine Anpassung an die Lichtverhältnisse in größeren Meerestiefen sehen, in die bekanntlich vornehmlich nur noch Strahlen des kurzwelligen Spektralbereichs vorzudringen vermögen (Abb. 5.85.).

[1]) Wilhelm Friedrich KÜHNE, geb. 1837 in Hamburg, Studium in Göttingen, 1869 o. Prof. f. Physiologie in Amsterdam, ab 1871 in Heidelberg, dort 1900 verstorben.

Tabelle 5.9. Die Absorptionsmaxima [nm] der Sehpigmente verschiedener Tiere

Tierart	Rhodopsin	Porphyropsin
Mensch	501	
Affe	500	
Ratte	498	
Huhn	510	
Alligator	500	
Frosch (adult)	502	
Frosch (Kaulquappe)	512	512
Krallenfrosch	503 (68%)	523 (32%)
Flunder	503	
Aal (marin)	487	
Aal (Süßwasser)		520
Hecht		533
Schleie	467 (25%)	533 (75%)
Petromyzon	497	
Octopus	483	
Hummer	515	
Limulus	520	

Bei den meisten **Süßwasserfischen** und einigen im Wasser lebenden Amphibien tritt statt des Retinals das **3-Dehydroretinal** mit einer zusätzlichen Doppelbindung als Chromophor auf: **Porphyropsine.** Diese zusätzliche Doppelbindung verursacht ein gegenüber dem Rhodopsin um rund 20 nm zum Roten hin verschobenes Absorptionsmaximum. Es kommt entweder allein oder neben dem Rhodopsin in der Retina vor. Im adulten Ochsenfrosch ist Rhodopsin das Sehpigment in der dorsalen und Porphyropsin dasjenige in der ventralen Hälfte der Retina.

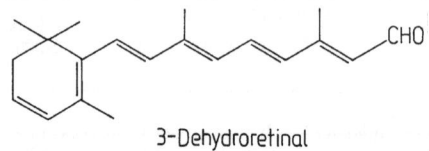

3-Dehydroretinal

Während bei den Odonaten, Mantodea, Blattariae, Saltatoria, Phasmida, Heteroptera, Coleoptera und Hymenoptera unter den **Insekten** wie bei den Wirbeltieren ein Rhodopsin als Sehpigment vorkommt, ist für die Diptera (Ausnahme: *Wilhelmia*), Lepidoptera und Planipennia (Ausnahme: *Ascalaphus*) das **3-Hydroxyretinal** als Chromophor nachgewiesen worden: **Xanthopsine.**

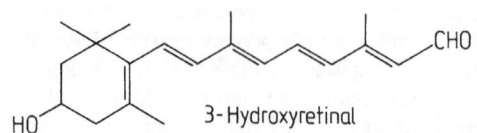

3-Hydroxyretinal

Man nimmt an, daß das Xanthopsin nur einmal in der Phylogenie „erfunden" worden ist, wahrscheinlich im Kar-

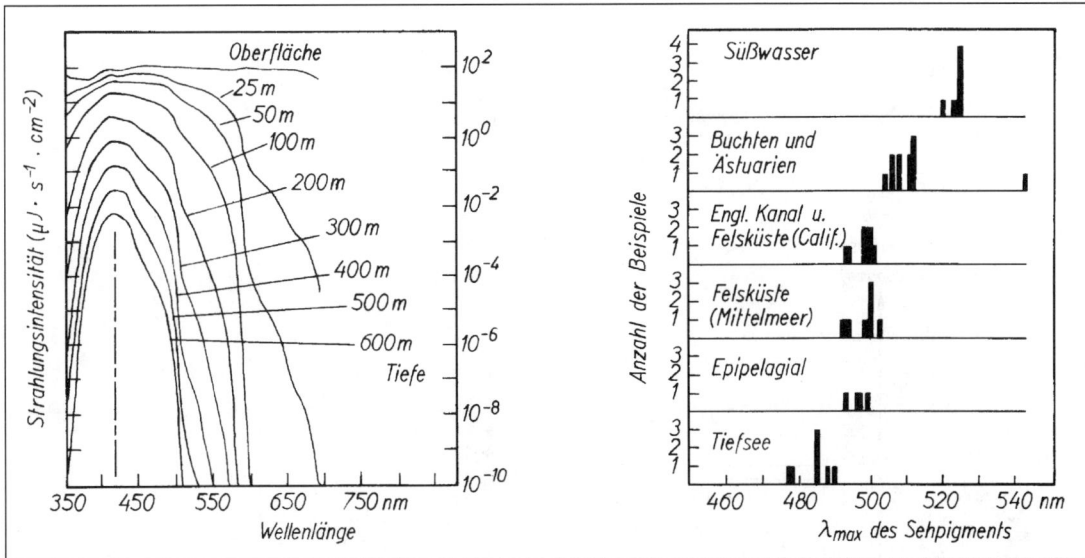

Abb. 5.85. Links: Spektrale Zusammensetzung des Lichtes in verschiedenen Tiefen des klaren Ozeans. Nach SMITH u. TYLER 1967. – Rechts: λ_{max}-Werte der Sehpigmente verschiedener Fische unterschiedlicher Lebensräume. Nach LYTHGOE 1972.

bon. Das bedeutet, daß die Neuropteroidea (Rhaphidioptera, Megaloptera, Planipennia) und die Mecopteroidea (Mecoptera, Diptera, Trichoptera, Lepidoptera) eine natürliche Gruppe bilden und auf einen gemeinsamen Ursprung zurückgehen. Der gemeinsame Vorfahr könnte die Fähigkeit erworben haben, 3-Hydroxyxanthophylle (Lutein, Zeaxanthin u. a.) zu spalten und das resultierende C_{20}-Fragment als Chromophor für sein Sehpigment zu verwenden.

Rhodopsin ist im Dunkeln außerordentlich stabil (Halbwertzeit von >400 Jahren). Bei Licht genügt die Absorption eines einzigen Lichtquants, um es in das gelbe all-trans-Retinal$_1$ und das Opsin zerfallen zu lassen. Das Licht bewirkt eine Umlagerung des 11-cis-Retinal in das all-trans-Retinal (**photochemische Stereoisomerisation**), es entsteht über ein sehr kurzlebiges Zwischenprodukt [Batho-(= Prelumi-)Rhodopsin] das Lumirhodopsin (Abb. 5.86.). Dieses Produkt geht bereits bei Temperaturen von über –40 °C in das Metarhodopsin I und dieses in das Metarhodopsin II, das „**lichtaktivierte Rhodopsin**", über. Dieses löst eine **Enzymkaskade** aus, die über mehrere Zwischenschritte zur Schließung von $Na^{\oplus}$-Kanälen (Abnahme des Dunkelstroms) in den äußeren Segmenten der Photorezeptoren führt (s. u.). Es selbst hydrolysiert in etwa einer Minute in Opsin und all-trans-Retinal$_1$. Letzteres kann weiter zum all-trans-Vitamin A$_1$ reduziert werden. Zur **Regeneration des Sehpurpurs** ist es notwendig, daß wieder die 11-cis-Konfiguration des Retinal$_1$ bereitgestellt wird. Das geschieht wahrscheinlich nur zum geringen Teil durch direkte Rückwandlung des all-trans-Retinal$_1$

mit Hilfe der Retinal-Isomerase. Die Gleichgewichtslage dieser Reaktion ist vom Licht abhängig. Der größte Teil der Regeneration geht vom Vitamin A$_1$ aus, das in der Leber gespeichert wird und im Blut gewöhnlich in ausreichender Menge zur Verfügung steht. Dieser Weg führt über das 11-cis-Vitamin A$_1$ zurück zum 11-cis-Retinal$_1$, das sich spontan wieder mit dem Opsin zu Rhodopsin verbindet. Die hier für das Rhodopsin besprochenen Vorgänge gelten in entsprechender Weise auch für das Porphyropsin.

Das photochemische System einer Reihe von **Evertebraten** unterscheidet sich dadurch vom Vertebratentyp, daß thermostabile Zwischenprodukte entstehen. So endet bei den Cephalopoden und einigen Arthropoden die Reihe der Umsetzungen des Rhodopsins bei relativ stabilen Metarhodopsinen. Die Reisomerisation des Retinals von der all-trans- in die 11-cis-Konfiguration erfolgt in der Hauptsache nicht chemisch, sondern durch Absorption eines weiteren Lichtquants (**Photoreisomerisation**), ohne daß das Molekül vorher in Retinal und Opsin zerfallen ist. Ein solcher photochemischer **Flip-Flop-Zyklus,** bei dem die Photostereoisomerisation des Sehpigments Rhodopsin zur stabilen Form des Metarhodopsins bei bestimmter Wellenlänge (λ_{max}) optimal verläuft und die Photoreisomerisation zurück zum Rhodopsin einen anderen λ_{max}-Wert zeigt, ist außer bei Cephalopoden auch in den lateralen Ocelli der Entenmuschel (λ_{max}: 495 und 532 nm), im medianen Ocellus von *Limulus* (λ_{max}: 360 und 480 nm), in den larvalen Ocelli von Moskitos (λ_{max}: 480 und 515 nm) sowie im Komplexauge der Neuroptere *Ascalaphus* (λ_{max}: 345 und 475 nm), der Schmeißfliege *Calliphora* (λ_{max}: 490 und 560 nm) und des Schwärmers *Deilephila* (λ_{max}: 525 und 480 nm) gefunden worden.

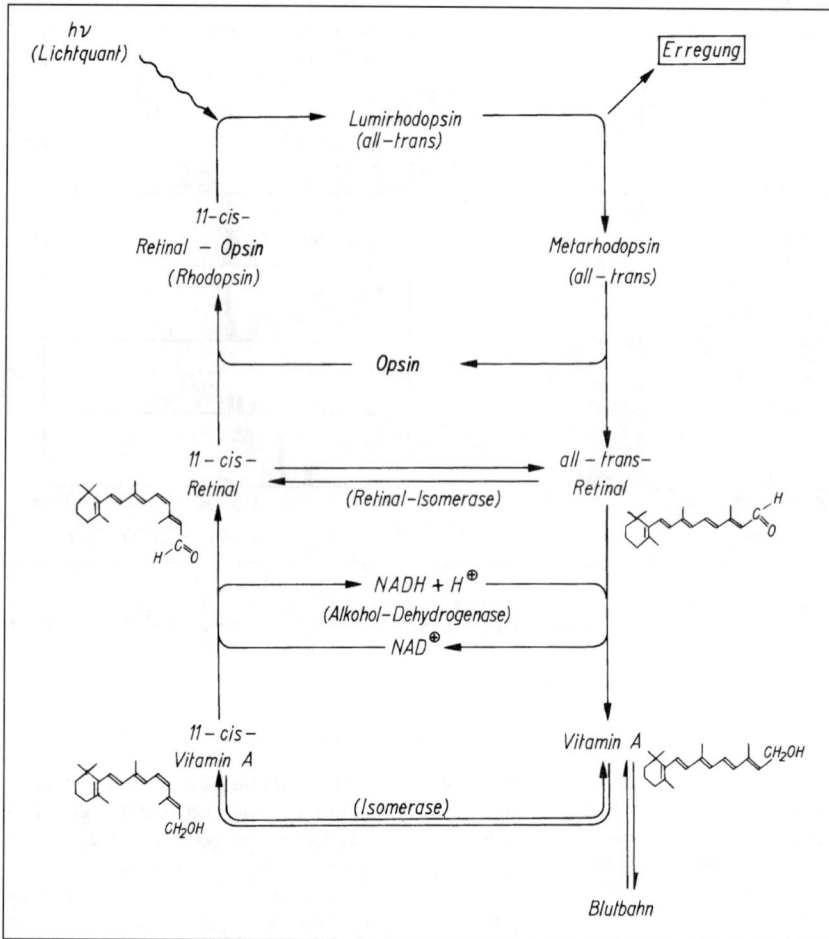

Abb. 5.86. Die Vorgänge beim Zerfall und bei der Regeneration des Rhodopsins im Wirbeltierauge in vereinfachter Form.

Das lichtaktivierte Rhodopsin (Metarhodopsin II) löst eine **Enzymkaskade** aus, die über das GTP-bindende Protein (G-Protein) **Transducin** zur aktivierten cGMP-**Phosphodiesterase** und weiter zur Hydrolyse von **zyklischem GMP** (cGMP) führt. Die lichtinduzierte Abnahme des cGMP-Spiegels („interner Transmitter") im Cytoplasma führt zur Schließung von kationenspezifischen Kanälen in der Plasmamembran der Sehzellen, die bei Dunkelheit offenstehen. Durch sie treten ständig Na$^\oplus$-Ionen ihrem elektrochemischen Gradienten folgend in das äußere Segment der Rezeptorzellen ein (**Dunkelstrom**). Dieser Gradient wird durch eine Na$^\oplus$/K$^\oplus$-Transport-ATPase in der Plasmamembran der inneren Segmente aktiv aufrechterhalten. Bei Dunkelheit sind die Zellen deshalb depolarisiert. Bei Licht werden sie reizintensitätsabhängig **hyperpolarisiert,** weil Kanäle infolge des cGMP-Mangels geschlossen werden und damit der Dunkelstrom abnimmt. Ein einziges absorbiertes

Photon schließt in einem dunkeladaptierten Stäbchen hunderte Kanäle und hyperpolarisiert die Membran um etwa 1 mV. Dem entspricht eine Abnahme der Membranleitfähigkeit um etwa 20 pS, die in einem mehrere μm langen Abschnitt des äußeren Segments auftritt. Das cGMP wirkt direkt auf den Kanal ein, der zur Aufrechterhaltung seines geöffneten Zustandes die Bindung von mindestens drei Molekülen cGMP erfordert (Hill-Koeffizient 3,0) (Abb. 5.87.).

Im einzelnen spielen sich folgende Prozesse ab: Das lichtaktivierte Rhodopsin bindet vorübergehend das **Transducin,** das daraufhin durch den Austausch von GDP gegen GTP an seiner α-Untereinheit aktiviert wird. Dieses so aktivierte Transducin trennt sich wieder vom lichtaktivierten Rhodopsin, das für einen erneuten Katalysezyklus zur Verfügung steht. Ein einziges lichtaktiviertes Rhodopsin-Molekül kann so nacheinander 500 Transducin-Moleküle aktivieren (**1. Verstärkerstufe**) bis es schließlich von der **Rhodopsin-Kinase** phosphoryliert und damit inaktiviert

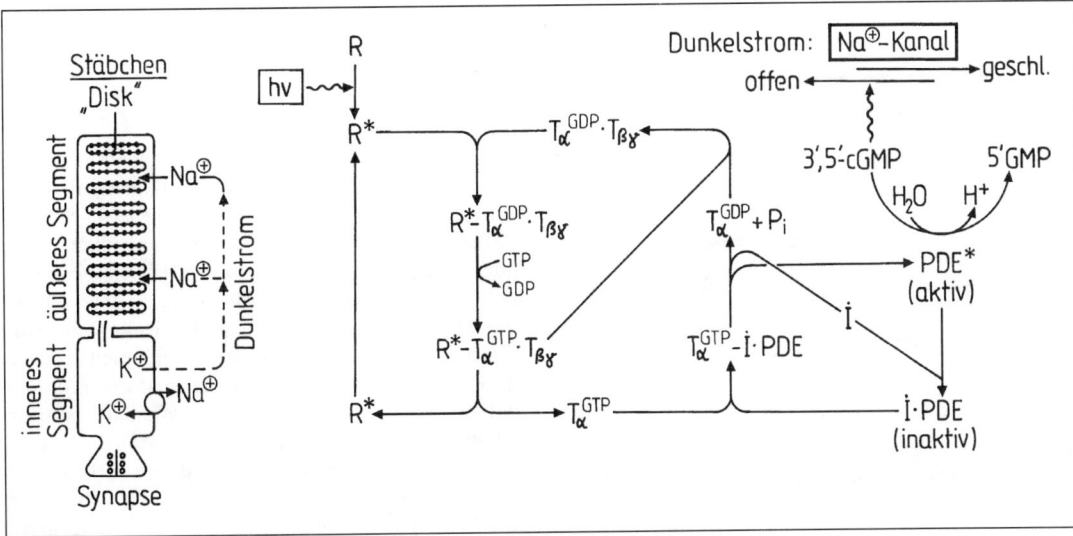

Abb. 5.87. Die Reaktionskaskade der Phototransduktion in den Stäbchen der Wirbeltierretina. R: Rhodopsin; T : Transducin mit seinen Untereinheiten α, β und γ; PPDE: Phosphodiesterase mit ihrer inhibitorischen Untereinheit (I); *: aktivierte Form (nähere Erläuterungen im Text).

wird. In diesem Zustand kann es das **Arrestin** (ein 48 kD-Protein) binden und verliert dann die Fähigkeit, weitere Transducin-Moleküle zu binden und zu aktivieren. Die α-Untereinheit des aktivierten Transducins aktiviert ihrerseits eine **cGMP-Phosphodiesterase** (PDE) indem sie von dieser eine inhibitorische Untereinheit (I) abzieht. Jedes aktivierte cGMP-Phosphodiesterase-Molekül hydrolysiert anschließend etwa 1000 3',5'-cGMP-Moleküle zu 5'GMP + $H^\oplus$ (**2. Verstärkerstufe**). Die Resynthese des cGMP (interner Transmitter, s. o.) und damit Rückkehr zum Dunkelzustand wird durch eine **Guanylatzyklase** geleistet.

Sowohl die durch Licht hervorgerufene Hyperpolarisation (auf etwa –70 mV maximal gegenüber einem „Dunkelwert" von etwa –20 mV beim Furchenmolch und Gecko) als auch die damit verbundene Steigerung des Membranwiderstandes (um 5 MΩ gegenüber einem Dunkelwert von 10–20 MΩ) sind um so intensiver, je stärker der einwirkende Lichtreiz ist. Eine Abhängigkeit der Antwort von der Fläche des beleuchteten Retinabereichs zeigte sich dagegen nicht. Daraus kann man schließen, daß jeder Rezeptor funktionell unabhängig von seiner Umgebung reagiert. Das **Rezeptorpotential** (Hyperpolarisation) breitet sich anschließend elektrotonisch bis zu den synaptischen Terminalen aus, wo die **Transmitterfreisetzung** herabgesetzt wird.

Auch bei **Evertebraten-Photorezeptoren,** die sich, wie die Außensegmente der Stäbchen und Zapfen, von modifizierten Cilien ableiten (Cilien-Typ, Abb. 5.56.) (z. B. bei der Ascidienlarve *Amaroucium*), aber auch bei einigen, deren Membranspezialisierung, wie bei den Rhabdomeren der Retinalzellen des Arthropoden-Komplexauges, einem Mikrovillisaum entspricht (z. B. Salpen), hat man (wie bei Wirbeltieren) eine **Hyperpolarisation** der Membran bei Lichteinfall festgestellt. Diese Hyperpolarisation ist allerdings nicht mit einer Abnahme der Membrandurchlässigkeit für $Na^\oplus$, sondern mit einer Zunahme der Leitfähigkeit der Membran verbunden. Bei den Muscheln *Pecten* und *Lima* werden die Zellen der „proximalen" Retina (mit rhabdomalen Membransystemen) bei Lichteinfall depolarisiert, die der „distalen" Retina (mit ciliaren Rezeptorstrukturen) hyperpolarisiert. In beiden Fällen ist die Lichteinwirkung mit einer Zunahme der Membranleitfähigkeit (Abnahme des Membranwiderstandes) verbunden. Die Hyperpolarisation kommt durch eine selektive Erhöhung der $K^\oplus$-Permeabilität (Erniedrigung des in der Ruhe relativ hohen Permeabilitätsverhältnisses $P_{Na} : P_K$, Ruhepotential zwischen –20 und –40 mV) zustande. Im Gegensatz zu den Wirbeltieren generieren die Photorezeptoren vieler Evertebraten auch selbst Aktionspotentiale.

Die Photorezeptoren der **Komplexaugen**, der Arthropoden, vieler schalenloser Schnecken *(Hermissenda, Onchidium, Tritonia)* und Cephalopoden werden bei Lichteinwirkung nicht hyper-, sondern **depolarisiert.** Bei der Schmeißfliege *Calliphora* beträgt das Membran-Ruhepotential einzelner Retinulazellen etwa –60 mV. Bei Belichtung nimmt es zunächst stark ab **(Depolarisation)**, um anschließend einen von der Intensität des Reizlichtes abhängigen, etwas höheren stationären Wert einzunehmen (Abb. 5.88.). Bei hoher Intensität kann die Depolarisation mehr als 40 mV betragen. Bei *Limulus* und dem Flußkrebs *Astacus* ist die Depolarisation durch Licht mit einer Zunahme der Membranleitfähigkeit für $Na^\oplus$ verbunden. Nach Beendigung der Belichtung kehrt das Potential zum Ruhewert zurück.

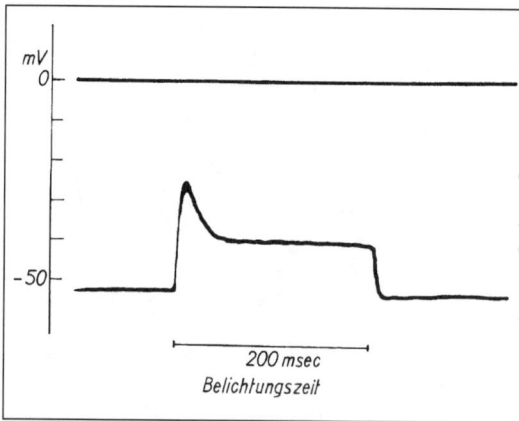

Abb. 5.88. Intrazellulär abgeleitetes Belichtungspotential einer einzelnen Sehzelle im Auge von *Calliphora*. Die Gerade gibt die Nullinie an. Nach BURKHARDT 1964.

Die Phototransduktionskaskade bei *Drosophila* und anderen **Insekten** weicht von der bei Wirbeltieren in einigen Punkten ab. Die Absorption eines Lichtquants (hv) löst eine Interaktion des aktivierten Rhodopsins mit dem heterotrimeren G-Protein (G_q) aus. Nach Austausch des GDP mit einem GTP aktiviert die α-Untereinheit des G-Proteins nicht, wie bei den Wirbeltieren, eine Phosphodiesterase, sondern eine augenspezifische **Phospholipase C** (PLC), die ihrerseits das membranständige Phosphatidyl-Inositol-4,5-biphosphat (PIP_2) in Inositol-1,4,5-triphosphat (IP_3) und Diacylglycerin (DAG) spaltet. Letzteres bleibt in der Membran, während das IP_3 an die IP_3-Rezeptoren von $Ca^{2\oplus}$-Kanalproteinen in der Wand der submikrovillären Cisternen (SMC) bindet und dadurch den Kanal öffnet. $Ca^{2\oplus}$ strömt aus dem Speicher ins Plasma. Das Calcium öffnet nichtselektive Kationenkanäle in der Plasmamembran, eine **Depolarisation** ist die Folge (Abb. 5.88.).

5.4.7. Farbensehen

Viele Tiere besitzen die Fähigkeit, verschiedene Spektralbereiche des Lichtes voneinander zu unterscheiden. Voraussetzung dafür ist das Vorhandensein von mindestens zwei verschiedenen **Photorezeptortypen** mit unterschiedlichen spektralen Empfindlichkeitsfunktionen (λ), d. h. mit unterschiedlichen Sehpigmenten. Wir kennen **di-, tri-** und **tetrachromatische Sehsysteme** mit zwei, drei bzw. vier verschiedenen Rezeptortypen: Di-, Tri- bzw. Tetrachromaten. Damit ist noch keine Aussage über die tatsächliche Anzahl unterscheidbarer Farbqualitäten getroffen. So besitzt z. B. der Mensch ein trichromatisches System, mit dem er 160–200 Farbqualitäten unterscheiden kann. Das ist jedoch nicht mehr eine Leistung der Rezeptoren allein, sondern dem liegen nachgeschaltete Informationsverarbeitungsprozesse im ZNS zugrunde. Bei den meisten Tieren ist es kaum möglich, Angaben über die Zahl der tatsächlich unterscheidbaren Farbqualitäten zu machen.

5.4.7.1. Vertebraten

Durch Dressurversuche sowie Beobachtungen des Farbwechsels ist bei mehreren **Knochenfischen** (*Phoxinus, Crenilabrus,* verschiedene Plattfische) ein Farbensinn nachgewiesen. Der Retinastruktur nach müßten dagegen die Cyclostomen, Elasmobranchier und Dipnoer farbenblind sein. Experimente fehlen. Ebenfalls farbenblind scheinen eine Reihe von **Amphibien** (*Alytes*) zu sein. Andere Amphibien konnten nur Rot und Blau (*Rana temporaria, Molge alpestris* und *M. vulgaris*) und noch andere alle dargebotenen Farben unterscheiden (*Salamandra, Molge helveticus*). Bei der Erdkröte (*Bufo bufo*) ist ein Farbensehen für Blau und Violett nachgewiesen. Die **Reptilien** (Schildkröten, Ringelnatter und einige Eidechsen) scheinen farbentüchtig zu sein. Nach elektrophysiologischen Untersuchungen ist bei den Schildkröten die Rotempfindlichkeit besonders ausgeprägt und das Farbensehen im kurzwelligen Bereich schlecht. Man konnte Schildkröten (*Emys europaea* u. a.) auf Ultrarot dressieren. Der Farbensinn der **Tagvögel** ist wohl durchweg gut entwickelt. Unter ihnen dürften die Formen mit dem höchstentwickelten Farbensehen zu finden sein. Demgegenüber zeigt die Mehrzahl der **Säugetiere** ein schwach entwickeltes Farbensehen. Das mag damit zusammenhängen, daß die frühen Säugetiere zur Zeit der Dinosaurier mit großer Wahrscheinlichkeit nachtaktiv waren, so daß ihr Farbensehen weitgehend degenerierte. Als total farbenblind erwiesen sich Ratten, Goldhamster, Kaninchen, Waschbären, Hunde und Halbaffen. Einen schwach entwickelten Farbensinn zeigen Mäuse. Die graue Hausmaus und die Rötelmaus unterscheiden nur Gelb und Rot. Anhand von Dressurversuchen wurde gezeigt, daß die Katze nur im langwelligen Bereich des sichtbaren Spektralanteils Farben unterscheiden kann. Die Huftiere (Pferd, Zebu, Schaf, Rothirsch u. a.) sind relativ farbentüchtig. Das Meerschweinchen unterscheidet Rot, Gelb, Grün und Blau. Auch das Eichhörnchen hat einen ausgeprägten Farbensinn. Am farbtüchtigsten unter den Säugetieren sind die Affen (Kapuziner, Rhesusaffe, Pavian, Meerkatze, Schimpanse u. a.) und der Mensch.

Bei verschiedenen Wirbeltieren sind drei **Zapfentypen** mit unterschiedlichen Absorptionsmaxima (Abb. 5.89.) gefunden worden:

	S(short)-Rezeptor	M(middle)-Rezeptor	L(long)-Rezeptor
Mensch	440	540	567
Rhesusaffe	445	535	570
Karpfen	462	529	611

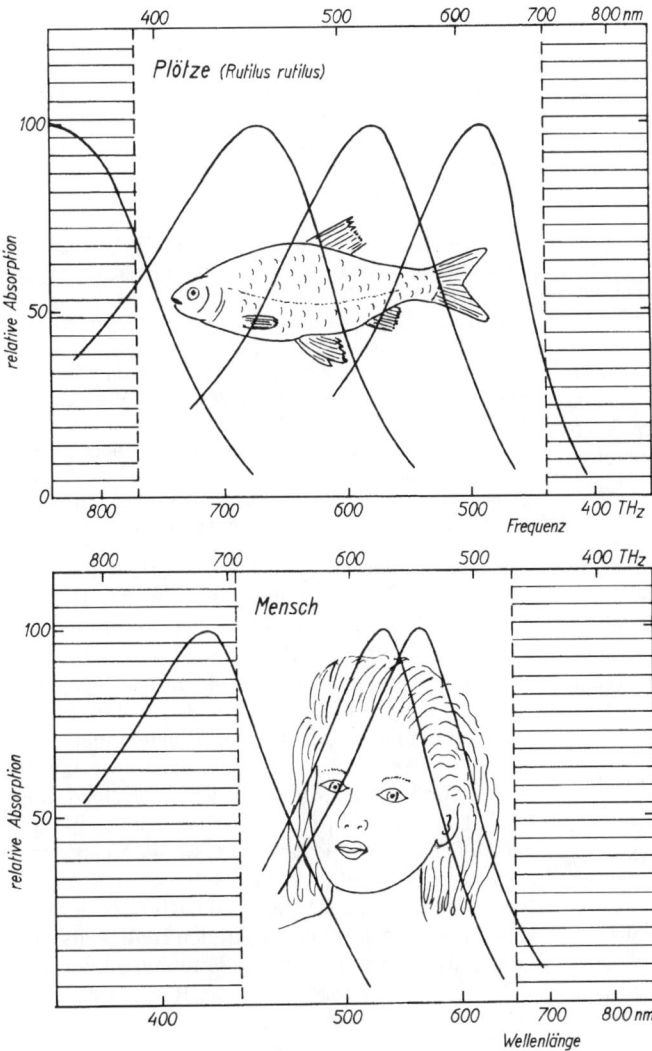

Abb. 5.89. Die Absorptionsspektren der drei (Mensch) bzw. vier (Plötze) verschiedenen Zapfen-Sehfarbstoffe in der Retina. Die gestrichelten senkrechten Linien kennzeichnen die Grenzen des Wellenlängenunterscheidungsvermögens. Sie liegen beim Fisch wesentlich weiter auseinander als beim Menschen. Die Plötze besitzt statt des Rhodopsins Porphyropsine in ihren Zapfen, deren Absorptionsspektren etwas breiter sind als die des Rhodopsins (Mensch). Nach BOWMAKER 1983.

Die drei Sehfarbstoffe haben (wie das Rhodopsin der Stäbchen) Retinal als Chromophor, lediglich die Eiweißkörper (Opsine) sind unterschiedlich. Zu den **Trichromaten** zählen neben vielen Fischen und den Primaten auch viele Vögel. Dagegen sind die Molche und Salamander, die Ringelnatter *(Natrix natrix)*, der Gecko, das Eichhörnchen *(Sciurus vulgaris)* und die Katze **Dichromaten.**

Eine Reihe von Wirbeltieren – vielleicht mit Ausnahme der Säugetiere – können auch im **UV-Bereich** noch sehen, so z. B. die Fluß-Elritze *(Phoxinus phoxinus)* bis hinunter zu einer Wellenlänge von 365 nm. Sie unterscheidet das UV auch vom Violett. Kolibris können auf UV dressiert werden. Ebenfalls UV-empfindlich sind Tauben und die Erdkröte *(Bufo bufo)*, wahrscheinlich auch Eidechsen. Ihr dioptrischer Apparat ist für UV-Licht durchlässig. Er läßt bei den Tagvögeln Wellenlängen bis 350 nm durch, während die gelbliche Linse des Menschen unterhalb von 400 nm bereits alles wegfiltert. Etwa 24% des UV-Lichtes (366 nm) erreichen noch die Vogelretina. In Verhaltensexperimenten wurde das Wellenlängenunterscheidungsvermögen bei Tauben in dem Bereich zwischen 360 und 660 nm analysiert. Man fand vier Minima bei 375, 460, 530 und 595 nm mit $\Delta\lambda$-Werten von <10 nm. Hier wie auch bei anderen Tagvögeln muß man mit mindestens vier verschiedenen Rezeptortypen (**tetrachromatisches Sehen**) rechnen. Drei Pigmente mit Absorptionsmaxima bei 460, 515 und 567 nm sind bereits gefunden worden. Mikrospektrophotometrisch konnte bei der Plötze *(Rutilus rutilus)* kürzlich ein solcher vierter, UV-sensibler Zapfentyp mit einem Absorptionsmaximum bei 355–360 nm entdeckt werden (Abb. 5.89.). Der Bereich, in dem Wellenlängen unterschieden werden können, ist bei der Plötze auch wesentlich größer als beim Menschen. Auch beim Goldfisch liegt ein tetrachromatisches System vor.

5.4.7.2. Evertebraten

Bis 1914 galt allgemein die von HESS vertretene Auffassung als richtig, daß die Wirbellosen generell farbenblind seien. Dann zeigte v. FRISCH[1]), daß Bienen auf Farben dressiert werden können. Heute ist die Fähigkeit des Farbensehens bei vielen Evertebraten mit unterschiedlichen Methoden exakt nachgewiesen.

Bei dem **Cephalopoden** Sepia kann man auf Grund seines Farbwechsels bereits auf einen gut ausgeprägten Farbensinn schließen. Alle Versuche, Octopus auf Farben zu dressieren, fielen dagegen bisher negativ aus. Unter den **Krebsen** scheint ein Farbunterscheidungsvermögen weit verbreitet zu sein. Unter den **Insekten** erwiesen sich alle bisher untersuchten Dipteren, sowie Vertreter der Orthopteren, Hymenopteren, Coleopteren, Hemipteren, Homopteren und Neuropteren als farbentüchtig. Am besten sind die **Bienen** hinsichtlich ihrer Farbtüchtigkeit untersucht. Sie können zwar noch bei reinem UV-Licht sehen, andererseits ist das Rot für sie keine Farbe mehr, es wird mit schwarz verwechselt. Das sichtbare Spektrum ist bei ihnen gegenüber dem Menschen um etwa 100 nm zur kurzwelligen Seite hin verschoben, es erstreckt sich von 300–650 nm (Tab. 5.4.).

Da die Insekten mit Ausnahme der Schmetterlinge und Ameisen kein **Rot** sehen können, fehlen in unserer einheimischen Flora die rein roten Blüten auch fast vollständig. Der Klatschmohn stellt dabei keine Ausnahme dar. Seine Blüten reflektieren neben dem für uns sichtbaren Rot sehr viel Ultraviolett. Sie erscheinen der Biene also im ultravioletten Farbton. Die vielen weißen Blüten unserer Flora reflektieren dagegen kaum UV. Die Bienen sehen sie deshalb

---

[1]) Karl v. FRISCH, geb. 1886 in Wien, Prof. f. Zoologie in Rostock, Breslau, Graz und München (Nobelpreis 1975).

in der zum UV komplementären Farbe, das ist das Blaugrün. Das geht aus Experimenten hervor, in denen beobachtet wurde, daß die Bienen für uns weißes, UV-freies Licht mit blaugrünem Licht der Wellenlänge 490 nm verwechseln. Im Gegensatz zu unserer Flora findet man in den Tropen und Subtropen viele leuchtend rote Blüten. Es handelt sich dabei um Blüten, die von Kleinvögeln (die Kolibris Amerikas, die Honigsauger der alten Welt u. a.) bestäubt werden.

Das **Ultraviolett** ist für die Biene die gesättigste Farbe überhaupt. Bereits 2% Beimischung von UV-Quanten zum monochromatischen Licht aus der gelben Region des Spektrums erzeugt ein „Purpur" (sog. Purpur I), das vom reinen Gelb sicher unterschieden werden kann. Im Gegensatz dazu ist die Beimischung von 50% Gelb-Quanten notwendig, um einen vom reinen UV unterscheidbaren Farbton (Purpur II) zu erzeugen. Da die grünen Blätter etwas UV reflektieren und das Grün für Bienen komplementär zum UV (Abb. 5.90.), aber wesentlich ungesättigter ist, erscheinen die grünen Blätter für die Biene unbunt in einem Grau. Demgegenüber kontrastieren die grünen und gelbgrünen Blüten, die kein UV reflektieren (z. B. Wolfsmilch) farbig.

Bei der **Biene** konnten durch intrazelluläre Messungen der Membranpotentialänderung bei Reizung mit monochromatischem Licht drei **Rezeptortypen** mit ihren Empfindlichkeitsmaxima im UV (330 nm), Blauen (450 nm) und Grünen (543 nm) nachgewiesen werden (Abb. 5.91.). Ähnlich ist es bei Wespen und Hummeln, anders z. B. bei der **Wüstenameise** Cataglyphis. Dort findet man nicht zwei (wie bei der Biene), sondern drei Minima in der Unterschiedsempfindlichkeitsfunktion ($\Delta\lambda$-Funktion, Abb. 5.91. und 5.92.). Diese liegen jeweils dort, wo die Flanken der spektralen Empfindlichkeitskurven zweier Rezeptortypen sich überlappen. Man fand auch nicht nur drei, sondern vier Peaks in der spektralen Helligkeitsfunktion. Diese und weitere Befunde führen zu der Vorstellung von der Existenz von vier Rezeptortypen bei diesem Insekt mit ihren Empfindlichkeitsmaxima bei

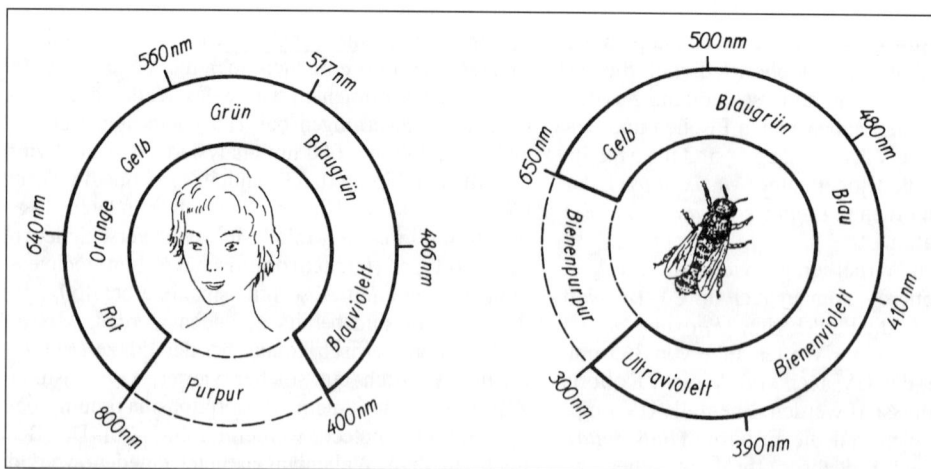

Abb. 5.90. Farbkreis des Menschen und der Biene. Die Komplementärfarben, die auch bei der Biene in ihrer Mischung „unbunt" ergeben, stehen im Kreis einander gegenüber. Mischung der Farben an den beiden Enden des sichtbaren Spektrums ergibt eine neue Farbqualität („Purpur"), die auch von der Biene mit keiner anderen Farbe verwechselt wird. v. FRISCH 1959.

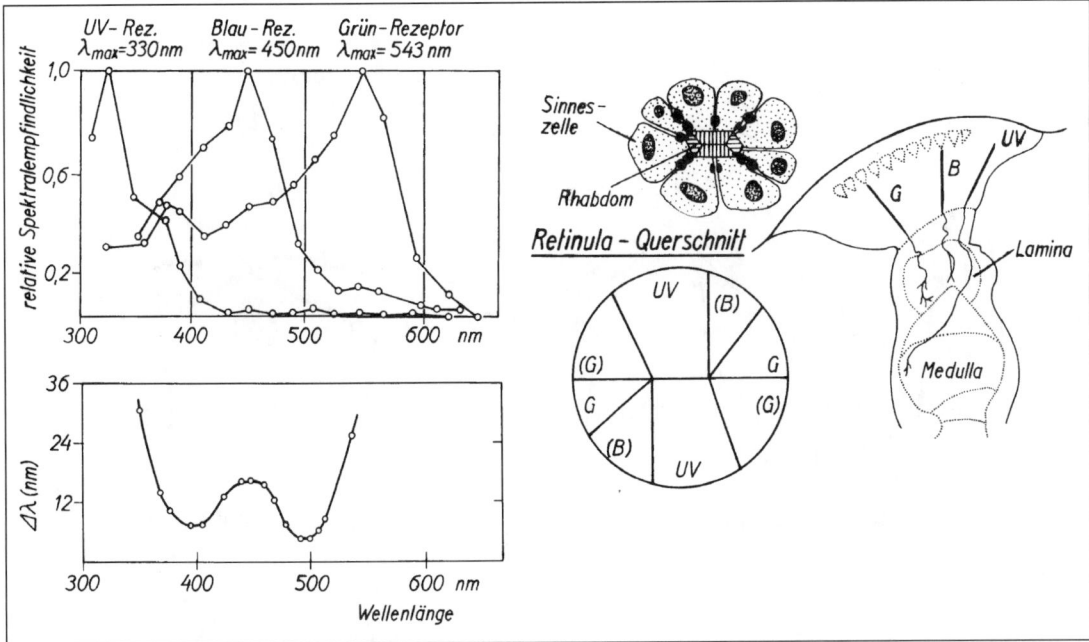

Abb. 5.91. Bienenauge: Links: Die spektralen Empfindlichkeitsfunktionen der drei Rezeptortypen und die Unterschiedsempfindlichkeitsfunktion. $\Delta\lambda$ = Unterschiedsschwelle: Abweichung der Testwellenlänge von der Dressurwellenlänge, bei der die Bienen noch zu 70% die Dressurwellenlänge richtig wählen, aber in 30% der Fälle die Testwellenlänge mit der Dressurwellenlänge verwechseln (nach v. HELVERSEN 1972). – Rechts: Verteilung der Rezeptortypen im Retinula-Querschnitt des Ommatidiums sowie deren Projektion in die optischen Ganglien. Nach MENZEL 1979.

345, 430, 505 und 570 nm (Abb. 5.92.). Neben den Ameisen dehnen auch die **Schmetterlinge** ihr sichtbares Spektrum so weit ins Rote aus wie die Wirbeltiere. Auch dort scheint es einen vierten Rezeptortyp mit dem Empfindlichkeitsmaximum im Roten zu geben. – **Farbenblind** scheinen die Stabheuschrecke

Carausius, Thrips, der Pappelblattkäfer *(Melasoma populi)* und der Rosenkäfer *(Cetonia aurata)* zu sein.

Im dunkeladaptierten **Fliegenauge** findet man zwei Rhabdomeren-Typen mit unterschiedlichen Absorptionsspektren. Während der zentrale Sehstab der Sinneszellen 7 (Abb. 5.66.) und 8 stets ein Absorp-

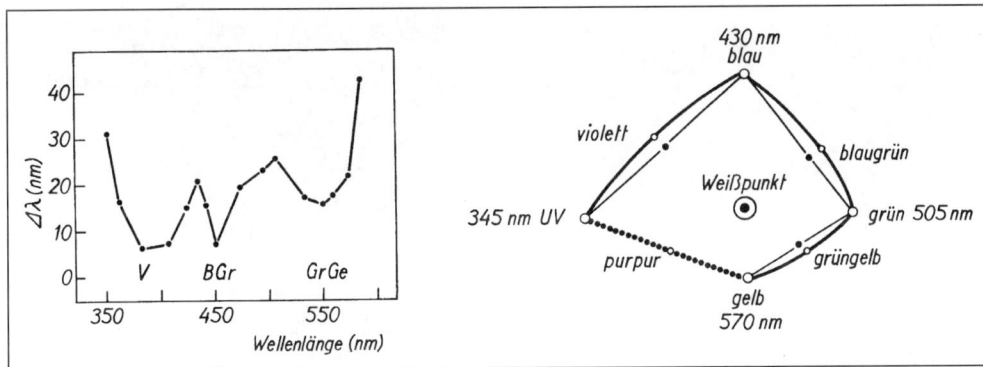

Abb. 5.92. Auge der Wüstenameise *Cataglyphus bicolor.* Links: Unterschiedsempfindlichkeitsfunktion ($\Delta\lambda$-Funktion). $\Delta\lambda$ = Unterschiedsschwelle: Abweichung der Testwellenlänge von der Dressurwellenlänge, bei der die Dressurwellenlänge noch zu 60% richtig gewählt, aber zu 40% mit der Testwellenlänge verwechselt wird. Die Kurve weist drei deutliche Minima auf, die im Violetten (V) bei 382 nm, im Blaugrünen (BGr) bei 449 nm und im Grüngelben (GrGe) bei 550 nm liegen. Das daraus abgeleitete Farbendiagramm (rechts) mit vier Grundfarben (tetrachromatisches System): Gelb, Grün, Blau und UV. Nach KRETZ 1979.

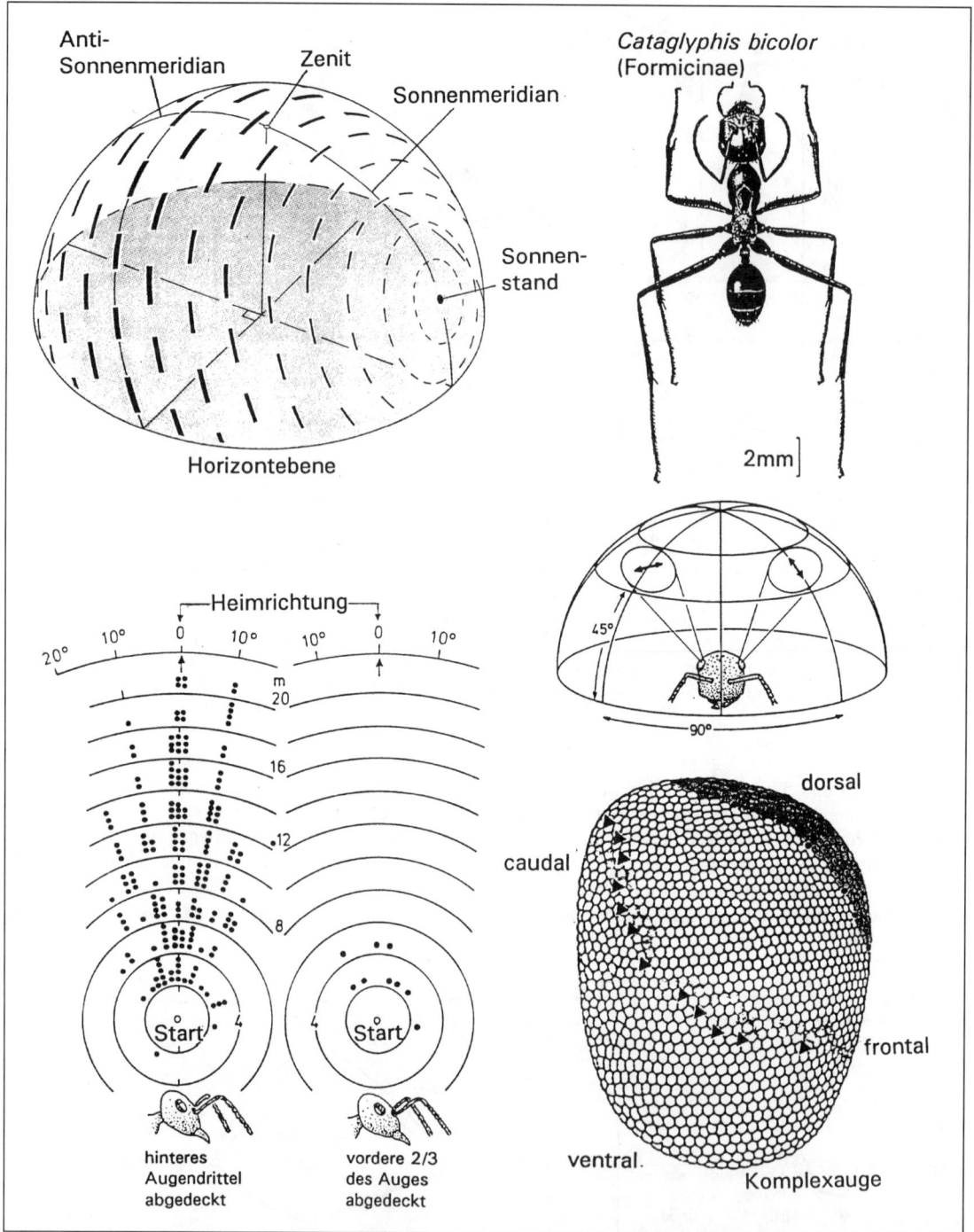

Abb. 5.93. Orientierung nach der Polarisationsebene des Himmelslichtes bei der Wüstenameise *Cataglyphis bicolor*. Links oben: Das Muster des *e*-Vektors am „Himmelsgewölbe" für einen im Zentrum stehenden Beobachter. Die Balken geben Richtung *und* Ausmaß der Polarisation (Anteil des linear polarisierten Lichtes am Gesamtlicht) an. Das direkte Sonnenlicht ist unpolarisiert. Die mit beiden Augen 45° über dem Horizont erfaßten Polarisationsebenen an zwei verschiedenen Himmelsorten dienen als Grundlage für die Errechnung des Sonnenstandes, für die Kompaßorientierung. Die Heimorientierung ist empfindlich gestört (Bild links unten), wenn der für die Analyse des polarisierten Lichtes verantwortliche dorsale Augensektor (im Bild rechts unten dunkel markiert) abgedeckt wird: Jeder Punkt repräsentiert einen „Wiederfund". Die Dreiecksignaturen im Komplexauge kennzeichnen die auf den Horizont blickenden Ommatidien. Nach WEHNER 1976, 1994.

tionsmaximum im blauen Spektralbereich (470 nm) zeigt, läßt sich in den restlichen 6 Rhabdomeren der Sinneszellen 1–6 ein Farbstoff mit einem Absorptionsmaximum im Grünen (515 nm) nachweisen. Es existieren also im Auge der Dipteren (*Musca, Drosophila, Calliphora* u. a.) zwei Rezeptorsysteme. Dem einen gehören die **Grün-Rezeptoren** (Sinneszellen 1–6 jedes Ommatidiums) und dem anderen die **Blau-Rezeptoren** (Sinneszellen 7 und 8) an. Diese beiden Systeme unterscheiden sich auch hinsichtlich ihrer absoluten Lichtempfindlichkeit. Die Grün- sind empfindlicher als die Blau-Rezeptoren. Das bedeutet, daß sich mit abnehmender Lichtintensität das Empfindlichkeitsmaximum des Auges ähnlich wie bei den Wirbeltieren verlagert (s. Purkyně-Phänomen, S. 468), jedoch in die entgegengesetzte Richtung, nämlich zu längeren Wellenlängen hin.

Die **Drohnen** besitzen nur im ventralen Teil ihrer Augen alle drei Rezeptortypen, im dorsalen fehlt der Grün-Rezeptor. Eine solche **Verschiedenheit einzelner Augenbereiche** ist auch von anderen Arten bekannt. So ist der ventral-anteriore Teil des Auges von dem Rückenschwimmer *(Notonecta glauca)* im Gegensatz zum dorsal-posterioren farbenblind. Im Schabenauge konnten dorsal zwei, ventral nur ein Rezeptortyp nachgewiesen werden. Bei der Libelle *Aeshna* ist der dorsale Teil des Auges farbenblind, im ventralen sind zwei Rezeptortypen (Max. bei 515 und 610 nm) bekannt.

5.4.8. Polarisationssehen

Eine besondere Leistung vieler **Insekten** und **Krebse** ist es, die Polarisationsebene des Himmelslichtes registrieren und für ihre Orientierung auswerten zu können. Durch die Streuung des Sonnenlichtes an den Luftmolekülen der Erdatmosphäre entsteht ein charakteristisches **„Polarisationsmuster"** (*e*-Vektor-Muster) am Himmel, das sich allerdings mit dem Sonnenstand ändert. An jedem Himmelspunkt schwingt der elektrische *(e-)*Vektor der elektromagnetischen Lichtwelle in einer bestimmten Richtung (Abb. 5.93.). Dieses Himmelsmuster mit einer durch den Sonnen-Antisonnen-Meridian (senkrecht zur Horizontalebene) verlaufenden Symmetrieebene (Abb. 5.93.) dient verschiedenen Arthropoden als Winkelmesser für ihre Orientierung. Dabei genügt es, wenn die Tiere nur einen Teil des Musters registrieren können, während der Rest durch depolarisierende Wolken verdeckt ist. Sie können aufgrund der Information jede beliebige Kompaßrichtung relativ zum Sonnenmeridian (Nullpunkt des Kompasses!) bestimmen.

Der dazu notwendige Analysator liegt nicht im dioptrischen Apparat, sondern in den Sehzellen selbst. Die Cornea und der Kristallkegel sind optisch isotrop, während sich die Rhabdomeren unter dem Polarisa-

tionsmikroskop als doppelbrechend erweisen. Das verdanken sie der regulären Anordnung der **Mikrovilli** sowie der quasi-kristallinen Anordnung der dichroitischen Rhodopsinmoleküle in den Mikrovillimembranen. Die **Polarisationsanalysatoren** sind bei Bienen, Ameisen und Fliegen ausschließlich UV-, bei Grillen Blau- und beim Maikäfer *(Melolontha)* Grünrezeptoren. Bei Hymenopteren, Grillen, Fliegen und Schmetterlingen sind sie in ihrer Verbreitung auf ein kleines nach dorsal gerichtetes **Randfeld** des Komplexauges beschränkt. Dieses Feld umfaßt bei der Biene 2,5% und bei der Wüstenameise *Cataglyphis* 6,6% aller Photorezeptoren. Es ist notwendig und hinreichend für die *e*-Vektor-Navigation (Abb. 5.93., Abb. 5.94.).

Die **Polarisationsanalysatoren** (*e*-Vektor-Detektoren) zeichnen sich dadurch aus, daß ihre rhabdomerischen Mikrovilli über die gesamte Länge der stabförmigen Sehzelle, die die Retina geradlinig durchsetzen, eine streng parallele Ausrichtung zeigen. Außerhalb dieses Randfeldes ist diese parallele Ausrichtung systematisch gestört, wodurch die Sehzellen für die Analysatorfunktion unbrauchbar, „polarisationsblind" werden. Bei Dipteren drehen sich („twisten") die einzelnen Rhabdomere im Verlaufe der Sehzelle zuerst in die eine Richtung um 180°, um dann wieder zurück in die Ausgangsposition zu „twisten". Bei vielen Hymenopteren (Biene) verdreht sich das ganze Ommatidium im Verlaufe seiner Länge um 180° um seine Längsachse. Bei einigen Tagfaltern (Nymphaliden, Pieriden) schwenken die gebündelten, gebogenen Mikrovilli in regelmäßigen Abständen um einen bestimmten Winkel („Twistersatz"). Bei der Wüstenameise *(Cataglyphis)* springen die Mikrovilli der UV-Rezeptoren alle 1–2 µm in eine andere Richtung.

Die Richtung der Mikrovilli definiert die Analysatorrichtung der Sehzelle. Das polarisierte Licht wird maximal absorbiert, wenn der *e*-Vektor in Richtung der Mikrovilliachse schwingt. Dreht man die Ebene des polarisierten Lichtes aus dieser Richtung um 90°, so nimmt die Höhe des Belichtungspotentials auf $^1/_6$–$^1/_8$ ab. Jedes Ommatidium in diesem dorsalen Feld enthält zwei Typen von UV-Rezeptoren, deren Mikrovilli senkrecht zueinander ausgerichtet sind. Die Axone dieser Rezeptoren enden erst in der „*Medulla*" und nicht bereits in der „*Lamina*" wie bei anderen Sehzellen (Abb. 5.91.). Sie interagieren dort an Folgeinterneuronen antagonistisch miteinander. Das führt dazu, daß dieser Analysator sehr sensibel auf Änderungen der *e*-Vektor-Richtung und weniger auf Intensitätsänderungen reagiert.

Dieser besonderen Leistung des Facettenauges, die Polarisationsebene des Himmelslichtes zu analysieren, ist es zu verdanken, daß sich die sozial lebenden Bienen und Ameisen, die nach ihren „Ausflügen" zur Futtersuche immer wieder zu ihrem Volk zurückkehren, auch dann noch orientieren können, wenn die Sonne selbst durch Wolken verdeckt ist und nur Teile des blauen Himmels sichtbar sind.

Das Insekt (Biene, Wüstenameise) speichert nicht bei jedem Ausflug bzw. Auslauf das jeweilige Polarisationsmuster in seinem Gedächtnis und vergleicht es später mit dem aktuellen Himmelsmuster. Es verwendet vielmehr eine neural fest „verdrahtete", unverän-

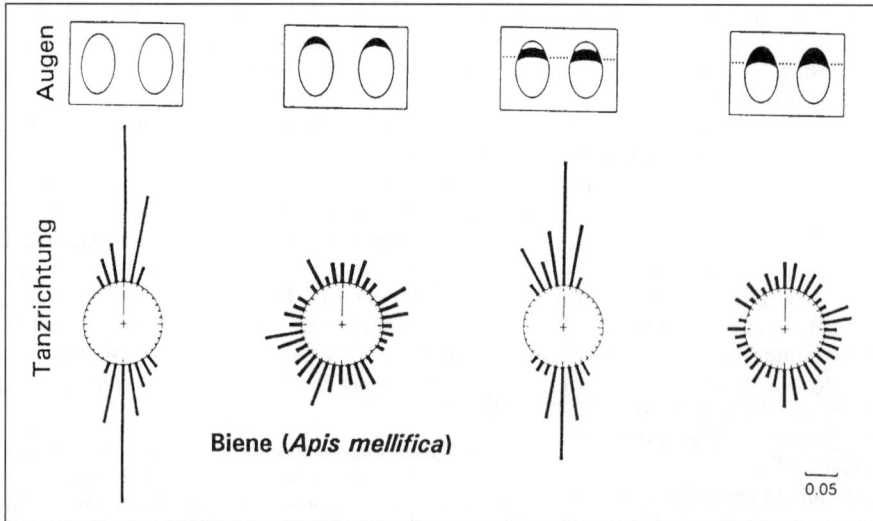

Abb. 5.94. Tanzrichtung von Bienen, die nur einen kreisförmigen Ausschnitt von 19° des Himmels im Zenit sehen konnten. Sie waren auf einen Futterplatz dressiert (im Bild: Richtung nach oben) und wurden im „Planetarium" getestet. Die Tiere waren desorientiert, wenn die dorsale Randzone des Auges (Analysatorregion) allein (Bild Mitte links) bzw. zusammen mit den benachbarten 20 bis 30 Ommatidienreihen (Bild rechts) ausgeschaltet (schwarz markiert) waren. Es ist interessant, daß die Bienen mit intakter Analysatorregion (Bild links und Mitte rechts) nicht zwischen der richtigen, andressierten Richtung und der um 180° verkehrten unterscheiden können. Das ist darauf zurückzuführen, daß der e-Vektor im Zenit eine solche Entscheidung nicht zuläßt. Er liegt sowohl zum Sonnen- wie auch zum Antisonnenmeridian senkrecht. Nach WEHNER 1994.

derliche interne Matrize, ein stereotypes **internes Himmelsbild** als Kompaß, das mit dem externen Himmelsmuster nicht exakt übereinstimmt. In diesem internen Himmelsbild ist die e-Vektor-Verteilung für alle Höhenkreise gleich, es ist invariant gegenüber der Sonnenelevation. Eine genaue Passung des internen mit dem externen Muster ist nur gegeben, wenn die Sonne am Horizont steht. Zu allen anderen Tageszeiten ergeben sich gesetzmäßige Abweichungen. Diese **„Himmelsmatrize"** ist in der bereits erwähnten schmalen dorsalen Randzone des Komplexauges niedergelegt. In dieser Zone – und nur in ihr – verfügt das Insekt über ein Feld von Polarisationsanalysatoren, wobei jeder einzelne auf eine andere, für ihn charakteristische e-Vektor-Richtung maximal anspricht. Das Raster dieser Analysatoren in seiner Gesamtheit stellt das interne Himmelsbild, die interne Matrize, dar. Es wirkt als Paßfilter für das externe Himmelsmuster. Das Insekt stellt zwischen dem aktuellen Himmelsmuster und seiner internen Matrize einen Passungsabgleich her. Eine beste Passung ist dann gegeben, wenn es seine Körperachse parallel zum Sonnenmeridian einstellt.

Obwohl die **Tintenfische** *(Cephalopoden)* ein Kameraauge haben, besitzen auch sie – wie aus Dressurversuchen hervorgeht – ein gut ausgeprägtes Vermögen zur Polarisationswahrnehmung. In Übereinstimmung damit zeigen ihre eversen Sehzellen in der Retina – wie die Sehzellen der Insekten – Rhabdomeren. Jede Sehzelle besitzt zwei sich gegenüberliegende Rhabdomeren mit parallel ausgerichteten Tubuli. Die Tubuli benachbarter Sehzellen stehen etwa senkrecht zueinander.

Auch einige **Fische, Reptilien** und **Tauben** scheinen in der Lage zu sein, den e-Vektor des polarisierten Himmelslichtes zu registrieren und sich danach zu orientieren.

5.4.9. Räumliches und Bewegungssehen

Das **räumliche Sehen** kommt in ausgeprägter Form nur durch die Zusammenarbeit beider Augen zustande. Der Winkel, den die optischen Achsen beider Augen einschließen, ist bei den Wirbeltieren sehr unterschiedlich groß. Bei den Primaten stehen die optischen Achsen nahezu parallel, und bei den Raubtieren ist ihre Divergenz gering. Im Gegensatz dazu herrschen bei den Pflanzenfressern hohe Divergenzwerte vor (Hase 170°, Abb. 5.95.). Je größer die Divergenz der optischen Achsen, desto weniger überdecken sich die Gesichtsfelder beider Augen. Die **Tiefenwahrnehmung** ist bei einäugigem Sehen stets gering. Sie wird entscheidend verbessert durch das gleichzeitige Betrachten der Gegenstände mit beiden Augen (**binokulares Sehen**). Während die Primaten und wahrscheinlich auch die Katzen immer binokular sehen, können die Neunaugen, Hammerhaie, Brillenpinguine *(Spheniscus),* größeren Wale und andere wegen

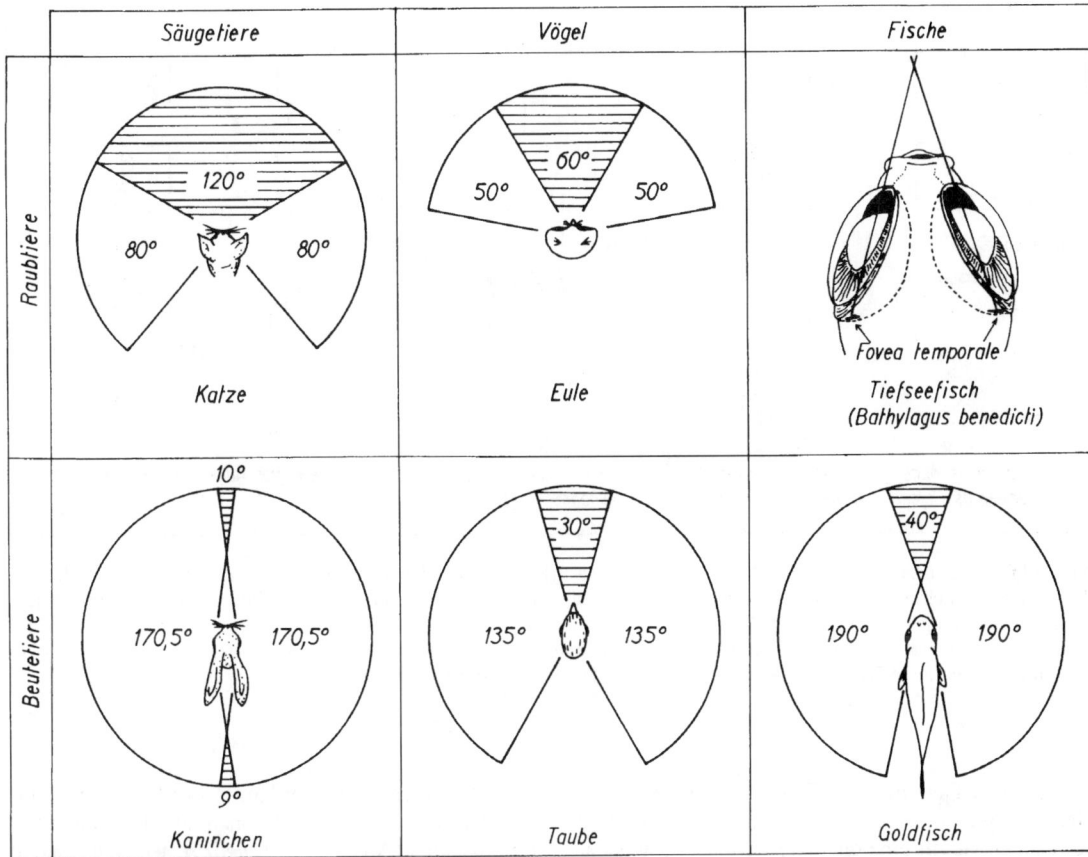

Abb. 5.95. Gegenüberstellung der horizontalen Ausdehnung der Sehfelder bei verschiedenen Wirbeltieren. Das binokulare Sehfeld ist schraffiert.

der starken Divergenz beide Augen nicht mehr gleichzeitig auf dasselbe Objekt richten, ihnen fehlt ein binokulares Gesichtsfeld. Andere Vertebraten sehen normalerweise monokular und gehen nur bei Bedarf durch Konvergenzbewegung ihrer Augen zum binokularen Sehen über.

Eine besondere Leistung des optischen Sinnes ist es, Bewegungen von Objektiven, d. h. deren Relativverschiebungen zu einem als ruhend angesehenen Koordinatensystem, registrieren zu können: **Bewegungssehen.** Die Bewegung eines Objekts hat im unbewegten Auge eine entsprechende Verlagerung des Bildes auf der Retina zur Folge. Bewegungen können aber auch dann registriert werden, wenn das bewegte Objekt mit den Augen verfolgt, d. h. sein Abbild in der Fovea centralis „festgehalten" wird. Andererseits tritt nicht der Eindruck einer „bewegten Umwelt" auf, wenn das Bild auf der Retina dadurch wandert, daß das Auge aktiv bewegt wird. Bewegen wir dagegen das Auge *passiv* durch leichten Druck mit dem Finger von der Seite her, so löst die Bildverschiebung auf der Retina sehr wohl die Empfindung aus, als ob sich die

Gegenstände bewegen. Scheinbewegungen werden auch dann registriert, wenn Augenbewegungen eingeleitet („gewollt") werden, aber nicht zustande kommen, weil die Augenmuskulatur gelähmt ist. Diese Beobachtungen machen deutlich, daß eine zentralnervöse Verrechnung der motorischen Befehle für die Augen- oder auch Kopfbewegungen in den visuellen Signalen aus der Retina stattfinden muß, über deren neuronale Grundlage aber noch nicht viel Genaues bekannt ist. Eine von v. HOLST und MITTELSTAEDT vorgeschlagene Verrechnung der Information nach dem **„Reafferenz-Prinzip"** ist in Abb. 5.96. wiedergegeben. Es wird angenommen, daß von der okulomotorischen Efferenz eine „Kopie" (Efferenzkopie) für kurze Zeit gespeichert und mit der Rückmeldung (Reafferenz) über die tatsächlich stattgefundene retinale Bildverschiebung (infolge der durch die Efferenz in Gang gesetzten Augenbewegung) verglichen wird. Decken sich Efferenzkopie und Reafferenz, so löschen sie sich aus; im anderen Falle bleibt ein Rest, der höheren Zentren eine Bildverschiebung meldet.

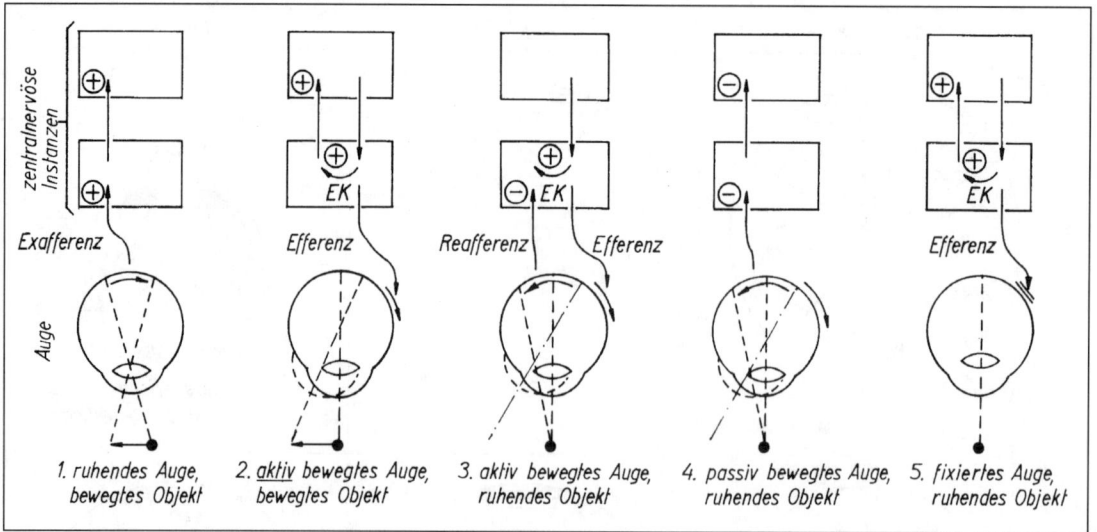

Abb. 5.96. Schema zur Veranschaulichung des Reafferenz-Prinzips. In den beiden ersten Fällen erfolgt eine Wahrnehmung der auch tatsächlich stattfindenden Bewegung, im ersten Fall durch die Verlagerung des Abbildes auf der Retina, im zweiten durch die zentral nicht ausgelöschte Efferenzkopie (EK). Im dritten Fall löschen sich Efferenzkopie und Reafferenz aus. Im vierten Fall wird eine Scheinbewegung registriert, aber in entgegengesetzter Richtung wie im fünften Fall, bei dem die okulomotorische Reafferenz erscheint. Nach v. HOLST u. MITTELSTAEDT 1950, modifiziert.

Setzt man Tiere in einen Glaskäfig, um den herum eine Trommel mit einem Streifenmuster bewegt wird, so nehmen sie oft eine charakteristische Zwangshaltung ihres Rumpfes und der Extremitäten ein (Abb. 5.97.). Oft verfolgt das Tier mit den Augen, dem Kopf oder dem ganzen Körper das vorbeiziehende Streifenmuster (**optomotorische Reaktion**). Dabei kann ein **Nystagmus** auftreten: Die Verfolgung des Streifenmusters mit den Augen oder dem Kopf erfolgt nur bis zu einem bestimmten Winkel (langsame Phase), dann werden die Augen bzw. der Kopf ruckartig in die Ausgangsstellung zurückgeführt (schnelle Phase), um erneut mit der langsamen Phase zu beginnen. Optomotorische Reaktionen sind bei Wirbeltieren, Insekten (Ausnahme: *Tenebrio, Meloe* u. a.) und höheren Krebsen bekannt, scheinen dagegen bei den Schnecken zu fehlen. Die Bedeutung des Nystagmus ist in dem Bestreben der Tiere zu sehen, das Gesichtsfeld möglichst festzuhalten. Durch Variation der Streifenbreite kann man so das Auflösungsvermögen, durch Variation der Drehgeschwindigkeit die Flimmerverschmelzungsfrequenz bei Tieren testen.

Die physiologischen Grundlagen der **Wahrnehmung von Bewegungen** bei **Insekten** sind mit Hilfe

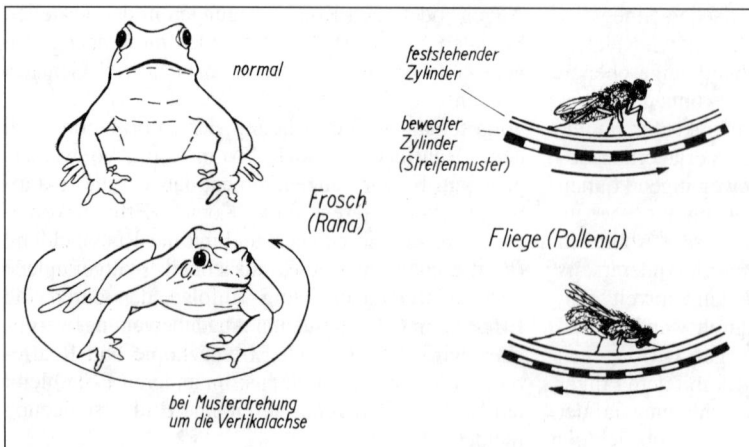

Abb. 5.97. Charakteristische Körperhaltung des ruhig sitzenden Frosches bzw. der Fliege *(Pollenia)* bei Drehung eines Streifenmusters (Pfeilrichtung). Nach BIRUKOW 1938 u. GAFFRON 1934.

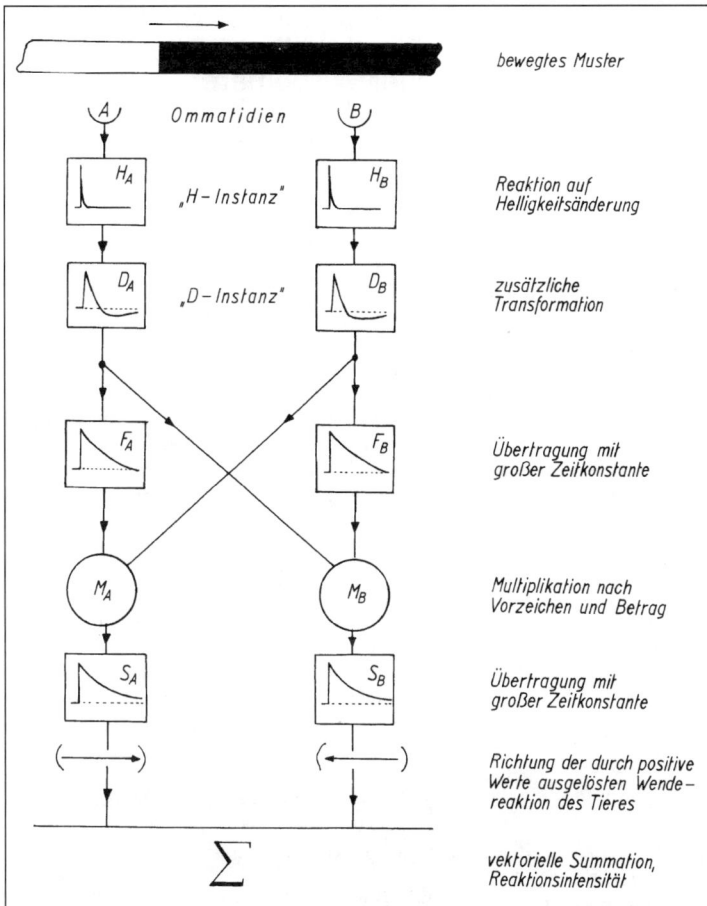

Abb. 5.98. Blockschaltbild über die Zusammenarbeit zweier benachbarter Sehelemente bei der Wahrnehmung von Bewegungen nach Versuchen an dem Rüsselkäfer *Chlorophanus*. Bewegt sich eine Kontur von links nach rechts, so wird zunächst das Sehelement A und dann B erregt. Es treten daraufhin in den H- und anschließend auch in den D-Instanzen kurze, impulsartige Reaktionen auf. Von den D-Instanzen aus werden die Meldungen sowohl über die F-Instanzen (träge Übertragungsglieder) als auch über die Querverbindungen den M-Instanzen zugeleitet. Die M-Instanz ist ein Multiplikationsglied. Sie gibt nur Funktionswerte weiter, wenn gleichzeitig Meldungen über die Querverbindung und von der F-Instanz bei ihr eintreffen, d. h. keiner der beiden Faktoren Null ist. In M_B ist die von A über H_A und D_A eintreffende Meldung bereits abgeklungen, bevor die zweite Meldung vom später erregten B eintrifft: M_B schweigt. Anders M_A: Trifft die Meldung von B über H_B und D_B innerhalb der Abklingzeit der F_A-Instanz bei M_A ein, so resultiert ein Multiplikationsergebnis. Bei der Bewegung des hellen Streifens von rechts nach links wird umgekehrt M_A schweigen und nur M_B einen Funktionswert weitergeben, was zu einer entgegengesetzten Wendetendenz führt. Nach HASSENSTEIN 1961.

der optomotorischen Reaktion am Rüsselkäfer *Chlorophanus* analysiert worden. Es stellte sich heraus, daß jeweils zwei benachbarte bzw. höchstens durch ein einziges dazwischenliegendes Sehelement getrennte Ommatidien zusammenarbeiten. Das auf Grund der Versuchsergebnisse entworfene „Informationsfluß-Diagramm" für das Zusammenwirken beider Sehelemente beim Bewegungssehen zeigt Abb. 5.98. Dieses Funktionsprinzip gestattet, Bewegungen nach Richtung und Geschwindigkeit zu unterscheiden, ohne daß die bewegten Muster selbst als Gestalt erfaßt werden. Bei uns Menschen ist im Gegensatz dazu ein Bewegungssehen immer mit der Wahrnehmung des bewegten Gegenstandes selbst verknüpft.

Ist ein Lichtreiz auf einen Retinabezirk gefallen, so überdauert der hervorgerufene Erregungszustand den Reiz um eine gewisse Zeit. Infolge dieser Trägheit der Reaktion kann nur eine bestimmte Zahl von Lichtreizen pro Zeiteinheit getrennt verarbeitet werden (**zeitliches Auflösungsvermögen**). Nähert man sich diesem Grenzwert, so tritt die Erscheinung des Flimmerns auf, überschreitet man ihn, so verschmelzen die Lichtreize miteinander, und es entsteht der

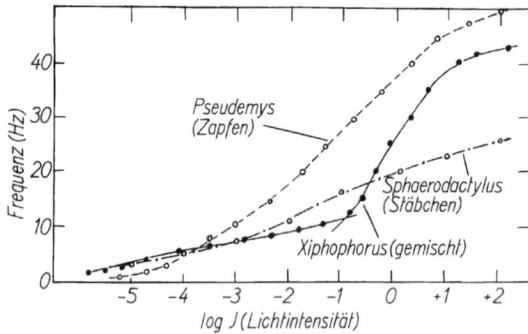

Abb. 5.99. Die Flimmerverschmelzungsfrequenz (FVF) bei einigen Tieren in Abhängigkeit von der Lichtintensität. Der Schwertfisch *Xiphophorus montezumae* hat eine gemischte, die Schildkröte *Pseudemys* eine reine Zapfen- und der Gecko *Sphaerodactylus* eine reine Stäbchenretina. Nach CROZIER u. Mitarb. aus v. BUDDENBROCK 1952 (verändert).

Eindruck einer kontinuierlichen Beleuchtung. Der Wert dieser **kritischen Flimmerverschmelzungsfrequenz** (FVP) ist von der Intensität und Wellenlänge des Reizlichtes abhängig.

Die Kurven zur FVF zeigen bei vielen Wirbeltieren (Abb. 5.99.) einen deutlichen Knick, der durch den Übergang vom Stäbchen- zum Zapfensehen (skotopischer und photopischer Kurvenabschnitt) bedingt ist, denn er tritt in der Fovea centralis oder bei reinen Zapfen- bzw. Stäbchenretinen nicht auf. Die Ursachen der Flimmerverschmelzung sind nicht nur peripherer (Reiznachwirkung), sondern auch zentraler Natur (Hemmung, Bahnung).

Bei den bisher untersuchten **Wirbeltieren** ist kein FVF-Wert über 60 Hz, der auch vom Menschen bei Helladaptation erreicht wird, beobachtet worden. Die niedrigsten Werte fand man bei den Amphibien, die unter optimalen Bedingungen bereits bei Frequenzen zwischen 5 *(Salamandra)* und 8 Hz *(Rana esculenta)* die Lichtreize nicht mehr trennen. Demgegenüber sind bei den **Cephalopoden** *(Octopus)* unter günstigsten Bedingungen (hohe Lichtintensität) Werte von 72 Hz gefunden worden.

Viele **Insekten** besitzen eine sehr hohe kritische Flimmerverschmelzungsfrequenz. Bienen und Wespen zeigen z. B. noch dann optomotorische Reaktionen, wenn pro Sekunde 220 Striche an ihrem Auge vorbeiwandern. Dieser Wert dürfte bereits sehr nahe an der Verschmelzungsfrequenz liegen, für einen Prozentsatz lag er bereits darüber. Ein derartig hohes zeitliches Auflösungsvermögen ist für schnellfliegende Insekten charakteristisch. Arthropoden, die sich langsam bewegen oder nur im Dunkeln aktiv sind *(Carausius, Tachycines, Dytiscus, Periplaneta u. a.),* zeigen eine ungleich geringere kritische Flimmerverschmelzungsfrequenz (z. B. *Tachycines:* 8–10 Reize/s).

5.4.10. Die Signalverarbeitung im visuellen System der Wirbeltiere

Die **Retina des Wirbeltierauges** (Abb. 5.100.) zeigt gewöhnlich eine Dreischichtigkeit. Die dem lichtabschirmenden Pigmentepithel anliegende Schicht enthält die Sehzellen, die spindelförmigen **Stäbchen** und die plumperen **Zapfen.** Ihre photosensiblen Außenglieder weisen zur Pigmentschicht, d. h., sie sind der Richtung des einfallenden Lichtes abgekehrt (inverses Auge). Die Kerne der Sehzellen erscheinen im Präparat als „äußere Körnerschicht". Ihr schließt sich die „innere Körnerschicht" an, die bipolare Nervenzellen, amakrine und Horizontalzellen enthält. Die **bipolaren** Zellen stellen die Verbindung zwischen den Sehzellen und den Ganglienzellen der dritten Schicht her, deren Neurite den Nervus opticus bilden und zum Gehirn ziehen. Die Erregungen durchlaufen somit bereits innerhalb der Retina eine aus drei Zellen bestehende Neuronenkette: Rezeptorzelle – bipolares Schaltneuron – ableitende Ganglienzelle. In der Mitte der **Area** bzw. **Fovea centralis**[1]), die nur Zapfen enthält und die Stelle des schärfsten Sehens ist, entspricht die Zahl der Sehzellen der Zahl der ableitenden Fasern im N. opticus. Zur Peripherie hin nimmt das Verhältnis zwischen Anzahl der Rezeptoren und der der Fasern stark zu (Konvergenzschaltung). Die Stäbchen werden zu Aggregaten zusammengefaßt, die jeweils nur mit einer einzigen bipolaren Zelle in Verbindung stehen. Zu jeder Ganglienzelle der dritten Schicht gehört somit ein **rezeptorisches Sinneszellenfeld** bestimmter Ausdehnung. Die einzelnen Felder können sich überlappen. **Amakrine** und **Horizontalzellen** sorgen für mannigfaltige Querverbindungen. Besondere Bipolaren dienen der zentrifugalen Erregungsleitung.

Die **Stäbchen** der Säugetierretina kontaktieren über inhibitorische glutamaterge Synapsen (2-amino-4-phosphonobutyrat (APB)-Rezeptoren) eine einheitliche Klasse von Bipolarzellen **(Stäbchen-Bipolarzellen),** die bei Licht desinhibitioniert, also erregt (depolarisiert) werden. Sie stehen nicht direkt, sondern nur über glycinerge Amakrinzellen mit Ganglienzellen in Verbindung. Die Amakrinzellen werden über zwei Kanäle wirksam: 1. depolarisieren sie diejenigen Zapfen-Bipolarzellen, die bei Licht erregt werden (on-Bipolarzellen), über elektrische Synapsen (gap-junctions), 2. hemmen sie die off-Zentrumneuronen der Ganglienzellschicht über glycinerge Synapsen (Abb. 5.101.). Im Gegensatz zu den Stäbchen existiert eine direkte Verbindung der **Zapfen** über Bipolarzellen zu den Ganglienzellen, einmal über depolarisierende Bipolarzellen zu den „on-Zentrum"-Ganglienzellen und zum anderen über die hyperpolarisierenden Bipolarzellen zu den „off-Zentrum"-Ganglienzellen. Die laterale Inhibition der Zapfen erfolgt direkt über Horizontalzellen, die der Stäbchen-Bahn an den Amakrinzellen über dopaminerge Amakrinzellen.

---

[1]) área (lat.) = Feld; foveá (lat.) = Grube; centrális (lat.) = zur Mitte gehörig.

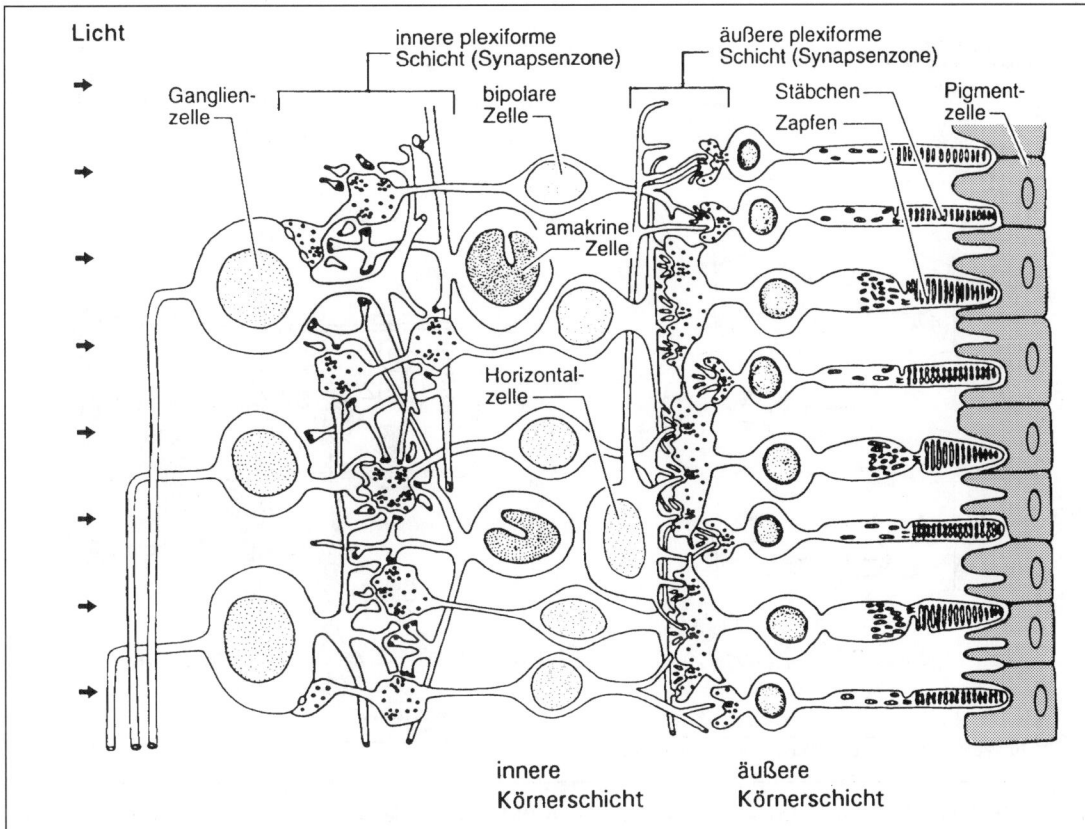

Abb. 5.100. Aufbau der Primatenretina. Aus STORCH u. WELSCH 1994.

Zellen der inneren Körnerschicht zeigen (bei Fischen) folgendes elektrische Verhalten: Während einige Zellen bei Lichteinwirkung stets mit einer Hyperpolarisation reagieren, unabhängig von der Wellenlänge des Reizlichtes („Helligkeits- oder L-Typ"), zeigen andere ein von der Wellenlänge abhängiges Verhalten (Abb. 5.102.). Bei kurzwelligem Licht tritt Hyper- und bei langwelligem Depolarisation ein, dazwischen liegt ein Frequenzbereich (Indifferenzpunkt), bei dem keine Veränderung des Ruhepotentials zu beobachten ist („Farbentyp"). Hierbei können zwei Untertypen unterschieden werden. Bei den **Gelb-Blau-Zellen** liegt das Maximum bei Hyperpolarisation im Blauen, der Indifferenzpunkt bei 530 nm und das Maximum der Depolarisation im Gelben. Bei den **Rot-Grün-Zellen** liegt das Maximum der Hyperpolarisation im Grünen, der Indifferenzpunkt bei 580 nm und das Maximum der Depolarisation im Roten.

Es sind nicht immer alle Zelltypen gleichzeitig vorhanden. Während man z. B. bei den im flachen Wasser lebenden Mugiliden (Meeräschen) sowohl die Helligkeits- als auch die Gelb-Blau- und Rot-Grün-Antworten erhält, geben die Seraniden (Sägebarsche) nur die Helligkeits- und Gelb-

Blau-Antwort, die Centropomidae die Helligkeits- und Rot-Grün-Antwort und die in 30 bis 70 m Tiefe lebenden Lutianiden lediglich die Helligkeitsantwort mit einem Maximum am blauen Ende des Spektrums (achromatisches Sehen).

Da man zunächst über den Ursprung dieser Potentiale im unklaren war, hat sich der indifferente Begriff **S-Potentiale** (abgeleitet von ihrem Entdecker SVAETICHIN)[1] eingebürgert. Heute weiß man, daß die S-Potentiale von den **Horizontalzellen** der inneren Körnerschicht gebildet werden. Im Gegensatz zu den elektrischen Antworten einzelner Photorezeptoren (s. o.) hängt die Amplitude der S-Potentiale wegen der Konvergenz vieler Photorezeptoren auf eine S-Zelle stark von der Fläche des beleuchteten Retinabezirks ab. Zwischen benachbarten Horizontalzellen existieren ebenfalls enge synaptische Verknüpfungen. Aktionspotentiale bilden die Horizontalzellen nicht (Abb. 5.101.).

---

[1] Gunnar SVAETICHIN, geb. 1915 in Karis (Finnland), Medizin-Studium, 1948–1955 Mitgl. im Karolinska Inst. (Stockholm), ab 1955 bis zum Tode (1981) Instituto Venezolano de Investigaciones Cientificas (IVIC).

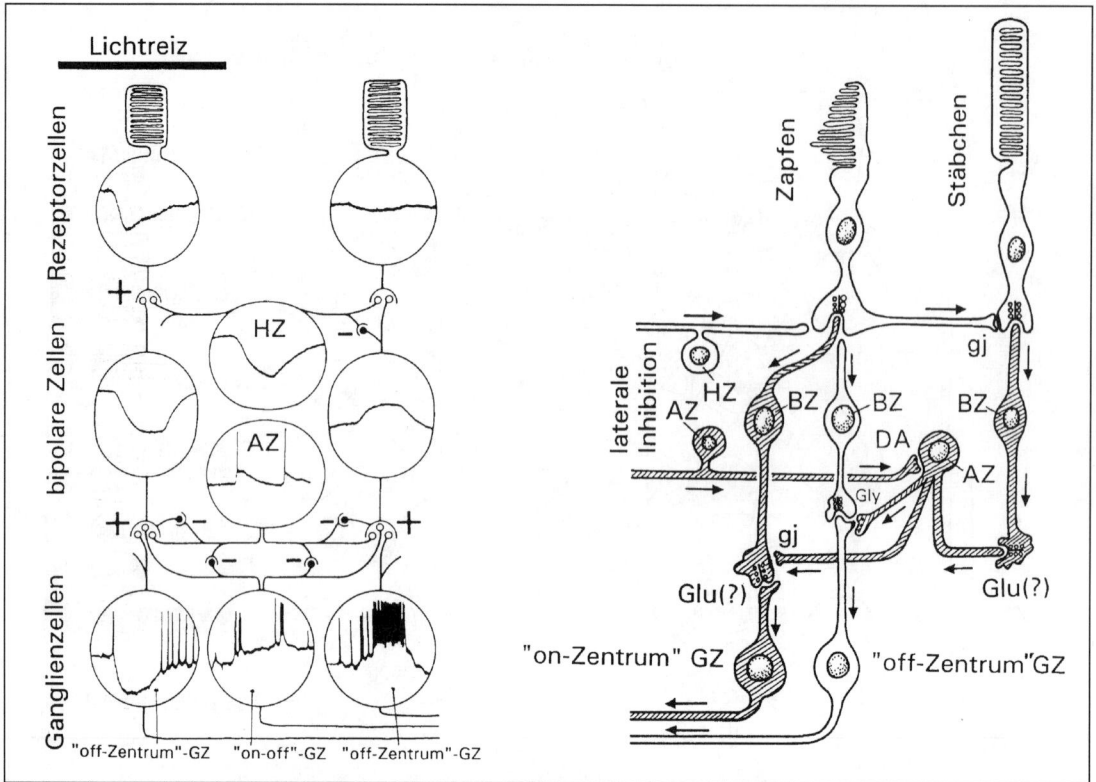

Abb. 5.101. Links: Retina des Molches *Necturus maculosus* (Schema) mit den intrazellulär ableitbaren Aktivitäten der einzelnen Zellen und den wichtigsten synaptischen Verknüpfungen (+ und ○ = erregende, – und ● = hemmende). Links die Antworten bei Belichtung einer Rezeptorzelle im Zentrum des rezeptiven Feldes, rechts bei Reizung in der Peripherie. Die Rezeptor-, Horizontal- (HZ) und bipolaren Zellen zeigen nur graduierte Potentiale. Die bipolaren Zellen werden bei Belichtung eines Rezeptors im Zentrum des rezeptiven Feldes hyperpolarisiert, bei Belichtung in der Peripherie depolarisiert (übermittelt durch die HZ). Die amakrinen Zellen (AZ) zeigen in beiden Fällen eine on-off-Antwort und hemmen rückwirkend die Bipolarzellen und vorwärts die on-off-Ganglienzellen. Die Ganglienzellen (GZ) bilden große Aktionspotentiale. Die off-Zentrum-Ganglienzellen werden bei Belichtung im Zentrum des rezeptiven Feldes hyperpolarisiert und bei Belichtung in der Peripherie depolarisiert. Nach DOWLING 1979. – Rechts: Verschaltungen in der Säugerretina. AZ: Amakrinzellen; BZ: Bipolarzellen; GZ: Ganglionzellen; HZ: Horizontalzellen; gj: gap junction; DA: dopaminerge Synapse; Glu: glutaminerge Synapse; Gly: glycinerge Synapse; schraffiert: bei Licht depolarisierende Zellen; unschraffiert: bei Licht hyperpolarisierende Zellen (nähere Erläuterungen im Text) DAW, JENSEN u. BRUNKEN 1990.

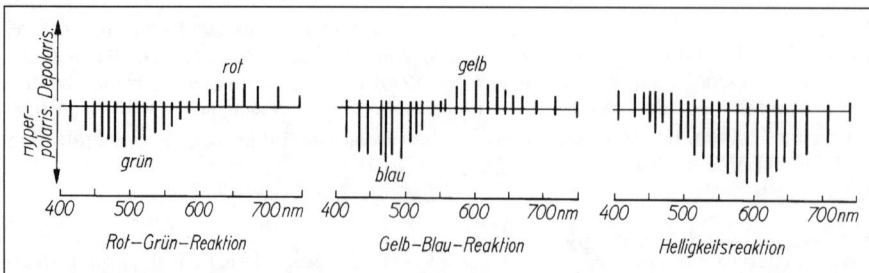

Abb. 5.102. Die S-Potentiale bei Mugiliden (Meeräschen) bei Belichtung mit verschiedenen Wellenlängen. Nach MAC-NICHOL u. SVAETICHIN 1958.

Im Gegensatz zu den Stäbchen und Zapfen sowie den Horizontalzellen und Bipolarzellen, die bei Belichtung nur langsame Potentialänderungen (graduierte Potentiale) zeigen, bilden die **Ganglienzellen** Impulse (Aktionspotentiale, Abb. 5.101.), die über die Fasern des N. opticus zum Gehirn geleitet werden. Tastet man die Retina mit Lichtstrahlen sehr kleinen Durchmessers ab und leitet gleichzeitig die Impulse von einer Ganglienzelle bzw. einer Einzelfaser des N. opticus ab, so findet man, daß Reizungen in einem relativ großen Retinaareal Reaktionen hervorrufen. Ein solches Areal wird **rezeptives Feld** genannt. Alle in ihm enthaltenen Rezeptoren sind über Bipolaren mit derselben Ganglienzelle verbunden. Die Felder haben einen Durchmesser von etwa 1 mm. Ihre Ausdehnung ist jedoch von der Stärke des verwendeten Lichtreizes abhängig, denn die Empfindlichkeit ist im Zentrum

des Feldes am größten und nimmt zur Peripherie hin ab (Abb. 5.103.). Benachbarte Felder können sich überlappen.

Belichtungen im zentralen Gebiet des Feldes können sog. **on-Antworten** (Impulssalve bei Reizbeginn, anschließend Abfall der Impulsfrequenz bis auf ein der jeweiligen Reizstärke entsprechendes Niveau) in der zugehörigen Faser, Belichtung in der Peripherie **off-Antworten** (Impulssalve nur bei Reizende) auslösen. Dazwischen liegt dann ein Gebiet mit on-off-Reaktionen (Beantwortung des Beginns und des Endes des Lichtreizes mit einer Impulssalve): sog. **on-Zentrumneuronen** (Abb. 5.103.). Auch ein umgekehrtes Verhalten kommt vor: off-Zentrum mit einer on-Peripherie und dazwischenliegendem on-off-Gebiet: sog. **off-Zentrumneuronen** (Abb. 5.104.). Die Entdeckung dieses **Zentrum-Peripherie-Antagonis-**

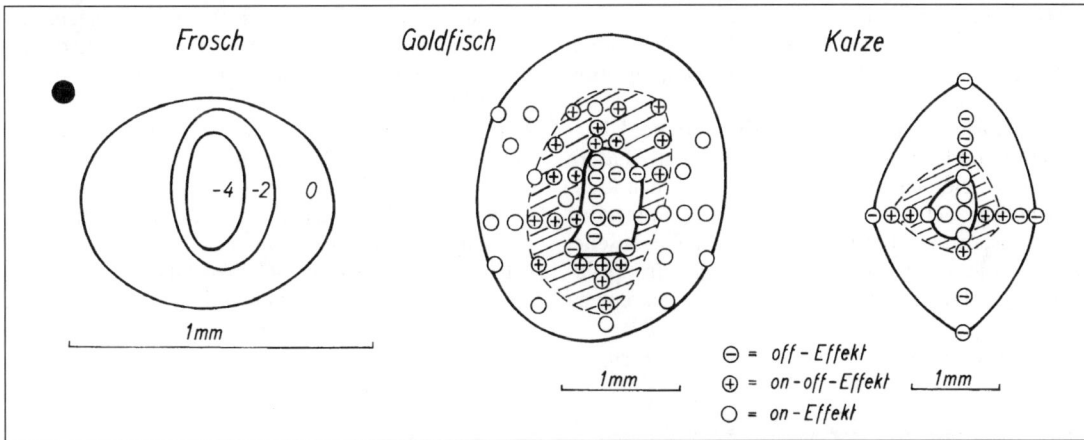

Abb. 5.103. Rezeptive Felder aus der Retina des Frosches (die Zahlen geben den Logarithmus der relativen Schwellenintensität des Reizstrahles an, die in den durch die Kurven dargestellten Abständen vom Zentrum notwendig ist, der Durchmesser des Reizstrahles ist durch den schwarzen Punkt links oben wiedergegeben), des Goldfisches (off-Zentrumneuron) und der Katze (on-Zentrumneuron).

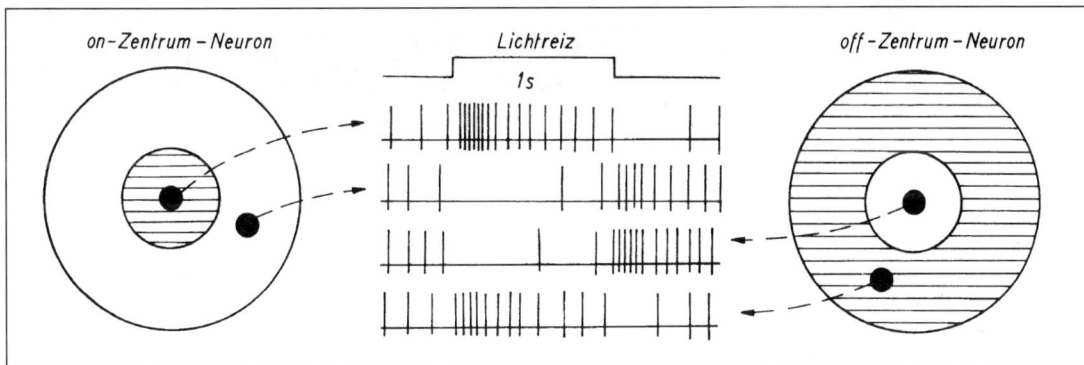

Abb. 5.104. Die von einem on- bzw. off-Zentrumneuron der Säugerretina ableitbaren Impulsmuster bei Reizung (1 s) zentraler bzw. peripherer Feldbezirke mit einem feinen Lichtstrahl (schwarzer Punkt); oben und unten on-, in der Mitte off-Antworten. Nach HARTLINE 1940; WAGNER et al. 1960; KUFFLER 1953.

mus retinaler Ganglienzellen geht auf Stephan W. KUFFLER (1953) zurück.

Die Axone der retinalen Ganglienzellen bilden den **Sehnerv.** Die Sehnerven beider Seiten vereinigen sich unterhalb des Gehirns zum **Chiasma opticum.** Hier treten bei den meisten Wirbeltieren fast alle Fasern zur jeweils gegenüberliegenden Hirnseite über („Decussatio") und verlaufen dann weiter aufwärts zum Mittelhirndach **(Tectum opticum),** so daß die Fasern des rechten Sehnervs im linken Tectum, die des linken im rechten enden: **vollständige Überkreuzung.** Während bei den Fischen und Amphibien die Opticus-Fasern noch zum allergrößten Teil im Tectum enden, verliert mit den Reptilien beginnend das Tectum an Bedeutung. Ein zunehmender Anteil der Fasern zieht zum **Corpus geniculatum laterale** (CGL, seitlicher Kniehöcker) des Thalamus im Zwischenhirn (Diencephalon) und steht dort mit Neuronen in Verbindung, deren Axone zum Cortex ziehen (Abb. 5.105.). Bei Fischen und Amphibien findet man eine recht genaue Punkt-zu-Punkt-Projektion zwischen Retina und Tectum: **retinope Organisation** (Abb. 5.106.).

Säugetiere zeigen eine **unvollkommene Überkreuzung** im Chiasma, d. h., nur ein Teil der Fasern überkreuzt, ein anderer nicht. Beim Menschen kreuzen die aus der nasalen Retinahälfte stammenden Nervenfasern beider Augen jeweils zur Gegenseite, während die aus der temporalen Retinahälfte ipsilateral[1] weiterziehen, zusammen mit den gekreuzten

Axonen des anderen Sehnerven (Abb. 5.107.). Sie enden zum größten Teil im CGL.

Die Axone der Geniculatum-Zellen ziehen vorwiegend weiter zum primären **visuellen Cortex** (Area striata = Area 17 der occipitalen Großhirnrinde). Dieser steht mit dem sekundären (Area 18) und tertiären visuellen Cortex (Area 19) in Verbindung. Im Endeffekt ist im linken visuellen Cortex die rechte Gesichtsfeldhälfte repräsentiert und im rechten die linke. Diese „Halbbilder" aus beiden Augen („doppelt belichtet") werden zum stereoskopischen Gesamtbild vereinigt. Beide Cortexareale sind über viele Axone, die über den Balken (Corpus callosum) verlaufen, miteinander in Verbindung.

Die **Neuronen des CGL** haben bei den Säugetieren wie die Ganglienzellen der Retina (s. o.) konzentrisch organisierte mehr oder weniger kreisrunde **rezeptive Felder.** Die „**Kontrastneuronen**" reagieren kaum oder gar nicht auf diffuse Lichtreize, dagegen sehr stark auf Hell-Dunkel-Kontraste im rezeptiven Feld. Die Aktivierung der „**Hell-Dunkel-Neuronen**" wird dagegen von der mittleren Leuchtdichte im rezeptiven Feld bestimmt. Beim **Affen** sind außerdem CGL-Neuronen gefunden, die auf Licht unterschiedlicher Wellenlänge nach dem „**Gegenfarbenprinzip**" (HERING[2] 1874) antworten. Sie werden durch eine bestimmte Wellenlänge erregt (+), durch die komplementäre dagegen gehemmt (−) : (+Rot, −Gelb)-, (−Rot, + Gelb)-, (+Blau, −Gelb)- und (−Blau, +Gelb)-Neuronen. Diese **Neuronen mit Farbenopponenz-**

[1] ipse (lat.) = selbst; látus (lat.) = die Seite. Auf der gleichen Seite.

[2] s. Fußnote Seite 252.

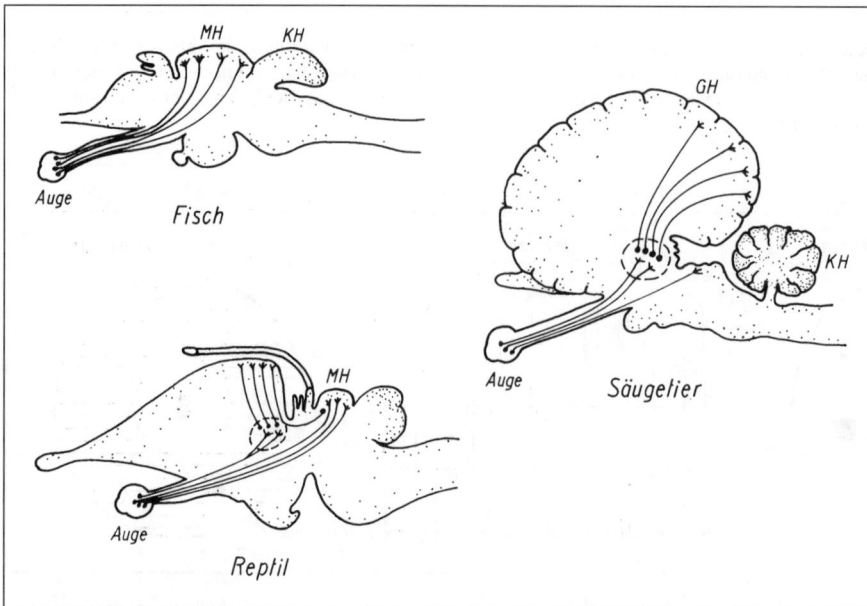

Abb. 5.105. Vergleich der Sehbahnen bei verschiedenen Wirbeltieren. GH = Großhirn, KH = Kleinhirn, MH = Mittelhirn, gestrichelt eingekreist: Corpus geniculatum laterale im Thalamus. In Anlehnung an BUDDENBROCK 1953.

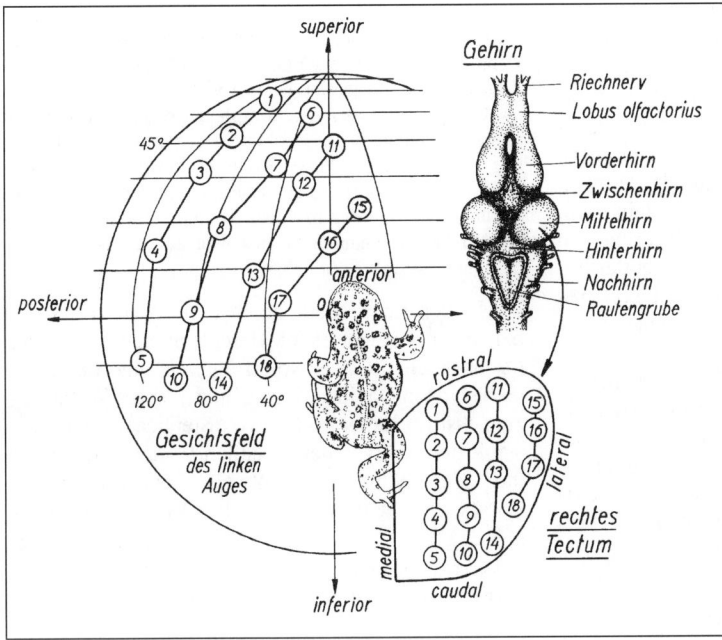

Abb. 5.106. Projektion des linken Gesichtsfeldes einer Erdkröte *(Bufo bufo)* auf das rechte Tectum opticum. Die bezifferten Kreise kennzeichnen die Orte, bei deren Belichtung die gleichbezifferte Stelle im Tectum maximal erregt wurde. Nach EWERT u. BORCHERS 1971, verändert.

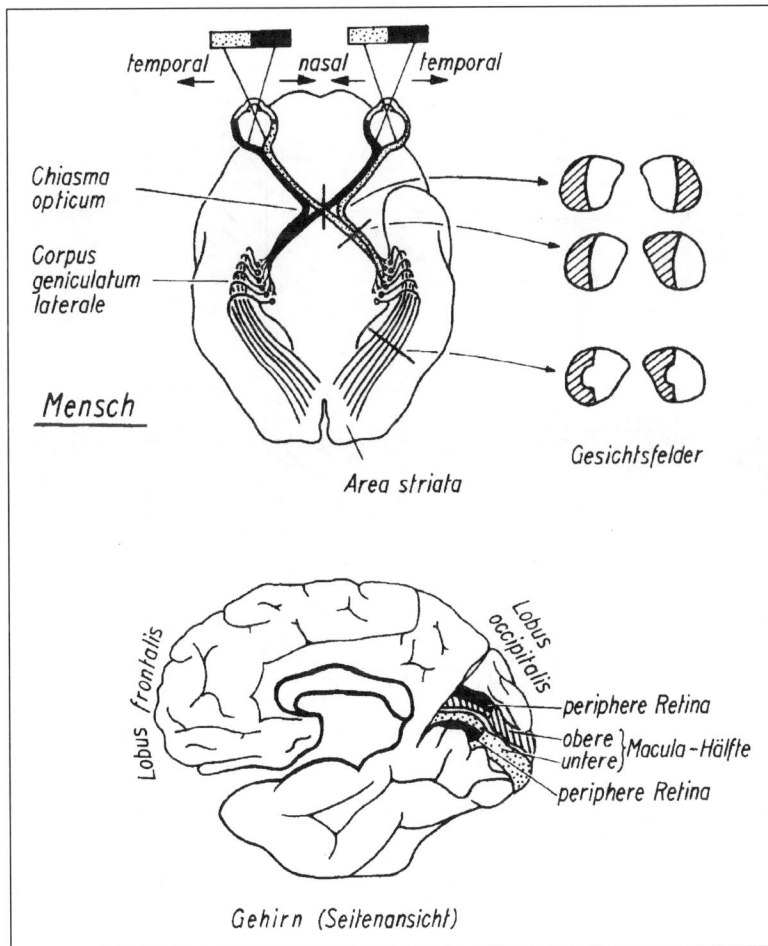

Abb. 5.107. Die Sehbahn beim Menschen. Nur die Fasern jeweils aus der nasalen Retinahälfte kreuzen sich im Chiasma. Im Corpus geniculatum laterale Umschaltung auf Neuronen, deren Neurite in der Area striata des Occipitalhirns enden. Großflächigere Projektion der Fovea centralis im Vergleich zu anderen (peripheren) Retinabezirken (untere Figur). Die kleinen Figuren (rechts) zeigen die Ausfälle im Gesichtsfeld (schraffiert) nach Durchtrennung der Sehbahn auf verschiedenem Niveau. REIN u. SCHNEIDER 1960.

eigenschaften erhalten von zwei Zapfentypen Eingänge, der eine wirkt erregend, der andere hemmend.

Der **visuelle Cortex** (Area 17, 18, 19) weist sechs **Schichten** auf und ist senkrecht dazu in „**Säulen**" organisiert. Die Neuronen einer Säule haben ihre rezeptiven Felder jeweils im gleichen Retinabereich: **retinotope Organisation.** Diese Abbildung der Umwelt über die Projektion auf die Retina schließlich in Form von räumlichen Erregungsmustern der Neuronen in der Sehrinde ist aber nicht linear. Das Gebiet der Fovea centralis wird z. B. auf ein sehr viel größeres Areal der Sehrinde projiziert als ein flächengleiches Gebiet aus der Netzhautperipherie (Abb. 5.107.)

Die afferenten Neuronen aus CGL enden hauptsächlich (nicht nur!) in der Schicht 4 der Area 17. Hier findet man auch vorwiegend Neuronen mit sog. einfachen rezeptiven Feldern, während in den anderen Schichten sowie im sekundären und tertiären visuellen Cortex Neuronen mit komplexen oder hyperkomplexen rezeptiven Feldern überwiegen.

Die **einfachen rezeptiven Felder** zeigen konzentrisch oder parallel zueinander angeordnete on- und off-Zonen. Sie sind hauptsächlich **Detektoren für den räumlichen Verlauf von Konturlinien.** Die mit ihnen verbundenen Neuro-

nen reagieren kaum oder gar nicht auf diffuse Beleuchtung, jedoch maximal auf Balken oder Hell-Dunkel-Konturen, wenn diese parallel zu der Grenze zwischen der on- und off-Zone des Feldes orientiert sind (Abb. 5.108.). Die Neuronen mit **komplexen** oder **hyperkomplexen rezeptiven Feldern** reagieren maximal auf noch differenziertere Reizmuster, wie z. B. auf Hell-Dunkel-Konturen bestimmter Ausdehnung und Orientierung, auf Konturunterbrechungen bestimmter Ausdehnung bzw. auf Konturen, die im bestimmten Winkel aufeinanderstoßen sowie auf die Bewegungsrichtung des Reizes (Abb. 5.108.).

Mit derselben Methode, wie sie MOUNTCASTLE[1]) bei seinen wegweisenden Untersuchungen am somatosensorischen Cortex so erfolgreich angewandt hatte, begannen David H. HUBEL und Torsten WIESEL[2]) – zunächst im Laboratorium von Stephen W. KUFFLER – mit der Analyse des visuellen Cortex. Sie trieben ihre Meßelektroden schrittweise senkrecht in den Cortex vor. Die bei einem solchen Vorschub nachein-

---

[1]) Vernon Benjamin MOUNTCASTLE, geb. 1918 in Shelbyville (Kentucky), Stud. a. d. Johns Hopkins Univ. School of Medicine, ab 1946 dort tätig.
[2]) David Hunter HUBEL, geb. 1926, und Torsten Niels WIESEL, geb. 1924, Nobelpreis 1981.

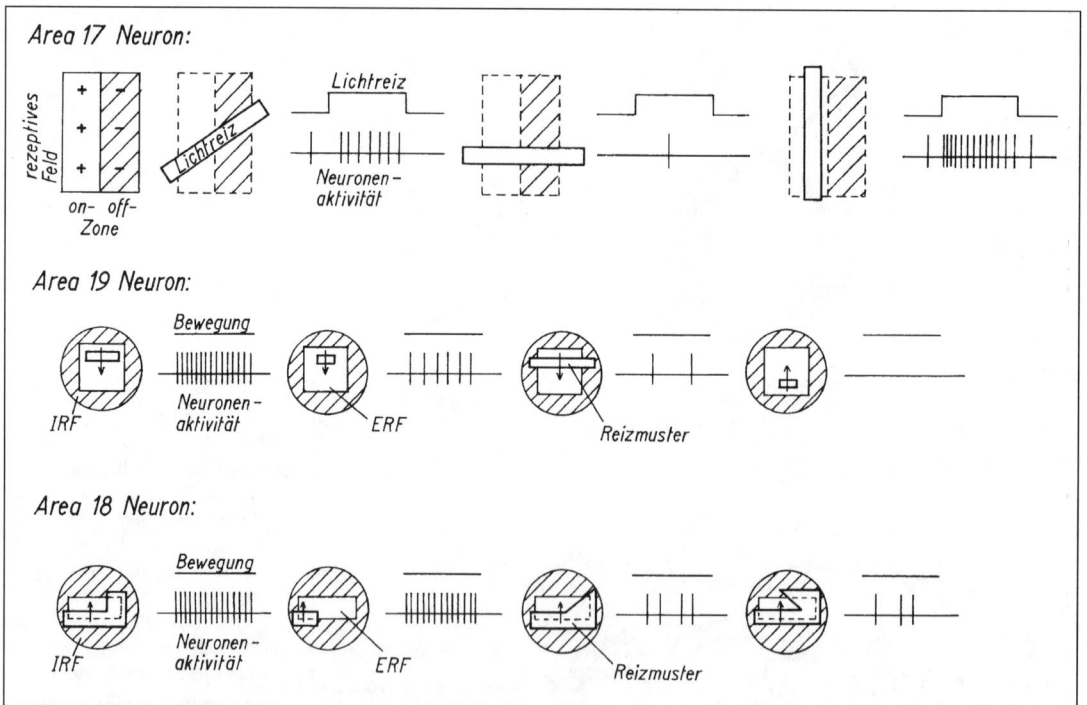

Abb. 5.108. Entladungsmuster einzelner Neuronen aus dem visuellen Cortex, aus der Area 17 mit einfachem, aus der Area 19 mit komplexem und aus der Area 18 mit hyperkomplexem rezeptiven Feld. Im ersten Fall: maximale Erregung, wenn die Hell-Dunkel-Kontur parallel zu der on- und off-Zone orientiert ist. Im zweiten Fall: maximale Erregung durch Lichtbalken bestimmter Länge und Bewegungsrichtung. Im dritten Fall: maximale Erregung durch senkrecht aufeinanderstehende Konturen, die durch das exzitatorische rezeptive Feld (ERF) bewegt werden. IRF = inhibitorisches rezeptives Feld. Nach Ergebnissen von HUBEL und WIESEL aus SCHMIDT u. THEWS 1985.

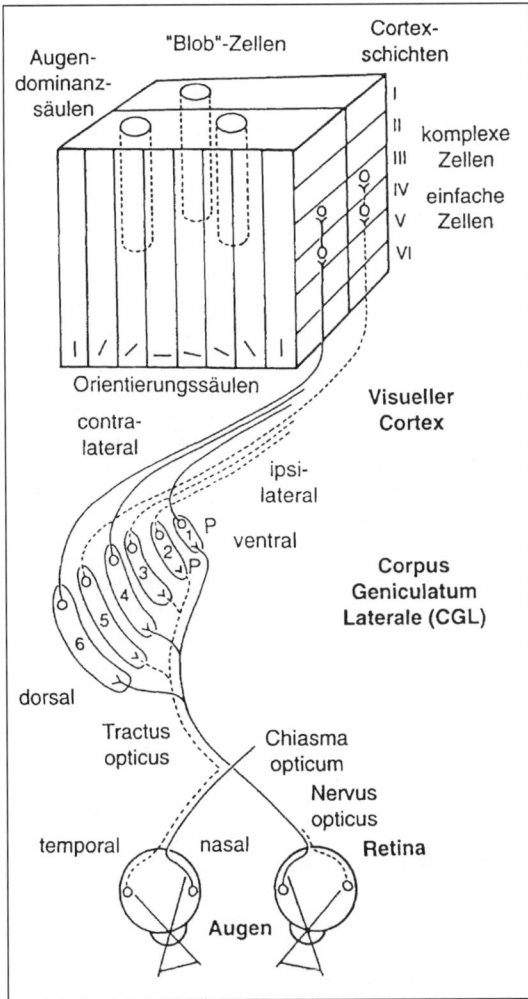

Abb. 5.109. Die Sehbahn eines Primaten. Die im Chiasma opticum ungekreuzten Fasern ziehen in die Schichten 2,3, und 5, die gekreuzten in die Schichten 1,4 und 6 des Kniehöckers (CGL). Im primären visuellen Cortex projizieren die Fasern vom ipsi- bzw. contralateralen Auge in verschiedene Augendominanzsäulen (Durchmesser 500 µm). Corticale Zellen, die auf Lichtbalken unterschiedlicher Orientierung (angedeutet durch die kurzen Striche) reagieren, sind jeweils in schmalen (50 µm) Orientierungssäulen vereinigt. Die „Blobs" verarbeiten Farbinformationen. Aus SHEPHERD 1993.

ander getroffenen Zellen zeigten folgende übereinstimmenden Eigenschaften: 1. Sie erhielten in der Regel entweder nur aus dem linken oder nur aus dem rechten Auge Signale: Existenz alternierender **Augendominanzsäulen** (Abb. 5.109.). 2. Alle getroffenen Zellen antworten in der Regel auf jeweils dieselbe Orientierung eines Lichtbalkens maximal: Existenz von **Orientierungssäulen** (Abb. 5.109.). Beide Säulen werden zu sog. **Hypersäulen** zusammengefaßt. Diese enthalten jeweils ein Paar Augendominanzsäulen, eine vom ipsi- und eine vom contralateralen Auge innerviert, sowie einen Satz von Orientierungssäulen mit jeder möglichen Orientierung.

Die Hypersäule enthält außerdem noch die „cortical pegs" oder **„blobs[1])"**, die für die Farbinformation verantwortlich sind. Es handelt sich dabei um zu Säulen zusammengefaßte Zellgruppen in den äußeren corticalen Schichten. Sie besitzen rezeptive Felder mit **Einfachgegenfarben** (z. B. Rot-On-Zentrum- und Grün-Off-Umfeld-Zellen: R$^+$G$^-$-Zellen. Sie werden durch Rot im Zentrum erregt und durch Grün im Umfeld gehemmt) oder **Doppelgegenfarben** (Rot-On-Zentrum, Grün-Off-Zentrum-Zellen. Sie reagieren maximal auf einen roten Lichtpunkt in grünem Umfeld und werden durch einen grünen Punkt in rotem Umfeld maximal gehemmt).

Aus dem Tectum opticum der niederen Wirbeltiere werden die beiden **Colliculi superiores** (Abb. 2.91.) der „Vierhügelplatte" (Lamina tecti) bei den Säugetieren. Sie erfüllen selbst noch bei den höheren Säugetieren einschließlich des Menschen eine Reihe sehr wichtiger Funktionen im visuellen System: **subcorticales Sehzentrum.** Es besteht auch hier eine **retinotope Projektion** auf die Colliculusflächen.

Die meisten Neuronen des Colliculus reagieren mehr als das für Neuronen des CGL und des Cortex der Fall ist auf **bewegte Objekte,** sowohl auf die Richtung als auch auf die Geschwindigkeit. Demgegenüber scheinen die Neuronen an der Mustererkennung wenig oder gar nicht beteiligt zu sein. Auf die Unterscheidung einfacher Formen dressierte Hamster verloren diese Fähigkeit nach Entfernung des visuellen Cortex, behielten aber die Fähigkeit, sich bewegten Objekten zuzuwenden. Auch Affen ohne visuellen Cortex erkannten keine Objekte mehr, konnten aber noch bewegte Objekte mit den Augen verfolgen und nach ihnen greifen. Reizung von Neuronen des Colliculus lösen bei Affen **Augenbewegungen** aus. Diese sind nach Richtung und Ausmaß so, daß das Bild des Gegenstandes, das sich vor der Bewegung im rezeptiven Feld des gereizten Neurons befand, nach Vollzug der Bewegung auf die Fovea fällt.

5.5. Elektrischer Sinn

Die Fähigkeit, elektrische Felder zu detektieren, ist bei aquatischen Formen weit verbreitet. Alle Elasmobranchier und viele Teleosteer, aber auch einige Amphibien sowie das Schnabeltier *(Platypus)* und der Schnabeligel *(Tachyglossus)* verfügen über einen elektrischen Sinn. Die in den Flüssen Westafrikas lebenden Nilhechte (Mormyriden) und Gymnarchiden *(Gymnarchus niloticus)* sowie die in Südamerika beheimateten Messerfische (Gymnotiden) und Vertreter einiger anderer Familien besitzen **schwache elektrische Organe** in der Schwanzregion (6.2.). Die er-

[1]) blob (engl.) = Klecks.

zeugten Spannungen (einige Volt) sind viel zu gering, als daß sie offensiven oder defensiven Zwecken dienen könnten, wie es bei den bekannten „starken" elektrischen Fischen der Fall ist. Die Organe stehen vielmehr im Dienste der Orientierung. Die Entladungen finden in rascher und oft auch konstanter Folge statt. Mit jedem Impuls baut das Tier um sich herum ein schwaches elektrisches Feld auf (Abb. 5.110.). Die Schwanzspitze ist negativ gegenüber dem Kopfende. Die Symmetrie dieses **Dipol-Feldes** ist gestört, wenn sich Gegenstände mit anderer Leitfähigkeit wie die des Wassers im Feld befinden. Ist die Leitfähigkeit größer, so werden die Feldlinien in den Gegenstand hineingezogen, ist sie kleiner, so werden sie ausgestoßen. Die damit verbundene Änderung der Feldstärkenverteilung an der Körperoberfläche des Fisches kann von zahlreichen (bei *Gnathonemus petersii* ca. 4000) empfindlichen Rezeptoren, die aus den Seitenlinienorganen hervorgegangen und vornehmlich am Kopfende angeordnet sind, registriert werden (**Autostimulation**). Das unverzerrte Feld erzeugt auf der Fischoberfläche *(Gnathonemus)* Feld-

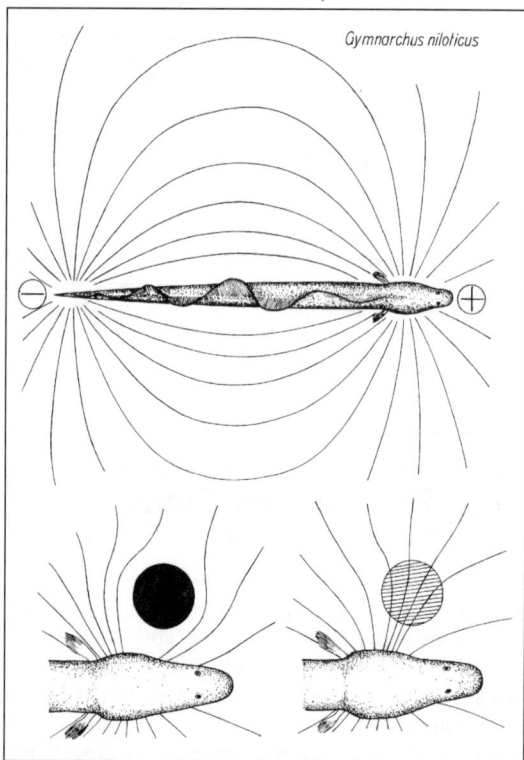

Abb. 5.110. Schematische Darstellung des elektrischen Feldes, das *Gymnarchus* um sich herum aufbaut. Der schwarze Kreis stellt einen Gegenstand mit niedrigerer Leitfähigkeit (stößt die Feldlinien ab) und der schraffierte einen solchen mit höherer Leitfähigkeit (zieht die Feldlinien an) als die des Wassers dar. Nach LISSMANN 1963.

stärken von ca. 100 mV/cm. Es werden Verzerrungen von <1% wahrgenommen.

Die Fische sind mit Hilfe ihres **elektrosensorischen Systems** in der Lage, Gegenstände unterschiedlicher Leitfähigkeit in ihrer Umgebung zu erkennen. Die Reichweite des Ortungssystems überschreitet bei den Mormyriden allerdings 4–5 cm kaum. Bei *Gymnarchus niloticus* erfolgen die Entladungen in konstanter Frequenz mit ca. 300/s auch dann, wenn das Tier völlig regungslos verharrt. Es kann mit Hilfe seines elektrosensorischen Systems geschlossene Keramikgefäße, die mit destilliertem Wasser, Luft, Paraffin oder Glasstäbchen gefüllt waren, von anderen, äußerlich gleichen Gefäßen unterscheiden, die mit Aquarium-Wasser oder mit KCl-Lösung bzw. Essigsäure gleicher Leitfähigkeit gefüllt waren. Er kann verschiedene Mischungen von Leitungs- mit destilliertem Wasser unterscheiden. Berechnungen ergaben, daß die Rezeptoren noch auf Änderungen des sie durchsetzenden Stromes von nur $3 \cdot 10^{-15}$ A ansprechen. *Gymnarchus* ist in der Lage, nur 2 mm dicke Glasstäbe wahrzunehmen. Dressierte Fische verlieren schlagartig die Fähigkeit zur Unterscheidung von Gegenständen unterschiedlicher Leitfähigkeit, wenn durch Rückenmarkssektion zwischen elektrischem Organ und Gehirn das Vermögen zur Entladung vernichtet worden ist. Einige Gymnotiden zeigen eine wesentlich höhere Entladungsrate, es sind bis zu 1600 Impulse pro Sekunde registriert worden.

Die **Elektrorezeptoren** leiten sich vom Seitenliniensystem ab. Die Haarsensillen haben in der Regel ihre Cilien und die Cupula verloren und befinden sich am Grunde einer epidermalen Vertiefung. Man unterscheidet tonische ampulläre und phasische tuberöse Organe (Abb. 5.111.). Die **ampullären Organe** kommen bei allen aktiv und passiv elektrischen Fischen (s. u.) vor. Sie besitzen etwa 20 Sinneszellen, die am Grunde einer Ampulle liegen, die über einen mit Gallerte gefüllten Kanal mit der Außenwelt kommuniziert. Es sind tonische Rezeptoren, die hauptsächlich auf niederfrequente (bis 40 Hz) elektrische Felder reagieren. Sie sind extrem empfindlich. Die Schwellen liegen bei wenigen nV/cm! Sie dienen der Wahrnehmung von Beute und anderen äußeren elektrischen Reizen, wie sie z. B. bei Atem- und Flossenbewegungen entstehen. Die bekanntesten Ampullenorgane sind die **Lorenzinischen Ampullen** der Elasmobranchier. Sie bestehen aus gallertgefüllten Kanälen, die tief ins Unterhautbindegewebe vordringen und an ihrem Ende Ampullen aufweisen (Abb. 5.112.), die von einem dichten Netz feiner Nervenendigungen innerviert werden.

Tuberöse Organe (Knollenorgane) haben die schwach-elektrischen Fische (Mormyriformes, Gymnotiformes) neben ihren ampullären. Sie weisen etwa 10–30 Sinneszellen (in einigen Fällen bis zu 100) auf (Abb. 5.111.), die aber nur von einer einzigen, an

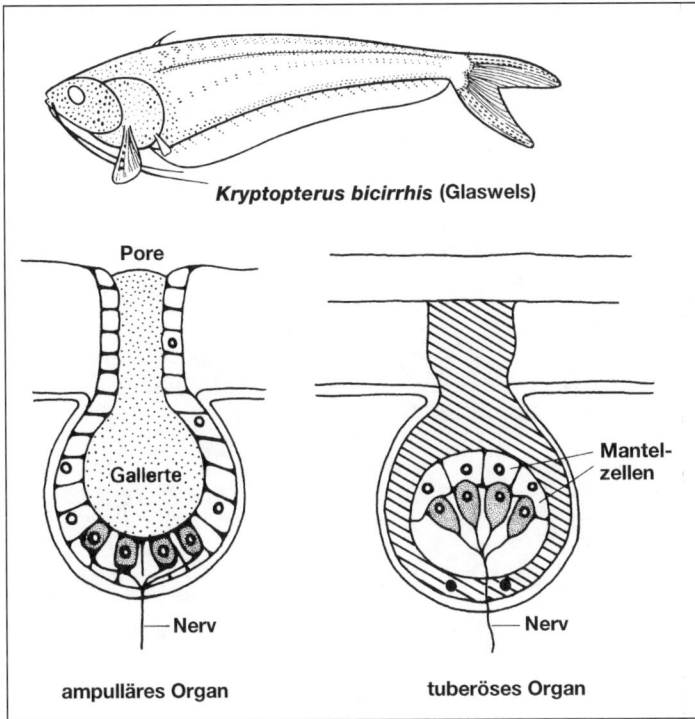

Kryptopterus bicirrhis (Glaswels)

Pore

Gallerte

Nerv

ampulläres Organ

Mantel-
zellen

Nerv

tuberöses Organ

Abb. 5.111. Die Verteilung der ampullären Elektrorezeptoren auf der Haut vom Glaswels (Siluridae). Jeder Punkt: ein Rezeptor. Nach WACHTEL u. SZAMIER 1969. – Unten: Gegenüberstellung der beiden Typen elektrorezeptiver Organe. Sinneszellen punktiert. Nach BLAXTER 1987.

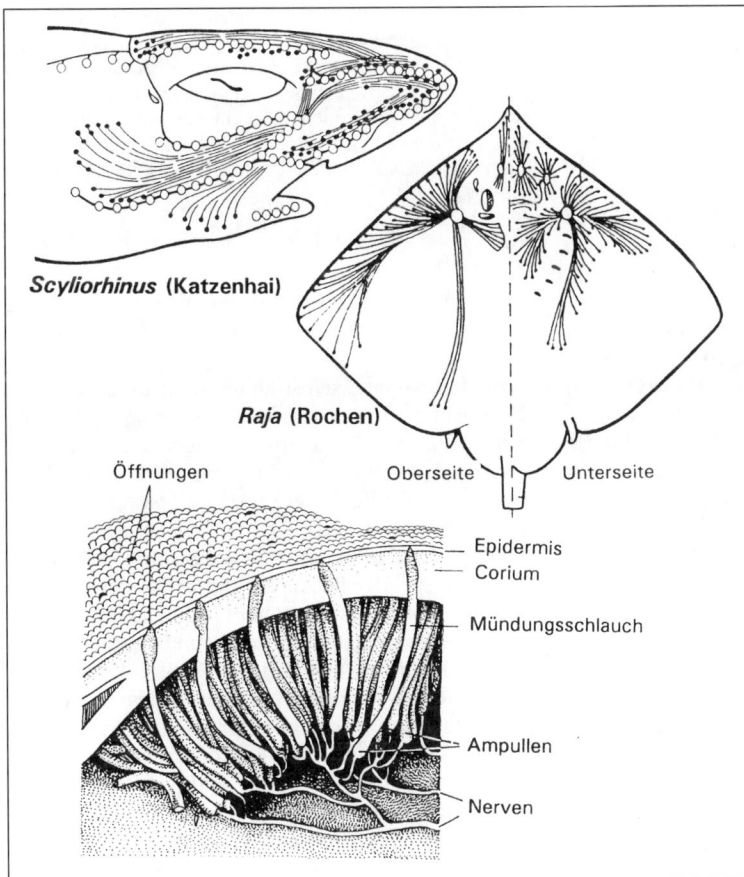

Scyliorhinus (Katzenhai)

Raja (Rochen)

Öffnungen

Oberseite   Unterseite

Epidermis
Corium

Mündungsschlauch

Ampullen

Nerven

Abb. 5.112. Verteilung der Lorenzinischen Ampullen (schwarze Punkte) beim Hai und Rochen. Helle Kreise beim Hai: Poren des Seitenliniensystems. Aus KAESTNER 1991. – Unten: Die Lorenzinischen Ampullen im Rostrum des Haies. Nach GEGENBAUR.

ihrem Ende stark verzweigten Nervenfaser innerviert werden. Sie registrieren hochfrequente (10 bis mehrere 1000 Hz) Felder. Das wird deshalb möglich, weil die Organe im Gegensatz zu den ampullären stark phasisch reagieren, was wiederum darauf zurückzuführen ist, daß die apikale Rezeptormembran eine hohe Kapazität aufweist. Die tuberösen Organe sind weniger empfindlich als die ampullären. Die Schwelle liegt bei 70 mV/cm. Sie sind in die Elektrolokalisation und innerartliche Kommunikation integriert. Ihr Kanal ist nicht mit Gallerte, sondern mit locker gepackten epithelialen Zellen angefüllt.

Die ampullären Organe **mariner Fische** haben im Vergleich zu limnischen Formen deutlich längere Kanäle. Das hängt damit zusammen, daß ihre Körperflüssigkeit (ihr Körper) einen höheren elektrischen Widerstand (geringere Osmolarität, 4.2.1.2.) aufweist als das umgebende Meerwasser. Die Kraftlinien des elektrischen Feldes divergieren deshalb im Fisch. Durch lange Kanäle wird eine hinreichend große Spannungsdifferenz zwischen den Elektrorezeptoren erreicht, um schwache elektrische Felder noch zu detektieren. Bei **Süßwasserfischen** ist es umgekehrt. Sie haben einen geringeren elektrischen Widerstand als das umgebende Medium, die Kraftlinien konvergieren. Kurze Kanäle sind ausreichend. Außerdem fällt auf, daß die Haut schwach elektrischer Fische des Süßwassers einen höheren Widerstand (3–50 kΩ cm^{-2}) aufweist als die anderer limnischer Formen (Goldfisch: < 1 kΩ cm^{-2}). Dadurch wird der Stromfluß zu den Rezeptoren nochmals verbessert.

Die **elektrischen Signale** der verschiedenen elektrischen Fische unterscheiden sich in ihrem wellenförmigen Verlauf, in ihrer Frequenz und in ihrem zeitlichen Muster. Unterschiedlich ist auch die Form des aufgebauten Feldes. Alle elektrischen Fische können die Frequenz der Entladungen durch Depolarisation der großen, elektrotonisch gekoppelten Zellen des Schrittmacherzentrums in der Medulla oblongata modulieren.

Die elektrischen Signale dienen nicht nur zum Erkennen und Lokalisieren toter, d. h. elektrisch passiver Objekte in der Umgebung (**„aktive Elektroortung"**), sondern auch der **Kommunikation** zwischen den Individuen bzw. zur Detektion elektrisch aktiver Objekte (**„passive Elektroortung"**). Die Reichweite der elektrischen Signale ist allerdings wegen der rapiden Abnahme der elektrischen Feldstärke mit der Entfernung von der Quelle (sie fällt mit der reziproken *vierten* Potenz des Abstandes!) nicht sehr groß: 1–10 m. *Eigenmannia virescens* (Gymnotide) gibt Drohentladungen ab, wenn sie bei ihren nächtlichen Exkursionen auf Artgenossen stößt. Tiere anderer Arten bleiben dagegen unbeachtet. Während der Fortpflanzungsperiode wirbt das Männchen in Form wiederholter kurzer Unterbrechungen seiner Entladung um das Weibchen. Auch *Sternopygus*-Männchen erkennen die Entladungsmuster vorbeischwimmender Weibchen und antworten mit einer Art „Werbegesang" zur Anlockung der Weibchen. Längere Unterbrechungen der Entladungsaktivität zeigen bei *Gym-*

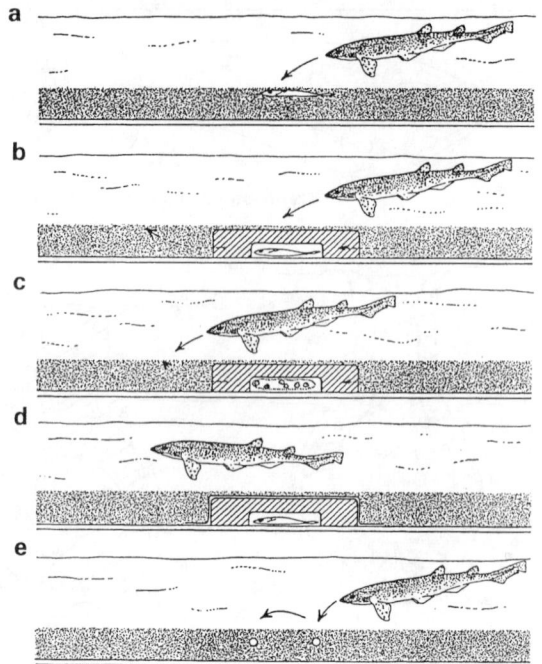

Abb. 5.113. Der Katzenhai *Scyliorhinus canicula* kann mit Hilfe seiner Lorenzinischen Ampullen im Sand vergrabene Schollen ausfindig machen (a). Dasselbe gilt, wenn sich die Scholle in einem elektrisch leitenden Agarbehältnis befindet (b). Fleischstücke vom Dorsch in demselben Behältnis registriert der Hai nur olfaktorisch (c). Erhält das mit einer Scholle besetzte Behältnis einen isolierenden Plastiküberzug, wird die Scholle nicht mehr entdeckt (d). Zwei Elektroden, über die das bioelektrische Feld einer Scholle imitiert wird, erwecken die Aufmerksamkeit des Haies. Nach KALMIJN 1971.

notus und *Gymnarchus niloticus* ihre Unterwerfung an, wodurch die Aggressivität ihres Gegners gemindert wird.

Rochen können selbst kleine Beutetiere mit Hilfe der **Lorenzinischen Ampullen** auf eine Entfernung von ca. 30 cm sicher orten und fangen. Der Katzenhai *(Scyliorrhinus canicula)* kann im Sand vergrabene Schollen mit Hilfe dieser Elektrorezeptoren ausfindig machen (Abb. 5.113.).

Die Orientierung mit Hilfe des elektrischen Sinnes stellt eine spezifische Anpassung an das Leben in trüben und oft stark turbulenten Flüssen und Bächen dar. Die Augen und Seitenlinienorgane können unter diesen Bedingungen nur geringe Dienste leisten. Die Gymnotiden Südamerikas sind außerdem nur nachts aktiv. Bei den Fischen mit elektrischer Orientierung sind die Seitenliniennerven, die die Elektrorezeptoren innervieren, auffallend dick und die zugehörigen Hirnpartien so stark entwickelt, daß sie die anderen Hirnteile völlig überdecken können (Abb. 5.114.). Außerdem herrscht bei ihnen eine besondere Fortge) und der **Nordpol** zwischen Viktorialand und Wilhelmsland (27°25′ südl. Breite, 154°0′ östl. Länge). An den magnetischen Polen der Erde – und nur dort – treten die Kraftlinien des Feldes senkrecht zur Erdoberfläche aus, am Äquator verlaufen sie parallel zur Erdoberfläche. Die Neigung der Kraftlinien des Feldes gegenüber der Horizontalen nennt man magnetische **Inklination**[1]). Sie nimmt vom Äquator zum magnetischen Pol hin von 0° auf 90° zu. In Frankfurt a. M. beträgt sie 65°. Die magnetische Feldstärke wird in Ampere je Meter ($A \cdot m^{-1}$) gemessen. In Polnähe hat das Magnetfeld der Erde die Stärke von ca. 56 $A \cdot m^{-1}$ und am Äquator von ca. 24 $A \cdot m^{-1}$. Das Magnetfeld der Erde unterliegt sowohl hinsichtlich seiner Stärke als auch seiner Richtung beharrlichen langsamen Veränderungen (**Säkularvariation**). Außerdem ist das Erdmagnetfeld im Laufe der Erdgeschichte mindestens zweimal umgepolt worden.

Für die Orientierung von Tieren im Magnetfeld können prinzipiell zwei Parameter herangezogen werden:

1. Die **Intensität des Feldes.** Sie ist für jeden Ort charakteristisch. Ihre sonn- und mondtäglichen Schwankungen (solare und lunare Variationen) besitzen eine sehr geringe Amplitude ($1^0/_{00}$ der Feldstärke).
2. Die **Richtcharakteristik des Feldes.** Die Kraftlinien ließen sich in eine für jeden Ort charakteristische horizontale und vertikale Komponente zerlegen.

Eine Ausrichtung der Raumlage bzw. der Fortbewegungsrichtung in Abhängigkeit von magnetischen Feldern ist an vielen verschiedenen Tieren nachgewiesen worden, so daß man kaum noch daran zweifeln kann, daß diese Tiere über einen magnetischen Sinn verfügen. So konnten z. B. **Planarien** (*Dugesia dorotecephala*) und **Schnecken**(*Nassarius obsoletus*) von ihrer „frei gewählten" Fortbewegungsrichtung in einer kreisrunden Arena mit Hilfe eines Magneten in gesetzmäßiger Weise abhängig von der Tageszeit abgelenkt werden. In den Morgenstunden wandte sich *Nassaria* bevorzugt nach rechts, sonst nach links. Es ist weiterhin beobachtet worden, daß sich **Imagines** von Termiten, Käfern, Fliegen, Heuschrecken, Grillen, Schaben und Wespen in Ruhelage bevorzugt in Nord-Süd- oder Ost-West-Richtung einstellten. Im künstlichen Magnetfeld orientieren sie sich entsprechend parallel oder senkrecht zu den Feldlinien. Es ließen sich auch die bekannten „Mißweisungen" im Schwänzeltanz der **Honigbiene** (7.4.2.) auf den Einfluß des Erdmagnetfeldes zurückführen: Bei der Transponierung des Winkels zwischen Flugbahn und Sonne ins Schwerefeld treten gesetzmäßige, tagesperiodisch schwankende Fehler auf (sog. Restmißweisungen), die verschwinden, wenn das Erdmagnetfeld durch ein künstliches Feld mit Hilfe von Helmholtzspulen aufgehoben wird. Ein in Richtung der Magnetfeldlinien ausgeführter Schwänzeltanz ist stets fehlerfrei ausschließlich nach der Schwerkraft orientiert.

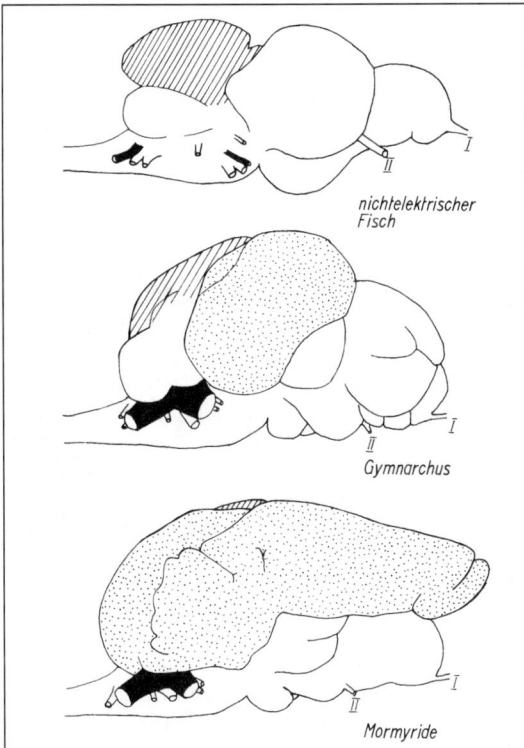

Abb. 5.114. Die Gehirne eines nichtelektrischen und zweier elektrischer Fische. Schraffiert: Cerebellum; punktiert: das dem elektrischen Sinn zugeordnete Rindenareal. Vergleiche auch die unterschiedliche Dicke der Nervi optici (II) und der Seitenliniennerven (schwarz) miteinander. Nach Lissmann 1963.

bewegungsart vor. Sie schlagen nicht mit dem Schwanz hin und her, sondern schwimmen „stocksteif" nur mit Hilfe undulierender Bewegungen ihrer bandartig ausgebildeten Rücken- *(Gymnarchus)* bzw. Afterflossen (Gymnotiden). Dadurch verharrt das Elektrodensystem des Fisches beim Schwimmen in Ruhe, und das erzeugte elektrische Feld ist symmetrisch zur Körperachse. Alle schwach elektrischen Fische können ebensogut rückwärts wie vorwärts schwimmen.

5.6. Magnetischer Sinn

Die Erde baut bekanntlich um sich herum ein Magnetfeld auf. Man kann sich die Erde als großen Stabmagneten vorstellen, dessen Achse gegenüber der Erdachse leicht geneigt ist. Der **magnetische Südpol** liegt westlich von der Halbinsel Boothia Felix (70°30′ nördl. Breite, 96°5′ westl. Län

---

[1]) inclinatio (lat.) = Neigung.

Von größerem Interesse als diese Beispiele, bei denen die biologische Bedeutung der Magnetfeldwirkung noch unklar ist, sind die Experimente mit Vögeln, die ihre Flugrichtung am Magnetfeld zu orientieren in der Lage sind. **Brieftauben,** denen man kleine Stabmagnete auf dem Rücken befestigt hatte, verloren bei bedecktem Himmel, wenn eine Orientierung nach der Sonne nicht mehr möglich war, ihr Heimfindevermögen (Abb. 5.115.). Interessant ist weiter, daß Jungtauben im Gegensatz zu erfahrenen Artgenossen auch bei Sonne schlechte Heimkehrleistung zeigten, wenn sie einen Stabmagneten trugen. Offenbar müssen die Tauben erst lernen, die Orientierungssysteme nach der Sonne und nach dem Magnetfeld der Erde zu trennen (Abb. 5.115.).

Auch **Zugvögel** benutzen eine Magnetfeldorientierung. Es konnte an Rotkehlchen, verschiedenen Grasmücken und an Indigofinken gezeigt werden, daß sich die Zugunruherichtung dieser Vögel bei Fehlen einer Himmelssicht in geschlossenen Räumen mit dem Magnetfeld ändern läßt. An Rotkehlchen konnte außerdem gezeigt werden, daß sie offenbar nicht nur die Horizontalkomponente des Feldes (Nord-Südrichtung), sondern auch ihre Polung an Hand der Inklination feststellen können. Bei ihnen ändert sich die Richtungstendenz um 180°, wenn die Inklination von 66° zur Nordrichtung in 66° zur Südrichtung verändert wurde. Das heißt, daß die Vögel sich nach der Änderung der Inklination so einstellen, daß die Feldlinien wieder in der gewohnten Richtung ihren Kör-

per durchsetzen. Wie der Vogel diese Information erhält, die ihm gestattet zu unterscheiden, ob er nach Norden oder nach Süden fliegt, falls er „weiß", daß er sich auf der Nordhalbkugel befindet, ist noch unklar. Das Vermögen zur Orientierung nach dem Magnetfeld ist (z. B. bei Gartengrasmücken) genetisch verankert, denn es zeigte sich auch bei solchen Jungvögeln im Herbst, die ohne Himmelssicht aufgezogen worden waren. Sie benutzen offenbar das Magnetfeld als primäres Orientierungsmittel, während sie die Orientierung nach den Sternen („Sternenkompaß") erst an Hand des „Magnetkompaß" zusätzlich erlernen müssen.

Stachelrochen (Urolophus halleri) ließen sich in einem runden Tank darauf konditionieren, dasjenige von zwei Verstecken aufzusuchen, dessen Einschlupföffnung eine bestimmte Richtung im künstlichen Magnetfeld innehatte. Verantwortlich für diese Leistung sind offenbar die Elektrorezeptoren in den **Lorenzinischen Ampullen** (5.5.). Bewegt sich das Tier in einem Winkel zur Horizontalkomponente des Erdmagnetfeldes, so kann ein elektrisches Feld induziert werden, das sowohl senkrecht zur Fortbewegungsrichtung des Fisches als auch zum Erdmagnetfeld steht („Dreifingerregel"), den Fisch also in dorso-ventraler Richtung durchsetzt. Dieses Feld ist von maximaler Stärke, wenn der Rochen die Horizontalkomponente des Erdmagnetfeldes senkrecht kreuzt. Es kann zwischen den dorsalen und ventralen Ampullen abgegriffen werden. Durch ein Abtasten des

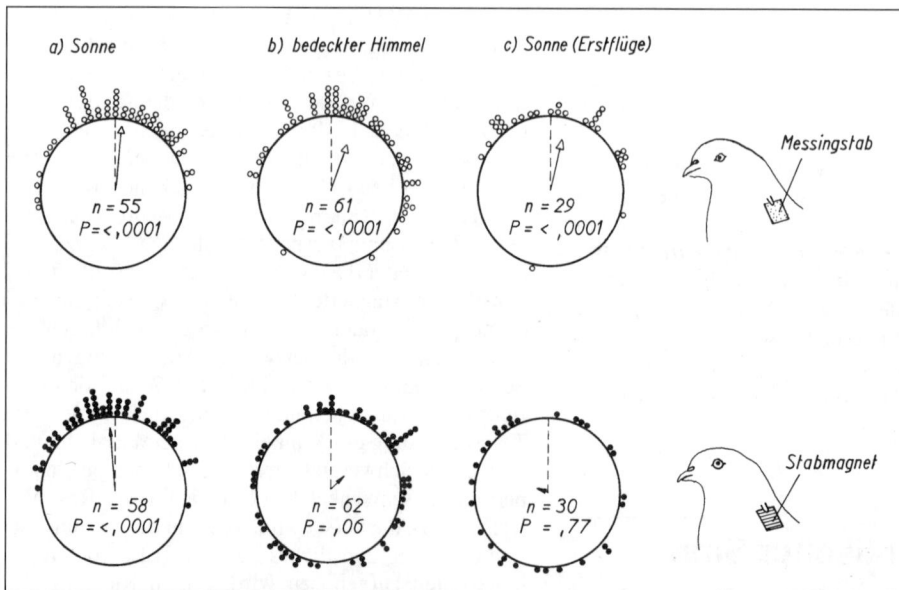

Abb. 5.115. Die Abflugrichtungen vom Auflaßort bei Brieftauben (jeder Punkt entspricht einem Abflug) mit Messingstäben bzw. mit gleichgroßen Stabmagneten (2,5 cm lang, 3 g schwer) auf dem Rücken. a) und b): Auflassen älterer Tiere aus 27–50 km Entfernung von Heimatort. c): Auflassen von Jungtauben (Erstflüge) aus 27 km Entfernung. Jungtauben ohne Fernflugerfahrung zeigen im Gegensatz zu erfahrenen Tauben auch bei Sonne eine schlechte Heimkehrleistung, wenn am Rücken ein Magnet montiert worden war, erfahrene Tauben nur bei bedecktem Himmel. Nach KEETON 1973, verändert.

Feldes in der Zeit könnte so die Magnetfeldrichtung ermittelt werden. Ähnliche Leistungen liegen auch bei den **Haien** vor. Viele Fragen sind noch offen.

5.7. Chemische Sinne

Allen bisher besprochenen Sinnen, deren Rezeptoren auf bestimmte physikalische Vorgänge (Schall, Licht, usw.) ansprechen, kann man die chemischen Sinne gegenüberstellen. Es gibt wohl kein Tier, dem ein chemischer Sinn völlig fehlt. Die **adäquaten Reize** für die Chemorezeptoren sind chemische Stoffe, die beim Kontakt mit der Zelle den Erregungsvorgang auslösen. Man weiß heute noch nicht, welche Prozesse sich primär bei der Perzeption eines Moleküls an der Rezeptormembran abspielen, d. h. wie es zur Entstehung des Rezeptorpotentials kommt. Zwei grundsätzlich verschiedene Interaktionen zwischen den Geruchs- bzw. Geschmackspartikeln einerseits und der Rezeptorzelle andererseits kommen für die Einleitung der Transduktion des Reizes in den Erregungsvorgang (Rezeptorpotential) in Betracht (nach SCHNEIDER):

1. **Einzeleffekte:** Jeweils ein Reizstoffpartikel (Molekül oder Ion) tritt mit einem Akzeptorprotein (receptor site) der erregbaren Membran in Wechselwirkung aufgrund schwacher Bindungskräfte.
2. **Masseneffekte:** Die Reizstoffpartikel wirken aufgrund ihrer Teilchenzahl, wie z. B. bei der Osmose und bei Lösungsvorgängen.

Einzeleffekte scheinen die Regel zu sein. Masseneffekte konnten bisher bei der Erregung des Wasserrezeptors und der des Salzrezeptors durch 1wertige Kationen bei Fliegen (s. u.) beobachtet werden. Wir sind es gewohnt, zwischen dem Geschmacks- und Geruchssinn zu unterscheiden. Eine solche Unterscheidung ist bei den Wirbeltieren und Insekten gerechtfertigt. Die adäquaten Reize des **Geschmackssinnes** sind gelöste Stoffe oder Flüssigkeiten in relativ hohen Konzentrationen bei unmittelbarem Kontakt (Nahsinn). Die adäquaten Reize des **Geruchssinnes** sind Stoffe in der Gasphase (Wassertiere, s. u.) in oft erstaunlich niedriger Konzentration (Fernsinn). Eine wichtige Aufgabe des Geschmackssinns ist die chemische Prüfung der aufzunehmenden Nahrung. Man findet deshalb die Geschmacksrezeptoren (bei den Wirbeltieren sekundäre Sinneszellen, die zu „Knospen" zusammentreten) vornehmlich in der Umgebung des Mundes, an den Mundgliedmaßen (Insekten) bzw. in der Mundhöhle (Wirbeltiere). Mit dem Geruchssinn können oft weit entfernte Duftquellen wahrgenommen werden (Witterungsvermögen), was beim Aufsuchen des Geschlechtspartners, Erken-

nen des Feindes oder bei der Nahrungssuche von großer Bedeutung sein kann. Die Geruchsrezeptoren (beim Wirbeltier primäre Sinneszellen) befinden sich in Höhlen des Vorderkopfes, die mit der Außenwelt in offener Verbindung stehen.

Man war sich lange Zeit nicht darüber im klaren, ob auch die im Wasser lebenden Tiere einen Geruchssinn besitzen, weil die Geruchsstoffe nicht in der Gasphase vorliegen können. Man konnte dann zeigen, daß z. B. die Molche sowohl im Wasser als auch auf dem Lande dieselben Stoffe mit ihrem Geruchsorgan in der Nasenhöhle perzipieren. An Elritzen konnte durch Ausschaltungsversuche gezeigt werden, daß dieser Fisch die Stoffe, die für uns Schmeckstoffe sind (Traubenzucker, Chinin, Kochsalz u. a.), mit seinen Geschmacksorganen und typische Riechstoffe (Cumarin, Moschus, Skatol, Phenylethylalkohol u. a.) mit dem Geruchsorgan wahrnimmt.

Bei den Wirbellosen mit Ausnahme der Insekten stößt die Unterscheidung eines Geschmacks- und Geruchssinnes auf Schwierigkeiten. Deshalb spricht man von einem einheitlichen chemischen Sinn.

5.7.1. Chemischer Sinn bei Wirbellosen (excl. Insekten)

Unsere Kenntnisse über den chemischen Sinn bei den Wirbellosen mit Ausnahme der Insekten beziehen sich fast ausschließlich auf Verhaltensstudien. Sehr wenig ist über die Physiologie der Rezeptoren selbst bekannt. Es können hier nur einige Beispiele erwähnt werden.

Von verschiedenen **Protozoen** sind Reaktionen auf chemische Reize bekannt. Das Pantoffeltierchen *Paramecium* sucht in einem Diffusionsfeld eines Säuretropfens durch Klinokinesis eine Region mit schwachsaurer Reaktion auf (Abb. 7.23.). – **Hydroidpolypen** und **Aktinien** kann man mit Preßsäften aus dem Fleisch ihrer Hauptnahrung dazu bringen, ihre Tentakeln weit auszustrecken und den Mund zu öffnen. – **Bachplanarien** bemerken ausgelegte Futterstücke aus einer Entfernung von etwa 8 cm und steuern sie klinotaktisch an. Die Chemorezeptoren befinden sich an den Seitenrändern des Kopfes. Ihre Entfernung hat zur Folge, daß das Futter nicht mehr gefunden werden kann. In der Mitte des Vorderrandes des Kopfes liegen ebenfalls Chemorezeptoren, die aber nicht für das Auffinden, sondern für die Aufnahme der Nahrung von Bedeutung sind (Geschmacksrezeptoren?). Fehlen sie, so wird das Futter zwar gefunden, aber nicht mehr gefressen. – **Regenwürmern,** die während der Nacht gerne Blätter, Kiefernnadeln und andere Dinge nach sorgfältiger Prüfung in ihre Wohnröhren hineinziehen, bot man Kiefernnadeln, die entweder mit reiner Gelatine oder mit Gelatine unter Zusatz eines Geschmacksstoffes überzogen waren. Alkaloide einer Konzentration von mehr als 0,01 g/20 g Gelatine wurden abgelehnt, ebenfalls

Säuren (Phosphor-, Wein-, Zitronen-, Oxal- und Äpfelsäure) in höherer Konzentration. In niedrigen Konzentrationen wurden diese im Pflanzenreich verbreiteten Säuren angenommen. Gegenüber Glucose und Saccharose verhielten sich die Würmer indifferent. Auch in elektrophysiologischen Experimenten konnten bei Reizung der Sinneszellen der Körpersegmente mit Glucose und Saccharose keine Effekte registriert werden. Dagegen konnten im prostomialen Nerv einige Fasern gefunden werden, die zwar auch nicht auf Glucose, aber auf Saccharose, Glycerin und Chinin reagierten.

Wichtiges chemisches Sinnesorgan der meisten Mollusken ist das Osphradium, das nur den Aplacophoren, Scaphopoden, Nudibranchiern und terrestrischen Pulmonaten fehlt. Es liegt gewöhnlich in der Mantelhöhle in der Nähe der Kiemen und stellt einen Distanz-Chemorezeptor dar. Die Stoffe werden mit dem Atemwasserstrom herbeigeführt. Die Sumpfdeckelschnecke (Viviparus viviparus) reagiert auf die Darbietung des Futters bzw. chemischer Attraktivstoffe (Vanillin) gewöhnlich mit der Steigerung ihrer Lokomotion und mit Suchbewegungen ihres Buccalkomplexes. Nach Entfernung des Osphradiums fallen die Reaktionen sehr viel schwächer aus, auf Sekrete des Geschlechtspartners reagieren die Tiere dann überhaupt nicht mehr. Wenn das Osphradium regeneriert ist – das geschieht etwa innerhalb von 4 Wochen – verhält sich das Tier wieder normal. – Die wichtigsten Kontakt-Chemorezeptoren der Schnecken sind ohne Zweifel die Tentakeln am Kopf. Auch der Fuß erweist sich bei verschiedenen Schnecken als empfindlich gegenüber chemischen Reizen, dasselbe gilt für den Sipho gewisser Prosobranchier. Hauptsitz der Chemorezeptoren bei den Muscheln sind die Pallialtentakeln und – wenn vorhanden – ebenfalls der Sipho. Bei primitiven Mollusken (Amphineuren, Monoplacophoren, Scaphopoden und primitiven Gastropoden) ist ein mit der Mundhöhle in Verbindung stehendes Subradularorgan beschrieben, das ausgestülpt werden kann und wahrscheinlich im Dienste der Kontakt-Chemorezeption bei der Nahrungsaufnahme steht. Bei der Weinbergschnecke Helix sind die Mundlappen an der chemischen Prüfung der Nahrung beteiligt. Ihre Entfernung setzt die Ablehnungsschwelle für eine Reihe von Stoffen (NaCl, Glucose, Chininsulfat, Salicin) stark herauf.

Die Krebse besitzen verhaltensphysiologischen Experimenten zufolge an den Antennen – insbesondere an den Außengliedern der ersten Antenne mit ihren Leydigschen[1]) Sinneshaaren –, an den Mundgliedmaßen und den Thorakalbeinen Chemorezeptoren. Die chemische Empfindlichkeit der ersten Antennen (Antennulae) und der Thorakalbeine ist inzwischen auch mit elektrophysiologischer Methodik bestätigt. Die Mauerassel (Oniscus asellus) unterschei-

det mit Hilfe von Sinneszellen (ähnlich den Sensilla basiconica) an den terminalen Gliedern der zweiten Antenne Filtrierpapier, das mit destilliertem Wasser, von solchem, das mit 1%iger Rohrzuckerlösung getränkt wurde. Die Tiere bevorzugen das mit destilliertem Wasser getränkte Papier. Die litorale Assel Ligia baudiniana kann mit ihren Beinen beim Überqueren von Filtrierpapier, das mit verschiedenen Flüssigkeiten getränkt wurde, destilliertes Wasser von Seewasser und verschiedenen Salzlösungen unterscheiden. Bei der Wollhandkrabbe (Eriocheir) ist eine Empfindlichkeit der ersten Antenne gegenüber Änderungen des pH-Wertes im Wasser beobachtet worden. Bei einem pH von 6,5 wird reflexiv die Frequenz der Scaphognathit-Bewegung (3.2.3.1.) herabgesetzt. In Übereinstimmung mit Ergebnissen an Insekten nimmt die Empfindlichkeit für aliphatische Alkohole bei Daphnia, Balanus und Copepoden logarithmisch mit der Kettenlänge zu.

Spinnen lehnen Fliegen, die mit Chinin, Kochsalz oder Weinsäure beträufelt wurden, ab. Die Sinneszellen liegen wahrscheinlich an den Mundgliedmaßen und in der Mundhöhle. Die Chemorezeptoren der Milben sind die Hallerschen Organe der Vordertibien. Die Vorderbeine werden beim Laufen emporgehalten.

5.7.2. Geschmackssinn

5.7.2.1. Insekten

Die Geschmacksrezeptoren sind vornehmlich in der Umgebung des Mundes und an den Mundgliedmaßen zu finden, so z. B. am Labellum der Fliegen, an der Rüsselspitze der Schmetterlinge, an der Basis der Zunge bei der Biene und am Epi- und Hypopharynx der Raupen. Oft liegen sie auch an den Spitzen der Maxillar- und Labialpalpen (Periplaneta, Liogryllus, Trichopteren und verschiedene Käfer). Außerhalb des Mundfeldes findet man oft an den Tarsen (Schmetterlinge, Fliegen, Honigbiene, Trichopteren), seltener an den Antennen (Ameisen, Bienen, Wespen, manche Schmetterlinge) oder am Ovipositor (Ichneumoniden, Grylliden) Geschmacksrezeptoren. Die Morphologie der Rezeptoren ist am besten bei den Fliegen untersucht. Es sind Haarsensillen (Sensilla trichodea), deren Aufbau Abb. 5.116. zeigt. Sie sind nur an ihrer äußersten Spitze, wo die Cuticula durchbrochen ist, chemisch reizbar. In dem Haar verlaufen die sehr dünnen distalen Fortsätze zweier bipolarer Sinneszellen. Der distale Fortsatz der dritten Zelle endet bereits an der Basis des Haares. Es kommen auch Sensillen mit vier oder fünf Sinneszellen vor. Die proximalen Fortsätze bilden die afferenten Axone (primäre Sinneszellen), die ohne Unterbrechung bis zum ZNS ziehen.

---

[1]) s. Fußnote S. 108.

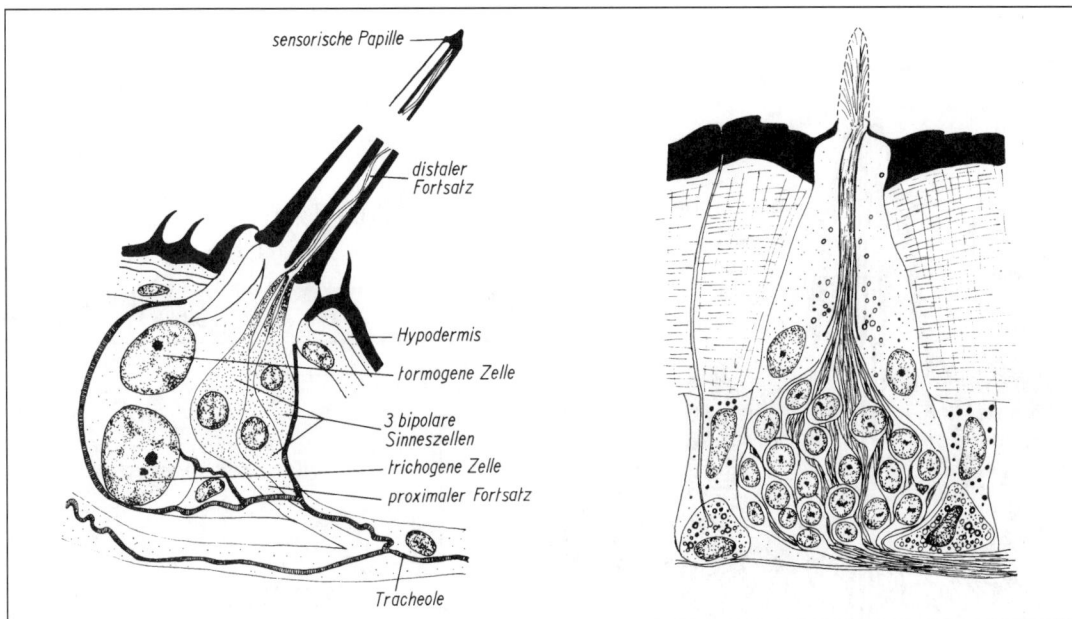

Abb. 5.116. Chemorezeptoren bei Insekten: Sensillum trichodeum (links) und Sensillum basiconicum (rechts). Nach DETHIER 1955 und SLIFER u. Mitarb. 1959.

Elektrophysiologische Untersuchungen an den labellaren Haarsensillen von Fliegen *(Phormia, Lucilia)* zeigten, daß die einzelnen Sinneszellen desselben Haares unterschiedliche Eigenschaften haben. Eine Zelle reagiert auf einwertige Salze. Sie wird **L-Rezeptor** genannt, da ihre Aktionspotentiale relativ groß (engl.: large) sind. Die zweite Zelle reagiert auf Zucker und bildet kleine („small") Aktionspotentiale: **S-Rezeptor.** Die dritte Zelle ist ein Mechanorezeptor (M-Rezeptor). Er reagiert auf Abbiegungen des Haares, sein distaler Fortsatz endet an der Haarbasis (s. o.). Schließlich konnte ein vierter Rezeptor entdeckt werden, der auf Wasser reagiert **(Wasser-Rezeptor).** Die Funktion des in manchen Sensillen vorhandenen fünften Rezeptors ist noch unbekannt.

Zwischen den Aktivitäten des L- und des S-Rezeptors bestehen Wechselbeziehungen: Die Steigerung der Impulszahlen bei einem setzt die Impulszahl des anderen herab. Der S-Rezeptor spricht am empfindlichsten auf Pentosen, Hexosen und Zucker mit α-D-Glucopyranosid-Bindungen an. In der Regel ist die α-Form wirksamer als die β-Form. Gleichzeitig angebotene Zucker können sich in ihrer Wirkung gegenseitig kompetitiv hemmen. So hemmt z. B. der Zucker Mannose zwar die Fructose, aber nicht die Glucose.

Untersuchungen an den tarsalen Haarsensillen des Kartoffelkäfers *(Leptinotarsa decemlineata)* führten zu der Feststellung, daß im Haar zwei Elektrolyt- und ein Zucker-Rezeptor vorhanden sind.

Der **Wasserrezeptor** (s. o.) ist schwach spontan aktiv. Ein Wasserreiz wird mit einer Erregungsspitze von 200 Imp./s und nachfolgendem Abfall auf ein Plateau von ca. 40 Imp./s beantwortet (PD-Rezeptor). Im Wasser gelöste Salze hemmen die Erregung in Abhängigkeit von ihrer Konzentration und der Wertigkeit ihrer Kationen. Nicht-Elektrolyte hemmen entsprechend ihrem osmotischen Wert in der Reizlösung. Es wird deshalb vermutet, daß die Erregung primär osmotisch ausgelöst wird (Masseneffekt, s. o.).

Diejenigen Stoffe, die dem Menschen süß schmecken, werden nicht alle von den Insekten reinem Wasser gegenüber vorgezogen. Alle untersuchten Arten reagierten auf Glucose, Fructose, Saccharose, Maltose und Melicitose positiv. Die Reaktion auf andere Zucker ist von Art zu Art und sogar bei derselben Art von Rezeptor zu Rezeptor verschieden. Lactose ist bei den meisten Insekten nicht reizwirksam. Interessant ist die Beobachtung, daß bei der Schmeißfliege *Calliphora* die Empfindlichkeit der Mundgliedmaßen und besonders der Tarsen für Glucose, Fructose, Saccharose und Maltose in Hungerperioden stark ansteigt. Für **Chinin,** ein für uns sehr bitter schmeckender Stoff, sind eine Reihe von Insekten (Raupen von *Cosmotriche* und *Deilephila*) unempfindlich. Auch die Bienen nehmen eine Zuckerlösung an, die durch ihren hohen Chiningehalt für uns ungenießbar ist.

Bei verschiedenen terrestrischen Insekten sind **Hygrorezeptoren** mit elektrophysiologischer Methodik nachgewiesen worden, so z. B. an der Antenne von Bienen (Sensillum coeloconicum), der Mücke *Aedes aegypti* (Sensillum basiconicum, Abb. 5.116.) und der Heuschrecke *Locusta migratoria* (Sensillum coeloconicum). Alle Hygrorezeptoren der Insekten reagieren in phasisch-tonischer Weise auf Änderun-

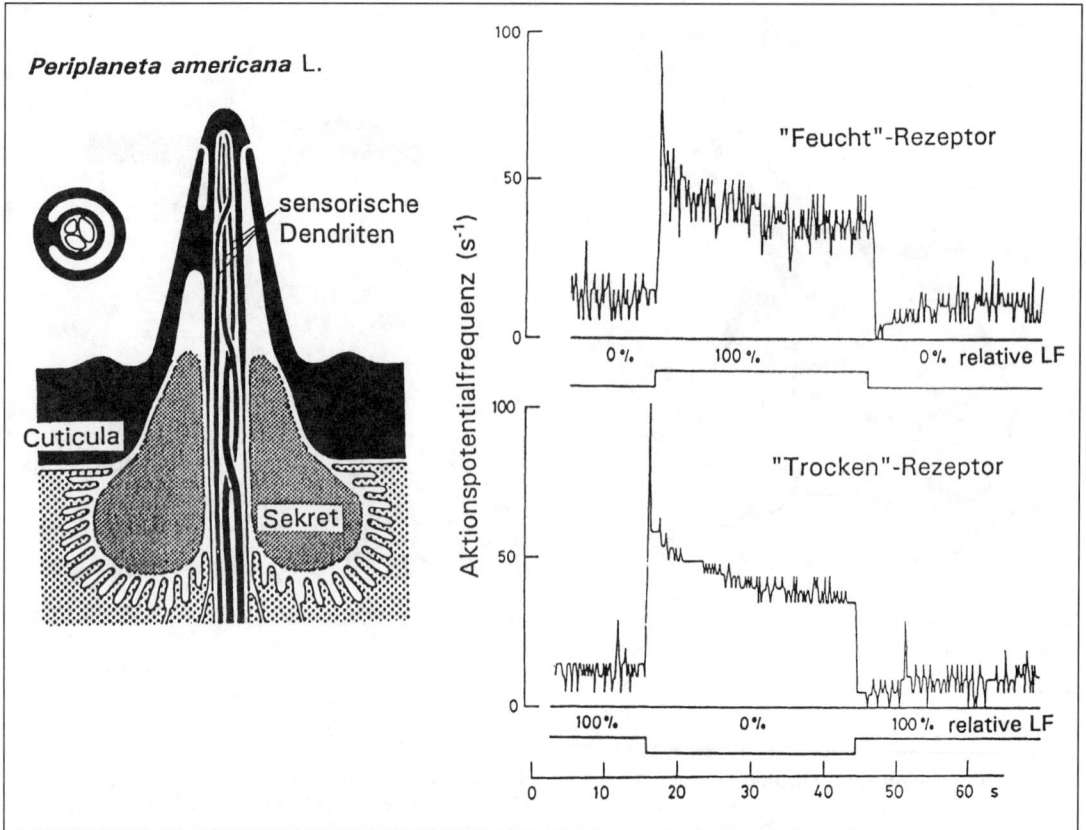

Abb. 5.117. Ein porenloses Sensillum (Sensillum capitulum, 8 μm lang, 5 μm dick am Grunde) auf der Antenne der Schabe *Periplaneta americana* mit drei sensorischen Neuronen. Das eine Neuron reagiert auf Kälte (hier nicht gezeigt), das zweite auf erhöhte und das dritte auf erniedrigte Luftfeuchtigkeit (Trockenheit). Nach SCHALLER 1978, YOKOHARI u. TATEDA 1976.

gen der relativen Luftfeuchtigkeit. An Antennen von Schaben fand man relativ porenlose Sensillen (Sensillum capitulum). Sie enthalten drei (bis vier) sensorische Neuronen, die ihre dendritischen Fortsätze unverzweigt bis an die Spitze entsenden, einen „Trocken"-, einen „Feucht"- und einen Kaltrezeptor. Beide Hygrorezeptoren reagieren auf Änderungen der relativen Luftfeuchtigkeit, der eine auf Erniedrigungen, der andere auf Erhöhungen (Abb. 5.117.). Über die Transduktion des Feuchtigkeitsreizes in die Erregung herrscht noch Unklarheit.

5.7.2.2. Wirbeltiere

Die **Rezeptoren** sind sekundäre Sinneszellen (Abb. 5.118.), die vornehmlich auf die Mundhöhle beschränkt sind. Bei den Fischen kommen sie auch außerhalb der Mundhöhle an den Kiemen, den Barteln (z. B. Zwergwels *Amiurus*), den Flossen und am ganzen Körper vor.

Die Leistungen des Geschmackssinnes scheinen bei allen Wirbeltieren auf das Erkennen der **vier Grund-**

qualitäten süß, sauer, bitter und salzig beschränkt zu sein (Abb. 5.119.). Süß schmecken Zucker, mehrwertige Alkohole (Glykol, Glycerin), α-Aminosäuren, Saccharin, Dulcin, Chloroformdampf, Beryllium- und Bleisalze. Sauer schmecken fast alle Säuren. Bitter schmecken Chinin, Glykoside, Alkaloide, viele Amide, Harnstoff, Etherdampf, Mg-, Ca- und NH_4-Salze. Salzig schmecken Pikrinsäure, manche Nitrate und Sulfate sowie Li-, Na-, K- und Ca-Chlorid.

Elektrophysiologische Untersuchungen ergaben, daß die Mehrzahl der Rezeptoren nicht nur auf einen, sondern auf verschiedenartige Reize reagiert. So sind z. B. bei der Katze neben Einzelfasern, die nur auf Säuren ansprechen, auch solche gefunden worden, die außerdem auf Chinin oder Salze reagieren. Ähnlich ist es bei anderen Tieren. Manche Fasern der von den Geschmacksknospen kommenden Chorda tympani des Schweins, der Katze und des Hundes zeigen eine Aktivität, wenn die Zunge mit destilliertem Wasser benetzt wird. Wahrscheinlich reagieren diese Rezeptoren nicht direkt auf Wasser,

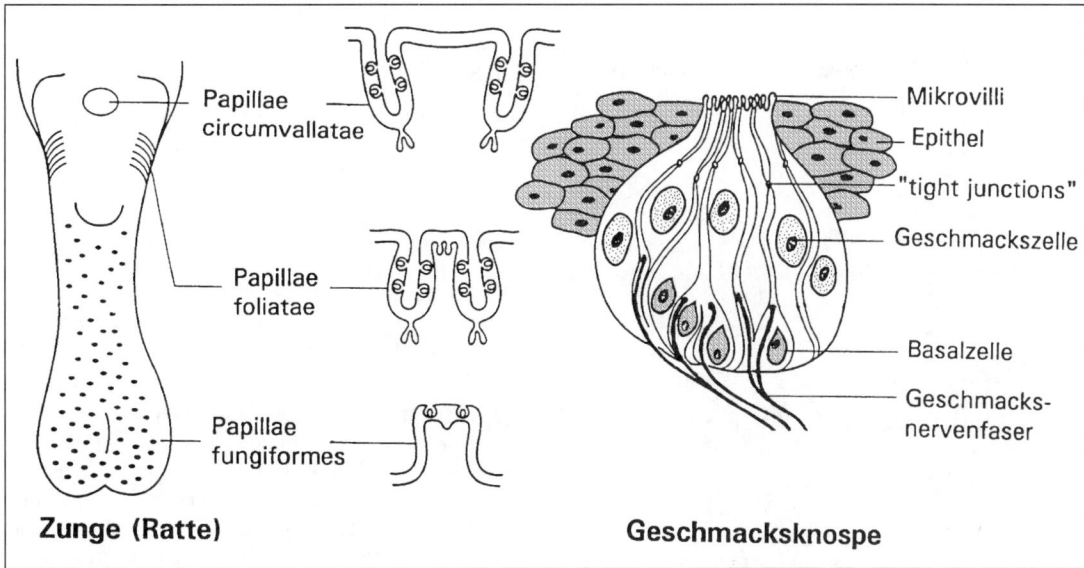

Abb. 5.118. Die Verteilung der verschiedenen Geschmackspapillen auf der Oberfläche der Rattenzunge sowie der Aufbau einer einzelnen Geschmacksknospe. Nach SIEGEL 1994.

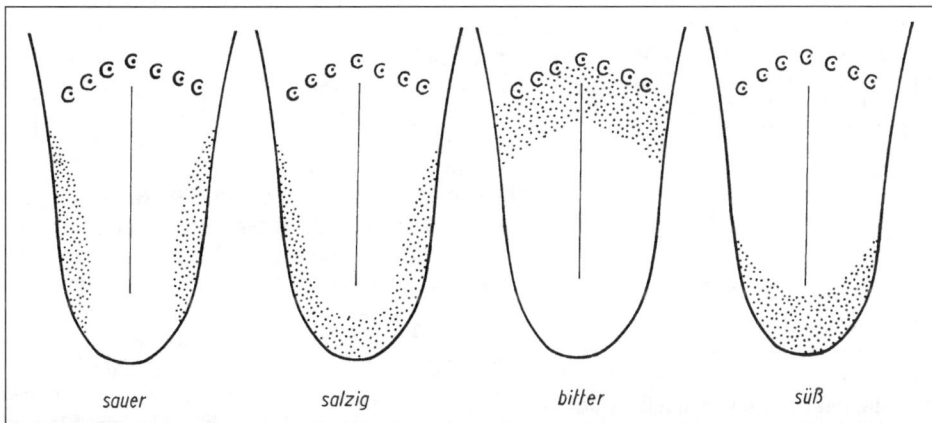

Abb. 5.119. Die Gebiete maximaler Empfindlichkeit auf der Zunge des Menschen für die 4 Grundqualitäten des Geschmacks. LANDOIS-ROSEMANN 1962.

sondern auf eine durch die auswaschende Wirkung des Wassers verursachte Abnahme der Ionenkonzentration. Bei der Ratte und beim Menschen fehlen solche „Wasser-Geschmacksfasern". Beim Kalb, Lamm und bei der Katze sind keine „Süß-Fasern" gefunden worden.

Exakte Untersuchungen der **Schwellen des Geschmackssinnes** bei der Elritze ergaben für Rohrzucker den Wert $^1/_{40960}$ M (= $1{,}47 \cdot 10^{16}$ Moleküle · cm^{-3}), für NaCl $^1/_{20480}$ M (= $2{,}94 \cdot 10^{16}$ Moleküle ·

cm^{-3}). Diese Empfindlichkeiten sind im Falle des Rohrzuckers um das 500- und im Falle des NaCl um das 180fache größer als beim Menschen. Eine auf Rohrzucker dressierte Elritze verwechselt die meisten Zucker miteinander, die auch uns süß schmecken. Auch Alanin und Glycin sowie Saccharin und Dulcin in bestimmten Konzentrationen – nicht aber Glykol und Glykogen – werden mit Rohrzucker verwechselt. Bei der Ratte fällt die Reizschwelle für NaCl nach Entfernung der Nebenniere von 0,055% (Mensch:

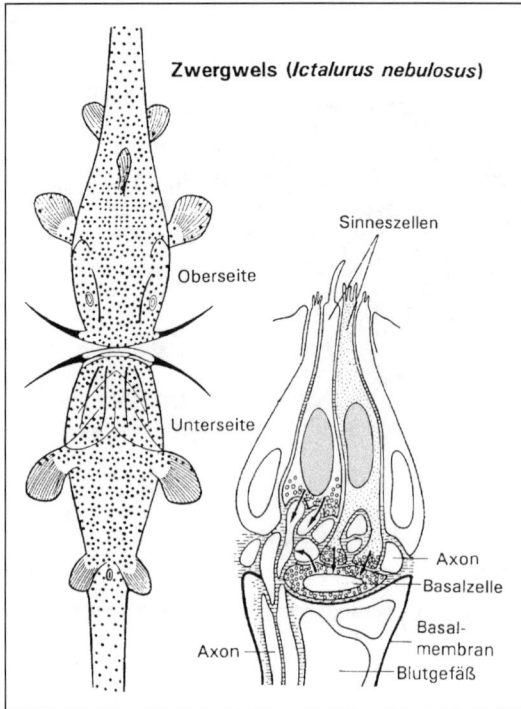

Abb. 5.120. Verteilung der Geschmacksknospen und eine einzelne Geschmacksknospe beim Zwergwels. Die Pfeile zeigen die Erregungsübertragung, die waagerechte Strichelung die Orte mit Acetylcholinesterase-Aktivität an. Nach ATEMA 1971, REUTTER u. HARDER 1975.

0,016%) auf 0,033% ab. Bei einer Reihe von Wirbeltieren ist die Empfindlichkeit für Bitterstoffe (Chinin) entweder gar nicht oder sehr schlecht entwickelt. Das gilt für Schleie und Karpfen an ihren Barteln und Lippen, für Kröten, die mit Chinin behandelte Mehlwürmer annehmen, für Eidechsen und für Tauben. Beim Menschen läßt sich durch Kaliumgymnemat[1]), wenn es auf die Zunge gebracht wird, selektiv die Süßwahrnehmung unterbinden: „Zucker schmeckt wie Sand."

Die **Bedeutung des Geschmackssinnes** beschränkt sich bei den meisten Wirbeltieren auf die Kontrolle und Auswahl der Nahrung. Bei den Zwergwelsen *(Amiurus, Ictalurus)* (Abb. 5.120.) und bei der Bartgrundel *(Cobitis barbatula)* spielt der Geschmackssinn außerdem beim Auffinden der Nahrung die Hauptrolle. Das Futter wird mit den Geschmacksrezeptoren an den Barteln und am Rumpf gefunden und nach schneller Wendung des Körpers geschnappt.

[1]) aus der indischen Pflanze Gymnema silvestris.

5.7.3. Geruchssinn

5.7.3.1. Insekten

Die **Geruchsrezeptoren** findet man vornehmlich an den Antennen, daneben oder auch ausschließlich *(Hydrophilus)* an den Palpen. Bei der Fliege *Phormia regina* sind auch die Tarsen und das Labellum geruchsempfindlich. Als Geruchssinnesorgane an der Antenne der Fliegen sowie der Heuschrecken kommen die **Sensilla basiconica**[2]) (Riechkegel, Abb. 5.116.) in Frage. Sie enthalten eine größere Zahl sensorischer Neuronen, die ihre dendritischen Fortsätze bis zur Basis des Kegels senden. Die großen Nachtfalter besitzen etwa $3 \cdot 10^5$, die Drohne $5 \cdot 10^5$ Riechzellen auf beiden Fühlern.

Elektrophysiologische Untersuchungen ergaben, daß es neben solchen Zellen, die auf biologisch wichtige Düfte (Bombykol beim Seidenspinner, Königinsubstanz bei der Biene, Mercaptane und andere Stoffe bei Aaskäfern und Fliegen usw.) spezialisiert sind, auch solche gibt, die ein sehr breites Reaktionsspektrum besitzen. Die letzteren kann man im Gegensatz zu den **Spezialisten** als **Generalisten**[3]) bezeichnen. Man fand unter den mehr als 50 untersuchten Generalisten eines Nachtschmetterlings nicht eine Zelle, die mit einer anderen ein völlig identisches Reaktionsspektrum besaß. Jede Zelle reagiert in etwas anderer Weise, wobei sich die Spektren verschiedener Zellen weitgehend überlappen können. Die Bombykol-Rezeptorzellen, von denen es etwa 25 000 auf der Antenne des Seidenspinnermännchens gibt (beim Weibchen fehlen sie), besitzen die höchstmögliche Empfindlichkeit: Ein einziger Treffer mit einem Bombykol-Molekül reicht aus, um einen Nervenimpuls auszulösen. Stereoisomeren des Bombykols haben bereits eine bis zu 1000fach schwächere Wirkung. Geringfügige Abwandlungen des Moleküls führen zu weiterem Anheben der Reizschwelle.

Die **Bedeutung des Geruchssinns** ist außerordentlich vielfältig. Ameisen und andere soziale Insekten scheiden zur Markierung ihres Weges, zur Kennzeichnung bestimmter Territorien oder zur Markierung ergiebiger Nektarquellen (Biene) Stoffe aus, sog. Pheromone (7.4.). Auch bei sozialen Insekten spielen die Alarmstoffe eine große Rolle. Oft ist der Geruchssinn beim Finden des Geschlechtspartners von Bedeutung. Das gilt insbesondere für viele Schmetterlinge. In einem Experiment mit dem chinesischen Seidenspinner *Arctias selene* fanden noch 26% der Männchen aus einer Entfernung von 11 km zum Weibchen. Viele Insekten finden ihre Nahrung vorwiegend olfaktorisch.

Der Sexuallockstoff des Seidenspinnerweibchens, das sog. **Bombykol** (7.4.), wirkt noch in Konzentrationen von 10^{-16} g $\cdot$ cm³ Lösungsmittel erregend auf

[2]) sénsus (lat.) = Sinn; he básis (griech.) = der Schritt, Gang, Grund(lage); conus (lat.) = Kegel.
[3]) -generális (lat.) = allgemein.

die Männchen, die beginnen, mit den Flügeln zu schwirren. Berechnungen ergaben, daß es zur Auslösung einer Reaktion bei *Bombyx* ausreicht, wenn im Luftstrom von 60 cm · s^{-1} etwa 10^3 Bombykolmoleküle pro cm^3 enthalten sind, d. h. wenn etwa 200 Rezeptorzellen gleichzeitig aktiviert werden. Die Schwelle für die Reaktion des gesamten Tieres liegt also wesentlich höher als diejenige für eine einzelne Rezeptorzelle (s. o.). Der Grund dafür ist folgender: Alle Bombykol-Rezeptorzellen der Antenne zusammen geben bereits im Ruhezustand durch spontane Entladungen etwa 1600 Imp. · s^{-1} ab. Das Schwellensignal in der Höhe von 200 Imp. ist notwendig, um sich deutlich aus diesem „Hintergrundrauschen" abzuheben. Nach der Informationstheorie muß ein feststellbares Signal mindestens größer sein als das 3fache der Wurzel aus dem Rauschpegel. In unserem Falle bedeutet das, daß ein Signal für den Seidenspinner erst dann deutlich feststellbar wird, wenn es größer als $3 \cdot \sqrt{1600} = 120$ Imp. · s^{-1} ist. Die 200 Impulse liegen deutlich über diesem Grenzwert.

Die **Adsorptionsrate** für die Pheromonmoleküle an den Antennen verschiedener Schmetterlinge ist überraschend hoch. Das erklärt sich aus dem optimalen Zusammenspiel von Konvektion und Diffusion beim Durchtritt der Luft durch die körbchenförmigen Antennen. Die räumliche Anordnung der Riechhaare auf den Antennenästen läßt die Luft relativ ungehindert hindurchtreten, während die mitgeführten Duftmoleküle infolge ihrer thermischen Diffusionsbewegungen nahezu quantitativ an den Riechhaaren adsorbiert werden.

5.7.3.2. Wirbeltiere

Die **Geruchsrezeptoren** sind im Gegensatz zu den Geschmacksrezeptoren primäre Sinneszellen, die auf die Nasenhöhle beschränkt sind. Sie weisen an ihrem apikalen Ende eine knopfartige Verdickung auf, von der 5–20 bis zu 200 µm lange, unbewegliche „Riechcilien" in die Schleimschicht hineinragen (Abb. 5.121.). Am basalen Ende der Riechzellen entspringt ein Axon, das zum **Bulbus olfactorius** zieht, wo es synaptisch mit den **Mitralzellen** in Verbindung steht. Auf eine Mitralzelle konvergieren etwa 1000 Riechzellen. Die Riechzellen müssen ständig neu nachgebildet werden, da sie nur eine durchschnittliche Lebensdauer von 4–8 Wochen haben. Das geschieht aus den kubischen „Basalzellen".

Während der Mensch nur etwa 2 · 10^7 Riechzellen besitzt, sind es beim Kaninchen 10^8 und beim Hund sogar etwa 2,3 · 10^8. Der Mensch zählt – und mit ihm alle Primaten – zu den Tieren mit geringem Geruchsvermögen **(Mikrosmaten).** Insektivoren, Nage-, Huf- und Raubtiere zählen dagegen zu den **Makrosmaten.** Sie zeichnen sich durch eine stärkere Vergrößerung ihrer Riechepithelflächen aus: Mensch 5 cm^2, Airedale-Terrier 85 cm^2 (Abb. 5.122.). Den **Anosmaten** (z. B. Wale) fehlt ein Riechvermögen. Bei den Säugetieren sind die Sinneszellen auf den dorsalen Teil der Nasenhöhle (Regio olfactoria) beschränkt. Die übri-

gen Flächen der Höhle (Regio respiratoria) dienen dem Aufwärmen und Anfeuchten der Atemluft.

Im Gegensatz zu den Tetrapoden ist die Nasenhöhle der **Fische** (Ausnahme: Dipnoer) nicht über Choanen mit der Mund- oder Rachenhöhle verbunden. In der Regel sind zwei äußere Nasenöffnungen vorhanden. Durch die vordere tritt das Wasser ein und durch die hintere wieder aus. Am Boden der Nasenhöhle befindet sich das Riechepithel, dessen Fläche bei den Makrosmaten unter den Fischen (Elasmobranchier, die meisten Aale) durch starke Faltenbildung besonders groß ist (Abb. 5.123.). Beim Hecht beträgt die Riechfläche nur 0,2%, beim Aal dagegen 1,4% und beim Gründling sogar 3,5% der Körperoberfläche. Zu den ausgesprochenen Mikrosmaten zählen unter anderem die fliegenden Fische (Exocoetiden), die Anglerfische (Lophiiden), die Stichlinge und der Hecht. Voraussetzung für eine gute Riechleistung bei den Fischen ist eine Durchströmung des Geruchsorgans. Sie kann erfolgen 1. durch die Vorwärtsbewegung des Fisches (Hecht, Elritze u. a.), 2. zusammen mit der Atembewegung (Stichling u. a.) oder 3. durch Flimmerschlag des Riechepithels (Aal u. a.).

Bei vielen Tetrapoden tritt ein paariges **Jacobsonsches Organ** (Organon vomeronasale) auf. Bei den Urodelen ist es ein Schleimhautareal in der Wand der seitlichen Nasenrinne, die unvollständig von der Nasenhöhle abgesetzt ist. Bei den Anuren und bei *Sphenodon* liegt das Organ in einer Seitentasche der Nasenhöhle. Bei den Eidechsen und Schlangen ist es völlig von der Nasenhöhle abgetrennt und öffnet sich

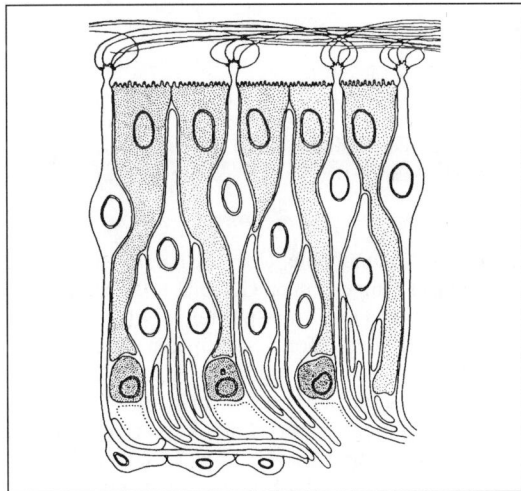

Abb. 5.121. Riechzellen eines Säugetieres. Es ist auch erkennbar, wie die reifen Zellen mit langen Cilien aus tieferliegenden durch Auswachsen eines Axons an einem und eines Dendriten am anderen Zellpol und gleichzeitiger Verlagerung in Richtung zur Oberfläche nachgebildet werden. Aus Farbman 1992.

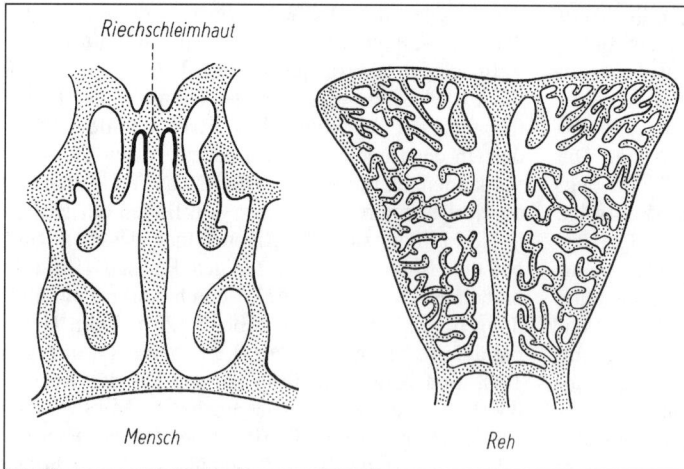

Abb. 5.122. Querschnitt durch die Nasenhöhlen eines Menschen (Mikrosmat) und eines Rehs (Makrosmat). Nach v. FRISCH 1941.

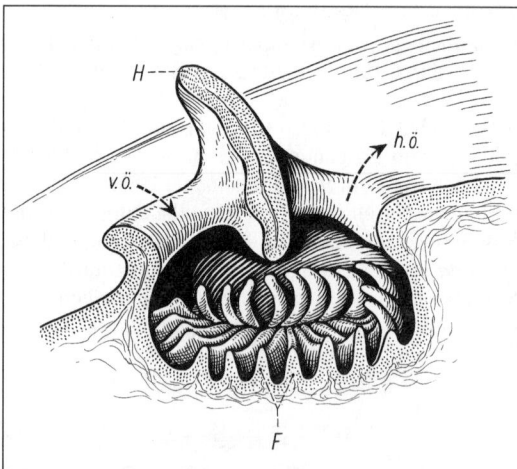

Abb. 5.123. Längsschnitt durch die Nasengrube einer Elritze; v. Ö. bzw. h. Ö. = vordere bzw. hintere Nasenöffnung, F = Falten, die das Riechepithel tragen, H = Hautbrücke. Nach v. FRISCH 1941.

direkt in die Mundhöhle. Über die beiden Spitzen der gespaltenen Zunge können Geruchsstoffe beim „Züngeln" in dieses Organ transportiert werden. Bei Krokodilen, Vögeln und höheren Primaten sowie bei vielen Fledermäusen und verschiedenen Wasser-Säugetieren ist es entweder rudimentär oder fehlt ganz. Bei den Nagetieren steht es mit der Nasenhöhle, bei anderen Säugetieren – wie bei Eidechsen und Schlangen auch (s. o.) – mit der Mundhöhle über den Ductus nasopalatinus (Stensonscher Gang) in Verbindung.

Das Organ dient der geruchlichen Wahrnehmung von Stoffen, hauptsächlich im Rahmen des Sozial- und/oder Fortpflanzungsverhaltens. Dabei handelt es sich oft um nichtflüchtige Stoffe, die mit dem Harn oder von Drüsen in der Geschlechtsregion abgegeben

werden und durch Lecken oder Schnüffeln (Nagetiere, Huftiere) bzw. Züngeln (Schlangen, Eidechsen) in die Mund- bzw. Nasenhöhle gebracht werden. Bei Nagetieren unterstützt eine **vomeronasale Pumpe** diesen Prozeß: große, dünnwandige Gefäße, die mit Blut gefüllt bzw. geleert werden können nach Art eines venösen Schwellkörpers. Bei den Huftieren sorgt ein besonderes Verhalten, das **Flehmen,** dafür, daß die Reizstoffe in das Jacobsonsche Organ gelangen. Das männliche Tier schürzt dabei die Lippen und hebt das Maul, nachdem es vorher die Maulspitze mit dem weiblichen Urin in Kontakt gebracht und offenbar eine Probe aufgenommen hat. So kann das Männchen z. B. prüfen, ob das Weibchen sich im Östrus (Vorhandensein von Sexualhormonen im Urin, 2.2.5.) befindet oder nicht (Abb. 5.124.).

Beim Hamster ist das komplexe Verhalten im Rahmen der sexuellen Erregung und Kopulation von den Pheromonen (7.4.) **Dimethyldisulfid** und **Aphrodisin** abhängig. Das erstere ist eine flüchtige Verbindung, die wahrscheinlich über das olfaktorische System „Interesse erregt", während das Aphrodisin, eine nichtflüchtige Substanz, wahrscheinlich als Carrier für niedermolekulare flüchtige Pheromone dient und über das Jacobsonsche Organ die Kopulation auslöst. Das Jacobsonsche Organ scheint auch in die Freisetzung von LH-RH aus dem Hypothalamus (2.2.4.) integriert zu sein.

Die Zahl der riechbaren Substanzen ist unbekannt. Es gibt für uns praktisch keinen Stoff, der genauso riecht wie ein anderer. Man schätzt die verschiedenen möglichen **Geruchsempfindungen** auf über 10^6. Oft führen geringfügige Unterschiede im Molekülbau zu ganz verschiedenen Gerüchen. Wenn eine Substanz riechbar sein soll, muß sie folgende drei Bedingungen erfüllen: Sie muß flüchtig und fettlöslich und mindestens 2atomig (z. B. Cl_2, O_2 usw.) sein. Viele Stoffe, die diese Bedingungen erfüllen, sind trotzdem aus unbekannten Gründen geruchslos.

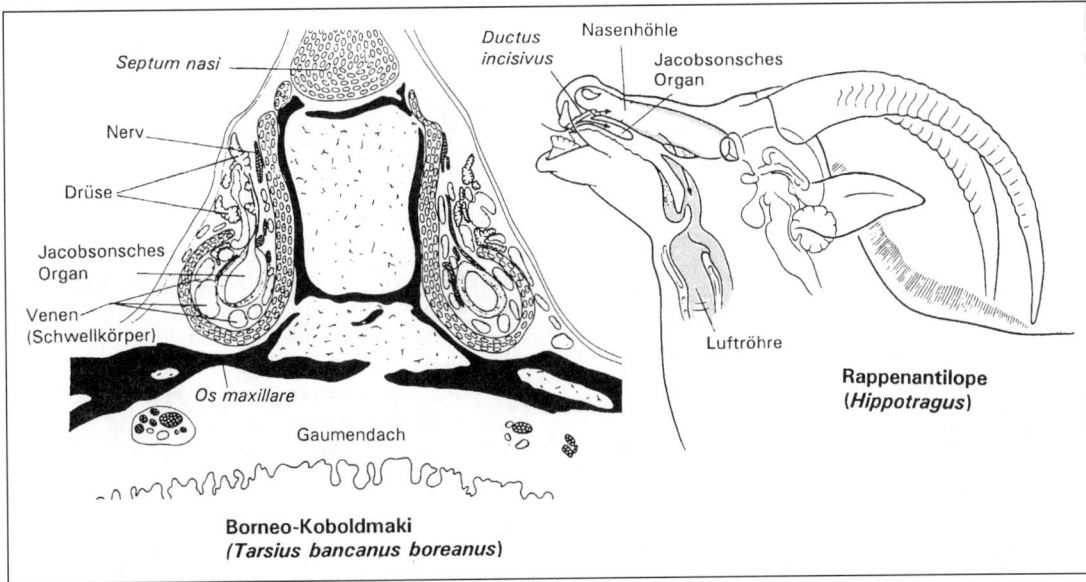

Abb. 5.124. Das Jacobsonsche Organ beim Koboldmaki und bei der Antilope (beim „Flehmen"). Aus STARCK 1982.

Die **Riechschwellen** sind für manche Stoffe ungewöhnlich niedrig. So spricht z. B. ein Einzelrezeptor beim Hund bereits auf ein einziges Fettsäuremolekül an. Ebenso ist es beim Aal, der für β-Phenylethanol besonders empfindlich ist. Diese Substanz wird noch in einer Verdünnung von $1 : 2{,}9 \cdot 10^{18}$ wahrgenommen. Das entspricht einer Menge von $1 \, \mathrm{cm}^3$ dieses Stoffes in einem Wasservolumen, das 58mal so groß ist wie der Bodensee, der etwa 50 Milliarden m^3 Wasser enthält. Bei dieser Verdünnung können sich jeweils nur 1–2 Moleküle des Stoffes gleichzeitig in der Nasenhöhle des Aals befinden. Der Mensch, der einen wesentlich stumpferen Geruchssinn besitzt – seine Riechschwelle für Fettsäuren liegt etwa um den Faktor 10^6 höher als bei den Hunden –, ist besonders für das beim Eiweißzerfall auftretende Mercaptan empfindlich (Wahrnehmungsschwelle für Butylmercaptan ist z. B. bei einer Verdünnung $1 : 2{,}7 \cdot 10^{12}$ erreicht).

Die **biologische Bedeutung des Geruchssinns** ist bei vielen Wirbeltieren groß. Es kann die Nahrungssuche oder das Finden des Geschlechtspartners vornehmlich mit Hilfe des Geruchs erfolgen. Das Männchen des Zwergfadenfisches (*Colisa lalia,* Anabantidae) beginnt mit dem Bau eines Schaumnestes und legt sein Hochzeitskleid an, wenn es allein chemischen Kontakt mit einem Weibchen hat. Ein ausschließlich optischer Kontakt bleibt dagegen wirkungslos. Der Maulwurf (*Talpa europaea*) riecht seine Beute in der Erde auf Entfernungen von 6 cm. Giftschlangen verfolgen die Spur der flüchtigen, von ihnen aber bereits gebissenen Beute. Brünstige

Schlangen verfolgen die Spur der weiblichen Partner. Bei anderen Tieren (Huftiere u. a.) dient der Geruchssinn dem rechtzeitigen Erkennen von Feinden. Elritzen fliehen oder lassen sich regungslos zu Boden sinken, wenn sie den Geruch des Hechtes wahrnehmen.

Die **Lachse** wandern bekanntlich flußabwärts ins Meer, von wo aus sie nach Jahren in dieselben Flußarme zum Ablaichen zurückkehren, in denen sie aufgewachsen sind. Verstopft man den flußaufwärts wandernden Lachsen die Nasen, so verteilen sie sich dagegen ganz wahllos auf die verschiedenen Nebenflüsse. Man konnte nachweisen, daß die jungen Lachse in einer ganz bestimmten sensiblen Periode auf den Duft ihres Heimatflusses „geprägt" werden. Auch bei der **Schwarmbildung** vieler Fische spielt der Geruchssinn eine Rolle. Elritzen werden durch den arteigenen Duft angezogen. In diesem Zusammenhang sei auch an die Alarmstufe verschiedener schwarmbildender Friedfische erinnert (7.4.).

Viele Säugetiere (Hausmäuse, Wanderratten u. a.) kennzeichnen ihre Wege mit Duftmarken. Auch die Markierung der Reviere mit Hilfe von Duftmarken spielt eine große Rolle. Oft sind dazu besondere Drüsen ausgebildet, wie z. B. die Drüsentaschen an der Schwanzbasis des Dachses.

5.7.3.3. Der Transduktionsprozeß

Der Geruchssinn dient der Registrierung von **Duftstoffen** und von **Pheromonen** (7.4.). Im Gegensatz zu den aquatischen Tieren, die wasserlösliche Duftstoffe, wie z. B. Aminosäuren und Nukleotide, registrieren, die freien Zutritt zu den Riechzellen haben, sind es bei terrestrischen Formen kleine flüchtige lipophile Moleküle. Diese müssen erst ein wäßriges Medium (Schleimschicht, Lymphe im Sensillum) passieren, um an die chemosensiblen Membranstrukturen der Rezeptorneuronen (die Cilien der Riechzellen bei Wirbeltieren, die dendritischen Fortsätze bei den Insekten) zu gelangen. Für diese „perirezeptorischen" Ereignisse sind kleine, wasserlösliche **odorantbindende Proteine** (OBPs) entscheidend. Sie fangen die Geruchsmoleküle ab, bringen sie in Lösung und transportieren sie an die sensiblen Strukturen. Bei einer Reihe von Schmetterlingen sind **pheromonbindende Proteine** (PBPs) in der die sensorischen Dendriten umspülenden Lymphe pheromonsensitiver Sensillen (Sensilla trichodea) männlicher Tiere nachgewiesen worden. Sie werden erst kurz vor der Imaginalhäutung exprimiert und entstehen in den neuronalen Hilfszellen. Ihre Primärstruktur zeigt bei den verschiedenen Arten *(Antheraea, Lymantria, Manduca, Heliothis)* große Ähnlichkeiten.

Die **Riechzellen** stellen hochempfindliche selektive Chemodetektoren dar. Die Duftstoffe reagieren mit spezifischen Rezeptoren in der Cilienmembran. Mit einer Verzögerung (Latenz) von ca. 100 ms wird daraufhin ein **Rezeptorpotential,** das in seiner Höhe von der Duftstoffkonzentration abhängt, am Zellkörper ableitbar. Es breitet sich anschließend elektrotonisch über die Zellmembran aus und erzeugt am Axonhügel (Austrittsstelle des Axons am Perikaryon) Aktionspotentiale. Die Riechzellen besitzen ein Ruhepotential von −30 bis −60 mV und antworten bereits bei kleinsten Strömen (3 pA) mit der Generierung von Aktionspotentialen. Sie besitzen einen außergewöhnlich hohen Eingangswiderstand (2–5 GΩ). Es wird vermutet, daß die Öffnung eines einzigen oder sehr weniger Kanäle die Zelle soweit zu depolarisieren vermag, daß sie ein Aktionspotential generiert.

Die während der Latenzzeit ablaufende **chemoelektrische Signalumwandlung** erfolgt über eine Reaktionskaskade: Durch die Bindung der Duftstoffe an spezifische Rezeptorproteine werden über spezifische G-Proteine Enzyme, eine **Adenylatzyklase** oder eine **Phospholipase C** (2.1.3.), aktiviert. Dadurch wird die Umwandlung von ATP in zyklisches AMP (cAMP) bzw. die Synthese von Inositoltriphoshat (IP$_3$) aus einem Membranlipid (Phosphatidylinositolbiphosphat, PIP$_2$) katalysiert. Sowohl das cAMP als auch das IP$_3$ fungieren als intrazelluläre Botenstoffe („second messengers") und aktivieren direkt (cAMP) oder auf noch ungeklärte Weise (IP$_3$) Kationenkanäle in der Plasmamembran, was eine Änderung des Membranpotentials zur Folge hat. Das cAMP führt zu einer Depolarisation, IP$_3$ verursacht eine Hyperpolarisation.

Während bei den Wirbeltieren zwei Transduktionssysteme, die cAMP bzw. IP$_3$ als sekundäre Botenstoffe nutzen, integriert zu sein scheinen, gibt es bei den **Insekten** und

Hummern keine Hinweise, daß cAMP involviert ist. Alle Beobachtungen weisen auf IP$_3$ als sekundären Botenstoff hin.

Schon 50 ms nach Duftstoffkontakt erreicht die intrazelluläre **cAMP-Konzentration** ihr Maximum und fällt dann bereits wieder sehr schnell auf den Ausgangswert zurück, um die Riechzelle für eine erneute Stimulierung verfügbar zu machen. Dieser charakteristische „pulsartige" Verlauf der intrazellulären cAMP-Konzentration ist darauf zurückzuführen, daß das cAMP nicht nur die Öffnung von Ionenkanälen, sondern gleichzeitig auch die Aktivierung einer **Proteinkinase** verursacht. Diese Kinase phosphoryliert rückwirkend das Rezeptorprotein und verhindert damit die Aktivierung weiterer G-Proteine (negative Rückkopplung). Durch spezifische Phosphatasen können die Rezeptorproteine wieder dephosphoryliert werden (1.5.1.).

Die **Rezeptorproteine** in der Plasmamembran der Riechcilien weisen – wie alle G-Protein-gekoppelten Rezeptoren – sieben hydrophobe, membrandurchspannende Domänen auf, die zwischen sich einen Innenraum freilassen, in dem sich die Bindungsstelle für den Duftstoff befindet. Man geht davon aus, daß eine Vielzahl unterschiedlicher Rezeptorproteine exprimiert werden kann, wobei eine Riechcilie vielleicht nur jeweils einen Rezeptortyp besitzt.

5.8. Afferente Informationsleitung bei Wirbeltieren

5.8.1. Afferente Leitungsbahnen

Wir beschränken uns in diesem Abschnitt im wesentlichen auf die Beschreibung der Verhältnisse bei den höheren Wirbeltieren (Säugetieren), da unsere Kenntnisse dort am weitesten fortgeschritten sind.

Die von den Rezeptoren der Haut, der Muskeln, der Gelenke und der Eingeweide kommenden Axone (**afferente**[1] **Axone**), deren Zellkörper (Perikaryen) im Spinalganglion (Abb. 5.125.) liegen, schließen sich auf ihrem Wege zum ZNS zu Bündeln (Nerven) zusammen (**afferente Nervenfasern**). Diese treten bei den Säugetieren (mit ganz wenigen Ausnahmen) über die Hinterwurzel in das Rückenmark ein, wo sie in mehrere Äste (Kollaterale) aufspalten: Ein Ast tritt entweder direkt oder unter Vermittlung kleinerer Schaltneuronen an die Zellkörper der Motoneurone im Vorderhorn der grauen Substanz (Abb. 5.125.) des gleichen Rückenmarksegmentes heran (mono- bzw. polysynaptischer Bogen der Eigen- bzw. Fremdrefle-

---

[1] afferens, -entis (lat.) = hinzubringen; v. afferre = heranbringen, überbringen, melden.

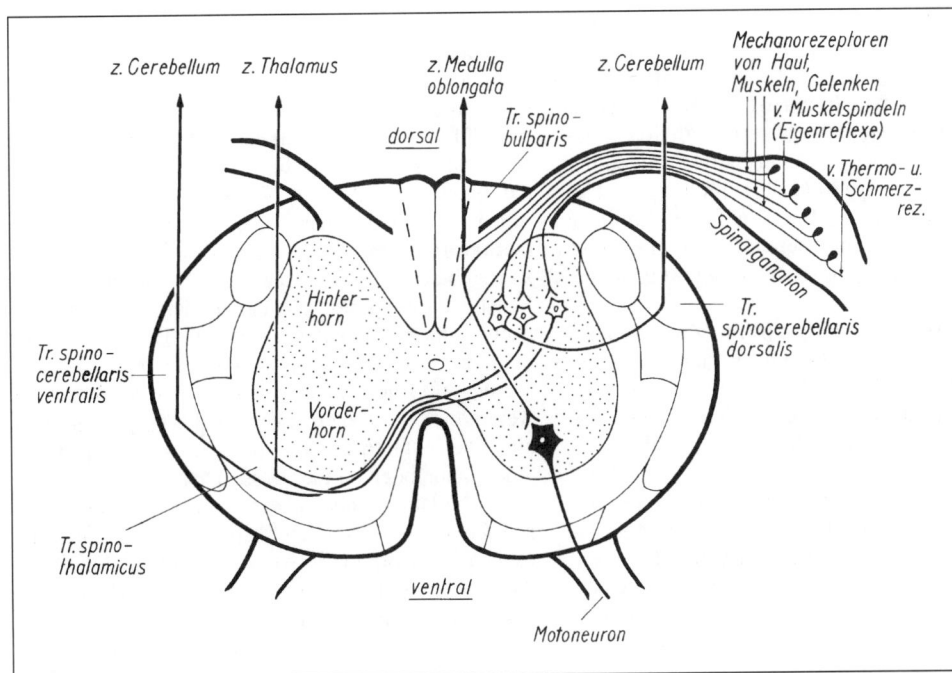

Abb. 5.125. Querschnitt durch das Rückenmark des Menschen, Lage der aufsteigenden Bahnen zeigend. Der Übersichtlichkeit halber sind keine Kollateralen gezeichnet, sondern für jede Faser gesonderte Spinalganglionzellen angenommen. Punktiert: graue Substanz; weiß: weiße Substanz; Tr = Tractus.

xe; 6.1.1.7.). Außerdem teilen sich die Axone in einen ab- und einen aufsteigenden Ast, über die die Informationen das betreffende Rückenmarksegment verlassen.

Die **aufsteigenden Axone** verlaufen in der weißen Substanz des Rückenmarks und treten zu Bündeln (als Trakt oder Strang bezeichnet) zusammen. Die wichtigsten aufsteigenden Bahnen sind:

1. Vorderseitenstrang (Tractus spinothalamicus),
2. Kleinhirn-Seitenstrang (Tractus spinocerebellaris),
3. Hinterstrang (Tractus spinobulbaris).

Während die deutschen Namen der Stränge sich auf die Lage im Rückenmark beziehen, bezeichnen die lateinischen Namen Anfang und Ende der Bahnen, die alle im Rückenmark („spino") beginnen und zum Thalamus, zum „Bulbus" des Rückenmarks (Medulla oblongata) bzw. zum Kleinhirn (Cerebellum) ziehen.

Der **Vorderseitenstrang** ist der stammesgeschichtlich älteste. In ihm verlaufen Axone von Zellen aus den Hinterhörnern der gegenüberliegenden Rückenmarksseite (gekreuzt) ohne Unterbrechung bis zum Thalamus, wo eine Umschaltung auf Neuronen erfolgt, deren Axone die Großhirnrinde erreichen. Der Strang leitet vornehmlich Afferenzen von **Thermo-** und **Schmerzrezeptoren.** Die Leitungs-

bahn zwischen Peripherie und Großhirnrinde umfaßt somit jeweils 3 Neuronen: Spinalganglionneuron, Hinterhornneuron und Thalamusneuron.

Der **Kleinhirn-Seitenstrang** ist ebenfalls relativ alt. Man findet ihn bereits bei den Fischen. In ihm verlaufen Axone von Zellen aus den Hinterhörnern der gleichen (ungekreuzt: Tractus spinocerebellaris dorsalis) bzw. – weniger zahlreich – der gegenüberliegenden Seite (gekreuzt: Tr. spinocer. ventralis) des Rückenmarks ohne Unterbrechung bis zum Kleinhirn. Sie erhalten afferente Impulse in erster Linie von **Mechanorezeptoren der Haut, Muskeln und Gelenke.** Die Axone zeigen eine außergewöhnlich hohe Leitungsgeschwindigkeit (135 m · s^{-1} b. Menschen). Das **Kleinhirn** kontrolliert mit Hilfe der eintreffenden Informationen die Muskeltätigkeit, ohne daß davon etwas ins Bewußtsein übertritt.

Der **Hinterstrang** ist beim Menschen besonders stark ausgebildet. Er setzt sich aus Ästen (Kollateralen) der Spinalganglienzellen derselben Körperseite ohne Umschaltung auf zweite Neuronen direkt zusammen. In ihm verlaufen die Axone ohne Unterbrechung bis zur Medulla oblongata (Nucleus gracialis und N. cuneatus). Erst dort erfolgt die Übertragung der Impulse auf 2. Neuronen, deren Neurite etwas weiter oberhalb auf die Gegenseite kreuzen und dann parallel mit den Neuriten des Vorderseitenstranges durch den Hirnstamm ziehen und schließlich im Thalamus enden, von wo aus ein drittes Neuron die Erregungen bis zur Hirnrinde weiterleitet. Der Strang enthält Afferenzen von **Mechanorezeptoren der Haut, von Muskeln und Gelenken.** Über ihn erhält das Gehirn Informationen über mechanische Reizungen der Haut (Druck, Berührung) sowie über Stellung der Gelenke, die uns bewußt werden. Das hohe räumliche Auflösungsvermögen im Bereich des Tastsinns (5.2.1.) ist nur bei intaktem Hinterstrang vorhanden.

Der **Thalamus** befindet sich im Zwischenhirn (Diencephalon zwischen Großhirn und dem sog. Stammhirn). Bei ihm laufen die somatischen und visceralen Afferenzen über folgende drei Bahnen zusammen: Die Afferenzen des Rumpfes über den Hinterstrang und den Vorderseitenstrang (s. o.), die Afferenzen der Gesichtsregion über den Trigeminusnerv. Innerhalb des Thalamus, im sog. **spezifischen Kerngebiet für das somatosensorische System (Ventrobasalkerne,** kaudale Ventralkerne), erfolgt die Übertragung der Afferenzen auf Neuronen, deren Neurite die Großhirnrinde erreichen. Da alle Bahnen auf

ihrem Weg zum Thalamus früher oder später zur jeweils anderen Seite des Rückenmarks bzw. des Hirnstamms überwechseln, steht die Peripherie der rechten Körperhälfte mit Kerngebieten der linken Thalamushälfte und umgekehrt in Verbindung. Es zeigte sich, daß jeweils benachbarte Körperregionen auch auf benachbarten Bereichen innerhalb des spezifischen Kerngebietes des Thalamus abgebildet werden (**somatotopische Gliederung** des Thalamus). Das Kerngebiet gehört somit zu den „Projektionskernen". Es ist nach Körperregionen gegliedert und nicht etwa nach Sinnesmodalitäten, denn die Erregungen von Schmerz- oder Tastrezeptoren aus derselben Körperregion – im Rückenmark noch auf getrennten Bahnen weitergeleitet – ziehen jeweils in dieselbe Kernregion ein. Die Afferenzen von benachbarten Rezeptoren eines mehr oder minder großen Hautareals (rezeptives Feld) laufen dabei an einem einzigen Neuron des Kerngebietes zusammen (Konvergenz!). Die verschiedenen Körperteile werden in Abhängigkeit von ihrer Bedeutung auf unterschiedlich große Flächen des Thalamus projiziert (Abb. 5.126.). Großflächige sensorische Vertretung im Thalamus bedeutet hohe

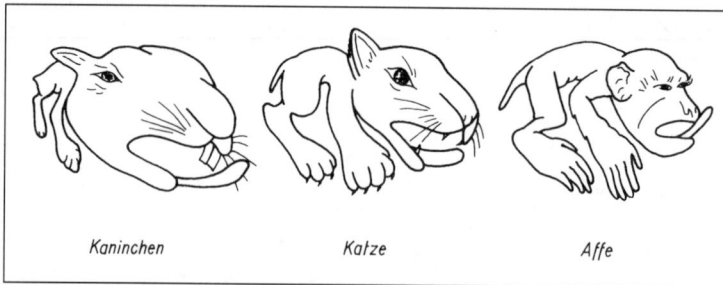

Abb. 5.126. Schema zur Veranschaulichung der sensorischen Körpervertretungen im Thalamus. Beim Kaninchen ist der Kopf (N. trigeminus!) noch am stärksten vertreten, bei der Katze und – noch mehr – beim Affen nimmt die Vertretung der Gliedmaßen zu. Der Rumpf ist dagegen bei allen 3 Säugetieren nur kleinflächig repräsentiert. Nach ROSE u. MOUNTCASTLE 1959.

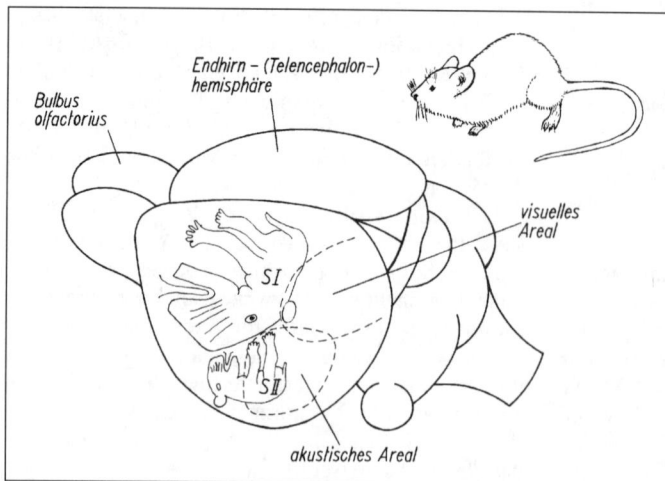

Abb. 5.127. Die Projektion der Körperoberfläche der Maus auf die beiden somatosensorischen Areale des Cortex (S I und S II). Nach WOOLSEY 1967, verändert.

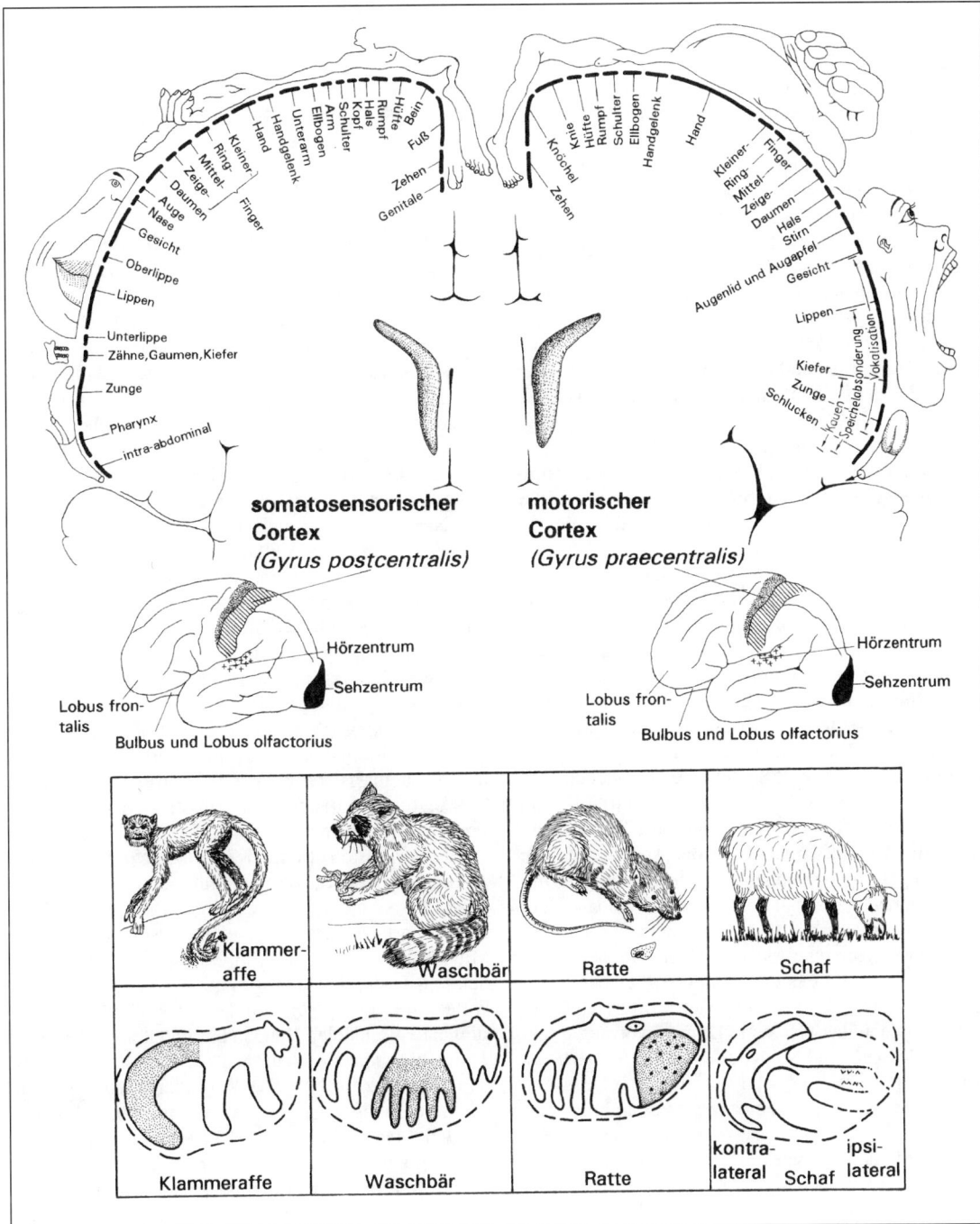

Abb. 5.128. Die sensorische Repräsentation des menschlichen Körpers (Somatotopie) im somatosensorischen Cortex SI (Gyrus postcentralis): „sensorischer Homunculus". Die Organisation des motorischen Cortex im Gyrus praecentralis zum Vergleich. Nach PENFIELD u. RASMUSSEN 1950. – Die Flächenausdehnung der Repräsentation der wichtigsten taktilen Erkundungsorgane bei verschiedenen Säugetieren im somatosensorischen Cortex. Aus THOMPSON 1994.

räumliche Auflösung bei der Abbildung. Auch die Afferenzen anderer Sinnesepithelien (Retina des Auges, Cortisches Organ des Ohres) mit Ausnahme der Riechschleimhaut werden im Thalamus auf spezifische Kerngebiete projiziert.

Die Ventrobasalkerne im Hypothalamus sind durch auf- und absteigende Axone mit dem **primären** und **sekundären somatosensorischen Areal** (S I und S II) der Großhirnrinde verbunden (Abb. 5.127.). S I (primäres Projektionsgebiet der Haut- und Eingeweideafferenzen: somatosensorischer Cortex) ist phylogenetisch jünger als S II. Es liegt bei den Primaten auf dem **Gyrus postcentralis,** direkt hinter dem Sulcus centralis (Abb. 5.128.). S II liegt am Fuße des Gyrus postcentralis und oberen Rand des Sulcus lateralis Sylvii, der Parietal- und Temporallappen voneinander trennt. S II tritt in der phylogenetischen Entwicklung an Bedeutung gegenüber S I zurück.

Sowohl für S I als auch S II ist eine **somatotopische Gliederung** charakteristisch, die allerdings in S II gröber ist als in S I. Das bedeutet, daß in beiden Arealen die gesamte Körperoberfläche repräsentiert ist, allerdings nicht in linearer Projektion. Allgemein besitzen Organe mit hoher Rezeptordichte (Lippen, Zunge, Hand, Fuß) großflächige, solche mit geringer Rezeptordichte (Arm, Rumpf, Stirn) kleinflächigere Projektionsgebiete. Es ergibt sich so ein „**sensorischer Homunculus",** wie er in Abb. 5.128. für den Menschen dargestellt ist. Er korrespondiert mit dem „motorischen Homunculus" im Gyrus praecentralis der Primaten (Abb. 5.128.). Die verschiedenen Sinnesmodalitäten sind im Gyrus postcentralis nicht streng getrennt. So liegen in der unmittelbaren Nachbarschaft der sensorischen Projektionen für den Berührungssinn der Zunge auch Neuronen, die nur bei Geschmacksreizen aktiviert werden. Andere Neuronen zeigen sowohl bei Wärme- als auch bei Berührungsreizen eine Aktivität (Konvergenz!).

Es sind jeweils diejenigen Körperpartien besonders großflächig im somatosensorischen Cortex repräsentiert, mit denen das Tier seine Umwelt vorrangig taktil erkundet. Das sind bei den Pferden die Nüstern, die großflächiger vertreten sind als die Beine. Bei den Ziegen und Schafen sind es die Lippen und die Zunge, beim Schwein die Schnauze, bei der Ratte die Bereiche mit den Schnurrhaaren (Vibrissae), beim Klammeraffen der Kletterschwanz und beim Waschbär die vordere Extremität (Abb. 5.128.).

Die **primären Projektionsgebiete der Rezeptoren des Auges, des Ohres und der Nase** (nicht der Geschmacksrezeptoren, s. o.) liegen außerhalb des Gyrus postcentralis ebenfalls in der Großhirnrinde. Dasjenige der Netzhaut (Retina) befindet sich in einem umschriebenen Gebiet in der Hinterhauptsregion und dasjenige des Cortischen Organs des Innenohres in der Schläfenregion des Cortex. Auch in diesen Fällen erfolgt eine Punkt-zu-Punkt-Projektion zwischen Sinnesepithel und Cortex. Die Opticus-Fasern enden

im Corpus geniculatum laterale des Thalamus (ein kleiner Teil zweigt hier ab, s. Pupillenmechanismus Abb. 4.3.). Dort erfolgt die Übertragung auf Neuronen, deren Neurite über die Gratioletsche Sehstrahlung zur Hirnrinde (Area striata, primäres Sehfeld) ziehen: **Sehbahn** (5.4.10.).

5.8.2. Wahrnehmung und Bewußtsein

Durch direkte elektrische Reizung sensorischer Cortexbezirke lassen sich beim Menschen spezifische Sinneseindrücke auslösen. Umgekehrt kann man durch regionale Abtragung solcher Cortexbezirke sensorische Ausfälle in zugeordneten peripheren Bereichen herbeiführen. Daraus geht hervor, daß die sensorische Hirnrinde bei der bewußten Sinneswahrnehmung beteiligt ist. Während des Schlafes und in der Narkose erweist sich die Übertragung der peripher ausgelösten Aktivitäten über die spezifischen Thalamuskerne (s. o.) zum sensorischen Cortex (**spezifischer Leitungsweg**) als relativ ungestört. Sie allein reicht also für das Bewußtwerden der Sinneswahrnehmungen nicht aus. Der **unspezifische Leitungsweg** der Aktivitäten ist dagegen bei Schlaf und Narkose stark unterdrückt. Er enthält im Gegensatz zu den 3 Synapsen der spezifischen Bahn (s. o.) viele Synapsen (multisynaptisch) und führt über die Formatio reticularis (retikuläres System) des Hirnstammes und unspezifische Thalamuskerne bis zum Cortex (diffuse Gehirnprojektion!).

Als **Formatio reticularis** (Retikulärformation) bezeichnet man ein netzartiges Maschenwerk von Neuronen, das sich durch den ganzen Hirnstamm (verlängertes Mark = Medulla oblongata + Brücke = Pons + Mittelhirn) erstreckt. Es tritt erstmals bei den Reptilien auf. In die Retikulärformation treten über Axonkollaterale Erregungen von den im Rückenmark aufsteigenden sensiblen Bahnen ein und konvergieren z. T. auf die gleichen Neuronen (deshalb die Bezeichnung „unspezifisch"). Die Retikulärformation kann somit durch die verschiedensten Sinnesreize aktiviert werden. Man hat aus vielen Beobachtungen die Überzeugung gewonnen, daß von der Formatio reticularis die Großhirnrinde über den unspezifischen Leitungsweg ständig aktiviert wird: **Einstellung der Bewußtseinslage.** Setzt diese Aktivierung aus, so tritt Schlaf oder ein schlafähnlicher Zustand (Bewußtlosigkeit, Narkose etc.) ein. Viele Schlafmittel, Narkotika und Psychopharmaka üben wahrscheinlich primär ihre Wirkung auf die Retikulärformation aus, die infolge ihrer multisynaptischen Struktur besonders empfindlich ist. Andere Experimente an Tieren haben gezeigt, daß die Retikulärformation nicht nur für die Einstellung der allgemeinen Bewußtseinslage, sondern auch für die Einstellung der Aufmerksamkeitsrichtung mit

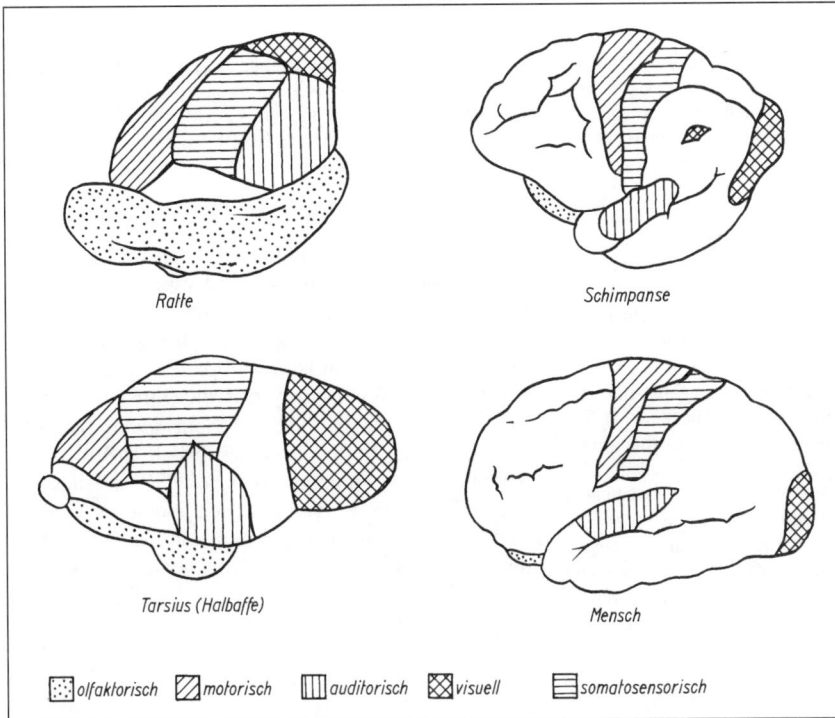

Abb. 5.129. Die Ausdehnung der „Projektionsfelder" (schraffiert, kariert oder punktiert) im Vergleich zu der der „Assoziationsfelder" (unspezifischer Cortex: weiß) auf der Großhirnrinde (Cortex) verschiedener Säugetiere. Nach COBB aus SCHMIDT 1983.

verantwortlich ist, sie bewirkt eine **Erregungsselektion.**

Neben den primären **Projektionsfeldern** mit unmittelbarer sensorischer oder motorischer Funktion sind noch andere Bezirke des Cortex an der Verarbeitung der Afferenzen beteiligt. Es sind die sog. **Assoziationsfelder** (besser: **unspezifische Areale**), deren Ausschaltung erhebliche Störungen der Sinneswahrnehmungen zur Folge hat. Es geht die Fähigkeit, die Bedeutung der Sinneseindrücke zu erkennen, verloren (**Agnosien**). Bei Zerstörung des akustischen Assoziationsfeldes des Menschen im hinteren Temporallappen geht z. B. bei intaktem Hörvermögen das Sprachverständnis verloren. Bei Verlust des visuellen Assoziationsfeldes geht bei intaktem Sehvermögen die Fähigkeit, die Bedeutung der Gegenstände zu erkennen, verloren. Der Anteil der Assoziationsfelder auf der Großhirnrinde ist beim Menschen im Vergleich zu den anderen Säugetieren besonders groß (Abb. 5.129.).

Neue Erkenntnisse über die **Spezialisierung der beiden Großhirnhemisphären** haben in der jüngsten Zeit Untersuchungen an Patienten geliefert, denen aus therapeutischen Gründen der beide Großhirnhemisphären miteinander verbindende „Balken" (Corpus

callosum mit etwa 2×10^8 Fasern beim Menschen) sowie die Commissura anterior durchtrennt worden waren. Bereits aus Versuchen mit Katzen, Rhesusaffen und Schimpansen war bekannt , daß nach einer solchen Operation (sog. **Split-Brain-Tiere**[1])) keine auffälligen Verhaltensänderungen auftreten. Genauere Testuntersuchungen machten deutlich, daß die getrennten Großhirnhemisphären völlig unabhängig voneinander Sinnesinformationen verarbeiten können. So gelang es, Katzen in ihrer linken Gesichtshälfte (verbunden mit der rechten Sehrinde) positiv auf ein Kreuz und negativ auf einen Kreis und in ihrer rechten Gesichtshälfte umgekehrt positiv auf einen Kreis und negativ auf ein Kreuz zu dressieren. Bei intakter Verbindung beider Hemisphären würde ein solcher Versuch zu keinem Erfolg führen.

Auch die **Split-Brain-Patienten** verhielten sich nach der Operation unauffällig. Mit Hilfe einer speziellen Versuchsanordnung (Abb. 5.130.) konnte den Patienten für die Dauer von einer Zehntelsekunde in der rechten oder linken Gesichtsfeldhälfte eine Nachricht (Bild bzw. Wort) übermittelt werden, außerdem war es den Patienten nicht möglich, die Tätigkeit ihrer Hände visuell zu kontrollieren. Dann zeigt

[1]) to split (engl.) = spalten; brain (engl.) = Gehirn.

sich folgendes: In der rechten Gesichtsfeldhälfte (verbunden mit dem linken Cortex) dargebotene Gegenstandsabbildungen können richtig benannt oder mit der rechten Hand aus einer Reihe verschiedener Gegenstände herausgesucht werden. Gegenstandsbezeichnungen können laut gelesen, aufgeschrieben oder auch – auf Wunsch – der entsprechende Gegenstand mit der rechten Hand herausgesucht werden. Auch umgekehrt treten keinerlei Leistungsmängel gegenüber gesunden Menschen auf: In die rechte Hand gelegte Gegenstände können richtig benannt werden.

Ganz anders sieht es aus, wenn die Gegenstandsabbildung in die linke Gesichtsfeldhälfte (verbunden mit dem rechten Cortex) projiziert wird. Der Patient ist nicht in der Lage, das Objekt zu benennen. Daß er es trotzdem „registriert" hat, geht daraus deutlich hervor, daß er das Objekt auf Wunsch aus einer Reihe verschiedener Gegenstände heraustasten, allerdings auch dann noch nicht benennen kann. In die linke Gesichtsfeldhälfte projizierte Begriffe alltäglicher Gegenstände können nicht laut gelesen werden. Der Patient kann aber wiederum auf Wunsch den bezeichneten Gegenstand mit der linken Hand heraustasten, ohne ihn anschließend benennen oder mit der rechten Hand heraussuchen zu können. Projiziert man gleichzeitig in die linke und rechte Gesichtsfeldhälfte völlig verschiedene Gegenstandsabbildungen, so behaupten die Patienten auf Befragung, nur einen Gegenstand gesehen zu haben und bezeichnen den in

der rechten Feldhälfte erschienenen. Werden sie allerdings anschließend aufgefordert, den gesehenen Gegenstand mit der linken Hand aus einer Reihe verschiedener Gegenstände herauszutasten, wählen sie das in der linken Feldhälfte beobachtete, aber nicht benannte Objekt. Bei Aufforderung, den ertasteten Gegenstand zu benennen, geben sie das in die rechte Gesichtsfeldhälfte projizierte, aber völlig andersartige Objekt an.

Diese und weitere Beobachtungen machen deutlich, daß offenbar allein die mit der rechten Gesichtsfeldhälfte und dem rechten Arm motorisch und sensorisch in Verbindung stehende **linke Großhirnhemisphäre** das **neuronale Substrat für das Bewußtsein in Verbindung mit der Sprache** liefert. Mit der rechten Hirnhälfte allein kann sich der Mensch weder verbal noch schriftlich äußern, noch werden ihm die Sinneseindrücke oder Tätigkeiten bewußt. Trotzdem ist das Erfassen einfacher Gegenstandsbezeichnungen (aber nicht einfacher Verben) mit der Hirnhälfte möglich, ebenso eine visuelle oder taktile Formerkennung und ihre zeitweilige Speicherung im Gedächtnis. Mit der rechten Hirnhälfte kann offenbar auch der emotionale Gehalt von Informatio-

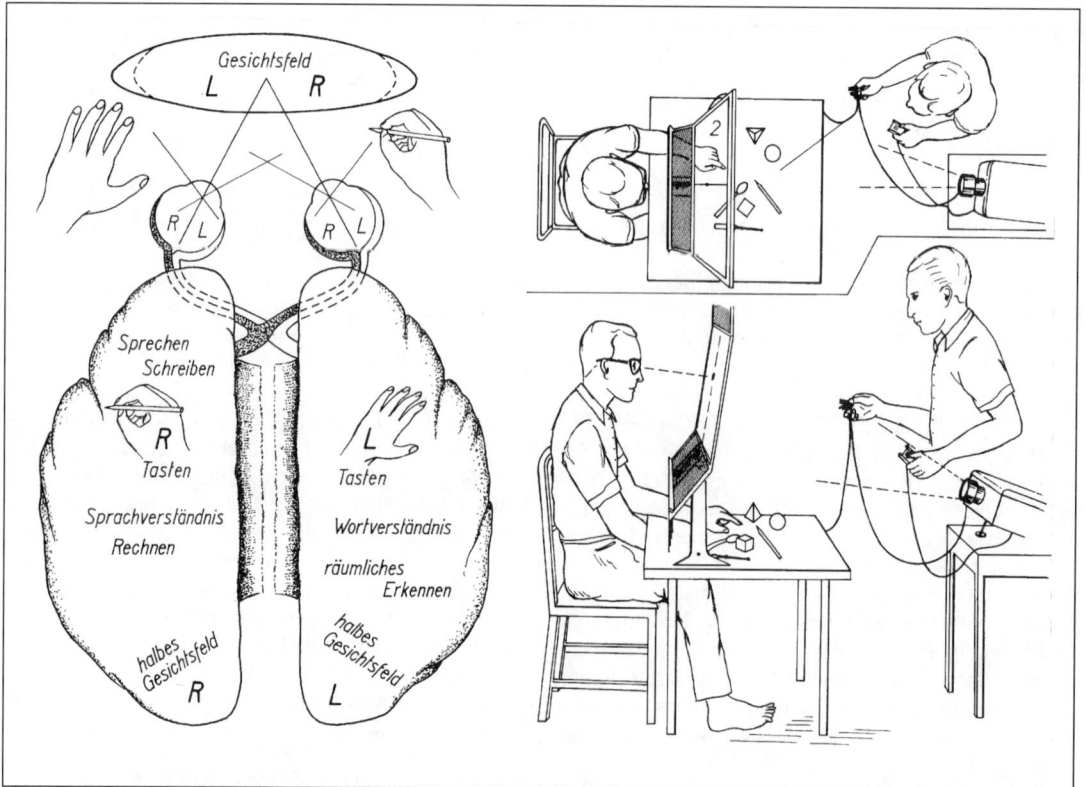

Abb. 5.130. Links: Schema des menschlichen Gehirns von dorsal mit durchtrenntem Balken (Corpus callosum): „Split-Brain". Eingetragen sind die aufgrund von Verhaltensexperimenten an Split-Brain-Patienten festgestellten Hauptfunktionen der „dominanten" (linken) und „subordinierten" (rechten) Hemisphäre. Rechts: Versuchsanordnung von SPERRY u. Mitarb. bei Untersuchungen von Split-Brain-Patienten. Weitere Erläuterungen im Text. Aus PLOOG 1973.

nen erkannt werden. Der Patient reagiert auf solche Nachrichten mit Vergnügen, Betretensein oder ähnlichem, ohne das allerdings auf Befragen erklären zu können. In mancher Hinsicht, wie z. B. Musikverständnis und räumliches Vorstellungsvermögen, soll die rechte Hemisphäre der linken sogar überlegen sein. Insgesamt muß eingeschätzt werden, daß die Leistungen der **rechten Hemisphäre** allein bereits sehr hoch entwickelt sind und deutlich über dem Niveau des höchstentwickelten Affenhirns stehen. Die rechte Hemisphäre kann sich selbst sprachlich nicht ausdrücken, ist also auch nicht in der Lage, irgendeine Bewußtseinserfahrung kundzutun, so daß die Frage, ob in der isolierten Hemisphäre ein Bewußtsein vorhanden ist und – wenn ja – in welcher Weise, offenbleiben muß.

6. Physiologie der Effektoren

Die Einordnung der Lebewesen in ihre Umwelt wird dadurch gewährleistet, daß der Informationseinstrom aus der Umwelt im Tier verarbeitet wird und zu „sinnvollen" Reaktionen führt. Die Reaktionen können in einer Ortsveränderung (Flucht, Angriff, Aufsuchen besserer Lebensbedingungen oder des Geschlechtspartners etc.) bestehen. Ihre Bedeutung kann jedoch auch darin liegen, daß durch sie Informationen an die Umwelt abgegeben werden sollen (**Auswärtsstrom an Information**), sei es durch Bewegungen bzw. Körperhaltungen (Gebärden, Imponiergehabe usw.), Schall- oder Lichtemissionen, Änderung des Farbkleides oder durch Abgabe von Botenstoffen (Pheromone, 7.5.1.). Die durch die Wirkung der Tiere in der Umwelt hervorgerufenen Veränderungen können schließlich auch unbeabsichtigt zu Informationsquellen für andere Tiere werden, indem sie das Opfer vorzeitig warnen bzw. die Feinde anlocken. Es führt somit neben dem allgemeinen Stoff- und Energiestrom ein Informationsstrom aus der Umwelt durch das Lebewesen hindurch zurück in die Umwelt.

6.1. Produktion mechanischer Energie

Die Tiere haben die Fähigkeit, Bewegungen auszuführen und so mechanische Arbeit zu leisten. Die Bewegungen können im Dienste der Lokomotion stehen, dem Transport dienen (Blutkreislauf, Ventilation, Transport der Nahrung usw.) oder andere Aufgaben erfüllen (Farbwechsel, Extrusion von Sekreten usw.). Man unterscheidet auf Pseudopodienbildung beruhende **amöboide Bewegung,** die Bewegung durch besondere Zellfortsätze (**Geißel- und Flimmerbewegung**) und die **Muskelbewegung.**

6.1.1. Muskelbewegung

Die Muskelbewegungen beruhen auf der Fähigkeit der Muskelfasern, sich unter Verbrauch von Energie, die aus dem Stoffwechsel stammt, in der Längsrichtung verkürzen und wieder verlängern zu können.

6.1.1.1. Aufbau des Muskels

Der Muskel setzt sich aus einzelnen **Muskelfasern** zusammen. Diese können einkernig oder auch durch Zusammenschluß mehrerer Muskelzellen vielkernig sein und werden von einem Bindegewebsmantel umgeben. Ebenfalls durch Bindegewebe werden oft mehrere Muskelfasern zu „Säulchen" zusammengefaßt und schließlich der gesamte Muskel umschlossen (Muskelfaszie). Die Bindegewebshüllen können sich an den Enden des Muskels zu der Sehne zusammenschließen, über die der Muskel mit dem Skelett verbunden ist. Im Plasma der Muskelfasern (**Sarkoplasma**) befinden sich in der Regel parallel zueinander in der Kontraktionsrichtung der Zelle angeordnete **Myofibrillen,** die eigentlich kontraktilen Elemente.

Die sog. **quergestreiften Muskeln,** die von den Coelenteraten (Schwimmuskulatur der Medusen) über die Insekten (alle Skelettmuskeln) bis zu den Wirbeltieren (Skelett-, Herz- und Zungenmuskulatur) bei Vertretern fast jedes Tierstamms anzutreffen sind, zeichnen sich bei lichtmikroskopischer Betrachtung durch eine aus miteinander abwechselnden hellen und dunklen Querstreifen bestehende Zeichnung aus. Die schwach doppelbrechenden (isotropen), hellen **I-Abschnitte** sind jeweils durch eine quer durch die gesamte Faser verlaufende Zwischenlinie (Z-Linie) in zwei gleichgroße Abschnitte unterteilt (Abb. 6.1.). Die stark doppelbrechenden (anisotropen), dunklen **A-Abschnitte** zeigen in ihrer Mitte jeweils eine etwas hellere Hensen-Zone (H-Zone). Letztere kann nochmals durch eine Mittellinie (M-Linie) in zwei gleiche Teile unterteilt sein. Der von zwei Z-Linien begrenzte Abschnitt einer Faser wird als **Sarkomer** bezeichnet. Seine Länge beträgt beim Warmblütermuskel etwa 2,2 μm.

Aufgrund elektronenoptischer Untersuchungen weiß man, daß die Myofibrillen aus Ketten parallel angeordneter Elementarfibrillen (Filamente) aufgebaut sind. Man unterscheidet zwei Typen von Filamenten, die sich in ihrer Dicke und Anordnung sowie in ihrem chemischen Aufbau voneinander unterscheiden. Die **dickeren Filamente** mit einem Durchmesser von 10 nm und mehr und einer Länge von 1,5 μm findet man lediglich in den A-Abschnitten. Die sie aufbauenden **Myosin**-Moleküle (Faserproteine mit $M_r = 600\,000$) ähneln einem dünnen Stab mit zwei globulären „Köpfen" an ihrem einen Ende. Einige Tausend dieser Moleküle sind im Filament derart bündelartig vereinigt, daß die

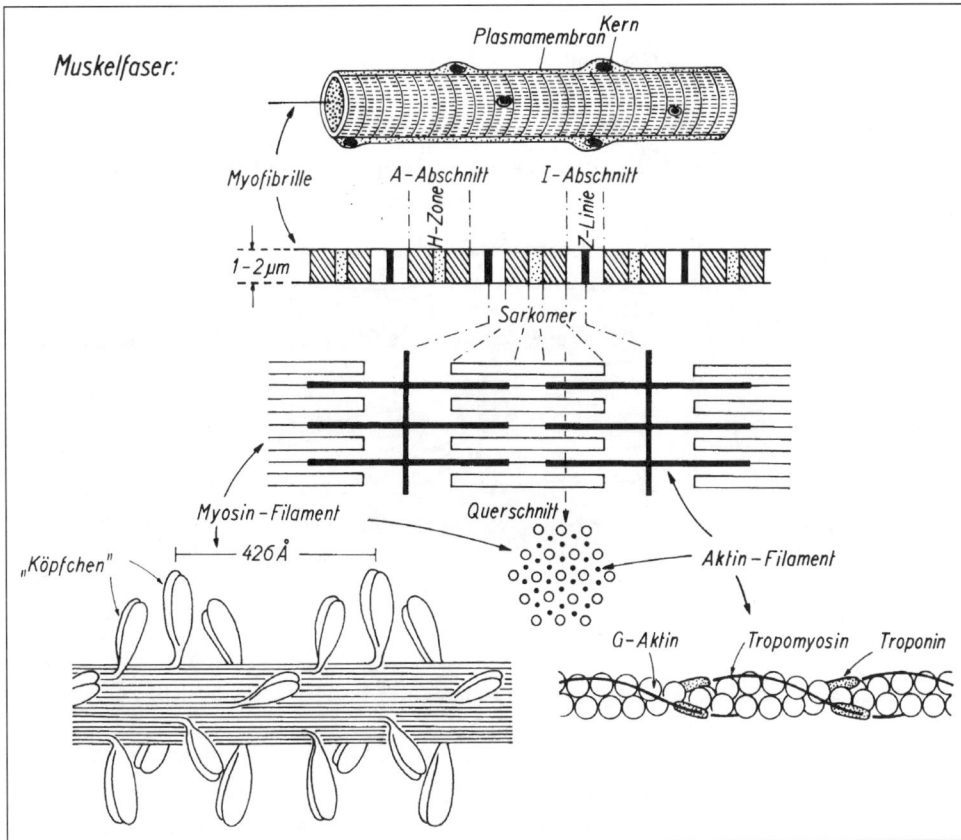

Abb. 6.1. Aufbau einer Muskelfaser (quergestreift). Nach Huxlex u. Hanson 1960 sowie nach Murray u. Weber 1974.

Kopfenden zu den beiden Enden des Filaments gerichtet sind und die Köpfe selbst aus dem Filament seitlich hervorragen. Dadurch entsteht eine „kahle" Mittelzone am Filament. Um die dicken Filamente herum gruppieren sich jeweils sechs **dünnere Filamente** mit einem Durchmesser von ungefähr 5 nm und einer Länge von 1 μm. Sie erstrecken sich von den Z-Linien bis zur H-Zone und bestehen aus den Eiweißen Aktin, Tropomyosin und Troponin. Die **Aktin**-Moleküle sind kleine, fast sphärische Partikel (M_r = 70 000, sog. globuläres oder G-Aktin), die sich im Filament zu zwei umeinander gewundene Ketten (fibrilläres oder F-Aktin) vereinigen (Abb. 6.1.). Jede Kette enthält etwa 150–200 G-Aktin-Moleküle und wird von einem sehr dünnen Strang aneinandergereihter **Tropomyosin**-Moleküle begleitet. Jedes Tropomyosin-Molekül erstreckt sich etwa über sieben G-Aktin-Moleküle. An seinem Ende ist ihm ein **Troponin**-Molekül (globuläres Protein, M_r ca. 50 000) aufgelagert.

Die Muskelfaser wird von zwei Netzen von Kanälen durchzogen. Die Kanäle des einen Netzes verlaufen longitudinal und durchsetzen das ganze Sarkoplasma, wobei sie in engen Kontakt mit den Myofibrillen treten. Das Netz entspricht dem endoplasmatischen Retikulum anderer Zellen und wird entsprechend als **sarkoplasmatisches Retikulum** (SR, sarkotubuläres System) bezeichnet. Das SR erweitert sich nach den Z-Linien hin zu „Cisternen". – Die Kanäle des zweiten Netzes verlaufen transversal (transversale oder **T-Tubuli**) quer zu den Myofibrillen zur Zelloberfläche, wo sie in Öffnungen münden. Sie verlaufen (beim Frosch) in den Z-Linien. Denjenigen Bereich, in dem beim Frosch die T-Kanäle und die Cisternen des SR benachbarter Sarkomere in engen Kontakt miteinander treten (Abb. 6.2.), nennt man **Triade**. Im SR, insbesondere im Bereich der Cisternen, findet man zahlreiche Membranorte, die die Fähigkeit besitzen, $Ca^{2\oplus}$ aktiv aufzunehmen, so daß im SR eine mehrere 1000mal so hohe $Ca^{2\oplus}$-Konzentration wie im Sarkoplasma erreicht werden kann ($Ca^{2\oplus}$-Pumpe, s. u.).

Unter den **nichtquergestreiften Muskeln** gibt es sowohl histologisch als auch physiologisch verschiedene Typen, über die man jedoch bei weitem nicht so gut unterrichtet ist wie über die quergestreifte Muskulatur. Man kann folgende Typen unterscheiden:

1. Der schräg- oder **helikalgestreifte**[1]) **Typ.** Er ist unter den Evertebraten weit verbreitet: Turbellarien,

---

[1]) helix, helikos (griech.) = gewunden.

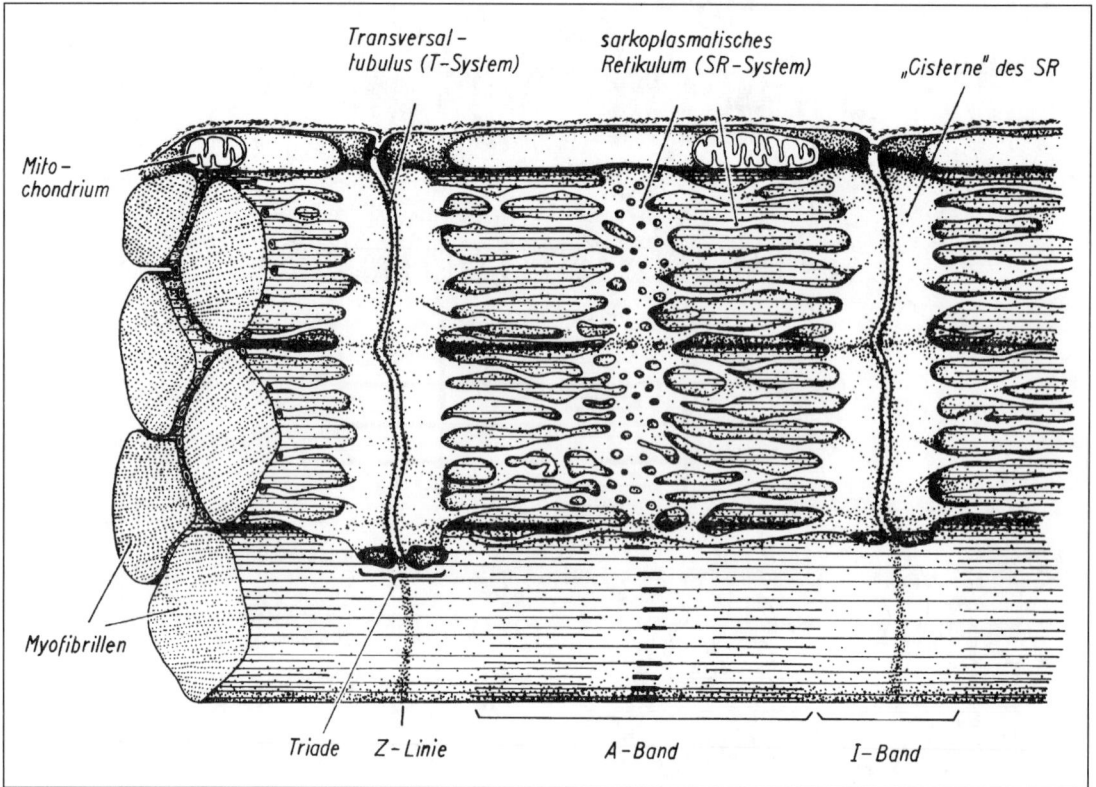

Abb. 6.2. Schematische Darstellung eines Myofibrillenbündels aus dem Skelettmuskel eines Frosches.. Nach PEACHEY 1974.

Nematoden, Mollusken (bes. Cephalopoden), Anneliden (Hautmuskelschlauch) u. a. Es lassen sich wie beim quergestreiften Muskel A- und I-Banden unterscheiden, die aber einen sehr spitzen Winkel zur Faserlängsachse bilden, wodurch die lichtmikroskopisch erkennbare Schrägstreifung zustande kommt. Die helikalgestreiften Muskeln besitzen die Fähigkeit, relativ schnell große Längenänderungen herbeizuführen.

2. Die **glatten Muskeln der Wirbellosen.** Genauer untersucht sind Turbellarien, Mollusken und Echinodermen. Der Typ ist dadurch gekennzeichnet, daß neben dünnen (5–8 nm) Aktinfilamenten wesentlich dickere (15–150 nm) Filamente vorkommen, die sich durch einen hohen Gehalt an Tropomyosin A auszeichnen **(Paramyosin-Filamente).**

3. Die **glatten Eingeweidemuskeln der Wirbeltiere.** Ihnen fehlt eine Querstreifung. Die Zellen sind meist spindelförmig. Sie besitzen einen länglichen Kern und enthalten eine große Zahl longitudinal orientierter Myofilamente einheitlichen Durchmessers.

6.1.1.2. Mechanische Eigenschaften des Muskels

Belastet man einen freihängenden isolierten Muskel mit einem Gewicht, so nimmt seine Länge um einen bestimmten Betrag zu. Nimmt man danach das Gewicht wieder fort, so tritt eine Verkürzung ein, der Muskel kehrt aber meistens nicht ganz in die Ausgangslage zurück, es bleibt ein Dehnungsrückstand bestehen. Der Muskel hat also neben **elastischen** auch **plastische Eigenschaften.** Genauere Analysen des mechanischen Verhaltens der Muskeln haben zu der Annahme geführt, daß im Muskel wenig gedämpfte elastische Elemente und stark gedämpfte viskösplastische Elemente in Serie hintereinander geschaltet vorkommen. Die eindeutige Zuordnung dieser verschiedenen Eigenschaften zu bestimmten Strukturen der Muskelfaser ist heute noch nicht möglich. Die kontraktilen Elemente sind wahrscheinlich rein plastisch.

Steigert man die Belastung schrittweise um den gleichen Betrag, so wird die Längenzunahme mit zunehmender Belastung immer kleiner, da der

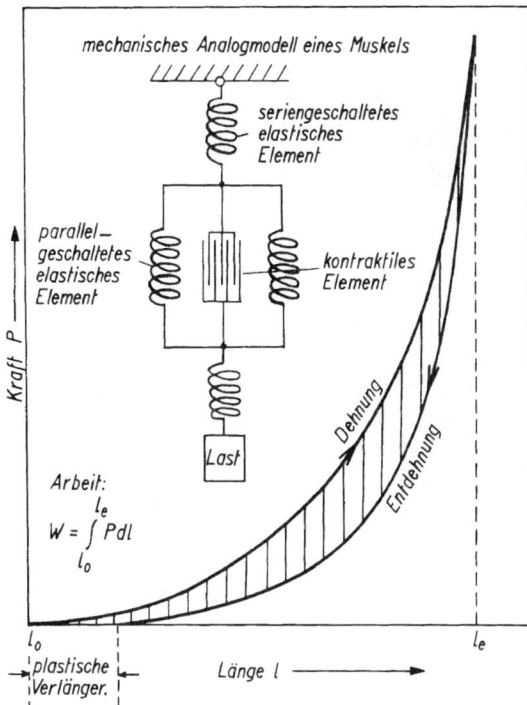

Abb. 6.3. Ruhedehnungskurve und das mechanische Analogmodell eines Muskels. Die für die Dehnung des Muskels von l_0 auf l_e benötigte Arbeit (Fläche unterhalb der Dehnungskurve) ist größer als der bei der Entdehnung freiwerdende Arbeitsbetrag (Fläche unterhalb der Entdehnungskurve). Die Differenz beider Beträge (schraffierte Fläche) entspricht dem Arbeitsverlust bei einem Dehnungszyklus. Die plastische Verlängerung ist bei quergestreiften Skelettmuskeln wesentlich kleiner als bei glatten Muskeln.

elastische Gegenzug des Muskels zunimmt (**Ruhedehnungskurve,** Abb. 6.3.). Während die Flugmuskeln der Insekten nur eine sehr geringe Dehnbarkeit besitzen, sind nichtquergestreifte Muskeln oft stark dehnbar. So kann z. B. der Rückziehmuskel des vorderen Körperendes von *Phascolosoma* (Sipunculide) auf etwa das Zehnfache seiner Normallänge gedehnt werden. Die bei schrittweiser Entlastung registrierte Entdehnungskurve deckt sich wegen der bereits erwähnten plastischen Eigenschaften des Muskels nicht mit der Dehnungskurve. Die Fläche zwischen beiden Kurven entspricht dem Arbeitsverlust beim Dehnungszyklus. Es ist derjenige Teil der bei der Dehnung in den Muskel gesteckten Arbeit, der durch „innere Reibung" verlorengeht. Er ist um so kleiner, je langsamer die Dehnung durchgeführt wird. Die plastische Dehnung ist bei der glatten Muskulatur wesentlich auffälliger als bei der quergestreiften.

6.1.1.3. Aktivierung des Muskels – „schnelle" und „langsame" Fasern

Im Normalfall werden die Muskelzellen durch Impulse aktiviert, die über Nervenfasern (motorische Fasern, **Motoneuronen**) den Muskeln zugeleitet werden. Die Kontaktstellen zwischen Nervenfaser und Muskelzelle nennt man **neuromuskuläre Synapsen.**

In **Skelettmuskeln der Wirbeltiere** werden jeweils viele Muskelfasern von den Endaufzweigungen ein und desselben Motoneurons innerviert. Oft können auf diese Weise mehrere hundert Muskelzellen zu einer sog. „**motorischen Einheit**" zusammengefaßt sein. Die motorischen Einheiten mit der größten Zahl von Muskelfasern findet man in der Regel bei solchen Muskeln, die auf große Körpermassen wirken. Jede Muskelfaser besitzt dann gewöhnlich nur eine einzige neuromuskuläre Synapse, die in der Regel im mittleren Drittel liegt und plattenförmig verbreitet ist: **motorische Endplatte.** In ihr erfolgt die Übertragung der Erregung von Nerven auf die Muskelzelle. Als Überträgersubstanz fungiert Acetylcholin (ACh). Es löst über die Muskelfaser von der Endplatte aus nach beiden Seiten sich ausbreitende AoN-Reaktionen (Aktionspotentiale) aus, durch die der kontraktile Apparat aktiviert wird.

Innerhalb der motorischen Endplatte (Abb. 6.4.) stehen das Neurilemm der Nervenendaufzweigung als präsynaptischer Anteil und die Membran der Muskelfaser (Endplattenmembran) als postsynaptischer Anteil miteinander in engem Kontakt. Durch Faltung der Endplattenmembran wird die Kontaktfläche stark vergrößert. Die Endplattenmembran ist im Gegensatz zur übrigen Muskelfasermembran (Ausnahmen s. u.) nicht konduktil und nur zu lokalen Potentialschwankungen befähigt. Sie ist auch nicht durch unmittelbare elektrische Reize erregbar. Bereits im Ruhezustand treten unregelmäßige Potentialschwankungen geringer Amplitude (bis 5 mV) an ihr auf. Die „**Miniaturendplattenpotentiale**" sind jedoch unterschwellig und nicht in der Lage, Aktionspotentiale auszulösen. Sie sind auf die spontane Freisetzung geringer ACh-Quanten von jeweils einigen 1000 Molekülen in der Endplatte zurückzuführen. $Ca^{2\oplus}$-Ionen fördern diese Freisetzung, während $Mg^{2\oplus}$-Ionen sie erschweren.

Trifft ein Nervenimpuls an den Endigungen des Motoneurons ein, so wird eine größere Menge Acetylcholin in den Synapsenspalt hinein freigesetzt. Das ACh erzeugt an der Endplattenmembran eine unspezifische Permeabilitätserhöhung. Dadurch vermindert sich das Ruhepotential um ca. 50 mV, d. h., es entsteht ein graduelles nicht fortgeleitetes **Endplattenpotential** (EPP). Dieses EPP entspricht einem EPSP an den neuroneuralen Synapsen (2.3.5.1.). Es liegt mit etwa 50 mV weit über dem Schwellenwert, um die Bildung eines Aktionspotentials an der benachbarten konduktilen Muskelfasermembran auszulösen. Bereits ein einzelner Nervenimpuls kann an

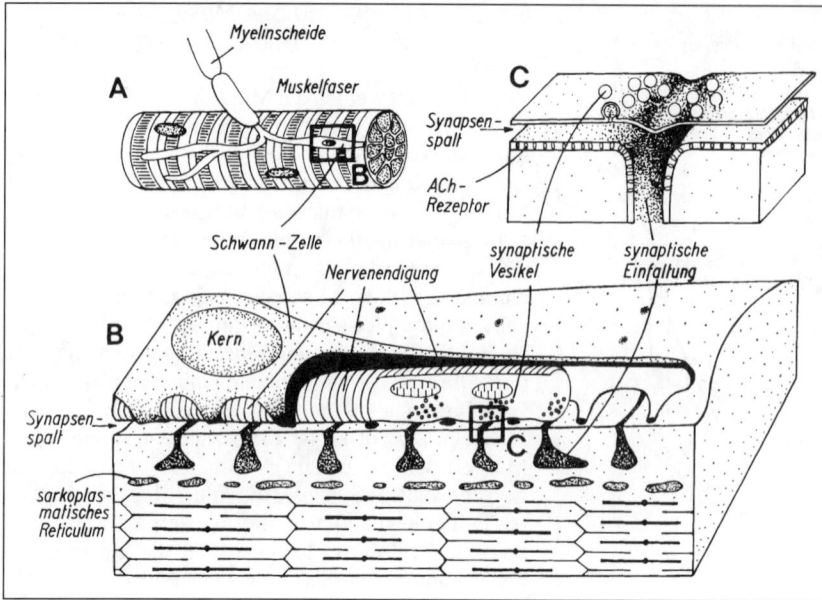

Abb. 6.4. Schematische Darstellung einer motorischen Endplatte eines Frosches. Nach LESTER 1974.

der motorischen Endplatte zu einer Erregung der zugehörigen Muskelzelle führen, es ist keine Summation unterschwelliger Einzeldepolarisationen notwendig.

Solche Muskelfasern, die mit einer fortgeleiteten AoN-Erregung reagieren (zu ihnen zählen die meisten Skelettmuskelfasern der Warmblüter mit Ausnahme z. B. der intrafusalen Fasern in den Muskelspindeln, 6.1.1.7.), werden als **phasische** („twitch"[1])) oder **Zuckungsfasern** bezeichnet, da sie auf einen Einzelreiz mit einer kurzen Einzelzuckung reagieren (s. u.). Die phasischen Fasern können nochmals in „langsame" und „schnelle" unterteilt werden. Letztere können entweder „glykolytisch" oder „oxidativ" sein, während die langsamen Fasern immer oxidativ sind. Die **langsamen phasischen Fasern** kontrahieren relativ langsam, aber immer noch schneller als die tonischen Fasern (s. u.), und sie ermüden langsam. Die **schnellen phasischen (glykolytischen) Fasern** kontrahieren und ermüden sehr schnell. Die **schnellen phasischen (oxidativen) Fasern,** schließlich, nehmen eine Zwischenstellung ein. Sie kontrahieren zwar auch ziemlich schnell, ermüden aber wesentlich langsamer als die glykolytischen Fasern. Der Myoglobingehalt der schnellen phasischen (glykolytischen) Fasern ist im Gegensatz zu den anderen beiden Fasertypen („rote" Fasern) relativ gering: „weiße" Fasern.

Im Gegensatz zu den phasischen Fasern antworten die **tonischen Fasern** auf eine motoneuronale Erregung nur mit einer lokalen, nicht fortgeleiteten Depo-

larisation im Innervationsort. Dieses lokale Potential ist als **„small nerve junction potential"** (s. n. j. p.) bekannt. Es ist mit einer Zunahme der Permeabilität für alle Ionen entsprechender Größe verbunden. Es ist – obwohl es sich nicht über die Muskelfasermembran ausbreitet – an jeder Stelle der Faser abgreifbar. Das hängt damit zusammen, daß die Zellen multiterminal innerviert (Abb. 6.5.) sind. Infolge der Verbreitung des freigegebenen Transmitters durch Diffusion und der elektrotonischen Ausbreitung der Depolarisation von den zahlreichen Synapsen aus wird erreicht, daß die Fasermembran in ihrer ganzen Länge in ausreichend kurzer Zeit depolarisiert wird. Sowohl die Depolarisation als auch die in ihrer Folge auftretende Kontraktion klingen nur langsam (innerhalb von Minuten) wieder ab. Zuckungsfasern erschlaffen dagegen innerhalb von einigen zehn Millisekunden wieder.

Die Muskeln setzen sich oft aus verschiedenen Fasertypen zusammen. Muskeln aus vornehmlich roten Fasern, **rote Muskeln,** sind gut durchblutet, reich an Myoglobin (Färbung!) und ermüden langsam. Die **weißen Muskeln** sind weniger gut durchblutet, haben weniger Myoglobin, kontrahieren aber wesentlich schneller und ermüden auch schnell.

Damit steht ihre Funktion im Zusammenhang. Der Truthahn besitzt z. B. einen weißen Musculus pectoralis (Flugmuskel). Er fliegt nur kurze Strecken durch schnelle Flügelschläge. Demgegenüber sind seine Beinmuskeln, die ständig beim Suchen am Boden gefordert sind, rot. Bei Zugvögeln ist der Pectoralis ebenfalls rot.

Fische, wie Hecht und Barsch, besitzen eine weiße laterale Körpermuskulatur, die ihnen das „blitzartige" Hervor-

---

[1]) twitch (engl.) = Ruck, krampfhaftes Zucken.

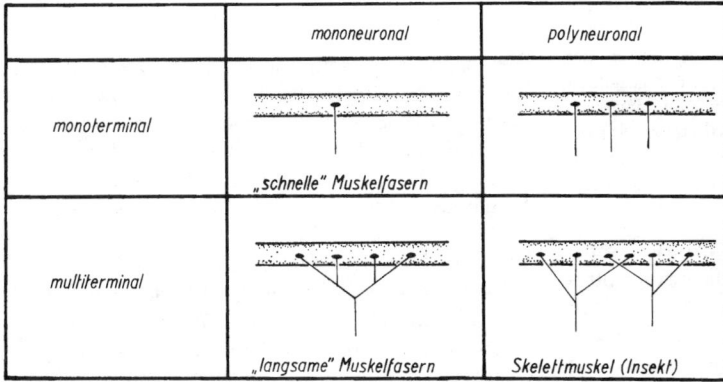

Abb. 6.5. Die Typen efferenter Muskelfaserinnervation.

stoßen beim Beutefang ermöglicht. Bei Fischen mit langanhaltender Aktivität, wie z. B. bei den Wanderfischen, und solchen, die in fließenden Gewässern leben, kann man eine deutlich stärkere Rotfärbung derselben Muskeln registrieren.

Muskeln, die fast ausschließlich aus schnellen Fasern bestehen, nennt man „schnelle" Muskeln. Zu ihnen gehören unter anderem der Flexor digitorum longus aus der Wade der Katze, der M. sartorius des Frosches, der Scherenschließer (Adduktor des Daktylopoditen) verschiedener Dekapoden und der Pharynxretraktor der Sipunculiden.

Zu den „langsamen" Muskeln zählen der M. soleus aus der Wade der Katze, verschiedene quergestreifte Muskeln der Reptilien und Amphibien und die meisten quergestreiften Muskeln der Evertebraten. Manchmal sind in demselben Muskel nebeneinander Fasern des langsamen und schnellen Typs vorhanden. Oft findet man auch die Eigenschaften beider Typen bei ein und derselben Faser. In diesen Fällen werden die Fasern mindestens von zwei verschiedenen Motoneuronen innerviert. Erregung über das eine (meist dickere) Motoneuron löst die schnelle, über das andere die langsame Reaktion aus (polyneuronale[1]) Innervation, Abb. 6.5.).

Der Kontraktionsvorgang beginnt stets später als der Erregungsvorgang. Er ist die Folge der sich an der Membran der Muskelzelle abspielenden Erregungsprozesse. Der kontraktile Apparat selbst hat nicht die Fähigkeit, die Kontraktion fortzuleiten. Deshalb breitet sich die Kontraktionswelle bei den schnellen Fasern stets nur im Gefolge der fortgeleiteten AoN-Erregung von der Endplatte nach beiden Richtungen aus. Bei den langsamen Fasern bleibt die Kontraktion auf die lokalen Erregungsorte beschränkt und wird ebensowenig wie die Erregung fortgeleitet. Auf welchem Wege die sich an der Zelloberfläche abspielen-

den elektrischen Vorgänge die Kontraktion der einzelnen Fibrillen im Zellinneren auslösen, ist intensiv untersucht worden (Problem der elektro-mechanischen Kopplung). Es sind die T-Kanäle (s. o.) in den Z-Linien (beim Frosch), die als Übertragungsweg von der Zellmembran zum inneren sarkoplasmatischen Retikulum dienen. Aus dem Retikulum werden bei elektrischer Anregung $Ca^{2\oplus}$-Ionen in das Sarkoplasma entlassen, was zur Anregung der kontraktilen Proteine in der Zelle führt (6.1.1.5.).

Ebenso wie die fortgeleitete Erregung ist auch der Kontraktionsvorgang bei der „schnellen" Faser unter streng definierten Bedingungen dem AoN-Gesetz unterworfen. Das bedeutet, daß die Zuckungsamplitude stets gleich groß ist, sofern der Reiz überschwellig ist. Anderenfalls ist die Zuckungsamplitude gleich Null. Diese für die Einzelfaser gültige Gesetzmäßigkeit gilt nicht für den gesamten (quergestreiften) Skelettmuskel. Hier führt eine Steigerung des überschwelligen Reizes bis zu einer maximalen Reizstärke zu einer kontinuierlichen Zunahme der Hubhöhe des Muskels. Eine Steigerung über die maximale Reizstärke hinaus hat dagegen keine weitere Zunahme der Hubhöhe mehr zur Folge. Dieses Verhalten ist auf die Tatsache zurückzuführen, daß die Einzelfasern des Muskels unterschiedliche Reizschwellen haben. Die Zahl der Muskelfasern innerhalb des Muskels, die an der Kontraktion teilnimmt, ist deshalb von der jeweiligen Reizstärke abhängig. Die Hubhöhe des Muskels kann so lange erhöht werden, solange durch Steigerung der Reizstärke die Zahl der aktiven Fasern noch vergrößert werden kann. Besteht der Muskel nur aus wenigen Fasern, so kann man beobachten, daß mit steigender Reizstärke die Hubhöhe nicht kontinuierlich, sondern stufenförmig zunimmt. – Die langsamen Fasern sind dem AoN-Gesetz nicht unterworfen. Kurze Einzelreize rufen keine oder nur eine geringe Spannungsentwicklung hervor. Bei rhythmischer Reizung ist die entwickelte Spannung größer. Sie nimmt mit steigender Reizfrequenz bis zu einem Maximum zu (s. u.).

---

[1]) polýs (griech.) = viel; to neūron (griech.) = der Nerv, die Faser.

Der **Herzmuskel** zeigt bei den Wirbeltieren im Gegensatz zur quergestreiften Skelettmuskulatur auch als Ganzheit das AoN-Verhalten, weil sich die Erregung wegen der netzartigen Verknüpfung der Fasern stets über den gesamten Herzmuskel ausbreitet und eine isolierte Erregung einzelner Fasern deshalb nicht möglich ist (**„funktionelles Synzytium"**). Entsprechendes gilt für diejenigen glatten Muskeln, die synzytial aufgebaut sind und die Erregung ohne Dekrement weiterleiten.

Die Innervation der **Evertebraten-Muskeln** ist bei Anneliden und Arthropoden gewöhnlich polyneuronal und multiterminal. Obwohl nur wenige Neuronen jeden Muskel kontrollieren, trifft man tausende von Synapsen an den Fasern an. Im Gegensatz zu den Vertebraten treten in vielen Fällen neben den exzitatorischen auch inhibitorische Neuronen an den Muskel heran. Bei den Mollusken trifft das nur für den Herzmuskel zu. Die exzitatorischen Neuronen lassen sich in phasische und tonische unterteilen. Die **phasischen** („schnellen") **exzitatorischen Motoneuronen** „feuern" mit kurzen Impulssalven, wodurch eine relativ große Menge des Transmitters freigesetzt wird. Ein einziges Aktionspotential erzeugt bereits eine starke Depolarisation der Muskelmembran (EPSP), die bei wiederholter Impulsaktivität nur noch unwesentlich ansteigt. Es resultiert eine schnelle, heftige Muskelkontraktion. Im Gegensatz dazu „feuern" die **tonischen** („langsamen") **exzitatorischen Motoneuronen** mit relativ langanhaltenden Impulssalven, wodurch eine zunächst geringe und erst langsam ansteigende Transmittermenge freigesetzt wird. Entsprechend nimmt das erzeugte EPSP nur langsam an Höhe zu. Die resultierende langsame Kontraktion läßt sich nur bei wiederholter Reizung auslösen. Die Kontraktionshöhe nimmt mit der Reizfrequenz zu. Die **inhibitorischen Neuronen** bilden wie die exzitatorischen neuromuskuläre Synapsen aus (postsynaptische Hemmung!), können aber daneben auch über axo-axonale Synapsen präsynaptische Kontakte mit den exzitatorischen Neuronen desselben Muskels bilden (präsynaptische Hemmung, 2.3.6. u. Abb. 2.80.). Die präsynaptische Hemmung ist effektiver als die postsynaptische, sie reduziert die Menge des ausgeschütteten exzitatorischen Transmitters. Bei den Crustaceen unterscheiden sich die inhibitorischen und exzitatorischen Synapsen durch die Form der synaptischen Vesikel: Sie sind im ersten Fall ellipsoid und im zweiten kreisrund.

Bei verschiedenen Insekten findet man in manchen Fällen außerdem am Muskel Endausläufer **neurosekretorischer Zellen.** Sie bilden keine echten Synapsen mit den Muskelfasern. Über sie findet ein direkter Transport von Neurosekret, ohne den Umweg über die Hämolymphe zu nehmen, zum Erfolgsorgan statt.

Übereinstimmend scheint bei den Arthropoden, Anneliden und Nematoden γ-**Aminobuttersäure** (GABA, S. 171) der universelle **inhibitorische Transmitter** zu sein. Durch Picrotoxin läßt sich diese Transmission blockieren. Durch GABA wird die Membrandurchlässigkeit für $Cl^\ominus$ erhöht. Da das $Cl^\ominus$-Gleichgewichtspotential in der Nähe des Membran-Ruhepotentials liegt, wird das Membranpotential dort stabilisiert (Gleichgewichtspotential der Hemmung). Der **exzitatorische Transmitter** ist bei den Arthropoden wahrscheinlich das **L-Glutamat,** bei den Nematoden, Anneliden und Mollusken dagegen das Acetylcholin. Das EPSP ist in den meisten Fällen auf eine Zunahme der Membrandurchlässigkeit für $K^\oplus$ und $Na^\oplus$ zurückzuführen, in das manchmal auch noch das $Ca^{2\oplus}$ einbezogen sein kann. Wie bei den Wirbeltieren (s. o.) erfolgt die Transmitterfreisetzung in Quanten. Sie ist von $Ca^{2\oplus}$ abhängig und wird durch $Mg^{2\oplus}$ in höheren Konzentrationen gehemmt.

Die Muskelfasern der Evertebraten können bei den differenzierten Formen ebenso wie die Motoneuronen oft in phasische und tonische unterteilt werden. Bei den Arthropoden (quergestreifte Muskulatur) zeigen die **phasischen** (schnellen) **Fasern** kürzere Sarkomere (2–4 μm) als die tonischen (6–14 μm). Sie kontrahieren sich sehr schnell und sind für kurze Aktivitätsperioden entwickelt. Sie bilden aktive elektrische Antworten in Form von Aktionspotentialen (spikes). Die **tonischen Fasern** vermögen dagegen über lange Zeitperioden ohne wesentliche Ermüdung Kraft zu entwickeln. Sie bilden keine aktiven elektrischen Antworten, sondern werden direkt durch die EPSPs aktiviert. Die Skelettmuskeln enthalten entweder nur rein phasische bzw. tonische Fasern oder eine Mischung phasischer, tonischer und intermediärer Fasern. Im letzteren Falle treten sowohl phasische als auch tonische Motoneuronen heran, wobei der Neuronentyp dem Muskelfasertyp angepaßt ist. Intermediäre Fasern werden gewöhnlich sowohl von phasischen als auch von tonischen Axonen innerviert. Die Flugmuskeln der Hymenopteren und Dipteren werden nur von phasischen Motoneuronen versorgt.

6.1.1.4. Die Einzelzuckung

Der Verlauf der auf einen Einzelreiz hin erfolgenden Zuckung wird am isolierten Muskel untersucht. Entweder registriert man bei gleichbleibender Belastung die Längenänderung (**isotonische**[1]) **Kontraktion)** oder bei gleichbleibender Länge die Spannungsänderung des Muskels (**isometrische**[2]) **Kontraktion).** Die Muskeln *in situ* arbeiten selten rein isotonisch bzw. isometrisch. Von einer **Unterstützungskontraktion** spricht man dann, wenn der Muskel sich zunächst isometrisch anspannt bis die vorhandene Gegenkraft überwunden ist und sich dann anschließend isotonisch verkürzt. Bei der **Anschlagkontraktion** haben wir die umgekehrte Reihenfolge: isotonische Verkürzung bis zum Anschlagpunkt und anschließend iso-

---

[1]) isos (griech.) = gleich; ho tonos (griech.) = die Spannung.
[2]) to metron (griech.) = das Maß.

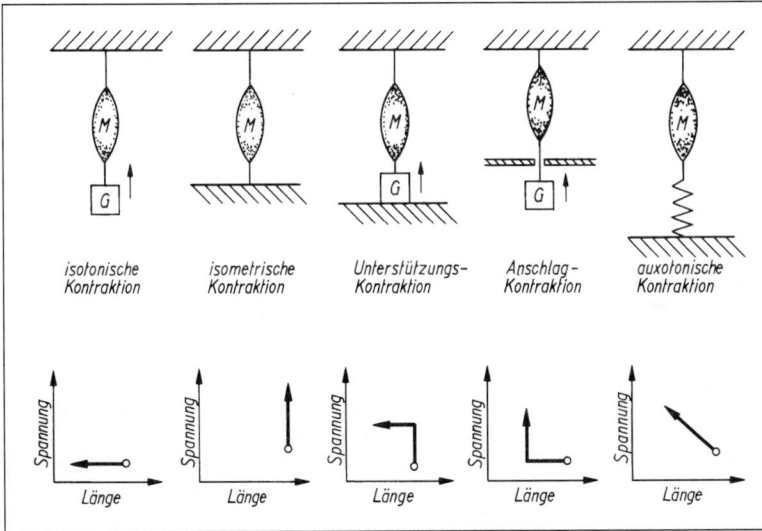

Abb. 6.6. Die verschiedenen mechanischen Kontraktionsbedingungen und die dazugehörigen Kurven im Länge-Spannungs-Diagramm. M = Muskel; G = Gewicht. In Anlehnung an KEIDEL 1970.

metrische Anspannung. Bei der **auxotonischen Kontraktion**[1]) schließlich verkürzt sich der Muskel unter gleichzeitiger Spannungszunahme (Abb. 6.6.).

Die zwischen dem Zeitpunkt des Reizes und dem Beginn der Verkürzung bzw. des Kraftanstiegs liegende Zeitspanne nennt man die **Latenzzeit.** Ihr folgt die **Anstiegszeit,** während der das Maximum der Einzelzuckung erreicht wird. Daran schließt sich die **Erschlaffungszeit** an (Abb. 6.7.). Die Anstiegszeit ist bei den verschiedenen Muskeln sehr unterschiedlich lang. Sie ist bei schnellen Muskeln kürzer als bei langsamen. Bei den Säugetieren verhalten sich die Anstiegszeiten beider Muskeltypen etwa wie 1 : 3,5. Die Anstiegszeit ist außerdem bei isotonischer Kontraktion etwas länger als bei isometrischer. Bei der gleichen Tierart (Wirbeltier) nimmt sie in folgender Reihenfolge zu: Skelettmuskeln < Herzmuskeln < glatte Muskeln (s. Tab. 6.1., Beispiel Schildkröte). Im Vergleich zur längeren Anstiegszeit des Herzmuskels gegenüber dem Skelettmuskel ist seine Erschlaffungszeit relativ kürzer. Das Verhältnis zwischen Anstiegszeit und Gesamtzuckungsdauer beträgt beim Skelettmuskel etwa 1 : 5, beim Herzen nur 1 : 2. Das ist für die Pumpleistung des Herzens von großer Bedeutung. Latenz-, Anstiegs- und Erschlaffungszeit

sind temperaturabhängig. Der Temperaturkoeffizient ist für sie annähernd gleich (Q_{10} = 2,5).

Während der Latenzzeit, in der am Muskel äußerlich noch keine Veränderungen festzustellen sind, laufen bereits wichtige Vorgänge ab. Da ist zunächst das **Aktionspotential** zu erwähnen, das bereits beendet sein kann, bevor die Kontraktion beginnt (Skelettmuskel des Säugers). Ebenfalls zeitlich vor der Kontraktion beginnt die Produktion der sog. **Aktivierungswärme** (s. u.). Unmittelbar vor der Verkürzung des Muskels tritt oft eine vorübergehende, minimale Erschlaffung ein. Man bezeichnet diese initiale Erschlaffungswelle im Mechanogramm, die man nur mit sehr empfindlichen Registriergeräten erfaßt, als „**Rauhsche Nase**" oder „latente Erschlaffung" (Latenzrelaxation). Sie fehlt bei verschiedenen nichtquergestreiften Muskeln der Evertebraten (Bsp. Adduktor von *Pinna*).

Die Kontraktion des Muskels ist mit einer **Wärmeproduktion** verbunden (Abb. 6.8.). Man unterscheidet zwischen der während der Einzelzuckung freiwerdenden **Initialwärme** und der anschließend auftretenden „verzögerten" oder **Erholungswärme.** Letztere ist im Gegensatz zur Initialwärme stark von der O_2-Zufuhr abhängig und durch Stoffwechselgifte (Hemmung der Glykolyse durch Monojodacetat u. a.) beeinflußbar. Sie ist unter aeroben Bedingungen viel größer als unter anaeroben und ist eine Begleiterscheinung der sich während der Erholungsphase im

---
[1]) auxein (griech.) = vermehren.

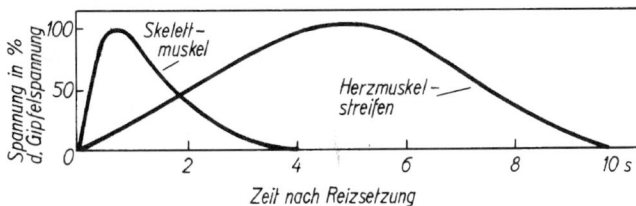

Abb. 6.7. Vergleich der isometrischen Einzelzuckung eines Skelettmuskels und eines Herzmuskelstreifens vom gleichen Tier (Schildkröte) bei gleicher Temperatur. Aus LANDOIS u. ROSEMANN 1962.

Tabelle 6.1. Kenndaten einiger Muskeln verschiedener Tiere

Tierart	Muskel	Latenzzeit [ms]	Anstiegszeit [ms]	Fusionsfrequenz [s^{-1}]
Ratte	Zwerchfellmuskel (37 °C)	1,5	22	
Katze	M. sartorius		29	23
Katze	M. obliquus inferior		19	69
Frosch	M. sartorius (0 °C)	16,0	220	40
Frosch	M. sartorius (11,6 °C)		110	12,6
Schildkröte	M. retractor penis		400	
Schildkröte	M. coracobrachialis (0 °C)	60,0	2 000	
Frosch	Herzventrikel (0 °C)	100	6 800	
Schildkröte	Herzventrikel (0 °C)	200	11 000	
Katze	Uterusmuskulatur (glatt)		1 800	
Katze	Darmmuskulatur (glatt)		3 000	
Schildkröte	Darmmuskulatur (glatt)		30 000	
Heuschrecke *(Schistocerca)*	Flügelmuskel		25	
Heuschrecke *(Decticus)*	Beinmuskel		200	36–50
Tintenfisch	Mantelmuskeln		68	35
Schnecke *(Helix)*	Tentakel-Retraktor		2 500	0,3–1
Seenelke *(Metridium)*	Retraktor		200–300	

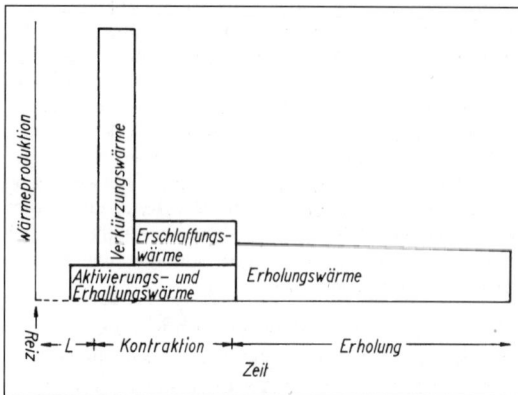

Abb. 6.8. Wärmeproduktion während und nach der Muskelkontraktion bei einem Säugetier. L = Latenzzeit. Aus KEIDEL 1970.

Muskel abspielenden chemischen Vorgänge, die zum größten Teil aerob verlaufen. Die Initialwärme, die offenbar nicht durch oxidative oder glykolytische Prozesse hervorgerufen wird, setzt sich additiv aus der Aktivierungs-, Verkürzungs- und Erschlaffungswärme zusammen. Die Entwicklung der **Aktivierungswärme** beginnt bereits in der Latenzzeit und setzt sich bis in die Anstiegszeit hinein fort. Sie ist in ihrem Ausmaß weder von den Ausgangsbedingungen noch von den Spannungsveränderungen während der isometrischen Kontraktion abhängig.

Die **Verkürzungswärme** nimmt proportional mit der Verkürzung der kontraktilen Elemente zu, ist jedoch von der Belastung, der Temperatur und der Dauer der Verkürzung unabhängig. Die **Erschlaffungswärme** schließlich tritt nur auf, wenn der Muskel belastet ist. Sie entspricht dann quantitativ der am Muskel während der isotonischen Erschlaffung geleisteten Arbeit. Wir sehen also, daß die Wärmebildung bereits vor der eigentlichen Kontraktion einsetzt und daß mit der Erschlaffung keine chemische Wärmetönung verbunden ist. Man kann diese Tatsachen als Hinweise dafür werten, daß die Anstiegsphase den thermodynamisch unfreiwilligen und die Erschlaffungsphase den thermodynamisch freiwilligen Abschnitt des Kontraktionsvorganges repräsentiert.

Die **Hubhöhe** des Muskels nach künstlicher Reizung mit übermaximaler Reizstärke ist von seiner Belastung abhängig. Bestimmt man die maximalen Längenänderungen des sich isotonisch kontrahierenden Muskels bei verschiedener Vordehnung (Belastung) und trägt die erhaltenen Werte, von dem entsprechenden Punkt auf der Ruhedehnungskurve ausgehend, in der horizontalen Richtung des Diagramms der Abb. 6.9. ab, so erhält man durch Verbindung der erhaltenen Punkte die **Kurve der isotonischen Maxima.** Man erkennt, daß mit zunehmender Belastung des Muskels die Hubhöhe abnimmt. Da diese Abnahme aber zunächst langsamer erfolgt als die Belastung zunimmt, steigt die vom Muskel **geleistete Arbeit** (Kraft · Weg) an. Die Muskeln leisten bei einer bestimmten Belastung (Vordehnung) maximale Arbeit. Sowohl bei geringerer als auch höherer Belastung ist

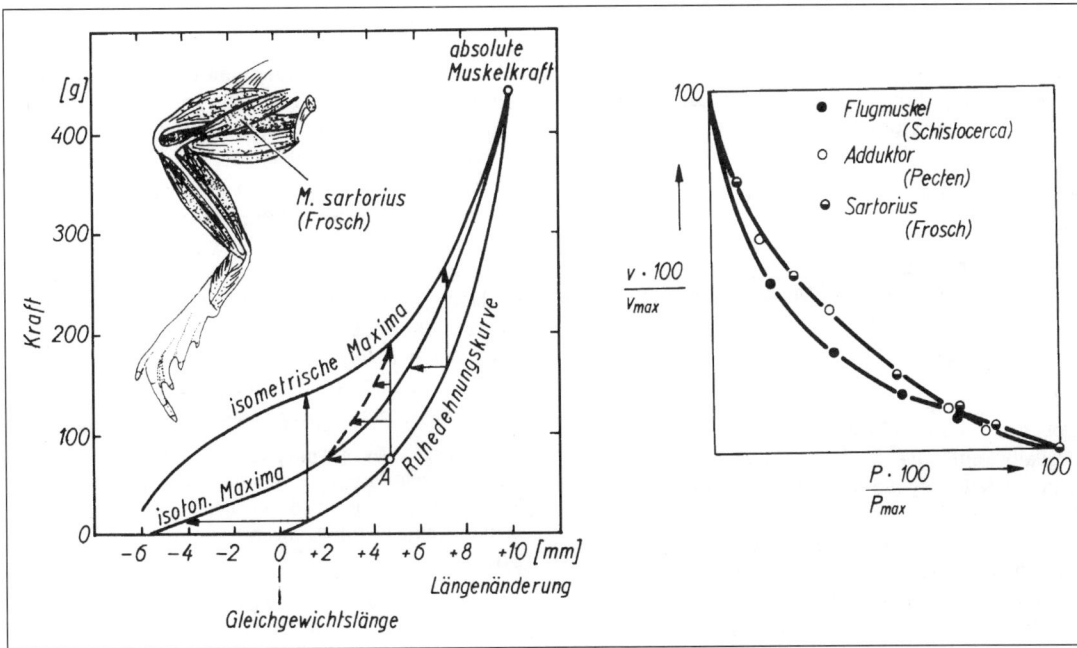

Abb. 6.9. Links: Führt der Muskel bei unterschiedlicher Vorbelastung, d. h. von verschiedenen Punkten der Ruhedehnungskurve aus maximale isotonische (waagerechte Pfeile) bzw. maximale isometrische Zuckungen (senkrechte Pfeile) durch, so erhält man durch Verbinden der erhaltenen Punkte im Kraft-Längen-Diagramm die Kurve der isotonischen bzw. diejenige der isometrischen Maxima. Die gestrichelte Linie ist die Kurve der vom Punkt A ausgehenden Unterstützungszuckungen. Nach REICHEL 1936, verändert. Rechts: Kraft-Geschwindigkeitskurven verschiedener Muskeln. v = Verkürzungsgeschwindigkeit; v_{max} = maximale Verkürzungsgeschw. des unbelasteten Muskels; P = zu hebende Last; P_{max} = isometrische maximale Spannung. Aus HASSELBACH 1963.

die Arbeit geringer. Führt man entsprechende Untersuchungen unter isometrischen Kontraktionsbedingungen durch, kommt man so zur **Kurve der isometrischen Maxima** (Abb. 6.9.). Sie liegt stets über der Kurve der isotonischen Maxima. Die Kurven der Maxima für die Unterstützungs- bzw. Anschlagszuckung (Abb. 6.6.) verlaufen zwischen den Kurven der isometrischen und isotonischen Maxima.

Wie die Hubhöhe, so ist auch die **Verkürzungsgeschwindigkeit** *(v)* von der Belastung P des Muskels abhängig. Mit zunehmendem P nimmt v ab (**Hillsche**[1]) **Gleichung**: eine Hyperbel):

$$(P + a) \cdot (v + b) = (P_{max} + a) \cdot b = \text{const.}$$

a und b sind dimensionsbehaftete Konstanten, a hat die Dimension einer Kraft, b die einer Geschwindigkeit. P_{max} ist die maximale Kraft, die der Muskel beim isometrischen Tetanus entwickeln kann (s. u.). a, b und P_{max} sind unter

gleichen Versuchsbedingungen für den Muskel charakteristische Größen.

Abbildung 6.9. zeigt einige Beispiele solcher **Kraft-Geschwindigkeits-Kurven.** Sie zeigen alle einen ähnlichen Verlauf, unterschiedlich sind die Konstanten a und b. Für $P = P_{max}$ wird $v = 0$.

6.1.1.5. Die chemischen Vorgänge bei der Muskeltätigkeit

In den Muskelzellen erfolgt eine Umwandlung chemischer Energie in mechanische Arbeit. Unter optimalen Bedingungen können etwa 33% der umgesetzten Energie in Arbeit umgewandelt werden, der Rest (66%) erscheint als Wärme. Der **Wirkungsgrad** der „Muskelmaschine", das ist das Verhältnis zwischen der gewonnenen Arbeit zur zugeführten Energiemenge, beträgt somit günstigstenfalls 30–35%. Zum Vergleich: Der Wirkungsgrad von Lokomotiven liegt unter 10%.

Die chemische Energie stammt letztlich aus dem Kohlenhydrat- und Fettabbau, muß aber zunächst in die energiereichen Bindungen von Nucleotidtriphosphaten überführt werden, bevor sie in mechanische Arbeit umgewandelt werden kann. Das wichtigste

---

[1]) Archibald Vivian HILL, geb. 1886 in Bristol (Engl.), 1911–14 Stud. i. Cambridge, Prof. f. Physiologie i. Manchester (1920–23), London (1923–25), ab 1926 Research Prof. d. Royal Soc., 1951 Ruhestand, 1977 i. Cambridge gest. (1922 zus. m. Otto MEYERHOF Nobelpreis f. Physiologie).

Nukleotidtriphosphat ist das **Adenosintriphosphat** (ATP). Es stellt die unmittelbare Energiequelle für den Kontraktionsvorgang dar und gibt bei der hydrolytischen Abspaltung des terminalen Orthophosphatrestes eine Energiemenge von ca. 35 kJ · mol^{-1} ab (S. 58).

$$ATP + H_2O \rightarrow ADP + P_i$$
$$\Delta G^{\circ\prime} = -35 \text{ kJ} \cdot \text{mol}^{-1}$$

Es kann auch noch die Abspaltung des zweiten Phosphatrestes durch das in den Muskelzellen zu findende Enzym Myokinase erfolgen:

$$2\ ADP \Leftrightarrow ATP + AMP.$$

Der Vorrat an ATP in der Muskelzelle ist nie sehr groß und reicht nur für wenige Kontraktionen aus. Deshalb muß das verbrauchte ATP immer sehr schnell wieder regeneriert werden. Das dazu notwendige energiereiche Phosphat stammt z. T. aus den in den Zellen reichlich vorhandenen **Phosphagenen.** Das Phosphagen in den Muskeln der Wirbeltiere ist das **Kreatinphosphat** (KrP), bei den Arthropoden und Mollusken ist es das **Argininphosphat,** bei Anneliden sind noch andere Phosphagene gefunden worden (s. Abb. 1.13.). Einige Beispiele über die ATP-, ADP- sowie Phosphagenkonzentration in verschiedenen Muskeln sind in der Tabelle 6.2. zusammengestellt. Die Übertragung des Phosphats vom Kreatinphosphat zum ADP ist reversibel und wird durch die Kreatin-Kinase kontrolliert (Lohmannsche Reaktion; s. Fußnote S. 58):

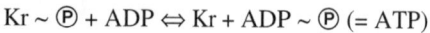

$$Kr \sim \text{\textcircled{P}} + ADP \Leftrightarrow Kr + ADP \sim \text{\textcircled{P}}\ (= ATP)$$

Während der Erholungsphase muß der Kr ~ ℗-Speicher aus dem beim Abbau der Kohlenhydrate neu gebildeten ATP wieder aufgefüllt werden.

Eine wichtige Energiereserve vieler Muskelzellen stellt ihr **Glykogenvorrat** dar. Bei seinem stufenweisen Abbau wird Energie frei, die zur Resynthese von ATP und auch zur Auffüllung des Kreatinphosphatvorrats benutzt wird. Der **anaerobe Abbau** des Glykogens führt bis zum Pyruvat (Glykolyse, 1.4.1.; Abb. 1.7.), aus dem anschließend **Lactat** entsteht. Unter **aeroben Bedingungen** kann der Abbau des

Pyruvats über den Citratzyklus und die Atmungskette bis zum CO_2 und H_2O weitergeführt werden. Dabei wird etwa 18mal soviel Energie frei wie beim anaeroben Abbau bis zum Pyruvat. Die verschiedenen Muskeln unterscheiden sich sehr stark hinsichtlich des Anteils des aeroben Abbaus der Substrate an der gesamten Energieproduktion. Es gibt Muskeln mit vornehmlich **anaerober Energieproduktion** während der Tätigkeit. Sie sind gewöhnlich nur über kurze Perioden mit hoher Aktivität tätig (z. B. Sprungmuskeln der Heuschrecken u. a.). Hierher gehört auch unter anderem die Seitenrumpfmuskulatur der Fische. Sie produziert bei stärkerer Aktivität so viel Lactat, daß dessen Konzentration im Blut auf das 6- bis 10fache des Normalwertes ansteigen kann.

Bei verschiedenen Mollusken (*Buccinum, Pecten*) und *Sipunculus* führt der anaerobe Abbau der Kohlenhydrate in der Muskulatur nicht zur Akkumulation von Lactat, sondern zur Iminosäure **Octopin**, einem Kondensationsprodukt aus Pyruvat und Arginin (1.4.4.).

Vielfach findet man, daß zu Beginn einer Tätigkeit die O_2-Versorgung noch nicht ausreicht, den sprunghaft angestiegenen O_2-Bedarf des Muskels zu decken, da die Umstellung des Kreislaufs eine gewisse Zeit benötigt. Die Folge ist, daß der Muskel zunächst vornehmlich anaerob arbeiten muß und Lactat bildet. Er geht eine „Sauerstoffschuld" ein (Abb. 6.10.), die dann später durch erhöhte O_2-Aufnahme und damit Beseitigung des Lactats wieder ausgeglichen wird. Beim Kaumuskel (M. masseter) des Pferdes steigt die O_2-Aufnahme während der Kautätigkeit auf das 20fache, die CO_2-Abgabe sogar auf das 40fache des Ruhewertes an. Bei Daueraktivität stellt sich normalerweise ein Gleichgewicht zwischen O_2-Verbrauch und O_2-Zufuhr im Muskel ein. Bei Fliegen ist selbst nach ausgedehnten Flügen keine nennenswerte Sauerstoffschuld zu erkennen. Die Flugmuskeln der Insekten ebenso wie die Herzmuskelzellen der Wirbeltiere sind durch außergewöhnlich große Mitochondrien, in denen sich die Enzyme des Citratzyklus und der Atmungskette befinden, besonders gut an einen intensiven oxidativen Abbau der Nährstoffe angepaßt. Es sind die ständig oder gewöhnlich über lange Zeiträu-

Tabelle 6.2. ATP-, ADP- und Phosphagenkonzentration in verschiedenen Muskeln (µmol pro g Frischgewicht)

Muskel	ATP	ADP	Phosphagen	Autor
Herzmuskel (Kaninchen)	4,0	0,85	8	THORN u. Mitarb. 1959
Skelettmuskel (Kaninchen)	6,8	0,9	20	BENDALL & DAVEY 1957
Skelettmuskel (Frosch)	2,7	0,9	14	BATE-SMITH & BENDALL 1956
Uterusmuskel (gravider Mensch)	1,25	1,6	2,6	CRETINS 1958
Hautmuskelschlauch (*Lumbricus*)	2,8	0,7	6,1	HOBSON & REES 1955
Byssusretraktor (*Mytilus*)	0,7–1,6	1,0	13,5	POTTS 1958, RÜEGG 1963

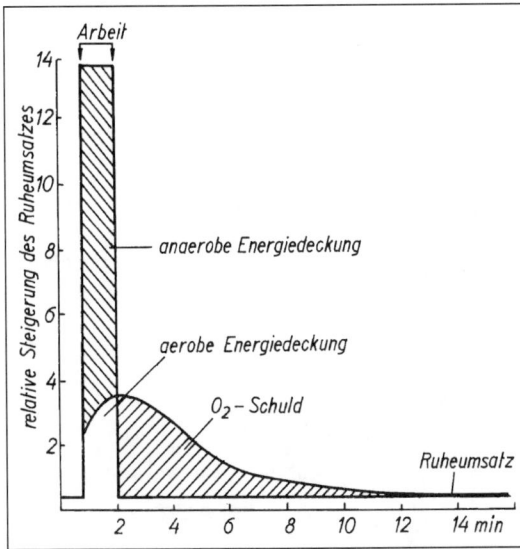

Abb. 6.10. Bei maximaler Arbeitsbelastung (1 min) wird der Energiebedarf vorwiegend anaerob gedeckt. Es wird eine Sauerstoffschuld eingegangen, die nach Beendigung der Arbeit durch verzögerte Rückkehr des Energieumsatzes zum Ruheniveau abgetragen wird. Aus KEIDEL 1970.

me tätigen Muskeln – neben der Herz- und Flugmuskulatur gehört auch die Schwanzmuskulatur der Fische dazu –, bei denen die **aerobe Energieproduktion** überwiegt. Auch der relativ niedrige Energiebedarf der glatten Muskulatur der Warmblüter wird zum größten Teil aerob gedeckt.

In der **weißen Muskulatur** der **Fische** besteht eine Beziehung zwischen der motorischen Aktivität und der Konzentration an glykolytischen Enzymen, d. h. der Kapazität zum anaeroben Energiegewinn. Aktive Fische (z. B. Thunfisch) weisen eine wesentlich höhere Konzentration an glykolytischen Enzymen (Pyruvatkinase, Lactatdehydrogenase) auf als trägere Formen. Demgegenüber zeigt die **rote Muskulatur** des Thunfischs geringere Mengen an glykolytischen Enzymen, aber höhere Konzentrationen von Enzymen des aeroben Stoffwechsels (Citratzyklus: Citratsynthetase, Glutamat-oxaloacetat-Transaminase) als die weiße Muskulatur. Damit im Zusammenhang steht die Beobachtung, daß nach erfolgter Aktivität in der weißen Muskulatur ein stärkerer Verlust an Energieträgern (Glykogen, Kreatinphosphat, ATP) und eine deutlich höhere Anreicherung an Lactat zu verzeichnen ist als bei roten Muskeln.

Fette liefern pro Gramm mehr als doppelt so viel Energie wie Kohlenhydrate (1.2.1.). Sie eignen sich deshalb besser zur Anlegung eines größeren Energievorrates, wie er nötig ist bei Tieren, die weite Strecken zurückzulegen haben, z. B. das Rentier in der arktischen Tundra, Wale im Südpolarmeer und besonders verschiedene Vögel und Insekten.

Der Goldregenpfeifer (*Pluvialis apricaria*) fliegt von den Aleuten bis Hawaii über 4000 km über das Meer. Von ande-

ren kleinen **Vögeln** ist bekannt, daß sie die Sahara ohne Nahrungsaufnahme überqueren. Kolibris überqueren bei einer Flügelschlagfrequenz von 80–100 Schlägen · s^{-1} den Golf von Mexiko im non-stop-Flug (mehr als 800 km!). Ihre Flugmuskulatur zeigt strukturelle Besonderheiten, die diese enorme Leistungsfähigkeit ermöglichen. Die Zellen erscheinen vollgepfropft mit Fetttröpfchen (Energielieferant) und Mitochondrien (ATP-bildende Maschinerie) in engster Nachbarschaft zu den Myofibrillen (ATP-verbrauchende Struktur). Auch verschiedene **Insekten** (insbesondere Lepidopteren, Wanderheuschrecken u. a., nicht aber Bienen und Fliegen) verbrennen bei lang andauernden Flügen vornehmlich oder ausschließlich Fett. Wanderheuschrecken fliegen kurz nach dem Start zunächst mit hoher Geschwindigkeit, die dann aber nach etwa 20 min auf einen für den Wanderflug charakteristischen, konstanten Wert abfällt. In der ersten Flugphase liefert die Trehalose, während des Wanderfluges liefern Lipide die Energie. Für die Umschaltung des Stoffwechsels ist das adipokinetische Hormon (AKH, 2.2.8.) verantwortlich.

Auch die Zellen des **Wirbeltierherzens** sind reich an Enzymen des Fettstoffwechsels. Es konnte gezeigt werden, daß bei normaler Tätigkeit etwa 35% des verbrauchten Sauerstoffs auf den Kohlenhydratabbau und 65% auf die Fettverbrennung entfallen.

Die Kontraktion der Muskelfibrille ist nicht mit einer Faltung der Filamente verbunden. Die dünnen Aktinfilamente schieben sich vielmehr bei der Verkürzung der Fibrille unter Beibehaltung ihrer Länge nur tiefer zwischen die dicken Myosinfilamente. Dabei werden selbstverständlich die I-Abschnitte und H-Zonen der Sarkomere schmaler. Letztere können schließlich ganz verschwinden, wenn sich die Aktinfilamente in der Mitte des Sarkomers berühren.

Die gleitende Bewegung der Aktinfilamente gegenüber den Myosinfilamenten ist nur möglich, weil sich über die Myosinköpfchen (6.1.1.1.) Querverbindungen (sog. **Querbrücken,** engl. cross bridges) zwischen den Aktin- und Myosinfilamenten herausbilden (**Aktomyosin-Komplexe**). Durch eine anschließende Kippbewegung der Köpfchen um etwa 40 °C (90° → 50°) in Richtung zur Mitte des Sarkomers wird das Aktinfilament um etwa 10 nm an dem Myosinfilament vorbeigeschoben (Abb. 6.11.). Die Loslösung des Myosinköpfchens vom Aktin (Sprengung der Aktomyosin-Komplexe) kann nur erfolgen, wenn ein ATP-Molekül gebunden worden ist (Phase 2, Abb. 6.11.), was in der lebenden Zelle innerhalb von 1/1000 s geschieht. Fehlt das ATP, so löst sich der Komplex nicht, und die Querbrücken verharren in der 50°-Stellung (**Totenstarre,** „Rigor"). Das ATP in der Muskelzelle hat also zwei Funktionen: Es liefert die notwendige Energie (**Kontraktionseffekt),** und es erhält den Muskel in einem Zustand der Kontraktionsbzw. Erschlaffungsfähigkeit (**Weichmachereffekt).** Nach seiner Auflösung schnellt das Myosinköpfchen in seine Ausgangslage (90°) zurück und kann erneut an ein G-Aktin-Molekül binden. Dazu ist allerdings zuvor die Spaltung des ATP in ADP und anorganisches Phosphat (P_i) erforderlich, wodurch die Affi-

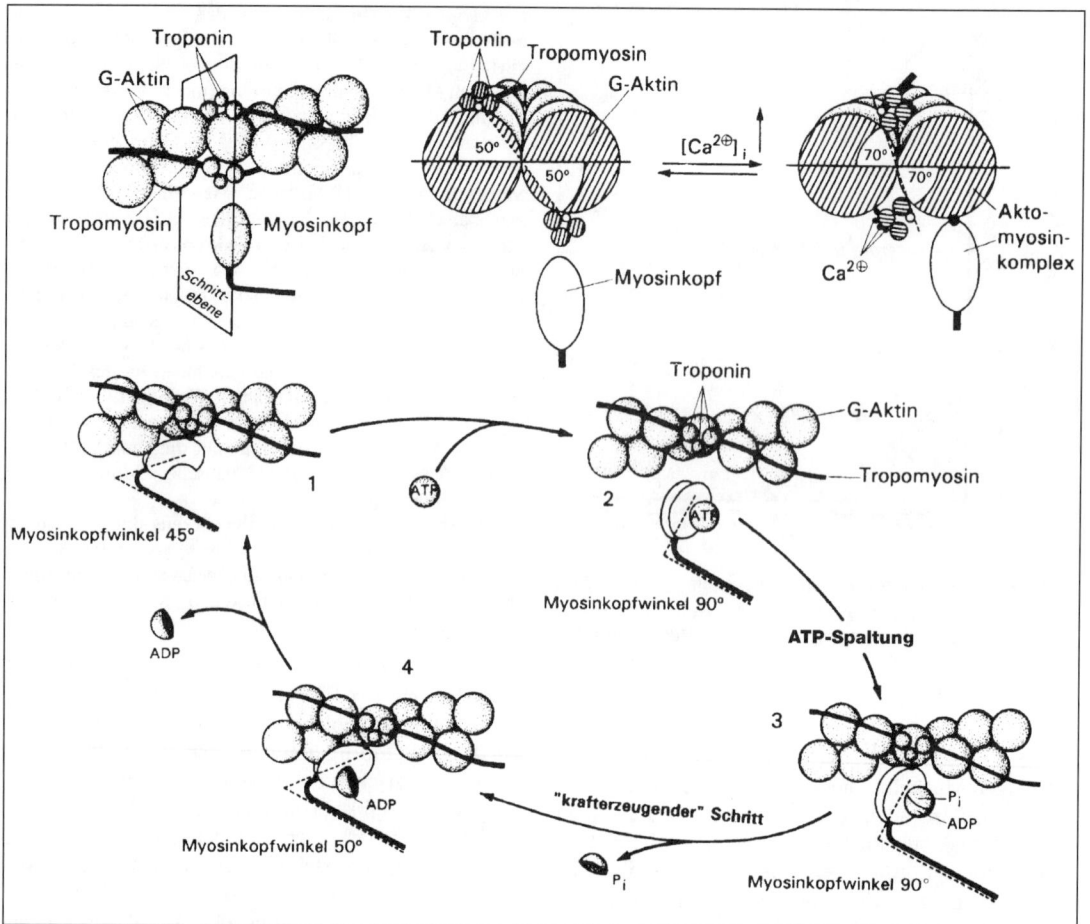

Abb. 6.11. Der Kontraktionszyklus (Lymn-Taylor-Zyklus). Nähere Erläuterungen im Text. Obere Teilfiguren: Die Deblockade der Bindungsstelle am G-Aktin für das Myosin. Erhöht sich die sarkoplasmatische $Ca^{2\oplus}$-Konzentration, werden (jeweils 4) $Ca^{2\oplus}$-Ionen von der C-Untereinheit des Troponinkomplexes gebunden. Dadurch ändert sich die Konformation des aus drei Untereinheiten bestehenden Troponinkomplexes, das Tropomyosin-Molekül „rutscht" etwas tiefer zwischen die beiden F-Aktin-Helices, und die Bindungsstelle für das Myosinköpfchen wird frei: Bildung eines Aktomyosinkomplexes. Nach KLINKE u. SILBERNAGL 1994, verändert.

nität der Bindung wieder steigt. Nach Abgabe des P_i erfolgt die Kippbewegung des Köpfchens von 90° auf 50° (Phase 4), der eigentliche „krafterzeugende" Schritt. Anschließend trennt sich auch das ADP vom Myosinköpfchen, und der Zyklus kann durch Bindung eines ATP-Moleküls von neuem beginnen.

Durch wiederholtes Loslassen und Anfassen der Myosinköpfchen, verbunden mit ihren Kippbewegungen, werden die Aktinfilamente in Richtung zur Sarkomermitte an den Myosinfilamenten entlang verschoben.

Das **$Ca^{2\oplus}$-Ion** hat bei diesen Vorgängen eine **steuernde Funktion.** Im unerregten quergestreiften Muskel wird die $Ca^{2\oplus}$-Konzentration im Sarkoplasma relativ niedrig (10^{-7} mol/l) gehalten. Dafür sorgen Transporte des sarkotubulären Systems, die das $Ca^{2\oplus}$ aus dem Sarkoplasma in das Retikulum pumpen. Bei Erregung dringt der depolarisierende Aktionsstrom von der Oberfläche über die transversalen Tubuli in die Tiefe der Faser vor, worauf $Ca^{2\oplus}$ aus dem SR ins Sarkoplasma entlassen und die Konzentration auf 10^{-6} bis 10^{-5} mol/l ansteigt (Abb. 6.12.). Das $Ca^{2\oplus}$ wird anschließend vom **Troponin** der dünnen Filamente gebunden. Daraufhin erhalten die Aktinmoleküle erst die Fähigkeit, die Myosinköpfchen zu binden (**aktin-vermittelte Steuerung**). Die **Tropomyosin**-Moleküle – sie konnten bisher in allen kontraktilen Systemen nachgewiesen werden – spielen dabei eine Mittlerrolle zwischen dem Troponin und den Aktin-Molekülen. Man stellt sich vor, daß die fadenförmigen Tropomyosin-Moleküle etwas tiefer in die Rinne zwischen den beiden Aktinmolekül-Ketten rut-

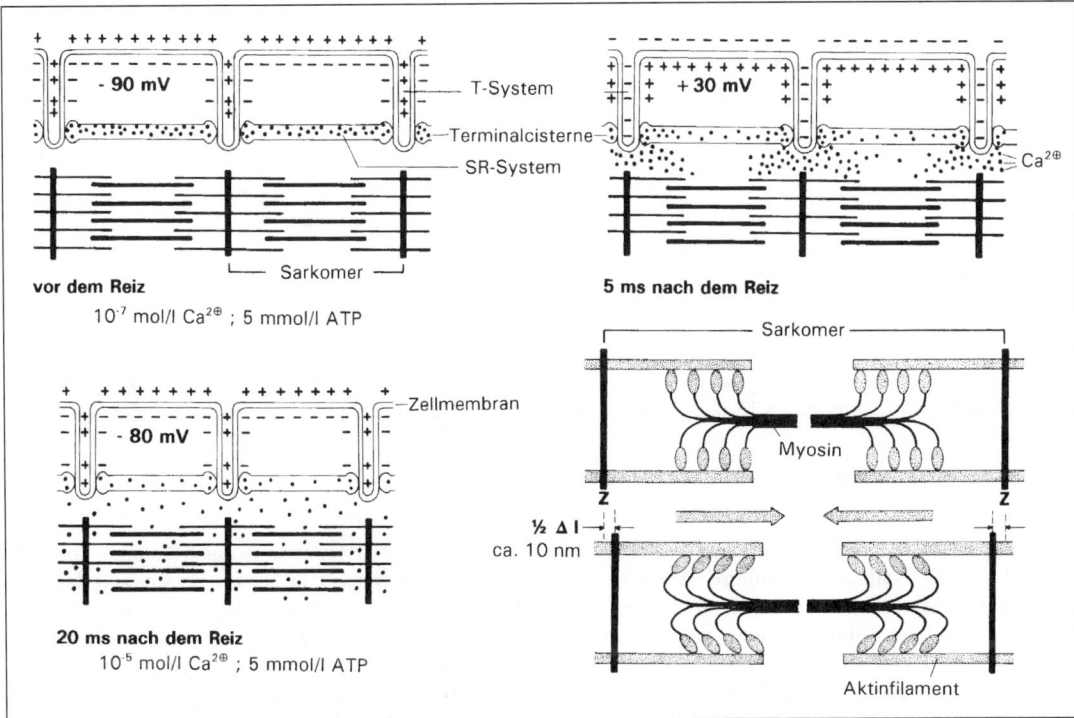

Abb. 6.12. Die elektromechanische Kopplung: Die über das T-System (transversale Tubuli) in die Muskelfaser eindringende Depolarisation (Aktionspotential) löst eine Freisetzung von $Ca^{2\oplus}$ aus dem SR-System (sarkoplasmatisches Retikulum) aus. Die intrazelluläre $Ca^{2\oplus}$-Konzentration steigt von 10^{-7} auf 10^{-5} mol/l an. Die „Nickbewegungen" (Ruderbewegungen) der über „Querbrücken" mit dem Aktin verbundenen Myosinköpfchen führen zur Verkürzung des Sarkomers. Eine einmalige Ruderbewegung verkürzt das Sarkomer um etwa 20 nm (ca. 1% seiner Länge). Nähere Erläuterungen im Text. In Anlehnung an SCHMIDT u. THEWS 1990.

schen (Abb. 6.1.), wenn das dem Tropomyosinfaden aufsitzende Troponin $Ca^{2\oplus}$ gebunden hat, wodurch die Haftstellen für die Myosinquerbrücken frei werden (Abb. 6.11.).

Die glatten Muskeln der Wirbeltiere und die Muskeln der Wirbellosen besitzen im Aktinfilament zwar auch Tropomyosin, aber keinen Troponin-Komplex. Die $Ca^{2\oplus}$-Ionen regulieren deshalb die Kontraktion in erster Linie durch Wechselwirkung mit dem Myosinmolekül **(myosinvermittelte Steuerung),** genauer: mit einem seiner Leichtketten-Paare (LC-Paare) im Bereich des Myosinköpfchens.

Bei **Mollusken** wird $Ca^{2\oplus}$ mit hoher Affinität direkt an das regulatorische LC-Paar gebunden (vergleichbar mit dem Troponin C oder Calmodulin), wodurch die Bindung an Aktin ermöglicht und gleichzeitig die Myosin-ATPase aktiviert wird.

Die **glatte Muskulatur der Wirbeltiere** besitzt keine Sarkomeren, deshalb sind die Aktin- und Myosinfilamente relativ ungeordnet. Im Gegensatz zu den Mollusken wird die Hemmwirkung des LC-Paares auf die Aktin-stimulierbare ATPase-Aktivität des Myosins nicht direkt durch $Ca^{2\oplus}$ aufgehoben, sondern durch eine Phosphorylierung mit Hilfe einer **Myosin-Leichtketten-Kinase (LC-Kinase).** Zunächst wird das $Ca^{2\oplus}$ allerdings vom **Calmodulin** gebunden, und erst dieser Komplex vereinigt sich mit der LC-Kinase und aktiviert diese. Inhibition der LC-Kinase hat im glatten Muskel Lähmung zur Folge.

$Ca^{2\oplus}$ beeinflußt bei der glatten Muskulatur die Kontraktion nicht nur über die Aktivitätsänderung der Myosinköpfchen, sondern auch über die Aktinfilamente (zweifache Steuerung!). Das **Caldesmon,** ein ca. 75 nm langes, stabförmiges Protein, ist im ruhenden Muskel an Aktin gebunden. Myosin kann sich deshalb nur in geringem Maße mit Aktin verbinden. Bei Erhöhung der $Ca^{2\oplus}$-Konzentration bilden sich $Ca^{2\oplus}$-Calmodulin-Komplexe, die sich mit dem Caldesmon verbinden, wodurch sich letzteres vom Aktin löst. Das hat zur Folge, daß Myosin an Aktin binden kann (deblockierende Wirkung!), der Muskel kontrahiert.

6.1.1.6. Tetanus und Tonus

Bereits bevor die Einzelkontraktion beendet ist, ist der Muskel oft schon wieder erregbar. Eine ausgelöste zweite Kontraktion setzt sich dann auf die erste

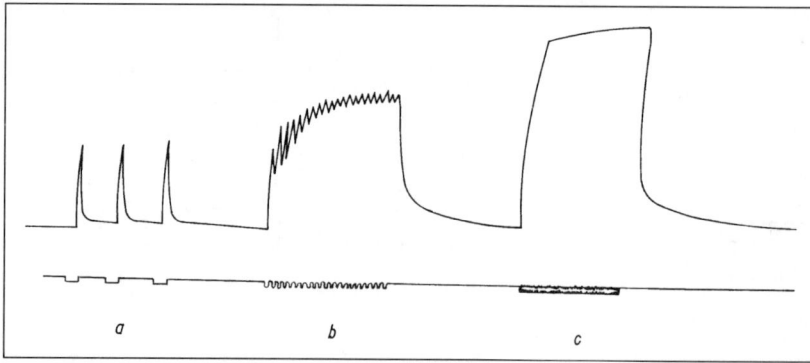

Abb. 6.13. Kontraktion eines Froschmuskels bei a) 3 Reizen/s (Einzelzuckungen), b) 20 Reizen/s (unvollständiger Tetanus) und c) 50 Reizen/s (vollkommener Tetanus). Auf der unteren Linie sind Zahl und Dauer der Einzelreize registriert. Nach VERWORN 1922.

auf und führt somit zu einer stärkeren Verkürzung des Muskels (**Superposition** oder Summation). Läßt man im gleichen Zeitabstand einen dritten, vierten usw. Reiz folgen, so wird durch weitere Superpositionen zunächst die Kontraktionshöhe noch gesteigert, erreicht dann aber einen Maximalwert, der nicht mehr überschritten wird. Verkürzt man die Zeitabstände zwischen den aufeinanderfolgenden Reizen, so rücken die Einzelkontraktionen im Kurvenbild (Abb. 6.13.) immer näher, bis sie miteinander verschmelzen. Die aus superponierten Einzelkontraktionen resultierende Dauerverkürzung des Muskels nennt man **Tetanus.** Sind die Einzelkontraktionen noch erkennbar, so spricht man vom unvollkommenen, sind sie zu einer glatten Linie miteinander verschmolzen, vom vollkommenen Tctanus.

Die zur Erzeugung eines vollkommenen Tetanus notwendige Reizfrequenz bezeichnet man als **Fusionsfrequenz** (Tab. 6.1.). Sie ist um so höher, je kürzer die Anstiegszeit der Einzelkontraktion ist. Bei den langsamen Muskeln ist sie deshalb niedriger als bei den schnellen. Die langsamen Fasern des M. iliofibularis (Frosch) gehen bereits bei rhythmischer Reizung

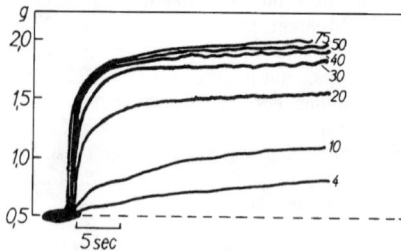

Abb. 6.14. Die Spannungsentwicklung der „langsamen" Fasern des M. iliofibularis (Frosch, 20 °C, Ausgangsbelastung 0,5 g) bei isometrischer Kontraktion und bei Einwirkung verschiedener Reizfrequenzen. Nach KUFFLER u. WILLIAMS 1953.

mit 4 Reizen pro Sekunde in einen Tatanus über. Mit steigender Reizfrequenz nimmt die Steilheit des Kontraktionsanstiegs und die Höhe des Tetanus bis zu einem Maximum zu, das etwa bei 50–75 Reizen/s erreicht ist (Abb. 6.14.). Sehr niedrige Fusionsfrequenzen herrschen auch bei nichtquergestreiften Muskeln vor. Beim M. adductor posterior der Miesmuschel (*Mytilus edulis*) beträgt sie z. B. 2 Reize/s. Die höchste Fusionsfrequenz (350 Reize/s) ist beim Augenmuskel (M. rectus internus) der Katze gefunden worden.

Zu einer tetanischen Kontraktion kann es nur kommen, wenn die **Refraktärzeit** (2.3.2.1.) kurz ist. Sie ist beim Skelettmuskel der Wirbeltiere bereits beendet, wenn der Kontraktionsvorgang beginnt. Anders ist es beim **Herzmuskel** der Wirbeltiere, der wegen seiner langen Refraktärzeit nicht tetanisierbar ist. Die absolute Refraktärzeit fällt hier ungefähr mit der Kontraktionszeit zusammen, und erst etwa während des letzten Drittels der Erschlaffungsphase erreicht das Herz seine volle Erregbarkeit zurück (Ende der relativen Refraktärzeit) (Abb. 3.64.).

Die Flügelschlagfrequenz vieler Insekten erreicht Werte von mehreren hundert Hz (*Bombus* 100–200, *Apis* 250, *Culex* 307, *Musca* 150–220). Würde jeder Flügelschlag durch ein Aktionspotential ausgelöst, so müßte der Kontraktions-Erschlaffungszyklus der Flugmuskeln außergewöhnlich kurz und die Fusionsfrequenz außergewöhnlich hoch sein. Tatsächlich entspricht aber z. B. bei der Fliege *Calliphora* einer Flügelschlagfrequenz von 120 Hz nur eine Impulsfrequenz von 3 Imp./s. Außerdem haben Untersuchungen gezeigt, daß sich der herauspräparierte **Flugmuskel der Insekten** unter isometrischen Bedingungen genauso verhält wie ein normaler quergestreifter Muskel: Er reagiert auf Einzelreize mit Zuckungen, die länger sind als die Dauer des Flügelschlags, und auf schnelle Reizfolgen zunächst mit einem unvollkommenen und von einer bestimmten Reizfrequenz, die nicht außergewöhnlich hoch ist (40–60 pro Sekunde bei *Bombus*), mit einem vollkommenen Tetanus. Die schnelle rhythmische Aktivität kann der Muskel nur *in situ* bzw. dann leisten, wenn er in ein geeignetes System eingespannt wird. Die Flugmuskeln der Insekten arbeiten vornehmlich indirekt, indem sie nicht direkt an der Flügelbasis, sondern an den Skleriten des Thoraxsegmentes angreifen (s. Lehrb. d. Anatomie). Es besteht folgender Antagonismus: Die Dorsoventralmuskulatur hebt und die dorsale Längsmuskulatur senkt bei ihrer Kontraktion die Flügel (Abb. 6.15.). Der Vorgang der Flügelaufwärts- und Abwärtsbewegung ist bei Fliegen (Dipteren) genauer untersucht. Er ist dort mit einem „**Klickmechanismus**" verbunden (Abb. 6.15.). Der Muskelkraft des Agonisten wird zunächst ein wachsender Widerstand entgegengesetzt, bis ein kritischer Wert erreicht ist, bei dem die Sklerite plötzlich nachgeben. Der zwischen dorsalem und lateralem Sklerit eingelenkte Flügel wird dabei bewegt. Die plötzliche Entlastung des Agonisten führt zu seiner Entspannung. Gleichzeitig wird der Antagonist gestreckt, worauf der nun seinerseits mit einer Kontraktion antwortet, durch die die Sklerite wieder in ihre ursprüngliche Lage zurückgeführt werden. Das ist wiederum mit einem Kippvorgang und einer entgegengesetzten Flügelbewegung verbunden. Befindet sich der Agonist noch im aktiven Zustand, so führt seine passive Streckung zur erneuten Spannungsentwicklung, und der Zyklus beginnt von neuem. An diese Arbeitsweise ist der Flugmuskel durch eine besondere Eigenschaft angepaßt.

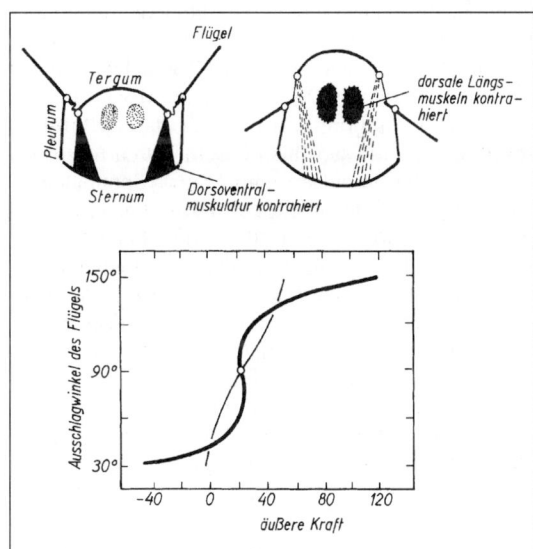

Abb. 6.15. Die Arbeitsweise der indirekten Flugmuskulatur beim Insekt: „Klickmechanismus" (s. Text). Nach PRINGLE 1965.

Ein Skelettmuskel des Frosches im vollen isometrischen Tetanus reagiert bei fortdauernder Reizung auf eine plötzliche Entdehnung (engl. release) um einen bestimmten Betrag und auf den damit verbundenen Spannungsabfall mit einem erneuten Spannungsanstieg: „**Release-Recovery-Phänomen**". Der Flugmuskel des Insekts verhält sich unter gleichen Bedingungen anders. Der durch die Entdehnung eingeleitete Spannungsabfall wird mit einer gewissen Verzögerung fortgesetzt. Umgekehrt wird eine Dehnung des Muskels mit einer weiteren Steigerung der Spannung beantwortet.

Der **Paukenmuskel** (Tymbalmuskel) **vieler Zikaden** verhält sich ähnlich wie der Flugmuskel. Wenn er seine Spannung erhöht, kommt es zur Einbeulung einer „Schallplatte", wenn daraufhin seine Spannung nachläßt, springt die Schallplatte in die Ausgangsstellung zurück. Es können so Töne sehr hoher Frequenz erzeugt werden.

Die Schließmuskeln (**Adduktoren**) der **Muscheln** haben zwei Funktionen zu erfüllen. Sie haben bei Gefahr einen sehr schnellen Verschluß der Schale herbeizuführen, und sie haben oft über lange Zeiträume hinweg die Schale gegen den Zug des elastischen Ligaments am Rücken der Tiere verschlossen zu halten. Diesen beiden Leistungen sind zwei verschiedene Fasertypen des Adduktormuskels zugeordnet. Bei *Pecten* ist der glasig-durchsichtige, weiche Teil des Muskels für die schnelle, leicht ermüdbare „phasische" Reaktion und der milchig-trübe, festere Teil für die „tonische" Dauerkontraktion verantwortlich. Die trüben Fasern können über Stunden und Tage ihren Kontraktionszustand beibehalten: **Sperrtonus** (v. UEXKÜLL[1]) 1912) oder „**catch**"-**Mechanismus**[2]). Entsprechendes gilt unter anderem auch für den Tentakelretraktor bei *Helix* und für den Byssusretraktor bei *Mytilus*. Die Aufrechterhaltung des Sperrtonus ist mit niedrigem oder gar keinem Energieverbrauch verbunden. Die catch-Muskeln der Mollusken halten mit 150 N pro cm² ihres Querschnitts den Rekord in der **Kraftproduktion** (Vergleich quergestreifter Muskel: $30 \text{ N} \cdot \text{cm}^{-2}$). Der Sperrtonus wird durch **Acetylcholin** ausgelöst. Für seine Aufrechterhaltung ist aber weder ACh selbst noch die durch ACh ausgelöste Depolarisation notwendig. Er kann über spezielle serotonerge inhibitorische Fasern beendet werden. Das **Serotonin** löst über eine cAMP-abhängige Proteinkinase eine Phosphorylierung des Paramyosins aus.

Dieser Sperrtonus ist in seinem **molekularen Mechanismus** und seiner Regulation noch nicht völlig

---

[1]) Jacob Johann Baron VON UEXKÜLL, geb. 1864 in Keblas (Estland), Stud. d. Zool. in Dorpat, Arbeit b. W. KÜHNE i. Heidelberg und a. d. Zool. Station i. Neapel, Privatgelehrter, 1925–1936 Dir. eines Inst. f. Umweltforschung i. Hamburg, später Dir. d. Zool. Gartens u. Aquariums i. Hamburg, 1944 auf Capri gest.

[2]) catch (engl.) = Klinke, Schnapper, Sperrung.

aufgeklärt. Die Adduktoren besitzen einkernige, spindelförmige, glatte bis zu 2 mm lange und 5 µm dicke Zellen. Diese enthalten dicke und dünne Filamente in unregelmäßiger Anordnung. Erstere bestehen aus einem Kern von **Paramyosin**-Molekülen, die von einer monomolekularen Schicht von Myosin umgeben werden. Die dünnen Filamente enthalten – wie üblich – Aktin und Tropomyosin, während das Troponin C und I nur in geringen Mengen oder gar nicht vorkommt. Deshalb finden wir bei ihnen auch eine myosin-vermittelte und keine aktin-vermittelte Steuerung (6.1.1.5.). – Das Paramyosin scheint in irgendeiner Weise in den catch-Mechanismus integriert zu sein. Zwei Mechanismen werden diskutiert: Nach der ersten Auffassung wird die kontraktile Kraft durch Ausbildung von „Querbrücken" (6.1.1.5.) zwischen Aktin und Myosin entwickelt, der Sperrtonus dann aber durch Interaktionen zwischen den Paramyosin-Molekülen herbeigeführt. Nach der zweiten Auffassung wird der Sperrtonus durch „Einfrieren" der Aktin-Myosin-Querverbindungen nach Beendigung der Kontraktion herbeigeführt, was durch Paramyosin modifiziert werden kann.

„Catch"-ähnliche Zustände sind von vielen Evertebraten (Arthropoden, Anneliden, Nematomorpha u. a.) und auch von vielen glatten Muskeln der Wirbeltiere, die wie die Mollusken-Muskeln (s. o.) „myosin-vermittelt" gesteuert werden, aber kein Paramyosin enthalten, bekannt. Im Falle der Wirbeltiere spricht man auch vom **„latch"[1])-Mechanismus („visköser Tonus")**.

Vom Sperrtonus zu unterscheiden ist der **kontraktileTonus,** der eine mäßige tetanische Dauerverkürzung darstellt. Er kann nur durch dauernd einlaufende Erregung aufrechterhalten werden und erfordert relativ viel Energie. Das trifft z. B. für die **„Haltetätigkeit" der Muskulatur** zu, durch die die Stellung und Haltung des Körpers sowie seiner Gliedmaßen aufrechterhalten wird. Die dazu notwendige Daueraktivität der motorischen Nerven wird durch einen ununterbrochenen afferenten Erregungsstrom unterhalten, der von den verschiedensten Rezeptoren ausgehen kann **(Reflextonus).** Von besonderer Bedeutung können dabei z. B. das Auge, das Labyrinth oder besondere Sinneszellen in der Muskulatur selbst sein. Verklebt man z. B. bei der Raubfliege *Proctacanthus* die Augen oder Teile der Augen, so nehmen die Tiere infolge Änderung des Muskeltonus charakteristische „Zwangsstellungen" ein. Bei einseitiger Labyrinthexstirpation sind bei allen Wirbeltieren asymmetrische Körperstellungen und charakteristische Drehungen des Halses zu beobachten. Während bei den Säugetieren besonders die von den Statoorganen ausgehenden Dauerregungen für den Tonus verantwortlich sind, sind es bei den Vögeln vornehmlich die von den Bogengängen ausgehenden.

---

[1]) latch (engl.) = Klinke, Schnappschloß.

Eine **Kontraktur** ist eine reversible Dauerverkürzung des Muskels, die vom normalen Erregungszustand (Auftreten von Aktionspotentialen) unabhängig ist. Sie ist in der Regel auf eine lokale Dauerdepolarisation der Membran zurückzuführen und kann durch verschiedenste depolarisierende Einflüsse (Erhöhung der extrazellulären $K^{\oplus}$-Konzentration, Applikation von Acetylcholin oder Wasser, Wärme, elektrischer Gleichstrom an der Kathode usw.) hervorgerufen werden. Bei den schnellen Fasern (z. B. M. sartorius des Frosches) geht die Kontraktur trotz Fortdauer der Depolarisation bald zurück, da die elektromechanische Kopplung schnell verlorengeht. Dagegen können die langsamen Fasern sehr lange im Zustand der Kontraktur verweilen. Bei zu langer oder zu intensiver Einwirkung der depolarisierenden Faktoren kann die Kontraktur in eine **Starre** übergehen. Dieser Zustand ist irreversibel und durch den Verlust der normalen Dehnbarkeit des Muskels charakterisiert, der in den meisten Fällen durch eine Abnahme des ATP-Gehalts bedingt sein dürfte.

6.1.1.7. Steuerung der Muskeltätigkeit über das Rückenmark

Für die **Überwachung des Muskeltonus** sind bei den Säugetieren Rezeptoren von Bedeutung, die sich in den Muskeln selbst befinden. Es sind die **Muskelspindeln.** Sie stellen Meßglieder innerhalb eines wichtigen Regelsystems dar (Abb. 6.16.) und sind parallel zu den Arbeitsfasern des Muskels (sog. extrafusale Fasern) angeordnet. Sie sind mehrere Millimeter lang, spindelförmig, von einer fibrösen Hülle umgeben und weisen im Inneren schwache, quergestreifte Muskelfasern **(intrafusale Fasern)** auf. In dem etwas aufgetriebenen Mittelabschnitt der Spindeln verlieren die intrafusalen Fasern ihre Querstreifung und damit wahrscheinlich auch ihre Kontraktilität. Eine dicke (10–20 µm) markhaltige, sensible Nervenfaser **(Ia-Faser)** tritt hier in die Spindeln ein und umspinnt die Fasern (annulospiralige oder primäre Endungen, die sekundären Muskelspindelendigungen bleiben unerwähnt). Dieser mittlere Abschnitt stellt ein dehnungsempfindliches Organ dar **(Dilatorrezeptor).** Über die sensiblen Fasern laufen normalerweise ständig Impulse zentralwärts (Spontanentladungen). Bei Dehnung des Muskels um einen bestimmten Betrag steigt die Entladungsfrequenz zunächst steil an, um dann wieder abzufallen und sich auf einen neuen, höheren Wert einzuspielen. Während das Ausmaß der „überschießenden" Primärreaktion von der Geschwindigkeit abhängt, mit der die Muskellängenänderung erfolgte, hängt die schließlich erreichte Impulsfrequenz nur vom absoluten Längenzuwachs ab (Rezeptor mit PD-Eigenschaften, 2.3.4.). Dauert der Dehnungszustand länger an, so tritt kaum Adaptation ein. Bei Kontraktion des Muskels wird umgekehrt die Frequenz der Spontanentladungen vermindert. Sie kann sogar ganz verschwinden. Die von der Spindel ausgehenden Impulse treten über die sensiblen Nerven am Hinterhorn in das Rückenmark ein und können über eine einzige Synapse auf die motori-

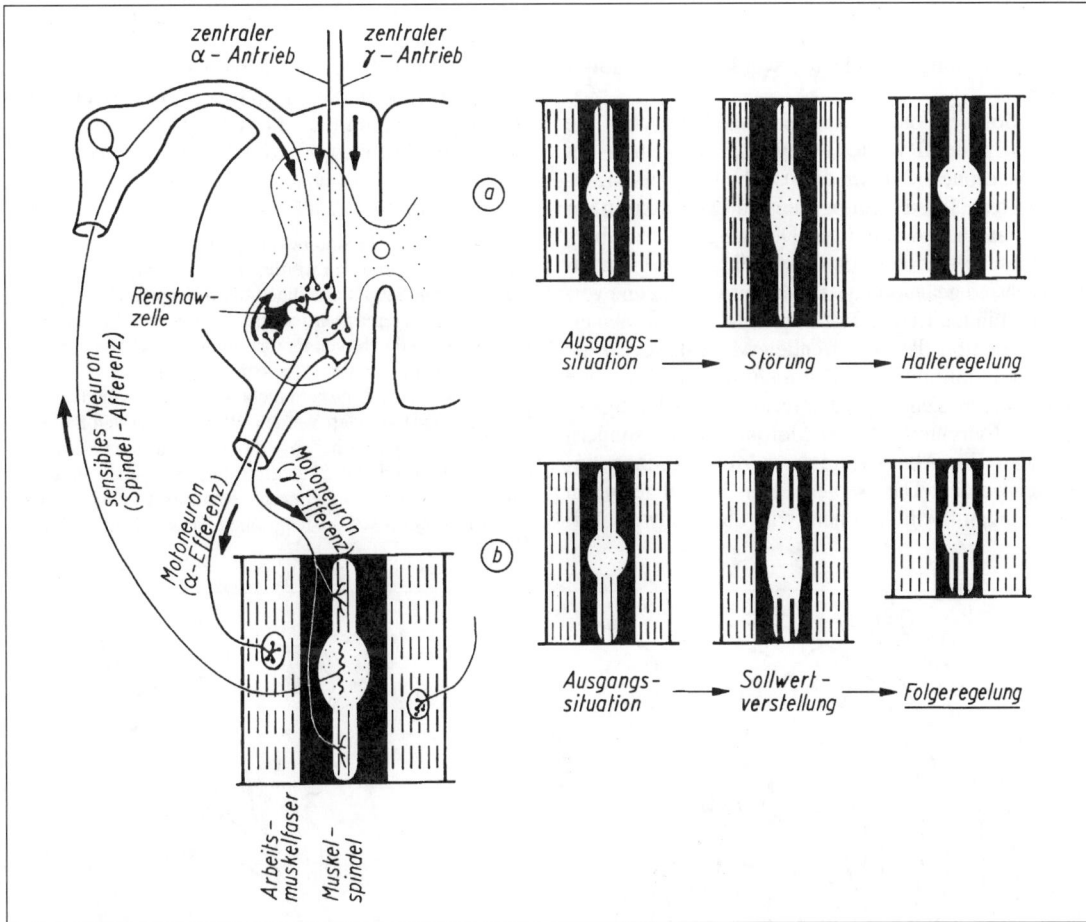

Abb. 6.16. Schema zur Muskelspindelfunktion. a) Werden der Muskel und damit auch die in ihm fest verankerten Muskelspindeln passiv gedehnt (Störung), so werden die dabei von der Spindel ausgehenden Erregungen (Spindelafferenz) direkt auf die α-Motoneuronen übertragen und zur Muskulatur zurückgeleitet, wo sie eine Verkürzung des Muskels auslösen, bis die ursprüngliche Länge wieder erreicht ist: Halteregler im Dienste der Längenstabilisierung des Muskels. b) Wird über die γ-Motoneuronen eine Kontraktion der intrafusalen Fasern ausgelöst, so entspricht das einer Sollwertverstellung. Die Erregung des Spindelrezeptors ist jetzt nicht durch eine äußere Störung (wie im ersten Fall), sondern durch eine innere Verstellung herbeigeführt. Wieder wird durch die Spindelafferenz eine Muskelkontraktion ausgelöst. Der Regelkreis arbeitet jetzt im Sinne eines Folgereglers, indem er die Regelgröße (Muskellänge) der veränderten Sollgröße nachführt. Dieser Mechanismus spielt bei der Einleitung langsamer Willkürbewegungen sowie von Lage- und Haltungsreflexen eine Rolle.

sche Vorderhornzelle (**α-Motoneuron**) übertragen werden, deren Neurit (12–21 μm dick) zu den Arbeitsfasern desselben Muskels zurückführt (**monosynaptischer Reflexbogen**).

Die Ruheentladungen der Muskelspindeln reichen nur aus, einige wenige Motoneuronen zu aktivieren. Sie führen somit reflexiv zu keiner sichtbaren Muskelverkürzung, sind jedoch für die Entwicklung und Unterhaltung des kontraktilen Tonus (s. o.) von Bedeutung. Diese Tatsache wird deutlich, wenn man die hinteren (sensiblen) Wurzeln des Rückenmarks durchtrennt: Es tritt dann infolge des Ausfalls des Erregungseinstroms eine Abnahme der Grundspannung

bei den von den betreffenden Rückenmarkssegmenten motorisch versorgten Muskeln ein. Eine plötzliche Dehnung des Muskels – etwa durch passive Verlagerung des betreffenden Körperteils oder durch Schlag auf die Sehne (s. Patellarsehnenreflex) – verursacht eine Steigerung der von den Muskelspindeln ausgehenden Aktivität. Die Impulsserien aktivieren Motoneuronen des gedehnten Muskels und hemmen gleichzeitig diejenigen des Antagonisten (reziproke Innervation s. u.). Die Folge ist eine Kontraktion des gedehnten Muskels (monosynaptischer Dehnungsreflex). Dabei werden die Muskelspindeln selbst wieder entdehnt. Wir haben es also – genauer gesagt – nicht mit einem Reflex, sondern mit einem geschlossenen Regelkreis zu tun, über den die Muskellänge als Regelgröße konstant gehalten werden kann (**Halteregler**).

Der Sollwert dieses Regelkreises kann über die γ-**Motoneuronen** verstellt werden. Die Neurite der γ-Motoneuronen (2–8 μm dick) ziehen zu den intrafusalen Fasern. Ihre Erregung führt zur Kontraktion der Spindelfasern und damit zur Dehnung des sensiblen Mittelabschnitts, ohne daß die Länge des Gesamtmuskels sich geändert hat. Die damit verbundene verstärkte Spindelafferenz löst über α-Motoneuronen eine Kontraktion des betreffenden Muskels aus. Eine Muskelkontraktion kann also nicht nur durch direkte (von höheren Zentren) oder reflexive (Dehnungsreflex) Aktivierung der α-Motoneuronen, sondern auch über eine Aktivierung der γ-Motoneuronen eingeleitet werden. Das ist bei vielen fein abgestuften Bewegungen (willkürlichen wie auch unwillkürli-

chen) auch tatsächlich der Fall. Der Spindelapparat arbeitet dann nicht mehr als Halte- sondern als **Folgeregler** (Abb. 6.16.). Die γ-Motoneuronen werden von zentralen Stellen ständig aktiviert (**zentraler γ-Antrieb).** Unterbleibt die Aktivierung (z. B. im Schlaf), so sinkt der Sollwert des Regelkreises, der Muskel erschlafft. Beim Einschlafen im Sitzen sinkt deshalb der Kopf auf die Brust („einnicken").

Muskelspindeln sind bei allen Wirbeltieren mit Ausnahme der Fische gefunden worden. Genauer untersucht sind sie außer bei den Säugetieren noch **beim Frosch.** Im Gegensatz zu den Säugetieren werden die intrafusalen Muskelfasern beim Frosch von Nerven motorisch innerviert, die gleichzeitig auch zu Fasern der Arbeitsmuskulatur ziehen. Deshalb können die Spindelmuskeln nicht unabhängig von den extrafusalen Fasern aktiviert werden. Während bei den Säugetieren – wie wir gehört haben – die unwillkürliche Haltefunktion von der normalen Skelettmuskulatur geleistet und unter anderem über den Spindelmechanismus gesteuert wird, übernehmen beim Frosch die langsamen Fasern diese Funktion.

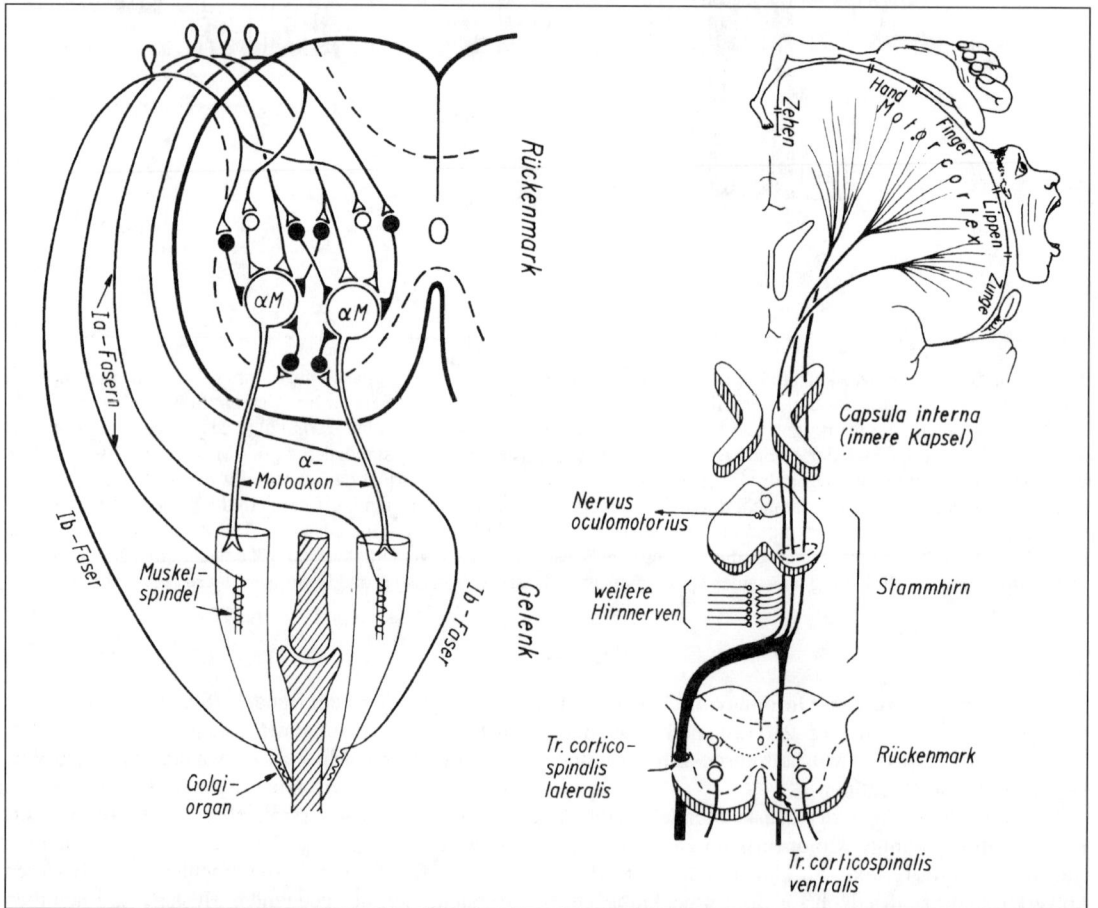

Abb. 6.17. Links: Querschnitt durch das Rückenmark eines Säugetieres und seine neuronalen Verbindungen mit zwei antagonistischen Muskeln an einem Gelenk zur Veranschaulichung des monosynaptischen Dehnungsreflexes, der reziproken antagonistischen Hemmung und der Funktion der Sehnenorgane (Golgi-Organe). Hemmungsneuronen schwarz. Rechts: Schema des pyramidalen Systems beim Menschen. Die motorische Repräsentation des Körpers im Gyrus praecentralis (motorischer Homunculus) ist angegeben. Nach NETTER 1957 sowie PENFIELD u. RASMUSSEN 1950, verändert.

Die Kontraktion eines Muskels, des Agonisten, kann nur dann erfolgen, wenn sein Gegenspieler, der Antagonist, gleichzeitig erschlafft, d. h., die Aktivierung des Agonisten muß mit der Hemmung des Antagonisten verbunden sein und umgekehrt. Im Rückenmark haben deshalb die Ia-Fasern (s. o.) neben ihren monosynaptischen erregenden Verbindungen mit ihren eigenen (homonymen) α-Motoneuronen über Kollaterale disynaptische (über ein Hemmungsneuron) Verbindung zu den antagonistischen Motoneuronen (**reziproke antagonistische Hemmung**, Abb. 6.17.).

Am sehnigen Ansatz des Muskels befinden sich besondere Dehnungsrezeptoren (**Golgi**[1]**)-Organe**, Sehnenorgane oder Sehnenspindeln), die eine ganz andere Aufgabe haben als die Muskelspindeln. Im Gegensatz zu diesen sind sie mit den extrafusalen Fasern in Serie und nicht parallel geschaltet und sind deshalb in der Lage, die Spannung des Muskels zu registrieren. Die Golgi-Afferenzen (**Ib-Fasern**) sind im Rückenmark funktionell spiegelbildlich zu den Ia-Fasern verschaltet: hemmende (präsynaptische!) Verbindungen mit den eigenen (homonymen) und erregende Verbindungen mit den antagonistischen α-Motoneuronen (beide nicht monosynaptisch! Abb. 6.17.). Bei passiver Dehnung oder aktiver Kontraktion des Muskels kommt es zur Aktivierung der Golgi-Organe und damit über die Ib-Fasern zur Hemmung der homonymen Motoneuronen: Verhinderung eines zu starken Anwachsens der Muskelspannung (**Schutz vor Muskel- oder Sehnenriß**). Eine weitere Aufgabe der Golgi-Organe ist wahrscheinlich die eines Fühlers in einem **Regelkreis zur Konstanthaltung der Muskelspannung**, denn eine Abnahme der Muskelspannung führt „automatisch" zu einer Abnahme der Ib-Afferenzen und damit auch des Hemmeinflusses auf die homonymen Motoneuronen. Die Folge ist, daß die Muskelspannung wieder ansteigt.

Von den markfreien Anfangsteilen der α-Motoaxone zweigen noch innerhalb des Vorderhorns im Rückenmark Kollaterale ab, die rückläufig über Interneuronen (**Renshaw-Zellen**, Abb. 6.16.) die α-Motoneuronen hemmen (**rekurrente Hemmung**, 2.3.6.). Jede Erregung des α-Motoneurons führt somit auch zu einer Hemmung, d. h. seine Entladungsfrequenz wird stets in Grenzen gehalten und ein Aufschaukeln (Schwingen) verhindert.

6.1.1.8. Supraspinale motorische Systeme

Mit der Höherentwicklung der Wirbeltiere gewinnen übergeordnete Hirnstrukturen (supraspinale motorische Systeme) eine immer größere Bedeutung und übernehmen in wachsendem Maße die Kontrolle der Rückenmarksfunktionen. Sie stimmen z. B. die Kör-

permotorik mit den Afferenzen aus den Sinnesorganen ab und ermöglichen die Willkürbewegungen.

Eine **Rückenmarksdurchtrennung** führt beim Menschen zur irreversiblen Lähmung aller Willkürbewegungen in den Muskeln, die aus den Rückenmarkssegmenten unterhalb des Verletzungsniveaus versorgt werden (Querschnittslähmung). Ebenso fallen die bewußten Empfindungen aus den betreffenden Körperregionen aus. Die zunächst ebenfalls erloschene Reflextätigkeit (**spinaler Schock**) – motorische wie vegetative – kehrt erst nach Wochen und Monaten in unterschiedlichem Umfang zurück. Die Dauer des Schocks ist bei niederen Wirbeltieren entsprechend der noch größeren Selbständigkeit des Rückenmarks kürzer als bei höheren (Frosch: wenige Sekunden bis einige Minuten, Taube: 4–5 Tage).

Das sog. **extrapyramidale System** (EPS) der Wirbeltiere umfaßt alle motorischen Bahnen (zusammen mit ihren Ursprungskernen), die im Gegensatz zum pyramidalen System (s. u.) an der Pyramidenstruktur der Medulla oblongata vorbei (extrapyramidal!) im Rückenmark absteigen. Sie besitzen auf ihrem Wege mindestens eine synaptische Unterbrechung und enden überwiegend an Schaltneuronen des Rückenmarks, die ihrerseits mit den motorischen Vorderhornzellen in Verbindung stehen. Zum EPS gehören neben den „Stammganglien" (Striatum, Pallidum, einige Thalamuskerne, Nucleus ruber und Nucleus niger des Mittelhirns) bestimmte Teile der Großhirnrinde, der Formatio reticularis im Hirnstamm (s. 5.8.2.) und des Kleinhirns. Es ist nicht nur bei Säugetieren vorhanden, sondern auch z. B. beim Frosch und Vogel stark entwickelt. In erster Linie dient es der **unbewußten zeitlichen und räumlichen Koordination der Motorik** aufgrund des ständig bei ihm einlaufenden Informationsstromes von allen Sinnesorganen und aus dem vegetativen Nervensystem. Es hat auch große Bedeutung bei der **Tonusverteilung** in der Muskulatur (Haltefunktion) und bei der Regelung der **Reflexerregbarkeit**. Bei den Vögeln ist der massiv entwickelte ventrale Anteil des Vorderhirns, das **Corpus striatum**, unerläßlich für komplizierte Instinkthandlungen (Sexual-, Brutinstinkte u. a.).

Mit der stärkeren Herausdifferenzierung der Großhirnrinde (Cortex) bei den Säugetieren tritt neben dem EPS das sog. **pyramidale System** auf. Es stellt eine direkte Verbindung zwischen der Großhirnrinde und den Motoneuronen im Vorderhirn des Rückenmarks her. Sowohl die Stärke als auch die caudale Ausdehnung des pyramidalen Systems nehmen in der Säugetierreihe zu. Bei niederen Säugetieren einschließlich der Ungulaten (Huftiere) erstreckt sich das System bis zum Halsmark, bei den Bodentieren (Nagetiere), Carnivoren (Raubtiere) und Primaten bis zum Lendenmark.

Das wichtigste motorische Areal in der Großhirnrinde der **Primaten** liegt in der als **Gyrus praecentralis** bezeichneten Hirnwindung vor der

---

[1] Camillo GOLGI, geb. 1843 in Corteno bei Brescia (Italien), Prof. f. Allg. Pathologie in Pavia, dort auch gest. 1926 (Nobelpreis 1906).

Zentralfurche (Sulcus centralis, Abb. 5.128.; 6.18.). Die **Pyramidenbahn** (Tractus corticospinalis) geht bei ihnen vom Gyrus praecentralis und seiner Nachbarschaft, d. h. vom sog. motorischen Cortex, aus. Sie führt ohne Unterbrechung zwischen Thalamus und Basalkernen entlang durch den Hirnstamm bis ins Rückenmark. Im Hirnstamm durchläuft sie die sog. Pyramidenstruktur (daher der Name Pyramidenbahn!). In der Pyramide kreuzen die meisten Fasern (75–90%) auf die andere Seite und ziehen im sog. lateralen corticospinalen Trakt (Tractus corticospinalis lateralis) abwärts (Abb. 6.17.). Die restlichen Fasern verlaufen im medialen corticospinalen Trakt (Tractus corticospinalis ventralis) ungekreuzt abwärts und wechseln zum größten Teil erst am Zielsegment des Rückenmarks zur anderen Seite über. Im Rückenmark enden die Axone meist nicht direkt an den Motoneuronen in den Vorderhörnern, sondern an mit letzteren in Verbindung stehenden Zwischenneuronen (Schaltzellen).

Zwischen den verschiedenen Muskelgruppen in der Peripherie und den Arealen innerhalb des Motocortex besteht eine feste Zuordnung (Abb. 6.17.): **somatotopische Organisation des Motorcortex** (ähnlich wie bei dem somatosensorischen Cortex im Gyrus postcentralis, Abb. 5.128.). Hände, Zunge und Lippen (beim Pavian auch die Füße: Greiffuß! Abb. 6.18.) sind entsprechend ihrer motorischen Differenziertheit durch ausgedehnte und in sich nochmals stark gegliederte Rindenareale vertreten, während das

Ursprungsgebiet für die Fasern zur Rumpfmuskulatur relativ klein und undifferenziert ist. Da die meisten Bahnen gekreuzt verlaufen, sind die motorischen Felder der linken Hemisphäre den Muskeln der rechten Körperhälfte zugeordnet und umgekehrt.

Neben dem erwähnten motorischen Feld (Feld I), das sich über den Gyrus praecentralis bis tief in den Sulcus centralis (Zentralfurche) hinein erstreckt, existiert bei den Primaten auf jeder Hirnhemisphäre ein zweites Feld (Feld II), das sog. **supplementäre motorische Feld,** das fast ganz auf der Medianfläche des Großhirnmantels liegt: **doppelte Repräsentation der gesamten Körpermuskulatur** in der motorischen Rinde (Abb. 6.18.). Beide Felder stehen durch viele Verbindungen in sehr engem Kontakt miteinander.

Motorische Rindenzentren existieren nur bei den Säugetieren. Bei den niederen Säugetieren bilden die sensorischen und motorischen Rindenbezirke noch ein einheitliches Areal **(sensomotorische Rinde).** Auch bei der Katze überschneiden sich beide Bezirke noch stark. Erst bei den Primaten tritt eine gewisse Trennung beider Funktionen (morphologisch durch die Zentralfurche sichtbar) ein. Trotzdem bleiben auch bei ihnen eine enge funktionelle Zusammengehörigkeit und auch gewisse Überschneidungen beider Bezirke bestehen.

Bei den **niederen Wirbeltieren** ist das **Mittelhirn** das höchste motorische Zentrum mit ebenfalls somatotopischer Organisation, zumindest führen bei Selachiern, Teleosteern und Vögeln lokale Reizungen zu ganz bestimmten Körperbewegungen. In ihm entspringen bei den niederen Wirbeltieren die absteigenden somatomotorischen Hauptbahnen. Es erhält in erster Linie Afferenzen vom Auge (5.4.10., Abb. 5.106.). Die Haut ist bei den Amphibien und Vögeln im Gegensatz zu den Säugetieren nicht stark innerviert.

Das pyramidale System spielt bei der schnellen **Willkürmotorik** eine entscheidende Rolle, arbeitet aber in jedem Fall eng mit dem EPS zusammen. Seine Axone üben (in der Regel über spinale Schaltneurone) einen vorwiegend bahnenden Einfluß auf die α-Motoneuronen aus. Die Axone des EPS enden dagegen bevorzugt (ebenfalls über Schaltneuronen) an den γ-Motoneuronen, d. h., sie operieren über den Bogen des monosynaptischen Dehnungsreflexes (s. o.). Bei jeder Willkürbewegung wird das EPS durch Axonkollaterale mitaktiviert. Durch das EPS wird der von der Rinde kommende Willkürimpuls auf seinem Wege modifiziert und – unbewußt – an Umweltbedingungen und Ausgangssituationen angepaßt. Die mit der häufigen Wiederholung komplizierter Bewegungsabläufe verbundenen motorischen Erregungsmuster können von Strukturen des EPS gespeichert werden **(Bewegungsautomation).**

Eine wichtige Teilstruktur des EPS ist die **Formatio reticularis** (Retikulärformation). Sie besitzt sensorische (5.8.2.) und motorische Anteile. Beide sind morphologisch und funktionell eng miteinander verknüpft. Im motorischen Anteil der Formatio kann

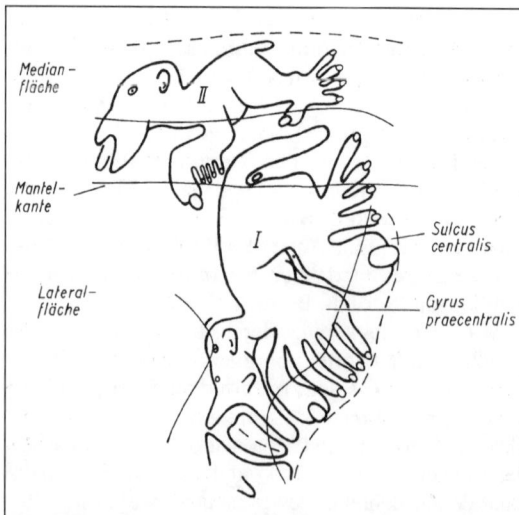

Abb. 6.18. Die doppelte Repräsentation der Körpermuskulatur der rechten Körperhälfte in der Rinde der linken Großhirnhemisphäre beim Affen. Feld I liegt größtenteils im Gyrus praecentralis, Feld II auf der Medianfläche (in die Papierebene hochgeklappt). Die Abgrenzung der Felder ist in Wirklichkeit weniger scharf. Es existieren erhebliche Überlagerungen der Felder, besonders im Rumpf, weniger bei den Fingern. Nach WOOLSEY et al. 1952.

man zwischen einem Bahnungs- und einem Hemm-
gebiet unterscheiden. Während das **Bahnungsgebiet**
sich von der Medulla oblongata (verlängertes Mark,
Nachhirn) bis zum Mittelhirn erstreckt, ist das **Hemmungsgebiet** auf einen kleinen Bereich in der ventralen Medulla oblongata beschränkt.

Eine Durchschneidung des Hirnstamms zwischen Mittelhirn und Brücke (sog. **decerebrierte Tiere**) führt bei Säugetieren übereinstimmend zur starken Tonuserhöhung in den
der Schwerkraft entgegenwirkenden Muskeln, d. h. in der
Strecker- (Extensor-) Muskulatur. Die Tiere strecken alle
Extremitäten maximal von sich, Kopf und Schwanz werden
zum Rücken hin gebogen: **Decerebrierungs- oder Ent-**

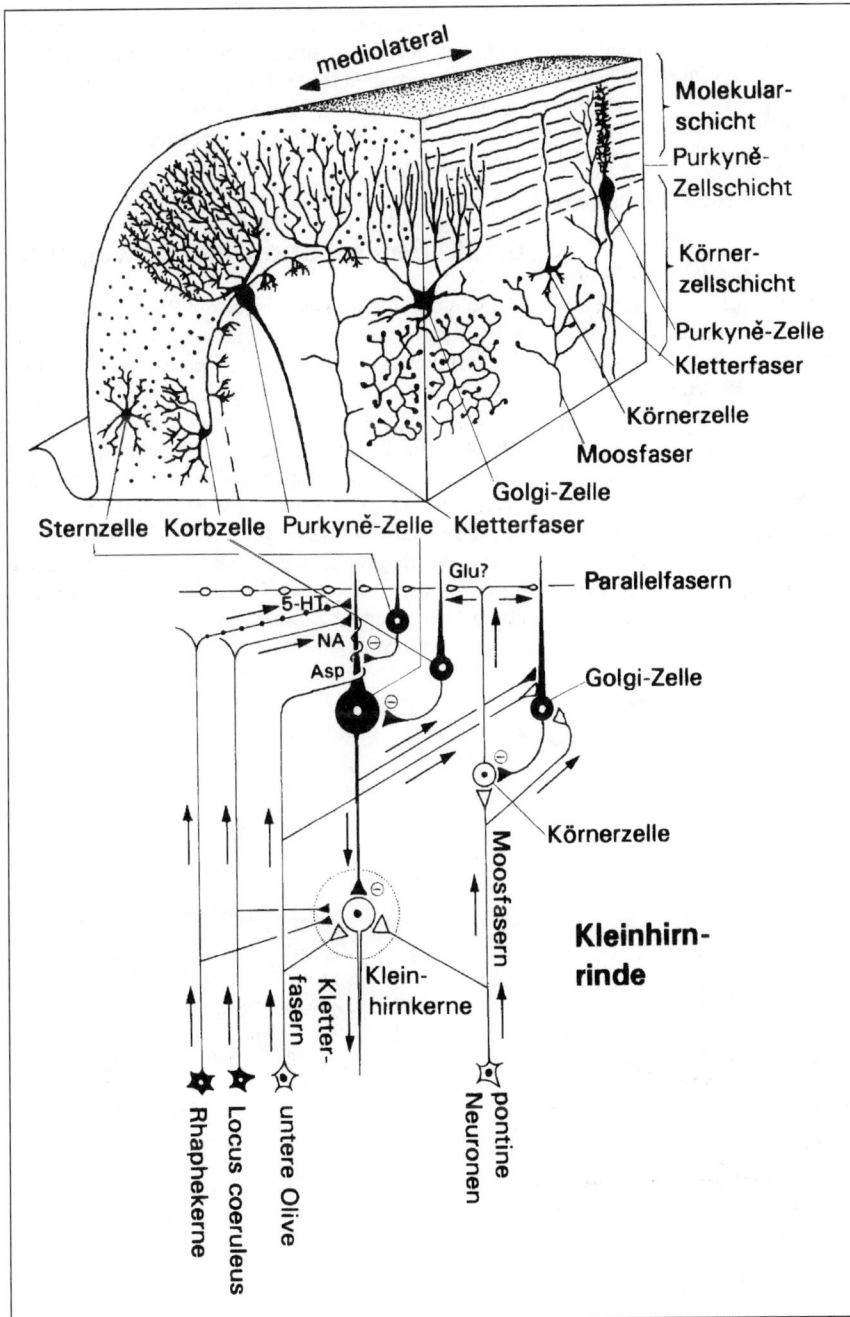

Abb. 6.19. Schema der neuronalen Organisation der Kleinhirnrinde des Säugetieres. Die inhibitorischen Neuronen (Purky-
ně-, Korb-, Stern- und Golgizelle) sind schwarz hervorgehoben. Sie sind alle GABAerg. NA = Noradrenalin; 5HT = 5-Hy-
droxytryptamin (Serotonin); Glu = Glutamat; Asp = Aspartat.

hirnungsstarre. Die Ursache für das Verhalten ist darin zu sehen, daß das retikuläre Hemmungsgebiet durch die Operation von seinen wesentlichsten Antriebsstrukturen (höher gelegene Stammganglien und hemmende Areale in der Großhirnrinde) abgeschnitten worden ist und deshalb gegenüber dem Bahnungsgebiet an Einfluß verliert, das unter anderem über Axonkollaterale der aufsteigenden sensorischen Leitungsbahnen, die noch unterhalb der Schnittlinie in die Formatio reticularis einmünden, aktiviert wird. Die Folge ist ein Überwiegen der exzitatorischen Impulse, die bevorzugt den Motoneuronen der Extensormuskulatur zufließen. Man kann die Starre einer Gliedmaße aufheben, wenn man die dorsalen (sensiblen) Rückenmarkwurzeln durchtrennt (Bedeutung der Muskelspindelafferenzen!). Eine interessante Sonderstellung nimmt das Faultier ein. Bei ihm ist entsprechend seiner an Ästen hängenden Lebensweise nach Decerebrierung nicht der Tonus der Strecker, sondern der der Beuger gesteigert.

Eine andere wichtige Teilstruktur des EPS ist das **Kleinhirn (Cerebellum)** (Abb. 6.19.). Es liegt im Nebenschluß des EPS und des pyramidalen Systems. Von ihm gehen selbst keine motorischen Impulse aus, trotzdem kommt ihm eine große Bedeutung bei der unbewußten Erhaltung der Gleichgewichtslage, bei der Regulierung der Reflexerregbarkeit und der Verteilung des Muskeltonus sowie bei der Koordinierung von Willkürbewegungen, ihre Anpassung an Ausgangsbedingungen, Abstimmung der zeitlichen Aufeinanderfolge der Muskelkontraktionen etc. zu.

Das Kleinhirn ist bei bewegungsarmen Tieren von geringerer Bedeutung und deshalb relativ klein. Es nimmt mit der Komplexität und Behendigkeit der auszuführenden Bewegungen an Größe zu. Bei den Knochenfischen ergibt sich folgende Reihe zunehmenden Ausbildungsgrades: träge Grundfische (Flunder, Scholle) < pelagische Planktonfresser (Hering) < Raubfische der Hochsee (Makrele). Beim Inger *(Myxine),* der sich, an Wirbeltieren festgesaugt, transportieren läßt, fehlt ein Kleinhirn ganz. Die höchstentwickelten Kleinhirne sind bei den Vögeln und Säugetieren zu finden. Bei den **Vögeln** erlangt das Kleinhirn die größte Bedeutung, was weniger mit ihrem Flugvermögen als mit dem Gehen und Stehen auf zwei Stelzenbeinen (Gleichgewichtsbalance) zusammenhängt.

6.1.2. Geißel- und Cilienbewegung

Geißeln und Cilien sind haarartige Protoplasmadifferenzierungen an der Oberfläche verschiedener Zellen. Sie führen periodische oder unregelmäßige Bewegungen aus, die entweder der Erzeugung einer Strömung (z. B. Herbeistrudeln von Wasser zum Zwecke der Atmung und Ernährung bei den Muscheln) oder der Lokomotion (z. B. Ciliaten und Flagellaten unter den Protozoen, kleine Turbellarien, Flimmerlarven) dienen. Die **Geißeln** sind länger als die Cilien und kommen in der Regel nur in geringer Zahl vor. Die **Cilien** oder Wimpern sind stets in großer Zahl vorhanden und bilden Schnüre, Bänder oder Felder.

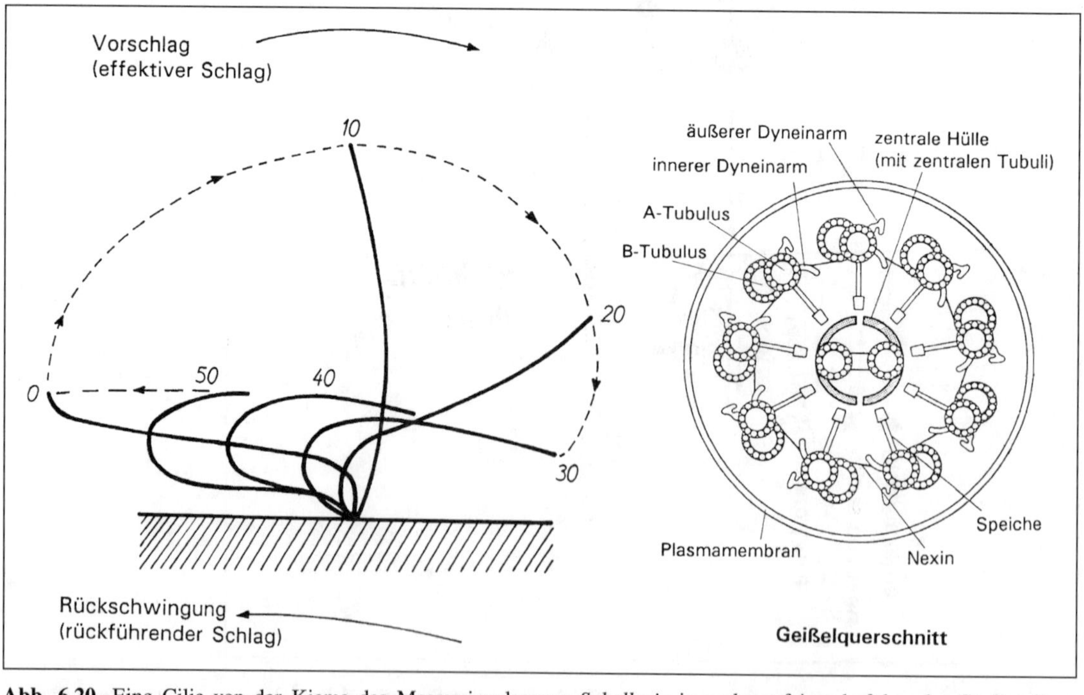

Abb. 6.20. Eine Cilie von der Kieme des Meeresringelwurms *Sabellaria* in sechs aufeinanderfolgenden Stadien ihres Schlagzyklus. Die Zahlen bezeichnen die Zeit in ms vom Beginn des Vorschlags an. Nach SLEIGH 1971. Rechts: Geißel im Querschnitt (schematisch).

Die Cilien und Geißeln fast aller Eukaryoten haben denselben **Grundaufbau.** Es handelt sich um ein von einer Plasmamembran umgebenes Bündel von **Mikrotubuli,** das sog. **Axonem.** Peripher befinden sich neun Mikrotubulipaare (Doppeltubuli, Dubletts), die einen Kreis bilden und untereinander durch **Nexin**brücken elastisch zusammengehalten werden. Zentral liegen zwei einzelne Mikrotubuli (Singletts) innerhalb einer zentralen Scheide. Man spricht von einer **9 + 2-Anordnung.** Die beiden zentralen Tubuli liegen stets in der Ebene senkrecht zur Schlagrichtung der Geißel. Jedes der neun peripheren Mikrotubulipaare besteht aus einer kleineren (Subfaser A, A-Tubulus) und einer größeren Faser (Subfaser B, B-Tubulus). Die kleinere Faser steht über radiale Speichen mit der zentralen Scheide der Cilie in Verbindung (Abb. 6.20.). Von jeder Subfaser A gehen zwei **Dyneinarme** aus, die alle in dieselbe Richtung weisen, nämlich im Uhrzeigersinn (wenn man den Cilienschaft von seiner Basis her betrachtet) zur Subfaser B des nächsten Doppeltubulus. Der äußere Dyneinarm trägt drei, der innere nur zwei „Köpfe" an seinem Ende.

Der aus der Zelle hervorragende „**Schaft**" findet innerhalb der Zelle in Form des Basalkörpers (**Kinetosom**)[1]) seine Fortsetzung. Allerdings fehlen hier die beiden zentralen Tubuli, die in der Regel an einem **Axialkorn** (Axosom) an der Basis des Schaftes enden, und zu den neun peripheren Doppeltubuli gesellt sich jeweils ein weiterer, so daß Dreiergruppen entstehen. Jeweils die beiden inneren Subfasern dieser Dreiergruppen setzen sich in die Doppeltubuli des Schaftes fort. Die Basalkörper stimmen strukturell mit den Centriolen der Zelle überein.

Die Bewegung der Geißeln und Cilien ist ziemlich schnell. Stroboskopische und mikrokinematographische Untersuchungen haben gezeigt, daß die **Bewegungsformen** nicht einheitlich sind. In den einfacheren Fällen werden Vor- und Rückschlag in derselben Ebene ausgeführt. Man kann hier drei Grundtypen der Bewegung unterscheiden. Bei der **Pendelbewegung** krümmen sich die steifen Cilien nur an ihrer Basis. Vor- und Rückschlag unterscheiden sich in ihrer Geschwindigkeit. Ersterer erfolgt schneller als letzterer. Diese Bewegungsform findet man bei den Cirren[2]) bestimmter hypotricher Ciliaten und im Pharynx des Frosches. Bei der **hakenförmigen Bewegung** setzt die Krümmung an der Cilienspitze ein und schreitet in Richtung zur Basis fort. Beim Rückschlag streckt sich die Cilie von der Basis zur Spitze hin fortschreitend. Diese Bewegungsform findet man bei vielen Metazoen, z. B. an den Kiemen bestimmter Muscheln. Häufig treten die Pendelbewegung und die hakenförmige Bewegung kombiniert auf, indem der Vorschlag

gestreckt und die Rückschwingung gekrümmt durchgeführt wird (Abb. 6.20.). Es leuchtet ein, daß diese Bewegungsform besonders geeignet ist, das Tier im Wasser voranzutreiben bzw. am festliegenden Tier einen Wasserstrom zu erzeugen, denn der Widerstand, der der Cilienbewegung im Wasser entgegengesetzt wird, ist beim Rückschlag wesentlich geringer als beim Vorschlag („effektiver" Schlag). Für viele Geißeln ist schließlich eine **wellenförmige Bewegung** charakteristisch. Die Wellen schreiten entweder von der Basis zur Spitze oder in umgekehrter Richtung fort. Diese Bewegungsform ist auch bei den Kragengeißelzellen der Schwämme beobachtet worden.

Komplizierter wird die Bewegung vieler Geißeln und Cilien dadurch, daß sie sich nicht in einer Ebene abspielt, sondern im Raum. So wird oft die wellenförmige Bewegung der Geißeln zur schraubenförmigen („helicoidal"). Die isolierten Cilien der Mehrzahl der Wimpertierchen (*Paramecium, Colpidium, Balantidium* u. a.) führen eine kontinuierliche Kreisbewegung aus und beschreiben einen Kegelmantel. Die früher als erwiesen angesehene Behauptung, daß die Geißeln vieler Flagellaten (*Euglena* u. a.) in mehr oder weniger gestrecktem Zustand um einen kugelförmigen Raum rotieren und so einen Sog erzeugen, konnte dagegen nicht bestätigt werden.

Das Dynein besitzt **ATPase-Aktivität,** die sich in den „Köpfen" dieses sehr großen Peptids (ca. 1500 kD) befindet. Wie beim Myosin (6.1.1.5.) gibt es einen **ATPase-Zyklus:** Bei Bindung des ATP löst sich das Dynein von der Subfaser B. Die anschließende Hydrolyse des gebundenen ATP führt zum Dynein-ADP-P_i, das sich erneut mit der Subfaser B verbinden kann. Diese Assoziation löst die Freisetzung von P_i aus. Dieser Schritt ist wahrscheinlich mit dem eigentlichen Kraftakt verbunden.

Bei der **Bewegung der Cilien und Geißeln** sind die peripheren Doppeltubuli die aktiven Elemente, während die beiden zentralen Tubuli in erster Linie die Richtung der Bewegung bestimmen. Die Bewegung kommt dadurch zustande, daß die äußeren Doppeltubuli des Axonems aneinander vorbeigleiten. Die Köpfe der Dyneinarme der Subfaser A wandern durch Bindung und wieder Lösen der Bindung im Zusammenhang mit der ATP-Spaltung (ATP-Verbrauch) an der Subfaser B des benachbarten Doppeltubulus entlang in Richtung auf ihr minus-Ende. Dieses minus-Ende liegt an der Cilienbasis. Die radialen Speichen widerstehen dieser Gleitbewegung. Die Cilie wird dadurch nicht in ihrer Länge verändert, sondern krümmt sich. Das **Nexin,** ein stark dehnbares Protein, hält dabei die benachbarten Doppeltubuli zusammen. Während des Vorschlags erfolgt das aktive Aneinandervorbeigleiten der Doppeltubuli in der ganzen Cilienlänge gleichzeitig, während beim rückführenden Schlag ein begrenzter Rückschlagabschnitt von der Basis zur Spitze des Cilienschaftes hin fortschreitet (Abb. 6.21.).

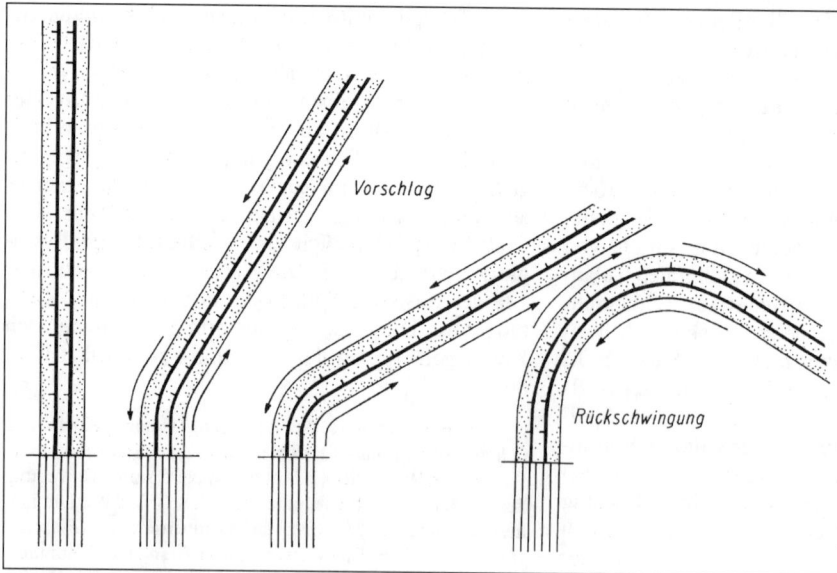

Abb. 6.21. Schema zur Veranschaulichung des Aneinandervorbeigleitens der Cilienfibrillen während des Vorschlags und der Rückschwingung. Nach SLEIGH 1971.

Die vielen Cilien in einer Zelle oder eines Zellverbandes schlagen nicht unabhängig voneinander, ihre Tätigkeit ist vielmehr aufeinander abgestimmt. Das äußert sich z. B. schon darin, daß die Cilien der Wimpertierchen im Verband nicht mehr – wie im isolierten Fall (s. o.) – rotierende, sondern schlagende Bewegungen ausführen. Außerdem stehen die Phasen des Schlagrhythmus benachbarter Cilien in bestimmten Beziehungen zueinander. Man sieht Wellen über das Wimperfeld hinwegziehen wie bei einem Getreidefeld, über das der Wind streicht. Diese kommen dadurch zustande, daß die Cilien während des Vor- oder Rückschlages mit ihren Nachbarn konvergieren und so Zonen größerer und geringerer Verdichtung des Wimperkleides entstehen. In der Fortpflanzungsrichtung dieser Wellen schlagen die Cilien **metachron**[1]), d. h. mit um so größerer Phasenverschiebung, je weiter die Cilien voneinander entfernt sind. In der dazu senkrechten Richtung schlagen die Cilien **isochron**[1]), d. h. in gleicher Phase.

Über die physiologischen Grundlagen der **Koordination der Cilientätigkeit** ist noch nicht viel Sicheres bekannt. Ein aus dem Rachendach des Frosches herausgeschnittenes und um 180° gedreht wieder hineingepflanztes Flimmerepithelstückchen behält seine ursprüngliche Metachronie bei. Auf ihm bleibt die Fortpflanzungsrichtung der Wellen der des umgebenden Gewebes entgegengesetzt. Wenn man das Kiemenepithel verschiedener Mollusken in zunehmendem Maße der Wirkung von Anästhetika (MgSO₄, KCl, Ether usw.) aussetzt, so kann man beobachten, daß zunächst die

Metachronie zwischen den Zellen und dann die Metachronie innerhalb jeder Zelle verlorengeht. Zuletzt hören die Cilien ganz auf zu schlagen. Experimente mit dem Trompetentierchen (*Stentor*) haben gezeigt, daß die Frequenz des Cilienschlages unabhängig von der Fortpflanzungsgeschwindigkeit der Wellen geändert werden kann. Am gleichen Tier konnte außerdem beobachtet werden, daß die Wellengeschwindigkeit in der Nähe des Cytostoms, wo die Membranellen[2]) dichter stehen, geringer ist und die Wellen kürzer sind als in den sich anschließenden Bereichen des Membranellenverbandes, wo die einzelnen Membranellen weiter auseinanderstehen. Die Membranellen sind also offenbar an der Weiterleitung der vom Cytostom ausgehenden Erregungsimpulse nicht unbeteiligt.

Die Fortpflanzungsrichtung der metachronen Wellen ist nicht immer starr festgelegt, wie etwa in der Rachenschleimhaut des Frosches (s. o.). Sie kann im Gegenteil oft sehr stark variieren und den jeweiligen Bedürfnissen angepaßt werden. Die Cilien im Schlundrohr der Seenelke *Metridium* schlagen z. B. normalerweise auswärts. Bei Kontakt mit einem Stückchen Krabbenfleisch kehren sie ihre Schlagrichtung um und transportieren das Stückchen schlundwärts.

Durch regionale **Änderung des Wimpernschlages** sowohl nach Richtung als auch nach Intensität kann das **Pantoffeltierchen** *Paramecium* die verschiedensten Bewegungsformen ausführen. Es kann im Bogen schwimmen und dabei rotieren oder auch

---

[1]) metá (griech.) = nach (räuml. u. zeitl.); isos (griech.) = gleich; ho chrónos (griech.) = die Zeit.

[2]) aus 2–3 Cilienreihen bestehende Wimperplättchen, die bei *Stentor* in einem Band angeordnet sind, das am Cytostom beginnt und spiralig um das trichterförmig vertiefte Cytostom herumzieht.

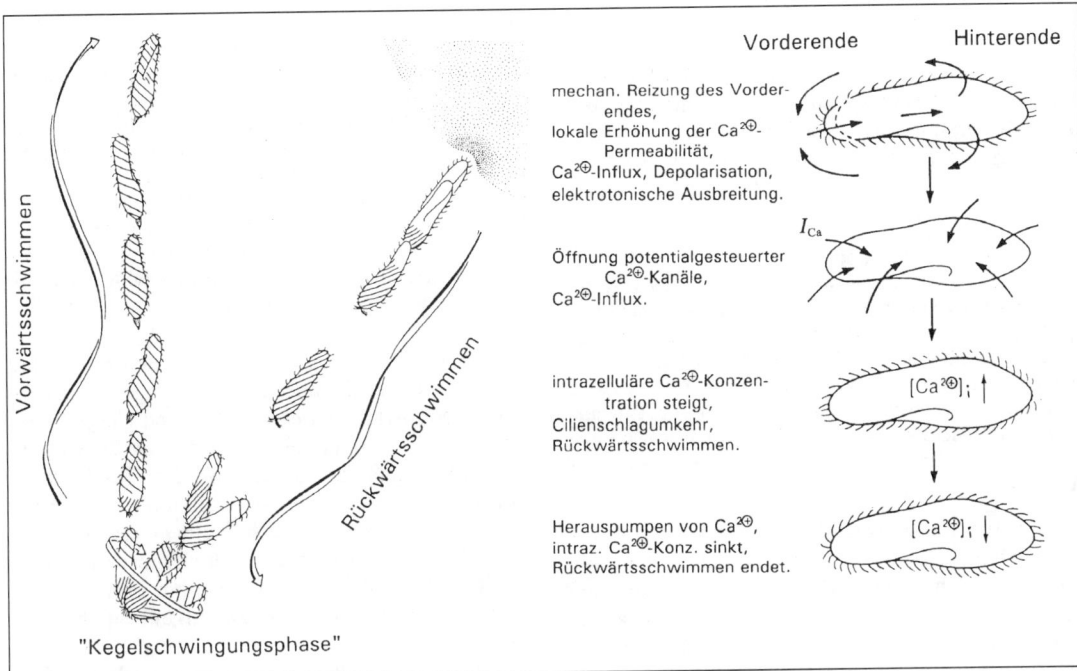

Vorderende   Hinterende

mechan. Reizung des Vorderendes,
lokale Erhöhung der Ca$^{2\oplus}$-
Permeabilität,
Ca$^{2\oplus}$-Influx, Depolarisation,
elektrotonische Ausbreitung.

I_{Ca}

Öffnung potentialgesteuerter
Ca$^{2\oplus}$-Kanäle,
Ca$^{2\oplus}$-Influx.

intrazelluläre Ca$^{2\oplus}$-Konzen-
tration steigt,
Cilienschlagumkehr,
Rückwärtsschwimmen.

$[Ca^{2\oplus}]_i$ ↑

Herauspumpen von Ca$^{2\oplus}$,
intraz. Ca$^{2\oplus}$-Konz. sinkt,
Rückwärtsschwimmen endet.

$[Ca^{2\oplus}]_i$ ↓

Vorwärtsschwimmen

Rückwärtsschwimmen

"Kegelschwingungsphase"

Abb. 6.22. Die „Ausweichreaktion" von *Paramecium* beim Auftreffen auf ein Hindernis in ihren drei typischen Phasen: Rückwärtsschwimmen, Kegelschwingphase, Vorwärtsschwimmen mit neuer Richtung. Die Streifenmuster auf dem Zelleib zeigen den Verlauf der metachronen Wellen an. Nach PARDUCZ 1959. – Rechts: Die Ionenströme, die zum Rückwärtsschwimmen führen. Nach ECKERT 1986.

nicht. Es kann sich auf der Stelle drehen, und es kann rückwärts schwimmen. Beim Vorwärtsschwimmen verlaufen die metachronen Wellen im Winkel von ca. 45° zur Körperachse und wandern von links hinten nach rechts vorn über das Tierchen hinweg. Beim Rückwärtsschwimmen wandern sie von links vorn nach rechts hinten. Die Änderung der Schlagrichtung beginnt an einem Ende des Tieres und breitet sich dann über das Tier aus (Abb. 7.23.). Ihr geht eine **Depolarisation der Zellmembran** voraus.

Durch die mechanische Reizung (Deformation) des Vorderendes des Einzellers wird eine vorübergehende **Steigerung der Ca$^{2\oplus}$-Permeabilität** an der Zellmembran hervorgerufen. Dadurch strömt Ca$^{2\oplus}$ entsprechend dem elektrochemischen Gradienten in die Zelle ein, das Membranpotential strebt dem Ca$^{2\oplus}$-Gleichgewichtspotential zu. Die damit verbundene Depolarisation der Membran breitet sich elektrotonisch über die Zelloberfläche aus und führt zur Änderung der Schlagrichtung der Cilien: Das Tier schwimmt rückwärts (1. Phase der Ausweichreaktion, Abb. 6.22.). Diese Vorgänge treten nur bei Reizung des Vorderendes auf. Wird das Hinterende des Tieres mechanisch gereizt, so ist eine erhöhte K$^{\oplus}$-Permeabilität der Zellmembran die Folge. Die damit verbundene Hyperpolarisation der Zellmembran, die sich ebenfalls elektrotonisch ausbreitet, erzeugt eine erhöhte

Schlagfrequenz der Cilien, ohne daß die Schlagrichtung geändert wird. Das bedeutet, daß das Tier unter Beibehaltung des Kurses seine Geschwindigkeit erhöht.

Die seit langem bekannte Tatsache, daß *Paramecium* im elektrischen Feld zur Kathode schwimmt (**Galvanotaxis**), beruht darauf, daß die Schlagrichtung der Cilien auf der der Kathode zugekehrten Körperseite so eingestellt wird, wie es beim normalen Rückwärtsschwimmen der Fall ist. Diese Tatsache ist auf eine durch den elektrischen Strom hervorgerufene Depolarisation an der Kathode und Hyperpolarisation an der der Anode zugekehrten Körperseite zurückzuführen.

6.1.3. Amöboide Bewegung

Die Beweglichkeit gehört zu den Grundeigenschaften des Protoplasmas. In wahrscheinlich allen Zellen findet (zumindest zeitweilig) eine mehr oder weniger deutliche **Protoplasmaströmung** statt. Sie zu analysieren, ist Aufgabe der Zellphysiologie. In einigen Fällen kann die Protoplasmabewegung in den Dienst der Nahrungsaufnahme und der Lokomotion treten. Die Zelle bildet Fortsätze (**Pseudopodien**)[1], die zu

---

[1] pseudōs (griech.) = fälschlich; ho pous podós (griech.) = der Fuß.

beliebiger Zeit wieder eingeschmolzen und an anderer Stelle neu gebildet werden können. Da solche Pseudopodien für die Amöben unter den Protozoen charakteristisch sind, spricht man von einer „amöboiden" Bewegung. Sie ist auch bei manchen Eizellen und verschiedenen anderen Zellen der Metazoen (Amoebozyten, Phagozyten, Leukozyten u. a.) zu finden.

Die **Form der Pseudopodien** ist sehr unterschiedlich. Sind sie breit, fingerförmig wie bei den Amöben, so spricht man von **Lobopodien**[1]), sind sie dünn, fadenförmig, so spricht man von **Filopodien**[2]). Zwischen beiden ist durch viele Zwischenformen der Übergang fließend. Die meisten Foraminiferen bilden Pseudopodien, die vielfach verzweigt sind und ein wurzelartiges Netzwerk bilden, sog. **Rhizopodien** oder Reticulopodien[3]). Die Pseudopodien der Heliozoen zeichnen sich durch einen festen Achsenstab aus, sog. **Axopodien.**

Während die Rhizopodien und Axopodien vornehmlich als „Schwebefortsätze" und zum Beutefang dienen, werden Lobo- und Filopodien in erster Linie zum Zweck der Nahrungsaufnahme und der Lokomotion gebildet. Abb. 6.23. zeigt vier wichtige **Fortbewegungstypen** bei den Rhizopoden.

Bei den Amöben nach dem „**Limax-Typ**" wird nur ein einziges breites Pseudopodium gebildet, das sich nicht deutlich von der Zelle absetzt. Das dünnflüssige Endoplasma strömt in Form eines „Axialstroms" innerhalb eines Schlauches aus festerem Ektoplasma in Wanderrichtung vor, um am vorderen Pol der Zelle zum Stillstand zu kommen. Der hintere Zellbereich zeigt eine runzelige Oberfläche. In ihm erfolgt eine Umwandlung des zähflüssigen Ektoplasmas in Endoplasma, das an der Spitze des Pseudopodiums erneut zu Ektoplasma wird (**Ekto-Endoplasma-Prozeß**). Bei der **rollenden Bewegung** bewegt sich die Zelle nach Art eines Raupenschleppers fort. Partikel, die der Oberfläche des Tieres anhaften, bewegen sich mit der Oberseite nach vorn, bekommen Kontakt mit der Unterlage und wandern auf der Unterseite des Tieres wieder nach hinten, um am Körperende erneut auf die Oberseite gehoben

[1]) ho lobós (griech.) = Ohrläppchen.
[2]) filum (lat.) = Faden.
[3]) he rhiza (griech.) = die Wurzel, reticulum (lat.) = kl. Netz.

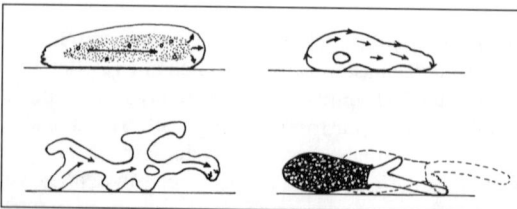

Abb. 6.23. Fortbewegungstypen mit Hilfe von Pseudopodien bei Rhizopoden. Fortbewegungsrichtung in allen Fällen von links nach rechts. Näheres s. Text. Nach verschiedenen Autoren zusammengestellt.

zu werden. Wenn nur die ausgestreckten Pseudopodien, nicht aber der gesamte Zelleib Kontakt mit der Unterlage hat, entsteht das Bild einer „**schreitenden**" Amöbe. Schließlich kennt man die Fortbewegung nach dem „**Spannerraupen-Prinzip**". Das ausgestreckte Pseudopodium heftet sich an der Unterlage fest und zieht den Zellkörper mit der Schale nach, wobei ein neues Pseudopodium gebildet wird. Verhindert man durch Festlegen der Schale das Nachziehen, so kann man beobachten, daß das Pseudopodium infolge der Spannungsentwicklung plötzlich von der Unterlage abreißt und sich auf die Hälfte seiner ursprünglichen Länge zusammenzieht.

Über die **Physiologie der amöboiden Bewegung** sind wir trotz zahlreicher Untersuchungen vornehmlich an den Arten *Amoeba proteus* und *Chaos chaos* immer noch unvollkommen unterrichtet. Es wird angenommen, daß für die Bildung der Pseudopodien **kontraktile Faserproteine** im Ektoplasma verantwortlich sind. Wenn sie sich in einem Teil der Zelle kontrahieren, treiben sie das Endoplasma in den anderen Teil der Zelle, wo sich daraufhin Pseudopodien bilden (**Ektoplasmaschlauchkontraktionstheorie**). Durch Injektion von ATP kann diese Kontraktion ausgelöst werden. Injektion ins Hinterende der Zelle steigert die Plasmaströmung in die Pseudopodien, Injektion in die sich bildenden Pseudopodien kehrt die Plasmaströmung um.

In Amöben (vorwiegend im Ektoplasmaschlauch) konnten elektronenoptisch zweierlei **Filamente** nachgewiesen werden: 1. dünnere **F-Aktin-Filamente** (5–8 nm) und 2. dickere **Myosin-Filamente** (16 nm). Die Kontraktion ist nicht mit einer Verkürzung bzw. Verdickung der Filamente verbunden, sondern führt immer nur zu einer Verdichtung des Netzwerkes. Es ist möglich, daß hier (wie beim Muskel) ein **Gleitmechanismus** vorliegt, bei dem die Aktin- und Myosinfilamente miteinander in Wechselbeziehung treten. Oberflächenspannungskräfte oder Potentialdifferenzen kommen nach heutigen Auffassungen als Triebkraft der amöboiden Bewegung nicht in Frage.

Die Erklärung der **Zytoplasmaströmungen in den Filopodien** der Foraminiferen (*Allogromia* u. a.) und in den **Axopodien** der Heliozoen stieß bislang auf Schwierigkeiten, weil auf engstem Raum Ströme in entgegengesetzter Richtung aneinander vorbei auftreten können. Elektronenoptisch ließ sich jetzt zeigen, daß die Filopodien aus Bündeln einzelner Zytoplasmastränge bestehen, von denen jeder einzelne von einem eigenen Plasmalemm umgeben ist. Es ist denkbar, daß so in eng benachbarten Strängen entgegengesetzt gerichtete Zytoplasmaströmungen ablaufen können. Eine befriedigende Theorie gibt es allerdings heute noch nicht. Das gilt auch für die Strömungen an den Axopodien, die keinen Bündelaufbau zeigen, sondern aus einem zentralen Achsenstab (Stereoplasma) und einem Mantel (Rheoplasma) bestehen.

6.2. Produktion elektrischer Energie (elektrische Organe)

Rajidae (Echte Rochen)	*Raja* u. a.
Gymnarchidae	*Gymnarchus niloticus*
Mormyridae (Nilhechte)	*Mormyrus, Gnathonemus* u. a.
Rhamphichthyidae	*Gymnoramphichthus* u. a.
Sternarchidae	*Sternarchus oxyrhynchus* u. a.
Gymnotidae (Messer-fische)	*Gymnotus carapo* u. a.

Eine Reihe von Fischen hat die Fähigkeit, elektrische Spannungen in besonderen Organen, den elektrischen Organen, aufzubauen und entweder auf Reiz hin oder in mehr oder weniger regelmäßiger Folge zu entladen. Es lassen sich je nach der Stärke der Entladungen „schwach" und **„stark" elektrische Fische** unterteilen. Zu den letzteren gehören die seit langem bekannten Zitterrochen (*Torpedo, Narcine* u. a.), der Zitterwels *(Malapterurus electricus)* und der Zitteraal *(Electrophorus electricus)* sowie die „Sterngucker" (*Astroscopus y-graecum* u. a.). Sie leben zum Teil im Süßwasser *(Malapterurus, Electrophorus)* und z. T. im Meer (Rochen, Sterngucker). Die erzeugten Spannungen liegen zwischen 50 V (Zitterrochen) und 800 V (Zitteraal), die Stromstärken zwischen 1 A (Zitteraal) und 50 A (Zitterrochen). Es fällt auf, daß die Süßwasserformen die höheren Spannungen, dagegen die marinen Formen die höheren Stromstärken erzeugen. Die Bedeutung der elektrischen Entladungen, die jeweils nur auf Reiz hin erfolgen und aus einer Serie sehr kurzer (maximal 1–2 ms) Einzelimpulse bestehen, liegt auf dem Gebiet des Beutefangs und der Verteidigung.

Zu den **schwach elektrischen Fischen** gehören Vertreter folgender Familien:

Sie leben mit Ausnahme der Echten Rochen alle im Süßwasser der Tropen auf dem afrikanischen und südamerikanischen Kontinent. Die Entladungen erfolgen spontan und mehr oder weniger regelmäßig. Sie erreichen nur einige Volt Spannung. Die Bedeutung der Entladungen liegt auf dem Gebiet der Orientierung. Der Zitteraal nimmt insofern eine Zwischenstellung ein, als er neben den starken (aus dem sog. Hauptorgan und dem Hunterschen Organ) auch schwache Entladungen (aus dem sog. Sachsschen Organ in der Schwanzregion) erzeugt.

Die Spannungen werden in den **elektrischen Organen** erzeugt, die mit Ausnahme der Sternarchiden (?) bei allen elektrischen Fischen aus der Muskulatur hervorgehen. Ihre Lage ist sehr verschieden (Abb. 6.24.). Abgesehen vom Zitterwels, bei dem sich das elektrische Organ mantelförmig zwischen Haut und Körpermuskulatur ausbreitet, bestehen die Organe aus einer mehr oder weniger großen Zahl von **„Säulen"**. Jede Säule setzt sich aus vielen hintereinander liegenden flachen, vielkernigen **Platten (Elektroplaxe)** zusammen. Diese Platten sind bei *Torpedo* nur 10 µm, bei Mormyriden 100 µm dick. Ihre Zahl pro Säule schwankt zwischen einigen Dutzend (Gymnotiden) und 8000 (Zitteraal). An jede Elektroplatte tre-

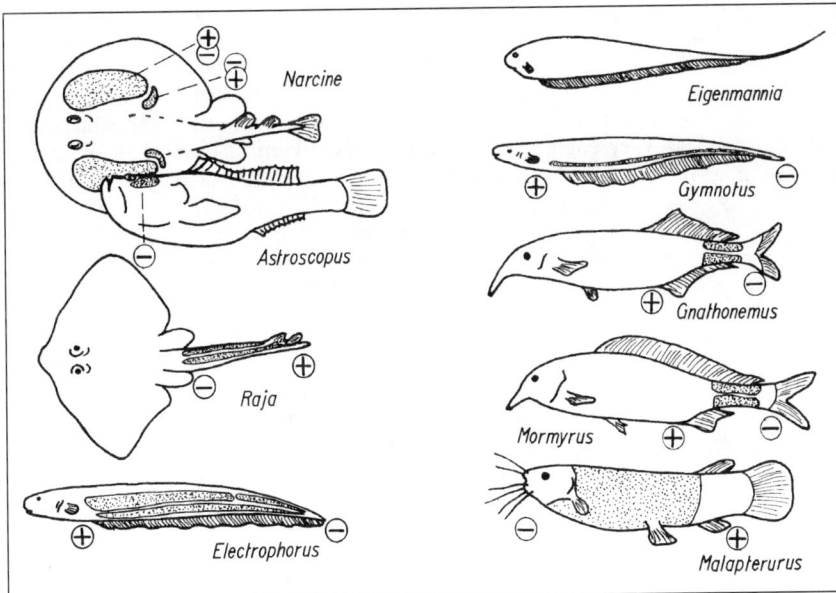

Abb. 6.24. Elektrische Fische mit eingezeichneten elektrischen Organen (punktiert).

ten stets nur von der einen Seite her Nervenfasern heran, die sich gewöhnlich vorher stark verzweigen und zahlreiche synaptische Kontakte bilden. Die **innervierte Fläche** erscheint im Lichtmikroskop meistens glatt und zeigt eine sehr hohe Acetylcholinesterase-Aktivität. Innerhalb einer Säule sind alle innervierten Flächen zur gleichen Seite hin orientiert. Beim Zitterwels und bei den Mormyriden tritt der Nerv nicht direkt an die Fläche der Elektroplatte heran. Es gehen vielmehr von der Elektroplatte Stiele aus, auf denen die Synapsen in großer Zahl sitzen. Die **nichtinnervierte Fläche** der Platten wird mit Blutgefäßen versorgt und ist bei den Rochen, Mormyriden, Gymnarchiden und beim Zitteraal mit zahlreichen Falten bzw. Zotten ausgestattet.

Jede Säule im elektrischen Organ entspricht einer „Voltaschen Säule". In Ruhe sind die Membranen der Platten – wie bei gewöhnlichen Nerven und Muskelzellen auch – derartig polarisiert, daß die Innenseite negativ gegenüber der Außenseite ist. Eine über das Nervensystem herangetragene Erregung führt bei den marinen Formen zum Zusammenbruch des Potentials an der innervierten Fläche, während die nichtinnervierte Fläche unbeeinflußt bleibt. So wird in jeder Platte die innervierte Fläche vorübergehend negativ gegenüber der anderen (**monophasischer Strom**). Die dabei auftretenden Spannungen können den Wert des Ruhepotentials erreichen und liegen in der Größenordnung von einigen 0,01 V. Durch **Serienschaltung** dieser elektrischen Elemente innerhalb einer Säule und synchrone Depolarisierung aller Elemente werden diese Einzelpotentiale summiert, so daß beträchtliche Spannungswerte resultieren können. Beim Zitteraal übersteigen die Einzelpotentiale noch den Wert des Ruhepotentials, da über die Nervenerregung nicht nur ein Zusammenbruch, sondern eine zeitweilige Umkehr des Potentials an der innervierten Membran hervorgerufen wird. Die auftretenden Spannungen pro Elektroplax belaufen sich auf 0,1–0,15 V (Abb. 6.25.). Mit bis zu 8000 elektrischen Zellen pro Säule kann somit ein Potential von 800 V erzeugt werden. Beim Zitterrochen *(Torpedo nobiliana)* sind

nur etwa 500–600 Plaxe pro Säule vorhanden, die auftretenden Potentiale sind entsprechend niedriger (50–60 V). Da jedoch sehr viele Säulen parallel liegen, ist die Stromstärke relativ groß (s. o.).

Die **Elektroplatten der marinen elektrischen Fische** *(Torpedo* u. a.) sind nicht elektrisch erregbar. Sie reagieren nur bei indirekter Erregung über den cholinergen Nerven. Die innervierte Fläche verhält sich also wie eine große motorische Endplatte. Die Reaktion an der Membran entspricht einem Endplattenpotential (6.1.1.3.). Das elektrische Organ von *Torpedo* weist unter allen tierischen Geweben die höchste Menge an ACh auf. Die postsynaptische Membran ist reich an ACh-Esterase sowie an nikotinartigen ACh-Rezeptoren. Die Perikaryen der das elektrische Organ von *Torpedo* versorgenden Nervenzellen liegen an der dorsalen Oberfläche des Hirnstamms in den Kerngebieten des N. hypoglossus, die stark hypertrophiert sind (200–400 mg schwer bei adulten Fischen).

Beim **Zitteraal** reagiert die innervierte Fläche (nur diese!) dagegen sowohl bei indirekter als auch bei direkter elektrischer Reizung. Im ersten Fall besteht die Reaktion in dem Auftreten eines lokalen postsynaptischen Potentials, dem ein fortgeleitetes Aktionspotential folgt. Die innervierte Fläche ist in diesem Fall mit der Membran quergestreifter Muskelfasern zu vergleichen, wo ebenfalls neben motorischen Endplatten solche Membranbezirke existieren, die elektrisch reizbar sind und Aktionspotentiale hervorbringen können.

Bei den im Süßwasser lebenden Mormyriden, Gymnarchiden und Gymnotiden ist sowohl die innervierte als auch die nichtinnervierte Fläche direkt elektrisch reizbar. Bei der Nervenerregung tritt zunächst eine vorübergehende Umpolarisation der innervierten und daraufhin mit einer gewissen Verzögerung auch der gegenüberliegenden, nichtinnervierten Fläche auf. Das Ergebnis ist, daß zeitlich nacheinander zwei Ströme mit entgegengesetztem Richtungssinn auftreten (**diaphasischer Strom**). Zunächst ist die innervierte Seite durch die Umpolarisation negativ ge-

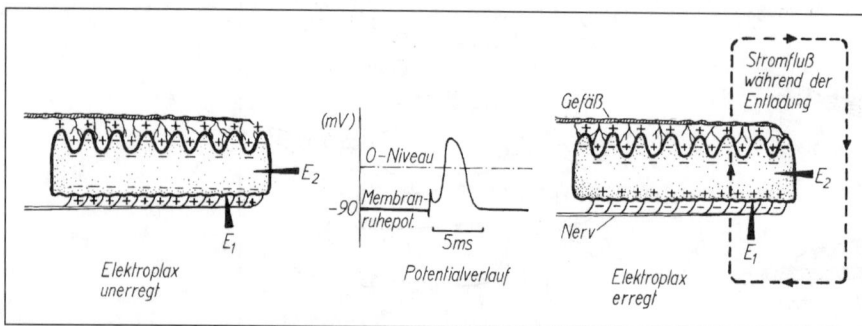

Abb. 6.25. Die Potentialänderung in einer einzelnen Elektroplatte vom Zitteraal *(Electrophorus)*. Die eine Elektrode (E$_1$) befindet sich auf der innervierten Fläche, die andere (E$_2$) ist in die Elektroplatte eingeführt.

genüber der anderen. Mit der später einsetzenden Depolarisation an der nichtinnervierten Seite fällt das Potential auf Null ab und kehrt sich vorübergehend um, wenn an der innervierten Fläche bereits wieder die Repolarisation einsetzt.

Eine Sonderstellung nimmt der **Zitterwels** *(Malapterurus)* in diesem Zusammenhang ein. Wie bei den anderen Süßwasserformen sind beide Flächen der Elektroplatten elektrisch reizbar, es ist aber die vordere, nichtinnervierte wesentlich leichter erregbar als die hintere. Die über den Stiel (s. o.) zugeleiteten Erregungen rufen deshalb zuerst an der nichtinnervierten Seite der Platte eine Depolarisation hervor.

Ein bis heute noch ungelöstes Problem ist, wie die Tiere es schaffen, daß sich alle Platten einer Säule ungefähr gleichzeitig entladen. Nur durch die **Synchronisation der Entladungen** sind die hohen Spannungswerte möglich. Beim Zitteraal *(Electrophorus)* kann das elektrische Organ eine Länge von $1^1/_2$ m erreichen. Es müssen **Verzögerungsmechanismen** vorhanden sein, die dafür sorgen, daß die kopfnahe gelegenen Teile des elektrischen Organs gleichzeitig mit den am Schwanzende gelegenen entladen werden. Wahrscheinlich handelt es sich um synaptische Verzögerungen, die vom Kopf zum Schwanz hin abnehmen. Die Auslösung der Entladungen erfolgt von einem Schrittmacherzentrum in der Medulla oblongata (Nachhirn) aus.

6.3. Farbwechsel (Chromatophoren)

Die Fähigkeit zur Änderung ihres Farbkleides unter dem Einfluß endogener oder exogener Reize ist bei Tieren sehr verbreitet. Sie wird am Beispiel der Cephalopoden bereits von ARISTOTELES[1]) ausführlich beschrieben. Der Farbwechsel hat zwei Ziele: Er kann eine **Signalwirkung** für die Artgenossen, Konkurrenten oder Freßfeinde haben, oder er dient der **Tarnung** durch Anpassung an die Umgebung.

Man unterscheidet zwischen einem „morphologischen" und einem „physiologischen" Farbwechsel. Von einem **morphologischen Farbwechsel** spricht man dann, wenn die Änderung des Farbkleids darauf beruht, daß bestimmte Pigmente vermehrt gebildet und abgelagert bzw. bereits vorhandene zerstört und fortgeschafft werden. Er kann gleichzeitig mit einer Vermehrung bzw. Verminderung der Zahl der pigmenthaltigen Zellen (Chromatophoren) pro Flächeneinheit der Haut einhergehen. Demgegenüber findet beim **physiologischen Farbwechsel** lediglich eine

Verlagerung von Pigmenten innerhalb der Chromatophoren statt. Wird das Pigment in der Zelle zu einer kleinen Kugel zusammengeballt, so ist sein Einfluß auf die Färbung des Tieres minimal. Wird es dagegen in der Zelle weit ausgebreitet, so bestimmt es die Farbe des Tieres entscheidend mit. Der physiologische Farbwechsel kann viel schneller erfolgen als der morphologische. Er dient der raschen Farbanpassung an neue Umweltbedingungen (Untergrund usw.). Der morphologische Farbwechsel führt dagegen zu einer beständigeren Anpassung. Oft sind beide Farbwechselmodi derart miteinander gekoppelt, daß eine dauerhafte Konzentration des Pigments gleichzeitig zu einem langsamen Verlust an Pigment bzw. an Chromatophoren führt. Umgekehrt nimmt bei dauerhafter Dispersion des Farbstoffs die Zahl der Chromatophoren und die Menge des Pigments zu (**Bábáksche Regel,** Abb. 6.26.).

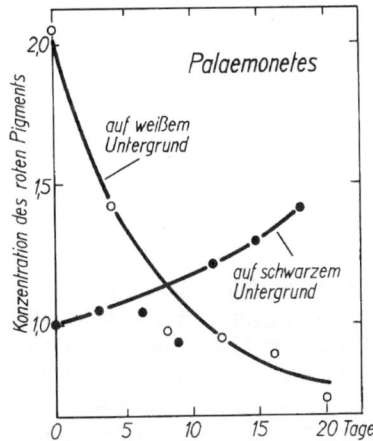

Abb. 6.26. Die Zunahme bzw. Abnahme des roten Pigments beim Krebs *Palaemonetes* auf schwarzem (Punkte) bzw. hellem Untergrund (Kreise): Bábáksche Regel. Nach BROWN 1971.

6.3.1. Die Chromatophoren

Der Farbwechsel ist eine Leistung der pigmenthaltigen Zellen, der **Chromatophoren**[2]). Man unterscheidet zwei Haupttypen von Chromatophoren. Der **erste Typ** ist nur bei den Cephalopoden zu finden: An eine sphaerische Pigmentzelle treten in der Ebene parallel zur Körperfläche eine Anzahl einkerniger, glatter Muskelfasern heran, die radiär angeordnet sind (Abb. 6.27., links). Bei Kontraktion dieser Fasern wird die Zelle mit dem in ihr enthaltenen Pigment zu einer dünnen Scheibe auseinandergezogen, und bei Nach-

---

[1]) ARISTOTELES, geb. 384 v. Chr. in Stageira a. d. Mazedonischen Küste, 366–346 in Athen an der Akademie PLATONS, ab 343 am mazedonischen Hof, unterrichtete ALEXANDER d. Großen, 335 Rückkehr n. Athen, Begründung d. peripatetischen Schule, 322 auf Euböa gest.

[2]) to chróma, -atos (griech.) = die Farbe, phoreīn (griech.) = tragen.

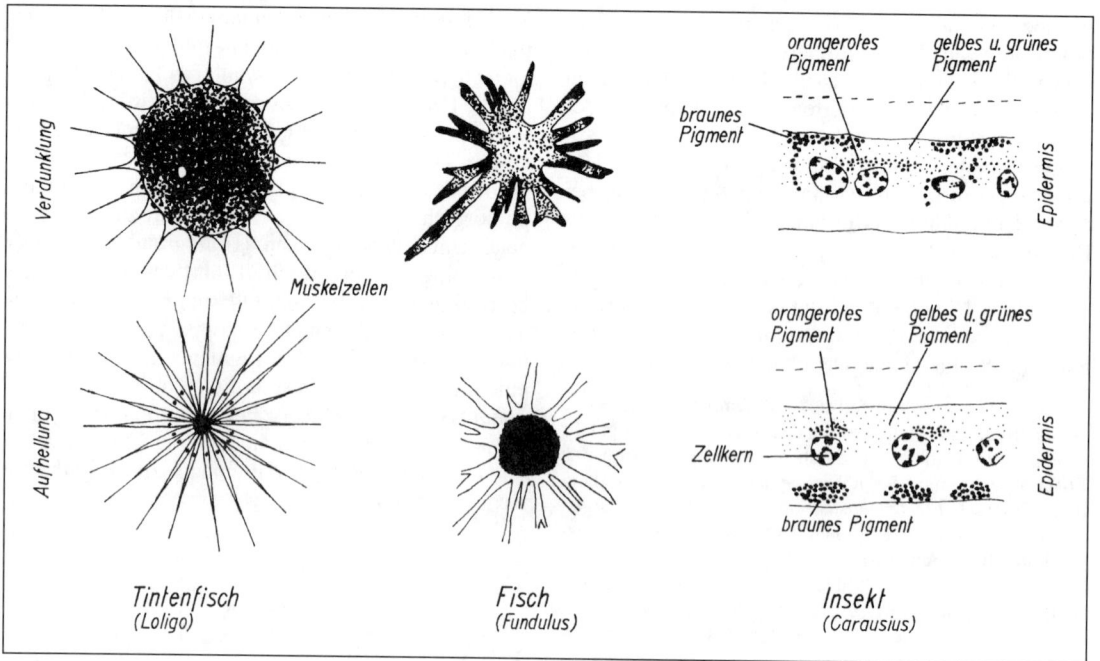

Abb. 6.27. Chromatophorentypen im Tierreich. Links nach Bozler 1928; Mitte nach Matthews 1931; rechts nach Giersberg 1928.

lassen des Zuges kehrt sie infolge der Elastizität ihrer Wand zur ursprünglichen Form zurück – der **zweite Typ** ist bei fast allen anderen Tieren mit der Fähigkeit zum Farbwechsel zu finden. Die Chromatophoren zeigen zahlreiche, oft stark verzweigte Fortsätze, die von einem zentralen Zelleib ausgehen. Das Pigment kann entweder in Form eines Balls im Zelleib konzentriert werden oder über die ganze Zelle bis in die Spitzen der feinsten Ausläufer hinein ausgebreitet werden (Abb. 6.27., Mitte). Mehrere solcher Einzelzellen können in Kontakt miteinander treten und ein sog. **Chromatosom**[1]) bilden. Enthalten die Zellen des Chromatosoms alle das gleiche Pigment, so spricht man von einem monochromatischen, enthalten sie verschiedene Pigmente, von einem polychromatischen Chromatosom. – Bei den Insekten fungieren die kubischen Epidermiszellen selbst als Chromatophoren. Die in ihnen vorhandenen Pigmentkörner können zur Oberfläche oder von ihr forttransportiert werden (Abb. 6.27., rechts).

Für den Vorgang der **Pigmentaggregation und -dispersion** in den Chromatophoren sind die im Cytoplasma reichlich vorhandenen **Mikrotubuli** von Bedeutung. Sie sind radiär, d. h. parallel zur Bewegungsrichtung der Pigmentkörner angeordnet und haben eine röhrenförmige Gestalt mit einem Durchmesser von 20–25 nm und einer Länge von vielen μm. Sie

bestehen meist aus 13 längsverlaufenden Protofilamenten, die wiederum aus dimeren Untereinheiten (Tubulin, M_r = 110 000) aufgebaut sind. Sie können in der Zelle sehr schnell in ihre Untereinheiten zerfallen (**Depolymerisation**, Disassembly) und sich ebenso schnell wieder neu bilden (**Polymerisation**, Assembly[2])). Wahrscheinlich entspringen alle Mikrotubuli einer Melanophore an einem **Mikrotubuli-Organisationszentrum** (MTOC); von wo aus sie sich in die Peripherie der Zelle erstrecken. Die Melanosomen befinden sich im Innern der Hohlzylinder. Mit der Aggregation des Pigments nimmt die Zahl der Mikrotubuli reversibel stark ab. Eine Melanophore des Skalars (*Pterophyllum scalare*) enthält im Mittel bei dispergiertem Pigment 2400, bei aggregiertem 100 Mikrotubuli. Mit **Colchicin**[3]), einem Hemmer der Mikrotubulibildung, kann man sowohl bei Fischen als auch bei Amphibien (nicht bei Crustaceen!) die Pigmentwanderung in den Chromatophoren hemmen. Eine Depolymerisation aller Mikrotubuli in Chromatophoren des Fisches führt dazu, daß auf aggregierende Reize die schnelle Zusammenballung des Pigments unterbleibt. Innerhalb von 10 min erfolgt später aber doch noch eine aggregationsähnliche Wanderung der Pigmentgranula zum Zellzentrum, die durch dispergierende Reize wieder rückgängig gemacht

---

[1]) to sóma (griech.) = der Körper.

[2]) assembly (engl.) = Versammlung.

[3]) Alkaloid der Herbstzeitlose (Cholchicum autumnale).

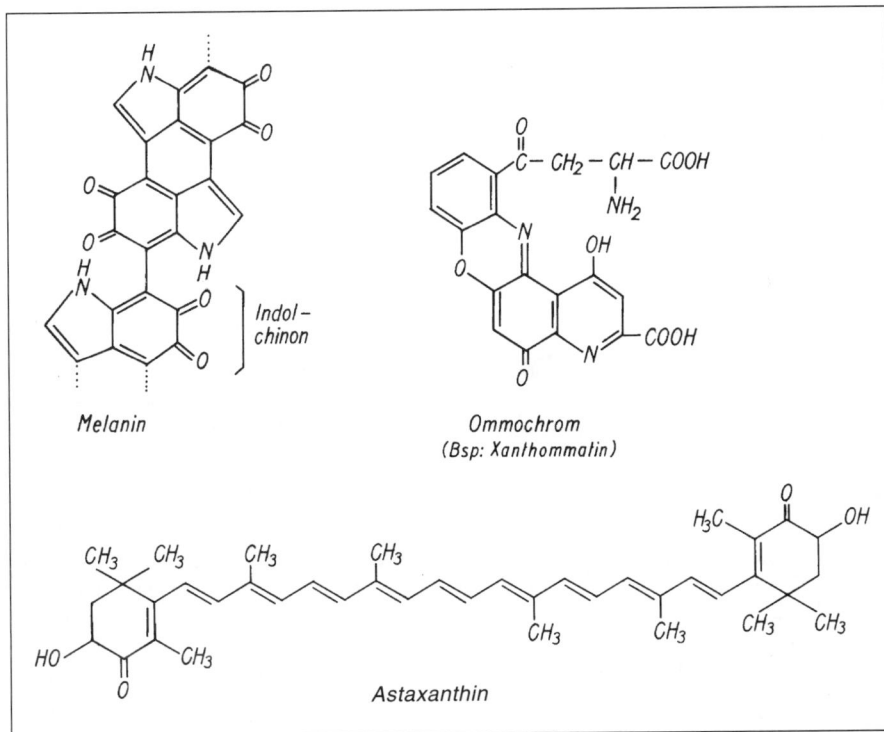

Abb. 6.28. Einige wichtige Pigmente.

werden kann. Es ist wahrscheinlich nur die schnelle Verlagerung der Pigmentgranula in der Zelle von den intakten Mikrotubuli abhängig. Demgegenüber kann eine langsame Granulabewegung unabhängig von den Mikrotubuli durchgeführt werden.

Je nach der Farbe des **Pigments** unterteilt man die Chromatophoren in braune bis schwarze „Melanophoren", gelbe „Xanthophoren", rote „Erythrophoren", weiße „Leukophoren" und irisierende „Iridiophoren". Das Pigment in den Melanophoren der Wirbeltiere und Krabben (Brachyura) ist das **Melanin,** ein Polymerisationsprodukt des Indolchinons (Abb. 6.28.), das aus dem Tyrosin unter der Einwirkung der Tyrosinase entsteht. Bei den restlichen Krebsen sind die dunklen Pigmente **Ommochrome,** die aus dem Tryptophan entstehen (Abb. 6.28.).

Die roten und gelben Pigmente sind bei allen Tieren mit Ausnahme der Cephalopoden Carotinoide, die wegen ihrer Fettlöslichkeit auch **Lipochrome** genannt werden und die stets pflanzlichen Ursprungs sind, im Tier jedoch umgewandelt werden können. Das bei Krebsen vorherrschende und auch bei einigen Fischen anzutreffende Carotin ist das **Astaxanthin** (3,3′-Dihydroxy-4,4′-Dioxo-β-carotin) (Abb. 6.28.).

Die gelben, orangen und braunvioletten Chromatophoren der Cephalopoden enthalten dagegen Ommochrome. Melanine scheinen bei ihnen generell zu fehlen. In den Leukophoren des Frosches (*Rana pi-* *piens*) befinden sich **Guanin**-Granula (2-Amino-6-hydroxypurin). Der Farbwechsel der Tiere kommt in der Regel durch das Zusammenspiel verschiedener Chromatophoren zustande.

6.3.2. Steuerung des Farbwechsels

Der Farbwechsel der Tiere kann nervös oder hormonell gesteuert werden. Oft bestehen beide Mechanismen nebeneinander (Knochenfische). Die Chromatophoren der Krebse besitzen offenbar keine synaptischen Kontakte mit efferenten Nervenfasern. Sie werden ausschließlich hormonell beeinflußt. Dasselbe gilt wahrscheinlich für die Elasmobranchier. Auch bei den Amphibien kommt der nervösen Kontrolle des Farbwechsels nur eine sehr geringe Bedeutung zu. Umgekehrt ist es bei den Cephalopoden, bei denen der Farbwechsel in erster Linie nervös gesteuert wird.

6.3.2.1. Nervöse Steuerung

An die glatten Muskelfasern der Chromatophoren der **Cephalopoden** treten Nervenfasern heran. Motorische Endplatten sind jedoch nicht vorhanden, und Curare soll die Erregungsübertragung nicht blockieren. Im Zentralganglion befindet sich ein **Farbzentrum,** das den paarigen **motorischen Zentren** im

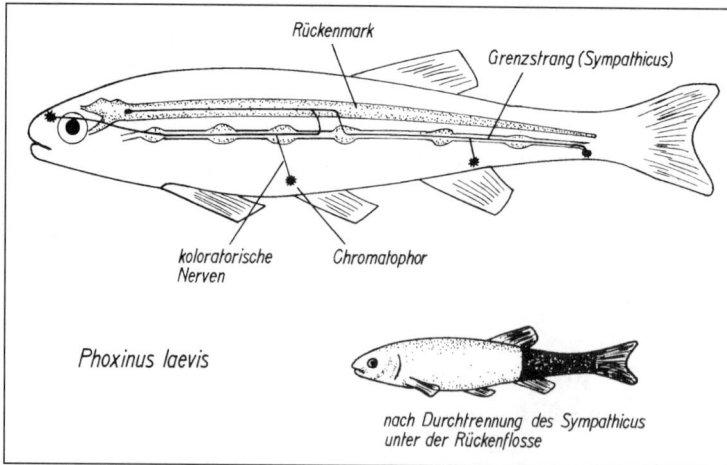

Abb. 6.29. Verlauf der koloratorischen Fasern bei der Elritze *(Phoxinus laevis)*. Nach v. FRISCH 1910.

Suboesophagealganglion (Unterschlundganglion) übergeordnet ist. Durchschneiden der zu einem bestimmten Körperbezirk ziehenden koloratorischen Nerven bedingt eine helle Färbung und sofortigen Ausfall des Farbwechsels in dem betreffenden Bereich, da die Muskelfasern an den Chromatophoren erschlaffen. Dem Farbzentrum übergeordnet ist ein im Cerebralganglion vorhandenes **Hemmungszentrum.** Seine Ausschaltung hat eine tonische Expansion der Chromatophoren (Verdunklung) zur Folge.

Bei vielen **Knochenfischen** (Teleosteer) liegt eine **doppelte Innervation** der Melanophoren vor, eine sympathische und eine parasympathische. Die **pigmentkonzentrierenden Nerven** sind in ihrem Verlauf gut bekannt. Reizt man sie elektrisch, so erfolgt in dem von ihnen versorgten Hautareal eine Aufhellung. Sie gehören dem sympathischen System an und ziehen vom Nachhirn aus zunächst im Rückenmark schwanzwärts, um an bestimmter Stelle – bei *Phoxinus* zwischen dem 12. und 18. Wirbel – in den sympathischen Grenzstrang überzutreten (Abb. 6.29.). Diejenigen Fasern, die die vordere Körperhälfte versorgen, treten etwas früher aus dem Rückenmark aus als diejenigen, die die hintere versorgen. An den Nervenendigungen wird wahrscheinlich Adrenalin und Noradrenalin freigesetzt.

Die **pigmentausbreitenden Nerven** konnten bisher nur indirekt nachgewiesen werden. Sie scheinen dem parasympathischen System anzugehören und über das Acetylcholin (Überträgerstoff, 2.3.5.2.) auf die Chromatophoren einzuwirken. Injiziert man Fischen, in denen die ACh-Esterase zuvor durch Eserin gehemmt worden ist, Acetylcholin, so tritt eine Verdunklung ein. Mit Hilfe eines Biotests konnte nachgewiesen werden, daß die ACh-Konzentration in der Haut dunkeladaptierter Fische *(Amiurus, Ophiocephalus)* relativ hoch ist (0,078 μg/g Haut).

Während bei den Amphibien die neurale Kontrolle der Chromatophoren eine untergeordnete Rolle spielt,

ist beim **Chamäleon** *(Lophosaura pumila)* eine sympathische Innervierung lange bekannt. Wie beim Fisch treten die Fasern hauptsächlich im 11. und 12. Segment aus dem Rückenmark in den Grenzstrang über. Durchtrennung des Rückenmarks von dieser Stelle hat zur Folge, daß das leicht durch Kneifen oder Stechen auslösbare Bleicherwerden des Tieres sich nur bis zur Schnittebene ausbreitet. Bei der zu den **Leguanen** gehörenden Art *Anolis carolinensis* scheint dagegen eine Innervation der Chromatophoren zu fehlen.

6.3.2.2. Hormonale Steuerung

Wie bereits erwähnt, werden die Chromatophoren der **Crustaceen** ausschließlich hormonell gesteuert. Auf Entfernung des **Augenstiels** reagieren die Dekapoden in unterschiedlicher Weise mit einer Aufhellung (Brachyuren) bzw. mit einer Verdunklung (Anomuren und Macruren mit Ausnahme von *Crangon,* dessen Reaktion etwas komplizierter ist). Injektion von Augenstielextrakten in augenstillose Tiere hat die entgegengesetzte Wirkung. Da die Extrakte aus Augenstielen der Macruren bei den Brachyuren denselben Effekt wie diejenigen aus eigenen Augenstielen hervorrufen, ist das gegenüber den Macruren gegensätzliche Verhalten der Brachyuren wahrscheinlich nicht durch andere farbwechselaktive Faktoren im Extrakt, sondern durch die besonderen Reaktionseigenschaften der Chromatophoren bedingt. Weitergehende Untersuchungen haben gezeigt, daß im X-Organ-Sinusdrüsenkomplex der Krebse mindestens zwei farbwechselaktive Hormone vorkommen. Das eine bekam die Bezeichnung UDH (**Uca-dark-hormone),** da es das schwarze Pigment in der Winkerkrabbe *Uca* ausbreitet, und das andere die Bezeichnung PLH (**Palaemonetes-lightening-hormone),** weil es *Palaemonetes* aufhellt, indem es das rote Pigment konzentriert. Bei den Vertretern der Anomuren und Macruren konnte ein weiterer Faktor gefunden werden, der bei den Augenstielextrakten der Brachyuren fehlt. Es ist das CTLH (**Crangon-„tail"-lightening-hormone**). In seiner Aminosäuresequenz bekannt ist das „**red pigment concentrating hormone**" (RPCH) aus dem X-Organ-Sinusdrüsenkomplex der Garnelen *Pandalus borealis* und *Palaemon (Leander) adspersus* (2.27.).

Die hormonelle Kontrolle des Farbwechsels bei den **Wirbeltieren** wird in erster Linie von der Hypophyse und dem Adrenalsystem (Nebennierenmark) geleistet. In der Regel wirken die vom Adrenalsystem abgegebenen Hormone **Adrenalin** und **Noradrenalin** konzentrierend und das **MSH** der Hypophyse ausbreitend auf das Melanophorenpigment. So erklärt sich die besonders bei Elasmobranchiern und Amphibien gut zu beobachtende Tatsache, daß hypophysektomierte Tiere sich für den Rest ihres Lebens hell färben. Durch Injektion von Hypophysenextrakten kann in diesen Tieren wieder eine Verdunklung der Haut herbeigeführt werden. Entfernt man bei Neunaugen oder Amphibienlarven das Pinealorgan (= Zirbeldrüse, 2.2.1.), so tritt die sonst beim Aufenthalt im Dunkeln zu beobachtende Aufhellung nicht mehr ein. Das in dem Pinealorgan gebildete **Melatonin** erwies sich beim Frosch als 10^5mal wirksamer als das Noradrenalin. Versuche am Krallenfrosch *(Xenopus)* haben zu dem Ergebnis geführt, daß hier zwei antagonistische Prinzipien von der Hypophyse ausgehen, neben dem melaninausbreitenden (MSH) ein **melaninkonzentrierendes Hormon (MCH).** Ersteres wird im HZL bzw. HVL und letzteres wahrscheinlich in der Pars tuberalis (Abb. 2.20. u. 2.23.) gebildet. Vom Mengenverhältnis beider Faktoren im Blut hängt es ab, welcher Expansionsgrad des Pigments vorherrscht.

Wegen der Ähnlichkeit des **ACTH** mit dem MSH ist es nicht sehr verwunderlich, daß auch das ACTH einen Einfluß auf die Chromatophoren ausüben kann. Besonders ist das beim grünadaptierten Laubfrosch *(Hyla arborea)* zu beobachten, der sich nach Injektion des Hormons dunkel färbt. Er reagiert bereits bei Gaben von nur 0,01 µg.

6.3.3. Auslöser des Farbwechsels

Unter den Umweltfaktoren, die den Farbwechsel der Tiere beeinflussen, ist an erster Stelle das **Licht** zu nennen. Das geht schon daraus sehr deutlich hervor, daß bei vielen Tieren der Farbwechsel nach Blendung entweder ganz erlischt oder stark beeinträchtigt ist, während im normalen Zustand oft eine **Helligkeitsanpassung an den Untergrund** des Aufenthaltsortes zu beobachten ist. Für diese Anpassung ist nicht allein das vom Boden reflektierte Licht entscheidend, sondern – wie Versuche gezeigt haben – das Mengenverhältnis zwischen dem das Auge direkt von oben treffenden Licht und dem vom Boden reflektierten

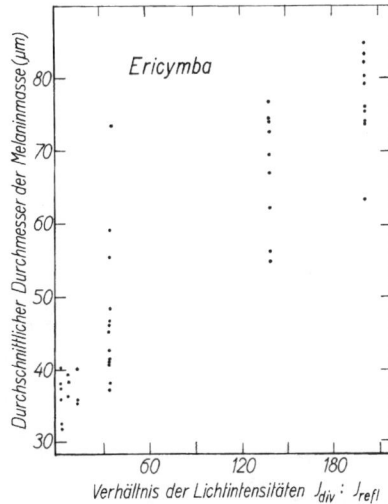

Abb. 6.30. Abhängigkeit der Melaninausbreitung in der Haut der Elritze *Ericymba* vom Intensitätsverhältnis zwischen dem direkt einfallenden (I_{div}) und dem vom Boden reflektierten Licht (I_{refl}). Nach BROWN 1936.

(Abb. 6.30.). Bei hellem Licht über einem dunklen Boden ist dieser Wert groß, und die Tiere färben sich dunkel. Über einem hellen Untergrund ist der Wert kleiner, die Tiere werden heller. Aus dem gleichen Grunde tritt bei einer Reihe von Tieren bei völliger Dunkelheit eine gewisse Aufhellung gegenüber solchen Tieren ein, die sich bei Tageslicht über einem dunklen Untergrund befinden. Manche Tiere werden im Dunkeln sogar völlig hell *(Chamaeleo, Phoxinus, Palaemonetes)*. Über die Helligkeitsanpassung hinaus zeigen manche Tiere die Fähigkeit, sich auch dem **Farbton des Untergrundes anzupassen** *(Octopus, Sepia, Palaemonetes, Hippolyte, Portunus, Phoxinus,* Plattfische u. a.).

Neben diesem „sekundären" Farbwechsel, bei dem das Licht unterschiedlicher Intensität und Wellenlänge über das Auge auf die Chromatophoren einwirkt, sind Fälle bekannt, bei denen das Licht entweder eine direkte Wirkung auf die Chromatophoren ausübt oder reflektorisch über andere Rezeptoren als die Augen wirksam wird (**primärer Farbwechsel**). Solche Tiere zeigen trotz Blendung eine Änderung der Pigmentverteilung mit der Intensität des einfallenden Lichtes, es fehlt aber in der Regel die Anpassung an die Helligkeit oder Farbe des Untergrundes. So färben sich geblendete Fische *(Crenilabrus, Phoxinus, Amiurus* u. a.), Amphibien *(Xenopus,* Salamanderlarven) und Reptilien *(Chamaeleo, Anolis)* bei schwacher bis fehlender Belichtung hell und bei starker Belichtung dunkel. Gewöhnlich ist der primäre Farbwechsel dem sekundären untergeordnet. Bei Fischen (der Paradiesfisch *Macropodus opercularis* u. a.) zeigen die Chromatophoren während der Embryonalzeit, solange sie noch nicht innerviert sind, eine Expansion ihres Pigments bei Steigerung der Lichtintensität. Später wird diese Reaktion durch die Anpassungen des Tieres an den jeweiligen Untergrund (**sekundärer Farbwechsel**) überlagert. Die Zoëa-Larve scheint nur einen primären Farbwechsel zu besitzen. – Seltener als die direkte Einwirkung des Lichtes auf die Chromatophoren ist die reflektorische Steuerung des Farbwechsels ohne Beteiligung der Augen. Hier sind besonders einige niedere Wirbeltiere zu erwähnen. So ist bei der Elritze *Phoxinus laevis* das Zwischenhirn und bei *Lampetra*-Larven das Pinealorgan (Epiphyse, 2.2.1.) als photosensibler Rezeptor der Farbwechselreflexe nachgewiesen.

Eine Abhängigkeit der Körperfarbe von der **Umgebungstemperatur** ist häufig beobachtet worden. Die meisten Wirbeltiere sowie die Krebse *Callinectes* und *Palaemonetes* färben sich bei niederen Temperaturen dunkel und hellen mit steigender Temperatur zunehmend auf. Bei anderen Krebsen (*Idothea* u. a.) sowie bei *Necturus* wird das Pigment sowohl bei sehr niederen als auch bei hohen Temperaturen expandiert, während es im mittleren Temperaturbereich konzentriert wird, die Stabheuschrecke *Carausius* ist bei hohen Temperaturen (25 °C) grün, bei niederen Temperaturen (15 °C) dunkel. Bei ihr ist auch eine Abhängigkeit der Färbung von der **Feuchtigkeit** zu beobachten: Feuchtigkeit bedingt Verdunklung, Trockenheit Aufhellung der Tiere.

Eine **allgemeine Erregung** des Tieres äußert sich ebenfalls oft im Farbwechsel der Tiere. Besonders auffällig ist das bei den Tintenfischen. Auf der Oberfläche grau gefärbter Sepien kann allein durch die Darbietung einer Krabbe augenblicklich das abwechselnde Erscheinen und wieder Verschwinden dunkler Querbänder hervorgerufen werden. Von dem Reptil *Anolis* wird berichtet, daß es eine gefleckte Zeichnung annimmt, wenn es zum Kampf mit einem Nebenbuhler übergeht. Bei der Eidechse *Agama cyanogaster* färbt sich der Kopf beim Kampf dunkelblau. – Schließlich sei noch erwähnt, daß sich bei manchen Tieren die Hell-Dunkelfärbung im **Tag-Nacht-Rhythmus** ändert. Dieser Rhythmus wird von innen her bestimmt und kann für längere Zeit unter konstanten Bedingungen (Temperatur, Dunkelheit) im Laboratorium fortbestehen (endogene Rhythmik).

6.4. Produktion von Licht (Biolumineszenz)

Unter **Biolumineszenz**[1]) versteht man die Erscheinung, daß Lebewesen sichtbares Licht erzeugen. Die

Lichtemission erfolgt mit sehr hoher Quantenausbeute. Sie ist mit einer außerordentlich geringen Wärmeentwicklung verbunden („kaltes Licht"). Biolumineszenz ist im Tierreich sehr verbreitet, insbesondere bei marinen Vertretern und bei einigen terrestrischen Arthropoden. Bei Süßwasserformen ist sie dagegen selten: neben einigen Bakterien nur eine neuseeländische Schneckenart *(Latia neritoides)*. Im Meer zeigen viele der in größeren Tiefen lebenden Formen (Quallen, Copepoden, Garnelen, Cephalopoden und Knochenfische) Biolumineszenz. Im Oberflächenwasser kommen leuchtende Flagellaten und Ctenophoren *(Pleurobrachia)* u. a. vor. Der Flagellat *Nocticula miliaris* kann bei Massenauftreten die Erscheinung des Meerleuchtens hervorrufen. Auf dem Lande sind es besonders die nächtlich fliegenden Leuchtkäfer und die an dunklen Orten lebenden Pilzmücken. Die Biolumineszenz kann vom Tier selbst hervorgerufen werden (**primäres Leuchten**) oder mit Hilfe symbiontischer Bakterien erfolgen (**sekundäres Leuchten**).

Eine **Biolumineszenz mit Hilfe symbiontischer Bakterien** ist bei Cephalopoden (einige der im flachen Wasser lebenden Myopsiden wie *Sepiola* u. a.) und vielen Fischen bekannt. Die meisten luminiszierenden Fische der Küsten benötigen Bakterien. Bakterielle Systeme fehlen aber auch nicht bei ozeanischen Fischen aller Tiefen, z. B. bei den benthopelagischen Macrouriden, den mesopelagischen Opisthoproctiden und den bathypelagischen Anglerfischen. Alle luminiszierenden Bakterien benötigen Meerwasser oder andere salzhaltige Medien für ihre Existenz. Sie befinden sich innerhalb drüsenartiger Gebilde oder in sack- bzw. röhrenartigen Strukturen. Alle **bakteriellen Leuchtorgane** sind mit der Außenwelt verbunden, entweder direkt durch einen Porus oder über den Darm. Ihre Zahl pro Tier überschreitet niemals vier, und sie sind stets von einheitlichem Typus pro Tier. Obwohl die Lichterzeugung durch die Bakterien gewöhnlich ununterbrochen erfolgt, kann in bestimmten Fällen die nach außen tretende Lichtmenge reguliert werden. Bei den im flachen Wasser der Banda-See (Ost-Indonesien) beheimateten Fischen *Anomalops* und *Photoblepharon* liegen die paarigen, großen Leuchtorgane am Kopf unterhalb der Augen. Während *Anomalops* sie durch Abwärtsrotation verbergen kann, besitzt *Photoblepharon* eine undurchsichtige Membran, die über das Organ gezogen werden kann. Durch eine **Reflektorschicht** am Grunde des Leuchtorgans, das von innen her außerdem durch eine Pigmentschicht abgeschlossen wird, wird die Leuchtkraft noch verstärkt. Bei dem Cephalopoden *Sepiola* wird außer dem Reflektor eine **Linse** über dem Leuchtorgan ausgebildet.

Das **primäre Leuchten** kann im Innern von Zellen erzeugt werden (intrazelluläre Lumineszenz) oder durch Abgabe des Leuchtstoffes erfolgen (**extrazelluläre Lumineszenz**). Letzteres ist bei verschiedenen

---

[1]) ho bios (griech.) = das Leben; lúmen, -minis (lat.) = das Licht.

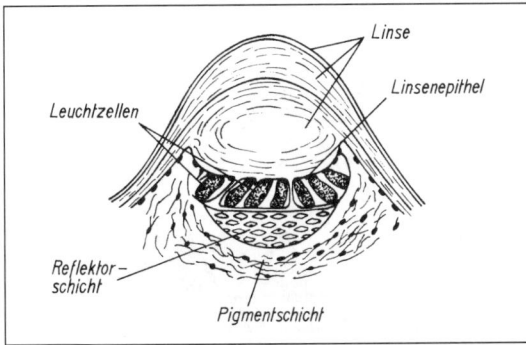

Abb. 6.31. Das Leuchtorgan einer Tiefseegarnele *(Sergestes)*. Nach HARVEY 1920.

Muscheln (*Pholas* u. a.), Cephalopoden (*Heteroteuthis* u. a.), Polychaeten (*Chaetopterus* u. a.), niederen Krebsen (*Cypridina* u. a.), Tiefseegarnelen und Knochenfischen (*Sarsia* u. a.) beobachtet worden. Im zweiten Weltkrieg haben japanische Soldaten zu Puder getrocknete Cypridinen als Behelfslichtquelle verwendet, indem sie es in der Hand mit etwas Meerwasser verrieben.

Intrazelluläre Lumineszenz ist häufiger. Sie kommt bei Flagellaten (*Noctiluca* u. a.), Coelenteraten (*Aequorea, Pennatula* u. a.), Anneliden, Insekten (einige Pilzmücken sowie die Leuchtkäfer *Lampyris* („Glühwürmchen") und *Photinus*, Cephalopoden und Fischen vor. Während die **Leuchtorgane** bei den Insekten in der Regel aus dem Fettkörper (Corpus adiposum) hervorgehen, entstehen sie bei den Pilzmücken (Mycetophilidae) aus den Malpighi-Gefäßen. Durch Ausbildung von Reflektoren, Linsen und Pigmentschichten kann das Leuchtorgan einen hohen Differenzierungsgrad erreichen (Abb. 6.31.). Die Lichtproduktion ist nur selten kontinuierlich. Sie kann spontan erfolgen oder durch äußere Reize ausgelöst werden und steht unter neuraler Kontrolle. Die Dauer des Leuchtens ist bei intrazellulärer Lumineszenz kürzer (0,1 bis einige Sekunden) als bei extrazellulärer (einige Sekunden bis Minuten). Berührt man die Seefeder *(Pennatula phosphorea)* an irgendeiner Stelle, so breitet sich von dort aus eine Lichtwelle mit einer Geschwindigkeit von etwa 5 cm/s über den gesamten Polypenstock aus. Jeder Polyp leuchtet etwa 0,2 s lang auf. Auch bei Fischen kann durch Berührungsreize – aber auch durch Lichtreize – eine Lumineszenz ausgelöst werden. Bei verschiedenen leuchtenden Fischen ist übereinstimmend beobachtet worden, daß eine Injektion von **Adrenalin** ein Leuchten hervorruft.

Die Leuchtorgane scheinen außerdem unter **nervöser Kontrolle** zu stehen. Bei dem an den Küsten Nordamerikas beheimateten Fisch *Porichthys* leuchten die am Kopf und Rumpf in Längsreihen angeordneten Organe der Reihe nach

auf. Bei dem Glühwürmchen *Photuris* konnte man nachweisen, daß jeweils kurz vor dem Aufleuchten Impulssalven im Bauchmark auftreten. Das Geißeltierchen *Noctiluca* leuchtet nur nachts. Die Lumineszenz erreicht etwa eine Stunde nach Sonnenuntergang einen Gipfel. Etwa eine Stunde vor Sonnenaufgang fällt die Leuchtintensität wieder ab. Dieser Lumineszenzrhythmus kann im Labor bei sehr schwacher Belichtung monatelang bestehenbleiben („innere Uhr", 7.3.3.).

Bereits 1887 wies der Franzose Raphael DUBOIS im leuchtenden Schleim der Steinbohrmuschel *Pholas* zwei für die Lichtproduktion unbedingt notwendige Komponenten nach, von denen die eine thermostabil und die andere thermolabil war. Er nannte die erstere **Luziferin**[1]), die zweite **Luziferase**. Es zeigte sich, daß auch in vielen anderen Fällen zwei organische Substanzen an der lichtproduzierenden Reaktion beteiligt sind, das Substrat Luziferin und das Enzym Luziferase. Die Luziferine verschiedener Tiere können chemisch sehr verschiedenen Stoffgruppen angehören. Auch die Luziferasen sind von Tier zu Tier verschieden. Dasselbe gilt für diejenigen Substanzen, die außerdem noch für die Lichterzeugung notwendig sind.

Das **Luziferin** des Ostracoden *Cypridina* gehört zu den ersten, die strukturell aufgeklärt wurden. Es ist ein **Imidazopyrazin**. Bemerkenswert ist, daß marine Vertreter dreier weiterer Tierstämme ganz ähnliche Luziferine aufweisen: Neben den dekapoden Krebsen *Oplophorus* und *Heterocarpus* ist es der Tintenfisch *Watasenia* und die zu den Anthozoen zählende Seefeder *Renilla* (Abb. 6.32.) sowie der Chromatophor der Qualle *Aequorea* (Abb. 6.32.). Diese Luziferine können durch Ringschluß eines einfachen Tripeptids, bei *Cypridina* aus Trp, Ile und Arg bestehend, gebildet werden. Eine Reihe von Fischen (der Laternenfisch *Diaphus, Porichthys, Parapriacanthus* u. a.) zeigen ein Luziferin, das mit dem von *Cypridina* sogar identisch ist. Wahrscheinlich stammt ihr Luziferin, das in Darmdivertikeln gespeichert wird, aus der Crustaceen-Nahrung und wird gar nicht selbst von den Fischen produziert. Im Gegensatz dazu sind die Luziferine der Leuchtkäfer, des Mollusken *Latia*, des Oligochaeten *Diplocardia* sowie der Leuchtbakterien in der Struktur ganz anders.

Relativ einfach gestalten sich die **chemischen Vorgänge bei der Lumineszenz** beim Muschelkrebschen *Cypridina*, wo neben Luziferin und Luziferase nur noch Sauerstoff und Wasser an der Reaktion beteiligt sind. Die Lumineszenz ist hier extrazellulär (s. o.). Man kann zwei verschiedene Drüsenzelltypen im Leuchtorgan unterscheiden. Wahrscheinlich produziert der eine Zelltyp die Luziferase und der andere das Luziferin. Die ausgestoßenen Sekrete leuchten auf, wenn sie sich im umgebenden Seewasser miteinander vermischen. Dabei spielen sich im einzelnen

---

[1]) lucifer (lat.) = lichtbringend.

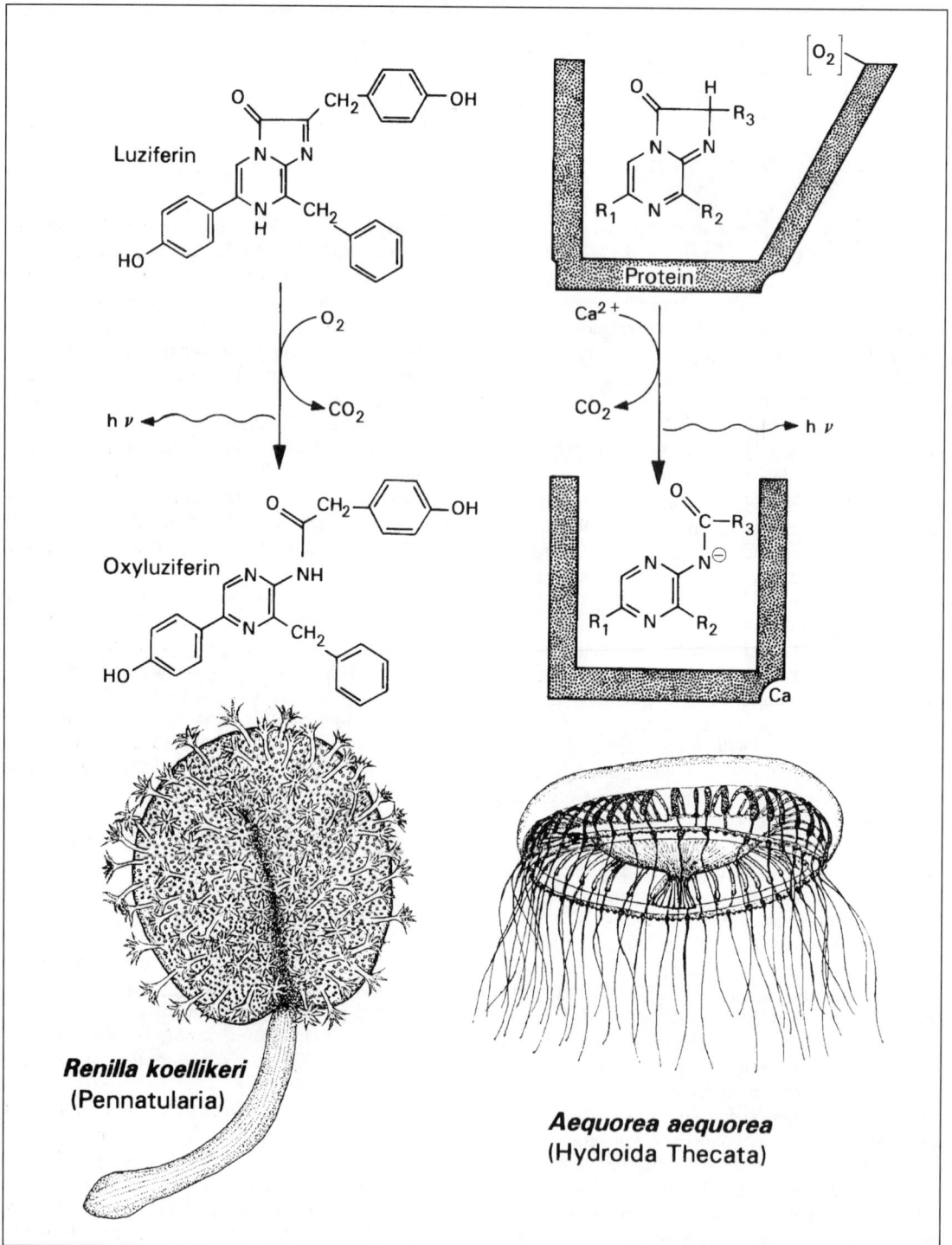

Abb. 6.32. Luziferine und Oxyluziferine bei zwei Vertretern der Coelenterata. Die Tierabbildungen aus KAESTNER 1993.

folgende Vorgänge ab. In der ersten Reaktion wird das reduzierte Substrat (Luziferin LH_2) in Gegenwart der Luziferase durch molekularen Sauerstoff oxidiert. Dadurch entsteht eine angeregte Form des oxidierten Luziferins (L*), die unter Lichtausstrahlung in die Grundform übergeht.

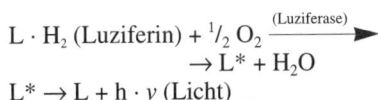

$$L \cdot H_2 \text{ (Luziferin)} + \tfrac{1}{2} O_2 \xrightarrow{\text{(Luziferase)}}$$
$$\rightarrow L^* + H_2O$$
$$L^* \rightarrow L + h \cdot \nu \text{ (Licht)}$$

Wesentlich komplizierter gestalten sich die Vorgänge bei den **Leuchtkäfern** (Lampyridae). Hier sind neben Sauerstoff ATP und $Mg^{2\oplus}$ an der Reaktion beteiligt. Im einzelnen spielen sich folgende Vorgänge ab (Abb. 6.33.): Im **ersten Schritt** wird Luziferin aktiviert:

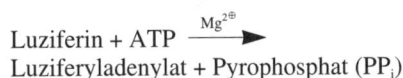

$$\text{Luziferin} + \text{ATP} \xrightarrow{Mg^{2\oplus}}$$
Luziferyladenylat + Pyrophosphat (PP_i)

Im **zweiten Schritt** wird das aktivierte Substrat oxidiert:

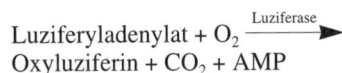

$$\text{Luziferyladenylat} + O_2 \xrightarrow{\text{Luziferase}}$$
Oxyluziferin + CO_2 + AMP

Dabei kommt es zur Lichtemission.

Sauerstoff ist in den meisten Fällen notwendig, wenn auch oft bereits sehr niedrige O_2-Partial-Drucke ausreichen. Bei völliger Abwesenheit des Sauerstoffs kann die Biolumineszenz gewisser Radiolarien, der Quallen *Pelagia* und *Aequorea* sowie einiger Ctenophoren ablaufen. Das Luziferin der Qualle *Aequorea* ("Aequorin") lumineszenziert bei intramolekularer Reaktion mit $Ca^{2\oplus}$-Ionen (Abb. 6.32.). Diese Reaktion ist so extrem empfindlich, daß man sie in biologischen Systemen zur Bestimmung von Spuren von $Ca^{2\oplus}$ benutzt hat (z. B. bei Untersuchungen über die Beziehung von $Ca^{2\oplus}$ zur Muskelkontraktion). Eine Luziferase ist bei dieser Reaktion nicht notwendig, ebenfalls kein ATP.

Das von den Tieren **ausgestrahlte Licht** enthält nur Wellenlängen des sichtbaren Bereiches, es fehlen in ihm sowohl UV wie auch infrarote Strahlen (Abb. 6.34.). Am häufigsten ist weißes, blaues oder blaugrünes Licht, weniger häufig sind grüne, gelbgrüne oder gelbe Farbtöne. Rotes Biolumineszenzlicht (beim Cephalopoden *Thaumatolampas* und bei einigen Fischen) gehört zu den Seltenheiten. Das von verschiedenen Leuchtorganen desselben Tieres ausgestrahlte Licht kann eine unterschiedliche spektrale Zusammensetzung aufweisen. Es konnte gezeigt werden, daß die verschiedenen Farben auf Unterschiede in der Luziferase-Struktur zurückzuführen sind. Die **Quantenausbeute** bei der Oxidation des Leuchtkäfer-Luziferins ist nahezu 1, d. h., es wird ein Photon pro oxidiertes Substratmolekül frei.

Die **biologische Bedeutung** der Biolumineszenz ist uns in vielen Fällen noch unbekannt. Wir wissen nicht, weshalb z. B. einige Protozoen leuchten. Bei den Leuchtkäfern und einigen Fischen dient die Biolumineszenz offenbar dem **Finden der Geschlechter.**

Die Weibchen der beiden bei uns beheimateten **Leuchtkäferarten** *Lampyris noctiluca* und *Phausis*

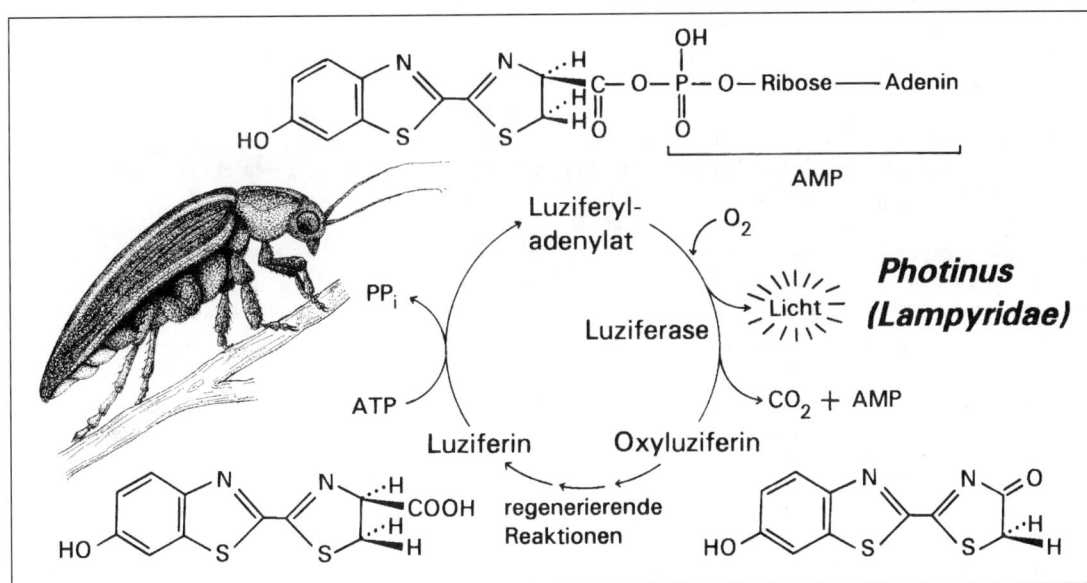

Abb. 6.33. Der Reaktionszyklus für die Biolumineszenz bei *Photinus* (Lampyridae). In Anlehnung an LEHNINGER 1987, verändert.

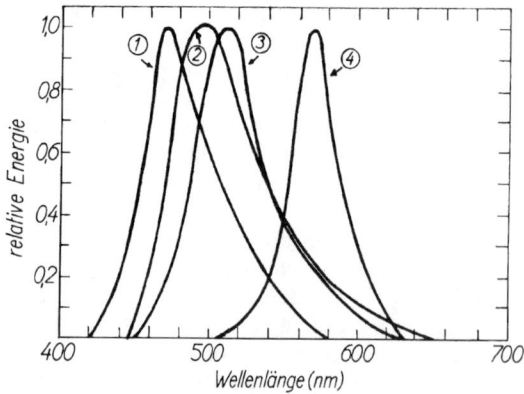

Abb. 6.34. Die spektrale Zusammensetzung des Lumineszenzlichtes einiger Tiere. 1. *Noctiluca miliaris* (Castoflagellat), 2. *Pholas dactylus* (Bohrmuschel), 3. *Pennatula phosphorea* (Seefeder, Octocorallia), 4. *Photinus pyralis* (Leuchtkäfer). Nach NICOL 1962.

splendidula sind flugunfähig. Sie besteigen in den Abendstunden erhöhte Punkte, nehmen eine charakteristische Körperhaltung an und beginnen, kontinuierlich zu leuchten. Die flugfähigen Männchen starten anschließend zum „Suchflug" und finden eindeutig optisch den Weg zu ihren leuchtenden Weibchen (**Signalsystem I**). Das *Phausis*-Männchen leuchtet im Gegensatz zum *Lampyris*-Männchen zwar auch, was aber offenbar sexualbiologisch belanglos ist. Während die *Lampyris*-Männchen ihre eigenen Weibchen sehr selten mit den *Phausis*-Weibchen verwechseln, besitzt das *Phausis*-Männchen ein sehr unspezifisch arbeitendes optisches Weibchen-Schema. Sie fliegen jede nicht zu große und nicht zu starke Lichtquelle an. Bei der Mehrzahl der Leuchtkäfer (*Photinus, Pyractomena* u. a.) sendet auch das Männchen während des Fluges artspezifische, nichtkontinuierliche Signale aus, die der Partner mit ebenfalls artspezifischen Signalen beantwortet, worauf das Männchen sich dem Weibchen nähert: **Signalsystem II** (gegenseitige Verständigung der Partner).

Das neuseeländische „Höhlenglühwürmchen" (*Arachnocampa luminosa),* eine Pilzmückenart (Mycetophilidae), spinnt klebrige Fäden an der Felsdecke unterirdischer Wasserläufe. Die durch das Licht angelockten fliegenden Insekten verfangen sich in den Gespinsten und werden so eine leichte Beute.

Auch bei einigen Fischen scheint das Leuchtvermögen im Dienste der **Beuteanlockung** zu stehen, so bei den im flachen Wasser der Banda-See (Ost-Indonesien) beheimateten Fischarten *Anomalops* und *Photoblepharon.* Die Fischer von Banda benutzen jedenfalls die Leuchtorgane dieser Fische, die nach ihrer Isolierung noch viele Stunden lang ihre Leuchtkraft behalten, als Lockmittel, indem sie die Organe 10 cm

über dem Angelhaken mit dem Köder befestigen. Bei dekapoden Krebsen und Cephalopoden der Tiefsee, insbesondere aber bei Tiefseefischen fällt auf, daß ihre Leuchtorgane vornehmlich ventral orientiert sind. Man nimmt an, daß die Tiere sich dadurch weniger von der Hintergrundbeleuchtung von der Wasseroberfläche her abheben und ihre eigene Silhouette auflösen, um weniger leicht von den Räubern unter ihnen entdeckt zu werden.

Bei den Sepien und Euphausiaceen nimmt man an, daß die Biolumineszenz dem **Zusammenhalten des Schwarms** dient.

6.5. Gift- und Wehrdrüsen

Man unterscheidet aktiv und passiv giftige Tiere. Die **aktiv giftigen Tiere** produzieren und speichern das Gift in speziellen Geweben oder Organen, um es bei Bedarf (Verteidigung oder Beutefang) mit Hilfe bestimmter Hilfsapparate (Stachel, Zahn etc.) parenteral, d. h. unter Umgehung des Verdauungskanals, in den Körper des Opfers zu bringen. Oft enthält das Gift auch Verdauungsenzyme, so daß mit der Lähmung oder Tötung eine Vorverdauung der Beute einhergeht (3.1.3.2., extraintestinale Verdauung).

Die **passiv giftigen Tiere** besitzen keinen solchen Giftapparat. Sie nehmen in vielen Fällen das Gift, wie z. B. das hochgiftige Tetrodotoxin (2.3.2.3.), aus ihrer Umwelt auf und speichern es in ihrem Körper (Schutz vor Freßfeinden). Giftstoffe können sich über die Nahrungskette anreichern, ohne bei den Tieren Schäden hervorzurufen. Erst beim Menschen am Ende dieser Nahrungskette können Vergiftungen auftreten, wie z. B. beim Verzehr von Barrakudas oder Muränen durch das Gift **Ciguatoxin** (Abb. 6.35.) (die in den Tropen vorkommende „Ciguatera"-Fischvergiftung) oder beim Verzehr von Muscheln durch das Gift **Saxitoxin** (Abb. 6.35.) (die in der ganzen Welt verbreitete, meist epidemisch auftretende „paralytische" Muschelvergiftung). Die eigentliche Ursache für die Ciguatera-Fischvergiftung, die Giftproduzenten, sind auf Algen der Korallenriffe lebende Dinoflagellaten. Das Ciguatoxin öffnet die $Na^\oplus$-Kanäle in der Nervenzellmembran (2.3.2.3.) und macht diese so unerregbar. Auch die Produzenten des Saxitoxins sind Dinoflagellaten, vielleicht auch in ihnen endosymbiontisch lebende Bakterien. Im Gegensatz zu den Ciguatoxin-produzierenden Dinoflagellaten leben diese aber planktisch. Es sind inzwischen eine Reihe von Strukturhomologen des Saxitoxins bekannt, die **Gonyautoxine.** Sie blockieren ebenso wie das Tetrodotoxin den $Na^\oplus$-Kanal (2.3.2.3.) und damit die Bildung von Aktionspotentialen, wirken also antagonistisch zum Ciguatoxin.

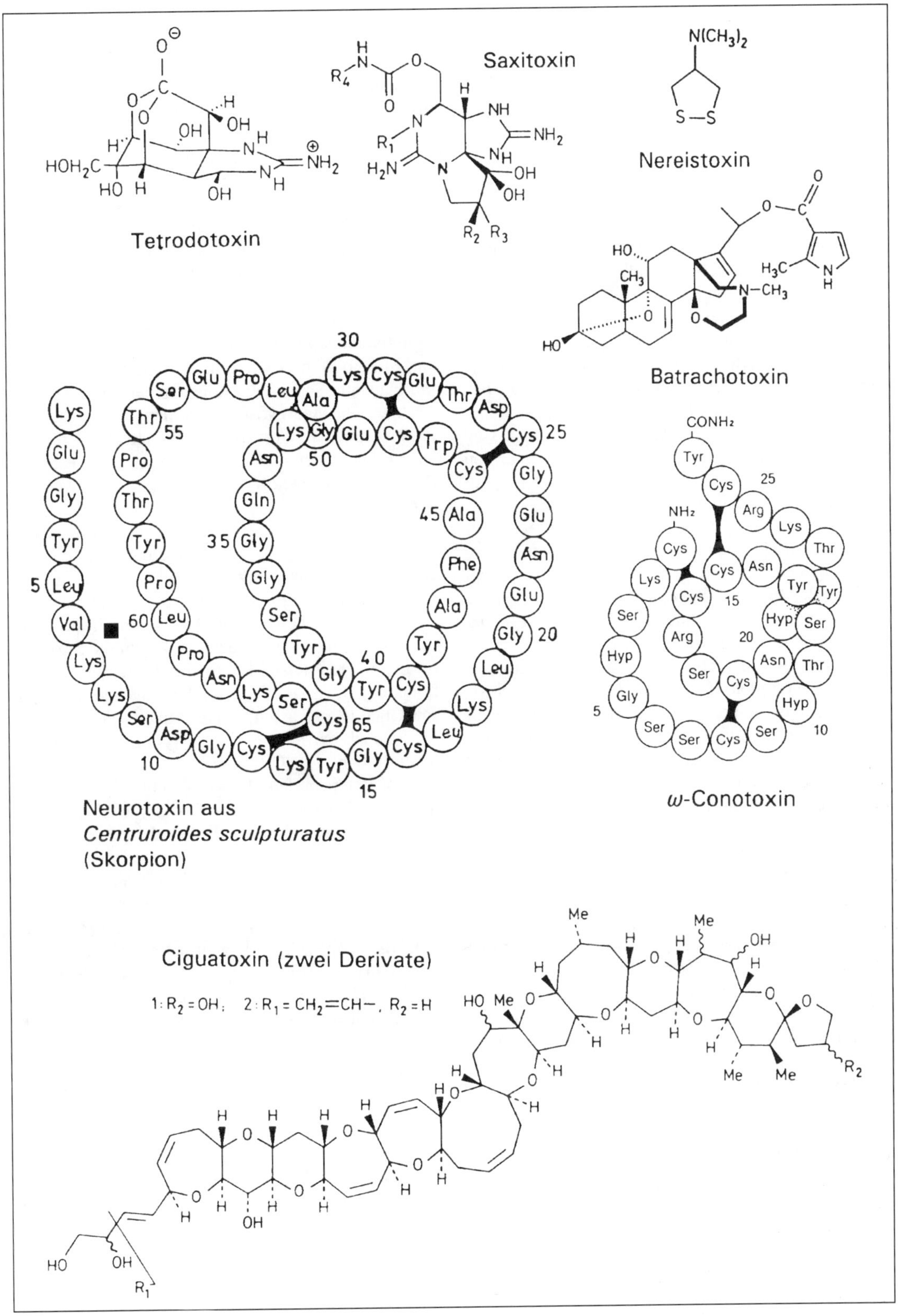

Abb. 6.35. Zusammenstellung einiger tierischer Gifte.

Das **Tetrodotoxin** (Abb. 6.35.) ist im gesamten Körper der Kugelfische (Tetraodontidae) und Igelfische (Diodontidae) der warmen Meere verbreitet. Seine chemische Struktur ist außergewöhnlich, es ist ein Aminoperhydroxychinazolin-Derivat. Es wird wahrscheinlich auch nicht vom Fisch selbst synthetisiert, sondern von Bakterien, mit denen er sich zuvor infizieren muß. Da diese Bakterien sowohl im Meer wie auch auf dem Lande vorkommen, erklärt sich die weite Verbreitung des Toxins auch in anderen Tieren (Meeresgrundel *Gobius,* Meeresschnecken, *Astropecten* u. a.).

Die von den Tieren produzierten **Gifte** (Bienen-, Schlangen- oder Krötengift) stellen ein Gemisch aus einer mehr oder weniger großen Vielzahl von Stoffen dar. Die in den Giften enthaltenen **Toxine** sind dagegen chemisch definiert. Der Engländer unterscheidet außerdem zwischen „venoms" and „poisons". „Venoms" sind die von aktiv giftigen Tieren produzierten Gifte (z. B. „bee venom" oder „snake venom"), es sind in den meisten Fällen Proteine. „Poisons" sind dagegen giftige Stoffwechselprodukte im Körper von Pflanzen und Tieren (z. B. „toad poisons"). Die genaue Zuordnung ist nicht immer möglich.

Die **Toxizität** eines Stoffes wird oft als **LD$_{50}$-Wert** (mittlere letale Dosis, bei der 50% der Versuchstiere noch überleben) angegeben. Das Botulinum-Toxin aus dem Bakterium *Clostridium botulinum* (Ursache von Lebensmittelvergiftungen, „Botulismus") hat nach intravenöser Injektion bei Mäusen z. B. einen LD$_{50}$-Wert von $2,6 \times 10^{-4}$ µg/kg Körpergewicht, das Fischtoxin Tetrodotoxin und das Muscheltoxin Saxitoxin einen von 9, das Kobra-Neurotoxin von 75 und das Bienengift Apamin einen von 4000 µg/kg Körpergewicht. In Deutschland sterben jährlich etwa 10 Menschen an den Folgen eines Bienen- oder Wespenstiches, aber nicht an der direkten Giftwirkung, sondern an der allergischen Reaktion auf das Gift. Demgegenüber ist seit 1945 kein Todesfall durch Kreuzotternbiß mehr bekannt geworden. Oft wird die Gefährlichkeit giftiger Tiere stark übertrieben. Die Mortalitätsrate liegt bei Schlangenbissen bei 10–20%.

Unter den **Meerestieren** gibt es Vertreter mit den stärksten Giftstoffen überhaupt. Einige Beispiele seien genannt. – Die **Cnidaria** („Nesseltiere") geben ihr Gift bei Berührung über ihre Nematozyten ab. Es sind ausschließlich Proteine. Sie gehören ihrer Wirkung nach entweder zu den Cytolysinen (enthalten oft das Enzym Phospholipase A, das die Phospholipidmembran angreift) oder zu den Neurotoxinen (blockieren z. B. die Inaktivierung der Na$^{\oplus}$-Kanäle). Während die ersteren besonders bei den Hydrozoen und Scyphozoen verbreitet sind, findet man die Neurotoxine vornehmlich bei den Seeanemonen. Einige Nacktschnecken (*Glaucus*- und *Glaucilla*-Arten) nehmen die Nematozyten mit der Nahrung auf, speichern sie in besonderen Zellen (Kleptocniden) in Darmausstülpungen. Bei Gefahr werden sie freigesetzt und entladen sich im Wasser. Die an der Nord- und Ostküste Australiens sowie im westlichen Pazifik beheimatete

Würfelqualle *Chironex fleckeri* ist das gefährlichste Nesseltier. In Australien wurden zwischen 1910 und 1964 immerhin 38 Todesfälle registriert.

Unter den **Mollusken** können Kegelschnecken, insbesondere *Conus geographus,* Menschen gefährlich werden. Todesfälle durch Lähmung des Zwerchfells kommen vor. Die Schnecken schießen bei Berührung aus ihrem rüsselförmigen Schlundrohr mit Gift geladene, pfeilähnliche, mit einem Widerhaken versehene Radulazähnchen hervor. Die Gifte, die sog. **Conotoxine,** sind relativ kleine, basische Peptide mit neurotoxischer Wirkung. – Aus dem marinen **Polychaeten** *Lumbriconereis heteropoda* wurde ein Gift („**Nereistoxin**") (Abb. 6.35.) isoliert, das ACh-Rezeptoren blockiert und außerdem insektizide Wirkung hat. Ein modifiziertes Syntheseprodukt (Cartap) wird in Japan zum Schutz von Reispflanzen eingesetzt.

Unter den **Meeresfischen** werden die Weberfische (Petermännchen, Trachinidae) für am giftigsten gehalten. Die ersten 4–8 Knochenstrahlen der Rückenflosse sind stachelartig ausgebildet und beweglich, außerdem befindet sich auf dem Kiemendeckel ein nach unten gerichteter Dorn. Diese Strukturen stehen mit Giftdrüsengewebe in Verbindung und sind von einer dünnen Haut überzogen, die leicht zerreißt und das Gift dann freigibt. Der Stich ist sehr schmerzhaft.

Unter den **terrestrischen Tieren** sind in den Tropen und Subtropen nach den Schlangen die **Skorpione** die wichtigsten Gifttiere. Im Gegensatz zu den Spinnen beißen sie nicht, sondern stechen. Das Telson-Glied ist blasig aufgetrieben und trägt einen hohlen Stachel, der mit den paarigen Giftdrüsen in Verbindung steht. Das Gift besteht aus verschiedenen basischen Polypeptiden, die hauptsächlich Neurotoxine darstellen. Die sog. α-Toxine blockieren die Inaktivierung der Na$^{\oplus}$-Kanäle, die β-Toxine deren Aktivierung. Das **Charybdotoxin** aus *Leiurus quinquestriatus* blockiert mit hoher Spezifität K$^{\oplus}$-Kanäle. In Mexiko rechnet man alljährlich mit ca. 100 000 Skorpionstichen (*Centruroides*-Arten), darunter ca. 800 Todesfälle, die hauptsächlich Kinder betreffen. – Die einzige gefährliche **Spinne** in Europa ist die „**Schwarze Witwe**" (*Latrodectus mactans*). Nur die Weibchen verfügen über so kräftige Klauen, daß sie die menschliche Haut durchdringen können. Das Gift enthält ein hochpotentes Neurotoxin (α-**Latrotoxin),** das an cholinergen und adrenergen Synapsen die Transmitterausschüttung anregt. Der Biß ist außerordentlich schmerzhaft, ist aber in der Regel nicht tödlich.

Unter den Hymenopteren sind es besonders die **Bienen** (Apidae) und **Wespen** (Vespidae), die den Menschen gefährlich werden können, insbesondere auch deshalb, weil das Gift sehr aktive **Allergene** enthält. Der Legeapparat (Ovipositor) der weiblichen Tiere ist zu einem Giftstachel umgeformt, der beidseitig eine Rinne trägt, in der zwei unabhängig voneinander bewegliche, mit Widerhaken versehene Stechborsten sich befinden (Abb. 6.36.). Im Zentrum

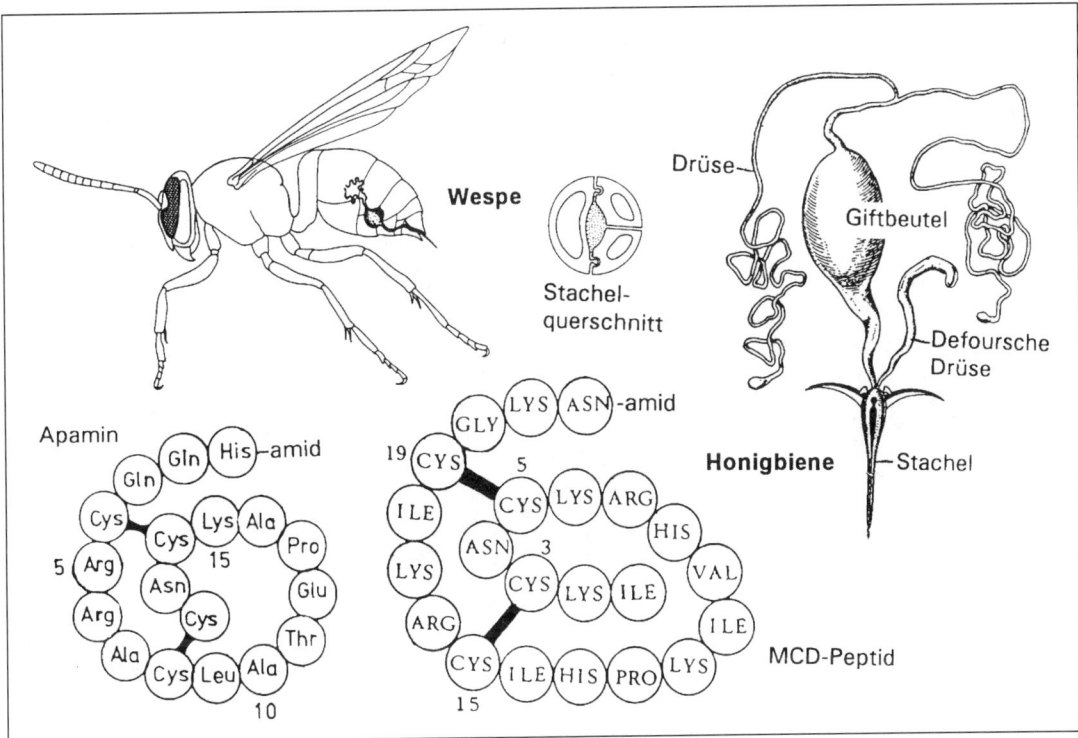

Abb. 6.36. Der Giftapparat bei der Wespe und der Honigbiene sowie zwei wichtige Gifte, das Apamin und das Mastzellen-degranulierende (MCD) Peptid.

des Stachels verläuft der Giftkanal. Während die Wespe ihren Stachel nach dem Stich in die elastische Wirbeltierhaut wieder herauszuziehen vermag (können wiederholt stechen!), bleibt er bei der Biene zusammen mit der Giftdrüse und Giftblase in der Haut zurück, was den baldigen Tod der Biene zur Folge hat. Während die Biene bei dem einzigen Stich 50–100 µg Gift injiziert, sind es bei den Wespen und Hornissen nur 2–10 µg pro Stich. Das Bienengift enthält Enzyme (Phospholipase A$_2$, das wichtigste Allergen!, Hyaluronidase u. a.), Peptide (Melittin, Apamin u. a.) und Histamin. Das **Melittin,** es wird, wie andere bioaktive Peptide auch, zunächst als viel größeres Peptid (Präpromelittin, 70 Aminosäurereste) synthetisiert und später durch limitierte Proteolyse in die aktive Form überführt, ist für die Schmerzwirkung verantwortlich., es wirkt als Ionophor an den Zellmembranen. **Apamin** (Abb. 6.36.) ist ein spezifischer Blocker für Ca$^{2\oplus}$-abhängige K$^\oplus$-Kanäle. Das **Mastzellen-degranulierende Peptid (MCD-Peptid)** schließlich setzt mit hoher Aktivität Histamin aus den Mastzellen frei und blockiert den potentialgesteuerten K$^\oplus$-Kanal. Hornissenstiche sind zwar schmerzhafter als Wespenstiche, erreichen aber selten die Wirkung eines Bienenstichs. 50–100 Stiche werden durchaus verkraftet. Todesfälle sind sehr selten. Kinder sind gefährdeter als Erwachsene.

Verschiedene Vertreter der Polydesmida unter den **Diplopoda** (*Apheloria* u. a.) haben die Fähigkeit entwickelt, **Blausäure** zu erzeugen. In einem „Reservoir" wird das abgeschiedene Mandelsäurenitril gespeichert. Über einen Muskel kann der Übertritt dieser Substanz in ein unteres Kompartiment geregelt werden. Dort wird das Sekret von einem Enzym in Blausäure und Benzaldehyd gespalten (Abb. 6.37.)

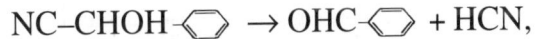

$$NC–CHOH\!-\!\bigcirc \;\rightarrow\; OHC\!-\!\bigcirc + HCN,$$

die zur Ausscheidung kommen.

Eine besondere Form der Abwehr haben die **„Bombardierkäfer"** (*Brachinus, Stenaptinus*) entwickelt (Abb. 6.37.). Das Wehrsekret besteht aus einer 10%igen Lösung von Hydrochinonen in 25%igem Wasserstoffperoxid (H$_2$O$_2$). Die Reaktion beider Partner wird durch einen Stabilisator verhindert. Bei Gefahr gelangt ein Teil des Gemisches über einen Klappenmechanismus in die dickwandige Reaktionskammer, wo es sich – wahrscheinlich ist Katalase aus den Annexdrüsen zugegen – unter starker Gasentwicklung explosionsartig umsetzt. Das Wasserstoffperoxid und die Hydrochinone werden zu Chinonen oxidiert. Durch den in der exothermen Reaktion (starke Erwärmung!) entwickelten Gasdruck werden die Produkte mit hörbarem Knall zentimeterweit hinausgeschleudert. Der Käfer ist in der Lage, auch mehrfach hintereinander in dieser Weise zu „schießen".

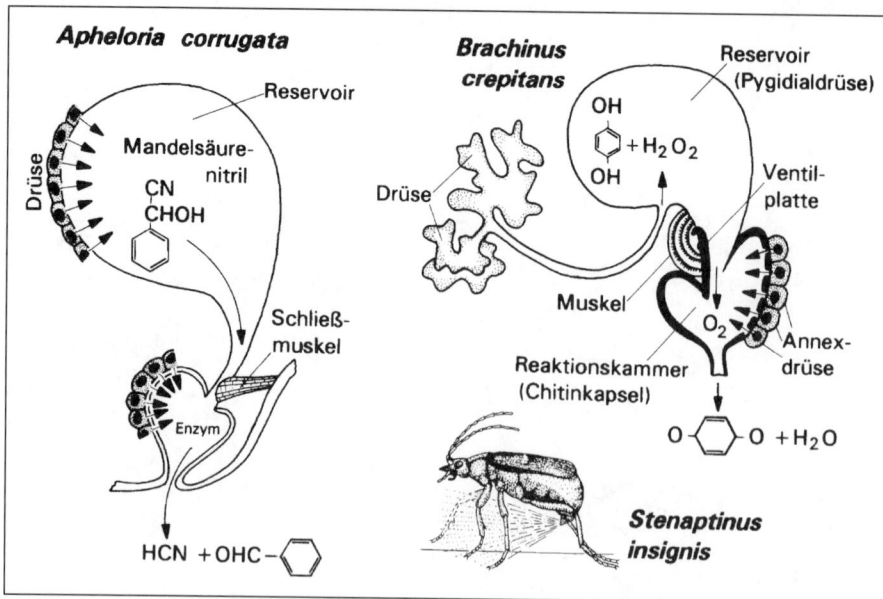

Abb. 6.37. Links: Der blausäureerzeugende Apparat bei *Apheloria corrugata* (Diplopoda). – Rechts: Der Explosionsapparat des Bombardierkäfers *Brachinus crepitans* (Carabidae). Nähere Erläuterungen im Text. In Anlehnung an HABERMEHL 1994.

Von den ca. 2700 bekannten Schlangenarten sind etwa 540 **Giftschlangen** im engeren Sinne. Die Giftdrüsen leiten sich von Speicheldrüsen ab und liegen beidseitig im Oberkiefer. Sie stehen mit den Giftzähnen in Verbindung. Die Zusammensetzung des Giftes ist ebenso wie ihre Funktion sehr verschieden. Das Gift enthält ein Gemisch von Proteinen und Polypeptiden, die toxisch (verschiedenste Neurotoxine) oder enzymatisch (Hyaluronidase, Phospholipase A_2, Endopeptidasen, Proteasen u. a.) wirken können. Besonders für Vipern- und Grubenotterngifte ist außerdem eine Störung der Blutgerinnung auffällig. Im Gift können die Enzyme stark überwiegen, wie bei vielen Vipernarten, oder es können die Toxine überwiegen, wie bei Kobras und Mambas. Im Gift von *Bungarus*-Arten ist ein α-**Bungarotoxin,** das spezifisch die cholinerge neuromuskuläre Synapse blockiert. Schlangenbisse sind in den Tropen ein ernstes Gesundheitsproblem. Die Zahl von 40 000 Todesfällen weltweit pro Jahr ist mit Sicherheit noch zu niedrig. In Europa sind *Vipera*-Arten die häufigsten Giftschlangen. Todesfälle sind selten. In den alten Bundesländern starb in den letzten 40 Jahren nicht ein einziger an dem Biß einer Viper. Eine Besonderheit der **Speikobra** (*Naja nigricollis* u. a.) ist es, daß sie ihr Gift durch die nach vorn gerichteten Öffnungen im Giftzahn dem Opfer bei gleichzeitigem Ausatmen (Zischen) entgegensprühen können.

Amphibien scheiden über Hautdrüsen giftige Sekrete ab, die Amine, Steroide, Alkaloide und Peptide enthalten. Bei Kröten und Salamandern sind es die **Paratoiddrüsen** hinter den Augen jederseits am Kopf und die knopfförmigen Drüsen auf dem Rücken. Das **Batrachotoxin** (Abb. 6.35.), ein Steroid-Alkaloid, ist das stärkste Neurotoxin überhaupt mit einem LD_{50}-Wert von 2 μg/kg Maus nach subcutaner Injektion. *Phyllobates terribillis* enthält 500 μg dieses Giftes! Es verhindert die Inaktivierung der $Na^{\oplus}$-Kanäle. Indianer Kolumbiens und Panamas verwenden das Hautsekret der „Färberfrösche" (*Dendrobates*-Arten) als Pfeilgift. Der kalifornische Molch *Taricha torosa* sowie einige *Atelopus*-Arten enthalten hohe Konzentrationen von **Tetrodotoxin** (s. o.).

6.6. Gassekretion (Schwimmblase)

Die Sekretion von Gas kann man bei verschiedenen Tieren beobachten. Der Wurzelfüßer (Rhizopode) *Arcella* bildet Bläschen (wahrscheinlich Sauerstoff) und läßt sich von ihnen zur Oberfläche des Teichs tragen. Der Cephalopode *Sepia* hat gasgefüllte Räume im Schulp, die wahrscheinlich der Stabilisierung der Körperlage dienen. Bekannt sind die gasgefüllten Blasen (**Pneumatophore**[1])) der sog. Physophora un-

---

[1]) to pneuma (griech.) = der Hauch, die Luft; phoreo (griech.) = trage.

ter den **Staatsquallen** (Siphonophora[1])). Das Lumen des Pneumatophors wird durch eine Einschnürung in eine distale Gasflasche und eine proximale Gasdrüse unterteilt. Bei *Nanonia* und *Rhizophysa* ist ein apikaler Porus an der Gasflasche erhalten geblieben. Durch ihn kann bei mechanischer Reizung Luft ausgepreßt werden, denn die Gasflaschenwand enthält eine Ringmuskulatur. Dadurch sinkt das Tier schnell ab und kann sich so der Reizeinwirkung entziehen. Erstaunlich schnell kann der Gasverlust wieder ausgeglichen werden, womit das Tier wieder an der Wasseroberfläche erscheint. Das Gas im Pneumatophor von *Physalia* enthält neben N_2 und Ar 15–20% O_2 und 0,5–13% CO. Das Kohlenmonoxid wird aus der Aminosäure L-Serin freigesetzt.

Am bekanntesten ist die Gassekretion bei den **Fischen**. Bei den Teleosteern und Stören findet man in der Regel dorsal vom Darm unterhalb der Niere eine mit Luft gefüllte, längliche Blase, die sog. **Schwimmblase**. Sie ist oft in mehrere Abschnitte unterteilt und entsteht embryonal als dorsale Aussackung aus dem vorderen Abschnitt des Darmkanals. Die primäre Verbindung mit dem Darm, der Ductus pneumaticus[2]), kann zeitlebens bestehen bleiben (sog. Physostomen[3]): z. B. Karpfen, Wels, Hecht, Aal, Hering) oder sie kann später verschwinden (sog. Physoclisten[4]): Barsch, Stichling, Dorsch u. a.). Die erste Füllung der Schwimmblase erfolgt in allen Fällen mit atmosphärischer Luft. Später kann die **Zusammensetzung des Gases** in der Schwimmblase durch Sekretionsvorgänge (s. u.) erheblich von der der Luft abweichen. Meistens dominiert dann der

Sauerstoff, bei einigen (z. B. Coregoniden und Salmoniden) dagegen der Stickstoff. Auch bei Physostomen in größeren Tiefen des Süßwassers erfolgt die Gasfüllung vornehmlich durch Sekretion und nicht durch Luftschlucken. Man hat bei ihnen mehr als 90% N_2 gefunden. Der CO_2-Anteil ist meistens gering.

Die **Funktion der Schwimmblase** besteht in den meisten Fällen darin, die Dichte des Fisches der des Wassers anzupassen, um so den notwendigen Kraftaufwand zum Verweilen in bestimmter Tiefe zu erniedrigen. Es ist deshalb verständlich, daß die Schwimmblase bei den am Boden lebenden Fischen (Pleuronectiden) fehlt. Sie fehlt allerdings auch einigen pelagischen Formen (z. B. Makrele). Taucht ein Fisch aus tieferen Wasserschichten auf, so nimmt der auf dem Tier und somit auch auf der Blase lastende Druck schnell ab (pro 10 m um eine atm!). Die Folge ist, daß die Blase sich ausdehnt und damit die mittlere Dichte des Fisches abnimmt. Um nicht ganz zur Oberfläche des Wassers getrieben zu werden, muß der Fisch Gas aus der Blase entlassen. Das geschieht bei den Physostomen über den Mund und bei den Physoclisten über das sog. **Oval**. Dabei handelt es sich um eine gut durchblutete, verdünnte Wandregion in der Blase. Das Oval kann durch einen Ringmuskel weitgehend vom übrigen Blasenlumen abgetrennt werden (Abb. 6.38.). Eine aktive Kontraktion der gesamten Schwimmblase kann nicht erfolgen, da die Blasenwand keine oder nur eine schwache glatte Muskulatur besitzt. Werden Tiere aus größeren Tiefen relativ schnell hochgezogen, so daß kein Druckausgleich erfolgen kann, kann sich die Schwimmblase so stark ausdehnen, daß sie platzt oder die Eingeweide des Tieres herauspreßt („**Trommelsucht**"). Umgekehrt wird bei der Abwanderung des Fisches in tiefere Wasserschichten infolge der Druckzunahme die Schwimmblase zusammengedrückt, und es muß zusätzlich Gas in die Blase gepumpt werden, damit sie ihr ursprüngliches Volumen zurückerhält.

[1]) ho siphon, siphonos (griech.) = die Röhre; phorein (griech.) = tragen.
[2]) ductus (lat.) = Gang v. ducere = führen; pneumaticus (lat.) v. griech. pneumatikos = lufthaltig.
[3]) he physa (griech.) = die (Schwimm-)Blase; to stóma (griech.) = die Mündung.
[4]) kleistos (griech.) = verschlossen.

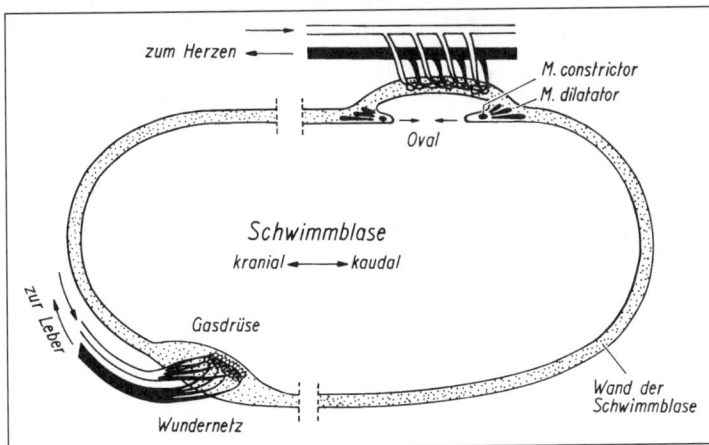

Abb. 6.38. Schema einer Schwimmblase im Längsschnitt mit Gasdrüse und Oval. Nach PORTMANN 1948.

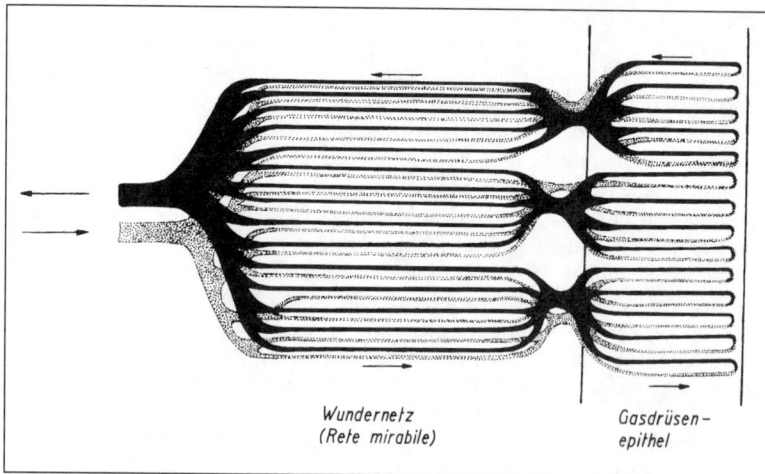

Abb. 6.39. Schema des Wundernetzes in der Gasdrüse bei einem physoclisten Knochenfisch.

Wundernetz (Rete mirabile)

Gasdrüsenepithel

Die **Sekretion der Gase** gegen oft erhebliche Drucke erfolgt in der **Gasdrüse,** die sich in der Regel cephal-ventral in der Blasenwand befindet. Sie wird wegen ihrer starken Durchblutung auch oft als „roter Körper" bezeichnet. Die zu ihr verlaufenden Kapillaren bilden ein sog. Wundernetz (**rete mirabile**[1])). Es stellt eine **Haarnadelgegenstrom-Vorrichtung** (Abb. 6.39.) dar, in der die zuführenden (arteriellen) und die abführenden (venösen) Kapillaren in engem Kontakt und parallel zueinander in entgegengesetzter Richtung verlaufen. Am Scheitel der Vorrichtung stehen beide Kapillaren miteinander in Verbindung. Dort befindet sich die Gasdrüse. In dieser Haarnadelgegenstromvorrichtung werden (ähnlich wie in der Henleschen Schleife der Säugetiere, 4.1.2.8.) durch Vervielfältigung eines Konzentrier-Einzeleffektes so hohe Gasdrucke erzeugt, die zur Füllung der Schwimmblase selbst in sehr großen Tiefen ausreichen.

In Ruhe sind die Gaskonzentrationen in den zu- und abführenden Kapillaren gleich groß. Mit Beginn der Gassekretion erfolgt in der Gasdrüse die Abscheidung geringer Mengen von Lactat in das Blut, wenn es den Scheitel der Haarnadelgegenstrom-Vorrichtung passiert. Das Lactat wird in den Zellen der Gasdrüse (selbst bei guter Sauerstoff-Versorgung!) durch Abbau der Glucose gewonnen. Durch die erhöhte Lactatkonzentration im Blut wird die Löslichkeit aller Gase herabgesetzt („Aussalzeffekt") und außerdem das O_2-Bindungsvermögen des Hämoglobins vermindert (Bohr- und Root-Effekt, 3.3.3.1.). In dem in die abführenden Kapillaren der Vorrichtung eintretenden Blut steigen deshalb der O_2-Partialdruck und die Azidität an. Die Folge ist, daß Gas und natürlich auch Säure im „Rete" aus den abführenden zurück in die zuführenden Kapillaren diffundiert, d. h., die Gaskonzentration und Azidität nehmen im abführenden

Schenkel ab und im zuführenden zu: Der zunächst geringfügige Einzeleffekt wird im Gegenstromsystem multipliziert. Bei kontinuierlicher Durchströmung der Vorrichtung baut sich so sowohl im zu- als auch im abführenden Schenkel ein Konzentrationsgefälle auf, dessen Höhepunkte in beiden Fällen an der Scheitelseite liegen.

Das rückdiffundierende Lactat löst bereits in den arteriellen Kapillaren des Rete einen Aussalzeffekt aus, so daß es zu einem zweimaligen Aussalzen kommt: im Rete und in den Schwimmblasengefäßen. Während der Passage des Rete wird die O_2-Bindungskapazität des zugeführten Blutes beim Aal durch die Rückdiffusion von Säure aus den abführenden Gefäßen bereits um 20% reduziert. Die Säurefreisetzung in der Gasdrüse reduziert die Kapazität nochmals um 15–20% (Abb. 6.40.).

Bei **Tiefseefischen** erreicht der p_{O_2}-Wert in der Blase das 1000fache von dem im Gewebe. Man kann eine deutliche Beziehung zwischen dem Lebensraum der Fische (Meerestiefe) und der Länge ihres Wundernetzes (Rete) erkennen:

Zone	Meerestiefe in m	Rete-Länge in mm
oberes Mesopelagial	200– 600	1– 2
unteres Mesopelagial	600–1 200	3– 7
Bathypelagial	1 000–4 000	15–25

Wichtig ist für den Fisch, der einen großen Anteil seines Blutes durch das Wundernetz leitet, daß er neben dem *p*H-sensiblen ein ***p*H-unsensibles Hämoglobin** besitzt (multiple Formen des Hb, 3.3.3.1.). Letzteres passiert die Regionen niederen *p*H-Wertes im Netz unverändert und ist damit in der Lage, die Versorgung der Gewebe mit O_2 während des Sekretionsvorganges aufrechtzuerhalten (Beispiel: Regenbogenforelle, *Salmo gairdneri*).

Die Gassekretion wird reflektorisch ausgelöst. Beidseitige Durchtrennung der zur Schwimmblase

---

[1]) rete (lat.) = Netz; mirabilis (lat.) = wunderbar.

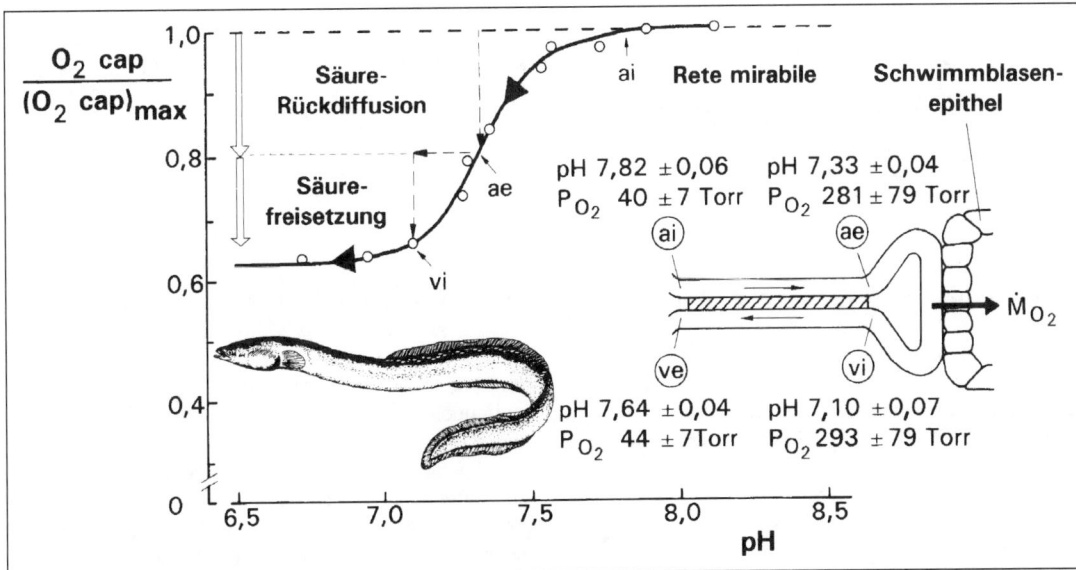

$$\frac{O_2 \text{ cap}}{(O_2 \text{ cap})_{max}}$$

Säure-Rückdiffusion

Säurefreisetzung

Rete mirabile

Schwimmblasenepithel

pH 7,82 ±0,06   pH 7,33 ±0,04
P_{O_2} 40 ±7 Torr P_{O_2} 281 ±79 Torr
(ai)   (ae)

$\dot{M}_{O_2}$

(ve)   (vi)

pH 7,64 ±0,04   pH 7,10 ±0,07
P_{O_2} 44 ±7 Torr P_{O_2} 293 ±79 Torr

ae   ai   vi   pH
6,5   7,0   7,5   8,0   8,5

Abb. 6.40. Die Vorgänge im Rete mirabile und in der Gasdrüse des Aals (*Anguilla anguilla*). Das Blut wird in zwei Schritten angesäuert: 1. durch die Produktion und Freisetzung von Säure in der Gasdrüse und 2. durch Säure-Rückdiffusion aus dem ab- in den zuführenden Schenkel der Haarnadel-Gegenstromvorrichtung im Rete mirabile. Die Sauerstofftransportkapazität des Hämoglobins (O_{2cap}) wird bei der Passage des Rete durch die Säurerückdiffusion um 20% und um nochmalige 15 bis 20% durch die Säurefreisetzung reduziert. – ai bzw. ae: das in den zuführenden Schenkel der Gegenstromvorrichtung ein- bzw. austretende Blut in seiner spezifischen Zusammensetzung; vi bzw. ve: das in den abführenden Schenkel ein- bzw. austretende Blut. M_{O_2}: die pro Zeiteinheit durch das Schwimmblasenepithel tretende Sauerstoffmenge. Nach PELSTER u. WEBER 1991.

ziehenden Vagusäste verhindert die Gassekretion. Da Atropin ebenfalls die Gassekretion hemmt und die Gasdrüse eine hohe ACh-Esteraseaktivität besitzt, nimmt man an, daß die sekretorischen Fasern cholinerg sind. Umgekehrt scheint die Gasresorption unter adrenergem Einfluß durch sympathische Fasern zu stehen.

Auf **andere Funktionen der Schwimmblase** sei an dieser Stelle nur hingewiesen: Die Schwimmblase kann dem Fisch auch 1. als Lunge (3.2.4.2.), 2. als O_2-Speicher für O_2-arme Perioden (Barsch, Schlei, Goldfisch, *Opsanus tau* u. a.), 3. als Hilfseinrichtung zur Registrierung von Druckänderungen ohne oder auch in Verbindung mit dem Ohr und 4. als Resonator bei der Lauterzeugung dienen.

7. Physiologie des Verhaltens, der Orientierung und Kommunikation

Das **Verhalten** eines Tieres ist ein komplexes Geschehen. Es ist das Resultat des Zusammenspiels von Sinnesorganen, Nervensystem, Endokrinum und Erfolgsorganen. Man kann zwischen **statischem** und **dynamischem Verhalten,** also zwischen Haltungen und Bewegungen, unterscheiden. Beide können auch kombiniert auftreten.

Die Erforschung des Verhaltens der Tiere mit naturwissenschaftlicher Methodik ist Ziel der **Ethologie**[1]) oder Verhaltensphysiologie. Diese Disziplin hat in den letzten Jahrzehnten große Fortschritte erzielt und zunehmend Beachtung und Anerkennung gefunden.

7.1. Angeborenes Verhalten

Spezielle Verhaltensweisen können angeboren (ererbt) sein. Ein angeborenes Verhalten[2]) wird nicht erlernt und tritt deshalb bei allen Angehörigen einer Art gleichen Geschlechts in gleicher Weise auf, auch bei völlig isoliert aufwachsenden Individuen (**Kaspar-Hauser-Versuch**). Viele Insekten treffen niemals mit ihrer Elterngeneration zusammen. Trotzdem verrichten sie die komplizierten Handlungen beim Nestbau, Kokonspinnen etc. genauso wie ihre Eltern.

Als **Beispiel** möge die **Seidenspinner-Raupe** (*Bombyx mori)* dienen. Sie sieht ihre Eltern nie. Wenn die Zeit herangekommen ist, etwa 31 Tage nach dem Schlüpfen, hört sie auf zu fressen, sucht einen geeigneten Platz am Maulbeerbaum auf und beginnt, sich einzuspinnen. Innerhalb von 3–4 Tagen werden ca. 3 km Seidenfaden zum Puppenkokon versponnen. An dem einen (oberen) Ende des Kokons bleibt eine Öffnung, die dem später schlüpfenden Schmetterling den Austritt ermöglicht. Das komplizierte Programm notwendiger Einzelbewegungen für den Kokonbau ist im Zentralnervensystem fest verankert und kann nur so und nicht anders „abgespielt" werden. Die Raupe ist nicht in der Lage, auf veränderte Bedingungen in sinnvoller Weise zu reagieren. Wenn die Spinndrüsen aus irgendeinem Grund versagen und keinen Faden

bilden, so werden die Bewegungen auch in freier Luft, sozusagen „im Leerlauf" ausgeführt. Setzt man eine spinnreife Raupe in einen bereits halb fertigen Kokon, so ist sie nicht in der Lage, den Kokon zu vollenden, sondern spinnt ihren eigenen, vollständigen Kokon.

Gleiches Verhalten aller Artgenossen *allein* beweist noch kein angeborenes Verhalten. Obwohl z. B. der Artgesang des Buchfinken *(Fringilla coelebs)* sehr einheitlich ist, muß seine typische Dreigliederung und Differenzierung erlernt werden, wenn die einjährigen Jungvögel im Frühjahr (kritische Periode) ihre Artgenossen hören. Isoliert aufgezogene Buchfinken entwickeln nur einen monotonen Gesang. Das **„Hineinlernen"** in angeborene Verhaltensweisen kann man oft beobachten (7.2.).

Angeborene Verhaltensweisen sind wie die morphologischen Strukturen selbstverständlich das Ergebnis einer **phylogenetischen Entwicklung.** Sie lassen sich deshalb auch im Sinne der Phylogenetik miteinander vergleichen. Die **vergleichende Ethologie** ist eine noch sehr junge Disziplin, hat aber bereits eine Reihe sehr interessanter Ergebnisse geliefert. Im Balzritual der Erpel verschiedener Entenarten fand man z. B. **„homologe"** Bewegungstypen. **„Rudimentäre"** Verhaltensweisen zeigten sich z. B. bei flügellosen *Drosophila*-Mutanten, die die Flügelputzbewegungen noch genauso ausführen wie der Wildtyp, oder bei brutparasitierenden Vogelarten, die noch alle Teilbewegungen des Nestbauverhaltens zeigen können. Bei anderen Formen ist ein **Funktionswechsel** von Verhaltenstypen in der Phylogenese eingetreten. So hat z. B. das bei vielen *Anas*-Arten zu beobachtende „Aufstoßen" bei der Spieß- und Krickente die Funktion des Rufs übernommen. Als Wiederholung des Ahnenverhaltens im Sinne der „biogenetischen Grundregel" kann man deuten, daß Stelzen, Lerchen und Pieper in ihrer frühen Jugend zunächst hüpfen und dann erst zum Laufen übergehen.

Einfachste angeborene Verhaltensweisen treten uns in Form der **Reflexe** (2.3.6.) entgegen. Die Entwicklung der sog. Reflexlehre sowie die Entdeckung und Beschreibung bedingter Reflexe führte vorübergehend dazu, daß eine Reihe namhafter Physiologen der Meinung war, jedes Verhalten sei auf Reflexe zurückführbar. Instinktverhalten wurde als aus Reflexketten bestehend aufgefaßt. Demgegenüber wurde insbesondere von den Psychologen die Spontanität des Verhaltens betont und in den Vordergrund der Betrachtung gerückt. Heute wissen wir, daß Verhalten oft gleichzeitig Reaktion, Antwort auf äußere

---

[1]) to éthos (griech.) = Gewohnheit, Brauch; ho lógos (griech.) = die Lehre.

[2]) englisch: innate behaviour.

Reize, und Aktion, durch innere Kausalfaktoren bedingt, ist. Eine allgemeingültige Definition **instinktiven Verhaltens** gibt es nicht. Manche Forscher bezeichnen jede erfahrungsunabhängige Handlung eines Tieres als „Instinkt ist zielgerichtetes Verhalten ohne Einsicht." TINBERGEN[1]) gibt 1966 folgende Definition: „Ein hierarchisch organisierter nervöser Mechanismus, der auf bestimmte auslösende und richtende Impulse, sowohl innere wie äußere, anspricht und sie mit wohlkoordinierten, lebens- und arterhaltenden Bewegungen beantwortet." Viele Ethologen benutzen den Instinktbegriff wegen seines geringen heuristischen Wertes heute überhaupt nicht mehr.

7.1.1. Äußere Auslöser „reaktiven" Verhaltens

Im Kapitel 5 sind die Sinnesleistungen der Tiere im einzelnen besprochen worden. Diese Kenntnisse über das Leistungsvermögen der einzelnen Sinne liefern uns noch keine Aussage darüber, auf welche Reize oder Reizparameter das Tier tatsächlich reagiert. Nicht jede reizwirksame Veränderung in der Umwelt wird vom Tier „beantwortet", sondern nur ganz bestimmte. Vieles, von dem wir wissen, daß es vom Tier mit Hilfe seiner Sinnesorgane registriert wird, bleibt dagegen völlig oder fast unbeachtet.

Sehr bekannt sind die Untersuchungen TINBERGENS am Stichlingsmännchen. Im Frühjahr werden männliche Artgenossen im Prachtkleid (mit roter Färbung an Kehle und Bauch) heftig attackiert. Versuche zeigten, daß form- und farbgetreue **Attrappen** von Artgenossen bei ihrer Revierverteidigung kaum beachtet werden, wenn der Bauch nicht rot gefärbt ist. Heftig angegriffen werden dagegen stark vereinfachte Attrappen mit roter Unterseite (Abb. 7.1.).

Aus dem umfangreichen Informationsangebot werden offenbar vomTier zentralnervös bestimmte Signale herausgefiltert, die man als **Signalreize** (RUSSEL 1943), Kennreize oder **Schlüsselreize** bezeichnet. Es gehört zu den Kennzeichen angeborener Antwort-

[1]) Nicolas TINBERGEN, geb. 1903 in Den Haag, 1947 Prof. f. experim. Zoologie a. d. Univ. Leiden, seit 1949 Prof. f. Verhaltenslehre a. d. Univ. Oxford (Nobelpreis 1973), gest. 1989.

handlungen, daß sie durch einen oder weniger Schlüsselreize ausgelöst werden können. Der Schlüsselreiz muß in der Umwelt relativ unwahrscheinlich sein, d. h. einen hohen Informationswert besitzen (2.3.8.), da es sonst leicht zu Fehlverhalten kommen kann.

Einige weitere **Beispiele für Schlüsselreize**, die keineswegs auf den optischen Bereich beschränkt sind: Beim Rotkehlchen *(Erithacus rubecula)* ist wie beim Stichling das Rot der wirksame Reiz. Es wird ein rotes Federbüschel viel heftiger angegriffen als ein naturgetreu präpariertes Rotkehlchen mit schmutzigbraunem Brustgefieder. – Frischgeschlüpfte Silbermöwen picken nach der Spitze des Elternschnabels und betteln so um Futter. Serienversuche mit Attrappen zeigten, daß die Jungvögel in erster Linie auf den roten Fleck kurz vor der Unterschnabelspitze des Altvogels reagieren. Dabei ist sowohl die rote Färbung als auch die Abhebung des Flecks vom Untergrund von Bedeutung, während die Färbung des Schnabels sowie des Kopfes keine Rolle spielt. – Der Gelbrandkäfer *(Dysticus marginalis)* läßt in einem Glasrohr schwimmende Kaulquappen völlig unbeachtet, jagt dagegen jeden zufällig berührten festen Gegenstand, wenn er gleichzeitig mit Fleischextrakt gereizt wird. – Paarungswillige Nachtschmetterlinge locken ihren Geschlechtspartner mit Hilfe eines spezifischen Sexuallockstoffes (7.5.1.) an. Keinen solchen Stoff abgebende Weibchen werden nicht beachtet, dagegen versucht das Männchen auf einem mit Sexuallockstoff beträufelten Filterpapierstück zu kopulieren. – Paarungswillige Heuschreckenweibchen werden durch den spezifischen „Gesang" der Männchen angelockt. Stille Männchen bleiben selbst in nächster Nähe unbeachtet.

Eine erhöhte Sicherheit (Vermeidung von Fehlverhalten) wird oft auch dadurch erreicht, daß **mehrere Schlüsselreize kombiniert** erst das Verhalten auslösen. Zum Beispiel wird das Aufsperren der Schnäbel etwa 10 Tage alter Drosselnestlinge bei der Heimkehr des Altvogels durch jedes Objekt ausgelöst, das 1. sich bewegt, 2. größer als 3 cm ist und 3. über den Köpfen der Nestlinge erscheint. Vorüberfliegende Samtfalter-Weibchen *(Hipparchia semele)* werden zum Zwecke der Luftbalz vom Männchen verfolgt. Umfangreiche Versuchsreihen mit Attrappen zeigten, daß für die Auslösung der Verfolgung weder die Farbe, noch Größe oder Form der Objekte von Bedeutung ist, sondern in erster Linie die optische Abhebung vom hellen Hintergrund des Himmels, wie Art der Bewegung und der Abstand. Am wirksamsten waren schwarze Attrappen, die möglichst nahe am Männchen vorbei in schmetterlingsartigem Flatterflug geführt wurden. Es zeigte sich außerdem bei die-

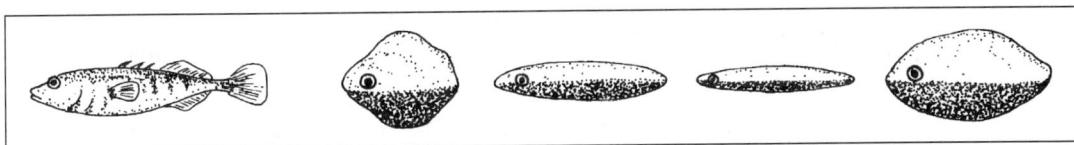

Abb. 7.1. Versuche mit Stichlingsattrappen. Form- und farbgetreue, aber nicht rotbäuchige Attrappen (links) werden kaum, die vier stark vereinfachten, aber rotbäuchigen dagegen heftig attackiert. Nach TINBERGEN 1966.

sen Versuchen, daß bei schwarzen Modellen mehr Anflüge zu verzeichnen waren als bei natürlich gezeichneten und bei großen Modellen mehr als bei normal großen. Man spricht in diesem Zusammenhang von **„übernormalen" Schlüsselreizen.** Im Gegensatz zum Samtfalter spielt beim Kaisermantel-Männchen *(Argynnis paphia)* die Farbe als Schlüsselreiz eine große Rolle. Am wirksamsten ist eine Darbietung von Orange im rhythmischen Wechsel mit Schwarz im Zusammenhang mit einer Vorwärtsbewegung. Schlüsselreize können sich in ihrer Wirkung auch summieren oder ersetzen. So kann man die sich nur schwach vom Hintergrund abhebende weiße Attrappe für das Samtfalter-Männchen genauso attraktiv machen wie eine schwarze, wenn man sie nur nahe genug vorbeiführt. Oder: es wird die weiße Attrappe ebenso wirksam wie eine braune, wenn man sie flatternd, die braune aber gleitend vorbeibewegt. Man spricht von der **Reizsummenregel** (SEITZ 1940), die sich auch in vielen anderen Beispielen offenbart.

Es ist also so, daß die Tiere auf bestimmte Reizkonstellationen in spezifischer Weise reagieren, auf andere nicht. Sie müssen deshalb über angeborene neurosensorische Selektionsmechanismen verfügen, die die eintreffenden Meldungen entsprechend analysieren und nur bei Vorliegen spezieller Reizkombinationen die Reaktion auslösen. Man bezeichnet diese analysierenden und selektionierenden Teilsysteme des Zentralnervensystems als **angeborene Auslösemechanismen** (AAM)[1]. Jede angeborene Verhaltensweise dürfte ihren eigenen angeborenen Auslösemechanismus besitzen. Der AAM ist zunächst rein funktionell definiert. Seine neurophysiologische Struktur ist noch weitgehend unbekannt. Ist experimentell der Nachweis der genetischen Determiniertheit nicht erbracht, spricht man oft nur vom Auslösemechanismus (AM) schlechthin. Untersuchungen an Anuren legen nahe, daß der AAM keinen peripheren (etwa: Retina), sondern einen zentralen Filtermechanismus darstellt.

Bei der **Erdkröte** *(Bufo bufo)* können durch horizontal im Gesichtsfeld bewegte, vor dem Hintergrund sich abhebende Reizmuster (schwarze Quadrate bzw. Rechtecke vor weißem Hintergrund) entweder Zuwende- oder Abwendereaktionen erzeugt werden. Im ersten Fall ist es eine orientierende Teilreaktion des **Beutefangverhaltens,** im zweiten des **Fluchtverhaltens** vor dem Feind. Das Auftreten der einen oder anderen Reaktion hängt von Gestaltfaktoren des Reizobjektes ab. Die Musterausdehnung in der horizontalen Bewegungsrichtung signalisiert in Grenzen „Beute" („Wurmschema"). Die Musterausdehnung quer zur Bewegungsrichtung senkt dagegen diesen Signalwert und fördert generell das Signal des „Feindcharakters". In der Retina konnten keine spezifischen Beute- oder Feinddetektoren festgestellt werden. Die

retinalen Ganglienzellen analysieren in erster Linie die Ausdehnung quer zur Bewegungsrichtung. Dasselbe gilt für Neuronen im Thalamus des Zwischenhirns und in der praetectalen Region (elektrische Reizungen dieser Regionen werden mit einer Fluchtreaktion beantwortet). Neuronen des Tectum opticum analysieren dagegen hauptsächlich die Ausdehnung der Muster in der Bewegungsrichtung (Reizung dieser Region löst orientierende Beutefangreaktionen aus). Weder mit der Transformation in der Retina noch mit derjenigen in der Thalamus-Praetectum-Region oder dem Tectum opticum allein lassen sich die Verhaltensbefunde erklären. Es wird angenommen, daß die verhaltensrelevante Zeichenerkennung Beute oder Feind auf einer Interaktion zwischen den thalamo-praetectalen Nervennetzen beruht. Entsprechendes scheint auch für den Frosch zu gelten.

7.1.2. Innere Bedingungen und Faktoren, „spontanes" Verhalten

Wiederholt man bei gleichen Außenbedingungen zu verschiedenen Zeiten beim gleichen Tier die Wirkung eines bestimmten auslösenden Reizes, so kann man oft feststellen, daß die Reaktion sehr unterschiedlich heftig ausfällt. Der Kuckuck wirft bekanntlich die Eier der Pflegeeltern oder auch bereits geschlüpfte Junge in seinen ersten Lebenstagen über den Nestrand. Später ins Nest gelegte Eiattrappen läßt er unbeachtet liegen. Sie haben die Reizwirkung für ihn verloren. Die inneren Bedingungen für das Zustandekommen von Instinkthandlungen können sich im Verlaufe der Entwicklung andern. Jede **Bienen-Arbeiterin** *(Apis mellifica)* führt z. B. im Verlaufe ihrer ersten 30 Lebenstage hintereinander in geregelter Folge **(„Arbeitskalender")** folgende Tätigkeiten aus: Sie beginnt in den ersten drei Lebenstagen als „Reinigungskraft", tritt dann in die Gruppe der „Ammenbienen" über, d. h. ihr obliegt die Inspektion der offenen Zellen sowie die Fütterung der Larven mit dem Sekret ihrer „Ammendrüsen" allein oder unter Beimengung von Honig und Pollen. Vom 10. bis 16. Lebenstag ist sie als „Baubiene", dann als „Pollenstampferin", Wächterbiene und schließlich als Pollen- und Nektarsammlerin tätig (Abb. 7.2.). Parallel zu dieser Tätigkeitsfolge geht die vorübergehende starke Entwicklung der Ammen- oder Futtersaftdrüse im Kopf (während des Ammendienstes) bzw. der Wachsdrüsen auf der Bauchseite des Abdomens (während des Baudienstes) einher.

Man darf sich diesen Arbeitskalender allerdings nicht als allzu starr festgelegt und unveränderlich vorstellen. Obwohl genetisch fixiert, besteht durchaus die Möglichkeit, ihn den speziellen Bedingungen anzupassen **(Plastizität des Verhaltens).** Die Einzelbiene hält sich zwar im groben daran, kann aber in ihrer gar nicht so knapp bemessenen „Freizeit" durchaus auch einmal hier und dort mit anderen Tätigkeiten

---

[1] englisch: innate releasing mechanism, IRM.

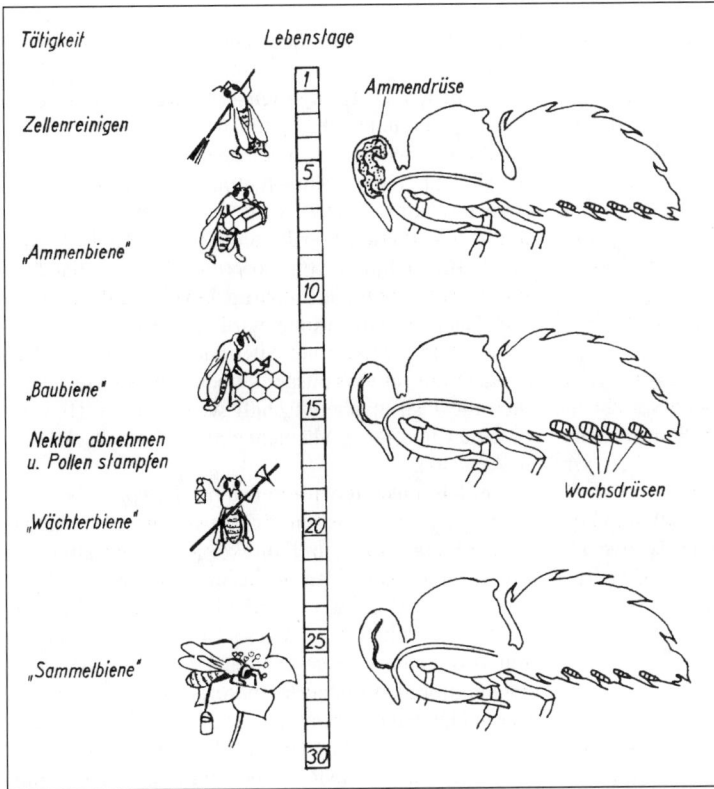

Abb. 7.2. „Arbeitskalender" einer Honigbiene (Arbeiterin). Die verschiedenen Tätigkeiten (links) sind jeweils bestimmten Lebensabschnitten (Alter) zugeordnet. Während der ersten 10 Lebenstage ist die Ammendrüse im Kopf stark entwickelt, während der zweiten 10 Lebenstage die Wachsdrüsen im Abdomen. Bei der Sammelbiene sind beide Drüsen zurückgebildet. Nach LINDAUER 1975.

einspringen. Auf ausgedehnten „Patrouillengängen" holt sie sich selber die Information, wo „Not am Mann ist". Erst so kann die uns immer wieder beeindruckende Harmonie im Sozialverband der Honigbienen garantiert werden. Entfernt man im Experiment alle Trachtbienen aus einem Volk, so entwickeln sich in diesem „Jungvolk" erst 6–8 Tage alte Tiere mit noch voll entwickelten Kopfdrüsen (Ammen-

bienen) bereits zu Sammelbienen um, indem sie die dazwischenliegenden Stadien als Bau- und Wächterbiene überspringen und so das Volk vor dem Aushungern retten. Umgekehrt kann man im „Altvolk" ohne Ammenbienen beobachten, wie sich ältere Tiere dem Bedürfnis der Gemeinschaft entsprechend „verjüngen", ihre Ammendrüsen regenerieren und mit der Fütterung der Larven beginnen.

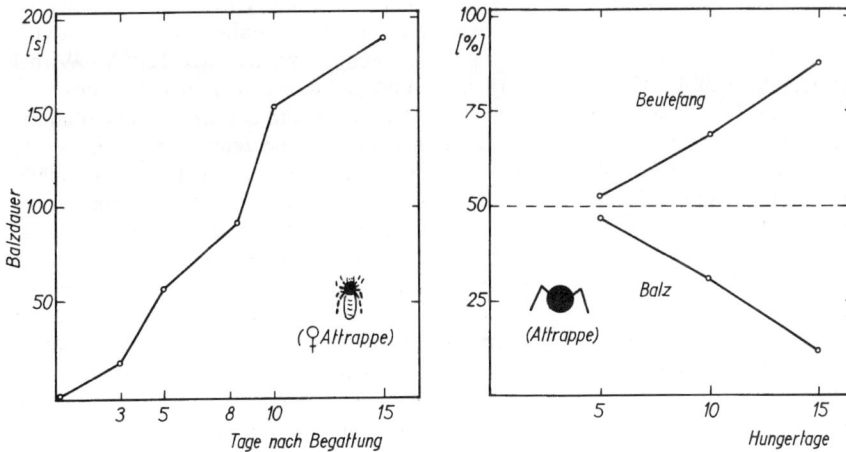

Abb. 7.3. Attrappen-Versuche mit Springspinnen-Männchen *(Epiblemum scenicum)*. Links: Balzdauer vor einer Weibchen-Attrappe in Abhängigkeit von der Zeit nach der letzten Begattung. – Rechts: Das Männchen reagiert auf die dargestellte Attrappe mit zunehmendem Hunger immer häufiger mit Beutefangverhalten und immer seltener mit Balzverhalten. Nach DREES aus CZIHAK, LANGER u. ZIEGLER 1981.

Paarungsbereite Springspinnen-Männchen *(Epiblemum scenicum)* führen vor dem Weibchen einen sog. Liebestanz aus, der sich auch durch Attrappen auslösen läßt. Vor der Attrappe wird dieser Tanz allerdings nach einer gewissen Zeit abgebrochen, da die positive Rückkopplung in Form der Reaktion des Weibchens ausbleibt. Die Tanzdauer ist abhängig von der Zeit nach der letzten Paarung. Unmittelbar nach der Paarung ist das Männchen überhaupt nicht zum Tanzen zu bewegen, mit zunehmender Zeitdistanz steigt die Tanzdauer auf 3 min (nach 15 Tagen) an (Abb. 7.3.). Es ist also offenbar so, daß die Bereitschaft zur Balz nach einer Paarung (= „instinktive Endhandlung") zunächst einmal auf Null absinkt, um dann allmählich wieder anzusteigen. Man spricht in diesem Zusammenhang von der **„antriebsverzehrenden Endhandlung"**[1]. Wahrscheinlich haben wir es hier mit einer Verminderung der „Antriebsstärke" durch die vollzogene instinktive Endbehandlung über einen negativen **Rückkopplungsmechanismus** zu tun. Statt Antriebsstärke werden auch oft die Begriffe Drang, Stimmung, Triebkraft oder Bereitschaft synonym gebraucht.

7.1.2.1. Rolle der Hormone

Durch viele Experimente ist die Bedeutung der Hormone als innere Faktoren für das Verhalten belegt.

Durch **Testosteron-**Gaben (2.2.2.) gelang es unter anderem bei der amerikanischen Eidechse *Anolis carolinensis,* jederzeit männliche Verhaltensweisen, wie Revierkämpfe und Begattung, zu induzieren. Bei Küken kann man in der Weise frühzeitiges Krähen und Kopulieren erreichen. Kanarienvogel-Weibchen beginnen zu singen und zeigen männliche Balzhandlungen. Kastrierte Ratten-Weibchen verlieren das Interesse am Geschlechtspartner. Durch Gaben von Oestrogen und Progesteron kann das Sexualverhalten wieder normalisiert werden.

Durch **Prolactin** (2.2.3.) kann bei Tauben der Brutpflegeinstinkt und bei Legehennen das Glucken hervorgehoben werden. Selbst der Haushahn beginnt nach Prolactin-Gaben, Küken zu führen und zu verteidigen sowie bei Gefahr Alarm zu melden. Zum Brüten hat man sie allerdings trotz hoher Hormongaben nicht veranlassen können. Molche regt das Prolactin in bestimmten Zeiten an, Gewässer aufzusuchen, um dort die Fortpflanzungstätigkeit auszuüben.

Junge, frisch geschlüpfte Raupen des Abendpfauenauges *(Smerinthus ocellatus)* streben dem Licht zu. Diese positive Phototaxis (s. u.) nimmt mit zunehmendem Alter der Raupe ab, die vor der Verpuppung sogar vor dem Licht flieht. Injiziert man alten Raupen **Juvenilhormon,** so werden sie wieder positiv phototaktisch. Umgekehrt führt eine Implan-tation von Prothoraxdrüsen (**Ecdyson**) zur Verschiebung des phototaktischen Verhaltens zur negativen Seite.

Weibchen der **Keulenheuschrecke** *(Gomphocerus rufus)* wehren in den ersten 6–8 Tagen ihres Imaginallebens jeden Geschlechtspartner ab: sog. primäre Abwehr. Durch Ausschaltung der Corpora allata wird das zum Dauerzustand. Umgekehrt kann man durch Applikation von Juvenilhormon-Analoga oder durch Implantation von Corpora allata in allatektomierte Weibchen die **Paarungsbereitschaft** induzieren. Nach der Begattung wird durch den mechanischen Reiz, der von der Spermatophore in dem Receptaculum seminis ausgeht, über nervöse Mechanismen die Paarungsbereitschaft wieder für 6–10 Tage blockiert und jedes Männchen abgewiesen (sekundäre Abwehr).

Bei **Riesenseidenspinnern** *(Hyalophora cecropia, Antheraea pernyi)* ist ein **Schlupfhormon**[2] bekannt. Es wird, ausgelöst durch direkte Reizeinwirkung des Lichtes auf das Gehirn in Zusammenarbeit mit einer inneren Uhr (7.3.3.), im Frühjahr nach der Überwinterung der Puppe in Diapause zu bestimmter Tageszeit vom Gehirn ausgeschüttet. Es setzt im Abdominalganglion komplizierte motorische Aktivitätsmuster in Gang, die in Form artspezifischer Bewegungen des Abdomens (Zuckungen, Rotationen, peristaltische Wellen) sichtbar werden und schließlich zum Reißen der Puppennähte führen.

7.1.2.2. Rolle neuronaler Zentren

Hormone sind nicht die einzigen Innenfaktoren, die für das Verhalten der Tiere von Bedeutung sind. Man kann davon ausgehen, daß neuronale Zentren durch ihre Aktivität in der Lage sind, selbst Verhaltensprogramme in Gang zu setzen.

Von besonderer Bedeutung für das Verhalten der Wirbeltiere ist der **Hypothalamus.** Er ist entwicklungsgeschichtlich ein relativ alter Teil des Wirbeltiergehirns und stellt den zentralen Teil des Zwischenhirns (Diencephalon) dar. Er liegt unterhalb des Thalamus und nimmt eine zentrale Stellung bei der Integration vegetativer, somatischer und hormoneller Funktionen ein. Gezielte elektrische Reizung in verschiedenen Bereichen des Hypothalamus mit Hilfe eingesenkter Mikroelektroden löst charakteristische Verhaltensweisen aus. Wiederholte Reizung im hinteren Teil des Hypothalamus ruft bei der Katze **Abwehrreaktionen** hervor („Katzenbuckel", Knurren, Fauchen, gespreizte Zehen mit hervorgetriebenen Krallen, gesträubte Haare auf Schwanz und Rücken, erweiterte Pupillen, gesteigerte Atmung, erhöhter Blutdruck, verminderte Darmmotorik, vermehrte Adrenalin-, ACTH- und Corticoid-Ausschüttung

---

[1] englisch: Consummatory act.

[2] englisch: eclosion hormone (2.2.8.).

etc.), die entweder in Angriffs- oder Fluchtverhalten einmünden können. Reizung einer Region etwa 2–3 mm dorsal von diesem „Abwehrareal" löst die Umstellung des Tieres auf die Nahrungsaufnahme, **Freßverhalten** (Umherschnüffeln und Suchen, Aufnahme selbst sonst abgelehnter Nahrung, Erhöhung der Darmmotorik und -durchblutung etc.) aus. Wie man sieht, beinhalten die ausgelösten Verhaltensweisen sowohl somatische als auch vegetative und endokrine Vorgänge. Sicher ist es falsch, sich die Zentren, die die einzelnen Reaktionen zu den Verhaltensweisen integrieren, als scharf begrenzte Areale vorzustellen. Vielmehr handelt es sich um mehr oder weniger ausgedehnte, in sich hochorganisierte Neuronenpopulationen, die sich gegenseitig stark überlappen und miteinander verzahnt sind.

Die im Hypothalamus fixierten Verhaltensprogramme müssen den jeweiligen Bedürfnissen des Tieres angepaßt und in Beziehung zur Umwelt gebracht werden. Das geschieht wahrscheinlich zum großen Teil vom **Mandelkern** (Nucleus amygdalae[1])) im Basalganglion des Vorderhirns (Telencephalon) aus unter Berücksichtigung der dort zahlreich einlaufenden Informationen aus der Umwelt und der Innenwelt des Tieres. Zwischen Hypothalamus und dem

---

[1]) núcleus (lat.) = Kern; he amygdále (griech.) = die Mandel. ein Teil des sog. limbischen Systems.

Mandelkern existieren sehr innige wechselseitige Nervenverbindungen. Die durch Reizung des Mandelkerns auslösbaren Abwehrreaktionen bleiben aus, wenn man auf der gleichen Hirnhälfte im Hypothalamus oder im Mittelhirn (Mesencephalon) Defekte durch Koagulation setzt. Umgekehrt bleiben die vom Hypothalamus auslösbaren Abwehrreaktionen im Prinzip nach beiderseitiger Zerstörung der Mandelkerne bestehen. Bilaterale Zerstörungen im Mittelhirn löschen im Gegensatz zu bilateralen Zerstörungen im Hypothalamus die Fähigkeit zu aggressivem Verhalten bei Katzen dauerhaft aus. Es lassen sich somit drei **Integrationsebenen** erkennen.

1. die Mittelhirnebene: Sie ist die einfachste, auf ihr kommt umweltbezogenes Verhalten nicht zustande.
2. die hypothalamische Ebene: Sie ist für die Objektgerichtetheit des Verhaltens verantwortlich.
3. die Amygdala-Ebene: Sie gewährleistet unter Berücksichtigung der dort einlaufenden Informationen aus der Innen- und Umwelt situationsangepaßtes Verhalten.

Interessante Ergebnisse sind am **Totenkopfaffen** erzielt worden. Er zeichnet sich durch ein außergewöhnlich reichhaltiges **vokales Repertoire** aus, das im hochentwickelten Sozialleben dieser Tiere als Kommunikationsträger von großer Bedeutung ist. Sein Lautrepertoire ist im Gegensatz zu vielen Sing-

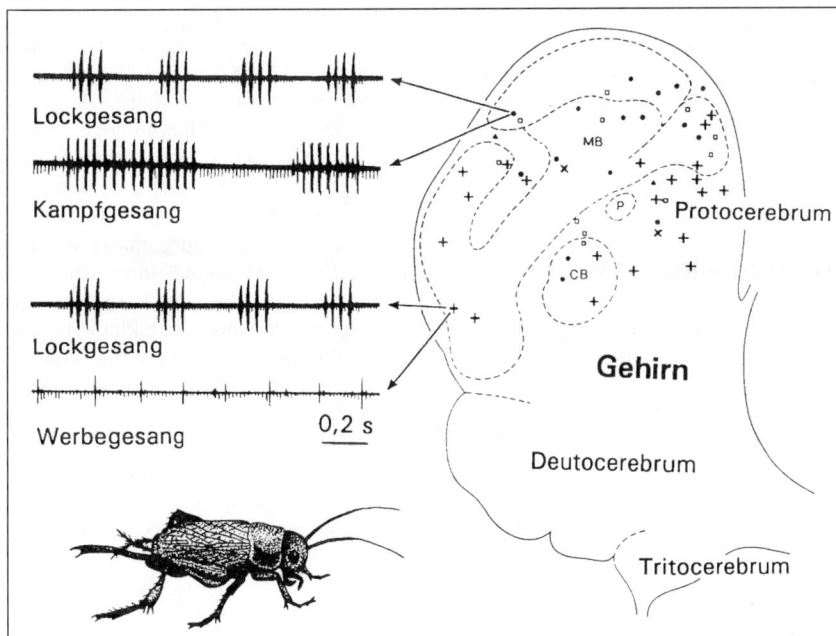

Abb. 7.4. Sagittalschnitt durch das Gehirn der Feldgrille (*Gryllus campestris*) mit Kennzeichnung derjenigen Orte, bei deren elektrischer Reizung Lock- und Kampfgesänge (●), Lock- und Werbegesang (+) bzw. alle drei Gesangsformen (×) ausgelöst werden können. An den mit □ gekennzeichneten Orten wird der Gesang gehemmt. MB = Pilzkörper; CB = Zentralkörper; P = Brücke. Nach Otto 1971, aus Schildberger u. Elsner 1994.

vögeln (s. o. Buchfink) genetisch fest fixiert, und für seine Ausbildung ist wahrscheinlich selbst das Hören der eigenen Stimme nicht nötig. Versuche zur Abwandlung der arteigenen Laute bzw. zum Einbau artfremder Laute sind fehlgeschlagen. Das gelingt selbst bei den Menschenaffen nicht. Offensichtlich besitzen die Affen nur in sehr begrenztem Umfang die Fähigkeit zur willensmäßigen Steuerung ihres Stimmapparates. Es ließ sich zeigen, daß sich durch elektrische Reizung bestimmter Hirnstrukturen verschiedene Vokalisationstypen, verbunden mit charakteristischen vegetativen Begleiterscheinungen, auslösen lassen: Gackerlaute verbunden mit einem höheren Erregungsgrad und leicht aggressiver Komponente, Errlaute als Ausdruck der gerichteten Aggression, Piepen als Kontaktlaut oder Kakel- und Schreilaute bei mittel- bis sehr starker Erregung. Alle diese Hirnareale zeigen eine enge Korrelation zum sog. limbischen System (Abb. 2.92.; 2.3.7.2.).

Vom vergleichenden Standpunkt aus ist interessant, daß bei **Katzen** das bekannte Fauchen und Knurren (beides, wie die Errlaute, typisch aggressive Laute) von im wesentlichen den gleichen Hirnarealen ausgelöst werden können wie beim Totenkopfaffen die Errlaute. Keine Vokalisation läßt sich von Hirnarealen auslösen, die in enger Beziehung zur zentralnervösen Verarbeitung motorischer und sensorischer Informationen stehen (große Teile des Cortex, des Thalamus, der Basalganglien sowie die extrapyramidalen Kerngebiete.

Entsprechende Versuche sind am Gehirn der **Feldgrille** *(Gryllus campestris)* durchgeführt worden. Durch punktförmige elektrische Reizung, insbesondere im Bereich der Corpora pedunculata, gelang es, den Lockgesang, den Werbegesang oder auch den Kampfgesang bei dem männlichen Insekt auszulösen oder auch zu hemmen (Abb. 7.4.).

7.1.3. Verhalten als Synthese von Reaktion und Aktion

Aus dem Vorangegangenen geht hervor, daß viele Verhaltensweisen weder reine Reaktion darstellen noch reine Aktion, d. h. spontan ausgelöst werden. In der Regel sind sie sowohl von **auslösenden Faktoren** (nach TINBERGEN) als auch inneren Bedingungen (**stimmenden Faktoren** nach TINBERGEN) abhängig, auch quantitativ: doppelte Quantifizierung des motivierten Verhaltens durch innere Bedingungen und äußere Reize. Oft rufen die inneren Bedingungen für sich alleine das Verhalten nicht hervor, sondern bestimmen lediglich die Schwelle für die sie auslösenden Sinnesreize. Ausdruck dieses Zusammenhangs ist die oft beschriebene reziproke Beziehung zwischen den beiden Größen: je stärker der innere Antrieb, desto schwächere Auslöser sind ausreichend, um das entsprechende Verhalten in Gang zu setzen, oder umgekehrt, je geringer der Antrieb, desto stärkere Reize müssen aufgewendet werden.

Beispiele sind dazu in großer Zahl bekannt. Das Begattungsverhalten bei männlichen Säugetieren und Vögeln läßt sich um so leichter, mit um so weniger spezifischen Reizen, mit um so schlechteren Weibchen-Attrappen auslösen, je länger der Geschlechtstrieb unbefriedigt geblieben ist. Lachtauben *(Streptopelia risoria)* balzten wenige Tage nach Verschwinden des weiblichen Partners weiße Haustauben an. Einige Tage später geschah dasselbe bereits vor ausgestopften Tauben, dann vor einem zusammengeknüllten Tuch und schließlich – nach Wochen – vor der leeren Raumecke des Kistenkäfigs. Man spricht von der **Schwellenerniedrigung des auslösenden Reizes.** – Räuberisch lebende Tierarten greifen normalerweise nur Beuteobjekte bis zu einer bestimmten Größe und Stärke an. Mit wachsendem Hunger verschiebt sich diese Grenze, und es werden auch größere Tiere angegriffen. Umgekehrt lassen sich viele Räuber nach ausgiebiger Mahlzeit nur sehr schwer zu bewegen, erneut auf die Jagd zu gehen.

Der innere Antrieb kann unter Umständen bei langfristigem Ausbleiben der auslösenden Situation schließlich so stark werden, daß die Instinkthandlung „von alleine" durchbricht: **Leerlaufreaktion.** Bei Vögeln hat man z. B. beobachtet, daß sie unter solchen Umständen im leeren Nest mit dem Brüten beginnen.

Der **Ablauf motivierten Verhaltens** läßt sich oft in vier aufeinanderfolgende Phasen untergliedern. Er beginnt mit dem **Appetenzverhalten** (W. CRAIG). Darunter versteht man „das urgewaltige Streben, jene auslösende Umweltsituation herbeizuführen, in der sich ein gestauter Instinkt entladen kann" (K. LORENZ). Es kann zunächst relativ ungerichtet sein und aus einem regellosen Umherlaufen, -fliegen oder -schwimmen bestehen (Appetenzverhalten I, ungerichtetes Suchen). Zweck dieser Handlung ist es, mit dem gewünschten auslösenden Reiz (Antriebsobjekt: Geschlechtspartner, Beute bzw. Futter, geeigneter Ruhe- oder Nistplatz oder ähnliches) zusammenzutreffen. Wenn dieses Zielobjekt ausgemacht worden ist, erhält das Appetenzverhalten eine Richtung (Appetenzverhalten II, gerichtetes Suchen). Mit dem Erreichen des Zieles beginnt die zweite Phase: die **instinktive Endhandlung** oder der Funktionsvollzug (Begattung, Schlagen und Verzehr der Beute, Schlafen, Nestbau). Während das Appetenzverhalten sich sehr plastisch und variabel gestaltet, ist die Endhandlung relativ starr und wenig variabel. Der Vollzug der instinktiven Endhandlung kann schließlich den für die Anregung des Verhaltens verantwortlichen inneren Antrieb rückwirkend abbauen (antriebsverzehrende Endhandlung, s. o.): **Hemmung des betreffenden Antriebs.**

Viele Verhaltensweisen sind sehr komplex und stellen sich bei genauerer Analyse als eine **Kette von Einzelhandlungen** heraus, die jede für sich ihre eigenen Schlüsselreize benötigt. Sehr genau ist das am Beispiel des Paarungsverhaltens des Dreistachligen

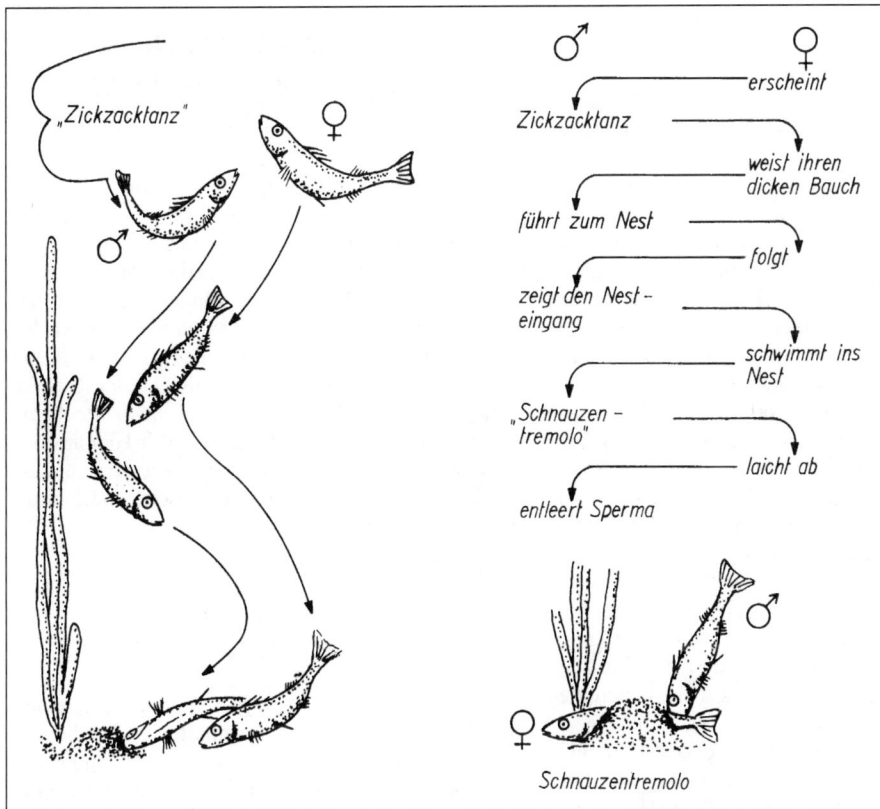

Abb. 7.5. Das Paarungsverhalten des Dreistachligen Stichlings *(Gasterosteus aculeatus)* in seiner „Instinktverschränkung". Erläuterungen im Text. Nach TINBERGEN 1966.

Stichlings analysiert worden. Hier ist außerdem die Handlungsfolge des Männchens mit der des Weibchens im Sinne einer **Instinktverschränkung** miteinander verzahnt (Abb. 7.5.).

Das Erscheinen des laichwilligen, weiblichen **Dreistachligen Stichlings** *(Gasterosteus aculeatus)* mit der charakteristischen Bewegungsform löst beim geschlechtsreifen und revierbesitzenden Männchen optisch den „Zickzacktanz" aus, wobei das „Zick" zum Weibchen hin und das „Zack" vom Weibchen fort, zum Nest hin gerichtet ist. Der Tanz sowie der rote Bauch des Männchens sind für das Weibchen Anlaß, direkt auf das Männchen zuzuschwimmen und ihrerseits ihren dicken Bauch zu zeigen. Daraufhin macht das Männchen kehrt und schwimmt zum Nest, das Weibchen reagiert durch Folgen. Das Nachfolgen regt das Männchen an, den Kopf „hinweisend" in den Nesteingang zu stecken. Darauf reagiert das Weibchen mit dem Hineinschwimmen in das Nest. Dieser Vorgang veranlaßt das Männchen, mit raschen Schnauzenschlägen gegen den Leib des Weibchens zu hämmern („Schnauzentremolo"), wodurch die Eiablage ausgelöst wird. Die frischen Eier schließlich veranlassen das Männchen chemisch und wahrscheinlich auch mechanisch zur Samenentleerung. Unterbricht man die Reaktionskette, indem man z. B. das Männchen entfernt, nachdem das Weibchen in das Nest geschwommen ist, so ist das Weibchen nicht in der Lage abzulaichen, es sei denn, man imitiert das Schnauzentremolo im natürlichen Rhythmus und in gewohnter Stärke mit Hilfe eines harten Gegenstandes.

Die verschiedenen, unabhängig voneinander veränderlichen Verhaltenstendenzen im Tier bestehen nicht einfach nebeneinander, sie können sich vielmehr mehr oder weniger stark gegenseitig beeinflussen. Ein interessanter Sonderfall ist, wenn sich von zwei Antrieben jeweils der stärkere nach dem Alles-oder-Nichts-Gesetz durchsetzt und den schwächeren völlig unterdrückt. Als Beispiel können nochmals die Springspinnen-Männchen dienen. Wie erwähnt (S. 564), können sie durch eine weibchenähnliche Attrappe zur Balz (Liebestanz) angeregt werden. Durch beuteähnliche (z. B. fliegenähnliche) Attrappen wird dagegen ein Beutefangverhalten induziert. Attrappen, die in der Mitte zwischen Weibchen- und Beute-Schema liegen, lösen entweder das Beutefang- oder das Balzverhalten aus, niemals ein aus beiden Abläufen gemischtes Verhalten. Je länger die letzte Mahlzeit zurückliegt, desto häufiger wird das Beuteverhalten und seltener das Balzverhalten (Abb. 7.3.). Umgekehrt reagiert das Tier immer häufiger mit dem Balzverhalten und immer seltener mit dem Beutefangverhalten, wenn es lange Zeit nicht zur Paarung zugelassen wird.

Kann sich eine überstarke Erregung auf dem üblichen Wege nicht entladen, so können sog. **Übersprunghandlungen** oder deplacierte Handlungen auftreten, die gar nicht in den aktuellen Zusammenhang passen. Das kann z. B. der Fall sein, wenn zwei stark aktivierte Triebe miteinander im Wettstreit liegen und sich gegenseitig an der Entladung hindern. So kommt es oft zu Übersprunghandlungen, wenn – etwa an der Reviergrenze – Angriffs- und Fluchttrieb miteinander im Wettstreit liegen, während innerhalb des Reviers der Angriffstrieb, außerhalb der Fluchttrieb klar überwiegt. Kämpfende Haushähne können in solchen Situationen abrupt ihren Kampf für kurze Zeit unterbrechen und mit dem Picken am Boden beginnen, als ob sie hungrig seien. Kämpfende Stare können plötzlich anfangen, ihr Gefieder zu putzen etc. Übersprunghandlungen können auch dann auftreten, wenn ein überstarker Trieb nicht entladen wird, weil der entsprechende auslösende Reiz ausbleibt. Ein Stichling-Männchen, das durch das Erscheinen des Weibchens aufs äußerste erregt worden ist und den Zickzacktanz (s. o.) ausführt, kann z. B. plötzlich zum Nestfächeln übergehen, wenn das Weibchen die Antwort schuldig bleibt und nicht folgt. Die Übersprunghandlungen sind stets angeborene Verhaltensweisen. Über die physiologischen Grundlagen bestehen noch Unklarheiten. Im menschlichen Bereich ist das verlegene Ohrkratzen, Haarordnen oder Kinnreiben als Übersprunghandlung zu deuten.

Früher ging man davon aus, daß die Übersprunghandlungen (daher auch der Name) dadurch zustande kommen, daß das aufgestaute Erregungspotential, das auf dem natürlichen Wege nicht entladen werden kann, auf einen anderen Weg überspringt, der in eine völlig andere Verhaltensweise einmündet. Dieser **Übersprunghypothese** steht die **Enthemmungshypothese** (SEVENSTER 1961) gegenüber. Zwei Antriebe (z. B. Kampfbereitschaft und Fluchtbereitschaft), die unabhängig voneinander einen dritten (z. B. die Nahrungsaufnahmebereitschaft) unterdrücken, sollen nach dieser Auffassung sich wechselseitig hemmen. Dadurch schwächen sie sich gegenseitig in solchem Maße, daß der dritte Antrieb gleichzeitig enthemmt wird. Neuerdings ist diese Hypothese auch wieder in Frage gestellt worden. Während im Sinne der Übersprunghypothese das Übersprungverhalten **„allochthon"**[1]) (von einer „fremden" Erregung gespeist) ist, ist es nach der Enthemmungshypothese **„autochthon"**[1]) (von der ihr zugeordneten Erregung gespeist).

---

[1]) állos (griech.) = ein anderer; he chthon (griech.) = der Boden, die Erde; autó (griech.) = selbst-.

7.2. Erlerntes Verhalten: Lernen und Gedächtnis

So wie wir feststellten, daß viele Verhaltensweisen gleichzeitig Reaktion und Aktion sind, können wir jetzt ergänzen, daß sie oft auch gleichzeitig angeboren und erlernt sind. Durch das „Hineinlernen" in angeborene Instinkthandlungen können diese vorübergehend oder bleibend verändert werden (**durch Erfahrung ergänzter angeborener Auslösemechanismus, EAAM**). Das kann sich auf die Art der Reaktion beziehen oder auch auf den auslösenden Mechanismus bei gleichbleibender Reaktion. Wird der auslösemechanismus erst in der Ontogenese erworben, kann man ihn als **„erworbenen Auslösemechanismus"** (EAM) bezeichnen.

7.2.1. Lernvermögen und Lerndisposition

Die Lernfähigkeit der Tiere gehört zu den interessantesten aber zugleich auch rätselhaftesten Erscheinungen. Vom **Lernen** spricht man generell dann, wenn sich die Wahrscheinlichkeit für das Auftreten einer bestimmten Verhaltensweise in bestimmten Reizsituationen auf Grund früherer Begegnungen mit dieser Reizsituation ändert. In Kurzform:

Lernen ist eine adaptive Änderung des Verhaltens auf Grund gesammelter Erfahrungen.

Lernvorgänge sind bei Vertretern aller Tierstämme bekannt.

Der Cephalopode *Octopus* besitzt zwei anatomisch völlig voneinander getrennte Gedächtnisse, ein taktiles und ein optisches. Das taktile Gedächtnis funktioniert noch, wenn alle höheren Gehirnzentren bis auf wenige 5 000 Zellen ausgeschaltet sind. Bei den Anneliden und Arthropoden konnte man ein „segmentales" Gedächtnis nachweisen.

Bei den **Wirbeltieren** besteht eine deutliche Korrelation zwischen der **Lernleistung** und der Gehirngröße bzw. der Anzahl von Neuronen. Die Anzahl sukzessiv adressierbarer Aufgaben (Unterscheidung und Bewertung von Farb- bzw. Musterpaaren), die gleichzeitig beherrscht werden können, zeigt interessante Unterschiede. Vielfach zeigt unter nahe verwandten Formen jeweils die größere auch die höhere **Lernkapazität.** Unter den Knochenfischen können z. B. Guppys *(Lebistes)* bis zu 4 optische Aufgaben, Forellen *(Trutta iridea)* aber bis zu 6 gleichzeitig beherrschen. Mäuse lernen 6–7, Ratten bis zu 8 (Abb. 7.6.), ein Zebra 10, ein Esel 13 und ein Pferd bis zu 20 verschiedene optische Musterpaare richtig zu beantworten. Indische Arbeitselefanten werden in erster

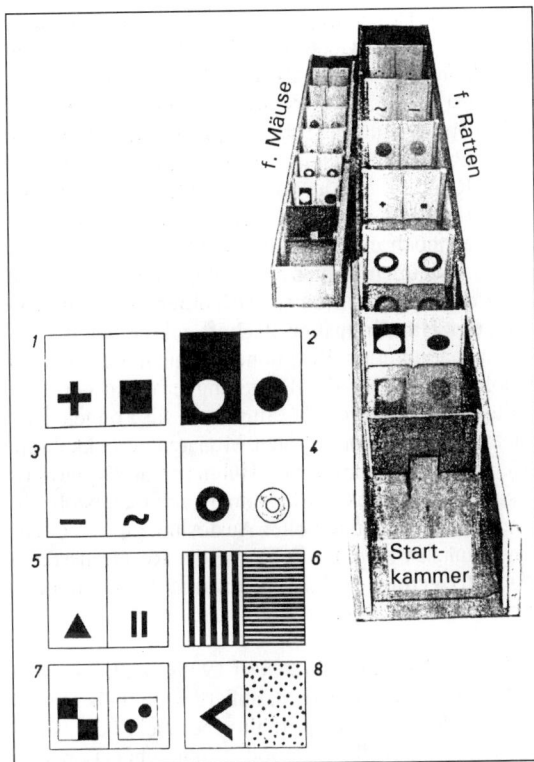

Abb. 7.6. Laufkasten zum „Sechsfachtest" für Mäuse bzw. Ratten. Die Positivmuster sind auf nachgebenden, die Negativmuster auf blockierten Klapptüren angebracht. Hinter dem letzten Muster „winkt" die Belohnung. – Links: Ein Beispiel von sechs andressierten und beherrschten Schwarz-Weiß-Musterpaaren. Nach von Boxberger 1952, Reetz 1958.

Linie akustisch dressiert: Rensch und Altevogt (1954) berichteten, daß drei erfahrene Tiere (40 bzw. 60 Jahre alt) 21–23 von den Mahut gegebene akustische Befehle unterscheiden und mit entsprechenden Handlungen richtig beantworten konnten. Ein Schäferhund erlernte 35 Wortbefehle ohne Zuhilfenahme zusätzlicher optischer Informationen zu unterscheiden und richtig zu befolgen.

Das Schimpansenkind „Vicki" hatte 50 Wörter bzw. Wortfolgen dem Klang nach zu unterscheiden gelernt. Damit ist die Lernkapazität der **Menschenaffen** bei weitem noch nicht erschöpft. Premack lehrte eine juvenile Schimpansin mit dem Namen Sarah eine künstliche Sprache mit Plastic-Chips unterschiedlicher Form und Farbe (7.6.). Sie beherrschte schließlich die Bedeutung von 130 Symbolen mit hoher Sicherheit (75–80%). Am weitesten hat es ein weiblicher Gorilla mit dem Namen Koko gebracht. Er lernte 400 Zeichen der Amerikanischen Zeichensprache (ASL) beherrschen.

Parallele Unterschiede gibt es hinsichtlich der **Gedächtnisdauer.** Guppys behielten die Unterscheidung zweier optischer Merkmale 3 Tage im Gedächtnis, Forellen 150, und ein Karpfen beherrschte die Aufgabe noch nach 2 Jahren und 8 Monaten.

Solche Vergleiche von Lernleistungen zwischen verschiedenen Arten, Gattungen, Familien, Ordnungen oder gar Klassen sind sehr problematisch. Genetische Dispositionen, Rangordnungen der Merkzeichen, die Motivationen lernadäquater Umweltbedingungen können grundsätzlich verschieden sein und so lediglich Unterschiede in der Lernleistung vortäuschen.

Die Lernfähigkeit der Tiere ist sowohl in qualitativer als auch in quantitativer Hinsicht erblich fixiert: **ererbte Lerndisposition.** Man kann immer wieder beobachten, daß bestimmte Dinge sehr leicht erlernt werden, andere – keinesfalls schwierigere Aufgaben – dagegen sehr schlecht oder gar nicht. Silbermöwen lernen z. B. nicht, ihre eigenen Eier von fremden, abweichend getüpfelten und gefärbten zu unterscheiden. Sie finden ihr eigenes Gelege nur aufgrund der eingeprägten Ortsmerkmale wieder. Das angeborene Auslöseschema für die Bebrütung ist offenbar so stark, daß es sich durch Lernakte nicht beeinflussen läßt. Hingegen lernen die Silbermöwen innerhalb der ersten fünf Tage, ihre eigenen Jungen von jedem fremden, auch außerordentlich ähnlichen Jungtier zu unterscheiden. Durch entsprechende **Motivationen** können die Lernprozesse beschleunigt werden. Hungrige Ratten lernen z. B. im Labyrinth den Weg zum Ziel schneller, wenn dort Futter zur „Belohnung" angeboten wird.

Oft beobachtet man eine **Rangordnung der Merkzeichen.** Hat man Bienen simultan auf Duft, Farbe und Form dressiert und bietet anschließend alle drei Merkzeichen örtlich getrennt voneinander an, dann bevorzugen sie Duft vor Farbe und die Farbe vor der Form. Diese Rangordnung drückt sich auch in der für die endgültige Speicherung des Gelernten notwendigen Wiederholungen aus. Die Biene benötigt 30–40 Lernakte, um Formen zu unterscheiden, 3–4 Lernakte bei Farbdressuren und nur einen Lernakt, um sich eine Duftmarke einzuprägen. Selbst innerhalb derselben Modalität (z. B. Geruch) existiert eine Rangordnung: Dem angebotenen Zuckerwasser wird ein entsprechender Duftstoff beigegeben. Nach jedem Saugakt wird getestet, ob die Biene den Dressurduft einer duftlosen Zuckerwasserschale vorzieht. Fenchel und Benzylacetat werden bereits nach dem ersten belohnten Anflug in 90% der Fälle bevorzugt, Valeriansäure und Buttersäure erreichen erst nach 10 Saugakten eine Bevorzugung in ca. 85 bzw. 75% der Fälle. Buttersäure hat offenbar einen genetisch festgelegten, relativ geringen Signalwert (Informationsgehalt) für die Bienen und besitzt deshalb gegenüber duftlos auch relativ wenig „Fremd"-Information.

Nicht jede Veränderung von Bewegungsweisen im Verlaufe des Lebens ist auf Lernvorgänge zurückzuführen.

Wachstums- und Reifungsprozesse angeborener Verhaltensweisen täuschen oft Lernen vor, sind aber davon zu trennen. So wird z. B. der Flug junger Vögel zunächst durch **Wachstumsvorgänge** zentralnervöser Mechanismen und nicht durch Lernvorgänge besser. In engen Röhren eingeschlossene Jungtauben konnten nach ihrer Freilassung ebenso wie ihre frei aufgewachsenen Altersgenossen 10 m weit fliegen. Später werden allerdings das Landemanöver, das Erjagen fliegender Beute, das Segeln usw. durch Lernen immer sicherer ("Übung"). Im Gegensatz zum Wachstumsvorgang handelt es sich beim **Reifungsprozeß** um die Aktivierung bereits voll entwickelter Verhaltensweisen, z. B. um die Aktivierung des Fortpflanzungsverhaltens durch Hormone (7.1.2.). Am Beispiel des Ammer-Weibchens kann man folgenden Reifungsprozeß des Nestbauinstinkts beobachten: Hälmchen werden sporadisch aufgepickt und gleich wieder fallengelassen, die Hälmchen werden ein paar Sekunden ziellos umhergetragen und dann erst wieder fallengelassen, die Hälmchen werden zum Nutzplatz gebracht und nach einigen oberflächlichen Nestbaubewegungen wieder fallengelassen, und so entwickelt sich der Trieb allmählich weiter.

7.2.2. Formen des Lernens

7.2.2.1. Habituation und Prägung

Die **Gewöhnung (Habituation[1])** besteht darin, daß Tiere, die wiederholt demselben Reiz ausgesetzt werden, auf den aber keine biologisch bedeutungsvollen Ereignisse folgen, eine immer schwächere und schließlich gar keine Reaktion mehr zeigen. Buchfinken *(Fringilla coelebs)* reagieren z. B. auf einen Steinkauz mit Warnrufen ("Haßreaktion"). Reagiert der Steinkauz nicht, so fällt die täglich einmal ausgelöste Reaktion immer schwächer aus, bis sie etwa am 12. Tag praktisch verschwunden ist (Abb. 7.7.).

---

[1] habituation (engl.) = Gewöhnung.

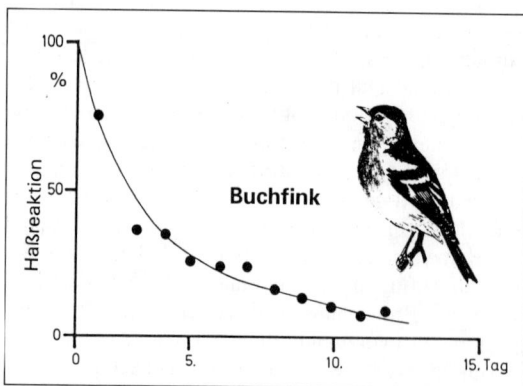

Abb. 7.7. Die "Haßreaktion" des Buchfinken *(Fringilla coelebs)* wurde durch einen lebenden Steinkauz, der täglich 20 Minuten präsentiert wurde, ausgelöst. Sie fällt zunehmend schwächer aus (Habituation). Nach R. A. HINDE aus HORN u. HINDE 1970.

Bekannt ist auch das Beispiel der Stare. Versucht man, sie durch wiederholte Böllerschüsse von den Kirschbäumen fernzuhalten, so hat man damit zwar zunächst Erfolg. Sehr schnell gewöhnen sich die Vögel allerdings an die Schreckschüsse und ignorieren sie. Selbst nach tagelanger Unterbrechung zeigen sie keine Reaktion auf die wieder einsetzenden Schüsse. Als Ursache kommt weder eine Adaptation der Rezeptoren noch eine Muskelermüdung in Frage. Wir müssen vielmehr davon ausgehen, daß es aufgrund der Erfahrungen zu einer **zentralnervösen Drosselung der Handlungsbereitschaft** gekommen ist.

Die habituierten Reaktionen können sich schnell erholen, wie z. B. das Beutefangverhalten der Erdkröte (innerhalb von 24 Stunden), sie können aber auch erst nach Wochen oder Monaten zurückkehren, wie z. B. die Reaktion von Hühnern auf als harmlos erkannte Flugobjekte. Manchmal kann man beobachten, daß es bei wiederholter Auslösung eines Verhaltens zunächst zu einer Zunahme der Reaktionsstärke (**Sensitivierung**; engl.: "sensitization") und dann erst zu einer Habituation kommt.

Bei der **Prägung** (LORENZ[2] 1935) handelt es sich um einen oft irreversiblen, außergewöhnlich schnell ablaufenden und nur innerhalb einer mehr oder weniger kurzen "sensiblen Periode" möglichen Lernvorgang, z. B. Nachfolge-, Gesangs-, Orts- oder sexuelle Prägung. Die Prägung ist an bestimmte, eng begrenzte Lebensabschnitte (**sensible Perioden**) geknüpft. Nestflüchter unter den Vögeln folgen z. B. bald nach dem Schlüpfen ihren Eltern. Dieses **Folgeverhalten** wird innerhalb der ersten Lebenstage sehr schnell erlernt und dann in der Regel zeitlebens nicht mehr vergessen. Es handelt sich dabei um eine "Anknüpfung einer Antwort an eine nur ein oder wenige Male in einer prägsamen Phase erlebte Reizsituation" (K. LORENZ 1969). Das Folgeverhalten kann bei Entenküken auch durch bewegte Gegenstände ganz anderer Art wie die Eltern ausgelöst werden, z. B. durch einen bewegten Kasten oder auch durch einen aufrechtgehenden Menschen, wenn dies das einzige, sich bewegende Objekt während der Prägungsphase ist. Die Entenküken folgen dann dem "Ersatzelterntier", auf das sie geprägt worden sind, und flüchten vor Artgenossen, wenn sie diese vorher nicht gesehen haben.

Die **Prägungsphase** für das Folgeverhalten ist bei Nestflüchtern relativ kurz (bei der Stockente, *Anas platyrhynchos,* zwischen der 1. und 40. Lebensstunde mit höchster Sensibilität zwischen der 13. und 16. Stunde (Abb. 7.8.), bei Gänsevögeln ist sie bereits 12–24 Stunden nach dem Schlüpfen beendet), bei

---

[2] Konrad LORENZ, geb. 1903 in Wien, Stud. d. Medizin u. Naturwiss., Prof. f. Psychologie ,in Königsberg (1940–1945), 1954–1973 am Max-Planck-Inst. f. Verhaltensphysiol. in Seewiesen (Obb.), Mitbegründer d. Ethologie (Nobelpreis 1973), gest. 1989.

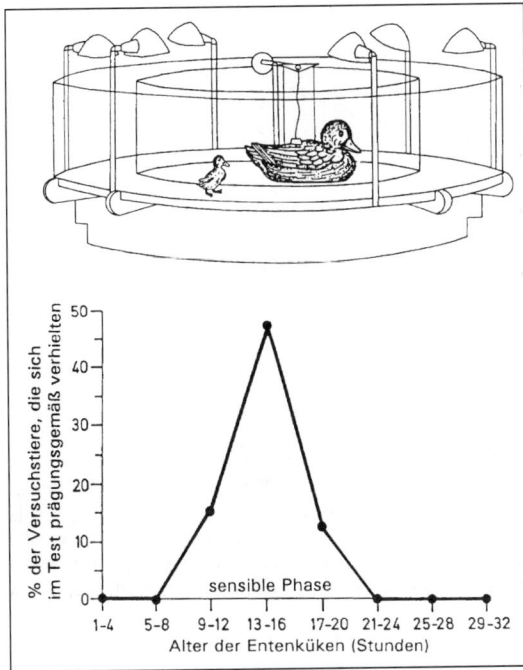

Abb. 7.8. Das „Prägungskarussell" von HESS. Das unerfahrene Entenküken folgt der Attrappe, die im Kreis bewegt wird und über einen Lautsprecher Laute von sich gibt. – Unten: Die unterschiedlich alten Entenküken (Abszisse) wurden jeweils eine Stunde bei einer Attrappe gelassen. Später wurden sie im Wahlversuch auf Prägung getestet. Nach HESS 1959.

Nesthockern wesentlich länger (Fuchs: 24.–36. Lebenstag).

Tauscht man bei erstbrütenden **Cichliden** (Buntbarsche) die Eier gegen artfremde aus, so werden die schlüpfenden Jungen angenommen und großgezogen. Diese Tiere sind dann zeitlebens auf diese fremden Jungen derart geprägt, daß sie arteigene sofort nach dem Schlüpfen töten. Die Cichliden erwerben also ihre „Kenntnisse" über die Artjungen beim Ausschlüpfen ihrer ersten Brut.

Bei **Vögeln** und **Säugetieren** ist auch eine **sexuelle Prägung** bekannt. Die sensible Periode dauert einige Wochen bis Monate. Sie liegt in einer Lebensphase, in der das Sexualverhalten selbst noch nicht gereift ist. Man hat z. B. beobachtet, daß ein australischer Zebrafink, der von Pflegeeltern einer anderen Art aufgezogen worden ist, nach Eintritt der Geschlechtsreife Weibchen von der Art seiner Pflegeeltern anbalzt und auf eigene Artgenossen überhaupt nicht reagiert. Ist er von „Menschenhand" aufgezogen, so balzt er später die Hand seines Pflegers an.

7.2.2.2. Assoziatives Lernen

Hierher zählt das Lernen durch Ausbildung **bedingter Reflexe** („**klassische Konditionierung**" zu PAVLOV[1]). Der bedingte Reflex wird im Gegensatz zu dem angeborenen (unbedingten) erst im Laufe des Lebens erworben. Er stellt eine Reaktion dar, die durch die Verknüpfung eines „bedingten" Reizes, der

---

[1] s. Fußnote S. 217.

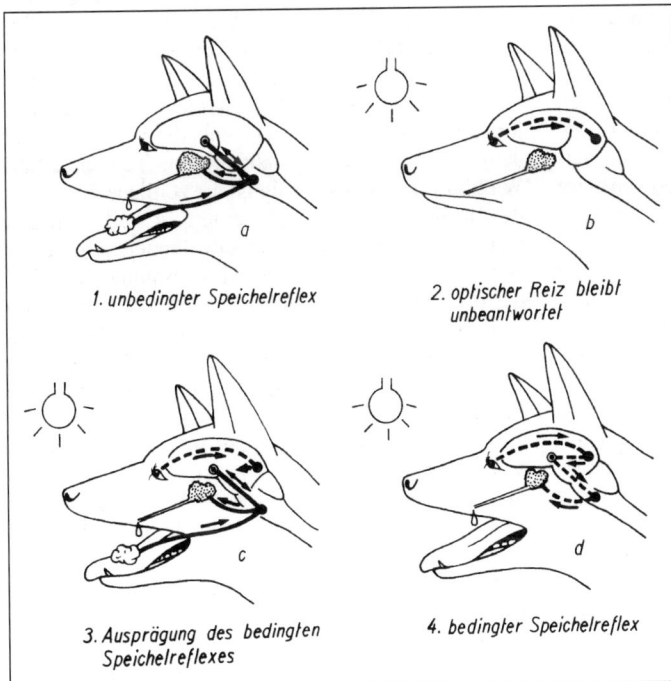

Abb. 7.9. Die Ausbildung eines bedingten Reflexes beim Hund. Unbedingter Reiz: Nahrung, bedingter Reiz: Lichtsignal. Aus GOTTSCHICK 1955.

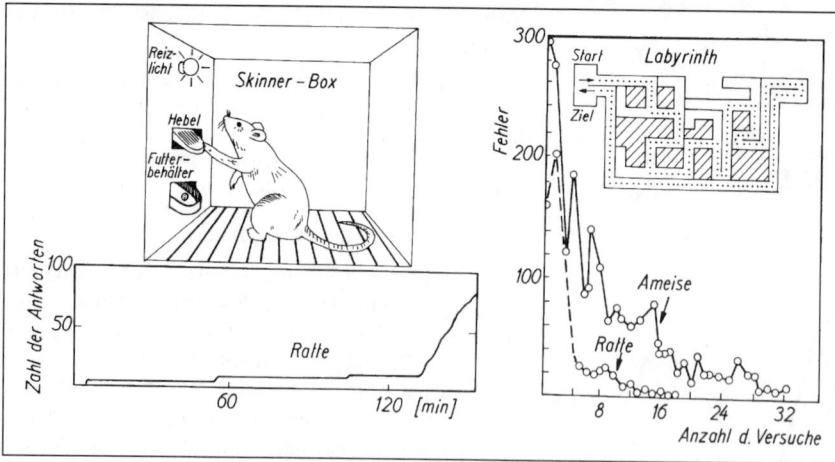

Abb. 7.10. Links: Dressur in einer Skinner-Box. Drückt die Ratte auf den Hebel, so fällt ein Futterkügelchen in den Behälter. Die Ratte lernt sehr schnell, auf ein Lichtsignal hin den Hebel zu betätigen. In der Lernkurve (darunter) wird jede erfolgreiche Betätigung des Hebels durch eine bestimmte Niveauerhöhung wiedergegeben. Vom vierten Erfolg an nimmt die Zahl der richtigen Antworten rasch zu. Nach Scott 1968, Skinner u. Munn 1950. Rechts: Labyrinthversuch mit Ameisen und Ratten. Während die Ratte bereits nach 13 Versuchen den Weg gelernt hat, benötigt die Ameise 31. Nach Schneirla 1946.

normalerweise keinen Reflex auslöst, mit einem Fremdreflex zustande kommt. Ein bekanntes Beispiel eines bedingten Reflexes ist die Auslösung des Speichelflusses durch ein akustisches oder optisches Signal beim Hund (Pavlov). Wird einem Hund Nahrung geboten oder verdünnte Säure ins Maul gespritzt (unbedingter Reiz), so beginnt reflektorisch die Speichelsekretion (unbedingter Reflex = Fremdreflex). Ein Klingelzeichen oder Lichtsignal löst dagegen keine Sekretion aus (bedingter Reiz). Werden unbedingter und bedingter Reiz jeweils gleichzeitig geboten und der Versuch oft genug wiederholt, so bildet sich eine Verknüpfung zwischen beiden Informationen heraus, so daß schließlich das Tier bereits auf den bedingten Reiz allein mit der Speichelsekretion antwortet, ohne daß der unbedingte noch geboten wird (Abb. 7.9.)

Die amerikanischen Behavioristen[1] gehen bei ihren Untersuchungen über den Lernvorgang von **spontanen Aktionen** des Tieres aus, die in bestimmter Weise belohnt werden (**instrumentelles oder operantes Konditionieren**). Sehr beliebt ist die sog. „Skinner-Box"[2] (Abb. 7.10.). Das Versuchstier (z. B. Ratte) befindet sich in einem Käfig. Es kann durch Drücken einer Taste erreichen, daß eine Futterpille aus einem Vorratsbehälter freigegeben wird und in den Futternapf fällt. Es lernt sehr schnell, auf ein bestimmtes Signal hin die Taste zu betätigen. Gern

benutzt wird auch die erstmalig von Small 1900 an Ratten eingeführte **Labyrinthmethode.** Das Tier muß lernen, durch ein Gewirr von Gängen und Sackgassen den kürzesten Weg zum Ziel (Köder) zu finden. Die einfachsten Labyrinthe sind T- oder Y-förmig.

Klassische und operante Konditionierung werden oft auch als **assoziatives Lernen** zusammengefaßt und sowohl den niederen Lernformen (Habituation und Prägung) als auch den höheren (Lernen durch Beobachtung und Nachahmung, Lernen durch Einsicht) gegenübergestellt. Bei der klassischen Konditionierung stellt das Tier eine Assoziation zwischen der Belohnung (identisch mit dem unbedingten Reiz) und dem bedingten Reiz (Lichtzeichen, Ton etc.) her. Wichtig für den Lernerfolg ist die zeitliche Nähe beider Reize. Der günstigste Lernerfolg stellt sich ein, wenn der bedingte Reiz dem unbedingten unmittelbar vorausgeht oder zeitlich mit ihm zusammenfällt. Bei der operanten Konditionierung wird die Assoziation zwischen der Betätigung des Hebels und der Belohnung hergestellt. Auch hier ist die zeitliche Nähe von Aktivität und Belohnung Voraussetzung für den Lernerfolg. Die operante Konditionierung kann auch als „**Lernen am Erfolg**" oder als „**Lernen durch Versuch und Irrtum**" (engl.: „trial and error learning") gekennzeichnet werden. Bleibt die Belohnung aus, so wird das Gelernte auch wieder gelöscht (Auslöschung oder **Extinktion**).

Viele insektenfressende Vögel müssen es erst lernen, die ungenießbaren Wespen zu meiden: Lernen aufgrund schlechter Erfahrungen. Ein solches Lernen nach dem **Prinzip von Versuch und Irrtum** ist im

---

[1] behaviour (engl.) = Verhalten.
[2] B. F. Skinner, geb. 1904, Physiologe an der Harvard University, gest. 1990.

Tierreich oft zu beobachten. Kolkraben versuchen z. B. zunächst mit allem Material, das sie erreichen können, ihr Nest anzufertigen. Auf Grund gesammelter Erfahrungen lernen sie schnell, besser und schlechter geeignetes Material zu unterscheiden und verwenden dann nur noch dünne Zweige. Säugetiere lernen auf gleiche Weise, nachdem sie sich zunächst wahllos an allen Gegenständen scheuern, später Kanten glatten Flächen vorzuziehen.

Wenn – wie erwähnt – ein Vogel es lernt, generell Wespen zu meiden, so setzt das ein Wiedererkennen des ungenießbaren Insekts unter oft sehr verschiedenen Umständen voraus. Er sieht das Insekt jeweils aus anderer Entfernung usw. Ein Wiedererkennen unter diesen verschiedenen Bedingungen ist nur möglich, wenn der Vogel **abstrahiert,** sich nur das „merkt", was bei wechselnden Reizsituationen immer wiederkehrt, gleichbleibt.

Ein Ausdruck dieser Abstraktion ist die bekannte Erscheinung in der Natur, daß solche Vögel dann nicht nur Wespen meiden, sondern z. B. auch die ähnlich gefärbten und gemusterten, aber durchaus genießbaren Fliegen. Eine solche „Nachahmung" eines Lebewesens durch ein anderes unter Ausnutzung seiner Signalfunktion nennt man **Mimikry.** Die Mimikry kann sich, anstatt auf das Aussehen, auch auf das Verhalten beziehen. Die in Nestern der Ameisen (*Formica, Myrmica*) lebenden Käfergattungen *Atemeles* und *Lomechusa* ahmen z. B. das Bettelverhalten sowie die Pheromone der Ameisenlarven so gut nach, daß die Ameisen sie wie ihre eigenen Larven füttern.

Dressurversuche an den verschiedensten Tieren machten immer wieder deutlich, daß sich die Tiere nicht alle Details des Objekts, sondern nur markante „Merkmale" einprägen. Elritzen, denen durch Futterbelohnung eine Bevorzugung eines schwarzen Dreiecks gegenüber einem schwarzen Quadrat andressiert worden war, bevorzugten dann z. B. auch einen aufrechten spitzen Winkel gegenüber einer waagerechten Linie. Bienen konnte die Bevorzugung gegliederter Figuren gegenüber kompakten unabhängig von ihrer Farbe andressiert werden und Forellen, einem Elefanten sowie Unpaarhufern die Bevorzugung gekreuzter Linien gegenüber andersartigen Mustern. Es gelingt auch, Tiere auf Relationen zu dressieren (**„relatives Lernen"**), d. h. von zwei Quadraten jeweils das kleinere, von zwei Korridoren jeweils den helleren oder von zwei gestreiften bzw. karierten Mustern jeweils das feinere zu bevorzugen.

7.2.2.3. Höhere Formen des Lernens

Von Vögeln und Säugetieren ist eine Weitergabe individuell erworbener Erfahrungen an Artgenossen durch **Beobachtung und Nachahmung** bekannt. Dagegen scheint eine *gezielte* Weitergabe von Erfahrungen durch Unterweisung (Lehren) den Menschen vorbehalten zu sein.

Bekannte Beispiele solcher Erfahrungsübermittlung (**Traditionsbildung**) betreffen den **Gebrauch**

Abb. 7.11. Schimpansen „angeln" mit selbstgefertigten Ruten Termiten aus dem Bau, wobei sie von Jungtieren beobachtet werden. Nach Aufnahmen von GODDALL 1967, aus BONNER 1983.

von Werkzeugen. Schimpansen „angeln" sich z. B. im Freiland mit Hilfe von Zweigen, die sie tief in den Termitenbau einführen, die begehrten Insekten, die sich an dem Zweig festbeißen und so mit dem Zweig zusammen herausgezogen werden können (Abb. 7.11.). Die Jungen lernen dieses Vorgehen durch Beobachtung und Nachahmung von den älteren Tieren. Ja, sie lernen sogar, die Werkzeuge für den Zweck richtig herzurichten. Von Schimpansen ist auch bekannt, daß sie Blätter zerkauen und anschließend als Schwamm benutzen, um so an schwer zugängliche Wasseransammlungen in Baumhöhlen zu gelangen. Ein weiteres Beispiel: In einer Kolonie japanischer Makaken auf einer Insel bildete sich die Tradition heraus, Kartoffeln vor dem Verzehr im Meerwasser zu waschen. Ein zwei Jahre altes Tier namens Imo hatte entdeckt, wie man süße Kartoffeln durch Waschen vom anhaftenden Sand befreien kann. Diese Entdeckung breitete sich langsam in der Kolonie aus, wobei zu beobachten war, daß die älteren Tiere die letzten waren, die die nützliche Erfahrung übernahmen. Dasselbe Tier „erfand" einige Zeit später auch, wie man Weizenkörner vom Sand trennen kann. Es warf die Mischung kurzerhand ins Wasser und sammelte anschließend die Weizenkörner von der Oberfläche ab.

In Großbritannien beobachtete man ab ca. 1940 eine neue Verhaltensweise der Meisen, die zunächst lokal sehr begrenzt auftrat. Die Meisen hatten gelernt, den Aluminiumverschluß der allmorgendlich vor den Häusern abgestellten Milchflaschen zu durchstoßen, um an die begehrte Sahne heranzukommen (Abb. 7.12.). Diese Fertigkeit „machte Schule" und breitete sich in wenigen Jahren über weite Teile des Landes aus.

Nicht sicher ist, ob der Gebrauch eines Kaktusstachels zum Aufstöbern von Insekten in der Baumrinde, wie man es bei den Galapagosfinken *(Cactospira pallida)* beobachten kann, auch erst erlernt werden muß oder bereits angeboren ist. Die Benutzung eines zwischen den Mandibeln gehalte-

nen Steinchens zum Festklopfen des Sandes, mit dem der Nesteingang zuvor verschlossen wurde, bei der Grabwespe *Ammophila pictipennis* ist mit Sicherheit genetisch fixiert und nicht erlernt.

Hohe Variabilität in den Verhaltensreaktionen unter Artgenossen weisen auf Lernvorgänge hin, während umgekehrt ein einheitliches Verhalten der Artgenossen einen Lernvorgang keineswegs ausschließt. So ist z. B. der **Artgesang** der Nachtigallen, Feldlerchen, Buchfinken (s. o.) und Stieglitze im Freien sehr einheitlich. Erst Isolationsversuche machen deutlich, daß jeder Jungvogel durch Nachahmung den Artgesang erlernen muß.

Lernen durch „Einsicht" und andere höhere Formen des Lernens sollen gesondert im Kapitel 7.6. behandelt werden.

7.2.3. Physiologie des Lernens und Gedächtnisses

Nach Vorstellungen SEMONS[1]) (1904) soll jeder Reiz, der das Tier trifft, im Gehirn eine materielle Spur, ein **„Engramm",** hinterlassen. Die Suche nach solchen Engrammen hat in der Folgezeit viele Forscher beschäftigt. Insbesondere durch die umfangreichen Hirnabtragungs- (Ablations-) Versuche des amerikanischen Neuropsychologen Karl LASHLEY[2]) und seiner Schüler an Ratten wurde jedoch die Vorstellung von der strengen **Lokalisierbarkeit des Gedächtnisses** widerlegt. Es zeigte sich, daß es nicht möglich ist, in den „Assoziationsfeldern" der Hirnrinde fixierte Orte nachzuweisen, in denen bestimmte Gedächtnisinhalte gespeichert werden. Ratten, die gelernt hatten, einen bestimmten Weg im Labyrinth einzuschlagen, verloren diese Fähigkeit nicht, solange das Ausmaß der Zerstörung sowohl sensorischer als auch motorischer Rindenfelder einen gewissen Umfang nicht überschritt. Dabei war es von untergeordneter Bedeutung, welche Rindenbezirke jeweils ausgeschaltet wurden. Auch andere Untersuchungen führten zu dem überraschenden Ergebnis, daß langfristig gespeicherte Gedächtnisinhalte offenbar in sehr ausgedehnten Bezirken der Hirnrinde fixiert sein müssen.

Aus vielen Beobachtungen geht hervor, daß man bei der Gedächtnisbildung drei aufeinanderfolgende

Abb. 7.12. Blaumeisen haben gelernt, die Aluminiumkappe der Milchflasche zu durchstoßen, um an die begehrte Sahne zu gelangen. Aus BONNER 1983.

[1]) Richard Wolfgang SEMON, geb. 1859 in Berlin, 1879 Stud. b. HAECKEL in Jena, ab 1881 in Heidelberg, 1883 med. Promotion, 1891 Extraord. f. Anatomie i. Jena, ab 1897 Privatgelehrter in München, dort 1919 gest.
[2]) Karl Spencer LASHLEY, geb. 1890 in Davis (USA), 1914 Promotion in Zoologie an der Johns Hopkins Univ. bei H. S. JENNINGS, Stud. d. Psychologie, Prof. i. Minnesota (1920–1926), Chicago (1929–1935), Research Prof. f. Neuropsychologie a. d. Harvard Univ. 1935–1955, ab 1942 auch Direktor d. Yerkes Lab. für Primatenbiologie in Orange Park/Florida, gest. 1958 in Poitier (Frankreich).

Stadien unterscheiden muß, denen offenbar auch unterschiedliche Elementarmechanismen zugrunde liegen:

1. Das **Sofortgedächtnis** (Immediatspeicher): Es umfaßt nicht viel mehr als die Gegenwart. Alles, was jeweils aktuell an Bewußtseinsinhalten einläuft, klingt eine kurze Zeit nach und verschwindet dann wieder unwiderruflich, falls es nicht in den Kurzzeit- bzw. Langzeitspeicher (s. u.) überführt wird. So können wir z. B. etwa 3–5 Glockenschläge von der Turmuhr, die wir nicht sofort mitgezählt haben, noch eine gewisse Zeit nachträglich sozusagen rückwärts in die Vergangenheit hinein zählen.

2. Das **Kurzzeitgedächtnis** (Kurzzeitspeicher): Es hat eine Speicherzeit von einigen Stunden und eine relativ geringe Kapazität. In ihm findet eine umfangreiche Informationsreduktion und -selektion statt. Aus der großen Menge von Informationen, die ständig über die Rezeptoren zum Gehirn weitergeleitet wird, werden hier diejenigen ausgewählt, die für das Lebewesen von Bedeutung sind, und nur diese in den Langzeitspeicher überführt. Redundante Meldungen und bedeutungslose Informationen werden hier ausgelöscht und gehen verloren.

3. Das **Langzeitgedächtnis** (Langzeitspeicher): Es hat eine Speicherzeit von Tagen bis Jahrzehnten und eine große Kapazität. In ihm können Gedächtnisinhalte für die Zeit des Lebens jederzeit abrufbar niedergelegt werden.

Die Überführung der Speicherinhalte aus dem Kurzzeit- in den Langzeitspeicher, die sog. **Konsolidierung,** kann durch verschiedene Eingriffe unterbunden werden. Sie kann bei Ratten durch kurze Elektroschocks, die über am Schädel angelegte Elektroden dem Tier appliziert werden und Krämpfe, verbunden mit Bewußtlosigkeit, hervorrufen, verhindert werden, wenn sie innerhalb von 1–2 h nach dem Lernen zur Anwendung kommen. Spätere Schocks haben keine Wirkung mehr. Das Gelernte ist dann bereits im Langzeitspeicher verankert. Ähnliche Wirkung haben krampfauslösende Pharmaka (Cardiazol u. a.), Unterkühlung des Tieres (Hypothermie), mangelnde O_2-Versorgung des Gehirns (Anoxie) und die Narkose. Viele Forscher nehmen auf Grund dieser und anderer Ergebnisse an, daß das Kurzzeitgedächtnis auf rein funktionellen, elektrophysiologischen Abläufen beruht.

Man meint, daß die einmal angestoßenen Erregungen im Kurzzeitspeicher innerhalb geschlossener Neuronenketten („**Reverberationskreise**") für längere Zeit zirkulieren, bis eine zeitgesteuerte Hemmungsschaltung den Impulsstrom unterbricht. Aus diesen Kreisen ist die Erregung abrufbar, ohne den Speicherinhalt zu verändern. Eine wichtige Rolle scheint bei Säugetieren ein zwischen den Rindenfeldern des Stirnhirns und dem Thalamus in Verbindung mit Schaltneuronen der Formatio reticularis bestehender Erregungskreis (thalamo-corticaler Erregungskreis) als Kurzzeitspeicher zu spielen.

Die definitiv im Langzeitspeicher niedergelegten Informationen erweisen sich dagegen gegenüber den genannten Faktoren als außerordentlich resistent. Diese Tatsache legt nahe, für die Informationsspeicherung eine chemische Grundlage anzunehmen. Versuche an Goldfischen, Ratten und Mäusen führten zu dem Ergebnis, daß bei Lernvorgängen in bestimmten Kerngebieten des Gehirns ein gesteigerter Einbau radioaktiv markierten Phosphors bzw. Uridins in das Gehirngewebe erfolgt, was auf eine Beteiligung der **RNA** hinweist. Es treten auch RNA-Sequenzen auf, die in untrainierten Kontrolltieren nie zu finden waren. Die RNA ist allerdings nicht als das informationsspezifische Gedächtnismolekül anzusehen. Sie ist für die Bildung spezifischer **Proteine** oder Transmittersubstanzen verantwortlich, die für die Niederlegung und Reproduktion der Gedächtnisinhalte notwendig sein könnten.

Falls der Gedächtnisvorgang tatsächlich mit der **Proteinsynthese** gekoppelt ist, müßte man ihn durch Hemmung der Synthese beeinflussen können. Versuche mit **Puromycin**[1]) schienen das zunächst zu bestätigen. Das Puromycin wird auf Grund seiner strukturellen Ähnlichkeit mit der Phe- bzw. Tyr-t-RNA „irrtümlich" in die wachsende Peptidkette am Ribosom eingebaut, was zum Stop der weiteren Kettenverlängerung führt. Es kommt zur Freisetzung oft toxischer **Peptidyl-Puromycine.** Versuche am Goldfisch und an Mäusen zeigten, daß Puromycin das Lernen (Schock-Meideverhalten) selbst nicht beeinflußt, sondern nur die Ausbildung eines Langzeit-Gedächtnisses: Die Tiere können zwar lernen, aber nicht behalten (etwas vergleichbar mit dem Wernicke-Korsakoff-Syndrom beim Menschen). Zweifel darüber, daß Puromycin über die Hemmung der Proteinbiosynthese wirke, traten auf, als man fand, daß durch Zusatz von KOH, Li_2CO_3, $Ca(OH)_2$ oder MgO die erinnerungshemmende Wirkung des Puromycins aufgehoben werden kann. Es zeigte sich weiter, daß gar nicht die Engramm-Bildung selbst, d. h. der Vorgang der Gedächtnisbildung durch Puromycin gehemmt wird, sondern nur das Erinnern daran. Das Puromycin hebt vielleicht über die gebildeten Peptidyl-Puromycine die Schwelle für die Reproduktion der Gedächtnisinhalte an.

Viel diskutiert worden sind die Experimente in aller Welt, in denen eine **biochemische Gedächtnisübertragung (Gedächtnis-Transfer)** von einem Tier auf ein anderes gelungen ist. McCONNELL dressierte kleine Strudelwürmer (Planarien: *Dugesia dorotocephala*) darauf, an der Gabelstelle eines T-förmigen Labyrinths den schwarzen bzw. den weißen Schenkel zu wählen und den anderen zu meiden. Verfütterte er einen aus den trainierten Tieren gewonnenen Brei an hungernde, untrainierte Würmer, so waren diese Tiere anschließend im Lerntest ihren unbehandelten Artgenossen gegenüber überlegen. Sie „erinnerten" sich gewissermaßen an das, was die von ihnen verzehrten Artgenossen gelernt hatten. Injektionen von RNA-Extrakten aus trainierten Tieren hatten

---

[1]) aus *Streptomyces alboniger*.

denselben Erfolg. Inzwischen sind aus Laboratorien in aller Welt erfolgreiche Gedächtnis-Transferversuche publiziert worden, und das nicht nur an Planarien, sondern auch an Fischen, Hühnern, Ratten, Hamstern und Mäusen. Daß es sich dabei tatsächlich um einen Transfer von Gelerntem handelt, ist sehr zu bezweifeln. Wahrscheinlicher ist, daß die Extrakte in nichtspezifischer Weise die allgemeine **Aufmerksamkeit** und den **Wachheitsgrad** der Tiere anheben, was bereits ausreicht, bessere Lernleistungen zu erzielen. In diesem Sinne wirken z. B. auch **Vasopressin** und **ACTH** bzw. das Fragment $ACTH_{4-10}$ (auch als „Gedächtnismolekül" bezeichnet) lernfördernd.

Lernen ist nicht, wie viele eine zeitlang glaubten, Speicherung von Informationen in einzelnen Molekülen vergleichbar der Speicherung genetischer Informationen in DNA-Molekülen. Die Suche nach „Gedächtnismolekülen" kann als aussichtslos betrachtet werden. Wir müssen vielmehr davon ausgehen, daß das Gedächtnis auf der **Plastizität neuronaler Netze** beruht, wie es schon von Ramón y Cajal[1] vermutet wurde. Die plastischen Veränderungen, die die „Engramme" bilden, müssen wir primär im synaptischen Bereich suchen. Sie können morphologische und biochemisch-physiologische Parameter betreffen.

An jungen **Küken** konnte gezeigt werden, daß die **Prägung** mit einer Erhöhung der Inkorporation radioaktiv markierten Uracils in die RNA in bestimmten Teilen des Vorderhirns (medialer Teil des Hyperstriatum ventrale) verbunden ist. Exstirpation des **Hyperstriatum**, das sich bei Vögeln auf dem Striatum im Hemisphäreninnern entwickelt, hat den Verlust des Gedächtnisses und der Lernfähigkeit zur Folge, wobei das Repertoire stereotyper Verhaltensweisen der Vögel unbeeinflußt bleibt. Diese mit der Prägung einhergehende Erhöhung des RNA-Umsatzes kann in Beziehung gebracht werden mit einer Steigerung der Proteinsynthese, die notwendig wird, um die synaptischen Kontakte in der Region zu vergrößern. Tatsächlich konnte elektronenmikroskopisch gezeigt werden, daß die Kontaktflächen um 20% gegenüber den Kontrollen zunehmen.

Mit einem sehr einfachen Modell zur Untersuchung der **Habituation** konnte Eric Kandel tiefere Einblicke in die neurobiologischen Grundlagen dieses Lernvorganges gewinnen. Die Meeresschnecke *Aplysia* zeigt einen defensiven **Zurückziehreflex** des Siphons und der Kieme, wenn sie mechanisch durch einen kleinen Wasserstrahl gereizt wird. Wiederholte Reizung führt zu zunehmend schwächeren Reaktionen (Abb. 7.13.). Elektrische Reizung der sensorischen Zelle und Ableitung der Antwort von dem Motoneuron zum Kiemenmuskel zeigte, daß das EPSP im Motoneuron parallel zur Habituation an Amplitude abnahm, was wiederum auf eine Verminderung der freigesetzten Transmitterquanten in der Synapse pro Reiz zurückgeht. Als Ursache für diese herabgesetzte Transmitterabgabe konnte eine **Abnahme des $Ca^{2\oplus}$-Einwärtsstromes** in das synaptische Endknöpfchen wahrscheinlich gemacht werden. Für die langandauernde Habituation über Wochen scheinen darüber hinaus strukturelle Veränderungen an den Synapsen verantwortlich zu sein. Sie könnten zu einer gewissen physiologischen Diskonnektion zwischen dem sensorischen und motorischen Neuron führen.

Bei den **Säugetieren** belegen viele Experimente und Beobachtungen die große Bedeutung des **Hippocampus** für die Lern- und Gedächtnisprozesse. Die Hippocampusformation (Abb. 2.94.) geht auf einen sehr ursprünglichen Teil des „Pallium"[2], auf das sog. Archipallium, zurück. Durch das bei bestimmten Reptilien zwischen Palaeo- und Archipallium bereits angelegte und sich bei den Säugetieren stark entfaltende Neopallium wird das Archipallium auf die mediane Hemisphärenfläche verdrängt und rollt sich ein, es wird zur Hippocampusformation (Abb. 2.94.). Die bilaterale operative Entfernung des Hippocampus, wie sie bei dem 27jährigen Patienten H. M. als letztes Mittel gegen schwerste epileptische Anfälle vorgenommen wurde, führt zur irreversiblen und vollkommenen **anterograden Amnesie**[3], d. h. zur Unfähigkeit, neue Informationen dauerhaft und zugriffsbereit zu speichern. Der Patient konnte zwar durch ständiges Vorsichhersagen bestimmte Informationen im Kurzzeitgedächtnis bewahren, vergaß sie aber augenblicklich, wenn er abgelenkt wurde. Bei Affen und Ratten hat die bilaterale Entfernung des Hippocampus allerdings nicht so einen relativ vollständigen Verlust der Gedächtnisfähigkeit als vielmehr selektive Ausfälle zur Folge.

Englische Forscher entdeckten eine mit der posttetanischen Potenzierung an Endplatten vergleichbare **langandauernde Potenzierung der Antworten** der sog. Körnerzellen („Feldpotentiale") in der Fascia dentata des Hippocampus nach Reizung der an den Körnerzellen endenden entorhinalen corticalen Fasern. Wenn für einige Sekunden mit hoher Frequenz gereizt und anschließend die Antwort auf Einzelreize getestet wird, findet man über Stunden, Tage oder sogar Wochen erhöhte Antwortamplituden. Diese Potenzierung ist auf eine Erhöhung des Transmitterausstoßes zurückzuführen, wodurch ein größeres postsynaptisches Potential entsteht. Elektronenoptisch ist eine Größenzunahme der dendritischen „Spines" der hippocampalen Zellen beobachtet worden.

[1] Ramón y Cajal, geb. 1862 i. Betilla de Aragón (Spanien), Stud. d. Medizin i. Saragoza, Prof. f. Anatomie u. Histologie i. Valencia (1883), Barcelona (1887) und Madrid (1892), gest. 1934 i. Madrid (Nobelpreis 1906).

[2] pallium (lat.) = der Mantel. Die dorsale Wand der beiden Telencephalon-Hemisphären.
[3] ante- (lat.) = vorn, vorwärts; gradus (lat.) = der Schritt.

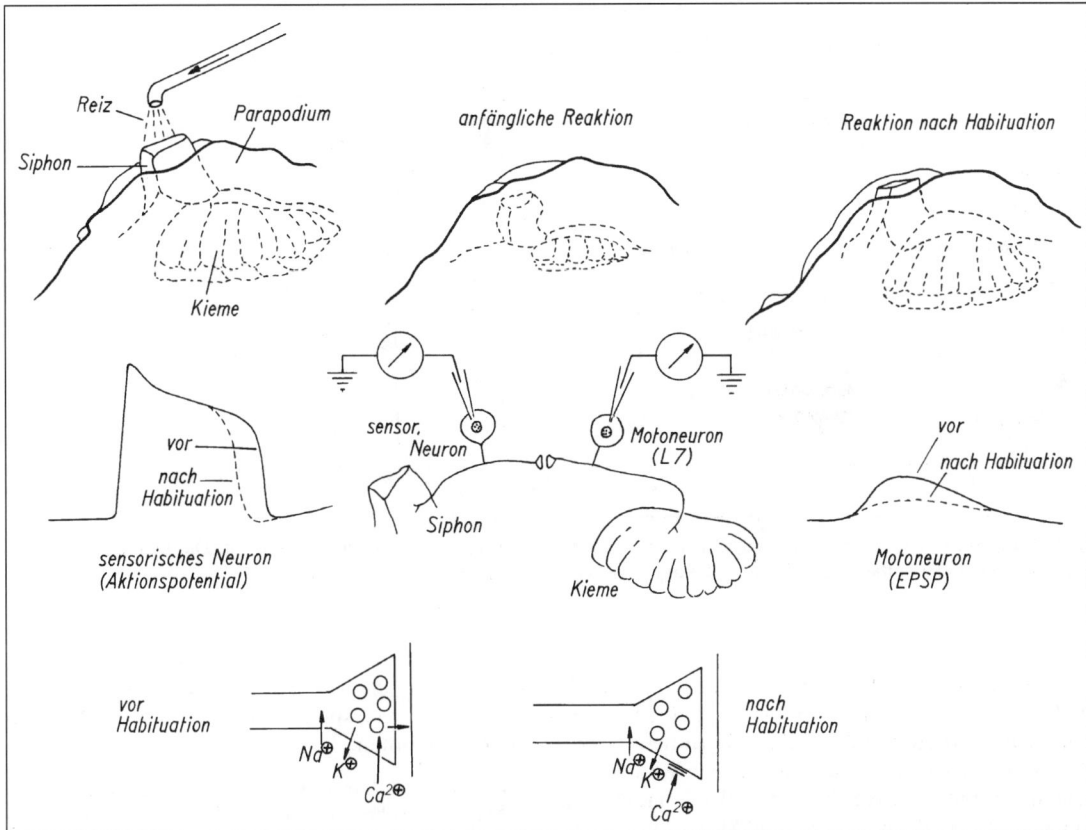

Abb. 7.13. Der Kiemen-Rückziehreflex bei *Aplysia* (Meeresschnecke) vor und nach erfolgter Habituation. Das intrazellulär registrierte Aktionspotential der sensorischen Zelle wird verkürzt, das EPSP im Motoneuron erniedrigt. Als Ursache der Habituation wird eine Depression des $Ca^{2\oplus}$-Influxes ins synaptische Endknöpfchen angenommen. Nach KANDEL 1974, 1979.

7.3. Biorhythmik

7.3.1. Allgemeines

Sehr viele Lebensprozesse laufen in der Zeit nicht gleichförmig ab, sondern unterliegen einer rhythmischen Änderung. Besonders auffällig ist das unter anderem im Hinblick auf die Aktivität vieler Tiere. Sie zeigt eine Periode von 24 h (**diurnaler Rhythmus**[1])), wobei das Aktivitätsmaximum – je nach Art – um die Mittagszeit, während der Dämmerung, in der Nacht, am Morgen oder zu anderer Zeit liegen kann.

Entspricht die Periodendauer τ nicht einem Tag (24 h), sondern einem Jahr (365 Tage), so spricht man von **annualen**[2]) **Rhythmen.** Als Beispiel können die Fortpflanzungsrhythmen vieler Tiere genannt werden oder auch jährlich in gleicher Weise wiederkehrendes

Verhalten, wie z. B. der Vogelzug, der Winterschlaf (4.5.4.) etc. Der Vogelzug ist mit einem Brutzyklus gekoppelt. Die **Fortpflanzungszyklen** können auch wesentlich kürzer als ein Jahr sein. Verschiedene Vögel können in einem Jahr (Sommer) zwei Bruten aufziehen. Nagetiere können mehrmals pro Jahr Junge werfen. Der Mensch zeigt einen Ovarialzyklus von 28 Tagen, die Ratte von 4,5 Tagen. Ihm liegt eine sich rhythmisch ändernde Aktivität verschiedener Hormondrüsen in fein aufeinander abgestimmter Weise zugrunde. Jeder Sexualzyklus setzt einen **Hormonzyklus** voraus (2.2.5.).

Andere umweltsynchrone Rhythmen sind die bei manchen Meerestieren auftretenden **Gezeitenrhythmen** (Tidenrhythmen). Sie sind synchron mit dem 12,4stündigen Wechsel zwischen Ebbe und Flut. Die **Semilunarrhythmen**[3]) verlaufen synchron mit dem 14,7tägigen Wechsel zwischen Spring- und Nipptiden und die **Lunarrhythmen**[3]) mit dem 29,5tägigen Wechsel der Mondphasen.

[1]) diurnus (lat.) = Tages-, zu einem Tag gehörig, täglich.
[2]) annua (lat.) = das Jahr.

[3]) luna (lat.) = der Mond, Monat; semi (lat.) = halb.

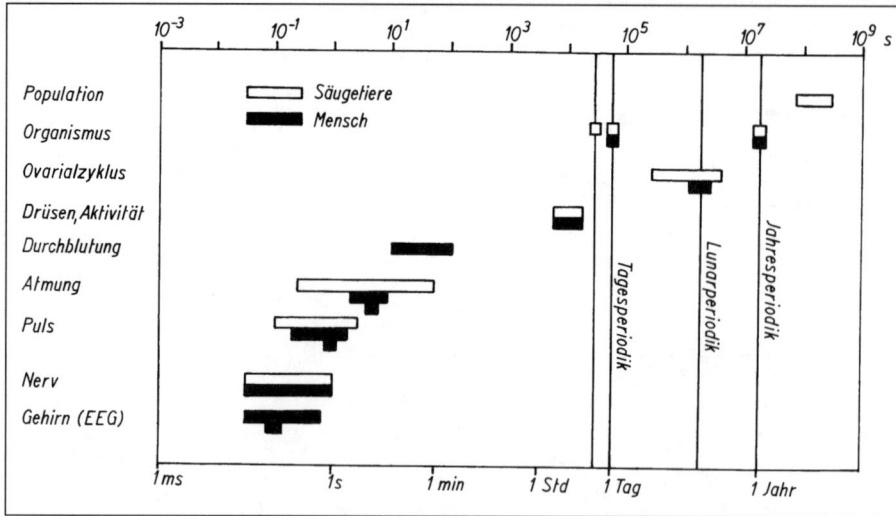

Abb. 7.14. Spektrum der biologischen Rhythmen beim Menschen und bei anderen Säugetieren. Die kleinen schwarzen Kästchen geben die mittlere Periodenlänge beim Menschen an. Nach HILDEBRANDT 1958.

Neben diesen Rhythmen mit Perioden von Tagen und länger gibt es solche mit wesentlich kürzeren Perioden: **Kurzzeit-** oder **Mikrorhythmen** (Abb. 7.14.). Als Beispiel sei die Bildung von Aktionspotentialen spontan aktiver Nerven- oder Sinneszellen genannt, deren Periodendauer im Millisekundenbereich liegt. Die Impulsfrequenz kann über lange Zeitspannen konstant bleiben, kann sich aber auch rhythmisch mit sehr unterschiedlicher Periode ändern. Ein Kurzzeitrhythmus elektrophysiologischer Natur im Sekundenbereich liegt z. B. auch der **Herztätigkeit** (3.3.1.3.), der Atembewegung (3.2.4.2.) sowie den rhythmischen Entladungen bei den „schwachen" elektrischen Fischen (5.5.) zugrunde. Im **Elektroencephalogramm** (EEG) des Menschen kann man vier verschiedene Frequenzen unterscheiden: delta-Wellen ($0,4$–$4 \cdot s^{-1}$), typisch für das Schlaf-EEG, theta-Wellen (4–$8 \cdot s^{-1}$), alpha-Wellen (8–$12 \cdot s^{-1}$), und beta-Wellen (13–$30 \cdot s^{-1}$). Die schnellen alpha- und beta-Wellen sind für das Wach-EEG charakteristisch (7.3.5.).

7.3.2. Genese und Synchronisation der Rhythmen

Hinsichtlich der **Genese der Rhythmen** kann man zwischen solchen unterscheiden, die durch die rhythmische Änderung eines oder auch mehrerer Umweltfaktoren, also exogen[1]), gesteuert werden, und solchen, die im Lebewesen selbst, unabhängig von Um-

weltfaktoren (endogen[2])), entstehen. Im ersten Fall spricht man von **Exo-Rhythmen,** im zweiten Fall von **Endo-Rhythmen.**

Beispiel eines **Exo-Rhythmus** ist die sog. **Vogeluhr.** Jede Singvogelart besitzt in unseren Breiten ihre für sie charakteristische „Weckhelligkeit", bei der sie mit ihrem Gesang beginnt. Die verschiedenen Arten setzen deshalb allmorgendlich in der gleichen Reihenfolge mit dem Gesang ein. Da die Sonne vor der Sonnenwende täglich um vier Minuten früher aufgeht, beginnt auch der Gesang jeweils um dieselbe Zeitspanne früher (Abb. 7.15.). Der Jäger kennt die alte Regel: „Der Waidmann soll zur Frühpirsch aufbrechen, wenn der Lerchenschlag beginnt, und an Ort und Stelle sein, wenn der Kuckucksruf ertönt." Die völlige Abhängigkeit dieses Rhythmus vom Lichtfaktor wird deutlich, wenn Bewölkung oder Nebel die Helligkeit mindern. Dann verzögert sich auch der Beginn des Gesanges.

Zu den **Endo-Rhythmen** zählen unter anderem die oben erwähnten elektrophysiologischen Mikrorhythmen sowie der Ovarialzyklus beim Menschen.

Häufiger als die Exo- und Endo-Rhythmen sind die sog. **Exo-Endo-Rhythmen.** Ihnen liegen endogene Zeitgeber zugrunde, die allerdings durch exogene Faktoren gesteuert werden. Bei vielen Tagesrhythmen läßt sich z. B. feststellen, daß sie unter konstanten Umweltbedingungen zwar weiterlaufen, also endogen bedingt sind, aber nicht mit exakt 24stündiger, sondern mit um einige Minuten von 24 Stunden abweichender Periodenlänge: **circadiane[3]) Rhythmen** (F. HALBERG 1959). Das bedeutet, daß unter solchen Versuchsbedingungen das Maximum der betreffen-

---

[1]) éxo- (griech.) = außerhalb; he génesis (griech.) = die Erzeugung.

[2]) éndo- (griech.) = innen.

[3]) circa diem (lat.) = ungefähr ein Tag.

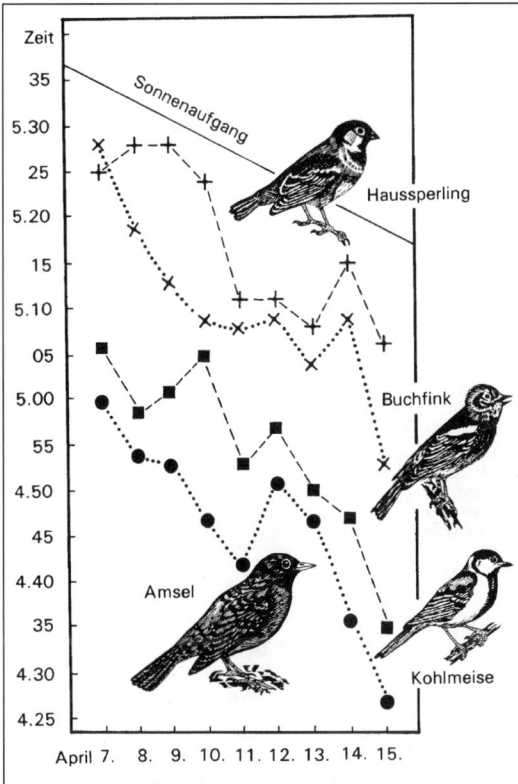

Abb. 7.15. Beispiel eines Exo-Rhythmus: die „Vogeluhr". Nähere Erläuterungen im Text. Aus HESSE u. DOFLEIN 1943, verändert.

den Funktionsgröße sich immer weiter von seinem natürlichen Zeitpunkt entfernt. Das Flughörnchen *(Glaucomys volans)* wird z. B. normalerweise täglich gegen 18 Uhr aktiv. Wird es bei konstanten Außenbedingungen und Dauerdunkelheit gehalten, so tritt der Termin des Aktivitätsbeginns täglich 21 ± 6 Minuten später ein (Abb. 7.16.). Der „freilaufende Zyklus" hat in diesem Falle eine Periode von im Mittel 24 h und 21 min. Er ist individuell verschieden. In der freien Natur werden die Rhythmen durch außerhalb des Tieres existierende **„Zeitgeber"** (Licht: Tag-Nacht-Wechsel) stets von neuem mit der Erdumdrehung synchronisiert. Durch einen künstlichen Hell-Dunkel-Wechsel gelingt es, den endogenen Rhythmus bei Versuchstieren im Verlaufe einer bestimmten Umstimmungszeit beliebig zu verstellen. So folgt z. B. einer künstlichen Verschiebung des 12:12-Stunden Hell-Dunkel-Wechsels die tagesrhythmische Aktivität des Gimpels *(Pyrrhula pyrrhula)* oder des Menschen innerhalb von Tagen. Das sind Situationen, wie sie bei den heute üblichen Flugreisen über mehrere Zeitzonen hinweg für den Menschen real existieren. In diesem Zusammenhang ist auch das Problem der Schichtarbeit in der modernen Industrie zu betrachten.

Ob der Zeitgeber die (circadiane) Rhythmik synchronisiert oder nicht, hängt entsprechend den schwingungstheoretischen Gesetzmäßigkeiten von zwei Faktoren ab: 1. Von der Differenz der Spontanperiode der biologischen Schwingung und der Zeitgeberperiode und 2. von der Stärke des Zeitgebers. Am Grünfinken *(Carduelis chloris)* beobachtete man z. B., daß bei Zeitgeberperioden des künstlichen Hell-Dunkel-Wechsels zwischen 22 und 25 h **(Mitnahmebereich)** der Aktivitätszyklus der Vögel mit dem künstlichen Lichtzyklus synchronisiert wird. Bei stärkeren Abweichungen der Zeitgeberperiode vom 24-Stunden-Rhythmus verschwindet die Synchronie, und die „freilaufende" circadiane Aktivitätsrhythmik von ca. 24,6 h tritt unabhängig vom äußeren Lichtregime in Erscheinung. Dieser Versuch macht gleichzeitig deutlich, daß es sich tatsächlich lediglich um eine „Korrektur" der endogenen circadianen Rhythmik durch den Zeitgeber handelt und nicht um ein Außerkraftsetzen. Neben dem Licht können auch tagesperiodische Temperaturschwankungen als Zeitgeber wirksam werden. Das ist bei poikilothermen Tieren in stärkerem Maße der Fall als bei homoiothermen. Auch akustische Signale kommen als Zeitgeber in Frage.

Ähnliches wie bei Tages- kennt man auch bei Jahresrhythmen. Der Nager *Citellus lateralis* unterbricht, wenn er in einem fensterlosen Raum bei 0° bzw. 22 °C einem künstlichen 12-Stunden-Tag ausgesetzt und reichlich mit Wasser und Futter versorgt wird, wie seine Artgenossen in der freien Natur im Oktober seine Nahrungsaufnahme und geht in den Winterschlaf über (Absinken seiner Körpertemperatur auf 1 °C). Im April erwacht er wieder, seine Körpertemperatur steigt auf 37 °C, und er beginnt mit der Nahrungsaufnahme, um im September erneut in den Winterschlaf einzutreten. Die Periode eines vollständigen Zyklus ist unter diesen konstanten Versuchsbedingungen etwas kürzer als ein Jahr: **circannualer Rhythmus.** Ein **circatidaler Rhythmus** ist z. B. sehr gut von einer Meeresassel bekannt. Sie zeigte noch nach zwei Monaten unter konstanten Beleuchtungsbedingungen im Labor ihren Rhythmus der Schwimmaktivität, der in der Natur gut mit dem tidalen Rhythmus synchronisiert ist (Aktivitätsgipfel jeweils zur Zeit der Flutwelle an der Küste, Periodendauer 24 h und 48 min), jetzt aber eine freilaufende Periode von 24 h und 55 min aufwies. Interessant ist, daß zusätzlich eine Amplitudenmodulation des Aktivitätsgipfels auftrat, die synchron mit dem Mondzyklus verlief: maximale Aktivitäten jeweils zu Zeiten der Springfluten **(Lunarperiodik).** Wir haben es hier also mit einer Kombination zweier Zeitmeßsysteme zu tun. Bei dem bekannten Palolo-Wurm *(Eunice viridis)* der Südsee (Samoa-, Fidschiinseln) ist es noch etwas komplizierter, da hier gleich drei Zeitmeßsysteme kombiniert werden müssen: das lunare, tidale und annuale. Der Wurm, d. h. genauer nur sein hinterer abgeschnürter, sog. „epitoker" Körperteil mit den Geschlechtsorganen, kommt alljährlich nur an einem einzigen Tag, und zwar jeweils mit dem letzten Viertel des Mondphase des 12. oder 13. Mondmonats, an die Wasseroberfläche. Ob im 12. (nach 353 Tagen) oder 13. Monat (nach 382 Tagen) hängt vom Eintritt der Springflut ab. Die Würmer erscheinen dann an bestimmten Stellen in so großen

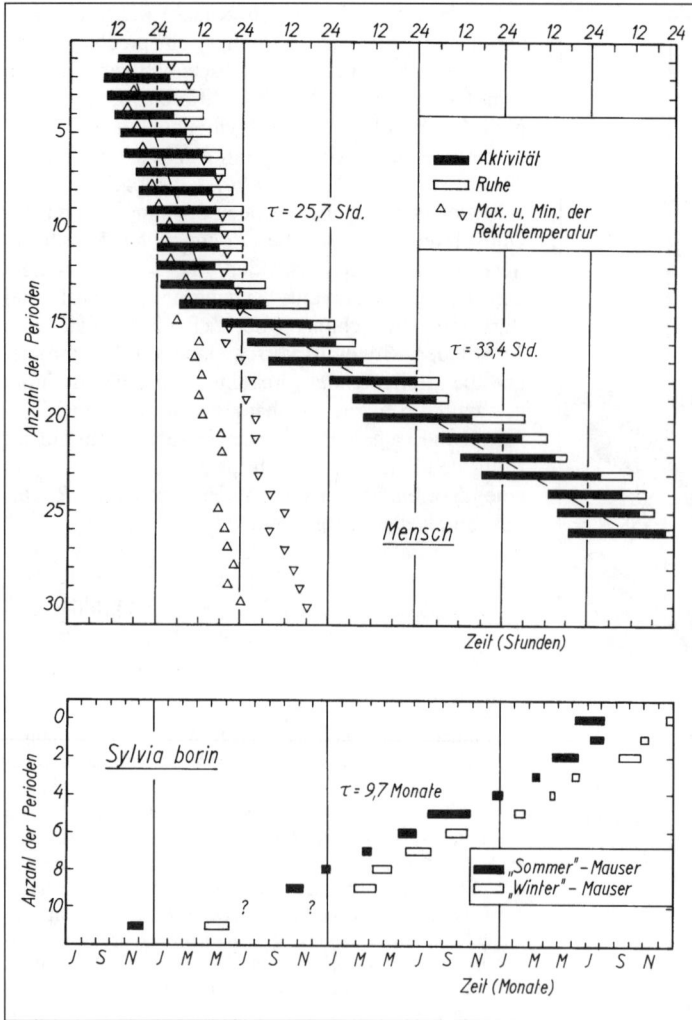

Abb. 7.16. Oben: Circadiane Periodik der Aktivität sowie der Rektaltemperatur beim Menschen unter konstanten Bedingungen. Nach zwei Wochen trat Desynchronisation der beiden Rhythmen auf. Nach WEVER 1973.
Unten: Circannuale Periodik der Mauser bei der Gartengrasmücke *(Sylvia borin)*. Die Tiere wurden von der 6. Lebenswoche an 10 Jahre unter konstantem Licht-Dunkel-Wechsel (10:14 Stunden) gehalten: freilaufende Periodik von ca. 9,7 Monaten. Im 9. Jahr fiel die Mauser aus. Nach BERTHOLD 1978.

Mengen, daß sie von den Eingeborenen mühelos korbweise zum Verzehr aus dem Wasser gefischt werden können.

7.3.3. Die „innere Uhr"

Über die den Spontanrhythmen der Organismen zugrunde liegenden endogenen Steuermechanismen besteht heute trotz zahlreicher Untersuchungen noch keine Klarheit. Es ist dieser autonome, rhythmisch arbeitende physiologische Mechanismus immer wieder gern mit einer Uhr verglichen und als biologische, physiologische oder **innere Uhr** bezeichnet worden. Die meisten Organismen verfügen offenbar über die Fähigkeit zur exakten **Zeitmessung.** Menschen konnten bei völligem Ausschluß äußerer Zeitgeber noch nach zwei bis drei Tagen die Zeit mit einem Fehler von weniger als 1% genau angeben. Schon lange ist

bekannt, daß man Bienen darauf dressieren kann, zu einer ganz bestimmten Tageszeit nach dem Futter zu suchen (**Zeitgedächtnis).** Es ist sogar eine Dressur auf *mehrere* Tageszeiten, die allerdings mindestens 2 Stunden auseinander liegen müssen, möglich. Zeitgekoppelt konnte man Bienen auf bis zu acht verschiedene Düfte dressieren, wenn man sie jeweils zu bestimmten, verschiedenen Tageszeiten anbot. Eine Dressur auf von der 24-Stunden-Periodik abweichende Intervalle (19, 27, 48 h) ist dagegen nicht möglich.

Eindrucksvoll konnte an zwei geographisch voneinander getrennten Rassen der Mückenart *Clunio marinus* gezeigt werden, daß der **Spontanrhythmus genetisch fixiert** ist und vererbt wird. Beide Rassen zeigen um Stunden verschiedene Schlüpfmaxima. Nach Kreuzung lagen die Maxima in der ersten und zweiten Tochtergeneration (F_1, F_2) intermediär zwischen denen der Elternrassen. Rückkreuzung der F_1 mit der einen Ausgangsrasse ergab eine Verschiebung der Schlüpfzeit in Richtung der betreffenden Ausgangsrasse.

Viele Versuche sind unternommen worden, die **innere Uhr** im Organismus **zu lokalisieren.** Circadiane Rhythmen zeigen nicht nur die intakten Organismen, sondern auch isolierte Gewebe und Organe. So ändern sich z. B. die Kernvolumina in den Speicheldrüsen von *Drosophila* auch *in vitro* im Sinne einer circadianen Periodik. Dasselbe läßt sich am Beispiel des O_2-Verbrauchs und der Steroidausschüttung bei isolierten Nebennieren der Ratte beobachten. Wahrscheinlich ist die innere Uhr bei allen Organismen ein **zellulärer Mechanismus.** Im höheren Vielzellerorganismus müssen diese vielen Einzelmechanismen (Oszillatoren) durch übergeordnete **Zentralmechanismen** aufeinander abgestimmt werden. Man denkt dabei zunächst an das Nervensystem und das Endokrinum. Entsprechende Hinweise liegen bei den **Insekten** vor.

Der circadiane Schrittmacher für die Laufaktivität der Küchenschaben scheint Durchtrennungsversuchen zufolge im Lobus opticus lokalisiert zu sein. Seine „Befehle" werden neural zu den Extremitäten am Thorax weitergegeben. Versuche an Schmetterlingen (*Hyalophora cecropia, Antheraea pernyi*) erbrachten den Hinweis, daß die circadiane Rhythmik der Schlüpfhäufigkeit aus den Puppen vom Gehirn (nicht von den Lobi optici!) gesteuert wird. Exstirpation des Gehirns hat Arhythmie und seine Reimplantation Rückkehr der Rhythmik zur Folge. Diese Versuche zeigen gleichzeitig, daß der Zeitgeber Licht nicht über die Augen, sondern direkt auf das Gehirn seine Wirkung ausübt und daß die „Befehle" vom Zentrum im Gehirn auf hormonalem Wege auf die Effektoren übertragen werden müssen. Bereits diese beiden Untersuchungsergebnisse an verschiedenen Insekten machen deutlich, daß es offensichtlich keine einheitliche „Zentraluhr" für alle circadianen Rhythmen gibt, sondern für die einzelnen Funktionen unterschiedliche übergeordnete Zentren, die teils untereinander, teils durch äußere Zeitgeber synchronisiert werden.

Bei **Ratten** ist nach Hypophysektomie zwar die Gesamtaktivität erniedrigt, die Periodik der lokomotorischen Aktivität bleibt aber voll erhalten. Auch nach Adrenal- oder Pinealektomie blieb die Aktivitätsperiodik bestehen. Beim **Haussperling** (*Passer domesticus*) wurde nach Entfernung der Epiphyse die Aktivitätsperiodik dagegen völlig aufgelöst.

Es konnte gezeigt werden, daß viele normalerweise mit dem Wach-Schlaf-Rhythmus des Menschen gekoppelte Vorgänge (Abfall der Körpertemperatur, der Herz- und Atemfrequenz mit dem Eintritt des Schlafes u. a.) auch bei Schlafentzug fortbestehen, also nicht ursächlich auf den Schlaf selbst zurückzuführen sind. Ebenso bleibt die zyklische Reduktion des Wasser- und Nahrungsverbrauchs verbunden mit einer Gewichtsabnahme während der Wintermonate bei *Cricetus lateralis* bestehen, wenn das Nagetier durch konstant hohe Außentemperaturen (35 °C) am Winterschlaf gehindert wird.

Die Frage nach dem **Mechanismus der inneren Uhr** kann heute noch nicht beantwortet werden. Sicher scheint zu sein, daß dem Mechanismus kein „Sanduhrprinzip" zugrunde liegt, bei dem durch ein bestimmtes Ereignis (etwa den Tagesanbruch) ein Zeitmeßvorgang in Gang gesetzt wird, der in einer bestimmten Zeitspanne abläuft. Die Uhr arbeitet vielmehr wahrscheinlich nach dem Prinzip selbsterregter Schwingungen (**selbsterregter Oszillator**). Eine aus der Physik lange bekannte Erscheinung ist, daß es bei einer Kopplung einer selbsterregten Schwingung (mit einer bestimmten Eigenfrequenz) mit einer erregenden (synchronisierenden) Schwingung (mit vorgegebener, etwas anderer Frequenz) zu charakteristischen Phasenverschiebungen kommt. Eine zuvor schnellere Periodik wird nach Synchronisation der erregenden Schwingung etwas voreilen, eine zuvor langsamere nachhinken. Dasselbe konnte bei Buchfinken beobachtet werden: Ein Vogel mit einer freilaufenden Aktivitätsperiodik von 22,5 h erwies sich nach Synchronisation auf einen 12:12-Stunden-Hell-Dunkel-Wechsel als „Frühaufsteher" (Aktivität setzte bereits 1,5 h vor Lichtbeginn ein). Ein anderer Vogel mit einer freilaufenden Periodik von 24,5 h erwies sich dagegen nach Synchronisation als „Spätaufsteher" (Aktivität setzte erst 0,5 h nach Lichtbeginn ein).

Insbesondere für die poikilothermen Tiere ist es wichtig, daß die innere Uhr in ihrem Lauf in weiten Grenzen von der **Temperatur** und ihren Schwankungen unabhängig ist: Existenz temperaturausgleichender Mechanismen. Der Q_{10}-Faktor (1.3.) liegt zwischen 1,0 und 1,1.

7.3.4. Die biologische Nutzung der „inneren Uhr"

Die innere Uhr gestattet es den Organismen, sich in die rhythmischen Schwankungen ihrer Umweltfaktoren zuverlässig und für die einzelne Art vorteilhaft zeitlich einzuordnen. Das ist für den einzelnen Organismus oft von lebenswichtiger Bedeutung. Mit ihrer Hilfe können bestimmte Handlungen (z. B. Nahrungserwerb etc.) zu ganz bestimmten Tageszeiten, andere zu anderen Zeiten, ausgeführt werden.

Eine Reihe physiologischer Vorgänge wird in Abhängigkeit von der Dauer der Licht- bzw. Dunkelperiode innerhalb eines 24stündigen Licht-Dunkel-Wechsels ausgelöst bzw. gehemmt, d. h. maßgeblich durch die Photoperiode gesteuert (**Photoperiodismus**). Raupen des Schmetterlings *Acronycta rumicis* aus Populationen des 50. Breitengrades entwickeln sich z. B. bei Langtagen (>18 h) immer weiter; erst wenn die Tageslänge auf <18 h abfällt, treten Verpuppung und Ruheperiode (Diapause) ein. Auch die Entwicklung der Gonaden und sekundärer Geschlechtsmerkmale bei vielen Vögeln und anderen Wirbeltieren wird durch die Photoperiode gesteuert. Mit einer solchen **Messung der Tageslänge** und nicht etwa der Lichtintensität, der Lichtmenge oder

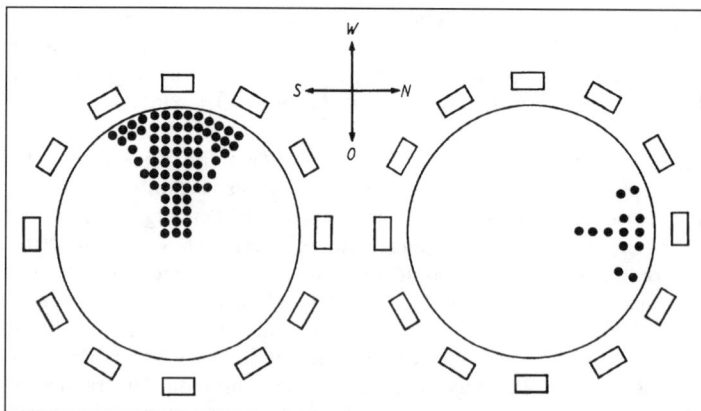

Abb. 7.17. Stare wurden durch Futterdarbietung auf die Himmelsrichtung West (W) dressiert. Anschließend wurde ihnen ein um 6 h gegenüber dem Normaltag verschobener Hell-Dunkel-Wechsel geboten. Nach der Umstimmung (12–18 d) wählten die Stare erwartungsgemäß eine um 90° von der Dressurrichtung abweichende Flugrichtung (Nord). Jeder Punkt symbolisiert eine Einzelwahl, jedes Rechteck einen Futterbehälter. Nach HOFFMANN 1954.

gar der mittleren Temperatur wird das zuverlässigste Kriterium zur Bestimmung der jeweiligen Jahreszeit vom Tier genutzt. Eine bestimmte Tageslänge tritt nur zweimal im Jahr auf, einmal in der ersten und einmal in der zweiten Jahreshälfte.

Verschiedene Tiere (Arthropoden, Wirbeltiere) haben es gelernt, unter Nutzung der inneren Uhr die Sonne als Kompaß bei ihrer Orientierung im Raum zu gebrauchen (**Sonnen-Kompaßorientierung,** 7.4.). Es ist eindeutig nachgewiesen, daß **Bienen** darauf dressiert werden können, ihr Futter in einer ganz bestimmten Himmelsrichtung vom Stock aus zu suchen, und daß sie sich dabei sowohl beim Hin- als auch beim Rückweg nach dem Sonnenstand richten. Dabei erfolgt eine korrekte **Verrechnung der täglichen Sonnenbewegung** am Himmel: Hält man dressierte Bienen für 1,5 h am Futterplatz in Dunkelhaft, so starten sie anschließend nicht – wie man vermuten könnte – in eine um 22,5° falsche Richtung, sondern kalkulieren die veränderte Sonnenstellung exakt ein und fliegen auf dem kürzesten Wege zum Stock zurück. Noch mehr: Bienen, denen man nur nachmittags den Ausflug gestattet und die man auf eine bestimmte Himmelsrichtung dressiert hatte, fanden auch vormittags die gewünschte Richtung. Sie waren in der Lage, aus der ihnen bekannten Hälfte der Sonnenbahn die andere exakt zu rekonstruieren. Dabei sind diese Informationen keineswegs angeboren. Zieht man die Nachkommenschaft einer Königin von der Nordhalbkugel an der Südhalbkugel auf, so extrapolieren die Jungbienen dort die Sonnenbahn ortsgemäß und nicht herkunftsgemäß im Gegenuhrzeigersinn. Die Sonnen-Kompaßorientierung spielt auch eine große (nicht die alleinige!) Rolle beim **Vogelzug,** die Zugrichtung unabhängig von topographischen Merkmalen zu finden und über weite Strecken beizubehalten. Kurz vor oder während des Zuges gefangene und verfrachtete Jungvögel flogen nach der Freilassung parallel zur ursprünglichen Zugrichtung in dieselbe Himmelsrichtung weiter. Die innere Uhr kann bei Vögeln (und bei Nagetieren) auf wenige Minuten pro Tag genau gehen.

Zugunruhige **Stare** streben innerhalb von Käfigen im Freiland etwa in die gleiche Himmelsrichtung wie ihre freien Artgenossen, unabhängig von magnetischen oder elektrischen Feldern. Bei bedecktem Himmel werden sie stark desorientiert. Läßt man die Sonnenstrahlen über Spiegel aus anderen Richtungen in den Käfig fallen, ändert sich die Zugrichtung der Stare in vorausberechenbarer Weise. Die Fähigkeit zur Verrechnung der Sonnenbewegung mit Hilfe einer inneren Uhr geht auch aus folgenden Versuchsergebnissen deutlich hervor: Stare lassen sich in einem Rundkäfig durch Futterdarbietung innerhalb weniger Tage auf eine bestimmte Himmelsrichtung dressieren. Es ist klar, daß vom Tier die tageszeitliche Wanderung der Sonne verrechnet werden muß, wenn es zu jeder Tageszeit mit Hilfe des Sonnenazimuts[1]) die andressierte Himmelsrichtung findet.

Bot man solchen auf die westliche Himmelsrichtung dressierten Staren einen gegenüber dem natürlichen Tag-Nacht-Wechsel um 6 h verschobenen Hell-Dunkel-Wechsel (Verstellen der inneren Uhr, s. o.), so flogen die Tiere nach einer gewissen Umstimmungszeit von 12–18 Tagen nicht mehr nach Westen zur Futtersuche, sondern erwartungsgemäß nach Norden (Abb. 7.17.). An richtungsdressierten Staren, die man in das Gebiet der Mitternachtssonne brachte, konnte gezeigt werden, daß die Vögel selbst nachts die Sonnenbahn im Uhrzeigersinn weiterverrechnen.

7.3.5. Schlafen und Wachen

Schlaf, so wie wir Menschen ihn kennen, scheint auf die Wirbeltiere beschränkt zu sein. Vor dem Schlaf zeigen viele Tiere ein typisches **Appetenzverhalten** (7.1.2.). Sie suchen ihren Schlafplatz auf, und vor dem Einnehmen der charakteristischen Schlafstellung laufen oft komplizierte „Rituale" ab. Gut bekannt ist das „Rotieren" des Hundes, bevor er sich hinlegt.

Die **Schlafstellung** (Abb. 7.18.) ist sehr unterschiedlich. Sie reicht vom Stehen auf einem Bein (Flamingo) bis hin zum Kopfabwärtshängen an einem

---

[1]) Das Azimut ist der Winkel in der Horizontebene zwischen Südrichtung und der Richtung nach dem Fußpunkt des Lotes von der Sonne auf dem mathematischen Horizont.

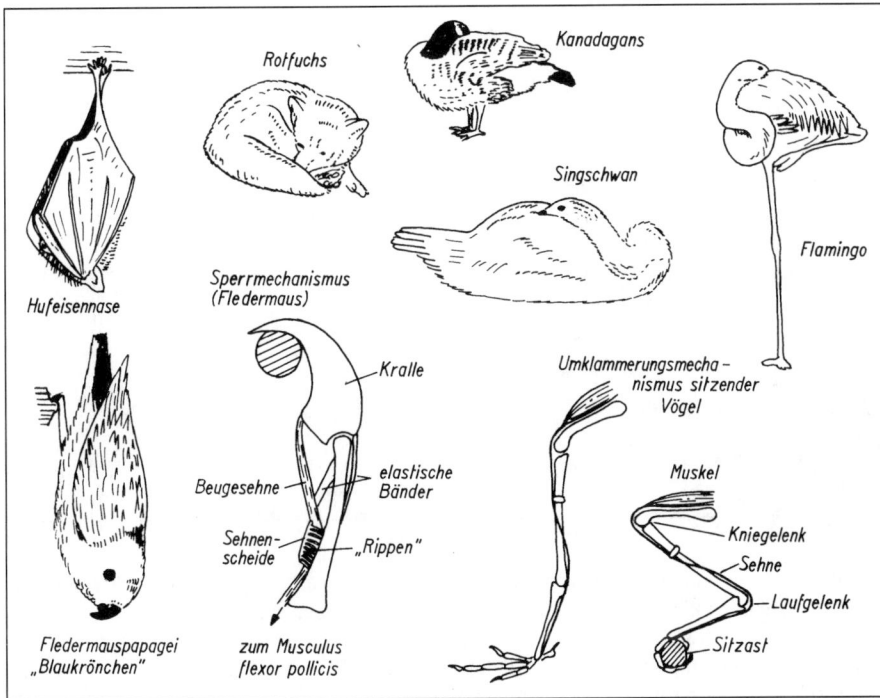

Abb. 7.18. Einige Schlafstellungen bei Vögeln und Säugetieren (kein einheitlicher Maßstab der Größenwiedergabe): Kleine Hufeisennase *(Rhinolophus hipposideros)*, Rotfuchs *(Vulpes vulpes)*, Kanadagans *(Branta canadensis)*, Singschwan *(Cygnus cygnus)*, Flamingo *(Phoenicopterus ruber)*, Fledermauspapagei *(Coriculus galgulus)*. Die Sperrvorrichtung zur Fixierung der Kralle in gebeugter Position während des Schlafes bei der Fledermaus (nach Schaffer 1905) und das mit der Sitzstellung bei Vögeln verbundene Umgreifen des Ruheastes infolge Belastung der Sehne.

festen Gegenstand (Fledermäuse und Fledermauspapageien). Die meisten Affen sitzen beim Schlafen wie die meisten kleinen Vögel auf Ästen. Als die typische Schlafstellung der Säugetiere kann die Seitenlage angesehen werden. Sie ist auch bei manchen Fischen *(Astronotus, Malapterurus, Cetorhinus maximus* u. a.) zu beobachten. Delphine *(Tursiops)* schwimmen beim Schlafen regungslos nahe an der Oberfläche und heben den Kopf mit dem Atemloch etwa alle halbe Minute über die Wasseroberfläche bei geschlossenen Augen. Im Wasser schlafende Seehunde steigen in regelmäßigen Abständen (ohne zu erwachen) zur Oberfläche auf, um Luft zu holen. Viele Reptilien und Amphibien liegen beim Schlafen gewöhnlich auf dem Bauch.

Die **Fledermäuse** besitzen eine **Sperrvorrichtung** zur Fixierung der Krallen während des Schlafes in ihrer gebeugten Position. Die Beugesehne (Abb. 7.18.) verläuft in einer fest mit dem Knochen verbundenen Sehnenscheide, die eine Reihe querverlaufender Rippen auf ihrer Innenseite aufweist. Wird durch das Körpergewicht in der Hängelage ein Zug auf die Beugesehne ausgeübt, wird die Sehnenoberfläche fest an die gerippte Innenfläche der Sehnenscheide gepreßt. Durch den gleichzeitig durch das elastische Band aus-

geübten Gegenzug wird die Sehnenscheide ein wenig distalwärts verlagert, wodurch die Rippen aufgerichtet werden und zahnartig zwischen die auf der Sehnenoberfläche ausgebildeten Höcker eingreifen. So entsteht eine feste Fixierung der Beugesehne in der Sehnenscheide, ohne daß weiterhin zusätzliche Muskelaktivitäten notwendig sind. Bei den **Vögeln** ist durch den charakteristischen Verlauf der Sehne im Bein mit der Sitzstellung „automatisch" das feste Umgreifen des Ruheastes verbunden (Abb. 7.18.).

Oft ist das „Zuhause" auch gleichzeitig der **Schlafplatz,** wie z. B. der Fuchsbau, der Kobel des Eichhörnchens usw. Nicht so bei den meisten Vögeln: Das Nest dient meistens nur der Eiablage und der Aufzucht der Jungen. Eine Ausnahme bilden die Spechte, Spatzen und Schwalben, die zum Teil auch im Nest schlafen. Oft kann der Schlafplatz sehr weit von dem Ort entfernt sein, wo die Nahrung gesucht wird. Ähnliches ist von den Fledermäusen und Fliegenden Hunden *(Pteropus)* bekannt. Die großen Menschenaffen (Gorilla, Schimpanse, Orang-Utan) bauen sich jeden Abend innerhalb weniger Minuten ein neues Schlafnest.

Ebenso wie die Schlafstellung ist auch die **Schlafdauer** außerordentlich unterschiedlich. Die kürzesten Schlafzeiten sind bei den stets gefährdeten Herbivoren (Antilopen, Hasen) gefunden worden. Gazellen

Tabelle 7.1. Die Schlafdauer einiger Wirbeltiere. Die Abschätzungen erfolgten elektrographisch unter Bedingungen eines Licht-Dunkel-Wechsels von je 12 h.

Tierart	Schlafdauer	vornehmlich	
		nachts	tagsüber
Schleie *(Tinca tinca)*	14,4	+	+++
Waldschildkröte *(Testudo denticulata)*	0		
Kaiman *(Caiman sclerops)*	3,0	+++	+
Krötenechse *(Phrynosoma regali)*	12,3	++++	
Graugans *(Anser anser)*	6,2	++	++
Kap-Turteltaube *(Streptopelia capicola)*	10,2	++++	
Waldkauz *(Strix aluco)*	16,0	++	++
Känguruh-Ratte *(Potorous tridactylus)*	11,6	+	+++
Spitzhörnchen *(Tupaia glis)*	8,9	+++	+
Wasserspitzmaus *(Neomys fodiens)*	13,6	++	++
Goldhamster *(Mesocricetus auratus)*	14,4	+	+++
Rhesusaffe *(Macacus mulattus)*	11,8	+++	+

und Antilopen haben Schlafperioden von nur zwei bis zehn Minuten. Bei Hasen sind sie noch kürzer, bei Giraffen und Okapis etwas länger. Giraffen schlafen insgesamt pro Nacht nur etwa 20 min, Okapis 60 min.

Die kürzeste Schlafperiode ist beim blinden, rastlos schwimmenden Indischen Flußdelphin *(Platanista)* beobachtet worden. Sie soll nur 1–8 s dauern. Während dieser Periode werden die sonst zur Orientierung kontinuierlich abgegebenen Klicklaute unterbrochen. Einen Überblick über die oft aus vielen kleinen Schlafperioden zusammengesetzte Gesamt-Schlafdauer verschiedener Wirbeltiere pro Tag (24 h) liefert die Tabelle 7.1.

Wachen und Schlafen sind keineswegs einheitliche Bewußtseinszustände. Der „Wachheitsgrad" oder die allgemeine Aufmerksamkeit **(Vigilanz**[1]**))** kann durchaus verschiedene Stufen innehaben. LINDSLEY unterscheidet 1. den relaxierten Wachzustand, 2. die wache Aufmerksamkeit und 3. stark erregte „Emotionen". Ebenso kann man vier bis fünf unterschiedliche **Schlafstadien** unterscheiden. Im Verlaufe einer Nacht werden diese Stadien beim Menschen im Durchschnitt drei- bis fünfmal durchlaufen. Im Jahre 1953 entdeckten Edward ASERINSKY und Nathaniel KLEITMAN zunächst bei Säuglingen, daß es im Schlaf zum regelmäßigen Wechsel zweier grundverschiedener Schlafzustände kommt, dem REM- und dem N(icht)-REM-Schlaf. Mit dem REM-Schlaf (etwa alle $1^1/_2$ Stunden beim erwachsenen Menschen) sind Salven schneller Augenbewegungen (englisch: **r**apid **e**ye **m**ovements), zuweilen auch kurze Zuckungen anderer Muskeln (z. B. im Gesicht) verbunden. Die Weckschwelle ist während des **REM**-Schlafes gegenüber dem Tiefschlaf nahezu unverändert **(„paradoxer Schlaf"),** während das EEG wie beim Ein-

schlafen verhältnismäßig desynchronisiert erscheint. Wahrscheinlich ist der REM-Schlaf auch mit den Träumen verbunden („Traumschlaf"). Der **NREM**-Schlaf läßt sich in vier Stadien einteilen. Mit zunehmender Schlaftiefe wird das EEG immer langsamer und synchronisierter.

Stadium 1 (Dösen, **Leichtschlaf**): Es treten im EEG die vor dem Einschlafen vorherrschenden alpha-Wellen (8–12 Hz) zugunsten der delta-Wellen (1–4 Hz) zurück. Dazwischen treten oft „Spindeln" von 12–15 Hz auf.

Stadium 2 **(mitteltiefer Schlaf)**: Er macht 50% der Gesamtschlafzeit aus. Es herrschen im EEG die delta-Wellen vor.

Stadium 3 und 4 **(Tiefschlaf)**: Nahezu ausschließlich langsame delta-Wellen großer Amplitude. Der Tiefschlaf dominiert in den ersten 1–2 h nach dem Einschlafen. In dieser Zeit kommt es zum starken Freisetzen von Wachstumshormon (GH) (70–90% der Gesamtmenge pro Tag!)

Auch bei nahezu allen **Säugetieren** (Maus, Ratte, Hamster, Kaninchen, Katze, Affe) wechseln NREM- und REM-Schlafperioden miteinander ab (Abb. 7.19.) (Ausnahme: Die Monotremen, z. B. *Ornithorhynchus,* haben keinen paradoxen Schlaf). Neugeborene haben einen höheren Anteil an REM-Perioden während der Gesamtschlafdauer als Erwachsene. Die Unterteilung des NREM-Schlafes in vier Stadien kann auch bei Affen durchgeführt werden, aber nicht bei niederen Säugetieren. In der **Ratte** besteht während des Wachens und im paradoxen Schlaf die Aktivität des Hippocampus aus weitgehend synchronisierten theta-Wellen (4–8 Hz) von hoher Amplitude. Während der sehr aktiven Wachphase, wenn das Tier z. B. seine Umgebung „inspiziert", ist der theta-Rhythmus besonders regelmäßig. Beim ruhigen Wachen wird er weniger regelmäßig. Während des NREM-Schlafes der Ratte ist diese theta-Aktivität desynchronisiert, und man findet langsame Wellen mit

[1]) vigilia (lat.) = das Wachen, Wachsamkeit, Schlaflosigkeit.

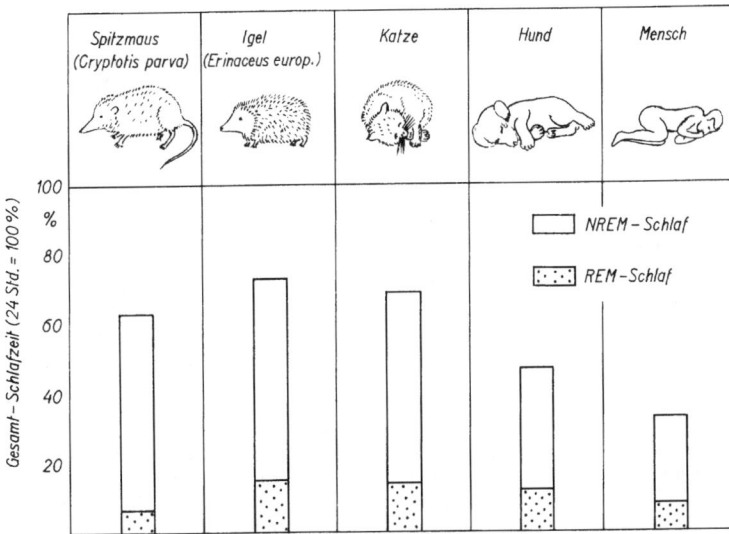

Abb. 7.19. Die Gesamt-Schlaf-zeit einschließlich des „Dösens" (Leichtschlaf) sowie der Anteil an REM- und NREM-Phasen bei verschiedenen Säugetieren. Nach Angaben von MONNIER 1980.

einigen scharfen Wellen vermischt (sog. **slow wave sleep**[1])) (Abb. 7.20.).

Die **Amphibien** zeigen keinen „echten"Schlaf, lediglich „Ruhephasen". Bei der Kröte *Bufo boreas* lassen sich anhand des EEGs und des Verhaltens drei Stadien unterscheiden (Tab. 7.2.). Ähnlich, wenn auch nicht so stark ausgeprägt, ist es bei *Rana castebiana*. – Auch bei den **Reptilien** nimmt die EEG-Frequenz während des verhaltensmäßigen

Schlafes ab, es kann aber weder ein typischer NREM- noch ein REM-Schlaf beobachtet werden. Es treten Spikes und scharfe Wellen (bis zu 385 µV) im EEG auf, aber keine langsamen Wellen, wie sie für den „slow wave sleep" der Vögel und Säugetiere charakteristisch sind. – Bei **Vögeln** tritt ein SWS auf, ein paradoxer Schlaf ist dagegen nicht sehr weit verbreitet. Das Huhn zeigt z. B. während seiner kurzen Schlafperioden typische REM-Phasen mit desynchronisiertem EEG, schnellen Augenbewegungen und vermindertem Muskeltonus. Bei der Eule findet man REM-Perioden von 10 s Dauer, aber ohne Verminderung des Muskeltonus in der Körpermuskulatur. Sie schlafen, indem sie mit ihren Krallen

---

[1]) slow (engl.) = langsam; wave (engl.) = die Welle; sleep (engl.) = der Schlaf.

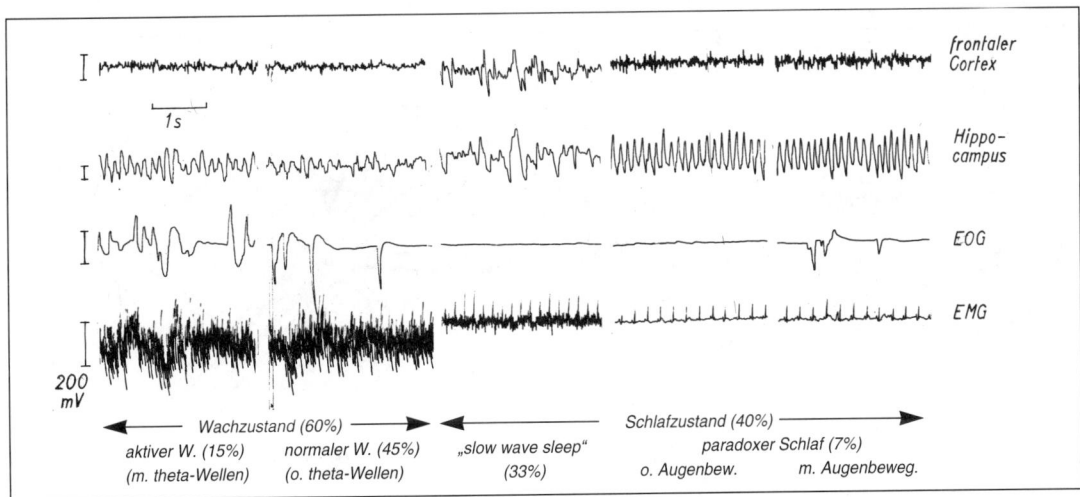

Abb. 7.20. Die wichtigsten Wach- und Schlafphasen bei der Wistar-Ratte. Originale von C. GOTTESMANN (unveröff.). EMG = Elektromyogramm; EOG = Elektrooculogramm. Man beachte die Desynchronisation der Cortex-Aktivitäten im Wachzustand sowie im paradoxen Schlaf, die langsamen Wellen in der Cortexaktivität während des „slow wave"-Schlafs, die Desynchronisation der hippocampalen theta-Aktivitäten im „normalen" Wachzustand sowie während des „slow wave"-Schlafs, den niedrigen Muskeltonus während des Schlafes und die Augenbewegungen während des Wachzustandes sowie während bestimmter Phasen des paradoxen Schlafes. Die Prozentzahlen stellen Durchschnittswerte unter Laborbedingungen dar. Ableitung des Elektromyogramms (EMG) von der Nackenmuskulatur.

Tabelle 7.2. Übersicht über drei Aktivitätsstadien bei der Kröte *Bufo boreas*

	allgemein	EEG	Herz- u. Atemfrequenz	EMG
aktives Wachstadium	motorische Aktivität	14–16 Hz 10–40 µV	maximal	15–20 µV
entspanntes Wachstadium	bewegungslos reizempfänglich	10–14 Hz 5–10 µV	reduziert	6–10 µV
Ruheverhalten	reizunempfindlich für äußere Reize für 1–5 s, entspannte Körperhaltung	5– 7 Hz 5–10 µV	minimal	3– 5 µV

den Ast fest umfassen. Auch schnelle Augenbewegungen fehlen hier, da die Augen nicht bewegt werden können.

Über die **Ursachen** für das Wachen bzw. Schlafen ist noch nicht so sehr viel Sicheres bekannt. Schlafen ist nicht als „Ruhezustand" des Gehirns zu betrachten, sondern stellt vielmehr eine andere funktionelle Organisationsform des Gehirns dar. Es hat sich gezeigt, daß die neuronale Aktivität des Gehirns auch beim Schlafen ihre Komplexität nicht verliert. Sicher nicht richtig sind auch solche Auffassungen (chemische Theorien), die davon ausgehen, daß der Wechsel zwischen Wachen und Schlafen mit der Anreicherung und Beseitigung von bestimmten Stoffwechselendprodukten im Zusammenhang stehe. Es sind zwei Gruppen neuronaler Systeme mit antagonistischen Effekten auf den Wach- bzw. Schlafzustand be-

kannt.Die erste Gruppe (**„Wachzentren"**) besteht aus aktivierenden Systemen, die das Erwachen auslösen und den Wachzustand steuern. Die zweite Gruppe (**„Schlafzentren"**) besteht aus Systemen, die den Schlaf durch Inaktivierung des ersten Systems oder durch Hemmung der effektorischen Mechanismen des Wachzustandes im cerebralen Cortex oder Subcortex induzieren. Die Abbildung 7.21. gibt einen Überblick über die beteiligten Hirngebiete. Das für den Wachzustand im Cortex und Zwischenhirn notwendige Aktivitätsniveau wird durch aktivierende, aufsteigende Impulse aus der **Formatio reticularis** des Hirnstamms über „unspezifische" Bahnen aufrechterhalten. Man spricht deshalb vom **aufsteigenden, retikulären, aktivierenden System (ARAS)**. Es ist in seiner Aktivität wiederum abhängig vom sensorischen Zustrom in die Formatio reticularis über

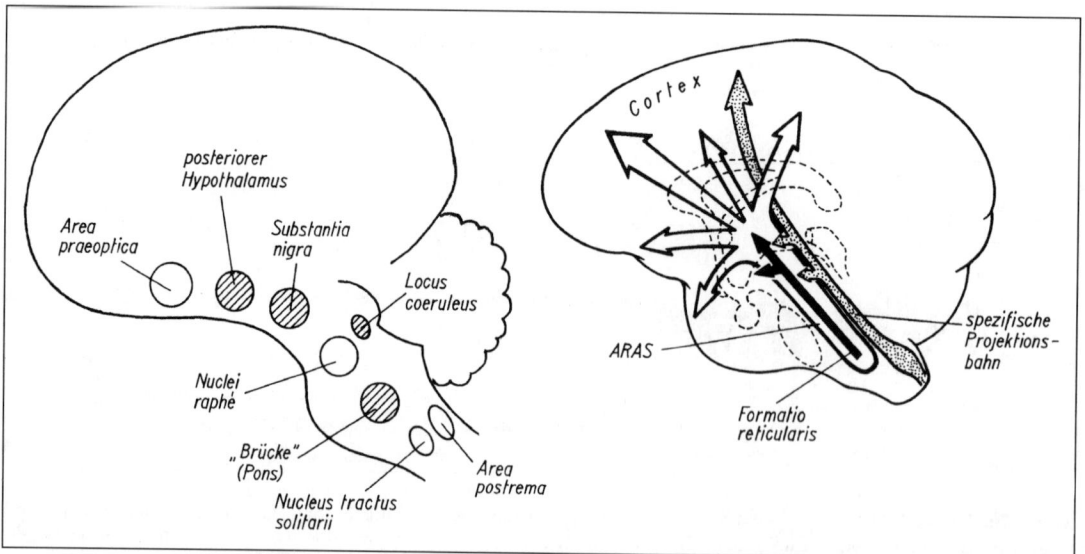

Abb. 7.21. Links: Übersicht über die Hirnregionen, die wahrscheinlich bei der Steuerung des Erwachens und Einschlafens beteiligt sind. „Wachzentren" schraffiert; „Schlafzentren" unschraffiert. Aus SHEPHERD 1983. – Rechts: Schema des aufsteigenden, retikulären, aktivierenden Systems (ARAS) und seine Aktivierung über Kollateralen der spezifischen Projektionsbahnen im Hirnstamm. Aus RATHS u. BIEWALD 1970.

Kollateralen der spezifischen Projektionsbahnen auf ihrem Wege durch den Hirnstamm zur Hirnrinde (Abb. 7.21.).

Als **Formatio reticularis** (Reticulärformation) bezeichnet man ein netzartiges (deshalb der Name! – Reticulum [lat.] = Netz) Maschenwerk von Neuronen, das sich durch den ganzen Hirnstamm (Medulla oblongata, Brücke [Pons], Mittelhirn) erstreckt. Es tritt erstmals bei den Reptilien auf. Die über Axonkollaterale von den verschiedenen aufsteigenden sensiblen Bahnen in die Formatio eintretenden Erregungen konvergieren z. T. auf die gleichen Neuronen (deshalb die Bezeichnung „unspezifisch", da damit die Erregungen ihre Sinnesspezifität verlieren). Die Retikulärformation kann somit durch die verschiedensten Sinnesreize aktiviert werden.

Das Aufwachen ist mit Aktivitäten im **noradrenergen System** (z. B. Loci coerulei), Tiefschlaf dagegen mit Aktivitäten im **serotinergen System** (z. B. die Nuclei raphé) verbunden. Blockierung der Serotonin-Synthese mit p-Chlorophenylalanin (Hemmung der Tryptophan-Hydroxylase) führt bei Katzen ebenso zur Schlaflosigkeit wie Zerstörung der Raphe-Kerne. Cerebrospinalflüssigkeit aus tiefschlafenden Hunden induziert bei normalen Hunden nach der Übertragung ebenfalls Schlafverhalten.

Ähnliches beobachtete man bei Kaninchen. Der wirksame Faktor der Cerebrospinalflüssigkeit und des cerebralen Blutes schlafender Kaninchen wurde als Nonapeptid identifiziert und als „**delta sleep inducing peptide**" (DSIP) bezeichnet.

7.4. Orientierung

Alle Tiere, die festsitzenden (sessilen) Formen zumindest in einer Lebensphase, besitzen die Möglichkeit des Ortswechsels. In der Regel besteht dieser nicht in einer einfachen, passiven Verdriftung, sondern in einer mehr oder weniger stark hervortretenden aktiven Ortsveränderung, verbunden mit einer Festlegung des Kurses. Das setzt ein Orientierungsvermögen der Tiere im Raum voraus.

7.4.1. Grundorientierungen

Der Pflanzenphysiologe Wilhelm PFEFFER[1]) nannte die gerichteten Wachstumsvorgänge bei Pflanzen und anderen festsitzenden Organismen **Tropismen**[2]), die orientierten Bewegungen frei beweglicher Organis-

men **Taxien**[3]). Jacques LOEB[4]) führte alle reizgerichteten Bewegungen der Tiere auf Tropismen zurück. In dieser **Tropismenlehre**, ein erster Versuch, die Orientierungsbewegungen ohne Anthropomorphismen und Zuhilfenahme geheimnisvoller Faktoren auf rein naturwissenschaftlicher Basis kausal zu erklären, wurde das ZNS zu einer passiven Umschaltzentrale und die Lebewesen zu Reaktionsautomaten degradiert. Auch Alfred KÜHN[5]) ging bei seiner Begriffsbestimmung der Taxis noch von dem reflektorischen Charakter aus, erkennt aber auch schon die **zentrale Disposition** als eine Voraussetzung für eine Taxis. Heute deuten wir das Verhalten der Tiere gegenüber bestimmten Reizen nicht mehr so vordergründig als Reflexantworten, wobei das ZNS mehr oder weniger eine passive Rolle als Schaltzentrale spielt, sondern sehen auch die vielen Variablen, die zwischen Reiz und Antwort wirksam werden können.

Man unterscheidet zwischen

1. **Tropismen** (Einzahl: Tropismus): Gerichtetes Wachstum sessiler Tiere in Abhängigkeit von der Einfallsrichtung des Reizes. Beispiel: Die Hydroidpolypenkolonie *Eudendrium* wächst dem einfallenden Licht entgegen (positiver Phototropismus). Die Zoidknospen der marinen Bryozoa *Bugula* sind ebenfalls positiv, die Rhizoidknospen dagegen negativ phototrop.
2. **Kinesen**[6]) (Einzahl: Kinesis) (FRANKEL u. GUNN 1961): Die Fortbewegung der frei beweglichen Tiere ist ungerichtet, trotzdem sammeln sie sich in einem Reizfeld schließlich in der Zone an, die ihnen am zuträglichsten ist (Praeferendum). Das kann dadurch geschehen, daß die Aktivität des Tieres mit der Entfernung vom Praeferendum zu- und mit Annäherung abnimmt (**Orthokinesis**)[6]).

Als Beispiel können Landasseln (z. B. die Kellerassel, *Porcellio scaber*) angeführt werden. Sobald sie in Lebensräume mit „angenehmeren" Feuchtigkeitsgraden gelangen, setzen sie ihre lokomotorische Aktivität herab (Abb. 7.22.). Im statistischen Mittel halten sich diese Tiere demzufolge viel länger in feuchten als in trockenen Gebieten auf.

Die Ansammlung im Praeferendum kann aber auch dadurch zustande kommen, daß die Tiere infolge einer ausgeprägten Unterschiedsempfindlichkeit immer dann ihre Bewegung unterbrechen, um sie in anderer Richtung fortzusetzen, wenn sie in eine weniger

---

[1]) Wilhelm PFEFFER, geb. 1845 i. Goebenstein b. Kassel, Stud. d. Chemie u. Botanik i. Bonn, ab 1887 o. Prof. f. Bot. i. Leipzig, dort 1920 gest.

[2]) ho trópos (griech.) = die Wendung, Richtung.

[3]) he taxis, taxeōs (griech.) = die Ordnung, Einordnung, Stellung.

[4]) Jacques LOEB, geb. 1859 i. Mayen a. d. Mosel, Med.-Stud. i. Würzburg u. Straßburg, 1900 Prof. f. Physiol. i. Chicago, 1902 a. d. California Univ., gest. 1924.

[5]) Alfred KÜHN, geb. 1885 i. Baden-Baden, 1920 bis 1932 o. Prof. f. Zoologie in Göttingen, 1937 bis 1945 Direktor am Kaiser-Wilhelm-Institut f. Biologie i. Berlin-Dahlem, ab 1945 Prof. i. Tübingen, dort 1968 gest.

[6]) he kinēsis (griech.) = die Bewegung; orthós (griech.) = gerade richtig.

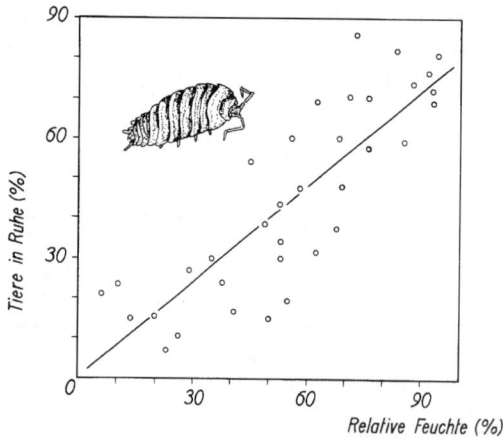

Abb. 7.22. Die lokomotorische Aktivität der Kellerassel *(Porcellio scaber)* in Abhängigkeit von der Luftfeuchte. Nach FRAENKEL u. GUNN 1961, verändert.

optimale Zone übergetreten sind. Beim Betreten optimaler Zonen tritt dagegen keine solche Reaktion auf **(Klinokinesis).** Die neue Fortbewegungsrichtung wird allein durch die Organisation des Tieres bestimmt und nicht durch die Richtung des eintreffenden Reizes. Wird beispielsweise das führende Pseudopodium einer kriechenden Amöbe aus beliebiger Richtung beleuchtet, dann erstarrt es, und ein anderes Pseudopodium wächst dafür in beliebig andere Richtung aus. So erreicht die Amöbe schließlich die erstrebte dunklere Region in ihrer Umgebung.

Eine Klinokinesis liegt auch der Orientierung des **Pantoffeltierchens** *(Paramecium)* im Diffusionsfeld eines Säuretröpfchens zugrunde (Abb. 7.23.). Die „**Fluchtreak-**

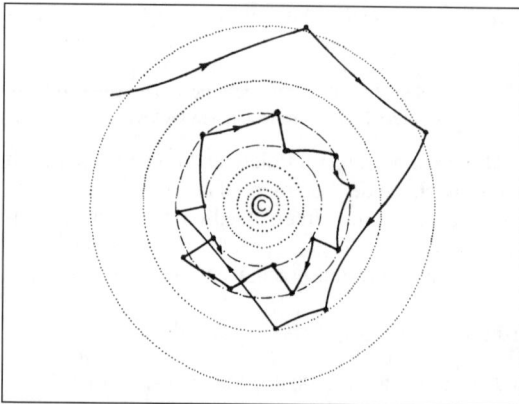

Abb. 7.23. Weg eines Pantoffeltierchens *(Paramecium)* in einem Diffusionsfeld eines Säuretropfens (C). Die Kreise kennzeichnen jeweils Orte gleicher Konzentration. An den durch die Punkte gekennzeichneten Stellen reagierte das Tier mit Kurswechsel (Fluchtreaktion). Es bleibt schließlich in der durch die Punkt-Strich-Linie begrenzten optimalen Zone (Klinokinesis). Nach KÜHN 1919.

tion" beim Betreten weniger optimaler Zonen besteht jeweils aus drei Phasen: 1. schnelles Rückwärtsschwimmen, 2. Stoppen und Ausführen einer Kreisbewegung, wobei das *Paramecium* einen Kegelmantel beschreibt, und 3. erneutes Vorwärtsschwimmen. Die Tiere sammeln sich schließlich in einer sich ringförmig um das Diffusionszentrum erstreckenden Zone an, in der der für sie optimale *p*H-Wert zwischen 5,4 und 6,4 herrscht. Gleiche Fluchtreaktionen führen die *Paramecien* oft auch dann aus, wenn sie auf mechanische Hindernisse oder thermische Intensitätsschwellen treffen.

3. **Taxien** (Einzahl, Taxis): Die gerichtete Einstellung (Richtungsorientierung) eines freibeweglichen Tieres innerhalb eines Reizfeldes. Es kann sich dabei um eine Körperachsenausrichtung handeln oder auch, da sie oft mit einer Ortsveränderung einhergeht, um eine Kursorientierung. Bewegt sich ein Tier aufgrund eines solchen Orientierungsmechanismus geradlinig auf die Reizquelle zu, spricht man von **positiver,** bewegt es sich von ihr fort, von **negativer** Taxis.

Je nach Art des auslösenden Reizes unterscheidet man:

Thigmotaxis:	Orientierung nach Berührungsreizen	thígma (griech.) = Bewegung
Rheotaxis:	Orientierung in der Wasserströmung	rheo (griech.) = fließe
Anemotaxis:	Orientierung in der Luftströmung	ánemos (griech.) = Wind
Geotaxis:	Orientierung im Schwerefeld	gē (griech.) = Erde
Phonotaxis:	Orientierung nach der Schallrichtung	phōnē (griech.) = Ton
Thermotaxis:	Orientierung im Temperaturgefälle	thérmos (griech.) = warm
Phototaxis:	Orientierung nach dem Lichteinfall	phōs, phōtōs (griech.) = Licht
Galvanotaxis:	Orientierung im elektrischen Feld	nach GALVANI 1737–1798
Chemotaxis:	Orientierung im Konzentrationsgefälle	
Hydrotaxis:	Orientierung nach der Feuchtigkeit	(h)ýdor (griech.) = Wasser

Im Hinblick auf den zugrunde liegenden „Mechanismus" differenziert man zwischen
a) **Klinotaxis** (FRAENKEL u. GUNN 1961): Der Kurs wird durch „Abtasten" der Umgebung gefunden. Photoklinotaxis ist z. B. bei kleinen Tieren zu finden, die sich im Wasser mittels Cilien oder Geißeln fortbewegen. Sie rotieren beim Schwimmen um ihre Längsachse und beschreiben eine Schraubenbahn. Dabei wird die Umgebung optisch abgetastet. Trifft das Licht schräg zur Drehachse ein, wird das photosensible Organell bzw. werden die einfachen Augenpunkte rhythmisch durch den eigenen Körperschatten *(Stentor),* durch einen Pigmentfleck *(Euglena,* Abb.

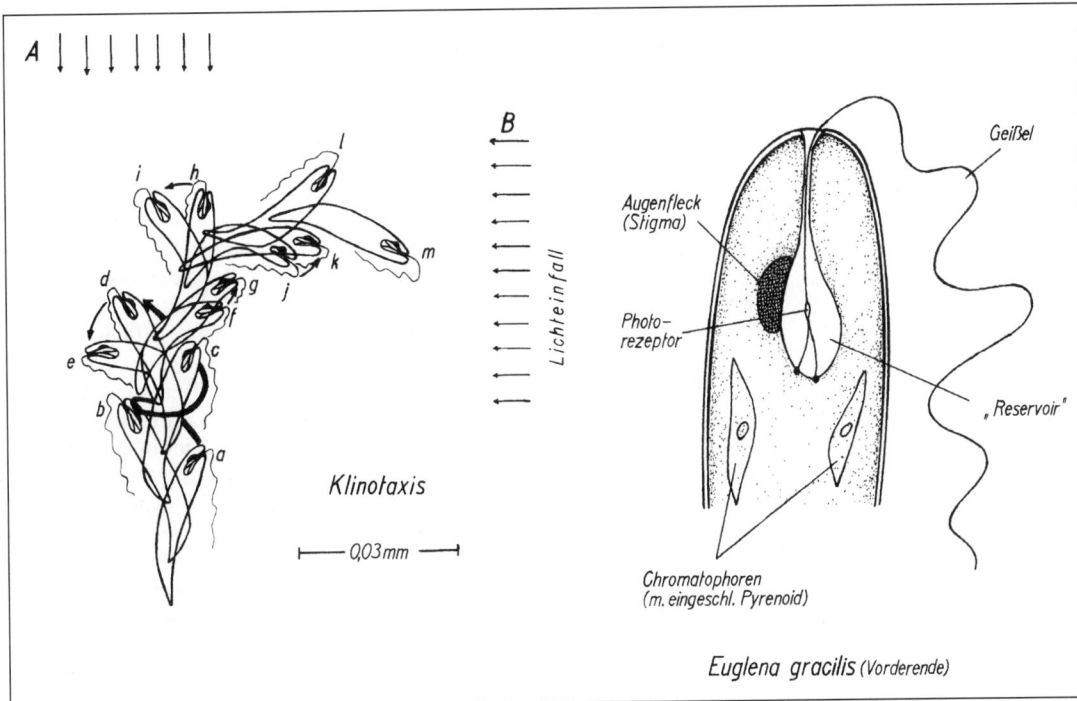

Abb. 7.24. Positiv-phototaktische Orientierung (Klinotaxis) bei *Euglena*. Zum Zeitpunkt c wechselte die Lichtrichtung von A nach B. Nach FRAENKEL u. GUNN 1961; Vorderende von *Euglena* nach HOLLANDER 1942.

7.24.) oder durch Pigmentzellen (Trochophora-Larve) beschattet. Sowie das Tier die Richtung zur Lichtquelle hin oder von ihr fort eingeschlagen hat, fällt dieser rhythmische Wechsel zwischen Belichtung und Beschattung fort.

Als **Beispiel** möge der **Flagellat** *Euglena* dienen. Er schwimmt in Form einer Spirale und dreht sich dabei gleichzeitig um seine Längsachse, so daß der Pigmentfleck stets nach auswärts weist (Abb. 7.24.). Bewegt sich der Flagellat schräg zum Lichteinfall, so tritt der Photorezeptor bei der Bewegung des Tieres zeitweilig in den Schatten des Pigmentflecks, und zeitweilig ist er der Lichtwirkung ausgesetzt. Das Tier ändert seinen Kurs bei jeder Beschattung um einen kleinen Betrag in Richtung auf die Seite, wo sich der schattenwerfende Augenfleck befindet. So wird erreicht, daß das Tier sich schließlich zum Licht hin bewegt. Der Photorezeptor wird dann dauernd beleuchtet. *Euglena* ist bei schwachem Licht positiv und bei starkem negativ phototaktisch. Es handelt sich um eine Klinotaxis, da der Weg zur Lichtquelle bzw. von ihr fort aufgrund der Suchbewegungen (Spiralbahn) und des dabei durchgeführten Vergleichs der Reizintensitäten gefunden und eingehalten wird, d. h. das Ziel wird nicht direkt, sondern in Kurvenbewegungen angesteuert. Bei der gleichzeitigen Einwirkung zweier Lichtquellen aus verschiedenen Richtungen bewegt *Euglena* sich auf der Halbierenden des Winkels, den beide Lichtquellen einschließen. Die wirksamste Wellenlänge für die positive Phototaxis liegt bei der grünen *Euglena gracilis* bei 495 nm. Die Phototaxis ist für die grünen Flagellaten von großer Be-

deutung, sie brauchen das Licht für ihre Photosynthese (autotrophe Ernährung).

Die **Fliegenmaden** (*Calliphora, Musca, Lucilia* u. a.) bewegen beim Kriechen ihr lichtempfindliches Vorderende ständig hin und her. Dabei spüren sie am Schattenwurf ihres eigenen Körpers, aus welcher Richtung das Licht kommt, und finden so die angestrebte Richtung von der Lichtquelle fort, um sich zu verpuppen: **negative Photo-Klinotaxis** (Abb. 7.25.).

b) **Tropotaxis**[1]): Das Tier ändert seinen Kurs so lange, bis in den symmetrisch angeordneten Sinnesorganen Erregungsgleichgewicht herrscht. Es sind zur Orientierung mindestens zwei Rezeptoren notwendig. Einseitige Entfernung des Rezeptors hat zur Folge, daß sich die Tiere in einem diffusen Reizfeld infolge des anhaltenden Erregungsgleichgewichtes im Kreise bewegen (Zirkus- oder **Manegebewegung**). Beispiele für eine **Photo-Tropotaxis** liefern Asseln, das Silberfischchen *Lepisma* u. a. Im Versuch mit zwei gleichstarken Reizquellen in gleichem Abstand und symmetrisch zum Tier werden die Tiere im Falle einer tropotaktischen Orientierung weder sofort die eine noch die andere Reizquelle ansteuern, sondern sich zunächst auf der Winkelhalbierenden zwischen beiden bewegen (Abb. 7.26.).

---

[1]) ho trópos (griech.) = die Wendung.

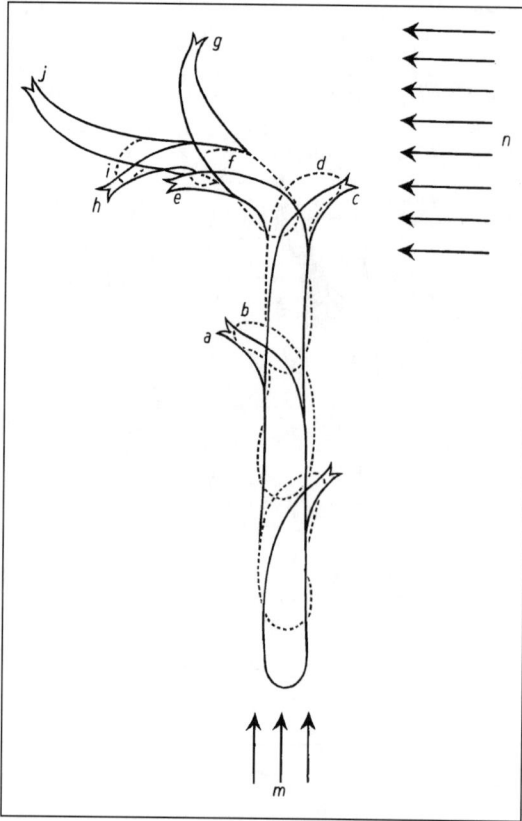

Abb. 7.25. Negative Photo-Klinotaxis bei der Larve der Schmeißfliege. Zunächst kam das Licht aus der Richtung *m*, dann aus *n*. Nach FRAENKEL u. GUNN 1961.

c) **Telotaxis**[1]) (KÜHN 1919). Das Tier ist in der Lage, mit einem Sinnesorgan direkt und nicht mehr durch Abtasten oder durch Verrechnung symmetrisch eintreffender Sinneserregungen die Richtung des eintreffenden Reizes zu erfassen. Es bewegt sich geradlinig auf die Reizquelle zu oder von ihr fort. Die Orientierung kann mit einem Rezeptor allein durchgeführt werden. Bei gleichzeitiger symmetrischer Einwirkung zweier gleichstarker Reizquellen gleicher Modalität wendet sich das Tier der einen oder anderen Quelle zu und bewegt sich nicht auf dazwischenliegendem Kurs (Abb. 7.26.). Offenbar wird der Einfluß jeweils einer Reizquelle zentral gehemmt. Deckt sich die Fortbewegungsrichtung des Tieres einmal nicht mit der erstrebten Grundrichtung (zur Reizquelle oder von ihr fort), so wendet sich das Tier im allgemeinen um den jeweils kleineren Winkel ($\leq 180°$) in die gewünschte Richtung (**Prinzip des kleinsten Drehwinkels**). Das geschieht im Bereich $0° \leq 90°$ um so heftiger, je größer der Abweichungswinkel α ist, mit wachsendem α über $90°$ hinaus nimmt die Stärke der Wendetendenz wieder ab. Genauer gesagt: es besteht zwischen der Stärke der Reaktion (Wendetendenz) und dem Sinus des Abweichungswinkels α Proportionalität (Sinusregel). Es werden bei der Telotaxis also sowohl Vorzeichen als auch Stärke der Reaktion von der momentanen Reizrichtung bestimmt. **Photo-Telotaxis** findet man z. B. bei Planarien, vielen höheren Krebsen, bei der Biene und vielen anderen Formen.

[1]) to télos (griech.) = das Ende, Ziel.

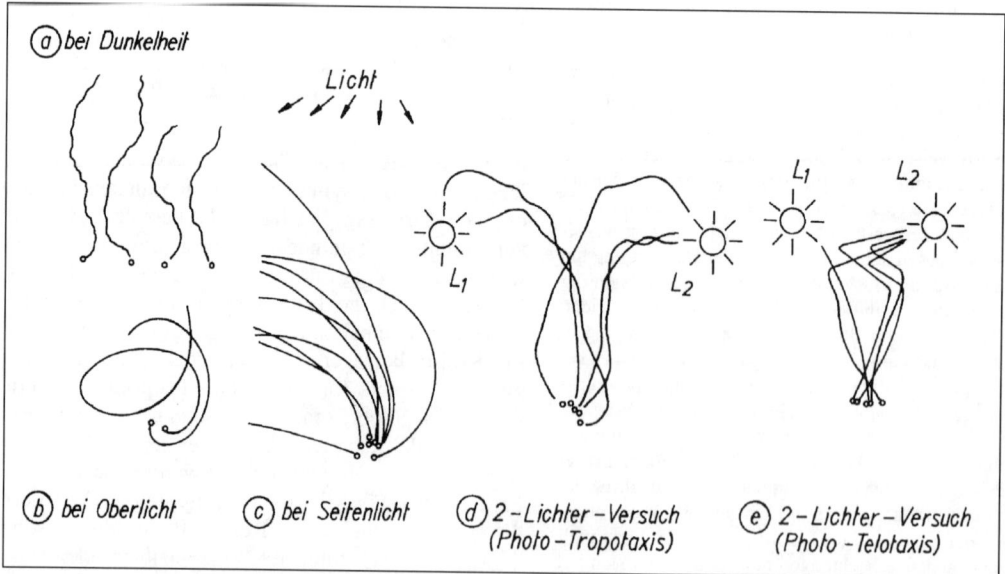

Abb. 7.26. a–d) Kriechspuren der Rollassel *Armadillidium:* positive Photo-Tropotaxis; a–c) rechtsseitig geblendet; d) im Zweilichterversuch; e) Kriechspuren eines Einsiedlerkrebses: positive Photo-Telotaxis. a–c) nach HENKE 1930, d) nach MÜLLER 1925, e) nach V. BUDDENBROCK 1922.

Das Taxis-Verhalten der Tiere kann durch **äußere** oder **innere Faktoren** „umgestimmt" werden. So ist z.B. die Zecke *Hyalomma* nur im nüchternen Zustand positiv phototaktisch, vollgesogen meidet sie das Licht. Eine Reihe von Wassertieren (Trochophoralarve von *Polygordius,* Naupliuslarve von *Lepas,* der Wasserfloh *Daphnia* u. a.) sind bei niederen Wassertemperaturen positiv, bei höheren phototaktisch. Daphnien werden auch dann positiv phototaktisch, wenn der Kohlensäuregehalt des Seewassers zunimmt. Die Insekten-Imagines sind meistens positiv phototaktisch, während die Larven sich negativ verhalten. Die Umstellung erfolgt bei den holometabolen Insekten während des Puppenstadiums.

Eine besondere Form der Orientierung zum Lichteinfall tritt uns bei einigen terrestrischen (Libellen [Abb. 7.27.], Sandlaufkäfer [Abb. 7.28.] u. a.) und besonders bei aquatischen Tierformen (der pelagische Polychaet *Alciope,* der Blutegel *Hirudo,* viele Krebse, Ephemeriden- und Dytiscidenlarven, Wasserkäfer, viele Fische u. a.) entgegen. Sie stellen sich quer zur Lichtrichtung so ein, daß der Rücken (in selteneren Fällen die Bauchseite) dem Licht zugekehrt ist. Dieses sog. **Lichtrückenverhalten** (Lichtrückenreflex, v. BUDDENBROCK[1]) 1914) dient der Stabilisierung der Körperlage im freien Raum.

---

[1]) Wolfgang VON BUDDENBROCK, geb. 1884 in Schlesien. Nach dem Abitur Zoologie-Stud. bei HAECKEL in Jena, später bei BÜTSCHLI in Heidelberg, 1910 Promotion, 1920 zu Karl HEIDER nach Berlin, 1922 Prof. in Kiel, 1936 nach Halle, 1942 nach Wien. Nach dem Krieg nach Mainz, wo er bis zu seiner Emeritierung (1954) blieb, gest. 1964.

Da das Licht im Wasser wegen der Totalreflexion schräg einfallender Strahlen an der Grenze Luft–Wasser normalerweise von oben kommt, wird durch dieses Verhalten allein oder in Zusammenwirkung mit den statischen Organen die normale Schwimmlage garantiert. Läßt man im Experiment das Licht von der Seite her einfallen, so neigen sich viele Fische – falls sie quer zum Lichteinfall schwimmen – mehr oder weniger stark zur Seite (Abb. 7.29.). Die Schräglage tritt um so deutlicher in Erscheinung, je stärker die Intensität des Lichtes ist. Sie ist das Ergebnis zweier entgegengesetzt wirkender „Drehtendenzen". Die statische Drehtendenz D_{stat} ist proportional der am Statolithen angreifenden Scherungskraft ($F \cdot \sin \alpha$) (5.2.4.2.).

$$D_{stat} = c \cdot F \cdot \sin \alpha$$

(c = Konstante; F = mechanische Feldstärke, Erdschwere)

und zieht das Tier in die senkrechte Lage.
Die optische Drehtendenz ergibt sich aus

$$D_{opt} = -f(L) \cdot \sin \beta$$

und zieht das Tier in die Lichtrückenlage. $f(L)$ ist eine Funktion der Lichtintensität, ist aber außerdem noch abhängig von internen Faktoren (Retinastruktur, Hunger, Erregungszustand des Tieres, beim Guppy auch von der Lunarperiode). Der Schräglage ent-

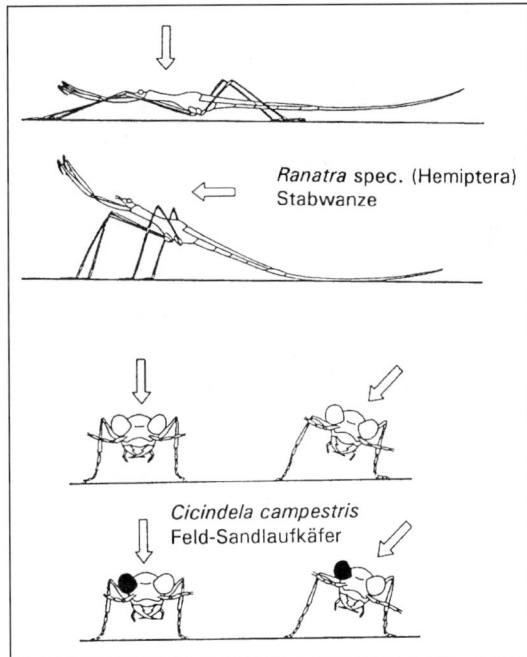

Abb. 7.28. Lichtrücken-Verhalten bei Insekten. Der Lichteinfall ist durch die Pfeile wiedergegeben. – Unten: rechtes Auge verdeckt. In diesem Fall ist die Position bei Schrägeinfall des Lichtes weniger stabil. Nach HOLMES 1905, FRIEDERICHS 1931.

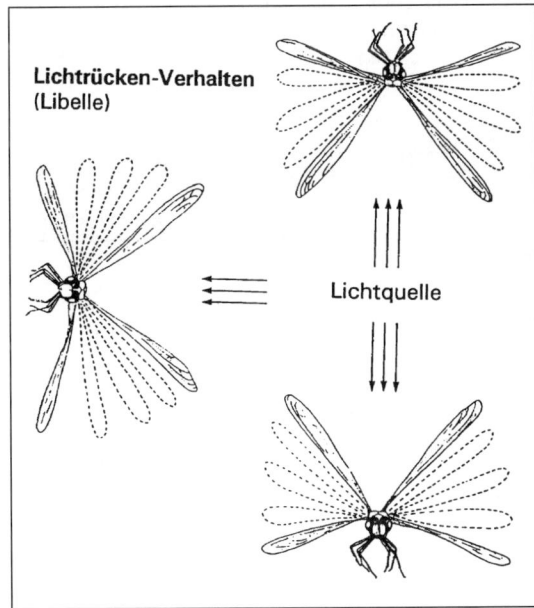

Abb. 7.27. Das Lichtrücken-Verhalten bei einer Libelle. Nach BULLOCK et al. 1977.

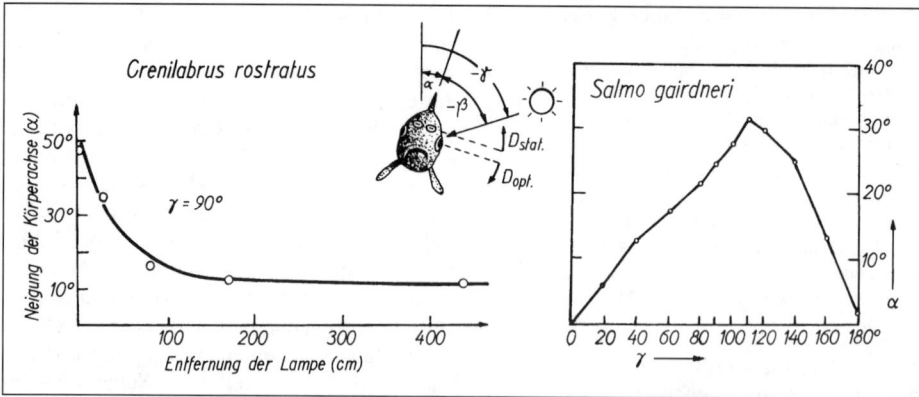

Abb. 7.29. Links: Die Abhängigkeit der Schräglage des Fisches *Crenilabrus* von der Intensität des horizontal einfallenden Lichtes. Nach v. HOLST 1934. – Rechts: Die Schräglage der Regenbogenforelle *(Salmo gairdneri)* in Abhängigkeit vom Lichteinfallswinkel. Nach eigenen Ergebnissen.

spricht ein Zustand sich gegenseitig aufhebender Drehtendenzen (**Gleichgewichtsbedingung**)

$$D_{stat} = -D_{opt} \text{ bzw. } D_{stat} + D_{opt} = 0$$

Bei „entstateten" Krebsen oder Fischen ($D_{stat} = 0$) findet man eine rein optische Orientierung. Sie legen sich bei horizontalem Lichteinfall völlig auf die Seite und schwimmen sogar in Rückenlage, falls das Licht von unten kommt.

7.4.2. Fernorientierung und Menotaxis

„Fernorientierung" bedeutet, daß die Tiere einem Ziel zustreben, das sie zu dem Zeitpunkt sensorisch nicht direkt wahrnehmen, also z.B. weder sehen noch hören oder riechen können. GRIFFIN unterscheidet drei Grundformen: 1. Kompaßorientierung, 2. Land-

markenorientierung und 3. Navigation. Letztere soll erst im nächsten Kapitel behandelt werden.

Von der Telotaxis leitet sich die **Menotaxis**[1] (KÜHN 1919) ab. Man versteht darunter die Kurseinstellung des Tieres in einem bestimmten, von 0° bzw. 180° verschiedenen Winkel zur Einfallsrichtung des wahrgenommenen Reizes. So orientieren sich zwar viele Arthropoden und Vertebraten nach dem Licht, bewegen sich aber nicht zur Lichtquelle hin bzw. von ihr fort, sondern nehmen auf ihrem Wege einen bestimmten Winkel zum Licht ein. Da die Sonnenstrahlen parallel einfallen, bewegt sich das Tier dabei geradlinig fort. Die Sonne wird wie ein Kompaß benutzt, man spricht deshalb von der **Sonnen-Kompaßorientierung.**

Sie ist bei sehr vielen Tieren nachgewiesen, erwähnt seien der Strandfloh *(Talitrus)*, die Wolfs-

---

[1] menō (griech.) = bleibe, verharre.

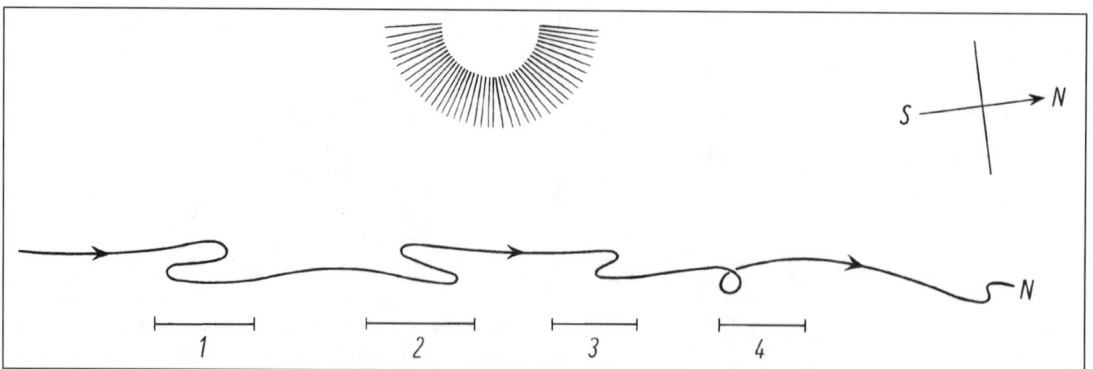

Abb. 7.30. Photo-menotaktische Orientierung bei einer Ameise. Bei 1, 2, 3 und 4 wurde das direkte Sonnenlicht abgeschirmt und durch einen Spiegel aus entgegengesetzter Richtung auf die Ameise gerichtet. Nach SANTSCHI 1911.

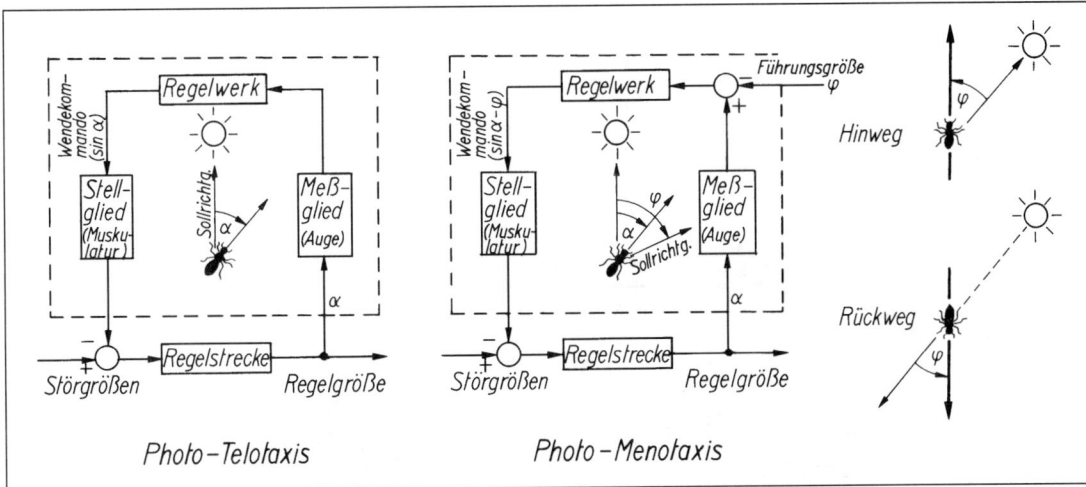

Abb. 7.31. Regelkreis beim photo-telotaktischen und beim photo-menotaktischen Verhalten mit Führungsgrößenaufschaltung (hypothetisch). Die rechten Teilfiguren sollen veranschaulichen, daß die Kursabweichung von der telotaktischen Grundorientierung auf dem Hin- und Rückweg nach Richtung und Betrag gleich groß ist. Auf dem Hinweg ist die Grundorientierung des Tieres positiv, auf dem Rückweg negativ phototaktisch.

spinne *(Arctosa),* viele Insekten (Biene, Ameise, Maikäfer u. a., Abb. 7. 30.), Fische (Cichliden, Salmoniden u. a.), Schildkröten und Vögel (Abb. 7.38.). Kompaßorientierungen nach dem **Mond** *(Talitrus,* der Isopode *Tylos)* oder nach den **Sternen** (Vögel, z. B. Grasmücken) sind seltener. Die Sonnen-Kompaßorientierung ist eine **Photo-Menotaxis.** Sie stellt keine prinzipiell neue Reaktionsform dar, sondern leitet sich von der Photo-Telotaxis ab. Regeltechnisch handelt es sich dabei um eine **Führungsgrößen-Aufschaltung** auf den Phototaxis-Regelkreis (Abb. 7.31.).

Bei der Phototaxis geht es darum, die Richtung zur Lichtquelle bzw. von ihr fort einzuschlagen. Abweichungen von dieser Richtung werden als Regelabweichungen mit dem Auge registriert und weitergemeldet. Es werden aktive Wendetendenzen ausgelöst, bis die normale Laufrichtung wieder eingenommen ist. Die Wendetendenz nimmt gewöhnlich mit dem Sinus des Abweichungswinkels zu, ist also bei einem Winkel von 90° am größten. Bei der Menotaxis tritt die Tendenz, sich in einem bestimmten Winkel schräg zum Lichteinfall einzustellen, als zentralnervöse Führungsgröße in den Regelkreis ein (Abb. 7. 31.). Meldet das Auge eine Kursabweichung vom Lichteinfall, die dem Betrag nach der Führungsgröße entspricht, so ist die resultierende Wendetendenz 0, der Kurs wird beibehalten. Wird die Kursabweichung größer oder kleiner, so werden entsprechende Wendetendenzen ausgelöst, bis die Menotaxisrichtung wieder eingenommen ist. Die Führungsgröße tritt im Experiment selber als Wendetendenz unmittelbar in Erscheinung, wenn man die Lichtquelle, nach der sich das Tier menotaktisch orientierte, plötzlich abschaltet. Man kann dann beobachten, daß die Tiere mit einer kurzen Drehung reagieren.

Der **menotaktische Kurs** kann zufällig eingenommen werden (Meisen, Mistkäfer *Geotrupes),* erblich

bedingt (Wanderschmetterlinge, Zugvögel, Fische, der Strandfloh *Talitrus* u. a.) oder erlernt sein (Ameisen, Bienen). Eine angeborene Festlegung des menotaktischen Kurses nach dem Zeitplan (**"Programmsteuerung"**) ist bei Junglachsen *(Oncorhynchus nerka)* in Kanada nachgewiesen worden. Sie ziehen aus dem Morrison Lake zuerst nach Südosten in den Babine Lake und dann nach Nordwesten in Richtung Pazifik. Dabei orientieren sie sich nach der Sonne (starke Desorientierung bei bedecktem Himmel). Dasselbe Verhalten zeigen im Morrison Lake gefangene Tiere in einem Wasserbecken bei Himmelssicht. Sie sind zuerst nach dem SO orientiert, um nach etwa 2 Wochen den gleichen NW-Kurs zu steuern wie ihre Geschwister in Freiheit, die inzwischen den Babine Lake auf ihrer Wanderung erreicht hatten. Ähnliches ist im Hinblick auf die Zugrichtung von Gartengrasmücken gezeigt worden (7.4.3., Abb. 7.37.).

Interessant ist, daß **Bienen** ihren Artgenossen durch den sog. **Schwänzeltanz** den menotaktischen Kurs zu einer ergiebigen Futterquelle mitteilen können. Die von erfolgreichem Sammelflug heimgekehrten Bienen führen den "Tanz" im dunklen Stock auf den Waben aus. Die Biene beschreibt dabei einen engen Halbkreis und kehrt dann geradlinig zum Ausgangspunkt zurück, wobei sie ihren Hinterleib schwänzelnd hin und her bewegt. Am Ausgangspunkt angekommen, beschreibt sie erneut einen Halbkreis, nun aber zur anderen Seite, worauf wiederum die gerade Strecke schwänzelnd durchschritten wird usf. Es konnte eindeutig nachgewiesen werden, daß mit der Richtung des auf der vertikalen Wabenfläche durchgeführten Schwänzeltanzes relativ zur Schwerkraft die Richtung zur Futterquelle relativ zur Sonnenein-

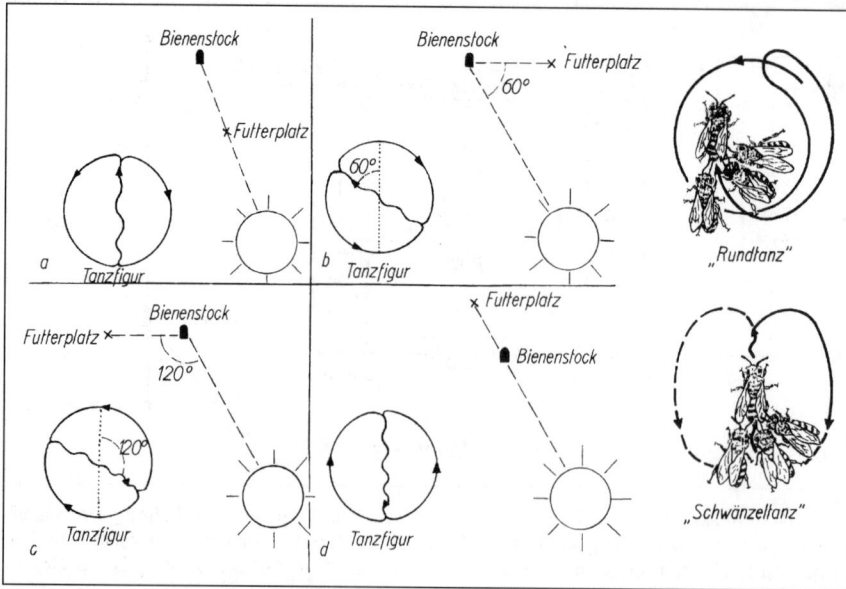

Abb. 7.32. Heimgekehrte Bienen können ihren Artgenossen mit Hilfe des auf der vertikalen Wabenfläche durchgeführten Schwänzeltanzes die Richtung zur Futterquelle mitteilen. Wird die Schwänzelstrecke senkrecht nach oben durchschritten, so heißt das, daß sich die Futterquelle in Sonnenrichtung befindet. Ist die Schwänzelstrecke gegenüber der Vertikalrichtung geneigt, so entspricht der Neigungswinkel dem Winkel zwischen Futter- und Sonnenrichtung. Der Rundtanz ohne Richtungsweisung tritt auf, wenn die Futterquelle nahe liegt (80–100 m). Nach v. FRISCH 1953, 1962.

strahlung mitgeteilt wird. Und zwar bedeutet ein senkrecht nach oben durchgeführter Tanz, daß die Futterquelle in Richtung zur Sonne, ein senkrecht nach unten durchgeführter Tanz, daß sie in entgegengesetzter Richtung liegt. Eine entsprechende Winkelabweichung des Tanzes nach links oder rechts von der vertikalen Richtung bedeutet, daß die Artgenossen die Futterquelle in entsprechender Winkelabweichung rechts bzw. links von der Sonne finden können (Abb. 7.32.). Die Bienen können mit ihren Tänzen im Schwerefeld den Sonnenwinkel bis auf 1–2° genau wiedergeben. Die Stockgenossinnen folgen der Tänzerin und halten dabei über die Fühler mit ihr Kontakt.

In der Anzahl der pro Zeiteinheit durchgeführten Tanzfiguren ist außerdem die Entfernung codiert (bei 100 m etwa 9–10, bei 500 sechs, bei 1000 vier bis fünf und bei 5000 m etwa drei Durchläufe pro 15 s).

Liegt die Futterquelle in der Nähe des Stockes (80–100 m entfernt), so tritt an die Stelle des Schwänzeltanzes der **Rundtanz** ohne Richtungsweisung. Die Rentabilität der Quelle wird durch die Lebhaftigkeit und Dauer der Tänze signalisiert. In ähnlicher Weise kann auch ein geeigneter Nistplatz von den „Kundschaftern" dem ausgeschwärmten und zusammen mit der Königin wartenden Volk mitgeteilt werden. Je besser die Qualität ist, desto lebhafter tanzen die Bienen und desto mehr Tiere werden veranlaßt, den Nistplatz zu prüfen, um, heimgekehrt, selbst für den Nistplatz zu werben.

Untersuchungen an Bienen und Ameisen haben gezeigt, daß die Tiere auch dann den direkten Kompaßkurs kennen, wenn sie auf Umwegen zum Ziel gelangt sind. Theoretisch ergibt sich der menotaktische Kurs α_R durch folgende Rechenoperation aus den in der Zeit zwischen dem Start und dem Erreichen des Zieles (T) gemessenen Kursrichtungen α_i:

$$\alpha_R = \frac{1}{T} \int_i^T \alpha_i \, dt.$$

Es liegen Hinweise dafür vor, daß die Insekten tatsächlich auf diesem Wege der zeitlichen Integration und Mitteilung den Kompaßkurs finden. Es konnte außerdem experimentell nachgewiesen werden, daß Bienen und Ameisen bereits auf dem Hinweg die auf dem Rückweg einzuschlagende Richtung erlernen. Das ist verständlich, wenn man davon ausgeht, daß sich die Meno- von der Telotaxis ableitet (s. o.). Das Tier muß sich nicht zwei „Fixierwinkel" – einen für den Hin- und einen für den Rückweg – getrennt einprägen. Es „merkt" sich nur einen Wert, nämlich den, um welchen Betrag und nach welcher Seite es von der telotaktischen Richtung (Grundorientierung) abweichen muß. Bei der Rückkehr wechselt das Tier lediglich von einer positiven zur negativen Photo-Telotaxis über, die notwendige Abweichung ist dann nach Richtung und Betrag auf dem Hin- und Rückweg gleich groß (Abb. 7.31.).

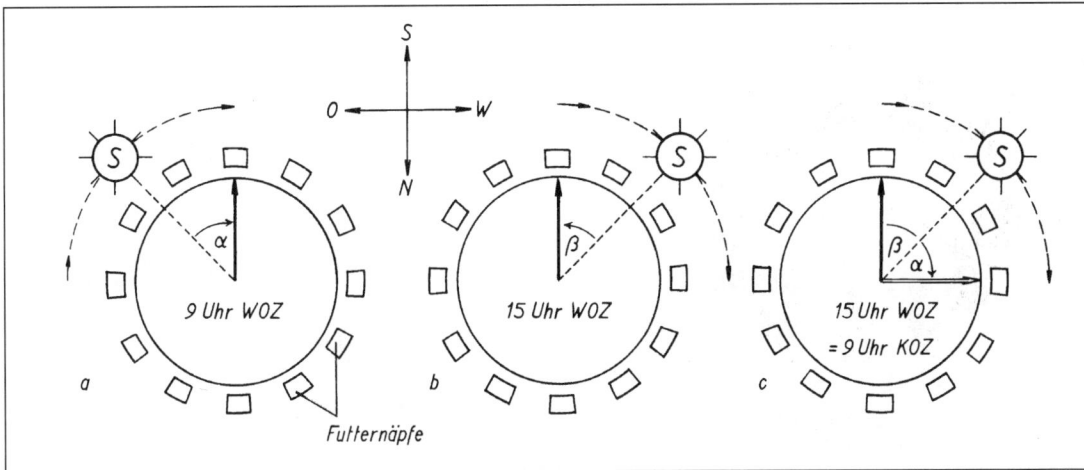

Abb. 7.33. Stare kann man in einem Rundkäfig auf eine bestimmte Himmelsrichtung dressieren, indem ihnen nur dort Futter angeboten wird, während die restlichen 11 Futterbehälter in allen anderen Richtungen leer blieben. Ein so zu einer bestimmten Tageszeit (z. B. 9 Uhr wahre Ortszeit, WOZ) auf Süden dressierter Star wählt die südliche Himmelsrichtung bei Prüfung auch zu jeder anderen Tageszeit (z. B. 15 Uhr WOZ) richtig. Er vermag also die Azimutwanderung der Sonne in der Zeit einzukalkulieren. Um 9 Uhr muß er den Futterbehälter $\alpha = 45°$ rechts von der Sonne (a), um 15 Uhr $\beta = 45°$ links von der Sonne wählen (b), um die Dressurrichtung zu treffen. Wird der Star mehrere Tage bei künstlichem Hell-Dunkel-Wechsel, der gegenüber dem natürlichen Rhythmus um 6 Stunden verspätet ist, gehalten, so paßt sich mit der Zeit seine innere Uhr den neuen Lichtwechselverhältnissen an. Seine Uhr zeigt 9 Uhr (künstliche Ortszeit, KOZ) an, wenn es bereits 15 Uhr WOZ ist. Folgerichtig strebt der Vogel in die Richtung α Grad rechts von der Sonne (c) und nicht β Grad links von der Sonne, d. h., er strebt nicht mehr in die südliche, sondern in die westliche Richtung. S = Sonne. Nach HOFFMANN 1954.

Eine Bedingung für die Tiere, die sich photo-menotaktisch orientieren, ist, daß sie in der Lage sind, die **Wanderung der Sonne** am Himmel bei der Festlegung des Kurses mit einzukalkulieren. Das ist nur auf Grund einer „inneren Uhr" (Abb. 7.33.) möglich. Die Steuerung der Sonnen-Kompaßorientierung durch eine solche Uhr ist in vielen eleganten Experimenten eindeutig nachgewiesen worden. Ein Experiment mit Staren ist in Abbildung 7.33. wiedergegeben.

Neben der Photo-Menotaxis sind z. B. auch Fälle von **Anemo-Menotaxis**[1] bekannt. Der Mistkäfer *(Geotrupes)* und bestimmte andere Insekten bevorzugen ziemlich eng begrenzte Winkelbereiche rechts bzw. links von der Windrichtung, die sie unbeeinflußt durch Temperatur, Sättigungsgrad oder auch von der Tageszeit beibehalten. Es wird vermutet, daß der Käfer sich durch eine solche Winkeleinstellung zur Windrichtung optimalere Bedingungen zum Empfang chemischer Reize aus der Luft (Nahrung, Sexualpartner oder ähnliches) verschafft.

Eine Orientierung anhand ins Gedächtnis eingeprägter „**Wegmarken**" oder Landmarken ist bei vielen Tieren (Wespen, Grabwespen, Bienen, Ameisen u. a.) beobachtet worden. Sie wurde früher als **Mnemotaxis**[2] (KÜHN 1919) bezeichnet. Honig-

bienen führen im Alter von 15–20 Tagen „Orientierungsflüge" durch, auf denen sie sich die Umgebung des Stockes mit Hilfe bestimmter Peilmarken einprägen. Versetzt man den Stock, so suchen die heimkehrenden Bienen das Flugloch zunächst an der alten Stelle. Ähnliches ist beim Bienenwolf *(Philanthus triangulum)* bekannt. Während das Tier im Nest verweilte, legte man einen Ring von Kiefernzapfen um seinen Nesteingang. Bevor es erneut fortflog, machte das Insekt einen Orientierungsflug um die nähere Umgebung des Nestes. Während seiner Abwesenheit versetzte man den Ring um 30 cm seitlich (Abb. 7.34.), so daß das Nest jetzt außerhalb des Ringes lag. Der heimkehrende Bienenwolf suchte sein Nest dann erfolglos im Zentrum des Ringes. Durch weitere Experimente konnte gezeigt werden, daß die Orientierung des Bienenwolfs nicht auf Grund einer speziellen Landmarke erfolgt, daß er sich vielmehr gleichzeitig mehrere Marken in ihrer räumlichen Zuordnung (Reizkonfiguration) einprägt. Wurde der Kreis aus Kiefernzapfen während der Abwesenheit des Bienenwolfs durch einen Kreis aus Holzklötzchen ersetzt und mittels der Kiefernzapfen gleichzeitig ein Quadrat gelegt, flog das heimkehrende Insekt in die Kreismitte. Entscheidend für es war die Kreisfigur, die es auch von einer Ellipse zu unterscheiden vermochte.

[1] ho anémos (griech.) = der Wind.

[2] he mnéme (griech.) = die Erinnerung, das Gedächtnis.

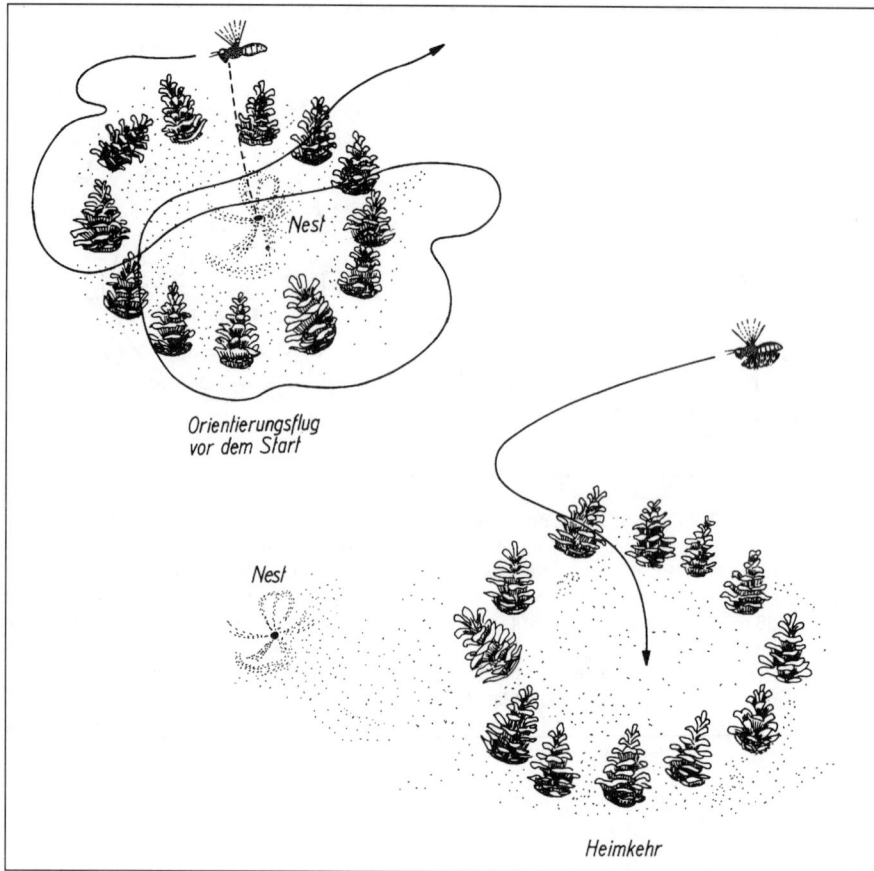

Abb. 7.34. Experiment über die Orientierung des Bienenwolfs *(Philanthus triangulum).* Die heimkehrende Wespe sucht das Nest im Zentrum des inzwischen versetzten Kiefernzapfenkreises, wo es sich beim Abflug befunden hat. Nach TINBERGEN 1951.

7.4.3. Vogelzug und Navigation

Unter den Tieren gibt es viele Formen, die in ihrem Leben – periodisch oder aperiodisch – oftmals große Strecken zurücklegen, sei es aus Gründen des Nahrungsangebotes, wie bei Huftieren oder Fischschwärmen, aus Gründen der Fortpflanzung, wie bei den anadromen Lachsen und katadromen Aalen, oder aus Gründen des Aufsuchens von Winterquartieren, wie bei den Fledermäusen, Zugvögeln und einigen Insekten. In anderen Fällen, wie bei den Wanderheuschrecken, Lemmingen und anderen Nagetieren, steht die Wanderung im Dienste der Artausbreitung und der Verhinderung einer Übervölkerung nach Massenvermehrung.

Unter diesen Formen der Tierwanderung hat die jahresperiodische Wanderung der **Zugvögel** zwischen Brut- und Überwinterungsgebiet bereits sehr früh das besondere Interesse des Menschen gefunden. Einige Hundert Millionen Vögel wechseln jährlich im Spätsommer und Herbst oft über viele tausend Kilo-

meter von Europa nach Afrika. Von 234 in Mitteleuropa regelmäßig vorkommenden Vogelarten sind 105 echte Zugvögel.

Wenn auch der „ökologische Sinn" des Vogelzugs darin gesehen werden muß, daß die Tiere so den extrem ungünstigen Lebensbedingungen während des Winters entgehen, so sind doch der Temperaturabfall oder die Nahrungsverknappung nicht notwendigerweise die **Auslöser** des Vogelzuges. Es gibt Vögel, die uns bereits verlassen, wenn noch sommerliche Temperaturen und ein ungemindertes Insektenangebot herrschen. So bleibt z. B. der Mauersegler *(Apus apus)* nur in den Monaten Mai, Juni, Juli bei uns. Für diese sog. **„Instinktvögel"** wird der Zeitpunkt des Abflugs weitgehend endogen bestimmt (endogene circannuale Rhythmik, s. 7.3.1.). Gekäfigte Vögel zeigen zum gleichen Zeitpunkt eine deutlich meßbare **„Zugunruhe"**, zu dem ihre freilebenden Artgenossen auf Wanderschaft gehen. Nicht nur der Beginn, sondern auch Verlauf und Dauer der Zugunruhe zeichnen bei den Labortieren die Zugaktivität der Freilandtiere

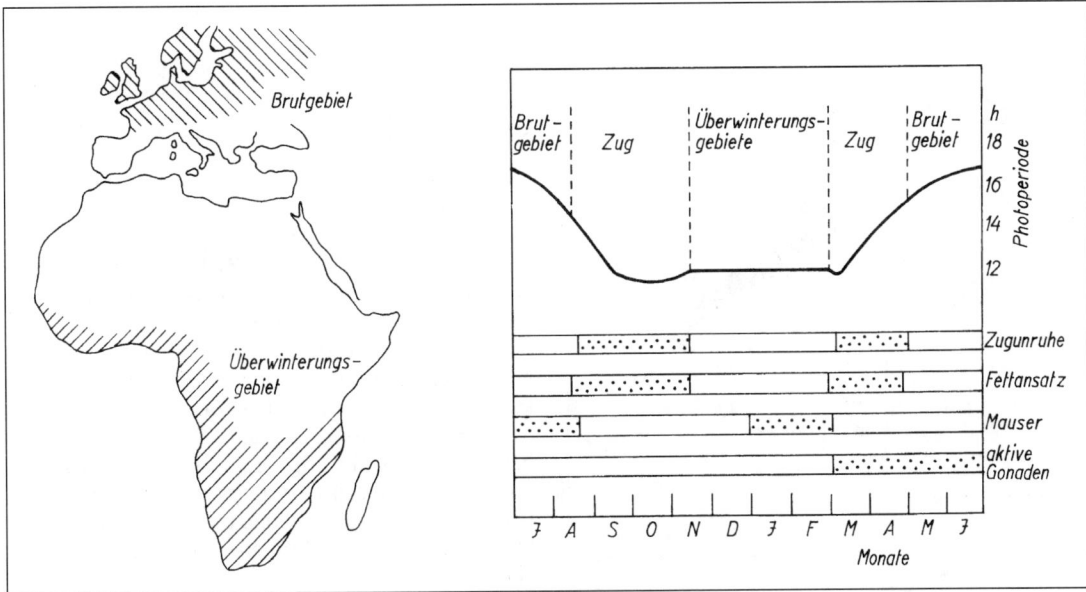

Abb. 7.35. Fitislaubsänger *(Phylloscopus trochilus)*: Seine Überwinterungs- und Brutgebiete, die circannuale Rhythmik verschiedener Funktionen und die Photoperiodenbedingungen in seinen Aufenthaltsgebieten während eines Jahres. Nach GWINNER aus CZIHAK, LANGER u. ZIEGLER 1981, verändert.

nach. Einem solchen **jahresperiodischen (circannualen) endogenen Rhythmus** unterliegt nicht nur die Zugunruhe, sondern auch eine Reihe damit im Zusammenhang stehender physiologischer Veränderungen im Vogelkörper, wie Gonadenreifung, Mauser und Fettansatz (Abb. 7.35.). Über 10 Jahre abgeschirmt von der Außenwelt unter völlig konstanten Bedingungen (künstlicher Hell-Dunkel-Wechsel, konstante Temperatur, gleichbleibendes Nahrungsangebot) gehaltene Gartengrasmücken zeigten immer noch – wie ihre Artgenossen im Freien – zweimal jährlich Mauser, Zugunruhe und Fettdisposition. Allerdings betrug der „freilaufende" circannuale Rhythmus nicht 12, sondern nur 9–11 Monate.

Diesen Instinktvögeln stehen die sog. „**Wettervögel**" gegenüber, die zwar ebenfalls endogen bedingt im Herbst eine Zugbereitschaft ausbilden, aber wirklich erst ziehen, wenn die Witterungsbedingungen sich verschlechtern. Zwischen beiden Extremen gibt es viele Übergänge.

Die meisten Zugvögel ziehen im Herbst in breiter Front und verfolgen dabei eine bestimmte Vorzugsrichtung. Einige Arten bevorzugen aber auch typische **Zugstraßen.** So z. B. der Kranich *(Grus grus)*, der als ausdauernder und schneller Flieger ohne Rücksicht auf Meere und hohe Gebirgsketten seinen Weg macht. Demgegenüber überquert der Storch *(Ciconia ciconia)* als Segelflieger das Mittelmeer an seinen schmalsten Stellen: Die „Weststörche" ziehen über Gibraltar ins tropische Westafrika, die „Oststörche" über den Bosporus, Jordangraben und Golf von Suez nach Ostafrika bis zum Kap der Guten Hoffnung. Bei einer Reihe von

Zugvögeln wird auf der Herbstwanderung eine andere Route genommen als auf der Frühlingswanderung. So überquert der mitteleuropäische Neuntöter *(Lanius collurio)* im Herbst das Mittelmeer, im Frühjahr geht die Route (besserer Rückenwind?) über das Rote Meer und Kleinasien.

Durch viele **Verfrachtungsexperimente** ist eindeutig erwiesen, daß Jungvögel, die im Herbst starten, über zweierlei Daten verfügen, über 1. die Richtung und 2. die Distanz, die zurückgelegt werden muß. Man spricht von der **Vektornavigation,** da ein Vektor durch Richtung und Länge definiert wird. Stare wurden während ihres Herbstzuges auf dem Weg nach Südengland in Holland gefangen, per Flugzeug in die Schweiz gebracht und dort nach Beringung wieder freigelassen. Es zeigte sich, daß die Jungstare ihren alten Kurs fortsetzten und in einem Gebiet in Frankreich überwinterten, das gegenüber dem normalen Überwinterungsgebiet um die Strecke Holland–Schweiz südwärts verlagert war (Abb. 7.36.). Die Altvögel flogen dagegen unter Änderung ihres Kurses weiter nach Südengland. Dieses Versuchsergebnis macht deutlich, daß es neben der angeborenen Orientierungskomponente (Vektornavigation) auch eine Erfahrungskomponente (bei den Altvögeln) gibt.

Die Weitergabe von Erfahrungen von den Altvögeln auf die Jungtiere (**Tradition**) spielt in vielen Fällen eine nicht unerhebliche Rolle. Viele Zugvögel „sammeln" sich vor dem Abflug. Alt- und Jungtiere fliegen gemeinsam. Bei den Störchen sind es besonders jene Altvögel, die nicht zur Brut

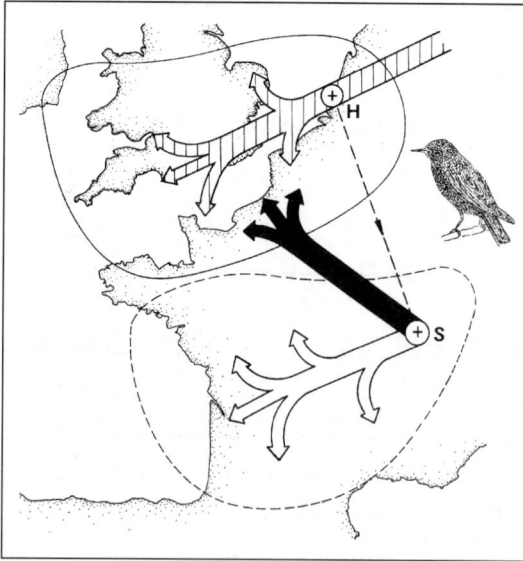

Abb. 7.36. Nach dem Transport von Staren *(Sturnus vulgaris)* während ihres Herbstzuges (schraffierter Pfeil) von Holland (H) in die Schweiz (S) flogen die Jungtiere nach ihrer Freilassung in der ursprünglichen Himmelsrichtung weiter (weißer Pfeil) und überwinterten in dem gestrichelt umrandeten Gebiet, während die Altvögel in ihr angestammtes Überwinterungsgebiet (einfach umrandet) zurückflogen (schwarzer Pfeil). Nach PERDECK 1958 aus SCHÖNE 1980.

gekommen sind, die die Jungvögel begleiten, während die Brutvögel etwas später folgen. Im Jahre 1933 wurden Jungstörche aus Ostpreußen ins Ruhrgebiet gebracht. Diejenigen Jungvögel, die noch Anschluß an die dort beheimatete Storchenpopulation finden konnten, zogen mit den „Weststörchen" in die südwestliche Richtung. Diejenigen Jungvögel

aber, die erst freigelassen wurden, als die dort ansässigen Störche bereits fort waren, flogen – wie ihre Artgenossen („Oststörche") in Ostpreußen – in südöstliche Richtung. Es gibt allerdings auch Zugvögel, bei denen die Jungvögel niemals gemeinsam mit den erfahrenen Alttieren ziehen, also eine Tradition sich nicht ausbilden kann.

Die bei vielen Arten offenbar genetisch fixierte und übertragene **Zugrichtung** braucht keine konstante zu sein. Sie kann sich – ebenfalls endogen gesteuert – nach einem bestimmten **Zeitprogramm** ändern. Die Gartengrasmücke *(Sylvia borin)* zieht aus ihren mitteleuropäischen Brutgebieten zunächst (August/ September) südwestwärts nach Spanien, um dann nach Überqueren der Straße von Gibraltar über Afrika eine südöstliche Richtung zum Überwinterungsquartier einzuschlagen (Abb. 7.37.). Die Zugunruhe bei in einem Rundkäfig gefangengehaltenen Artgenossen wies zunächst (August/September) ebenfalls in die südwestliche Richtung, um später (Oktober bis Dezember) in eine südöstliche Richtung umzuschlagen.

Um eine bestimmte Richtung einschlagen und beibehalten zu können, müssen die Tiere sich natürlicher Bezugsgrößen bedienen. Zugvögel benutzen sowohl die Sonne als auch die Sterne als Bezugsgrößen: Sonnen- und Sternenkompaß. Hinzu kommt die Orientierung nach dem Magnetfeld der Erde (5.6.), das noch den Vorteil hat, daß es praktisch keine tagesperiodischen Schwankungen zeigt. Die **Sonnen-Kompaßorientierung** (7.4.2.) bei Vögeln wurde von G. KRAMMER 1950 entdeckt und ist heute durch viele Experimente sehr gut belegt (Abb. 7.38.). Registriert wird die Azimutkomponente (Horizontalkomponente) der Sonnenbewegung, denn nur sie sagt etwas über die Himmelsrichtung aus. Unberücksichtigt bleibt dagegen die Höhe des Sonnenstandes (Erhebung über die Horizontalebene). Die Sonnenorientie-

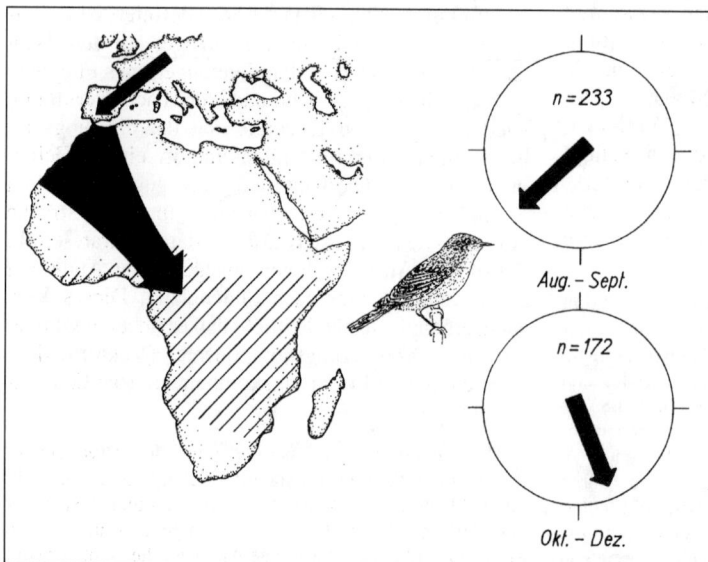

Abb. 7.37. Der Herbstzug der mitteleuropäischen Gartengrasmücke *(Sylvia borin)* ins Überwinterungsgebiet (schraffiert) im Vergleich zur Richtung der Zugunruhe bei Vögeln unter jahresperiodisch konstanten Bedingungen im Rundkäfig im August/September bzw. Oktober/Dezember (Mittelwerte aus *n* Beobachtungen). Nähere Erläuterungen im Text. Nach GWINNER u. WILTSCHKO 1978, aus SCHÖNE 1980.

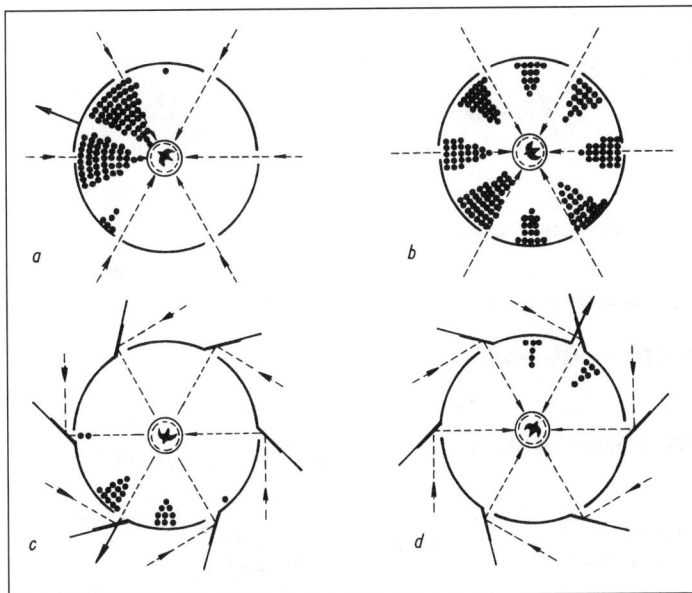

Abb. 7.38. Die Abhängigkeit der „Zugrichtung" zugunruhiger Stare in einem Käfig vom Lichteinfall (Sonnenstand). Jeder Punkt bedeutet 10 s gerichtetes „Ziehen" in einem der 6 Käfigsektoren. Der dicke Pfeil weist in die „Zugrichtung" (Mittelwert) des Stars, die gestrichelten Pfeile symbolisieren den Weg des Lichteinfalls. Bei unbedecktem Himmel (a) deutliche Bevorzugung einer Richtung, unter bedecktem Himmel (b) nicht. Falls durch Spiegelung ein um 90° veränderter Sonnenstand vorgetäuscht wird, bevorzugen die Stare erwartungsgemäß eine um 90° gegenüber der normalen Zugrichtung nach links (c) bzw. nach rechts (d) verlagerte Richtung. Nach KRAMER 1950.

rung kann selbstverständlich nur funktionieren, wenn sie durch eine innere Uhr (7.3.3.) gesteuert wird.

Eine **Sternen-Kompaßorientierung** wurde erstmals von F. SAUER im Jahre 1956 an Grasmücken und Laubsängern nachgewiesen. Nach Untersuchungen an Rotkehlchen *(Erithacus rubecula)* muß die Orientierung nach den Sternen erst erlernt werden („Sekundärorientierung"). Sie zeigten sich bei Darbietung eines künstlichen Sternenmusters ohne Magnetfeld desorientiert. Wurde zusätzlich ein Magnetfeld geboten, wurde die Zugunruhe richtungsorientiert. Diese Richtungstendenz blieb bestehen, wenn man das Magnetfeld wieder entfernte. Sie hatten offensichtlich inzwischen das Sternenmuster mit Hilfe des Magnetfeldes „geeicht". Unter experimentellen Bedingungen (Planetarium) können völlig willkürlich zusammengesetzte „Sternenmuster" ebensogut erlernt werden wie natürliche Konstellationen. Auf die **Magnet-Kompaßorientierung** bei Vögeln wurde bereits hingewiesen (5.6.).

Von einer echten Navigation sprechen wir erst dann, wenn eine Positions- und Kursbestimmung von einem unbekannten Ort vorgenommen werden kann, um von dort aus ein bekanntes Ziel anzusteuern. In dieser Hinsicht zeigen die **Brieftauben** erstaunliche Leistungen (**Heimfindevermögen**). Diese beruhen nicht auf einer **„Trägheitsnavigation"**. Damit ist gemeint, daß die Rückwegorientierung aus den gespeicherten Informationen aller Wendungen und Wegstrecken während des Hinwegs gewonnen wird. Brieftauben fanden auch dann ihren Weg zurück, wenn sie während des Weges zum Auflaßort fortwährend rotierten oder vollnarkotisiert waren. Wahrscheinlich liegt der Navigation ein Vermögen zur

geographischen Ortsbestimmung zugrunde (**Bikoordinatennavigation**): „Navigation nach Karte und Kompaß" (KRAMER). Der Vogel stellt zunächst diesen Standort in einem „Koordinatennetz" (Karte) fest und bestimmt daraus die Richtung zum Ziel. Diese Richtung wird dann mit Hilfe der bereits erwähnten Kompaßorientierung eingestellt und eingehalten. Über die Natur des „Koordinatennetzes" gibt es keine sicheren Kenntnisse. Das Auge spielt eine untergeordnete Rolle. Tauben, die getrübte Augengläser tragen (keine Mustererkennung, nur Helligkeitsunterscheidung), finden trotzdem bis in die Nähe ihres Heimatschlages zurück. Die Hypothese einer sog. **Sonnennavigation,** d. h. Bestimmung des geographischen Ortes an Hand genauer Messungen der Sonnenbahn, ließ sich nicht bestätigen. Sie würde nur funktionieren, wenn eine sehr präzise Zeitanzeige mit einer sehr genauen Messung der Sonnenbahn (um daraus vielleicht die Mittagshöhe zu extrapolieren) kombiniert werden könnte, wozu die Voraussetzungen fehlen. Die Sonne wird zwar zur Kompaßorientierung, aber nicht zur Navigation genutzt.

7.5. Biokommunikation

Während der gesamte *intra*organismische Informationsaustausch zwischen den Zellen, Geweben und Organen desselben Individuums – sieht man von wenigen Ausnahmen, wie z. B. von den elektrischen Synapsen, ab – über den „chemischen Kanal" abläuft,

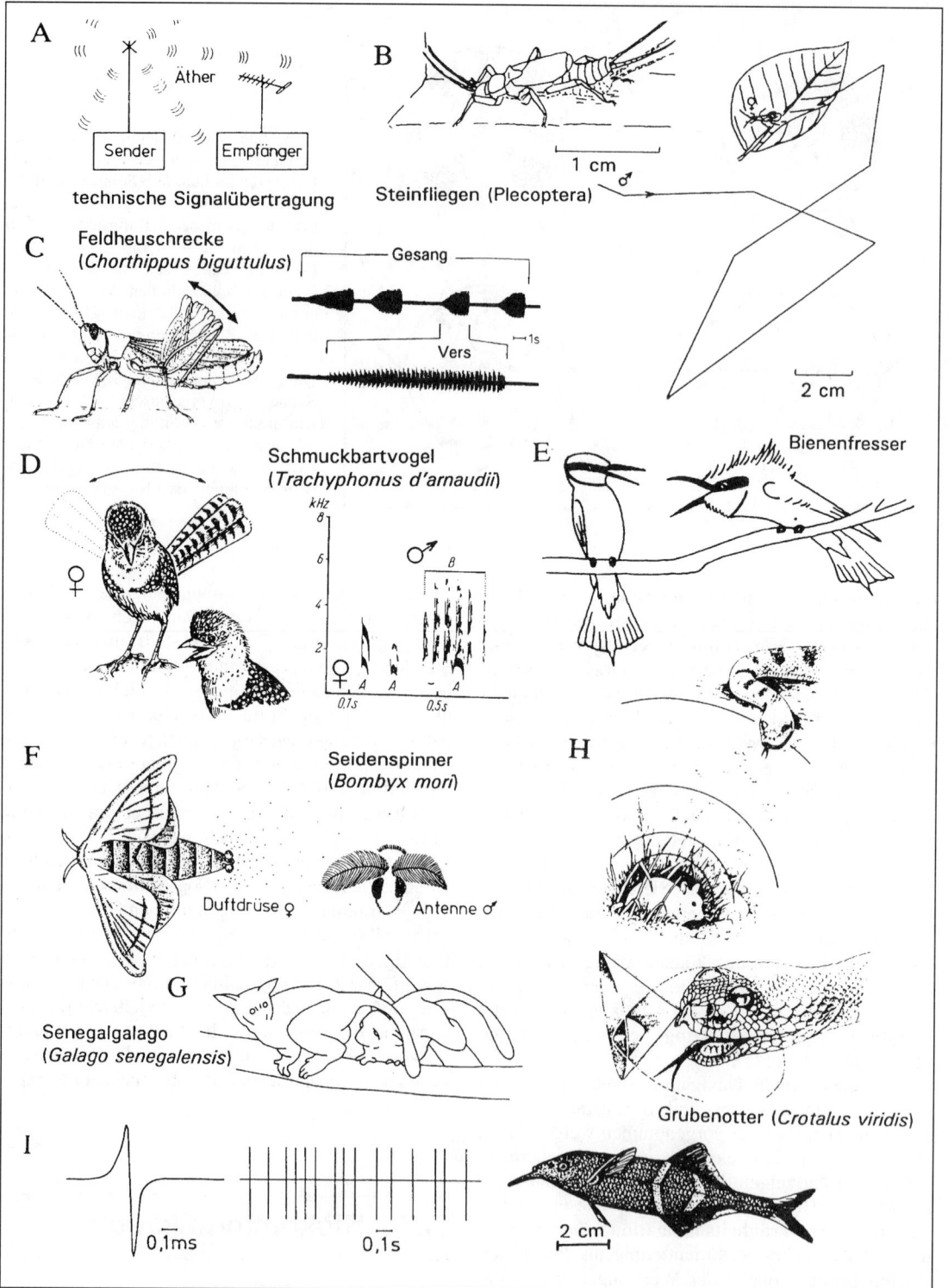

Abb. 7.39. Beispiele interindividueller Kommunikation bei Tieren. Näheres s. Text. Nach verschiedenen Autoren zusammengestellt.

d. h. über Signal*stoffe* (Mediatoren, wie Hormone, Paramone, Transmitter), gestaltet sich die *inter*organismische Kommunikation wesentlich vielfältiger.

In der Abbildung 7.39. sind einige Beispiele interindividueller Kommunikation zusammengestellt: Die Steinfliegen (Plectopteren) verwenden z. B. den **mechanischen Kanal**. Sie trommeln mit dem Hinterleib auf das Substrat. Immer beginnen die Männchen. Die Weibchen antworten nur, solange sie noch unbegattet sind. Dieser Dialog dient der Auffindung des Weibchens. Jede Art hat ein spezifisches Trommelmuster hinsichtlich Dauer und Frequenz. – Die Feldheuschrecken (Acridiidae) bedienen sich bekanntermaßen des **akustischen Kanals** bei der Geschlechtersuche. Sie reiben eine Zahnreihe der Hinterbeine an den Tegmina (Vorderflügel) oder dem Abdomen. – Ein Schmuckbartvogel-Paar *(Trachyphonus d'arnaudii)* begrüßt sich mit einem charakteristischen Duettgesang, das vom Weibchen mit einem Pendelschwingen des Schwanzes begleitet wird. Hier kommt zum akustischen noch der **optische Kanal** hinzu. – Ebenfalls über den optischen Kanal erfolgt das defensive „Drohen" beim Bienenfresser. Er streckt seinem Gegner den weitgeöffneten Schnabel entgegen. – Den **chemischen Kanal** nutzen sehr viele Tiere (siehe Pheromone, 7.5.1.). Die Seidenspinner-Weibchen *(Bombyx mori)* besitzen z. B. an ihrem Abdomenende Duftdrüsen, die sie bei Paarungsbereitschaft ausstülpen. Aus ihnen werden Sexuallockstoffe (Bombykol) freigesetzt. Diese Substanzen registrieren die männlichen Tiere aus großer Entfernung. Sie weisen ihnen gleichzeitig den Weg zum paarungsbereiten Weibchen. Auch das Weibchen des Senegalgalago *(Galago senegalensis)*, um noch ein Beispiel von den Säugetieren zu nennen, signalisiert dem Männchen ihre Paarungsbereitschaft durch einen spezifischen Vaginageruch. – Den **thermischen Kanal** nutzt die Grubenotter *(Crotalus viridis)* bei ihrem Beutefang. Sie verfügt über die Fähigkeit, mit Hilfe ihrer Grubenorgane die von einem Warmblüter ausgehende Wärmestrahlung zu registrieren. – Schließlich kommunizieren die schwach-elektrischen Fische, wie z. B. der Nilhecht *Gnathonemus petersii,* über den **elektrischen Kanal.** Sie generieren elektrische Signale, die von anderen mit Hilfe ihrer Elektrorezeptoren registriert werden können (5.5.).

Besonders vielfältig werden in der interorganismischen Kommunikation Signal*stoffe* eingesetzt, die wir **Pheromone** nennen. Sie seien etwas ausführlicher behandelt.

7.5.1. Pheromone

Die **Pheromone**[1] (KARLSON und LÜSCHER 1959) stellen eine besondere Klasse von „Botenstoffen" dar. Sie werden, wie die Hormone, in besonderen Drüsen gebildet, aber nicht, wie diese, in die Blutbahn, sondern nach außen abgegeben. Sie lösen bereits in sehr geringen Konzentrationen bei Artgenossen spezifische Reaktionen aus, dienen also einer stofflichen Kommunikation zwischen den Individuen einer Art. Die meisten Pheromone wirken über das Geruchsorgan, nur wenige (z. B. die Königinsubstanz, s. u.) werden durch den Mund aufgenommen. Man unterscheidet zwischen den unmittelbar wirkenden **Releaserpheromonen**[2] (Signalpheromone) und den **Primerpheromonen**[3], die eine Folge endokriner Reaktionen auslösen. Zu den ersteren gehören die bekannten Sexuallockstoffe, Alarmpheromone, Stoffe zur Territorialmarkierung sowie „Individualitäts- und Mutterschaftspheromone". Zu den letzteren gehören Stoffe, die die Sexualreife (Pubertät), den weiblichen

---

[1] phérein (griech.) = tragen;
   (h)orman (griech.) = anregen, treiben.
[2] releaser (engl) = Auslöser.
[3] primer (engl.) = Zündvorrichtung, Sprengkapsel

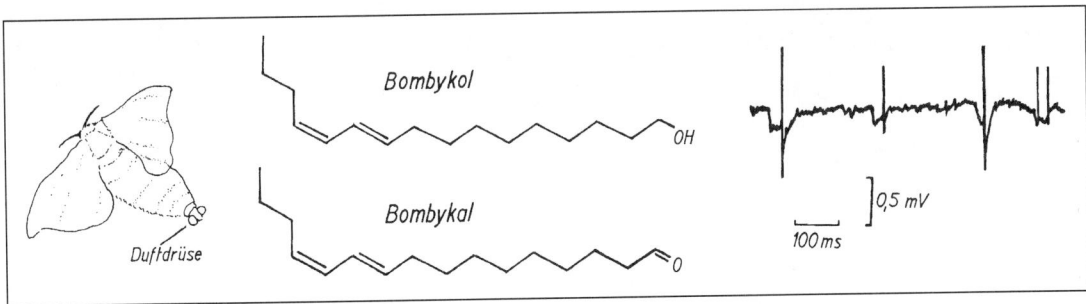

Abb. 7.40. Weibchen des chinesischen Seidenspinners *(Bombyx mori)* mit voll ausgestülpten Duftdrüsen (Sacculi lateralis). Aus ihnen werden die Pheromone Bombykol und Bombykal im Verhältnis 10:1 freigesetzt. Ersteres regt das Männchen an, das Weibchen aufzusuchen. Die Funktion des Aldehyds ist noch unklar. In unphysiologisch hohen Dosen hemmt es den Bombykoleffekt beim Männchen. – Rechts: Extrazelluläre Aufzeichnung der Aktivität eines antennalen Pheromonrezeptorhaares beim Männchen nach schwacher Pheromonreizung. Die größeren Impulse gehören zu den Bombykol-, die kleineren zu den Bombykalrezeptoren. Beiden gehen Rezeptorpotentiale voraus. Nach SCHNEIDER 1984.

Zyklus und die Gravidität beeinflussen können oder die Ovulation auslösen (bei der Erdmaus *Microtus agrestis*).

Die **Sexuallockstoffe** verschiedener **Insekten** (Schmetterlinge, Bienen, Käfer, Schaben u. a.) dienen der Herbeilockung und sexuellen Erregung des Geschlechtspartners. Das Seidenspinner-Weibchen *(Bombyx mori)* bildet den Wirkstoff in einem Paar ausstülpbarer Duftdrüsen zwischen dem 8. und 9. Segment des Abdomens (Abb. 7.40.). Chemisch handelt es sich um einen ungesättigten Alkohol mit 16 C-Atomen [Hexadekadien-(4,6)-ol-(16)], genannt **„Bombykol"**. Es wirkt noch in unvorstellbar geringen Konzentrationen von $10^{-10}\,\mu g \cdot cm^{-3}$ Lösungsmittel erregend auf die Männchen, die beginnen, mit den Flügeln zu schwirren. Bald nach der erfolgten Kopulation hört die Produktion des Lockstoffs im Weibchen auf. Beim Schwammspinner *Porthretria dispar* ist der Lockstoff ebenfalls ein ungesättigter

Alkohol („Gyplur"). Die Bienenkönigin entläßt während des Hochzeitsfluges aus den Kieferdrüsen im Kopf einen artspezifischen Stoff, der die Drohnen anlockt. Seine chemische Natur ist noch unbekannt.

Bekannt sind **Sexuallockstoffe** auch bei den **Säugetieren.** Die Weibchen lassen in der Regel (Ausnahme: einige Primaten) die Paarung nur während der Brunst zu. Dann zeigen sie ihre Paarungsbereitschaft durch optische (Schwanzstellung beim Pferd und Rind, Blitzen der Vulva beim Pferd), akustische („Brüllerkühe") und/oder chemische Signale (Pheromone) an. Die Sexuallockstoffe können mit dem Urin abgegeben (Hund, Pferd, Rind u. a.) und von bestimmten Drüsen (**Präputialdrüsen** bei Maus und Ratte, **Analdrüsen** bei Hund und Fuchs) sezerniert werden.

Der **Eber** bildet im Hoden neben den bekannten Steroidhormonen (Androgene) andere Steroide, sog. **Δ-16-Steroide** (sie besitzen eine Doppelbindung zwischen den C-Atomen 16 und 17 im D-Ring), die selbst keine Hormonwirkung, aber besondere Geruchseigenschaften (urinartig bzw. Moschusgeruch) besitzen. Sie gelangen in das Blut und werden im Fettgewebe angereichert (Abb. 7.41.). Vor der Paarung „patscht" der Eber, d. h., er produziert durch intensive Kaubewegungen einen schaumigen Speichel, mit dem die Pheromon-Steroide ins Freie gelangen. Dieser „Geruchsschub" löst bei der östrischen Sau über Rezeptoren der Riechschleimhaut und das Gehirn den „Duldungsreflex" (Immobilisierungsreflex, Steh-Verhalten) mit der typischen Körperhaltung aus. Neben dieser „Releaserwirkung" wird auch eine „Primerwirkung" (Stimulierung des Östrus, Pubertätsbeschleunigung) der Eberpheromone diskutiert.

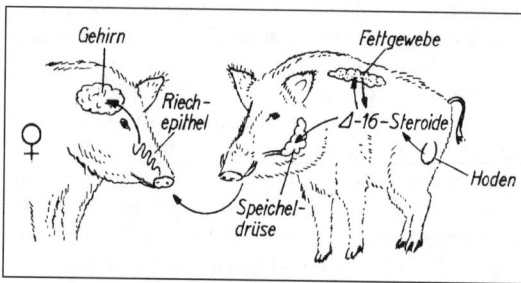

Abb. 7.41. Die Ausscheidung der „Eberpheromone" (Δ-16-Steroide) beim „Patschen" des Ebers vor der Paarung.

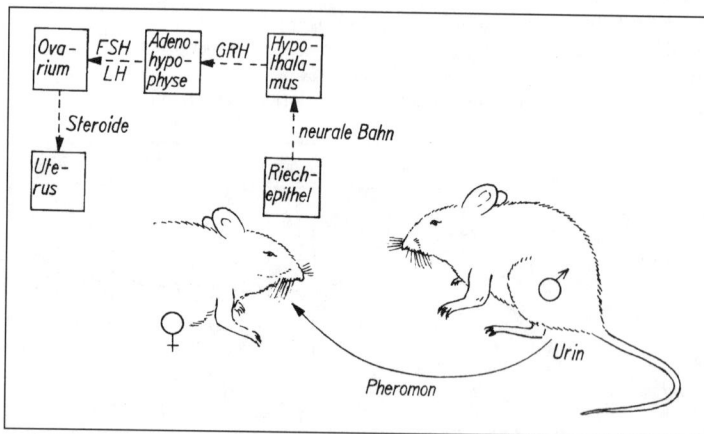

Abb. 7.42. Beispiel eines Primerpheromons bei Mäusen. Das von einem fremden geschlechtsreifen Männchen mit dem Urin abgegebene Pheromon wird von einem frisch befruchteten Weibchen in den ersten vier Tagen nach der Begattung olfaktorisch wahrgenommen und stimuliert (über Nervenbahnen) den Hypothalamus zur vermehrten Abgabe von Gonadotropin-Releasing-Hormon (GRH). Daraufhin kommt es zur verstärkten Ausscheidung von FSH und LH durch die Adenohypophyse. Diese Hormone lösen im Ovar die Bildung und Abgabe von Sexualhormonen (Steroiden) aus, die die Umbildung des Uterus zur Aufnahme der Blastocyste verhindern. Die jungen Embryonen können deshalb, aus dem Ovidukt in den Uterus übertretend, dort nicht implantiert werden. Es kommt zum Abort. In Anlehnung an Blüm aus Czihak, Langer u. Ziegler 1981.

Als Beispiel für ein **Primerpheromon** seien die **Mäuse** (Abb. 7.42.) genannt. Das von einem fremden, geschlechtsreifen Männchen mit dem Urin abgegebene Pheromon löst bei einem frisch befruchteten Weibchen in den ersten vier Tagen nach der Begattung olfaktorisch im Hypothalamus eine vermehrte Abgabe von Gonadotropin-Releasing-Hormon (GRH) aus. Daraufhin kommt es zur verstärkten Freisetzung von FSH und LH aus der Adenohypophyse. Diese Hormone lösen im Ovar die Bildung und Abgabe von Sexualhormonen (Steroide) aus, die die Umbildung des Uterus zur Aufnahme der Blastozyste verhindern. Die jungen Embryonen können deshalb aus dem Ovidukt in den Uterus übertretend dort nicht implantiert werden. Es kommt zum Abort.

Eine große Klasse von Pheromonen bilden die **„Alarmstoffe"**. Wird z. B. eine Elritze *(Phoxinus phoxinus)* verletzt, so tritt ein Stoff ins Wasser über, der bei den Artgenossen im Schwarm eine Schreck- und Fluchtreaktion auslöst. Die alarmierende Substanz („Schreckstoff") wird in den Kolbenzellen der Epidermis gebildet. Ihre chemische Natur ist noch unbekannt. Vergleichende Untersuchungen haben gezeigt, daß solche Schreckreaktionen nicht bei allen schwarmbildenden Friedfischen vorkommen, sondern auf die Ordnung der Ostariophysen beschränkt ist. Die Ostariophysen leben fast ausschließlich im Süßwasser. Es sind meist gesellig lebende Friedfische. Zu ihnen gehören die Karpfenfische (Cyprinoidea), südamerikanischen Messerfische (Gymnotiformes) und die Welse (Siluroidea). Diejenigen Ostariophysen, die keine Schreckreaktion zeigen, leben bezeichnenderweise solitär und nicht im Schwarm. Die Schreckstoffe sind nicht streng artspezifisch, sondern auch bei anderen Arten innerhalb derselben Familie wirksam. Allerdings wirkt immer der arteigene Stoff am stärksten.

Auch bei verschiedenen sozialen **Insekten** sind **Alarmsubstanzen** nachgewiesen. Sie werden bei den **Ameisen** (Abb. 7.43.) in der Mandibulardrüse (Myrmicinae, *Formica*), in der Giftdrüse *(Myrmica, Formica, Tetramorium)*, in der Dufourschen Anhangsdrüse (Camponotinae), oder auch in der Analdrüse (Dolichoderinae) gebildet und rufen bei Artgenossen einen Zustand erhöhter Erregung hervor. Während sich die erhöhte Erregung bei den im Nest weilenden Artgenossen in starker Angriffslust äußert, führt sie bei denjenigen auf den „Ameisenstraßen" oder am Futterplatz häufig zu wilder Flucht. Die chemische Natur der Alarmstoffe bei den Ameisen ist ebenso wie ihr Bildungsort nicht einheitlich.

Die einzelnen Drüsen der Ameisen scheiden gewöhnlich eine Mischung verschiedener Substanzen aus, die sowohl hinsichtlich ihrer Struktur als auch hinsichtlich ihrer Funktion unterschiedlich sind. Das zeigt am Beispiel der unterirdischen „Citronella-Ameise" *Acanthomyops claviger* aus dem östlichen Teil der Vereinigten Staaten die Abbildung 7.43. Die Giftdrüse produziert ausschließlich Ameisensäure zum Zwecke der Verteidigung. Die bei dieser Art stark hypertrophierte Mandibulardrüse bildet eine

Menge unterschiedlicher terpenoider Aldehyde und Alkohole, die sowohl defensive Funktionen besitzen als auch als Alarmpheromone dienen. Das von der Dufourschen Drüse ausgeschiedene Undecan ist ein Alarmpheromon, während die restlichen Bestandteile des Sekrets vorwiegend oder ganz im Dienste der Verteidigung stehen.

Die **Bienen** entlassen beim Stich einen Stoff, der vorher im Stachelrinnenpolster gespeichert wurde und nicht mit dem Gift identisch ist. Durch ihn werden andere Bienen erregt und zum Angriff stimuliert. Als ein aktives Prinzip konnte **Isoamylacetat** identifiziert werden. Bei den sozial niedrigstehenden Hummeln und Feldwespen *(Polistes)* fehlen Alarmstoffe.

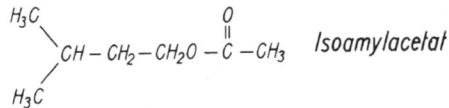
Isoamylacetat

Verschiedene Tiere benutzen Pheromone zur **Markierung ihrer Territorien.** Diese Geruchssignale haben gegenüber den akustischen und visuellen („Drohgebärden") den Vorteil, daß sie über längere Zeit (beim Goldhamster z. B. mindestens 25 Tage) und auch bei Abwesenheit des „Besitzers" ihre Wirksamkeit entfalten. Die Pheromone werden entweder in bestimmten Duftdrüsen (z. B. die Subauriculardrüse beim Gabelbock *Antilocapra americana*) gebildet und an markanten Stellen abgerieben oder mit dem Kot bzw. Urin (z. B. Ratten) abgegeben.

Die **Honigbiene** produziert in der **Nassanovschen Drüse** am 7. Abdominaltergit einen fruchtetherartig riechenden Stoff, mit dem sie ergiebige Nektarquellen für ihre Artgenossen markiert. Das aktive Prinzip im Sekret ist der Terpenalkohol **Geraniol**. Die **Ameisen** legen Duftspuren zum und vom Nest, sog. Ameisenstraßen.

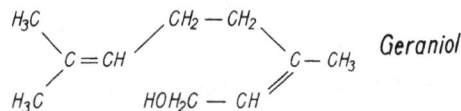
Geraniol

Während bei den Formicinae die Ameisensäure in gewisser Weise als Markierungsstoff dient, sind es bei den Dolichoderinae verschiedene stark riechende Ketone, die von den **Analdrüsen** gebildet werden (Abb. 7.43.). **Termiten** besitzen ebenfalls spurenbildende Sekrete, die aus der unter dem 5. Abdominalsternit gelegenen **Sternaldrüse** entlassen werden können.

Die **Königinsubstanz** (englisch: queen substance) der **Biene** wird in der **Mandibulardrüse** im Kopf ge-

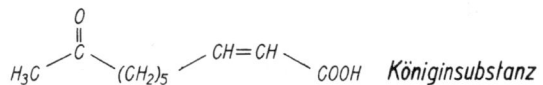
Königinsubstanz

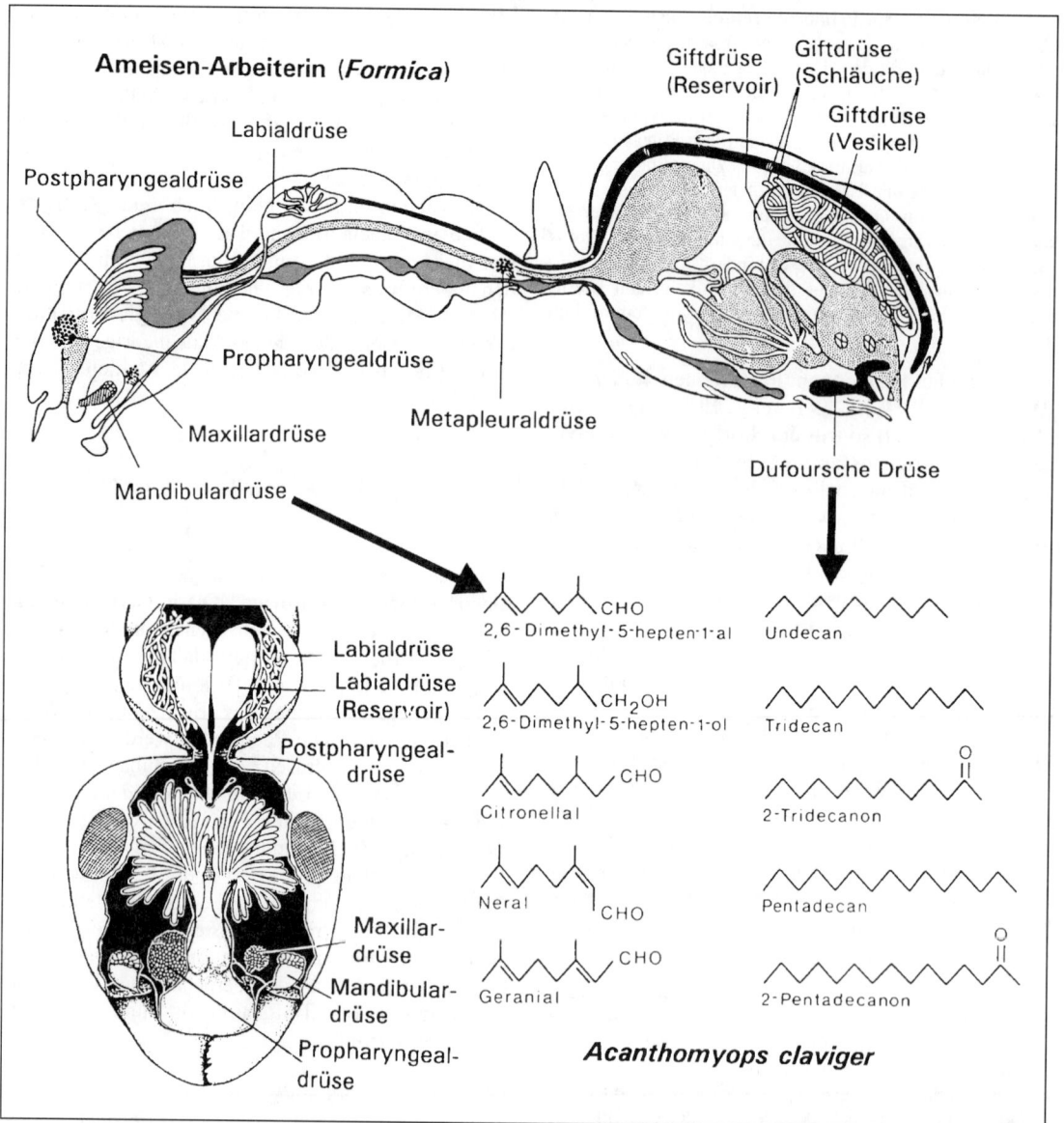

Ameisen-Arbeiterin (*Formica*)

Postpharyngealdrüse
Labialdrüse
Giftdrüse (Reservoir)
Giftdrüse (Schläuche)
Giftdrüse (Vesikel)

Propharyngealdrüse
Maxillardrüse
Metapleuraldrüse
Mandibulardrüse
Dufoursche Drüse

Labialdrüse
Labialdrüse (Reservoir)
Postpharyngealdrüse
Maxillardrüse
Mandibulardrüse
Propharyngealdrüse

2,6-Dimethyl-5-hepten-1-al
2,6-Dimethyl-5-hepten-1-ol
Citronellal
Neral
Geranial

Undecan
Tridecan
2-Tridecanon
Pentadecan
2-Pentadecanon

Acanthomyops claviger

Abb. 7.43. Übersicht über die Pheromon-Drüsen der Ameisen-Arbeiterin (*Formica*) im Längsschnitt durch das Tier und in der Aufsicht (Kopf). Das Gemisch von Alarm- und Defensivstoffen im Sekret der Mandibular- bzw. Dufourschen Drüse der Arbeiterin der Ameisenart *Acanthomyops claviger* (Formicinae). Aus HÖLLDOBLER u. WILSON 1990.

bildet und enthält die ungesättigten Fettsäuren trans-9-Oxydecensäure und trans-9-Hydroxydecensäure. Sie wird von den Arbeiterinnen aufgeleckt, hemmt bei ihnen die Ovarienentwicklung und unterdrückt den Trieb zur Bildung von Königinnenzellen. Sie scheint über den Geschmackssinn zu wirken. Ein anderes Pheromon der Königin regt die Arbeiterin zum Lecken an. Hat die alte Königin den Stock mit einem Schwarm verlassen, so werden die Bienen durch dieselben Substanzen angelockt und zur Bildung einer dichten Schwarmtraube an exponierter Stelle angeregt. Die weiblichen Geschlechtstiere der **Termite** *Kalotermes flavicollis* geben ein Pheromon mit dem Kot ab, das von den Larven oral aufgenommen wird und die Umwandlung weiblicher Larven in **Ersatzgeschlechtstiere** hemmt.

7.5.2. Der Vogelgesang

Der Gesang der Vögel kann mehrere Funktionen haben. Oft wird damit der Besitzanspruch auf ein Territorium „proklamiert" (**Territorialsignale**). Das setzt allerdings voraus, daß der jeweilige Gesang individuelle Merkmale aufweist, die über längere Zeit beibehalten werden, ein Grund für die Komplexität der Vogelgesänge. Die Komplexität muß um so größer sein, je höher die Populationsdichte ist. Die Wahrscheinlichkeit, daß von Reviernachbarn die gleichen Muster verwendet werden, ist um so geringer, je komplexer der Gesang ist.

Der Gesang kann aber auch dazu dienen, ein Weibchen zu umwerben. Mehrfach ist beschrieben worden (beim Papagei, bei Tauben, beim Kanarienvogel), daß der Gesang des Männchens beim Weibchen eine Ovulation hervorrufen kann. Es ist auch bekannt, daß durch den Gesang die Paarungsbereitschaft des Weibchens initiiert werden kann. Gesänge sind aber keineswegs immer auf männliche Tiere beschränkt. Beim Amazonas-Papagei und einigen tropischen Singvögeln können Männchen und Weibchen sogar im „Duett" singen.

Erzeugt werden die Töne nicht – wie bei Fröschen und Kröten, einigen Eidechsen und vor allem bei den Säugetieren – im Kehlkopf (Larynx) mit Hilfe der dort ausgebildeten Stimmbänder, sondern im **Syrinx**. Dieses Organ (Abb. 7.44.) befindet sich an der Gabelungsstelle der Trachea, dort, wo die Trachea in die beiden Bronchien übergeht. Die

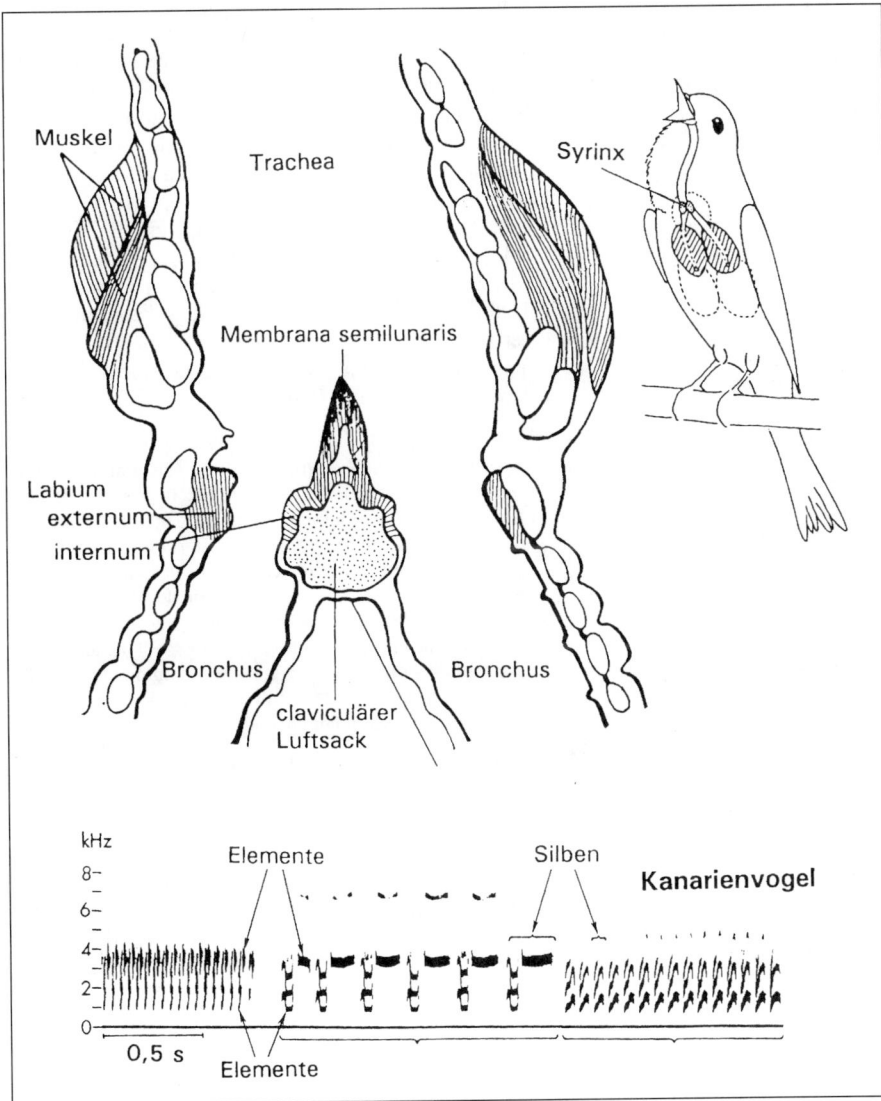

Abb. 7.44. Der Syrinx einer Drossel (*Turdus*) im Längsschnitt. Nach HAECKER. – Das Sonagramm eines Kanarienvogels. Nach NOTTEBOHM u. NOTTEBOHM 1976.

dort ausgebildeten Stimmritzen (paarig! in jedem Bronchus) können durch die Syrinxmuskulatur (stammt von der hypobranchialen Muskulatur ab) verengt bzw. erweitert, die schwingenden Membranen gespannt werden bzw. erschlaffen.

Ein Teil des Gesanges ist angeboren, der größere dagegen erworben. Isoliert aufgezogene Singvögel entwickeln ein Gesangsmuster, das weniger stark strukturiert ist, aber dennoch gewisse Merkmale des arttypischen Gesanges aufweist (Abb. 7.45.). Wachsen die Jungvögel bei „Stiefeltern" einer anderen Art auf, so zeigt ihr Gesang Elemente des Gesanges der Stiefeltern, die in ein Grundmuster eingebaut worden sind, das für den arteigenen Gesang charakteristisch ist (Abb. 7.45.). Bei den meisten Singvögeln scheint die Grundstruktur des Gesanges angeboren zu sein. Diese Grundstruktur wird in früher Jugend durch Lernvorgänge zum vollen Gesang ausgebaut. So können sich regional **„Dialekte"** herausbilden, die von Generation zu Generation weitergegeben werden („Traditionsbildung") und bemerkenswert stabil sein können. Demgegenüber benötigen Hühner-Küken keinerlei Kontakte mit anderen Vögeln, um den arttypischen Laut zu beherrschen.

Beim australischen Zebrafinken *(Taeniopygie guttata)* ist die Lernphase auf die frühe Jugend beschränkt. Sie erlernen den Gesang vom Vater (nur von ihm, von keinem anderen Männchen!) zwischen dem 18. und 40. Tag. Das ist die Zeitspanne zwischen dem ersten Ausfliegen und dem Unabhängigwerden der Jungvögel. Nach dem 70.–100. Tag ist das Gesangsmuster fertig, dann wird es nicht mehr verändert. Auch der Buchfink gehört zu diesen Vögeln mit einer **kritischen Periode** für das Erlernen des Gesanges. Sie ist aber erst mit dreizehn Monaten abgeschlossen. Das Wesentliche lernt er bereits im ersten Sommer, die Feinheiten des örtlichen Dialektes übernimmt er erst im nächsten Frühjahr. Andere Arten können zeitlebens neue Elemente in ihren Gesang aufnehmen, oft allerdings nur zu einer bestimmten Zeit, z. B. im Frühjahr. Zu diesen „open-ended" Lernern gehören z. B. der Kanarienvogel und der amerikanische Goldzeisig *(Carduelis tristis).*

Spielt man isoliert aufgezogenen Jungvögeln (z. B. „swamp sparrows") vom Tonband gemischte Gesänge verschiedener Vogelarten vor, so sind sie in der Lage, den arteigenen Gesang herauszufiltern und die anderen Gesänge zu ignorieren. Es müssen im Gehirn „Instanzen" vorhanden sein, die den arteigenen Gesang erkennen und dem Lernen „empfehlen": **Präferenz für den arteigenen Gesang,** ein Beispiel für eine genetisch fixierte Lerndisposition. Andere Arten, wie z. B. die Nachtigall, können den Gesang vom Tonband überhaupt nicht erlernen. Ist allerdings der vertraute Tierpfleger zugegen, so können sie es. Offenbar erhält dann die Information einen ganz anderen „Stellenwert": Bedeutung des sozialen Kontextes!

Nach Masakazu KONISHI erfolgt die Ausbildung des Gesanges bei Singvögeln in zwei Stufen. In der ersten Stufe **(sensorische Phase)** lernen die Jungvögel den Gesang von einem Artgenossen, meistens vom Vater, und speichern das Gelernte als „template" im Gehirn. In der anschließenden **zweiten Stufe** (motorische Phase) übt der Jungvogel den Gesang so lange, bis er dem im Gehirn gespeicherten „template" hinreichend gut entspricht. Dabei spielt die akustische Kontrolle des eigenen Gesanges eine dominierende Rolle. Vögel, die nach der ersten Stufe ertauben, können den normalen Gesang nicht mehr ausbilden.

Die an der **Gesangskontrolle** beteiligten **Hirnstrukturen** sind relativ gut bekannt. Von besonderer Bedeutung sind 1. das zunächst fälschlich als „Hyperstriatum ventralis, pars caudalis" (HVc) angesprochene Gebiet, das heute als **„höheres Vokal(Gesangs)-zentrum"** bezeichnet wird, und 2. der **Nucleus robustus archistriatalis** (RA) (Abb. 7.46.). Beide Zentren liegen im Vorderhirn. Sie sind beim Männchen um ein Mehrfaches größer als beim Weibchen, wenn nur das Männchen einen Gesang erlernt. Durch Testosteron-Gaben kann man auch beim Weibchen eine Vergrößerung der Zentren induzieren. Die Ausdehnung des RA steht bei heranwachsenden Zebrafinken in einem direkten Zusammenhang mit ihrer Sangeshäufigkeit. Am Kanarienvogel konnte beobachtet

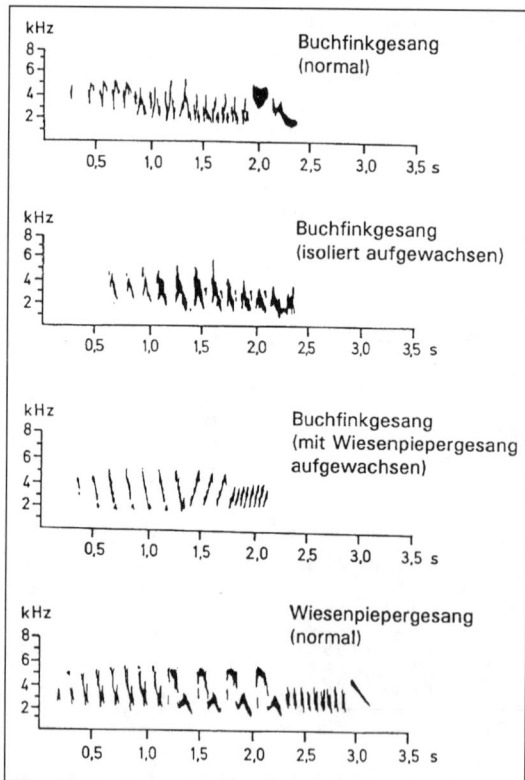

Abb. 7.45. Die Gesangsprägung beim Buchfink *(Fringilla coelebs).* Aus THORPE 1961.

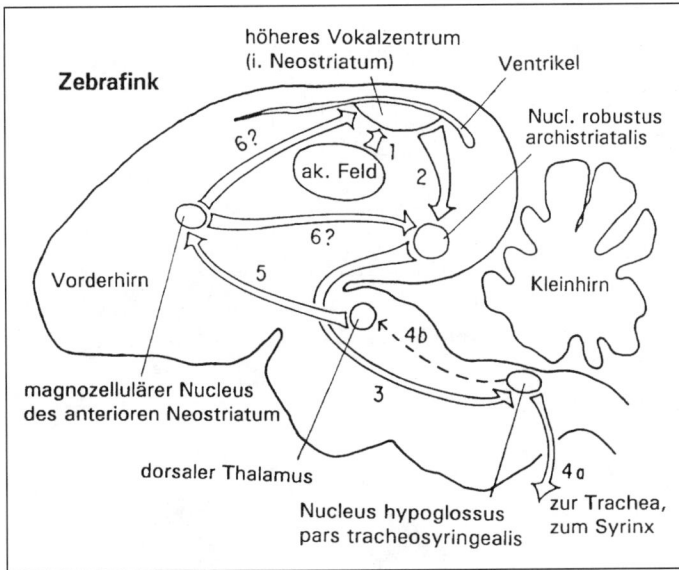

Abb. 7.46. Sagittalschnitt durch das Gehirn eines adulten männlichen Zebrafinken mit eingetragenen Zentren, die für die Steuerung des Gesanges wichtig sind. Die Zahlen geben an, in welcher Reihenfolge die neuronalen Aktivitäten sich ändern, wenn ein Gesang empfangen worden ist (ausgehend vom akustischen Feld = ak. Feld). Nach WILLIAMS u. NOTTEBOHM 1985, verändert.

werden. daß auch noch im Erwachsenenalter im Gehirn neue Neuronen gebildet werden, die in das HVc einwandern und dort als Interneuronen neue Verbindungen herstellen. Columbiformes (Tauben) haben kein solches „höheres Gesangszentrum". Sie lassen auch die Fähigkeit vermissen, den Gesang zu erlernen.

Ein Teil der Neuronen des HVc sind während des Gesanges aktiv. Sie sind wahrscheinlich in die Steuerung des Gesanges integriert. Ein anderer Teil der Neuronen reagiert auf akustische Reize, besonders auf den arteigenen und am besten auf den eigenen Gesang: Rückkopplungsschleife zur Kontrolle und eventuellen Korrektur des eigenen Gesanges (s. o.). Im RA erfolgt die Koordination von Atmung und Gesang sowie die Formierung des motorischen Outputs zum Syrinx.

Das Gesangszentrum steht mit dem RA in Verbindung, das seinerseits einen direkten Kontakt mit den Kerngebieten des XII. Hirnnerven (Nervus hypoglossus) (Nucleus hypoglossus pars tracheosyringealis) herstellt, der die Trachea und den Syrinx motorisch innerviert. Alle diese Bahnen verlaufen ipsilateral. Beim Kanarienvogel besteht eine Dominanz der linken Zentren. Das HVc ist nicht nur in die Gesangssteuerung integriert, es wird auch aktiviert, wenn Gesang gehört wird. Es wird angenommen, daß die schallinduzierte Aktivität im Nervus hypoglossus zurück an den magnozellulären Nucleus des anterioren Neostriatum über eine thalamische Relaisstation gemeldet wird (7.46.). Dieses Zentrum steht wiederum mit dem HVc und dem RA in Verbindung.

7.6. Begriffsbildung und Planhandlungen

Der Erfolg einfacher **Dressuren in Zweifachwahlversuchen** setzt eine gewisse **angeborene Fähigkeit zur Abstraktion** beim Tier voraus (7.2.). Es muß fähig sein zu lernen, nur auf die dargebotenen Dressurmuster „zu achten" und von der Umgebung zu abstrahieren. Es muß außerdem lernen, das immer wiederkehrende positive bzw. negative Muster als „gleich", beide nebeneinander aber als „verschieden" zu erkennen. Ein weiterer Abstraktionsvorgang besteht darin, daß das Tier sich in der Regel nicht alle Einzelheiten des Reizmusters einprägt, sondern nur bestimmte Charakteristika desselben. So ist das Tier auch in der Lage, angeborenermaßen Ähnlichkeiten zu erfassen. Sehr eindrucksvoll wird die Abstraktionsfähigkeit der Tiere in den erfolgreichen Experimenten zum „relativen Lernen" (7.2.) demonstriert.

Ein Vermögen zur **Generalisierung auf „Ungleich" gegen „Gleich"** ist bei Säugetieren wiederholt im Experiment nachgewiesen worden. Eine Zibetkatze *(Viverricula malaccensis indica)* konnte mit Erfolg darauf dressiert werden, Muster ungleicher Gegenstände gegenüber Mustern gleicher Gegenstände zu bevorzugen (Abb. 7.47.). HARLOW dressierte Rhesusaffen darauf, aus drei dargebotenen Objekten (zwei gleiche und ein ungleiches) jeweils das ungleiche Objekt auszuwählen. (Abb. 7.48.). Als sie dieses Problem beherrschten, wurde die Aufgabe noch kom-

Nr.	Ausgangsmuster		
1.	• ● ••		
	Testmuster	Anzahl der Tests	Prozentsatz der „Richtig-Wahlen"
2.	▲ ▲ ▲▲	100	70
3.		95	87
4.	G ‖	70	99
5.		50	90
6.	+⁺	60	80
7.	‖ 9 9	60	85
8.		110	75
9.		50	78
10.		60	73
11.		50	90
12.	∎∎	50	80

Abb. 7.47. Eine Kleine Zibetkatze (*Viverricula malaccensis*) wurde auf die Unterscheidung gleich-ungleich (gleiche und ungleiche Kreisflächen) dressiert. In der Tabelle: Prozentsätze von Spontanwahlen im Sinne der Ausgangsdressur auf neue, nicht andressierte Musterpaare. Nach RENSCH u. DÜCKER 1959.

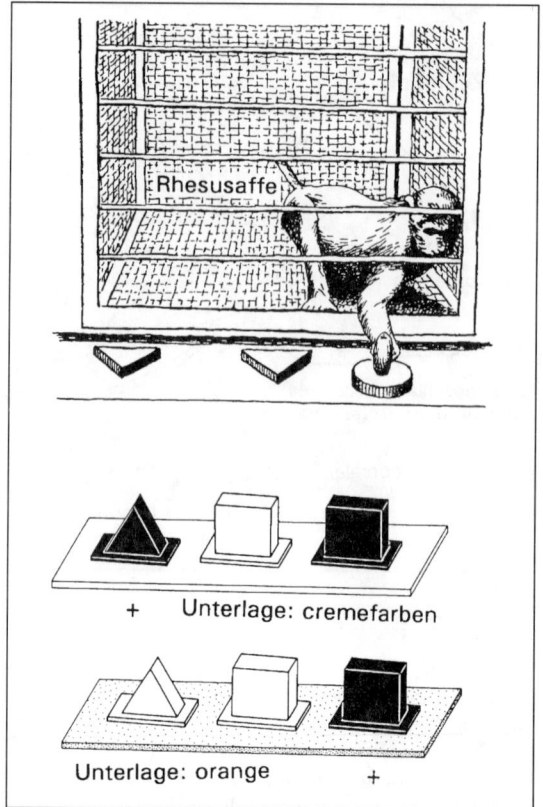

Abb. 7.48. Rhesusaffe beim Auswählen des ungleichen Objektes. – Unten: Auf einem cremefarbenen Untergrund mußte der Affe das *form*ungleiche, auf einem orangefarbenen das *farb*ungleiche Objekt wählen. Nach HARLOW 1951.

plizierter gestaltet: Die Affen mußten das in der *Form* ungleiche Objekt wählen, wenn die Unterlage cremefarben, aber das in der *Farbe* ungleiche Objekt, wenn die Unterlage orange war. Auch diese komplexe Aufgabe lernten die Makaken beherrschen, überraschenderweise sogar problemloser als die Schimpansen.

Vögel und Säugetiere sind auch zur Bildung **averbaler Zahlenbegriffe** in der Lage. Die Versuchstiere wurden darauf dressiert, von zwei Ködergruppen, die sich nur um eine Ködereinheit unterscheiden, die eine unberührt zu lassen und nur die andere zu fressen. Die obere Grenze des Erfassens einer Anzahl war bei Haustauben, Dohlen und Wellensittichen 6 gegen 5, bei Kolkraben und Eichhörnchen 7 gegen 6, beim Graupapagei 8 gegen 7 und beim Rhesusaffen 13 gegen 12. Der letzte Wert liegt bereits nahe an den für den Menschen bei tachistoskopischer Darbietung gefundenen Werten (17 gegen 16).

Dohlen konnten darauf dressiert werden, zunächst auf einer „Anweisetafel" die gewünschte Punktzahl „abzulesen" und anschließend von zwei dargebotenen Futterschalen nur denjenigen Deckel abzuwerfen, der dieselbe Punktzahl aufwies. Dabei spielte schließlich die Anordnung der Punkte keine Rolle mehr, sondern nur die Anzahl. Die Anordnung konnte auf der Anweisetafel und auf dem Deckel völlig verschieden sein (Abb. 7.49.).

Dieses Abschätzen und Erlernen verschieden großer Anzahlen setzt noch kein Zählvermögen voraus. Daß die Tiere auch dazu in Grenzen in der Lage sind, zeigen die Versuche, bei denen die Vögel darauf dressiert werden, jeweils nur eine bestimmte Anzahl von Körnern in zeitlich von Versuch zu Versuch verschiedener Folgen aufzunehmen: **averbales Zählvermögen.** So lernten Tauben z. B. von insgesamt neun Futterschalen, die unterschiedlich viele Erbsen enthielten (manche waren auch leer), nur so lange die Deckel abzuwerfen, bis sie die ihnen andressierte Anzahl von Erbsen entnommen hatten.

Wie ein Tier seine averbalen Zahlenbegriffe bildet, ist unklar. Vögel sind vielleicht durch eine instinktive Anlage dazu besser in der Lage als andere Tiere. Viele Arten beginnen erst dann zu brüten, wenn eine bestimmte Anzahl von Eiern im Nest liegt. Entnimmt

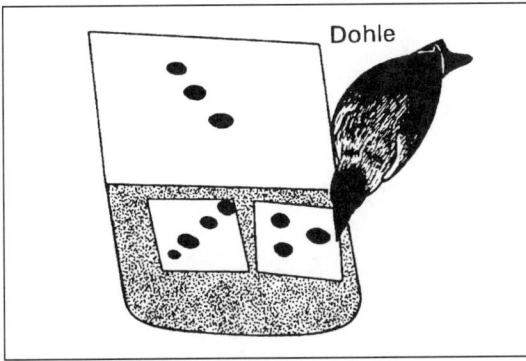

Abb. 7.49. Eine Dohle bei Wahl des richtigen Deckels auf einer Futterschale im Sinne der „Anweisetafel". Beachte die unterschiedliche Anordung der drei Punkte auf dem Deckel und auf der Anweisetafel. Nach KOEHLER 1941.

man dem unvollständigen Gelege immer wieder ein Ei, kann man den Brutbeginn verzögern.

Ein relativ hoher Grad der Generalisation ist erreicht, wenn das Tier in der Lage ist, die durchgeführte **Abstraktion auf ein anderes Sinnesgebiet zu übertragen.** Ein Graupapagei hatte gelernt, aus acht verdeckten Schälchen auf zwei Lichtblitze zwei und auf drei Lichtblitze drei Körner zu entnehmen. Wurden anschließend statt der Lichtsignale zwei oder drei Tonsignale gegeben, entnahm der Vogel spontan jeweils die richtige Anzahl von Körnern.

Am höchsten ist die Fähigkeit zur Abstraktion und Generalisation selbstverständlich bei den **Menschenaffen** entwickelt. Rhesusaffen lassen sich darauf dressieren, bei Darbietung verschiedengestalteter und verschiedenfarbiger Objekte von der Form und Größe zu abstrahieren und nur unter Beachtung der Farbe alle gleichfarbigen Objekte aus einer Menge herauszusuchen. Sie sind also in der Lage, Objekte auf Grund bestimmter Merkmale zusammenzufassen, d. h. eine Invarianzklassenbildung über Objektmengen vorzunehmen, wir würden sagen, „Begriffe" zu bilden, ohne sie allerdings mit Worten zu kennzeichnen: **averbale Begriffe.** Derartige Begriffsbildungen kommen offenbar durch eine Reihe von Abstraktionen zustande und nicht durch logische Operationen.

Menschenaffen sind offenbar sogar in der Lage, in gewissem Grade zu einem **Begriff des eigenen Ichs** zu gelangen. Während Gibbons und „niedere Affen" stets mit „Artgenossen-Reaktion" auf ihr eigenes Spiegelbild reagieren, zeigen Orangs und Schimpansen im Spiegelversuch ein auf sich selbst bezogenes Verhalten (z. B. das Bemühen, einen aufgetragenen Farbfleck zu entfernen).

Von den Affen ist bekannt, daß sie auch zur Bildung **averbaler Wertbegriffe** in der Lage sind. Eine Rhesusäffin lernte, daß sie mit einem gelben Ring an einem Pseudoautomaten 15 Viertel Erdnuß einlösen konnte, für einen weißen dagegen nur 6, für einen

grünen 3, für einen blauen 1 und für einen roten gar kein Viertel Erdnuß erhielt. Sie lernte weiter, von einem dargebotenen Brett, auf dem 12 verschiedenfarbige Ringe hingen, jeweils 3 zu entnehmen und am Automaten gegen Erdnüsse einzutauschen. Am Ende des Experiments wählte sie vornehmlich zuerst die höchstbelohnten Farbringe: Fehlten die gelben, nahm sie zunächst die weißen. War nur ein weißer vorhanden, nahm sie auch noch grüne usw.

Für das **„einsichtige" Lernen ist** charakteristisch, daß die Kannphase mit neukombiniertem Verhalten plötzlich auftritt. Ihr geht eine Lernphase bei weitgehender motorischer Inaktivität des Tieres voraus. In ihr müssen „im Geiste" bereits verschiedene Handlungsmöglichkeiten vom Tier gegeneinander abgeschätzt worden sein, ohne sie durch Versuch und Irrtum (s. o.) auszuprobieren, bevor die Entscheidung für die der Situation am adäquatesten erscheinende gefallen ist. Solche „Spontanlösungen" mit räumlicher Einsicht sind von Elritzen, Vögeln und Säugetieren bekannt.

Besonders eindrucksvoll ist folgender Versuch mit einer Schimpansin. Ihre Aufgabe bestand darin, aus einem komplizierten, variablen Labyrinth, das mit

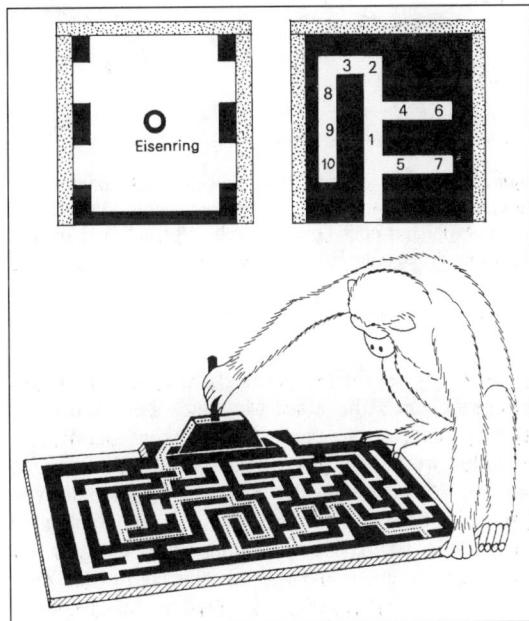

Abb. 7.50. Nach längerem Training, angefangen mit ganz einfachen Labyrinthaufgaben (obere Skizzen: die Zahlen geben die Ausgangspositionen des Eisenringes in den sukzessiven Versuchen an), lernt es der Schimpanse, einen Eisenring aus einem sukzessiv immer komplizierter gestalteten Labyrinth fehlerfrei (ohne in Sackgassen zu geraten) mit Hilfe eines Magneten an den Ausgang am Brettrand zu führen. Die Labyrinthanordnungen wurden von Versuch zu Versuch jeweils anders gestaltet. Nach RENSCH u. DÖHL 1968, aus FRANCK 1985.

Abb. 7.51. „Einsichtiges" Handeln beim Schimpansen. Der Affe türmt drei Kisten übereinander (links) oder benutzt einen harkenartigen Stab (rechts), um an die begehrte Banane zu gelangen. Das geschieht in der Regel spontan ohne vorausgegangenes Probieren oder Lernen durch „Versuch und Irrtum", nachdem er vorher mehr oder weniger lange vergeblich auf direktem Wege ohne Hilfsmittel versucht hat, die Banane zu erreichen. Aus FISCHEL 1970.

einer Plexiglasscheibe abgedeckt war, einen flachen Eisenring mit Hilfe eines Magneten herauszubefördern. Es gelang ihr, nach „Überdenken" der Raumsituation, verbunden mit Blick- und Kopfwendungen (bis zu 75 s), mit großer Sicherheit innerhalb von höchstens 61 s, ohne mit dem Ring in eine Sackgasse zu geraten (Abb. 7.50.). Studenten benötigten im Durchschnitt etwas weniger als die Hälfte der Zeit, um den richtigen Weg herauszufinden. Anschließend konnte die Schimpansin den Ring beim Versuchsleiter gegen Futter eintauschen (Belohnung).

Deutlich tritt die Einsicht beim **„planmäßigen Handeln"** und bei der **Verwendung von Gegenständen** hervor. Schimpansen holen einen Stock oder schieben leere Kisten herbei, die sie anschließend aufeinandertürmen, um eine für sie sonst unerreichbare, hochhängende Banane zu erlangen (Abb. 7.51.). Sie stecken verschieden dicke Stöcke ineinander, um damit eine außerhalb des Käfigs liegende Frucht zu

erreichen. Voraussetzung ist allerdings, wie später Experimente zeigten, daß die Schimpansen vorher gewisse Erfahrungen mit den verwendeten Gegenständen sammeln konnten. Auch von freilebenden Schimpansen sind bereits primitive Formen der **Werkzeugherstellung** bekannt. Sie formen sich aus Zweigen Stöcke passender Größe, um sie in Termitenbauten zu stecken und, voll besetzt mit Termiten, anschließend zum Munde zu führen. Es ist auch beobachtet worden, daß Schimpansen zerkleinerte Blätter als Schwamm benutzen, um damit Trinkwasser aus Baumhöhlen zu saugen.

Eine junge Schimpansin lernte sukzessiv, 14 verschiedene Behälter in bestimmter Reihenfolge mit 14 verschiedenen Werkzeugen (Schlüssel, Stock, Haken, Zange usw.) zu öffnen. Das Werkzeug zum Öffnen eines Behälters fand sie jeweils in dem in der richtigen Reihenfolge vorangegangenen Behälter. Im letzten Behälter befand sich die Belohnung in Form einer Banane. Die zunächst auf einer Latte in der richtigen Reihenfolge montierten Behälter konnten später beliebig im Käfig verteilt werden. Bot man der Schimpansin zu Beginn zwei verschiedene Öffner, so wählte sie in den meisten Fällen den, der auf kürzerem Wege zur gewünschten Belohnung im letzten Behälter führte.

Wie diese wenigen Beispiele schon deutlich zeigen, besitzen die Tiere, und unter ihnen insbesondere die Schimpansen, hinsichtlich Lernkapazität, Gedächtnisdauer, Abstraktionsvermögen, averbaler Begriffsbildung, Planhandlung und „einsichtigen" Verhaltens erstaunliche Fähigkeiten, wie sie noch Anfang unseres Jahrhunderts nicht für möglich gehalten wurden. Was ihnen aber im Vergleich zum Menschen fehlt, ist die **Sprache,** die „abstraktes Denken in Wörtern, die Bildung höherer Abstrakta und das Ausdrücken von kausalen und logischen Beziehungen und die vor allem eine Traditionsbildung ermöglicht" (B. RENSCH 1964).

Wenn Tiere lernen, bestimmte Handlungen auf Zuruf auszuführen, so hat das nichts mit einem „Sprachverständnis" zu tun, sondern ist lediglich eine besondere Form des auditiven Lernens. Hier gibt es erstaunliche Leistungen. Ein Schäferhund konnte darauf dressiert werden, auf 53 verschiedene Wortbefehle ohne Zuhilfenahme optischer Reize mit verschiedenen Handlungen zu antworten. Die Schimpansin „Vicki" konnte 50 Wörter bzw. Wortfolgen akustisch unterscheiden und mit entsprechenden Handlungen beantworten.

Alle Versuche, Schimpansen zu lehren, Wörter zu sprechen und sinngemäß anzuwenden, erwiesen sich als außerordentlich schwierig. Die wie ein menschliches Kind aufgezogene Schimpansin „Vicki" brachte es schließlich auf vier Wörter: „Mama", „Papa", „cup" und „up". Den Wortschatz noch zu erweitern, schlug fehl. Vicki verhielt sich wie ein Mensch mit funktionsuntüchtigem motorischen Sprachzentrum. Der Mißerfolg dieser und anderer Versuche beruht darauf, daß Schimpansen, ebenso wie den anderen Menschenaffen, im Gegensatz zum Menschen die Fähigkeit zur präzisen, fein abgestimmten muskulären Steuerung ihres Stimmapparates, besonders des Larynx (Kehlkopf), fehlt. Auch scheinen sie kein entsprechend ausgebildetes corticales Assoziationszentrum zu besitzen. Der Kehlkopf erhält beim erwachsenen Menschen außerdem eine wesentlich tiefere Lage (Abb. 7.52.).

Aufbauend auf diesen Mißerfolgen, versuchte man unter Umgehung der phonetischen Kommunikation, Menschenaffen eine vereinfachte Form der amerikanischen Zeichensprache für Taubstumme, die „American Sign Language" (ASL), beizubringen, wie es das Ehepaar Beatrice und Allen GARDNER in jahrelangen Experimenten mit der Schimpansin „Washoe" unternommen haben. Washoe erwarb sich zwar ein „Vokabular" von 132 Zeichen, die sie zu „Sätzen" mit bis zu vier „Wörtern" zusammensetzen konnte. Die Wortfolgen ließen aber keine Beherrschung syntaktischer Regeln erkennen. Die Zeichen für „mich",

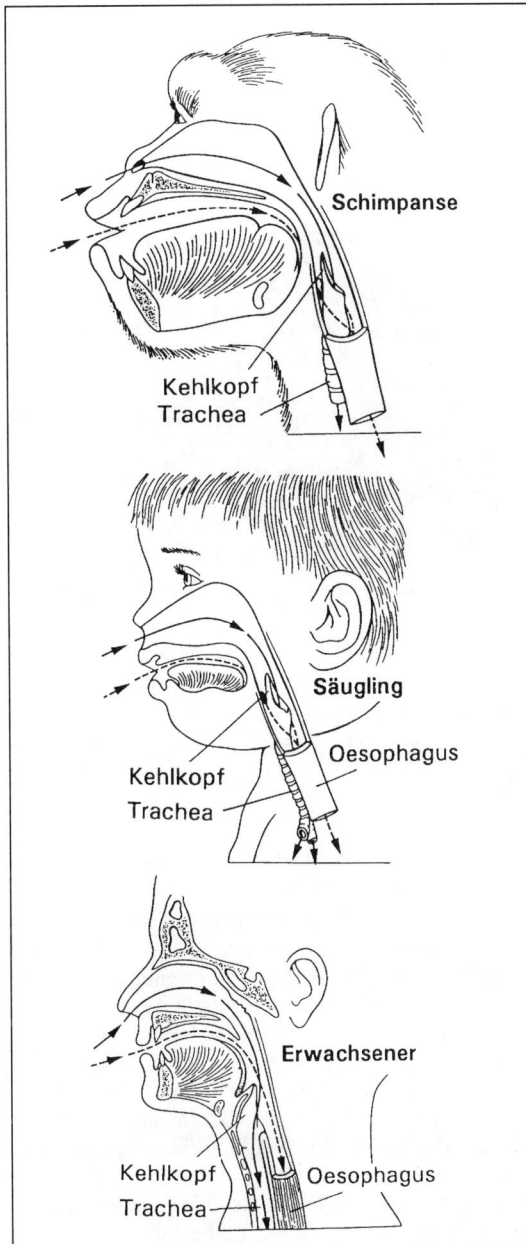

Abb. 7.52. Durch die hohe Lage des Kehlkopfes (Larynx) können der Schimpanse und der Säugling Nahrung und Flüssigkeiten aufnehmen, ohne gleichzeitig die Atmung unterbrechen zu müssen. Beim Erwachsenen ist das durch die tiefere Lage des Kehlkopfes, eine Voraussetzung für das Sprechen, nicht mehr möglich. Nach LAITMAN 1986, aus KOLB u. WHISLAW 1993.

„kitzeln" und „du" wurden in beliebiger Reihenfolge verwandt, um dem Wunsche nach „Gekitzeltwerden" Ausdruck zu verleihen. Demgegenüber offenbaren Kinder von drei Jahren durchaus schon syntaktische

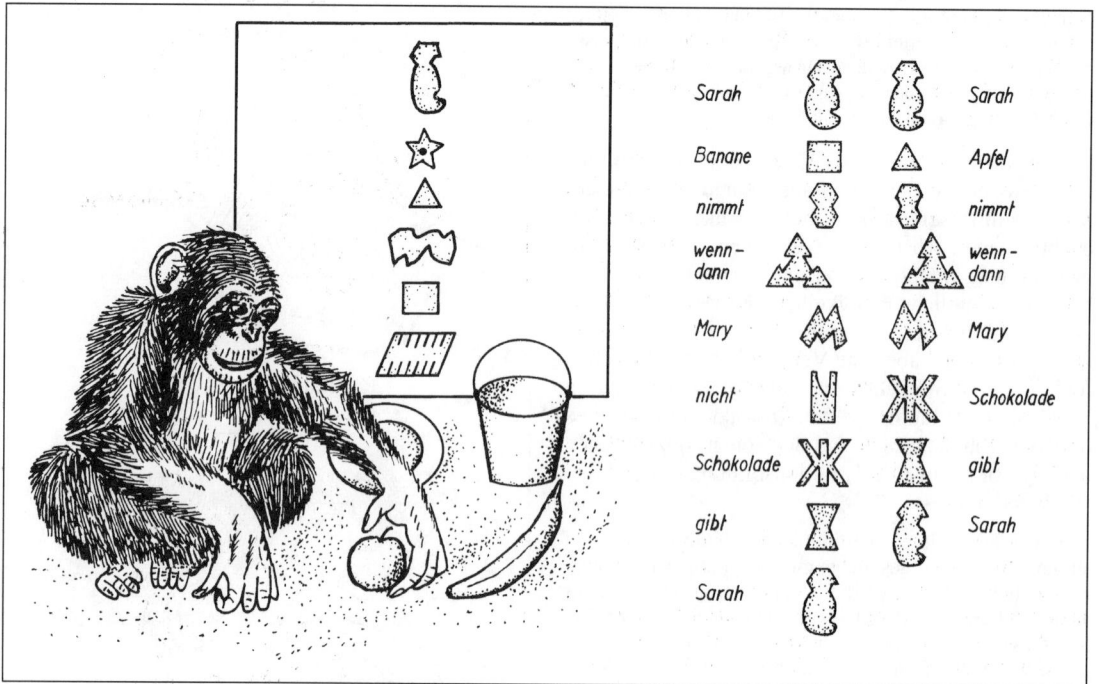

Abb. 7.53. Die Schimpansin „Sarah" befolgt die an der Tafel stehende Aufforderung „Sarah lege Apfel Schale Banane Eimer" korrekt. Rechts sind zwei Satzbeispiele (von oben nach unten zu lesen) wiedergegeben, bei denen sich zeigt, daß das Tier das Zeichen für „wenn – dann" richtig verstehen und verwenden kann. Mary ist die Pflegerin von Sarah. Nach PREMACK 1971, 1972.

Fertigkeiten. Nahezu alle „Botschaften" blieben bei Washoe in ihrem Bezug auf das Bitten um Futter, um Dienstleistungen oder um soziale Zuwendung beschränkt, waren also pragmatisch orientiert. Demgegenüber ist die Sprache der Kinder bereits sehr frühzeitig auch auf das Erkunden und Kennenlernen der sie umgebenden „Welt" gerichtet, hat die Sprache eine „mathematische" (kenntniserwerbende) Funktion.

Am weitesten hat es die Schimpansin „Sarah" gebracht (PREMACK). Sie **lernte,** farbige Plastikgebilde mit metallischer Rückseite auf eine magnetische Platte zu bringen und als **Wortsymbole zu benutzen.** So lernte sie zunächst eine Reihe von Substantiv-Symbolen (Banane, Apfel, Orange, Trainer „Mary", Trainer „Randy"), dann die Symbole für „gleich" und „verschieden", für „Fragezeichen" und für „ja" und „nein". Damit konnten Sarah durch Anbringen der entsprechenden Symbole untereinander auf der Magnetplatte Fragen, ob zwei Symbole gleich oder ungleich sind, gestellt werden, die sie in der Mehrzahl der Fälle richtig beantwortete. Sarah konnte durch Reihung von Symbolen auch selbst Wünsche äußern, wie z. B. „Mary gib Feige Sarah". Später lernte Sarah auch Symbole für abstrakte Begriffe („rot", „gelb", „rund", „viereckig", „groß", „klein"), für die Begriffe „Farbe", „Gestalt", „Größe", „ist" sowie für den Plural. In der Frage „gelb? Gestalt" ersetzte Sarah auf

diesen Stadien richtig das Fragezeichen durch „nicht". Später lernte Sarah die Begriffssymbole für „eins", „keins", „mehrere", „alle", „wenn – dann" hinzu. Schließlich beherrschte sie ein Vokabular von 130 Bezeichnungen, die sie mit hoher Sicherheit (75–80%) korrekt zuordnete (Abb. 7.53.).

Die Fähigkeit der Menschenaffen, bestimmte Dinge und Handlungen zu erlernen, ist erstaunlich groß. Sie können auch die erlernten Symbole einzeln oder in Kombinationen bis zu vier einsetzen, um in pragmatischer Weise ihren *gegenwärtigen* Wunsch nach Futter oder Zuneigung oder auch ihre *gegenwärtigen* Gefühle auszudrücken. Sie beherrschen also in der von Karl BÜHLER erarbeiteten Klassifikation die beiden unteren Funktionen der Sprache, nämlich die **„Ausdrucks-"** und **„Signalfunktion",** nicht aber die für die menschliche Sprache so typische und essentielle **„Darstellungs- oder Beschreibungsfunktion".** Es gibt keinen Hinweis, daß die Affen ihr Erlerntes in deskriptiver Weise einsetzen. Es gibt auch keinen eindeutigen Beweis, daß die Affen eine Syntax erlernen können. Der Mensch bleibt im Hinblick auf den Besitz einer **sprachlichen Kommunikation,** d. h. einer Kommunikation mit Hilfe sinnvoller Sätze, die nach den Regeln einer Grammatik aufgebaut und verstanden werden, einzigartig. Es gibt beim Menschen eine starke genetisch fixierte Disposition zum Erlernen der Sprache.

Anhang

1. Maßeinheiten

SI-Basiseinheiten (Système International d'Unités)

Größe	Name d. Einheit	Zeichen
Länge (l)	Meter	m
Masse (m)	Kilogramm	kg
Zeit (t)	Sekunde	s
elektrische Stromstärke (I)	Ampere	A
thermodynam. Temperatur (T)	Kelvin	K
Stoffmenge (n)	Mol	mol
Lichtstärke (I_v)	Candela	cd

Abgeleitete SI-Einheiten mit besonderem Namen

Größe	Name	Zeichen	in SI-Basiseinheiten
Frequenz (f, v)	Hertz	Hz	s^{-1}
Kraft (F)	Newton	N	$kg \cdot m \cdot s^{-2}$
Druck, Spannung (p)	Pascal	$Pa = N \cdot m^{-2}$	$kg \cdot m^{-1} \cdot s^{-2}$
Energie (E), Arbeit (W)	Joule	$J = N \cdot m$	$kg \cdot m^2 \cdot s^{-2}$
Leistung (P)	Watt	$W = J \cdot s^{-1}$	$kg \cdot m^2 \cdot s^{-3}$
Celsius-Temperatur (ϑ)	Grad Celsius	°C	$\vartheta = T - 273{,}15$
Elektrizitätsmenge (Q)	Coulomb	C	$A \cdot s$
elektr. Spannung (U)	Volt	$V = W \cdot A^{-1}$	$kg \cdot m^2 \cdot s^{-3} \cdot A^{-1}$
elektr. Kapazität (C)	Farad	$F = C \cdot V^{-1}$	$kg^{-1} \cdot m^{-2} \cdot s^4 \cdot A^2$
elektr. Widerstand (R)	Ohm	$\Omega = V \cdot A^{-1}$	$kg \cdot m^2 \cdot s^{-3} \cdot A^{-2}$
elektr. Leitwert (G)	Siemens	$S = \Omega^{-1} = A \cdot V^{-1}$	$kg^{-1} \cdot m^{-2} \cdot s^3 \cdot A^2$
magnet. Flußwert (Φ)	Weber	$Wb = V \cdot s$	$kg \cdot m^2 \cdot s^{-2} \cdot A^{-1}$
magnet. Flußdichte (B)	Tesla	$T = Wb \cdot m^{-2}$	$kg \cdot s^{-2} \cdot A^{-1}$
Induktivität (L)	Henry	$H = Wb \cdot A^{-1}$	$kg \cdot m^2 \cdot s^{-2} \cdot A^{-2}$
Lichtstrom (Φ_v)	Lumen	lm	$cd \cdot sr$
Beleuchtungsstärke (E)	Lux	$lx = lm \cdot m^{-2}$	$m^{-2} \cdot cd \cdot sr$
Energiedosis (D)	Gray	$Gy = J \cdot kg^{-1}$	$m^2 \cdot s^{-2}$
Radioaktivität (A)	Becquerel	Bq	s^{-1}

Abgeleitete, durch Basiseinheiten ausgedrückte SI-Einheiten

Größe	Bezeichnung	Zeichen
Fläche	Quadratmeter	m^2
Geschwindigkeit	Meter je Sekunde	$m \cdot s^{-1}$
Beschleunigung	Meter je Sekundenquadrat	$m \cdot s^{-2}$
Dichte	Kilogramm je Kubikmeter	$kg \cdot m^{-3}$
Magnet. Felstärke	Ampere je Meter	$A \cdot m^{-1}$
Stoffmenge	Mol je Kubikmeter	$mol \cdot m^{-3}$

Ergänzende SI-Einheiten

Größe	Bezeichnung	Zeichen
ebener Winkel	Radiant	rad
räumlicher Winkel	Steradiant	sr

Allgemeingültige SI-fremde Einheiten

Größe	Bezeichnung	Zeichen	Umrechnung
Zeit	Minute	min	1 min = 60 s
	Stunde	h	1 h = 60 min = 3 600 s
	Tag	d	1 h = 24 h = 86 400 s
ebener Winkel	Grad	°	$1° = \left(\frac{\pi}{180}\right)$ rad
			$= 1{,}745\,329 \cdot 10^{-2}$ rad
	Minute	'	$1' = \left(\frac{1}{60}\right)° = \left(\frac{\pi}{10\,800}\right)$ rad
			$= 2{,}908\,882 \cdot 10^{-4}$ rad
	Sekunde	"	$1'' = \left(\frac{1}{60}\right)' = \left(\frac{\pi}{648000}\right)$ rad
			$= 4{,}848\,137 \cdot 10^{-6}$ rad
Volumen	Liter	l	$1\,l = 1\,dm^3 = 10^{-3}\,m^3$
Masse	Tonne	t	$1\,t = 10^3\,kg$

Umrechnungen einiger Einheiten auf SI-Einheiten

Größe	Einheit	Umrechnung
Länge	Ångström	$1\,Å = 10^{-10}\,m = 0{,}1\,nm$
	Mikron	$1\,\mu = 1\,\mu m = 10^{-6}\,m$
	foot, pl. feet	1 ft = 0,3048 m
	inch	1 in = 0,0254 m = 25,4 mm
	Yard	1 yard = 0,9144 m
	mile	1 mile = 1609,344 in $\approx$ 1,61 km
Fläche	Ar	$1\,a = 100\,m^2$
	Hektar	1 ha = 100 a
Masse	Gamma	$1\,\gamma = 1\,\mu g = 10^{-9}\,kg$
	Tonne	$1\,t = 10^3\,kg$
Kraft	Kilopond	1 kp = 9,80665 N
	Dyn	$1\,dyn = 10^{-5}\,N$
Druck	dyn pro cm^2	$1\,dyn \cdot cm^{-2} = 0{,}1\,Pa$
	Kilopond pro cm^2	$1\,kp \cdot cm^{-2} = 9{,}81 \cdot 10^4\,Pa$
	Bar	$1\,bar = 10^5\,Pa = 100\,kPa$
	mm Wassersäule	$1\,mm\,H_2O = 9{,}80665\,Pa$
	mm Quecksilber	1 mm Hg = 1 Torr = (101 325/760) Pa = 133,3224 Pa
	physik. Atmosphäre	1 atm = 101 325 Pa
	techn. Atmosphäre	1 at $\approx$ 98 067 Pa
Energie, Arbeit, Wärmemenge	Erg	$1\,erg = 10^{-7}\,J = 0{,}1\,\mu J$
	Kilopondmeter	1 kpm = 9,81 J
	Kilowattstunden	$1\,kWh = 3{,}6 \cdot 10^6\,J$
	Kalorie	1 cal = 4,1868 J
Wärmestrom	kcal pro Stunde	$1\,kcal \cdot h^{-1} = 1{,}16\,W = 1{,}16\,J \cdot s^{-1}$
Leistung	Erg pro Sekunde	$1\,erg \cdot s^{-1} = 10^{-7}\,W$
	kpm pro Sekunde	$1\,kpm \cdot s^{-1} = 9{,}81\,W$
	Kalorien pro Stunde	$1\,cal \cdot h^{-1} = 1{,}163 \cdot 10^{-3}\,W = 1{,}163\,mW$
	Pferdestärke	1 PS = 735,49875 W
Leuchtdichte	Apostilb	$1\,asb = 1/\pi = 0{,}318310\,cd \cdot m^{-2}$
Radioaktivität	Curie	$1\,Ci = 3{,}7 \cdot 10^{10}\,Bq$
Temperatur	Grad Fahrenheit	n°F = 5/9 (n − 32) + 273,15 K

Umrechnungen einiger Einheiten auf SI-Einheiten (Fortsetzung)

Größe	Einheit	Umrechnung
magn. Feldstärke	Oersted	$1 \text{ Oe} = (10^3/4\pi) \text{ A} \cdot \text{m}^{-1} = 79,577 \text{ A} \cdot \text{m}^{-1}$
Massenkonzentration	Gramm pro 100 ml	$1 \text{ g}/100 \text{ ml} = 10 \text{ g} \cdot \text{l}^{-1}$
	Gramm-Prozent	$1 \text{ g\%} = 1 \text{ g}/100 \text{ ml} = 10 \text{ g} \cdot \text{l}^{-1}$
Stoffmengenkonzentration	molar	$1 \text{ M} = 1 \text{ mol} \cdot \text{l}^{-1}$
	normal	$1 \text{ N} = (1/\text{Wertigkeit}) \text{ mol} \cdot \text{l}^{-1}$
fraktionelle Konzentration	Volumenprozent	$1 \text{ Vol.-\%} = 1 \text{ ml}/100 \text{ ml} = 0,01 = 10^{-2}$
	partes per millionem	$1 \text{ ppm} = 1 \cdot 10^{-6}$
	partes per billionem	$1 \text{ ppb} = 1 \cdot 10^{-9}$

Vorsätze zur Bildung von dezimalen Teilen oder Vielfachen von Einheiten

Bezeichnung	Symbol	Zehnerpotenz	
Atto-	a	10^{-18}	Trillionstel
Femto-	f	10^{-15}	Billiardstel
Pico-	p	10^{-12}	Billionstel
Nano-	n	10^{-9}	Milliardstel
Mikro-	μ	10^{-6}	Millionstel
Milli-	m	10^{-3}	Tausendstel
Zenti-	c	10^{-2}	Hundertstel
Dezi-	d	10^{-1}	Zehntel
Deka-	da	10^{1}	Zehn
Hekto-	h	10^{2}	Hundert
Kilo-	k	10^{3}	Tausend
Mega-	M	10^{6}	Million
Giga-	G	10^{9}	Milliarde
Tera-	T	10^{12}	Billion
Peta-	P	10^{15}	Billiarde
Exa-	E	10^{18}	Trillion

2. Auswahl weiterführender Literatur

1. Periodika und Reihen

Advances in Comparative & Environmental Physiology. Springer Verlag Berlin-Heidelberg-New York 1988ff.

Advances in Insect Physiology (eds. Evans PD, Wigglesworth VB). Academic Press, Inc. London 1963ff.

Annual Review of Entomology (eds. Mittler TE, Smith CN) Annual Reviews Inc., Palo Alto/CA 1956ff.

Annual Review of Physiology (eds. Hoffman JF, de Weer P). Annual Reviews Inc., Palo Alto/A 1939ff.

Archives of Insect Biochemistry and Physiology (ed. Mayer RT). Alan R. Liss Inc., New York, NY 1983ff.

The Biological Bulletin (ed. Metz CB). Marine Biological Laboratory, Woods Hole. Lancaster Press Inc. 1898ff.

Comparative Biochemistry and Physiology, Parts A,B and C (eds. Kerkut GA, Scheer BT), Pergamon Press, Inc. Elmsford,NY 1961ff.

Fortschritte der Zoologie (herausgeg. im Auftrage der Deutschen Zoolog. Gesellschaft). Gustav Fischer Verlag, Stuttgart 1935ff.

General and Comparative Endocrinology (eds. Gorbman A, Ball JN). Academic Press, Inc. San Diego, CA 1961ff.

Insect Biochemistry (ed. Gilbert LI). Pergamon Press, Inc. Elmsford, NY 1971ff.

Journal of Comparative Physiology A (Sensory, Neural and Behavioral Physiology) and B (Biochemical, Systematic, and Environmental Physiology). Springer Verlag Heidelberg, Berlin, New York 1924ff.

The Journal of Experimental Biology (eds. Ellington CP, Foster WA, Howes EA). Comp. Biologists Limited, Cambridge 1925ff.

Journal of Experimental Zoology (ed. Ruddle F). Alan R. Liss, Inc. New York 1904ff.

Journal of General Physiology (ed. Cranefield PF). Rockefeller Univ. Press, New York 1918ff.

Journal of Insect Physiology (eds. Strong R, de Weevers G). Pergamon Press Oxford, New York, Paris, Frankfurt 1957ff.

Marine Behaviour and Physiology (ed. Laverack MS). Gordon and Breach Science Publ. Ltd., London 1973ff.

Physiology and Behavior. An International Journal (ed. Wayner MJ). Pergamon Press, Inc. Elmsford, NY 1966ff.

Progress in Sensory Physiology (eds. Autrum H, Ottoson D, Perl E, Schmidt RF). Springer Verlag Berlin, Heidelberg, New York 1981ff.

Respiration Physiology (ed. Scheid P). Elsevier Science Publ. Co. Inc. New York 1966ff.

Trends in Neurosciences (ed. Bousfield JD). Elsevier Science Publ. B. V.

Zoology – Analysis of Complex Systems (formerly „Zoologische Jahrbücher") (eds. Penzlin H, Rathmayer W, Kenagy GJ, Liem KF). Gustav Fischer Verlag Jena 1886ff.

Zoophysiology and Ecology (eds. Farner DS, Hoar WS, Hölldobler B, Langer H, Lindauer M). Springer Verlag Berlin, Heidelberg, New York 1971ff.

2. Zur Geschichte und Theorie

BERTALANFFY Lv: Theoretische Biologie, Bd.1. Gebr. Borntraeger, Berlin 1932 – Bd.2, 2.Aufl., Francke AG Verlag, Bern 1951

BURCKHARDT R: Geschichte der Zoologie und ihrer wissenschaftlichen Probleme. 2 Bde. (bearb. v. H.ERHARD), Walter de Gruyter & Co., Berlin, Leipzig 1921

FOSTER M: Lectures on the history of physiology. Dover Publ. Inc. , New York 1970

FULTON JF, WILSON LG: Selected readings in the history of physiology. 2nd. ed. Charles C Thomas Publ., Springfield, Ill. 1966

GOODFIELD GJ: The growth of scientific physiology. London 1960

HALL TS: History of general physiology. 2 vols. Univ. Chicago Press, Chicago, London 1969

JAHN I, LÖTHER R, SENGLAUB K (Hrsg.): Geschichte der Biologie. Theorien, Methoden, Institutionen und Kurzbiographien. 2. Aufl. Gustav Fischer Verlag, Jena 1983

JAHN I: Grundzüge der Biologiegeschichte. Gustav Fischer Verlag, Jena1990

MENDELSOHN E: Heat and life. The development of the theory of animal heat. Harvard Univ. Press, Cambridge, Mass. 1964

MAYR E: Die Entwicklung der biologischen Gedankenwelt. Vielfalt, Evolution und Vererbung. Springer Verlag, Berlin, Heidelberg 1984

MOHR H: Biologische Erkenntnis. Ihre Entstehung und Bedeutung. B.G. Teubner, Stuttgart 1981

NORDENSKIÖLD E: Die Geschichte der Biologie. Ein Überblick. Gustav Fischer Verlag, Jena 1926

RÁDL E: Geschichte der biologischen Theorien in der Neuzeit. 2 Bde. Georg Olms Verlag, Hildesheim, New York 1970

ROTHSCHUH KE: Geschichte der Physiologie. Springer Verlag, Berlin, Göttingen, Heidelberg 1953

SATTLER R: Biophilosophy. Analytic and holistic perspectives. Springer Verlag, Berlin, Heidelberg 1986

UNGERER E: Die Erkenntnisgrundlagen der Biologie. Ihre Geschichte und ihr gegenwärtiger Stand. In: Handbuch der Biologie (GESSNER,F., Hrsg.), Band I/1, 1. Teil. Akad. Verlagsges. Athenaion, Konstanz 1965

3. Zur Physiologie des Menschen und der Wirbeltiere

ABS H (ed.): Physiology and behaviour of the pigeon. Academic Press, New York, London 1983.

BELL DJ, FREEMAN BM (eds.): Physiology and biochemistry of the domestic fowl. 4 vols. Academic Press, New York, London 1971, 1983.

BONE Q, MARSHALL NB, BLAXTER JHS: Biology of fishes. 2nd ed., Chapman & Hall, London 1995

FARNER DS, KING JR, PARKES KC (eds.): Avian biology. 7 vols. Academic Press, New York 1982/83.

FEDER ME, BURGGREN WM: Environmental physiology of the amphibians. Univ. Chicago Press, Chicago, London 1992

HOAR WS, RANDALL DJ (eds.): Fish physiology. 10 vols. Academic Press, New York 1969-1984.

KOLB E: Lehrbuch der Physiologie der Haustiere. 2 Bde., 5. Aufl. Gustav Fischer Verlag, Jena 1989.

LOFTS B(ed.): Physiology of the Amphibia, 3 vols. Academic Press, New York, London 1974/76.

NEUWEILER G: Biologie der Fledermäuse. Georg Thieme Verlag, Stuttgart 1993

SCHMIDT RF, THEWS G: Physiologie des Menschen. 26. Aufl. Springer Verlag, Berlin, Heidelberg, New York 1995.

SCHEUNERT-TRAUTMANN: Lehrbuch der Veterinärphysiologie. 6. Aufl. Paul Parey Verlag, Berlin, Hamburg 1976.

STURKIE PD (ed.): Avian physiology, 3rd ed., Springer Verlag, Berlin, Heidelberg, New York 1976.

4. Zur Physiologie der Wirbellosen

ANDERSON OR: Comparative Protozoology. Ecology, physiology, life history. Springer Verlag New York Inc. 1988

BINYON J: Physiology of echinorderms. Pergamon Press, Oxford, New York 1973.

BLISS DE (ed.): The biology of Crustacea. 9 vols. Academic Press, New York, London 1982/83.

BRAND Tv: Parasitenphysiologie. Gustav Fischer Verlag, Stuttgart 1972.

GEWECKE M (Hrsg.): Physiologie der Insekten. Gustav Fischer Verlag, Stuttgart 1995

KERKUT GA, GILBERT LI (eds.): Comprehensive insect physiology, biochemistry and pharmacology. 13 vols. Pergamon Press, Oxford, New York, Toronto, Paris 1984.

MILL PJ (ed.): Physiology of annelids. Academic Press, London, New York, San Francisco 1978.

OBENCHAN FD, GALUN R (eds.): The physiology of ticks. Pergamon Press, Oxford, New York 1982

ROCKSTEIN M (ed.): The physiology of Insecta. 2nd edition, 6 vols. Academic Press, New York, London 1973/74.

WIGGLESWORTH VB: The principles of insect physiology. 7th ed. Chapman & Hall, Ltd. London 1972.

WILBUR KM (ed.): The Mollusca. 5 vols. Academic Press, New York, London 1983.

5. Zur chemischen und physikalischen Physiologie, Bioenergetik

ADAM G, LÄNGER P, STARK G: Physikalische Chemie und Biophysik. Springer Verlag, Berlin, Heidelberg, New York 1977.

BLUMENFELD LA:Probleme der molekularen Biophysik. Akademie Verlag, Berlin 1977.

BOYER PD (ed.): The enzymes, 3rd ed. 13 vols. Academic Press, New York, London 1970-1976.

ERNSTER L (ed.): Bioenergetics. Elsevier, Amsterdam 1984

HAROLD FM: The vital force: A study of bioenergetics. Freeman, New York 1986

HOFMANN E: Dynamische Biochemie. 5. Aufl. 4 Bde. Akademie Verlag, Berlin 1986–1989.

HOPPE W, LOHMANN W, MARKL H, ZIEGLER H (Hrsg.): Biophysik, 2. Aufl. Springer Verlag, Berlin, Heidelberg, New York 1982.

LEHNINGER AL: Prinzipien der Biochemie. Walter de Gruyter, Berlin, New York 1987

MARTIN BR: Metabolic regulation. A molecular approach. Blackwell Scientific Publications, Oxford 1987

MOROWITZ HJ: Entropy for biologists. An introduction to thermodynamics. Academic Press, New York, London 1970.

STEIN WD: Transport and diffusion across cell membranes. Academic Press Inc. Orlando/Florida 1986

STRYER L: Biochemie. Spektrum d. Wissenschaft Verlagsges. mbH, Heidelberg 1990.

URICH K: Vergleichende Biochemie der Tiere. Gustav Fischer Verlag Stuttgart, New York 1990

WIESER W: Bioenergetik. Georg Thieme Verlag, Stuttgart, New York 1986.

WOLFE SL: Molecular and cellular biology. Wadsworth Publ. Comp., Belmont, CA 1993

6. Zur Zellphysiologie und Immunologie

ALBERTS B, BRAY D, LEWIS J, RAFF M, ROBERTS K, WATSON JD: Molekularbiologie der Zelle. VCH Verlagsges. mbH, Weinheim 1986

BIER, DIAS DA SIBRA, M. GÖTZE: Fundamentals of immunology. 2nd ed. Springer Verlag, Berlin, Heidelberg 1986.

CHAPMAN D, WALLACH DFH (ed.): Biological membranes. 2 vols. Academic Press, London, New York 1973.

DARNELL J, LODISH H, BALTIMORE D: Molecular Cell Biology. 2nd ed. Scientific American Books, Inc. Freeman and Comp., New York 1990

HARRISON R, LUNT GG: Biologische Membranen. Gustav Fischer Verlag, Stuttgart 1977.

KLEIN J: Immunologie. VCH Verlagsges. mbH, Weinheim 1991

KLEINIG H, SITTE P: Zellbiologie. 2. Aufl. Gustav Fischer Verlag, Stuttgart 1986.

STEIN WD: Transport and diffusion across cell membranes. Academic Press Inc., London 1986

WOLFE SL: Molecular and cellular biology. Wadsworth Publ. Comp. Belmont/Calif. 1993

7. Zur Biokybernetik und Biorhythmik

BÜNNING E: Die physiologische Uhr. 3. Aufl. Springer Verlag, Berlin, Heidelberg, New York 1977.

EDMUNDS LN: Cellular and molecular bases of biological clocks. Models and mechanisms for circadian timekeeping. Springer Verlag New York Inc. 1988

GWINNER E: Circannual rhythms. Springer Verlag, Berlin, Heidelberg 1986.

KEIDEL WD: Biokybernetik des Menschen. Wissenschaftliche Buchgesellschaft, Darmstadt 1989

MILSUM HJ: Biological control system analysis. McGraw Hill Book Comp., New York 1966.

RÖHLER R: Biologische Kybernetik. B. G. Teubner Verlag, Stuttgart 1974.

SAUNDERS DS: Insect clocks. 2nd ed. Pergamon Press Oxford, New York 1982

VARJU D: Systemtheorie für Biologen und Mediziner. Springer Verlag, Berlin, Heidelberg, New York 1977.

WIENER N: Kybernetik, Regelung und Nachrichtenübertragung in Lebewesen und in der Maschine. 2. Aufl. Econ Verlag GmbH, Düsseldorf, Wien 1963.

8. Zur Neurobiologie

BARTH FG (ed.): Neurobiology of arachnids. Springer Verlag, Berlin, Heidelberg, New York, Tokyo 1985.

BYRNE JH, SCHULTZ SG: An introduction to membrane transport and bioelectricity. 2nd ed. Raven Press, New York 1994

BULLOCK TH, HORRIDGE GA: Structure and function in the nervous system of invertebrates. 2 vols. Freeman Comp., San Francisco, London 1965.

HILLE B: Ion channels of excitable membranes. 2nd ed. Sinauer Associates Inc. Publ. Sunderland/Mass. 1992

HODGKIN AL: The conduction of the nervous impulse. Liverpool Univ. Press, 1967.

KACZMAREK LK, LEVITAN IB: Neuromodulation. The biochemical control of neuronal excitability. Oxford Univ. Press, Inc. New York 1987

KANDEL, ER, SCHWARTZ JH, JESSEL TM (eds.): Principles of neural science. 3rd ed. Elsevier Science Publ. Comp., New York, Amsterdam, London, Tokyo 1991

KATZ, B.: Nerv, Muskel und Synapse. Einführung in die Elektrophysiologie. Georg Thieme Verlag, Stuttgart 1971.

KOLB B, WHISHAW IQ: Neuropsychologie. Spektrum Akademischer Verlag GmbH Heidelberg, Berlin, Oxford 1993

LEAKE LD, WALKER RJ: Invertebrate neuropharmacology. Blackie & Son Ltd., Glasgow, London 1980.

LEVITAN IB, KACZMAREK LK: The neuron. Cell and molecular biology. Oxford University Press Inc., Oxford 1991

NICHOLLS JG, MARTIN AR, WALLACE BG: Vom Neuron zum Gehirn. Zum Verständnis der zellulären und molekularen Funktion des Nervensystems. Gustav Fischer Verlag, Stuttgart 1995

PICHON Y (ed.): Comparative molecular neurobiology. Birkhäuser Verlag, Basel 1993

SHEPHERD GM: Neurobiologie. Springer Verlag Berlin, Heidelberg 1993

SIEGEL GJ, AGRANOFF BW, ALBERS RW, MOLINOFF PB: Basic neurochemistry. 5th ed., Raven Press, New York 1994

WIESE K, KRENZ WD, TAUTZ J, REICHERT H, MULLONEY B (eds.): Frontiers in crustacean neurobiology. Birkhäuser Verlag Basel, Boston, Berlin 1990

9. Zur Physiologie der Wirkstoffe

BIRCH MC (ed.): Pheromones. North Holl. Publ. Comp., Amsterdam, London 1974.

CRAPO L: Hormone. Die chemischen Boten des Körpers. 3. Aufl. Spektrum der Wissenschaft Verlagsgesellschaft mbH, Heidelberg 1988

CYMBOROWSKI B: Insect endocrinology. PWN, Polish Scientific Publishers, Warszawa 1992

DÖCKE F (Hrsg.): Veterinärmedizinische Endokrinologie. 3. Aufl. Gustav Fischer Verlag Jena, Stuttgart 1994

DOWNER RGH, LAUFER H (eds.): Endocrinology of insects. Alan R. Liss Inc., New York 1983.

EPPLE A, STETSON MH (eds.): Avian endocrinology, Academic Press Inc., New York, London 1980.

EPPLE A, BRINN JE: The comparative physiology of the pancreatic islets. Springer Verlag, Berlin, Heidelberg 1987.

FRIEDRICH W: Handbuch der Vitamine. Urban & Schwarzenberg, München, Wien, Baltimore 1987

GOLDSWORTHY GJ, ROBINSON J, MORDUE W: Endocrinology. Wiley, New York 1981.

MAYER MS, McLAUGHLIN JR: Handbook of insect pheromones and sex attractants. CRC Press, Inc. Boca Raton, Ann Arbor, Boston 1991

NIJHOUT HF: Insect hormones. Princeton Univ. Press, Princeton 1994

OHNISHI E, ISHIZAKI H (eds.): Molting and metamorphosis. Japan Scientific Societies Press, Tokyo 1990

RAABE M: Recent developments in Insect neurohormones. Plenum Press, New York 1989.

THORNDYKE MC, GOLDSWORTHY GJ (eds.): Neurohormones in invertebrates. Cambridge Univ. Press, Cambridge 1988.

WADA M, ISHII S, SCANES CG (eds.): Endocrinology of birds. Molecular to behavior. Springer Verlag Berlin, Heidelberg 1990

10. Zur Physiologie der Ernährung, Atmung und des Kreislaufs

BOUVEROT P: Adaptation to altitude hypoxia in vertebrates. Springer Verlag, Berlin, Heidelberg, New York, Tokyo 1985.

DEJOURS P: Principles of comparative respiratory physiology. North Holl. Publ. Comp., Amsterdam, New York 1975.

HASLEWOOD GAD: The biological importance of bile salts. North Holl. Publ. Comp., Amsterdam, New York, Oxford 1978.

Katz AM: Physiology of the heart. Raven Press, New York 1977.

Kooyman GL: Diverse divers. Physiology and behavior. Springer Verlag, Berlin, Heidelberg 1989

Nikinmaa M: Vertebrate red blood cells. Springer Verlag, Berlin, Heidelberg 1990.

Peters W: Peritrophic membranes. Springer Verlag Berlin, Heidelberg 1992

Piiper J: Respiratory function in birds, adult and embryonic. Springer Verlag, Berlin, Heidelberg, New York 1978.

Püscher A, Simon O: Grundlagen der Tierernährung. Gustav Fischer Verlag, Jena 1972.

Stevens CE: Comparative physiology of the vertebrate digestive system. Cambridge University Press, Cambridge 1990

Welzl E: Biochemie der Ernährung. Walter de Gruyter, Berlin, New York 1985

11. Zur Physiologie der Exkretion, des Wasserhaushalts und des Wärmehaushalts

Bentley PJ: Endocrines and osmoregulation. A comparative account of the regulation of water and salt in Vertebrates. Springer Verlag, Berlin, Heidelberg, New York 1971.

Beyenbach KW: Structure and function of primary messengers in invertebrates: Insects diuretic and antidiuretic peptides. S. Karger AG, Basel 1993

Cloudsley-Thompson JL: Ecophysiology of desert arthropod and reptiles. Springer Verlag Berlin, Heidelberg 1991

Dantzler WH: Comparative physiology of the vertebrate kindney. Springer Verlag, Berlin, Heidelberg 1989.

Edney EB: Water balance in land arthropods. Springer Verlag, Berlin, Heidelberg, New York 1977.

Gilles R, Gilles-Baillien M (eds.): Transport processes, iono- and osmoregulation. Springer Verlag, Berlin, Heidelberg, New York, Tokyo 1985.

Heinrich B: The hot-blooded insects. Strategies and mechanisms of thermoregulation. Springer Verlag, Berlin, Heidelberg 1993

Heisler N: Acid-base regulation in animals. Elsevier, Amsterdam 1986

Louw GN: Physiological animal ecology. Longman Group UK Ltd., Harlow, London, New York 1993

Lyman CP, Malan A, Willis JS, Wang LCH: Hibernation and topor in mammals and birds. Academic Press, New York, London 1982.

Pequeux A, Gilles R, Bolis L (eds.): Osmoregulation in estuarine and marine animals. Springer Verlag, Berlin, Heidelberg 1984

Pitts RF: Physiologie der Niere und der Körperflüssigkeiten. Schattauer, Stuttgart, New York 1972.

Precht H, Christophersen J, Hensel H, Larcher W: Temperature and life. Springer Verlag, Berlin, Heidelberg, New York 1973.

Richards SA: Temperature regulation. Wykeham Publ. Ltd., London 1973.

Skadhauge E: Osmoregulation in birds. Springer Verlag, Berlin, Heidelberg, New York 1981.

Truchot JP: Comparative aspects of extracellular acid-base balance. Springer Verlag, Berlin, Heidelberg 1987.

Wilson RN: Ecophysiology of the camelidae and desert ruminants. Springer Verlag, Berlin, Heidelberg 1989

12. Zur Physiologie der Sinne und Kommunikation

Atema J, Fay RR, Popper AN, Tavolga WN (eds.): Sensory biology of aquatic animals. Springer Verlag, New York Inc. 1988

Autrum, Jung, Loewenstein, MacKay, Teuber (eds.): Handbook of sensory physiology. 9 vols. Springer Verlag, Berlin, Heidelberg, New York 1971ff.

Dusenberg DB: Sensory ecology. How organisms acquire and respond to information. WH Freeman Comp., New York 1992

Farbman AI: Cell biology of olfaction. Cambridge Univ. Press, Cambridge 1992

Gribakin FG, Wiese K, Popov AV (eds.): Sensory systems and communication in arthropods. Birkhäuser Verlag, Basel, Boston, Berlin 1990

Kramer B: Electrocommunication in teleost fishes. Behavior and experiments. Springer Verlag, Berlin, Heidelberg 1990

Kroodsma DE, Miller EH (eds.): Acoustic communication in birds. 2 vols. Academic Press Inc., New York 1983.

Manley GA: Peripheral hearing mechanisms in reptiles and birds. Springer Verlag, Berlin, Heidelberg 1990

Mayer MS, McLaughlin JR: Handbook of insect pheromones and sex attractants. CRC Press Inc., Boca Raton 1991

Popper N, Fay RR (eds.): Hearing and sound communication in fishes. Springer Verlag, Berlin, Heidelberg, New York 1981.

Purves PP, Pilleri G (eds.): Echolocation in whales and dolphins. Academic Press, New York, London 1983.

Spillmann L, Werner JS: Visual perception. The neurophysiological foundations. Academic Press, San Diego 1990

Stieve H (ed.): The molecular mechanism of photoreception. Springer Verlag, Berlin, Heidelberg 1986.

Webster DB, Fay RR, Popper AN (eds.): The evolutionary biology of hearing. Springer Verlag, New York 1992

13. Zur Physiologie der Effektoren, Lokomotion

Goldsworthy GJ, Wheeler CH: Insect flight. CRC Press Inc., Boca Raton/Florida 1989

Habermehl GG: Gift-Tiere und ihre Waffen. 5.Aufl. Springer Verlag, Berlin, Heidelberg 1994

Herring PJ (ed.): Bioluminescence in action. Academic Press, London, New York, San Francisco 1978.

Norberg UM: Vertebrate flight. Mechanics, physiology, morphology, ecology and evolution. Springer Verlag, Berlin, Heidelberg 1990

Shetterling P: Mechanisms of cell motility: Molecular aspects of contractility. Academic Press, London 1983.

Tavolga WN (ed.): Sound production in fishes. Academic Press, New York, London 1977.

Wilkie DR: Muskel. Struktur und Funktion. B.G. Teubner, Stuttgart 1983.

14. Zur Physiologie des Verhaltens und der Orientierung

Alcock J: Das Verhalten der Tiere aus evolutionsbiologischer Sicht. Gustav Fischer Verlag, Stuttgart, Jena 1995

Berthold P: Vogelzug. Eine kurze, aktuelle Gesamtübersicht. Wissenschaftliche Buchgesellschaft, Darmstadt 1990

Berthold P (ed.): Orientation in birds. Birkhäuser Verlag, Basel, Boston, Berlin 1991

Eibl-Eibesfeldt I: Grundriß der vergleichenden Verhaltensforschung – Ethologie. 7. Aufl. Piper Verlag, München 1987.

Fobes JL, and King JE (eds.): Primate behavior. Academic Press, New York, London 1982.

Franck D: Verhaltensbiologie. Einführung in die Ethologie. 2. Aufl. Thieme Verlag, Stuttgart, New York 1985.

Gwinner E (ed.): Bird migration. Physiology and ecophysiology. Springer Verlag, Berlin, Heidelberg 1990.

Hasler AD, and Scholz AT: Olfactory imprinting and homing in Salmon. Springer Verlag, Berlin, Heidelberg, New York, Tokyo 1983.

Huber F, and Markl H (eds.): Neuroethology and behavioral physiology. Springer Verlag, Berlin, Heidelberg, New York, Tokyo 1983.

Immelmann K, Scherer KR, Vogel C, Schmoock P: Psychobiologie. Grundlagen des Verhaltens. Gustav Fischer Verlag, Stuttgart 1988

Lorenz K: Vergleichende Verhaltensforschung. Grundlagen der Ethologie. Springer Verlag, Wien, New York 1978.

Mc Farland D: Biologie des Verhaltens – Evolution, Physiologie, Psychologie. VCH Verlagsges. mbH, Weinheim 1989.

Rensch B: Gedächtnis, Begriffsbildung und Planhandlungen bei Tieren. Parey Verlag, Berlin, Hamburg 1973.

Schmidt-König K: Avian orientation and navigation. Academic Press, London 1979.

Schöne H: Orientierung im Raum. Wissensch. Verlagsges. mbH, Stuttgart 1980.

Smith RJF: The control of fish migration. Springer Verlag, Berlin, Heidelberg, New York, Tokyo 1984.

Tembrock G: Spezielle Verhaltensbiologie der Tiere, 2 Bde., Gustav Fischer Verlag, Jena 1982/83.

Tinbergen N: Instinktlehre. Vergleichende Erforschung angeborenen Verhaltens. 5. Aufl. Paul Parey Verlag, Berlin, Hamburg 1972.

Voland E: Grundriß der Soziobiologie. Uni-Taschenbücher 1730. Gustav Fischer Verlag Stuttgart, Jena 1993

3. Bildquellenverzeichnis

(Die Nummern in Klammern hinter dem Titel verweisen auf die entnommenen Abbildungen im Lehrbuch)

ABC Der Biologie (STÖCKER W, DIETRICH G, Hrsg.). Brockhaus Verlag Leipzig 1967 (3.35., 3.36.). – ALBERTS B, BRAY D, LEWIS J, RAFF M, ROBERTS K, WATSON JD: Molekularbiologie der Zelle. VCH Verlagsges. mbH, Weinheim 1986 (0.4.). – AMBROSIUS H, RUDOLPH W (Hrsg.): Grundriß der Immunbiologie. G. Fischer Verlag, Jena 1978 (4.83.). – ANGEVINE JB jr, COTMAN CW: Principles of Neuroanatomy. New York, Oxford 1981 (2.71.). – ARMSTRONG CM: Ionic pores, gates, and gating currents. Quarter. Rev. Biophys. 7(1975), 179–210 (2.48.). – ATEMA: Brain, Behav., Evolut. 25(1971), 273–294 (5.120.). – AUTRUM H: Schallempfang bei Tier und Mensch. Naturwiss. 30(1942), 69–84 (5.14.). – AUTRUM H, POGGENDORF D: Messung der absoluten Hörschwelle bei Fischen (Amiurus nebulosus). Naturwiss. 38(1951), 434–435 (5.22.).

BADER H, HELDT HW, KARGER W, LÜBBERS DW: Bioenergetik. In: Physiologie des Menschen. Bd. 1 (GAUER, KRAMER, JUNG, Hrsg.). Urban & Schwarzenberg, München, Berlin, Wien 1972 (1.29.). – BARLOW RB et al. in: Facets of vision (eds. STAVENGA DG, HARDIE RC) Springer Verlag, Berlin, Heidelberg 1989 (5.84.). – BARROIS T: Rev. Biol. du Nord, Lille 2(1890), 209 (3.20.). – BÉKÉSY G v: The variation of phase along the basilar membrane with sinusoidal vibrations. J. Acoust. Soc.Amer. 19(1947), 452–460 (5.23. unten.). – BÉKÉSY G v: Experiments in hearing. McGraw-Hill, New York 1960 (5.25.). – BENEDICT FG: Carnegie Inst. Washington Publ. 503(1938), 1–215 (1.18.). – BENNINGHOFF A: Lehrbuch der Anatomie des Menschen. J. F. Lehmanns Verlag, München 1944 (3.63.). – BERTHOLD P: Circannuale Rhythmik. Freilaufende selbsterregte Periodik mit lebenslanger Wirksamkeit bei Vögeln. Naturwiss. 65(1978), 546–547 (7.16.). – BIRUKOW G: Untersuchungen über den optischen Drehnystagmus und über die Sehschärfe des Grasfrosches (Rana temporaria). Z. vgl. Physiol. 25(1938), 92–142 (5.97.). – BLAXTER: Biol. Rev. 62(1987), 471–514 (5.111.). – BOAS JEV: Lehrbuch der Zoologie. 9. Aufl. G. Fischer Verlag, Jena 1922 (3.58.). – BONNER JT: Kultur-Evolution bei Tieren. Verlag Paul Parey, Berlin, Hamburg 1983 (2.86., 7.11., 7.12.). – BOWMAKER JK: Colour vision in birds and the role of oil droplets. Trends Neurosci. 3(1980), 196–199 (5.60.). – BOWMAKER JK: Trichromatic colour vision: Why only three receptor channels? Trends Neurosci. 6(1983), 41–43 (5.89.). – BOXBERGER: Z. Tierpsychol. 9(1952), 433–451 (7.6.). – BOZLER E: Über die Tätigkeit der einzelnen glatten Muskelfaser bei der Kontraktion. II. Mitteilung. Z. vgl. Physiol. 7 (1928): 379–406 (6.27.). – BRADFIELD AE, LLEWELLYN MJ: Animal energetics. Blackie, London 1982 (1.1.). – BRADLEY FJ in: Comprehensive insect physiology, biochemistry, and pharmacology. Vol. 4 (eds. KERKUT, GILBERT). Pergamon Press, Oxford 1985 (4.26., 4.37.). – BRODAL: Neurological anatomy in relation to clinical medicine. 3rd ed. Oxford Univ. Press, New York 1981 (5.26.). – BROWN FA: Light intensity and melanophore response in the minnow, Ericymba buccata. Biol. Bull. 70(1936) (6.30.). – BROWN FA jr.: The chemical nature of the pigments and the transformation responsible for color changes in Palaemonetes. Biol. Bull. 57 (1934), 365–380 (6.26.). – BROWN MC, STEIN RB: Quantitative studies on the slowly adapting stretch receptor of the crayfish. Kybernetik 3 (1966), 175–185 (2.55.). – BROWN ME (ed.): The Physiology of Fishes. 2 vols. Academic Press Inc., New York 1957 (3.85.). – BUCHNER P: Endosymbiose der Tiere mit pflanzlichen Mikroorganismen. Verlag Birkhäuser, Basel, Stuttgart 1953 (3.2.). – BUDDENBROCK W v: Mechanismen der phototropen Bewegungen. Wiss. Meeresunters. N.F. Abt. Helgoland 15(1922), 1–10 (7.26.). – BUDDENBROCK W v: Vergleichende Physiologie. Bd. I Sinnesphysiologie. Verlag Birkhäuser, Basel 1952 (5.115.). – BUDDENBROCK W v: Vergleichende Physiologie. Bd.II Nervenphysiologie. Verlag Birkhäuser, Basel 1953 (5.105.). – BULLOCK TH, DIECKE: J. Physiol. 134(1956), 47–87 (5.53.). – BULLOCK TH et al.: Introduction to nervous system. WH Freeman, San Francisco 1977 (7.27.). – BUNGE RP: Glial cells and the central myelin sheath. Physiol. Rev. 48 (1968): 197–251 (2.37.). – BURKHARDT D: Die Sinnesorgane des Skelettmuskels und die nervöse Steuerung der Muskeltätigkeit. Ergebn. Biol. 22(1958), 27–66 (2.64.). – BURKHARDT D: Sehzellen. Mikrokosmos 53(1964), 161–167 (5.88.). – BURKHARDT D, SCHLEIDT W, ALTNER H (Hrsg.): Signale in der Tierwelt. Buchclub ex libris, Zürich 1966 (5.22.). – BUTT AG, TAYLOR HH: J. exp. Biol. 198(1995), 1137–49 (4.23.). – BYKOW KM (Hrsg.): Lehrbuch der Physiologie. Verlag Volk und Gesundheit, Berlin, 1960 (0.1.).

Cambridge-Enzyklopädie Biologie (Hrsg. FRIDAY A, INGRAM DS). VCH Verlagsges. mbH, Weinheim 1986 (0.2.). – CARVELL GE, SIMMONS DJ: J. Neurosci. 10(1990), 2638–48 (5.4.). – CASTRO DE: Acta physiol. scand. 22(1951) (3.76.). – CATTERALL: Science 242(1988), 50–61 (2.47.). – CHOW, FORTE: J. exp. Biol. 198(1995), 1–17 (1.33.). – CHRISTIAN UH: Verhdlg. Dtsch. Zool. Ges., Fischer Verlag, Stuttgart 1973 (5.5.). – CLAUS C, GROBBEN K, KÜHN A: Lehrbuch der Zoologie. 10. Aufl. Springer Verlag, Berlin, Wien 1932 (3.49.). – O'CONNOR JA: Burst activity and cellular interaction in the pacemaker ganglion of the lobster heart. J. exp. Biol. 50(1969) 275–295 (3.66.). – CULLER EA: A symposium on tone localization in the cochlea. Ann. of Otol. 44(1935), 809 (5.24.). – CZIHAK G, LANGER H, ZIEGLER H (Hrsg.): Biologie. 3. Aufl. Springer Verlag, Berlin-Heidelberg-New York 1981 (1.23., 4.18., 7.3., 7.35).

DARNELL J, LODISCH H, BALTIMORE D: Molekulare Zellbiologie. Walter de Gruyter, Berlin 1994 (1.9., 1.25.). – DAVIDSON et al. in: Endocrinology of birds (eds. WADA, ISHII, SCANES). Jap. Sci. Soc. Press, Tokyo 1990 (2.22.). – DAW-

KINS MJR, HULL D: Sci. Amer. **213**(1965), 62–67 (4.75.). – DETHIER VG: Quart. Rev. Biol. **30**(1955), 348 (5.116.). – DIJKGRAAF S: Untersuchungen über die Funktion der Seitenorgane an Fischen. Z. vgl. Physiol. **20**(1934), 162–214 (5.11.). – DIJKGRAAF S: Bau und Funktion der Seitenorgane und des Ohrlabyrinths bei Fischen. Experientia **8**(1952), 205–216 (5.45.). – DÖCKE F (Hrsg.): Veterinärmedizinische Endokrinologie. 3. Aufl., Fischer Verlag, Stuttgart 1994 (2.11.). – DOLK HE, POSTMA N: Über die Haut- und die Lungenatmung von *Rana temporaria*. Z. vgl. Physiol. **5**(1927), 417–444 (3.38.). – DRISCHEL H: Blutzuckerregelung. In: Regelungsvorgänge in der Biologie (MITTELSTAEDT H, Hrsg.). Verlag R. Oldenbourg, München 1956, S. 60–75 (4.58.). – DRISCHEL H (Hrsg.): Einführung in die Biokybernetik. Akademie-Verlag, Berlin 1972 (2.114., 3.74.). – DRÖSCHER: Magie der Sinne im Tierreich. München 1966 (5.43.). – DUFY-BARBE L: Hypothalamic hormones. Endeavour **9**(1985), 42–51 (2.24.).

EATON RC et al.: J. exp. Biol. **66**(1977), 65–81 (2.76.). – ECCLES J: Funktionsweisen des neuronalen Mechanismus im Zentralnervensystem. Naturwiss. Rdsch. **20**(1967), 139–151 (2.67.). – ECKERT M, HERTEL W: Praktikum der Tierphysiologie. Fischer Verlag, Jena 1993 (4.81.). – ECKERT R: Tierphysiologie. Thieme Verlag, Stuttgart 1986 (3.16., 3.39., 3.46., 4.75., 6.22.). – EIDMANN H: Lehrbuch der Entomologie. 2. Aufl., Parey Verlag, Hamburg, Berlin 1970 (3.49.). – EPSTEIN FH, STOFF JS, SILVA P: Mechanism and control of hyperosmotic NaCl-rich secretion by the rectal gland of *Squalus acanthias*. J. exp. Biol. **106** (1983): 25–41 (4.39.). – EVANS WE: Echolocation by marine delphinids and one species of freshwater dolphin. J. acoust. Soc. Amer. **54**(1973), 191 (5.38.). – EWERT J-P, BORCHERS HW: Reaktionscharakteristik von Neuronen aus dem Tectum opticum und subtectum der Erdkröte *Bufo bufo* (L.). Z. vgl. Physiol. **71**(1971), 165–189 (5.106.).

FARBMAN AI: Cell biology of olfaction. Cambridge Univ. Press 1992 (5.121.). – FISCHEL U: Können Tiere denken? Urania Verlag, Leipzig, Jena, Berlin 1970 (7.51.). – FITZSIMONS JT: Thirst. Physiol. Rev. **52**(1972), 468–561 (4.54.). – FLOCK A: Electronmicroscopic and electrophysiological studies on the lateral line canal organ. Acta oto-laryng. (Stockh.) Suppl. **199**(1965), 90 (5.12.) – FLOREY E: Lehrbuch der Tierphysiologie. G. Thieme Verlag, Stuttgart 1970 (2.85.). – FLORKIN M, SCHEER BT (eds.): Chemical Zoology. Academic Press, New York, London 1967ff. (3.88., 4.24., 4.48., 4.52.). – FOELIX RF: Biology of spiders. Cambridge/Mass., Harvard Univ. Press 1982 (5.59.). – FRAENKEL GS, GUNN DL: The orientation of animals. 2nd ed., Dover Publ., Inc., New York 1961 (7.22., 7.24., 7.25.). – FRANCK D: Verhaltensbiologie, 2. Aufl. Georg Thieme Verlag Stuttgart 1985 (7.50.). – FRIEDERICHS: Z. Morph. Ökol. Tiere **21**(1931), 1–172 (7.28.). – FRISCH K v: Über die Beziehungen der Pigmentzellen in der Fischhaut zum sympathischen Nervensystem. Festschr. zum 60. Geb. R. Hertwigs. 3. Bd., Fischer Verlag, Jena 1910, S. 15–26 (6.29.). – FRISCH K v: Über die Bedeutung des Sacculus und der Lagena für den Gehörsinn der Fische. Z. vgl. Physiol. **25**(1938), 703–747 (5.21.). – FRISCH K v: Die Bedeutung des Geruchssinns im Leben der Fische. Naturwiss. **29**(1941), 321–333 (5.122., 5.123.). – FRISCH K v: The dancing bees. Methuen and Comp., London 1953 (7.32.). – FRISCH K v: Aus dem Leben der Bienen. Springer Verlag, Berlin, Heidelberg, Göttingen 1959 (5.90.). – FRISCH K v: Dialects in the language of the bees. Sci. Amer. August 1962 (7.32.). – FRITZSCHE R, GEI-

LER R, SEDLAG U (Hrsg.): Angewandte Entomologie. G. Fischer Verlag, Jena 1968 (5.15.). – FUNG YC: Biodynamics Curculation. Springer Verlg, Berlin, Heidelberg, New York 1984 (3.61.). – FURNKAWA T: Progr. Brain Res. **21A**(1966), 44–70 (2.75.). – FURSHPAN EJ, POTTER DD: Transmission at the giant motor synapses of the crayfish. J. Physiol. **145**(1959), 289–325 (2.74.).

GAFFRON M: Untersuchungen über das Bewegungssehen bei Libellenlarven, Fliegen und Fischen. Z. vgl. Physiol. **20**(1934), 299–337 (5.97.). – GALAMBOS R, SCHWARTZKOPFF J, RUPERT A: Microelectrode study of superior olivary nuclei. Amer. J. Physiol. **197**(1959), 527–536 (5.33.). – GAUPP E: Anatomie des Frosches. 2. Aufl. Vieweg & Sohn, Braunschweig 1904 (4.47.). – GERHARDT U, KAESTNER A: Kükenthals Handb. d. Zoologie, Bd. III, 2(2), 1938 (5.6., 5.82.). – GERSCH M: Das Hormonsystem der Insekten. Forsch. Fortschr. **31**(1957), 9–15 (2.33.). – GERSCH M, RICHTER K (Hrsg.): Das peptiderge Neuron. Gustav Fischer Verlag, Jena 1981 (2.28.). – GEWALT W: Wale und Delphine. Springer Verlag, Berlin, Heidelberg 1993 (2.87.). – GIERSBERG H: Über den morphologischen und physiologischen Farbwechsel der Stabheuschrecke *Dixippus (Carausius) morosus*. Z. vgl. Physiol. **7** (1928), 657–695 (6.27.). – GOLDSWORTHY GJ, ROBINSON J, MORDUE W: Endocrinology. Blackie, London 1981 (2.30.). – GORBMAN, BERN: Comparative endocrinology. Wiley & Sons, 1962 (2.32.). – GÖRNER P: Lateral line system. In: Encyclopedia of Neuroscience, vol. 1. Birkhäuser Verlag, Boston 1987 (5.13.). – GOTTSCHICK J: Die Leistungen des Nervensystems. 2. Aufl. G. Fischer Verlag, Jena 1955 (2.99.). – GRAHAM A: Vision and visual perception. New York 1966 (5.70.). – GRIFFIN DR: Echo-Ortung der Fledermäuse, insbesondere beim Fangen fliegender Insekten. Naturwiss. Rdsch. **15**(1962), 169–173 (5.34.). – GRIFFIN DR: Bau und Funktion des tierischen Organismus. Bayr. Landwirtschaftsverlag, München 1966 (3.47.). – GRIMSTONE AV, MULLINGER AM, RAMSAY JA: Further studies on the rectal complex of the mealworm, *Tenebrio molitor*. Phil. Trans. Roy. Soc. London **253** (1968), 343–382 (4.27.). – GRÜSSER OJ: Informationstheorie und die Signalverarbeitung in den Sinnesorganen und im Nervensystem. Naturwiss. **59** (1972), 436–447 (2.102.). – GÜNTHER O: Entstehung der Antikörper. Umschau **66** (1966), 89–94 (4.80.).

HABERMEHL GG: Gift-Tiere und ihre Waffen. Springer Verlag, Berlin, Heidelberg 1994 (6.37.). – HAGIWARA S, KUSANO K, SAITO N: Membrane changes in crayfish stretch receptor neuron during inhibition and under action of gamma-aminobutyric acid. J. Neurophys. **23**(1960), 505–515 (2.64.). – HALAWANI et al. in: Endocrinology of birds (eds. WADA, ISHII, SCANES). Jap. Sci. Soc. Press, Tokyo 1990 (2.22.). – HALTENORTH T: Das Tierreich VII/6, Säugetiere, Teil 1. Walter de Gruyter & Co, Berlin 1969 (2.90.). – HANKE W: Probleme der vergleichenden Physiologie der Hormone. Die Kapsel, H. 30 (1973), 1287–1301 (2.17.). – HARDER W: Zur Morphologie und Physiologie des Blinddarms der Nagetiere. Verh. Dtsch. Zool. Ges. Mainz 1949. Akad. Verlagsges. Geest & Portig K. G., Leipzig 1950, S. 95–109 (3.18., 3.19.). – HARLOW HF in: Comparative psychology (ed. CP STONE), 3rd ed., Prentice Hall, New York 1951 (7.48.). – HARRISON JM, HOWE ME: Anatomy of the afferent auditory nervous system of mammals. In: Handbook of Sensory Physiology V/1 (KEIDEL WD, NEFF WD, eds.). Springer Verlag, Berlin, Heidelberg, New York 1974, pp. 283–336 (5.31.). – HARTLINE HH: The receptive fields of optic nerve fibres. Amer. J. Physiol. **130**(1940) (5.103.). – HARVEY EN: The nature of animal light. Monogr. exp. Biol., J.B. Lippincott, Philadelphia, London 1920 (6.31.). – HASSELBACH W: Mechanismen der Muskelkontraktion und ihre intrazelluläre Steuerung. Naturwiss. **50**(1963), 249–256 (6.9.) – HASSENSTEIN B: Wie sehen Insekten Bewegungen? Naturwiss. **48**(1961), 207–214 (5.98.). – HASSENSTEIN B: Biologische Kybernetik. Quelle & Meyer, Heidelberg 1965 (2.113.). – HECHT S, WOLF E: J. Gen. Physiol. **12**(1929), 727–760 (5.75.). – HEINRICH B: J. exp. Biol. **64**(1976), 561–585 (4.64.). – HEINRICH B: Keeping a cool head: Honeybee thermoregulation. Science **205**(1979), 1269–1271 (4.63.). – HEINRICH B: Physiol. Zool. **59**(1986), 616–626 (4.62.). – HEINRICH B: The hot-blooded insects. Springer Verlag, Berlin, Heidelberg 1993 (4.65.). – HELVERSEN OV: Zur spektralen Unterschiedsempfindlichkeit der Honigbiene. J. comp. Physiol. **80** (1972), 439–472 (5.91.). – HEMMINGSEN AM: Energy metabolism as related to body size and respiratory surfaces, and its evolution. Rep. Steno Hosp. **9**(1960), 1–110 (1.17.). – HENKE K: Die Lichtorientierung und die Bedingungen der Lichtstimmung bei der Rollassel *Armadillidium cinereum* Zenker. Z. vgl. Physiol. **13**(1930), 534–626 (7.26.). – HENSEL H: Allgemeine Sinnesphysiologie. Hautsinne, Geschmack, Geruch. Springer Verlag, Berlin, Heidelberg, New York 1966 (5.52.). – HERTER K, URICH K: Vergleichende Physiologie der Tiere. Bd. I. Walter de Gruyter & Co., Berlin 1966 (3.34.). – HESS EH: Science **130**(1959), 133 (7.8.). – HESSE R, DOFLEIN F: Tierbau und Tierleben. Band 1, 2. Aufl., G. Fischer Verlag, Jena 1935 (4.19.). Band 2, Jena 1943 (7.15.). – HILDEBRANDT G: Grundlagen einer angewandten medizinischen Rhythmusforschung, Heilkunst **7** (1958), 117–136 (2.115.). – HILLE B: Ionic basis of resting and action potentials. In: Handbook of Physiology. Sec. **1**, Vol. 1, Pt. 1 (KANDEL ER, ed.) Amer. Physiol. Soc., Bethesda 1977, pp. 99–136 (2.44.). – HILLE B: Ionic channels of excitable membranes. 2nd ed. Sinaur Ass. Inc., Sunderland/Mass. 1992 (2.46.). – HIRSCH GL: Die Lebensäußerungen der Tiere. In: Handbuch der Biologie. Bd. V (BERTALANFFY L V, Hrsg.) Akad. Verlagsges. Athenaion, Darmstadt o.J., S. 173–334 (3.9., 3.37., 3.40.). – HOAR WS: General and Comparative Physiology, Prentice Hall Inc., Engelwood Cliffs, New Jersey 1966 (5.78.). – HODGKIN AL: The Conduction of the Nervous Impulse. Liverpool Univ. Press 1964 (2.43.). – HODGKIN AL, HOROWICZ P: The influence of potassium and chloride ions on the membrane potential of single muscle fibres. J. Physiol. **148**(1959), 127–160 (2.38.). – HODGKIN AL, HUXLEY AF: Current carried by sodium and potassium ions through the membrane of the giant axon of *Loligo*. J. Physiol. (London) **116**(1952), 449–472 (2.44.). – HODGKIN AL, HUXLEY AF: The dual effect of membrane potential on sodium conductance in the giant axon of *Loligo*. J. Physiol. (London) **116**(1952), 497–506 (2.45.). – HOFFMANN K: Versuch zu der im Richtungsempfinden der Vögel enthaltenen Zeitschätzung. Z. Tierpsychol. **11**(1954), 453–475 (2.118., 7.33.). – HÖLLDOBLER B, WILSON EO: The ants. Springer Verlag, Berlin 1990 (7.43.). – HOLMES: J. comp. Neurol. **15**(1905), 305–349 (7.28.). – HOLST E V, MITTELSTAEDT H: Das Reafferenzprinzip. Naturwiss. **37**(1950), 464–476 (5.96.). – HOLST E V: Biologische Regelung. Eine kritische Betrachtung. In: Regelungsvorgänge in lebenden Wesen (MITTELSTAEDT H, Hrsg.). R. Oldenbourg Verlag, München 1961, S. 21–31 (5.46.). – HORN G, HINDE RA (eds.): Short-term changes in neural activity and behaviour. Univ. Press, Cambridge 1970

(7.7.). – HUBER F: Aus der Welt der Grillen. Akad. Wiss. Lit. Mainz. G. Fischer Verlag, Stuttgart 1991 (5.17.). – HUXLEY HE, HANSON J: The molecular basis of contraction in cross-striated muscle. In: The Structure and Function of Muscle (BOURNE H, ed.). Academic Press, New York 1960 (6.1.).

IRVING L, KROG J: Temperature of skin in the arctic as a regulator of heat. J. Appl. Physiol. **7** (1955): 355–364 (4.72.).

JENKIN PM: Animal Hormones. A comparative survey. Pergamon Press, Oxford, London, New York, Paris 1962 (2.83.). – JERISON HJ: Evolution of the brain and intelligence. Acad. Press, New York 1973 (2.85.). – JERISON HJ in: Encyclopedia of Neuroscience I, Birkhäuser, Boston 1987 (2.88.). – JESSEL TM, IVERSEN LL: Opiate analgesics inhibit substance P release from rat trigeminal nucleus. Nature (Lond.) **268**(1977), 549–551 (2.80.). – JONES ID: The function of the respiratory pigments of invertebrates. Problems in Biology. Vol. 1. Pergamon Press, Oxford, London, New York 1963 (3.87., 3.90). – JUNGERMANN K, MÖHLER H: Biochemie. Springer Verlag, Berlin, Heidelberg, New York 1980 (1.22., 4.79.).

KÄMPFE L, KITTEL R, KLAPPERSTÜCK J: Leitfaden der Anatomie der Wirbeltiere. 4. Aufl. Fischer Verlag, Jena 1980 (3.15., 3.43.). – KAESTNER A: Lehrbuch der speziellen Zoologie. Bd. I., 2.Teil, 5. Aufl. G.Fischer Verlag, Jena 1993 (6.32.). – Bd. I., 4.Teil, 4. Aufl., Jena 1993 (3.28.). – Bd. II., 2.Teil, Jena 1991 (5.112.). – KAHN CR: Membrane receptors for hormones and neurotransmitters. J. Cell Biol. **70** (1976), 261–286 (2.4.). – KALMIJN: J. exp. Biol. **55**(1971), 371–383 (5.113.). – KANDEL ER: An invertebrate system for the cellular analysis of simple behaviors and their modifications. In: Neurosciences Third Study Programm (SCHMIDT FO, WORDEN FG, eds.). MTI Press, Cambridge Mass. – London 1974, pp. 347–370 (2.101.). – KANDEL ER: Cellular insights into behavior and learning. Harvey Lect. **73**(1979), 19–92 (2.101.). – KANDEL ER, SCHWARTZ JH, JESSEL TM: Principles of neural science. 3rd ed. Elsevier, New York 1991 (1.30., 1.31., 1.32., 5.27.). KAPLAN RW: Der Ursprung des Lebens. Thieme Verlag, Stuttgart 1972 (0.3., 0.5.) – KARDONG KV: Vertebrates. WC Brown Publ. 1995 (3.26., 3.27.). – KATZ B: Nerv, Muskel und Synapse. 2. Aufl. G.Thieme Verlag, Stuttgart 1974 (2.40.). – KARLSON P: Warum sind so viele Hormone Steroide? Nova Acta Leopold. N.F. **57**(1985), 1–26 (2.16.). – KEETON WT: Release – site bias as a possible guide to the "map" component in pigeon homing. J. comp. Physiol. **82**(1973), 1–16 (5.115.). – KENDEIGH SC: The relation of metabolism to the development of temperature regulation in birds. J. exp. Zool. **82**(1939), 419–438 (4.66.). – KEIDEL WD: Der Mensch, ein kybernetisches Wesen. Naturwiss. Rdsch. **23**(1970), 401–409 (2.52.). – KEIDEL WD (Hrsg.): Kurzgefaßtes Lehrbuch der Physiologie. 2. Aufl. G. Thieme Verlag, Stuttgart 1970 (3.64., 6.6., 6.8., 6.10.). – KING AS: Structural and functional aspects of the avian lung and air sacs. In: International Review of General and Experimental Zoology. Vol. 2 (FELTS WJL, HARRISON RJ, eds.). Academic Press, New York 1966 (3.40.). – KIRSCHFELD K: Exp. Brain Res. **3**(1967), 248–270 (5.66.). – KIRSCHFELD K: Mit Flußkrebs-Augen ins Weltall blicken. MPG Spiegel 1/1981 (5.68.). – KIRSCHFELD K: Naturwiss. Rdsch. **37**(1984), 352–362 (5.76., 5.77.). – KITCHING JA: The physiology of contractile vacuoles II/III. J. exp. Biol. **13**(1936), **15** (1938) (4.41.). – KLINKE R, SILBERNAGEL S (Hrsg.): Lehrbuch der Physiologie. Thieme Verlag, Stuttgart 1994 (6.11.). – KOEHLER O:

Naturwiss. **29**(1941), 201 (7.49.). – KOLB B, WHISLAW IQ: Neuropsychologie. Spektrum Akad. Verlag, Heidelberg, Berlin, Oxford 1993 (7.52.). – KOLLER G: Einführung in die Physiologie der Tiere und des Menschen. Thieme Verlag, Leipzig 1934 (3.50.). – KOMNICK H, WICHARD W: Cell Tiss. Res. **156**(1975), 539–549 (4.43.). – KOSCHTOJANZ, KORT-JUIEFF: Trypsin der Kalt- und Warmblüter, sein Temperaturoptimum und seine Wärmeexistenz. Fermentforschung **14**(1934) (1.5.). – KRAMER G: Untersuchungen über die Sinnesleistungen und das Orientierungsverhalten von *Xenopus laevis* DAUD. Zool. Jb. Physiol. **52**(1932/33), 629–676 (5.11.). – KRAMER G: Weitere Analyse der Faktoren, welche die Zugaktivität des gekäfigten Vogels orientieren. Naturwiss. **37**(1950), 377–378 (7.38.). – KÜHN A: Die Orientierung der Tiere im Raum. Fischer Verlag, Jena 1919 (7.23.). – KÜMMEL G: Zool. Beitr., N.F. **10**(1964), 227–252 (4.21.). – KÜPFMÜLLER K: Regelungsvorgänge bei gezielten Bewegungen. In: Kybernetik – Brücke zwischen den Wissenschaften (FRANK H, Hrsg.): 4. Aufl. Umschau Verlag, Frankfurt a. M. 1964 (2.104.). – KUFFLER SW: Discharge patterns and functional organization of mammalian retina. J. Neurophysiol. **16**(1953), 37–68 (5.103.). – KUFFLER SW, EYZAQUIRRE C: Synaptic inhibition in an isolated nerve cell. J. gen. Physiol. **39**(1955), 155 (2.64.). – KUFFLER SW, WILLIAMS EMV: Properties of the "slow" skeletal muscle fibres of frog. J. Physiol. **121**(1953), 318 (6.14.).

LAND MF: Optics and vision in invertebrates. In: Handbook of Sensory Physiology. Vol. VII/6B (AUTRUM H, ed.). Springer Verlag, Berlin, Heidelberg, New York 1981, pp. 471–592 (5.68., 5.71., 5.74., 5.80., 5.81.). – LANDOIS L, ROSEMANN R: Lehrbuch der Physiologie des Menschen. 28. Aufl. 2 Bde. Urban & Schwarzenberg, München, Berlin 1962 (3.60., 3.75., 4.32., 5.119., 6.7.). – LEHNINGER: Prinzipien der Biochemie. Walter de Gruyter, Berlin, New York 1987 (6.33.). – LEPPELSACK H-J: Funktionelle Eigenschaften der Hörbahn im Feld L des Neostriatum caudale des Staren (*Sturnus vulgaris* L., Aves). J. comp. Physiol. **88**(1974), 271–320 (2.109.). – LESTER HA: The response to acetylcholine. Sci. Amer. **236**(1977), 3–13 (6.4.): – LEUTHARDT F: Lehrbuch der physiologischen Chemie. 14. Aufl. Walter de Gruyter & Co., Berlin 1961 (4.34.). – LEWIS DB, GOWER DM: Biological communication. Wiley, New York 1980 (5.16.). – LINDAUER M: Verständigung im Bienenstaat. G. Fischer Verlag, Jena 1975 (7.2.). – LISSMANN HW: Electric location by fishes. Sci. Amer. **208**(1963), 50–59 (5.110., 5.114.). – LOUW GN et al.: Scientif. Pap. Namib Desert Res. Stat. **42**(1969), 43–54 (4.51., 4.70.). – LOUW GN: Physiological animal ecology. Longman Scientific & Technical 1993 (2.30., 2.31., 4.77.) – LULLIES H, TRINCKER D: Taschenbuch der Physiologie. 3 Bde. G.Fischer Verlag, Jena 1968 (4.56.). – LUNDBERG M, HÖKFELT T: Trends Neurosci., August 1983, 325–333 (2.60.). – LYMAN CP: J. exp. Zool. **109**(1948), 55–78 (4.69.). – LYTHGOE JN: The adaptation of visual pigments to the photic environment. In: Handbook of Sensory Physiology. Vol. VII/1. (DARTNALL HIA, ed.). Springer Verlag, Berlin, Heidelberg, New York 1972, pp. 566–603 (5.85.).

MAAS JA: Über die Atmung von *Helix pomatia*. Z. vgl. Physiol. **26**(1939), 605–610 (3.33.). – MACNICHOL EF: Visual receptors as biological transducers. In: Molecular Structure and Functional Activity of Nerve Cells (GRENELL RG, MULLINS, eds.). Amer. Inst. Bil. Sci., Washington 1956 (2.53.). – MACNICHOL EF, SVAETICHIN: Electric responses from isolated retinas of fishes. Amer. J. Ophth. **46** (1958),

26–40 (5.102.). – MADDRELL SHP: The mechanisms of insect excretory system. Adv. Insect Physiol. **8**(1971), 199–331 (4.27.). – MAETZ J: Interaction of salt and ammonia transport in aquatic organisms. In: Nitrogen Metabolism and the Environment (CAMPBELL JW, GOLDSTEIN L, eds.). Academic Press, London, New York 1972, pp. 105–154 (4.46.). – MAKOWSKI et al.: Biophys. J. **45**(1984), 208–218 (2.59.). – MARKL H: Die Schweresinnesorgane der Insekten. Naturwiss. **50** (1963), 559–565 (5.42.). – MARKO H: Physikalische und biologische Grenzen der Informationsübermittlung. Kybernetik **2**(1965), 274–284 (2.103.). – MATTHEWS SA: Observations on pigment migration within the fish melanophore. J. exp. Zool. **58** (1931) (6.27.). – MENZEL R: Spectral sensitivity and color vision in invertebrates. In: Handbook of Sensory Physiology Vol. VII/6A (AUTRUM H, ed.). Springer Verlag, Berlin, Heidelberg, New York 1979, pp. 503–580 (5.91.). – MITTELSTAEDT H: J. vgl. Physiol. **32**(1950), 422–463 (5.44.). – MONNIER M: Biology of sleep. An interdisciplinary survey. Experientia **36**(1980), 1–27 (2.96.). – MÜLLER A: Über Lichtreaktionen von Landasseln. Z. vgl. Physiol. **3**(1925), 113–144 (7.26.). – MURALT A: Neuere Ergebnisse der Nervenphysiologie. Springer Verlag, Berlin, Heidelberg, Göttingen 1958 (2.50.).

NATHANSON JA, GREENGARD P: "Second messenger" in the brain. Sci. Amer. **237**(1977), 108–119 (2.1.). – NESTLER, GREENGARD P: Protein phosphorylation in the nervous system. Wiley, New York 1984 (2.5.). – NETTER FA: Ciba collection of medical illustrations. Vol. I. Ciba 1957 (6.17.). – NEURATH H: Mechanism of zymogen activation. Fed. Proceed. **23**(1964), 1–7 (3.7.). – NEUWEILER G: Die Echoortung der Fledermäuse. Umschau **76**(1976), 237–243 (5.35.). – NEUWEILER G: Akustische Orientierung im Raum bei echoortenden Fledermäusen. In: Information und Kommunikation – naturwissenschaftliche, medizinische und technische Aspekte. Verh. Ges. Dtsch. Naturforsch. u. Ärzte 1984, Wiss. Verlagsges. mbH, Stuttgart 1984, S. 243–260 (5.37.). – NEUWEILER G: Biologie der Fledermäuse. Thieme Verlag, Stuttgart 1993 (4.53.). – NEWMAN EA, HARTLINE PH: Spektrum d. Wiss. 1982 (5.53.). – NICOL JAC: Advances in comparative physiology and biochemistry (LOEWENSTEIN OE, ed.) **1**(1962), 217 (6.34.). – NICOL JAC: The Biology of Marine Animals. 2nd ed., Pitman Publ. Comp. Ltd. London 1968 (4.35.). – NILSSON DE in: Facets of vision (eds. STAVENGA DG, HARDIE RC), Springer Verlag, Berlin, Heidelberg 1989 (5.84.). – NORRIS KS, PRESSCOTT JH, ASA-DORIAN PV, PERKINS P: An experimental demonstration of echo-location behavior in the porpoise, *Tursiops truncatus* (Montagu). Biol. Bull. **120**(1961), 163–176 (5.38.). – NOTTEBOHM F, NOTTEBOHM ME: J. comp. Physiol. **108**(1976), 171–192 (7.44.).

ODENING K: Plathelminthes. In: Lehrbuch der Speziellen Zoologie. Bd. I. 2. Teil (GRUNER HE, Hrsg.) 4. Aufl. G. Fischer Verlag, Jena 1984 (4.18.). – OLDFIELD BP: Hearing Research **17**(1985), 27–35 (5.18.).

PASS G: Naturwiss. **74**(1987), 440–441 (3.55.). – PASS G et al.: Symposia Biol. Hung. **36**(1988), 341–350 (3.55.). – PAUL RJ, BIHLMAYER S: Zoology **98**(1995), 69–81 (3.54.). – PEACHEY LD: Transverse tubules in excitation – contraction coupling. Fed. Proc. **24**(1965), 1124–1134 (6.2.). – PELSTER B, WEBER RE: Adv. Comp. & Environm. Physiol. **8**(1991), 67 (6.40.). – PENFIELD W, RASMUSSEN T: The Cerebral Cortex of Man. The Macmillan Comp., New York 1950 (5.128.). – PENZLIN H: Grundprinzipien lebendiger Systeme. In: Allgemeine Biologie (LIBBERT E, Hrsg.). G. Fischer Verlag, Jena 1986 (1.6.). – PENZLIN H, STUBBE M: Untersuchungen zur Sehschärfe des Goldfisches (*Carassius auratus* L.). Zool. Jb. Physiol. **81**(1977), 310–326 (5.78.). – PETERS F: Über die Regulation der Atembewegungen des Flußkrebses *Astacus fluviatilis*. Z. vgl. Physiol. **25**(1938), 591–611 (3.29.). – PETERS H: Über den Einfluß des Salzgehaltes im Außenmedium auf den Bau und die Funktion der Exkretionsorgane dekapoder Crustaceen. Z. Morph. u. Ökol. Tiere **30**(1935), 355–381 (4.21.). – PETERS W, WALLDORF V: Der Regenwurm. Quelle & Meyer, Heidelberg, Wiesbaden 1986 (5.57.). – PETZOLD HG: Rätsel der Delphine. Ziemsen Verlag 1981 (2.87.). – PFLUMM W: Biol. i. unserer Zeit **15**(1985), 137–140 (4.75.). – PLOOG D: Wie produziert das Hirn Verhaltensweisen? Umschau **73**(1973), 749–756 (5.130.). – PORTMANN A: Einführung in die vergleichende Morphologie der Wirbeltiere. Birkhäuser, Basel 1948 (6.38.). – PREDEL R et al.: Zoology **98**(1994), 35–49 (3.71.). – PREMACK AJ, PREMACK D: Teaching language to an ape. Sci. Amer. Okt.1972: p. 92 (7.53.). – PREMACK D: Language in Chimpanzee? Science **172**(1971), 808–822 (7.53.). – PRINGLE JWS: Locomotion: Flight. In: The Physiology of Insecta (ROCKSTEIN M, ed.). Vol.II. Academic Press, New York, London 1965 (6.15.). – PUMPHREY RJ: Concerning vision. In: The Cell and the Organism (RAMSAY JA, WIGGLESWORTH VB, eds.) 1961 (5.62.).

QUILLIAM TA, ARMSTRONG J: Mechanorezeptoren. Endeavour **22**(1963), 55–60 (5.8.).

RAABE M: Insect Neurohormones. Plenum Press, New York, London 1982 (2.35.). – RAMSAY JA: The site of formation of hypotonic urine in the nephridium of *Lumbricus*. J. exp. Biol. **26**(1949), 65–75 (4.19.). – RANDALL DJ: Functional morphology of the heart in fishes. Am. Zool. **8**(1968), 179–189 (3.70.). – RANKE OF: Variabilität der Führungsgrößenaufschaltung bei biologischen Programmreglern. In: Regelungsvorgänge in lebenden Wesen (MITTELSTAEDT H, Hrsg.). R.Oldenbourg Verlag, München 1961, S.63–69 (5.50.). – RATHS P: Tiere im Winterschlaf. Urania Verlag, Leipzig, Jena, Berlin 1975 (4.73.). – RATHS P, BIEWALD G-A: Tiere im Experiment. Urania Verlag, Leipzig, Jena, Berlin 1970 (2.98.). – REETZ: Z. Tierpsychol. **14**(1958), 347–361 (7.6.). – REIBER CL: Physiol. Zool. **67**(1994), 449–467 (3.52.). – REICHEL H: Quantitative Beziehungen zwischen Ruhe- und Reizzustand des Skelettmuskels. Z. Biol. **97**(1936), 429 (6.9.). – REIN H, SCHNEIDER M: Einführung in die Physiologie des Menschen. 14. Aufl. Springer Verlag, Berlin, Göttingen, Heidelberg 1960 (4.16., 5.107.). – REISSLAND A, GÖRNER P: Trichobothria. In: Neurobiology of Arachnids (BARTH FG, ed.) Springer Verlag, Berlin, Heidelberg, New York, Tokyo 1985 (5.6.). – REMANE A, STORCH V, WELSCH U: Kurzes Lehrbuch der Zoologie. 4. Aufl. G. Fischer Verlag, Stuttgart 1972 (5.85.). – RENSCH B, DÜCKER G: Z. Tierpsychol. **16**(1959), 671 (7.47.). – RICHARDS SA: Temperature Regulation. Wykeham Publ., Ltd., London 1973 (4.66., 4.77.). – RICHTER K: Struktur und Funktion der Herzen wirbelloser Tiere. Zool. Jb. Physiol. **77**(1973), 477–668 (4.63.). – ROBERTS JL, CHEN CC, DIONNE FT, GEE CE: Peptide hormone gene expression in heterogeneous tissues. The pro-opiomelanocortin system. Trends Neurosci. **5**(1982), 314–317 (2.18.). – ROMER AS, PARSONS TS: Vergleichende Anatomie der Wirbeltiere. 5. Aufl. Parey Verlag, Hamburg, Berlin 1983 (2.14., 3.39.). – ROSE J, MOUNTCASTLE VB: In: Handbook of Physiology (MAGOUN HW, FIELDS J, eds.). Sec. 1, Vol. 1. American Physiol. Soc., Washington 1959 (5.126.). – RUCH T, PATTON

HD (eds.): Physiology and Biophysics. Vol.1, 20th ed., Saunders, Philadelphia 1979 (5.26.). – RUSHMER RF: Cardiovascular Dynamics. 2nd ed. W. B. Saunders Co., Philadelphia 1961 (3.65., 3.73.).

SANTSCHI F: Observations et remarques critiques sur le mecanisme de l'orientation. Rev. Suisse de Zool. **19**(1911), 303–338 (7.30.). – SCHAFFER J: Anatomisch-histologische Untersuchungen über den Bau der Zehen bei Fledermäusen und einigen kletternden Säugetieren. Z. wiss. Zool. **83**(1905), 231–284 (2.95.). – SCHALLER D: Cell & Tiss. Res. **191**(1978) (5.117.). – SCHEID P et al.: Verhandl. d. Dtsch. Zool. Ges. **82**(1989), 57–68 (3.25.). – SCHILDBERGER, ELSNER N (eds.): Neural basis of behavioural adaptation. Fischer Verlag, Stuttgart 1994 (7.4.). – SCHLIEPER C: Praktikum der Zoophysiologie. 3. Aufl. G. Fischer Verlag, Jena 1965 (5.47., 5.48., 5.73.). – SCHMIDT RF: Grundriß der Neurophysiologie. Springer Verlag, Berlin, Heidelberg, New York 1983 (2.93., 5.129.). – SCHMIDT RF, THEWS G (Hrsg.): Physiologie des Menschen. 22. Aufl. Springer Verlag, Berlin, Heidelberg 1985 (5.108.), 24. Aufl. 1990 (6.12.). – SCHMIDT-NIELSEN B: Mechanisms of urea excretion by the vertebrate kidney. In: Nitrogen Metabolism and the Environment (CAMPBELL JW, GOLDSTEIN L, eds.). Academic Press, London 1972, pp. 79–103 (4.12.). – SCHMIDT-NIELSEN K: Harvey Lecture **58**(1963), 53–93 (4.50.). – SCHMIDT-NIELSEN K: Desert Animals: Physiological Problems of Heat and Water. Clarendon Press, Oxford 1964 (4.49.). – SCHMIDT-NIELSEN K: Physiologische Funktionen bei Tieren. G. Fischer Verlag, Stuttgart 1975 (3.84., 4.71.) – SCHMIDT-NIELSEN K: Animal Physiology: Adaptation and Environment. 3rd ed. Cambridge Univ.Press, Cambridge, London, New York 1983 (4.72.). – SCHMITZ M, KOMNICK H: J. Ins. Physiol. **22**(1976), 875–883 (4.44.). – SCHNEIDER D: Insect olfaction – our research endeavour. In: Foundation of Sensory Science (DAWSON WW, ENOCH JM, eds.). Springer Verlag, Berlin, Heidelberg, New York, Tokyo 1984, pp. 381–418 (7.40.). – SCHNEIDER L: Elektronenmikroskopische Untersuchungen über das Nephridialsystem von Paramecium. J. Protozool. **7**(1960), 75–90 (4.17.). – SCHNEIDER W: Über den Erschütterungssinn von Käfern und Fliegen. Z. vgl. Physiol. **32**(1950), 287–302 (5.10.). – SCHNEIDERMANNN HA, WILLIAMS CM: An experimental analysis of the discontinuous respiration of the *Cecropia* silkworm. Biol. Bull. **109**(1955), 123–143 (3.51.). – SCHNEIRLA TC: Ant learning asa problem in comparative psychology. In: Twentieth Century Psychology, Part III (HARRIMAN P, ed.). Philos. Library, New York 1946 (2.100.). – SCHÖN A: Bau und Entwicklung des tibialen Chordotonalorgans bei der Honigbiene und bei Ameisen. Zool. Jb. Anat. **31** (1911), 439–472 (5.9.). – SCHÖNE H: Orientierung im Raum. Wiss.Verlagsges. mbH, Stuttgart 1980 (5.93., 7.36., 7.37.). – SCHOLANDER PF: Respiratory and circulatory adaptations of whales and other diving animals. Hvalradets Skrifter No. 22 (1940): 1–131 (3.78.). – SCHÜTZ E: Physiologie. Urban & Schwarzenberg 1958 (5.24.). – SCHWARTZKOPFF J: Herzfrequenz und Körpergröße bei Mollusken. Zool. Anz. Suppl. **20**(1957), 463–469 (3.68.). – SCHWARTZKOPFF J: Physiologie der höheren Sinne bei Säugern und Vögeln. J. Ornithol. **101**(1960), 63–91 (5.29.). – SCHWARTZKOPFF J: Die Übertragung akustischer Information durch Nerventätigkeit nach dem Salvenprinzip. In: Aufnahme und Verarbeitung von Nachrichten durch Organismen. S.Hirzel Verlag, Stuttgart 1961 (5.28., 5.30.). – SCHWARZ D: Meerwasser = Trinkwasser der Meerestiere? Wiss. Fortschr. 1961, S. 221–224 (4.40.).

SCOTT JP: Animal Behavior. Chicago 1958 (2.100.). – SEITZ G: Der Strahlengang im Appositionsauge von *Calliphora erythrocephala* (MEIG.). Z. vgl. Physiol. **59** (1968), 205–231 (5.67.). – SEKERIS C: Sclerotization in the blowfly imago. Science **144**(1964), 419–422 (2.34.). – SHAAYA E, SEKERIS CE: Ecdysone during insect development III. Gen. comp. Endocrinol. **5**(1965), 35–39 (2.34.). – SHAW J: Osmoregulation in freshwater crayfish and crab, *Astacus* and *Potamon*. J. exp. Biol. **36**(1959), 126–144, 157–176 (4.42.). – SHEPHERD GM: Neurobiology. Oxford Univ. Press, New York, Oxford 1983 (2.71., 2.72., 2.98.). – SHEPHERD GM: Neurobiologie. Springer Verlag, Berlin, Heidelberg 1993 (2.8., 2.77., 5.109.). – SIEGEL GJ (ed.): Basic neurochemistry. 5th ed.. Raven Press, New York 1994 (5.118.). – SKRAMLIK E v: Über den Kreislauf bei den Fischen. Ergebn. Biol. **11** (1935), 1–130 (3.62.). – SLEIGH MA: Zilien. Endeavour **30**(1971), 11–17 (6.20., 6.21.). – SLIFER EH, PRESTAGE JJ, BEAMS HW: The receptors and other sense organs on the antennal flagellum of the grasshopper (Orthoptera: Acrididae). J. Morph. **105**(1959), 145–191 (5.116.). – SMITH HW: The Kidney. Structure and Function in Health and Disease. Oxford Univ.Press, New York 1951 (4.28.). – SMITH RS, TYLER JE: Optical properties of clear natural water. J. Opt. Soc. Amer. **57** (1967), 589–595 (5.85.). – SMOLLICH A, MICHEL G: Mikroskopische Anatomie der Haustiere. 2.Aufl., G. Fischer Verlag, Jena 1992 (2.12., 3.10.). – STARCK D: Vergleichende Anatomie der Wirbeltiere, Bd. III. Springer Verlag, Berlin, Heidelberg 1982 (5.124.). – STEIN EA, WOJDANI A, COOPER EL: Agglutinins in the earthworm *Lumbricus terrestris*: Naturally recurring and induced. Develop. Comp. Immunol. **6** (1982), 407–421 (4.78.). – STEIN WD: The Movement of Molecules across Cell Membranes. Academic Press, New York, London 1967 (1.26.). – STEVENS: Nature **349**(1991), 657–658 (2.47.). – STORCH V, WELSCH U: Kurzes Lehrbuch der Zoologie. 7. Aufl. Fischer Verlag, Stuttgart 1994 (3.45., 5.100.). – STOREY KB, BAUST JG, STOREY JM: Intermediary metabolism during low temperature acclimation in the overwintering gall fly larva, *Eurosta solidaginis*. J. comp. Physiol **144**(1981), 183–190 (4.60.).

TAYLOR CR, SCHMIDT-NIELSEN K, RAAB JL: Scaling of the energetic coast of running to body size in mammals. Amer. J. Physiol. **219**(1970), 1104–1107 (1.16.). – TAYLOR CR: The desert gazelle: A paradox resolved. In: Comparative Physiology of Desert Animals (MALOIY GMO, ed.). Academic Press, London 1972, pp. 215–227 (4.68.). – THEWS G, VAUPEL P: Grundriß der vegetativen Physiologie. Springer Verlag, Berlin, Heidelberg, New York 1981 (3.44.). – THOMPSON RF: Das Gehirn. 2. Aufl. Spektrum 1994 (2.88., 5.128.). – THORPE WH: Birds song. Univ. Press. Cambridge 1961 (7.45.). – TINBERGEN N: Instinktlehre. 4. Aufl. Paul Parey Verlag, Berlin, Hamburg 1966 (7.1., 7.5., 7.34). – TRENDELENBURG W, KÜHN A: Arch. Anat. Physiol. 1908 (5.51.). – TRUMAN JW, RIDDIFORD LM: Physiology of insect rhythms. III. The temporal organisation of the endocrine events underlying pupation of the tobacco hornworm. J. exp. Biol. **60**(1974), 371–382 (2.35.). – TURNER CD: General Endocrinology. 2nd ed., W. B. Saunders Comp., Philadelphia, London 1955 (2.20.). – TYNDALE-BISCOE CH: CSIRO Information Sheet No. 1–38, 1982 (2.31.).

ULLRICH KJ, KRAMER K, BOYLAN JW: Present knowledge of the counter current system in the mammalian kidney. Prog. Cardiovasc. Dis. **3**(1961), 395–431 (4.30.). – UNWIN, ZAMPIGHI: Nature **283**(1980), 545–549 (2.59.). – URICH K: Physiologie des Stoffwechsels. Fortschr. Zool. **16**(1964), 188–267 (3.57.).

VERWORN M: Allgemeine Physiologie. 7. Aufl. G. Fischer Verlag, Jena 1922 (6.13.).

WACHTEL, SZAMIR: J. Morph. **128**(1969), 291–308 (5.111.). – WAGNER HG, MACNICHOL EF, WOLBARSHT ML: Response properties of single ganglion cells in the goldfish retina. J. Gen. Physiol. **43**(1960) suppl.: 45–62 (5.103.). – WASTL H, LEINER G: Beobachtungen über die Blutgase bei Vögeln. I. Mitteil. Pflügers Arch. ges. Physiol. **227**(1931), 367–420 (3.83.). – WASTL H, LEINER G: Beobachtungen über die Blutgase bei Vögeln. II. Mitteil. Pflügers Archiv ges. Physiol. **227**(1931), 421–459 (3.83.). – WEBER H: Lehrbuch der Entomologie. G. Fischer Verlag, Jena 1933 (3.47.). – WEEL PB VAN: Beiträge zur Histophysiologie des Dünndarms II. Z. vgl. Physiol. **26**(1938), 35–66 (3.22.). – WEHNER R in: Neural basis of behavioural adaptation (eds. SCHILDBERGER K, ELSNER N), Fischer Verlag, Stuttgart 1994 (5.93., 5.94.). – WEHNER R: Himmelsbild und Kompaßauge – Neurobiologie eines Navigationssystems. Verhdlg. Dtsch. Zool. Ges. **87**(1994), 9–37 (5.93.) – WEHNER R: Polarized-light navigation by insects. Sci. Amer. **235**(1976), 106–114 (5.93.). – WEVER R: Hat der Mensch nur eine „innere Uhr"? Umschau **73**(1973), 551–558 (2.117.). – WICHARD W, ARENS H, EISENBEIS G: Atlas zur Biologie der Wasserinsekten. Fischer Verlag, Stuttgart 1995 (3.49., 4.43.). – WILLIAMS H, NOTTELBOHM F: Science **229**(1985), 279–282 (7.46.). – WITHERS PC: Comparative animal physiology. Saunders College Publ. 1992 (4.65.). – WOLF W: J. Gen. Physiol. **16**(1933), 407–422 (5.75.). – WOOLSEY CN, SEALACE PH, MEYER DR, WALTER-SPENCER AA, HAMUY TP, TRAVIS AM: Patterns of localisation in precentral and supplementary motor areas. As. Res. Nerv. Ment. Dis. **30**(1952), 238–264 (6.18.). – WOOLSEY TA: Somatosensory, auditory and visual cortical areas of the mouse. John Hopkins Hospital Bull. **121**(1967), 91–112 (5.127.). – WUNDER W: Physiologie der Süßwasserfische Mitteleuropas. Handbuch der Binnenfischerei Mitteleuropas II B. Stuttgart 1936 (5.83.).

YOKOHARI, TATEDA: J. comp. Physiol. **106**(1976) (5.117.).

ZIMMERMANN M: Sinneswahrnehmung und Informatik. Umschau **72**(1972), 781–785 (2.51.).

Register

Die **halbfett** gedruckten Seitenangaben verweisen auf Textstellen, an denen der Begriff definiert wird bzw. die Lebensdaten des genannten Forschers angeführt sind. Die *kursiv* gedruckten Seitenzahlen beziehen sich auf Abbildungen, Tabellen bzw. Formelbilder.

PI-(PID)-) Regler 306, 307
Picrotoxin 172
PIERCE, G. W. 423
Pigmentbecherocellen 444
Pigmente, sensibilisierende (Insekten) 468
Pigmentverlagerung im Ommatidium 468f.
Pilocarpin *190*
Pinealorgan 99
Pinozytose **86**, 388
PITTENDRIGH, C. S. 87
Placenta 388
planmäßiges Handeln 610
Plasmatozyten (Wirbellose) 380
Plasmazellen 383, 385
Plasmin, Plasminogen 392
Plastizität des Verhaltens 562
– im Nervensystem 161, 180, 192f., 576
Plastron s. Gaskieme, inkompressible
PLATON 26f.
Pleurahöhle 248
Plexus myentericus (Auerbach) 182, 224
– submucosus (Meissner) 182, 224
Pneumatophore (Siphonophora) 556
Pneumothorax 248
Podozyten 317, 321
poikilosmotisch 338
poikilotherm 359
poisons 554
Polarisationsanalysatoren 479
Polarisationssehen s. Sehen
P/O-Quotient 56, 59
Polyneuritis 204
Polypeptidtoxine 145
Polypnoe 369, 372
Pons cerebri (Brücke) *190*, *191*, 587
Positivismus 34
Porphyropsin 470
Postkommissuralorgan 125, 126
Potential, Begriff 138
–, chemisches 41. 78
–, elektrochemisches **78**
–, elektrotonisches 138
–, exzitatorisches postsynaptisches (EPSP) 162, **163**
–, Gibbssches thermodynamisches 45
–, inhibitorisches postsynaptisches (IPSP) 162, **163f.**
Poularde 110
PP-Faktor s. Pellagra
Prämaxillardrüse (Schlange) 342
präsynaptische Bläschen 160
Präferendum, thermisches 363, **440**
Präformation 30
Prägung **570f.**, 576
Prä-Proparathormon 102
Prä-Proinsulin 103
Präputialdrüsen (Maus, Ratte) 602
Präzipitation 387
Präzipitine, Präzipitinogene 380, 388
Precocene 131

Pregnenolen *107*
Presbyopie s. Altersichtigkeit
PRIGOGINE, I. **44**
Prigogine-Theorem 44
Primärharn 315, 328
PRISTLEY, J. 31
Procain 145
PROCHASKA 31
Proctolin 132, *167*
Proenkephalin *113*
Progesteron *110*, 111, 121, 122
Proinsulin 103, *103*
Projektionsfelder s. Cortex
Prolactin (LTH) s. Hormon, luteotropes
Pronase 145
Proparathormon 102
Proportional-Empfindlichkeit 157
Proportionalabweichung 306
Proopiomelanocortin (POMC) *113*, 113
Propranolol 169, *172*
Propriorezeptoren 432
Prostaglandine 97, 121, **124**
Prostansäure 124
prosthetische Gruppe 47
Proteasen, Proteinasen **209**, 222, 229
Protein (Eiweiß), biologische Wertigkeit 199
–, Guanin-Nukleotid bindendes, s. G-Protein
– -Kinase 70, 84, 93f., 95, 506
– -Phosphatase 70
–, turnover (Flußkrebs) 38
–, Verdauung 209ff.
Proteolyse, limitierte 72
Prothoraxdrüse (Insekten) **127f.**
Prothrombin 203, *391*
protonenmotorische Kraft **55f.**, 377
Protonenpumpe s. ATPasen
Protonephridien **316f.**
Provitamin 201
Prozyt 20, *20*
Psalter s. Blättermagen
Pseudopodiumbewegung 539f.
Psychotropica (psychotrope Substanzen) 170
Ptyalin 213
Puffer, Puffergleichung 354
pulsierende Vakuole 316, 343
Pulswelle 278
Pupille, Pupillenmechanismus 299, *300*, 452
PURKYNĚ, J. 33, 36, **271**
– -Fasern *270*, 271
– -sches Phänomen 468
Puromycin (Gedächtnis) 575
Purpur 476
PÜTTER, A. 36
Putzreflex s. Reflex
Pylorus (Magen) 215, *216*
pyramidales System 533
Pyramidenbahn s. Tractus cortico-spinalis

Pyridoxin (Vit. B$_6$), Pyridoxal, Pyridoxamin *205*

Q$_{10}$-Wert 49f.
Qualitäten der Sinneswahrnehmung 397
Querbrücken (cross bridges) zwischen Myofilamenten 525

Rachitis 202
Ramus communicans albus 188
– – griseus 189, *188*
– – visceralis 188
RANVIER, L. **134**
– -scher Schnürring *133*, 134
Raphe-Kerne s. Nucleus raphe
RATHKE, M. **111**
– -sche Tasche 111
„Rauhsche Nase" 521
räumliches Sehen s. Sehen
Reabsorption (Niere) 315, 317, 318, 320, 321, 331
–, anisoosmotische 330
–, isoosmotische 330
Reafferenz-Prinzip 481, *482*
Reaktionsgeschwindigkeits-Temperatur-Regel (RGT-Regel) **49**
Realitätspostulat 15
REAUMUR, R. A. DE 30f.
Redoxpotential s. Reduktionspotential
Redoxsystem 52
Reduktionismus 21, 23
Reduktionspotential 55, *57*
Redundanz 196
Reflex **178ff.**, 560
–, Autotomie- 180
–, bedingter 214
–, Belichtungs- 443
–, Eigen-, Fremd- 180
–, Genital- 192
–, Hering-Breuer- 252
–, Klammer- 402
–, Milch-Ejektions- 118
–, monosynaptischer 180, 531
–, Nies- u. Husten- 180
–, Patellarsehnen-(Kniesehnen-) *179*, **180**
–, plurisegmentaler 180
–, polysynaptischer 180
–, Pupillen- 180
–, Putz- 181
–, Schatten- 443
–, tonischer 431
–, Tarsal- 402
–, Totstell- 180
–, unbedingter 214
–, unisegmentaler 180
–, Wisch- 181
–, Zurückzieh- (*Aplysia*) 576, *577*
Reflexaktivität (Arthropoden) 180
– -ausbreitung 180
– -bahnung 180
– -erregbarkeit 533, 536
– -hemmung 180

Ruhestoffwechsel, Ruheumsatz 63, 64
Rumen s. Pansen
Rundtanz (Biene) 594

S-Potentiale 485
S-Rezeptor s. Rezeptoren
Saccharase (γ-Fructofuranosidase) 209
Sacculus 433
Salvenprinzip 419, *420*
Salzbedarf 200
Salzdrüse (Mückenlarve) 340
–, Meeresvogel 342
–, Reptilien 342
SANTORIO 29
Saprophaga 199
Sarkomer, Aufbau **514**
sarkoplasmatisches Retikulum (SR-
  System, sarkotubuläres System) 515
Sättigungsdefizit in der Luft 348
Sättigungskinetik 83
Sättigungszentrum 192
Sauerstoff(O_2)-Dissoziationskurve
  288f.
–, Löslichkeit *233*
–, Transport 291f.
Sauerstoff-Verbrauch *292*
–, Laufgeschwindigkeit *64*
–, spezifischer 66
Sauerstoffausnutzung (Utilisations-
  grad) 243
Sauerstoffschuld 61, 524
Saxitoxin (STX) 145, 149, *149*, 552, *553*
Scala tympani u. vestibuli s. Cochlea
Scanning-Prinzip (Spinnenauge) 447
Scaphognathit 239
SCHAEFER, F. A. 34, **97**
Schalendrüse s. Maxillardrüse
Schalldruckempfänger *407*, 407, 411
Schalldruckgradientenempfänger *407*,
  410
schalleitender Apparat 413, 415
Schallintensität 406
Schallschnellempfänger *407*, 407
Schallstärkeskala 406
Schattenreflex s. Reflex
Scheinweibchen, Erzeugung *(Xeno-
  pus)* 111
SCHELLING, F. W. J. 33f.
Schilddrüse s. Thyreoidea
Schlaf 582ff.
– -dauer 583f.
– -perioden (Winterschläfer) 374
– -platz 583
– -stadien 584f.
– -stellung 582, *583*
– -tiefe (Winterschläfer) 374
– -zentren 586
Schlagfrequenz des Herzens s. Herz-
  frequenz
Schlagvolumen des Herzens 274
Schlangengifte 392
Schließmuskel (Muschel) 529
Schlundrinnenreflex 221

Schlüsselreiz (Signalreiz) 561
–, übernormaler 562
Schmalbandfilter (Fledermaus) 425
Schmerzrezeptoren s. Rezeptoren
SCHMIDT-NIELSEN, K. 36
Schnecke s. Cochlea
Schnellempfänger s. Schallschnell-
  empfänger
Schnurr- oder Nasenhaare (Vibrissae)
  399
Schock, spinaler s. spinaler Schock
Schreckstoff s. Alarmstoffe
Schreckreaktion (Fisch) *175*
Schrittmacher, Ventilationsrhythmik
  (Insekten) 256
–, Herztätigkeit 269f.
–, Irrigationsstrom (*Arenicola*) 239
Schrittmacherreaktion 39, 69
SCHRÖDINGER, E. **45**, 87
Schutzimpfung s. Immunisierung
SCHWANN, TH. 33, **132**
– -sche Zellen 132
Schwänzeltanz (Biene) 593
Schwanzkiemen (Libellenlarven) 259
Schwefelsäureester, Exkretion 314
Schweiß, Schweißdrüsen 105, 175,
  336, 369, 372
Schwelle, periphere 397
–, zentrale 397
Schwellenenergie 369
Schwellenintensität 396
Schwellenpotential s. Membranpoten-
  tial, kritisches
Schwellenstoffe, Exkretion 316
Schwimmblase, Funktionen **577f.**
– im Dienste der Atmung 247
Schwitzen 192
Scopolamin *190*
SECHENOV, I. M. 34
second messenger **93ff.**
Segelklappen 268
Segmentationsbewegung s. Darm-
  motorik
Sehbahn *488*, *489*
Sehen, Bewegungs- 480ff.
–, binokulares 480, *459*
–, Duplizitätstheorie 267
–, Farben- 443, **474ff.**
–, –, Cephalopoden 476
–, –, Dichromaten 475
–, –, Fliegen 477f.
–, –, Honigbiene 476
–, –, Insekten 476ff.
–, –, Spinnen 447
–, –, Tetrachromaten 475
–, –, Trichromaten 475
–, –, Wirbeltiere 474ff.
–, Formen- 443, 447
–, Hell-Dunkel- 443
–, musivisches 453
–, Polarisations- 443, **479ff.**
–, –, Bienen u. Ameisen 479f.
–, –, Cephalopoden 480
–, räumliches **480ff.**

–, Richtungs- 443, 444
–, UV- 475f.
Sehpigmente 470f.
–, Absorptionsmaxima *470*
Sehpurpur s. Rhodopsin
Sehschärfe, Insekten 460f.
–, Lichtintensität 462
–, Minimum separabile 456, 460
–, Minimum visibile 461
–, Wirbeltiere 460
– -winkel 457, *459*, *461*
Sehzentren, subcorticale 491
Seitenlinien, Fische und Amphibien
  403ff.
–, Bedeutung für Hörvorgang 406
Sekretin 123, *222*, 224
Sekretion, Niere 315, 317, 320, 323,
  325
–, innere s. Endokrinie
– -sniere s. Niere
– -szellen (Darm) 232
Selbstorganisation 24
Selektivitätsfilter (Ionenkanal) 148
SELYE, H. **112**
Semilunarklappen s. Taschenklappen
semipermeable Membran
SEMON, R. **574**
Sensibilität 31
Sensilla basiconica (Riechkegel) 498f.,
  499
– campaniformia 399, *401*, 433
– coeloconica 499
– trichodea (Haarsensillen) 432, 498,
  499
Sensillen, stiftführende 409f.
sensorischer „Homunculus" *509*, 510
Serotonin (5-Hydroxytryptamin) 101,
  124, 171, 276, 326, 529, 587
Serpine 380
Sexualbereitschaft 192
Sexualhormone (Crustaceen) 126
– (Wirbeltiere) 108ff.
Sexualpheromone, Sexuallockstoffe
  129, **602**
Sexualinstinkte 533
SHANNON, C. E. **195**
SHERRINGTON, C. S. **158**
Signale, Signalstoffe **88ff.**
–, gruppenadressierte 88
–, individuell-adressierte 88
Signalreize s. Schlüsselreize
Sinne, Sinnesorgane 397
Sinnesphysiologie, animalische 394
–, objektive 393
–, subjektive 393
Sinnesspalten s. Spaltsinnesorgane
Sinneszellen, primäre 394
–, sekundäre 394
Sinneszellenfelder (Rezeptorfelder)
  176, 484, 487, 488
–, einfache 490
–, hyperkomplexe 490
–, komplexe 490
sinuatrialer Knoten 269

Achtung! Benutzer des „Praktikums der Tierphysiologie" von M. Eckert und W. Hertel, 1. Aufl., Gustav Fischer Jena 1993: **Es gelten jetzt die folgenden neuen Seitenhinweise zum „Lehrbuch der Tierphysiologie", Penzlin, 6. neubearb. Auflage 1996:**

Praktikum der Tierphysiologie

Herausgegeben von Dozent Dr. Manfred ECKERT und Dr. Wieland HERTEL, beide Institut für Allgemeine Zoologie und Tierphysiologie der Friedrich-Schiller-Universität Jena

Bearbeitet von 8 Fachwissenschaftlern.

1993. 311 S., 138 Abb., 44 Tab., 17 x 24 cm, kt.
DM 64,-
ISBN 3-334-**60438**-1

Inhalt: Allgemeiner Teil: Allgemeines zu Tierexperimenten - Zucht und Haltung ausgewählter Versuchstiere einschließlich Tierschutz - Umgang mit gefährlichen Stoffen - Elektrophysiologische Meßtechnik und Registriermethoden - Statistik - **Spezieller Teil:** Nerven - Hormone - Verdauung - Atmung und Energieumsatz - Blut, Herz und Kreislauf - Exkretion - Ionen- und Osmoregulation - Immunität - Sinne - Effektoren - Verhalten

Die Autoren haben es verstanden, Anleitungen zum praktischen Arbeiten auf allen Gebieten der Tierphysiologie in einem ausgewogenen Verhältnis zwischen anspruchsvollen Experimenten und einfacheren Versuchen zu erarbeiten; alle wurden gründlich in der Lehre erprobt. Die Darstellung repräsentativer Versuchsergebnisse und eine reiche Bebilderung geben dem Studenten wertvolle Hilfe bei der Planung, Durchführung und Auswertung seiner Versuche.
Erstmalig wurde ein Praktikum direkt auf ein Lehrbuch (PENZLIN, Lehrbuch der Tierphysiologie) abgestimmt, so daß es bei den jeweiligen speziellen Kapiteln eine ausgezeichnete Ergänzung zum Lehrbuch darstellt (s. Rückseite).

Physiologie der Insekten

Herausgegeben von Prof. Dr. Michael GEWECKE, Zoologisches Institut, Universität Hamburg

Mit Beiträgen von Dr. Werner Backhaus, Berlin, Prof. Dr. Jürgen Boeckh, Regensburg, Prof. Dr. Detlef Bückmann, Ulm, Prof. Dr. Norbert Elsner, Göttingen, Dr. Gerta und Prof. Dr. Günther Fleissner, Frankfurt/M., Prof. Dr. Michael Gewecke, Hamburg, Prof. Dr. Kurt Hamdorf, Bochum, Prof. Dr. Klaus Hubert Hoffmann, Ulm, Prof. Dr. Franz Huber, Seewiesen, Prof. Dr. Otto Kraus, Hamburg, Prof. Dr. Randolf Menzel, Berlin, Dr. Thomas Roeder, Hamburg

1995. XIV, 445 S., 270 Abb., 18 Tab., 17 x 24 cm, geb.
DM 98,–
ISBN 3-437-**20518**-8

Inhalt: Stoffwechsel – Fortpflanzung und Entwicklung – Hormonale Regulation – Motorik – Akustische Kommunikation – Sehen – Chemische Sinne – Orientierung – Kommunikation im Insektenstaat – System der Insekten

Dieses Lehrbuch ist als Einführung in die Physiologie der Insekten konzipiert, das die klassischen Erkenntnisse, vor allem aber die modernen Ergebnisse der Stoffwechsel-, Entwicklungs-, Hormon-, Neuro- und Verhaltensphysiologie zusammenfaßt. Die Autoren sind auf diesen Gebieten selbst forschend tätig, so daß die Darstellungen kompetent und authentisch sind. Am Schluß des Buches steht ein Kapitel über das phylogenetische System der Insekten, das dazu beiträgt, die Physiologie auch auf der Basis der Synthetischen Evolutionstheorie zu verstehen.

Preisänderungen vorbehalten

GUSTAV FISCHER

SEMPER BONIS ARTIBUS